U0722519

建筑理论史
——从维特鲁威到现在

[德] 汉诺 – 沃尔特·克鲁夫特 著

王贵祥 译

A History of Architecture Theory: from Vitruvius to the Present
Geschichte der Architekturtheorie Von der Antike bis zur Gegenwart
by HANNO – WALTER KRUFT

建筑理论史
——从维特鲁威到现在

[德] 汉诺－沃尔特·克鲁夫特　著

王贵祥　译

A History of Architecture Theory: from Vitruvius to the Present

Geschichte der Architekturtheorie Von der Antike bis zur Gegenwart

by HANNO – WALTER KRUFT

中国建筑工业出版社

著作权合同登记图字：01-2003-4572 号

图书在版编目（CIP）数据

建筑理论史——从维特鲁威到现在/（德）克鲁夫特著；王贵祥译. —北京：
中国建筑工业出版社，2005（2022.8 重印）
　ISBN 978-7-112-07078-7

　Ⅰ. 建…　Ⅱ. ①克…②王…　Ⅲ. 建筑理论-发展-研究-世界　Ⅳ. TU-0

中国版本图书馆 CIP 数据核字（2005）第 051034 号

Geschichte der Architekturtheorie Von der Antike bis zur Gegenwart
A History of Architecture Theory：from Vitruvius to the Present
by Hanno - Walter Kruft

Copyright © 1985 C. H. Beck'sche Verlagsbuchhandlung
Translation Copyright © 2005 China Architecture & Building Press
本书经 Verlag C. H. Beck 出版社正式授权我社翻译、出版、发行本书中文版

责任编辑：段　宁　董苏华
责任设计：刘向阳
责任校对：刘　梅　王金珠

建筑理论史
——从维特鲁威到现在
[德] 汉诺-沃尔特·克鲁夫特　著

王贵祥　译
＊
中国建筑工业出版社出版、发行（北京西郊百万庄）
各地新华书店、建筑书店经销
北京建筑工业印刷厂印刷
＊
开本：880×1230 毫米　1/16　印张：43¾　字数：1600 千字
2005 年 9 月第一版　　2022 年 8 月第五次印刷
定价：**188.00** 元
ISBN 978-7-112-07078-7
　　　　（39321）

目　　录

德文版序

要写作这样一部书，恐怕主要靠的是对于专业领域的成竹在胸，而不是靠某种天真与热情。只是在部分手 [7]* 稿跃然纸上的时候——谢天谢地——对我来说，以现代人的很不成熟的知识，对建筑理论历史所作的这样一种历史鸟瞰式的论述，才刚刚开始显露曙光，而这或许已经超出了笔者一个人的能力范围。在写作的过程中，我似乎是在进行一场障碍赛跑，我不得不将问题留给比我更为见多识广的人来确定，我已经绕过了那些障碍物，或者，还有一些障碍物我根本就没有看到。

这本书的问世依赖于一个简单的激励因素，即建筑系的学生们在他们的学习中所反映出来的种种问题，在他们的课程中，开始提出有关理论的问题，以及有关理论历史方面的问题。我只能给这些问题提供一些不很完善的回答，没有办法对他们那些无可厚非的问题提供一个历史的界说。

从 1972 年以来，我在达姆施塔特科技大学(Technische Hochschule in Darmstadt)作了一系列有关建筑理论史的讲座，并开设了一个研究班，在这样一个课程过程中，我变得越来越希望进行这样一个历史鸟瞰式的研究。这本书是这一过程的一个结晶。我最初的设想是为每一特殊历史阶段中尚存的第二手文献描绘出一个大致的范围，但事实证明这是不可能实现的，因为，我惊奇地发现，围绕这一主题的许多方面，并没有这样的文献存在。我越接近那些文献资料，就越深刻地体验到需要追溯到这些文献的最初源头，对这些文献的反复阅读，使我更增加了对尚存的第二手材料的顾虑与怀疑。因而，我意识到对于这一课题的任何可以接受的概论性描述，都应该是基于最初的源头上的，从这一点出发，我为自己确定了一个原则，那就是述而不作，如果我能够做点什么事情的话，那就是对于源头问题不作述评。

如果没有许多图书馆的慷慨相助，我几乎不得不放弃那些有价值但不容易获得的第一手文献，因为这些文献很少见之于人们的研究，而这些文献是这一整个研究课题的基础。最后，在德国达姆施塔特黑森州立图书馆(Hessische Landesbibliothek，Darmstadt)，罗马的赫尔茨安南图书馆(Bibliotheca Hertziana，Rome)和梵蒂冈教廷图书馆(Biblioteca Apostolica Vaticana，Rome)，慕尼黑的艺术历史研究所(Zentralinstitut für Kunstgeschichte，Munich)和巴伐利亚州立图书馆(Bayerische Staatsbibliothek，Munich)，奥格斯堡的奥廷根－瓦勒施泰因图书馆(Oettingen－Wallerstein Library，Augsburg)，以及其他一些机构与部门的最具权威性的资料来源的支持与帮助下，我才得以追溯到那些文献最早的版本与最原始的材料上去。首先的感谢应该给予上面的这些图书馆及各个机构与部门。

而在这本书的一些个别章节中，我向专家与同行们作了咨询，并请他们阅读了我这本书的手稿中的部分章节。我从他们的批评与建议中获益匪浅，尤其是从罗马的赫尔茨安南图书馆(Bibliotheca Hertziana)的那些学者们那里获得了许多帮助。

一个特别的问题是确定如何用一种简明扼要的，但却不是过于简化的可以让人读懂的形式来描述这些原始

---

*边码为英文版原书页码。在编排中文版时，我们特意将英文版原书相关内容所在页码标注于中文版相关内容边上，以便于读者对照英文版原书阅读、查询。——译者注

〔8〕材料。我几乎不能设想一个人能够一页一页地读这本书——人们宁愿，将兴趣集中在一些特殊的问题上，读者们自己就会顺着时间的线索向前或向后寻找问题的答案。

提供一个完整的参考书目并不是我的目标，我更倾向于提供一些我认为是基础性的特殊的原始文本。任何试图覆盖所有文献的想法毫无疑问地会导致陷入纯粹材料堆积的泥潭的危险。这样一种理想的状态只是在一些特殊的历史时期才是可能的，例如约翰尼斯·德拜(Johannes Dobai)有关英格兰的新古典主义与浪漫主义艺术的杰出著作中所显示的文献情况；的确，这本书不仅引起我的崇敬，也不断地提醒我，任何与之相当的尝试都将是不现实的。相反，我着力于将人们的注意力吸引到最重要的和最具有代表性的内容之上。我一直将目标设定在追求某种选择的平衡上，虽然我清楚地知道，如果选择其他文献来源，我所强调的重点也将会有很大的不同。在最后的分析中，人们不可避免地会说一些套话，譬如，一个人只能写那些他所了解的，或相信他已经了解的东西。

从事建筑理论史的工作必须基于原始资料与文献，我清醒地意识到我依赖于那些为艺术创造了文字的历史的学者们，首先就是朱利叶斯·冯·斯克劳瑟(Julius von Schlosser)。因而，与他的著作相比，一部建筑理论史等于没有写。我自己的著作在涉及一些特殊的历史阶段的时候，无疑获益于鲁道夫·威特克沃(Rudolf Wittkower)、艾米尔·考夫曼(Emil Kaufmann)、尼古拉斯·佩夫斯纳(Nikolaus Pevsner)和其他一些杰出的学者。同时，那些一直关注着这一课题的读者们将会注意到我的判断与他们的判断有时会有显著的不同。我的关注点并不在于讨论如何解释各种建筑学的理论，而在于为理论本身提供一个界定性的论述；这部特殊的思想史，是从这些理论本身中一点一滴地汇聚而成的，而不是从任何预设的知识框架体系中生发而成的。

我也一直十分清楚地知道，在这一特殊的知识领域中，一直有一些专家与学者，在寻求某种宏观的解释方面，远比我所做的工作要杰出得多。但是，这种非常宏观的研究也赋予我一种洞察力，使我能够注意到一些常常被专家们所忽略的联系。回顾起来，这一特点为我的工作提供了主要的合理性。

插图在建筑理论中起了一个重要的作用，这本书包括了一些经过选择的各类插图。在寻求原始资料的过程中，笔者有幸准备了一大批照片和原始插图，这里所提供的仅仅是其中一小部分。

参考书目保持在一个限度以内，所列出的资料来源是与构成这本书的主题密切相关的。有关个别理论家的第二手文献以及一些特殊问题的被引证，仅仅出现在注释中，并且不再在参考书目中出现。我所阅读的第一手与第二手资料比我已经讨论或引用的要多，但书中标题的选择，则将提供一个总体的框架，并且给读者以如何深入这些问题的建议。大多数读者也将会对这样一个事实表示欢迎，即我详细引证了现代重新发行的原始文本的细节，我对这些新版文献的出处了如指掌。

对于许多曾经和我讨论，给我建议，予我帮助的朋友与同事怀有深深的谢意，我这里只能提及其中的一些：慕尼黑的汉斯·贝尔汀(Hans Belting)，基尔(Kiel)的阿德里安·冯·巴特拉(Adrian von Buttlar)，罗马的克利斯托夫·鲁特波尔德·弗罗麦尔(Christoph Luitpold Frommel)，波士顿的约翰·赫尔曼(John Herrmann)，佛罗伦萨的朱力安·克利曼(Julian Kliemann)，达姆施塔特的赫尼尔·奈勒(Heiner Knell)，乔治·弗利德里奇·考克(Georg Friedrich Koch)，奥斯陆的马格内·马尔曼格(Magne Malmanger)，伊斯坦布尔的维也纳人小沃尔夫冈·穆勒–沃尔特(the late Wolfgang Müller–Wiener)，罗马的克利斯托夫·索内斯(Christof Thoenes)。如果不是从这些具有全然不同专业背景的朋友那里获得帮助，我是不可能激发出那些有价值的思考的。

〔9〕我十分感激达姆施塔特科技大学艺术历史学院(Institut für Kunstgeschichte at the Technische Hochschule Darmstadt)和奥格斯堡大学(University of Augsburg)摄影实验室的技师们，是他们精心地修复了那些照片。

原书出版商的说明

需要我们非常痛心地加以说明的是，本书的作者已于 1993 年 9 月不幸早逝，当时这本书已经付梓印刷。

英文版序

这个译本是根据慕尼黑的沃拉格·C·H·贝克(Verlag C. H. Beck)1991年出版的德文版的第三次印刷为 [11] 依据的,只是作了些许的修改。贝克于1991年印刷的文本的主要部分保持了第一版的特点而没有什么改变,这本书能够被读者广泛接受,说明其中没有大的缺陷。我有机会在最需要的地方对注释作了补充与更新。我从参考书目与注释中将那些与目前这个译本无关的德文翻译删除了,出版商列出了英译文资料的来源。在德文版第三次印刷中对参考书目所作的补充,以与主要参考书目一样的处理方式,已经包含在了这本书中。

经过扩展的引言部分出现在英文译本之中(译文中的大多数是为这一册书特别准备的),并在尾注中附上了原始语言的文本。我的英国出版商为了达到这样一个系统性的效果而费尽周折,为了这一目的而提供或翻译了我在这本书的最早版本中从已经出版的德文译本中所引用的原始文本。我特别希望对利萨·亚当斯(Lisa Adams)表示感谢,她帮助我为英国出版商在需要的地方提供了原始的拉丁文、希腊文和意大利文的文本,或者附上这些文本的标准英文译文,或者提供新的译文。所引用材料的拼写及大写,包括标题,都附有原始文字。关于我这本书的英文版文本,我十分感激罗纳德·泰勒(Ronald Taylor),埃尔希·卡兰德(Elsie Callander)和安东尼·伍德(Antony Wood),在玛格丽特·库兰(Margaret Curran)的协助下,他们将一些十分晦涩难懂的德文句子翻译成了在我看来十分漂亮的英文。我也深深地受惠于阿拉斯泰尔·莱茵(Alastair Laing),以及约翰·纽曼(John Newman),杰里米·迈尔文(Jeremy Melvin)和亚历山大·韦奇伍德(Alexandra Wedgwood),他们为最后文稿的完成而贡献了自己的知识与技能。

中文版序

提高全社会的建筑理论修养

吴良镛

一个多世纪以来，西方建筑的思想与技术渐渐地影响了中国，从一些有关西方建筑历史的译著与论著中，人们知道了在公元之初，古罗马建筑师维特鲁威在《建筑十书》中提出了"坚固、实用、美观"的建筑三原则；在文艺复兴早期，阿尔伯蒂在《建筑论》中也论述了"实用、坚固、美观"三原则(顺序略微变动了一下)。虽然这两本书有过中文的译本，但是，他们的思想对西方建筑有过什么影响，在他们之后出现过一些什么样的建筑理论家或有影响的理论著述，不同时代的理论家对当时的建筑产生了什么样的影响，20世纪的现代建筑运动与西方建筑史上的这些理论思考有着什么样的关联等，系统的研究并不多见。关于这一问题，我主要想从两个方面来谈一谈自己的认识与想法。

一

摆在我们面前的这部西方建筑理论史巨著，其涵盖面之广，内容之丰富，古今之贯通，考据之周详，立论之坚实，是令人惊异的(即便浩繁的注释，对学习者来说，也不乏具有与正文同样的参考价值，提供进一步深究的线索)。这不仅反映了作者在治学上的严谨，也说明了西方建筑理论本身是具有丰富历史内涵的庞大体系，很值得我们认真地学习和研究。读者可以根据自己的需要和兴趣，在这浩如烟海的建筑理论史知识中领略要点，融入自己的知识系统，提高建筑理论修养，下列诸点将促使我们加深认识。

(一)西方建筑理论有一个漫长的积淀过程

在西方世界，建筑理论不是短时间内一蹴而就的，而是经历了漫长的历史积淀过程。从古罗马的维特鲁威到中世纪，从中世纪到文艺复兴，通过文艺复兴人文主义者的努力到启蒙运动，第一个建筑学的理论体系才在古典主义的基础上萌生出来。随着欧洲民族国家的兴起，而渗透到各个不同国家的文化之中，直至酝酿并发展出了西方现代建筑理论，构筑成较为完整的体系。

西方建筑理论的奠基人是古罗马时代的维特鲁威，他写出了现存西方历史上第一部系统的建筑理论著作——《建筑十书》。在维特鲁威之后的中世纪及拜占庭时代，也曾出现一些建筑理论著作，但都没有像维特鲁威那样，造成如此深远的影响。中世纪加洛林王朝时期，人们出于对拉丁文的兴趣，重新发现了维特鲁威，从那以后维特鲁威著作手抄本就是传递这一建筑文献的主要形式。15世纪初叶，出现了另外一位在西方建筑理论史上具有重要地位的建筑理论家，他就是阿尔伯蒂。阿尔伯蒂也仿照维特鲁威的做法，写了内容有10书之多的《建筑论》。在阿尔伯蒂之后，随着文艺复兴时代的来临，建筑理论著述日益增多，菲拉雷特、迪·乔其奥，甚至文艺复兴的大艺术家莱昂纳多·达·芬奇，都曾有关于建筑理论方面的论著与论文。而文艺复兴时代的塞利奥、维尼奥拉、斯卡莫齐，以及著名建筑师帕拉第奥都曾有系统的建筑理论著作问世。此后的17、18世纪更是西方建筑理论的传播期、深化期，除了体系化的建筑理论著作之外，一些关于古典建筑柱式及建筑各部分做法的图册，也越来越多地充斥坊间。

正是在这一连续而持久的理论求索中，西方各个时代的建筑思想家们循着维特鲁威这条主线，无论是对他的追随、深化或反对、修正，都是围绕着更为深刻地认知"建筑是什么"这一经久不衰的古老问题而展开的。在对这一问题的探索下，通过对一些建筑基本原则，如"实用"、"便利"、"坚固"、"美观"、"愉悦"、"得体"、"装饰"等概念的反复讨论与反复定义，人们对建筑的认识一直在不断地充实与发展中。正是经历了这样一个漫长而连续的讨论与探索过程，西方思想中，关于建筑的基本理论体系才得以确立并延续、发展，并且至今指导、影响着西方建筑的发展方向。

(二)西方建筑理论中有建立在理性思维与科学文化哲学思想基础上一以贯之的基本问题

西方建筑理论的发展历史，虽然经过了漫长而曲折的道路，有过纷繁的发展样态，但是却始终保持了某些一以贯之的东西，如建筑的功能问题、建筑的形式问题、建筑的结构问题、建筑的材料问题。这些问题在两千年以前维特鲁威的建筑理论著作《建筑十书》中就已经明确地提了出来，而在两千年之后的现代建筑运动中，这些问题依然是西方建筑所关注的核心问题。可以说，在建筑学领域中，西方人正是在一些十分基本的问题上反复地琢磨，深入地思考，不断地研究与探讨着的。虽然问题仍然是老问题，是一些十分基本的问题，但是在不同的历史时代，生活在变化，理论的视角在变化，思维的深度在变化与发展，针对问题提出的解决方法在变化，甚至会出现重复或倒退。但总的说来，既立足于基本问题，又随着时代与环境的改变而不断地拓新、赓续与发展，这可以说是西方建筑理论发展史的一个重要特点。

例如，公元1世纪的维特鲁威，就将建筑定义为"坚固、实用、功能"三个基本原则。而到了15世纪初的阿尔伯蒂，其关于建筑的基本定义仍然是"实用、坚固、美观"。在此后的一个时期中，这些基本观念的内涵与外延被进一步扩大，如"坚固"这一范畴中，包含了材料、结构、技术等概念；"实用"这一概念，不仅进一步深化为"适用"、"便利"、"舒适"，而且包括进了经济、卫生等概念；而"美观"这一概念则被不断地讨论并加以深化，文艺复兴以来的人们将这一概念外延为愉悦、悦目，并进一步细化为尺度、比例、均衡、对称、和谐、得体，甚至个性等一系列审美观念。

1. 西方建筑理论的"理性"传统

纵观两千年西方建筑理论的历史，如万花筒一般，可谓色彩斑斓。但是，西方人的建筑思想展现一种现象，即理性思维在西方人的建筑思想上一直起着主导的作用。这一思维在建筑上主要表现为因果关系的逻辑性，即首先是对建筑之材料与结构的恰当选择。这表现为建筑理论中的"坚固"概念，接着是对建筑之逻辑性目的——"实用"的追求，使建筑摆脱了古代巫术与神话的迷惘，径直迈进了理性的殿堂。理性概念是古希腊人的重要哲学范畴之一。经过漫长中世纪的宗教迷蒙之后，理性之光又一次在文艺复兴运动的基础上萌发出来。17世纪的牛顿科学革命，使宇宙纳入了一个可以用数学计算的体系之中，从而，运用数学和力的概念来理解各种现象，也包括建筑造型现象成为了当时的时尚。这就推进了建筑在造型比例上的探索，例如，出现了现代意义上的"对称"、"比例"等概念，从而也使理性进入了"美观"或"愉悦"这一传统上主要由感觉所把握的领域。

理性还表现为规则性，文艺复兴时期的著名建筑理论家帕拉第奥与斯卡莫齐，就是以理性的观念，反对巴洛克艺术的扭曲与变形。斯卡莫齐还特别思考了"材料的真实性"问题，认为建筑师不应该强行对一种物质进行塑造："实际上，建筑师试图对材料施加强力不是一件十分值得赞赏的事情，在某种意义上，人们应当不断探寻，从而将自然创造纳入到自己的意愿之中，来获得他所需要的造型形式"(见本书第八章)。斯卡莫齐的立场是明确的：建筑师应该根据科学与数学的标准来进行设计造型，要充分考虑所使用材料的特性，并明确地表示说，应当尽可能使用当地可以获得的建筑材料。这些都反映了他在建筑创作中的理性立场。而与斯卡莫齐大约同一个时代的盖拉西尼则更是直言不讳地指出：任何人一旦违背了"合乎逻辑的建筑理性"，就不再与建筑师的头衔相配称。他坚持认为："只要不遵循规则就会出现混乱，只要出现了混乱就会出现畸变，出现了畸变也就再也不可能有完美可言了"(见本书第八章)。这种理论见解甚至影响到了西方现代建筑思想的发展，当然，不同时代对于建筑之规则的理解也有所不同，但作为一种理性思想的脉络，其中内涵的积极意义却一直影响着西方建筑发展的道路。

西方现代建筑中最基本的概念之一，"形式服从功能"，就是这一理性观念的一个延续。在西方历史上，建筑的实用性原则，从维特鲁威开始，直至20世纪现代建筑运动对功能问题的特别关注，贯穿两千年之久，其一以贯之的核心，就是理性。西方思想史上的一些重要人物，例如我们熟知的提出"知识就是力量"这一箴言的生活于16至17世纪之间的英国哲学家培根，就是在理论上极力主张建筑之功能性原则的，本书的作者甚至将他看作现代功能主义思想的先驱(见本书第十九章)。需要特别指出的一点是，在西方人的功能性原则中，还包含有经济的因素在内，也就是说在他们看来，合乎功能原则的建筑，也应该是一座经济上合理的建筑。在西方资产阶级的上升时期，建筑的经济性甚至被特别地提到了理性的层面，如大革命时代的法国建筑师夏尔·佩西耶等，在他们的论著中阐释了文艺复兴建筑中就已经存在着的"节约理性"的观念，并认为建筑的目的就是"用最简便的方法获得最大的效益"(见本书第二十一章)。这样一种富于理性色彩的建筑中的节约概念，对于社会与经济尚处在迈向现代化发展过程中的我们，应该是不无启发的。

至于建筑的美观性原则，尽管是一个远为复杂得多的问题，但在西方建筑思想史上，也是数千年常议不衰。到了17世纪，在法兰西建筑学会中，甚至还围绕建筑审美究竟是主观的还是客观的，展开了一场大辩论，由此而生发了美学与心理学中有关"移情作用"，以及哲学中有关感觉、感知等问题的讨论与研究。20世纪建筑理论中对于形式问题的特别关注，就是在这一原则下衍变出来的。这说明气象万千的西方建筑理论，在一些基本问题上，却是始终如一的，其中确实存在着某种古今一贯的东西。

2．西方建筑的文化哲学传统

建筑是一种文化现象，建筑文化中包含有物质性的形体、空间，与精神性的思想、理念。形体、空间是建筑的本体，是建筑创作的结果；而思想、理念则是建筑的灵魂，是引导建筑实体得以实现的纲领。世界上各种有生命力的文化，其基本的特征之一，正是持之久远的历史传承与代代更新的文化活力。西方建筑之所以不同于世界上其他文化中的建筑，其根本的原因，不仅在于所使用的材料和技术，或所处的地理环境，更在于基于文化根基之上的建筑理念上的差别。古代希腊人的理性与逻辑，以及柏拉图对于"真、善、美"的论述，奠定了维特鲁威"坚固、实用、美观"的建筑三原则，也奠定了西方人的基本思维模式。如上所述，作为其文化传统之一的理性追求与逻辑性表述，几乎贯穿了西方建筑理论发展历史的全过程。

例如，这种文化哲学体现了一种对于古典建筑传统的重视，文艺复兴的建筑巨匠们都曾有过测绘古代建筑遗迹的经历。系统地出版古代建筑的测绘图，对古代建筑的各种柱式与装饰进行研究，探索其中的规律，分析其中蕴含的比例关系，并用图示的方式出版发表，用以指导当时的建筑设计，是西方建筑理论著述的一个主要内容，这就使得西方建筑历史上的各种文化特征，及其形式符号语言，以一种文化基因的方式，历代传沿嬗递。同时，在一种基本的文化传承的基础上，西方人还不断发掘与丰富自己时代与民族文化的宝藏，如一度被古典建筑家视作异类的哥特建筑，经过理论家的阐释而跻身于西方主流建筑之列。而17、18世纪以来，争相探索本民族建筑的造型与柱式特征，成为西方各民族国家建筑史上的一大特征。直到19世纪西方各国出现的罗马复兴、哥特复兴、希腊复兴等建筑形式，都是这一文化趋势的余绪。这也许正是西方传统建筑虽然千变万化，却并没有超出古典式与哥特式这两个基本的形式范畴之原因所在。

西方文化中还有一个显著的特点是对建筑学科学特性的强调，以及对建筑学在其他艺术中所处地位的突显。如斯卡莫齐将建筑学看作是一门科学，其法则就是"理性"。他认为建筑学是所有科学中最有价值，也是最重要的；建筑学独自为整个世界提供装饰，为万物提供秩序，设计工作完全成为一个科学过程；发明就是对于数学的直接应用，形式的创造是通过"构思"而建立起来的，建筑师就像一位无所不知的百科全书的编撰者(见本书第八章)，等等。

(三)西方建筑史上出现了伟大的建筑师，反复论证建筑师的作用与建筑师的培养是建筑理论的重要内容

从这本书中，我们看到了一大批建筑思想家在不同时代的理论走向，如塞利奥、斯卡莫齐、帕拉第奥、维尼奥拉，以及后来的维奥莱－勒－迪克、莫里斯、拉斯金、格里诺、沙利文等等，可谓是群星灿烂。甚至

文艺复兴三杰之一的莱昂纳多·达·芬奇也十分关注建筑理论问题，达·芬奇绘制的人体比例图与维特鲁威用来说明比例问题而绘制的"维特鲁威人"，以及 20 世纪勒·柯布西耶绘制的人体模度图，可以说是一脉相承，反映了西方人在人体与比例问题上的深邃见解。意大利人康帕内拉的《太阳之城》，英国人莫尔提出的乌托邦思想，和后来问世的莫里斯的《乌有乡消息》等书，以及傅立叶和欧文的空想社会主义及其实践，直至弗兰克·劳埃德·赖特乌托邦式的"乌索尼亚"理想，也可以说是一脉相承的，都是对一种理想的城市与建筑的探索与追求。这也反映了西方人在思想理念上所存在的某种关联性。

西方人的这一传统，体现在西方文化中对于建筑师作用的重视与强调。如阿尔伯蒂所指出的：

　　在我看来，能够与其他科学中最伟大的大师们并列在一起的人物，既不是木匠，也不是一般的工匠；手工操作者并没有比建筑师手中仪器的作用更大。我所称之为建筑师的人，从完美的艺术与技巧的角度来说，是通过思考与发明，既能够设计，也能够实施的人；是对于(建筑)工作过程中的所有的部分都了如指掌的人；是通过对巨大重物的移动，对体量的叠加与联结，能够创造出与人的心灵相贯通的伟大的美的人。

他认为建筑师在社会上的作用是无可替代的。

　　我得出的结论是，为了公共的服务、安全、荣誉，及美化，我们应该充分地仰赖建筑师；正是由于有了他们，我们在闲暇的时间里，享受到了宁静、愉悦与健康；而在我们工作的时间，则得到了帮助与效益；但无论在闲暇或工作时间，我们都获得了安全与尊严。

建筑师还应该是(社会)精英中的代表人物：

　　毫无疑问，建筑学是一门十分高尚的科学，不是什么人都可以胜任的。一位建筑师应该是一位天赋极佳之人，是一位实践能力极强之人，是一位受过最好教育的人，是一位久经历练之人，尤其是要有敏锐的感觉与明智的判断力之人，只有具备这些条件的人，才有资格声称是一位建筑师。在建筑师的业务中，如果说能够判断出什么是适当的或是得体的，就是得到了最高的赞誉；因为，虽然说建筑是为了满足需求，同时，功能性建筑既要满足需求，也要满足使用；只有用这样的方式建造，虽慷慨大方而不失于奢侈，虽节俭朴素而不失于屈辱，这才是那些谨慎、明智与受过良好教育的建筑师的作品。

(以上所引三段均见本书第三章)

从如上的引言中可以看出，在西方建筑理论的主要奠基人之一的阿尔伯蒂心目中，是将建筑师所起的作用清晰地定义为人类环境的一个富有责任感的塑造者。而在阿尔伯蒂之后的菲拉雷特看来，建筑师更应该是一个兼有科学家与人文主义者双重特质的人(见本书第四章)。

(四)建筑理论在争论中发展

重视建筑理论的讨论与争论也是西方人的一个特点。任何一种理论，都是建立在不断地争论与完善的基础之上的。西方人围绕建筑理论问题的争论与讨论，贯穿于西方的整个历史，并且从来就没有真正停止过。西方历史上的一些建筑学术机构，如 1671 年建立的法兰西建筑学会，实际上既是一个建筑思想传播的讲坛，同时也是建筑理论争辩的论坛。关于美的主观性与客观性的大争辩就是在这样一个学术机构的平台上展开的。在学会创办的初期，学会工作的重要日程之一就是定期地在学会内部大声地朗读历史上重要的建筑理论文章，并围绕相关的理论问题进行讨论与争辩，并邀请当时的知名学者在学会内部进行讲演。正是由于有着十分开放而内容广泛的争辩、讨论、讲演、著述，使西方历史上的建筑学者们有着充分的话语权，从而使西方人的建筑理论著述极丰，几乎每一个时代，都有其独具时代特色的建筑理论著作出版。而大量建筑理论著作的问世与流布，使得我们能够对西方建筑理论的发展洞若观火，可以清晰地看出其发展的脉络。

例如，巴洛克时期著名的建筑著作是由菲舍尔·范埃拉赫所写的《历史建筑概览》，最早开始了比较世界建筑史的研究，并第一个将中国建筑引入了欧洲人的视野，使建筑与文化的关联更为密切。而18世纪后半叶德国的祖尔策，则将建筑归为"美的艺术"；他以"适用"和"坚固"概念为开端，然后笔锋一转，开始写它们的"效果"："钦佩、敬畏、着迷、庄严肃穆……这都是由鉴赏品味引导的天赋的效果"（见本书第十五章），从而将建筑纳入了艺术鉴赏的审美领域。

各个时代的人不断对建筑提出自己理解的原则。文艺复兴建筑理论家帕拉第奥曾经对我们今日所说的手法主义（Mannerist）提出了苛刻的批评，原因是这些建筑的"莫名其妙地滥用，随心所欲地独创和毫无必要的花费"，以及它们所造成的人为性破坏。在帕拉第奥看来，好的建筑需要的是"简洁"，以达到能够"接近另一个自然"的目的。他认为一座美的建筑也意味着是一座真实而良好的建筑。显然，在这里帕拉第奥代表了新柏拉图主义者关于真、善、美三者相统一的观点。认为任何违反理性的事物，也都是和自然，同时也是和"艺术的普遍与必需的原则"背道而驰的，在帕拉第奥看来，建筑就是理性、简洁、古典（见本书第七章）。

事实上，从文艺复兴时期的帕拉第奥和斯卡莫齐开始，对于建筑的陋习所进行的批评，成为建筑论著的一个常规话题。而这种话题的一个重要内容是对当时流行的"建筑的手法主义和早期巴洛克风格表示了反对"（见本书第八章）。遗憾的是对于巴洛克艺术作理论探索的论文，在这一时期的历史上，却十分罕见。

法国建筑界一直十分注重建筑理论问题，1671年，法兰西建筑学会成立，学会的任务就是通过一些决议并最终形成一些建筑美学的标准。在笛卡儿理性主义哲学精神引导下，一切问题的讨论基础都是以理性为原则的，因为，在这些理论家看来，法国需要的是"普遍的秩序"和理性的完美。

正是通过这些理论争辩与建树，使得西方建筑理论大厦变得充实而丰富。其实，现代西方建筑理论上围绕许多重大问题所产生的歧义与争辩，都可能回溯到其历史的源头之上。因而，对西方建筑理论史的回顾，也是对西方建筑思想发展史的回顾。

（五）建筑与城市的关联

在西方建筑理论中，我们不能不注意到建筑理论的发展与城市概念的引申。从维特鲁威的《建筑十书》中专门论及城市的章节开始，到文艺复兴时阿尔伯蒂名言，"把房屋当作一个城镇，把城镇当作一座房屋"（the house as a town and town as a house）。15世纪的建筑理论家菲拉雷特，在他的著作中所描述的斯弗金达城是第一座经过完整规划的，有着更多图示材料的文艺复兴式"理想城市"。他在书中所描述的不仅是这座城市的布局与形状，而且也包括城市所坐落的地理环境景观（见本书第四章）。后来的迪·乔其奥沿袭了维特鲁威人体测量学的观点，认为每一种艺术与计算都应该从比例优雅的人体中演绎而来。他在他的建筑与城市理论中运用了有机性术语进行表达，例如，他谈到了"城市的身体"，认为城堡作为城市中"最高贵的组成部分"，应该处理得像人的头部那样（见本书第四章）。

文艺复兴时期的艺术大师莱昂纳多·达·芬奇的建筑思想中，特别涉及了他在城市规划方面的创造性思想，在经历了1484-1485年的大瘟疫，米兰公国丧失了1/3人口，这促使达·芬奇详细阐释了他的城市规划概念，这一概念就是基于分散原理、城市发展，以及卫生学等方面基础之上的城市规划理念。他为一个有运河穿越的滨河城市，采用了网格式的平面布局，并采用高低不同的标高，形成各司不同功能的城市立交，以及专门的垃圾运送通道构想等重要思想。可以推测，达·芬奇所做城市规划的前提，明白无误地是功能性的：优先考虑的问题是如何将不同种类的交通分离开来，以及卫生设施的设置等问题（见本书第四章）。

文艺复兴的"理想城"理论与思想发展无疑也是很值得重视的文献。与塞利奥大约同一时期的卡塔尼奥，将城镇规划第一次描述为建筑的中心任务，他认为："建筑学最为杰出的方面，无疑是有关城市的种种处理"。他的第一书详细论述了城市中建筑基址选择的标准，并进一步运用象征学方法，表达了他对正方形和正多边形平面的青睐。他还喜欢使用棋盘格系统，大教堂和那些最重要的建筑物，占据了中心部分的方格。与迪·乔其奥一样，他也把城市比作人的躯干，如果加上四肢，它就会本能地渴求一个完美的造型比例（见本书第六章）。

16世纪的德国人丢勒的筑城理念把筑城的实践观察和理想城市的乌托邦构想结合在了一起（本书第九章）。博洛尼亚的德·马奇设想筑城设计与城镇规划应当是一项相互协作的任务，建筑师在其中的角色是制定规划并监督建造过程。16世纪英国人托马斯·莫尔的乌托邦中也包括有建筑与城市规划方面的思考。此后的培根所写的《新亚特兰蒂斯》则从功能主义的角度出发，对 100 多年前莫尔提出的乌托邦作出了回应。1822 年托尼·加尼耶(Garnier)设计的"工业城市"，是"第一次从整体概念直到单体建筑进行综合设计的尝试"。而20 世纪由勒·柯布西耶进一步提倡的"现代都市规划"，尽管被本书的作者批评为是"人们曾经写过的有关建筑理论最为糟糕之书，影响了城市规划 20 年，甚至闯进雅典宪章中"，但是，无论在建筑与城市规划中，其影响都是相当巨大的。此后的意大利未来派建筑师安东尼奥·桑特埃利亚(Antonio Sant'Elia)在 1914 年 7 月 14日发表了未来派宣言，并附有大量关于"新城市"的描绘，在这篇宣言中，一个新的观点是，认为未来派建筑具有某种暂时性的观点，并将每一代人都必须建造他们自己的城市的原则结合了进来："房屋并不像我们所想像的那样持久，每一代人都将不得不建造他们自己的城市"(见本书第二十七章)，以及赖特的"城市疏散主义"，沙里宁的"有机疏散论"，乃至诺伊特拉的建立在一个严整的网格规划和交通体系基础之上的快速城市(Rush City)方案(本书第二十九章)等等，说明建筑观念的展拓与城市观念的建构是人类社会发展的必然结果。在大规模建设中的中国建筑师更要意识到西方建筑发展的这一历史现象。

在本书里，作者还用了专门章节论述欧洲园林概念从 16 世纪至 19 世纪下半叶的发展变化，并涉及 1772 年曾经来过中国的钱伯斯(T. W. Chambers)所写的《东方园林论》一书对西方的影响，特别是西方园林中借用中国造园思想而创造的"疏落有致"(Sharawadgi)的园林概念，以及对园林中"如画风格"的追求(见本书第二十章)，都反映了中国古典园林对于西方园林艺术曾经产生过的影响，对此我们应予以重视，这里就不多赘述了。

(六)现代建筑革命，现代建筑之后的徘徊歧路

开始于西方世界的现代建筑运动实际上是一场全新的革命。这样一场建筑革命的发生，首先是因为技术上的进步，材料上的发展。人们从传统的建筑材料：土、木、石中渐渐挣脱出来，面对了崭新的建筑材料：钢、混凝土、玻璃。新的材料与新的需求，以及新时代人们崭新的精神追求，使 20 世纪西方建筑呈现了前所未有的创新与变革。当然，从建筑理论史的角度来看，这样一个变革也需要经过极大的努力，新思想经历了较长时期的酝酿，也存在过相当顽强的抵触和曲折的认识过程，在这一过程中，即使是一些具有新思想的建筑师，也会为旧有的手工业的技术与工艺，逐渐失去往日的光焰而大感困惑。19 世纪末的一些建筑理论家，在追求新思想的时候，其基本的出发点却恰恰是想保持住古老的手工工艺，就是这样一种历史现象的反映。例如，在 20世纪初，"德意志制造联盟"显示了新思想发展中多种矛盾交织的阵痛，显示"经济与艺术之间的矛盾从来没有缓和过"这一基本事实。新的时代、新的技术、新的材料、新的艺术观念，以及西方人在哲学与理论上的新探索，使得西方现代建筑形成大体完整的体系，其光彩照人的新篇章，有其自身独特的美学思想与理性思维逻辑。但是，需要特别提出的一点是，现代建筑对于传统的割裂与排斥，其实也埋下了某种否定自身的种子，例如在上世纪 40 年代后期即开始引起社会学家芒福德等人以"地区形式"对"国际式"的批判，等等。

现在的世界已经远远不同于传统的世界，在现今的世界上，没有哪一种文化能够在不受任何外来影响的情况下孤立地发展，中国的情况也不例外。事实上，由于中国近代从传统向现代转型的过程比较复杂，也比较缓慢，中国对西方建筑理论与实践的了解原本就比较少，加上上个世纪 50 年代以来的一度与外界隔绝，西方现代建筑理论在中国并没有造成很深的影响。到了 80 年代，中国的国门洞开，忽然面对的却是一个全然不同于50 与 60 年代现代建筑运动风头正盛的世界。比如，当时的中国人还没有充分消化西方现代建筑运动的理论内涵，西方人却突然在那里匆忙地宣布"现代建筑已经死亡了"，其结果是搞得我们束手无策。

由于纷繁复杂的西方现代哲学的冲击，西方社会在文化、哲学与思想理论领域，出现了前所未有的多样化与分散化的情景。这本来是一件好事，是当代西方文化的一个重要特点，但这显然又是一个变化过于快速，但却始终不很成熟的时代。不成熟的结果就是混乱。事实上，20 世纪最后 20 余年的西方建筑理论出现了十分多样与混乱的局面。这种混乱与不成熟，也反映了这一时期西方建筑理论的肤浅。比如，由于西方现代建筑在兴起的过程中，一度背离了传统，随着现代建筑运动的发展，这一日益远离传统的做法，在一些人心理上造成了一种逆反，结果就出现了某种盲目地回到传统的做法，其表现就是西方后现代建筑的流行。其实，后现代建筑的某些做法，即使是一些赞成传统的人们也不是十分认同。

诚如前述，20 世纪西方现代建筑在理论上呈现了较为多样的形式，出现了许多思想与流派，从新艺术运动，到风格派建筑，以及功能主义、极少主义、表现主义、未来主义、结构主义、文脉主义，和理性主义、新

理性主义、后现代主义、解构主义，等等，万象纷陈，炫人眼目。对当前种种现象，可从两个方面来看：第一，人们关注的核心点也仍然不外乎功能(实用、经济)、形式(美观、艺术)、结构(材料、高技术)、意义(历史、象征)等一些最基本的东西；第二，其积极求新精神，仍有难能可贵之处。

当然，由于这本书完成于20世纪80年代，而作者又不幸早天，因此，从书中还不能够充分窥悉20世纪最后十余年西方建筑理论的全貌。在这本书问世之后，也就是20世纪的最后15年中，正是西方建筑思想的一个转变期，出现了许多新的创作思潮与理论著述。要了解最近20年西方建筑理论发展的情况，我们还需要进一步阅读那些最新的西方建筑理论著述。但从本书的字里行间，读者可以注意到，对一些当代著名的建筑师，如文丘里、穆尔、菲利普·约翰逊、彼得·布莱克、查尔斯·詹克斯，以至于克里斯托—弗·亚历山大，等等，既追溯了他们思想的来龙去脉，公正地指出其中的敏锐独到之处，又一针见血地指出他们主观夸大的风格，以及对历史材料的肤浅运用。如认为菲利普·约翰逊"将历史形式作为纯粹形式而自由地进行游戏却不注意政治与社会的文脉背景"，"他已将他的全部兴趣投入到纯粹形式之中"；又如对文丘里，在肯定其《建筑的复杂性与矛盾性》一书之余，批评其《向拉斯韦加斯学习》一书中的"结论都是非常值得怀疑的。对新的建筑象征主义的探索，却采用一种武断的方式……把那些平庸的象征等同于以往时代的象征主义"(见本书第三十章)，等等。这些实事求是的分析可以揭开习惯的概念面纱，使我们对西方大师有较为接近实际的认识。

对于这种把建筑被看作是一种技术和形式问题之现象的批判，亚历山大·楚尼斯教授指出：

> "近年来在国际设计领域广为流传的两种倾向，即崇尚杂乱无章的非形式主义和推崇权力至上的形式主义，形成了强烈的对比。非形式主义反对所有形式规则，形式主义则把形式规则的应用视为理所当然；尽管二者的对立如此鲜明，但在本质上，它们都是同出一源，认为任何建筑都是孤立存在的，并且仅仅局限于形式范畴，出于获取愉悦、表达象征，或者广告宣传的目的。大量的先进技术手段，被用于满足人们对形式的热烈追求，这已成为时代的一大特征，从分析形式的风格和类型，到表达复杂形式的构成，再到最奢华的形式梦想，其中的技术手段从来没有像今天这样地先进和发达，也从来没有像今天这样屈从于对形式主义的幻想、好奇和迷恋。"(亚历山大·楚尼斯.广义建筑学：一种现实主义的建筑道路.《北京宪章·序》)

将这种现象称之为徘徊歧路，并不为过。

(七)回归基本原理——向往新的纪元

到了20世纪晚期，面对形形色色、莫衷一是的 "主义"与"流派"，我们不妨看作是发展的过程，一些学者甚至直言不讳地提出要"回归基本原理"(Back to the basic)，"混沌求序"(Order within chaos)，并将这一概念写入1999年国际建协第20次大会所通过的《北京宪章》中，希望澄清建筑理论上这种纷繁不一，甚至混乱的状况。

什么是基本原理，为什么要回归基本原理？阅读完本书的读者，必然会有更多的思考，可以得到相应的结论。建筑的基本要素无非是功能的满足(实用、经济、安全等应属于基本的功能要求)，科学技术的善为运用(手段进步了，作为扩大了，破坏性也随之扩大了)和完美形式的创造(怎样在"乱中求序"，达到建筑环境的和谐有序，怎样像保护生物多样性一样保护文化的多样性，为了本民族的、地方的文化基因的发掘与发展……)，对此各个时代都在讨论，赋予新的内容，建筑师要有职业伦理，建筑业必须巧为利用地球自然资源，人类文化资源，以自己的聪明才智求得在复杂条件下，在各种基本要求满足下达到完美艺术的创造。几千年的西方建筑史是逐步形成的，它的理论也是逐步建立起来的，我们今天的时代要在完善它的功能要求下，剖析莫衷一是的各种主义，对言之有理，持之有故的方面，寻求辩证统一，未始不能；汲取多学科、多文化的营养，发展新的理论，探求新的形式，书写新的一页。

(八)翻译引进西方理论著述十分必要

中国正处于一个建设的高峰期，我们面对了中国有史以来建设量最大的历史时期。因而，我们也面对了比以往任何时候都要繁重而艰难的责任与重担。我们应该留给后人一些什么样的建筑遗产，我们应该为民众创造一些什么样的城市景观，这些都是我们这一时代的建筑师所时时面对的问题。一个负责任的规划师、建筑师是不可能对自己规划设计了些什么，这些规划设计作品对当代与今后的社会与文化产生了什么样的影响视而不见的。在面对这样一个复杂纷繁而我们又肩负历史重担的时代，建筑师们更应该充分地充实我们自己的理论修养，也更应该认真借鉴西方发达国家已经走过的城市建设与建筑创作的探索之路，要尽量避免走那些西方人已经走过的弯路，也要尽量学习西方人在现代建筑中所创造的城市与建筑方面的经验。基于这样一种理由，对西方建筑理论著述，特别是系统地研究西方建筑理论思想发展过程的著述，就显得是十分必要的了。

对于这样一部洋洋大观的理论性著述进行翻译，没有相当的毅力与功力，是不敢轻易涉足的。我们要感谢译者王贵祥教授，在他还是清华学生的时候，在进行国家图书馆方案设计时，我们曾在一起，他是一个好学深思的人，曾追随莫宗江先生治中国建筑史学，后来又关注中西建筑思想与文化的比较研究。在国外进修期间，他特别留意了西方建筑理论与建筑理论史方面的著作，为了弥补国内在建筑理论及理论史研究与译介方面的不足。他能够知难而进，经过近三年的不懈努力，终于将这本书呈现在了读者面前，使我们对西方建筑理论的历史有了一个比较宏观和全面的了解。这对于促进我们自己的理论思考，无疑是会起到一些促进作用的，其中有些真知灼见与警句很能发人深思。据我所知，他还正在承担着一套两册本的西方建筑理论著作的翻译工作，书名就是《建筑理论》，这是一套系统论述西方传统与现代建筑思想中的种种概念与范畴的理论性很强的著作，我希望这两册即将问世的译著与我们面前的这本书能够成为一个系列，使我们的读者更能增加在建筑理论问题上的兴趣与热情。承王贵祥教授之嘱，要我为这本书的中译本作序，我认真仔细地读完了全书的译稿，深感获益匪浅，不禁思绪万千，希望我们的同道能够充分关注建筑理论问题，若能以此书的出版为契机，更为广泛地涉猎拉丁美洲、澳洲以及我们所在的亚洲，特别是日本、印度等多元文化的成就，融中外建筑理论之长，提高中国社会的建筑理论之修养，进一步繁荣中国的建筑创作，则觉幸甚。

二

读完这部理论史著，我深感中西方在建筑学术发展上的差异，当然不能不联想中国，"他山之石，可以攻玉"，并由此联想到了中国建筑发展的道路问题以及提高建筑理论修养之重要与迫切。

（一）中国有辉煌的建筑文化遗产，但理论"富矿"尚待"发掘"与提炼

在中国历史上，建筑理论的发展并没有像西方那样，在漫长的历史时期中形成一整套较为完整的体系。当然，这并不是说，与西方相比，中国建筑文化显得低下一些，全然不是！否则就无法解释中国古代数千年从名都大邑到各类城市，再到分布各地的集镇村落之一脉相承的发展，也不能解释从宫殿、寺观到坛庙、祠堂，乃至村舍、民居，蔚为大观的中国古代建筑成就是如何产生并形成体系的。不过，这些成就虽然见诸于遗存的实物，也见诸于历史文献的字里行间，却并没能整理成为系统的文字专著。中国历史上流传下来的建筑著作几如凤毛麟角。隋代的宇文恺经营大兴、洛阳，其功甚伟，可惜记录有限。宋代的《营造法式》是一部官书，在一定程度上反映了历史的传承，例如其中可能包含有已经失传了的喻皓《木经》的点滴余绪，循此可以解开古代建筑构造体系的密码，因而具有极高的历史与学术价值，但这毕竟不能算一部理论性的著述。明代的《园冶》可以说是一部罕见的，具有独特中国思维特征的园林、建筑著作，作者是一位文人士大夫，具有创作实践经验，因此这是一部用优美的文字阐述了在世界上独树一帜的中国古典园林的学术性著作，其丰富的理论内涵，不仅对园林艺术，而且对建筑、文学、绘画都有一定的借鉴意义。然而，令人感到可惜的是，在中国历史上，这一类的理论著述实在是太少，太分散，太难得了。

尽管中国有建筑、陶瓷和纺织三大技术，有如赵州桥等很早领先于世界各国的技术创造，但中国古代没有把经验上升为理论的需求，缺乏把经验上升为理论的方法。*

造成这一情况的原因是多方面的，中国历史上当然不乏能工巧匠，但是他们没有社会地位，虽然常常匠思独运，却不具有能够书写的文化，而把握着话语权的中国古代的文人士大夫们却将工巧技艺看作雕虫小技，又不齿于为工匠们著书立说。因此，中国历史上有不少名城赋、名楼赋，有大功告成大宴宾客的诗词名篇，留下

---

* 张雁　严恺.中国近代科学技术落后的原因与未来科学技术发展展望.世界科技研究与发展.第24卷.第2期.

了对巨构奇巧富丽的赞语，甚少有较完整的与建筑相关的文字记录，更谈不上理论学术性的煌煌大著了。朱桂老等先生曾将这些零散记录辑于"哲匠录"中，使人们能够一窥历史上的那些点点滴滴的深邃哲思。不过，即便这些经过辑录的文字，也是语焉不详，甚或挂一漏万。这种情况的根本改变，仅仅是近百年的事情。随着西方的建筑学术理论方法，进入建筑教育、建筑创作与建筑史学研究领域，并经过了建筑领域学术先驱们的披荆斩棘，其开拓之功将永远留诸史册。薪火相传，经过了几代人的努力，特别是改革开放之后，伴随建筑史学的发展、建筑文化丛书的编纂、地区建筑的发掘、建筑美学理论的探索，古代建筑世家"样式雷"的研究整理，等等，如今建筑理论与历史研究已经呈现一片繁花似锦、欣欣向荣的局面。尤其引人瞩目的是近些年陆续问世的中国古代建筑史中的断代史、专题史的研究编撰，同时，在建筑文化丛书的编撰出版，民族与地区和乡土与民居建筑的考察研究，以及中国近、现代建筑史的探讨与总结等方面，都出现了许多令人可喜的成果。

尽管如此，我们还是要有更多的期待：第一，我们还没有深刻揭示出诚如李约瑟所指出的中国设计理念的高度条理性、结构性、分析性与综合性。对此，李约瑟的治学精神和浩瀚的贡献，深感激励。第二，目前的研究还不足以从理论上协助解答当前现实建设中的矛盾与出路；第三，我们还未能更为广阔深入地比较中西建筑文化……。因此，我们还需要进一步加强建筑理论与建筑文化的研究，包括城市史学、古代建筑和历史文化名城保护理论与方法、地区建筑与乡土建筑，以及加强建筑评论等等，以期能够为推进建筑创作与城市规划、城市设计、园林设计等建设实践工作的深入，提高对中华建筑文化特色的发掘，以及理论创新思想体系的形成。

回到建筑理论问题上，一般说来，我们所缺的课太多了。第二次世界大战以后，一度是西方建筑理论的繁荣期。在 1950 年代以前，为数不多的中国建筑师并没有切断这种联系，他们能够出入国门，也能够看到西方的书籍、杂志等。在此之后的一个时期内，与外部学术的沟通几乎断绝了。当然，对于学习苏联我们毋庸全盘否定，因为对于当时的基础提高毕竟有所帮助。*

（二）20 世纪 50 年代之后，中国建筑理论发展的曲折道路

中国建筑理论发展的迟缓有其社会的背景，即在 20 世纪 50 年代的建国之初，在重大的政治经济社会变革下，整个社会在中与西、古与今的时代漩涡中挤撞，建筑也不例外，久怀理想的知识层们都希望能够一展宏图。梁思成先生在"民族的、科学的、大众的"这一旗帜下，提倡建筑的"民族形式"，在当时的爱国激情下，理论固有偏颇之处，结果被批判为所谓"复古主义"、"唯美主义"、"形式主义"等等；张鎛大师在一次座谈会上面对当时的建筑学会理事长、建工部副部长，不无幽默地说："今天批一个'主义'，明天批一个'主义'，弄得我下笔没有主意了"，一语道出了当时设计者莫所是从的心态。在 1958 年为迎接国庆十周年而启动了十大工程之后，设计者一时缩手缩脚的情况显得更为突出，虽然有关方面一再动员设计者们要解放思想，要古今中外为我所用，甚至还提出"大屋顶也可以用"等，工程设计在进行着，各种议论纷纷纭纭。1959 年的上海建筑艺术座谈会就是在这样的背景下召开的。这个会开得很开放，几乎所有建筑界的代表人物都被邀参加，大家踊跃发言。当时的建工部长刘秀峰也很投入，阅读有关书籍文件，会上倾听发言，夜晚准备报告，并委托工作班子邀请部分学者答疑，最后以"创造中国社会主义建筑新风格"为题，作了总结发言。这是建国以来政府官员与建筑专家进行交流，并结合自己的理解所作的最好的理论总结。这篇报告在建筑界的反映是积极的，后来又展开了有关风格问题的讨论，一时间建筑理论的热情空前高涨。然而，这一切又被随之而来的"大批判"所扑灭。随着急风暴雨式的文革运动的到来，批判更加变本加厉，甚至刘秀峰本人亦未能幸免。后来，在武汉的鲍鼎老师给我来信，告知他为写了有关"风格"问题的文章而遭批判，字里行间依然可以感觉到心有余悸。回顾这段历史的曲折道路可以看出，建筑学术的发展固应该有批判精神，更需要有技术专家与社会人士的广泛参与，但这必须是在科学的、有学术研究的基础上展开的，任何简单化的处理，非但不能够发展学术事业，完善建筑理论，反而会对理论的探索起到消极阻碍的作用。

（三）改革开放后，前进中的困惑

20 世纪 80 年代以来，中国改革开放以及经济体制的转型带来了经济的迅速发展，以及城市化进程的加快

---

*此节就建筑理论发展而言，并不涉及对这一时期的全面评价。

与房地产业的兴起，等等，这一切都极大地影响了建筑业的发展，也带来了建筑事业的兴旺。渐渐地，国际建筑师瞄准了中国这一巨大市场的吸引力，纷纷前来"抢滩"，从而也打破了原来公有设计院一统天下的局面。旧的体制制度，旧的建筑标准价值观等被打破了，亟需建立新的体系。新体系的建立固然应该立足于实践的基础之上，但理论的建设也应是不可或缺的。

事实上，无论中外，都有一些人，包括一些建筑设计领域的大家，不太爱看理论书籍，习惯于从形式上看问题（当然，形象上的艺术性在建筑中始终是很重要的问题，建筑大家不谈理论并不等于没有见解、修养与水平），但一般不求甚解，对于建筑上呈现的五花八门的现象，以自己直观的好恶为取舍。在当前建设急剧发展，设计过程匆忙，创作风气浮躁的情况下，面对理论的空缺，人们感到了茫然，从而出现了与 1950 年代截然相反，却又似乎有些相似的，即为种种西方流派所困惑，在并没有任何"主义"的帽子扣压下，呈现出另外一种"下笔没有主意"的现象。我心情沉重地把话说得重一点，这种现象的出现是一个悲剧，是理论的迷茫与思想的贫困，是对我们长期轻视理论思维的一种惩罚。

我过去一向认为，像我国当前这样快的发展速度，这样大规模的建设量，必然要出现第一流的建筑理论、建筑精品、建筑大师，现在看来，理论上应该如此，并不以为过，但也急迫不得。在对中国现实情况作了粗略的分析之后，我们一方面看到了建筑事业各方面的进步，并不乏成功之作，人才逐步浮出水面，新事物萌生，但我们的学术理论空气仍是太沉闷了，建筑评论、方案评审并未多涉及理论问题，这也触及了当前阻碍我们建筑创作水平提高的深层原因，包括体制、社会认识，等等，其中整体理论水平的缺失，不能不说是关键问题之一。然而，问题的解决也不可能一蹴而就，需要"回归基本原理"，进行理论的基本建设，而当前建筑界针对所费不赀的"畸形建筑"的频频出现，土地、资源的浪费，不切实际、与国力不相称的高标准，因而重新引起的有关"实用、经济、美观"的讨论，其用意是良善的，而其声音却也是软弱的。这种现象如不及时唤起建筑学术界代表人物足够的注意，这是难以向历史交待的。

(四)迎接中国建筑文化的复兴需要建筑理论的繁荣

综上所述，中国有着非常丰富的遗产，可惜基于历史原因，对历史传承与理论总结与开拓明显不足。1950 年代以来直至文革，我们走过了曲折的道路，频繁的批判之后所造成的思想混乱与理论真空，至今仍然存有后遗症；而在改革开放之后，由于一度与西方建筑在学术沟通上的中断，中国建筑界的许多人，对西方现代建筑的理论与实践，都缺乏全盘而贯通的了解，忽然又面对了所谓"现代建筑已经死亡"的尴尬局面，以及蜂拥而至的 20 世纪最后 20 年西方建筑理论领域中虽然驳杂却并不成熟的学派纷呈、莫衷一是的表面繁闹现象，使得中国建筑师，包括有才华的青年一代，一时间变得无所适从。近些年来在建筑史学、建设实践方面虽然有可喜的发展，但还不能说对我们的理论建设起到了足够的影响。

探索中国建筑文化的前进道路，应该要与对西方学习借鉴，包括在建筑理论方面的学习，并要与对中国文化发展方向的探索和实践总结联系起来考虑，以求我们所面临的时代任务进行战略思考。具体说来：

第一，我们在谈论要活跃自己的理论思维时，一般总是希望注意不要陷入盲目跟风、追求时尚的误区，更不要把建筑等同绘画和雕塑一样纯艺术的东西，从而过分热衷于某种有悖理性或不合逻辑的新潮或前卫。但是，这些诚恳的话往往难以被人们（包括我们社会与青年学生）接受和理解。相信读者若能对理论多花一些功夫，例如对这本西方建筑理论史著作加以细心的研读，多了解一些在各时代发展过程中引起的建筑思想的变化与论争，就能透过前人的一些智慧与迷惘，来审视今天所面临的问题。

第二，当今经济全球化时代，文化多元与交融是必然现象，并会日益趋明显，对此需要提高认识，不断剖析全球的大趋势，对动态的发展有所察觉，增加对新事物的敏感，汲取其有益的东西，同时还要积极地、深入地发掘民族的、地区的建筑文化。传统文化可能是创造的源泉，例如对比西方建筑理论的发展，建筑、城市规划与园林并行发展，而中国从古代秦汉都城起，就趋于整体发展，这种整体观念可视为优良的、独具特色的传统（李约瑟早就提出要恢复中国的自信心，中国是一条流入近代科学之河的同等重要的支流，从而更正了对中国的忽视）。我们应该确信，中国建筑文化对于世界建筑文化的发展过程终将会是大有所为的。从上世纪 30 年代起对江南园林的发掘，40 年代起对"四川民居"、"浙江建筑采风"等民居的研究，到今天对"地区建筑"的发掘与创作的探索所取得的成果，都足以证明这一点。

第三，尽管我们过去走过了曲折的道路，而且直至今日仍然存在着不少困惑，摆在中国建筑师面前的人口众多、资源贫乏、地区发展差距、城乡差别、社会不同阶层居住水平差距悬殊等种种问题，既困扰着我们，又激发我们对切合中国实际的、不同于西方的道路的探索，我们不能丧失信心。创造有中国特色的社会主义文化仍然是中国文化发展的必然趋势与未来走向。关键有待我们如何作为，当前中国建筑文化的深入发展，也必然会留下与这一趋势与走向密切关联的深刻烙印。

第四，以上是就中国建筑文化发展战略道路而言，而不仅着眼于建筑形式，建筑形式是多方面因素、多种条件发展的表现，不可能主观地预为设定，需要随时代、随条件的变化而赓续创造，而与环境协调、和而不同、违而不乱、体现文化、求实精神等倒是不易的基本原则，应予以恪守。

我们肩负着中国文化复兴的时代重任，要完成这一任务，需要经历长期而艰苦的努力，而提高建筑理论修养与水平，无论如何，是我们所必备的基本条件和素质。我们并不能够要求每一位专业工作者都成为理论家，因为如前所云，无论中外都有一些非常出色的大家，他们甚至无意涉及理论问题，例如本书就批判了 1945 年以来的美国建筑倾向："相对于实际建造的建筑而言，理论问题通常只是处于次要的地位"，"最为成功的美国建筑设计企业都是将技术与形式结合在一起来构造房屋的，对理论问题缺乏必要的关注"（见本书第三十章）。但是，在实践与理论方面并行发展者也大有人在，如果一位建筑师既能够有出色的作品问世，同时也能够有发人深省的理论建树，其"立言"就更能入木三分，岂不更能够为世人留下一份弥足珍贵的遗产吗。为此我们寄希望于同行专家与青年学者。当然，不仅专业工作者要提高理论素养，还需要全社会来提高建筑文化水平，《北京宪章》曾建议提倡"全社会的建筑学"，这包括建筑鉴赏水平、建筑理论修养与建筑决策水平的提高。正是在这部《建筑理论史》中曾谈到了，"在 17 世纪晚期由非建筑师完成的建筑论著在法国建筑理论中变得越发重要起来"（见本书第十一章），这给予我们以极大的启示：在新世纪的城市化进程中，面临新的建筑发展潮流，我们一定要推动提高人们包括建筑文化在内的文化自觉、文化自强与文化自新的意识，从而引发全社会对建筑理论与建筑文化的重视与参与，最终达到提高全民族建筑文化意识的目的。

（五）树立东方建筑文化发展观，立足世界建筑之林

需要特别明确的是，无论东方与西方建筑文化，都有其精华与糟粕，这需要以清醒的头脑与刻苦的努力加以鉴别，并扬长避短，为我所用。我们必须清醒地意识到，我们对于西方建筑及其理论，特别是对其理论发展的历史脉络的了解，还很肤浅，而且现代某些形形色色的理论还在其发展过程中，本身每每就很肤浅，今天我们的许多创作在很大程度上还停留在漫无目的地模仿与重复，缺乏理论，甚至缺乏理论探索的意识，走着某种形式主义的道路，或者说是一种非形式的形式主义，甚至是一种盲目的跟风。

要改变这样一种情况，就要在学习与了解西方建筑理论与历史的过程中学习他们的历史经验，关注他们所争论问题的焦点，认识到在文化继承的基础上，创造才是各个时代的主旋律，从而不至于被某些多少有点扭曲了的所谓"主义"而一叶障目，窒息了自己的创造才智。要扩大对建筑的视野，关心研究泛建筑专业圈对人类居住问题的探索，以及对当前建筑发展道路的新思考等，还要学习与研究中国自己的哲学思想，总结这半个世纪以来自己实践中的成绩与教训，逐步找出并创立自己的建筑理论脉络与体系。当然，这种可称之为"自主创新"的道路，还需要一个漫长的时间。好在面前这部鸿篇巨制为我们勾画出了西方建筑理论历史的大致轮廓，对于我们了解西方建筑理论的发展与得失，能够有一些助益。当然，必须认清的一点是，西方并未终结，也并非终结真理，而我们的时代却正处于宏伟的开始，面对这样一个伟大的时代，在汲取他人之长时，要能够辨中西之别，通古今之变，从而建构我们中国自己的建筑理论体系，这对于我们的理论提高与创作实践都会有很大的帮助，这也许就是本书对于我们的真正意义与价值所在。

2005 年 2 月 28 日

导言　什么是建筑理论？

为建筑理论的概念提出一个相对客观的定义，应该还是可能的，但是，这可能要冒一点陷入某种非历史性 〔13〕
的风险，因为，我们需要假设这一术语可能具有某种恒久不变的意义；确定这样一个定义的标准也需要经得起
历史的考验。但是，每一个历史阶段的建筑理论，恐怕只适用于它自己所属的这个历史时期。而且，这样一个
定义应该具有某种一般性特征，也就是说，如果像它所被称之为的，或它的定义中所应该承担的，既然是建筑
理论，那就应该适用于任何地点、任何事物。因而，一个人研究这一课题的时间越久，就越会意识到，这样一
个抽象的、绝对的定义，是既不具有实践性，也不具有历史的无可争辩性的。

然而，如果我们把建筑理论的历史看作是历史上那些有意识的理论的表述，例如，以文字的方式记录下来
的建筑思想的历史，那么，我们就可能在一个较为狭窄的意义上，接近这个定义。首先，人们乍一想来，就会
觉得仅仅依赖一些文献资料的来源恐怕还站不住脚，因为，人们总会想像，一种理论不仅应该写在纸上，而且
应该通过实际建造的建筑物来对自己加以验证。这一顾虑也同样适用于那些已经遗佚的文字材料，除了维特鲁
威这样一个例外之外，我们已经不可能看到一个古典时代建筑理论的全貌。在这样一种情况下，人们会不得不
发问：在多大程度上，一种理论可以从历史上残存下来的建筑中推演出来。在这里是没有什么众口一词的意见
可以依托的，就像我们所看到的人们对于希腊建筑或哥特建筑所作的各种不同的解释一样，这些解释告诉我们
更多的是作者的立场，而不是解释本身。所有的建筑物都是基于这样或那样一种原理而建造的，但是，这些原
理之间并不需要什么必不可少的联系。从技术上讲，一个人可能重建这些原理，但是，这个人却不可能体验那
些隐藏在这些原理之后的内心状态。例如，哥特建筑一直被从两个截然相反的方面进行解释，一个极端是纯粹
功能主义的，另外一个极端则是先验主义的。我们发现我们自己实际上是在艺术风格史与一般艺术史之间徘
徊。这是一个层层缠绕的茧壳——关于建筑的历史分析，一涉及隐藏于建筑后面的理论问题，我们就会是一头
雾水。那些有关建筑比较的研究与分析，提供给我们的是某种建筑惯例方面的知识。从原理方面来说，一种建
筑理论不一定需要用文字记录下来，但是，历史学家们却不能不依赖那些文字的记录。因此，出于实际的考
虑，我们可以说，建筑理论与有关建筑理论的文本是同义词。

的确，即使对这一概念进行了如此狭义的限定，建筑理论仍然保持了它所具有的历史过程的一面，而且观
察者本人就是这个过程的一个组成部分。正如对于概念的定义没有一个客观的标准一样，对于判断的形成也没
有一个客观的准则。

这一点导致了需要我们以他们自己的前提与原有的目标来理解历史体系本身的问题，在我们能够比较与描
绘一幅历史发展的轮廓之前，允许我们推测确实存在着某种确定不变的要素——或者，也许仅仅是一些与这种
要素有关的由历史所确定的范式而已。每一种理论体系都需要根据它自身的对象来加以判断。有两个我们必须
提出的问题，一个是：什么是这一理论体系的目标？另一个是：这一理论体系是为谁提供的？

对笔者来说，一种进化论的或实证主义的发展观念，并不是必不可少的。发展通常是某种新的需求或新的 〔14〕
技术的结果，虽然，这些需求与技术本身，可能也是某种纯粹的知识性理想的表达。人们不能想像，历史发展
的前进步伐是与建筑理论水平的不断提高相伴而行的。事实上，知识的停滞，或是失于陈腐，也是常常可以观

测得到的现象。以笔者的拙见，自然规律的存在，不必征得人们的认可，也不可能从历史的经验中被演绎出来。因此，建筑理论的发展不可能以一种像在沃尔夫林(Wölfflin)提出他的"基本概念"之后，已经演变成的一种广为人们接受的艺术史方法那样，被理性地演绎出一套规则。

如上比较注重实际的定义，可能是惟一容易被历史学家理解的定义。但是，新的困难接踵而至。建筑学的理论概念，很可能会在十分复杂的文学上下文中被发现；我们不能将注意力仅仅限定在那些没有其他主题影响的理想的来源之中。因为，我们常常可以发现，对于这一主题的观察，与对艺术理论的一般性讨论不相协调。在艺术理论领域中，建筑学仅仅是一个方面，是更为宽泛的课题的一个部分，例如，有关比例的思想就是一例。因此，我们可以发现包含在艺术理论的一般性讨论之中的无数个建筑理论问题，尤其是当我们将着眼点放在面对所有艺术，如何创造一个可以理解的分类时更是如此。艺术理论，和美学——对于美学而言，艺术理论只是一个分支——这两者都是认识论的一个方面。因此，我们关于建筑理论的知识来源是多元的，没有理由去限定一个提问的范围。甚至，有关这一主题的较狭窄意义上的作品，也有它们自己的美学、哲学与意识形态方面的基础，如果这些作品的历史地位已经被确立了起来，这些基础就需要加以考虑。在实践中，这一点并不总是能做到的，因为许多建筑学方面的作者，并不具备哲学方面的素养。

这一主题的另外一个方面涉及以什么态度去适应那些在建筑学中可能遇到的实践性问题——建筑的构造、材料与使用等方面的问题——这些问题也应该在建筑理论领域占有一席之地，因为这些问题构成了任何理论思考的前提。这里必须决定的是，在什么程度上涉及这些问题，如果是包罗万象地谈论这些问题，仅仅这些特殊的技术与构造问题，就足以带来像这本书一样庞大的一个纲目体系。然而，对我们而言，主要关心的还是思想与动机问题，在展开这些论述之前，需要确定这些技术问题对于那些特殊的理论问题究竟有多么重要。

那些声称是建筑理论的研究课题的绝大多数，都是在试图将对于美学、社会学，与实践方面的考虑，结合进一个完美的整体，他的重点既可能放在理论方面，也可能放在实践方面，这取决于作者是否抓住了那些与建筑的目的与可能性密切相关的问题，是否能够促进问题的解决，或者是否——常常是在理论上缺乏兴趣的——他的兴趣仅仅是提供一部建筑实践指南性的手册，这些手册常常是用了实例汇编的形式。在很大程度上，这也取决于作者本人是否是一个建筑师，以及他是为谁而写作这本书的。这些手册类的汇编，往往都是整本整本地充斥着图版与照片，罗列出种种建筑的实例，以及作者自己孤芳自赏的理想范例，通常还附加上一个说明。由于其具有的实践性价值，这些手册类汇编远比那些基础性理论著作要大众化得多，而那些理论著作的作者们，本人常常并不是建筑师，他们的著作中甚至不用图片加以说明。那些建筑图录——其中一些甚至连一般性说明

〔15〕 文字也省略了——当然也应该归在这一主题之下。

实践方面的课题，使得一些个别性的主题变得可能，如建筑的古典柱式、有关比例的理论，或是特殊建筑物，及建筑局部的研究——如乡村别墅、建筑物的入口等等——都可以孤立地加以研究，而大量的建筑理论文本，就是属于这一类的。然而，这样做的结果会有一个危险，即理论之上下文的文脉将会被忽略，局部的问题，将会被错误地看作一个整体。这一点尤其表现在北欧出版的一些有关古典柱式的著作中。

经过对如上问题的一系列分析，我们现在可以为我们面对的主题提出一个更为切合实际的定义：建筑理论包含任何一种建筑表达系统，其中既包括理解性的，也包括实践性的，这些问题基于一种美学的分类范畴。这一定义即使在美学的要素减少到仅仅是功能问题时，仍然是有意义的。

由于建筑理论家们对他们的工作的理解也在变化之中，人们试图达成的任何一个较狭窄的定义范围，都很难适应于各种具有实际应用性用途的目标。即使是上面的定义，也留下了诸多的问题，例如，一方面是如何将建筑理论与美学与艺术史相区别；另一方面是如何将其与纯技术问题相区分。更进一步，建筑理论与其他历史学科，特别是考古学、建筑史、艺术史有着十分密切的关联；即使是一些文学作品，也有可能涉及这一领域的问题，如弗朗切斯科·克罗纳(Francesco Colonna)和拉贝莱斯(Rabelais)所做的那样。一个与建筑理论相交叉的特别有趣的领域是政治与社会的乌托邦，在乌托邦的思想中，有关社会的理想，可以通过有关建筑学的思想形式表达出来。然而，其中最重要的学科，仍然当属考古学，这一直是文艺复兴以来建筑理论研究的基本方面之一。必须记住的是，如帕拉第奥、皮拉内西(Piranesi)，甚至亨利·拉布鲁斯特(Henri Labrouste)，都是一些将实践建筑师、建筑理论家，与考古学家融于一身的人物。到了新古典主义时期，在考古发现方面的研究兴趣，并不主要是从他们对于古代事物的关注出发的，而更多的是对于古代标准的表达方式，或者是各种古代范式是

如何适应已经改变了的用途的。

特别是在 19 世纪，建筑史的研究成为建筑理论研究的一个载体，在这样一种学术体系下最为突出的学者恐怕当推弗格森(Fergusson)与舒瓦西(Choisy)了。如果没有建筑历史研究提供的种种范式，(理论上的)历史主义恐怕是不可思议的。无论是历史材料，还是历史上的种种观点，在当代的思想论争中，从西格弗里德·吉迪恩(Sigfried Giedion)的所谓"风格斗争史"到后现代主义，都曾被有意识地加以引证过。

艺术史能够通过激活对于历史理论的记忆来影响建筑理论，而这一工作现在是由建筑理论家们去作的。例如，艾米尔·考夫曼(Emil Kaufmann)通过他发现的所谓"革命建筑"(Revolutionary architecture)而施加了相当的影响；鲁道夫·威特克沃(Rudolf Wittkower)于 1949 年发表的《人文主义时代的建筑原则》(*Architectural Principles in the Age of Humanism*)是这方面的一个类似的例子。在这样一些场合下，历史学家的作用是，或者说应该是，被严格定义了的，因为，虽然他可以回溯建筑理论的历史，但是，他不可能超越他作为一个历史学家的局限，而为未来提出一套他自己的理论。这时，那些建筑师或理论家们，就可能运用历史学家们的著作中可能反映出来了的，但尚不能加以确定的东西，进行研究。因而，历史学家也不得不分担对于历史事实的应用与误用的责任，故而，客观性必须是一个目标，即使这是一个难以企及的目标。

为了判断建筑师们是如何看待他们的任务的，非常重要的一点是，理解那一时代的建筑理论基础，以及 〔16〕这一理论是如何发展的。一般来说，建筑理论总是隶属于历史的文脉系统，而历史文脉本身也是理论产生的部分原因之一。新的理论体系是从与旧的体系的论争中出现的；而且，从来没有什么全新的理论体系，如果说有什么人声称建立了这样一种体系，那不是说痴人之语，就是冒履冰之险。因此，建筑理论与建筑历史是一对同义词，从某种特定意义上的范畴——当前的形势总是代表了历史过程的一个片断——来说，就更是如此。

对于那些希望对自己的作品所依据的原则能够有所理解的实践建筑师们而言，某种理论知识对于他的设计题目是一个先决条件，这一条件对于将他自己的观点加以归类，是必需的，或者说，至少，对于他了解其他建筑师是如何处理与把握同样或类似的问题，是有用的。没有理论作为依据的建筑创作，将可能会是恣意妄为之作，或是陈腐抄袭之作。

那么，什么是建筑理论与该时代所建造的建筑之间的关系呢？理论是否只是在建筑物已经完成之后，用来对这一建筑加以补充、证明、或加以理智地说明的事后诸葛(ex post facto)呢？或者，理论只是横躺在建筑的问题与结果之间的一个永远有待填补的空白呢？事实上，它总是在两者之间摇摆不定。一方面，它被动地承担了马克思主义者所说的"上层建筑"的作用，因而可能对于已经存在的建筑物，不会产生任何的影响；另一方面，它又是建筑理论原则的实践性宣言。建筑实例可以分别被用来对这两个方面加以说明，但是，这两者都既没有从实践方面，也没有从人们所期待的方面，反映出建筑与建筑理论之间的关系。

关于理论对实践有可能产生影响的观点的最为粗率的反对意见是由艾米尔·考夫曼于 1924 年提出来的：

> 那种认为理论或批评会对艺术创作产生影响的念头是站不住脚的。艺术创作产生于某种被赋予的感觉，某种特别的氛围，或某一时期的知识理想的整体模式，以及许多其他可能的外在因素，但是绝对不会是同时代理论的反映。虽然理论和艺术创作一样心甘情愿地扎根于自己的时代，情愿处在一样的特定环境下，甚至情愿一样的没有自由……但是，艺术理论不是别的，无非是时代精神的一种表达，并且理论的意义不在于为自身所处的年代指明方向，而在于，事实上，为后人提供一块过往岁月精神宝藏的界标。[1]

艾米尔·考夫曼从来没有再重复过他的这些极端的观点。几乎是在同时，保罗·瓦莱利(Paul Valéry*)在他的对话体文字《艺术物语》(*Eupalinos†*，1923 年)中，谈到了理论与实践之间的摇摆不定问题，由此他得出一个结论说，"当理论获得某种最为明确的表述的时候，有可能偶然会对实际应用提供某种支持。"[2]

---

*Paul Valéry(1875－1945 年)，保罗·瓦莱利，法国诗人。——译者注
† Eupalinous 是 Valéry 自己创造的一个词，从词的构成上对译为"优美的对话"，意译为"艺术物语"。——译者注

今天，人们很难否认，如果没有维特鲁威的影响，从文艺复兴到新古典主义的建筑学从整体上来看，就会表现得全然不同。虽然对于古代建筑的研究与对于维特鲁威的研究是相辅相成的，但它们彼此走了各自不同的道路。大多数 16 世纪出版的有关维特鲁威的著作及其注释都说明了，对于文本本身的研究变成了一个目的，这一研究并没有随着尚存的古代建筑遗存资料的增加而有什么大的变化。让我们来举一个相对不很重要的有关 〔17〕 维特鲁威的思想对于欧洲建筑影响的例子。在有关建筑师训练方面的描述中(I.I)，维特鲁威特别强调了对于历史知识的需要，并通过女像柱的例子对此加以说明。而在 16 世纪的时候，在有关维特鲁威的出版物中，人们迫切地希望为这一章节提供一幅插图，这时人们对于雅典卫城上伊瑞克提翁神庙上的女像柱尚不知道。也许米开朗琪罗为教皇朱利斯二世的陵墓上所刻的俘虏像，和马坎托尼奥·雷蒙迪(Marcantonio Raimondi)的雕版画代表了对维特鲁威著作中这一章节的反映。而当由让·古琼(Jean Goujon)出版的第一部维特鲁威的法语版本(1547 年)以此出发而提供了一幅插图时，三年以后——在这里可以说，将维特鲁威的理论用之于实践——他为卢浮宫的女像柱大厅(Salle des Caryatides)设计了一个女像柱廊，这两者之间的相互联系是不容置疑的。通过将古琼的设计包括进维特鲁威著作的注解中(1648 年)，查理·佩罗(Charles Perrault)表示，他对于维特鲁威想要表达的思想已经了了分明。在 20 世纪的例子中，勒·柯布西耶关于地方建筑及城市规划方面的理论，也是在被人们应用于实践之前就已经出版问世了。

但是，在理论对于已经建造的建筑物方面的影响，无疑还有诸多令人不解之处。理论能够产生规则，从而杜绝真正糟糕的建筑产生；但是同时，理论所造成的审美惯例的标准化，也可能窒息，或者至少是妨碍人们的创造性。从一种错误的或带有偏见的前提出发进行创作，建筑理论可能会导致某种束缚，并使其实践产生令人遗憾的结果，例如将建筑约简为仅仅是功能，或现代城市规划中分区制的概念等等，都是例证。

很显然，只有在相互的对话中，建筑理论与建筑本身才有可能繁荣与发展。前者是一种陈述，是实践案例的编纂，或者，是一个计划；与之相对应的建筑品质，起到了某种理论应用的典范的作用。通过对于实际建筑的分析，一定可以对建筑理论加以检验。一个人也可能得出结论说，好的建筑应该是——或者甚至必须是——经得起某些理论推敲的。许多伟大的建筑师都承认理论与实践之间的这种互动的关系，并且留下了一些理论言说与建筑作品——例如，帕拉第奥和弗兰克·劳埃德·赖特——如果人们没有读过他们的理论著作，就很难理解他们的建筑作品，反之亦然。但是，人们必须小心谨防在这些事情上的循规蹈矩。只有在特定的历史条件下，人们才有可能以理论的方式表达他们的思想；在 15 世纪的时候，建筑学著作是由人文主义者写作的，而 18 世纪的建筑理论著作却多是由一些对建筑一知半解的门外汉所写的。一旦当人们在自己时代的规范下进行创作时，每一单个的建筑师并不需要为他自己事先提出一套理论，就像一位理论家也不必被迫将他的理论放到他自己的创作实践中进行检验一样。在建筑作品与建筑理论之间没有简单的因果关系。

很多年来，建筑理论被政治上的意识形态搅得乌七八糟，在一些极端的情况下，甚至就变成了意识形态本身。在这里同样不存在理论与实践之间的简单对应关系。如在科尔贝(Colbert)时代的法兰西，建筑理论可能充当了某种标准化的、官方性的功能，不过，仍然为知识分子保留了某种程度的自由。而在那些极权主义的国家中，就像 20 世纪已经显示的那样，建筑理论以一种标准与统一的形式，表现为某种堕落："一体化" (Gleichschaltung)，成为某种意识形态的工具，这些冒充的理论，专是用来为那些粗劣的艺术作品涂脂抹粉的。在这些社会中，艺术批评所能起到的重要的正确影响也被扼杀了。甚至，这其中没有任何的因果关系，例如在 〔18〕 法西斯统治下的意大利就是一个典型的例子。在建筑理论中，政治与意识形态因素所起的作用，仅仅能够在一些特定的历史情境中成立，或者，可能仅仅见于一些特例。人们切忌把这种情况一般化。

进一步说，建筑理论必须被看作是以其历史文脉为依托的某种原理。任何以把历史本身看作某种抽象体系来对建筑进行观察的做法，都可能将建筑与其历史背景剥离开来，如那些哲学史与美学史所经常做的那样，而这样做的结果是非历史的，也是缺乏价值的。一种美学思想的重要性不在于它本身，而在于它是在什么时候，什么历史文脉下，什么具体环境下产生或应用的。

在这里，有必要指出在建筑理论方面存在的各种各样的历史联系，虽然我们不可能在这样一种鸟瞰式的分析中对这些联系给出恰当而充分的估计。在许多情况下，我一直将自己沉浸在对于文献资料的耙梳上。另外一方面，存在的一个危险是，建筑理论史有可能被某种美学史、技术史、社会史、文化史等历史学科攫为己有，正如米洛蒂尼·波利萨夫里维奇(Miloutine Borissavliévitch)在他的《建筑理论》(Les théories de l'architecture，巴黎，1926年)一书中所做的那样。

从方法论上来说，一个主题可以有各种各样的表达方法。例如，我们可能按照比例、均衡、古典柱式、装饰、功能主义、有机建筑，以及其他一些基本概念划分章节。然而，这样一部论著可能会出现一些缺陷，即我们对于某一重要而具有历史意义的概念所赖以依托的背景系统很难作出恰当的判断。对于历史上某些个别概念进行的分析，可能是有益的，但是，这也可能会冒将这些概念与其所处历史文脉割裂开来的风险。爱德华·罗伯特·德·祖尔克(Edward Robert De Zurko)的《功能主义理论的起源》(Origins of Functionalist Theory，纽约，1957年)一书就是这样一种情况。建筑理论的体系最适合于作为一些实体，以及历史链条中的一些环节来理解。首先，在对建筑理论进行判断与评估之前，我们必须以它本身的术语进行分析与理解。这样才能使我们既能直接深入其中，又能清晰地把握其所产生的历史背景的上下文。如要对于一个体系进行评判，在对其进行评价与判断之前，人们必须对其所赖以产生与存在的背景条件进行评估。这种方法论也考虑到了，在建筑理论方面人们所关注的焦点，在若干个世纪以来发生的变化：例如，在16世纪人们的兴趣集中在古典柱式，而在1920年代时，注意力的焦点却放在了普通住宅方面。

这本书在方法论上，尽可能做到不走循规蹈矩、教条死板的老路，将理论判断放在历史比较的基础之上，而不是放在任何个人意识形态的立场之上。当然，要做到这一点在客观上是有一定的难度的，从个人感情上或知识背景上，人们很难保持完全地超然物外，但是，这也并不是在宣扬我内心在建筑理论方面的个人信条。我也尽可能地将重点放在某一理论产生于什么时代，或是出自哪一位理论家之手，以及如何确定建筑理论之间的界限，或如何在一个接一个的案例中寻找相关的主题。对于主题进行寻根究底的研究应当不会有很大的问题，不过，所引证的大多数名称与理论都有一定的典型性。然而，始终存在的一个问题是：像这样一种鸟瞰式的分析，是否能够达到预期的目标，尤其这是这一类研究的第一次尝试。

这本书的架构是沿着几条习惯的线索展开的。这几条线索分别是建立在按年代顺序排列的，按照民族国家，同时通常也是按语言类别的线索展开的。的确，民族国家，或语言类别的因素，比我们最初预期的起了更为重要的作用，即使是在具有某种国际化倾向的20世纪时，也仍然是这样。所选择的形式也将有助于使每一个独立的章节能够贯穿于历史的脉络之中。同时，在内容设置与章节标题方面，也希望使读者明了的一点是，要将人们所习惯的历史时代的，以及风格的概念，限定在一个与我们的目标紧密关联的很小的范围之内。 〔19〕

这本书所涉及的范围受制于那些因偶然因素而保留下来的书写文本，以及我们对于这些文本的知识。因此，通过直接从维特鲁威开始的叙述，我们一直循着文字记录的线索展开我们的论述，虽然我们知道维特鲁威所赖以利用的早期理论著作早已不复存在。

我一直尽力保持了对于我所讨论的著作的作者们的实际文本的充分接触，因为事实证明了接触文本原典中所使用的语言是极其重要的，这不仅对于术语学是如此，而且对于思想的线索也是如此。翻译的文本常常有误译之处，或者会混淆了原典的意义，而深刻的术语学内涵隐含在原典语言中，因而，在我的这个英语译本中我给出了一些泛义性的引言，同时，我也在尾注中列出了原始文本语言的引言。

大多数的建筑理论著述是为它所处的时代而写作的，但是，这些理论著述的影响力在后来的一个很长时期以后仍然可以感觉得到。例如，实际上维特鲁威与古代罗马之间并没有什么逻辑的关系，他那辉煌而短暂的声望是在15世纪才开始的。每一位理论家的作用与影响，对于建筑理论史而言都是值得密切关注的，但是，直到现在也仅仅在一个很小的范围内，有可能用图纸来表达。相关文本的极其有限，很长时间以来，都使对这一课题作较为彻底的探究，变得十分困难。只有在最近一些年里，一些影印版原典的出版，为对原始文本的研究提供了方便。

有一点非常清楚，我的这本书是不可能脱离历史、地理及个人的假设条件的。这是一本由一位试图从一个欧洲人的角度进行思考的德国人所写的著作。在狭义上讲，这只是一本西方建筑理论史著——非欧洲的，或者非美洲的建筑思想在这里没有涉及。特别的注意力一直放在南欧、西欧与中欧，这一特点在很大程度上反映了那些原创思想实际发生的过程：这里所描绘的东欧与斯堪的纳维亚直到20世纪初仍然是整个体系的附属部分。至于北美，由于一开始就是从欧洲汲取营养的，北美的建筑理论从19世纪就开始具有了自己的特色，因此，本书对于美国的建筑理论史的描述，是从托马斯·杰弗逊(Thomas Jefferson)开始的；而在拉丁美洲，至今仍然没有自己的理论体系可以进行研究。然而，对于这种空白，我很难找出一种恰当的解释。难道在 19 世纪，意大利就真的没有什么有价值的贡献了吗？

四个由中心主题衍生出来的分支(第五、九、十七与二十章)从一开始就被看作是从基本原理中分离出来的，关于这一点前面已经作了较详细的阐述；但是，这些枝节部分也有其自身的重要性，尤其是这些支流部分处于与我们所论及的主题相关的高潮时期尤其是这样，因此，我们没有理由忽略这些支流部分。

如我所观察到的，我们所实践过的当代建筑理论有其历史的根源。在这本书中，直到 20 世纪中叶，笔者仍然试图保留某种历史的框架系统，但是，从第二次世界大战以后开始发生了争论，而这些争论距离我们的时代太近，也太不具有决定性意义，因此，我们很难对其作出历史客观性的评价。我将自己看作既是这一发展过程的参加者，也是这一过程的观察者与批评者。因此，我希望读者对于我在最后一个章节中所表现出来的断断续续的印象，以一种不同于全书其他部分的框架视角来阅读。

图版

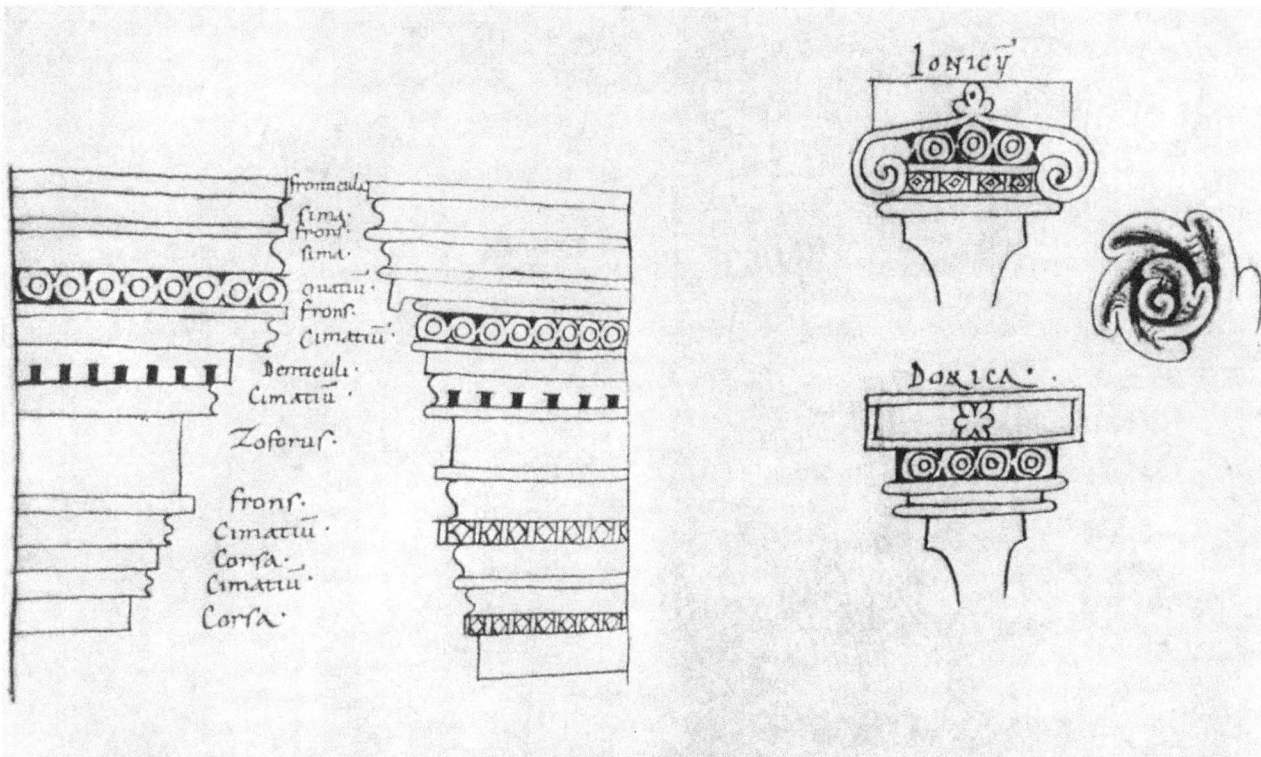

图版 1 维特鲁威抄本（Vitruvius codex），9-10 世纪，法国塞勒斯塔市立图书馆（Sélestat, Bibliothéque Municipale），影印件第 1153 帧：多立克和爱奥尼柱式草图

图版 2 希尔德加德·冯·宾根 (Hildegard von Bingen)，《圣职著述》(Liber divinorum operum)，13 世纪，意大利卢卡市立图书馆（Lucca, Biblioteca Govenativia），影印，1942 年，对开本第 9 页右侧图版：宇宙的表达 (Representation of macrocosm)

图版 3 《教宗名录》(Liber pontificalis)，12 世纪；法国兰斯市立图书馆（Rheims, Bibliothèque Municipale），影印件 672，对开本第 1 页左侧图版：aer（下层空域）的表达[Representation of the aer (lower air)]

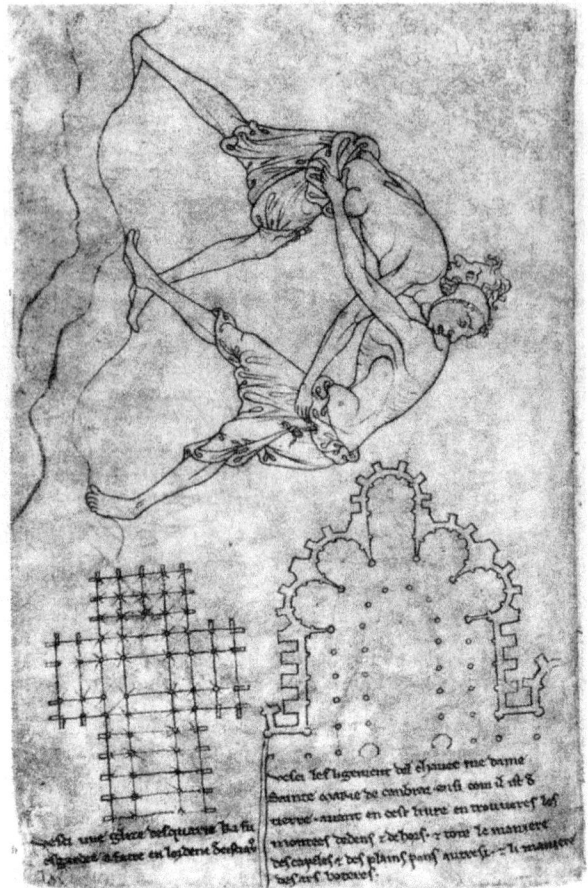

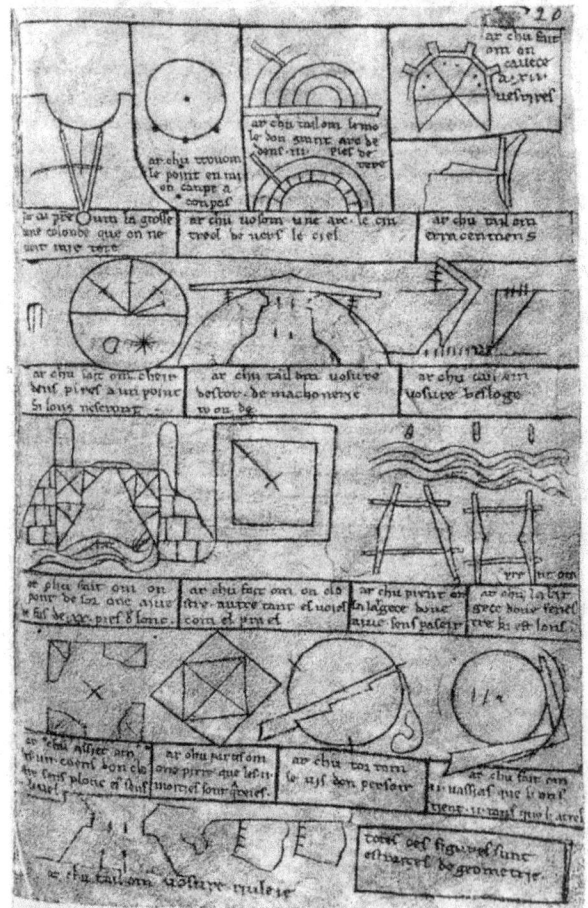

图版4 《维拉德·德·赫纳克特文丛》（Lodge-book of Villard de Honnecourt），13世纪，巴黎国家图书馆（Paris, Bibliothèque Nationale），影印件第19093帧，制图术的表现（Representation of portraiture）

图版5 一座西多会教堂（Cistercian church）平面和圣马克（Saint-Marc），法国坎布雷（Cambrai），载《维拉德·德·赫纳克特文丛》

图版6 《维拉德·德·赫纳克特文丛》中的几何剖面图

图版 7　菲拉雷特（Filarete），《建筑论文》（treatise on architecture），公元 1461-1464 年，善本 II，图版 104，对开本第 4 页左侧图版：亚当，原始棚屋的创造者（Adma, founder of the primal nut）

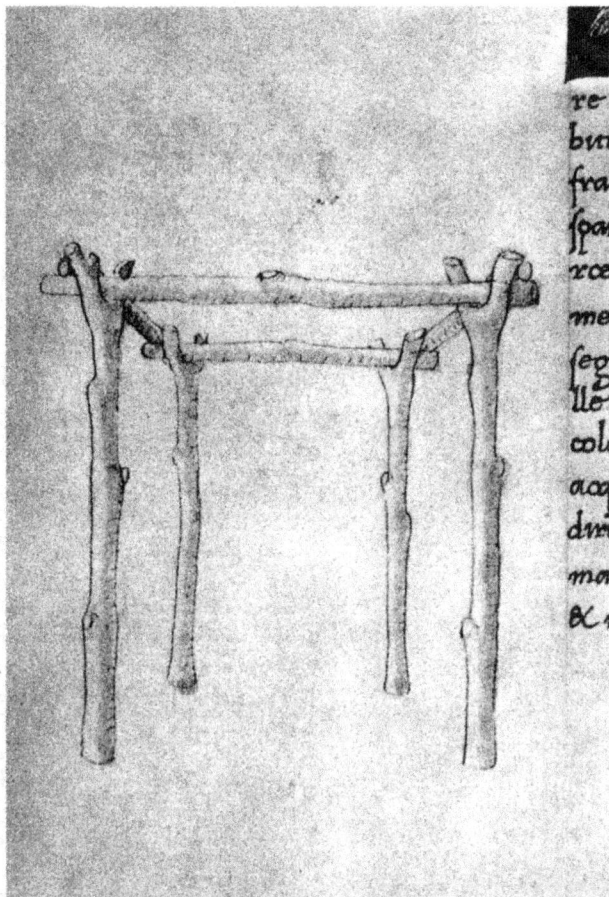

图版 8　原始棚屋的木构架（Framework of the primal nut）；菲拉雷特，对开本第 54 页左侧图版

图版 9　原始棚屋的棚舍（Construction of the primal hut）；菲拉雷特，对开本第 5 页左侧图版

图版 10　多立克、爱奥尼与科林斯柱式，菲拉雷特，对开本第57页左侧图版

图版 12　斯弗金达城平面（Plan of Sforzinda），菲拉雷特，对开本第43页

图版 13　斯弗金达城中心塔（Citadel tower of Sforzinda），菲拉雷特，对开本第41页右侧图版

图版 11　斯弗金达城（Sforzinda）之场景，菲拉雷特，对开本第11页左侧图版

图版 14　"恶习与美德之屋"（House of Vice and Virtue）剖面图，菲拉雷特，对开本第144页右侧图版

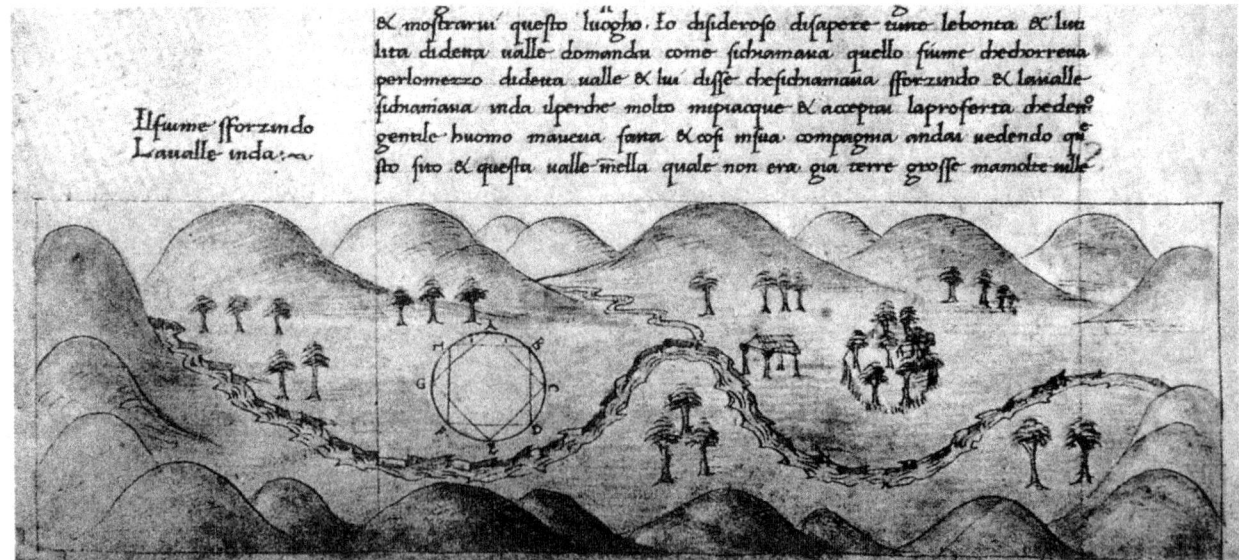

375 braccia 1000

375

Ladiscriptione de Citta:

Porta

I nella resta doriente Io fo lachiesa maggiore & inquella docadente fo

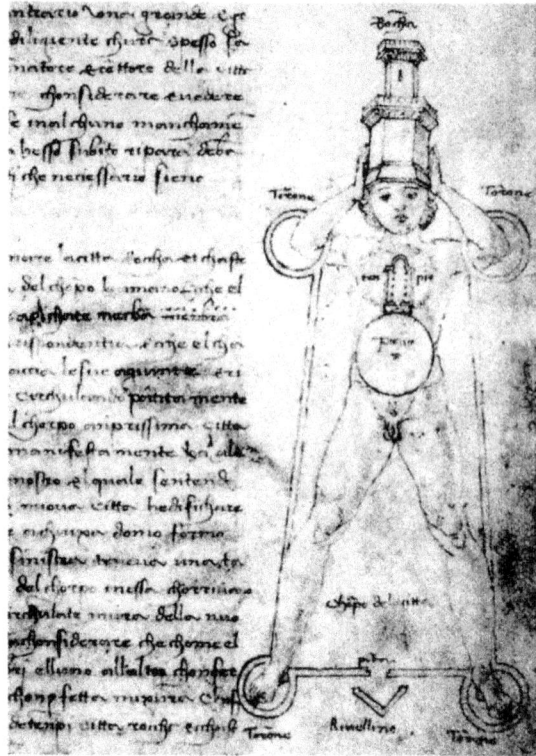

图版 15 弗朗切斯科·迪·乔其奥·马蒂尼
（Francesco di Giorgio Martini），《建筑，工程
与军事艺术》（*Architectura, ingegneria e arte
militare*），15 世纪晚期，意大利都灵，萨鲁
齐亚努抄本 148（Codex Saluzzianus 148），对
开本第 3 页，"城市的身体"（body of the
town），附城堡

图版 16 弗朗切斯科·迪·乔其奥·马蒂尼，
第 3 卷插图 3，佛洛伦萨，阿绪本汉抄本 361
（Ashburnham Codex 361），对开本第 5 页左
侧图版

图版 17 弗朗切斯科·迪·乔其奥·马蒂尼，
领主宫殿（Palatine）重建，萨鲁齐亚努抄本
148（Codex Saluzzianus 148），对开本第 82 页
左侧图版

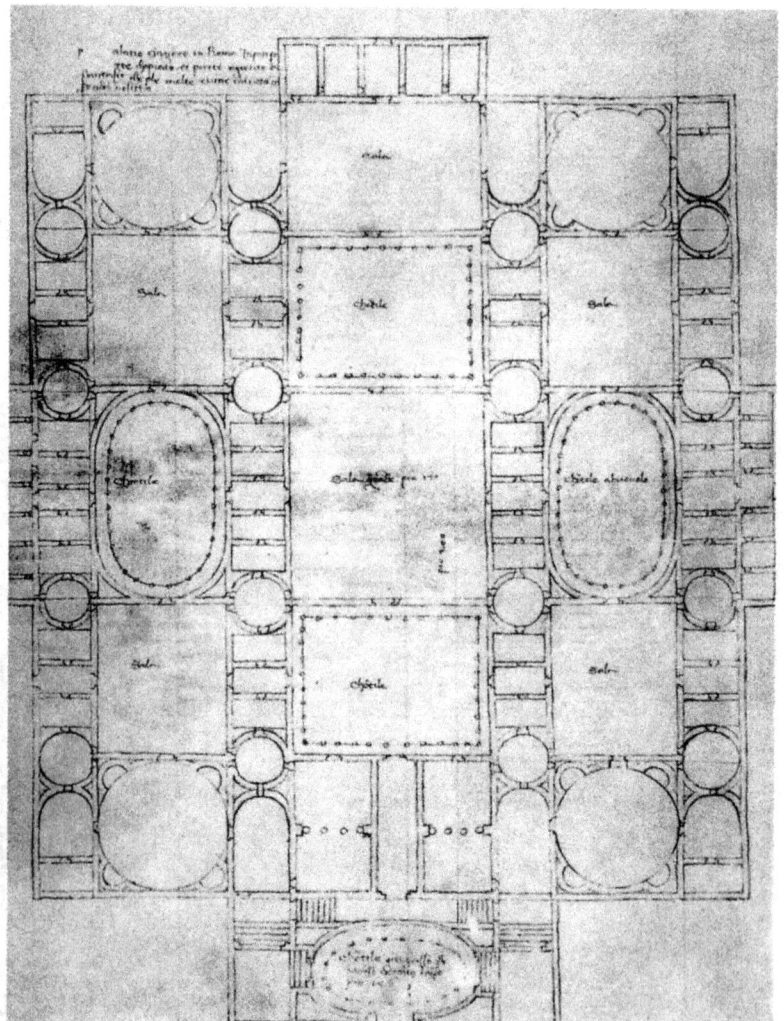

图版 18 弗朗切斯科·迪·乔其奥·马蒂尼，几座圆形神殿（rotundas），萨鲁齐亚努抄本 148（Codex Saluzzianus 148），对开本第 84 页

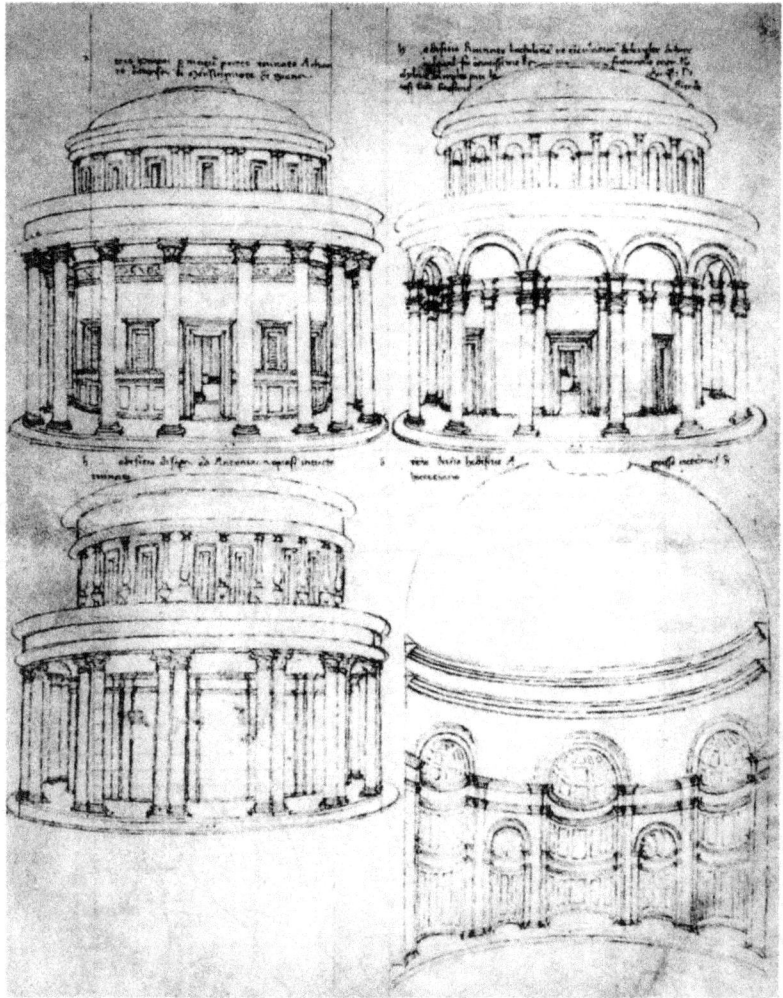

图版 19 弗朗切斯科·迪·乔其奥·马蒂尼，人体测量学的柱楣线脚（anthropometric entablature），佛罗伦萨国家图书馆（Florence, Biblioteca Nazionale），善本 II，图版 141，对开本第 37 页

图版 20 弗朗切斯科·迪·乔其奥·马蒂尼，意大利科尔托纳市卡尔奇奈奥区，人体测量学的圣玛丽亚感恩教堂正立面（anthropometric façade of S. Maria delle Grazie al Calcinaio in Cortona）；善本 II，图版 141，对开本第 38 页左侧图版

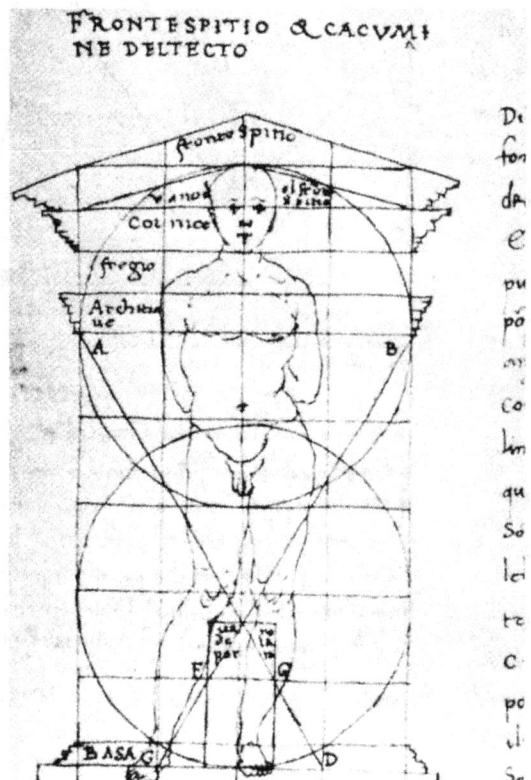

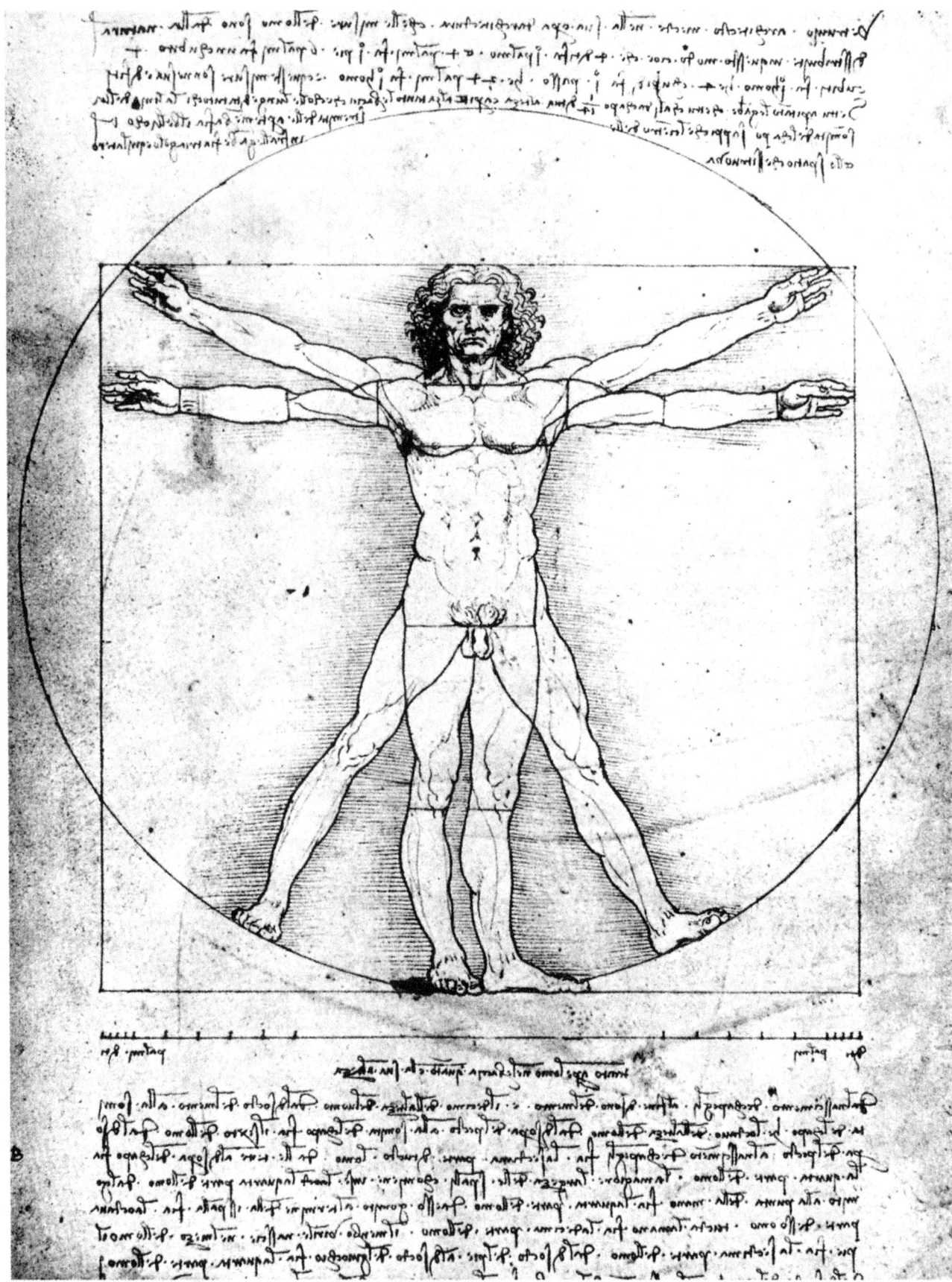

图版 21 莱昂纳多·达·芬奇（Leonardo da Vinci），"维特鲁威人"（Vitruvian man）之像；威尼斯学会（Venice, Academy）

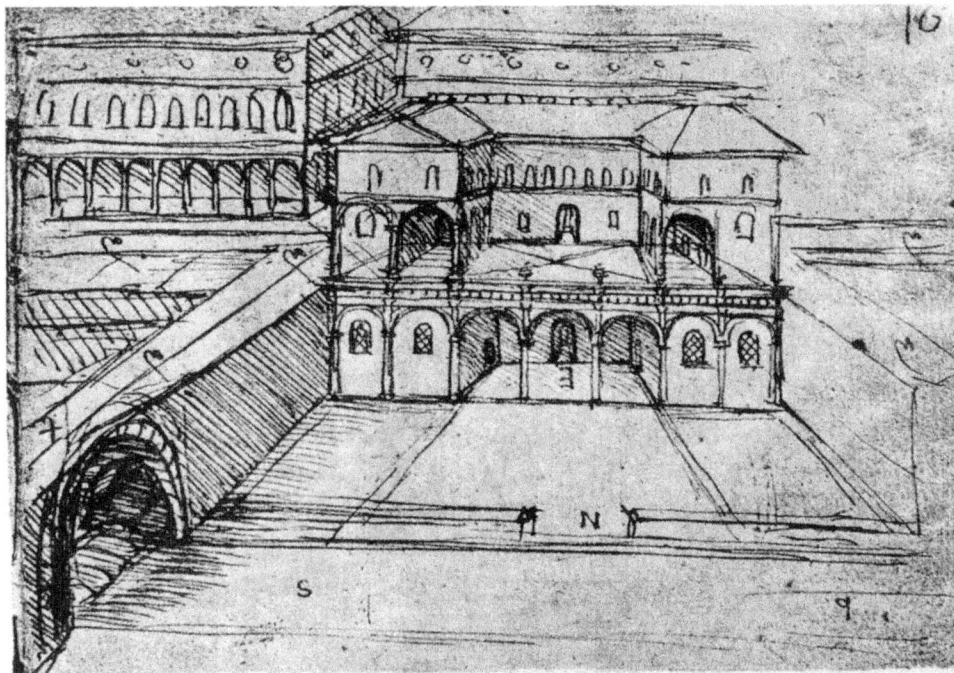

图版22　莱昂纳多·达·芬奇，交叉街道的插图（illustration of street crossing），巴黎法兰西学院（Paris, Insititut de France），抄本B（Codex B），对开本第16页

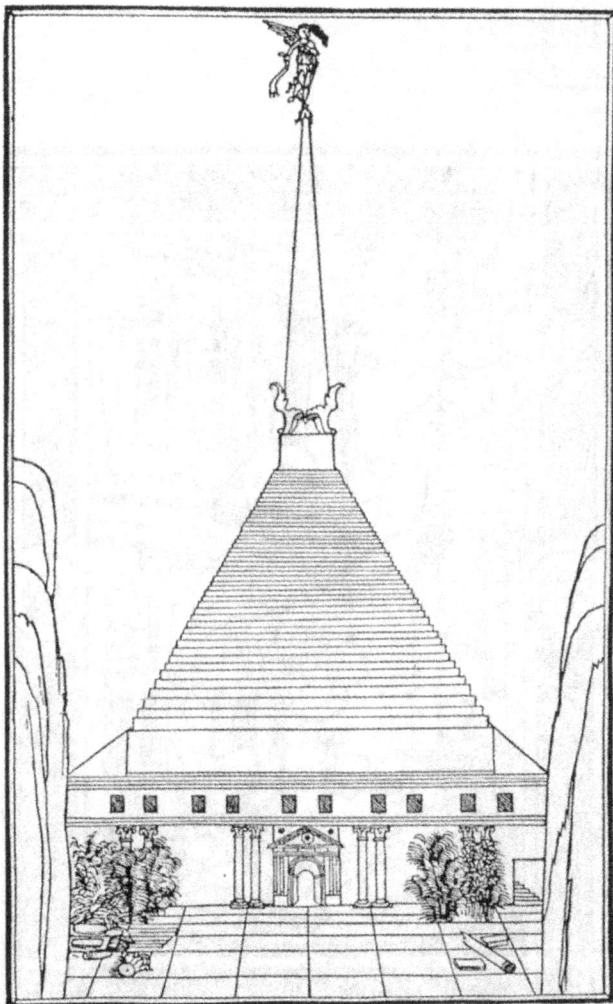

图版23　弗朗切斯科·克罗纳（Francesco Colonna），《多事之人：一场梦中情》（*Hypnerotomachia Poliphili*），1499年，带方尖碑的金字塔（Pyramid with obelisk）

图版24　弗朗切斯科·克罗纳，《多事之人：一场梦中情》，维纳斯神殿（Temple of Venus Physizoa）

图版 25　弗朗切斯科·克罗纳，《多事之人：
一场梦中情》，波利安德隆神殿（Polyandrion）

图版 26　伯拉孟特（Bramante ？）《"米兰透
视，描刻画"，古代罗马透视》（Prospectivo
Melanese, Depictore, Antiquarie Prospetitiche
Romane），公元 1500 年。标题页

a domus
regia
b secretus
portus
c fons
d fanum
ueneris
e portus
f forum
g mauso
leum
h platea
i fanum
Mercurii

LIBER　　　PRIMVS

IDEA GEOMETRICAE ARCHITECTONICAE AB ICHNOGRAPHIA SVMPTA. VT PERAMVSSINEAS POSSINT
PER ORTHOGRAPHIAM AC SCAENOGRAPHIAM PERDVCERE OMNES QVASCVNQVE LINEAS. NON
SOLVM AD CIRCINI CENTRVM. SED QVAE A TRIGONO ET QVADRATO AVT ALIO QVOVISMODO
PERVENIVNT POSSINT SVVM HABERE RESPONSVM. TVM PER EVRYTHMIAM PROPOR
TIONATAM QVANTVM ETIAM P SYMMETRIAE QVANTITATEM ORDINARIAM AC PER
OPERIS. DECORATIONEM OSTENDERE. VTI ETIAM HEC QVAE A GERMANICO MORE PERVE
NIVNT DISTRIBVENTVR PENE QVEMADMODVM SACRA CATHEDRALIS AEDES MEDIOLANI
PATET. ELC. FAM.C.C.A.A.P.VI.QS.C.AC AF.D

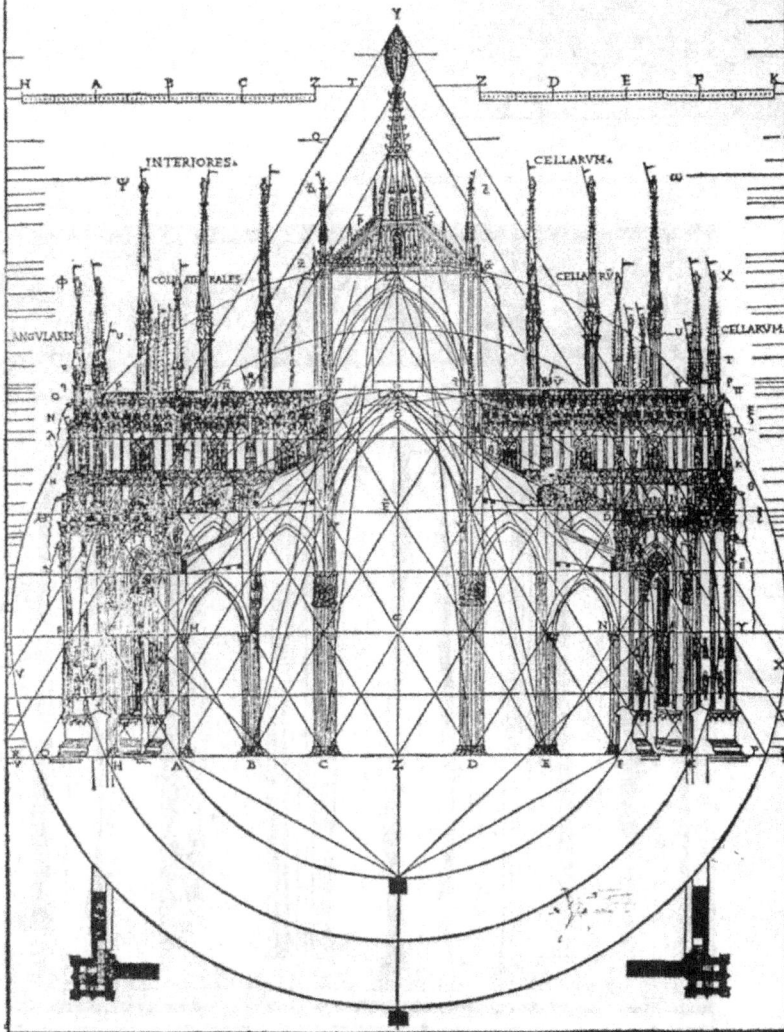

图版27　修士乔贡多（Fra Giocondo），有关维特鲁威的版本，威尼斯，1511年，"维特鲁威人"（Vitruvian man）之插图（Illutration of 'Vitruvian man'）（卷3插图）

图版28　一个有关维特鲁威的简本，佛罗伦萨，1513年。哈利卡纳苏斯城[公元前4世纪波斯属地 Caria（小亚细亚西南部——译者注）]，摩索拉斯王陵墓（Mausoleum of Halicarnassus）之描绘（II卷，第8帧）

图版29　切萨雷·切萨里亚诺（Cesare Cesariano），有关维特鲁威的版本，1521年。米兰大教堂（Milan Cathedral）运用正字图法（orthographia）的图版

图版 30 切萨雷·切萨里亚诺，
哈利卡纳苏斯城（Halicarnassus）
的描绘，1521 年

图版 31 切萨雷·切萨里亚诺，
三种柱式（《维特鲁威》IV. 图版）
的描绘，1521 年

图版 32 切萨雷·切萨里亚诺，
在法诺（Fano）的巴西利卡
（basilica）复原（《维特鲁威》V.图
版），1521年

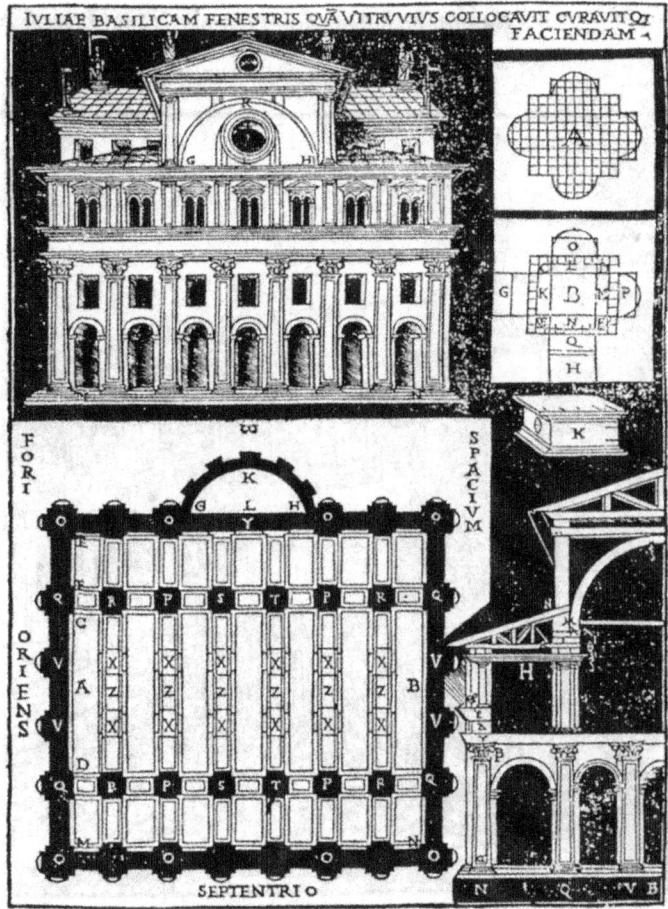

图版 33 让·古琼（Jean Goujon）为让·马丁（Jean Martin）的维特鲁威译本绘制的图版，1547年，五柱式

Figur des gantzen Gebews/vom König Mausolo zu Halicarnasso auffgericht/vnd vnder die Sieben Wunderwerck.

26 LIBRO

praponendoui loto, et facendo i tetti pendenti, diedero la caduta all'acque, & si assicurarono maggiormente, del modo che uediamo espresso quì sotto.

FA mentione Vitruuio, che in Francia, in Spagna, in Portogallo, & in Guascogna si faceuano de gl'edificij così rozi, coperti di tauole segate di Rouere, ouero con paglie, & strame; come appare nelle due seguenti figure, & potrassi aggiungere, che sino al dì d'hoggi per la Germania si ueggono gran parte delle case coperte di tauolette di Pino, & che per la Polonia, & per la Moscouia poche case si trouano, che non siano contesse di legnami, anco nelle Città più nominate, & più celebri.

图版 34　里维尔斯（Rivius），维特鲁威译本，斯特拉斯堡（Strassburg），1548 年，哈利卡纳索斯城（Halicarnassus）的描绘

图版 35　乔万安东尼奥·鲁斯科尼（Giovanantonio Rusconi），《论建筑》（*Della architechitettura*），1590 年，《房屋类型的表现》（*Representation of types of house*）

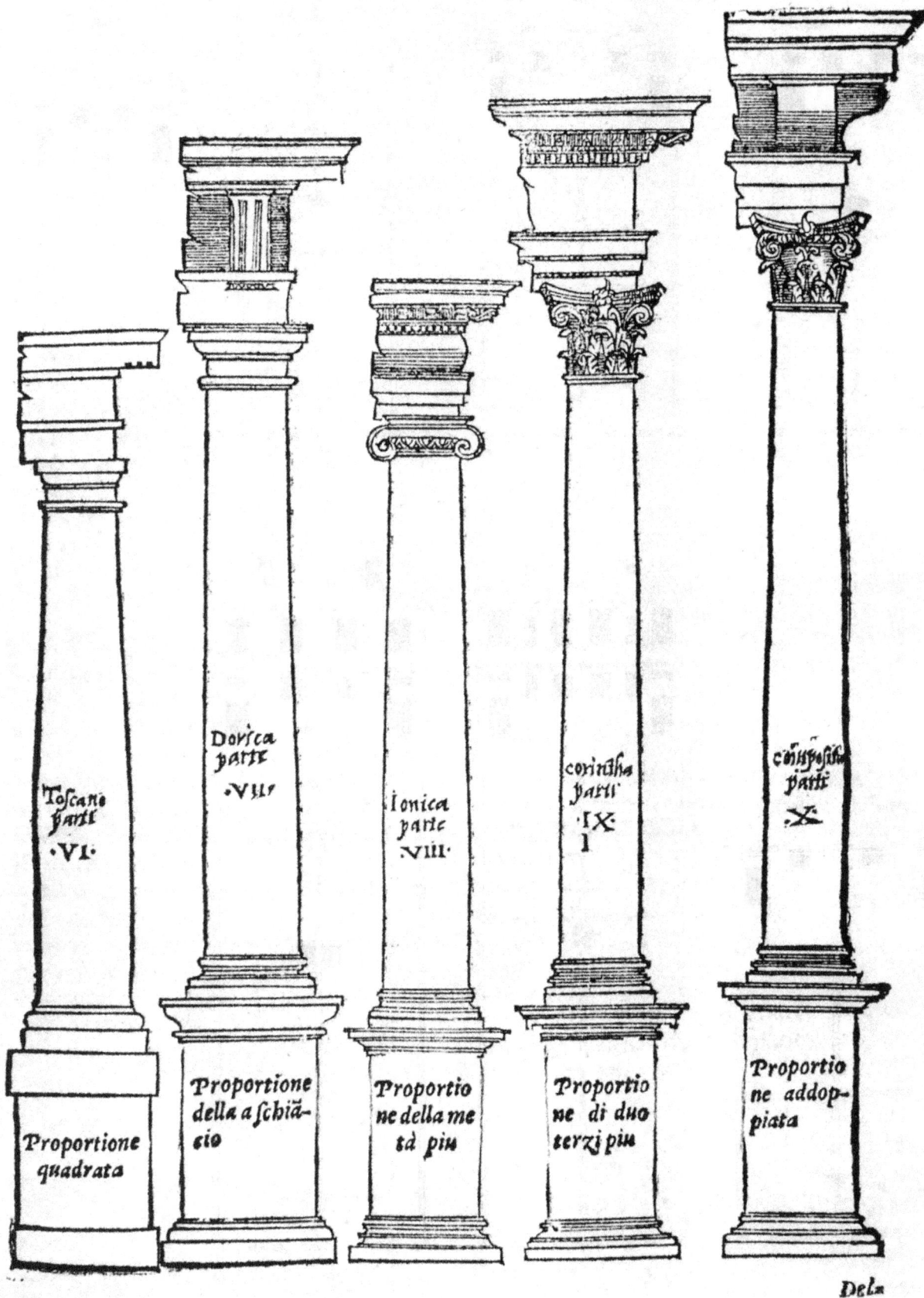

图版 36 塞巴斯蒂亚诺·塞利奥（Sebastiano Serlio），《建筑学的一般原则》（*Regole generali di architettura*)[《论建筑》第四书（*Book IV of L'architettura*)]，1537 年（1566 年出版），五柱式

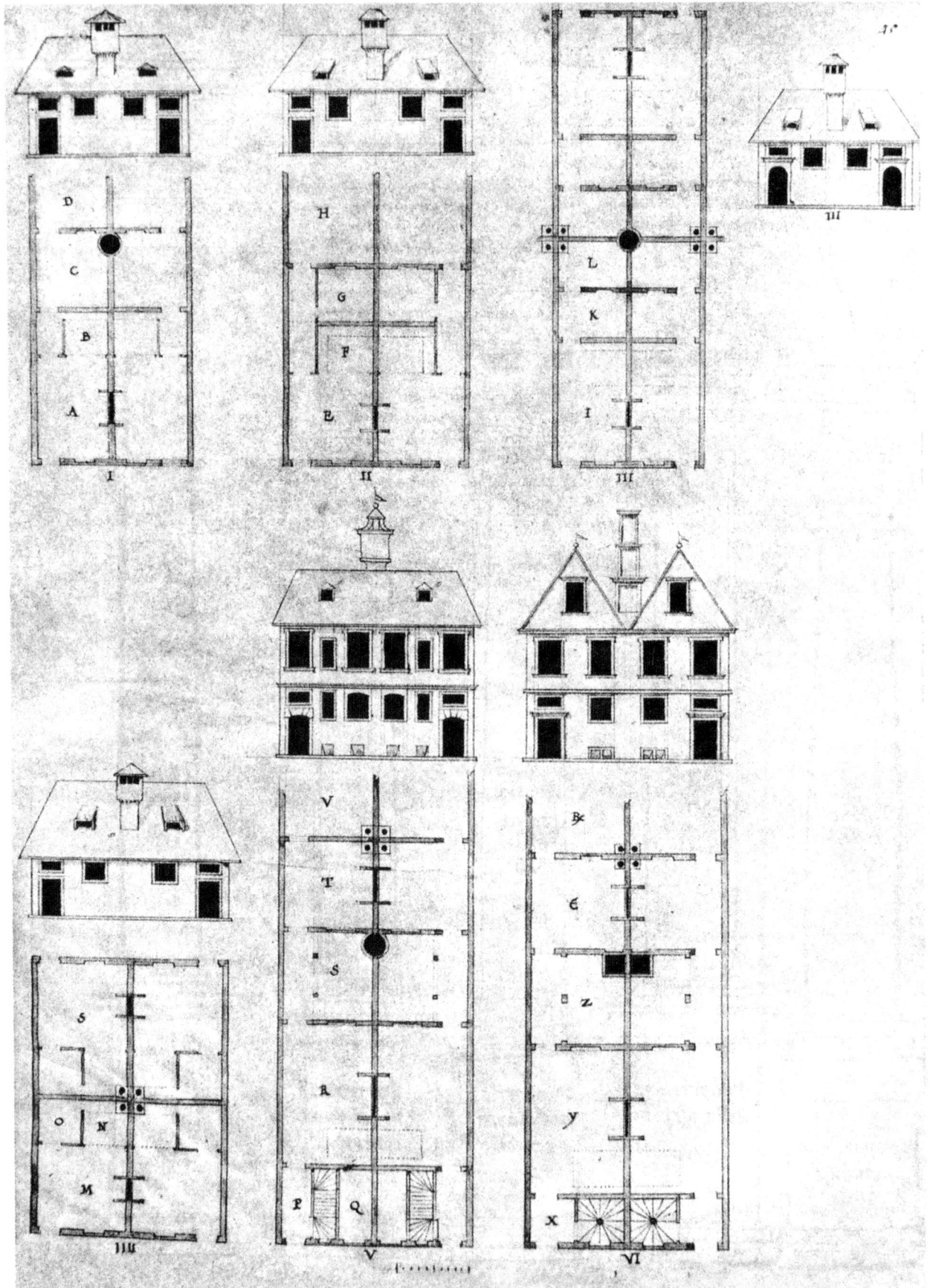

图版 37　塞巴斯蒂亚诺·塞利奥，"房屋的各类居住状况"（Della habitationi di tutti li gradi degli homini）[《论建筑》第六书（*Book VI of L'architettura*），迟至 1967/1978 年才出版]；慕尼黑，巴伐利亚州州立图书馆（Munich, Bayerische Staatsbibliothek），古籍抄本图版 189（Cod. Icon. 189），私人住宅的各层平面与立面

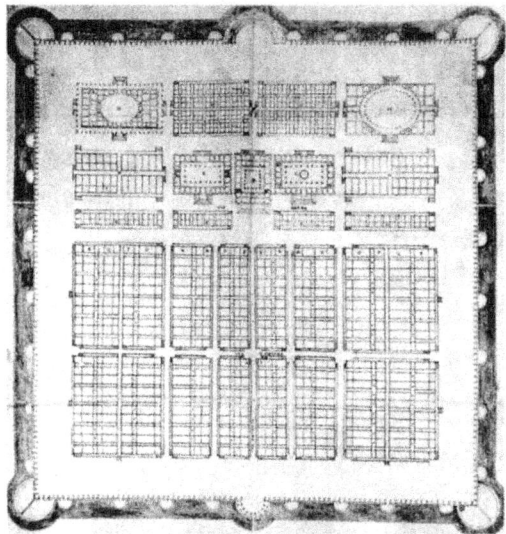

Dell' Architettura

图版 38　塞巴斯蒂亚诺·塞利奥，"关于波里比乌斯城（古罗马城市——译者注）的要塞布置"（Della castrametatio di Polibio)[《论建筑》第三书（*Book III of L'architettura*），未出版]，慕尼黑，巴伐利亚州州立图书馆，古籍抄本图版 190（Cod. Icon. 190），对开本第 1 页，一个罗马城镇的复原（Reconstruction of a roman town）

图版 39　彼得罗·卡塔尼奥（Pietro Cataneo），《建筑学》（*L'architettura*），1567 年，人体测量学的教堂平面（Anthropometric church plan）

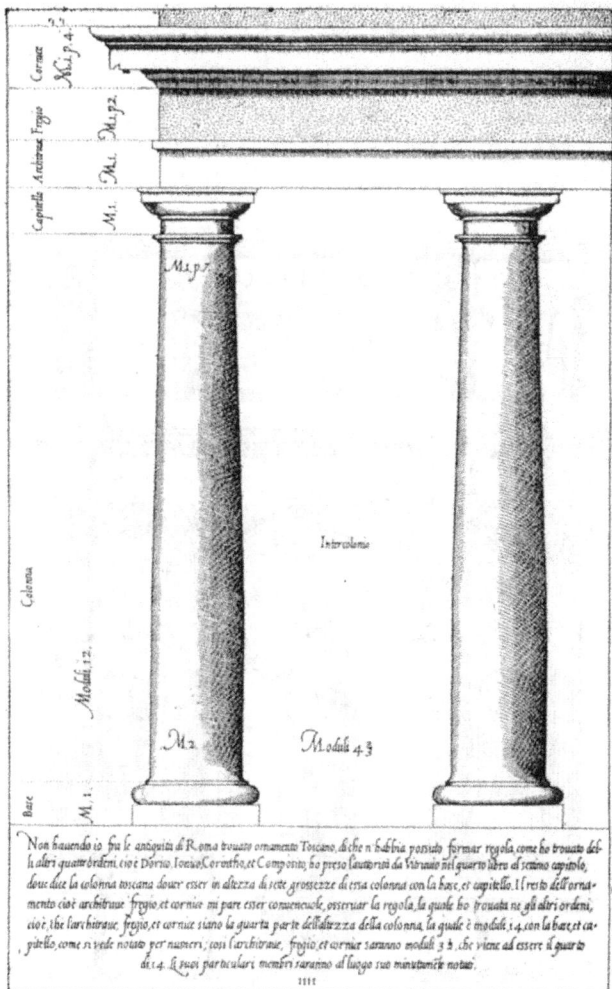

图版 42 维尼奥拉的《五种柱式规范》(*Regola*) 的标题页，1562 年

图版 43 达尼埃莱·巴巴罗 (Daniele Barbaro) 的维特鲁威版本的标题页，1556 年。附有以帕拉第奥 (Palladio) 所绘制的图画为基础的多幅插图

图版 44 达尼埃莱·巴巴罗，维特鲁威的拉丁版本，1567 年，希腊建筑的平面（Plan of Greek house）

SEXTVS.　117

Græcorum ædes earumq; partium dispositiones.

A. peristylium amplum.　B. peristylium primum.　C. aditus amplus.　D. aditus ab uno ad aliud peristylium.　E. prostas ubi erant duæ antæ.　F. G. Antithalamus.　H. I. gynæconitides.　K. cubicula muliebria.　L. S. oeci, & bibliotecæ, & ubi sunt pictores.　M. R. pinacotheca.　N. cyziœna triclinia.　O. porticus ad septentrionem.　P. cellæ hostiariæ.　Q. oeci quadrati.　T. V. porticus ad triclinia cyzicena.　X. hypæthra loca.　Y. oeci magni ubi matres familiarū cum lanificijs habent sessiones.　Z. hospitalia.　1. thirorium.　2. Equilia.　3. cubicula.　4. mesaulæ & androne.　5. triclinia quotidiana.　6. posthalamus.　7. thalamus.　8. porticus Rhodiaca altior.

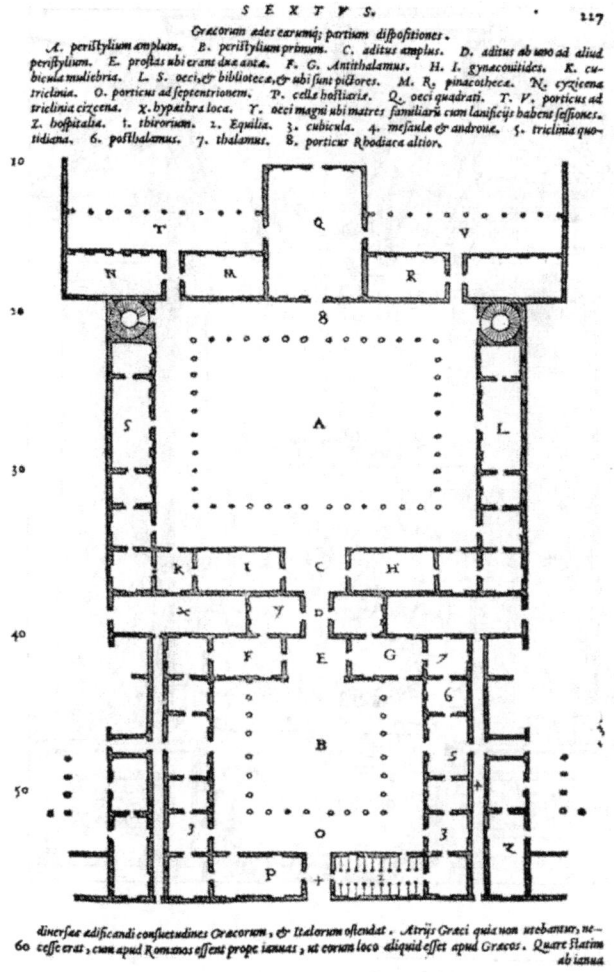

diuersæ ædificandi consuetudines Græcorum, & Italorum ostendat. Atrijs Græci quia non utebantur, necesse erat, cum apud Romanos essent prope ianuas, ut eorum loco aliquid esset apud Græcos. Quare statim ab ianua

LIBRO.
QVESTA E VNA PARTE DELLA FACCIATA DELLA CASA PRIVATA.

图版 45 达尼埃莱·巴巴罗，维特鲁威的版本，1556 年，古代私宅的正立面（Façde of private house of Antiquity）

图版 46　安德烈亚·帕拉第奥（Andrea Palladio），
《建筑四书》（*I Quattro libri dell' architettura*），1570
年，标题页

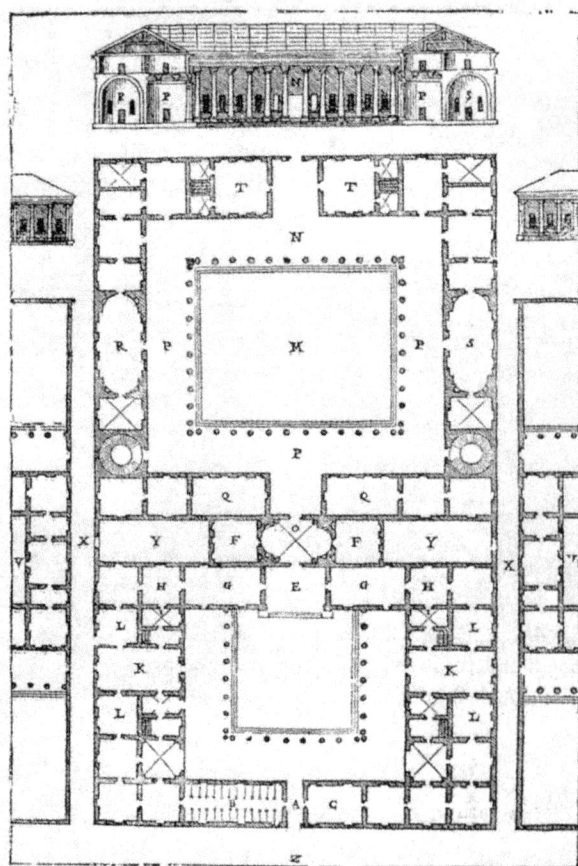

图版 47　帕拉第奥，希腊建筑的平面和剖面（plan
and section of Greek house），《建筑四书》（*I Quattro
libri*）

图版 48　帕拉第奥，圆厅别墅（Villa Rotonada）；《建筑四书》（*I Quattro libri*）

图版 49　帕拉第奥，关于波里比乌斯城的未出版的带插图的注解（unpublished illustrated commentary on Polybius），伦敦不列颠图书馆 293.g.20 号（London, British Library 293.g.20），汉尼拔围攻塔兰托城（Depiction of Hannibal's siege of Taranto）

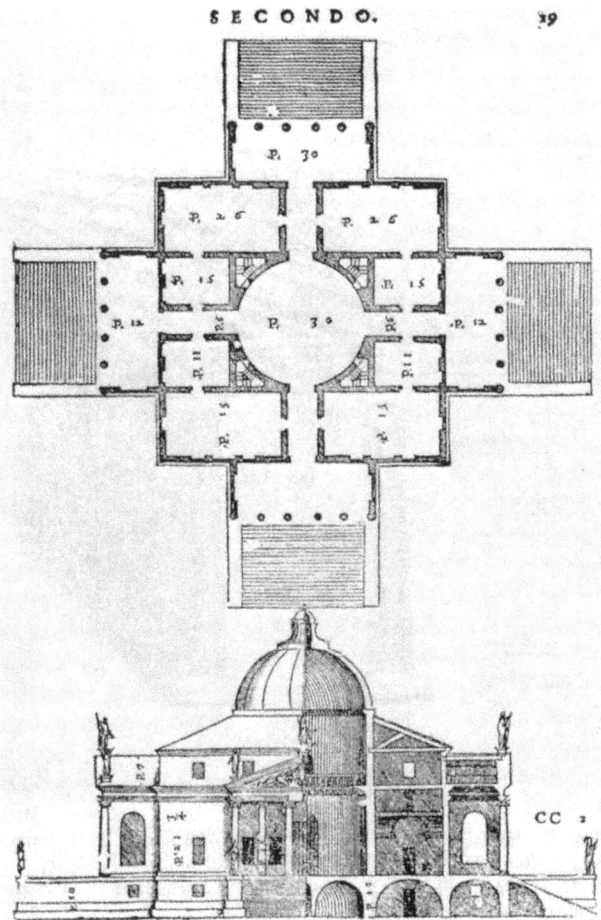

50

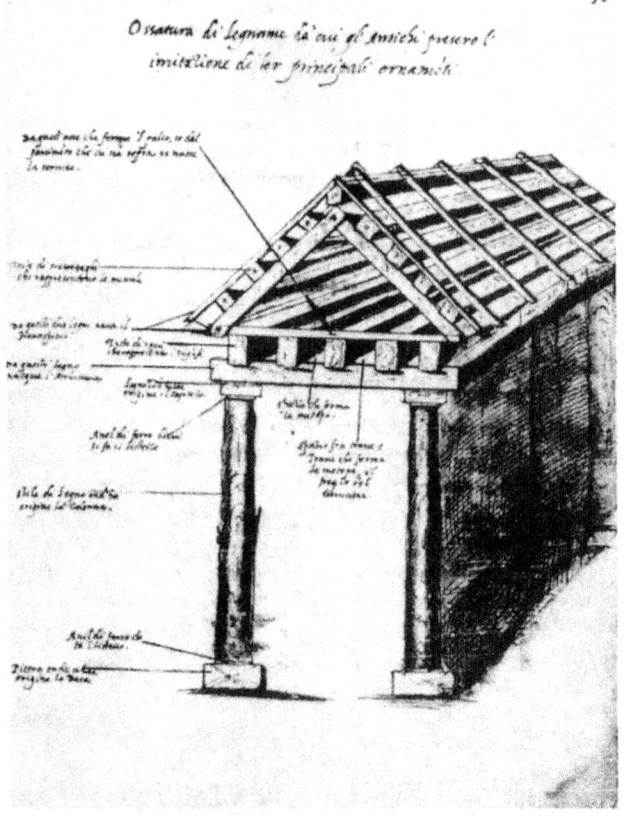

图版50 格拉多·斯比尼 (Gherardo Spini)，"建筑三论"（I tre primi libri），1568/1569年；威尼斯图书馆（Venice, Biblioteca），影印，意大利，第4部分，第38节37页右侧图版。原始棚屋的设计（Design for the primal hut）

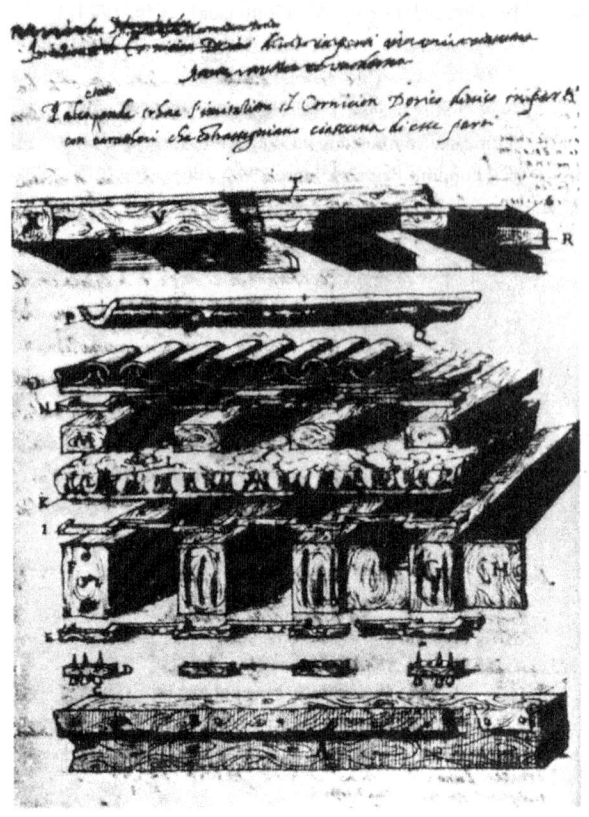

图版51 格拉多·斯比尼，对于多立克柱式柱楣线脚之原型的木屋梁架解释；"建筑三论"（I tre primi libri），第121页左侧图版

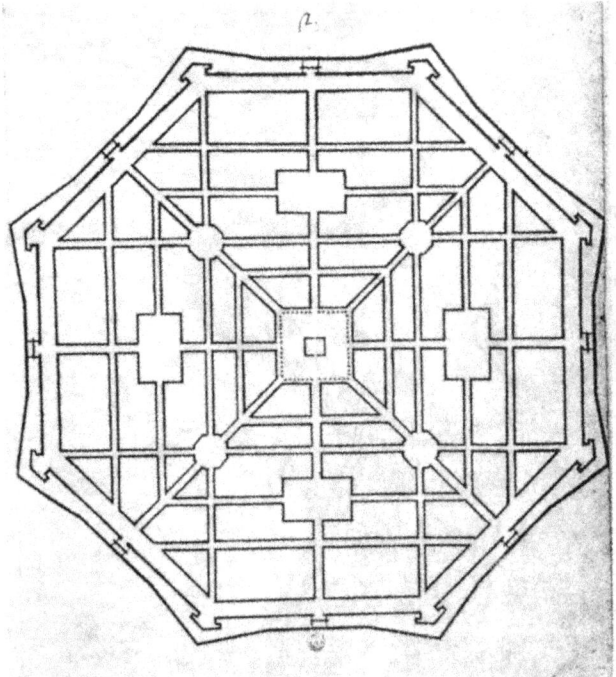

图版52 乔治·瓦萨里·伊利·吉奥瓦尼（Giorgio Vasari il Giovane），一座理想城市的平面（plan of an ideal city），来自一篇日期标为1598年的未出版的论文

图版53 乔治·瓦萨里·伊利·吉奥瓦尼，给手工业者的半分离式住宅平面（plan for semi-detached houses for manual workers），1598年

AEDIF.   FINITIO

L'IDEA DELLA
ARCHITETTVRA
VNIVERSALE,
DI VINCENZO SCAMOZZI
ARCHITETTO VENETO
Diuisa in   X. Libri.

PRAECOG.   CONST.   EXPOL.   RESTAVR.

NEMO HVC LIBERALIVM ARTIVM EXPERS INGREDIATVR.

Parte Prima.
DELL'ECCELLENZA
DI QVESTA FACOLTA'.
Degl'Architetti preſtanti: e Precetti,
Inuentioni, Diſegni, Modelli,
& Opere merauiglioſe.

Le qualita de'Paeſi, e Siti; Le Forme delle
Città, e Fortezze reali: e di tutti i Generi
d'Edifici Sacri, Publici, e Priuati:
Antichi, e proprij dell'Autore.
CONILORO DISEGNI.

INGENII & CORPORIS EFFIGIES HIC OBVIA CERNITVR, INTVS IPSIVS EFFIGIES CERNITVR

THEORICA   EXPERIETIA

LECTOR CANDIDE, VIDEN' HOC OPVS'
PLENVM EST, MIHI CREDE, LABORIS,
SVDORIS, PVLVERIS EX LONGA PE
REGRINATIONE, LOCORVM INSPECTIONE,
LIBRORVM EVOLVTIONE SVSCEPTI.
TV SEDENS, SI LVBET, FRVERE, VALE.

VENETIIS.   AN. MDCXV.   CVM GRATIA, ET PRIVIL.   EXPENSIS   AVCTORIS

图版 54 温琴佐·斯卡莫齐（Vincenzo Scamozzi），《建筑理念综述》（*L'idea della architettura universale*），1615 年。标题页

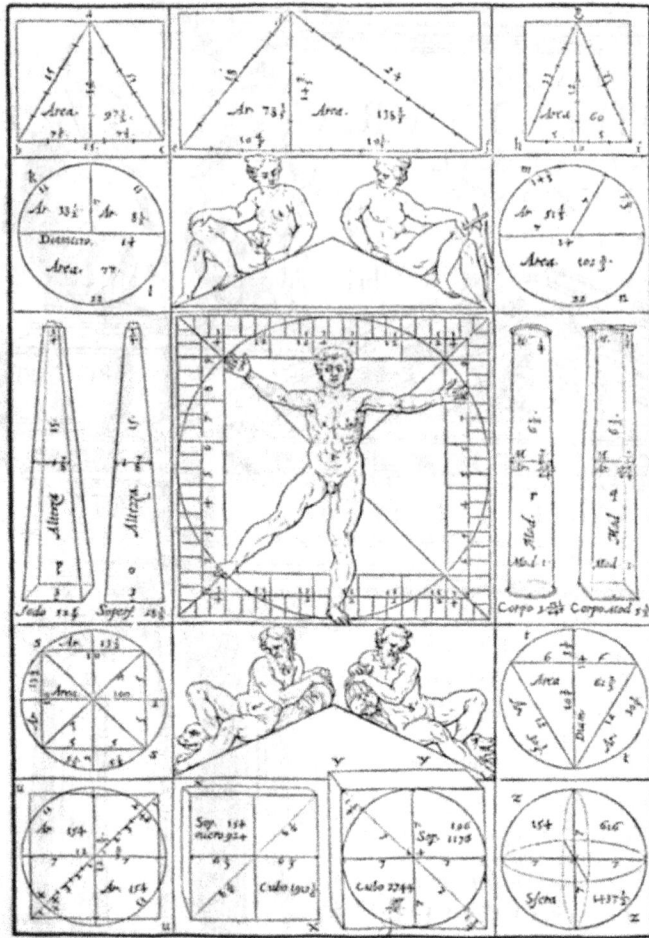

图版 55　温琴佐·斯卡莫齐（Vincenzo Scamozzi），"维特鲁威人"之像（diagram of 'Vitruvian man'），《建筑理念综述》

图版 56　温琴佐·斯卡莫齐，一座理想城市(帕尔马诺瓦城 Palmanova）的设计，《建筑理念综述》

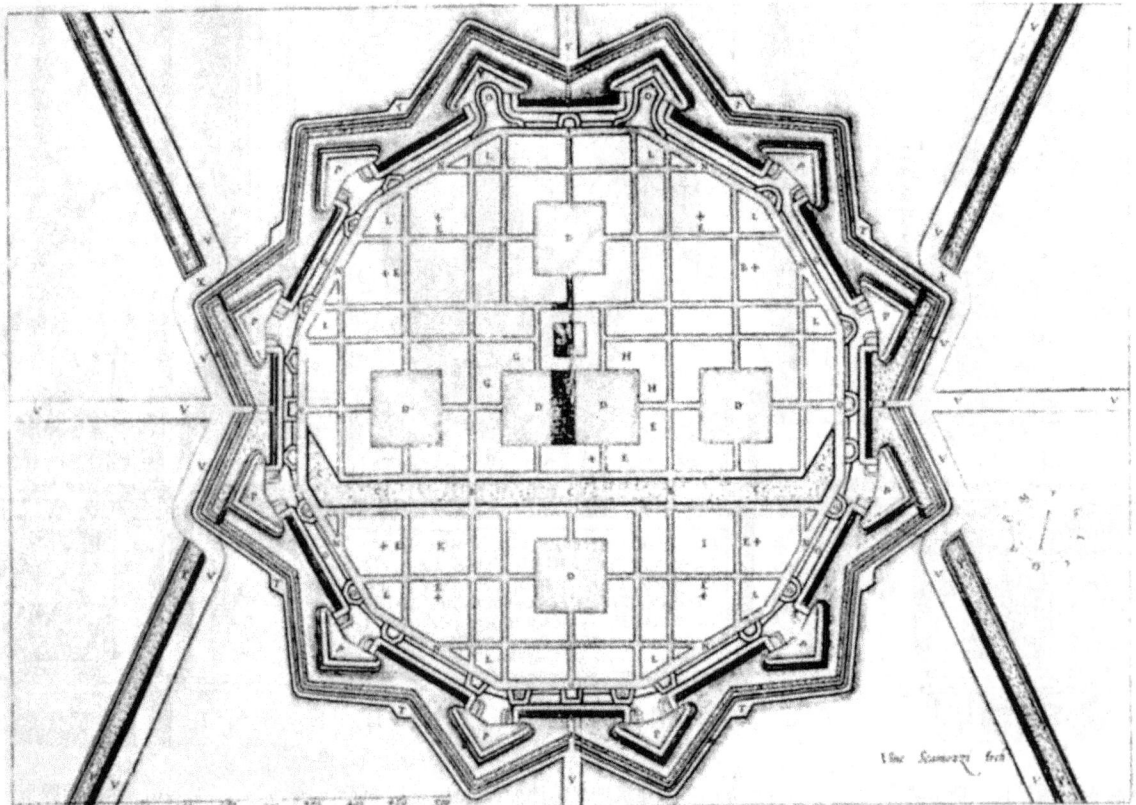

图版 57 温琴佐·斯卡莫齐，五柱式画像
（representation of the five Orders），《建筑理念综述》

图版 58 特奥菲洛·盖拉奇尼（Teofilo Gallaccini），《论建筑中的陋习》（*Trattato sopra gli errori degli architetti*），1625 年（1767 年出版）。视觉上的透视缩短之矫正（Correction of optical foreshortening）

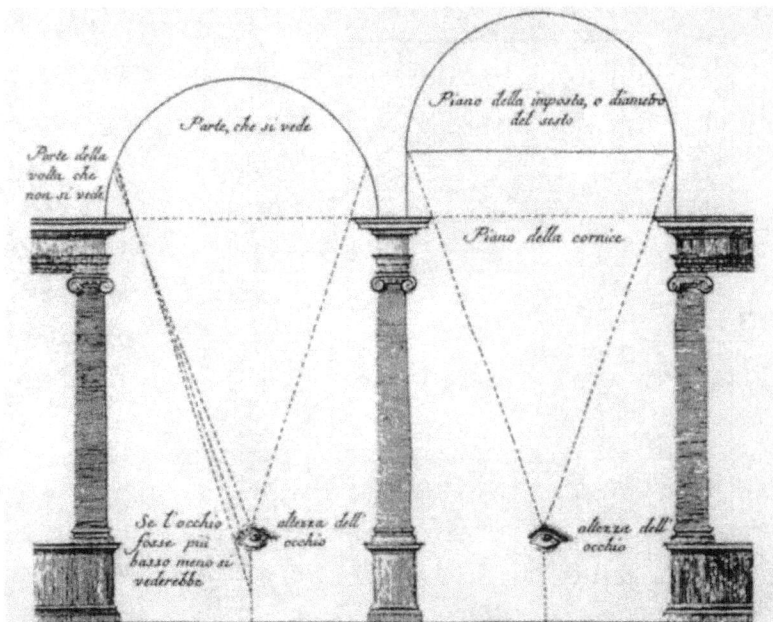

图版 59 瓜里诺·瓜里尼（Guarino Guarini），《民用建筑》（*Architettura civile*, 作者辞世后出版），"哥特式"柱式画像（Representation of the 'Gothic' order）

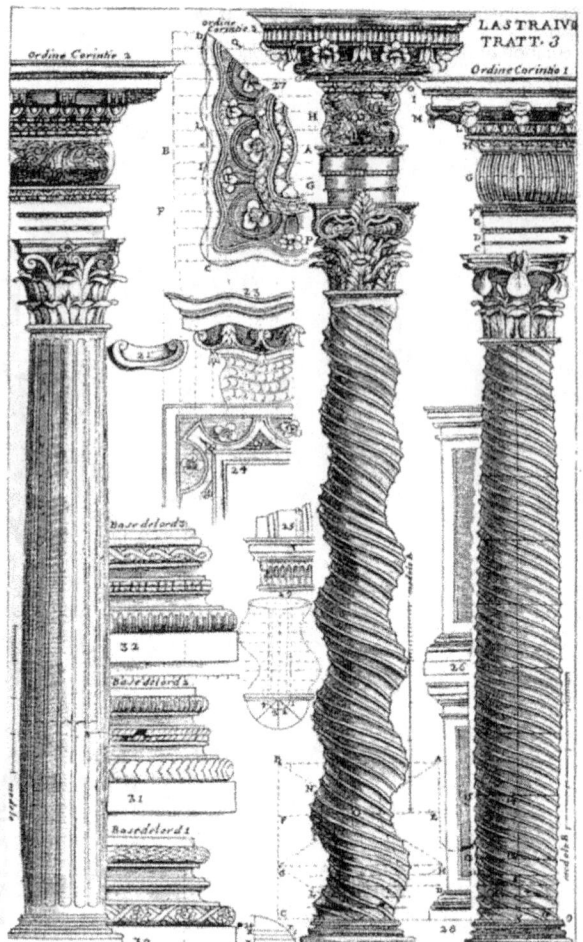

图版 60 瓜里诺·瓜里尼，"所罗门式"柱式像（representation of the 'Salomonic' order），《民用建筑》

图版 61 阿尔布莱特·丢勒（Albrecht Dürer），《几条教则》（*Etliche underricht*），1527年。一座理想化的城市平面（Plan for a utopian city）

图版 62 阿兹台克人（Aztec）的首都特诺奇蒂特兰城（Tenochtitlan）的木刻版画图，见于1524年在纽伦堡出版的赫尔南多·考提斯（Hernando Cortès）为查理五世皇帝（Emperor Charles V）所写的第一批信件，纽伦堡（Nuremberg），1524年

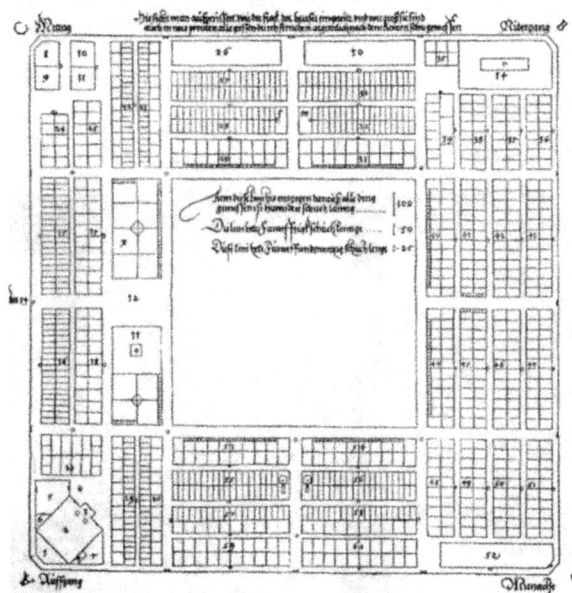

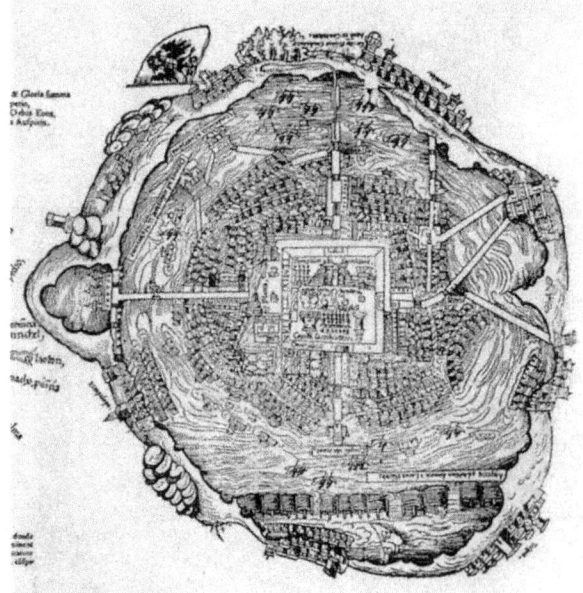

图版 63　尼古拉·塔尔塔利亚（Nicolò Tartaglia），《新科学》（*Nova scientia*），1550 年。卷首插画

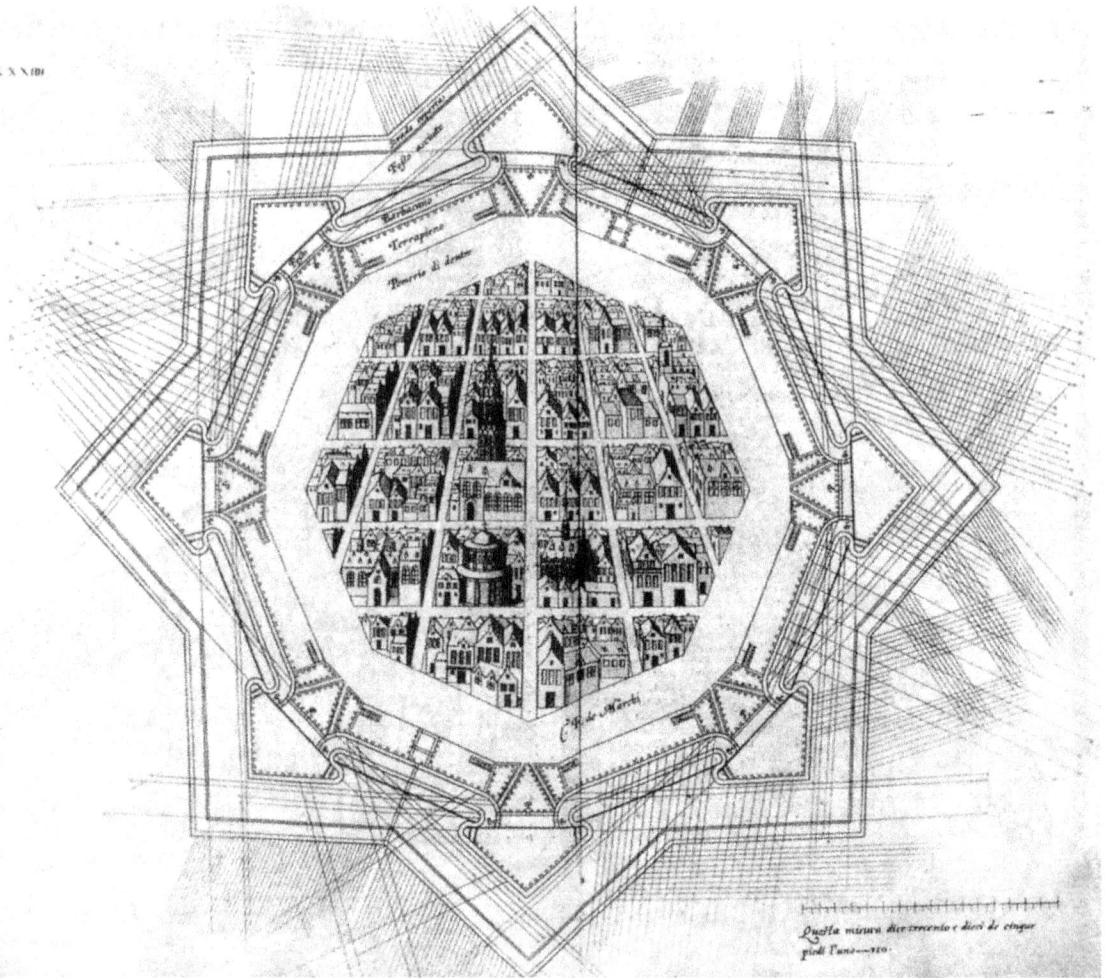

Della Fortif. delle Città

che cosi grande spatio di terreno fusse stato chiuso dentro alle mura per custodir-
ui e nutrirui bestiami, ò uero per seminarui quando il luogo fusse assediato, tenen
do e'cittadini la rocca picciola fortificata dalla natura.

图版64 弗朗切斯科·德·马奇 (Francesco de Marchi),《论军事建筑》(*della architettura militare*),1599 年,一个军事要塞城镇的规划 (Plan of a forfied town)

图版65 吉洛拉莫·马吉 (Girolamo Maggi) 和贾科莫·福斯特·卡斯特里奥托 (Jacomo Fusto Castriotto),《论要塞》(*Delle fortificatioi*),1564 年,一个理想化的军事要塞城市的规划 (Plan of a utopian fortified city)

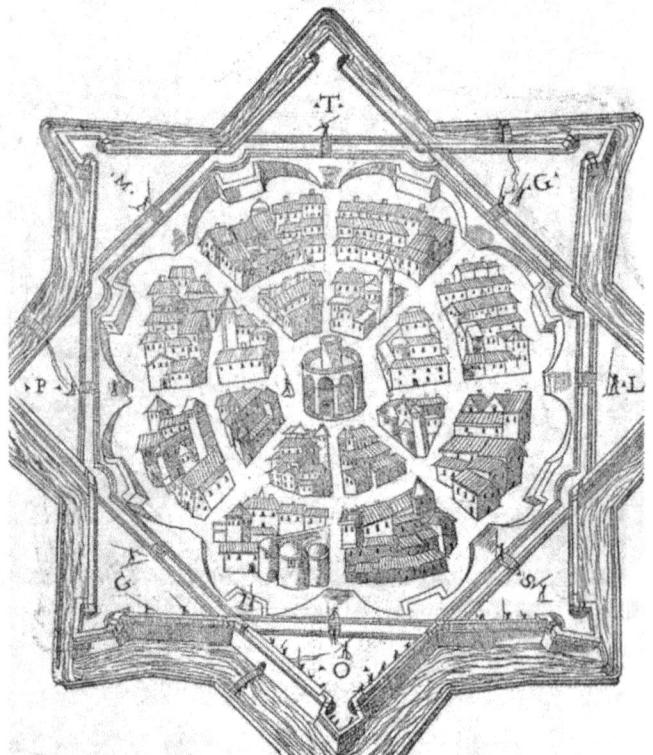

图版66 丹尼尔·斯帕克(Daniel Speckle)，《筑城建筑学》(*Architectura von Vestungen*)，1589年，一个理想化的城市规划（Plan of a utopian city）

图版67 马特豪斯·格罗伊特（Matthäus Greuter）所作的一座"惊奇的房子"(wunderbarlich Hauss）的雕版画；收入丹尼尔·斯帕克（Daniel Speckle），《筑城建筑学》(*Architectura von Vestungen*)

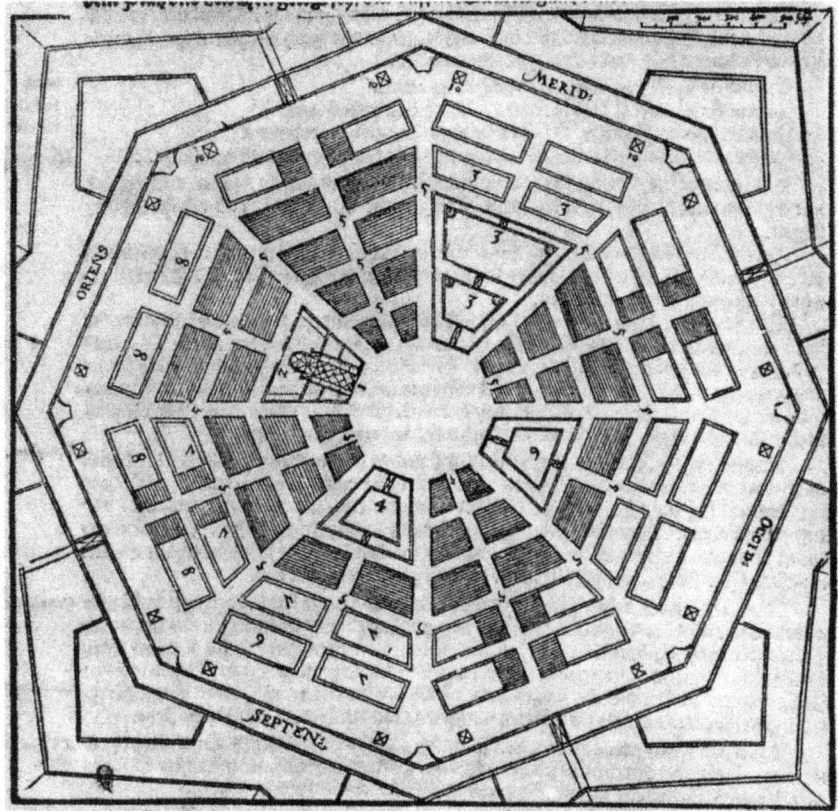

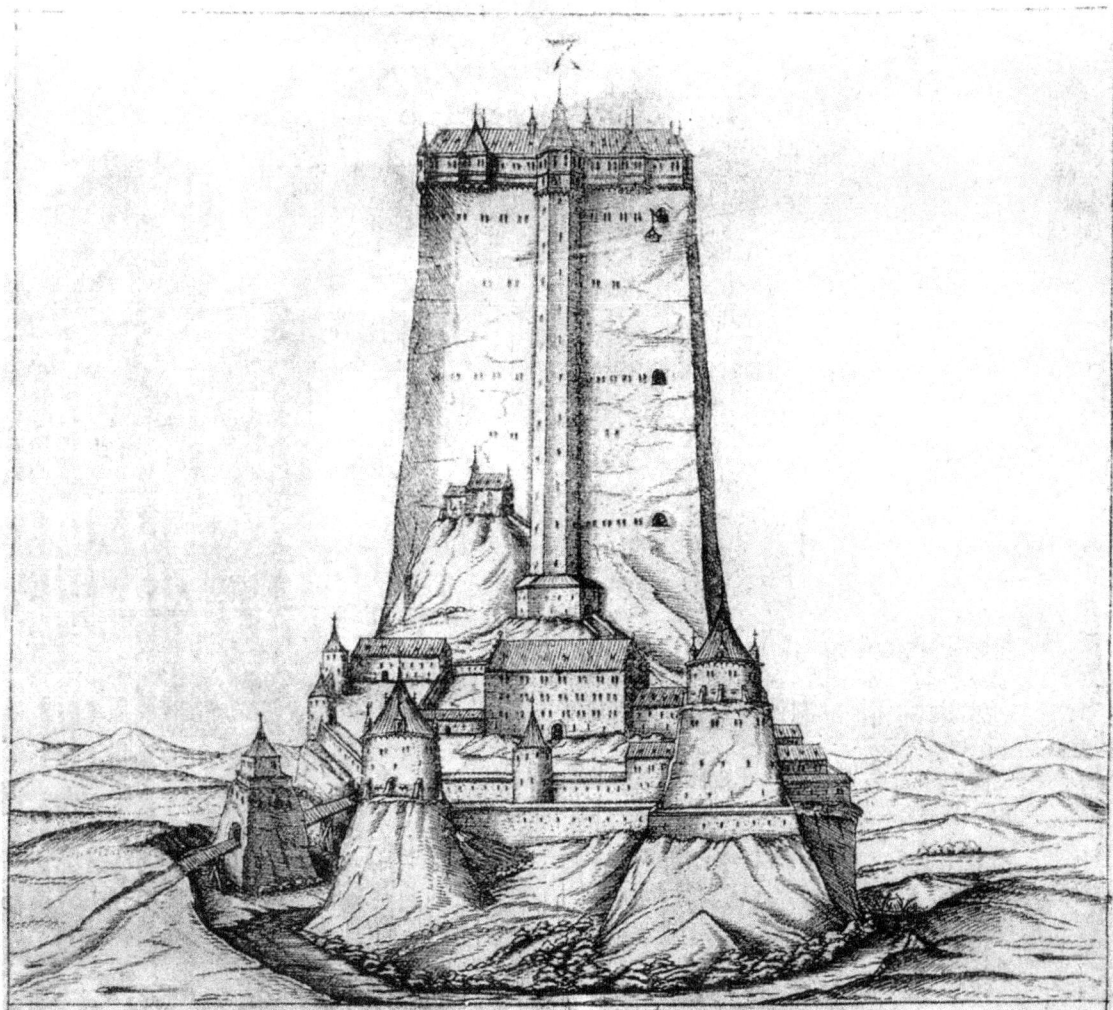

图版68 雅克·佩雷特 (Jacques Perret)，《要塞》(*Des fortifications*)，1601年。一个有大本营的要塞城市的规划 (Plan of a fortified city with citadel)

图版69 雅克·佩雷特，"高大的第一流的楼阁" (grand pavillon Royal)，《要塞》(*Des fortifications*)

图版 70，71　雅克·安德鲁埃·杜塞西（Jacques Androuet du Cerceau），《论建筑》（*De architecture*），1559 年。住宅 I，平面和立面（Plans and elevations for house I）

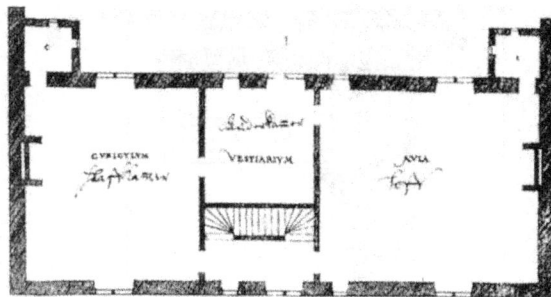

SECVNDA ICHNOGRAPHIA SECVNDÆ CONTIONATIONIS

PRIMA ICHNOGRAPHIA PRIMÆ CONTIONATIONIS

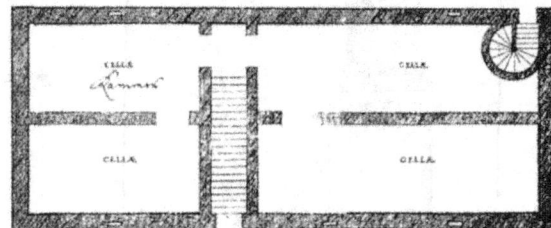

ICHNOGRAPHIA CELLÆ VINARIÆ

FACIES ANTERIOR IN VIAM SPECTANS
LITERA NOTATA B

FACIES POSTERIOR IN AREAM SPECTANS

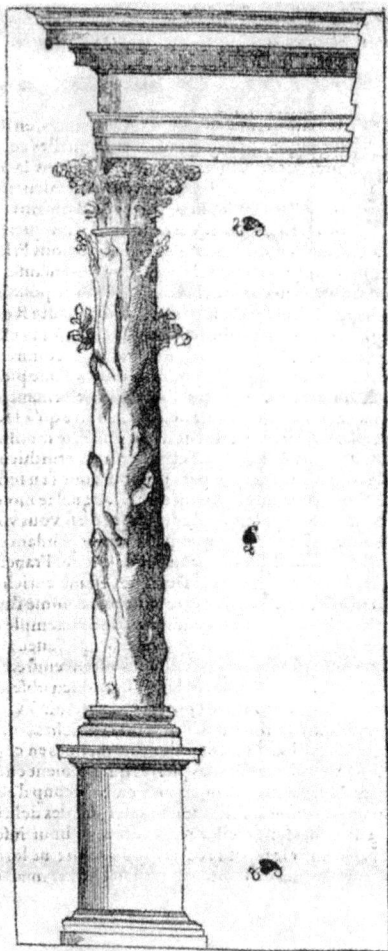

图版 72　费利伯特·德洛姆 (Philibert Delorme)，《建筑学第一书》
(Le premier tome de l'architecture)，1567 年。一棵树干构成的柱子
(Column composed of a tree trunk)

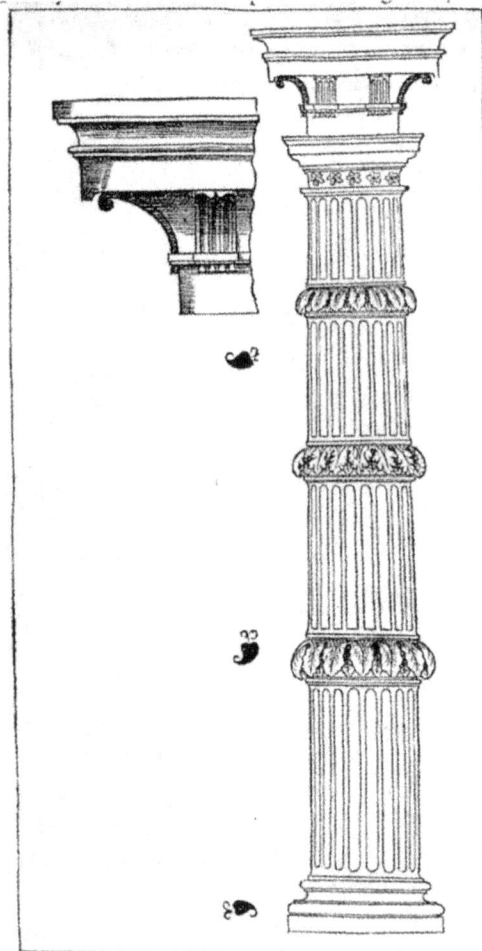

图版 73　费利伯特·德洛姆，"法兰西"柱式 ('French' order) 像，
《建筑学第一书》(Le premier tome de l'architecture)

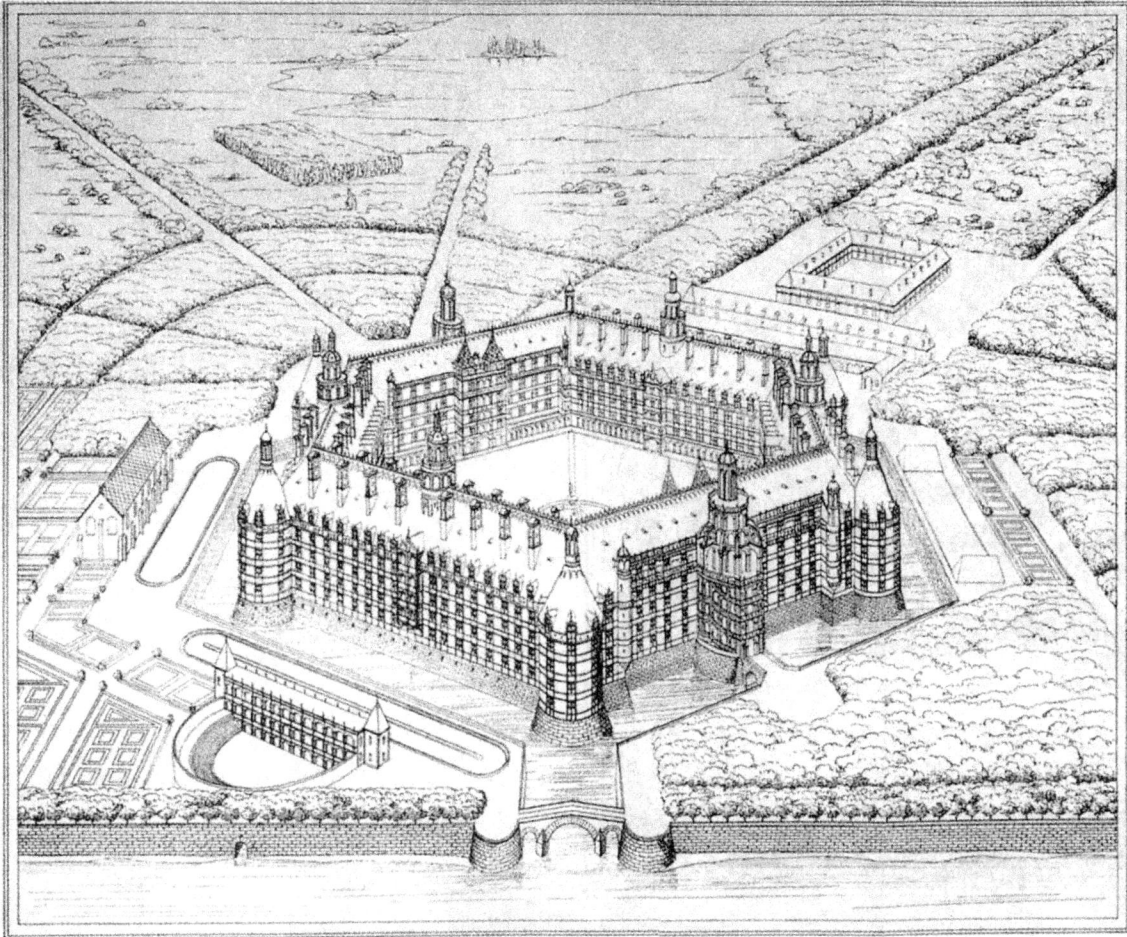

图版76 弗朗索瓦·拉贝莱斯（Francois Rabelais）的《巨人传》（*Gargantua*）中的泰勒玛修道院（Abbey of Thelema），晚于查尔·勒诺尔芒（Charles Lenormant），1840年

图版77 皮埃尔·勒米埃（Pierre Le Muet），《全民完美建造之方式》（*Manière de bien bastir pour toutes sortes de personnes*）。私宅的平面、立面和剖面细部

◁
图版74、75 费利伯特·德洛姆，好建筑师和蹩脚建筑师的讽谕木刻版画（allegories of the bad and the good architect）；《建筑学第一书》（*Le premier tome de l'architecture*）

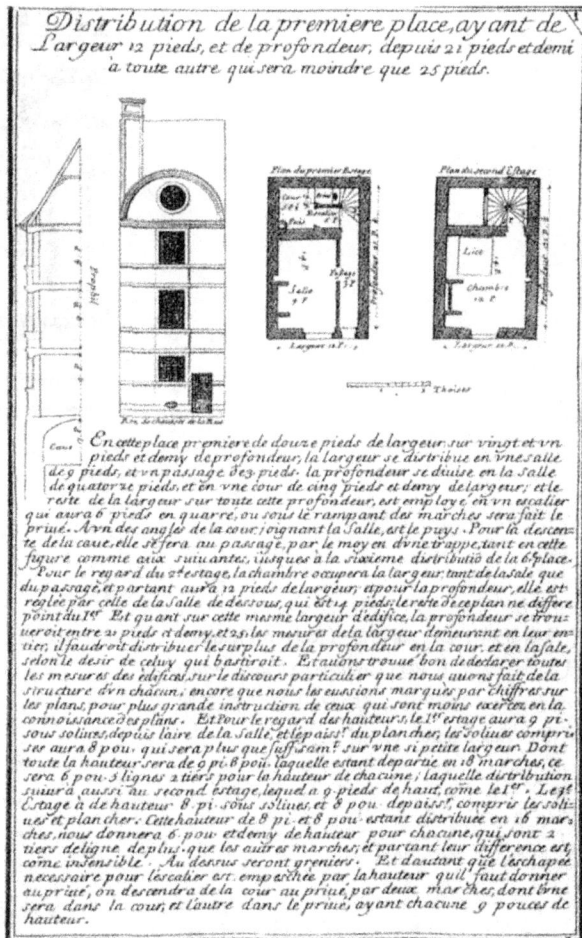

图版79 罗兰·弗雷亚特·德·尚布雷（Roland Fréart de Chambray），《古代与现代建筑比较》(*Parallèle de l'architecture antique avec la moderne*)，1650年，"所罗门式"柱式像 (Representation of the 'Salomonic' order)

图版 80 亚伯拉罕·波士(Abraham Bosse)，《古代建筑柱式绘制方法专集》(*Traité de manières de dessiner les orders de l'architecture antique*)，1664 年，正门（Frontispiece）

L'Origine des Chapiteaux des Colonnes.

图版 81 弗朗索瓦·布隆代尔（François Blondel），《建筑学教程》（*Cours d'architecture*），1675-1683 年。柱式起源的描绘（Depiction of the origin of the Orders）

图版 82 弗朗索瓦·布隆代尔之《建筑学教程》的卷首插画，表达出圣丹尼斯教堂的门廊（Porte Saint-Denis）

图版 83 克洛德·佩罗 (Claude Perrault) 的关于维特鲁威评述的卷首插画，1684 年

图版84 克劳德·佩罗的关于维特鲁威评述中的希腊建筑的平面

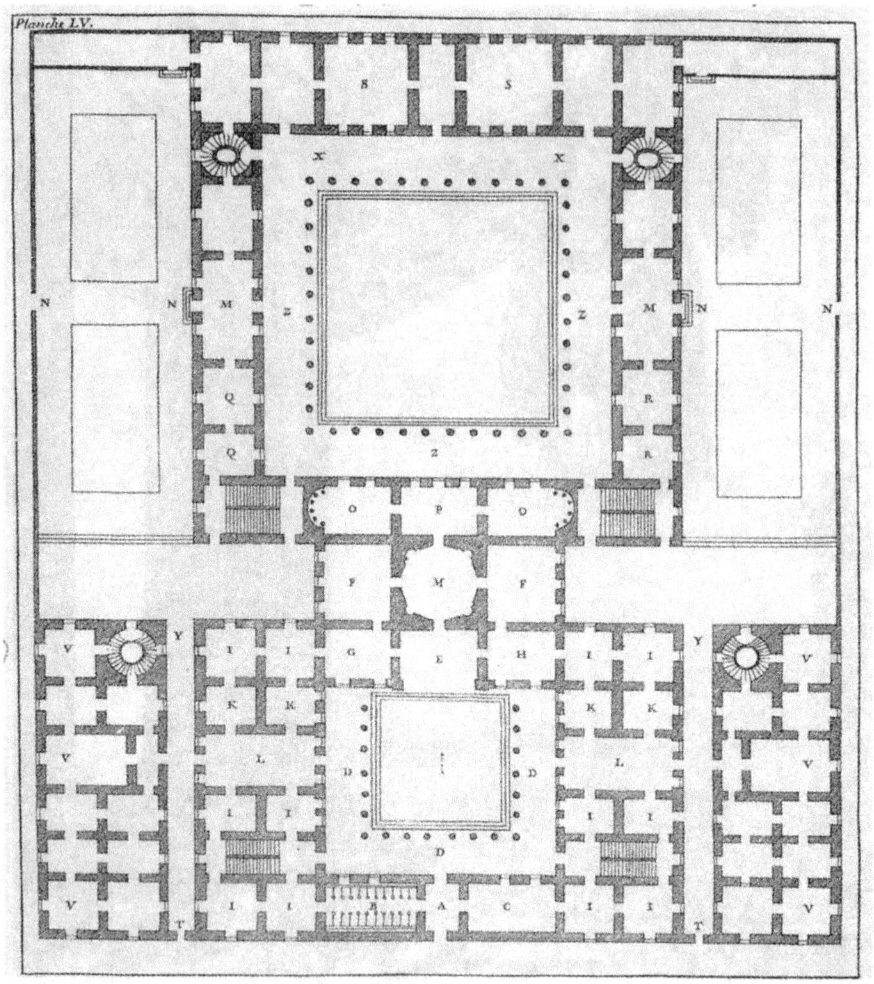

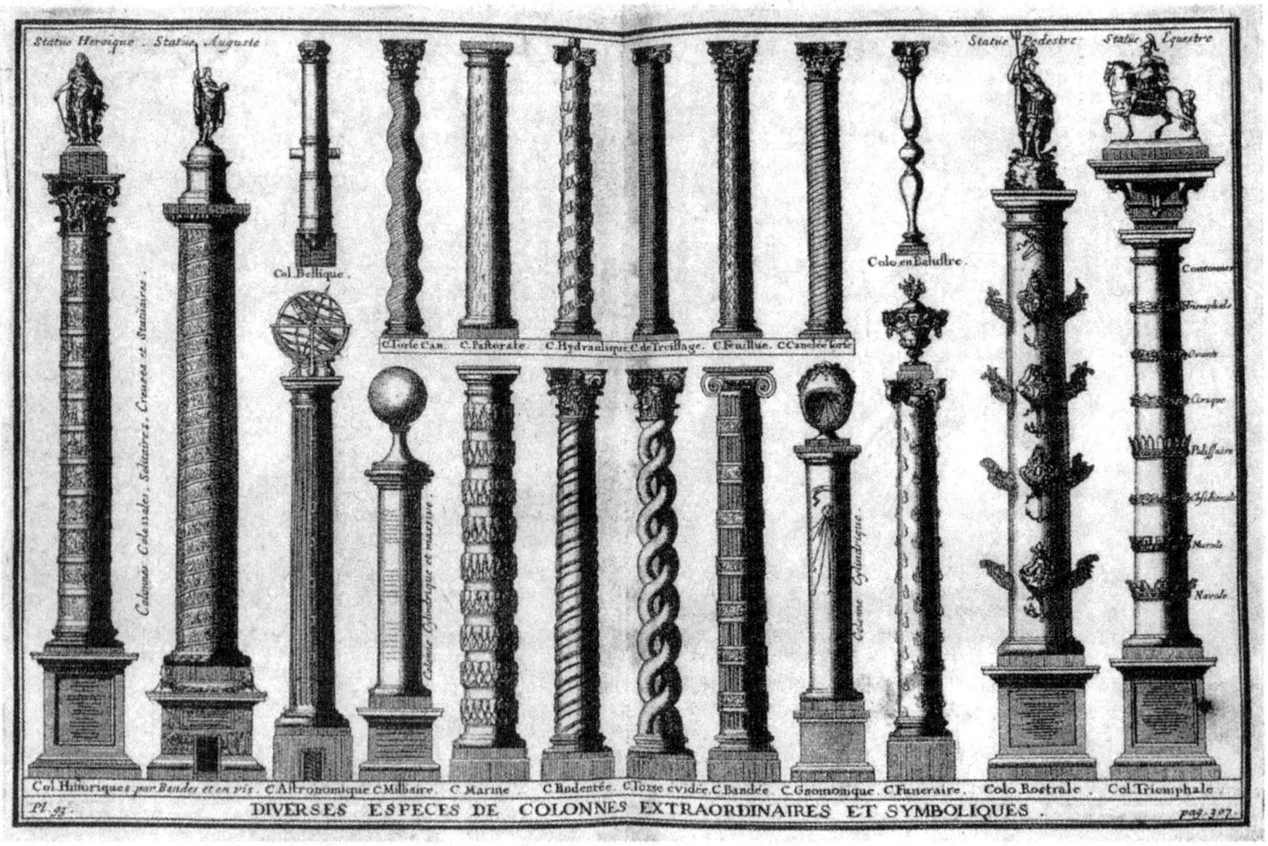

图版85 奥古斯丁—查尔斯·德阿维勒（Augustin-Charles d' Aviler），《建筑学教程》（Cours d' architecture），1696年，“这些柱子是特殊的象征物”（Colonnes extraordinaires et symboliques）

图版 86　热尔曼·博法尔（Germain Boffrand），《建筑作品》（livre d'architecture），1745 年。布谢法（Bouchefort）的猎人旅馆平面（Plan for a hunting lodge）

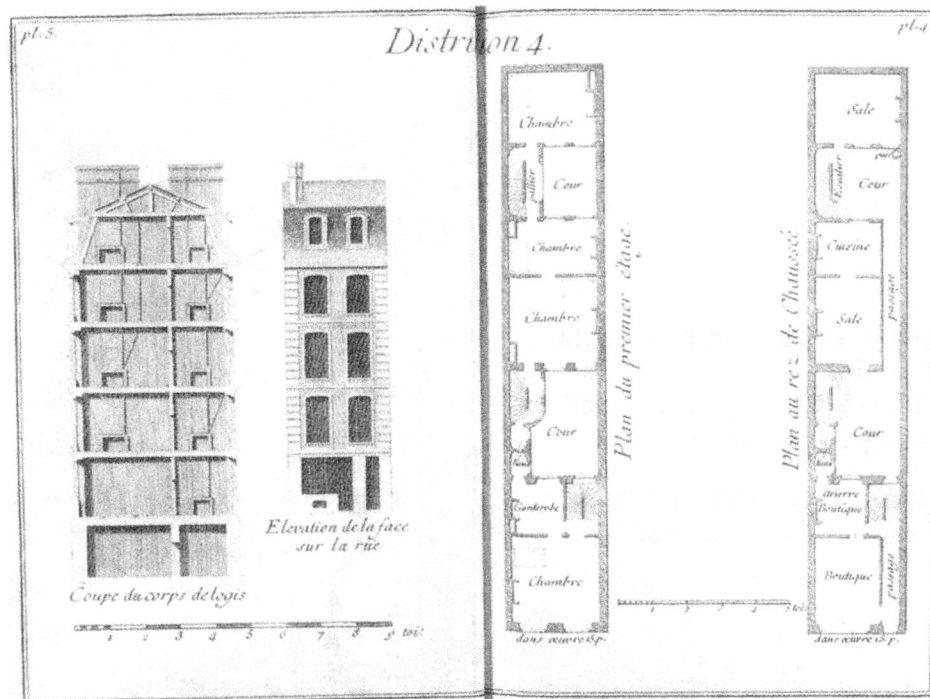

图版 87　查理－艾蒂安·布里瑟（Charles-Etienne Briseux），《现代建筑》（L'Architecture moderne），1728 年，一处巴黎私宅的剖面、立面和平面["分配"（Distribution）]

TEMPLE DE L'ARCHITECTURE

Brifeux *invenit*   Moreau *Sculpsit*

▷
图版 90 雅克－弗朗索瓦·布隆代尔（Jacques-François Blondel），《建筑学教程》（cours d'architecture），1771年。维尼奥拉之后带有比例的柱楣线脚（Entableature with proportions after Vignola）

图版 88 皮埃尔·帕特（Pierre Patte），《辉煌的路易十五时期的法兰西纪念性建筑》（*Monuments érigés en France la gloire de Louis XV*），1765年。巴黎的平面显示着献给路易十五的纪念碑的位置（Plan of Paris showing locations of monuments to Louis XV）

图版 89 查理－艾蒂安·布里瑟，《建造别墅的艺术》（*L'Art de bâtir des maisons de campagne*），1761年，卷首插画

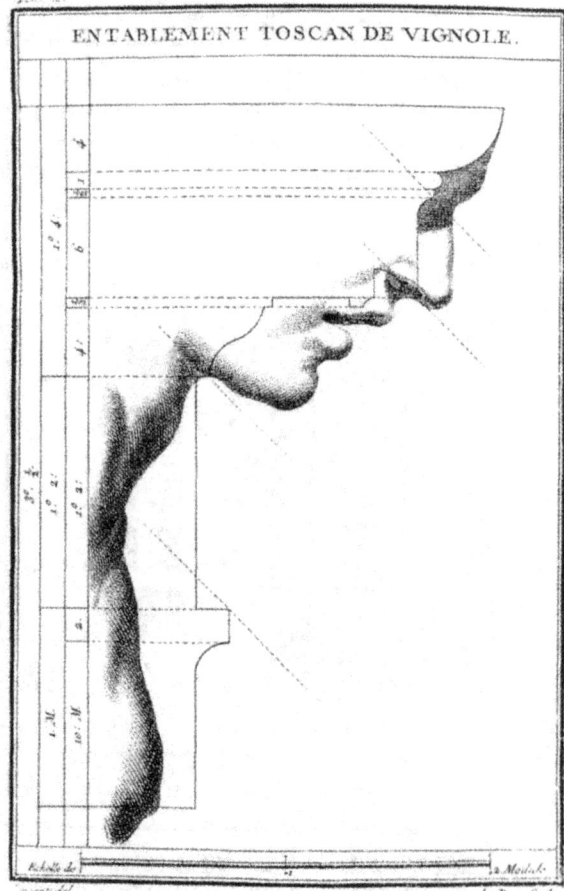

ENTABLEMENT TOSCAN DE VIGNOLE.

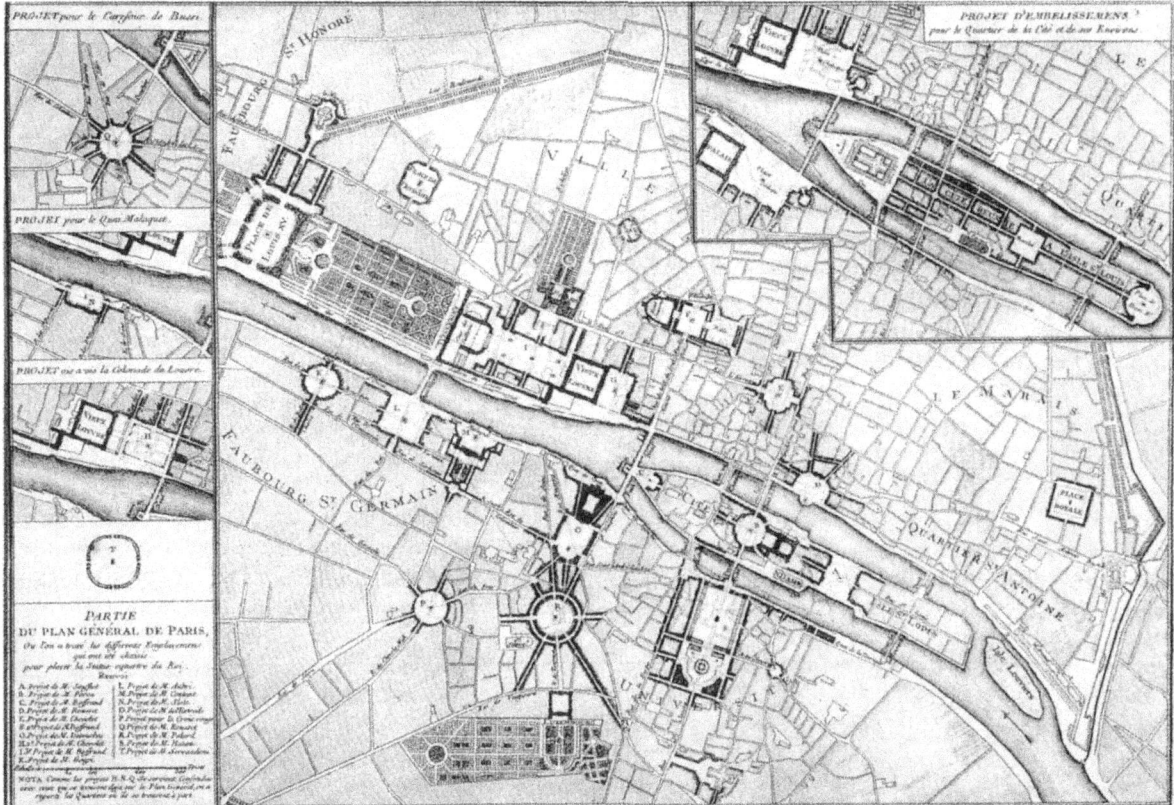

图版91 皮埃尔·帕特,《辉煌的路易十五时期的法兰西纪念性建筑》,附献给路易十五的纪念碑的一个广场平面(Plan of a square with a monument to Louis XV)

图版92 马克—安东尼·洛吉耶(Marc-Antoine Laugier),《论建筑》(*Essai sur l'architecture*),1755年,卷首插画

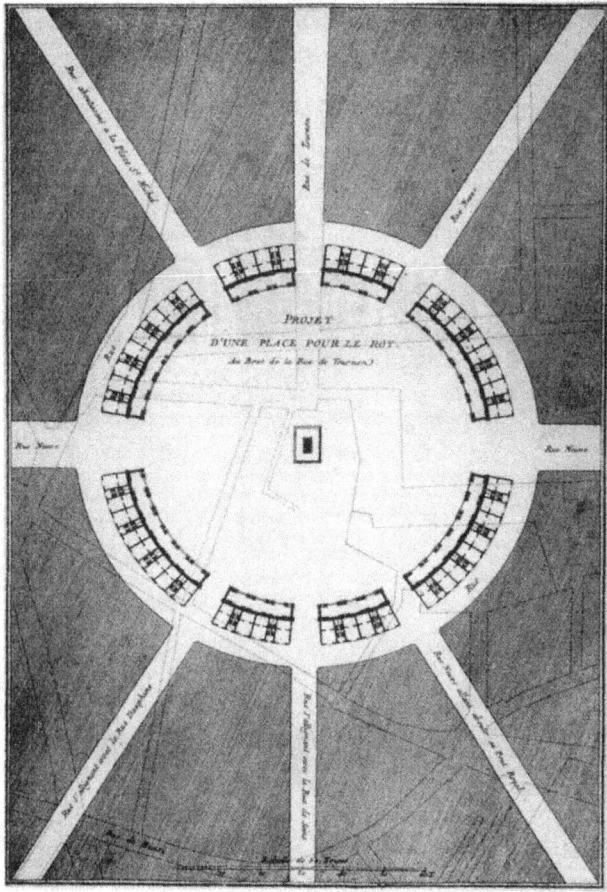

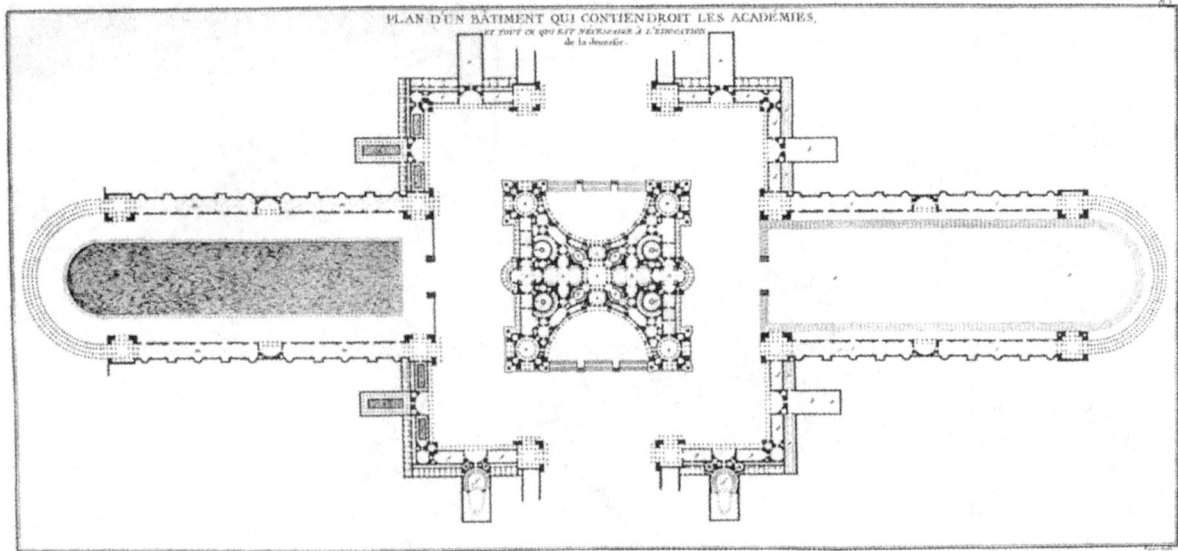

图版 93, 94　马里－约瑟·佩尔（Marie-Joseph Peyre），《建筑全集》（*Oeuvres d' Architecture*），1765 年，学院工程（Academy project）

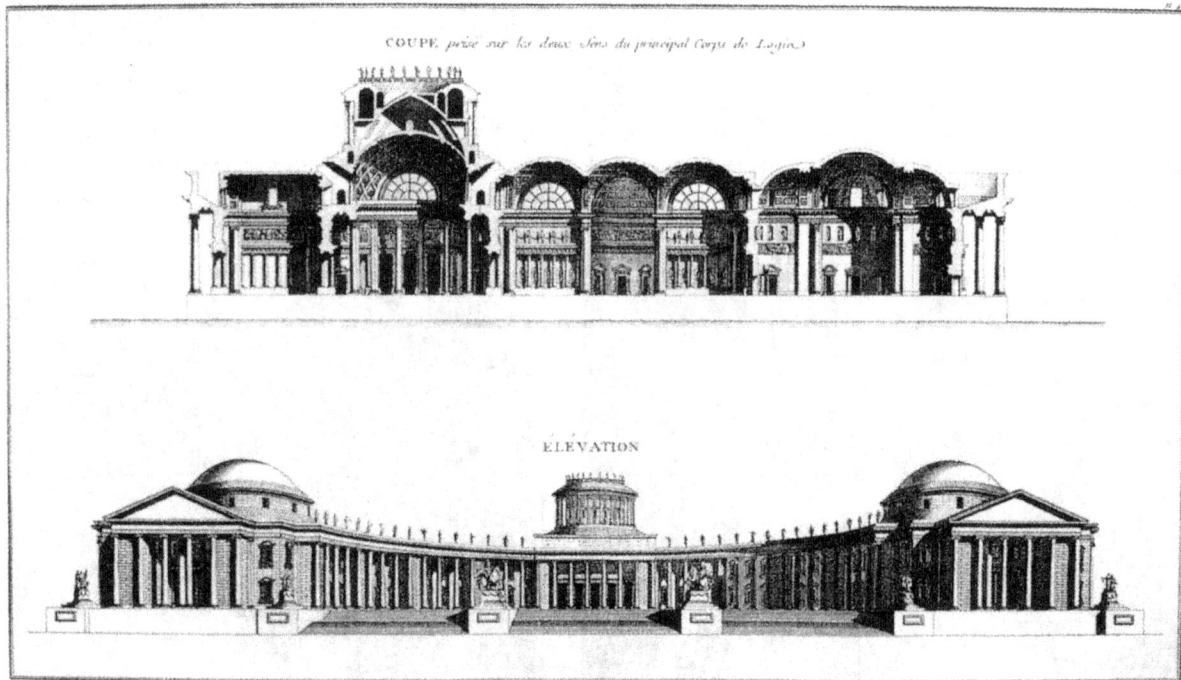

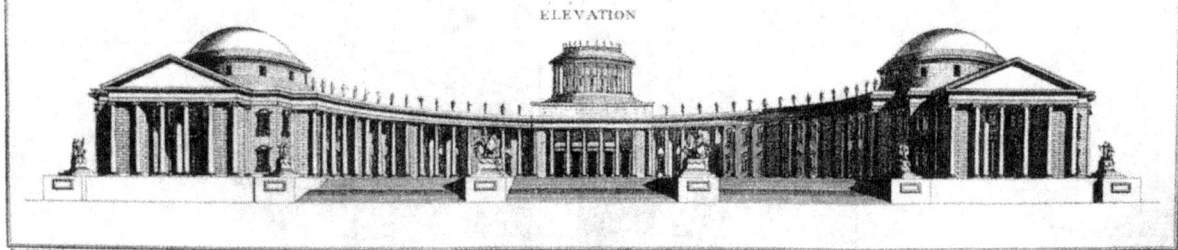

TYPE DE L'ORDRE FRANÇOIS.

L'ORDRE FRANÇOIS DÉVELOPPÉ.

◁ **图版** 95 马里-约瑟·佩尔,《建筑全集》,一个大教堂工程(project for a cathedral)

图版 96 里巴·德·沙穆特(Ribart de Chamoust),《法兰西柱式从自然中受到的启示》(*L'Ordre François trouvé dans la nature*),1783年,"法兰西柱式"像(Representation of 'French order')

图版97 艾蒂安－路易·部雷（Étienne-Louis Boullée），《论艺术》（Essai sur l'art），1781 年至 1793 年写作并设计，一座大教堂的设计（Design for a cathedral）

图版98 艾蒂安－路易·部雷，《论艺术》，牛顿纪念碑（Monument to Newton），夜晚

Vue perspective de la Ville de Chaux

图版 99 克洛德－尼古拉·勒杜（Claude-Nicolas Ledoux），《论建筑》（*L'architecture*），1804 年。肖镇之景（View of Chaux）

L'ABRI DU PAUVRE

图版 100 勒杜，《论建筑》。"穷人的庇护所"（L'abri du pauvre）

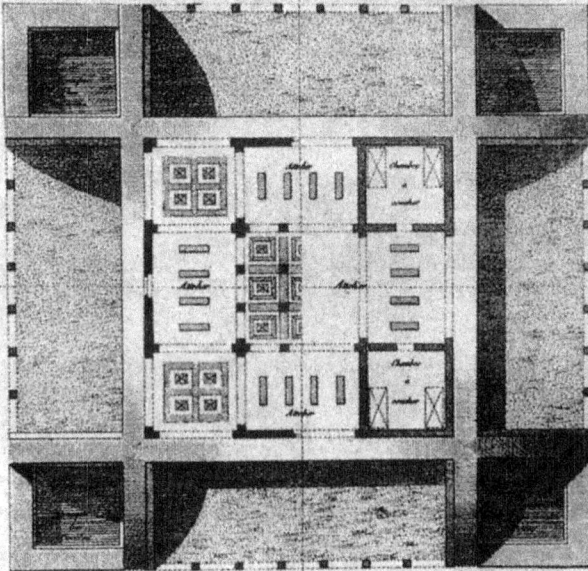

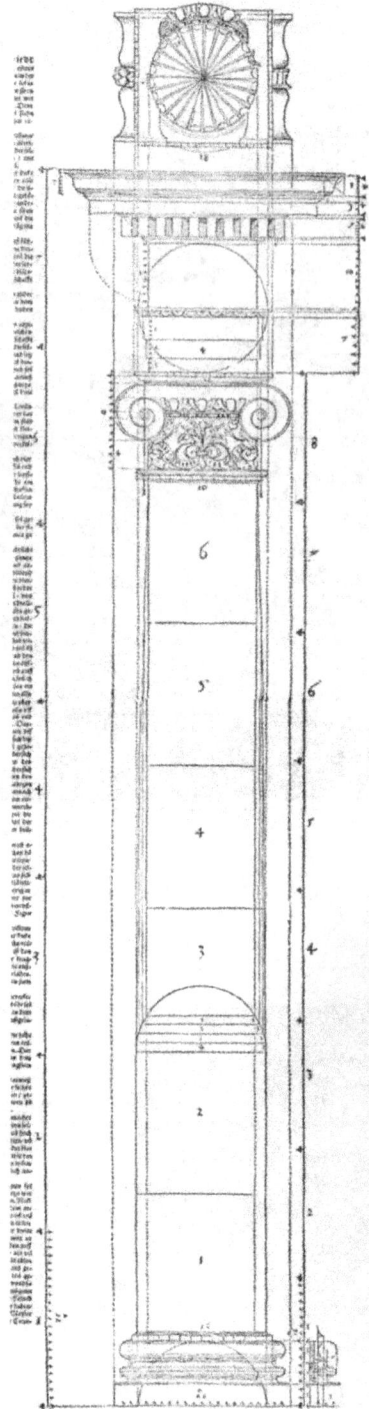

图版 101 勒杜，《论建筑》。"铁环制造者的住宅"（House of a Hoopmaker）

图版 102 汉斯·布卢姆（Hans Blum），他的《柱式图集》（*Säulenbush*）中的爱奥尼柱式的设计，1596 年版本

▷
图版 103 汉斯·弗雷德曼·德·弗里斯（Hans Vredeman de Vries），《人类生命的剧场》（*Theatrum Vitae Humanae*），1577 年。"毁灭"，死亡柱式（'Ruin', the Order Death）

图版 104 汉斯·弗雷德曼·德·弗里斯和保罗·弗雷德曼·德弗里斯（Hans and Paul Vredeman de Vries），《建筑》（*Architectura*），组合柱式表达的触觉场景（The Sence of Touch represented by the Composite order）

Denia, quicquid erit, Deus aut Natura quoa ussum,
Principium sub solo acait, mortale necesse est,

RVYNE.
6.

Plantatim accrescat, paulatim labitur, atq,
Tempore conciutat vitam cu morte funesta,

Dat gheut, sy Deue Oatghet alle sterche Sewolinghe
Vernal, ynat Malter, Hout, est Deur Toier bederuenk
Sorebegia oock dm Mensch, die Sudercits censchewulinghe
Melter tyst, by io ond sy, Deois gheudeti sterncnde
Sulch hem Toeginse2 ghecst, sy syt Egae verublernende

Donc pour conclusion, comme tout Bastiment
Est destruit, soit par Feu par Eau, Tëps qui tout mine
Ainsi l'homme à son Tems, cours & dehnement
Estant subiect à Mort qui sur Mortels domine
Et a la Fin semblable à son Commancement.

图版 105　文德尔·迪耶特林（Wendel Dietterlin），《建筑》，1598年，爱奥尼柱式的表现（Representation of the Ionic order）

图版 106　文德尔·迪耶特林，《建筑》，死亡的胜利（The victory of Death）

图版 107 丹尼尔·迈耶 (Daniel Meyer),《建筑》(*Architectura*),1609年。柱式的处理 (Treatment of the Orders)

图版 108 加布里尔·克拉默尔 (Gabriel Krammer),《建筑的五柱式……》 (*Architectura Von den funf Seulen*…),1606年版本,塔斯干柱式的处理 (Treatment of the Tuscan Orders)

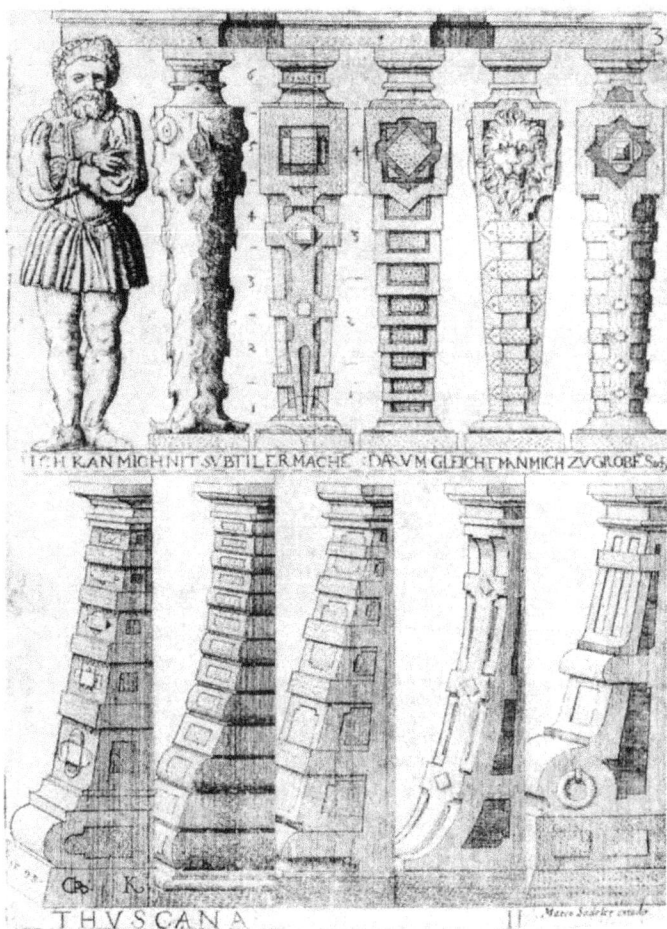

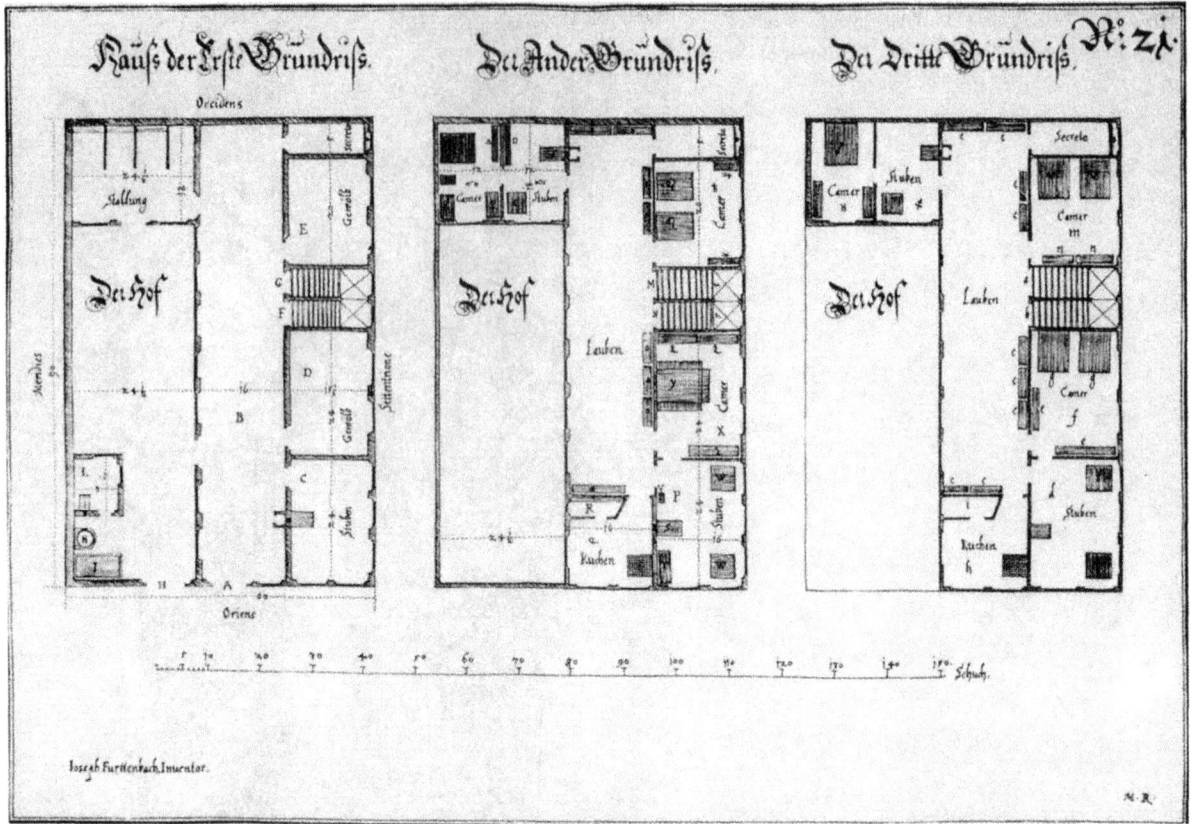

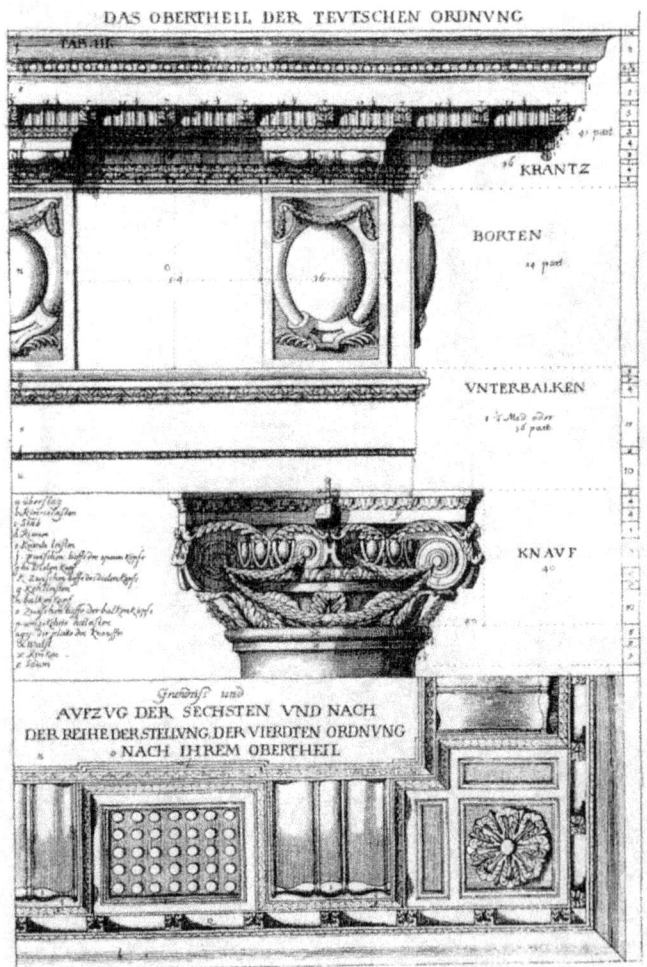

图版 109　约瑟夫·富滕巴克（Joseph Furttenbach），
《一般建筑》（*Architectura universalis*），1635 年，一个
3 层的"市民住宅"（burgher's house）几个平面

图版 110　莱昂哈德·克里斯托夫·斯图尔姆
（Leonhard Christoph Sturm），《完美原则的初步实践》
（*Erste Ausübung der Vortrefflchen und Vollständigen
Anweisung*），一个"德国的"柱式（'German' order）
的上部

图版 111 斯图尔姆的《完美原则的初步实践》的卷首插画，画着一座建筑使用着"德国的"柱式

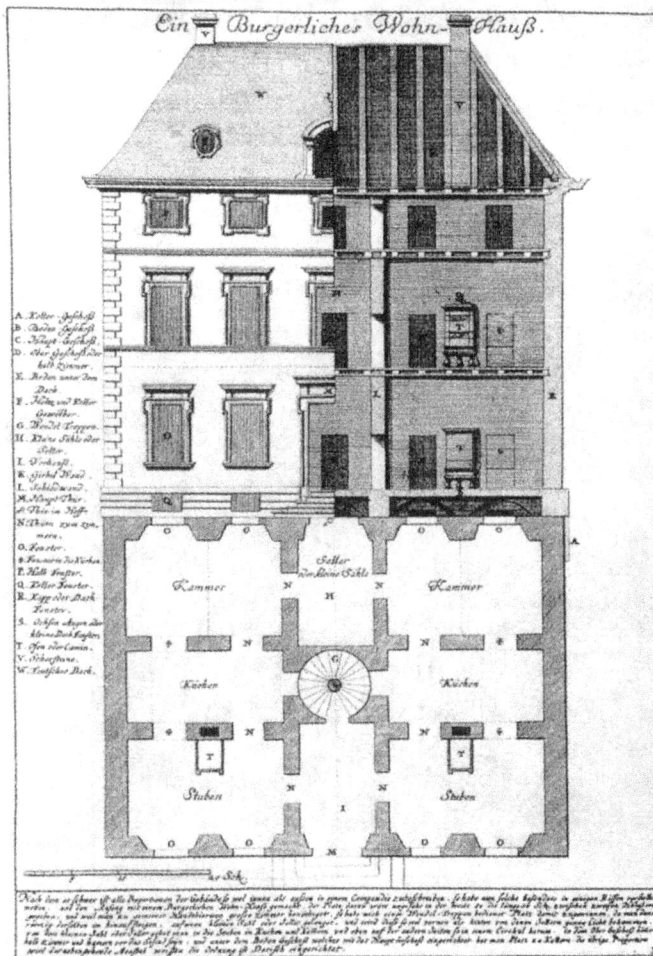

图版 112 保罗·德克尔（Paul Decker），《民用建筑细则》（*Ausführliche Anleitung zur Civilbaukunst*），公元1719/1720年。一个市民住宅的立面，剖面和平面

图版 113　保罗·德克尔，《宫廷建筑师》（*Fürstlicher Baumeister*），1711 年。卷首插画

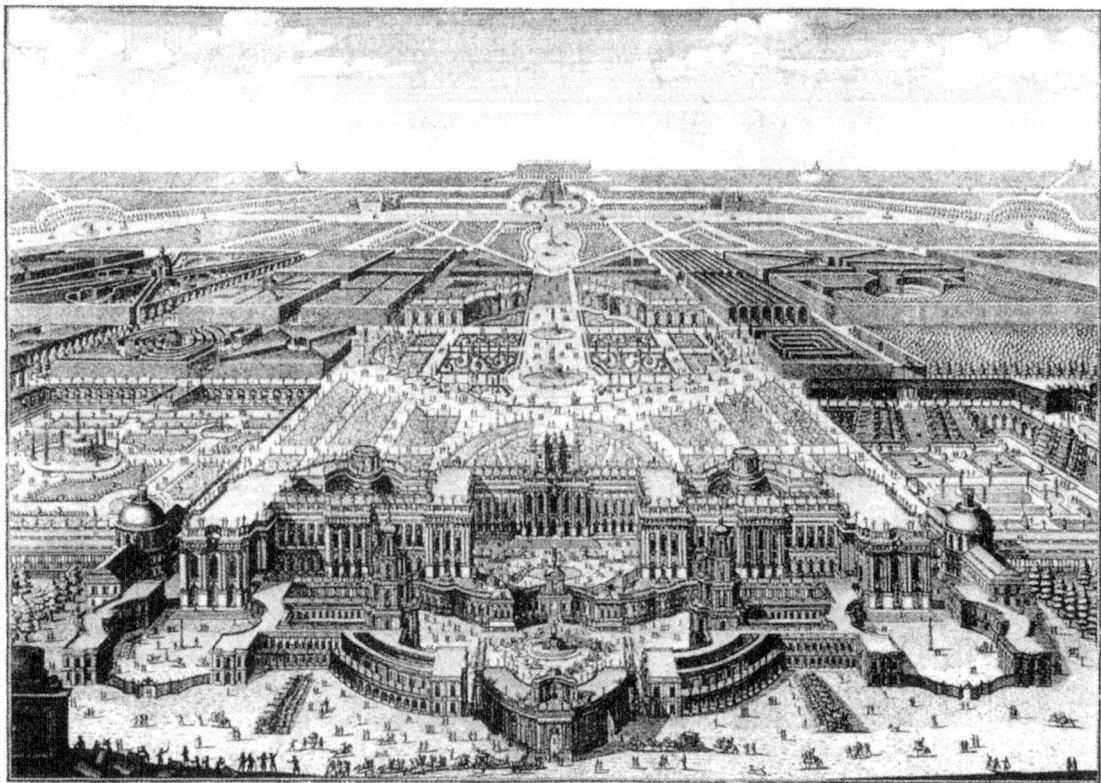

图版 114　保罗·德克尔的《宫廷建筑师》第 2 部分，1716 年，一座"皇家宫殿"的设计（Design for a 'royal palace'）

图版 115 约翰·雅各布·许贝勒（Johann Jacob Schübler），《透视》、《图像》（*Perspectiva, pes picturae*），1720 年。"纵深透视"（longimetric perspective）图

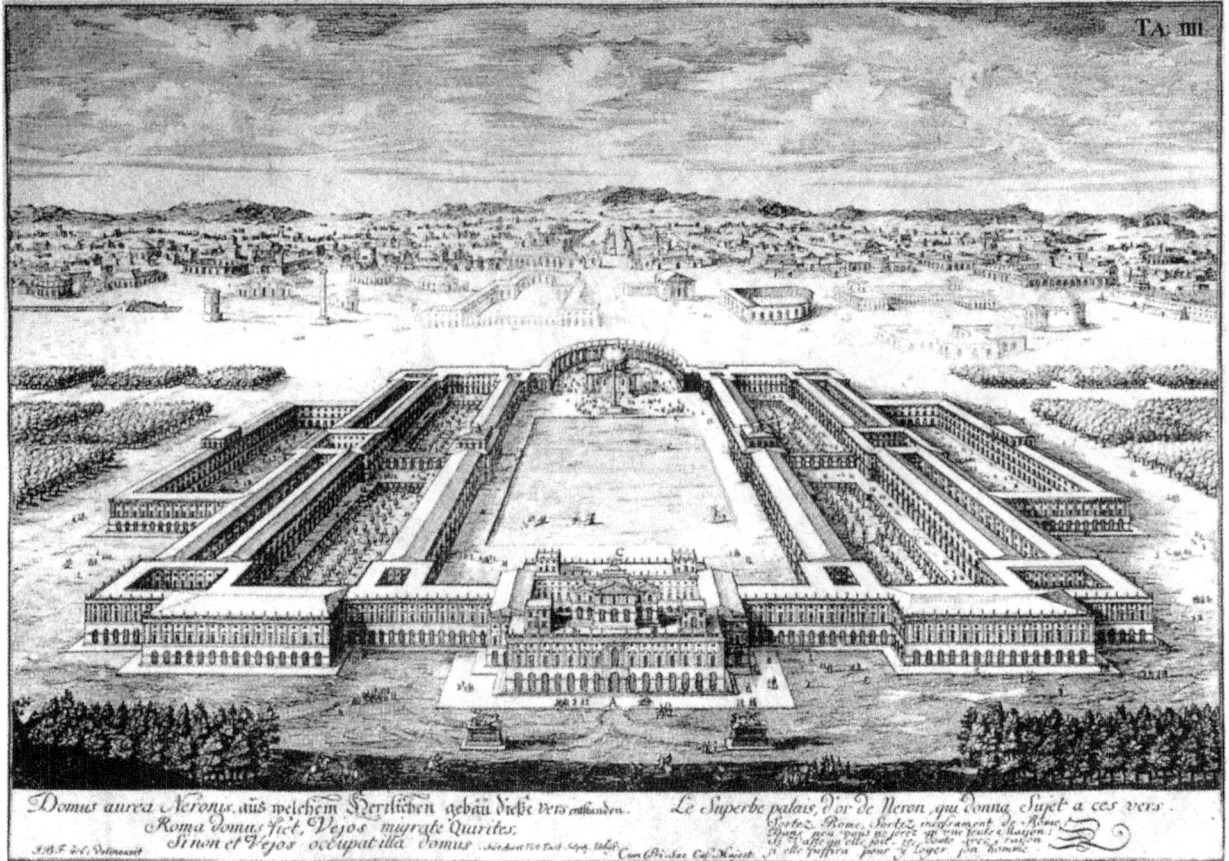

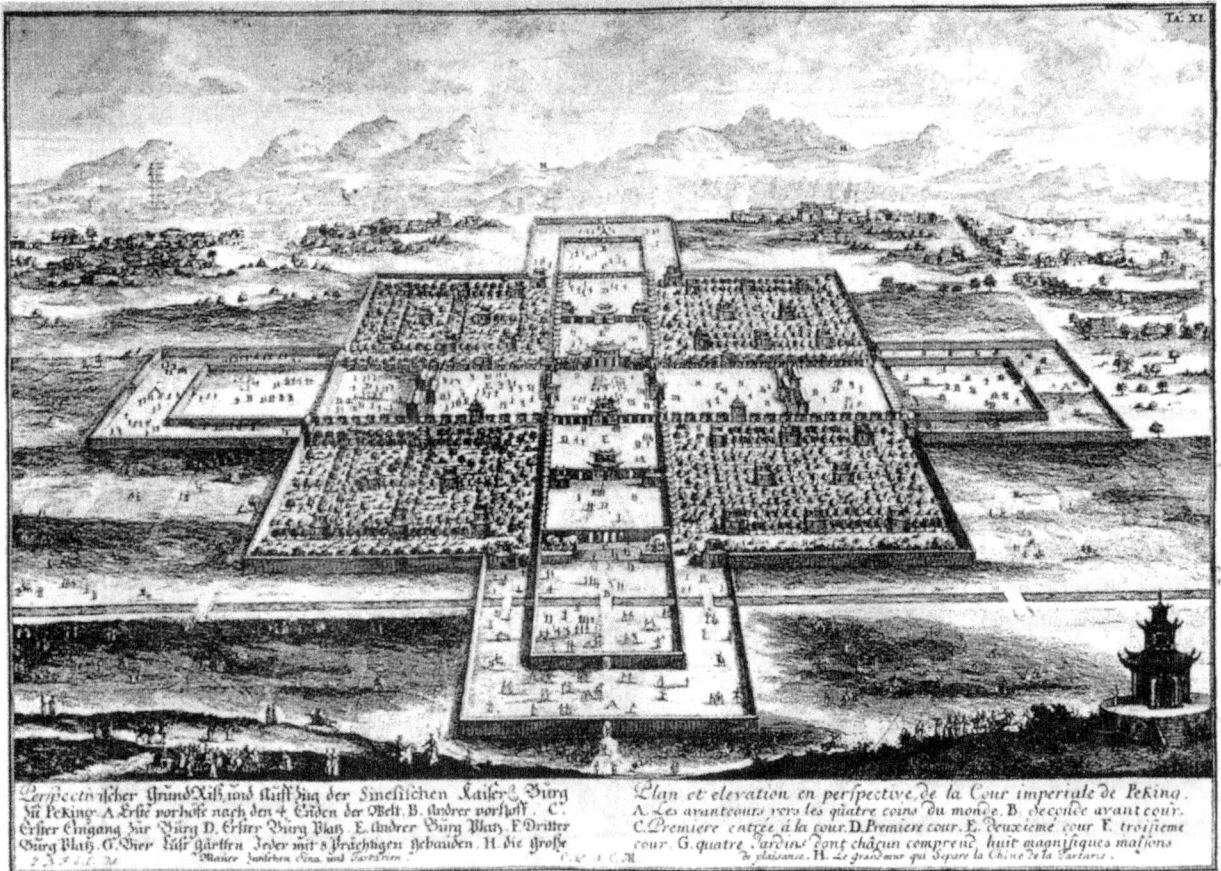

图版 117　约翰·伯恩哈德·菲舍尔·范·埃拉赫，《历史建筑概览》，北京故宫平面（Plan of the imperial palace, Peking）

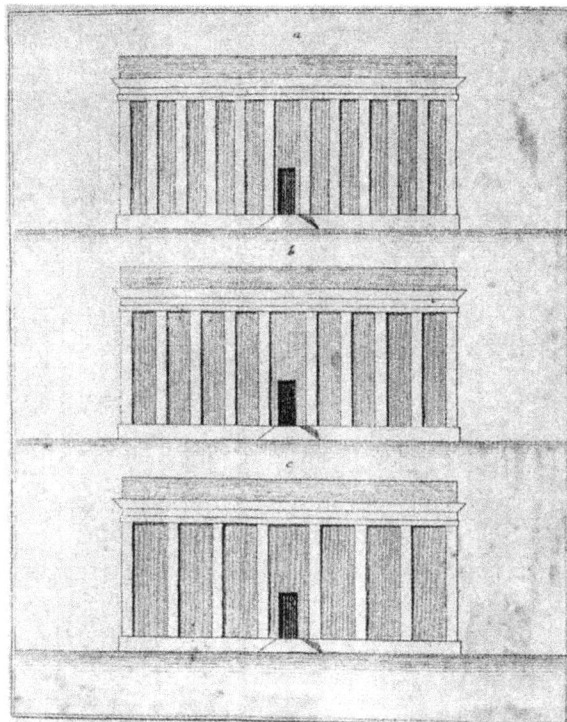

图版 116 约翰·伯恩哈德·菲舍尔·范·埃拉赫(Johann Bernhard Fischer von Erlach),《历史建筑勾勒》(*Entwurff einer Historischen Architectur*),1725 年版本,尼禄金屋(Nero's Domus Aurea Domus Aurea)的复原

图版 118 作者佚名,《建筑个性之再分析》(*Untersuchungen über den Charakter der Gebaüde*),1785 年,对一个柱子间距不等(intercolumniation)的柱廊的描绘

图版 119 费迪南多·加利·比比耶纳(Ferdinando Galli Bibiena),《建筑与透视》(*Architecture, e prospevtive*),"角透视"('scena per angolo')

84

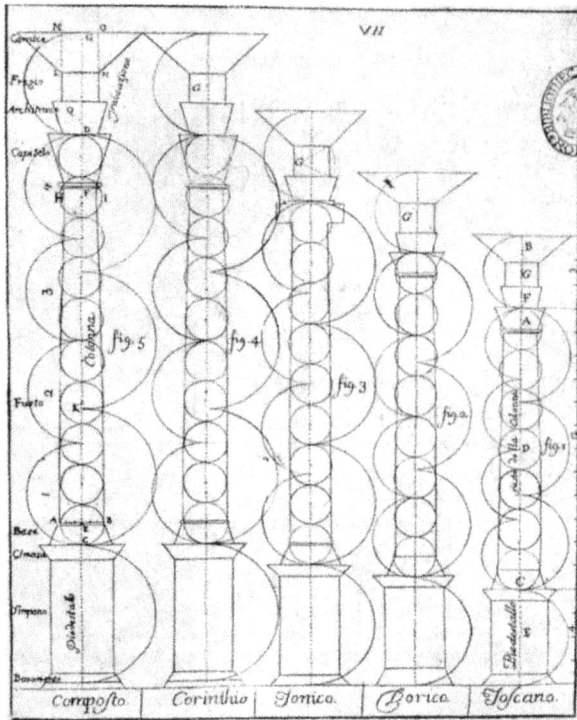

图版 120 贝尔纳多·维托内（Bernardo Vittone），《初步教则》（*Istruzioni elementari*），1760 年，柱式说明（Exposition of the Orders）

图版 121 贝尔纳多·维托内，《各种教则》（*Istruzioni diverse*），1760 年，米兰大教堂（Milan Catredral）的正立面设计

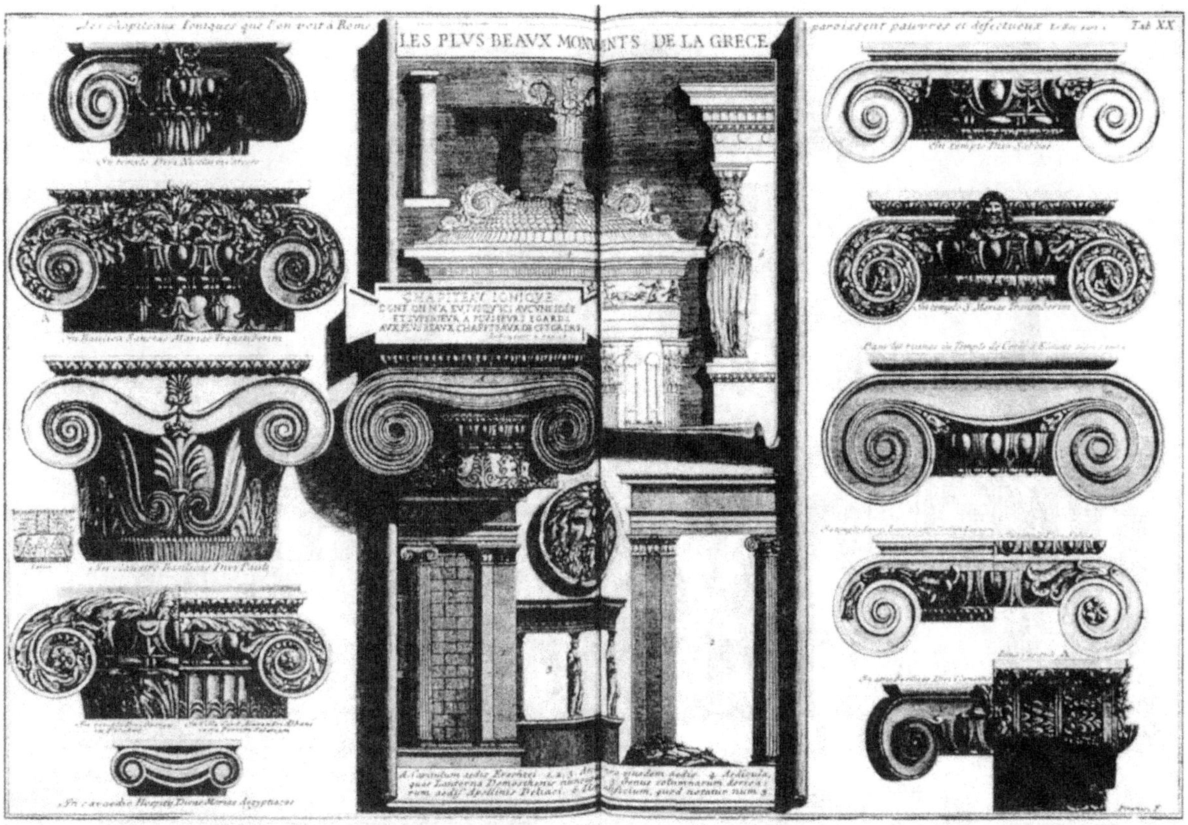

图版 122 乔瓦尼·巴蒂斯塔·皮拉内西（Giovanni Battista Piranesi），《关于宏伟壮丽与罗马建筑》（*Della Magnificenza ed Architettura de Romami*），罗马爱奥尼柱头（Roman Ionic capital）的设计

图版 123 皮拉内西，《观察》（*Osservazionni*），1765 年。标题页

图版 124　皮拉内西，《观察建筑》（*Parere su l' architettura*），1765 年，首页装饰图案（Vignette on first page）

图版 125　皮拉内西，《观察建筑》，建筑自由的表现（Representation of architectureal liberty）

Vué du Dromos de Sparte.

图版 126 朱利安－戴维·勒·罗伊（Julien-David Le Roy），《希腊最美的纪念性作品遗迹》（*Les Ruines des plus beaus monuments de la Grèce*），1758 年，斯巴达（Sparta，古希腊军事重镇——译者注）居奥莫斯大道（Dromos）一景（View of Dromos, Sparta）

图版 127 朱利安－戴维·勒·罗伊，《希腊最美的纪念性作品遗迹》，雅典卫城入口复原（Reconstruction of the Propylaeum on the Acropolis of Athens）

图版 128 詹姆斯·斯图尔特（James Stuart）和尼古拉斯·雷维特（Nicholas Revett），《雅典古代建筑》（*Antiquties of Athens*），第 2 卷，1788 年，帕提农神庙正立面（Façade of the Parthenon）

图版 129 罗伯特·亚当（Robert Adam），《位于达尔马提亚的斯普利特的戴克里先皇宫遗迹》（*Ruins of the Palace of the Emperor Diocletian at Spalatro in Dalmatia*），1764 年

图版 130　伦敦阿戴尔菲宫（Adelphi）正立面，引自《罗伯特·亚当与詹姆斯·亚当作品集》（*The Works of Robert and James Adam*），1779年

图版 131　贝拉尔多·加利亚尼（Berardo Galiani），维特鲁威版本，1758年，帕埃斯图姆（Paestum）雅典神庙的描绘（Depiction of the temple of Athena at Paestum）

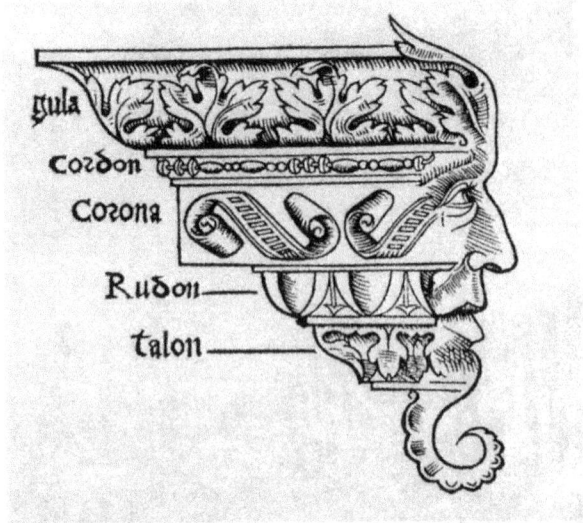

图版 132 迭戈·德·萨格雷多（Diego de Sagredo），《罗马的测量》（*Medidas del Romano*），1526年，人体测量学的柱楣线脚（Anthropometric entablature）

图版 133 胡安·巴蒂斯塔·维拉潘多（Juan Bautista Villalpando），《以西结书注疏》（*In Ezechielem explanationes*），第2卷，1604年，所罗门神庙（Solomon's Temple）平面复原

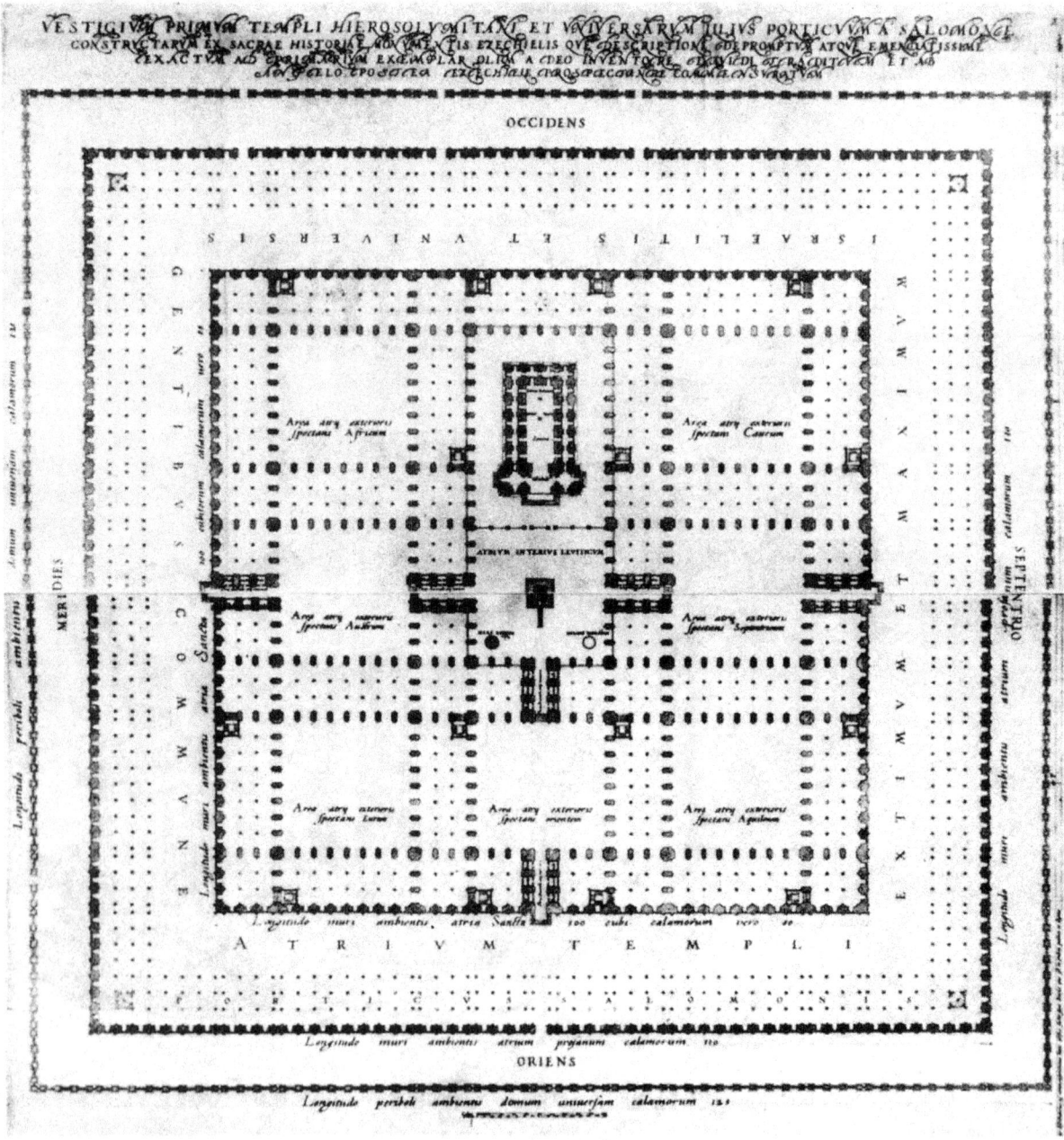

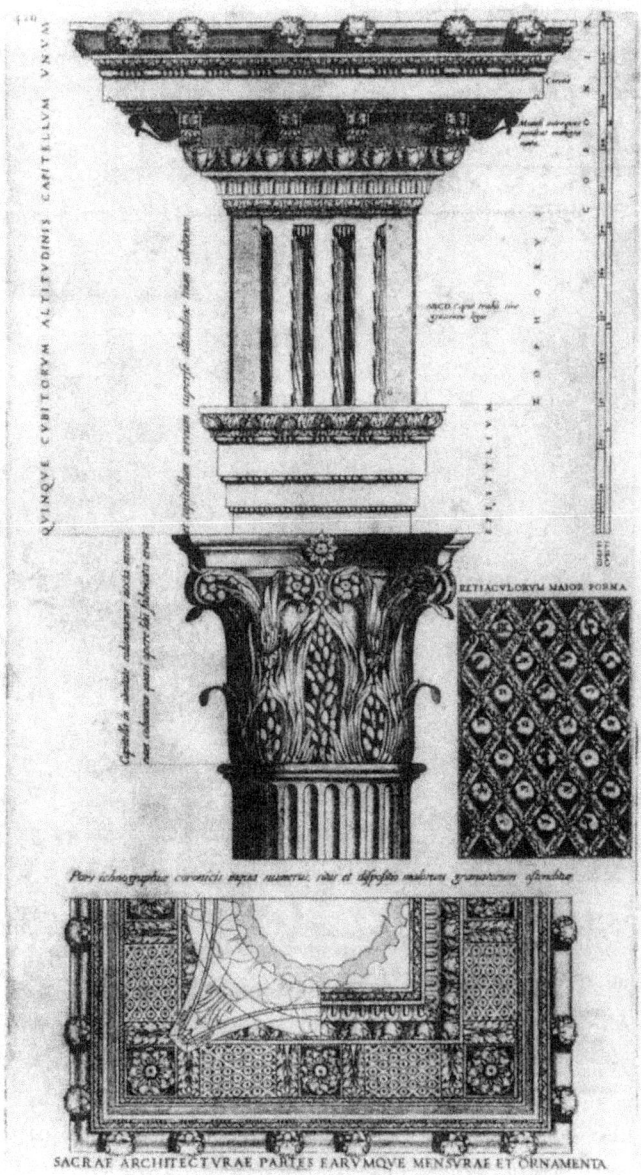

图版 134 维拉潘多，《以西结书注疏》，第 2 卷。所罗门神庙复原

图版 135 维拉潘多，《以西结书注疏》，第 2 卷。一个"所罗门式"柱式（'Solomonic' order）的设计

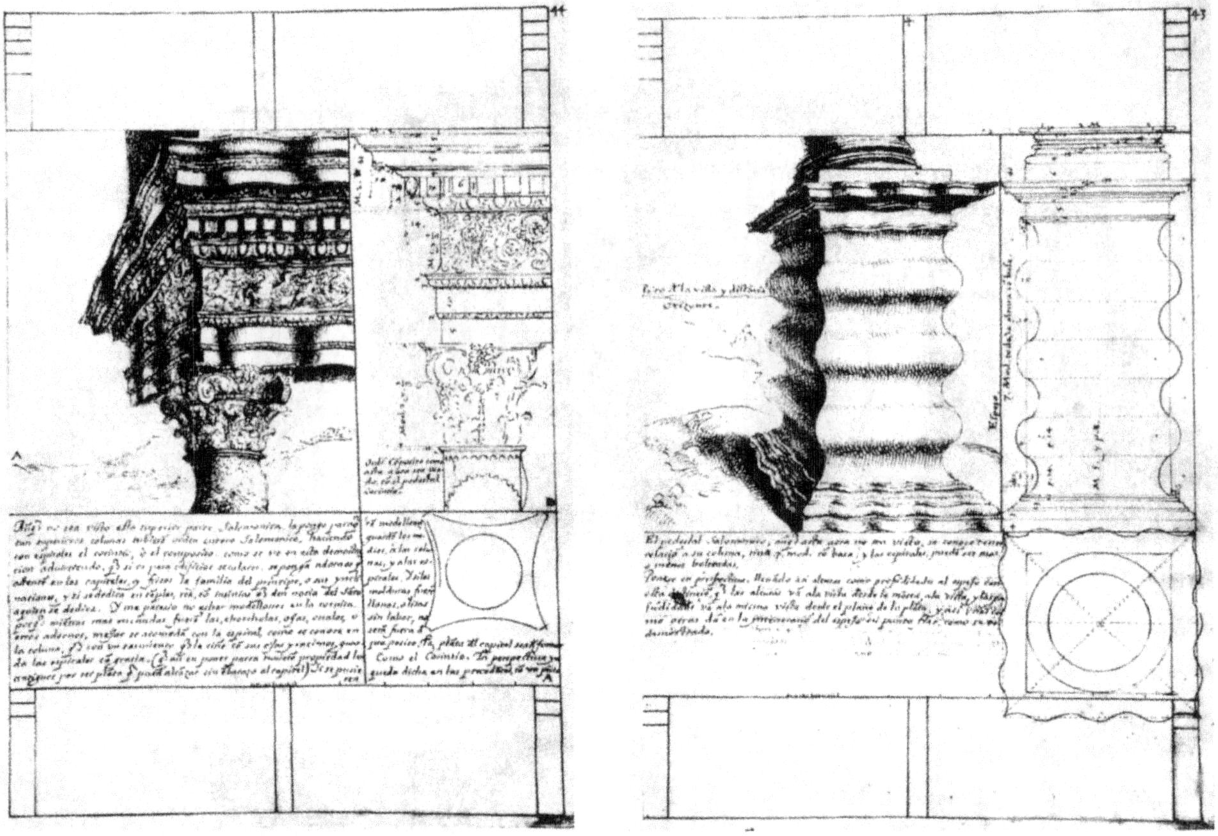

图版 136、137　修士胡安·里奇（Fray Juan Ricci），《巧手绘画论》（*Tratado de la pintura sabia*），1662 年著，一幅"所罗门式"柱式绘画

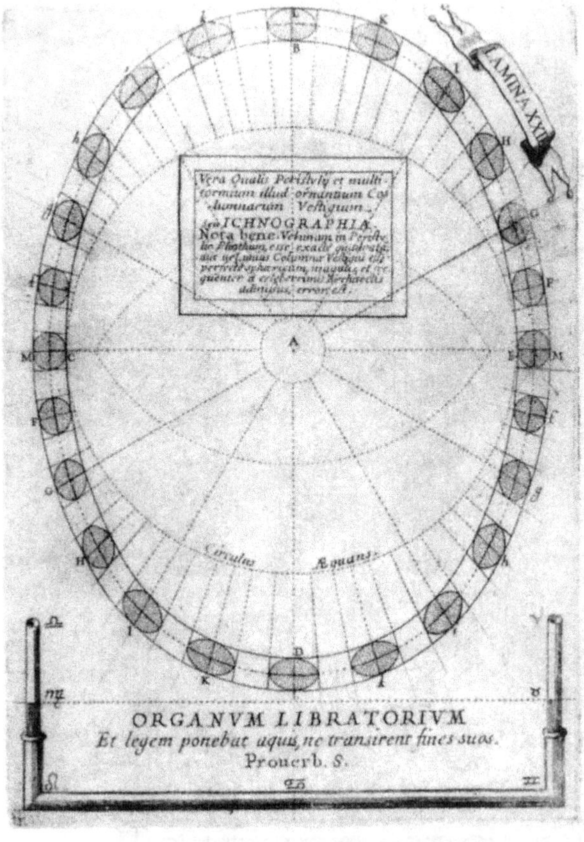

图版 138　胡安·卡拉莫·德·洛布科维兹（Juan Caramuel de Lobkowitz），《垂直与倾斜的民用建筑》（*Arquitectura civil recta, y oblique*），1678 年，椭圆形平面（Elliptical plan）

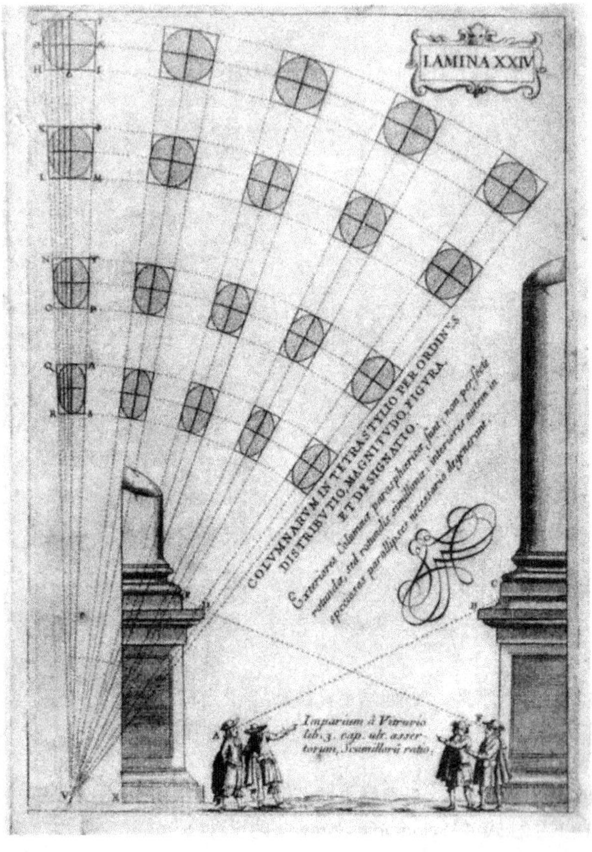

图版 139　胡安·卡拉莫·德·洛布科维兹，"垂直建筑"（Arquitectura），对建造圣彼得大教堂（St. Peter）柱廊的建议

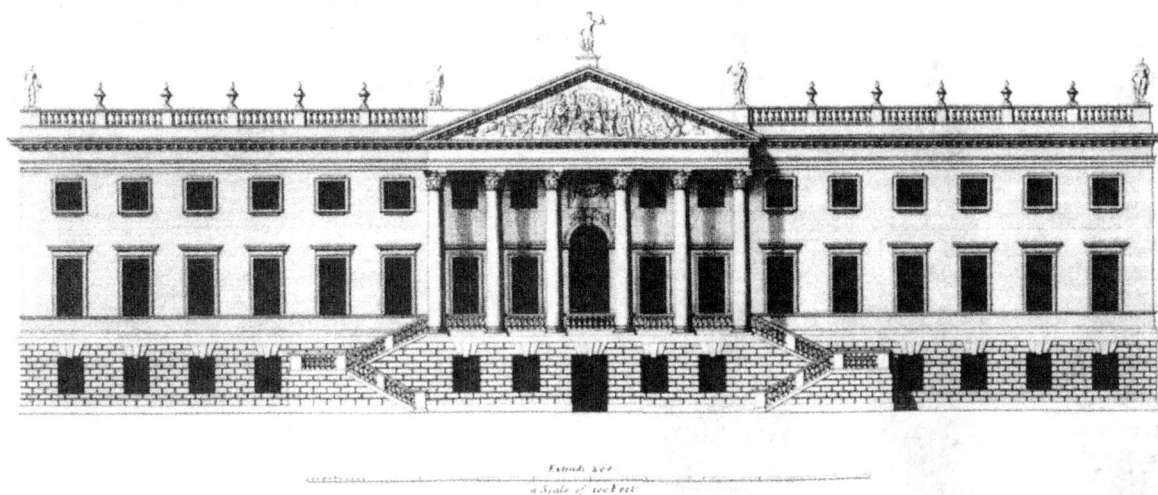

图版140 科隆·坎贝尔（Colen Campbell），《英国建筑》（*Vitruvius Britannicus*），1715-1725年。旺斯台德邸宅第1阶段（Wanstead I）

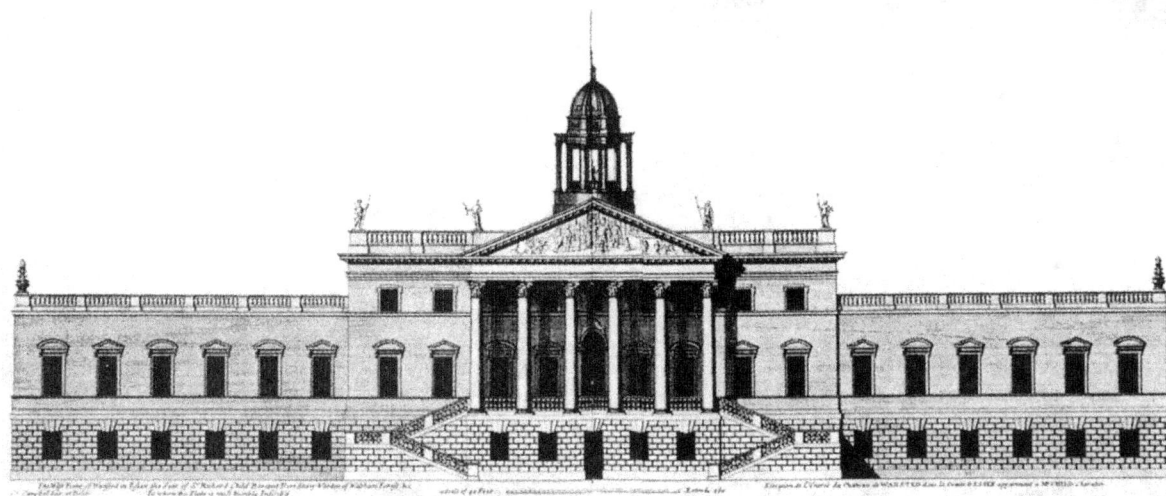

图版141 科隆·坎贝尔，《英国建筑》，旺斯台德邸宅第2阶段（Wanstead II）

图版142 科隆·坎贝尔，《英国建筑》，旺斯台德邸宅第3阶段（Wanstead III）

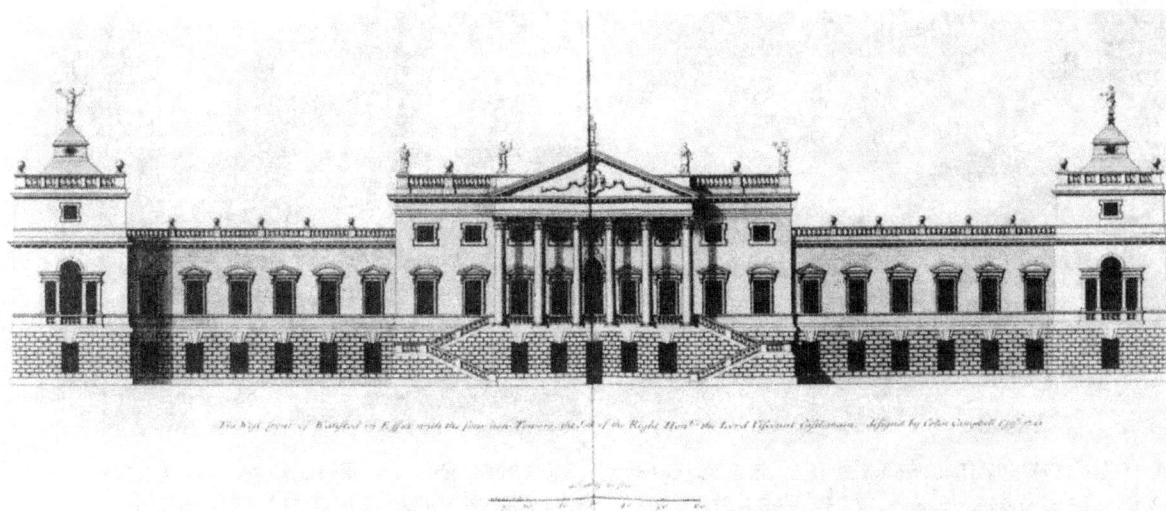

图版 144 罗伯特·莫里斯 (Robert Morris),《古代建筑论辩》(*An Essay in Defence of Ancient Architecture*), 1728 年, 卷首插画

图版 145 艾萨克·韦尔 (Isaac Ware),《建筑集成》(*A Complete Body of Architecture*), 1768 年, 卷首插画

图版 146　巴蒂·兰利（Batty Langley），《工匠宝鉴》（*The Builder's Jewel*），1741 年，用石匠工会术语"聪明"、"强固"、"美观"对三种柱式的解释（interpretation of the Orders in Masionic terms; Wisdom, Strength and Beauty）

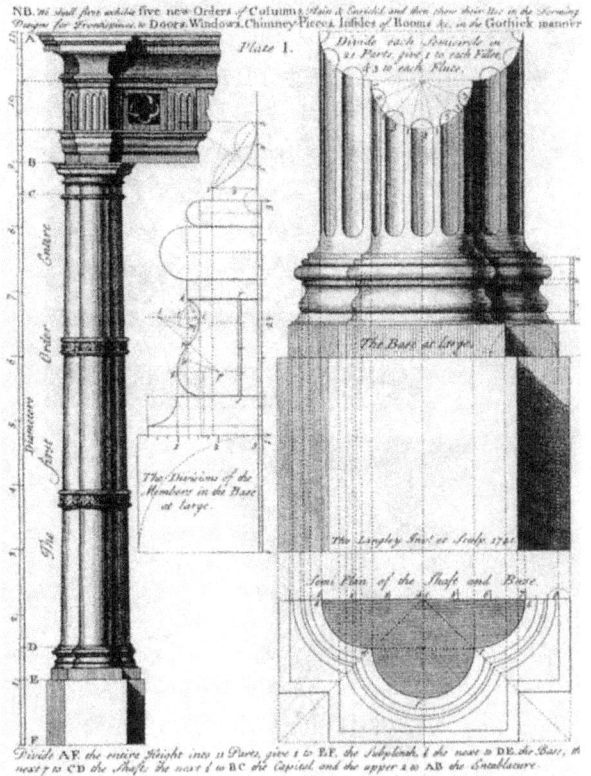

图版 147　巴蒂·兰利，《哥特式建筑，法则与比例的进步》（*Gothic Architecture, Improved by Rules and Proportions*），1747 年，"哥特—多立克"柱式（Doric-Gothic order）的表现

图版 148　威廉·钱伯斯（William Chambers），《中国式建筑设计》（*Designs of Chinese Buildings*），1757 年

图版 149 詹姆斯·亚当（James Adam），"英国式柱式"（British Order）的表现，1762 年；纽约，哥伦比亚大学，艾弗里建筑图书馆（Columbia University, Avery Architecture Library）

图版 150 罗伯特·亚当与詹姆斯·亚当（Robert and James Adam），《建筑作品》（*The Works of Architecture*），1778 年，一种"英国式柱式"（British Order）的表现

图版 151 罗伯特·亚当与詹姆斯·亚当，《建筑作品》，1778 年，卷首插画

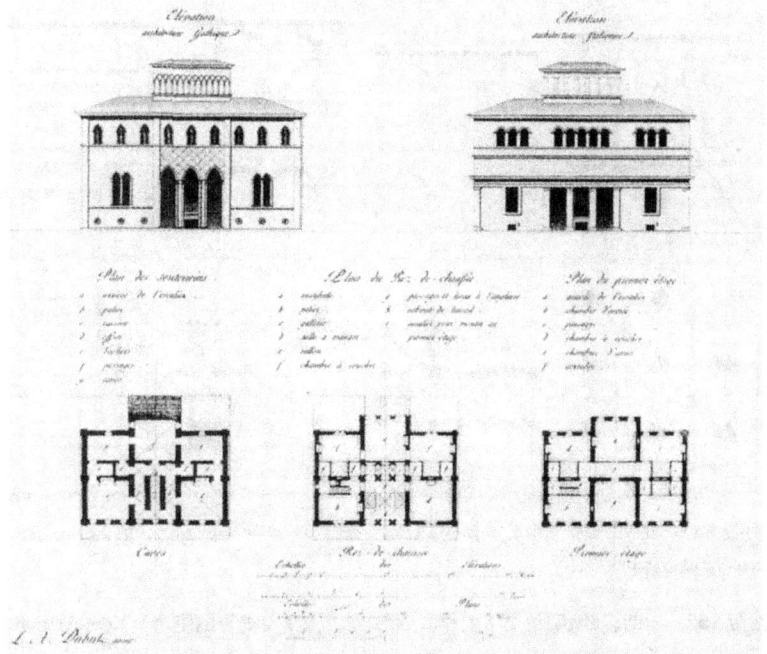

图版 152 路易斯－安布鲁瓦兹·迪比
（Louis-Ambroise Dubut），《民用建筑》
（*Architecture civile*），1803年，用"两种不
同风格"（in two different style）设计的住
宅2号（House No.2）

图版 153 让－尼古拉－路易·杜朗
（Jean-Nicolas-Louis Durand），《古代与现
代：建筑形式比较大全》（Recueil et
parallèle des èdifices de tout genre, anciens et
modernes），1800年，标题页

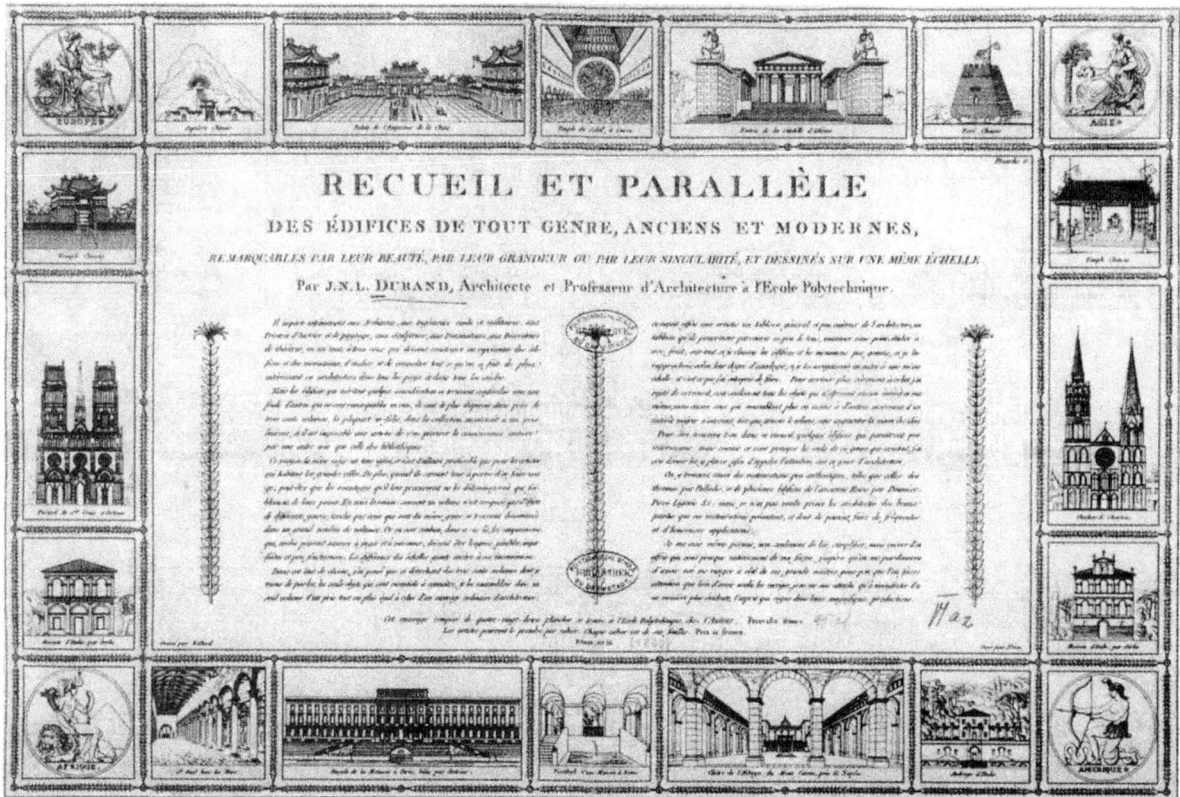

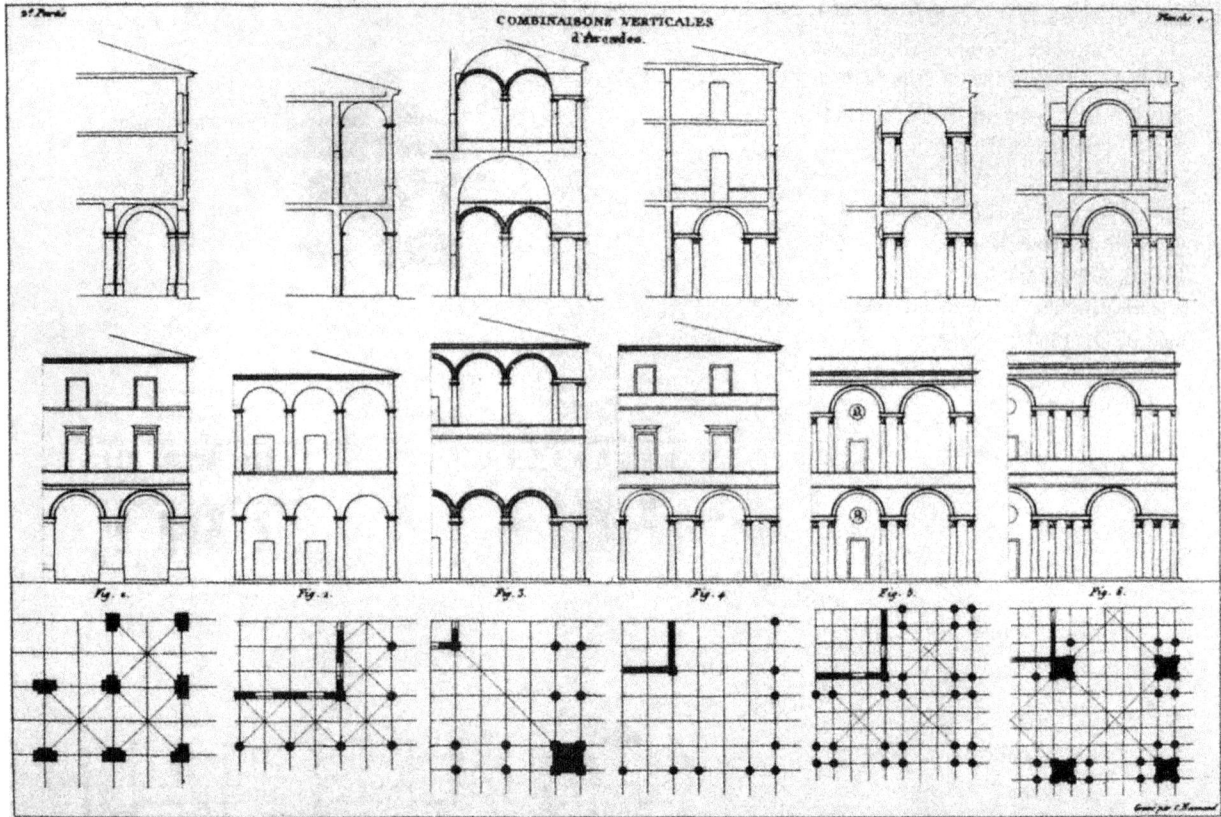

图版 154　杜朗，《简明建筑学教程》（*Précis des leçons d'architecture*），第2卷，1819年，使用网格体系设计的拱廊（Designs for arcades, using grid system）

图版 155　杜朗，《简明建筑学教程》，第2卷，水平与垂直的组合（Combinations of horizontals and verticals）

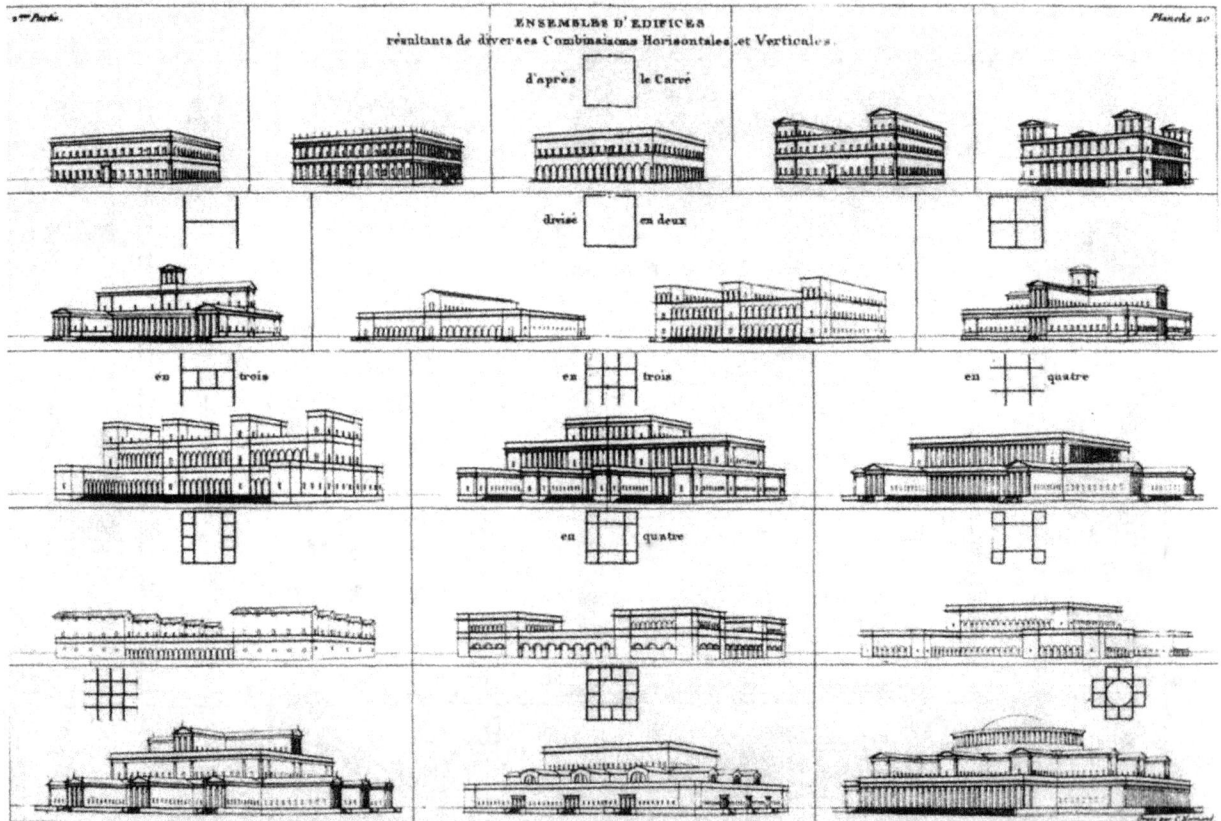

图版 156　尤金－埃曼努尔·维奥莱－勒－迪克（Eugène-Emmanuel Viollet-le-Duc），《建筑对话录》（*Entretiens sur l'architecture*），第 2 卷，1872 年，铸铁与砖石结构的穹顶大厅（aulted hall of metal and brick construction）

图版 157　夏尔·傅立叶（Charles Fourier）的"保障"城镇（'garantiste' town）之景象

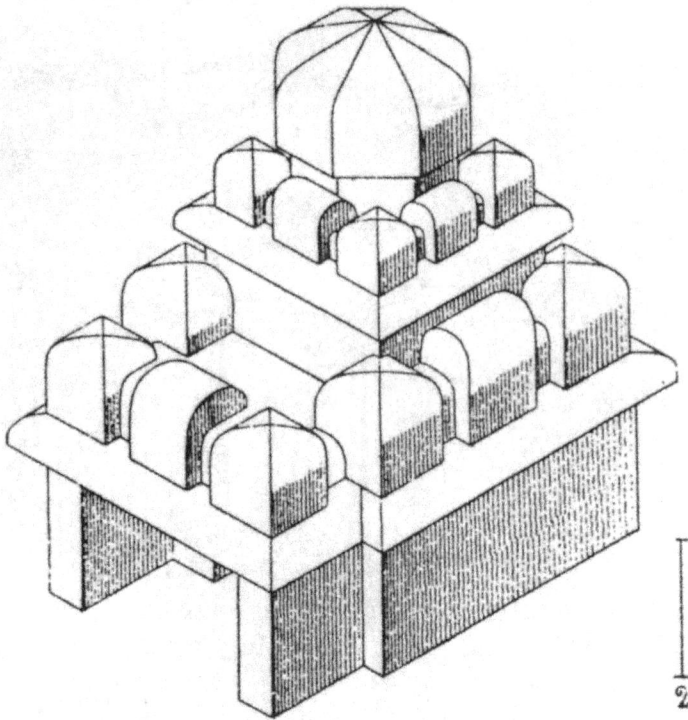

图版 158 奥古斯特·舒瓦西（Auguste Choisy），《建筑历史》（*Historie de l'architecture*），1899 年。巨大而屹立的印度塔的勾画（Sketch of monolithic Indian pagada）

图版 159 克利斯蒂安·路德维希·斯蒂格格利茨（Christian Ludwig Stieglitz），《从美丽的建筑上汲取的设计与绘画》（*Plans et dessins tirés de la belle architecture*），1800 年

图版160 莱奥·冯·克伦策（Leo von Klenze），《基督教建筑阐述》（*Anweisung zur Architektur des christlichen Cultus*），一座教堂设计

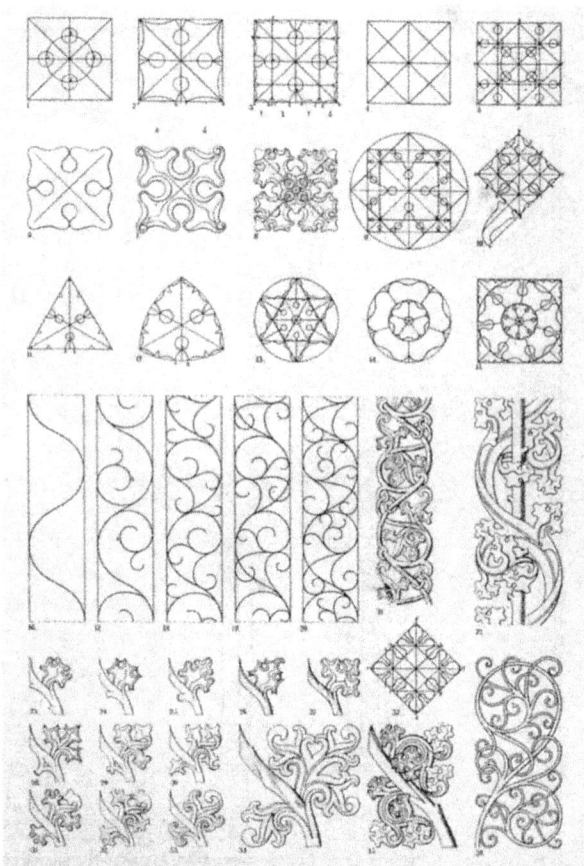

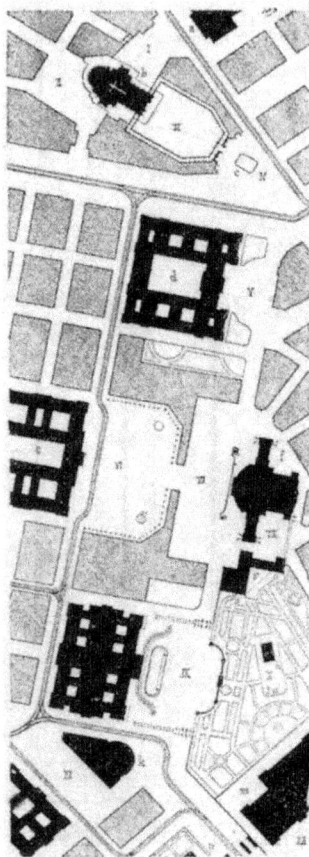

图版 161 奥古斯特·莱欣斯伯格（August Reichensperger）
《教堂艺术领域指引》(*Fingerzeige auf dem Gebiete der kirchlichen Kunst*)，1854 年，卷首插画

图版 162 弗雷德里希·霍夫斯塔特（Friedrich Hoffstadt），
《哥特建筑 A-B-C》(*Gothisches A-B-C-Buch*)，1840 年，几何装饰图案（Geometric ornamental motifs）

图版 163 卡米洛·西特（Camillo Sitte），《艺术原理之后的城市建筑》(*Der Städte-Bau nach seinen künstlerischen Grundsätzen*)，1901 年，维也纳环城大街重建规划（Plan for reconstruction of the Ringstrasse, Vienna）

图版164 托马斯·霍普（Tomas Hope），《家具》（*Household Furniture*），1807年，"画廊"（'Picture Gallery'）

A BIRD'S EYE VIEW OF ONE OF THE NEW COMMUNITIES AT HARMONY
IN THE STATE OF INDIANA NORTH AMERICA
AN ASSOCIATION OF TWO THOUSAND PERSONS FORMED UPON THE PRINCIPLES ADVOCATED BY
ROBERT OWEN
STEDMAN WHITWELL, ARCHITECT

图版165 托马斯·斯蒂德曼·怀特威尔（Thomas Stedman Whitwell），《建筑模式说明》（*Description of an Architecture Model*），"新协和村"的设计（Design for New Harmony）

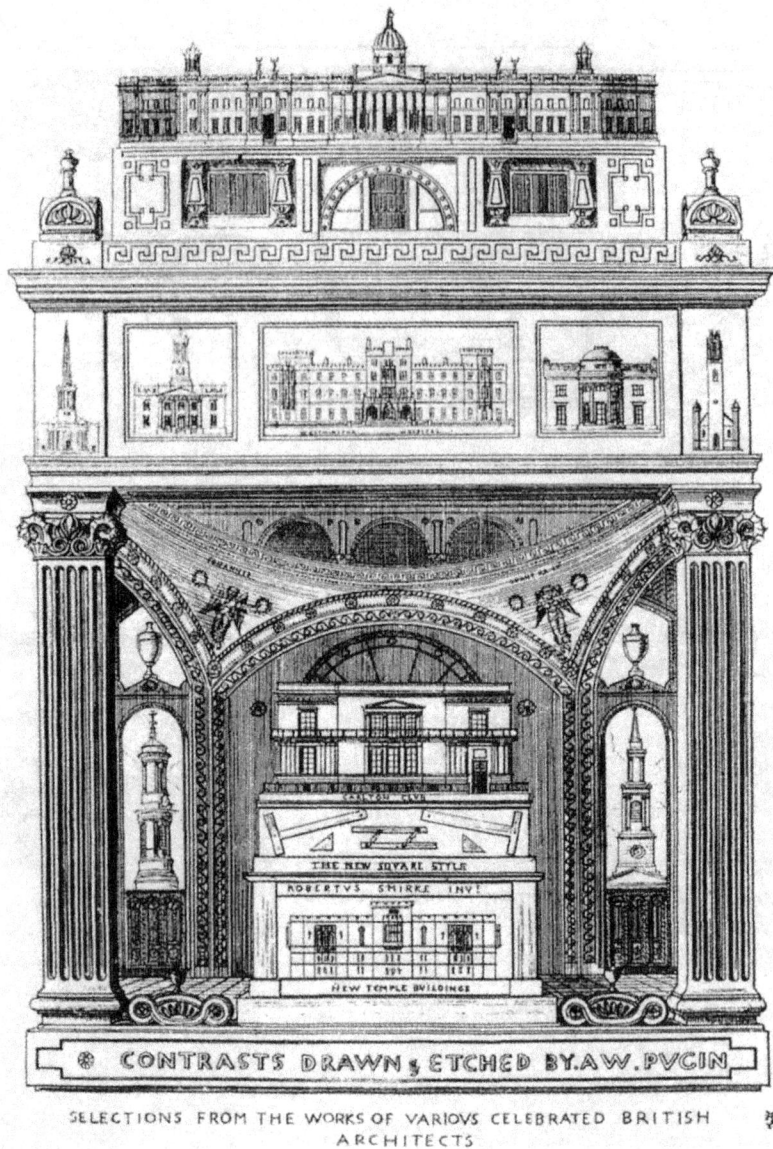

SELECTIONS FROM THE WORKS OF VARIOVS CELEBRATED BRITISH ARCHITECTS

Fig. 18

▷ **图版 168** 詹姆斯·弗格森 (James Fergusson),《建筑图解手册》(*Illustrated Handbook of Architecture*),1855年,正立面的装饰形式与变化 (Forms of façade decoration with variations)

图版 166 奥古斯特·韦尔比·诺思莫尔·皮金 (Augustus Welby Northmore Pugin),《对比》(*Contrast*) 1841 年。卷首插画

图版 167 约翰·拉斯金 (John Ruskin),《威尼斯之石》(*The Stones of Venice*),1851-1853年。《对称的几何装饰图案》(*Symmetrical Geometric ornamental motifs*)

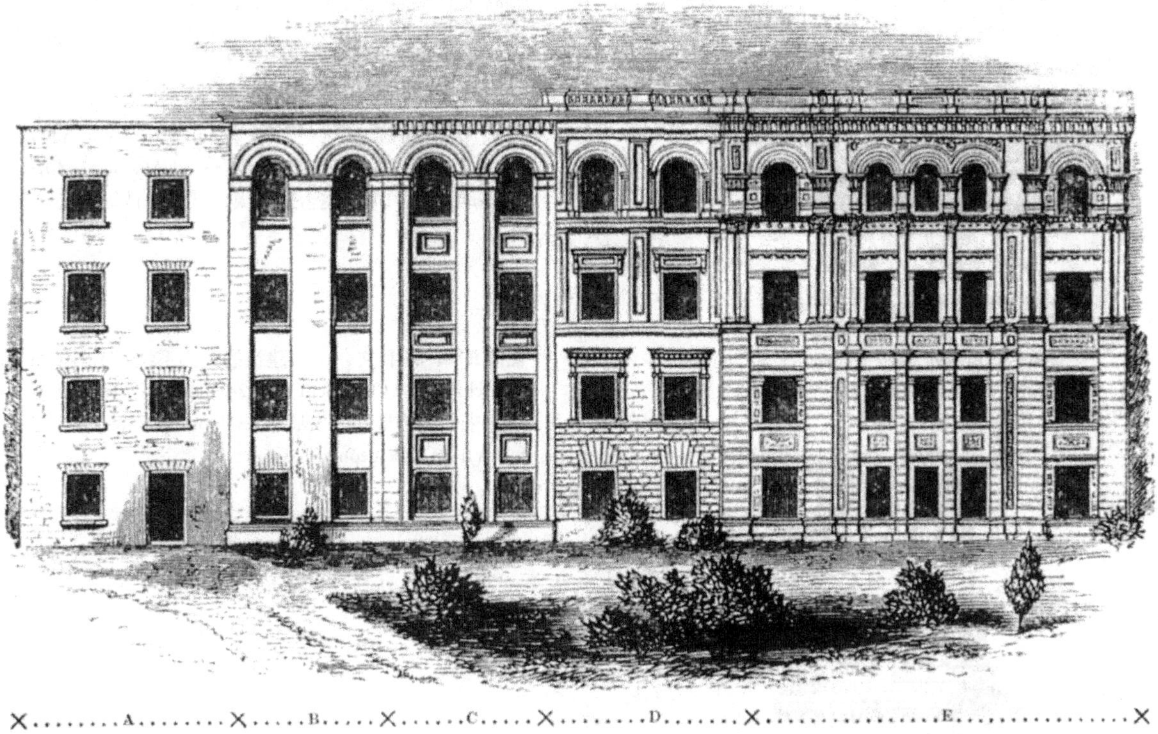

X........A........X....B....X....C...X....D........X........E.............X

图版169　埃比尼泽·霍华德（Ebenezer Howard），《明日花园城市》（*Garden Cities of Tomorrow*），1902年，一个花园城市的规划（Plan of a garden city）

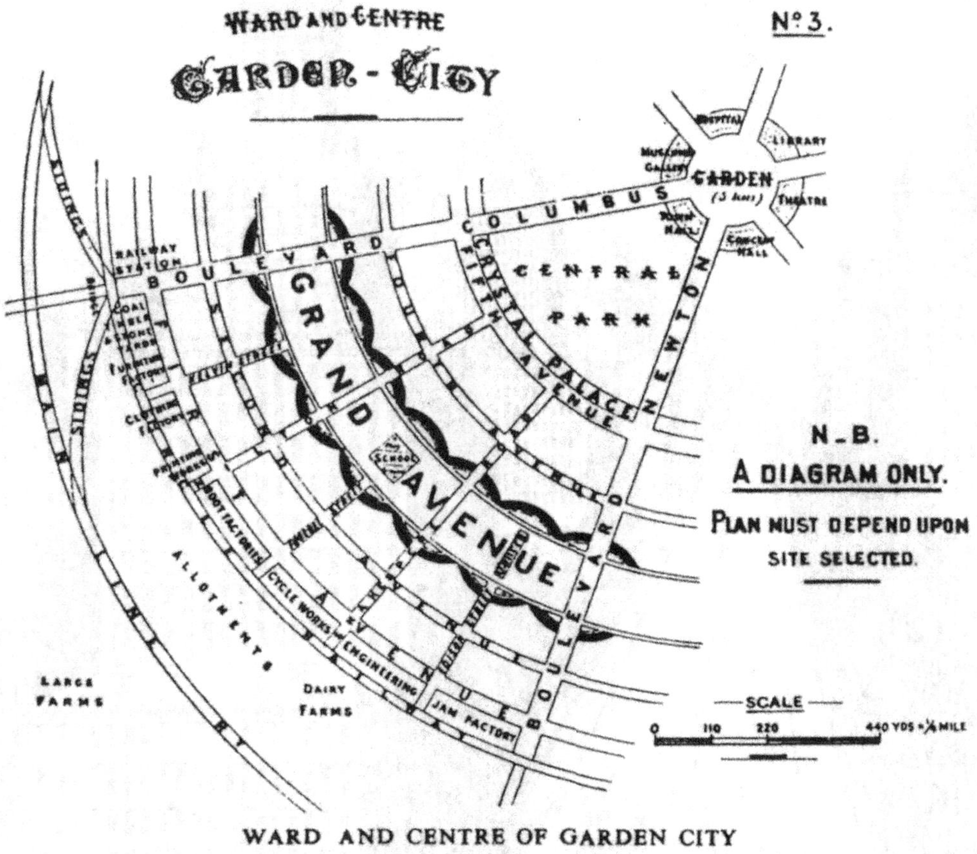

WARD AND CENTRE OF GARDEN CITY

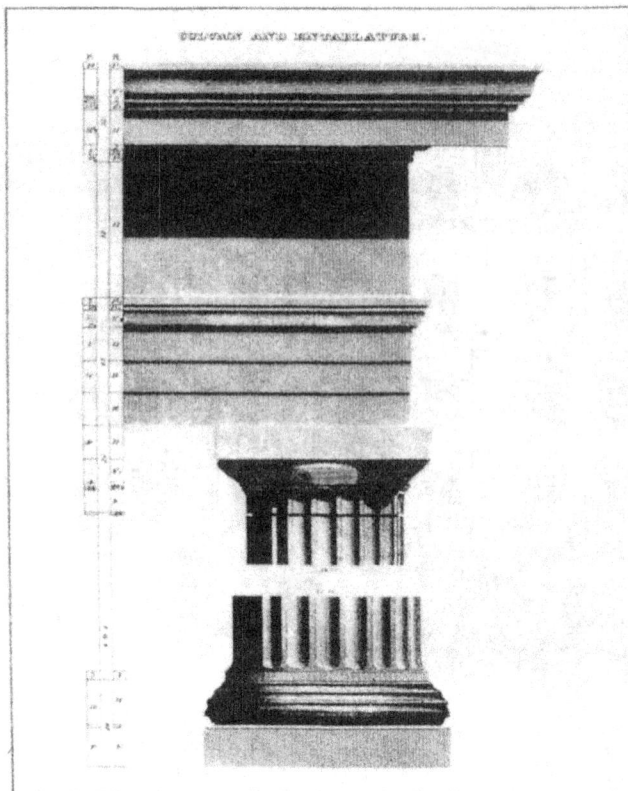

图版 170 阿瑟·本杰明（Asher Benjamin），《建筑实践》（*The Practice of Architecture*），1833 年。一种新柱式的设计

图版 171 路易·亨利·沙利文（Louis Henry Sullivan），《退台式摩天大楼城市概念》（*Setback Skyscraper City Concept*），1891 年，退台式摩天大楼的设计

▷

图版 172 沙利文，一个建筑的装饰系统（A System of Architectural Ornament），1924 年，从基本的几何图案而来的装饰形式的发展（Development of ornamental forms from basic geometric shapes）

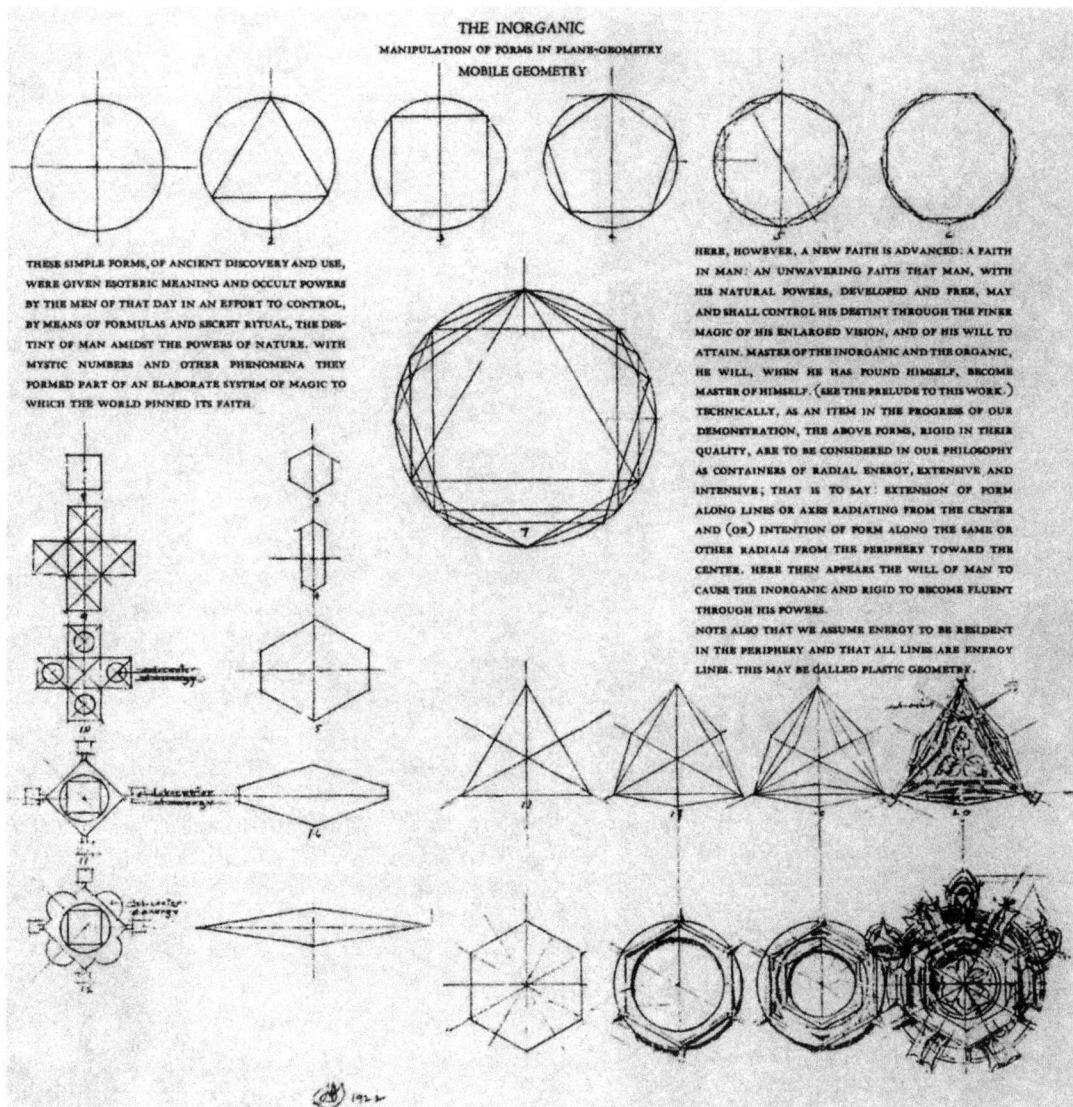

图版 173　布鲁诺·陶特 (Bruno Taut) 的《玻璃馆》(*Das Glashaus*) 手册，标题页

图版 174　布鲁诺·陶特作的文本插图，《空中楼阁》(*Haus des Himmels*)，1920 年

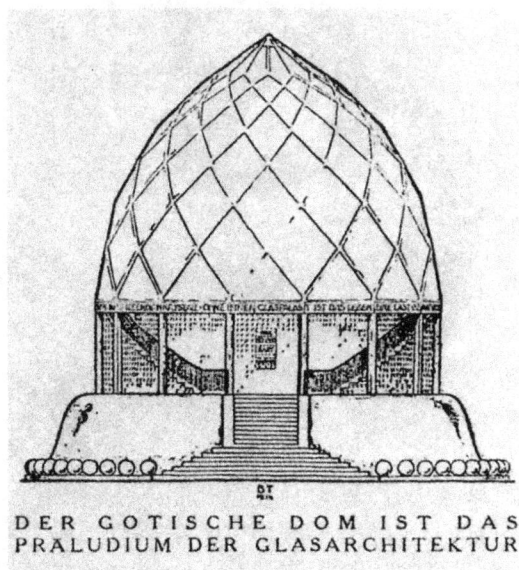

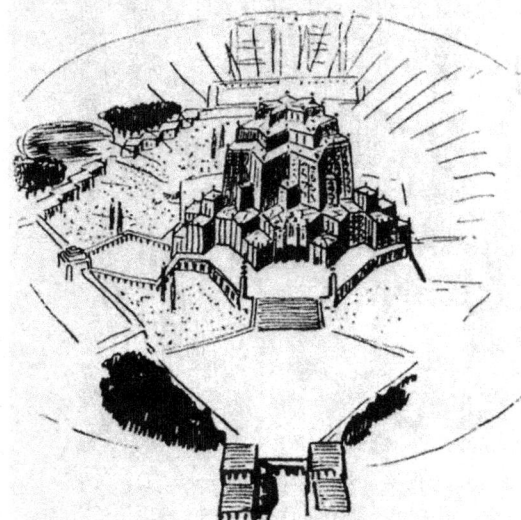

DER GOTISCHE DOM IST DAS PRALUDIUM DER GLASARCHITEKTUR

图版 175 布鲁诺·陶特，《新住宅》（*Die neue Wohnung*），1924 年，一个手工业者的房屋的重新装修

图版 176 赫尔曼·芬斯特林（Hermann Finsterlin），《世界建筑的天才》（*Der Genius der Weltarchitektur*），1923 年。各种格式的图案（Stylisitic motifs）

图版 177 莱昂内尔·费宁格（Lyonel Feininger），沃尔特·格罗皮乌斯（Walter Gropius）的《国立魏玛包豪斯宣言和教学大纲》（*Manifest und Programm des Staatlichen Bauhauses in Weimar*）标题页木版画

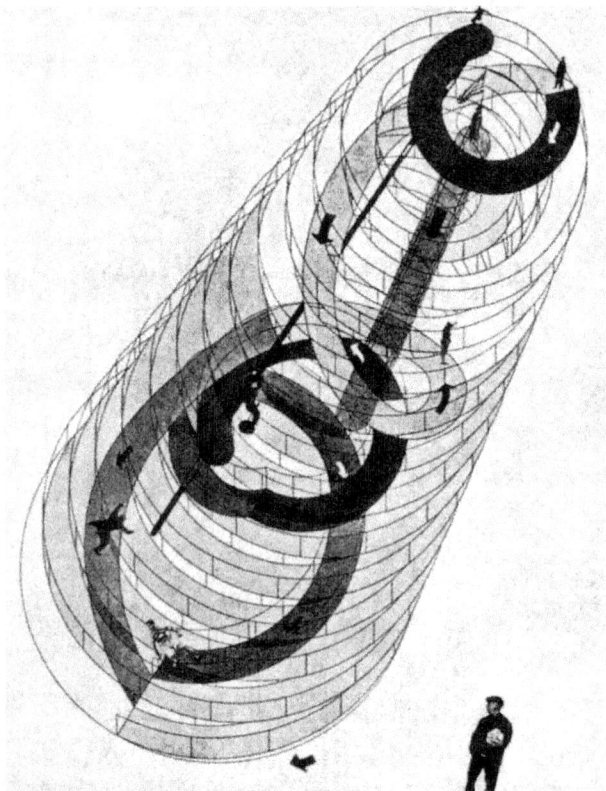

图版 178 拉兹罗·默奥里—纳吉（László Moholy-Nagy），《从材料到建筑》（*Von Material zu Architektur*），1929 年，动力—结构的系统（Kinetic-Constructive system）

图版 179 路德维希·希尔贝塞默（Ludwig Hilberseimer），《大城市建筑》（*Groβstadt architektur*），1927年，一个摩天大楼城市的计划

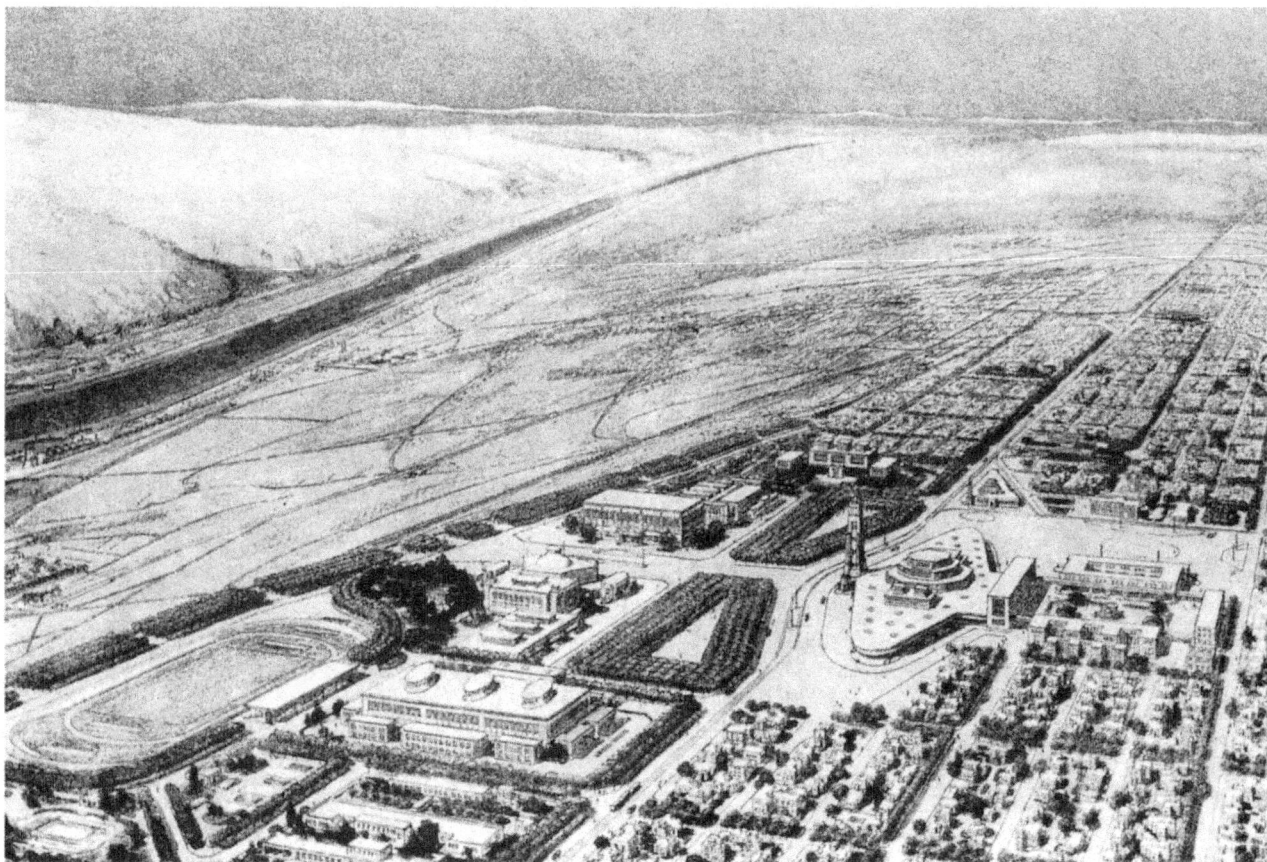

图版 180 托尼·加尼耶（Tony Garnier），《工业城市》（*une cité industrielle*），1917年，城市中心的设计

图版 181 托尼·加尼耶，《工业城市》。居住区

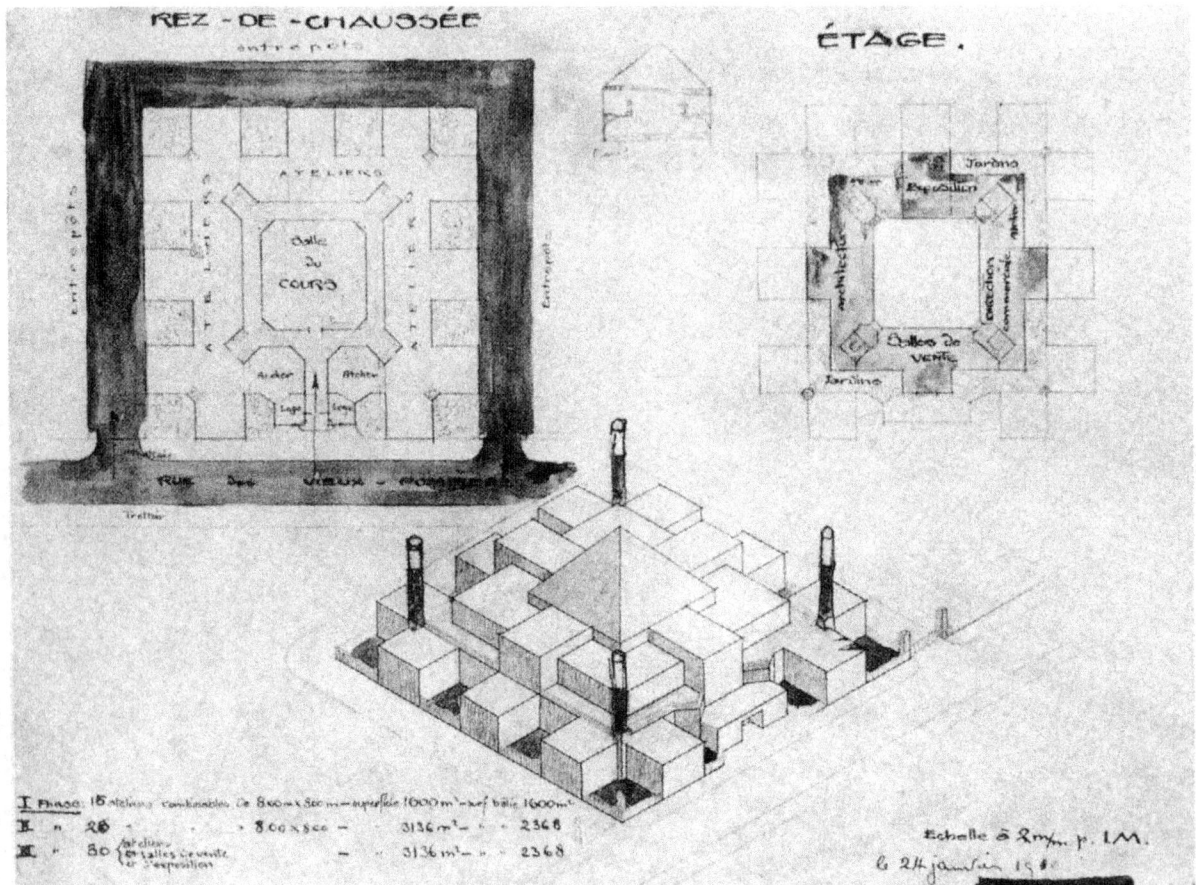

图版 182 勒·柯布西耶（Le Corbusier），《艺术家们的工作室》（*Atelier d'artistes*），1910 年，拉·夏—德—芳兹（La Chaux-de-Fonds）的一个项目

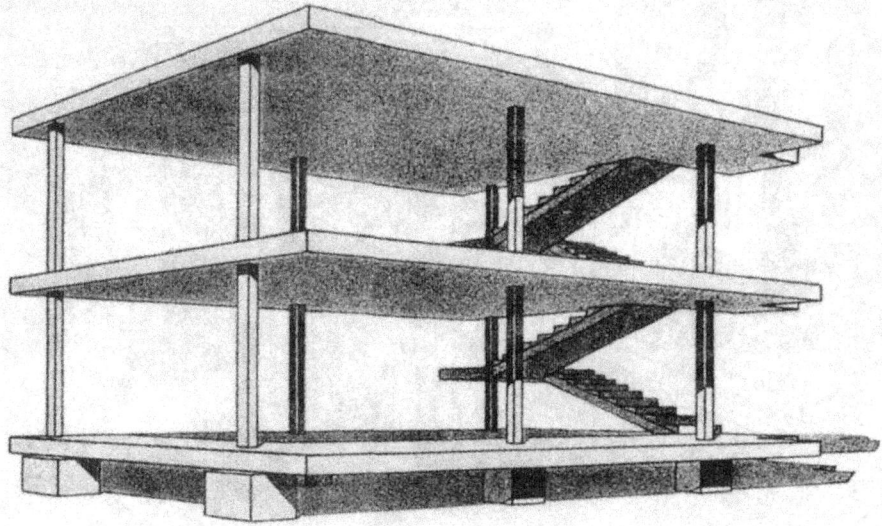

VERS UNE ARCHITECTURE

Paestum, de 600 à 550 av. J.-C.

Le Parthénon est un produit de sélection appliquée à un
standart établi. Depuis un siècle déjà, le temple grec était organisé
dans tous ses éléments.

Lorsqu'un standart est établi, le jeu de la concurrence immé-
diate et violente s'exerce. C'est le match; pour gagner, il faut

Cliché de *La Vie Automobile*.　　　　　　　　　HUMBERT. 1907.

图版185 勒·柯布西耶，为巴黎作的《邻里规划》（*Plan Voisin*），1925 年

图版186 勒·柯布西耶，《都市计划》（*Urbanisme*），1925 年，首都城市中心印象

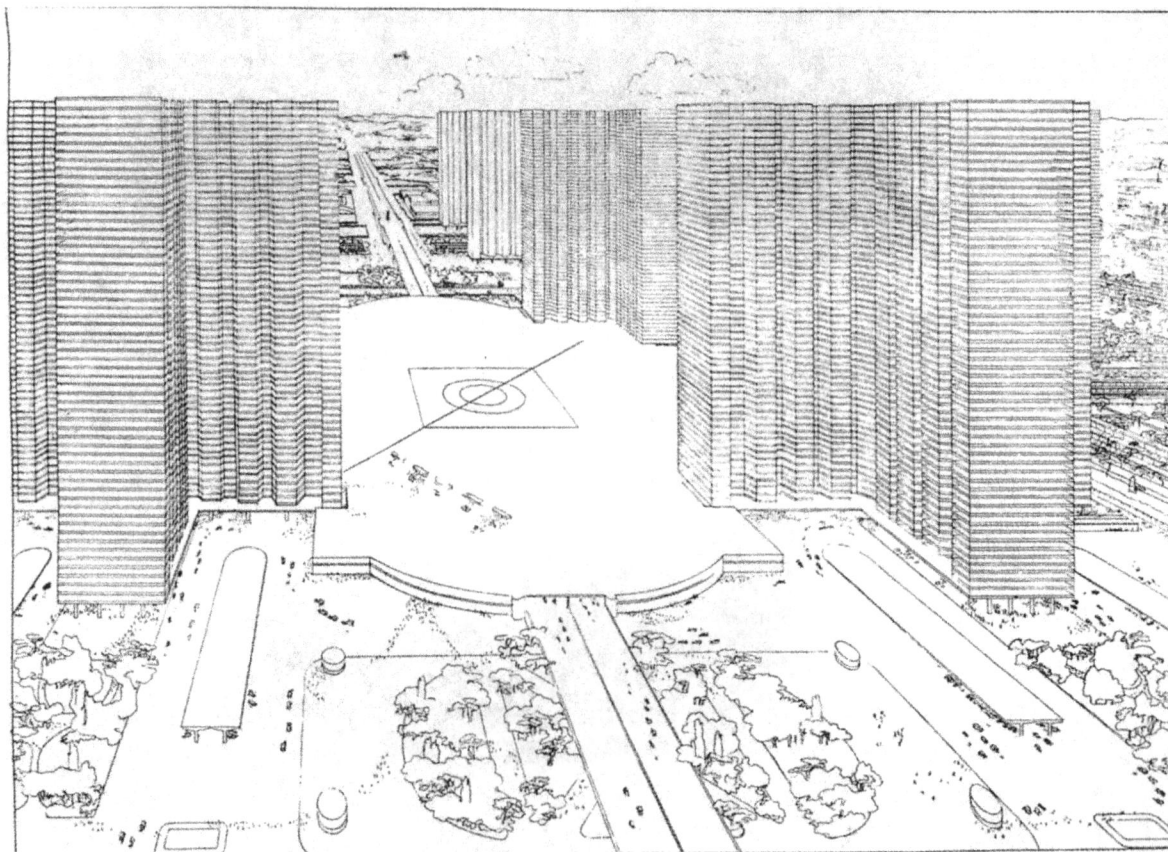

图版187 勒·柯布西耶，模度（Modulor）

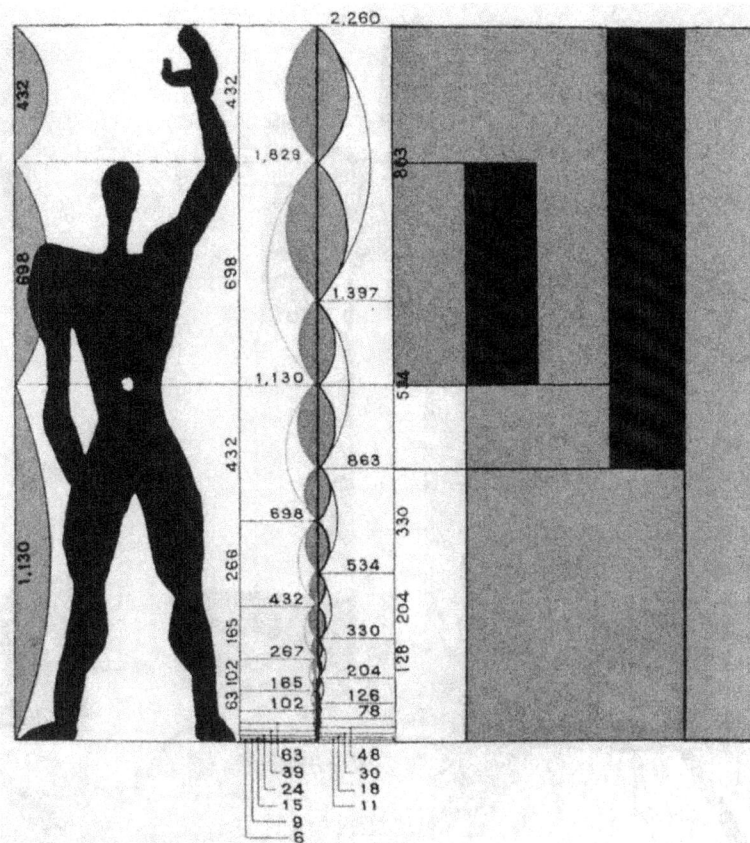

图版188 安东尼奥·桑特埃利亚（Antonio Sant'Elia），"卫星城"（città nuova）的主火车站

图版 189 安东尼奥·桑特埃利亚，带自动扶梯和能直接迈上公路的"卫星城"房屋的插图
(illustration of house with escalators and walks to trafficways for the 'città nuova'), 1914年，意大利科莫（Como），Olmo 别墅

图版 190 乔治·罗西（Giorgio Rosi），一个艺术展览会建筑的设计，意在表明"意大利建筑理性的呈现"（Esposizione Italiana di Architettura Razionale），1928年

图版 191 阿尔贝托·萨尔托里斯（Alberto Sartoris），瑞士弗里堡（Fribourg）的一座教堂方案，1931 年展出

图版 192 卡兹米尔·马列维奇（Kazimir Malevich），《建构》（*Arkhitektonik*），1924-1926 年

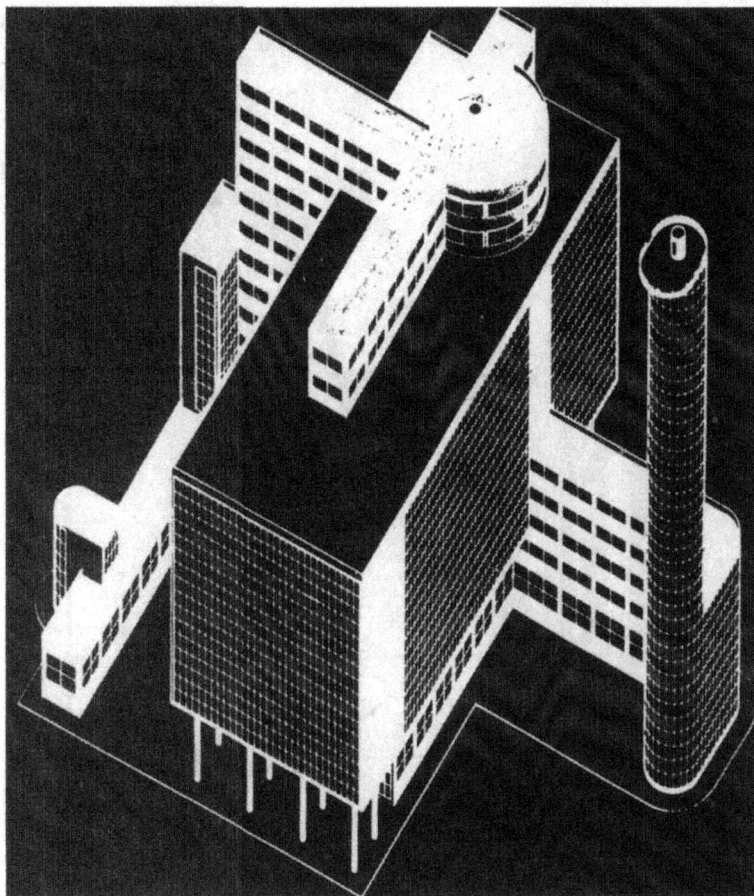

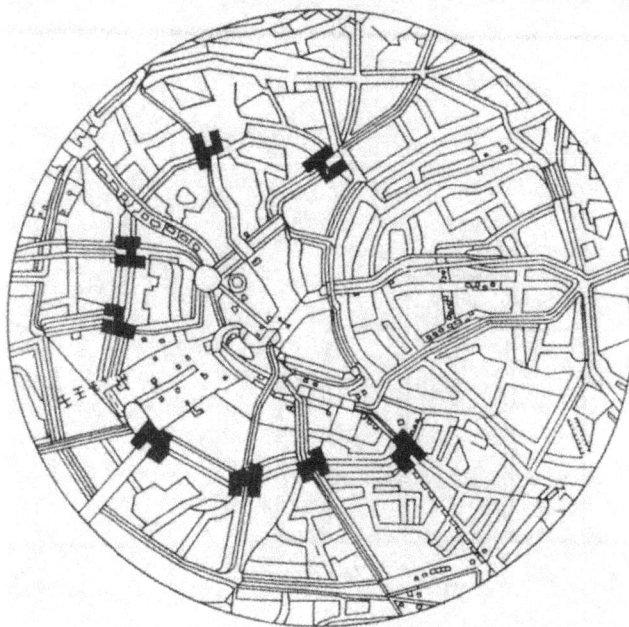

图版 193 埃尔·利西茨基（El Lissitzky），莫斯科规划，1923－1926 年

图版194 埃尔·利西茨基,"云朵支架"(Cloud Hangers),1923-1926年

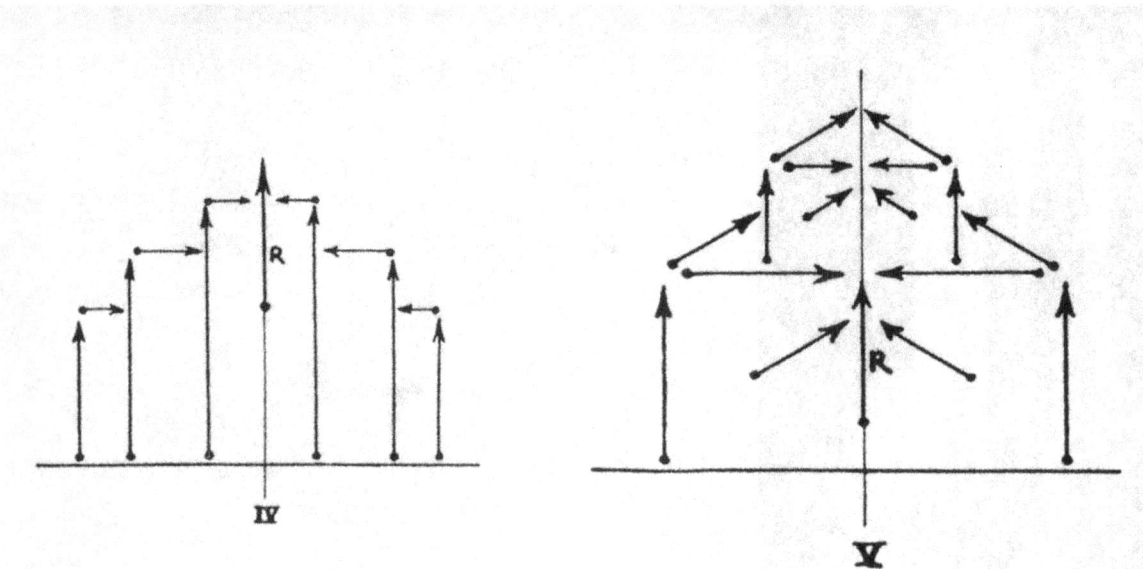

图版195 摩西·雅科夫列维奇·金兹堡(Moisey Yakovleich Ginzburg),《风格与时代》(*Style and Epoch*),1924年,哥特式和巴洛克式单体建筑的受力图

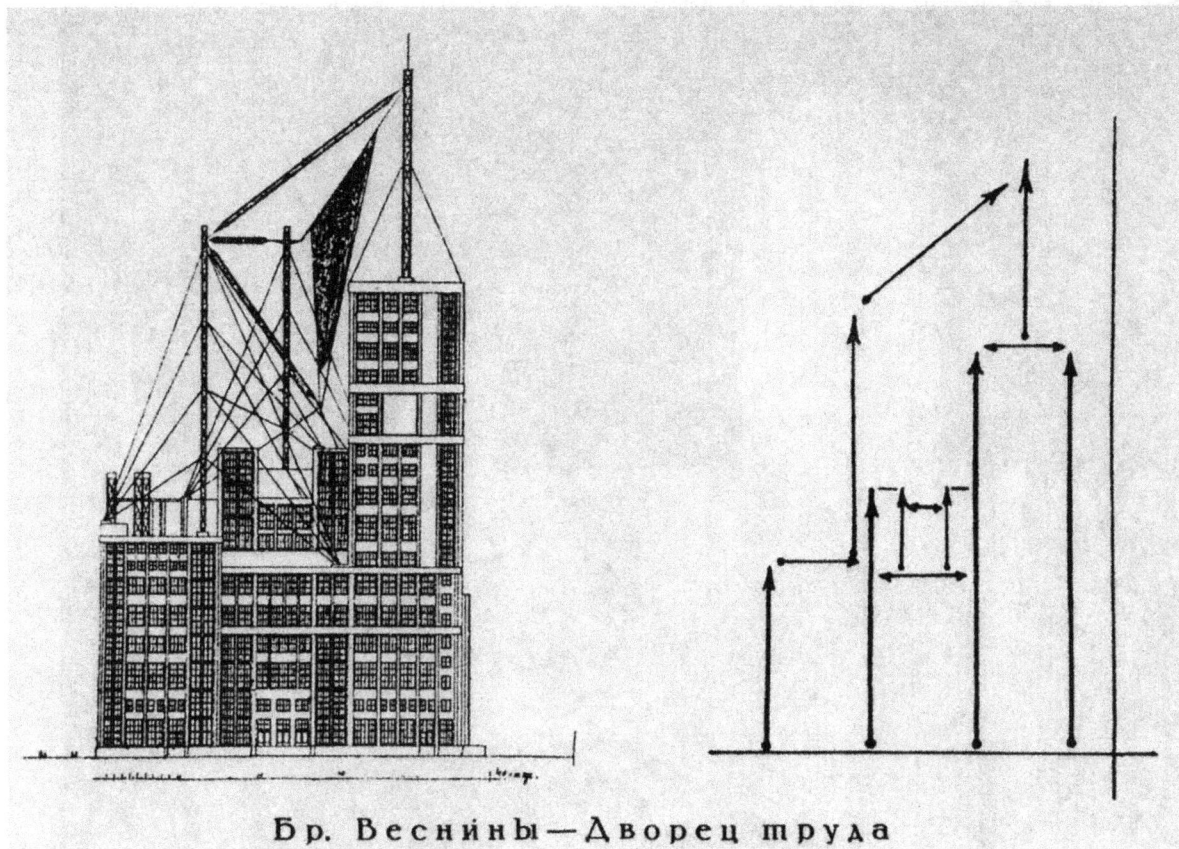

Бр. Весніны—Дворец труда

图版196 摩西·雅科夫列维奇·金兹堡,《风格与时代》,1924年。维斯宁兄弟(Vesnin brothers)为莫斯科劳动宫(the Palace of Labour in Moscow,1922－1923年)所做的设计

图版197 尼古拉·拉多夫斯基(Nikolay Ladovsky),《社会主义城镇规划问题》(*Sotsgorod*),1930年,马格尼托哥尔斯克(Magnitogorsk,苏联乌拉尔河上游城市——译者注)的城镇总体规划

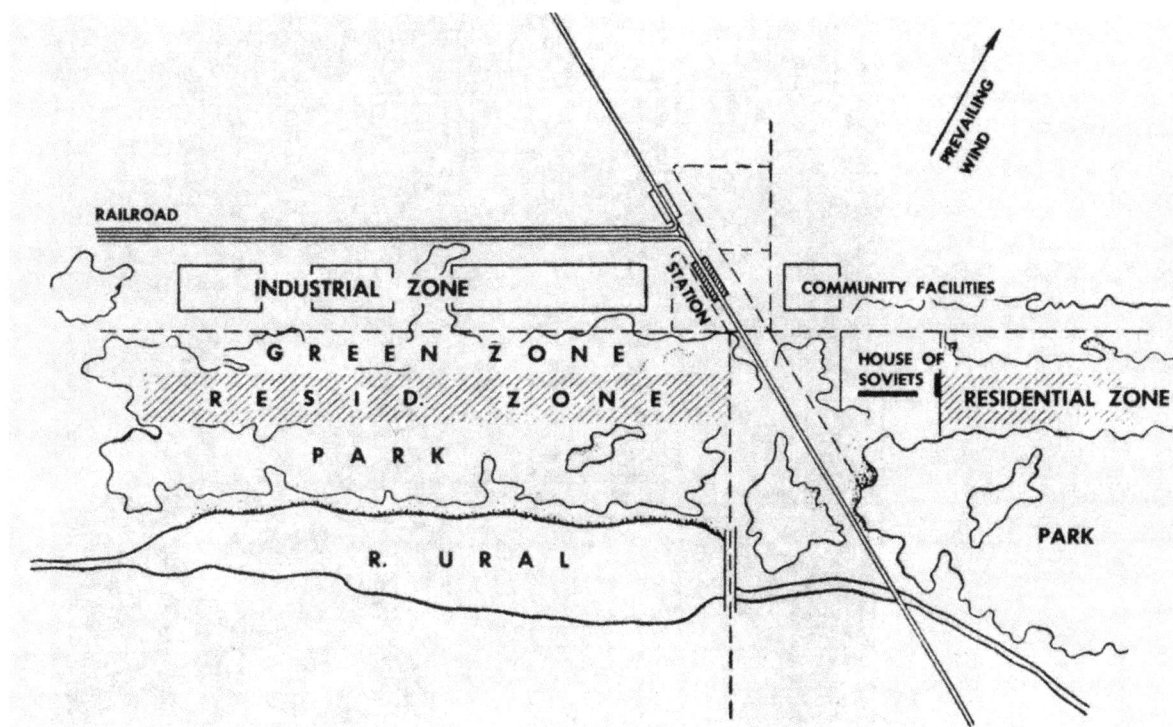

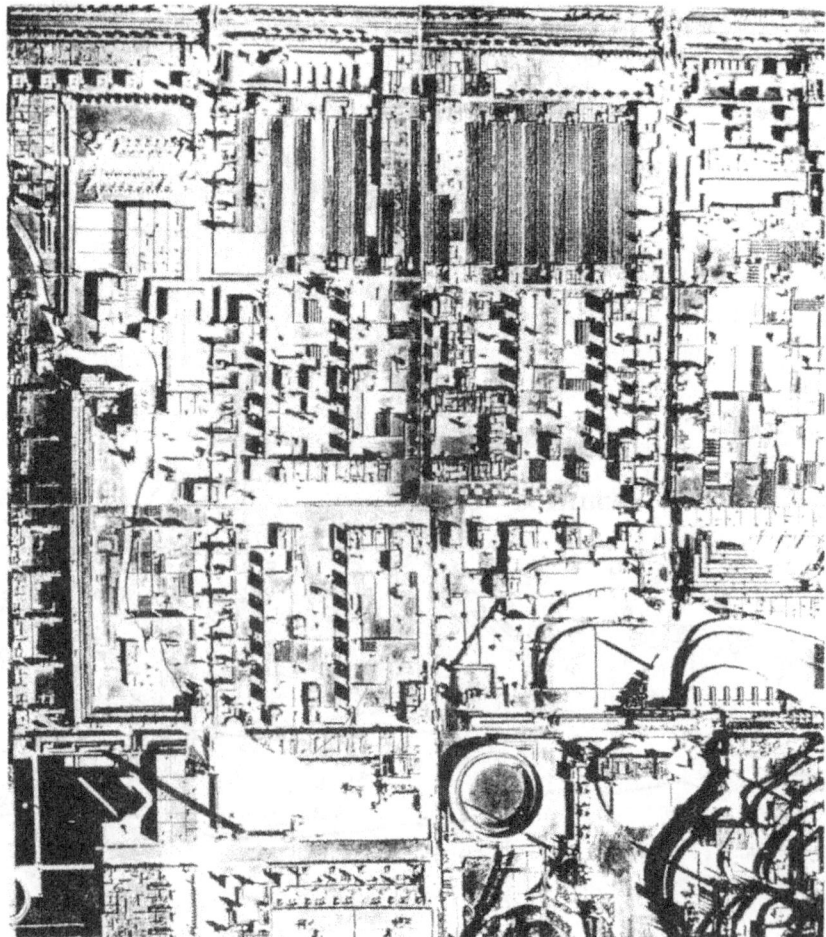

图版 198 弗朗西斯科·穆希卡
（Francisco Mujica），《摩天大楼的历
史》（*History of Skyscraper*），1929年，
"新美国式风格"（Neo-American
style）的摩天大楼

图版 199 弗兰克·劳埃德·赖特
（Frank Lloyd Wright），"广亩城市"
（Broadacre City）模式，1934年

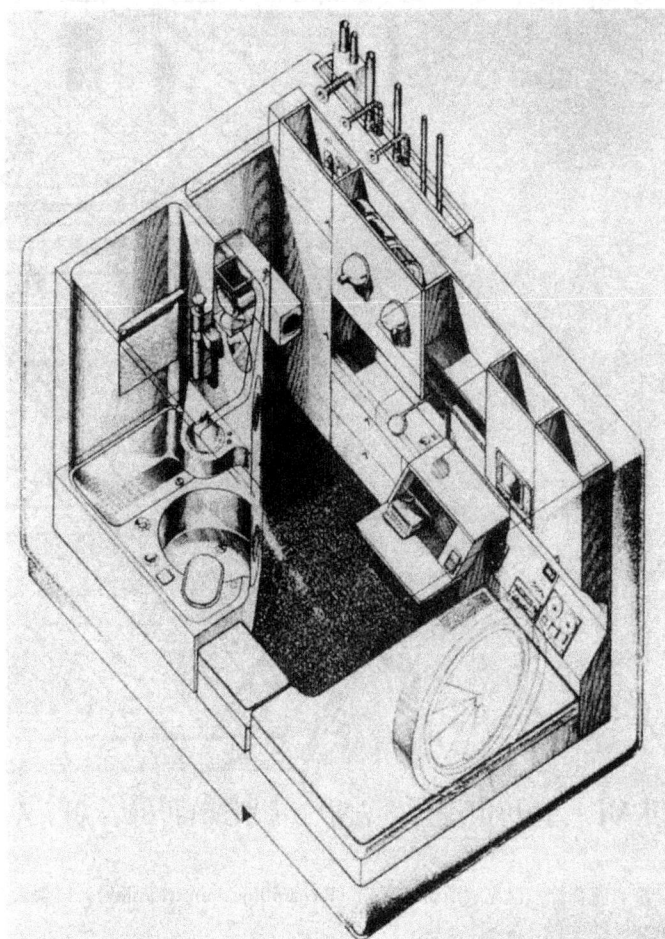

图版200 赖特,对于"广亩城市"的描绘,1958年

图版201 黑川纪章(Kisho Kurokawa),一个供生活的太空舱的相等容积表现(isometric representation of a capsule for living)

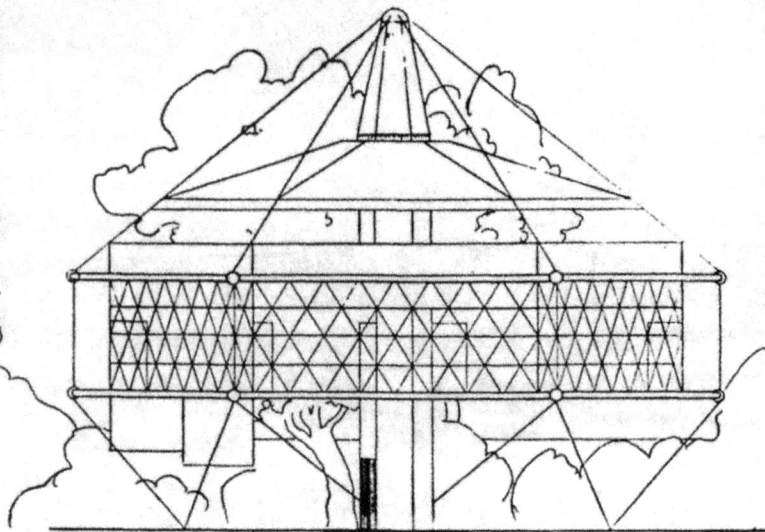

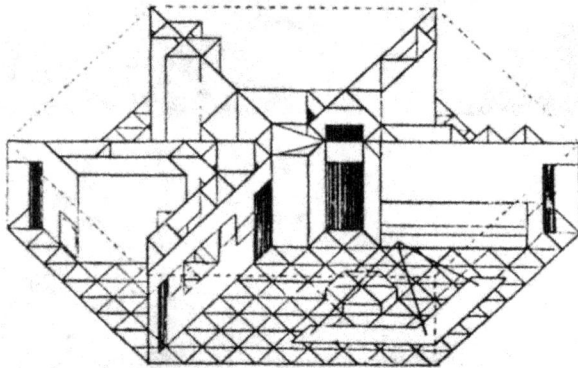

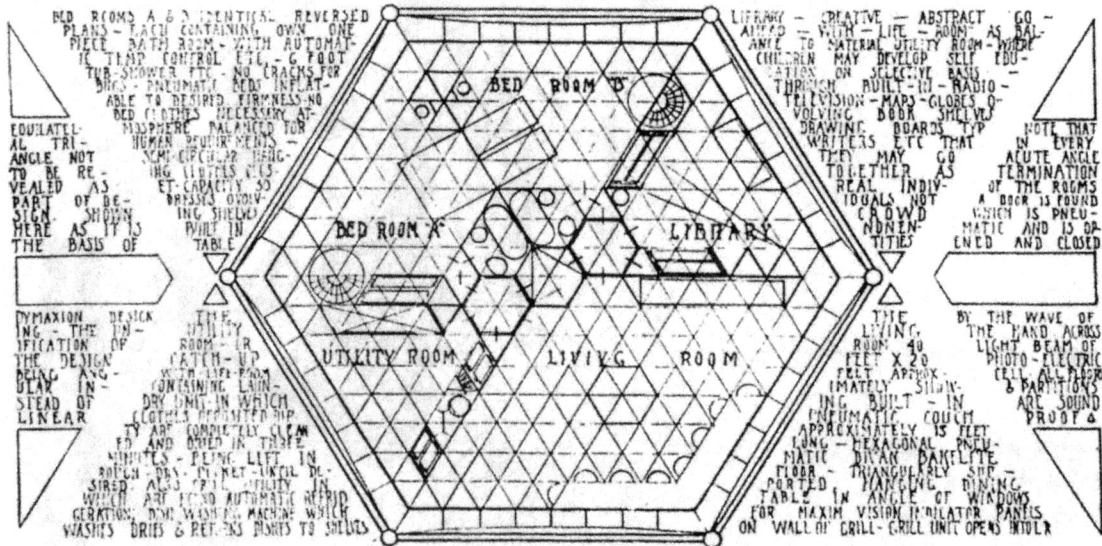

PLAN - ISOMETRIC - AND - ELEVATION OF A MINIMUM DYMAXION HOME

图版 202　理查德·巴克敏斯特·富勒（Richard Buckminster Fuller），以最大限度利用能源的、最少结构提供最大强度的房屋（Dymaxion House）

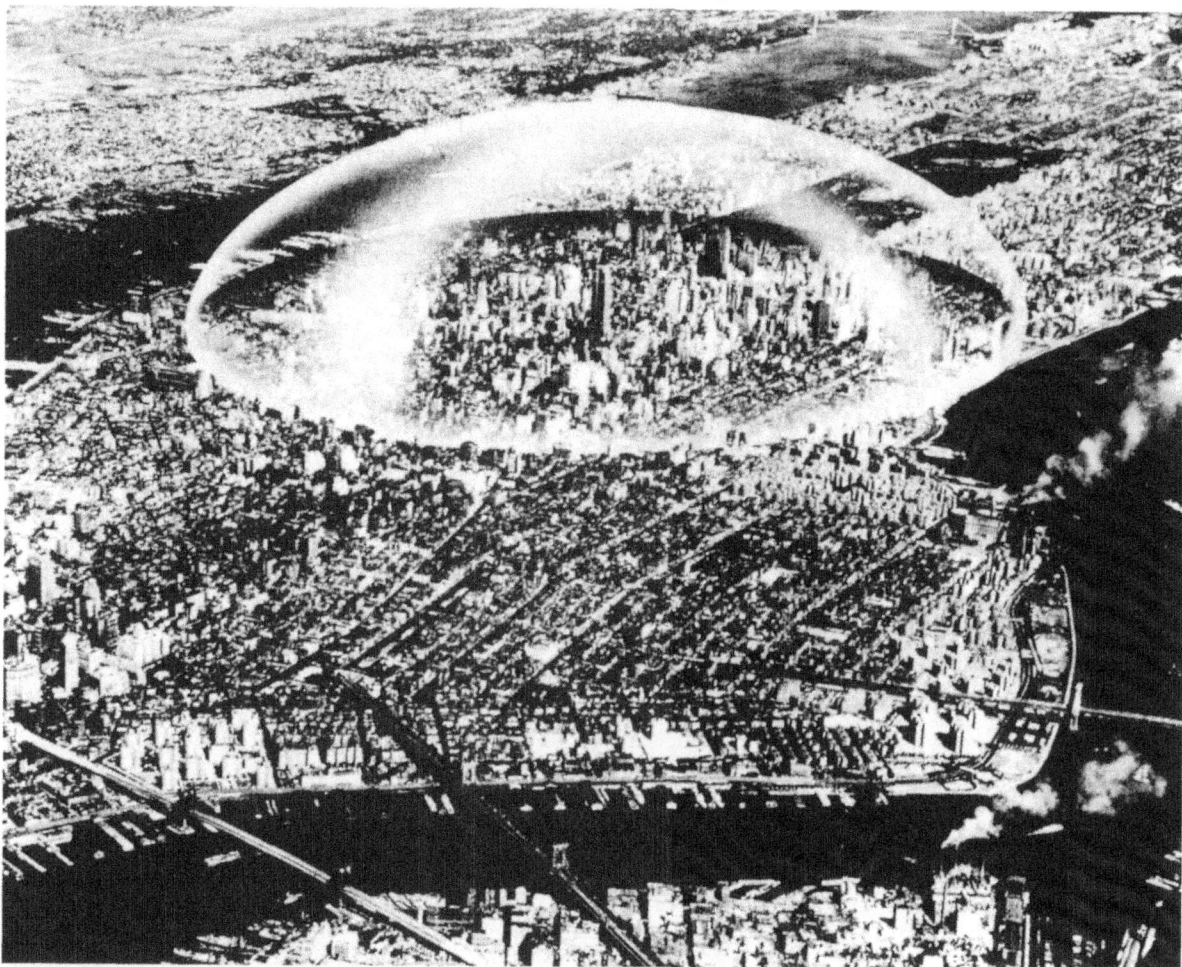

图版 203 富勒，一个 2 英里的穹顶用来笼罩纽约中心区的方案（project for a two-mile dome to encase the centre of New York City）

图版 204 保罗·索莱里（Paolo Soleri），"晶体城市"（Mesa City）模型，1969 年

图版205 罗伯特·文丘里（Robert Venturi）、丹尼斯·斯科特·布朗（Denise Scott Brown）和斯蒂文·艾泽努尔（Steven Izenour），"恺撒宫"的指示牌（Caesar's Palace sign）；《向拉斯韦加斯学习》（*Learning from Las Vegas*），1972年

图版206 查尔斯·摩尔（Charles Moore），"建筑的体验"（The experience of architecture），《身体、记忆和建筑》（*Body, Memory and Architecture*，1977年），1977年

ARCHITETTURA RAZIONALE

XV Triennale di Milano
Sezione Internazionale di Architettura

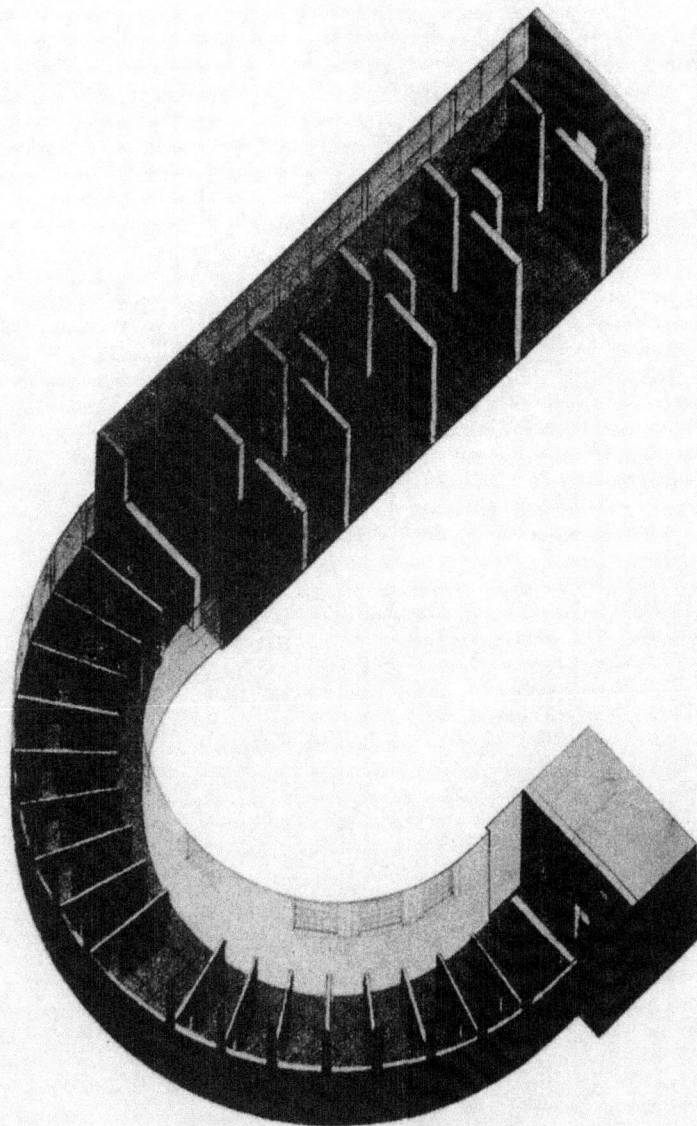

Franco Angeli Editore

图版 207 阿尔多·罗西 (Aldo Rossi) 发布的宣言《理性建筑》(*Architettura Razionale*) [1973 年，第 15 届米兰国际三年展（XV Triennale, Milan 1973)]

第一章　维特鲁威与古代建筑理论

维特鲁威的《建筑十书》（*De architectura libri decem*）是我们所知现在惟一尚存的一部有关古代建筑学的著作。就我们所知，自文艺复兴以来，所有有关建筑理论方面的文学描述，都是基于维特鲁威的著作基础之上的，或者，至少是在与维特鲁威的思想相关联的基础之上。没有一个关于维特鲁威的知识，是不可能把握住任何文艺复兴以来，至少是 19 世纪之前的建筑理论方面的话语（discourse）的。 〔21〕

当然，维特鲁威不是历史上第一位从事建筑理论著述的人，但是，不幸的是，所有比维特鲁威更早的关于这一方面的著述，早已是灰飞烟灭。那些希腊人、罗马人的论述，其中的一些论题我们还略有所知，它们是关于一些单体建筑物的描述，或者是有关一些特殊问题的讨论，例如神庙比例问题的讨论等等。[1] 希望弄清楚维特鲁威所依据的资料的来源；或是他曾使用过或仅仅是提到过的文献来源，如在第七书的前言中所提到的；抑或是那些曾经存在过的真实的古代建筑，这些都应当是考古学家的事情。对于其后所发生的建筑理论方面的历史，维特鲁威的《建筑十书》应当而且只能被看作是一个整体，尽管他的著作似乎有一些枝蔓繁复，而且他也喜欢用那些古怪的术语——当然其中的部分原因是由于将希腊文翻译成为拉丁文时所造成的混淆——这一点不应该被忽略。然而，有一点应该确定的是，维特鲁威的那些晦涩难懂的段落，正是后来的建筑理论之晦涩与观点纷争的原因之一。

正如维特鲁威自己在建筑第四书的前言中所骄傲地宣称的，他是有史以来第一位在形式的系统性上覆盖了建筑学全部领域的人。后来的作品，如 M·塞图斯·费雯蒂斯（M. Cetitus Faventinus）（3 世纪？）所著的具有概论性质的著作《各类建筑之建构工艺》（*De diversis fabricis architectonicae*），或者是由后期帝国时代的帕拉蒂斯（鲁特留斯·塔乌卢斯·艾米连努斯）[Plladius (Rutilius Taurus Aemilianus)]所写的《农业论》（*De re rustica**），就是直接或间接地受到了维特鲁威的影响。[2] 这两本书在建筑理论史上的重要性也不那么大。

关于维特鲁威的传记细节 [3]，我们所知道的仍然是微乎其微。谈论一些关于他的旅行，以及关于他所具有的在他的书中所提到的建筑物的知识，还是非常有意义的。由于我们所知道的只有他的家族姓氏，对于他的名字，或是他的绰号，我们一无所知，我们只能对一些无法证实的资料加以分析，这其中比较重要的一个材料，出自一位来自意大利福尔米亚（Formia）的名叫马穆拉（Mamurra）的罗马贵族。[4] 如果试图重新描述维特鲁威的生平，同样需要加倍地小心。朱利乌斯·恺撒（Julius Caesar）时代的维特鲁威曾经在罗马军队中服役，当时，他曾制造过攻城的设施，也许是桥梁之类的东西。在恺撒死（公元前 44 年）后，他在奥古斯都屋大维（Octavian）的手下，从事罗马城的供水工程的工作。他大约是在公元前 33 年退休的，那时的他恰逢奥古斯都的妹妹屋大维娅（Octavia）的一些好的政策，使他获得了一笔养老金，可以享受到衣食无虞的晚年生活。蒂尔舍（Thielscher）设定他的出生时间是公元前 84 年，如果这一点能够被接受，那么，可以推算出他写作这部建筑理论方面珍贵作品的工作，是在他 51 岁的时候开始的。这一年也正是他开始退休生活的那一年。因而，从表面的资料来看，他写作《建筑十书》的时间，大约在公元前 33 年至公元前 14 年之间。[5] 写在这些书前面的用来陈述一些建筑原

---

* 中世纪英文 De re rustica = Agricultural literature, or Things of the Field——译者注

〔22〕 理的前言，很可能是后来加进去的，他写作的这些书本身内在的前后顺序，倒不是那么清晰。

从维特鲁威自己所提到的几处声明中，可以知道他并不是一位成功的建筑师。他仅仅提到了自己创作的一座建筑物，这是建在省城法诺(Fano*)的一座巴西利卡。他似乎十分安于一种不被人承认是一位有创造性的建筑师的状态。他的论文倾向于促进对建筑学的重要性的认识，同时，他也着意于创造一个能够使他载入史册的丰碑(这一点可以在第二书与第六书的前言部分看出来)。

论文《建筑十书》可以分成 10 本书，每一本书都有一个似乎与书中的内容关联不是很密切的前言，概而言之，大约是给这本书提出一些问题，同时，也给前面的书，作出一个总结。这些前言似乎可以看成是一个独立的完整部分，其中包括一些关于论文目标的基本观点，以及作者对于自己形象的一个说明。

十本书的内容如下：

第一书　建筑师教育；基础的美学与技术原理；建筑学的分支——房屋，钟表学，机械学，公共
　　　　大厦与地方建筑；城市规划。
第二书　建筑学的发展，建筑材料。
第三书　神庙的建造。
第四书　神庙的种类；柱式；关于比例的理论问题。
第五书　公共建筑，对于剧场建筑的特别说明。
第六书　私人住宅。
第七书　建筑材料的使用，壁画及其色彩。
第八书　水以及上水的供给。
第九书　日光体系；日晷及水钟。
第十书　机械构造与力学。

在每一书的前言中所反复讨论的，主要是围绕三种类型的主题：

a)关于维特鲁威其人；
b)论文之功能所在；
c)一般性的建筑问题；在这里维特鲁威继续将建筑学的概念引入到当前国家的意识形态之中。

论文是献给奥古斯都皇帝的(见第一书，前言)。关于书的结构及他准备献给皇帝的话是维特鲁威自己在为所给予他的退休养老金时表达某种感激之情时所说的。这位作者在第二书的前言中，把自己描述成为一个矮小的、年老的、丑陋的人，他希望这些书能将自己举荐给奥古斯都，这有可能是为了期望得到一些建筑工程的委托。为了更加衬托出他的诚实与能力，他讲了一个有关建筑师戴诺克利特斯(Deinocrates)的故事。这个建筑师戏剧性地出现在亚历山大大帝面前，把自己装扮成令人讨厌的大力士赫尔克里斯(Hercules)，试图保住他随身所带的一个将要实施的设计方案的工程委托权。[6]据说，亚历山大拒绝了他的设计方案，但是，却委托了迪诺克拉蒂斯参与设计在埃及亚历山大城内的一座建筑。维特鲁威抨击了这样一种获得工程委托权并向统治者邀宠的方法，但是，却表示了"希望在我的著作出版所带来的知识与帮助方面能够得到您的承认"的想法。[7]他希望以他的十本书，他能够确保得到后世子孙的尊重与崇敬(第六书，前言)。

维特鲁威将他论文的目标定在几个不同的层次上。在表达了他甘于奉献的愿望以及对于给他的晚年生活所
〔23〕 提供的福利表达谢意之外，在第一书的前言中，他在给奥古斯都的致辞中表述了他的论文的主要思想：

我注意到您已经建造了许多伟大的工程，并将继续建造下去。我也非常欣赏您将在您所剩余的时
间里，尽您的努力去建造更多更伟大的公共与私人建筑，以留给后代子孙一个关于您的伟大功绩的恰

---

*意大利城市——编者注

当记录。我已经描绘了清晰可依的规则，因而，只要您亲自认真地阅读它们，您就将能够对关于您已经创造的建筑物以及即将创造的建筑物的品格与质量作出您自己的判断，因为在这些著作中，我已经罗列出了几乎所有有关建筑的原理与规则。[8]

同时，维特鲁威在思考着有关一个更加广泛的应用范围，以及如何能够面对那些直接建造房屋的人讲话（即建筑师们，令人惊讶的是，他是在用一种为他们设计训练模式的方法，间接地向这些建筑师们讲话的），面对那些在没有建筑师的情况下，仍然可能建造私人住宅的人们讲话。[9]最后他表达说："因此，我想我应该极其小心地写作一部可以让人理解的关于建筑艺术、关于建造方法的书，并且相信未来以此而服务于这个世界，将不会是一件令人不愉快之事。"[10]

维特鲁威用了一些章节讨论了他在材料表述方面的方法论问题和语言学问题。在第一书的第一章，他为他的书在语言表达上的笨拙而表示歉意，接着他说："但是，我可以保证，我在这些书中所表达的关于我的艺术旨趣，以及其中蕴涵的原理是清晰而具有权威性的，这一点不仅对那些建造者是这样，而且对于所有受过教育的人们，都是如此。"[11]

在第五书的前言中，他强调了他希望这些书在文字上简明扼要的愿望。但是，他也意识到，他在书中所用的术语，对于大量的普通人而言是十分生疏的，他们理解起来可能会有一些困难。因为这个原因，他特别指出了将概念与定义限定在一个准确与明晰的范围之内的重要性。而这正是他在一些重要章节中所没有能够达到的目标之一。

在第七书的前言中，维特鲁威为他这些书的原创性而辩护，他对于艺术与文学上的剽窃行为表示了憎恶。为了表示出他自己的著作所具有的最好的优势，他罗列出了他所使用的那些材料的来源。[12]然而，他非常挑剔地引用了其中的一些材料，因此，就他自己的原创性问题而言，还是留给了我们一些疑问。

在第八书的前言中，维特鲁威概述了四种元素的重要性，他尤其强调了水的超乎寻常的作用。这本书正是关于水这一主题的。在第九书的前言中，他强调了数学与几何学的重要性，并且勾画了一个宇宙的模型，这一宇宙模式又转换成了对钟表制造方法的一些实际指导。

在第十书的前言中，维特鲁威讨论了房屋估价与实际造价之间的关系，建议那些执业建筑师们应该在预估造价的基础上，增加25%的费用，这些超出的部分本来可能是不得不由他们自己掏腰包来填平补齐的部分。

对于建筑理论而言，维特鲁威断言说他的著作在文章结构与内容组织上是对称处理的。而事实上关于这一点，只是在一些与实际事务有关的情况下才是真实的。理论的追溯在第一书的开始部分加以表白以后，只是十分偶然地零散出现一些。

在第二书的第一章，维特鲁威提出了一个他自己的关于建筑之起源的理论，在他看来，建筑之产生的最基本动机是人们为了躲避风雨的侵蚀。他写道，第一座房屋，是对于自然构成物的一种模仿（例如由树叶构成的棚子，燕子的巢，洞穴等等），因为"人生来就会模仿，而且无时无刻不在学习之中。"[13]他断言说，建筑是出现最早的艺术与科学，因而可以认为建筑是所有艺术中居于第一位的艺术。[14]

几乎是顺理成章地，他提到了他所发明的"建筑的规则"。在发展了各种各样的房屋以后，人们"通过他们在研究中所观察到的模糊和不确定的现象"而渐渐悟到了"对称的规则。"[15]维特鲁威并没有深入探讨这一思想，但是，在这里所指的"规则"在很大程度上是由经验得出的，也正因为如此，才埋下了后来在17世纪末发生在法兰西科学院的有关"武断的美"的大争辩的种子。 〔24〕

与如上所指出的关于建筑规则的相对性相反，维特鲁威在这里将建筑规则归结到了他声称为绝对有效性的方面；在第四书的第一章，在一系列关于宇宙与行星的论述中，他将整个宇宙的形成描述为某种建筑设计过程，在这一过程中，宇宙的规则与建筑的规则明显是相互关联，相互印证的。[16]这一观点后来成为他为建筑而创造的某些观念的一个基础，上帝被看作是世界的建筑师（deus architectus mundi），而建筑师则是仅次于上帝的神（architectus secundus deus）。[17]然而，维特鲁威自己却对这一概念没有得出一个结论，他也没有将这一概念整合成为一个体系。

在第一书的第一章，维特鲁威为我们描绘了一幅相当详细的专业建筑师的形象轮廓。建筑师必须是一位在工艺（fabrica）上和推理（ratiocinatio）上都很在行的大师。这里的"推理"（ratiocinatio）一词是一个由科学内容所限定了词义的概念。[18]维特鲁威提出给予建筑师一个相当广泛的教育，这是基于建筑学是一门需要满足各种各样需求的实践性学科。建筑师需要有很强的文字记述能力，"这可以使他运用笔记，从而使他的记忆更为可靠"[19]；他也必须是一个熟练的绘图员，并且对几何了如指掌，这样才能绘制正确的透视画与平面图。关于光学规律的知识对于恰当地运用光线也十分必要。算术知识对于造价的计算以及比例的推算是必需的。如果建筑师需要理解建筑的装饰及其中内涵的意义，历史的知识也是必不可少的。哲学将在他的个人特性方面打上烙印。对于音乐的理解在将之应用于紧张的攻城机械方面或用于剧场建筑的建造方面，都是很需要的。医学的知识是在考虑在建筑物中的人的健康问题，或气候问题时所需要的。维特鲁威还进一步确定了有关建筑法规以及天文学方面的一些基础知识。

在维特鲁威看来，有一个长时间的关于科学与人文学方面的学校教育是建筑师训练的一个不可或缺的环节，这两者中的任何一个都能引导到建筑圣殿的顶点(summum templum architecturae)。[20]

在第一书的第二章，维特鲁威提出并定义了建筑学的一些基本的美学原理。在这里，从理论的观点来看，包含了论文的核心内容。在这一章节中所包含的基本概念甚至可以囊括19世纪建筑理论方面的所有争论。因此，必须将这些概念作深入的思考。关于这一概念的主题，可以包括在整个推理(ratiocinatio)问题的范围之内，这也就是关于建筑学的理智性理解。

建筑学，如维特鲁威在第三章中所声称的，必须满足三个基本的要求：坚固、实用、美观。坚固问题涉及静力学、构造及材料等领域。实用是关于建筑物的使用的，以确保建筑物有恰当的功能。美观包括了所有的美学要求，其中最重要的是比例问题。对于公共建筑而言，维特鲁威将如上所有这些考虑归结为如下的一些话：

〔25〕

> 这些(公用设施)必须按照如下方法进行建造，要计算它的长度、用途及看起来是否美观。长度选择的问题在基础下沉的情况下是会遇到的，因而对于建筑材料，无论是些什么材料，都应该慎重地选择而不要试图计较费用；只有当建筑能够正确无误地矗立在那里，以及当它们的布置是便捷的并且适合于任何特殊的条件时，才不会使它的使用问题变得复杂；当作品有一种优雅而令人愉悦的外表的时候，以及当各个部分的相对比例用一种真正对称的方法加以推敲之后，建筑的美才会体现出来。[21]

关于美的范畴可以分成六种基本的概念，其中只有一种经营(distributio)是来自与应用有关的，维特鲁威有时还会给这些思想以拉丁语的名称，有时若没有恰当的拉丁词时，就用希腊词：

1)ordinatio($\tau\acute{\alpha}\zeta\iota s$, taxis)：秩序

2)dispositio($\delta\iota\acute{\alpha}\theta\epsilon\sigma\iota s$, diathesis)：布置

3)eurythmia：整齐

4)symmetria：均衡

5)décor：得体

6)distributio($o\acute{\iota}\kappa o\nu o\mu\acute{\iota}\alpha$, oeceonomia)：经营

维特鲁威给予这些概念以定义，这些定义导致了在理解这些概念上的困难，其定义的内容如下所示，并给以了某种解释：[22]

> 1. "秩序"(Ordinatio)是关于一座建筑物之每一独立部分的各种更为详细的比例，是不同于与对称有关的建筑之总体比例的。后者是通过"数量"(quantitas)来实现的，对此，希腊人称之为"posotes"。"数量"是从建筑自身中运用了度量的单位(moduli)。对于建筑之整体的和谐之创造，是通过每一个个别的部分来实现的。[23]

"秩序"(Ordinatio)是作为一座建筑物的整体及细部的构成比例的结果。这些比例是基于"数量"之上的，模数是从结构自身中发掘出来的(这一点预示了结构是通过一个基础的模数单位而布置的)。在这一点上，维特鲁威并没有解释清楚关于比例的理论。

2. "布置"（Dispositio）是适应部件的分布，建筑物之优雅的效果是通过"数量"来达到的。有各种类型的布置，这也就是希腊人所称之为"形式"（ideae）的东西，即："底层平面"（ichnographia），"立面图"（orthographia）和"透视图"（scaenographia）*。"底层平面"（Ichnographia）是成功地使用矩尺与圆规，通过这两样东西，使建筑物的平面得以落在地基上。"立面图"（Orthographia）表示了建筑物的前立面、按照规则所绘制的建筑物的外观，以及建筑物所使用的结构的比例。"透视图"（Scaenographia）是指对建筑立面的描绘以及建筑侧面的收缩，所有的线汇聚在指北针（?）的方向上（灭点上）。所有这三个方面都是从 Cogitatio（沉思）和 inventio（创作）中来的。沉思（Cogitatio）是通过劳累与艰苦努力的付出，以使想像中的效果令人愉悦。创作（Inventio）是通过应用活的智慧解决困难问题，发现新的事物，解决困难问题。这些就是布置（dispositio）所要达到的目标。[24]

布置（Dispositio）表达了建筑物的设计（在平面、立面与透视方面）及其施工，为此，"秩序"（ordinatio）显然是一个必需的前提。而施工必须与"品质"（qualitas）同时推进，这是一个并没有给出任何进一步定义的概念。"沉思"（cogitatio）和"创作"（inventio）在画一张设计图的时候是需要的。

3. "整齐"（Eurythmia）意指了一种建筑的外观，这种外观的各个部分是按照一种令人愉悦与认可的方式组织其各种要素的。这种外观的实现是通过使建筑的高度与宽度的比例相适合，同时使其宽度与长度的比例也相适应，简言之，是使他们的所有部分都在一种均衡的相互关联中。[25]

"整齐"（Eurythmia）是应用于建筑物中的比例的一个结果，以及这种比例在观察者的眼中所产生的效果。 [26] 这一概念或多或少与现代概念中的"和谐"有些关联。

4. "均衡"（Symmetria）是一座建筑物在各部分组合起来之后所产生的和谐感，这是与建筑物在按照一定的比例关系形成一个整体之后，相对于其各个局部的形式而言的。就如人的身体的整体从前臂、双脚、双手、手指以及其他部位都显示了一种均衡的品质一样。尤其是在那些献给神明的建筑物中，均衡的处理不仅是从柱子的厚度上，而且是从三竖线花纹装饰上，或者从模数上加以推敲的（希腊：embater）。[26]

关于"均衡"，维特鲁威意指了在一个总体的设计中，建筑之整体中的各个部分之间的和谐，就如被一个模数所度量着的一样，其术语对应于现代概念中的比例一词。

关于"秩序"（ordinatio）、"整齐"（eurythmia）、"均衡"（symmetria）的概念表达了美学现象的一些不同的方面。"秩序"可以被理解成是原理，"整齐"是由此原理而得出的结果，"均衡"则表现为最后的效果。

这样的划分仅仅陷于一个有限的意义范围之内，而且可能引起概念上的混淆，在这一点上，维特鲁威自己也不可能逃避，在关于他个人的各种解释上，其实也一直存在着无止境的争论与误解。

5. "得体"（Décor）是关于建筑物应有一个正确的外观，是从一些被认可的构件，按照预先设定的方式组成，并按照如下的习惯方式实现的，这种方式在希腊叫作"thematismos"，或者是通过某种一般性的使用而实现，抑或是通过自然的方式实现的。当建筑物是为大神（光明之神）朱庇特，或是为上天，为太阳，或是为月亮而建的露天的形式时，习惯的方式就会得以遵守，这也是为了外观起见，或是为了我们能够在露天的自然光下能够亲眼看到众神的效果起见。多立克式的神庙是为智慧与工艺之神密涅瓦（Minerva），战神玛尔斯（Mars），以及大力士赫尔克里斯（Hercules）而建造的。因为献给这些神的神殿，应该表现这些神明们那男性的特征，因此没有装饰的建筑是适合的。而科林斯式风格的神

---

* ichnographia（floor plan）。orthographia（elevation），词根 - orth - 来源于拉丁文，是词根 - ord -（秩序，命令）的变体；语言学中译为"正字法，缀字法"。Scaenographia = perspective drawing ——译者注

庙将更适合那些诸如维纳斯神(Venus)、花神(Flora)、大神朱庇特的女儿冥后普西芬尼(Proserpina)，以及属于春天的山林与水泽女神宁芙(Nymphs)，因为这些建筑物具有更为细长的比例，并用花、枝叶与涡卷(volutes)等所装饰，这样似乎可以更适当地表现她们优雅妩媚的特征。爱奥尼式风格的建筑适合于大神朱庇特的妻子朱诺(Juno)、狩猎女神与月亮女神狄安娜(Diana)、酒神巴克斯(Bacchus)，以及其他一些类似的神的，因为这更适合于他们那居中的位置，他们的性格，一方面应该避免多立克风格的严肃冷峻；另一方面应该避免科林斯风格的细腻柔媚。[27]

"得体"(Décor)涉及形式与内容的适当性问题，而不是关于修饰性问题的。柱式的使用就是在这样一个名义下进行的。对于特殊柱式的特殊性质的原因归结，揭示了建筑之外在符号后面的美学问题，这就是建筑的"象征性"(iconology)问题。

6. "经营"(Distributio)是对建筑材料与建筑工地的事先的管理，同时，也是对建筑物造价的经济性方面的细致认真的计算……而经营(distributio)的第二个阶段，是为家族的头领们，为那些重要的富翁，抑或为那些如演说家一样尊贵的人建造重要建筑物的时候所达到的。城镇里的住宅显然是与那些在乡下用来收租金的房子不一样；放贷人或其他不同情趣的人，将需要不同种类的房子。因而，对于那些强有力的，其思想能够左右这个国家的人，建筑物必须与他们特殊的需求相适应。概而言之，建筑物的经营(distributio)必须设计得适合它们的所有者。[28]

〔27〕

只有这一定义的下半部分进入了有关"美"(venustas)的分类中，而这一定义的上半部分，还只能是在"实用"(utilitas)的范畴下。在建筑物与使用者之间的关系，期待一个概念，这一概念将被提升到一个具有启迪性的地位，这就是建筑的"话语"(parlante)，按照这一概念，建筑应该是它的功能的体现，或者是它的居住者的身份的体现。

维特鲁威的六个基本的概念可以分为三组：

1. "秩序"(ordinatio)，"整齐"(eurythmia)和"均衡"(symmetria)与和建筑物比例有关的各个方面有所关联。

2. "经营"(dispositio)与艺术设计有关，为了实现这一点，"沉思"(cogitatio)与"创作"(inventio)是必需的。

3. "得体"(décor)和"经营"(distributio)是与柱式的恰当使用，以及与房屋和其居住者之间的恰当关系等有所关联。

维特鲁威将"比例"看作实现"秩序"(ordinatio)，"整齐"(eurythmia)和"均衡"(symmetria)的先决条件，但是在他引入这些概念时，并没有给出明确的定义。[29] 对于维特鲁威而言，比例不是一种美学概念；它仅仅是一种数字的关系，而不是其应用中引发的结果。维特鲁威关于比例问题的关键表述，包括在第三书第一章的目录中，在这一章里，他提出了神庙建筑的主题：

神庙建筑的平面是基于均衡这一基础之上的，对于这一均衡性规则建筑师们必须以一种富于耐心的精确性去顺应。均衡是起源于比例的，在希腊语中"比例"被称作 analogia。比例是在当建筑物的所有部分，以及建筑物本身作为一个整体，基于一个经过选择的部分，被看作一种量度(commodulatio)的时候出现的。由此出发，均衡已被推算出来。如果没有均衡与比例，也就没有一座神庙被理性地设计出来，除非一种情况，那就是在建筑物的各个部分之间存在着某种精确的关系，就如一个天衣无缝般完美的人体一样。[30]

在这一段落中，建筑比例被以三种方式加以定义：

1)由各个部分彼此之间的关系确定。

2)对于所有的量度，以某个一般性的模数与其发生关联。

3)基于对于人体比例的分析。

这些定义埋下了关于比例概念的双重理解的种子，从而在维特鲁威之后极大地左右了有关建筑理论的种种争论：比例既是作为某种绝对数字之间的关系，同时比例还是从对人体关系的分析中衍生出来的——人体测量学比例。

紧接着，维特鲁威又为人体确定了一些基本的比例规则[31]，这些规则是按照面部或鼻子的长度为依据的——三个鼻子的长度等于一个面部的长度——以此作为一个模数。他先是将这些人体测量比例应用在绘画与雕塑上，紧接着他说："同样，神庙的各个部分必须与整体之间有着完全而和谐的比例，整体是各个部分的总和。"[32]

在随后的话语中，维特鲁威试图将人体与几何形式的方与圆加以综合，从而在人体、几何形体与数字之间，找到某种联系。所谓"维特鲁威人"在这一段落中得以论述：

> 同样地，在人体上中心点自然是肚脐。如果一个人背朝下平躺下来，伸开双臂与双腿，以他的肚脐为圆心画一个圆，那么，他的手指和脚趾就恰好落在这个圆的圆周线上。也正如人体可以形成一个圆形一样，人体也可以形成一个正方形。因为，如果我们测量从脚底到头顶的高度，再以之与两臂伸开后两个指端的长度作比较，我们就会发现，两者之间恰好是相等的，就如同是用建筑工匠的矩尺所绘制出来的正方形一样。[33]

〔28〕

关于这一人体形象的图解说明，几乎在有关维特鲁威的评论中随处可见。我们将在后面的章节中作进一步的分析。

为了证实人体比例与数字之间的关系，维特鲁威声称所有的度量单位[英寸(指节)、手掌、英尺(脚)和腕尺(前臂)]都是从人体中间衍生而来的，最后，也是最基本的，完美的数字10、十进位体系等，都是与人的10根手指相对应的(比较这一事实，即：维特鲁威的书在数字上也恰好是10)。维特鲁威将数字6看作另外一个完美的数字。这两个完美数字之和，10加上6，创造出了如他所说的最完美的数字——16。

在这一章的结尾，维特鲁威作了如下的总结：

> 因而，如果我们赞成数字是从人体的各个部分中衍生出来的这一观点，那么，就有一个相应的问题，即人体的各个部分与整个人体形式之间，有着某种确定的比例关系。随之而来的问题是，我们必须知道我们在为不朽的神灵们建造神庙的时候所负有的责任，因而，我们会小心翼翼地按照比例与均衡的原则安排建筑物的每一局部，使之无论在各个独立的部分还是在整体上看起来都能够达到和谐。[34]

维特鲁威没有运用数字的价值给出一个有关比例问题的一般性理论。只是当他在描述有关神庙建筑的"类属"(genera，IV.i)[35]时，的确给出了一个具体的比例数字，这些比例数字在他将人体与柱式作类比时又一次进行了确认。例如，多立克柱式被假设为与男性的身体比例相关联，如男性人体的高度被认为是6英尺高，因而，多立克式柱子的高度，包括柱头，应当是柱身下部直径的6倍。与女性身体的比例相一致，他为爱奥尼柱式确定了1比8的比例(同样以柱身下部的直径为准)。然而，应当说明的一点是，这两种柱式在后来的发展中都变得更加细长：多立克柱式为1比7，爱奥尼柱式为1比9。

必须说明的一点是，所谓"柱式"在维特鲁威的著作中，并没有像在文艺复兴经典著作中那样重要的地位。在阿尔伯蒂的著述中，柱式的概念表达了一种系统性，从那时起，柱式被看成是与维特鲁威的"类属"(genera)相类似的东西。[36]

在维特鲁威那里，比例具有从人体推衍而来的经验主义的价值，也就是说，比例并不具有绝对的价值。

因此，在私家宅第建筑的比例关系推敲中，维特鲁威主张从调整视觉偏差的角度出发而背离这种比例规则（Ⅵ.ⅱ）：

> 在这种情况下，均衡的系统一直在起着决定性的作用，各部分的尺寸是通过计算得出来的，因而，（建筑师）必须运用他自己的判断去为这一特定的场所提供一种特殊的解决之道，既在场地的应用上，也在外观的形式上，通过修正[调整(temperaturas*)]，从而对其比例[均衡(symmetria)]作增加或减少的处理，使建筑物呈现出较为恰当的外部形体，其最终的结果是没有任何的缺失。37

必须提到的是，在维特鲁威谈到有关个别建筑类型的时候，他没有特别提到他在第一书的第二章中所谈到的有关基础概念与美学原理方面的问题，这些概念与原理曾被维特鲁威声称为是放之四海而皆准的。看来，他[29]的概念结构似乎是分成层次的；维特鲁威似乎觉得没有必要将他的标准应用到特殊的建筑物中，或是应用到建筑的类型分划上。因此，我们不能说在维特鲁威那里有一个统一的或系统的建筑理论，除非将之放在一个十分限定的意义范围之内。

维特鲁威对于有关建筑物一些特殊方面，以及对于当时已有建筑物的阐述，构成了他的这一珍贵论著的重要方面，不仅对于考古学具有特殊重要的意义，而且，对于其后的建筑历史发展本身也具有非常重要的意义。从这部论著在文艺复兴时代被普遍接受为建筑学的神圣经典的那一刻起，他的论述已经为无数的建筑设计方案提供了指导，同时在或大或小的程度上，被人们所误解，并且对已经建造的建筑物施加了无尽的影响。

任何有关维特鲁威"体系"的描述，都可能会大大地忽略了他在建筑物的实践方面所作的讨论，因而，有关他所提出的"建筑规则"不需要在这里作任何概括与总结。然而，所有那些在文艺复兴与巴洛克时代的论文中相关的讨论，却不能不放在维特鲁威的已有论述的背景上去观察与理解。在一些特殊的建筑案例中，甚至需要追溯到维特鲁威的文本本身。

钟表制作和机械制造，在维特鲁威看来不过是建筑理论领域的许多分支中的一种，到了文艺复兴时代却被看作是某种单一的类别。

版本情况

博多·埃布哈特(Bodo Ebhardt)的《维特鲁威，维特鲁威的〈建筑十书〉及其出版商》[(Vitruvius. Die zehn Bücher der Architektur des Vitruv und ihre Herausgeber†)，柏林，1918年(纽约，1962年再版)]列出了截至1918年时有关维特鲁威的出版情况。由劳拉·玛库西(Laura Marcucci)在《维特鲁威2000年纪念》[2000 anni di Vitruvio，见于《建筑文献研究》第8辑(Stydi e documenti di architettura, no.8)，佛罗伦萨，1978年，第29页及之后]中汇编的《版本编年史及评判》(The Regesto cronologica e critico‡)中将这一列序延长到了1976年。但直至这时仍然没有完全令人满意的带有评论的版本出现。拉丁文献中的：《维特鲁威的建筑十书》(Vitruvii de architectura libri decem)，由瓦伦丁·罗丝(Valentin Rose)于1899年在莱比锡出版。最有实用意义的一个版本是弗兰克·格兰吉尔(Frank Granger)的双语版：《维特鲁威与建筑学》(Vitruvius on Archotecture)，罗布古籍图书馆(Loeb Classical Library)，2册本伦敦与剑桥1931年版(这是一个经常重印的版本)。赫尔曼·诺尔(Hermann Nohl)的《维特鲁威索引》(Index Vitruvianus)，莱比锡，1876年；达姆施塔特(Darmstadt)，1965年再版。在协和出版社(concordance)1984年的一个版本中，使得维特鲁威的文本比较容易应用。莫里斯·希克·摩根(Morris Hicky Morgan)在他过世后出版的英文译本(1914年)，书中的附图完全没有注释与说明，仍然适用于后来的平装本：《维特鲁威·建筑十书》(Vitruvius. The Ten Books On Architecture)，这是纽约1960年的版本。38§

---

* temperaturas，源自拉丁语 temperare，此处 = modifications。——译者注

† 德文对译英文：Vitruvius. The ten books of the architecture of the Vitruv and its publishers ——译者注

‡ 意大利语对译英文：The chronological Regesto and critic ——译者注

§ 德文版中没有注释38，也没有有关版本情况的附录，在英文版中仅有释文，但未标明出处，故附在版本情况之后。——译者注

第二章　维特鲁威的传统与中世纪的建筑理论

维特鲁威在古代的影响是十分有限的。他在他的著述中所着力追求的为建筑学建立一套评价标准的勃勃雄 〔30〕
心，在他所在的那个时代，并没有得到满足。其中的部分原因，是因为他的论文没有紧紧抓住当时建筑的实际
问题而展开，例如，有瓦的屋顶、拱形结构、多层结构等建筑技术问题[1]；或者，至少是因为他只是轻描淡写
地提到了这些问题，而没有作任何深究。维特鲁威在建筑实践方面，或者是在早期帝国时代的建筑思想方面，
也没有造成什么影响；仅仅是老普林尼（Pliny'the Elder'，Gaius Plinius Secundus，23 – 79 年，罗马学者）在他的
《自然史》（Naturalis historia）的第 35 书与第 36 书中，将维特鲁威的著作列为他的参考资料的来源之一。然而，
在这里也只是在谈及绘画着色，以及石头分类的时候而偶然提起。在后期帝国时代，这部书被归在费雯蒂斯
（Faventius）的《纲要》（Compendium）之中；并被帕拉蒂斯（Palladius）所借用，后来，又在西多纽斯·阿波力纳雷
斯（Sidonius Apollinaris，430 – 485 年）与元老院议员卡西奥多鲁斯（Cassiodorus Senator，490 – 583 年）的参考引文
中偶然提及。[2] 然而，这些引文都是具有修辞色彩的文体，从其中我们对维特鲁威的文本在古代社会的传播与
流布情况几乎一无所知。

有据可查的对于维特鲁威的兴趣仅仅是从加洛林王朝（Carolingian）时代才开始的，然而，在中世纪盛期
（High Middle Ages）维特鲁威就得以声名大振，到了文艺复兴时期，维特鲁威的声望则已是如日中天了[3]，这一
点是维特鲁威生前做梦也没有想到的。维特鲁威的论著所遭遇的如此特殊的命运，曾经被如下的话所恰当地表
述出来："在艺术史上，恐怕还没有任何别的哪个具有如此系统化的文本，原本是将自己的目标锁定在自己所
处的时代，结果却一无所获，而在其问世若干个世纪之后，竟然奇迹般地声名大噪。"[4]

人们一直普遍认为，在最为重要的中世纪早期的百科全书——塞维利亚的伊西多尔所著的《语源学》
（Etymologiae of Isidore of Seville，560 – 636 年）中，曾经引用了维特鲁威的著作。事实上，伊西多尔只是从马库
斯·特伦蒂斯·瓦罗（Marcus Terentius Varro）的罗马百科全书中汲取了营养[特别是在古代遗物（Antiquitates）方
面]，而这部百科全书也曾被维特鲁威所使用，但是，只是应用了其中的一些零碎的片断。当一个人在 19 世纪
的语源学著作中读到了伊西多尔有关建筑学基本原理的相关说明时[5]，可以明显地感到他的那些论述几乎与维
特鲁威的著作之间没有什么关联。

伊西多尔提出了组成建筑物的三个要素："一个建筑物应该由三个部分组成："布置"（dispositio）、"构
造"（constructio）、"装饰"（venustas）。"[6] 伊西多尔关于"布置"与"装饰"的定义，足以说明他与维特鲁威
之间的不同："'布置'是对一个建设场地，或对建筑物的基础，及楼层所进行的通盘考虑。"[7] "'装饰'则是
为了美化或修饰而附加在建筑物之上的东西。"[8] 伊西多尔所使用的概念，很显然是与维特鲁威所定义的内容
之间彼此互不相干的。

在《语源学》的第 15 书中，伊西多尔谈到了建筑学与测量的问题，其中我们没有发现他引用了维特鲁威
的论述的痕迹。有无以数计的有关古代建筑的资料，其中的大多数都是以某种被人误解的形式而展现在世人面
前。有一点特别令人感兴趣的是，有关五种柱式的概念，似乎也被伊西多尔所熟知。下面是他的论述中有关柱
式的一个典型的段落：

[31] 柱子，人们这样称呼它们是因为它们高挑而圆润，承托着整座建筑物的重量。旧有的柱子比例一般是按照宽度为高度的三分之一而设置的。有四种圆形断面的柱子形式：多立克式、爱奥尼式、塔斯干式与科林斯式，这几种柱子在高度与直径上彼此各不相同。第五种柱子称为爱提克式(Attic)，这是一种方形或方而略宽的柱子形式，是由砖垛形成的墩形柱子。[9]

拉巴努斯·马鲁斯(Hrabanus Maurus，780 - 856 年)一直被公认为是中世纪熟知维特鲁威著作的有力证明，而下面我们从他的著作《世界全书》第 22 卷(*De universo libri XXII*)中所引的一句话："建筑由三部分组成：布置、构造、装饰"[Aedificiorum partes sunt tres: dispositio, constructio, venustas)(XXI.ii)][10] 却明显地可以看出更多地是依赖了塞维利亚的伊西多尔的论述观点。

有关加洛林时代维特鲁威的学说已广为应用的说法，很可能在相当程度上是被夸张了。从爱因哈特(Einhart)给他的学生乌辛(Vussin)的一封信中[11]，提到了维特鲁威，不过在这封信中仅仅是着眼于纯语言学方面的兴趣。爱因哈特对维特鲁威所说的 "verba et nomina obscura" 感到费解，不过，他建议乌辛去参考维吉尔(Virgil，古罗马诗人，公元前 70 年 - 前 19 年)所用的 "透视画法"(scenographia)一词的意思去理解。在这里我们没有理由来推断，他曾涉及了有关维特鲁威的建筑理论问题。[12]我们可以推测的是，对爱因哈特来说，可能用到维特鲁威的思想的地方，倒是他建造在德国施泰因巴赫(Steinbach)和塞利根施塔特(Seligenstadt)的巴西利卡式的建筑物。[13]而现在尚存的加洛林时代有关维特鲁威著作的手抄本的数量几如凤毛麟角[14]，而那一时代的有关维特鲁威的注释文字也没有见于任何记载。然而，值得注意的是，在 9 或 10 世纪时的维特鲁威著作的手抄本中，包括了一些图片资料，其中显示出与维特鲁威有关建筑学方面的实际论述相关联的迹象[法国塞莱斯塔的维特鲁威抄本(Vitruvius Codex in Sélestat)]。[15]然而，在这些图片资料中，没有显示出与维特鲁威的文本中所倾向于放入的插图相关的内容——他最初文本中所附的图片早已散失殆尽——但是，其中却包含了与柱式有关的内容，而图片中的说明性文字则是经过简化了的维特鲁威文本中的段落(图版 1)。[16]事实上，这些图片既没有反映出古典建筑学的知识，似乎与当时建筑学的知识之间也没有多少联系，它们大概应该属于那种"处在书本中的建筑，与实际传播中的建筑的古典主义的古代遗迹两者之间的没有人参与其中的地带之中"。[17]一个事实，即维特鲁威关于人体比例的有关内容(Vitruvius，Ⅲ，i.2)是经过了充分阐释的，这一点十分值得注意。[18]然而，"维特鲁威人"却没有得到详细的描述。执者者彼得(Peter the Deacon，生于 1107 年)为在意大利蒙特卡夏西诺(Montecassino)的维特鲁威的论文做了一个摘录，其中选用了与塞莱斯塔的维特鲁威抄本中相同的有关人体比例的段落。[19]最近的一个令人信服的推论说明，这些图版的最初草本是由查理曼大帝[Charlemagne，742 - 814 年，世称查尔斯大帝或查尔斯一世(Charles the Great or Charles I)，768 - 814 年为法兰克王，800 - 814 年为西罗马帝国皇帝]在亚琛(Aachen)的宫廷内臣绘制出来的，而塞莱斯塔的维特鲁威抄本中的图版则是由爱因哈特自己绘制的[20]，同时，图中所绘的爱奥尼柱式与在德国洛尔施(Lorsch)门房上壁柱的柱头之间的相似性也能证明这一点。[21]

维特鲁威在奥托(Ottonian)时代建筑中的影响，似乎已经由在希尔德斯海姆(Hildesheim)的圣米歇尔修道院(San Michele)的例子中得以证明。[22]在大英博物馆中现存最早的维特鲁威的抄本[23]，这个抄本的来源可以追溯到戈得兰姆斯(Goderammus)，他是在科隆的圣潘塔列昂修道院的副院长(Prior of St Pantaleon)，同时也是由希尔德斯海姆大主教波恩华特(Bernward，1022 年去世)在 996 年所任命的圣米歇尔修道院的第一任院长。如果说波恩华特的确在圣米歇尔修道院的规划中曾经起到了十分突出的作用，并且以他个人的学术倾向而留下了他自己誊写的手抄本，波依提乌与戈得兰姆斯的《数学手册》(Liber Mathematicalis of Boethius，藏希尔德斯海姆主教堂宝藏室)，同时，维特鲁威的书也曾作为(修道院)设计的基础(修道院的建设始于 1001 年)，那么，这也将是运用维特鲁威的思想而实际建造起来的，并彻底贯彻了维特鲁威建筑思想的惟一的一个实例。[24]这也预示了通过对古代建筑的正规语汇的深思熟虑而汲取有关比例的方法来促成对于维特鲁威的建筑原理的充分理解，并使之彻底地适应了奥托时期的建筑需求，及这一时期的建筑语汇。[25]

[32] 在讨论盛期中世纪(High Middle Ages)西方建筑学著作之前，我们对一种有关建筑注释的文学形式应该简单地提到，这种形式很可能是从与绘画有关的希腊与罗马原型[如弗拉维斯·约瑟夫(Flavius Josephus)、斯塔蒂

斯(Statius)，小普林尼(Pliny the Younger)，卢奇安(Lucian)]中培育出来的[26]，这一文学形式在查士丁尼时代达到了它的鼎盛期：(其代表作品是)《读画诗》(*ekphrasis* *)。[27]

从拜占庭的《读画诗》(*ekphrasis*)的丰富遗存中[28]，我们或许有充分的理由举出建于君士坦丁堡的著名的圣索菲亚大教堂。这座最初建造于 4 至 5 世纪的建筑物，一度毁于尼卡起义(Nika Insurrection†，发生于 532 年)的战火，随后，特拉勒斯的安提缪斯(Anthemios of Tralles‡)与米利都的伊西多尔(Isidoros of Miletus)[29]在 532 至 537 年间所重建的新建筑，取代了原有的建筑。不过，557 年 12 月的一场大地震，在地震后的第二年造成了穹顶的坍塌。562 年又用了一个加了拱肋的穹隆取而代之，并于 562 年的 12 月 24 日重新举行了开光(献祭)仪式。这座建筑物的重建工作及其部分重新修补的工程，都是在查士丁尼时代(527－565 年)完成的，因此，很自然地成为了《读画诗》中的专门论题，这一部分内容，可以说是熠熠生辉，不仅对我们的建筑史研究助益匪浅，而且对于我们了解那一时代的建筑美学也获益良多。

6 世纪时来自凯撒里(Caesarea)的律师兼历史学家普罗考比乌斯(Procopius)，一位与查士丁尼同时代的人，完成了一部对于了解查士丁尼皇帝的建筑活动颇有助益的书，书的名称为《广厦林立》(Buildings)。这部书的内容广泛，其时间的覆盖面一直到了查士丁尼统治的结束时期。[30]这部书透着对查士丁尼的阿谀奉承，恰如维特鲁威的文章对奥古斯都所用的口吻一样：作者的直接目标是保证使查士丁尼能够被后世子孙奉为一个"建筑家"。[31]从君士坦丁堡开始，普罗考比乌斯列举了查士丁尼在他的帝国范围内所进行的所有建筑成就。他是从圣索菲亚大教堂开始他的记述的。[32]普罗考比乌斯详细记录了皇帝在这项工程中实际所起的作用，特别是他任命了两位杰出的人物：特拉勒斯的安提缪斯与米利都的伊西多尔，他还特别强调了在设计与施工过程中，两位人物所起到的特殊重要的作用。安提缪斯被描述为是一个建筑设计师。尽管这部书中充满了溢美之词，普罗考比乌斯表达了一个十分清晰的观念，在这一观念中，建筑的描述与美学的追求合而为一。他对建筑的观察表现了他所具有的开阔视野，例如，他在描绘圣索菲亚大教堂所处的城市背景时写道：

> 不言而喻的是，这座教堂为我们提供了最为令人赏心悦目的宏伟景观……它高耸如云，如鹤立鸡群一般孑然屹立于周围环绕的建筑群中，从半天空处俯瞰着整座城市；它既装点着城市，因为它本身就是城市的一个组成部分；同时，虽然它以城市的一部分而立于其间，它又怡然自得地向人们显露着它的美丽，它的那些高塔直插云空，从上面人们可以远距离地俯瞰它脚下的这座城市。[33]

这座宏伟建筑已经远远超出了它所具有的礼拜仪式性的功能。

普罗考比乌斯将比例平衡问题从建筑的平面与体量之中提取出来，既没有任何的夸大，也没有任何的遗漏，形成了一个几乎与后来的阿尔伯蒂全然相同的论点。[34]按照他的说法，这个论点就是：比例问题比单纯的建筑尺寸问题，更能体现建筑物的特性与差别。关于中央穹隆的飘浮的效果，以及关于经过审慎计算的天光的泻入等问题，他都作了详细的描述。此外，有关建筑物的欣赏者所起的作用，也是一个无论在整体的角度上，还是在细部的角度上来说，都是十分令人着迷的问题，对于这样一个问题，他作了如下的分析：

> 所有这些要素在高空中奇迹般地组合在一起，它们悬浮在半空中，只是靠彼此最相临近的构件支撑着，从而赋予了整座建筑以单纯的，最不同寻常的和谐感；更为绝妙的是，人们的眼光几乎不能在这些要素的细节上逗留太久，因为人们很快会被那些建筑要素所表现出来的最令人不可思议的悠闲与自如所吸引。[35]

普罗考比乌斯用同样的语气描述了有关建筑装饰，以及礼拜仪式的功能，从而使这座庞大的建筑物的画面

---

* 任何一种探讨艺术的人文学科方法都有赖于描述的过程，即必须衔接语言和非语言这两个经验范畴之间的鸿沟；对一件艺术品进行描述，等于是将其化成或转换成文字。Ekphrasis 之意为"使图像说话"，任何描述视觉艺术的文字都可称为 Ekphrasis。——译者注
† 在这场骚乱中有 30000 人被皇帝的军队赶入竞技场惨遭杀害。——译者注
‡ 土耳其东南部。——译者注

呈现在读者的面前。他的记述的结束部分，是一些有关皇帝如何在这座建筑建造过程的关键时刻，幸运地驾临现场指点迷津的奇闻轶事。

在这座建筑于 563 年 1 月初举行重新开光(献祭)仪式的几天之后，沉默者保罗(Paul the Silentiary)所写的一首有关圣索菲亚教堂的赞美诗开始在人们中间传颂。[36]而在描绘这座建筑在视觉上的灿烂夺目，以及装饰上的优美动人方面，沉默者保罗似乎比普罗考比乌斯走得更远。他列举了建筑中所用的种种不同的大理石类型，并说出了这些大理石的产地，他以生动的语气描绘了在夜幕降临的一刹那，那光影的离奇变幻。作为一个诗人，他几乎是在情不自禁地笔下生花，但是，一个现代读者，通过某种对于圣索菲亚教堂的富于当代意蕴的文化揣摩与实际体验，却能够从他的诗中获得一种与审美观念密切关联的缜密思想。

在较后的记载中，如 8 至 9 世纪时由匿名作者所写的《圣索菲亚教堂的故事》(*Narratio de S. Sophia*)一书[37]，为这座建筑物罩上了一层具有传奇意味的神秘色彩。这座建筑物的设计是由"上帝的使者"给予皇帝以某种启示的结果。然而，伴随着某种对这座建筑几乎是超验性的描绘，我们在诸如铁制夹具的使用，脚手架的移动等记述中，发现了一些十分精细的技术性细节。

查士丁尼时代的拜占庭的《读画诗》(*ekphrases*[*])所显示的对于古代世界的某种富于情感的联系，仅仅体现在文学形式上，而并没有在建筑的理念上有所表达。然而，这并不是偶然的，因为拜占庭建筑是在查士丁尼时代才开始形成的，换句话说，正是在他的统治下，"第一个中世纪的建筑体系"才被创造出来。[38]

还有一个与圣索菲亚大教堂的这些描述相关联的更进一步的建筑模仿性问题必须提到，这一问题在圣索菲亚教堂中第一次变得明朗，然而，尽管对于它的完整范围，我们至今不能轻易作出一个准确的判断，这却成为了贯穿整个中世纪、反宗教改革时期(Counter – Reformation)和巴洛克时期的一个最为重要的建筑观念。这就是对于人们对如《旧约·圣经》所记载(《列王纪·上》，第 5、6 章；《以西结书》，第 40 – 42 章)的耶路撒冷的所罗门圣殿的模仿。在 537 年为圣索菲亚教堂举行的献祭仪式中，据说查士丁尼曾经声称："所罗门，我已经超过了你!"然而，这一说法并不是从《读画诗》中来的，而是源自另外的文献记载。[39]最近的研究证明，查士丁尼的圣索菲亚大教堂是将其第一个穹隆顶，在平面与高度的量度上，对应于所罗门圣殿的传统比例，其比例是 3∶1 和 1∶1.5。[40]然而，圣索菲亚教堂与所罗门圣殿在外观上的巨大差异，却并不是一件令人惊奇的事情，这是由于中世纪的模仿概念的抽象性特征所致。[41]对于再现所罗门圣殿的外观的努力，并将之付诸于其所处时代的建筑设计中，则是从反宗教改革时期才开始的。我们在后面的讨论中还会谈到这一问题。

或整个、或部分地涉及建筑问题的一系列有关盛期中世纪的西方著作，都将焦点集中在一些个别建筑上。[42]由于这些著作中，可能会在记载个别建筑问题之外，还会有一些有关建筑学本身的议论，我们也将举出其中最为重要的几个例子加以分析。

由意大利奥斯蒂亚的列奥(Leo of Ostia，约 1046 – 1115 年)[43]开始写的有关位于蒙特卡夏诺(Montecassino)的本尼迪克修道院历史的第三部书详细记载了由修道院院长德西迪里厄斯(Desiderius)主持修造的建筑物。这一重建与装饰工程提供了具有深远艺术意义的相关证明。这位修道院长自己亲自到罗马去购买大理石。建筑物是从 1066 年开始建造的，而且，"从一开始就是由技术最为娴熟的工匠们全力参与的"(conductis protinus peritissimis artificibus)[44]；在建设还在进行中的时候，为了复兴在西方已经被遗忘了 500 多年的镶嵌艺术，修道院长雇佣了[34]来自君士坦丁堡的马赛克镶嵌艺术家。他要求年轻的修士们参加艺术培训。在相关的编年记载中，附带了一个关于这座建筑的详细记录，甚至还附有尺寸的标注。在建造者的心目中，无论是有关建筑物的，还是有关建筑装饰的概念的统一，都是十分明确的，尽管从事这两项工作的艺术家是来自全然不同的背景。

由圣丹尼斯修道院的院长絮热(Suger of Saint – Denis，1081 – 1151 年)所写的文章，可以列入那些最令人惊奇的有关建筑学的中世纪话语之中，我们几乎不能为他找到任何理论上的先驱者，甚至连维特鲁威也不能算作是他的理论前辈。在他看来，每一建筑物的创造过程及其创造者，无论从历史的角度，还是从实质性的角度来说，都是独一无二的。这一现象被解释为是护教学[以对应于西多修会的清教主义(Cistercian Puritanism)]与作者个人的虚无主义思想的一个混合体。[45]絮热解释说圣丹尼斯修道院教堂的局部重建(1140 – 1144 年)是为了满足在瞻礼日对于更多空间的需求；而保留加洛林时代建造的中厅，并添加一个新的唱诗班及中庭，正表现了絮

---

* ekphrases 应该是 ekphrasis 的复数。——译者注

热对于某一美学问题的关注。关于这一点，他在谈到他自己"关注建筑的新旧部分的一致与协调"（de convenientia et cohaerentia antiqui et novi operis sollicitus）的时候已经清晰地作了认可。[46]絮热没有谈到建筑的平面是怎样设计出来的，也没有提到主持工程的匠师的名字。絮热只是偶然说起，就好像这原本是不言而喻似的，即那新建的歌坛的 12 根柱子，代表了 12 使徒，以与当时广泛流行的偶像学传统相一致。[47]在工程进行过程中遇到材料与人力的困难之时，絮热总是不断地运用宗教的神力参与其中，因而，在整座建筑的建造过程中，以及在他的个性特征中环绕着一圈超自然的神秘氛围。絮热特别热心于用精美雅致的礼拜仪式器具装点他的教堂，而且，在这样做的时候，他也并不掩饰他的某种试图与君士坦丁堡的圣索菲亚教堂的室内布置分庭抗礼的内心期待。他还面对了想像中的责备：使用贵重的材料使材料自身无所适从。这一责备来自奥维德（Ovid）的话："让作品超越材料"（materiam superabat opus）。他运用他那娴熟的神学诡辩，向人们辩解说：（在建筑中使用）精石美玉将会起到"类似于"（analogico more）沉思默想的作用。[48]

絮热的文章很可能是从拜占庭的《读画诗》中获得了灵感，但是，他的这些文字被令人信服地归类到了纪念性文章之列[49]，类似的文章中还有修道士杰瓦士（Gervase）有关坎特伯雷*大教堂重建工程的论文，也是一个典型的例子。

这篇标题为"坎特伯雷修道士杰瓦士论坎特伯雷大教堂的火灾与修建"（Gervasii Cantuariensis tractatus de combustione et reparatione Cantuariensis ecclesiae）[50]的论文，在 19 世纪中叶时，曾被誉为有关"中世纪建筑史的最重要文献"。[51]我们对论文的作者，这位坎特伯雷大教堂的修道士杰瓦士（Gervase，约 1141 – 1210 年）知之甚少。当我们将他的论文与絮热的文章加以比较的时候，我们发现他对建筑术语的精确运用，以及他对建筑学美学标准的确立，使得他的文章，以我们今天建筑史的标准来看，表现出非同寻常的"现代"。在 1174 年坎特伯雷大教堂被大火焚毁之后，法兰西与英格兰的建筑师们（artifices Franci et Angli）曾经为究竟是重修这座旧教堂，还是毋宁重建一座全新的大教堂而进行过探讨与磋商，最后，"最灵巧的艺术家"（artifex subtilissimus），法国桑斯的威廉（William of Sens）被委任为这座新教堂建设工程的直接主持人。[52]杰瓦士，由于他更了解原有的建筑，在着手这座新建筑的设计与建造之前，对老教堂建筑做了一个十分详细的记录与描述（1174 – 1185 年）。对于两座建筑物的比较分析，是基于一些特殊的建筑特征之上的，尽管有这样一个预设的条件，我们仍然能够得到一个比较确定的印象：作者的审美情感，更多地是倾注于新建筑的。下面我们可以引用他在比较分析中所说的几句话：

[35]

> 不过，我们现在必须对两座建筑作品的不同之点慎加说明。新教堂建筑与老教堂建筑的墩座的形状是一样的，它们的厚度也彼此相同，但是两者的长度却不相同。就是说，新建筑的墩座比老建筑的要长 12 英尺。老建筑的柱头是素平的，而新建筑的柱头，则经过了精细的雕琢……。在那里（老建筑中），在墩座上加了一道墙，将教堂十字平面的两翼空间，与中间的歌坛隔离开来，而在这里（新建筑中），没有任何的隔墙，歌坛与十字形的两翼，彼此交会在大穹隆中央的拱心石上，形成一个完整的空间，大穹隆顶则落在四个主墩座上……。[53]

与在絮热的文章中，对是谁主持这一工程，建筑又是由谁设计的等问题不作明确的区分的这一情况相反，在杰瓦士这里，仅仅经过了几十年的时间，我们已经可以清楚地感觉到了建筑师在技术与审美能力上的觉醒，作者对于建筑师所起的作用作了阐释。在杰瓦士对新旧教堂建筑的比较中，很可能会反映出他与桑斯的威廉，以及与威廉的继任者——英国人威廉（William the Englishman）之间，彼此对话的内容。[54]我们可以感觉得到，杰瓦士的文章，是我们了解早期哥特建筑师的最为直接的文字材料。

一些有关维特鲁威的知识，虽然是非直接地流露出来的，在由神秘的希尔德加德·冯·宾根（Hildegard von Bingen，1098 – 1179 年）所写的《一本关于一个朴素的人的神圣工作的书》（Liber divinorum simplicis hominis）中，从他的有关人体的描述中，显露了出来。[55]很明显的是，文本中所谈到的"维特鲁威人"为作者所熟知：

---

*坎特伯雷，英格兰东南部一自治市，位于伦敦东南偏东斯道尔河畔。坎特伯雷大教堂（建于 11 – 16 世纪）是英国圣公会的大主教和首席主教的住地，建在由圣奥古斯丁在公元 600 年建立的一个修道院的遗址上。——译者注

"一个人的高度等于他在胸前张开两臂与双手时的宽度。"⁵⁶因此，人的形体被解释为宇宙的镜像，希尔德戈继续说："就如同天穹的高度与宽度相等一样……。"⁵⁷此外，对人的脸部的三重划分⁵⁸，也暗示了与维特鲁威有关的知识。

关于人（小宇宙）与大宇宙的表述，在希尔德戈于 13 世纪上半叶所写的一份手稿中⁵⁹明确地归类为"维特鲁威人"（图版 2）。这种情况还见于 12 世纪末的一份手稿《教宗名录》（*Liber pontificalis*）中关于"aer"，即下层空域（the lower air）的表述中，（图版 3）⁶⁰这一表述可能来自希尔德加德·冯·宾根文本中的一节。⁶¹这种有关分层的意义表达，在中世纪的思想中，起到了一个十分重要的作用，甚至在大型雕塑作品中也是一样，如在美因茨大教堂（德国西部城市，莱茵兰－普法耳茨州的首府——译者注）西端祭廊的顶部片段中多表现出来。⁶²

在克吕尼第三教堂（church of Cluny Ⅲ）的平面中，可能也存在着对维特鲁威遗产应用的例证。⁶³无论说这仅仅是一个特例，抑或这是一种普遍存在的现象[至少在克吕尼克斯（Cluniacs）]，其中都蕴涵着一些我们至今不能解答的问题。

克雷莫纳（Cremona）地区主教西卡德斯（Sicardus，死于 1215 年）在他的有关教堂建筑与礼仪功能的文章《礼仪，教堂的职责综述》（*Mitrale, sive de officiis ecclesiasticis summa*）中⁶⁴，对于教堂建筑物及其各种构件，给予了某种象征性的解释，这是对建筑学进行神学解释的一篇典型文章，其中乏于有关建筑学或美学的思想表述。教堂建筑的形式起源被追溯到了圣经中约柜的造型（Ark of the Covenant），以及所罗门圣殿的形式，并分别代表了战斗的教会（ecclesia militans）与胜利的教会（ecclesia triumphans）的象征。基岩部分象征了基督，其上是建筑的基础，象征了圣使徒与众先知。从房屋的入口，到屋顶的盖瓦，每一种建筑元素，都被解释为教会世界（ecclesia universalis）的一个对应组成部分。教堂建筑物成为了教会中的现实组成者们的一面秩序化与功能化了的镜子。这样一种偶像学的描述方式，在中世纪文学中是经常出现的，并且具有极其重要的意义⁶⁵，但是，在这里建筑的象征性，远比建筑审美与建筑理论要突出得多，因此，关于这一方面的讨论，我们也不能在这里作进一步的展开。⁶⁶

[36]

有关经院哲学作为对建筑学的科学与神学理解的前提的重要性，在 13 世纪时是一件常常被强调的事情。⁶⁷在当时的宇宙解释中，几何与算术被赋予了一种特殊的作用。关于数字在宇宙秩序的原理中的重要性，在古代的毕达哥拉斯哲学、柏拉图哲学，及新柏拉图哲学中，早已得到了详细的阐释。圣奥古斯丁（Saint Augustine）在他的论文《音乐论》（*De musica*）中，沿袭了这样一个传统，在这篇文章中，他证明了音乐和谐与数学规则之间的一致性。在圣奥古斯丁看来，音乐与建筑是姊妹艺术，两者都立基于数字之上，而这也构成了美学完美性的源泉。⁶⁸在《主观的自由》（*De libero arbitrio*）一文中，圣奥古斯丁甚至将造型形式归结为数字的结果："它们具有形式，因为它们具有数字"（formas habent quia numeros habent）。⁶⁹通过圣奥古斯丁和波依提乌（Boethius*），他进一步发展了这一理论，一种基于数字比的美学体系使中世纪（的美学思想）具有了一种约束力。自 12 世纪的第二个 25 年以来，数学与几何成为法国夏特尔（Chartres†）的神学理解中的基本原理。夏特尔的蒂埃里（Thierry of Chartres）通过等边三角形的几何证明，来解释圣三位一体的神秘性。上帝与上帝之子的关系，被解释成为一个正方形。⁷⁰对夏特尔的神学家们来说，宇宙是一个建筑作品，而上帝自身就是创作这一伟大作品的建筑师，数学比率与宇宙的结构，以及音乐、建筑之间具有一种相互同一的关系。⁷¹西多修会的诗人哲学家阿拉努斯·艾伯·因苏里斯（Alanus ab Insulis，约 1120－1202 年），具有与夏特尔学派（Chartres school）十分相近的思想，他将上帝描述为"宇宙的最高建筑师"（mundi elegans architectus），和"宇宙艺术家"（universalis artifex），正是上帝建造了"宇宙宫殿"（palatium mundiale）。⁷²上帝是世界的建造者的思想也以一种图式偶像的形式而广为传播。⁷³哥特教堂就是作为"中世纪世界的模型"来建造的。⁷⁴

这样一种哲学与神学思想，为中世纪砖石房屋的几何性特征，提供了一种学理基础，尽管有关这一题目的论著已经足够详细了，而关于这一问题的性质及其覆盖范围，至今仍然不够清晰。

在深入讨论这一问题之前，我们应该注意到，在盛期中世纪的百科全书——（法国）博韦的文森特（Vincent de Beauvais，约 1190－1264 年）所写的《巨镜》（*Speculum majus*）中，建筑学在其中居于最为重要的位置。⁷⁵建筑

---

*罗马哲学家，480?－524 年?——译者注
†法国北部城市。——译者注

学在《论镜》(*Speculum doctrinale*)的第二书的相关讨论中，被归在了"结构艺术"(artibus mechanicis)之中。有关建筑学的论述被编辑成章节，部分是从维特鲁威的著作中逐字逐句摘录的，部分则是从塞维利亚的伊西多尔(Isidore of Seville)所著的古代晚期的百科全书中引用的。[76]在这里有关维特鲁威的建筑要素的重新发现，是一个有关维特鲁威著作文本方面知识的证明，但并不涉及与他的建筑理论方面有关的知识。这也验证了维特鲁威在13世纪时的影响范围。[77]因而，维特鲁威在盛期中世纪的重要性，显然被过高地估计了。[78]无论如何，这本惟一尚存的与中世纪砖石建筑有关的书，是否如人们所假设的，预示了维特鲁威的真实知识，仍然是一个令人存疑的问题。

从严格意义上讲，维拉德·德·赫纳克特(Villard de Honnecourt，大致活跃于1225－1250年间)[79]的建筑手册，是盛期中世纪专门围绕建筑学问题，并具有说教目的的，惟一的一部手抄本书籍。这本书一开始是这位曾经到过许多地方旅行的建筑师维拉德·德·赫纳克特的绘图范本，后来在他的手中被加以修订，并经他的两位后继者进行完善，渐渐成为一部有关建筑传统的具体文本。[80]然而，非常特殊的是，这本书的编辑很不系统，因而，也以一种很不完整的形式在世上流传。　　　　　　　　　　　　　　　　　　〔37〕

在第2页，维拉德对他这本手抄本的读者直言不讳地说出了他的写作目的：

> 维拉德·德·赫纳克特向您致敬，并向所有对这本书中所包括的各种作品感兴趣的人乞求，请为他的灵魂祈祷，并记住他的姓名。因为，这本书能够对您学习与掌握砖石工程及建筑构造的原理提供巨大的帮助。它也将教会您精确地实施某一事物，并告诉您如何按照几何的规则与知觉，去画线描图。[81]

他对于有关建筑师教育(尽管这一术语或与此相当的术语并没有实际使用过)方面的要求，与维特鲁威一样，几乎是包罗万象的。维拉德自己既学过大学三学科(trivium)，也学过四学科*(quadrivium)[82]，不过，这仍然误导了人们将维拉德称为"哥特时代的维特鲁威"。[83]

应该强调的一点是，维拉德这本有关建筑的书没有相应的文学先例；这本书更像是附加在素描草图之后的一个记录性文本。只是在建筑的几何剖面图[图版6；哈恩罗斯(Hahnloser)，图版39－41]上，在图形与文字之间显示出某种相互对应的关系而已，这种剖面图可能也是源于罗马的传统，并被称为所谓的"几何测绘文稿"(Gromatici veteres)。[84]

汉斯·R·哈恩罗斯(Hans R. Hahnloser)在他的有关维拉德的建筑手册的评论性出版物中，将其附图与文字减少到7个部分：1)建筑画；2)应用建筑学；3)砖石工与几何学；4)木工与木构架；5)人体形式；6)动物表现法；7)制图术(portraiture)。在他的建筑画中，维拉德为人们提供了一个可以理解的建造程序，直到一整座教堂建筑中的所有构件都被表现出来——包括平面与立面，以及从底到顶的细节描述——惟一没有显示的表达方法是等距画法与剖面图。

在这一整本建筑手册中，制图术这一章节最为重要。在他所列的图版36中，维拉德以如下的方式向人们引荐他的概念(图版4)："在这里我们通过画图来开始我们描绘(一个形象)的方法，就如在几何艺术中所教的那样，以便于对工作有所推动……"[85]

虽然，在这里为了(表现)与人和动物有关的形式，而应用了几何的体系，有一点必须说明的是，同古代具有均衡特征的图形相反，目前我们面对的这些图形，并不是对有机形式测量后得出的精髓，而是自己绘制出来的几何图形(正方形、圆形、三角形，以及五边形)，映射在有机形式之上。对于诸如三角形之类形体的解释，显示了轮廓和运动的方向等，却忽略了形体的可塑性，以及它的边角之间的相互关系。[86]一种可能是通过拜占庭而流传下来的，对于古代传统的反映形式，在通过以鼻子的长度对人的面部进行的划分中，依然可以看的到，但是在这里，几何的形式已经独立于头部的形式之外而存在。如欧文·帕诺夫斯基(Erwin Panofsky)所证明的，这种将几何的网格应用于有机的形体之上的做法被实际运用着。在兰斯大教堂(Rheims Cathedral)粗糙的当代彩色玻璃窗中，几何形网格与维拉德的一个头部形象恰相吻合。[87]令人感到奇怪的是，这样一个与建筑学相

---

*指中世纪的四门学科，包括算术、几何、天文、音乐。——译者注

关的几何形布置方式的应用，仅仅是在一个门房的屋顶上，以及在一座西多修会的教堂平面（图版 5）中被发现，在这一平面图中有这样的话："这是一个纵向的教堂，是专为西多修会的修道院规则而设计的。"[88]事实上，这个平面完全是从用作模数的教堂内侧廊的一个开间发展而来的。而所有那些建筑立面也仅仅为某种建筑理论提供了一些有限的支持，即中世纪所建造的建筑物的平面与立面，是通过一些数量不多的几何规则发展而来的。[89]

〔38〕

中世纪的房屋，房屋建造的规则，以及所谓房屋建造的秘密，其实在现代的房屋结构与构造体系中，不过是区区一角。与这一领域相关联的大量历史资料，都与中世纪共济会思想与浪漫主义思想有关，他们（共济会与浪漫主义者）通过对过去的比照解释来为自己的思想找到某种依据。而解开这样一些历史解说的谜团，追溯哥特功能主义美学和"有机"结构思想[维奥莱 – 勒 – 迪克（Viollet – le – Duc）]，或回顾社会乌托邦主义[拉斯金（Ruskin）]，以及找寻几乎无所不在的几何性建筑规则的神秘根源，所有这些还都没有一个结果。

哥特时期的砖石房屋及其"秘密"[90]，大部分都已丧失其神秘性；这些"秘密"或许从来没有比并非理性的那些数字比例的几何表达具有更多的内容了。[91]那些有关"度量与数字"的规则，在对其来源进行了审慎的检查之后，也被证明没有比对一个实际建筑工程给出一个数学与几何知识方面的说明，并加以应用，而包含有更多的内容了。[92]对在设计方法中应用四学科和大学三学科的情况，直到 14 世纪后期，仍然没有什么相关记录。[93]15 世纪后期与 16 世纪的一系列有关砖石工匠的书籍，部分是手抄本，部分是印刷本，其中包含了一些房屋建造实践方面的概念，但却没有被包括进建筑理论史的范围之内。虽然如此，我们仍将简单地触及这些书籍文献中最为重要的部分，因为，其中包含了哥特时期砖石工匠的传统，只是在相对比较晚一些时间，才明确地写入书中的。[94]

最早的那些草图本，似乎是从 15 世纪中叶以来的未发表的范例手册，现在藏于维也纳国家图书馆。除了一些房屋建造规则外，其中还包括了一些涉及十分多样范围建筑物的技术性论文，甚至包括一些纯实用性的构筑物，如桥梁、水坝等。[95]

德国格明德的汉斯·霍斯奇（Hans Hösch of Gmünd）的小册子[96]——《德国几何学》（*Geometria Deutsch*），写于 15 世纪的最后几十年，是为艺术家们所使用的，用了 9 个标题的内容，为各种几何形象的构造方式，提供了一些指导性意见。

在 1468 年出现了第一部印刷出版的有关砖石建筑方面的书，它的作者是德国雷根斯堡（Regensburg）地区教堂建筑师马特豪斯·罗力泽（Matthäus Roriczer）。书名是《正确的塔尖营造手册》（*Büchlein von der Fialen Gerechtigkeit*）。[97]在这本小册子中，作者以"在几何的基础上"，并通过一些比较复杂的以方求圆的方法，向人们介绍了哥特式风格的塔尖建造的几何设计法。大约一、二年以后，罗力泽又发表了他的《德国几何学》（Geometria Deutsch）[98]，用了与霍斯奇相类似的笔法与思路，向人们介绍几何形象的构造方式。在与罗力泽的《正确的塔尖营造手册》大约同时，出现了一部由纽伦堡（Nuremberg）的汉斯·舒姆特梅耶（Hans Schmuttermayer）[99]所写的《尖塔教则》（*Fialenbüchlein*）的有关砖石建筑方面的书，现在尚存的仅有两本 16 世纪后期的手抄本，这也是一本与前面类似的，为一些大致相同的建筑要素提供相关几何原理的书籍。

1516 年的一本由劳仑兹·莱切尔（Lorenz Lacher）所写的文本，是一本专为他的儿子默里兹（Moritz）所写的"指南"性小册子。[100]莱切尔的书比罗力泽与舒姆特梅耶的塔尖营造手册，相对要容易理解一些。这本书是从一个歌坛的设计开始，涉及一座教堂建筑的各个组成部分。正如他的前辈在塔尖的设计建造中所介绍过的方法一样，他也在整座建筑中使用了方与圆的体系；同时，他还要求"从开始到结束，都需要有精密而准确的测量"[101]，以作为设计的先决条件。

〔39〕

除了这些与纪念性大建筑物有关的砖石匠师方面的书籍外，也出现了一些与装饰有关的特殊的手册，如由老汉斯·波林哥（Hans Boeblinger the Elder，约 1412 – 1482 年）所写的有关树叶、花瓣形式的手册（1435 年），现藏于慕尼黑的巴伐利亚国家博物馆。[102]令人感到惊奇的是，所有这些 15 世纪的手册性书籍，都出现于德国南部地区。然而，这些后期哥特时期的砖石建筑书籍[103]，是否就是曾为 13 世纪的设计与思想，提供了什么方法的证据，仍然是一件令人存疑的事情。华尔特·尤伯瓦瑟（Walter Ueberwasser）试图在维拉德·德·赫纳克特与这些小册子之间存在的两个世纪的空白，搭起一座桥梁。[104]无论如何，这些砖石匠人手册为我们展示了一个古老的传统，或许也保留了某种具有地方色彩的思想范式，而这是一种完全没有被当时在意大利正刚刚兴起的一股新的建筑实践和理论潮流所影响的建筑思想范式。

在转入早期文艺复兴的建筑历史之前，我们必须回到关于维特鲁威思想传播方面的问题上来。在意大利，维特鲁威在盛期中世纪时期所起的作用显然是微不足道的。最早对他的论文产生兴趣的是早期人文主义者彼特拉克(Petrarch*，1304－1374年)和薄伽丘(Boccaccio†，1313－1375年)。在牛津大学所藏的14世纪的一本维特鲁威著作的手抄本上，有彼特拉克所作的页边注记，据推测，彼特拉克在为教皇在阿维尼翁(Evington‡)的宫殿重建工作中，曾经参考过维特鲁威的著作。[105]薄伽丘自己收藏着一本维特鲁威的手抄本，他在他的《论宗谱》(*De genealogia deorum*)中不止一次地引用过其中的话。[106]有一点不很清楚的是，塞尼诺·塞尼尼(Cennino Cennini)在他于14世纪后期有关绘画的论文中谈到人体比例问题时[107]，是否曾经直接参考过维特鲁威的著作。在此后又过了10多年，菲利普·维拉尼(Filippo Villani)将画家塔德奥·盖迪(Taddeo Gaddi)与维特鲁威作了比较，这是因为盖迪在文章中曾经写过有关绘画中的建筑问题。[108]从14世纪中叶开始，在早期意大利人文主义者中间，维特鲁威已经变得渐渐为人所熟知，因而，一个由人文主义者波焦·布拉乔利尼(Poggio Bracciolini)在卡西诺山(Montecassino§)"发现"一份维特鲁威的手稿的传说，也渐渐变得不再那么令人信服。因为布拉乔利尼在1414年时，曾经生活在康斯坦茨(Constance℥)，但惟一可能"发现"这本哈利奴斯的经典之书(Codex Harleianus)的地点，是在圣加伦(St Gallen)，因为在1416年以前，那里一直藏有这本书。[109]因此可以说，在整个中世纪时代，维特鲁威著作的传播并没有中断过。

15世纪时，有关维特鲁威的知识得到了相当广泛的传播，因为，这一时期有相当多的手抄本已经被人们所熟知。[110]我们从各种来源中可以得知，维特鲁威的著作这时已经不仅被人们作为古代文献或文学作品而传阅，而且人们也为许多具体的建筑问题而从其中寻找答案。因此，安东尼奥·皮卡德利(Antonio Beccadelli)在他有关阿拉贡地区的阿方索(Alfonso of Aragon℣)的传记中，曾谈到了阿方索在为那不勒斯的新堡(Castelnuovo)重建(1442－1443年)而工作时，曾"为了建筑的艺术性而派人去找维特鲁威的书"。[111]罗马教皇庇护二世(Enea Silvio Piccolomini)在他的《手记》(*Commentarii*ƒ)曾经谈到了维特鲁威的名字，并与皮恩扎(Pienza§，1459－1464年)的建筑相联系。[112]如洛伦佐·吉伯蒂(Lorenzo Ghiberti)的《笔记》(Commentarii)中所显示的，在15世纪上半叶，除了建筑师以外的其他艺术家们也开始阅读维特鲁威的著作。[113]很显然的是，吉伯蒂自己有一本中世纪手抄本的维特鲁威著作，他曾经部分地翻译了这本书，这或许与他计划中的一篇建筑学方面的论文有所关联，但是，那篇论文他却从来没有真正完成过。[114]他所翻译的维特鲁威著作，似乎成为了伯纳克索·吉伯蒂(Buonaccorso Ghiberti，1451－1516年)的另外一个译本的基础，这个曾经被作为范本的译本中的一些插图，在洛伦佐·吉伯蒂的手抄本维特鲁威著作中曾被发现，而这一抄本的源头似乎又可以追溯到加洛林王朝时期，这可以从与法国塞莱斯塔的维特鲁威抄本(Sélestat Codex)的比较中看出来。[115]然而，这个译本却从来没有被正式出版过。[116]最近的一些研究表明，一些维特鲁威的比例，被融入了洛伦佐·吉伯蒂创作的"圣人斯蒂芬纳斯"(Stephanus§，1427－1428年)雕像之中。[117] 〔40〕

对于维特鲁威的兴趣，在早期文艺复兴时期，是由人文主义者们引起的，但是，这股风潮很快就吹到了建筑师的圈子中，接着又被其他艺术家，以及他们的客户所青睐，这些人共同构成了对于建筑学中的古典主义的古代的一种新的趣味倾向，而对于这一倾向而言，维特鲁威的著作是他们的惟一书本源泉。

尽管中世纪有关建筑的书籍与文章内容驳杂，有一点需要特别指出的是，只有在极个别的情况下，其文本

---

* Petrarch，意大利诗人，学者、欧洲人文主义运动的主要代表。——译者注

† Giovanni Boccaccio，文艺复兴时期意大利作家，《十日谈》的作者。——译者注

‡ 法国东南部城市。——译者注

§ 欧洲基督信仰文化的摇篮和宝库，位于罗马以南150公里。——译者注

℥ 位于瑞士、德国和奥地利交界处。——译者注

℣ 西班牙北部地名。——译者注

ƒ "Commentarii"在意大利语当中是"随记"、"手记"之意。恺撒所写的《高卢战记》，共七卷，记述他在高卢作战的经过，从公元前58年至52年，每年的事迹写成一卷，是研究古罗马军事历史的重要文献。他把这部书叫作《Commentarii》，即《随记》或《手记》之意，表示直陈战事。——译者注

§ 意大利地名。——译者注

§ 1416－1429年间，洛伦佐·吉伯蒂(1378－1455年)为圣米歇尔修道院创作了三组大型真人尺度的青铜像："Johannes der Täufer"、"Matthäus"和"Stephanus"，1420年他继伯鲁乃列斯基(Brunelleschi)之后担纲佛罗伦萨大教堂(Firenze la cattedrale)的建筑师。——译者注

才是出自实践建筑家之手。显然，在哲学、神学与几何学方面的主题占优势的背景下，对于建筑学的关注必须从旁门左道中去汲取营养。中世纪既不能，也没有产生出它自己的建筑学理论，因为如同"结构艺术"（ars mechanica）一样，建筑学在知识的等级阶层中，处于较为低下的层位。[118]维特鲁威的名字是贯穿于文献之中的惟一一条连续的线索，但是，这并不能使我们由此得出一种结论：维特鲁威的理论在中世纪曾经一脉相承。在早期人文主义者们之前，维特鲁威思想体系的重要性并没有被人们所认识，正是这些人文主义者的努力，第一个建筑学的理论体系才在古典主义古代的基础上萌生出来，这一体系虽然没有能够取代维特鲁威，但在一定程度上，在知识价值的重要性上，却远远超过了他。

第三章　莱昂·巴蒂斯塔·阿尔伯蒂

中世纪有关建筑学的资料文本，其内容所涉及的范围，从描述记录式的，到沽名钓誉式的，从百科全书式 〔41〕
的，到实际操作式的，几乎无所不有。但是，直到早期文艺复兴时期，随着各种艺术开始从原来的卑微境地中
挣脱出来，渐渐赢得了自己独立的存在地位，从而，有关如何反映这些艺术的各种功能、原理的需求也逐渐显
现出来。艺术变成了人们可以触摸的现实事物的一面镜子，因而，对于艺术，也如同对自然万物及其表现形式
一样，需要探索它的内在规律。从而，（对各种艺术的）定义与分类，意味着对于各种艺术规律与法则的描述与
规定。

在人文主义的早期阶段，艺术家与工匠，按照中世纪的传统分类方法，还没有占据其应有的知识层位，也
没有将其知识领域扩展到能够满足如上种种需求的地步。因此，在艺术家和建筑师们自己能够用语言或文字系
统而规则性地表达自己的思想之前，我们并不是不能期待，由一位杰出的人文主义者，首先来对视觉艺术与建
筑的规律进行一番系统地探索与开拓的。

莱昂·巴蒂斯塔·阿尔伯蒂(Leon Battista Alberti，1404 – 1472 年)[1] 在 15 世纪的上半叶写出了他最为重
要的理论著作，内容既有绘画与雕塑方面的，也包括建筑学方面的。阿尔伯蒂于 1404 年 2 月 14 日生于热那
亚(Genova)，是流亡在那里的佛罗伦萨人洛伦佐·迪·贝内代托·阿尔伯蒂(Lorenzo di Benedetto Alberti)与
戈诺丝·比扬希·菲斯齐(Genoese Biance Fieschi)的私生子。阿尔伯蒂是在威尼斯度过了他的童年时代。在
1416 – 1418 年间，他在帕多瓦(Padua*)从加斯帕里诺·巴齐扎(Gasparino Barzizza)那里，接受了人文主义的
教育。然后，他在博洛尼亚(Bologna)学习了基督教规与法律、物理学与数学，但是，由于家庭的原因，以
及疾病缠身，他一直到 1428 年才获得了基督教规与法律方面的博士学位。在学生时期，他就显露出了他在
文学领域的杰出天分，他用拉丁语写作了一部名为《骄傲的情人》(Philodoxeos[†])的喜剧，并且用自己的母
语，写作了一系列文章。随着对他家庭禁令的放宽，他在 1428 年后回到佛罗伦萨，但是，在 1428 年至 1432
年间，他究竟在哪里，人们至今还不很清楚。也许这一时期他作为红衣主教阿尔伯戈蒂(Cardinal Albergati)的
随员，正在漫游法国、德国和比利时。从 1432 年到 1434 年，阿尔伯蒂作为格拉多家族的族长(Patriarch of
Grado)比亚焦·摩林(Biagio Molin)的秘书而生活在罗马。同一年，他以冈戈兰地(Gangalandi)的圣马丁诺教堂
的领班(Prior of San Martino)的身份而领到了他的第一份教职俸禄。在罗马的皇家法庭上，他遇到了一群重
要的人文主义者，这其中包括布鲁尼(Bruni)、波焦(Poggio)和比翁多(Biondo)。他最早接触并学习古代罗马
建筑及维特鲁威的思想，大约就是从他在罗马逗留的这一时期开始的。在一个不是很长的时间内，阿尔伯
蒂完成了他的《家族》(Della famiglia)一书的写作(1434 年)。1434 年他作为教皇尤金纽斯四世(Eugenius Ⅳ)
的扈从，回到了佛罗伦萨。而正是在佛罗伦萨，他与以伯鲁乃列斯基(Brunelleschi)和多纳泰洛(Donatello)为
核心的艺术家圈子来往密切。1435 年他用拉丁语完成了他的《绘画论》(De pictura)。1436 年他又将这本书

---

* 意大利东北部城市。——译者注
† 意大利语 Philodoxeos 对译英文：The Lover of the Prides ——译者注

翻译成了他的母语，赠送给伯鲁乃列斯基。在 1436 年内，他还跟随教皇法庭第一次回到了博洛尼亚，然后，在 1438 年时，他到了费拉拉(Ferrara)，那里是东西方教会协调委员会(Council of the Eastern and Western Church)的所在地。1439 年时他回到了佛罗伦萨，同一年，他完成了《餐桌上的絮语》(Intercenales *)一书的写作，这是他在博洛尼亚当学生时期就开始写作的一本书，他把这本书献给了数学家托斯坎奈里(Toscanelli)。

〔42〕1443 年阿尔伯蒂又一次回到了罗马，此后他一直在那里生活和工作着，直到他于 1472 年的 4 月逝世。此间，因为旅行的关系，他还经常往来于里米尼(Rimini†)、佛罗伦萨和曼图亚(Mantua‡)之间。他曾为教皇尼古拉斯五世(Nicholas Ⅴ)在罗马的建筑的平面进行过咨询，并且完成了许多他最为重要的美学与数学著作，如《罗马城记》(Descriptio urbis Romae)，《雕像》(De statua)和《数学研究》(Ludi rerum mathematicarum)等。他的十册装的著作《建筑论》(De re aedificatoria)是在 1452 年完成的。然而，直到他生命的最后 25 年中，他才被授命负责承担实际的建筑工程项目：1447 年被教皇尼古拉斯五世任命，负责重要古迹建筑恢复工程的主管工作，在 1450 年以后，他先后承担了里米尼、佛罗伦萨和曼图亚的一些工程项目的委托。在阿尔伯蒂生命的最后几年，他的时间主要被拉丁文或他自己母语的文学创作，包括讽刺文学的创作，以及数学、伦理学(其中包括 1468 年出版的 De iciarchia§ 一书)的研究写作所占据。

阿尔伯蒂所著的短篇作品《罗马城记》(Descriptio urbis Romae)，应该放在将罗马的景观与奇迹作为某种旅游性指南的这一历史背景下来阅读，但是，这本书也显示出了某种对于以这座首都为中心的坐标体系的全新发展，书中对于这座城市中的每一个地形学特征，都给出了一个准确的位置。这是阿尔伯蒂对于概念抽象所作出的杰出贡献的例证之一。

为了对成书于 1443 年至 1452 年间[2]的《建筑论》(De re aedificatoria)一书作出一个恰当的评价，我们必须对阿尔伯蒂的哲学与美学的知识背景做一个比较充分彻底的了解分析，然而，尽管关于这一课题有着十分丰富的文字材料[3]，但是，对于这样一些混杂着亚里士多德主义与新柏拉图思想、西塞罗修辞学，以及当时的流行哲学[例如，库萨的尼古拉的哲学(Nicholas of Cusa)]的大杂烩，至今没有人能给出一个令人满意的梳理与澄清。[4]一些问题，如阿尔伯蒂的论著是否形成了一个他自己的理论体系，仍然令人争论不休。[5]而将他的著作描述为"受到维特鲁威启发的大杂烩"[6]，显然又有些过于偏激。将阿尔伯蒂与维特鲁威相提并论的做法，恰恰揭示了一个事实，即阿尔伯蒂致力于将他手中的大量材料系统地梳理、消化。[7]阿尔伯蒂与维特鲁威两者的论著之间，在内容与形式上所存在的联系是显而易见的，例如两者都分成"十书"，都应用了历史事件、技术细节、柱式理论，都采用了古代建筑的分类法，并具有共同的术语学基础。但是，当阿尔伯蒂运用维特鲁威著作中的有关古代建筑学的资料时，他采取了审慎的批评态度[ε]：

> 这并不是说任何残存的古代建筑遗迹有什么妙不可言的价值，而是说在我进入其中，仔细观察之时，所能感受到的，或能够从其中学到的东西的价值。因此，我不停地寻找、思考、测量，为我所见到、听到的每一件遗存之物绘制草图，直到我感觉到自己对这一切已经了如指掌，并且对于这些古代遗存中的每一个发明与巧思，都能够运用自如为止；正是这种对于资料的渴望以及获得资料后的愉

---

* 意大利语 Intercenales 对译英文：Dinner Pieces ——译者注

† 意大利东北部海港城市，亚得里亚海滨的著名休养地。——译者注

‡ 意大利北部城市。——译者注

§ 英文版标题：On the Man of Excellence and Ruler of His Family。当佛罗伦萨的共和主义随风而逝，阿尔伯蒂的兴趣转向了美第奇家族，离世之前写成这部对话体书，代表了他所属的资产阶级萌芽之初的有公德心的人文主义的一朵盛开的花。资料来源：意大利国家图书馆网站 www.bibliotecaitaliana.it。It is fitting that his final and finest dialogue should be set in Florence and be written in the clear Tuscan prose he had helped to regularize and refine. Although the republicanism of Florence was now eclipsed, and Alberti now moved as a familiar in the circle of the princely Lorenzo de' Medici, De iciarchia (On the Man of Excellence and Ruler of His Family) represents in full flower the public - spirited Humanism of the earlier bourgeois age to which he belonged. Alberti is its chief protagonist, and no more appropriate figure is conceivable. For this dialogue, more than any other, celebrates the union of theory and practice that Florentine Humanism had attained and the ethic of achievement and public service that he himself had come to exemplify. De iciarchia was completed just a few years before his death. He died "content and tranquil," according to the 16th - century biography by Giorgio Vasari。——译者注

ε 这一章节中所用的《建筑论》的有关段落，引自詹姆斯·列奥尼(James Leoni)于 1755 年所翻译的英语文本。——英文版原注

悦，使我能够从疲惫不堪的写作中稍加逃遁。[8]

阿尔伯蒂对于维特鲁威的批评是带有根本性的，特别是谈到他那晦涩难懂的术语学时，尤其如此：

> 令我感到悲哀的是，如此多的古代作者的伟大而高尚的教导，都在时间的销蚀下，随风飘散了，其中的幸免者是少之又少，也许只有维特鲁威逃过了这一劫难：他的确是一个无所不知的学者，可惜随着时间的逝去，他也变得面目全非，他的著作中许多地方已经残缺不全，其他地方也不尽完善；除此之外，他在装饰方面的论述，几乎是一个空白；他的写作方式也令人疑窦丛生，对拉丁人来说，他似乎写的是希腊文，而对希腊人来说，他又像写的是拉丁文。但是，从他的著作本身来看，他写的既不是希腊文，也不是拉丁文；也许他几乎根本没有写什么东西，至少没有为我们写什么东西，因为我们对他的话往往不知所云。[9]   〔43〕

虽然阿尔伯蒂沿用了维特鲁威关于建筑的基本原则——"坚固"（firmitas），"实用"（utilitas），"美观"（venustas）——他自己的美学思想却是截然不同。不像维特鲁威那样，阿尔伯蒂并没有停留在现象的描述上，而是在探究隐藏在现象后面的原理。

在他的著作的导言中——与维特鲁威相反，阿尔伯蒂并没有在每一本书的前面放一个前言——阿尔伯蒂从社会义务与服务人类的角度，定义了建筑学的任务和建筑师的职责。他还为建筑学在各种艺术中所处的卓然地位而辩解：

> 但是，如果你浏览一下所有的艺术，你会发现只有这一种艺术，你会因此而轻视所有其他的艺术，在关注并追求着它自身特殊的目的；或者如果你的确了解了这样一个特征，你会觉得没有它，你就会一筹莫展；同时，你也会因此而失去由它而来的诸多利益，以及伴随而来的喜悦与荣誉；我相信，你将会确认，建筑学正是这样的一门艺术。因为，显而易见的是，如果你对事物进行了缜密的思考，你会感到令人难以言喻的欢悦与兴奋；（它会）在所有方面带给人类以最大的便捷，这既包括公共领域，也包括私人领域；它的高贵绝不亚于（世上任何）最为杰出的事物。[10]

阿尔伯蒂对于建筑师的定义，不仅预示了他后来有关建筑学的定义，也为文艺复兴建筑师的自我形象作了定义，以区别于他所称之为"工匠"（faber）的人：

> 在我看来，能够与其他科学中最伟大的大师们并列在一起的人物，既不是木匠，也不是一般的工匠；手工操作者并没有比建筑师手中仪器的作用更大。我所称之为建筑师的人，从完美的艺术与技巧的角度来说，是通过思考与发明，既能够设计，也能够实施的人；是对于（建筑）工作过程中的所有部分都了如指掌的人；是通过对巨大重物的移动，对体量的叠加与联结，能够创造出与人的心灵相贯通的伟大的美的人。[11]

建筑师在社会上的作用是无可替代的。

> 我得出的结论是，为了公共的服务、安全、荣誉，及美化，我们应该充分地仰赖建筑师；正是由于有了他们，我们在闲暇的时间里，享受到了宁静（cum amoenitate）、愉悦与健康；而在我们工作的时间，则得到了帮助与效益；但无论在闲暇或工作时间，我们都获得了安全与尊严。[12]

如果说阿尔伯蒂在强调某种能够传之久远的思想，那么，在他这样思考的时候，他是将建筑师所起的作用，清晰地定义为人类环境的一个富于责任感的塑造者。

在他的论文结构中，阿尔伯蒂的出发点是，建筑是一种由线条与材料所组成的形体，其中，线条来自人的心灵，而材料则来自自然界。[13]阿尔伯蒂为他的论文，建立了一个逻辑体系：在一开始，他先给出与建筑学有关的一些基本定义，接着讨论材料与结构及构造问题，然后，分析建筑物的分类及各自的功能，最后，他将主题集中在装饰与美的问题上。同时，维特鲁威的"坚固、实用、美观"的原则，也为阿尔伯蒂建筑学观念的阐释确定了一个结构的基调。[14]

> 第一书：定义（设计）。
> 第二书与第三书：坚固（材料与结构、构造）。
> 第四书与第五书：实用（建筑类型及其使用）。
> 第六书至第九书：美观（装饰，神圣建筑、公共建筑、私人建筑，关于比例的理论）。
> 第十书：一般性结论

〔44〕

阿尔伯蒂的论文是用拉丁文写作的，他最初的目标，并不是为建筑师而写作，而是针对那些人文主义者圈子中的捐资人，渴望对他们所赞助的建筑项目的标准有所了解这一愿望而写的。他写作论文的动力也许是来自利昂奈勒·戴斯蒂(Lionelle d'Este)。[15]在他的整个行文中，阿尔伯蒂的共和主义倾向变得十分明显，虽然他试图将自己的这一思想倾向掩藏在处于不同政治体系的概念之间的"中立"位置上，但所有这些政治派别的信徒们都可能阅读与运用他的论文。阿尔伯蒂甚至还为暴君们如何建造他们的宫殿提供了说教。

在1452年时，他将他的著作的初稿献给了教皇尼古拉斯五世。在1485年他的著作的第一版序言中，安吉洛·波利齐亚诺(Angelo Poliziano)指出，阿尔伯蒂在他临死前的弥留之际，仍然还在做着文字修改的工作。他是希望能将他的著作献给高贵的洛伦佐(Lorenzo the Magnificent)。

阿尔伯蒂对于建筑的定义，显然要比维特鲁威深入得多，十分清晰地显示了他的体系。他是这样定义建筑绘图的："我们应当将设计看作是由一位天才艺术家孕育于胸中，铺展于纸上的，线与角的严谨而优雅的预布置。"[16]

以一种与维特鲁威截然不同的理论一贯性，阿尔伯蒂也提出了6个基本的建筑要素：区域(regio)，基址(site)，细致分隔或平面(partitio)，墙体(paries)，屋顶(tectum)，通道(apertio)。[17]

在这些标题下，阿尔伯蒂所思考的最重要的一点是与平面有关的问题(I.9)。他为平面布置的质量设定了一个标准，他称之为用途——最好被理解为"功能"(utilitas)，"尊严"(dignitas)和"魅力"，或"仪态"(amoenitas)。在这里，阿尔伯蒂将功能性、审美性与应用性三者的标准整合为一。[18]在同一章节中，还包括了他对房屋与大厦的区分，大厦应该被看作是宏大的房屋，而房屋则应被看作是小型的大厦。这两者之间因为一个有机的概念而联系在一起，这个概念就是："身体的各个部分应该彼此对应，同样，一座建筑物中的一个部分与另外一个部分之间也应该彼此呼应；由此我们说，宏伟大厦的各个构成部分也应该宏伟。"[19]阿尔伯蒂建筑思想的有机性特征，在如下的话中也得到了体现："因此，您的建筑物应该是这样的：它不应该期待不属于它的建筑部件，而所有它的各个组成部分也应该是无可挑剔的。"[20]

阿尔伯蒂深知将建筑的标准作僵化理解的危险，针对这一问题，他提出了变化的概念(varietas)，这样就能够"避免陷入过分(拘泥)的错误之中，同时，也避免了造成一个四肢比例失衡的怪物的可能……"。[21]这样简单的表达方式，表明了阿尔伯蒂对于"变化"的期待[22]，是出于使建筑处于一种可供选择的开放状态之中的心态："在与整体的美及主体的设计不矛盾的情况下，应该允许一个构件与另一个构件之间有完美的组合……"[23]

对于阿尔伯蒂所提出的对古代遗迹的赞美与肯定应该有所区别的观点的评价还存在着困难，如我们所知，一方面他对数学比例的正确性几乎毫无保留地信任；另一方面，事实上的古典主义的古代，也并不是简单地不可逾越，或完美无瑕的，因此，他相信存在着对古代传统作进一步发展的可能性，而这是为了"创造某种属于我们自己(时代)的东西，以期通过努力而获得与古人相当的，或者能够超过他们的，更大的赞誉。"[24]

〔45〕

像维特鲁威一样，在阿尔伯蒂观点中有一个明显的矛盾，就是他对处理建筑的古代形式时的专断，有时他的确采取了一个与维特鲁威截然相反的观点，例如，他认为是墙体，而不是支撑物，是建筑的一个基本要素："确实地说，一排柱子也没有什么特殊之处，不过是在一些部位上开敞而不连续的墙体而已。"[25]而一面墙的比例是通过古代柱子的比例推算出来的。在阿尔伯蒂看来，栋梁之柱(pillars)与成排之柱(columns)之间，并没有什么截然不同之处，因为两者都是从墙体演化而来的。[26]鲁道夫·威特克沃（Rudolf Wittkower）所持有的将支撑拱券或穹隆的柱子（pillars），与支撑楣梁的柱子（columns）作严格区分的观点[27]，对于阿尔伯蒂而言，只是一些不同的可能性而已，并不是什么确定不移的规则。[28]事实上，他曾经声称柱子或支撑体，是建筑中的结构"骨架"（ossa）[29]，同时，他又将柱子描述为建筑中最为重要的"装饰构件"（primarium ornamentum）[30]，在他自己的观点与古代的观点之间，既存在着可以沟通的桥梁，也存在着难以逾越的鸿沟。

像维特鲁威一样，阿尔伯蒂相信建筑学有自己实用性（utilitas）的起源，但是，他按照不同类型建筑物的功能，对维特鲁威所提出的"实用"（utilitas）的概念加以细分。他将那些仅仅服务于需求（necessitas，生活之必需）的建筑物，与那些服务于特殊用途（opportunitas，适合某一给定的用途）的建筑物，以及那些服务于娱乐（volupta，短暂的享乐）的建筑物各个区别开来。[31]为建筑物所面对的不同目标而提出不同的解决方案这一变化性（varietas），在阿尔伯蒂看来，是人类个性的一种可以期待的表达方式，这种变化性被看作是比仅仅满足功能性的需求更为重要的东西。因而，阿尔伯蒂是将建筑学深深地植根于人类的个性特征与社会的内在结构之中了。

> 因此，如果考虑到建筑物的各种类型，我们可以说，其中一些是为（生活的）必需而设计的，另外一些是为（生活的）便利而设计的，还有一些是为（生活的）愉悦而设计的。或许，这样的定义并没有什么不妥。但是，当我们观察一下与我们有关的无以数计的，丰富多样的建筑物时，我们很容易地就可以感觉到，这些建筑物并不仅仅是因为了如上的理由而建造的，或者说，也不是因为其中的某个理由恰好占到了更大的比重而建造的；建筑的这种式样纷繁，变化万千，主要是由于人类心灵的复杂多变而造成的。因此，如果我们希望按照我们的方法，对建筑的类型与角色加以深究，那么，我们必须从一个专题论文开始，这篇论文应该从人类心灵的研究开始，应该探究何以人们的内心深处各不相同；因为，建筑正是凭借于这样的理由而建造的，也正是因为这样的原因而变化的：因而，只有对这些因素加以深思熟虑之后，我们才会在面对它们时小心翼翼如履薄冰。[32]

阿尔伯蒂分别讨论了公共建筑与私人建筑，他将个体建筑的适当性问题作为一个基本问题，放在社会的框架中进行思考。建筑物的大小与装饰，应该适应建筑物的功能，并且与它的拥有者的身份相符；因而"功能"（utilitas）获得了超越"美学标准"（venustas）的影响力，但是，后者却绝不能被前者所取代。[33]

在他论文的后半部分，尤其是在第四书中，阿尔伯蒂以更为严谨的方式讨论了美学问题。在第四书的第五章，他继续了他的论述中的这一核心理论问题，在这里他给出了有关"美"（pulchritudo）与"装饰"（ornamenta）的关键定义。[34]同时，他又一次以身体为类比，将建筑看作一个有机的整体：

> 现在，我将再一次回到前面我曾许诺要深入讨论的那些问题上来，这就是关于美与装饰的问题，这些问题无论从一般意义上来思考，还是当问题出现的时候再讨论，都是不可避免的。然而，这是一些极其困难的问题；因为，无论这一问题的本质是什么，美都是由建筑中若干部分的所有要素与特征中获得的；或者是按照某一确定的规则而赋予其上的；抑或是通过将一些部件附加到，或连接到一个局部或整体之上而创造出来的，前提是这些附加与连接的部件，应该与所有其他部分相互一致，彼此协调：这些问题的这一本质，就是我们在这里所发掘的；当然，这样一种本质应该具有某种属于它自身的力量与精神，这一来自建筑的所有组成部分的力量与精神是一个统一体，或是一个混合体，否则，这些组成部分之间就会彼此矛盾，相互冲突，而这样一种不和谐，可能摧毁建筑整体的统一性与美。[35]　〔46〕

阿尔伯蒂深知"美"的相对性，但是，他试图向古人回溯，希望从新柏拉图主义的传统中寻求一个确定的标准，"一种与生俱来的洞察力"。[36]并将之应用于建筑学："……你对一个事物是否美所作的判断，不是仅仅从某一观点中得出来的，而是从发自内心的某种神秘的观点（Argument）或话语（Discourse）中得出来的……。"[37]

阿尔伯蒂为"美"制定了三条标准：1)数字(numerus)；2)比例(finitio)；3)分布(collocatio)。对阿尔伯蒂来说，这些概念的综合，就是"和谐"(concinnitas)，这是他的建筑理论中的关键性美学概念。

阿尔伯蒂对于数字的观察，是来源于自然的。他注意了自然中奇数与偶数的规律，并将它们运用到建筑的规则之中：

> 对于数字。人们所观察到的第一件事就是，它们分为两类：偶数与非偶数，这两者都在被使用着，但却是在不同的场合：从对自然模仿的角度来说，人们绝不将结构的骨架，也就是说，柱子，转角，以及相类似的部分，处理成非偶数的形式；就像你从来没有见到过哪一种动物是以非偶数的爪子或蹄子站立或行走的。相反，它们的孔窍的数目却总是一个非偶数，如在一些情况下，自然本身所表现出来的，即如动物将它们的耳朵、眼睛、鼻孔分别放在两侧，但是，它们最大的孔窍，嘴巴，却是孤零零地位于中间。[38]

阿尔伯蒂列举了一串理想数字(4、5、6、7、8、9、10)，他认为这些数字"更为贴近自然"，因而，对于建筑学而言，具有相当的重要性。另外，那些"非理性"的数字，都是一些只能通过几何方法获得的数字，由于这些数字的不能通约性，(在建筑中)只能起到较小的作用。[39]

阿尔伯蒂关于"比例"(finitio)的概念，与维特鲁威的"均衡"(symmetria)与"整齐"(eurythmia)的概念，大致相当，也将我们现代人关于比例的思想包含其中，但却具有更为广泛的涵义。阿尔伯蒂关于比例的定义如下："那几根线条之间存在着的某种确定的相互对应关系，通过这种关系，比例得以被测度，这些线条的其中之一是长度，另一个是宽度，还有一个是高度。"[40]

在阿尔伯蒂看来，比例具有某种恒定性，就像是自然界中的规律一样。引用毕达哥拉斯(Pythagoras*)的话，他说："有一点是完全可以肯定的，自然总是在所有方面保持着同一性。"[41]在他确定建筑学中比例的规律的时候，阿尔伯蒂从传统的角度进行探讨，他探讨了从圣奥古斯丁到包伊夏斯(Boethius，罗马哲学家——译者注)有关音乐和谐的理论；可以说，正是阿尔伯蒂将有关和谐的理论从音乐嫁接到了建筑学中。[42] "和谐"(Harmonia)在音乐中，或者"比例"(finitio)在建筑中，这两者都遵从着同样的自然规律。在这里阿尔伯蒂明确地相信存在着某种确定的规则。

"分布"(collocatio)也同样可以追溯到自然之中。这一概念确定了建筑物各个部件之间彼此相对的位置。在这里，由阿尔伯蒂从大量现象中所观察到的自然规律，导致了他对建筑中的对称性(以一个现代的概念来看)

〔47〕 的追求；"自然是如此地协调一致，它的右侧与左侧总是分毫不差地相互对应。"[43]在这里，阿尔伯蒂所要求的对称就如自然中的规则一样，对于同样一个问题，克洛德·佩罗(Claude Perrault)在17世纪末却得出了一个完全不同的结论，他所用的术语是："积极的美"(beauté positive)。

对阿尔伯蒂来说，"美"(pulchritudo)是从"数字"(numerus)、"比例"(finitio)与"分布"(collocatio)的相互关联中产生的。为了取代美这一概念，他用了"和谐"(concinnitas)这个词；换句话说，在他看来美是由和谐构成的。他继续他的定义：

> 我们可以得出结论说，美是存在于整体之中的各个局部的呼应与协调，就如数字、比例与分布，彼此协调一致一样，或者说，这是自然所呼唤的一种规则。
>
> (*pulchritudinem esse quendam consensum et conspirationem partium in eo, cuius sunt, ad certum numerum finitionem collocationemque habitam, ita uti concinnitas, hoc est absoluta primariaque ratio naturae, postularit.*)[44]

和谐(concinnitas)是自然界中绝对的、最高的规则(absoluta primariaque ratio naturae)，"和谐贯穿于人类生命与生活的每一部分，也贯穿于自然本身的每一件产物，而这一切都受制于协调的法则……。"[45]运用他的有

---

* Pythagoras，公元前580?–前500?年，古希腊哲学家，数学家。——译者注

关和谐的概念，阿尔伯蒂将自然的法则与美的法则，因而也与建筑的法则，等同了起来。和谐的原则更高于自然；和谐左右与影响着创造的原则。[46]

在阿尔伯蒂看来，和谐在建筑学中的应用，主要是基于对于自然的观察与模仿，他所观察到的自然现象的多样性反映在了建筑的不同柱式上：

> 在考虑一座建筑与另外一座建筑的不同时，主要是看这座建筑建造的目的，以及这座建筑所承担的用途，如我们在以前的著作中已经读到的，在这些著作中，建筑被划分成各种不同的种类。因而，从对自然进行模仿出发，人们发明了三种装饰建筑的方法，并以它们各自的发明者来为之命名。其中一种方法的主要意图是（体现）力量与持久：人们称之为多立克（Doric）柱式；另一种的特点是修长而妩媚，人们称之为科林斯（Corinthian）柱式；还有一种，与前两者相比较，恰好处于一种中间的位置，人们称之为爱奥尼（Ionic）柱式。总体上来看，它们又都与整座建筑物相一致。[47]

阿尔伯蒂将建筑看作是与自然现象的无穷多样性相类似这一事实，避免了使他提出的规则与原理被僵化为某种教条的危险。阿尔伯蒂的这一观点为建筑提供了多种可能性，但是，在一些情况下，他引用他自己的话时，也会有一些不同。

阿尔伯蒂关于美的概念，超越了美学的范围。在他看来，美具有积极的道德价值，这是一种保护性的力量……阿尔伯蒂大胆地抒发了自己的见解：

> 即使是面对被激怒了的敌人，美也具有这样一种效果，它将缓解他的怒气，防止他造成任何伤害。由此我不揣浅陋地说，在抵挡暴力与伤害方面，没有什么能比美和高尚更有效、更安全的了。[48]

在柱式方面，阿尔伯蒂没有类似的教条。他在第七书的第六章中讨论了柱式问题，但是他没有像维特鲁威的体系那样，将柱式的用法与"得体"（decor）的概念结合起来，而是将两者分离，同时，也将柱式的使用与柱式对于建筑的天生的适应性分离开来。是他首先认可了组合柱式——他称之为"genus italicum"——但是，他似乎并不认可塔斯干柱式（Tuscan order）是一种独立的柱式。[49]然而，对阿尔伯蒂来说，有关柱式的具体材料还〔48〕十分缺乏，因此，这是一个非常靠不住的工作，建筑的五种柱式（I cinque ordini architettonici），很久以来都归结于他的（发现），而实际上却是由他完成的。[50]

在装修与装饰方面，阿尔伯蒂的观念并没有比维特鲁威发展多少。对维特鲁威来说，"得体"问题的构成，既不是使形式是否适应内容的问题，也不是是否使用了装饰的问题。在阿尔伯蒂那里，装修或装饰，从现代的眼光来看，是某种附加性的东西：

> 如果这一点能被接受，我们也许可以定义，装饰是对于（建筑）美的一种辅助性的完善或改进。因此，令人喜悦的美是恰如其分与天然质朴的，是弥漫于整座建筑之上的，而装饰则是某种多余的，或强加的东西，并不是什么自然而适宜之物。[51]

在这里，阿尔伯蒂在对装饰的表述方面，迈出了重要的一步，他不再把装饰看作是建筑整体的一部分，而是一种外在于建筑的附加之物。他所希望的是在形体与装饰之间有着更为广泛的分离，直到对于装饰的需求在建筑中趋于消失为止。[52]重要的是，"得体"（decor）或"得当"（decus）的概念，在阿尔伯蒂那里很少出现，或者仅是点到为止，而术语"装饰"（ornamentum）倒是出现得十分频繁。[53]

然而，在有关装饰在建筑中的使用问题上，当他们将他们的标准与建筑的功能相适应时，或将建筑物与其居住者的身份相适应时，阿尔伯蒂与维特鲁威就站在了一起。只有使装饰与居住者的身份相适合时才会得到好的评价。[54]例如：

> 此外，我们注意一下最后一书，在城里的宅邸与乡间的宅邸之间，存在着进一步的差异，城中

宅舍的装饰应该比乡间住宅的装饰更黯淡一些，只有在乡间，那些更为欢快、华美的色调，那些最为肆无忌惮的修饰才可以大胆地使用。[55]

在描绘建筑师的专业构成时，阿尔伯蒂比维特鲁威绘制了一幅更为雄心勃勃的图像，虽然，他将维特鲁威提出的一些细节性知识需求舍弃了。[56]阿尔伯蒂所设想的一个好的建筑师，应该是一位学富五车的学者。建筑师还应该是(社会)精英中的代表人物：

> 毫无疑问，建筑学是一门十分高尚的科学，不是什么人都可以胜任的。一位建筑师应该是一位天赋极佳之人，是一位实践能力极强之人，是一位受过最好教育的人，是一位久经历练之人，尤其是要有敏锐的感觉与明智的判断力之人，只有具备这些条件的人，才有资格声称是一位建筑师。在建筑师的业务中，如果说能够判断出什么是适当的或是得体的，就是得到了最高的赞誉：因为，虽然说建筑是为了满足需求，同时，功能性建筑既要满足需求，也要满足使用；只有用这样的方式建造，虽慷慨大方而不失于奢侈，虽节俭朴素而不失于屈辱，这才是那些谨慎、明智与受过良好教育的建筑师的作品。[57]

建筑师应该从对他来说可能作为一个范例的作品中汲取营养，或者模仿这个范例。当然，阿尔伯蒂不赞成全盘照抄，他主张的是对之深入彻底的理解以及基于其原理之上的再创造，这些都应该立足于自然的规则之上。

对于阿尔伯蒂而言，成为一个建筑师的最重要因素是绘画与数学。绘画——或者，更严格地说是绘图——在他看来是特别重要的，因为他相信建筑的创意都会凝结在所绘制的设计图纸上。无论在理论上，还是在实践〔49〕上，他都将设计与施工分离开来。他还认为，为了建立一套好的"比例"(finitio)，数学是必不可少之物，没有好的比例，"和谐"(concinnitas)根本无从谈起。

当阿尔伯蒂开始他的论文写作的时候[58]，他还没有作为一个建筑师的实际经验。只是在 1452 年他的《建筑论》的第一稿接近完成的时候，他才开始接收到建筑设计项目的委托。

有关阿尔伯蒂的理论与他个人的建筑实践之间的关系，有着种种不同的说法。而他的理论先于他的实践这一事实，也许使人觉得后者只是前者的某种具体化的实施，鲁道夫·威特克沃(Rudolf Wittkower)就是这一思路的杰出追随者。[59]与之相反，最近赫尔姆特·劳仑兹(Hellmut Lorenz)[60]却成为了主张阿尔伯蒂的论著不过是作为一位人文主义历史学家而写的作品的学术倾向的主要代表人物，在他看来，阿尔伯蒂自己的建筑作品中，没有多少特别重要的东西，可以附加在对他的论著的评价之上。[61]这样一个关于阿尔伯蒂的学术论点，可以从如下事实中得到支持，即他在他的理论著作中所谈论的，仅仅是一些古代建筑，他并没有涉及当时的建筑实践问题，如教堂的立面问题，而这一问题恰恰构成了他自己后来创作中的核心内容。[62]无论如何，是否应该在他的理论与实践之间加进一个楔子，以证明两者之间的"互不兼容"[63]，似乎仍然是一个很大的疑问。

保罗·凡·纳雷迪－莱恩纳(Paul von Naredi-Rainer)曾经证实了阿尔伯蒂在他自己的作品中实现了他的有关"和谐"的观念。[64]理查德·克洛西摩(Richard Krautheimer)也证明了阿尔伯蒂在曼图亚的圣安德里亚教堂的设计(S. Andrea in Mantua)就是立足于维特鲁威(第四书，第七章)所提出的"伊特鲁里亚神庙"(templum Etruscum)的基础之上的，在这一设计的进行中，他克服了(维特鲁威)文本中的一些症结，为此，他在他的论著中，通过求助于他所熟悉的罗马建筑，而提供了自己的解释(《建筑论》，第七书，第四章)。[65]在阿尔伯蒂于 1470 年 10 月 12 日给路德维柯·贡扎加(Ludovico Gonzaga)的一封信中，谈到了他自己的安德里亚教堂的设计："这种形式的教堂曾经被古代的伊特鲁里亚人(Etruscan)称作圣殿(sacrum)……。"[66]阿尔伯蒂相信，他采用横向辅助筒拱的形式，在曼图亚建造了一所筒拱式(tunnel-vaulted)的伊特鲁里亚风格的神殿。跳出如上的那些历史误解之外，我们可以从他那里发现某种曾经对西方教堂建筑产生了几个世纪之久的决定性影响的空间观念。

显而易见的是，阿尔伯蒂的建筑作品，与他的理论之间并不缺乏联系，但是，阿尔伯蒂也的确利用了建筑师对他理论上的认可，而为古典主义的范式，或为某种理论原则，提供了某种新的解决之道。

　　阿尔伯蒂的论著从来没有获得像维特鲁威、塞利奥(Serlio)和维尼奥拉(Vignola)那样享誉几个世纪之久的广泛影响。因为他为建筑学所提出的过高的诉求，他的著作也很少被建筑师们在实践中采用，这同时也因为他从本意上，就没有涉及多少具体的建筑物，而且书中还缺少图例。[67]然而，在理论领域，阿尔伯蒂的著作也许是历史上曾经有过的有关建筑学的历史文献中，贡献最为突出的一部。

版本情况

　　阿尔伯蒂著作的母语(意大利语？)版本最为重要者是：莱昂·巴蒂斯塔·阿尔伯蒂(Leon Battista Alberti)著，《通论》(*Opere volgari**)，由塞希尔·格雷森(Cecil Grayson)编辑，三卷本，巴黎，1960－1973年。

　　其著作最方便的缩写版[《论绘画》(*Della pictura libri tre*)，《论雕塑》(*De statua*)]，有德文译本：莱昂·巴蒂斯塔·阿尔伯蒂著，《艺术理论简论》(*Kleinere kunsttheoretische Schriften*)，由胡伯特·雅尼切克(Hubert Janitschek)编辑，维也纳1877年[德国奥斯纳布吕克(Osnabrück)，1970年再版]。关于《罗马城记》(*Descriptio urbis Romae*)，如下版本可以参考：《抄本——罗马城的地形》(*Codice topografico della Città di Roma*)，四卷本，由罗伯托·瓦伦蒂尼(Roberto Valentini)和朱塞佩·祖切蒂(Giuseppe Zucchetti)编辑，罗马，1953年，第209－222页；瓦格奈提(L. Vagnetti)，"'《罗马城记》'，一个莱昂·巴蒂斯塔·阿尔伯蒂的短篇"(La 'Descriptio Urbis Romae'. Uno scritto poco di leon Battista Alberti)，《笔记　第1辑》(*Quaderno, no. I*)，热那亚大学(Università degli Studi di Genova)，建筑系(Facoltà di Architettura)，1968年，第25－88页。　〔50〕

　　他的建筑学论著《建筑论》(*De re aedificatoria*)第一次印刷是1485年在佛罗伦萨[初版(editio princeps)]。这一版本的影印本于1975年在慕尼黑出版，在这一基础上出了"阿尔伯蒂索引"(Alberti－Index)，由汉斯－卡尔·鲁克(Hans－Karl Lücke)编纂，《索引注疏》(*Index Verborum*)，三卷本，慕尼黑，1975年及以后。第一本意大利文译本，这同时也是第一本附有插图的版本，于1550年由科西莫·巴托里(Cosimo Bartoli)在佛罗伦萨出版。最重要的现代版本(附意大利译文的拉丁文本)是：莱昂·巴蒂斯塔·阿尔伯蒂，《建筑》(*L'architettura*)，乔万尼·奥兰迪(Giovanni Orlandi)编辑，两卷本，米兰，1966年(在第1卷，第xlviii页之后，列出了所有早期的版本及译本)。詹姆斯·列奥尼(James Leoni)1726年的英语译本(1755年第3次印刷)曾被影印出版。阿尔伯蒂，《建筑十书》(*The Ten Books on Architecture*)，约瑟夫·里克瓦特(Joseph Rykwert)编辑，1955年，伦敦－纽约，1986年出版(其中的英语引言，出自现代版本)。一个现代英语译本：《L·B·阿尔伯蒂，建筑十书中的艺术》(*L.B.Alberti, On the Art of Building in Ten Books*)，由约瑟夫·里克瓦特等译，剑桥出版社，马萨诸塞州，1989年。

---

*拉丁语"Volgari"对译意大利语"Volgare"及英语"vulgar"，意为"通俗"，"世俗"。——译者注

第四章　阿尔伯蒂之后——15世纪的建筑理论

〔51〕　　　　阿尔伯蒂以他的论著，在建筑学领域创造了一个被他同时代的任何人都不可能超越的理论基础。他的美学范畴针对的是他自己的时代，而他的建筑类型学却追溯到了古代罗马，他没有直接提供任何实际范例。他的有关建筑学的"科学"概念，他使用人文主义者的拉丁语的语言抉择，以及（他论文中的）某些含混不清之处，都导致了其他作者以一种更为"当代"的方式接近建筑学。

　　　　这样一种尝试很自然地引导人们从一种系统的建筑学论著走向更为有趣的表达形式。首先，为了求得一个更为广泛的公共度，用母语写作是特别需要的。人们一定会假设，对阿尔伯蒂第一个作出反应的菲拉雷特（Filarete），阿尔伯蒂之后的第一位建筑学著作者，更倾向于"描述建筑的方法与量度"，而他这样做时，是用自己的母语，凭借了自己建筑实践的能力与经验，从那些"相信他们自己的经验更为娴熟，也受过更为良好的教育"的人们，到那些"如上所说的理论家们"，即维特鲁威与阿尔伯蒂。[1]

　　　　安东尼奥·阿韦利诺（Antonio Averlino），他的名字叫菲拉雷特（Filarete）〔φιλασετή s，维尔图（Virtue）的朋友〕，大约1400年前后，生于佛罗伦萨，他在那里受到了金匠与铸铜的训练，可能是在吉伯蒂（Ghiberti）的作坊中。[2] 他后来的生活是在罗马度过的（约1433年－约1448年），1445年时他在罗马完成了他的主要雕塑作品，这是由教皇尤金四世（Eugene Ⅳ）所委托的圣彼得大教堂的纪念性铜门。1451年开始，他在米兰公爵弗朗切斯科·斯弗扎（Francesco Sforza）的麾下，作一名工程师与建筑师。他所接受的最重要的项目委托是马焦雷医院（Ospedale Maggiore）的设计与建造（1456－1465年）。他的有关建筑学的论文，大约是在1461－1464年间完成的。[3] 我们从菲拉雷特的朋友费莱尔弗〔Filelfolelfo（Francesco da Tolentino）〕于1465年7月30日写给生活在君士坦丁堡的一位医生乔治奥·阿姆鲁克斯（Georgios Amoirukios）的一封推荐信中知道，这时的菲拉雷特正在认真考虑到君士坦丁堡去旅行的问题。[4] 但是，关于这次旅行的细节，以及菲拉雷特去世的时间与背景，我们却一无所知。

　　　　他的有关建筑学的论文是用一种对话录的叙述方式写成的，描述了他假想的斯弗金达（Sforzinda）城的规划与建设的每一天的进程。在他的作品中还有一些他称之为"日记型小说"（Diary novel）的辩护性文字。[5] 从他献给弗朗切斯科·斯弗扎公爵与皮耶罗·德·美第奇（Piero de'Medici）的手稿中[6] 可以知道，菲拉雷特作为一名建筑师，在事业上并不是很成功的，他一直期望的是，通过他的论文，能够有更大的把握获得建筑项目的委托，然而，事实上他并没有达到这样一个目标。虽然他的论文在1490年时曾被那些与米兰有关的艺术家们〔阿马代奥（Amadeo），弗朗切斯科·迪·乔其奥（Francesco di Giorgio），莱昂纳多（Leonardo），伯拉孟特（Bramante），切萨雷·切萨里亚诺（Cesare Cesariano）〕所引用[7]，但是，他的论著一直没有正式发表，其影响也是十分有限的。因此，在这部论著最近正式出版之前，也没有对其进行系统研究的可能性。

　　　　从严格意义上说，菲拉雷特的这部论著分为长短不一的二十五书。他的思想并没有形成一个体系，只是以一种松散的叙述方式向人们诉说着他的见解。[8] 他之所以选择对话录的叙述形式，以及他为论文设定的重要标准，都可以追溯到柏拉图的对话录文体，如《提麦奥斯篇》（Timaeus）和《法律篇》（Laws）。[9] 论文是从一个彬
〔52〕彬有礼的会议桌前的谈话开始的，并以建筑师向一个综合性公司介绍有关建筑学原理的口吻展开。叙述逐渐转

向了基础知识，并且，一步一步地展开了关于斯弗金达城规划与建设的论述：他的叙述中还夹杂着一些狩猎远足及现场视察等情节。在为斯弗金达城港口工程的土石方开挖过程中——在第十四书中——发现了一本《金书》，其中有关于浦鲁西亚城(Plusiapolis)的记述，那是曾建造于那一发掘地点上的一座古城。菲拉雷特的朋友弗朗切斯科·费莱尔弗(Francesco Filelfo)[10]将这本书翻译了出来，书中的内容，从古代到眼前的斯弗金达城，相互交织在一起。在这本叫《金书》(Libro d'oro)的书中提到，建造浦鲁西亚城的建筑师，是一位由颠倒的字母顺序而构成其名字的人物——安东尼奥·阿韦利诺(Antonio Averlino)。按照这本金书中的插图，浦鲁西亚城中的建筑物被重新建造了起来。按照作者的叙述，与这些重建设计十分接近的一些要点，在这本金书发现之前就已经在斯弗金达城被应用了——例如，斯弗金达城主教堂的平面，与浦鲁西亚城主教堂的平面就很接近。[11]因而，这显然就是菲拉雷特所声称的将古代希腊的建筑语汇在他自己的设计中加以实现的暗示。关于城市基础部分的描述，在第二十一书中断了。第二十四书是关于绘图、绘画及雕塑的。第二十五书描述了由美第奇家族在佛罗伦萨和米兰所建造的建筑物。

　　菲拉雷特最初曾许诺说，他要系统地表达他所掌握的材料，并声称他处理材料的方法是，首先确定房屋的尺寸，然后规划一座城镇，最后提出古代及他自己时代各种房屋的类型[12]，但是，实际上他并没有按照这一程序进行。基于他所了解的有关维特鲁威与阿尔伯蒂的思想，他主张建筑产生于"需求"(necessitas)。在他看来，人类需要一个遮风避雨的住所，就像人不能不吃饭一样。[13]维特鲁威关于住宅起源的说法，被菲拉雷特比附到基督教的传统上去了：在被逐出伊甸园之后，亚当不得不建造了第一所，也是最原始的棚舍。是菲拉雷特首先给予我们有关原始棚屋的知识。他向我们显示，亚当是如何用他的双臂来形成一个遮避物以防雨水的浇淋(图版7)；接下来他谈到了一个帐篷一样的住所，以及一个用木头搭在树杈上而形成屋顶的棚舍(图版9)。[14]后来，菲拉雷特解释说，这些有树杈的树干，渐渐发展成了柱子[15]，他在书中用了一幅表现这一原始棚屋的构架的插图，这是由四根顶端有枝杈的树干——这是柱子的原型——并在树干顶端架上了水平放置的树干(图版8)。[16]按照菲拉雷特的说法，这一人类构筑物的高度，是按照人的身体的高度搭造的，因此，这座原始棚屋的比例也是依据了人的身体的尺寸与比例而确定的。因此，菲拉雷特的原型住所获得了一种建筑表达的基本形式。这不仅标志了建筑本身的起源，同时，也包容了比例与柱式的概念。的确，菲拉雷特没有像18世纪时的洛吉耶(Laugier)那样，宣称原始屋是一切建筑的典范。在菲拉雷特的书中，人体的比例变成了一个具有决定性的参考尺度。他是纯粹的人体测量学的最早代表人物："建筑学源自于人，因此也自人的身体、人的四肢、人体的比例等，演化而来。"[17]头部，作为人体最高贵的部分，变成了一个标准的度量单位，一个基本模数。菲拉雷特从两重意义上谈到了柱式与人体的关系问题，并将柱式的起源与原始屋的起源联系在一起。他以五种不同的人体比例为基础，继续讨论了由其各自特性的不同(qualità)而产生的区别："就我所能识别出的，人类的度量特性有五种。"[18]对他来说，这五种特性，就是五种柱式的不言而喻的基础，但是，只有三种希腊柱式，包括多立克、爱奥尼和科林斯柱式，使他感到兴趣。他感觉到了这些柱式之间的一些非常特殊的区别，按照他的说法，〔53〕多立克柱式是"大量度"的(misura grande)，有9个"柱头"(teste)高——在菲拉雷特的著作中，人和柱子、人的头部与柱头部分，在思想上是可以互换的[19]——爱奥尼柱式是"小量度"的(misura piccolo)，有7个"柱头"高，而科林斯柱式是"中等量度"的(misura mezzana)，有8个"柱头"高。[20]在菲拉雷特看来，从历史的角度讲，多立克柱式是最早的，也是最为完美的柱式形式。亚当作为上帝按照他自己的形象所创造的人类形体，成为多立克柱式的原型。[21]后来的柱式是以一个明显的层级而表现的，正是社会结构的某种反映。多立克柱式是惟一适合于主人或君子(signore)的，而"其他柱式，那些较低层级的柱式，是为主人或君子所使用(utilità)、所需求、所服务的"。[22]

　　由菲拉雷特所给出的柱式，与维特鲁威的规范有所不同。然而，如果仔细观察他的图例中有关柱式的表现(图版10)[23]，就会看出他所说的多立克柱式，并不是依据于历史的先例，而是更接近复合柱式，而科林斯柱式则是在柱身上没有槽，且柱头也比较简单的那种，只有爱奥尼柱式，以其涡型柱头的形式，似乎承载了更多其早期原型的特征。在这样一个对维特鲁威原型的曲解后面，并没有什么考古学上的忽略与漠视，而是表达了某种基督教建筑的信息。菲拉雷特认为一般来说，古代神殿建筑的比例要矮胖一些，对此他解释说，这是人类在上帝面前表现出俯首听命的结果，而基督教堂，则以其高高耸立的姿态，使人们在接近上帝的企图中寻求自己的灵魂得以超升："因而，他们总是将他们的神庙建造得匍匐于大地，与之相反，我们总是将我们的教堂建造得高耸入云。"[24]菲拉雷特关于柱式的这一论述，十分典型地反映了他试图将古代希腊、罗马与基督教思想相联系的意愿，而讨论基督教建筑思想，无疑要追溯到哥特建筑时期。[25]

菲拉雷特有关人体测量学的思想从他使用维特鲁威人(将人体叉开置于一个圆或方中)可以看得很清楚——但是，在其中他没有说明——何以将一个基本的几何形状作为人体比例的基础："……无论它可能是什么样子，圆形、球形、方形，以及每一种其他的形式，都是从人的形体中演绎而来的。"[26]

阿尔伯蒂关于变化性(varietà)表现了人的个性差别的思想引导菲拉雷特进一步地阐释说，正像一个人与另一个人不一样，每一座建筑都应该是独一无二的："你将不会看到任何一座建筑物，或……任何住宅、房舍，在外观、形体与美感上，是完全与另外一座建筑相类似的。"[27]同时，他解释了——这是我们现代研究者所能读到的第一次——由同类住宅所造成的没有限制的行列式建筑的可能性："如果人们愿意，人们当然可以造出彼此在形式与外观上都相同的住宅，因而，它们看起来都如出一辙。"[28]但是，他谴责说，这样一种建造方式是对造物主伟大创造计划的一种冒犯与亵渎！

菲拉雷特的神人同形论思想又转向了另外一个方向，在这里建筑学被看作是一个生活着的有机体。对他来说，建筑学不仅仅是由人体的比例演绎而来，实际上，也以一种更为隐晦的方式，摹仿人的机体。像人类一样，建筑也可以生长、患病或死亡。在阿尔伯蒂那里的某种类比，被菲拉雷特演绎成为一种精确的表达：

[54]   我将向你们显示，一座建筑物其实是一个实在的生命体，你将发现，为了使建筑得以生存，必要的营养是不可或缺的，恰如人体需要营养一样；它也同样会生病，乃至死亡，因此也需要一个好的医生诊断与看护它的疾病……你也许会说，一座建筑不可能像人那样生病或死亡，我却会回答你说，这并不是不可能的：如果缺乏营养，房屋也会生病，也就是说，如果不能小心维护，建筑物会一天一天地走向衰败，就像是一个人一样，当一个人缺衣少食的时候，会一步一步地走向死亡。一座建筑物也会面临同样的境况。但是，如果在它患病之际，有一位好的医师小心照料，也就是说，有一位训练有素的建筑匠师对它勤于维护与修缮，它也会体魄健壮，延年益寿。[29]

菲拉雷特在后来的表述中，甚至将他的这种亦真亦幻的有机理论进一步发展为：业主是房屋的父亲，而建筑师是房屋的母亲的说法。建筑师在他自己的内心中酝酿着他的设计，"他会为这座建筑冥思苦想，会花费7到9个月的时间，为将他的想像化为一座真实的建筑而呕心沥血。"[30]

菲拉雷特的有机理论暗示了某种功能主义思想。这一点尤其表现在他将各种私人居住建筑区分为不同的类型上：他列举了贵族的宫殿，市民或手工业者的各种不同的住宅，也谈到了那些正处衰败境地(bassa condizione)的，以及穷苦百姓的屋舍。[31]然而，随着居住者阶层的降低，建筑也越来越仅仅依赖于纯粹的功能，这最低层次的建筑，已经使他兴趣索然，"因为这样的房屋，既不需要多少花费，也不需要什么技巧。"[32]

在建筑设计与实际的房屋工程之间的区别已经被阿尔伯蒂意识到了，而这一点引起了菲拉雷特试图为建筑师赢得较大社会声望的想法。他认为建筑师应该是一个兼有科学家与人文主义者双重特质的人，他会与公爵大人同桌用餐，公爵会对他的思想产生敬仰之情，并且，会帮助他将这一切变为(想像中的)现实。[33]与房屋建造的过程相反，艺术设计(disegno)的内在价值，很难像菲拉雷特在形容他想像中的设计城镇的建筑师阿韦利诺(Averliano)，与他所建造的斯弗金达城(Sforzinda)之间的区别那样，明晰地区分出来。[34]

菲拉雷特的斯弗金达城是第一座经过完整规划的，有着更多图示材料的文艺复兴式的"理想城市"。[35]然而，这座城市的建造，不是某个模棱两可的未来，而是一个直接面对的当前：城市的奠基石是于1460年的4月15日立起来的。菲拉雷特计划所描述的不仅是它的布局与形状，而且也包括城市坐落的地理环境景观，他还将这些用图形表现了出来[36](图版11)。在对话式的文本与所附的插图之间，反复地加入了一些说明。因此，这些图版不仅仅是为读者所提供的图例，而且也是建筑师内心创意的直接表达。因此，菲拉雷特书中的插图可以独立成篇，或者更进一步，可以激活(vis-à-vis)他的叙述性文本。因而，在菲拉雷特书中插图所显示出的重要性，为后来的建筑理论著述，提供了一种新的可能性，以至相对于图形而言，文字叙述甚至变得比较次要了，甚而至于(有的人)连文字性表述都不再用了。

斯弗金达城是一座中心构图式八角形平面，放射形街道布置的城市(图版12)。在城市的中心地段是一个中央广场，周围布置有市场、公爵的宫殿和一座主教堂。[37]令人惊讶的是，菲拉雷特进一步描述了并且用图形表示了许多个体建筑物，但却没有标志出它们在城中的确切位置。例如，一座在要塞中单体建筑的例子，这一例子还会作进一步的叙述。[38]而菲拉雷特以比喻的形式所谈到的个体建筑，在书中占了很大的篇幅，有些例子似乎与我们了解的文艺复兴建筑渺不相涉（图版13）。那座要塞中的主塔被设计成365英尺高，并且开有365个窗户（暗示出一年的365天）[39]，使人很容易就联想起远东的佛塔建筑；这说明与印度建筑之间存在的某种联系，曾经为作者所关注。[40]然而，从他的书中我们看不到任何亚洲建筑的来源，甚至连菲拉雷特可能曾经去君士坦丁堡旅行这件事，都是发生在这本书完成之后。

在他这本书的结尾部分，菲拉雷特让他的想像力自由驰骋，用了一种似乎是科学幻想小说的笔法。他描写说他自己在浦鲁西亚城建造了一座螺旋形的塔，在塔的顶端矗立着一尊骑士的纪念雕像，这是献给佐哥利亚(Zogalia)［为伽利佐·斯弗扎(Galeazzo Sforza)由颠倒字母顺序而构成的名字］的儿子的纪念碑。[41]

在菲拉雷特所举出的最极端的例子，"恶习与美德之屋"(House of Vice and Virtue)[42]，这是从《建筑对话录》(*architecture parlante*)中获得灵感的一个建筑寓言（图版14）。这是一座圆柱形建筑，顶端有一个象征美德的　〔55〕纪念性雕像，（这座建筑物）以它的内部空间划分，以及循环流通的方式，形成一个教育启蒙性的建筑项目。有七个房间必须被穿越以学习七门文科的课程；有七层楼层，对应着四种最重要的，和三种神学方面的美德；同时也对应着七种十恶不赦的罪恶，如此等等。建筑变成了某种教育思想的外在的表达形式。菲拉雷特的观念显然预言了法国人列杜(Ledoux)在肖镇(Chaux)设计的盐矿城。以其建筑物的透视断面图（对开本第144页右侧图版；图版14），菲拉雷特创造了一种新的建筑表现形式。[43]菲拉雷特的论文中包含了许多矛盾。他将自己打扮成一位文艺复兴的代言人，但是，他的思想以及风格，还仍然被中世纪的种种观念所深深地浸润着。[44]但是，从另外一个方面说，他的乌托邦思想，他的规划的整体性，以及他以对人的劳动的划分而预言的生产线的思想[45]，都是一些具有令人不可思议的远见性的见解。尽管人们注意到菲拉雷特的论文中，为基督教化了的希腊古代辩解的内容，与阿尔伯蒂的罗马—东方式思想[46]之间的大相径庭，仍然令人生疑，但菲拉雷特却也几乎是毫无顾忌地将自己放在罗马典范的基础之上。乌托邦式小说的文学形式，使得他能够对他的理论地位夸张其词，并将其建筑思想的表述降低到俚俗的地步。但是，正是在这样一种十分极端的形式下，他的思想得以表述，同时使他为后人理解文艺复兴建筑所做的贡献，也无可抹杀。

对阿尔伯蒂与菲拉雷特思想的一个综合与发展，由乌姆大学(uomo universale)的弗朗切斯科·迪·乔其奥·马蒂尼(Francesco di Giorgio Martini, 1439–1501年)所完成。他以一位画家、雕塑家与建筑师而著名于世[47]，但是，作为一名建筑理论的阐释者，他只是最近才被人们所认真而仔细地研究过。他带有深深的锡耶纳人的烙印，一个时期中，他也曾在乌尔比诺(Urbino)和那不勒斯的宫廷内供职。在米兰大教堂与帕维亚(Pavia)主教堂的建设中，他曾担任调解人的角色(1490年)，而他与莱昂纳多·达·芬奇的相遇，无疑影响了他后来的建筑理论观点；同样，莱昂纳多也熟悉了迪·乔其奥的建筑理论，他们两人之间的影响是互相的。

弗朗切斯科·迪·乔其奥的建筑著作的手抄本是在1470年代至1490年代完成的。这些手抄本的相对年表，几年前刚刚被梳理出来，但是，其中有多少是直接出自他本人的手中，现在仍然存在着很大的争议。[48]在他生前，这些论文一直没有发表，但这却并没有妨碍它们被15世纪后期，及16世纪的建筑师们广泛应用［如修士乔贡多(Fra Giocondo)，佩鲁齐(Peruzzi)，塞利奥(Serlio)，彼得罗·卡塔尼奥(Pietro Cataneo)，帕拉第奥(Palladio)等］。《民用与军事建筑》(*Architettura civile e militare*)一文是于1841年在一个有关意大利军事史的著作中第一次出现的。[49]他的论文的两个主要编撰本的带有注释的版本，并附有手抄本的影印本，于1967年由克拉多·马尔塔斯(Corrado Maltese)整理出版。这一版本使人们第一次能够深入地了解弗朗切斯科·迪·乔其奥的建筑思想。而一本由弗朗切斯科·迪·乔其奥翻译的维特鲁威的著作，也是最近才第一次正式出版，这为我们提供了深入了解他的建筑理论的思想源头的机会。[50]在这篇文字中，我们没有机会深入探讨弗朗切斯科手稿的语言及年表等复杂的问题，但是，我们可以尝试着从对他的论文的两个主要编撰本的研究中，给出一个有关他的思想的大致轮廓。

第一个编撰本被认为是藏于都灵的里尔图书馆(Biblioteca Reale in Turin)的萨鲁齐亚努抄本(Codex Saluzzianus)，标题是《建筑，工程与军事艺术》(*Architettura, ingegneria e arte militare*)。[51]这篇论文的内容，并不是十分系统地组织过的，论文是直接从一个防御性要塞建筑开始的，这是弗朗切斯科·迪·乔其奥于1470年

〔56〕 代以前亲自参加了的一项工程。他从维特鲁威的著作及其基本理论模式中所继承与接受的东西，从一开始就十分清楚，例如，他在谈到维特鲁威时曾说，每一种艺术与"计算"(ragione)都应该是从比例优雅的人体中演绎而来的。他在他的理论中运用有机性术语进行表达的方式是十分明显的，例如，他谈到"城市的身体"(body of the town)时，认为城堡作为(城市中)"最高贵的组成部分"(più nobile membro)，应该处理得像人的头部那样，在关于这一概念的图例中，他设想了一个城市的平面，在这个平面上包裹着一个男性人体，而在他的头部矗立着一座城堡(图版 15)。[52]弗朗切斯科·迪·乔其奥将这一尺度规则与医生的规则作了比较，这样一个类推显然是从菲拉雷特那里沿用来的，他甚至在图例中直接应用菲拉雷特的思想。但是，他的这一人体测量学的思想，并没有在他的论文中一以贯之，仅仅在几行之后，他就为一座城市描述了一个几何形的平面，却并没有将它们与人体相类比。当然，在他开始有关城市这一章节时，是用了一个有关"维特鲁威人"的叙述，他在叙述中将圆形与方形引入其中，以表示与人体的一致性。他文中所附的十分粗糙的图形[53]，也许是现存最早的维特鲁威著作中的文本(Ⅲ.Ⅰ.3；图版 16)。一条潜在的有关人体测量学方面的固执见解，从引言一直延伸到神庙建筑那一章节，正是在这一章节，他宣称说，所有的建筑量度与比例，都是从人体中演绎而来的。在这里关于建筑师专业形象的反映，是一个维特鲁威式的解释[54]；同样，他也是非常附带地提到了美学原理问题[55]，说明他对于这样一类问题的兴趣似乎不大。在他写作这一文本的时候，阿尔伯蒂的论著还没有到他的手中。令人惊奇的是，弗朗切斯科·迪·乔其奥直接附上了一个有关古代各种类型神庙的概述，以及一个"现代形式"(moderne formazioni)教堂的描述。在这里我们又一次看到了由人体比例启发而来的平面形式，其中的圣坛部分，被理解为是人的头部："一座巴西利卡具有一个人体的形态与比例，正像一个人的头部，是整个身体中最重要的部分一样，圣坛部分也必须是最为重要的部分，是一座教堂的头颅。"[56]

这样一种关系也用图形进行了表示。[57]同时，多边形与圆形的神庙在行文与附图中，做了十分细致深入的解释。而在关于柱式的章节中，弗朗切斯科·迪·乔其奥再一次给出了维特鲁威式的[Vitruvius's genera(Ⅳ.Ⅰ)]图解式阐释方式。在他的插图中，他将柱式从人体的比例中实际地推演出来，并且解释说柱子身上的凹槽在数量上是基于人体的肋骨数的。[58]在其后的章节中，他继续了同样一种基本的思维方式，包括对一些规范，及几何形范例，对特殊种类的建筑物，以及机械构造等方面的解释。

在论文的附录中，形成了一个有关罗马古代建筑的独立纲目。弗朗切斯科·迪·乔其奥表达了他对于将有越来越多的古代建筑可能很快就会消失的忧心忡忡，因此，他表达了他想通过图纸来保存它们的愿望。在他解释他论文写作背后的动机，就像"重新创造这些历史建筑的一腔热血"在胸中涌动[59]的时候，他认为这些古代建筑可以作为(设计)借鉴的特征是无可置疑的。因此，他提出了一些极具想像力的重建工程项目，例如丘比特主神庙和领主宫殿(图版 17)。[60]在这个案例中，弗朗切斯科·迪·乔其奥所追求的方法是完全对称的，不仅外形，而且平面都是如此。令人感到奇怪的是，这样一种对称与连贯的特征，在这一时期的意大利艺术风格中却见不到。有不少古典形式的圆形大厅，以重建的形式而出现了[61]，例如，伯拉孟特设计的蒙托里奥的圣彼得神庙(坦比哀多，tempietto of S. Pietro in Montorio)[62]就是一个典型范例(图版 18)。他书中的那些图例，并没有成为任何建筑系统中的一个组成部分，因而显然是特意为了发表而绘制的。这些图例形成了有关古代世界建筑学的第一个文艺复兴式的纲要性材料。

〔57〕 他的论著的较晚的一个编撰本，标题是《民用与军事建筑》，这是一本相比较更为系统的本子。这一藏于佛罗伦萨国家图书馆的手抄本大约是完成于 1492 年。[63]整部论著分为七书，有一个前言和一个结语：

第一书：建造房屋的先决条件。关于材料的建议。
第二书：住宅与宫殿建筑的建造。发现一种供水的方法。
第三书：大本营和城市规划。
第四书：神庙的建造。
第五书：防御性要塞的形式。
第六书：港口的建设。
第七书：运送材料的机械，如此等等。

在前言中，弗朗切斯科·迪·乔其奥表达了他的基本理论立场。他的出发点是研究古代建筑的实例与文献，其中，他特别骄傲地提到了他已经在意大利"目睹并深入思考了大多数"（有关的例证与材料）。[64]但他对古代术语理解上的极端困难表示了抱怨，并表示他将通过对现存建筑物的研究分析来澄清这些术语的涵义（concordando il significato col segno[65]）。维特鲁威的著作一直是他的主要（思想与材料）来源，但是他也涉及了"一些现代资料"（alcuni moderni），因为他觉得维特鲁威已经有些过时。弗朗切斯科·迪·乔其奥具有一个观点，即建筑学只是最近才被"重新发现"（ritrovata）的一门学问，这一观点与他的"基础的、经过调整的与结论性的"（fondamenti, regule e conclusioni）见解相辅相成[66]，他坚持说他所在时代的建筑学中充满了错误与荒谬的比例。在他的第一个编撰本手稿完成以后，他的知识框架及掌握的材料得以大大地扩展，这一点在他以一种十分清晰的方式谈到柏拉图与亚里士多德的哲学时得到了充分的证明，他采用了将人表述为"社会动物"（animale sociabile，自亚里士多德）的观点，并将这一观点作为他的建筑理论的出发点。[67]在这里表现出来他与阿尔伯蒂的理论之间所存在的天然联系。

在第二书中，他主张建筑的特征是由气候所决定的，这是沿袭了维特鲁威的观点（Ⅳ.I.I.），但是，同时他又含蓄地对建筑完全是基于某种标准的思想，提出了质疑。对于居住建筑，他追随菲拉雷特的观点，主张一种类型学思想，认为住宅建筑可以区分为五种不同的类型，对于这一点，他还用了许多不同的例子加以说明：乡间农夫们的农舍，城里手工作坊中那些手艺人的房子，学者们的书斋，商人们的住宅，贵族们的宅邸等等。[68]每一种住宅都有与其功能相关联的平面布置。例如，手工业者的房屋，是在居住空间的下面布置有作坊间，这是手艺人与他们的顾客谈生意、做活计的地方，这里一般不受家庭生活的干扰。[69]像阿尔伯蒂一样，他没有将不同政治体系的建筑区分开来，如在谈论宫殿建筑的时候，他并不区分它们是共和政府的，还是独裁政府的，但是，同阿尔伯蒂一样，他自己更倾向于理想化了的共和制度。[70]

在第三书关于大本营及城市规划的内容中，弗朗切斯科将他最初在第一部编撰稿中提出的思想加以扩展。也就是说，他不仅在人与建筑之间进行类比，同时也将人与宇宙进行类比，这样，就与盛期中世纪的知识世界之间搭起了一座桥梁："人，可以看作是一个小宇宙，在人的身上，人们可以发现整个世界的所有完美之处。"[71]

正是在这样一个背景下，他所宣称的所谓"毋庸置疑的是，柱子，拥有了人所具有的所有比例"[72]就不显得那么不可理喻了。广场成为了一座城市的肚脐，正是从那里，各种食品被分配与发送。由阿尔伯蒂所提出的城市与住宅之间的类比关系，又被弗朗切斯科·迪·乔其奥与人体的比例联系到了一起，因为，他认为人体本身就包含着宇宙秩序的原理。

在第四书中，在关于神庙/教堂的建设问题上，当弗朗切斯科·迪·乔其奥声称圆形是十分简单而完美的〔58〕平面形式的时候，原来存在于基本的几何形状与人体测量学的比例之间的矛盾又再一次出现了。[73]为了扩展平面种类的可能性，他夸张地提出了矩形，以及圆形与矩形相综合的平面形式。

他发展了一个与柱式有关的建筑起源理论，不过，与菲拉雷特相反的是，他不是以柱子与人体在比例上的相互对应作为前提的，而是从两者之间的逐步接近而展开其论述的。[74]他宣称说，经过了一个谨慎细致的测量分析，他找出了他自己有关柱身与柱头的比例关系，为人体与建筑的量度研究增加了内容，并最终得出了与维特鲁威的柱子比例相对应的"一般性标尺"（regola generale）的比较关系。[75]但是，弗朗切斯科通过对人体的头部与神庙建筑的柱顶楣子的比例的分析推演，仍然将人体测量学的原理加以深化[76]（图版19）。在神庙建筑的每一个细部中，他都能发现并度量出与人体相关的比例。例如，他在一座教堂中用了矩形的平面，而这正是他利用了他在设计意大利科尔托纳市卡尔奇奈奥地区的圣玛丽亚感恩教堂（S. Maria delle Grazie al Calcinaio in Cortona，约 1484－1490 年）时所获得的经验。（图版20）。[77]将这座建筑与弗朗切斯科所说的模数体系（module－systems）进行比较——他使用了 1／7 和 1／9 的模数——亨利·米隆（Henry Millon）令人信服地证明了模数体系在建筑中的应用。[78]然而，有一点必须承认，是弗朗切斯科首先在实际上将一个给定的模数网格用于与之相适应的人体分析中，而不是相反。[79]

在第五书中，弗朗切斯科以大量不同的第一手资料，描述与分析了有关军事要塞建筑的平面及细节问题，而这正是他为蒙特费尔特联盟（Federico da Montefeltre）所承担的主要工作，正如他自己毫不隐晦地所说的。[80]然而，在他论文的这一部编撰稿中，关于这一类的建筑物，他不再沿用那种陈词滥调式的有关与人体相类比的说法。在这本书的结束部分，他提到了在建筑设计过程中，绘图(desegno)所起的作用：一张图纸的作用是负载了那些不能用言语表达的，但是，却属于艺术家的判断力(discrezione)与理解力(giudizio)中的内容。[81]在第六书中，他更清晰地解释了插图在他论文中所起的主要作用，并且说明建筑不仅由设计者的创意与思想(concetti della mente)所构成，而且这些创意与思想还必须转换成为一种设计图纸上绘图(desegno)的语言。[82]他坚持认为建筑的原则必须与(建筑师个人的)能力和经验相结合。与之相反，菲拉雷特的论著在文本与附图上，都俨然是一个联系紧密的整体，但我们可以看得出，在他那里，艺术家的设计与设计的具体实施，两者之间却完全是两码事情；但是，在弗朗切斯科这里，两者之间变成了一个统一的整体。在结语中他表白说，"不通过绘图(desegno)，人们不能表达与阐明自己的想法(concetto)"[83]，从而，明确标志出了与阿尔伯蒂的人文主义的著述方式的分道扬镳。作为一个理论家，弗朗切斯科始终没有放下一个从业建筑师手中的画笔，我们可以假设，他运用那种所有建筑都是从人体的量度中演绎而来的公理，在他所实践的设计项目中，与这一公理保持一致，这将是一个多么令人生畏的课题。然而，与其他任何理论家相比较，他更加彻底地运用了这一方法，并且在应用人体测量学方法，获得某种建筑模数方面，取得了成功[84]，虽然，他这样做是基于一种形而上学式的思考。严格意义上讲，他的这些思想是后来的勒·柯布西耶的"模数人"(modulor)思想的先驱。

与弗朗切斯科·迪·乔其奥论文的较后一部编撰稿有着密切关联的，是最近发表的属于巴尔札萨·佩鲁齐(Baldassare Peruzzi)名下的手抄本。[85]如果前面提到的所有归之于弗朗切斯科·迪·乔其奥名下的文本，都确切无疑地是出自于他的手下，那么，这份手抄本书稿在很大程度上，也不过是在弗朗切斯科的基础上编纂而成的一份东西，因此，几乎不大可能是出自佩鲁齐之手。

〔59〕　莱昂纳多·达·芬奇(Leonardo da Vinci，1452－1519年)在建筑理论方面的贡献十分有限，这是因为，他那原计划包罗万象的有关建筑学的论著，由于一直停留在零散的笔记的状态而没有深入下去。[86]然而，他那具有实际导向性的思路，却特别值得重视，因为，他的这一思路综合了维特鲁威、阿尔伯蒂、菲拉雷特和弗朗切斯科·迪·乔其奥的思想。我们知道，在他的手上有1485年版本的阿尔伯蒂的论文[87]，他还为弗朗切斯科·迪·乔其奥的一个手抄本作过眉批，并从中作了许多摘录[88]，这表现了他对纯粹实践性资料，而不是理论性框架的某种兴趣。他所绘制的著名的"维特鲁威人"(图版21)[89]，是画在一张纸的一部分上的，因此，只能说是与他计划中的论文可能有着某种关系。海登里希(Heydenreich)曾经指出了反映在莱昂纳多的中心构图式建筑草图中的思想体系，他由此得出假设，除了他论文的理论内涵之外，这些草图还具有某种"典型建筑范例"的作用。[90]如果这一假设没有太大出入的话，那么，莱昂纳多的论文是可以与弗朗切斯科·迪·乔其奥的论文加以比较的。但是，从年代学的角度出发，我们不能推定莱昂纳多会在弗朗切斯科·迪·乔其奥的导引下展开他的论文计划。因为，他的那些草图绝大部分都是在1480年代绘制的，而弗朗切斯科论文的手抄本可能是在他于1501年去世以后，才到了莱昂纳多的手中的。[91]

莱昂纳多的建筑思想在他的城市规划中，得到了最为清晰的表现，在经历了1484－1485年的大瘟疫的冲击之后，他将他的规划思想绘在纸上，并加以展示，那次瘟疫使得米兰公国的大约三分之一的人口丧失了生命。莱昂纳多的这些图稿是在巴黎的法兰西研究院的第二善本室(Codex B)中发现的，其中也包括了莱昂纳多为神圣建筑所作的一些研究。在这些图稿中，莱昂纳多详细阐释了他的一个相当激进的城市规划概念，这一概念就是基于分散原理、城市发展，以及卫生学等方面的基础之上的城市规划理念。他为一个有运河穿越的滨河城市，采用了网格式的平面布局。[92]其中有一个典型的段落，是说明如何使街道在不同的标高下相互交叉的问题的(图版22)，我们将这段文字摘录如下：

> 街道 m 比街道 ps 高出了 6 braccia，而每一条街道必须要有 20 braccia 宽，并且，从街道的边缘，到街道中心，必须要有半个 braccia 的坡度。在这个街道中心上，要分别设置一个 braccia 宽的间隔，在上面开一个长一个 braccia，宽一个手指的洞口，通过这个洞口，雨水能够流入排水沟中去，这些排水沟设在与下层街道 ps 在同一个标高的位置上。在前述街道的每一端，都应该有一个设在柱子上的 6 braccia 宽的柱廊，你必须理解的是，任何希望在上层街道上横穿这一区域的人，都可以利用两端的柱廊穿越，那些想从下层穿越街道的人，也可以同样照此办理。
>
> 没有马车或其他车辆可以穿越上层街道，因为，这上层街道是专为等级较高的人所使用的。而下

层街道则是为普通人穿越或为普通人提供物资供应的车辆和其他运输工具所使用的。

每一所住宅都必须使其背对着紧临的另一所房屋，位于两座建筑之间的是下层街道，各种物资供应应该通过入口 *n* 进入建筑物中，如木柴、葡萄酒等，诸如此类的东西。垃圾箱、牛、马粪便，和其他肮脏恶臭的东西，都应该通过地下通道而清运出去。一个柱廊与另外一个柱廊之间的距离应该是 300 braccia，每一个柱廊都通过位于其上部街道的孔洞采光。在每一个柱廊处，都必须设置一个宽阔的圆形螺旋踏步阶梯，因为，如果用方形的阶梯，那么，处于转角的部分，就只能被一个人所使用。在第一个转弯处，应该设一个门，这个门是通向公用垃圾箱及小便池的，这些阶梯为从上层街道到下层街道的人提供了一个入口。上层街道是从城市大门处向外延伸的，在接近城门的地方，（门洞）的高度是 6 braccia 高。这里所描述的城市选址，应该是滨海，或是临一条大河，这样城市中的污水、垃圾，才会随波而下，被水冲得干干净净。[93]　〔60〕

由这里可以证明，莱昂纳多所做的城市规划的前提，明白无误地是功能性的：优先考虑的问题是如何将不同种类的交通分离开来，以及卫生设施的设置问题。同时，他的这一城市规划概念，似乎反映出了居民中存在的等级结构。[94]莱昂纳多也许是第一位公开表达了在狭促条件下（对事物处理的）不一致问题，并谈论了城市中存在的恶臭、污秽等事物的建筑学著作者，在他看来这一切与那些充满和谐与冥想的乡村生活恰好相反。对他来说，城市居民们是一些"被无穷无尽的疾病所缠绕的"人群。[95]

莱昂纳多的思想，远远领先于他所处的时代，并通过他的设计，及他的话语表达了出来。他设计了一座圆锥形的建筑物，他称之为"布道者的场所"[96]，很像是表现主义画家所绘的草图，形状是一个空球，在其几何中心部位，立了一根柱子，柱端有一个布道的讲坛，显然，这样的处理使布道者与他所有的听众，都是等距离的。

他还以格言的形式提出了许多与城市规划有关的指导性思想，如："街道之宽，当与房屋之平均高度相当。"[97]实际的与美学方面的考虑，可能同时出现于一个句子中："让每一座房屋孑然独立，惟如此才能尽展其真形实貌(la sua vera forma)。"[98]

莱昂纳多尚存的笔记也是非常具有实践性指向的，这也许可以使我们为他贴上一个功能主义的标签 avant la lettre，但是，我们也必须考虑到，其中还蕴涵有某种理论与美学的内涵，是他还没有来的及用语言表述出来的。

在建筑理论的边缘地带，是由多明我会的修士（Dominican friar）弗朗切斯科·克罗纳（Francesco Colonna，1433－1527 年）所著的《Hypnerotomachia Poliphili*》。[99]关于这位作者的身份，有很多猜测，但有一点可以肯定的是，他是属于北意大利人文主义者圈子里的人。[100]他生命中的很长一段时间，是在威尼斯、帕多瓦（Padu†）和特雷维索（Treviso）这个狭窄的三角地带度过的。[101]这本《Hypnerotomachia》是一部寓言讽喻性的小说，属于《罗马玫瑰传奇》（Roman de la Rose）‡ 和薄伽丘（Boccaccio）的《爱之景》（Amorosa visione）的传统，用的是对一个梦的回忆与追述的形式。[102]朱利叶斯·冯·斯克劳瑟（Julius von Schlosser）甚至将这本书称之为"具有浪漫色彩的维特鲁威著作的传奇式注解本"。[103]

书中所涉及的寓言性情节"梦中的爱情争斗"与我们这里的叙述没有什么关联。[104]主人公波利费罗（Polifilo）的梦中旅行，追求他所爱的波丽亚（Polia），是这一冗长的建筑学话本的基本框架，其中充满了丰富的文学畅想。在作为典范的古代陷入衰落的历史情景下，建筑学变成了由体验与历史构成的幻觉，而现在这一感觉只有在梦中才能获得。[105]文中的故事是用一种矫揉造作的语言讲述的，这是"一种由方言转换而来"[106]的语言，其中大量掺杂的希腊风格语汇使文体更加丰富。作者将他的梦设定在 1467 年，但是，他却从阿尔伯蒂（1485 年）和菲拉雷特的拉丁文译本[107]中，借用了不少内容。这个译本是由圣乔万尼·保罗修道院(friary of SS.

---

*《Hypnerotomachia》全名《Hypnerotomachia Poliphili》，作者 Francesco Colonna，威尼斯 1499 年出版，一本谜一样的旷世奇书，部分是色情兼田园牧歌式的小说，部分是学者论文，涉及建筑、景观、花园、工程、绘画和雕塑。被推为第一部意识流小说，书名"Hypnerotomachia"不易发音，中外文均无对译；"Poliphili"一词取自希腊，意味"many things"。——译者注
† 意大利东北部城市。——译者注
‡《罗马玫瑰传奇》(Roman de la Rose)，法国中世纪长篇叙事诗，分为两部分。第 1 部分写于 13 世纪 20 年代，长约 4300 行，作者 Guillaume de Lorris。他采用隐喻手法，以"玫瑰"代表少女，叙述"情人"追求"玫瑰"。——译者注

Giovanni e Paolo)于 1492 年获得的，弗朗切斯科·克罗纳正是隶属于这一修道院的，关于这一点已经有了充分的资料证明。[108]

尽管有极其精美的木刻版画，这可能是依据作者绘制的画刻制的[109]，而这一点也使这部书成为 15 世纪印刷物中的珍品，但是，书中文字的印刷却是一个败笔，因为它实际上是无法让人阅读的。虽然，阿尔布莱特·丢勒(Albrecht Dürer)似乎曾经想于 1507 年在威尼斯为这本书做一个拷贝[110]，这本《Hypnerotomachia》只是在 16 世纪时的法国，通过其法语译本，才得以在世间广为流布。[111]为了能够对克罗纳那非常个性化的有关建筑学的文本及其木刻版画进行解释，我们将对其中的部分内容加以讨论。[112]
[61]

在一个夹在两座高山之间的山谷地带，波利费罗突然面对了一座高耸入云的塔形建筑，这座建筑被描述为有着无数台阶的金字塔，在塔的顶端矗立着一座方尖碑，碑的顶端是命运之神的黄铜雕像[113]（图版 23）。这座宏伟的建筑比奥林匹斯山，或高加索山的任何山峰都要高，这座"一望无际，旷古未有，无比优雅精美、对称和谐的金字塔"的基座长度，被描述为 6 个 stadia（大约 900 米）长；可以通过 1410 步台阶，一直到达方尖碑下，这是比任何已知的建筑台座都要长的台阶。在这一描述中，作者向读者炫耀了他在有关方尖碑的古文物研究方面的知识，在一个由利比亚建筑师签名的题记中，作者以一种几可以乱真的笔法，加上了自己的话，这篇题记可能是哈利卡纳苏斯(Halicarnassus)的陵墓与奥古斯都在罗马的陵寝上的题记文本的综合物。[114]克罗纳描绘了一幅古代纪念性建筑的夸张画面，这座建筑使他笔下的英雄崇拜得五体投地，他激动得手舞足蹈，情不自禁地痛哭流涕。

在波利费罗后来的旅行中，他遇到了一个巨大的雕刻在黑曜石上的大象，在大象的背上，驮着一座绿色的方尖碑。[115]这个令人惊奇的形象，后来被伯尔尼尼在罗马创作的(雕像)圣玛丽亚与智慧女神密涅瓦(S.Maria sopra Minerva，1666 – 1667 年)前的纪念碑上变成了现实（经过了某种提炼）。[116]

克罗纳用了差不多 20 页的文字来描述一个门和门上的装饰。[117]他尤其以十分细腻的笔法描写了门的几何构成特征，其中的许多术语都是从阿尔伯蒂那里借用来的。[118]当克罗纳宣称"建筑的主要规则是求平方"，并从中产生和谐及"绝妙的组合"[119]的时候，他是在对由正方形所奠定的后期中世纪体系作出的某种回应，正如弗朗切斯科·迪·乔其奥曾经所作的一样。

这些有关建筑的叙述中，最重要的应当是费西佐的维纳斯神庙(Temple of Venus Physizoa)了。[120]（图版 24）在这里，又一次描述了这座建筑的穹隆顶的圆形大厅的几何构成[121]；确切地说，这座建筑是摹仿自古代后期的圣康斯坦察(S. Constanza)和罗马的圣斯提潘圆形大厅(S. Stefano Rotondo in Rome)。[122]这座神庙建筑，"以圆形大厅的建筑艺术形式"(per architectonica arte rotondo)，是为举行进入维纳斯王国的起始仪典而用的。而维纳斯是多明我会的修道士能够允许自己在梦中所表现的惟一的异教形象。

波丽亚引导波利费罗进入了波利安德隆(Polyandrion)，这是一座滨海的神庙，神庙中藏有许多人的墓穴（图版 25），现在，这座神庙已经变成了一座废墟，但是，对于来访者说，在这座废墟中，人们能够找到关于一个人的过去(primaevo)的痕迹，因此，这是一座"留给子孙后代的往事纪念碑"。[123]作者通过行文与木刻图版，传递了一种在废墟中特有的悲往事，泣千古的浪漫情趣，并引起一种对于并未曾引起人们注意的以往世界的惊恐与颤栗。这座废墟建筑的建筑师变成了黄金时代的见证人，一种怀旧式乌托邦的象征。[124]

波利费罗和波丽亚最后在希腊的基西拉(Cythera)岛上相聚了。这个"perameno loco"（克罗纳的 locus amoenus 一词的意大利化）——"快活之地"——是一个用集中式构图布置房屋的圆形岛屿，在这里建筑与自然结合而成一个经过规划的统一体。[125]克罗纳在这里很可能是摹仿自柏拉图所说的沉没于大西洋中的亚特兰蒂斯岛(Platonic Atlantis)，在这个岛上，"大大小小的带状水流与陆地，依序围绕着一个位于中心的高地"[126]；然而，完全是圆形的 locus amoenus 也是这样一座岛屿，只是用了中世纪流行的插图画的形式表现的。[127]在这座岛
[62] 的中心，坐落着一座圆形剧场，是模仿自罗马圆形大剧场的形式而设置的。在克罗纳有关基西拉岛的描述中，理想境界的元素，愉悦之地(locus amoenus)，和维纳斯王国，按照不同的层次，形成了一个处于自然与建筑之间的完美和谐体。克罗纳所想像的基西拉岛的形像，恰好是介乎菲拉雷特的斯弗金达城与托马斯·莫尔(Thomas More)与康帕内拉(Campenella*)的乌托邦式岛屿的中间形式。

贯穿于克罗纳的浪漫故事中的是神、人同形同性论的建筑学思想，这一思想常常可以清晰地在他所钟爱的

---

* 中世纪晚期意大利人，《太阳城》的作者。——译者注

波丽亚这个形象上体现出来。因而，一座隆起的坟丘也能够使他联想到波丽亚的乳房。[128]

这部充满了 14 世纪建筑理论回声的作品，在这里被蒙上了一层神秘的色彩。这一整个带有古典主义色彩的世界，在这里是一个完美理想世界的象征，与维纳斯崇拜的起始礼仪融合为一个整体，反映在梦中的这座建筑物，则坐落在一个浪漫主义的乌托邦世界中，并在熟练老道的古迹探究者与信口开河的狂想家之间找到了某种平衡。这是一种新的建筑感觉的模式，这种感觉构成了我们今日的《Hypnerotomachia Polifili》的重要性。

伯拉孟特，这位文艺复兴盛期最重要的建筑师的理论性著述，一定是早已遗失了，甚至，好像从来没有出现过一样。[129]伯拉孟特的《实践》（*Pratica*）一书似乎主要是关于建筑比例方面的理论的。但是，由专业雕刻师巴特罗摩·普里维达利（Bartolomeo Prevedari）于 1481 年刻制的标题性雕版画中，有一幅是仿自伯拉孟特的建筑画[130]，这幅画表现的是一个集中式平面建筑的透视形式的一些不很连贯的剖面，但是，从这张图中，我们可能推测出整座建筑的完整形象。[131]

引人注目的题记"伯拉孟特在米迪奥拉诺所画"（Bramantus fecit in Mediolano）无疑是在向人们炫耀伯拉孟特这位建筑师与透视画法的专家。最近的一个令人信服的研究证明，伯拉孟特是一部小书《"米兰透视，描刻画"，古代罗马透视》（'*Prospectivo Melanese, Depictore*', *Antiquarie Prospettiche Romane*）[132]（图版 26）的作者。这首关于古代罗马纪念性建筑的诗歌，是大约 1500 年发表并献给莱昂纳多的，其中最令人感兴趣的地方是那幅木刻版画封面，描绘了作者赤裸着身体，跪在一个圆圈中，用一个圆规在量度一些几何形体。卡洛·彼德莱特（Carlo Pedretti）引证了古列尔莫·德拉·波尔塔（Guglielmo della Porta）写给巴托洛梅奥·阿曼纳蒂（Bartolomeo Ammannati）的一封信，来说明这一形象所内涵的意义。这封信中谈到，伯拉孟特曾试图说服每一位来到罗马的建筑师，应该像蛇蜕皮一样，脱去自己的衣服，抛弃他们自己已经学到的一切。[133]以一种建筑师的赤裸之身，返回到几何、透视与古代。随着他移居罗马，伯拉孟特与他以往的建筑告别，如那幅木刻画中所寓意的，他变成了一位古代建筑的复兴者，他的建筑作品很快就与那些最初的复兴建筑，如塞利奥与帕拉第奥的作品，平起平坐。塞利奥尤其谈到了伯拉孟特的重要性，并认为他标志出了与文艺复兴早期建筑作品的显著不同，他说："伯拉孟特使那些从古至今长眠于地下的优秀建筑获得了再生。"[134]

现在惟一尚存的伯拉孟特有关建筑的直接谈论，是他与莱昂纳多和迪·乔其奥一起提交的关于在米兰大教堂上设穹隆顶的建议书。[135]伯拉孟特的报告是于 1488–1490 年拟就的[136]，他的报告概念清晰，措辞严谨。并不令人感到惊奇的是，他将主要的着眼点放在了静力学（forteza）上，充分考虑了结构问题的复杂性。然而，他关注的第二个问题是，（在改建后）如何保持与原有的哥特建筑在风格上的一致性，这不仅回应了阿尔伯蒂的思想，也表现了伯拉孟特令人惊异的历史敏感性。只有经过这样一系列考虑，才能最终达到既有灵活结构，又有优美形式的建筑标准。伯拉孟特所提出的设一个方形鼓座的建议，后来在他的学生切萨里亚诺（Cesariano）有关维特鲁威的说明中，找到了相关的具体说明。 〔63〕

圣芳济会的修道士兼数学教授，卢卡·帕西奥里（Luca Pacioli，约 1445–1514 年之后），在 15 世纪结束的时候，曾经对当时的思想潮流作了一个引人注目的综合。可能是出生于圣塞波克罗的波戈（Borgo S. Sepolcro），帕西奥里是皮耶罗·德拉·弗朗切斯科（Piero della Francesco）的学生，在他的生活中，曾经与阿尔伯蒂、伯拉孟特、弗朗切斯科·迪·乔其奥，及莱昂纳多·达·芬奇有过密切的接触。由于身兼数学家与艺术理论家为一身，他是一位最早的，也是最重要的编辑家，而且他并不介意作一名文抄公。但他忽略了作为一个正常学者的责任，沉湎于在一所又一所大学作巡回演讲听到掌声时的愉悦与兴奋之中[佩鲁贾（Perugia），那不勒斯（Naples），帕多瓦（Padua），比萨（Pisa），博洛尼亚（Bologna）]。他可能是丢勒（Dürer）于 1506 年博洛尼亚的神秘之行中所拜访的对象，因为那时他恰好在那里作讲演。[137]

他的论文《神圣比例》（*Divina proportione*），发表于 1509 年[138]，涉及了一个相当广泛的领域，诸如哲学、透视学、绘画、雕塑、建筑学、音乐和数学等。

在《神圣比例》的第一部分，他谈到了"黄金分割"的问题，在第二部分中，也不时地谈起这个问题，不过这都是一些匆忙草就的有关"建筑学的……标准方法"（norma e modo … de l'architettura）的概述。第三部分是皮耶罗·德拉·弗朗切斯科所写的"五种规则物体的论述"（Libellus de quinque corporibus regularibus）的意大利译文，但是在这里，帕西奥里并没有注明这篇文字的作者是他的老师[139]；这一部分的插图是由莱昂纳多·达·芬奇绘制的。虽然帕西奥里步欧几里得（Euclid）的后尘，将"黄金分割"作为"神圣比例"，但是，必须注意的一点是，与人们的一般概念相反，在文艺复兴时期这一比例关系并不为人们所十分瞩目，那时的人们更倾向于整数的算术比。[140]然而，这部书的前两部分并没有什么关联，而且，作者在他的"建筑论文"中，也几乎再没有提起"黄金分割"这一问题。这篇论文及其内容都是按照一种很传统的方式写作的，其特点是说明性的，更倾向于理论而不是实践方面。比例(Proportion)与均衡(Proportionalità)是以一个单一的关键性建筑学概念而出现的。将维特鲁威与弗朗切斯科·迪·乔其奥的观点加以综合——但却没有提起后者的名字——帕西奥里从人体出发，演绎出了建筑的每一个量度与形式；并通过它揭示出了"自然的内在秘密"(intrinsic secrets of Nature)。[141]

由弗朗切斯科·迪·乔其奥所描绘的城市概念的轮廓，即以大本营作为头部，类比于人体的比例，在这里再一次被重复了出来。另外，圆形与方形也被保留为"最重要的形式"，维特鲁威人的概念，被强行塞进了一个具有普遍性的框架中，并从人体比例中推演出这一切。[142]人的头部比例是从一个等边三角形中演绎出来的，这是早已被维拉德·德·赫纳克特(Villard de Honnecourt)作过的一个分析。[143]帕西奥里认为比例与无理数之比两者都是某种"大致性的判断"(degno arbitrio)，在计算它们的时候，只需简单地四舍五入(razia)即可。[144]

从表面看来，帕西奥里对于柱式的理解是从维特鲁威那里沿袭来的，但他添加了某种心理要素：在他看来，爱奥尼柱式表现了忧伤与抑郁，而科林斯柱式则代表了愉悦与欢快。[145]他讨论了有关柱式的一些特殊理论问题，但是，却没有得出什么在建筑创作中能够实际应用的结论与规则。这是一篇临时拼凑的、片断而零碎的论文，而且，他在文中题记中所作出的将以使人更容易理解的方式重新调整他的这篇论文的诺言，从来没有能够兑现。[146]

[64] 像弗朗切斯科·克罗纳一样，卢卡·帕西奥里将有关比例的理论变成了一种玄奥的教条，一种"神秘科学"(secretissima scientia)，恰如他的书名《神圣比例》所标示的。对于维特鲁威的学说，及古代建筑的研究相对比较开放而无所拘束的时代，在1500年前后就已经结束了，从那以后，一般潮流是走向标准化与教条化。

在15世纪结束的时候，对于一种澄清建筑概念的需求仍然能够感觉得到。弗朗切斯科·马里奥·格拉帕尔迪(Francesco Mario Grapaldi)写了《建筑剖析》(De partibus aedium)，为满足需求，这本工具书从1494年到1618年间，曾以多种版本出现[147]，但是，这却是一本很难使用的工具书，因为其中的建筑术语，及其历史解释不是按照字母顺序排列的。而且，对任何基础性理论概念缺乏解释。然而，作为第一部"建筑学专业辞典"这是成功的，我们从它的多次再版就可以清楚地知道这一点。

人文主义者保罗·科泰西(Paolo Cortesi, 1471–1510年)在他的短文《论宫殿》(De cardinalatu)(第二书，第2章)[148]，在一种特殊类型的建筑，即宫殿建筑方面，表达了某种较为深入的见解。他从一种功能的观点，详细描写了宫殿的选址、平面布局，主张从古代原型中进行模仿。其中比较有趣的一点是，他将装饰部分按照两种不同的规则划分，取决于是建筑室内装饰，还是建筑外部装饰。他关于建筑外部装饰的思想，是建筑历史上的一个里程碑，正是这一观点清晰地将盛期文艺复兴，与早期文艺复兴的15世纪区分开来。[149]通过阅读阿尔伯蒂的著作，科泰西得出一个结论，一座具有宏伟体量与壮丽外观的宫殿建筑，能够使反叛的暴民也拜倒于其下，从而防止他们的劫掠。而在一座宫殿的室内装饰中，具有说教性的壁画则是必不可少的。科泰西的这篇短文，对于我们理解盛期文艺复兴时期的意大利宫殿建筑是一份十分重要的文献。[150]

在塞利奥于1537年所写论文的第四书发表之前，有一个令人十分疑惑的缺憾是，在盛期文艺复兴时期，缺乏有关五种柱式的任何可操作性的规则，但随着最近藏于巴黎国家图书馆的这本书的手抄本的出版，这一缺憾得到了部分的补偿。[151]这本手抄本的原稿，明显是他于1520年以后，在锡耶纳(Siena*)完成的，这一本是较早的一个副本，与佩鲁齐有着某种关联，是关于塞利奥的一个很重要的文献。从这篇论文的文本与插图中，揭示出当时存在着如何把握五种柱式的一般规则，也预示了存在着某种为正确把握柱式的适当尺度，而提供工艺指南的较早尝试的文本。这篇论文中蕴涵的工艺指南性特征，是在关于塔斯干柱式的第一段解释的开始部分披露出来的，那位匿名的作者从假定为柱子的直径预先确定一个尺寸出发，然后一步一步地推算出其他建筑构件各部分的尺寸："注意先选择柱子的任意高度，然后将它分成6份，这样你就有了一个基本的量度。"[152]

要弄清关于柱式的这些规范性文本为什么一直没有出版，是一件十分困难的事情，尤其是在塞利奥、布卢

---

* 意大利中部城市。——译者注

姆(Blum)和维尼奥拉(Vignola)著作的出版如洪水一般倾泻，(文艺复兴建筑艺术的)曙光已经出现，因而，对于柱式规范性的需求也十分明显的时候，更是如此。[153]

版本情况

　　菲拉雷特(Filarete)，在19世纪后期曾出现一个不很可靠的仅有部分内容的版本，其中有部分意大利文，还夹杂着一些德文的段落，"安东尼奥·阿韦利诺·菲拉雷特的建筑专著，涉及艺术论述和美第奇的建筑的书"(Antonio Averlino Filarete's Tractat über die Baukunst neben seinen Büchern von der Zeichenkunst und den Bauten der Medici)，沃尔夫冈·范·厄廷根(Wolfgang von Oettingen)编辑，[《艺术历史资料集，佛罗伦萨国家图书馆，第3卷》(*Quellenschriften für Kunstgeschichte*, N.F. vol. Ⅲ)]，维也纳，1890年。一个附有英文翻译的印制技术很好的重要手抄本的影印本[原藏佛罗伦萨国家图书馆(Biblioteca Nazionale, Florence)善本部(Codex Magliabechianus, Ⅱ.I.140)]，由约翰·R·斯彭切尔(John R. Spencer)出版，《菲拉雷特的建筑论文》(*Filarete's Treatise on Architecture*)，2卷本，纽黑文－伦敦出版社(New Haven–London)，1965年(第一卷：译文；第二卷，影印本；参见：彼得·蒂戈勒(Peter Tigler)在《艺术手册》第159期(*The Art Bulletin*, XLLX)发表的译文评述，1967年，第352–360页)。第一部有注解的重要版本出现于1972年：《安东尼奥·阿韦利诺·菲拉雷特，论建筑》(*Antonio Averlino detto il Filarete, Trattato di architettura*)，安娜·玛丽亚·菲诺里(Anna Maria Finoli)和利利亚娜·格拉西(Liliana Grassi)编辑，2卷本，1972年(虽然不如斯彭切尔的版本印刷质量好，但在第一卷中，有佛罗伦萨国家图书馆善本部Ⅱ.I.140所藏的图版)。〔65〕

　　弗朗切斯科·迪·乔其奥·马蒂尼(Francesco di Giorgio Martini)，《建筑、工程与军事艺术著述》(*Trattati di architettura, ingegneria e arte militare*)，克拉多·马尔塔斯(Corrado Maltese)编辑，抄本由利维亚·马尔塔斯·道格拉斯(Livia Maltese Degrassi)出版，2卷本，米兰，1967年。《阿绪本汉抄本361》(Codice Ashburnham 361)，佛罗伦萨圣洛伦兹图书馆，弗朗切斯科·迪·乔其奥·马蒂尼的建筑专著》(*Il Codice Ashburnham 361 della Biblioteca Medicea Laurenziana di Firenze, Trattato di architettura di Francesco di Giorgio Martini*)，2卷本，影印本和评注本，路易吉·菲尔波(Luigi Firpo)和彼得罗·C·马拉尼(Pietro C. Marani)编辑，佛罗伦萨，1979年；这本影印本的质量极佳，其文本中的语言比马尔塔斯本的更为可信。

　　弗朗切斯科·克罗纳(Francesco Colonna)，《Hypnerotomachia Polifili》，由乔万尼·波兹(Giovanni Pozzi)和卢西卡·A·夏伯尼(Lucia A. Ciapponi)出版的评注版与注释版，2卷本，意大利帕多瓦(Padua)，1964年。1592年的英文译本的再版：《Hypnerotomachia：一场梦中的爱情纠葛》(*Hypnerotomachia: The Strife of Love in a Dreame*)，纽约，1976年。

　　修士卢卡·帕西奥里(Fra Luca Pacioli)，《神圣比例》(*Divina Proportione*)，带有德文译文的意大利版本，并附有康斯坦丁·温特伯格(Constantin Winterberg)的注释[《艺术历史资料集，佛罗伦萨国家图书馆，第2卷》(*Quellenschriften für Kunstgeschichte*, N.F., Vol II.)]，维也纳，1889年。一个有注释的节选本，包括第二部分，即《论建筑》(*Trattato de l'architettura*)的全文，阿纳尔多·布鲁斯奇等著(Arnaldo Bruschi and others)，《文艺复兴建筑论述》(*Scritti rinascimentali di Architettura*)，米兰，1978年，55页。据说一个英文译本：《神圣比例》(*The Divine Proportin*)，将于1991年7月，在纽约出版。

第五章 文艺复兴时期维特鲁威的传统

〔66〕 正像事情已经显示出来的，并不像波焦·布拉乔利尼(Poggio Bracciolini)的传奇故事中所说的，于1416年在圣加伦(St Gallen)"发现"的《哈里亚努斯抄本》(Codex Harleianus)[1]，才再一次将注意力集中在维特鲁威那里——自从早期人文主义者，彼特拉克*(Petrarch*，1304－1374年)和薄伽丘(Boccaccio)的时代以来——有关维特鲁威的知识就一直在一个相对广泛的范围内传播着——至少在意大利是这样。维特鲁威被很自然地接受，成为了15世纪意大利建筑理论的一个背景，如我们已经看到的，人们以超乎寻常的自由，对他的理论进行解释。然而，由于语言与术语上的困难，人们迫切需要带有注解的版本，或可以理解的译本。弗朗切斯科·迪·乔其奥，由于在自己的论文中经常引用维特鲁威的话，因此，他于1470年代将维特鲁威的论文[2]翻译成了意大利文。另外从15世纪末到16世纪初，还曾有过许多其他的译本，只是这些译本从来没有正式出版过。[3]

15世纪后期围绕维特鲁威的当务之急，特别集中在作为比例要素的"维特鲁威人"(维特鲁威，Ⅲ，Ⅰ.)。弗朗切斯科·迪·乔其奥在他的《建筑论》(Architettura)中，涉及了维特鲁威的这一章节的论述，并附上了他用徒手绘的一些图来加以说明，他还直截了当地说，城市与建筑应当符合同一条规则。[4]莱昂纳多·达·芬奇的手中有一份弗朗切斯科·迪·乔其奥的著作的手抄本[5]，在他谈到他那著名的有关"维特鲁威人"的图形时(图版21)，他逐字逐句地引用了其中有关维特鲁威的这一章节。用意大利语记下了维特鲁威的这段文字。[6]莱昂纳多将"圆中人"(homo ad circulum)与"方中人"(homo ad quadratum)综合成为一个完整的图形，而后来的一些维特鲁威的注释者们，却将这两者拆分开了。很有可能的是，莱昂纳多在绘制这幅图时就已经酝酿了他计划中的建筑论文的一个腹稿，只是一直没有实现罢了，但围绕这一目标的其他一些材料仍然可以找到。

与15世纪对于维特鲁威所持的灵活态度相反，16世纪我们看到了某种日益增长的教条主义倾向。有关维特鲁威的出版物、翻译本、注释本，一时间充斥坊间，成为装载建筑理论的大笊篱，即使是新问世的论文，也要与维特鲁威攀上一段姻缘，维特鲁威几乎成为理论准则的代名词了。因此，可以说16世纪的建筑理论之苗，是背依着"维特鲁威主义"这棵大树滋长起来的。由于这个原因，我们很需要给许许多多维特鲁威著作的版本，梳理出一个头绪[7]。

第一次通过印刷出版的维特鲁威的著作，可能是由意大利韦罗利(Veroli)的乔万尼·萨尔比西奥(Giovanni Sulpicio)于1486年在罗马出版的[8]；书的后面还附有弗朗汀努斯(Frontinus)的《罗马城的古代沟渠》(De aquae-ductibus urbis Romae)。尽管萨尔比西奥是在许多维特鲁威手稿的基础上出版的他的版本，但是，人们很快就发现这是一个糟糕得几乎不能被接受的本子。尽管如此，这一版本还是多次进行了重印(威尼斯，1495年；佛罗伦萨，1496年)，在1496年的重印本中，还加入了5张基本的插图(一张罗经刻度盘及各种几何原型图)。[9]

维罗纳(Verona)的修士乔贡多(Fra Giocondo)是否参与了1497年在威尼斯的一个版本的出版，尚不清楚。[10]然而，在1511年出现了由修士乔贡多编辑出版的出人意料的一个版本，这个版本提供了一个比较可信的文本，并包括一个按照字母顺序排列的索引，除此之外，对于理解维特鲁威著作起到更为重要作用的是，在这个

---

*意大利诗人、学者，欧洲人文主义运动的主要代表。——译者注

版本中包含有 140 幅木刻图版。[11] 修士乔贡多在给教皇尤利乌斯二世的献辞中，不仅说明了他的版本所依据的　〔67〕
文本标准，也借用了维特鲁威著作第一书的导言中的话，就像维特鲁威对待奥古斯都一样，将尤利乌斯二世比
作了伟大的建设者："您(的建筑)不仅超越了我们时代所有的领导者，而且，无论在数量上，还是在宏伟壮丽
上，也都超越了以往历史上的任何一个时期。"[12]

　　修士乔贡多的图版[13]对于后来的大部分维特鲁威著作出版都产生了决定性的影响，无论是作为文字部分的补
充说明，还是作为建筑的范例，都是如此。例如，乔贡多所描绘的女像柱与波斯战俘的故事，这些战俘的形象
被用来作为建筑构件，来支撑上部的柱楣或柱楣线脚，以此作为对这些战俘进行的某种看得见的惩戒形式[14]，其
实，维特鲁威(I.I)仅仅是作为一位建筑师必须了解的历史知识而谈到了这个故事。也许再没有一个后来的维特
鲁威的版本会轻易放弃用图示来描绘这些基本的外围知识的可能。如果不是基于对这些章节及其插图的兴趣，
我们就无法解释何以在文艺复兴时期，人们会在建筑中引入女像柱的做法，因为，关于雅典卫城内伊瑞克提翁
神庙(Erektheion)上的女像柱，是在 18 世纪时通过有关希腊的书籍中(除了通过罗马的复制件)才为人们所熟知
的。

　　维特鲁威所使用的建筑表达方式(I.2)如平面图法(ichnographia)，正字图法(orthographia)和全景图法
(scaenographia)，分别被乔贡多表述为平面、立面与透视图。[15] "维特鲁威人"(Ⅲ.I)被乔贡多复制成了两
张图[16]，而这两张图为后来出版的有关这一内容的几乎所有图形，提供了一个基本的出发点(图版 27)。乔贡多
是用图示的方式来说明维特鲁威(V.I)所描绘的法诺(Fano)的巴西利卡的第一人，尽管他仅仅提供了一张平面
图。[17]这座维特鲁威在文字中曾经提到的地处偏僻的建筑物，在所有维特鲁威著作插图中，起到了一个十分重
要的作用。[18]

　　修士乔贡多 1511 年的这一杰出而昂贵的版本，为几年后随之而来的那些较简单、也较便宜的版本铺平了
道路。这些版本的其中一本于 1513 年在佛罗伦萨出版，并且，再一次将弗朗汀努斯的《罗马城的古代沟渠》
作为附件，只是没有附以插图。[19]这个版本是献给朱利亚诺·德·美第奇(Giuliano de'Medici)的。书中木版画
的幅面明显地缩小了，形式上也比较粗糙，有些图甚至是完全错误的(图版 28)。与 1511 年的版本进行比较，
仅仅增加了一幅新的木刻版画插图，这是一幅关于哈利卡纳苏斯城(Halicarnassus*)的说明图，这是维特鲁威
(Ⅱ.8)在谈到不同的石工做法时所讨论过的一个内容。[20]

　　大约在 1514 年，人文主义者法比奥·卡尔沃(Fabio Calvo)完成了一个维特鲁威著作的译本，据说拉斐尔曾
计划要给这一译本画插图。[21]显然，因为拉斐尔许诺的插图最终没有兑现，这个译本也就一直没有出版。[22]如果
这本书能够付梓，也许是第一个具有现代意义的由人文主义者与艺术家组成的"团体"[卡尔沃、弗尔维
(Fulvio)、拉斐尔和修士乔贡多]协作而成的插图译本。[23]维特鲁威对于拉斐尔们的圈子的影响，从拉斐尔与巴
尔达萨雷·卡斯蒂廖内(Baldassare Castiglione)写给利奥十世(Leo X)的一封信中[24]，可以看得十分清楚。这封信
中最重要的部分，是透露出了信的作者对于尘封已久的古代的理解。

　　一个包括有特别详尽的注释的意大利译本，于 1521 年由伯拉孟特的学生，画家兼建筑师切萨雷·切萨里
亚诺(Cesare Cesariano，1483 – 1543 年)完成。[25]切萨里亚诺是将他的翻译本建立在 1497 年的拉丁文版本与 1511
年乔贡多版本的基础之上的。切萨里亚诺版本的特点——这些特点既反映在他的插图中，也反映在他的注释中
——是因为他本人有关古典及文艺复兴建筑方面的知识，都只局限于北部意大利的这一事实。切萨里亚诺把他　〔68〕
自己的任务看作是"通过把罗马的原型与出现于维特鲁威文本中的一般性内容在所熟悉的建筑中的表现形式来
重建古代建筑学。"[26]他的插图中为我们显示了北意大利文艺复兴建筑的一些常规词汇。像通常一样，女像柱
与波斯人[27]是排在最前面的，这是作为维特鲁威第一书第一章的附图来用的，但是，以一种装饰风格使得这些
图形已经更适宜当时人的使用。附在主要文本旁边的，还有切萨里亚诺的一个用较小字体印刷的十分细致的注
释。切萨里亚诺将维特鲁威的术语如平面图法、正字图法和全景图法[ichnographia, orthographia, scaenographia,
(维特鲁威，I.2)]，用米兰大教堂的一个平面、剖面与三角形的立面表达了出来。[28]他十分清楚这是起源于北
方地区的(图版 29)。关于这个三角形，他在他所附的注释中说："这是与米兰大教堂中的德国建筑师所使用的
几乎完全相同的一个体系。"[29]切萨里亚诺对于哈利卡纳苏斯城的解释[30](维特鲁威，Ⅱ.8)可以回溯到乔贡多于

---

*位于土耳其。——译者注

1513 年的一个适当的说明，而他的富丽堂皇则更容易使人联想起 15 世纪末的北方意大利城市(图版 30)。

切萨里亚诺为解释"维特鲁威人"(维特鲁威，Ⅲ.I)而用了一个很详细的注释与两张整页的图面。但是，附在图上的解释文字却不大清楚。[31]很可能切萨里亚诺对于莱昂纳多的版本比较熟悉。[32]在他解释有关"圆中人"(homo ad circum*)的描述时，他显然还是在描绘一幅中世纪的宇宙哲学[33]："在上面关于人体的图示中，通过对其四肢(的研究)，我们将学会，如我们所说的，如何与大地上的任何其他东西找到一种同构。"[34]

在一幅用来说明维特鲁威有关三种柱式的图版中[(图版 31)，维特鲁威，Ⅳ.I]，切萨里亚诺指出了在比例方面的可能变化；在这里他也使用了流行于 15 世纪伦巴第的装饰风格[35]。这是第一次将几种柱式放在一幅图中，并采用了后来曾经产生了广泛影响的塞利奥和维尼奥拉作品的形式。

维特鲁威在法诺(Fano)的巴西利卡[(图版 32)，维特鲁威，Ⅴ.I]也第一次在这里用平面、剖面与立面的形式进行了说明。[36]但是，不仅由伯拉孟特设计的在米兰的圣玛里亚·迪·圣撒地诺教堂的立面[(约 1480 年，图藏卢浮宫(Louvre)]，和由佩鲁齐设计的卡比大教堂(cathedral at Carpi，1515 年)的立面，而且也包括切萨里亚诺自己在米兰设计的圣塞尔索教堂(San Celso)，都被说成了是这幅图的原型。[37]如他自己所解释的，在这幅图中，切萨里亚诺为他自己的时代，示范了一种适当的典型建筑形式。因此，他说："在这一图幅中，维特鲁威为上面提到的所有建筑(即巴西利卡)，提供了一种建造的方法。"[38]

尽管切萨里亚诺的版本装帧奢侈而昂贵，但他的这个译本以及他所附的注解，产生了广泛的影响，这不仅因为他所使用的意大利语文本，使人们更容易读懂，而且也因为他所提供的插图及注解，与当时的建筑实践之间，建立了一种直接的联系。对于从历史的角度理解维特鲁威，切萨里亚诺没有作出什么贡献，但是，他却为将维特鲁威的思想应用到他所在时代的建筑创作中，起到了很大的作用。虽然他的这个版本中存在的历史的不可靠性，没有能够逃过 16 世纪有一点历史知识的读者们的眼睛，但是，他的那些插图在影响力上却大大超过了乔贡多的版本。

1523 年在里昂(Lyon)出现了乔贡多于 1513 年编纂的维特鲁威著作版本的重新发行本，在这个版本的目录页中，可以看到一些全新的插图目录[39]，这些新的插图毫无疑问是从切萨里亚诺 1521 年的版本中复制而来的。1523 年的这个版本提供了乔贡多和切萨里亚诺两种版本中插图的一种奇怪的混合。在维特鲁威有关平面图法、[69]正字图法和全景图法的定义中(维特鲁威，I.2)，这个版本中既提供了乔贡多的插图，也提供了切萨里亚诺的插图，即米兰大教堂的平、立、剖图[40]，但却没有作任何解释性的附注。在相关的说明中，仅仅提到这些插图已经被处理为"日耳曼式的摩尔人风格"(germanico more†)。关于哈利卡纳苏斯城的插图是来自切萨里亚诺的版本的，而"维特鲁威人"图，以及关于维特鲁威的法诺的巴西利卡图，则是来自修士乔贡多的版本的。[41]很明显地是出版商迫不及待地要发行这个版本，以期取得较好的市场效果。虽然，这个版本的版式与 1513 年的版本几乎是相同的，但显然里昂的出版商们从来没有接触过佛罗伦萨版本所使用过的印版，其结果是所有的木刻版画(不仅仅是切萨里亚诺版本的复制件)都是匆忙将就而成的，在图的质量上明显缩水。例如，他们竟匆忙到了将一幅图的首尾倒置，放进了书中。[42]

1524 年据说是由杜朗特堡的弗朗切斯科·卢蒂奥[Francesco Lutio of Castel Durante，因此他又名杜朗蒂诺(Durantino)]完成的一个译本[43]在威尼斯出版。事实上，这个编有页码的对开本版本中的文本，是从切萨里亚诺 1521 年的译文文本中借用而来的，但其插图却是重新使用的乔贡多 1511 年版本的印版，因为，这个版本原本也是在威尼斯出版的。

1526 年我们第一次看到了一个用西班牙文出版的以对话形式出现的维特鲁威著作的版本。[44]这个版本的作者是迭戈·德·萨格雷多(Diego de Sagredo)，在他解释术语"栏杆"的同时，也萌生了一种发展具有西班牙民族建筑形式特点的理想。这标志了发生在后来的，尤其是在法兰西的，有关民族形式"柱式"的一系列讨论与争论的第一步。类似这样的以维特鲁威文本的摘要，再附上以乔贡多与切萨里亚诺为基础的插图而形成的版本，变得越来越普及，并且以几种不同语言的文本形式，逐渐流传开来。[45]

---

* "circulum"与"circum"同源。拉丁文"circum"为介系词，有"around"之意。表示"四周，周围"之意。拉丁文"circa"=(around, adv., prep.)，"circus"=(circle, nm)，"circuitus"=(circuit, nm)，和英文的"circle"(n. 圆形)，"circular"(a. 圆的)，"circulate"(v. 循环)等字，均与"circum"同源。——译者注

† 对译英文：Germanic Moorish。Moorish：摩尔人风格的，指 8－16 世纪西班牙一种建筑风格，具有蹄形拱和华丽装饰的特征。——译者注

　　1536 年，佩鲁贾的乔万尼·巴蒂斯塔·开普拉利(Giovanni Battista Caporali of Perugia，1476－1560 年)开始对他的前辈学者们的版本，尤其是切萨里亚诺的版本，进行梳理修正，在此基础上他完成了一个附有注释的维特鲁威著作的前五书的新译本。[46]事实上，无论是文本，是注释，还是插图，在很大程度上都是在他对切萨里亚诺版本修正的基础上形成的。

　　在接下来的 10 年里，由修士乔贡多于 1511 年，以及切萨里亚诺于 1521 年完成的两个版本，都分别被抄袭、剽窃，用偷梁换柱的形式以一些其他人的名义出版。我们可以推测，在人文主义者方面，对于这样一种潮流肯定是采取了抵制态度的。

　　1531 年，建筑师小安东尼奥·达·桑迦洛(Antonio da Sangallo the younger)对充斥在眼前的那些粗制滥造的维特鲁威版本感到灰心丧气，决心要再完成一个新的翻译本，然而，他的这一弘愿最终也未能实现。但是，他却留给了我们一份他为这一计划而写的前言。[47]在这份文字的一开始，他就用很激烈的口吻说，直到他的那个时代以前，维特鲁威的思想就一直没有被人们所能真正理解。因此，他说：现存的"赝品，或者，不妨叫做版本"(trascrizioni overo stampazione)都是"无知的产物"(fatte ignorantemente)，他发誓要再一次回到最老的手抄本上去，而不依赖任何已经存在的印刷版本。他也说，要探索维特鲁威著作的源头，要参照尚存的实际古代建筑去核对他的每一个论点。

　　桑迦洛的这篇文字中的一部分，预言了维特鲁威学会的建立。这个学会是于 1542 年在罗马成立的。这个学会是在红衣主教伯纳迪诺·马菲(Bernardino Maffei)扶植下建立起来的，由法国人吉劳姆·费兰德(Guillaume Philander)日常负责，这个人曾经于 1544 年出版了一份关于维特鲁威的注解；此外，(学会中还有)年轻的建筑师维尼奥拉(Vignola)，以及最重要的，锡耶纳的人文主义者克劳迪奥·托洛美(Claudio Tolomei)；在他于 1542 年 11 月 14 日给阿戈斯蒂诺·德·兰迪伯爵(Count Agostino de'Landi)的一封信中，提出了学会的计划与章程。[48]

　　托洛美是从寻找一个带有注释的具有关键性的拉丁文的版本开始的。由于维特鲁威曾经为他的著作附过插图，因此，这个新的版本也必须有插图，但不能是像修士乔贡多所作的那样给人以误导。更进一步，这个新版本应该附上一个有说明的名词索引。在这样一个版本的基础上，一个"用托斯卡纳方言的"(in bella lingua 〔70〕 Toscana)新的译本也应该被完成，同时，还提供了一个名词术语的索引。下一个目标就是通过对大量古代建筑实例的分析，以核对维特鲁威的那些论点——这其实是一个已经由阿尔伯蒂完成了的任务，只是他的名字没有被提到。这样一套设想使得托洛美产生了要实现一个有关古代建筑的完整文集的庞大计划，这应该是一个以用罗马尺作统一量度(以与当时的尺寸单位相吻合的方式)的测量图为基础的文集，这个文集中还应附有平面、立面，以及所有必要的细部图。在这样一个有关古代建筑的文集出版之后，应该按照同样的模式出版有关古代雕塑、花瓶、题铭、绘画，以及徽章的文集。托洛美所面对的反对意见说，这样一个庞大的计划也许有些过于雄心勃勃，因而也许是一个根本无法实现的计划，要实现这个计划，即使是"许多有志者"(molti belli ingegni)能够齐心协力，这整个计划也需要整整三年的时间才能完成。

　　托洛美是从文本评鉴与考古学两个方面来接近维特鲁威的著作的。对于维特鲁威学会来说，这是对古代建筑学系统地进行重新评价的一种策略与动力。但是，学会雄心勃勃的计划最后还是化为了泡影，甚至连一个维特鲁威的新版本也没有能够完成。惟一的成果是于 1544 年出版的由吉劳姆·费兰德加了注释的维特鲁威著作[49]，从中反映了 16 世纪的人对维特鲁威的观察与思考，我们很难将这一成果看作是维特鲁威学会既定计划中的一个部分。

　　维特鲁威学会的失败意味着维特鲁威著作的出版将很快会仍然回到修士乔贡多与切萨里亚诺的轨道上来。文艺复兴在法国与德国的崛起，在这两个国家也创造了对于维特鲁威文本的翻译本的需求。第一个法语译本于 1547 年在巴黎问世，这是由法国人文主义者让·马丁(Jean Martin)翻译完成的，同时，由雕刻家让·古琼(Jean Goujon)提供了一些新的图版。[50]这个译本是在修士乔贡多版本的基础上，参考了切萨里亚诺版本中的内容。书中的图版也是来自这两个版本[51]，但是，由塞巴斯蒂亚诺·塞利奥(Sebastiano Serlio)于 1537 年发表的《建筑学的一般原则》(Regole generali di architettura)[52]中的第二书中关于悲剧、喜剧与滑稽剧的舞台布置的平面图及描述，被第一次以维特鲁威著作中专为剧场所作描述的插图而使用了(维特鲁威，V.6，7)。

　　古琼的插图是格外精致的。他所渲染的女像柱图与波斯人像柱图(维特鲁威，I.I)[53]，在古典精神上远远超过了修士乔贡多与切萨里亚诺。[54]由古琼于 1550/1551 年设计建造的卢浮宫中的所谓女像柱厅[55]中，由女像柱支撑纪念性讲坛的概念，如果没有维特鲁威的文本及古琼于 1547 年所附的插图，是很难被解释清楚的。在这一联系中，关于罗马时代沿用自雅典卫城伊瑞克提翁神庙中的女像柱式样，是否一直用作古典风格的范例，只是第二位重要的问题了。[56]

有关"方中人"(homo ad quadratum)(维特鲁威，Ⅲ.I)[57]的插图，是在切萨里亚诺的基础上完成的，但是，从第一张图中可以看出，古琼对于人体的比例表现出了相当大的兴趣，而作为第二张图的正方形内接圆，很可能暗示出他对"圆中人"(homo ad circulum)理解的还不够充分。

〔71〕   在一张折页的图版中[58]，像塞利奥一样，古琼对五种柱式及彼此之间的相互关系做了说明，但与塞利奥不同的是，他特别指明了在同样高度下，柱子的直径是如何变化的(图版 33)。古琼是第一位对爱奥尼柱头的涡卷的构造给出了详细说明的人。[59]关于这一点也许可以追溯到他与费利伯特·德洛姆(Philibert Delorme)的接触上来，在书的结语中，他很清楚地提到了这件事。有一点需要说明的是，让·古琼将自己描述为"建筑研究者"(Studieux d'architecture)，这也是我们目前遇到的第一位直接向读者亮明自己身份的(维特鲁威著作的)注释与插图者。[60]由于是与一个注解同时展开的，马丁的译本不可避免地令人难以理解，但这是自 1673 年克洛德·佩罗(Claude Perrault)的注释翻译本出版之前，惟一的法语译本，而后者却有着深远得多的影响。

在德国，第一部维特鲁威的译本是在 1548 年问世的。在此之前，受过人文主义训练的医生与数学家沃尔特·里夫(里维尔斯)[Walther Ryff(Rivius)]他于 1548 年出版这部注释本的德文版之前，已经于 1543 年在斯特拉斯堡出版了一个拉丁文的版本[61]，斯特拉斯堡的版本是在修士乔贡多的文本的基础上，加入了来自乔贡多和切萨里亚诺的图版。[62]里维尔斯 1548 年版本的主要来源是切萨里亚诺于 1521 年的翻译与注释文本。但是，他也从其他的版本，及建筑学著作中汲取了内容，这一点他在他的前言中曾经提到。[63]里维尔斯巧妙地赢得了那些甚至连"建筑师"和"建筑学"这些词都不知道是什么的读者们的青睐。在标题页中，他宣称将自己定位在面向"所有的能工巧匠：包括石工、营造商、铁匠、军械师、水工工程师、矿工工程师、画家、雕塑家、金匠、细木工，以及所有那些能够巧妙地运用矩尺与圆规的人们。"在这本书的导言中，他说："建筑学这个词"应该被用来表述"一种被种种其他的艺术如此地加以修饰了的艺术，以至于从事这门艺术的人(能够)以公允平正与充分理解的心态去设计与建造他的作品，使其可能为我们提供现实而实际的服务，满足我们的需求，使我们愉悦，供我们使用。"[64]里维尔斯甚至比切萨里亚诺更为直捷地强调他同时代的建筑；除了教堂之外，他还特别提到了"公民政策与政府"建筑(Bürgerliche Policey und Regiment)、法庭建筑、市政厅、军械库、国库和医院，国王与王储的宫殿，"以及所有普通人——特别是市民们——的住宅"(und aller gemeiner und sonderlicher Bürgerlichen wonung)。这部书中的图版[65]主要是从切萨里亚诺那里沿用来的，此外，诸如马坎托尼奥·雷蒙迪(Marcantonio Raimondi)、丢勒(Dürer)、塞利奥，以及其他一些人的书中的图版，也被引用了。这本书的一个显著特征是对德国后期哥特建筑在风格上的吸收。例如，如果将有关哈利卡纳苏斯城(维特鲁威，Ⅱ.8)的描述[66]与切萨里亚诺的最初版本相比较，可以看出 15 世纪伦巴第的建筑语言已经被转换成了纽伦堡的后期哥特建筑语言。其中的注释也颇反映了纽伦堡城市生活的特点(图版 34)。如维特鲁威所描述的别墅(Ⅵ.6)在切萨里亚诺那里变成了"乡间邸宅"(rustici aedificii)(Ⅵ.9)，而在里维尔斯这里，成为"村舍、农宅、农舍"(veldwonungen，Meyerhöfe und Beurische wonungen)，或者就简单地称作"农庄"(bawrenhöff)。[67]在他的注解中，里维尔斯同样又花费了不少笔墨在黑森林屋舍与斯堪的纳维亚木构架建筑方面。[68]

在翻译维特鲁威的著作方面，里维尔斯遇到的一个困难是如何准确地将维特鲁威的术语——他将这些术语描述为"有些含混与晦涩，很难被一般人所理解"(etwas dunckel und schwer und nit allenthalben verstendlich)——翻译成为另外一种完全没有适当的相应术语的语言。然而他确信，依靠他的注释，他能够使人们比读一年前出版的由让·马丁(Jean Martin)翻译的本子更容易理解一些。

〔72〕   曼图亚画家兼建筑师乔万尼·巴蒂斯塔·伯塔尼(Giovanni Battista Bertani, 1516 – 1576 年)于 1558 年完成了一个附有插图的维特鲁威的部分译文的译本。[69]在这个译本中，伯塔尼为自己设定的主要当务之急是对维特鲁威著作中的"晦涩与困难的章节"[如：围柱式建筑物(peripteros)，scamilli impares，等部分]的澄清。为了给自己关于维特鲁威的研究提供一个活灵活现的证明，伯塔尼在他的曼图亚的住宅前筑造了一根用藤蔓装饰的爱奥尼柱子，在旁边立了一根剖开的柱子，并用维特鲁威的比例在上面做出了标示。[70]1552 年弗朗切斯科·萨尔维蒂(Francesco Salviati)又发表了一篇论文，论文的主旨是如何正确描述维特鲁威关于爱奥尼式柱头涡卷部分在构

造上的特殊性。[71]

一个 10 卷本的论文由乔万安东尼奥·鲁斯科尼（Giovanantonio Rusconi，约 1520 – 1587 年）于 16 世纪中叶纳入了计划，但只是在 1590 年由乔万尼·焦里托（Giovanni Giolito）于 1590 年以"建筑学……维特鲁威论著的第二书……十书"（Della architettura...secondo i Precetti di Vitruvio...libri decem）的标题发表了出来，这篇文字代表了 16 世纪有关维特鲁威文本中的一个特例。[72] 不过，在这个出版物中，鲁斯科尼的工作只留下了一些附图，而他的文本却被出版者以维特鲁威的意大利文的注释的形式而拼凑在了一起。[73] 这些附图——其中一些甚至使用了最新的轴测投影图的方法——表现出一种当时的流行建筑与复原的古代建筑的奇特大杂烩的形式。鲁斯科尼将维特鲁威有关"原始棚屋"的说法（Ⅱ.Ⅰ）作为对木构、半木构建筑，及石结构建筑进行某种广泛概述的一个线索——这是一套有关从葡萄牙、西班牙、法兰西、德国、波兰，一直到俄罗斯黑海地区的住宅建筑的图解百科全书。[74] 一般来说，与所有较早的有关维特鲁威的出版物及注释相比，他的附图展示了一个不同寻常的独立特征，这些附图揭示出作者所具有的某种明显的反古典主义情绪（图版 35）。

除了恰好在 16 世纪中叶之前出版的维特鲁威著作的翻译本之外，应该说随着新的版本的问世与有关维特鲁威著作的批评的展开，一种尴尬的僵局已经出现。修士乔贡多和切萨里亚诺的对维特鲁威的曲解，已经变成了维特鲁威著作的一部分。只是在达尼埃莱·巴尔巴罗（Daniele Barbaro）所进行的对于维特鲁威著作的雄心勃勃的注释，并附上了安德烈亚·帕拉第奥（Andrea Palladio）的图版，自 1556 年，一个朝向克服这种窘境的步子才开始迈开。对于维特鲁威著作探索的这一新的步骤将会在有关帕拉第奥的部分进行详细的讨论。维特鲁威的学说为 18 世纪以前的建筑理论划定了一些基准线，但是，他的论著再也没有能够像 16 世纪上半叶时那样具有绝对的权威。虽然塞利奥、维尼奥拉与帕拉第奥在 16 世纪后半叶所发展了的理论，不能够取代维特鲁威著作文本的地位，但是，从那时开始他们已经取得了与维特鲁威比肩而立的资格。

第六章　16世纪建筑典籍的编纂

〔73〕　　　没有哪一本15世纪的著作，或16世纪上半叶以来出版的有关维特鲁威著作的注释文本，能够满足建筑师们希望解决那些因为实际建筑项目而急切需要获得的指导或建议。弗朗切斯科·迪·乔其奥(Francesco di Giorgio)的论文对于当时建筑实践中出现的问题作了十分详尽的论述，但他的著作没有能够出版，虽然在伯拉孟特之后，在罗马有流传，但这本书的装帧方式，却难以被人们所接受。而那些有关建筑学的指导性原则，是由阿尔伯蒂在某种世界秩序的框架下，或是弗朗切斯科·迪·乔其奥在人体测量学的理论背景下，抑或是菲拉雷特(Filarete)和弗朗切斯科·克罗纳(Francesco Colonna)在乌托邦的观念下提出来的。这些观念在各种各样的论述中都可以见到，却没有在哪一例实际的工程委托中能够满足建筑师们的使用需求。

　　　这些正是塞巴斯蒂亚诺·塞利奥(Sebastiano Serlio, 1475 – 1553/1554年)着手要解决的问题。他试图为建筑学提供一些实践性原则，不是为那些"伟大的思想家"，而是为那些"可以理解这些规则的普通人"。[1]他避免追求理论化，这使得他差一点名誉扫地。关于透视学，他写道，他希望只是传授建筑师需要的理论，因而要尽可能地简洁，避免故弄玄虚和概念化。[2]在菲拉雷特和弗朗切斯科·迪·乔其奥的论文中已经开始用直白的语言，其中图示成为了不可或缺的要素。塞利奥就更进了一步，他那图示化的建筑纲要，以及十分清晰易懂的语言，为建筑师——包括那些受教育不多的实际工程人员，提供了图板上的直接帮助。这使得他的论著，及稍后一个时期的维尼奥拉(Vignola)的著作，成为建筑学领域最有影响力的出版物之一。

　　　塞巴斯蒂亚诺·塞利奥[3]，1475年生于博洛尼亚(Bologna)，在父亲巴尔札萨(Bartolomeo)的指导下接受了绘画的基础训练。在佩萨罗(Pesaro)(1511 – 1514年)他作为一名透视画画家开始了他的职业生涯。从1514年直到1527年的罗马大劫难，这一时期塞利奥作为巴尔达萨雷·佩鲁齐(Baldassare Peruzzi)的助手，一直在罗马工作。当时佩鲁齐正打算写一篇建筑学的论著，他把主要的草稿遗赠给了塞利奥，塞利奥并不想隐瞒这一事实，因此同时代的人指责他剽窃了他人的著作。在跟随佩鲁齐期间，他成为一名建筑师。1527 – 1540年在威尼斯(Venice)和威尼托(Veneto)期间，他结识了各种各样的北意大利人文主义者和艺术家，但作为一名建筑师他没有取得任何值得称道的成绩。这一时期可以看作是他计划撰写涵盖建筑学各个领域论文的发端。从1537年起他连续不断地出版了他的论文。1540年在他著作的第三卷中致法国国王弗朗索瓦一世(François Ⅰ)的献词，使他得以应邀前往法国，并在那里度过余生(1553/1554年)。在弗朗索瓦一世那里，他主要是作为一名皇家画家和建筑师在枫丹白露宫(Fontainebleau)工作，但也正是从那时起，他作为执业建筑师所取得的成就，也就显得十分有限了。他一心忙于准备出版他的论文。1547年弗朗索瓦一世逝世后，费利伯特·德洛姆(Philibert Delorme)撤掉了他在宫廷的职位。在1550年之前，他移居里昂(Lyons)，在那里他依旧从事着论文的撰写，并在贫困中度过了余生。

〔74〕　　　正如塞利奥在其第四书，也是他最先出版的一卷书《建筑学》(L'arcbitettura)的序言中写的那样，他本来只是计划写五卷书。[4]但实际上，最后他留下了总共九卷著作，其中只有第一到第四书和《非常之书》(Libro Extraordinario)是在他生前出版的，第六至第八书的大部分是将手稿卖给了艺术商人雅科伯·斯特拉达(Jacopo Strada)，这位商人在1575年出版了他的论著中的第七书。第六书中的两部尚存的手稿直到1967年和1978年才

出版，第八书的部分内容在 1969 年出版。

因为塞利奥决定分期出版单行本的论文，而且他过世后出版的那些书的顺序本身也具有重要的影响，因而在这里有必要按照出版的顺序把它们罗列出来：[5]

第四书：*Regole generali di architettura sopra le cinque maniere degli edifice... concordano con la dottrina di Vitruvio*，威尼斯，1537 年。

第三书：*Il Primo libro...nel quale si figurano e descrivono le Antichità di Roma...*，威尼斯，1540 年。

第一和第二书：*Il Quinto libro d'architettura...* [Geometry, together with] *Il Secondo Libro (Prospettiva)*，意大利文本，附有让·马丁(Jean Martin)的法语翻译，巴黎，1545 年。

第五书：*Il Quinto libro d'architettura... nel quale si tratta di diverse forme de' tempi sacri...*，法语翻译(Jean Martin)，巴黎，1547 年。

《非常之书》：*Extraodinario libro di architettura nel quale si dimostrano trenta porte di opera rustica mista...*，里昂，1551 年。

第七书：*Il settimo libro di arxhitettura... nel quale si tratta di molti accidenti che possono occorrere all'Architetto...*，意大利与拉丁文版本，法兰克福，1575 年。[6]

第六书：*Sesto libro. Delle habitationi di tutti li gradi degli homini*：手稿(Ms)在巴伐利亚州立图书馆(Bayerische Staatsbibliothek)，慕尼黑，Cod. Icon. 189 页；影印出版，米兰，1967 年，附有麦克·罗斯奇(Marco Rosci)的注释；埃弗里(Avery)图书馆的手稿，哥伦比亚大学；由米拉·南·洛森费尔迪(Myra Nan Rosenfeld)出版，纽约，1978 年。

第八书：*Della castrametatione di Polibio ridotta in una cittadella murata...*；手稿(Ms)在巴伐利亚州立图书馆，慕尼黑，Cod. Icon. 190 页；部分地由保罗·马可尼(Paolo Marconi)出版，'Un progetto di città militare. L'VIII libro inedito di Sebastiano Serlio,'（塞巴斯蒂亚诺·塞利奥）Controspazio I (1969 年)，注释 1，第 51 – 59 页；注释 3，第 53 – 59 页。

在一些版本中《非常之书》(*Libro Extraordinario*)又被误称作第六书。大部分的书刚一面世，它的荷兰语、法语和德语的译本也很快随之出现，这足以证明在北欧它们得到了成功的传播。[7]

用简单的对开页装订的最早版本的大量发行，以及实际工程中的大量需求，使得塞利奥的论著可以以更为容易得到的形式而获得。1566 年威尼斯书商弗朗切斯科·迪·法兰切斯基(Francesco de' Franceschi)首次把第一书到第四书，和《非常之书》，以及献给达尼埃莱·巴尔巴罗(Daniele Barbaro)的致词合为一辑。乔万尼·多梅尼科·斯卡莫齐(Giovanni Domenico Scamozzi)把上面几卷加上 1575 年首次出版的第七卷合为一辑[8]，这同一个合辑本，又加上 1575 年第一次出版的第七书，由乔万尼·多梅尼科·斯卡莫齐出版，并于 1584 年至 1619 年间在威尼斯先后出版了四次。在这本合辑本中，包括有被错误地排为"第六书"(Sesto Libro)的《非常之书》一节。塞利奥的论文在 1569 年被翻译成了拉丁文；1663 年甚至出版了意大利语—拉丁语的专辑。在各种版本的德文译著中，最重要的当数 1608 年在巴塞尔(Basel)出版的那一辑。[9]　〔75〕

第四书——是有关柱式(Orders)的，这是最早出版的一卷书。在塞利奥看来，这也是他认为最重要的一书，"对于认识与理解不同类型的建筑及其装饰，比起其他各书具有更为重要的意义"。[10]它包含了五种柱式理论(图版 36)，并首次将这一理论系统化。[11]他根据柱高和柱底径的倍数关系为柱式[塔斯干(Tuscan)、多立克(Doric)、爱奥尼(Ionic)、科林斯(Corinthian)以及混合式(Composite)]进行命名，基座也是如此命名的。这些正是支配柱式刻板的比例体系的根源所在，但是，这一点并不为古典主义的古代，以及 15 世纪的人们所了解。塞利奥将其强调的重点放在柱式理论上["依据于这些理论，一个人几乎可以通过对于它的各个方面的理解(per la cognitione)，而拥抱整个(建筑)艺术领域"]，并且将这一内容以单独一卷书的形式出版，从此一发而不可收，在这样一个传统下，无以数计的有关柱式的书籍被编纂成书，特别是在 16 世纪的北欧，建筑理论几乎简化成了柱式的理论和对其应用的指导。

基于对维特鲁威柱式使用时的比例规定有着清楚的理解，塞利奥保证说他可以将之作适当调整以适应"现代社会"的需要，并声称说"基督教的传统"应当得到尊重。[12]柱式被置于涉及宗教和世俗领域各个相关方面的背景之下。在住宅建筑中多使用的柱式必须能够反映出居住者的性格特征："我会根据人们的地位和职业而赋予他们恰当的柱式。"[13]塔斯干柱式为各种要塞建筑(fortified buildings)所青睐；多立克柱式适用于各种与基督教的、勇敢的，或男性圣徒(如圣彼得、圣保罗和圣乔治)等有关联的建筑，并且适用于武士或是权贵的私人宅第；爱奥尼柱式则更倾向用于那些"为人们带来安详生活"的女性圣徒和"那些斯文的读书人，他们为人们带来宁静，但缺乏活力的生活"；科林斯柱式用于圣母玛丽亚，和那些引导人们过纯洁无暇生活的圣徒、修道院，以及以生活品行高雅纯洁而卓然于世的人们；而组合柱式，塞利奥似乎有些犹豫地将之定义为"实质上的第五种形式"或混合样式，在他看来这种柱式特别适合用于罗马凯旋门上，或是一座建筑物的最上一层上。他觉得有必要为维特鲁威忽略了这种柱式而做一些辩白，"他不可能一无所漏地涵盖一切。"[14]

尽管塞利奥有关柱式的理论具有一定的规定性，但必须承认的是，他始终主张赋予建筑师以应有的"决断力"(arbitrio)，以及建筑学的"特许权"(licentia)。因此，他建议把塔斯干柱式的形式(乡土式的"opera Rustica")和多立克柱式，以及爱奥尼柱式的诸元素混合起来。对他来说，前者代表了自然的作品(opera di natura)，而后者代表了人为的作品(opera di mano)。[15]对塞利奥来说，尽管他所关注的是确立规则，然而，以某种关于建筑师之"自主性"(libertà)的暗示，他超越了这些规则，从而使他自己成为手法主义建筑理论的奠基人。[16]通过对于建筑创新的促进，他说明了混合柱式的应用是恰如其时的(novità, ξ le cose non troppo usate)。[17]塞利奥把他本人的许多设计看作是沉溺于建筑时尚的结果；因此他在《非常之书》一书中，以"大多数人通常都会喜欢新鲜事物"的话[18]，来为他自己的入口设计进行辩解。

[76] 从他为考虑建筑的地域多样性所作的准备工作中可以看出，塞利奥并没有因为为了建立一个绝对的建筑规范，而忽略了历史文脉的上下传承与联系；就像他在第四书中，对威尼斯建筑的特殊性(constume di Venezia)给予了十分详尽的描述一样。[19]

从一开始塞利奥就表现出一种对维特鲁威并非不加批判地接受的态度。他不停地揭示出维特鲁威的理论阐释与尚存的古代建筑之间的种种歧异，从而使他自己区别于维特鲁威。[20]塞利奥甚至通过承认"建筑中只有很少的一部分可以给予一些或多或少的确定性规则"[21]，使他与自己的理论之间也保持了一个关键性的距离，从而使他自己也背离了这些规则而转向建筑师个人的"判断力"(giudizio)。

在第四书的一个附录中，关于建筑绘画，他讨论了内部的装饰和奇异的图案，他坚持认为这些应当服从于建筑师的整体计划。关于立面的绘画，塞利奥更喜欢单色的装饰，认为"这样不会打破建筑的柱式(per non rompere l'ordine dell'Arcbitettura)，而对于室内，他沿用了维特鲁威的说法，鼓吹使用梦幻般的装饰壁画可以延展室内的空间。[22]

塞利奥的第三书是关于罗马建筑的论述，这本出版于1540年的论著，同样具有异常重要的地位。由于弗朗切斯科·迪·乔其奥有关古代希腊罗马时代建筑的文选没有能够出版，所以这是第一部有关古典建筑学的首尾一贯的出版物。塞利奥毫不怀疑古希腊、古罗马时代建筑的典范性特征。因而他没有为此花费更多的笔墨，他是从描述古代世界"最美丽的建筑"——罗马万神庙开始着手的。当他说道"许多部分都是和人体相一致的(molti membri, cosi ben tutti corrispondono al corpo)，"并且把万神庙的"圆顶大厅"(rotondità)形容为最为完美的形式时[23]，人们又一次听到了有关理论问题的讨论的回声。塞利奥明显地倾向于对建筑的整体性观念，这一观念使得他可以接受在古典主义的古代建筑旁边放置"几座我们这个时代建造的现代建筑"。[24]不过在这一点上，他对于诸如伯拉孟特、拉斐尔、佩鲁齐的建筑作品，却存有疑问。他认为在15世纪的建筑中，只有那不勒斯(Naples)的波焦雷勒(Poggioreale)别墅还算差强人意。一些由塞利奥出版的木刻版画，在作为这一类问题的例证方面，具有突出重要的作用，例如，伯拉孟特在罗马蒙特里奥(Montorio)的圣彼得教堂(San Pietro)所做的圆形中庭的方案就是一例，"虽然这个方案没有付诸实施，因为(实际建造的)是一座更能与原有的肌理相一致的建筑"[25]，或者说是波焦雷勒设计的方案。[26]

在对古代希腊、罗马建筑进行重建时，塞利奥不像弗朗切斯科·迪·乔其奥那么凭空想像，但在这时，他那追求完全对称的倾向却也十分明显。在他的设计说明中包含了大量的建筑测绘尺寸，以此来证明他所声称的对建筑之各个部分都必须作"尺寸的精心推敲"。

人们会惊异地发现，在塞利奥那里，一种相对主义的历史观已经开始萌芽，他不仅根据马尔科·格里马尼（Marco Grimani）的描述来说明埃及金字塔[27]，而且在第三书的附录中，他还提供了一个有关"某些埃及奇观"的后记。塞利奥从古罗马人那里出发，经由古代希腊，最后追溯到了古代埃及人，他为失去了许多古希腊时代的杰作而深感遗憾，甚至承认"这些遗佚之作或许比古罗马时代的作品还要杰出"，但他却将那些"最令人惊叹的埃及建筑"描述为"梦呓与怪诞的狂想"。[28]在这里，塞利奥表现出了一种异乎寻常的历史发展意识，这为18世纪愈演愈烈的有关古希腊与古罗马文明孰优孰劣的争论埋下了一个大大的伏笔。 〔77〕

塞利奥的第一书与第二书是关于几何与透视方面的，于1545年出版。这两卷书有着严格的"满足建筑师需求（al bisogno dell' Arcbitetto）"的实践性倾向，但是在第二书的序言中，我们注意到塞利奥十分坦率地指出了绘画、透视和建筑学三者之间的联系，他说：透视对于建筑师而言是绝对需要的，同时，他又指出"在我们这个世纪，在这个优秀的建筑作品开始瓜熟蒂落的时代"，最重要的建筑师，都是以画家的身份开始他的职业生涯的。作为例证，他列举了伯拉孟特、拉斐尔、佩鲁齐、吉洛拉摩·金伽（Girolamo Genga）、朱利奥·罗马诺（Giulio Romano），以及他本人。[29]这里我们不难发现，塞利奥表述了一种建筑学的"图式"（pictorial）方法，这种方法更关心的是外在的效果，而不是与那些看不见的规则之间的一致性。由于这一点十分重要，塞利奥用了整整一卷书的内容加以论述的是透视问题，而不是比例。关于比例的论述被置于有关柱式的上下文中，在这里比例被看作是一种实用性的规则，而不是一种需要在书中贯穿始终的东西。

在第二书的附录中，参照维特鲁威的第五书的第七节，塞利奥分别为喜剧、悲剧与讽刺剧设计了三种不同类型的舞台布景。[30]塞利奥对这三种形式的论述，以及有关它们的图示，在剧场建筑的历史上，产生了极大的影响。一个滑稽剧的场景是通过某种对比的风格来表现其特征的，"一个开敞的（也就是古代的）门廊——加上一个现代的（也就是哥特式的）建筑"（portico traforato - opera moderna），此外还应该有室内的过道（alia），以及一个餐厅（hosteria）；然而，悲剧场景（scena tragic）却只能放在高贵的建筑物中，因为悲剧只能在"领主、公爵、伟大的王子，乃至国王的"房子里上演。在讽刺剧的场景中，情节涉及了"乡下人"，因此应当有一幅风景画，再通过"几个乡村小屋"（alcune capanne alla rustica）来活跃气氛。因为塞利奥发展了与特定类型的舞台相适应的舞台布景类型，从而，使这些布景类型在16世纪意大利艺术中占有了重要的一席之地。[31]

第五书是关于教堂建筑的，出版于1547年。这卷书中主要讨论了集中式构图的建筑问题，特别是圆形中厅的问题，"因为圆形是所有形式中最为完美的"。[32]这一点对于塞利奥来说是不言而喻的。但是，在他的设计中，每一单个的元素，实际上都有着极具实用性的来源：首先为了节省建筑材料，建筑物在外观上要设置壁龛；然后经验告诉他，随着时间的推移，建筑周围地面的高度会升高，所以教堂的地坪标高至少要升高五步以上。塞利奥绘制了一个表格，其中几乎囊括了所有能够想到的圆形、多边形与椭圆形的设计式样。

《非常之书》一书是于1551年出版的，其中附有50种建筑入口的图示，因此，这更像是一本图集，而且在这本书中，更倾向于青睐流行式样的意识。塞利奥提及了他最近在法国的工作[33]，并对他书中包含有"过多的装饰、漩涡形和卷形饰物，以及其他多余的饰物"进行了辩白。

第七书是在1575年塞利奥过世后才出版的，这是一部有关别墅、宫殿、窗户、不规则地段上的建筑物、修缮复原设计等方面的汇总性著作。尤其是在他的有关别墅设计的论述中，塞利奥提出了大量富于创意的思想，其想像力远远超出了16世纪中叶时可能达到的程度。在一些章节中，他毫不掩饰地表达了他对于法国传统的批评，尽管这是一些有时连他自己也不得不遵从的传统。他为枫丹白露宫绘制了一些壁炉的图形，他还把将柱式混淆的做法称之为"杂乱之作"（opera bastarda），或称作石匠的作品，并认为这在"好的建筑作品"中是不能想像的。[34]他关于将中世纪房屋进行复原的建议特别具有启发性。从他所举的例子[35]可以看出，他对于结构形式作尽可能小的调整和改动，关于这一点，后来他承认说是为了省事（commodità）。但是，他赋予这些房屋以当时流行的外立面，把入口放在中央，而不考虑其后房间的布置情况。中世纪入口不对称的设置形式，对于他来说如同眼中钉一样，是一些"和建筑格格不入的"东西。[36]在这里，我们又一次注意到，对塞利奥而言，视觉效果所具有的特殊重要性，这种对于视觉效果的重视，优先于对于功能的考虑，甚至要优先于建筑室内与室外之间的相互联系。事实上，他所关心的不是建筑物怎么样，而是建筑物看起来的效果怎么样。 〔78〕

除了与弗朗切斯科·迪·乔其奥未发表的论文有关的一些尝试之外，第六书是至今所知纽约出版的较早的手稿，也是慕尼黑一家出版商久已准备印刷的一部手稿，但却一直未能出版，直到1978年在纽约，以及

1967 年在慕尼黑，才分别问世。[37]这是一部第一次系统探究了私人住宅问题的论著。鉴于菲拉雷特对"下等人"的房屋不屑一顾，塞利奥设计了一个"为所有阶层人的住宅的"类型(图版 37)。他根据房屋的实际功能发展了住宅建筑，而这被看作是自维特鲁威以来久已形成的传统。他根据所具财富的多少，为各个阶层划定了几个不同的等级，他首先从社会最底层的穷苦农民开始着手他的设计，然后是"普通农民"，接着是"富裕农民"。对于手工业者和商人也用了同样的顺序。接下来是贵族，最后是王子和国王在城镇和乡村中的宅邸与宫室。考虑到不同的基址条件，以及建筑实践中的民族特色(costume di Franza)，塞利奥也提供了各种变通的方法：其中包括了大量台地式房屋的设计，以及基于同样平面下的意大利式和法国式住宅的设计。虽然塞利奥试图引入文艺复兴时期的细部，但他所谓"法国式的"设计，却仍然保存了晚期哥特式的风格。[38]有关这一程序的一个最典型的例子，就是他为一位巴黎商人所做的住宅设计。而在他的宫殿设计中，塞利奥提出了一些有着巨大的，有时是圆形的，内庭院的理想化平面，而这些却从来没有能够建造出来。

在第六书中，塞利奥对维特鲁威提出了质疑，甚至引用据称是来自他本人亲身实践所得出的规则，对维特鲁威进行了非难。他声称要有"一定的自主权"(qualche licencia)，这一点，对于他在北方的作品显得尤其重要，这不仅仅是因为他注意到"有一定自由度的作品"(le cose liscenciose)，比那些完全按照规则而设计的作品，更能讨大多数人的欢心。而且，除此之外，他说，他还发现在欧洲"那些有着一定自由度的作品要比完全遵从维特鲁威的规则的作品要多"。[39]显然，塞利奥对待维特鲁威的态度，就像他对待所有的理论一样，表现出他是一个实用主义者。

关于第八书，由于未知的原因，没有被书商雅科伯·斯特拉达所出版，这本书主要是通过保存在慕尼黑州立图书馆(Staatsbibliothek in Munich)中的塞利奥的手稿而为世人所知。[40]这份手稿包括了对马尔科·格里马尼在达契亚(Dacia)的一个古罗马城市——波里比乌斯(Polybius)考察时所作的考古笔记的评论，马基雅弗利(Machiavelli)的《战争艺术》(*Arte della guerra*)(1521 年)，以及丢勒(Dürer)关于要塞筑造方面(fortification)的论文。[41]这篇论文主要不是讨论要塞的建造问题，而是如何在城市中构筑要塞。塞利奥的规划布局基于一个严格的格网系统之上(图版 38)。书中有关考古复原的论述，实际上只是为现代城市规划提出的一些托辞。这本书不仅包括了对于要塞建筑物的指导，也为一个城镇中所有民用建筑，提供了包括各种细部的设计。实际上，塞利奥的第八书也应当被看作是嵌于文艺复兴时期理想城市规划的历史文脉之中的。此外，有关更进一步的评价，只有在整部书全都出版之后，才有可能得出一个结论。

因为缺乏创意和判断力，以及有剽窃的嫌疑，塞利奥也因而受到责难。[42]他确实没有能够提出一个包含所有理论的系统，也没有从某种"绝对价值"中推演出任何结论。[43]然而，我们应该依据他的实际所作，给他作出一个客观的评判：他创作了可以实际应用的图册，以及可以付诸实施的规则，他深入思考了社会条件与民族传统的问题。他的活力存在于他对于特殊类型建筑物所作的系统化尝试，而这正是他在国际上长期被追随的基础。塞利奥在实际建筑建造方面所产生的影响——尤其是在意大利以外——远远胜过了任何一位在他之前或之后的建筑理论家。[44]在另一方面，由于塞利奥没有能够提供某种建筑的通则，而且，他将他的研究素材分散在不同的出版物中，因此，在一定程度上，他应当对于把建筑理论搞得支离破碎，或是将理论变成一堆彼此矛盾，各自孤立的主题，而承担相当程度的责任。塞利奥所表现的只是一种激励性，而不是一种标准性。这一特点，既是他的活力所在，同时，也正是他的薄弱环节。

〔79〕

塞利奥很快就有了自己的追随者——这不仅仅是因为他的第四书的出版，这本书是其后一系列有关柱式的著作的灵感源泉；同时，也是由于他的第三书的出版，这本书则是关于古罗马时代建筑的，其中也包括了一些当时的建筑。在此后的 1552 年，安东尼奥·拉巴科(Antonio Labacco)——小安东尼·达·桑迦洛(Antonio da Sangallo the Younger)的学生，出版了一本有关古代罗马建筑的图集[45]，在这本书中，他声称圆形教堂的设计是他"自己的独创"，但后来的事实揭示出，这是他从他的老师那里剽窃而来的。[46]

在这个世纪中叶的前后一段时间中，锡耶纳的彼得罗·卡塔尼奥(Pietro Cataneo)在着手一部与塞利奥的著作相类似的有关建筑理解方面的论文，有关他的生平几乎不为人所知，我们所知道的只是他在锡耶纳的近海岸沼泽地(Maremma)上曾经从事过各类要塞的建造。[47]1554 年他出版了《有关建筑的主要四书》(*I quattro primi libi di architettura*)(威尼斯，1554 年)一书，随后的一个版本扩充成了一个八卷本的书，并起了一个堂而皇之的书名叫《建筑学》(*L' architettura*，威尼斯，1567 年)。这篇论文，特别是他后来的那个版本，部分内容是由对于塞利奥的一些微不足道的缺陷提出的批评所构成，不过，其中还是有一些新的启示，值得我们特别提出来。

我们发现，城镇规划第一次被描述为建筑的中心任务："建筑学最为杰出的方面，无疑是有关城市的种种处理。"[48]他的第一书详细论述了城市中建筑基址选择的标准，并进一步运用象征学方法，表达了他对正方形和正多边形平面的青睐。当然，有关筑城术方面的考虑是第一位的。[49]卡塔尼奥喜欢使用棋盘格系统，大教堂和那些最重要的建筑物，占据了中心部分的方格。他把城市比作人的躯干，如果加上四肢，它就会本能地渴求一个完美的造型比例。古代以及基督教兴起之后的罗马之所以受到了批评，就是因为无论是古罗马广场，还是圣彼得大教堂，都没有坐落在城市的中心部位。他为港口设计了一些特殊的平面，这些方案一方面使人联想起弗朗切斯科·迪·乔其奥的那些与之类似的方案；另一方面又与他的一个军营的平面格局十分相似，在他论文第二次出版时加上了这个军营的有关图例。[50]弗朗切斯科·拉帕莱里（Francesco Laparelli）为拉·瓦莱塔（La Valletta）城所设计的平面（1565/1566年）[51]，是将卡塔尼奥在论文中提出的设想付诸实施的一个实例。

卡塔尼奥的第三书是关于教堂建筑的，这部书不时会唤起人们特殊的兴趣（图版39）。他赞赏拉丁十字的平面形式，因为它象征了救世主耶稣基督的蒙难。[52]他的这一主张，与宗教建筑的反改革潮流密切联系在一起；关于这一点，在后来由卡洛·波罗梅奥（Carlo Borromeo）的《指南》（*Instructiones*）一书中，得到了异常清晰的表述。[53]但是这种说法却忽略了如下事实，就是在卡塔尼奥所提供的图例中，他很明显地又回到了他的同胞弗朗切斯科·迪·乔其奥所提出的那些模式上；并且造成这一模式的动力，仍然是来自于对人体完美比例的分析。卡塔尼奥人体测量学的比例和基督教的教义综合在一起，从耶稣基督的身体中寻求完美的比例："绝妙的巧合正在于，除了神圣而仁慈的基督耶稣外，没有任何人的身体能够有如此完美的比例。"[54]此外，卡塔尼奥在他论文的附录部分，对于集中式构图的建筑也作了进一步的补充说明。

〔80〕

在其1567年出版的论文中，卡塔尼奥通过古代神庙平面详细的象征意义，提出了他对教堂的见解，他描述了"神殿的种种不同形式，包括古代的与现代的"，所具有的完全相同的正确性。[55]在第五书中，他讨论了柱式问题，在这里他的想法完全是由对人体比例的分析决定的。以一种非常之书的坦率，卡塔尼奥宣称说，大多数的古代建筑都是"不正确的"，因此，一定不能对这些建筑不加批评地全盘接受。[56]

第六书涉及了水的性质和用途；第七书是关于几何学理论的；第八书是关于透视学的。关于透视学，在卡塔尼奥看来，对于一名建筑师而言，是格外重要的，建筑师必须通过透视画来清晰地表达自己的理念（concetto）。[57]就像他对待古代世界的建筑一样，卡塔尼奥用一种批判的眼光来看待维特鲁威，并将维特鲁威所提倡的哲学、占星术、音乐和法律等繁杂的知识，从建筑师教育所必需的内容中剥离出来，他不无讽刺地哀叹说："人生苦短"啊。[58]

把建筑理论分解成一些独立的元素，使整个系统相互之间的联系不再具有可识别性，是16世纪发展的主要方向。这一点尤其体现在雅科伯·巴罗齐（Jacopo Barozzi），也就是我们熟知的维尼奥拉（Il Vignola）[59]（1507－1573年）所从事的研究工作上。和许多同时代的人一样，他最初是一名画家，只是通过古代希腊与罗马的研究，他才开始接触建筑。可能是他那些在1542年成立的维特鲁威学院（Vitruvian Academy）的同事们导致或激发了他对理论问题的兴趣。他的建筑作品主要是来自罗马教皇朱利叶斯三世（Pope Julius Ⅲ）和红衣主教亚历山德罗·法内斯（Alessandro Farnese）。从他作为画家的学徒时代起，维尼奥拉就开始注意透视问题了，这一点可以在他过世后出版的关于这一主题的论文中找到理论上的表述。[60]

维尼奥拉的《五种柱式规范》（*Regola delli cinque ordini d'architettur*）一书，大约是在1562年首次印刷出版的，这本书建立了一套新的建筑学教科书范式。[61]从一个较为完整的角度上看，这本书还不能被称作是一篇论文，书中的那些图片，使得书中的文字也黯然失色，这些图片本身几乎就是一部完整的书。除了为亚历山德罗·法内斯所写的献辞，以及一个简介外，这部著作中包括了大量的插图，注释的文本与插图混合在一起。维尼奥拉的这部著作一直到了19世纪都仍然是建筑学领域中广泛使用的教材，甚至在一定程度上，也为20世纪的建筑教育，奠定了十分广泛的基础。这本书有大约9种语言250种版本之多。到目前为止，维尼奥拉的这部著作因其教条与僵化，已经基本上不再被人们所使用了，但是这样一种结果，可能会使人忽视了他真正的内在意向，也不能对其著作何以获得如此卓越的成绩作出解释。为了探究他真实的意图，我们最好研究一下他自己出版的《规范》（*Regola*）一书，好在这本书还有一个影印的现代版本。

可以说，维尼奥拉的著作中涵盖了以往建筑学论著的各种知识。首先我们必须以塞利奥为一个参照系来对维尼奥拉作一番观察，塞利奥于 1537 年单独出版了他的第四书，开创了对柱式作单独论述的传统。维尼奥拉则更进了一步，虽然他甚至并没有写出一部更为全面的有关柱式的书，但是他却代之以图片，以他自己特有的方式来表述这些柱式是如何建造的：

> 如我所说，我所关注的东西在一定程度上已为艺术家们所知晓，正是因为这个原因，假设这些柱式已为人们所熟知，但这五种柱式中，还没有哪一种有其独立的名称。[62]

维尼奥拉主要关注的是设计出广泛适用并行之有效的方式以获得五种柱式的确切尺寸。他没有引用数学或是几何的法则，而依赖的是古代建筑的测绘尺寸，在这些建筑中，其比例被"公认为是最为完美的"[63]；他对罗马马尔切卢斯(Marcellus)剧院的多立克柱式进行了详尽的说明。维尼奥拉的比例是通过经验获得的，只有塔斯干柱式是以维特鲁威的说明作为基础，因为据他所知没有一个罗马古建筑是使用这种柱式的。[64]为了使尺寸和规则之间能够相互联系，他为石匠的可能误差留出了余地，这使得他可以随时根据他的发现对规则进行调整。正是在这一点上，经验主义得以终止，而维尼奥拉式的教条主义却由之开始了。

〔81〕

维尼奥拉把他对古代建筑测绘所得的尺寸归纳为"简单、易行与快捷的规则"，使得它可以服务于"任何(一个)普通的有识之人……只需简单地一瞥，不必要大费周章"。[65]他并没有使用任何一种当时的尺寸体系，而是把模数变成任意尺码(misura arbitria)，从而可以根据个人喜好，推算出各种尺寸。即便对于模数本身，维尼奥拉也并没有去寻求理论的支持，而只是简单地寻求一种使柱式各个部分尺寸得以简化的计算方法。不过，他并不是试图放弃规则，只是希望提供一种有美学经验支撑的建造方式；只是维尼奥拉的后继者，才将他的比例体系，变成为一种金科玉律，但是从他书中的倾向，似已可看出他的方法最终会僵化为某种教条。

为了对维尼奥拉的巨大成就加以说明，我们需要为这种方法给出一个简短的说明。[66]

塞利奥是从模数开始的，他建议每一种柱式都对应以不同的方法，并使用复杂的分数，甚或几乎不用整数，然而，大多数情况却都难以与他所给的例子相对应，因此，在实践中只能有十分有限的使用。而维尼奥拉却从另外一个方向出发，他坚持一种极端的实践性立场，通常总是首先确定建筑物的整体尺度，然后才将柱式的整体尺寸作为他计算的基础(图版 40，41)。

他规定了所有柱式的比例：柱顶盘的高度为柱高的四分之一，柱脚的高度为柱高的三分之一；也就是柱顶盘、柱身和柱脚的高度比通常为 3 : 12 : 4；对于没有柱脚的柱式，柱身和柱顶盘高度的比例为 12 : 3。换而言之，维尼奥拉的着眼点是用 19 等份或 15 等份来分割整个高度。这一点对于所有柱式都是相同的，这之后就有所不同了。直到这时在他的图式中还没有出现模数。就像众多前辈一样，维尼奥拉规定以柱身下半部分的半径为模数。他完全凭经验来获取柱高的模数比例，不同的柱式比例如下：14(塔斯干式)、16(多立克式)、18(爱奥尼式)、20(科林斯式和组合式)。任何给出的柱身的尺寸必须按照柱式总高的 12/19 或是 12/15 来分割；然后就自动获得了各个柱式的正确比例。模数的尺寸更进一步细分为更小的部分(parti)，由此可以获得柱顶和柱基的比例。

〔82〕

由于通过计算会获得相对复杂的分数，维尼奥拉为每一个柱式给出了计算公式以简化这一过程，通过模数的尺寸可以计算出整个柱式的完整高度。每个柱式的相关公式如下：$22_{1/6}$(塔斯干)、$25_{1/3}$(多立克)、$28_{1/2}$(爱奥尼)、32(科林斯和组合式)。在每一情况下，只需用这些数字来除整个柱式的高度即可得到模数的尺寸。比例确定了所有柱式的柱顶盘、柱身、柱脚，并在不同柱式之间，自动得出结果。对于开敞的拱廊，无论是何种柱式，维尼奥拉都使用 1 : 2 的比例。

维尼奥拉的方法之所以取得巨大的成功，主要归因于每一个关于模数的图式的编号方式或是模数的分数能够适应于任何给出的尺度体系。一旦需要，则从所期望的高度着手，模数也就随之确定了，使用《规范》中所列的表格，便可以通过乘法获得每一个具体的尺寸。

维尼奥拉为了使其《规范》使用起来更加便捷容易，他按照确定的次序来介绍每一种柱式：1)柱廊；2)拱廊；3)有柱脚的拱廊；4)单独的柱脚和基础；5)单独的柱头和柱楣线脚。

在这本书的扉页，维尼奥拉以建筑师指导者的视角在审视着我们，并辅之以理论和实践。[67]在书的结尾部分，维尼奥拉对锥形柱和所罗门式(Salomonic)柱的建造提出了很多建议。[68]后来补充的一些图样是他为入口和壁炉架所做的设计，这些原本不在他最初构思的框架之内。

　　从附有大量古建筑图例和多种语言的豪华本[69]，到便宜的口袋书，维尼奥拉的著作经过了无数次再版和翻译，并且在这一过程中，他的著作经过了大量修订。

　　维尼奥拉自己将他的《规范》一书建构于经验美学之上；但随着这本书中的数据被不加质疑地一再付诸实施，不可避免的就是，这本书变成了一种标准。事实上，这就是我们目前可以探知的，也是惟一的原因，即为什么维尼奥拉会被误解为建筑学领域最为著名的教条主义者。然而，这种误解仅仅只是就维尼奥拉本人的意图而言的，并没有涉及他所实际施加的影响。

　　塞利奥和维尼奥拉最后都成为了教条主义趋向的囚徒，这一点也许他们事先已经有所预见；甚至直到如今，这一情势还使他们的理论著作继续蒙着一层负面的阴影。

版本情况

　　对于塞利奥而言，没有现存的评注性出版物。即使第六书的两个豪华本（1967年与1978年版）中，也没有包括手稿文本。为方便使用计，有一个1619年版本的影印本可作选择：《博洛尼亚的塞巴斯蒂亚诺·塞利奥之建筑与透视全集……分成七本书》（*Tutte l'opere d'architettura et prospettiva di Sebastiano Serlio Bolognese...diviso in sette libri*）（威尼斯，1619年），新泽西州瑞吉伍德（Ridgewood, N. J.）1964年的影印本；同时有一个1584年版本的影印本，其中附有弗尔维·伊拉斯（Fulvio Irace）的导言：塞巴斯蒂亚诺·塞利奥著，《论建筑七卷本》（*I sette libri dell'architettura*）（威尼斯，1584年），两卷本，博洛尼亚，1978年。一个1611年的英语版本的影印本：《建筑五书》（*The Five Books of Architecture*），纽约，1982年。

　　彼得罗·卡塔尼奥（Pietro Cataneo），《有关建筑的主要四书》（*I Quattro primi libri di Architettura*）（威尼斯，1554年），影印本，博洛尼亚，1982年。

　　维尼奥拉（Jacomo Barozzio de Vignola），《五种柱式规范》（*Regola delli cinque ordini d'architettura*）（没有地址和年月），附有克里斯托夫·托尼斯（Christof Thoenes）引言的影印本，维尼奥拉（意大利城市——译者注），1974年。

第七章　帕拉第奥和北意大利人文主义者

〔83〕　　当塞利奥去了意大利北部，并在那里构思且开始出版他的建筑学论文之时，他所面对的是一股理性思潮，这样一种氛围尤其有利于对建筑学问题所进行的深入讨论。这里有一个人文主义者的圈子，对于塞利奥而言，与这些人文主义者的接触，只是他在生命旅程中的一个短暂的阶段，但是，对于安德烈亚·帕拉第奥（Andrea Palladio）而言，这一环境与氛围，对于他的理论思考，却产生了决定性的影响。

　　石匠出身的安德烈亚·迪·彼特·德拉·贡多拉（Andrea di Pietro della Gondola，1508—1580 年）本身就是一个杰出的人文主义者，这不仅因为他的昵称，即大名鼎鼎的"帕拉第奥"，也是因为他所具有的全部天生禀赋，此外，他的资助人给予他的慷慨捐献，对于他那杰出才华与艺术风格的形成，也有着不可低估的作用。[1] 早年时期，他曾受到詹乔治·特里希诺（Giangiorgio Trissino）和阿尔维斯·科尔纳罗（Alvise Cornaro）的资助；到了成年时代，他又受助于达尼埃莱·巴尔巴罗（Daniele Barbaro）。这些资助人，使得他可以去罗马城，以及其他一些古代希腊与罗马世界的中心地区游历旅行，并且能够与他一道承担建筑工程项目的委托。由于他那非同寻常的艺术能力，帕拉第奥变成了这样一个圈子中的佼佼者，他甚至在那些资助人还停留在冥思苦想中的时候，就已经能够把所希望的形式表达出来了。因此，有必要将他的那些资助人的思想，以及他们所关注的问题，作一个简要的概述，因为，在很大程度上，这些资助人的思想，已经融入到帕拉第奥自己的体系之中了。

　　詹乔治·特里希诺（1478 - 1550 年）[2]，后来他曾被帕拉第奥赞誉为"我们这个时代的奇迹"[3]，是一名学者，同时也是一名充满了渴望的作家，他一直试图复兴古代希腊与罗马时期的文学形式，例如，他的《索芬尼斯巴》（*Sofonisba*，1524 年）一书，就是对古希腊时代悲剧进行复兴的一个尝试。在 1528 年到 1548 年间，他就曾以亚里士多德（Aristotle）的《诗论》（*Poetics*）为原则，以荷马（Homer）的《伊利亚特》（*Iliad*）为蓝本，创作了一首英雄史诗，并将之命名为《意大利打败野蛮人》（*L'Italia liberata dai Goti**）， 其中还包含了一个象征性的请求，恳请查尔斯五世（Charles V）从野蛮人手中，将东罗马帝国解放出来。在《意大利打败野蛮人》一书中，特里希诺应用了他百科全书式的知识，因此在他的这部作品中，除了许多有关其他方面的描述之外，我们还可以读到与建筑有关的一些章节。下面就是他对一个宫殿庭院的描写：

> "一周回廊围绕着狭促的小院
> 巨大的拱门隆耸在圆形的柱子之上
> 拱门的宽度和人行步道一样；
> 门的厚度是它高度的八分之一。
> 每根柱子都有一个银色的柱头，
> 柱头的高度和其厚度全然相同，
> 柱身挺立在金属的基座上

---

* 意大利语对译英文：Italy Liberated from the Goths——译者注

基座之宽依然是其高度的一半。"

（英文）由威特克沃（R. Wittkower）翻译 [4]

在这里我们可以看到，对于一个以柱高和柱径为基础的模数化的建筑的描述。这段文字被一位称作"帕拉第奥"的人加以了引述；正是以一个如此古雅的称呼，再加上这种富于史诗式的文字特征，于 1540 年前后，安德烈亚·迪·彼特·德拉·贡多拉获得了这个人文主义者的绰号。[5]

在 16 世纪 30 年代，帕拉第奥和他的朋友，也就是他的资助人特里希诺之间的关系进一步发展，后者设计和建造了他自己位于维琴察城门附近克利科里（Cricoli）的别墅。[6] 这座"郊区别墅"（villa suburbana）是用于人文主义者聚会的，帕拉第奥也加入其中，这种聚会可能起到了像学院一样定期教授课程纲要（哲学、天文学、地理学和音乐）的功用。[7] 克利科里别墅是一座完全对称的建筑，并使用了罗马式花园的凉廊，这一形式是特里希诺得自于法尔尼斯别墅（Villa Farnesina）和塞利奥随后（1540 年）出版的有关马达马别墅（Villa Madama）的，或是其模型的凉廊的木版画。[8] 对帕拉第奥而言，特里希诺的这座别墅，以及十年前由法尔科内托（Falconetto）和阿尔维斯·科尔纳罗在帕多瓦（Padua）所建造的别墅，反映了他第一次遇到以罗马当地的习惯做法建造的文艺复兴盛期（High Renaissance）风格的建筑。在特里希诺陪同下，帕拉第奥于 1541 年，第一次前往罗马。 〔84〕

特里希诺对于建筑理论的特别关注大约就是在他为自己建造别墅的那一段时期。可以推断的是，现在尚残存的他的一些有关建筑学的片断文字，大约是在 1535－1537 年间写成的。[9] 然而，其中所包括的，不过是他为一篇论文所作的宣言式的文字。从有关维特鲁威的讨论开始，并且对阿尔伯蒂进行了尖刻的批评，他由此而为建筑学的定义和概念，开列出了一份颇为不同的清单。这段文字的第一句话就开宗明义地说道："作为艺术的建筑关注的是人类的居住，是为人类生活的适用与愉悦提供一个基础。"[10] 人类的居住被放在了第一位，建筑师的主要职责就是确保这种为居住者而提供的"适用"（utilità，即维特鲁威所指的实用性）与"愉悦"（dilettazione）。这里有关"愉悦"的概念，仅仅是围绕居住者而言的，在这一概念之后，正如特里希诺后来所暗示的，才是维特鲁威所提出的"悦目"（venustas）。在他所使用的术语中，还提及了"对称"（simmetrie）和"装饰"（ornamenti）。[11] "Utilità"一词，主要应该理解为公共与私人的"安全"（sicurezza）和"便利"（commodità）。维特鲁威所说的"坚固"被表述为"durabilità"（耐久），这是一个依赖于并服从于"utilità"的概念。十分明显地是，特里希诺对于建筑之适用性价值的兴趣要远比他对于建筑之结构或美学元素的兴趣大得多。

特里希诺的论文是基于这样一个基本命题的，即古代希腊与罗马的知识已经缺失，而维特鲁威的思想又多为世人所误解。他坚持认为阿尔伯蒂在他的论文中忽略了许多关键的东西，同时，却又连篇累牍地说了许多无关痛痒的多余的话。特里希诺是从对城市基址的安全性的思考开始着手的，并且列举了历史上的一系列实例。但是，到了这里，这段文字片断戛然而止。这段文字的内容实在是过于短小了，根本不能告诉我们特里希诺曾在多大程度上对帕拉第奥的观点施加了影响。不过，他对于"便利"（commodità）这一概念的强调，在帕拉第奥那里得到了回应，从这一概念我们似可看出，特里希诺正是以他那实用主义的观点，对他的被保护人（protégé）施加了影响的。

通过特里希诺，帕拉第奥结识了（路德维柯）阿尔维斯·科尔纳罗〔（Ludovico）Alvise Cornaro, 1484－1566 年〕，科尔纳罗于 1490 年开始，就在帕多瓦定居，他看起来就像是那种典型的贵族化了的威尼斯人，他们离开威尼斯前往大陆，并在那里养成了一种特立独行的生活方式。[12] 科尔纳罗将一种人文主义者的生存理念，这一点正如他在那篇著名的文章《论有节制的生活》（*Discorsi intorno all vita sobria*）中所表达出来的，和一种极富实践性的活力，融合在了一起。以他那地主的身份，他曾经着手于将沼泽地排干的工作，并在他的论文和报告中，专门描述了加深威尼斯湖，以及水道清淤的工作，同时，还论及了帕多瓦的大教堂。他作为捐助人所起到的重要作用的证明，在他那位于圣安东尼奥教堂（Sant' Antonio）附近的帕多瓦式住宅的形式上，一直保留至今。正是在那里，他曾为诸如卢赞特（Ruzzante）和乔瓦尼·马里亚·法尔科内托（Giovanni Maria Falconetto）等艺术家提供过庇护。[13] 其中，花园内的凉棚是由法尔科内托在 1524 年建造的，这是最早的盛期文艺复兴建筑，体现了罗马风格对于北意大利的影响。此外，作为一名执业建筑师，科尔纳罗自己的创作也是十分活跃的，最近以来，他那著名的科尔纳罗剧场（Odeo Cornaro）及在卢维里亚诺（Luvigliano）的维斯科维别墅（Villa dei Vescovi），也常常受到人

〔85〕 们的赞誉。[14]在帕拉第奥论著的第一书中，他回忆起阿尔维斯·科尔纳罗，认为他是一个"具有十分杰出的判断力的绅士，这从他在帕多瓦的居所中那由他亲自建造的最为精美的凉棚，以及他那装饰高雅的房间中，可以清楚地看出来"。[15]科尔纳罗曾留下了他为一篇建筑学论文所绘制的两幅草图，这无疑也具有一定的重要性。[16]这篇论文大约是完成于 1555 年。[17]

　　科尔纳罗的论文是专门写给那些需要雇佣建筑师的城市居民们，而不是写给建筑师的；论文专门针对居住建筑，因为城市住宅的需求量非常大，正是这些住宅聚合在一起而构成了城市。他并没有论及戏院、圆形剧场、浴场或是柱式等问题，"因为关于这些方面的论述，已经有足够多的书籍了"。[18]科尔纳罗采用了一种实用主义的态度，并且与现存的建筑理论保持了一段适当的距离。这不仅是一种讽刺，更是对他那个时代的审美原则表达出的一种批评，关于这一点，可以从如下一段论述中清楚地看出来："更进一步说，一座建筑物可以做到既美观又适用，而且未必一定要用多立克或是别的什么柱式……"。[19]他以威尼斯的圣马可教堂和帕多瓦的圣安东尼奥教堂为例，对中世纪建筑表达了一种肯定的态度。他一点儿也没有谈及建立新市镇的问题，因为这样的事情从来没有发生过；他也没有提及那些不再使用的建筑类型；同时，对于那些他认为在"神圣的维特鲁威"(divino Vitruvio)和"社会名流、浸佃会教友阿尔伯蒂"(gran Leon Baptista Alberti)的著作中，已经说得足够多了的东西，也不再提起。他描述了新房子的建造，也包括老旧房屋的修缮改造方法，他还第一次涉及了建筑理论中关于卫生设施的问题(塞利奥的《第七书》中也提出了类似的建议，不过直到 1575 年才出版)。在科尔纳罗看来，美学价值远不如便利与实用更为重要。与特里希诺相比，他更强调"适用性"是评判建筑好坏的决定性标准："对那些具有简率的美，但却十分便利的建筑物，我从不吝惜赞誉之词；但对那些看上去美仑美奂，但却令人极为不便的建筑物，却另当别论。"[20]

　　在科尔纳罗看来，维特鲁威的文本几乎是一塌糊涂，其中可以说是漏洞百出，所使用的术语也多含混不清；正是因为这个原因，他在论文中所用的都是平实的日常用语，因为"无论是日常用语还是专业术语，都是在使用中产生的"(et userò parole et vocaboli, che bora sono in uso)。[21]帕拉第奥在他的第一书的前言部分，也表达了同样的意思："我所使用的将是那些目前正为工匠们所使用的术语。"[22]科尔纳罗还向周围的市民们提供了有关建造房屋时的技术、经济与美学特征等方面的一些很实际的建议。他把自己限定在居住建筑的范围之中，并认为这是最为重要的建筑类型，这一点很可能对帕拉第奥产生了相当大的影响。帕拉第奥正是把居所看作是所有建筑的原型，并从居住建筑开始他的论文(在《第二书》中)的。

　　帕拉第奥是知道科尔纳罗的手稿的。[23]科尔纳罗的现实主义理念，常常会闪现在帕拉第奥论文的字里行间。科尔纳罗自己认为，他把"适用"置于优先的地位，并不是想从根本上排斥建筑"真正的基础"(veri fondamenti)，而只是一种具有讽刺性的剥离。[24]在后来他写给达尼埃莱·巴尔巴罗的信中，甚至认为，任何不能转化为实践的理论主张，都不过是一些空洞无物的东西。[25]

　　达尼埃莱·巴尔巴罗(1513－1570 年)，是一位与帕拉第奥同一时代，但年纪稍轻的人，他在帕拉第奥的成年时期，对他施加了决定性的影响，这既包括知识的讨论方面，也包括实际的房屋建造方面。[26]巴尔巴罗与帕拉第奥的相遇大约是在 1550 年，这也正是特里希诺逝世之际。巴尔巴罗是 16 世纪中叶最重要的北意大利人文主义者之一。他在帕多瓦建立了植物园，在 1548 年至 1550 年间，他曾在英格兰的宫廷中担任威尼斯的使节。回国后他又被授予了阿奎莱亚(Aquileia)大主教(Patriarch)的头衔，这使得他退休以后可以开始一种学者式的生活。1544 年他编撰了亚里士多德的《论修辞》(Rhetoric)和《尼可马亥伦理学》(Nicomachean Ethics)两部书，这使得亚里士多德在他的思想中产生了特别的影响。

〔86〕 　　大概是在 1547 年，在他遇到帕拉第奥之前，他已经开始对维特鲁威的著作进行新的翻译工作，这一工作持续了 9 年时间。巴尔巴罗这本带有评注的译本是整个 16 世纪最尽职尽责和详细透彻的。书中的插图主要是以帕拉第奥所画的图例为基础的[27]，他与巴尔巴罗对维特鲁威著作的原文进行了详细的讨论。1556 年这个译本第一次大张声势地出版了(图版 43)。1567 年，威尼斯书商弗朗切斯科·迪法兰斯基(Francesco de' Franceschi)同时出版了拉丁文和意大利文的版本，在注解和图式方面进行了相当的扩充，德国人乔万尼·克瑞格(Giovanni Chrieger)为此提供了木版画。新增加的木版画的原作也是由帕拉第奥所绘制的，这一点可以在其做了稍稍改动之后又重新使用了这些插图的《建筑四书》[Quattro libri(1570 年)]中看得出来。与出版者的想法一致，这些版本用的都是很普通的式样，而且一点也不贵；木版画在质量上要比 1556 年的版本显得逊色一些。[28]在后来这些

版本中，巴尔巴罗增加了许多新的见解，因而这是一些能够充分表达他对维特鲁威原著之理解的完美文本。

巴尔巴罗通过注释阐明了自己的建筑理念，这些注释与维特鲁威的原文是各自独立展开的，这一点在某种意义上和一百年以后（1684 年）克洛德·佩罗（Claude Perrault）的做法很相似。在书的前言，他简要地引述了亚里士多德有关经验问题的法则："所有的艺术都源之于经验"。[29]巴尔巴罗采用了类比演绎的方法，从一个定义推演到下一个定义。在《维特鲁威，I.3》的评注中，他解释了自己对于建筑的理解。艺术和建筑的创作——遵循着与自然界相同的法则，这一法则被认为是理性的。人类才智和自然法则之间的关系，是与艺术作品和自然界之间的关系恰相类似的："艺术的法则，就是人类的才智；而这与自然界运行的法则——也是一种智慧——十分相似。"[30]

建筑并不是对自然界照原样的模仿，而是采用了它的基本法则。艺术和建筑是由"理性"（ragione）决定的，是"科学"（scienza）和知识。巴尔巴罗认为建筑的科学存在于比例之中。维特鲁威对于比例的论述（Ⅲ.1）形成了一个完整的体系，巴尔巴罗通过其注解，详细地发展出了他自己的一套比例体系。[31]在他看来，正是从有关比例的理论中，凸显出"无数的建筑规则"。建筑设计是通过"绘画"（disegno）得以成形的，这一术语被定义为"存在于'创作者'（artefice）心中的品质与形式"。[32]最后，巴尔巴罗认为作为比例的基础的几何学是"绘画之母"，这也是所有建筑学规则的基础。[33]

对他而言，形式是理性付诸实施的结果，也就是实际应用的比例。素材纯粹是一种存在["存在"（lo essere）]，建筑["更好的存在"（il bene essere）]是根据理性——也就是比例——对素材进行的组织。巴尔巴罗谈及了"材料的不足"[34]，以致常常不能和艺术的需要相一致。因而，材料显然是从属于形式的；诸如材料的真实性等理念，完全是和这种思维方式背道而驰的。这或许可以解释帕拉第奥是如何面对他所使用的材料的（他的柱子看上去巨大完整，但实际上是由砖砌筑而成的，然后再进行抹灰粉刷）。在巴尔巴罗看来，建筑学是一门科学，其目标就是绝对的真理，在这里我们又触及到了柏拉图主义（Platonic）的理念[35]，诸如善、真和美等思想的痕迹。因此，建筑学又是嫁接于伦理王国的枝干之上的。有一点十分重要，在帕拉第奥《建筑四书》（*Quattro libri*）的扉页中（图版 46），我们可以明显看出他以"女王的美德"（Regina virtus）这种拟人化的手法，对几何学与建筑学表示了推崇。

在巴尔巴罗所作的维特鲁威著作翻译本的图例（图版 44、45）中，很明显地渗透了帕拉第奥得自建筑设计实践的经验。因此在一个古代住宅建筑的立面中，他展示了一个很像神庙一样的使用了科林斯柱式的柱廊（《第六书》）。这一方面说明了，在类型学上，神庙是源自住宅的；另一方面也证明了，在他那个时代，这样一种仅仅源之于古希腊神庙的造型形式，应用于他自己设计的世俗性建筑中，还是说得过去的。帕拉第奥的图例和巴尔巴罗的评注之间的相互联系还有待于进一步的深入考察。[36]巴尔巴罗从帕拉第奥那里看到了古希腊和古罗马的延续。他赞赏地认为，帕拉第奥那些"绘制（disegni）精美的平、立、剖面图，就像他在家乡和其他地方完成的众多庄重华美的建筑，所给予他同时代人们的启迪一样，必将让后世看到它们的人感到惊叹不已。"[37]〔87〕

能够反映巴尔巴罗和帕拉第奥合作翻译维特鲁威著作的理论内涵的一个实例就是达尼埃莱·巴尔巴罗（Daniele）和他的兄弟马坎托尼奥（Marcantonio）在马塞尔（Maser）的别墅建筑。[38]在译本的第一版出版（1556 年）的时候，帕拉第奥接受了这一项目的委托。巴尔巴罗有关"均衡性"（proporzionalità）的思想，在这座别墅建筑的房间组合风格中得以实现。[39]

就在 1568 年巴尔巴罗去世前不久，他发表了一篇关于透视学的论文，其主要目的是为画家、雕塑家和建筑师而写的。[40]从一定意义上说，这篇论文是他关于维特鲁威著作的注释的一种延伸。而维特鲁威有关舞台设计方面的陈述，则是在塞利奥的帮助下得以阐明的。

其他一系列事件，如果没有帕拉第奥或是上面提及的北意大利人文主义者的影响，则很可能是不会发生的。1534 年由雅各布·珊索维诺（Jacopo Sansovino）设计的威尼斯的圣弗朗切斯科·德拉·维尼亚教堂（San Francesco della Vigna）开始兴建。由于对于设计中的比例有不同的观点，总督安德烈亚·格里蒂（Doge Andrea Gritti）委托弗朗西斯坎·弗朗切斯科·乔治（Franciscan Francesco Giorgi，生于 1460 年）写了一篇有关建筑比例的备忘录。[41]而这位乔治在 1525 年所写的一篇关于"万物和谐"的著作[42]，使得他声名鹊起，在这本书中他发展了一套新柏拉图主义——连同——毕达哥拉斯主义（Neoplatonic – cum – Pythagorean）的比例理论。在 1535 年的一篇短笺中[43]，他甚至给出了某种比例关系，这是一种可以完全简化为八度音阶（1∶2）和五度音程（2∶3）的数字化的音乐比率。乔治试图使柏拉图《蒂迈欧篇》(Timaios)中的规则,与《旧约》(Old Testament)中关于圣约约柜(Ark of the Govenant)的比例,甚至所罗门圣殿(Temple of Solomon)的比例之间,能够取得某种和谐与一致。他同时也引用了弗朗切斯科·迪·乔其奥·马提尼将教堂圣坛与教堂的中殿,类比为人类的头部和躯干时,所提出的概念。乔治的这篇短笺曾受到画家提香(Titian)、建筑师塞利奥,以及人文主义者弗特尼奥·斯皮拉(Fortunio Spira)等人的点评。后来,是帕拉第奥承担了完成这座教堂正立面设计的任务。

1554年在达尼埃莱·巴尔巴罗的陪同下,帕拉第奥最后一次访问了罗马。这次逗留的成果是一本同年出版的由帕拉第奥撰写的古罗马旅游指南——《罗马古代遗迹》(L' antichità di Roma,威尼斯,1554年)。在这本书中,他尝试着让人们在脑海中呈现出古代罗马的城市景观,这无疑比同时代那些传统的充斥着所谓奇迹的城市指南要高明得多。[44]

在帕拉第奥为巴尔巴罗所写的有关维特鲁威的注释绘制插图的同时,他决定出版自己在建筑学方面的论著。[45]他最早的四本书——《建筑四书》(I quattro libri dell'architettura),是在1570年分两批出版的:1)《建筑二书》(I due primi libri dell'architettura);2)《古代遗迹二书》(I due libri dell' antichità)。步维特鲁威和阿尔伯蒂的后尘,帕拉第奥可能原计划一共要出版十本书。第一书的前言中,包括了一个对他拟写著作全部内容的一个说明,但却没有说明每本书中的材料是如何划分的:

[88]　　　我将首先讨论私人住宅,然后是公共建筑,其中将简短地论述道路、桥梁、广场、监狱、巴西利卡(Basilicas)(这里所指,是司法场所)、医院、露天大型运动场(人们进行锻炼的场所)、神庙、剧院、圆形剧场、凯旋门、公共浴场、水渠,最后,是关于如何为城市和港口构筑防御工事。[46]

他的这一整套书的准备工作进展顺利,据说甚至在帕拉第奥去世之时,他的手稿已经到了可以出版的地步了。[47]然而,除了大量具有某种意向性的图例被保存了下来之外,他的手稿却最终遗失了,这使得他的著作的出版也永远无望了。[48]

我们有必要把他的整个计划想像成为一个整体,从而对由《建筑四书》所构成的未完成的部分作出一个公正的评价。但不管怎样,他的整个论述工作的最主要优势,还是在于对古代希腊与罗马时期建筑的关注。《建筑四书》刚一问世就获得了巨大的成功,在17世纪和18世纪得以广泛流传,并多次再版,或翻译成其他语言。直到今天,其1570年版本的影印本,仍然很容易就能够得到,最近,一个带有评注的版本也已经付梓印刷了(见后面所附的版本情况)。

从第一版问世开始,帕拉第奥的论著就不仅仅被看作是一种历史资源[49],而且,也被看作是第一手的资料与信息。歌德(Goethe)曾对帕拉第奥进行了深入的研究,他于1786年9月27日在帕多瓦获得了帕拉第奥著作的一个副本。三天以后,他从威尼斯写信给冯·斯坦因夫人(Frau von Stein)说:"我是在帕多瓦发现的这本书,现在我正手不释卷地在对它进行研究。这本书就像是一盏明灯,驱散了迷雾,使我可以认清目标。就书本身而言,也是一部无可挑剔之作。"[50]对于歌德而言,帕拉第奥为他在自我实现的道路上,起到了某种决定性的激励作用,帕拉第奥就是他的一座通往古典主义的桥梁。在谈到书本身的质量时,歌德暗示出那些以帕拉第奥绘制的图例为基础的木版画,是极其优雅精美和清晰可辨的,他还提及了文字的组织编排。就这一点而言,帕拉第奥的这本书与1499年出版的《Hypnerotomachia Polifili》一书,并称为文艺复兴时期最为精美的出版物。

帕拉第奥论著的内容如下:

《第一书》:关于材料,以及关于一座房屋从基础到屋顶的构造的说明;对于公共建筑和私人建筑都适用的一般性规则;有关五种柱式的规则。

《第二书》:城市和乡村的居住建筑(别墅)。

《第三书》:街道、桥梁、广场和巴西利卡。

《第四书》:古代神庙,包括罗马、意大利,及意大利以外地区。

贯穿《建筑四书》的一个显著特点就是作者的自信。他以第一人称的方式和读者交谈。他提到了他的旅行，和他对于古建筑的测绘，他声称，以他的经验为基础，他可以为同时代，以及后世之人提供规则：

> 我也给自己定下了一个任务，就是给出所有必需的建议，这些建议将被所有那些怀有渴望建造出既美观又坚固的建筑物的美好愿望的人们所留意……我敢说我已经将建筑学的种种问题非常清晰地显现在这里，后人可以参照我给出的例子，锻炼自己明晰的头脑，使之更加机敏锐利。[51]

在这本书的前言中，通过强调在艺术方面罗马人远远领先于他们的后继者，他证明了应该回归古代艺术的正确性。在他看来，维特鲁威远不如那些尚存的古代建筑实物更为重要，在他看来，这些古建筑的测绘图为现在和将来的建筑学提供了主要的依据。但无论是遗留下来的古代建筑遗迹，还是维特鲁威的理论，都无法为特定的建造任务提供足够的信息，而正是他用自己的建筑创作，填补了这一鸿沟。帕拉第奥并没有把自己看作是一个模仿者，而是看作古代艺术的延续者。他认为自己的建筑作品，不仅仅是为如上种种问题提供可能的解决方法，同时他还将"为其他方面的用途"而对这本书大加褒扬。[52] 在很大范围上，他拒绝了与他同时代的建筑，也就是我们今日所说的手法主义（Mannerist），这是因为这些建筑的"莫名其妙地滥用，随心所欲地独创和毫无必要的花费"，以及它们所造成的人为性破坏。与塞利奥追逐时髦的癖好相反，帕拉第奥坚决主张回到古典主义。他的语言简明扼要——"我不喜欢那些冗长的陈词滥调"[53]——他所使用的是那些通俗易懂的术语。〔89〕

在美学观念方面，帕拉第奥在很大程度上依赖的是维特鲁威与阿尔伯蒂。他所说的适用（utilità）[他认为这一概念与便利（commodità）是同义语]、永恒（perpetuità）和美观（bellezza）等范畴，都是源自维特鲁威的。他把美观定义为"整体和各个部分之间，各个部分相互之间，以及部分与整体之间的相互联系"[54]，这句话就是从阿尔伯蒂那儿来的。一座建筑物就是一个完整而独立的人体。然而，帕拉第奥的兴趣并不是源于他对建筑的内心领悟，而是对建筑的真实体验与理解。在有关建筑被滥用的讨论中（Ⅰ.20），帕拉第奥和巴尔巴罗在观点上的亲密无间是显而易见的。他认为建筑是"对自然的模仿"，因此，需要"简洁"，以达到能够"接近另一个自然"的目的。一座美的建筑也意味着是一座真实而良好的建筑。[55] 很显然，在这里帕拉第奥代表了新柏拉图主义者关于善、真、美三者相统一的观点。任何违反理性的事物，也都是和自然，同时也是和"艺术的普遍与必需的原则"背道而驰的，如：涡旋式装饰、断折的山花，如此等等。[56] 在帕拉第奥看来，一言以蔽之，建筑就是理性、简洁、古典。

帕拉第奥认为由塞利奥与维特鲁威所确定的柱式原本是不言自明的通则。在他看来，维特鲁威的论述并没有比他自己实际的测绘结果更重要。基于柱式之间模数的使用，以及每一种柱子和柱间距之间的比例，他建立了一套比塞利奥更加清晰准确的比例关系。紧随维尼奥拉《五种柱式规范》（*Regola*，1562年）的规则之后[57]，帕拉第奥绘制出了一套他自己独特的图例形式。如下的一个细节，可以清楚地看出帕拉第奥在面对古代遗迹时所表现出的非教条式的理性态度：他注意到古代建筑中的多立克柱式常常是没有柱础的，但他却主张使用雅典式的柱础，因为这样"将大大增加柱子的长度"。[58]

从第二部书，帕拉第奥开始讨论建筑的类型问题，在这本书里，他所关注的是在城市与乡村中（别墅）的居住建筑。书中所举出的例证与图式，几乎毫无例外地，都是他自己的建筑作品。当帕拉第奥把便利性（commodità）这一标准放在首位的时候，我们可以清楚地感觉出，他所受到的特里希诺的影响，甚至更大程度上，科尔纳罗的影响。以一种十分独特的方式，帕拉第奥把便利（commodità）与得体（décor）和美观联系在一起，这后两者看来是居于从属地位的："因此，人们一定会认为房屋的适用（commoda）是和居住在这房屋中的人的品质是一致的，它们各自的部分都对应于整体，并且两者之间也彼此相互对应。"[59]

帕拉第奥把便利性（commodità）的概念和人类的机体进行了类比（Ⅱ.2）。（两者都把）功能和美学方面的考虑结合在了一起；建筑物那最美丽的部分被展示出来，而丑陋但必不可少的部分被隐藏起来。帕拉第奥反复强调了各个部分之间，以及局部和整体之间，有机的和美学上的和谐一致。但是作为一名有经验的建筑师，他知道建筑师的理念常常必须屈从于雇主的意愿。因此，他提出了注重实效的表述："但是，对于一个建筑师而言，需要满足的常常是那些出资者的意愿，而不是那些应该如何、不该如何的规则。"[60] 这句话比起他开始写作之初的措词要温和了许多。[61]〔90〕

帕拉第奥完全意识到了他的设计所具有的革新性特征。他强调了要坚持他的"新式样"，以反对那些"毫无美感的旧建筑式样"的困难性。[62]他对古代住宅建筑的复原重建,在很大程度上是依据了1567年出版的巴尔巴罗对维特鲁威的评注。在他自己所做的设计中,他从一些独立的元素中,如中庭等,或参考古希腊住宅(图版47),以及为客人所设的单独区域[在威尼斯的波尔托—费斯塔府邸(Palazzo Porto - Festa),这一客人区域实际上从未实现]寻找灵感。[63]事实上,在波尔托—费斯塔府邸的设计案例中,帕拉第奥遵循的是伯拉孟特时期罗马宅第的传统做法(拉斐尔的维多尼—卡法雷利府邸,Palazzo Vidoni - Caffarelli)。

在有关别墅选址的章节中(Ⅱ.12),帕拉第奥为建造别墅的目的,勾画出了一个简要的轮廓:农业的收益、身体的强健,以及用来作为学习和沉思之用的房屋,这些应该和谐但不笨拙地组合在一起。功能和美学的考虑应该彼此互补。如果可能的话,别墅应当建在一座小山丘上,这样既有益于健康又利于观瞻;坐落在紧邻河道的地方,则会非常便捷,并且可以节约交通上的开销,看上去也很美观,如此等等。对于一座别墅设计来说,选址周围的景观环境,具有决定性的作用,设计本身就是对于场地特征的一种回应。帕拉第奥对于圆厅别墅(Villa Rotonada)的议论,使得他的这一观点更加清晰(图版48):

> 这是我们能够找到的最惬意和令人愉悦的场地之一,它位于一个缓缓升起的小山上,一条可以通航的河道——巴基廖内河(Bacchiglione),环绕着小山的一侧;山的另一侧,则被更多而惬意的小山所环抱,其效果有如一个巨大的剧场。这些小山都经过了耕作,生长着最好的水果和葡萄。人们可以从各个不同的角度,欣赏到那最为美好的景色,或近,或远,或是消失在那(远处的)地平线下。正是因为这些原因,在建筑物的四个面上都建了门廊。[64]

别墅的柱廊以一种装饰的作用而标识出其居住者的社会身份,同时也具有了便利性。在帕拉第奥看来,在这里使用柱廊不仅考虑到了要表现出"建筑的宏伟与庄严",而且也考虑到了古罗马人不仅在公共建筑,同时也可能在私人建筑中使用柱廊的传统。[65]自从与巴尔巴罗在一起后,他相信所有建筑类型都是源自居住建筑的,因此,将这种建筑形式移植到城市私人住宅(府邸)和别墅上,对他来说,应该是毫无疑问的事情。

在《第三书》中,帕拉第奥继续论述了公共建筑(道路、桥梁、广场和巴西利卡)问题,他把这些建筑作为了解"我的古代遗迹"的引子。[66]帕拉第奥一针见血地指出,测绘是一项苦差事,常常为了从一些残垣断壁中获得一个完整的图形,而需通宵达旦地伏案劳作。对他而言,这后一项工作就不仅仅是纯粹的考古学研究过程了,更是一件为"建筑学的学生们"提供"具有最大价值"(utilità grandissima)的东西而当尽心竭力之事,因为,不管任何人,只要对范例进行过认真的测绘,就可以在很短时间内学到很多的东西。[67]他这种明显的古文物研究式的态度既是为了满足当时的需要,也是为了针对未来的发展。对帕拉第奥而言,只要是其功能与当前的需要相一致时,古代希腊与罗马的建筑就具有了一种典范性。随着功能的改变,帕拉第奥也迫切需要追求一种新的形式,关于这一点,在他有关巴西利卡的设计案例中变得十分清楚。根据巴西利卡在古罗马与在他所处时代的不同,他依据它们之间截然不同的功能,建立了完全不同的巴西利卡类型。[68]他声称:

〔91〕

> 在这一方面,现在的巴西利卡和古罗马的巴西利卡相比已大不相同:古罗马的巴西利卡是建造在地面之上或与地面在同一标高;而我们现在的巴西利卡,则有一个包含有陈列着各种各样工艺品与器皿的商铺的上部楼层……。[69]

他提到了位于帕多瓦的沙龙,最后他还以一种强烈的自信心,谈到了他自己在维琴察的巴西利卡,他说,他不会担心将他的巴西利卡与古罗马时代的巴西利卡进行比较,因为,他确信他在维琴察的巴西利卡,仍然可以跻身于"自古以来所建造的最美丽的建筑"之列。[70]对待古代希腊与罗马建筑,帕拉第奥总是用同样的赞誉之词。他并不认为他自己的建筑创作活动是对古代建筑的复兴,而认为是对古代建筑的一种延续。

《第四书》讨论的是古代希腊、罗马的神庙建筑。在这本书的第二章,帕拉第奥以一种他特有的简明扼要的方式,对于建筑创作的美学基础,提出了自己的观点,当然他所举的例证,都是针对当时情况的。在他看来,圆形和正方形这样的基本几何形式是最为完美的,圆环的形式之所以重要,是因为它象征了宇宙运转所围绕的圆环形式。他所关注的既包括形式问题,也包括内容问题:"圆的形态表现为简单、一致、均匀、富于张力、包容宏阔”，圆形使得“惟一、无限的本质、统一，及上帝的公正”等抽象之物，变得可以触摸。[71]

在他特别谈到的有关如何恰当使用柱式（得体）的说明中，帕拉第奥对维特鲁威和塞利奥的观点表示了赞同，但是，他对塞利奥试图通过对柱式的设计而有意识地适应基督教建筑使用的做法却不能接受。

考虑到他对基本几何形式的偏好主要是基于形式美学，当他不加任何改变地继续他的观点时，看来似乎有了一个缺陷：“那些按照十字形式建造的教堂也是非常值得称道的。”这段话仅仅是在与基督的十字架有关的圣像学中才会引用，他却坦言如下：“这正是我在威尼斯的大圣乔治教堂（Church of S. Giorgio Maggiore）中所使用的形式。”[72]在这里我们似可觉察到他已露出反宗教改革的思想苗头，在后来他主张纯洁的白色尤其适合教堂建筑时，特别是当他说起“如果你打算为教堂作画，而且这些画会把人们的精神从对于神圣事物的沉思冥想中分离出来，那么，这些画就不会取得好的效果；因此，我们不应该在我们的神殿之中，分散人们的注意力”时，他的这种观点就变得更加明显了。[73]

在这里帕拉第奥的思想正与特伦托会议（Council of Trent）的决议相吻合。[74]然而，他自己的教堂建筑作品，如威尼斯的大圣乔治教堂和救世主教堂（Il Redentore），看上去却是和这样一个背景情况背道而驰的。在救世主教堂中，他把中心式构图的歌坛——这一点是与文艺复兴的理念相一致的——与必不可少的教堂中厅，结合在一起来布置。和塞利奥的判断一样，帕拉第奥也把伯拉孟特在蒙特里奥的圣彼得教堂中的坦比哀多，看作是与古罗马时期的神庙不相上下的，因为“是伯拉孟特第一个拨云见日，重现了那些从古代到他那个时代，一直都被埋没于尘埃之中的，优雅而美丽的建筑。”[75]

在很大程度上，帕拉第奥发挥了木版画所特有的便于理解与沟通的能力。整本书中都插入了这种带有尺寸标注的木刻版画——是以维琴察尺的标度为准的——这样做使得他那种具有启发性意向的系统化特性得以突出。事实上，帕拉第奥并没有提供一个首尾一贯的建筑理论体系——这不仅是因为《建筑四书》中那种只言片语式的话语特性使这一体系难以维系——更确切地说，他所关注的是通过对具体实例的观察分析，引导读者自己从中获得好的建筑的基本原则。人们感觉得到，巴尔巴罗有关比例的概念，构成其观点的背景基础，但帕拉第奥对于比例这一主题的表述，却毫无连贯性可言。[76]就像巴尔巴罗一样，他对建筑学的原则坚信不疑，但是作为一名执业建筑师，他却总是依据业主的意愿来调整他自己的思想，他的考虑主要是与便利性联系在一起的。　〔92〕

在《建筑四书》出版之后，帕拉第奥进一步的写作计划[77]却因为要给恺撒（Caesar，1575年）和波利比乌斯（Polybius，未出版）[78]的书作插图性的注释而中断，这也证明了他在军事建筑学方面的兴趣。和塞利奥一样，他把古罗马兵营（castrum，图版49）的形式作为出发点，并在评注和图例中对“所有的基址、城市、山脉和河流”进行了描述。[79]

版本情况

《M·维特鲁威建筑十书之翻译附带注解自巴尔巴罗阁下，阿奎莱亚*的公选族长，弗朗切斯科·马尔科利尼》（*I dieci libri dell' architettura di M. Vitruvio tradutti e commentati da Monsignor Barbaro, eletto patriarca d' Aquileggia, Francesco Marcolini*），威尼斯，1556年。

《M·维特鲁威建筑十书之翻译附带尊敬的达尼埃莱·巴尔巴罗的注解》（*I dieci libri dell' architettura di M. Vitruvio, tradotti ξ commentati da Mons. Daniel Barbaro*），威尼斯，1567年［曼弗雷多·塔夫里（Manfredo Tafuri）编辑，米兰，1987年］。

《M·维特鲁威的建筑十书，附带达尼埃莱·巴尔巴罗的注解》（*M. Vitruvii Pollionis De Architectura Libri Decem, Cum commentaries Danielis Barbari*），威尼斯，1567年。

安德烈亚·帕拉蒂奥，《建筑四书》（*I Quattro libri dell' architettura*），里希斯科·马加尼亚托（Licisco Magagnato）和保罗·马里尼（Paola Marini）编辑，米兰，1980年。艾萨克·韦尔（Isaac Ware），1738年译本的影印本：《建筑四书》（*The Four Books of Architecture*），纽约，未注明出版日期。

---

*阿奎莱亚（Aquileggia），意大利地名。——译者注

第八章　反宗教改革、巴洛克与新古典主义

〔93〕 关于 16 世纪下半叶的反宗教改革运动对于建筑和建筑理论所具有的重要性，直至今日还没有得到充分而系统的研究。虽然反宗教改革和手法主义[1]之间的联系，以及特伦托会议*(Council of Trent，1545－1563 年)对论述文学和视觉艺术的影响，已经被反复地研究过了[2]，但是，在这些研究中，建筑学与建筑理论却始终没有被纳入到彼此的相互联系之中。其中的部分原因是因为虽然这个委员会在 1563 年 12 月的最后一次会议上，通过了对圣徒、圣物和圣像进行礼拜的法令[3]，但在与建筑学有关的各个方面却没有作出任何直接的表示。尽管委员会作出决定说，所有的艺术作品，不论是教堂内部的还是教堂之外的，在将其进行展示之前，都必须得到主教的授权；在有关宗教性的艺术陈列中，禁止含有任何"虚假的、亵渎性的、不道德的、荒谬的、有失公正和心胸狭隘的内容"[4]，但对于建筑却没有提出任何的限制与约束。特伦托会议*的这一决议的目标是一种倒退，并且具有某种宣传性目的，其产生的效果不仅在像乔万尼·安德烈·朱利奥(Giovanni Andrea Giulio)和加布里埃莱·帕莱奥蒂(Gabriele Paleotti)这样的翻译者中明显地表现了出来[5]，而且，对于艺术家们在心理上也产生了影响，就像人们所熟知的巴尔托洛梅奥·阿曼纳蒂(Bartolomeo Ammannati)写给佛罗伦萨美术学院(Florentine Accademia del Disegno)的信(1582 年)[6]中所显示出来的，在这封信中他将他自己早期的作品自责为"最为粗陋而且也最为沉痛的错误"。在临死前写给费尔迪南多·德·美第奇大公(Grand Duke Ferdinando de Medici)的另外一封信中，他将自己描述为"在我的一生中，竟然曾经犯下过如此的罪过，一直都感到极度的悲伤"[7]，他甚至请求为他所创作的那些赤身裸体的形象添加上衣服，或是干脆将它们彻底抹去。

反宗教改革的态度在建筑理论方面的反映，似乎显得并没有那么直接。在知识方面回到早期基督教或经院哲学的趋势，在一些特定的建筑项目的个别例子中也会十分明显地显现出来。比如在朱利奥·罗马诺(Giulio Romano)的主持下，于 1545 年开始的曼图亚主教堂(the Cathedral of Mantua)的修复工程，其中柱廊、柱顶楣梁和教堂中厅的水平顶棚的设计，就都是可以回溯到老圣彼得教堂(Old St Peter)的做法中去的。

只有一个我们所知道的，将特伦托会议的决议，以一种十分确定的书面形式，明确地运用到建筑上的例子。这就是 1557 年米兰大主教(the Archbishop of Milan)，红衣主教卡洛·波罗梅奥(Cardinal Carlo Borromeo)，也就是罗马教皇彼乌斯四世(Pope Pius Ⅳ)的侄子——在委员会的最后一次会议上他是一位异常活跃的人物[8]——出版了《宗教设施结构指南》(Instructiones fabricae et supellectillis eccleesiasticae)一书。[9]虽然这本书只是写给他自己所管辖的主教教区，但是却在整个欧洲流传开来。从严格意义上说，这并不是一部建筑学方面的论文，而只是一份为米兰大主教在他对教堂进行视察和从事建筑工程时，不得不关注的一些要点的展示。[10]无论怎样，这本《指南》还是将反宗教改革势力对于教堂建筑的态度，作出了清晰的表述。

有一点倾向是十分明显的，贯穿在这本《指南》中的主旨是，要使(教堂)观看者的心目中，造成一种畏惧和敬仰的感觉。应该提倡的是，只要是有可能，教堂就应当坐落在山头之上。如果不得不建造在一块平坦的地

---

*天主教会的第 19 次普世会议(1545－1563 年)，虽两次中断，但在清理教令和确定教义方面有很大的重要性，对欧洲大部分地区振兴天主教起了极为重要的作用。——译者注

段上，就要把教堂放置在一个有三到五步台阶高度的基座之上。要避免一切由室外的噪声或各种世俗的活动对于教堂可能产生的干扰。因此要尽量使教堂能够完全独立地矗立在那里，在与它相邻的建筑之间至少要保持几步的间隔。[11]教堂规模的大小，主要取决于要求参加仪式的会众的多少。为了确保在举行这种仪式时的庄严与肃穆，波罗梅奥甚至具体确定了每一个人所需要的建筑面积。[12]

〔94〕

虽然平面形式可以是多种多样的，但波罗梅奥却认为拉丁十字形式作为"基督十字"所特有的"高贵结构"(insignis structura)，应当毫不含混地列在优先的地位，他并且将这一形式与基督教早期的罗马巴西利卡联系在一起。波罗梅奥显然是拒绝文艺复兴时期建筑的集中式构图的理念；他认为罗马十字形式优于希腊十字形式，并将圆环形构图谴责为异教形式。[13]

波罗梅奥非常强调正立面的美学效果，所有外部装饰和圣像画——都是以圣母玛丽亚的生平传说为主题——集中在正立面上，在建筑物的其他立面上，不允许有任何艺术装饰。[14]波罗梅奥对于在正立面的前面加上一个中庭的做法倍加青睐，或者至少要用一个由巨大柱式构成的门廊。[15]他主张窗户的彩色玻璃上不应该有景观与人物的绘画题材，而只应该允许光线透过素净的玻璃进入室内。[16]他还进一步地对教堂陈设和圣像画的程序给出了精确的指南。

在最后一个章节中，波罗梅奥直接从1563年特伦托主教会议所颁布的教令(Tridentine decree)中抽出了一段文字，作为他的一系列相关要求的一个总结：

> 无论是什么，只要是与基督教的虔诚和宗教信仰无所关联的，或是亵渎的、丑陋的、色情的、猥亵的、淫秽的内容，就不允许在建筑物上，以及任何其他作品的装饰上使用、雕塑、刻画、描绘，或是表达。[17]

柱子的使用被允许，仅仅是因为建筑物之坚固性的必不可少，不过，现在也必须完全服从于"建筑比例"(architectonica ratio)的要求。[18]

如果说我们从波罗梅奥《指南》一书中，可以看出他对建筑中巴洛克风格的产生，也作出了相当大的贡献，对于这本书的这一判断并不是过高。对富丽堂皇的要求，对正立面的强调，所有陈设和装饰都必须屈从于整体方案——走向以神学激励为主旨的整体艺术作品的创作之路(Gesamtkunstwerk)——这些都是巴洛克风格的组成要素。这一点至少在宗教建筑上是确切无误的。但我们还不清楚的是，这样一种艺术态度，是通过什么样的渠道才得以传播开来的。无论如何，早期耶稣会建筑——例如罗马的耶稣教堂(Il Gesù)和慕尼黑的圣米歇尔教堂(St Michael)——在一定程度上曾起到了中间媒介的作用。[19]曾经为波罗梅奥工作过的佩莱格里诺·蒂巴尔迪(Pellegrino Tibaldi)所写的两篇论文，只是在最近才得以出版的。[20]

一般说来，特伦托会议的改革，对于美学理论的影响，应当被看作是十分多样化的，在这里也无法进行讨论。[21]对于波罗梅奥的《指南》和比利亚尔潘多(Villalpando)对《以西结书》(Ezekiel)的评注(将在第十八章讨论)也暂时搁置一旁不论，我们可以感觉得出一个一般性的趋势，正在成为支配建筑学，以及所有雕塑艺术作品的外部标准，这一趋势虽然不免也受到了后特伦托主教会议(post-Tridentine)态度的影响，但更多地则主要是受到了16世纪末期才得以广泛传播的新柏拉图主义的影响。罗马天主教的重要性被附加在了建筑设计的观念之中[22]，并将建筑、雕塑和绘画结合在一起。有资料表明在16世纪的许多著作中，建筑和雕塑艺术是放在一起进行论述的。乔治·瓦萨里(Giorgio Vasari，1511-1574年)，作为一名画家、建筑师和理论家，在其著名的有关艺术家生涯的收藏集中，已经遵循了这样一条道路。这本集子首次出版于1550年，在1568年时，又得到了相当大的扩展，在这一次出版时，是以一个十分详细的"有关三种设计艺术的介绍"(Introduction to the three arts of disegno)作为前言的。[23]在瓦萨里那里，有关建筑学的论述被放在了雕塑艺术之前，他同时提及了维特鲁威和阿尔伯蒂有关历史发展的理念。[24]然而，他并没有声称作为这一历史发展之结果的建筑学，具有任何更大的价值。[25]

在他的那篇前言式的《介绍》的框架下，瓦萨里并没有发展出什么前后连贯的建筑理论，只是涉及了各种各样的石料——作为材料研究的一部分——以及柱式问题。特别令人惊讶的是，在这里除了五种柱式的原则之外，他还加上了"日耳曼人的创造"(lavoro Tedesco)——哥特式，在他看来哥特式的装饰和比例与古代希腊、

〔95〕

罗马及他所处的那个时代截然不同。[26]瓦萨里并没有把"日耳曼人的创造"当作是一种"柱式"(ordine)，而是一种"形式"(maniera)，并且将这种形式归结为哥特人的创造。在描述这些建筑所留给人的印象时，他写道：这些建筑物看起来像是纸糊的，而不是用石料或是大理石砌就的。[27]当他说到这是淹没了整个意大利的"一场建筑灾祸"时，对于自己的厌恶之情毫不掩饰。[28]瓦萨里甚至从来没有将哥特式建筑看作是一种独立的建筑风格。他是一个典型的维特鲁威式的人，因为在他看来，实用与美观，是和好的建筑形式密切联系在一起的。[29]而在他将人体与建筑进行类比时，他是完全站在了文艺复兴的传统立场之上的。[30]

建筑与雕塑艺术之间的密切联系，在 1562 年由瓦萨里建立的佛罗伦萨"美术学院"(Florentine "Accademia del Disegno")中，也变得十分明显。[31]但是，令人感到吃惊的是，尽管在事实上，美第奇家族从科西莫一世(Cosimo I)以来，就一直坚持推行一种在建筑问题上独断专行的政策，然而，在一整个 16 世纪中，像类似的建筑理论问题，在佛罗伦萨竟没有得到任何明确的阐释。[32]

本韦努托·切利尼(Benvenuto Cellini，1500－1571 年)留下了一篇建筑学论文的起始部分[33]，在这篇文字中，建筑学被归为雕塑的"第二种形式"(figliola seconda)，并且收集了一些相关的资料来斥责塞利奥对于佩鲁齐的剽窃行为。但切利尼的这篇文章，在内容上是因循守旧的。

乔万尼·安东尼奥·多西奥(Giovanni Antonio Dosio，1533 年－约1609 年)在 1570 年代之初，正着手写作一篇建筑学论文[34]，据推测这篇论文主要是以图例为基础的，并以塞利奥的著作作为蓝本，只是比塞利奥的更为精细一些。从一系列有关罗马古代遗迹的绘画中，我们似可略窥多西奥的论文所要表达的思想。

内容更为宽泛的一本书是皮罗·利戈里奥(Pirro Ligorio，1513/1514－1583 年)所写的《罗马古迹》(*Libro delle antichità di Roma*)[35]，这是一个以文集形式记录整个古代罗马遗迹的尝试性著作，建筑只是其中的一个方面。这本书以几个不同的译本而为人们所知，但却从来没有正式出版过。利戈里奥的著作与维特鲁威学派的原则十分接近，从基本的建筑理论角度来看，这本书没有什么实质上的进展。

最近一篇由格拉多·斯比尼(Gherardo Spini)所写的建筑学论文的部分片断得以出版。[36]作为佛罗伦萨学院的成员之一，他曾于 1568/1569 年，撰写了三部关于大规模工程的书，奉献给科西莫·德·美第奇。我们对于斯比尼的生平知之甚少。在论文的开始部分，他将自己描述为一位 30 岁的人，后来，他又在字里行间透露出，他的足迹曾经遍布波希米亚和奥地利。在这篇论文中，始终都贯穿着一种理性与科学的思想，他特别强调了自己所具备的数学背景。他的论著中包含了一些新的思想线索，这使得他在他那个时代变得独一无二，在他的思想中，一定程度上预示了后来法国启蒙运动(French Enlightenment)思想的产生。

斯比尼把建筑分成结构(fabbrica)和装饰(ornamento)两部分，在这一点上，他与阿尔伯蒂是一致的。但是，他把建筑的结构骨架与建筑的内外装饰截然分开的做法，要比阿尔伯蒂来得更为偏激。当斯比尼对于处在艺术巅峰、并且创造了"准确无误的法则"(regole infallibili)的古希腊盛赞不已的时候，他也发展了一套新的历史观，一种全新的建筑历史的观念。[37]与他的观念相应，柱式被减少为三种(多立克、爱奥尼与科林斯)，并且对这些柱式完美的最初状态给予了重新确立。正是在这一点上，斯比尼明显地预示出了其后罗兰·弗雷亚特·德·尚布雷(Roland Fréart de Chambray)的思想的产生。[38]斯比尼对于哥特式建筑表现了憎恶之情，他认为缺乏高尚感觉的哥特建筑乏善可陈，这是一种日耳曼人的、"毫无标准与规则"可言的怪诞之物。[39]

〔96〕

对于比例的规律性问题进行假设，并将这些比例与人体作类比，在这一点上斯比尼表现为一个典型的文艺复兴时代的代表。但是，当他辩解说必须把房屋的结构骨架孤立出来，并且认为结构骨架是"赤裸裸地表达出来的真实"，而其他则是附加其上的"修辞和装饰"时[40]，就显得令人莫名其妙了。装饰在一定意义上，是"实用性的"东西，然而一座不"得体"(decoro)的建筑物——斯比尼把这个词看作是"装饰"(ornament)一词的同义语——就会毫无高贵可言——看起来像是一名"歹徒"。[41]

斯比尼理论的核心思想是一种拟仿主义，按照他的观点，建筑学以及任何发明创造，都不应该偏离对于自然的直接模仿。即使是装饰也应该服从于这种模仿的原则。斯比尼将这种观点落在了原始棚屋，以及各种形式的木梁和屋顶的形式上，由此出发，他对柱式的原型给出了十分详尽的阐释(图版 50、51)。他把这也作为一种结构性模仿的"原型"，任何对于这一原则的背离，都被看作是对自然的滥用和违背。这种思想使得斯比尼与18 世纪中叶的安东尼·洛吉耶(Antoine Laugier)的理论十分接近。

斯比尼的早期理性主义是文艺复兴时期一个令人瞩目的特例。但是，任何与他的文本有关的直接知识，却并没有在法国启蒙运动中出现过。

1580年代，巴尔托洛梅奥·阿曼纳蒂(Bartolomeo Ammannati，1511－1592年)开始着手他的有关理想城市的写作工作，但他仅仅完成了一个泛泛的建筑类型学的论述。他并没有完成一篇连贯的文本，并且他的著作也一直没有能够出版。[42]

另外一部内容框架比较类似的书，是由瓦萨里的侄子乔治·瓦萨里·伊利·吉奥瓦尼(Giorgio Vasari il Giovane，1562－1625年)撰写的，这本书的名字是《理想城市》(*Città ideale*)[43]，时间大约是在1598年，不过，同样也是从未出版。这本书中包括了一些"在一个美丽和秩序井然的城市中必不可少的"公共建筑和私人建筑的典型类型。[44]除了向大公费尔迪南多·德·美第奇一世的献词，以及对读者的演说之外，书中仅仅有一些简短的注释。在一些细节中，我们似可察觉，他从菲拉雷特、弗朗切斯科·迪·乔其奥和彼得罗·卡塔尼奥的著作中借鉴了一些东西。作者笔下的理想城市，是坐落在平原之上的[45]，这一点很显然就是来源于卡塔尼奥(图版52)的。小瓦萨里，与塞利奥一样，是那些最初对于低造价住宅问题表示出关心的人(图版53)。他特意为手工业工人设计了一种十分理性的半分离式住宅，试图消除由于经济原因而共享一套住宅的两个家庭之间可能存在的不便。[46]

构思(disegno)这个词的概念，作为新柏拉图主义的思想形式，具有把建筑艺术归类于在艺术层次上低于绘画艺术的某种潜在可能。这一思想特点也确实在米兰画家和理论家詹·帕罗·洛马佐(Gian Paolo Lomazzo，1538－1600年)的论著中所作的结论上反映了出来。他在《论绘画艺术》(*Trattato dell'arte della pittura*，1584年)和《论绘画的殿堂》(*Ideal del tempio della pittura*，1590年)两篇论文中，都试图证明绘画所具有的绝对优势地位。[47]他还通过比例的概念，按照他所说的必须适应"自然的法则"(ordine de la natura)与"理论的法则"(ordine della dottrina)的需要，对于这一优势作了进一步的强调。[48]一个智者也必须依照与自然相同的法则来面对万事万物。对他来说，比例的概念——他将这一概念与绘画联系在一起——与美的概念是同义语。在新柏拉图主义者的思想中，美与善这两个概念，是紧密联系，难解难分。但是洛马佐则更进了一步，他断言说，如果一件东西不是同时具有美丽的外观，亦即良好的比例，就不可能是具有方便与实用性的东西。[49]正因为比例反映了"自然的法则"，所以在他看来，凡是美观、实用和令人赏心悦目的事物，就必须使任何地方的任何人，都能够感到愉悦与满意。[50]洛马佐的这种投机性的论点是源之于中世纪的经院哲学的，这一点在他通过回复到三角形划分，来获取所谓"真正的比例"的时候，就可以看得更为清楚。[51] 〔97〕

构思(disegno)这个概念，在费代里科·苏卡罗(Federico Zuccaro，约1540－1609年)的著作中，获得了理论上的尊贵地位。苏卡罗作为成立于1593年的罗马"美术学院"(Accademia del Disegno)的创建者，对于后面这一概念给予了很高的评价，并在他写的《画家、雕塑家和建筑师的理念》(*L'Idea de'pittori，scultori et architetti*，1607年)一书中，对于亚里士多德与经院学派的思想作了一番概述。[52]在他看来，所谓"理念"(Idea)就是"对内在构思(internal disegno)、形式、观念、秩序、规则、限制，及其在这些事物中反映出的心智对象的理解，表达了出来"。[53] 内在构思(disegno interno)成为一种具有一般意义的规则，科学、艺术和道德范畴都服从于这一规则。而外在构思(disegno esterno，我们将其称之为"绘画")只是把抽象的状态从形式上逐渐变得明晰可见，但这还不是事物的物质化形态。[54]以一种异乎寻常的严格态度，苏卡罗拒绝把科学，尤其是数学，作为艺术的基础[55]，并因此把从早期文艺复兴时代以来，就从来没有人质疑过的，作为建筑学的基础的数学，从建筑学中驱逐了出去。早在1594年，苏卡罗就开始向罗马美术学院灌输他的有关构思的理念，在他的思想中也涉及了为建筑学寻求一个恰当的定义的问题；他把绘画比作一位母亲，而建筑是她的女儿，在这一点上，他显然是与维特鲁威的定义针锋相对的[56]，他甚至认为科学几乎是百无一用的。这种极端的立场必然会激起建筑师们的反应，为了守护或者防止建筑的坚实基础被进一步削弱，建筑师们作出了回应。这一回应是来自温琴佐·斯卡莫齐(Vincenzo Scamozzi)的。

但是，在我们转向斯卡莫齐之前，让我们简要介绍一部关于乌托邦历史的著作——多米尼坎·托马索·康帕内拉(Dominican Tommaso Campanella，1568－1639年)的《太阳之城》(*Città del sole*)[57]，由于其对理想城市的详细描写，使得这本书也与建筑理论发生了某种关联。从一方面讲，作为一种政治乌托邦的传统，"太阳国"的概念在柏拉图、托马斯·摩尔(Thomas More)和路德维科·阿戈斯蒂尼(Ludovico Agostini)那里就久已存在[58]；而另一方面，这本书的这一思想又是对南意大利的经济和政治环境问题的一个具体解答，因为康帕内拉就是在这个地方土生土长的。[59]这座想像中的太阳城被康帕内拉设定在锡兰(Ceylon)(今斯里兰卡——译者注)的塔普洛班纳岛(Taprobana)上。这是一座坐落在小山上的城市,有七重环绕的城墙,这七重城墙按照七颗行星的名字来命名;这座城市的直径是 2 英里,周长为 7 英里。城墙的东西南北四个方向的四座城门相互连通。在山顶上最内一环的中心部位,是一个开阔的广场,这里坐落着一座圆形的神庙,这是一座通过柱子的布置而向外开敞的建筑。圆形神庙的顶端是一个塔形的采光亭,从上而下的这惟一的光源照亮了建筑的室内。采光塔下方是祭坛的所在。但是,"在祭坛上除了两个球形物体外,并没有别的什么东西,较大的球体上表现了整个苍穹,另一个球体象征的是地球。在屋顶那巨大穹隆的内表面,可以看到天空中从第一至第七种大小不等的星体,每颗星都被赋予名称,并附有三行并行的诗来描述它对地球上的事物施加的影响。"[60]这座城市就是对这个世界的宇宙观念,以及宇宙信仰的一种表述。而有着同心圆的多重城墙,以及位于中心的圆形神庙,都代表了文艺复兴时期的理想城市理念。

城墙的内外墙面上都刻有百科全书似的一系列图像。包括自然科学,从数学到地理学,还包括历史科学,同时,还包括所有那些在无所不知的政府看来都是具有很高价值的发明创造,所有这些都被通过一种具有纪念性的带有"煽动宣传"(Agit - prop,即 Agitation Propaganda 的简写)的形式进行了描绘。[61]

[98] 这样一个绘满图案的球体(orbis pictus)会被教师们解释为:它"通常是为了那些不到 10 岁的儿童准备的,这就像是一个游戏,儿童可以不必花费很大的力气,就能学习各种科学知识,同时又具有历史的严密性"。[62]康帕内拉的这座理想城,不仅仅是对某种理想的正式表达,同时也是对世界与社会的一种观念的视觉转换,这是对其居住者施加教育与宣传的影响。一种极权主义国家的理念在太阳城中得到了直接的反映。事实上,列宁,就是从康帕内拉这本《太阳之城》中那种非同寻常的主张中获得灵感的。[63]

新柏拉图主义与亚里士多德学派的思想,代表了一般性的美学理论趋势,就像在洛马佐(Lomazzo,1584,1590 年)和费代里科·苏卡罗(Federico Zuccaro,1607 年)身上所表现出来的那样,这种倾向也反映在了纯建筑理论之中,以及这一领域中至今所出版的最为全面的著作中。温琴佐·斯卡莫齐(Vincenzo Scamozzi,1548 - 1616 年),是一位四处游历的人,也是帕拉第奥死后的一代中最有成就的建筑师[64],在他以《建筑理念综述》(*L' idea della architettura universale*,1615 年)为标题所著的书中,就间接提及了洛马佐和苏卡罗的论文。同时,这一标题也非常自负地宣称,是对建筑学的一个全面的探究。书的扉页上(图版 54)展示了斯卡莫齐的自画像,画像被一个新柏拉图主义的铭文所环绕,用以分辨出"实像"(corporis effigies)与"拟像"(intus effigies)——也就是理论与经验之间的区别。这位有教养的作者——"自由、灵活,但缺乏经验"(liberalium artium expers)——在下面描述了他所作的工作,并亲自出版了自己的作品,还用一种异乎寻常的率直向读者们诉说。

根据斯卡莫齐本人的描述,他为了编写这部书花了 25 年的时间。[65]也就是说,他应该是在 1590 年左右,就开始这部书的写作了。在 1584 年,可能是在和他父亲乔万尼·多梅尼科·斯卡莫齐(Giovanni Domenico Scamozzi,1526 - 1582 年)合作期间,他就已经为塞利奥的著作编写了一份详细的索引目录,并完成了一篇建筑学方面的论文[66],在这篇论文中,他后来著作中的一些基本观点,已经开始显现,例如,他强调建筑学的科学性特征,并强调建筑学在其他艺术中所处的优先地位。他所提出的建筑学的 6 个要点与他后来著作的观点大体一致,并且也为其后的著作奠定了一个基本的格局。

在第一书的前言部分,温琴佐·斯卡莫齐对于他的计划分十部书出版的整篇论著给出了一个大纲。[67]通过这样一个十卷本的著作内容,斯卡莫齐有意识地将自己与他的前辈维特鲁威和阿尔伯蒂放在了一个等同的位置上,也表现出了与他们一致的愿望。然而,事实上,他最后仅仅将第一书到第三书,和第六书到第八书出版面世。

斯卡莫齐将他的论著中的大致内容罗列如下:

第一书:作为一门科学的建筑学;建筑师教育。
第二书:建筑中的地理与地形条件。
第三书:私人建筑。
第四书:公共建筑。
第五书:神圣建筑。

第六书：柱式。

第七书：建筑材料。

第八书：建筑构造，从毛石基础到屋顶的铺放。

第九书：装饰（Finimenti）（面层和装饰）。

第十书：改建和重建。

贯穿整部著作的是他所描述的一种骄傲与自卑相互交织的情绪，但他还是称呼他的著作好像"美妙的杰作"一样，在"各个部分都是全面而完美的"。[68]很显然的是，他的去世使得那些遗失了的卷册无缘出版。

书中的文字表现出一种令人沮丧的博学、迂腐和冗长，然而，他既没有能够提供一个有关建筑学的真正完 〔99〕整而连续的体系，也不能仅仅归结为其文字的片断散乱。他的基本观点是可以识别的，但是，总体上看来，斯卡莫齐对于建筑理论史与实践史采取了一种折中主义的态度。作为最后一个，同时显然也是姗姗来迟的文艺复兴思想的代表人物，斯卡莫齐将那些已经被一系列事件所掩盖的思想作了一番汇总，并提出了一个概要。作为一位文艺复兴思想的卫道士，他以抨击和谩骂，来发泄他对刚刚兴起的巴洛克风格的不满。由有教养的人写给有教养的读者——在致读者的前言中，他向"有学识的读者"（studiosi lettori）们致词说——他把建筑学当作一门科学，其法则就是"理性"（ragione）。事实上，斯卡莫齐坚持了中世纪对自由艺术（artes liberales）和机械艺术（artes mechanicae）的文化分类，但与此同时，他又在设计和概念的层面，将建筑学和数学联系在了一起，从而将其从机械艺术中解放了出来。在他看来，建筑学是所有科学中最有价值，也是最重要的；建筑学独自为整个世界提供装饰，为万物提供秩序（ordine）。[69]从他的美学观念来看，斯卡莫齐完全是步维特鲁威的后尘的，但是，他那无所不在，高于一切的理性精神是十分明显的，在他那里，甚至"得体"（decoro）一词的概念，也可以回溯到"所有的部件都是产生于合理的用途"这一基本点上去。[70]

从地理与历史两方面，斯卡莫齐向人们展示了一个非常广阔的建筑学的全景画面。就如与他自己所处时代相关联的问题，他声称在各方面意大利都具有无可置疑的优先地位，对他而言，他所知道的世界任何其他地方，都要"比我们的意大利远远落后"。[71]在斯卡莫齐看来，设计工作完全成为一个科学过程。发明就是对于数学的直接应用，形式的创造是通过"构思"（disegno）而建立起来的，建筑师就像是一位百科全书的编撰者。

看来斯卡莫齐是第一位承认，或者说至少是明确表示了，建筑师在政治上所具有的模棱两可特征的人。他注意到了一位建筑师，既可以卑躬屈膝于"专制统治者"，也可以超然物外于"简单而自由的生活中，并且可以随心所欲"于这样的不同抉择。他认为服务于一位道德高尚和宽宏大量的专制统治者也是无可厚非的，但是，"最好还是选择自由自在的生活"[72]，这证明他在内心深处还是一名共和主义者。

从整部著作来看，十分明显的一点是，斯卡莫齐本人对于哲学、历史和美学都进行了广泛的涉猎。因此，无论是赞成或是反对这些观点，他基本上都会在书的旁注中给出所引观点的章节或诗句的出处。可以说，他在建筑理论方面掌握了他那个时代为止所出版和未出版的几乎所有的文本资料。他甚至吸收了法国和德国著作家的思想，如：汉斯·布卢姆（Hans Blum）、费利伯特·德洛姆（Philibert Delorme）、汉斯·弗雷德曼·德·弗里斯（Hans Vredeman de Vries）、雅克·安德洛特·杜塞西（Jacques Androuet Ducerceau）、阿尔布莱特·丢勒（Albrecht Dürer）。[73]斯卡莫齐是第一位尝试重建小普林尼（Pliny the younger）的劳伦蒂纳别墅（Villa Laurentina）的人[74]，自此以后，这座建筑的重建成为一个建筑上的难题而一直为人们所关注。[75]

斯卡莫齐保留了一些文艺复兴时期所惯常使用的重要的基本语句措辞，例如他把人体和建筑进行类比。他对"维特鲁威人"进行了释义，但也只是从中找到了一些几何学方面的法则："这样人们可以看到几何学和人体相互包含的程度。"[76]在他所给出的图形中，维特鲁威人被附以一个几何网格（图版55）。建筑学从雕塑艺术中分离了出来，因为后者是基于对自然的模仿，而建筑师则是在运用自己的智慧来创造，并使用基本的几何形式进行设计。[77]在这样的划分中，也包含有把建筑师与数学家和哲学家进行比较的一些基本想法。[78]建筑设计必须是简单和容易理解的，而且更为重要的是，建筑的各个部分都要以垂直的角度为基础，圆形以及其他一些规则的形式也可以使用。在其中存在着与自然的和谐。波浪形起伏的线、分层的面，以及非垂直的角度，在他看 〔100〕来都是对于自然和理性的违背，从而造成某种"视觉上的丑陋"。[79]在这里他对还处于萌芽状态的巴洛克风格采取了完全拒绝的态度。

斯卡莫齐在他的第二书(关于气候条件)中,声称意大利在建筑学方面所特有的优先地位,是由自然条件决定的。如果将欧洲看作人类的母亲,而将意大利看作欧洲的中心的话,那么意大利就应该比世界上其他任何地方都更具有理性(à ragione)的优越性。[80]在维特鲁威的(Ⅵ.Ⅰ)第一书中,古罗马人所宣称的在世界上所具有的至高无上的地位的思想,就是以与此类似的观点为基础的。正如斯卡莫齐所言,世界上其他国家在气候条件上的不利处境,对于当地的居民和建筑都产生了某种影响。因而,德国就被贴上了"后发展国家"(huomini di tardo ingegno)的标签。[81]

斯卡莫齐对于城镇和要塞的设计也给予了详细的说明。同时,作为文艺复兴后期少数几个得以实现了的理想城市之一的帕尔马诺瓦城(Palmanova)也是由他设计规划的。尽管,由最近的研究所揭示出的事实,说明这个设计可能不是由斯卡莫齐具体实施完成的,而是几位设计者共同合作的成果[82],但是在我看来,虽然斯卡莫齐为帕尔马诺瓦城所做的设计被建设委员会所否决,但还是将这一尽为人知的城市式样在他为另一个理想城市所做的设计中保留了下来(图版56)。[83]虽然,在他所描述的理想城市中,并没有包括帕尔马诺瓦城,但在"帕尔马新城"(Palma Città nova)的索引条目下,斯卡莫齐在给出的页面中涉及了对于前者的描述。由于那些纯军事建筑师们的反对,斯卡莫齐棋盘式的城市布局未能得到认可和接受,这一布局模式显然是与卡塔尼奥联系在一起的,而那些反对者们更倾向于放射状的街道系统。[84]

他的第三书,是关于地方性建筑的建造的,他把自己严格地限制在宫殿与别墅的范围之内。在很多设计细节上他都依靠了以前的研究者提供的资料。例如,他所复原的"古希腊"房屋就是帕拉第奥所设计平面的变形。[85]和帕拉第奥一样,斯卡莫齐也充分利用了这一次机会,把他本人的一系列设计都收录到了这本书中。

在第六书中,也就是关于柱式的一书中,斯卡莫齐的理性主义倾向变得异常明显。尽管在早期的建筑理论中,柱式(ordine)的定义仅仅是指那些常用的柱式,但对于斯卡莫齐来说,它却具有双重的含义。在他看来,柱式是从原始混沌时就已经出现的宇宙万物运行的秩序(màcchina del mondo),是和理性相一致的,建筑学"作为杰出科学的侍女,也需要秩序"。[86]"秩序"对他而言是世界和自然理性的运行法则,建筑的"柱式"也服从于这一法则。他的论述是建立在塞利奥的五种柱式的基础之上的(图版57),尽管他像维尼奥拉一样,对细部的一些要点提出了批评,但他比这些作者要更进了一步,他断言说这五种柱式是根植于自然的法则之中的,是上帝所赐予的,不可以有任何的改变。柱式的数目限定在五种[87]:这样由塞利奥所建立,并由维尼奥拉所系统化的柱式规则就变得绝对化了。斯卡莫齐这样一种严格刻板的描述,实际上可能是直接针对费利伯特·德洛姆的,后者曾计划在其《建筑学》(L'Architecture,1567年)一书中,通过增加第六种柱式——"法兰西"柱式——来扩展柱式的规则。而在斯卡莫齐看来,柱子的比例应当严格地遵循纯数学的比例规则[88];他那内涵有理性精神的建筑观是如此地斩钉截铁,以至于连无理数的使用都被禁止了。

斯卡莫齐的第六书就像塞利奥的第四书一样,也是以单行本的形式出版的,但对于实际工作并没有产生任何影响。[89]尽管如此,这本书还是有着重大的意义,1685年时,巴黎出版了该书的法文版,那时也正处于布隆代尔(Blondel)与佩罗(Perrault)之间学术论战的高峰时期。[90]

〔101〕 第七书是关于建筑材料问题的,其中包括了有关如何将材料和整个文艺复兴时代的造型结合起来的最为清晰的论述。材料,在斯卡莫齐看来,由于其特定的自然状态而缺乏形式上的造型。无论如何,不同的材料具有不同的属性(habilità),这使得它们可以被制作成各种特定的东西。但是,人们并不能把任意一种给定的材料制作成所有的任何一种造型。在造型和特定的材料联系在一起的情况下,一种材料也只能采取一种形式。但是他又宣称,造型是凭借本身的特性而存在的;同样,材料可以不依赖造型而存在。只有当材料被塑造成一种形式时,材料本身也才能达到一种自我的实现。[91]这种思想是建立在新柏拉图主义的基础之上的,是可以和达尼埃莱·巴尔巴罗(Daniele Barbaro)早已表述的理念相比较的。但是,看来斯卡莫齐像是在思考某种"材料的真实性"问题,他要求建筑师不应该强行对一种物质进行塑造:"实际上,建筑师试图对材料施加强力不是一件十分值得赞赏的事情,在某种意义上,人们应当不断探寻,从而将自然创造纳入到自己的意愿之中,来获得他所需要的造型形式。"[92]斯卡莫齐的观点是站在一个居于理论与经验之间的立场之上的,看上去就像是加入了德意志制造联盟(Werkbund)与包豪斯(Bauhaus)之间的争论。但斯卡莫齐的立场是明确的:建筑师应该根据科学与数学的标准来进行设计造型,要充分考虑所使用材料的特性。他明确地表示说,应当尽可能使用当地可以获得的建筑材料。[93]

斯卡莫齐的论文是从一般到特殊而展开的。帕拉第奥在他的《建筑四书》的第一书中描述了房屋从基础到屋顶的建造过程，而斯卡莫齐却并不这样叙述，他是直到结束时，才在第八书中谈到了这些问题。他渴求一种普世性的建筑学(architettura universale)。他不仅对于所有的建筑任务和造型问题都进行了叙述，而且还表现出了某种高度超前的历史觉悟，这一点在他的旅行日记中也有所反映。⁹⁴作为一个彻头彻尾的理性的建筑学教条主义的拥护者，他表达了自己的历史立场，还抛开个人兴趣进行了一系列深思熟虑的思考。这就解释了为什么他会去法国，并为哥特教堂勾画了异常精确的草图。⁹⁵在日记中，他对法国莫城(Meaux)的大教堂进行了描绘："这个地方的十字形平面的大教堂是相当美丽的，教堂内有五道侧廊，我们画下了平面并进行了测量。"⁹⁶斯卡莫齐勾画了平面和正立面的草图，并且标注了尺寸。巴塞尔大教堂(Basel Cathedral)和它横跨莱茵河(Rhine)的大桥也激起了他对类似风格的兴趣。

斯卡莫齐的著作洋溢着一种清醒和勤勉的率直，这种率直建立在理性主义者对于进步的信念之上，并坚信通过这些知识他可以"为世人带来幸福"。⁹⁷他既代表了一个文艺复兴时代的人，同时也代表了文艺复兴时代的结束；他回应了洛马佐(Lomazzo)和苏卡罗(Zuccaro)的"手法主义"美学；他公开放弃了还处于襁褓中的巴洛克风格，并宣告了新古典主义的到来。

这是一个令人感到奇怪的事实，在巴洛克风格兴起的初期和盛期，意大利的建筑学从来都没有受到过系统的理论抗衡。17世纪上半叶，美学理论得到了清晰的表述，但在很大程度上却是与建筑学和雕塑艺术的实际发展背道而驰的。罗马的圣卢卡学院(Accademia di San Lucca)再一次被看作是当时开展辩论的主要场所。⁹⁸

这种争论以确立了乔瓦尼·彼得罗·贝洛里(Giovanni Pietro Bellori)在学院中的权威地位为结果而告终，他被认作是一个"巴洛克古典主义"的清醒拥护者。贝洛里的美学观具有特殊的重要性，不仅对于意大利，而且对于法国也是如此，在那里他通过与普桑(Poussin)和罗兰·弗雷亚特·德·尚布雷(Roland Fréart de Chambray)之间的接触而获得了影响力。1664年，贝洛里向学院作了一篇名为"画家、雕塑家和建筑师的理念——得之于自然之美并超越自然"(Idea del pittore, dello scultore, e dell'architetto scelta dalle bellezze naturali superiore alla Natura)的重要讲座，他把这篇讲座放在了1672年关于艺术家传记著作的开始部分。⁹⁹在苏卡罗看来，建筑学并入了艺术的一般性理论，而贝洛里则代表了一种不同的立场，这是一种具有新柏拉图主义印迹的立场，在他一篇演讲的开始部分清楚地表达了这一立场： 〔102〕

> 至高无上和永恒的智慧，大自然的创造者，在塑造他伟大的作品时，他在天国中观察着自己，并将那些称作为理念的原始造型组合在一起，因此每一种事物都通过自己的原始理念而表达了出来，这构成了他所创造的世界万事万物的美妙神奇的背景。但是月亮以上的天体，并不隶属于这种变化，它们保持着美丽和(良好的)秩序，所以从它们标准的球体和光彩壮丽的外表，我们逐渐认识到它们永远都是至善至美的。相反，人世间的各种物体则必须屈从于这种畸变和改造……。¹⁰⁰

在贝洛里看来，艺术存在于向内心理念的无限趋近之中，这理念有着神圣的起源。就此而言，其任务就是"改造"自然，而这自然原本是屈从于尘世间的一切变化的。然而，理念并没有给予人类以优先的地位(priori)，因而，理念只是源自于对自然的深入思考。上帝自己作为一名"优秀的建筑师"，以其"理想的可以被理解的世界"为原型，创造了这个"可以感知的世界"。¹⁰¹他还认为是古代希腊与罗马人，重新发现了这个理想世界(mondo ideale)的理念，因此应当对其进行效仿。通过对于无数永恒不变的规律的假设，他关于建筑演化的理念达到了顶点：

> 关于建筑学，我们可以说，建筑师必须构思一个与众不同的理念，并在他的内心中确定下来，对他而言，这些理念就成为了服务于他的规则和原理，他的发明存在于秩序、布置、尺寸，以及整体和局部之间和谐的比例之中。至于在与柱式有关的装饰与装修问题中，他当然会寻找确立在古代例证基础之上的真理，他将赋予这种艺术以某种外在的形式，作为他长期研究探索的一个结果。由于古希腊人为它们下了定义，并赋予它们以最为完美的比例，后来又在最具有学术性的世纪中得以确认，并经由一代又一代智者的一致同意，它们就变成了非凡理念与至高无上之美的法则。而每一种事物应该只

具有单一(种)的美,除非是它被毁灭,否则这种美是不会改变的。[102]

贝洛里和苏卡罗完全不同,他转向了维特鲁威的范畴。贝洛里看到了随着罗马帝国的衰亡,艺术也开始走下坡路,之后的伯拉孟特、拉斐尔和米开朗琪罗又有了一个新的开端,盛行的主观主义对他而言是形式和理性的退化。令他感到愤怒的是,每一个什么汤姆、迪克或是哈利之类的人,都可以提出一些新的建筑理念,并在公共广场或是建筑的正立面上,展示给所有的人看。虽然他没有指名道姓,但是在向巴洛克盛期的建筑师的演讲中,他还是以一种轻蔑的口气对他们进行了责备:

> 不仅是对房屋、城市,甚至是纪念碑他们都随意进行扭曲,他们创造了疯狂的角度、断裂和扭曲的线段,他们还用装饰的灰泥,琐碎的细节和不成比例的元素,对柱础、柱顶盘和柱子本身加以扭曲;而且维特鲁威也曾对于这种所谓的新奇事物表示过谴责。[103]

[103] 贝洛里墨守着对于自然和古代建筑进行模仿的创作之路:在创作过程中——他提及了那个希腊著名画家宙克西斯(Zeuxis)和少女的故事——艺术家逐渐趋近于理念并对自然加以改造。贝洛里拒绝那种"过分自然"的、对于自然循规蹈矩式的模仿,并列举了卡拉瓦乔(Caravaggio)的例子作为说明。[104]因为古代希腊与罗马已经踏上了迈向最终实现理念的创作之路,贝洛里把这些作为标准而接受了下来,并认为这一标准是基于自然之上的。他以一种谨慎的平衡来面对向自然学习和理想化的理念这两个问题。[105]在他追求原型的同时他也寻找着适用于当前的规范,但是,他的立场是以形而上学为基础的;与这一特点相类比的是,在专制主义的法国则是国家权力的表达,以及对于严格而统一的管理方面的渴求。然而,有一点我们不应该忘记的是,贝洛里的《传记》一书是献给(法国人)科尔贝(Colbert)的。

虽然我们不能说17世纪的意大利并未出现关于建筑理论方面的著作,但是事实上,巴洛克艺术家们确实没有作过任何理论上的系统陈述。这一时期的大多数意大利理论著述者都采取了一种回溯历史,或是向文艺复兴运动汲取理论营养的立场,而像博罗米尼(Borromini)这样的大建筑师,则更多地是关注于自己作品的出版,而不是对于理论问题的沉思。

文森佐·吉斯提尼亚尼(Vincenzo Giustiniani)是一位居住在罗马的家在威尼斯的热那亚人,是以艺术品收藏家而为人所知,他的《论建筑》(*Discorso sopra l'architettura*)一书中,明确表达了他的贵族委托人的立场,这本书可能写于17世纪的最初10年间[106] 他的建筑法则和两代人之前围绕着詹乔治·特里希诺(Giangiorgio Trissino)和阿尔维斯·科尔纳罗(Alvise Cornaro)聚集起来的北意大利人文主义者的圈子所作的详细论述直接相关。像他们一样,吉斯提尼亚尼把"便利"(comodità)、"坚固"(sodezza)和"安全"(sicurezza)这样的功能性范畴放在了前面。他同时强调了"必要的对称"(simmetria necessaria)和"正确比例"(debita proporzione)的重要性,这些也作为实际原因而曾一度被加以推荐。[107]他强调室内与室外的相互联系与对应,他详细论述了立面装饰的各种不同方法。同时,建筑学在它的功能性方面,被理解为是"为私人提供便利"(comodità)和"为城市与国家提供一般性的公共装饰"。[108]以此为开端,他继续探讨了城镇规划问题。他的书中还涉及了委托人所要求广泛的理论与实践方面的知识的介绍。

从帕拉第奥和斯卡莫齐开始,对于建筑的陋习(abusi)进行批评,成为建筑论著的一个常规话题。1625年,数学家、神学家锡耶纳人特奥菲洛·盖拉奇尼(Teofilo Gallaccini)(1564-1641年)完成了《论建筑师的陋习》(*Trattato sopra gli errori degli architetti*)一书,但是,直到1767年这本书才出版面世。[109]这篇论著是用理性主义精神对斯卡莫齐进行了缅怀;虽然没有指名道姓,但还是直接对建筑的手法主义和早期巴洛克风格表示了反对;除此之外,论文中还蕴涵了一定的洞察力,这从而使得盖拉奇尼(Gallaccini)在建筑理论史中,也拥有了一席之地。他教条地区分了建造过程之前、之中和之后可能会犯的种种错误。对他而言建筑学是"自然作品的模仿者"。[110]一些关键性的错误可能在建造之前就会犯的,如在建造地段和材料的选择上,以及在建筑的设计上,等等。为了尽可能避免这种错误,盖拉奇尼主张求助于当地的建筑法规,法规中为建筑师和工匠规定了明确的任务。在此他还援引了古代希腊与罗马,以及卡尔特教派(Carthusians)和圣方济会(Capuchins)的修道院的图解作为说明。[111]

盖拉奇尼运用专业知识来论述在建立基础时可能会犯的错误。而对于建造过程中可能会犯的错误，在我们今天看来，最有意思的是那些由于没有能够考虑视觉上的透视缩短而引起的问题（图版 58）。圣彼得大教堂是他经常提起的批评对象，在他看来教堂的穹顶设计得太低矮了。他强调应当考虑观察者的视点，穹隆的起拱点应当设计得更高一些。[112]由数字所限定的比例对于盖拉奇尼而言并不是决定性的，建筑外观的比例是基于视觉之上的。在这一点上他显得很有点巴洛克主义者的味道。

就像帕拉第奥和斯卡莫齐一样，他反对折断的三角山花，通常也反对使用与规则相违背的建筑式样。他很 〔104〕严肃地看待维特鲁威有关装饰的种种规则。每一组成部分都必须是不多不少（necessità），恰如其分的。[113]他认为由于不遵守规则，使装饰导致了建筑的变形，而这是有违理性的。正如斯卡莫齐一样，他坚持认为："只要不遵循规则就会出现混乱，只要出现了混乱就会出现畸变，出现了畸变也就再也不可能有完美可言了"。[114]任何人一旦违背了"合乎逻辑的建筑理性"，就不再与建筑师的头衔相配称。盖拉奇尼反对建筑和装饰的分离。他认为装饰也是建筑的组成要素；也是由需要（necessità）所决定的，因此也是建筑的一个组成部分。

为了迟来的出版，威尼斯建筑师安东尼奥·维森蒂尼（Antonio Visentini，1688 – 1782 年）对盖拉奇尼的插图进行了修订[115]，并提供了洛可可艺术等细节。盖拉奇尼提出的反对手法主义和早期巴洛克风格的论战，对于在 150 年之后对洛可可艺术所进行的批判非常适合。因此，继续盖拉奇尼的事业，维森蒂尼在 1771 年出版了自己的论文[116]，论文的范围延伸到了与盛期巴洛克及洛可可艺术的斗争。他声称从来没有把自己看作是一个改革家，他的目标是为国家的建筑复兴作出贡献（"为了复兴完美的建筑……"），他看到在"古代希腊与罗马的优秀建筑"中，有他所需要的典范。[117]这场论战为新古典主义铺平了道路。

17 世纪的意大利建筑学论文中的大多数都是手工编辑的一些廉价的印刷品，是为了那些没有读过多少书的普通读者群而编辑出版的。这与彼得罗·安东尼奥·巴卡（Pietro Antonio Barca，1620 年）、吉奥瑟菲·维奥拉·赞尼尼（Gioseffe Viola Zanini，1629 年）、乔瓦尼·布兰卡（Giovanni Branca，1629 年）、卡洛·凯撒·奥西奥（Carlo Cesare Osio，1641 年）、康斯坦佐·阿米切沃利（Constanzo Amichevoli，1675 年）以及亚历山德罗·卡普拉（Alessandro Capra，1678 年）等人的论文风格是相符合的。[118]这些论文的不断再版显示出这些普普通通的出版物享有一个传播相当广泛的读者圈子。按他的第一位出版发行人的话说，布兰卡的目标只不过是一本"可携带的注释"（commentàrio potabile），其中汇集了所有的"普遍性法则"，在这个注释本的帮助之下，人们可以接触那些"重要作家的论著"。[119]维奥拉·赞尼尼（Viola Zanini）重复了维特鲁威的分类，并提供了一个多少有点缺乏原创性，但在后面却大量引用了柱式的阐述性说明。奥西奥的论文主要是提出了几何学的法则问题，还竭力给柱式（ordine）的概念提出了一个道德方面的尺度；但在实际上，他除了对于柱子使用上的指导之外，没有提出什么更多的东西。卡普拉的副标题宣称是对"常用建筑"（Architettura familiare）的研究（1678 年），在文章中他试图通过给出一个"正确的规则"来涵盖"那些经常付诸实践的常用事物"。[120]他恰当地用五种柱式来为他关于民用建筑的五本书进行命名。在《第一书 从塔斯干柱式论相关事物》（Libro primo corrispondente all'Ordine Toscano）一文中，他论述了土地和增加农业生产等方面的问题。组合式柱式只是作为他对水泵和起重机进行讨论的一个托辞。他的著作不像是一篇建筑论文，而更像是一本写给克雷莫纳（Cremona）地区农民的日用手册。

这里没有一篇论文是为巴洛克艺术的理论作出贡献的。非常遗憾的是，不管是从伯尔尼尼（Bernini），还是从博罗米尼或是彼得罗·达·科尔托纳（Pietro da Cortona）那里，我们都没有能够获得任何一种连续一致的建筑思想。尽管彼得罗·达·科尔托纳和耶稣会士乔万尼·多梅尼科·奥托内利（Jesuit Giovanni Domenico Ottonelli）联合出版了关于绘画和雕塑中的陋习的论文（1652 年）[121]，而且，论文中反改革的态度也是明显的，因此，我们也只能在很小的范围内来推测他在建筑学方面的观点。[122]至于伯尔尼尼有关建筑学方面的论述，我们很难看到一个自圆其说的整体，而其文艺复兴的理念却仍然是十分明显的，比如他再一次将建筑的比例与人体的比例进行了类比。由此，他于 1665 年曾在巴黎宣称："整个建筑艺术的组成，就在于从人体汲取比例的精髓。这就 〔105〕是为什么雕塑家与画家往往都是最好的建筑师的原因，因为与人体打交道正是他们的谋生之道。"[123]

弗朗切斯科·博罗米尼（Francesco Borromini），打算供出版使用的两部著作[关于圣菲利波·内里的奥拉托里奥教堂（Oratorio di S.Filippo Neri）和萨波恩察岛上的圣伊芙教堂（S. Ivo alla Sapientza）]于 1720 年和 1725 年出版[124]，这两部著作中并未出现他的注释——我们仅谈及《建筑作品》（*Opus Architectonicum*）和《关于奥拉托里奥的教堂》[Oratory，由维吉尔·斯巴达（Virgilio Spada）校订]，自从关于圣伊芙教堂（S. Ivo）的著作之后就不再包含注释了——也没有任何明确的关于巴洛克的立场，但是他的观点很像贝洛里向圣卢卡学院所陈述的观点。和贝洛里一样，他把建筑学描述为对自然界建造法则的模仿。"我在文体上的拙笨不经"[125]无法解释他的沉默寡言。他把他的圣菲利波·内里的奥拉托里奥教堂比作是"教堂之子"[在这之前是新圣堂(Chiesa Nuova)]，他争辩说，他所设计的立面"就像是那座教堂立面的女儿，它更小，也没有那么华丽和那么多内部装饰，而且，所使用的材料也低劣得多"[126]；以此他把自己和 16 世纪的装饰观念联系在了一起。他说他试图展示罗马天主教的重要性，以此来解释沿着奥拉托里奥教堂的侧面布置正立面这一事实，这样就解决了"欺骗路过者视线"的问题。[127]在这一点上看来，他是将建筑学看作是由视觉所影响的问题，而立面问题在他那里也是一件十分重要之事。

很可能博罗米尼已经感觉到他那有关古代建筑形式的论述在一定程度上已经因为乔万尼·巴蒂斯塔·蒙塔诺(Giovanni Battista Montano, 1534 – 1621 年)的出版而变得合理合法，因为，他曾明显引用了他的那些论述。[128]蒙塔诺从他的复原和设计中得出了巴洛克艺术的原创，其中介绍了透视的效果，博罗米尼是第一个认识到其潜在作用的人。[129]

在斯卡莫齐之后的 17 世纪的意大利，真正名副其实的建筑理论就只有基廷会(Theatine)神甫，摩德纳(Modena)的瓜里诺·瓜里尼(Guarino Guarini, 1624 – 1683 年)的著作了。[130]瓜里尼曾经出版了关于神学、数学和建筑理论方面的著作，他的建筑活动主要集中在都灵(Turin)，在摩德纳、巴黎、墨西拿(Messina)和里斯本(Lisbon)也有他的作品留下。

在罗马见习期间他对博罗米尼的著作有了了解，在对其进行彻底研究之后，瓜里尼从数学角度对建筑学进行了研究，他反复强调了数学对于建筑学的至关重要性。他重视建筑测量和几何投影图。1674 年，在都灵出版了他的论文《建筑测量法》(*Modo di misurare le fabbriche*)，又于 1676 年出版了《论筑城术》(*Trattato di fortificazione*)。[131]他生命的最后几年都用在了建筑学论文的著述上；在他去世时论文尚未完成，但现存的部分包括图例看来都是由瓜里尼本人最终定稿的。1686 年，即他去世后的第三年，出版了一部图集[132]，包括了他描述柱式的图版和他本人的建筑作品。他的第一部囊括了所有论文，或者说至少是所有的存世之作的完整版本，是在 1737 年由建筑师贝尔纳多·维托内(Bernardo Vittone, 1702 – 1770 年)编辑校订后出版的。

瓜里尼(Guarini)，一位非常有条不紊，同时有时还有些示意性的理论家，对数学和建筑理论著作有着透彻的了解。他为其意大利前辈，以及法国作家费利伯特·德洛姆、罗兰·弗雷亚特·德·尚布雷，和西班牙人卡拉莫(Caramuel)的著作作出评注，并于 1678 年出版，同时对卡拉莫的《垂直与倾斜的民用建筑学》(*Architectura civil recta y obliqua*)提出了反对意见[133]，他为此而发动了一场争辩，这在他的思想中差不多占了很大的成分。

[106]　和维特鲁威以来大多数理论家一样，瓜里尼也把建筑学比作一门科学。建筑师必须接受数学和科学，特别是数学和几何学方面的广泛教育；因为"建筑学，作为一门所有工作都需运用测量的学科，靠的正是几何学。[134]然而，尽管建筑学是理性主义的，但它也必须诉诸于感知"。瓜里尼对于几何学的强调使他接近了弗雷亚特·德·尚布雷，后者在 1650 年时曾把几何学形容为"所有艺术的基础和大仓库"。[135]追寻着阿尔伯蒂，瓜里尼很严格地区分了设计(idee, o sia disegno)和执行(esecuzione)。[136]瓜里尼把维特鲁威的建筑学六条标准(维特鲁威，I.2)简化为四条，他解释说维氏原有的六条是和设计相关，而不是建筑学，绘图明显是最重要的。得自维特鲁威的概念是"sodezza"(坚固)，"eurythmia"(匀称)瓜里尼解释为"装饰"(ornamento)，"simmetria"(均衡)解释为"比例"，"distribuzione"(布置)按法国人的观念解释为"正确和便捷地布置房间"。[137]让人注意到的是瓜里尼混合了一些基础性的范畴，如坚固(sodezza)和美学概念。维特鲁威的秩序(ordinatio)、布置(dispositio)和得体(decor)三个概念显然被瓜里尼理解为同义词，因而是多余的。结构的"坚固"(sodezza)和功能的"布置"(distribuzione)的观点对于瓜里尼是极为重要的："建筑学除了关注以上各点之外还要注意便利性(comodità)。"[138]对于瓜里尼，建筑只有考虑了实用性(utilità)才具有美感，并要根据民族传统和个人需要进行调整。这一观点使瓜里尼和 17 世纪的法国理论家非常接近。

对于古代建筑，以及他的前辈理论家，瓜里尼是公平和有判断力的。古代建筑不是标准的模型，维特鲁威和维尼奥拉的法则不是无条件遵守的。根据人类的习惯和需要也在改变着，他坚持建筑学是在不断发展的观点，而且建筑学应当适应这些变化。他那个时代的军事建筑由于新式武器的原因和古代希腊与罗马的已经完全不同，与之类似，民用建筑也服从于这些变化。瓜里尼坦率地宣称："建筑学可以修正古代希腊和罗马的法则，并发明出新的法则。"[139]在这一陈述中，他表达了一种与弗雷亚特·德·尚布雷的抽象的、教条的和向后看的态度截然相反的立场，建筑学理论迈出具有决定性的一步，从文艺复兴后期的日渐僵化中走了出来；人们似乎可以将这一点看作是巴洛克艺术理论的某种自我辩护。

这并不是祈求某种从规则中摆脱出来的彻底的自由。瓜里尼意识到了建筑所产生的感官上的吸引力，但另一方面他又宣称他忠实于"真正的比例"。[140]建筑学的持续不变的目标就是为"真正的匀称美"提供具体的形式，但是，当它不能直接表达这种意义时，是应该允许有所偏离的，在这种情况下建筑师可以通过他的透视学知识来进行适当的增减，以实现视觉上的妥协。虽然瓜里尼没有说明，这里我们还是可以领会他的知觉对象。总而言之，瓜里尼所坚持的是在这些比例被偏离之前，有必要建立一套精确的比例关系。对于巴洛克艺术来说，将观察者的视觉效果作为第一重要的事情，是具有根本性的问题，这一点使得瓜里尼，几乎只是顺便一提，谈到了对于在绘画和雕塑中如何把握"未完成"(non-finito)的作品问题："每当我们看到一位画家或雕塑家，只是大略地勾画出形象和雕像，并且站在远处细细地观赏时，（这些未完成的作品）看上去比那些充分完成的作品要好。"[141]

瓜里尼的一些基本的有关建筑学方面的论述，可以在《建筑测量法》(*Modo di misurare le fabbriche*)的前三章中可以找到。他在这本书中继续着他的思考，当想到建筑师为了表达出自己的思想，就需要绘图材料时，他即刻着手对绘图工具进行详细的讨论。[142]他对几何学也是如此，几何学对于建筑师是如此地重要，这一特点引导他从对叙述测量地形高低原理以及几何学投影图的教科书，一直扩展到了大地测量学，有关这一方面的论述占据了他的著作剩余的大部分内容。[143]在他看来，几何学在设计过程中应该居于最为重要的地位。 〔107〕

那些包含了瓜里尼的与建筑学有关的某种完全以实践为主要价值取向的态度只能散见于他的行文之中。例如，一个令人满意的设计，在他看来应当是房间尺寸要依照功能的差别而有所不同，门应该排成一线，每间房屋至少应有两扇窗户；门应当尽可能地临近外墙，以避免妨碍床的放置[144]；从外观上来看，建筑必须是完全对称的。这时的瓜里尼虽然还没有使用由佩罗所发展了的关于对称的现代概念，但他却谈到了"适当的对应"。[145]

建筑学中有关发展的观念允许新规则的建立，这使得瓜里尼转向了美学相对主义。他认识到了给以美学中的"愉悦"(diletto)的源头下定义是十分困难的事情，因为这种源头要依赖于变化的时尚。就像哥特建筑令他那个时代的人们不悦一样，古罗马时代的建筑古迹也曾使哥特人大为不悦。[146]因此——就像费利伯特·德洛姆所指出的——柱式数目本身并不局限为五种：它们的数目可以增加，它们的比例也可以改变。在结尾部分，瓜里尼只给出了某种一般性原则(regole generali)。他的立场在很多方面和克洛德·佩罗是相同的。瓜里尼允许多立克、爱奥尼和科林斯柱式，每种柱式都可以有三种变化。"拉丁"式、塔斯干式和混合式，在他看来这三种形式都是纳入希腊式之中的。这让人回想起了弗雷亚特·德·尚布雷，尽管他厌恶拉丁柱式，但他却并没有明确表示出来。他对于柱式的比例给出了异常精确的详细说明，这显然是担心在使用中会有过分的放纵。然而，瓜里尼对"哥特式"柱式所赋予的地位，令我们感到十分的惊异：就像在他不久之前的卡拉莫那样，他谈及了"哥特柱式"(ordine Gotico)[147]，描述了它那"迷人的纤细……，（因而）是和古罗马建筑截然相反的"。[148]他以一种高度敏锐的感觉，描述了哥特建筑所特有的飘浮感，以及通透而精致的感觉，他也提到了许多来自西班牙、法国和意大利的例子，这些都在他自己的建筑上留下了烙印。[149]他并不相信哥特工匠在比例上是过分放纵的，而把他们称作"天才的建造者"。[150]瓜里尼在这一观点上越走越远，甚至于提议要开展一场究竟是古罗马建筑还是哥特建筑具有更高的追求目标的学术辩论。[151]但是，正是瓜里尼所迈出的这决定性的一步，使得对哥特建筑具有肯定性的评价再一次成为可能。[152]

瓜里尼的文风中常常显示出某种示意性的特点，他认可哥特式"柱子的三种变化"，这一点与希腊柱式中的情况十分相似，更重要的是，他把它们都描绘在一张图版上，其中还包括了当时三角形山花的式样(图版59)。他特别强调说，古代希腊、罗马人并不知道 ondato 式正立面(frontespizio ondato)，他为断裂式正立面(frontespizi spezzati)进行了辩护[153]，这种立面因为帕拉第奥的批评而带上了建筑形式误用方面的烙印。从所罗门圣殿中，他推导出"终极科林斯柱式"(ordine Corinto supreme)，有波浪形柱顶盘的螺旋柱(图版60)。[154]这里他很可能从他自己的经历中汲取了营养，这要回溯到他在西班牙的旅行和与西班牙本笃会僧侣胡安·里奇(Fray Juan Ricci)的会面中来，他于1663年写了《关于所有所罗门柱式的建筑学初探》(*Brebe tratado de Arquitectura acerca del orden salomónico Entero*）。[155]

[108]　　瓜里尼在思想上是折中主义的[156]，但是，他开始他的理论探索之路，这就像他的理论本身一样断断续续。其中有太多的经验、太多的现实感，这使得他在勇气方面，在一些建筑量度的研究方面，都独步于 17 世纪。他放弃了文艺复兴时代的立场，提倡一个关于巴洛克几何样式、感官体验和革新造型的综合新形式。他书中的插图，显然是他为了出版而亲自准备的，只是可惜没有附加注释。然而，瓜里尼所留给我们的期待或许是在建筑理论、图像学和建筑学术语几个方面令人满意的解释。

　　17 世纪结束的时候，出现了一篇由耶稣会神父安德烈亚·波佐（Andrea Pozzo，1642 – 1709 年）所写的有关透视画的论文[157]，这篇论文并不完全是属于建筑理论的框架范畴的。在《透视画与建筑》（*Perspectiva Pictorum et Architectorum*，1693 – 1698 年在罗马分两卷出版）中，波佐专注于建筑图的表现方法：如他在用意大利文所写的副标题中陈述的那样，他希望向读者传达"用最快捷的方法，在透视画中对所有建筑设计进行表现"。在他的书中涉及了一些建筑，但他说除非建筑是美观的，否则表现图是不可能美观的："我们现在正在论述的建筑透视表现图将缺乏美观和比例，如果这些不是和建筑与生俱来的。"[158]他已经意识到描绘的建筑和真实的建筑是两种不同的东西。但是，波佐坚持认为，一位优秀的画家必须擅长透视画，而如果能做到这一点，那他也将是一位优秀的建筑师。他的书是对建筑透视画的教学入门。书从正方形开始，过渡到复杂的形式和人体，最后，令人感到意味深长的是，他以舞台陈设为结束。在书的第二卷中，波佐主要介绍了他本人的一些设计，在这里最令他感到兴奋的还是它们的表现图。我们可以将他的话与他为拉特兰的圣乔万尼大教堂（San Giovanni in Laterano，1699 年）的正立面所做的其他设计联系起来看，"在一定程度上说，这些设计在建筑方面具有不同的特点，而在其透视表现图方面也是各不相同的"[159]，从这一点上可以看出，在他看来建筑和透视图（quadratura）之间的分界线也是变化着的。而这其中就隐含了费迪南多·加利·比比耶纳费尔迪南多·加利·皮皮埃纳（Ferdinando Galli Bibiena）和他的家族在 18 世纪上半叶时所坚持的建筑学观点的出发点。

　　1702 年至 1721 年期间，多梅尼科·德·罗西（Domenico de'Rossi）的出版社分三卷出版了一本重要的罗马巴洛克建筑图册。[160]这套书中包括了标有尺寸的建筑画的最早复制品，以及许多罗马巴洛克的建筑细部。尽管这套《民用建筑研究》（*Studio d'architettura civile*）并没有为建筑理论作出什么贡献，但是它成为罗马巴洛克风格在国际上得以传播的最重要的源泉，并在相当程度上促成了罗马巴洛克在 18 世纪初的国际化特征。

版本情况

　　温琴佐·斯卡莫齐（Vincenzo Scamozzi），《建筑理念综述》（*L'idea della architettura universale*），威尼斯，1615 年 [影印本，新泽西州里奇伍德（Ridgewood，N. J.），1964 年；博洛尼亚（Bologna），1982 年]。英译本第一版，1690 年，1708 年。

　　瓜里诺·瓜里尼（Guarino Guarini），《民用建筑》（Architettura civile），二卷本，都灵，1737 年；影印本，伦敦，1964 年。关键版本：瓜里诺·瓜里尼，《民用建筑》（*Architettura* civile），由尼诺·卡尔博内里（Nino Carboneri）和比安卡·塔瓦西·拉·格雷卡（Bianca Tavassi La Greca）编辑，米兰，1968 年。

　　安德烈亚·波佐（Andrea Pozzo），《建筑透视画》（*Perspectiva Pictorum et Architectorum*），罗马，1693 年，其 1707 年版的英文与拉丁文的影印本为：安德烈亚·波佐，《建筑与绘画中的透视》（*Perspectives in Architecture and Painting*），纽约，1989 年。

第九章　关于筑城学的理论

在维特鲁威以及文艺复兴早期的人们看来，带有军事防御性质的筑城学以及和攻防器械有关的科学，都是构成建筑学整体的一个部分。到了 15 世纪末，火炮制造行业发生了技术革命，主要是以火药驱动的大炮的大量使用，并且使用铁制炮弹来代替石头炮弹。这迫使防御性筑城学面临根本性的变革，传统的筑城模式已不再能够抵挡这种新式武器的攻击，火炮所具有的巨大优势，在 1494 年法国国王查尔斯八世(Charles Ⅷ)对意大利的远征中已经明显地显露了出来。在此之前，建筑师与工程师在职业上并不是截然分开、各自独立的，他们使用的术语也可以彼此互换。然而，新的技术革命促进了筑城学的专业化，工程师与军事学家的合作日益增强，不少的军人变成了工程师，并且开始撰写有关防御筑城术方面的论著。大约在 16 世纪中叶之前，军事建筑学和民用建筑学之间，基本上已经分离开来。[1]

军事建筑学的分离，以及对其作为一种工程技术形式而表现出的固有的蔑视，使得这种类型的建筑与理论，实际上总是被排除于正统的建筑历史与理论之外。如从艺术史的角度来看，这种筑城术只能归于"军事科学"的范围之内。[2] 然而，这样一种建筑史观是值得怀疑的，因为它低估了筑城学和城镇规划之间的相互依赖性，也忽视了潜在于筑城学之中的美学命题。而筑城学与城镇规划之间的种种联系，直到近年来才又一次成为了人们关注的焦点，并正在重新唤起人们对于军事建筑学方面的兴趣。[3]

然而事实上，在民用建筑学与筑城学之间，从来也没有完全彻底地截然分开，这一点在彼得罗·卡塔尼奥(Pietro Cataneo，1555 年和 1567 年)和温琴佐·斯卡莫齐(Vincenzo Scamozzi，1615 年)的论著中可以看得十分清楚。尽管他们的重点是强调筑城学的实用性，但在美学上的追求，却并没有完全被放弃，即使是在纯粹功能的背景下也是如此。基于以上这些原因，我们似乎有必要对于有关筑城学方面的文献进行一些简要的回顾。

在文艺复兴初期，弗拉维斯·维戈蒂斯·雷纳图斯(Flavius Vegetius Renatus)有关古罗马晚期(Late Antique)战争的论著《军事概览》(*Epitoma rei militaris*，约 400 年)一书，曾被读者广为青睐，尤其是大量流传的手抄本，以及 15 世纪的印刷版本，使得这本书誉满全欧洲。[4] 其中的第四书是关于围城战的，这本书的前面六个章节，又是关于城镇的筑造术的。正因为这本书的流传，在一个时期内，维戈蒂斯甚至能够与维特鲁威齐名。

直到 15 世纪中叶，关于战争艺术的论著仍然被认为主要是具有语言学价值的作品，就像罗伯托·瓦尔图里奥(Roberto Valturio)编撰的《军事十二书》(De re militari libri Ⅻ)所显示的那样。这是一本完全依赖于来自古代作者和教会神职人员所写的文献的书[5]，但这也是得以正式印刷出版(1472 年)的第一部军事学论著。

对于阿尔伯蒂，菲拉雷特和弗朗切斯科·迪·乔其奥来说，筑城学是建筑学整体观念中的一个部分，但是，在弗朗切斯科·迪·乔其奥的论著中，则更是清楚地显示出他对于这一类建筑的特殊兴趣，他是那个时代从事军事要塞设计的领袖人物。可在弗朗切斯科的《民用建筑与军事建筑论集》(*Trattato di architettura civile e* *militari*)[6] 一书的较晚版本中，却又可以清楚地看出，他试图将筑城学融入人体测量学体系(anthropometric schemata)的理论尝试，已经开始让位于他对于实际应用方面的考虑。在他的设计中展示了一些应付攻城技术方面新发展的独特方法。其结果是，他的论著的主要领域，开始逐渐转向了工程技术方向。这也使人们更多地将弗朗切斯科看作是属于锡耶纳人(Sienese)传统的一部分。在 15 世纪中叶，他的同乡雅科伯·马利亚诺(Jacopo

Mariano)，也就是世人所知的伊尔·塔克拉(Il Taccola，1381年—约1453 - 1458年)，曾经编辑了一本详尽的有关机械工程学方面的纲要性著作《机械十书》(*De machinis libri X*)，书中包含了许多有关军事机械方面的手绘图片。[7] 塔克拉的著作对于弗朗切斯科·迪·乔其奥，以及整个16世纪的机械工程学的发展都有着十分重大的影响。

在整个16世纪中，军事建筑学的发展，在很大程度上是与弹药发射学的迅速发展相并行的。城墙渐渐变得低矮，高耸的塔楼变成低矮坚固的堡垒。如何构筑这种堡垒，在一些论著中占据了重要的地位，比如说乔凡·巴蒂斯塔·德·维勒·迪·维纳弗洛(Giovan Battista della Valle di Venafro)的《写给陆军将领》(*Libro continente appartenentie ad Capitani*)[8] 和尼科利·马基雅维里(Niccolo Machiavelli)的《战争艺术》(*Arte della guerra*)[9] 就是这样。虽然，马基雅维里原则上反对任何形式的筑城术，并认为只有那些处于弱势的军队，才会通过筑造城堡这样的多余举措来聊以维系，但他却还是在一个特定的层次上，对于波里比乌斯(Polybius)有关罗马军营规范化的问题[10]进行了讨论，关于这一问题，在波里比乌斯之后的塞利奥和帕拉第奥，也曾进行过发掘研究。

就在1527年阿尔布莱特·丢勒(Albrecht Dürer)的筑城学方面的论著出版了，严格意义上说，这是第一部有关筑城学方面的专门著作。[11] 丢勒专注于军事建筑学的时间，不大可能比他到意大利旅行的时间更早；在很大程度上，或许是他和他的朋友威利巴尔德·彼尔克希莫(Willibald Pirckheimer)一起亲历并观察了1519年霍恩纳斯波基(Hohenasperg)的围城战，由此激发了他的兴趣。显然，是土耳其人所具有的优势——当时他们正在攻占匈牙利——促进了他这本书的写作，丢勒明确地表示要对土耳其人进行反抗。因而，这本书当然也是以他个人的名义献给那位已经被逼到山穷水尽之境的费迪南德一世(Ferdinand I)的，这个人在1526年时曾声称自己是匈牙利和波希米亚的国王。

丢勒的论著有两个基本的思路。一方面，丢勒发展了各种不同的堡垒构造，以为现存的城市提供可能的防卫措施，这是当时面临的紧迫问题。而作为他的著作的核心内容，他描绘了一个乌托邦式的城市，在这里他只是运用筑城学作为一个引子，而他描述的却是一种铺陈在地面上的有组织的社会结构(图61)。丢勒并没有说这是一座城市，他只是说这是一座"防御要塞"(fest schloβ)，并且把它设想为位于河边，或是在一块平地上的方形建筑群。[12] 丢勒惟一提到的资料来源是维特鲁威[13]，但即使这极少的文献引用，也是十分模糊不清的。丢勒首先描述了一个由沟壑和城墙组成的体系，它的中心是广场和宫殿，这些都建造成了规则的矩形。然后，他对城镇中的其他部分的面积进行详细的分配布置。相关的行业布置在一起，比如铁匠作坊就布置在了铸造厂的附近。市政厅和贵族的宅邸，靠近王室的宫殿布置。整个城市的组织系统分为不同的等级，并具有功能化的考虑。丢勒对于城市中每一种功能都作了深思熟虑，甚至连酒馆、客栈也没有忽略。他将他隐含在这样一种城市组织之后的理念表述如下：

> 国王不应当让那些百无一用的人居住在要塞中，只有能干的人，敬畏上帝的人，明智的人，富于男子气魄又有丰富经验的人，擅长艺术的人，熟练的手工业者，那些能服务于要塞，那些能制造枪支并使用枪支的人，才可以居住在这座要塞之中。[14]

[111] 以一种对于经济与社会效益都行之有效且不无裨益的令人惊奇的远见卓识，丢勒提出了要在要塞筑造工程中，尽量雇佣那些失业的穷人，如此则能提供给穷人以基本的生活费用，避免他们沦为乞丐或成为慈善救助的对象，同时，还能够压抑他们反抗的势头。为了支持自己的观点，丢勒列举了埃及金字塔建造过程中，一些无意义的资源浪费的现象。[15] 因而，要塞筑造工程，又起到了提供就业机会的作用。

丢勒不大可能是从早期意大利的建筑理论中获得他的方形城镇规划的灵感的，因为那些理论大都主张使用多边形或星形的规划平面。对于丢勒来说，就像马基雅维里、塞利奥和帕拉第奥一样，其思想有一个可能的来源，就是波里比乌斯所写的《营址设置术》(*Castrametatio*)，然而，关于这一推测的任何证据都是很缺乏的。具有更大可能性的是，塞利奥在他的第六书中试图对波里比乌斯的学说进行重新架构的那些章节，影响到了丢勒。[16] 到这里我们也可能回忆起1524年在纽伦堡出版的赫尔南多·考提斯(Hernando Cortès)为查理五世皇帝(Emperor Charles V)所写的关于征服墨西哥的第一批信件的拉丁文版资料文献[17]，这些信件中附有描绘着阿兹台克人(Aztec)的首都特诺奇蒂特兰(Tenochtitlan)城的木刻版画图(图版62)。丢勒很可能是知道这些木刻版画的。这座以一种方格网的形式布置的海岛城市，作为丢勒的规划思想的一个可能源泉，是不应该被我们所忽略的。[18]在这之后出现的一些方形平面的城镇规划，如弗朗切斯科·德·马奇（Francesco de Marchi）、卡塔尼奥和斯卡莫齐等所规划的，并在16世纪下半叶逐渐建造起来的一些城镇，都对丢勒的设计作了某种预示。由海因里希·席克哈特（Heinrich Schickhardt）设计，并于1599年开工建造的弗罗伊登斯塔特的黑森林镇（Black Forest town of Freudenstadt），很显然就是沿用了丢勒的方案构想。[19]从丢勒的规划设计中派生出来的其他一些影响，或许可以从1638年所作的康涅狄格州的纽黑文城（New Haven in Cennectticut）的规划中看到。尽管最近有人声称说，那些乌托邦式的城镇规划，比如约翰·瓦兰汀·安德瑞（Johann Valentin Andreae）的克里斯蒂安诺波利斯（Christianopolis，1619年）和维拉潘多（Villalpando）的所罗门圣殿（Solomon's Temple）重建设计，可能会对纽黑文城的规划产生过影响[20]，但是，实际上丢勒的方案构想与纽黑文城的规划明显地更为接近。

丢勒接着介绍了位于山与海之间的狭长通道上的有着防御工事的前哨阵地，他把这些工事形容为"防御关卡"（feste Clause），这些防御工事表现出一种完全的幻想特征。丢勒设计了一个能容纳大量人口的纯圆形平面的"环形要塞"（Zircularbefestigung）。就像在城镇规划中一样，在这里对于基本几何形式的运用是不言而喻的。关于这一设计在军事上的考虑，反而没有加以特别的说明。

在他论文的结尾处，丢勒针对如何对旧有的要塞进行加固提出了自己的建议。这些建议在实际特征上，又与在论文一开始提到的如何建造堡垒的想法是一致的。

丢勒的筑城理念把筑城的实践观察和理想城市的乌托邦构想结合在了一起。这样一种结合，在此后的各种有关筑城学的著作中又曾反复反复地出现过，这也就是为什么我们一定要把有关筑城术的科学，纳入到建筑学的理论之中的另外一个原因。

数学家尼古拉·塔尔塔利亚（Nicolò Tartaglia）对当时的弹道学知识进行了汇编，在1537年出版了他的《新科学》（Nova scientia），一年以后又出版了《各种问题与发明》（Quesiti et inventioni diverse）。[21]塔尔塔利亚在这些著作中详细介绍了弹道发射的计算过程，从而，他被世人公认为是"弹道学之父"。他的著作中并没有包含筑城学理论，但却成为了16世纪防御建筑学的基础。在1550年版本的《新科学》一书中，塔尔塔利亚使用了一张令人难忘的扉页插图（图版63）。欧几里得（Euclid）打开了惟一一扇可以进入有着围墙的城的城门；在这座城墙以里，塔尔塔利亚在一种"自由艺术"的氛围环绕中，向人们展示了炮弹发射时的弹道曲线。亚里士多德则打开了另外一扇可以进入一个更小的有着围墙的城门；在他的背后站着的柏拉图，举着一面长条形的旗帜，上面写着"非几何学家，请勿入内"（Nemo huc Geometrie expers ingrediat）。哲学家则站立在小城尽端高高的宝座之上。这幅图的整个布置都与那些从大量16世纪图例中展现出来，并为我们所熟悉的防御要塞的形式十分相似。图中所隐喻的是，进入其内部的惟一途径是几何学方法；显然，这是一张内涵有双关语意义的图片。

〔112〕

与民用建筑学逐渐脱离的一种更加军事化、专业化的趋势，在圣马力诺（San Marino）的乔万尼·巴蒂斯塔·贝鲁齐（Giovanni Battista Bellucci，1506－1554年）的身上表现得尤为明显，起初是一个商人的贝鲁齐，只是在比较晚的时候才因为与吉洛拉摩·金伽（Giorolamo Genga）的女儿的婚姻而开始接触建筑学。在为科西莫·德·美第奇（Cosimo de'Medici）效力的日子里，他成为他那个时代军事建筑师中的一位领袖人物。[22]贝鲁齐留下了几张未完成的，为一篇筑城学论文所作的插图，这些插图的复制本在16世纪被广为流传和使用，可惜直到1598年时，才出现了第一个印刷的版本，署名为伯利齐（Belici），而且其中错误百出。[23]除了一本日记[24]之外，一个时间为1545年的有着作者亲笔签名的论文手稿的删节本，现在已经纳入了出版计划。[25]

贝鲁齐的文风洗练，有如一个少有闲暇的士兵一样干脆利索。他认为弹道学知识应当是防御筑城学的基础。他依据火炮口径的配置，把不同种类的筑城方式归纳为实战级（reale）的与非实战级（non reale）的两类，其发射重量超过8 libre（大约有6磅重）的被认为是实战级的，而重量在8 libre之下者，则被认为是非实战级的。[26]是否按照火炮口径划分等级，在16世纪一直是一个反复被讨论的话题。贝鲁齐从当时的实际出发，认为古老筑城学艺术的陈旧原则已经不再适于今日的需要。[27]贝鲁齐根据自己的实践经验来进行写作，这些经验要素包括时间、天气以及材料与劳动力的供给情况等等。在他的观念中，那种受过正规学术训练的思维并不适应军事建设的需要。制定规划的任务必须被交给那些"能运用丰富战争经验来进行良好规划的士兵"；而筑城建设的实施过程则应当交给一位"可以信赖的军官，或是一位有经验的工匠，他们对于建筑学的原理有如成竹在胸……"。[28]根据贝鲁齐的经验，筑城工程只能通过一个团队来共同完成。美学方面的考虑必须要让位于实际应用的需求，然而，在他看来那些"繁琐而多余的装饰"还没有完全从建筑学的筑城术中剔除出去。[29]

贝鲁齐的著作是第一部由专业工程师所写的筑城学方面的专门论著，在这本书中，以往那种全能建筑师的形象受到了质疑。后来的技术发展证明了贝鲁齐观点的正确。这种由火炮主导的筑城理念迅速传遍了整个欧洲。在意大利乔万尼·巴蒂斯塔·赞奇(Giovanni Battista Zanchi)是第一位出版了这一类著作的纲要的人(1554年)[30]，两年以后，这本书又被弗朗索瓦·德·拉·特雷勒(François de la Treille)翻译成了法文，但并没有提到书的出处。[31]在1559年英国人罗伯特·科尼威勒(Robert Corneweyle)为英文版的出版，而对法文版本进行了改编，但同样也没有给出详细的资料来源，只是这本书最后没有能够出版。[32]所有这些文本，都提倡某种采用带有角楼的多边形布置形式，并且对以方形平面为基础的布置方案的弱点进行了论证。

[113] 彼得罗·卡塔尼奥的论著(1554年)通常也都被列入筑城学的文献之中，他再一次尝试着以更为广阔和更加综合的目光来看待筑城学，虽然，他将筑城学和城镇规划作为他研究中的优先考虑，但在这本书中，我们把他放在另外一个章节中进行叙述似乎更为恰当。[33]

博洛尼亚的弗朗切斯科·德·马奇(Francesco de Marchi, 1504 - 1576年)是贝鲁齐的坚决追随者，他主要受雇于教皇保罗三世(Pope Paul Ⅲ)，并主要在荷兰工作。[34]德·马奇从事军事建筑学(Architettura militare)方面的工作时间有20年之多。根据他的自述，他的工作是于1545年以前在罗马开始的；而他的一个有关要塞的规划平面，时间可以追溯到1565年的9月27日的布鲁塞尔。[35]他的工作的一部分，尤其是一些图版，在作者尚未完成他的著作的写作之时，就已经被盗印，甚至被人剽窃。一个完整的版本只是到了1599年才得以出版，而这时距离他的去世已经有20多年了。[36]

就像彼得罗·卡塔尼奥一样，德·马奇彷徨于城镇规划与筑城学之间。在他著作的前言中，他称呼读者为"士兵"，同时，也像贝鲁齐一样——他曾经抄录过贝鲁齐的论文[37]——他主张首先应该让那些具有火炮经验的士兵来决定要塞筑城的规划设计问题。[38]他设想筑城设计与城镇规划应当是一项相互协作的任务：建筑师制定规划并监督建造过程，士兵决定地点和形式，向医生咨询有关气候状况，以及军用粮草的质量问题，由农业专家提供粮食供应的情况，由矿物学家了解原材料的储存情况，并且，由占星术家确定开工的最佳时刻，如此等等。[39]

规划是建筑师与职业军人合作的产物。然而德·马奇明确地将美学标准引进了规划设计中，用以提倡对于地理条件的重视，以期使得这个规划显得"艺术"(l'arte)一点，然而，这个规划也并不一定要为基地所限定。德·马奇所希望看到的是功能与美学因素的恰当结合：

> 然而，那些富于技巧和才智的士兵与建筑师们，在一个相类似的条件下，只要能够按照地形的条件而小心从事，并遵循艺术的规则，由一位经验丰富且心灵机敏的人去布置与实施，就能够建造出一个既坚不可摧又美仑美奂的作品来。[40]

他对那种不对称的筑城形式并无疑义，但仍然认为筑城应当是"对称的，或者尽可能对称一些"。[41]对他来说，几何的规整性仍然是所有设计的确定方向，这从他自己大多数的作品中就能清楚地反映出来。

德·马奇的第一本书(这本书中没有任何插图)与卡塔尼奥的第一本书，是最早的两本与城镇规划紧密结合在一起的论著。与贝鲁齐不同的是，德·马奇提供了一些历史上的范例。与那种维特鲁威式的受过全面教育的建筑师相提并论，他列举出了一些"没有受过多少教育的人们"，他们是通过自己的经验，以及对于事业的热忱，而获得了作为一名规划师的工作权利，德·马奇甚至这样来描述建筑学："然而，只要你充满爱心，富于热情，再加上长期的经验积累，即使没有受过正规的教育，也有可能以你真挚而朴实的笔来撰写那些富有价值的东西，就像我自己一直在做的一样。"[42]德·马奇在这里向我们描绘了一幅经过实践训练的工程师的职业形象，这些工程师在他著作的某些地方，甚至取代了传统建筑师的位置。正是这样一个事实，即把德·马奇的这种说法，提升到理论层次的做法，使得民用建筑学与军事建筑学的分离得以加速。

德·马奇的第三本书中，包含了161个假想的或真实地段上的要塞和城市的规划，并附带有解释。这应当是对16世纪筑城设计的一个最为全面的论述。作者显然更青睐于那些以规则的几何形布置，并在城内部设置
[114] 放射形街道系统的设计方案。德·马奇长期在荷兰工作的经历，使得北欧与地中海的建筑形式奇妙地结合在他

自己的设计方案中(图版 64)。而北方哥特式风格和意大利文艺复兴式风格的建筑,也以一种几乎是历史主义的方式,彼此毗邻地设置在放射形和网格形的街道网络中。

土耳其人于 1565 年夏天对马耳他进行的围攻战,促使德·马奇为这个新筑造的海岛小城提供了一个规划设计,这个规划的确是前面已经提到的 1565 年 9 月 27 日在布鲁塞尔所做的设计图,不过,这个规划却成为了弗朗切斯科·拉帕莱里(Francesco Laparelli)所做的瓦莱塔(Valletta,马耳他首都)规划的基础。[43]另外一个在真实地形上完成的实际规划,是与一座位于南托斯卡纳地区(southern Tuscany)的蒙特阿金塔里奥(Monte Argentario)的城镇相关联的。[44]

德·马奇将他所规划的城镇与要塞看作是一种典范,这些规划"将是为实用而设计的,即使不是全部,至少其中的部分是这样的"。[45]德·马奇是否达到了这样一个目标,我们尚不得而知。在这部论著的后面还附了一篇有关火炮的演讲文稿,被列为他著作的第四书。

吉洛拉莫·马吉(Girolamo Maggi,1523 – 1572 年)和贾科莫·福斯特·卡斯特里奥托(Jacomo Fusto Castriotto,约 1510 – 1563 年)于 1564 年出版的论著,代表了一种将筑城的工程要素纳入人文主义框架的有趣尝试。[46]这篇论著的核心内容应该是由筑城工程师卡斯特里奥托写作的,他曾在意大利和法国工作过,而书中的引言及注释部分,是由受过人文主义训练的法理学家马吉添加补充上去的。这引言和注释为这篇内容简洁、文字洗练的论著提供了一个背景的情况。[47]马吉在书中声称自己是实际的作者,不过他还是诚实地将书中各个不同部分的作者名字列了出来。我们不清楚马吉是如何得到卡斯特里奥托的文章和插图的,但这本书是在卡斯特里奥托死后一年出版的,这可能并不完全是一个巧合。

卡斯特里奥托[48]是贝鲁齐的朋友,在他心目中,显然是在构思一本具有实践意义的筑城学论著,书中还包括了一个有关围城的堡垒构造的章节。马吉为这本书提供了一个阅读的引导——插入了一些引言,并添加了一些枝节性的历史佐料——他借此机会对诸如家庭、住居、邻里和城市等人类共存的种种要素,进行了解释,他对这些问题给以了优先考虑,就像他在筑城学中优先考虑社会结构问题一样。马吉对以四边形或三角形平面为基础的城镇规划表示了反对,并将这几种形式描述为"最不完美的"[49],并且反复地猛烈抨击丢勒,而他对丢勒著作中的观点却是明显比较接近的。[50]卡斯特里奥托主张要将军事要塞或城镇规划成环形或规则多边形的形式[51],并且提倡使用曲线形式的墙面,认为这样会具有更强的抵抗力。为此,他还做了一个环形的城镇规划,其中布置有放射形的街道网络系统和八角形的壁垒(图版 65)。[52]然而,有趣的是其中的每个街区之间,所布置的建筑组群形式彼此都互不相同。此外,卡斯特里奥托还介绍了一些筑城或攻城的壁垒设计方案,其中有一部分是实际建造了的,其余一些则仅仅是图上的规划,例如塞蒙塔(Sermoneta)的要塞堡城[53]和 1552 年的米兰多拉(Mirandola)的堡塞设计规划。[54]这两位作者都深入研究了地形学和攻城技术上的一些细节问题。在这本论著的第三书中,马吉还对一些或多或少与这一课题相关的其他人的著作进行了一番评述。[55]马吉对于这本书的贡献,在很大程度上是矫揉造作的结果,而这部论著中最有价值的内容,主要还是卡斯特里奥托有关工程问题的论述与指导。

16 世纪后半叶和 17 世纪初的意大利筑城学著作似对理论问题少有兴趣。[56]1570 年意大利卡尔皮(Carpi)的加拉索·阿尔菲西(Galasso Alghisi)[57]完成了他的论著。虽然,最初他是抱着一个信条,即筑城学本质上是由火炮的条件所决定的,但他还是很快坠入了与马吉和卡斯特里奥托冗长而无谓的争吵中,并最终陷入了几何形式主义的泥潭,成为主张只允许圆形作为规划之基础的一个牺牲品。他拒绝接受那些方形或是带有锐角壁垒的设计。在他的第二书中,包括了布置有 5 至 27 个堡垒的各种设计平面,并且都在一个圆形的范围内进行划分,尤其清晰地表现了一种系统性组合概念的引入,这种组合概念的引入正如阿尔菲西所说的,是"由于所有的建筑物都不外乎一种设计(disegno)的综合,是建筑学、算术、几何学与透视学的综合"。[58] 〔115〕

直到最近,加利佐·阿莱西(Galeazzo Alessi,1512 – 1572 年)的一本有关军事建筑学的手稿纲要才得以被发现,这是作者在他人生的最后几年(约 1564 – 1570 年)撰写的,书中简要地概括了筑城学理论的状况。[59]阿莱西的论述主要依据的是马吉、卡斯特里奥托以及阿尔菲西的论文。其中是否有一些独特的新见解,需要等到这本书出版后才能知道。

在 16 世纪末时,是否将圆形作为设计基础的问题,主导了当时的建筑学讨论。城镇多被规划成放射状的形式。[60]因此,伯奈尤托·劳瑞尼(Bonaiuto Lorini,约 1540 – 1611 年)发表了一个放射形构图的规划平面,就像他和朱里奥·萨沃嘉诺(Giulio Savorgnano)一起合作，在帕尔马诺瓦(Palmanova)[61]实际实施的规划(开始于1593年)一样，安排了9个堡垒和一系列内向布置的广场群。[62]作为一个实际操作者，劳瑞尼的著作又展现出另外一个有趣的特点，在第二本书中他针对工程进度和造价提出了自己的建议，在第四书中又提出最大限度地使用现有的石工术(masonry)，以促使古老的筑城学更加现代化。

大约在1600年左右时，民用建筑学和军事建筑学处在一个相互平等的地位上。皮德罗·萨迪(Pietro Sardi)将这两者放在一个平等的位置上，并互为"左膀右臂"(due arti)。[63]随着17世纪固定要塞的军事重要性的逐渐消退，这些论著不再具有原来的严肃性与吸引力，书中的一些插图也往往会表现出一种田园牧歌式的情调。[64]

在德语世界里，自丢勒的短篇论著之后就再也没有文献对筑城学理论作出什么重要贡献。[65]只是到了16世纪末，才有了一部重要的德语著作出版，它被确认为是那个时代最为重要的著作，这部著作由斯特拉斯堡(Strassburg)的丹尼尔·斯帕克[Daniel Speckle，也以斯帕克林(Specklin)的名字而为人所知，1536－1589年]所作[66]，斯帕克是一位游历广泛且职业阅历丰富的市政建筑师，他的著作以《筑城建筑学》(*Architectura von Vestungen**)为名，是在他去世的那年问世的，但一直到18世纪时还有新的版本出现。[67]

从这本书的前言中，我们可以清楚地看到，斯帕克是怀着强烈的爱国主义热情进行写作的。他希望证明德国人并非完全没有想像力，并证明德国人在印刷技术和"可怕的火炮"(grausam Geschü)方面的发明，在其各自的领域里，一点也不亚于"世界上最伟大的"技术。[68]他先是不分青红皂白地攻击意大利理论家们的学术争论，声称他们的原则早已过时，并且对他们的研究方法进行毫不掩饰的讥讽嘲笑("对于一个不懂拉丁语的人，他根本不懂我们的话，也就没有什么好跟他讨论的了"[69])。就像丢勒一样，他特别提到了土耳其的威胁，来强调筑城学的迫切与重要。斯帕克声称自己熟悉50种，甚至60种要塞的筑造形式，不过，他把自己限定在其中仅仅很少的一部分上。他用德语进行写作，并且避免出现外语词汇，认为"这样每个德国人——就像我有幸如此称呼自己一样——就都能够理解"。[70]

〔116〕　斯帕克以一种实践工作者的态度来解决问题，强烈的现实主义感贯穿于他的整部著作之中。他在第一部分中处理了在平原地区筑城的问题；第二部分是关于丘陵和山地地形的筑城学问题的；而第三部分则是有关要塞的武装配置问题的。对于斯帕克来说，数学，特别是几何学，连同机械专家以及施工或实际管理者的意见，构成了筑城学的基础。因此，他首先对几何学知识进行了介绍。他完全拒绝将三角形作为平面布置的基础，因此，他从正方形开始，对于各种多边形的优点和缺点进行了讨论。按照他的观点，防御的能力随着堡垒的数量而成比例地增长。同样，他也认为筑城学和城镇规划之间，并没有什么明显的界限。他的论文中第一部分的第28章，包含有斯帕克关于城镇规划方面的一些深入而独到的思考。他从一个具有6个堡垒的规整平面开始描述，用透视图来表现这种规划平面在防御考虑上的优越性。[71]然后他又细致地描述了一个具有8个堡垒的理想城镇的规划平面(图版66)，从这个平面中，可以揭示他在政治和社会方面的一些理念。按照16世纪后半期军事建筑师的传统，他使用了严格的放射性构图模式。围绕中心广场布置有教堂、王室宫殿、市政厅，以及各种不同等级的客栈。宗教的、世俗的和经济的权力都被集中在了这个区域。而在另外一个方面，军事重心则被移到了环绕堡垒的那些区域。令人感到有趣的是，斯帕克很明显地将民事法律置于军事法律之上。[72]他的终极目标是建立一个非常秩序化的社会团体，"让惟利是图的人没有立足之地"。[73]防御上的考虑彻底主导了一个城市的设计。因此，他这样来描写私人的房舍：

> 只要可能，所有的房子都应该尽量用适当的石头建造，至少要将底层和地下室建造成拱形的形式，所有这些房屋都应当布置在同一地平标高上，并且要有相同的高度；这些房屋应该用瓦片，而不是鹅卵石，来覆盖屋顶。所有的房屋都应该有坚固的门，在窗外要设置栅栏，所有的街道都应当有铺装，只有如此，即使敌人一旦占据了大本营，每幢房屋也都能够以枪弹和火药进行防卫。[74]

斯帕克在这里大致描绘了一座理想城市的平面轮廓，几年以后他所预想的这种城市样式在帕尔马诺瓦得以实施。

＊对译英文：Architecture of Fortifications ——译者注

在他的著作的第二部分，斯帕克介绍了一些结合地形的规划。他非常详细地描述了土耳其对马耳他的围城战（1565年）和瓦莱塔的重建，并为我们提供弗朗切斯科·拉帕莱里的规划方案的最详细版本。[75]在同一部分中，斯帕克还列举了一些防御通道和山地城堡的例子。马特豪斯·格罗伊特（Matthäus Greuter）所作的雕版插图品质优秀又非常专业。[76]特别值得关注的是其中的第7例，斯帕克把它描述成一座"惊奇的房子"（wunderbarlich Hauss*，图版67）。这是在一块菱形的石头上坐落着的一座"辉煌美妙令人愉悦的建筑"（ein herrlich lustig Wohnung）。[77]这种带有幻想色彩的乌托邦式的腾云驾雾一般的想法，在斯帕克身上并不多见。斯帕克将自己在当时享受的荣誉归结于自己所受的实践性教育，而这些教育来自一个富于经验却并不博学的人。

在16世纪的法国，当涉及筑城学问题时，主要是仰赖于意大利的著作。[78]只是到了世纪末时出现的一些论著中，才在一些论文中，显示出一些具有一定独立性的东西。巴勒－杜克（Barle－Duc）的洛林人（Lorrainer）让·艾尔拉（Jean Errard）被认为是"法兰西筑城学之父"（père de la fortification française）[79]，他的筑城学著作是在1594年完成的，但是，直到1600年才得以出版。这部论著在结构上与斯帕克的有一些相似之处。在第一部分中，艾尔拉试图解决一些筑城学的一般性问题；第二部分讨论从六边形，一直到二十四边形的规则的多边形平面的设计问题；第三部分则是关于不规则平面形状的设计的；第四部分与结合地形的设计有关。曾受雇于德国人的法国人克劳德·弗莱芒（Claude Flamand）在1597年也出版了一部筑城学著作[80]，这本书不仅讨论了筑城学，以及几何学方面的一些问题，同时，也对围城战本身进行了讨论。在艾尔拉和弗莱芒身上，我们都可以看出某种明显的实践性特征。 〔117〕

雅克·佩雷特（Jacques Perret）的著作纯粹是一本规划作品集，尽管书中描写了各种式样的多边形要塞筑城模式，但其中最重要的，还是要数那些具有放射形和八边形格网的理想城市规划。[81]佩雷特首先介绍了一系列有着4个、5个或6个堡垒的要塞规划，每一个规划都提供了具体的平面和鸟瞰的图形。在每一个方案的内部设计中，都是根据堡垒的数量而确定的。一个围绕堡楼所建的十六边形城镇规划，为佩雷特提供了以一种"完美的求积分"（quadrature parfaite）的形式发展出的一种布置。在中心广场的周围只设置有一座喷泉，佩雷特把街区布置成棋盘的模式，公共建筑坐落于靠近城墙的外沿上，其中并没有布置教堂。在大本营的中心位置上，布置了一座几层楼高的"高大楼阁"（grand Pavillon），这是为指挥官所特别设置的，用来鸟瞰整座要塞城市的全貌。

佩雷特的几何模式和网格式布置的思想，在一个二十三边形带有大本营的要塞中，表现得更为突出（图版68），在这幅规划图中，他设计了一座由8个主要部分组成并按放射性网格布置的城市。[82]这种令人联想起纺织纹理式的城市设计模式，对他所能引起的兴趣，显然比城市本身所具有的实用性功能对他产生的兴趣，要大得多。在八边形主广场的中央，坐落着一座矩形的"皇家高阁"（grand pavillon Royal）（图版69），这是一座奇异的乌托邦式风格的多层楼房，按照佩雷特的说法，据说能容纳五百人之多。这种以高耸建筑物统领一个城镇的想法深深地迷住了他，在他的著作的结尾部分，他详细描述并图示了这座嵌于花园和亭阁之中的建筑物。[83]我们并不十分清楚他建造这座总共有12层之高的建筑物的实际用途。佩雷特的确提到了一个中心厨房和公共区域，但没有提到任何关于五百个居民社会组成的构想。没有内部承重墙的底层平面，清楚地显示出方案在如何建造的方面并未曾作过十分深入的思考。相对而言，佩雷特对于景观效果，甚或屋顶平台上的军事火力效果，似乎抱有更大的兴趣。佩雷特的规划和插图，并没有表现出某种能够真正体现特殊社会视角的乌托邦城市的形式。

17世纪的筑城学著作中，其中一部分是由数学家、文献学家和神学家所撰写的。在罗曼（斯）语（Romance†）国家中，筑城学文献的真正萌芽，就是从神父们（abbés）所写的论著中发展起来的。[84]这其中一方面是某种理论性叙述，而且是一些彻底与实践脱节而纯粹玩弄形式的东西；而在另外一方面，则还有一些由士兵所写的简单的规范，偶尔还会涉及城镇规划领域的问题。到18世纪仍有着较深影响力的军事工程师萨布斯汀·勒·普莱斯特·德·沃班（Sébastien le Prestre de Vauban，1633－1707年）的论著就是一例。[85]他在上阿尔萨斯平原（Upper

---

* 德语对译英文：marvelous house——译者注
† 罗曼（斯）语属于从拉丁语系发展而来的一种语言。拉丁语系包括意大利语、法语、葡萄牙语、罗马尼亚语和西班牙语等。它的其他语言还包括加泰罗尼亚语、普罗旺斯语、雷蒂亚－罗马语、撒丁语和拉地诺语。——译者注

Alsace)的新布赖萨赫(Neubreisach)的要塞堡垒(1699 年)就像是一个按照理想城市平面所作的规划。而且，在他去世后才出版的笔记，也成为军事学历史学中的一个部分。[86]

  从 15 世纪晚期到 17 世纪初期，有关筑城学的理论研究是相互交叉的，并且多少也涉及了一些建筑理论问题，正因为这样一个原因，一般来说，那一时期最具代表性的建筑理论，其实已经包含在我们前面介绍的纯工程学和筑城学的著作中了。

第十章　16世纪的法国

毫无疑问的是，法国建筑理论的发端是脱胎于意大利的建筑思想的。[1] 从15世纪末开始，意大利的艺术家 们，特别是雕刻家们，就已经在法国工作了，或者是将他们的雕刻作品出口到法国[2]，但是，在绝大多数情况下，法国人还是对于他们自己的历史环境中已有的样式情有独钟，或者是倾向于当时占主导地位的火焰纹式样的艺术风格（Flamboyant style）。建筑学已经开始羞羞答答地接受了意大利文艺复兴的影响，不过最初这种影响仅仅局限于建筑的装饰之上。

大约在1500年左右，修士乔贡多（Fra Giocondo）在巴黎作了一次关于维特鲁威思想的演讲。在1512年，阿尔伯蒂《建筑十书》的一个法文译本得以出版。[3] 前面已经提到，塞利奥曾经生活在法国，并对法国产生了相当重要的影响力，他显示了他的一些愿望，试图将法国的建筑实践纳入到他在法国期间所写的著作中。将意大利的思想传播到法国的最重要的媒介无疑是让·马丁（Jean Martin），他是弗朗切斯科·克罗纳（Francesco Colonna）的《Hypnerotomachia Poliphili》（1546年）一书的译者，他还同时翻译了塞利奥著作的前两本（1545年）和第五本（1547年），以及维特鲁威（1547年）和阿尔伯蒂的著作（在他去世后的1553年出版）。[4]

到了16世纪的后半叶，已经出现了一些针对意大利对于法国的艺术和思想的决定性影响的反抗迹象。一批法国建筑师中的领袖人物，花费了许多年的时间在罗马，对古典建筑进行第一手资料的学习与研究，试图拼杀出一条"法兰西"自己的建筑理论之路。这些建筑师中的最重要者是雅克·安德鲁埃·杜塞西（Jacques Androuet Ducerceau）、费利伯特·德洛姆（Philibert Delorme）和让·布兰（Jean Bullant）。

雅克·安德鲁埃·杜塞西（约1520-1584年）[5] 曾于16世纪40年代随法国大使乔治·德·阿姆戈纳（Georges d'Armagnac）在罗马度过了一些时间。1549年以后，他通过出版一系列的雕版画而赢得了人们的认可，但是他所留给世人的除了他所建造的几幢建筑之外，几乎再没有什么东西。

杜塞西在1549年出版了一本关于罗马凯旋门的雕版画集[6]，紧接着1550年他又出版了另外一本关于神庙的集子。尽管这是第一本由曾经直接参与和接触过罗马建筑的法国人所写的书，但是，杜塞西的目的却并不是向人们提供一套古典建筑的详细图像，相反，他的目的是将古代罗马建筑与伦巴第人的文艺复兴（Lombard Renaissance）建筑，以及他自己的建筑创作融合而为一个整体。他十分渴望表现他自己的——并且借此也希望表达他心目中独立的法兰西——建筑，关于这一点，他毫不隐晦地在他那本有关罗马凯旋门的文集的开始部分声明说：书中的例子，"一部分来自自己的独创，一部分来自古罗马的遗迹"（partim ab ipso inventa, partim ex veterum sumpta）。

1559年杜塞西出版了他的《建筑学》（*Livre d'architecture*）一书[7]，在给亨利二世（Henry Ⅱ）的献辞中，他明确地声明，这本书的目的是为了要结束依赖外国艺术家的历史。这本书主要是奉献给本土建筑学的——书的结构令我们想起了塞利奥那本未能出版的第六书——并且为他想像中的那些平庸、中和、普通（petit, moyen, ou grand estat）的顾客，提供了一系列的建筑类型。然而，事实上杜塞西却只是为那些资本家、贵族阶层的顾客们提供了设计服务（图版70，71）。一般情况下，他只提供平面——在个别情况下也提供所有楼层的平面——和立 面的设计，偶尔他也会提供剖面和比较性的方案。其建筑风格的语汇是法兰西式的，只有一些局部的细节，是从意大利文艺复兴的式样中借鉴过来的。

在随后的 1561 年，杜塞西又出版了他的第二本书，书中提供了一些有关烟囱、窗户、门、喷泉，以及坟墓的设计，但是没有附加任何解释性的条目。[8] 在 1582 年时，他的第三本书，一本关于乡村住宅建造方面的书，得以出版。[9] 这本书的结构类似于第一本书，其中所涉及的建筑风格，能够使人联想到典型的意大利别墅。

杜塞西最著名的一部两册本的著作是《最杰出的法兰西建筑》（*plus excellents Bastiments de France*）[10]，其目标就是为了创建一套独立的法兰西建筑体系。在这本书中，以城堡建造为例，杜塞西对法国建筑的发展过程进行了说明，并且借此机会发表了他自己有关韦尔纳伊城（Verneuil）和沙勒瓦勒城（Charleval）的规划。除了作为具有巨大价值的建筑历史资料来源之外，这部书的目的与其说是有关建筑学方面的理论研究，或者说是在法国系统地应用古代罗马或意大利文艺复兴的建筑形式，还不如说是使法国的建筑发展合理化，并为法国建筑的未来发展提供一种模式。实际上，杜塞西自己的设计中，表现出来的是一种奇特的手法主义式的折中主义（Mannerist eclecticism）。

与杜塞西大约同时，或是稍晚一点时间，让·布兰（1520/1525 – 1578 年）也曾生活在罗马。[11] 他作为一名建筑师的活动，特别是他参与埃库昂城（Ecouen）的建设工作，个中情形与时间一直没有得到最后的确定。在 1564 年时，他出版了一本关于柱式的书，书名叫做《建筑五柱式通则》（*Reigle générale d'architecture des cinque manières de colonnes*）[12]，在书中他运用了他在罗马亲自测绘所取得的尺寸，并且力图使之与维特鲁威著作中的规则相一致。与杜塞西不同的是，让·布兰是古代罗马建筑的狂热支持者。他借鉴了阿尔伯蒂和达尼埃莱·巴尔巴罗（Daniele Barbaro）的思想，将人体作为建筑的原型，并进行了相互的类比。让·布兰的《通则》（*Reigle générale*）是第一部关于柱式问题的法文著作，就像 1568 年和 1619 年在这本书的新版本中所指出的那样，这本书的确满足了当时的需求。需要说明的一点是，这本书与塞利奥的第四书（1537 年）之间基本上没有什么联系。

于 1510 年出生于里昂的费利伯特·德洛姆，尽管年纪比杜塞西和让·布兰都要大一些，并且到达罗马（1533 – 1536 年）的时间也比他们两人早一些，但是，直到生命快要结束的时候（他死于 1570 年）[13]，他才开始将他在古典主义的古代建筑方面的经验充分发掘与展示出来。德洛姆是 16 世纪法国最为重要的实践建筑师，他的建筑理论是与实践结合的产物，同时也是建筑实践的反映。德洛姆是在他所承接的最为重要的一项工程委托（图勒里的阿内城堡，Château d'Anet, the Tuileries）已经完成，或者是正在顺利进展的时候，开始建立他的建筑理论体系的。无论如何，正是由于他失去了众人的信任（是在 1559 年亨利二世死后），并被指责为庸碌无为而被迫辞职的个人经历，促使他加快了对于自己建筑理论的总结。尽管是一位意大利的建筑师普里马蒂乔（Primaticcio）取代了他的皇家建筑师地位，他却没有表现出像杜塞西那样尖锐的反意大利倾向。即使当时正是他的对手的塞利奥，他也能够公正地对待。至少，在他为凯瑟琳·德·美第奇（Catherine de Médicis）所作的设计中，以及在他呈献给这位来自佛罗伦萨的法国皇后的理论著作中，都没有表现出任何明显的反意大利迹象。

在 1561 年德洛姆出版了一本薄薄的对折的小册子，书名叫《新发明：为更完美又省钱地建造》（*Nouvelles inventions pour bien bastir et à petits fraiz*）。紧接着又在 1567 年，出版了他最主要的理论著作《建筑学第一书》（*Le premier tome de l'architecture*）[14]，这本书的晚期版本中又附加了《新发明》（*Nouvelles inventions*）。德洛姆是第一位试图建立起某种广泛而可以理解的建筑理论体系的法国人，而不只是再炮制出另外一本有关建筑模式，或者是柱式范本之类的书，而且，他也是 16 世纪惟一有着如此雄心壮志的非意大利人。德洛姆曾经一度与帕拉第奥一起工作，但是，帕拉第奥的《建筑四书》（*Quattro libri*）却是一直到德洛姆死的那一年才得以出版问世的。弄清楚德洛姆是如何将建筑学的理论引入到一个全新的方向的，实在是一件令人着迷的事情。

德洛姆沿用了与帕拉第奥相同的表述原则，对房屋从基础开始，一直到屋顶的各个部分，分别给以命名。他对建筑师的形象具有敏锐判断力，认为应当以那些"真正的建筑师"来取代"那些自封为建筑师"的，和那些"本来不过是些砖石匠人"的人。[15] 建筑师必须将科学准则与实用知识结合起来。建筑师应当可以与万能的造物主相媲美。

对于法兰西来说，受过全面教育的职业建筑师形象还是一种全新的事物，因为，直到那时为止建筑还仍然不过是一件手艺活。虽然，德洛姆主张略去维特鲁威经典中所要求的那些诸如法律、修辞学和医药学等方面的知识，但他仍然提倡要有广博的几何学知识。

德洛姆的九本书的内容如下：

第一书和第二书	建筑师与顾客的关系；基地的选择；气候的重要性。
第三书和第四书	数学，几何。
第五书至第七书	柱式的规则。
第八书和第九书	独立的建筑元素。

德洛姆的论文撰著之际，也正是他人生失意之时，终日无所事事并且整日笼罩在即将被辞退的阴霾之中。他所关心的是如何在顾客面前维护建筑师的利益；同时他也告诫顾客要小心浪费和受骗上当。在他看来，建筑师的最大目标——就如维特鲁威所说——是身后的荣耀；因此德洛姆认为能够接受来自国王、王子和名门望族的项目委托是人生的快意之事。

德洛姆的工作是基于这样一个基本假设的，即"运用几何形式"（usage des traits Géométriques）几乎毫无疑问地能够带来"适用"（commodité）的效果。[16]所以他告诫建筑师们，要小心处理那些来自业主的，希望将现有的而且是不规则的构筑物，塞入建筑平面之中的频繁要求。但是在一些必要的情况下，德洛姆也会探讨如何在一个不规则的场地上，实现一个轴线对称的设计。[17]在这里审美要求又成为功能需要的前提。

在第三和第四本书中，德洛姆详细地建立起了多种拱顶和楼梯体系，并将法国中世纪的建筑传统和当代的几何学融合在了一起。

在柱式规则上，德洛姆主要依靠的是维特鲁威和塞利奥的理论，但同时他也融入了自己的古典建筑测绘。就像维尼奥拉一样，他选择了罗马的马塞卢斯大剧院（Theatre of Marcellus in Rome）作为他的多立克柱式的典范。他并不规定任何绝对的比例标准，但是，他也的确曾经尝试过使得他的柱式规则能够获得某种宗教解释，并且接受了上帝是宇宙的建筑师的概念，认为只有在上帝启示的帮助下，才可能真正理解柱式的比例。

德洛姆所提出的柱式规则的新鲜之处在于他引入了第六种柱式——"法国"柱式的概念。他从稍早时间由伯纳德·帕里西（Bernard Palissy）[18]提出的柱子是起源于树的说法开始，一直讲到由一系列"树干"组成的新哥特式柱廊的形象，为此他提供了一幅"独立树干"（quasi une petite forest）的图像（图版72）。[19]德洛姆坚持认为，既然古典柱式是由自然进化而来，那么为什么法国人不能发展出自己的柱式呢？这一争辩被发展成为有关柱式演化讨论的另外一个实际的争论问题，尽管从历史的角度上来看，这并不是一个正确的论点：德洛姆想像希腊的柱子应当是一整块巨石雕琢而成，然而，在法国所能找到的石头，只能先雕成一些鼓的形状，然后再搭起一个柱式（图版73）。这就需要将带饰加入柱式中，以掩盖其缺陷。这种"法国"式的柱式其实是掩饰了他所预想的某种需要；因为，德洛姆原本是可以用古典先例来证明自己提议的正确性。[20]但是，实际上他的所谓法国柱式，只是在原有的柱身上附加以带饰，这不过仅仅是为五种柱式增加了另外一个版本而已。〔121〕

德洛姆自己就曾在维勒－科特雷礼拜堂（Chapel of Villers–Cotterêts）和巴黎的图勒里王宫（Tuileries）建筑上使用了他的新柱式。最早将古典柱式的形式民族化的实例是西班牙建筑师迭戈·德·萨格雷多（Diego de Sagredo，1526年）的"栏杆式柱式"（baluster order）。[21]而德洛姆对于柱式的简单改造，不过仅仅是一段小插曲而已，但是这种"法国式"的柱式理念，在法国一直十分活跃，并且对整个欧洲产生了影响。[22]

在技术领域，尤其是在《新发明》（*Nouvelles inventions*）一书中，德洛姆发展出了一些大胆的设想，比如以较低平的木拱券来承托跨度距离巨大的皇家"巴西利卡"。在较后的几册书中，德洛姆还运用了由模数（柱子的底面半径）发展而来的网格体系作为比例应用的例证。他显然已经运用了弗朗切斯科·迪·乔其奥制定的正立面比例的规则。[23]在他书中的许多地方，尤其是在献辞（献给凯瑟琳·美第奇）和前言中，他对他未来著作的第二个部分的内容作了一些暗示，他希望对他所教授的比例问题作出进一步的理论解释。德洛姆还试图从旧约圣经中获得某种"神圣比例"：例如从诺亚方舟（Noah's Ark）各部分尺寸中，或是从神圣的约柜中（Ark of Covenant），以及从所罗门王的宫殿与神庙（Solomon's House and Temple）中。[24]这种系统地从圣经中获取比例的理论，应当说还是比较新奇的，不过，阿尔伯蒂曾经尝试过将比例研究与圣经旧约中关于诺亚方舟的细节描述相协调，为此他参考了当时的神学著作，按照这些著作的说法，诺亚方舟是以人体的形式作为原型的。[25]弗朗切斯科·乔治（Francesco Giorgi）也曾经在他的威尼斯圣弗朗切斯科·德拉·维尼亚教堂（S. Francesco della Vigna)的评估报告中提到了这些先例。[26] 这种传统说法是随着 1604 年胡安·包蒂斯塔·维拉潘多(Juan Bautista Villalpando)关于圣经《以西结书》(Ezekiel)注释的出版而建立起来的。

在德洛姆的论著的结尾部分,有两幅描绘优秀建筑师和蹩脚建筑师形象的讽谕木刻版画(图版 74、75)。[27] 蹩脚建筑师没有眼睛、耳朵和鼻子;他蹒跚行走在乡间小路上;画面背景上的城堡和中世纪的村庄陈旧而过时。优秀建筑师的穿着有如一位知识渊博的学者。他有三只眼睛:一只是为了仰望上帝并回溯以往的,一只是用来审视现在的,另一只则是为了观察将来的。德洛姆还给予他四只手,并在他的脚上安上了翅膀。丰饶之角(cornucopia)和智慧之泉则赋予他以智慧和灵感。画面的背后是繁茂的花园,一座废墟意味着古代的建筑,一座教堂和宫殿则代表了现在。

就像帕拉第奥一样,德洛姆也没有完成他的著作。德洛姆是将法兰西的民族性格紧紧地嵌入到建筑理论体系之中的第一人。不过,他有关神学方面的思考很可能是当时反宗教改革趋势的一个折射。

〔122〕 有关"理想"建筑的观念弥漫在整个 16 世纪的法国文化圈中,比如德洛姆的朋友弗朗索瓦·拉贝莱斯(François Rabelais,约1494 – 1553 年)对泰勒玛修道院(abbey of Thelema)的虚构描写[28]就是一例。在他的小说《巨人传》(*Gargantua and Pantagruel*,出版于 1532 – 1564 年)的第一卷中,由原来是一位圣芳济会修道士(Franciscan friar),后来成了本笃会僧侣(Benedictine monk),最后又变成一位医生和世俗的牧师的人,讲述泰勒玛的"反修道院性质",这座修道院是高大朋(Gargantua)为教士让·德·因托梅赫(Frère Jean des Entommeures)所建造的,用以感谢后者在战争中所作出的功绩。拉贝莱斯对维特鲁威、阿尔伯蒂以及弗朗切斯科·克罗纳(Francesco Colonna)的《Hypnerotomachia Poliphili》都非常熟悉。在 1534 年到 1535 年间,他曾跟随让·杜·贝里大主教(Cardinal Jean du Bellay)在罗马待过一段时间,1534 年的 1 月至 4 月,费利伯特·德洛姆加入到了他们的行列,后来他将德洛姆形容(在 1552 年的第四书里)为是维特鲁威理论的解释者和"陛下的伟大建筑师"(grand architecture du roy Mégiste,这里的陛下,是指亨利二世)。拉贝莱斯原本计划是写一本有关古罗马地形方面的书,但是,后来他把这个使命交给了米兰人巴特罗摩·马利安尼(Bartolommeo Marliani),他的这部作品于 1534 年在里昂出版。[29]同年秋天拉贝莱斯从罗马返回以后,《巨人传》的第一卷也出版了,书中包含了对泰勒玛修道院的描述。

位于卢瓦尔河(Loire)畔的这座"修道院",一直被认为是"反修道院的",因为这里所实施的修道院规则"与众不同"。这里的原则是"随心所欲"(Fay ce que vouldras)。[30]这里的人不必为违背法律与道德的行为而作祷告:这是一种人文主义信仰的产物,因为,"那些有着好的出身、受到过良好的教育,对于文明社会的规则耳熟能详的人们,生来就具有一种趋向于高尚行为的本能和动力"。[31]拉贝莱斯设想了一个理想化了的礼仪之邦,被容纳在一座至善至美的理想建筑之中。他是法国第一位将理想化的建筑与乌托邦式社会思想结合在一起的人,这个乌托邦社会就像我们在巴尔达萨雷·卡斯蒂廖内(Baldassare Castiglione)所写的《侍臣》(*Cortegiano*,1528 年)中看到的一样。[32]那里的规则是,"只允许那些端庄美丽、本性良好、举止文雅的绅男仕女们进入其中"。[33]那里的教育理想就是:"他们受到了最为良好的教育,因而在他们之中,没有人不懂得琴棋书画,也没有人不会说五门或六门外语,并用它们来吟诗作文。"[34]

这样一个贵族社会是居住在泰勒玛的理想建筑中的。这是建造在卢瓦尔河南岸的一栋巨大的六边形建筑物(图版 76),是"比伯尼维特堡(Bonnivet)、尚博尔堡(Chambord)和尚蒂伊堡(Chantilly)更要宏大华丽一百倍"的建筑物。[35]这座建筑的六个对称翼的每边都是 312 步长,在这座六层楼里一共有 9332 个居民。联系这些楼层的垂直交通,不仅依靠螺旋形楼梯,而且还有带扶手的坡道。六个转角塔楼是按罗盘的方位来命名的,这来自于维特鲁威著作中的暗示。在西北翼的每一层中,都有一个图书馆,按照语言来分类:希腊语,拉丁语,希伯来语,法语,托斯卡纳语和西班牙语。在西南翼有"巨大而美丽的画廊,都是描绘着古代世界英雄们的事迹的图画,各种各样的故事画,以及有关世界的描述的图画"。[36]庭院的中央立着一座由三个女神装饰的喷泉,这座喷泉的由来可以直接追溯到《Hypnerotomachia Poliphili》中的一幅木刻版画。这座修道院中的室内装饰以及修道院周围的地面铺装都反映出了法兰西的传统。

有人猜测说塞利奥的奥斯蒂亚港口(port of Ostia)的重建计划可能是泰勒玛的原型[37],然而一个更为似是而非的解释是关于其六边形的形状,以及其中数字和尺寸的惊人重复,当数字被加在一起时,就能够被 6 相除或得出与 6 相关的数字(例如 312 步的尺寸)。这种解释是从赋予数字以巨大的重要性这一角度出发而寻找来的。[38]在维特鲁威的著作中（Ⅲ.1），6是数学家的完美数字；6同时也是12的一半，而12正是圣经启示录〔123〕（Apocalypse）中作为天国的耶路撒冷城的特征性数字。在拉贝莱斯的带有讽喻的观点中，现世的泰勒玛修道院，可以看作是到达天国的耶路撒冷的一半之途。另一方面，六边形所特有的紧凑的中心式构图特征，是与理想城市的观念密切相联的，这种理想城市的观念源自古代世界[39]，并在文艺复兴时代被再一次，特别是被菲拉雷特，所重新发现。

《巨人传》的国度是乌托邦的，而泰勒玛修道院则是乌托邦中的乌托邦。尽管并不具有托马斯·莫尔（Thomas More）或托马斯·康帕内拉那样伟大的社会学视野，但它所展示的图景仍然令人难以忘怀，在其中我们无疑能够找到费利伯特·德洛姆影响的痕迹。

第十一章　17世纪法国对于古典的综合

〔124〕17世纪法国建筑理论的步伐与法国绝对君权的巩固是相一致的，这种一致在路易十四(Louis XIV)的统治时期达到了它的顶峰。民族性格，以及与实用的关联，是法国建筑理论的核心问题；而造价、舒适度，以及居民的社会地位等问题，则是其中最为重要的问题。这一时期中，有关柱式的书和有关本土建筑的著作尤其受到欢迎。在这样一个承前启后的历史时期，皮埃尔·勒米埃(Pierre Le Muet，1591－1669年)的一部著作，值得我们关注。勒米埃¹最初是所罗门·德·布洛斯(Salomon de Brosse)的合作者之一；他本人主要关注的是住宅和城堡建筑，但他的建筑作品大多没有能够保存下来。除了简单地将维尼奥拉和帕拉第奥的两本柱式书改编成为法文版之外²，勒米埃还出版了一本关于本土建筑的书，这本书继承了塞利奥的《第六书》和杜塞西的《建筑学》(1559年)的传统，而且在方法论上，相对于前两者是有所进步的，这本书就是《全民完美建造之方式》(*Manière de bien bastir pour toutes sortes de personnes**，1623年)。³

在写给路易十三(Louis XIII)的献辞中，勒米埃声称他的目的是要将自己的知识应用于"有助于公共事务的事业上"(assister le public)。⁴在写给读者的序言中，他认为建筑创作的主要源泉是"需要"(necessité)；他把功能问题放在第一位，这不仅是从历史发展的角度考虑的，而且也是从现实的重要性角度考虑的。他的目标是"在与我的职业相关的任何一个方面都更加努力地为公众福利工作"。⁵

他的"概论"(Sommaire discours)部分写得十分简洁明了；勒米埃重复了维特鲁威的理念，但他所强调的着重点却是不同的。他所追求的是"持久"(durée)〔维特鲁威是"坚固"(firmitas)〕，"舒适与便利"(aisance ou commodité)〔维特鲁威是"实用"(utlitas)〕，"秩序的美"(la belle ordonnance)〔维特鲁威是"美观"(venusta)〕，"居室的卫生"(la santé des appartement)　〔这应该是维特鲁威"实用"(utilitas)概念的一部分〕。

所谓"便利"(Commodité)要求的是一个22－24英尺宽、34－36英尺长的房间。大的房间应当采用1∶2的比例，而小房间则应当是正方形的。在小房间中火炉不应该设置在墙面中央的位置，而应当距离墙的一侧2英尺左右，这样可以留出空间来布置一张床。⁶

"秩序的美"(Belle ordonnance)的美学思想，主要表现在"在水平方向和垂直方向上都很匀称"⁷，也就是说均衡。这是对阿尔伯蒂思想的一种重复，它意味着所有的部分都必须和整体有着相称的比例，而且各个部分彼此之间也都能够相互配称。

勒米埃在实践方面的考虑大都是关于住宅建筑的。他以一种非常系统化的方式来阐释他的思想，先是给出每一小块土地的尺寸，地块的尺寸在面宽12英尺，进深21－25英尺，到面宽101英尺，进深45英尺之间浮动。他总共发展出了13种类型的房子，每块地都可以有五种选择(图版77)。勒米埃一般都会给出每层的平面和每一单个房间的确切用途。他在实践方面的深思熟虑，还表现在他向人们介绍了一种既便宜，又简单易行的半木架技术，他仔细描述了这种木屋顶的构造，并且给出了明确的图解。

〔125〕勒米埃的著作仅仅反映的是17世纪巴黎人的建筑实践，但却已经在建筑理论方面描绘下了全新的一笔。

---

*对译英文：Manner of well building for all sorts of persons ——译者注

尽管这只是一本像塞利奥所写的那种模式类的书，但是，它所提供的多种选择，仍然开辟了一条新的途径。勒米埃直截了当地考虑了功能和环境方面的需求。他还将"舒适"的考虑放在较前的位置，而对于"秩序的美"的考虑则是在其次的。

勒米埃自己的设计主要表现在他所著《全民完美建造之方式》(*Manière le bien bastir*)的第二册中，这本书是在 1647 年与《勒米埃先生所厘定之规则与设计下的一些法兰西新建筑》(*Augmentations de nouveaux bastiments faits en France par les orders et desseins du Sieur le Muet**)一书同时出版的，其中几乎毫无例外的都是些住宅与宫殿建筑。在这本第二册书的 1681 年版本的扉页上(图版 78)，描绘了名誉女神的形象：名誉女神刚刚把嘴唇从挂有第一册书的那个喇叭上挪开，正要吹响第二个喇叭来赞颂"勒米埃先生的作品"(Les Oeuvres du S.r Le Muet)。这副插图毫无疑问是想说明"名誉"也可以通过诸如住宅这样简单的设计作品而获得，而这是一种与文艺复兴时期艺术家背道而驰的理念。

在 17 世纪的上半叶，诸如实践性的建筑手册、建造规范，以及建筑模式之类的书籍，是极受法国人欢迎的。但是，这一时期并没有什么新的建筑理论体系出现。在 1631 年时，出生在佛罗伦萨但在法国工作的亚历山大·弗朗西尼(Alessandro Francini)出版了一本包含有 40 个建筑出入口的资料集 8，其中的 30 个是从塞利奥的《非常之书》(*Extradinario Libro*，里昂，1551 年)中借用而来的，并且加以了修改以适应当时人们的口味，尽管弗朗西尼本人对此并不承认。在 1648 年时，德洛姆的《建筑学第一卷》(*Premier tome de l'architecture*)被重印出版。除了有关柱式的书和设计作品集(实际建造的或未及实施的)之外——安东尼·勒·泡特(Antoine Le Pautre)还出版了一本附有 1652 年所写的评述的他个人作品的全集 9——许多建筑学专业领域之外的作者也开始撰写技术性的建筑论著：医生路易·萨沃(Louis Savot)写了一本有关构筑技术和费用计算方面的著作《一些特殊建筑的法兰西建筑学》(*Architecture françoise des bastiment particuliers†*，1624 年)10，这本书的作者还令人惊讶地对此前的建筑文献进行了相当广泛的总括。11 到了 17 世纪晚期，由非建筑师完成的建筑论著在法国建筑理论中变得越发重要起来。

罗兰·弗雷亚特·德·尚布雷(Roland Fréart de Chambray，1606 – 1676 年)12 的美学理论就是如此。德·尚布雷受过代数学、几何学和透视学的训练。1630 年至 1635 年间，德·尚布雷曾经居住在罗马，他在那里与未来的罗马法兰西学院(Académic de France in Rome)院长查理·艾拉德(Charles Errard)，以及尼古拉斯·普桑(Nicolas Poussin)之间建立起了友谊。在 1640 年时，带着敦促普桑返回巴黎的使命，德·尚布雷被送到了罗马，与他同行的有他的兄弟保罗(Paul)，即德·尚德罗阁下(sieur de Chantelou)，他在伯尔尼尼(Bernini)于 1665 年逗留巴黎期间，曾作为他个人的护卫。而罗马对于德·尚布雷来说，仅仅有过一些短暂的成功记忆(1640 年秋季至 1642 年秋季)。在罗马时，德·尚布雷已经进入了一个古典主义支持者的圈子，这个圈子里的理论代表人物是贝洛里(Bellori)，其实践方面的典型人物就是普桑13，而这个圈子主要是与盛期巴洛克(High Baroque)艺术相对立的。因而，十分符合逻辑的是，后来弗雷亚特·德·尚布雷和他的兄弟弗雷亚特·德·尚德罗(Fréart de Chantelou)能够与科尔贝(Colbert)的艺术管理政策保持一致，贝洛里也把他的艺术家传记奉献给了这位科尔贝先生。

在 1650 年德·尚布雷出版了一个帕拉第奥著作的法文译本14，更重要的是，由查理·艾拉德配置插图的《古代与现代建筑比较》(*Parallèle de l'architecture antique avec la moderne*)一书，自 1640 年到达罗马以后，德·尚布雷就一直在为这本书而工作。15 这本《建筑比较》是献给他的兄弟让·弗雷亚特(Jean Fréart)和保罗·弗雷亚特(Paul Fréart)的。16 他在献辞中记录了自己奉命去罗马看望普桑，"我们时代的拉斐尔"(*le Raphael de nostre siècle‡*)的经历17，以及他沉浸于古代建筑之中的情景。

这本《建筑比较》采用了摘录选集的形式，摘选了此前的建筑理论家有关柱式的种种说法。其中比较新颖的是，将三种希腊柱式与两种拉丁柱式作了区分。在德·尚布雷看来，三种希腊柱式(多立克、爱奥尼和科林斯)是"柱式中的最为精美而完善的"，其中不仅容纳了"所有美好的要素，而且，容纳了建筑中所有的必要 〔126〕

要素"。[18]在他眼里，三种希腊柱式对应于三种可能的建筑类型，三种式样：粗犷的(trois manières: la solide)(多立克)；中庸的(la moyenne)(爱奥尼)；精美的(le delicate)(科林斯)。美["本质的美"(la beauté véritable et essentielle)]首先是要"匀称"，"匀称"被定义为"所有的部分协调一致，创造出一种可见的和谐"[19]，换句话说，就是阿尔伯蒂所说的整体与局部的和谐。这里所提出的匀称，相当于现代概念中的比例。既然希腊柱式占据了所有可能的完美，整个建筑的发展过程看起来就像是一个衰退的过程。尽管德·尚布雷个人并没有许多希腊建筑的知识，但他认为惟一可能的正确建筑方式就是返回到古希腊的原则，像他自己那样去了解它们。作为一个数学家，他将那些几何的和简约的原则，归结为几种最为基本的要素；他认为，正是这些原则的简单性构成了某种完美性：

> 一件艺术品的卓越和完美并不表现在它的规则的多样化上；恰恰相反，越是单纯而简约的作品，其艺术的品格就越是令人景仰：我们可以从几何的规则中看到这一点，几何是所有艺术品的基础和源泉，所有的艺术创作都从中汲取灵感，没有几何的帮助任何艺术都将无以立足。[20]

模仿希腊式样和遵守几何原则导致了教条式的古典主义风格，这在一定程度上预见了温克尔曼(Winckelmann)后来所提出的问题："使我们变得伟大，甚或无与伦比的惟一方法，如果可能的话，就是仰赖并模仿古代的艺术(亦即希腊的艺术)"[21]，正是希腊艺术的无穷魅力，成为人们追寻德国民族形式的一块天然磁石；这同样也正是弗雷亚特·德·尚布雷在谈到法国艺术时所渴求的事情。

德·尚布雷将希腊柱式提升为蕴涵着所有建筑美的三个原则，但是，这与那些热衷于希腊考古探索的激情之间并没有多少关联，与18世纪有关希腊与罗马之比较的大辩论也无关系，实际上，这仅仅是一种美学的建构。对于德·尚布雷来说，完美来源于那些捉摸不定的历史源泉，他认为这些源泉来自希腊，而所有后来的，尤其是当下的建筑，正在背离这些最初的原则；这种想法基本上统治了18世纪法国的美学理论[22]，并被堂而皇之地拿来作为阻碍进步与发展观念的拦路石。

在德·尚布雷看来，罗马柱式(塔斯干式和组合式)是希腊柱式的堕落。他对组合柱式怀有一种很深的敌意，认为它最不理性，完全与"柱式"这样的称谓不相吻合，"它是溜进建筑学中来，并造成种种困惑的源头"。[23]按照他的说法，任何对于这种柱式的研究，都将是"毫无结果和浪费时间的"。[24]

《建筑比较》一书中最主要的部分，是与他引用了十位大师的论点的那一部分密切关联的，这十位大师，是从维特鲁威开始的(包括帕拉第奥、斯卡莫齐、塞利奥、维尼奥拉、巴尔巴罗、卡塔尼奥、阿尔伯蒂、维奥拉、布兰和德洛姆)。而解释者所具有的权威性，又增加了那些建筑原则的教条性。维特鲁威原本就是无懈可击的，而作为他最重要的解释者的达尼埃莱·巴尔巴罗(Daniele Barbaro)，俨然成为了一个圣人。

[127]　德·尚布雷给予科林斯柱式以特殊的地位，认为科林斯柱式是"建筑之精华，柱式中的柱式"，其原因是它曾被用于所罗门圣殿(图版79)，为此他引用了维拉潘多(Villalpando)有关旧约圣经中"以西结书"的注释，来证明自己这一观点的权威性。[25]

德·尚布雷的建筑理论原则，从他由法国绝对君权政体的出现来类比绝对性原则中，可以略窥一斑。他强行对资源赋予等级的分划，使我们联想到绝对主义专制政权的中央集权结构本身。然而，他的这种价值观念并没有什么理论上的基础。而他的理论也只是一种时尚的智力与数学思想的产物，其中缺乏一个必要的哲学基础。这与罗马的贝洛里(Bellori)所代表的立场是截然不同的。

1665年8月10日，罗兰·弗雷亚特·德·尚布雷由他的兄弟介绍而认识了伯尔尼尼，借此机会他将《建筑比较》一书的一个副本赠送给了伯尔尼尼。伯尔尼尼是那种崇尚古典艺术，但却并不拘泥于教条的建筑师，他对于德·尚布雷关于巴洛克艺术的观点持一种谨慎防范的态度，因为他对于巴洛克艺术已经相当熟悉，他也无疑要将巴洛克艺术应用于自己的设计之中。保罗·德·尚德罗这样记录：

> 我的兄弟把自己的《古代与现代建筑比较》一书呈奉给伯尔尼尼。起初伯尔尼尼婉言谢绝：先生已经将这本书送给了保罗先生和马蒂亚斯先生(Matthias)，在这幢宅子里有一本就足够了。但是，我向他保证说，如果您能够像接受礼物一样接受这本书，我的兄弟将会把这看作是一件莫大的荣誉，他最

终还是接受了这本书，并表达了他自己最诚挚的谢意。[26]

在 17 世纪中叶时，建筑学领域的理性主义观念特别突出地表现在一本有关柱式的书的扉页（图版 80）中，这本书全部是由图版组成的，而且都是由雕刻家与透视理论家亚伯拉罕·波士（Abraham Bosse，1602 – 1676 年）所绘制创作的。[27]他的这本《古代建筑柱式绘制方法专集》（*Traité de manières de dessiner les orders de l'architecture antique*，1664 年）对于等级化的建筑理念作了寓意化的处理。在一座爱奥尼柱式的小型建筑物下，用了一个有着高大台基的神龛，上面坐着一位戴着头盔的女神，她的手中拿着长矛，脚下蹲伏着狮子，在她座下的台基上，刻着碑铭——"理性高于一切"（La raison sur tout）。在后墙的侧龛里，女神的两侧侍卫着象征"坚固"（Le Solide）与"愉悦"（La Agréable）的两尊雕像。一跑铭刻有"便捷"（Le Commode）字样的踏阶直接引向了神龛，踏阶两侧的低矮侧墩上，站立着象征"理论"与"实践"的两座雕像。在这里，维特鲁威的"建筑三原则"——实用、坚固、美观，都必须要服从于"理性"。功能的原则，在这里变得十分重要，因为没有功能，理性也就无从立足。美学的原则，在这里仅仅是以"愉悦"（La Agréable）的身份而屈居于后侧墙上，正通过一个望远镜而展望着未来——这显然是一个富于想像力的暗示与寓意。然而，在这里建筑学的最高准则是"理性"（raison）。

第十二章 法兰西建筑学会的成立和它所面临的挑战

〔128〕　　在视觉艺术领域，国家级别的学会是伴随着法国专制主义的巩固而建立的。在这些领域中一切都必须按照国王所制定的程序来进行。在 16 世纪的意大利，学术机构是艺术家们自己的团体，他们制定自己的内部规则并且自主地选择会员。[1] 而在法国，学会是由国家授权成立的，由国家颁布条例并任命其成员。在创建这些国家级学会的过程中，启蒙主义者和中央集权的专制主义者结成了神圣同盟。在 1635 年之后，当利榭柳（Richelieu）建立了一个法兰西学会（Académie Française）来监督与过问法兰西的语言问题后，其他的一些学会组织也都系统地成立了起来，这些学会实际上囊括了所有的艺术和学术领域，并且将它们置于国家的控制之下，其中有：雕塑与绘画学会（Academie de Peinture et de Sculpture，1648 年），舞蹈学会（Academie de Danse，1661 年），文学与题铭学会（Academie des Inscriptions et Belles - lettres，1663 年），科学院（Academie des Sciences，1666 年），法兰西罗马学院（Academie de France a Rome，1666 年），音乐学会（Academie de Musique，1669 年）。

　　皇家建筑学会（Academie Royale d' Architecture）是由科尔贝（Colbert）于 1671 年成立的[2]，从而使法国的学会体系变得更加完整。学会的成员和负责人都是由国王任命的，他们不能独立地进行工作；学会的会议必须要有一位科尔贝的代表参加，从 1664 年起，科尔贝就一直控制着一个名为"法国建筑、艺术与壁毯工业管理委员会"（Surintendant et ordonnateur général des batiments，arts，tapisseries et manufactures de France）的机构。[3] 建筑学会有着多重的任务：在每周的例行会议上（最初是每周两次），必须讨论一些有关建筑学方面的问题并且要形成一个决议。通常这些会议都是以通过大声地朗读早期建筑学方面的理论著述的方式开始。建筑学会的任务就是要制定一些强制性的建筑理论条规，这些条规要在一周两次[星期二和星期五由弗朗索瓦·布隆代尔（François Blondel）主持]的公开演讲中被详细地加以解释，用以对年轻的建筑师进行教育。这些做法，使得皇家建筑学会成为了第一家进行系统建筑教育的学术机构，因而，也可以将它看作是大学建筑系教学体系的先驱。其他一些补充性的科目规定为几何学、代数学、机械学、水力学、军事建筑学和透视学。表现最好的学生将会被授予罗马奖学金。

　　同时，皇家建筑学会也会为来自各省的各种问询提供一些咨询和建议。最后，学会会员们开始讨论他们自己的设计方案。路易·霍特考尔（Louis Hautecoeur）是这样来归纳皇家建筑学会所起的作用的：

> 学会操控着建筑师、学生、承包商，并管理着皇家建筑物、全国各省，以及每一座城镇。它是一个服务于中央权力的强而有力的机构。[4]

　　皇家建筑学会从 1671 年开始，一直生存到 1793 年。学会的相关记录后来是由亨利·勒芒尼尔（Henry Lemonnier）出版的。[5] 在 1671 年时，学会由包括主任和秘书在内的 8 位成员组成[6]；此后的岁月里又增加了少量〔129〕的职员。会议的记录必须要由每一位到场的人签名。那些不属于学会的客人也被允许参加某些特定的会议。因此，在一些记录中我们还可以发现克洛德·佩罗（Claude Perrault）的签名[7]，而他从来也不是学会的成员。在 1699 年时，学会成员的组成结构发生了一些变化：此后的学会中便有了七位一级建筑师，一位建筑学教授，一位秘书，和另外七位二级建筑师。另外，参加会议的人士也扩展到了"建设委员会的官员"（officiers en charge des bâtiments）。

学会的任务就是通过一些决议，这些决议最终形成了一些建筑美学方面的标准，甚至很可能促成了最早由费利伯特·德洛姆（Philibert Delorme）所提出并加以实践的法兰西柱式的产生。[8] 很显然，就像在弗雷亚特·德·尚布雷（Fréart de Chambray）的例子中一样，学会所赖以讨论的原则大多数是来自哲学和自然科学的，并且仅仅局限在专门的建筑学方面：在笛卡儿（Descartes）理性主义哲学的精神引导下，一切问题的讨论基础都是以"理性"（raison）为原则的。只有数学能够保证"准确性"，而几何则是一切美的基础。[9] "良好的感觉"能够防止建筑师误入歧途。而丰富的经验可以帮助人们把握住通往理性之路。除此之外，还需要有一种对于古代希腊与罗马建筑的权威性地位的深信不疑。学会最早的建筑理论是紧步当时文学理论的后尘的，这一点正如伯里欧（Boileau）和拉·布鲁耶尔（La Bruyère）所阐明的那样。[10] 人们确信只有通过对于古代建筑的模仿，才能够创作出完美而伟大的作品。拉·布鲁耶尔是这样定义它们之间的联系的：

> 那些不复存在于古代希腊与罗马废墟中的东西——再一次变得引人注目——在我们的门廊和周围柱廊中重新迸发了出来。无独有偶的是，在文学领域我们也没有什么办法可以达到完美——如果这是可能企及的目标——而超越古代作品，除非我们模仿它们。[11]

正是因为这个原因，学会养成了高声朗读维特鲁威和文艺复兴时期著作的习惯，而且一定要按照一个严格的次序来念：维特鲁威，帕拉第奥，斯卡莫齐，维尼奥拉，塞利奥，阿尔伯蒂，卡塔尼奥。

中世纪的建筑被认为是绝对"不合理的"，米开朗琪罗必须为建筑中的"自由倾向"负责，这种"自由倾向"随着意大利巴洛克风格的泛滥而达到了顶峰（如波罗米尼和瓜里尼）。这些建筑被认为是个人幻想的表现。而法国需要的是"普遍的秩序"，是一种"普世性的完美"的表达。[12] 这些就是学会的基本立场，科尔贝反复地要求将它们以一种规范的形式确定下来。

缺乏经过精确测量的古建筑资料，以及在已有的出版物之间的其说纷纭、矛盾百出，使得古建筑遗迹的研究变得具有相当难度。为此科尔贝甚至在学会成立前夕的 1669 年时，就曾派遣建筑师米戈纳德（Mignard）去普罗旺斯（Provence）开展精确的测量工作。为了同样的目标，德戈丹（Desgodets）于 1674 年被派往罗马（对此后文将有更多的介绍）。通过临摹仿绘最好的古代建筑及其遗迹，使得对于早期各种柱式数据方面缺乏统一性的问题得到了解决，这是一种早在维尼奥拉建立他的《规则》（Regola）时就曾用过的方法。

在 1671 年科尔贝举办了一个奖金为 3000 里弗的有关"法兰西柱式"的设计竞赛。[13] 这在当时已经变成为一个十分紧迫的问题，因为当时卢浮宫的一个三层的方形中庭（Cour Carrée）的设计正在激烈的讨论之中，在第二层中已经使用了组合式柱式。克洛德·佩罗（Claude Perrault）建议改用女像柱，这一建议被接纳了。然而，有关新柱式的问题已经被认为是法国建筑师最为重要的任务之一；首先是弗朗索瓦·布隆代尔，然后是费利伯特·德洛姆坚持认为，就像罗马人为原始的希腊三柱式增加了两种新的柱式一样，如果能一丝不苟地坚持比例的原则，法国也有可能为当前创造一种新的柱式。[14] 这种要求成为了法国建筑师中进步思想的基础。法国和意大利的建筑师都急切而热情地参加了这次竞赛。然而，获奖者却正是科尔贝本人。 〔130〕

但是学会并不像科尔贝所期待的那样，能够顺利而矢志不移地向前发展；学会的成员们完全是从自己的兴趣与爱好出发来讨论当前的问题，这在很大程度上要依赖于会员们在道德上的诚实与完美。很显然的是，这种趋势从一开始就已经存在。在 1671 年 12 月 31 日的学会开幕仪式上，弗朗索瓦·布隆代尔就曾建议，要在下一次的会议上讨论建筑中的"美感"（bon goût）问题。[15] 然而，在 1672 年 1 月 7 日的会议中，学会并没有为此达成任何一致性的意见或决议，只是宣称那些具有"美感"的作品，必然是与愉悦相联系的，但是，反过来说，并不是所有令人愉悦的事物就一定具有"美感"。[16] 一个星期以后，学会又达成一个暂时的共识，认为无论如何，"美感"是能够使得那些"有教养的"（intelligent）人感到愉悦的。[17]

关于良好的审美感觉的问题，在启蒙运动时期曾是美学讨论的重点之一，这时又成为学会成员所面临的一个棘手而难以解决的问题，这些学会成员们都曾深受启蒙运动思想的影响，同时它们对于权威性的东西尊重有加。如果像那句格言"感觉本是无可争论之物"（De gustibus non disputandum）所说的，人们必须承认审美的主观性的话，那么这种关于美学标准的相对性问题的争论，很可能会打破学会所一直致力于建立的标准。这也就是为什么审美品味的问题会同社会结构的问题联系到一起，会同那些"有教养的人士"(personnes intelligents)的个人权威发生关联。安东尼奥·赫尔南德兹(Antonio Hernandez)恰如其分地描述了这种矛盾与对立："即使是在学会内部，理性主义以及对于权威性的信赖，也并非一帆风顺。"[18]

弗朗索瓦·布隆代尔在学院的系列讲演开始于1671年，并且与学会的一系列会议同步进行，然而这并不是科尔贝所期望的学会内部的交流与表达方式。但无论如何，正是在布隆代尔的一系列演讲中，使学会的立场得到了最为充分的体现。

弗朗索瓦·布隆代尔(François Blondel，1671–1686年)出身于一个法庭职员的家庭，主要接受了工程学和数学方面的教育。[19]他曾以一个家庭教师和外交人员的身份游历了意大利、土耳其、希腊和埃及。在他被科尔贝任命为建筑学会的主任之前，布隆代尔并没有什么为人所知的建筑作品。差不多是在同时，他又被任命为"巴黎城市土木工程总监"(directeur général des travaux de la ville de Paris)一职。他惟一尚存的建筑作品是1672年建成的圣丹尼斯大教堂的门廊(Porte Saint–Denis)。布隆代尔撰写过有关古典与历史方面的书，还写过一本数学方面的教科书[《数学教程》(Cours de mathématique)，巴黎，1683年]以及一部有关弹道发射学方面的著作[《投掷弹药之术》(L'Art de jeter les bombes)，巴黎，1683年]。[20]他在学会所作的演讲后来被分成五个部分，先后在1675年至1683年间发表，其书名是《建筑学教程》(Cours d'architecture)。[21]

有一点值得特别强调的是，布隆代尔是通过数学来接近建筑的，而似乎与他势不两立的克洛德·佩罗却是一位生理学家。如果我们再考虑到弗雷亚特·德·尚布雷的情况，很显然的是，绝对君权时期法国最重要的建筑理论家都是一些科学家。

[131] 布隆代尔的《建筑学教程》被呈献给了国王。在献辞中他阐明了自己的学术职责："向公众传授这种艺术的规则，就像那些最伟大的大师和那些古代遗迹中最为优秀的建筑范例所传授给予我们的一样。"[22]同时，建筑学所面临的任务就是超越那些古代的范例。在这本书的前言中，布隆代尔说明了学会所具有的教育功能，以及教学方面的计划。在他于1671年12月31日为学院所作的就职演说，也就是他开始工作之前的"一番话"中，他声称说，学会的职责是要把古代建筑中那令人赞叹的光辉，重新带回到建筑中来，并且要为了国王的荣耀而工作。

布隆代尔关于建筑发展演变的理念与弗雷亚特·德·尚布雷的保守理念有很大的不同。在布隆代尔看来，建筑总是越来越趋向于完美的，他认为那些古代建筑典范并非是建筑的终结，恰恰相反，新的形式有可能被创造出来。因此，他对于那种寻求创造某种法兰西民族柱式的愿望表示了支持。

布隆代尔的《建筑学教程》并不是他的建筑理论的一个完整而系统的阐释，只不过是一些讲演稿的印刷版，然而其中却蕴涵了最初的建筑理论教授方式。从一开始，在布隆代尔的建筑发展观念中，就找不到像弗雷亚特·德·尚布雷那样死板的教条主义。他对建筑形式的来源与发展进行了深入研究，他探索建筑的起源，并且按照维特鲁威的传统，将人类最早用来遮风避雨的原始棚屋作为建筑创造的最初动机。在布隆代尔那里，不同民族的建筑发展所具有的不同阶段问题是一个比较新的观念；这可能是由于布隆代尔经过了广泛的游历而对不同国家的文化所产生的不同而全面的体验。建筑最初的考虑是保护人类免受风雨的侵袭，"就像现在文明程度比较低的那些民族一样"。[23]

在布隆代尔看来，任何东西都需要有一个恰当的解释。正如我们已经看到的，柱式的比例是按照与人体的类比而得以理解的，自维特鲁威以来就一直这么认为。[24]柱子与柱头的关系，可以通过在墓碑的顶端要扣上一个瓮形的顶子而得到解释[25](图版81)，此外，柱式似乎也有一个可能的演变序列：多立克是最为古老的，然后是爱奥尼。科林斯柱式，按照布隆代尔的说法，最初与爱奥尼柱式一样，后来仅仅是用叶状柱头替代了涡形柱头而已。[26]他认为塔斯干柱式是伊特鲁里亚(Etruria，意大利中部的古国——编者注)的昌底亚人(Lydian)创造的，而组合柱式从来也算不上是一种真正的柱式，它至多不过是多种古代柱式的一种现代组合。[27]布隆代尔通过塞利奥来支持自己的观点，他逐渐接受在同一种柱式中，比例也会有所不同的观点，其趋势是越来越变得纤细，最初是独立支撑的柱子，然后是被设置在墙体的前部，后来又被嵌入墙体，最后变成了壁柱的形式。[28]布隆代尔假设形式是不断发展的，因此，那些古代建筑中的要素并非是不可改变。当时，他甚至还提出建议，反对在个别案例中使用古典样式。[29]

在布隆代尔冗长的关于单个柱式的演讲中，他坚持按照学会所确定的作者等级进行叙述。他对于柱式的解释也同样是传统而符合惯例的。[30]塔斯干柱式＝体量巨大的；多立克柱式＝力大无比的；爱奥尼柱式＝女性化的；混合柱式＝英勇强悍的；科林斯柱式＝纯洁无暇的。就像维尼奥拉一样，他以柱子下端的半径作为一个基本的模数。

在第一书的开头部分，布隆代尔这样来定义建筑："建筑学是使房屋建造得好的艺术。如果一座建筑物坚固、实用、健康，而又令人愉悦的话，它就可以被认为是好的建筑。"[31]"坚固、实用、愉悦、卫生"（solide, commode, agréable, sain）这四个属性，在很大程度上是与皮埃尔·勒米埃（Pierre le Muet）["持久、便利、美好的秩序、卫生"（durée, commodité, belle ordonnance, santé）]相对应的，只是其美学的属性显得比较苍白，仅仅提到了"愉悦"，而这使人联想到亚伯拉罕·波士（Abraham Bosse）的雕版画——那是一种奇怪的没有颜色的画。

在第四书的结尾，布隆代尔介绍了他自己惟一的建筑作品圣丹尼斯教堂的门廊（Porte Saint－Denis，1672 〔132〕年）（图版82），他同时把这座建筑作为全书的扉页，并形容它"可能是全世界同一类建筑中最为伟大的作品之一"。[32]他很注意在装饰上对古代建筑手法的应用，并且强调他对精确比例的执着追求。[33]

布隆代尔在《建筑学教程》的第一部分中没有什么令人惊异的论述，只是到了第五部分，在他挑起的与克洛德·佩罗的争论中，布隆代尔才开始涉及一些建筑理论问题，并且提出了自己的见解。第五书主要是关于比例问题的。尽管布隆代尔使用了"比例"（proportion）这一常用的称谓，但他却不赞同维特鲁威对于匀称（eurythmie）、均衡（symétrie）、美观（bien-séance）这些术语的用法。对他来说，匀称是一座比例合适建筑所具有的"令人喜悦的优雅风韵的外观"（l'aspect agréable ξ de bonne grace）。[34]均衡来自于部分与整体的关系，布隆代尔通过与人体类比来理解它，这暗示了他与佩罗的分歧，因为佩罗曾经质疑过这种类比。然而布隆代尔的均衡概念仍旧是植根于维特鲁威的传统之中的，类似于现代的比例概念。美观是"以准确与恰到好处来控制建筑外观的美"（beauté réglant avec justesse l'aspect d'un ouvrage）[35]，换句话说，就是与维特鲁威的"得体"（décor）大体相当的一个概念。对于布隆代尔来说，建筑的比例就像人体的比例一样是不可改变的。布隆代尔这一观点的基础是来自阿尔伯蒂的。[36]然而，从另外一个方面来看，布隆代尔所持的发展演化的思想，却又不允许他将古代建筑描述成某种绝对化的标准。因此，是他发现了万神庙的比例有些不甚妥当之处。[37]但是，他仍旧固执地拒绝接受佩罗所坚持的，把艺术作品仅仅看作是"天赋与经验之产物"的立场。[38]他引用了音乐家雷内·乌夫拉尔（Rene Ouvrard，1623－1694年）出版于1679年的一篇文章《建筑的和谐》（Architecture harmonique）来驳斥佩罗[39]，这篇文章以"音乐与建筑的联姻"为话题，仍然将建筑和人体进行类比，并且主张音乐的和谐理论与建筑的比例理论之间存在的一致性。[40]佩罗曾经驳斥过这种所谓的一致性，他认为音乐的和谐仅仅是自然规律的某种体现。

对于布隆代尔来说，标准的比例理论仍然是不可或缺的。他认为这是建筑的重要准则之一，具有"在本质上是可靠且实在的基础"。[41]尽管他坦白地承认，有些领域中的建筑是依赖于习惯而并非自然法则的，但他仍然否认这与比例之间有什么关联[42]，对他来说，比例依然是"产生建筑美"的一种自然法则。[43]

布隆代尔相信甚至在哥特式建筑中也能找到源自于自然中的比例。通过利用西萨里奥对于维特鲁威的注释（1521年），他试图以米兰大教堂为例来证明这一点。[44]这样一种立场——即相信建筑风格的比例都是从自然中产生出来的——使得布隆代尔能对哥特式建筑做出了一种正面的评价，甚至能发掘出其中的美："人们能从中发现大量重复使用的比例，这无疑解释了它的美丽，以及它给我们带来的视觉愉悦。"[45]

布隆代尔试图将发展的观念与几成定式的标准美学观念结合在一起。从这样一个充满冲突的目标出发，再加上在他的《建筑学教程》出版时即已开始的与佩罗的争吵，使得一些矛盾不可避免地产生。尽管布隆代尔没有表现出德·尚布雷那样的抽象教条主义，但他仍然是建筑学领域引导思维的头脑性人物，这种思维一直在引领着一种冷漠而僵硬的纪念碑式的建筑风格，就像他的圣丹尼斯教堂门廊所表现出来的那样。

布隆代尔的理论敌手克洛德·佩罗（1613－1688年）[46]，作为一位生理学家，是一位经验主义认识论的典型 〔133〕代表人物，他所受的教育主要来自约翰·洛克（John Locke），洛克否认固有理念的存在，并且把思想的原初状态比喻为是"一块白板"（tabula rasa），人们正是将自己外在与内在的经验（分别是"感觉"和"反应"）刻画书写在这块板上。洛克于1675年至1679年间居住在法国，他很可能在那儿遇上了克洛德·佩罗。[47]

克洛德·佩罗是查理·佩罗(Charles Perrault，生于1627年)的哥哥，他从1651年或是1652年开始在巴黎大学任教，先后教授过生理学和病理学；在1666年他被任命为新成立的科学院的成员(布隆代尔在1669年也成为其成员之一)。他在科学院中曾主持了一些解剖学的实验并出版了它们的成果。他还出版了一些医药、机器制造以及动物学方面的书，其中的部分是在科尔贝的指导下完成的。除了少量的早期资料之外[48]，直到1660年代他也没有多少与建筑学有关的东西值得注意。1664年他为卢浮宫的立面做了他的第一个设计。卢浮宫的柱廊将成为他主要的建筑成就。

同样是在1664年，科尔贝委托佩罗重新翻译维特鲁威的著作；我们应当记得，直到那时维特鲁威的著作也才仅仅有一个法文的译本，是由让·马丁(Jean Martin)于1547年翻译的，这是一个谬误百出而且没有注释的译本。由佩罗辛勤翻译的成果在1673年面世[49]，佩罗的本子是一个准确地进行了考证和校勘并附有大量注释的译本。仅仅在两年之前成立的建筑学会对于佩罗的翻译并没有什么影响，一直等到佩罗的版本实际出版后学院才开始重视维特鲁威的著作。[50]

在1683年佩罗以一篇有关柱式的常见论文结构形式向人们展示了他自己的理论主体。[51]这篇论文的手稿或校样似乎一直是由布隆代尔掌握着的，布隆代尔用来与佩罗进行争论的《建筑学教程》的第五书，同样也是在1683年出版的。

在1674年至1676年间，佩罗翻译的维特鲁威著作在学院中被大声朗读。[52]虽然，从学会的备忘录来看，"其中的个别注释显得比较难以理解"[53]，但注释中那些具有轰动性的材料却显然还没有被立即意识到。佩罗的注释被认为是一次"建筑美学上的彻底革命"。[54]具有讽刺意味的是，他的这一翻译工作是由科尔贝所委托的，而这一"革命"却在书中的注脚里悄悄地进行着了。然而，最近为了更加强调其译作中的传统方面的特征，佩罗译作所起的革命性作用被大大地降低了。[55]事实上，在注释中佩罗所感兴趣的并不是对于历史问题的解释，而是希望对于当时的建筑产生直接的影响；这一点在书的扉页中表达得十分清楚，他在扉页中描绘了他所设计的卢浮宫的立面，以及他为主教广场(Place du Trône)所设计的凯旋门(图版83)。[56]

在佩罗为维特鲁威著作所作的注释以及他的《秩序》(*Ordonnance*)一书中，佩罗对于维特鲁威及其后继者的建筑美学原则进行了贬低。他最主要的攻击点是有关比例的概念。他坚持说，古代人自有自己的建筑法则和比例规则，这些都依赖于所需要的建筑物的类型[坚固的(massif)或是优雅的(délicat)]。[57]对于佩罗来说，比例并不像以前建筑理论所说的那样是一种自然的法则，因此人们也没有办法感觉到它所具有的标准性，它仅仅不过是"建筑师们约定俗成"的东西(établies par un consentement des architectes)，是由习惯和传统所决定的。[58]如此，则比例反过来变成为了某种经验主义的概念，其结果是，所有以前的建筑理论的核心问题都将受到质疑。但是，佩罗甚至走得更远。为了有所选择，他制定了一个表格，把重要的建筑标准按次序排列了出来。

[134] 他区分了两种美学评价的基本原则，他将之称为客观性(positive)与主观性(arbitary)：

> 建筑学在整体上就是建立在这两个基本原则之上的：一个是客观性，而另一个是主观性。建筑的客观性基础来自于对建筑的使用，以及建筑物的最终目的，所以它涵盖了坚固(Solidité)、健康(Salubrité)和适用(Commodité)。所谓主观性的基础就是"审美感觉"，是来自"权威"和"实用"两个方面的：尽管在一定程度上，美也是来自客观实在的基础的，其构成也包括理性的适当干预，以及各个局部在应用上对美的倾向所表现出的适应性……。[59]

这一客观性原则使得一些先前并不特别被认为是美学意义上的美的基础的概念[如维特鲁威的坚固(firmitas)、实用(utilitas)的概念，以及与之相对应的佩罗的坚固(solidité)、健康(salubrité)和实用(commodité)的概念等]都变成了美本身的一个组成部分[美的客观性(beauté positive)]。佩罗认为客观美是一个基础，而主观美只表现出了艺术家们的行为范围[60]，因而，这种美要受到习惯的制约。建筑物的使用变成了美的决定性要素："所有东西都按照其本性来使用，是建筑美所必须依赖的重要源泉之一。"[61]有关实用的概念，其重要性自16世纪以来在法国就一直被得到特别的强调，第一次被佩罗提高到了美学前提的地位。

匀称(symmetry)的概念在维特鲁威的著作以及与此相类似的建筑理论著作中，一般都与现代建筑所说的比例概念比较接近，而佩罗却认为它应当具有更为重要的地位，由此产生了一个在后来有着重大影响的分歧。在对维特鲁威著作的第一书的第二部分的翻译中，佩罗使用了比例（proportion）这个词来修饰或弥补维特鲁威的匀称（symmetria）这一概念，他在一个注释中指出：

> 匀称这个词在法语中有着另外一层含义；它意味着在一座建筑的左边和右边，上边和下边，前边和后边，不管其尺寸、形状、高度、颜色、数量或是布置，实际上几乎在所有的方面都能使得自己的这一部分与另外一个部分相似；令人奇怪的是，维特鲁威却从来没有提到这样一种对称式匀称，然而这种对称却可以解释许多建筑美的问题。[62]

在这里佩罗提出了一种现代式的对称概念，对他来说对称组成了客观美的重要部分。阿尔伯蒂在"数字"（numerus）理论（《建筑论》，Ⅸ.5）的讨论中，对于这种现象已经十分熟悉，但是他仅仅是以人体的左右镜像来解释它。既然佩罗拒绝接受对于比例的这样一种解释，他也同样不可能用人体来解释对称。勒米埃和萨沃（Savot）[63]已经以一种现代的意味来使用对称这一概念，而对于佩罗来说对称已经变成建筑中不可或缺的要素，就像坚固、卫生和实用这些基础要素一样；换句话说，它是客观美的一个组成部分。于是对称，也就是现代意义的轴对称，成为一个必不可少的重要审美标准，从而，使美找到了一个决定性的理论"停泊点"。由此，从古代以来就为人们所熟知的"匀称"（对称）这一概念，就成为了古典主义的一个教条。[64]

而作为"匀称"（symmetry）概念的另外一个部分，在维特鲁威传统中直到那时其义仍与"比例"相同的那部分概念，现在佩罗则用了"比例"（proportion）这个词加以替代，并且由此得出一个结论：比例，不再是属于"客观美"（beauté positive）的一部分，而仅仅隶属于"主观美"（beauté arbitraire）。在佩罗那里，最初的"匀称"概念被划分成为了两个部分：现代意义上的对称概念是客观美的一部分，而现代意义上的比例概念则是主观美的一部分。　〔135〕

佩罗的目的并不是要消除比例的概念，而只是想使它变得不那么绝对。对于他来说，最为重要的不是某个确定的比例，而是要通过适当的比例调整而达到优美："形式的优美并不因为任何其他什么东西，而是来自适度的令人愉悦的调整，在这个基础上，纯粹的和超凡脱俗的美才能够建立起来。"[65]如果要保证优美，比例的偏差就必须控制在一定范围内。在这个范围内的不同比例的建筑都应当被认为是同样美丽的，但除此之外还有对于"美感"（bon goût）的需要。[66]"美感"在客观与主观两种类型的审美知识中都会存在，既包括客观的一方面，也包括主观的一方面[67]，而"好感"（bon sens）则仅仅限于对客观美的判断之中。

佩罗能够通过引证古代建筑中柱子比例的种种不同，以及以前的研究者们所制定的多种柱式比例规则之间的差异，来支持他的观点，但在关于错误运用比例变化的一节中，他却认为把那些"按照所有的人的观点而严格建立起来的规则"加以改变是一件荒唐的事情。[68]

佩罗的确想要改变比例理论的美学基础，但同时他也希望通过放松传统所造成的局限来促进当前的实践。在《秩序》一书中，他建议通过将所有的数值加以平均化，来为每一种柱式建立起一套简单的规则，从而还能为建筑师提供一些主观能动的余地。换句含蓄的话说，我们可以认为佩罗的柱式理论，相对于那些早期的理论家们来说，就像是一艘原本已经抛锚的船现在开始起锚航行了，然而，船还是老样子，水手也还都是原班人马。

佩罗像是在揣摩着"美感"在发生着的缓慢的变化，以及由此变化而带来的比例的改变。布隆代尔则相信在有关比例的理论维持不变的情况下，造型形式仍然能够产生进一步的发展。尽管两者在方法论上截然不同，这次争辩却表现出一种令人惊异的平和与友善。

在有关是否允许佩罗在卢浮宫的立面中使用双柱的争论中，佩罗似乎是在祈唤某种现代审美韵味的出现，他认为这是一种全然不同于古代希腊、罗马人的韵味，是一种汲取自法兰西民族所一向尊崇的哥特式风格中的格调：

> 我们自己时代的格调，至少也是我们自己民族的格调，已经和古代希腊与罗马人的格调大相径庭；这种格调中可能渗透着某种哥特式的意味：因为我们曾经有过相似的氛围，相似的日常生活，以及相似的自由自在。正是这一切促使我们去创造了处理这些柱子的第六种手法，也就是将它们两两组

合，然后再把这些双柱的形式排列在一起。[69]

布隆代尔同样也从哥特式风格中汲取了古典比例的规则。

在为维特鲁威的著作所提供的插图中[70]，佩罗有时也会引用别人的一些想法，但却没有在适当的地方说明出处；因此他译著中有关黑海的与弗利吉亚（Phrygia*）的棚屋插图，应该是鲁斯科尼（Rusconi）插图的复制品。[71] 而他的"希腊房子"（Greek House）的平面（图版 84）则是由帕拉第奥所出版的书中的平面的变体。[72]

佩罗最大的成就在于他打破了旧的"匀称"概念，从而赋予这一概念以一种他自己提出的有关客观美的教条。他也试图消除"匀称"一词所包含的另外一个老的内涵，即比例，也就是有关主观美的那一方面，并且打破固有的建筑美学习惯意识（尽管在实践中他自己也要受到这一习惯的制约），但在这方面他却做得并不成功。

[136] 与他同时代的建筑师大多都对他进行了批判，或者是对他的观点不加理会。[73]只是到了 18 世纪伊始，当"美感"这一概念的主观性为人们所重视时，他的思想才变得更为普及。甚至在他为维特鲁威著作所作的注解出版之前，佩罗关于比例的主观属性的论断，也已经为建筑学会所了解，以至于早在 1672 年 1 月 21 日[74]，学会中就已经展开了有关比例究竟是客观性的还是主观性的讨论。在这个问题上，学会内部从来也没能够达成任何一致。这在很大程度上应该归因于启蒙主义所特有的自由主义精神，尽管布隆代尔对于他的观点的反对与抗衡从来也没有停止过。

布隆代尔与佩罗之间的矛盾并不仅仅局限于建筑，这只是他们之间更为广泛的争论的一个征兆而已。在文学理论领域中也重复着十分类似的争论。在这一领域代表了布隆代尔立场的是尼古拉斯·伯里欧（Nicolas Boileau，1636 – 1711 年），在《诗歌艺术》（*Art poétique*，1674 年）中他将矛头直接指向了克洛德·佩罗。[75]

克洛德·佩罗的弟弟查理·佩罗（Charles Perrault，1628 – 1703 年）是一位著名的童话作家，他在文学领域的争论中扮演了与他的兄长相当的角色。查理所接受的一直都是律师教育，然而直到科尔贝去世之时，他都一直担任"国王建筑管理大臣的首席顾问"（Premier commis de la surintendance des bâtiments du roi），从而对于建筑理论领域的争论非常熟悉。在《古代与现代的比较》（*Parallèle des Anciens et des Modernes*）一书中[76]，他针对文学问题提出了自己的见解，与他的兄长对于建筑方面的见解相类似，他试图表现出新事物相对于古代事物的优越性，并且，同样也利用了美的"客观性"与"主观性"的差别。他采用其兄长的观点，但是，所强调的重点却有所不同。例如，当他谈到建筑问题时，他对于坚固、功能和宏伟（magnifique）作为客观美的重要组成部分，进行了片面的强调。这与克洛德·佩罗的观点恰好相反，克洛德的目的是要证明新事物的优越性，而这种优越性主要应当归因于美的主观性，因为这种观点允许艺术家们有自由想像的空间。[77]

克洛德·佩罗和其他一些人揭示了古代建筑早期测量数据之间的差异和矛盾，这促使科尔贝在 1674 年派遣了一位建筑师去罗马进行更为精确的古建筑测量。他的选择落在年轻的安东尼·德戈丹（Antoine Desgodets，1653 – 1728 年）身上[78]，德戈丹更早的时候曾经进入过法国建筑管理机构，从 1672 年开始就一直在学会倾听布隆代尔的演讲。德戈丹于 1674 年动身去罗马，与他同行的是一些学会的奖学金获得者，然而，他们在旅途中被海盗所俘掠，在阿尔及尔（Algiers）被羁押了 16 个月之后，才最后到达了罗马。他在罗马又逗留了 16 个月，在这一段时间里，他先后测绘了 24 座纪念性建筑；在回巴黎的路上，他还测绘了维罗纳（Verona）的圆形剧场。德戈丹以一种令人难以置信的速度和精确性进行工作，所有最后的成图都是由他自己绘制的，他对这一点十分强调。回到巴黎以后，他把自己的图亲手交给了建筑学会，学会的反应是十分谨慎的[79]；但是，由于科尔贝的资助，以及皇家专利支持，这些图在 1682 年出版面世了。在德戈丹的《罗马的古代建筑》（*Les édifices antiques de Rome*）一书[80]中保留了他那些杰作的测绘作品；这本书代表着在科学的考古学之路上，又迈出了重要的一步。

然而，慷慨的奉献和准确的图画并未就此结束。在写给科尔贝的献辞中，德戈丹表达出了他作为国王路易十四的建筑师的无上的荣誉，他将国王描述为，将古代罗马的皇帝们置于他自己宏伟建筑的影子之下的伟大君王。[81]他所测绘的图纸的精准性，也间接地为这个目标的最终实现尽了绵薄之力。德戈丹坚信建筑中"比例的
[137] 奥秘"[82]，古代建筑尤其接近于这一奥秘的精髓，因此，他希望通过精确的测量来洞察其中蕴藏的玄机。因

---

*弗利吉亚，小亚细亚古国。——编者注

而，德戈丹试图使用经验的方法来获得内部含有绝对性的比例关系，而不是像他的老师布隆代尔那样，以一种纯数学的方法为基础，对于预先存在的比例理论进行探索，布隆代尔对于古建筑的精确测量并不感兴趣，因为这些测量往往与他按照有关比例的理论推算出来的结果并不一致。[83]

德戈丹整理了前人(帕拉第奥，拉巴克，尚布雷和塞利奥)所绘的建筑测稿，在所有的测稿中他都发现了不准确的地方。他的标准非常严格，仅仅忠实于古迹中原有的遗存部分，而对任何由他的前辈所做的重建与修改都不予理会。作为一种标准的测量体系，他使用的是巴黎尺和建筑模数(柱脚的半径)。他对单个建筑的评论仅仅限于历史和艺术方面的简要评述、资料描述以及早期测稿的讨论方面。德戈丹对于自己测绘的精确性十分得意，他还通过反复的校验来保证其"确定性"(certitude)。[84]这种常常显得有些炫耀卖弄与冗长繁琐的准确性，在他自己的叙述中也表现得十分明显。事实上，我们从他的这些方法中，也看到了现代考古学测量方法的滥觞。他是按照建筑物伟大和完美的程度来安排自己的工作的[85]，他首先从罗马万神庙开始，仅仅一座万神庙他就绘制了23幅图版。尽管他的测绘作品恰逢其时，并且得到了科尔贝的资助，但是，这些测图还是被学会忽略了近十余年之久。然而，布隆代尔与佩罗却对这些图加以了很好的利用。[86]

尽管他一直积极地配合着建筑学会的工作，但德戈丹的人生之路却很坎坷。直到1718年时，他才成为学会的"一级"会员，一年以后，他终于成为建筑学教授，并在这个位置上任职，直到于1728年去世。尽管他没有留下任何为人所知的实际建筑，但他却另外留下了两部没有出版的理论著作：一部是关于柱式的论著，以及他于1719年至1728年间在学院所作演讲的文本。[87]德戈丹关于柱式论著的观点是传统的，以维尼奥拉的理论为基础。他的演讲中最令人感兴趣的是第二部分，这是一个尚未完成的部分，标题叫做《关于建筑物比例的处置与建筑适用性的专题论文》(Traité de la commodité de l'architecture, concernant la distribution et les Porportions des Edifices)，在这部分论述中，他从精选的实例中提出了一个具有一般意义的建筑类型学观念。[88]尽管德戈丹对于古代建筑的权威性坚信不疑，但他对于维特鲁威的态度却明显地冷落，而在他的教堂设计中，却表现出了经过一种法兰西民族诠释的哥特式风格。[89]

另外一个受到科尔贝保护的人是安德里·费利比恩(André Félibien)，这是一位多产但却缺乏创造性的人物，自从建筑学会成立以来，他就开始担任学会的秘书工作。[90]费利比恩在布隆代尔与佩罗之间扮演了一个灵活的中间调解人的角色。他于1676年出版了一部用途广泛的汇编集《建筑、雕塑与绘画原理》(Des principes de l'Architecture, de la Sculpture, de la Peinture)[91]一书的第一版。就像佩罗一样，他认为关于建筑的装饰问题要考虑空间和造价方面的因素：

> 在建筑活动中，我们必须时刻注意坚固、实用和美观的准则；一当遇到装饰性问题，应当按照建造地段的布置情况以及业主所希望投入的资金情况来加以适当的考虑。[92]

费利比恩还在他的书后附加了一个建筑学与视觉艺术专业的术语表。比如在"匀称"(symétrie)这一条目下，我们可以看到佩罗所作的超出维特鲁威内涵的法国式"匀称"的定义。"人们可以说：这两座雕像具有相同的比例，但却不能说它们具有同样的对称性。"[93]

费利比恩的儿子让·弗朗索瓦(Jean-François)在1687年出版了一本建筑师的传记集[94]，从古代开始一直延伸到14世纪，这是一本完全根据早期文献来进行编撰的书籍。恰好在一百年以后，又出现了由安东尼-尼古拉斯·德萨里耶·阿金维勒(Antoine-Nicolas Dézallier d'Argenville)所作的续编[95]，这本书从伯鲁乃列斯基(Brunelleschi)开始，不过，从文章结构上来看，作者试图尽量表现出法国在建筑领域上的卓尔不凡。〔138〕

16世纪80年代由科尔贝和布隆代尔为建筑学会所设定的古典主义逐渐淡化。学会创始年代的主角很快也相继去世——科尔贝是在1683年，布隆代尔是在1686年，克洛德·佩罗则是在1688年。在布隆代尔的继任者菲利普·德·拉伊雷(Philippe de la Hire，1640-1718年)的领导下，建筑的技术问题得到了优先考虑。他在学会中的讲演稿一直没有能够出版。[96]在他领导的学会讨论中，首要关注的明显是一些实际性的问题，对于"平面布置"(distribution)和"建筑装饰"(décoration)等问题看得越来越重。学会在1700年3月29日的会议中，朗读了帕拉第奥的文章，并对他在维琴察建造的别墅进行了讨论，这一次会议的讨论结论如下：

所有这一切都显示出，这一类的建筑并不适合于法国，在法国人看来，室内的舒适性通常应当比对于外观的考虑更要优先；关于这一点，与会人士都确信在房屋建造中，巧妙地安排房间与优雅地装饰立面一样不可忽略。[97]

第一眼看来，奥古斯丁－查尔斯·德阿维勒（Augustin－Charles d'Aviler，1691 年）的《建筑学教程》（Cours d'architecture）[98]一书似乎明显地是维尼奥拉的《规则》一书的新的法语翻版，这本《建筑学教程》在 18 世纪时由让－皮埃尔·马里耶特（J.P. Mariette）[99]以多种不同的版本出版印行，并且，还进行了定期的修订再版。德阿维勒曾经服务于朱尔斯·哈德欧因－曼萨特（Jules Hardouin－Mansart），具有一种古典气质，这从他认为维尼奥拉是现代最出色的建筑理论家以及与布隆代尔在学术观点上一直保持一致这一点中就可以明显地看出来。他采用了布隆代尔所提出的柱子是从铭刻石碑中演化而来的解释，并且重复了著名的建筑与人体的类比理论。在关于柱式的论著中，德阿维勒加进了维尼奥拉与米开朗琪罗作品的插图，并且试图对于后者的自由主义进行批判。他仅仅把费利伯特·德洛姆的法兰西柱式看成是一根"带有多种装饰带的柱子"（colonne avec diverses bandes）[100]，由法兰西柱式出发，他继续讨论了一系列其他柱子的形式（图版 85），为了与那些 "普通柱子"（colonnes ordinaries）相区别，他称这些柱子是"特殊的象征物"（extraordinaties et symboliques）。[101]在深入讨论这些柱子的类型以及关于基座、栏杆和嵌板的有关问题时，德阿维勒采用的完全是当时流行的风格术语，尽管实际上他一直批评这些术语是不合规范的。

在 1693 年，作为他的《建筑学教程》的第二册，德阿维勒出版了一本《建筑辞典》（Dictionnaire d'architecture）[102]，这是自格拉帕尔迪（Grapaldi）之后，最早的一部系统的建筑学辞典之一。在这本辞典的某些定义中，克洛德·佩罗的影响是显而易见的，佩罗对于"比例"和"匀称"的重新定义，显然已经为人们所普遍接受。关于"对称"（Simmetrie）他写道：

> 在建筑物的每一个相互对应的部分，无论是高度、宽度，或是长度上，为了形成一个完美的整体……而"相互对称"（Simmetrie respective）就是建筑的一侧与和它相反的另外一侧彼此配衬一致。[103]

〔139〕　　关于比例问题，他写道：

> 建筑物的每一构成部分的尺寸，以及各个部分与整体之间的相互关系都是相互适应的。[104]

德阿维勒急切地补充说，关于如何正确地调整比例感觉的视觉误差存在着相当不同的见解，他提到了布隆代尔和佩罗，但他并没有明确表示出自己是站在哪一边的。

在 1770 年至 1771 年间，罗兰·勒·沃罗斯（C. F. Roland Le Virloys）试图编撰一部三卷本的带有大量插图并且囊括欧洲所有重要语言的建筑术语的辞典[105]，用以代替德阿维勒的这本获得巨大成功的《建筑辞典》，但是，实际上这本辞典却将许多概念和名称都混淆了。

在 1691 年，也就是德阿维勒出版《建筑学教程》第一册的同一年，皮埃尔·布里特（Pierre Bullet，1639－1716 年）的作品《建筑入门》（L'architecture pratique）[106]也出版面世。布里特是布隆代尔的学生，也是学会的成员之一。布里特是一位实践建师，但是，他的论著却不仅仅是一本建造者们的几何学指南。他曾针对路易·萨沃（Louis Savot）提出过尖锐的批评，他也着意强调实际经验与建筑实践活动，他对于一般建筑理论的评论，显示出了他对于理论争辩所表现出的相当的关注。他关于建筑理论的惟一断言是："建筑理论就是那些回避了诸如类比原则，或比例科学，从而实现令视觉感到愉悦的那些和谐的组合的种种原理的积淀。"[107]他用通俗易懂的格言解决了美学的难题：由此他把"适宜"（Bienséance）定义为"那些符合终极视觉目标的品质"。[108]布里特的书率直平白，并且易于应用，其中的插图很少，在整个 18 世纪，他的书发行了好几个新的版本。

大约在 1700 年左右，有关建筑的讨论与争辩变得更加公共化。巴黎财政部官员米歇尔·德·弗雷曼（Michel de Frémin）从一个非常理性的外行的角度撰写的一本书《建筑评判备忘录，涵盖真实建筑与虚构建筑之构思》(*Mémoires critiques d'architecture. contenans l'idée de la vraye ξ de la fausse Architecture* *)于1702年出版了[109]。这本书显然是为了一个特定圈子里的读者——"那些普普通通的知识分子们"(personnes d'un génie un peu court)[110]——所写的,这一点可以从他采用当时颇为流行的书信体小说形式就能很明显地看出来。弗雷曼努力想要获得建筑的基本定义。由于他是一个财政部官员这样一个潜在的原因,弗雷曼最初也是最强调功能方面的考虑,而在谈到美学方面的问题时,显得有些轻蔑,并将其归于较次一级的原则。对于他来说,建筑包括了从牧羊人的棚屋到统治者的宫殿的所有建筑物。[111]他对于那些将建筑的某一些方面看作是建筑的全部的建筑类书籍不肯苟同。他尤其攻击那些有关柱式方面的论著,因为在他看来,柱式问题仅仅是建筑学中"最不重要的一部分"。[112]

他对建筑学给出了一个不同寻常的定义:"建筑学是那些能够充分考虑建筑本身、建筑的使用者以及建筑所处地段的建造物的艺术。"[113]对于弗雷曼来说,"客观"(objet)意味着对于建筑未来功能进行准确的理解,以作为设计规划的先决条件。"主观"(Sujet)是从给定的对象出发,而从设计中获得的"准确的配合和呼应"(juste convenance, ξ un rapport régulier)。美学要素在这里简化为功能的有序安排。[114]关于"场所"(lieu),弗雷曼指的是对建筑与环境以及周边构筑物的关系进行彻底的考察,并计算出采光与风的影响。[115]他设想第一个建造房子的人经过了他所说的"理性过程"(ordre de la raison)。他认为在还没有充分考虑房屋是否舒适适用之前,就梦想着要将它建造得"令人愉悦"(agréable)绝对是一种犯罪。[116] 〔140〕

在对晚期文艺复兴建筑持一种令人惊讶的批评态度的同时,弗雷曼却以哥特式建筑,如巴黎圣母院(Notre - Dame)和圣夏帕勒大教堂(Sainte - Chapelle)为例,来说明他的理性建筑的标准,并且用它们来反衬那些"坏建筑"如圣厄斯塔切教堂(Sainte - Eustache)和圣叙尔比斯教堂(Sainte - Sulpice)。[117]对于弗雷曼来说,装饰纯粹是一种附加之物,它必须完全附属于功能,并且应该"自然而恰当地与建筑的意图相联系"。[118]

弗雷曼的观念,是一位外行或门外汉的观念,一种典型的启蒙主义者的观念,一种对于美学标准的讨论采取贬抑与忽略的观念,这是一种表现出了时代特征的观念。这种观念很快地就进入了专业的建筑理论范畴之中,甚至闯入了建筑学会的内部。

---

*法语对译英文:Memories criticize of architecture. Containing the idea of the true and the false Architecture. 古法语 vraye = 现代法语 vraie = 英语 true ——译者注

第十三章　相对主义建筑美学，启蒙运动与革命性建筑

〔141〕　　让·路易·德·科尔德穆瓦修士(Jean Louis de Cordemoy, 1651－1722 年)的《建筑界的新声》(*Nouveau traité de toute l'architecture*)于 1706 年第一次出版，这对于 18 世纪初的法国建筑理论是一件大事。[1] 关于科尔德穆瓦本人，人们知之甚少，只知道他是法国苏瓦松(Soissons)圣吉恩修道院(Saint Jean－de－Vigne)的教士。[2] 科尔德穆瓦的观点主要来自弗雷曼(Frémin)1702 年的论著，以及克洛德·佩罗(Claude Perrault)关于美的绝对性与相对性(positive and arbitrary beauty)方面的理论，虽然他本人并没有谈到过这一点。

　　科尔德穆瓦论文的结构是围绕着维特鲁威式的概念展开的，这些概念包括："安排"(ordonnance)，"布置"(distribution)以及"得当"(bienséance)，但是他对这些术语的使用是在一个非常严格的意义下展开的。"安排"(Ordonnance)，是关于柱式使用的理论。虽然柱式是经弗雷曼的研究之后而重新兴起的，却依旧被看作是功能的附属物："安排，就是根据建筑各部分的用途赋予适当的优雅。"[3] 为延续 17 世纪的法国传统，"布置"(distribution)被定义为"这些相似元素的适当安排"。[4] 耐人寻味的是，本来属于美学范畴的"得当"(bienséance)，变成了"确保这种配置没有什么与自然、习惯和事物的应用相冲突的地方。"[5]

　　在这里有关"得当"的概念变成了一种纯粹负面的东西；在佩罗(Perrault)所使用的术语里，"得当"并不是一个正面的美学要素：它需要依赖于习惯和功能方面的东西。在科尔德穆瓦看来，"得当"这一概念中还应该包括业主之社会地位方面，这恰恰反映了较早期的与装饰(decor)有关的一些概念——但是这一术语现在已经降格为和"用途"(usage)与"便利"(commodité)具有同等的位置，而成为建筑形式美的前提之一。[6]

　　和弗雷曼一样，科尔德穆瓦也是现代功能主义(modern functionalism)的先驱者之一。其典型特征是，已经认识到由佩罗作为绝对美的要素提出的"对称"(symmetry)，是与"便利"和"用途"很难并存的。[7] 然而科尔德穆瓦还不至于叛逆到要质疑"对称"本身，他提倡一种基于简单几何形体的建筑风格，偏爱方盒子与平屋顶，反对锐角和曲面。他认为建筑整体结构应该统一，各部分(dégagement)却应该独立。他认为希腊建筑与哥特建筑，因其对于功能的清晰表达，而具有同等重要的价值。这一判断引导他假想了一种"希腊－哥特式"(Graeco－Gothic)的建筑风格。在这一假想中，一座哥特式建筑(以教堂为例)最终被发展成为一座古代希腊式的造型。他还将一座大教堂的西部结构设想成了使用古典柱式的样子。遗憾的是，他没有能够提供出一套关于希腊－哥特式建筑造型的具体形象的图纸。他还步德阿维拉(d'Aviler, 1693 年)的后尘，在他的论著后面附上了一个《建筑万有词汇表》(*Dictionnaire de tous les termes d'architecture*)。

　　事实上，当科尔德穆瓦在 1650 年的论文中写到希腊的时候，他关于希腊建筑的真正知识和尚布雷(Fréart de Chambray)一样少。他观察古代建筑时，那"神圣的古代"(la sainte Antiquité)，是透过佩罗的眼睛而看到〔142〕的，而且，作为一个传教士，他的视点也主要是局限在早期基督教建筑之上的。据说他还做过一个模型，将圣彼得大教堂两侧建筑的扶壁拱结构(pier－and－arch)替换为柱梁结构(column－and－archieve)，以期带来一场教堂建筑的革新。科尔德穆瓦的想法的确获得了一些成功，就像由博法尔(Boffrand)在吕纳维尔大教堂(château de Lunéville)的小礼拜堂中所实现的那样。[8] 他在 18 世纪的建筑理论界，尤其是对于德戈丹(Desgodets)、德·拉伊雷(de la Hire)、博法尔和洛吉耶(Laugier)等人有着显著的影响。[9] 因而，他本应得到比现在重要得多的地位。[10]

然而在当时，科尔德穆瓦却直接面对了强烈的反对，尤其是以军事工程师阿梅代－弗朗索瓦·弗雷齐耶（Amédée－François Frézier，1682－1773 年）的反对为甚。此人在 1709 年至 1712 年的耶稣会月刊《Mémoires de Trévoux*》中运用了各种历史方面与技术方面的论据来诋毁科尔德穆瓦。[11]弗雷齐耶的攻击与科尔德穆瓦的辩解过分地集中在宗教建筑方面。而科尔德穆瓦，作为一名神学家，也在很大程度上通过引用神父们那些偏颇的观点来为自己辩护。

后来，弗雷齐耶慢慢开始部分地接受了科尔德穆瓦的一些理论观点。但 1753 年洛吉耶出版了他的《论建筑》（Essai sur l'architecture），而这本书又倾向于科尔德穆瓦的观点，此后，弗雷齐耶再一次从技术的观点上，对洛吉耶的立场提出了挑战。然而，弗雷齐耶本人的理论著述，大部分到今天几乎已经被人们遗忘了。他的主要著作分为三册，于 1737 年至 1739 年印行发表。[12]弗雷齐耶的理论观点介于克洛德·佩罗和弗朗索瓦·布隆代尔之间：一方面提倡相对主义美学（relativist aesthetic），另一方面又提倡符合规律、亲近自然的"建筑的自然状态"（architecture naturelle）。他用一次南美航行途中见到的法国加勒比海诸岛上的棚屋（huts）来作为他的"建筑自然状态"的典范。他关于秩序的阐释来自于弗朗索瓦·布隆代尔；他反对洛可可的"不恰当的装饰"（ornements déplacés），呼吁回归"原始时代的质朴"。他认为，真正的美源之于对自然的模仿。[13]事实上，他的这一立场与洛吉耶十分接近。

弗雷曼所沉浸于其中的东西，其中的一部分在一定程度上为科尔德穆瓦所追随，是想以一个外行的名义写给普通的非专业读者们，以此扩大了理论论争的公众影响，而在赛巴斯蒂安·勒克莱尔（Sébastien Le Clerc）的一篇论文中[14]，达到了一个高潮。在这篇论文中，建筑理论被表述成为当时上流社会的一个时髦话题。[15]

勒克莱尔（Le Clerc）只关注建筑的美学方面的"美、美感、优雅"（la beauté，le bon goût，et l'élégance）。[16]他拒绝和简单的建筑物发生关系，而只对那些"壮丽的、高贵的"（magnifiques，nobles et pompeux）东西感兴趣。[17]他认为佩罗的"相对主义美学"是不证自明的。只有效果才是最重要的；柱式是社会地位的符号；装饰和家具与建筑的正确与否毫无干系。勒克莱尔以轻蔑的口吻提到"美的绝对形式"；他只对由"美的感觉"所决定的"主观美"感兴趣。他在实际上对比例科学持否定的态度，并称："在几何学里，'比例'不是一种纯粹理性的关系，而仅仅是对部分地建立于建筑师的良好感觉之上的一种适应。"[18]而在佩罗那里，"比例"，是一种由传统和习惯所决定的"主观美"；而勒克莱尔则认为"比例"是一种主观鉴赏的产物，每一种柱式都适应于一个比例范围。[19]勒克莱尔设想了一种独立的法国柱式，这是用了一种由百合纹样（fleurs-de-lys）、棕榈叶和一只公鸡——象征法兰西——所组成的柱头，和以太阳为装饰主题的一条腰线，来暗示路易十四的辉煌。[20] 〔143〕

"美感"（bon goût）即"愉悦"（plaisir）；感官感受是"美"的判断标准。勒克莱尔强调了这两个概念的主观性；因此，"美感"成为基于个人鉴赏力的判断，而不再像以布隆代尔主持的建筑学会内部的讨论中所主张的那样，是关于"社会特权阶级的共识"。最好的鉴赏力产生最大的个人愉悦。只要允许，个人鉴赏力就是标准，愉悦即是美。

即使是在巴黎的建筑学会（The Académie d'Architecture in Paris），以及在罗马的法兰西学院（The Académie de France in Rome），都不能回避这一"颠覆性的"，但又十分普遍的思维模式。正如科尔贝（Colbert）所说，罗马的法兰西学院的那些元老们（pensionnaires），比如德戈丹（Desgodets），所一贯致力于的对古典建筑的研究，已经使法国建筑变得枝繁叶茂了。然而，此时出现了一位年轻建筑师吉勒－马里·奥珀诺（Gilles－Marie Oppenordt，1672－1742 年）。他在 1692 年至 1699 年也曾是罗马法兰西学院中的一员，他通过对于那些"最好的纪念性建筑"的诠释，而将罗马的巴洛克风格建筑也包括了进来，并且在学院负责人的同意下将其绘出。[21]学院还没有来得及开展他们的工作时，学生们却发现，关于美是什么的争辩已经开始了。奥珀诺对于博罗米尼（Borromini）的狂热在学院派人物的眼中不啻于谋反。因而，奥珀诺没有成为法国古典主义的代表人物，却成为了洛可可艺术的重要创始人之一。[22]

为了与既定的任务保持一致，建筑学会反复地陷入到理论争辩中来，其争辩的目的是要建立一套建筑教条方面的大全。1712 年的 5 月至 6 月间，曾经于 1672 年困扰过学会的"美感"问题又被重新提了出来。1712 年 5 月 30 日，对于这一术语的定义达成了如下共识："建筑'美感'（bon goût）的要素主要是：各部分之间存在着

---

*标题全称：Mémoires pour l'Histoire des Sciences et des Artes（Mémoires des Trévoux）《科学与艺术的历史备忘录》）。——译者注

显而易见的关系；容易被心灵感知；使心灵得到深刻的满足。"²³从这个定义可以明显看出，审美主体的重要性得到了强调，新的思维方式已经在学会内部得到认可。在学会接下来所进行的两个议题中，弗朗索瓦·布隆代尔的继承人德拉伊雷，以学会会长的身份，发表了关于"美感"的演讲，并认为用"美感"来检验建筑物，"在任何时候都是最恰如其分"的。²⁴审美鉴赏应当从属于功能。虽然他并没有像勒克莱尔一样全面地讨论这个主题，却是从功能而不是美学的全新角度清晰地诠释了这一概念。

在1734年，建筑学会号召将他们的论点汇聚在一起，并以一本书的形式出版。²⁵学会于1734年4月5日的讨论确定了四个基本概念："美感"（bon goût）；"布置"（ordonnance）；"比例"（proportion）；"得体"（convenance）。其定义分别是：

"美感"（bon goût），包括和谐，以及部分和整体之间的统一。富于"美感"的"和谐"有3个要素："布置"；"比例"；"得体"。

"布置"（ordonnance），即室内与室外各个部分的布置，它与建筑的规模和用途有关。

〔144〕 "比例"（proportion），指某种贯穿建筑的整体和局部、适应不同用途和位置的尺寸准绳，这一准绳几乎总是基于理想化了的自然之上的，自然的智慧促使我们去模仿它。

"得体"（convenance），则是屈从于已有的和已确定的用途。它提供了一种规则，使万物能够各得其所。²⁶

在这里"美感"似乎是最高等级的理论概念，几乎相当于阿尔伯蒂的"和谐"（concinnitas）。而"布置"、"比例"和"得体"则都是用途（usage）层面上的概念，亦即建筑的功能。但后者已经不在定义之列了。"用途"显然包括了任何层面上对于建筑所提出的要求：实用、舒适、时尚，等等。建筑的实用价值已成为了基本美学概念的前提。此时，建筑学会的这些定义也已经摆脱了标准意义上的建筑学教条。

1734年4月12日，仅仅在这些定义被批准之后的一周，热尔曼·博法尔（Germain Boffrand，1667–1754年）在建筑学会内发表了他的学术演讲《关于建筑中的"美感"》（*Dissertation sur ce qu'on appelle le bon goust en architecture*）²⁷，看来这场演讲是他1745年《建筑作品》（*Livre d'architecture*）一书的先声。²⁸博法尔是一位非常卓越的建筑师²⁹，自1709年，他成为建筑学会内"第一等级"的会员之一，而从1732年，他开始担任"土木工程总督"（Inspecteur général des Ponts et Chaussées）。他受过人文主义教育，还用法语和拉丁语（opus Gallicum et Latinum）发表过建筑学方面的论文。博法尔的《建筑作品》以《建筑的一般原则思考》（*réflexions sur les principes généraux de l'architecture*）作为序言³⁰，其中包括前面所谈到的关于"美感"的讨论，以及一些"从奥拉斯的诗歌艺术中得来的要点"（Principes tirés de l'art poétique d'Horace），另外还介绍了一些他自己的建筑和项目。博法尔有一种发人深省而不乏幽默的理论家文风，他涉及一切时下的热门话题。他认为，"美感"对于同时代的人，以及对于建筑学会而言，都是一个核心的概念。但是他反对把鉴赏力完全地主观化（chacun à son goût），他把这个概念定义为"一种模糊的定义"（a je ne sçais-quoi qui plaît as vague）。³¹博法尔把"美感"描述为"一种将完美从优秀中区分开来的能力"，是"智者"思索的结果。这个观点将他与学会在1672年所作出的定义的倾向联系在一起，而且，博法尔也将有关"美感"的定义与建筑的基本原则——这一点也与1734年4月5日学会所确定的基本原理，诸如"优美比例"、"得体"、"便利"、"安全"、"健康"、"好感"（belles proportions，convenance，commodité，sûreté，santé，bon sens）等——联系在了一起。在博法尔的观点中，建筑学的这些基本原理已经发展数个世纪之久，如果没有这些原理的形成，有关"美感"概念的提出是不可能的。由此，鉴赏力（taste）变成了一个与文明发展程度有关的概念。只有当建筑学的原则被熟练掌握时，"美感"才有可能存在³²，这样，又使得这一概念多了几分客观的因素。博法尔认为，"美感"并非建筑师或评论家的专利，它同时也是建筑本身的属性。因为即使没有那些建筑学原理的参与其中，房子也不会是"毫无美感"（réputé de bon goût）的。³³博法尔并不认为那些建筑的原则是永恒不变的，那是一些还会发展变化的原则。它们的原型存在于大自然中，并会随着反应与体验（réflexion and expérience）而向前发展。艺术使得大自然更加趋近于完美。教育和经验也会影响审美判断。

博法尔的观点也曾被弗朗索瓦·布隆代尔阐述为"建筑的发展取决于文明程度和气候条件"。他不相信古人所经历的途径是惟一的，他认为，法国的哥特式是由于"一些其他因素的激发，但也同样得益于大自然的恩惠"[34]，他还认为哥特式起源于法国丛林的范式。博法尔认为，古代希腊、古代罗马有着得天独厚的机遇来使艺术变得完美，这也就是其至善至美的原因所在。[35]　　　〔145〕

在科尔德穆瓦之后，"功能"的定义被反复地强调，连建筑学会也将其列为重点。博法尔也论及了它，只不过语气不是那么强硬。博法尔将建筑的必要原则描述为："当与整体发生关联的时候，任何一个局部都必须合乎比例，并且应该有着与其功能相适应的形式。"[36]

博法尔认为，美学概念的彻底个人化，导致了时尚的胜利（La mode le tyran du goût），却严重影响了艺术的完美。[37]时尚腐蚀了建筑的原则。[38]建筑学会有责任去引导这种原则以避开时尚的狂诞（folles nouveautés）引诱。他反对盲目的装饰，认为坚持原则将产生一种"高贵的单纯"（noble simplicité）。[39]博法尔的"高贵的单纯"（noble simplicité）和（德国）"新古典主义"的"高贵的单纯"（edle Einfachheit of Neo-classicism）是遥相呼应的。

另外一个似乎是由博法尔首先系统化地引入建筑学领域的概念是"个性"（caractère）。博法尔认为，每一座房屋从外部的结构到内部的陈设，都应该反映出建造者的"个性"。[40]前面提到过他的一次演讲，其主题是关于如何将奥拉斯的诗歌意象运用到建筑之中。在同一次演讲中，博法尔还提出每一座建筑都要表达出自身的功能："不同的建筑应该用它们自身的经营（布置）、它们的结构，以及它们的装饰方法，来向观察者宣告它们的意图。"[41]

一座房屋应该展示房主的"个性"和自身的功能。似乎建筑是有表情的，它会向观察者讲话。这一"个性"的概念，看起来几乎有些自相矛盾，却从18世纪一直流传到今天。由于它的叙述方式完全以主体为中心，似乎又有了心理学的意义；概念成为意识与表达之间的媒介，而不再属于美学的范畴。形式和"美感"仍然沿用美学的原则来评判，但是必须服从于功能。博法尔的"个性说"，为"革命性建筑"和所谓"建筑话语"（architecture parlante）作了概念上的准备。用于效果评判的美学原则起源于修辞学，部分显然是始于博法尔。他的这一思想对于18世纪建筑理论的影响越来越深刻。用视觉上的花言巧语实现了这一思想的，是博法尔和J·F·布隆代尔的学生部雷（Boullée）所始创的纪念碑式设计。博法尔本人的设计和规划，却是古典的帕拉第奥式风格。一个独特的作品是布谢法（Bouchefort）的猎人旅馆（1705年），业主是巴伐利亚人马克斯·埃马纽埃尔（Max Emmanuel）。[42]在这座建筑中大量运用了圆形的语汇，这可能启发了勒杜（Ledoux）有关肖镇（Chaux）的规划。（图版86）

自18世纪40年代始，一个倾向出现在法国的各个领域，这个倾向就是反对那种具有反古典主义趋向的洛可可风格。这似乎又回到了布隆代尔与佩罗之间的争辩之中。其中较重要的是天主教牧师伊夫·安德烈（Yves André，1675-1764年）[43]的《论美》（Essai sur le beau），他提出了一个以物质为前提的美学标准，假定了一种"本质美"（beau essential）和一种"自然美"（beau naturel），此二者不受个人判断的影响。在涉及建筑问题时，安德烈大体沿用了佩罗的观点。他区分了建筑的永恒性与多样性，这一点相当于佩罗的"客观美"与"主　　〔146〕观美"。前者包括"几何"、"对称"之类，后者则包括"比例"等。[44]

新的理论思考在查理-艾蒂安·布里瑟（Charles-Étienne Briseux，1660-1754年）的文章中体现得最明显。终其漫长的一生，他完成了从一位洛可可建筑师到新古典主义传教士的转变。他的建筑实践不如他的建筑理论出名。[45]1728年，他出版了一部两卷本的著作，讨论了住宅的设计与技术问题，书名明示其大有取代100年前（1623年）的皮埃尔·勒米埃（Pierre Le Muet）之意。[46]布里瑟在这部论著中的核心概念，就是要为私人住宅建设者服务。他的每一个设计都有给定的基地条件。布里瑟试图借此展示，如何将"适用"和"美感"与给定的建筑规范和基地条件结合在一起（图版87）。这部著作分成5个部分，首先讨论结构问题，以及材料的特性。论著的主体讲述了59种"布置"，有142幅图解。布里瑟的工程仅限于巴黎人的郊区住宅，这些住宅最小的也有好几层。布里瑟为每一座房子设计了底层平面，上层平面则大同小异。他为社会各阶层的人设计，也设计商住两用的房子。他的设计是极端功能化的，每个房间的用途都用文字简要标出。装饰非常节制。[47]在接下来的部分，布里瑟介绍了几何测量，即如何在建造工地上进行测量，然后最重要的是——当时巴黎的住宅规范（building regulations）。布里瑟这部鲜为人知的处女作是研究18世纪巴黎住宅建筑的重要文献。

1743年，出版了一本18世纪上半叶流行建筑样式的参考图集，《别墅》（maisons de plaisance）。[48]面对虚构的业主，布里瑟把自己称为"业余艺术家"，他的插图旨在激发读者的想像力。布里瑟的设计充满了洛可可的自由风格。在文字注释中，没有包含任何关乎建筑理论的内容，但是从大部分的段落中可以明显地看出两年前安德烈所著的《论美》(*Essai sur le beau*)对他的影响。布里瑟认为古典建筑的魅力源自立面的局部装饰与整体之间的相互协调："这样的装饰将产生一种天然的美，它因纯洁而高贵，它仅用自身的匀称来愉悦人的眼睛。"他还说，装饰"成在得宜而毁于杂乱"。[49]布里瑟在卷首用了一幅没有注释的插画，题为"建筑的圣殿"(Temple de l'Architecture)（图版88），画的是一座人形的建筑，以智慧和技术及工艺之女神密涅瓦(Minerva-like)的姿势端坐在洛可可建筑破碎的山墙中间。在著作的最后，布里瑟提供了几种镶板、铺装、拱心石(agrafes)和栏杆的样式。这些样式很快就遭到了猛烈的攻击。

[147] 布里瑟最后的著作出版于1752年，时年92岁[50]，这本书显示出他又回到了标准的古典主义。该书名为《论艺术美的本质》(*Traité du Beau Essentiel dans les arts*)，在书中他已经开始反对安德烈神父(Père André)，虽然布里瑟当时并没有追随后者支持佩罗的立场。随后布里瑟转向了布隆代尔与佩罗之间的争辩，他试图驳倒佩罗，所用的方法和布隆代尔似乎如出一辙。他认为，美的主要前提是"比例"；虽然他知道关于建筑比例的法则还没有出现，但他仍然假想预先存在着一个固定的比例系统，他说："永不变更的'比例'确实难以找到，但是所有的设计者都坚信必须遵循它们"。[51] 布里瑟认为佩罗应为法国建筑的衰落而受到谴责，在布隆代尔去世后，即使是建筑学会也不再"传授建筑的基本原则"。[52]

美的法则从自然中来，大自然规定了音乐和建筑的和谐比例。文艺复兴的理论家认为，"比例"是大自然的法则，是"赋予万物愉悦或不悦的普遍的法则；它是灵魂，是所有感觉的法官，它以始终如一的方式容纳形形色色的感觉……"[53]

布里瑟的出发点是，不同比例所产生的不同效果，不会因人而异。对于"比例"而言，不存在类似"主观美"的个人鉴赏力。对于有着明显不同个人鉴赏力的东西，布里瑟则解释为，人与自然的接近程度是不同的，因为他们的生理状况和学识各不相同。但是"感觉"……从本质上讲，"每个人都是一样的"。[54] 布里瑟在谈到启蒙主义的精髓时，用了认识论和生理学的方法；他的每个结论都由科学推理获得。所以他后来被称为"生理学美学家"。[55] 他在从事理性主义美学研究之外，还研究建筑通过场景而被人认知的现象和机理。他嘲笑那些"没有目标、追随感觉"的无知行为。[56]他认为，知识使人得以对美追本溯源，甚至探求其中深意。人们可能会喜欢布隆代尔的圣丹尼斯教堂门廊(Porte Saint-denis)，但是要理解它则必须去读他写在书里的说明。[57]

因此，在布里瑟看来，建筑理论是一种提高觉悟与教育民众的手段。感官体验是不够的，还要用心去证明和辩论。而二者都会产生愉悦(plaisir)："如果意识没有受到引导，它就会满足于感官的愉悦；但如若它领会了其中规则，同样可以从验证与讨论中获得愉悦之感。"[58]

布里瑟不可思议地融合了老布隆代尔和18世纪中叶的新古典主义，甚至还有几年前博法尔所提出的"个性说"。这一点看似偶然。但若将他较早所引述之话，与后来提出的立面装饰法则加以对比，则令人颇觉有趣："用来装饰立面的东西，既要符合其'特质'，还应当是有用而必要之物，应当对其所在的位置有所增益……"[59]

但另一方面，这本书页边的装饰与插图，虽然避免了不匀称的形式，却仍然以洛可可的语汇为主。该书以帕拉第奥、斯卡莫齐、布隆代尔和他自己一些装饰非常节制的设计为范本。在关于柱式的叙述中，他仍旧追随维尼奥拉、帕拉第奥和斯卡莫齐。书的末尾还有一张图，画的是纯正洛可可风格的镶板和栏杆。布里瑟是一个

[148] 过渡人物：作为一个设计师，他在很大程度上属于18世纪上半叶的风格语汇；作为理论家，他是新古典主义的先锋人物。

在建筑理论界更有影响力的是雅克-弗朗索瓦·布隆代尔(Jacques-François Blondel，1705-1774年)，也就是小布隆代尔。[60]这位小布隆代尔出生于建筑世家。他的家庭是否与老弗朗索瓦·布隆代尔有关系，目前还不太清楚。布隆代尔为人所知的实施建筑很少，他的主要贡献是作为教师的成就。1743年，他不顾建筑学会的反对，建立了一所私立建筑学校，虽然这所学校在教学上相当成功，却没有盈利性。部雷、勒杜和德瓦伊都出自这所学校。1755年，小布隆代尔成为一名学会会员，1762年成为建筑学教授，踏上了老布隆代尔所走过的路。

雅克-弗朗索瓦·布隆代尔留下了一份相当大的文化遗产。[61] 在布里瑟的著作发表的几年前，他曾出版过一

部有关别墅的两卷本著作《别墅》(*maisons de plaisance*)。[62] 这本书和布里瑟水平相当。布隆代尔提倡室内和室外建立密切的联系："外部装饰是建筑内部的体现"[63] 这一观点与博法尔多少有点像，虽然后者几年后才付诸文字。布隆代尔有意从外行客户的角度讨论"时代风格"的建筑。[64] 尽管他至少仍然算得上是一位洛可可风格的代表人物，却因为客户追赶时髦而大为抱怨，还指责其导致了装饰的混乱。他认为应该有一个"标准配置"(ordonnance générale)。[65] 这部书的主要效果应归于图版。第一卷是关于独立花园住宅的设计，而第二卷则主要讲室内装饰问题。

1752年，布隆代尔开始出版多年来为马里耶特(Mariette)工作时所做的巴黎城内以及周围的大量建筑作品，他为这些本来互不相干的图片作注脚。这部书的最初计划是8卷，但后来只印了4卷。[66] 1771年，布隆代尔开始出版他于1750年以后的校园演讲。这部书有文字6卷、图版3卷，直到他死后才由皮埃尔·帕特(Pierre Patte)代为完成。[67] 最后两卷主要归功于帕特，偏向于建筑技术方面。这部书名为《建筑学教程》(*Cours d'architecture*)，书名是取自老布隆代尔的，这是一部18世纪建筑教育方面最为通行而全面的著作，也是那个时代最长的建筑学著作。

在书中，布隆代尔化名为某出版商(M.R.)，并为书中的错误和重复而道歉。[68] 他宣称，这个时代没有一部包罗万象的通俗性建筑读物，但《建筑学教程》可以填补这一空白。除此之外，他还期待着这本书会在法国的各个省份产生效果，因为这些地方正要建立建筑学方面的学校[69]，而且，有些地方已经建立了起来，并且是以他本人在巴黎所建的学校为标准的。[70]

布隆代尔的冗长前言以建筑简史作为开端，然后是关于"建筑功能"(utilité de l'architecture)的思考。书中的基本观点体现了布隆代尔的建筑教育体系对早期建筑理论的继承。和布里瑟一样，布隆代尔认为"比例学"在建筑学中是必要的；而且，虽然没有提到佩罗，他同样也把那些将比例视为主观之物的人称为"浅薄的人"(superficial men)。[71] 和老布隆代尔一样，他认为建筑的比例源于自然。而当他分析建筑比例和形式时，却又回到了文艺复兴的"神人同形同性论"(anthropomorphically)。他显然对弗朗切斯科·迪·乔其奥(Francesco di Giorgio)的理论非常熟悉(图版19)；这在关于帕拉第奥、斯卡莫齐和维尼奥拉的塔斯干柱式之比较中清楚地体现了出来。[72] 他在这些图像中加入了一个人体轮廓，以衡量这些建筑外轮廓和内部结构之间的联系，在他的比较中，维尼奥拉获得了最高的评价(图版89)。弗朗切斯科·迪·乔其奥也曾对柱头的形式作过类似的分析。[73]

〔149〕

然而，我们不能只看到布隆代尔对早期建筑理论的继承。在他教学中的核心和主题，已经体现出介于洛可可和古典主义之间立场的特征。

布隆代尔继承并发扬了博法尔的"个性说"。布隆代尔认为，"个性"表达了建筑的主要功能，他列出了一张大表，将"个性"和建筑对号入座：庙宇对应"端庄"(décence)，公共建筑对应"庄严"(grandeur)，纪念碑对应"壮丽"(somptuosité)，而散步小径(promenade)则和"优雅"(élegance)相关，如此等等。[74] 每一个建筑类型都有专门的"个性"。最高层次的"个性"是"崇高"(sublimité)，它属于巴西利卡、公共建筑，以及伟人的陵墓。[75] 布隆代尔认为，装饰的使用不是一件随意的事情，这必须由建筑的功能来决定。此外，"个性"还为布隆代尔带来了另外一个超越建筑的概念："风格"(style)。"个性"产生风格。"个性"是功能的体现，而它的效果即是风格。"个性"是"原生的"、"简单的"、"正确的"(naïf, simple, vrai)；而风格是"庄严的"、"高贵的"、"优雅的"(sublime, noble, élevé)。[76] 布隆代尔反对随意装饰，追求"因单纯而伟丽"(grand goût de la belle simplicaté)，[77] 这后来成为新古典主义的核心口号之一。布隆代尔相信建筑中有一种"真实的"风格存在。

真实的建筑以一种得体的风格贯穿上下，它显得单纯、明确、各得其所；只有必须装饰的地方才有装饰。[78]

布隆代尔知道，不同的民族和文化背景也会导致不同的风格，但是基于"真实风格"(vrai style)，这种多样化没有多少自主性：

古埃及建筑，其震撼力甚于美感；古希腊建筑则是匀称甚于精巧；古罗马建筑引人赞叹更引人深思；哥特建筑则是坚实甚于满足；而我们的法国建筑，大概是矫揉造作多于真趣。[79]

布隆代尔这段话标志着具有现代意义的风格概念开始进入了建筑理论领域之中。

布隆代尔所提倡的"真实建筑"受到了普遍的欢迎。这应该归功于"美"的培养。布隆代尔假想了一种先天的鉴赏力（goût naturel）和一种后天的鉴赏力（goût acquis）[80]，还区分了"主动美"（goût actif）和"被动美"（goût passif）。可变的、后天形成的鉴赏力，取决于对艺术规则的了解，以及对名作的比较学习。[81]完美的鉴赏力，则必须通过对自然和宇宙的观察才能获得。只有二者兼备，才能达到"真实风格"（vrai style）。布隆代尔和博法尔一样，认为在建筑领域，鉴赏力拒绝时尚。在帕特为布隆代尔续写的部分里，分别讲到以 17 世纪的巴洛克[150]风格为代表的"古典美"（goût antique）和以洛可可为代表的"现代美"（goût moderne），他本人赞成"现代的"装饰风格。[82]布隆代尔回顾了文艺复兴思想和法国的巴洛克古典主义，提出一个由"个性"和"真实风格"所界定的新风格，由此，布隆代尔是在古老的维特鲁威的建筑理论和"革命性建筑"之间的更重要的具有承上启下意义的人物。他的学生部分地继承了他的建筑类型学，例如在"为华丽而造的纪念碑"一类中，他举出了凯旋门、皇帝广场的纪念碑、方尖碑，以及剧场。[83]他做了一系列有关柱式的讲演，基本上是以维尼奥拉的观点为基础的，这些演讲在特点上更倾向于学术性方面。他的《建筑学教程》一书中的大部分图解也同样有着细微与平实的特色。

作为一个优秀的教育家，布隆代尔很早就认识到，教学需要一个大纲式的读物。早在 1754 年，他就出版了一本八开本的教学大纲，"目的是让学生必修的课业变得更加方便"。[84]在此，布隆代尔讲述了他最近 10 年为实用建筑理论的深化与传播所作出的努力，同时他还略带讽刺地提出了他建筑理论中的核心概念，并在脚注中进行了阐释。这些定义在学生当中应当是深入人心的。这些阐释包括：比例"是建筑中最有趣的部分"[85]；装饰"一般来说是寓意性的、象征性的，或是主观性的"[86]；对称是"重要建筑必须遵循的原则"[87]，诸如此类。18 世纪上半叶，布隆代尔在一次对功能主义者的攻击中，针对"自发美学"（autonomous aesthetic）提出，建筑装饰与建筑是否"适用"（commodité）、"坚固"（solidité）毫无关系。[88]深厚的建筑史功底和坚实的理论史基础，构成了布隆代尔的建筑实践。[89]因此，他编纂的"学习指南"中包括了一个"批判性的"建筑理论书目。[90]他还为狄德罗（Diderot）和达兰贝尔（d'Alembert）的法国大百科全书撰写过一些建筑学的重要条目。[91]

皮埃尔·帕特（Pierre Patte，1723－1812 年）是布隆代尔最忠诚的弟子[92]，他完成了布隆代尔未能完成的《建筑学教程》一书。帕特的著作很多[93]，大体思路和博法尔、布隆代尔相同，仅在城镇规划方面有一些独到之见。而他却将这些见解隐藏在一个匪夷所思的角落——《辉煌的路易十五时期的法兰西纪念性建筑》（*Monuments érigés en France la gloire de Louis* XV）的研究中。[94]这篇文章先是举例证明 18 世纪中叶对于"纪念性建筑"的空前兴趣。开始时帕特先对自古以来伟大人物的纪念性建筑的历史进行了广泛的考察[95]；结尾则详细地记录了一个位于巴黎的包含一座路易十五的纪念碑的广场的设计竞赛。[96]帕特把所有的参赛作品排放在巴黎的街道地图上，这表现出他对城市肌理设计的兴趣（图版 90）。其中一些由建筑所环绕着，并设置有中央纪念碑的节点（ronds－points）[例如保拉特（Polard）的参赛作品]，可能启发了勒杜的肖镇规划（图版 91）。纪念性建筑的重要性，以及它们对城市特色的决定性影响，似乎预示着革命性建筑师的来临，他们的那些纪念性建筑，虽[151]然具有不同的内容，却是建筑竞赛中最高等级的建筑。帕特的巴黎地图将许多竞赛方案整合在一起，这说明他是以巴黎为例，在城市发展方面表达了自己的观点——在他这样做的时候，洛吉耶的一些有关城市问题的观点给他以鼓舞。[97]帕特认识到，一个高效的城市应该以便利为目的。但是他拒绝任何形式的几何格网：

> 一座美丽的城市不必像日本或中国的城市那样，以一种冷峻的对称进行分划，也不必将房屋排列成规整的方形或平行四边形……。[98]

帕特反对"规划总体的单调和过分统一"[99]，认为一个城市的不同部分应该各不相同，而不要彼此相仿。不应该让观光者一眼看穿这个城市，而应该使他不断地因其奇诡多样而兴奋。帕特的文字，有时候读起来像是 1922 年勒·柯布西耶的"当代城市"（Ville Contemporaine）中的预言式批判，或者像是他为巴黎所作的"邻里规划"（Plan Voisin）。

帕特对城市的发展提出了很多构想[100]——这一建筑角度的关怀是史无前例的——但他却为当时的建筑状况而自豪，并引以为模范："对古代建筑的真正欣赏从来没有像现在这样普遍过……如今普通人的住宅也装饰得很高贵，这在过去的宫殿中都很少见。"[101]

帕特在 1769 年的《回忆录》（*Mémoires*）中重申了他的城市理念。他关于村镇设计的理论是以气候、地理为基础的，清洁和交通的要求构成了他建筑哲学的前提。[102]虽然，帕特也提到了规则的都市布局，例如六边形和八边形，但他没有把这些规则图形作为依据。[103]他的观点中广泛地涉及了地理学与历史学方面的知识；由此，他甚至声称他对于近东店铺的兴趣，超过了他对于欧洲集市的兴趣。[104]

帕特的美学观点介乎于那些希腊美学（goût grec）的直接了当的实践者与具有革命性的建筑师之间：他主张，私人住宅应该崇尚简洁而摒弃柱式；他还认为"华丽"，"只能属于君主、王子和大臣的住宅"。[105]他引帕拉第奥、维尼奥拉和斯卡莫齐为典范，认为"比例"是建筑中最重要的部分。[106]在一次关于街道风貌的争论中，他认为交通、安全和清洁应该予以同等的重视。[107]

在建筑材料和基础方面，帕特介绍了一些独特的构造作法，这使他的论著有一点像是现代的教科书的样子。其中，还有一个很长的章节，题为"写给年轻建筑师的导言"。书中还有卢浮宫柱廊等大量历史建筑的结构分析。

帕特和他的老师布隆代尔一样，是洛可可和新古典主义之间的重要过渡人物。

1764 年，查理－安东尼·容巴尔（Charles－Antoine Jombert）出版的《现代建筑或艺术对于完美的建造》（Architecture moderne ou l'art de bien batir），试图运用布里瑟和布隆代尔在《别墅》（*maisons de plaisance*）方面的成果。[108]容巴尔的论文主要包括他父亲于 1726 年收集，1728 年出版的建筑师蒂耶瑟莱（Tiercelet）的村镇规划和乡村住宅设计。这些设计可以同 100 年前皮埃尔·勒米埃的作品相比。然而容巴尔把这本书写成了一部以巴黎为背景，带有一些实例的一般性建筑著作。〔152〕

自 18 世纪中叶以后，便再也找不出一个标准划一的建筑理论，只有不同倾向甚至矛盾观点的彼此共存。相同之处在于大家共有的启蒙主义观点，以及反洛可可的立场。有一个叫做"卢梭主义者"（Rousseauist）的学派，除了重新定义古典风格的标准，还想从理性的、可用语言表达的建筑形式中找出普适的原则。1750 年，卢梭（Jean－Jacques Rousseau）在第戎学院（Dijon Academy）的有奖征文中，以《论科学和艺术》（*Discours sur les sciences et les arts*）一文获得大奖，这篇文章为人类构想了一个原始而自然的福地。在建筑理论方面贡献最大的卢梭主义者当数马克－安东尼·洛吉耶修士（Marc－Antoine Laugier，1713－1769 年）。洛吉耶是一个有教养、多才多艺的学者，有着丰富的履历：他早年是一个耶稣会士和一个有些激进但很成功的皇家传教士，后来成为了圣本笃教团的僧侣，他还是《法国公报》（*Gazette de France*）的出版商，同时又是历史学家和外交官。[109]作为一个建筑理论家，他和他的榜样科尔德穆瓦一样，是一个行外人士。在他五花八门的文稿中[110]，关于建筑的有《论建筑》（*Essai sur l'architecture*），该文匿名出版于 1753 年，1756 年更名为《建筑观察》（*Observations sur l'architecture*）。[111]

在《论建筑》中，洛吉耶陈述了他的基本建筑观。他宣称，在柱式和比例方面，现有研究已经足够了；而且这些都是对古人的机械模仿，并没有比维特鲁威的体系更进一步[112]——但科尔德穆瓦是个例外。《论建筑》第一版的评论认为，洛吉耶有抄袭科尔德穆瓦之嫌[113]，他在 1765 年的第二版中回驳了这一怀疑。像安德烈神父和布里瑟一样，洛吉耶坚信存在一种绝对的、"本质的"美，它与惯例和习俗无关。他认为这种肇始一切规则的美，只能在大自然中找到，但是，在洛吉耶的理论里，建筑的原则似乎又是"偶然的原则"（règles au hazard）。[114]建筑的意图只是自然历程的效法。正如卢梭设想的原始福地，洛吉耶将一座原始的棚屋定为建筑所有可能形式的起源（图版 92）。[115]关于原始棚屋的想法，自维特鲁威以后就存在，但是直到洛吉耶，才革命性地把它看作是建筑的开端。[116]洛吉耶认为，原始棚屋的另一个成就，是成为所有建筑的尺度和标准。柱、楣、山墙似乎都起源于原始棚屋。洛吉耶以戏剧的方式描述原始棚屋的产生："有一个人要盖房子"（Évoilà l'homme logé）。[117]他将其建筑要素归纳为自然的、理性的、功能化的元素。墙仅仅是一种"特许"（licence），而不再是建筑的要素。壁柱是一种柱的虚假仿制品，建筑的"私生子"；柱廊是绝对禁止的。洛吉耶认为，最初的棚屋体现了所有的结构逻辑。因此，他继续从早期建筑理论中抽取独立的概念，那些在建造和结构中扮演决定性角色的部分。他认为柱式并不局限于是五种，它不是装饰，而是建筑的要素。[118]这样，在推翻结构装饰二分法的

〔153〕 同时，他得以将柱式纳入自己的结构逻辑。"比例"不仅与柱式有关，也决定于建筑的整体结构，甚至内部划分，以及根据建筑的"个性"特征所进行的柱式选择。[119]洛吉耶认为，"比例"的决定是一个哲学问题，而非建筑问题。[120]比例的一个重要目的，是证实真实世界的可比性。洛吉耶吸收了"个性说"，他在关于"法兰西柱式"的建议中提出，这样一种柱式必须符合整个欧洲范围内法兰西建筑的个性："它将赋予这个国家以最高雅的智慧和最光辉的道德，我们必须使法兰西柱式成为最光辉的柱式。"[121]

洛吉耶用自己的概念来衡量一切建筑，很少顾及他人是如何思考的。他一方面减少建筑元素以建立结构逻辑，在教堂建筑方面，他却回到了文艺复兴的思维方式，认为任何几何图形都适用于平面[122]，而不管是否符合原始棚屋的原则。他痴迷于将教堂平面设计成等边三角形的想法。他还把几何形的设计手法引入了永久性建筑，例如建议医院设计成圣安德鲁(St Andrew)的十字形。[123]对几何平面的选择不是随意的：它必须有充分"理由"(raisonnable)，并与建筑的"个性"(caractère)相符。但是洛吉耶并没有解释"个性"和几何形有什么关系。作为一个行外人士的冥想，他没有作出任何易懂的图示。

"个性说"显然是从博法尔那里来；被看作自然法则的结构逻辑，和建筑的真实性联系在了一起；"建筑真实"(architecture vraie)和"罪恶"之类的词条同属道德范畴；建筑成为了一个伦理问题。这表明洛吉耶的思想和卢梭相似。洛吉耶的观点，即建筑的真实性来自结构逻辑，提出了一个功能主义的新概念，这个概念取代了本世纪初对功能(usage)的定义（实用性功能）。于是，洛吉耶成为了19世纪和20世纪功能主义论辩的肇始人。[124] 那个时期出现了很多相似的思想，其中最成系统的，是圣芳济各会(Franciscan)的修道士卡洛·洛多利(Carlo Lodoli)。

洛吉耶发现，"自然法则"在英国景观园林中得到了实现，他的村镇规划思想受到当时自然观的启发：城市，作为一个公园、一座森林，既是和谐而丰富的，又是混乱(confusion)而繁琐的(tumulte dans l'ensemble)。[125]洛吉耶可能是第一个对于巴黎规划提出批判的人。

洛吉耶拒绝法国的古典主义，但是他对哥特式风格却怀有极大的热情，当然，他并不赞成它的装饰，他部分地实现了他的建筑观。他欣赏哥特建筑的光线处理、景观变化等特色。在他对斯特拉斯堡大教堂(Strasbourg Cathedral)的描写中，他甚至宣称，"这个建筑单体中体现的艺术和天才，比一切我们自己的奇迹还要多。"[126]

〔154〕 由于卢梭主义的背景，洛吉耶的《论建筑》写得华美而清澈，很快赢得了大批的读者。布隆代尔在该书出版仅一年后就向他的学生推荐，虽然在二十年后，它因为过时而被剔除。[127]在出版的两年后(1755年)出现了英译本，1756年出现了德文本。歌德父亲的书房里藏有一套1758年的版本，还收藏了一套1765年出版的《观察》。[128] 毫无疑问，歌德关于斯特拉斯堡大教堂的描述(1772年)受了洛吉耶的影响，虽然他提到洛吉耶时，以轻蔑的口吻称之为"一位新派的法国哲学专家"，还说他是"创造了让四根柱子落地、用四根棍子穿起来并盖上树枝和苔藓的第一人。"[129]但歌德即使在他的意大利旅行中也不能完全摆脱洛吉耶的思想，他责备帕拉第奥使用预制的柱子，并将其置于真与假的道德评判之中。[130]

洛吉耶的这本富有影响力却没有插图的小书需要一个特殊的位置。它标志着18世纪中叶，有关建筑的纯粹感性描写的流行。在这个世纪的后半段，图解变成了规范，特别是对于"革命建筑"而言。[131]让-洛朗·勒热(Jean-Laurent Legeay，约1710年代后期-1786年)的雕版画，及其对皮拉内西(Piranesi)和革命建筑师的影响，无疑是过誉了。[132]但是勒热的作品的确证明了一个建筑现象：建筑师对建筑的效果有着决定性的影响，而建筑本身是第二位的。如果勒热确实碰巧在布隆代尔的建筑学校教书[133]，我想他一定和革命建筑师有着直接的往来。

年轻的马里-约瑟·佩尔(Marie-Joseph Peyre，1730-1785年)[134]，是布隆代尔建筑学校的学生，可能也受过勒热的影响。他曾于1751年获得建筑学会(Académie d'architecture)的最高奖金(grand prix)，在1753年获得了一笔去罗马的旅行奖学金。比他高两辈的奥珀诺认为，罗马最好的纪念建筑是巴洛克式的，然而佩尔几乎完全被罗马帝国时期的建筑所吸引。他认为，古代罗马时期再次成为了典范：他发现这里有美丽的装饰(belle ordonnance)和良好的布置(distribution)，这曾经被法国人看作是自己对于建筑理论的伟大贡献的概念，早已在古代罗马得以实现。

佩尔罗马之旅的成果出版于1765年，是一个名为《建筑全集》(Oeuvres d'architecture)的大型图册，1795年，被他的儿子收为他的遗稿的一卷。[135]佩尔还展示了他在他作为样板的罗马古建筑附近设计构思的作品。他与同事莫罗(Moreau)和德瓦伊(De Wailly)[136]一起测绘了戴克里先(Diocletian)浴场和卡拉卡拉(Caracalla)浴场，但是，在出版的时候，他却为这两座建筑做了一个完全对称，没有尺度与比例的复原设计。[137]和德戈丹不同，佩尔对真实尺度或个人化的建筑元素不感兴趣，他热衷于对称。他认为自己的作品是罗马传统的一部分："我试图在这一作品中模仿那些榜样，那些由罗马皇帝们所建造的惊世之作。"[138]他相信对于罗马建筑的模仿是无止境的。皇家浴场和哈德良宫"给我们提供了优秀的范本，迄今无人能够成功地模仿。"[139]

[155]

佩尔在一个包括"学院以及所有教育设施"的单体设计中[140]，体现了罗马浴场的完美对称，同时又试图通过一种结构技术的组合来超越古代(图版93、94)。这种带有说教意味的风格与乌托邦特征的建筑，是以勒杜为代表的革命建筑的先声。这座建筑内层的房屋用来探讨学术，外围的房屋则用于娱乐、健身和运动。

佩尔认为，罗马建筑在其平面配置上也是完美的。他认为罗马建筑在这方面作出了一个无可挑剔的榜样；人们需要做的仅仅是使古建筑适应于现代的用途(de les adapter à nos usages)。[141]佩尔认为，亡灵礼拜堂应该以罗马皇帝凯基利阿·梅泰拉(Caecilia Metella)的陵墓为范本，从而"以我们自己的方式"(selon nos usages)建造"伟人的纪念碑"。[142]

1753年，他设计了一座由主教空间和教士空间两部分组成的大教堂——完全是罗马圣卢卡学院(Accademia di San Luca)克莱门蒂诺广场(Concorso Clementino)的翻版(图版95)，佩尔仿照古代神庙，并借用伯尔尼尼(Bernini)的圣彼得大教堂的柱廊以界定一个"圣域"(temenos)。[143]在借鉴古罗马传统时，佩尔事实上调整了伯尔尼尼的外形元素。佩尔这个惊人的纪念性设计与和谐的整体性，不管是从背面还是从正面看整个项目，只有当它与广场(concorso)上别的部分的设计相比较的时候才能得以被欣赏。[144]

佩尔设计的"皇宫"，有柱廊和剧场，甚至还有一个凯旋门。[145]这是一个由罗马浴场构成的超级"凡尔赛"(super-Versailles)。

佩尔认为，对古典的模仿必须基于"个性说"，这个概念是他在小布隆代尔的演讲中学到的。建筑的"个性"引起直接的联想和情绪的感染；它可以表现"恐怖、可畏、可敬、温柔、宁静"等等。[146]某些建筑形式会由于其"个性"而成为特定功能的象征。佩尔通过大量图形上的精心构思而不是通过其建筑实践，而将"个性"引入了心理学的领域。尺度问题及建造的可行性则变得不再重要。在佩尔的设计中，纪念性和令人敬畏的外观，的确是富有感染力的；他超越了古典的尝试而接近于革命建筑师。佩尔的建筑语言受到一种严格的古典主义教条所限，但是他的某些设计中却表现出了一种朴素化、平面化的处理，这预示着勒杜的出现。[147]

佩尔并不打算让他的作品成为传达任何"建筑原理"的工具[148]；然而他的图像作品却成为了"革命建筑师"的主要依据。

布隆代尔的另一个学生，让-弗朗索瓦·德·纳弗格(Jean-François de Neufforge)，出版了一部十卷本的作品集，《建筑要素集成》(*Recueil élémentaire d'architecture*，1757-1780年)。这部书有900张左右的图版，是一个包含有几乎每一种结构的纲要性文字；也在适当的位置从有关形式的观点上，预示了后来勒杜作品的问世。[149]《集成》是一部详细覆盖了一切建筑相关领域的手册类书籍，涵盖了从园林设计到室内装饰等各方面的内容，有时候还对一个设计提出了两个备选方案。虽然纳弗格的设计中充斥着古怪的金字塔、方尖碑和奇怪的平面，却不像佩尔的著作那样引人入胜。

[156]

在大革命之前的9年，有一份以人对建筑的感觉为对象，题为《我们感觉中的建筑与艺术杰作》(*Le génie de l'architecture ou l'analogie de cet art avec nos sensations*)的研究报告变得十分重要，作者是建筑师尼古拉·勒加缪·德梅齐埃(Nicolas Le Camus de Mézières)。[150]勒加缪重拾勒克莱尔、博法尔和佩尔等人的主题，从效果层面研究了建筑理论的基本概念。他假定比例会直接影响人们的感受；存在一种"内心的倾向"[151]；他以巴洛克关于内心倾向的说教为基础，以勒布兰(Le Brun)的教条为直接依据[152]，后者曾提出表情的机械论，认为情感可以用科学手段依据面部表情而精确度量。勒加缪把这种机械论搬到了建筑领域，他提出了"万物都有个性"的观点[153]，把"个性论"引向了客观主义。建筑的"个性"由业主的个性和自身的功能所决定，对每一个观者都会产生同样的效果——这让人想起布里瑟。勒加缪进一步将机械论拓展到色彩和声音的领域，他将比例、音乐以及色彩的和谐进行了通感式的类比——这是18世纪晚期艺术理论界最流行的方法之一。勒加缪参照了老布隆代尔曾用过的乌夫拉尔(Ouvrard)的理论，以及卡斯特尔(Jesuit Père Castel)的"颜色表"(colour keyboard)。[154]

　　勒加缪使用了比例的概念，但并不与算术和几何联系在一起，而是用来描述建筑实体的和谐。他说，比例是由建筑的"个性"所决定的，并且直接源自于大自然。[155]这样，就使"个性"的说法又倾向于回到自然的状态，这一点对于革命建筑师的思想来说，是一个关键性的前提。例如，勒加缪描述的"庄严性"（caractère majestueux）和"恐怖性"（genre terrible），可能就受到了埃德蒙·博克（Edmund Burke）"崇高"（Sublime，1757 年）概念的影响，他对于"恐怖性"的定义已经有了部雷思想的影子："恐惧是庄严与力量的结合。源于自然景色的恐惧和源于戏剧场景的恐惧是相似的。"[156]一种陈腐与怀旧的柱式理论在勒加缪处理与"个性"相关联的问题的时候浮现了出来，这一点尤其表现在他主张将多立克柱式作为"威武型"（genre martial）柱式之时。[157]

　　《法兰西柱式从自然中受到的启示》（*L'Ordre François trouvé dans la nature*，1783 年），著者是里巴·德·沙穆（Ribart de Chamoust），这是一部迟到的著作，不能不说是时代的错误。[158]正如洛吉耶通过"棚屋"的研究发现大自然永恒的功能体系，德·沙穆观察了大自然中枝叶缠绕的三棵树，并从它们看出了法兰西柱式，这一研究从 16 世纪就开始了（图版 96）。他有一张分析图，画了三棵树和三女神，亦即高卢三女神。[159]这种法兰西柱式是为公共建筑和特别伟丽的私宅准备的，它最终达到"神圣的智慧"（Divine Wisdom）[160]，这部书在智慧神庙（Temple of Holy Wisdom）的设计中达到高潮。这是一个集中式构图的八角形设计，墙墩由三个柱子组合而成，灵感源自佩罗在卢浮宫的拱廊中设计的双柱。

〔157〕

　　让－路易·维耶尔·德圣－莫（Jean-Louis Viel de Saint-Maux）所著的《古今建筑书简》（*Lettres sur l'architecture des anciens et celle des modernes*），代表了与以前的建筑理论的一个突变。[161]作者通过一系列的信札探讨了一个简单而原始的命题，即古代建筑是从宗教仪式，从与耕种、收获有关的土地方面的思考，从与季节、宇宙等方面的相互关联中发展演变而来的。维耶尔·德圣－莫还说，建筑中与礼拜仪式有关的原始信息已经被人们丢失了。他认为，古代人的建筑语汇是象征性的，体现了自然的伟力与创世主的品质[162]，与农业社会有关的象征性是直率的。维耶尔·德圣－莫拒绝接受维特鲁威以后的所有建筑理论，认为它们是失常的。他的语言是挑衅的，有时像咒语一般。他认为维特鲁威的著作"不可理喻，只适用于鲁滨逊的小岛。"[163]农业产生了建筑模式，更孕育了原始农民建筑的共性。古典时期的神庙，看起来就像是由整块的巨石雕凿而成的，是按照行星、月份和昼夜的数量计算建造的，以其特有的方式表达出太阳运行的规律[164]；成熟发展了的神庙则成为了天空的复制品。[165]柱头被看作是"大自然与人的天才所造成的"的东西。[166]建筑成为了"多产的赞美诗"（poem to fecundity）与"神学的结构"。[167]献祭的神坛、芬芳的植物和香料，统统被带进了建筑的象征性之中。[168]维耶尔·德圣——莫希望在有生之年对这一象征性语言作出回答。这种浪漫的理想主义在某些方面迎合了当时流行的"个性说"，维耶尔·德圣－莫因此跻身于革命建筑学最重要的先驱者之一。

　　查理－弗朗索瓦·维耶尔（Charles-François Viel，1745－1819 年）[169]显然是让－路易·维耶尔·德圣－莫的亲戚甚至兄弟。查理－弗朗索瓦是一个严格的古典主义的典型代表。他的著作《建筑的衰落》（*Décadence de l'architecture*，1800 年）[170]证实了这一点。在这本书中，他抨击了洛可可风格，以及古代人和 17 世纪法国人的繁琐倾向。他自己的作品因其严肃得几乎没有装饰而与众不同。例如，窗户上不设楣子，只是简单地在墙上挖了个洞。他的一个有趣的早期作品"一个自然历史的纪念碑"（Monument consacré à l'histoire naturelle*）[171]，创作于 1776 年，于 1779 年配上文字出版。这座建筑题献给自然史学家乔治·布丰（Georges Buffon）。竖立这个纪念碑，附带一个植物园和动物园，既是为了表彰布丰，又是为了展示他所创建的自然史学。这个纪念性的博物馆是达利奇（Dulwich）画廊的先声。除了纪念馆的功能之外，维耶尔还试图体现"大自然中物种多样性"的"伟大概念"。[172]简言之，他希望这座建筑"用庄严和华丽来宣告它是大自然的神殿和避难所。"[173]这个作品的"个性"是"高尚"（sublimity）和"端庄"（grandeur）。与此同时，维耶尔还尽力地承担了公众教育的任务，并因此建议动物园中的动物可以用来作为艺术家们写生用的模特。[174]维耶尔很快让读者相信，他的设计并非空中楼阁，而是"可实施的"。[175]因此，那些严肃刻板的设计效果主要是由于柱子制度本身所造成的，而不是其纪念性的结果。维耶尔的设计和解说都是富有感染力而惊人的，他虽然已经使用了革命建筑师式思想的开场白，却仍墨守古典的形式语言，而且很重视可实施性。

〔158〕

---

*古法语对译英文：Monument devoted to the natural history ——译者注

要理解"革命性建筑"（Revolutionary architecture），就必须了解这种观念自 18 世纪初开始形成的过程。20 世纪对这一现象的过分兴趣导致了孤立甚至错误的理解，以致宣称在"革命性建筑"中看到了对传统的决裂，以及一些类似现代建筑起源之类的东西。"革命性建筑"这个不幸的词条对此难辞其咎，事实上这一观念并非 1789 年法国大革命的产物，也不属于大革命时期，而是开始于更早的时候。它们实际上原本是保皇党人所提倡的，这些人在大革命爆发以后找不到自己的位置，生活坎坷。不管怎样，他们的"革命"并非源于政变，而是源于一种观点，即现有的观念必须以一种严格的逻辑推向极致。因此，必须了解 18 世纪关于革命性建筑作品的理论纷争，及其在一定程度上吸收与夸大的东西。

艾米尔·考夫曼（Emil Kaufmann）是革命性建筑的"发现"者和命名人。他在 1920 年以后，写文章揭示了自勒杜开始的这一现象。[176]他对部雷的图纸和文章，及其第二次世界大战之后的作品和出版物的重新研究是非常有意义的。[177]他还尝试着在法国与俄国的革命性建筑之间划出一些平行线，这一点更显出对这场运动所给予的称谓的不适当，从而再一次唤起了人们对于这一主题的兴趣。[178]

艾蒂安–路易·部雷（Étienne–Louis Boullée，1728–1799 年），早年学画，后来师从小布隆代尔和勒热，他一生中只留下了少量的建筑作品和私人住宅的室内设计。[179]他曾经在建筑管理中扮演过多重的角色，在建筑学会中也曾是一级会员，这些背景条件使得他在 1781 年从建筑实践领域中退休后，又开始从事一些不大现实的或从来不打算实施的项目方面的设计工作。

因此，其结果是，部雷的成就主要体现在他的著作《论艺术》（*Essai sur l'art*），以及 1781 年至 1793 年所做的与这本书相关的一些设计上。他的愿望（1793 年）是传承法兰西传统手工艺和绘画。他的这部著作是于 1953 年才第一次出版的。[180]后来，一批更详细的图纸在佛罗伦萨被发现。[181]现在，一个更为广泛的对于部雷的研究工作正在展开。[182]

《论艺术》的序言中有一句话表达了部雷建筑概念的箴言："而且我也是一个画家"（Ed io anche son pittore）。这一语式是从柯勒乔（Correggio）的类似论述中借用而来的，部雷对于这一语式也有所引用。这句箴言不仅仅暗示出部雷所受过的美术训练；勒杜也有相似的思想："如果你想成为一个建筑师，请从画家开始。"[183]建筑就是用实体创作的绘画；部雷一再使用"画面"（tableaux）和"图像"（images）的说法，并试图用"诗的"术语来解释这些说法的内涵。[184] 这些设计是不打算实施的，但它们也并非简单的为存在而存在。它们可以作为建筑图像博物馆的收藏品："人们应该有一座建筑博物馆，用来收藏一切艺术的源泉。"[185]其中明显有说教和道德的倾向。这本书的版式非同寻常，其图纸的尺寸、优美的细部，以及概念设计和建筑实例之间的分割线，局部的用色等等，都很精到。　〔159〕

部雷的《论艺术》，试图通过以"对社会有用的效果"来获得公众的认同；[186]他渴望展现建筑内部的"诗意"。他呼吁，建筑，特别是公共建筑，应该有"诗意的"个性：

> 我相信，我们的建筑，首先是公共建筑，在某种意义上应该是"诗"，它们在我们脑中产生的图像应该唤起我们对建造意图的感应。[187]

部雷强调建筑对于情感的冲击，这符合不久前勒加缪提出的理论（1780 年）。"用途"（usage）这个词条[这里译作"意图"（purpose）]，在这个世纪之初代表了对功能的追随；在洛吉耶则代表结构逻辑；在部雷那里，却得到了与"个性"非常近似甚至相同的意思。部雷还随即认识到，需要一种理论来界定形体的特性，及其对感觉的影响，"用我们的体系来类推它们。"[188]他将建筑的自然特性定义为对形体的图像力量的认识："图像用来表达形体的位置。"[189]建筑对于部雷是一种"第二位的艺术"（secondary art）[190]；他的主要理论贡献在于他对于实体的绘画效果的研究，这些实体仅仅是指规则的几何形体，因为，这些几何形体由于其规则和对称的特点，而呈现出一种"秩序的图像"。[191]了解了这些以后，我们不难理解，为什么部雷说自己是一个"画家"。

部雷又回到了布隆代尔和佩罗的古老论争之中，他是站在佩罗一边的，认为建筑与音乐不可类比，但是另一方面，他却宣称建筑的意图直接源于大自然——虽然他并没有把这些观点与布隆代尔的观点等同起来。部雷提出了佩罗曾经暗示过的新观点：规则（régularité），对称（symétrie）和丰富（variété）。这一切构成了"均衡"

(proportion)。[192]

　　但是，部雷的"均衡"(proportion)概念和 17 世纪的"比例"(proportion)概念完全不同："我理解的形体的均衡，是一种源自规则、对称和丰富的效果。"[193]所以，均衡和算术无关——不管它的美是"客观的"还是"主观的"——它是具有某种效果的元素的集合。部雷对于这个集合的元素定义如下："规则"产生形式的美；"对称"是"它们的秩序和联系"；"丰富"指"它们对于我们的眼睛是多种多样的"。[194]这一切造成了实体的和谐，也就是"均衡"。

　　部雷认为最完美的形体是球体。他将其描述为"完美的图像"，认为它包含了完美的对称和规则，同时又有着伟大的丰富性。[195]

　　部雷一再地把"均衡"作为"建筑美的主体"[196]，认为它源于大自然。[197]他的这个概念重新解释了佩罗对于"比例"和"对称"这两个概念的区分——比例被从真实感觉的存在中排除出去了，于是这个概念直接变成了现代的对称概念。在部雷看来，只有对称才能产生秩序。均衡在这里成为了一个模糊的概念，描述的是在规则的、对称的体量和集合中存在的和谐秩序。他的这一均衡的概念，如其所是，已经被部雷从他的"比例"概念中排除了出去。这里有一个术语学上的复杂变化：在古典时期和文艺复兴时期，对称就是均衡；而部雷则认为，"均衡"与"对称"的概念相近。自古典时代以来，比例以人体为基础建立了人体尺度的概念，而随着比例的消失，尺度感也从建筑中消失了。这对部雷后来的思想有着深远的影响。

　　部雷对规则物体及其对人类感觉的影响进行了分析，并用"个性"来描述它们："我把'个性'唤作这些物体在任何表达方式下产生的效果。"[198]部雷赋予了"个性"以新的涵义，看来他对此很熟悉，尤其是在师从小布隆代尔的时期。他把这一概念描述为"效果"，是受了勒加缪的影响；他的主要创见在于，认为基本形体对效果的影响超过建筑的功能。部雷认为，规则和对称的形体就是浓缩的自然。所以他在定义中纳入了自然的全部影响，他的设计不啻创造了一幅"自然的伟大画面"(grands tableaux de la nature)。[199]建筑对于他来说，只不过是"把自然搬进作品"的艺术。[200]

　　部雷为庆祝圣体节(Corpus Christi)而设计的一个大教堂清楚地展现了这一点(图版 97)。这座建筑地处城市中心，有着"高尚的个性"(caractère de grandeur)、"重要的个性"(important caractère)，并有着"高贵而伟大的位置"(noble et grande disposition)。它位于树荫笼罩和鲜花簇拥之中，它们的香气是献给神的熏香。大自然的季节和场所都被纳入了建筑的"个性"之中。夏天的大自然是最美的，所以这座建筑的设计考虑到了每年这个时候的节日庆典。[201]部雷认为，自然和神的概念是一体的；建筑的"画面"显示了这一点。建筑成为了大自然的一个"工作装置"，建筑师是"让大自然开始工作"的人。

　　部雷的教堂设计试图创造一幅在神的荣耀下的"壮丽的图画"；神庙"应该创造世间最伟大最动人的景象"。[202]它应该反映整个宇宙。

　　巨大、美丽、对称，在部雷眼中是一体的："的确，伟大需要和美丽联系在一起。"[203]巨大的尺度代表"超凡的品质"。为了提升效果，部雷使用了希腊式的柱列；他还注重光的运用，使其成为整个效果的点睛之笔。他的设计并没有摒弃柱式的传统，而是将其纳入"个性说"的体系之中。

　　部雷的设计，在尺度上和外观上都追求纪念性。墓碑是他的作品中很重要的一个部分，其功能是"纪念那些献身的人们，让他们不朽"。[204]他认为埃及金字塔"用纯净的山体和不朽的永恒构成的忧伤画面"，完美地表达了"建筑的诗意"。[205]

　　这些设计和文字的顶点是牛顿纪念碑(图版 98)。对它的描述使用了赞美诗的体裁："高尚的灵魂！博大而深刻的天才！非凡的人！牛顿……你探知了地球的形状，我抱了这念头，要用你的发现来包裹你……。"[206]

　　巨大的球体代表地球和牛顿的发现。这座坟冢式纪念碑——牛顿被葬在西敏斯特(Westminster)修道院中——是惟一的"实质性设计"(material object)。整个白天，球体的内部将利用穹隆的空膛再现夜晚的天空；在夜晚，室内将被一盏大灯照亮。在建筑周围，圆形的树木复归了罗马皇帝奥古斯都和哈德良陵墓中的传统。部雷这样评价自己的设计："这美丽如画的效果全仰大自然所赐"。[207]

　　部雷当时一定知道，他的设计超出了当时结构的可能性[208]，但他不以为然。牛顿纪念碑，这座没有实际功能的建筑——它甚至称不上陵墓，仅仅是一个纪念物——最清晰地表达了部雷的思想：一座建筑的意图越少，几何性就越纯粹。启蒙主义把牛顿看作北极星。牛顿纪念碑不仅仅是献给牛顿这个人，也是献给一切与他相关的人和事。从亚历山大·蒲柏(Alexander Pope*)1732 年撰写的墓志铭中，可以看到启蒙运动对牛顿的宗教式崇拜：

> 大自然，以及大自然的法则在暗夜中隐藏；
>
> 神说，让牛顿去吧！于是一切都被照亮了。

在《论艺术》中没有提到的"理性神殿"(Temple of Reason)进一步发展了球形主题。一个较小、较低的半球，置于一处人工的地形之中，一个较大的半球覆盖其上。[209]场地中央立着自然和丰产女神，以弗所的黛安娜(Diana of Ephesus)雕像。"理性神殿"于是同时也是自然神殿。

部雷《论艺术》中叙述的要塞和桥梁，清晰地表达了他作为"个性说"的布道者倾向。在他的图解中，要塞应该用外表精锐的士兵和有鲜明防护意味的外墙来描绘一幅"有力量的"图景。这座建筑显出"个性"(caractère)、"雄辩"(parlante)，和"威胁"(intimidating)。

部雷的魅力体现在他的设计中：在于他对几何形体的系统运用；在于他几乎不带任何实施痕迹的观念表达；也在于那些作品的纪念性和超人的尺度。部雷是一个建筑幻想家(per se)，只求想像不求实现。部雷认为，纪念性并非一种狂妄的形式，而是对大自然的崇高性的表达，建筑的庞大反映了大自然的庞大。如果这种世界观没有成为启蒙运动晚期的典范，则部雷的一切不过是形式的游戏。很多 20 世纪的建筑师只知道部雷所创造的形式而不了解他的思想，都会有这样的误解。部雷的设计之所以基于虚拟的场景(tableaux)，是为了单纯、绝对。部雷的建筑理论走向了时代观念的极端，于是脱离了现实。

部雷在他的有生之年，作为学院教师的影响很大[210]；但在他死后，他的教学被遗忘了，直到本世纪被重新发现。　〔162〕

克洛德-尼古拉·勒杜(Claude-Nicolas Ledoux，1736-1806 年)，比部雷要小 8 岁，也是布隆代尔学校的学生。[211]作为建筑师，他在巴黎的上层社会如鱼得水，承接了很多委托项目，其中最重要的是迪巴里(du Barry)太太所委托的。1771 年，他被指定为弗朗什-孔泰(Franche-Comté)皇家盐场的督察员，1775 年，他开始筹建肖镇(Chaux)的盐业城(Arc-et-Senans)；1784 年，他被委托建造巴黎周边的收费站(Barrières)，但这个任务因大革命而夭折，勒杜勉强逃离断头之祸。1793—1795 年他在狱中度过，后来他成为了拿破仑的崇拜者。18 世纪 70 年代，他着手写一部大部头的建筑著作，1804 年出版了其中一小部分。

用连绵的墙体环绕巴黎的 40 个收费站看上去像是君权的基石(Le mur murant Paris rend Paris murmurant)，这在当时引起了人们的尖锐批评，但人们不能否认它的新颖："这些收费站是立体的、成角的。它们的风格是粗野的、带有威慑性的。"[212]议会决定将这些"用苛政堆积起来的……石头"变成大革命的纪念碑[213]，然而并没有实现。

勒杜的论著《作为艺术、习惯与成规的建筑》(L'architecture considérée sous le rapport de l'art, des moeurs et de la législation)[214]是一部很难懂的书，他的文风是感性的，聊天式的，常常表意模糊。不过还是能够从中分辨出一个建筑体系的轮廓。在这部计划出版五卷的书中，本来要有一个建筑历史的概述，后来只写了个片段。勒杜在他的著作中并没有要假装反对皇室；这部著作题献给首批欣赏此著作的人之一是俄国沙皇。1804 年的首页所引用的格言是"惊世骇俗之作"——奥拉斯语(Exegi monumentu, Horace)，表明了勒杜的自信。

这本书的前言表达了勒杜的基本建筑观。他的理想是建立一个涵盖所有现存实例的建筑体系。他假设了一个社会结构来实现他的全部理想。他的设计与这一社会的"社会秩序"直接关联："我已经考虑了社会秩序所要求的一切建筑类型"。[215]他同时认为建筑也会影响社会秩序："穷人的住宅以其谦逊的外表，反衬出了富人宅邸的华丽。"[216]

在社会秩序的内部，建筑师被赋予了一个指导性的地位。建筑师具有政治的、道德的、法律的、宗教的以及政府的职责。[217]建筑师的这一地位被看作是准精神性的。建筑师可以起到"纯化"这一社会体系的作用："建筑哲匠是创世主的机器；而天才就是创世主本人。"[218]正如卢梭所说，道德是"现世的宗教"。[219]建筑师成

---

* 1688-1744 年，英国作家。——译者注

为了一位教化者；建筑则是他的教具。勒杜的独到之处并非他在社会革命中的先锋地位，而是他从社会秩序的角度重新解释了建筑规则。

勒杜并没有像他的老师布隆代尔一样，进一步意识到建筑中存在的层级；他认为建筑的惟一差别在于尺度和"个性"。穷人的房屋和富人的宫殿是同等的建筑任务："艺术家不能总是建造那些绚丽夺目的巨大比例的建筑；但是，如果他是一个真正的艺术家，当他建造一个伐木工人的小屋时，他也不会不这样做的。"[220] 建筑应该展现社会共生的法则，这观点表明勒杜是一个卢梭社会契约论(Social Contract，1762 年)的追随者：

〔163〕

> 如果社会是建立在彼此互惠的共同需要基础之上的，为什么我们不能把那些使人们感到荣誉与自豪的感觉与鉴赏力带到私人的住宅中来呢？……纪念性建筑物的'个性'，正像他们的自然属性一般，可以服务于传播教化与道德净化的作用。[221]

在这里，"个性"超越了它作为表达工具的功能，成为了教育的工具。勒杜的思想在"奥依克玛"(Oikema)或"爱之神殿"的例子中表达得很清楚。"奥依克玛"是一个有教化功能的妓院。勒杜相信，恶行的表演和图示，会唤醒人们对堕落的认识，从而回到正路。[222]在设计中，外墙无窗，有门廊，看上去像是坐落在美丽风景中的神庙[223]，但它状如男性生殖器的平面泄露了建筑的功能秘密。

勒杜认为，只有当建筑"个性"需要的时候，装饰才是被允许的。这导致大多数建筑装饰的消失。勒杜进一步认为，朴素的几何体和连续的线条有着美学的意味。他把"思想的统一"定义如下：

> 统一，是一种美，它存在于完美的联系中(omnis porro pulchritudinis unitas est)，存在于包括细部和装饰在内的整体关系中，存在于连续的线条中，这样眼睛才不会被杂物所扰。[224]

勒杜从古典主义建筑理论中汲取了很多词汇，但是却以他自己的建筑观给予了重新解释："多样"(variété)赋予每座建筑以合适的相貌；"便利"(convenance)将社会状况、选址、功能和造价纳入总体考虑；"适宜"(bienséance)，和模糊的"装饰和均衡的关系"一样，原是建筑个性的表达；"对称"(symétrie)源于自然，归于"坚固"(solidité)，以及万物的平衡，但也不排斥不规则的异形；"美"(goût)创造愉悦，也是表意的媒介。[225]在这里，勒杜自己也变得语无伦次了。

在部雷看来，"比例"已经不复作为一个美学观念；"坚固"令人奇怪地变成了"对称"的结果，其含义是相似的。而对"大"的强调在勒杜那里消失了。部雷和勒杜的共同点，是他们在现实建筑的意义上对功能的忽视。准确地说，就是对于词条"用途"(usage)或"便利"(commodité)的忽视，这在法国理论界中迄今仍是一个突出的现象。建筑成为了表意的媒介和教育的工具；然而这样的建筑常常几乎是不能居住、不能使用的，如在无数的设计中所显示出来的。

勒杜在他的肖镇盐场中实现了大多数的理想化设计，在 1775－1779 年之间，他开始建造盐业所需的建筑物，以及管理用房和居住建筑(图版 99)。接下来实施的是一个圆形平面，中央矗立着"总管之家"，现代理论家认为，这属于建筑居室中的圆形设计类型，这样的例子还有博法尔为布谢法设计的猎人旅馆(1705 年)，以及帕特为路易十五的皇宫设计的国王纪念碑(图版 86、91)。在肖镇皇家盐场的设计中，工厂的排列体现出由盐场负责人所代表的君主专制的理念。勒杜的大部分平面想法都产生在建设停止以后。勒杜作了一个花园城市的设计，但是盐场仍然保持集中式构图的特色。然而，肖镇后来逐渐成为人们进行乌托邦式设计的一个托辞。

〔164〕

文明病的产生导致了排斥城市的思想，这种思想除了卢梭之外，还有一个清教徒式的革命者，弗朗索瓦－诺埃尔·巴伯夫(François－Noel Babeuf，1764－1797 年)，他反对城市是因为在他看来，城市居民们遭受着不平等的磨难，而这恰恰正是万恶之源。[226]勒杜也说过几乎一样的话。1793 年，勒杜作为保皇党人而被囚禁，在他走向事业的终点时，却接受了一位因过于偏激的革命思想而于 1797 年被处死的人的思想，这不能不说是一种历史的讽刺。当然，我们不能肯定这些思想影响到了肖镇规划的最初平面。

勒杜的晚年，在展开关于"个性"的美学探讨时，提出了建筑学中"均等"(equivalence)的概念，如果不是"同等"(equality)的话。勒杜完全清楚这一步的重要性和创新性："首先人们会发现，小酒馆与宫殿在同一尺度上都是华丽的……。"[227]勒杜认为，"均等"是在社会秩序下"道德的"均等[228]，而不是法国大革命的"同等"（égalité）。秩序不再代表阶级，但它会体现在功能性建筑的"个性"（caractère）之中。

勒杜关于社会的想法完全是浪漫主义的，这在他的动人画面《穷人的庇护所》（L' abri du pauvre）中表现出来。画中一个裸体的男人坐在海边的一棵树下，仰望着天空中的众神（图版100）。勒杜的解释是："这个令人震撼的广漠无垠的宇宙，就是这个穷人，或是一个被洗劫一空的富人的住宅。"[229]勒杜对肖镇的规划作了相似的解释，这个设计中有两个半圆，放射状地排列了一些小的体块，是受到了太阳的启发。

勒杜对肖镇的城市设计、单体设计和说明，在某些地方互相矛盾，可能因为它们做于不同时期，或者是在他乌托邦思想发展的不同时期。[230]这里将抽取几个单体设计作为典型例子。在勒杜的工人住宅和管理人员住宅的设计中，体现出一种强烈的平等理念。然而，这些房屋仅仅表现为一些几何形体，对几何形体的选择要表明其"个性"。所以，"铁环制造者的住宅"是由两个直角相交的圆柱体组成的（图版101）；一个圆形的开口允许视线穿过住宅。[231]建筑的外观从各个方面表现了环状的母题，并且时刻提醒观看者，这住宅的主人是为盐桶制作铁环的工人。在"卢埃河（Loue）检查员住宅"中，河流穿过了房屋。[232]这些住宅用建筑的语言向外界暗示了它们内部的居住者。这些设计的图面表达方式与部雷的十分接近：一个大的空心球体，一半沉入地下，类似古罗马的地下陵寝。勒杜在这张"表现图"中描绘了悬浮在云中的地球，周围是其他的行星。[233]这种建筑风格的关键是象征性。 〔165〕

为人们所熟知的球形"麦田守望者住宅"，并不是肖镇规划的一部分，而是属于1870年设计的莫佩尔蒂官邸（Maupertuis chateau）[234]；它最终没有建成。这座建筑就像一艘停泊的宇宙飞行器，站立在地形景观的凹陷处，这座建筑没有窗子；人们通过四个方向的坡道进入建筑内部，视觉的穿透类似于威尼斯式窗户对于景深的强调。建筑的剖面特别清楚地显示出了所有的功能方面是如何考虑的——按照一种适合于居住者的方式——这些考虑都成为了一座理想建筑的象征性的牺牲品。自文艺复兴以来，以基本几何形体为建筑的基本原则，已经为人们所接受，并成为了一门必修课；但是在这以前，以几何形体作为一个象征从来没有获得独立的合法地位，也未曾从建筑的基本原则中分离出来。像部雷的牛顿纪念碑一样，只是用了一个较小的尺度，这座"麦田守望者住宅"以某种对宇宙的复制和最为完美的形体，把球体的形式，转译成为了一个建筑设计——而这又招致了特别严厉的抨击。[235]

虽然可以排除这些批评中的个人观点，但将建筑仅仅简化为几何形体的过程确实是需要置疑的。人们还会问，球体是否适合这个设计？部雷设计牛顿纪念碑的动机是可以理解的，但是人们感觉勒杜的处理仅仅导致了一个重要思想的落俗化。不过这个观点在另一些设计中显得更加正确，例如沃杜瓦耶（A.-L.-T. Vaudoyer）的"世界公民住宅"[236]，后者虽然设计得更像房子，但似乎全无"美感"。

勒杜对后来的理想城市规划[欧文（Owen）、傅立叶（Fourier）、彭伯顿（Pemberton）、霍华德（Howard）]的重要性很明显。他把建筑还原为基本几何形体，对装饰几乎全部摒弃——如果忽略他的理论前提——这显然是路斯（Loos）和柯布西耶的先声。

勒杜的"个性说"在我们看来是矛盾的："个性"应该表达建筑的功能，但不是以实际的或结构的形式，而是以一种象征性的、能唤起共鸣，并能发人深省的方式。建筑的功能从属于这一富有魅力的目的，内部的功能可以被忽视或牺牲。"个性"优先于"用途"。"用途"作为18世纪前半叶的法国建筑理论中的核心概念，在革命建筑师的作品中几乎完全消失了，建筑变成了一种孤芳自赏的视觉语言。所以，不难理解为什么这类设计都没有被实施。实际的实施将可能否定整个想法。有趣的是这些想法被接受的程度。这些想法成为了纯粹的图像，却从来没有成为建筑。

关于"个性"和"建筑语言"（architecture parlante）的观念注定要流于琐碎。在让-雅克·勒克（Jean-Jacques Lequeu）[237]等人的设计中，"丑陋的美"（mauvais goût）胜利地摧毁了科尔贝所建构的理论大厦，其实，这座大厦在建成之初就已岌岌可危。

第十四章　16 世纪的德国和荷兰

〔166〕　　在丢勒(Dürer)的时代，德国和荷兰第一次通过散论或以个人的方式与意大利人的文艺复兴思想相遇。当时德国对建筑理论的惟一贡献是丢勒关于筑城术的论文(1527 年)[1]；那时的欧洲中部正盲目地紧步着塞利奥(Serlio)以及他那断断续续出版的论文的后尘，最早出版的是他关于"柱式"的第四书(1537 年)。这本书于1539 年译成荷兰文，1542 年译成德文，从而引发了一系列著作；建筑理论被简化为只谈"柱式"，特别是在德国。大多所谓《柱式书籍》(Säulenbücher)，都出自一些对古典和文艺复兴没有创见的人，他们的知识来自塞利奥。[2]这导致了许多"二手的"建筑理论，不是发自对古典的个人体验，而是来自书籍和雕版图等资料；其中偶尔还会有一些令人感到莫名其妙的奇怪成果。

　　这一类论文中最早的两篇是用荷兰语写成的，出现于1539 年，作者是彼得·库克·范·阿尔斯特(Pieter Coecke van Aelst, 1502－1550 年)。其中一本小册子叫《关于柱子的发明》(Die inventie der colommen)[3]，主要依据维特鲁威的理论、切萨里亚诺(Cesariano)的注解(1521 年)，以及萨格雷多(Diego de Sagredo)的《罗马测绘》(Medidas del Romano*, 1526 年)[4]，这本书是库克接受了文艺复兴的建筑理论以后旅居意大利的成果；最初是写给画家、雕刻家和石匠的。第二本是上面提到的塞利奥的第四书的荷兰语译本，《建筑概论》(Generale reglen der architecture)[5]，然而通篇都没有提到塞利奥。翻译和插图却都和原本非常接近，而且并没有把塞利奥的书列为重要参考书目。

　　1537 年，多才多艺的德国人文主义者海因里希·弗格特勒(Heinrich Vogtherr, 1490－1556 年)写了他的《艺术总汇》(Kunstbüchlin)一书，哀悼时下艺术的衰落，并把他自己的样本书作为抛砖引玉之著。[6]这本书的主要对象是画家、木刻匠、金匠和其他的手工业者，但是它的最后几页收纳了一些建筑细部，由此可以看出，在装饰和私人建筑的范围内，弗格特勒把文艺复兴建筑看作是晚期哥特的延续。

　　除了塞利奥引发的著作之外，北欧的另一种倾向是将维特鲁威的理论运用于自身的实际。这方面有着特殊重要性的是瓦尔特·里维尔斯(Walther Rivius/Ryff, 1548 年去世)，一位来自纽伦堡的物理学家兼数学家。1543 年，他出版了拉丁文的维特鲁威著作，1548 年译成德文并加了注解。[7]里维尔斯对于已有的文艺复兴建筑理论著作有着广泛的了解，他在翻译维特鲁威著作的一年以前，利用意大利的资料出版了一部内容翔实、带有注释文字的书籍。[8]这件事给人一种印象，说明他急于要将自己广泛的阅读面展示出来，以帮助他那些因为语言障碍而不能读外文的同时代人。他只是一般性地提到了他的资料来源[9]，没有列出专门的参考书目，看起来好像他自己就是所述观〔167〕点的原创者，在他那个时期，这一点大概是不令人奇怪的。

　　里维尔斯尤其钟情于透视和几何，他对塞利奥1545 年出版的第一书和第二书的文字和插图作了很大的扩充，但是，他忽略了1542 年出现的德文版第四书。[10]他追随阿尔伯蒂，也关注绘画和雕塑中的透视和比例理论。第二书是为弹道学和炮兵所写的，大体上基于"弹道发射学之父"塔尔塔利亚(Tartaglia)的研究。[11]其中的附录"城镇、城堡和殖民地的结构和围护设计"，这一题目显然来自丢勒，描述了一个老建筑师和一个小匠人的对话，把

＊意大利语对译英文：Roman Measurements ——译者注

他自己与匠人的工作区别开来，建筑师对年轻朋友说："在真正的建筑师(*Architekt*)、大匠(*Bawmeister*)、普通匠人(*Werckmeister*)和仅仅授意建造的人之间，有很大的区别，如我现在向人们所清楚地表示的……。"[12]然而这本书中隐含了一个思想，即作为广义的"艺术家"，建筑师同时又是匠人。[13]

里维尔斯对米兰和都灵的规划作了细致的分析，在第二书的结尾还有一章关于战争的秩序，和一篇关于意大利城防的附录。第三书是关于几何测量法的，主要讨论重量和长度。作为一个数学家，里维尔斯未能形成一个建筑理论体系，毕竟这部书更像是一个几何学和弹道学方面信息的大纲——作为一部手册类的书它所具有的价值就有限了。无论如何，这本书没有达到广为人知的效果。

继丢勒的《用圆规和直尺测量的方法》(*Underweysung der Messung mit dem Zirckel und Richtscheyt*，1525年)[14]以后，中欧出现了很多透视学著作，希罗尼穆斯·罗德勒(Hieronymus Rodler)1531年出版了一个普及本。[15]这些论著中跟建筑理论相关的是他们用灭点构造空间的方法。罗德勒设计了很多从晚期哥特风到使用一些文艺复兴语言的奇怪东西，并不令人感到奇怪的是，他很快就成为了无可争辩的榜样。

16世纪中叶以后的几何学和透视学著作，其中一些以图为主，出现雕饰图样，创造特殊形式，并对建筑产生了影响。这中间值得注意的是一本"构成主义者"的著作[16]，作者是洛伦茨·施特尔(Lorenz Stöer)[17]，约翰内斯·伦克(Johannes Lencker)[18]和文策尔·雅姆尼策(Wenzel Jamnitzer)[19]，书中，几何学和透视学成为了奇怪的棱镜状形式和不坚固结构的借口。的确，雕饰和奇异风格受到了重视[20]，特别是在融合了"柱式图集"(*Säulenbuch*)的传统以后。

塞利奥关于"柱式"的论著能够在德国为人所知，主要应归功于汉斯·布卢姆(Hans Blum)的"柱式图集"。布卢姆生于美因河(Main)沿岸的洛尔(Lohr)，他大部分的时间都用来研究苏黎世(Zurich)。[21]关于布卢姆本人，我们只知道他曾经去过罗马。[22]他最早的著作是用拉丁文写的(苏黎世，1550年)，然后是德文的(苏黎世，1555年)[23]，到17世纪后半叶，还陆续出版了荷兰语、英语、法语的译本。[24]布卢姆是北欧第一个专门写到"柱式"的人，就是将"柱式"从建筑学中抽取出来，单独加以讨论(图版102)。[25]布卢姆的方法和塞利奥的《第四书》一样，但是他为每一种"柱式"作了比率表，用以排除高度(除基础以外)因素，接近真实尺寸[26]，在这一点上他有独到之处。这实际上早于维尼奥拉的《规则》(*Regola*)，但布卢姆是把竖向支撑体的高度视为柱式的另一个变量，所以在实用方面不如维尼奥拉。[27]1558年前后，布卢姆出版了一部更深层次的著作《古代建筑》(*Architectura antiqua*)[28]，这本书同样来自塞利奥，并在他后来出版的"图集"中经常作为附录而用。布卢姆取自塞利奥的很多插图在印刷中都发生了一些细节错误，这再一次显示出他运用资料的机械性。[29]埃里克·福斯曼(Erik Forssman)曾经尖锐地指出，布卢姆的重要性主要在于提出"柱子不需任何支撑，也不需任何荷载，它不再是古典神庙的一部分，作为尊贵的象征，它自身就已经十分充分。"[30]

〔168〕

用一批雕版画使"柱式"适合北欧的口味，这就是荷兰人汉斯·弗雷德曼·德·弗里斯(Hans Vredeman de Vries，1527–1606年)的《古代的建筑学和建筑物……》(*Architectura der Bauung der Antiquen . . .*)一书的特征[31]，他以维特鲁威、塞利奥和杜塞西(Ducerceau)为典范。[32]他从杜塞西那里学会了民族的、地理的或气候的方法，这致使他寻求一种适合荷兰本土的建筑形式，"……但是我们荷兰的情况不同，这里的城市是用来做大生意的，因为地皮紧张而且昂贵，人们必须将房屋建造得高，才能使人们发挥各自的专长，因为只有在高处才光线充沛。"[33]

接下来弗雷德曼自信地说，"问题是要使建筑的精神适合于国家的自然条件和社会习惯。"[34]这使得北欧的装饰在古典的柱式中合理化了，"因为从道理上讲，用新的东西来对旧东西加以装饰没有什么不好。"[35]福斯曼尖刻地称之为"北方人对冰冷大理石柱的攻击，他们精通材料而没有任何古典的束缚"。[36]

弗雷德曼的书并不只是写给建筑师和建造者们的，也写给家具匠和其他的手艺人，因为弗雷德曼认为他们与木头和其他材料的运用有关。在《建筑》中，他提出了在不同柱式中使用装饰的五种方式，但是和布卢姆不同，他把柱式纳入建筑设计的整体中。严肃地说，这些设计离它们的意大利原型相去甚远，但是装饰(*decor*)的原则却都是取法于原型的——例如，防御工事必须是塔斯干式的。但是弗雷德曼也在维特鲁威的基础上进一步发展了古典的装饰理论，将其与早期巴洛克式的人生苦短的思想联系起来。在他的雕版画《人类生命的剧场》(*Theatrum Vitae Humanae*，1577年)中，他将人的年龄和建筑的柱式一一对应[37]，其中柱式以逆序排列：组合柱式对应童年(1–16岁)，科林斯柱式对应青年(16–32岁)，爱奥尼柱式对应成熟女子(32–48岁)，多立克柱式对应成熟男子，塔斯干柱式则对应老年。此外还加入了第六种柱式，"鲁因"（Ruin），即死亡柱式（图版103）。这样，在装饰之外，柱式被赋予了新的象征意义，从而转换为伦理学和哲学的概念——这后来在迪耶特林的著作中又重新出现过。

〔169〕

随即，弗雷德曼的建筑被放进一些不现实的、似乎源于实用主义的背景中，这在他去世前不久出版的作品《透视》（*Perspective*）中，表现得最为明显。[38]这些不寻常的透视画，熟练运用晚期哥特的形式，描绘了一个由敞廊、广场和拱廊大厅构成的世界，这些对于他的本土荷兰来说，完全是异国情调。

弗雷德曼的思想和设计被他的儿子保罗（Paul）进一步推广，父子合作出版了《建筑，精致和不朽的艺术》（*Architectura, die köstliche und weitberumbte Khunst*）一书。[39]其中保罗的5张插图描绘了五种柱式的建筑，又分别对应五种寓意：视觉为塔斯干柱式，听觉为多立克柱式，嗅觉为爱奥尼柱式，味觉是科林斯柱式，触觉则是组合柱式（图版104）。[40]汉斯·弗雷德曼曾有用柱式设计园林的经历，其随意性与寓言的使用很相似。[41]

与柱式问题有关的德语著作中最为突出的是《建筑》（*Architectura*，1593–1598年）一书[42]，作者是斯特拉斯堡的画家文德尔·迪耶特林（Wendel Dietterlin，1550/1551–1599年）。[43]严格地说，这既不是理论书也不是范本书，而是画家眼中柱式的一系列变体。柱式被看作是一系列迷人雕刻的依托，这些雕刻是16世纪晚期杰出的艺术成就中的一部分。[44]迪耶特林从形式的角度继承了塞利奥和布卢姆的传统，使用了一种与布卢姆相类似的以固定总高为模数的系统（图版105）。他首先假定了每一种柱式的基础与柱楣的高度（包括柱楣上的柱头），去掉柱式的其他部分，仅仅留下了柱身。由此可见，迪耶特林并不认为柱子是整体的一个有机的组成部分。

迪耶特林的著作分五卷，每卷讲一个柱式，还有209个全页的雕刻、一个简短的前言和一个术语索引，以及关于个别柱式的简短说明，在本质上是一个图集。大部分的图没有配文。正如这部书的标题所示，各卷描述了特定的柱式，并进一步图示了配套的窗户、壁炉、门、入口、喷泉，以及碑文。前言提及了"得体"（*decorum*）和"比例"的概念，并提醒要警惕"明显的丑陋和畸形"（*mercklicher ungestalt und deformitet*）[45]，但是迪耶特林并不打算把他的狂想用到设计中。

迪耶特林对柱式象征的解释与弗雷德曼有关，但是他在使用基督教和古典神话互证的方面，则比荷兰人更进了一步。他认为北方装饰的运用是合理的，例如，他宣称塔斯干柱式可以追溯到一个"被称为德国之父"的伟人——托斯卡诺（Toscano）。[46]继塞利奥之后，迪耶特林将塔斯干柱式与乡村世界联系起来，但他又把酒神巴楚斯（Bacchus）和圣徒米歇尔（Saint Michael）也和这种柱式联系在一起，虽然前者与爱奥尼柱式很相配，而后者与多立克柱式很相配。多立克柱式被看作属于"强悍的英雄的"；在这里我们找到了大力士圣克利斯托弗

〔170〕 （Saint Christopher），还有他的伤口。但是后来柱式之间的区别变得模糊了——例如，一张名为"多立克"的图像（迪耶特林，图版187），用的是组合柱式。实际上，仅仅在很有限的范围内才能用柱式的精神来解释这些图片。[47]晚期哥特式的入口（迪耶特林，图版197）对应的是一个复合柱式。最后，和弗雷德曼一样，有一个死亡寓意的东西，只是迪耶特林没有用柱式来表达。他不同意弗雷德曼关于人类年龄的分析，而是将建筑的衰老与国家的"堕落"联系在一起，他引用了米开朗琪罗的绘画（图版106），描述死亡超越一切人类世界的胜利。[48]"得体"的思想在他心中引起了一系列反应，这中间有一些是与建筑术语有关的，但是，在其中也包含了超越所有的视觉艺术元素的东西。这意味着柱式被赋予了新的涵义，然而，这种涵义仅仅是在绘图员们想像中的漫天飞舞中作为一个托辞而用的。迪耶特林的《建筑》将"柱式图集"提升到自主的艺术创作的层次。虽然它获得了一些成功，但建筑师却很难理解，实用价值也很少。[49]

这部著作惟一产生的影响是对装饰问题；但对于装饰来说，这本东西太复杂也太昂贵了。因此，法兰克福画家丹尼尔·迈耶（Daniel Meyer）——或者他的出版商——于1609年出版了一部普及本的迪耶特林（图版107）的著作。[50]在一套带有那一时代宗教式说教体文风的前言之后，把知名的迪耶特林奉为楷模，作者接下来解释说：

> 首先，迪耶特林的作品并不是对每个人都有用，特别对于"设计"（*inventiones*），比较复杂、费力、苛刻，不是每个人都能接受和应用的（*ad usum*）。其次，这部书庞大和昂贵，并不是每个人都有幸拥有。第三，世界总是追逐时髦，而这部书里的设计却是人们熟悉的、有些过时的。但是，当前的作品往往失于轻佻浮躁，而装饰设计已经发展得如此成熟，以至于变成有可能装配的，并令人感到赏

心悦目的，而且在很大程度上也是适应现代世界的需要的。[51]

这段引文提示了两点：一是将这部书作为一个实用手册来看的，二是谈到了当时变幻无常、追波逐流的美学思潮。柱式不再作为标题，它仅仅在书的末尾出现，变得也很不显眼。迈耶的惟一目的是使迪耶特林的"发明"变得不那么昂贵，正如他所宣扬的，他把两页并作一页，于是用 50 页纸的便宜价格出售了 100 个设计。[52]但是他的想像力不如迪耶特林丰富，雕饰也缺乏艺术的创造和精致的品味(图版 107)。虽然"建筑"这个词出现在标题中，但这部书没有任何结构意义上的中肯评论；建筑于是成为了装饰堆积和怪诞想法的载体，其中惟一可圈可点的，是"细木工房"的设计。迈耶的《建筑》标志着一条建筑理论支线的顶点。塞利 〔171〕奥关于柱式的单行本，奠定了北欧"柱式图集"(*Säulenbücher*)的地位，而布卢姆则将柱式从建筑元素中分离出来；迪耶特林把柱式看作纯粹图像和广义灵感的钥匙。迈耶则去掉了所有具体的柱式，只留下一个装饰设计图集。建筑理论的关联性被破坏了，所以"柱式图集"在某些方面仅仅是我们主观意识的表层。[53]在弗雷德曼和迪耶特林之后，这些书的本质大体都是常规的，致力于使柱式适应于装饰工艺和时代风格。苏黎世人加布里尔·克拉默尔(Gabriel Krammer)写的《建筑五柱式……1600 年》(*Architectura Von den funf Seulen . . . ,* 1600)(图版 108)就是这样一本书，马尔科·萨德勒(Marco Sadeler)还有一部不带说明的雕饰图集。[54]一位纽伦堡细木工，乔治·卡斯帕·伊拉斯谟(Georg Caspar Erasmus)匿名出版了一部《柱式图集或建筑五柱式完全报告》(*Seulen – Buch Oder Gründlicher Bericht Von den Fünf Ordnungen der Archtectur – Kunst*，1672 年)，用耳状(auricular)装饰来表示柱式[55]，还适当地加了些家具设计。

在很大程度上说，包括在建筑著作中的，特别是 16 世纪后半叶德国的"柱式图集"中的资料基本上都是二手的。直到 16 世纪末，人们才渴望亲临意大利，体会古典的源泉。1598 年，符腾堡(Württemberg)宫廷建筑师海因里希·席克哈特(Heinrich Schickhardt，1558 – 1634 年)，去意大利北部作了一次个人旅行，主要对象是文艺复兴建筑，在旅行中他坚持写日记、画速写。[56]1599 年，他在黑森林的弗罗伊登施塔特(Freudenstadt)镇工作，他的设计基于丢勒关于要塞的论述；当年秋，符腾堡的弗雷德里克(Frederick)公爵有一次更长的意大利之行，他成为随行，这次去了罗马。他于 1602 年出版了这次旅行的速写[57]，书中的兴趣焦点仍然是文艺复兴建筑。这本书作为 17 世纪德国建筑师眼中的意大利，值得重视。席克哈特的下一部图册完全是由帕拉第奥设计的建筑作品，以及用帕拉第奥风格绘制的草图。在这本书中，席克哈特写道："这本小书在我死后将会获得很高的赞誉，我的观点也将被保持下来。"[58]我们从现存的书目中知道，席克哈特的丰富藏书几乎囊括了 16 世纪关于建筑和筑城术的大部分重要著作；从中还可以发现，他的朋友，诸如迪耶特林、军事建筑家伯奈尤托·劳瑞尼(Bonaiuto Lorini)，和设计师帕尔马诺瓦(Palmanova)等人的一些资料。[59]

埃利亚斯·霍尔(Elias Holl，1573 – 1646 年)是德国晚期文艺复兴最著名的建筑师，1600 年他从家乡奥格斯堡(Augsburg)旅行去了威尼斯，但他在自传中仅仅记录了"在威尼斯看见了一切美丽的令人惊异的东西，这对我未来的建筑实践大有裨益。"[60]他关于几何学和测量学的未刊稿只是关于工程事务方面的，其中并没有提出什么有关美学原理之类的东西。[61]

第十五章　17、18 世纪的德语地区

〔172〕　　　　我不打算在这里介绍 17 世纪、18 世纪德语世界无数关于"柱式"的论著。它们大多已经不是建筑理论著作，倒更像是细木工的样本书，"柱式"变成了纯粹的装饰。其余则试图照搬维尼奥拉的柱式规则，却并没有任何超出它们的范本的东西。[1]

　　在这一章，我们将尽量集中地讨论一些包含有系统的建筑思想的著作。海因里希·席克哈特(Heinrich Schickhardt)和埃利亚斯·霍尔(Elias Holl)对于意大利的认识却一直没有付诸笔端，直到又过了整整一代人，一位乌尔姆(Ulm)的商人和城市建筑师约瑟夫·富滕巴克(Joseph Furttenbach, 1591 – 1667 年)[2]写出了一套通俗本的著作。富滕巴克 16 岁被送到意大利读书，在那里呆了 10 年，兴趣广泛。他对建筑和舞台设计的专注始于在佛罗伦萨师从朱利奥·帕里吉(Giulio Parigi)的那一年。此后，富滕巴克兼作商业公司老板、城市建设署的建筑委托人，以及更为广泛的建筑写作。1627 年，在他回到乌尔姆后不久，他将意大利的笔记也付印成书。[3]这些意大利的笔记是不成系统的，但是显现出他对当时建筑的浓厚兴趣。他把热那亚的新路宫(Strada nuova)描述成："一种装饰得最好的现代风格"(*zierlichster Architectura alla moderna*)，并认为它们在欧洲是无可比拟的。[4]他甚至画出其中一个宫殿，示意其房间布置是由通风和视觉轴线所决定的(*Durchsehung aller Zimmer*)。[5]虽然富滕巴克没有明言，但图画和文字的风格表明用了彼得·保罗·鲁本斯(Peter Paul Rubens)的《热那亚宫》(*Palazzi di Genova*, 1622 年)[6]，就像他后来也常常不加标注而引用的资料来源一样。在他的前言里有一句鲁本斯的话："但是，那些私人建筑，无疑从整体上创造了城市的躯体，因此也不应该被忽略，尤其是当这些建筑物在便利性与其好的形式及美感几乎总是能够并存的情况下更是如此。"[7]

　　鲁本斯的信条可能成为了富滕巴克的重要依据。他不是一个席克哈特那样的帕拉第奥主义者，他只是从地理学的或世俗的角度吸收了意大利文艺复兴建筑，试图使其成为适合中欧的范本。

　　作为一个建筑理论著作家，富滕巴克虽然不特别有原创性，却极度多产。[8]他既没有创造也没有表现出一个自圆其说的建筑理论体系；他写书的态度属于商人，真实而可行。他的大部分著作写于"三十年战争"(Thirty Years War)期间，但几乎没有留下什么战争的印记。[9]他最重要的作品是《民用建筑》(*Architectura civilis*, 1628 年)[10]、《一般建筑》(*Architectura universalis*, 1635 年)[11]、《娱乐建筑》(*Architectura recre-*
〔173〕*ationis*, 1640 年)[12]和《私人建筑》(*Architectura privata*, 1641 年)[13]。在《民用建筑》的序言中，富滕巴克宣布自己是意大利范本的追随者："因为我们知道，全欧洲那些在艺术上最丰满的、最高贵有力的，最杰出的建筑，都集于意大利。"[14]富滕巴克在设计和实践中试图恢复意大利和德国的传统。[15]

　　功能上的考虑在富滕巴克看来是最主要的。在为统治者设计的宫殿中，他总是"精心布置、充满艺术，他们的房间要适合各自公务或休闲的用途。"[16]富滕巴克的平面始于功能布置，却同时保持着形象的整体性：

　　　　但是，我的倾向是要在正确原则的基础上，表达和证明，(建筑物的)主要用途是与整体的对称布置相对应的，也就是如何在建筑内部进行房间的布置处理(这是主要目的，只有这样，人们才会看到整个过程的正确结果)。[17]

在这里，富滕巴克似乎又回到了勒米埃（Pierre Le Muet）的《完美建造之方式》（*Manières de bien bastir*，1623 年）中，虽然他并没有引用这本书的话。对于这本书他的看法是，只有提要那部分的内容适用于他：他将这些内容主要用于说明"建筑的意图"（*principia Architecturae*）及"柱式"，这样就无须再用他自己的话说一遍了。[18]他偶尔也会提到维尼奥拉的《规则》一书——这显然是来自一个间接的版本——然而，这样做的目的并不是因为它在柱式方面的权威性，而是因为"那些装饰爱好者能够从中了解并学到一切想要的东西。"[19]

富滕巴克的写作是带有书生气的、自负的，同时还有些故意地带点隐晦性。他试图利用意大利的术语学来展开他的辩解，他时常将自己作为例子来引用。在他的出版物中的建筑物实例大部分都是难以确认的，或者只能通过提示来确认。如他在《民用建筑》中所用的第一个例子，"高贵的宫殿"（*fürstlicher Palast*），只是简单地说这是"当今在意大利所能找到的最精美和最高贵的宫殿"[20]：其实他指的是佛罗伦萨的皮蒂宫（Pitti Palace）。

在谈到立面问题时，富滕巴克经常用一些诸如"大胆的"、"英雄的"之类的词。人们从中读不出任何美学的或象征上的涵义，而且，富滕巴克还提到过"英雄的长廊"（*heroische Galeeren*）[21]，因而，这些词的涵义就被简化成为"大的"或"耀眼的"。

富滕巴克涉及了不同的建筑类型。这在《一般建筑》中表现得很明显，书中讨论了一些当时很少有人论及的建筑类型，例如学校、客栈、军营、监狱和医院等。[22]他的命题在概念上是非常功能化的。他还曾论及一个三层的"市民住宅"（*bürgerliches Wohnhaus*），这个项目的每一个房间都经过了仔细的设计（图版 109）。他甚至还为其中的几个房间设计了家具。[23]

在《娱乐建筑》中出现了一些住宅和城堡，在这里，设计的重点在于花园。他举了一些例子说明古旧的城堡如何适应现代的品味和新的需求，怎样"花最少的钱精心地修复一座设施完善的房子"。[24]

在《私人建筑》中，富滕巴克提到了他在乌尔姆的自用住宅，他的思维模式在这里表现得最为明显。他对地段、花园、房间里光线的偶然变化，以及房屋的平均造价都作出了精确的描述；他还求出了房间尺寸和采暖费用的关系。除这些功能上的考虑之外，还有一些不相干的装饰细节描写。房屋的下面三层用于办公和起居，上面的楼层则用于他的收藏。富滕巴克受过很好的教育，在这里，他把自己装扮成一个"人文主义者"：军械库、满橱的稀奇玩意儿，还有图书馆。描写得十分细腻。[25]书中一部分是皮罗·利戈里奥（Pirro Ligorio）、安东尼奥·滕佩斯塔（Antonio Tempesta）和马特豪斯·格罗伊特（Mathaeus Greuter）的古代与现代罗马的那些入口大厅（*Laube*）的设计。满橱的希奇玩意儿都是些适合中产阶级趣味的高贵的艺术品和稀有品收藏。然而在房间的中心有一个巨大的模型，却是来自富滕巴克对于建筑的兴趣。花园里有植物和用贝壳做成的洞穴，除了文字以外还画了图。《私人建筑》反映了一个市民的生活方式，并以它的坚固与舒适而成为人们的典范。〔174〕

如果算上《港口建筑》（*Architectura navalis*，1629 年）和《军事建筑》（*Architectura martialis*，1630 年），富滕巴克的写作涵盖了建筑的所有领域。他的儿子，小约瑟夫·富滕巴克，早夭于 1655 年。他在 1649 年至 1651 年与儿子合作出版了一系列短篇，在这本书中，这一对父子的设计与图纸彼此混杂在了一起。[26]在最后的几年里，他再也没有其他新的著作问世。

总的来看，富滕巴克沿袭了塞利奥的传统，他们都力图向建筑师和业主提供指导，并提出各种建筑的样板。这一批出版物在 17 世纪的德语世界有着突出的影响。然而，严格地说，在这一整个 17 世纪中，我们似乎没有看到什么新的思想的出现。

富滕巴克有一些直接或间接的追随者。[27]他以实用性的研究来作为建筑设计的指导，如在丹尼尔·哈特曼（Daniel Hartmann）[28]的《市民住宅建筑》（*Bürgerliche Wohnungs Bau - Kunst*，1673 年）一书中可以看出来的，哈特曼是巴塞尔（Basle）人，署名为石匠、砖匠、木匠，特别是有抱负的大匠。哈特曼对街角的建筑提出了 5 个建议，称之为"德国手法"（*Teutsche Manier*）。他根据建筑朝向的不同，设计不同的开窗。在一些几何形的框架上，他设计了一切结构的细节，同时他的建议仅限于平面。哈特曼的研究是勒米埃（1623 年）的重现，通篇充满德国式的直率。为了在设计中表达出多样性的可能，他在书中的最后写道，每个人都有自由"改变现有的设计，不管因为是他自己还是业主的愿望，只有杂货店、农舍、谷仓、马厩除外。"[29]

约翰·威廉（Johann Wilhelm）的《民用建筑》（*Architectura civilis*，1649 年）[30]，专门提到木结构，特别是屋顶

构架。威廉认为这本书的成功之处就在于提供了非常实用的指导，事实上，这本书以其非常实用的建筑指导性而发行了几版之多，然而，作为一种建筑技术方面的传播，却在 30 年战争中被一度中止。在他写给法兰克福神父的献辞中[31]，威廉提供了一个有关他的自身经历以及他从别人的书中搜集而来的种种经历的奇妙综合。不过令人感到奇怪的是，我们可以举出一个例子，即他在他书中的扉页上非常强调了名望的观念［"通过建筑，会使人的名字变得不朽……"(*Durch Bauen wird der Nam unsterblich aufferbauet...*)］，请注意这是在一场大的战争结束刚刚一年的时候。[32]他对于历史的看法也是混乱的，例如他会说"在这最后的（神圣）罗马帝国，希腊建筑仍是高贵的巅峰。"[33]威廉的著作是关于半木结构方面最早的著作之一。一位后来的出版商利用《民用建筑》一书的成功，顺势出版了该书的第二部分，不过这部分已经不是威廉所写的了。[34]

画家兼艺术史家约阿希姆·范·桑德拉特(Joachim von Sandrart，1608 - 1688 年)在他所著《条顿经典》(*Teutsche Academie*)[35]的第二部分和其他著作中，追求一种完全不同的目标。这是一种说明性的、百科全书式的艺术史。收集了大量的文字和图片，却没有列出资料来源。[36]桑德拉特著作的 18 世纪编辑约翰·雅各布·福尔克曼(Johann Jacob Volkmann)，适当地描述了他的意图："桑德拉特的目的是以图解的形式来展示新旧建筑的优秀范例，并提供一些有关它们的信息，而艺术的理论与原则居于其次。"[37]桑德拉特使古典建筑向德国人敞开。每一个历史的实例都被视为范本，都造成了某种"本身的"(per se)影响。桑德拉特在《条顿经典》第二部的第一幅图中就把这个意思表达得很清楚：一头年幼的雌性罗马狼站在一个基座上，承托着他的书名。

桑德拉特的插图广泛地涉及了古罗马、意大利文艺复兴和罗马巴洛克，在书的开头，他提到他在罗马的漫长停留。中世纪则完全被省略了。在文字和插图中，他都把帕拉第奥作为一个典范，认为他有着特殊的重要性。

卡尔·欧西比乌斯·范·利克滕斯坦(Karl Eusebius von Liechtenstein，1611 - 1684 年)亲王[38]的《建筑作品》(*Werk von der Architektur*)一书，似乎并不是为了出版而编撰的。亲王是一个忠诚的收藏家、建造者和建筑师，他留下这些笔记是为了指导他的后嗣们。在这位文化界业余人士的作品中，其看待建筑的方式表现出一个贵族资助人的立场。在他的眼中，为表明建造者的名望，可以不惜一切代价；建筑在他看来只是皇室的家居所需。他还谈到了教堂、乡村堡邸以及城镇的宫殿，细致地描述了它们的家具布置，其中艺术收藏占据了一大部分。他对维尼奥拉的理论进行了教条主义的修订，认为不使用"柱式"的建筑是没有价值的。那种"没有装饰、墙面平滑"(*ohne Zierdt mit glatter Mauer*)的纯粹实用性建筑，在他看来，是"应该完全避开和轻视，不值得注意或记住的，然而，这个世界上充满了这种简单的作品和简单的房子。"[39]这些文字无疑是欧西比乌斯晚年所写的，读后我们不难理解，当时保罗·迪克尔(Paul Decker)的《宫廷建筑师》(*Fürstlicher Baumeister*，1711，1716 年)为什么会受到欢迎。

在萨克森地区(Saxony)的亨利(Henry)公爵所写的《皇家建筑趣味》(*Fürstliche Bau - Lust*，1698 年)一书中，各种欢乐而短暂的建筑在他的设计中又再一次出现，尤其是某种个人象征性手法的运用使他非常感兴趣。[40]

格奥尔格·安德烈亚斯·伯克勒尔(Georg Andreas Böckler，1617/1620 - 1687 年)[41]的著作，也没有什么真正的新东西。伯克勒尔主要在法兰克福和安斯巴赫(Ansbach)工作，与富滕巴克也有联系，他的论著基于布卢姆、亚伯拉罕·波士(Abraham Bosse)、勒米埃以及尚布雷的著作。他的《民用建筑大纲》(*Compendium architecturae civilis*，1648 年)[42]，与威斯特伐利亚条约(Treaty of Westphalia*)同年出版，试图致力于德国"三十年战争"后的重建。他的《新古典民用建筑》(*Architectura civilis nova antiqua*，1663 年)[43]，对柱式进行了比较。他去世后出版的译作，帕拉第奥的《建筑四书》(*Quattro libri*，1698 年)的前两卷[44]，以一种较易理解的形式，将帕拉第奥的理论变得适应德国贵族的需求。后两卷主要讲军事建筑。[45]

他最著名的作品是《建筑新书》(*Architectura curiosa nova*，1664 年)[46]，该书分为 5 部，主要是图片的集成。前三部讲喷泉设计，后两部讲宫殿和欲望宫(*Lusthäuser*)。这套书对于出版商保卢斯·菲尔斯特(Paulus

---

* 公元 1648 年欧洲结束了三十年的宗教战争，签订威斯特伐利亚条约（Treaty of Westphalia），重新划分各国领土和德国各诸侯的领地，将武力作出的裁决以多边条约的形式固定下来，此后以国家为基本单位的国际体系得以确立。——译者注

Fürst)是一个冒险的投机行为。插图利用了一系列欧洲的范本，以提供实用的参考——似乎没有多少贵族气。伯克勒尔的文字很蹩脚甚至有错误，他写道，"很多美观的和艺术的喷泉将会在当今的意大利、法国、英国、德国随处喷涌而出，将会制作和设计得极有品位，并且每一个例子都附有简短的说明。"[47]

然而，仅仅几行以后，他又将其归于"很多作者"。的确，这部书在乔瓦尼·马吉(Giovanni Maggi)等人盗版后，编辑得很草率，几乎没有被人们所认可。[48]第四卷的前言参考了当时关于理论问题的文章，却看不到原创的观点："建筑学或者建筑艺术是什么，它包含了什么，这些其实都不是我们在这里讨论的问题，因为这些问题已经被从古到今经验丰富的作家和建筑家探讨得很深入很细致了。"[49]

虽然图版有时候制作得很随便(甚至把原来的图像翻转过来)，文字中也有严重的错误，例如把伯尔尼尼的喷泉算到了马吉的头上，德国阿沙芬堡(Aschaffenburg)城堡的建造者格奥尔格·芮汀洁(Georg Ridinger)的名字被弄成了弗里丁格(Friedtinger)，等等，但出版商的投机行为却是成功的。这部书出了拉丁文的译本，并出了第二版。[50]虽然这些书自命为是国际性的，它们的目录和注释却明显是偏狭的。

然而在反宗教改革(Counter - Reformation*)的精神之中，却可以令人发现一些从基督徒的角度来观察建筑的尝试。例如荷兰诗人兼画家、建筑师萨洛蒙·德·布雷(Salomon de Bray，1597 - 1664 年)，曾经在为科尔内乌斯·丹克茨(Cornelis Danckerts)出版的《Architectura moderna ofte Bouwinge van onsen tyt》†一书所写的序言中攻击了弗雷德曼·德·弗里斯(Vredemann de Vries)[51]，书中从维特鲁威追溯到圣经《旧约》、诺亚方舟和所罗门圣殿等。维特鲁威在第四书中认为科林斯柱式是卡利马库斯(Callimachus)所发明的，然而德布雷认为它应归功于所罗门圣殿，以及建筑师推罗王希兰(Hiram of Tyre‡)。建筑于是成为基督教的表现。德布雷继承了德洛姆(Philibert Delorme)的观点，即后者计划写的《建筑》的第二部[52]，还参考了西班牙人维拉潘多(Jesuit Juan Bautista Villalpando)和赫罗尼莫·普拉多(Jerónimo Prado)在《以西结书注释》(Ezekiel，1596 - 1604 年)[53]中复原的所罗门的庙宇建筑，证明科林斯柱式是所罗门式的(见第 18 章)。德布雷认为，"柱式"在不同的国家和时代，其规定也是不尽相同的。

这种认为维特鲁威是"异教徒"观点的"基督徒"建筑理论之集大成者，是数学家尼古拉斯·戈尔德曼(Nicolaus Goldmann，1611 - 1665 年)[54]和他的编辑、评论员，莱昂哈德·克里斯托夫·斯图尔姆(Leonhard Christoph Sturm，1669 - 1719 年)。[55]前者是布雷斯劳(Breslau，今波兰 Wroclaw——译者注)人，后来执教于荷兰莱顿(Leyden)，出版过几本几何学著作。[56]他的主要建筑理论著作《民用建筑完全指导》(Die Vollständige Anweisung zu der Civil - Bau - Kunst)，在他逝世前不久才完成[57]，过世后才出版；他的编辑斯图尔姆，当时是德国沃尔芬比特尔(Wolfenbüttel)的数学教授(1694 - 1702 年)。[58]冗长的巴洛克式标题表明，此书不仅有维特鲁威、维尼奥拉、斯卡莫齐、帕拉第奥和维拉潘多的"符合完美规则的"(auserlesensten Reguln)柱式，同时还"详细阐述(weitläufftige Vorstellung)了所罗门圣殿"。 〔177〕

斯图尔姆的贡献是强调了"建造的理性"，"其源泉无疑是所罗门圣殿"。[59]维特鲁威则处于从属的地位："后者(指维特鲁威)的灵感是来源于所罗门圣殿的，同时也结合了古罗马人的智慧。"[60]斯图尔姆在1694年做过一个所罗门圣殿的复原设计[61]，在一个维拉潘多的有关所罗门圣殿复原重建的广泛讨论中，戈尔德曼本人也已经强调了所罗门式建筑所具有的重要作用。

作为数学家，戈尔德曼和斯图尔姆都尽力做到精确和诚实。所以，戈尔德曼把参考书目放在了论文的开头。目录和术语简表都用 5 种语言写出。

作者认识到"柱式"对于建筑组织的意义，而不仅仅作为一种装饰形式："很多华丽建筑拔地而起，几乎没有用任何柱子或拱券。"[62]他的思维模式是分析式的，思维过程则是折中的，他的目的是："要结合维尼奥拉、帕拉第奥的思想，以及斯卡莫齐的度量和分类。"[63]"均衡"(proportion)——释为"对称"(symmetry)——被看成建筑艺术中最为重要的元素，同时产生一种神秘的气氛："在此，伟大的建筑师们似乎都在努力创造宁静。"[64]斯图尔姆把戈尔德曼书中的所有配图都说成是他自己画的，维拉潘多复原的所罗门圣殿也经由他所

---

*反宗教改革运动(Counter - Reformation)：基督教会史名词，指 16 世纪初继新教宗教改革(Rreformation)之后，罗马天主教会中进行的改革。——译者注

† 作者：Hendrick de Keijser，是 Cornelis Danckerts 的老师。——译者注

‡ 圣经人物之一，帮助所罗门王建造圣殿。——译者注

"改进"。

他保留了维特鲁威的"坚固"（*firmitas*）、"适用"（*utilitas*）、"美观"（*venustas*）的概念，但所用的术语却是《圣经》里的"*starck*"、"*bequem*"和"*zierlich*"。"建造者们"（*Werckmeister*）被归入匠人之列，因为他们"用繁冗的装饰破坏了建筑的表现力。"[65]建筑艺术被提升到科学的层面——即数学科学的层面，这确与斯卡莫齐暗合——然而当在实践中这一切都简化成为"结构艺术"（*ars mechanica*）时，便又回到了中世纪的学术传统之中。[66]

作者的见解主要是这些，但是他们又诚恳地告诫读者"不要把我们写的东西当作金科玉律（Holy Writ）"。[67]作为数学家，他们认为建构[tectonics（*firmitas*）]优先于功能和美学的标准[68]，而美学效果则主要是"玩弄比例"（*Spiel der Proportionen*）的结果——斯图尔姆对于佩罗－布隆代尔的争论有一定的了解——这的
〔178〕 确"很能蛊惑人心。"[69]看来这无疑是受了数学规范的影响。艺术必须追随自然，但是却会由于自然的"疏忽"（*Unachtsamkeiten*）而创造出"更好的秩序"（*bessere Ordnung*），"无疑，野趣横生的花园和树林看起来固然让人愉悦，但如果把树木按照某种思路弄成同样的高度、规则地排列起来，自然会变得更加迷人。"[70]

书中谈到了法国的理性主义，重复了自文艺复兴至乌夫拉尔和布隆代尔的音乐和谐理论，但是强调了所罗门圣殿的比例。维特鲁威提供的比例被明确说成是来自所罗门圣殿的。[71]

"神圣的建筑艺术"（*heilige Baukunst*）在所罗门圣殿中被上帝所展现了出来；关于柱式理论的"异教徒"（*heidnische*）艺术是从属于它的。[72]这些观点完全来自维拉潘多。柱式被划分成为严格的层级，区分为"下等的"（*niedrige*）和"尊贵的"（erhabene）："下等的"和"男性的"（*männliche*）柱式，是塔斯干和多立克式的；而"尊贵的"和"女性的"（*weibliche*）柱式，则是爱奥尼、组合式（"罗马式"）和科林斯式的。最后一种柱式占据了最高的地位，因为它属于所罗门圣殿。关于柱式的比例，他们接受了维尼奥拉的模数体系，但为避免"真正繁琐的数字"（*gar unbequem Zahlen*），它被极大地简化了。[73]

第三书和第四书是关于平面部署和建筑类型的。书中所给出的例子清楚地体现了温琴佐·斯卡莫齐在有关古典式见解中所起到的决定性作用。

附录中有一篇"戈尔德曼的《民用建筑完全指导》纲要"，以及一篇《比较建筑学》（*Architectura Parallela*），内有一张关于塞利奥、帕拉第奥、维尼奥拉、斯卡莫齐和戈尔德曼的柱式中比例分配的比较表。

有一章题为《完美原则的初步实践》（*Erste Ausübung der Vortrefflchen und Vollständigen Anweisung*），是为《民用建筑完全指导》（*Civil - Bau - Kunst*）的第二版所写的，似乎主要或完全出自斯图尔姆之手。在序言中，他对所谓第四卷"主要写了些老掉牙的设计……而毫不关心现在正在建造的房子"的谴责提出了反驳。[74]斯图尔姆承认"德国建筑中的实际需要（Commodität）"由于气候条件和社会条件的原因，而与意大利有所不同，但是他坚持，一个人只有在意大利才能学会"如何使一座建筑变得美丽"。[75]然而，在他的课程《初步实践》（*Erste Ausübung*）中，他仍不免有使他所举的例子符合当前品味的意图。

《初步实践》的核心内容包括寻求第六种，亦即一种真正"德国的"柱式[76]（图版110）的尝试。较早的时候，斯图尔姆曾批评路易十四时期法国人所作的尝试，即发明一种新柱式，认为这是"无用的"（*vergeblich*），因为他们都犯了同样的错误：企图超越科林斯－所罗门式的柱式。他希望找到一种柱式，能够适应当前的比例和意义，并与德国的民族性格相符。他把这个柱式放在爱奥尼和组合式（罗马式）柱式之间，以此来形成三对柱式，其中柱子的高度是同样的模数（塔斯干式和多立克式×16，爱奥尼式和德国式×18，组合式和科林斯式×20）。他相信这样能够证明，德国柱式最终是可能的一种柱式。[77]实际上，他的所谓"德国柱式"只不过是爱奥
〔179〕 尼柱式与多立克柱式中诸元素的一种时髦的混合罢了。

这本《初步实践》中与书名相对的卷首页（图版111）上，绘出了斯图尔姆的德国柱式。为了确保他的意图被理解，他不得不在背面给出一个"卷首版画说明"（*Erklärung des Kupfer - Tituls*）。

戈尔德曼和斯图尔姆在德语世界的辉煌成就可以与斯卡莫齐在意大利的成就相比肩。他们的理论是可以理解的、基于数学的，并且从《圣经》中找到了他们理论的最终依据。然而，矛盾也是不可避免的，这表现在他们两位作者之间的争论、启蒙运动和宗教见解之间的矛盾，以及巴洛克艺术和古典主义标准之间的矛盾，等等。通过大量与建筑类型和结构有关的出版物，斯图尔姆将戈尔德曼的《民用建筑完全指导》[78]的结论反复地运用于市场。在重复编辑的表格和索引的背后，似乎隐藏着一种传教士式的热情，例如《建筑手册》

(*Vademecum Architectonicum*，1700年)一书就是一例。[79]1714年，斯图尔姆出版了关于宫殿建筑[80]的文字，在这本书中，他参照法国的公寓式住宅，制定了德国的规范。他抨击了德国当前以德克尔为代表的"盛期巴洛克"(High Baroque)式风格。斯图尔姆在后来的两部书中进一步探求新教(Protestant)教堂[81]的建筑标准。

斯图尔姆的著作出版于18世纪初，表达了那个世纪的风格立场。一本亲法国的(French-oriented)《民用剧场建筑》(*Theatrum architecturae civilis*)一书，作者是德国拜罗伊特(Bayreuth)的宫廷建筑师卡尔·菲利普·迪厄萨尔(Carl Philipp Dieussart)[82]，出版了好几次，分为几章：包括建筑材料、柱式的比较运用、为特殊建筑部件制定的规则等。这本书同样显得有些观点陈旧。

由选举的工程师(Electoral Engineer)兼雕刻师尼古拉斯·佩尔松(Nikolaus Person，1710年去世)所写的《新建筑之镜》(*Novum Architecturae Speculum*)，是在美因兹(Mainz)出版的，这是一本万能建筑手册之类的书。[83]这本书的编纂很不系统，也缺乏相关的文献，不过记录了17世纪末期弗兰科尼亚(Franconia)和莱茵河流域(Rhineland)的建筑形象，其中还有不少是从德阿维勒(d'Aviler)的《建筑学教程》(1691年)等资料中抄来的一些建筑细部[84]，至少在视觉材料上有着可观的价值。在富滕巴克的传统下，人们试图为所有建筑类型找出范例。有一幅插图画的是"各种乡村教堂与礼拜堂"(*allerhand Landtkirchen und Capellen*)，紧接着的一幅图是有关火药的杂志的。[85]书中有专门的部分写机器和花园的设计，单独有自己的标题页。福拉尔伯格(Vorarlberg)的巴洛克建筑师的所谓《奥尔教程》(*Auer Lehrgänge*，编译于约1710年)，具有某种比较的功能。这是一部由文本摘录、平面图和立面图组成的汇编，可以作为类型学的范例和教学用的材料，来源主要是德阿维勒、波佐(Pozzo)等。[86]这些专为家庭和行业公会所使用的手稿，可能并不是为了要出版，而仅仅是为了说明建筑资料的用法。《奥尔教程》源于卡斯帕·穆斯布鲁格(Caspar Moosbrugger*)派的建筑师，它为我们提供了独特的视角，可见当时德国南部巴洛克建筑师组织的庞大阵容和工作程序。

在德国18世纪关于柱式的论文中，不能不提到奥格斯堡的画家约翰·格奥尔格·贝格米勒(Johann Georg Bergmüller)和他的著作《有关柱式的几何学解释的后续报告》(*Nachbericht zu der Erklärung des geometrischen Maasstables der Säulenordungen*，1752年)，书中认为所有的柱式，包括它们的比例，都是来源于多立克柱式的。[87] 〔180〕

最重要的关于德国巴洛克建筑的书籍，在形式上看起来不大像是"理论"著作，却是18世纪初最丰富的建筑图集之一。保罗·德克尔(Paul Decker，1677-1713年)的《宫廷建筑师》(*Fürstlicher Baumeister*)[88]仅仅是浩如烟海的建筑类型学中的一个片段，专门收集各个角落的理想设计。

《民用建筑细则》(*Ausführliche Anleitung zur Civilbaukunst*)一书[89]，不知出版于何时，主要来自德阿维勒和斯图尔姆，在文体上承袭于德克尔的老师——安德烈亚斯·施吕特(Andreas Schlüter)；这本书肯定早于《宫廷建筑师》。这本《细则》纯粹是一部雕版图集，偶尔附加一些文字说明，但却是很不系统的，而且显然没有完成，似乎被《宫廷建筑师》的工作所打断，这部书的手稿直到德克尔溘然逝世以后才得以付样。前两节主要是关于建筑元素和装饰，以及建筑物的各个部分的，第三节开始系统介绍建筑风格问题(图版112)。德克尔图示了一座市民住宅和一座富商住宅，此后很快地进入贵族府邸和乡村别墅的描述中。他的兴趣主要在于为贵族统治阶级服务的建筑物，这在《宫廷建筑师》中表现得更加明显。[90]

在《宫廷建筑师》一书中，有被德克尔诠释得很丰富的卷首插图(图版113)，试图表明艺术是一个统一体，绘画与雕刻是从属于建筑的。在德克尔的《卷首插画释义》中，巴洛克式的自尊表现得很明显，全文引用如下：

> 这部书开头的雕版画是为了让读者对我的观点有一点理解，因为这是眼睛首先光顾的东西：头顶着光环的"女神"降落在云端，光芒四射；她的一手持着节杖(sceptre)，作为世界的标尺，上面镶嵌着一幅建筑图；另一只手持着圆规和三角板，朝着身旁的建筑图，表示正在注入理解和智慧，并以合适而美好的方式解决问题。"建筑"伴随着一个手持水准仪和建筑平面镶嵌画的天才；而天才正注视着脚下的象限仪。"绘画"，作为建筑的良伴，跪在建筑身旁，在她的周围躺着

---

*Casper Moosbrugger 于1656-1723年建瑞士艾因西德仑修道院(Einsiedeln)，巴洛克建筑。——译者注

常用和熟悉的工具。在三足鼎上，"艺术"向女神许下芬芳的承诺，而三足鼎则表示这些高贵的艺术是献给神的，于是万物都沐浴在她的荣耀之中，例如庙宇、学校、祭坛等等。三足鼎旁有一位手持镜子的老者，他代表聪敏的向导，人通过他而获得艺术。他的身旁是"雕刻"，她的臂弯中抱着一个雕像的模型，这表示建筑物最佳的装饰和点缀是雕像。在女神旁边有两个闪亮的天使，捧着"星星王冠"，表示真正的大师不仅在有生之年获得尊敬和荣誉，美名在他们死后会变得不 〔181〕 朽。在他们的上方是另一个闪亮的天使，一手持着满盛花果象征丰饶的山羊神的角（cornucopia），另一手持着金链，链上挂着高贵的勋章，意思是，真正的大师通过他们的技艺赢得神的慈悲，会得到富有和满足。远处一旁画了个万神庙，而另一旁则是一座庭园。[91]

严格地讲，德克尔的著作算不上建筑理论，因为它没有一个用语言表达的系统。然而必须看到，巴洛克的建筑理论是几乎不能用语言表达的。德克尔通过附有说明的插图而表达了自己的思想，这和博罗米尼的做法十分相似，当时瓜里尼（Guarini）的《民用建筑》（*Architettura civile*）一书还没有出现。

实际上，在德克尔的序言里，既没有大量提到当时的法国理论，也没有提到命名，他显得对此很熟悉。法国的巴洛克古典主义很难跟他自己的罗马巴洛克倾向进行比较。毕竟，他尝试用《宫廷建筑师》书中整个第一部分，在一所宫殿设计中表达业主的"高贵品质"，以及国家的"辉煌"，并显示出"和谐的法则"（*Reglen der Symmetrie*）。[92]德克尔在这里用到了法国建筑争论中的一些核心概念。

德克尔在著作的主体部分探讨了一个中等规模的府邸，整个设计深入到了室内家具，因为"这是最普通、最经常遇到的类型"。他在著作的第二部分以相似的方式表达了一个王宫。在他的第三部分，在讲到"乐园、花园、橘子园、洞穴，以及洞穴居"时，可以明显地看出，在他的心目中存在着一种一般性的建筑类型。第四部分则讲"教堂和礼拜堂的设计"，第五部分是"市政厅、学校、医院、股票交易所、军械库"等等。[93]由于德克尔执意追求杰出的图像质量和细致的绘图，开始时难以相信这部分工作能够完成。仅《宫廷建筑师》的第一部就有59幅图，全部是德克尔的手绘。德克尔的创新在于，他试图通过结构设计、内部装饰，直到家具设计，从整体上表现建筑思想。从卷首插画的寓意中可以看出，德克尔是一个统领一切艺术形式的巴洛克建筑师。他因此调整了图纸比例，以致《宫廷建筑师》的第一部分几乎可以作为某建筑的全套设计。他的全部建筑理想精确反映了时代的需求。在《宫廷建筑师》出版的同年开始的波莫斯费尔登城堡（Schloss Pommersfelden）的设计，显示出德克尔准确地预见到了德国王室在建筑方面的情感取向。在穹顶天花的绘画设计中，他已经用到了波佐的透视理论。[94]到1713年，《宫廷建筑师》第一部分的附录问世了，在府邸设计中又补充了园林、凯旋门、塔、柱，以及园林建筑。在洞穴和泉水的设计中体现的思想，与同时期的卡塞尔-威廉姆肖（Kassel-Wilhelmshöhe）的基本相同；在这些领域里，德克尔的设计是严格的博罗米尼式（Borrominesque）。

〔182〕 在德克尔去世后（1713年）3年才问世的《宫廷建筑师》的第二部分（1716年），在各个方面都是十分完备的。出版者向读者推荐斯图尔姆作为参考，尽管后者属于一个世纪前。"皇室宫殿"的设计（图版114）在这里完成得不再像第一部那样细致到了极端；它的水平应该在介于维也纳美泉宫（Schönbrunn）和维尔茨堡主教宫（Würzburg Residenz*）的宫殿建筑之间。这部书的格式是大对开本，并且附有折页的平面，展开长度达2米余。为使喷泉设计变得精致而有寓意，德克尔在荫凉处放置了伯尔尼尼在纳沃纳广场（Piazza Navona）的四河喷泉（Fountain of the Four Rivers）。

德克尔印刷精美的作品是反映德国王室对于巴洛克建筑所抱有的极度热情的典型文本。当一个人翻开一页页图版时，那感觉就像是在建筑中的一种沉迷陶醉，在这些图版中，作者的充沛精力溢于言表，就像他可能的赞助人也被特约来作自我陶醉。像斯图尔姆和德克尔那种建筑著作在实际建筑中的效果，在巴尔塔扎·诺伊曼（Balthasar Neumann）的楼梯间[95]的设计中表现得最为明显。

波佐留下的传统，即关注建筑描述甚于关注建筑本身，对德国的影响不仅在于著作的译介，而且产生了近乎荒谬的深远影响。纽伦堡数学家约翰·雅各布·许贝勒（Johann Jacob Schübler，1741年去世）的全部作品，尤以其中的两册版著作《透视》、《图像》（*Perspectiva, pes picturae*，1719/1720年）[96]为这种倾向的典型，实际上

---

*建于1687-1753年，由著名建筑师诺伊曼设计，南德地区最重要的巴洛克建筑，已被联合国教科文组织定为世界文化遗产。——译者注

他被称为波佐研究的继续。[97] 在许贝勒对艺术概念的过分阐释中，他甚至比同为数学家的戈尔德曼和斯图尔姆走得更远，他声称，"一切与数学原则相抵触，以及不能被数学所证明的绘画和制图都应该是被拒绝的。"[98] 他甚至断言"如果没有透视，就将没有任何可见物能够被准确地加以表达"[99]，在此，透视被赋予了具有至上性的权威。

许贝勒认为，（对于建筑制图的用途而言）透视学知识必须与建筑联系在一起。由于透视的准确性要求，建筑也有准确性的要求。结论是："虽然不能以透视本身的正确性来掩盖古典和现代建筑的缺陷，然而透视能使它们适合于所有人的眼睛。所以，不管在什么领域，和谐是首先需要解决的问题……"[100] 许贝勒甚至试图把维拉潘多的所罗门圣殿也用来支持他关于透视的概念。许贝勒在卷首，甚至在正文中，提供了一些精心制作的、讽喻性的、附有很长解释的插画，其目的是为了让读者"能够休息一小会儿，享受一下思考的乐趣"。[101]《透视》的第一部分基本上和波佐的论文结构相同，只是用了"新近的"（*neu invenirte*）建筑实例和插图而已。第二部分讲述如何用透视和阴影正确地描绘一座建筑。为了尽可能达到视觉的愉悦，许贝勒提供了更加复杂的方法。他附带指出，"绘画的高贵来自于推理"。[102] 在书的最后，有两幅表现"纵深感"（longimetric）的透视图（图版 115），从令人眩晕的高度，即一个不可能的视角俯瞰一座建筑。[103] 许贝勒说明："你凝视它越久，就越会感到心中的满足。"[104] 他的插图为他证明，"光线的科学应该被看作是取悦众人的最优雅的艺术。"[105]　〔183〕

这个由波佐提出，由比比耶纳（Ferdinando Galli Bibiena）所继承的课题，到许贝勒，则是以一种荒谬的形式结束的，变成了只能通过透视法来看建筑，也就是说，他只重视效果。许贝勒的《透视》，在 18 世纪建筑理诠的边缘性著作中，是最为罕见却很精密的一个。

巴洛克时期最著名的建筑学著作，约翰·伯恩哈德·菲舍尔·范·埃拉赫（Johann Bernhard Fischer von Erlach，1656–1723 年）的《历史建筑概览》（*Entwurff einer Historischen Architectur*）[106]，仅有一个片断。[107] 菲舍尔是于 1705 年"作为一种无害的消遣"开始写书的[108]，他给皇帝查理六世看过手稿，并附有拟于 1712 年的雕版清样；这部书最后于 1721 年印行。[109] 菲舍尔的作品和德克尔一样丰富，不过两者的追求完全不同。首先，它也是一部图集，附有少量有说明性内容的文字。《历史建筑概览》曾经被称为"第一部比较世界建筑史"。[110] 斯卡莫齐（1655 年）以前也曾做过类似的尝试，但他的视野仅仅局限于西方。最早注意到不同文化和不同时期的建筑发展的比较问题的是老布隆代尔（1675 年），但他深信建筑中存在着一些不可改变的规则。

菲舍尔研究的比较建筑史，包括了近东和远东，而且已经不像斯卡莫齐和布隆代尔开始时那样，局限于建筑理论的领域。他并不把自己主要定位成是学术性的，而是为了"让内行们看了眼前一亮，并能激发艺术家们的创作"。[111] 历史实例是为了"促进学问和艺术"。[112] 菲舍尔赞成在建筑中存在"不同的民族审美趣味"（*Geschmack der Landes-Arten*），以及"习惯不会被规则所束缚，民族评判不会超越民族品味"。[113] 菲舍尔当然知道多瑙河畔君主政体的多民族国家（Danube monarchy），而且，他作为皇家建筑师的主要目的之一，是创造"皇家风格"（*Reichsstil*）。无论如何，他很快就掌握了"某种一般性原则……这是一些如果没有明显妨害就不应该被忘却的原则。对称就是其中之一……"[114] 菲舍尔承认历史风格的多样性。然而，在很大程度上他是属于启蒙运动时期的人物，又是一位标准的思想家，因此，很难从一个历史主义者的感觉上完全赞同历史相对主义的思想。

菲舍尔把他的著作看作是一个"概览"（*Entwurff* ＊），是"世界建筑"典范的集成，而不是一部严谨的建筑发展史。从他对历史的建构中可以看出，他对历史所具有的高度敏感，其中"真实性"是他极为重要的一个目的。他利用出土文物、古代文献、纪念币，以及大量的笔记来支持他的观点，甚至有时还对现代考古学做出了惊人的预测。即使是人物的服装也出现在了他的插图中，菲舍尔为历史真实性付出了努力。

《概览》分为 5 册。第一册是关于所罗门圣殿、世界七大奇迹，以及犹太、亚述、埃及和希腊的建筑的；第二册关于罗马建筑；第三册讲伊斯兰和远东世界的建筑；第四册是他本人的设计作品；第五册是关于古代花瓶。卷首的插图是一座半圆形门廊，混合了古典和巴洛克的风格，基座上铭刻着"建筑史论"（*Essai d'une*　〔184〕*Architecture Historique*）几个字，在基座的上方飞翔着经历了时间变迁所承载的名声。

在一张东地中海地区的地图上，与这一地区建筑有关的历史重构被一笔带过。菲舍尔以所罗门圣殿为开

＊ 古德语 Entwurff＝现代德语 Entwurf：设计，构思，布局，提纲，如 bauentwurf（建筑设计）。——译者注

始，写了《关于不同时期、不同民族的建筑类型的一般观点》（*generale Idee von den Bau-Arten unterschiedener Zeiten und Völker*），文中引用了维拉潘多的研究，仅仅在透视方面作了一点改动。继承维拉潘多-德布雷-戈尔德曼-斯图尔姆的传统，科林斯柱式被认为是起源于所罗门圣殿，并且通过腓尼基人和希腊人传播而来的。[115]

菲舍尔提供了大量较为准确的材料，特别是在著作的开头，以及在每一处图片说明的末尾。[116]然而他常常会明显地偏离主题。他对历史有着惊人的直觉，例如他是第一个将巴别塔（Tower of Babel）正确地复原为（古巴比伦）山岳台（ziggurat）的形式的人。只有当材料完全说服他的时候，他才会采用其他人已有的复原而不加改变，如尼尼微神庙（Temple of Nineveh）就是一例；否则，他就会让他自己的想像力信马由缰（图版116），如尼禄（Noro）金屋（Domus Aurea）的例子。因此，他对尼禄金屋的复原看上去更像是一个埃斯科里亚尔建筑群（Escorial）的变体，而不像是一座罗马宫殿。

他的复原设计是极富想像力的。这一点通过将他所绘的"世界七大奇迹"，与他所赖以为素材的由菲利普·加勒（Philipp Galle）于1572年制成版画[117]由海姆斯凯克（Martin van Heemskerck）绘制的"七大奇迹"（Septem Orbis Miracula）加以比较，就可以明显地看出来。甚至有的建筑形象，如戴诺克利特斯（Deinocrates）将希腊亚萨斯山（Athos）设计成女像的城市设计（维特鲁威，II，前言），也被菲舍尔以图像的形式而具体化了。在谈到他对于古代希腊建筑的复原时，我们应该记得，有关希腊古代遗址著述的大量出版，是整整比他晚了一代之后的事情了，因此，在他复原希腊遗迹时，只能凭借斯蓬、惠勒（Spon、Wheler，1679年）等人的旅行速写。他从旅行者提供的材料中发掘信息的本领是超乎寻常的，他复原的斯帕拉多/斯普里特（Spalato/Split）的戴克里先宫（Diocletian）便是明证，其成果已经远远超过了斯蓬-惠勒的速写，达到了罗伯特·亚当（Robert Adam）1764年出版的复原设计的水平。他的叙利亚巴尔米拉（Palmyra）遗址图是基于1711年克尔内留斯·路斯（Swede Cornelius Loos）[118]的一张画。但菲舍尔没有对古罗马一些重要的纪念性建筑（万神庙，等等）进行复原，他是通过挑选出现有其他作者较好的著作中的例子，同时"也用了与之相当的勤奋"（*mit gleichem Fleiss gemacht worden*）[119]来弥补这一空白的。在书的开头，菲舍尔举了一些伊斯兰建筑的例子，匈牙利的浴室和清真寺，这些东西仅仅是在17世纪末被哈普斯堡皇室（Habsburgs）重新占有过，而匈牙利在1711年被承认为一个独立的政权。这一点表现出了多民族国家对于异族的建筑传统的现代包容性。

菲舍尔是把中国建筑引入欧洲人的建筑视野（图版117）中的第一人。他用的材料是荷兰东印度公司驻北京的使者简·尼乌霍夫（Jan Nieuhof）1656年的记载，这份材料出版于1670年。[120]

[185]　第四册中有关他本人建筑创作的表述，是建立在文艺复兴以来建筑写作的一个坚实的传统之上的，在这本书中，作者将那些设计奉为楷模。但它们看上去像是"历史建筑"的合成。菲舍尔的所为，是要为哈普斯堡皇室创造一种"神圣的罗马皇家建筑"，历史给予了他设计的合法性和连贯性。菲舍尔的观点，开始时是世界性的。在他的比较中，似乎是在贬低路易十四统治下法国建筑的自负的民族性。[121]而且，菲舍尔没有列举法国建筑的典范。

虽然菲舍尔的《历史建筑概览》，严格地讲并不是一个建筑理论系统，但他是以他个人的建筑概念为基础，尝试着将世界建筑体系可视化。他在维也纳的圣卡尔教堂（Karlskirche）还将这种尝试付诸于实际。

在德克尔和菲舍尔的著作问世之际，一些关于宫殿和园林的个人出版物也出现了，同样像是提供潜在的范本——例如萨洛蒙·克莱纳（Salomon Kleiner，1703-1761年）的系列雕版图集，关于申博恩（Schönborn）城堡、盖巴赫城堡（Gaibach）、希皓芙城堡[Seehof，在班贝克（Bamberg）城外]、钟情宫（Favorite，在美因兹城外），格勒斯夫城堡（Göllersdorf）和波莫斯费尔登城堡（Pommersfelden）。[122]这些纯粹视觉材料的收集对建筑理论有着间接的贡献，它们提示了建筑及其时代背景。同样的作品还有弗朗索瓦·屈维耶（François Cuvilliés，1695-1768年）[123]的《怪诞之作，多用途》（*Morceaux de caprices, à divers usages*）[尽管作者是比利时佛兰芒人（Flemish），又在法国受的教育，但却应该归入巴伐利亚的洛可可一派]，这是一本纯粹的手册类书，内容关于细木作、家具、铁艺、烛台、灯罩，等等；虽然他的儿子把这些写进了《巴伐利亚建筑》（*Architecture Bavaroise*），后者还做了进一步拓展，把他父亲真实而理想化的建筑设计也写了进去。

德克尔和菲舍尔都把自己定位在宫廷的圈子里。此外，值得一提的是约翰·弗里德里希·彭特（Johann

Friedrich Penther)和洛伦茨·约翰·丹尼尔·苏科(Lorenz Johann Daniel Suckow),他们的作品里出现了一些别样的"市民建筑物"。身为教授、供职于格丁根(Göttingen)高级建筑事务所的彭特所写的《市民建筑》(*Bürgerliche Baukunst*),尽管篇幅很长,却只是一个大课题的一部分。[124]彭特是一个很尽责但多少有点书生气的作者,这个彻头彻尾的德国人有着某种知识上的偏狭。他的理论观点和美学观点都是从别人的书里借用来的。他著作的第一卷是一部专门的有关几国语言的建筑词典,后面的几卷分别是私人住宅、柱式、公共建筑,也包括一些教育性的段落和表格。这部著作的主要价值在于它的实用性规范。他的"市民建筑"的概念包括了所有种类的建筑,所以,大量德国当时代的城堡都被编进了他的图版中。

苏科的《市民建筑》一书[125],所涉及的范围更窄。他为自己作品所写的序言,是从经济学的角度来观察建筑的作用的,他把建筑行为看作是对公共财产,或者王室对匠人以及"一切手工产品"(*alle Arten von Fabriken*)[126]的税收和一定比率的支出。苏科的研究方法中,奇怪地综合了戈尔德曼和斯图尔姆的德国传统建筑理论,以及自科尔德穆瓦以后盛行于这个世纪上半叶的法国功能主义。苏科超越了关于材料使用的一般性指导,而是在材料的自然特性、结构和功能之间建立了某种因果关联,在他看来,这就是美的本质所在。他引入了法语概念"用途"(*usage*),把它叫做"目的"(*Absicht*)。任何没有功能的东西在他眼里都不是"美的"(*schön*),而仅仅是"装饰性的"(*zierlich*)。例如柱式,在他看来不过是"经过装饰的支撑物,其作用在于承受一些荷载,不使其落下"。[127]出于佩罗将对称定为"绝对美"的概念,苏科要求建筑的各部分,"至少那些最醒目的地方……应该对称地布置"。[128]苏科著作的另一个用处是在某些段落中对建筑工匠们提出了一些实用性的建议。 〔186〕

《市民建筑》中关于艺术的文字,在 18 世纪的后半叶很受欢迎。约翰·达维德·施泰因格鲁贝尔(Johann David Steingruber)的《市民建筑实务》(*Practische Bürgerliche Baukunst*,1773 年)将市民建筑艺术归为数学的一个分支,并试图将法国的结构习惯与德国的例子进行比较,但是他仅详细例举了两个"市民建筑"的例子。[129]

有一部非常系统的著作,提出了理论的和美学的问题,这部书是《市民建筑之构成》(*Anfangsgründe der Bürgerliche Baukun*st,德语版,1773 年;拉丁语版,1784 年),作者是前面说过的叶苏伊特·约翰·巴普蒂斯特·伊佐(Jesuit Johann Baptist Izzo)。[130]这部书基于维特鲁威提出的概念,"坚固、适用、美观" 三原则(德语:*Festigkei*,*Bequemlichkeit*,*Schönheit*;拉丁语:*firmitas*,*utilitas*,*venustas*),附带介绍了怎样设计一座建筑(*Baurisse*)。在"坚固"(*Festigkei*)这一词条下,伊佐提到了结构、统计和材料运用。他对于功能(*Bequemlichkeit*)概念的阐释,考虑到了清洁卫生、心理学,以及社会方面,这是一个特别敏锐的问题。在定义和预见时代观点方面,伊佐超过了所有的前人。下面是他的第 114 段:

> 当户主可以做他想做的事情,而且是轻松地,没有羁绊地和无忧无虑地处理从整座房屋到里里外外的个人事务的时候,这座房屋(见第 3 段)是便利的。但是,如果一个人总是被疾病所困扰、为健康而担忧;如果不能获得充足的光线(这对人类大多数活动至关重要);如果由于某些部位不便于使用,造成人们因为季节变换、疲劳、恶臭等等,而罹患疾病;如果人们从一个部分到另一个部分必须绕道而行;……难道一座房屋可以不顾这一切而实施吗?[131]

伊佐将他自己从洛吉耶纯粹从结构的角度考虑的功能主义中分离了出来。[132]

从美学角度看,伊佐已经背离了佩罗的相对主义美学,以及对于比例的简单化的教条主张,而认识到比例对于观者,以及引起"巨大的、给人美感的喜悦"(*große Wollust*)是重要的。[133]在 18 世纪关于"鉴赏力"(taste)的争论下,伊佐试图在标准的美学观念与感觉论之间搭起一座桥梁(第 197 段):

> 人的眼睛越容易注意到并加以区别的东西,其局部与整体之间的区分就会显得越美丽,也越能引起观察者们的愉悦;因为只有那些作用于感觉并取悦于感觉的东西才会被接受,并且被认为是美的。[134]

伊佐的"真实美"(*wahre Schönheit*)概念,依赖于比例,但他同时允许,当施加了必需的装饰时,也就是

〔187〕 当居住者的社会地位或建筑的类型决定了建筑的装饰时，"外表美"（*scheinbare* Schönheit）也是存在的。[135]

同时，伊佐的图版完全是巴洛克式的，他的文字是 18 世纪末最值得玩味的文本之一。他自己在 1777 年制作了一个教学用的版本。[136]

1792 年，基于苏科的研究，弗朗茨·路德维希·范·坎克林（Franz Ludwig von Cancrin）出版了一部关于市民建筑的文本[137]，这本书中将功能主义的观点推进得更远，甚至提出，对于建筑的完美而言，美不是必要的。[138]范·坎克林作品的用处在于对所有建筑类型提出功能性定义的尝试。它以介绍如何设计建筑（*Erfindung der Gebäude*）为结尾，然而其中只有一些公式化的规则。

约翰·约阿希姆·温克尔曼（Johann Joachim Winckelmann，1717－1768 年）在《古代艺术史》（*Geschichte der Kunst des Altertums*，1764 年）中，追求一种进化论的历史研究，与菲舍尔的比较建筑史不同的是，他是直接同当前状况相关联的。[139]温克尔曼的著名著作中虽然并不包括建筑，但却明显地追随了老布隆代尔的传统，并对他所写的《建筑学教程》作了摘录。[140]温克尔曼将他进化论的艺术史建立在气候、自然、以及社会因素上，以此寻求不同文化背景下的艺术个性。他将古希腊视为理想时期，因为古希腊人最接近"本质"（*Wesentliche*）和"真实"（*Wahre*）。所以，他们的艺术成为"被反复传颂的范本"（*zum Ausüben vorgetragen*）。[141]在他们那里可以找到"庄严"（*Großheit*）和"单纯"（*Einfalt*）[142]，这在他早先的著作《关于绘画和雕刻中模仿希腊艺术作品的思考》（*Gedancken über die Nachahmung der Griechischen Wercke in der Mahlerey und Bildhauerkunst*，1755 年）中，就已经提出了，当时说的是"高贵的单纯"和"静谧的伟大"（*edle Einfalt*，*stille Größe*）。[143]这些美学概念使它成为法国和英国启蒙运动的经典。[144]温克尔曼试图建立一种希腊理想主义的标准，用以抵抗他所见到的古典主义末期和巴洛克时期艺术的衰退。与法国人相反，他发现他的规范并非从罗马艺术中来，而是从希腊艺术中来。

温克尔曼本人对希腊建筑的了解，限于帕埃斯图姆（Paestum）的神庙。在他的年代，考古学刚刚诞生，不能从中获取任何材料。然而他意识到了从建筑学的角度观察问题的重要性："这些全仰赖于人们用来看事物的眼光。"他坚持认为，旅行文献对于艺术的用处不大，比如德戈丹的书，除了与测量有关以外一无助益，而"其他的人，也必须教之以一般性的观察方法，以及规则（precepts）"。[145]温克尔曼限于他的建筑观，紧守法国古典主义的传统："在建筑中，美会被传播得更为广泛，因为美主要蕴藏在比例之中：一座没有附加任何装饰的建筑可以因其独立的存在而美丽优雅。"[146]

温克尔曼对于建筑最重要的贡献在于他的《古代建筑研究》（*Anmerkungen über die Baukunst der Alten*）一书[147]，这本书起于克鲁萨西奥（Friedrich August Krubsacius）[148]的一个文本（他并未引用）。他从亲历的帕埃斯图姆神庙进一步探寻建筑本质（*per se*）的一般规律。[149]他区分了"本质的"（*Wesentliches*）与"装饰的"（*Zierlichkeit*）："本质部分地由材料和建造方法组成，部分地由建筑的形式和建筑的一些不可或缺的成分组成。"[150]材料、结
〔188〕 构，以及建筑类型，组成了建筑的"本质"。温克尔曼将美和装饰（*Zierlichkeit*）对应起来，由此他得出结论说，美不是由于任何装饰的使用，而是因为一些与"本质"相关的东西："一座没有装饰的建筑，就像一个贫穷的健康人……而当装饰和单纯在建筑中结为一体时，就产生了美：因为当事物成为它应该成为的东西时，它就是美的。所以，建筑中的装饰应该符合其目的，不管是在一般情况，还是在特殊情况下都是如此……而且建筑物越大，它对于装饰的需求也就越小……"[151]

温克尔曼假想在建筑的肇始之初，有一种装饰相对缺席的状态。这致使他决定在美学上重新评价多立克柱式，但是，他随后又认为（多立克）是"古代神庙的调料（Pesto）"，他强调柱子"不是装饰性的"。[152]这清晰地显示了一个美学难题，一双已经习惯了罗马建筑的眼睛，在面对原始的希腊建筑时，必须努力适应才行。

温克尔曼认为，古典时代末期和巴洛克时期"过分的装饰"（*überhaufte Zierate*）导致了"建筑的琐碎"（*Kleinlichkeit in der Baukunst*）与堕落。这种态度与他从阅读中所熟知的法国学院派的观点倾向十分相似。虽然他对希腊建筑的个人体验仅是一些片段，但还是要比一个世纪前尚布雷的抽象希腊精神（abstract hellenism）的思想前进了一大步。同时，在希腊、罗马之争的问题上，温克尔曼站在了"罗马派"皮拉内西的反面，而对希腊表示了支持，这促进了人们对于希腊文化的重新认识。[153]令人感到吃惊的是，温克尔曼用经验主义的方法，来质疑维特鲁威所提出的柱式比例源于人体的论断（《古代艺术史》，V.4）。然而，他的建筑观最终也没

有能够定型。

18世纪后半叶的德国，在艺术理论方面作出最大贡献的是《美学概论》（*Allgemeine Theorie der schönen Künste*），作者是瑞典人约翰·乔治·祖尔策（Johann Georg Sulzer，1720－1779年）[154]，此人大半辈子都在普鲁士工作。祖尔策的辞典式著作，涵盖了造型艺术、建筑、诗歌和音乐，所以，他的"体系"中并没有得到系统性的表达。祖尔策的表现形式受到了他曾经为之撰稿的狄德罗－达兰贝尔百科全书（1751－1772年）的影响，他的美学体系则受了沃尔夫（Christian Wolff）和鲍姆加登（Alexander Gottlieb Baumgarten）哲学的影响，后者的著作《美学》（*Äesthetik*，1750－1758年）使其成为这一哲学领域的现代分支的真正奠基人。鲍姆加登的兴趣点在于艺术作品和艺术效果的感知——由此人们不由得想到18世纪上半叶法国的建筑理论——这对于祖尔策有着尤其深刻的影响。

对于建筑的评价——像对造型艺术、诗歌和音乐一样——更多地仰赖于它的社会和教育背景，而不是其内在的的美学特性。祖尔策在他的"序言"中讨论了这个问题。他认为艺术的任务是要用美来提升"道德修养"（*Pflege des sittlichen Gefühles*）：[155]

> 时常反复地享受美与善的愉悦，唤醒对这些美与善的渴望，并且从丑与恶带给我们的反面印象中得出对于任何不道德的东西的厌恶。[156]

艺术的效果应该是"人类幸福的广泛拥有"。[157]这种观点使得祖尔策与英国辉格党人沙夫茨伯里（Shaftesbury）和那些英国理想主义者的立场非常接近，而这一立场在法国又由勒杜加以了发展，虽然他的论文出版于1804年，彼此之间似乎并没有直接的影响。祖尔策强调，他在写作时不是作为艺术爱好者，而是作为哲学家，他也并不想向艺术家提供什么规则。[158]祖尔策的立场是"巴洛克古典主义"的体现；他反对当时的"狂飙突进运动"（*Sturm und Drang*），这也部分地解释了来自海因里希·约翰·默克（Johann Heinrich Merck）和歌德的尖锐批评。[159] 〔189〕

祖尔策的建筑概念，最清楚地表现在他有关"建筑"（*Baukunst*）一词的解释中。[160]他将建筑归为"美的艺术"（*schöne Künste*），以"适用"（*Notdurft*）和"坚固"（*Festigkeit*）的概念为开端，然后笔锋一转，开始写它们的"效果"（*Wirkung*）："钦佩、敬畏、着迷、庄严肃穆……这都是由鉴赏力引导的天赋的效果。"[161]相似的表述在博法尔和小布隆代尔的"个性说"中也可以看到，这个概念祖尔策当然也有。祖尔策接下来提出了以大自然和人体为典范的"有机－功能主义"（organic－cum－functionalist）：

> 每一个有机体都是一座建筑；它的每一部分都适宜于它所倾向于的用途；同时所有的局部都以最紧密最便利的关系联结在一起；而它的整体，则以自身的方式表现出最好的外形，因其完美的比例、各部分精巧的和谐与优美的色泽而引人注目。[162]

祖尔策强调地形和气候对于建筑的重要性。这些观点最初由温克尔曼所奠定，但是他进一步在"观念上的民族国家"（*Gemüthszustand einer Nation*）和它的建筑之间确立了一种或然的联系。由此他得出结论，国家需要对建筑监管和立法。对建筑师的训练应该是国家的责任，因为，他坚持认为，建筑是民族的荣耀，并且承担着教育的功能。勒杜提出了相似的观点，但是把建筑的政治作用提到了更高的位置。

在进化论建筑观上，祖尔策与温克尔曼非常接近。目标是"要学习古代的真正的鉴赏力"。[163]他同时回应了佩罗，区分了"必需的"和"任意的"两类建筑规则。"正确、规则、联系、秩序、匀称，以及均衡"（*Richtigkeit, Regelmäßigkeit, Zusammenhang, Ordnung, Gleichförmigkeit, Eurithmie*），都隶属于"必需的"原则一类，而比例之类，则应归之于"随意的"原则之下。

在古典建筑中，祖尔策发现了一种"高贵的单纯和形式的伟大"（*eine edle Einfalt und Größe in den Formen*）。他认为意大利文艺复兴结合了"伟大、辉煌和单纯"（*Größe und Pracht mit Einfalt*），而法国式建筑则拥有"较少的伟大和单纯，但是有着更多的装饰和吸引力"（*Größe und Einfalt, aber mehr Zierlichkeit und Annehmlichkeit*）。他的结论暗示着一种古典式的历史主义：

要问哪一种建筑样式是最好的，答案可能是这样的：对于神庙、凯旋门、大型纪念性建筑来说，古典风格是最好的；对于宫殿，最好是意大利式，掺上一点希腊式的精确；但是对于住宅来说，法国样式则是最好的。[164]

在祖尔策的教程中，纪念性建筑被赋予了显赫的地位。[165]由于他对中世纪的反感，尤其对哥特建筑的态度——他宣称哥特艺术与"野蛮鉴赏品味"（*Barbarischer Geschmack*）是同义词[166]——使得在与他同一时期的歌德在他的第一篇关于斯特拉斯堡大教堂的论文（1771/1772年）中提出有关哥特建筑的新的评价时，祖尔策恰恰处在了完全的对立面。

〔190〕祖尔策的"理论"是英法两国启蒙运动观点的总汇。[167]他的目标，是建立一套易于理解的德国的建筑术语体系[*Außenseite*（外面），*exterior side*（外部的面），*façade*（正立面），等等]，但却不是非常成功。然而在他的著作的一些翻印版和新版中，甚而至于把布兰肯堡（*Friedrichon von Blankenburg*）的《文艺拓展》（*Literarische Zusätze*）[168]也包括了进来，这表明祖尔策的"概论"（*Allgemeine* Theorie）有着广泛的适用性，而且对19世纪也有深远的影响，尽管它受到了狂飚突进运动（Sturm und Drang）和早期浪漫主义的追随者们的批判。[169]

关于18世纪中叶意大利和法国建筑理论的碰撞，大概是在克里斯蒂安·特劳戈特·魏因里格（Christian Traugott Weinlig, 1739 – 1799年）的著作中体现得最为明显。此人是从1767年至1769年在罗马写的一系列书信中逐渐成长起来的[170]，综合了洛多利的功能主义立场——可能是以阿尔加罗蒂（Algarotti）的方式——以及洛吉耶关于原始棚屋的理论。魏因里格显然已经离开了柱式经典理论，而向由洛吉耶提出的进化论理论前进了一步，在这里的要点是，将材料的考虑放在第一位。在很多地方魏因里格反对森佩尔（Gottfried Semper）。[171]他走得如此之远，以至于声称柱式的系统化和恪守建筑的规范是建筑衰落的原因："或许虽然维尼奥拉（Vignola）、斯卡莫齐（Scammozzi）和布兰卡（Branca）和其他一些人做了一些系统的著述，却也对建筑的堕落起到了不小的作用。"[172]

卡尔·菲利普·莫里茨（Karl Philipp Moritz, 1756 – 1793年）是歌德的朋友，不过他在学术上有自己的观点，他通过后来融合了他早年出版物的著作《装饰论丛》（*Vorbegriffe zu einer Theorie der Ornamentre*，1793年）一书，也对建筑理论作出了原创性的贡献[173]，莫里茨的观点是激进功能主义的："最美的柱头也并不比光洁的柱身能承载得更好更多，最华丽的檐口也不会比素平的墙壁能更好地遮蔽和保暖。"[174]莫里茨认为，对建筑装饰的评判完全取决于它的教育功能；因此，依他的观点，装饰可以"通过眼睛照亮灵魂，可以在不知不觉中陶冶鉴赏力和教化精神。"[175]

莫里茨的著作有着18世纪法国思想的深刻烙印。他把装饰的功能看作"标明和描述出了什么东西被装饰了的基本特征，这样我们就能认出它原先的模样并且在装饰中重新发现它。"[176]然而，和革命性建筑师相反，他重视的是装饰结构的"建筑语言"（*architecture parlante*），而不是其"表现力"；对他而言，柱头是某种"强制性的视觉信号"（*die sichtbare Spur des Drucks*）。[177]在他关于柱式的阐释中，描绘了从塔斯干式到多立克式的逻辑发展，由于它们的紧凑，仅仅承托着柱楣，而爱奥尼式和科林斯式则"更高更细"（*schlanker und aufge - schossner*），把柱楣抬得更高。[178]他认为，科林斯柱式象征着奋斗向上，而爱奥尼柱式则表达了柔顺的反抗。这是一种对于柱式的感性心理学解释。

〔191〕莫里茨反对后来对因地形原因造成的建筑起伏的谴责，因为它表达了运动——而且，他发现了船形建筑的美感，尽管他更愿意看到用直线表达的建筑的坚实感。[179]他同意革命建筑师从统一与重复中看出"伟大"（*das Größe*）和"崇高"（*das Erhabene*）。[180]他对建筑的定义表现为一种精神特技，将功能主义、古典主义和启蒙运动的观点混合在了一起："人们凝视一座建筑的时间越长，这建筑就越能将它高贵的功能、它各个部分的美妙和谐，以及它所赋予的反映了理性的居住，不停地映入人们的眼帘之中。"[181]在这里，似乎是同时听见了布里瑟、温克尔曼、洛多利和部雷的声音。莫里茨和歌德两人在罗马过从甚密，这也许有助于解释歌德在建筑理论方面观点的转变。

这一时期法国建筑理论界对于德国的影响，在1785年的一部匿名作品中体现得最为明显，这部作品就是《建筑个性之再分析》（*Untersuchungen über den Charakter der Gebäude*）。[182]该书的作者是一位老练的有关美学效果方面的写手。他认为建筑不是对自然的模仿，相反，它的任务是描述"人类的状态"。[183]建筑所产生的效果是它的"个性"。作者不仅描述了建筑的种种"个性"(庄严的、华丽的、田园式的、浪漫的)，还解释了建筑形式如何作用于每一种"个性"，从而达到特定的效果。这并不是室内的功能反映在立面上而产生了个性，而是造型手段，如屋顶形状、门窗尺寸等的适当运用。建筑所赖以立足的地景环境也会用来为性格的创造服务。房屋居住者的社会地位和心理状态更多地是通过建筑物的"个性"而不是其"功能"表现出来的。最后作者还不忘声明："一座华丽住宅总是标志出了一位幸福愉悦之人。"[184]

"形式的统一性"是由建筑体块的一致性所造成的，而这种统一性又要求对每一"个性"加以表现——除了"浪漫"之外。表达"崇高"需要很多东西——这让人想起了部雷——在这里，《再分析》的作者对于建筑体量(*Untersuchungen*)的概念，诸如"巨大的"(*Colossalgröße*)、"庞大的"(*Riesenmößig*)等的区分颇感困难。[185]而在部雷那里，在体量的概念之前，比例的概念已经没有容身之地，建筑装饰和柱式也仅仅作为建筑的第二要素，其作用只是把由建筑体量所表现的个性强调出来。[186]通过将体块大小比较接近而所用装饰不同的建筑物并置在一起的这种类似实验的方法，作者相信有可能找到一种正确运用装饰的规则(图版 118)。这样，他比较了一座带前廊的建筑的三种方案，不同的仅仅是柱子的间距，由此他推断出了以下规则："柱廊的形式越丰富，我们的注意力就越远离建筑本身。它引人注目，但是并不感人。优雅的个性，以及所有那些经过设计而用来引起赞美和宁静地沉思的东西，都是与柱子的大量使用毫无干系的。这后一种做法更适合于表现那种生机勃勃的、华丽的、英雄主义的个性。"[187]照这位作者的逻辑，这些柱子的比例可以是人们喜欢的任何式样，任何看到他的这幅图的人，也都可能联想起保罗·特罗斯特(Paul Troost)在慕尼黑的"艺术之家"(Haus der Kunst)。

在提到温克尔曼的观点时，他谈起了"装饰的单纯性"(*Einfalt der Verzierungen*)问题，因为"任何赘余之物都是不光彩的"(*alles Müßige ist unedel*)；他坚持认为，建筑的"静谧的庄严"(*stille Größe*)，来自统一性。[188]　〔192〕这跟勒杜的观点很接近。另外，也出现了建筑对观察者与使用者有教育功能的观点。

这篇我们正在讨论的文本，蕴含着丰富的思想，常常引用佩尔(Peyre)的话，也从希施费尔德(Hirschfeld)的《造园理论》(*Theorie der Gartenkunst*)中汲取营养，这可能是与所谓的法国革命性建筑相当的德国人观点最为清晰的例证。虽然作者还不知道部雷和勒杜的著作——那些书当时还没有写完，更没有出版。他的书是在整个欧洲迅速传播的思想的一个典型，这些思想在还没有以写作的形式确定下来之前，在巴黎已经得到了发展和完善。可以猜测，在 18 世纪 80 年代初，他曾在法国呆过一段时间。[189]

约翰·沃尔夫冈·范·歌德(Johann Wolfgang von Goethe，1749－1832 年)关于建筑的论著清楚地显示了他个人从狂飙突进运动到古典主义的转变，其中还显示出，与温克尔曼在雕塑方面的描述比较起来，建筑体验在他的生活中有着深刻的影响。他早期的文章《论德国建筑》(*Von deutscher Baukunst*，1771/1772 年)[190]，明确地站在了以洛吉耶为代表的法国古典主义的对立面。他认为斯特拉斯堡大教堂标志着德国在民族意识方面的成就，这一点是接受了早期法国——当然也包括洛吉耶——的说法，认为哥特艺术是法国的民族形式。歌德的文章以一种负面的标尺来衡量哥特建筑，这可能是由于祖尔策的影响。他发现"那些数不清的部件"(*die unzähligen Teile*)融入了"整体的一团"(*ganze Massen*)，它们在斯特拉斯堡大教堂上产生的效果是"单纯而伟大的"(*einfach und groß*)。[191]换句话说，歌德在这里沿用的是由温克尔曼和他的后继者从古代到哥特时代的标准！

令人感到奇怪的是，赫尔德尔(Herder)在歌德文选中的一篇《论德国的时尚与艺术》(*Von Deutscher Art und Kunst*，1773 年)的文章付梓印刷时，决定以一篇译文作为陪衬，即米兰数学家弗里西(Paolo Frisi)的《论哥特建筑》(*Saggio sopra l'architectura gotica*)[192]，作者试图从结构上证明哥特建筑低劣的美学特性。[193]弗里西的观点或许与祖尔策的更为一致。

歌德的意大利之旅(1786－1788 年)，使他能够直接嗅到帕拉第奥与维特鲁威的气息，并且与古代罗马和希腊的建筑做面对面的接触。透过他近来论辩的对象——洛吉耶的眼睛，他相信他能够认识到蕴藏于"柱与墙的结合"(*Säulen und Mauern zu verbinden*)之中固有的矛盾；但是，歌德突然发现帕拉第奥是"一个有着内在的伟大的人"(*von innen heraus großen Menschen*)，他用他的壁柱和半柱"跳出真实与谬误的窠臼之外，创造了第三种实体，它的虚假的实在穿透了我们。"[194]

在帕埃斯图姆(Paestum)和西西里(Sicily)，歌德向着对于希腊建筑的理解迈出了几乎是痛苦的一步，这也是温克尔曼没有能够做到的。当歌德第一次到帕埃斯图姆时，他发现自己是"在一个完全陌生的世界里"(*in einer völlig fremden Welt*)，但是，他也意识到了他的感觉中的美学相对主义：

> 经过数百年从庄严到悦目的演化，它们在造就这一切的时候也造就了人，它们的确造就了人。到了现在，我们的眼睛，以及透过它们我们的整个身心，都被吸引着，同时也被更为纤秀的建筑形式所影响，而那些粗短的、九柱戏式的小柱子，密集重叠的柱丛，在我们看来，显得笨重甚至丑陋。[195]

〔193〕　在西西里岛，歌德有一段"希腊的"经历：他阅读了荷马史诗，参与了一个以瑙西卡(Nausicaa*)为主题的悲剧的写作，并学习着去理解希腊建筑发展的舞台。从那不勒斯，他第二次去了帕埃斯图姆，这对于他来说是"最后一次，我几乎可以说，我现在可以将最美好的思想，完完整整地带回北方。"[196]

从意大利回来的歌德变成了一位古典主义者。他于 1788 年写的文章《建筑》(*Baukunst*)，显示出他已经对希腊建筑了如指掌，同时他开始与哥特建筑拉开了距离："不幸的是，所有的北方人在装饰教堂时，都是通过繁缛的细节来追求伟大。"[197]第二篇以"建筑"为题的文章写于 1795 年，显示出他与法国启蒙主义思想之间明显的妥协。歌德把建筑的先决条件规定为：材料、功能和美学效果。他在他的思考中引入了一种非常有趣的新标准，即由人体穿越建筑的运动，并且得出一个结论说，一个蒙上眼睛的人能够感受到像这样一座"建造得很好的房子"。[198]歌德关于材料的观点并没有使他转向"对材料的真实性"问题，而是得出了一个类似古典主义教条的东西："如果只重视直接的功能，使材料控制了它所由建造之物而不是被加以控制，那么艺术就无从谈起……。"[199]

歌德认为，材料特性的相似是完全允许的，同时他生动地证明了柱和壁柱与墙的结合。他反对"纯净主义"，"他们力图让一切东西，甚至建筑，都变得平淡无奇。"[200]像革命建筑师一样，他强调建筑的诗意："正是诗意的部分，以及想像力，使建筑成为艺术品。"[201]

正如革命建筑师和祖尔策那样，歌德认识到建筑所具有的深刻的教育功能。在《威廉·迈斯特的漫游时代》(*Wilhelm Meisters Wanderjahre*，1821 年)中，他描绘了一个"教育城"(pedagogic province)："建筑的外形直率地表达它们的目的，它们与其说是壮丽的，不如说是高尚的、庄严的、优美的。紧邻市中心高贵、冷峻的大厦，坐落着更加动人、悦目的屋舍，直到那整洁而优美的市郊向田野伸展而去，渐渐地消失在丛丛点点的小型花园住宅之中。"[202]如果用勒杜的肖镇规划来说明这段文字，恐怕没有大的出入。歌德同意勒杜的观点，即艺术家高贵的地位应该体现在建筑中："艺术家要居住得像国王或神，否则他们用什么来为国王或者神进行建造和装饰？"[203]因而，歌德在他的"教育城"的学生就是这样参加建筑活动的。歌德与库德雷(Clemens Wenzeslaus Coudray)过往甚密，人们或许记得，此人 1816 年应邀在魏玛(Weimar)做首席建筑督导(*Oberbaudirektor†*)，他曾在巴黎受教于迪朗(Durand)[204]，他可能是使歌德对于革命建筑的思想有所了解之人。

歌德对建筑文献有着杰出的造诣，这可以从他在一个建筑图书馆所作的笔记(1797 年)中[205]，以及他本人的藏书目录[206]中看得很清楚。

50 年以后，他旧题新作，重写了《论德国建筑》(*Von deutscher Baukunst*)一文，这一次与他年轻时的观点有了很大的不同。在这里歌德对科隆大教堂的建成持保留看法，对他来说，首要的事情是"这整个事物的历史一面"(*das Geschichtliche dieser ganzen Angelegenheit*)。[207]他以古典主义的观点看待哥特：

> 那么，我们在欣赏那些哥特建筑的某些体块中沉思，它们的美似乎源于从整体到局部，以及局部与局部之间的匀称与比例，这些都是值得瞩目的，尽管丑陋的装饰遮掩了这一切……。[208]

---

*阿尔西诺乌斯的女儿，在荷马史诗《奥德赛》中，瑙西卡是无依无靠的奥德修斯的侍女。——译者注

† 对译英文 Chief – Building – Director——译者注

歌德既不能够，也不愿意附和那种中世纪的浪漫主义激情。他对历史的把握是值得称道的，但是他深囿于温克尔曼进化论的、教条的观点之中，在为《门楼》（*Propyläen*，1798 年）一书所写的引言中，他说："艺术衰落的最明显标志之一，是将不同的形式混杂在了一起。"[209]歌德对于温克尔曼的欣赏，在他的文章《温克尔曼和他的世纪》（*Winckelmann und sein Jahrhundert*，1805 年）中，体现得最为明显。他的建筑观是属于 18 世纪的。在他的有生之年，新的成果已经初见端倪，但他在这些方面的学识还不十分完备。

第十六章　意大利对 18 世纪的贡献

〔194〕 在 18 世纪，意大利比以往任何时候都更被当成所有教育和艺术旅行的主要目的地。然而，对于那些旅行者们来说，意大利的价值在于它是古典主义的古代与文艺复兴的故乡，对当前的发展则百无一用。诚然，在 18 世纪的美学和建筑学理论方面，意大利无疑要落后于法国和英国，这一点已经导致了对意大利所作贡献的低估和忽视。但是，只要说出少数几个人的名字，用欧洲人的眼光来看，18 世纪的意大利在这一领域的重要性就令人勿庸置疑，这些响亮的名字如费迪南多·加利·比比耶纳 (Ferdinando Galli Bibiena)，卡洛·洛多利 (Carlo Lodoli)，乔万尼·巴蒂斯塔·皮拉内西 (Giovanni Battista Piranesi) 和弗朗切斯科·米利萨 (Francesco Milizia) 等就是例证。在 18 世纪时，意大利将自己卷入了一场国际性的论辩，关于这一点人们知之甚少，只是在涉及 17 世纪时人们才能略知一二。因而，对于 18 世纪意大利的建筑理论问题的总结直到如今还尚未进行。[1]

瓜里尼 (Guarini) 的《民用建筑》(*Architectural civile*) 一书带有明显的几何学与求积法优先之倾向，可以被当作意大利对巴洛克建筑理论的最重要贡献。安德烈亚·波佐 (Andrea Pozzo) 关于透视学的论文是专门为建筑的透视表现而写的，因此从狭义的角度来看，不能算作是建筑理论。在 17 世纪末，人们可以看到对于建筑表现和视觉效果的普遍兴趣。从而，建筑开始有点类似于那些系统运用视觉效果的舞台装饰，建筑物也经常拥有一幅舞台布景式的外观。一个很典型的例子就是菲利波·拉古齐尼 (Filippo Raguzzini) 所设计的罗马圣伊尼亚齐奥广场 (Pizza S.Ignazio, 1725 – 1736 年)。[2]

于是，这就预示着在世纪之交意大利对建筑理论最重要的贡献将从一位画家和舞台设计师而来。1711 年费迪南多·加利·比比耶纳 (1657 – 1743 年) 出版了他的《民用建筑》(*Architettura civile*) 一书。[3] 从这个特别的开端，在致读者的序言中，他清楚地指出了他的当务之急在于寻找透视图画法的规律。他最关心的无疑是宣扬他的 "我的发明" (*mia invenzione*) 和保护这一发明的信誉，这个发明就是 "角透视" (*scena per angolo*)，亦即以两个透视轴为基础的建筑图画法。[4] 然而，他通过使用现存的文献资料来处理一些特殊的建筑范畴，使他的这本书扩展成为一个一般性的建筑理论著述。他追求 "尽可能地简易" (*redurre il tutto al piu facile sia possible*)，提倡实践高于理论，因此即使 "一般知识水平的人" (*le persone di mediocre ingegno*) 也可以理解他。[5] 而且，身为一名非常忙碌的艺术家，他随随便便地就出版了这本还没有写完并且错误百出的书。

这本书分为五个部分，以一篇几何学法则的陈述开篇，比比耶纳称之为 "导言"。在第二部分他提出了一个普遍的 (是维特鲁威观点的简单发挥) 的建筑理论，并且在维尼奥拉的基础上以一种可以理解的形式确立了柱式。因为他的主要目标是促使它们迅速地应用于实际建筑之中，他也以图表的形式展示了柱子的多种重叠的可能。这本书的第三、第四部分是关于透视图画法，分几个操作步骤来进行描述。就是在这一部分，比比耶纳介〔195〕绍了他所发明的角透视[6] 的具体方法。第五部分涉及机械学，特别是整体装置。

注意一下比比耶纳是如何通过对于维特鲁威概念的正常发挥，迅速地处理了一套系统的建筑理论问题，用来搭起了一个框架，以促进舞台设计中视觉规则的发展，是一件很有意思的事情。比比耶纳按惯例运用了维特鲁威的概念来系统地迅速处理建筑理论。后来他又出版了一本建筑培训手册，其中他再一次描述了他的 "操作步骤"。[7]

1740年，费尔迪南多的儿子朱塞佩·加利·比比耶纳(Giuseppe Galli Bibiena，1695－1757年)，一位花了毕生精力为几代德国宫廷效力的舞台和机械设计师，在奥格斯堡出版了一本堪称18世纪最有影响力的汇编[8]，这是一本雕版画集，专门收录了他自己的舞台场景设计和节庆建筑设计。此书照例使用了"角透视"作为一种设计方法；书中对于透视图的具体画法不再描述(图版119)。这部著作被视为是皮拉内西(Piranesi)的一个重要的出发点。

在18世纪的意大利，十分常见的现象是，建筑教科书大部分具有维特鲁威兼古典主义的特征。这些书通常适应于地方的需要，或者用于宗教学校的教学过程。1764年，吉罗拉莫·丰达(Girolamo Fonda)出版了一本包括民用建筑与军事建筑的教科书，在其中的部分段落中，特别指明是提供给在罗马的"纳萨雷诺学院(Nazareno Collegio)使用"的[9]；在1768年，马里奥·焦弗雷迪(Mario Gioffredi)开始出版了一套供那不勒斯学生使用的建筑理论书籍[10]，它不再保留传统的柱式理论描述；1788年，吉罗拉莫·马西(Girolamo Masi)出版了一套"专门为罗马的年轻学生所写的"建筑理论书[11]，虽然这本书中所充斥的都是些文艺复兴与18世纪观点的莫名其妙的混淆，由于马西忠实于理论"教条"与测绘资料，着眼于建筑规则的说明，详细地列出了参考书目与专用技术术语，仍然使这本书具有很大的实用价值。

18世纪的理论著述中一个令人好奇的事情，是朱塞佩·马里亚·埃尔科拉尼(Giuseppe Maria Ercolani)尝试着将所有建筑追溯到用一个单一的基本模数(*la sesta*)来进行描绘，并以此用内接圆的形式来解释所有的平面、立面和剖面。[12]受埃尔科拉尼的影响而产生的类似倾向在19世纪与20世纪仍然在继续。

18世纪的许多论文就是为了帮助在学校的人应付考试而用的。因此，1765年的耶稣会传教士费代里科·圣维塔里(Federico Sanvitali)出版了他的一本问答形式的教科书——《民用建筑基础》(*Elementi di architettura civile*)[13]，其中的答案明显是为了方便记忆而列的。对话形式的表达方式一般来说是很普遍的，一个例子是埃尔梅内吉尔多·皮尼(Ermenegildo Pini)以穹顶结构和筑城术为题的对话。[14]

在18世纪的意大利有一份流传广泛的建筑文献，尤其在地方上十分流行，其中对于那些一知半解的观点，做了一些追根溯源的努力，并且信心十足地做了解释。然后，在卡斯第佛朗哥(Castelfranco，意大利地名——译者注)从业的建筑师，弗朗切斯科·马里亚·普雷蒂(Francesco Maria Preti)，一板一眼地提出了他的观点，认为建筑的宏伟华丽(*magnificenza*)是会随着柱径比例的增加而增加的。[15]

贝尔纳多·维托内(Bernardo Vittone，1705－1770年)在晚年出版了两本建筑教科书(1760年，1766年)[16]，也应该被看作是属于18世纪维特鲁威传统的书籍[17]，这对于一个曾经编辑过瓜里尼(Guarini)的论文(1739年)的〔196〕建筑师来说，的确有些令人惊讶。这个明显的矛盾预示出维托内的建筑主张与他实际建造的建筑中所表现出来的见解有些摇摆不定。尽管他的设计和他对空间的感觉属于瓜里尼式的(Guarinian)巴洛克风格，他的作品还是有一些古典的倾向，这些在他对他的装饰的有关说明中尤其能够证明。他主张"在对象表现之初，首先要简单而自然，与其所表达的东西保持一致；其次，要寻求变化与易于表现"[18]。他拒绝将装饰品用作"荒唐的怪想"(*licenzioso capriccio*)——在这里他指的是巴洛克(*barochezza*)——但是他也通过探索多样性(*varietà*)[19]来避免太过简陋与粗鄙(*troppo grande semplicità*，*e rusticchezza*)的做法。这可能是一种严格意义上的批判精神，正如科尔德穆瓦、洛多利和洛吉耶一样。维托内的美学概念完全是从维特鲁威而来的。然而，他的定义却是含混不清的。他对柱式(图版120)的说明已简化为以维尼奥拉的原理为基础的简单的结构图表。

维托内后来的论文更像是一本主要由他自己的设计作品所组成的七拼八凑的资料集。与18世纪维特鲁威思想的其他主张者相比，维托内表现出对于哥特式建筑的某些兴趣，他还发表了自己的两个为米兰大教堂正立面所做的"哥特式风格"(*in stile Gottico*)的设计(图版121)，其"意图是使其设计与教堂主体的风格相适应"。[20]维托内在这里是继承了瓜里尼对哥特式的理解；他的第二个设计看起来就像是博罗米尼(Borromini)的作品的哥特风格翻版。

维托内的第二部论文包括一些充满好奇色彩的玄思断想，比如关于声音特征的思考，这属于剧院建筑学的问题。在一个有关音乐与建筑相类比的问题上他又回到了文艺复兴时期的思想中，维托内为神性和人性赋予了不同的音阶(八度音阶——神性；第五阶——神性与人性的统一，等等)。[21]这些音阶和建筑比例在效果上都是象征了人类罪孽的程度。在这种布道式的文字中，又点缀着一些有关静力学与属性评价之类的脚踏实地的分析。

维托内的书与他的时代很不合拍。他隐藏了他的知识来源[22]，仅在少数术语如"单纯"（*semplicità*）和"个性"（*carattere*）的运用中才看出一点他与同时代建筑讨论的肤浅联系。他在第一篇论文中对"上帝圣父"的献辞和在第二篇中对"圣母玛丽亚"的献辞，都标志出了他的天真。

建筑师路易吉·万维泰利（Luigi Vanvitelli，1700－1773年）在卡瑟特（Casert，意大利南部城市——译者注）构思的作品看起来更像是一份宣传材料而不像是建筑理论著作。他的目的是想表明欧洲人无须害怕同埃及人、希腊人和罗马人相比较。[23]那些从未实施的椭圆形前庭和"新城"（*città nuova*），其附近大片的倾向于采用宫殿本身比例的住宅街区，都被用图示加以了说明，从而掩饰了这样一个事实，即经济衰弱的南意大利君主体制已经无力承担这样一个工程。

〔197〕18世纪上半叶的意大利发生了一场晚期巴洛克风格与早期新古典主义思想之间的论辩，这一点尤其清楚地表现在1732年的拉特兰诺（Laterano）圣乔万尼教堂（*San Giovanni*）正立面的方案竞赛中，万维泰利站在了最后中选的亚历山德罗·加利莱伊（Alessandro Galilei）的方案一边，而这次竞赛标志了巴洛克时代的结束和国际古典主义的到来。[24]重要的是加利莱伊在帕拉第奥主义盛期的英格兰工作了6年（1714－1719年）。[25]在一个有关竞赛的文字讲话（*Discorso*）中，这篇文字先前归之于加利莱伊的名下，尽管它可能是出自费迪南多·富加（Ferdinando Fuga）的手笔，讲话的作者鼓吹"一种简单的模仿自古代的柱式……没有什么多余的修饰。"[26]这无疑是罗马教皇克莱门特十二世时期（Pope Clement XII）的建筑政策的一个反映。[27]

最革命的18世纪意大利建筑理论家是圣芳济会修道士卡洛·洛多利（Carlo Lodoli，1690－1761年）。洛多利没有留下完整的论文，他的理论得以流传给我们，主要是通过弗朗切斯科·阿尔加罗蒂（Francesco Algarotti，1712－1764年）和安德烈亚·梅莫（Andrea Memmo，1729－1792年）的评介。[28]洛多利出身于一个威尼斯贵族家庭，主要专注于数学和几何学的学习。[29]他最重要的著作是在威尼斯的圣弗朗西斯科·德拉·维尼亚（San Francesco della Vigna）的修道院中完成的，在那里他花了几年时间开办了一所供贵族子弟学习的私人学校，弗朗切斯科·阿尔加罗蒂就是其中的一名学生。洛多利很早就对美术和建筑有着浓厚的兴趣，他私人的绘画收藏覆盖了中世纪以来直到文艺复兴时期的作品，虽然中世纪艺术在当时并不受到重视，他将这些藏品按照地方门类分组，以证明"设计艺术循序渐进地发展"（*passo a passo la progressione dell' arte del disegno*）。[30]这种方法使洛多利成为了风格艺术史的奠基人之一，他也因相同的动机而收集建筑片断。紧邻圣弗朗西斯科·德拉·维尼亚修道院的大回廊院，他建立起了惟一由他自己设计的建筑物，这是一座圣地朝圣者的前收容所。[31]洛多利在建筑与园林规划方面十分活跃，他也特别喜欢英国风景园林。他认为理性（*ragione*）是建筑学的核心概念，还把理性建筑描绘成"有机体"（organic），这个术语被他的传记作者梅莫明确声称，是由他首先创造出来的。[32]他主张理性主宰一切，直到将它贯彻在家具的细枝末节上，因此他为自己设计了一款完全合乎解剖学原理的椅子。

洛多利开始以两行诗的形式写作建筑论文，但这些已经失传。我们今天所了解到的他的思想主要是从阿尔加罗蒂和梅莫根据在听他演讲时所作的笔记来整理说明的。不过，在他的第二部著作，即身后发表的《洛多利的建筑原理》（*Elementi d' architectura lodoliana*）一书（1834年）中，梅莫发表了两篇洛多利为他的论文而草拟的大纲草稿，这两篇文字中含有与洛多利的思想相关的最重要的资料。[33]因此，可以说梅莫是洛多利资料的最可靠的拥有者。另一方面，必须强调的一点是，上面提到的由阿尔加罗蒂所表述的洛多利的思想从1757年开始出版，从而为洛多利勾勒出一个那一时代的"严峻派"的形象。在洛多利和阿尔加罗蒂之间显然存在某种分歧，因为后者没有在他的《论建筑》（*Saggio sopra l' architecttura**）一书中提及那位圣芳济会修道士的名字，仅在1756年为切萨雷·马尔瓦西亚（Cesare Malvasia）所写献辞的一个脚注中，说明此书中有关的建筑哲学探讨是已经过世的卡洛·洛多利的原创想法。[34]我们不应忘记阿尔加罗蒂介绍洛多利理论的主要目的是反驳它。阿尔加罗蒂自己坚持着一个更为传统的理论立场。[35]基于这个原因我们应该将阿尔加罗蒂看作是对洛多利了解最多的人。

〔198〕阿尔加罗蒂是将建筑原理问题基本上按照哲学原理的方式加以分类的。他将洛多利描述为一个对于建筑进行哲学提炼的人，因为洛多利对于建筑中的滥用有着"最为严格与理性的检验"（*più rigoroso esame della ragione*）；维特鲁威的理论也被加以严格的质疑。[36]在洛多利看来，建筑的任务就是造型、装饰与展示（*formare,*

---

* 对译英文 Essay on the architecture ——译者注

ornare e mostrare)。但是，阿尔加罗蒂将洛多利的建筑概念总结为这样一个观点，即在一座建筑物中（*il proprio suo uffizio*）一切没有明确功能的事物，都应被看作并非是整体中必不可少之部分，而应排除在建筑之外。据此，多余的装饰必须消除。除功能以外的一切都是不自然（*affettazione*）的与虚饰的（*falsità*）。离开功能的美是不存在的。排除功能的建筑将不能表达任何东西。建筑表现与功能应当是一致的。[37]阿尔加罗蒂认为洛多利关于功能的概念暗示了"一个很糟糕的结果"，在这里功能被降低到与材料同质的地步。因而，阿尔加罗蒂向洛多利质问道，为什么石头不能表现为石头，木头不能表现为木头？为什么任何一种材质都不能表现它自身，也不能表现任何其他事物？[38]

建筑的表达必须取决于材料的性质；阿尔加罗蒂实际上在这里使用了"材料的本性"（*natura della materia*）这个措辞。材料的不同，规定了形式的不同。用一种材料来塑造另外一种材料是很荒谬的，这就像是带上一幅面具，造就了一个永久的谎言。只有从各地采集而来的材料与它自身一致时才能创造出合理的和谐与完美的坚固。

对于自己，阿尔加罗蒂则坚持他的建筑模仿理论，关于这一点他作了详细阐述。他说，所有建筑都是模仿自一个原始的小构筑物——这明显地就是参考了洛吉耶（Laugier，1753 年）的观点，尽管他没有作引注说明。

在阿尔加罗蒂看来，洛多利所鼓吹的严格的功能主义已经蜕化为简单的材料真实性。虽然，这里的功能（*usage*）解释为用途，但它仍然是可以和弗雷曼（Frémin，1702 年）与科尔德穆瓦（Cordemoy，1706 年）的类似的功能主义方法相比较的。这两种立场有相同的结果，但是在方法的应用上却大不相同。

安德烈亚·梅莫关于洛多利思想的介绍不如阿尔加罗蒂的简洁，但却避免了偏颇。在梅莫努力寻求证明洛多利并不抵制装饰时，他也针对阿尔加罗蒂发表过许多辩论性的长篇论述。如果梅莫所发表的由洛多利为论文所作的两份草稿大纲得到证实，我们将看到洛多利对于一座建筑案例就分了 9 个章节来论述，而在另一个案例中分了 6 个章节。[39]

洛多利是通过反驳熟悉的建筑体系开始的。在讨论柱式时，他谈到了错误、犯罪和矛盾。他说，建筑需要一个彻底的从现存的建筑形式和术语学的束缚中解脱出来的新体系。其目的无疑是去发现"新形式和新术语"。[40]接着就是关于材料真实性理论的说明，在随后的部分，洛多利坚持均衡的思想，也就是他称之为"分析"（*analogia*）的，包括立方实体的规则性，以及被他视为是有机概念的对称性。[41]他认为装饰是一个"主观的行为"（*proprietà arbitraria*），它必须符合建筑的性格。[42]这个探讨无疑又回到了佩罗（Perrault）以及他同时代的法国关于特性之"个性"（*caractère*）的争论。

洛多利的第二个草稿更接近于阿尔加罗蒂的阐释。这里建筑的定义服从于正确的功能概念和功能表现。坚固，均衡，便利性和装饰性也都以此为据。[43]功能和它的表现在这里被认为是建筑的主要任务；它们是一致的。装饰不是本质而是附加物，它可以被用来强调正确的功能和它的表现。而且，功能意味着材料的使用符合它的性质。它的描述与几何学、数学和视觉的规则相结合，在美学上，可以与功能相提并论。洛多利的定义如下：　　〔199〕

　　如果材料是为预期目标而根据几何学、数学和视觉的法则来运用的话。表现则是由材料的使用而产生的独立而完整的表达。[44]

梅莫在他的《建筑要素》（*Elementi*，1786 年）一书的第一版序言中插入了安东尼奥·隆吉（Antonio Longhi）为洛多利所作的雕版肖像，并且附有如下题字："建筑和理性必须结合，并且要让功能作为它们的表现"（*Devonsi unir e fabrica e ragione e sia funzion la rapresentazione*），这题字是根据梅莫以洛多利的口吻而写的。理性和功能——就材料的真实性，以及对于这种真实性的表现，这个意义上说——是洛多利建筑理念的基本原则。赋予他这样一个冷峻主义的定位，洛多利也许真的可以被看作是现代功能主义的最重要先驱[45]，虽然他同时代的人认为这只是一种"空想"。通过阿尔加罗蒂，以及在更大程度上通过米利萨，或在较小程度上通过梅莫，洛多利的思想可能会影响到一些理论家，如与他截然异趣的迪朗（Durand）和格里诺（Greenough），这两位被认为是现代功能主义的真正的奠基者。

梅莫敏锐地指出，洛多利的教诲也并不是真的如此冷峻严格，并指出他认可建筑方面的一些变化，为建筑提供结构的坚固性也是必不可少的。梅莫在这里提及了洛多利和皮拉内西的友谊，据说，后者在洛多利去世前不久曾送给洛多利一本他的《宏伟壮丽与罗马建筑》(*Magnificenza ed architettura de' Romani*，1761年)。[46]

乔瓦尼·巴蒂斯塔·皮拉内西(Giovanni Battista Piranesi，1720 – 1778年)主要是以18世纪最重要的雕刻家而为人们所熟知；作为建筑师的他却鲜为人知，更没人知道他还是一位理论家。[47]皮拉内西的理论地位在由鲁道夫·威特克沃(Rudolf Wittkower)所写的一篇时下十分著名的评论中得到了概括。[48]皮拉内西在他职业生涯的开始，主要受到蒂耶波洛(Tiepolo)的影响，而在舞台设计方面，受到了费迪南多和他的儿子朱塞佩·加利·比比耶纳很大的影响。他的第一本有关雕刻方面的书籍《建筑与透视第一卷》(*Prima parte di architettura e prospettive*，1743年)明显反映了受朱塞佩·加利·比比耶纳的《建筑透视》(*Architetture e prospettive*，1740年)一书的影响。在知识体系方面，皮拉内西似乎也深深受到维柯(Giambattista Vico)观点的影响，在维柯的历史哲学中，自由意志和人权被提升到了历史原则的地位，这些在皮拉内西的建筑理论所持有的极度自由态度中有所反映。

17世纪50年代由皮拉内西所写的雕版书，用了一种英雄主义色彩的方式描写古代罗马建筑，这一点与罗马法兰西学院的学生们所提出的"雄伟壮丽"的思想非常接近。[49]1747年至1761年之间，皮拉内西曾经为之工作过一个时期的全景图(*vedute**)雕刻家朱塞佩·瓦西(Giuseppe Vasi)，出版了他的10卷本著作《罗马古代与现代的雄伟风格》(*Magnificenze di Roma antica e moderna*)。然而，皮拉内西心目中的世界是一个淳朴的罗马世界。他将朱塞佩·瓦西的著作看作是对在艺术——历史——方面古代罗马的优越地位的一个挑战。然而，这样一个过程正好也是在17世纪50年代，通过温克尔曼和皮拉内西的一个好友艾伦·拉姆齐(Allan Ramsay)的著作，以期说明在经历了科林斯的征服(公元前146年)之后，罗马已经被置于了希腊的影响之下。艾伦·拉姆齐的观点见于他的《关于鉴赏力的对话》(*Dialogue of Taste*)中，是于1755年用化名发表的。[50]勒·罗伊(Le Roy)的《希腊最美的纪念性作品遗迹》(*Ruines des plus beaux monuments de la Grèce*，1758年)，第一次引入了希腊建筑的测绘图，这是对皮拉内西偏激立场的最后一击。这些书中的观点带来的结果是有关"希腊"与"罗马"之间的争论，这其实是从17世纪起就在法国掀起的一场有关"古代与现代之争"(*querelle des anciens et des modernes*)的继续。[51]这样一个基于历史与考古学的争论，促使皮拉内西宣告了他的理论立场。这一争论对于当时建筑思想所产生的影响是在后来才渐渐显露出来的。

〔200〕

1761年皮拉内西出版了他的《关于宏伟壮丽与罗马建筑》(*Della Magnificenza ed Architettura de Romami*)一书。[52]这是一本与拉姆齐，或更主要是与勒·热埃的反驳性论辩的著作，而且，皮拉内西没有任何试图理解勒·罗伊理论立场的尝试。皮拉内西的主要目的是要证明伊特鲁里亚人(Etruscans)所具有的比希腊人更为优越的历史与艺术地位，并将罗马人描述成伊特鲁里亚人的继承者。它认为是伊特鲁里亚人带来了"各种恰如其分的艺术"。[53]在这里，他将希腊人描述成是装饰的附属物和"无用的优雅"(*vana leggiadria*)[54]。他甚至抬出维特鲁威来贬低希腊艺术，他用维特鲁威关于木结构方法转化为石结构(IV.2)的发现，来驳斥伊瑞克提翁神庙(Erektheion)的女像柱，认为身扛着如此沉重的柱楣，她们的脸上还会露出那样欢悦的表情，简直是不可思议的。[55]其实，他说，就为了这一点，若使用"半人半兽的森林之神，或强健的农夫"(*Silvani, o villain robustissimi*)会要适当得多。他在文章的图版20中说明了这一观点，并以一种"偷梁换柱"(*trompe l'oeil*)的形式在自己的图版中插入了一张勒·罗伊的图，目的是比较一下伊瑞克提翁神庙所用的爱奥尼柱式与多样化的罗马式爱奥尼柱式之间的差别(图版122)。皮拉内西多次用他的许多图版作为反面例子，以说明它们"与真理毫无关系"。[56]最后，他竟宣称希腊艺术依赖于伊特鲁里亚艺术[57]，并且将自己的理论基于凯吕斯伯爵(Comte de Caylus)之上，以寻求埃及艺术与伊特鲁里亚艺术之间的联系。在这里，皮拉内西已经卷入了当时对于伊特鲁里亚艺术的再评价之中[58]，而且，由于伊特鲁里亚艺术是诞生在意大利的土壤之中，最终可以被称为意大利的民族艺术。

在这一时期内，皮拉内西还用他考古方面的文章来支持他的"伊特鲁里亚—罗马"论。这在他对位于阿尔巴诺(Albano)的拉齐奥·丘比特神庙(Tempio of Giove Laziale)的评论中已经作了举例论证，关于这座神庙建筑的"雄伟瑰丽"(*magnificenza*)也在他的《阿尔巴诺的古代遗迹》(*Antichità d'Albano*，1764年)一书中作了充分

---

* 意大利语 vedute 对译英文 views。自从巴蒂斯塔·皮拉内西(Battista Piranesi)著书《罗马全景》(*Vedute di Roma*)之后，这个单词被广泛接受，在拉丁语系中作通用，并且词义有所拓展(= perspectival views)，一般译为城市全景，且作为一种图书目录的分类。——译者注

的说明。[59]

对于皮拉内西这种令人吃惊的历史建构，让－皮埃尔·马里耶特(Jean－Pierre Mariette)在 1764 年在《欧洲文艺公报》(*Gazette Littéraire de l'Europe*)里用一封信的形式作了回应。马里耶特指出，罗马艺术主要是由希腊的奴隶们带来的[60]，它起源于希腊，而伊特鲁里亚艺术也是来源于希腊的。希腊的"单纯与高贵的美"(*belle et noble simplicité*)和"美感"(*bon goût*)只存在了很短的瞬间；在罗马，艺术变成了"可笑而野蛮"(*ridicule ξ barbare*)[61]的东西。这在各个方面都是与皮拉内西的立场相对立的，第二年皮拉内西用了一整本书来进行反驳。[62]他那好辩的语气比起较早的著作更为尖刻。这本书的扉页就是针对专耍笔杆子的马里耶特的尖锐的讽刺画(图 123)。画中显示了马里耶特手书的那封令人不快的信，信的上方是一个题铭"要么用这个"(*Aut cum hoc*)，同时，皮拉内西又以一个有着历史支撑的开拓者的口吻回答说，"或者用这个"(*Aut in hoc*)。他将整本书制作得就像是在为《欧洲文艺公报》一书填空补缺一样。

皮拉内西是通过一个一个地回答马里耶特信中的问题而开始的，他复述了自己原有的观点。在结束时，皮拉内西引用了马里耶特关于希腊的名言"单纯与高贵的美"，他还加入了一段他的一个朋友黛达斯(Didascalo)与一个对手普罗托比若(Protopiro)之间的对话，主题是关于皮拉内西新完成的绘画《矫揉造作的可笑而野蛮》(*une maniére ridicule ξ barbare*)。这本《观察建筑》(*Parere su l'architettura*)以柏拉图式的对话形式编排出来，形成了"观察"(*Osservazionni*)的完整组成部分之一，这是专为马里耶特而写的。书中的核心内容，被皮拉内西自己描述为是一个调侃性的随笔(*cicalata*)。[63]　〔201〕

《观察建筑》(*Parere*)的语调辛辣而尖刻，其中有些部分纯粹是讥讽之语，这在对其性质进行评价时是不应忽视的一点。皮拉内西还借他的朋友黛达斯之口，作了一些防范："……皮拉内西昨天是一个观点，今天又是另一个观点。他在做什么呢？"[64]在这里皮拉内西显然是用了挖苦的口吻。

甚至在这本《观察》的第一页上的小插图，这幅有着献给伦敦古迹协会(皮拉内西是一名会员)的题铭插图，以它的"错误的"比例和"不恰当的"装饰而自相矛盾，其意图是支持黛达斯一开始的声明：建筑装饰的过分繁琐已经流行了好几个世纪(图版 124)。黛达斯说，建筑的目的是使大众愉悦，而不是取悦批评家。[65]人们的习惯是适应规则(*L'uso fa legge*)，而不是适应维特鲁威或帕拉第奥；这两位先生所提出的那些规则根本就不存在。黛达斯将他自己标榜为"疯狂而自由地为自己的梦想而工作"(*pazza liberta di lavorare a capriccio*)的战士[66]，而且他也反对冷峻主义者(*rigoristi*)，因为他们主张将建筑简约为构成原始小屋的基本的元素，甚至一直到一无所有——这显然是在暗指洛多利和洛吉耶(Laugier)："房屋如果没有墙，没有柱子，没有壁柱，没有中楣，没有檐口，没有拱券，没有屋顶；那就只剩下广场，露天的广场，枯萎的地面。"[67]

这种冷峻风格的建筑，"既简单又不费力气"(*tanto più facile quanto più semplice*)，黛达斯说，其结果是形成了令人憎恶的单调。[68]柱式系统被废除了，它们各自的元素却仍以"自由"(*libertà*)的名义在不合理地被使用着。造物主也一直在创造着的，不是混乱，而是"令人愉快的井然有序"(*dilettevole disposizione di cose*)。[69]

皮拉内西有四幅带有题记的图片，是用来强化他对以往规则的彻底否定的。这其中的第一幅上有一句引言，是引自勒·罗伊的话，也是所有人都认可的："为了不使这崇高的艺术变成一个只是不加选择地模仿别人的手艺活"(*Pour ne pas faire de cet art sublime un vil métier ou l'on ne feroit que copier sans choix*)，这幅图中列举了这种"不加选择的模仿"，但是用了一种新的方式进行解释。第二幅图上引用了奥维德(Ovid)的《变形论》(*Metamorphoses*, XV. 第 252 页及以后)中的话："更新万物的大自然，总是从旧形式中创造新形式"(*Rerumque novatrix ex alliis alias reddit natura figuras*)；这幅图中堆满了古代艺术的片断。第三幅图中的题记，出自特伦斯(Terence)的《阉人》(*Eunuch*)一书，但被皮拉内西作了不恰当的引用，它的译文是："如果现代人做了，那么，无论你知道还是不知道古人做了些什么，对你来说都无关紧要。"[70]不无讽刺意味的是，皮拉内西在中楣饰带上描绘了一双古人的便鞋，一条蛇在脚趾间滑动。第四幅图中的题记引自塞卢斯特(Sallust)的《朱古达战争》(*Bellum Iugurthinum**)，像是暗示着皮拉内西本人的苦衷："他们鄙视我的新颖，我鄙视他们的胆怯"(*Novitatem meam contemnunt, ego illorum ignaviam*)；在这幅图中(图版 125)出现了柱式：楣梁上覆盖　〔202〕着带状装饰，顺着垂直方向扭来扭去。整幅图像是用古典柱式语言打造的地狱。

---

* 意大利语对译英文 Jugurthine War。塞卢斯特（Sallust）是古罗马共和末期政争的将军，曾撰写《罗马史》5 卷。——译者注

在他的《观察》(*Parere*)中,皮拉内西对于当时的建筑理论采取了摒弃的态度,因为这种理论相信可以从洛多利或洛吉耶(*a la Lodoli or Laugier*)纯粹的冷峻严格主义中,或是从盲目地模仿希腊艺术中获得拯救。人们几乎能够感觉得到他已经怒火中烧,像是一个生气的小孩把手中的一切撕得粉碎。黛达斯(皮拉内西也是一样)带有某种荒谬的(*ad absurdum*)的艺术思想。考古学的片断成为被蔑视的革命的一颗重磅炸弹。

对于《观察》(*Parere*)中所解释的理论不必太咬文嚼字,尽管其中有关艺术自由的观点还是很认真的。事实上,这些年来皮拉内西的确相信古代建筑是可以被建筑师用来表达他们自己的自由(*libertà*)的,这一点在他所设计的有着马耳他柱式的大普赖尔(Church of the Grand Prior of the Maltese Order)教堂中,以及在同一时期(1764 – 1766 年)设计的阿文丁(Aventine)山上的马耳他骑士广场(Piazza dei Cavalieri di Malta)[71]中得到了证明。就像在《观察》一书的插图中一样,古代建筑的片断在这里被看作是天然艺术品。

《观察》的附录是一段题为《欧洲美术发展导言》(*Della introduzione e del progresso delle Belle Arti in Europa*)的文字,据推测是打算用作另外一本新书的介绍,然而那本新书从未发表过。在这篇导言中,皮拉内西又一次重复了他反希腊的腔调。

皮拉内西的最后一本理论著作,《壁炉的各种装饰方法》(*Diversi maniere d'adornare i camini*,1769 年)[72],使得他在《观察》中已经确定的折中主义风格又深入了一步。这本献给罗马教皇克莱门特十三世(Pope Clement XIII)[这位教皇是皮拉内西在阿文丁山设计项目的赞助人詹巴蒂斯塔·雷佐尼科(Giambattista Rezzonico)大主教的叔叔],这本书寻求建立一种能够在当代装饰应用中彼此贯通、相互适应的希腊、埃及和伊特鲁里亚艺术范式。皮拉内西在这里对于他为什么会对各种历史风格,以及某些风格的相对历史优越性问题不再感兴趣等问题,作了坦率而僵硬的解释,这一点或许今天对我们来说还值得探讨。

《为理性辩护》(*Ragionamento apologetico*),是一本捍卫埃及和伊特鲁里亚建筑的论著,以三种语言出现,这一点也反映出皮拉内西是以 18 世纪典型的国际主义,在向整个欧洲的文明社会宣讲他的观点。一方面,皮拉内西通过反复强调他对伊特鲁里亚—罗马艺术所处优越地位的信念,而对希腊艺术表示了沉默,但是,他又宣称罗马艺术是伊特鲁里亚艺术和希腊艺术结合的产物。[73]他指责新古典的单纯化理想是一种简单的有点贫瘠的思想,主张用具有丰富装饰的自然原则取而代之。[74]他主张装饰的使用必须随着民族的不同,以及建筑物的不同性格而变化。[75]在作为一个罗马人的皮拉内西看来,与埃及、伊特鲁里亚的亲缘关系是一个决定性的因素。皮拉内西的希望是,他在他的书中所展示的他自己的作品,不应该被看成是天才的古代范例,而应当被看作是现代式相互交融的产物。他对自己设计的埃及风格作品非常自豪,这些作品对于 18 世纪末的"埃及热"(Egyptomania)起了决定性的作用[76],最著名的例子就是罗马的西班牙广场(Piazza di Spagna in Rome)上英格兰咖啡馆(Caffè degli Inglesi)的装饰(在他的《为理性辩护》一书中有两幅图就是关于这座建筑的)。皮拉内西注意到了对于过分夸张的指责,因而他的设计试图打破那种"陈旧单调的风格"(*vecchio monotono stile*),并向大众提供某种新的东西。但是,他看重这样一个事实,即他自己从来没有违背过"好的设计、比例、个性、稳定性"等基本原则。[77]

〔203〕 皮拉内西的设计在欧洲引起了强烈反应,尤其是在英格兰。[78]带着他对风格多样化与折中主义(*diverse maniere*)的追求,皮拉内西紧步范·埃拉赫(Fischer von Erlach)《历史建筑勾勒》(*Entwurff einer Histotischen Architectur*,1721 年)一书的后尘。范·埃拉赫与维柯一起,都应该被看作是皮拉内西思想最重要的源泉,从皮拉内西直接根据范·埃拉赫已经发表的作品来绘制草图这一点来看尤其是如此。[79]

皮拉内西是从历史论辩中确立了自己的地位的。经过了一个对于所有权威的类似于狂飙时期(*Sturm – und – Drang – like*)的反对与非难,以及对于个人艺术天才的放任自流的鼓吹之后,虽然他对那些固定的标准仍然拒绝接受,但最终还是在对待历史与美学标准的态度上达到了某种平衡。皮拉内西的确是历史主义者的一位伟大先驱。

18 世纪末最有影响的意大利建筑理论家是弗朗切斯科·米利萨(Francesco Milizia,1725 – 1798 年)。[80]根据他在自传中对自己颇为吸引人的描述,米利萨是一位受过教育的业余艺术爱好者,为人平淡无奇却有一双颇具鉴别能力的眼睛,刻苦好学、热心钻研但却涉猎不深,反应迟钝。[81]他相当深地卷入了围绕卡诺瓦(Canova)、蒙斯(Mengs)、温克尔曼(Winckelmann)和尼古拉斯·德·阿扎拉(Nicolas de Azara)的新古典艺术家圈子之中,他对他们有好感,却并不完全赞同他们的美学观点。将米利萨归为新古典主义者的一般分类只在一定程度上是正确的。他的思想中融合了那些彼此矛盾的理想主义者、功能主义者、标准化论者和相对主义者们的观点。他的著作中涵盖了 18 世纪后半叶所流行的每一种可能想像得到的理论立场，而且大部分都用了一种审慎而非教条主义的态度加以表述。米利萨充分意识到了自己思想中截然不同的来源，他将自己描述成"不同种类的汇合"（*un ammasso di eterogeneo*）。[82]

作为一个擅长笔墨之人，米利萨在建筑理论和自然历史方面可以说是著作等身。他在建筑理论史方面有着广泛的知识并且能够运用自如，但却没有详细指明文献的出处。他的写作中渗透着一种欧洲启蒙主义与自由意志的见解，与其简单的途径一样，这一切与他那简练的文风一起，都对欧洲产生了影响，他的主要作品迅速被翻译成英文、法文和德文。[83]甚至到了 1824 年时，托马斯·杰弗逊（Thomas Jefferson）还将米利萨描述成为建筑美学领域最可靠的根源。[84]他最重要的建筑理论著作是《著名建筑师们的生平》（*Le vite de' più celebri architetti*），他比较为人熟知的著作有《回忆古代与现代建筑师》（*Memorie degli architetti antichi e moderni*，1768 年）[85]，《民用建筑原理》（*Principi di architettura civile*，1781 年)[86]，以及《设计艺术辞典》（*Dizionario delle arti del disegno*，1787 年)。[87]在 1826 年与 1828 年之间还出版了一部米利萨美学理论的全集。[88]

米利萨的建筑理论在他的著作中保持了很大的连续性，在 1781 年出版的《民用建筑原理》一书与 1768 年出版的《回忆古代与现代建筑师》之间惟一的不同是，较早的书中包括了大量技术分析的内容。

在《回忆古代与现代建筑师》和《民用建筑原理》两部书中，米利萨将他的理论陈述为是建立在维特鲁威的坚固、实用、美观（*firmitas*，*utilitas*，*venustas*）三原则之上的，只是他用了一个颠倒的顺序——美观（*bellezza*）、适用（*commodità*）、坚固（*solidità*）——来表述。他的论著具有一种不可抗拒的逻辑性。在《回忆》一书的引言中，米利萨从一开始就将自己描述为一个模仿理论的拥护者，尤其是对洛吉耶以原始棚屋作为所有建筑之原型的观点表示赞同，不过，米利萨所持的模仿理论要比洛吉耶走得更远[89]，他认识到有两种建筑原则，并且声称这两种原则都是建立在自然的基础之上的：希腊的原则，是以模仿原始棚屋开始的；而哥特式的原则，是以模仿森林为基础的。为了突显希腊与哥特原则的存在，《回忆》追溯了法国的，特别是科尔德穆瓦的传统（1706 年），他寻求运用功能主义的观点来证明希腊艺术和哥特艺术所具有的平等地位。然而，他却通过推测哥特建筑的高直比例可能来源于罗马人的壁饰，而表现出一种深刻的自我矛盾，关于这一点，维特鲁威（VII．5）早已斥之为是不真实的。[90]他在对哥特艺术的评价上也表现得犹豫不决，哥特建筑的"不显露在外表上的真正的坚固"，"旷世杰伦，鬼斧神工"，以及"登峰造极的创造"（*solidità reale senze veruna apparenza*，*scienza transcendente*，*invenzione tanto sublime*）是他所认可的，但是，对哥特建筑的"可怜的评价"（*cattivo giudizio*）却是他所谴责的。[91]

〔204〕

在关于建筑之特性的讨论中，米利萨显示出自己是一个贝洛里（Bellori）观点的后来支持者，按照米利萨的说法，人类不仅可以模仿自然，而且可以改造自然，因而，这已经距离理想美更近了一步。[92]这一观点使得米利萨在同时代人中获得了那令人发笑的绰号"理想美的唐吉诃德"（Don Quixote of Ideal Beauty）。[93]米利萨相信具有普遍应用性的建筑规则，但是他对这些规则的概念定义却令人困惑：他用匀称（*simmetria*）来表达维特鲁威理念中的比例的概念，但是，在接下来的佩罗的视觉法则中又将其意义作了改变[94]，也就是说，他并没有接受任何纯粹数字的比例。他结合了变化、统一和适宜（*varietà*，*unità*，*euritmia*）的概念，并以一种不同寻常的方式将后者解释为现代概念中的匀称。[95]统一是印象的总和，而且必须是源之于变化的，而变化是观察者在过程中间所体验到的。时间度量的感觉在米利萨那里起着重要的作用。米利萨关于"便利"（*convenienza*）的概念中，包含有旧的"装饰"（*decor*）的思想在里面，特别是在与建筑及其功能之间协调的问题上显得尤其重要。米利萨相信有两种特殊性：一种是由自然决定的常数；另一种则是由气候、人文习俗等各种因素所导致的变数。[96]在装饰问题上，米利萨又一次与洛吉耶拉近了距离，他将柱式理解为建筑整体的一个部分，就好像"房屋的外衣"（*ossatura della fabbrica*）一样，并且反对所有那些不是必不可少的装饰。任何的"为装饰而装饰都是一种罪恶"（*che si fa per mero ornamento è vizioso*）。[97]功能的需要决定了每一种建筑元素："当某个元素出现，它就必须具有某种功能"（*quanto e in rappresentazione*，*deve essere sempre in funzione*）。[98]这样一个定则明显是从洛多利那里借用来的，但是米利萨又对洛多利的约束条件重新作了诠释，即它们与材料真实性有关，这又与洛吉耶的结构功能主义不谋而合。米利萨立场的基石就是理性、自然决定论的原始棚屋建筑学，以及真实，而且灵活可变。通过对于他的理论加以精神上的武装——这又是一个可以追溯到洛吉耶的特征——米利萨就能够以理性的名义拒绝任何范式与权威。[99] 因此，米利萨并不能算是温克尔曼羽翼下的一位新古典主义者。

米利萨对于建筑历史的看法很接近"希腊"的立场，但如前所述，他也同样寻求与哥特艺术的一致性。以"适用"（*commodità*）为标题，米利萨特别对城镇规划的概念产生了兴趣。他从城市发展的角度分析了所有的房屋类型。[100] 为了与文艺复兴的传统相吻合，他赞同在新的城镇中采取几何形布置，但他主张形式多样，在旧城的核心部位应该造成某种对比甚至无序的效果。他坚决反对标准划一的城市景观，而倾向于由无数有吸引力的

〔205〕 元素组成的全面印象，所有这些元素异彩纷呈令人产生持续不断的惊异。[101] 而几年前也曾在法国由皮埃尔·帕特（Pierre Patte，1765 年，1769 年）提出过与之非常相似的观点，我们可以推测米利萨对于他的这些观点是很熟悉的。同时，笛卡儿（Descartes）对于米利萨的影响也凸显了出来。[102]

米利萨从四个要素的观点上来考虑城镇：城门、街道、广场，以及私人房屋。他认为城门十分重要，他希望用凯旋门的形式来标志出这座城市。[103] 在这里，米利萨是采用了"建筑话语"（*architecture parlante*）的概念。街道宽度是由交通流量和两边建筑的高度来决定。他期待一种规则但有变化的城镇规划，为了确保如此，他主张每个城镇都应该有一个建筑学会，所有房屋建造的计划都必须得到学会的认可。而且，三层是他所能允许建造房屋的最大高度。[104]

在《原理》中，米利萨考虑到了经济、劳动力市场，甚至旅游问题，作为影响建筑的因素。他不无讽刺地总结道，古代罗马的遗迹已经成为了现代罗马的主要支柱资源。[105] 他认为，建筑是人们获得快乐幸福的一种工具。他看到了一个国家的综合状态与它的建筑之间的基本联系。[106] 这些也许是米利萨从祖尔策（Sulzer）那里找到的观点，他在祖尔策的美术理论（*Theorie der Schönen Künste*，1771－1774 年）的基础上形成了自己的论著[107]，但是，实际上他的观点主要还是来自洛多利的。

对于"坚固"（*solidità*）这一概念，米利萨主要是针对了与建筑材料相关的问题。他主张一种洛多利式的对于材料的适当使用（*l'impiego convenevole de' materiali*）[108]，但却并未像洛多利那样采取逻辑的步骤——对于材料性质的建筑表现进行解释。

《回忆》一书的主要部分是关于建筑师的历史的，按照时期划分，对应于米利萨的历史观。他不同意将科林斯柱式看作是来源于所罗门圣殿的，这一说法以一种宗教想像的形式[109]，自 16 世纪开始流传。他把古代建筑开始走向衰落归之于康斯坦丁（Constantine）时期。古代建筑的标准对于米利萨影响的程度，可以从他对圣索非亚大教堂的评论中有所显示。他坚持认为圣索非亚教堂的柱头十分古怪，与希腊柱式没有任何共同之处，然后他发出了如此的哀叹："好的建筑竟然也退化到如此程度，而且就在它所诞生之地，在它曾经繁荣发展过的地方。"[110] 米利萨把从古代后期直到 10 世纪的建筑归为"古风式"（*gotico*）；把 10 世纪看成是"哥特现代"（*gotica moderna*）式的开始，并认为这是源之于自然的一种建筑原则。米利萨关于文艺复兴的主要资料显然是来自瓦萨里（Vasari）的。他很严厉地斥责巴洛克艺术，甚至发展到发表狂热反对博罗米尼（Borromini）的长篇演讲，斥责他根本就没有理解建筑的本质，反而试图在打破每一个建筑规则和艺术创意方面，与伯尔尼尼（Bernini）一比高下。米利萨认为圣卡罗四泉教堂（S. Carlo alle Quattro Fontane）的设计"最为精神错乱"。他发现其中的"波浪形与锯齿形风格"（undulating and zigzag style）相互排斥[111]。伯尔尼尼要做得好的多，他所设计的建筑物被看作是用来展示"高贵"（gentilezza）与"优雅"（leggiadria）的。[112] 我们可以想像，瓜里尼则因其"过分博罗米尼化"（Borrominian excesses）[113] 而遭到谴责。

在谈到 18 世纪时，米利萨又抱怨说意大利建筑开始了新的衰落。而他对他的同代人的任何肯定——比如

〔206〕 对他的朋友泰曼扎（Temanza）——他所称赞的不过是他们那羞羞答答、毫无生气的新古典主义。米利萨呼吁要有一个规范的建筑教育课程，以繁荣建筑事业的发展。[114]

米利萨相信好的建筑在任何气候条件下，在任何国家都可能出现。他对于英国的帕拉第奥主义颇为赞赏，但却反对他们的亚当风格（Adam style）。在谈到亚当风格时，他说，只要你付钱，你就可以买到希腊式、哥特式、中国式或法国式的任意一种时尚。[115]

在《原理》中米利萨表达了一种赤裸裸的美学相对主义，与所谓"凡是令人愉悦的即是美的"格言互为伯仲，但是紧接着，他却又要为法国传统推荐一种获得好的审美品味的方法。[116]

米利萨的建筑类型学特别揭示了他的一些思想特征，甚至包括与当时的思想潮流格格不入的东西。米利

萨是按照建筑物的个性(*carattere*)进行分类的，因而，照字面上看他是采纳了法国建筑理论的核心概念。建筑物，首先是公共建筑物，必须表现它们的"个性"：一座马戏场，或是剧院，必须表现出"公共性的壮观宏伟"，一座神庙要表现出"至高无上的圣洁神秘"，如此等等。米利萨还以一种因果关系的方式将他的个性概念与他的功能主义思想联系在一起："任何建筑的最大优点就是由体现了它的真实用途的个性所构成的"。[117]在这里，个性被降低到功能表达的地位上。这样一些太过简单的解释可能有些让人感觉不舒服，米利萨承认，至少在艺术家那里，对于个性的表达将会是千变万化的。无论如何，他坚持认为，在功能与个性之间建立一种因果联系，一座建筑物要想改变它的功能就不会那样容易了。[118]

在他准备接受平面类型的变化，以及在他建议乡村住宅的造型可以是洞穴式的、棚舍式的、动物形的、鸟形的、船形的、星形的，以及其他各种"稀奇古怪却又似是而非的形式，也许甚至是十分合理的形式，只要它们是经过认真布置和恰当表现的"时[119]，米利萨表现出了他对于法国革命建筑师们的设计的了如指掌。从他的话中，人们立刻就会想到勒杜(Ledoux)和勒克(Lequeu)的设计。虽然，在这里个性在一定程度上变成了独立自足的东西，就像在法国一样，米利萨很快又弥补说，美观、功能与结构，三者是不可缺一的。[120]

在对个性进行描述时，米利萨仅仅赞同三种建筑模式："坚固，精致，或是介于二者之间"(*sod, delicata e mezzana*)，他将这三种模式与三种希腊柱式联系起来[121]，竟令人惊讶地注意到了他像是在向尚布雷(Roland Fréart de Chambray, 1650 年)的思想靠拢。虽然他并没有引用尚布雷的话，但是在这里米利萨却采纳了这位法国最不肯妥协的教条主义者的一条原则，也就是他所一直认为的尚布雷的专断不羁的姿态，是善长挑剔。然而，米利萨则是一位聪明的"兼容并蓄"(*unammasso di eterogeneo*)的折中主义者。

米利萨还对建筑类型学作了深入的思考。他熟练地处理了许多问题，诸如建筑结构的防地震问题与防火问题等等。[122]他不赞成为建筑师写专业百科全书的做法，建议建立一些建筑学术机构，并且详细描述了这些学术机构的构成与功能。[123]

米利萨的《原理》一书构成了意大利新古典主义的主要理论基础。它所具有的重要性使得米兰建筑师乔瓦尼·安托利尼(Giovanni Antolini)特别发表了一本由他自己评注的《原理》一书，但他在这个注释本中却试图对米利萨加以"删减"，以使他变成一位纯粹的新古典主义者，例如，米利萨关于将乡村房屋造成动物模样的说法，等等，认为这与好的建筑原则是水火不相容的。[124]

在米利萨的影响下，建筑历史学家们，其中的大多数也是建筑师，试图通过他们的写作来宣扬新古典主义的建筑观念。这些书的代表作是托马索·泰曼扎(Tommaso Temanza, 1778 年)[125]写的传记集和奥塔维奥·贝尔托蒂·斯卡莫齐(Ottavio Bertotti Scamozzi, 1776 - 1783 年)[126]所作的帕拉第奥作品的测绘图集，在这本图集中，后者试图引导自己的时代回归到"建筑美的真实原则"(*veri principi della bellezza Architettonica*)中去。 〔207〕

18 世纪末安杰洛·克莫利(Angelo Comolli)整理了自维特鲁威以来建筑理论文献方面一些重要著作的参考书目。[127]这套四卷本的书使得建筑文献有了一个非常综合性的文本[128]，前三卷是关于一般艺术理论、传记以及相关的科学的，从严格意义上来说，只有第四卷是专门为建筑理论所准备的。尽管其规模宏大，内容丰富，但克莫利的这套书却是漏洞百出。其价值主要在于，克莫利将 18 世纪那些不同观点的理论文献综合在了一起。例如他的书中既收入了有关洛多利教学方面的详细资料，也包括当时人们对于他的种种批评意见。[129]直到今天克莫利的著作在建筑理论书目的收集方面仍然是一次最为全面的尝试。

第十七章　18世纪的古代建筑观

〔208〕　　　虽然，从文艺复兴以来的建筑理论基本上是建立在古典范例之上的，但是，直到18世纪中叶，人们才将古代纪念性建筑加以分类和列表。为这些古代纪念性建筑建立一套完整的分类体系的计划早在16世纪集中于维特鲁威的学术研究（见第五章）的那些年代就已经开始了。在一个很长的时期中，德戈丹（Desgodets）的《罗马建筑》（*Les édifices de Rome*，1682年）都一直是沿着这一方向的形单影只的独行者。从文艺复兴到18世纪早期，人们所了解的古代建筑的数量没有多少变化，而且都是属于罗马时期的遗迹。人们甚至对于那些位于那不勒斯以南的意大利土地上的古建筑都知之甚少[1]，虽然曾经到过希腊进行考察的15世纪安科纳（Ancona*）的西里亚克（Cyriac），带回了他自己绘制的多本速写，但那也只是一段孤立的插曲，很快就随着拜占庭的衰落而销声匿迹。[2] 在1493年的《世界史》（*Weltchronik*）中，哈特曼·舍德尔（Hartmann Schedel）甚至将雅典描述为一座晚期哥特式的城市。[3]

　　关于希腊的知识在很大程度是文学上的，虽然也与同一时期的政治与商业发生了联系。在17世纪和18世纪早期，大量东地中海城市巴勒贝克（Baalbek，古代腓尼基城的遗址，现位于黎巴嫩——译者注）和巴尔米拉（Palmyra，叙利亚中部古城）的古代遗迹的风景画传到了西方，正如由让·马罗（Jean Marot）的印刷品和瑞典的克尔内留斯·路斯（Cornelius Loos）关于巴尔米拉的速写（1711年）所证实的，这些速写曾为菲舍尔·范·埃拉赫（Fischer von Erlach）所使用。[4] 有可能这些印刷品与速写甚至会对意大利的巴洛克建筑造成一种直接的影响。[5] 利奥·阿勒提奥斯（Leo Allatios，1586/1587－1669年），希俄斯岛（Chios，希腊的一个岛屿——译者注）的一个当地人，他的信件具有很独特的价值，这些信件于1645年出版[6]，详细地记录了拜占庭教堂建筑的建筑原则和礼拜功能。

　　德戈丹为洞察绝对比例的秘密而进行了精确的测量，他的那些研究都带有某种偶然的性质并且流露出一种自觉的理论氛围。除了他之外，雅各布·斯蓬（Jacob Spon）和乔治·惠勒（George Wheler）于1675－1676年游历希腊和小亚细亚沿海一带所写的游记也同样是真实可信的。[7] 斯蓬和惠勒对古典碑铭最感兴趣，但是，他们的书中也包含了一系列的希腊建筑图示，有的还附有测绘。那些图的幅面很小也很粗糙，但无论如何，它们曾经是整整两代人赖以依靠的关于希腊建筑的主要资料来源。

　　随着知识的增多与人们的关注，18世纪对于古代建筑的系统性研究得到了新的促进，自从尚布雷（Roland Frear de Chmbray）沉迷于对希腊的热情中（1650年）以来，对于希腊建筑的了解无论在年代上还是质量上，都远远胜过了罗马。但这并不是意味着没有争议，事实上，研究的深入使得关于古典的论战也越来越激烈。从18世纪中叶起，启蒙运动对于知识萌生的渴望，真正的考古学兴趣——伴随着将这一切运用于当前建筑中的想法——以及许多具有投机性的精美图册的出版，都导致了一大批对开本画册的出现，并对欧洲的新古典主义产生了相当大的影响。在这一场运动中，由帕拉第奥的理想主导着的英格兰，起到了某种领导性的作用。[8] 这些画

〔209〕 册经常探索着将考古调查与建筑论述二者的功能联系起来，这也是我们要把它们包括在这里的主要原因。

---

*意大利东部港市。——译者注

德戈丹在罗马是代表(法国)皇家建筑学会从事他的工作的，也就是说，他是代表国家的。1696年，巴黎的题刻与文学艺术学会(Académie des Inscriptions et Belles-lettres)考虑派一些建筑学的学生去希腊，但是后来没有能够实现。[9]英格兰人的主动性在另一个不同的方向上拓展，即以私人古迹研究社团的名义开展工作。最早的社团是"古代建筑学会"(Society of Antiquaries)[10]，成立于1707年；"业余爱好者协会"(Society of Dilettanti)[11]则起到了更为重要的作用，它成立于1732年或1734年，最初是一个年轻绅士们的协会机构，他们曾经组织过"走遍意大利"的旅行。"走遍意大利"之旅是这个协会所有活动的基础，甚至在地理上的种种局限被突破之后仍然如此。渐渐地，协会从会员们欢庆在意大利的旅行经历的组织者，逐步演变成为学术性的考古探险和出版物的主办者，甚至到了1743年，霍勒斯·沃波尔(Horace Walpole)还用挖苦的口吻写道，会员们的"名义资格"的确是"在意大利，但是它们的真正资格，却只是举杯庆贺。"[12]

最早由业余爱好者协会资助主办的活动是于1764-1765年赴希腊和小亚细亚地区的考察，由理查德·钱德勒(Richard Chandler)带队，队伍中还有尼古拉斯·雷维特(Nicholas Revett)和威廉·帕尔斯(William Pars)。协会没有为这次考察写出书面指导，后来，钱德勒将这些写进了他所出版的关于小亚细亚旅行的描述文字的前言中。[13]协会所提出的首要要求是"获取你所发现的建筑物的确切平面并尽可能地加以测绘，并将建筑上的浮雕与装饰纹样准确地描绘出来"。[14]

这次考察出版了至少四本书——两本对开本的书题目为《爱奥尼亚的古代遗迹》(*Ionian Antiquities*，1769年和1797年)[15]，是直接由协会捐资出版的；另外还有两本"小亚细亚"和"希腊"的详细记述，是由钱德勒自己出版的。[16]这些出版物的目的不仅仅是学术性的，也有"提高大众的品味，并向协会表达敬意"的意思。[17]在谈到这一时期和地域的非同寻常之时，钱德勒和他的合作者们就会情不自禁地说"优雅、奢侈，甚至有些令人神魂颠倒，这些小亚细亚的希腊建筑"，与此风格迥异的是"流行于希腊本土及其欧洲殖民地的更为朴素而冷峻的风格。"[18]他们将多立克视为希腊风格，其简单率直的特点与由"某种临时性的功能需求或当地的流行风格恰好需要"[19]而产生的细微变化协调一致。《爱奥尼亚的古代遗迹》一书由一种如画风格的全景图(*vedute*)组成，细部十分准确，按比例绘成，绘制的尺幅也很大，甚至随时可以用在当时的建筑之上。

在钱德勒之前也曾经有过许多自费旅行的人写过一些东西，并且以他们个人游记的形式发表，因而，他们也就成为了业余爱好者协会的会员。尼古拉斯·雷维特(Nicholas Revett，1720-1804年)就是其中的一员，他也曾与钱德勒共过事。从1748年起雷维特和詹姆斯·斯图尔特(James Stuart，1713-1788年)就曾致力于考察雅典的古迹，并将考察结果汇编成很多册子后出版。[20]正如1749年至1755年间各种样式书所显示的，他们的基本目的从一开始起就是为了赚钱。[21]位于阿提卡(Attica，古代希腊中东部一地区——译者注)的希腊古代遗迹，被赞誉为"雕塑与建筑上最完美的典范"之作[22]，他们还计划出版一部三册本的著作，包括风景图片、由德戈丹用线条绘制的测绘图，最后还有雕塑图片。他们的这一计划从1751年持续到1753年，但是，由于他们在素描上的方法不当，使第一册拖延到了1762年才得以出版，第四册，也就是最后一册，直到1816年才得以问世。在这一段时间中，其他一些人在以更快的速度出版着他们的著作，只是准确性更差一些，这些书就像是一幕幕的戏剧场景，满足着欧洲各国人们对于希腊和东地中海地区考古学信息方面的渴求之心。〔210〕

这些出版物中最早的一部是罗伯特·伍德(Robert Wood)和他的两个同伴在1751年春的一次为期仅两周的参观后所写成，这是两册对开本的书，书的内容由罗马帝国城镇巴尔米拉和巴勒贝克(Baalbek，位于黎巴嫩东部——译者注)遗迹所组成。[23]伍德承认他的书中有一些"微不足道的错误"(slight inaccuracies)，特别是在他引用德戈丹的资料作为范例时。他将好奇——包括他自己的和普通大众的——作为这次旅行和这本书的动机。他谈到了地方传统问题，按照这一传统的建筑物可以追溯到所罗门王时期，而当书的作者将所罗门圣殿看成是古典建筑柱式的源头时，也就在16世纪与17世纪之间建立起了一些联系。

另一方面，伍德充分意识到了这两座古城建于罗马时期，他说它们"可能是现存古代伟大遗迹中的两个最为令人吃惊的例子"。[24]他描述巴尔米拉古城遗迹，说这是"比我们在罗马、雅典和其他城市所见的……更具有一致性"的实例[25]；而巴勒贝克则被他称作"我们所见过的建筑创作中最为大胆的尝试"[26]。以这种充满夸张之词的叙述风格，伍德发表了他的观点和测绘图：

在以下作品中我们不仅提供了建筑测绘，还提供了那些所测建筑遗迹的景观……因而，在一开始我们先给大家一整座建筑物的概念，这时它是完整无缺的，最后，我们再展示给大家它现在颓败的样子，以及(这一点最为重要)我们的测绘图所依赖的依据是什么。[27]

他为巴勒贝克城所做的入口复原设计受到了佩罗设计的卢浮宫柱廊的影响，这反映出后世的建筑思想也对古代建筑遗迹的理解产生了显著的影响。[28]伍德深知他所描写的这些纪念性建筑遗迹与希腊古典主义的理想并不一致，于是，如他所写，他将"所有对于建筑的美和不足的评判……全都留给读者"。[29]当时的评论者称赞伍德的作品对于克服当时正在流行的中国风与哥特式艺术倾向是一个成功的代表。[30]

斯图尔特和雷维特在 1753 年末突然停下了他们手中的工作。第二年春天，一个法国人，朱利安—戴维·勒·罗伊(Julien – David Le Roy，1724 – 1803 年)，获得了罗马法兰西学院(French Academy)的奖学金资助，到达了希腊，并且充分运用了各种外交渠道，在 1755 年初的三个月内[31]，对雅典的主要遗迹进行了考察。勒·罗伊对于斯图尔特与雷维特提出的各种工作"建议"(Proposals)十分熟悉，在自己的考察研究，以及书籍出版中，他都是唯这些建议的思想是从，他的《希腊最美的纪念性作品遗迹》(Les Ruines des plus beaux monuments de la Grèce*)[32]一书很快出版，这是一套仓促之作，比他的两位英国前辈抢先了一步，并且满足了这两位英国人自己所提出的种种期待。

〔211〕勒·罗伊非常痛苦地指明了他的工作是遵循了由路易十四所创建的法国建筑学会提出的原则。如他所表述的，他希望为"欧洲的艺术与科学的复兴"做出一些贡献，但是，紧接着他就立刻显露出由法国来执艺术之牛耳的沙文主义欲望，而且承认他是被那为"实现上一个世纪我们民族所构想的宏伟蓝图而能尽绵薄之力的冲动"所激励着的。[33]他对于伍德的作品大加赞赏，其目的很可能是为了挑起伍德与他的两位竞争者斯图尔特和雷维特之间的鹬蚌相争。

勒·罗伊书中的第一部分是历史的叙述，第二部分则是理论性的阐释。他的论述开始于对维特鲁威作品的解释。在《论民用建筑的历史》(Discours sur l' histoire de l' Architecture civile†)一书中，他反复重申巴黎人所熟悉的从弗朗索瓦·布隆代尔(François Blondel)时期就开始了的发展计划，但是他对于希腊建筑的第一手经验，促使他对他称之为"主观的比例"(proportion arbitraire)的那些早期建筑中所用的粗短柱子(柱高不到柱基直径的 6 倍)采取了认可的态度。在勒·罗伊看来，使多立克柱式的比例反映出男性形体的思想是后来才产生的；而在另一个方面，爱奥尼柱式的比例，反映的是女性的形体。[34]在涉及历史问题时，他断言地域气候和民族特色在建筑发展中起了作用。对于这种作用表现，包括在了他书中那些著名历史遗迹的风景画，以及高度戏剧化了的景观中(图版 126)。

勒·罗伊书中的第二部分题头为《论民用建筑的自然法则》(Discours sur la nature des Principes de l' Architecture civile‡)。他将这些原则分为三类——那些普遍有效的、那些用于大众教育的，以及那些可以称作民俗的。勒·罗伊这次所使用的是典型的法国式美学观念——建筑的基础是"坚固"(solidité)；所有的组成部分必须有结构的理由，否则它们就是"怪诞的"(bizarre)。[35]他赋予艺术的装饰目的以一个概括性的定义，"当我们看到它时唤起我们内心思想的伟大、高贵、雄伟和美"[36]，他将他那个时代的概念"个性"(caractère)应用于希腊建筑之中。

勒·罗伊将维特鲁威的规则与是否应该盲目地模仿希腊柱式的问题联系了起来——事实上，他所接受的惟一典范是伯里克利(Pericles，古代雅典政治家，约公元前 495 – 前 429 年当政——译者注)和哈德良(Hadrian)时期的柱式，由于他所持有的进化论观点，他对于"建筑的进化"(progress of Architrcture)确信不移。[37]他根据柱式将古代建筑遗迹加以分组，并在其中发现了一些不同的发展阶段，由此他还确定了一种新的"女像柱式"(Ordre Caryatide)，从而，他又转弯抹角地回到了法国民族柱式的话题之上。

由于他主要关心的是建筑原则而不是细节问题，勒·罗伊在他的希腊建筑重建中应用了他和他那个时代的人认为是公理的原则(图版 127)。关于对称的概念，从佩罗开始就被当作是"纯粹美"(absolute beauty)的基

---

*法语对译英文 Ruins of the most beautiful monuments of Greece——译者注
†法语对译英文 Discourse on the history of the civil architecture——译者注
‡法语对译英文 Discourse on the nature of the principles of the civil architecture——译者注

础，这一点在罗伊的雅典卫城山门的复原设计中可以清楚地看出来，他的这一复原设计在整个18世纪的眼光看来，都可以算作是古代式的，但是，同时他也想将这一设计作为他那个时代建筑理论的一个辩解。1762年，勒·罗伊成为了一名巴黎皇家建筑学会建筑历史与理论方面的教师，并且，一直到1803年去世时止，他一直拥有着左右学会政策的影响力。

明显是受到了勒·罗伊成功的影响，斯图尔特，这位被推测是惟一对于与雷维特的合作项目起到了推动作用的人，1762年决定出版他们的《雅典古代建筑》（*Antiquities of Athens*）的第一卷。[38]这一卷的前言，对于整套〔212〕书作了很好的说明，但却缺乏任何理论上的支撑。斯图尔特声称，在有关希腊与罗马问题的争论中，他的立场是主张以希腊取代罗马来作为一个典范，在他看来，希腊是"伟大的艺术女神"（the great Mistress of the Arts），罗马仅仅是她的学生，罗马帝国的伟大遗迹只是模仿它的希腊源头的产物。[39]他的目标是尽量使希腊的古代建筑遗迹广为人知，以促进"与建筑相关的正确思想，而不是迄今人们所知的思想"，从而，对今天的艺术施以直接和有益的影响。[40]他注意到它们的出版物几乎全部都是按照范例集的形式编辑的，就像是"已有股票的增值"一样，或者像是"艺术的物化"（a material acquisition to the Art）过程。[41]他不断地去希腊，更是不断地呼吁，以期待"在那里我们或许能够发现某种尚保存在世的遗迹，从而在真实的鉴赏力或优雅的风格上超过迄今我们已经发表过的任何一样东西"。[42]希腊的黄金时代，以他从艺术标准的角度观察，可以从伯里克利时期（Pericles）一直延伸到亚历山大大帝之死的时代。

斯图尔特首先关心的是精确。例如，他对于在对一座建筑物进行测量之前，如何对它的基础部分进行发掘，以及如何将紧邻的建筑物拆除，都作了说明，如雅典的风标塔就是一例。建筑上的雕塑必须以同样的精确进行测量并加以拷贝。在这里我们只能猜测，斯图尔特肯定非常看不起勒·罗伊，这位仁兄窃取了斯图尔特和他的同伴的思想而抢先发表，却追求了一个全然不同的目标。

《雅典古代建筑》的第一卷，并不是关于雅典卫城或是任何古典时期建筑的研究的，这与人们所期待的目标相去甚远。书中关心的主要的问题是风标塔，关于这座建筑这本书提供了19幅图，还包括对这座塔所做的复原设计，而利西克拉特（Lysicrates，雅典地名——译者注）的纪念性建筑遗迹则用了26幅图。1764年从温克尔曼（Winckelmann）写给亨利·富泽利（Henry Fuseli）的一封信中，可以看出他们著作的出版过程遇到了麻烦。温克尔曼被他称为"琐事"（trivialities）的东西所苦恼，并把这一卷书稿称作"难以置信的可怕的庞大"（*monstrum horrendum ingens*[*]）。[43]在斯图尔特看来，他著作中的所谓范例性建筑的概念，可以从他对风标塔的复原设计中、从利西克拉特的纪念性建筑遗迹中，以及从修克波络（Shugborough，雅典地名——译者注）公园的哈德良拱门（Hadrian's Arch）中看出来。[44]这样一种天真的想法，很难在其他的欧洲人那里激起什么热情。

雅典卫城被安排在第二卷中，在斯图尔特死后的1788年才出版（尽管扉页上所标的日期是1787年）。当用新古典主义的精神来解释雷维特的绘画时，那些描绘雕刻的雕版图显得特别没有生气，不管它们画得有多么精致。这套书的第三卷是由威利·雷弗利（Willey Reveley）负责编辑的，通篇都显得杂乱无章。雷弗利赞同钱伯斯（William Chambers）的反希腊情绪，对罗马玛塞路斯剧院（Theatre of Marcellus）以及罗马圆形大角斗场（Colosseum）采用多立克柱式表示了谴责，认为它们"明显与坚固的法则相矛盾"。[45]同时他将科林斯湾古老的多立克式神庙描述为"显而易见的伟大古代遗迹，早在建筑受到伯里克利时代所引起的进步之前就已经建造。"[46]第四卷书是在1816年才出版的，是斯图尔特遗作的一个选集，其中补充了一些从其他线索而来的材料，如帕斯（William Pars）所绘制的帕提农神庙雕塑的画面。

《雅典古代建筑》显得不系统，但是，同时在关于细节的描述上又显得十分学究气（图版128）。他的方法有些教条，而且书中所绘制的有关希腊建筑的图片也相当枯燥，毫无生气。然而，这些图片在19世纪竟然十分流行，一直没有任何更好的东西加以替代。像德戈丹一样，斯图尔特的目标是试图提出一种权威性的建筑理论，但他对于这样一个任务的实现实在是力不从心。

伍德、勒·罗伊、钱德勒，以及斯图尔特和雷维特的论著都是与公共事务有关的，其中的大部分为宗教与建筑学方面的著作，然而，他们对于古代希腊、罗马时期的私人建筑，在相当大的一个知识范围上明显地缺

---

[*]古拉丁语 monstrum = 现代英语 monstrous adj. 巨大的。古拉丁语 horrendum = 现代英语 horrent adj. 毛骨悚然的，可怕的。拉丁语 ingens 对译英文 of immoderate size，庞大的。monstrum horrendum = 洪水猛兽般的，巨大的可怕的。——译者注

乏。这就是为什么罗伯特·亚当(Robert Adam,1728－1792年)要试图用他自己的著作来部分地弥补这一方面的空白,这是一本对开本装帧的,关于位于斯普利特的戴克里先宫(Palace of Diocletian in Spalatro*)的书,是亚当于1754年至1758年间所进行的伟大旅行的主要产物。[47]亚当对于古代建筑遗迹的兴趣,是被他与皮拉内西之间的友谊,以及查理－路易·克莱里索(Charles－Louis Clérisseau,1721－1820年)的帮助,所大大激发起来的。

[213] 1757年他跟克莱里索在斯普利特盘桓了5个星期。[48]当然,人们对于戴克里先宫的建筑并非是完全前所未闻——帕拉第奥曾经画过戴克里先皇帝的陵墓[49],斯蓬和惠勒曾经出版过那座建筑遗址的示意图[50],菲舍尔·范·埃拉赫也曾画过一个透视图[51]——但是亚当是提供了这组宫殿建筑全面印象的第一人。

在亚当的《位于达尔马提亚的斯普利特的戴克里先皇宫遗迹》(*Ruins of the Palace of the Emperor Diocletian at Spalatro in Dalmatia*)一书中的大部分图版和素描图,可能都是克莱里索所绘制的,虽然他的名字并没有出现在图幅上。这本书是亚当自己出资于1764年出版的。[52]古代希腊、罗马建筑,对于亚当来说是绝对的、完美的典范:"古典时代的房屋,在建筑方面而言,是对于其他艺术持尊敬态度的自然之作"[53],并且提供了"我们可以仿效的范例",以及"我们可以引以为据的判断标准"。[54]在他看来,维特鲁威和普林尼(Pliny)对于古典住宅的描述,证明了古代希腊、罗马建筑比起当代建筑来,"无论是在雄伟壮丽还是精致典雅方面",都要优越得多。为了给予戴克里先的宫殿以可以作为典范的特征,亚当设想了一个历史情节,将戴克里先置身于"一个更为纯净时代的环境与氛围中"[55];用了这样一个花招,亚当就可以在他给乔治三世(George Ⅲ)所写的献辞中,将其同戴克里先皇帝、伯里克利、奥古斯都,及美第奇相提并论。他还用了和伍德不相上下的目空一切的口吻,说自己的书是包容了"迄今为止已经发表过的具有独一无二的完备性与精确性的古代私人建筑的设计作品"大全。[56]他的描述方式,首先是他的复原设计,源之于维特鲁威。就像在一本现代旅游指南中一样,他先顺着一个个景点描述一下游览路线,然后再对每一幅图的画面进行解释,其中也包括那些迷人的风景,最重要的是,要将现存的遗迹和它的复原设计加以直接比较(图版129)。亚当将戴克里先的宫殿看作是当前建筑的直接典范,这一点从伦敦的阿戴尔菲(Adelphi,1768－1774年;图130)中可以看到,在那里他设计了这座拱形的仓库,仓库的底层部分面对泰晤士河,以期与在斯普利特的戴克里先宫殿的沿河立面上那隐在墙后的柱廊加以对应。[57]从亚当所发表的两个立面的景观来看,它们之间的彼此联系十分清晰。[58]

亚当曾去参观过赫库兰尼姆(Herculaneum†),但并未意识到利用那里的建筑遗存去为维特鲁威所描述的罗马房屋的设计作出一个结论的可能性。当然,其中的部分原因是由于那些在地下展廊中布置的出土文物,不是与房屋和城市有关的,而是关于壁画的,另外也包括一些个别性的发现。从1738年起对赫库兰尼姆有过一些或多或少的系统性发掘,在庞培(Pompeii)这样的发掘则是从1748年开始的[59],但早期的出版物却普遍缺少对于建筑问题的关注,除非遇到像赫库兰尼姆的剧院和庞培的圆形剧场这样的公共建筑时有所例外。由瑞士的 N·科尚(N. Cochin)和 J·贝利卡尔(J. Bellicard,1754年)所写的小册子在很长时间中都是这方面的一个特例。[60]1755年成立的赫库兰尼姆学会(Accademia Ercolanense)垄断了考古发现成果的出版,也对参观者加以了限制,这为那些希望参观波蒂奇(Portici‡)的遗址和其中所陈列的展品的人们造成了相当大的困难。

1757年这个学会开始进行壁画的出版,这是一些从建筑整体环境中剥离出来的壁画的残片,以及一些个别性的装饰,没有任何与它们所来自的房间相关的资料。[61]甚至一些带有幻觉效果的建筑画——《想像中的建筑》(*finte architetture*)——也被当作一些个人的设计作品而出版了。[62]大量出版的《赫库兰尼姆古代遗迹》(*Antichità di Ercolano§*)的第一卷的文字介绍部分令人感到非常遗憾,这篇文字与城市整体环境或单体建筑的有关内容渺不相涉,却仅仅将着眼点放在那些陈列在波蒂奇的文物发现之上,这些文物还被含糊其辞地描述为"民族的动

[214] 力之源"(*stimolo della nazione¶*)。[63]由于这些文物从不出售,只被那不勒斯的宫廷作为礼物而奉送,因而这些东西起初的影响力也十分微小。直到1773年以来[64],这些图片的盗版译本才开始在伦敦出现,其中一些还用了缩版的形式,两座由维苏威火山爆发而埋没的城市的壁画也才开始对室内装饰和一般工艺美术真正产生了一些影

---

* 世界文化遗产。Spalatro 即今 Split —— 译者注
† 意大利中南部的一座古城。——译者注
‡ 意大利中南部城市。——译者注
§ 意大利语对译英文 Antiquity of Ercolano ——译者注
¶ 意大利语对译英文 stimulus of the nation—— 译者注

响——这比通常人们想像的要晚得多。[65]

温克尔曼于 1762 年和 1764 年所发表的两本书，更为广泛地介绍了赫库兰尼姆和庞培的发现[66]，然而温克尔曼的主要兴趣也主要是在个别发现上，并且特别反对将赫库兰尼姆作为一整座城市来进行发掘。[67]他对于住宅和别墅的发掘资料缺乏兴趣，更没有意识到要将它们与维特鲁威的记载与描述相比较。他的书中也没有任何图例，这使得他这两本书的影响黯然失色。

人们可以毫不惊奇地注意到，贝拉尔多·加利亚尼(Berardo Galiani)，一位赫库兰尼姆学会的会员，在他所写的关于维特鲁威的注解中(1758 年)[68]，并没有引用赫库兰尼姆和庞培发现的考古资料与图片对他的文字加以说明，而把自己的兴趣放在了帕拉第奥和佩罗的复原设计上，尽管事实上他可以无拘无束地接触到那些出土文物。[69]

前文(第 190 – 191 页)曾提及的卡尔·菲利普·莫里茨(Karl Philipp Moritz，1756 – 1793 年)，是第一位从赫库兰尼姆得到了启示，将罗马的房屋与其装饰视为一个整体的人，他发现没有什么"比有意义的装饰更有魅力和更迷人的了，这是一些人们频频光顾的房间，这些装饰与每个房间的功能完美相称。"[70]

第一位将庞培的别墅作为整体来介绍的是圣诺恩修道院的院长(l'Abbé de Saint – Non)让 – 克劳德·理查德(Jean – Claude Richard，1727 – 1791 年)。[71]他在他的《画中游》(*Voyage pittoresque* *，1782 年)一书中，描写、图解和复原了所谓的狄俄墨得斯别墅(Villa of Diomedes)，这座建筑发掘于 1771 – 1774 年；相关图片是法国建筑师路易 – 让·德普雷(Louis – Jean Desprez)所绘制的。[72]这座在维苏威火山(Vesuvius)于公元 79 年喷发之前的别墅复原形象，在很长一段时间里，对于人们头脑中这一类罗马别墅的概念，起了某种定型的作用。

德普雷活跃的想像力在他所绘制的庞培的伊希斯神庙(Temple of Isis)的三张表现图中得到了更为充分的展现。第一张图是按照他自己所处年代而表现建筑遗址情况的，还添加了一些参观者以完善画面；第二张是表现了一个人行队列场面的复原图；第三个则是描述了一个夜晚献祭场景的复原图。第二与第三张图，都是为了激发起读者的想像力。[73]这些图片都为当时正在建筑和舞台设计领域流行的埃及时尚带来了一些佐证资料[74]；当时许多遗迹所带有的田园诗风格的画面，一开始就被德普雷、休伯特·罗伯特(Hubert Robert)和其他一些有影响的艺术家们打上了圣诺恩修道院的烙印，将一幅表现古代希腊、罗马遗迹的画面，涂抹上了早期浪漫主义的色彩。事情的实质并不主要在于对古典范例的寻求上，也不在于如何在有关希腊与罗马的争辩中选择一个立场的问题上，而在于如何运用古代建筑遗迹，或是它们的复原设计，由他们自己来唤起内心的感觉。[75]

新发现的赫库兰尼姆古城和庞培古城之影响主要反映在室内装饰和应用艺术领域中。而《赫库兰尼姆古代遗迹》一书在有关古代遗迹纲要的分类中应该归于最后分析的内容。自从伯纳德·德·蒙特法弗克恩(Bernard de Montfaucon，1653 – 1741 年)的鸿篇巨著，一本按照活动范围整理的，关于希腊与罗马古代遗迹的由大量二手资料构成的概要，在 18 世纪初问世起[76]，许多这样的著作便接踵而来，它们在收藏者那里获得了永久性的价〔215〕值，但同时也被工匠们作为范例而广为接受。特别值得一提的是凯昌斯伯爵(Count Anne – Claude – Philippe Tubières de Caylus，1692 – 1765 年)自己收集的资料集《汇编》(*Recueil*)，这是一套七卷本的书，分为埃及、伊特鲁里亚(Etruria，意大利中西部古国——译者注)、希腊和罗马几个部分。[77]甚至还在温克尔曼之前，凯昌斯就已经尝试过写一本古代艺术的发展通史，但他试图赋予埃及而不是希腊以最高的地位。作为一个足迹十分广阔的人，凯昌斯于 1749 年在法国建筑学会的演讲中提出了他的观点，他认为埃及建筑"使其创造崇高奇迹的单一目标传达出庄严宏伟的效果。"[78]他这种言简意赅的表述，十分受当时关注建筑理论的人们的欢迎，尤其是在法国，直接导致了许多金字塔形的设计，如部雷(Boullee)和勒杜(Ledoux)的方案，就像凯昌斯的历史编纂集一样，为 18 世纪晚期兴起的埃及时尚更添了一把火。[79]

英国驻那不勒斯大使威廉·汉密尔顿男爵(Sir William Hamilton，1730 – 1803 年)，出版了两本精致的古迹收藏方面的书，内容是他在南意大利搜集到的各种古物，这对于奠定大英博物馆收藏品的基础起了很大的帮助作用。[80]他并不把他的那些复制品看作"仅仅是徒劳无益的观赏品"，而把它们看作是当时艺术家和工匠们临摹学习的典范，正是在这种思想的促使下，乔赛亚·韦奇伍德(Josiah Wedgwood)模仿威廉·汉密尔顿男爵的一些收藏品，为市场生产了黑陶器和碧玉器皿的仿制品。[81]

---

* 法语对译英文 Picturesque voyage——译者注

赫库兰尼姆和庞培的发现也在文学和戏剧中留下了印记。完全再现(*in toto*)当时场景的情况,如弗里德利希·冯·加特诺(Friedrich von Gärtner)的"庞培在阿沙芬堡城"(Pompejanum in Aschaffenburg*,1840 – 1848年)[82],或者巴黎的"庞培的房屋"(Maison pompéienne,1854 – 1859年)[83],则是较晚的和比较孤立的珍品。

在西西里发现的希腊建筑在 18 世纪相关问题的讨论中起了一些不是很大的作用。雅克 – 菲利普·德奥维勒(Jacques – Philippe d'Orville)曾于 1727 年去过西西里,但他的绘画作品只是到他 1764 年死后才出版。[84]很长一段时间内,关于西西里古代遗迹方面知识的最重要线索是罗马天主教会(Theatine)的神父朱塞佩·马里亚·潘克拉齐(Giuseppe Maria Pancrazi)的两卷本作品(1751 – 1752 年)[85],这也是一本在温克尔曼关于西西里古代遗迹方面知识的基础之上的书籍。在其《意大利西西里岛格贞蒂古庙建筑学勘查报告》(*Anmerkungen über die Baukunst der alten Tempel zur Girgenti in Sicilien*,1795 年)中[86],温克尔曼称位于阿戈里金托的协和神庙(Temple of Concordia at Agrigento)是"世界上最古老的希腊建筑之一"[87],整座建筑都渗透着庄严与单纯的氛围。与专门涉及希腊古代遗迹的文献资料相比,18 世纪那些有关西西里的内容广泛的旅行文学一点也不逊色。[88]

在一些关于古代遗迹的出版物中,对建造在帕埃斯图姆(Paestum,意大利南部古城——译者注)的萨勒诺海湾(Gulf of Salerno)沼泽地上的希腊神庙,有着特别的兴趣。帕埃斯图姆从文艺复兴以来就不时地吸引着游客,并不是像人们通常假设的那样完全被人所遗忘[89],但是,大约在 18 世纪中叶,一场真正的朝圣开始了,朝圣者们怀着各种各样的期待——希腊人、伊特鲁里亚人、甚至罗马人——都无一例外地得到了确认。从 1523 年彼得罗·苏蒙特(Pietro Summonte)给马尔坎托尼奥·米歇尔(Marcantonio Michiel)的一封信中可以看出——对帕埃斯图姆的第一次提及明显是来自一位文艺复兴时期的人文主义者——这三座神庙的风格被认定为多立克式,但却与起源于希腊的柱式不尽相同:

[216]
> 在帕埃斯图姆(Paestum)或波西多尼亚(Possidonia),一座城市废墟,古老的城墙还完整无缺,大部分城墙还与塔楼相连,城内有三座神庙,跟邋布尔廷(Tiburtine†)有关的岩石被切成很多的大石块。[90]

那不勒斯建筑师费迪南多·圣费利切(Ferdinando Sanfelice)于 1740 年写的一份备忘录清楚地记载了那些神庙是被看作了罗马式的建筑,因为他提出要用帕埃斯图姆的柱子来装饰卡波迪蒙蒂(Capodimonte)的皇家宫殿以表现古代罗马的技艺:

> 我可以向您建议,陛下,为了节约时间和经费,有可能从坐落在卡帕奇诺(Capaccio)的古老的帕埃斯图姆城中搬取石料,那是一个古老的罗马聚落,那里有大量半毁的房屋,有一百多根大柱子,还有柱头、楣梁、装饰带和柱楣线脚等,若用石头砌筑成如此比例的体块,将给人以一种古罗马人的力量的感觉。[91]

关于神庙起源上的不确定性一直延续到 18 世纪末。大部分的研究者都意识到它们是起源于希腊的,只有皮拉内西持不同的意见。在 1778 年他的雕刻系列丛书出版时,他仍然找出拐弯抹角的依据来证明它们的罗马特征,而在 1784 年保罗·安东尼奥·保利(Paolo Antonio Paoli)还激情高亢地为神庙的伊特鲁里亚起源而辩解。这样一种情形,人们以前也许没有注意到,将会促使人们更为谨慎地将 18 世纪的"多立克主义"(Doricism)解释为一种纯粹的希腊现象。

自从费利斯·加佐拉伯爵(Count Felice Gazzola)开始用绘画来重现那些神庙的 18 世纪中叶那一时期起,有关这一主题的出版物——彼此常常互相引用——接二连三地大量出现,在几十年的时间里,帕埃斯图姆成为整个欧洲古代建筑讨论中关注的焦点。[92]仅在 1764 年至 1799 年间,就出现了 8 部纯粹与神庙建筑有关的著作[93],这还不包括那些旅行见闻类的演讲与游记性的文献。[94]考古文献中最早的资料与图片出现在加利亚尼(Berardo Galiani)编辑的有关维特鲁威的出版物中(1758 年)中,在这些出版物中,将神庙与维特鲁威有关 hypaethros

---

(Ⅲ.2)的讨论联系在了一起。[95]加利亚尼也用帕埃斯图姆的雅典娜神庙的图例作为一个小插图(图版131)。[96]

这些出版物中的一些只有图片没有文字,其他的一些则包含有测绘图和阐述性的文字。例如托马斯·马约尔(Thomas Major),开诚布公地在他的前言中提到"希腊的优越性"(*superiorité des Grecs*),并称希腊是"人类的学校"(*l'école du genre humain*)。[97]他把帕埃斯图姆的神庙看作是希腊建筑的幼年时期,这一观点显然是沿用自温克尔曼的。[98]他所绘制的图纸中掩饰了粗短的比例,况且温克尔曼不喜欢那些柱子明显的凸肚。这些书中也包括有关于室内的景观,只是忽略掉了柱子的设置,给人一种与实际情形并不相符的空阔的印象。

主要是这种从不可能的角度去表达神庙的技术赋予了皮拉内西后来所绘的《帕埃斯图姆城市全景》(*Paestum vedute*)以感人的魅力。他完全依据于测绘图来布置画面。在有关希腊与罗马孰是孰非的论争中,他是为罗马派摇旗呐喊的领袖人物,他没有提及任何神庙的希腊起源。在他关于图版10,也就是第二赫拉神庙景观的长篇解释中,他坚持认为神庙的"简单与纯朴"反映了古代罗马的精神,而希腊已经远离了"艺术的真谛",而接受了一种"充盈着花环、鲜花和其他种种饰物"的建筑。[99]对于帕埃斯图姆的那些神庙,他则声称,用它们那"宏大和庄严的造型",这些神庙"比任何其他在西西里和希腊所看到的建筑都要优美得多"。[100]与其前辈恰好相反,他没有在展现第一赫拉神庙(巴西利卡)中的柱子的凸肚时感到羞涩与退却。此外,他的《城市全景》(*vedute*)来自他所认为的,即艺术角度的观点要远比任何其他角度的观点重要得多的思想中的。那些神庙建筑在他看来,就像古罗马人所理解的那样,是纯粹建筑的典范。 〔217〕

保罗·安东尼奥·保利的著作是建立在费利斯·加佐拉伯爵于1780年于马德里逝世的前夕所留下的资料基础之上的,这些资料也用在了较早的出版物上。在他那冗长的《细说帕埃斯图姆城》(*Paestanae Dissertationes*)中,保利试图证明帕埃斯图姆的古代城市与神庙建筑都是伊特鲁里亚时代的。[101]他认为希腊建筑含有"巧妙绝伦的柱式和比例、美、魅力,与优雅"[102],同时埃斯图姆也被赋予了"具有塔斯干式的坚固和个性"。[103]他将那没有柱础的柱子与维特鲁威所提供的资料联系起来,并且声称这些柱子是塔斯干柱式的一种特殊的风格[104],并将第一赫拉神庙(巴西利卡)指认为是一座"伊特鲁里亚中庭"。[105]他所用的很多图都是马约尔的图的变体形式,但这些图也更完善、更系统——他甚至尝试着重现"巴西利卡"上的凸肚形柱子。[106]此后不久拉布鲁斯特(Labrouste)发表了对于这座神庙一种全然不同的解释。

16年前,即1768年,保利出版了一部有关波佐利城(Pozzuoli)、库迈(Cumae*)和Bajae† 城的古代建筑遗迹的精致的书[107],为了这部书,那不勒斯那些知名的画家们还为他提供了插图。他所写的关于帕埃斯图姆的书远不如这部书,部分原因也许是因为他用了原本是为费利斯·加佐拉所准备的材料。

1793年,德拉加德特(Delagardette)在科学的基础上对神庙进行了一项新的研究,他对以往的测绘作了系统的比较。他推敲完成了第二赫拉神庙的复原设计图,并将这三座神庙与罗马的马塞卢斯剧场(Theatre of Marcellus)和圆形大角斗场,以及雅典的帕提农神庙和赫法伊特翁神庙(Hephaisteion)作了尺度上的比较。表面上看德拉加德特的论著更像是19世纪的作品而不像是18世纪的,但是,他所声称的为推进"法国建筑规则的进步"[108]而作出贡献的目标,又把他拉回到了启蒙运动晚期的传统之中。

这些18世纪出版物为提供希腊建筑的知识而冲锋陷阵。同时,希腊文化也渐渐地被推到了一个绝对崇高的地位,这种观点直到今天仍保持了相当的无可辩驳性。只有在意大利,作为它的摇篮,人们一直在尝试着将罗马文明所具有的历史与艺术优越性的信念保持得尽可能长久。

在18世纪结束的时候,出现了一部七卷本的内容简明扼要的著作(1788年),这套书将有关希腊文明权威性的描述一直带到了19世纪。书的作者是让-雅克·巴泰勒米神父(Abbé Jean-Jacques Barthélémy,1716-1795年),在勒·罗伊回到法国后他显然曾经见过他,并于1757年开始着手他的有关古典希腊综述性的著作。[109]巴泰勒米围绕一位名叫阿那卡雪斯(Anacharsis)的塞西亚青年,在公元前363年和前337年之间的一次虚拟的旅行,展开他的描述。阿那卡雪斯描述了他所遇到的各种各样的人,他们的法律和习俗,并且参加了他们的戏剧演出,还与当时的贤哲们促膝交谈。书中所附插图中有一张地图展示了他的旅行路线。书的第一卷作了一个历史性的总结,第二卷描写了阿那卡雪斯参观雅典卫城的过程,在这里他用了勒·罗伊的眼光来进行观察

---

* 意大利坎帕尼亚的海滨城市。——译者注
† 未能找出该地名的对应汉译。——译者注

与欣赏，就像他所附的复原设计图中显现的样子。[110]他顺着维特鲁威提供的资料线索去参观希腊的房屋[111]，后来，他又和柏拉图及其弟子们一起到苏尼翁角(Sounion，位于雅典——译者注)去远足，并在位于那里的那座神庙的复原设计中再体验一次事件的过程。[112]巴泰勒米是根据建筑最初的功能来看待建筑的。这一点与他对于历史与文化的全景式观察相吻合，而且，这也为广泛地理解建筑提供了一个有益的起点。

〔218〕

在 19 世纪进程中关于古代建筑遗迹方面的书籍出版，越来越变成了一个崭新的、独立的考古科学的领域，不过，这些方面的著作对于建筑理论研究而言作用是微乎其微的。

第十八章　16－18 世纪西班牙的地位

西班牙对于艺术与建筑理论方面的贡献迄今鲜为人知[1]，甚至连西班牙人自己也没有对这一问题作过任何系统而 〔219〕
完整的梳理解释。[2]令人十分费解的是，许多理论书籍却出自西班牙，它们的影响甚至扩展到了欧洲各地和拉丁美
洲。这里我们将集中讨论西班牙建筑理论发展中的某些阶段，特别是这些理论曾在欧洲各地引起共鸣的那些时期。

16 世纪时，西班牙的建筑书籍是完全用意大利文编写的。维特鲁威、阿尔伯蒂、塞利奥和维尼奥拉的论著
占据了主导的地位：1552 年我们看到了西班牙版的塞利奥第三书和第五书的出版[3]，1582 年，则将维特鲁威和阿尔
伯蒂的著作全部翻译成册。[4]

对维特鲁威著作最早的反应来自一本小册子——《罗马测绘》(Medidas del Romano *，1526 年)，作者是一
位名叫迭戈·德·萨格雷多(Diego de Sagredo)的牧师[5]，这本书很快就流行起来，并被多次印刷和多次翻译。关
于萨格雷多这个人仅有一些零星记载：522 年之前他曾在意大利——主要在佛罗伦萨和罗马，回西班牙后他经过
努力当上了托莱多大主教阿方索·德·丰塞卡(Alfonso de Fonseca)的扈从，此书就是献给这位大主教的。书中的
文体是萨格雷多本人与画家莱昂·皮卡尔多(León Picardo)之间的对话形式。萨格雷多所关心的只是建筑比例与
古典柱式理论方面的问题。在他谈到建筑是一门建立在"大自然的奥秘与经验"之上的科学时，他表示出自己是
受到了阿尔伯蒂的启发，但他希望看到这种建筑科学应该得到更为广泛的应用。[6]他希望为那些"想按照古代建
筑式样建造房屋的人"[7]寻求提供某种确定的测绘依据，但他并不是要将自己囿于维特鲁威的框架之内，他还提
到了鲍姆伯努斯·戈里克斯(Pomponius Gauricus)，他同时还引用了弗朗切斯科·迪·乔其奥(Francesco di Gior-
gio)的论述[8]，只是没有提到他的名字。但是，他明确地将自己置于维特鲁威的基础之上，他从迪·乔其奥那里沿
袭而来的，是他所主张的，所有的建筑比例都是来源于人体比例的观点[9]，他所绘制的柱楣线脚(entablature)图解
(图版 132)，显示出他与迪·乔其奥[10]，以及后来的伯尔尼尼(Bernini)和雅克—弗朗索瓦·布隆代尔(Jacques－
Francois Blondel)的思想十分接近，柱楣线脚是从人体的头部比例直接转化而来的(图版 19，图版 89)。

看来萨格雷多明显地与罗马的拉斐尔的圈子有着密切的接触，因为他的结论正是建立在承认五种柱式的基
础之上的[这五种柱式分别是：多立克、爱奥尼、塔斯干、科林斯和阿提卡(Attic)][11]——这样一个数字与分类
方式，仅仅见于拉斐尔和巴尔达萨勒·卡斯蒂廖内(Baldassare Castiglione)写给教皇列奥十世(Pope Leo Ⅹ)[12]的
信中(塞利奥有关五种柱式的体系直到 1537 年才问世)。

特别有意思的是有关"所谓异形柱子、烛台与栏杆望柱设计"方面问题的一份附录[13]，萨格雷多把这些描
述为"一个不同种类"(otro genero)的事物。他认为栏杆望柱实质上有着它自己的柱式形式，它是从石榴树派
生而来，并且暗示源之于格拉纳达(Granada†)，该城于 1492 年被收复(reconquista)。[14]将萨格雷多的栏杆图形与

---

* 西班牙文对译英文：Measures/Measurements of Roman ——译者注
† 公元 711 年，信奉伊斯兰教的摩尔人或阿拉伯人结束了西哥德人(visigodos)的统治，摩尔人将伊比利亚半岛纳入阿拉伯帝国，并将伊比利
亚半岛称为安达鲁斯(Al－Andalus)，也就是日后安达西亚 (Andalucía)地名的由来。之后西班牙历经 750 年之久的收复国土运动(La Re
conquista)，公元 1492 年，摩尔人在西班牙的最后据点——格拉纳达(Granada，南部城市)——被西班牙天主教君主的军队所攻占，摩尔人
统治伊比利亚半岛达数百年的历史终止。——译者注

〔220〕 几年前巴多禄梅·奥多涅兹(Bartolomé Ordóñez)为修士菲利普(Philip the Fair)和修女乔安娜(Joanna the Mad)的墓冢所设计的壁柱作一个比较,并连同比较那些由费利佩·维格尔尼(Felipe Vigarny)为格拉纳达的皇家礼拜堂(Capilla Real)的主祭坛(retablo major)设计的壁柱,人们会惊讶于它们的相似。萨格雷多对于维格尔尼在雕塑上的权威性毫不怀疑[15],因而这种栏杆望柱的形式,暗示着格拉纳达作为当时正主宰着欧洲的皇帝查尔斯五世统治下的一个统一的西班牙的象征,便获得了一种西班牙民族柱式的重要意义。然而,对此萨格雷多着墨并不很多,但他的确提出了来自罗马的建筑与"民族"(nación)特性的一致性问题,从而暗示了建筑与民族尊严之间的联系。在这一点上,他表现出了自己是那些提出"法国式柱式"主张的人们的先驱,而在整整过了一代人以后,费利伯特·德洛姆(Philibert Delorme)才尝试着引入这样一个概念。通过将继承了花叶形装饰风格的栏杆望柱形式看作是一种"西班牙柱式",萨格雷多努力促进对于这种柱式的进一步应用。令人感到疑问的是,这些在 16 世纪晚期实际应用的栏杆望柱,是否真的具有他所想像的那种重要的意义,但是,也许值得特别指出的是,阿隆索·贝鲁格特(Alonso Berruguete),一位伯拉孟特学校的学徒,曾经以萨格雷多所图示的栏杆望柱的形式,在托莱多大教堂(Toledo Cathedral,建于 1542 年)的"基督变容"石膏浮雕周围,制作了一些独立式的栏杆。萨格雷多值得我们关注,这不仅因为他是从事建筑理论研究与写作的第一位西班牙人,而且还因为他的观点所具有的创造性特点。

从那时以后,在伊比利亚人的建筑理论写作中可以发现两股主要潮流:一股是有关希腊、罗马和意大利的模式的辨析;另外一股是在寻求本土的历史与审美传统。在实际建筑活动本身中,也可以发现同样的两种途径。例如,查尔斯五世在格拉纳达的阿尔罕布拉宫(Alhambra Palace),是由佩德罗·马丘卡(Pedro Machuca)所建造的,他曾受教于罗马,因此,只有用意大利文艺复兴的规则才能理解这座建筑。除此之外,还有大量内容广泛的意大利建筑和雕塑仿制品的舶来物,大部分来自热那亚,那里的文艺复兴装饰风格,比起在罗马形成的那些严谨的方法,更容易被西班牙的花叶形装饰(Spanish Plasteresque)所吸收。一个特殊的典型建造案例,就是把一座宫殿建筑的庭院从热那亚用船运到了内华达山脉(Sierra Nevada,西班牙境内——译者注)的卡拉欧拉宫(La Calahorra*)。[16]

一种试图从古代建筑和意大利文艺复兴中,为作者自己所在的国家的艺术和建筑,汲取范例的趋势,在弗朗切斯科·德·奥兰达(Francisco de Hollanda,1517-1584 年)的书中,明显地表现了出来。这位葡萄牙人是一位荷兰公爵的后裔,他闻名主要是因为发表了他与米开朗琪罗的谈话而引起的(虽然这件事情的真实性并没有得到广泛认可)。[17]他从 1538 年到 1540 年都在意大利,后来他将自己收集的大量图集带回了葡萄牙,然而,他并没有将这些图集发表。[18]这些图集中包括有基于古代与文艺复兴资料来源之上的雕塑、绘画与建筑模式,他所描绘的那种非常粗短的柱子比例也不同寻常。同样,在他有生之年,他的那篇论文并没有能够发表,这篇论文完成于 1571 年,其中包括一些里斯本的建筑设计方案。[19]

另外一种相反的倾向,是从作者自己的国家中寻找灵感,其中最有代表性的是克里斯托巴尔·德·比利亚隆(Cristóbal de Villalón)所写的《古今创造性之比较》(Ingeniosa comparacion entre lo antiquo y lo presente†,1539 年),他是一位西班牙神甫,曾经游历过法国、意大利、佛兰德斯(Flanders,欧洲西部一地区——译者注)、君士坦丁堡和阿陀斯山(Mount Athos)等地。[20]他沿用了萨格雷多所使用的对话式文体,比利亚隆自信地将他所处时代的西班牙建筑与意大利的古典建筑及文艺复兴进行了比较,他对莱昂大教堂(León Cathedral)那带有复杂花〔221〕叶形装饰的风格,而不是马丘卡(Machuca)的意大利式样大加赞美,他的确将术语 obras de plata‡,即银作(silverware),应用于建筑的描述之上,并且是用了十分肯定的口吻,这应该说是前所未有的。[21]

一个值得注意的哥特式、北欧石匠传统式,并包容进意大利文艺复兴思想的综合出现在了罗德里戈·吉尔·德·霍特诺恩(Rodrigo Gil de Hontañón,1500/1510-1577 年)的论文之中。吉尔可能被认为是当时流行的带复杂花叶形的装饰风格的主要代表人物。[22]但是,他的论文我们只能从被萨拉曼卡(Salamanca)建筑师西蒙·加西亚(Simón García)修改过的译本中才可以看得到,这就意味着我们在阅读中需要小心谨慎地将文中

---

* 源自摩尔时代,1369 年扩建,由 3 座角塔和 2 座圆塔组成,造型复杂,今已改为科尔多瓦(Cordoba)市立历史博物馆。——译者注

† 西班牙语对译英文 = Ingenious comparison between antique and the present ——译者注

‡ obras de plata,西班牙语对译英文:Works of silver = silverware ——译者注

的中世纪传统，与吉尔16世纪的思想，和加西亚17世纪的态度区分开来。[23]关于这本书的重要性，有人拿来与维拉德·德·赫纳克特（Villard de Honnecourt）的编纂性著作做了比较，但是，吉尔从维特鲁威那里沿袭而来的有关人体测量学的类比，是以一种不同的方式表述的，人们或能意识到他的表述方式的原型，是从弗朗切斯科·迪·乔其奥那里来的。虽然他的行文中并没有提到过迪·乔其奥的名字，但前面我们已经知道了迪·乔其奥是萨格雷多的主要思想源泉之一。然而，吉尔所引用的参考文献中包括了卡塔尼奥（Cataneo）这个名字[24]，他也曾引用过迪·乔其奥的人体测量学的比例理论。认为教堂的设计会直接取自于平躺的人体形式，或者是将教堂的尖塔用一个无臂的直立人体来加以类比的解释方法，是很难令人置信的[25]，除非作者早已知道迪·乔其奥的观点。因而，吉尔将这个几何的比例，天衣无缝地转换成为了人体测量学的比例系统。

吉尔的美学分类和他在建筑比例与音乐和谐理论之间的类比在很大程度上出自阿尔伯蒂，然而他在第七章中提出的柱式系统，却是以塞利奥、维尼奥拉和帕拉第奥为基础的，甚至有可能西蒙·加西亚的整部作品都是这样。只有在一些教堂的设计和拱形圆顶的剖面中，才可能找到中世纪石匠工会的传统。在他对哥特式肋形拱顶的重力线形的说明中，吉尔使用了与人体相关的类比，这次所用的是手指部分[26]；但只有心存疑问，才能从他书中由中世纪盛期石匠们所掌握的静力学知识中引导出一个结论。

西班牙16世纪关于雕塑与建筑的最全面论著的撰写者，是一位德国裔的金匠，胡安·德·阿尔费·比利亚法内（Juan de Arfe y Villafañe, 1535-1603年）。[27]他的书分两次出版，分别出版于1585年和1587年[28]，共有四册书，包括：几何，人体和动物的比例，柱式，以及教会建筑和金匠制品的比例。阿尔费对所有比例都源自人体的文艺复兴观点坚信不已，对此他更深入了一步，将自己的观点主要建立在丢勒的《人体比例四书》（*Four Books on Human Proportion*, 1528年）的基础之上。[29]

阿尔费的主要关心点是对于实际问题给予指导。在第四册书中，他以塞利奥为基础，对柱式作了说明，虽然他在每一种柱式上都加上了带有花叶形装饰的元素，并且又增加出了第六种柱式："阿提卡柱式"（Attic）。这种思路也对他金匠方面的工作产生了影响：他对圣体匣的比例成分作出了精确的解释，他最辉煌的作品是塞维利亚大教堂（Seville Cathedral）的圣体匣，这一部分发表在他书中的结束部分。这一作品是由四个金字塔形重叠的华盖组成的，每一个都以2∶5的比例由下向上做递减的收分处理。[30]通过这个作品，阿尔费将花叶形装饰与文艺复兴的建筑原则融合在了一起。

〔222〕

在1575年和1591年之间建筑师阿隆索·德·范德尔瓦拉（Alonso de Vandelvira）写了一篇引人注目的论文，完全是建立在应用几何原则的基础之上的。这篇论文的两个缩版被保存了下来，但直到1977年才得以出版。[31]范德尔瓦拉讨论了拱券的几何构造、楼梯和拱顶等问题，然后是整个礼拜堂，他将费尔伯特·德洛姆的《建筑学》（*L' Architectrue*, 1567年）一书的第三册与第四册，作为他自己论述的起点。文字和图解中都清楚地表明了这种联系，但是范德尔瓦拉还是尽力用西班牙的实例来代替德洛姆所选用的法国实例。然而，足以令人惊讶的是，他并没有为了他自己的目的而对德洛姆的"法国柱式"加以任何形式的阐发。

最近，有一大批时间大约在1592-1593年间，由画家格雷科·埃尔（El Greco）手写的旁注，在马德里国家图书馆（Biblioteca Nacional）所藏、由达尼埃莱·巴尔巴罗（Daniele Barbaro）为维特鲁威著作（1556年）所作评注的副本中被发现。这些旁注表现出了一种明显的反维特鲁威的姿态[32]，而且，在他们对维特鲁威的分类，以及他的数学几何理论所提出的反驳中，还回顾了费代里科·苏卡罗（Federico Zuccaro）的立场。

在这一段时期里，菲利普二世（Philip Ⅱ）的宫廷中有了一系列复杂的发展，其过程与结果尚未被充分研究。在这一时期中，反改革思想、耶稣会教义、神秘主义，以及犹太神秘哲学（Cabbala）被融汇进了一个令人迷惑的综合体内，人们甚至能够感觉到这一过程贯穿了几乎整个欧洲的17世纪和18世纪。至于谈到西班牙，这一阶段在建筑理论中最为重要的名字，就是建筑师胡安·德·埃雷拉（Juan de Herrera）和叶苏·胡安·巴蒂斯塔·维拉潘多（Jesuit Juan Bautista Villalpando）。

胡安·德·埃雷拉（约1530-1597年）站在以维尼奥拉为代表的冷峻的、理智的建筑潮流的后继者们一边[33]，这主要与埃斯科里亚尔的建筑群有关，那是从他的老师胡安·巴蒂斯塔·德·托莱多（Juan Bautista de Toledo）就开始了的设计，其中包括瓦拉多里大教堂（Cathedral in Valladolid）。在1582年，他为马德里数学学会的建立作出了很大的贡献，正如在他的图书馆目录中所示的，他对神秘学也有很深的兴趣。[34]在他的《论立体造型》(*Discurso de la Figura Cúbica**)中，他向《艺术通论》(*Ars generalis*)的作者拉蒙·勒尔(Ramón Lull，1235－1316 年)表示了致谢，这是一位加泰罗尼亚的神秘主义者、炼金术士，同时也是一位百科全书编纂者。[35]据猜测，菲利普二世的那些扈从们，可能全都是勒尔的崇拜者。埃雷拉的论述将自然界中所有的测量和比例都追溯到了立方体，而且勒内·泰勒(René Taylor)也证明了，这一原则与埃斯科里亚尔修道院(Escorial)的设计之间，存在着某种联系：在卢卡·坎比亚索(Luca Cambiaso)所绘制的，埃斯科里亚尔教堂唱诗班的座席上的壁画《天国光辉》(*Heavenly Glory*)中，天父上帝和基督脚踩在一个立方体上，而佩莱格里诺·蒂巴尔迪(Pellegrino Tibaldi)在图书馆创作的壁画，也揭示了这一反映勒尔几何思想的主题。[36]菲利普二世被他的同时代人称之为"所罗门再世"，而埃斯科里亚尔修道院则被称为"新所罗门圣殿"。[37]因此，人们并不感到奇怪的是，所罗门圣殿在理论上的复原与重建，有可能是由菲利普的那些扈从中的成员们所为的，同时，很可能也受到了这位国王的支持与鼓励。埃雷拉的图书馆中藏有一篇有关所罗门圣殿论文的副本，由此，我们可以设想，他也是这种思想的同路人[38]，但是，在他雕版印刷的《埃斯科里亚尔修道院》(*Escorial*，1589 年)一书中，并没有提到这些问题。[39]

在这里并不适合详细地讨论有关对所罗门圣殿外观进行复原的尝试性问题[40]，但是，至少要把我们的关注点与那些受到国王亲自支持与鼓励的人联系在一起。1572 年，安特卫普的一个多语种圣经编辑，同时，又曾经担任过多年埃斯科里亚尔的图书管理员的贝尼托·阿里亚斯·蒙塔诺(Benito Arias Montano，1527－1598 年)，[223] 发表了一个有关圣殿的复原设计，后来他又将这个设计再版于他 1593 年的《古代犹太教研究 20 书》(*Antiquitatum Judaicarum libri* IX [†])一书中。[41]蒙塔诺还曾经对维拉潘多至今尚未发表的复原设计，进行了激烈的抨击，并指责其作者是一位异教徒，但由教皇西克图斯五世(Pope Sixtus V)指定的法庭最后却被迫宣布维拉潘多是无罪的。

胡安·巴蒂斯塔·维拉潘多(Juan Bautista Villalpando，1552－1608 年)的所罗门圣殿复原设计构成了《以西结书》(*Book of Ezekiel*)中一个内容广泛的注释的核心内容，正是因为这个原因，他的这一复原设计在建筑理论历史中被人们所大大地忽略了，但是，他的复原设计及注释，都可以算作 16 世纪初世纪之交时[42]，最为引起人们兴趣的成果。当胡安·德·埃雷拉负责管理埃斯科里亚尔修道院时，维拉潘多，这位科尔多瓦(Cordoba)的本地人，在胡安·德·埃雷拉指导下学习与研究了数学。他显然也从埃雷拉那里学到了建筑方面的知识和经验，因为最近他被确认为是大量耶稣会建筑的设计者，他于 1575 年加入了耶稣会。[43]维拉潘多是在赫罗尼莫·普拉多(Jerónimo Prado，1547－1585 年)的指导监护下进行工作的，赫罗尼莫·普拉多早已开始了有关《以西结书》的注释工作，这时，他也让他的这位被保护人介入了这项研究。然而，维拉潘多根据《以西结书》对于所罗门圣殿所作的复原设计，也许可以追溯到埃雷拉本人，或者至少曾经得到了他的支持，况且，上述那份原本属于埃雷拉的论文手抄稿的副本，很可能是维拉潘多进行复原研究的一个依据。

1592 年这两位耶稣会士被调任到罗马，他们在那里继续他们的研究工作。然而，他们之间的观点分歧也在日益增加之中，随着裂痕的加大，必要的调解也变得不可或缺，首先是阿奎委瓦(Aquaviva)，耶稣会组织机构中的总负责人，然后是菲利普二世本人，国王显然是受了埃雷拉的影响，他决定站在维拉潘多一边。[44]在 1595 年普拉多去世以后，维拉潘多得以独立完成他自己的评注，这部献给菲利普二世的三卷本的著作，终于在 1596 年至 1604 年间[45]，在罗马出版问世。在这里我们所关心的，只是他的著作第二册(1604 年)[46]中有关《以西结书》第 XL 章至第 XLII 章(*Ezekiel* XL－XLII)的注解，在这里他论及了他有关圣殿的复原想像，而这些工作，包括文字与插图，都是由维拉潘多独自完成的。

由此看来，《以西结书》有关圣殿的描述，其重要性与所罗门王一节的有关描述不相上下，因为这些描述与想像是建立在所有有关的建筑数据与比例都是绝对的和完美无缺的这样一个事实上的[47]，从而为我们提供了不允许违背的至善至美的建筑规则。在他看到书中有关这一建筑重建的描述时，他引用他的老师埃雷拉的话说，这绝不是人类才智所能企及的建筑作品，因此这无疑是上帝无限智慧的结晶。[48]大概是对蒙塔诺先前的攻击给以回应，维拉潘多承认《以西结书》中的想像可能在某些方面与所罗门圣殿有所差异，然后，他又转入到

---

* 西班牙语对译英文 Discourse of the Cubic Figure——译者注
† 对译英文 The Antiquities of the Jews, in Twenty Books——译者注

了他自己观点的核心部分：《以西结书》的描述完全符合维特鲁威的规则。他重新发现了在圣殿内至圣所立面上的三种古典柱式，甚至其厚实的基础也与维特鲁威所描述的规则不谋而合。[49]这种圣经中所显示与建筑有关的资料与维特鲁威的传统之间的和谐一致，是维拉潘多在欧洲获得成功的关键所在。然而，阿尔伯蒂和德洛姆在同一方向上所作的探索性研究，却没有能够深入到像维拉潘多这样细致入微的地步。

随后维拉潘多提出他的主张说，基督教堂的建设就应该以这种综合的原则为基础来进行设计。[50]在他证实〔224〕了在所罗门圣殿中体现了维特鲁威所说的"坚固"(*firmitas*)的原则时，他甚至继续深入探讨了他将圣经《旧约》，与圣经《新约》，以及古代希腊、罗马的传统协调一致的设想，他将所罗门圣殿解释为一个影子，这个影子将预示那"投射影子的圣体"(*illius umbrae corpus**)，那就是基督耶稣。通过以这种方式运用他的证据，维拉潘多就能够在他对基本的建筑学观念进行应用时，在他认为专业建筑师需要有资格认定的观点中，以及在他对所罗门圣殿的复原重构的问题上，把自己完全确立在维特鲁威的基础之上了。[51]维拉潘多详细地解释了他的15幅插图，然而，在深入的过程中有点偏离了维特鲁威(图版133－135)。他断言了一种"所罗门柱式"[52]，认为这种柱式在构造上是与科林斯柱式相对应的，但是，他将柱头部分加以了提炼与纯化，然后，他又将维特鲁威的柱式回溯到这种"所罗门柱式"上去。[53]这在实质上是将古典柱式，整个后期文艺复兴建筑理论的一个基本的要素，转变成为了圣经《旧约》的派生之物！

令人惊讶的是，在他有关"所罗门柱式"的解释中，维拉潘多将那些柱头形容为"被制作成好像是百合花的艺术效果"(*quasi opere lilii fabricata*)。但是，他实际上所描绘的，却是石榴籽，而且，他还为柱楣线脚的底面特别重新设计了均匀布置的开裂石榴(*dispositio malorum granatorum*，图版135)。不难看出这是萨格雷多的栏杆望柱形式的模仿，而这种形式被认为是一种西班牙专有的特征，而且，这也同样是源于石榴树上的。通过这样一种方式，"所罗门柱式"就可以被确认为是一种西班牙柱式，尽管维拉潘多会很自然地回避作出这样一种表述。但是，当尚布雷(Freart de Chambray)于1650年接受了维拉潘多的"所罗门柱式"之后，却用棕榈树的果实和叶子(图版79)取代了石榴树的图形。[54]

维拉潘多关于他的所罗门圣殿复原重构的解释，变得越来越具有猜测性，从而也"阻碍了"他自己观点的深入与进展。例如，他从围绕约柜四周的以色列的十二个部落营地的布局中，推测出了圣殿的平面[55]，只是将至圣所向西作了一些稍微的移动；然后他又将十二个部落的种族(*castella*)同占星学黄道十二宫的象征联系在一起，而七个庭院则象征着七颗行星。他的比例是基于毕达哥拉斯的和谐理论之上的，这一理论是他从阿尔伯蒂和巴尔巴罗对于维特鲁威著作的注释中了解到的。[56]他也利用了比例的人体测量学原理，在对至圣所的描述中，他加入了一个站立的人体[57]，从而揭示出他曾从迪·乔其奥的比例理论中受到过启发，这一特点在彼得罗·卡塔尼奥(Pietro Cataneo)那里也可以发现。而维拉潘多著作中的这部分章节，也折射出了其中所蕴涵的犹太神秘哲学的思想(Cabbalistic ideas)[58]，这也许是导致了他曾被传讯到宗教裁判所的原因。

维拉潘多的著作有一个令人眩目的特点，那就是他具有非常强烈的圣经注解学的性质，因此，他能够作为圣经的注释而享受到广为流布的优越地位。比较一下他的所罗门圣殿复原方案的平面与埃斯科里亚尔的建筑中所显示的平面，就可以看出他和埃雷拉有着共同的根源；菲拉雷特(Filarete)的米兰的奥斯帕黛勒·马奇勒医院(Ospedale Maggiore)的平面，也可能源出一辙。[59]因此，人们也就不会感到奇怪地发现，埃斯科里亚尔的建筑群，从一开始就被看作是一座它所处时代的所罗门圣殿，使得维拉潘多的复原重构的设计又添加进了埃斯科里亚尔建筑的特点。迄今为止，关于这一点对于欧洲巴洛克时期的宫殿与修道院建筑的建造产生的影响，还没有什么人作过深入的研究。[60]

对维拉潘多著作中的文字和插图对于巴洛克时期建筑理论的重要性不可评价过高。早在1613年，一个名叫胡安·德·皮内达(Juan de Pineda)的耶稣会修士写了一本有关所罗门圣殿的书，这本书还附有一个维拉潘多的评注材料。[61]在西班牙国内的整个17世纪的理论家都曾提到过他，他在几乎所有的欧洲国家都有相当大的影响——但非常奇怪的是，在意大利，也就是其著作的出版地，影响反而很小，相反，在那些新教国家，影响却非同一般。譬如在1680年，汉堡按照他的复原设计，为一位名叫吉哈德·斯考特(Gerhard Schott)的律师，制作了一个巨大的所罗门圣殿的木制模型。模型曾于18世纪在英国展出，今天在汉堡历史博物馆〔225〕

_____

* "*illius umbrae corpus*" 中世纪拉丁语对译英文 "body that casts the shadow"，意为基督。——译者注

(Museum für Hamburgische Geschichte)仍然可以看得到。[62]与维拉潘多的思想有所关联的学者，在德国主要有戈尔德曼(Goldmann)、斯图尔姆(Sturm)和范·埃拉赫(Fischer von Erlach)，在英国则主要是克里斯托弗·雷恩(Christopher Wren)、伊萨克·牛顿(Isaac Newton)和老约翰·伍德(John Wood the Elder)，从他们的身上都可以看到维拉潘多影响的痕迹。在法国他的重要性体现在对尚布雷(Fréart de Chambra)的影响之上。[63]

毋庸置疑，对于维拉潘多著作的这一简单介绍已经足以说明他在建筑理论历史中所占据的重要地位。如果再对他思想中所包涵的耶稣会和犹太神秘哲学的成分加以考虑，我们将他称作最为重要的反宗教改革的建筑理论家应该是恰如其分的。

他著作中的相当一部分涉及埃斯科里亚尔修道院和圣哲罗姆隐修会(Hieronymite)，埃斯科里亚尔的修道院就是托管于这个隐修会的，从而使他的思想得到更为广泛的流传。比如修士胡安·德·圣·赫罗尼莫(Fray Juan de San Jerónimo)保存着房屋的建造记录，而这是这座修道院最早的编年记录资料[64]；据修士若泽·德·西古恩萨(Fray José de Siguenza)的记录，埃斯科里亚尔修道院是从特兰托大公会议(Council of Trent)的决定性的那一年(1563年)开始建立的，并在议会的决议中保存了这一记载。[65]修士弗朗切斯科·德·洛斯·桑托斯(Fray Francisco de los Santos)，在一本多次再版的书中，欢呼埃斯科里亚尔修道院是一个新的世界奇观[66]，而修士安德雷斯·西梅内斯[Fray Andrés Ximénez(Jiménez)]则提出了一份包括所有建筑室外设施的记录材料。[67]有关埃斯科里亚尔修道院的插图，在欧洲各地有关巴洛克建筑的论文中都可以发现，只是这些插图早已从其原始文本的上下文中被剥离了出来。

在巴洛克时期最有特征的西班牙建筑理论著述可能是奥古斯丁教团的修士(Augustinian friar)兼建筑师洛伦佐·德·圣·尼古拉斯(Fray Lorenzo de San Nicolás, 1595 – 1679 年)所写的论文，他的著作被乔治·库布勒(George Kubler)称为是"有史以来最好的建筑手册"。[68]这本《建筑的应用与艺术》(*Arte y Uso de Architectura*)一书分为两部分出版(1633 年和 1644 年)，在西班牙和拉丁美洲的房屋建造方面有着相当大的影响。[69]以一种对于实践应用方面一以贯之的关注，洛伦佐修士深入论述了数学、几何与建筑构造等方面的问题。他也同样把埃斯科里亚尔修道院看作是第八大世界奇观。他对于由画家和雕塑家在建筑领域占主导地位的情况颇为反感，从而这也奠定了他自己的学术倾向，他含蓄地对塞利奥的观点表示了反对，因为，是塞利奥赋予了画家与雕塑家在建筑领域中的很高的地位。洛伦佐修士对早期建筑理论相当熟悉，他特别强调材料在建筑中应用的问题，并将这一观点的最早提出归之于斯卡莫齐(Scamozzi)。他的观点是应该尽量使用地方材料，建筑师也应该对这些材料的性质进行充分的了解；实际上，他是第一个使用材料真实性概念(*la propriedad de los materiales*)的人。[70]这可能恰好为他在拉丁美洲的成功打下了基础，因为在那里的一些地震地区，建筑材料问题就更显得至关重要了。

影响与创意较小的还有 P·胡安·卡洛斯·德·拉法耶(P. Juan Carlos de la Faille)的《建筑论》(*Tratado de Arquitectura*，1636 年)[71]，这本书一直停留在手稿状态而没有出版。另外一篇论文也建树甚微，是由建筑师多明戈·德·安德拉德(Domingo de Andrade)所写的，这是一篇以军事建筑为主要内容的论著(1695 年)。[72]

维拉潘多的新的"所罗门柱式"的一个缺点，就是有着与科林斯柱式太过相近的造型。这一柱式又被修士胡安·里奇(Fray Juan Ricci，约 1600 – 1681 年)重新加以定义，这是一位来自意大利的本笃会修士，以其绘画而闻名，他曾回到罗马的圣彼得大教堂，在教堂中的螺旋柱上寻找灵感。在 1662 年以前，里奇一直住在西班牙，在这里他写作了《巧手绘画论》(*Tratado de la pintura sabia**)，其中包括几何、透视、建筑学与建筑制图、解剖学和人体比例的理论。他的论文的手稿只在 1930 年出版过。[73]里奇的建筑理论主要是建立在塞利奥和维尼奥拉的基础之上的，但他的插图说明，他对文德尔·迪耶特林(Wendel Dietterlin)的《建筑学》(*Architectura*)一书也颇为了解，而且有可能还知道汉斯·弗雷德曼·德·弗里斯(Hans Vredeman de Vries)的部分著作。里奇接受了塞利奥有关古典柱式中基督教化的象征符号，不过使其更适应了西班牙人的口味，并且通过提出一种"乡村柱式"(orden Rustico†)和一种"奇异柱式"(orden Grutesco‡)，以及多种混合的形式，增加了柱式的数量[74]，这些混合柱式只能用北欧的柱式模式术语来解释。他的"所罗门柱式"(Salomonic Order)的概念

〔226〕

---

* 西班牙语对译英文 Treatise about the wise painting ——译者注
† 西班牙语 Rustico 对译英文 Rustic ——译者注
‡ 西班牙语 Grutesco 对译英文 grotesque ——译者注

（图版136，137），包括了将圣彼得大教堂（St. Peter）的螺旋柱的盘旋形式扩展到柱基、柱楣线脚和柱式的其他组成部分的做法，这样的处理，使每个部分都获得了波浪形的特点。[75]他简要地做了与凯旋门相应的装饰设计，并将这一设计应用作圣坛的装饰之中。[76]16世纪50年代末，瓜里尼（Guarino Guarini）似乎曾经与里奇见过面，并在里斯本的圣玛丽亚与圣主大教堂（Santa Maria della Divina Provvidenza）的设计和他的建筑论述中都运用了里奇的思想，虽然他并没有提到里奇的名字。[77]在里奇的人体比例理论中，以及在他的评注和图示中都引用了丢勒的观点。

1662年，也就是在里奇于1670年搬到卡西诺山圣本笃修道院（Monte Cassino），并在那里度过其有生最后一年之前，他来到了罗马，在那里专门为他的"所罗门柱式"写了一篇篇幅不长的论文（1663年），献给了教皇亚历山大七世（Pope Alexander Ⅶ）。[78]在这篇论文中，他甚至提议"建造纯粹的所罗门柱式"（*ex Salomonico Ordine integro constructum*），为圣彼得大教堂建造一种新的华盖，并用同样的风格建造唱诗班席上的屏风。[79]这一定是被拿来作为对于伯尔尼尼的巴格达式华盖（Baldacchino）及屏风的批评的，关于这一点，里奇自然不敢正面提及。论文的最后，还有一个关于在万神庙的前面用"所罗门柱式"建造一座喷泉的提议，其目的在于以一种逢迎的姿态，将基奇家族（Chigi family）建筑*的两翼联为一体。[80]

一个从十分不同的角度针对伯尔尼尼的批评来自于一位西班牙西多修会（Cistercian）的修士，胡安·卡拉缪尔·德·洛布科维兹（Juan Caramuel de Lobkowitz, 1606－1682年），他曾经先后受到过教皇亚历山大七世与后来的维杰瓦诺主教（Bishop of Vigevano）的扶持与鼓励。[81]这个多才多艺的修士，有着与笛卡尔（Descartes）十分相近的哲学观点，同时，他还是一位业余建筑师[82]，这些可以从他有关建筑的论述和维杰瓦诺教堂的立面设计中看出来，那是他惟一的建筑设计。[83]他的《垂直与倾斜的民用建筑》（*Arquitectura civil recta, y oblique*, 1678年）[84]一书是在维拉潘多的基础之上完成的。也有可能是在里奇的基础上，但却得出了全然不同的结论。他先以一段关于所罗门圣殿的"基本论述"（*Tratado proemial*）开始，随后是另外7篇其他方面的"论述"。卡拉缪尔的论著在很大程度上是对早期文献的编辑，因此，不太可能受到严厉的批评。[85]这部分"基本论述"（*Tratado proemial*）在文字和插图上是步了维拉潘多的后尘的，但是卡拉缪尔按照他自己的观点，擅自将埃斯科里亚尔修道院描述为是对所罗门圣殿复原设计的直接沿用。在另外7篇论述中，他通过对于斯卡莫齐（Vincenzo Scamozzi）进行回忆的方法，对一个完全理智的建筑概念进行了解释，在他的第一篇论述中，对于专业建筑师的资格要求甚至超过维特鲁威；他的第2篇至第4篇论文，涉及了算术、对数和几何学；而第5篇论文，则包含有被他称为"垂直建筑"（*Arquitectura recta*）的独特的建筑理论。他将维特鲁威有关建筑的分类定义为"适用"、"美观"和"持久"（*Comodidad, Hermosura, Perpetuidad*），并赋予"适用"以优先的地位。[86]他的排序反映出他明显是受到了法国的影响。他从原始棚屋的概念开始，并从西印第安殖民地的原始建筑中引用例证。[87]他的柱式理论是以维尼奥拉为基础的，但像里奇一样，他将柱式的总数增加到了十一个，在其中还有"哥特柱式"（*orden Gothico*），这个迹象表明了他对哥特建筑是持肯定态度的，这一点显然是从瓜里尼的"哥特柱式"（*ordine Gotico*）中得到启发的。[88] 〔227〕

卡拉缪尔的独创性在于他在第6篇论文中所讨论的"倾斜建筑"（*Arquitectura obliqua*）。他将其看作是一种艺术的新形式，是第八种"自由艺术"，或第十位缪斯，并且哲学地根植于逻辑的倾斜上（*logica obliqua*），并与修辞学的方法相等同。[89]"垂直建筑"（*Arquitectura recta*）属于传统建筑，是按照直线和直角的规则建造的；而"倾斜的建筑"，则"反其道而行地建造，不顾艺术的一般规律和规则，而是要将墙与墙之间作很好的搭配，并创造出倾斜的角度"。[90]他引用了他在维杰瓦诺教堂的立面为例，陈述了这种"倾斜建筑"的规则；并以巴洛克建筑中的应用为例，说明可以在这个领域中不遵守"垂直建筑"的原则。对于他来说，"倾斜建筑"等同于并代表着上帝所赐予的一种原则。他称上帝为"太初建筑师"（*primer Arquitecto*），上帝创造了太阳"倾斜的"椭圆体轨道，并且设置了黄道十二宫。为了探索这种"倾斜"建筑的规律，他应用了画法几何投影的方法（图版138），把椭圆看作是圆的投影。他的研究中至关紧要的步骤是尝试着将建筑制图的规则——将一个三维空间表现在一个二维的平面上——还原到空间本身。为了使一个椭圆竞技场在中心观察点看起来像是一个圆，他提议对建筑的各个部分作相应的更正——从观察点开始，柱子的断面由近及远次第拉长，这就是说，

---

*今为Chigi Palace，基奇宫（意大利总理府）。Chigi family为教皇家族。——译者注

柱身渐渐变成了椭圆形。[91]以一种带着说教色彩的热情，他建议在伯尔尼尼的圣彼得大教堂柱廊上应用这种半反转的投影方法，即柱子应该循序渐进由外到里逐渐加长，这样，从一个理想的角度看起来，柱子就好像是有同样的断面尺寸(图版 139)。[92]对柱廊的测绘结果表明，其实伯尔尼尼也在一定程度上考虑过卡拉缪尔后来所陈述的见解。[93]

当遇到楼梯栏杆和其他一些倾斜物体的设计时，卡拉缪尔明确要求必须在它们的装饰中重视倾斜度的问题——这一建议曾被尤瓦拉(Juvarra)和其他一些人所接受。卡拉缪尔还深入地研究了柱子的凸肚问题，最终他认为应该从圣经中寻求对于这种现象的肯定意见。[94]

卡拉缪尔把建筑看作是视觉规律的竞技场。例如特奥菲洛·盖拉奇尼(Teofilo Gallaccini)，这是一座巴洛克形式的建筑，但他却以逻辑推理所得出的结论，将建筑的各个部分加以变形，并对所有的一般性比例加以否认。像瓜里尼(Guarino Guarini)和布隆代尔(Jacques-Francois Blondel)这样一些建筑师，他们虽然彼此之间各执一词，但在反对卡拉缪尔的观点上，却不约而同地走到了一起。简而言之，他们的荒谬在于试图把巴洛克空间的意象概念转变成意象的空间概念。

卡拉缪尔的著作影响并不很大，虽然他的思想后来在一位瓦伦西亚(Valencia，西班牙东部——译者注)的神学家和数学家托马斯·维森特·托斯卡(Tomás Vicente Tosca，1651-1725 年)的《数学纲要》(*Compendio Matemático*，1709-1715 年)一书的第五卷中，曾经再度出现。[95]托斯卡和卡拉缪尔一样，对于哥特建筑持肯定的评价，并对"倾斜建筑"提出了一个实用主义的定义："倾斜建筑的形式，是建造在斜坡，或是拱券及入口等非直线的位置上的，或者是建在圆形或椭圆形的神庙中的。"[96]胡安·加西亚·贝鲁格拉(Juan García Berruguilla，1747 年)所写的一篇论文，其中包括了为建筑师提供的数学、几何和建筑结构方面的基础资料，他

[228] 也发表了一篇引人注目的声明——比卡拉缪尔晚了 70 年——成为论及"间接建筑"的最早的资料来源。[97]这仅仅是许多类似的有关建筑技术的手稿中的一份而已。

从 16 世纪起在西班牙出版了一批城市建筑法规方面的汇编，这些汇编诉诸于建筑理论的评鉴，其中最为人所知的是胡安·德·托里哈(Juan de Torija)[98]和特奥多罗·阿德曼斯(Teodoro Ardemans，1664-1726 年)所编纂的作品。[99]这些法规直到进入 19 世纪仍然保持着效力。阿德曼斯使用了维特鲁威全部的概念，并以启蒙主义的精神写了一部十分富于知识内涵的著作。书中给出了非常具体而细微的实际指导，所涉及的问题包括诸如建筑高度的限制规则、在市政广场上举行斗牛比赛的具体安排等。

在西班牙，建筑上的启蒙主义思想最为重要的一个例子是发于 1766 年的一篇论文，作者是圣费尔南多学院(Academia de S. Fernando，建于 1752 年)院长[100]，新古典主义建筑师迭戈·德·维拉努埃瓦(Diego de Villanueva，1715-1774 年)。在此之前，维拉努埃瓦曾于 1764 年出版过一本维尼奥拉著作的西班牙译本。他的论文反映了，在他所在的学院中出现了两个新古典主义派别，其中一派的代表人物是本图拉·罗德里格斯(Ventura Rodriguez)，另一派的代表则是维拉努埃瓦和他的兄弟，两派都互相指责对方是逆潮流而动，而且在技术上也不胜任。维拉努埃瓦谙熟法国现代建筑的理论著述，因此他渴望打破法国人建筑理论的一统天下。[101]他在著述中提到了洛吉耶(Laugier)、洛多利(Lodoli)和阿尔加罗蒂(Algarotti)，但对他们过分的教条主义提出了批评。如同罗伯特·莫里斯(Robert Morris)于 1728 年在英格兰所作的一样，维拉努埃瓦只承认三种希腊柱式是正确的，从而又回到了尚布雷(Freart de Chambray，1650 年)的立场上。他批评巴洛克和洛可可艺术，点名批评了博罗米尼(Borromini)和麦斯奥涅尔(Meissonier)，同时还批评了"那些省份的奢华之风"(Retableros de las Provincias*)。[102]

维拉努埃瓦提倡一种改良的功能主义，他所用的词汇——"便利"(*conveniencia*)、"规则"(*regularidad*)、"舒适优雅的布置"(*comodidad en una distribución graciosa*)、"美感"(*buen gusto*)，等等[103]——也是当时法国建筑理论界习用的词汇。当我们读到他的"伟大，单纯，独特的有个性的形式"(*grandeza, y simplicidad, que forma su caracter especial*)描述时[104]，能够从中感觉到一种纯粹的古典主义，同时，他还以一种类似洛多利的语气，主张要对自然的原则进行模仿["模仿，并且去表达"(*imitar, y mostrar*)]。[105]他的论文没有什么创意，只是其他人的一些不太确定的观点的汇编。抛开他的西班牙背景不说，具有讽刺意味的是，他的著作中给人留下了某种小

---

* 西班牙语对译英文 Retableros of the Provinces。Retablero，一种艺术风格，在西班牙 18 世纪的室内装饰上表现为繁丽。——译者注

器、偏执的印象——事实上，他的理论方法是法国波旁(Bourbon)王朝时期的建筑法规在西班牙的一种典型反映。

在新古典主义传统中的另外一部作品是一部8卷本的旅游性著作，是由维拉努埃瓦兄弟的一个朋友——安东尼奥·庞斯(Antonio Ponz)所写的。这套书是分卷连续出版的，并经过多次印刷，庞斯的《西班牙之旅》(*Viage de Es*paña*)是通过新古典主义的眼光所看到的一份西班牙建筑的清单。[106]

从18世纪起，西班牙建筑，以及与其相关的理论，越来越被法国和意大利的建筑和理论所左右，16世纪和17世纪时代它在建筑理论上所曾经享有的大量创造性，以及它曾对欧洲所产生的影响，也渐渐地随风而去。直到19世纪50年代以后，以及到了20世纪以后，西班牙才开始重新发现了她可以引以为自豪的自己本民族的传统。

---

*西班牙语对译英文 Viage of Spain. Viage = A voyage；a journey——译者注

第十九章 16-18世纪英国的发展

[229]　　　从严格意义上讲，英国是从18世纪初期才开始在建筑理论研究方面有所成就的，但从这一时期开始，英国随即在这一领域崭露头角，并在欧洲获得实质性的支配地位。在16世纪与17世纪期间，英国在这一方面的需求主要依赖于翻译、或改编国外的研究著作，主要是意大利人的论著[1]，虽然我们并不能因此而忽略英国理论家本身在建筑理论方面的贡献。

　　一个初步的一瞥应该首先放在有关理想国家的著述方面，关于这一思想流派，人们一般称之为：托马斯·莫尔(Thomas More，1478-1535年)的乌托邦；既然谈到乌托邦，一般都会包括建筑与城市规划方面的考虑。这本书是献给莫尔的朋友伊拉斯谟(Erasmus)的。[2]他早在莫尔之前，就已经涉身具有戏剧性效果的政治舞台，并曾经有过著述而且已经发表(1516年)，其论著的形式是描述一位名叫拉斐尔·海斯洛迪(Raphael Hythloday)的葡萄牙人，进行一次想像中的环球旅行，是以意大利航海家阿梅里戈·韦斯浦奇(Amerigo Vespucci)的故事为蓝本写作的，在旅行中他来到了乌托邦岛，这是一个很容易使人联想到类似英格兰一样的国家。莫尔的政治观点与我们这里的议题无关，但是，从其中我们却可以看到某种有关建筑的思想。

　　莫尔对分布在这座乌托邦岛上的54座城镇的总体平面作了一个描述，这些城镇都具有相同的模式，而且彼此看起来十分相似。其首府为安尼铎尔(Anydros)河畔的阿莫尔图姆(Amaurotum*)，其实，也就是泰晤士河边的伦敦。[3]岛上不允许私人拥有土地，居民们经常往返于城镇与农场之间，不允许任何人拥有私生活，大约每10年，城镇的居民之间就必须交换一次住房。而其首府阿莫尔图姆被描述为是建立在一个低缓的斜坡上，其平面略呈较为规则的方形。这一点使人想起了丢勒(Dürer)在10年后(1527年)所出版的一本有关民用筑城学方面的著作，同时，由于在莫尔的著作中出现了韦斯浦奇的名字，人们或许可以猜测中美洲的前哥伦比亚时代的城市规划可能对莫尔产生的影响[4]，就像曾经对丢勒产生过的影响一样。而这座乌托邦城镇的另外一个可能的摹本就是罗马尚存的古罗马时代兵营遗址。

　　街道是很宽阔的，在规划中还考虑了遮风避雨的问题，并且出于交通的考虑，而将城市布置成对称的几何形状。城里的房屋，一般都为三层高，并用了平屋顶，这些房屋鳞次栉比地组成一些较大的街区，庭院采取了花园式的格局。所有的房屋都不加锁。这种规划设计被归之于乌托伯斯(Utopos)名下，即想像中的乌托邦国家的创始人，而这里的建筑也被看作是这种理想国家的直接表现。这种固定模式的重复对应于本书中所反映的一位社会主义者的理论概念。虽然没有被明确叙述出来，早期版本的扉页中仍然是用晚期哥特城市的景象加以修饰的，这无疑反映了莫尔的意图，除此之外，这本书中几乎是没有插图的。

　　最早的较为严格意义上的英文建筑论文是约翰·舒特(John Shute)所写的《建筑之首要与主要的范围》(*First and Chief Groundes of Architecture*)[5]，1563年出版，这一年也正是作者去世的那一年。抛开它的标题不说，这本书和许多的与古典柱式有关的北欧手册类的书籍几乎没有什么大的区别。舒特自称自己是一位画家和

---

* Anydros 是莫尔的《乌托邦》中的一条河流，字面意为"无水之河(no water)"，Amaurotum 类似 Utopia(no place 乌有城)之名，字面意为"海市蜃楼之城"(a place of the imagentive)——译者注

建筑师。1550年，他被诺森伯兰郡(Northumberland)的公爵派往意大利学习古代纪念性建筑和意大利现代建筑。　〔230〕
但这本书中并没有看出多少有关那个国家的第一手资料；事实上，书中主要引用的是塞利奥(Serlio)《第四书》
(Book IV)和费兰德(Philander)所编辑的《维特鲁威》(Vitruvius)一书中的内容。然而，在这本书中有一个独一
无二的特征，那就是在它的16世纪的历史文脉中，舒特按照维特鲁威和意大利15世纪的那些作者们所提出的
意象，对柱子和人体形象进行了字面上的类比。并且还在有关五种柱式的叙述中，增加了一种女像柱。在他给
伊丽莎白一世的献辞中，他提出了一种有关建筑与国家的"有机"的概念，但是他并没有在书的文本中体现出
这一观点。他书中的五种柱式的出处是诺亚方舟(Noah's Ark)，在他的描述中巴别塔成为希伯莱人和希腊人建
筑的源泉，这一点显示出他试图在建筑中的"异教"理论与圣经的传统之间找到某种一致，这正是当时反宗教
改革的那些圈子中的人们所急于要做的事情，如德洛姆(Delorme)就想为他的《建筑论》(*De l' arthitecture*)写续
集。

　　从16世纪早期以来，在英国陆续出版了许多有关测量和建筑方面的书籍，其中有《测量的艺术》(*The Art
of Measuring*)和《工匠手册》(*The Builders' Manual*)等，不过，这些不是我们在这里要讨论的问题。[6]

　　哲学家弗兰西斯·培根(Francis Bacon，1561-1626年)通过把科学家的思维赋予"建筑"这个主题的方
式，将一些非常有趣的思想观念融入了建筑理论体系之中。培根的《文集》第45卷，卷名即为"关于建筑"
(Of Buildings)，关于此卷他开宗明义地写道：

　　　　房屋是为了人的居住而建造的，而不是为了观赏；因此，让我们在考虑式样的统一问题之前，先
　　来考虑使用问题，除非两者必须兼顾的特例之外。所以，就将那些优雅的外观，或只考虑美观的房
　　屋，留给诗人去发挥创造吧。[7]

　　在培根看来，建筑中应当考虑的最重要问题是实际的应用，但他并不是一般意义上的"原功能主义者"
(proto-functionalist)。[8]他推崇的是经验主义的立场，而美学原理则退居较为次要的地步。他摒弃几何比例中的
规律和规则，甚至敢于挑战阿佩利斯(Apelles，公元前4世纪希腊画家——译者注)和丢勒关于"人体比例"的
学说，称他们的学说仅仅是一些歪门邪道。[9]在培根的美学相对主义中，他提出了"主观美"原则，从一定程
度上来说，他可以作为克洛德·佩罗(Claude Perrault)思想的先兆。他对一座皇家宫殿作了具体细致的描述，其
外观和房间排列都是由房间的功能组成所决定的，同时他批评罗马的梵蒂冈和西班牙的埃斯科里亚尔修道院建
筑群中缺乏有用的空间。[10]

　　培根断断续续的论著《新亚特兰蒂斯》(*The New Atlantis*)是他对100多年前莫尔的《乌托邦》的回应[11]，
在这篇论著中，他描述了一座太平洋上的岛屿，名叫本萨勒姆(Bensalem)，这座岛屿变成了一座巨大的研究实
验室，在这里自然的力量被驾驭利用，现代文明的发展被加以详细地预言。培根并没有具体地描述他所想像的
未来时代的建筑应该是个什么样子，但是他在《所罗门》(Solomon)中有一些暗示，通过参考他已经遗失的著
作，可以看出他试图将传统的建筑理论与他所提出的新的功能主义理论相协调。在这篇论著的最后，他描写了
一座为各种发明与发明家而建的由柱子围合而成的精美的有着宽广大厅的博物馆，这座博物馆看起来很像是对
18世纪建筑的一种预言。

　　然而培根的功能主义思想有其自然科学的根源，1600年以后，在英国的理论与实践的方向上出现了一种改
变，这种改变的一个显著特征就是向意大利风格的趋同，即以伊尼戈·琼斯(Inigo Jones，1573-1652年)为代表
的"帕拉第奥"主义的第一个阶段。通过他的两次意大利旅行(分别是在1601年与1613-1614年)，其中第二次
是和英国阿伦德尔地区(Arundel)的第二任伯爵托马斯·霍华德(Thomas Howard)[12]，一位有地位的艺术赞助人结
伴而行的。在这两次旅行中，琼斯对于古典建筑与现代建筑获得了广泛而深刻的了解，而这些正是他后来所从
事研究工作的基础。[13]对于琼斯来说，尤为重要的是帕拉第奥的著作，以及他与年事已高的温琴佐·斯卡莫齐　〔231〕
(Vincenzo Scamozzi)的相遇。一篇以帕拉第奥的《建筑四书》(*Quattro libri*)为基础，由他与他的学生约翰·韦布
(John Webb)完成的论文并没有超越初步绘画的水平。[14]他的这种严格的方法通过他对他在意大利的一本素描册
子的评注中得到了验证，这些评注中体现了对于矫揉造作的手法主义建筑的帕拉第奥式的背离，并且包含了这
样一种观察："在建筑中外在的装饰应该是坚固的，比例是按照规则的，充满阳刚之气的，和不矫揉造作

的。"[15]这种态度在琼斯自己的设计中也基本体现了出来，他甚至将这一态度延伸到了对于史前时代的观察，如他有关"史前巨石阵"（Stonehenge）的讨论中所显示出来的，这本书由约翰·韦布于1655年发表了一个修订版。[16]琼斯在书中宣称史前时代巨石阵是罗马人建造的，并且认为它是由四组双重的等边三角形组成的比例协调的建筑物，他根据这一观察，为原本由帕拉第奥以维特鲁威的描述为依据而为达尼埃莱·巴尔巴罗（Daniele Barbaro）所做的古代剧场设计，相应做了一个复原重建设计。[17]因此，一方面从相对主义的角度，另一方面从标准化建筑美学的角度，培根和琼斯变成了反对派的代言人。

在学术观点上介于培根和琼斯二者之间，并且与二者都很熟识的，是外交家兼业余建筑师亨利·沃顿爵士（Sir Henry Wotton，1568－1639年）。沃顿通过一次范围广泛的欧洲教育旅行，以及他曾三次长时间担任英格兰驻威尼斯大使的机会，获得了大量有关欧洲建筑，特别是帕拉第奥风格建筑的广博知识。他写作的《建筑的要素》（The Elements of Architecture，1624年）是从一位业余研究者的角度，为那些可能的贵族建造者在他们的价值判断中提供一些指导。[18]很可能正是沃顿为伊尼戈·琼斯提供了获得大量帕拉第奥所绘图纸的机会，这些图纸后来曾一度为领主伯林顿（Lord Burlington）所有，现在收藏于英国皇家建筑学会。

沃顿的这本小册子，中间没有插图，是用极具个性化的英国风格写成的，掺杂着谦虚幽默和一些常识性的东西，揭示了与这一课题有关的一个相当宽广的文献知识，但他在评论这些文献中，却用了某种批评性的同情感。如他所注意到的，建筑是从自然原则中推衍而来的。在这一点上，正如同在他的观点"每一部分的位置都是由它的用途所决定"[19]的之上一样，体现出了他与培根之间天然的密切联系。他认为建筑是一种对于自然的模仿，并强调要将天气、地域、民族等因素充分考虑在内。[20]他与阿尔伯蒂所认为的装饰是居于次要地位的重要论述背道而驰，而认为建筑是一个"有关比例的神秘和谐"。[21]从文艺复兴关于基本的几何形体的概念开始，他赞美圆是一种"普遍适用"的形式，但同时他又从英国实用主义的角度出发，承认这种圆形的造型"在私人建筑方面并不适合"。[22]他的建筑概念是有机的，他还经常一次又一次地将一座建筑物与人体的各种功能加以比较。在演绎出一系列结构法则之后，他最终抛弃了哥特式的尖拱券式造型，认为这种形式具有"天然的缺陷"。事实上，他甚至主张在建筑中完全抛弃哥特式风格[23]，他的这一观点在他1766年的论文中预示了保罗·弗里西（Paolo Frisi）后来的那些做法。

沃顿著作的第二部分，着重描写了英国住宅建筑的一些特殊要求。他把住宅定义为一种"友好的剧场"，或是一种"私人的王宫"。[24]他认为对房屋加以装饰，就是运用雕塑与绘画的手法，对一所住宅进行修饰，关于这一问题，他用了一个简明扼要的章节加以讨论。对于他来说，另一种更有意义的装饰形式是花园，但是在他看来，花园恰好能够与建筑形成一种相互反衬的作用："因为当建筑物是规则的时候，花园则应该是不规则

〔232〕的，至少应该遵循一种比较随意的规则性"。[25]作为最早坚持从花园的作用是为观赏者服务这一概念出发来考虑花园设计的问题的人物之一，他也因此而成为英国景观式园林的先驱，这种园林倾向于将景观设计成一系列的画面形式。

最后，沃顿还质疑了维特鲁威所提出的六个基本的建筑原理，他坚持认为"秩序"（ordinatio）和"布置"（dispositio）根本不是建筑原理，只是建筑设计中的一个过程[26]；而对于剩下的四个概念："整齐（Eurythmia），均衡（Symmetria），得体（Decor），经营（Distributio）"，他提供了一些简短的定义，例如："得体的装饰是居住者和居住场所之间应有的相互尊重。"[27]在他的结论中，他提及了室内装饰的民族差异问题——他所说的装饰，就是这种室内修饰——并将自己在这一方面的工作看作是对"道德性建筑"的一种贡献[28]，这也为他关于伦理问题的论述铺平了道路，因为他预见到这种伦理规范将会在18世纪的英国占据主导地位。沃顿的论文可以看作是英国在建筑理论方面最早的著作，并且被翻译成多种语言，还多次再版。他著作中那种受到具有讽刺意味的英国实用主义熏陶的严肃伦理性也通过他书中的注释显露出来，"一名外交官就是一个诚实的为了他自己国家的利益而被派往海外撒谎的人"，而这一点几乎葬送了他的外交官生涯。

但在17世纪的英国，继沃顿之后几乎再也没有什么关于建筑理论的重要著作出现。当然，在这一时期中还是有一些伟大的意大利文论著的翻译本、删节本，或是原意被曲解的版本传入英国，其中有一些是通过法文版或荷兰文版本再转译成英文的。[29]其中的一个译本，是弗雷亚特·德·尚布雷（Fréart de Chambray）的《对照》（Parallèle，1750年）。翻译者是一位日记撰写人，并兼植物学家、英国皇家学会秘书的约翰·伊夫林（John Evelyn，1620－1706年）。他在自己的译本中补充说，他的工作是他自己对于"建筑师和建筑的思

考"。³⁰约翰·伊夫林在 1644-1646 年之间，曾对法国与意大利作过一次较长时期的考察，这段经历在他的日记中有着详细的记录。³¹他的"思考"其实是和沃顿的观点不谋而合的，但是他们的观点也偶尔会有分歧。这本书的第一次出版是献给查尔斯二世(Charles II)的，就像维特鲁威曾经向皇帝屋大维所进谏的那样，伊夫林试图对查尔斯二世提出一些有关建筑问题的建议。伊夫林作出了有趣的论述。他认为建筑就像他作为一个园艺家的作品一样，是"得体而自然地顺序排列着的"。他说，他也希望在国王的干涉下，伦敦郊区"不加限制地膨胀"到了几乎无法控制的糟糕情况，将会得到改善。³²

伊夫林在他的著作中，首先列举了一些主要来源于维特鲁威的概念，然后他又赞扬了其他的一些作家，最后他得出了自己的观点。他采纳了他的朋友沃顿的观点，对维特鲁威的美学原理在数目上作了删节，但与沃顿相反的是，他沿用了维特鲁威关于"得体"这个词的定义：

> 得体，不仅对于居住者，而且对于房屋本身，常常都是很偶然的事情；但是，对于一座建筑，特别是建筑中的装饰，随着维特鲁威将几种柱式所对应的它们各自的自然倾向明确地表达出来，也就变得明晰而各得其所了。³³

伊夫林已经很明显地感到了一种危机：维特鲁威的"得体"的概念所预示的建筑与装饰之间的不可分割性将会像在阿尔伯蒂那里一样土崩瓦解，而阿尔伯蒂的观点可能已经深深地影响到了沃顿。

在这本书的第一个版本中，伊夫林在"五种柱式的组成"(Compositions of the Five Orders)一章中已经提到了"我们的盲目和哥特式的琐碎"造成了"我们现代结构上的荒谬"。³⁴但是，在他献给建筑师克里斯托夫·雷恩(Christopher Wren)的晚期译本(1697-1707 年)中，他才加入了对于哥特式风格的历史性的评价——其中明显有他与雷恩之间相互讨论的影响——即他归之于阿拉伯人和摩尔人的哥特建筑中那种狂想与放诞的风格³⁵，这就是所谓的哥特式建筑的撒拉逊(Saracen*)起源说，而这也是雷恩所赞成的观点。 〔233〕

这种观点在另外一部未完成的孕育中的作品中也有体现，这部作品在作者罗杰·普拉特爵士(Roger Pratt，1620-1684 年)的生前未能发表。罗杰·普拉特是沃顿的一位朋友，在 1644-1645 年间，他们曾经在罗马同住一座旅馆。³⁶普拉特是一位业余贵族建筑师，在他的不多的几座已经实施的建筑作品中，过去都被归在了琼斯的名下。在直到 1928 年才出版的他所写的笔记摘要中，他从旁观者的角度观察了建筑，并且表现出了他想把感知过程系统化的意图。例如：设想观察者的眼睛是如何掠过他面前的建筑物的，于是不可避免地出现的一个问题就是：建筑是如何被观察者所"阅读"的。几乎同样是不可避免地，他从赞美一座建筑物开始，尤其是它的立面，从而表达了一些他所感知的东西。"在建筑物的面前主要考虑的，是使它们就像那些最能表现贵族与帝王气质的建筑物一样(1672 年 2 月 6 日)。"³⁷这是一个对于 18 世纪的人们所谈论的建筑是如何被感知的话题的极其有趣的预演，在这里建筑中"高贵"和"宏大"的品格标准，试图被人们所感知。人们并不感到奇怪地发现，普拉特是在追随培根的思路，强调对于功能和经济方面的考虑；更为明显的是，他坚持认为建筑师需要获得"自然，以及各种最有用处的材料的特性"。³⁸他也揭示了一种建筑中比较性的历史研究方法，而这正是对雷恩所从事研究的某种预言。他的一个很重要的来源是维拉潘多(Villalpando)关于《以西结书》的注释，这本注释在他当时的图书馆中能够找到。³⁹

就在伊夫林将菲拉雷特(Fréart)的著作翻译出版之前不久，出现了巴尔萨沙·吉尔比尔(Balthasar Gerbier，1591-1667 年)的两本论著⁴⁰，他是一名匈牙利画家和建筑师，他不仅对于琼斯在培根和沃顿的基础之上所阐发的功能主义倍加赞赏，同时也对文艺复兴时期尚在使用的哥特式飞扶壁中的柱子发表了自己的见解。但是巴尔萨沙·吉尔比尔的著作对于那些保守的以建造师自诩的人来说，充其量只是一本没有系统化整理的手册而已。

17 世纪和 18 世纪早期的英国建筑界必须面对这样一个现实：没有一位著名的建筑师，包括琼斯、雷恩、范布勒(Vanbrugh)、霍克斯莫尔(Hawksmoor)等，在这一研究领域留下了比一些残缺的建筑思想片断更多的东西。以范布勒和霍克斯莫尔为代表的巴洛克式建筑，就像意大利的巴洛克式建筑(除了后来瓜尼尼的那种人们更倾向于称之为"民用建筑"的情况是一个例外)一样，缺乏系统的理论基石。

---

*撒拉逊人，原为叙利亚附近一游牧民族，后特指抵抗十字军的伊斯兰教阿拉伯人，现泛指伊斯兰教徒或阿拉伯人。——编者注

但是我们并不能说克里斯托弗·雷恩(Christopher Wren，1672 – 1723 年)对于理论方面的探索不感兴趣。[41] 他从数学到自然科学再到建筑学这一事实，实质上预示着他将成为一名基础理论的研究者，而且从那些尚存的文字片断中，仍然可以看出他在他的著述中的确倾注了相当多的聪明与智慧。但是他的作品和信件只是在 18 世纪才得以出版，而且主要是以他的自传的形式而出版的。[42]他的四本所谓的"小册子"(Tracts)和他的《建筑论》(*Discourse on Architecture*)可能被认为是对于全面的建筑理论理解的最初研究。[43]

雷恩在第一本小册子的开篇就明确指出，他的方法与途径比起那些普通的手册要宽广许多："建筑有它的政治性的用途；公共建筑已经成为一个国家的门面；它将一个民族凝聚在一起，它推动着人们以及商业向前发展。"[44]他相信建筑中自然法规的有效性，对于维特鲁威提出的建筑的永恒的原则"美观、坚固、实用"中，〔234〕作为一名科学家，他提出："前两条依赖于光学和静力学的几何理性，而第三条仅仅是用来提供变化"。[45]他反对在古典柱式的比例中总结出一些固定的规则。沿用克洛德·佩罗的理论——他于 1665 年在巴黎期间，很可能会遇到佩罗——雷恩把美分为两种，他分别称之为"自然美"与"习惯美"。"自然美"，也就是佩罗所说的"客观美"(positive)，它来源于几何形体；而"习惯美"，也就是佩罗所说的"主观美"(arbitrary)，这是人类感觉的一种产物。[46] 与佩罗不一致的地方是，虽然并不是一以贯之的，雷恩赋予比例以自然美，但他并没有说这一概念是可以用之于柱式上的而没有任何麻烦。他允许建筑师对于他的度量保持一定的态度，但他同时立即加以限定说："真正的检验在于自然与几何的美。"[47]运用他富于灵活性的头脑，雷恩在佩罗与布隆代尔之间找到了一个平衡点。

在他的理论思想中，雷恩被维拉潘多所做的所罗门圣殿的复原重构(1604 年)所深深地影响着，他曾反复地提及这一复原设计。正如维拉潘多和卡拉缪尔(Caramuel，1678 年)一样，通过对于历史的追溯，他增加了古代希腊—罗马的柱式，这些促使他提出一种提尔人(Tyrian)的柱式，并认为这是多立克柱式的早期形式。[48]正像比他稍晚的菲舍尔·范·埃拉赫(Fischer von Erlach)一样，他尝试着对古代宏伟的建筑遗迹进行复原重构。例如以弗所(Ephesus)的黛安娜(Diana)神庙，哈利卡纳苏斯(Halicarnassus)的陵墓，以及为伊特鲁里亚的(Etruscans)国王所修建的波西纳(Porsenna)纪念碑建筑，并由此而衍生出了"提尔人建筑"。[49]他可能会认为提尔人的柱式曾经用于所罗门圣殿中，但是他将维拉潘多所推测出来的，所罗门圣殿中使用科林斯柱式的说法，嘲讽为仅仅是一种"笑料"[50]而已。

雷恩在他的《建筑论》中，对建筑作了一个历史的回顾，在这里他对于建筑在政治方面的概念逐渐变得清晰。因此他拒绝将埃及的金字塔简单地解释为是象征法老权势的纪念碑。他怀疑在这些庞大的结构之后隐藏着某种"国家的理由"，也就是他们需要为大量的人口提供"不需要特别重要技能的"就业机会。[51]

惟一可能提到雷恩曾经起到的关键性作用是在 1666 年的伦敦大火之后，雷恩参与了伦敦的重建工作。[52]然而，与我们这里所谈的主题关系比较密切的是，雷恩对于哥特式建筑采取了同情的态度，这种态度与沃顿以及他的朋友约翰·伊夫林不同。这种观点在他于 1713 年对于威斯敏斯特修道院重建的报告中表达得尤其明显。[53]他的这种关于建筑的看法来源于他对历史的了解。因此他提出哥特式建筑，这种在意大利人眼中属于所有风格中最为负面性的建筑风格，被一种"撒拉逊风格"所取代，而这对于历史来说是更为精确的。"他们(即撒拉逊人)是狂热的宗教主义者，"他写道：

> 无论他们征服到哪里(用了迅速得令人惊讶的速度)，他们就在那里匆忙地建造起了清真寺和商队旅馆；强迫被征服地的人们接受另外一种建造方法；众所周知，清真寺建筑的形式是圆形的，而不像十字形式的基督教堂；那些古人曾经用来开采大块石头用作柱子和线脚的旧采石场被废弃了，他们认为这种做法是粗鲁的。他们的四轮马车是用骆驼拖拽着的，因此，他们的建筑物也是用很多小块石料，柱子，和他们喜欢的方式建造的，建筑物是由很多部分组成的；他们的尖拱中并没有用拱心石，〔235〕因为他们认为拱心石太重了。这和我们北方气候下的建筑是类似的，这里到处都是不用花钱的石头，但是却缺乏大理石。[54]

根据雷恩所说，这种"撒拉逊"风格被十字军东征传遍了整个欧洲，尤其是法国——在这里他以一种不带批评色彩的判断，来评价这一真实的历史风格。对于威斯敏斯特教堂，其中的一座塔他建议"根据建筑师最初的意向去建造。"他提出的一套设计是以"一种哥特式形式，一种与其结构相一致的风格，这种结构我们将严格地遵守，在整个过程中都一丝不苟；为了能从旧的形式中摆脱出来，只能采取一种并不为人们所喜欢的混合的方式，而没有一位鉴赏力高尚的人会欣赏这种混合"。[55]他自己的威斯敏斯特教堂的设计就是遵循了这样一个原则。[56]雷恩在这里，以一种不很常见的清晰，采用了一个历史性的立场，这一点也可以帮助我们很恰当地解释雷恩在设计圣保罗大教堂时在建筑风格上的变化。在这里同样存在着历史折中主义之根，这尤其体现在已经建成的教堂中——形成了一个从伯拉孟特（鼓形穹隆），马德尔诺（Maderno）（清晰的正立面），佩罗（立面上的双柱），到博洛米尼（Borromini）（西部塔形结构）和彼得罗·达·科尔托纳（Pietro da Cortona）（教堂十字形翼角柱廊）等诸要素的一个综合。

这些简短的评论充分表明雷恩论文的失败之处就在于，他的写作方法是建筑理论历史中最令人不快的冗长文字之一。

为了对约翰·范布勒爵士（Sir Johe Vanbrugh，1664－1728年）和尼古拉斯·霍克斯莫尔（Nicholas Hawksmoor，1661－1736年）的理论思想进行评价，我们只能依赖于少量的备忘录和信件。[57]在1711年雷恩和范布勒提交了关于伦敦的50座新教堂的备忘录。[58]二者的观点有着相似的基本点，但是，在范布勒的观点中显示出了阿尔伯蒂有关教会建筑的一些观点。[59]范布勒认为教堂建筑不仅仅有着宗教的功能，而且具有留给"子孙后世的纪念碑的作用"，因此，应该表现出"民族的荣誉"[60]，他认为教堂的外观应该既"在建筑物之有用的部分上作必要的部署"，同时又要"优雅而美丽"。"优雅"对于他来说意味着"一个素雅而高贵的大踏阶"，与此同时，他认为"轻快的装饰"应该留给那些别的建筑，比如说华丽的宫殿上所用。[61]

这些法规——完全是从阿尔伯蒂那里衍生出来的观点——也正是范布勒和霍克斯莫尔所提出的有关教堂建筑的规范，并被他们运用于自己在伦敦的建筑中。教堂应该是独立存在的建筑物——用范布勒的话来说就是"隔绝于世"的——这样就可以突出他们的尊贵，并且可以在保持城市的整体性的同时确保它们在城市中占据一个有利的地位，他们应该有一个柱廊，既为了实践上的意义，同时也会给建筑物、建筑物的体量，以及高高的尖顶，增加一点庄严与杰出的氛围。人的遗体不应该被埋葬在教堂里，而是应该建立一个与建筑结构相毗邻的"雅致而高贵的陵园"。范布勒和霍克斯莫尔的那些教堂方案，原本是为虔诚的安妮女王构思的纪念性建筑，并使它们自身也有了纪念碑的性质；譬如说，在伦敦布卢姆斯伯里区（Bloomsbury）的圣乔治教堂（St George），霍克斯莫尔把雷恩的哈利卡纳苏斯（Halicarnassus）陵园[62]重新设计成为一座有尖顶的造型。

霍克斯莫尔所涉及的范围远比范布勒要宽泛得多，他有意识地将自己放在意大利的文艺复兴与巴洛克的传统之上，虽然他并没有比范布勒去意大利的机会与时间多多少。这种热望在霍克斯莫尔于1724年的方尖碑的建造设计意向文本中已经得到了充分表现[63]，在这里他引用了古罗马的例子来支持他的项目（这一项目最终没有实施）。一封给威斯敏斯特修道院（1734－1735年）院长的信，同时也是对于1713年雷恩所作报告的一种继续，是这一时期有关哥特式建筑讨论的一份十分有趣的文件。[64]就像雷恩一样，霍克斯莫尔尝试着给哥特式建筑一个历史性的规定，但是他对于"撒拉逊理论"抱着怀疑的态度，在这一点上要特别归因于伊夫林和雷恩。他尝试着通过定义不同的风格所处的阶段来区别"人们笼统地（不加区分地）称作哥特式风格"的建筑[65]，从而抛弃了一种认为哥特式建筑包含在极端自由的当代意大利风格之中，尤其是博洛米尼（Borromini），以及西班牙的伊斯兰风格建筑之中的看法。但是有趣的是，他确定了迪耶特林（Dietterlin）的"建造方法"作为一种建筑风格，虽然他将之嘲讽为"将古代建筑置于了一场化装舞会"。[66]他与雷恩都认为，出于内部统一的考虑，一座开始就被确定为哥特式风格的建筑，最终完成后也必将以哥特式风格的面貌出现，他并且谈到了他自己关于这一问题的解决之道。这种有关风格统一性原理的见解，将雷恩和霍克斯莫尔与一种在16世纪的意大利出现的学术讨论联系在了一起，这种讨论源之于对意大利博洛尼亚的圣·彼得尼奥教堂（S. Petronio in Boligna）所进行的立面设计竞赛。[67]

〔236〕

霍克斯莫尔与其他哥特式风格概念的决裂，主要是出于对沙夫茨伯里（Earl of Shaftesbury，1671－1713年）伯爵的观点的反对，这位伯爵，在他的《个性主义》（*Characteristicks*，1711年）和《关于艺术和设计科学的信》（*Letter concerning the Art and science of design*，1712年）中，公开反对英国的巴洛克式建筑，也就是他所谓的"哥特式"，沙夫茨伯里是支持哥特优越性建筑信条的，并赋予它们以简单性的优点，这种观点对后来的温克尔曼（Winckelmann）产生了很大的影响。[68]这一观点主张哥特式是植根于一种肥沃的土壤之中的，当时的英国人认为他们不仅仅是罗马人和威尼斯人的后裔，而且是希腊人，甚至特洛伊人的后代。[69]沙夫茨伯里呼唤一种民族形式的建筑，关于这一建筑的标准，是从有关巴洛克的讨论中衍生出来的："英国人正在苦苦寻求的模式，她的尺度和标准，都是经过深思熟虑，仔细选择过的。"[70]就像范布勒对于教堂建筑所作的假设中，提出的"平易但公正的高贵风格"所显示的：英国的巴洛克式建筑中完全浸透着对于古典主义的渴求，但是后来更加教条主义的一代人不再准备继承这种历史的宽容性与折中主义的艺术自由，而这正是早期风格中所渗透着的特点。

沙夫茨伯里的道德哲学总体来说是把注意力放在希腊人身上，但是在18世纪之初，人们对于希腊建筑却知之甚少。但是辉格党(Whig)贵族地主们的第二代，却将他们的古典主义兴趣转向了帕拉第奥，从这里可以看到一种与他们所追求的共和体制下的寡头政治和威尼斯共和国式的政治体系的思想之间，存在着一种相似，而威尼斯也正是帕拉第奥曾经工作过的地方。与帕拉第奥主义的兴起这一文化现象有关的是18世纪20年代自由石匠的出现。伦敦的第一座大型旅馆(Grand Lodge)是在1717年建造的。1723年詹姆斯·安德森(James Anderson)在他的著作《建造之书》(*Book of Constitutions*)中汇总了有关石工原理的思想，在这本书中自由石匠的历史被定义为一种假想的建筑史，是从摩西圣幕(Tabernacle)和耶路撒冷的圣殿(Temple of Jerusalem)，到像维特鲁威、帕拉第奥和伊尼戈·琼斯这样的"巨匠"，一直到科伦·坎贝尔(Colen Campbell)和伯林顿(Burlington)大公。[71]有相当一些帕拉第奥主义者的确是真正的石匠。由于伊尼戈·琼斯属于英国帕拉第奥主义者的第一阶段，因此"伊尼戈·琼斯复兴"成为18世纪帕拉第奥主义的一个重要内容。从而，在英格兰的历史上第一次，与它所具有的强大力量的地位相适应，发现它自己能够在建筑领域为世界提供某种范型。

因此，从第一瞥即可知道，帕拉第奥式建筑的出现是与一种英国建筑的模式概念相联系的，其次才与帕拉第奥本人发生关联。约翰·索普(John Thorpe)和其他一些建筑师共同完成了英国在16世纪以来的建筑作品集[72]，以及1707年，由两位在英国工作的荷兰工人，约翰尼斯·基普(Johannes Kip)和利昂纳德·克尼夫(Leonard Knyff)，出版了一本名为《图示不列颠》(*Britannia Illustrata*)的乡村建筑鸟瞰图集。[73]但是，直到帕拉第奥式建筑的出现，才将某种民族的命运与一种特殊的建筑风格联系在一起。

第一部也是最重要的一部有关英国帕拉第奥主义风格建筑的著作是科伦·坎贝尔(Colen Campbell, 1676 - 1729年)所写的《英国建筑》*(*Vitruvius Britannicus*, 1715 - 1725年)。[74]作为一本献给国王乔治一世(King George I)的书，这是用来证明当代的英国建筑正是古代希腊、罗马和文艺复兴建筑之继承人的图集。按照这本宣言似的书籍中所说，"古代建筑"是"毋庸置疑的"，虽然意大利文艺复兴时期的建筑师们获得了过分的赞誉，但是帕拉第奥仍然被认为是他们中间最为杰出的代表，他的作品是建筑创作中的"至高水平"。[75]在坎贝尔看来，意大利建筑在17世纪已经失去了它所固有的"精致的建筑韵味"与"古代的简单朴质"，他认为伯尔尼尼、丰塔纳(Fontana)和博洛米尼(Borromini)的建筑作品，具有"反复无常的装饰"[76]，并将其看作是"哥特式"的而加以反对——这是又一个被雷恩和霍克斯莫尔所反驳的对"哥特式"这一术语采取轻蔑态度的用法。他把伊尼戈·琼斯抬高到了英国的帕拉第奥的地位，并且宣称伊尼戈的怀特霍尔宫(Palace of Whitehall)设计，是无与伦比的。坎贝尔并没有对他以及他之后的帕拉第奥主义者所采用的建筑标准给出一个系统的论述，但是这些标准在他的一些个别的图版中得到了流露。

〔237〕 因此，坎贝尔将伊尼戈·琼斯的怀特霍尔宫中的宴会厅描述为"力量与谦虚，华丽与简洁，美丽与庄严的统一体"，并且认为它的室内是"毋庸置疑的世界第一"。[77]他的第一部分试图将圣保罗大教堂与罗马的圣彼得大教堂相媲美，紧接着他就将他自己为林肯客栈区(Lincoln's Inn Fields)的教堂设计排列在其后，这是一座以方和圆为基础的作品，是"最为完美的形象"，他将之描述为"与古代的简单朴质最相协调的作品"。[78]的确，在坎贝尔看来，简洁，是处于第一位的，也是最重要的先决条件。

惟一能够被坎贝尔看作他所处时代最为杰出的建筑师是范布勒——这一看法的形成更多地是出于政治上的而非美学上的考虑——但是坎贝尔也试图强调在他自己的设计中体现出自己的观点。坎贝尔设计的埃塞克斯郡(Essex)旺斯台德(Wanstead)邸宅，的确成为英国乡村建筑中最重要的模型之一。这座建筑的业主是理查德·蔡尔德(Richard Child)爵士，他出身于一个保皇党人的家庭，但是却参加了辉格党，并通过他对坎贝尔的设计委托，以作为他改变效忠对象的标志。[79]坎贝尔公布了他的旺斯台德邸宅设计的三个阶段。[80]第一阶段(Wanstead

---

* 此处书名为意译、直译则为《英国的维特鲁威》。直译与原意不合，故取意译。——编者注

I)，包括一个很简单的带有门廊的块状结构，其中带有帕拉第奥在马尔康坦塔(Malcontenta)所设计的弗斯卡利(Foscari)别墅的影子；第二阶段(Wanstead II)，已经成为一个较为成熟的设计，两翼比中心部分要低一些，在大厅的上方带有一个中心炮塔，设计风格模仿范布勒的霍华德城堡(Castle of Howard，这座建筑省略了炮塔，已经建成，并毁于1822年)；第三阶段(Wanstead III)，有塔状的角部凸出部分，但是没有炮塔(图版140-142)。[81]门廊是一个重要的在三个阶段中都存在的连续性要素，坎贝尔强调说这是一个"六边形的，在英国用这种方法实际建造的第一座建筑"。[82]

乡村邸宅建筑设计在《英国建筑》一书中获得了相当重要的地位。书中所举的例子多为被拥有土地的辉格党贵族成员们所接受了的帕拉第奥主义风格的建筑，这本书正好用来将他们的声名传播到欧洲大陆。坎贝尔试图成为一个比帕拉第奥更为成功的人，也许他是在有意识或无意识地误解帕拉第奥，或者是偷偷"改变"帕拉第奥的一些主张。在他为辉格党人的首相罗伯特·沃波尔(Robert Walpole)所设计的霍顿大厅(Houghton Hall)的相关说明中，他声称已经开始"将殿宇的辉煌引入到私人的住宅建筑之中"[83]；很显然他是通过"殿宇的辉煌"这一概念，这位天才将组合柱式应用到有着三角山花的立面装饰之中，但是，他没有注意到这样一个事实是，帕拉第奥本人早已重新将殿宇建筑引入到地方建筑的设计之中。在他为肯特郡的梅尔沃斯(Mereworth)所作的设计中，坎贝尔坚持说自己并没有想要改进帕拉第奥的圆厅别墅的意思[84]，但是，从他所列举的每个房间的功能组成的情况来看，他所说的并非是事实。他把帕拉第奥的圆形方案改变成为轴向的设计，这种平面构图的最为成功的例子就是大英博物馆。只是出于美学上的考虑那些已经被废弃的横向轴线上的柱廊仍然以阳台状的凉廊的形式得以保留。[238]

《英国建筑》的第三卷中，包含了很大一部分作者所绘的鸟瞰图，以及一些园林的规划设计，这些都很明显地反映了帕拉第奥式风格对于将建筑物与景观相匹配所表现出来的兴趣。

这部论著的成功之处可以通过书的购买者的迅速增加来加以衡量——从第一卷的300本增加到第三卷的900本——后来的出版物则通过将自己的书名冠之以《英国建筑》的"续集"，以步其后尘。例如，在1739年，一本"第四卷"由巴迪斯拉德(J. Badeslade)和罗克(J. Rocque)出版[85]，其中包含了几乎所有的乡村建筑和较大的园林，虽然他们所列举的建筑实例并不都是帕拉第奥式的。值得庆幸的是，像这样一本编撰的书籍，好在其销量有限，因为现存的只有四本这样的书。同时代的人都对这本书不以为然，两位建筑师约翰·沃尔夫(John Woolfe)和詹姆斯·坎顿(James Gandon)针锋相对地出版了一个《英国建筑》第四卷[86]，书中宣称他们深信"18世纪英国的建筑已经达到了一个相当完美的地步，可以与希腊和罗马的建筑相媲美"，他们还说："我们已经远远超过了与我们同时代的每一个国家。"[87]并没有提出他们自己的任何主张，这本书的作者们仍将坎贝尔作为他们的典范，他们的版本中所提到的建筑都是英国的帕拉第奥式或新古典式的建筑，首先是乡村邸宅建筑，然而没有提到这些住宅中的花园。沃尔夫和坎顿所写的"第五册"(1771年)也是一样[88]，然而，其中所例举的图例，也并非都是一种连续统一的风格。[89]

但无论是沃尔夫和坎顿还是乔治·理查森(George Richardson)，虽然他们在1802年和1808年之间出版了两卷的《英国新建筑》(*New Vitruvius Britannicus*)[90]，但是他们的成功都无法与坎贝尔相比。理查森将"在18世纪末体现出英国建筑风格的韵味与科学"作为自己的目标。[91]他特别关注他所说的"优雅"方面的进步，他将他关注的惟一中心点落在各种不同风格的英国乡村邸宅建筑中；坎贝尔的帕拉第奥式偏向被抛弃了。

《英国建筑》这套流行了几乎整整一个世纪的书，成为大陆欧洲人和美国人了解与认识英国建筑的最主要信息来源。坎贝尔从中获得灵感的帕拉第奥主义获得了极大的成功，这是因为他把一种由他与他的少数志同道合的帕拉第奥主义者所提倡的风格，转变成为了一种英国人的民族建筑风格。

正是坎贝尔将与他同时代的一位重要人物——理查德·博伊尔(Richard Boyle)，第三代伯林顿公爵(1694-1753年)——转变成为了英国帕拉第奥主义的推动者。他后来成为坎贝尔的赞助人，他自己同时也是一位建筑师。[92]在1714-1715年间，伯林顿公爵按照惯例进行了一次大游历，但是，在旅行中他并没有对帕拉第奥表现出特别的偏好，只是当坎贝尔的著作于1715年发表时，同时也是在他回到英格兰之后，他才受到了帕拉第奥主义的深深吸引。他本身从事着一份很适度的建筑师职业，最初，在坎贝尔的影响之下，伯林顿求助于威廉·肯特(William Kent，1685-1748年)，一位当时在罗马的画家，并且将他作为自己的被保护人——虽然很快就很明显地看出肯特的能力远远地超过他这位杰出的捐助人的能力。[93][239]

　　在 1719 年伯林顿返回了意大利，这一次他的目标是在现场身临其境的学习帕拉第奥的作品。在这一期间他在帕拉第奥的马西尔(Maser)别墅中发现了大量帕拉第奥所绘的图，并且成功地得到了它们；之后伯林顿将这些图加进了伊尼戈·琼斯所编著的书中，以对这套最为完整的帕拉第奥的图集加以补充。伯林顿的意向是将这些画作为他的私有财产出版，但是惟一出现在人们面前的一套图是关于罗马的那些浴场(1730 年)的。[94]在他于意大利所写的简短前言中，伯林顿将这册书描述为"我们这个时代的非常宝贵的一笔财产，或许没有别的什么著作能够为那些有价值的建筑比它显示出更多的实用性来"。[95]他开始引导英国的建筑师们沿着帕拉第奥主义的方向向前。他自己的住所，像奇斯韦克(Criswick)邸宅，以及在约克郡的议会厅等，都是他的资料与理想的有计划的体现，而这时，威廉·肯特也尝试着探索出了一套自己的建筑语言。在伯林顿的嘱托下，肯特于 1727 年出版了一本伯林顿所收藏的伊尼戈·琼斯的绘画作品集。[96]肯特对于琼斯的描述已经走得很远，他将琼斯比作帕拉第奥的门徒，并认为他们两人"都同样证明了自己所具有的最为优越的能力……超越世上所有的人的能力"[97]；他还通过将帕拉第奥的威尼斯的圣乔其奥·马焦雷(S. Giorgio Maggiore)教堂的设计图与伯林顿所设计的很多项目附在一起的方法，以建立起某种彼此之间的历史关联性。

　　伯林顿是诗人亚历山大·蒲柏(Alexander Pope, 1688 - 1744 年)的一位十分亲密的朋友，亚历山大·蒲柏，与沙夫茨伯里(Shaftesbury)一样，都提倡一种新古典主义的风格[98]，这一点在他的文章和他在特威肯汉(Twickenham)的别墅设计中都得到了明显的体现。他在《评论集》(Essay on Criticism, 1711 年)一书中提出了他观点中的古典主义倾向，然而在《名誉之殿》(The Temple of Fame)(1715 年)中，他描述了一座想像中的有着四个立面的殿堂——希腊的[无与伦比的(somptuous)]，亚述 - 波斯的[显赫辉煌的(glorious)]，埃及的[印象深刻的(impressive)]，哥特的[精美装饰与荣耀的(o'er - wrought with ornaments of barb'rous Pride)]。这些特点接近"个性"(caractère)的思想，即由一代人之后的法国人雅克-弗朗索瓦·布隆代尔所发展了的观点。在蒲柏于 1718 年迁居特威肯汉之后，他的郊区别墅，更重要的是别墅中的花园，都产生了相当重要的影响。在他的《与伯林顿公爵的书信》(Epistle to Lord Burlington, 1731 年)中[99]，受到伯林顿在此前一年所写的《古代建筑》(Fabbriche antiche)的鼓舞，他将他有关房屋与花园设计方面的思想汇编成册，从而也对那些帕拉第奥主义过度狂热的追随者们，提出了某种警告，以防止他们思想的僵化。

　　令人感到奇怪的是，除了戈弗雷·理查兹(Godfrey Richards)在 1663 年发表的《第一书》的一个版本之外[100]，在 16 和 17 世纪一直没有完整的帕拉第奥的《建筑四书》的英文译本出现，而戈弗雷·理查兹的译本实际上还是皮埃尔·勒米埃(Pierre Le Muet)的《五种柱式的规则》(Règle de cinq orders, 1645 年)的那个译本，这只是一个部分地依据于帕拉第奥原著的译本。第一本完整的帕拉第奥著作的英文译本是贾可莫·利奥尼(Giacomo Leoni, 1686 - 1746 年)，一个年轻时就离开了意大利的威尼斯人，他在 1708 年设法到了杜塞尔多夫(Düsseldorf)的巴拉丁宫廷(Palatine)，并且在马泰奥·阿尔伯蒂(Matteo Alberti)[101]的手下参与本斯伯格(Bensberg)宫的修建工作。他的一份日期为 1708 年，现在由蒙特利尔(Montreal)的麦克吉尔(Mcgill)大学博物馆收藏的手稿[102]，其中讨论了帕拉第奥的柱式理论，以及在工程中所获得的数学知识等，显示出利奥尼已经将他自己深深地参与进了杜塞尔多夫的这些工程事务之中。而在他献给肯特郡的亨利公爵(Duke Henry)[103]的《简明工匠手册》(Compendious Directions for Builders, 1713 年)中，似可证明，他当时正在英格兰。显然，他很快就加入了到了坎贝尔的圈子之中，而且在 1715 年，在伯林顿第一次出游意大利返回英国时，与之结识并相熟。在与尼古拉斯·杜伯斯(Nicholas Dubois)合作从事翻译工作中，以及与伯纳德·皮卡特(Bernard Picart)一起从事雕刻师工作的过程中，他很快推进了帕拉第奥著作的编译工作，其中的第一卷于 1716 年出版[104]——然而，书中标注的日期为 1715 年，这是为了让人看起来与坎贝尔的《英国建筑》一书同一年出版而故意修改的。

　　利奥尼花了五年时间完成了他所计划的工作，而且为了同时满足当时欧洲人的需要，在他的版本中还加入了意大利原文，并增加了法语的译文。他在副标题中宣称了他将要出版"伊尼戈·琼斯的笔记和观察"的消息，他这样做显然是希望通过重新发掘伊尼戈·琼斯，而为自己带来更大的关注，但是，他的希望还是没有成功[105]，伊尼戈的"笔记"直到 1742 年才得以问世[106]。利奥尼也曾试图"修改"帕拉第奥的图，以迎合当代人的品味；他把帕拉第奥的平面木刻雕版画变为有阴影的、立体的雕版画，并且，为门和窗加上了原图中所没有的木框，还在三角山花墙上增加了巴洛克徽章式的装饰镜板，甚至为了适应当时的时尚而改变屋顶的形状。例如，他在圆厅别墅的穹顶上穿了八个孔洞。与利奥尼同时代的人们，如伯林顿公爵等，都以最严格的形式遵循着帕拉第奥主义的原

〔240〕

则，在他们看来，利奥尼对于这些时髦风尚的让步，其实是一种牺牲。这一点在艾萨克·韦尔(Isaac Ware)于1738年出版的更加忠实于原作的帕拉第奥的作品中得到了充分的体现，在这本书中，他指责利奥尼竟敢"改变由这位巨匠所论述的最为优雅精致的比例"，却"塞进了自己的那一套虚伪的装饰"。[107]

尽管如此，利奥尼在英国建筑史上的地位仍然不可小视。在1726年他发表了一本阿尔伯蒂著作的英文译本，然而这个译本并非根据1485年的拉丁文原著，而是依据1550年科西莫·巴托里(Cosimo Bartoli)的意大利文译本而来的[108]，但是这本经常被重印的阿尔伯蒂著作英文译本，直至最近仍然是英国读者的一个标准版本。

伯林顿公爵敦促坎贝尔着手完成一个帕拉第奥著作的正确译本，但是只有《第一书》在1728年得以出版[109]；坎贝尔书中所用的帕拉第奥的木板雕刻画比较接近原作，然而在1729年的第二个版本中，他还是在其中加入了自己的一些设计。[110]

在坎贝尔过世后，出版家本杰明·科尔(Benjamin Cole)和建筑师爱德华·霍普斯(Edward Hoppus)曾尝试着通过出版一个《安德烈亚·帕拉第奥的建筑四书》(*Andrea Palladio's Architecture in Four Books*，1733-1735年)的新版本[111]，因而可以从市场的空白中获利。其中的《第一书》只是对坎贝尔著作的简单抄袭，而从《第二书》到《第四书》则是对利奥尼成果的模仿。这套书在名义上是献给伯林顿公爵的，但却用了一种十分不恰当的方式。艾萨克·韦尔评论说，这本书"对于原著有着太少的了解与太多的忽略，它对于明智的人来说是一种冒犯，而对于无知的人来说则会产生误导，如果落入他们的手中，只可能导致失败的结果。"[112]

韦尔自己的较接近原著的帕拉第奥的译本出现于1738年[113]，这也同样是献给伯林顿公爵的，正如韦尔在他的献辞中所强调的那样，伯林顿公爵亲自审定了这本书。虽然他遵循的道路并不完全正确，但是很重要的一点是，他保留了帕拉第奥的测量图和比例，而且他对帕拉第奥的木刻雕版画的论述是完全可以信赖的。虽然这是一个英文的权威译本，然而这本书出版时已经过了英国帕拉第奥主义的巅峰期，威廉·肯特的小插图放在了书的结束部分，并附上了他的带有巴洛克味道的古典柱式图，就像是在韦尔的冷静而小心翼翼的译著上贴上了一个具有讽刺意味的大问号。〔241〕

帕拉第奥主义是1730年左右英国最为成功的建筑运动，但是这一流派远非是独步天下。例如，一直活到1728年的伟大的巴洛克建筑师范布勒，以及在1736年还仍然在世的霍克斯莫尔，就是两个突出的例子。詹姆斯·吉伯斯(James Gibbs，1682-1754年)在他的作品中采用了帕拉第奥的某些特征，但是他却并不被人认为是一个帕拉第奥主义者，他兼有雷恩的传统，意大利的巴洛克古典主义以及帕拉第奥主义等多方面的特征。作为一名保皇党人，并且是一位苏格兰人，他是第一位在意大利接受过建筑师教育的英国人，而且在1703-1709年之间，他还在卡罗尔·丰塔纳(Carol Fontana)在罗马的工作室中工作过。[114]他与坎贝尔和伯林顿的圈子之间关系很紧张，当坎贝尔在他的《英国建筑》的引言中谈到了伯尔尼尼和丰塔纳的作品是"做作的"与"放肆的"时[115]，他很有可能是在借此影射吉伯斯。在1713年，吉伯斯被任命为伦敦50座教堂的督察员(Surveyor)之一；第二年他构思了一本建筑著作，然而，这本书直到1728年才出版。这本《建筑之书》(*Book of Architecture*)[116]是18世纪出现的最有影响的手册类书籍之一，同时由于吉伯斯的建筑师地位和他出类拔萃的设计，使这本书在殖民地也产生了巨大的影响。他成功的另外一个原因是，即使是在辉格党内，他也并不遵循教条主义的观点，它在英国巴洛克传统与帕拉第奥主义之间独辟蹊径，而帕拉第奥主义的"独裁式的品性"正是他所挑战的。

不像当时绝大多数的手册类书籍，吉伯斯的这本资料丰富的对开版的书卷是有指导意义的，它并不是为普通工匠而写的，而是更关心那些"绅士们在建筑中所应该关注的问题，尤其是写给那些在国家的偏远地区，很少或基本没有机会在设计上得到外界的援助的那些地方的工程指导者们看的。"[117]他假设任何工匠都可以看得懂他的设计，并且他允许工匠们自己创造一些变化，但是这些变化只能被一个"有鉴别能力的人来实现"。"他的设计，"吉伯斯自己说："是有着最好的鉴赏力的"，是沿着最伟大的意大利建筑大师们的足迹前进，并且结合了他本人多年学习与研究古代建筑作品的经验——在那些狭隘而严格的帕拉第奥主义者那里，对于古代建筑的研究是断章取义的。与此同时，他还与帕拉第奥主义之间建立起了一种联系，即"对于一座建筑，不管它们是素平恬淡的，还是通过一些适当设置的装饰而变得丰富的，都将通过对各个组成部分之间，以及各部分与整体之间，赋予以恰当的比例关系"，而使这座建筑物产生一个"优雅、美丽、壮观"的外观。[118]

为了推进一种可以转换的、集中构图的设计，这种设计源于安德烈亚·波佐(Andrea Pozzo)，吉伯斯所设计的圣马丁场教堂(St Martin-in-the-Fields)，遗憾地由于财政原因而难以为继，他与晚期巴洛克传统之间产生了裂隙。他列举出一系列的尖塔设计(图版 143)，并且不加分辨地认为它们都来源于哥特式风格("尖塔是真正的哥特式风格的结晶")，同时他又强调"当尖塔的各部分能够合理地布置时，它们将会变得更加美丽"。[119]与此同时，他的设计仍然以雷恩与霍克斯莫尔的作品为蓝本，这一点在他的圣马丁(St Martin)教堂的尖顶设计中得到了体现。吉伯斯的教堂和尖塔设计，在经过了吉伯斯本人认为可以接受的一些改动后，被广泛地应用到新英格兰的各个地方，例如，由彼得·哈里森(Peter Harrison)所设计的波士顿的国王礼拜堂(King's Chapel)[120]，以及，在南卡罗来纳州查尔斯顿(Charleston)的圣迈克尔教堂(St Michael)与圣菲利普教堂(St Philip)的尖塔。

〔242〕 虽然带有一些早期传统的痕迹，吉伯斯的乡村邸宅的设计仍然可以很恰当地被认为是一种帕拉第奥主义风格的作品，并且这种设计在大西洋彼岸也获得了极大的成功。1751 年出版的《马里兰州报》(*Maryland Gazette*)的一则广告中宣称，约翰·阿利斯(John Ariss)准备建造一座"或者是古代风格，或者是吉伯斯式的现代柱式"的建筑[121]，很多以吉伯斯的设计为基础的乡村住宅建筑在弗吉尼亚出现。爱尔兰人詹姆斯·霍班(James Hoban)设计的华盛顿白宫，也是以吉伯斯的建筑设计为范例的。

吉伯斯所设计的园林中的亭榭、铁艺制品、烟囱构件、门、窗、装饰镜板、坟墓，以及栏杆等，都提供了一种由巴洛克式，通过帕拉第奥式，再到洛可可式的风格发展型谱，然而这种型谱常常会在装饰上保持某种一以贯之的东西，让人能够联想起他所一贯坚持的"少量而恰当布置的装饰"的装饰原则。

吉伯斯的《建筑之书》中仅仅包含了建筑物和建筑局部的设计，而不是一本系统化的建筑学著作。于是，为了弥补这一点他在 1732 年出版了《描绘建筑各部分的方法》(*Rules for drawing the Several Parts of Architecture*)一书[122]，这是一本以古典柱式的传统为基础的论著。在采用帕拉第奥的比例模式的同时，他发展了一种方法，以在进行单个测量时避免复杂的计算。这本著作也获得了极大的成功。除此之外，他的一本从他在意大利的那些年就开始了的带有注释的笔记，以及一个语言凌乱的，非第一人称语气的简短的自传，一直没有能够发表。[123]

在 18 世纪的第二个十五年掀起了一股紧步帕拉第奥主义的《英国建筑》后尘的出版热，但是这些书的内容却往往与帕拉第奥主义大相径庭。例如，苏格兰建筑师威廉·亚当(William Adam，1689 – 1748 年)将他本人和他的一些苏格兰同胞的作品收录为一本名为《苏格兰建筑》(*Vitruvius Scoticus*)[124]的书，但是他在书中所提到的风格却是介乎雷恩、帕拉第奥和吉伯斯的建筑风格之间的某种东西。

如果严格按照字面的定义，帕拉第奥式风格这个词应该被用来形容罗伯特·卡斯泰尔(Robert Castell)、詹姆斯·拉尔夫(James Ralph)和艾萨克·韦尔等那些伯林顿公爵圈子中的建筑师们的作品。在罗伯特·卡斯泰尔所写的对开纸的著作《图解古代别墅》(*The Villas of Ancients Illustrated*，1728 年)中[125]，他汇总了最重要的与古典主义的别墅有关的文本资料，并且附上了他自己的一些复原设计；因此，罗伯特·卡斯泰尔为《英国建筑》添加了某种历史的、古典的衡量标准，而这本书为了维护辉格党贵族们的生活方式，越来越强调乡村邸宅建筑。卡斯泰尔的对称均衡式的复原重建设计——其核心范例是小普林尼(Pliny the Younger)别墅——是为了以他们的帕拉第奥式风格来证明他们的英国土地士绅贵族的身份。

在那些十分接近伯林顿和肯特的圈子中有一位人物，也就是在《在伦敦与威斯敏斯特及周围地区的公共建筑、雕像与装饰评论集》(*A Critical Review of the Publick Buildings, Statues and Ornaments, In, and about London and Westminister*，1734 年)一书的较后一个版本中所称的"建筑师拉尔夫"，这很可能指的就是詹姆斯·拉尔夫(James Ralph，约 1705 – 1762 年)。[126]这本评论性的书是献给伯林顿的，但是作者在某些方面也追随了雷恩的观点，例如在城市规划中的对称性，以及教堂的独立性等问题上——这是范布勒在他 1711 年的评论中也曾提到过的内容。对于范布勒来说，帕拉第奥式风格的"简单性"，是应该首先注意的一个原则；他继承了帕拉第奥主义者对于"哥特式"这个词的轻蔑态度。他也接受了功能主义者，如培根和沃顿所关注的问题，而且接受了与他同时代的美学作家，如乔治·伯克里(George Berkeley)和弗朗西斯·哈奇森(Francis Hutcheson)等人的复兴论的观点。[127]

帕拉第奥主义中的教条主义趋向，在建筑师罗杰·莫里斯(Roger Morris)的一位亲戚，罗伯特·莫里斯(Robert Morris，1701 – 1754 年)的论著中表现得尤为明显。[128]罗伯特·莫里斯是第一位大众化的多产英国著作〔243〕家，而后出现的这类作家还有威廉·哈夫潘尼(William Halfpenny)和巴蒂·兰利(Batty Langley)，正是他们将帕拉第奥主义由一个仅仅为少数贵族所熟悉的外国地方建筑语汇，转变成为一个可以为整个英国的民族风格所认同的词语。他的《古代建筑论辩》（*Essay in Defence of Ancient Architecture*，1728 年）[129]仅仅从其标题中就可以看出它与法文著作《关于古代与现代的争论》（*querelle des anciens et des moderns*）的密切关系，而且在这本书的卷首插画的讨论中，也很明白地显示出，莫里斯不仅仅偏袒古代建筑，还接受了尚布雷（Fréart de Chambray，1650年）所提出的那些极端的观点：一个戴着古典主义面纱的建筑师对于三种希腊柱式存在某种想像——莫里斯接受了这一切——其特征是"*Tria sunt omnia*"（三个即是全部）。莫里斯试图将对于古代建筑的无条件信任，与对于科学进步和哲学理性主义的坚定信念结合在一起；他这样做是通过对自然之法则与理性的确认，从而宣称它们本身就是美，并声称那些具有文艺复兴时期人们所理解的比例的建筑是把握美的关键所在；"那些正确无误的法则，那些完美的理性与自然的法则，被认为是美丽而必需的"[130]。他继续操着那些陈词滥调说，从历史看来是哥特人和汪达尔人（Vandals）——以及现代人——应该对建筑界的衰落承担责任。他谴责哥特人是"野蛮的非人道主义者"[131]，他的书中摆出了一幅高傲的道学先生的样子，同时配以他那极富修饰色彩的、冗长的写作风格。

莫里斯试图通过反复强调建筑的功能方面（"需要"），来促成他本人的教条主义与英国实用主义之间的一致，正是在这样一种精神下，他改进了他的帕拉第奥式风格的别墅设计，但是，他在意识形态上的宽容度，通过他所说的这些别墅是"按照从前的经验或古代的实践组合而成的"[132]得到了证实。他的这一立场，在他 1730年至 1734 年之间为"艺术和科学知识进步学会"[133]所作的一系列演讲中，得到了更为清晰的体现，这个学会是由他自己所建立的。在这里，他给出了一个关于建筑的功能应当高于其美学外观的不应混淆的程序："便利适宜应该是比美更重要的事情"。[134]虽然如此，他仍然认为建筑基本上是以均衡——他称之为"规则"——与比例为基础的，而比例更是他放在前列的东西。

在一个有关柱式的新奇解释中，莫里斯提出了一个问题，即如何根据环境特征与氛围选择一座特殊的乡村邸宅。因而，对于一个平坦开阔的用地景观环境，他主张采用"多立克式柱式，或者与这种柱式特有的简单性相类似的某种东西"[135]，而爱奥尼柱式则是"在各种情况下都最为适用的一种柱式"。[136]由此也可以看出，对于英国建筑而言大地景观变的是如何关键，而两者中的一个代表事物诸方面的本质，另外一个则作为事物的"风景依托"。从而，建筑本身便完全屈从于几何比例。在他的《建筑演讲》（*Lectures on Architecture*）中，莫里斯强调，即使是他的别墅建筑立面，也可以用几何形体的组合来构成，特别的重要性被赋予了内切圆的应用。的确，立面是通过内切圆的累积而构成的，正如第十六章中提到的朱塞佩·马里亚·埃尔科拉尼（Giuseppe Maria Ercolani，1744 年）那篇引人瞩目的论文所表明的，这一点在 18 世纪第二个 25 年中，显然是一个能够充分满足整个欧洲人的建筑想像力的东西。莫里斯随后出版了一系列有关乡村邸宅建筑的手册类书籍，而且，他的这些书籍也恰好为 18 世纪英国最为时尚的建筑思潮推波助澜。[137]

帕拉第奥主义的正式语汇，虽然不是其知识精髓，在诸如由一位木匠威廉·萨尔门（William Salmon）所写的《伦敦人的帕拉第奥》（*Palladio Londinensis*）等书中，被解释给了工匠们听。[138]这些书籍对于伦敦住宅建筑中的门、窗等构件的标准化作出了很大的贡献。由威廉·哈夫潘尼[William Halfpenny，化名为"迈克尔·霍热（Michael Hoare），1755 年去世]所出版的许多手册类书籍，给建筑承包商和工匠带来了大量帕拉第奥主义的理论知识，而他本人也是出身于这些工匠阶层的一员。[139]帕拉第奥的柱式体系几乎构成了建筑设计作品集的基础。这些工具书常常被印制成便于携带的便宜小册子，这样人们就可以在工地现场切磋探讨：一本标题为《工匠口袋伴侣》（*The Builder's Pocket Companion*）的小册子，其题目本身就告诉了我们其中的内涵。

〔244〕

在 1747 年，罗伯特·莫里斯与托马斯·莱托勒尔（Thomas Lightoler），以及哈夫潘尼合作出版了《现代建筑手册》（*The Modern Builder's Assistant*）一书。[140]正如当时的绝大多数其他作家一样，哈夫潘尼谈及了这一类的出版热潮，但是，他坚持认为"这些出版物的主题是如此的丰富，而且，许许多多作者对于这样广泛的选题中的任意一个方面，都进行了大量而细致的描述"[141]，但仍然还是会有新的领域可以进行发掘。《现代建筑手册》以对柱式的解释为开篇，"正如著名的帕拉第奥所做的那样"，并且照例使用了帕拉第奥自己的图例。然后，像是对于维特鲁威的遥远的回应，哈夫潘尼引用"便利，一种好的景观与基础"作为概念——即维特鲁威的"美观"（*Venustas*）的定义，一个人可以将其简化为"一种好的景观"，也就是，一种纯粹的画面效果。这本书的第二部分是由一系列的乡村邸宅建筑范例所构成的，模仿勒米埃（Le Muet）的方法，按照体积与造价来排列。第三部分包括烟囱构件、窗户、楼梯，以及顶棚的设计，在这方面帕拉第奥式的古典主义者让位于洛可可风格；这是一本材料堆积性的纯粹手册类书籍。

哈夫潘尼的书有着相当大的影响力，这种影响力甚至一直扩展到新英格兰。除此之外，他还是将当时很时髦的中国风艺术以中国建筑设计的形式传播开来的第一人[142]：在 1750 年，他的名为《中国式殿堂的新设计》（*New Designs for Chinese Temples*）一书也出版问世[143]，在继续出版了三个增补版之后，到 1752 年时，他又将这本书的第二版与另外一本名为《中国风味的乡村建筑》（*Rural Architecture in the Chinese Taste*）一书同时出版。这种"中国风"的特征仅仅出现在一些装饰形式上，而建筑本身在很大程度上仍然保持着古典的风格。对于哈夫潘尼来说，"中国风"这个词仅仅意味着一种异类的，非古典式的装饰风格，这一点他经常将中国式和哥特式互换中可以看出，为此他于 1752 年出版了一本书，书名是《适当装饰的中国与哥特建筑》（*Chinese and Gothick Architecture properly ornamented*，1752 年）。[144]从起初的一名帕拉第奥主义者，哈夫潘尼演示了一个典型的英国帕拉第奥主义者在当时社会风尚的挤压下逐渐背离其初衷的过程。

艾萨克·韦尔（1766 年去世）于 1756 年出版的《建筑集成》（*Complete Body of Architecture*）一书[145]，是帕拉第奥主义思想的一个纲要，正如韦尔的帕拉第奥著作的英文译本一样，总是有些姗姗来迟，但是，也像他于 1754 年在肯特郡的福兹克雷场（Foots Cray Place in Kent）所复制的帕拉第奥的圆厅别墅一样，帮助人们重新振兴对于帕拉第奥主义的兴趣。从这本书的频繁再版与成功销售中可以看出，这座里程碑式的著作成为 18 世纪中叶英国建筑理论界最有影响的作品。正如韦尔所希望达到的："全部的建筑科学，从最初的基础，到最后的成功"[146]，通过宣称这本书的无所不包，他暗示阅读那些围绕这一主题的任何前人的著作都是一种浪费。而他既拥有"实际工匠"的实践经验，又得到他的"赞助人"的精神支持。他将他的材料分为 10 本书的做法，也反映了他是在继续着维特鲁威和阿尔伯蒂的传统，虽然他在方法上显然具有相当的说教色彩，但却也从未忽略过一些现实的问题。他并没有力图将这本书变成美学概念的经典，但是他的著作中的很多章节却使得他的理论地位非常清晰。

〔245〕　　韦尔在他的前言中很清楚地表达出，他的建筑观是功能主义的："建筑物的艺术不应该比它的使用更加重要；它在外表上的尊严高贵，也不会比它的方便适用能够获得更多的赞誉。"[147]追随佩罗的思想，他区别了两个范围的情况，在第一种范围中，应该应用各种规则，而在另一种范围中，则可以使想像力自由驰骋。在他的著作《建筑集成》的开篇，他讨论了建筑材料及其性质的问题，尤其注意了那些在英国最为便宜而常见的建筑材料，最主要的就是砖。然而，这些材料必须服从于设计的需求："对于建筑师的荣誉而言，形式的成功是远比材料的使用要重要的事情。"[148]——这种观点显示出他渴望将功能主义与古典主义的立场结合在一起。

另一个相类似的综合性趋势出现在他关于柱式的论述中，他认为柱式对于建筑来说，"并不是必不可少的部分"，因为即使没有柱式，也可能创造出好的建筑。[149]最大的问题就是比例。同时，通过确认只有三种希腊柱式，韦尔又回到了尚布雷的教条主义立场上（1650 年，图版 145）。虽然如此，他仍然认为比例是"主观的"，就像佩罗所认为的那样，比例应该允许有一些个性变化的余地，并不认为比例是某种由自然法则所决定的规则。事实上，他强调说，过分遵循严格而快速的规则，其实就是在鼓励抄袭。韦尔在这个问题上的立场与他的很多同时代的人都是相背离的，这正如他所写的：

> 建筑法则的起源，就像其他的一些法则一样，都是相同的：人们在古人的作品中发现了美，通过这些美的发现，人们创造出了美的法则；但是人们并不知道是谁创造了这些法则。[150]

韦尔只是从一个基本的概念上将自然作为建筑的原型来看待的。他对于柱式的观察与洛吉耶（1753 年）的基本保持一致：柱子源于对三种树干的模仿；这是一些光滑的树干：因而，柱上的凹槽是一个"早期的错误"，它一方面削弱了柱子，而另一方面，从美学的角度看，也破坏了它"伟大的单纯"，因此，这是一种"错误的装饰"。[151]他在装饰问题上的立场，是一个功能主义者、理性主义者与古典主义者的混合体：

> 首先必须考虑的是，在建筑上，简单朴质是一种非常可贵的东西，然而这种简单常常会被一些不恰当的装饰所毁坏；因此，除了那些理性主义的装饰之外，别的装饰都不应被允许出现；而且除了在

那些原理应用中所发现的东西之外，没有什么东西在建筑中是完全理性的。[152]

因此他的美学观点可以总结为："简单和自然是美的真谛"。[153]

就像洛吉耶一样，韦尔拒绝使用各种各样的立柱形式，甚至对于壁柱也只是勉强能够接受。事实上，他也会毫无顾忌地批评古典建筑，甚至，有时包括帕拉第奥，尤其是在他抨击内倾式与凸肚式的柱子是"荒谬的"时候。[154]相反，他详细讨论了那些不使用柱式的建筑，并希望一个建筑师应该像设计一座辉煌的宫殿那样去认真地设计一座卑微的农舍：

> 因为，我们有理由断言，最好的建筑师并不是那些不屑于为最小的建筑物进行设计的人，因为无可置疑的是，从一座设计精细的农舍中，一个建筑师所获得的赞誉，比一座设计糟糕的宫殿要大得多。[155]

在这一点上，在一代人之后的法国的勒杜，采取了一种与此十分相近的观点。

在《第三书》中，韦尔为不同社会等级的人设计了乡村建筑的范例方案。其中包括他为海军上将约翰·宾（John　Byng）在米德尔塞克斯郡（Middlesex）设计的洛斯汉姆（Wrotham）公园，一种坎贝尔的旺斯台德别墅第三（Wanstead　III）中的修正版。[156] 〔246〕

韦尔功能主义的态度与观点具有一个非常现代的方面，也就是说，在立面装饰与建筑功能之间必须存在有某种联系，他说：要表达建筑的"内在的使用"，是装饰特征所必然要起到一种作用；用结构术语来说，就是："不仅仅要有足够的强度，而且由外观所表现出来的强度感是至关重要的"[157]，这段话令人想起了伯克里以"可使用的外观"，来暗示美的源泉。[158]这个观点很容易和博法尔的《建筑话语》（*architecture parlante*，1745年）的观点结合在一起，韦尔所谈到的"大厦的个性特征"[159]与波弗朗的观点具有同样的精神。在他著作结束部分中的一些图页中[160]，他通过逻辑推理的方式也达到了勒杜所曾经达到过的原型革命（Proto－revolution）的立场，勒杜认识到了表面不加装饰的建筑的美学价值。这一激进的美学观点出现在他的一些论述中，如："不适当的装饰等于完全没有装饰；平素雅淡通常是最适宜的。"[161]的确，虽然从某些方面来说，韦尔的论著只是对于帕拉第奥主义的一种鸟瞰式的回顾，但是其中却也令人惊异地包含了很多"现代的"特征。

韦尔著作中关于景观园林的章节显示出他与他的时代是十分合拍的。对于他来说，建筑和景观都必须是可以用图形来表现的，因为，一个观察者所面对的，就如同他在路上行走或在河中航行一样，是"一幅连续而移动的画面"。[162]他用最清晰的语言来描述一个景观园林的"存在的理由"（*raison d'être*），是对"自然界的美"的一种人为的集聚，是一种对于"普遍和谐的……每一种东西都是自由自在的，但其中并没有任何原始粗犷之物"的创造。[163]韦尔对于可以通过艺术而重塑自然这一点保持着敏锐的观察力：

> 任何令人愉悦的事物都被抛向了开阔而明快的地方；任何令人厌恶的东西都被排除在外。虽然，并非人人都能够感悟艺术，但我们能够欣赏艺术的效果：一道矮墙使我们不知道花园的尽头在哪里；那些专为遮蔽令人不悦的东西的屏障物，似乎是专门种植来显示其自然的美的。[164]

这是韦尔简明扼要的叙述风格的一个典型例子，这种风格的精练程度，有时可以与格言警句相媲美。今日，他的论述已经令人疑惑地被低估，甚至被遗忘。这很可能是因为它那令人望而生畏的规模，但无论如何，他的观点仍然是18世纪建筑理论最有意义的来源之一。

老约翰·伍德（John Wood the Elder，1704－1753年）是18世纪英国建筑理论界最为离经叛道的著作家，是一位帕拉第奥主义传统的圈中人，但是，在其论著中却总是将其学识与幻想能够很好结合的人，他主要是因为巴斯城（Bath）部分规划设计而闻名。[165]在1741年时，他出版了一本论著，仅仅从书名上就可以看出，他是对以古典主义的古代建筑为中心的建筑观持反对意见的：《建筑的起源：或，从五本书中所发现的对异教徒的抄袭》（*The rigin of Building: or, the Plagiarism of the heathens in Five Books*）。[166]在这部著作中，他试图为整个建筑史提供一种独立而又相互统一的程序，这与洛吉耶在12年之后的散文集《建筑论》（*Essai sur l'architec-*

ture）中，所使用的方式相似；伍德的出发点是维拉潘多对于《以西结书》（1604 年）的评论，雷恩、罗杰·普拉特和其他一些英国人也对此作过评论；但是虽然他在细节上遵循维拉潘多的观点，却对这些观点的来源了解甚微。[167]但这并不妨碍他比维拉潘多走得更远：他并没有将所罗门圣殿解释为古典主义建筑的原型，而是将摩西在沙漠中建造的圣幕解释为所有建筑原则的基础——这是一种已经被自由工匠詹姆斯·安德森（James Anderson）在他的《建造之书》（*Books of Constitutions*，1723 年）中追寻过的想法，因此，摩西的圣幕（Moses' Tabernacle）对于伍德来说，与洛吉耶的原始棚屋，在功能上是相同的。

〔247〕

伍德关于摩西圣幕的细节描述时而是相互矛盾的，但是，最后他甚至证明了在圣幕的形式中存在着三种希腊柱式的基本形式：

> 因此，摩西圣幕内的柱子，在不同的情况下表现为三种不同的形式，从而构成了人类建筑所必需的三种不同的类型，他们就是：强固的、适中的、精丽的；这三种按照"时间的顺序"（Process of Time）排列的类型，在相应顺序的"柱式的名义"（Name of Order）下，就分别用其希腊名称：多立克（Dorick）、爱奥尼（Jonick）、科林斯（Corinthian）来表示了。[168]

"强固的"、"适中的"、"精丽的"这三个词，分别来源于希腊语的"*solide*"、"*moyenne*"和"*délicate*"，这三个希腊词可以追溯到尚布雷（1650 年），他仅仅是在与三种希腊柱式相联系时，才认为这几个词是可以接受的，同时他也是最早以维拉潘多的理论作为自己著作的基础的人之一。

在人们看来，就像德洛姆和维拉潘多一样，伍德不仅仅是将圣经的证据与维特鲁威的观点相一致，而且，也证明了"在人类历史的四个不同时代中，其中每个时代大约经历 500 年时间，犹太人的神圣建筑是这个世界所产生的最有影响力的建筑作品的先驱。"[169]这就是伍德用来评价摩西圣幕，以及另外三座耶路撒冷圣殿的时间—尺度（time - scale）标准。通过一种以《旧约全书》为基础的建筑历史，与摩西和维特鲁威都进行了直接的文本对照，他运用心理学标准作为建筑活动的最终原因，例如："羞愧、恐惧、遗憾、感激和忠诚"等。[170]这些分类与同时代在法国衍生出来的"个性"（*caractère*）范畴很相像，但是伍德比同时代的人走得更远，他将它们作为维特鲁威的"实用"、"坚固"、"美观"三个基本概念的先决条件；认为正是"这些创造了三种建筑基本原则，即：适用、强固、美观"。[171]这是一种对于古典建筑理论的"归谬法"（*reductio ad absurdum*）。

对于伍德来说，所有真正的建筑都可以追溯到圣经，而维特鲁威仅仅是衍生而来之物。他因此举出了佛罗伦萨的费代里科·苏卡罗（Federico Zuccaro）的住宅设计为例，这座他曾经归结为"异想天开"，并作为批评的对象的建筑，现在也被追溯到了圣经，而帕拉第奥则是属于维特鲁威一系的。[172]

在他最后一本书的结尾部分，伍德对英格兰的建筑作了一些议论，他将原始巨石阵作为督伊德教（Druids*）风格的作品，并将其起源追溯到犹太人。[173]这种观点来自威廉·斯图科利（William Stukeley）一年前写的一本关于巨石阵的论文[174]，然而，伍德后来激烈地反对他的这一观点。[175]他甚至在 1734 年的兰达夫（Llandaff）大教堂重修工程中，试图将他的这种"所罗门式"的思想付诸于实践；一份未发表的为《建筑起源》（*The Origin of Building*）一书所画的插图手稿可以对他这一做法之后的原理加以解释。[176]

在他不大为人所知的著作《关于柱式的论述》（*Dissertation upon the Order of Columns*，1750 年）中[177]，伍德在圣经传统与维特鲁威和帕拉第奥的传统之间采取了一个妥协的办法，他与尚布雷和罗伯特·莫里斯一样，作为希腊柱式的积极倡导者，站在他们的立场上，主张要禁止"所有那些哪怕有一点可能会损害带有希腊名称的柱式之倾向的组合方式"。[178]他将维特鲁威以树木与柱子之间的类比来定义多立克柱式的方法，进一步演绎为是模仿那些已死的树，而将科林斯柱式类比为是由活着的树演化而来，而爱奥尼柱式则作为两者之间的一种折中与组合。但是他很快又回到了他关于柱式起源的老观点上来，认为是摩西发明了这些柱式，并将其用之于圣幕之上。一个与之类似的历史想像是他关于巴斯城的论述[179]，他试图证明，巴斯城是督伊德教领地的首府；他自己为这座城市所做的规划，如他所认为的，是建立在阿索斯山的迪诺克拉蒂斯（Deinokrates for Mount Athos）

〔248〕

＊古代凯尔特人祭司——编者注

的直接世系上的(维特鲁威，第二书Ⅱ的前言)。在他所建造的这些建筑物中，伍德可以算得上是一位帕拉第奥主义者，但是，他用他那充满想像的历史观所希望达到的究竟是什么，就不那么清楚了。人们也许可以将之解释为一个受过不完全教育的人的偏执所致；从另外一个方面，他那隐约的浪漫主义可以看作是帕拉第奥主义的内部已经开始瓦解的一个讯号。

在帕拉第奥的框架体系之外，还站着一位自由工匠巴蒂·兰利(Batty Langley，1696－1751年)，他是成功的景观园林师、建筑师、建筑构件和园林中除假山石之外的各种园林小品的制造者，同时还是一个建筑师绘画协会的创立者。[180]他出版了无数有关建筑和园林的手册类书籍。他的一本早期著作的译名为《工匠必备》(*The Builder's Chest Book*，1727年)[181]采用了师傅与徒弟之间对话的形式，关于这本书，他直截了当地说："迄今为止，还从未有人尝试使用过这种方法"。[182]很明显，对于他来说帕拉第奥主义仅仅是一种适于市场的时尚潮流，因此在这本书前言的第一段，他就开门见山地声称"那些优美的比例都是按照伟大建筑师帕拉第奥的实践提供给大家的。"[183]

这种简单的一问一答的对话形式，很可能是对当时大多数工匠们所具有的那种适度而严谨的理论知识的一个恰当的反映。兰利通过证明直角所具有的，从结构的角度，加强结构强度的优点；从功能的角度，又十分利于采光与空间的使用等实际价值，从而表现出一种强烈的功能性方法。[184]在他的观点中，多边形的设计仅仅适用于军事建筑中，而圆形的设计适用于教堂和圆形剧场建筑。结构的考虑在他的柱式论述中仍然起着重要的作用。最后，他还创造了现成的计算手册，通过表格的形式，从而使几何学、测量和建筑工程造价等，都可以大大地简便。[185]兰利说，他的写作目的就是让每个人在闲暇时间，都能用娱乐的方式学会建筑设计。如果暂且抛开他最基本的理性主义和功能主义，我们可以注意到，书中的每一个观点与方法，都是以读者易于接受为前提的。在《工匠宝鉴》(*The Builder's Jewel*，1741年)一书中[186]，他还用石匠工会的术语，将三种柱式解释为"聪明"、"强固"、"美观"(图版146)。最终的结果就是导致他的著作中有一些令人困惑的折中主义色彩。

如上这些特征，使得兰利成为当时最为流行的哥特式复兴的代表人之一。也正因为相同的原因，使得他也与当时的中国风相联系。[187]兰利并不像雷恩或霍克斯莫尔那样，试图给予哥特式建筑以某种历史性的解释，并且将其看作是一种装饰形式，一种时髦的样式。这种情况导致了他的那些异想天开的东西，在当时已经被世人所嘲笑，肯尼思·克拉克(Kenneth Clark)就生动地将其称作"洛可可哥特式"。[188]兰利关于这个主题的书籍的第一版(1741年)，有着一个令人烦恼的标题：《古代建筑，在哥特式风格下……的保存与完善》(*Ancient Architecture, Restored and Improved... in the Gothick Mode*)，这本书在第二版时(1742年)则换了一个平淡了许多的标题：《哥特式建筑，法则与比例的进步》(*Gothic Architecture, Improved by Rules and Proportions...*)。[189]兰利仍然是维特鲁威思想的俘虏，在他看来，古代建筑很显然是不如以严格的柱式与比例的训练为基础的哥特式建筑的，他声称，在这样一个基本判断的基础上，哥特建筑甚至比希腊建筑更加优越。那种认为英国人是希腊人的历史继承者的理论，对于他这一思想方法提供了一个判断，兰利声称，他的测量图揭示了"这个王国所建造的古代建筑的规则"。[190]在他的眼中，哥特建筑既是一种民族形式，也是一种古代建筑的改进形式，如威斯敏斯特修道院唱诗班席的证据中所看到的，"那些优美的比例与几何规则，并不逊于(如果不是等于)希腊与罗马的柱式中的那些部分"。[191]通过与五种古典秩序的类比，兰利提出了五种"哥特式"柱式——这并不是一个新的概念，瓜里尼(Guarini)和其他的一些人已经提出了这一问题，但是，其新颖之处在于，兰利提出了一种历史连续性的假说。

〔249〕

他提到的第一种柱式是"哥特—多立克"柱式，这是一种哥特化了的柱间壁与三陇板和四叶瓣装饰的柱间壁的变化形式(图版147)。而"爱奥尼－哥特"柱式是由一种用严格的几何比例控制的横向饰带所装饰的，其他也是如是。即使有人退一步承认，这些哥特式柱式是由历史复原与重建所造成的结果，但是他们所使用的方法，也只能被描述为"洛可可—哥特式"的；而兰利所着力的诸如门、窗、烟囱构件和亭子("雨伞")等，恰恰是18世纪所出现的一些最为荒谬的创造。兰利这种风格上的混合物，很快被冠以"巴蒂·兰利风格"之雅称——即霍勒斯·沃波尔(Horace Walpole)所说的"哥特式的赝品"。

在哈夫潘尼的著作中，"哥特式"和"中国式"是两个意思几乎完全相同可以互换的建筑词汇。例如，1759年一个名为保罗·德克尔(Paul Decker)的不知名建筑师出版了一本名为《装饰的哥特建筑……》(*Gothic Architecture Docorated...*)的书，还有另外一本名为《中国建筑、结构与装饰》(*Chinese Architecture, Civ-*

il and Ornamented)[192]的书。在这些书中并没有大幅的文字介绍，只是对园林中的亭台、隐士的住所和一些铁制品作了简单的介绍。第一本书包含了一些以兰利的观点为基础的哥特式柱式的设计；第二本书则像是在呼唤一个中国式洛可可风格的世界。事实上，戴克所关注的既不是洛可可式也不是中国式，而是希望为普及一种有利可图的潮流而造势。然而，与此同时还存在某种尝试着去理解哥特式与中国式建筑的真诚愿望，因此，被这相同的愿望所激发，而为当时的应用去发掘、探索这两种建筑。

自 17 世纪以来，关于哥特式风格在英国被如何看待这个问题已经被频繁地提起，对于这个问题我们所能参考的只有一些相关文献。[193]然而，从中我们至少可以发现，其中大量的篇幅都是在关注 18 世纪英格兰的新哥特式建筑——沃波尔在特威克纳姆(Twickenham)的草莓山别墅(Villa of Strawberry Hill)[194]，带来了一些"装饰的建筑"的新形式，这些形式是从 1720 年代以来发展起来的。

虽然霍勒斯·沃波尔(1717 - 1797 年)在观点上与兰利最终决裂了，然而他很可能认为兰利的爱国主义倾向是很富有吸引力的，而他本身是一名辉格党成员这一事实，更进一步证明了他不再追随帕拉第奥主义；在草莓山别墅开工的那年，也就是1750 年，他写给朋友贺瑞斯·曼(Horace Mann)的一封信中说："采用古典建筑造型的恰当地点应该是那些公共建筑"。还在他的孩童时代，一直困扰他的一个问题就是，在他自己的住宅中究竟应该采用"中国式"还是采用"哥特式"。也是在这同一封信中，他用了从景观园林中借用来的一个词"疏落有致"(Sharawadgi*)[195]来表达他对于中国式建筑之不对称美的一种欣赏："我喜欢那些田野与园林，就像喜欢'疏落有致'，或像中国人在建筑中所喜欢的那种似对称非对称的东西一样"。[196]他采用哥特式风格的决定，导致他放弃了为自己的住宅设计一个有机的建筑场地的想法，而是设计了一个完全非对称的方案，这一点一方面是由于他的爱国主义，另一方面也由于他个人的大手大脚。他将这座住宅描述为"他自己风格的表达"[197]，倾向于"在一定程度上实现自己所想像的东西"。他带着一种轻快的自嘲口吻，将他的住宅评价为"小而任性的住宅"和"如梦如幻的房舍"。[198]无论如何，从他自己所承认的看来，一直在他胸中浮动的哥特式情结，正是通过草莓山别墅而促使他写下了"哥特式"小说《奥特朗托城堡》(*Castle of Otranto*，1765 年)一书。

[250]

正是在建造草莓别墅的一个较长时期的过程中，沃波尔才达到了他的风格概念的统一性和纯粹性。回顾1784 年，他在《别墅描述……》(*Description of the Villa ...*)中写道："别墅的内部和外部都是很严格的古代形式的"[199]，但是到了 1794 年之前，他在一封信中承认"即使对于那些真正的'哥特人'来说，这些房屋也都算得上是一种独创而不是一种模仿"。[200]另一方面，他也承认当时功能主义观点的巨大力量："事实上，我不会以功能上的舒适合理和装饰上的时尚华丽为代价，而只想追求将我的住宅建成一种哥特式样的"。[201]这种注重实效的态度使得他去整合英国大小教堂中的烟囱构件、顶棚、窗子等零碎的部件。[202]例如，画廊中的顶棚就参照了威斯敏斯特修道院中亨利八世礼拜堂中的顶棚设计；图书馆中的书架是以老圣保罗教堂的圣坛屏风上的门为原型而设计的；而图书馆中的烟囱构件，则明显采用威斯敏斯特教堂中的墓寝形式。尽管，或许只是因为沃波尔为草莓山别墅指定了一个"形制委员会"的缘故，结果则造成了一种显著的风格上的折中性，并结合使用了廉价的可以模仿哥特式造型的现代材料，如灰泥等。的确，这些形式在很大程度上与令人厌恶的兰利的"哥特式赝品"风格并不是相去很远。

草莓山别墅，这座业余建筑爱好者的作品，在作者生前就已经成为一个人们争相礼拜的圣地。而他那具有讽刺意味的描述，也指向了自己所达到的成就，在《别墅描述》这本书中，沃波尔借用罗马教皇的话"希腊和罗马的哥特式梵蒂冈"[203]，来描述他所搜集的藏品的丰富构成。他所超越的仅仅是他那个时代的时尚潮流，但是他试图与哥特式风格之间建立某种联系的愿望，直到 19 世纪才算有了一些结果。

值得我们关注的一个有趣现象是，沃波尔在他的草莓山别墅中所表现出来的不对称原理，在很多画家那里找到了知音。例如，威廉·霍加斯(William Hogarth)的《美学分析》(*Analysis of Beauty*，1753 年)，表明他是一个

---

*钱钟书在牛津大学的学位论文《17、18世纪英国文学中的中国》里，曾经考证过这个古怪的英文单词。Sharawadgi 首先出现在英国坦普尔爵士(William Temple)介绍中国园林的文章里，指的是中国园林那种散乱疏落的格局和美感。后来，英国文人如蒲柏(Alexander Pope)、艾迪生(Joseph Addison)等人的文章里也一再推崇，后收录入英文词库。《牛津英语大词典》(OED)未给出其出处。钱钟书根据字音和坦普尔本人的论述，认为该词是汉语"散乱／疏落／位置"的音译。在钱之前，有人曾经把 Sharawadgi 翻译成"洒落瑰琦"，钱钟书在论文脚注里加以批驳，认为其含义是中国园林艺术那种不重人为规划而重自然意趣的美，是那种"故意凌乱而显得趣味盎然、活泼可爱的空间"(space tastefully enlivened by disorder)。——译者注

建筑上的功能主义的支持者[204]，他将建筑美学的概念从属于建筑功能的原理，对于将对称性作为一条建筑美学原则的正确性表示了怀疑，并且将他的蜿蜒线的"曲缓多变"也作为了一条建筑法则。

乔舒亚·雷诺兹(Joshua Reynolds)爵士于 1786 年 12 月 11 日的演讲中，提到了这个问题，他强调了建筑中"偶然性"要素的重要性，表达了统一模式中所存在的根深蒂固的缺陷，尤其是在城市设计中；他认为雷恩的伦敦城市规划是："不受欢迎的；这种单一性可能会产生一种疲倦，甚至产生一种轻微的厌恶感"。[205]雷诺兹引用了范布勒在他定义哥特式特征的著作中的话，显示了帕拉第奥主义风格是如何逐渐失去其影响力的。[206]

在 18 世纪 40 年代和 50 年代曾经一度流行的中国艺术时尚越过其巅峰之后，关于这一现象后面所隐含的原理的讨论才刚刚开始。在 1757 年，威廉·钱伯斯(William Chambers)爵士出版了一本名为《中国式建筑设计》(*Designs of Chinese Buildings*)的书。钱伯斯(1723-1796 年)[207]跟随瑞典东印度公司对远东做了三次长途考　〔251〕察，其中后两次旅行中，他都曾在广州逗留了很长时间。然而，他的书并不是在他刚刚归来时，而是在他完成了巴黎雅克—弗朗索瓦·布隆代尔(Jacques-Francois Blondel)建筑学校为期一年的学习，以及在意大利的为期 5 年的旅行(1750-1755 年)之后才出版的。他最初计划出版的是一本方便的手册类书，类似于他的《别墅设计，捐助方案指南》(*Proposals for Publishing by Subscription*, *Designs of Villas*, &c. 1757 年)之类的书籍，然而这本书却最终未能出版。同年他接受了威尔士公主奥古斯塔(Princess of Wales Augusta)的委任设计了丘园(Kew Gardens)，毫无疑问的是，同是在这一年，他献给威尔士王子(Prince of Wales)也就是后来的英王乔治三世(George III)的有关中国的书，也出版问世。

钱伯斯对于中国多少持有一些保留态度。他虽然承认中国有着艺术上的原创性，然而他同时也认为希腊—罗马，和现代的欧洲建筑有着毋庸置疑的优越性。[208]一方面他急于制止每天都出现的对于中国名称术语的滥用现象，另一方面也十分希望公众能够留意于他出于好奇而在广州绘制的大量速写。他很清楚地表达了自己的观点，认为由于天气条件有着显著的差异，中国建筑并不适合欧洲，而且中国建筑的品性与欧洲古典建筑的风格又相去甚远。但是，在一些大尺度的园林中，那种"步移景异"的中国式建筑风格则是十分适宜的；对于"中国式风味"的一种审慎的使用，一些较次要的建筑中，还是可以接受的。[209]为了给他所提出的"富于变化"的主张提供依据，他以意大利蒂沃利(Tivoli)的哈德良皇帝(Emperor Hadrian)别墅作为例子，在这座别墅中曾采用了埃及，以及其他一些民族的建筑风格。这就是他为丘园所做的富有异国情调的设计的原因所在；但是，他同时还很急迫地希望避免因为他对于中国风格的兴趣，而可能给他建筑师的身份带来名誉上的损失。

钱伯斯为出版他的《中国建筑设计》(*Designs of Chinese Buildings*)一书所作的解释，具有某种比较艺术史的味道："对于一个爱好艺术的人来说，并不能因为他出身于一个拥有世界上最非同寻常的建筑的民族，就对其他的建筑风格漠然视之。"此外，迄今为止，并没有见到他对于中国建筑做出任何可以信赖的描述。然而，我们并不清楚，他对于中国式房屋的描绘，是否是出自他自己的观察，因为我们发现，他在 1756 年时，曾经焦急地向他的哥哥约翰索要有关中国住宅建筑的细节，由此我们判断，他的材料至少并不完全是来自第一手的资料与知识。[210]

钱伯斯的思想出现了一个奇怪的转变，当他在没有假设任何历史联系的情况下，却宣称找到了中国建筑与欧洲古典建筑之间存在的一种"显著的联系"。在他的观点中，这种联系存在于两者都有一个共同的倾向，即通过柱子的使用，而造成一种金字塔式的体量(图版 148)。他继续根据柱子的直径与高度的比例，对中国式柱子进行了分类，他得到了 6 种类型的柱子，它们的高度分别是直径的 8 至 12 倍。[211]他是第一位将中国的住宅建筑及其图形如此描述给欧洲人的建筑师，然而他描述的可信度却值得令人怀疑。相反，对于他并不太喜欢的家具和日常用品的复原设计，他却并没有离中国风格太远。

他关于中国园林部分的描写(没有插图)，被证明是具有相当的影响力的。通过提到他曾与中国人所进行的交谈，并且使用他那个年代的美学标准，他发展出了一套中国园林的理论，他归纳为对于自然界中"不规则美"的模仿[212]，这一点恰恰支持了与他同时代的一些人所坚持的"疏落有致"的概念。通过总结出中国园林建筑中"步移景异"的基本原理[213]，并且，通过鼓励激发人们的"喜悦"、"恐惧"和"兴奋"，以及通过对于如画一般废墟景观的探究，他显示出与政治家兼作家埃德蒙·博克(Edmund Burke)在思想上有共　〔252〕同点，博克曾在同年早些时候，出版了一本名为《关于我们思想中的崇高与美丽观念的起源之哲学探究》(*Philosophical Enquiry into the Origin of our Ideas of the Sublime and Beautiful*)的著作。[214]钱伯斯的书读起来，像是在为寻求对他的丘园的园林设计的支持，而作出的迂回的请求——而丘园也正像他在书中所主张的那样。然而，这时因为中国艺术风格的潮流实质上已经结束了，所以这本书在英国本土产生的影响很小，但是在欧洲大陆这种影响一直持续到 18 世纪 80 年代。[215] 在乔治·斯丹顿(George Staunton) 1797 年所写的有关他在 1792－1794 年间，作为英国使节出访中国的长篇大论[216]，以及由威廉·亚历山大(William Alexander)所绘的图，仍然保持了同时代人对于中国建筑"如画风格"的时尚观点，但是这些论述与图画，比起钱伯斯以及其他一些更早的人所写的东西，有着较大的可信度。

在他出版《中国建筑设计》的几年之后，钱伯斯出版了他为丘园所作设计的对开版的书卷(1763 年)，其中包含有各种各样的园林建筑，不仅有中国的，还有很多其他国家的建筑类型，这表现出他的范围十分宽广的历史折中主义态度。[217]由于担心《中国建筑设计》一书会损害他"作为建筑师的声誉"[218]，他急于要出版一本表现他的实际建筑思想的著作，这就是 1759 年出版的《论民用建筑》(*Treatise on Civil Architecture*)[219]，他后来又两次出版了这本书的修改过的版本，其中的第二版(1791 年)有一些关键性的修改，并用了较为准确的书名《关于民用建筑装饰部分的论述》(*A Treatise on the Decorative Part of Civil Architecture*)，但他后来计划出的更新的一本书，却以无果而终。现在我们所看到的这本书只是一本比一般古典柱式应用内容略多一些的论著。在 1770 年，他开始为在皇家学会作一个系列演讲而作准备，这是他试图与雷诺兹(Reynolds)早在一年前就开始了的《关于艺术的演讲》(*Discourses on Art*)相匹敌的计划[220]，但是他的这个计划却太糟糕了，以至于没有能够实现。[221]

然而这些并不妨碍钱伯斯的论文成为 19 世纪最具新意的，在英国建筑界最有影响力的著作，这一点从它在 19 世纪频繁的再版中就可以看出。乍一看来，这本书的叙述程序与艾萨克·韦尔出版的《建筑集成》很相似，这本三年前出版的书一定曾经困扰过钱伯斯，因为它给自己制订的目标是"用一本书中综合那些分散于数百本外国著作中的精华部分"。[222]抛开它们在产生与态度上的差异，这两本书的不同点在于，韦尔的方法是编纂性的，而钱伯斯则在书中汇集了他自己关于古代纪念性建筑的各种知识，以及他个人的实践经验。

钱伯斯在他有关建筑的论文一开始时，就采取了对政治漠不关心和自我疏离的态度。在 1757 年，他被任命为威尔士王子的，也就是后来的英王乔治三世的指导教师。他的著作的第三个版本就是奉献给这位王子的，这本书就是他对王子进行知识指导的一个产物。因此，建筑被看作是一种具有民族性的构架——他增添了民族的荣耀，提高了公众的鉴赏力，激励手工工业与商业的发展，并可以增加经济的效益。[223]的确，国王自己可以借助建筑来证明自己的力量，和自己统治的伟大，并且把这种荣耀流传给世代的子孙。[224]

[253] 就像同时代的意大利的米利萨(Milizia)、法国的勒杜(Ledoux)和德国的祖尔策(Sulzer)一样，钱伯斯也反映了建筑作为一个整体，在社会中可能起到的作用。然而他并没有像勒杜那样陷入过分估计自己重要性的危险。建筑可以增加人类身体与精神上的健康与愉悦的感觉——它甚至可以增加一个人的幸福感，同时，建筑也是就业和商业贸易的一个重要的资源。宏伟的公共建筑吸引了大量的游人。钱伯斯引用罗马作为例子，在那里，艺术"通过完善的管理……成为一种取之不尽、用之不竭的宝藏"。[225]米利萨也有过同样的想法。钱伯斯说，建筑语言，可以用来赞颂个人或民族的功绩："建筑材料就像是建筑话语中的词汇"。[226]他的著作的主要读者无疑是那些"有着高官显爵或是大量财富的人；而财富能够创造优雅"[227]；至于他自己所扮演的角色，就是要用他的设计来传播简洁、秩序、个性与美的形式。[228] "坚固和耐用"应该综合"美观、适用、卫生……以及经济"[229]等因素一起考虑——这是一个在 18 世纪的法国被广泛采用的标准，这个标准是 1749 年钱伯斯在法国巴黎的雅克—弗朗索瓦·布隆代尔建筑学校学习时，从当时他的那些圈中人的议论中听到的。

钱伯斯要求一种高标准的职业建筑师，他的要求是要保持维特鲁威所提出的基本质量，但同时却能适合时代的需要：他的形象是一个有着广泛旅行经验的人，并有丰富的外语知识——事实上就是一个类似于他自己一样的人。旅行刺激了他的想像力，同时鼓励他产生一种"崇高的概念"；最重要的是，它排除了民族间的相互憎恶感，并且促进了思维的宽大磊落。[230]总之，钱伯斯代表一种启蒙式的世界大同主义和建筑自由主义，同时，又没有忘记自己作为一个英国人的民族责任感。

在以"建筑的起源和进步"为标题的章节中，钱伯斯展示了他的历史观，同时，用这一观点，作为他在法国人和罗马人之间，关于希腊与罗马文明孰优孰劣的争论中，一位参加辩论者的地位的理论支撑。他在关键问题上是支持洛吉耶的，他赞成原始棚屋的观点，但不愿意与洛吉耶一道去参加全面拒绝壁柱与拱廊的大合唱。[231]他对维特鲁威"将建筑上的一切发明都归功于希腊艺术"[232]的建筑发展论提出了质疑，并且特别指出了古埃及人、亚述人和巴比伦人的建筑成就，认为他们的建筑显示出了强大的力量和财富，只是由于缺乏技术和品位，而且他们对于宏伟与壮观的概念，也只是完全注重"建筑体积的大小"——这令人想起了博克所说的"建筑的量级"的问题。[233]他仅仅在埃及的建筑中发现了"品位和想像的痕迹"，并且将柱子、柱础、柱头和柱楣的发明，归功于埃及人[234]——事实上，他甚至宣称希腊宗教与建筑的发展都是源于古代埃及的。

这些思想起源于在凯吕斯伯爵(Count Caylus)的著述，而这些观点产生之时，钱伯斯恰好在罗马(1750－1755年)。钱伯斯用这些观点来反对希腊文化，而关于希腊起源说，正是他曾经为了罗马人和其他民族的人而加以反驳的一种观点[235]，他甚至更进一步地否认希腊建筑所具有的完美比例关系。按照他的观点，古琼(Goujon)为卢浮宫设计的女像柱式博物馆的比例，要比雅典卫城伊瑞克提翁庙的比例更优美，这一点他是从勒·罗伊(Le Roy)那里得知的，他甚至认为这是一个"巨大的超越"。[236]在有关希腊与罗马的争论中，他以一种极富对抗性的姿态，站在了支持罗马建筑的立场上。[237]人们无疑会联想到，钱伯斯曾经有两年的时间，与皮拉内西(Piranesi)在罗马同住一座宾舍之中[238]，虽然很显然，他与和他终生作对的罗伯特·亚当(Robert Adam)相比，并没有花去多少精力对皮拉内西阿谀奉承。[239]他们之间的这种论战在钱伯斯返回英国之后终于爆发，他偏袒皮拉内西一方，并通过推荐他的著作而表达这种偏袒。[240]皮拉内西主要反对的是勒·罗伊，勒·罗伊是钱伯斯的朋友，而钱伯斯则反对他自己的同胞斯图尔特(Stuart)和雷维特(Revett)。[241]钱伯斯不能接受皮拉内西起初认为的伊特鲁里亚人超过希腊人的历史评价——这一观点后来有所改变，出于同样的理由，他接受了凯吕斯的观点。他对于所谓希腊建筑低劣品质的解释——关于希腊人在其他方面的优越性他并不争辩——是站在启蒙运动的立场上的一种讽刺性评价：他争辩说，如果他们的建筑在亚历山大大帝时代就已经有了瑕疵，那么在一些世纪以前这种瑕疵显然会更多。他得出结论说，希腊民族简直是太小、太分散、也太贫穷了，因而不太可能创造出好的建筑物[242]，当他决定终止英国人对于希腊风格的偏好时，一反他平时的谦谦君子之风，对于希腊风格大加鞭挞。与此相反，他认为罗马建筑拥有"一套完整熟练的建筑装饰体系"[243]，这种体系，与基于同样原理基础之上的15、16、17世纪的建筑一起构成了可以为他自己时代所用的"积淀"(stock)。然而，在一些特殊的问题上，钱伯斯对罗马建筑是持批评态度的，这恰好符合他一贯所持的相对主义观点。

〔254〕

当钱伯斯突然将自己作为哥特式建筑的代言人身份，对哥特式建筑进行再评价时，他的历史观点有了一个意想不到的转变，他发现哥特式建筑在结构方面与古代希腊、罗马建筑相比，是有进步的。他在复原哥特建筑时所选择的结构与构造方法，说明他是完全依赖洛吉耶和科尔德穆瓦(Cordemoy)的。同时，他又承认要从民族的观点去考虑这种争论，为此，他通过推荐一个工程的初始部分，来"向世界宣传英国建筑的精华"[244]，他也为这项工作而收集了大量的素材。[245]然而，他自己并没有亲自设计过任何哥特式建筑，但是并不令人感到吃惊的是，像霍勒斯·沃波尔这样的"哥特主义者"，会将钱伯斯的论著评价为"最明智的著作，是这一科学领域中最不带偏见的论著"。[246]

在有关柱式的问题上，钱伯斯采取了传统的立场，他主要追随的是维尼奥拉(Vignola)的观点，同时，他也在很大程度上受益于维尼奥拉的插图。他喜欢富于变化的有节制的装饰，但他认为这种变化必须是由材料本身所形成的，而不是后来附加上去的。[247]

但是，在这一点上钱伯斯并没有形成一个独立的理论体系。我们可以从中觉察到博克(Burke)的感觉论思想的影响[248]，但是钱伯斯最终对所有的体系都持彻底怀疑的态度，他始终保持了一种务实主义的态度，将古典主义和晚期巴洛克传统结合在一起，这一点在他所作的朴实谦和、不露锋芒的建筑中——这些建筑从最富于变化的素材中吸取了灵感，同时又保持了他自己的个性——得到了清晰的体现。

在希腊—罗马建筑孰优孰劣之争论中，钱伯斯那姗姗来迟的介入，如他自己所说的，主要是针对由建筑师罗伯特·亚当(1728－1792年)和詹姆斯·亚当(James Adam, 1730－1794年)兄弟二人为代表的英格兰的"尚希腊"(Graecophile)口味的。这两位仁兄为希腊风格的传播而摇旗呐喊，并且十分得意于他们"在整个系统上引入了一场革命"。[249]自从钱伯斯和罗伯特·亚当于1755年在罗马的皮拉内西(Piranesi)的住所中相见之后，彼此之间就产生了一种嫌隙，即使如此，他们两人都各以自己的方式，向皮拉内西寻求支持[250]，而詹姆斯·亚当显然是深深陷入了家族事务中，因而与钱伯斯也同样是势不两立。罗伯特·亚当的第一本著作，是他那装帧华丽的有关斯普利特(Split)的戴克里先(Diocletian)宫殿的研究介绍(1764 年),这本著作在本书的第十七章中已经进行了讨论。[251]

　　詹姆斯·亚当在他的兄长从意大利返回英国之后,也开始了他的意大利之旅,他利用 1762 年在罗马的这一段时间,潜心于建筑中"英国式"柱式的创造工作(图版 149、150)——这些柱式后来曾用于波尔林荫大道(Pall Mall)上的卡顿府邸(Carton House)的设计之中[252]——然而,由于这样做会陷入到一个理论问题之中[253],兄弟两人谁也没有能够完成,甚或仅仅是设计出这种柱式。从现存的一些零星资料中显示,他的基本立场是拒绝一切严格的规则,他关注"运动中变化",也就是说,对于一座建筑物的外观而言,一个经过恰当处理的高低错落与体形凹凸的设计,可以达到一个优雅的远观效果。而对于建筑物的内部而言,则通过拱券的变化来达到效果。[254]这是一种如画风格的趋势,亚当自己将这种造型组合原理与那些园林风景画相比较,并引证了布伦海姆(Blenheim)宫殿的例子加以说明,但他警告说,他对于米开朗琪罗和博罗米尼在建筑中过多地使用突变、断裂的手法是反对的。因此,他代表了一种巴洛克古典主义的形式,在这一点上,与钱伯斯的观点相去并不是太远。

　　1773 年,亚当兄弟开始出版他们的设计作品。一方面,从公开的角度讲,他们是在自己的公司服务;而另一方面,他们又试图为"大不列颠建筑的腾飞与进步而作出贡献"。[255]在他们的《建筑作品》(*Works of Architecture*)第一册中,几乎是逐字逐句地在解释"运动中的变化"的含义,运动被提举出来加在"如画一般的组合"之中。[256]这种观点与那个时代最受人们欢迎的一种美学概念之间,建立了某种联系。在第二册书中,他们通过对于他们在希腊—罗马争辩中立场的一种扭曲的描述,为自己的室内装饰风格提供了一个历史的判断,他们承认伊特鲁里亚人(Etruscan)优先于罗马人并对罗马产生的影响,但是,同时并不否认希腊人的影响。[257]折中主义的"亚当风格"被历史的联系证明是正当的;为了说明这一点,他们引用了他们为奥斯特里公园(Osterley Park)所作的装修的例子。他们最终在希腊 – 罗马争辩问题上所采取的妥协态度,在他们著作的扉页上写得很清楚,在这一页中描写了智慧与艺术女神密涅瓦(Minerva)向一位受过严格几何学熏陶的建筑学学生展示一张地图,女神的食指指向希腊,而拇指却指向意大利(图版 151)。也许正是亚当兄弟所采取的这样一种态度,更刺激了钱伯斯在反希腊的咒骂中出言不逊。

　　亚当风格不仅被他们兄弟两人大加攫越,更是引发了许多手册类论文的出版——虽然,钱伯斯也有他自己的支持者。[258]在这些手册类著作中,值得一提的是詹姆斯·佩因(James Paine)、詹姆斯·坎顿(James Gandon)、威廉·帕恩(William Pain)、乔治·理查森(George Richardson)和其他的一些人,他们在自己的著作中,或是引用帕拉第奥,或是自谕为《英国建筑》的继承人。例如,乔治·理查森,作为詹姆斯·亚当意大利之旅的策划者,并且一同与他前往的人,在行程中悄悄地记下了表达自己意图的手稿,并在后来的《关于建筑五种柱式的论述》(*Treatise of the five orders of architecture*,1787 年)中使用到了这些手稿[259];前面已经提到过的,他所写的《英国新建筑》(*New Vitruvius Britannicus*)一书,是在这次旅行之后的 1802 年和 1808 年间完成的。

　　注意力被吸引到与最初的《英国建筑》的后继者们的早期讨论相关联的事情上来了,主要兴趣集中在乡村邸宅建筑上,这一兴趣导致了这个世纪的后半叶,这方面的著作泛滥成灾。其中的大多数仅仅是一些比手册类书籍好不了多少的东西;这些书所共有的特征是,他们的视野并没有超出那些土地士绅们所需要的范围之外。然而,小约翰·伍德(John Wood the Younger,1728 – 1781 年)的一本著作是一个例外,他在书中讨论了农业工人的生活条件,然后,又一般性地谈到了工人阶层的住房情况。伍德的这本名为《为劳动者的棚舍或住房所提供的一系列设计》(*A Series of Plans for Cottages or Habitations of the Labourer*,1781 年)。[260]这是建筑理论历史上第一本专门研究工人阶级住宅问题的著作。这是一部令人感动的社会学文本。在这本书的引言中,伍德声称他的意图是要调查"这个王国的农舍的凋零破败的状态",观察"那些社会中必不可少的有用阶层的人们的居住状况,那些劳动者们,这些人的住房中的绝大多数,都已变得有悖于得体与仁爱"的原则。[261]对于这一状况的结果,他接着说,他认为有必要自己亲自置身于这些工人之中,在真实的情境中设身处地的了解他们关于居住条件问题的需求和怨言,因为,"没有一位建筑师能够创造出一个适宜的平面,除非他将自己真正置身于他所为设计的人们的居住环境之中。"[262]至于谈到建筑的结构问题,伍德概略地观察到了一条从卑微的农舍到辉煌的宫殿的渐进的线性发展过程,并大胆地作出结论说:"一座宫殿并没有比一所经过完善设计的农舍好多少"。[263]

　　这种对于社会内部存在的紧张状况的早期观察，在法国也有类似的实例，勒杜曾用了同样的口气描写过这种情况。在提出了关于工人阶层住房的见解之后，他又对于这种房屋提出了一些具体的建议——分离的、半分离的和台地式的——房间数量在一间至四间之间，可以综合在一起进行建筑造价估算。他所设计的房屋是简单的、实用的、完全没有装饰的，但是外表却是对称的。伍德是第一位将工人的住房需求作为其设计考虑中心的建筑师。

　　在 18 世纪末的世纪之交之时，最重要的过渡时期人物是约翰·索内爵士(John Soane，1753－1837 年)，他作为钱伯斯的一位门生，在开始他的范围十分宽泛的建筑师与设计师生涯之前，就曾于 1779－1780 年间，到过意大利进行了一次游历。[264]他的写作方式是相当传统的；他在 1778 年出版的《建筑中的设计》(*Designs in Architecture*)仍然沿用了传统的手册类书籍的风格。[265]然而，在他后来有关自己的建筑与工程类的书籍(1788－1793 年)[266]中，显示出了一种特立独行的理论立场，而且还有大量与作者自身有关的资料。在《建筑的平面、立面和剖面》(*Plans, Elevations and Sections of Buildings*，1788 年)一书的引言中，他以一种颇具文学色彩的开场白谈论了他的建筑理论观点，但是他对于装饰的态度，最终确定了他自己的理论立场。他说，装饰应该是简单的，在形式上是规则的、要有清晰的轮廓线，所有这些都用来强调建筑的功能与个性[267]；"平面的适用性"是比优雅的立面更为重要的事情，他的目标是要"把室内的便利与舒适与室外的简单与统一结合在一起"。[268]

　　在他的著作中，索内将他那些纯粹的建筑画重新绘制了方案，这些是他 1793 年所绘的《建筑素描》(*Sketches in Architecture*)中包括了的有着优美的风景作为背景的一些"图示"。而在那时他曾声称，他一直在关注那些"小尺度的，由那些劳作者，和最勤苦的人们所居住的棚舍而组成的社团"时，显示出伍德的《棚舍系列设计》(*Series of Plans for Cottages*)在他的思想发展中留下了某种痕迹[269]，他与伍德是沿着一条相似的路线前进的。同时他表示他接受建筑中这种"如画风格"的观点，这是一种在景观园林方面已经流行了几十年的思潮，这一思潮现在已经开始渗透到建筑本身中来了。[270]在这里不能不提及的是，查尔斯·托马斯·米德尔顿(Charles Thomas Middleton)于 1793 年出版的《如画风格与棚舍、农宅及乡村别墅的建筑景观》(*Picturesque and Architectural Views for Cottages, Farm House and Country Villas*)。[271]

　　他于 1809 年至 1836 年为皇家学会所作的演讲，是在 1929 年才由亚瑟·T·波尔顿(Arthur T. Bolton)所出版，这些讲演显示出索内的美学观点是传统的，虽然他的观点带有强烈的功能主义的痕迹，并且也有着接受技术革新的心理准备。[272]他的立场可以被定义为，是一种巴洛克式的设计，古典主义的美学，以及对于技术进步的信仰的混合体。在他的晚期著作中[273]，值得一提的是他对他在伦敦的林肯客栈区(Lincoln's Inn Fields)为自己而建的别墅所做的评述，这是一座富于浪漫主义色彩的建筑、雕塑与绘画的集合体，他后来将这座建筑捐赠给国家作为博物馆。[274]他的理论成就比起他作为一名执业建筑师所取得的成就要小得多，但这些理论却有助于我们理解他的思想。

第二十章　园林的概念

〔257〕　　有关园林艺术方面的著作，一则涵盖于与农业有关的论著内，二则包括在建筑与绘画类的书籍之中。在这本书里我们只能对其作一些简要的介绍。一座园林是对于自然的一种安排、布置；景观园林将大自然变成了一幅图画，而建筑则是这幅画面中的点睛之物。园林艺术的发展过程可以从以往许多有关园林设计艺术的论述中寻得踪迹，这些论述人大多是写于 18 世纪，而且，主要涉及的是英国景观园林的理论与实践。这一章的着眼点是要为英国、法国和德国出现的一些园林思想描绘出一个轮廓，同时，特别把关注点放在园林与建筑的关系之上。

　　从 16 世纪开始，就已经出现了一些有关园林的记述、图解以及手册范例类的书籍。[1] 其中如雅克·布瓦索（Jacques Boyceau，1638 年）所写的论著，由其中所使用的词汇，显示出当时的园林在很大程度上被认为是房屋室内概念的一个延伸——那些术语，诸如房间、走廊、贯穿（enfilade）、门、窗，以及圆屋顶等等，常常被用来描述园林设计的特征。[2] 然而，一种关于园林的相反理论，直到 18 世纪初，通过安德烈·勒·诺特（André Le Nostre）所构思的法国正规园林问世之后，才在约瑟夫·德萨里耶·阿金维勒（Joseph Dézailler d'Argenville，1680－1765 年）的《造园艺术的理论与实践》（*La Théorie et la pratique du jardinage*，1709 年）中体现了出来。这本书后来被反复再版重印，并译成了多种语言，成为 18 世纪围绕这一课题最有影响的法国论著。[3]

　　德萨里耶的园林标准原则是从当时的建筑理论中演绎而来的，是以"经过巧妙布置与令人充分理解的平面，（以及）所有部分之间的和谐一致"[4] 为基本要求的。从经济的方面来说、应该尽力达到最好，同时改善地形是构成"一座好园林真正阔大精美"的基本要素，为此，他提出了园林设计的四个基本要点：

　　　　首先，艺术必须让位于自然；第二，不要将园林填充得过于拥挤；第三，不要将园林景观设置得一览无余；第四，永远要使园林展现得比它真实的规模要大。[5]

　　德萨里耶提出警告说，不要在园林中出现过多建筑，如果是使用上的不可或缺之物，则必须展现为一种"高尚的简洁"。[6] 他的设计是以主要建筑作为视觉的焦点，从这个焦点出发，可以感觉到一种整体上的"一致性"（*Conformité*），而各个部分的细节，则应该体现一种"多样性"（*variété*）。但是，他的设计作品中总是带有一些图解性特征，这就使得这些作品比勒诺特的那些园林创作略逊一筹。

　　虽然在英国已经出现了关于自然的全新理念，但是法国人仍然坚持着自然必须借助艺术才能得以表现的理想化观点。修道院长诺艾尔–安托万·普律什（Abbé Noël–Antoine Pluche，1688－1761 年）所著的《自然景观》（*Le spectacle de la nature*）一书中，正是持的这种观点。书中写道："园林不是自然的模仿，而是展现在我们面前的自然本身，并与艺术浑然一体……。"[7] 有时，普律什的措辞中，往往会与一些所谓革命建筑师的腔调如出一辙。

　　16 与 17 世纪的意大利和法国园林都是几何化布置的，致力于将建筑的规则应用于花坛和灌木的布置上，
〔258〕并把户外陈设作为室内来处理。亨利·沃顿爵士（Sir Henry Wotton）在《建筑的要素》（*Elements of Architecture*，

1624 年)一书中，对于这一理念提出了谨慎的批评。他坚持认为，在建筑的规则和园林的不规则之间，应该存在某种对比与反差，并认为应该站在观赏者的角度来考虑问题。[8] 总之，沃顿是英国景观园林领域的一位关键人物。

虽然我们在这里不能探究关于自然的新感觉是如何形成的，以及这种感觉是如何影响了园林设计中的理念的，但无论如何这种新感觉完全是从英国发展起来的，其中有关中国的"发现"，或者说"中国式样"(Chinese)的发现，起到了一个关键的作用。[9] 在这方面，一个相当重要的人物是威廉·坦普尔爵士(Sir Willam Temple，1628 – 1699 年)，他曾亲自游历过中国，并在他的文章《在伊壁鸠鲁的花园之上》(*Upon the Gardens of Epicurus*，1685 年)[10] 中，在批评当时正在欧洲盛行的对称的巴洛克式园林的同时，对于不规则的，自然的中国园林大加赞赏。"在我们这里"，坦普尔写道：

> 建筑物与植物的美主要体现在某些特定的比例、对称性，或者统一感上；我们的道路和树木在安排上也是相互呼应，等距排列的。中国园林则对这种布置方法不屑一顾，他们认为那些能将数字数到 100 的小孩，就能够把树木栽种成一条直线，一棵挨着一棵，按照他想要的长度延伸下去。但是，他们最大的相像力是发挥在园林景观的创造上。这里展现的美可以是伟大的，引人瞩目的，但其中却没有任何规则或各部分之间的严格配置，它们看起来是那么平淡无奇，或者令观赏者轻松怡然。虽然，我们对于这种美缺乏概念，但是，他们有一个特殊的词汇来表现这些景观；那些令他们第一眼就流连忘返的地方，他们称作是"疏落有致"(Sharawadgi)，是令人"触景生情"的地方，或是任何其他诸如此类的表达赞叹景仰之情的词语。[11]

"疏落有致"(Sharawadgi)中蕴藏的不规则形自然园林的形式，成为英国景观园林的一个核心标准。同时，在一种日益增长的以观察者的眼光为基础的图像化考虑居于特殊的位置的情况之下，将"疏落有致"的概念添加在其他美学标准，如"如画风格"上，就显得很容易了。[12]

沙夫茨伯里(Shaftesbury，1671 – 1713 年)的思想表现出对于以前的巴洛克园林的强烈抵触与反对。对他来说，凡尔赛园林是专制主义思想的产物，是建立在对自然力量的破坏之上的。反之，他将"荒野"看成是人类自由的象征。[13] 因此，英国景观园林中的自由设计理念便与沙夫茨伯里联系在了一起，尽管他本人并没有表现出对任何一种园林形式的特殊喜好。

约瑟夫·艾迪生(Joseph Addison，1672 – 1719 年)的影响很大的论文《相像的愉悦》(*The Pleasure of the Imagination*)，发表在他与斯蒂尔(Steele)创办的《旁观者》(*The Spectator*，1712 年)[14] 的第 411 期及后续几期中。在这篇文章中，艾迪生呼吁要在园林设计中建立起自然与艺术的平衡，他提倡一种"园林与丛林的适意的融合"，并通过对麦田的"令人愉快的景色"的关注，将美学和庄园管理的考虑结合起来。[15] 他同坦普尔一样反对呈几何形划分的园林，但对中国园林的不规则性却十分痴迷。从他偶尔将"景色"与"园林"作为同义词使用中可以看出，他把园林理解成为一幅图画。[16] 艾迪生还曾将荷马的《伊利亚特》(*Iliad*)同穿越一片无人居住的区域的游历加以比较阅读，同样也将维吉尔的《埃涅伊德》(*Aeneid*)与徜徉于一座有着良好规划的园林中的经历对照分析，这种文学上的联系，对于他的思想形成起到了一定的作用。在《观察者》第 47 期中，艾迪生发表了一篇声称是写给编辑的信。信中他将相互类同的文学流派与园林类型之间进行了一些文学式的分析。其中提到了"花圃以及花卉园林的建造者，就是艺术中的讽刺诗作者和十四行诗人，而凉亭、洞室、花架、人工瀑布的设计者，则是浪漫主义的传奇作家……"[17] 之后，他用了一种微带讥讽的口吻，对他所见到的将花圃、菜园、果园、花坛等混作一团的园林进行了描述，说它们是"一幅最具多样性的图画"，是"一个比最好的果园"要好一些的菜园。中国园林的"疏落有致"概念与沙夫茨伯里的"蛮荒自然"的概念在这里合而为一。"在我的种植园中同样存在着不规则的变化，这种变化是以一种自然所允许的蛮荒状态而展现的。"[18] 最后，艾迪生描述了园林在冬季的吸引力，并指出园林的作用，是一个失落的天堂的替代品——这一方面是出自弥尔顿(Milton)的隐喻；另一方面则预示了许多园林中所包涵的"极乐世界"(Elysian Fields)的设计理念。

在罗伯特·卡斯特尔(Robert Castell)的《古代别墅图解》(*the villas of the Ancients Illastrated*，1728 年)

〔259〕

中[19]，对伯林顿勋爵的圈子中人们关于园林的思想作了最明晰的阐述。其中，作者在维特鲁威和小普林尼(Pliny the Younger)及瓦罗(Marcus Terentius Varro*)所作描述的基础上，划分出了三种类型的别墅和三种相应类型的园林。他引经据典，区分出对称与非对称园林，以及两种情况的综合体。他对普林尼的塔斯库勒姆(Tusculum，古代拉丁姆的一个城市——译者注)所作的复原重构，包括一个完全对称的住宅规划，但同时在其中结合了规则与不规则形式的园林，如同伯林顿在奇斯威克(Chiswick)的别墅中的情况一样。

有关园林形象文字描述上引人瞩目的是亚历山大·蒲柏(Alexander Pope，1688－1744年，英国作家——译者注)和他在他特威肯汉(Twickenham)的宅邸周围所布置的园林，他从1708年开始就一直在那里居住。[20]特威肯汉在当时是一座大舞台，想像中的社会的各种人物都在这里展露着风采；这座园林像是一个大舞台布景，中央是那个著名的大洞穴，整座园林既像是牛顿学说中所描述的世界，又像是在暗箱中所见到的世界形象，蒲柏是这样描述它的：

> 当你关上洞穴的大门，便很快由一个明亮的房间进入到一个暗室之中，在墙上所描绘的所有河流、山川、树林、船舶，在依稀可见的光线下，显现为一幅移动的画面。而当你决定点亮灯光时，展现于你面前的又是一幅截然不同的景象。墙由煅石灰石抹面，其间规律地点缀着镜面玻璃碎片，顶棚上有一颗用同样材料做成的星星。当由顶棚中间垂下的一盏灯(一盏由薄石膏做成的球形灯)点亮时，成千上万的点点星光在墙上闪烁，交织在整个空间之中。[21]

人们几乎立刻就能想到，蒲柏的大洞穴，正是部雷为牛顿纪念馆所作的象征宇宙的空间的思想源泉。[22]蒲柏的出发点是艾迪生的自然与艺术相一致的理论，但是，同时他也渐渐走向"在一个图形概念下的有条理的自然"。[23]在《与伯林顿公爵的书信》(*Epistle to Lord Burlington*，1731年)中，他以他那特有的傲慢语气表达了这一点：

> 永远，不要将自然淡忘，
> 对待大地之母如同对待一位端庄的淑女，
> 切勿着装过于考究，也不要让她裸露身体；
> 不要无时无地偷窥其美丽，
> 这里大部分手法应不露痕迹。
> 完美把握这一切的人将获得赞许。
> 惊喜、变化、彼此间界限已经抹去，
> 逐一探询这里的玄奥神秘……[24]

[260]　　　　这种"探询这里的玄奥神秘"的需要，成为后来园林设计的主要标准，蒲柏的诗一般的乞求与詹姆斯·汤姆森(James Thomson，1700－1748年)在《季节》(*The Seasons*)[25]一书中的宗教性的教诲，对当时人们关于自然的看法产生了很大的影响，而这也为英国景观园林的发展做了一个铺垫。

英国景观园林的那些伟大变革者，如查尔斯·布里奇曼(Charles Bridgeman)和威廉·肯特(William Kent)等，并没有将他们的设计准则变成某种不变的法则或正式的理论，因而，我们只有回到他们并不太多的著作中，才能发现这些原理的所在。这些人物都曾受到当时的哲学与文学概念的熏陶，如斯蒂芬·斯维泽(Stephen Switzer)便是其中的一位，他出版的三卷本著作《乡间远足，或，高贵的人、士绅与园艺家们的娱乐》(*Ichnographia Rustica，Or，The Nobleman，Gentleman and Gardaner's Recreation*，1715－1718年)描述了法国园林与英国园林之间的演变过程。[26]斯维泽提出园林必须与场所相协调。他是第一个认识到可以通过对遗迹的保护来达到与环境相交融的目的的理论家，"对于高贵而机敏的自然来说，一片废墟比最美丽的大厦更使人愉悦，这里能让心灵深处的哀思飞升到天堂。"[27]正是这一态度激发了18世纪末人们向往废墟的热潮。[28]

---

* 马库斯·特伦蒂斯·瓦罗，罗马学者和百科全书编纂者，公元前116－前27年——译者注

在巴蒂·兰利(Batty Langley，1696 - 1751 年)[29]的诸多建筑手册书中，有一本名为《园林新准则》(*New Principles of Gardening*，1728 年)。书中插入了一幅德萨里耶备受欢迎的图画，并结合了园林中迷宫设计的不规则原理。兰利的原则是，一个园林中的组成部分应该"永远展示一些新的东西，使人们在视觉上总是处于愉悦的兴奋之中"。[30]在他所提出的 37 点纲领中，有一个重要的特征就是，园林中的主要建筑不再是平面上相互之间的关节点，而其本身即是规划中的一个元素。然而，即使他不赞成"数学规律"与"僵化"，兰利的思想仍然非常接近于法国正统园林概念。

自然风景园中的"结合"性要素在威廉·申斯通(William Shenstone，1714 - 1763 年，英国诗人——译者注)描写他的庄园里索斯(The Leasowes)的诗歌中，以及在他写的《园林偶掇》(*Unconnected Thoughts on Gardening*)[31]中表现得尤为明显。申斯通将园林看作是一幅风景画——"风景画家往往是最好的园林设计者"。[32]他的美学标准来源于与他同时代的博克(Burke)、哈奇森(Hutcheson)、杰勒德(Gerard)、霍加斯(Hogarth)等人。同时，他着眼于通过"平衡"而不是对称，来运用景观画家的构图原则，认为这是一种将建筑物融入画面之中的方法："假如一座建筑物就在旁边，在其对面应该布置上一组树木，一棵大橡树，或是在另外一侧堆起一座小山丘。"[33]对申斯通来说，最重要的是综合的效果。他继续了博克(Burke)的思想，坚持认为"庄严比纯粹的美有着更深的影响力"。然而，随着一座纪念性建筑物的建立，或是在一些关键的位置上放置一些写有格言的碑刻的做法，经常使某种道德上的倾向占了上风，因此他在里索斯(The Leasowes*)庄园中的长椅上，标志出了所有的重要景观，或是用了一些刻有希腊文或拉丁文铭文的路牌，其目的是唤起人们的暇思。

"丰富多变"(variety)是申斯通从霍加斯那儿获得的一个关键概念，就像"蜿蜒的小径"那样。而废墟形成了这一"变化"中的一部分："坍塌的建筑通过坑洼不平的表面，显示出它们令人愉悦的力量，这就是变化。"[34]并且，申斯通还通过在他的规划里包容进一些真正的遗迹，从而使他的这一概念又增加了某种历史的维度。

[261]

1746 年，申斯通、威廉·莱特尔顿(William Lyttelton)和詹姆斯·汤姆森(James Thomson)三位诗人在里索斯庄园展开了一场讨论，同时谈及了申斯通有关维吉尔洞穴(Virgil's Grotto)的说法，并最终得出结论说：一个场所可以使诗人的精神得以升华，而诗歌的意境也应该增强场所感觉。[35]从而，诗人在这里变成了风景画家，他们是被自己的创造所激励的——在这种情况下，一件艺术作品可以被进入，而且被欣赏。

在 18 世纪的下半叶，对自然风景园文学及寓意上的叙述与阐发已渐式微。在当时的美学背景下，这一时期最为成功的园林设计家是("天才的")兰斯洛特·布朗(Lancelot Brown，1716 - 1783 年)[36]，其美学观念主要来源于博克和霍加斯的理论。但十分显著的一点是，作为一名真正的专业人员，布朗从来不认为需要为他的作品提供一个理论基础。

在布朗与威廉·钱伯斯之间(见后叙)是苏格兰人亨利·霍姆，凯姆斯勋爵(Henry Home, Lord Kames)，他的《批判的原理》(*Elements of Criticism*，1762 年)[37]一书的第 24 章，是专门讨论有关园林艺术问题的。[38]他采取了一种中间的立场，并将自己的思想建立在感觉论的哲学原则之上。

托马斯·沃特利(Thomas Whately，1772 年去世)的《现代造园观察》(*The Observations on Modern Gardening*，写于 1765 年，发表于 1770 年)基于博克的美学理论而作[39]，并反映出园林中的感觉主义理论(sensualist theory)。沃特利认为自然风景园，由于其三维空间的品质，时常变换的场所条件，如光线的变幻不定，以及观赏者可在其中游赏徜徉等优点，而比风景绘画更胜一筹。虽然在当时，艾迪生关于"经过装饰了的农庄"的概念已经发展得十分完善，而对于沃特利而言，其"实用性"准则已经在自然风景园中与他的田园诗般的景色达到了完全的协调一致。从许多版本和译本的出现来看，虽然，他在园林建筑设计的论述中借用了博法尔和洛吉耶所提出的"个性"概念，沃特利的论文是这一时期是最有影响力的理论著作之一。

同样的观点在霍勒斯·沃波尔(Horace Walpole，1717 - 1797 年)的《论现代园林》(*On Modern Gardening*)中得以体现。该书写于 1770 年以前，但直到他的《绘画轶事》(*Anecdotes on Painting*，第四卷，1780 年)[40]发表之后才出版。沃波尔认为英国园林作为一种历史现象而出现，是从威廉·肯特(William Kent)开始的。并指出与

---

* 由诗人威廉·申斯通(William Shenstone)所设计并拥有的一座著名园林，其特征是步行穿越树林与田野，其间装点着古代作家的坟冢与格言。塞缪尔·约翰逊(Samuel Johnson)将这座园林描绘为"令名人羡慕，令巧匠崇敬；是一个旅游者向往，设计者描摹的地方。"——译者注

专制主义体制下产生的法国园林不同，英国园林是英国宪政制度的体现。起初，他在思想上对于"中国"园林还是比较喜好的，但是，后来随着"中英式"园林在法国的流行，他逐渐抛弃了这种他认为纯粹是"怪异"和"奇幻"的园林思想。沃波尔和沃特利都对当时欧洲的自然风景园理论，如克里斯蒂安·希施费尔德(Christian Hirschfeld)等人的理论观点，产生了相当的影响。

威廉·梅森(William Mason，1725－1797年)，沃波尔的一位朋友，于1772年开始出版他的四部诗——《英国园林》(*The English Garden*)，他还为这些诗添加了他自己写的散文式注释。[41]这首诗风格臃肿，内容晦涩，诗中赞美英国的园林"简洁"，就如希腊自由的复兴，表现出了园林与建筑在形式上的完美结合，并认为建筑应该通过伪装与遮掩而隐藏于自然风景之中——例如，一座农舍应该建成一个"诺曼城堡"(Norman Castle)*的样子。然而，与沃特利不同的是，梅森重新将风景画的概念作为自然风景园的决定性因素，并从克劳德·洛兰(Claude Lorrain，1600－1682年，法国画家)、普桑(Poussin)、塞尔瓦托·罗莎(Salvator Rosa)和鲁斯戴尔(Ruysdael)那里引经据典地为自己寻找支持。虽然他不相信罗马人熟知自由式园林设计的思想，因为他是将这一思想的起源归在希腊人的名下的，但他仍然鼓吹一种"新蒂沃利"(new Tivolis)式的结构，这一点只能从其绘画的传统中得到解释：

[262]　　　就像这样的景色，记忆的丰碑已经东倒西歪，
　　　　　把我们又带回了不列颠；那里仍然是乡风依旧
　　　　　浸润着每一种思想；只要自然能够赐予
　　　　　用那些适合于急流，山石，北美鲱鱼的材料，
　　　　　都能创造出新的蒂沃利……[42]

梅森从沃特利那儿接受了功能可与美感并存的思想("没有用途的居所，美不屑一顾")，并坚持园林中的细部必须通过"论辩"的佐证而变得可信。这就是说，比如在英国的园林中点缀的废墟就应该是哥特式的，在如此地方的如此遗迹才会有历史的拟真性，而希腊的废墟放置在这里就显得与事实不符了。

沃波尔和梅森都是辉格党人，他们都将自己的爱国热情与民主观点引入造园之中，将园林看作是英国式的简单与自由的象征。值得注意的是，在英国，在很长一个时间里，园林的概念都是与政治秩序，以及天堂的概念联系在一起的[43]，而这一切随着1772年保皇党人威廉·钱伯斯(Tory Williams Chambers，1723－1796年)的《东方园林论》(*A Dissertaion on Oriental Gardening*)以及与之相对立的辉格党人的沃波尔和梅森的论著的出版而发生了尖锐的政治转变。[44]

1757年，在钱伯斯的《中国式建筑设计》(*Designs of Chinese Buildings*)的最后一章中，他赞赏在"疏落有致"传统下的中国园林的"美丽的不规则性"和"景观的多样性"，并将"令人愉悦，恐惧和疑惑"作为美学类别加以介绍。仍然以此作为出发点，钱伯斯又探索出了一个新的方向，将中国园林仅仅作为一个托辞，用来解释自己的理念。《东方园林论》用了一种讽刺性的夸张口吻来写，并表示了对沃特利的感激之情，但是，这也决不是任何形式的老调重谈。在本书的一开始，钱伯斯就对正统的法国园林进行了抨击，取笑充斥其中的虚假的建筑景象。但是很快他又将讽刺的对象转向那种与普通的田野没有什么大的不同的，"极少变化"且没什么美感的英国式园林。[45]那些对于"庸俗自然的一种模仿"，那些"没完没了的，保持不变的，波形的线条"[46]，都被他看作是不自然的，是矫揉造作和枯燥无味的。虽然他并没有指名道姓，但人们都知道他攻击的目标是名噪一时的"天才布朗"(Capability Brown)。接着，钱伯斯便阐述了自己的理论，并声称该理论的历史基础来源于他在中国时的观察，以及他作品中所引用的那些权威著作中的思想。钱伯斯认为，在欧洲只有"果园园艺师"，而在中国，园林设计是一项"独特的职业"，僧人、画家和哲学家们都能参与进来。中国园林既模仿了自然的"不规则的美"，又纠正了自然的错误，而且同时又没有违背艺术的准则，因为它的目的不只是要多样

---

*诺曼征服(Norman Conquest，1066年)，英国历史事件。征服者诺曼底公爵威廉(William)几乎没收了所有土地，将其分发给他的诺曼追随者，用强有力的诺曼政府代替了软弱的萨克逊(Saxon)政府。之后，封建制度在英国完全建立；开放了与欧洲大陆的关系，文明和商业得到发展，引进了诺曼－法国(Norman－French)文化、语言、举止和建筑；教会与罗马的联系更为密切，教会法庭与世俗法庭分离。当时建造的一批城堡后被称为"诺曼城堡"(Norman Castle)。——译者注

化，而且"还应该是新奇和有吸引力的"。[47]与此同时，钱伯斯认为，中国人在他们做较小的园林组合时，决不是一味地反对直线和几何形体的。[48]一个景观园艺师实际上应该是一位诗人；"花园中的景色应该同一般的自然景色有所区别，就像英雄史诗之于叙述性的散文之间的区别一样。"[49]

　　然后钱伯斯对英国园林中像矮墙、蓠笆等他所赞赏的特性作了描绘，他称这些为"中国式"。从这里开始，他的思想渐渐变得越发如醉如痴。他建议园林的设计应该由一年中不同的季节和一天中不同的时刻来决定。并引用法国耶稣会士画家让—丹尼斯·阿蒂雷(Jean - Denis Attiret)对北京皇家苑囿中宫廷建筑设置的描述[50]，说明他们试图掩饰城市与园林之间相互转化的处理手法。将城镇规划的原理引入到园林的设计中，并将〔263〕自然风景园林模式转换到城市发展目的规划中，等等这些思想在18世纪的讨论中显得十分突出。那些钱伯斯所提出的为"秋天的风景"而设的园林建筑，恰恰都是欧洲园林中的建筑——偏僻的修道院，残损破败的塔、宫殿、神庙、和遗弃的宗教建筑，部分焚毁的凯旋门等。[51]这种由季节决定园林建筑的方法也影响到了部雷，他有关"个性"的思想，部分也是直接归之于季节的原因。

　　然后，钱伯斯转向他前面已经提到过的中国式园林设计中的三种模式：现在他将其定义为"喜悦，恐惧和惊奇"[52]，表现出一种对于那些"令人惊异的，或超自然的景象"的迷恋与爱好，并被他描述为是某种"浪漫的"的元素。[53]在这里展现在参观者面前的是电闪雷鸣，是人为的风雨交加，是地震和爆炸，是动物和人的呼号哭喊[54]，这些无一不使人深受触动。钱伯斯对于水在园林中的用法有着特殊的偏好，认为考虑在园林中加入游船的可能性，因为船在水上的移动提供了观赏者"无数瞬息万变的画面"。[55]对他来说，每一座中国园林都是独具特色的，是欧洲的园林根本"无法与之匹敌的"。[56]总而言之，钱伯斯的作品将园林本身看作是自然的模仿物，是自然风景园中感觉主义的极端表现。

　　梅森在他并不很有影响的一本书《英勇的使徒》(Heroic Epistle，1773年)中，把钱伯斯当作保皇党人而大加排斥。钱伯斯因此在他的《论文》(Dissertation，1773年)的第二版的"辩解的话"(Explanatory Discourse)中为自己进行辩护，对于他认为的"辉格党思想家那不诚实的田园向往"进行抨击，并声称一个耕作过的自然景观要比任何一个英国园林更具有"如画景观"的效果。他坚持认为，只需要加入很少一点的人为干预手段，"只以海作为边界的整个英国大陆就可以成为一个宏大无比的园林"，乡郊野外因为"到处都星罗棋布着奇异的树木丛林，因而比那些草坪更具有如画的感觉"。钱伯斯的理论似乎在法国比在英国更受欢迎，在法国由于其政治的与民族的背景，对于英国园林的一整套概念都持怀疑的态度。

　　从这个世纪的中叶开始，一种已经由申斯通所暗示了的新的概念，也被钱伯斯所采用，并渐渐开始主导美学原理的讨论，特别是那些与景观园林有关的讨论——这就是"如画风格"的概念。[57]这一概念发展过程中的一个重要人物，便是旅行家、艺术鉴赏家威廉·吉尔平(William Gilpin，1724 - 1804年)。他于1748年在白金汉郡的斯托镇(Stowe)写了一篇关于园林的匿名评论，其中将园林看作是图画的集聚。[58]在1769年到1777年间，吉尔平在英国多次旅行，并将他的发现纪录在1782年开始写的丛书《观察》(Observations，1782年开始)，以及1792年的《如画风格之美三论》(Three Essays: On Picturesque Beauty)中。[59]因为这些著作在他们被正式出版前已经在私下里流传，我们可以假设其中的一些主张在更早的时候就已经为人所知了。如吉尔平所认为的，"不规则性"和"粗犷"结合在一起就构成了"如画风格"，他把这称之为"简单与多样的愉悦结合，令质朴之心朝夕向往"。[60]在其他地方他又将"如画风格"描述为美感与崇高的综合。到了这个世纪之末，这个词已经开始更多地运用于一种图形的或画面的感觉上，成为富于美学内涵的一个特别术语。〔264〕

　　"如画风格"的园林概念也许在法国得到了更大的发展，[61]由克劳德—亨利·瓦特莱(Claude - Henri Watelet，1718 - 1786年)首先正式提出了这一概念。瓦特莱于1754年开始着手规划其在巴黎郊外的朱丽磨坊(Moulin - Joli)的地产，而其中则有当时最有名的一处"如画风格式"园林实例。[62]瓦特莱在他的著作《论园林》(Essai sur les jardins，1774年)[63]中阐述了自己的思想，其中也不乏卢梭、沃特利以及钱伯斯的观点要素。同钱伯斯一样，他也对正统的法国园林及通常的英国园林持反对意见。他还发展了为娱乐目的而给市民建造公共园林的想法[64]，呼吁依照法国讲求效率的传统，将皇家公园向公众开放。并将园林设计看作是一种自由的艺术。"必要的装饰"，他描述说，结合了"使用"(utilité)、"愉悦"(plaisir)与"简单"(simplicité)应该是园林建筑永久的特征。[65]他是这样阐述自己的理论的："实用是我的艺术中主要考虑的因素：而多样、秩序和整齐则是它的陪衬。"[66]瓦特莱也如钱伯斯一样，将园林分为三种类型——如画的，诗情的和浪漫式的[67]，每一种类型的分别，就在于他们带给参观者的感受不同。我们很难区分出他的思想哪些来自法国，哪些来自英国。他将自己在朱丽磨坊的地产描述成"中国式园林"（*jardin chinois*）[68]——因为它将通常意义上的轴线原则同如画风格的要素相结合。在霍勒斯·沃波尔于1775年参观过这里之后，称其是一百年来最为非同寻常的一座法国园林。

卢梭（Jean-Jacques Rousseau）在他的书信体小说《新爱洛绮丝》（*La nouvelle Héloïse*，1761年）[69]中通过理想的公园形象来表达自己对于自然的看法，希望园林能够更加接近自然，但是，在最后的分析中，他的思想渐渐转向理性化。而他心理及道德上所希望的，将园林看作自然的替代品的想法，已经开始远离他从沙夫茨伯里及英国园林那里获得的思想，如用充满多样性及"无尽的小路"的手法等。卢梭的朋友雷内-路易·德·吉哈丹（René-Louis de Girardin）在1777年出版的论文[70]中提出一个观点，将瓦特莱（Watelet）、沃特利（Whately）和卢梭思想中成为经典的美学原则综合起来，而同样的观点在让-马里·穆瑞勒（Jean-Marie Morel）的《园林论》（*Théorie des Jardins*，1776年）也有所体现。穆瑞勒在法国的埃默农维尔（Ermenonville）曾受雇于吉哈丹。他预言了所谓"革命"建筑的语汇，虽然没有具体的思想内容。[71]之后，J·德·利勒神父（Abbé J. De Lille）又将这一背景下的思想作了进一步的发展。[72]

特别具有影响的是乔治-路易·勒鲁热（Georges-Louis Le Rouge）于1774-1787年所出版的有21卷之多的一个版画系列丛书，即《时髦的园林》（*jardins à la mode*）或《英中式园林》（*jardins anglo-chinois*），其中包括有492张英国、法国和德国园林的图片。[73]著作中还几乎全部收入了法文版的钱伯斯《中国式建筑设计》（*Designs of Chinese Buildings*）一书，并将钱伯斯关于英国园林的传统与对中国的迷人景色的描述，以及一些可以信赖的中国园林景观的第一手资料结合在了一起。

在18世纪的最后十年，如画风格的概念成为英国美学论辩中的一个关键性因素。尽管它还远没有真正应用于自然风景园中，但对它的讨论已经达到了白热化。另外，在这场论战中十分突出的人物正是当时那些最著名的园林师，因此，对于这场难解难分的论战进行一番分析就是十分必要的了。

[265] 争论源于埃德蒙·博克（Edmund Burke）对崇高性与美感的美学分类，不同程度的"如画风格"位于这两者之间，如吉尔平试图做的那样。开始是一个小范围内的朋友之间的辩论，然后将他们的争论以及不同的意见发表在一个综合性的，有时常常是混杂在一起的书籍、诗篇、手册之类的丛书。[74]其中值得关注的思想有尤维达尔·普里斯（Uvedale Price，1747-1829年）的，理查德·佩恩·奈特（Richard Payne Knight，1750-1824年）的，及汉弗雷·雷普顿（Humphry Repton，1752-1818年）的等等。[75]

尤维达尔·普里斯是议会中的辉格党成员，并在福克斯里（Foxley）拥有一块地产，在那里他根据自己的观点对园林加以重新设计。1794年，普里斯出版了《如画风格论》（*Essays on the picturesque*），并于第二年作了修订，最后又将其文章发表于1810年的三卷本著作《如画风格论文集》（*Essays on the picturesque*）上。[76]同钱伯斯一样，他也指责布朗的做法过于单调，并在风景绘画中找到了自己园林设计的原则。在博克和吉尔平的基础上，他又有所发展，将如画风格的概念提升到与崇高、美感相应的地位上[77]。他还将此概念与其他艺术形式相联系，如将音乐看成是哥特式建筑的特征等。[78]然而，崇高并不能作为人类构造物的创作原则，但是如画风格——正如吉尔平所做的，与"粗犷朴实"相结合——则可以作为一种造型原则而存在。

将园林艺术降低到风景绘画的原理上，尤其在塞尔瓦托·罗莎（Salvator Rosa）看来，势必会遭到反对。很快，汉弗雷·雷普顿就对此提出异议。在他1794年给普里斯的一封公开信中[79]，以一个职业园艺师的身份，出面为他的前辈布朗辩解，并声称说：是美观，而不是如画的景致，才是园林设计的真正原则。他并没有完全否定风景绘画与园林设计之间的联系，但出于实际的考虑将重点放在了后者身上："适宜性与便利性并不比如画的景物效果更缺乏韵味"。[80]雷普顿主张风景绘画仅有十分局限的影响，应该降低对园林中如画景致的刻意追求，并坚持绘画与园林设计是两个截然不同的事物，如同"景观"与"景色"的不同一样。[81]

普里斯觉得自己的观点被误解了，于是，在一封公开信中详细描述了自己的想法（1795年）。[82]在信中，他首先对雷普顿的便利与适宜的范畴进行了质疑，认为这不是一对美学概念，并声称韵味并没有为自己彰显的能力，"除非画面的总体效果是好的"。[83]这是一种从如画风格的相像出发的极端的园林观点，但是这种观点并不被像雷普顿这样的园艺师所赞同。在后来的文章中，雷普顿表现出一种风格上的折中主义倾向[84]，而这很不期然地导致了他同约翰·纳什（John Nash）的合作。这种折中主义倾向一方面体现在他所谓的"改进"中——在他

的《红皮书》(*Red Books*)中，他用他习惯的做法，先描述一个已有事实，然后提出改进这一事实的解决之道
——另一方面，也体现在他对风格对应性的各自独立发展中，诸如希腊 – 罗马式＝水平的，哥特式＝垂直的，
中国式＝如上两者的结合，这是一种他称之为混血的形式。在这场争论中，最早出版的著作是理查德·奈特写
的说教性诗歌《景致》(*The Landscape*，1794 年)。[85]像普里斯一样，奈特对"天才布朗"的观点是持反对意见
的，他提出了一套园林设计的规则：

> 自然万物反对学究式的一板一眼，
> 这样做只会为美丽套上锁链，
> 其结果是美丽飘然，魅力荡然……[86]

奈特模仿风景画中的术语，以前景、中景和背景的组合原则，比普里斯更为严格地定义了景观园林的概念〔266〕
("彼此相隔一定距离的三个点总应该是结合为一体的")。奈特的诗不仅招致了雷普顿的还击，还引发了相当数
量十分有价值的评论。[87]

1805 年在一篇《鉴赏原理分析》(*An Analytical Inquiry into the Principles of Taste*)中——这一题目本身就让
人联想起了博克——奈特提出了一套不大令人可信的系统方法以打破博克的美学分类[88]，他描述了关于"如画
风格"概念的有趣历史，并将其与 16 世纪威尼斯的绘画联系起来。[89]但是，对于他来说，如画风格的吸引力所
造成的景色的激动人心，不再仅仅限于绘画上了；在除去了画框那僵硬的轮廓线之后，他看到了如画风格的本
质，就如同对那种封闭造型形式的突破一样。在书中他还加入了一些沃尔夫林(Wölfflin)在《艺术历史基本概
念》(*Kunstgeschichtliche Grundbegriffe* *，1915 年)中的观点，并将霍加斯的"美的线条"取代为"如画一般的线
条"。他又一次表示了对于规律性的反对，通过自己在当顿(Downton)城堡中的"中世纪"式的室外设计和
"罗马"式的室内设计，来显示出不同形式结合的可行性。如画风格不仅对于园林，而且对于建筑设计产生影
响这一事实，显示出在 18 世纪晚期各艺术门类之间界线相当的不明确。

另一位关于"如画风格"讨论的关键人物是苏格兰人约翰·克劳迪亚斯·洛顿(John Claudius Loudon,
1783 – 1843 年)。他在一部内容丰富，百科全书式的著作中，着手为园林设计艺术建立一个新的科学基础。[90]从
编辑雷普顿论文选集的过程中，他追溯雷普顿的思想，提出用"园林化"(Gardenesque)的概念代替"如画风
格"的概念。[91]一方面洛顿试图将植物学的研究方法与"如画风格"的园林结合起来；另一方面他又转向"几
何式"的园林，以及为园林建筑寻找可能的适当式样。但是，这并不是说他彻底放弃了他的折中主义。他是自
然风景园领域内的历史主义的先锋人物，这方面的见解在雷普顿将园林与历史样式分开的尝试中已经有所体
现。他写的《园林百科全书》(*Encyclopaedia of Gardening*，1822 年)是第一本重要的园林设计史综述，而他于
1826 年创办的《园林杂志》(*The Gardener's Magazine*)是有关这一学科的第一本学术性期刊。

洛顿的另一个重要贡献是他对温室结构的研究，这些研究纪录在他 1805 年之后写的一系列论文中。[92]他提
出的主要观点，也是后来被他的朋友帕克斯顿(Paxton)所采用的，是运用曲线形铸铁结构。洛顿从功能主义的
观点出发，认为每个温室应该表现得像它应该成为的那样，并且每一个部分都应该在外部就能表现出它的独特
功能。[93]同时，他相信他能够将这一思想与建筑风格的多样化结合起来。洛顿以他日益深化的科学方法为园林
引入了一种新的功能，而当时的园林还仍然在一些最初形成的概念中徘徊。

德国人在园林设计领域出现得很晚，但一当他们进入其中，我们却能看到了那一时期最富于理解性的成
果。

从 17 世纪以来德国就出现了各式各样有关园林的规划与描述[94]，但它们几乎无一例外地都被混杂在有关建
筑的论著中。其中比较突出的有富滕巴克(Furttenbach)、伯克勒尔(Böckler)和德克尔(Decker)的著作。[95]

德国园林开始是追随法国正统园林，后来又步英国自然风景园的后尘[96]，但却一直没有根据自身当地情况〔267〕
的创作。在阿尔布雷希特·冯·哈勒尔(Albrecht von Haller)、艾瓦尔德·冯·克莱斯特(Ewald won Kleist)以及
萨洛蒙·吉斯内尔(Salomon Gessner)的文学作品中表现出来的对于自然的新感觉，完全不受当时风行的园林风

---

* 德语 Grundbegriffe，意为"基本概念"，对译英文 Art – historical fundamental ideas——译者注

格的影响。直到 1770 年才出现了对该学科理论的讨论。如约翰·乔治·祖尔策(Johann Goerg Sulzer)的《美学概论》(*Allgemeine Theorie der schönen Künste* *, 1771 – 1774 年),是有关英国园林基本原理介绍方面的一个较有分量的论著。[97]他倾向于某种古板的启蒙主义的方法,主张那种规模宏大、实用性强的园林。看来,祖尔策是知道克利斯蒂安·希施费尔德 (Christian Hirschfeld)的,他曾在自己的著作中引用过祖尔策的观点(详后)。

然而,尽管比较贫乏,德国人对于英国景观式园林的接纳是从尤斯图斯·莫塞尔(Justus Möser)的论文《英国园林》(*Das englische Gärtgen*, 1773 年)开始的。在这本书中莫塞尔不仅对于当时的亲英派冷嘲热讽,还对那种曲解园林本身概念的做法进行挖苦。他轻蔑地把带有石灰地面和香草花园的园林描述成一个"被施了魔法的小岛"——"其中人们找不到他们所期待的东西,而看见的每一样都是不希望看见的"。其中有一座由英国引进的中国式桥,桥上没有刷白的廊棚,而是"一座可爱的哥特式小教堂"。莫塞尔最后写道,这样的园林主张是多么令人感到奇怪,"当你来的时候,记得要从城里带一些白色卷心菜来,因为我们再也没有多少地方去种这些东西了"。[98]

莫塞尔感觉英国园林对于德国来说是一个外来事物,是一个被迫接受的东西;他认为需要对园林究竟是什么进行分析,并找出是否有一种适合它的德国形式。这时克里斯蒂安·凯·洛伦茨·希施费尔德(Christian Cay Lorenz Hirschfeld, 1742 – 1792 年),一位来自基尔市的哲学教授,凭着他德国人异常勤奋的特性完成了这一工作。他的著作《园林理论》(*Theorie der Gartenkunst*)于 1779 年开始出版,到 1785 年已经连续出版了 5 卷。[99]其实他在 1773 年和 1775 年间,已经开始在这一领域著书立说[100],他的"宏伟之作"(*magnum opus*)是 18 世纪园林研究方面最具实质意义的著作。虽然希施费尔德的工作有系统的计划性,但是,他常常出其不意地加入一些个人游历中的新想法以及这一学科中最新的文献及方法的论述,因而,显得他的工作并不是十分系统化的。他大部分的有关欧洲园林的知识都是间接的——比如他从未到过英国——只有他对某些德国园林的描述才是在自身经历的基础之上的。他用那种冗长的带有说教色彩的,但并不具有激情或幽默的语气来表达自己富于启发性的思想。在最初翻译钱伯斯的《东方园林论》中的很长一部分之后,他开始怀疑是否存在这样的园林。[101]尽管远远达不到一个自我完善的、独立的、原创性的园林设计理论,他还是提出了很多值得关注的折中性的观点。他很用心地阅读了英国和法国的著作,但当时极其丰富的资料他却根本无缘看到。[102]因此,在他的著作中对图片的选择是相当凌乱的,而且与文字叙述之间也缺乏联系——准确地说,这些图充其量只起到了作为了解各种风格形式的小插图的作用。

希施费尔德的评论是比较温和的。他将风景绘画说成是"园林设计最亲近的姐妹"[103],而且他察觉到了在不同国家中园林所具有的各自民族特征。他指责几何形的法国园林,认为它通过强迫自然顺从于某些规则而滥用自然[104]:"在他们那里,园林设计并不比人们强加在土地上的建筑物强多少。"[105]他说他厌倦凡尔赛大花园,但在观赏这座园林时也会有某种程度的满意:"在今天,关于园林的启蒙思想显然已经从英国传播到了法国"。[106]他认为在他的朱丽磨坊的地产项目中重新表现了瓦特莱的设想(1774 年)。在他看来,英国人是"颇有品位"的,而帕拉第奥主义的建筑则被描述成"希腊样式下的高雅建筑"。[107]在研究了德国民族的精神之后,希施费尔德发现德国人"比其他民族的人对于自然的美更加敏感,而且比其他民族的人更容易沉醉于田园诗式的如画景致中"。[108]然而,从一个很具体的德国园林中来为民族特征下一个定义,很难说是适当的,希施费尔德惟一可以得出的结论是:"在两种主要园林风格的形式之间,一定会最终发现一种中间的形式。"[109]

希施费尔德通过对于动感的思考试图在建筑与园林之间做出某种划分,而这对园林来说显得尤其重要:"建筑的目的是暂时地满足眼睛的愉悦,让人们能够一下就能抓住它在结构上的整体和谐感;而园林则倾向于将其趣味一点一点地表现出来。"他赞成人们在"服饰上的可爱的混乱",把它解释成 "*eine gewisse anmuthige Verwickelung*"(其字面的意义是"某种迷人的复杂性"),认为这样会产生"不同的效果",并说:"一位想成功的园林设计师,就应该无时无处不与建筑师反其道而行之。"[110]而在另一方面,在他关于公共公园的呼吁中,他又认同笔直的林荫道和几何式的设计:"宽阔的林荫大道在这里不仅是允许的,而且是应该优先考虑的。这里的道路应该能够被管理部门很方便地观察得到,在这种地方,这样的考虑是必不可少的。"[111]维也纳普拉特公园(Prater)的规划,以及在杜乐利(Tuileries,巴黎)公园修剪高树篱的做法,正是出于这样的考虑。同时希施

[268]

---

* 对译英文 General theory of aesthetics——译者注

费尔德也将公共园林看成是不同等级的人们能够比较紧密地聚集在一起的一个场所。奇怪的是，他对于园林中各种建筑的形式采取了兼容并蓄的态度，认为这些建筑不仅作为景色的点缀，而且，在性格上也能够与其背景的地形地貌相协调。[112]

在希施费尔德看来，自然景观与公园，都具有教育的功能。当阿尔卑斯山唤起了"人类精神的高涨"[113]，一座园林也会契合人们"对于上帝仁慈的感知"[114]，并引起人们的高兴、活泼和亲切的感觉。园林是通过艺术来强化自然的。因此，希施费尔德在最后总结说："上帝创造了这个世界，而人类则装点了这个世界。"[115]

希施费尔德根据气候、最好的季节、一天的不同时刻、所有者的社会地位，以及"用地背景的特点"，对园林作了划分。[116]为了理解这些，他汲取了英国感觉主义和法国"个性"概念的营养，提出了五种园林类别：1)令人高兴、愉快的，节庆式的园林；2)略带忧郁的园林；3)浪漫的园林；4)庄严的园林；5)集合了上面几种类型特点的园林。"浪漫"式园林引发某种诧异、惊愕，以及惊诧之后的喜悦之情，和一种沉思的情绪[117]——事实上，它"几乎完全是一件自然本身的作品"[118]。园林建筑决定于园林的参观者对不同的景观产生的不同感受，他们需要顺应这样的感受。这样，洞窟是属于"浪漫"式的园林，隐居之所则属于"略显忧郁的园林"，[119]而人造的废墟则是那种他所谓的"充满愉悦与甜蜜的忧郁感的源泉"。[120]

在许多方面希施费尔德都创造了一种由不可调和的对立面而产生的合力，但有时他对他的前辈们表现出胸襟的狭隘。他指责德克尔(Decker)的设计"有太多累赘的装饰，好像只能创造出最庸俗而颓唐的品位"。并把布里瑟(Briseux)和布隆代尔(Blondel)的乡村别墅设计理论称作是"肤浅的和贫乏的"。[121]他对他所游历过的他那个时代的园林都采取了一种批判的态度，但是，有时候他也发现自己在一些问题上还是有些不当之处。比如关于卡塞尔市(Kassel)的威尔海姆舒赫(Wilhelmshöhe)园，他写道："只有想像力能让视线被自然中不为人知的规律所控制"。同时他还对园林中所表达的神话内容从整体上表示怀疑："和由神话中借用的这些概念与时俱来的是两个疑问：这些神话对于我们生活的这个时代是否仍然有着足够的意义，即使是有意义，一座园林是不是表达这种意义的一个合适的场所？"[122]

〔269〕

尽管他的研究中知识和想法相当丰富，但是，希施费尔德并没有为我们提供多少园林与公园设计的实际理论基础。尽管到现在他的观点还备受关注，我们也不能过分估计他的影响。格罗海曼(Grohmann)的著作《园林爱好者理念杂志》(*Ideenmagazin für Gartenliebhaber*)*凭借其中极其丰富的图片资料，使我们对这个世纪之末的研究有了大得多的印象。

到了18世纪末，关于园林设计艺术的讨论扩展到了其他领域，一些作家们也被吸引了进来。[123]在魏玛，席勒(Schiller)和歌德都关注到这一领域的理论发展。比如在席勒的回顾性文章《1795年园林纪事》(*Über den Gartenkalender auf das jahr* 1795†)[124]中都明确地提到了希施费尔德，其中写道："在刻板严肃的法国园林风格和所谓英国园林式的杂乱无章中应该能够找到一种好的中间方法。"[125]和莫塞尔一样，席勒十分厌恶那些德国的亲英派人物，而且称那些德国的"英国式园林"是"孩子气十足"。他接受园林中的某种"诗化的风格"，认为这是由那些"真正追随感觉的人"所创造的，但认为如画风格的园林是一个失败，"因为它越过了自己的领域而侵入了绘画之中。"[126]席勒自己对于园林设计艺术的定义是这样的："它以自然为模式，但也只能在一定程度上打动我们，因为它和自然是绝对不可分离的。"[127]对于多样性的追求最终也只能带来琐碎与随心所欲的结果。然而最令人感到惊奇的是，席勒对于靠近斯图加特的霍恩海姆(Hohenheim)公园却颇加赞赏。

在歌德和席勒初期的文章《浅涉》(*Über den Dilettantismus*‡，1799年)[128]中，以"园林"(*Gartenkunst*)为标题，对已有的自然风景园概念提出了最为尖锐的抨击与评论，认为它的积极之处在于："从现实中创造出一幅画面，简单地说，这是走向艺术的第一步。"[129]文章继续了祖尔策和希施费尔德的思想，认为："一个洁净、完整而优雅的环境所产生的社会作用常常是有益的。"[130]紧随其后的观察评论，摘引如下：

> 现实被当作是虚幻的。对园林的爱打破了一切界限，因为1)这个概念既不可定义又不能有所限

---

* 对译英文 Idea – magazine for garden – fans. 德语 liebhaberei，[阴性]癖；嗜好；liebhaber = lover, fan ——译者注
† 对译英文 About the garden calendar for 1795 ——译者注
‡ 对译英文 About the dilettantism，直译《业余爱好》。——译者注

制；2)它所使用的材料是随意而变化的，从而总是对思想构成分解与冲击。对于园林的钟爱将高贵的艺术变成了不值一提的时尚，并将它们由实用之物变成了把玩之物。鼓励感觉与相像力的无效。对于自然的模仿，减少并破坏了自然所具有的崇高感。它继续了那一时代那种随心所欲地将园林置于美学范畴之中的做法，延续了没有任何假设或规则的恶习，并随着意愿而驰骋自己的狂想。因此它很明显地不像其他的艺术，而且不容易被规范和纠正。[131]

〔270〕　　除此之外，歌德和席勒认为园林中的建筑与真正的建筑概念是相互冲突的：

　　　　这样的建筑是由木料或木板之类制作而成的，纤细脆弱，对建筑所特有的坚固的概念造成了破坏——事实上，它们所破坏的是建筑的韵味。茅草屋顶，模仿制作的隔板护墙：所有这些都使得一所房子有一触即倒的感觉。[132]

　　尽管他们现在实质上是在反对自然风景园，但仅仅在几年以前他们在魏玛从事园林设计时的原则还是哥特式风格的。

　　那些用轻蔑的口气谈论"完美自然的制造者"［*Verfertiger der schönen Natur*——蒂克(Tieck)］的浪漫主义者，他们在对自然风景园进行猛烈抨击时，采用了相同的论点，但却是不太相同的语句。[133]他们又悄悄地转向了法国园林的概念中，蒂克甚至希望"在十年之内那些所谓的自然园林中的许多，都能够变成(如法国那样的)人造景观的体现。"[134]黑格尔(Hegel)则在他的《美学》(*Aesthetics*)一书中迈出了富于逻辑的一步，他的阐述是包括了园林设计在内的所有美术形式的一种综合，并且把园林艺术归在了尚未完善的艺术门类之中。

　　当后来歌德在小说《有选择的亲和性》(*Elective Affinities*，1809年)[135]中又重新回到自然风景园的主题上时，他以一种极端的形式表达了一种相互结合的原则，他确定了园林的平面，然后对这一平面加以变化，即是对于那些具有特征的精神活力的一种直接的激发。到了1809年，关于自然风景园的讨论已经在文学领域逐渐淡出。通过对园林规划与小说活动的类比，歌德以故事的悲剧性结尾作为对园林象征意义的暗示。

　　在弗利德里希·路德维希·冯·斯凯尔(Friedrich Ludwig von Sckell)给慕尼黑郊外的宁芬堡宫(Nymphenburg)所做的园林设计中，正是依照希施费尔德和席勒的想法，走了英国园林和法国园林两者间的中间路线。作为德国最重要的园艺师，斯凯尔将他的实际经验总结到他的著作《园林艺术构成文集》(*Beiträge zur bildenden Gartenkunst*，1818年)[136]之中。他继续了一种十分传统的理论，采用维特鲁威的分类方法——他的讨论最后归结到他主张在公园中建造古典式神庙上来。他把原始资料按名字顺序引用[137]，使法国和英国的园林元素能够相互补充。当他把园林描述成"自然的景象"和"盛装的自然"时[138]，让人不由得想起法国的感觉主义者。他对几何式园林表示了不满，但又不得不承认这种园林中庄严的林荫大道的价值以及城市中公共大道景象的壮丽。[139]同希施费尔德一样，他支持大众式公园的构想，因为他们有助于"在完美自然包围下的……社会中各阶层的和睦相处"。[140]

　　在对造园方式的选择中，可以看出斯凯尔是一位折中主义者：

　　　　因此，园林设计师可以选择和建造适合于所建场所的景观，无论这些景观是宏大的还是卑小的。只要它们遵守了自然的法则，依照自然的形式而建，都会为自然所接受，并成为自然中的一部分，融入其中而又没有任何过分之举。[141]

　　他对于整个18世纪以来发展的所有园林建筑类型都能够接受，但是对于"形式与风格都不确定的中国式建筑"(*formund geschmacklose chinesische Baukunst*)[142]，却表现了十分的鄙夷。在对人造废墟的讨论中，他提倡一种"孤独而可怕的静寂"(*Einsamkeit und schauerliche Stille*)[143]，这显示出他仍然受到博克的崇高概念的传统的

〔271〕深刻影响。同时霍加斯的"美的线条"对他的思想也有很深的影响。他描述一个园林设计师所规划的道路是如何"固执地依照蜿蜒的曲线行进……这是他经验的表现，也成为他理想的模式。"[144]他对于启蒙运动的传统的忠诚，表现在他坚持将对自然精神的渴望与对真理的追求结合起来；而且就像雷普顿一样，植物学因素在他的

思想中也占据了显著的地位。斯凯尔的实践成就以及他的思想直到今天仍然还能够感觉得到。[145]

自然风景园理论的杰出论著是赫尔曼·冯·普克勒—穆斯考亲王(Prince Hermann von Pückler – Muskau,1785 – 1871年)所写的《关于景观园林的建议》(*Andeutungen über Landschaftsgärtnerei*)。[146]这本著作完全是以英国传统方式写的,但同时又表现出对于亲英派思想危害的危机感。"天才布朗",这个常常成为攻击对象的人,被普克勒称为是"园林界的莎士比亚",并认为自然风景园中的元素很自然地与雷普顿和洛顿的理论结合在了一起。他还认为园林应该是基于"创造自然景观的浓缩景象,以及小规模自然的诗化意向"而创作的。[147]他将园林看作是一系列的画面——"因为一座大规模的园林与一个画廊其实差不多"。[148]与希施费尔德一样,他也坚持园林中的建筑应该"建立在与它们所处地段的理性联系的基础之上,并且要有一个确定的建造目的。"[149]然而,从另一方面看,神话并没有被纳入他的园林体系之中。

由于普克勒在穆斯考(Muskau)的园林设计取得了很多经验,因此在著作中,他给出了大量对于设计的具体建议,其中包括在著作第二部分中描述的大量实例细节,这展示了他的园林中"画面"是如何的丰富多样。他对"诗化理想"的提倡又回到了席勒的思想上,但同时也是对现实逃避的一种表现。诗化园林对于他来说,是对他所观察到的他周围的社会境况的一种弥补,也是从以往的历史中抢救出来的一个避难所:"你们[公民们(*the Bürgerlich*)]现在就是力量和财富;但也要容纳高贵,它反过来会服务于诗化的意境:这是它惟一留下的东西。"[150]

从19世纪的下半叶直到现在,关于这些话题的讨论,在很大程度上一直是被自然风景园的美学理想所确定的。而园林设计的理论,也渐渐被纳入进那种,更多是从社会和技术的角度,而不是美学的角度出发而产生评价标准的,城镇规划的范围之内了。

第二十一章　19世纪的法国和巴黎美术学院

〔272〕　　自埃米尔·考夫曼(Emil Kaufmann)对于勒杜和部雷的研究著作发表以来[1]，人们习惯上把所谓的法国"革命建筑师"看成是现代建筑的开始。正如本书前面所提到的，这是一种不准确的观点，因为勒杜和部雷只是用他们极端的方式表达了18世纪的思想，而不是一个带有根本性的新起点，他们的影响力也经常被人们所高估。不过，除了没有产生一个历史性的突变外——这一点很适合一些建筑师的自我想像——在部雷与勒杜的学生们那一代所产生的设计方向上的变化还是很明显的，从而避免了一些建筑师对于自己所起作用的重要性的虚幻想像，并通过对于更适宜、更实际目标的追求，因而避免了那些过于宏伟壮观的建筑物的出现。

　　在19世纪早期的法国，对于建筑理论的讨论基本上属于巴黎美术学院(Ecole des Beaux - Arts in Paris*)与巴黎理工学院(Ecole Polytechnique in Paris)的那些老师和学生们的特权。虽然这两所学院当时的一些见解，因为与20世纪现代建筑运动有所关联而遭到了人们的指责，但是，这一时期的思想还是为现代建筑运动作了很多的铺垫。在被歪曲的历史画面中，巴黎美术学院的传统被看作是造成所有倒退的原因，而他们曾经为现代建筑风格所作出的贡献也早已被历史所遗忘。对于巴黎美术学院价值的再发掘是从1975年开始的，当时纽约现代艺术博物馆举办了一个大规模的有关这座被人们所淡忘了的学院的展览，并附有主要的目录。[2]之后更多与这座学院有关的出版物也开始出现[3]，但是，我们还仍然远远不能对这所19世纪欧洲最有影响力的建筑学院进行充分的评价。下面将谈及与这一问题有关的几位重要人物的思想。

　　1803年，勒杜的一个学生——路易—安布鲁瓦兹·迪比(Louis - Ambroise Dubut，1760 - 1846年)曾于1797年在参加一个公共谷仓的设计竞赛中获得大奖[4]，他出版了一部语言与所涉范围都很谨慎的著作《民用建筑》(Architecture civile)。[5]在书中那简练的文字与图片中，作者明确写出了他接受巴黎美术学院重建后的第一次竞赛大奖的资助在意大利进行旅行时所得到的感触，这本书比他的老师勒杜自己的《建筑学》(L'Architecture)一书问世得还要早。迪比论文的主要关注点是居住建筑，即关于"市民住宅"(habitation de citadin)建筑方面的。虽然在他的书中，可以清晰看出与勒杜的关联，但迪比省却了各种形式的"建筑话语"(architecture parlante)而采用古典柱式和历史风格。他的简介显示出他与勒杜在方法论上根深蒂固的差别；他的原则是 "功能"主导下的"统一、适用和经济"(la disposition, la salubrité et l'économie)[6]："难道还有比能完美地满足我们的使用需求的建筑物更能使我们高兴的吗？它给我们的生活带来愉悦并帮助我们快乐地度过了每一天。"[7]

〔273〕　　对于迪比来说，一座建筑物的外部装饰(décoration)并不依赖于对"格调"(décor)或"个性"(caractére)的考虑，而是在于平面的布置和所用材料的特征。这种对于材料的关注要追溯到斯卡莫齐(Scamozzi)、洛多利(Lodoli)，及另外一些人的讨论，这些都是被革命建筑师所忽视的人物。迪比相信他的理念在意大利文艺复兴时期的宫殿建筑中已经有所体现，因此他致力于模仿这种建筑并使之适应于法国人的需求。他的论文既是为建

---

*巴黎美术学院，在一些建筑文章中常常简译为"鲍扎"（即 Beaux - Arts 的音译），为便于一般读者阅读，这里按中文全称译出。——译者注

筑师也为那些业主们写的。

卡尔·弗里德里希·申克尔(Karl Friedrich Schinkel)在柏林阿尔德斯博物馆(Altes Museum)的主楼梯设计中可能也受到了迪比《民用建筑》一书的影响。迪比远远地避开了乌托邦思想,在仔细地观察了意大利建筑的范例基础上进行设计。他的设计没有附加的文本说明,仅仅是编上序号而已。一个典型的例子就是他的第二号住宅。在该住宅中他为两个平面和空间布局完全相同的建筑,做了两个不同的设计,一个是"哥特式"的,另一个则是"意大利式"的(图版152)。将这一点与申克尔为柏林的弗里德里希斯沃德教堂(Friedrichswerder Church)所做的不同设计进行比较,可以揭示出他最初的历史主义的特点。在书的最后,迪比还等比例地将他所有的设计按两种样式都画出来,以帮助潜在的业主按照适当的尺寸大小进行抉择。

革命建筑的另外一个更为瞩目的分支是部雷的学生让－尼古拉－路易·迪朗(Jean－Nicolas－Louis Durand,1760－1834年)。[8]他因为一座博物馆的设计和一个位于三角地带的学校的设计,而成为1779年和1780年罗马大奖(Prix de Rome)的二等奖获得者。[9]迪朗曾在皇家建筑学院学习,并在1795到1830年间在法国理工学院担任过建筑学专业的主任,这是一所建于1794年的工程类院校。[10]他的简化系统组合的想法主要应该归因于他的学生都是工程师而不是建筑师。他的第一本著作是《古代与现代:建筑形式比较大全》(*Recueil et parallèle des édifices de tout genre, anciens et modernes*,1800年)[11],这是一本典型的建筑学图册类书,在这本书中,他试图用示意形式展现所有时代、所有不同国家最重要的纪念性建筑物。所有的建筑实例都将用比例相同的平面、立面和剖面图来表达(用于扉页上的图除外)。通过将不同风格的建筑用相同的尺度进行处理,他为历史主义作出了比菲舍尔·范·埃拉赫(Fischer von Erlach)要大得多的贡献(图版153)。在书的扉页中所用的透视图中,有一张引用的是皇家学会教授,建筑学专业学院院长(Ecole Spéciale d'Architecture,这所学校在勒·罗伊去世后发展成为了巴黎美术学院)的朱利安－戴维·勒·罗伊(Julien－David Le Roy)的著作《希腊最美的纪念性作品遗迹》(*Les Ruines des plus beaux momuments de la Grèce*,1758年)中的一幅雅典卫城山门的复原透视图。在他从马里－约瑟·佩尔(Marie－Joseph Peyre)的设计中发展而来的两个获奖设计,也显示出他所受到的新古典主义的影响。[12]

迪朗在巴黎理工学院的演讲从1802年开始作为《简明建筑学教程》(*Précis des leçons d'anchitecture*)出版。[13]这本书在19世纪上半叶成为建筑学领域中最受瞩目的论著,被翻译成各种语言的版本并多次被转载。书中更多的是关注建筑学专业领域中日益扩大的分歧以及土木工程方面的问题,并认为后者终究将成为一门独立存在的学科。[14]他对于一般建筑的定义似乎又回到了阿尔伯蒂的思想上来,他所强调的是用建筑来"满足公共的或私人的使用,坚固持久,以及个人、家庭与社会的快乐"。[15]

迪朗对于维特鲁威的传统思想,即模仿说理论和洛吉耶的原始棚屋理论的公开决裂,使他产生了一种全然不同的建筑概念,并形成了两项基本原理——"适宜"(*convenance*)和"经济"(*économie*)。前者涵盖了坚固(*solidité*)、卫生(*salubrité*)、舒适(*commodité*)的概念,后者则包括有对称(*symétrie*)、规则(*régularité*)和简单(*simplicité*)。[16]对于他来说,所有建筑的基本形态都是方形和直角的,他认为这些也是城市规划的基本元素;这两个原则连同新古典主义的"简单"概念在一起,被包含在了一个"经济"的标题之下——这与他的老师部雷所提出的概念完全背道而驰。他在形式上还保留了古典柱式,但却已经抛弃了它们和人体的比例关系之间的联系[17],使它们从固定的比例中脱离出来,从而具有了几乎所有的可能性。[18] 〔274〕

迪朗所优先考虑的概念是"布置"(*dispositon*),这是一个在18世纪初就在法国建筑理论争辩中占主导地位的概念。迪朗认为建筑的惟一目标是找到"最适合、最为经济的布置"(*la disposition la plus convenable et la plus économique*)。[19]这样,那些美学范畴,诸如:"宏大"(*grandeur*)、"华丽"(*magnificence*)、"变化"(*variété*)、"效果"(*effet*)及"个性"(*caractére*)等,便会自然随之产生。[20]迪朗的功能主义是一个整体的概念,建筑的装饰对于他来说是多余的。

迪朗是沿着结构功能主义的道路迈开了一步的,现在,他强调的是形式对于材料特性的依赖(他仍然接受由习惯产生的某些形式,但只是把它们放在次要的地位)。他的首要原则是,形式是材料特性的产物。[21]这一原则可能最初来自洛多利,后来又被阿尔加罗蒂(Algarotti)传播开来。不过迪朗是如何了解到这些的,已经不是很重要的事情了。

迪朗所持的理性主义原则要求他要有一个关于建筑组织(*architectural compositon*)方面的系统理论。通过假定这种理论具有某种普遍意义——"这是一个适宜于所有时间与空间的一般性原则……"[22]——然后，他就可以运用这些理论去追溯建筑发展的整个历史。最终他建立了建筑组织的一个网格系统，这在他的著作的第一册的第二部分有详细叙述。

对于迪朗来说，建筑是由水平部分、垂直部分，以及两者的结合所构成的。也就是说，他的出发点不是建筑空间而是建筑的平面与立面，平面与立面的结合产生了称之为"体积"的建筑物。引人注意的是，在他的《简明讲义》(Précis)中并没有包括透视图，而且他对于在建筑绘画中采用水彩的画法尤其反对。[23]这是一件相当重要的事情，因为这可以按照对"布置"的要求而产生无数种建筑空间的组合，从而将空间与比例的概念从主要的考虑中分离出去。

当迪朗论证这一网格体系时(图版154)，他发现建筑特性的构成上有着无数种可能性，并举例说明在建筑个体特性和建筑类型上是如何使用这一体系的。他的发现其实已经接近了这一理论点，即标准化所带来的预制结构的可能性(图版155)。但是他本人并没有对这一点引起充分的重视，但是，1851年在英国举行的博览会上由帕克斯顿(Paxton)所建的水晶宫中运用了大量预制构件，恰好是迪朗理论的一个实践。迪朗的那些草图与水晶宫在形式上的相似很难说只是一种偶然。

迪朗对于建筑的理性主义态度使他在创作中出现了许多冷漠的建筑，而这一点正是为戈特弗里德·森佩尔(Gottfried Semper)所倍加指责的。他把这些称作是一个"没有头脑的棋盘高手"(*Schachbrettkanzler für mangelnde Ideen*)的作品。但不可否认，他的观点对于那些浪漫古典主义者如申克尔、克伦策(Klenze)、菲舍尔(Fischer)以[275]及温布伦纳(Weinbrenner)都产生了很大的影响。[24]虽然在很大程度上来说，是他预言了1920年代的功能主义，然而，从他把佩西耶(Percier)的一个设计[25]也包括在其中，可以看出他并不像他在全书摘要中所表现的那样激进。

尽管表达得不如迪朗彻底。却与迪朗的这些观点有些联系的是让—巴蒂斯特·龙德莱(Jean-Baptiste Rondele，1739-1829年)，他是比迪朗的年龄要老一代的一位朋友，龙德莱也是巴黎理工学院的创始人之一。1799年他开始在巴黎美术学院任教，并于1806年被任命为石料砌体学(Stereotomy)与房屋建筑学专业的主任。[26]他是雅克—弗朗索瓦·布隆代尔(Jacques-François Blondel)和部雷的一位学生，在1783-1784年间游历了意大利全境。他写的五册本著作《建筑艺术的实践与理论》(*Traité théorique et pratique de l'art de batir*，1783-1784年)[27]成为了迪朗的《简明讲义》(*Précis des leçons*)的实践篇。在第一册的序言中，他总结了自己的建筑美学观，其中许多是雅克—弗朗索瓦·布隆代尔的思想。龙德莱跟迪朗一样，注重"统筹"、"结构"和"经济"的重要性，但同时他也主张建筑应该"宏伟壮丽"，并能接受建筑装饰的存在，"它(装饰)必须和建筑的艺术类型相匹配"(*qui doivent être analogues au genre de l'édifice* *)。[28]

龙德莱之所以具有这样的重要性，其原因在于他在他的著作的第2至第4册中对于建筑材料与建筑结构方面的富于理解性的全面理论。他是最早着手对铸铁的应用及铸铁结构的静力学进行系统分析的人物之一，并第一个在他在苏夫洛(Soufflot)手下从事巴黎万神庙的设计时就将这一理论进行了应用。[29]他仔细研究了铸铁结构的桥梁，并写了一篇关于1777-1781年间建造的英格兰的什罗普郡(Shropshire)的库尔布鲁克达勒(Coalbrookdale)的著名桥梁的分析研究。[30]同时他也是第一个尝试对材料的张拉力和压应力用数学和图表方式进行表达的人，并创造了一种精确计算建筑造价的新方法。而且，他非常提倡用米作为测量的单位(迪朗也使用这种在1795年由法国国民大会通过的公制)。值得注意的是，这种新的抽象的米制系统的引入和古典主义的比例理论的式微，几乎是同时发生的，建筑中比例的思想是从人体测量学的原理中衍化而来的，也用来表达起源于人体测量学的各种度量。重要的一点是，迪朗否认建筑与人体之间的任何联系，而龙德莱则只关注于几何的重要性却从不提及任何有关比例的问题。

迪朗的美学概念是植根于18世纪的思想基础之上的，他欣赏拿破仑时期的流行风尚。这一点在他引用马里—约瑟·佩尔(Marie-Joseph Peyre)[31]在1765年的著作中所复制的罗马的卡拉卡拉浴场的图片中可以证实。[32]迪比、迪朗以及龙德莱的理性主义倾向和原结构主义(proto-functional)思想正是决定了20世纪建筑的发展根源所在。他们的思想对于当时的建筑理论探讨产生了重要的影响。但是由于当时的政治环境，持传统观念的人仍

---

* 法语对译英文 Who must be analogous to the genre of the building ——译者注

然具有较大的影响力，这些人总是要在建筑的建造中刻上他们自己的权威烙印。

拿破仑最初对于体现结构的建筑设计(engineer - designed architecture)很有兴趣，但作为一名统治者和君王，他提倡的却是一种能够体现帝国威势的风格。[33]就像建筑师夏尔·佩西耶(Charles Percier，1769 - 1838 年)和皮埃尔—弗朗索瓦—莱昂·方丹(Pierre - Françis - Léonard Fontaine，1764 - 1838 年)所特意表现的那样，这两人中的后者于 1807 年被任命为首席建筑师。[34]和迪比一样，这两位建筑师的思想，也是来源于他们于 1786 年到1792 年间在意大利的游历经验。1798 年他们的草图和画稿以《现代绘制的罗马的宫殿、大厦及其他建筑图例》(*Palais，Maisons，et autres edifices modernes dessinnés à Rome*)的书名出版。[35]在他们头脑中的罗马，尚处于 〔276〕文艺复兴盛期到后期的阶段，书的扉页中所描绘着的是伯拉孟特、安东尼奥·达·桑迦洛(Antonio da Sangallo)和佩鲁齐(Peruzzi)画像的徽章。在他们的"前言"(*Discours préliminaire*)中表现出来的建筑概念，着重考虑的是古典主义与文艺复兴之间的联系。但同时，他们也在后者身上发现了他们这个时代的"某些美学价值"，如同"实用"(*utilité*)、"个性"(*caractère*)、"美观"(*bon goût*)以及"经济"(*économie*)等。[36]在文艺复兴建筑中他们发现"节约的理性"(*raisons d'écomomie*)，并认为建筑的目的是"用最简便的方法获得最大的效益"(*beaucoup d'effet avec les moyens les plus simples*)。[37]他们还表达出这样一个观点(这一点后来由勒杜作了更为明确的阐述)，即一所简单的公民住宅与一座最为辉煌的宫殿一样，都需要追求建筑的效果。[38]他们对于历史的一种矛盾心理在 1798 年的著作中表露无遗。在这里他们并不提倡复制文艺复兴时的建筑手法，而是试图将"意大利建筑师所指引的方向"和法国的气候条件、材料特点，及美学倾向结合在一起。[39]同时，他们还对早期基督教巴西利卡有所关注，并将其看作是文艺复兴早期教堂中的装饰形式。[40]

佩西耶(Percier)和方丹(Fontaine)的设计的最大成功之处在于他们的室内装饰。他们的基本原则是重视建筑结构与装饰形式的相互作用。古典主义风格，再加上一些埃及艺术的特点，渐渐成为了他们的惟一范本。他们的著作之一的《室内装饰汇编》(*Recueil de decorations intérieures*，1810 年，1812 年)[41]一书，成为拿破仑时期最具影响力的手册类书籍。在这本书的"前言"(*Discours préliminaire*)中，他们将自己对于建筑的看法运用到室内设计上，反对纯粹为了表现时尚的装饰元素，要求家具的每一部分都应体现出"它的功能所要求的使用品质和便利性"(*cette raison d'utilité，de commodité qu'enseigne son emploi*)。[42]他们将结构与人类的骨骼进行比较，认为"它必须要加以装饰以免全部暴露在外"(*on doit l'embellir sans la masquer entièrement*)。[43]这样，建筑的结构与装饰之间就形成了密切的联系(*rapport intime*)，天气、地域和功能的影响都在装饰中得到了体现。佩西耶和方丹的思想在当时造成了相当广泛的影响，虽然，他们只是打算将自己的设计作为一种经验，而并没有将其作为某种设计的范本。

在他们 1833 年的著作《君王的宫邸》(*Résidences de Souverains*)中，有对他们的理论立场最清晰的表述[44]，其中包括了他们在早期建筑基础上为拿破仑所做的宫殿设计，但其中大部分都没有实现。在拿破仑倒台后，佩西耶和方丹可以更加没有束缚地做设计，他们的设计表达了拿破仑的帝国精神，他们的建筑观点也常是在单个的设计表述中顺便提及的。他们强烈指责佩罗(Perrault)所做的卢浮宫的柱廊，因为那只是作为一个单纯的结束，而跟宫殿建筑的室内没有任何联系。[45]在佛罗伦萨的比提宫的设计项目中，他们表达了自己对于历史处理方式的尊重——将它们小心翼翼地运用到自己的设计中——并对那些指责他们过时的言论加以反驳。他们呼唤理性的力量，承认不同国家与民族之间的建筑形式各不相同，从而对于由当地习俗所造成的压力给予了回应。[46]并且，他们扩展了有关正确使用历史范例的问题，关于这一点他们在第一册书中就曾谈到：

> 我们并没有把古典主义建筑、文艺复兴建筑、现代建筑以及其他时期的建筑样式看成是必须遵守 〔277〕
> 的教条，而是看作一件作品，一件与其他同类作品相区别的作品而已。我们这样做的目的就像是一种
> 科学发现，对于每个人根据自己的需要所进行的探索进行研究，然后从他们的成果中获取好处。[47]

其中所考察的标准主要是鉴赏力、经验与理性。

佩西耶和方丹对卡瑟特宫殿建筑(Caserta)的讨论十分的有趣。他们赞美它的宏伟壮丽，但却批评它的"统一完整"(complete uniformity)："在这所富有的宫邸内，所有的东西都是宏伟的，所有的东西都是壮丽非凡的，但是它们同时又都是令人沮丧的、单调的并且令人感到不舒服的。"[48]他们认为造成这样的原因是对于比例的

忽视。尽管他们对比例的概念并没有进行正式的评价，但认为正是比例为建筑提供了一个相对的衡量标准[49]，是建筑的基本所在。在他们的头脑中，清晰地保存着迪朗的网格系统的概念：

> 当一座建筑的比例和尺度发生改变时，整体的每一部分都要在模数的基础上进行修正，这个模数也不是仅仅以算术比为基础发生变化的。各个部分都与它有比例上的联系，而不是由数学公式所限定了的值。[50]

就像我们所注意到的，他们对于在公园和园林中所出现的历史式样建筑按比例缩小的做法也同样是反对的。在他们那理性而克制的保守主义情怀中，对于比例的严格遵守，是所有讨论的前提。他们有意识地坚守历史连续性的原则，但同时他们也明显地感觉到，在他们的理性主义者同盟中的教条中所潜藏着的危机，而这种危机只是催唤着新颖的形式与进一步的改变。

夏尔－皮埃尔－约瑟夫·诺尔芒（Charles – Pierre – Joseph Normand）于 1815 年所写的《建筑式样汇编》（*Recueil varrié*）则将佩西耶和方丹的思想，以及迪朗的图表方法结合在了一起。[51]这是一本直接了当的手册类样式书，其中包括文艺复兴传统下的建筑设计，以及很多其他"适应于我们的需求的建筑平面设计"[52]，显示出与迪朗之间的密切联系。其中有的方案几近荒谬，如将一座凯旋门的立柱升起，形成一座围廊式的神庙。[53]同时，诺尔芒还是 1839 年出版的《工人们的维尼奥拉》（*Le Vignole des ouvriers** *）的作者，书中几乎涉及了所有的建筑样式，并曾多次再版。[54]

朱塞佩·瓦拉迪耶（Giuseppe Valadier，1762 – 1839 年）因为定居在罗马，所以并没有受到他自己国家——法国论辩的影响。他在圣卢卡学会（Accademia di San Luca）作过一个系列演讲，其内容显示他的理论立场是坚定地坚持维特鲁威的传统的。[55]他对自己所测量的罗马纪念性建筑的评估，并附上了菲利波·奥雷利奥·维斯孔蒂（Filippo Aurelio Visconti）的解释性文字，使他被人们看成是德戈丹（Desgodets）的后期跟随者。[56]对他来说，罗马是"一所艺术学校"（*la scuola delle Arti*）[57]，是既成标准的源泉。

1819 年，巴黎美术学院与法国皇家绘画及雕塑学会（Académie Royale de Peinture et de Sculpture）以及皇家建筑学会（Académie Royale d'Architecture）的下属学院合并。[58]快速发展的改革步伐在希腊—罗马古典主义者朱利安－戴维·勒·罗伊（Julien – David Le Roy，1724 – 1803 年）的推动下，更跨出了一大步，他一直是学会中的一位教授。[59]但是新的巴黎美术学院的学院派古典主义主要代表人物却是安托万－克里索斯托姆·考特梅尔·德·坎西（Antoine – Chrysostome Quatremère de Quincy，1755 – 1849 年）。自 1816 年到 1839 年间他一直是学会与学院的常任秘书长。他还负责学院的课程安排和罗马大奖的评审工作。[60]他在一系列的著作中阐述了自己的建筑观，但其中只有两本需要我们在这里提及：《建筑学辞典》（*Dictionnaire d'Architecture*）和《著名建筑师们的生平与作品》（*Histoire de la vie et des ouvrages des plus célèbres architectes†*）。[61]考特梅尔以一种简单刻板的历史观点，认为所有建筑设计的根源、规则、标准、理论，以及实践都应该追溯到希腊时期，然后这些又由罗马人传播开来，最后成为整个文明世界的共同特征，但是，对于哥特式他却简单地忽略了。[62]他以同样刻板的古典主义的观点来看待大部分巴洛克时期的建筑师，他不得不承认他们的声望，但却认为他们的设计是畸形的、异常的。例如，他指责博罗米尼（Borromini）将整个希腊体系颠倒了过来，并责备他"审美习惯怪异"。[63]他用一种以向自然诉求为基础的模仿理论来解释自己对于希腊建筑进行模仿的立场。[64]我们也许能从巴黎美术学院在国际竞赛组织方面所起到的具有影响力的作用以及入围作品集的出版中注意到他的这一立场。[65]

随着弗朗索瓦·勒内·夏多布里昂（François – René Chateaubriand，1768 – 1848 年）的《基督教建筑》（*Le Génie du Christianisme*，1802 年）的出版及其产生的巨大影响，建筑设计思想开始呈现出一种宗教浪漫主义的色彩。[66]对夏多布里昂来说，情绪（mood）是设计的决定性因素；法国哥特式建筑使他想起了他家乡的森林，并且带给了他"一种具有一般意义的神圣感觉……尽管其比例粗犷不羁。"[67]夏多布里昂开创了对于哥特式建筑的

---

* 全称：Le Vignole des ouvriers, ou Méthode facile pour tracer les cinq ordres d'architecture.《工人们的维尼奥拉，轻松绘制建筑五柱式之方法》。——译者注

† 对译英文 History of the life and the works of the most famous architects ——译者注

新看法，这在后来被证明是与理性主义的观点相一致的。

在巴黎美术学院，那些持早期浪漫主义思想的学生们坚持要打破他们的教学课程中刻板的古典主义风气，并为此而公开罢课。引发他们进行抗议的事件，多少带有一点偶然性和随意性，即当时正在进行的对于建筑色彩的一个讨论，争论之处在于是否应该将建筑涂抹成古典时期那样。这在一开始原本只是考古学和古代遗迹方面的课题，但后来就渐渐演化成了对温克尔曼传统(Winckelmann tradition)中的古典主义标准进行攻击的武器，而这正是考特梅尔认为值得赞赏和提倡的一种传统。最近的研究发现[68]，当时对于古典建筑上色彩运用存有疑义的分为两派：一派着手将可能的资料合成一种浪漫古典主义，另一派则转向基于材料的功能主义，也就是最初的"新希腊风格"(Néo - Grec)。

正是考特梅尔自己引发了这场争论。他学的是雕塑，而且早在18世纪80年代希腊雕塑得到系统描述之前，就已经开始收集有关资料，并于1815年出版了包含自己见解的著作《庄严的朱庇特》(Jupiter Olympien，1815年)，这其中就包含了手绘的雕塑图样。[69]19世纪20年代派往埃及、希腊和意大利南部的考察队，在大量建筑部件上发现了绘画的踪迹，但对其解释则往往大相径庭。如弗朗茨—克里斯蒂安·高乌(Franz - Christian Gau，1822年)和雅各布·伊格纳茨·希托夫(Jakob Ignaz Hittorff)在他们关于努比亚(Nubia，埃及)著作中的解释就是一例。约翰·马丁·冯·瓦格纳(Johann Martin von Wagner，1826年)关于爱琴娜岛(Aegina，希腊)建筑的研究结果，与奥托·马格努斯·冯·施塔克尔贝格(Otto Magnus von Stackelberg)对巴萨(Bassae，希腊)的太阳神庙的研究(1826年)得出的结论十分相似。[70]虽然这些工作主要都是属于考古学范围，但它们也为建筑师们所从事的历史建筑的复原重构做了许多铺垫，推动了当时建筑上有关色彩运用的争论。希托夫，曾就读于巴黎美术学院，并师从佩西耶和亨利·拉布鲁斯特(Henri Labrouste，1801 - 1875年)，是这场开始于1820年，并后来发展成论战的讨论中的一个突出人物。

雅各布·伊格纳茨·希托夫(1792 - 1867年)[71]，和高乌一样也是一位科隆人，他最初于1820游览了西西里岛，并于1823年再次回到这个岛上，并逗留了一个很长的时间，从事调查测绘工作。1824年他向法兰西学院递交了一篇关于古代建筑中运用色彩进行装饰的论文。[72]1827年他与卡尔·路德维希·威廉·冯·赞斯(Karl Ludwig Wilhelm von Zanth)发表了《西西里的古代建筑》(Architecture antique de la Sicile)[73]的第一分册，其中包括了一些彩绘的图片，这在当时引起了相当大的轰动。1830年，他在碑铭题刻学会发表了《关于希腊建筑色彩的研究报告》(Mémoire sur l'Architecture polychrome chez les Grecs)一文，第二年他又展览了自己对赛林努特(Selinunte，西西里岛)的恩培多克勒庙(Temple of Empedocles)所做的彩色复原图，这也是他在建筑色彩装饰研究上的一个巨大成就。[74]在希托夫对考古事件关注的同时，他一直在思索的一个问题是，在他那个时代，究竟色彩装饰在建筑上应该如何运用。他将涂料看成是一种对于建筑的保护层，因此涂料对于当代巴黎，要比对古代雅典更要适合得多，此外，作为对于建筑形式的一种强调，其在北欧的运用要比阳光明媚的地中海地区更加有效。至于其他方面的观点，则与他的老师佩西耶差不多。他在巴黎的圣文森特·德·保罗教堂(St - Vincent - de - Paul)所完成的作品，是一个在当时建筑中接受色彩装饰运用的实例证明。[75]

亨利·拉布鲁斯特(Henri Labrouste)[76]，巴黎美术学院的一名学生，曾于1824年以一座上诉法院(最高法院的法庭)的设计而获得罗马大奖[77]，并被获准到罗马(1825 - 1829年)和意大利南部(1826年，1828年)学习，当时他可能已经对于希托夫的成果有所了解了。在1828到1829年间，他绘制了23幅关于帕埃斯图姆(Paestum)神庙的图片，并附上了解释说明；这些图片曾在罗马和巴黎进行过展示，但直到1877年才得以出版。[78]他还出于自己的兴趣画了一幅名为《1828年的阿格里琴托城》(Agrigentum* 1828)的水彩画，画中所表现的建筑都是伊特鲁里亚风格，表面覆盖着斑驳的浅色石灰抹面[79]——表现出一种对于与考特梅尔和巴黎美术学院所代表的建筑理念格格不入的原始的、前古典时代的建筑的呼唤。

拉布鲁斯特关于帕埃斯图姆的复原重构设计被巴黎美术学院视为一种革命行为，也被一些以前的学生视为建筑的异端。因而，在考特梅尔指责拉布鲁斯特对历史遗迹所作的测绘是不准确的时候，他与奥拉斯·韦尔内(Horace Vernet，在罗马的法兰西学会的主任，他对拉布鲁斯特的那些图片持支持态度)之间爆发了一场公开的

〔279〕

---

* Agrigentum，即阿格里琴托(Agrigento)，是意大利西西里岛西南的一座城市，俯瞰地中海，该城由希腊殖民者建于公元前580年。——译者注

争辩。当拉布鲁斯特在 1830 年返回巴黎建立他的工作室时，他被与其意见相同的学生看作是一位富于浪漫色彩的英雄。

色彩装饰的问题对拉布鲁斯特产生了重大影响。[80]他不再关注标准的古典主义建筑的"法则"问题，而将建筑看作是对已有的当地建筑材料的展示，是已有的功能、历史与文化条件共同作用的结果。这种观点宣告了对古典建筑标准的抛弃。拉布鲁斯特不再将帕埃斯图姆的早期建筑的矮胖比例看作是古典建筑演化的原型，认为它们在艺术上是完全独立的。他将色彩的运用看成是一个艺术创作过程的结果，并认为它应该服从多样化的原则，对他来说，根据当地的情形，在同一座建筑上运用不同的建筑材料，暗示着在建筑外部涂抹灰泥的做法，一定是在建筑发展的最初阶段就已经开始运用了。

拉布鲁斯特将帕埃斯图姆的建筑结构和外观看成是纯粹功能要求的结果。他认为所谓的巴西利卡（赫拉 I 世神庙）既不是一座神殿，也不是最早的建筑，而是一座公众的集会大厅[柱廊，(portique)]，其设计是用最经济的造价提供了尽可能大的空间。在山花的位置上，他从他所声称的建筑物所应满足的功能出发，认为这样的〔280〕处理是没有理由的，于是在他的复原重构中，将这一部分改成了坡屋顶。[81]他认为柱廊出现在尼普顿神庙（赫拉二世神庙）之后，并认为这是帕埃斯图姆的一些人为了创造出"新的"、"不一样的"建筑形式的一种尝试。在这里我们可以看出拉布鲁斯特的复原设计走得有多远：正是由他奠定了将古典标准向"新的"、"现代"建筑方向转变的思想基础——这迈出了从根本上动摇美术学院传统的一步。

从历史发展的角度来看，拉布鲁斯特的重要性在于他提出了在基本结构和外部装饰上的根本区别问题，他认为后者是由结构和材料所决定的。值得注意的是，最开始吸纳这种思想的人之一便是戈特弗里德·森佩尔（Gottfried Semper），关于这一点，我们将在后面讨论。为了更好地评价拉布鲁斯特在铸铁结构应用上的技术创新，例如我们在巴黎的圣日内维耶芙图书馆（Bibliothèque Ste Geneviève）以及巴黎国家图书馆（Bibliothèque Nationale）的结构中所看到的，我们需要对他那些建筑概念提出的复杂背景进行研究。这样说可能有些片面，但这些创新在最近的建筑历史学家们看来已经变得十分重要了。[82]

对色彩装饰的争论已经超越了学术的界限，在森佩尔和欧文·琼斯（Owen Jones）这样一些人的思想中，这一争论具有了一个全新的意义。一个例子就是 1839 年由丹麦建筑师戈特利布·宾德斯宝（Gottlieb Bindesbøll）创作的位于哥本哈根的托瓦尔森博物馆（Thorvaldsen Museum in Copenhagen）就是一个将仿古风格与彩色装饰结合在一起的新的尝试。[83]这场争论引起的余波甚至可以在维克多·雨果所写的《1482 年的巴黎圣母院》（*Notre - Dame de Paris* 1482，1832 年）和弗朗兹·库格勒（Granz Kugler）的论文《关于希腊的建筑和雕塑及其范畴之内的彩色装饰》（*Über die Polychromie der griechischen Architektur und Skulptur und ihre Grenzen**，1835 年）中都能够看出这场争论所产生的影响。[84]

在这场源于古代历史背景之上的关于建筑色彩装饰的争论过程中，人们可以感觉到浪漫主义的肇端。这一争辩也表明了它对于哥特式建筑的赞赏，哥特式建筑不仅被认为是法国建筑的民族形式，而且，也试图寻求将这种建筑列入一种建筑发展的历史文脉之中。雨果在他的《1482 年的巴黎圣母院》第二版第三卷中[85]，对于大教堂本身、对哥特式风格和巴黎的建筑都作了详细的描述和历史的评价，他还讨论了一些诸如建筑保护之类的具体实践问题，并且将哥特式建筑看作是民族自由的象征。在这一点上他比夏多布里昂要看得更远一些。[86]朱尔·米什莱（Jules Michelet，1798 - 1874 年，法国历史学家）从 1833 年开始，在其《法国历史》（*Histoire de France*）中，对哥特式建筑作了一种神秘和哲学化的解释。他用亚里士多德的繁琐哲学来分析哥特式建筑，并使用了"关于石头三段论演绎法"（syllogisms in stone）这样的短语[87]，这比戈特弗里德·森佩尔的"石头经院哲学"（stone scholasticism）出现得更早，并在帕诺夫斯基（Panofsky）的《哥特建筑与经院哲学》（*Gothic Architecture and Scholasticism*，1951 年）一书中被再次提及。[88]

对于哥特式建筑在书面上的重新评价与当时法国国家纪念性建筑的保护两者之间的联系通过作家普罗斯珀·梅里美（Prosper Mérimée）被任命为"历史纪念性建筑总监察官"（Inspecteur général des monuments historiques）这一件事象征性地表达了出来，从 1835 年至 1853 年他一直在这个位置上。[89]正是在他所创造的管理体系之下，使得他的朋友维奥莱—勒—迪克（Viollet - le - Duc）能够从事他的复原维修工作。

---

*对译英文 About the polychromic of the Greek architecture and sculpture and their borders ——译者注

有关哥特式建筑的学术论辩是由阿尔西斯·德·科蒙(Arcisse de Caumont, 1801-1873年)提出来的。他作为法兰西考古学会(Société Française d'Archéologie)的奠基人，以及《纪念性建筑期刊》(Bulletin Monumental)的编辑，在当时有着很大的影响力。[90]他对于哥特式的历史发展过程的细致分析与他的《论中世纪建筑》(Sur l' architecture du moyen-âge*)同时开始于1824年，接下来他又发表了《古代纪念性建筑讲义》(Cours d' antiquités monumentales, 1830-1841年)进一步深入探讨了这一问题。[91]

为了深入理解这个世纪中叶时在法国展开的围绕哥特式建筑争论的范围和深度，我们有必要对在巴黎美术学院和巴黎理工学院普遍流行的古典主义态度进行正确的评价。这并不是说在迪朗和龙德莱之后的发展缺乏重要性，而是说在巴黎理工学院出版的另外一本建筑手册书，在巴黎美术学院没有产生任何反应。这就是莱昂斯·雷诺(Léonce Reynaud, 1803-1880年)的著作——《建筑论》(Traité d' architecture, 1850-1858年)，其中收集了雷诺在理工学院的讲演稿。[92]这是一本较之迪朗和龙德莱的著作要相当守旧的论著，当然并不是不合时宜，在美学上这本书仅仅是维特鲁威的思想与18世纪的概念的一个简单的混合体。书中依照威特鲁威传统，将建筑要素分为"实用"、"坚固"和"美观"，并认为其中第一点仍然是最重要的。[93]和龙德莱相似，雷诺也认识到了铸铁结构的可能性，并且意识到这种新的材料将导致新的建筑形式的诞生——他指的是工业建筑和拉布鲁斯特的圣吉纳维芙图书馆设计——并以此影响到未来建筑的发展。他认为："铸铁就像木材一样，可以被运用到各种形式上——而事实上，比木材的用途更广。"[94]因此，他所举出的铸铁结构实例，很自然地，显示出独特的新古典主义设计元素。

雷诺论著的第一册内容为结构与材料的理论，第二册说的是以历史实例为代表的建筑类型学。他对新古典主义的偏爱是显而易见的。依照法国的传统，他是从对"配置"(disposition)的讨论入手的，他在美学上的观点基本上附和了18世纪的那些原则，例如："善是美的基础，艺术形式必须总是真的"等等。[95]他对比例的看法是以维特鲁威为基础的，但与那些革命建筑师相似，他对其作了一些延展。[96]在引入装饰的概念时他这样解释："装饰之于艺术如同愉悦之于生活"，他也声称"人们对于装饰有着内在的需求"。[97]他的著作中充斥的都是这些平俗的话语，却要装扮成为有着一个完整的体系，因此可以想见，如果维奥莱—勒—迪克对于雷诺是嗤之以鼻的，恐怕也不难理解。

巴黎美术学院在考特梅尔退休以后仍然延续着其教条主义的风格。他的继任者——考古学教授劳尔-罗谢特(Raoul-Rochette, 1790-1854年)把关注的重点由以古代罗马为主导的观点转移到了以文艺复兴为中心的尝试上来，这也是拉布鲁斯特和希托夫的著作的中心内容。这种基于文艺复兴的历史主义被正式宣布为最适合于19世纪的建筑样式。从1843年开始，在巴黎美术学院的内部与外部都产生了这样的争论，争论的一方将哥特式列入了浪漫主义的范畴，后来更发展成为理性主义的思想，而另一方则代表了以文艺复兴为基础的折中主义思想，他们的共同点在于两者都鼓吹理性主义。限于篇幅这里不能对这场争论的内容做详细介绍[98]，但需要指出的是，这两方面的基本分歧就在于，认为到底是哥特式的还是文艺复兴式的建筑原则更适合于19世纪的需要。哥特主义者提出许多更为完备的论据，从根本上挑战了古典主义者对于整个建筑设计的理解和由此产生的理论。

拿破仑三世政权的建立在很大程度上导致了建筑学会(Academy)在1863年的重组[99]，与此同时，维奥莱-勒-迪克在巴黎美术学院呆了两个月为哥特主义者摇旗助威后，他被任命为艺术和美学历史教授。我们必须看到在这样的政治背景下19世纪法国出现的最重要的系统化的建筑理论就是勒—迪克的理论。

尤金-埃曼努尔·维奥莱-勒-迪克(Eugène-Emmanuel Viollet-le-Duc, 1814-1879年)被称作是与阿尔伯蒂具有同等地位的人，他是"建筑学领域最后一位伟大的理论家"。[100]但除了那些把他看作是与现代建筑的基本原则密切相关的人以外，还有很多人认为他是有机械论倾向的实证主义者。一些人把他看作是纯粹的新哥特主义者，而另外一些人则认为他是一位在非常不确定的原则基础之上的修补者，使得大量的历史纪念性建筑的外观呈现出与19世纪概念中的中世纪的风格相一致的形象。[101]

维奥莱—勒—迪克的共和主义态度，可以从他在1830年的革命中设置路障的行为表现出来，而这对于他的建筑理论有着决定性的影响，但令人感到奇怪的是，后来他却与拿破仑三世关系密切，表现出与共和观念截

〔281〕

〔282〕

---

*法语对译英文 On the architecture of the Middle Ages ——译者注

然相反的姿态。从他 1836 年到 1837 年间在意大利游历时的绘画和信件中可以看出，他的思想并不是一开始就是中世纪或哥特主义的。[102]他不是巴黎美术学院的学生并且终其一生都保持了一种反学院派式的偏见，但他的革命性观点后来也固化成了一种新的教条主义。

关于勒—迪克的知识结构的形成，人们常常提起的是他母亲的沙龙，他叔叔艾蒂安·德勒克吕泽(Etienne Delécluze)，以及普罗斯珀·梅里美(Prosper Hérimée)和科北的斯塔尔女士(Madame de Staël at Coppet)的圈子的影响。在他通过梅里美的影响力获得了威兹雷的玛德琳修道院(abbey church of Madelaine at Vézelay)的重建工程后，他开始确立自己的观点。在他从 1844 年开始发表在《考古学年鉴》(Annales Archéologiques)上的文章中对于古典主义和哥特式建筑的讨论中，他以越来越大的热情来表示对于哥特式的支持。到了 1850 年代初，他的理论体系已经成熟，并体现在他的两本主要著作——《11 至 16 世纪法国建筑理论辞典》(Dictionnaire raisonné de l'architecture française du XI e au XVIe siècle，1854 - 1868 年)和《建筑对话录》(Entretiens sur l'architecture，1863 - 1872 年)里，前者是按照字母顺序排列的概念全览，后者则像是关于历史的说明。他的大部分后期著作都是通过对于单座建筑的阐述来表达他的理论体系的。[103]

在勒 - 迪克的历史观中，有一部分是对于中世纪浪漫主义热情的产物。从艺术史发展的背景来看，他的观点代表了将瓦萨里(Vasari)所阐释的并被人们奉为圭臬的原则颠倒了过来的一种思想。按照瓦萨里的那些原则，古代希腊、罗马时期和文艺复兴时期是艺术发展的巅峰，而中世纪的艺术发展则处于一个较为衰败的状态。[104]而对勒 - 迪克来说，正是中世纪的哥特式风格达到了艺术成就的顶峰，到了文艺复兴时期艺术已经开始走下坡路了。他的理论与那些瓦萨里主义者及古典主义者之间的一个很大不同在于，在他的结论里只体现出十分有限的一些历史关联性。

勒 - 迪克的建筑概念中考虑了技术、形式，以及几乎所有的社会历史因素。他将建筑看作是对于一个已知社会结构的直接体现。祖尔策(Sulzer)和米利萨(Milizia)早已开始了向这一方向上的发展；对于勒杜来说，最重要的是奥古斯特·孔德(Auguste Comte，1798 - 1857 年，法国实证主义哲学家与数学家——译者注)的实证哲学和希波利特·丹纳(Hippolyte Taine，1828 - 1893 年法国文艺批评家、历史学家、哲学家)的社会决定论观点，丹纳后来在勒—迪克于 1864 年卸任后继任了巴黎美术学院艺术史系的主任。

[283]　　勒 - 迪克在《辞典》一书的序言中表达了自己的观点，他声称法国的哥特式建筑不仅反映了国家的精神，而且体现了"团结的原则"和一种"直接的和富于逻辑性的方法"(marche régulière et logique)[105]，它应该得到更为广泛的理解。他的目的就是要展示出"这些形式的内在特征，产生这些形式的一些原则，以及由于它们的产生而引发的一些习惯和想法"，然后，以此为背景依托，引发一场"建筑研究方面的神圣革命"。[106]同时，他还强调了建筑中宗教、政治、地域和民俗的重要性。但是他所关注的并不是纯粹历史的概念，而是通过将哥特式建筑的理性作为对于民主社会的完美表达，以此为原则来建立他所处时代的建筑模式。他并不主张模仿哥特式建筑的样式，但却希望通过将其中他所认为的理性原则抽象出来，从而使他可以将现代技术的进步解释成为是对哥特式建筑的一种延续。对他来说，艺术依靠的是"大众的直觉"，这一原则延伸到各个创作领域便造就了民间艺术。[107]他还进一步地赋予了哥特式概念以某种道德性的内涵，将它称作是"真正的原则"，而希腊建筑"对于现代文明来说则过于陌生"[108]了。这显然是对巴黎美术学院的直接挑战。

在《辞典》中，勒 - 迪克用了不少于 337 页的篇幅来总结建筑的发展历程。他认为 1260 年是哥特主义发展的巅峰时期，在这以后，对于材料的理性使用方面开始走向衰落。[109]勒 - 迪克对结构发展与材料使用所赋予的关键性作用在这里看得很清楚。对他来说没有什么形式比哥特式教堂能够更好地表现出现代建筑的观点："出现于在思想秩序上与古典时代截然不同的时代之中的那些大教堂，是对现代建筑精神最早和最伟大的应用。"[110]

18 世纪发展起来的功能主义概念，包括室内设计、建筑技术和材料的真实性，在勒 - 迪克这里都得到了体现。在《辞典》中的"建造"一节中，他把"建筑"定义为纯粹的建造过程的产物。还是在这篇文章中，他提出了一个在技术和社会原则基础上的建造定义：

　　　　对于建筑师来说，建造就是依照材料的特性与本质来运用它，并表达出以最简单和最有力的方法来达到目的的意图。而且要给予建筑物的结构以一种永恒性，一种适合的尺度，并使之符合由人的感觉、理智和直觉所制定的某些法则。建造者采用的方法一定要依据材料的特性，他可以支配的建造经费，每一类建筑的特殊要求，以及他所处的文化环境而有所变化。[111]

勒－迪克还提出了建筑的普遍原则和特殊原则的区别：前者包括对材料的应用原则；后者则将历史的和社会的因素包括其中。这一观点使他成为建筑民族风格的提倡者，而不仅仅是一位基于技术考虑的建筑语言国际化的先驱。他把哥特式建筑称作是"灵活的，自由的，而且是富于探索性的，就如同现代精神一样"，而古典建筑对于他来说"绝对是一种资源"。[112]他对比例方面所下的定义，如果有的话，也是一个相对的概念。与考特梅尔相反，他反对比例上固定的数学关系，认为比例源自静力学，而静力学来源于几何[113]，也就是说，比例问题被边缘化为建造过程的较次要方面。　〔284〕

也许勒－迪克的建筑理论中最著名也是最具影响力的部分还是他的建筑复原修缮理论，这种理论提出要有意将一个建筑修复成为一座想像中的理想状态，尽管事实上这种状态从未出现过。在"复原重建"（Restoration）一文中，勒－迪克提出："要修复一座建筑，不是去修修补补，或重新建造，而是要将它恢复到一种完整的状态，虽然这种状态可能从未出现过"。[114]根据这种理论，他在修复一座建筑物时，不仅复原它的外部立面，而且还复原到他想像中的结构形式。[115]然而，对勒－迪克来说，复原并不意味着对原来的历史环境的重建，而是将现代原则投影到过去。这种复原重建的态度，在文物建筑保护领域产生的效果是众所周知的。尤其是在英国，这种思想招致了激烈的批判。在英国人们意识到这种所谓的复原重建，常常意味着破坏，而在当时的英国，一种进步了的复原修复理念已经透过"反涂抹"（Anti－scrape）运动而表现了出来。[116]

勒－迪克对于风格的绝对与相对概念的区分是他研究哥特式建筑所得出的更进一步的结论。他将人们所熟悉的历史风格称之为"相对的"，而将"在一种原则基础上的对于理想的实现"的建筑看作是绝对的[117]，他只是在哥特式建筑中找到了这种样式。在"风格"（style）与"时尚"（styles）之间的定性区别是在围绕19世纪新哥特建筑的争论中得到确定的。

在勒－迪克貌似客观的《辞典》中显示了他将实证主义的表述与据说是有着类似客观性的历史理论结合在一起的特征。那种将中世纪的法国建筑作为一部百科全书的主题的特殊想法，并将所有其他建筑的历史都以其为标准进行比较的做法，显示了勒－迪克的"快乐革命"（glücklicher Revolution）的广泛程度。勒－迪克对于建筑的理解建立在一个非常复杂的基础之上，但是在他个人的文章中所表现出来的对于技术的强调是如此地重要，以至于我们应该考虑称他为理性的、机械论实证主义者。

在《对话录》（Entretiens）一书中，他建立了一个综合了建筑历史、建筑理论与建筑类型学的不完全系统。这本书直白的并略带诗意的写作风格，使它变得易于理解，并让那些本应该对站在反对巴黎美术学院的最前沿的勒杜心怀愤怒的美术学院学生们，却反过来对于他们所依据的古典主义原则产生了怀疑。勒－迪克对技术进步的信仰不仅使他将哥特式看作是最完美的理性主义风格，也让他能够很容易地接受新的结构形式和新材料的应用。龙德莱和雷诺也都赞同使用铸铁结构，但是只有勒－迪克走出了决定性的一步。他为铸铁结构提出了独立的规则和美学原则。而且，他开始对机器流露出了热情，而在那时机器还被一些英国人激烈地加以抵制；他声称他在轮船，火车机车之类的机器上找到了他的绝对风格的理想："火车的机车简直就像是一个生物，它的外形完全就是它力量的表达。因而，一辆机车无疑是存在着风格的……它的真实面貌就是它那粗犷野蛮的强劲力量。"[118]由他的这一思想到未来主义与勒·柯布西耶之间存在着某种必然的联系。在《对话录》的第6章，在他突然结束自己的讲稿之前，有一段简短的挑战式宣言："折中是一种罪恶，因为它必须排除各种风格的可能性……。"[119]

勒－迪克为人们打开了一片能够取代折中主义的新的建筑前景，这一建筑图景以功能，民族性与社会为基本前提。但是，与他的观点自相矛盾的是，他自己的设计却经常会回到中世纪哥特式的建筑形式上去：　〔285〕

　　既然建筑的构成必须或只能从：1）已经制定的程序中和2）建筑所赖以存在的文化习俗中得来，那么为了做好一座建筑的设计，就很有必要掌握这样的程序，并需要对这些风俗、习惯有精确的了解。
　　强调一下：尽管在程序上可能没有什么基本变化，但是人们的文化风俗习惯却经常变化很大，因此建筑应该呈现出非常多样的形式来。[120]

勒－迪克在谈到古比诺的人种理论的时候[121]，并没有期望得到我们今日对他的敬仰之情，当然，有关这一理论的叙述是后来才添加到他的著作之中的。[122]在他回到建筑材料，及建造过程问题上来之后，正如在他之前的洛多利与洛吉耶所做的那样，他又开始考虑关于真实性的问题："十分必要的一点是，建造的程序必须是真实的，建造的过程也必须是真实的。"[123]同时，他还显示出受到了笛卡尔的某些影响。

> 首先，要了解你将要使用的材料的特性；其次，赋予材料以符合建造要求的功能与强度，从而使建筑能够呈现出某种最准确表达这种功能与强度的形式；其三，为这种表达形式找到一种和谐与统一的法则——也就是说，能够体现建造意图和自身意义的尺度、比例体系和装饰，并且设定因可能遇到的各种不同的需求而需要的变化幅度。[124]

这些要求意味着形式是由功能决定的，而反过来功能也不仅会受到程序、材料特性和结构的限定，还会受到勒－迪克的建筑概念中社会的复杂性与历史的因素的诸多影响："建筑中所应用的材料通过你所赋予的形式，体现着它们的功能：石头必须清晰地表现得像石头，铸铁就像是铸铁，木头就像是木头。而当形式符合它们的特性时，这些材料还必须彼此间和谐统一。"[125]这实际上已经预言了沙利文的著名格言"形式追随功能"，尽管两者都提出了相似的话，我们还是需要对"功能"的含义有更为确切的理解。

勒－迪克警告说要防止出现像文艺复兴式建筑那样的"二手"性的建筑，但却没有意识到他的新哥特式建筑也同样是"二手"货。他通过研究铸铁的拉压应力，提出了将铸铁应用在斜向位置上的新的组合方式，这使他更加接近了哥特式的飞扶壁的概念（图版156）。在看到完全铸铁结构发展潜力的同时，勒－迪克也发现了暴露在空气之中的铸铁结构的种种缺点，因此，他提倡一种砖石与铸铁的组合："从铸铁自身我们很难找到一个完美的形式，能让建筑冬暖夏凉，并且不受温度变化的影响。而在这一方面，石头的墙体和拱券屋顶则有着其他材料所不可媲美的优点。"[126]在这里，他选择了一种折中，在新哥特式风格的历史上下文背景中把铸铁用于建筑的外部：将单个的铸铁构件制作成为哥特式的形式！他内心的矛盾在这里表现了出来。他对于工程师们所作的建筑设计赞不绝口，但却谴责建筑师们是在"小心翼翼地将新的技术运用在旧的形式上"[127]，然而，他没有意识到，这正是他自己在做的事情。

[286] 勒－迪克继续讨论了在私人住宅中铸铁结构的实际应用与经济问题。他正视了建筑物正常使用所能维系的寿命，也就是大约 100 年的时间[128]，为此，他尝试着设计了一个铸铁结构的立面。[129]他后来的著作《现代住宅》（*Habitation modernes*，1875－1877 年）是一个附有插图的历史概要。[130]在当时的法国，讨论有关铸铁材料运用的著作还很少，仅有的一些，如约瑟夫·诺伊曼（Josph Neumann）的《建造的艺术》（*Art de construire*，1844年）[131]，其涉及的范围也仅限于暖房或冬季的花园温室，还没有人讨论过铸铁材料在其他用途的建筑上的应用。

勒－迪克并没有能够成功地将他的关键性理论思想应用于新的形式概念上。他思维上的睿智是非常迷人的，但同时也往往产生某种误导，因为尽管他试图将这种风格仅仅解释成为是一种技术进步的产物，其结果还是导致了完全是基于新哥特式风格假设之下的循环论证。他所设计的仅有的几座建筑在艺术上也是乏善可陈。而他所声称的那些完全基于历史原则之上而进行的复原修建工程，最终也变成了一种没有历史的历史主义（a-historical historicism）的奇特作品。在他所阐释的理性与民主的中世纪的基础之上，他发展出了他自己的建筑方式，希望将之适应于同样是理性与民主的未来的需要，然而，他所走的路径，有点与自己的时代格格不入了。他所展示的是一幅回到过去的梦中美景。

从勒－迪克到夏尔·加尼耶（Charles Garnier，1825－1898 年）之间仅仅迈出了一小步。加尼耶是从巴黎美术学院毕业的，他在勒－迪克的工作室中工作过一段时间。他的许多文章都是为了给自己的设计，主要是巴黎歌剧院做辩解的。[132]在他 1871 年所写的《歌剧院》（*Le Théâtre*）一书中，有一个有趣的特点，就是他通过前来欣赏歌剧的人，在建筑物中走动时的视点，来描述这座歌剧院的结构。

我们现在必须对法国的乌托邦社会主义者们关于建筑和城镇规划的思想，进行一个简要的回顾。他们中间最为重要的是夏尔·傅立叶（Charles Fourier，1772－1837 年法国空想社会主义者，社会改革家——译者注）。他是从克劳德－亨利·德·圣西门（Claude－Henri de Saint－Simon，1760－1825年）的哲学思想出发的，并且发展了建筑与城市设计的一整套理念，来配合他的社会模式中的最终"保障"（garantiste）阶段。他关于历史的理论最早在他的著作《关于四种运动的理论》（*Théorie des quatre mouvements*，1808年）中已经表述了出来，但是，直到后来的《关于世界联合的理论》（*Théorie de l'unité universelle*，1822年）[133]中，他才提出了对于建筑的看法。傅立叶设想了一种能够反映社会和谐的"建筑单元"（architecture unitaire）。他为第六项"保障"所做的城市设计项目与新文艺复兴式的放射状规划类似，但在内容上有很大不同。它由三个同心圆组成，最里面的圆是真正的城市范围，中间的圆包括了城市近郊和大型工厂，最外面的圆则包括了林荫道和城市外围的郊区[134]；在每一个圆中，其建筑样式都存在有某种一致性，并与其他圆中的建筑相协调，同时在由圆心出发的放射状道路两旁，应该布置有如画一般的景致。圆环之外是巨大的雕塑和其他纪念性建筑，包括那些为参加拿破仑的巴士底广场（Place de la Bastille）设计竞赛而创作的群像雕塑。这已经相当接近那种专制主义式的城市设计理念。傅立叶反对罗伯特·欧文的矩形网格式的规划。出于对未来发展的考虑，他设想出了一种很长的带顶柱廊（*rues－galeries*）以将各种社会福利设施联系在一起。[135]同样，他的"自治村"（*phalanstères*），或者大尺度的社区性住宅街区的概念，也都是以如同凡尔赛宫和埃斯科里亚尔建筑群那样的专制主义的模式为基础的。[136]这是否是一个时代性的错误，或者是傅立叶在对这一整个历史时代进行报复，我们已不得而知。奇怪的是，他并没有注意到，他的一些想法，在迪朗等人所做的设计中，是可能实现的。直到傅立叶死后，工业家让－巴蒂斯塔－安德烈·戈丹（Jean－Baptiste－André Godin，1817－1888年）在法国北部小镇古斯（Guise）设计了包含有住宅楼宇、公用设施和工厂建筑的著名的"邻里式"（*familistère*）[137]社区。 〔287〕

　　社会中人口增长、工业与文化的迅速发展这一现实与这种只在小范围内流传的社会乌托邦思想形成了鲜明对照。当时在法国最重要的实践便是由乔治·奥斯曼爵士（Baron Georges Haussmann，1809－1891年）所做的巴黎重建计划，他在自己的回忆录（Mémoires）[138]中对自己的规划作了细致的总结。他的思想又被欧仁·埃纳尔（Eugène Hénard，1849－1923年）赋予了一个系统理论基础，并得到了进一步发展。埃纳尔一直在巴黎美术学院，他的城镇规划原则主要是从由交通造成的问题出发的，他还创造出一种交通类型学作为规划设计的基础。[139]他的"未来城镇"是由许多不同的层所组成的，其中地面层被设定为基准层。[140]埃纳尔的理论在20世纪前半叶的规划理论中，占据着最为重要的地位，如果没有他，勒·柯布西耶后来的成就也很难想像。

　　18世纪末时的奥古斯特·舒瓦西（Auguste Choisy，1841－1909年）[141]将杂糅着浪漫主义建筑观的勒－迪克的复杂历史观，以一种令人着迷的简单理性主义，在《建筑历史》（*Histoire de l'architecture*，1899年）一书中，得以延续了一段时间。舒瓦西是一位训练有素的工程师，他在书中以一种连续的技术发展的观点，对从史前到现在的建筑历史进行了系统的诠释。像勒－迪克一样，他从确定因素与可变因素出发，着手研究建筑的发展历程，之后又将重点转移到对于建造过程的思考上来。他重申了诸如气候、生活方式、社会结构及习俗等因素的重要性。在文章的最后分析中，他将建筑风格的发展归纳为是受技术发展的影响；建筑作为受技术限制的形式而出现，这成为所有时代和国家的建筑的共同特性。舒瓦西在第一节里是这样描述史前建筑的："所有的文化艺术都面临同样的选择，并遵循同样的法则：史前艺术中似乎孕育着所有其他艺术的萌芽。"[142]舒瓦西的每一项历史研究都是在材料和结构的前提下进行的。他还在书中展示了约1700幅图例，这些图例都用一种统一的形式来表达，其中包括平面图、立面图、剖面图，以及结构框架清晰展示。形式，在他看来，只是思想的表达方式。

　　舒瓦西对于比例和尺度的态度令人感到有趣，他并没有把比例看成是一种"被人称之为韵味的某种模糊的和谐感"，而是追求某种"确定的有系统的设计过程"。[143]他在模数体系中找到了答案。他认为埃及人是以砖的尺寸为模数，希腊人则将柱径定为模数，到了哥特时期，模数则变成了人的身材。而作为柯布西耶的"模矩"（*modulor*）概念的出发点，正是建立在舒瓦西的基础之上的。而舒瓦西对于模数和尺度之间的联系是这样描述的："不管建筑的规模如何，在一个建筑作品中总是有某些尺寸实质上是不变的。例如，从一个纯粹实践的角度来说，一扇门的高度并不会因为穿过它的人的身高不同而不同……。"[144]

　　与巴黎美术学院所主张的严格的对称特征相反，舒瓦西从景观园林中得到启发提出了"如画风格" 〔288〕（Picturesque）的概念。[145]他对结构和材料的考虑的重视从他由金匠艺术中发掘出的科林斯柱式的柱头上的涡卷式样这一点上也得到了体现。[146]他还跟勒－迪克一样对哥特式给予了很高的评价：

这种新的结构是艺术逻辑上的胜利。一座建筑物成为了一个被设计的实体，其中的每一个结构构件形式都不再是由传统模式所决定，而是由而且只是由它的功能来决定。[147]

在这里结构的概念与有机的建筑概念结合为一体。舒瓦西将形式法则看作是功能的体现，更加体现出 18 世纪初科尔德穆瓦(Cordemoy)采用的形式，其实与希腊和哥特式建筑有着惊人的相似之处。

舒瓦西认为那些石膏装饰物只能是建造过程中的视觉附属品，并且他把风格的发展仅仅看成是某种新的结构方式的表现。[148]他展示了一幅显示包括非欧洲文化在内的所有建筑历史的图景，但由于他对中世纪以来法国的过度偏爱损害了他的客观性。同时他对文艺复兴的看法还是很中立的。另一方面，在他看来法国大革命是历史上的一个断层："一个新的社会建立起来，它渴求一种新的艺术。"[149]一种新的精神要求新的正式语言，而这种新精神的基础可以在铸铁结构中发现。舒瓦西引用的实例包括巴黎中央市场(Les Hallen)，以及巴黎国家图书馆的主阅览室等。而且这种新材料的静力学特性，又将产生某种新的比例系统："一种新的比例体系已经被创造出来，这一比例体系的和谐原理不再是别的什么，而是静力学的那些平衡机制。"[150]这样就建立了一套有关建筑特性的崭新观点，这一观点也被证明对于大部分 20 世纪的建筑思想有着某种潜在的影响，这种观点就是：结构 = 形式 = 和谐。

舒瓦西的建筑历史观点被还原为某种逻辑结构。对他的这一思想的探索延续了很长时间。勒·柯布西耶在 1912 年为他的图书馆而获得了一本《建筑历史》一书的副本[151]，但是实际上，早在两年前他在拉夏德芳(La‐Chaux‐de‐Fonds)所作的工作室别墅的设计中，已经清晰地表达了舒瓦西的风格概念(图版 158)。[152]而后来勒·柯布西耶与奥赞方(Ozenfant*)创立的杂志《新精神》(L'Esprit Nouvean)中的内容深受舒瓦西的影响，已是众所周知的事情。

令人感到奇怪的是，直到世纪之交之后巴黎美术学院才提出了它自己建筑理论的一套体系。尽管早在 1867 年图书馆管理员夏尔·勃朗(Charles Blanc)就已经出版了《设计艺术方法》(*Grammaire des arts de dessin*)[153]，其中着重强调把"次序"(*ordonnance*)作为表达的一种手段，但是，直到朱利安·加代(Julien Gaudet)的《建筑理论元素》(*Eléments et théorie de l'Architecture*, 1901–1904 年)[154]问世，我们才得以对自雅克‐弗朗索瓦·布隆代尔的《教程》一书发表以来，学院派思想的发展细节有了一个全面的了解。加代是拉布鲁斯特的学生，他于 1864 年凭借一个高山旅客客栈的设计而获得了大奖[155]，并于 1872 回学院教书，在 1894 年时担任了建筑历史专业的主任。

[289] 加代的著作中包括了一些与以往的实际建造工程有关的，但并没有经过理论概念的延伸的讲稿。书的作者把它看成是"入门读本"(*livre élémentaire*)，是一本学生的教科书。[156]一直延续到 20 世纪 20 年代的多次再版证明了这本书的成功。作者的获奖作品高山旅客客栈设计显示出了他的折中主义倾向，他位于巴黎歌剧院旁边的设计也获得了加尼耶的赞许；他在风格问题上持一种中立的态度，而他用来印证自己思想的实例也来自于"所有时代和所有国家"。[157]加代的建筑观念中有功能主义的影响，但总的说来，他的理论体系是相当随意的。他的体系中包含有"各种建筑的组成，从单独的元素到总体的组合，从艺术以及将艺术运用于具体设计项目中的二元论观点，到材料的必要性，等等。"[158]

加代所给出的都是有历史实例支持的对于建筑构成与建筑类型的观察。他了解他的学生在学习过程中可能遇到的一切困难，因此他从如何获得纸张和绘画材料等开始谈起。在他的书中记录有他在 1894 年 9 月 28 日的就职演说上所说的话，我们可以清楚地知道他并没有什么固定的建筑理论。[159]他关于继承法国的古典传统和"艺术中通常和永恒的原则"的呼吁(*principes généraux et invariables de l'art*)[160]，表明他是处在保守主义和勒‐迪克的某些概念之间的一个中立的位置。对于他所关注的原则，能够从他对"构成元素"(*éléments de la composition*)的强调中了解一二，"构成"对于他来说意味着建筑的"艺术品质"。对此他是这样定义的："构成意味着将整体的各个部分组合，焊接和结合在一起。在这个意义上，这些部分本身就是构成的要素。"[161]

加代把比例看作是一种"组合的品质"(*qualité de la composition*)[162]，是隶属于建筑师自由而理性的判断之

---

* 立体主义画家——译者注

下的。他反对死板的规则，只是从实践、结构和历史的观点来讨论柱式的。他那种对于美学的柏拉图式的表述方式——美是真理的表现——看上去有点矫揉造作，但是，有一点是相同的，他也认为建筑的目标是"真实"。

加代对于现代建筑设计理论产生了相当大的影响，因为在他之前从来也没有人对于建筑的构成概念如此重视。加代是一位形式主义者，这一点可以从他在《建筑理论元素》（*Elément*）一书中对于建筑师的职业品质问题上的见解仍然沿用他和夏尔·加尼耶在《法兰西学术辞典》（*Dictionnaire de l'Académie française*）[163]中已经给出的定义，可以清晰地看到。

加代将自己的风格折中主义与对维特鲁威的排斥相结合，在他所提出的如下三个等式中可以看出那些标准的建筑概念的内涵是如何被抛弃的：

> 布置＝构成
> 比例＝研究
> 结构＝通过知识的研究把握[164]

加代以其思想中全部的理性主义色彩，更主要地是他在知识上的缺乏清晰性，这一切使得他成为了20世纪建筑理论的范例。

从知识的角度说，舒瓦西和加代的著作展现出了一系列相当明显的进步；在整体风格上，他们还是倾向于历史折中主义的。巴黎美术学院身上的这种历史折中主义烙痕，一直延伸到了20世纪，从而给予这所学校一个不太好的名声，这一名声也影响到了人们对于这所院校19世纪历史的看法。古斯塔夫·乌登斯托克(Gustave Umbdenstock)，一名巴黎理工学院学生，于1930年所写的《建筑教程》（*Cours d'architecture*），仍然无视现代建筑的出现，继续坚持着19世纪的传统[165]；而到了1955年，加代的学生阿贝尔·费朗(Albert Ferran)发表的《建筑构成的哲学》（*Philosophie de la Composition Architecturale*）一书中，还仍然坚持着与他的老师完全相同的观点。[166]

第二十二章　19世纪的德国

〔290〕　　　　迄今为止还没有系统论述19世纪德国建筑理论的著作出版。我们只能从当时建筑师的理论思想中获得一些有关建筑历史方面的信息。[1]19世纪的德国受到繁杂的理论影响，哲学家与艺术理论研究者们对于建筑的讨论到了一个什么样的程度，我们现在似乎已不得而知，但是，他们确实反过来影响到了建筑理论本身。在18世纪和19世纪的建筑理论之间作强行的划分是十分武断的。虽然我们已经在关于18世纪的章节中讨论了歌德，但是，我们可能还是要从一些18世纪以来的人物开始着手本章的内容。

　　与德国的发展最为相似的便是法国。尽管德国没有像法国巴黎美术学院那样的具有中心地位的权威和教条式的方法，但是在某种程度上法国对于德国的发展还是产生了一些决定性的影响。与法国自17世纪建立皇家建筑学会以来，致力于达到一种标准化的建筑理论的情形相比，德国古典主义的建筑理论基础就显得十分薄弱了。在这里，焦点都聚集在了温克尔曼（Winckelmann）的身上，但实际上他也只是偶尔涉及建筑方面的理论叙述。在他的影响之下，希腊古代建筑遗迹成为了当时建筑设计的惟一范例，几乎正是在这同一时期，浪漫主义革命已经引发了对于哥特式风格的关注，这种风格被认为是德国的民族形式。许多试图将这两种风格相结合的理论家，都变成了折中主义者或历史主义者。尤其令人感到惊异的是，在德国日益增长的历史作品的优势被凝结在了一些与当代用途最为密切相关的特征之中。

　　一个典型的转型期的人物便是克利斯蒂安·路德维希·斯蒂格利茨（Christian Ludwig Stieglitz，1756—1836年），一位莱比锡人，他一方面是个严肃的古典主义者，另一方面又是一位折中主义的功能主义者。在他的著作《古代建筑史》（*Geschichte der Baukunst der Alten*，1792年）中[2]，他主张应该把"对于古代的学习"作为"追求伟大"（*um groß zu werden*）[3]的惟一途径——这是对温克尔曼1755年的著作《模仿希腊艺术作品的思考》（*Gedanken über die Nachahmung der Griechen**）的直接解释，他的思想在温克尔曼之后占据了文化历史方面的主导地位。在斯蒂格利茨看来，古代建筑对于建筑师而言，就像自然对于艺术家一样具有示范性的功能。并且，他还认为埃及以及近东的那些建筑，都是为了显示出希腊的伟大而设计的。他运用了一些希腊建筑的术语，如"高贵的简洁，庄严和伟大"（*edle Einfalt Erhabenheit und Größe*）[4]以表明他将温克尔曼的语言与法国的"个性"（*caractère*）理论综合在了一起；按照这样一个想法，斯蒂格利茨将埃及建筑中的"超大"的特质描述成"惊讶"（*Erstaunen*），而认为波斯和印度建筑中的"壮美和勤奋"（*Pracht und Fleiß*）仅仅引起了"敬慕"（*Bewunderung*）[5]。在斯蒂格利茨的早期著作中对于历史的古典主义观点表现得十分明显：

〔291〕　　　　在那些最为古老的从事建筑活动的，如埃及及其他一些国家，是不可能超越平凡或产生美。伊特鲁里亚人已经开始接近真正的艺术，但是，他们的文化曾经被中断而停留在一个国家的早期状态上。只有希腊人可以自豪地宣称，是他们将建筑从最初的粗陋带到了完美的极至，并将它提升为了真正的

---

*对译英文：Thought on the imitation of the Greeks，此处指第十五章已经提到的《关于绘画和雕刻中模仿希腊艺术作品的思考》（*Gedancken über die Nachahmung der Griechischen Wercke in der Mahlerey und Bildhauerkunst*，1755年）。——译者注

艺术。希腊人所留下的艺术准则至今还不能被替代，而且，希腊人将会把在他们最优秀建筑的基本价值中所潜藏的美学价值及好的格调保持得尽可能长久。[6]

对斯蒂格利茨来说，建筑的衰退滥觞于罗马建筑时代，尽管它在装饰和技术领域的进步仍然是令人可信的[7]；而在另一方面，后君士坦丁时代则是一个全面的衰落过程。斯蒂格利茨的工作基本上都是以文献资料为基础而开展的——他并没有任何建筑方面的直接经验。在《古代建筑史》一书中，并没有收录什么建筑图例。而在他的那本详细叙述了同样内容的《建筑考古学》（*Archaelogie der Baukunst* *，1810 年）一书中则收入了一些大小适度的浮雕与线刻图形。[8]

在 1792 年至 1798 年间，斯蒂格利茨出版了他的五卷本著作《公民建筑百科全书》（*Encyklopädie der bürgerlichen Baukunst*†)[9]，这套书是参照舒尔茨（Sulzer）与布兰肯堡（Blankenburg）的惯例所写的，正如序言中所说，布兰肯堡同时还担任了该书的编辑。并且通过与德阿维勒（d'Aviler）与罗兰·勒·沃罗斯（Roland Le Virloys）的词典，以及卢卡斯·沃克斯（Lukas Vochs）1781 年的《通用建筑词典》（*Allgemeines Baulexikon*‡)[10]做比较，斯蒂格利茨声称，他的著作能够满足那些越来越明显的迫切需要。

在 1798 年至 1800 年间，在斯蒂格利茨的主编下，出版了一个有关莱比锡的沃斯（Voss）住宅的系列作品集，斯蒂格利茨还用法文为这本书写了一个名为《浅析建筑美》（*Traité abrégé sur le beau dans l'architecture*§）的介绍性文章。[11]据出版商所说，这本书的图版是由芬德里特（Findlater）与西菲尔德（Seafield）的伯爵所绘，图的雕制版则是由斯奇翁德（Schwender）完成的，每幅雕版画都题献给欧洲上等贵族中的一员。这里没有提到的一个事实是，书中所描述的城镇住宅，大多数都是在《英国建筑师》（*Vitruvius Britannicus*），和布里瑟（Briseux）的《别墅之艺术》（*L'art de bâtir des maisons de campagne*），以及雅克 – 弗朗索瓦·布隆代尔的《别墅的布置》（*De la Distribution des Maisons de Plaisance*）等著作，及其他一些资料的基础上[12]，加以拼凑设计而成的，实际上与其时代并不适宜。其中的一些图例，在风格上还与所谓的革命性建筑十分类似。具有讽刺意味的是，被委任来承担这套书的编辑责任的，仍然是斯蒂格利茨。他在卷首插图中描述了这样一幅景象：五个古典柱式排列在海滩上的一个荒废的基座上（图版159）；在《建筑考古学》一书中，他在帕提农神庙中所选用的多立克柱式[13]，在这里则是以罗马柱式的形式出现的。

斯蒂格利茨在他的文章中，开始摒弃温克尔曼的原则而向法国的理论靠拢："一个建筑的形式是由它的目的所决定的，它必须符合这个目的，否则它就没有功能作用可言。"[14]斯蒂格利茨还依照个性（*caratère*）的原则，回到对于建筑的"庄严、肃穆、奇异、骇人、优美和不可思议"等的分类上[15]，他将其中的哥特式与中国艺术风格都归入最后一类。[16]但同时他又结合了个性原则，将柱式的美，看作是建筑美中的极致。然而，从他的这本著作中，我们很难判断他究竟是思想渊博的学者，还是一位纯粹的机会主义者。[17]

斯蒂格利茨的著作《古代德国建筑》（*Von altdeutscher Baukunst*§，1820 年）完成之后[18]，又于 1827 年完成了《从远古到新时代的建筑历史》（*Geschichte Baukunst vom frühesten alterthum bis in neuere Zeiten*ᛌ）一书。[19]在接下来的《建筑教育历史论集》（*Beiträge zur Geschichte der Ausbildung der Baukunst* ᶠ，1834 年）一书中[20]，他从最初把古代建筑看作标准的观点中摆脱出来。在回答他自己提出的"现在应该采用什么风格的建筑？"的问题时——他把古典主义仅仅看作是"形式、结构和装饰的复制品……只是纯粹地玩弄建筑形式，却没有关注到建筑的性格，以及对建筑意图的配合"[21]。这时他对古典主义这样评价道："这种艺术的严肃性，只是一些冷静而深思熟虑的设计方法，而从前曾经激发艺术家们的灵魂的火焰，已经熄灭了。"[22] 〔292〕

斯蒂格利茨于是提出了一个三种同等地位的风格的理论——希腊式、拜占庭式（半圆拱）和早期德国式（尖拱）。他依次将这三种风格描述成理性的、如画风格的和浪漫主义的；他还将希腊式风格与横向水平化造

---

* 德文对译英文 Archaelogy of the architecture ——译者注
† 对译英文 Encyclopaedia of the civil architecture ——译者注
‡ 德文对译英文 General building lexicon ——译者注
§ 法语对译英文 Treatise briefly on the beautiful in the architecture ——译者注
ᛌ 对译英文 On old – German Architecture ——译者注
ᛌ 古德语 alterthum = 德语 altertum = 英语 archaic，antique，对译英文 Architecture History from the Earliest Antiquity into Newer Times ——译者注
ᶠ 对译英文 Contributions to the History of the Education of Architecture ——译者注

型，早期德国式与竖向垂直化造型相联系，而拜占庭式则是这两种造型形式的综合。[23]在有关如何将这三种形式应用于当时建筑之中这一问题上，斯蒂格利茨这样写道："所有这三种形式，都应该在结构的允许下，根据建筑的需求，并且在不与建筑的个性发生冲突的情况下，才能采用。"[24]事实上，在这里他已经不再主张不管什么用途，盲目地使用古典样式了，反而更倾向于使用文艺复兴风格——他把这称之为"意大利风格"，并将之解释为古典主义与哥特式的结合——以作为宫殿，住宅和公共建筑的样式。他发现半圆拱风格最适合运用于剧院建筑、城市会堂、学校、股票交易所，以及诸如此类的建筑之中，而"早期德国式"风格，则更适合于教堂建筑的风格[25]；这是依据建筑的用途而产生的风格多样化。

令人惊讶的是，斯蒂格利茨以对迪朗(Durand)的肯定之辞作为自己著作的结束语：风格问题是与装饰问题密切相关的，而装饰是从属于结构的；因此，风格也需要它自己的美学品质。"结构是独立的，主要部件的形式和建筑实体是一个整体，正是这产生了建筑的美，并且建立了美的基础。"[26]斯蒂格利茨现在只谈那些必须能够与整体结合为一体的"装饰物"，而不是那些偶然而随意的装饰现象。

斯蒂格利茨在理论上的变化，正是19世纪初的德国关于建筑讨论的一个征兆。这场讨论的正式开始，可能是1831年迪朗著作《简明讲义》(*Précis des leçons*)德国版的出版[27]，虽然，应该提到克莱门斯·文策斯劳斯·库德雷(Clemens Wenzeslaus Coudray，1775-1845年)，魏玛后来的"首席建筑督导"(oberbaudirektor*)，他曾于1800-1804年在巴黎跟随迪朗学习，并参与了迪朗讲稿中第二卷的插图工作[28]，他在富尔达(Fulda)以及后来在魏玛时，就采纳并补充完善了迪朗的思想，我们由此可以推断，在1831年以前，迪朗的想法就已经在德国传播开来。如果再向前追溯的话，库德雷早期在巴黎的同学，后来曾服务于魏玛大公国外交工作的卡尔·弗里德里希·安东·冯·康塔(Carl Friedrich Anton Von Conta，1778-1850年)，早在1806年就已经发表过一篇迪朗讲义的德国版本[29]，因此至少在这个时候，迪朗的思想在德国就已经为人们所知了。

斯蒂格利茨在建筑历史上的思路宽泛的做法，同样也是工程师兼修复师卡尔·格利德里奇·冯·维贝金(Carl Griedrich von Wiebeking，1762-1842年)著作的特征。他在当时曾受到过相当的尊重。他曾出版了大量技术性著作，其中一本是写于1826年的内容很充实的著作，名为《市民建筑使用者的理论与实践》(*Theoretisch-practische bürgerliche Baukunde†*)[30]。这是一本将建筑历史与建筑实践结合在一起的手册，其读者主要是针对施工人员、建筑师和学生们的。书中还为建筑学校的学习提供了一个标准的模式，甚至还对一些单个课程的设置提出了具体的建议。[31]他的这本手册主要参考自迪朗和龙德莱(Rondelet)的著作，但是，自己却似乎没有多少明确的观点，只是一个纯粹的编辑者而已。从他那些沿用自勒·罗伊(Le Roy)传统的图例中可以看出来，他多少有点古典主义式的刻板，例如，他对雅典卫城的山门所作的完全对称的设计复原。[32]

[293] 对迪朗的"经济"概念的曲解出现在了弗里德里希·奥丁根—瓦勒施泰因(Friedrich Oettingen-Wallerstein)所写的小册子《关于房屋经济原理》(*Über die Grundsätze der Bau-Oekonomie*，1835年)中[33]，在这本书中，他证明了在某些情况下，关于建筑持久性的原则可以置之不理，而那些廉价的限定了使用年限的建筑，可能会更为经济一些。与之相类似的思想，后来出现在维奥莱-勒-迪克的著作中。这使我们更加接近了那种只注重效益性，而对早期建筑理论中的所有基本假定都持否定态度的功利主义建筑思想。

阿洛伊斯·希尔特(Aloys Hirt，1759-1837年)对待古典建筑权威性所采取的则是另一种处理方法。他是柏林建筑科学院(Bauakademie in Berlin)的一名教师，1782-1796年间曾居住在罗马，并在那里遇见了歌德。在他1809年的著作《古代原理之后的建筑》(*Baukunst nach den Grundsätzen der Alten‡*，1809年)中[34]，他开始发展出一个能够具体表达"建筑之完美性"的"系统"[35]，并希望在古典建筑中能够找到这一系统。他的建筑概念来源于18世纪的法国建筑理论，他甚至公开宣称："建筑是规范，是那些知识和技术的精华所在，只有依靠这些，人们才能以最高的效率设计并建造出各种类型的建筑来"。[36]希尔特对法国的概念中

---

* 对译英文 Chief Building Director ——译者注

† 对译英文 Civil Building Customer Theoretically-practice. 至19世纪，源于英语世界的"公民社会"概念经弗格森的介绍传到德国思想界，在黑格尔的思想里得到改造并获得新的意蕴。在他那里，"公民社会"概念与"国家"概念明显分离，但却失去了其原有的含义和职能。值得注意的是在德语环境中，"公民社会"(Bürgerliche Gesellschaft) 概念更多地具有"市民社会"的含义。——译者注

‡ 对译英文 Architecture after the Principles of the Old ——译者注

"布置"（disposition）的概念的依赖，清晰地体现在他将所有建筑的首要任务都定义为"依据它的功能的一种布置与安排"，而"那些结构和美丽的持久性，都仅仅是这一原则的附属品"上。³⁷

希尔特采用了一种功能主义的思维方式："美的本质（必须）从结构以及'合乎目的的部署'中发展出来"³⁸，而装饰"不论室内还是室外，是整体还是局部，都应该呈现出合乎其目的的令人愉快的面貌"。³⁹他还发展出六种美学原则，其中隐含有维特鲁威的影子，但却用了一种完全不同的方式来定义："比例（整个组织）；对称；和谐（＝韵律）；形式的简洁；质量和材料；装饰"⁴⁰。

希尔特认为建筑并不是对于自然的模仿。他发现了内在于建筑之中的从最原始的木构建筑转变成石头建筑的一种"机械论"原则。⁴¹尽管他从这一原则出发，坚持认为建筑由于自身的特性，如果不放在一个历史的范畴内就不能被很好地解读，但奇怪的是，他同时认为自己的理想只是在古典建筑中得到了体现："对于建筑艺术所需要的任何重要的东西，不管是木构建筑还是石头建筑，希腊和罗马的著作和纪念物都能提供给我们所需要的指导和示范。因此，一个正确的建筑师就不可避免地要沿用希腊的风格。"⁴²因为希腊建筑几乎"囊括了所有建筑材料类型，从而可以穿透建筑的本质"，因而，其作品就能够体现"建筑本身所特有的理想"。⁴³希尔特的建筑理论是建立在一个历史的前提之下的，并对一种功能主义的古典风格进行了论述，他还提出了一种在本质上要比引导勒-迪克最终走上新哥特主义道路更为复杂的理论相类似的历史架构。

希尔特的这些论述后来又由卡尔·伯蒂歇尔（Carl Boetticher，1806－1889年）加以拓展。伯蒂歇尔是一名在柏林建筑科学院任教多年的建筑师，著有《希腊的建构》（*Tektonic der Hellenen* *，1844年）一书。⁴⁴他发现所有那些先前的建筑原则在希腊建筑中都得以实现。他还将"工作形式"（*Werkform*）——他将其解释成建筑的结构骨架，和"艺术形式"（*Kunstform*）——个体的艺术特性——区别开来。他把"艺术形式"当作一种"解释性的外壳"（*erklärende Hülle*），因为它通过在外表上表现结构的特性而展示了"工作形式"。⁴⁵形式在与功能不一致时也可以展示其功能。伯蒂歇尔的某些观点来源于完美主义者的哲学思想，这一点我们将在后面谈到。〔294〕

正如歌德，以及其他人所证实的那样，希尔特的理论受到了猛烈的抨击。1795年，在席勒（Schiller）主编的杂志《女神赫拉》（*Die Horen*）中所刊登的一篇本·大卫（Ben David）⁴⁶的文章，就像是对这一观点的尖锐驳斥："一座建筑的舒适程度，看起来似乎是与实际用途——而不是美感——的联系更为紧密。一间农舍可能可以收拾得非常的舒适，但却根本说不上美丽。"⁴⁷大卫同时还把斯图尔姆（Sturm）对于柱式的解释与社会等级（君主，贵族和平民）结合起来进行评价。⁴⁸

我们应该想到的是，虽然有很多的建筑师对其产生质疑，但维尼奥拉传统下的柱式原则仍然保持着有效性。如在1853年，就有一位叫贝格曼（L. Bergmann）的人，出版了一本为"建筑师，工匠，学院和技术学校，以及建造商等"人所写的两卷本著作《建筑学校》（*Schule der Baukunst*）。⁴⁹同样是这个作者，还出版了一本名为《十种柱式》（*Zehn Tafeln Säulen-Ordnungen*）的小册子，它以维尼奥拉的思想为基础，同时也加入了晚期关于柱式的理论，以及在希腊考古中所发现的内容。

德国古典主义最重要的中心是柏林建筑学院。而其中的关键人物是大卫·吉里（David Gilly，1748－1808年），他于1793年成立了一所私人建筑学校。⁵⁰吉里的主要兴趣是在建造过程中的技术性问题上，这一点在他的著作中表现得很明显。他最重要的著作是《国家建筑艺术手册》（*Handbuch der Land-Bau-Kunst*，1797－1811年）⁵¹和《实用文集》（*Sammlung nützlicher Aufsätze*†，1797－1806年）⁵²，最初，他只是这本书的第一副编辑，后来成为惟一的编辑。由书中的记录可知，这所建筑学院是在1799年，以巴黎理工学院，而不是以巴黎美术学院的建筑系为样板而建立的。在这一丛书系列中，很多章节都是关于建造技术的；少数一些谈及建筑历史与理论的——由希尔特或其他人所写——也都只是一些常规性的东西。从书中还有少量篇幅，是由吉里的儿子弗里德里希（Friedrich，1772－1800年）所写的。⁵³在这些丛书中，还有一些描述了法国的城镇住宅建筑，更重要的是，"其中有一些将建筑的不同方面，包括科学与实践方面统一在一起考虑的思想表述"（*Einige Gedanken über die Nothwendigkeit, die verschiedenen Theile der Baukunst, in wissenschaftlicher und praktischer Hinsicht, möglichst zu vereinigen*）。⁵⁴在这一部分中，弗里德里希·吉里，这位在建筑学院教授光学和透视的教师，对建筑

＊对译英文 Tektonic of the Hellenic ——译者注
†对译英文 Collection of Useful Treatises ——译者注

教育中狭隘的课程教育方式提出了反对，希望能够在课程上涵盖一个成熟建筑师所需要学习的所有内容（*Abri des ganzen Bildungsgeschäfts eines Baumeisters*）。这篇文章看起来像是针对建筑学院的一种影射，这所学校主要致力于培养为普鲁士政府机构服务的建筑师。他这种从国家的角度（*nationale Verschiedenheiten*）出发而提出的对于课程价值的怀疑，显示出思想上的大胆。

在吉里著作的同一册中，还对建筑学院的课程情况作了描述[55]，这一点显示出他是如何努力适应政府的要求的，而对由那些"宏大"建筑所带来的问题，却是如何地关注不够。建筑学院早期曾是工程师的培训基地，当我们要了解申克尔（Schinkel），克伦策（Klenze）以及其他一些出自这所学校之门的人物时，必须要联想到它在早期的这种技术性倾向。

〔295〕 在 1803 到 1806 年之间，海因里希·根茨（Heinrich Gentz）在建筑学院教授城市规划，出版了《设计工作基础》（*Elementar – Zeichenwerk*）一书。[56]这本书曾一直作为学院的标准教科书，直到 1821 年由克里斯蒂安·彼得·威廉·博伊特（Christian Peter Wilhelm Beuth，1781 – 1853 年）在申克尔的合作下所编辑的《工厂与手工业者标准》（*Vorbilder für Fabrikanten und Handwerker*）[57]出现。这些著作都不是狭义理解下的建筑论著，而是为从事装饰艺术方面的应用，以及给工匠们提供建筑指导的手册类书籍。

正像对教科书一样，对建筑培训课程方面的标准化需求，在当时的德国表现得也十分明显。巴登州（Baden State）的建筑师弗雷德里希·温布伦纳（Friedrich Weinbrenner，1766 – 1826 年）[58]在 1791 年在柏林逗留期间[59]，曾经在这方面作出过努力，但是，在建筑教育上所出现的真正较大的变化，发生在 1792 年至 1797 年间的意大利。温布伦纳在他的回忆录里记录了罗马建筑对他所产生的深刻影响，就如同它对根茨（Gentz）[60]、申克尔以及其他一些古典主义建筑师所造成的类似影响一样："我在意大利所接受的严格的建筑教育，只给我带来了艺术观点上的巨大变化，当我开始理解古代建筑中所隐涵的原则时，我形成了一个念头，要让这些原则也成为德国建筑的标准。"[61]在罗马，温布伦纳选修了一门关于古代建筑的课程，然后，如他所写的，他怀着"通过培训德国年轻建筑师和工匠来促进德国建筑发展"的目的而离开了意大利。[62]在卡尔斯鲁厄（Karlsruhe），他建立了一所私人建筑学校，并怀着同样的教育热情写下了《建筑学教程》（*Architectonischer Lehrbuch*）。[63]和他所设计的建筑物一样，在这里多少也有一些学院派的影子，但它绝对不是从古罗马建筑衍生出来的古典主义风格。相反，它结合了迪朗的功能主义思想，借助他的著作，温布伦纳开始为人们所熟知。书中除了提出一些问题，以及对这些问题的解决办法之外，还包括一些简要的与教学相关的图例。其中第一、二部分，主要说的是几何原理与透视画（1810 年和 1817 年），第三部分则包含了温布伦纳建筑思想的一些实质性内容（1819 年）。

温布伦纳致力于将康德的美学思想和迪朗的功能主义思想相结合："当建筑外轮廓线充分表现了功能的完美时，这种形式就被认为是完美的。"[64]他承认美存在于形式之中，而色彩和材料与美并无太大关系。但在几页之后，他又谈到了"一个功能目标和形式的完全结合"的问题，并假定了一个在技术实施下的"形式和材料的和谐统一"状态。[65]所有的建筑装饰都必须"有其自身的意义，并且这个意义与它们所从属的，并为之服务的建筑的目的相协调"。[66]他从这里得出结论，认为那些虚幻的景观绘画违背了"艺术严肃性"的原则，他还认为墙就应该刷成白色的。[67]而这也证明了他试图在形式与功能两者之间的鸿沟上架起一座桥梁的努力宣告失败。

温布伦纳的《建筑实例与方案》（*Ausgeführte und projectirte Gebäude**，1822 – 1835 年）[68]正是对申克尔的《建筑设计集》（*Sammlung architektonischer Entwürfe†*，1819 年及以后）的响应。这本书收集了 19 世纪时一些杰出建筑师认为十分有必要出版的那些实例，而这些在实例图集中，几乎没有任何理论性实质。在建筑教科书和建筑师个人设计作品集之间存在的基本区别，直到 19 世纪初时，在由一些作者通过自己的建筑作品，对建筑原则加以论证时，才开始被提出来。

〔296〕 温布伦纳的学生，格奥尔格·莫勒（Georg Moller，1784 – 1852 年）出版了第一本德国哥特式建筑的大型图册《德国建筑丰碑》（*Denkmäler der deutschen Baukunst‡*，1815 年及以后）。[69]在建筑设计过程中，尽管莫勒也作了一些新哥特主义的设计，但他依然保持着一种古典主义的态度[70]；同时，他又用一种德国的民族主义者和保

---

* 古德文 projectirte = 现代德语 projektierte = 英文 projected；对译英文 Finished and Projected Building ——译者注
† 对译英文 Collection of Architectural Designs ——译者注
‡ 对译英文 Monuments of the German Architecture ——译者注

护主义者的口吻来谈论《德国建筑丰碑》(*Denkmäler*):

> 所有那些热爱他们的国家的有思想的建筑师，都有责任尽他们的全力，来保证我们的历史建筑
> ——特别是那些最早期的，且变得越来越珍贵的建筑——能够被保护下来，并通过细致的研究和精确
> 的描绘，让它们为世人所知。受到这种思想的鼓舞，怀着希望能保存下那些现在尚能保存的建筑的心
> 情，我投入到了这样一项工作之中，只要时间和环境允许，我将用这些文稿对德国的历史文化作一份
> 实际的贡献。[71]

正如歌德在他后来对哥特式建筑所作的描述中那样，莫勒写到这里时，已经基本成为了一位历史学家。他在 1815 年 10 月 24 日给歌德的信中，提到了他所谓的"那一时代沉醉于德国的人"，并且说他并没有把哥特式说成是与当时社会相适应的样式。[72]鉴于在 19 世纪初在德国关于哥特式建筑的争论之激烈，我们有必要将忠实复原历史样式的做法，和在理性主义态度下寻求适应当时需要的建筑样式的做法加以区别。因为这场争论影响范围之大，已经超越了建筑的范畴，引起了文学和美学领域的广泛思考[73]，我们在这里不可能对它有全面的阐述，但出于现实的目的，其中有几个观点是需要我们这里特别指出的。

1814 年，受到朋友苏尔彼兹·博伊塞雷(Sulpiz Boisserée，1783 – 1854 年)所开始的研究的启发，莫勒成功地发现了在达姆施塔特的科隆教堂的一张立面图，并于四年后将其发表，同时发表的还有由博伊塞雷在巴黎重新发现的绘画。[74]这些图的出版[75]，使得这座大教堂的复原得以完成，以作为德国国家纪念性建筑的计划，成为当时人们所关注的焦点事件。[76]

建筑历史，有关纪念性建筑的说明，以及主要文学刊物中的文章，都开始思考中世纪德国建筑，及其与现实的关系问题。弗里德里希·施莱格尔(Friedrich Schlegel)的期刊《欧洲》(*Europa*，1803 – 1805 年)和《德国博物馆》(*Deutsches Museum*，1812 – 1813 年)在当时尤为流行。施莱格尔将自己对哥特式建筑的看法记录在了《荷兰、莱茵河地区、瑞士及法国部分地区旅行札记》(*Briefe auf einer Reise durch die Niederlande, Rheingegenden, die Schweiz und einen Teil von Frankreich* *，1806 年)中。[77]在书中，施莱格尔描述了哥特式建筑浪漫朦胧的景象，并对"哥特建筑的不同阶段"加以区分，但又以当时社会所特有的习惯，将"哥特式"与"德国式"两词交替使用，声称这种"民族形式"(Nationalnamen)是"对从西奥德利克(Theodoric†，474 – 526 年)一直到现在的早期基督教和中世纪的浪漫主义建筑"的真实称呼。[78]"当看到科隆未完成的教堂里那高坛上的拱顶时"，他继续写道:"我们的心灵中充满了惊叹。"然而过了一会儿，令人惊讶的是，我们发现他在赞赏"它比例的美感，它的简单性，有着适当的对称，显得伟大而轻盈"时[79]，却没有意识到他所运用的，是一种古典主义的语言。在施莱格尔的《德国博物馆》(1813 年)中有一篇卡尔·弗雷德里希·冯·茹莫尔(Carl Friedrich von Rumohr，1785 – 1843 年)的文章《中世纪建筑历史的一些片断》(*Fragmente einer Geschichte der Baukunst im Mittelalter‡*)[80]，在这篇文章中，他提出了一套没有经过严格评估的哥特式建筑的发展理论。

毫无疑问，19 世纪上半叶时，德国最重要的建筑理论著述，是卡尔·弗雷德里希·申克尔(Karl Friedrich Schinkel，1781 – 1841 年)的著作，虽然他的《建筑学教程》(*Architektonisches Lehrbuch*)从来没有以一种确定的形式而在真正意义上完成。[81]他的四部遗作(1862 – 1864 年)[82]由他的女婿阿尔弗雷德·冯·沃尔措根(Alfred von Wolzogen)编辑出版，但其中没有合理安排他的《建筑学教程》(*Lehrbuch*)中的插图;因此，这个版本也不十分可信，其中的某些地方都有删节。而由格尔德·佩施肯(Goerd Peschken)[83]所编辑的现代版本中，则编入了申克尔的部分文集，其中包括一个可信的申克尔的笔记抄本，文集中将这些笔记按照申克尔思想和艺术的发展过程进行了编排。 〔297〕

申克尔在 1803 – 1805 年间第一次游历了意大利，并完成了他的笔记。[84]他在笔记中只是记录了一位年轻艺术家对于体验和感受的渴望，这完全不是要说明，他是如何下决心成为一名建筑师的。但是，尽管这些笔记如

---

* 对译英文 Book on a Trip through the Netherlands, Rhine Areas, Switzerland and a Part of France——译者注
† 西奥德利克，奥斯托格斯 (Ostrogoths) 国王，曾在意大利建立了奥斯托格斯王国 (493 年)。——译者注
‡ 对译英文 Fragments of a History of the architecture in the Middle Ages——译者注

此平淡无奇，其中还是偶尔会流露出一点申克尔对中世纪建筑和建筑技术细节的热切关注。[85]在这一时期到过意大利的其他青年艺术家们，包括克里斯蒂安·特劳戈特·魏因里格(Christian Traugott Weinlig)，也就是前面提到过的《罗马信札》(Briefe über Rom，1782－1787 年)的作者，申克尔在柏林的老师海因里希·根茨(Heinrich Gentz)，他在意大利的时间，大约在 1790－1795 年间[86]，与温布伦纳(Weinbrenner)和里奥·冯·克伦策(Leo von Klenze)在罗马的时间前后有一些交错，他们也留下了一些类似的笔记。

在申克尔的笔记中，有相当一部分内容是关于材料与结构方面的，同时在他的旅行速写中，建筑也占了很大的比重，但却完全没有测绘图。在对建筑进行观察的方法上，可以看出他的老师大卫·吉里的影响，他的美学思想清楚地体现在他给吉里的信中。[87]在离开德国之前，申克尔就已经开始着手计划一项致力于用折中主义方法研究意大利中世纪建筑的工作了。[88]很可能他对所看到的东西十分不满，在他于 1824 年第二次来到意大利，由建筑师皮德罗·比安奇(Pietro Bianchi)陪同，参观了那不勒斯的圣弗朗切斯科·迪·保罗(S. Francesco di Paola)教堂后这样写道：

> 比安奇先生(Herr Bianchi)带我参观了他设计的新教堂。里面有很多很好的东西，如为穹顶搭设的脚手架，轻巧又实用，有一个宽敞的内部空间，从中可以将材料提升上去。但是，总的来看，他的设计在历史与现代之间徘徊不定，其结果显得十分没有个性。[89]

申克尔在第一次游历意大利的时候就萌发了要写一本建筑教科书的想法，而直到他去世，他都在时断时续地进行着这项工作。在回德国的途中，他曾于 1804 年 9 月到 1805 年 1 月在巴黎逗留。在这段时间里，他一定对巴黎理工学院的迪朗和他所写的《简明讲义》(Précis des leçons)产生了相当的兴趣，我们在他的《教程》(Lehrbuch)一书的最初想法中，可以发现一些端倪。

佩施肯(Peschken)在他编辑的版本里，似乎像是真的一样，将申克尔《教程》的计划分为了 5 个时段，即：1)罗马部分(1803－1805 年)；2)民族—浪漫主义部分(1810－1815 年)；3)古典主义部分(约 1825 年)；4)"技术"部分(约 1830 年)；5)"正统主义"(legitimist)部分(约 1835 年)。[90]

第一部分主要说的是"合乎目的性"(Zweckmäßigkeit)，"个性"和"对称"的概念，这些概念也曾被迪朗赋予了同样的价值。[91]申克尔以"建筑艺术的原则"为题，发展了一套理论，认为功能完全是基于材料、房间的部署和结构而产生的，而"个性"和装饰也会随之形成。[92]这里申克尔除了表现出受到了迪朗的影响之外，还有迪比(Dubut)的《民用建筑学》(Architecture civile，1803 年)的影响：他所设计的一座威尼斯宫邸[93]，显现出了与迪比的一座哥特式住宅有惊人的相似之处，这个方案是迪比紧邻一个文艺复兴式的设计方案布置的[94]——这令人想起了申克尔后来在柏林的弗利德里奇斯威尔德(Friedrichswerder)教堂两个可供挑选的方案的做法。

〔298〕早在申克尔第一次游历意大利时，他就已经开始研究哲学家约翰·戈特利布·费希特(Johann Gottlieb Fichte，1762－1814 年，德国哲学家，他关于世界道德规律及社会道德本质的思想，对黑格尔有重要影响。——译者注)的著作。1809 年，费希特成为柏林大学的教授，次年申克尔被指任为普鲁士建设局的艺术指导，并成为了费希特演讲的热心听众。也正是费希特的哲学思想，和约瑟夫·格雷斯(Joseph Görres)的《德国大众读本》(Teutsche Volksbücher，1807 年)成为了申克尔《教程》的第二个阶段，即民族浪漫主义阶段的思想背景。其中还有一个深层的原因，是申克尔发现他自己一直是在和阿洛伊斯·希尔特(Aloys Hirt)竞争，当申克尔还是学生的时候，就曾听过他的演讲，并于 1809 年出版了他的《古代原理之后的建筑》(Baukunst nach den Grundsätzen der Alten)一书。但申克尔的思想完全不同于希尔特，他认为此人的想法是对古典建筑纯粹机械性的模仿，他们的著作中所表达的思想也是失败的，是对中世纪的一种误解。[95]

在申克尔计划的关于宗教建筑的章节中，清楚地显示出他对中世纪的民族—浪漫主义的想法，是源于费希特关于民族与国家的哲学。[96]在这里，建筑带有一种从自然中获取的信仰维度，只被看作是一种传递思想的媒介："建筑是建造活动中自然的延伸"[97]，申克尔在这里用物质来定义古典建筑，用精神来定义哥特建筑：

> 古典建筑，带着它高超的技巧，通过物质的大体量来实现它的效果。在另一方面，哥特式则通过精神，用极少的物质体量就获得了非常宏伟的效果。古典主义建筑都是浮华的，辉煌的，因为它们的

装饰是外来的；这是一种纯理性的结果，经过装饰——从而使其物质生命得以延伸。而哥特式抛弃了没有意义的辉煌；它其中的每一个构件都来自于一个单一的想法，因此它必然有一种高贵而肃穆的精神气质……[98]

这种强硬的浪漫主义态度，和对哥特式的近乎完美的诠释，使得申克尔距离古典主义思想越来越远。同时，我们必须注意到，它与由维奥莱－勒－迪克此前所提出的对哥特式的功能主义诠释，基本上没有什么关系，但是，这种观念与这一时期申克尔给普鲁士的路易斯皇后（Queen Louise of Prussia）所做的未能实现的陵墓设计，以及柏林的彼得教堂（Petrikirche*）和纪念教堂在设计风格上是一致的。[99]

申克尔著作的第三部分，古典主义，是文献资料中最为完整的一部分。他对浪漫主义的厌恶是与当时流行的复原热潮这一背景分不开的，但同时他也受到了卡尔·威廉·费迪南德·佐尔格（Karl Wilhelm Ferdinand Solger）的美学观念的影响，佐尔格于 1811 年时是柏林大学的教授。我们一定不能忽视申克尔在 1816 年到 1824 年间与歌德的会面。歌德已经走过了从哥特主义到古典主义的思想转变历程，正如申克尔现在所走的一样。[100]与此完全无关的是我们上面已经提到过的申克尔和博伊特（Beuth）于 1816 年开始编写的《给厂商和手工业者的范例》（*Vorbilder für Fabrikanten und Handwerker†*，1821－1830 年），这部书中提出的观点与《教程》的意图完全不同。

至此，申克尔发展了一种包含功能的、形式的、社会的和历史的因素在内的一种复杂的建筑理论。[101]他为自己对哥特样式的反对，提出了功能上的与古典主义的两种解释："按照中世纪的观点，建筑比例被看作是一种形式的产物——它在我们的眼前生长。而在古典建筑中它表现为某种已经存在的永恒的东西，由理性的规律所决定，它传达着一种愉快的平静。"[102]这使他得出一个奇怪的结论："尖拱可能有它的实际品质，但这并不能让它变得美丽。它可以被用于有用的地方，并因此而被机器或其他类似的东西所采纳……"[103] 〔299〕

这时，申克尔产生了一种新的功能主义观念："建筑的任务是为了使那些实际的、有用的、功能上的东西变得美丽"。他在美和结构之间增加了一个重要的联系，认为："一座建筑中的所有重要结构元素都应该是可以被看见的：一旦结构的基本部分被掩盖，整个思维的过程就都丢失了。这种隐藏迅速而直接地导致了一种虚假的出现……。"[104]装饰是次要的，"当建筑的每一个部件都依据静力学的基本原则（或者看上去是这样），没有限制地发挥了自己的效用时"，这个建筑的特性就能表现出来。[105]这一插入语显示出，申克尔并不认为静力结构就自然会是美的——而是必须要使它"暴露在外"（*anschaulich*）。这一观点在 20 世纪主要是由皮埃尔·路易吉·奈尔维（Pier Luigi Nervi）[106]又做了进一步拓展。申克尔绘制了一些拱券和穹顶的绘画，来表达他关于结构发展的想法[107]，但同时他对于装饰要素的看法，又回到了源于古典建筑的整个组成上来。在帕拉第奥的精神下，他用一种独断的古典主义者的态度，列举了一个"建筑之错误"的目录，他的意图是对某些为未来所使用的建筑形式和部件进行评价，而不是做一个历史的评判。

申克尔《教程》的第四部分，也就是被佩施肯（Peschken）称为"技术"的部分，是受到他和博伊特 1826 年的英国之行的决定性影响。在这一阶段，申克尔对此之前的古典主义观念进行了延展，将它放在一个更为宽泛的意义上，并致力于寻找一个希腊建筑和中世纪建筑的契合点——正如他所说的："欧洲的建筑就相当于是希腊建筑的延伸"。[108]他现在认为中世纪的艺术应该在"经过希腊精神的净化之后"，应用于现代的目的之下。[109]在他"希腊式"的概念之中，结构和材料的问题尤为重要，而考古学的知识在这里则几乎没有起到什么作用。事实上，申克尔很明显地是在向他的老师希尔特的思想靠拢。希尔特所走的思想历程和申克尔类似，但却没有那么复杂，他在 1809 年得出结论，即"不论是谁想要正确地建造房屋，都应该依据于希腊风格"。[110]而申克尔的表述则是：

对于艺术家来说，只有一种时代的启示——那就是希腊的。用希腊风格来建造就是正确的建造，从这个观点来看，中世纪最为出色的建造，应该是被称为"希腊式"的建筑。[111]

---

* 对译英文 Petri Church ——译者注

† 对译英文 Examples for Manufacturers and Workman；德语 Fabrikanten：工厂主——译者注

申克尔渐渐地对所有的建筑材料都发生了兴趣，这使他创造了类似"泥土所做的手工制品"这样的语句。[112]他关于"古典主义"的概念，主要是以结构和材料为基础的，其构成范围之广，导致了一种对新的风格概念的需求。"每一个主要的时代"，他争论道，"都在建筑上留下了它自己的风格，那么为什么我们不能寻求我们自己时代的风格呢？"[113]实际上，他构想出了一种绝对的，而不是历史的风格概念：

> 如果一座完整建筑物的结构：1)从一种单一的材料中，用最为实际，也最美丽的方式获得了它明显的个性，或 2)从不同的材料——石头，木材，铁，砖——通过它们各自独特的方法，获得了明显的个性的话，这座建筑物就具有了风格……[114]

在这里，申克尔的概念有一些类似于晚些时候法国维奥莱－勒－迪克所曾经采用过的概念——通过区分"一种风格"（le style）和"一类风格"（les styles），对哥特式的概念进行诠释，他从"希腊式"的正规语汇出发，[300] 正视了一种折中主义哲学的可能性：

> 为什么我们总是要用其他时代的风格来进行设计呢？如果理解每一种风格在其纯粹状态下的本质，是一项很有价值的成就的话，那么，达到某种并不与其他任何一种风格所获得的最好价值相抵触的同样纯粹的一般性风格，将是一件更有价值的事情。[115]

申克尔不再相信对称是不可变更的原则。他抨击那种"空洞"的对称，认为那是"一种对秩序概念错误理解"的产物，他这样说道："对称毫无疑问是怠惰和空虚的产物。"[116]他的设计模式直接对应着结构问题。比如在设计一个带铁屋顶的宴会厅时，他提出："柱子可以承受的重量，在于材料的强度、防火屋顶、柱子的有效性、没有侧向推力的顶棚。"[117]这个设计与他所设计的"雅典卫城宫殿"招待大厅的室内设计（1834 年）之间，有着某种密切的关联。[118]

《教程》的最后一个部分，也就是佩施肯（Peschken）所说的"正统主义"中，有一个为包括普鲁士的弗雷德里希·威廉（Friedrich Wilhelm）王储[后来的弗雷德里希·威廉四世国王（King Friedrich wilhelm IV）]所居住的宫室在内的皇家居所的理想设计，王储本人也是一位业余建筑师。[119]申克尔的工作是给一项政府计划设想出一些形象，这给他带来了很多讨厌的限制条件。在他的论述中，评价他这个巅峰时期的作品时，他说到"它涵盖了当时大部分伟大建筑（veredelte Architektur）所可能面临的问题。"[120]

申克尔避免了在以前建筑实践中所遇到的主要技术问题，他现在开始承认建筑中所存在的"历史的更大影响和有艺术感的诗意性目的"：

> 很早的时候我就觉得自己是一位纯粹抽象主义的受害者，它使我从最直接琐碎的目的，并且直接从结构中，发展出了一套完全的建筑设计概念；这样做的结果就是产生了完全缺乏自主的，缺乏历史和诗意这两大重要元素的，呆板的，没有生命力的设计。[121]

这是一种浪漫主义的回归，或者说是一种顺从。申克尔重新审视了自己的位置，并且表达了一种怀疑，即当感性成为建筑的本质，"琐碎的概念"（Trivial - Begriffe）开始被"技术工匠的工作"（wissenschaftliches Handwerk）所代替时，《教程》是否还能够将自己的知识和经验真正传授给后人。

> 现在，我认为真正的美学元素应该在建筑中占据它应有的位置，而在其他方面建筑也应该保持某种技术性工艺。在这一点上，就像那些好的艺术品一样，无法避免的是，确切地说，它很难找到一种适当的教授方式，因为这基本上是一种感觉性的教育。[122]

根据这种观点，很难想像申克尔能够完成自己的著作。在他留下的草图中，我们可以看出他经常变化的，个人的，自发的，而且涉及范围很广的理论观点的一些特点。它们还有着一种重要的象征意义，这意味着 19

世纪上半叶，最重要的德国建筑师曾经作了将他那一时期的理论综合在一起的某种尝试，但是他最终失败了。关于申克尔一生中的思想和知识，究竟还有多少没有弄清，依然是个谜，这有待于我们进一步的发掘。

1819年，申克尔开始发表自己的作品，包括那些已经完成的和受到委托还未能完成的。[123]这种具有纪念性 〔301〕
特征的长方形版本可能是受到佩西耶和方丹(Percier - Fontaine)的《室内装饰汇编》(*Recueil de décorations intérieures*，1801年，1812年)或完成于1808年的乔治·理查森(George Richardson)的《英国新建筑》(*New Vitruvius Britannicus*)的影响，这本书是用统一式样的图例表达的——申克尔亲自作了所有插图的初稿——来展示他所有的建筑作品，因此，这套书成为这种长方形版本著作的原型。20世纪伟大建筑师，如勒·柯布西耶，以及诺伊特拉(Neutra)的作品全集都沿用了这种模式。在实际作品中，理论概念变成了第二位的，美学讨论也被压缩成了一些简单的语句。比如在柏林的弗雷德里希斯威德尔(Friedrichswerder)的方案中，申克尔这样写道："由于三面都被狭窄的街道包围着，因此一座华丽的建筑物在这里并不合适，建筑的外立面应当非常简洁……"，还有在他的建筑学院(Bauakademie)设计中，他也只限于谈论功能，材料和结构等问题。

申克尔的做法很快就有人开始模仿。1822年弗雷德里希·温布伦纳开始出版他的《建筑实例与方案》(*Ausgeführte und projectirte Gebäude*)，以及1830年克伦策(Klenze)的与申克尔同样题材的专集类著作——《建筑设计集》(*Sammlugn architektonischer Entwürfe*)等，都是如此。

回顾申克尔的历史文脉，他曾被誉为是"未来之人"(*der kommende Mann*)。[124]他那些受到功能主义思想主导的言论，被认为是20世纪密斯·凡·德·罗等人思想的滥觞。到了第三帝国时期，他被推举为"新古典主义的楷模"。[125]更为晚近的时候，他被人们看作是"历史连续性"的一个典范。[126]还有一些人，则强调他对所依据的原则的坚持，因而，把他作为自己行为的典范。[127]无论是在理论上，还是实际设计上，申克尔都符合所有这样一些评价，因为正是他摆脱了与历史相关联的参考点，进入了一个他无法知道其边界的领域。

申克尔在思想方向上的转变，部分地也是受到了当时哲学观念，特别是德国唯心主义哲学的影响。如1802 - 1803年弗雷德里希·威廉·约瑟夫·冯·谢林(Friedrich Wilhelm Joseph von Schelling，1775 - 1854年)发表的关于艺术哲学的演讲中，就提到了他对于建筑的观察。[128]他将建筑看成是无机背景条件下有机形式的表现。基于这个概念，建筑的几何对称是第一位的，类似人体的一种比例关系是第二位的，他所支持的是一种古典主义秩序。他对19世纪的建筑理论产生了特殊重要影响的理论，是他的复杂的有机概念[129]，这一概念促使了人们自文艺复兴以来，在观念中对于事物认识的重新认识与讨论。

格奥尔格·威廉·弗里德里希·黑格尔(Georg Wilhelm Friedrich Hegel，1770 - 1831年)在他1820 - 1821年于柏林发表他的关于美学的演讲(出版于1835年)中，特别着意提到了建筑问题。但与谢林不同的是，他认为艺术作为一种纯粹精神的产物，是位于宗教与哲学之后的。他在很多方面受到希尔特的影响，还将希尔特的建筑进化概念作为区分艺术史上三个时期的辩证方法：第一个时期他称之为"象征的"(symbolic)，其特征是物质高于精神；第二个时期是"古典的"(classical)，这时物质与精神是等同的；第三个时期为浪漫主义时期，其表现形式是精神高于物质。根据黑格尔的理论，艺术的未来在于它与哲学或宗教领域的互换。 〔302〕

黑格尔采用了谢林的有机概念，他首先在古代建筑上找到了证明；他接受了希尔特关于石构建筑是源于木构建筑的观点，以及他的功能—结构主义观点。他还对"支撑体"和"被支撑体"作了基本的区分，这一思想实现了叔本华(Schopenhauer)的极限控制。他将柱子看作是基本的承重元素，墙则是围合元素。半柱在逻辑上，被解释成"嵌入的"或"在墙上的"(walled - up)柱，"但他们是不一样的，因为他们表现出两种平等的，但完全相反的用途，这实际上没有内在的必要性。"[130]这是在重复洛吉耶60年以前的观点。

对于黑格尔来说，"浪漫主义"建筑主要指的就是哥特建筑，他发现在哥特建筑中的"建筑形式和基督教的内在精神相协调，这正适合基督教的仪式要求。"[131]黑格尔对于哥特建筑的解释虽然不像英国的普金和拉斯金，或法国的维奥莱 - 勒 - 迪克那样，对它的结构方面十分重视，但却强调了材料的消解，他的思想对于直到20世纪时德国人对于哥特式建筑的态度起了决定性的作用。

在弗里德里希·特奥多尔·菲舍尔(Friedrich Theodor Vischer*，1807 - 1887年)所写的《美学》(*Äesthetik*，1846 - 1858年)一书中，又将黑格尔的观点进一步发展，并加入了他当时的论点。[132]菲舍尔的观点在很多不同

---

*德国文学批评家和美学家。——译者注

问题上与他所引用的森佩尔的观点是一致的。

这时最为直接地对建筑进行哲学表述的是亚瑟·叔本华(Arthur Schopenhauer, 1788 - 1860 年)。他首先在第一卷《作为意志与表象的世界》(*Die Welt als Wille und Vorstellung**, 1819 年)中阐述了自己的观点,后来又在第二卷中(1844 年)作了详细的阐述。[133]他认为艺术的基本原则是"自然意愿的客体化"(*Objektivation des Willens der Natur*),并在建筑的支撑和荷载的"单一和连续的主题"上找到了这一原则。[134]这种结构功能主义的思想源头可以一直追溯到阿尔伯蒂,到了 18 世纪的洛多利(Lodoli)那里,形成了高潮;在希尔特和黑格尔那里,这一思想也被作为大的历史模式的一部分。但是,直到叔本华,这一思想才被明确地作为一个抽象的概念提出来。

叔本华在希腊建筑的基础上提出了柱式是依据于一个给出的荷载和坚固的支撑之间的静力学联系产生的——"只有在一排柱子之上,这些才是完全分离的,柱楣是纯粹的荷载,而柱子则是纯粹的支撑",他反对那种认为建筑的形式与比例是源于对自然和人体的模仿的说法:

> 既然所有柱式的法则,以及由此产生的柱子部件的形式和比例,直到它最微小的细部尺寸,都是根据一个对已知荷载的广泛考虑的支撑概念而定的——这是一个被很好地理解了,并取得了好的效果的概念,因而在这里被当做一个"先验"(*priori*),现在可以清楚地看到那个常常被重复的,认为树干或人体形式都可能是柱式原型的想法是多么错误,不幸的是连维特鲁威都坚持这一点。

[303] 叔本华得出结论说,只有重力、刚性和聚合力的法则才是对建筑有意义的,早先采用的什么通常形式、比例和对称的概念,这些纯粹空间的特征,都不能成为"最好的艺术主题之一"。这显然是在与维特鲁威理论作断然的决裂。叔本华将建筑看成是重力定律的实证,认为这在纪念性建筑中得到了最好的体现:

> 为了达到美学的效果,建筑必须有真实的尺度。它们可以很轻易地变得过小,但却永远不会太大。实际上,美学效果正在于一座建筑物量度中的直接尺寸,其他方面其实都差不多,因为只有大的体量才能够最大程度地体现出重力效果的显著和感人。

正像叔本华后来提倡的,建筑"只包含简单的由直线和对称的曲线所组成的规则形状,就像立方体、平行六面体、圆柱体、球体、三角锥体和圆锥等表现的那样",这是一种强烈地要回归到部雷(Boullée)的思想。叔本华认为这些形体类似于自然界的有机体,而既然希腊建筑"是如此重要以致于无法超越……那么现代的建筑就不能在大原则上违背古代建筑的规则和样式。"他把哥特式建筑看成是一种专断的样式,认为它企图征服重力的影响,然而这只是一种异想天开的幻想。他还强烈指责新哥特主义倾向,他抱怨那些中世纪教堂说:"当我看到在这个异教徒的时代,他们致力于要完成虔诚的中世纪所未能完工的教堂时,觉得他们就像是在给基督徒的尸体上涂抹油膏一般。"叔本华的那种基于他自己意愿的哲学,表现出一种对于古典主义的认可,但其实它们都可以用来服务于诸多现代功能主义理论的目的。

如此明确地表述的德国理想主义哲学思想形成了当时德国建筑历史和理论发展的背景,并且通过先验论的中介,还逐渐占据了 19 世纪下半叶美国建筑理论的一个中心位置。[135]

在建筑学方面的哲学反应,在 19 世纪 40 年代的艺术和建筑的早期作品上偶尔有所体现,如卡尔·施纳赛(Carl Schnaase, 1798 - 1875 年)和弗朗兹·库格勒(Franz Kugler, 1808 - 1858 年)那样,他们一个是建筑学院的早期学生,另一个是雅各布·布尔卡特(Jacob Burckhardt)的老师。[136]施纳赛是一个黑格尔主义者,他在 1843 到 1864 年间撰写了一部 7 卷本的《造型艺术历史》(*Geschichte der bildenden Künste*[†])[137],并以此书向库格勒致敬。库格勒自己的著作《艺术历史手册》(*Handbuch der Kunstgeschichte*[‡])在 1842 年问世,这本书被作者称作是"在这一领域的第一部内容最为全面的著作"。[138]施纳赛在有关这本书的介绍中,把数学规则与功能

---

* 对译英文 The World as Will and Idea/Representation ——译者注
† 对译英文 History of the Forming Arts ——译者注
‡ 对译英文 Handbook of the Art History ——译者注

性看作是构成建筑的本质，他将建筑的本质归在无机界的自然王国之中。[139]在将功能性看成是自然规则的同时，他也不得不承认纯粹的功能主义会导致"冷冰冰的没有灵魂的风格"，并得出结论说："建筑中的美，并不存在于功能之中——而是，当艺术超越了功能时，美就出现了。"[140]在他对建筑中的重力和内聚力的关注，显示了他和叔本华之间的密切关系，他认为这些是属于自然界无机物领域的"必要方面"。

在一篇回顾施纳赛著作的文章中，库格勒认为"在生物进化过程中的有机原则和细分原则"同样适宜于建筑之中。[141]施纳赛则在一个小册子《关于建筑中的有机》(*Über das Organische in der Baukunst* *，1844年)中作出了回应[142]，其中他将"有机的"这个时髦词汇，称之为"时代最喜爱的术语"，并进一步指出，"有机"和"功能"这两个词之间的关系十分紧密，甚至意义近乎完全一样： 〔304〕

> 如果有人坚持要强调"有机"，那么建筑之各个部分的意图与相互关系——不只是从内在意义上来看，而且从外表来看——也是一种按照这一思维的逻辑发展，会因为他对装饰的排斥而变得越来越冷漠，他作为一个纯粹的功能主义者，其建筑观念最终也将会十分狭隘。[143]

施纳赛的这番评论，直指其中心内容，即如何为组成功能和有机的那些元素，给出一个大致的概念，这一概念支配了此后的一个世纪。施纳赛还指出，建筑上的单一性，和一种日益增长的国际主义倾向，是其所面临的一大危险："实际上我们应该尽量远离那种单调性，不敢于背离标准的'有机'的范例，对不同国家历史中大量的独立创造，保持一种越来越冷淡的态度。"[144]

在19世纪的这种精神之下，库格勒在他的《艺术历史手册》中把建筑的起源追溯到了"纪念碑"(monument)[145]；另一方面，在他的内容广泛的著作《建筑历史》(*Geschichte der Baukunst* †)[146]中，他放弃了进化论的或格言式的写作方式，为所有建筑的历史史料编纂，至少是德国的建筑历史，奠定了基础。雅各布·布尔卡特(Jacob Burckhardt)和威廉·吕布克(Wilhelm Lübke)继续了这样一种写法。

莱奥·冯·克伦策(Leo von Klenze，1784－1864年)曾尝试解决这个复杂的历史和哲学问题。[147]他在慕尼黑的经历，在许多方面与申克尔在柏林的差不多，只是申克尔比他早了三年。在这两个人之间，克伦策更喜欢游历：他在1806年之后，曾多次游览意大利，并于1834年到过希腊。1800年至1803年间，他在柏林跟随大卫·吉里学习，更重要的是他在那里遇见了阿洛埃斯·希尔特，当时可能还有弗雷德里希·吉里在那儿。克伦策曾经遇见过申克尔。他还将自己对于历史的观点，归因于约翰内斯·冯·莫勒(Johannes von Müller，1752－1809年)的影响。从他的文章中我们可以看出，他比申克尔更加注重考古学的、历史的和宗教的文献，他试图将这些都纳入到他的思想体系中。与申克尔的游历中所表现出来的，对绘制测量图没有什么兴趣相反，克伦策不仅绘制了，而且出版了大量考古图，如在1823－1824年冬天，他所测量的阿格里琴托(Agrigento)的宙斯神庙便是一例。在那里，克伦策遇见了希托夫(Hittorff)，并在著作(1827年)的第二版中，引用了他对古典建筑色彩装饰的看法。[148]克伦策更为深入的著作《关于希腊和希腊之外的建筑之回答与思考》(*Architektonische Erwiderungen und Erörterungen über Griechisches und Nichtgriechisches*‡)并没有出版[149]，但是，从他已经出版了的那些部分中，我们可以对于他在建筑理论历史上的地位作出一个大致的评价。[150]

克伦策的一本代表性著作是《历史与技术分析之后的恢复托斯卡纳神庙的尝试》(*Versuch einer Wiederherstellung des toskanischen Tempels nach seinen historischen und technischen Analogien*§，1821年)。[151]从希尔特曾经详细叙述过的，维特鲁威对于托斯卡纳神庙的描述出发，[152]克伦策以种族、宗教，甚至语源学术语为基础，以伊特鲁里亚建筑与现代雷蒂亚(Rhaetia)的建筑风格相类似的原则，对托斯卡纳神庙进行了复原。这一点还启发了他，将现代提洛尔(Tirolean)农舍的技术特征，特别是屋顶结构，应用到了伊特鲁里亚神庙的复原之上。在他的历史观点里，有这样一个观念，即"希腊建筑以一种共通的方式将所有时代的建筑联系在一起"。[153]

---

* 对译英文 On the organic in the architecture ——译者注
† 对译英文 History of the Architecture ——译者注
‡ 对译英文 Architectural Answer and Discussions on Greek and Not Greeks. 德语 Nichtgriechisches ＝ Nichtgriechen ＝ Not Greeks ——译者注
§ 对译英文 Attempt of a Restoration of the Toskanic Temple after Its Historic and Technical Analogies ——译者注

〔305〕 克伦策的思想在《基督教建筑阐述》(*Anweisung zur Architektur des christlichen Cultus*^{*}, 1822 年)¹⁵⁴中开始变得更加清晰,这本书是用公共资金出版的,并免费加以分发。书的目的是补充性的:要在教堂建筑的历史文脉中,为"那些摇摆不定的思想,确定一个大略的权威和方向的基础"。[155]这是同时涉及其他建筑类型的一系列著作中的第一本,"因为其他那些建筑属于一种普通的形式,并且可以用一种普遍而有效的准则来加以规范"。[156]然而,这一系列丛书却从来没有真正实现。

克伦策支持由国家来制定一个官方的建筑政策,"以便于发布一些建筑形式,以及一些一般性的确定法则的概念",而对于教堂建筑,他则寻求要能够为"时代的规则而付出努力,在所有可能的地方,都应在同样的方向上作出努力"。[157]甚至,在路易十四时期由科尔贝(Colbert)建立的皇家建筑学会,也从来没有冒险去提出如此绝对性的要求。

在书的序言里,克伦策将"真正的建筑"同"经济的建筑"区分开来,把前者定义为"在词语的高一级含义上的,宗教、国家和社会的仆人";而后者则因为他所关注的是"更高感觉上的建筑美和形式"而被忽略。[158]"通常的建筑形式",为了捍卫他的这一观点,他继续说道:"考虑了过多人们的要求,基于太多个人的考虑、环境和当地情况的满足感,极少是适当的。"[159]对他来说,宗教建筑是处于首要地位的,"为了恢复基督教堂损坏的柱子,并出于一种完全自由的道德,在坚实的基础上重建基督教。"[160]世界上的宗教,在克伦策的一种全面的世界观看来,都表现出"朝向正确的基督教方向的一种进化顺序"。[161]

完成这些意识形态上的铺垫之后,克伦策开始(第三章)谈论他所谓的"建筑基本原则的广泛效用",从中我们能看出迪朗和希尔特对他的影响:

> 从词语的真实意义——伦理的意义上说,建筑是基于人类社会及其需求目的之上的对自然材料的铸造和结合的艺术,它要求以尽量少的人力、物力,遵守保护性、坚固性和功能性等原则,以最大限度地保证建筑的坚固与持久。[162]

这是一个由迪朗那里得来的定义,同时又与申克尔的早期思想相类似。在克伦策对美作定义时,这种联系表现得更为清晰。他认为美是"一种品质,在词语的最高含义上,它从物体的要求或建筑的目的中产生,并与静力学和经济学相结合。"[163]如果去掉"在词语的最好含义上",这句话就成了一个完全符合迪朗的功能主义美学思想的表述。

自从克伦策在希腊艺术中发现了静力学与材料以及结构的最完备、最完美的结合——这也是由希尔特那儿得到的观点——之后,他便没有更多的理由,不将希腊建筑看作是"所有国家、所有时代的建筑,特别是在各个方面,都是真实的、本质性的、具有正面意义的——进一步讲,是一种真实的、本质性的、具有正面意义的基督教建筑。"[164]

然而基督教教堂的功能变化要求有新的形式来与之结合;同时宗教和气候条件的变化,也使得教堂建筑表现出地方性,但是克伦策仍然专注于建立"一种古典建筑的严谨和美的样式"。[165]在克伦策的目录中所列出急〔306〕需的"基督徒的礼拜建筑",正预示了克利斯蒂安·卡尔·约西亚·冯·本森(Christian Karl Josias von Bunsen)的《论基督教建筑》(*Thesen über christliche Baukunst*[†])的不平常地位。这本书是关于柏林新教教堂的重建问题的,并以在那里的教堂设计而为人们所熟知。[166]克伦策的《阐述》(*Anweisung*)是关于 19 世纪 20 年代关于基督教巴西利卡的讨论的,对于这一讨论更有影响力的著作是古藤松(Gutensohn)和克纳波(Knapp)[167]所写的《基督教的纪念碑》(*Denkmale der christlichen Religion*[‡], 1822 – 1827 年)。而其最重要的著作则是本森的《基督教罗马的巴西利卡》(*Die Basiliken des christlichen Roms*[§], 1842 – 1844 年),关于这一点,我们将在后面提到。

克伦策强烈反对当时对哥特式的流行观点,并特别反对"仍然在不断产生的哥特式复兴"的思想。[168]然而在他非凡的"非希腊"(un – Greek)设计中,我们发现了他在对自己的一座教堂设计(图版 160)的评价中有一段

这样写道：

> 对于建筑的外表我们一直在尝试着，在古典建筑的可能范围之内，对于各种无节制的行为保持警惕的同时，去获得像中世纪的尖塔那样备受称赞的，由于功能上的优点而产生的轻盈和透明感。[169]

克伦策的设计是对巴黎圣叙尔比斯教堂(Saint-Sulpice)的一种诠释，其中的一个让人们想起18世纪初科尔德穆瓦修士(Abbé de Cordemoy)的"希腊-哥特式"思想，这一思想对于歌德也产生了一定影响。克伦策的解释性著作《阐述》中显示他的"希腊"概念，其实与对古典建筑的模棱两可的态度差不多。他在慕尼黑所建造的惟一一座教堂，众圣教堂(Allerheiligenhofkirche*)，在国王路德维希一世(King Ludwig I)所表达的愿望之下，完全变成了对威尼斯圣马克教堂的非古典式的模仿。[170]

克伦策的"希腊式"概念有点类似于申克尔的想法，是基于对技术的考虑之上的。他和申克尔之间的联系还有待分析，但是，从克伦策关于瓦尔哈拉(Walhalla)纪念碑(1842年)的论述[171]中，可以明显地看出它主要是对结构的分析，并得出结论说："正在建造的建筑的积极方面，需要仔细地加以说明——建筑的艺术一面本身已经十分明显了。"[172]瓦尔哈拉的内部是铁桁架结构，在大的尺度上正与申克尔在《教程》中的宴会厅设计，以及他的雅典卫城项目的接待厅的设计相符合。

1830年，在申克尔和温布伦纳的示范之下，克伦策开始着手撰写《建筑设计集》(*Sammlung architektonischer Entwürfe*)一书。[173]他认识到希腊建筑是"所有时代都适用的原理"[174]，但他并没有把它提升到一个规范的地位。因此，如果仅仅把克伦策——甚至申克尔——看成是一个教条的古典主义者是不公平的。

克伦策在《阐述》(*Anweisung*)中主要说的是罗马天主教堂，而外交家和理论家克利斯蒂安·卡尔·约书亚·冯·本森(Christian Carl Josias von Bunsen，1791-1860年)在他的著作《基督教罗马的巴西利卡》(*Die Basiliken des christlichen Roms*，1842-1844年)[175]则试图对新教教堂进行研究，并以此书题献给与他关系密切的威廉四世。早在他在教庭担任普鲁士外交官之前，就已经出版了一本《论基督教建筑》(*Thesen über christliche Baukunst*，1824年)。他的历史观点与斯蒂格利兹(Stieglitz)类似：认为希腊、罗马和中世纪建筑之间，存在着一种发展的连续性，但同时他又粗率地排斥17、18世纪的建筑。并且还大胆地尝试要将古典建筑与"中世纪的德国建筑"联系起来[176]，把罗马的巴西利卡看作是对希腊建筑的一种功能上的改造，并在这一基础上来评价当前对于它们的重新利用。下面这一段话正表明了他的历史观点：

> 应该深入理解到在现在这个时代，只要那些思想家和艺术家，对于建筑样式是如何从希腊、罗马时期发展演变的过程，没有一个清楚的认识，就不可能真正恢复古典主义风格，不管是15、16世纪的不适当做法，还是17、18世纪可悲的结果，都是如此。谁又能意识到罗马的巴西利卡，正是用着无比的热诚，在建筑最为重要的一个领域中，将古代建筑元素应用于新的需求呢？事实上，要深入了解德国的中世纪建筑，并以此进行复兴，了解这些巴西利卡是相当有必要的。[177] 〔307〕

基于他在阿米利亚(Aemilia)巴西利卡和罗马的乌尔比亚(Ulpia)的巴西利卡，本森得出了一个有些荒谬的结论："可能从一种世界大同的，或是一种折中的希腊化思想来看，我们应该超越所有这些建筑。如果是那样的话，我们应该暂时地将所有古典主义建筑装饰都保留下来，实际上也就是拥有了一种基督教艺术。"[178]

运用对宗教礼拜的探讨，本森开始试图论证早期基督教巴西利卡对新教崇拜的适应性，并将它看成是建筑另外一个黄金时代的曙光。早期基督教建筑，现在表现出无数发展的可能性来：

> (早期)基督教(建筑)表现出一种真正珍贵的品质，并显示出它能够变成流行样式的各种前景。但是很多迹象表明一个时代最伟大的口号是能够与其对立面相融合的，以嘲笑所有以前的那些时代。当旧的与新的，宗教的与世俗的，精神和实体，信仰和知识，都能够结合在一起时，这一切就可以获得

---

*对译英文 Court Church of All Saints = All holy yard church——译者注

满足……[179]

本森的结论跟克伦策一样彻底："看到这些,我们必须意识到巴西利卡是最普遍的基督教建筑形式,也是在西方惟一能够满足现在需要的建筑形式。"[180]为了满足新教的特殊目的,他还提出要将早期基督教巴西利卡和中世纪("德国式的")的穹隆结合起来。

关于巴西利卡的讨论,对于在国王弗雷德利希·威廉四世(King Friedrich Wilhelm Ⅳ)统治期间的柏林教堂设计,产生了极为深远的影响。[181]

本森对于历史样式进行处理,使之适应于现在需要的做法,可能是一个特例,但是,它绝不是 19 世纪一个孤立事件。当时的社会对于希腊建筑表现出普遍的兴趣,尽管在"希腊式"一词之下,掩盖了一些出于各种个人目的之下的不同含义。当"希腊式"的原则——即使是一种狭义的——被作为一种现代的模式而被抛弃时,这其中可能带有一种情感上的因素。在 1828 年温布伦纳的学生海因里希·胡布史(Heinrich Hübsch)的一篇论文《我们应该建造何种风格?》(*In welchem Style sollen wir bauen?* *)中这确实发生了。[182]

[308] 胡布史并不是如此反对古典主义建筑的,只是对他所声称的,尤其是与现代相比较而具有的优越性表示怀疑。他的思想以所谓的"技术静力学"——也就是大跨度和材料的经济性——为基础,显示出与温布伦纳的以结构为基础的思想的一种连续性。胡布史对于结构的两种基本原则——水平和圆顶,或拱顶(他称之为"原始风格")[183]——进行了区分;他看待风格,也是用一种技术的,而不是历史的眼光来看的,就像申克尔的《教程》一书中后面的那部分那样。胡布史还把希腊建筑看成是一种直线的、水平的风格,认为它并不适合于现代的,特别是德国的建筑。他认为现在应该致力于运用新的材料,并力求处理大尺度的建筑,而这意味着需要求助于圆拱或尖拱的形式:

> 今日建筑的情况是不同于,甚至完全相反于,古代希腊时的情况的。在具有好的石材方面,现在与希腊时期之间有着多么大的差距,希腊时代的石材,其强度可以允许被做成连续而不会断裂的水平过梁;而现在的脆弱的石材,只能做成很短的水平过梁,而使用拱顶作为替代品其间的区别就更大?或者说,比较在古典时期对建筑的朴素需求中,对于空间没有过多的奢求,与今日能做多大,就尽量做多大空间的要求相比,彼此之间的区别就更大了?又或者说,比起古代那些充斥着室外柱子,却没有窗户的一层建筑物来看,现在却罕见有开敞柱廊的做法,却到处都是些多层的建筑和无以数计的窗户,彼此之间的区别是否更大呢?[184]

胡布史试图降低希腊建筑中的简洁与真实的原则,他将这解释成为一种结构力量的表现。由此,他将柱子的应用描述成"建筑传统中的第一大谎言"[185],并认为罗马建筑仅仅体现了他所谓的两个"原始"风格之间的简单的"冲突"。同时他还认为,希腊建筑是与现时代的需求相矛盾的。在他的眼里,半圆拱恰好符合这些需求,并且在美学上更接近美的理想[这是霍加斯(Hogarth)的观点]。[186]胡布史疯狂地迷恋拜占庭时期和罗马风时期的圆顶和拱顶建筑,他称赞玛丽亚·拉赫修道院(Maria Laach)是"我所见过的最美的建筑"。[187]他反对风格化的模仿,但同时他对于"技术静力学"的研究,也使得他并没有在与罗马样式上所得到的不同看法上走得更远。

> 如果有人想找一个已有的权威来评价新的样式,那么在最近的十年里,中世纪的艺术就相当值得注意了……而一种样式的建筑,总是从同样的基础出发的,例如,作为中世纪的建筑,其拱顶的支配性作用就使得它们彼此之间,一定不会是渺不相涉的,这一点应该是不会错的。[188]

胡布史后来又继续提出"在很多方面,半圆拱风格中,都被注入了与希腊风格中同样的精神",有平滑的墙面和一种"微妙的伟大和节制"感。[189]他称赞哥特式建筑的成就,同时对半圆拱和尖拱,以及拉斐尔前派和

---

*对译英文 In what style ought we to build ?——译者注

拉斐尔后派进行分析比较，从而得出结论说其与当代的鉴赏品味之间，存在着惊人的相似之处。[190]他称之为"客观的框架"（*objektives Skelett*）的"新的风格"，以及半圆拱风格中的类似感"都在于事物的自然属性，而不是权威的影响或仅仅是个人偏好的产品。"[191]他认为只要不"掩盖"其他元素，可以在装饰上自由表现个人的想像力。[192]

在对半圆拱的研究中，胡布史采用了与对希腊风格相同的，或者说是与勒－迪克的新哥特主义观点更为一致的方法。其中所有的推论都是根据功能和结构做出来的。正是循着这样一条线索，他们那些所谓的"理性风格的证据"就只是由那些他们自己的历史资料所构成的虚假的理由所构成的了。胡布史的教堂是一种新罗马式风格的，而他在巴登巴登（Baden－Barden）设计的新泵房（1839－1842 年），又表现出一种他此前所追求的"微妙的伟大和节制"感。 〔309〕

吉·帕尔姆（G. Palm）在 1845 年的论文《建筑风格应该选择哪一条原则，尤其是与教堂风格相称的？》（*Von welchen Principien soll die Wahl des Baustyls, insbesondere des Kirchenbaustyls geleitet werden?*＊）中，采用了和胡布史类似的标题。[193]他依照斯蒂格利兹（Stieglitz）的折中主义思想，认为在风格选择与建筑特征上一定存在着某种关联。对于现代建筑来说，他提议使用古典式，哥特式和"现代"风格；他认为最后一种风格，适合于类似工业建筑和火车站——尽管他并没有提及铸铁——同时，他觉得教堂应该用哥特式风格。帕尔姆提出建筑应该表现出"真实，纯净和设计的有机性"，但他并没有说明如何才能达到这一点。[194]

胡布史还是 19 世纪德国举办的最引人注目的一次竞赛的评委之一，正是在这个竞赛中产生了一种全新的建筑风格。1850 年巴伐利亚的迈希米连国王二世（King Maximilian II）让慕尼黑艺术学院组织了一次名为"雅典娜神庙"的教育性机构的设计竞赛；这最终导致了迈希米连纪念馆（Maximilianeum）、迈希米连大街（Maximilianstraße）和众所周知的"迈希米连风格"（Maximilian style）[†]。[195]作为王储，迈希米连曾就该事向申克尔和克伦策寻求意见。当被问到什么是他的"建筑理想"时，申克尔这样回答道："在每一个时期，我们对理想的追逐都受到时代所产生的新的需求的影响。"[196]

竞赛条款尤其是"解释说明"部分，很好地展现了这场有关建筑风格样式讨论的历史文脉背景。[197]条款先对各式各样已经出现过的风格和折中主义样式进行回顾，作为向"从现代建筑的民族化改造的努力中取得"的既定目标进发的开始，在这一目标中"时代特性应该找到它自然而准确无误的表达方式"，并且"经验、技术优势以及新技术，应该在最严谨的体系名义下结合在一起"。但与之有些矛盾的是，其中鼓励竞赛者是完全自由地"应用各种样式和装饰，以取得对问题的实际解决，这样最后的设计就不单单是源之于某一个已知的风格。"从效果来看，这只会导致一种新的折中主义。而且，为了强调新风格中的民族特征，这份文件中还提议"早期德国所谓的哥特建筑的原则，以及装饰中的德国动植物图案形式，也应该尽可能地加以考虑。"[198]

比较起来，"解释说明"部分则相对更为简洁。他们要求既然"产生早期建筑样式的那种自然刻意创造"的时代已经过去，那么新风格应该是出于某种"深思熟虑"的结果。新风格应该反映出一种"时代的精神"，并应考虑到"政治和社会环境"的影响。"建筑在其时代中的真实特征"应该是"依照现在的技术发展水平下实际的功能主义的，舒适的，简洁的，而且是美的，并且是尽可能经济的"。说明中还建议竞赛参与者，应该考虑"将希腊建筑中简洁的平静线性的品质与哥特式向上挣扎的品质"结合在一起，希望能在这些原则下，产 〔310〕生出具有"原创性的，并且是美的，有机建筑"来。[199]

正像人们所预期的那样，所有参加竞赛的作品都是折中主义的。在 1852 年，克伦策发表了自己的评语。他坦率地说道"没有一个入围作品是满足了全部规定的要求的"；他认为其中最好的作品，是柏林建筑师威廉姆·斯蒂尔（Wilhelm Stier）的方案，但同时他又认为，斯蒂尔的设计"可能永远不能实现，因为它将耗费的资金将无可估量。"[200]普鲁士的弗雷德里希·威廉四世国王也以个人身份参加了竞赛，他将巴伐利亚山区住宅的"迷人形式"应用到了砖石建筑中，以迎合人们对于德国民族风格的要求，在说明中他解释说："这种新的风格与巴伐利亚山区住宅之间的关系，与古代希腊原始木屋与最后完美的希腊古典形式间的关系是一样的。"[201]

1854 年评选结果出来，将第一名授予了斯蒂尔。但即使是迈希米连大帝也明显地没有打算要实施斯蒂尔方

＊对译英文 Of which principle should the choice of the building style, especially the church style be? ——译者注

† Maximilianeum 是因斯布鲁克市（Innsbruch）的标志，晚期哥特式建筑，1496 年为纪念迈希米连大帝婚礼而建。——译者注

案的意图，早在两年之前，他就已经开始和建筑师弗雷德里希·伯克莱恩(Friedrich Bürklein)商讨包括迈希米连大街在内的扩建工程了。从国王自己对于这个项目(1852年)的评价中[202]，我们可以看出，迈希米连大街最终实际是按照他自己的想法建造的。而"迈希米连风格"，也从来没有变成一种新的民族形式，它只是从哥特式出发而产生的一种更为古怪的折中主义样式。

19世纪中期德国建筑理论领域的领军人物是戈特弗里德·森佩尔(Gottfried Semper，1803－1879年)。[203]他的一个朋友——瑞士诗人和小说家——戈特弗雷德·克勒(Gottfried Keller)称他是"像孩童一般患有忧郁症的人"[204]，这一点在他的著作中也有所体现。森佩尔作为一位人物，一位作家，以及作为一名建筑师，在当时的国际上有着广泛的知名度。他开始是一个数学家，1825年他失望地结束了在慕尼黑追随弗雷德里希·冯·加特纳(Friedrich von Gärtner)的学习，并于1826－1830年间，在巴黎跟随弗兰兹·克利斯蒂安·高乌(Franz Christian Gau)学习，高乌曾经任教于迪朗的学校，正是他将森佩尔介绍给了希托夫(Hittorff)，在那儿森佩尔受到了真正的建筑训练。希托夫在1824年出版了他关于古典建筑上的色彩装饰的杰出著作，三年后又出版了他和赞斯(Zanth)关于西西里岛的希腊遗迹的著作。森佩尔当时也一定看过了拉布鲁斯特(Labrouste)在巴黎的帕斯东(Paestum)重建工程，其中的理论思想常常在森佩尔的思想中有所体现。

森佩尔于1830－1833年间游历了意大利、西西里岛和希腊，目的主要是研究古典建筑的色彩装饰问题。1831年至1832年间他与朱尔·戈瑞(Jules Goury)在希腊度过了一整个冬天，后者还继续游历了近东和西班牙南部地区。经过这次旅行，他撰写了一部关于格拉纳达的阿尔罕布拉宫(Alhambra in Granada)的三卷本的著作，其中加入了彩色的总平面和立面图。[205]

森佩尔的第一本著作，是《古代创作的建筑与造型之初评》(*Vorläufige Bemerkungen über bemalte Architektur und Plastik bei den Alten*＊，1834年)，他将此书题献给高乌，书中阐述了关于色彩装饰的所有问题。[206]森佩尔在书的序言中明确指出，他无意于写一本"关于古代文物建筑研究的学术性论文"，而是希望提供一些实际的建议和"有用的信息"。[207]他建筑观念中的那些要点，那些在理论方法上十分宽泛，并在应用中常常得以实践的东西，在这里已经表达得十分清楚了。森佩尔强烈地抨击当时那些他所谓的"半破产"(Semi－ban Krupt)建筑，也批评迪朗的设计方法，并对模仿历史样式的做法表示反对，当他用讥讽的口吻谈论起那些"看上去像帕提农神庙的瓦尔哈拉殿堂(Walhalb)，像蒙里尔教堂(Monreale)的巴西利卡，或像庞培遗迹中的卧室，以及像比提宫(Plazzo Pitti)一样的宫殿"时，很显然是在影射克伦策。[208]

[311]

从森佩尔的观点来看，建筑是对于需求的反应，但它的有机发展只能在自由条件下才能产生。他从一开始就看到了建筑与社会和历史结构之间的联系。森佩尔是一个积极的共和主义者(1848年人们在德累斯顿的防御工事里看见了他)。他从来没有动摇过认为艺术必须是在自由环境下发展的思想。"艺术领域最有权势的资助人"，他这样说道，"可能在沙漠里建立一个巴比伦，一座珀赛玻里斯宫或者是帕密拉城，那里街道，大的广场，辉煌的大堂和宫殿在一种悲哀的空虚中等待着人们的到来……"。[209]建筑必须与"人类社会环境协调发展"，希腊遗迹就是"国家有机体更高的精神规范"的体现。[210]如果我们要想正确地了解森佩尔关于材料的著名论断，就必须牢记这一点。该论断使得森佩尔成为了一名实证主义者和功能主义者："让材料为自己说话，毫不掩饰地，以经验或知识中最适合它的形式和环境展示出来。让砖看上去就像砖一样，木头就像是木头，铁就像是铁，每一种材料都是依照所赋予它的结构规律来表现的。"[211]对于洛多利来说，这样的论述已经概括了他所有的哲学观点，而对森佩尔自己来说，这只是表达建筑象征意义的一个原则而已。

森佩尔开始依照希托夫的观点，将绘画和装饰看作是对于建筑物的保护，以及持久性的需要，但很快他又谈到了史前文化，将色彩的运用解释成为一种"隐晦的宗教理念"的象征。[212]这种对于民族志学的深刻思考是他整个论述的中心思想。他甚至使用一些强硬的口气，试图证明在古典时期和文艺复兴早期，建筑上是经常出现色彩装饰的，而"新奇的单色"只是在伯鲁乃列斯基和米开朗琪罗那里才开始出现，其结果是产生了一种"古典主义和现代燕尾服的混合物"。[213]然后，他又直接对古典主义者进行攻击："那些纪念性建筑物变成单一的色彩，会是一件多么可怕的事情。"[214]正如他所认为的，建筑和雕塑上的色彩装饰，是一个与象征性有关

＊对译英文 Preliminary Comments over Architecture and Plastic Painted in the Old ——译者注

的问题；这种对于色彩的要求是绝对的，这使得他由此认为希腊的大理石上同样必须着色："希腊遗迹上的绘画装饰是至上的，事实上是要把整座纪念性建筑物作为一个整体，并在上面用了一些抹灰的装饰，使其趋于完美——无论在个性上还是在技巧上都是无可挑剔的。"[215]

森佩尔试图通过他对建筑色彩的解释来改变整个社会的欣赏品位。他认为这是自然环境影响的结果，以及对于自然的反映。"色彩并不会比我们那些灰墙上令人耀眼的白色更令人感到刺目，"他特别就北欧的情况说道："难道我们的土地，那些森林或花卉是灰白色的吗？难道他们不是要远比南方森林与花卉更为明快艳丽吗？"[216]

森佩尔所注重的并不是要从历史研究的基础上对于色彩装饰进行考证，而是想要建立起一个原则，这一研究成为他后来的"表皮理论"(cladding theory)的基础，拉布鲁斯特(Labrouste)也是从这一研究出发，开始他的建筑相对美学的研究的。

在森佩尔的著作出版(1835年)一年之后，弗朗兹·库格勒(Franz Kugler)发展了一套科学的概念，对森佩尔论文中的那些理论无条件适用性，加以了限制：[217]

> 我们应该将此作为一条通常的原则，那就是：如果没有更好的做法，那么毫无疑问，希腊的黄金时代那些高贵的白色大理石建筑物——它们多数是雅典风格的——都是用他们的形式，大理石自身原有的颜色，并仅仅描绘了一些补充性的细部，来展示他们的石材的。[218]

〔312〕

尽管库格勒的措词已经相当温和，森佩尔仍然觉得他受到了攻击，并且写了一篇令人不悦的尖锐的文章进行还击，他甚至毫无愧疚地在库格勒死后，仍然称他为"无所不在的不朽之物的典型，德国的霍夫拉特(Hofrat)"。[219]但是，他在流亡中所出版的《建筑四元素》(*Die vier Elemente der Baukunst* *，1851年)则远不是只用了这样单纯的争辩。[220]这本书的前几篇继续提出一些论证，来支持他关于色彩装饰的思想，其中还掺加了许多对于库格勒的谩骂之词。但是，我们从中还是能够体验到，在他看来，色彩装饰在民主政治下，作为一种有机的艺术表达形式，所具有的重要性："希腊建筑的色彩装饰，不再被看作是一个孤立的现象，它不是一种想像中的臆造，而是反映了大众的感觉和艺术上对于色彩的需求，在它的支持下，新运动中的重要意见很快得到发展。"[221]对森佩尔来说，色彩装饰成为了政府民主形式的艺术表达的同义词："在古代希腊的这种和谐，只能产生于平等联邦之间自由而相互约束的结盟，这是寓于艺术之中的民主。"[222]他同时抛弃了德国当时的色彩装饰思想，认为它们是"奇异夸张的杏仁糖"，或是"一块血红的肉"一样的风格，只是打扮成希腊建筑的样子。[223]在拉布鲁斯特用对色彩装饰的讨论，来向古典主义正统美学思想进行攻击的地方，森佩尔——或如库格勒所称之为的，"红色"森佩尔——使这一讨论成为了社会美学意识体系的基础。

在《建筑四元素》的第5卷中，我们又发现了森佩尔的一些新的论点。他提出反对功能主义，认为它"将结构作为建筑的基本，使建筑被束缚在结构的铁链之下"，并坚持说"建筑，正像它那伟大的老师——自然那样，应该依照自己的规则来选择和处理题材，必须遵循存在于建筑内部的理念，而不是根据这些题材，来创造形式和进行表现。"[224]

这些概念来源于森佩尔所谓的"原始人类社会环境"，之后他又开始阐述建筑发展的四个基本元素——壁炉、屋顶、围墙和土台(平台)，值得注意的是，其中最后一项，随着人类的发展，而表现出了"人类关于泥土的最后一项创造"。[225]他把墙体看成一种像是纺织物一样的遮护物，并一直将其历史追溯到了装饰艺术领域，并用织物上的颜色运用，来证明建筑的色彩装饰理论。他从语源学的角度出发，指出"墙体"(德语为 *Wand*)一词与"外衣"(*Gewand* †)一词是同源的，其含义是"外袍"(garment)、"长袍"(robe)，所以色彩装饰源自覆盖于早期建筑之上的"外衣"之意。[226]对于森佩尔来说，建筑和艺术的根源，

---

* 对译英文 The Four Elements of the Architecture ——译者注
† 德文 Gewand：外袍，外衣 = garment = robe，特指穿在最外面的衣服，与"建筑表皮"(envelope, skin)一词可以对应，也部分地来自于森佩尔。此处等于英文 cladding，表层饰面。——译者注

常常都是可以追溯到应用艺术上的。他的这些思想受到了伯蒂歇尔（Boetticher）的影响，伯蒂歇尔将壁炉看成是一个住宅的决定性因素，墙则看成是用布织造的帐幔。[227]这种对于材料、工具和气候的重视，还在森佩尔所引用的托马斯·霍普（Thomas Hope）的《建筑历史研究》（*Historical Essay on Architecture*，1835年）一书中有所体现[*]。[228]

〔313〕 森佩尔以一种与18世纪的"原始棚屋"的思想同质的，但却更为理想化的情感，希望能够用他的"元素"——对人的原始状态的视觉暗示——来唤醒人们对"一个受到民族情感启发的自由人"的想像力。[229]在这一点上，森佩尔与莫里斯，以及拉斯金的思想颇为相近，他们两人认为，中世纪体现了一个完整的社会结构，并在建筑与应用艺术上反映出了他们的这一想法。与他们一样，森佩尔也将自己的"元素"应用于现实之中，并认为既然墙体是源之于像布幔帐一样的分隔遮护之物，那么墙也应该可以像"在纺织品上着色一样"来加以装饰。[230]

森佩尔总是被人误解为，他似乎提出了一个在材料基础之上的独立美学。但其实他并不打算让结构和材料直接外露，而是主张在材料的表面有覆盖层，并对结构的外表进行处理的原则。这在他的色彩装饰理论中写得十分清楚：

> 对于暴露在外的结构构件上所加的装饰着色，如铸铁扶壁柱，及屋顶桁架等，或者是在木制的类似构件上，很重要的一点，就是要注意这些材料的结构含意。比如铁制构件，越细就会显得越完美，因此我不会用亮的颜色来为其着色，而是用黑色，青铜色或大量的金色。[231]

这些想法使得森佩尔完全脱离了他的色彩装饰理论，甚至库格勒也都注意到了，森佩尔思想中的"那些奇怪的、带有空想色彩的文化冲击"，以及他的色彩理论的"基本判断"。[232]森佩尔在他最后一本著作《关于建筑风格》（*Über Baustile*[†]，1869年）中继续对库格勒进行攻击[233]，其中，他进一步发展了自己对于建筑与历史之间关系的看法，现在，他认为建筑完全是由社会历史所决定的，因为民主政体，其具有普遍意义的无可置疑的典范形式仍然是希腊。他还从达尔文主义的角度，将历史上的纪念性建筑物看成仅仅是"保留了已经灭绝的社会有机体的化石"。[234]

1851年森佩尔参加了伦敦的万国博览会，这一经历使他写下了《科学、工业和艺术》（*Wissenschaft, Industrie und Kunst*）一文，并以这篇文章，向三年前在伦敦出版的《共产党宣言》一书表示致敬。[235]文中表现出他对于应用艺术和技术手段与建筑风格之间关系的关注，并将这一问题直接写入了《一个风格的比较系统设计》（*Entwurf eines Systems der vergleichenden Stillehre*[‡]，1853年）一文中。[236]这时的森佩尔思想中，理想主义的色彩已经开始逐渐消退。他运用自然科学的方法，通过对居维叶（George Cuvier[§]，1769–1832年）有关动物学领域的研究方法的分析，提出将艺术作品——他称之为"小道具"（*Krücken*）——进行分类，并划分成为四种类型，同时得出一个公式：$Y = F(x, y, z, etc)$。[237]

这个公式是关于艺术、风格及其他所有构成要素之间关系的一个数学式表达。Y = 艺术作品，它是由常量（F）和变量（x, y, z, etc）所决定的。在森佩尔的公式里，常量指的是功能，他按照"类型"来区分功能；那些变量则指的是 1)材料；2)地方、民族、气候、信仰，和政治环境；3)艺术家或他的资助人的个人影响等等。这些变量结合在一起，产生了"风格"特点。森佩尔对于材料给予了特别的关注，但他强调的是需要对"事物内在理念中所暴露出的局限性"进行观察。[238]

"类型"在这里被森佩尔定义成"由需求所决定的原始形式"[239]，他用这一概念将他的四种基本元素联系在一起。四种基本材料产生了四种基本技术，而这四种基本技术又形成了建筑的四种基本要素（森佩尔对

---

[*] Kenneth Frampton 著《*Studies in Tectonic Culture: The Poetics of Construction in Nineteenth & Twentieth Century Architecture*》特别论述了森佩尔。2002年11月13日卡尔斯鲁厄造币所出品的面值10欧元硬币印有森佩尔头像：建筑师 Gottfried v.Semper 诞辰200周年（发行量：2500万枚）。——译者注

[†] 对译英文 On Architectural Styles ——译者注

[‡] 对译英文 Design of a Aystem of the Comparing Stylistic ——译者注

[§] 法国自然科学家，比较解剖学及脊椎动物古生物学的创始人。——译者注

公式的使用有时并不总是前后一致）：

材料 (Material)：	黏土 (Clay) ↓	木头 (Wood) ↓	织物 (Textile) ↓	石头 (Stone) ↓	〔314〕
技术 (Technique)：	陶艺 (Ceramics)	木工 (Carpentry) （建构学Tectonics）	编织 (weaving)	石工 (Masonry) （分体学Stereotomy）	
	↓	↓	↓	↓	
建筑基本要素（Basic elements of architecture）：	火塘 (Hearth) （壁炉Fireplace）	屋顶 (Roof)	围护结构 (Enclose)	基础 (Substructure) （土方Earhwork，平台terrace）	

森佩尔并没有把金属作为一种基本材料，这是因为在发现这种材料时，他的这四种类型的概念已经建立了起来。[240]

这个表格就像是一个生物学的分类，它是森佩尔在他的主要著作《风格在技术与建构艺术中》（*Der Stil in den technischen und tektonischen Künsten*，两卷本，分别出版于 1860 年和 1863 年）中的一个新观点。这种生物学的分析方式，使他采用了一种狭义的有机概念，但这一概念中所具有的某种观念品质，使它超越了结构和静力学问题。森佩尔仍然坚持只有希腊才成功地"在建筑创造和工业产品中融入了有机的生命力。希腊的神殿与纪念性建筑物都是有机生长的……"。[241]

这本著作最终也没有能够完成[242]；其中的第三卷，本来是计划要写与建筑有关的问题的，但显然一直都没有写成。[243]森佩尔在第一卷的前言中，阐释了自己的基本态度。他说当前正处在一个转折的时代："对于实践性的和工业化的思考，作为保护和创新的中间者，指引着后者向它们希望的那样发展，而全然不是用他们在此前一千年里可能用的那些通常的做法。"[244]

出于建筑的目的，森佩尔将当时思想上的领军人物分为三类——唯物主义者，历史主义者和图示主义者（schematic）。第一类人主要是从结构角度考虑问题，这一类人与森佩尔本身很像，但他极力将自己与他们区分开来："当形式和想法成为实物的时候，不应该与组成它的材料相抵触，但在一个艺术作品上材料的这种作用则没有那么重要。"[245]他反对在纯粹功能主义的基础上对哥特式进行图解分析，或是因为新哥特主义上主要体现的政治观点而对它进行图解。在解释他为什么认为哥特式是"没有生命力的"时森佩尔这样说道："哥特式建筑是与 12、13 世纪经院哲学相等同的石造之物。"[246]对此，朱尔·米什莱（Jules Michelet）有类似的观点，但表达上比这要含蓄得多。

有趣的是，既然森佩尔在许多观点上都已经向维特鲁威的思想提出了质疑，并用自己的美学概念对其进行了相当严格的评价[247]，他应该会将自己对"对称、比例和方向"的美学分类提出来，尽管他通过与矿物学的类比，给予它们一种科学的品质。[248]但实际上这些分类远没有那些达到了"表达"层面的"规律性、类型和特征"重要层次。[249]他从"水晶体独立的韵律和自然界其他完美的规则形式"中看到了纪念性建筑物中，纯粹几何形式应用的理由，因为它们是"宇宙的象征，除了宇宙自身外没有人能够了解它"。[250]森佩尔从一条完全不同的道路上，走到了与所谓的革命建筑师相类似的结论之上。

接着他早期的四个基本元素的概念，森佩尔在《风格》（*De Stil*）的第一册中写的全是织物的艺术，并对他的"衣服"（Bekleidung）理论作了详细的论述。[251]"衣服"通过材料的变化，将建筑类型提升到了一个象征性的地位，这个过程被森佩尔称之为"新陈代谢"。尽管森佩尔对伯蒂歇尔有敌意，但他仍然沿用了伯蒂歇尔对"基础"模式（Kernschema）和"美学"模式（Kunstschema）的概念区别，并将后者（他将它与衣服联系在一起），描述为一种新的风格，说成是"从材料的束缚和蛮横的需求中释放出的形式"。[252]正是这个衣服，这个对组成艺术作品的不同因素的象征表达，才使风格成为可能。 〔315〕

森佩尔对在当时是否可能出现一种"新的风格样式"是持怀疑态度的，"因为还没有迹象表明有一种世界历史的新概念被自觉并确定地提出来"；但还是有可能找到一种"适合于建筑的装束"的。[253]在自己的建筑中，森佩尔则选用了新文艺复兴风格来表达他的世界大同和自由政治的观念——这是对于缺乏任何"新的世界历史概念"的一种回避态度。直到这时，他才承认"人们应该尽其所能地利用旧有的理念"。[254]

在《风格》（De Stil）的第二卷是关于制陶工艺、建构学（木工）和分体学（石工），以及金属的运用的。森佩尔早年没有认识到金属作为一种"基本"材料的重要性，这一事实使得他得出了如下的结论：

> 铸铁构造同样不可能是永恒的，一种认为如果将铸铁应用于永久建筑上就应该产生一种新的风格。与这一观点相对应的危险思想，已经误导了很多建筑师——一些天才的建筑师，但这只是一种走了调的艺术。铸铁在永久建筑上的应用，能够而且一定会对风格造成影响，但不会是在可见的表面之上。[255]

他把"用铸铁造就的哥特式建筑的经验"看成是完全的失败，但是对"建在火车站以及类似的棚状建筑结构上，以表明它们的临时性、与简洁性的铸铁三角桁架"还是值得赞赏的。[256]正如森佩尔在较早时期有关冬季花园的论述中所说，他对铸铁在"严肃的建筑"中的运用的看法，还是十分谨慎的[257]："如果涉及到整体效果，而不是简单的琐碎细部问题时"，建筑师最好"不要与这种不可见的材料有任何瓜葛"。[258]在某些程度上，森佩尔成为了他自己的"外衣"理论和四个基本要素思想的受害者；他同样还对拉布鲁斯特（Labrouste）在巴黎国家图书馆上使用可见的铁皮屋顶的做法表示反对。

从森佩尔的某些观点中，可能使人以为他是一位现代主义，以及材料美学方面的先驱者，但是，考虑到上面他所说的那些，我们必须清楚地认识到，事实并不是这样的。他在现代的重要作用，主要是在视觉上——申克尔（Schinkel）晚年也持有这种观点——根据建筑的结构原则，由材料单独构成的结构，应该提升到一种象征的地位。他的理论体现了 19 世纪德国，在把建筑理解成为是材料和想像力的最为复杂的相互关系的表达方面，最为广泛的探索。他似乎无法解决自身的内在矛盾——即在热心"寻找新的风格"的同时，又是一个历史主义的支持者。简单地把森佩尔称作是有审美意识的唯物主义者，并不是对他的理论的一种正当的评价，但是，正如在阿洛依·里格尔（Alois Riegl）的《风格问题》（Stilfragen *，1893 年）和《晚期罗马的艺术工业》（Die Spätrömische Kunstindustrie†，1901 年）中，这种说法已经形成了对他的一种普遍的看法。[259]实际上，严格说来，

[316] 森佩尔建筑中起作用的元素与里格尔（Riegl）的"艺术意志力"（Stilwollen‡）相去不远。

森佩尔对新哥特主义的反感不只是因为它的风格，更在于它所基于的意识形态。从早期的歌德到申克尔的浪漫主义阶段，钟情于哥特式的民族浪漫主义观念，虽然在当时也并不是完全脱离政治的，但在基调上仍然是唯心的，富于情感化的。但是到了这个世纪的中叶，一些天主教复兴人士中的好战分子，把"新哥特主义"当作了一个政治口号；森佩尔曾经提到的其中一个倡导者，便是莱欣斯伯格（Reichensperger）。建筑理论作为对形式的具体研究，现在与一种特殊的宗教与政治的见解结合了起来，富于挑战性的宣言对真理具有了垄断权。许多这样的争论出现在了当时建筑、政治与宗教性的期刊上。[260]

奥古斯特·莱欣斯伯格（August Reichensperger，1808 - 1895 年）是一位律师，他是《科隆大教堂杂志》（Kölner Domblatt§）的编辑，也是合作创办人，1849 年的法兰克福国会议员，还是德国魏玛共和国国家议会中心党的领导人，和对 1871 年俾斯麦（Otto von Bismarck，1815 - 1898 年，德国政治家，德意志帝国第一任首相——译者注）的第二帝国思想下的"小德国"（Little German）政策的激烈反对者。[261]他是将建筑理论作为自己政治武器的那些人中的一位。他最初对于哥特式的兴趣来源于浪漫主义思想；之后他在自己广泛的旅行，和与法国及

---

* 德语 Stilfragen = 法语 Questions de style = 英文 Style question ——译者注

† 对译英文 The Late - Roman Art - Industry ——译者注

‡ Riegl 的 'Stilwollen'（"艺术意志力" = will to form）概念在艺术史上有重要地位。1860 年瑞士学者雅各布·布克哈特（Jakob Burckhardt，1818 - 1897 年）发表《意大利文艺复兴时期的文化》（Die Cultur der Renaissance in Italien）是艺术史的又一里程碑。此后，德国艺术史家 Alois Riegl 的《风格问题》（1891 年）和瑞士学者海因里希·沃尔夫林（Heinrich Wölfflin，1864 - 1945 年）的《艺术史的基本原理》（Prinzipien der Kunstgeschichte，1915）的出版最终确立了艺术史学科的现代形态。在艺术史学科发展一个半世纪的历程中，德语国家的高等学校在教学和研究上一直处于领导者的地位。艺术史家欧文·帕诺夫斯基（Erwin Panofsky）说，"艺术史首先是在德语国家被当作一门正规的科学，因此，艺术史的母语是德语。"——译者注

§ 对译英文 Cologne cathedral sheets。sheets = 出版物——译者注

英国的新哥特主义运动领导者 [如勒－迪克、蒙塔朗贝尔(Montalembert)，查尔斯·帕利(Charles Barry)、吉尔伯特·斯考特(Gilbert Scott)和普金(Pugin)等]的频繁会面中,学到了很多实际的经验知识。这里只能选择他大量作品中一些最重要的内容做一些介绍。[262]

莱欣斯伯格在关于中世纪石匠传统习俗的讨论中,起到了一个关键的作用——这一讨论课题甚至影响到前不久的一些学者,他主要关注的是对晚期哥特式的手册类书(lodge－book)的发掘和出版。他在书中常常使用一种煽动性语言,这使得他的书既有趣又枯燥无味;例如他说,只有天主教堂才会带来"在一个活着的有机体内的真正的复元",因为在教堂的"羽翼之下,有着人类对于艺术的渴求。"[263]莱欣斯伯格所提出的历史形象,实际上是与瓦萨里(Vasari)对立的。他认为只有在中世纪、尤其是 13 世纪,才存在有教堂、宗教情感和艺术的真正统一, "因此,为了重新塑造和吸收中世纪伟大艺术的传统和法则,我们必须将 13 世纪作为我们的出发点。"[264]对他来说,14 世纪和文艺复兴都显示了一种退步,因为这时已经歪曲了艺术的"原始内涵",从"群众的生命力"变成了对王子的诌媚, "它的自然发展"受到了阻碍。[265]他反对古典主义,罗马式和巴西利卡, "对宗教来说,艺术已经用尖拱这种权威性的语言反映了它的结局,……在建筑领域,只有 13 世纪才能对世界高喊:'我找到了!'——而且它也做到了。"[266]莱欣斯伯格对哥特式的优越性的看法,与勒－迪克的理解是一样的;他谈到了:

> 哥特式的逻辑与语法。与任何工作一样,不管是用什么材料,这种风格在造价上都具有相当的优势,一旦它在实践中被广泛采用,这种优势就会得到更多的证明……比例的正确性与和谐是不需要花费任何东西的;而且特别突出的是,哥特式与生俱来的一个特性,就是只需要最少的面积,来围合和覆盖任何指定的空间。[267]

[317]

"铸铁这种令人讨厌的材料",莱欣斯伯格指出,并不适合"13 世纪高贵、庄重和健康的风格"[268],他又一次强调了它的基本几何形式结构和基于自然植物的装饰。对他来说,哥特式既是基督徒的也是德国人的,既是功能的又是适合于所有建筑的——事实上,它是"自然所赋予"(naturgemäß)的未来建筑形式。莱欣斯伯格的书中的卷首插图描绘的是克桑滕市(Xanten)的圣维克多(St Victor)教堂南侧门廊(图版 161),这并不是毫无意义的,他对此解释说:"修道士和工匠师傅们都在讨论如何保存旧的建筑,以及如何使新的建筑与之相协调——如何使神学与艺术相互融合。"[269]他将哥特式的精神定义为"一种有机的可塑的法则,它最终将恢复理论和实践之间的平衡关系。投机和折中主义都不可能产生真正有生命力的创造——这方面的探索会一直继续下去,但却不会有任何结果。"[270]

这种教条主义的立场,试图将建筑理论变成一种意识形态的工具。在讨论中进一步提出来的,风格问题可能变成一种政治问题的概念,在柏林的德国国会大厦的竞赛设计中,变得十分风行,在这场竞赛中,莱欣斯伯格斡旋其间,为哥特式风格的设计大开方便之门。虽然他的世故和矫饰可能令人不快,但是必须承认,在建筑保护领域,他对风格上的平等主义提出警告,并督促对保护的重视是一个明智之举。

> 一个古老建筑缓慢的发展轨迹常常是非常明显的——可以说,就像是它的年轮一样——是很难被湮没的,不同的风格样式,加上这些不规则的和偶然的因素,可以赋予一个不是很出色的建筑以某种特别的个性魅力,这些风格样式也被保存了下来。[271]

其他建筑师也或多或少地受到莱欣斯伯格的新哥特主义观点的影响。其中一位便是律师弗雷德里希·霍夫斯塔特(Friedrich Hoffstadt, 1802－1846 年),他在自己的《哥特建筑 A－B－C》(Gothisches A－B－C－Buch, 1840－1863 年)中为艺术家和工匠们提供了一本教材,其中还包括严格几何原则下的新哥特主义建筑的建造规律。[272]他表现出对哥特建筑,以及石匠制造手艺和石头雕刻的主要工作,有相当广泛的了解。[273]他认为所有形式的基础,都在于"几何永恒不变的规则"[274],并以水晶作实例,同时他还把自然的形式追溯到几何之上: "既然自然现象服从几何形式法则,且这些几何法则又是哥特式风格建筑的基础,它们之间的关系就已经得到解释了。"[275]他通过反复强调对"我们德国本土的植物特性"的关注,赋予哥特式建筑一种德国民族风格,并以此得出一个不无风险的等式：几何的＝自然的＝基督教的＝哥特式的＝德国的。

霍夫斯塔特的著作是一本带有意识形态暗示的工匠的实用性手册。他反对基于对细节的复制之上的一种新哥特折中主义，并把自己的作品，作为"独立创作和建造的模式"（图版 162）提出来。特别有趣的是，他用解释性文字来说明"植物装饰"的例子[276]；这又扩展成一种以几何为基础的字母表。这种从几何和植物形式中，或通过两者的结合中获得装饰形式的做法，让人想起了拉斯金的类似思想，这也对后来该思想的最后一个杰出人物路易斯·沙利文（Louis Sullivan）的《建筑装饰体系》（*System of Architectural Ornament*，1924 年）的出现奠定了基础。霍夫斯塔特最后写到了对于建筑历史的一次调查，特别注意到了"尖拱风格的复兴和发展"。[277]跟莱欣斯伯格一样，对他来说哥特式体现了建筑的最高形式和目标，而且，他甚至将当时存在的其他风格几乎全部看成是异端。

相比之下，新教教徒建筑师格奥尔格·戈特洛布·翁格维特（Georg Gottlob Ungewitter，1820 – 1864 年）则没有这么教条。[278]他出版了一系列的样式书，并曾多次再版。[279]他的学生卡尔·夏菲尔（Carl Schäfer，1844 – 1908 年）是一位知名教师，同时也是一位有影响力的作家。[280]

德国的新哥特主义运动从很大程度上说要归功于英国模式的影响[281]，但同时它也发展出了自己的民族和政治特色。这种影响的一个主要方面便是由工业革命带来的技术进步，但同时也存在一股对于工业技术的强烈抵触力量。英、德之间的关系是如此之复杂，我们不可能在这里作展开的叙述[282]，但是我们可以从赫尔曼·穆特修斯（Hermann Muthesius）所写的关于英国艺术品制造的著作和罗伯特·多姆（Robert Dohme）[283]于 1888 年所写的关于英国住宅的著作中看出，早在他 1896 年开始在伦敦担任德国外交官之前，德国已经得到了很多英国建筑和艺术创作方面的信息。[284]

当时的德国杂志中充斥着以老套的"我们应该建造什么样风格的建筑？"为题的文章，答案则从折中主义到这个或那个历史样式，几乎无所不有。当艺术史与建筑史的研究在理论和实践方面的影响不断提升的时候，历史学家们还是不能够对他们所处的位置给出一个全面的理论评价。在《当代艺术的道路与目标》（*Die Wege und Ziele der gegenwärtigen Kunst*，1867 年）中，艺术历史学家安东·斯普林格（Anton Springer，1825 – 1891 年），一位历史主义的代表人物，这样说道：

> 首先，工厂被建立了起来，烟囱开始冒烟，轮子在呼隆隆地转动，可怜的工人们的棚舍，与店主和商人的住宅连在一起，旅馆则与学校和医院相连，然后便是独立市民的城市别墅，最后是富有的工厂主的宫殿。通常在隔得很远的地方才有纪念性的教堂建立了起来……今天现存的建筑学，都依赖着那些世俗建筑。在这个领域它必须证明自己，努力摒除无形式、无意义的东西，并达到一种美学的转换。[285]

看起来这像是依照工业社会的需要而产生的一种新的建筑形式。但是，斯普林格自己还是深陷于历史之中，他继续说到：

> 当一个人四处寻找应采用哪一种过去的样式时，选择的确定往往在于这种样式是否适合于世俗性建筑。许多迹象都表明，从这个角度来看，文艺复兴式风格最适合于我们的需要……[286]

这又回到了森佩尔的立场上。即使在申克尔过世以后，柏林关于风格的讨论，仍然在原地兜圈子。[287]建筑学依赖于人们已经掌握的历史知识。这是由当时的著作如《建筑学手册》（*Handbuch der Architektur*）和《各类建筑之简例》（*Grundrißvorbilder von Gebäuden aller Art* *）中所提出的。至少这对于一种片面的风格学说是一个终〔319〕结。但是，一般说来，德国的建筑理论与实证主义在历史知识的积累上，还不足以覆盖这一问题。

在坚实的历史基础之上发展出了一条新的理论思路的惟一地方是维也纳。在这里，建筑师，皇家工艺美术学院院长卡米洛·西特（Camillo Sitte，1843 – 1903 年）[288]撰写了第一本关于城市规划理论方面的德文著作。《艺术原理之后的城市建筑》（*Der Städte – Bau nach seinen künstlerischen Grundsätzen*†，1899 年）是一本具有开拓性的论著[289]，

---

* 对译英文 Sketch models of buildings of all kinds ＝ Outline examples of buildings of all type ——译者注
† 对译英文 The Cities – building after Its Artistic Principles ——译者注

随着20世纪初所提出的城市规划的功能主义理论被逐渐废弃时，这本书又获得了新的现代意义。

西特的方法是将自然和"古代学派"引而作为自己的观点，这样的做法是相当传统的。他将矛头对准了过分强调技术而不惜以历史经验以及美学价值为牺牲的做法，还对很多历史城市进行了分析。他特别关注到公共广场，并从社会和美学的角度来看待这些广场的功能。他谈到了令人尴尬的"遍及我们现代城市的那些众所周知的令人厌倦而无味的事物"[290]，并将此归因于由技术功能所决定的规划思想，认为在这一思想指导下建立了道路交叉系统和街区之后，将公共广场这一历史上的"城市中心，一个伟大民族的世界观（Weltanschauung）的象征"，变成了一个空旷的场所。[291]西特无意在科技和卫生领域否认现代成就，他只是希望街道和广场能够回复到以前的"公众生活"之中，而不是变成单纯的交通脉络和空荡的场地。虽然广场随着历史发展也在不断变化，但它们几乎无一例外地用了不对称的手法，并在周围展示着大量的纪念性建筑与雕塑。西特将重点放在了广场在形式的统一上，将公共建筑整合为一个整体，而不是使它们彼此分离。这种统一可以通过"广场墙"（Platzwand）的形式获得，广场的形式和尺度以及它周边的建筑都必须在同一尺度之下。在关于现代对称概念起源的一篇附录上，西特提出反对将对称看成是"解决我们所有问题的万能良方"[292]，他谈到了自然界的不对称和蜿蜒的街道，但同时他也清楚地意识到产生于画板上的弯曲和扭转也就是一种"非正式的形式"（erzwungene Ungezwungenheiten），对问题的解决并没有什么帮助。[293]直线和矩形是没有情感的，单调且与一个人对于自然的感觉是相违背的，但西特还是承认，存在着在城市矩形方格网的系统下"得到在美学上令人满意的广场和街道"的可能性。他由此而得出结论，即一个城市的主要广场应该用"其节日的盛装"来装扮，使它们成为"市民的自豪和欢乐，唤起他们的感情，并成为一代代人们心目中伟大与高贵情感的持久源泉。"[294]

西特对于奥斯曼（Haussmann）的巴黎重建计划是持赞赏态度的，他将它们解释成是巴洛克传统下的产物，并对其视觉形象上的戏剧性感到满意，尽管在他的心目中还是"有机"的中世纪城市更容易接受一些。他也对维也纳的环城大街（Ringstrasse）重建计划表示出支持，尤其对森佩尔设计的霍夫堡皇宫（Hofburg*）以及博物馆的项目表示赞赏，同时他也发现了一些需要纠正的问题："建筑物是成功的，但道路将建筑物的场地分割得很不成功。然而，幸运的是，这里仍有相当多的空余场地，可以让我们来纠正这些错误。"[295] 〔320〕

西特也对维也纳感恩教堂（Votivkirche†）周围地区提出了批评：

> 这里没有艺术印象的统一性问题。感恩教堂，一所大学，它的化学实验室和各种各样的居住街区各自孤立，彼此没有关联地立在那里，没有任何统一的整体印象。也就是说，这些建筑缺乏有技巧的布置和安排来加强其效果，而是各唱各调。但是人们的眼睛扫过哥特式的感恩教堂，壮观的文艺复兴时期的大学和各式各样不同风格的住宅街区时，就像是在同一时刻在听一首巴赫赋格曲，在听莫扎特歌剧的最后一个乐章，也在听一堆奥芬巴赫的音乐。不可忍受！简直不可忍受！[296]

西特自己提出的对感恩教堂地区的解决办法是将其周围的大部分地区都加以建造，将教堂整合进一个整体之中，并使广场和集市完成风格上的转化。应该给予教堂一个哥特式的中庭，这同时也可以服务于实际的功能；在中庭之外，部分包括有出租的公寓建筑，可以用意大利文艺复兴盛期的风格，这样看上去会显得很突出，同时也为面对大学的一面提供了一种风格上的协调。（图版163）西特还提议在市议会厅（Rathaus）和大剧院（Burgtheater），以及议会大厦建筑之间的场地上，建造一栋类似式样比例适宜的建筑，并带有封闭的广场。对此，他将自己的目的概括为：

> 1）避免风格间的不和谐；2）出于协调每座纪念性建筑物的效果的考虑；3）创造一组有特色的广场；4）竖立大量的雕塑——有大的，小的，中等的——并使用统一的基座。[297]

---

* 原奥地利哈布斯堡家族的宫廷城堡，由公元16至18世纪所建造的旧王宫（Alte Hofburg）及19世纪至20世纪建造的新王宫（Neue Hofburg）所组成。——译者注

† 坐落在维也纳环城大街旁，因为它的双塔又被称为双塔教堂。——译者注

西特的观点与他所处的时代是完全一致的，但同时他提出的许多问题，尤其是那些由于城市扩张而带来的问题，在此后不久，就已经在现代城市中突显了出来。而他对于这些问题的解决办法，则是用适宜尺度的封闭空间作为公众广场，这正是对他所谓的"在我们的经过数字精确计算了的世界中，人自己也变成了机器"的回答。[298]有时他的著作读起来像是对勒·柯布西耶的理论的一种预言性的批驳，而柯布西耶自然也将他看作是"顽冥不化"之辈而加以排斥。西特还曾受到这样的批评，认为他过于注重美学问题，而忽视了现代城市的复杂性。[299]然而，这种批评并不正确，从历史的角度来说，他为改进审美效果方面所作的努力是有其功能方面的考虑的，只是希望表达怎样才能摆脱将城市看成是一部技术性的机器的城市规划理念的束缚。这一点使得西特的观点具有彻底的现代意义。

奥托·瓦格纳(Otto Wagner, 1841 – 1918 年)[300]则采取了一种比西特更为积极的态度，他建议从城市规划到室内设计的各个领域内，建立起一种与历史主义完全没有关系的新风格。他的著作《现代建筑》(*Moderne Architektur*, 1895 年)，后来以《我们时代的建筑》(*Die Baukunst unserer Zeit*)之名重新出版[301]，这本书读起来像是一本 20 世纪的建筑宣言。

〔321〕瓦格纳以森佩尔的观点为出发点，由此走向了一种狭隘的实证主义之路。作为一位现代建筑的坚定参与者，他用一种介于森佩尔和柯布西耶之间的激动的争辩语气，攻击那些他轻蔑地称之为历史主义者的"考古学"态度，并推崇一种"能表达现代生活"的，无需从自然中寻找原型，就可以创造出好的形式的建筑观点。他夸张地将个性称作"必须从建筑中极力表达出的人的力量——的确，这几乎是一种近乎神圣的力量"。[302]柯布西耶接受了这一观点，但是他在这一概念上走得更远，甚至认为建筑师就是救世主。

瓦格纳还粗野地抨击那种将建筑师作为工程师来训练的做法，因为他所关注的是将艺术形式带入新的工艺之中，而不是让它们成为工程专业中某种无关痛痒的恩惠。他接着说，建筑系的学生们应该花一些时间在意大利，在那里能够得到较好的引导，这并不是为了"收集建筑样式"——因为那样做"几乎与犯罪无异"——而是为了游历这座大都市，并对"现代人的需求有一个全面的认识"。[303]

对于瓦格纳来说，历史相对论就是一种"精神病建筑"(*Wahnsinnsgebäude**)的极端表现，在真实的情感中，风格应该是新材料、新技术和社会变化的产物——是"一个特别时代的适当的美的理想的绝对和明确的表达"。[304]因此，"我们这个时代的艺术，必须提出我们自己创造的，并能够反映我们能力的现代形式，以便于我们选择去做什么或不做什么。"[305]通过森佩尔的需求理论——"艺术的惟一主宰是需要"(*Artis sola domina necessitas†*)——瓦格纳得出结论："任何没有经过实践的东西都不可能是美的"。[306]材料和技术是极为重要的，包括结构在内其他任何东西都必须服务于它们："结构必须清晰地展示其所实用的材料和技术性能；"[307]如果这一点能够实现的话，"建筑的个性和象征性"都将"按照它们自己的意愿"而显现出来。[308]瓦格纳认为，如果现代建筑要展示出时代精神，它必须是简洁的，实际的，甚至应该是"军事化"的，并有着对于对称的迫切需要。

瓦格纳对森佩尔关于"发展结构的象征主义而不是结构本身看成是建筑的一个基本元素"的"奇异想法"提出了质疑[309]，他认为：

> 抛开正在讨论的其形式受到时代支持的美学理想影响这一事实不谈，由于建造风格、材料、工具、可行的方法、需求、美学感受，以及其他那些形式上所产生的变化，本身并不是相同的，它们在不同的情况下，需要有不同的作用。我们可以肯定地说，这些新的方法和结构一定会导致新形式的诞生。[310]

尽管结构是"艺术形式"的一个关键因素，但是，在工程师们那种基于功利主义的原则之下"人类的一种不带感情色彩的语言"中，结构与形式两者之间还并不是等同的。基本的新材料是铸铁和混凝土。瓦格纳运用了与森佩尔截然不同的方式，力求与社会和经济的环境重新进行协调，他对于现代城市，居住街区与经济投机

---

* 对译英文 insanitary – building ——译者注
† 对译英文 Art is dominated by necessity = The boss of the art is the need = Art knows only one master – The need ——译者注

的态度，不是抵触而是接纳。

　　人们力求适应生活，呼吁有廉价而健康的居所，不得不过节俭的生活……这一切由民主生活所带来的结果，就是我们住宅街区的均质化，这不可避免地会成为未来城市的一个突出景象……同样，随之而来的是楼层数量的增加，住宅和办公街区一般是7到8层，到了城市中心便是摩天大楼。每一座城市中的住宅街区的数量，远远超过了公共建筑，并且这些并置排列在街道两旁的建筑物，产生了大量形式单一的、条状的商业区域。通过扩展这些街道，现代城镇规划将这种统一与均质的空间变成一种富于纪念性的效果……在设计一个现代住宅街区的立面时，建筑师不得不接受这样一个事实，即平坦的立面被大量相同的窗户所打断，可能还要加上一圈保护性的屋檐和凸起的中楣和门廊……311

〔322〕

瓦格纳并没有指名道姓地说到西特，但在很多场合都对他的思想进行了抨击，如在这里所说的：

　　现代人的眼睛已经失去了对于小而紧密的尺度的把握，而适应于变化更少的景象，更长的直线，更广阔的领域，和更为宏阔的空间，这意味着我们应该给出更多的限制，使得这种居住街区的轮廓线显得不那么醒目。312

　　与在他之后的勒·柯布西耶一样，瓦格纳是街道、公路、高架路与地下铁路应采用直线形式的积极支持者。他还试图通过国家控制（state control）的思想，以期将艺术玩弄于他的股掌之中，他并没有什么明确的美学方针，但是从他对于"我们应该如何建造"这一问题的回答中，表现出他是如何激进地试图限制艺术的表达范围：

　　我们的感觉必须明确地告诉我们那些支撑的线条，平坦的表面的直接表达，概念的极度简洁和结构及材料的明显强调，将在将来的建筑中起到支配作用。现在我们所控制之下的现代技术和方法，也确保了这一切的发生。毋庸置疑，这种建筑上的艺术效果，也一定会体现出现代人的生活环境和观念，并最终将建筑师的个性展现出来。313

　　由瓦格纳所提出的少数几个与美学有关的建议中，其中一个就是用瓷砖和马赛克作为表面材料的应用，正如他自己在维也纳的大量立面上所使用的那样。在表现自己对民族和宗教样式的喜爱的同时，他还看到了现代社会的发展不可避免地会导致建筑的国际化。

　　正如他为维也纳做的《总体调整计划》（*General – Regulierungs – plan*，1893年）与《那些大都市》（*Die Großstadt*，1911年）两部书中表现的那样，瓦格纳看到了现代城市由于交通和商业投资而造成的无限制扩张，正在裂变成一些自治的市镇，又由网格状的模式，将区域划分成街区。314在城市规划方面，他和他的"整体理论"（Théorie totale）也对勒·柯布西耶有着重要影响，他在1890年以前的项目，也同样显示出了这一点。315同时，在他的建筑作品（这其中显示出从历史主义到新艺术运动风格的发展过程）与他的著作，以及他在维也纳学院的教学经历中，也能够看出他对20世纪建筑所产生的巨大影响。316

第二十三章　19 世纪的英格兰

〔323〕　　18 与 19 世纪之交的英格兰，并没有在建筑上表现出什么明显的断裂，特别是法国大革命及拿破仑战争引起的一系列影响与变动，也比欧洲大陆明显要小得多。虽然，威廉·钱伯斯男爵(Sir William Chambers)和亚当兄弟(Adam brother)已于 1790 年代故去，像约翰·索内男爵(Sir John Soane)和佩恩·奈特(Payne Knight)这样一些人，继续了他们的研究与写作，如《英国建筑》(Vitruvius Britannicus)，这本书直到 1808 年才出版问世。英国人在 18 世纪对于古代建筑的研究发现方面，做了大量的工作，尤其是对希腊的研究，但是，这并没有导致在英国出现以古典主义为主导的情况。詹姆斯·斯图尔特(James Stuart)过于仿真地对于希腊纪念性建筑的复制，并没有比当时流行的如画风格建筑走得更远，沃尔浦尔(Walpole)哥特式小说，与哥特复兴式建筑也没有成什么大的气候。重要的是，直到 1820 年代，在英格兰的所谓"希腊复兴"与"哥特复兴"的主要代表人物，实质上是同一些人[1]，虽然，在世纪之交之后的很短一段时间，这两股同样起源于 18 世纪的潮流，就开始分道扬镳了。

　　在希腊复兴运动中有一位重要人物是托马斯·霍普(Thomas Hope Anastasius，1769－1831 年)，他是一位富有的业余建筑师，儿子是一名在阿姆斯特丹的英国商人。他所发表的东西，是那个时代建筑思想的最有价值的资料来源之一。[2] 在 1787 年至 1795 年间，他曾沉迷于一个范围十分宽广的欧洲旅行，足迹遍及西班牙、意大利、法国、德国、埃及、叙利亚、土耳其和希腊，在这一行程中，他获得了相当广博的建筑知识。他的写作生涯是从 1804 年开始的，发行了一本私人印刷的小册子，对当时的皇家建筑学会主席詹姆斯·怀亚特(James Wyatt)为剑桥大学唐宁学院所做的罗马—多立克风格(Roman－Doric)的建筑设计提出了批评，并主张应该用一个纯粹的希腊风格的设计。[3] 他的这一请求，获得了成功，一座由威廉·威尔金斯(William Wilkins)设计的爱奥尼风格的建筑，被接受为取代怀亚特设计的方案。令人好奇的是，他对于希腊建筑的特别青睐，部分原因是由于当时正在围绕如画风格(Picturesque)建筑的争论，这一争论是由沿袭自上一个世纪的哲学上的感觉论而引起的，例如，他声称希腊的多立克柱式，由于没有柱础，看起来要比罗马多立克柱式更能激起一种"震颤"的感觉。

　　在同一年，也就是 1804 年，霍普对于自己位于波特兰场(Portland Place)外的公爵夫人大街(Duchess Street)的住宅的重建及装修已经完成，这是一座最初由罗伯特·亚当(Robert Adam)设计的建筑。这座住宅(已毁于 1851 年)也曾想作为霍普私人收藏品的博物馆，以及作为英国人的建筑爱好与装饰艺术风格的范例。1807 年霍普发表了他这座住宅的室内设计(为浮雕所作的画稿是他自己的作品)，并在前面附了一个装修程序的说明。[4] 他的折中主义态度，使得每一间房屋都具有各自独特的风格。他倾向于一种具有世俗宗教趣味的唯美主义。例如，画廊中的顶棚，是用 4 根多立克式柱子支撑着的，就像雅典卫城山门中所用的柱子一样(图版 164)。房间的组织，也是从同属于爱奥尼建筑风格的伊瑞克提翁神庙中借用来的，其目的是想创造一个"圣殿的外观"。[5]书中的插图，都是一些速写类的草图，是模仿佩西耶(Percier)和方丹(Percier－Fontaine)的《室内设计汇编》(Recueil de décorations intérieures，始于 1801 年)中的例子，这是霍普非常崇拜的一个刊物。因此，他的著作对于英格兰的摄政时期(Regency period)，以及对于法国佩西耶(Percier)和方丹(Fontaine)的帝国风格时期(Empire style)，具有同样重要的意义。

在霍普的这篇说明中，包含了很多非同寻常的很有远见的观点，例如他认为在一个机械化的时代，"纯粹 〔324〕
的机械之力是永远不该仿效的，机器也永远不能取代人的智慧与能力。"⁶他从手工工艺产业的兴起看到了其
中蕴藏着的艺术与经济方面的潜力，认为这种产业将会"为穷人的就业提供新的机会，也为富人的消费提供新
的雅好"⁷。从一个贵族化的美学观点的角度出发，霍普得到了与时代上比他要晚的具有社会主义美学背景的
威廉·莫里斯(William Morris)的工艺美术理论十分相近的结论。霍普的"全新装饰风格"(totally new style of
decoration)，是他自己的提法，是从应用了古典的外形与装饰，并将其适应于现代的需求与习惯，具有理智的
美观、实用与便利的综合中提炼出来的。⁸他所坚持的古典主义立场，在他所主张的所谓在古代希腊与罗马的
纪念性建筑中，"自然的种种形式可能会被各种艺术的急需以最为恰当的方式所采纳"的观点中⁹，更为明显地
表现了出来。然而，他试图通过证明古典风格有时也是相当勉强的，来对他住宅中的折中主义风格加以辩解
——而这完全是因为他广泛游历的结果——例如，在他以土耳其边界地区为标题时所绘的插图中，是由钟乳石
状的形式，与希腊普化风格的装饰组合而成的。他也请人为他绘了一幅穿着土耳其服装的肖像画，这套服装
是从威廉·比奇(William Beechey)那里借来的，并将这幅画挂在了他自己住宅的门厅中，以作为他对自己所持
观点的某种表白(这幅肖像画现藏于国家肖像美术馆)。

霍普将自己的住宅主要看作是一个博物馆，建筑物的设计是由展览的需要所决定的，例如，房间的展示，
也是按照图像陈设的序列设置的，房屋的室内设置是特别围绕着约翰·福莱克斯曼(John Flaxman，英国雕刻
家，1755-1826年——译者注)的雕塑作品"(黎明女神)奥罗拉与(猎人)塞伐洛斯"(Aurora and Cephalus)而布
置的。¹⁰然而，其中的家具，如普克勒-穆斯考(Pückler-Muskau)亲王在参观了这里以后所说的，并不令人感
到舒适¹¹，尽管这是霍普自己所喜欢的。给人的整体印象是，整座建筑都被"如画风格"的思想所左右，给人
一种更像是霍普在迪普敦(Deepdence)、杜金(Dorking)和萨里(Surrey)的乡间住宅(从1807年开始建造)的样子。
作为一个并非毫无性格的人，以及他在美学观点上的摇摆不定，可以从他所写的具有异国情调的小说《安娜斯
塔修斯，或一个现代希腊人的回忆》(Anastasius, or the Memoirs of a Modern Greek)表现出来(值得注意的是，
霍普的全名即为Thomas Hope Anastasius——译者注)，他将这本书于1819年以匿名的形式发表，而人们大多以
为这本书是出自拜伦(Byron)的笔下。

在1815年左右，霍普将精力集中在一本更为广泛的建筑理论的著述方面，这本书是在他死后才发表的。¹²
他的观点具有后期启蒙主义者的特征。他将主要建筑类型，按照气候、材料、工具，及社会条件来划分。这
种材料至上主义的思想与森佩尔(Semper)的著作之间有着某种联系，他曾为霍普的著作做过选集。¹³霍普并没
有将自己归在古代希腊、罗马建筑追随者的名下，他花了很大的精力去研究中世纪的建筑，而且他所绘制的
大部分图版都是关于这一时期的。罗马风建筑，他认为这种建筑起源于伦巴底，在他看来是由共济会，以罗
马教皇的派驻机构的形式加以推广¹⁴，并成为一种国际化形式的——这种古怪的假设，他甚至还想应用在哥特
式建筑之上。他认为他对希腊建筑的偏好，是建立在有机体是根据它所赖以生存的气候条件而进化的思想基
础之上的。而他将文艺复兴建筑看作是虚假的艺术，而巴洛克建筑则是人们品鉴能力失常的结果。在他的思
想中有一个明显的矛盾，一方面他反对对非欧洲风格的模仿——其中也包括哥特式风格——另一方面我们发
现，迄今为止，他所提出的对于新风格的个人见解，并不是属于希腊复兴思潮的，而是一种以理性为基础的
折中主义：

　　　　似乎还没有人怀有一丝愿望或想法去向更早一点的建筑风格中借用些什么东西，不管这是否会呈
　　现为是一些有用的或装饰性的，科学的或有韵味的；也不管这是否会增加任何可能会带来前所未有的
　　便利与优雅的另外一些新的建筑布置或形式；甚至不顾这是否创造了什么新的发现，新的征服，前所 〔325〕
　　未知的自然产物，更为美妙也更为富于变化的新的可供模仿的范式；而这些组成了一种建筑，一种诞
　　生于我们的国家中，成长于我们的土地上，与我们的气候、文化、习惯和谐一致的建筑，同时它又是
　　优美的、适宜的、没有先例的，与"我们自己的"建筑这一称谓真正吻合的。¹⁵

这是一个比较起来与1828年由海因里希·胡布史(Heinrich Hübsch)所表达的相同观点要早很多的思想表
述¹⁶，虽然，比较起来在本质上它更接近迈希米连(Maximilian)于1850年在慕尼黑所表达过的思想。霍普从古典

主义者向折中主义者的转变，不仅仅是他作为业余爱好者的身份所使然，更重要的，也是整个 19 世纪在英格兰围绕风格问题讨论的结果。

必须立即提到的一点是，一种乌托邦的概念，与法国的夏尔·傅立叶(Charles Fourier, 1772 - 1837 年，法国空想社会主义者，社会改革家——译者注)的思想——傅立叶的思想在结论上是模棱两可的——共同形成了 19 世纪最具影响力的社会幻想。与傅立叶不一样，罗伯特·欧文(Robert Owen, 1771 - 1858 年——译者注)[17]是一个具有工业实践经验的人，寻求将自己的理想付之于实践。他从 1800 年开始，在苏格兰的新兰纳克(New Lanark)建立了一座工业城镇，这一点在欧洲引起了很大的兴趣。[18]欧文有关他的社会理想的第一次表达，见于他的《一种新的社会观》(A New View of Society, 1813 年)一书[19]；四年以后，在《为减轻制造业与劳工工人贫困问题提交新兰纳克协会委员会的报告》(Report to the Committee of the Assciation for the Manufacturing and Labouring Poor)中，他表达了他自己有关城市规划的思想[20]，这是一种基于一个"村庄联合体"(village of unity)的基础之上的，为此，他提供了一张图，甚至一个模型。这些"村庄"是按照一个矩形网格布置的，他们的设计最终又回到了托马斯·摩尔(Thomas More)那里。对欧文来说，最重要的是他的一个有关社区中心建筑的概念，他已经准备在新兰纳克建造这样一座建筑了。

1825 年欧文在美国印第安纳州买了一块协和派新教教徒的聚集地，并在索内的一位学生，建筑师托马斯·斯特德曼·惠特韦尔(Thomas Stedman Whitwell, 约 1770 - 1840 年)的帮助下，将这块聚集地建成了名为"新协和村"的示范性社区。惠特韦尔留下了一份有关这一聚落的《建筑模式说明》(Description of an Architecture Model)(图版 165)[21]，他所制作的一个模型(制作于 1826 年)曾在白宫展览了好几次。平面显示了这座"村庄联合体"的思想深化过程。平面的风格语言，是一种哥特式的：在中心部位，有一个带有穹隆的"温室"(conservatory)，在四周的四个方向上各有一个向内突出的体块，呈十字形布置，在这里布置有公用的厨房和餐厅。特别引人注目的是四个笔筒一样的塔形结构，上面有一个螺旋形的带状的东西，那是为了采光与通风而设的，但也有很深的图像学传统方面的考虑。[22]惠特韦尔在他的说明中表示了他是如何准备去采纳现代技术的优越之处的，特别是有关采光与通风等问题的考虑方面。欧文渐渐地放弃了这个"新协和村"(New Harmony)项目，但是，他的这一观念却在后来美国的社区项目建设上产生了相当大的影响。[23]他的思想比傅立叶向后追溯巴洛克的概念的做法要看得更远，同时，也比 19 世纪末的威廉·摩尔向中世纪祈求社会医治良方的思想更为开放。

在英格兰，有一批形式是 18 世纪的，而在所关注的内容上却是非常先进的技术问题的建筑手册与辞典，构成了这一时期理论讨论的背景。彼得·尼科尔森(Peter Nicholson, 1765 - 1844 年)和约瑟夫·格威尔特(Joseph Gwilt, 1984 - 1863 年)是这批著作的作者中较为杰出的两位。[24]尼科尔森曾于 1825 年重新编辑出版了钱伯斯的《民用建筑学》(Civil Architecture)。他的一系列著作——例如，他的《建筑辞典》(Architectural Dictionary, 1812 - 1819 年)和《建筑商与工人新指南》(The Builder and Workman's New Director, 1824 年)[25]——有一种实践性的倾向，并且是针对建筑师及所有行业的工匠们而写的。这后一本书是一个包括有几何学、三角学、石工技术、木工技术、透视学等方面知识，可以作为练习册而用的书，其编写宗旨就是"联系实际，方便实用"(useful in its application to practice)。[26]在这本书的一个附录中，尼科尔森将古典柱式简单地描述为"五种具有各自特征并支撑着屋顶的柱子"[27]，因而显示出——如他在图中所表现的——将柱式的意义加以忽略，使柱式变成仅仅是可以引起联想的装饰性特征的地位。

[326]

约瑟夫·格威尔特是一位十分多产的建筑理论作家，他是《建筑初步》(Rudiment of Architecutre, 1826 年)和《建筑百科全书》(Encyclopedia of Architecutre, 1842 年)的作者，在诸多的建筑论著中，格威尔特的著作，具有特别重要的地位。[28]在理论与历史方面，他起到了延续钱伯斯和考特梅尔·德·坎西(Quartremére de Quincy)的学术道路；同时，他以他自己的"适当性"(Fitness)理论，追随了迪朗(Durand)与龙德莱(Rondelet)的构造—功能主义(constructive - functionalist)的路线，但对于他们在建筑中使用铸铁的主张却持了不赞同的态度。在这一点上，就像他在对待建筑的多色装饰问题的态度上一样，表现出与森佩尔一致的意见。在对待伦敦议会大厦的重建工程的问题上，他既反对希腊复兴，也反对德国古典主义，却提出了一种新文艺复兴的解决方法。

霍普的《历史文集》(Historical Essay)是试图从历史中寻找有关风格问题的答案的思想倾向的代表之作，但得到的答案往往是折中主义，即使是某一特别的历史风格，也会被加以种种不同的解释。例如，在托马斯·

莱弗顿·唐纳森(Thomas Leverton Donaldson，1795－1885年)的《初级建筑理论》(*Preliminary Discourse on Archi-tecture*，1842年)[29]和艾尔弗雷德·巴塞洛缪(Alfred Bartholomew，1801－1845年)的《实践建筑师规范》(*Specifications for Practical Architects*，1840年)[30]两本书中就是这样。巴塞洛缪鼓吹哥特式建筑是一种"理性的"(rational)风格，他通过某种对于人体长度，与飞扶壁骨架极其令人难忘的轮廓线之间的荒谬比较等诸如此类的东西，来说明哥特式建筑的结构原理，主张建筑应该回归到中世纪的条件上去，他实施了一个计划，即按照共济会的建议去训练建筑师，也就是从"石匠"(mason，为一"m")开始，最后达到"数学大师级石匠"(mathematical master mason，为三"m")的最高水平。[31]这些思想激励了普金(Pugin)。然而，令人感到奇怪的是，这些思想并没有将巴塞洛缪自己引导到新哥特思想，反而引向了折中主义。

查尔斯·罗伯特·科尔雷尔(Charles Robert Cockerell，1788－1863年)走了一条类似的路[32]，作为一名考古学家和一位成功的建筑师，他在皇家学会的系列演讲也是以富于理智的折中主义为基础的，他在古典风格与现代主义之间摇摆不定。[33]从当时新开办的建筑杂志上所发表的有关科尔雷尔演讲的摘录中，可以看出在英国与在法国一样，这些刊物在19世纪中叶起到了越来越重要的作用。[34]其中一些这样的出版物中，如约翰·克劳迪亚斯·洛顿(John Claudius Loudon)的《建筑杂志》(*Architectural Magazine*)存在的时间比较短(1834－1839年)，其他一些刊物则迅速取得了成功，如《土木工程师与建筑师学报》(Civil Engineer and Architect's Journal，1837年创刊)，《测量师、工程师与建筑师》(*Surveyor，Engineer and Architect*，1840年创刊)，特别是每周发行的《营造商》(*Builder*，1842年创刊)，这些刊物都在当时有关建筑的种种论辩中站在了最前列。

几代以来关于哥特式建筑的英国民族之根的讨论变得越来越热烈，但是，在超越历史的兴趣之上，还有一个日益增长的考虑将哥特式建筑作为当前的风格的趋势(同样的趋势也可以在法国与德国观察得到，虽然各自的情况并不一样)。在他的《关于区分英国建筑风格的尝试》(*Attempt to Discriminate the style of English Architec-ture*)[35]一文中，托马斯·里克曼(Thomas Rickman，1776－1841年)[36]提出了一些新的标准术语，如"早期英格兰的"、"装饰的"、"高直的"等，来标识英国哥特建筑，而同时他又寻求推进古建筑的修复工作，并为新建筑提供范例。虽然，他也对其他风格的建筑表示了赞同的意见，但是，在里克曼自己所设计的教堂建筑中，几乎全部都是哥特风格的，这包括他那杰出的设计"政府职员教堂"[37](在1818年的一个议会法令颁布之后，建造在一些工业城镇中的造价尽可能低廉的教堂建筑)，以及这一时期建造的大多数其他教堂建筑的证据中，可以十分清楚地看出，至少，这一时期的教堂建筑，对于将哥特式风格作为英国的民族形式，表现出了十分急切的兴趣。 〔327〕

威廉·休厄尔(William Whewell，1794－1866年)，一位里克曼的朋友，在《德国教堂的建筑注释》(*Architectural Notes on German Churches*，1830年)一文中[38]，为当前建筑提出了一套风格方面的标准，他所使用的方法比格奥尔格·莫勒(Georg Moller)在他的《德国建筑丰碑》(*Denkmäler der deutschen Baukunst*)中的方法要优越。科学家罗伯特·威利斯(Robert Willis，1800－1875年)在他的《中世纪，尤其是意大利的建筑评论》(*Remarks on the Architecture of the Middle Ages，especially of Italy*，1835年)一文中[39]，以一个类似的角度来讨论意大利的哥特建筑。在这里他提出了个别建筑构件的分类问题，并力求区分"机械"性的结构与"装饰"性的结构。他假设哥特建筑的装饰是建立在结构表现的基础之上的，从而得出结论说，"肉眼所见的框架是真实的框架，是全然不同的"。[40]这样一个将实际的结构与表现的结构加以区分的想法，是从哥特式的纯功能观点，向前迈进了重要的一步。[41]威利斯所做的其他工作，包括以其精密性为例，对一个中世纪的拱券所进行的分析(1842年)[42]；一个从其根源开始的有关中世纪建筑的辞典(1844年)[43]，以及一个维拉德·德·赫纳克特(Villard de Honnecourt)的《文丛》(*lodge－book*)的英文译本的出版(1859年)。

其中一个有关哥特建筑的最为人们所熟知的历史文献是马修·霍尔比克·布洛克斯汉姆(Matthew Hol-beche Bloxham，1805－1888年)所写的《哥特建筑原理》(*Principles of Gothic Architecture*)，这本书以里克曼为它的出发点。在1829年和1882年之间，这本书先后发行了不下11次，每一次都会在内容上有所增加。[44]这本书是想建立一个风格变化的编年史，并以资料的形式，将每一座建筑的特征加以讨论，但是，书中缺少图例。另外一个相似类型的做法，是拉斐尔·布兰登(Raphael Brandon)和乔舒亚·阿瑟·布兰登(Joshua Arthur Brandon)的《哥特建筑分析》(*An Analysis of Gothick Architecture*，1847年)[45]，这本书内容要丰富得多，还以测绘图作为全书的纲领，这是一本按照功能、风格与材料加以编辑的有关英国教区教堂实例的集子。有许多相似类型的其他出版物发表，第一本有关这些书籍、文章的一个纵览性的，同时也是最好的书，是由查尔斯·L·伊斯特莱克(Charles L. Eastlake，1836－1906年)所写的《哥特复兴的历史》(*A History of the Gothic Revival*，1872年)。[46]

1834年的一场大火将议会大厦建筑摧毁，又重新引发了有关英国民族风格的问题。由议会委员会所发表的有关大厦新的设计方案竞赛的材料中，特别提出了要以"哥特"式或"伊丽莎白"式风格进行设计的要求，但是，即使是在查尔斯·巴里(Charles Barry)的哥特风格的方案已经被采纳之后，关于"风格的战争"依然硝烟正浓。[47]

奥古斯特·韦尔比·诺思莫尔·普金(Augustus Welby Northmore Pugin，1812－1852年)[48]将一种新的论辩术与意识形态引入了有关哥特风格的争论之中。普金第一个发表了他所设计的议会大厦方案。[49]他的父亲，奥古斯特·查尔斯·普金(Augustus Charles Pugin，1762－1832年)发表了一本包括测量图与范例集的哥特建筑方面的书，即十分著名的《哥特建筑范例》(*Specimens of Gothic Architecture*，1821－1828年)。[50]1835年小普金变成了一位热烈的罗马哥特风格的提倡者，依据他的说法，由于他自己的建筑研究的激励，与他个人的宗教狂热的催促，他不得不做出如何写和写什么的抉择。在他的著作《对比》(*Contrasts*，1836年)[51]中，他从许多不同的来源中得出了他自己的哲学判断[52]，最终得出的建筑理论方面的观点，却是在非建筑学的和非美学的考虑上占了上风。

在普金看来，不言而喻的是中世纪的建筑比中世纪之后的建筑要优越得多。在这里他综合了沿用自法国的功能主义理论，认为"建筑美的最大检验是其设计与其希望达到的用途的恰当匹配，一座建筑的风格与它的用途是如此吻合，使观察者一眼就可以判断出它所以建造的目的所在"[53]。

然而，在讨论中普金并不是要证明中世纪建筑在结构和使用上的功能特征，而是要证明建筑所表达的宗教性用途。他发现了基督启示在建筑中的直接体现，并以此而将垂直线解释为"耶稣复活的象征"[54]，并将中世纪建筑的兴起与衰落，看作是反映"真正天主教原则"的兴起与衰落的过程。[55]他在宗教改革、新教主义、异教化思想与建筑之走向衰落之间建立了一种联系，因为，在他的心目中，伟大的建筑只能植根于天主教教义之中，伴随而来的结论是，如果期望好的建筑重新出现，必须回归到纯粹的天主教教义之中去。至于对那些新建的"政府职员教堂"，他则是不置一词，嗤之以鼻。[56]

《对比》一书中的插图，揭示出普金内心中富于煽动性的一面。书的扉页的边缘用的是后期哥特式的形式，而书中的标题页，则描绘了如他所说的，由"许多著名的英国建筑师的作品中精选出来的"东西所组成的精美的装饰画。(图版166)在第二个标题页上，他用了一个为新教堂建筑的设计而征集方案的"公开竞争"的广告，并以嘲笑的口吻模仿当时正在争执之中的"廉价的原则与折中主义"。他通过将图例并列在一起的方法，不仅对建筑形式做了对比，也将具有整体性的中世纪的概念，与支离破碎的现代社会进行了比较：那辉煌的中世纪城镇变成了衰败的教堂、罪犯、冒着烟尘的工厂烟囱与廉租屋的一刹那。他说现在与中世纪的济贫院或养老院相对应的，就是那些工厂的车间，从这里人们将尸体运出来，送到解剖学研究所。

[328] 普金的方向变得越来越明显地指向《尖拱建筑的真实性原理或基督教建筑学》(*True Principles of Pointed or Christian Architecture*，1841年)[57]，在《对比》一书中，功能主义的思想，被不适当地加以解释，并被突出了出来。他的思想停留在两条"伟大的规则"上："其一，不具有便利、结构与适宜之需求的建筑物将是不具备特征的建筑物；其二，所有的装饰应该依赖于基本的建筑结构与构造的丰富来构成。"[58]

这看起来很像是法国18世纪观点的一个综述。在普金之后，立即掀起的一股将材料作为建筑结构与构造的决定性要素的思潮，其根源显然是在普金那里，虽然他自己并没有这样认为。而这些观点对他来说，只有在气候与民族特征允许的情况下，才是惟一真实的，他认为这是建筑学的永恒原则。他的中心结论是，为他的著作所提出的"正是或只能是在尖拱建筑中，这些伟大的建筑原则得以被显现了出来"的观点，提供一种证明。[59]他因此得出了一个公式：真实的建筑原则＝哥特建筑＝基督教。在对温克尔曼的著名的格言——"的确，使我们变得伟大，或者说使我们变得独一无二的惟一途径，如果这是可能的话，就是对于古代人的模仿"——作了明显的暗示，他争辩说我们应该"为了将基督教艺术在各个方面都恢复到古代的和一以贯之的原则基础上的辉煌之中而努力"。[60]因而，他在这里将"古代"悄悄地偷换成了"中世纪基督教"。

普金反对希腊建筑，不仅由于他认为希腊建筑是异教迷信的一种表现方式，而且也因为它将木结构建筑令[329] 人不可接受地转化成了石结构建筑，这是对于不同材料性质的一个忽略。而将材料作为结构与构造的决定性因素，是普金思想中的核心。同时，在他看来无论是草莓山的那些"丑陋的建筑"，还是折中主义的新哥特主义思想，所造成建筑物不适当的昂贵的做法都不应该再出现："如果恢复了哥特建筑的真正原则，现在的这种极其浪费的现象，就会不复存在了。"[61]

普金对于装饰的态度显得特别重要。他认为装饰是"适当的"，他的意思是"一座大厦的外部与内部的形象应该可以按照它所预定的用途而加以说明。"[62]哥特式的装饰，部分地可以通过它的构造来说明，部分地可以通过它的建筑类型来解释。谈到比例问题，他说："人体是尺度的一般性标准"[63]，但是，从他所提出的限定条件中，我们似可感觉到所谓"革命性"建筑的影响："没有巨大的体量，就不可能在建筑中产生宏伟和壮丽的效果。"[64]他对于人体尺度的强调，使得他将哥特建筑优美的细部与古典建筑厚重的体量对立起来："在尖拱形建筑中，建筑物上的不同细部，会随着建筑尺度的增加而加以变化；而在古典建筑中，它们只能等比例放大。"[65]这是对哥德所代表的古典主义观点的彻底颠倒，哥德在 1788 年的一篇文章中写道："不幸的是，所有北部欧洲的教堂装饰，都是仅仅通过细部的变化而使自己变得宏伟巨大。"[66]

普金的"真正原理"也会涉及到世俗建筑与室内装饰问题。他不仅将哥特式称为是一种风格，而且也是一条原则，他更接近于维奥莱－勒－迪克(Viollet－le－Duc)所认定的，哥特式是所有其他时代"风格"(les styles)中的一种"风格"(le style)。对普金来说，哥特式变成了一种"普遍性的风格"(universal style)，一种他解释为有关"英格兰基督教复兴思潮的辩解"(1843 年)。[67]特别奇怪的是，他对于在他的作品中使用现代的机械式手法与铸铁结构采取了容忍的态度，却私下里将为 1851 年的世界博览会建造的水晶宫咒骂为"玻璃怪物"、"水晶骗局"[68]，尽管他自己的一个中世纪庭院的设计也正在这座建筑物中展览陈列着。然而，其结果是，具有宗教狂热态度的普金，不能像勒－迪克那样，将自己的体系自然而理性地，与技术的进步结合在一起。

在生命的最后阶段，普金实际上已经患了精神病，变得极端地固执与偏狭。在他 1851 年所写的一篇有关教堂唱诗班屏风的论文中，他甚至声称如果谁反对将这样的屏风重新引入教堂，就将被视为是罗马天主教传统的敌人。[69]像勒－迪克一样，他寻求给予哥特建筑一种绝对的地位，而他有关建立功能主义标准的请求，也产生了相当大的影响——关于这一点，不得不承认的是，他的那些学术上的后继者们，如拉斯金(Ruskin)和威廉·莫里斯(William Morris)，已经放弃了他的那种宗教狂热。他在德国还有一位知音，名叫奥古斯特·莱欣斯伯格(August Reichensperger)，他曾于 1877 年发表了有关普金研究方面的著作。

普金由宗教情绪激发的偏狭绝不是他那个时代的孤例。在 1839 年专门研究哥特建筑学的学会分别在牛津与剑桥大学成立，学会的目标既是学术上的，同时也是宗教上的。例如，"牛津推进哥特建筑研究会"(Oxford Society for Promoting the Study of Gothic Architeture)，后来又更名为"牛津建筑与历史学会"(Oxford Architectural and Historical Society)，其主要的目的是学术性的，就像它的期刊《牛津建筑学会学报》(*Transactions of the Oxford Architecture Society*)一样。[70]而在另外一个方面，剑桥卡姆登(Camden)学会，则是一个宗教福音传道者的协会组织，其主要影响在于战争道德起诉方面。[71]在成立的最初几年，学会与英国国教的联系，也被融入到一种具有明显天主教思想倾向的潮流中去了，例如，我们可以从对普金的溢美之词中所看到的。学会的英国国教徒(Anglican)[72]主张要将罗马天主教的圣餐礼仪部分重新引入到英国国教的仪式中来，适当地保存与修复一些现存的教堂建筑，并将哥特式作为新建教堂的风格。在 1845 年，学会将其名称改为"教堂建筑学学会"(Ecclesiological Society)，并以这一名称一直延续到 1868 年。术语"教堂建筑学"其实含有教堂建筑与教堂装饰科学的意思[73]；学会的会员们称自己是"教堂建筑学者"，学会的期刊，名称也叫"教堂建筑学者"，期刊从 1841 年至 1868 年，每年都出版 5 期。〔330〕

共同创立剑桥卡姆登学会的是约翰·梅森·尼尔(John Mason Neale，1818－1866 年)和本杰明·韦布(Benjamin Webb，1819－1855 年)。尼尔论著中有一些民族主义的印迹，但这并不代表其他会员的态度，他的两部最重要著作是：《教会古代建筑应用研究的几条线索》(*A Few Hints on the Practical Study of Ecclesiastical Antiquities*，1839 年)和《教堂建造者的一些术语》(*A Few Words to Church Builders*，1841 年)。[74]尼尔继承了普金的立场，但却更为教条，他仅仅允许在新的教堂建筑中使用装饰性的风格。学会原则的一个有特点的例子，是回溯到 13 世纪的建筑象征主义，即由尼尔与韦布合作的《教堂与教堂装饰的象征性》(*The Symbolism of Churches and Church Ornament*，1843 年)，这是威廉姆·迪朗德斯(William Durandus)的第一本书《神圣公共空间基本原理》(*Rationale Divinorum Officiorum* [*])"[75]的一个译本。尼尔与韦布希望英国国教的权威机构不要介入教堂建筑的项目之中，这些项目应该只允许基督徒建筑师参与，而作为一种回报，这些建筑师也只为英国国教的教堂工作。因此，哥特建筑成为一种宗教道德的表征。学会这样做，在某些方面可能有一些冒犯，但一般说来，还是相当成功的，特别是在吸引那些英国国教的神职人员方面。在学会存在了第一个 10 年之后，变得越来越开放，不仅能够接受折中主义的东西，甚至也能够接受非欧洲的风格。

乔治·埃德蒙·斯特里特(George Edmund Street，1825 – 1881 年)，以材料与构造为主要考虑因素，为砖筑建筑物上的水平彩色装饰带而辩解。与这样一个讨论有关的，由教堂建筑学者们完成的主要教堂，是威廉·巴特菲尔德(William Butterfield)在伦敦玛格丽特大街的万圣教堂(1848 – 1849 年)[76]，这座建筑上有一个"构造性彩色装饰"。这座建筑物的丑陋，被看作是一种美学特点，并将其与后来的米莱(Millais)的绘画加以比较——他们用以表达这种情况的短语是"有意识选择的丑陋"。[77]

彩色装饰的问题突然变得十分突出，这无疑反映了法国与德国的发展情况。其中较为突出的传播者是欧文·琼斯(Owen Jones)，他发表了一个阿尔罕布拉宫(Alhambra)的平面与细部的图集(1842 – 1846 年)，和《意大利的彩色装饰》(*The Polychromatic Ornament of Italy*，1846 年)一书。[78]他的《装饰入门》(*Grammar of Ornament*，1856 年)将一种风格化的折中主义与彩色装饰的原理结合在一起。[79]在 1858 年他提出了他自己为牛津街的奥斯勒(Osler)美术馆和博览会的水晶宫(Crystal Palace Bazaar)设计的彩色装饰。虽然，他不是一位哥特复兴的支持者，但他对教堂建筑者和艺术与工艺运动，施加了一个相当的影响力。他的思想在许多方面与森佩尔的思想是不谋而合的。

[331] 教堂建筑学学会的传道士激情表现在他们计划将他们的建筑理念散播到整个大英帝国的范围——如为斯里兰卡的科仑坡(Colombo)设计的大教堂中，他们采用了具有佛教特征的装饰[80]——也包括美洲的范围之内，在美国的纽约，也成立了一个教堂建筑学学会。学会有关教堂的工作并没有停止。他们打的旗号，是要为道德十字军的重整旗鼓，而以建筑为他们作某种价值上的鼓吹，因为建筑在弘扬天主教—哥特式的意义上是起作用的。一些主要人物，如威廉·巴特菲尔德和吉尔伯特·斯考特爵士(Sir Gilbert Scott)，只能从这样一个背景上去理解。当斯考特于 1844 年赢得了汉堡路德教会的尼古拉教堂(Lutheran Nikolaikirche)的设计方案竞标时，《教堂建筑学者》撰文批评这一评选结果时，指责获奖者是在为"异教徒"而工作。[81]然而，尽管它的顽冥不化，这个学会却并没有忽略技术革新的可能性，如我们可以从它对待水晶宫的反映，或者更明显的是，从卡彭特(R.C.Carpenter)为一座铸铁教堂所做的设计(发表于 1856 年)中看得出来。[82]

英国哥特式建筑潮流的最主要代表人物是约翰·拉斯金(John Ruskin，1819 – 1900 年)，对于他来说，艺术与建筑，只是他范围相当宽泛的社会活动的一个组成部分。[83]当他还是一个学生时，就已经在伦敦《建筑杂志》上发表了一系列文章(1837 – 1838 年)，标题是"诗意的建筑"(The Poetry of Architecture)，而且用的是笔名"卡塔·弗辛"(Kata Phusin)，意思是"以自然的名义"。[84]在这些文章中，他从别墅与农舍的角度，发展出了他所主张的从生活习惯、景观环境及气候条件来探索一种民族建筑的思想。他关于艺术方面的思考，在很大程度上受到了普金的影响，然而，对于普金本人，他却十分轻蔑。当然，他也受到他的朋友们的影响，如作家卡莱尔(Carlyle Thomas，1795 – 1881 年，生于苏格兰)，从卡莱尔那里，我们还可以发现拉斯金与德国理想主义之间的联系。[85]

从《建筑七灯》(*The Seven Lamps of Architecture*，1849 年)一书中[86]，可以看出急切的道德说教，标志出了拉斯金后来所有有关建筑方面论著的特征。对他来说，建筑的规则是可以从人的道德生活中得到验证的。在普金那里的宗教性命题，在这里变成了伦理性的了。[87]以一种毫无疑问是《启示录》(Book of Revelation)的口吻，他从伦理/宗教(ethic/religious)的角度，演绎出了一系列原理，并且力图使它们与建筑的观察与要求相一致。在有些段落，他大胆地使用了格言的手法，对某种建筑的规则进行表述。书中的插图，是由拉斯金自己绘制的。正如他在书中的引言中所说的，他的目的是建立一套"原理的表述"，而不是一篇有关欧洲建筑的散文。因而，他对于建筑的选择，是具有个性特征的("我最喜欢的建筑物")，这也是他到意大利与法国旅行的结果。

---

[*] 古代英语，对译 Significance of the Divine Offices——译者注

拉斯金不相信那些从过去的建筑中推导出来的标准化的规则：他只接受那些具有人的特征之起源的规则，或是那些具有材料的合理性的规则："基于过去实践中的那些原理与规则，没有哪一个不是随着新条件的出现，或是新材料的发明而转瞬即逝的。"[88] 在这里他一定是在谈论铸铁的问题，这是一种他不喜欢的材料，但是，他却意识到这也是一种有着无限前途的材料："即使是随便说说，我们也没有理由认为铸铁将不像木料那样好用；很可能一种新的建筑规则体系，一种完全采用金属结构的体系，将会被建立起来的日子已经为期不远了。"[89]

拉斯金对于铸铁建筑的态度，在美学方面是很不确定的。他一点也不隐瞒他个人的不喜欢，主张将铁路与火车站减少到纯粹功能的地步，以一种逻辑的结论，当然也是情绪的，他对于与铁路有关的任何装饰都表示了反对："把金子埋在堤防上，也比把它贴在火车站的装饰上要强。"[90] 但同时他也承认，如果完全从它的功能出发去考虑问题，铁路建筑也能够获得"它自己的高雅与尊贵。"

他的建筑七"灯"的每一盏灯——祭献、真理、力量、美观、生命、记忆，和顺从——都各用了一个章节，在其中只有"美观"是一个专门涉及美学问题的概念。拉斯金对于"建筑"与"房屋"进行了区分，房屋仅仅服务于纯粹的功能用途。他所给出的"房屋"的例子，是一个黄蜂巢穴，一个老鼠洞，或是一座火车站。〔332〕而"建筑"则必须是包含有"某种令人起敬的，或美的特征，但并不是不必要的。"[91]——至于装饰，则是专为上帝的荣耀或人类的纪念需要而设计的。

他最重要的章节，是冠之以"真理"的那一部分。在这里，拉斯金警告说要反对三种"建筑的谎言"：

> 第一， 一种结构或支撑之模式的变现，而不是真实的结构与支撑本身……。
> 第二， 通过建筑表面上的油漆去表现其他材料，而不是其实际使用的材料(如在木料表面上表现大理石)，或者是在表面上的欺骗性的雕塑装饰。
> 第三， 使用任何铸铁的或机械制作的装饰构件。

拉斯金明确地说，建筑师不应该对于结构系统的暴露视而不见，但同时他又声称，"一般来说，建筑物都具有高贵的品格，在有智慧的人的眼中，能够发现房屋结构中隐含的巨大秘密，就像从动物的形象所看到的那样。"[92] 因此，拉斯金要求一种结构系统的可读性，材料的真实性，以及有机的或手工装饰的使用。他坚持说："凡不是从自然物体中得到的形式都将是丑陋的。"[93] 这一观点促使他对于一些古代希腊建筑，以及16世纪意大利建筑的装饰，持一种批评的态度。他自己的装饰体系是按照抽象的程度来考虑的，从基本的有机形式，到纯粹的几何模式。[94] 拉斯金认为，所有的装饰，都是其设计者心理状态的一种表现。我们必须提出疑问："这装饰是在高兴的时候制作出来的吗——当雕刻工人在雕凿它的时候，心情愉快吗？"[95] 这暗示着一种存在于建筑、装饰与社会状态之间的最初的关系，如启蒙主义者所揭示的。进一步，拉斯金认为建筑应该是民族的、历史的，同时是需要保护的——因而，拉斯金反对历史建筑的修复重建，因为修复重建就意味着建筑的毁灭。建筑只可能是它所建造的时代条件下的产物，他坚持说："建筑的整个的生命，那只有靠工匠们的双手与眼睛所赋予的精神，是不可能被重新呼唤回来的。另外一个时代，可能会赋予建筑以另外一种精神，而这已经是一座新的建筑物了。"[96]

拉斯金直接得出了一个与勒－迪克相反的结论，勒－迪克在他的修复重建工程中是有意识地进行了一些历史虚构的。"我们没有权力去触动它们(亦即，过去遗留下来的建筑物)"， 拉斯金写道，"它们不是属于我们的，它们部分属于那些建造它们的人，部分属于我们之后世世代代的人们。"[97] 他的口号是直截了当的："守护好你们的纪念性建筑，但千万不要去修复它们。"[98]

如果说《建筑七灯》读起来像是一本道德宣传手册，《威尼斯之石》(*The Stones of Venice*，1851－1853年)则揭示了拉斯金对于哥特建筑的特别青睐，以及由此引发的一系列结论。[99] 这本书的第一册阐述了他有关装饰方面的理论，在这里他将装饰定义为是"为上帝工作时人类愉悦心情的表达"[100]，并具有使人愉悦的功能。每一种装饰的模式，都是上帝的创造。从那些"自然界中最为常见的抽象的线条"开始[101]，他给出了一系列十分引人瞩目的抽象线条作为建筑所用的范式，这些线条看起来几乎就是"新艺术运动"中的东西。在他所引证的范例中，几乎都是植物与动物世界的种种元素，这些装饰范例的作用是传递"大自然的劳动，而不是她的不安与躁动。"102

[333]　　在《威尼斯之石》的第二册，特别是在"哥特式的特征"(The Nature of Gothic)一章中，我们触及了拉斯金建筑思想的核心。他假定了一种具有普遍意义的哥特式原则——他称这种原则为"哥特风"(Gothicness)——他建构了一个"哥特精神"(the soul of Gothic)的体系，这个体系由历史的、社会的与伦理的要素所组成，并展示在6个重要的方面：1)原创的；2)可变的；3)自然的；4)奇异的；5)冷峻的；6)冗余的。他偶然显露出的非理性一面，以及他对于历史的任意与专断，也可以看得出来，例如，在有关"原创性"(Savageness)这一节中，他将他在《建筑七灯》中的思想加以扩展，甚至将装饰与社会结构的关系，与工匠个人的社会地位也联系在了一起。在这里他区分了三种基于历史基础之上的装饰类型：1)"奴隶性的装饰"(Servile ornament)，即由处于工具地位上的奴隶们创造的建筑装饰，古代建筑，包括希腊建筑，都属于这一类；2)"本质性的装饰"(Constitutional ornament)，在这里他指的是中世纪那些具有个性的基督教建筑装饰；3)"革命性的装饰"(Revolutinary ornament)，在这里他引出了装饰从一体的建筑中解放了出来的概念。

　　拉斯金的心目中，有一个北方哥特艺术家的理想形象，这位艺术家追求真理，充满了对于这些装饰类别的求索之心。哥特式风格也传达了他所坚持的多样性与经济性的思想，以及作为最优秀的美学范例与从理性角度而言，是惟一能够适用于所有用途的风格形式："从一个观点来看，哥特式不仅是最好的，而且也是惟一理性的建筑，因为它最容易将自己适应于所有的用途之中，无论是平俗的还是高贵的用途。"103

　　因而，我们又回到了普金与勒-迪克。普金并不是一个彻头彻尾的新哥特主义者，因为就其广泛性而言，在他看来，哥特建筑只是一种特殊的社会环境的产物。在称哥特建筑的建造者们为"自然主义者"(naturalists)的时候，他认为他们依赖于自然的形式。从这一观点出发，他再一次探索了装饰的规则，并从叶子的形状，以及"严格的几何秩序与对称"(severely geometrical order and symmetry)中，发现了它们。104(图版167)而这正是路易斯·沙利文(Louis Sullivan)建筑装饰理论的出发点。105

　　如拉斯金所看到的，好的建筑是一种健康的社会结构的表达。因此，很自然地，在其后的一些年中，他将他的注意力转向了政治，试图以一种平均地权式的共产主义来取代资本主义(参见《*Fors Clavigera**》，从1871年开始)。他将他的思想付诸实践的尝试一无所获，但却为圣乔治的行业公会式的社会主义社会提供了原型，并且，完成了一条道路的项目实施，或是在马恩岛(Isle of Man†)上建造了一座羊毛工厂。然而，他的思想的影响，直到今天还在一个相当多样的范围内感觉得到，他的影响渗透到了一些截然不同的人物形象身上，包括圣雄甘地(Mahatma Gandhi)和毛泽东。在建筑理论方面，尽管是不系统地，他以其语言上的诱惑力，以及他的一系列概念，诸如：健康社会的建筑，材料的真实性，结构的诚实性，装饰的有机性，工匠个人的手工工艺(相对于机械的产品而言)，以及对于以往纪念性建筑的保护——不做任何的修复重建——使其影响力一直穿透到了20世纪。

　　在社会学见解上，拉斯金的思想更接近于森佩尔，这从他对勒-迪克有关哥特观点的评价中可以看出，而他思想中那种混杂的特征，在一定程度上，也被他对于自然观察的直接性所弥补，这一特点也可以从他的绘画中看出来。106他将自然看作是一个，并且是惟一一个建筑的原型，这一观点将他放进了一个有着长久历史的，人们所熟悉的传统之中，但是，由于他在建筑的讨论中加入了一种道德的标尺，从而使问题带来了一种新的复杂性，对于后来的思想产生了深刻的影响，这一点在美国表现得尤其突出，从新哥特主义时期到弗兰克·劳埃[334]德·赖特都是如此。107

　　一个在思想模式的许多方面都与拉斯金十分相似的人，是詹姆斯·弗格森(James Fergusson，1806-1886年)108，一位富有的染料商人，在印度发了财，他是英国第一位从事世界建筑历史写作的人。他所拥有的材料，使他在这一研究上大大超过了在同一方向上较早的德国人，如卡尔·弗里德里希·冯·维贝金(Carl Friedrich von Wiebeking)——他以蔑视的口吻谈到了他——弗朗兹·库格勒(Franz Kugler)和卡尔·施纳赛(Carl

---

*《*Fors Clavigera*》是拉斯金1871-1884年的系列文集，其中"Letters to the Workmen of Great Britain"，是他最具争议的和最个性化的文章。资料来源：哥伦比亚大学 www.columbia.edu/cu/cup/catalog/data/185331/1853311251.HTM——译者注
† 马恩岛是英国大不列颠群岛中的一座岛屿，位于英格兰西北岸外的爱尔兰海上。9世纪时由斯堪的纳维亚人占领，在1266年统治权由挪威转到了苏格兰手中，14世纪又转入索尔兹伯里和德比伯爵手中。在1765年，英国议会买下此岛，而后一直是享有自治权的英王领地。——译者注

Schnaase)等，当时的人们称他为现代的维特鲁威。在完成了两部较早的有关印度建筑的著作后，弗格森于1849年，也就是拉金斯发表他的《建筑七灯》的那一年，发表了一篇题为《关于艺术美的真正原理的历史质询》（*An Historical Enquiry in the true Principles of Beauty in Art*）[109]的论文——这是一个令人能够联想起普金的题目，但却以其坚定的自由主义，而导致了全然不同的结论。弗格森是一个思想家，他手边有一个十分系统化的计划、分类与表格，运用这些他可以吸收任何概念。他发展了一套普遍性的美学观，并由此形成了一个明确的体系，通过三种美学上的分类，艺术作品的价值得以被判断，就像罗杰·德·皮莱斯（Roger de Piles）在他1708年所写的《绘画教本》（*Cours de peinture*）中试图在绘画中所达到的目标一样。弗格森在"技术美"（technical heauty）——这是处于标尺的最底层的，和"感觉美"（sensuous beauty）——这具有双重的价值，以及"语音美"（phonetic beauty），也就是知识与美的质量，这在价值上被提高到了三倍的高度——之间引入了一个区别。然而，在他将这一概念用之于建筑时，他将这三者放在了同等的地位上，并以一个两点分隔的标尺，在每一要素之间按四点分划，从而通过公式 4+（2×4）+（3×4），而达到了最高24点；而对于文学，他则达到了最高34点的高度；对于修辞学，最高达到了35点。功能的方面，是在这一标尺的最底部的，通过这样一个"音标体系"（phoneticisation）而获得了一种"平均分划的美学"（cal-aesthetic）价值，一个富于想像力的新的表述系统，弗格森塑造了这个系统来用于他自己的美学体系标识之中。

1855年，弗格森的《建筑图解手册》（*Illustrated Handbook of Architecture*）出版，1862年，他的《建筑中的现代风格史》（*A History of the Modern Style in Architecture*）也问世。[110]他在前言中用了图解式的要点分类，特别是他第一次引入这种方式，可能是他成功的原因所在，因为，像普金和拉斯金一样，他非常自信地宣称，他对于诸如"什么是建筑？"以及"什么是能够引导我们从事建筑设计，或对建筑物进行批评的真正原则？"[111]的问题上，提供了明确的答案。

弗格森在"原始的"（original）风格（非欧洲的，古代的和哥特式的）与"复兴的"（revival）风格之间作了一些区别，前者表现出功能与装饰上的统一性。对于他来说，艺术是一种种族或社会体系的表达，因而，是不能够重复的——从而对英国的哥特式复兴（English Gothic Revival）和前拉斐尔主义（Pre-Raphaelites）者提出了谴责。他通过"装饰的或被装饰的结构"（ornamental and ornamented construction），将对工程师在建筑工程中的功能性要求提高到建筑学的地位，从而与拉斯金采取了相似的路线。"装饰的"部分，是建筑物中的"散文"（prose），而"被装饰的结构"部分则是建筑物的"诗章"（poetry）。工程师的领域，必须与建筑师作出严格的划分，但是，两者之间应该是互相补充的。作为一个例子，弗格森设计的一个立面（图版168），可以被用作"棉花工厂、仓库，或任何实用性建筑物的极其普通的场所"[112]，从而证明了从一个"散文的"（prosaic）形式，这种形式在他看来是天然不足的，逐渐发展为一个清晰的装饰性，这种装饰性不是通过"任何装饰的简单应用"（the mere application of any amount of ornament），而是通过结构本身。然而，在一些特定的历史实例中，从史前巨石阵（Stonehenge）中，或是从西多修会（Cistercian）的修道院中，弗格森承认"装饰性的结构"能够在没有装饰的情况下独立存在。他关于装饰的判断，从结构与功能的角度看来，又倒退回了18世纪。通过对于形式美的承认，这种形式美通过装饰及其意义而成倍加大了"布置的效果"（effect of the disposition）[113]，使他接近了18世纪晚期的"建筑话语"（Architecture Parlante）的概念。 〔335〕

弗格森的建筑范畴是一个奇怪的混合物——不同范畴的名称分别是："体块"（Mass）、"稳定性"（Stability）、"材料"（Material）、"结构"（Construction）、"形式"（Forms）、"比例"（Proportion）、"装饰"（Ornament）、"色彩"（Colour），和"均匀"（Uniformity）。[114]建筑的尺寸本身是一个美学标准（体量=尺寸）。材料的概念，不仅与材料的真实性有关，也与其物理价值所带来的美学层级有关。结构，尽管十分重要，但在弗格森看来，是建筑师手中的一个工具——将结构放在优先地位加以考虑将是荒谬的：他所举的例子是，德国哥特时代的建造者们具有与建筑师同等的地位，他对于这一点十分怀疑。而对于装饰而言，他则认为："在真正的建筑中，结构总是处于从属的地位。"[115]

像拉斯金一样，弗格森将建筑看作一种对于自然的模仿，但是，他又说："我们应该重复的是过程，而不是自然的形式。"[116]然后，他又令人感到奇怪地回到了建筑与人体的类比上来，这一观点从迪朗（Durand）的时代已经变得陈腐而过时了："简而言之，在人的结构所包括的诸原则中，没有什么不能够被拿来作为建筑中最为抽象的杰出标准。"[117]他反对历史的折中主义，将进步看作是一种新的风格的崛起："一种新的风格无疑是必然的结果；如果我们的文明如我们所相信的那样，那么，风格不仅是完美地适应于所有我们所想像的，或我们所期待的，而且，应该是比以往所存在过的要更美好，更完善的。"[118]

这是维多利亚时代的实证主义者的观点。像森佩尔一样——在他的影响下，并且在许多方面与他有着密切的联系——弗格森将"新风格"看作与新文艺复兴一样，而这对他来说，是英国公众爱好的一种表达方式；一种基于寿命很短的大厦建筑之上的风格，如水晶宫，或者一种基于纯粹工程原则上的风格，他会情不自禁地加以反对。他对于建筑物的判断，有时是粗野的，或是富于幻想性的，有时会是一些不相关的考虑的结果。他既没有勒－迪克的富于穿透力的智慧，也没有拉斯金的强烈的道德情操，更没有森佩尔的哲学魅力，但是，他的《手册》一书，却是维多利亚时代建筑历史的标准著作，它保持着这样一个地位，直到那个世纪之末本尼斯特·弗莱切尔(Banister Fletcher)的《建筑历史》(*History of Architecture*)一书问世。[119]

拉斯金最重要的追随者是威廉·莫里斯(William Morris，1834－1896年)。[120]与作为一位乌托邦式的理论家，或是一位书斋里的学究的拉斯金相反，莫里斯是一个富于实践行动的人，尽管同时他也留下了相当丰富的理论与文字作品。[121]他是一个设计师，是一项生意的奠基人，一位插图画家，同时是一名印刷商；他创建了一个建筑保护学会，他从事政治演讲，并在社会主义同盟的执行委员会中担任职务。有关他在艺术与建筑方面思想的惟一资料来源，是他的一系列演讲与学术报告。

在他于1856年从事街道建筑办公室工作的那一段时间，莫里斯遇到了菲利普·韦布(Philip Webb)，两个人曾在莫里斯位于肯特郡(Kent)的伯克里赫斯(Bexleyheath)的红屋(Red House)中共同工作过一段时间。韦布从事建筑设计，而莫里斯则做家具与装饰设计。莫里斯能够想像得出艺术与工艺美术世界中几乎所有东西的形象。几年以后的1861年，他建立了自己的公司，他的主要倾向之一是，知名的艺术家应该自觉自愿地为手工工业进行设计，他公司的产品，在美学上是令人愉快，并且具有很高的质量，从而奠定了英国艺术与工艺运动的基础。

[336]

莫里斯有关建筑的观念是非常复杂的，因为他将"建筑学"这个术语，包容了整个由人的双手所创造的人类环境。在他以《装饰艺术》(*The Decorative Arts*，1877年)为题的演讲中[122]，他的出发点是假设"宏大艺术"与"装饰艺术"之间最初的统一，这使得他的思想，由于启蒙运动，以及他与拉斯金很熟悉的原因，而很自然地倾向于艺术与艺术所赖以存在的社会体系的相互关系上。他将艺术的分离解释为现代社会劳动分化的产物，他无所苛求，只希望"新艺术"的产生，这种新艺术应该以自然法则为基础——但不仅仅是模仿自然——引导人们创造一个"得体的家"(*decent home*)，这个家是被简单性原则所支配："生命的简单性，引致了审美的简单性，也就是说，要追求那些甜美而高尚的东西，这就是那些为新的和更好艺术的产生，我们所恳请、所需要的全部；简单性无所不在，既存在于宫殿之中，也存在于农舍之中。"[123]然而，他认为这一目标的达到，仅仅在新的社会中，在一个自由、平等、博爱占支配地位的社会中，才可能实现。"我不企求只为少数人服务的艺术"，他说，"就像只为少数人的教育，或只为少数人的自由那样。"[124]

莫里斯对于机械的反对并不像人们想像的那样绝对。他的演讲《有钱人的艺术》(*Art under Plutocracy*，1883年)[125]和《有用的作品与无用的苦工》(*Useful Work versus Useless Toil*，1884年)[126]，坚持说资本主义社会机器把工人变成了奴隶，而在他的"真正的社会"中，机器则具有减轻工人劳动强度的积极作用。以一种相当的远见，他将手工劳动看作是对大规模生产的一种校正。

莫里斯有关建筑思想的最清晰表达见于他的论文《建筑的复兴》(*The Revival of Architecture*，1888年)[127]，在这里他既反对古典主义，也反对新哥特建筑，但仍然提倡对这些问题进行历史研究。在他看来，对于早期风格的模仿，产生的只是"如画风格"之类的东西，这是一种负面的感觉，是与普金和拉斯金所提出的"一种合乎逻辑的有机风格，是从古代人们的古典风格中作为需要而发展来的"[128]表述恰好相反的。

哥特建筑，也是一个"仍然存在着的有机主义"和"永恒的艺术原则"的具体化。在中世纪的社会中，他发现了一个由"现实工人的民主团体"所组成的民主社会秩序，建筑是"这种秩序的社会生活的表达"。进一步，"中世纪的社会生活允许工人有个人表现的自由，而这在我们的社会生活中，则是被禁止的。"[129]因为，莫里斯的建筑是一种社会的表现形式，一种风格不能从一个社会条件下，转换到另外一个社会条件下。莫里斯将哥特式建筑看作是一种"进步的艺术"，但是，一个新的社会要重新结合进哥特的传统，仍然需要一些先决条件。虽然，在正式的场合他是一个哥特复兴的反对者，但莫里斯仍然相信"只有一种建筑风格，在其中可能发现真正活着的艺术……这就是哥特艺术。"[130]在 19 世纪有关风格的辩论中，他是他那个时代的囚犯，他的思想进程非常接近勒—迪克，但所得出的结论却全然不同。

特别明显的不同是他对于历史建筑的保护问题上的态度，在这一点上他与拉斯金保持了一致，反对在伪造的历史条件下的"复原重建"（restoration），主张从整体上对由历史形成的建筑形式加以保护，应该使这些历史建筑中能够保留其历史发展过程的印痕。他于 1877 年 3 月所写的关于《雅典娜神庙》（*The Athenaeum*）的公开 〔337〕
信，促成了古代建筑保护学会的成立，这一学会被人们俗称为"反涂抹划擦会"（Anti－Scrape），学会在关于古建筑复原修缮的观点上，是直接与勒－迪克的观点唱对台戏的，也与当时英国流行的观点截然相反。

莫里斯在建筑思想上，与拉斯金相比没有什么新的发展，但是，他对于艺术设计的特别关注，以及他个人亲自参与的一系列创作，使他成为最终导致了包豪斯出现的艺术与工艺运动的推波助澜者。因此，虽然他并没有在发现某种新的风格上获得成功，但仍然被人们公正地认为，他是现代建筑运动的奠基人之一。[131]

对莫里斯思想的一个综合印象可以从他所写的乌托邦小说《乌有乡消息》（*News from Nowhere*，1890 年)[132]中看得到，小说中为 21 世纪的伦敦的新社会描绘了一幅社会主义的美景，却抹上了一层中世纪的色彩。《乌有乡消息》是受到了美国社会改革家爱德华·贝拉米（Edward Bellamy，1850－1898 年）相当成功的乌托邦小说《回头是岸》（*Looking Backward*，1888 年)[133]的启发与激励而创作的，这篇小说中想像了一个由机器控制的社会主义城市的图景。贝拉米对于美学问题没有什么兴趣，而莫里斯则相反，花费了很大的精力来描绘他理想中的中世纪环境。他的小说在相当一批这一类的小说中也算是独树一帜。这类小说中特别要提到的还有罗伯特·欧文与夏尔·傅立叶——傅立叶的小说《共产自治村》（*Phalanstères*）是莫里斯所极力抨击的。[134]1893 年，莫里斯的克尔摩斯考特出版社（Kelmscott Press）出版了一个由摩尔（More）汇编的集子——《乌托邦》（*utopia*）。

小说《乌有乡消息》中有关废除工厂，将机器分发给个人，人们按照自愿的原则从事劳动的社会图景的描写，在一定程度上很像是普金的《对比》中的图像的倒置。莫里斯所描写的建筑物是 14 世纪的，并加以了折中主义的修饰。下面就是他所想像的一幅覆盖着屋顶的市场的图景：

> 在这座低矮的建筑物的上方，架起了一座陡峭的镀锌屋顶，由扶壁与墙体的上部形成了一个大厅，这是一座壮丽辉煌、式样不凡的建筑物。面对这座建筑，人们几乎无话可说，虽然这是一种前所未有的风格，在我看来这座建筑中却包容了北部欧洲的哥特建筑的，以及撒拉逊与拜占庭建筑的最好品质。在这座建筑的另外一面，在它的南侧，紧邻着路的是一座八角形有着很高屋顶的建筑，在外轮廓上与佛罗伦萨的洗礼堂不能说不像，不同之处在于，这是一座四周用单坡屋顶环绕的建筑，很清晰地形成了一个拱廊，或是一个回廊：这座八角形建筑也经过了精心的装饰。突然面对这样一组宏大的建筑物，令我们心花怒放，那建筑的精致美丽，建筑物上渗透着的对于生命的慷慨与繁茂的赞美与表现，令我如醉如痴，我已经高兴得有些手舞足蹈了。[135]

莫里斯在这里所看到的建筑，是一个健康的后工业社会的表述，但在建筑形式上，却都用的是一些典型的中世纪建筑的形式语汇。在他的小说中，议会大厦还允许被保留着，但是，按照他的乌托邦式的直接的民主，这座建筑变成了一件多余之物，只是偶尔用来作为一个集市的场所，或是用作肥料仓库。曾经十分忙碌的特拉法尔加广场（Trafalgar Square，在英国伦敦的议会大厦所在的威斯敏斯特——译者注），以及广场周围的"田野中的圣马丁"（St－Martin－in－the－Fields）——"一座立在角落中的丑陋的教堂"——以及国家美术馆——"一座无法用言语形容的丑陋的炮塔形建筑"——变成了一座"树影婆娑，花香四溢"的平和静谧的广场。[136]

在这里工作与愉快变成了同义词，在工厂里有"义务车间，这就是说，那是一个希望在一起工作的人们聚〔338〕
集的地方。"[137]在德语的翻译中"义务车间"被译成了"联合车间"（*Vereinigte Werkstätten*），由此可见，1898 年在德国形成的联合车间的名称很可能就是从这里来的。以其带有历史倒退色彩的浪漫主义思想，莫里斯废止了所有大规模的生产活动，他甚至用石头砌筑的桥梁来代替铸铁的铁路桥梁。这样的结果是，艺术与劳动合而为一，因而，也就不再需要有艺术这一专用的概念了："……那些曾经被称为艺术的产品，已经再没有名称的需要了，因为它已经变成了每一个人生产劳动的一个不可或缺的部分了。"[138]艺术因而变成了应用性的艺术，可以用来塑造人类的环境，而建筑则是其中一个完整的部分。在这里我们仍然可以看到俄罗斯结构主义思想的根源所在，这一思想是在一代人以后才出现的，虽然，其中包含着将莫里斯的实用艺术概念与机械化崇拜联系在一起的某种尝试。[139]

莫里斯的思想在欧洲与美洲都曾有着巨大的影响[140]，英国唯美主义诗人奥斯卡·王尔德（Oscar Wilde）于1882年在美国的一次旅行演讲中[141]，将他的思想变得人人皆知。但是，在王尔德心目中的"真实与可信的建筑之路"，仍然是一种历史折中主义的形式[142]，对于他来说，深陷于19世纪英国风格思想的窠臼中，一点也不比莫里斯强多少。

拉斯金和莫里斯两人是艺术与工艺美术运动的精神鼻祖，他们将一种对于社会主义的信仰和整体的艺术与工艺美术结合在了一起。追随莫里斯自己所设立的公司的榜样，许多昙花一现的协会机构如雨后春笋般地建立起来，首先是拉斯金于1871年建立的圣乔治同业协会。[143]1882年，亚瑟·麦克莫多（Arthur Mackmurdo, 1851-1942年）[144]，他是一位建筑师，同时也是拉斯金的朋友，曾于1874年和拉斯金一起游历过意大利，建立了世纪协会，其目标是将所有的艺术种类都从商业的水平，提高到艺术家的水平，从而将艺术品与工艺品，提高到与绘画和雕塑等同的地位。莫里斯通过他的公司所做的事情，世纪协会也力求通过一个由艺术家与工艺师所组成的自愿者协作组织来实现。这个协会一直存在到了1888年。麦克莫多是一位文艺复兴思想的积极拥护者，他在观点上，是与拉斯金—莫里斯的中世纪崇拜思想恰相对立的。在他自己的建筑设计中，他追求一种清晰定义的结构，他的设计作品使得他得以跻身新艺术运动的先驱之列。从1884年开始，他主编出版了《业余爱好》（*The Hobby Horse*），这是第一本主要以艺术为主题的文学期刊，其中最重要的栏目是《工作室》（*The Studio*）。

由威廉·理查德·莱特比（William Richard Lethaby, 1857-1931年）于1884年建立的艺术工作者协会[145]，追求了相似的目标，莱特比是世纪之交时英国最令人感兴趣的建筑理论作者。莱特比曾在诺曼·萧（Norman Shaw）的办公室中工作了十多年，并通过古代建筑保护学会认识了已经上了年纪的莫里斯，但他走了一条自己的既是著作家，又是实践建筑师的独立道路。他的第一本书，《建筑，神秘主义与神话》（*Architecture, Mysticism and Myth*，1892年）详细解释了一种可以令人理解的建筑象征主义的理论，并且，预示出了许多现代建筑象征主义的发展。[146]按照莱特比的观点，所有的建筑形式都应该被理解成是对自然的模仿，所有的建筑也都应该展现为一种"宇宙象征主义"[147]，他所引证的例子，来自所有的文化与所有的时代。他的象征主义给出了一些具有非常一般意义的常识性术语，如"像海一样的道路铺砌"、"像天空一样的顶棚"。在引言中，莱特比解释了一个他所涉及的建筑概念，在其中他假设了三种基本的原则，这就像是对古老的维特鲁威思想的一个回应：

[339] "其一，是人类间相互类似的需要与期待；其二，从结构方面来说，由材料所施加的必然性，以及它们所赖以直立起来，并结合在一起的物理规则；其三，从风格的方面来说，即是自然。"[148]莱特比的著作中只涉及了第三种原则。在他之前的最近一位有关建筑象征性的研究著述，是由让-路易·维耶尔·德圣-莫（Jean-Louis Viel de Saint-Maux）于18世纪末所作的关于传教士精神的解释，但是，看起来莱特比对于这部著作一无所知。在谈到当前的建筑时，他说，需要有"一种象征主义，能够被大多数观赏者所直接理解的象征主义。"[149]但是，这种象征主义不能够简单地从过去顺手拿来，因为这种象征主义中，传达出的是"惊骇、神秘、壮丽"。以他自己特有的社会学洞察力，他说："象征所传达的信息将仍然是自然与人，是秩序与美，但是，所有这些都将变得温馨、简单、自由、富于信心，和充满光明。"[150]

莱特比对于自由、简单，以及材料的恰当使用的坚持，使得他十分逻辑地反对所有的装饰，他认为那些装饰不是材料或当代社会条件的恰当表现。[151]他所设计的位于伯明翰的飞鹰保险公司大厦（1900年），回避了所有与以往风格相关联的东西，被人们称为是"建筑历史上最为平静的革命"[152]；而他在赫里福郡（Herefordshire）的布罗克汉普敦（Brockhampton）的教堂建筑（1901-1902年），以其新哥特式的灼目风采，以及将混凝土与茅草屋顶的巧妙结合；更进一步，以其为利物浦的英国国教大教堂设计的具有东方化意味的竞标方案（1902-1903年），都显示出了他在技术上与形式上是如何的不拘一格、大胆尝试。同时，他还将他精力的相当一部分投入到教学之中，先是在伦敦中央工艺美术学校，在那里他与乔治·弗兰姆普顿（George Frampton）于1896年成为共同挂名的系主任，然后，从1900年开始，他一直在皇家艺术学院任教。后来，他又写了一些建筑历史方面的著作。[153]他将他的艺术与建筑概念在文化史上的具体体现总结为："艺术是人类的思想通过手工作品的一种表达"；谈到民族纪念性建筑时，他说："伟大的艺术是一个时代的民族活力中蕴藏的渴望与意识的结晶。"[154]

莱特比关于建筑的概念，是建立在历史的、社会学的与技术的思考上的。他克服了艺术与工艺美术运动中对于机器使用的仇视与缺乏信心，他所建议的方法，与德意志制造联盟(Deutcher Werkbund)的非常相似，莱特比对于德意志制造联盟活动与讨论保持了密切的关注。[155]他思想中的这一发展，特别明显地出现在《建筑学》(Architecture)一书中[156]，这本书发表于1911年，书中的主旨是有关装饰问题的：

> 总而言之，我们必须记住，美也可能是不加雕琢的，很可能的是，装饰，是从纹身艺术中发展起来的，而这属于人类社会的童年时代，因而，装饰是可能从我们的建筑中消失的，就像从我们的机器上消失一样……。[157]

从他有关纹身的比喻中，可以推测他是知道阿道夫·路斯(Adolf Loos)所写的《装饰就是罪恶》(Ornament und Verbrechen)一文的(可能是在1908年)[158]，而关于没有装饰的建筑的思想，已经可以在路易斯·沙利文1892年的文章《建筑中的装饰》(Ornament in Architecture)[159]一文中看得到。莱特比对于以材料为基础的功能主义，以及一种新的装饰的象征主义，使得他处于芝加哥学派，和当时正在维也纳进行的争论，两者之间的中间立场上。有关这一立场的特征，还没有加以认真的讨论。

莱特比的创新见解，并没有被艺术与工艺美术运动所直接采纳，这也许是因为人们对这些见解的重要性，是在很晚才体会到的。这个运动的名称，是从1888年有艺术与工艺美术展览协会所举办的展览中沿用来的，画家与版画艺术家瓦尔特·克雷恩(Walter Crane，1845–1915年)在这个协会中起到了一个领导的作用。[160]在协 〔340〕 会发表的出版物中的一篇文章《设计与工艺美术的复兴》(On the Revival of Design and Handicraft，1893年)中克雷恩定义了这场运动是"在某种意义上是对由机器塑造的僵硬生活的一种反抗。"[161]协会的展览在它的本国及国外都吸引了相当多的人的注意，在接受欧洲大陆的艺术与工艺美术思想方面，也产生了影响。[162]克雷恩自己也留下了一些建筑及实用艺术方面的文章，在这些文章中，他将建筑看作是所有艺术的源泉(fons et origo)，他的思想及例证主要来自拉斯金。[163]

同样是在1888年，建筑师查尔斯·罗伯特·阿什比(Charles Robert Ashbee，1863–1942年)[164]建立了工艺美术协会与学校，这所学校有7年的时间一直都与一所技工学校有着密切的联系，因而能够将教育性的工作间与实际性的生产第一次结合在了一起——这种情况当人们联想到包豪斯的时候不会不感到兴趣。阿什比在试图将莫里斯的思想变成实践的方面，比任何人都走得更远，1912年，他在格洛斯特郡(Gloucestershire)的奇平开普敦村(Chipping Campden)，想以协会为基础，办成一个社会主义社团与合作组织的范例。但是，实验最终失败了，仅仅5年之后这个社团就作鸟兽散了。随后(1908年)，阿什比有了一个写作计划——继续他有关拉斯金与莫里斯的著述。[165]他思想中一个可能的思想影响来自弗兰克·劳埃德·赖特，他曾多次访问过美国，并于1900年12月在芝加哥拜会了赖特。当时赖特正在写他的讲演稿《机器的工艺美术》(The Art and Craft of the Machine)，这篇讲演稿是1901年3月发表的。在这篇讲稿中，赖特试图使莫里斯的观点与一种机器的有机民主的概念达成一致，但虽然如此，赖特的这一观点对于阿什比没有产生什么吸引力，他是一位激进的社会主义者，不可能接受资本主义的生产条件。

1901年，在他回到奇平开普敦村的实验之前，阿什比写了一本有关拉斯金与莫里斯的教学方面的书。[166]他的研究方法基本上是意识形态上的，和社会经济学的，像拉斯金与莫里斯一样，他从一个中世纪社会，以及中世纪手工工匠的同业公会的视角出发来看问题。他几乎是充满热情地祈求现代城市以及工业化大规模生产的瓦解。代之而起的应该是以一种村社共同体式的手工业工人的合作组织，这些组织通过土地上的劳动而结合在一起。他的中心思想是为手工生产建立一套标准，但他对于这种产品与机械生产的联系不能也不愿意去承认。在1908年当他写道："标准化意味着制造一种模式或类型，使得任何紧随其后的产品都能够有章可循。"[167]下一步就是要使设计出的东西能够通过机器再生产出来。这一个关键的步骤是由德意志制造联盟于1907年实现的，而这也正是在1911年阿什比准备承认"现代文明是建立在机器之上的，没有什么与艺术有关的捐赠、激励与教育体系，能够对这一点视若罔闻。[168]但是，到了这时，从实践的角度讲，为时已晚。

艺术与工艺美术运动的彻底失败，就在于这样一种对于机器化的态度的犹豫不决与抵触排斥。偶然也可以听到一些声音，表达了一些似乎是预言了德意志制造联盟的那些思想，但是这些思想并没有得到流行，由工程师詹姆斯·内史密斯(James Nasmyth)早在 1835 年所提出的呼吁，就像是一个人在荒漠的旷野之中的大声疾呼：

〔341〕　　　　我将向你们显示一种方法，将最优美的形式与材料的最科学的应用，通过最为经济的运用机器塑造形式的方法而结合在一起，在大多数情况下，最经济的材料处置方式，恰好能与这种以最优雅的外观展示在眼前的这种形式达成一致。[169]

这是功能主义者的机器美学观。在那些在艺术与工艺美术运动中持这样一种思路的人中，有一位建筑师，名叫约翰·丹多·塞丁(John Dando Sedding, 1838 – 1891 年)，他是克雷恩于 1886 年在艺术工作者协会的追随者，同时也是这一运动中最有特色的建筑物——伦敦斯罗恩大街(Sloane Street)圣三一教堂的设计者。塞丁想像"在每一座工厂中都有一位莫里斯在从事工作"，他同时也认识到由机器所带来的机会：

　　　　我们不要假设机器将会被废止。生产制造不能在任何其他的基础之上组织起来……我们的产品必须有好的材料来制作。设计必须是优秀的，必须适应现代生产方法。此外，还应该注意到，仅有好的设计是不行的，还必须使设计者，或多或少，能够监督工厂里的生产制造。设计者应该是工厂工作职员的一部分，监督着他的设计得以实施，并在必要的时候给以指导……因而，理想的工厂是这样一个地方，在那里艺术家—设计者是一个手艺人，而手艺人也以他自己的方式而是一位艺术家。[170]

这是对于一个由艺术家、手工艺工人和工业工厂所形成的联盟的预言，这一设想在 20 世纪初由德意志制造联盟所实现。

另外一个艺术工作者协会的早期成员是多才多艺的建筑师和设计师查尔斯·F·安内斯雷·沃伊西(Charles F. Annesley Voysey, 1857 – 1941 年)[171]，他的设计与他的理论著述[172]一问世，就表现出了一种比莫里斯以及其他大多数艺术与工艺美术运动的追随者们都更为坚决的，在风格上将现在与过去分离开来的愿望。沃伊西的住宅是以水平化、简单化、平板化和不对称化为特征的，然而，所有这些又都是从英国的传统中演绎出来的。他在对于材料的强调上追随拉斯金："我们必须对于我们所用的材料获得一种全面的知识，并要彻底地掌握其产品的工艺。"[173]他对装饰持一种批评的态度，并对那种过分装饰，缺乏简单性的做法提出了警告："我们有了一种语言或装饰，但我们却一言不发……。"[174]他也认为民族特征与气候条件具有相当的重要性：

　　　　每一个国家都被它的创造者赋予了它自己的特征，并将以其自己的方式获得拯救……以往历史中最好的建筑，总是在它自己的国家中土生土长的，从而渐渐衍生出了一套符合地方的需求与条件的完整知识。这种需求包括了身体方面的、心灵方面的和精神方面的。而条件则包括了气候方面的，与民族特征方面的。[175]

沃伊西是一个宗教信仰者，因而他并不像艺术与工艺美术运动中的其他人那样，具有社会主义思想。他自己的建筑或其他设计，具有明确的功能性，其特征直接预示了 20 世纪，虽然，在后来的生活中，他否认自己起过任何这类先驱的作用。[176]

作为这一时期最为成功的建筑师之一，埃德温·勒汀斯(Edwin Lutyens, 1869 – 1944 年)并没有在理论原理上留下什么建树，他是沃伊西在地方建筑方面的一位竞争对手，同时，也是一位新古典主义的卫道士，这一点可以特别明显地从他在印度所作的大尺度项目中看出来。[177]与他相似的是另外一位建筑师查尔斯·雷聂·麦金托什(Charles Rennie Mackintosh, 1868 – 1928 年)。[178]

艺术与工艺美术运动的思想在美国和中欧引起了关注与学习，也渐渐地适应了人们的需求，和意识形态上〔342〕的内涵，然而，这时的产品中特有的英国人的风格与趣味，却在很大程度上消失殆尽了。[179]

在接近世纪之末的时候，出现了一股城市规划的思潮，这种思潮与罗伯特·欧文或威廉姆·莫里斯的乌托邦式的城市图景大不相同，而是植根于经济的现实之中的。由埃比尼泽·霍华德(Ebenezer Howard, 1850 – 1928

年)所写的《明日花园城市》(*Garden Cities of Tomorrow*，第一次出版于 1898 年，于 1902 年以此名称再版)是一本在当时引起了国际轰动的书籍，而且，至今也没有完全丧失其影响力。[180]像莫里斯的《乌有乡消息》一样，霍华德的论著是对爱德华·贝拉米的《回头是岸》一书的反抗，但却与莫里斯的截然不同。他远远避开了贝拉米和莫里斯所着迷的社会主义，因为这种思想使得这两个人陷入了现代技术崇拜，后来甚至走向了为中世纪唱赞美诗的地步，霍华德寻求在各种观点之间的一种妥协，他的思想是建立在土地归公共所有的情况下的精确的每日消费与需求的基础之上的，农业与经济的发展在很大程度上留给了私人去开拓进取。他的出发点是过分拥挤的工业化城市，虽然他明显地珍爱乡村生活，但却并不否认城市生活的诸多优越。他将城市与乡村想像成了两块“磁铁”，最后他通过将两者优越性的综合而达成了某种妥协，将其称之为“田园城市”。他对他提出的模式给出了一个精确的描述，他那具有传教士色彩的语气，以及他引用拉斯金的话而大加渲染，都丝毫没有减弱他的设想中的现实主义色彩。

霍华德所描绘的花园城市中居住着 32000 个居民，每座城市覆盖有 6000 英亩的范围，其中的六分之一建造房屋，这一部分就是所谓的“花园城市”。每一座城市有一个基本是环形的布置，与地形的起伏相适应，在城市的中心是一个集中式放射性街道系统，这里将设置公共建筑与绿地(图版 169)。围绕这个内部的公园区，将是一个按同心圆设计的“水晶宫”，这是一个玻璃屋顶的拱廊，向公园方向敞开，拱廊内布置着商店与货摊。在居住区则是一些各自独立设计的相互分离的住宅，每一座住宅都有自己的花园。穿过居住区的中间，有一条“康衢大道”，在这里布置着学校、教堂，和其他一些建筑物。工厂、货栈、市场，以及其他一些类似的东西，都布置在外环上，与之平行的是一条环形铁路线，并将线路的主要部分延伸到火车站上。现代技术将被充分地应用，霍华德建议所有的机械都应该是用电力去驱动的。他还发展了一些更为雄心勃勃的公共文化与娱乐性的建筑物。为了吸收日益增长的人口，他设想了一个“城市群”的概念，这个城市群以一种通过调整的几何形模式，围绕着一座中心城市布置，其最大的城市人口容量是 58000 人。[181]

尽管其不同的几何形式，霍华德的花园城市概念使我们想起了城市规划方面，如托马斯·摩尔和罗伯特·欧文等的另外一些不同的方法。像在伦敦的列契沃思(Letchworth)和韦林(Welwyn)的花园城市的例子中所显示的一样——前者是受到霍华德的启发，于 1903 年建立的；后者则是霍华德自己于 1919 年亲自创立的——它证明了这种想法可以适应于各种地形条件，并且变成了 20 世纪思想中的一个重要动力。弗兰克·劳埃德·赖特的“广亩城市”(Broadacre City)就是在这一传统中发展出来的。同样的例子，虽然带有更多对于历史与社会因素的强调，多才多艺的帕特里克·盖迪斯(Patrick Geddes，1854－1932 年)的作品也是这样，如他在敦弗姆里尼城(Dunfermline，1904 年)[182]的平面中所显示的。盖迪斯对于民族的、社会的与历史方面因素的关注，使他得以在圣雄甘地的支持下，为印度的城镇与城市做了一系列的规划，其中最重要的都被选入了他所编著的两册本的著作《着眼于发展的城市规划》(*Town Planning toward City Development*，1918 年)[183] 〔343〕

为了对 19 世纪英国建筑理论的这一概述作一个结论，注意力一方面应该放在一个较后才为人注意的新文艺复兴风格的评价上，另一方面应该对以 18 与 19 世纪建筑与艺术方面的讨论为基础的哲学与理论的原则提供某种分析。当时正担任佛罗伦萨的伯纳德·贝伦森(Bernard Berenson)的秘书兼图书管理员的杰弗里·斯考特(Geoffrey Scott，1884－1929 年)写作了《人文主义建筑》(*The Architecture of Humanism*，1914 年)一书。[184]作者在书的副标题中指出，这是一本关于建筑鉴赏的历史研究著作，这在方法论上是一个非常富有智慧与理解力的研究，建筑在其中被置于一种超出了建筑本身兴趣之外的关注之中。斯考特曾受到希奥多·里普斯(Theodor Lipps，1851－1914 年)移情理论的强烈影响，并将其用之于他的体量、空间、时间与连贯等概念之中。他认为这些概念的表现形式，在古代与文艺复兴的建筑中都可以发现。

斯考特著作的重要性并不主要在于他的思想，以及他对文艺复兴建筑的研究上，而在于他对早期建筑理论的“谬误”的关注上。在他的著作与里普斯的概念之间存在一个解不开的疙瘩，同时，也有一个在历史的体验中为历史风格下定义的问题。从他公开引用维特鲁威的话[以沃顿(Wotton)的表述方式]来看，斯考特是主张对于标准理论的彻底重建的，他的第一项任务就是证明维特鲁威的概念，如“实用、坚固、美观”，每一个都具有其独立性，尽管它们之间存在着相互依赖性，彼此都不能屈尊于对方的独一无二的优势。所有这些都意味着，“美观”必须不能被仅仅看作是“实用”与“坚固”的功能体现，还必须要包含它自己的价值。

斯考特著作中最具有理解力的地方在于他鉴别出了建筑理论中那些靠不住的东西，即那些所使用的术语并非属于建筑的东西。他区分出了分别称之为"浪漫式谬误"、"机械式谬误"、"伦理式谬误"、"生物学式谬误"的四种错误。

斯考特的"浪漫式谬误"指的是建筑在文学联想上过分夸张其辞的态度，例如，特别是在对中世纪的崇拜上，其中有太多象征性的宗教上与政治上的暗示：

> 浪漫主义运动，破坏了现存的建筑传统，同时，也破坏了在这一传统的规则中所感受到的兴趣，代之以一种误解了的中世纪主义，其中再没有任何有价值的规则能够被发现，风格上的灾难，带来了同样的思想上的灾难。[185]

在浪漫式谬误中的另外一个要素，是将自然的道德概念运用于建筑之中——这是对于拉斯金的批评。斯考特认为，艺术被自然所取代，将导致混乱，并且造成"鉴赏力的自我毁灭"。[186]

第二种谬误，即"机械式"的，是一种唯物主义者的态度，将建筑看作是力学法则的产物，其形式是由看得见的结构所确定的。像后来的申克尔（Schinkel）一样，斯考特对于功能主义立场的批评一针见血：

[344]
> 不仅是因为这一定义，即建筑的美是由"好的结构的真实表现"所组成的，并不适用于希腊与中世纪的建筑，也不仅是因为这些彼此矛盾的风格特性受到了如此广泛的欣赏，而是因为这一定义"的的确确"可以应用于许许多多铸铁造成的火车站，可以应用于印刷厂，或者也可以应用于能够恰当满足其功能的任何机器。现在，虽然许多机器可以是非常优美的，但如果被迫承认它们都是美的，那也将是"不足与荒谬"（reductio ad absurdum）的：甚至会更进一步被引到认为它们基本上是比希腊与哥特建筑更优美的观点上去。而如果我们站在这样一个定义的出发点上，这将是我们不得不引出的结论。[187]

斯考特并不否认结构有其自己的需求，但他强调"视觉的效果与结构的需要是各不相同的"[188]，他将钢结构作为一个例子，在其功能的使用上，这是由智慧所知觉到的，与直接的物理实验上，有着明确的区别，他认为它们彼此之间并无联系。

"伦理式"的谬误是将政治与道德上的价值侵入到了历史风格的领域，因而风格不得不在这些价值的基础上表示接受或拒绝。这主要是针对拉斯金与莫里斯的；他挖苦莫里斯是"艺术与民主宣传之间一种如画风格式的混合"[189]，他嘲笑由《乌有乡消息》所代表的典型的中世纪理想主义："我们可以充分怀疑，是否那些曾经激励过哥特工匠们的社会主义乌托邦，在中世纪曾经存在过。"[190]

最后一种谬误，也就是斯考特称之为"生物学式"的，是由将建筑应用在以生长、成熟与衰落的模式为基础的进化论的概念之上。在这里，他批评的目标不是瓦萨里，尽管瓦萨里的历史观是建立在与这一类比相似的基础之上的，他的目标是19世纪的实证主义。他所指的最后一件事情是艺术家的个性仅仅被用来说明某种特殊的进化过程：

> 但是，这无疑是进化的谬误。艺术的价值并不是放置在过程之中的，它是深植在艺术家的个人词语之中的。对于伯鲁乃列斯基而言，并没有伯拉孟特；他的建筑并不是伯拉孟特的未完之作，而是他自己全部心血的结晶。[191]

通过将自己放在与维特鲁威的一边，斯考特恢复了建筑作为一种美学形式的自主地位，以挑战那些将非建筑的标准与价值纳入到讨论之中的恰当性。这本书在实质上不仅是对19世纪所有的建筑理论采取了一种全盘否定的态度，而且对于后来的现代建筑运动中的诸多观点也提出了预先的批评。虽然斯考特本人并不是一位建筑师，也没有提出任何正面的解决办法，这一点使他的分析显得颇为苍白无力。此后的一些批评性著作的作者们，像彼得·柯林斯[Peter Collins，《现代建筑中的思想转换》（Changing Ideals in Modern Architecture，1965年）]和彼得·布莱克[Peter Blake，《走向惨败的形式》（Form Follows Fiasco），1977年][192] 在概念上仍然是由斯考特的"谬误观"所主导着的。

第二十四章　美国：从托马斯·杰弗逊到芝加哥学派

在美国发表的第一篇有关建筑学的论文出版于 1775 年，而这恰好也是美国《独立宣言》发表的前一年。然而，所有这些早期的美国出版物，无一例外地，都是早已在英国出现的出版物的复制本，或是改写本，或者是一些具有实际应用特征的作品。[1] 早期美国建筑的一个显著的特征是欧洲木结构建筑形式的广泛应用，但这些形式却被设想成为是石结构的特征。[2] 在这里所涉及的并不是这一过程，而是这一事实本身，因为这能够使我们证实一种特殊的美国式的建筑方式。

第一位创造这一方式的是托马斯·杰弗逊(Thomas Jefferson，1743 – 1826 年)，他的思想和设计，被看作是一种对于年轻的民主的系统化了的理想与渴望。杰弗逊的解决之道是在公共建筑中运用罗马式的古典主义，而在私人建筑中，采用一种帕拉第奥式的传统。[3] 他并没有留下什么正式的论文，只能从他的自传、信件和他的《弗吉尼亚笔记》(Notes on Virginia，1782 年)中看到一些有关的孤立片断，以及他所系统收集的一些有关建筑的书籍[4]，从这些东西中，我们无疑可以发现一些他思想上的特征。他对于国家性的建筑物投入了特别的关注，曾经邀请一些建筑师，如查理 – 路易·克莱里索(Charles – Louis Clérisseau)和本杰明·亨利·拉特洛布(Benjamin Henry Latrobe)[5] 帮助他实施这些重要的项目，当然，他也自己亲自参与其中的一些工作，特别是在里士满(Richmond)、弗吉尼亚与华盛顿特区的议会大楼或国会大厦的设计中，表现得特别明显。[6]

在他于 1784 年离开美国赴欧洲之前[7]，杰弗逊对于弗吉尼亚州的建筑提出了一个令人难堪的攻击：

> 除了教堂与法院之外，没有其他公共建筑，也没有努力尝试着要将建筑建造得美观优雅。的确，要想实现这样一个目标不是一件容易的事情，一位工人几乎不可能有能力去创造某种秩序。那些建筑天才们似乎为这个国家施加了某种咒语。建筑物常常是由私人建造的，而且造价十分昂贵。但是，赋予建筑以均衡与韵味，不一定需要增加建造的费用，只要改变一下材料与形式的配置，以及建筑物各部分之间的配合就可以了。而这往往要比那些粗陋的装饰，以及建筑为这些装饰所承担的重负，在费用上要低廉得多。但是，首先人们对于艺术的那些原则一无所知，在我们中间也几乎找不到一个范例，其纯洁与完美足以传递出那些建筑原则的思想。[8]

杰弗逊的话是一种基于美学上的表述。

在法国尼姆(Nîmes*)的方形大厦(Maison Carrée)打动了杰弗逊，他主张将其作为在弗吉尼亚的首府里士满(Richmond)的州议会大厦的范例，他在 1786 年的 1 月 26 日写道：

> 在法国南部的尼姆有一座建筑物，称作方形大厦(Maison quarrée)，是在凯撒的时代建立起来的，这无可争议地是尚存的最为完美的，也最为宝贵的古代建筑。其超越了在罗马、希腊，以及在巴尔贝

---

* 尼姆，法国南部一城市。——译者注

克(Baalbec)或帕尔迈拉(Palmyra)的任何建筑的无可置疑的优越性都已经得到了所有人的承认……因而，我决定将这座建筑作为典范，并使它的所有比例得以被公正地观察……⁹

〔346〕　在他写这段话的时候，杰弗逊还没有来到尼姆，他是从克莱里索(Clérisseau)于 1778 年所写的书中，了解了方形大厦的(Maison Carrée)的，这本书是他从作者那里直接得到的。[10]克莱里索随后即被委托进行里士满议会大厦的设计[11]，杰弗逊对这一设计进行了干预，希望将最初的科林斯柱式改变为爱奥尼柱式。他后来在他的自传中描述了这一过程：

> 我想这是一个极好的机会，将一座建筑的范例引进到美国来，是用一种古代人的古典风格，这就是尼姆的方形大厦，一座古代的神殿建筑，这是一座被人们认为现存最为完美的范例，人们可能称之为立方体建筑，我邀请了克莱里索先生，他曾经发表过尼姆的古代建筑图，请他为我用灰泥制作了这座建筑物的一个模型，只是把柱式由科林斯式的改成了爱奥尼式的，这是由于科林斯柱式的柱头制作很困难。[12]

术语"立方体建筑"形成了杰弗逊的古典主义的核心内容。他喜欢将建筑简化到一种基本的几何形式，这使他联想到法国革命建筑师的理论，他在巴黎的时候，曾经见到过这些建筑师。他的这一思想的最重要的结果，是他为弗吉尼亚大学的图书馆所做的设计，即圆顶大厅建筑(Rotunda，1823 – 1825 年)，这座建筑在考古学家卡尔·莱曼(Karl Lehmann)看来，是比它的原型，即罗马的万神庙更好的建筑。[13]最能揭示他希望能够终生从事建筑职业的例子是他为他的蒙特塞罗(Monticello)别墅所做设计的复杂过程，这是一座帕拉第奥式风格的罗马别墅。杰弗逊从来没有把自己的思想看成是在制定某种学术的教条。他是一位在有关希腊与罗马的争论中，站在罗马一边的后起的主要人物，但他对维特鲁威却缺乏关注。希腊所引起他兴趣的不是它的建筑，而是他们有关个人自由的观念，他自己的建筑项目，更多的是来自对于建筑著作的研究，而不是对于实际建筑物的观察。他在他的旅行中有关建筑的笔记，显得枯燥无味。这在很大程度上是因为，杰弗逊作为一名人文主义者，把他对于美国风格的象征这一问题的答案，放在了罗马与帕拉第奥式的模式上，从而为这个国家发展了一种特别严格的古典主义形式。对于美国式的帕拉第奥主义而言，杰弗逊是在知识上最为重要的发言人，这一形式后来通过一些建筑师，如查尔斯·布尔芬奇(Charles Bulfinch)而获得了它的亚当式风格的一些要素。[14]

第一本由一位美国人写的建筑书籍是由阿瑟·本杰明(Asher Benjamin，1773 – 1845 年)所写的《乡村建筑指南》(*The Country Builder's Assistant*，1797 年)。[15]这是一位主要在波士顿工作的建筑师，他写过不下 7 篇建筑方面的论文，在后来的岁月中经常被校订与再版[16]，为美国在这一主题下的写作，打下了一个基础。虽然他大量引用了英国人，如吉布斯(Gibbs)、钱伯斯(Chambers)和尼科尔森(Nicholson)等有关设计书籍中的资料，但本杰明努力将原书中他认为的那些多余的废话消除掉。他的著作与英国作者威廉·帕恩(William Pain)的大对开页的著作可以等量齐观，帕恩的著作曾于 1790 年代在美国重印出版。[17]

本杰明最重要的著作是《美国建筑商必备》(*The American Builder's Companion*，1806 年)，这本书到 1827 年时已经再版了 6 次[18]，书的作者称，由于他是从美国木结构建筑出发的，因而这是"第一本花费了如此长的时间，介绍了一个新的建筑体系"的作品。[19]他断言，欧洲出版的建筑设计书籍，其中三分之二对于美国人没有什么用处："美国人的"意味着要比欧洲人的模式简单、低廉。特别是在柱式的使用上。即使是纯粹的柱式，也没有必要对其礼敬有加："我们不能设想哪一项基本的需求，是与任何特殊的柱式精确关联着的。"他〔347〕也建议，在美国的柱式应该比那些古典柱式比例更为修长，至少在私人住宅中应该是这样，"为了减轻它们沉重的构件，因而也减少了劳动力与材料。"[20]另一方面，在公共建筑中，这种古典建筑的比例规则却应该被保留。

在《美国建筑商必备》一书中本杰明反对发明新的柱式："人们有时试图采用异样的柱式，这其实只会破坏作品的效果，还不会带来任何费用上的缩减。"[21]建筑造价的降低是其考虑的主要因素：例如，他假设说，如果将柱楣线脚的绝对尺寸减下来，就会降低材料的造价，因而，作为一种原则，在所有的柱式中，柱身的长度应该再增加两个柱径长。然而，在他写的《建筑实践》(*Practice of Architecture*，1833 年)中，他提出了一种希腊—多立克式的柱头与塔斯干式的柱基，以及爱奥尼式柱身的组合形式（图版170），这样的结果，其造价仅"在塔斯干柱式与爱奥尼柱式之间。"²²

在《必备》一书的1827年版中，本杰明加了一个附录，详细地给出了希腊复兴建筑的描述。此外，这本书还是一本有关结构与柱式的几何知识的资料性手册，同时，还有一些方案性的草图，如"房屋建造之始"，还有他自己设计的建筑物的图形，所有这些都以作者的实践性态度，并参举实例加以表达："装饰的多样性绝不可过分，在建筑中它们只起辅助性的作用。"²³这个1827年版本的一部分，是从另外一本书中借用来的，这本书就是本杰明于1814年发表的《建筑初步》（*The Rudiments of Architecture*）²⁴。在一个有关美国建筑的独立性的宣言中，他声称："这个国家的建筑风格与大不列颠和其他欧洲国家的建筑是相当地不同……"，随后他又强调了所用建筑材料的差异。²⁵

托马斯·杰弗逊和阿瑟·本杰明两人，各以其自己的方法与层次，重塑并运用他们从欧洲继承而来的柱式，并用这些柱式来表达他们作为一个美国人的自信。然而，直到这时还没有出现他们自己的美国式的建筑美学。事实上，这样一种美学观点的形成与推进远远不是建筑领域的事情——是从先验主义运动中衍生发展而来的。²⁶

先验主义，主要是一场文学运动，兴起于1830年代，其特征是关注审美特性问题，这一问题的讨论，尤其新教主义的学术根源，在很大程度上，是源于德国的理想主义。²⁷这一思想在美国的建筑理论界保持着强大的影响力，一直带进了20世纪。拉尔夫·沃尔多·爱默生（Ralph Waldo Emerson，1803–1882年）和亨利·大卫·梭罗（Henry David Thoreau，1817–1862年），以他们在马萨诸塞州东部的康科德城（Concord）的圈子，发展了一种有机功能主义的自然美学观，这种观点可以用来观察建筑，但却不能引导到一种对称理论。这是爱默生的朋友与他在哈佛的校友，霍雷肖·格里诺（Horatio Greenough，1805–1852年）共同完成的，格里诺是一位其一生的大部分时间都在意大利度过的雕塑家，在那里他师从洛伦佐·巴托里尼（Lorenzo Bartolini）。²⁸虽然，他受联邦政府委托，在首都华盛顿特区的国会大厦从事雕塑工程，作为一个艺术家，他并没有比那种中庸格调的古典主义高出多少，而作为一个理论家，他却获得了相当重要的地位，受到他同时代人的称道。在他去世的时候，爱默生曾在给英国作家卡莱尔（Carlyle）的信中说："英雄的格里诺，一位雕塑家，他的语言机巧灵敏，比他手中的凿子更善于雕琢，他曾为人们激起过希望，却在两个月前，在他47岁的年龄上故去了。"²⁹

格里诺是在意大利的环境下形成他的思想的。在他于1833年在佛罗伦萨遇到爱默生之前，他已经形成了自己的一些基本原则³⁰，因而，他对于爱默生的影响要比爱默生对他的影响大。他的出发点是反对希腊复兴，这反映在他的论文《美国的建筑学》（*American Architecture*）中，这篇文章发表在1843年的《合众国杂志与民主周刊》（*United States Magazine and Democratic Review*）上，转眼间他将自己变成了这个国家的代言人。³¹ 〔348〕

格里诺认为"形成一种建筑的新风格"，是美国人面临的任务。³²他坚持说，现代建筑，应该放弃以往那些重要的规则；新的风格应该直接回到自然的规律中去寻找。为了"寻找结构的伟大原理"，应该去观察"动物的骨骼与皮肤"，这些变化与不同可以被理解为一种美学的源泉。³³生物学上的类比引导他回忆起阿尔伯蒂的话："它（即自然的美）是连续性与和谐的并置，细部服从于各部分的体块，各个部分又服从于整体。"³⁴同时，他反对所有"主观的比例规则"和"主观的鉴赏力法则"：只有在自然的体系当中，"有机的美"才能够被发现。在造船业上他看到了如何将一种与自然类比的原则加以实现："如果我们能将造船业中的一些原则运用到我们的城市建筑中去，我们早就可以创造出像万神庙一样优秀的建筑了。"³⁵这一段话预演了80年以后的勒·柯布西耶在他的《走向新建筑》（*Vers une architecture*）中，煽动性地将汽车与希腊神殿作比较的一幕。

通过反对将建筑物的功能强塞进已有的形式中的做法，格里诺建议从室内的布置中开始，就像从一座建筑物的核中一样，向外发展其平面的布局。如同在法国的传统中一样，他主张从房间的布置向外推进设计，而且，他将这一点看得十分重要："最方便的尺寸与布置组成了建筑物的形体，光线能够被提供，空气也必须是我们所期待的，我们因而有了我们的建筑物的骨骼。而且，除了外面的装束之外，我们有了一切。"³⁶

从而，一种有机的骨骼，外面再套上一层装束的建筑概念，便成了功能主义建筑理论的一个基本特征。房间的布置及其相互联系，这些从实践的观点来说，必须使彼此之间有一定的联系，因此，如格里诺所指出的，需要从外观上表现出来："它们不会忘记诉说它们的关系与用途。"而在一座建筑物与它的基址之间，以及建筑物的室内与室外之间的关系，都会给予这座建筑物以一种"特征和表现"。³⁷格里诺激进的功能主义的美学判断似乎像是 18 世纪法国"个性"理论与从迪朗(Durand)那里继承而来的思想的综合。

格里诺继续他的思想,认为已经在船体、机器和桥梁中得到了解剖学的关系与比例,应该被引入到每一座结构中去。这样做的第一个结果就是,"银行应该有银行的面孔,教堂应该看起来像教堂,不应该让台球室与祈祷堂穿上同样标准的有柱子与山花的外衣。"[38]

一座建立在这些原则之上的建筑应该被描述为是"有机的",也就是说,是"通过满足其使用者的要求而形成的",或者是类"纪念性"的,也就是表达出了同情、信仰和大众爱好,因而可以被理解成既是个人的,〔349〕又是集体的需求的表现形式。"有机"的建筑,在格里诺的定义中,是机器式的,"每一座单独的建筑必须按照它所属的种类而确定其抽象的类型"。[39]气候是一个主要的考虑因素,装饰必须与表现功能的特征相一致。格里诺在他后来的论文《相对的与独立的美》(*Relative and Independent Beauty*)中发展了一种功能的概念,这篇文章是在他去世之前不久写的[40],从中他表达了他对于爱德华·拉西·加比特(Edward Lacy Garbett)的《关于建筑设计原理的基本论述》(*Rudimentary Treatise on the Principles of Design in Architecture*,1849 年)一书的感激之情[41],这本书是 1850 年在伦敦发表的,书中也恰好引用了拉斯金的《建筑七灯》(1849 年)中的观点。加比特对于自然模仿的观点,以及他关于"结构的真实"的思想,都更加强化了格里诺自己的理论见解。加比特的结论是"一旦我们在结构上没有什么新的风格产生,我们在建筑上也会一无所获……一种风格决不会自己生长出来,它不会自己冒出来。我们必须探寻,探寻出一种恰当的途径。"[42]

正是格里诺的毫不掩饰的目标创造了一种建筑的新的民族风格,这是一种与自然平行的风格,并发展出了一种基于自然科学之上的"艺术信条"。他的所有的标准,都是围绕着功能的概念展开的;建筑的美学与伦理的层面,变成了功能的要素:"当我将美定义为对功能的一种许诺时;情节就成为功能的表现;特征就成为功能的记录;我信手拈来的这些正是一些基本的东西。"[43]的确,自然本身被定义为是它的功能的总合,这促使格里诺从肯定的方面表述他的理论,假冒了一种宗教的口吻:"自然的、多层面的、充分的、丰富多样的和谐,在许多方面都是对它那种种功能的反映;而不是上帝的美学赐言所致。"[44]

格里诺意识到他的功能主义,可能会导致一种建筑的"裸体化",但他仍然将之定义为"至关重要"的[45],这意味着断绝与装饰的来往,具有了某种正面的价值。在这一点上,格里诺可能是受到了洛多利(Lodoli)、勒杜(Ledoux)和迪朗(Durand)的影响,他们也是在将装饰从建筑中剥离出来方面,得出了相似的观点。

在格里诺看来,每一种功能,都服从于一种绝对的规则,建筑所能达到的一致性的程度取决于这种规则所给予的"自由或顺从上帝"的程度;这使我们想起了拉斯金的"顺从之灯"。在他的论文《结构与组织》(*Structure and Organization*)中,格里诺甚至将他的功能性原理与上帝创世的原理等同了起来:

> 如果说有什么比任何其他原理都更能够平和而循循善诱地将上帝的作品的结构原则传达出来的话,那就是坚定地将形式适应于功能的原则。我相信色彩,以及那些我们已经发现了其化学原因或彼此联系的东西,在其与形式的有机联系上对形式所起的作用,也不少于形式本身所具有的作用。[46]

在有关美学问题的结论时他得出了一个似乎与阿尔伯蒂相反的观点:

> ……在艺术中,就像在自然中一样,其灵魂是,作品的用途不能不将作品的比例,显露在部分对于整体的顺从上,从而也显露在功能的整体性上。[47]

因此,每一种功能的改进,都是"在表现上、在优雅上、在美观上,或者是在宏伟上,顺着功能的发展的一种进步",美与功能的最优化达成了一致。

格里诺并没有通过暗示,就得出了一个为特殊的功能提供标准的解决之道的概念,因为,"上帝的世界为〔350〕每一种功能确定了一个明确的规则"。[48]经济的规则("一种经济的、廉价的风格"),曾经由迪朗作了表述,在这里被提到一种道德的水准上,从而能够适应这个国家的特征:

> 所有的风格都是最昂贵的!他花费了人们的心思,太多的,非常之多的心思,不知疲倦的钻研,

无休止的试验。风格的简单性，不是一种无知或贫困的简单；这是一种恰如其分的简单，我几乎要说的是，一种正确无误的简单。[49]

格里诺解释他的功能主义观点的基调是道德性的和精神性的，但是，从物质的角度他并没有比他所认识的或从书籍中接触到的一个相当范围的欧洲思想家们更进一步。我们可以假设他已经知道了洛多利和迪朗的理论，例如，他在后来住在罗马的美第奇别墅中的时候，曾经遇到过拉布鲁斯特（Labrouste）。[50]在1839年，在他写给查尔斯·萨默斯（Charles Summers），一位在欧洲旅行的美国律师的信中，还曾询问起申克尔（Schinkel）的情况：

> 如果您有时间，烦劳您告诉我您对建筑师申克尔作品的印象。那将是未来建筑学的萌芽所在。[51]

格里诺严格细致地关注着他眼前的每一件事物。

首先是对爱默生，他不断在自己的著作中引用格里诺的话，因此格里诺应该感激他对自己思想的传播。[52]在1851年12月28日写给爱默生的一封信中，格里诺对他的理论进行了一番总结：

> 这里是我的结构理论。对于空间与形式，按照功能与地段的科学的布置——对各部分的强调对应于其在功能上的重要程度——色彩与装饰是严格按照有机的规则去确定、设置，并加以变化的……我求您在这期间对这尊没有装饰的庄严的人体作出反映……[53]

爱默生是W·H·弗内斯（W. H. Furness）终生的朋友，这位W·H·弗内斯是在费城的建筑师弗兰克·弗内斯（Frank Furness）的父亲，而正是在弗兰克·弗内斯的事务所中，路易斯·沙利文获得了他的第一份工作。因此，在格里诺与芝加哥学派之间有着一种直接的联系。这个学派是建立在格里诺的理论基础之上的[54]，因而，由工程师，如威廉·勒·巴伦·詹尼（William Le Baron Jenney）所设计的建筑，在芝加哥也能够被合理地看作是代表了新的美国式风格，如格里诺所认为的那样。

爱默生和格里诺最后一次在马萨诸塞州的康科德城相遇，是在1852年，也就是格里诺过世的那一年，怀着深深的崇敬，他将他的朋友的性格塑造在了他的著作《英国特征》（*English Traits*）之中，在这本书中他证明了格里诺的思想是领先于拉斯金的。"在佛罗伦萨"，爱默生写道：

> 在那些主要的艺术家当中，我注意到了霍雷肖·格里诺，一位美国雕塑家……他关于建筑的论文，发表于1843年，这比在建筑的道德化思想方面的领袖人物拉斯金要早，尽管他们彼此之间在艺术历史的观点上存在着对立。[55]

爱默生继续引证了前面提到的格里诺1851年12月28日信件的中心内容。

爱默生关于自然法则观念的形成见于他在1836年所写的一篇文章。[56]在这里"适用性"标准起了重要的作用；只是后来，在格里诺的影响下，有机功能的概念成为他的思想的核心部分，如下面从他的著作《生命行为》（*The Conduct of Life*）所引有关"美"的章节： 〔351〕

> 因而，我们在建筑的品鉴中拒绝涂料，以及所有虚假变换的东西，表现出木料原始的纹理；拒绝那些什么也没有支撑的柱子与壁柱，只允许真正的结构物支撑着房屋，使房屋能够诚实地表现自己。每一件必需的或有机的组成部分，使得观察者们感到了愉悦。[57]

像格里诺一样，爱默生对于船舶制造，以及对于动物及它们行走的方式，都贯注了过分的热情。眼睛盯着贺加斯（Hogarth）的作品时，他写道："美在驾驭着狮子。美停留在那些必需之物上。美的线条是最经济的结果。"[58]像在格里诺那里一样，材料的经济性是美学的标准。在他的论文《艺术与批评》（*Art and Criticism*）中， 〔352〕

爱默生写道："在建筑中，美是随着所用材料恰当减少的程度而增加的。"[59]

    爱默生与格里诺观点上最为接近的部分，可以从爱默生的论文《艺术的思想》(*Thought on Art*)中看出来，这篇文章发表在先验主义的期刊《日晷》(*The Dial*，1840 – 1841 年)上：

> 适宜与美如此不可分隔，两者几乎形影不离。最完美的形式只有一个，那就是美……我们感觉得到，在观察一座高尚的建筑物时，它的韵律优雅，就像我们听到一曲美妙的音乐，这是一种精神的有机体，那就是，在自然中那是一种必需之物，作为存在，那是上帝心目中的可能形式之一，是现在惟一被艺术家所发现并实现的形式，而不是艺术家的随心所欲之作。[60]

    一位远比爱默生和格里诺更为关键的思想者——因为它们两人都没有涉及到在建筑中传统的作用，以及在纪念性建筑中所表达的公共价值的问题——是梭罗(Thoreau)，他事实上对于住宅建筑进行了定义，对在住宅建筑中的纪念性功能提出了反对。当爱默生将上面提到的格里诺给他的信让梭罗过目的时候，梭罗反应敏锐，并在 1852 年 1 月 11 日的日记中写道：

> 爱默生昨天将格里诺给他的一封信让我看，这位关注建筑问题的雕塑家，是爱默生很喜欢的人物……但是，对于格里诺，我觉得他像一位业余爱好者……我现在所看到的建筑美，我知道是逐渐由内向外生长出来的，是居住者与建造者的个性与需求的外露形式，甚至不需要考虑一点点装饰的问题……这个国家最美的房子是丛林中樵夫的棚舍，同样美丽的是那些郊区市民们的方盒子，在那里居住者的生活与这里的想像同样简单而协调一致。[61]

    这种简单的生活，梭罗在马萨诸塞州的乡下曾经体验过，他在那里有一座自己建造的小棚屋。《瓦尔登湖》(*Walden*，1854 年)一书就是他对在那里的体验的一种描述[62]，在以"经济实惠"为题的一章中，他重复了在上面日记中所写的话。[63]他请求将建筑减少到服务于基本的需求即可，建议了一种最为简单的美国式风格，像格里诺或其他人一样，他也将自己引导到了船舶制造上来了。在关于现代美国住宅问题上，他在他的论文"科德角"(*Cape Cod*)中写道：

> 我称它们是美国式的，因为它们是由美国人花了钱的，是由美国的木匠们"搭造起来"的；但是，它们并没有比木材改变多少……或许我们要为我们的造船学感到骄傲，我们不需要去希腊，或是哥特，或是意大利，去为这些舰船寻找模式与范例。[64]

    像格里诺和爱默生一样，梭罗把自己想像成了审美的布道者。他认为历史上的纪念性建筑是粗俗的。"考虑到纽约建筑的美"，他在日记中写道，"在这些建筑与巴尔贝克的神殿之间，在材料上没有很大的不同，——然而一种粗陋的装饰却使得它变得粗俗。"[65]建筑不应该去寻求民族价值的表现："不是在他们的建筑中，而是被他们抽象的思想中，一个民族才能够寻找到对自己的纪念。"[66]对于梭罗来说，真正的美国建筑应该是能够满足在那里生存与生活的人们的需求的建筑物。

    像梭罗在围绕瓦尔登湖(Walden Pond)的森林中一样，顺着个人的体验，一种社区性的互助式生活经验被尝试，并且在建筑中找到了直接的表现。这些人中的许多人，都将其根深植在宗教运动的或社会主义的范式之中，许多宗教派系或乌托邦的组织也正是在 18 世纪晚期或 19 世纪早期，将他们的思想在美国而不是欧洲付之于实践。[67]例如，小说家纳塔尼尔·霍桑(Nathaniel Hawthorne)是马萨诸塞州康科德城的先验主义者的圈中人物，他在小说《福谷传奇》(*The Blithedale Romance*，1852 年)中写到了自己在布鲁克农场的社会主义者的社团中的亲身体验，并且提到他已经在印第安纳州的"新协和村"(New Harmony, Indiana)进行了罗伯特·欧文的实验(见第 23 章)。

    这些宗教派系或运动的思想常常可以在建筑的表现上发现[68]，最显著的可以见之于震颤派教徒(Shakers)，他们是英国震颤派教徒(Quakers)的后裔[69]，在他们的法规中，为他们的建筑，及每日的生活用品，制定了精确的指导。这些指导在 1821 年的《千禧年法规》（*Millennial Laws*）中被制定成了表格。[70]按照圣女安丽（Mother Ann Lee），即震颤派的创始人的说法，千禧年已经开始，她的社团是与新耶路撒冷最终将变为现实相关的。《千禧年法规》明确规定了所有建筑平面的正确角度，即使是禁区之路（forbidding path）也不能按照矩形布置，或者肉与面包不能切成直角的形状，也不能是正方的形体。房屋的平面是与需求的表达相一致的，而且也是十分经济的，几乎没有任何装饰。艺术按照传统的理解而被认为是荒谬的。公共的需求导致了功能性的设计。这个教派独自祈祷的习惯，产生了一种二元的规划原则，其结果是，在有两个门和两个楼梯的情况下，还要坚持一种普遍的统一。美，对于震颤派教徒们而言，就是从简单性与功能性中来的。第一个有关建筑的条款，在《千禧年法规》的第 9 章：

> 1. 那些珠串、线脚和檐口，仅仅用来作为好看的东西不是我们信徒所应该做的。
> 2. 那些古怪的和想像的建筑风格，不应该出现在信徒们中间，也不应该使我们信徒的房屋与建筑的一般风格相差太远，从而失去我们整体上的统一性。[71]

下面的精确指导是用于建筑物的室内与室外的色彩上的，而且，这些规则不仅针对他们如何使用所生产的产品，也针对他们的产品本身及其销售。

> 任何好看的东西，那些有着多余修饰的东西，有边缘经过修剪的或经过装饰了的，都不适于我们信徒……
> 信徒们在任何情况下都不应该生产和销售任何经过多余的精致修饰的产品，因为这会纵容人们的骄傲与空虚，这一类的东西，也不应该在他们中间使用，因为这是多余而奢侈之物。[72]

震颤派教徒们的建筑与产品，特别是他们的家具，经常被解释成——以一种辩解的口吻——是功能至上主义的。[73]在这一教派早期的殖民地上——瓦特维莱特（Watervliet，建立于 1775 年）和黎巴嫩山（Mount Lebanon，1779 年），两者都在纽约州，和马萨诸塞州的汉考克（Hancock，1790 年）——与之紧相毗邻的地方兴起了康科德城，先验主义的中心，这不能说只是一种巧合。除了他们所信奉的教条上的不同之外，震颤派与先验主义在涉及相关建筑的思想时，两者之间的观点是十分接近的。其他教派，如摩门派（Mormons），保持着与美国本土在建筑上的一致性，也保持了他们的居住聚落的网格式平面布局方式，但是他们却从来不涉及理论问题。[74] 〔353〕

简单性、经济性、功能性，减少甚至完全放弃装饰：这些就是这种在美国的建筑理论的主要特征，这些要素，以及对于表达他们的理想和这个年轻的民主国家的渴望之风格的追求，对于在 19 世纪下半叶所出现的理论产生了重要的影响。但是，无论是格里诺，或先验主义者对于理论问题的可能推进；也无论那些教派，如震颤派将他们的思想变成实在的现实，美国建筑每一天都是被笼罩在欧洲的模式与设计的阴影之下。即使是像阿瑟·本杰明，以其将古典主义的模式适应于美国用途的努力，也丝毫改变不了这一情势。

因而，对于费城的建筑师萨缪尔·斯隆（Samuel Sloan，1815–1884 年）来说，仍然有可能在后来的 1852 年声称："美国人的建筑作品在数量上微乎其微，关于美国建筑的著作还没有写出来。"[75]这一句话，是他的《模式建筑师》（*The Model Architect*）的结束部分中所写的，这是一本斯隆所发表的影响最大的包括那一时期建筑的历史方法与典型实例的设计性专著。其中包括有各种风格与各种类型建筑的外观、平面与细部，但其主要的关注点还是在乡村住宅上。这本书中也包括了材料的描述与造价的估算。但是，这本书特别使我们感兴趣的，是那些偶然插进来的有关风格、类型、材料和其他一般性问题方面的段落。斯隆计划所写的，也正是他实际所写的，是一部"有点商业味道的有关农舍与乡村住宅方面的书"[76]，但是，他在书中对他的方案进行了解释，并为读者——他自己以及其他建筑师心目中的客户——提供了解决各种建筑理论与历史问题的指导。

斯隆所展示的是法国塞利奥与勒米埃（Le Muet）传统中的，"从最卑微的农舍到最高贵的大厦"[77]的设计，他的主要目的是为了提高美国人的审美品位。他关于建筑的观念完全是惯常的：

> 平面应该适于用途，外观应该与地方建筑相一致，部分应该与整体一致协调，装饰的恰当使用，

对于满足有教养的人在审美趣味上的要求是必不可少的。[78]

关于建筑对于景观的依赖问题，对于他来说是一个民族特征问题，也是质量的一个基本标准。[79]

斯隆要求建筑师应该有广泛的实践与技术知识，同时"要彻底地满足社会的需求"，设计应该通过功能及技术问题的解决来推进，在最后几乎所有的风格都同样是具有优点的，也都同样是可以接受的。他将设计的过程描述如下：

[354]
> 对于热、通风、光的接纳，也会造成一些困难。这些都被成功地克服了，接下来的问题就是如何采纳一种风格。在这样做的时候，平面的特殊性、地方的特点，以及房屋的用途，都是应该考虑的。[80]

风格的选择问题，在他的观点中，只能是历史的风格，虽然"采用美国的爱好与美国的习惯"，是由民族特征或鉴赏力所决定的，这一点在他们就变成了地理因素方面的条件了。如果一个人希望在风格问题上求助于历史，斯隆确实也能够为独立自主的美国建筑发展出一种标准来。然而，他自己的设计却与他的思想没有太多的关联。

几年以后，卡尔弗特·沃克斯(Calvert Vaux，1824－1895年)，一位土生土长的英国人，主要以景观园林设计师而闻名，他在他的著作《别墅与农舍》(*Villas and Cottages*，1857年)[81]中，打破了这种与旧的风格的联系，他的这本书在一定程度上是安德鲁·杰克逊·唐宁(Andrew Jackson Downing，1815－1852年)的著作的继续。[82]沃克斯著作的范围事实上与斯隆的是相同的，但是，他的目标是写一本通俗的、便宜的书——这一点，从书的无数次重印中可以看出，他是十分成功的。书前的很长的导言，是与斯隆一样的许诺，但是，沃克斯对于他的思想的解释更清晰也更逻辑。像所有他的同时代人一样，他为他的国家的可怜的建筑标准而悲哀，并从各个角度上考虑"美国特性"的问题，他为这一特性所提出的标准有一点出于民族感，也有出于对自然景观与建筑的热爱。可以注意到，他所提出的目标是为了提供"某种值得花钱的东西"[83]，下面的话表达了他的一些基本观点：

> 的确，一个简单的、平面布置恰当的结构，从所获得的居住条件看，比起设计较差的房屋，在施工中的花费要小，事实上它是彼此一致和有效的，此外，不依赖于任何添加在那些有用的、必需的，彼此组合在一起的形式之上的装饰，但是，在这些形式本身的布置上，它们彼此可能是相互平衡的，这一点又要求有和谐的比例，适宜，及与视觉的变化相一致，并通过眼睛直达心灵的，令人愉悦的思想。[84]

沃克斯主要将建筑看作是功能性的，他的功能主义有其自己的美学特征。但是，他比斯隆将更大的重要性加在了建筑的社会根源上：

> 建筑的历史令人信服地描绘了建筑所服务于的人们的社会历史……因此，我们必须记得，行动的、感觉的、信任的、思想习惯的、风俗的等等原则，是所有建筑设计的指南……这种好的建筑一定会在任何对自然与真理充满热爱的社会中生长繁育出来。[85]

而从民族的角度来说：

> 一个经过提炼的适宜和简单，并且造价低廉，造型优雅，习惯上应该是在自由的美国居住的每一个居民的突出的标志。[86]

在他拒绝为美国建筑采用任何历史风格问题上，沃克斯向爱默生寻求支持——也包括格里诺——虽然在具体地如何体现实际的、经济的、可以识别的美国建筑的背景上又是与他们相对立的。在下面这段话中，他反对一般性的历史方法，而且特别反对希腊复兴建筑：

> 其他国家所作的研究，虽然可以用来作为一种帮助，但却不能为美国带来太多的结果，因为这里的情况，气候的条件，人们的习惯，都有显著不同的特点，因而需要有特别的考虑，这在乡村建筑中表现得特别明显。因此，那些希腊的模式……既不会在美国的氛围中，也不会在这个火车的时代里激起人们的热情。其结果就是，没有什么模仿希腊建筑的努力能够对人们有所帮助，在很大程度上，那只是一些毫无生气的赝品。[87] 〔355〕

他所提供的 39 座乡间住宅都是一些有着"舒适的平面布置，令人愉快的设计，和很好的结构"的作品[88]——明确地表现了他对于维特鲁威的坚固、实用与美观三原则所作的回应。然而，沃克斯没有将建筑完全看成是一种功能主义的、简单的、经济的，等等，而是寻求像"个性与表现"一类的性质。[89]沃克斯引出了"建筑话语"(architecture parlante)的概念，如他坚持门不仅仅是一个入口，而且也是"其作为遮护用途的一个表现"，因而，提供了一个门廊的形式。[90]他的设计并不像斯隆一样是基于历史风格的，但也不像震颤派教徒的住宅那样有着极端的功能性经济的考虑。他的倾向是，将建筑表现为"如画风格"的，美国人通常称之为"涂抹风格"，因其所用的材料是最为普通的。

经过谨慎而细致地表达，沃克斯的《别墅与农舍》一书可以说是 19 世纪中叶内容最为充实的论著，但是，在其后的数十年中，占主导地位的仍然是像斯隆的"维多利亚式"的手册类书籍，不同的是，这类书现在几乎都是以解释性的文字为主。例如，像纽约出版商阿莫斯·杰克逊·比克奈尔(Amos Jackson Bicknell)所出的那些书，其中包括所有可能想到的风格实例，以用来满足各种不同的口味。[91]比克奈尔出版的《村社建造者》(The Village Builder，1870 年)先后再版了 7 次，最后一次还增加了一个附录[92]，以及为建造者节约一些建筑设计费用的实用资料，还包括一些建筑承包商与客户之间合同的样本，其中甚至包括一些单个工人手工活计的合约术语。关于建造估价的方法也提供了出来。这本书实质上是一本目录性的手册书，任何人都可以根据自己拟定的费用选择某种折中式的设计，并委托施工。在书的引言中，比克奈尔声称这本书"比任何以前的类似书籍，都更适合北方人、南方人、西部人与东部人的需要。"在这里建筑学将房屋变成了一种能够适应任何客户的选择与爱好变化的一般性商品——甚至包括法院与教堂建筑。一时间，诸如此类的手册书，如"涂抹风格"(stick style)的、"安尼女王风格"(Queen Anna *)的，"木板瓦风格"(shingle style)等等，充斥了坊间。

与理论讨论有关的论述，在拉斯金和维奥莱 - 勒 - 迪克的影响下，在方向上有所转变，而且主要见之于建筑期刊上，有关这一时期论文的最好综述见于文森特·斯库勒(Vincent J. Scully)的著作《涂抹风格与木板瓦风格》(The Shingle and the Stick Style，1955 年)。[93]这种脱离自治的美国本土风格的趋势，是那些远赴欧洲取经的建筑学子们的自我展现，其中最重要的是巴黎美术学院(Ecole des Beaux - Arts in Paris)，这所学校对新成立的美国建筑院校产生了强烈的影响，在几十年的时间里，美国留学生都是这所学校海外学生中的大多数。理查德·莫里斯·亨特(Richard Morris Hunt)于 1846 年进入了巴黎美术学院，随后入学的是亨利·霍布森·理查森(Henry Hobson Richardson)、查尔斯·弗仑·麦金(Charles Follen McKim)和其他许多人，其中包括路易斯·亨利·沙利文(Louis Henry Sullivan)。[94]随着这种关系在这个世纪的后半叶的进一步加强[95]，美国内陆城市的建筑也越来越受到巴黎美术学院的影响，然而，在美国的乡村，以及城市郊区，自治式的美国风格仍然在继续发展着。将这种美国式的传统与巴黎美术学院的思想整合在一起的最重要人物是理查森(1838 - 1886 年)，他也反过来对于欧洲 〔356〕产生了明显的影响。[96]理查森最伟大的作品是位于芝加哥的马歇尔·菲尔德的批发商场(Marshall Field Wholesale Store，1885 - 1887 年)，这座商场建筑的骨架完全是铸铁结构的，被认为是芝加哥学派的第一件作品。

芝加哥学派不仅在美国建筑历史上，而且在 19 世纪最后 30 年的世界建筑史中，都占有一个中心的地位。[97]在这一时期，这些建筑师所追随的是格里诺和先验主义者的思想，这些思想一直没有在实际建筑中得到充分而恰当的表现。

---

*1) 受荷兰影响起源于英国的一种家具风格为特征的，尤以 18 世纪前半叶以装饰、镶嵌细工、东方织物的广泛使用为标志； 2) 指 18 世纪早期英国的一种建筑风格特征，对古典装饰进行改革、在装饰浮雕处使用红砖。——译者注

在 1870 年代芝加哥的建筑事业的突然勃兴，受到了两个方面因素的外来刺激。一个是 1871 年的大火，这次大火几乎将整座城市摧毁；另外一个方面是这座城市在人口、工业与商业上的迅速膨胀。在新建筑发展方面的一个关键人物是威廉·勒·巴伦·詹尼(William Le Baron Jenney, 1832－1907 年)，他是一位马萨诸塞州人，从 1853 年至 1856 年，在巴黎工业与艺术中央学院(Ecole Centrale des Arts et Manufactures in Paris)学习工程学。他是第一位铸铁框架结构的设计者，并为了在建筑物的外部展示结构骨架而作过有意义的尝试。[98]他在结构上的理性主义，令人想起了当时正在法国流行的工程师美学。正是在詹尼的事务所里，一些人像沙利文、霍拉伯德(Holabird)和伯纳姆(Burnham)等，在这里做半时的工作，而这些人也正是芝加哥学派的组成人员。詹尼的建筑物，大部分没有装饰，因而与格里诺所主张的建筑风格十分接近。

在理论方面有两个人的著作是代表了芝加哥学派的最早的论著，这两个人的设计作品也同样是芝加哥学派中最重要的成就，他们就是路易斯·亨利·沙利文和约翰·威尔伯恩·路特(John Wellborn Root)。

仅仅是在最近一些年中，作为一位现代功能主义和新客观主义(neue Sachlichkeit)先驱者的沙利文(1856－1924 年)[99]的形象，才开始让位于他更为准确的作为一位沉浸在美国浪漫主义传统中的人物形象。[100]他的复杂性以及高度个性化的建筑理论，是由多种因素组成的——美国先验主义、德国理想主义、斯韦登堡(Swedenborg, 1688－1772 年*)的见神论思想，以及巴黎美术学院——他曾于 1874－1875 年在那里学习——的理性主义思想。[101]他作为建筑师最为成功的时期是 1883－1895 年，这也是他与他的合伙人丹克马尔·阿德勒(Dankmar Adler)，公司的经理，及公司背后的决策人，保持一致的时期。这一时期沙利文将自己主要定位在立面与装饰细部设计上。[102]

[357] 沙利文的理论著述从 1885 年一直延续到他于 1924 年去世，从而形成了一个连贯统一的整体，虽然他并不是一位有着完整体系的思想者。[103]他那情绪化的富于描绘性的文笔使得他的思想不容易被人们所理解，而这在很大程度上是从尼采(Nietzsche)那里学来的。较为典型的是他 1886 年所写的《灵感随笔》(Essay on Inspiration)[104]，这是一种散文诗歌式的笔体，综合了世界上的如德国理想主义等思想，语言特点又有点像沃尔特·惠特曼(Walt Whitman)。沙利文第一次与德国理想主义接触是通过约翰·埃德尔曼(John Edelman)，一位同是在詹尼的事务所里工作的德国人，他的"浓缩功能理论"——关于这一点可以从他的自传中看得到——大大启发了沙利文，其得出的结论是"人的世界开始假设一种形式的，或功能的外表。"[105]我们可以回忆的起来，沙利文曾经于 1873 年在费城的弗内斯(Furness)事务所工作过一个短暂的时间，而弗内斯与爱默生有着直接的交往，因此通过他，沙利文有可能熟悉格里诺的思想。然而，沙利文在他的著作中没有提到过格里诺的名字。

沙利文的自传是关于他的建筑思想的一种重要的资料来源，这篇东西在时间上较滞后一些(1922－1923 年)，这意味着我们会觉得它过于文学化。在回忆他的合伙人阿德勒时，他带有一点自我描绘地以第三人称的身份写道，他经过长时间的孕育，终于找到了实现自己梦想的目标，那就是：

> 创造一种适宜于其功能的建筑——是以一种以经过很好定义的使用需求为基础的现实的建筑——所有与使用有关的需求都变成了规划与设计的极其重要的基础……[106]

所有的建筑都必须被理解为是可塑的，所有传统的束缚都应该被消除，从而使建筑能够服务于一个有判断力的用途，而不再是被强加上去的。然后，他得出了一个重要的结论：

> 在这样一种思想的指导下，形式在他(即沙利文)的手下从各种需要中自然地生长出来，非常坦率地、新鲜地表现它们自己。这意味着……经过对于生活事物长时间的沉思冥想，他推导出了一个公式，这就是"形式追随功能"(form follows function)。[107]

对沙利文来说，功能的概念居于了中心的地位。他注意到生活中的所有东西都是功能的表现形式，每一种功能创造了他自己的形式。[108]功能在自然界是生命的"动力"。对于建筑学来说，这意味着建筑物的功能必须

---

*瑞典科学家，神秘主义者和宗教哲学家。——译者注

决定它的组织与形式。但是，这种功能被定义为是"人的思想和行为的应用；是他的内在的力量，以及将这些力量，包括精神的、道德的、物理的力量，应用于其中的结果……"[109]这是一条没有例外的铁的规则。在《启蒙对白》(Kindergarten Chats)中，他更尖锐地重复了这一点："……外观与内在的用途是相像的……形式，如橡树的树形，所模仿与表现的就是其用途与功能——橡树。"[110]好的建筑必须对应于它的功能，在外观上表达它，不仅是整体上，而且是细部上的表达——然后，它就会变得"有机"了。

沙利文关于功能的概念，也有它的社会根源。"关于功能与形式问题，"他在《启蒙对白》中写道，"对您来说一定是十分清楚的，比如，民主作为一种功能，要在有组织的社会形式中寻找其表现方式。"[111]因此，对于美国的本土风格的问题，有一个现成的答案："一种特定的功能，朝气蓬勃的民主政治，在寻找一种特定的表现形式，而民主的建筑，无疑会找到自己特有的形式。"[112]因此，"这种形式，美国建筑的形式，将意味着，如果它要表达什么意义的话，那就是——美国人的生活。"[113]在沙利文的遗稿中，我们可以找到许多有关民主话题的手稿。[114]

对于沙利文来说，是自然的、社会的和知识的因素，即人类需求的总和，构成了决定建筑形式的功能。技术与结构的层面，是作为背景性的东西，仅仅在文中提到而已。沙利文所关注的是使用建筑的形式去表现人的功能与需求，而不是结构的规则。从一个功能主义者的，或技术性感觉的角度去解释他的公式"形式服从功能"显然是错误的，因为他的功能的概念是浪漫主义的，而且是彻头彻尾地美国式的。

在他与阿德勒解除了合伙人的关系之后一年，沙利文将他关于功能的概念，在一篇与最为美国化的建筑摩天大楼有关的文章中作了详细的阐述[115]，在这里他赋予摩天大楼诸如：竖向三段划分、明快轻盈、"高耸、荣耀的力量感与志满意得的骄傲感"的特征。同一年，阿德勒在一篇《钢结构和平板玻璃在风格上的影响》(The Influence of Steel Construction and Plate Glass upon Style，1896年)[116]的文章中，对沙利文提出的问题作了回答，这篇文章鼓吹一种以材料与结构为基础的功能概念，而这一点沙利文也常常是赞同的。阿德勒的观点是，新的结构选择自然会产生新的风格形式，关于这一观点的一个特别理直气壮的解释见于奥古斯特·舒瓦西(Auguste Choisy)的《建筑历史》(Histoire de l'architecture)一书，发表于1899年。阿德勒反对历史相对主义，但他也不同意沙利文的观点，他写道： 〔358〕

> 我们仍然在进一步祈求能够被允许在创造与见证另外一个新的时代的建筑设计上的参与的特权，这一建筑的形式与风格将建立在对钢柱、钢梁和清晰的平板玻璃，以及电灯与机械升降的发现的基础之上的，所有这些都贡献给了，对由更加紧张的现代生活、经过改进的人与人之间、或地方与地方之间的交流方式所创造的，或希望创造的功能的服务。[117]

钢、玻璃和技术对于阿德勒来说，是一种新的美国式风格的主要因素——"我们对于新世界的建筑的贡献，是新的钢、电力与科学进步的时代。"[118]运用一个有关功能的技术概念，他引入了关于不断地改变着的历史情势的要素，一个他称为"环境"的因素，从而他重塑了沙利文的公式为"功能与环境决定了形式。"阿德勒是一个更为现代的，也比沙利文在思想上更重实际的人。在他看来，是钢构架的充填与饰面为艺术处理提供了一个适当的领域："在这些充填与饰面中，我们为艺术的处理找到了一种媒介，这种媒介只能被用来适应于其'形式'与'功能'。"[119]这是从他们共同合作的建筑物中，对于沙利文所起作用的相当明显的转移，而这也许就是两个人最终分道扬镳的深层次原因。在1900年阿德勒去世之后，因为只留下了他一个人，沙利文没有能够承接任何真正重要的建筑物，只有在芝加哥的卡尔逊·皮利·斯科特(Carson Pirie Scott)商店是一个例外。在还与沙利文是合伙人的时候，阿德勒曾于1891年写过一篇短文，题目是关于摩天大楼的。在这篇文章中，他附有精确的细部和说明，这种高层建筑，当时正在受到阻碍[120]，因此，他希望的结果是制定一个城区法案，这一法案直到1916年以后才得以通过(图版171)。同一年，因为是高层建筑的原因而受挫的阿德勒与沙利文合作设计的兄弟会大厦，也得以发表，但这座建筑最终也没有实施。在1892年的一篇标题为《高层建筑的采光》(Light in Tall Office Buildings)文章中，阿德勒自己也承认，他喜欢那个没有被采纳的方案。[121]

如上面所说，沙利文的主要活动范围是为他的合伙人阿德勒配合作装饰设计，因此，建筑与装饰之间的关系在他一生中都是萦绕心怀的问题。装饰的重要性，如他在自传中所写的，是他在孩提时代就常常关注的事情。他是站在自然及其影响的因果关系的角度去观察装饰问题的，在其中存在着某种明显的力量。生物的生长与力量的发展的相互类比是沙利文的思想中心所在。他将建筑理解成一种直接的心理意义上的活的语言。他说在他的孩提时代："房子常常会对路易斯·沙利文说些悄悄话。有时候说些粗俗的事情，有时候说些严肃的事情，有时候说些华而不实的事情，但却从来不对他说那些高尚的事情。"[122]这些将他置于了心理学的"建筑话语"的传统之中，如在18世纪尼古拉·勒加缪·德梅齐埃(Nicolas Le Camus de Mézières)的极端情况中所看到的。

〔359〕 沙利文的重要论文《建筑中的装饰》(*Ornament in Architecture*，1892年)[123]提出了一个观点，即建筑可以不需要装饰，仅仅通过体量与比例本身而造成一种效果：装饰是一种智力的奢侈，而不是一种必需。因此："我们应该在一些年里完全制止装饰的使用，从而使我们的思想能够全力以赴地集中在建筑物的良好造型上，使建筑脱落成一个清秀的裸体。"[124]这已经十分接近格里诺所说的"裸体式"建筑。这些话写在1893年的芝加哥世界博览会的前一年，这次博览会通过其巴黎美术学院(Beaux-Arts)传统阵营的历史主义，诅咒了芝加哥学派的覆灭。在他的自传中，沙利文不无悲哀地写道：

> 被世界博览会所造成的破坏，从其开始那一天，将会延续半个世纪，如果不会更长的话。……它深深地刺进了美国建筑的心脏……现在是无以数计的折中主义大行其道的时候，风格与韵味露出了胜利的笑容，但却没有了建筑。对于建筑来说，如人们所看到的，已经死亡。[125]

在世界博览会期间，阿道夫·路斯也在芝加哥，他的文章《装饰就是罪恶》(*Ornament und Verbrechen*，1908年)将沙利文的观点推到了荒谬的极端。

对于沙利文来说，装饰是一种具有原理性的活跃因素——"一尊理想雕像的外衣"，如他所称之为的——在建筑中既是可以期待的，也是十分重要的。它应该在功能与形式的有机原则之上生根发芽，然后它将会表现它们。这一生长的逻辑过程的结果，必须要在对于功能的特殊考虑中加以把握，就像对待建筑物的形式一样。它必须是每一具体的个体，而不应该是不可改变的，或者是和外观成为两层皮的，然而，看起来就好像"它是从非常基本的材料中来的，就如同花是从它植物母体的叶子中生长出来的一样恰如其分。"[126]

沙利文关于有机装饰原理的最充分阐释，见于他的著作《以人的力量的哲学为基础的建筑装饰体系》(*A System of Architectural Ornament According with a Philosophy of Man's Powers*，1924年)[127]他站在斯韦登堡自然二元论概念的立场上[128]，发展出了一套基于形式基础之上的有机的(胚胎的)和无机的(几何的)装饰语法(图版172)，在其中通过区分与扩张的重叠，人的力量将其自身显示在这"称之为建筑装饰的，对于一种特殊的形式施加的活动"的行为之上。[129]这样一种有机与无机的综合使他归纳出了"在过程中知觉到的五角形"[130]，通过这个短语我们能够辨识在他的建筑中发现的各种装饰。这一装饰形式起源的理论与拉斯金在《威尼斯之石》(图版167)中的"哥特的特征"一节中有关装饰的思想是平行的。

沙利文实施了他的装饰思想，甚至在他的高层建筑中也应用在全部的外观中，他后来的几座建筑物本身就成为了规则，但与他观念中的有机性还相差很远，因为其中应用了相当一些来自维奥莱-勒-迪克和伊斯兰建筑中的东西。[131]这也是为什么他的装饰思想对于今日而言，似乎只具有时代特性，同时，也是为什么他的同时代人也认为他那些装饰是属于伊斯兰主义的或新艺术运动的。[132]事实上，他是与19世纪浪漫主义者的传统太接近了，无论作为一名建筑师还是作为一位理论家都是如此，以至于人们并没有把他看成是现代建筑运动的真正先驱——他所起的作用无论如何在今日也没有引起人们太多的崇敬。

与沙利文无论在目标上还是在其与先验主义思想的联系上都十分相似的是作曲家查尔斯·艾夫斯(Charles Ives，1874-1954年)，他在寻找音乐中的美国风格，他试图表现沙利文所定义的关于功能的复杂概念。在艾夫斯著作中的某些章节，读起来就像是沙利文的自传，例如，他将钢琴奏鸣曲第二号标志为"和谐，体积。1840-1860"，这首曲子创作于1909-1915年。[133]人们可能会将艾夫斯的音乐主题与沙利文的装饰语言加以比较。

〔360〕

约翰·威尔伯恩·路特(John Wellborn Root，1850-1891年)[134]，比沙利文年长几岁，1873年时，他们两人一起，曾与丹尼尔·伯纳姆(Daniel Burnham)做合伙人，伯纳姆曾是沙利文与阿德勒的竞争对手。由于在文学、音乐与建筑上的共同兴趣，路特与沙利文成为了好朋友，但彼此之间也出现了一些相互的妒嫉，这一点可以从沙利文的文字中看出来："从建筑上来说，约翰·路特的狂躁症就在于一会儿先做这个，或者又做那个，或者另一个。"[135]路特不断地在评论中用了同样或相似的话题来描述沙利文[136]，文章主要在 1883 年和 1891 年间，那一年也正是他辞世的一年。因而，比后来沙利文相当重要的一个时期的文章早了一些时间。由路特事先所作出的评述可能得到了相当的验证，但是，关于两个人的关系问题则需要进一步的资料验证才可。路特，因为偶然的原因，他懂德语，可能也曾用其知识为沙利文提供了帮助。在 1889 年和 1890 年的期刊《内陆建筑师》（*Inland Architect*）上发表的摘录，就是他从森佩尔（Semper）的《技术与建构艺术中的风格》（*Der Stil in den technischen und tektonischen künsten**）中翻译而来的。[137]

路特的文章《建筑装饰》（*Architectural Ornamentation*，1885 年）[138]读起来像是对沙利文关于装饰方面的观点一个预先的批评，其立场与阿德勒十分接近，路特于 1886 年继阿德勒之后担任西部建筑师协会（Western Association of Architects）的主席。装饰，路特说，不需服从于建筑的结构，可见的结构与装饰元素一定会是相互冲突的："将结构性的特征用于装饰性的用途时造成的冲突是最大的，用装饰的特征去表现结构的功能也是一样……。"[139]

装饰一定不要去遮掩结构，也不必假装有什么功能。因此，一根柱子，作为一个基本的结构元素，应该仅仅被用来承载构件，其用于装饰的作用应该降到最小，如果不是完全没有的话，因为"在一座大型建筑中使用一根并不是主要用来支撑荷载的柱子将是建筑中最大的犯罪。"[140]（路特反复地在建筑中使用"罪恶"这个词，很可能这正是阿道夫·路斯思想的所赖以产生之根。）

> 至于装饰的作用，首先，是顺从。绝不应该将装饰用来掩盖建筑的轮廓线，或遮掩那些更基本、更本质的特征。绝不能用装饰取代结构中那些至关紧要的部分。[141]

路特将其作用定义为是"非必需"的装饰，是服务于"优雅"的，"首先应该避免抵触，然后才是赋予愉悦"。装饰的形式取决于观察者，对他来说就意味着要求助于建筑的功能；在密集的令人窒息的办公楼群中讲究装饰问题，就像是在芝加哥闹市中心拥挤的交通流中赋诗作画。路特认为，装饰能够在一定程度上赋予建筑以韵律或重音符，这一点与拉斯金的观点有着特别的关联，但是所有的结构与装饰在它们表达"自然创造的有机性"时，应该是一致的。这一点导致他去区分大建筑物与小建筑物：

> 一般说来……那些最简单地布置的东西，不仅那些有特征地装饰处理，而且那些装饰本身，都是最适合于大型建筑物的，而那些更为错综复杂、细致繁缛的装饰，则最适合较小的建筑物。[142]

他强调装饰的统一性，对使用那种折中主义的东拼西凑的方式提出了抨击。在采用多彩色的问题上，他得出了一个相似的结论，基于他关于自然的观点，主张大体量的形式倾向于单一色彩的，小体量的形式则可用多色彩的。因此，在大型建筑物中使用色彩需要小心谨慎地进行尝试。　〔361〕

路特对于建筑与自然过程的比较——与沙利文一样——似乎是从我们近日已经不大知道的一本书[143]中而来的，而路特是直接引自这本书的[144]——《自然与艺术的功能，尤其是在建筑中》（*The Nature and Function of Art, More Especially of Architecture*，1881 年），是由利奥波德·艾德里兹（Leopold Eidlitz），一位在纽约工作的布拉格人写的，我们在书中发现有这样一句话："雕刻装饰与彩色修饰除了作为对于在建筑有机体中的荷载或压力的机械性抵御的表现加以强调之外，别无它用。"[145]

路特意识到了在装饰概念与风格问题之间的联系。对他来说，风格标志了一种结构的表现，历史的风格与历史的条件是相互联系着的，在目前的情况下再使用它们就不一定妥帖了。这是另外一个又回到了拉斯金的原则之上的问题。进而，风格，这是与路特心目中的功能的概念相联系的，是实实在在的"作品的生命与存在"，正是一座住宅的功能的外在表现构成了它的艺术价值：

---

*对译英文 The style in the technical and tectonic arts ——译者注

一旦材料的条件允许是可能的，一座为特殊用途设计的建筑物，应该在其必要的地方表现出其用途……功能所赖以表达之力量的价值有如一件艺术作品。[146]

路特关于风格的说法，显示出了塞姆斯的影响，同时可能也有维奥莱－勒－迪克的影响，如他在他的论文《风格》(*Style*，1887 年)[147]中所揭示的。杰出的历史风格，是从"具有风格"(having style)中产生出来的，他试图为现代建筑寻找典型化的风格特征，他所用的术语都是与人的特性有关的，诸如"静卧、精致、自闭、同情、判断、知识、文雅、谦逊"，并解释这些特征是如何被用于建筑之上的。例如，关于"静卧"，他得出了下面的结论：

因而，在大型和重要的建筑中，特别是那些专为商业用途的建筑中，简单的天际线，我相信，经验证明将是最好的，就像是最有益于静卧的效果一样——更进一步说，因为一个非常破碎的天际线，适宜于表现那些功能或建筑内部分划的多样性，因此，应该是其功能与建筑各个部分的恰好如此所致。这种情况在商业性建筑中却是很少见到的。[148]

他在接下来的有关功能—装饰—风格的讨论中，很自然地将路特引导到了对建筑中的"针对所给定的问题而加以解决"的类型学的思路上来，对这一问题的关注表现在一篇题为《艺术中类型的价值》(*The Value of Type in Art*，1883 年)[149]的文章中，在这里他将"忠实于类型"作为一条自然法则。他坚持说，存在某种"对于给定问题的解决之道的连续性"，在各种解决方案中，彼此的差别微乎其微。令人感兴趣的是，路特后来将雅典卫城的帕提农神庙作为他类型原则的一个例子，称其为"对给定问题的最为完美的解答"。[150]这样一种描述令人不禁想起了格里诺，同时，也预示出了后来的勒·柯布西耶关于标准问题的结论，这两个人也是以帕提农神庙为例来阐释自己的观点的。

1890 年路特发表了一篇关于摩天大楼的文章，《一个伟大的建筑问题》(*A Great Architectural Problem*)[151]，文章中，他表现出自己更接近阿德勒而不是沙利文。作为对于"蒸汽、电气、煤气、管道与卫生设施时代"的一种表现，摩天大楼必须满足现代生活的需要，为这样一个目的而去寻求发展出某种"民族"风格是没有什么意 [362] 义的。其外观应该表现出"对于我们的文明，我们的社会，我们紧张的都市生活，以及我们的气候条件的一种理性的适应"，这样一种引导他返回到要求没有装饰的摩天大楼的考虑，所表达的就是，现代商业生活是用建筑的体量与比例来加以表现的，这一思想——"简单、稳定、平阔、高贵"。[152]一个进一步的极端问题就是材料的经济性。事实上，路特从一个功能主义者的角度来看摩天大楼的那些观点，常常是可以归在沙利文的名下的。他的结论如下：

这些建筑物内在的结构是如此重要，以至于它必须明确地与外部的形式脱离开来；极其必要的是所有那些商业与结构的方面，要求建筑在表现它们时所用的细部，必须变得与它们一致。[153]

路特也与他的一些客户们讨论理论问题，如彼得·布鲁克斯(Peter Brooks)，他曾于 1881 年委托路特设计了芝加哥的蒙塔沃克街区(Montauk Block，现在已毁)，合同中规定建筑是不加装饰的砖结构："整座建筑都是为使用而不是为装饰的，它的美就在于建筑与其用途的全然一致。"[154]与之相似的是蒙纳德诺克街区(Monadnock Block，1889－1891 年)，放弃了所有的装饰，而在稍微早一点的"贫民窟"(Rookery，1885－1886 年)中，装饰则完全是处于"从属地位"的。

路特是一位比沙利文更清晰也更现实的思想家，他对于功能的概念有一个相对比较狭窄的定义，但是，他并没有将自己定义为，像洛多利所祈求的，或是 20 世纪的那些作家们所想当然地描述的，是一位纯粹的结构功能主义者。在他临去世前不久所写的一篇文字中，他责备自己已经迂腐的不能适应世事，就像那种"在很大程度上是自己情绪的牺牲品"的人。[155]

沙利文和路特无疑是 19 世纪末美国建筑界最为深刻的建筑思想家。但是，虽然他们的思想对于他们那个时代的建筑产生了巨大的冲击，但却也没有能够逃过转瞬即逝的命运；更进一步看，他们也还是局限在美国的中西部地区。而在美国的东海岸与西海岸地区，一种以欧洲为基础的历史主义仍然在流行，这一潮流在芝加哥世界博览会之后，又扩展到了中西部地区。这一扩展也与路特那多才多艺而又富于商业头脑的合伙人丹尼尔·H·伯纳姆(Daniel H. Burnham，1846－1912年)有关[156]，他负责1893年世界博览会的布局设计——那是在路特去世2年以后——请了具有巴黎美术学院传统的建筑师来主持平面的规划。伯纳姆那时在风格问题上已经开始妥协了。在同一个时期，一些在技术上与形式上最先进的高层建筑，如芝加哥信用大厦(Reliance Building，1894－1895年)仍然由他的事务所承担设计。

然而，伯纳姆的主要名气是在城市规划方面。1909年发表的他为芝加哥所做的规划，是第一个可以理解的美国城市规划项目。[157]在这个规划中，伯纳姆将美国街区网格系统与巨大的城市中心的概念，放射形与集中式的街道体系，一种理性化的交通体系，以及沿着密歇根湖的湖滨形成的一个20英里长的绿化带等结合在了一起。从图中可以看到伯纳姆是受到了奥斯曼(Haussmann)巴黎规划的强烈影响。他所做的这个妄自尊大的项目，覆盖的面积从芝加哥中心算起有60英里的半径，从而定下了"城市美化"运动的基调，其目标是将"尊贵"带给美国城市。"不要做小小不然的平面规划，"伯纳姆说，"小的平面规划不足以激起人们内心的激情……要做就做大；目标定在希望与作品上，要记住的是，一幅大的图景，一旦描绘完成就永远不会被忘记。"

直到19世纪末，美国民族形式的建筑之梦仍然没有得到满足。历史风格仍然主导着画面：理查森给予新罗马风格轻轻的刺激；新哥特风格，受到了拉斯金的相当影响，直到1920年代仍然保持着它的重要地位，它的高直特征被认为是特别适合于摩天大楼的结构的[158]；新文艺复兴风格(noe－Renaissanse)的建筑在麦金、米德(Mead)、怀特(White)等几位合伙人的设计中表现得十分兴旺。[159]在这些风格中，有理查森影响的痕迹，并通过他，巴黎美术学院得以彰显自己。简而言之，关键一句话，就是折中主义[160]，正是这个折中主义在美国比在欧洲延续的时间要持久得多。 〔363〕

从1880年以来英国艺术与工艺美术运动的效果在美国，包括建筑上与艺术设计上，开始显示出来。[161]奥斯卡·怀尔德(Oscar Wilde)在1882－1883年以这一运动之代表的身份，在这个国家进行了一次旅行演讲；1896年和1901年，工艺美术学校与工艺美术协会的创立者阿什比(C.R. Ashbee)也在美国，并在他逗留期间遇到了弗兰克·劳埃德·赖特。威斯康星州的戈斯塔维·斯蒂克里(Gustav Stickley，1857－1942年)于1898年去了欧洲，在他于1901年回到美国后，创立了期刊《工艺师》(Craftsman)，这个刊物变成了拉斯金与莫里斯思想的代言人。在1909年，斯蒂克里在他的著作《工艺师之家》(Craftsman Homes)中将刊物中的一些内容做了一个集子，并附上了他自己的注释说明。[162]他惟一关注的是乡村住宅，他为其确定的标准是"简单、持久、适宜生活……与自然环境和谐相处"。[163]对于乡村住宅的外观，他主张"建筑材料简单，以所用结构特征作为惟一的装饰，承认色彩因素的作用。"[164]如在拉斯金的传统中一样，自然是具有普遍意义的惟一标准，对于他的设计中所表现出的一种简洁性，他称之为，主要是因为放弃了装饰。

同样是这个传统中的一部分的，是稍微年轻一些的"格林尼与格林尼"(Greene & Greene)建筑师事务所，以及弗兰克·劳埃德·赖特早期的作品，在赖特的身上，路易斯·沙利文同艺术与工艺美术运动的思想综合在了一起。然而，这些人物的真正的历史文脉是在20世纪，而不是19世纪。

第二十五章 德国及其邻国：1890 年代 – 1945 年

〔364〕 "国际式"是 20 世纪建筑领域中的流行口号之一。自 20 世纪 20 年代开始，出现了一种国际式的建筑，这是一种不论气候、政治、经济条件，在几乎所有地方看起来都是一样的建筑风格。然而，今天我们已经知道，"国际式风格"仅仅是指许多发展流派中的一支，在这同一个时期中，试图发展出某种地域或民族形式的表现方式的探讨，从来就没有停止过——甚至，在大多数情况下，这种尝试可能占据着主导的地位。随着时日的迁延，建筑理论家们被一种使命感所迷惑，不再顾忌诸如与时代相悖 (anachronistic)、相互不关联 (irrelevant)、沙文主义 (chauvanistic)，等等问题，也并不在意他们所做的是否与"国际式建筑"保持一致。事实上，在 20 世纪的上半叶，建筑领域也像其他领域一样，对民族形式的诉求运动并没有比 19 世纪有明显的减少，所以，以民族性术语为基础，继续我们当前的讨论，将是比较恰当的选择。同时必须指出的是，理论上的讨论与争辩，常常植根于许多不同的传统之上，因而不大可能理出一条简单而统一的"发展线索"。

我们在第二十二章中讨论的关于 19 世纪德国的最后一个人物，是维也纳建筑师奥托·瓦格纳 (Otto Wagner)。在此后一代的维也纳建筑师中，只有阿道夫·路斯 (Adolf Loos, 1870 – 1933 年) 所留下的著作，尚能整理出一个稍为系统化的东西；同时代的其他人中，如约瑟夫·霍夫曼 (Josef Hoffmann) 和约瑟夫·马利亚·奥布里奇 (Joseph Maria Olbrich)，没有对当前的研究留下什么有意义的东西。路斯关于建筑的大部分陈述都是警句式的，而且常常具有诡辩性。[1] 他的出发点是森佩尔 (Semper) 的著作，这在他的论文《外衣原理》(*Das Prinzip der Bekleidung*, 1898 年) 中体现得很清楚，在文中他总结了森佩尔有关表层饰面 (cladding) 的理论，并特别强调了材料的真实性：

> 每一种材料都有其自身的形式语言，不能假设有哪一种材料使用的是其他材料所具有的形式。这些形式在材料被生产、被使用的过程中就显现了出来：它们伴随 (*mit*) 材料而产生，同时也通过 (*durch*) 材料而实现。没有哪一种材料允许它本身的形式被侵犯。[2]

在森佩尔开始讨论纺织壁挂的地方，路斯写道："最古老的建筑细部是顶棚"，由此推出，"表层饰面比结构更加古老。"[3] 路斯认为，建筑的初始形态并非结构，而是空间，其目的是创造各种效果，和"激励人们的情绪 (*Stimmungen*)"：

> 建筑师所面临的挑战是，怎样使这种情绪变得精确。一座房子看上去必须是舒适的，一所住宅看上去也必须适合居住。法庭看上去必须对隐秘的罪恶有着某种威慑的姿态。银行建筑则必须说：你的钱就在这里，这是很安全的，就像是放在一位诚实伙伴的手中一样。[4]

这是 18 世纪由建筑体量与装饰所表述的"建筑话语"(*architecture parlante*) 向空间范畴的一种转换。路斯把建筑的本原看作是一种空间的布置，这种空间布置概念的确立，就是"空间设计"(*Raumplan*)，虽然他没有将其上升为一种形式理论。[5] 但是,他的思考方向是很清晰的:"在建筑学方面的伟大革命就是在空间上解决设计问题。"[6] "空间设计"的概念引导他在住宅的室内创造了楼板与室内高度的不同标高的错层,以及随机设置 〔365〕
的室外平台,但是他在 1920 年代的住宅项目的外观上,又倾向于与他的"空间设计"有着某种笨拙联系的严格对称、纪念性,和新古典主义的处理手法。这种反差可能源之于他常常流露出来的对于古代建筑的赞赏:"我们可以说,未来的伟大建筑师将是一个古典主义者——他不是一个步前辈后尘的人,而是一个直接向古典主义的古代回归的人。"[7] 只有通过这样的陈述我们才能够理解,在 1922 年的芝加哥会堂(Chicago Tribune Tower)的设计竞赛中,他所提交的方案中何以会运用希腊多立克柱式的原因。

人们常常提到路斯对于装饰的拒绝,但这既不是他的全部,也不经常是这样的。在 1898 年的论文中,他提到了考古学对于建筑的促进因素——"我们对于瓦格纳学派(Wagner School)的新装饰早已有所了解"——这是一种赞许的语气。[8] 他反对的是现代的装饰,它们既不符合材料的特性,又不传达时代的精神。

在 1893 年至 1896 年间,路斯曾在美国逗留[9],他关于装饰的概念受到了格里诺(Greenough)、沙利文(Sullivan)和路特(Root)的影响,甚至在语言表达方式上也颇受其感染。例如,1843 年,格里诺曾经描述了建筑的"赤裸"(nakedness)能够展现"本质的最高权威"(the majesty of the essential);1892 年,沙利文在论文《建筑的装饰》(Ornament in Architecture)中,建议颁布一个临时禁令,禁止一切建筑的装饰,因为它们打破了功能、形式、材料以及表现之间的有机联系;而路特,则在他的论文《建筑装饰》(Architectural Ornamentation,1885 年)中,将虚伪的、过分的装饰,唤作是一种"建筑的罪恶"(architectual crime),并且主张摩天大楼应该完全摆脱装饰的束缚。路斯在美国的那段时间里,可能也曾经接触过那些没有装饰(ornament – free)的建筑物,以及震颤派教徒(Shakers)所设计的功能性用具。[10] 在他的论文《装饰与罪恶》(Ornament und Verbrechen,1908 年)中的一些论断的背后,像是能够感觉到美国的这一传统。例如:

> 既然装饰与我们的文明已经不再有着有机的联系,它也就不再是我们文明的表达方式。今日之人所创作的装饰与我们已经没有关系,甚至与任何人也都没有关系,更不用说与世界秩序的关联了。[11]

然后,他试图使这一消极的状况产生积极的效果,用一种讽刺的语调写道:

> 不要为此啜泣。你瞧,人们已经不再可能创造什么新的装饰了,而这正使我们的时代变得伟大。因为我们战胜了装饰,使我们自己从它的束缚中解放了出来。看呐,时候就要到了,等待我们的是满足。很快,我们城市中的街道就会闪耀着光芒,那光芒如同白墙、天国(Zion)、圣城(Holy City)和上天之都。在这一切面前我们都将得到满足。[12]

路斯曾着迷于文化发展的连续性思想,巴布亚岛(Papua)的纹身土著人在变成文明人以后,将纹身看作是罪恶。路斯于是断言说:"文化上的进步,与装饰从日常生活中的消失,是一对同义语。"[13] 这样一种警句式的论断,在他的著作中重复出现:"装饰不仅仅产生于罪恶,而且自身也是一种犯罪,它严重伤害了人类的健康、自然的经济,乃至文化的发展。"[14] 在他看来,装饰就等于是"对劳动力的浪费"或"对材料的亵渎"。

这篇富于挑战性的文章激起了许多误解,而且文章的作者似乎是有意识要这样做的。但是,从他本人的建 〔366〕
筑设计作品中看,路斯在要求挣脱装饰的束缚时,态度却完全是严肃的。在《装饰与教养》(Ornament und Erziehung*,1924 年)一文中,我们读到:"装饰的缺乏,并不意味着魅力的缺乏,而是要激发和产生某种新的因素。正是不会咔嗒作响的磨坊造就了磨坊主。"[15] 或者说:"形式和装饰是一整个文化中的人们在无意识劳作中的产物。此外的一切都是艺术。"[16] 因此,个体的装饰,例如新艺术运动(Art Nouveau)和德意志制造联盟

---

*德文中"教育"一词通常使用 Bildung。Bildung 在德语中按照不同时期而有意义的改变:例如,18 世纪前 Bildung 为神学上的一般用词,意指创造、图像等;至 18 世纪中叶后,启蒙运动哲学家如莱布尼兹、康德、赫尔德、洪堡等开始将 Bildung 诠释为与教育有关的词汇:尤其是指个人在文化互动过程中经辩证所得之结果,或可与中文的"修养"或"陶冶"对应之,在现今的德语使用中,一般也常将 Bildung 与 Erziehung 混用,两词意义皆相当于英文中的 education 的意义。——译者注

(Deutscher Werkbund)的艺术家和匠人们试图创造的那些，在路斯的眼中存在着明显的矛盾，这也正是为什么他粗鲁地拒绝德意志制造联盟和维也纳制造工场(Wiener Werkstätte)的原因。一件用具的美依赖于它的实用价值。装饰可能仅仅是某个时代的表现——但不是现代。然而，路斯在痛苦中直言道："我从来没有像纯粹主义者(purist)那样荒谬地(*ad absurdum*)认为，装饰应该被严格而系统地被禁止。"[17]

艺术，对于路斯来说，是主观的，是没有目的的；而建筑却必须服务于公众的需要。因此，建筑不是艺术，而即使是声名斐然的工匠，也与艺术家毫无干系：

> 我说过一座房子与艺术没有任何关系，建筑不该被看作艺术吗？我的确说过的。属于艺术的建筑只有一小部分——墓碑和纪念碑。任何其他有着明确用途的东西必须从艺术的领域中排除出去。[18]

路斯的观点常常是自相矛盾的。他常常与同时代人的倾向，例如与致力于将艺术家和匠人联合在一起的制造联盟，背道而驰。他那夸张的言论也并不总是经得起推敲。他零散的考察也很难组成一个系统——这可能也说明，他显然从未刻意要创造一个体系。

同样的室内和室外之间的矛盾，也出现在路斯本人所参与的住宅项目设计中。的确，这个矛盾在他晚期的设计作品中体现得更为明显，这也同样成为他的学生们的作品特征，以至于有人说，最典型的路斯式设计并不是他自己做的，而是他的朋友做的。哲学家维特根斯坦(Ludwig Wittgenstein)和路斯的学生保罗·恩格尔曼(Paul Engelmann)一起，在1926年至1928年间，为他的姐姐玛格丽特·斯东伯鲁夫－维特根斯坦(Margarethe Stonborough – Wittgenstein)在维也纳建造了一座豪宅。[19]在这个设计中的"住宅形式逻辑"(*hausgewordene Logik*)显示出和维特根斯坦的《逻辑哲学论》(*Tractatus logico – philosophicus*，1921年)同样执着于对精确的追求，这部著作在一开头就出现了短语"逻辑空间"(*logischer Raum*)。[20]维特根斯坦的姊妹赫米内(Hermine)在她的回忆录中写过"精确构成了美"；而维特根斯坦本人则在一封给建筑投资公司的信中写道，"精确和适当，对这种建筑来说是必需的。"[21]

通过对于英国思想的较早接纳，这些可以从艺术和手工艺品展览中，以及"维也纳制造工场"(Werkstätte)的成立中看出来，维也纳成为了新建筑思想在中欧地区的第一个重要的前哨阵地，其中在路斯著作中所吸收的美国观点，也扮演了重要的角色。

[367] 在大战开始的前夕，在布拉格(Prague)有一个不同凡响的进展，一群艺术家和建筑师创建了一个"创造性的艺术家组合"(Skupina Vý tvarný ch Uměců)这个团体的目标是将立体主义(cubism)的新观点应用于所有的美术、工艺美术和建筑之中。[22]这个团体中的建筑师都直接或间接的出自奥托·瓦格纳在维也纳的学校，他们在理论方面的代言人，是今天几乎已经被人们所遗忘的帕维尔·亚内克(Pavel Janák，1882 – 1956年)，他所坚持的是对一种现代建筑的"唯物主义"观点的激烈批评。他大部分的文章都发表于期刊《潮流月刊》(*Umělecký měsíčník*)。亚内克公开置疑以功能、结构和材料为标准的权威地位，而强调艺术的表现力，他认为后者产生于外形的塑造。[23]他小心翼翼地不与以往的传统发生决裂，而是要建立一种传统的延续。他把建筑定义为动力学几何体的形体塑造，其中结构和材料则处于从属的地位。在他的论文《棱柱和棱锥》(*Das Prisma und die Pyramide*，1910年)中，他经常谈到在当时一般人的心目中持否定态度的巴洛克艺术，并且断言说："在建筑中的这一历史运动，使我们注意到了渗透在材料应用、表现手法中的戏剧化特征，正是这一点使得那些形式得以创造了出来。"[24]布拉格立体主义运动的最重要建筑作品是约瑟夫·高卡尔(Josef Gočár)的设计，约建于1911 – 1912年，他所形成的一套建筑语汇一直影响到20世纪20年代的表现主义(Expressionist)建筑与艺术装饰派(Art Deco)建筑。[25]

在德国，正是在工艺美术运动的思想基础上，首先产生了德意志制造联盟，然后产生了包豪斯(Bauhaus)。这场运动在建筑领域最初体现为贝利·斯科特(Baillie Scott，1897 – 1898年)的创作活动，以及达姆施塔特(Darmstadt)的玛蒂尔德公园(Mathildenhöhe Park，1901年)。这些例子清楚地表明，英国的乌托邦思想以一种实用经济的形式重塑于德国。[26]把英国的观念传播到德国的首要人物是建筑师赫尔曼·穆特修斯(Hermann Muthesius，1861 – 1927年)，他是德国大使的随行建筑师(German architectual attaché)，1896年至1903年在伦敦，并在德国的杂志上发表了有关他在英国的经历的文章。[27]他还写了三本关于英国建筑方面的书[28]，三卷本的《英国住宅》(*Das englische Haus*, 1904－1905年)是其中最有影响的一本。这是一种内容广泛的历史性概览，虽然作者承认，他的主要兴趣点在于那些1860年以后由建筑师所设计的中产阶级的住宅。他在导言中写道，"提倡模仿英国住宅及其细部，并向德国读者介绍那些创作观点的产生，并不是我的全部目的"。[29]

在这部三卷本书的开始部分，以三条题铭为基础的功能主义观点——分别来自爱默生(Emerson)、培根(Bacon)和维奥莱－勒－迪克(Viollet－le－Duc)——表明了穆特修斯的意图。他在书中不断地把注意力转向英国住宅对于需求和使用条件方面的关注。他对拉斯金(Ruskin)和威廉·莫里斯(William Morris)的美学思想表示了赞同，但没有提到他们的社会背景。莫里斯和菲利普·韦布(Philip Webb)的红屋(Red House)被描述成"新艺术文化下的第一栋私人住宅，第一座从室内到室外、从构思到施工，都有着整体考虑的住宅，是现代住宅史上的首例。"[30]穆特修斯对莱特比(W.R. Lethaby)和沃伊西(C.F.A. Voysey)产生了极大的兴趣：他把莱特比(Lethaby)的住宅描述为严峻而阴沉，几乎没有趣味，但却极富力量与自信，是在美学上具有深刻内涵的[31]，而沃伊西的作品则属于那种"将自身限于一种绝对的单纯之中"，并显示出"原始状态的印痕"。[32]在他看来，英国住宅体现的是单纯、客观和恰如其分，由于它们不可能在与它们所产生的地域环境迥异的社会条件下存在，因而，也就不大可能被照搬到德国来。

〔368〕

> 英国住宅真正的、决定性的价值就在于它的绝对客观性。一句话，这是一种人们想要居住的住宅。钱不是花在名贵的花园和地面上，也并不用来表现华丽的装饰和那些细枝末节的东西，不夸大其自然属性以博取"艺术"之名，也没有自命不凡，甚至不是"建筑"。它采取着天然的正确姿态，没有浮华和虚饰，这是一种如此自然的状态，然而在我们的现代文明中却成了凤毛麟角。[33]

穆特修斯的第二卷主要是关于英国住宅的功能问题的，在开头和结尾部分都引用了培根的格言："房屋的建造是用来住的，而不是用来看的。"穆特修斯主要赞美英国住宅的非历史风格、朴素，和"艺术的缄默"(*künstlerische Enthaltsamkeit*)。他的兴趣完全在于建筑形式和"氛围"，而非形而上的"涵义"。

自1904年始，穆特修斯以其普鲁士商业部建筑师的职位，又对艺术、工艺和技术学院进行了重组。与他在英国的经验，以及对工艺美术学院的重组相对应，在1907年春，他在柏林商学院(Handelshochschule in Berlin)举办了演讲，主题是关于当代生活中工艺美术所起的作用(rôle)[34]，这一演讲引起了政府机构的强烈反对，在这一年的较晚时候，穆特修斯又将矛头引向了慕尼黑德意志制造联盟的自由主义政治家弗里德里希·诺曼(Friedrich Naumann)，及其他一些人所建立的基础之上。他与他对于英国的历史主义情况的理解相反，他将英国历史主义称之为"对以往艺术的过滤和再过滤。"

> 一个人如果希望正确理解一个时代的形势，必须首先要理解支配每一件个人艺术作品的情形。现代工艺美术的最初目的，就是要充分意识到每一件个人艺术作品的含义，并且发展与这种含义相一致的形式。一旦人们的注意力不再放在对传统艺术的肤浅模仿上，而且一旦人们已经开始掌握真正的形势，其他种种要求就会自动浮现出来。每种材料都要求特别的处理方式。石材所要求的尺度和形式就和木材不同，木材又和金属不同，不同的金属也不同，熟铁和银就不同。这样，注重功能的设计要和注重材料的设计相结合。功能、材料和结构是现代工匠惟一需要遵从的东西。[35]

在穆特修斯看来，工艺美术(applied art)的功能是社会性的和教育性的："今天，工艺美术的目的，是对我们社会的各阶层进行再教育，使他们走上正直、率真、具有朴素人格的公民之路。"[36]这些意图对于公共建筑和私人建筑同样有效，在对它们的改良中，也可以运用工艺美术。穆特修斯强调了经济需求所带来的工艺美术方面的变化，将手工艺人和商人联合起来，前者有着接受新风格的责任，这些风格可能是转瞬即逝的，但是却会表现得像是"这个时代所有诚实努力的总和"一样。穆特修斯使用了经济学的论据，即"提升德国人的技艺水平，将会同时提升德国产品在世界市场上的声誉。"

〔369〕

通过将手工艺与工业和商业结合在一起，穆特修斯力图在工艺美术运动中寻求一种克服经济崩溃的方法。同样受到英国影响的其他人，包括艺术家和手工业者，也有相似的想法，但是只有穆特修斯洞察到他所处的行政官员的地位和优势，并能够从国家的角度来解决这个问题。一个自称"工艺美术经济价值保护协会"的组织，图谋解雇穆特修斯，其惟一的结果就是促成了德意志制造联盟，而关于这一联盟的基本思想，早已在穆特修斯的心目中形成。[37]

穆特修斯从英国的思想起步，建筑对于他来说，和制造联盟一样，是一个综合的概念。1908年，他把建筑写成"这种综合的、渗透在我们生活的点点滴滴之中的感觉是希腊概念的特征，在中世纪依然如是，虽然并未那么有意识地去——加以分辨。"[38] "工业化"（Ingenieurbau），将理性的工程原理施之于建筑之上，所产生的不仅仅是新的结构，还有新的建筑，以及自己的美学。新的挑战意味着新技术和新材料——铁路、桥梁、轮船、机器。[39] "结构被计算到最精确……而形式的最精确表现就是结构的正确性……以达到向观察者的明确表达。"[40] "工业建筑师"（Ingenieurarchitektur），是"现代生活实际需求"的反映，不仅被理解为时代的表现形式，还需要被"喜爱"。在钢与玻璃的建筑中，实墙的消失将导致美学惯例的转变，所以我们应该"认识到，这种由材料而产生的纤细和透明，作为一种新的艺术指向，终将导致一种特殊的评价标准。"[41]

在这里，穆特修斯试图把基于工程技术的美学讨论融入建筑之中，但他仍然坚持建筑的基本原则，即认为最基本的仍然是"比例、逻辑和韵律"问题。[42]今天人们很难同意他的观点，即民族建筑"必须基于表现形式的统一"（Einheitlichkeit des Ausdrucks）——后来这个短语为民族社会学家所用。20年前，路特曾经在芝加哥用同样的论据证明民族建筑在观点上的谬误。虽然他和穆特修斯同样深信需要在统一表现的形式基础上，发展出一种抽象的、标准化的"类型"。制造联盟中的一个部门，赞成将包括住宅在内的设计编纂成规范，并分成各种不同的类型，1914年几乎成功地爆发了一场运动，当时，穆特修斯在年会上提交了他的一篇关于类型学的论文。一些像亨利·范·德·维尔德(Henry van de Velde)这样的艺术家，在类型理论中看到了对于艺术家个性的背叛，甚至是一种麻木不仁的兆头，而这些都将会阻止一种新风格的产生。

德意志制造联盟是一个艺术家、手工业者和工厂主的松散组织，这个组织在工业设计方面有着很大的影响，他们并不赞成某种特定的"风格"。起初，建筑在制造联盟的活动中并不是主要的角色，这种状况一直持续到它在20世纪20年代的第二个阶段。制造联盟的目标是把国家的、经济的和艺术的价值结合起来，在其章〔370〕程的第二篇中规定："制造联盟的目标，是通过教育、宣传，以及对相应问题的统一解答，将手工艺人的作品提升为艺术、工艺和工业的结合。"[43]这个运动出版的第一部年鉴，其文章的主题有"德国劳动者的精神化"(1912年)，"工业和商业"(1913年)和"交通"(1914年)等，体现了这一组织的方向。与英国的工艺美术运动不同，制造联盟通过工业寻求一种美学上的革新：它对机器的看法基本上是积极的，而这方面的内容，在英国的运动中则很复杂。这一区别，在彼得·耶森(Peter Jessen)的一篇题为《制造联盟和德国劳动者的强大力量》（Der Werkbund und die Großmächte der deutschen Arbeit）的宣言性文章中体现得十分清楚：

> 开始时，人们试图从中世纪式的手工业者那里获取解救良方……而今雇佣劳动者占据了主流；如果我们要向前走的话，我们就必须赢得他们，并使他们相信，不必将商业和时尚喜好看作是洪水猛兽。[44]

很显然，这一立场是与工业的发展站在一条线上的。

在制造联盟1913年的年鉴中，穆特修斯和沃尔特·格罗皮乌斯(Walter Gropius)两人都写到了工业建筑（Industriebau），以及工业和建筑的关系问题。关于技术、设计和美学的关系问题，格罗皮乌斯有着鲜明的观点：

> 由于明确的目的不仅存在于日用品制造中，而且存在于机器、汽车和工厂建筑的结构之中，这些都仅仅是服务于某种单纯的用途的，美学价值已经开始脱离形式与色彩的统一，和绝对的优雅。仅仅提高产品质量已经不能有效地赢得国际的竞争——一个在技术方面很完美的产品，如果它要保持在同类产品中的优势，就必须在形式中渗入知识的成分。所以，整个工业现在都面临一个任务，就是要把自己提升到严肃的美学问题上来。[45]

格罗皮乌斯说，工厂建筑中的艺术美，有着一种宣传的价值，他指的是贝伦斯(Behrens)在柏林的 AEG(德国通用电器公司)建筑群的"高贵和力量"，以及美国的谷仓和工厂的"无名的宏伟"和"纪念性的伟力"，他将之与古埃及的建筑作比较。[46]这些观点解释了格罗皮乌斯在阿尔费尔德(Alfeld)的厂房(1911 年)，以及他于 1914 年在制造联盟的科隆(Cologne)展览中提交的范例式工厂的造型原则。

穆特修斯在《工业建筑中的形式问题》(Das Form - Problem im Ingenieurbau，1913 年)中重申他 1908 年所采取的立场的本质，他基于一种来自历史体验的本能，否认纯粹功能化的形式有着美学意义上的美。在他的计划中，机器占据了重要的地位：

> 也许过去没有认识到，仅仅满足单个的意图，是不能创造动人的视觉形式的，因而还需要一些其他的力量，即便是不自觉的。无论如何，出自工程师的一切产品都有着自己的纯净风格，这首先是要归因于机器；在本世纪初，这种风格得到了极大的发展，以至于人们开始习惯于欣赏所谓的"机器美"，并从这种特质中看出现代风格最清晰的表现来。[47]

制造联盟对建筑和商业性设计提出了相似的标准，虽然在纯粹功能主义和创造性的形式之间保留了一点距离，而艺术家和工匠的任务正是将二者联系起来。建筑学的概念变得能够囊括土木工程、机械设计，以及工艺美术。艺术家、建筑师和设计师整合的典范是彼得·贝伦斯(Peter Behrens，1868 - 1940 年)，他供职于 AEC 电力公司，在这里，他的职责从建筑设计扩展到设计学和广告业。[48]受尼采(Nietzsche)早期著作的影响[49]，贝伦斯是 20 世纪初最为成功的德国建筑师之一，但他并不是一位很有原创性的思想家。他所想说的，都已经在他的建筑中表达出来了。[50]尽管他的观点中还保留了制造联盟早期活动中的一些典型特征，正如他在制造联盟 1914 年的年鉴上所发表的文章《时间与空间的使用对于现代形式变迁之影响》(Der Einfluß von Zeit - und Raumaus-nutzung auf moderne Formenentwicklung)所表现出来的，这篇文章追随阿洛依·里格尔(Alois Riegl)的艺术形式(Kunstwollen)理论，把建筑定义为"时代精神(Zeitgeist)的节奏体现"。[51]由于认识到现代生活节奏的加快，贝伦斯要求建筑具有"尽可能收敛的、平静的表面……紧凑，不带一丝累赘"。[52]在市镇设计中，他提倡"长而直的街道"，是以一种类似"巴洛克时代的轴线式设计"的面貌而布置的，并倾向于"更高的建筑"，这意味着城市中心本身承受着新的发展的结果："城市所追求的体量感和轮廓线，也只有在竖直线条的紧凑统一体中才能实现。"[53]这是在为摩天大楼和天际线美学而辩护。他的韵律概念使得他认为轮船、机车和汽车都"有着时髦的线条"——这预言了勒·柯布西耶(Le Corbusier)后来的思想，而柯布西耶于 1910 年时正在贝伦斯的事务所中工作。〔371〕

在制造联盟的内部也经常出现一些兴趣上的分歧，其中有一些是显著的，有一些则是潜在的。但在经济和艺术之间的矛盾却从未缓和过。这在 1914 年夏天制造联盟在科隆的第一次展览，以及与此相伴的代表大会上体现了出来。卡尔·雷霍斯特(Carl Rehorst)，这位科隆市总建筑师，将这次展览描述成"德国作品之威力的一次炫耀"[54]，从而激发了某种民族性与经济性的东西，这和制造联盟全体成员的艺术追求是很不相称的。此后，大战的爆发中止了展览，于是很多人确信，他们过多地卷入了政治和经济的事务。

整个 1914 年的展览[55]有着显著的艺术包容性，它的建筑显示出民族主义、民间艺术，与新古典主义的特征。其结果是除了格罗皮乌斯、范·德·维尔德(van de Velde)和陶特(Taut)的作品之外，其他人都多少受到了指责，很多参加者都认为这是一次失败的展览。

穆特修斯在一次大会上作了有关制造联盟未来发展方面的演讲，他举出了支持自己建筑原则的理由："建筑的特征是趋向于标准化的风格。类型学的原则是舍弃特例，寻求常例。"[56]这一演讲，以及穆特修斯就同一问题所宣布的几项相关的原则，引起了一场激烈的讨论，并促使范·德·维尔德提出了一套相反的原则。然而，对穆特修斯的立场最高瞻远瞩的反对意见是由卡尔·恩斯特·奥萨豪斯(Karl Ernst Osthaus)提出的，他阐释了类型与标准化之间的关系，并得出结论："万物都处于变化的过程中，今天，界定一种类型学的标准形式，甚至把它作为一种规则，将是反历史的。类型与艺术彼此分离，毫无干系……"[57]〔372〕

大战在实质上结束了制造联盟的第一阶段。当这场运动在 1919 年重新燃起的时候，它的发展变得极为不稳定[58]，这在它的刊物《形式》(Die Form)中可以看出来。[59]在汉斯·珀尔齐希(Hans Poelzig)在 1919 年的协会演讲中，使用了一些唤起往日记忆的词组，例如"永恒的价值"和"人民的精神"，并要求艺术和手工艺与工商业脱离，因为"商业和工业几乎完全出卖了艺术。"根据珀尔齐希的观点，建筑的定义是"集一切其他艺术之大成，并引领它们前进的伟大艺术"，而制造联盟作为"民族的良心"，它的工作必须"严格建立在艺术价值和技艺，而非技术和工业的概念基础之上。"[60]

20世纪20年代，制造联盟内部的争论明显地带上了一种非理性的、教化的色彩，还附和了政治的腔调，甚至常常是完全站在了其早期立场的对立面。他们的活动常常沦为某种空洞的口号，而兴趣的中心则向城市规划、住宅设计和施工行业转变。与此同时的展览，例如1924年在斯图加特的"无装饰的形式"（*Form ohne Ornament*），以及1927年斯图加特Weißenhofsiedlung的"住宅"（*Die Wohnung*），都引起了相当的注意。尤其是后者，在国际主义理想的胜利中起到了相当大的作用。[61]但是，由于多样性是这一运动在这一时期的主要趋势，因而人们很难找到一种单一而贴切的理论。

1914年展览的展示设计与制造联盟的宗旨格格不入。这就是布鲁诺·陶特（Bruno Taut，1880—1938年）的玻璃馆（Glashaus）。陶特从乌托邦的表现主义（Expressionism）转变到新客观主义（Neue Sachlichkeit），然后又转变为缺乏理性基础的新古典主义（Neo-classicism），他所代表的建筑概念在夸张的美学主义和社会主义之间游移不定。[62]他留下的大量文字使得我们得以探寻他的发展历程。[63]这些文字，特别是大战以后那一时期的部分，受到了他作为一个长期执业建筑师的影响，尤其受当时表现主义思想的启发。[64]陶特在柏林接受了训练，与所谓乔仑圈子（Chorin Circle）中的建筑师、作家和艺术家有所接触，并通过表现主义的刊物《风暴》（*Sturm*）而认识了小说家保罗·希尔巴特（Paul Scheerbart，1863—1915年），后者富有想像力的作品，结合了社会主义的思想和未来神秘主义的宇宙观。[65]希尔巴特基于一种可移动的、飘浮的城市的构思，写了一部小说《玻璃建筑》（*Glasarchitektur*，1914年），并题献给了陶特，在这部小说中，他用玻璃来象征即将来临的高级人类。[66]小说开篇写道：

> 我们的大部分时间都住在封闭的房间里。这造就了我们的文化得以生长的环境。我们的文化在某种程度上是建筑的产物。如果我们希望将文化提升到新的水平，就不得不改变我们的建筑。而且这只有在改变我们居所的封闭属性时才可能发生。为此我们只能引进玻璃房子，使日月星辰的光芒不仅可以穿过窗户，而且能够穿过尽量多的墙，玻璃或彩色玻璃做的墙。我们于是创造了一种新的环境，而这可能会带来一种新的文化。[67]

在战后的那些年，陶特和其他表现主义者成为了一个叫做"玻璃链"（*Gläserne Kette*）的秘密组织的成员，对于他们来说，玻璃象征着未来的纯洁人类。而且，玻璃所具有的古老的象征性[68]也增加了德国神秘主义的吸引力，并由威廉·沃林格（Wilhelm Worringer）和卡尔·谢夫勒（Karl Scheffler）等人归之于哥特式风格的阐释之中，这一观点在很大程度上受到了英国的影响。

陶特的玻璃馆（Glashaus）是第一座体现这些思想的建筑。它的结构依赖于玻璃工艺，上面还题写着希尔巴特的格言（*Glashaussprüche*＊，玻璃建筑之语），这座建筑就是献给他的。[69]陶特所附的小册子，在扉页上展示了这个玻璃馆，说明中写道："哥特教堂是玻璃建筑的先声"，接下来是前面引用的希尔巴特的《玻璃建筑学》里的那段话（图版173）。陶特于是继续发展他的观点，"玻璃馆除了表达美而外一无所求"，并详细描述了它的美学效果，然后得出结论说"现阶段我们所急需的是，建筑要从纪念性的永远沉闷的陈词滥调中解放出来。只有流动性，和艺术的轻快感才可以达到这一效果。"[70]

在后来的几年中，这些思想在陶特的心目中获得了独立的生命力，而对他的实际建筑却不再产生任何影响。在他于大战结束后立即出版的3本书中，很大程度上还有着希尔巴特的影子——《城市王冠》（*Die Stadtkrone*，1919年），《山地建筑》（*Alpine Architektur*，1919年），《城市的消亡》（*Die Auflösung der Städte*，1920年）[71]——他在论文中提议，建筑应该能够支配世界，把山体变成建筑物，这些建筑只为美而存在，不求实质上的任何用途。在他的剧本《世界建筑师》（*Der Weltbaumeister*，1920年）中，建筑师的创造力是通过宇宙中色

＊对译英文 Glass-house-sayings——译者注

彩和形式的瓦解来创作和描绘的；加上汉斯·普菲茨纳(Hans Pfitzner)的音乐，这部作品试图给人一种多感官的体验。[72] 在他的引用了全世界建筑物作为例子的小说《城市王冠》中，在乌托邦式的城市中心伫立着一座玻璃宫；城市规划本身兼具有神话和极权主义的色彩。《山地建筑》的开头是富有启发性的格言"不仅要生活，还要建造"(Aedificare necesse est, vivere non est necesse)。

这类观点很难符合社会主义的要求，于是陶特在 1918 年协助成立了"艺术工作者联合会"(Arbeitsrat für Kunst*)，一个从左翼"11 月小组"(November Revolution)脱胎而来的艺术家联合会。[73] 他的典型革命观点表现在下面的夸张宣言中：

> 一座伟大的建筑设计是如此地有力，甚至于能够充满所有男人和女人今后的闲暇时间，这是我们为地球这颗行星所作的装饰物，是它的机体上的器官，这一观点必须要在任何意义上被熔铸进公众的思想之中。[74]

陶特的手册《一个建筑方案》(Ein Architekturprogramm，1918 年)一书，要求所有艺术都应该统一在建筑之下："在工艺美术和绘画、雕塑之间没有界限；一切都要集于一身：建筑。"[75] 同时将建筑师作为社会住宅的伟大规划者之一的早期征兆也已经出现，要求"对农业和实际事物价值的兴趣，是形式考虑的基本出发点，但也不排除对一些最为简单的事物以及色彩等问题的兴趣。"[76]

主要记录了陶特思想的，是他的通信：这是一些与他的兄弟马可斯(Max)，以及赫尔曼·芬斯特林(Hermann Finsterlin)、沃尔特·格罗皮乌斯、汉斯·夏隆(Hans Scharoun)、卢克哈特兄弟(Luckhardt Brothers)，以及他在 1919 年创建的秘密组织"玻璃链"(Gläserne Kette)里的其他成员之间的通信。这些信件中的一部分发表在杂志《黎明》(Frühlicht)上，这个杂志 1920 年至 1922 年由陶特编辑，是表现主义建筑思想的重要文献之一。[77] 陶特所作的一个较早的插图本，题为《空中楼阁》(Haus des Himmels)——将神秘的数字象征主义、玻璃象征主义，以及纯粹美学(图版 174)结合在了一起，其中的一段是这样写的：〔374〕

> 一座房屋除了美而外，将不再有它物；除了空之外，也不再能够容纳任何其他的意图，就像中世纪的神秘主义者，埃克哈特大师(Master Eckhart)放在里面的……参观者将被建筑的趣味所充盈，将他灵魂中所有人类的东西腾空，让灵魂成为神的容器。房屋是对星星的反映和问候：它的平面是星形的，整个形式里结合了神圣的数字 3 和 7……光芒从玻璃壳体的内部和外部之间倾泻而出……如果一个人在晚上乘飞机飞向这座房子，它将像星星一样闪烁，像铃铛一样脆响。[78]

《黎明》标志着在陶特思想中，幻想和表现主义阶段的终结。1921 年，他被指定为马格德堡(Magdeburg)的城市建筑师，在那里，他根据他自己多彩的建筑思想对房屋的立面作了规定。[79] 20 世纪 20 年代初，他对荷兰的住宅项目产生了强烈的兴趣，几年后，他接受了在柏林的戈哈格(Gehag)区的工会住宅组织聘请他担任咨询员与建筑师的邀请，他在柏林郊区策伦多夫(Zehlendorf)、布里兹(Britz)和一些别的地方建造了一些住宅，这些成为了他最后的里程碑。他将家庭住宅作为新的研究写作的对象，但仍然不时地参照希尔巴特，他现在所关注的"主要是经济与实用性问题，以一种日益增长的对于机器的特殊兴趣，而将美学的考虑放在了边缘的位置"。[80] 他接下来写道："一旦人们对于自己的房屋使用了最为严格、最不留情面的标准，世事万物——我说的是每一事物——对于人的生活已不再是必不可少，这不但对于建筑的维护会变得比较容易一些，而且一种新的美也将会自动出现。"[81] 他提供了房间在他加以"纯化"的前后所作对比的插图(图版 175)。陶特关于家庭住宅的概念，被大工业的机械可能性所支配。他把私人住宅的未来，看作是受预制配件技术所限定的，其要求将

---

* "艺术工作者联合会"，德国在第一次与第二次世界大战期间有机潮流与理性潮流相互对垒。第一次世界大战后，成立了一些前卫性团体：1918 年艺术激进团体 Novembergruppe，1918 年政治性团体 Arbeitsrat fur Kunst，1919 年是表现主义艺术家希望能作理念交流所成立的团体：玻璃链（Gläserne Kette）。1926 – 1933 年间 Der Ring 为最大的艺术团体。建筑师包括：Otto Bartning，Gropious，Mies ven der Rohe ——译者注

和汽车是一样的，仅仅是各个部分的"有机"装配而已。[82] 这已经很接近纯粹的功能主义了。

在俄国的一段令人沮丧的经历之后，陶特显示出同样的适应性，他去了日本（1933 – 1936 年），他既为日本人描述了西方建筑的重要性，同时也从事日本建筑的研究写作。这一时期的主要成果是理论著作《社会主义建筑师视野中的建筑讲义》（*Architekturlehre aus der Sicht eines sozialistischen Architekten*），这本书完成于土耳其。[83] 在这里，他又回到了将建筑看作是艺术的观点，反对功能主义的立场。他认为，功能主义的"技术、结构、功能三位一体"，仅仅是建筑的辅助物。[84] "建筑是比例的艺术"，他这样宣称。[85]但他的比例概念仍然是非理性的。他的《建筑讲义》（*Architekturlehre*）一书是回归古典理论传统的一种尝试，然而，在这里古典美学概念，似乎失去了它们的实质。随着他首先从表现主义者变为功能主义者，然后又回过头来呼唤一种基于比例概念的新美学，陶特的知识衍演过程，就像是 20 世纪上半叶那些从四面八方而来的朝圣者一样。

[375]　　　陶特在《城市王冠》和《山地建筑》两部著作中的观点，即使不能实施，却也可以转译为设计，并融入结构的语汇之中。同样的，赫尔曼·芬斯特林（Hermann Finsterlin，1887 – 1973 年），一个研究人类学和生物学的美学家，"玻璃链"组织中的活跃分子，化名为"普罗米修斯"（*Prometheus*），他构思了一种从大地上有机生长出来的建筑，为此他作了上百份"设计"，但却无一得以实施。[86]芬斯特林在《黎明》杂志上发表的文章是一种娓娓道来，故作深沉（pseudo - genetic）、故作多情（pseudo - erotic）的风格，祈求一种新建筑的观点[87]，他的定义中还用了达尔文（Darwinian）和弗洛伊德（Freudian）的术语："人类建筑活动是一种与人类起源相伴的现象，从人类诞生之初就已经存在。"[88]在一篇题为《建筑室内》（*Innenarchitektur*）的文章中，他坚持认为，"大部分人，都喜欢居住在四四方方的标准的格子里面，就像寄居在特洛伊木马肠道里的寄生虫一样……"[89]同时，未来的居住条件看上去将是十分不同：

> 在新型住宅的室内，人们的感觉不会像神话中的水晶溶洞里那样，而是像在一个有机体的体内居住，从一个器官漫步到另一个器官，这有机体就是一个不断吐纳更新的"巨大的子宫化石"的共生体。[90]

他将表现主义者在工艺美术运动中的思想编织出一种生物学上的隐喻，并将建造在房屋内部的装置与设施唤作"肠胃胀气病发作"："例如，一个埋在混凝土墙上的碗橱，既能挡风，又可以变成陶器仿制品……"[91]在他书中那些配合文字的插图表现了一系列没有定型的有机形式。

在另一篇文章《世界建筑的起源，或者作为风格游戏的教堂演进》（*Die Genesis der Weltarchitektur oder die Deszendenz der Dome als Stilspiel*）中，芬斯特林设想出一些基本的建筑概念——球体、立方体、锥体和四面体——当它向其他形式，例如穹窿形、针形、洋葱头形、铃铛形和羊角形转变时，就会变成线条蜿蜒（*Wellenlinie*）的水晶体。他宣称，"世界建筑"的起源，就是这些形式之间的游戏，他还对产生这些形式的一套专门的结构风格进行了描述。"有机时代"的新建筑是基于直觉的，它们应该是"不规则元素、不规则成分组成的和谐整体……在它们的局部和整体中，也将有着和谐的比例。"[92]这一风格游戏的结果是一系列的塑性形体，它们宣告了建筑的"真正浪漫时代"的来临。这一系列中的最后一个形体与伍重（Jørn Utzon）的悉尼歌剧院惊人地相似。芬斯特林的这一套东西是一种概念上混淆的文字游戏，其内容彼此间是纯粹关联的。不幸的是——虽然错误并不仅仅是发生在芬斯特林身上——以这种形式而形成的语言平衡，导致了对于 20 世纪德国建筑师的致命吸引力。最后，芬斯特林可能成为了他从来没有期望成为的—— "一个小丑，或者一场建筑狂欢剧的召集人。"[93]

在芬斯特林的球体形设计中，可能体现出神智学（theosophy）的影响。在 20 世纪初时，神智学吸引了很多艺术家和美学家，并形成了一个运动，但是不同的建筑师所得出的结论也不尽相同。起初，他们中的一员，鲁道夫·斯泰纳（Rudolf Steiner，1861 – 1925 年），寻求人智学（anthroposophy）在建筑中的体现，在瑞士的多纳赫（Dornach，Switzerland）（1913 – 1920 年和 1924 – 1928 年）设计了两座歌德馆（Goetheanum）建筑物[94]，为了这两座建筑，尤其是第一座，他发表了大量的演讲。[95]由于反对森佩尔和阿洛依·里格尔（Alois Riegl），斯泰纳又转向了

[376]　反对唯物主义、民族主义，甚至功能主义，他还认识到一种新的建筑风格，表现为"一种艺术元素的创造……一种独特的世界观"[96]，但同时是来自"人类精神进化"的"内在需要"。[97]斯泰纳的概念不过是从其他建筑师

那里借用来的，但是他们有着来自人智学根源上的更大的影响。对于斯泰纳来说，核心问题是有机概念，这是受了歌德的变形理论的启发，并加入了人智学的思想。"在多纳赫"，在谈到两座建筑中的第一座时他写道，"我试图运用这一灵活的原则，使纯动态的、有韵律的、对称的早期建筑形式的特色，转变到有机的领域之中"。[98]这一有机性特质，决不能表达成类似"自然"，或像寓言和象征一样的东西，而必须是从"大自然的有机创造原则"中来的，也必须本着一种内在的需求，贯彻到整体、细节与装饰之中。[99]

斯泰纳在分析维特鲁威对（建筑师）卡利马库斯（Callimachus*）插曲的说明（IV．I）时，对科林斯柱式的起源给予了很高的评价，他认为所有的装饰和建筑的功能都是宇宙力线的反映，其可见的证明，就像是要使"整个世界有机化"。[100]歌德馆建筑的室内是"从宇宙中创造出来的"：墙无需闭合，却要融入属于他们自身的透明：

> 墙的处理是这个概念的新颖之处……墙的艺术原则是让自己消失，因而，人们在室内会感到，墙并没有将人隔绝开，或者说，柱子在那里也不再是个障碍之物，柱式和墙所表达的是穿越墙体并将人带入与整个宇宙的生动联系之中。[101]

玻璃、色彩，以及绘制的表面，就是表现的本质，斯泰纳关于建筑应该体现其内部功能的信念，显然更接近于革命建筑师的观点，虽然不能证实他们之间有着任何历史上的关联。他在多纳赫（Dornach）设计的混凝土锅炉房，使他接近于"建筑话语"（*architecture parlante*），他相信，功能和材料特性的表达必须一致。他为他的锅炉房写道：

> 必须开始设计这样的实用建筑，首先根据内部的原则，其次考虑使用最新的材料：混凝土。每一种材料都有自己的结构要求，这和材料的特性有关。结构的原则必须同时体现实用的原则和材料的要求。[102]

斯泰纳对歌德馆建筑的说明，使他走到了他所反对的象征主义解释的边缘。斯泰纳所赋予歌德馆建筑的重要性，在他对所罗门圣殿的大量暗示中体现得很清楚；同时，新的"风格"不仅限于重要建筑，在实用建筑和社区住宅中也同样有效——"一种理想的统一……反映了那些住宅群体内部的和谐。"[103] 在第一座歌德馆建筑中，斯泰纳在混凝土的基础上使用了木结构，成功地创造了有机的形式；第二座完全是用混凝土建造的，其每一个部分都是"建筑内在特性的揭示"，建筑的扶壁就像是"移植到建筑之中的根"。[104]这导致了混凝土富有表现力的运用，从而赋予了某种具有纪念性的有机主义的全面而复杂的特征。

在神智学运动中的不少荷兰艺术家，对他们当时那些德国同事们产生了相当大的影响，约翰内斯·利多维斯·马蒂厄·劳维里克斯（Johannes Ludovicus Mathieu Lauweriks，1864 – 1932 年）是他们中间十分杰出的一位，他对于贝尔拉戈（Berlage）、贝伦斯、阿道夫·梅耶（Adolf Meyer）、格罗皮乌斯和勒·柯布西耶等建筑师的重要性，仍然需要作出充分的评价。[105]1904 年，劳维里克斯被委派到杜塞尔多夫（Düsseldorf）工艺美术学校，一年前，贝伦斯成为了这里的校长，他教授建筑设计，这可能是因为他于 19 世纪 90 年代曾在荷兰学习建筑。在他相当数量的论作中[106]，必须提到的一篇是《论基于系统的建筑设计》（*Ein Beitrag zum Entwerfen auf systematischer Grundlage in der Architektur*），发表于他自己的杂志《环》（*Ring*）上。[107]在《环》的创刊号题为《主旨》（*Leitmotive*）的卷首语中，他强调了科学对于艺术发展的核心重要性。从一个基于圆和方的格网体系出发，劳维里克斯提出，一个成比例的"……象征性的几何原型"（… *Entstehungs – figure*）可以由系统单元组合而成，和自然界中有机体是由细胞组合而成的道理是一样的。这些系统单元的构成依据是经典的数学比例，它们的组合方式也遵循建筑机体的需要。劳维里克斯在解释他的学生克利斯蒂安·贝耶（Christian Bayer）设计一个教堂平立面的方法时，对于系统单元在建筑中的使用提出了明确的要求：

〔377〕

---

*他于公元前 5 世纪发明了科林斯（Corinth），此亦为其名称之由来。——译者注

建筑依赖于单元而建，建筑有机体由于这单元而成……这具有广泛基础的韵律总是会出现的，没有这单元就不可能设计一座建筑，因为这单元并不依靠自然机体的结构而存在。[108]

谈到比例，劳维里克斯甚至回过头来引用维特鲁威的观点。他假定宇宙秩序的模式出现在建筑中，而在宇宙秩序的背后，潜藏着一种富有创造性的数学原理。反过来，宇宙秩序又会影响人类社会的秩序。

劳维里克斯预言了几年后荀梅克(M.H.J.Schoenmaekers*)的神智学观点，这一观点对于泰·范·陶斯柏(Theo van Doesburg)、皮耶特·蒙德里安(Piet Mondrian)和风格派(De Stijl)的活动有着决定性的影响。在劳维里克斯和贝尔拉戈之间还有一层关系，后者在为阿姆斯特丹股票交易所(Amsterdam Stock Exchange)所做的第二个设计中，应用了与劳维里克斯类似的网格模式。贝尔拉戈在1908年写道：

在杜塞尔多夫工艺美术学校里，在荷兰人劳维里克斯的领导下，所有的设计都呈现出相似但又高度个人化的面貌——而劳维里克斯本人将这种方法使用得最为纯熟。[109]

在艺术家区的阿姆·斯蒂恩班德(Am Stirnband，1910–1914年)是劳维里克斯为威斯特伐利亚(Westphalia)的哈根(Hagen)的卡尔·恩斯特·奥萨豪斯(Karl Ernst Osthaus)开创的这样一个统一的体系，它基于一个17厘米的方形，并适用于各种总平面。[110]那时，勒·柯布西耶恰好到了哈根，代表贝伦斯监督附近一些住宅的建造施工，所以，勒·柯布西耶后来的"模数"(Modulor)概念很可能最初就是来自于劳维里克斯的。在卡尔·恩斯特·奥萨豪斯的冲击下，1910年前后的哈根有点像一个艺术和建筑思想的熔炉，他在埃森(Essen)创建了福克望(Folkwang)博物馆，同时，他也是德意志制造联盟的领导成员之一。[111]

劳维里克斯是这一时期众多荷兰建筑师中，惟一一位提出了某种新的建筑设计基础理念的人物。世纪之交

[378] 之时最重要的荷兰建筑师，是亨德利克·佩特鲁斯·贝尔拉戈(Hendrik Petrus Berlage，1856–1934年)[112]，他的文笔明显比劳维里克斯更加理性，他的出发点是森佩尔、维奥莱–勒–迪克(Viollet–le–Duc)，以及西特(Sitte)。[113]在他那篇标题具有误导性的论文——《建筑与印象主义》(Bouwkunst en impressionisme，1893年)中[114]，贝尔拉戈提出了国际性的方法论思想，这起初是与建筑形式无关的，仅仅与其效果有关。因为，采用以往的风格不能够实现这一目标，所以需要转向"特性化"。

贝尔拉戈最著名的论著是他在德国所作的系列演讲。他在莱比锡的《关于建筑风格的思考》(Gedanken über Stil in der Baukunst，1904年)中[115]，试图对新建筑给出一个更为精确的定义，用来取代产生于旧资本主义体系下的定义。他从历史风格中提炼出来的原则是简率的结构，真实，静止，多样的统一，以及秩序：

所以我们的建筑应该再一次用某种秩序管理起来！难道一个没有根据几何体系的设计能够有大的进步么？这是一种早已为今天的荷兰建筑师所采用的方法。[116]

贝尔拉戈为阿姆斯特丹股票交易所做的第二个方案(1896年)，就是基于"埃及式"的三角形(基本比率为5：4)和正方形的模数体系。[117]

在贝尔拉戈看来，艺术的主观概念，是资本主义的产物，这一概念必须为以工人阶级运动为基础的公共艺术创造条件："理性建筑"(vernünftige Konstruktion)是"新的世界感受，是全人类社会平等"的表现。[118]他在苏黎世的讲演《建筑的进步和基础》(Grundlagen und Entwicklung der Architektur，1908年)中[119]拓展了这一观点，他重申，几何形体应该是一切真正风格的惟一基础，是"统领整个宇宙"的通则。[120]他坚持认为，几何形体"在艺术形式的创造中，不仅是十分有用的，而且更具有绝对的本质"。[121]他用几何体设计的观点来看整个建筑的发展历史，并引用了晚期中世纪尖塔的经典、霍夫斯塔德(Hoffstadt)等人所做的新哥特式经典，共济会的秘密仪式，以及三角测量和积分的过程。他对未来的建筑提出了三个要求：

---

* Schoenmaekers，荷兰数学家兼哲学家。——译者注

1)建筑的构成，应该再一次强调以几何主题为基础。

2)早期风格中的个性化形式应该停止使用。

3)建筑形式应该向客观的方向发展(*nach der sachlichen Seite hin*)。[122]

装饰也必须服从于几何的法则，因为只有这样才有可能发展出新的风格来。人们会感到中世纪行会以及工艺美术运动的渊源："只要这样，建筑艺术的作品才不会囿于自身的个性，而应该成为全社区的，或所有人的，共有产品。"[123]

这种新的建筑思想植根于用集体取代个人的社会主义理念，这是一种在 19 世纪经常出现的思想现象，但却分别服务于几种完全不同的意图。贝尔拉戈的风格立场和结论，不久就被劳维里克斯和"风格派"(De Stijl)运动所取代，完全不同的哲学背景使得二者无法和睦共处。

在泰·范·陶斯柏(Theo van Doesburg)以"风格派"为名的期刊刊行以后[124]，这个荷兰团体便自称"风格派"(De Stijl)，将其根植于陶斯柏(Doesburg)，尤其是蒙德利安(Mondrian)的朋友，荀梅克(M.H.J. Schoen-maekers)的通神论观点之中了。正如他在他的著作《新世界观》(*Het nieuwe werelbeeld*，1915 年)和《创造性数学的原则》(*Beginselen der beeldende wiskunde*，1916 年)中所显示出来的那样，荀梅克的哲学是新柏拉图主义的　〔379〕"积极神秘主义"，并由此产生了一种"造型数学"(plastic mathematics)。

> 我们正在学习把我们心中的真实，转译为可以用理性所控制的结构，于是我们可以将这些结构放回到周围自然的真实中进行再认识，用我们富有创造力的视觉图景来充实自然。[125]

荀梅克于是拒绝那些将大自然看作是一种幻想的直觉：这是绝对的真理，"减少自然中相对性的一面，使其变得更加'绝对'，以至于需要重新验证自然中'绝对'性的一面。"[126]

对真实感觉的摒弃，以及对绝对抽象的追求，是"风格派"艺术家所追求的目标，他们规定自己只用少量的基本元素——直线、直角以及纯粹的颜色：红、黄、蓝。[127]泰·范·陶斯柏(Theo van Doesburg，1883 - 1931 年)[128]，作为这一组织的创始人和主要理论家，在他的大量著述中，将荀梅克的哲学和康定斯基(Kandinsky)的艺术理论结合在一起，这同样是来源于通神论的思想。

"风格派"运动始于 1917 年，随着陶斯柏的去世而告终。这一运动对建筑和美术提出了统一的法则——这是一种令人回想起工艺美术运动的政策，所有不符合这一政策的东西都将遭到"风格派"艺术家的刻板反对，尤其是在他们准备接受机械化，以及大都市现象的时候。他们追求一种有着科学精确性的艺术，不受主题、情绪和大自然的影响：

> 它是精神上的，完全抽象的，它准确地表达了人类是什么的问题，同时，与感觉相关的东西是不会达到智慧的境界的，这些常常会被认为是属于较低级的人类文化。艺术不必打动心灵。一切情绪，不论是来自痛苦还是喜悦，都代表了在主观(人)与客观(宇宙)之间的和谐与平衡的瓦解。艺术作品必须创造一种物我之间的平衡状态；情绪的变化只会创造某种恰恰相反的东西。[129]

建筑对于"风格派"，是一个特殊的焦点，被当作一种工艺美术来看待。他们的观点常常是无情的、激进主义的，正如蒙德利安的一段话中所说：

> 真正的现代艺术家把城市看作是抽象生命的代表。城市比自然更接近他，也使他能够享受更多的美感，因为在城市里，大自然是被人类意志秩序化、规则化了的自然。线与面的比例与节奏，对他来说，比大自然的花哨有着更多的意味。在城市中，美用数学的方式展现着自己；在那里，一定有着未来的，数学 - 艺术的气质；新的风格在那里孕育。[130]

根据陶斯柏的观点，挑战是"将美术原则转化为建筑原则。"[131]建筑是一个艺术形式的问题：功能主义、结构和材料都是次要的问题。

> 在建筑的配置中，具有纯粹表现意义的是表皮、体量(正的)和空间(负的)。建筑师通过面、体、内部房间和空间的关系来表达他的美学体验。[132]

〔380〕蒙德利安甚至把建筑解释为二维的绘画和色彩的载体，而不依靠空间和时间，正如他本人所写：

> 新的观点并非来自某个特殊之处，它是无所不在又无所在的。与相对理论有关的是，视点与时空并没有必然的联系；实际上，视点在表皮的前面(深化概念的最后时机)。于是新的观点把建筑看作是面的复合体，有着表面的属性。抽象地看，多样的统一构成了一幅平面的图画……整座建筑的颜色倾向，所有的日用品、家具等等……这对于结构纯净性的传统观点也提出了挑战。关于结构必须隐藏的观点并没有死亡。[133]

这样，一方面建筑需要渗入其他的艺术领域，另一方面它又分解为一系列的图像，这使它与巴洛克风格有着精神上的相通之处，而巴洛克却是"风格派"艺术家所痛恨的风格。陶斯柏试图将一些概念，例如经济和功能，结合到他的建筑概念之中，但是他对于直角和直线的坚持，使他只剩下很少的调整余地。他也作过很大的努力，将时间作为一个变量引入到建筑之中，这导致了某种关于实体和表面问题的物力论(*dynamism*)：

> 新的建筑是反立体的(anti–cubic)，也就是说，人们不再苦心孤诣地将不同功能的房间单元集合到一个孤立封闭的立方体里，而是使这些单元和某些空间放在一起，例如门廊和封闭阳台，冲出立方体的中心，其结果是高、宽、深，加上时间，在开放的房间里产生一种完全不同的图像表达。于是，在结构允许的前提下——这是工程师的事情——建筑获得了一种游移的特征，这在某种程度上消解了地球引力。[134]

这些观念在实践中最为引人注目的表达，是格里特·里特维尔德(Gerrit Rietveld)位于乌特勒支(Utrecht)的施罗德住宅(*Schröder House*，1924年)。

"风格派"运动肇始于荷兰人，但是他们认为这应该是国际性的，尤其是陶斯柏，他曾试图从其他国家吸引相关的力量，例如埃尔·利西茨基(El Lissitzky*)就曾经在这个团体的期刊部门工作过。陶斯柏曾经在魏玛的包豪斯教过两年书，这两年过得并不是一帆风顺，他的《新形式艺术的基本概念》(*Grundbegriffe der neuen gestaltenden Kunst*)就是他在包豪斯期间出版的。[135]他在1921年曾经寄过一张建筑明信片，上面印的满是粗体的"风格派"字样。[136]

尽管"风格派"运动的重要性主要体现在建筑方面，但许多曾经参与过讨论的领袖建筑师却渐渐地散去了，其中包括欧德(J.J.P. Oud)和罗伯特·范特·霍夫(Robert van't Hoff)，后者曾经在美国学习，并极大地促进了赖特(Frank Lloyd Wright)思想在荷兰的推广。在这场运动中，对于社会问题看得是如此无关紧要，以致于曾经参与过住宅项目，在1918年被指定为鹿特丹(Rotterdam)城市建筑师的欧德(Oud)，最后也不得不放弃他对这个组织的支持，正如他在包豪斯的出版物《荷兰建筑》(*Holländische Architektur*，1926)中所说：

〔381〕
> 建筑的目标不再是用动人的形式创造宜人的居所，却为一种来自异乡的美学思想而去牺牲一切，使其变成生活变化的障碍。原因和结果彼此混淆在一起。[137]

应该记得，与"风格派"运动的抽象美学相对应，在20世纪20年代的荷兰，有一大批住宅项目都属于全欧洲最为激进的设计。[138]

---

* Eleazar Lissitzky，1890–1941年，俄罗斯前卫抽象主义艺术家。——译者注

在魏玛共和国时代的德国，有许多不同的组织卷入了建筑问题的讨论，其中大多数使用了同样的字眼，不同的仅仅是词组。既然许多人在理论上和实践上都对分类持否定意见[139]，则按"风格"分成"表现主义"、"新古典主义"之类，也没有很大的价值。布鲁诺·陶特是少数几个用理论写作来表达他们态度变化的人之一；大部分人却没有，即使有也很少能够中肯地说出他们的艺术成就，指出他们理论论述的不足，这样说并不是在诋毁汉斯·珀尔齐希、埃里希·门德尔松(Erich Mendelsohn)或汉斯·夏隆(Hans Scharoun)等人的作品。[140]

另一方面，一位不那么重要的建筑师，胡戈·哈林(Hugo Häring, 1882 - 1958 年)，却基于目的论的历史观，发展了一种浅薄的、似是而非的有机建筑理论[141]；建筑作品迥异的夏隆，也承认受了哈林思想的启发。[142]哈林提出了一种基于遗传进化论的历史观，从几何文化进化成为一种有机的建筑模式，这种进化，以及从停滞到运动的变化，平行地向前推进，他吃惊地发现这一模式尤其明显地存在于地中海地区。他提出以下范例：埃及——方形，金字塔；希腊——长方形，神庙；罗马——圆形，穹顶；文艺复兴和巴洛克——椭圆。这些短语中的最后一个使他得出由内至外的建筑原则——当时的"有机"原则。他把北欧建筑视为从几何到有机的例证，并赋予后者以功能形式和表现形式的概念，认为它是建筑师创作努力的产物。功能的形式引起了一种无名的方式；他使用"有机"形式的术语，并不意味着与有机形式相似，而是遵守有机的原则，同时又是功能性的。关于他 1925 年为古特·加尔考(Gut Garkau)设计的农场建筑，他写道："这座建筑设计的实现，目的是用最简单、最直接的方法，寻求一种与功能要求相对应的形式。"[143]

这样，哈林便把有机和功能等同了起来，由他所说的，一种新的生活和新的社会必须渗透进艺术的创造之中，我们听到了芝加哥学派所提出的功能概念的模糊回音。但是他在理论上也并没有比那些陈词滥调的说教好多少：

> 几何学要求一种基于几何法则的空间秩序。而有机文化则要求一种使生命自我充实的空间秩序。
> 前者走向了建筑学的概念；后者则代表有史以来所有房屋的概念。[144]

到目前为止，德国 20 世纪 20 年代在建筑上最有活力的是包豪斯。一方面，包豪斯的思想体现了德意志制造联盟的延续，也就是体现了对英国工艺美术运动的改写；另一方面，在实用范围中，包豪斯也继承了比利时人亨利·范·德·维尔德(Belgian Henry van de Velde)于 1902 年至 1915 年在魏玛的工艺美术学校(Kunstgewerbeschule)，将教学和工艺作坊的实习结合起来的做法。

亨利·范·德·维尔德(1863 - 1957 年)不再依赖穆特修斯这位他在某些方面很欣赏的人，而是成为一个英国思想在欧洲大陆，特别是德语地区的催化剂。他在魏玛的活动，使得我们在这里有足够的逻辑理由，将他看作是包豪斯的先驱者。[145]他的那些包括建筑在内的一般艺术理论，沿袭了拉斯金和威廉·莫里斯的传统，然而，在某些关键的方面却大不相同，其发展方向与德意志制造联盟是相似的。他所写的大量文字都是针对普通大众的，他在寻求一种新的"风格"来吸引大众的注意，并试图为此提出一些原则。[146]他的出发点，是试图将所有艺术在起源上加以统一，而这些艺术的惟一目的是用于装饰。他紧步拉斯金的后尘，对于文艺复兴运动中将艺术分割开来的做法表示反对，但同时又认识到，回归哥特式并不能够解决风格方面的问题，当代艺术必须考虑机械化和大批量生产方面的因素。他持有一种温和的社会主义者的观点，相信可以通过提高大规模产品的美学质量来对工业产生影响：〔382〕

> 显然，机器终将挽回它们导致的一切不幸，并弥补它们助长的所有暴行……它们不分青红皂白地生产美和丑。但它们一旦被美所掌握，就会用强有力的铁臂来生产美。[147]

范·德·维尔德对所有的新材料和新结构都持接纳的态度，并将工程师和勘测员放在与建筑师平等的地位。他认为设计是功能、结构、材料与装饰的有机统一体。他几乎已经走到了认为是实用导致了美感的地步，因而可以算得上是一位功能主义者："一种愿望，从一开始就只想创造一件所有细节都实用的东西，其结果就将产生纯粹的美。"[148]这一方法导致的结果是建筑、家具和日用品的简单，其实证是范·德·维尔德在布鲁塞尔的乌切罗区尤克勒(Uccle)的花房(Bloemenwerf House)，这是对莫里斯的红屋的一种响应。然而，范·德·维尔德的功能主义并没有走向对装饰的弃绝，而仅仅是反对那些外加的、无机的装饰。他更关心的是新的时尚装饰的问题，并为此而写了论文《我想要什么》(*Was ich will*，1901 年)：

> 对于涉及建筑的任何一种工艺美术，人们在进行创作的时候都必须格外地留心，确保它和它的外表与其指定的意图和自然的形态在每一个方面都是一致的。如果没有形成有机体和有机体之间的关联，则任何东西都将是不合理的。如果不能有机地结合，任何装饰也都是不被允许的。[149]

范·德·维尔德反对过去的一切象征性的装饰，认为这种装饰与现代的意图没有关联：

> 我希望用一种崭新的、不朽的美，换下陈旧的象征元素，那些东西对于今天的我们已经失效了……于是装饰自身不再具有独特的生命，而是依赖于物体自身的形状和线条，它从中获得恰当的、有机的位置。[150]

他又写道：

> 我认为装饰在建筑中有着双重的功能。一方面，它对结构起着辅助的作用，并对其作用的方式进行了强调；另一方面，它通过交错的光影，将生命带入了一个光线与阴影均匀分布的空间之中。[151]

[383] 在工业化过程以及装饰艺术中，共同存在着一种逻辑法则的模式，这导致了一条绝对的规则："任何一种不能运用现代手段轻易地、可以复制地生产出来的形式或装饰，都将会被拒绝。"[152]他进一步断言："我的想法将是重复生产我的作品一千次以上，当然是在最为严格的监督之下。"或者，正如他在德意志制造联盟 1908 年的第一次大会上所提出的："如果我不是尽力地适应现代机械，将以前要靠工匠纯手工完成的产品，改用工业生产的方式，我将不属于我所生活的时代。"[153]

范·德·维尔德在魏玛的工艺美术学校一直追随着这样的方向，在阿什比(Ashbee)的领导下，以及 1888 年手工艺学校(School of Handicraft)所作出的榜样之后，学校和工房结合在一起，但是手工艺的设计渐渐被机器的设计所取代。和提倡设计标准化的穆特修斯不同，范·德·维尔德仍然坚持着个性化的思想。这一区别在制造联盟 1914 年的科隆大会的过程中完全体现了出来。战后，在进步的现代主义运动"新建筑运动"(*Neues Bauen*)的影响下，善于适应的范·德·维尔德才逐渐接受了完全没有装饰的"国际式风格"的概念：

> 今天，我们见证了一次自发的对于装饰的放弃，不仅仅是在建筑方面，在家具中也是一样……这一放弃唤醒了人们在建筑中所发现的感觉，在其中有一种原始的、内在的装饰，它存在于艺术作品里，在花卉中，或在人体上，其表达方式在于比例和体量……[154]

范·德·维尔德的早期理论其目标是试图促成在功能主义、有机装饰和工业设计方面的结合，并为新的、时尚的风格创造一种相应的规则，但是实际上，它仅仅成为了"新艺术运动"(Art Nouveau)的理论基础，他这一时期的所有作品都属于这一性质。后来的包豪斯发展了他的这些思想。

魏玛的工艺美术学校中并没有建筑学专业，包豪斯也是直到 1927 年时才设立了这一专业[155]，但是，我们发现，当沃尔特·格罗皮乌斯(1883－1969 年)[156]在与城市地方当局讨论有关对他这一职务的任命时，就在课程中给予建筑以一个显赫的位置，这一事实让我们吃惊。范·德·维尔德在 1915 年推荐格罗皮乌斯为他的继承人，但是直到 1919 年工艺美术学校(Kunstgewerbeschule)和撒克逊造型美术学院(Sächsische Hochschule für bildende Kunst)合并的时候，才给予正式任命。在 1908 年至 1910 年之间，格罗皮乌斯在贝伦斯的事务所，有着一段非常重要的经历，他设计了阿尔费尔德(Alfeld)的法古斯工厂(Fagus factory，1910－1911 年)，以及制造联盟在 1914 年科隆进行展览的示范性工厂。在他的早期理论著作中，他的兴趣主要集中在标准化住宅的设计上，他追随美国已有的实例，建议制造预制性构件。"通过这种方式"，他在 1910 年写道，"艺术和技术将被

结合成为一个令人愉快的整体，广大公众能够拥有真正优良的、成熟的艺术，以及可靠而高质量的产品。" [157]

这些思想与格罗皮乌斯同年加入的制造联盟是一致的。1911 年，他写道：

> 作为劳作的场所，我们必须要建立一种不仅是为工厂的工人们，也就是那些现代化工业生产的奴隶们，拥有光线、空气和清洁的宫殿，还要向他们传达一些高尚的有着伟大公共思想的东西，以对整个企业起到促进作用。[158]

这种社会共同体的立场，明显与他在制造联盟 1913 年的年鉴中所发表的论文《现代工业建筑的发展》（*Die Entwicklung moderner Industriebaukunst*）相反，在这篇文章中，他追随了穆特修斯的更为惯常的路线。 〔384〕

包豪斯存在于 1919 年至 1933 年之间，其创建必须放在德国艺术教育改革的大背景下来看[159]，虽然其体制中的某些元素，是格罗皮乌斯本人建筑观念的产物。特别使他着迷的——就像贝尔拉戈在荷兰——是从中世纪泥瓦匠的手册书中透露出来的概念和思想，他早在 1906 年就对此感兴趣了。[160] 正是这一特点，以及当时社会环境下对艺术的理解一起，都可以归属于英国的从普金（Pugin）、拉斯金与莫里斯，直到工艺美术运动的建筑论争的核心内容。然而，当德意志制造联盟试图通过与工业的合作，赋予建筑和工艺美术以新生时，格罗皮乌斯却回到了中世纪泥瓦匠行会（Bauhütte）中所记述的思想上来：

> 人们可能会回忆起建立在理想形式的基础之上的中世纪行会中那种愉快而完美的合作，在那里具有相似意向的艺术家们来自一些相互关联的领域——建筑师、雕塑家，各种不同水平的匠人们——他们凭着一种对于全局尊重的精神，谦逊地为整个事业作出自己的贡献……难道不可以凭借被时间检验了的合作模式的再度复兴，稍加修改用之于现代世界，使现代生活条件下的表现形式变得更为统一，在即将到来的日子里最终凝成一种新的风格吗？[161]

格罗皮乌斯在大战中的体验，是他经历了"从扫罗到保罗的转变"（conversion from Saul to Paul*），他在 1919 年的一封信中写到了这一点。[162] 他对社会主义不以为然，加入了柏林的"艺术工会"（*Arbeitsrat für Kunst*）革命组织，并成为"玻璃链"的捐助人。中世纪行会的那些概念被社会主义和表现主义的思想抢了风头，包豪斯的名称和宣言就是以这样的方式确定的。宣言发表于 1919 年，在它的标题页上，有一张菲宁戈（Feininger）的木刻版画（图版 177），在格罗皮乌斯的文字中有这样一段话：

> 让我们为匠人们重新建立一个行会，在这里没有那种自命不凡的等级划分，用一堵傲慢之墙将艺术家与匠人隔绝开来。让我们一同期盼、正视和创造一种新的行会，这是属于未来的行会，其中所有的东西都是简单明了的——建筑、雕塑和绘画，这些东西将在千万匠人的手中升华，成为未来新的信仰的水晶象征。[163]

包豪斯的追求是，"再次将所有工艺美术结合起来"、建立"艺术的统一作品"（*Einheitskunstwerk*）；在包豪斯理论下的课程设置，结合了工作车间的实习，像中世纪一样，学员被分为熟练工（masters）、年轻熟练工（young masters）、工匠（journeymen）和学徒（apprentices）。然而，在格罗皮乌斯 1922 年为陶特的先锋杂志《黎明》所撰写的文章中，体现了一种对建筑师地位的自豪，但是，这篇文章因为这本杂志的当年停刊而未能发表：

> 一旦画家和雕刻家的作品，用他们艺术中相似的激情促进了建筑师的思想，绘画和雕刻的作品，就将再一次被建筑的精神所充满。在中世纪行会中，哥特教堂的拔地而起，就是仰赖于不同层次的艺

---

* 出自圣经故事，Saul 和 Paul 是同一人。早先 Saul 无恶不作，贪得无厌，在去大马士革途中与耶稣发生一段不寻常的谈话。他被藏匿在城市中的一间屋内，灵魂被破碎，领受了耶稣的启示，并皈依（conversion）而成为 Saint Paul，乐善好施。虽一字之差，却是人生的大转折。Saint Paul 遂成西方人喜爱的名字。米开朗琪罗绘有《The Conversion of Saul》。——译者注

术家在精神上的紧密协作。[164]

画家奥斯卡·施莱默(Oskar Schlemmer)把包豪斯称作"社会主义的大教堂",这不是没有原因的。[165]

[385] 无论如何,直到1925年至1932年,包豪斯在德绍(Dessau)期间,对建筑之重要性的提升,才在课程设置中显现出来,同时于1927年指定汉内斯·梅耶(Hannes Meyer)为新成立的建筑系的系主任。也正是在这一段时间,《包豪斯丛书》(*Bauhausbücher*,1925–1930年)得以出版,同时出版的还有包豪斯的期刊《建筑与设计杂志》(*Zeitschrift für Bau und Gestaltung*,1926–1931年)。[166]从1926年至1928年,格罗皮乌斯还承担着德绍郊区托仑(Törten)的一片住宅区的建设工程,在那里,他将自己标准化住宅的思想付诸实施,这一思想被整理成为一个分为21个步骤的"理性住宅建筑的系统准备"程序(*Systematische Vorarbeit für rationellen Wohnungsbau*,1927年),但这是一个不无极权主义倾向的程序:

> 建筑意味着生活过程的设计。大多数个体有着相似的需求。所以,用一种统一的、相似的方法来满足大量相似的需求,是符合逻辑的,也是经济的。[167]

像荷兰"风格派"运动一样,格罗皮乌斯代表着一种国际式的建筑。在《国际建筑》(*Internationale Architehtur*),即《包豪斯丛书》的第一期(*Bauhausbücher*,1925年)中,技术功能主义和一元论哲学被认为是国际式建筑的先决条件:"在现代建筑中,可以清楚地感受到个人和民族都被客体化了。"[168]他所引用的范例考虑了国际运动的多样性,并没有试图强加单一的"风格"。他的序言是以一种对于技术的无条件信任为结论的:

> 建造者在这本书中所表现出来的,是对现代世界中的机械、汽车及其速度所共同持有的积极态度;他们追求更为粗犷的结构形式,以在效果上与外观上,超越和覆盖这个世界的消极怠惰。[169]

离开包豪斯以后,格罗皮乌斯出版了一本关于德绍校园建筑方面的著作(1930年),书中再次强调,这个机构的目的并非是要创造某种新的"风格"。同时他也重申了日用品标准化的重要原则:

> 万物都取决于本质;为了建造它,使它有着恰当的功能,人们必须明确它的本质是什么,因为我们必须使它完美地为目的而服务,就是说,使它满足功能,能够持久、廉价,并且"美"。[170]

本质在这里变成了功能的同义语,艺术作品同样受到这一影响:

> 在知识和材料两方面,"艺术作品"不得不具有"功能",就像是被工程师生产出来的某些产品,例如飞机一样,其目的显然是飞行。[171]

但实际上,格罗皮乌斯远远不止推出了新的"风格",当他推广平屋顶时,他确信其不久将变得很普遍,他还像勒·柯布西耶一样,在规划说明中附上了俯视图:

> 对于屋顶花园的适当引进,正意味着将自然引入城市的混凝土沙漠之中。未来城市在屋顶和平台上都将会有花园,从空中看过去就像是一个大花园。随着房屋建设而消失的绿地,将会回到平屋顶的屋面上来。[172]

[386] 格罗皮乌斯于1934年从德国移居英国,在这以后他一直在推进着他的标准化概念,并且继续推进预制建筑集合体的设计,这些都表现在了他的著作《新建筑与包豪斯》(*The New Architecture and the Bauhaus*,1935年)和他的文选《整体建筑总论》(*The Scope of Total Architecture*,1956年),以及他于1945年在美国所创建的合作组织——"建筑师合作社"(TAC)之中。[173]

拉兹罗·默奥里－纳吉(László Moholy－Nagy，1895－1946 年)曾经为建筑理论作过重要的贡献，他于 1923 年至 1928 年在包豪斯，继约翰内斯·埃登(Johannes Itten)之后开设了导言性的课程。[174]在包豪斯的出版物《从材料到建筑》(*Von Material zu Architektur*，1929 年)上有他的教学提要，在提要的最后章节是关于空间问题的研究的。[175] 他在规划上的第一原则，是一种生物学加功能主义的空间概念；同时他还要求一种经过构造的"作为在其中生活的人们的心理健康基础的空间体验"。[176]他把建筑定义为一种"可体验的关联空间"(*erlebbare Raumbeziehung*)，他用动力之间的联系来考虑这一问题。这使得他创造了一种"动力学结构体系"的模型，在这一模型中"人体运动路径"(*Bewegungsbahnen*)与之获得了创造性的一致(图版 178)。他将空间处理成处于"永恒流动的空间'存在'中的一个交织点"[177]；总地说来，在他的空间概念中，建筑是一个"无限空间的节点"。[178]像格罗皮乌斯一样，默奥里－纳吉也把鸟瞰图看作是新建筑的关键要素："对我们来说，最重要的就是鸟瞰图，一种对于空间的全面体验，因为它会改变一切过去的思想。"[179]1937 年，默奥里－纳吉成为芝加哥新包豪斯的校长，这所学校后来变成了芝加哥设计学院(Chicago School of Design)。

汉内斯·梅耶(Hannes Meyer，1889－1954 年)，一个 1927 年进入包豪斯的瑞典建筑师，并于 1928 年至 1930 年继承格罗皮乌斯成为校长，在政治方面和建筑方面都远比他的前任更加理性。[180]1926 年，他在瑞典出版了一部具有挑战性的论文《新世界》(*Die neue Welt*)，次年，他为日内瓦(Geneva)的新国际联盟大厦(new League of Nations building)提交了著名的参赛方案。为了与过去彻底决裂，梅耶鼓吹一种强硬的功能主义：

> 房屋是一种机器，而不是一个美学过程，房屋的艺术成分及其使用功能一再地发生矛盾。如果以一种理想化的、基本的语汇来进行设计，我们的住宅就将会变成一种机器。[181]

他把标准化看作是"我们的社会公共性的标识"，艺术品仅仅被容忍为一种收藏品。[182]在新国际联盟大厦的方案说明中，他写道：

> 这座建筑无意和周围的林园环境建立那种类似花园般的联系。作为人类思想的产物，它与大自然保持了可以识别的差异。这是一栋不美也不丑的房子：它应该被判断为一种结构的发明。[183]

梅耶在包豪斯杂志上所发表的文章用了一种极具煽动性的语调，有时甚至把矛头指向包豪斯自己当前的机构上来。他的论文《建造》(*Bauen* *，1928 年)是表现他的国际主义与功能主义立场的纲领性文件：

> 世间万物都符合功能乘以经济的公式……所有的艺术都是组合物，因而也不是恰如其分的(*zweckwidrig*)；所有的生活都是功能的，因而也是不艺术的(*unkünstlerisch*)……建造是一种生物学的过程。建造不是一个美学过程。未来住宅的基本形式，不仅是一种居住的机器，而且，还是一种服务于精神与物质需求的生物仪器……建造仅仅是一个组合的过程——社会、技术、经济和心理学的组合。[184]

〔387〕

在一篇诗歌体的论文《包豪斯与社团》(*Bauhaus und Gesellschaft*，1919 年)中，他甚至否认包豪斯曾经有过艺术的追求：

> 房屋与设计是一体的，
> 是一种社会活动。
> 作为"设计学院"
> 德绍的包豪斯并不是艺术的
> 而是一种当然的社会现象。[185]

---

*英文原版注释中此段德文的梅耶文章引注支离破碎且有错误，英文原版正文与注释德文亦不一一对应，同时造成英文原版正文意思部分扭曲。今依据德国网址提供的梅耶《建造》(Bauen)全文，将正文和注释予以补全并订正。详见注释184。——译者注

梅耶的马克思主义艺术观，使包豪斯内部的讨论转变成为一种形而上的争论，这导致了他仅仅做了两年的校长，就于 1930 年被解聘了。在他随后对俄国的访问中，他得以在马克思主义建筑师的旗帜下继续发扬这些思想。[186]

路德维希·希尔贝塞默（Ludwig Hilberseimer，1885 - 1967 年），于 1929 年被派往包豪斯，在最后的一些年中，这所学校成为了城市规划领域的权威。作为一名多产的作家[187]，他在《大城市建筑师》（*Großstadtarchitektur*，1927 年）中提出了基于理性原则的有机城市概念，他认为这比勒·柯布西耶两年前所提出的"城镇规划"（*urbanisme*）的概念更为有效。[188]他的双重"垂直"城市的理念，提供了一种紧凑的组合体，其中办公室、商店和交通网都位于住宅下方的那一层上（图版 179）。在 600 米长、100 米宽的街区中，下面的 5 层用来容纳办公室、商店，上面的 15 层则是居住单元，这些居住单元中的设施十分完备，在他的设想之中，当人们搬家时，"只需要装满一个手提箱就可以了，无需用货车来搬。"[189]街区用 10 米宽的街道划分，在第 5 层之上的交通线高度，则用桥连接起来。希尔贝塞默并不把他的网格看作是一种标准化的做法，而是"一系列的理论试验，以及一种对建造城市的元素的示意性运用。"[190]他的"有机"城市概念，实际上有着严格的限定。城市规划被看作是一些最准确、最本质、最普遍的建筑形式的缩影，而且限于立方体形式，以它作为一切建筑形式的基本单元。[191]希尔贝塞默的垂直城市，是 20 世纪可以见到的关于城镇规划的最容易理解的概念之一；在他于 1938 年从德国移民美国之后，他继续发展了自己的思想。

路德维希·密斯·凡·德·罗（Ludwig Mies van der Rohe，1886 - 1969 年）是希尔贝塞默的朋友，他第一次遇见格罗皮乌斯是在柏林贝伦斯的事务所，在他领导包豪斯的三年（1930 - 1933 年）中，完全改变了包豪斯的性质，把它彻底地变成了一所建筑院校。[192]通过德意志制造联盟 1927 年在斯图加特威森霍夫社区（Weissenhof - Siedlung）的展览，以及 1929 年巴塞罗那世界博览会的德国馆，密斯成为了"新建筑运动"（Neues Bauen）最为典型的代表。他很少写作，他写的东西也很容易被人曲解。[193]他早期的文章赞成形式追随材料的观点。在他的论文《工业建筑》（*Industrielles Bauen*，1924 年）中，他比格罗皮乌斯更深入地阐述了大批量生产的意义："如果我们成功地实现了工业化，我们的社会、经济、技术甚至艺术的问题都将变得容易解决。"[194]接下来，他把工业化的过程看作是依靠于新建筑材料的发明，这种材料是"能够机械化生产、全过程企业化，是坚固的，经得起风吹雨打的，隔声的，而且有着良好的绝缘性能。"[195]然而，从他在包豪斯的那些年中所发展的精细功能主义，与梅耶所表现出来的生硬的材料主义，其间有着很大的距离。

[388]

在几年后的制造联盟在维也纳召开的大会上（1930 年），密斯不再对材料情有独钟，而是把强调的重点放在了"精神问题"之上：

> 我们不要过分地夸大机械化、标准化和类型等问题……不管我们是用钢和玻璃建造的或高或低的房屋，都没有提到这些作品的品质……然而，恰好品质问题才是具有决定性的。我们必须建立起新的标准……为每一个时代，包括我们自己的意义和权利，坚持为其存在所必需的条件提供某种精神。[196]

直到密斯在美国的那段时间，他才得以发展出一种沟通技术和"精神"之间鸿沟的理论：技术之成为建筑，并非通过形式的自由发明，而是通过其具有时代感的整体：

> 这就是为什么技术和建筑如此紧密地联系在一起的原因所在。我们真正的希望，是它们能够一起成长，直到有一天能够互为代表。只有到那个时候，我们才拥有名副其实的建筑：建筑成为我们时代真正的象征。[197]

然而，密斯自始至终坚持着建筑形式客观性的信念，他在 1965 年写道：

> 今天，经过长时间的实践，我相信，建筑对于新的发明或个性化的表现，很少或者从来没有起到过什么作用。真正的建筑永远是客观的——是它所属时代内部结构的表现。[198]

人们一定记得，在整个包豪斯存在的期间，它为国际潮流所认可，包豪斯的观点产生了世界性的影响，在不同的时期执教的人中，有像陶斯柏、欧德和斯塔姆(Stam)这样的荷兰人，还有埃尔·利西茨基(El Lissitzky)和马列维奇(Malevich)这样的俄国人。大多数成员或多或少地倾向于社会主义的阵营。魏玛共和国的政治倾向也受到他们以及德意志制造联盟观点的影响。[199]在此之后，持保守观点的建筑师占了上风，并滋养了第三帝国(Third Reich)时期建筑的土壤。

政治上的保守观点常常会与民族建筑携起手来，以向世人宣告本地以往传统的永恒与不朽。这类建筑师中的一些人，有些是相当多产的理论家，他们的作品为纳粹的文化意识形态铺平了道路。保罗·舒尔策-瑙姆堡(Paul Schultze - Naumburg, 1869 - 1949 年)就是这样的一位，他的 9 卷本《文化工作》(*Kulturarbeiten*, 1901 - 1917 年)宣传了德国文化的地位[200]，还有保罗·施米特黑纳(Paul Schmitthenner, 1884 - 1972 年)，他那植根于市民文化的一种平淡而简单的建筑图像，极好地迎合了第三帝国的意识形态。[201]另一方面，海因里希·特森诺(Heinrich Tessenow, 1876 - 1950 年)[202]和弗里茨·舒马赫(Fritz Schumacher, 1869 - 1947 年)[203]，关注传统特征和现代特征之间的平衡，在他们的文章与设计中，尚能够在第三帝国时代，成功地保持他们的人格与学问的完整性。特森诺追随制造联盟的路线，喜欢小住宅的标准化结构[204]，其基础是简单性、功能主义和客观性。[205]他的方法是温和的，所以容易受"新建筑运动"思想的影响，却不具有那种形式上的纯粹性。他关于装饰的论断则是十分典型的：

〔389〕

> 装饰或装饰物是无所不在的，但是我们越是不特意追求，越是淡然处之，就越好……这么说吧：装饰所能做到的，至多就是用一种不自觉的微笑照亮人的劳动……装饰最好的面貌就是抽象、乏味和不可理喻。[206]

弗里茨·舒马赫，1909 年至 1933 年曾任汉堡市的首席建筑师，把他的观点放在了大历史的文脉之中。[207]在《建筑之魂》(*Der Geist der Baukunst*, 1938 年)一文中，他呼吁本土传统的综合，主张一种"真实对待材料、真实对待功能、真实对待形式"的方法，并对比例作了经典的阐释，他也认为在建筑和音乐之间存在着某种类似之处。[208]例如，他赋予装饰以一种韵律性解释："如果装饰被组合进了形式之中而不仅仅停留在表面上，一种动态的效果将会出现，这种效果在功能上的重要性可以被强调或被说明。"[209]当功能主义被明显回避的时候，像特森诺或弗里茨·舒马赫这样的温和观点，在当时却引起了越来越多的注意。

通过特森诺、舒马赫和穆特修斯等人的例子，纳粹的建筑思想家们得以找到一个没有瑕疵的血统，一方面证明了民族历史的连续性，另一方面又可以阻止"新建筑运动"的国际主义倾向。[210]"新建筑"的词条，甚至陶特幻想中的"城市王冠"(*Stadtkrone*)，都被重新加以了解释。鲁道夫·沃尔特斯(Rudolf Wolters)的《德国新建筑》(*Neue deutsche Baukunst*, 1943 年)中的一段话，典型地反映了这一过程：

> 新建筑的形式和外观设计，是其内容、意义和用途的产物。他们服务于整个人类的趣味——公共大厅、剧场，以及用来接待和用于典礼的房间等。所有属于国家和民族的社会主义运动的建筑，都要和这些相结合，以创造出伟大的、无所不包的集会广场和林荫道的建筑综合体。这就是我们新的"城市王冠"(Stadtkronen)，我们今日城市的中心。[211]

纳粹主义者并没有自己的建筑理论。[212]像所有的艺术一样，建筑虽然受制于"一体化"(*Gleichschaltung*)的过程，却仍然会在政府(*régime*)的自我形象中扮演重要的角色，对于想成为一名业余建筑师的希特勒(Hitler)，他的思想也是一样的。[213]由于排外的、源于种族主义理论的、以及所谓德国文化优越性的理论受到了强调，魏玛共和国时期所坚持的守旧和民族化的倾向，在地位上获得了提升。"新建筑"被指称为是布尔什维克(Bolshevik)的同谋，一些语调极其恶毒的指责来自瑞典建筑师亚历山大·冯·森格尔(Alexander von Senger)的《建筑的危机》(*Krisis der Architektur*, 1928 年)。[214]

纳粹党的"哲学家"艾尔弗雷德·罗森伯格(Alfred Rosenberg*, 1893 - 1946 年)，曾经受过建筑的训练，

---

* 德国政界领袖，曾在《20世纪的谜思》一书中阐释了纳粹主义学说，后以战争罪被处死。——译者注

在他颇有影响的《20 世纪的谜思》（*Mythus des 20. Jahrhunderts*，1930 年）一书中，发展了一种希腊 + 德国式样的建筑，攻击新哥特式和历史主义的立场，并宣称，未来真正的建筑将体现在"哥特式及其建筑法则的内在需求"。[215]罗森伯格试图将希腊、德国和哥特的三种力量联系在一起，用以表达某种纪念性意义，并因此而对高层建筑持赞许态度[这一点在赫尔曼·吉斯勒(Hermann Giesler)的慕尼黑规划中得到了证实]：

〔390〕　　我们时代的纪念性建筑，必须把一层砖垒在另一层的上面；我们的水塔需要魁伟而独立的形式，而谷仓则需要单纯而巨大的体量。我们的工厂必须像巨人一样屹立在大地上，而分散的办公建筑则需要合并成为巨大的工作空间……尽管哥特式风格曾经被取代，但是任何一双眼睛都会注意到，哥特式精神正在为重新实现自己而不懈努力……[216]

还有：

　　在希腊式建筑中潜藏着的原则中有着日耳曼人的成分。所谓的"罗马风"教堂(实际上完全是德国式的)和哥特式教堂——完全独立于它们的历史表现——对于这些原则始终保持着忠实。而巴西利卡的形式，作为二者的基础，则表达了欧洲北部空间概念的本质。[217]

一个世纪以前，本生(Bunsen)曾经在《罗马基督教的巴西利卡》（*Die Basiliken des christlichen Roms*，1842 - 1844 年)一书中表达过类似的观点。罗森伯格将集中式平面建筑的概念追溯到地中海地区女家长制的湿地教派(Mediterranean matriarchal marsh cult)。

对于新纪念性的表达又落入了古典主义的窠臼，其角色相当于继承了"希腊 + 德国 + 普鲁士"理想的一种组合。在《普鲁士风格》（*Der preußische Stil*，1916 年)一书 1931 年的一次重要的再版中，民族主义作家阿瑟·莫勒·范·登·布鲁克(Arthur Moeller van den Bruck)[218]提出了一种新古典主义的纪念性概念：

　　纪念性是一种男性的艺术……它常常具有英雄的光环。其线条有着神圣的层次感。其形式具有信条般的力量。它自己就像是勇士般的格斗，立法者的语言，瞬间的嘲笑，不朽的义务……风格仅仅是从纪念性那里汲取了伟大的视觉特征。从血液中就可以远远地分辨出来，并且立刻意识到，一个艺术家和人民的团体形成了，他们利用历史来实现他们的愿望；其形式的支配性开始传播，这首先是一种自治，并将转而支配世界。纪念性的效果，就像大战、像人民起义、像新国家的创建——也就是，它解放、统一、创造并巩固了命运，使现有的秩序得以更新。[219]

这些话表明建筑是多么容易被操纵。这同样是希特勒在这一同样主题上所持的腔调。而像威尔海姆·平德(Wilhelm Pinder)和霍伯特·施拉德(Hubert Schrade)这样的一些艺术史家，则随即为这些论点提供了"专业性的"历史背景，以防止他们因为形而上的语无伦次而失落人心。

特森诺的一位学生阿尔伯特·斯皮尔(Albert Speer，1905 - 1981 年)在他的回忆录(1969 年)中，声称有了一种风格上的"理论"，并从其他地方找来了材料加以说明，他的目标是"将特鲁斯特(Troost)的古典主义和特森诺的简单性综合在一起。"[220]他还坚持认为，他的纪念性概念是以勒杜和部雷的思想为基础的。[221]但是，勒杜的前提与他是完全不同的，而部雷的设计作品，直到二战以后才为人们所知。关于希特勒对于建筑的态度，斯皮尔写道："竖立这些纪念碑的目的，就是要表明他统治世界的决心，很久以前他就毫不隐晦地把他的计划告诉了他的亲密伙伴们。"[222]斯皮尔的《遗址价值的理论》（*Ruinenwerttheorie*），受到了古罗马建筑遗存的启发，那些已遭毁损的结构的美学价值，在一定程度上是适合于第三帝国的建筑的，因而，这本书并非没有影响。[223]他所编纂的期刊《第三帝国的艺术》（*Die Kunst im Dritten Reich*，1937 年以后)的建筑增刊，紧追当时的时势，提供了历史范例的信息，但却没有任何理论上的见解。与古典主义的联系是由沃尔特斯(Wolters)所阐明的，他把申克尔(Schinkel)看作是最后一位伟大的建筑师，他用他的力量"以他的个性而为整个时代刻上了烙印"。[224]

〔391〕纳粹党人的目标是一种以种族、祖国和德国"人民"等价值为基础的，但却具有不同的风格与不同的类型

的统一的建筑样式。纪念性的新古典主义只限于办公建筑和公共建筑，住宅被建造成传统的"家园风格"（Heimatstil），而工业建筑则继续了 20 世纪 20 年代国际式与功能主义的传统。在这一模式后面的那些混淆的概念，可以在希特勒的建筑师保罗·路德维希·特鲁斯特（Paul Ludwig Troost）的遗孀，戈蒂·特鲁斯特（Gerdy Troost）的《新帝国的建筑》（Das Bauen im Neuen Reich，1938 年）一文中找到，其中收录了纳粹党的所有口号——"土壤的原始之力"、"与希腊人之间的血缘关系"、"对信仰的忠诚"及其他——纳粹组织的建筑可以作为它的例证。[225]　"有机生长"的概念也被提到了，但仅仅是指被自由主义和工业化的压力所干预的生长。特鲁斯特写道："一开始是农民住宅"，这是一种有着高耸的屋顶和"清晰的功能主义"的房屋。[226]　"新客观主义"（Neue Sachlichkeit）则有着布尔什维克文化的痕迹，而未来的建筑是用"石头铸就的语言"（用希特勒的话说），"国家社会主义的建筑形式，是觉醒的、等级分明的人们的深层文化力量的自画像。"[227]慕尼黑纳粹党人的建筑，遵循着"德国建筑"的原则，并展现出适度与秩序的品质："现代技术下设计的各种可能性已经走向极致，但无论何时何地，技术不能凌驾于艺术之上。"[228]

在工业建筑领域，戈蒂·特鲁斯特将新建筑运动的美学观点扭曲成了典型的纳粹党的所谓"人民意愿"的示例：

> 1933 年以来，在我们社会中大量涌现的工业建筑，用它们的存在排除了一切疑虑，证明了好的建筑形式可以从清晰的技术目的中产生。一种可以理解的世界观（Weltanschauung）的力量，可以从技术的本质中发掘出其适当的形式。展现出适度与秩序的建筑，用经济的实效和清晰的线条，象征着制造过程中有效而精确的工作，它们的建造将产生很好的整体效果。水泥、钢和玻璃都被尽情地表现了出来。[229]

这些混合了"新建筑运动"和"纳粹意识"的话，把当时的人们搞糊涂了，直到今天还困扰着我们。

1928 年，沃尔特·穆勒－沃尔科（Walter Müller－Wulckow），在他关于当代德国建筑的著名《蓝皮书》（Blaue Bücher）中，用类似"为公共使用的建筑"的完美范例这样的词句，赞扬了格罗皮乌斯在德绍的包豪斯校舍[230]，却仅仅导致了纳粹党以"文化布尔什维克"的范例的名义将其毁掉。标准化，以及对建筑的国家控制，同样扩展到了私人建筑的领域：

> 政府被自由而适当地牵涉进了参与提供包括社区的伟大作品，以及大量私人建筑物的基本原则之中，并且为新建筑铺平了道路，而这条道路通常都会受到阻拦。[231]

尽管纳粹党人没有他们自己的理论，但是他们使建筑完全服务于自己的意识形态，表现为连专制主义时代都不能与之相比的对于建筑的干涉。历史地看，那种国家社会主义的建筑意识的组成元素，是大量地形成于 19 〔392〕世纪的，在魏玛共和国的年代已经变得越来越清晰，支配这些元素的是一种保守的、民族主义的倾向，这种倾向获得了它自己的动力。所以，虽然从 1933 年到 1945 年的这一段时期，对于德国建筑的进程而言并不完整，但却是不容忽视的，所有那些保守的和带有国家主义色彩建筑观的建筑师们，都会被划入纳粹派之中。一些特定的建筑形式（例如平屋顶和坡屋顶）与建筑风格（例如新古典主义和新建筑运动）与意识形态领域结合在了一起，这不仅形成了纳粹建筑的特征，而且，新建筑运动与国际式风格的积极参与者们也不例外。这种将建筑形式与意识形态内容相结合的做法，成为了第二次世界大战之后德国建筑的沉重负担。

第二十六章 法国：1900 年代 – 1945 年

〔393〕   19 世纪末法国的建筑争论，在巴黎美术学院的内外，都表现为极端的理性主义色彩，这在舒瓦西(Choisy)和加代(Guadet)所出版的大量著作文章中可以看得最为明显。加代在巴黎美术学院时，曾是托尼·加尼耶(Tony Garnier)和奥古斯特·佩雷(Auguste Perret)[1] 两人的老师——这两个人虽然是从历史主义传统中开始他们的事业的，但最终却把传统抛在了脑后，并为法国建筑指引出了前进的方向。

    托尼·加尼耶(Tony Garnier，1869 – 1948 年)[2] 是一位土生土长的里昂人，他在那里度过了一生中最为活跃的时期，(在历经了多次挫折之后)他终于在 1899 年，以一个银行总部办公楼的设计而获得了"罗马大奖"，那是一个具有高度理性化的平面布置，但外表却是新文艺复兴形式[3] 的方案。在罗马的美第奇别墅奖学金的资助下，他参与了古代城市塔斯库伦(Tusculum)的复原重建工作[4]，这一经历激发了他设计"工业城市"(*une cité industrielle*)的灵感。1901 至 1917 年间，加尼耶又发展了这一概念，作为他研究古代城市、霍华德花园城市的概念、帕特里克·盖迪斯(Patrick Geddes)的地方主义思想、傅立叶(Fourier)的乌托邦幻想，以及西特(Sitte)和奥托·瓦格纳(Otto Wagner)的城市理论方面的成果。[5]

    最后，于 1917 年，加尼耶提出了他关于"工业城市"(*cité industrielle*)的设想，这是自勒杜(Ledoux)以来所提出的设计一座全新城市，从整体概念直到单体建筑进行综合设计的第一次尝试。与之相应的一个工作，是安东尼奥·桑特埃利亚(Antonio Sant'Elia)的"卫星城"(*città nuova*)设计，但是，桑特埃利亚始终没有能够完成他的这一设计。甚至，直至后来像勒·柯布西耶那样的城市规划概念，也没有加尼耶的设计那样，有着如此详细的描述，他用了 164 幅插图，前面还附有简要的介绍。[6]

    加尼耶推进了一种理想的城市设想，但却只适宜于法国东南地区的具体条件(图版 180)。他设想未来的城市，将完全由工业的目的所支配，他首先确定城市必须选址在那些原料获取便利、能源可以从水电资源中汲取，以及有便捷的通讯，旁边有河流通过的地方。他构想了一个山坡选址，那里满足阳光和通风的条件，他预期建立一个最初能够容纳 35000 人的城镇，然后还可以扩张。这座城镇将被严格地分区，而居住区，包括公共建筑，将占据山坡上的一处高地，其中在山坡的最高处设置为医院建筑。

    加尼耶思想中的乌托邦概念，在他构想的社会发展模式中有所显现，这一模式有益于对我们现在的过多的法律系统提供补充。同莫里斯与霍华德一样，他的前提是土地公有和基本食物、药品等由政府提供。而且，由于社会将会达到一个较高的道德水平，一些建筑物如教堂、监狱、法院和警察局将不再需要。居民区将像一座大花园，建筑物占地不到地表面的一半，另外的一半看起来就像是一种公共花园(图版 181)一样。在这里不允许设置私家的篱笆围栏。从主导风向出发，加尼耶建立了三种房屋标准：

〔394〕
    1)每幢住宅的卧室，都必须至少有一个南向的窗户，开窗大小要足够全室的照明，并允许有充分的自然采光。

    2)院落和天井，也就是说，用来采光通风的围合区域将被禁止：每个空间，无论多么小，都必须有户外的采光通风。

3）在住宅的室内，墙体、地板等等，将用带有圆角的平滑的材料制作。[7]

加尼耶的设计，通常为一层或两层的住宅，都遵循着上述标准。他提出了一种成排的长度为 30 至 150 米的台阶式建筑，以多种不同的形式排列。因而，街巷形成了格网状，公路和大街具有不同的宽度。公共建筑集中在居民区的中心，在中心部位还建有纪念性的钟楼和集会广场。博物馆、图书馆、剧院和体育中心，在加尼耶的规划中占有格外重要的地位，还有分散的学校、城镇最高处的医院综合体，具有同样的尺度。惟一的多层建筑——旅馆、商场和公寓住宅街区——密集地围绕在火车站的周围，因而不会破坏城镇其他部分花园般的形象。

在加尼耶的规划里有许多古典方面的思考。他所提出的选址令人回想起 1900 年伊曼纽尔·旁特莫利（Emmanuel Pontremoli）帕加马城（Pergamon）的复原重建[8]；他的体育场继承了罗马鲍格才家族别墅（Villa Borghese）公园露天广场（Piazza di Siea）的形式；其中一座带有中庭的建筑物中，结合进了他对庞培的印象；而在美术学院门厅的设计中，他又回到了巴黎美术学院的传统。

在对自己所做设计的简要说明中加尼耶讨论了结构问题。他主张所有公共建筑应该用混凝土和玻璃建造；浇铸的模具应该标准化，以简化建筑施工并降低造价。同样的简易性原则，也在美学方面起着指导作用：

> 从逻辑上讲，这种方法上的简易性导致了结构表达上的简易。我们也应该意识到，如果我们的结构简单，没有装饰，没有浇铸，完全赤裸，我们将可以运用所有形式的装饰艺术，而且每一幅艺术作品都将保持更大的表达清晰度和纯度，因为它们将完全独立于结构之外。[9]

对于私人住宅，加尼耶也设想了一种没有装饰的立方体建筑，虽然有时候他会将住宅作为纪念性雕塑的基座，比如他在萨莫色雷斯岛的胜利女神（Nike of Samothrace，图版 181）雕像中所采用的手法。和路斯（Loos）一样，加尼耶将一幢建筑和一件艺术品进行了严格的区分。如他所见，结构的简洁性，以水平和垂直的形式来表达自己，从而传达了一种平衡的感觉，建立了与自然界的线条之间的和谐。这种对于自然的依赖，显示出加尼耶是深深地植根于传统建筑理论之中的。

当他 1905 年回到里昂时，加尼耶开始将他的部分乌托邦设想付诸实施[10]，他在那里建造的一些建筑，比如一座拳击场、一个运动场和一所医院，是他的"工业城市"整体中的一个组成部分。从美学角度上看，在他的设计中，尽管接受了一些新的结构形式，但在很大程度上，还是受到了巴黎美术学院主流思想的左右。这正如我们从他在里昂所设计的建筑物中，以及他为"工业城市"设计的公共建筑中所使用的具有纪念性的对称形式中看到的。他的建筑思想对于 20 世纪的建筑与城市规划，有着相当大的影响，他的将城市按照功能进行分区的思想也同样如此。曾经于 1907 年第一次拜访过他，并从那里求得一本《一个工业城市》（*Une cité industrielle*）一书的勒·柯布西耶[11]，将这两个方面的影响都直接归在了加尼耶的名下。〔395〕

在加尼耶的"工业城市"中，钢筋混凝土的运用，暗示了他的技术和材料的美学特性知识。这种知识是由工程师们如弗朗索瓦·埃内比克（François Hennebique），以及更重要的，奥古斯特·佩雷（Auguste Perret，1874－1954 年）所提供的。佩雷是一位研究生，和加尼耶一样，也毕业于巴黎美术学院，毕业后直到他去世前的一年，一直在学校内担任教师。[12]佩雷还是加代的一位私人朋友，早年曾研究过维奥莱－勒－迪克（Viollet-le-Duc），而且他的美学思想，是只用格言警句的方式来表述的，这反映出他受到了巴黎美术学院传统的支配。[13]在他看来，建筑的核心问题是如何使正在开始应用的混凝土技术与维奥莱－勒－迪克、舒瓦西和加代的理性主义美学相协调。

在这一方面，佩雷的观点如下[14]：结构是建筑师的语言，但是建筑却远远不仅是结构——建筑需要的是和谐、比例和尺度；结构之于建筑正如骨骼之于动物一样；在建筑中凡是自然界中以"永久性"条件为法则的东西，适用于结构工程、材料特性、耐久性和视觉印象等等领域——他将这些看作是"某些线条所具有的普遍而永恒的意义"——而实用功能则被看作仅仅是"暂时性"的条件。他对于对称性的坚持，一方面是建立在建筑结构与动物骨架之间的类似上——这是一种从阿尔伯蒂那里沿用而来的观点——另一方面，则是建立在标准化，以及富于韵律与节奏的预制构件上。一座建筑是由结构框架（*ossature*）和其中的填充物（*remplissage*）所组成的，附加的装饰是不允许的——装饰的功能被结构构件所替代。

佩雷证实，从他的建筑概念来看，混凝土的运用包含技术与美学两个方面，而美学方面对于他具有引导性的作用，在有关古典柱式的传统中，他创造了一种"混凝土柱式"，他将这种柱式运用于他的建筑中，但却没有用理论语言加以阐释。[15]他对于希腊建筑的价值十分看重，因而，他从来不将混凝土用于室外的拱券上，而只用在柱子和柱楣上。

佩雷所宣称的"钢筋混凝土美学在世界上的第一次尝试"，是他在巴黎的庞泰街(Rue de Ponthieu)上所建的车库建筑(1905年建;1970年毁坏)。其立面是由几个部分组成的，并按3:5:3有节奏的比例排列的，这是将巴黎美术学院的美学理念传达到暴露的混凝土结构之上的一次尝试[16];实际上，它甚至可能被看作是一次哥特式拱廊和玫瑰窗的现代应用。佩雷所设计的混凝土教堂，即勒伦西的圣母教堂(Notre-Dame in Le Raincy, 1922年)，使得由新材料所创造的希腊与哥特式风格的综合成为可能，从而实现了自科尔德穆瓦(Cordemoy)时代以来一直缠绕着法国建筑师的一个梦想。

佩雷保守的美学观导致他后来的建筑走进了严格的新古典主义。但是，他的重要性在于，是他提出了有关混凝土美学的这一整个问题上，而不在于他所提供的任何详细解答上。当时(1908-1909年)勒·柯布西耶在佩雷的工作室工作，庞泰街车库建筑刚刚建成，直到这时，佩雷后来那种僵化的做法还没有露出任何端倪。

[396] 夏尔-爱德华·让纳雷(Charles-Edouard Jeanneret)，1920年改名为勒·柯布西耶(Le Corbusier, 1887-1965年)，出生于瑞士，但更确切地说，是生长于法国的文化文脉之中。[17]作为20世纪最具影响力和辩才的建筑师，勒·柯布西耶通过他强有力的理论，发挥了比其实际设计更大的影响。他在建筑师中不同寻常，因为他从事实践之前已经提出了详细的理论。他倾向于要呈现一种始终如一的人格，他把早期工程从他的《作品大全》(Oeuvre complète)中排除出去，并且剔除了他那漫长而复杂的精神发展之历程，关于这一点直到最近才有人研究。[18]他自己监督着《作品大全》的出版(从1929以来)[19]，以一种首先由申克尔(Schinkel)在19世纪所用的风景画的形式。他没有发表的图纸后来在勒·柯布西耶基金会的资助下得以出版。[20]

瑞士西部的拉·夏·德·芳兹(La Chaux-de-Fonds)的美术学院，是勒·柯布西耶出生并学习过的地方，这里给他留下了长久而深刻的印象。[21]夏尔·勒普拉特涅(Charles L'Eplattenier)，他的装饰构图方面的老师，一位自然教派的拥护者，鼓励他发展一种受风景自然状态指导的建筑的乡土风格，并督促他的学生学习拉斯金的作品和欧文·琼斯(Owen Jones)的《装饰的语法》(Grammar of Ornament)。勒·柯布西耶最早的建筑作品，如拉·夏·德·芳兹的菲莱特别墅(Villa Fallet, 1906-1907年)，就是勒普拉特涅指导的产物，而且一封1908年写自巴黎的信，描述了他在佩雷事务所的经历，表现出他个人与这位老师之间有着很深的渊源。[22]

从一开始勒·柯布西耶就有着看起来互不相干的两条思路，但是他将其结合在一起，形成了一种高度的个人综合:一方面是他所受到的理想主义的瑞士加尔文主义的教育;另一方面则是来自维奥莱-勒-迪克、舒瓦西和加代的理性主义和功能主义的影响，以及他个人与佩雷及加尼耶之间的私人交往。对于那些声称人类能够通过艺术而变得更好的著作，他往往是一位热心而专注的读者。[23]他后来所表述的许多想法都可以在例如亨利·普罗万萨尔(Henry Provensal)的以救世主自居的《明日艺术》(L'art de demain, 1904年)中找得到，它鼓吹所谓绝对和谐法则的学说，主张一种立体的建筑风格以及一种基于人体的尺度评价。在这里，如同在勒普拉特涅给他的一册爱德华·舒尔(Edouard Schuré)的《伟大的创造》(Les grands initiés, 1908年)一书中[24]，勒·柯布西耶发现，尼采哲学传统中的超人政治思想对于他后来的整个思想产生了影响，而且在1906年左右，当他阅读恩尼斯·雷南(Ernest Renan*)的《耶稣的生活》(Life of Jesus)时，他带着几乎是任性的决心，确信自己注定是要成为悲剧性变革人物的角色，是一位通过建筑来挽救这个世界的殉教者。[25]因而，他后来所用的短语"建筑学或革命"，就是从这里来的。

通过在巴黎与佩雷的相处(1908-1909年)，和在柏林与贝伦斯的交往(1910-1911年)，以及他所进行的其他一些旅行，勒·柯布西耶从约瑟夫·霍夫曼(Josef Hoffmann)、路斯与赖特那里获得了相当充分的有关当代建筑发展趋势方面的知识，这些后来都被他逐渐地吸收进了自己的思维模式之中。[26]他发表的第一本书，《德国装饰艺术运动研究》(Etude sur le mouvement d'art décoratif en Allemagne, 1912年)，对德意志制造联盟、德国美

---

*Ernest Renan, 1823-1892年，法国历史学家、语言学家。——译者注

术、德国工艺院校的教育，以及他在德国停留期间所参观的展览都进行了讨论。[27]

1911 年秋，他写了一篇有关到地中海东部旅行的文章，这篇东西直到 1965 年才得以出版，从这篇文章来看，当时他脑子中的想法十分奇特。[28]他热衷于笔直的沥青公路，沉迷于"几何学的魔力"，喜欢那些建造在支撑结构（pilotis）之上的房屋，迷恋帕提农神庙，在赞颂帕提农神庙那数学般的匀称与对称时，他称其为"令人震惊的机器"。他总结了自己对雅典卫城的印象："光！大理石！单纯！"这些印象已经预示了他后来在建筑与写作方面的美学原则。〔397〕

勒·柯布西耶将理想主义与理性主义的方法结合的倾向，在他的《作品大全》中最初的一个设计（没有实施）中就开始出现了，那是一个拉·夏·德·芳兹艺术家工作室的设计（1910 年；图版 182）。在这个立方体设计中，有对佛罗伦萨附近 Certosa di Galuzzo 设计的追忆，勒·柯布西耶在 1907 年曾经参观过那里[29]，随后他看起来像是受到了——在表达形式中也表现了出来——舒瓦西的理性主义的《建筑历史》（Histoire de l'architecture，1899 年）的模式之影响，这种影响可能是他在佩雷事务所期间所遇到的，如果说在此之前没有遇到过[30]，这是一种来自印度的"独石塔"的模式（图版 158）。[31]勒·柯布西耶将他的模式理想化和抽象化到它们不再能够被识别为止。

勒·柯布西耶的"理想主义——理性主义方法"的一个更为惊人的例子，是他 1914 年所拟制的一处住宅区设计（Maison Dom - ino）[32]，用了预制的框架式结构，标准化的钢筋混凝土构件，柱子向后退，与不承重的围护外墙形成对比（图版 183）。这是一种在佩雷的巴黎庞泰路车库建筑室内设计中也具有的特征，但是勒·柯布西耶的目的是将各个构件理想化，并设计出完全独立的平面、完全自由的立面，以及纯粹的柱子等等。[33]在对标准化构件的使用方面他也有着同样的思想——对此，加尼耶在他的"工业城市"中也曾设想过——这是一种他用来证实低廉的造价，但同时也是为了表达出秩序、协调与精确的制造方法。功能的理想化导致了建筑的美学化，而且不久之后，他将这一点看作是他学说中的主要原则。

在他最早的实际设计，即拉·夏·德·芳兹的斯古沃别墅（Villa Schwob，1916 年）的设计中，勒·柯布西耶还没有能够成功地从佩雷、加尼耶和手法主义者的建筑中提取出某种元素，来塑造出一个令人信服的合成物[34]，因此他在《作品大全》中没有将这座建筑列入。直到 1920 年他才完成了这样一种合成。他作为画家的活动，受到了他与奥赞方（Ozenfant）之间友谊的激发，在他与奥赞方合写的一本书《立体主义之后》（Après le Cubisme，1918 年）中找到了解释，并为纯粹主义提供了理论的证实。[35]

左岸（Left Bank*）地区的杂志《新精神》（L'Esprit Nouveau）[36]首次登场时，即是以勒·柯布西耶的笔名出版的，从 1920 到 1925 年，在这一笔名下他与奥赞方，以及诗人保罗·德米（Paul Dermée）合编了这本杂志。在这个刊物上，他发表了一些短文，1923 年又汇编成以《走向新建筑》（Vers une architecture）为名的一本书，这使他迅速闻名。[37]同时，他继续以其真名来写作美术方面的文章。

《走向新建筑》，这本勒·柯布西耶看作是一个宣言的小册子，是他所受到的长期教育的一个总结。他用一种富于煽动性的、明确的语言，将一系列规则塞进了读者的脑海中，并使自己扮演了一个世界末日（eschatalogical）的建筑救世主的角色。功能主义与理想主义的合成在这里得以完成，勒·柯布西耶尤其钟爱他的这种救世主兼殉教者的双重身份。

勒·柯布西耶所表达的许多个人观点，也可以在当时其他一些有关建筑的文章中看到，但是他那激进的表述方式使得读者产生了强烈反响。例如像《走向新建筑》一书的开始部分，那一系列有关整本书内容的概括所产生的效果。他把建筑看作是工程美学和经济法则的表现，这些带我们走进了与宇宙法则的和谐之中。同时，〔398〕他也坚持以他所采用的形式，这纯粹是他自己的才智创造，这位建筑师"为我们提供了一种秩序的尺度，因而使我们感觉到了与世界的协调……"[38]这就是他对普罗万萨尔（Provensal）的著作的反应，同时也使我们想起了阿尔伯蒂的概念："雅致"（concinnitas）。

对于勒·柯布西耶来说，几何形式是基本的、经济的，同时也是美的形式，这些形式通过数学的方式满足了我们的心智："现代结构的重大问题一定会有一个几何的解决方式。"[39]在将规则的线条（tracés régulateurs）设想成"有秩序的环境"（obligation d'ordre）时，他暗示了他那未来的模度（Modulor）概念。他把维奥莱 - 勒 - 迪

---

*巴黎的一个区，位于塞纳河的南岸；长期以来以其艺术与反世俗陈规的气氛而闻名。——译者注

克的立场推到了极至，他指责采用那些历史风格的人是在撒谎，并且给出了他自己关于真实风格的定义："所谓风格是能够启发一个时代所有作品的一种统一的原则，也是一个具有自己独特性的心理状态的产物。"[40] 这令人想起了里格尔(Riegl)关于风格的定义：风格是艺术意向的表达，勒·柯布西耶于 1907 - 1908 年在维也纳停留期间，也可能遇到了同样的问题。关于类型问题的争论，在这一问题上他是站在德国人一边的——他参加了 1914 年在科隆举办的德意志制造联盟的展览——当他建议一种在工业产品、机械、类型、建筑物、甚至历史建筑之间，应该有一个明显的逻辑平衡时，他造成了一种更进一步的扭曲，他毫不掩饰地声称，关于住宅问题的讨论时机还没有真正形成。由格罗皮乌斯、穆特修斯(Muthesius)、特森诺(Tessenow)、加尼耶和其他人发展了很长一段时间的标准化的概念，现在也正在引导着勒·柯布西耶走向他著名的定义"房屋是居住的机器"。[41] 建筑变成了各种结构的类型，争辩又及时地回到了一种源自舒瓦西的方法之上，按照他的总结，帕提农神庙也是"选择来可以应用于某种标准的一个产物"。[42] 这样的结论使他可能将帕埃斯图姆的巴西利卡与一辆 1907 年的沙龙(saloon)汽车相比较，或将帕提农神庙与 1921 年的跑车(图版 184)作比较。[43] 然而在同时，他也坚持建筑应该高于单纯的功能主义问题：建筑是由光、影、墙和空间所构成的，而建筑师的工作——在建筑师与"单纯的工程师"之间，前者的区别又再一次被划定——是将这些元素融合进一个整体之中。

在《走向新建筑》中提倡建造标准式住宅，这是既经济又健康的——同时也具有精神上的健康性，如在插入语中所说的。工业化建筑构成了一次革命，勒·柯布西耶通过宣称各种社会阶层不再有其适合的住宅，从而将建筑与政治的变革联系了起来：新建筑可以将这一切还给人们。他的"建筑或革命"的口号[44] 即由此而来。因此，按照逻辑来推测，这本书的最后一句应该读作："革命是能够避免的"[45]，在这句话的后面，再画上一个木制烟斗，作为调和的象征。

自启蒙运动以来，勒杜赋予建筑师以社会的领导作用之后，关于建筑可以对社会产生教育性影响的思想经常出现。但是，在年轻的勒·柯布西耶，以及同时期的密斯·凡·德·罗那里，这种作用被过高地估计了，建筑师摇身一变，成为具有伪宗教色彩的人类救世主，在舒尔(Schuré)称作"基本"(*initiates*)的阶层中占据有了一席之地。虽然他努力地反复试图去解决技术与前面的建筑概念之间必然的对立——"我们需要的是健康、逻辑、勇敢、和谐与尽善尽美，全部都以远洋客轮、飞机和汽车的名义，"[46]——勒·柯布西耶没有成功。在他书中频繁地以远洋客轮为例，而且在他的一些建筑中也采用了轮船的主题，例如布瓦西(Poissy)的萨伏伊别墅(Villa Savoie，1929 - 1931 年)和马赛联合公寓大楼(Unité d'Habitation in Marseille，1947 - 1952 年)。这是一种可以追溯到格里诺(Greenough，1843 年)的思想传统，但它也导致了整个"轮船美学"和设计那些看起来像是抛锚停泊的轮船的建筑物，而不顾所有它们周围的相关环境。[47]

[399]

勒·柯布西耶在书中用了从 1913 年的德意志制造联盟年鉴中格罗皮乌斯关于工业建筑的文章中所引用的美国谷物筒仓照片，但却略加润色，排除了历史的元素与评论，用他那特色鲜明的夸张的风格："美国的工程师们正在用他们的计算压碎我们垂死的建筑。"[48] 然后他继续对新的建筑和城市设计提出要求，他采用了一些舒瓦西和加尼耶的插图，以佩雷已经发表的观点为基础，第一次提出了高塔式街区(tower - block)城市的思想。[49] 这种思想在他 1922 年的"当代城市"(*ville contemporaine*)规划中，以及他后来的《都市计划》(*Urbanisme*，1925 年)一书中又有所发展。

《走向新建筑》的主要部分远远不是仅仅关于建筑的问题。他的第一幅插图不无用意地采用了弗朗索瓦·布隆代尔(François Blondel)在巴黎的圣丹尼斯门廊(Saint - Denis)，附带有一个比例系统，从而建立起了与古典法国建筑理论的一种直接联系。

对勒·柯布西耶而言，建筑的奥秘在于几何学与比例，后者在他的眼中，同自然所昭示的黄金分割原则是一样的。为了支持他的观点，他引用了一系列历史的例证；本质上他的立场并没有偏离贝尔拉戈(Berlage)和青年风格派(De Stijl)等相关运动的观点有多远。他回到了人们所熟悉的音乐分类问题上，并宣称："当作品回响在我们之间，与我们熟知的宇宙规则和谐相处时，建筑艺术的情感油然而生，令人崇拜和遵从。"[50] 同时他将其立场合理化，把基本几何形式说成是几何学的"事实"，把几何学说成是人的语言，人是通过几何学和测量学而创造了秩序，并将人类双手所创造的作品带进了与宇宙秩序的和谐之中。[51] 他所有的现代实例都是取自他自己的作品，而他的斯古沃(Villa Schwob)别墅，正好与凡尔赛的小特里阿农(Petit Trianon in Versailles)相对而立。

在勒·柯布西耶将艺术描述成为杰出者的行为，而这种行为本身就标榜着艺术创造者是拥有特权的少数人的时候，关于建筑师对于领导权的呼吁也变得越来越清晰："艺术只是为少数精英人物提供的一种基本的精神食粮，以使他们能够胜任领导地位。"[52] 此外，在法国的理性主义传统里，艺术就是知识。美将自己标榜为理性，同时也是通过法则与可测量的秩序的一种感觉；功能主义、经济、标准化，以及那些代表了理性满足的东西，而几何学所代表的形式上的创造力，则表现了感觉上的满足。[53] 勒·柯布西耶提出的所有这些条款，都被提升为自然的法则，这些法则中所蕴藉的理想主义，将它们带入了宇宙的、道德的王国。在他代表的那种至高的造物主角色里，建筑师，注定是超人，将宇宙的法则注入现实之中，并建立起与宇宙之间的和谐，从而将世界从紧张而多余的革命中解脱出来。这种富于煽动性的语气并非没有危险，正如从学生一代身上所看到的，他们虔诚地赞美他的立场，甚至在他们的思考和设计中，将这一立场奉为圭臬。

在他的城市规划理论中，勒·柯布西耶甚至显得更为激进，其中的单体元素可以追溯到加尼耶、佩雷，或者，很可能还有桑特埃利亚(Sant'Elia)。[54]他在这一领域中的第一次实践，是一座有 30 万居民的"当代城市" 〔400〕 (ville contemporaine)的规划，这个规划方案收入进了他的《都市计划》(Urbanisme，1925 年)一书——其中都是他最重要的城市规划作品——并且在同一年也用于他在巴黎的"邻里规划"中(Plan Voisin，图版 185)[55]。他后来有关规划的作品中，少了些激进的成分，但却仍然坚持着同样的标准。[56]

勒·柯布西耶将城市规划看作是几何学与功能主义的产物，《都市计划》一书是以一个具有挑战性的声明开始的："城市是一种工具。"[57]要求与过去决裂，他指责西特的思想："现代都市规划伴随着新建筑诞生了。在进化过程中所迈开的那种宏大无际、不可阻挡、势如狂飙的步伐，摧毁了与过去的种种联系。"[58]……"弯曲迂回的街道只为蠢驴行走，笔直的大路则为人而开设……直角才是实现我们目标的必要和充分的工具"。[59]紧步加尼耶的后尘，勒·柯布西耶将居住、工作、娱乐和交往功能加以了分别，这些功能的最终命名是建立在统计资料的基础上的，并成为平面组成的基础。高层住宅的建造是为了增加城市中心区的人口密度，但在同时，这样做也能够创造绿地。带有狭窄街道的旧城和历史城区中心区受到关注，但是，他却要求这些城市中心应该被摧毁。[60]他的"巴黎规划方案"，只有少数交通要道，并且包括了几乎所有塞纳河北岸的已经破损的四分之一的旧城部分，表达了他的意思；在那些地方，他提出了一套对称的网格模式，醒目的高楼街区与散落布置着的绿地。他还设想了一种满足"交通机器"[61]之街道需求的新型街道(图版 186)，交通网集中在城市中心的几个水平标高上。城市中心本身将包括一个空中出租飞机的起落场和中央火车站——这一观点同时也在桑特埃利亚(Sant'Elia)的《新城市》(Città nuova)一书中被发现(图版 188)。

地面标高、几何学、大批量生产、标准化——这些就是新城市的要求。"几何学那超凡出世的力量一定会扫荡一切……现代城市正在走向死亡，因为它们不是几何的……几何学是建筑的本质所在。如果将大批量生产引入到城市建设中，建筑就必须工业化。"[62]一座城市的中心将提供"一幅秩序与力量的辉煌画面。"[63]交通系统和高楼将担当起"在一个秩序化的世界之上"控制的职能："……这些摩天大厦容纳了城市的大脑，整个国家的大脑。它们代表了命令的全部程序，并且控制着那些支配大部分人的活动的程序。"[64]从各方面来看，这都是一种概念性的极权主义，勒·柯布西耶提到了时代，然后又提到了人，譬如黎塞留(Richelieu[*])、科尔贝(Colbert[†]，Jean Baptiste1，1619 – 1683 年)、路易十四(Louis XIV)、拿破仑和奥斯曼(Haussmann)——由此，也暗示出了在第二次世界大战期间，他为什么准备与维希(Vichy)政府合作。从传统的观点来看，城市已经变成了一个由全能建筑师所创造的几何模式，这位建筑师陶醉于一种鸟瞰式的视角中以建立起他自己那壮丽的秩序。

批量生产和标准化是勒·柯布西耶所提倡的这种秩序的象征。平整地形，并将平面几何化，就是被他称作是"外科手术"之类的东西。[65]《都市计划》的最后图示是人体器官，标题为"直接、精确和两个独立功能之间的敏捷联系"[66]，目的在于使他的都市概念看起来"有机化"。《都市计划》是人们曾经写过的有关建筑理论方面最为糟糕的著作之一，这本书持续影响了城市规划 20 多年。他这个体系中的要素甚至闯进了《雅典宪章》(Athens Chapter)，对于产生如此的陈述，他应该负有主要的责任，虽然这也代表了国际建筑师协会的观点。 〔401〕

---

[*]黎塞留，法国主教兼政治家。作为路易八世的首席大臣，他致力于加强君主制的统治，并在"三十年"战争(1618 – 1648 年)期间领导了法国。——译者注

[†] 科尔贝，法国政治家，曾经做过路易十四的顾问。他改革税制，统一行政权并致力于修建道路、运河以鼓励贸易。——译者注

勒·柯布西耶在国际现代建筑协会(CIAM)中扮演着一个重要的角色，这个协会于1928年成立于瑞士的拉萨拉茨堡(La Sarraz)，一直存在到了1957年[67]，尽管柯布西耶并不像人们所想像的那样，对于那些会议具有绝对的影响。与柯布西耶的种种激进的建筑原则相比较，CIAM所作出的决议大都是比较适中而客观的。例如，1929年，曾以"处于温饱状态的人们的住宅"为主题的法兰克福(Frankfurt)大会，就被来自德国人的主动性所支配。而另一方面，1933年以"功能城市"为主题，在希腊的帕特里斯Ⅱ号(SS Patris Ⅱ)轮船的甲板上召开的会议，就受到了勒·柯布西耶个人风格的影响，尽管这种影响更多地是在会议结论的表述上，而不是在论题的选择上。[68]协会决议在柯布西耶的95点内容，即"雅典宪章"(1943年)中得以加强[69]，并清晰地体现在协会的思想之中，柯布西耶重新采取了也许应该被视为当时CIAM中大多数代表的观点的激进要求。这里他重复了他的要求，即在城市中心建造高层住宅区，但这一点并没有写进协会的决议之中，他还进一步强调了他所坚持的主张区域划分的方法(zoning)。他只是准备在旧城中心孤立地保留几栋单独的建筑，并用大片绿地代替那些拥挤的房屋，尽管在协会的决议中，至少是提倡要对历史街区进行保护，以"作为对于具有普遍意义的早期生活方式的一种表达"。

自从1904年，当柯布西耶读到普罗万萨尔(Provensal)的《明天的艺术》(L'art de demain)时，他就意识到建筑比例的重要性；他向舒瓦西以及向劳维里克斯(Lauweriks)[70]等建筑师学习网格规则(regulating networks)的运用，并在《走向新建筑》一书中讲述了黄金分割法。为了实现一种新的可以遵循的均衡理论，他不得不把黄金分割和一个标准人的尺度结合起来，并且使这种度量系统，不仅大体上成为建筑计划编制(architectural planning)的基础，而且还要成为预制构件标准化和工业化生产的一般性基础。

这就是他忙于在他的两卷本《模度》(Le Modulor，1948－1955年)一书中所要解决的问题[71]，这使得他进入到传统理论之中，又回到了那位寻求将人体比例与几何及数学中的比例结合起来的维特鲁威那里。这样一来，柯布西耶采纳了错误的历史前提，即在文艺复兴时期人体是依照黄金分割法来测量的。为了把人的基本尺度——他假设了一个标准高度，先是1.75米，后来是1.83米——和斐波纳契(Fibonacci)数列及黄金分割法结合起来，他试图找到一个算术尺度，作为所有工业和建筑维度的基础(图版187)。蓝色与红色系列(the blue and red series)被看作是建立了一套普遍适用的规范。他在马赛公寓，以及后来的项目中，将这一模度应用于实践之中。正如柯布西耶早期的建筑和城市规划理论一样，他的模度理论也是一个相当教条的体系。

〔402〕 勒·柯布西耶成功地将19世纪理性主义和理想主义的要素合成在了一个夸张的体系之中，他声称这一体系对于20世纪的作用是不言而喻的。但是，我们对于柯布西耶作为理论家一面的必要的批判观点，决不容许降低柯布西耶作为富于创造性的建筑师的成就，尽管我们不得不面对这样一个问题：究竟他自己的建筑，尤其是他的住宅建筑项目，是在何种程度上反映了他的理论。这同时使得我们很难判断，在哪一部分上，是作为教条式的理论家的他；又在哪一部分上，是作为实践建筑师的他，影响了20世纪建筑发展的进程。

柯布西耶的写作主导了远远超出于法国疆土之外的建筑讨论。他把建筑建立在代数、几何与比例的世界中，这究竟在多大程度上是植根于法国的传统之中的，这一点从诗人保罗·瓦勒里(Paul Valéry)的苏格拉底式的对话体著作《艺术物语》(Eupalinous，1923年)中就可以看出来，在其中，几何、比例、音乐和建筑，看起来最初是统一的。[72]瓦勒里认为建筑的效果，依赖于数字和人体测量学。在对话中费德罗斯(Phaidros)形容一座庙宇是"我所愉悦地深爱着的科林斯少女的数学形象"[73]，通过苏格拉底之口，瓦勒里利用建筑来提出艺术理论方面的问题，并分别与现实之间建立起联系："他们构筑了一些自身很完美的世界，这些世界有时是如此地远离我们自己的世界，以至于让人们无法想像；然而，有时候它们又靠近真实的世界，从而在部分上与其保持了一致。"[74]费德罗斯随后把这些理论描述为"获得实际效果的武器"，这从一个侧面反映了柯布西耶的理论与实践之间的联系。

罗伯特·梅勒－斯蒂文(Robert Mallet－Stevens，1886－1945年)只是那些在理论写作上仍然笼罩于柯布西耶的阴影之下的许多建筑师中的一位[75]，而安德烈·吕尔萨(André Lurçat，1894－1970年，法国激进建筑师的主要代表)则写作了一部读起来像是加代著作的一种延续的五卷本建筑理论著作(1953－1957年)。[76]理性主义的传统在吕尔萨那里，比在柯布西耶那里表现得更为明显，因为吕尔萨强调"将理性的方法介绍到建筑创作领域之必要"[77]，而且尤其注重于以历史术语来判断自己观点的正确与否。但是，和柯布西耶一样，他认为"和谐的规律"在于比例，他甚至接触了古典柱式的主题，在他看来，古典柱式不再能够找到任何实际的用途，但是当需要发展一种"理性美学"的时候，古典柱式就能够派上用场。[78]在吕尔萨著作问世的同时，也出现了由加代的学生阿贝尔·费朗(Albert Ferran，1886 – 1952 年)所写的《建筑构成的哲学》(*La Philosophie de la composition architecture*，1955 年)，它仍然致力于进一步强调巴黎美术学院所一直主导着的影响——佩雷在那里任教一直到1953 年。[79]这种影响比起这个世纪中叶的法国建筑师和建筑理论家所愿意承认的要大得多。

第二十七章　未来主义和理性主义

〔403〕　　意大利看起来似乎并没有为 19 世纪的建筑理论提供什么原创性的贡献。¹ 我们所能看到的相关文本，就像建筑物本身一样，在很大程度上只不过是对法国、英国和德国所发生的运动的回应。例如像卡米洛·波伊托（Camillo Boito）这类建筑师，就在其观点中反映出了维奥莱 – 勒 – 迪克（Viollet – le – Duc）的功能主义思想，而世纪之交的所谓自由风格（Stile Liberty）也是与国际上的趋势联系在一起的，特别是和奥托·瓦格纳的思想联系在了一起。² 雷蒙多·达隆科（Raimondo D'Aronco，1857 – 1932 年）的作品，以他那曾为 1902 年都灵国际艺术和工艺品博览会（International Exhibition of Arts and Crafts）³ 所作出的令人注目的贡献，而让人们目光的焦点暂时转向了意大利。但是，就意大利的艺术家们而言，他们所关心的都是理论问题，他们的立场是极端保守的。⁴ 像"社会主义产生了新的艺术"这样的口号，只是对英文理念的简单回应。新艺术（Jugendstil）并没有畅通无阻地将人们引向现代建筑——相反，自由风格的建筑大师，如达隆科（D'Aronco），埃内斯托·巴塞勒（Ernesto Basile）和朱塞佩·松马鲁加（Giuseppe Sommaruga）等人，仅仅是一段插曲而已，建筑学连同其相关的理论讨论，一直到 1920 年代还保持着向后的观望。⁵

　　随着未来主义的到来，意大利重新承担起了欧洲艺术的领导角色。⁶ 但是在建筑学方面，未来主义在相对较晚的时期才形成为一股力量，但也仅仅是在单个的方案和少数的宣言之中有所显露，而在实际上丝毫没有触及建筑的外观形式。⁷ 这里不是要分析像这样一种包罗万象的未来主义理论⁸，只是想讨论一些与未来派的建筑宣言相关联的基本原理问题。

　　在未来派运动建立以及它的整个发展过程中，一个关键人物就是诗人及未来主义的鼓吹者菲利普·托马斯·马里内蒂（Filippo Tommaso Marinetti，1876 – 1944 年）。马里内蒂，他所受到的法国教育，对于他的态度有着决定性的影响，他是一位热情的意大利民族主义者，他在未来主义的第二个阶段，成功地将它融入到了法西斯主义的意识形态中。⁹ 他于 1909 年 2 月 20 日在巴黎《费加罗报》（Figaro）上发表了"未来派宣言"（Futurist Manifesto）¹⁰，这是对历史的挑衅和对绝对技术权威如醉如痴的信奉。正如他特意为宣言所作的前言，马里内蒂运用富于挑逗性的语言（eroticised technology）讲述了一场汽车事故。这个宣言本身，就是在对技术、速度、侵略、人民群众、民族主义、军国主义、战争（"世界上惟一健康的艺术"）唱颂歌，同时这个宣言也是试图摧毁博物馆、图书馆和大学（"压抑梦想的耶稣受难像"）的大声疾呼。

　　　　我们对过去毫不在意，我们是年轻、强大的未来派！……握紧你的镐、你的刀和铁锤，毫不留情地将古老的城市砸个粉碎！……屹立在世界之巅，让我们再一次将我们的挑战掷向群星！

　　马里内蒂和其同伴那煽动性的宣言，几乎触及了生活与艺术的各个领域。第一份关于未来派建筑的文件，出现于 1914 年初，这是画家恩利克·普兰波里尼（Enrico Prampolini）¹¹的著作，他宣称建筑是未来派对生活感触的表达，其中充满了活力、能量、光和空气。普兰波里尼所提出的惟一标准，就是空间的抽象和永恒的增长。

〔404〕　　青年建筑师安东尼奥·桑特埃利亚（Antonio Sant'Elia）（1888 – 1916 年）很可能在 1914 年夏天之前就已经加

入了未来派。[12]他的早期绘画显示出他所追随的是奥托·瓦格纳，并且他极有可能在瓦格纳的《大都市》（*Die Großstadt*）一书刚刚出版之时就已经有所了解了。他为"新城镇"（*città nuova*，1913－1914 年）所作的方案于1914 年春展出，而且，他在展览目录上的祝词（*Messaggio*）也暗示出他已经很熟悉未来派的声明了。[13]

桑特埃利亚的祝词不仅论述了"未来派"，也论述了"现代"建筑，这从一开始就清楚地表明作者所关注的不是风格或是形式的问题，而是理性设计的作品，是既要利用每一技术的可能性，也要考虑到人们的生活习惯和当时的态度。在桑特埃利亚的观点中，要求现代生活状况要与传统和风格、美学以及比例之间有一个分离。他对历史连续性的否定揭示出了他与未来派之间的密切关系。驾驭新材料，如钢和混凝土的法则，要求一种新的审美观，过去那种纪念性的、巨大的、静态的标准让位于轻质结构和当前的实用价值。桑特埃利亚建议摧毁城市贫民窟，建立巨型宾馆、火车站、大型主干道、巨型码头等等，来例证新的时代。现代城市必须进行重新改造：桑特埃利亚把它比作一个巨大的造船厂，每一细节中都充斥着能量和活力的喧嚣。现代房屋就像是巨大的机器：电梯取代了楼梯，沿着玻璃和钢的立面像蛇一样盘旋而上。房屋本身是由混凝土、铁和玻璃制成，没有绘画和装饰线条——在线条和可塑性中可以发现他们的美。房屋可能会"由于机械般的简洁而特别的丑陋"（*straordinariamente brutta nella sua meccanica semplice*），泰然自若地处在喧嚣的峡谷边缘；在峡谷中，房屋的下面可以发现多层的街道、地铁和自动扶梯(图版 189)。为了实现这一切，那些纪念碑、人行道、连拱廊和楼梯都必须被摧毁，将街道与广场的标高降低，以形成一个新层，来建造城市，这样地平面就可以被重新安排以满足居民的需要。

桑特埃利亚反对"时尚建筑"（*architettura di moda*）；包括所有国家的和所有风格的时尚——礼仪的、古典主义的、神圣的、戏剧性的、装饰性的、纪念性的、迷人的、令人愉悦的，诸如此类；他也反对要对那些有历史价值的纪念性建筑物，以及那些垂直与水平的线条，或立方体和三角锥形等等，进行保护、重建和复制，因为这些东西是静态的、压抑的，因而是"完全处于我们的现代意识之外的"（*assolutamente fuori della nostra nuovissima sensibilità*）。相反，他要求一个冰冷的、经过计算而大胆简化了的建筑，使用钢筋混凝土、铸铁、玻璃、纸板、合成织物和所有塑性材料，具有最大的轻巧和弹性。然而，建筑并非被看作是一种经过计算的、实际而有用的组合，建筑是一门艺术，是一种综合与表达；在建筑中运用装饰是荒诞的，因为只有正确驾驭颜色生硬且粗糙而无装饰的原材料，才能创造出真正现代建筑的装饰特性来。正如过去是从自然中汲取灵感，因而在目前，源自于工艺品的材料和理性的价值，必须从机器世界中去寻找灵感，其最完美的表述和最彻底的综合，都会具体地表现在建筑之中。这样就必须拒绝过去，同时，要求助于技术论与物力论，并且，要将建筑看作是信息的媒介，所有这些都非常接近于未来派的主张。

桑特埃利亚的祝词部分是直接和"新城镇"（*città nuova*）方案联系在一起的，尽管他从未提出一个完整的方案。我们对其城市和城市中建筑的印象是基于他所做的相当多数量的单个草图和绘画，但一直都不清楚这些是如何与他的一些普通方案联系在一起的。[14]方案中的决定因素是由大型多层街道和铁路线所形成的交通体系，并通过桥梁得以延伸，以及和单体建筑直接连接在一起。街道的设计仅仅是为机动车考虑的：任何一幅绘画中都看不到树木、林荫道或是步行者。在他设计的通过自动扶梯和飞机场连接在一起的中央火车站，以及高速公路系统(图版 188)中，可以看出桑特埃利亚参加米兰中央火车站竞赛时的一些思考。这种所有交通方式的集中化，也是勒·柯布西耶为一座 300 万居民的现代城市所做方案的特点(图版 186)。在建筑设计中，桑特埃利亚显示出对发电站和高层建筑的偏好，它们的功能并不立时显现出来，只是证明了密度原则。按照他的祝词中的理论，这些建筑物是将电梯放在墙体之外的，这使在当时备受争议的竖直面的处理，通过将楼层作阶梯式的后退而得以缓解。这些设计可能揭示了关于阶梯式后退摩天楼的争论的影响，这一争论在美国，从 1890 年代就已经进行了，桑特埃利亚通过建筑杂志对此有所了解。他所有的设计都没有装饰，但广泛的对称性赋予了它们新的纪念意义。从它们的外观，可能很难分辨出是教堂还是住宅楼，或是将办公楼和工厂区分开。

〔405〕

桑特埃利亚在 1914 年 7 月 14 日发表了未来派宣言，并附有大量关于"新城镇"的绘画[15]，这篇宣言中，除了增加了序言之外，基本上与他的祝词是一样的；其中的一些词语，如"现代"、"新的"等，为"未来派"所代替，连同其他几处改动，这些改动可能要归因于马里内蒂。其中的一个新观点是，宣言中谈到了未来派建筑所具有的某种暂时性的观点，并将每一代人都必须建造他们自己的城市的原则结合了进来："房屋并不像我们所想像的那样持久，每一代人都将不得不建造他们自己的城市"（*Le case dureranno meno di noi. Ogni generazione dovrà fabbricasi la sua città*)。现在这种对时间匆匆流逝的感受，导致了人们第一次放弃了旧有的耐久性原则。早在 19 世纪——例如在维奥莱 - 勒 - 迪克那里——经济的考虑就已经确立了建筑必须在生命的有限之年中建立起来的观点，但现在建筑不仅成为生命进程的表述，其本身也被吸纳到这一进程之中。动态城市的理念早在 1910 年在温贝尔多·波乔尼[Umberto Boccioni，《增长的城市》(*La città che sale*)]的城市景象中就已经出现了，他于 1914 年初也提出了一个关于未来派建筑的宣言，在宣言中他以纯粹的"需要"为基础，假设了一种"进化的建筑"(*architettura evolutiva*)。[16]这种"可塑的活力"被波乔尼(Boccioni)简化为一个等式："需求＝速度"。他将轮船、汽车和火车站，都看作是一种新的美学表达方式，速度要素甚至成为建筑师选择材料时的一项最为重要的标准。在对维特鲁威的坚固(*firmitas*)、实用(*utilitas*)、美观(*venustas*)三位一体的讽刺性解释中，桑特埃利亚提出了公式"经济(*Economia*) + 实用(*utilità*) + 迅速(*rapidità*)"。

[406] 在意大利以外，桑特埃利亚的理念得到了青年风格派(De Stijl)最为热情的接受。加尼耶(Garnier)的《工业城市》(*cité industrielle*)同样也强调了技术，与之相比，桑特埃利亚代表了朝向能够包容一切的建筑学的趋势，并在勒·柯布西耶那里达到了极致，但是，在桑特埃利亚的设计中的乌托邦式倾向，以及他的英年早逝，都阻碍了他的理念对建筑实践产生任何影响。后来是马里内蒂把他形容为未来派——法西斯主义的建筑学的先锋。马里奥·奇亚托尼(Mario Chiattone，1891 - 1957 年)，桑特埃利亚的一位友人，留下了大量类似的，但形式上却没有那么大胆的设计，其中包括了一些住宅设计，这促成了 1920 年代意大利理性主义风格的形成。

随着时间的流逝，"未来派重建世界"的理念逐渐采取了怪诞的形式。在第一次世界大战后接下来的几年里，温琴佐·范尼(Vincenzo Fani)以伏特(VOLT)作为笔名和维尔吉里奥·马奇(Virgilio Marchi，1895 - 1960 年)发展了一系列完全非现实的概念，这与同时期的德国表现主义者(German Expressionist)，如陶特(Taut)和芬斯特林(Finsterlin)等人具有形式上的相似性。范尼在其 1919 年发表的宣言中，将"动态"(*dynamatic*)建筑形容为不依赖于地面的"空中阁楼"(*flying house*)[17]，这些房屋将聚集而形成一些巨大的城市，然后再形成一座单一的城市，并且横贯整个地球，而且与金星和水星的居民结盟，发动对抗火星的战争。这类科幻式的概念，在游乐场建筑中可以找到它们的原型。单体建筑被比作是肌肉组织——非立方体的、非对称的、可变的。马奇在 1920 年的宣言中，赋予其以诗歌般的表现力[18]，并利用其"运动的风格"(style of movement)，作为一种振奋精神的方式。马奇的设计，将表现主义的形式融入一种过山车式的建筑中，这与芬斯特林的设计很相似，尽管他们的基本原则是有很大区别的。[19]马奇合乎逻辑地更进了一步，他以烟花四放的焰火形式为基础来进行建筑构思。

在这里我们无从探究所谓的第二未来主义(Second Futurism)和法西斯主义(Fascism)之间的和睦关系，这主要是因为 1920 年代的建筑讨论，所涉及的意识形态问题并不局限于未来主义，而是包括了当时的所有运动。就像同时代的德国、意大利，也有许多不同的潮流一样，但是在德国，意识形态的分歧是不可调和的，并最终屈从于希特勒统治下的一体化(*Gleichschaltung*)进程，而在意大利，各种不同的运动在民族主义和法西斯主义的名义下稳步前进。关于这类主题的研究还在活跃地进行着。[20]

昙花一现的新未来派杂志《未来城市》(*La città futurista*，1928 - 1929 年)只出版了三期，其中包含了路易吉·科隆博(Luigi Colombo)[以费利亚(Fillia)为笔名]和普拉姆波里尼(Enrico Prampolini)的文章，它们并没有提供什么新的资料，只是试着将意大利的建筑学置于 1920 年代国际运动的背景之下。[21]其他一些团体也作出了相当大的贡献，例如 20 世纪绘画运动(Il Novecento)[22]，这一组织成立于 1923 年，是以意大利特色为标志，试图将民族传统与现代性融合在一起的一个美术团体。20 世纪绘画运动的建筑师们所设计的建筑，是以植根于古罗马和 19 世纪早期的意大利建筑的新古典主义为特征的，但回顾往事，他们看起来实际上是国际新古典主义的一个民族变体。这些建筑师中最为典型的一位是米兰的乔万尼·穆齐奥(Giovanni Muzio，生于 1893 年)，他于 1921 年发表了一篇关于 19 世纪米兰建筑师的短文，通过提出一套源自于古代传统的秩序原则，对当时的个人主义表示了反对，他试图将这一套原则付诸于当时的形势之中。[23] 十年之后，他公开声称，无论是建筑学还是城市规划，都应该回归到意大利古典主义的典范中去：

> 看来过去最完美和最具原创性的例证，毫无疑问是那些古代希腊与罗马建筑的衍生物，特别是从
> [407] 19 世纪初开始，在米兰出现的那些建筑。对于都市主义和建筑学：人们正在呼唤它向古典主义的回
> 归，这类似于文学和雕塑艺术中所发生的进程。[24]

像"简洁"和"裸露"这样的术语是被用来表达对"完全的意大利特色"(*assoluta italianità*)的某种渴望,就像在朱塞佩·德·芬内蒂(Giuseppe de Finetti,1892－1952年)的建筑中所发现的那样,第一次世界大战前,他曾和路斯一起在维也纳工作,后来与穆齐奥在米兰合作,设计了很多方案。[25]路斯在 1920 年代的作品,是以新古典主义,摆脱装饰,以及 20 世纪绘画运动建筑师为特征的,1934 年芬内蒂在《Casabella》*期刊上发表了路斯的《装饰与罪恶》(*Ornament und Verbrechen*)一文的意大利语译本,从而在 20 世纪绘画运动与理性主义者之间建立了另外一个联系点。

现在还不大可能评估马尔切洛·皮亚琴蒂尼(Marcello Piacentini,1881－1960年)所起到的作用,他是 20 世纪最为成功的意大利建筑师。伴随着他个人的发展——从年轻时广泛的现代性到纪念性的新古典建筑,以及在墨索里尼(Mussolini)的威势之下,开始涉足城市规划,他发表了无数的文章,但其作品还从未在其总体历史背景的文脉之下进行过研究。其思想的发展可以在由他所编撰或合编的杂志《建筑与装饰艺术》(*Architettura e arti decorative*,1921－1931年)与《建筑学》(*Architettura*,1932－1943年)[26]的专栏中,以及诸如《今日建筑》(*Architettura d'oggi*,1930年)等书中得到最好的追溯。皮亚琴蒂尼熟知国际上各方面的发展情况,但他对国际式建筑的评论是基于意大利的民族传统和国家的特殊气候条件的。[27]皮亚琴蒂尼使功能主义的争论发挥了功效,但他一直认为建筑存在于地理与历史的连续中,这促使他加入了环境主义(*ambientismo*)支持者的团体。他对摩天楼的态度揭示出:他认为摩天楼的建造,是基于美国城市中心地区旅馆和办公楼建造用地的高额成本之上的,而对于意大利他则持完全否定的态度:"因而,在意大利,不需要摩天楼,经济不适当,美学上也不允许。"[28]

在皮亚琴蒂尼着手从事城市规划期间,他的人生之旅发生了显著的转变。1916 年在一份关于罗马规划的备忘录中,他注意到了西特(Sitte)的观点,并请求对古老的城镇中心予以完全的保护,他同时建议,建筑物要有新的用途,以防止这类城镇变成博物馆。他反对城镇中心的破坏,并主张将城镇的扩展转移到郊区去[29],从而保持了一个与所谓"进步"的城镇规划者相反的立场——这些规划者是几年之后,由勒·柯布西耶所领导的——他们调整一切,以适应交通的需要。然而,在墨索里尼的统治下,恰恰是皮亚琴蒂尼转而去负责了意大利城市的众多中心区的穿膛破肚(disembowelling)——真是一个令人难以接受的大转弯(*a volte-face*),即使这种做法与《雅典宪章》中的国际舆论并不相悖。

意大利未来派建筑师对于打破历史束缚的尝试是一段有趣的插曲,但是并没有产生什么实际的结果。事实上处于优势的是 20 世纪绘画运动、保守派与民族主义者,虽然他们缺乏自己的理论,但也决不意味着他们是一些反动分子。另一方面,理性主义者的尝试则是和 1920 年代的国际潮流联系在一起的,并被广泛地载入了史册。[30]

意大利理性建筑运动[*Movimento Italiano per l'Architettura Razionale*,(MIAR)]虽然仅仅持续了七年,但在 〔408〕 这期间却从根本上改变了自己的性质。它的活动集中在 1928 年和 1931 年的两次展览上,其中的第二次展览,伴随着愈演愈烈的政治化倾向,从而最终破坏了这个小组原本对于建筑学的关注。但是,即使是在考虑了对于各种不同因素的强调之后,仍然保持了这样一个事实,即理性主义者从一开始就坚信,在法西斯主义的帮助下,他们可以实现他们的目标——的确,在本质上,理性主义与法西斯主义是一致的。意大利理性主义者面对(*vis-à-vis*)法西斯政党和政权的立场,与德国现代建筑运动是截然不同的,例如包豪斯,其性质就主要是左翼的,因而他们对中立派政党与国家社会主义都持反对的态度。

如果想要理解 20 世纪 20 年代意大利理性主义运动的重要性,就必须记住直到这个十年的中期,所谓国际式风格才对意大利产生了一些影响,而且,这种影响也是受到了 20 世纪(Novecento)建筑师们的古典主义的"意大利特色"的左右与支配的结果。

为使意大利能够引起对国际现代主义的关注而作出了最早努力的是戈埃塔诺·米奴奇(Gaetano Minnucci,1896－1980年),他从 1923 年起就写下了大量关于现代荷兰建筑的文章。[31]他对切断传统寄予了极大的热情,并将新潮流归纳为"立体主义、表现主义、浪漫主义和理性主义"。[32]他也是 1928 年第一届理性主义建筑展的两名组织者之一。

---

* Casabella 和 Domus 是两本著名的意大利艺术期刊。——译者注

1926 年在罗马、米兰和都灵，各种青年建筑师团体变得对"国际式"建筑是如此不安，因而坚持要求建立一个新的建筑学概念，他们联合起来向公众提出了他们的纲要。米兰的"七人小组"(Gruppo 7)是这些团体中的第一个，也是最重要的一个，它的成员由乌巴尔多·加斯塔诺里(Ubaldo Castagnoli)、路易吉·费吉尼(Luigi Figini)、圭多·弗利特(Guido Frette)、塞巴斯蒂亚诺·拉尔科(Sebastiano Larco)、吉诺·波里尼(Gino Pollini)、卡洛·恩利克·拉瓦(Carlo Enrico Rava)和朱塞佩·泰拉尼(Giuseppe Terragni)所组成。1926 年 12 月 1 日，以《建筑》(*Architettura*)为题，该小组在杂志《意大利回顾》(*Rassegna Italiana*)上发表了大型宣言的第一部分，随后的部分是在同一杂志上连续发表的，直至 1927 年 5 月为止。[33]因而，1926 年 12 月被认为是意大利理性建筑运动(MIAR)诞生的日子。

这一宣言是阐释意大利建筑的理性主义运动的出发点，其中不仅包括了有关七人小组立场的陈述，也包括了它是如何同与"国际式"运动有关的立场分道扬镳的。比照桑特埃利亚 1914 年的未来派宣言，它的语气变得含蓄了。宣言是以"新精神诞生了"(*E nato uno spirito nuovo*)这样的话为开始的——清楚地提及了杂志《新精神》(*Esprit Nouveau*)，1920 年，这一杂志开始发表勒·柯布西耶的《走向新建筑》。勒·柯布西耶被誉为"理性"建筑学最重要的创始人之一——建筑学被置于新的理念的范畴之下，其代表是毕加索(Picasso)和胡安·葛利斯(Juan Gris)的绘画、科克托(Cocteau)的文学、斯特拉文斯基(Stravinsky)的音乐，连同勒·柯布西耶的建筑，他的艺术理念与科克托是相同的，他们的特征是"严格、清晰、明白易懂的逻辑性"(*logical rigida, limpida, cristallina*)。

以对德国、奥地利、荷兰和斯堪的纳维亚建筑状况的概观为开始，宣言提及了在这些国家所发生的新趋向，它们受到了民族、地理和气候因素的制约。同时宣言否定了仅仅通过采纳德国的实践，就能够实现意大利建筑复兴的思想。相反，宣言中认为一个具有建设性的理性主义，应当充分考虑地形、地貌和气候的条件，这些都与皮亚琴蒂尼的"环境主义"(ambientismo)之间建立起了某种联系，尽管只是寥寥数笔，但却和"国际〔409〕式"建筑的原则拉开了距离。宣言声称，由于意大利的历史传统，及其在墨索里尼统治之下的崛起，在新建筑学中正在扮演着领导者的角色：

> 意大利能够胜任将这种新精神发扬光大的职责，并承担起其极端的后果，从而能够达到主宰其他国家风格的境地，就像这个国家的过去那个伟大的时代一样。

宣称是代表年轻一代说话的，这个七人小组拒绝未来派式的反叛，尤其是他们对于以往的那种"浪漫式的"否定，同时七人小组也表达了对于根植于历史与传统之上的清晰感与秩序性的向往：

> 年轻一代对于新精神的渴望是以对过去可靠的知识为基础的，而不是凭空建立起来的……我们的过去与现在，两者之间并非水火不容。我们并不想割断传统……

同时，七人小组也对当时的传统主义建筑学提出了否定，认为那只不过是将过去的立面钉在了骨架之上。

这一点直接导向了宣言中理论争辩的核心部分，这是一场以对理性主义、对建筑的"需求"、对类型和新审美观的信奉为基础的争辩：

> 新建筑、真正的建筑，必须来自于对逻辑和理性一丝不苟的坚持。一个坚定的构成主义者必须支配这些原则。新的建筑形式，将不得不单独地从其必要性的本质中获得它们的美学价值，选择的惟一结果，是将产生一种新的风格……我们并不是宣称要去创造一种风格……而是从对理性的一贯应用中，从与建筑结构及其预期目标的完美联系中，得到选择的风格。我们应当继续尊崇纯韵律的抽象完美与不确定性；仅仅是简单的建筑式样，是没有美观可言的。

"选择"(selection)的概念被定义为创造有限数量的基本类型的需要，正如在勒·柯布西耶的《走向新建筑》一书中所说的那样。但是，勒·柯布西耶将住宅看作是机器的观念，被作为谬论而加以了否定，并且从这一点出发，他们要求建筑学应当按照自己的方式，根据新的需求而不断有所发展，就像是机器所做的那样：
"住宅将会拥有自己的美学标准，就像飞机有自己的美学标准一样，但是，住宅不会有飞机式的美学标准。"
进一步，他们认为新的真正的和原创性的建筑类型，只能通过摒弃个体、牺牲主观原则、关注当前需要，并对
逻辑加以最严格的应用才能够产生："建筑不再是孑然独处的"。不过这里也提及了"暂时性的整齐划一"
(*temporaneo livellamento*)。大批量生产的精神实质，就是要对个体的那种优雅的折中主义加以反对。其目标不
是贫乏无味，而是简洁朴素，在完美的简洁中蕴涵着最高等级的优雅。

对于工业建筑而言，其类型学编码不可避免地导致了在形式上的一定程度的国际化，而形式的统一，甚至
产生了某种庄严感。在其他所有种类的建筑中，必须把重点放在将彻底的现代性与保护作为古典根基的民族传
统结合在一起来考虑。他们用诸如"对真实、对逻辑、对秩序的渴望，以及对希腊主义(Hellenism)清晰的追
忆"这类夸张的词语，来表达对于建筑上的革命的热情欢呼。

七人小组宣言的第二部分是由对欧洲现代建筑的纵览，及对其"理性观点"的评价所构成的。由于勒·柯 〔410〕
布西耶过分严格地运用纯理性的标准而受到了抨击，这使人们对这一部分的观点产生了一种相当客观的印象。
混凝土为新的美学提供了某种机会，合理地运用材料可以导致在形式上的发展，这可以为一些个别性问题提供
某种较为完善的解决方案，因而，也就可能被看作是国际式建筑语汇的一个组成部分，就如同旧时代的柱式和
连拱廊一样。宣言的第三部分则论述了建筑师的培训，呼吁人们对技术问题给予更多的关注，为"技术美学"
创造某种能够被认知的可能性。因为建筑是在表达时代的精神，所以20世纪绘画运动当时正在坚持的新古典
主义层面则受到了否定。

宣言的第四节，也就是最后一部分，论述了理性主义者的新美学标准，特别是钢筋混凝土的美学标准，混
凝土是一种能够通往新古典主义的纪念性的材料。与早期的希腊建筑相比，新形式的特征是简洁的表面，和由
各个层面的开合而产生的安静的节奏感，其间的几何阴影创造了某种空间的特性。在当时的情况下，正在通过
选择以期发展出一种新的形式语言，彼此的争论仍在继续中，所有的个人主义必须被摒弃：只有以这种方式才
能创造出一种统一的风格，从而最终达成真正的"意大利"建筑——这是一种具有"庄严的纯净"(*pura gra-
diosità*)与"宁静的美"(*bellezza serena*)的建筑。新的纪念性来自于历史与民族特色。民族主义和国际主义的问
题，连同与建筑美学讨论相应的标准，一直在反复地出现着，宣言所使用的语汇是如此的暧昧，从而也容易激
起争辩的热情。

通过1928年在罗马展览宫(Palazzo della Esposizioni)举办的第一届意大利理性主义建筑展(*Esposizioni di Ar-
chitettura Rationalists*)，理性主义的理念得以与公众有进一步的广泛接触。米奴奇(Catano Minnucci)和阿德贝尔
托·利贝拉(Adelberto Libera)为展览的目录作了序，序言中详细描述了1926–1927年的宣言，并第一次对"理
性"建筑提出了一个定义：[34]

> 理性建筑，正如我们所理解的那样，在新的建筑设计，在材料特性，以及在对建筑设计所可能要
> 求的完美回应等方面，都再现了和谐、韵律与均衡。

这一看起来富于国际化的定义，通过增加对古罗马法则的介绍和将建筑的"理性"品质同"民族"特性等
同起来，表达了一种民族性的倾向。从而"在真正的法西斯主义精神之下"，理性建筑重新为意大利赢得了在
罗马人统治下所享有的光荣。[35]

展览本身是按照不同团体所送展作品的领域进行安排的，仅从目录中的61张图版就可以判断出其所涉及
范围是相当广泛的。展出的500个设计仅有5个得以实现(图版190)。对展览的反应，显示出这是一场高水平
的理论争辩，直到这时政治因素还没有染指这一争辩之中。皮亚琴蒂尼的评论中[36]包含了对于理性主义者的整
个建筑观的一些带有根本性的反对理由，并且对之进行了论证，这远远不是某种简化了的理性主义术语，古罗
马人的建筑法则所导致的美学价值，在事实上根本就是非理性的。在这个意义上，民族主义所关心的是建筑功
能的实现以及建筑室内与室外的联系，或者，在一定程度上也抨击了当时建筑实践中对于风格的仿效。皮亚琴
蒂尼对此并不反对，但他反对将建筑的本质简化为某种纯理性的问题，他将这比作是建筑的粗茶淡饭，是"建 〔411〕
筑的圣芳济会主义"(*architectural Franciscanism*)。他对理性主义者所作设计提出了精辟但又切合实际的批评：

成行的玻璃窗在北欧有着完美的秩序感,他写道,但却不是在意大利的阳光之下;平屋顶,只会将建筑物的顶层暴露在酷热和严寒之下,这就是理性主义的代价之一;窗户缺少百叶窗,就去掉了一种对抗正午阳光的手段,等等诸如此类。他甚至谈起了所谓新的"建筑的麻醉剂"已经被广泛地使用——在教堂、学校、集市、宫殿中,如此等等。在他看来理性主义仅仅是一种风格而已:

> 这丝毫不会让我惊讶,如果明天有什么人要将他的建筑委托给理性主义风格的建筑师,就像是委托给文艺复兴式或是哥特式风格的建筑师一样。

皮亚琴蒂尼批评理性主义者在设计中对已经存在的建筑环境没有给予足够的重视。此外,他对历史风格的否定,并不意味着他也要否定装饰。对钢筋混凝土的关注,被认为只是一个方面的问题,同时需要使用一整套不同的材料。在结尾部分,皮亚琴蒂尼提议说应该举办一个专为特殊情况的设计为主题的新的展览。

在一封公开信中,利贝拉代表理性主义者的立场回应了所有这些批评[37],他指责皮亚琴蒂尼的出发点是对"理性"这一术语的错误解释:建筑学作为结构,首先必须关注技术、实用和理性因素;建筑学作为艺术,也必须表达现代精神和现代感,但不允许和这些技术、实用和理性因素相抵触,因为时代的氛围是受其统治的,现代感也是受其限定的。在 1928 年,马里内蒂加入到了这一争辩之中[38],他相信自己可以带领理性主义者回归到桑特埃利亚的未来主义。马里内蒂的干涉,看上去与当时新未来主义运动的背景是格格不入的,他们诚挚地希望将理性主义者纳入自己的阵营之中[39],因此他这一举动遭到了理性主义者的强烈抵触。

这一争辩在 1928 年和 1931 年之间的展览期间还在继续着,其特征是理性的衰退与政治内容的增加。《Casabella》(*La Casa Bella*, 1928 - 1943 年)是理性主义者自己的杂志,但许多其他的杂志也卷入了争论之中。这一时期的一位重要人物是皮耶特罗·马利亚·巴尔蒂(Pietro Maria Bardi),他是一位画廊的业主,同时也是记者兼编辑,在第二次世界大战之后,他在圣保罗(São Paulo)以博物馆主管的身份,走入了他人生的第二个阶段。巴尔蒂的目标是试图将理性主义的建筑理论与法西斯主义的意识形态进行整合,他为此而专门写了文章《建筑,政府艺术》(*Architettura, arte di stato*, 1931 年)和《献给墨索里尼的建筑的报告》(*Rapporto sull' architettura per Mussolini*, 1931 年)。[40]与 1928 年开展争论时那种基本客观的语调大相径庭,在巴尔蒂的这些著作中表现出令人厌恶的诡辩性,以及对墨索里尼的不加掩饰的趋炎附势与卑躬屈膝。巴尔蒂要求建筑,尤其是罗马的建筑,应当采用法西斯主义的外观,他呼吁国家应当维护在这方面的权威性,因为建筑在任何文明中都将是最为持久性的元素,比所有其他由手工制作出的产品存在的时间远为长久。因此,建筑是一门国家性的艺术。

朱塞佩·泰拉尼(Giuseppe Terragni, 1904 - 1943 年)进一步发展了这些理念,并提出了一个包含有三点原则的纲要:[41]

1) 宣称建筑是一门国家的艺术。

〔412〕
2) 从根本上变革和建筑业相关的法律及其与建造委员会之间的关系。

3) 赋予建筑以重任,使其得以再生,并通过建筑而使得法西斯主义理念在世界上获得永久性的胜利。

在他的《献给墨索里尼的建筑报告》一书中,巴尔蒂开始论证,组成"拉丁语"(latinità)的一些特质,可以在理性主义者的著作中发现;法西斯主义所需要的是一种欢娱、色调明快、庄重、甚至"军事化"的建筑,这种建筑反映的是"深受墨索里尼所统治下的意大利人喜欢的那种强健与秩序等品质"。在将理性主义的本源追溯到古罗马的同时,巴尔蒂也强调了其现代性,并对 20 世纪的绘画运动加以关注,他尝试着消除墨索里尼个人爱好方面的因素:"所谓理性主义建筑师就是传统主义者。"他以向元首的卑躬屈膝作为结束:

> ……在今天如此窘迫的情况下,年轻一代都希望墨索里尼能够掌握建筑的命运。在他们的请愿书中,今日的年轻一代请求墨索里尼给与回复。当然,无论墨索里尼给予什么样的回复都会是好的,因

为墨索里尼永远是正确的。

1928 年，七人小组变成了"理性主义建筑运动"（*Movimento per l' Architettura Razionale*）（MAR）。[42]紧接着于 1930 年意大利"理性主义建筑运动"（*Movimento Italiano per l' Architettura Razionale*）（MIAR）组织也正式成立[43]，其成员开始参加国际现代建筑协会（CIAM，见第二十六章，注释 67）所组织的会议，并对意大利与其他国家的联系加以极力的强调。意大利理性主义建筑运动（MIAR）的宪章是由利贝拉签署的，并提供给各个地方团体，但没有对运动的实质作出任何说明。[44] MAIR 最重要的任务就是要为第二次展览作准备，展览于 1931 年三月在罗马开幕，随后在米兰和都灵进行巡回展出。展览的意图包括要"在元首面前提出具体的建议"。[45]这一展览事先为墨索里尼举行了预展，据说墨索里尼还与建筑师们就他们的活动进行了讨论，其内容主要是关于普通现代建筑问题以及"法西斯主义对于建筑作品的期望"。[46]

在展览的开幕式上分发了一份宣言，其惟一的目的就是要在巴尔蒂的《献给墨索里尼的建筑的报告》（*Rapporto*）一书的精神下，将理性主义与法西斯主义视为一体。[47]这次展览的普遍质量要好于 1928 年的建筑设计展，其中的主要作品所遵从的是国际式风格（图版 191）。许多设计作品中也都体现出了理性主义者纲要中所提出的纪念性品格。

有关展览的争论，与同一时间内有关罗马大学大楼建设上的争论，以及颇具争议的佛罗伦萨中央火车站设计竞赛上的争论，达到了狂热的程度。处在争论前沿的是记者乌戈·奥耶蒂（Ugo Ojetti），他彻底否定了按照材料特性进行建造的建筑法则：不是由材料去左右建筑师，而应该是由建筑师去支配材料，奥耶蒂宣称，他提出了一套有关建筑形式的谱系，其中"机械化建筑"可能适宜于满足具有纯粹实际功能的建筑，但却并不适合其他建筑。[48]泰拉尼，一位理性主义者立场的最重要拥护者，他反对一直以来将"理性"和单一功能主义的建筑等同起来的潮流，唤起了对于建筑美学的质疑。他不仅将建筑看作是一个建造过程，或是一种对于材料满足的需求，而是赋予更多的一些其他内涵：

> ……正是意志力的作用使我们将构造和实用性的实现，看作是更高美学价值的目标。当和谐的比例唤起了沉思，或是深邃的感觉，观察者的灵魂也融入了建筑设计之中，只有在这时，才会使某种至高无上的建筑杰作得以实现。[49]

〔413〕

在一篇名为《为意大利建筑辩护》（*Difesa dell' architettura italiana*）[50]的纯论辩性文章中，皮亚琴蒂尼打着理性主义的幌子又回到了这一争辩之中，他假装成一位法西斯主义者，其实却是一位布尔什维克主义者（Bolshevist）和国际主义者，对诸如奥耶蒂（Ojetti）等人的那种抛弃建筑的等级原则，使得教堂和剧院、学校，以及住宅变得无法区别的做法进行攻击。与此同时，他也警告说，不应该将法西斯主义与古罗马精神（*romanità*）加以混淆，后者是一个被广泛使用的词汇，用来隐喻某种说教式的、戏剧性的和虚无飘渺的东西。对此理性主义者反驳说："在意大利，我们没有必要为了成为理性主义者，而成为布尔什维克主义者。"[51]日趋陈腐的辩论质量和令人厌恶的诡辩术，其结果导致了 MIAR 在 1931 年的展览之后，就令人不悦地寿终正寝了。展览中包括了一张"令人生厌的方盒子"（*tavola degli orrori*），这是对 1920 年代公共建筑所进行的嘲弄，这被看作是对于理性主义者所隶属的法西斯主义建筑师协会的建筑规则的攻击。[52]

意大利理性主义者们只是大致勾勒出了一个建筑理论的轮廓。在有关这一理论的背景方面，应该注意到法西斯主义意识形态的侵蚀，其中的许多原则性观点都可以归结到这一点上，例如，意大利建筑要优于其他所有国家的思想，以及对建筑的"军事"风格的崇拜，等等。对于古罗马精神的迫切追求，促使墨索里尼的极权主义政权要求采用"帝国"式风格，如皮亚琴蒂尼所例证的新古典主义纪念性就是一例。但无论是理性主义，还是新古典主义，都不能仅仅因为其成为了法西斯主义的某种表达方式而遭到摒弃。[53]但是，无论如何，这也确实引起了一个非常复杂的问题，即建筑在极权主义的名义之下，可以被强迫利用到怎样一个程度。[54]例如德国的一体化进程（*Gleichschaltung*），就不能与意大利的情况相提并论，在意大利，理论上的争辩可以百家争鸣，尽管其付诸实践的机会十分渺茫。直到 1935 年，理性主义者都一直受到了墨索里尼的安抚，他们的建议在诸如罗马大学和 E–42 干道的设计方案中都可以找到。当然，理性主义者中的许多人都在政治上享有一定的名分，很难想象他们的理念会受到什么压制。[55]泰拉尼的例子[56]显示出一个具有法西斯主义信仰的建筑师，是如何能够保持某种特定的形式的，就像他在科莫(Como)所做的法西斯住宅(Casa del Fascio)一样，这涉及到了对于这一法西斯政党所要求的各种美学基础的一种否定——例如，只要是官方的法西斯建筑就必须要有一座塔，以及一个集会的场所(*arengario*)。[57]

室内设计师埃德尔多·佩尔西科(Edoardo Persico，1900 – 1936 年)正好相反[58]，他早期曾出任《Casabella》的编辑，他十分理智地渐渐从当政机构中脱离出来，成功地保持了一个客观和批评性的立场，直到他的意外早逝。[59]艺术评论家和历史学者拉菲罗·吉奥里(Raffaello Giolli，1889 – 1945 年)也采取了一条类似的批判路线，他也曾为杂志《Domus》和《Casabella》工作过，后来由于他加入了抵抗组织而最终被法西斯主义者杀害。[60]与之相类似的还有建筑师朱塞佩·帕加诺(Giuseppe Pagano，1896 – 1945 年)，在 1931 年接任《Casabella》杂志的编辑一职时，他还是墨索里尼的狂热支持者，后来就像吉奥里一样，也成为一名反法西斯主义者，再后来他在茅特豪森(Mauthausen)的集中营中遭到了杀害。[61]阿尔贝托·萨尔托里斯(Alberto Sartoris，生于 1901 年)的情况又有所不同，他在 1920 年加入了未来派，后来成为了理性主义者，之后又皈依了国际功能主义路线，并为了在一个更为广泛的历史与地理的文脉背景中，表述现代建筑而撰写了许多著作与文章。[62]

〔414〕 很难对意大利 1930 年代的形势作出一个准确评价，因为事实上很难将不同的团体相互区分开来。因而一名成功的建筑师，如安吉奥罗·马佐尼(Angiolo Mazzoni，1894 – 1979 年)[63]，他曾为皮亚琴蒂尼工作，后来加入了新未来主义，并和马里内蒂、米诺·索门兹(Mino Somenzi)在 1934 年共同出版了未来派的最终宣言，然而他的许多设计却采用的是理性主义者的建筑语汇。[64]BBPR 建筑师事务所[包括吉安·路易吉·班菲(Gian Luigi Banfi)，鲁德维克·巴尔比亚诺·迪·贝尔乔约索(Ludovico Barbiano di Belgiojoso)，恩利克·佩雷苏蒂(Enrico Peressutti)，埃内斯托·南森·罗杰斯(Ernesto Nathan Rogers)等人]，成立于 1932 年，这一事务所吸收了许多不同流派的思想，尽管很接近理性主义者的立场，但也在其哲学观念中吸纳了许多与"环境主义"(*ambientismo*)相关的理念。[65]

法西斯主义的垮台并不意味着意大利的建筑发展与理论争辩的中止，除了墨索里尼时期公共建筑所具有的纪念性新古典主义特征之外，各种不同的运动和潮流也都设法存活了下来。言论与思想的自由从来没有被破坏过——事实上人们仍然记忆犹新的是战后意大利的发展，几乎与德国不相上下。在意大利，在很大程度上，这种发展的连续性并没有受到法西斯主义统治之下时那些围绕意识形态的建筑争辩的影响，因为当时的每一个团体都通过一种或几种途径，试图与统治阶层取得某种默契。在德国则恰恰相反，随着对于意识形态及道德问题的解决，一个新的起点也就开始了。

第二十八章　苏联的建筑理论

自文艺复兴以后，东欧的建筑学显示了对于西欧建筑学，特别是对意大利建筑学的依赖。15 世纪的匈牙利 〔415〕
在马提亚·科尔维纳(Matthias Corvinus)统治下，以及加基林(Jagiellon)时代的波兰和俄国古典主义时期，都建
造了一批具有很高艺术品质的建筑，但是，在建筑理论领域，这些建筑却超出了对于其西方源泉的简单接纳，
因而两者之间似乎不相伯仲。[1] 由意大利裔俄国建筑师贾科莫·科瑞尼(Giacomo Quarenghi，1744 - 1817 年)发表
的著作是一些基于西方传统的作品集。19 世纪俄国向中世纪建筑的回归与同一时期西欧各国的发展是相互平行
的。但是在 19 世纪 50 - 60 年代的绘画艺术中，可以看到为了寻找俄罗斯的现代文化而产生的新的发端[2]，在
建筑学中，相似的运动直到第一次世界大战期间才开始出现，尽管如此但却轰轰烈烈，并随着 1917 年的革命
而达到了顶点。在这里起到引导作用的同样是美术，特别是未来主义和立体主义，这些艺术思潮在俄国融合而
为某种"立体未来主义"的形式，而其"至上主义"(Suprematism)与"构成主义"(Constructivism)思想则逐步
显现出包容所有艺术，甚至像荷兰青年风格派运动的态度。

从近些年的大量原始资料中，逐步揭示出了从十月革命直至斯大林时代的苏联建筑的理论和实践。[3] 这些
材料既丰富多样又令人疑惑不解，一方面是因为，艺术家和建筑师们确信他们为了社会，以及这个新的苏维埃
国家，作出了至关重要的贡献，尽管他们的讨论经常只是保持在形式和美学的范围之内；而在另一方面则因
为，这个国家总是在寻求将艺术和建筑学应用于自己的宣传目的。在关于究竟是由什么组成了无产阶级文化的
观点上，存在着很大的分歧，在为人们所熟知的"无产阶级文化"(Proletkult，1917 - 1921 年)的组织活动中，
我们发现了有关这些观点的早期表述。[4] 在意大利未来主义者精神的影响之下，他们要求与以往作彻底的决
裂，甚至是完全摧毁过去的一切，就像基利洛夫(V.T. Kirilov，1890 - 1943 年)在他那骇人听闻的话语中所说
的："让我们以未来的名义烧毁拉斐尔，让我们捣毁艺术之花并把它踩在脚下……我们已经学会如何仰赖蒸汽
与炸药的力量，我们倾心于汽笛的刺耳呼啸，以及活塞和压路机那有节奏的强烈撞击与隆隆轰鸣的声音。"[5]
列宁的目标是"夺取所有资本主义所遗留下来的文化，并把它们用以建设社会主义。"[6] 然而，在另一方面，
托洛茨基(Trotsky)则否认无产阶级和新的建筑风格之间存在任何关联，他直言不讳地宣称："不仅没有无产阶
级文化，而且永远都不会有这种文化。"[7] 因此：

> 这一点意味着，如果脱离了手边的实际任务，以及为解决这些任务所作的不懈努力，任何新的建
> 筑风格都永远不可能产生。试图以无产阶级的本质、无产阶级的集体主义，以及无产阶级的行为方
> 式，甚至无产阶级的无神论思想等等为基础，演绎出一种什么风格来，其结果将只能是最纯粹的理想
> 主义，在实践中除了会产生许多稀奇古怪之物，或随心所欲的隐喻性东西，以及诸如此类的陈旧的地
> 方玩意儿，甚至是一些外行人粗制滥造的劣作之外，将会是一无所获的。[8]

列宁的这种"极端的宣传"是注定要出现的，他曾受到了托马索·康帕内拉(Tommaso Campanella)的"太 〔416〕
阳之城"(Città del sole)中乌托邦美景的激励，并宣布要将艺术作为一种宣传性的武器来使用。[9]

以立体未来主义为依托的新的建筑运动之后的艺术驱动力，这时已经在苏联出现，值得注意的是，这一驱动力就是所谓"总体艺术作品"（*Gesamtkunstwerk*）的概念，第一部将这种综合性的"艺术联合体"具体化的重要作品是克鲁琴尼科（Kruchenykh）的未来派歌剧《战胜太阳》（*Victory over the Sun*，1913 年）[10]，卡兹米尔·马列维奇（Kazimir Malevich，1878－1935 年）为该剧设计了布景和服装。由马列维奇所建立的至上主义运动，仅仅是在由马列维奇在空间维度的实验中的理想化的建筑绘画所产生的功效这一背景文脉下才令人感到兴趣，这最终导致他提出了在他的设计与共产主义的社会体系之间存在着某种联系的假设。[11]马列维奇在 1920 年间的论著与设计方案[12]，以及那些他称之为"建构术"（*Arkhitektoniki*，从 1922 年开始）的建筑作品，显示出一种新的理念的出现（图版 192）。他的思想的主要来源是论文《至上主义 I／46》的（*Suprematism I／46*，1923 年）和 Unovis*的《至上主义宣言》（*Suprematist Manifesto*，1924 年，Unovis 代表了"捍卫艺术的新形式"，并选择了以马列维奇为中心的团体以及他自己团体的学说）。[13]马列维奇的出发点与意大利未来主义者和德国表现派一样，都是一种对于大地的鸟瞰："翱翔的（*planity*）（飞行物）将决定城市新的规划和（*zemlyanity*）（地面上居住者）房屋的形式。"[14] *Planity* 是非物质的，"新人类的新居所位于太空之中。"马列维奇承认"至今还没有新艺术的消费者"。[15]他对直角的强调暗示出了他和荷兰青年风格派，以及和勒·柯布西耶之间的联系，并通过相当刻意的争辩以和"共产主义教义的本质"之间保持一致，而其他形状，例如三角形，就遭到了古代希腊、罗马人、异教徒和基督徒的摒弃。对他而言，能与新社会相称的惟一建筑形式就是基于直角的形式，"因为共产主义就是试图向所有的人平均地分配权力。"[16]这样一种陈述已经落入了极端形式主义的窠臼。

马列维奇粗率地拒绝了由政党路线所确定的形式上的传统主义，因为这一路线试图使过去的形式能够适应新的社会功能：

> 我们绝不能将古典的神庙——这种神庙曾经既适合于异教徒，也适合于基督徒们的使用用途——转变成为专门为无产阶级服务的俱乐部或"文化馆"，即使这些神庙是以革命领袖的名字命名的，甚或是装饰了这些领袖们的肖像的。[17]

马列维奇的立方体建构术（*Arkhitektoniki*）完全是由直角构筑而成，看上去更像是与建筑相关的雕塑，而不是一种倾向于具有实际功能的设计创作。其中只有一个例外，就是为工人俱乐部所作的设计（图版 192），这一设计中附有平面与剖面图。在他的一篇于 1927 年大柏林艺术展（Grand Berlin Art Exhibition）之时所写的，以"至上主义建筑"为题的文章中，谈到了一种"纯粹而绝对的建筑"，在这里他将建筑学比作是"纯粹的艺术形式"，其中还宣称他的至上主义标志着"新古典主义建筑学的发端"。[18]然而，这种将建筑学简化为形式问题，而不考虑结构和功能的做法，注定是要以失败而告终的。

但不管怎样，马列维奇的至上主义思想，的确为俄国的结构主义（构成主义）†运动（*Russian Constructive movement*）提供了艺术的出发点——尽管结构主义者最终得出了完全不同的结论。[19]埃尔·利西茨基（El Lissitzky，1890－1941 年）为我们提供了这两个运动之间的重要联系，他曾接受过建筑师的培训，并活跃在设计的各个方面。[20]1917 年他作为维捷布斯克（Vitebsk）艺术学院的一名教师和马列维奇共事了几年，1920 年代他在德国度过了很长一段时间，这一经历的结果使得他能够在俄国与中欧之间进一步交流观点。他创造了一套艺术准则，他称作"Proun"（"*proyekt ustanovleniya/utverzhdeniya novogo*"的缩写——"为建立／证实新的艺术而做的设计"）。他试图以 Proun 来对绘画、雕塑与建筑的传统形式取而代之[21]，他将 Proun 定义为"由材料而转变成为建筑的接合点"。他继续道，"是 Proun 改变了多产的艺术形式"，他构想了一个适用于全世界人民的统一的标准化城市，并使之"矗立在共产主义的钢筋混凝土基础之上。"[22]

就建筑而言，这些理念最重要的成果是埃尔·利西茨基的高层建筑方案，他称之为"云朵支架"，并打算以此来彻底改观莫斯科的城市面貌（图版 193，194）。[23]这些水平结构，每一个都立于三根支柱上，被设计为用

〔417〕

---

* Unovis 是 Kazimir Malevich 在白俄罗斯的维捷布斯克（Vitebsk）艺术学校成立的一个短暂的（1919－1921 年）学生社团，俄文 Rus. Utverditeli Novogo Iskusstva 的缩写，意为 Affirmers of new art（新艺术的拥趸）。——译者注

† 又可以称为构成主义，但构成主义更局限于艺术形式，而结构主义有着更为宽泛的内涵，与结构、材料、建造过程及 20 世纪西方思想中的结构主义等有着某种关联，故这里译作结构主义。——译者注

最小的支撑物来提供最大的使用空间；为此埃尔·利西茨基设计了技术上不切实际的钢结构。他对西欧诸国的现代建筑十分不满，例如，他斥责勒·柯布西耶是一个"热情洋溢的伪功能主义者"——这一指责根本就不是事实。[24]1930 年他撰写了第一部全面的有关俄国现代建筑及其赖以依托的理念的报告，这是一份十分有价值的第一手资料来源。[25]

打破艺术界限的迫切要求在结构主义（构成主义）者弗拉基米尔·塔特林（Vladimir Tatlin，1885－1953 年）的事业生涯中是非常明显的，他起初是一名画家，后来用金属线、玻璃、木材和其他各种材料创作浮雕，并于 1920 年设计了莫斯科第三国际纪念塔[参见尼古拉·普宁（Nikolay Punin）所作的方案说明][26]，最终他成为了一名商业设计师。[27]

1922 年，阿列克谢·甘恩（Alexey Gan，1889－约 1940 年）[28]发表了一篇结构主义（构成主义）者宣言，宣言的宗旨是以论证这一运动团体在本质上与马克思主义的一致性，并诱导政府采纳结构主义者的路线。甘恩的宣言是结构主义者立场的一种极端表述——将艺术废除，结构主义作为新的工业文化的结果，是将回归材料本原的法则作为至高无上的标准——但却是按照意识形态的原则进行安排的。这一观点被冠之以"艺术来源于工厂"的口号[29]，他将这一口号具体化为对艺术家所进行的重新定义，所谓艺术家就是一个断然放弃了自己的个性，并从所制造的产品的美学特性中汲取营养的人。这等于又回到了关于艺术典型的争论，这一争论从世纪之初在西欧各国就已经在进行了。

这一发展引起了对建筑元素的解析研究，最终由理性主义者尼古拉·拉多夫斯基（Nikolay Ladovsky）通过在心理技术学实验室的实验中得以完成，同时涉及的对于这些问题的讨论，支配着由艺术家与建筑师所组成的结构主义者协会，这些协会包括 Unovis、Inkhuk 和现代建筑师联盟（OSA），连同一些艺术学校，诸如 Vkhutemas 和 Vkhutein*。[30]

1924 年，建筑师摩西·雅科夫列维奇·金兹堡（Moisey Yakovlevich Ginzburg，1892－1946 年）[31]提出了一套全面的结构主义理论，并将之与建筑学联系了起来。在其著作《风格与时代》（*Style and Epoch*，1924 年）中，他对面向时代的挑战进行了评估，并发展出了一套以传统与现代艺术理论的背景为依托的建筑观。[32]这本书是对勒·柯布西耶《走向新建筑》的回应，并可与之相提并论。金兹堡曾经在巴黎美术学院（Ecole des Beaux-Arts）、图卢兹（Toulouse）和米兰的艺术学院里学习过，1917 年他在里加（Riga†）获得了建筑学的毕业证书。他的〔418〕思想中刻有法国理性主义与意大利未来派的印痕；在米兰，他同社团"新趋势"（Nuove Tendenze）保持着联系，桑特埃利亚和奇亚托尼（Chiattone）都属于这一组织。在方法论的观点上，他受到了沃尔夫林（Wölfflin）和弗兰克尔（Frankl）的风格概念，以及斯宾格勒（Spengler）历史哲学的强烈影响。

金兹堡在他的第一部书《建筑的韵律》（*Rhythm in Architecture*，1923 年）中已经作了一些初步的尝试[33]，他试图展示由历史规则，给出一种现代形式，是如何能够同现代的需求结合起来的。他使用了韵律的概念，这是生活中最为广泛的一条原则，以此来表达驾驭时代精神的动能的规则。他从建筑中选取的例子，就像他的历史分析一样，主要是基于沃尔夫林。他将对称定义为选择性重复这一规律的表达形式，并引用了阿尔伯蒂的话，作为权威性依据来证明对称是自然所给出的事实。对称是简单而有组织的，是空间与建筑形式所青睐的均衡方式。遵循文艺复兴的传统，他从基本的规则几何形体与比例出发，声称对于现实的表达，存在于对古典比例谨慎的摧毁中，也存在于某种新的纪念性中。他认为文艺复兴的传统是正确的，并将阿尔伯蒂的"和谐"（*concinnitas*）看作是至高无上的目标，以及对于某种渴望的表达——渴望看到蕴涵在有组织的、具有纪念性的与和谐的建筑中的"现实而有节奏的脉动"。

金兹堡的《风格与时代》一书，就像勒·柯布西耶的《走向新建筑》一样，是从一个历史观点的争论开始的，随后就转向了现代建筑的技术方面，这些方面与新风格，即"我们这个时代的壮丽风格"的关键性问题有关，在这一风格中现代的力量将寻找到其表达的方式。他将风格定义为"完全与所给定的地点和时间的需求及观念相联系的事物"[34]，这显露出了沃尔夫林的影响，他看到在风格的各个阶段上反映出了一个时代的

---

* Inkhuk 是一所艺术文化学院（Institute for Artistic Culture，1920－1930 年）；Vkhutemas 是莫斯科的一处高级艺术技术工作坊（High State Artistic Technical Workshops），即后来的 Vkhutein（Institute of Art and Technology in Moscow 莫斯科艺术与技术学院）的前身，前后共仅存 10 年（1918－1928 年）。——译者注

† 今拉脱维亚首都。——译者注

崛起、巅峰及衰落的过程。其中经历了缺少装饰的结构与实用的阶段、结构与装饰完美平衡的有组织阶段，以及装饰性的阶段，这一时期的装饰已经独立于结构而存在。现代欧洲文化，已经走到了"其赖以存在的最后期限"[35]，现在已经到了穷途末路，当代的西方建筑，也处于一种相应的衰败状态。在这里，瓦萨里（Vasari）的艺术发展循环性理论，以及斯宾格勒历史哲学的影响，都是看得很清楚的。

虽然否定了意大利未来主义者对于割裂历史的尝试，但是金兹堡在寻找新风格时还是采用了与之相同的出发点，推动力与程序，但是，在一个典型的充满激情与欢娱的未来主义者看来，他展现出了一种法国式的理性主义，将空间的问题定义为运动之力的物化过程。[36]在他看来，风格、技术和政治制度是共生共存的，特别是在工人所居住和工作的区域中，在那里，机器和生活的新动力，存在于结构的逻辑之中，通过建筑单元的标准化，可以发现其共同的、综合性的和动态的表达形式。[37]

金兹堡按照机器的功能对于"一项自由和愉悦的人类劳动"这一概念进行了解释，他将这一概念同阿尔伯蒂对美的定义结合了起来[《建筑论》（*De re aedificatoria*）Ⅵ.2]，按照这一概念，在对整体不进行破坏的情况下，是不可能对于一个物体进行增减的。[38]从而，美的概念得以通过机器而加以定义，这包括了"在作品中"[419]可见的对于材料的使用，以及暴露出来的静态与动态的力量。[39]金兹堡将与用于机器的相同的标准来进行建筑的评价，这使得他与勒·柯布西耶之间在观点上和睦无间。由于机器的作用而产生了一种运动的趋势，这不是机器的对称性运动所可以表达的，因而，使得不对称成为了新风格的标志。金兹堡基本上是将建筑看作动能的产物的；他所绘制的一系列应力图阐明了他的观点，他认为历史上建筑形式的本质就在于它们的均衡（图版195），他列举了维斯宁（Vesnin）兄弟为莫斯科劳动宫（Palace of Labour in Moscow，1922–1923年）所做的不对称形式的设计，以此作为现代建筑推动力的例证。[40]在这一设计中，高耸的旗杆，突出于建筑的顶端，象征了压力的纯线性特征（图版196）。金兹堡赞同结构美学的原则并推断说，通过可见的"构造性"，在新风格达到成熟和有组织的阶段时，构造和装饰之间实现了一致。[41]就像勒·柯布西耶一样，金兹堡将建筑看作是一种新的、强化了的表达形式，源自机器美学和对机械的模拟；在他看来，新风格的特征是纪念性的，并表现为现代动力表达的不对称性。与"一种自由和愉悦的人类劳动"相一致的概念，推动了"机械化城市"的自由与愉悦的感觉。[42]在金兹堡的设计方案中，建筑扮演着极其重要的角色，它是新生活中的一支有组织的力量，源自以模数化为基础的标准化的结构单元，并创造了一种和谐的综合。[43]

金兹堡和勒·柯布西耶二者之间的连接点是清晰可见的，尽管两个人所追求的意识形态目标不同。金兹堡作为结构主义者的论据，要比勒·柯布西耶理想化了的理性主义更为坚实可靠，他对勒·柯布西耶的评论，连同两人在1929–1930年期间在莫斯科会面后彼此之间的通信，显示了两者之间相互差异的程度[44]；金兹堡特别赏识勒·柯布西耶功能主义概念下的艺术形式主义。

在他的最后一部书（1934年）——《住宅设计五年工作经验所得出的关于住宅问题的结论》（*Conclusions for Housing from Five year's Work on Housing*）中，金兹堡甚至坚持认为说，作为社会主义社会的表达，只有西方所使用的工业化的建造方式，才是可以真正被利用的。[45]但是，在这本书的前言中显示出，他没有能够成功地将他的建筑理念同苏联党的官方路线协调在一起。

俄国的结构主义是根植于大规模生产的进程之上的。类似的运动是由尼古拉·拉多夫斯基（Nikolay Ladovsky，1881–1941年）所领导的，这是一个更为形式主义化的理性主义运动。从所遗留下来的少数由他撰写的宣言中可以看出拉多夫斯基全部理念的出发点就是空间，从空间出发而创造了形式[46]，结构被看作是较为次要的考虑内容。他的目的就是要确定建筑形式的法则，就如同是由观者所感知到的那样。其方法的合理性存在于确定心理–生理感觉的法则之中，这将导致相应建筑形式的产生，最后他于1927年在莫斯科艺术与技术学院（Vkhutein Institute in Moscow）建立了一座"心理技术学"实验室。他的理性主义建筑学是基于经济原则的基础之上的，他将技术理性与建筑理性加以了区别：

[420] 　　技术理性是在功能性建筑物的建造过程中劳动力与建筑材料的组织；而建筑理性则是在感知建筑物的空间和功能特性时心理能量的组织。[47]

因而拉多夫斯基的理性主义美学是完全不同于法国19世纪理性主义，或1926年之后的意大利理性主义美学的。

康斯坦丁·S·梅尔尼科夫(Konstantin S. Mel'nikov，1890－1974年)采取了一个同理性主义者十分接近的立场[48]，他是一名重要的艺术家，他的建筑，如1925年巴黎国际装饰艺术展(International Exhibition of Decorative Arts)俄国馆，曾经赢得了极高的赞誉；他在莫斯科的俱乐部馆(Russakov Club Building，1927年)，以及同样是1927年建于莫斯科的他自己的住宅，都证明了独立于材料与功能之外的形式问题。他的为数不多的理论表述[49]都不具有教条主义的色彩，他论述了如何进行艺术设计的问题，认为"应当让人类用纪念性建筑物来见证我们这个时代中的英雄主义"(1936年)。[50]

这一有关建筑形式独立的理念很快开始在那些名义上属于结构主义阵营的建筑师中展现开来，如雅科夫·G·切尔尼科夫(Yakov G. Chernikhov，1889－1951年)和他的"建筑狂想曲"(1933年)[51]；伊万·I·列奥尼多夫(Ivan I. Leonidov，1902－1959年)[52]创作了一些粗犷大胆，但却高度形式主义的设计，如一座列宁学院(Lenin Institute，1927年)，一座文化宫(Palace of Culture，1929－1930年)，以及莫斯科红场上的重工业人民委员会(People's Commissariat for Heavy Industry，1934年)——其中揭示出一定程度的独立几何形式，这让人想起了法国的"革命建筑师"——尽管我们无法想象出两者之间存在任何历史性联系。[53]这些设计中的纪念性迫使人们用绝对化的术语来进行评价。在关于人民委员会所采用的将三座巨大的摩天楼作为莫斯科的构图中心的设计的评价中，列奥尼多夫写道：

> 十分明显的是，当一座崭新而宏伟的建筑物升起在红场之上时，单体建筑在这一综合性建筑中的角色和组织将为之改变。我个人认为，克里姆林宫建筑群(Kremlin building)和圣华西里大教堂(St Basil's Cathedral)建筑将屈从于新的人民委员会，因为，这个委员会必须占据城市的中心位置。红场上的建筑物和克里姆林宫是一首愉快而庄严的乐章。但是，如果在这首交响乐中引入一个新的有活力的主旋律，通过它自身强有力的共鸣，然后，这一主旋律就将变成统治性的，它的特性将使合奏曲中其他所有建筑都相形见绌。[54]

列奥尼多夫强有力的设计，像是勒·柯布西耶所设计的昌迪加尔议会大厦(Parliament Building in Chandigarh，1951年)，与1970年代美国后现代主义的高层建筑设计的初期阶段的样子。

1920年代的苏联，对于形式和理论实践方面的迫切需要，具有一种革命性的热忱，这是当时所有西欧国家的讨论中所激发出来的热情所不能够比拟的。苏联在经济与科技上所表现出来的是疲弱无力，遑论斯大林时代日渐保守的政党官僚作风，因而，当人们意识到将这些富有冒险精神的理念付诸实践的人物实际上是寥寥无几的，以及技术水平实际上是如此低下时，如何去应对这一挑战，就变成了一个十分明显的问题了。

西方媒体中关于在苏联所发生的一系列讨论，以及所做设计的报道，和一些单个的引人注目的成就的介绍，例如梅尔尼科夫(Mel'nikkov)1925年在巴黎展览会的展馆设计和1928年由埃尔·利西茨基(El Lissitzky)在科隆出版社(Cologne Pressa)所设计的俄国新闻馆(Russian Press Pavilion)建筑[55]，都引起了西方建筑师们浓厚的兴趣，到了1920年代末期，这些西方建筑师中的一些德国人的立场开始变得摇摆不定，而且，到了希特勒统治的时代，这种情况变得更为突出。因此，令人毫不惊讶的是，一些新建筑的主要代表人物，〔421〕如陶特(Taut)，马伊(May)和汉内斯·梅耶(Hannes Meyer)，甚至一度决定要前往俄国帮助建设这个新的社会主义国家[56]，而在那里还会有来自荷兰的马尔特·斯塔姆(Mart Stam)和法国的安德烈·吕尔萨(André Lurçat)加盟到他们之中。勒·柯布西耶和弗兰克·劳埃德·赖特也曾访问了俄国——前者是在1929－1930年间，后者则是在1937年——然而，这一过程证明了是一次令人变得清醒的经历，这一经历，就像事情本身那样，恰好与斯大林统治下对于"苏维埃现实主义"思想的引入相一致[57]，所以在建筑理论界并未因此而获得足够的肯定。当时，全世界的建筑师都对苏联寄予了厚望，这体现在苏维埃宫(Palace of the Soviet Union，1930－1935年)的设计竞赛中[58]，但是，竞赛的过程和最后的结果却标志出了人们那种盲目的乐观情绪的结束。

苏联建筑所面对的最主要问题，是社会主义城市看上去应当是什么样子的，新的社会主义社会应当采取什么样的住宅形式等等。一大堆各种不同的问题——国家的电气化、工业化、新的社会结构的建立，在这一点上妇女解放起到了巨大的影响作用——所有这一切都必须在城市规划与住宅问题上加以讨论。[59]在大革命之前，俄国已经有了一个强劲的花园城市运动，其基础就是埃比尼泽·霍华德(Ebenezer Howard)的理念，而且，霍华德的理论在1920年代初仍然继续左右着这一讨论。城镇和乡村之间的平衡，连同地方分权，通过花园城市的概念看起来是一个可以实现的目标。除了建立住宅群时应采用何种形式的问题，还存在着现行住宅形式方面的问题，也就是说在什么范围内个人、家庭以及其他等等概念能够予以保留，然后它们是否应当被集体主义的理念所替代的问题。争论最后集中在了公共住宅这一理念之上。

第一批城市设计方案是彻头彻尾的乌托邦。1921年，安东·M·拉文斯基(Anton M. Lavinsky，1893－1968年)设计了一座多层的有旋转式房屋的"在减震器上的城市"；拉萨尔·M·希德克尔(Lasar M. Khidekel，生于1904年)，马列维奇的学生，设计了摇摆式的房屋，而乔治·T·克鲁蒂科夫(Georgy T. Krutikov，1899－1958年)则设计了一座"飞行的城市"(1928年)。在这些设计方案的背后可以感觉到范尼(Fani)和马奇(Marchi)的未来主义宣言的影子。

1929年公布了第一个五年计划，提出要建设2000座工业性城镇和1000座集市性城镇，这之后便对城镇规划开始了一系列严肃的讨论。所有的规划者们都对城市采用历史上的形式采取否定的态度，把这些形式看作是资本主义的产物，但是，对于新城市应该采取什么形式却意见不一。城市规划专家们的目标是一个紧凑的、中型的城镇，由统一的住宅街区组成，并以教育、餐饮，以及其他生活领域的完全集体化为基础。"社会主义城市"(Sotsgorod)采用的是将所有建筑的结构单元标准化，其主要倡导者是经济学家萨布索维奇(L.M. Sabsovich)，他在《未来的城镇和社会主义生活的组织》(*The Town of the Future and the Organisation of Socialist Life*，1929年)中确立了自己的理念。[60]萨布索维奇为达到生活的所有方面的完全集体化而辩护，并将任何具有个人主义特色的形式都诬蔑为是小资产阶级式的(petit bourgeois)。

由社会学家奥希托维奇(M.A. Okhitovich)所领导的反都市主义者，认为城市本身就是资本主义所遗留下来的东西，他建议运用现代交通与通讯手段所提供的种种可能性，这是一种反城市化的概念，即将工业制造业、商业、居住区和文化区，都设置在一个彼此比较邻近的区域，这类居住聚落的基本形式是线性的[61]——这就是反都市主义者所持有的原则。金兹堡和其他人以这一原则为基础进行设计，为莫斯科作为一个"绿色城市"而制定出了一个规划。[62]奥希托维奇提到了亨利·福特(Henry Ford)，这一点使得人们可以清楚地认识到，这种以交通为基础的线性规划原则，实际上就是引导反都市化潮流的社会主义版本，在这一潮流的指引下，弗兰克·[422]劳埃德·赖特为"广亩城市"(Broadacre City)进行了规划，这一规划发生在同一时期，也具有同样的动机。奥希托维奇对于将生活的各个方面都实施完全而严格地控制的思想提出了否定意见。

在这两条极端道路之间是由尼古拉·A·米柳京(Nikolay A. Milyutin，1889－1942年)在其专论《Sotsgorod. 社会主义城镇规划问题》(*Sotsgorod. The problem of Socialist Town－Planing*，1930年)中采取的中间道路，他是一名共产党的官员，并曾一度担任过财政部长。《社会主义城镇规划的问题》(*The Problem of Socialist Town－planning*，1930年)[63]，是一份实事求是的调查，并将社会主义原则和经济因素统合了起来。在书中明显涉及到勒·柯布西耶的地方，他仿效了《邻里规划》(*Plan Voisin*)中的观点，米柳京在其著作的第一章中，将摩天楼指责为"无政府状态的资本主义体系"的表达；另一方面，他认为反城市化在本质上就是社会主义的，而且是在资本主义社会里根本无法想像的。[64]他的出发点，同加尼耶很接近，都是从工、农业生产出发，在他书中的第5章中，他将住宅、学校、公用事业、办公楼、交通线等等的功能和空间布局，比作是控制发电站运作的法规(图版197)。他构想了一种线性的居住聚落的形式，各种不同的功能被安排在一个固定的有着6个区域的序列中：铁路；工业区、部门商店、学校，等等；绿化带；设有公共服务设施的居住带；带有体育设施的绿色区域；以及农业地区。[65]米柳京根据最短的联系距离、发展的便利性，以及其他类似的考虑，对区域的顺序进行了调整；他不允许偏离这一式样，但是可以将边界的特性考虑进去。米柳京也不失时机地对马格尼托哥尔斯克(Magnitogorsk)和斯大林格勒(Stalingrad)的设计竞赛中所提交的各种方案进行了批判性的回顾。

对于居住区，米柳京建议采用一种相似的线性规划，以阳光照射的方向为基础。他还要求要对个人权利和隐私加以保护，并主张只允许集体化影响到我们生活的一些特定部分。他的关于"生活单元"的计划，每一个单元都具有8.4平方米的表面积和21.84立方米的体积，要求一个最小化的设施，诸如睡眠的房间，一张用于工作的桌子，用于储存亚麻布、衣服、药品和其他个人财产的房间。[66]在他心目中的居住建筑类型的例子，与金兹堡的设计，以及格罗皮乌斯在包豪斯的作品是有所关联的。他抨击了舒尔托夫斯基(Sholtovsky)的纪念性与历史折中主义，但对于采用标准化的轻型结构表示了赞同，主张以简单、直接、轻盈和功能性的解决方案作为现时代的表达方式，这一切都是以机器、以严格的经济性、以新材料，并且，以新的社会关系，为先决条件的。[67]他声称对于一个适当阐述的问题的恰如其分的解决，也能够成为一种美的源泉，而这一观点使得他成为了功能主义哲学的支持者，这一点在"新建筑"的倡导者们那里，以及在勒·柯布西耶身上，都可以发现，米柳京在自己的书中引用他们的设计作为说明性的图例。

米柳京的《社会主义城镇规划的问题》(*Sotsgorod*)是对在两所城市规划院校之间寻求妥协的一种尝试，同时，也是为了适应苏联对于住宅的最低需求量方面研究的需要，有关这一研究西方已经着手在进行了。在某种意义上，他的书是勒·柯布西耶《都市主义》(*Urbanisme*)一书的共产主义对应物，勒·柯布西耶在1940年代所作的《工业线性城市》(*Cité linéaire industrielle*)中回溯起了这些来自俄国的思想。[68]

在1920年代的俄国，除了出现了各种现代潮流之外，在"无产阶级古典主义"的名义之下，在这个斯大林的时代，以古希腊或文艺复兴的典范为基础的古典主义形式，一直主导着苏联建筑的方向。[69]一些建筑师如伊万·V·舒尔托夫斯基(Ivan V. Sholtovsky)，伊万·A·福明(Ivan A. Fomin)，阿列克谢·舒舍夫(Aleksey Shchusev)，以及其他许多人，在各个方面都很接近现代风格，他们可以同意大利的皮亚琴蒂尼(Piacentini)相提并论；从另一方面看，弗拉迪米尔·G·海尔弗里希(Vladimir G. Helfreich)和伯利斯·M·约凡(Boris M. Iofan)那沉闷的纪念性风格，与德国的施皮尔(Speer)是十分相似的。当人们问起，何以极权主义的精神能够在斯大林主义建筑学的理论与实践中，找到自己的表达方式时所能得到的回答，与人们在问起何以在纳粹德国的建筑学中，会出现极权主义这一问题时，有着同样的令人有所保留的答案。　〔423〕

批判地重新评价前斯大林主义时代的建筑争论，从1960年代就已经在苏联展开了[70]，而且，也在东欧国家中扭扭捏捏地得到了接受。在西方国家中，有关这方面的评价由于缺少第一手资料，同时更由于意识形态方面的偏见而颇为艰难。在一个时期中，人们似乎沉浸在欧洲共产主义乐观愉悦的精神之下，通过意大利，西方人非常幸运地拥有了大量而充实的资料。只是到了最近几年，通过诸如克里斯蒂纳·劳德尔(Christina Lodder)的《俄国的结构主义》(*Russian Constructivism*，1983年)一书，和约翰·米尔内(John Milner)有关塔特林的研究(1983年)著作，我们才开始看到一个令人欣慰的比较客观的评价。

事实上1920年代，俄国与东欧国家之间的关系是如此密切，在许多案例中，对于解答究竟是谁拥有知识优先权的问题，一直显得十分困难。但是，至少有一点十分清楚，就是在1917年和1930年之间，在俄国所发生的有关建筑问题的理论性讨论，是关于这一主题的具有重要意义的国际性贡献，关于这一点，既不应该因为意识形态的背景而加以低估，也不应该将事实隐瞒起来而成为秘密。英格兰的布莱德·莱伯金(Berthold Lubetkin)的活动[71]已经显示出，源之于1920年代的苏维埃原则的建筑学，在西欧也有可能获得成功。

第二十九章　20世纪上半叶的美国

　　自从杰弗逊(Jefferson*，1743–1826年)以来，对于美国本土建筑风格的寻求就成为了美国建筑理论方面的一个基本主题。无论是从理论上，还是从实践上来看，最接近可能达成这一目标的是芝加哥学派。但是，他们的成功仅仅是一个地区性的插曲而已，而一般的美国建筑师则被一种商业折中主义的思想所左右，这种思想主导美国城市景象的时间甚至远比其在欧洲造成影响的时间还要长。[1] 摩天楼建筑样式逐渐成为美国民族身份的象征，而以前有关形式与风格的无休止争论也渐渐湮没在每日每时的折中主义的洪流之中。[2] 如果说在美国能够引起什么的话，对于美国式的建筑风格的研究，引起了有关摩天大楼建筑形式的争论。比如说，弗朗西斯科·穆希卡(Francisco Mujica)在他的《摩天大楼的历史》(*History of Skyscraper*，1929年)中，建议把高层建筑建成"新美国式风格"(图版198)，他是以前哥伦布时期的美洲大陆建筑为范例，并采用了墨西哥神庙的形式来创造一种退台式的摩天大楼。[3] 一种历史原型的平凡化(trivialisation)与技术的发展糅合在一起，从而导致了所谓的"商业教堂"，其中最为成功的例子之一，就是卡斯·吉尔伯特(Cass Gilbert)所设计的纽约渥尔华斯大厦(Woolworth Building，1911–1913年)。这些建筑在建筑理论上没有真正坚实的基础，却像哥特式建筑中的垂直感一样，立足于联想的基础之上。正因为这些建筑所具有的垂直性品格，摩天楼引起了人们对于哥特式复兴建筑的偏爱。在美国颇具影响的拉斯金(Ruskin)的著作，在这一潮流的发展中扮演了自己独特的角色。[4]

　　到了20世纪，创造一种典型的美国建筑形式的努力，在家庭住宅领域比在大尺度商业建筑领域获得了更大的成功。我们必须牢记的一点是，20世纪上半叶最伟大的美国建筑师——弗兰克·劳埃德·赖特(Frank Lloyd Wright，1867–1959年)的作品，以及他的理论与实践，是值得人们赞颂与鉴赏的。赖特的创作范围稳步地从家庭住宅设计领域扩展到了城市规划领域。然而尽管他的声望如此，他却是一位局外人，最早对他的成就进行评价的大规模尝试是在欧洲，在那里直到1910年左右，他的影响力都比在美国本土要大。[5]

　　赖特是通过工程绘图员的工作接触到建筑的。[6] 最近有大量文章写到他在幼儿园时期从教育家福勒贝尔(Froebel)发展的教育游戏中所接受到的刺激[7]，但是他后来对于维奥莱-勒-迪克(Viollet-le-Duc)[8]、拉斯金以及工艺美术运动(*Arts and Crafts Movement*)的研究，也一定起着同等重要的作用。[9] 然而对他的建筑理念发展影响最大的是他在路易斯·沙利文(Louis Sullivan)的芝加哥事务所度过的6年，即1887–1893年，他于1949年为沙利文出版了他去世以后的设计作品集。[10]

　　赖特在建筑理论方面的写作是由无数本书和上百篇论文所组成的，而且都与他当时正在从事的建筑设计有着直接的关系[11]，其结果就是一种十分难得的理论与实践方面的统一。同时，其中也有许多的重复，由于他总是不停地修正他的理论立场，有时甚至推翻先前的说法，他持续扩展的建筑概念从来也没有能够找到最终的形式。

〔425〕

　　在1900年，也就是在他的奇平·开普顿(Chipping Campden)冒险之前，阿什比(C.R.Ashbee)在芝加哥拜访了赖特，第二年赖特作了一个演讲，演讲的标题为《机器的工艺美术》(*The Art and Craft of Machine*)，在其中

---

*美国政治家，第三任总统，独立宣言的起草人。——译者注

表明了他对工艺美术运动的看法。[12]1910年，赖特在奇平·开普顿拜访了阿什比；1911年，阿什比为赖特当年在柏林出版的《建成作品》(*Ausgeführte Bauten*)一书写了一篇引言。于是赖特完全了解了这一时期发生在英国的建筑论辩[13]，这使得他个人独特的观点更富有价值。他与威廉·莫里斯(William Morris)不同，比如说，他对于机器时代的到来表示欢迎，称它们为"民主的先驱"，是人类自我表现的解放者，并且提到它们的"有机本质"，在他看来，机器、马达和军舰都是"世纪的艺术作品"。有着钢骨框架的高大办公楼建筑被他形容为"纯净而简单的机器"，他对维奥莱-勒-迪克的理性主义和沙利文的理念的融合出现在下面的叙述中：

> 钢骨框架已经被接纳为一种可以用某种容易加工的材料罩在外面而造成的简单、诚实的外表的基础；这种材料可以使钢骨框架的功能精神化而不需要进行任何结构性的伪装。[14]

赖特并不具有英国工艺美术运动的社会批评精神，但像后来的德意志制造联盟一样，他宣布支持艺术家与工业的联合，深入研究机器，将其作为人类可以学习的有机生长的典范，一种通往新的简单性的途径。

> 我认为，我们应当记得去思考，城市这座巨大的机器的肌理，是经线和纬线的交织，也是我们所追求的民主模式的体现。我们必须意识到它已经被堆置在那里，一个颗粒接着一个颗粒，盲目地遵循着规律——这些规律如同太阳系的运行规律一般有机。从某种意义上说，宇宙也仅仅是一台受规律所支配的机器。[15]

在职业生涯的这个阶段，赖特显然已经准备好接受先进的技术，尽管他的草原式住宅的整个概念仍然深受工艺美术运动的影响。

这些在1893至1910年间建立起来的草原式住宅，都遵循着他于1894年制定的方针，这个方针在他1908年出版的以《为了建筑》(*In the Cause of Architecture*)为题的许多篇文章中的第一篇中表述了出来。[16]以自然和他对日本艺术的体验为基础——1905年他第一次访问了日本并在1912年出版了一本关于日本木刻的书[17]——他的方针中包含了六项原则：1)简单而宁静——这个术语显然来自约翰·威尔伯恩·路特(John Wellborn Root)的词汇表，赖特曾经提到过此人；2)必须有足够类型(风格)的住宅来满足不同类型(风格)的人群和个性的需要；3)一座住宅应当是像轻松地从它所在的地段上生长出来一样，在外观与周围环境上应该相互协调；草原式住宅应当享受广阔的水平视野，使用平缓的坡屋顶，低矮的比例，宁静的天际线，沉稳的个性，要有厚重的烟囱和向外悬挑的平檐；4)色彩应当与自然的色调相协调；5)材料的特征应该被显现出来；6)有个性的住宅会随着岁月的变化而显得更有价值。

住宅建筑应当用来反映其主人的性格——于是赖特对顾客的性格产生了兴趣。[18]同时建筑的目标之一是要表达出民主的精神，这就导致了一个定式："统一中的多样性"。装饰是通过材料的结构来显现的：他接受机器制造的装饰，后来又要求为预制混凝土构件设计专门的装饰式样，甚至亲自实现了一些他自己设计的装饰。[426]这在他与那些拒绝采用装饰的欧洲现代建筑师之间产生了很大的裂痕。

对于赖特非常重要的"有机建筑"的概念，来自于格里诺和沙利文的传统。而草原式住宅，首先意味着一个室内外之间流通的设计。赖特这样来定义他的概念："通过有机建筑，我的意向是趋向于一种从内部向外发展并与自身环境相和谐的建筑，这与那种从外部着手进行设计的建筑有着很大的区别。"[19]这一概念与赖特于1939年在关于《有机建筑》的系列演讲中，所解释的远为复杂的"有机建筑"的概念之间还有相当一段距离。1930年，他在普林斯顿所作的题为"现代建筑"的系列演讲中[20]，对于草原式住宅背后的思想，进行了更为清晰的总结，提出了一个包含9个方面内容的设计方针，其原则包括室内与室外的不间断转换、开放式平面，以及他所谓的"方盒子的打破"。[21]

赖特的人生历程、实践活动和理论发展都是一步一步地逐渐展开的。[22]从1920年代开始，他就把越来越多的精力放在了美国的城市问题上，专心于如何来创造一种能够反映个人与社会、个人与国家之间联系的建筑问题。他的想法表现在一些关于城市规划和低造价住宅建筑的出版物中。他的三个有关城镇规划著作的文本——《消失中的城市》(*The Disappearing City*，1932年)，《在民主确立之时》(*When Democracy Builds*，1945年)和

《有生命的城市》(*The Living City*，1958 年)在很大篇幅上都是一致的。[23]他在书中构想了一个他称之为"乌索尼亚"(Usonia)的乌托邦国家景象，也就是美国，在这个国家，就像在许多这样的乌托邦国家一样，建筑师的角色被赋予了特别的重要性。[24]许多已为大家接受的理念都融入到了他的规划之中，其中有些观点的出处他加以了说明，而许多其他观点的出处却没有附注。可以用四个关键词来概括赖特的思想——有机(organic)、分散(decentralization)、综合(integration)、民主(democracy)。在一种历史建构的基础上，他声称正是洞窟居住者，作为一种居住类型，创造了现代城市，而且这一居住类型恰恰是为专制主义和共产主义所青睐的。另一方面，游牧居住类型的人创造了分散、有机而民主的建筑。赖特在"有机的"和"民主的"建筑之间画上了等号。他为资本主义的大都市贴上了一切罪恶渊薮的标签，并设想用一种自然经济秩序的形式来取代它，赖特并没有具体定义这种秩序，但可以设想他的这一观点是与亨利·福特(Henry Ford)的理念相对应的。

赖特所鼓吹的有关城市疏散的主张自然有着美国广阔的开放空间的自身背景，在这里赖特找到了民族文化的根源。他认为，每一个公民都应当被给予一英亩的土地，而新的定居点应当采用他的"广亩城市"(*Broadacre City*)模式，一个他于 1935 年提出的巨大尺度的城市模型(图版 199)。这个模型的示意图，以及两个后来的版本《消失中的城市》(*The Disappearing City*)，构成了相互补充的图例与文本。

赖特认为城市疏散的可能性建立在两个基础上：两个技术成就——电气化和通信的发展——以及将自然景观与当地材料的使用结合在一起的有机建筑。

〔427〕　以有机建筑为其资源，人就具有了一种与自己的土地相配的高贵品质，从而将一切整合了起来，就像树木、溪流或岩石构成了山峦的整体一般……具有民主精神的建筑师们就在这里，要求为一个有机的社会建立更深层次的有机的基础。在每一个地方，这种新的美国建筑都要求为我们的经济、道德、社会和美学的日常生活建立起更为有机的基础；并且坚持对所有有关未来的计划，都应当重新开始。目前由发展而来的规划革命正是有机性的。[25]

广亩城市计划是为了创造机械设计、预制和疏散的综合，而在保留"城市中令人期待的特征"，以及他所谓的"优良土地"的不被破坏的同时，要去掉那些"细小尺度的产权划分，以及对自然美的任意变形"。[26]他把广亩城市看作是以建筑术语所体现的民主。

赖特的思想渐渐进入了民族化的轨道，他强烈反对走向一种"国际"式风格的趋势。他认为风格是民族性格的体现，并且主张要使 18 世纪法国人提出的"个性"概念的传统一直延续下去，这可能来自于他对维奥莱-勒-迪克的研究。"这种全新的美国式的建筑概念"，他写道，"具有代表民族特性的风格。"[27]最终赖特提出了一套建筑类型，每种都按照他的模型仔细地进行规划，尤其关注像车行入口的方便性这样的要素。工业生产将被疏散。他描述了社区中心的位置："市民中心应该总是一个具有吸引力的汽车可以通达的目标所在——可能坐落在一些主要公路附近的有趣的景观环境中——高贵而令人激动。"[28]这一类的想法与同一时期在苏联所表达出来的一些想法非常相似。

赖特假设了一种高度发展的技术，但是，这种技术应当服务于人类的需要。《有生命的城市》中包含了一系列新的公共交通类型的科学幻想图示，这显示出他对于技术发明的热情(图版 200)。广亩城市中高耸的大楼茕茕孑立，被绿色的空间所环抱着。

赖特对于民主的直接表现形式具有一个模糊的构想，在构想中新的建筑环境将改善人类的生存，并且创办警察局、监狱以及一些看似多余的东西——这令我们想起加尼耶提出的"工业城市"的概念。这是一种像勒·柯布西耶一样，对于建筑师的影响力过于高估的概念："在那些广亩城市中的公民，在自己的家园里不仅不受任何干扰，而且，也将会是远离尘嚣的。这样的民族将是立于不败之地的！……这些公民就是国家。"[29]赖特预言了一些在 20 世纪 60 年代与 70 年代才又一次听到的有关城市发展的批评之音，但是我们必须记住的是，他对技术具有无法动摇的信心，而且他也没有提出过任何像生态的，或能源节约的这样一些观点。他的理论属于他所赖以生存的美国的文脉背景，是美国人对于生活态度的一种表达方式。

广亩城市的概念很自然地引向了低造价住宅方面的问题。赖特的草原式住宅，就像他 1920 年代所设计的住宅一样，绝大部分都来自生活无虞的小康顾客们的委托。现在必须找到一个解决办法来提供不动产基地上的合适价位的家庭住宅。这是完全可能的，他通过 1937 年时在威斯康星州麦迪逊镇(Madison)附近的，为记者赫伯特·雅各布斯(Herbert Jacobs)所建造的"乌索尼亚"(Usonian)住宅作出了证明。[30]潜在于这种类型的住宅背后的理论，出现在赖特写于 1936 年以后，并收集在《自然的住宅》(*The Natural House*，1954 年)一书中的一系列文章中。[31]按照赖特的说法，"乌索尼亚"这个术语可以上溯到塞缪尔·巴特勒(Samuel Butler)的乌托邦小说《埃瑞璜》(*Erewhon*，1872 年)，尽管这个词本身并没有出现在那里。[32]总之这个词已经被用来表示赖特的新美　〔428〕　国低造价住宅的概念。如他在题为"乌索尼亚 I 号住宅"的一个章节的开头所声明的，当时首要的建筑问题是这样的："价格适中的住宅不仅是美国的基本建筑难题，而且也是美国大多数建筑师的最大难题。"[33]

在赖特看来，问题的根源就在于，美国人并不真正地知道应该怎样生活。从实际考虑出发，并且假设大量使用预制单元，赖特首先列举了 9 种他建议改进的传统要素，包括可见的屋顶、车库、地下室、室内装饰、采暖器(他建议采用地板下加热)、几乎所有的家具(他提倡嵌入式壁柜)、粉刷以及排水等等。[34]然后他说明了他自己的需要——要有一间巨大的起居室，在这间起居室内能够看到"尽可能多的街景或是花园内的景观"；要有一个宽松的将厨房与餐厅合一的空间，这个空间可以和起居室构成一个单元；有两个卧室和一个工作室。这是一座简单的房子，水平向铺展布置，"与地平线为伴"，建筑师还应当让自己来承担花园的设计。于是房屋、嵌入式家具和花园都构成一个整体的设计，这效仿了整体设计(*Gesamtkunstwerk*)的理念——甚至连不可避免的汽车也成为了房屋整体的一部分。材料的自然使用，准确的预制混凝土板体系，以及房屋与花园在视觉上的融合，这一切结合起来使得乌索尼亚住宅成为未来的美国式住宅：

> 在那里是花园结束而房子开始了吗？在那里是花园开始而房子却结束了。而且，乌索尼亚的住居就像是一个深爱大地之物，带着一种全新的空间、光和自由的感觉——就像我们的美国所被赋予的感觉一样。[35]

然而这并不意味着一种标准的住宅形式。赖特提供了多种可能的解决方法，但它们都遵守着同样的"语法"，这使得"乌索尼亚自主体系"(*Usonian Automatic System*)能够使用预制的单元。

从赖特自己的高度美国化的需求的背景来看，乌索尼亚住宅是解决 20 世纪低造价住宅问题的最重要的尝试之一，但却一直被不公正地笼罩在像流水别墅设计(1936 年)这样的壮观而特殊的孤例的阴影之下。[36]在他的全部作品中，乌索尼亚住宅作为一个整体，应当具有与 1900 年左右的草原式住宅相似的地位。

在此后的岁月里，赖特在写作上逐渐变得教条而冗长，他的半自传文体《一份遗嘱》(*A Testament*，1957 年)[37]和由 4 篇 1939 年在伦敦所作的学术讲演的文字组成的《一种有机建筑》(*An Organic Architecture*)中都可以见证这一点。[38]然而这些演讲确实对于他的"信息"进行了综合，这在后来又结合到他的《建筑学的未来》(*The Future of Architecture*，1953 年)一书中去[39]。在这里"有机"的概念是无所不包的原则，就像沙利文的功能概念一样。在可能具有一座"有机"建筑之前，必须首先要有一个"有机的"经济体系和一个"有机的"社会。这就使得赖特更接近拉斯金、莫里斯和森佩尔等人所采取的立场，但他并没有参与到他们关于社会主义革命必要性的讨论之中去；他宁可把建筑本身看成是社会改革中的一个要素，这使得他与勒·柯布西耶，以及他的口号"建筑学或革命"(Architecture or Revolution)能够保持一致。地形地貌的特征、当地的工业状况、材料特性，以及正在讨论的建筑功能等，对于赖特来说，都是决定所有优秀建筑的形式与特征的要素。

对于赖特来说，有机建筑意味着形式和功能的统一。于是他将沙利文的名言"形式追随功能"(Form fol-　〔429〕　lows Function)向前发展了一步，把它变成了"形式与功能的统一"(Form and Function are one)。他的形式概念是柏拉图与中国老子思想的奇妙混合，在柏拉图那里，形式是事先存在的，而老子关于空间的概念，曾经屡次为赖特所提到。这导致了一些论断，比如"有机建筑永远也不可能完成"，或者"全部的目标永远也不会达到"等等。他说，建筑就像自然一样是可以生长的。他把他的建筑，他在两个塔里埃森(Taliesin)的工作室的教学活动与规划工作，都比作是一棵树，它们生长着，并且伸出枝叶。当重新解释广亩城市和乌索尼亚住宅的理论时，他把有机建筑说成是"生活的尺度放大，快速清洁的速度美，拓宽了的社团交往的丰富多样"，是一种全新的空间感受，也是对室内外界限的消除。建筑变成了景观中的要素。带着某种传教士式的热情，他宣称道："站在这个地方，就像我今天再次所做的一样，我真像是大地的使者，正在传播着全新而鲜活的生活的滋

味和芬芳。"⁴⁰

在《有机建筑》一书中，赖特反对大都市的态度直接指向了伦敦，他对于伦敦的未来所使用的术语，令我们想起了莫里斯的《乌有乡消息》一书：所有的贫民窟都将被摧毁，取代它们的将是苍翠的绿色，这绿色的空间环绕着重要的历史纪念性建筑，从而使以往的城市变成了造福后代的公园。赖特也把他的美国景象搬到了英国，他催促"那些已经学会如何盖房子的人们，应该到更远的田野里去，而英国所有的乡村，都将会变成一座美丽的现代城市，在新的感觉下，由于那些建筑物，或者，由于那些工厂，也使那里的乡村变得更加美丽。"⁴¹这样一种说法，可以说是有威廉·莫里斯的思想，广亩城市所具有的特殊美国品质，以及雅典宪章的观念三者，加以综合的结果。

赖特具有一种天赋，能够直觉地把各式各样的刺激之物吸收进他的思想之中，并将其改造成为自己体系中不可分割的一部分。这使得我们很难评价他的建筑哲学，因为他的哲学也一直处在"有机"的发展之中，一直没有能够获得其最终的形式。无论作为建筑师或是理论家，他都具有一种内在的力量，以克服任何明显的逻辑矛盾。甚至他对于他的"有机建筑"的中心概念，都从来没有定义过一次，而只是勾画出了大致轮廓；而由汤布利(Twombly)所给出的定义则是既复杂又难以令人满意的：

> 假如一座建筑是有机的，它所有的部分都将是和谐的，是一种连贯的表达，包括与环境之间的统一；它的居住者、建筑材料、结构方法、建造地段、建造用途、文化背景，以及它所赖以生成的理念，每一个要素都是另外要素所产生的结果。一种有机的结构定义和预言了生活，与使用者一起成长，呈现出它自身的"基本现实"或"内在本质"，并且包括一切必要的手段，且没有什么不必要的东西，来解决当前建筑所面临的直接问题，就像自然本身一样，既是统一的又是经济的。⁴²

赖特的建筑理论是一个变得越来越广阔，同时也越来越模糊的景象。他关于建筑师的概念是改善人类状况的新秩序的设计者，这与勒·柯布西耶所发表的极权主义的声明，似有某些相近之处，但他自己理论的意义，以及他那些大部分已经实现了的建筑，都表现了这样一个事实：他对于技术的求助总是通过自然的、有机的和 [430] 人文的方式进行调节。尽管他的理念被人们所热情接纳，尤其是在欧洲，但他却没有留下任何"学派"——在这一方面他过于美国化了。因而，即使是在他自己的国家内，他也从不奢望在斗争中取得胜利，首先，他反对由欧洲模式所主导的折中主义，然后，他又反对同样是由欧洲输入的国际式风格。

然而赖特也并不是一位完全孤立的个人。草原式住宅，以及与此相关的方案的价值，也被其他一些建筑师所分享——对于这个主题最有帮助的纵览，可以见之于一些建筑杂志，例如《建筑实录》(*The Architeture Record*)、《美丽的住宅》(*The House Beautiful*)和《国内建筑》(*The Inland Architeture*)等。在芝加哥的乔治·格兰特-埃尔姆斯利(George Grant-Elmslie)曾经追随过赖特的后尘⁴³，而在加利福尼亚的格林尼兄弟，即查尔斯·萨姆纳·格林尼(Clarles Sumner Greene)和亨利·马瑟·格林尼(Henry Mather Greene)⁴⁴，就像与赖特同一时期在沙利文-阿尔德(Sullivan & Alder)公司共过事的欧文·吉尔(Irving Gill)一样，也发展了与赖特类似的住宅设计；同时，他们关于理论问题的不多的表述，也表现出他们在这方面是完全受惠于赖特的灵感的。

对于美国的建筑理论来说，1920年代几乎是一个真空。从现在的建筑观念来看，只能发现1922年芝加哥论坛报大楼(Chicago Tribune Building)设计竞赛时期的一次公共讨论⁴⁵，这次竞赛的目的完全是为了创造一个"全世界最漂亮的办公楼建筑"的设计。⁴⁶由约翰·米德·豪厄尔斯(John Mead Howells，1868-1959年)和雷蒙德·M·胡德(Raymond M. Hood，1881-1934年)所做的新哥特式设计获得了一等奖，并且得以实施，这座建筑与芬兰人伊利尔·沙里宁(Eleil Saarinen)获得二等奖的设计一道，成为美国摩天大楼发展历史上的里程碑。胡德的建筑设计，以及他所发表的言论，其注重实效的程度已经与机会主义无异。⁴⁷他的职业历程的发展，是从巴黎美术学院的学生时代开始的，然后是芝加哥论坛报大楼的设计，在纽约的每日新闻大楼(Daily News Building，1930年)和麦克劳-希尔大厦(Mcgraw-Hill Building，1931年)的设计，一直到洛克菲勒中心(Rockfeller Center)的设计，其内在逻辑很难令人把握。1932年他的作品在很富声望的纽约现代艺术博物馆的国际现代建筑作品展(international exhibition of modern architecture)上展出。

沙里宁为芝加哥论坛报大楼所作的设计受到了沙利文的高度评价⁴⁸，这座建筑对于20世纪20年代的摩天大楼，尤其是对纽约的装饰派艺术(Art Deco)的建筑，产生了决定性的影响[49]。当然，从一般概念来说，这些年代留给人们的是不确定与经济衰退的印象。[50]在1932年，转折点到来了，随着菲利普·约翰逊(Philip Johnson)和亨利－罗素·希区柯克(Henry－Russell Hitchcock)组织的纽约现代建筑展。[51]这次展览的倾向是走向"国际式风格"，以欧洲的建筑大师如格罗皮乌斯、勒·柯布西耶、欧德(Oud)和密斯·凡·德·罗为代表，同时还有一些美国建筑师像弗兰克·劳埃德·赖特、胡德(Hood)、豪和莱斯卡兹(Howe & Lescaze)、诺伊特拉(Neutra)和鲍曼(Bowman)兄弟的作品。展览中还有一部分是由刘易斯·芒福德(Lewis Mumford)所负责的，专门关注住房的问题。在展品分类的介绍中，阿尔弗雷德·H·巴尔(Alfred H. Barr)区分了"国际式风格"和"现代式或半现代式装饰风格"(modernistic or half－modern decorative style)[52]，赖特被赋予了特殊的地位。约翰逊和希区柯克以他们的著作《国际式风格》(*The International Style*，1932年)为基础[53]，对历史作了一个简要的回顾，并提出了一些美学原则，这些原则可以概括为三个主题：1)强调体量(Volume)和空间，而不是体块(Mass)和实体(Solidity)；2)强调规律与规则，而不是轴线对称；3)注重材料的暴露，而不是装饰的应用。约翰逊和希区柯克这种注重实效的方式，导致了对于欧洲现代建筑状况的某种简化，但有趣的是，我们可以发现他们仍然固守着对于美学范畴的坚信不疑，这一点与他们经常提到的极端功能主义者如汉内斯·梅耶(Hannes Meyer)等相反。例如他们反复强调对于比例的信任；"比例，按照极端功能主义者的理论，只不过是19世纪的遗物而已，但它仍然是最优秀的现代建筑设计的美学试金石。"[54]　　　　　　　　　　　　　　　　　　　　〔431〕

除了少量美国的例子之外，约翰逊和希区柯克在他们的书中只收录了国际式风格的欧洲建筑，尽管他们对于"国际式风格"这一术语的解释，在面对功能主义和新建筑(New Architecture)等问题时，比起格罗皮乌斯于1925年在《国际建筑》(*Internationale Architektur*)上的解释，在风格意义上讲，要狭隘一些。由于仍然坚信美学方面的考虑，他们的书，连同他们的展览，以及展览的分类，把现代性等同于功能主义(以美学术语来定义)，然后他们主张将功能主义作为最适合美国建筑的风格。这为密斯·凡·德·罗、格罗皮乌斯、新包豪斯(New Bauhaus)和其他来自欧洲的建筑师在美国铺平了道路。

理查德·J·诺伊特拉(Richard J. Neutra，1892－1970年)是从欧洲来的最重要移民之一[55]，他在1932年变成了美国公民。作为一名维也纳人，就像他的校友，同时也曾一度是合作者的鲁道夫·辛德勒(Rudolph Schindler，1887－1953年)一样[56]，诺伊特拉在加利福尼亚定居了下来，他致力于促进对1920年代的欧洲功能主义的接纳。辛德勒是奥托·瓦格纳的学生之一，于1914年来到了美国，并为赖特工作了一些年。他主要关注的是发展空间理念，关于这个主题他以《空间建筑》(*Space Architecture*，1934－1935年)为题写了一些文章。[57]诺伊特拉在1923年去美国之前就已经熟悉了赖特的作品，在美国他首先在芝加哥的霍拉伯德和罗奇(Holabird & Roche)工作室工作。诺伊特拉在路易斯·沙利文去世前拜访了他，并出席了沙利文1924年的葬礼，在那儿他第一次遇上了赖特，这将是一位对他产生相当大影响的人。

诺伊特拉最早的几本书都是在为欧洲的读者描述着他在美国的体验。比如说，《美国建筑是什么样的？》(*Wie baut Amerika?* 1927年)就记录了芝加哥的帕尔默住宅(Palmer House)的建造过程，在霍拉伯德和罗奇工作室期间他自己一直参与这个工程[58]；而他的第二本书《美利坚：新建筑的风格发展在合众国》(*Amerika: Die Stilbildung des Neuen Bauens in den Vereingten Staaten* *，1930年)[59]的写作时间，正是他与辛德勒合作在洛杉矶建造洛弗尔住宅(Lovell House)的时候，这个方案使得他一夜成名[60]。在这本书中，他推出了辛德勒的作品以及欧文·吉尔的加利福尼亚建筑，这些建筑当时在欧洲还几乎没有人了解。诺伊特拉的这些书对欧洲，乃至日本，产生了巨大的影响，比起埃里希·门德尔松(Erich Mendelsohn)的《美国：一本建筑画册》(*Amerika: Bilderbuch eines Architekten*，1926年)一书来说，诺伊特拉的著作为促进欧洲对于美国建筑的理解起到了更大的作用。

诺伊特拉关于欧洲的知识，他对于延伸赖特思想的兴趣，以及他在加利福尼亚所积累的建筑经验，都汇集到了他那本最重要的理论著作《在设计中生存》(*Survival Through Design*)中，这本书的写作开始于1940年代，于1954年出版，书是献给赖特的。[61]在这部相当复杂的著作中，诺伊特拉用了从自然科学中获得的知识来弥补赖特的有机概念。从"生物现实主义"(biorealistic)的原则出发——人的生理需求要比建筑技术、使用功能和主观审美概念更为重要，他从几乎所有的角度去考虑建筑材料、色彩和形式对于人的生理和心理所产生的影响，

---

* 对译英文 America: the style－development of the new building in the United States ——译者注

最后，他主张从这些相互关系中所获得的知识应当被作为建筑设计的基础。他承认这样可能会导致艺术与设

〔432〕 计，被科学与技术所替代的危险——这正是他所反对的一种发展趋势——但他仍然相信所有这些科学的发现，一定会在设计领域中找到其恰当的应用。[62]

诺伊特拉所展开的讨论既是历史的也是科学的，而且也是他广博学识的一个反映，尽管他那不是十分系统的写作方法，使得这本书有些语言重复，令人难以阅读。他声称他的每一个设计都必须有它的"生物适宜性"（biological fitness），这是人类的未来生存所必须依赖的：

> 假如建筑的设计和建造不能被引导来服务于人类的生存，假如我们仅仅制造环境——这一环境，对于我们来说似乎是其不可分割[inseperate，（原文如此）]的一部分——但不能使它成为我们自身的某种可能的有机延伸的话，那么人类的命运是显而易见的。一个像我们这样野蛮地拿与自己生命攸关的环境作试验的物种是不太可能持久的。[63]

这儿表现出一种伟大的富于远见卓识的姿态，在设计概念和生态需要之间建立起了内在的联系，但诺伊特拉并没有提出什么特别的建议。形式的心理感知的问题，促使他提出美学形式可能有时候会优先于功能，也就是"功能本身也可能是一个形式的追随者"（function may itself be a follower of form）。[64]这种表述既是对功能主义者的信条"形式追随功能"的一种颠覆，也是对赖特的格言"形式与功能相统一"的一个回应。然而仍然有矛盾存在于诺伊特拉的"生物现实主义"的概念，与他对于诸如比例和形式的基本美学原则的坚持之间。诺伊特拉作品的重要意义在于这样一个事实：他的建筑学概念作为一种社会之力，打开了生理与心理上的维度，从而帮助人们克服了一直以来对于功能主义理解的局限性。这代表了一种将建筑师的社会角色加以夸大的观点，正与赖特、勒·柯布西耶、密斯·凡·德·罗，以及其他一些建筑师的观点相一致。他坚信"人工环境在整体改善的方向上稳步前进，即使是最好的生物学价值"，也将引导我们走向"一条更健康、更广阔，更适合于人类生存条件的康衢大道"。[65]

诺伊特拉的思想发展过程记录在他用德语所写的自传(1962年)中，这是一个与他一生在建筑方面的发展趋势息息相关的重要信息的有趣素材源泉。[66]

自20世纪20年代以来，诺伊特拉一直围绕一个城市设计的方案在做工作，他称其为"快速城市"（Rush City）。他的方案是建立在一个严整的网格规划和交通体系的基础之上，这又回到了勒·柯布西耶和希尔贝塞默（Hilberseimer）的方案上来。一种欧洲的模式被要求美国化，这是与赖特的广亩城市的规划思想截然相反的。[67]在《消失中的城市》（*Disappearing City*，1932年）一书中所描绘的广亩城市，显然成为了另外一个欧洲人，芬兰的伊利尔·沙里宁（Finn Eliel Saarinen，1873－1950年）[68]在他的著作《城市》（*The City*，1943年）一书中[69]所发展出来的全新的城市规划理论的出发点，尽管他并没有提到赖特的名字。沙里宁于1923年移民美国，这也正是芝加哥论坛报大厦设计竞赛的一年之后，他在1925年成为密歇根（Michigan）匡溪艺术学院（Cranbrook Academy of Art）的系主任。鉴于赖特的乌托邦式的规划方案假设了一种新的社会结构，甚至将现有城市加以分解的主张，而沙里宁的规划则更加现实，并且提出了具体的建议，这些建议在第二次世界大战结束之后逐渐被人所了解并加以介绍。他并不像赖特一样反对城镇与城市，而是想要消除城市的消极方面，为了这个目的，他创造了新的术语"有机疏散"（organic decentralization）。

〔433〕 建立在有机性这样一个生物学的基本概念之上，沙里宁把城市结构比作是细胞组织，并针对"患病"的城市地区的更新提出了建议。他看到了城市形态与其社会秩序之间的紧密联系，于是从住房问题入手开始工作，这是相当符合逻辑的。像其他许多建筑师一样，在工作进展的同时，他也渐渐地变得有一些学究化的趋势，但是，比起他的一些同事们似乎还要适度一些，那些人认为有了建筑学和城市规划，他们就几乎无所不能地解决各种人类的难题。沙里宁在他的书中，形容建筑师是"人类至高无上的教育家：（引导人类）走向更好的物质生活，走向更好的精神生活，走向更高的艺术品位，走向更为深广的文化目标。"[70]赖特所提出的彻底的疏散，并不是沙里宁所追求的目标，因为文化进步的种种可能，只是在城市中才能够获得："在城市中文化聚集的根本原因，就是为了给每个人提供机会来接触这样或那样的文化成就、文化冲突，以及各种各样的智力活动。"[71]

　　沙里宁关于城市规划的基本原则来自于他对于以往城镇的研究分析，首先是中世纪的那些城镇。他在思想上比较接近西特(Sitte)的理念，他曾经详细地讨论过西特，他那所谓"正式的或非正式的"（Formal v. Informal)的公式，使得他直接与当时的城镇规划观念相对立。他猛烈地抨击那种只关注实用和技术方面考虑的二维的城镇规划观念，提出一种兼顾了物质、社会、文化和美学诸因素的三维的概念，并且以纽约为例详细地展示他的"有机疏散"的概念。他的著作中包含了大量的示意图，不仅对于疏散的原则作了抽象的图解，还涉及了如何疏散现有城市的问题。正是在他的著作中，较早地发出了警告，反对按照纯技术原则去建造城市——然而，可惜的是，自从二战结束以来，这种声音经常地被淹没而无人理睬。[72]

　　正是那些诸如诺伊特拉和辛德勒等人物的著作，连同 1932 年的纽约现代建筑展，为那些来自欧洲的，并将可能改变美国的建筑面貌的伟大人物们铺平了道路。格罗皮乌斯、密斯·凡·德·罗、希尔贝塞默、莫霍伊－纳吉(Moholy–Nagy)以及其他一些建筑师，在 20 世纪 30 年代的后半期作为移民来到美国，并通过他们的建筑和教学，对美国的建筑观念进行了革命。诚如前面第二十五章的论述，他们的建筑语言和建筑思想，早已从他们在欧洲的经验中铸就，现在，只需要将这些理念重新呼唤出来，并应用于新的社会文脉背景之中。

第三十章　1945 年以来

〔434〕　　前面那些关于 20 世纪上半叶的章节中遗漏了一些国家的情况，至少需要在这里简单地提到。

　　西班牙的伊尔德方索·塞尔达(Ildefonso Cerdá)通过他 1859 年为巴塞罗那所做的规划和 1867 年所完成的两卷本理论著作，对于 19 世纪中期的城市规划理论作出了重要的贡献。[1]从另一方面来看，安东尼奥·高迪(Antonio Gaudí)却没有能够留下任何关于他那极为独创的建筑风格的正式说明。[2]从 19 世纪后期到佛朗哥时代，在西班牙最主要的讨论议题，是如何创造民族传统感的问题，而在第二共和国时期(1931－1939 年)的一小群建筑师，将自己与国际现代主义联系起来的尝试，仅仅是一段孤立的插曲，没有多少人与这一过程真正有着紧密的联系。[3]勒·柯布西耶的门生何塞·路易斯·塞尔特(José Luis Sert)则把他生命的大部分时间都花在了美洲，他的理论与西班牙的实际情况之间的联系还不很清楚。

　　在杰弗里·斯科特(Geoffrey Scott)的《人文主义建筑》(*The Architecture of Humanism*，1914 年)一书已经达到并延续了英国 18 和 19 世纪在建筑理论上的国际优势地位之后，在前面的一些章节中将英国的情况忽略掉，可能显得更容易受到质疑。然而这一忽略可能未必像它初看之时一样显得那么令人质疑，因为在 20 世纪时，英国的建筑理论实质上已经被建筑历史的研究所替代[4]，当时的那些趋势，如以埃德温·勒汀斯爵士(Sir Edwin Lutyens)为主要代表的新古典主义，以及后来的如画风格建筑的复兴[5]，都是以历史研究为背景展开的。第二次世界大战以后，一些建筑师如艾利森·史密森(Alison Smithson)和彼得·史密森(Peter Smithson)等，对于他们自己作品背后的理论作了阐释[6]，但是，总的说来英国对于建筑理论的贡献还是十分有限的。

　　一直到了 20 世纪，斯堪的纳维亚才开始使人们意识到它的存在。这一地区引领风骚的人物是阿尔瓦·阿尔托(Alvar Aalto，1898－1976 年)，一位芬兰建筑师，他从景观环境到自然材料都起着领导潮流的作用，但却仅仅留下了不多的一点理论表述。[7]瑞典新古典主义的理论背景的相关资料也同样十分稀缺，它的主要代表人物是贡纳·阿斯普朗德(Gunnar Asplund，1885－1940 年)。[8]

　　在世界上的一些地方，在产生出一个可以进行比较的建筑理论体系之前，建筑理论在建筑历史发展方面贡献甚微的情况其实是不乏其例的。不仅在斯堪的纳维亚的情况是这样，在拉丁美洲也是如此，如巴西的奥斯卡·尼迈耶(Oscar Niemeyer)和委内瑞拉的卡洛斯·劳尔·维拉努瓦(Carlos Raúl Villanueva)都跻身于世界一流建筑师的行列，但却几乎没有留下什么比对自己作品的解释更多的理论资料了。[9]

　　在日本带有原创性的思想的第一次出现是在第二次世界大战以后，其目的是尝试着把欧洲的思想与本土的历史传统结合起来。[10]前川国男(Kunio Maekawa，生于 1905 年)，曾经与勒·柯布西耶在一起工作过，他把欧洲现代主义的原则传授给了他的同事丹下健三(Kenzo Tango，生于 1913 年)，后者开始着手把这些原则同日本的木结构建筑的传统结合起来；丹下健三被认为是从欧洲的源泉中汲取营养而进行创造的，在西方赢得青睐的第一位日本建筑师。[11]

〔435〕　　然而日本对于当代建筑理论所作的最重要贡献，无疑是人们所熟知的新陈代谢理论，这一学说是在 1960 年由黑川纪章(Kisho Kurokawa，出生于 1934 年)与其他建筑师所发表的一份宣言中为人们所知的。[12]通过将生物学符号应用于人类社会的进化上，新陈代谢理论比起欧洲的功能主义思想似乎走得更远，这一理论将佛教传统

与欧洲个人主义的传统熔铸在一起，追求某种将人、机器和空间融合而为一个有机整体的建筑。[13]其中心思想是一种个体栖息舱的思想，这是一个可以移动的预制单元，在理论层面上与 18 世纪的原始棚屋思想有些类似（图版 201）。这一思想最著名的实例是黑川纪章设计的东京银座 "舱体大楼"（Nakagin Capsule Tower，1972年），在这座建筑中，有 144 个单元依附于两个固定的内核之上，这些单元被看作是对其居住者个性的某种表现。在这里关于预制单元与个人特性之间关系的问题并没有被特别提出来。黑川纪章甚至声称他的高度技术化的 "后建筑"（meta - architecture），连同他的有机生命循环的概念，将一套生态的系统引入了建筑之中。[14]他的大尺度结构非常类似于索莱里（Soleri）几乎是在同一时间，正在美国进行探索的 "晶体城市"（Mesa City）的形式。

在 1945 年刚刚过去的那一段时间，当欧洲的注意力都集中于重建在战争中被破坏的城市时，在建筑理论方面没有什么出版物问世。[15]对于德国的重建计划来说，功能主义的理论，尤其是新建筑思潮，被认为是恰如其分的，尤其是在纳粹时期的新古典主义已经成为过往云烟之后，如人们所感觉得到的，这些建筑师常常被一些赞助人赋予了某种意识形态的色彩。以他们在美国的优势地位，新建筑思潮的主要代表人物，在很大程度上决定了 20 世纪 50 至 60 年代所建造的建筑物的特性，但是，他们并没有提出什么新鲜的理论。他们的观点从西格弗里德·吉迪恩（Sigfried Giedion）的历史性著作《空间、时间与建筑》（Space, Time and Architecture）一书中获得了支持，这本书从 1941 年问世时起，就为一代人或几代人界定了是什么构成了 "现代建筑" 的问题。与之相抗衡的理论阐释如由布鲁诺·赛维（Bruno Zevi）所写的《走向有机建筑》（Towards an Organic Architecture，1950 年）一书，所产生的影响力就要小得多了。

在德国，首先需要做的事情是要努力摆脱 20 世纪 20 年代以来一直压迫着建筑理论界的意识形态负担，人们相信在这个国家的新的政治意识的表述中，一个新的起点将被找到。这样一种观点由阿道夫·阿尔恩特（Adolf Arndt）在他 1961 年的演讲《民主之于房屋使用者》（Demokratie als Bauherr *）中表达了出来[16]，然而，这给人造成了一种感觉，即人们的注意力在一定程度上正在从现实的建筑中被转移走。相对于世界其他地方的发展而言，德国战后的第一个 20 年中的建筑，连同与这一方面有关的理论作品一起，似乎都显得十分狭隘[17]——这是一个并不会因为少数杰出人物，如汉斯·夏隆（Hans Scharoun）的作品出现而失效的判断。而由瑞士建筑师尤斯图斯·达欣登（Justus Dahinden）所写的《一个目前建筑的地方性规定之探究》（Versuch einer Standorts-bestimmung der Gegenwartsarchitektur †，1956 年）一书[18]，并不注重与过去的意识形态相协调，而是对从维特鲁威到沃尔夫林（Wölfflin）的建筑理论和建筑历史的相关资料作了一个纵览，并且在有关历史循环问题的思考方面达到了一个高潮。达欣登把关于形式的问题置于十分显著的位置上，为此他援引了一些标准，如支撑与荷载之间的关系、简单性、简单晶体形式的纯洁性，与美学有关的综合性主题，以及心理感知等，用来制定了一个纲要，其核心思想是有关创造欲望的概念问题。在这里我们找不到有关建筑的功能与技术方面问题的位置。

在达欣登的著作中所使用的概念缺乏清晰性，这是二战以后德国大多数理论著作的典型特点。在德国，关于理论问题的讨论，在纳粹时代已经几乎枯竭了，因而，甚至连历史的连续感也似乎受到了影响。例如，作为战后发展的重要代表人物埃贡·艾尔曼（Egon Eiermann，1904 - 1970 年），他所写的论著在实践的目标上是诚实和可信的，但却几乎不能构成一个理论体系。[19]只是随着 20 世纪 70 年代建筑活动的衰退，关于理论方面的兴趣才又重新开始增长，而在这时人们又意识到了在建筑理论方面十分缺乏的事实，面对这种缺乏，人们必须通过一些临阵磨枪式的阐释或应对来加以补充。同时由于与过去的价值和观念方面的联系已经缺失，这些阐释和应对也很难掩饰其不充分性。这种在理论方面的不确定感，连同一种在实践方面的缺乏方向感，十分明显地出现在一系列与德国建筑师的访谈中，这些访谈由海因里希·克洛茨（Heinrich Klotz）所编辑，并于 1977 年以《西德建筑》（Architektur in der Bundesrepublik）的书名出版。[20] 〔436〕

值得特别关注的是弗莱·奥托（Frei Otto，生于 1925 年）的著作，他在书的注释中提出了一种新的建筑概念，与这一概念相伴而生的是充气结构与张拉式篷帐结构的建筑，同时还包括他在轻质结构方面的一些实验。在他的理论词汇中，关键词是 "自然的" 和 "生物的"。他的文章显示，他对于建筑发展的观察，是颇具批判

---

* 对译英文 Democracy as a building - client ——译者注
† 对译英文 Attempt of a location - determination of the present architecture ——译者注

眼光的，而书中涉及有关如何解决技术难题时，却不会忽略总体方面的概念。[21]在他提出的"仿生学理论"中，超越了以前有关生物学方面的思考，如诺伊特拉的思考，就是通过将自然的规则直接转化为建筑的结构。他为轻质建筑创造了"*Bic*"这个词，其定义为"一个物体的形体与施加在其上的力以及传递这一力的距离之间的比率"。[22]轻质结构的原则比功能主义的问题更重要，因为它提供了与美学尺度之间的联系。然而，奥托对于结构功能主义者的观点，即所谓"功能性的或轻质的物体自然就是美的"的说法，并不赞同，他努力适应历史决定论的概念，这包括结构的诚实性、结构类型和个人特性等，从而得出他自己有关轻质结构的审美定义：

> 当它们以那理想、"完美"、"真实"的面貌，面对那些可以接纳它们的、不带任何偏见的观察者，却并没有在功能性方面显得有任何缺失的时候；或当它们不仅在典型形式上反映出了完美无缺、且具有经济性与功能性的结构，而且在一般形式或个别特征上，包括各种变化形式上，即不完善的形式上，也是典型而具有特性的时候，它们就可以称得上是美了。[23]

按照奥托的生物学建筑理论，如他在轻质结构运用中所使用的理论，并不是一个寻求技术解决途径的建筑设计，而是一种由轻质结构规律所左右的"形式发现过程"。这就像他在针对休·斯塔宾斯(Hugh Stubbins)所设计的柏林议会大厦(Kongresshalle in Berlin)的批评中(1958年)所谈到的："人们不能设计这样的建筑物——人们只能通过不断的探索来帮助它们获得最终的形式。"[24]他对"科学形式的发现过程"的首要地位的要求，活龙活现地表现在一篇关于慕尼黑奥林匹克体育馆的屋顶(他亲自为这座屋顶的设计提供了计算)的文章中，这座体育馆是由贝尼斯及其合伙人事务所(Günter Behnisch and Partners)所设计的，奥托对于他们的艺术处理提出了[437]批评，他的结论是："某种对于卓越设计的渴望，与对潜在形式——某种未知的，但却符合自然规律的形式——的探索之间的矛盾。"[25]他的批评十分合乎逻辑，正是从这一点出发，导致了奥托对与生态建筑有关的一整个问题进行了研究。

奥托对于他的理论立场的陈述，在战后德国的历史文脉环境中是一个特例，而那些已经沦为成功绘图员的建筑师们也似乎感受到了用出版著述来表达自己的迫切性，这导致了对于那个时代情境的近乎半批判性的描述，以满足他们为自己作品辩护的需要。迈因哈德·冯·格康(Meinhard von Gerkan)的《建筑师的回应》(*Die verantwortung des Architekten*，1982年)一书，就是这样的一部著作。[26]

在战后的年代中，对于住宅问题做出特别贡献的人来自荷兰。范·登·布鲁克(J.H. Van den Broek，1898－1978年)和亚普·贝克马(Jaap B. Bakema，1914－1981年)，是从功能主义传统中挣脱出来了的建筑师，他们主张一种能够从自然景观，以及一些基本概念如空间、自然和能量中，找到其出发点的建筑，并且承认美学形式所具有的首要地位。[27]这就导致了"结构主义"(structuralism)[28](与文学/人类学意义中的结构主义有着某种联系，但却不能简单地取而代之)与"新建筑运动"(Nieuwe Bowen Movement*)，其中的阿尔多·范·艾克(Aldo van Eyck，生于1918年)和赫尔曼·赫茨伯格(Herman Hertzberger，生于1932年)起到了领导性的作用。阿尔多·范·艾克是从格里特·里特维尔德(Gerrit Rietveld)那里获得榜样的，他以建筑物内外之间的一种新的联系和内部结构的形式价值为方向而进行工作，并且借用了阿尔伯蒂的公式——把房屋当作一个城镇，把城镇当作一座房屋(the house as a town and the town as a house)。[29]他以立体主义的结构分类方式进行工作，提倡使用鲜亮的色彩，尤其是从彩虹的光谱中能够找到的色彩。他的思想不仅在荷兰的新住宅区内，也在一些历史街区中得以实现，并且引起了国际上的关注。

自从1945年以来，建筑领域最重要的影响来自于美国，美国的建筑理论往往以一种比这个世纪前半叶在欧洲流行的精神更为实用、也更为自由的精神进行着讨论，这为美国战后的理论争辩提供了主题。在美国的大部分理论发展，都延续了战前欧洲所关注的主题，这些议题是由那些20世纪20至30年代从欧洲移民而来的伟大人物所采取的立场的正式评价所构成的，接踵而来的则是渐渐地背离了这一评价的趋势；但相对于实际建造的建筑而言，理论的问题通常只是处于次要性的地位。的确，最为成功的美国建筑设计企业，都是以格罗皮乌斯和密斯·凡·德·罗的方式，将技术和形式结合在一起来构造房屋的，因而对于理论问题缺乏必要的关

---

*等于荷兰语 Nieuwe Bouwen，对译英文 New Building，即指 Dutch Modern Movement，荷兰现代建筑运动。——译者注

注。例如，SOM 事务所(Skidmore，Owings & Merill)就是这样一个例子，这所设计公司一直把功能主义和技术问题看作是至关重要的，并且始终谨慎地将建筑的美学表达适应于时代发展的趋势。[30]这一时期惟一富有诗意的表现，是在戈登·邦夏夫特(Gordon Bunshaft)的设计作品，以及他偶尔所写的散文中发现的。埃罗·沙里宁(Eero Saarinen，1910－1961 年)延续了他父亲伊利尔·沙里宁的步伐，用混凝土创造了富于表现力的形式处理，但却没有发展出任何新的理论。[31]

已经出版的建筑师访谈集提供了许多涉及自 1945 年以来的美国建筑讨论的复杂而五彩缤纷的相关资料。[32]其中最具有启发性的例子之一是菲利普·约翰逊(生于 1906 年)，他是通过艺术史的研究而进入建筑领域的。他是 1932 年的纽约现代建筑展的组织者之一，也是同年出版的《国际式风格》(*The International Style*)一书的合作撰稿人之一；在此之后，他拜倒于密斯·凡·德·罗的魅力之下，关于密斯，他于 1947 年写了一篇专论，而到 1950 年代，他又逐渐使自己摆脱了密斯的影响。[33]关于他这种从一个极端跳到另一个极端的剧变，他自己曾经十分机智而敏锐地做过一些评价，而这一变化将他引入了一种经过深思熟虑的折中式的"浪漫古典主义"(romantic Classicism)之中，并使他成为所谓"后现代主义"(Post－Modernism)的精神之父。据他自己所说，〔438〕他在 20 世纪 40 年代时，曾经阅读过杰弗里·斯科特(Geoffrey Scott)的《人文主义建筑》(1954 年)，并留下了深刻的印象[34]，这可能加速了他向新古典主义的转变。在他的演讲《现代建筑的七根支柱》(*The Seven Crutches of Modern Architecture*，1954 年)[35]中——这一标题除了参考自拉斯金的《建筑七灯》之外，也是对斯科特理论中"谬误"的某种讽刺性演示——他以一种非常具有煽动性的方式，来挑战美国建筑院校所采用的那些设计原则。他所攻击的主要目标是关于实用的概念：他彻底否认在功能主义和建筑美学品质之间存在有任何的关联，并且以尼采为证，对道德的、功能的、材料的、结构的，以及所有其他斯科特已经作为与所讨论主题的性质无所关联的要素而排除掉的 19 和 20 世纪的标准进行质疑，并以此建立起形式创造的原则。在这里约翰逊为他后来的建筑观念奠定了基础，也就是将历史形式作为纯粹的形式而自由地进行游戏，形式本身只关注其自身的审美效果，而不注意政治与社会的文脉背景，也不在意于顾客的身份究竟如何。[36]这时，他已将他的全部兴趣投入到了纯粹形式的获得之中——这是一种使我们联想起了勒·柯布西耶的理论态度，但是，勒·柯布西耶是把他的方式建立在一种全然不同的前提之上的。而约翰逊则将自己看作是站在与弗兰克·劳埃德·赖特完全对立的阵营之中，他曾不无讽刺地将赖特称为"19 世纪最伟大的建筑师"。[37]

与约翰逊对于功能主义和形式主义的鲜明批判态度相反，路易斯·I·康(Louis I. Kahn，1901－1974 年)在功能主义——这是他决不会反对的——与一种新的表现语言之间，采取了一种折中的立场。[38]在他从来没有能够系统化过的理论之中，路易斯·康着手要将那些在功能主义的大旗之下的诸如自然、秩序、几何，以及模数等概念结合在一起，以形成一种能够直接满足需求的力量，从而走向了一种将建筑作为人类意愿之表达的理念。而这些意愿并不是简单地由个体而是由特定时代的"生活方式"所决定的，它们在建筑中的最终实现，体现了一种真实的品质。康将他关于以往历史的体验——例如他对于古罗马建筑所进行的深入研究——融入在了自己的建筑风格之中：他对于提沃利的哈德良别墅(Hadrian's Villa in Tivoli)的研究分析，在他为印度和孟加拉国所做的建筑设计中留下了痕迹，当然，他并不像约翰逊那样，会把这些历史元素变成某种折中式的怪东西。关于材料问题，路易斯·康——描述运用砖和混凝土的情形时，就像是"两种材料相遇之时的欢庆场面"[39]——采取了一种与赖特十分接近的立场。而建筑对于他来说，首先意味着空间的体验。

另一方面，在理查德·巴克敏斯特·富勒(Richard Buckminster Fuller，1895－1983 年)那里，我们发现所有那些习惯性的建筑概念几乎都随风而逝了。[40]富勒把建筑看作某种应用性的技术——这是一种能够通过能量、数学、理性等加以表述的普遍性规则的安排。他心目中的原型源之于他在造船厂和飞机制造厂的经验。他职业生涯中的决定性时刻出现在 1927 年，这一年他设计了可以用飞艇降落到适当位置上的 10 层轻质结构公寓建筑，以及他称之为"最大限度利用能源，最少结构提供强度"(Dymaxion House，图版 202)的可以大批量生产的家庭住宅的设计。而术语"最大限度利用能源的，最少结构提供强度"(Dymaxion)这个词是由"动力的"(dynamic)与"最大的"(maximum)两个词复合而成的，意味着以最小的能量输入可以获得最大的收益。富勒想像这样的住宅应该在全世界普及。这种最大限度利用能源，最少结构提供强度的住宅，在 1945—1946 年，被富勒进一步发展成为所谓"威奇托式住宅"(Wichita House)的原型[41]，这种住宅展示了其在照明、空调、节约体力等相关设备上所处处表现出来的机械性的精致与匠思，而它的形式，比如说六边形的平面，延续了一个固

〔439〕定的结构模式。富勒的梦想是一个无所不包的方案设计，可以用它从世界能源资源的获得与支配，一直延伸到气候条件的完全控制。他的那些通常都是由球体或四面体的结合而成的轻质结构建筑，可以获得更大的容积，他甚至以一种以"大地测量学"为基础的半球式穹隆笼罩起一座城镇，或城市的几个街区，并且可以自己控制气候条件，从而将他的这一理念推向了顶峰。他所设想的最为壮观的方案，是一个能够将整座纽约城包容在内的 2 英里大小的半球形穹隆设计(图版 203)。

富勒的轻质结构建筑能服务于展览，以及类似用途的巨大临时性建筑的功能使用，但它们还不能被认为是建筑，而且，支撑这些设计的一些原则，也不应当被认为是与建筑密切关联的。此外，这种结构固有的危险在 1976 年终于暴露了出来，富勒在这期间为蒙特利尔奥林匹克运动会所设计的大型篷帐，因在焊接工作过程中的不慎而付之一炬。

对于功能主义者，以及将建筑推向技术理念的反对，在美国采用了多种形式。我们应当注意两个人的作品，布鲁斯·戈夫(Bruce Goff，1904－1982 年)与保罗·索莱里(Paolo Soleri，生于 1919 年)，虽然他们并不是赖特的嫡传弟子，但却受到了他的决定性影响，他们的创作活动游离于当时发展的主流之外。

戈夫的作品是高度个人化和主观化的，这包括一些看起来十分奇异、富于梦幻色彩，仿佛来自潜意识领域的解决方法。[42]另一方面，从意大利来到美国的索莱里，试图寻找一种他所谓的"生态建筑"(arcology)，也就是以"建筑＋生态"为基础的一种全新的建筑概念；这是一种以技术为主题的，美学的、精神化的、生态性的建筑概念。[43]以一种城市乌托邦的传统，索莱里设计了一个新的"超技术的"所谓"上帝之城"(Civitas Dei*)，用来改善人类的社会生存状况，甚至能够重塑他所谓的基因结构。[44]索莱里引人注目的解决手段，是一个三维的"晶体城市"(Mesa City)，这是一个巨大的、有 800 米高的垂直超级大都市(图版 204)，在这里通信线路被缩短了，车辆交通被消除了，自然受到了保护，人与人之间的联系也变得更有意义了。他认为建筑对于"新的自然"(neo－nature)是有贡献的，而且是"依赖于自然整体的"。[45]美学考虑在他心目中的主导地位，反映在了他将沙利文的公式"形式追随功能"颠倒成为"功能追随形式"[46]，以及他在亚利桑那州的考德斯界(Cordes Junction)附近的阿科桑底(Arcosanti)的太阳能"未来城市"；为了这一项目的实施，他从 1970 年以来一直在不懈地工作着，这证明了他将乌托邦式的想像与弗兰克·劳埃德·赖特的手工艺概念结合在一起的理念。索莱里自己的建筑观，是从生土式住宅这样一个极端，延伸到超大巨型结构的另外一个极端，他的目标就是希望表达些什么，就像他自己所说的，"是努力尝试将房屋建造到宇宙中去的人类品格的表现"[47]，是一个与巴克敏斯特·富勒同样复杂的概念。这两位建筑师所讲的，都是关于环境与生态方面的问题，然而，他们所追求的东西，在整体上已经远远超出了任何习惯性的建筑观念。

的确，对于功能主义立场的不满，也就是对于任何已有建筑设计类型的不满，这种不满表现为一种兴趣，而这种兴趣又是由 1964 年纽约现代艺术博物馆所展出的题为《没有建筑师的建筑》(Architecture without Architect)的展览所唤起的。[48]一个致力于生土式住宅设计的巡回展览，自从 1982 年以来已经在欧洲、美国，以及多个第三世界国家中展出过，这一努力正是沿着同一条路线展开的。[49]在美国对于非建筑师设计的无名建筑的兴〔440〕趣，常常是以自然形式和自然材料为基础的，这导致了一些"选择性建筑"(alternative architecture)孤例的实施，以其作为与官方所代表的主流倾向的平衡之物，但这类作品在我们的建筑主题讨论中也只能处于边缘的位置。

一种更为深刻的对于功能主义立场的批评是由德国哲学家厄恩斯特·布洛赫(Ernst Bloch，1885－1977 年)在他的著作《希望的原理》(Das Prinzip Hoffnung)中所提出的，这本书写于他 1938—1947 年在美国流亡的期间。[50]布洛赫是从一个独立的、"持不同政见的"马克思主义者的角度出发，进行研究与写作的；他的书中表现出一种对于功能主义建筑的致命性攻击，他称之为是"由消费社会创造的机器人的冰冷世界"(die eiskalte Automatenwelt der Warengesellschaft)的产物。[51]在强调功能主义是如何导致象征主义的死亡时，他总结说：

* Civitas Dei，《上帝之城》，圣奥古斯丁 (St Augustine，354－430 年) 著。他把人类的政治史描述为 civitas dei(上帝之城) 的善的原则和 civitas diaboli(世人之城) 的恶的原则间的(即天堂与地狱间的)斗争。几乎所有后来的历史理论(可能除去一些更朴素的进步论之外)都可追溯到圣奥古斯丁的这种几乎是摩尼教的理论。——译者注

对于不止一代的人而言，这种钢制家具、混凝土立方体、平屋顶的玩意儿，已经立在那里了，这些东西没有历史，彻底的现代性，令人厌烦，外表上看起来十分大胆，实际上却微不足道，声称对所有装饰中的陈词滥调都充满了憎恨，却比那些糟糕的19世纪式样的任何劣质的复制品，更像是一些陈词滥调式的东西。[52]

布洛赫主张重新回到"有机装饰"，这并不是从历史模式中沿用而来的，而是从支配一个新的社会的情景中所获得的。这一立场的中心点，就是要超越功能主义的需要，在他看来功能主义是资本主义的产物，他关于建筑的新观念是"在真实的人类环境中萌生的一种尝试"，从而创造一种带有"有机装饰"的空间。[53]

这并不是说可以把在美国引起的反功能主义的讨论，归在布洛赫的名下。然而，他的确提供了一幅鲜明而富于远见的20世纪的全景画，而在他之后的建筑理论，看起来只不过是略有变化，或者是一些附和之词罢了。例如，罗伯特·文丘里（Robert Venturi，生于1925年）的理论著述，其中一些是与他的妻子丹尼斯·斯科特·布朗（Denise Scott Brown，生于1931年）合作完成的，他的著作受到了非同寻常的赞赏。他的《建筑的复杂性与矛盾性》（*Complexity and Contradiction in Architecture*，1966年）被文森特·斯库勒（Vincent Scully）形容为"可能是自勒·柯布西耶1923年的《走向新建筑》一书以后，在建筑创作领域最为伟大的著作。"[54]这在相当程度上只是一些过誉之词，但是，在重返以往历史的价值，再现建筑重要的象征性本质方面，这仍然是一部具有相当重要影响的著作。

文丘里所攻击的目标是密斯·凡·德·罗的公式"少就是多"（less is more），这是创造出来用于表现美学化功能主义形式的一个短语。文丘里的回应，通过历史的实例加以说明，是"多并非少"（More is not less），或者，用一种颇具敌意的表述，"少得令人厌烦"（Less is a bore）。[55]文丘里是以他在手法主义和巴洛克艺术方面的经验，通过在形式与主题上向复杂性的回归，来服务于他那新的建筑理念；同时，他关于当代波普艺术的经验，将他的思想转移到了消费社会日常生活的世界之中，他寻求将简单的商业和象征性语言应用于建筑和城市规划中。[56]"中央大道几乎是完美的"，这意味着现代都市的商业街区，连同他们的汽车、商店和娱乐场所一道，给予我们一种在价值上，能够与我们从以往建筑中所收到的信息相媲美的视觉信号。[57]他引起了人们对于"带状商业区"的关注，他在《向拉斯韦加斯学习》（*Learning from Las Vegas*，1972年）一书中进行了分析[58]，在修订版中，他又意味深长地增加了副标题"建筑形式中被遗忘了的象征主义"（The Forgotten Symbolism of Architecture Form）。文丘里的理论，在这里比在他的前一本书中表达得更为清晰，当然，这也伴随着他书中那主观、夸大的风格，以及对于历史材料的肤浅运用。

《向拉斯韦加斯学习》中包含了许多富于洞察力和卓越见识的亮点，但是它的结论却是非常值得怀疑的。〔441〕一方面它包含了一些引人注目的观察，如："现代建筑的最新发展，已经形成了形式主义，但却抛弃了形式；促进了表现主义，却忽视了装饰；对空间提出了挑战，却拒绝了象征性。"[59]但是，文丘里自己对于一种新的建筑象征主义的探索，却采用了一种武断的方式，在美学上又过高地估计了周围的日常生活世界，他是把那些平庸的象征等同于以往时代的象征主义，郑重其事地将拉斯韦加斯的霓虹灯饰带，与巴勒莫（Palermo）的拉·马托拉纳的罗曼式教堂（Norman church of La Martorana）以及慕尼黑的阿马林堡宫（Amalienburg Palace）的室内马赛克装饰进行比较[60]，并得出结论说：

> 霓虹灯饰带显示了象征主义的价值，以及对大空间建筑和速度的暗示，它证明了人们，甚至建筑师，都乐于见到那些能够引起他们回忆起一些什么的东西，这可能是一所闺房，或是拉斯韦加斯的西部蛮荒，也可能是这个国家在新泽西州的新英格兰拓荒者。关于过去或现在，或关于人们伟大的平凡生活，或关于一些陈词滥调，所作的暗示与解释，以及关于神圣或世俗的每日环境的包容——这些都是眼下的现代建筑中所十分缺乏的。[61]

"乐趣"在这里或多或少成为一个严肃的标准，文丘里对拉斯韦加斯的恺撒宫（Caesar's Palace）的游乐场式的折中主义进行了分析，以证明自己的立场（图版205）。[62]他对功能主义的批判导致了一种对于形式的或历史的，或任何类型的折中主义的渴求，这又重新回到了装饰问题上。建筑变成了一种经过"装饰了的棚舍"，那些装饰都是"丑陋而平淡无奇的"[63]，但同时在审美上却又是有保证的，对此他通过比较保罗·鲁道夫(Paul Rudolph)在纽黑文的克劳福德庄园(Crawford Manor)与费城的文丘里和罗奇·吉尔德住宅(Venturi and Rauch Guild House)来加以说明。在睿智与讽刺的表面背后，他又提供出了一个理论证明，以便于能够完全自由地运用历史的形式，例如"最初的本土形式"。这是一种惟一的方法，有可能帮助我们理解，他是如何运用罗马朱庇特神庙(Capitol in Rome)铺地石的图案来装饰一个咖啡托盘的表面的。[64]但是，如果考虑到文丘里自己的住宅的高质量，我们只能假设，他并不真正地想把他的理论应用得如此死板。无论如何，这正是他所传达的内涵，他的著作在一定程度上，起到了引导后来所谓的后现代主义时代的宣言书的作用。

查尔斯·摩尔(Charles Moore，生于 1925 年)的思想经常被用来与文丘里的思想相比较，但是，对于摩尔自己来说，这种类似是非常有限的。[65]他们享有同一种信念，就是建筑作品首先是具有象征性的，尽管对其象征性质的基础的看法，两者之间是全然不同的。摩尔在《身体、记忆和建筑》(*Body, Memory and Architecture*，1977 年)[66]一书中陈述了他的立场，这本书是他与雕塑家肯特·C·布卢默(Kent C.Bloomer)共同撰写的，并且以一系列关于建筑基本问题的介绍性的大学讲座为基础。摩尔还发展了一套连续性的人类学意义上的建筑理念，建筑是通过人体在空间中所体验到的方式来衡量的。从作为人类感知对象的基本要素出发——空间、建造地段、墙体、屋顶等等，他还意味深长地重新引入了柱式的概念——他越来越趋近了文艺复兴的理论。[67]在谈到由功能主义理论历史地蜕变而成的所谓"建筑的机器化"(The Mechanization of Architecture)时，他认为 18 世纪建筑的"科学"概念，已经偏离了它的基础，因此，他把自己的方法建立在移情说与格式塔心理学(Gestalt psychology)的原则之上。对于摩尔来说，建筑就是那些在象征性和历史记忆中，找到了自己的确切身份的居住者，在生理上与心理上所占有的一个场所。

〔442〕

> 我们需要有一种对拥有与环绕的度量，以感受建筑物的美与冲击力。对建筑物的感觉和居住在里面的感受，相对于建筑物所赋予我们的信息来说，对我们的建筑体验更为重要。[68]

这是一种与文丘里大相径庭的理论思考。

摩尔把建筑看作是人类经验的一个投影，这对于城市和住房都同样是有效的(图版 206)。建筑的基本任务就是再造"人类居处环境的内在地景景观"，就像在雅典卫城、巴伐利亚的威斯克奇(Wieskirche in Bavaria)、弗兰克·劳埃德·赖特的温斯洛住宅(Winslow House)以及摩尔自己的作品中所实现的那样。可以说，摩尔将日常生活世界与过去所发生事物之模型的结合，是从内在部分源起的，而文丘里则是从外在部分的象征形式开始的。

摩尔对于过去的态度随着时间而变化。《住宅的场所》[*The Place of Houses*，1974 年，与杰拉尔德·艾伦(Gerald Allen)以及邓林·林顿(Donlyn Lyndon)合作]一书[69]，是一本以 19 世纪传统为范例的模式书，并且将他自己的住宅设计放在了历史的文脉之中。他那以人为本的方针体现在如下的公式中："房间是用来居住的，机器是服务于生活的，因而居住者之梦则得以兑现。"[70]一种更为奇特的对待历史原型的态度出现在他的《量度——建筑中的空间、形状和大小》(*Dimension.Space, Shape and Scale in Architecture*，1976 年，与杰拉尔德·艾伦合作)中，在这里他用了一种与《身体、记忆和建筑》一书相类似的方法，解释了建筑的基本元素[71]；这本书中的其中一个关于哈德良别墅的章节，读起来像是对他 1977 – 1978 年建造于新奥尔良的意大利广场的预备性描述。

归根到底，摩尔对于历史模型的使用也和文丘里一样主观。因为，这构成了人的记忆，与人的识别的一个组成部分，以往的建筑被用来服务于现在的需要。但是，取代对于某种特殊历史风格的复制，摩尔借鉴了这种风格，但却讽刺性地、很不协调地将之应用于新的变化了的历史文脉之中。例如，为了意大利广场的实施，他采用了波普艺术的手法：其中引入了五种古典柱式与一种奇特的"美国"柱式，并通过使用现代材料，以及给这些柱子系上氖灯带，来创造一种过渡性的效果。[72]然而，他确信他在意大利广场中所创造的明信片般的世界的联想力，他将西西里置于广场的中心，将为新奥尔良提供一个能够识别的意大利—西西里社区的场所空间。这似乎质疑了摩尔在住宅领域与校园建筑领域中的许多成就。他书中所表述的那种以人为中心的目标，并不能通过某种历史反讽性的创作而获得。实际上，他的意大利广场是一件伪装成建筑的三维波普艺术品。

　　两个人各自循了不同的路径，摩尔和文丘里都着手于将以往的建筑看作是一套透过 20 世纪眼光来观察的视觉符号。然而，建筑的内在意义，是不能通过这种方法来传递的。其结果就是环绕着功能外壳的一个立面化的建筑，自以为是能够传之久远的，其实却只能具有一种转瞬即逝的气运。这种集市货摊一样的建筑，不可能成为功能主义的真正替代品，然而却可能证明了反对功能主义的正当性。历史以及以往建筑的原型，在这里被随意地和表面化地加以了处理，这就是所谓后现代主义建筑的基本缺陷之一，伴随着它所使用的讽刺、折中的姿态，以取代建筑的主旨与象征。

　　可以注意到在 20 世纪 70 年代中期，致力于分析现代功能主义失败原因的著作，在数量上有所增加，其中 〔443〕有布伦特·C·布罗林(Brent C. Brolin)的《现代建筑的失败》(*The Failure of Modern Architecture*，1976 年)，尤其是彼得·布莱克(Peter Blake)的《形式追随惨败——为什么现代建筑风韵不再》(*Form Follows Fiasco. Why Modern Architecture hasn't Worked*，1977 年)[73]。布莱克曾经是现代建筑的门徒，现在却变成了它最激烈的批判者，他重提杰弗里·斯科特的《人文主义建筑》中所说的"谬误"，与之相提并论，他提出了所谓现代建筑的"狂想"，从而对它的基本原则，如功能、开放性平面、纯净、技术、高层建筑，等等提出了质疑。这两部著作的缺点是，书中并没有提出如何找到其他选择的建议。像沃尔夫冈·佩恩特(Wolfgang Pehnt)一样，纵览他在《信心的逝去》(*Das Ende der Zuversicht**，1983 年)一书中用以取代后现代主义的理论，我们似乎也很难得出什么肯定性的结论。[74]

　　后现代建筑的思想(也用其他一些称谓，如后功能主义的、象征性的、人类学的，等等)以各不相同的方式出现在菲利普·约翰逊、摩尔和文丘里的著作中，尽管还没有目前所使用的这个术语。这一术语是伴随查尔斯·A·詹克斯(Charles A. Jencks)的《后现代建筑语言》(*The Language of Post - Modern Architecture*)[75]一书，为这一建筑风格建立起了一套符合自身特点的概念，这本书出现在布莱克的《形式追随惨败》的同一年(1977 年)，接踵而至的是一系列的相关论著，而在这些论著中，詹克斯的那些思想也变得越来越轻佻、琐碎。因而，"后现代"这个术语渐渐变成了对于真正的或名义上的反功能主义思想的无所不包的口号，其中包容了一些最不同种类的趋势，甚至不加区别地套用在了新理性主义者(Neo - Rationalist)如阿尔多·罗西(Aldo Rossi)的身上，同时，也套用在其他像"纽约五人组"(New York Five)等建筑师的身上。[76]它暗示了一种新"风格"的产生，尽管最初它只是表达了一种对于现代主义的简单反叛——认为现代主义不再适应于当前所使用的意义——现在却获得了一种感觉："所有的东西都将是被允许的"。

　　与向历史原型回归的趋势相伴，在美国兴起了一种对于建筑之基本特征方面的关注，以及把每一设计过程都解释成为人类存在的完整综合体的一种表达的尝试。于是从维也纳来到加利福尼亚的克里斯托弗·亚历山大(Christopher Alexander，生于 1936 年)，在他的第一本书《笔记：形式的合成》(*Notes on the Synthesis of Form*，1964 年)中，热情地呼唤"一种全新的对待建筑和规划的态度……一种选择，我们希望，能用来逐渐代替当前的观念与实践。"[77]亚历山大假设了一个能够将大量独立要素考虑其中的设计过程，并通过大量的图表与数学公式来证实他的设想。[78]事实上他所使用的方法，与以路易斯·沙利文的传统为特征的完全的功能主义理念，相去并不是很远。

　　亚历山大的《建筑的永恒之道》(*The Timeless Way of Building*，1979 年)，文风华丽，以一组格言作为开始，这种文笔令我们想起了勒·柯布西耶的《走向新建筑》一书，接着就是公式一样的重复，以及一些技巧的运用，如使用不同的字体来表达永恒的真理，所有这一切都是为了创造一种宗教的氛围，对此你既可以顺从于它，也可以以怀疑的态度避而远之。亚历山大在建筑的"模式语言"——他将其看作是"自然的一部分"——和"事件模式"之间，发展出了一种相对应的联想式理论，这导致了一种"莫名的品质"，使得"建筑的永恒之道"得以实现。伴随着眼花缭乱的概念和语言能力的展示，他发表了他的建筑宣言；这些宣言，以其所涉内容的普遍性而具有一定的效果，但却几乎不能转化出任何实际的效用。

　　与他在理论上的夸张本性相反，亚历山大自己的设计，如他的木造林茨咖啡馆(Linz Café，1981 年)，就 〔444〕表现得很谦逊，而且并不缺乏魅力。仅仅被设想为一个临时性的结构，这种以宣言的方式而创造的"另类建筑"[79]，展现了理想和现实之间的巨大鸿沟。然而，可以想像亚历山大的思想将成为一种新的建筑观念出现的

＊对译英文 The end of Confidence ——译者注

重要刺激因素，尽管这与我们目前在美国所听到的典型观点距离甚远。

在美国并不能找到一条清晰的发展脉络，尽管约翰逊、摩尔和文丘里的思想已经具有如此广阔的影响，以至于今天所建造的房屋，几乎没有能够避免这样或那样的折中主义或历史联想。"纽约五人组"的那些成员们[彼得·埃森曼(Peter Eisenman)、迈克尔·格雷夫斯(Michael Graves)、理查德·格瓦思梅(Richard Gwathmey)、约翰·海杜克(John Hejduk)、理查德·迈耶(Richard Meier)]所选择的另外一条道路凸显了出来，他们都源于勒·柯布西耶的形式主义。格雷夫斯(生于1934年)，他的建筑都具有高超的构图质量，表现出十分明显的隐喻式的折中主义倾向，就像在他的俄勒冈波特兰公共服务大楼(Public Service Building for Portland)的设计中，有意重新唤起美国装饰艺术风格的记忆一样；他自己表明了历史的、或神人同形同性论的建筑理论所给予他的恩惠。[80]另外一个方面，迈耶(生于1934年)则保持着一种美学化的功能主义形式，他把这看作是一种伟大历史传统的延续，同时，基于一种与1920年代的看法几乎完全一样的论点，他也拒绝使用装饰手法。[81]

托马斯·戈登·史密斯(Thomas Gordon Smith)和斯坦利·蒂格曼(Stanley Tigerman)提出了一种以历史观念的拼贴为基础的，能够完全自由地运用历史建筑形式的案例，按照某些人的口味，它可以被形容成是古怪的、讽刺的，或者仅仅是愚蠢的。[82]蒂格曼的目标是要摧毁吉迪恩-佩夫斯纳(Pevsner)的20世纪建筑发展观念，这表现在他的芝加哥论坛报大厦的虚构的第二轮竞赛之中(1980年)，其中提出了一种对于1922年实际竞赛人选作品的崭新见解，与普遍为大家所接受的那些看法截然不同。[83]这是一种通过杜撰某种可供选择的历史，以逃避真实的历史的奇怪尝试。

那些流行一时的高技派建筑的理论基础，以其奇特、夸张或庸俗而闻名于世[例如赫尔穆特·扬(Helmut Jahn)或约翰·C·波特曼(John C. Portman)]，其思想是十分粗浅的，但在所有的设计案例中，建筑师都将特别的关注给予了使用者的需要和习惯。这种历史主义的"浪漫式"趋势，在普通大众中的知名程度，可以从休斯敦西南中心(Southwest Center in Houston，1983年)的设计竞赛中看出来，竞赛中所提交的设计——获奖者是扬——把他们的灵感来源(raison d' être)归之于哥特式复兴，或艺术装饰派风格。[84]

在美国的建筑理论讨论，一直是遵循着一条比欧洲更为开放和富于实践性的路线，尽管欧洲的发展也紧紧步其后尘。然而在美国，建筑首先被看作是一种技术和形式的问题，而在大多数欧洲国家，意识形态和社会的问题却占据着主导的地位。

二战结束以来的欧洲，最具活力的建筑理论争辩出现在意大利[85]，在那里几乎所有的理论见解都具有强烈的关注历史的特征。许多艺术史和建筑史学家——布鲁诺·赛维、莱昂纳多·贝内沃洛(Leonardo Benevolo)、曼弗雷多·塔夫里(Manfredo Tafuri)、朱利奥·卡洛·阿尔甘(Giulio Carlo Argan)——在这一论辩的过程中举足轻重；反过来，建筑师在有关这一个课题的历史编辑上也显得同样十分活跃——如保罗·波托盖西(Paolo Portoghesi)就是一例。与之有关的最重要的建筑师，可能就是卡罗·斯卡尔帕(Carlo Scarpa，1906-1978年)[86]，他把关于威尼斯的知识与赖特的影响，以及历史环境的研究结合在了一起，运用混凝土以获得某种近乎诗意的解决之道。然而，他却并没有留下有关他的作品所依据的理论基础方面的记录。

〔445〕

与德国相反，1945年以后意大利的建筑活动在较少干扰的情况下得以恢复。尤其是在米兰，在这里像BBPR这样的工作室，在政局变化中幸存了下来。[87]皮埃尔·路易吉·奈尔维(Pier Luigi Nervi，1891-1979年)也是如此，尽管是以不同的方法，他是一位主要在罗马工作的工程师，关注与他的结构有关的美学问题。[88]奈尔维得出结论说：科学的计算并不足以显示一座建筑的功能品质，功能和力需要在设计中被明确地表露出来。[89]这种来自于一位工程师的意识，意味着一种纯粹的结构功能主义的终点，这包括在理论上或是实践上两个方面。

二次世界大战以来的意大利，在发展上获得了许多不同的方向。一种对于历史城市的持续关注，导致了对城镇规划和当地历史的特别强调，这是两个永远相互关联的主题。两本具有影响的著作是朱塞佩·萨莫纳(Giuseppe Samonà)的《城市规划及其在一些城镇中的实施》(L' urbanistica e l' avvenire della città，1959年)和卡罗·艾莫尼诺(Carlo Aymonino)的《现代城镇的起源与发展》(Origine e sviluppo della città moderna，1964年)。[90]

对于城市规划理论做出最重要贡献的是阿尔多·罗西(Aldo Rossi，生于1931年)的《城镇建筑》(L' architecture della città，1966年)[91]，他强烈反对纯功能主义标准的应用，并主张在社会主义旗帜下重归美学和纪念性的范畴。罗西是现代意大利建筑的一位关键人物。[92]他早年在莫斯科与东柏林所体验到的斯大林主义建筑，无论在意识形态上或在形式上都给他留下了深刻的印象，而在他无数的著述中，就像在他的设计中一样，也表现出了他对老的与新的理论家们的著作所可能作出的反应——这包括革命建筑师、米利萨(Milizia)、路斯(Loos)、超现实主义者、意大利理性主义者、勒·柯布西耶，等等。[93]

罗西在 1973 年的第 15 届米兰三年展上发布的宣言《理性建筑》(Architettura Razionale)催生了一场运动，使得整个欧洲的建筑师都迅速加入其中，这其中有维托里奥·格雷戈蒂 (Vittorio Gregotti)、乔治·格拉西(Giorgio Grassi)、卡罗·艾莫尼诺 (Carlo Aymonino)、列昂·克里尔和罗伯·克里尔(Leon and Rob Krier)、詹姆斯·斯特林(James Stirling)、奥斯瓦尔德·马塞亚斯·翁格尔斯(Oswald Matthias Ungers)和约瑟夫·保罗·克雷霍斯(Josef Paul Kleihues)(图版 207)。[94]他们在设计上的主要特征，或是强调一种容易引起联想的构图品质，或是主张回归到迪朗(Durand)的精确表现。他们这些建筑思想的影响更多地是通过绘图，而不是通过最后实施的建筑物而造成的；事实上，这种建筑图常常只是停留在图面上而已，就像在部雷(Boullee)那里的情形一样，部雷有关建筑的论著，曾被罗西翻译成为意大利文。[95]建筑画成为了那些不甚完善的现实的某种补充，他们在想像中自由驰骋，即使方案将要实施，这些想法也无甚意义。建筑师如马西莫·斯科拉利(Massimo Scolari)和罗伯·克里尔首先是绘图员，他们偶尔发表的一些建筑主张，其中也没有包含什么正规表述的理论内涵。[96]

"理性主义"这个术语日益显得不很严密，这一点变得越来越清晰，尤其当人们试图把欧洲的发展与美国的——例如，和文丘里——相联系时，那里的理论状况与欧洲是相当不同的。两者之间惟一的共同背景，是以回到过去为基础的新的建筑象征主义概念。因此，只是在逻辑上"后现代主义者"的模糊概念，才应当包含"新理性主义者"的运动，甚至那些"理性主义者"也普遍反对这样一种趋势。[97]然而现在的倾向，就像在一些展览及其相应分类中所表现出来的那样，一直努力尝试着将后现代主义与新理性主义之间的联合变成一个现实，而无视实际所建造的东西。这种倾向能够清楚地在法兰克福德国建筑博物馆(Deutsches Architekturmuseum 〔446〕 in Frankfurt)[98]的活动中，以及在 1987 年的柏林国际住宅展[International Bauausstellung(IBA)exhibitions in Berlin][99]中见得到。德国，以及美国和意大利，是尝试解决在现存城市结构的历史框架内，开展建设的建筑实验中心，而柏林国际住宅展的结果是，在哈尔特—沃尔特·哈默(Hardt – Waltherr Hämer)和约瑟夫·保罗·克雷霍斯的指导下，一个谨慎的城市更新计划开始被执行，显示出这些思想的可行性。

同时应当提到的是，常常会对建筑理论产生一些根本性影响的心理学和社会学与建筑之间的联系。向建筑的象征本质的回归，一方面是由于对建筑图像资料的历史研究，另一方面要归功于社会学家如吉洛·德夫莱斯(Gillo Dorfles)和翁贝托·埃科(Umberto Eco)的符号学。[100]在《建筑中的意向》(Intentions in Architecture，1963 年)一书中，克里斯蒂安·诺伯格－舒尔茨(Christian Norberg – Schulz)将这个领域的调查发现融入到了新的建筑评价的综合性标准之中。[101]而在城市规划方面的新思想，则来自简·雅各布斯(Jane Jacobs)和她的《美国大城市的生与死》(Death and Life of Great American Cities，1961 年)一书，以及来自亚历山大·米切利希(Alexander Mitscherlich)的《我们的城市令人沮丧》(Die Unwirtlichkeit unserer Städte * ，1965 年)[102]；而鲁道夫·安海姆(Rudolf Arnheim)从感知心理学的观点出发，也对功能主义进行了逻辑上的反驳。[103]

将这些思想，或其他领域中的一些见解，带到建筑理论之中的尝试并不缺乏。例如，尼尔斯·卢宁·波拉(Niels Luning Prak)在他的《建筑语言》(Language of Architecture，1968 年)一书中，运用了一套令人质疑的方法，认为建筑美学应该依托于社会历史。[104]一种诱人的，对于某种综合性观点的渴求，伴随着对以往教条的温和的批评，包含在了布鲁斯·奥尔索普(Bruce Allsopp)的《一种现代的建筑理论》(A Modern Theory of Architecture，1977 年)一书中[105]，这本书——例如在其有关建筑装饰特征方面的评论中——给出了比起前面所提到的布罗林(Brolin)和布莱克(Blake)书中的消极结论更为积极的观点倾向，极力主张以一种更为谨慎、但并非教条的精神，来对待建筑理论问题。

在当前的建筑理论著述中，看起来似乎还没有什么办法，能够走出那种针对功能主义的现代主义的纯负面反应的尴尬境地。"后现代主义"并没有什么新的意味，只是一系列从功能主义控制中挣脱出来的不同种类的尝试之一。新历史主义(Neo-Historicism)，作为其中最为明显的理论尝试，也缺乏坚实的思想基础，并且，像任何其他一些简单的历史主义趋势一样，只能再一次绕回到一种新的功能主义形式的圈子之中。这种表面化的、

---

* 对译英文 The inhospitability of our cities ——译者注

缺乏深思熟虑的，把玩集体历史记忆的一个最为接近的典型例子，似乎是由里卡多·波菲尔(Ricardo Bofill，生于 1939 年)所设计的带有纪念性特征的住宅区，他使用了诗的隐喻——如卡夫卡(Kafka)的《城堡》，《瓦尔登湖》，《避邪字符》(The Castle，Walden，Abraxas)，等等——来显示他对于大尺度的巴洛克形式和折中主义的风格引用所具有的把握能力[106]；但是，他的理论在现实中却处处碰壁。

如果使建筑学及其在理论上的反映，有意识地与历史的连续性联系在一起的话，那么必须对其状况有一个彻底而公正的评价。那种已经被人们所确定了的，发生在 20 世纪前半叶的历史断裂，实际上切断了 20 世纪晚期人们心目中与传统的重要联系，这是一种很难再修复的断裂。对于功能主义的选择，是不能通过返回本土风格，或是形式化的新古典主义，甚或任何历史折中主义的形式，而获得的。在一个美学、技术与生态的信念已经摇摇欲坠的时代，建筑历史与理论研究的惟一作用，应该仅仅是揭示出应当采取什么样的实际步骤而已。

总注释

导　言

1　'Der Gedanke, daß theoretisch-kritische Erwägungen das künstlerische Schaffen beeinflussen, ist unhaltbar. Dieses entspringt gegebenen Empfindungen, einer bestimmten Veranlagung, der gesamten Epoche und noch manchen anderen Faktoren, aber nie und nimmer zeitgenössischer Reflexion. Diese wurzelt vielmehr ebenso in ihrer Zeit wie das künstlerische Schaffen, ist ebenso bedingt wie dieses, ebenso unfrei... Die Kunsttheorie selbst ist nichts anderes als ein Ausdruck des Zeitempfindens und ihre Bedeutung beruht nicht..., daß sie in ihrer eigenen Gegenwart die Wege weist, sondern darin, daß sie als Denkmal vergangener Geistigkeit den Nachgeborenen dient.' 艾米尔·考夫曼 (Emil Kaufmann), "法国古典时期和古典主义之建筑理论" (Die Architekturtheorie der französischen Klassik und des Klassizismus),《艺术科学宝库 44》(*Repertorium für kunstwissenschaft 44*), 1924 年, 第 235 页。

2　保罗·瓦莱利 (Paul Valéry),《艺术物语和建筑, 舞蹈的灵魂之前》(*Eupalinous ou l'Architecte, précédé de l'Ame et la Danse*), 巴黎, 1923 年。

第一章注释

1　比较弗里德里克·威廉·施利克 (Friedrich Wilhelm Schlikker):《维特鲁威之后的建筑美的希腊式表达》(*Hellenistische Vorstellungen von der Schönheit des Bauwerks nach Vitruv*), 柏林, 1940 年, 第 10 页及之后。

2　特别参见休·普洛莫尔 (Hugh Plommer),《维特鲁威和晚期罗马建筑手册》(*Vitruvius and Later Roman Building Manuals*), 剑桥 (Cambridge), 1973 年[附费雯蒂斯 (Faventinus) 的文本]。

3　关于维特鲁威, 特别参见 J·A·若勒 (J.A.Jolles),《维特鲁威美学》(*Vitruvs Ästhetik*), 论文, 弗赖堡 (Freiburg), 1906 年; 路德维希·松特海默尔 (Ludwig Sontheimer),《维特鲁威及其时代》(*Vitruv und seine Zeit*), 博士论文, 蒂宾根 (Tübingen), 1908 年; 奥古斯特·舒瓦西 (Auguste Choisy),《维特鲁威》(*Vitruve*), 1909 年; 阿德尔伯特·伯恩鲍姆 (Adalbert Birnbaum),《维特鲁威和希腊建筑》(*Vitruvius und die griechische Architektur*), 维也纳, 1914 年; 阿奇列·佩利扎里 (Achille Pellizzari), *I trattati attorno le arti figurative in Italia e nella Penisola Iberica I trattati attorno le arti figurative in Italia e nella Peninsula Iberica*, 第一册, 那不勒斯 (Naples), 1915 年, 第 90 页及之后; W·萨克尔 (W. Sackur),《维特鲁威和 Poliorketiker》(*Vitruv und die Poliorketiker*), 柏林, 1925 年; 埃里克·维斯特兰德 (Erik Wistrand),《维特鲁威研究》(*Vitruvstudier*), 博士论文, 德国哥德堡 (Götenburg), 1933 年; 弗朗切斯科·佩拉蒂 (F. Pellati),《维特鲁威》(*Vitruvio*), 罗马, 1938 年; E·斯图金奈克 (E. Stuerzenacker),《维特鲁威的建筑》(*Vitruvius über die Baukunst*), 埃森 (Essen), 1938 年; 弗里德里克·W·施利克 (Friedrich W. Schlikker),《维特鲁威之后的建筑美的希腊式表达》(*Hellenistische Vorstellungen von der Schönheit des Bauwerks nach Vitruv*), 柏林, 1940 年; C·J·莫 (C.J. Moe),《维特鲁威的数字》(*Numeri di Vitruvius*), 米兰 (Milan), 1945 年; 保罗·蒂尔舍 (Paul Thielscher),《维特鲁威》(*Vitruvius Mamurra*)[《皇家百科全书·古代科学》(*Real Encyclopädie der Altertumswissenschaft*), 2. Reihe, 17. Halbband], 1961 年, 第 427-489 栏; 罗兰·马丁 (Roland Martin), "维特鲁威" (Vitruvius),《一般艺术百科全书 XIV》(*Enciclopedia Universale dell'Arte*, XIV), 1966 年, 第 832-837 栏; 休·普洛莫尔 (Hugh Plommer),《维特鲁威和晚期罗马建筑手册》(*Vitruvius and Later Roman Building Manuals*), 剑桥, 1973 年; 皮埃尔·格罗 (Pierre Gros), "维特鲁威: 建筑和理论, 附鲁米埃尔的最新研究" (Vitruve: L'architecture et sa théorie, la lumiére des études récentes), 载: 希尔德加德·滕波里尼 (Hildegard Temporini) 和沃尔夫冈·哈泽 (Wolfgang Haase)(编辑),《罗马帝国之兴衰》(*Aufstieg und Niedergang der römischen Welt*), 30.I: Principat, 柏林-纽约, 1982 年, 第 659-695 页;《古代建筑设计和建筑理论》(*Bauplanung und Bautheorie der Antike*),《论古代建筑设计 4》(*Diskussionen zur archäologischen Bauforschung 4*), 柏林,

1983 年；赫尼尔·奈勒（Heiner Knell）和贝尔克哈德特·韦森贝格（Berkhardt Wesenberg）（编辑），《德国考古学会维特鲁威研讨会》（*Vitruv-Kolloquium des Deutschen Archäologen-Verbandes*），达姆施塔特，1984 年；赫尼尔·奈勒，《维特鲁威建筑理论——一种诠释探索》（*Vitruvs Architekturtheorie. Versuch einer Interpretation*），达姆施塔特，1985 年。

4　蒂尔舍（Thielscher），1961 年，第 427 页及之后，费雯蒂斯（Faventinus）是将"帕里奥"（Polio）作为维特鲁威的姓名或绰号的第一人[普洛莫尔（Plommer），1973 年，第 40 页，第 87 页]；但是，这即使是正确的，对于我们探明维特鲁威的真实情况也于事无补。

5　蒂尔舍，1961 年，431 栏以后，罗兰·马丁（Roland Martin），1966 年，832 栏，发表日期在公元前 27 年至前 23 年间。

6　维特鲁威（Vitruvius），《建筑十书》……第二书（*De architectura...II.*），前言，1-4.《建筑十书》（*De architectura...*），拉丁-英文版，弗兰克·格兰吉尔（Frank Granger）翻译并出版，伦敦-剑桥，1931 年，（罗布古籍图书馆[Loeb Classical Library]——此后引为"罗布"），第一册，第 72-75 页。

7　'per auxilia scientiae scriptaque, ut spero, perveniam ad commendationem.' 《建筑十书》，第二书，前言，4，（罗布，第一册，第 74 页）。

8　'[quod] animadverti multa te aedificavisse et nunc aedificare, reliquo quoque tempore et publicorum et privatorum aedificiorum, pro amplitudine rerum gestarum ut posteris memoriae traderentur, curam babiturum, Conscripsi praescriptiones terminatas, ut eas adtendens et ante facta et futura qualia sint opera, per te posses nota habere. Namque his voluminibus aperui omnes disciplinae rationes.' 同上，第一书，前言，3（罗布，第一册，第 4 页）。

9　同上，第六书，前言。

10　'Quas ob res corpus architecturae rationesque eius putavi diligentissime conscribendas, opinans in munus omnibus gentibus non ingratum futurum.' 同上，第六书，前言，7（罗布，第二册，第 8 页）。

11　'De artis vero potestate quaeque insunt in ea ratiocinationes polliceor, uti spero, his voluminibus non modo aedificantibus sed etiam omnibus sapientibus cum maxima auctoritate me sine dubio praestaturum.' 同上，I .i.18（罗布，第一册，第 22-24 页）。

12　同上，第七书，前言，11-4（罗布，第二册，第 70-75 页）。

13　'homines imitabili docilique natura...' 同上，II .i.3.（罗布，第一册，第 78 页）。

14　同上，II .i.6.（罗布，第一册，第 84 页）。

15　'deinde observationibus studiorum e vagantibus induciis et incertis ad certas symmetriarum perduxerunt rationes.', II .i.7.（罗布，第一册，第 84 页）。

16　同上，IX.i.2 （罗布，第二册，第 213-213 页）。

17　参见乔基姆·高斯（Joachim Gaus），"世界建筑大师和建筑师"（Weltbaumeister und Architekt），载：君特·宾丁（Günter Binding）（编辑），《中世纪建筑经营与建筑财务论文集》（*Beiträge über Bauführung und Baufinanzierung im Mittelalter*），科隆（Cologne），1974 年，第 38-67 页。

18　《建筑十书》，I.i.I（罗布，第一册，第 6 页）；IX.vi.2（罗布，第二册，第 244-246 页）。关于维特鲁威的建筑教育理想，见弗兰克·E·布朗（Frank E. Brown），"维特鲁威和自由的建筑艺术"（Vitruvius and the Liberal Art of Architecture），*Bucknell Review* II，4，1963 年，第 99-107 页。

19　'uti commentariis memoriam firmiorem efficere possit.' 同上，I .i.4（罗布，第一册，第 8 页）。

20　同上，I.i.11 （罗布，第一册，第 16 页）。

21　'Haec autem ita fieri debent, ut habeatur ratio firmitatis, utilitatis, venustatis, Firmitatis erit habita ratio, cum fuerit fundamentorum ad solidum depressio, quaque e materia, copiarum sine avaritia diligens electio; utilitatis autem [cum fuerit] emendata et sine impeditione usus locorum dispositio et ad regiones sui cuiusque generis apta et commoda distributio; venustatis vero cum fuerit operis species grata et elegans membrorumque commensus isutas habeat symmetriarum ratiocinationes.' 同上，I.iii.2（罗布，第一册，第 34 页）。

22　同时比较米洛蒂尼·波利萨夫里维奇（Miloutine Borissavliévitch），《建筑理论》（*Les théories de l'arcbitecture*），巴黎，1951 年，第 51 页及之后。这位作者尤其关注克洛德·佩罗（Claude Perrault）对于维特鲁威观念的理解。

23　'Ordinatio est modica membrorum operis commoditas separatim universeque proportionis ad symmetriam comparatio. Haec conponitur ex quantitate, quae graece posotes dicitur. Quantitas autem est modulorum ex ipsius operis sumptio e singulisque membrorum partibus universi operis conveniens effectus.' 《建筑十书》，I.ii.2（罗布，第一册，第 24 页）。

24　'Dispositio autem est rerum apta conlocatio elegansque conpositionibus effectus operis cum qualitate. Species dispositionis, quae graece dicuntur ideae, sunt hae: ichnographia, orthographia, scaenographia. Ichnographia est circini regulaeque modice continens usus, e qua capiuntur formarum in solis arearum descriptions. Orthographia autem est erecta frontis imago modiceque picta rationibus operis futuri figura. Item scaenographia est frontis et laterum abscedentium adumbratio ad circinique centrum omnium linearum responsus. Hae nascuntur ex cogitatione et inventione. Cogitatio est cura studii plena et industriae vigilantiaeque effectus proposti cum voluptate. Inventio autem est quaestionum obscurarum explicatio ratioque novae fei vigore mobili reperta. Hae sunt terminationes dispositionum.' 同上，I .ii.2（罗布，第一册，第 24-25 页）。

25　'Eurythmia est venusta species commodusque in conpositionibus membrorum aspectus. Haec efficitur, cum membra operis convenientia sunt altitudinis ad latitudinem, latitudinis ad longitudinem, et ad summam omnia respondent suae symmetriae.' 同上，I.ii.3（罗布，第一册，第 26 页）。

26　'Item symmetria est ex ipsius operis membris conveniens consensus ex partibusque separatis ad universae figurae speciem ratae partis responsus. Uti in hominis corpore e cubito, pede, palmo, digito ceterisque particulis symmetros est eurythmiae qualitas, sic est in operum perfectionibus. Et primum in aedibus sacris aut e columnarum crassitudinibus aut triglypho aut etiam embaterre... invenitur symmetriarum ratiocinatio.' 同上，I.ii.4（罗布，第一册，第 26 页）。

27 'Decor autem est emendatus operis aspectus probatis rebus conpositi cum auctoritate. Is perficitur statione, quod graece thematismo dicitur, seu consuetudine aut natura Statione, cum Iovi Fulguri et Caelo et Soli et Lunae aedificia sub divo hypaethraque constituentur; horum enim deorum et species et effectus in aperto mundo atque lucenti praesentes vidimus. Minervae et Marti et Herculi aedes doricae fient, his enim diis propter virtutem sine deliciis aedificia constitui decet. Veneri, Florae, Proserpinae, Fonti Lumphis corinthio genere constitutae aptas videbuntur habere proprietates, quod his diis propter teneritatem graciliora et florida foliisque et volutis ornata opera facta augere videbuntur iustum decorum. Iunoni, Dianae, Libero Patri ceterisque diis qui eadem sunt similitudine, si aedes ionicae construentur, habita erit ratio mediocritatis, quod et ab severo more doricorum et ab teneritate corinthiorum temperabitur eorum institutio proprietatis.' 同上，I.ii.5（罗布，第一册，第 26-28 页）。
维特鲁威有关得体（décor）的概念，见阿尔斯特·霍恩 - 昂肯（Alste Horn-Oncken）的精彩分析：*Über das Schicklicbe Studien zur Geschichte der Architekturtheorie I (Abhandlungen der Akademie der Wiss. in Göttingern. Philol. -hist.Kl.*, Ser.3, No.70)，德国格丁根（Göttingen），1967 年。

28 'Distributio autem est copiarum locique commoda dispensatio parcaque in operibus sumptus ratione temperatio. Alter gradus erit distributionis, cum ad usum patrum familiarum et ad pecuniae copiam aut ad eloquentiae dignitatem aedifica alte disponentur. Namque aliter urbanas domos oportere constitui videtur, aliter quibus ex possessionibus rusiticis influunt fructus; non idem feneratoribus, aliter beatis et delicatis; potentibus vero, quorum cogitationibus respublica gubernatur, ad usum conlocabuntur; et omnino faciendae sunt aptae omnibus personis aedificiorum distributiones.' 同上，I.ii.8-9（罗布，第一册，第 30-32 页）。

29 参见彼得·休·斯科菲尔德（Peter Hugh Scholfield），《建筑中的比例理论》（*The Theory of Proportion in Architecture*）一书中的章节："维特鲁威与比例理论"（Vitruvius and the theory of proportion），剑桥，1958 年，第 16-32 页。

30 'Aedium compositio constat ex symmetria, cuius ratinem diligentissime architecti tenere debent. Ea autem paritur a proportione, quae graece analogia dicitur. Proportio est ratae partis membrorum in omni opere totiusque commodulatio, ex qua ratio efficitur symmetriarum. Namque non potest aedis ulla sine symmetria atque proportione rationem habere compositionis, nisi uti ad hominis bene figurati membrorum habuerit exactem rationem.' 《建筑十书》（*De architectura*），III.i.1（罗布，第一册，第 158 页）。

31 这篇有关比例问题的经典论述可以追溯到波利克里图斯（Polyclitus，希腊雕刻家，公元前 430 年——译者注），现已佚失。它的修复本及维特鲁威曾经使用过的本子，见汉斯·冯·施托伊本（Hans von Steuben），*Der Kanon des Polyklet*，蒂宾根，1973 年，第 68 页及之后；理查德·托宾（Richard Tobin），'The Canon of Polykleitos'，《美国考古学报》第 79 期（*American Journal of Archaeology 79*），1975 年，第 307-321 页。有关人体测量学传统在比例系统中的作用，特别见欧文·帕诺夫斯基（Erwin Panofsky），"比例学作为一种绘画风格发展的演进"（Die Entwicklung der Proportionslehre als Abbild der Stilentwicklung），《艺术科学每月笔记 XIV 期》（*Monatshefte für Kunstwissenschaft XIV*），1921 年，第 188-219 页[再版：欧文·帕诺夫斯基，《论艺术科学基本问题》（*Aufsätze zu Grundfragen der Kunstwissenschaft*），柏林，1964 年，第 169-204 页]；另见相关的评论，载：*Der 'vermessene' Mensch, Anthropometrie in Kunst und Wissenschaft*，慕尼黑，1973 年。

32 'Similiter vero sacrarum aedium membra ad universam totius magnitudinis summam ex partibus singulis convenientissimum debent habere commensus responsum.' 《建筑十书》，III.i.3（罗布，第一册，第 160 页）。

33 'Item corporis centrum medium naturaliter est umbilicus. Nampque si homo conlocatus fuerit supinus manibus et pedibus pansis circinique conlocatum centrum in umbilico eius, circumagendo rotundationem utrarumque manuum et pedum digiti linea tangentur. Non minus quemadmodum schema rotundationis in corpore efficitur, item quadrata designatio in eo invenietur. Nam si a pedibus imis ad summum caput mensum erit eaque mensura relata fuerit ad manus pansas, invenietur eadem latitudo uti altitudo, quemadmodum areae quae ad normam sunt quadratae.' 同上。

34 'Ergo si convenit ex articulis hominis numerum inventum esse et ex membris separatis ad universam corporis speciem ratae partis commensus fieri responsum, relinquitur, ut suscipiamus eos, qui etiam aedes deorum immortalium constituentes ita membra operum ordinaverunt, ut proportionibus et symmetriis separatae atque universae convenientesque efficerentur eorum distributiones.' 同上，III.i.9（罗布，第一册，第 164-166 页）。

35 同上，IV.i.5-8（罗布，第一册，第 20 页）。关于"柱式"（genera）理论在维特鲁威的著作中远比自文艺复兴以来的建筑学论文中讨论得少，维特鲁威仅仅承认有三种"柱式"：科林斯，多立克和爱奥尼。因此，他并不承认塔斯干柱式本身，但却在有关塔斯干神庙中提到了"塔斯干的布置"（*tuscanae dispositions*）（IV.vii）。

36 参见克利斯托夫·索内斯（Christof Thoenes），'Gli ordini architettonici - Rinascit o invenzione?' 载：《"16 世纪罗马和古代的艺术与文化"研讨会论文集（罗马，1982 年）》（*proceedings of the symposium Roma e l' antico nell' arte e nella cultura del Cinquecento*）（Rome, 1982），罗马，1985 年；休伯特斯·贡特尔（Hubertus Guenther），《哥特式与文艺复兴期间的德国建筑理论》（*Deutsche Architekturtheorie zwischen Gotik und Renaissance*），达姆施塔特，1988 年，第 89-98 页。

37 'Cum ergo constituta symmetriarum ratio fuerit et commensus ratiocinationibus explicati, tum etiam acuminis est proprium providere ad naturam loci aut usum aut speciem, adiectionibus temperaturas efficere, cum de symmetria sit detractum aut adiectum, uti id videatur recte esse formatum in aspectuque nihil desideretur.' 《建筑十书》，VI.ii.1（罗布，第二册，第 20 页）。

38 《维特鲁威，建筑十书，索引。文献目录、词汇和语法》（*Vitruvius. De Architectura. Concordance. Documentation*

bibliographique, lexicale et grammaticale），L·卡勒拜特（L.Callebat）、P·布埃（P. Bouet）、Ph·弗勒里（Ph. Fleury）、M·朱因格道（M. Zuinghedau）编辑，2册本，希尔德斯海姆—苏黎世—纽约，1984年；最近的维特鲁威的意大利版本：《波利厄内·维特鲁威，论建筑，解释》（*Vitruvio Pollione, Dell' architettura, interpretazione*），乔瓦尼·弗洛里安（Giovanni Florian）编辑，比萨（Pisa），1978年，附有一个以历史综述为限的注释。

第二章注释

1   参见赫伯特·考克（Herbert Koch）：《永恒的维特鲁威》（*Vom Nachleben des Vitruv*），巴登 - 巴登（Baden-Baden），1951年，第9页。

2   参见同上，第11页及之后。

3   关于维特鲁威的传播，除了考克（Koch）外，另特别见弗朗切斯科·佩拉蒂（Francesco Pellati），"维特鲁威在中世纪和文艺复兴"（Vitruvio nel Medioevo e nel Rinascimento），《皇家考古与艺术历史学院学报 V》（*Bollettino del Reale Istituto di Archeologia e Storia dell' Arte V*），1932年，第111-132页；费利克斯·佩特斯（Félix Peeters），'Le Codex Bruxellensis 5253 (b) de Vitruve et la tradition manuscrite du De Architectura'，*Mélanges dédiés à la m méoire de Félix Grat* II，巴黎，1949年，第119-143页；卢西卡·A·夏伯尼（Lucia A. Ciapponi），"维特鲁威的《论建筑》在人文主义初期"[I1 De Architectura di Vitruvio nel primo umanesimo（引自牛津大学图书馆影印件 Auct. F. 5.7）]，《意大利中世纪和人文主义 III》（*Italia medioevale e umanistica III*），1960年，第59-99页；卡尔 - 奥古斯特·维尔特（Karl-August Wirth），"论永恒的维特鲁威在9-10世纪和维特鲁威抄本"（Bemerkungen zum Nachleben Vitruvs im 9. und 10. Jahrhundert und zu dem Schlettstädter Vitruv-Codex），《艺术编年史 20》（*Kunstchronik 20*），1967年，第281-291页；卡罗尔·赫泽尔勒·克林斯基（Carol Herselle Krinsky），"78件维特鲁威手稿"（Seventy-Eight Vitruvius Manuscripts），《瓦尔堡和考陶尔德研究院学报 XXX 期》（*Journal of the Warburg ε Courtauld Institutes XXX*），1967年，第36-70页；卡罗尔·海茨（Carol Heitz），"中世纪盛期的维特鲁威和建筑"（Vitruve et l'architecture du haut moyen-age），《研讨周：中世纪盛期中心——意大利 XXII》（*Settimane di Studio del Centro Italiano di Sull'Alto Medioevo XXII*），2，1974年，第725-757页；詹贾科莫·马丁内斯（Giangiacomo Martines），"Hygino Gromatico：古代图像学资料——文艺复兴之维特鲁威式的城镇改建"（Hygino Gromatico: Fonti iconografiche antiche per la ricostruzione rinascimentale della citt vitruviana），载：《艺术历史研究 1-2》（*Ricerche di Storia dell' Arte 1-2*），1976年，第277-285页；曼弗雷多·塔夫里（Manfredo Tafuri），载：《论文艺复兴建筑》（*Scritti Rinascimentali di architettura*），米兰，1978年，第389页及之后。

4   考克（Koch）（1951年），第10页。

5   佩拉蒂（Pellati）（1932年），第111页及之后。

6   'Aedificiorum partes sunt tres: disposition, constructio, venustas'. Isidori Hispalensis Episcopi Etymologiarum sive Originum Libri XX，编辑：W·M·林赛（W.M. Lindsay），牛津（Oxford），1911年（几个后续的再版本），XIX.ix.

7   'Dispositio est areae vel solii et fundamentorum descriptio.' 同上，XIX. ix.

8   'Venustas est quidquid illud ornamenti et decoris causa aedificiis additur...' 同上，XIX.Xi.

9   'Columnae pro longitudine et rotunditudine vocatae, in quibus totius fabricae pondus eregitur. Antiqua ratio erat columnarum altitudinis tertia pars latitudinurn. Genera rotundarum quattuor: Doricae, Ionicae, Tuscanicae, Corinthiae, mensura crassitudinis et altitudinis inter se distantes. Quintum genus est earum quae vocantur Atticae, quaternis angulis aut amplius, paribus laterum intervallis.' 同上，XV.viii.14.

10 参见克林斯基（Krinsky）（1967年），第36页，第4节。

11 参见朱利叶斯·冯·斯克劳瑟（Julius von Schlosser），《加洛林王朝的艺术历史素材》（*Schriftquellen zur Geschichte der karolingischen Kunst*），维也纳，1892年，第6对开页，第16节。

12 参见维尔特（Wirth）（1967年），第282页及之后。

13 参见海茨（Heitz）（1974年），第747页及之后。

14 克林斯基（Krinsky）（1967年），第36页及之后。最重要的手稿保存在大英博物馆，哈连父子（Harleian）搜集的文稿及图书的扫描稿，编号：2767（参见克林斯基，第517页）。

15 法国塞勒斯塔市立图书馆（Sélestat, Bibl. Munic.），扫描件1153号图版（ms. 1153 bis.）。

16 特别见维尔特（1967年），第283页及之后（图版1-4）；塞莱斯塔维特鲁威抄本（Sélestat Codex）中的插图由 V·莫尔泰（V. Mortet）第一次出版，*La mesure et les proportions des colonnes antiques, Mélanges d'archologie*, Iᵉ série，巴黎，1914年，第49-65页，图版I, II。另见：克林斯基（1967年），第41对开页，第47页。其中出现了几次的 wind diagram 是维特鲁威手稿中插图的一个例子；参见克林斯基，第41页。

17 维尔特（Wirth）（1967年），第289页。

18 参见维尔特（Wirth），第286页。（图版3）。

19 考克（Koch）（1951年），第15对开页，（注释22）。

20 参见古斯提纳·斯卡利亚（Gustina Scaglia），"一个维特鲁威译本和伯纳克索·吉伯蒂的杂记中的近古绘画摹本"（A Translation of Vitruvius and Copies of Late Antique Drawings in Buonaccorso Ghiberti's Zibaldone），《美国哲学社会学会会刊》第69期（*Transactions of the American Philosophical Society 69*），第一编，1979年，第11页及之后，作者将原始图稿的时间定为公元750-800年之间。关于这些图与亚琛（Aachen）的联系，通过伯纳克索·吉伯蒂（Buonaccorso Ghiberti）的分析而变

得十分可信，这些图与维特鲁威的插图十分相似。

21 斯卡利亚（Scaglia）（1969 年），第 13 页。

22 哈特维希·贝塞莱尔（Hartwig Beseler）和汉斯·罗根坎普（Hans Roggenkamp），《希尔德斯海姆的圣米歇尔大教堂》（*Die Michaeliskirche in Hildesheim*），柏林，1954 年，第 112 页及之后，第 147 页及之后；海茨（Heitz）（1974 年），第 749 页对开页。

23 大英博物馆，哈利父子（Harleian）搜集的文稿及图书，扫描件 2726 号。

24 特别见贝塞莱尔（Beseler）和罗根坎普（Roggenkamp），第 147 页及以后；另见康拉德·阿尔格米森（Konrad Algermissen）（编辑），《希尔德斯海姆的波恩华特和圣高特赫——生平与作品》（*Bernward und Godehard von Hildesheim.Ihr Leben und ihr Wirken*），希尔德斯海姆，1960 年，特别是第 112 页及之后。

25 关于圣米歇尔修道院（St Michael）在奥托时期（Ottonian）建筑中的地位，特别参见汉斯·杨岑（Hans Jantzen），《奥托艺术》（*Ottonische Kunst*）（1947），汉堡（Hamberg），1959 年第 2 版，第 15 页及之后。一个对于古代造型艺术的直接采纳见于希尔德斯海姆的《波恩华特柱式》（*Bernwardsäule*），参见鲁道夫·韦森贝格（Rudolf Wesenberg），《波恩华特的造型艺术》（*Bernwardinische Plastik*），柏林，1955 年，第 125 对开页，图版 256 及之后。

26 古典文学中有关建筑的描述，参见保罗·弗里德兰德（Paul Friedländer），*Johannes von Gaza, Paulus Silentiarius. Kunstbeschreibungen justinianischer Zeit*，柏林 - 莱比锡，1912 年（再版希尔德斯海姆—纽约，1969 年），第 41 页及之后。如对中世纪建筑作一个综览，见格哈德·戈贝尔（Gerhard Goebel），*Poeta Faber*，海德堡（Heideberg），1971 年，第 23 页及之后，及其中所引的文学部分。

27 格兰维尔·唐尼（Glanville Downey），《读画诗》（*Ekphrasis*），载：《古代和基督教资料百科全书 IV》（*Reallexikon für Antike und Christentum IV*），1959 年，第 921-944 栏。

28 关于拜占庭艺术最重要的原始材料的集子是：弗里德里克·威廉·翁格尔（Friedrich Wilhelm Unger），《拜占庭艺术历史资料》（*Quellen zur byzantinischen Kunstgeschichte*），维也纳，1878 年；让·保罗·里谢特尔（Jean Paul Richter），《拜占庭艺术历史资料》（*Quellen zur byzantinischen Kunstgeschichte*），维也纳，1897 年；西里尔·曼戈（Cyril Mango），《拜占庭帝国的艺术：312-1453 年》（*The Art of the Byzantine Empire 312-1453*），新泽西州英格伍德·克里夫斯（Englewood Cliffs, N.J.）1972 年。由翁格尔（Unger）与里奇特尔（Richter）所作的补充特别深入地谈到了君士坦丁堡（Constantinople）的建筑；翁格尔还进一步涉及了世俗建筑。

29 特别见理查德·克洛西摩（Richard Krautheimer）在《早期基督教与拜占庭建筑》[Early Christian and Byzantine Architecture（《鹈鹕艺术史》 *The Pelican History of Art*）]中的杰出评论，英国哈蒙兹沃斯（Harmondsworth），1965 年，第 153 页及之后。以及在沃尔夫冈·米勒 - 沃尔特（Wolfgang Müller-Walter），《图像百科全书·伊斯坦布尔风土志》（*Bildlexikon zur Topographie Istanbuls*）中的一个综览及富于理解性的书目，蒂宾根（Tübingen），1977 年，第 84 页及之后。

30 《凯撒里的普罗考比乌斯全集 第 3 卷，第 2 册》（*Procopii Caesariensis Opera III, 2*），编辑 J·豪里（J. Haury），莱比锡；1913 年；《普罗考比乌斯》（*Procopius*）（罗布古籍图书馆），第七册，希腊文 - 英语版本。H·B·杜因（H.B. Dewing）和格兰维尔·唐尼（Glanville Downey），伦敦 - 剑桥，影印本 1940 年。

31 《普罗考比乌斯》（*Procopius*）（罗布），第 7 册，第 2 页及之后。

32 《普罗考比乌斯》（*Procopius*），第 7 册，第 10-32 页。

33 'Θέαμα τοίνυν ἡ ἐκκλησία κεκαλλιστευμένον γεγένηται, τοῖς μὲν ὁρῶσιν ὑπερφυές, τοῖς δὲ ἀκούουσι παντελῶς ἄπιστον· ἐπῆρται μὲν γὰρ ἐς ὕψος οὐράνιον ὅσον, καὶ ὥσπερ τῶν ἄλλων οἰκοδομημάτων ἀποσαλεύουσα ἐπινένευκεν ὑπε ρκειμένη τῇ ἄλλῃ πόλει, κοσμοῦσα μὲν αὐτήν, ὅτι αὐτῆς ἐστιν, ὡραΐζομένη δέ, ὅτι αὐτῆς οὖσα καὶ ἐπεμβαίν- ουσα τοσοῦτον ἀνέχει ὥστε δὴ ἐνθένδε ἡ πόλις ἐκ περιωπῆς ἀποσκοπεῖται.' Procopius, Περκτισματων（与建筑有关的部分），I.i.27[罗布，《普罗考比乌斯》（Procopius），第 7 册，第 12 页]。

34 《普罗考比乌斯》（Procopius），第 7 册（'ἁρμονία τοῦ μέτρου, οὔτε τι ὑπεράγαν οὔτε τι ἐνδεῶς ἔχουσα'）.

35 'ταῦτα δὲ πάντα ἐς ἄλληλά τε παρὰ δόξαν ἐν μεταρσίῳ ἐναρμοσθέντα, ἔκ τε ἀλλήλων ᾐωρημένα καὶ μόνοις ἐνα- περειδόμενα τοῖς ἄγχιστα οὖσι, μίαν μὲν ἁρμονίαν ἐκπρεπεστάτην τοῦ ἔργου ποιοῦνται, οὐ παρέχονται δὲ τοῖς θεω- μένοις αὐτῶν τινι ἐμφιλοχωρεῖν ἐπὶ πολὺ τὴν ὄψιν, ἀλλὰ μεθέλκει τὸν ὀφθαλμὸν ἕκαστον, καὶ μεταβιβάζει ῥᾷστα ἐφ' ἑαυτό.' Procopius, Περικτισ（关于建筑的部分），I.i.47（罗布，第 7 册，第 20 页）。

36 弗里德兰德（Friedländer）（1912 年），与附有注解的希腊文本；有一个摘录本的英文翻译载：Mango，第 80-91 页。

37 参见摘录本的英文翻译：曼戈（Mango），第 96-102 页。

38 汉斯·泽德尔迈尔（Hans Sedlmayr），《第一个中世纪的建筑体系》（*Das erste mittelalterliche Architektursystem*），《艺术科学研究 II》（*Kunstwissenschaftliche Forschungen II*），1933 年，第 25-62 页，再版，载：泽德尔迈尔：《年代和作品》（*Epochen und Werke*），第 1 册，维也纳与慕尼黑，1959 年，第 80-193 页；克洛西摩（Krautheimer）（1965 年），第 149 页及之后。

39 参见格奥尔格·舍亚（Georg Scheja），《圣索菲亚大教堂和所罗门圣殿》 [*Hagia Sophia und Templum Salomonis*（《伊斯坦布尔通讯 第 12 期》*Istanbuler Mitteilungen 12*）]，1962 年，第 44-58 页，第 47 页部分。

40 舍亚（Scheja），第 53 页及之后。

41 参见理查德·克洛西摩（Richard Krautheimer），"一本'中世纪建筑图像志'介绍"（Introduction to 'an Iconography of Medieval Architecture'），《瓦尔堡和考陶尔德研究院学报 5 期》（*Journal of the Warburg ε Courtauld Institutes 5*），1942

年，第1页及之后。关于所罗门圣殿，参见冈特·班德曼（Gunter Bandmann），《百科全书·基督教图像志》（*Lexikon der christlichen Ikonographie*），第4册，第255栏及以后。

42 最重要的系统性原始材料收集：关于10世纪的，奥托·莱曼 - 布罗克豪斯（Otto Lehmann-Brockhaus），《10世纪艺术与写作资料》（*Die Kunst des X. Jahrhunderts im Lichte der Schriftquellen*），法国斯特拉斯堡（strasbourg），1935年；关于法国（11-13世纪），维克托·莫尔泰（Victor Mortet），《中世纪法国建筑历史和建筑师文丛》（*Recueil de textes relatifs à l'histoire de l'architecture et à la condition des architectes en France au moyen âge*），两册，巴黎1911与1929年；关于德国与意大利，奥托·莱曼 - 布罗克豪斯，《德国、洛林省和意大利之11、12世纪艺术历史写作资料》（*Schriftquellen zur Kunstgeschichte des 11. und 12. Jahrhunderts für Deutschland, Lothringen und Italien*），两册，柏林1938年（与建筑有关的原始材料，第1-535页）；关于英国，奥托·莱曼 - 布罗克豪斯，《901-1307年英格兰、威尔士和苏格兰艺术之拉丁文写作资料》（*Lateinische Schriftquellen zur Kunst in England, Wales und Schottland vom Jahre 90l bis zum Jahre 1307*），5册，慕尼黑1955-1960年。

43 *Chronica monasterii Cassinensis* [*Monumenta Germaniae Historica*, SS VII, 第551-844页；新版编辑哈特穆特·霍夫曼（Hartmut Hoffmann），载：*MGH, Scriptores* 34, 德国汉诺威（Hanover）1980年]；摘录见：朱利叶斯·冯·斯克劳瑟（Julius von Schlosser），*Quellenbuch zur Kunstgeschichte des abendländischen Mittelalters*，维也纳，1896年，第192-217页；莱曼 - 布罗克豪斯（1938年），第476页及之后，第681对开页；在英语译本中，有：伊丽莎白·吉尔摩·霍尔特（Elizabeth Gilmore Holt），《文献艺术史》（*A Documentary History of Art*），1册，花园城市出版社（Garden City），纽约，1957年，第8-17页。

44 斯克劳瑟（Schlosser）（1896年），第203页。

45 关于絮热（Suger）特别见欧文·帕诺夫斯基（Erwin Panofsky），《修士絮热——圣丹尼斯修道院与教堂及其艺术珍品》（*Abbot Suger. On the Abbey and Church of St. Denis and its Art Treasures*），普林斯顿（Princeton），1946年[第二版1979年，编辑格尔达·帕诺夫斯基 - 泽格尔（Gerda Panofsky-Soergel）]（附有原文及英语译文，从絮热的原始文本中摘选）。另见保罗·弗兰克尔（Paul Frankl），《哥特——贯穿八个世纪的文献资源及解释》（*The Gothic. Literary Sources and Interpretations through Eight Centuries*），普林斯顿，1960年，第3-24页。絮热的著作有：《神职授任》（*Ordinationes*）（1140/1141年），《神圣修道院圣丹尼斯之述》（*Libellus alter de consecratione ecclesiae Sancti Dionysii*）（1144-1146/1147年），和《修道院主持之述》（*Liber de rebus in administratione sua gestis*（1144-1149年）。

46 絮热（*Libellus alter de consecratione*），编辑，帕诺夫斯基（Panofsky），第90页。一个关于卡洛林时期（Carolingian）的圣丹尼斯修道院（Saint-Denis）巴西利卡的描述，时间从799年开始，包含有令人惊讶的精确图形与测稿，已出版:伯恩哈德·比朔夫（Bernhard Bischoff），"一个关于799年圣丹尼斯修道院巴西利卡的描述"（Eine Beschreibung der Basilika von Saint-Denis aus dem Jahre 799），《艺术编年史34》（*Kunstchronik 34*），1981年，第97-103页。

47 特别见克洛西摩（Krautheimer）（1942年），第10页及之后。

48 絮热（Suger）（*Liber de rebus in administratione*），编辑，帕诺夫斯基（Panofsky），第62页及之后。

49 参见斯克劳瑟（Schlosser），第18页。

50 威廉·斯塔布斯（William Stubbs），《坎特伯雷杰瓦士的历史著作》（*The Historical Works of Gervase of Canterbury*），2册，伦敦，1879-1880年（文字部分，第2册，第325-414页）；斯克劳瑟（Schlosser）（1896年），第252-265页；弗兰克尔（Frankl）（1960年），第24-35页；特雷莎·G·弗里施（Teresa G. Frisch），《哥特艺术1140- 约1450年》（*Gothic Art 1140-C. 1450*），新泽西州英格伍德·克里夫斯（Englewood Cliffs, N.J.），1971年，第14-23页（英文译本）。

51 卡尔·施纳赛（Carl Schnaase），《中世纪造型艺术史》（*Geschichte der bildenden Künste im Mittelalter*），第3册，德国杜塞尔多夫（Düsseldorf）1856年，第242页。

52 关于坎特伯雷大教堂（Canterbury Cathedral）的唱诗班席，见杰弗里·韦布（Geoffrey Webb），《不列颠建筑——中世纪》[*Architecture in Britain. The Middle Ages*（《鹈鹕艺术史》*The Pelican History of Art*）]，英国哈蒙兹沃斯（Harmondsworth），1956年，第72页及之后；彼得·德雷珀（Peter Draper），"法国桑斯的威廉和1175-1179年坎特伯雷大教堂唱诗班席终点之原创设计"（William of Sens and the original design of the choir termination of Canterbury Cathedral 1175-1179），《建筑史学家学报》第62期（*Journal of Architectural Historians XLII*），1983年，第238-248页。

53 'Nunc autem quae sit operis utriusque differentia dicendum est. Pilariorum igitur tam veterum quam novorum una forma est, una et grossitudo, sed longitudo dissimilis. Elongati sunt enim pilarii novi longitudine pedum fere duodecim. In capitellis veteribus opus erat planum, in novis sculptur subtilis...

Ibi murus super pilarios directus cruces a choro sequestrabat, hic vero nullo intersticio cruces a choro divisae in unam clavem quae in medio fornicis, magnae consistit, quae quatuor pilariis principalibus innititur, convenire videntur...' 斯克劳瑟（Schlosser）（1896年），第264页。

54 关于这一可能性，见施纳赛（Schnaase）（1856年），第245页。

55 希尔德加德·冯·宾根（Hildegard von Bingen）的工作完全包括在：J-P·米涅（J.-P. Migne），Patrologiae cursus completes, ser. lat. CXCVII, 巴黎，1882年[《圣职著述》（*Liber divinorum operum*, 739栏及以后）]；伊尔德方斯·赫威金（Ildefons Herwegen）['Ein mittelalterlicher Kanon des menschlichen Körpers', 《艺术科学宝库32》（*Repertorium für Kunstwissenschaft XXXLL*），1909年，第445对开页]第一次对希尔德加德的比例理论引起兴趣，但没有能够指出其与早期比例体系的任何联系。

56 'Nam longitudo staturae hominis latitudoque ipsius, brachiis et manibus aequaliter a pectore extensis, aequales sunt...'《圣职著述》（*Liber divinorum operum*），第 815 栏。

57 'quemadmodum etiam firmamentum aequalem longitudinem et habet...' 同上。

58 同上，第 815 栏。

59 意大利卢卡，市立图书馆（Lucca，Bibl. Governativa），抄本 1942（Codex 1942），对开本第 9 页右页和第 27 页左页（fol. 9r. and 27v.），参见赫伯特·范·艾内姆（Herbert von Einem），*Der Mainzer Kopf mit der Binde*（*Arbeitsgemeinschaft far Forschung des Landes NordrheinWestfalen, Geisteswiss.*，第 37 册），德国科隆与奥普拉登（Opladen），1955 年，第 25 对开页，图版 26、27。

60 法国兰斯，市立图书馆（Rheims，Bibl. Municipale），扫描件 672，对开页 I. 艾内姆（Einem），第 25 页，图版 28。

61 《圣职著述》（*Liber divinorum operum*），对开本第 845 对开页：'Sed et in spatio quod est inter finem gutteris et umbilicum aer designatur, qui de nubibus usque ad terram descendit... Anima enim ab altitudine coeli ad terrene descendens, hominem quem vivificat, sed a Deo creature esse intellegere facit, ipsaque aeri, qui inter coelum et terram medius videtur, assimilatur...'

62 艾内姆（Einem）（1955 年）和冈特·班德曼（Gunter Bandmann），'Zur Deutung des Mainzer Kopfes mit der Binde'，《艺术科学杂志 X》（*Zeitschrift für Kunstwissenschaft X*），1956 年，第 153-174 页。

63 肯尼斯·J·科南特（Kenneth J.Conant），"维特鲁威之后的中世纪"（The after-life of Vitruvius in the Middle Ages），《建筑史学家学报》，第 27 期（*Journal of the Society of Architectural Historians XXVII*），1968 年，第 33-38 页；海茨（Heitz）（1974 年），第 751 页。

64 《克雷莫纳地区主教西卡迪的礼冠，教堂的职责综述》（*Sicardi Cremonensis episcopi mitrale, sive de officiis ecclesiasticis summa*）[J-P·米涅（J.-P. Migne），Patrologiae ser. lat. ccxiii，1855 年；尤其见第一书 "论教堂建筑、装饰和构件"（De ecclesiae aedificatione, ornatu et utensilibus），第 13 栏及以后]；关于西卡德斯（Sicardus）参见保罗·格哈德·菲克尔（Paul Gerhard Ficker），《中世纪图像学之后主教西卡德斯的礼仪之含义》（*Der Mitralis des Sicardus nach seiner Bedeutung für die Ikonographie des Mittelalters*），莱比锡，1889 年。

65 在大量文献中与如下问题相关的部分应该被单独提出来：约瑟夫·绍尔（Josef Sauer），《中世纪观点下的宗教建筑及其构件之象征意义》（*Symbolik des Kirchengebäudes und seiner Ausstattung in der Auffassung des Mittelalter*），德国弗莱堡（Freiburg），第 2 版 1924 年；冈特·班德曼（Gunter Bandmann），《中世纪建筑作为一种意义的承载者》（*Mittelalterliche Architektur als Bedeutungsträger*），柏林，1951 年。

66 关于建筑象征的问题，特别见：冈特·班德曼（Gunter Bandmann），《建筑的形像象征》（*Ikonologie der Architektur*），《美学和一般艺术科学年鉴》（*Jahrbuch für Ästhetik und allgemeine Kunstwissenschaft*），1951 年，第 67-109 页（以同样标题再版为书，达姆施塔特，1969 年）。[译者注：Ikonologie 德文对译英文 Iconology，词根源於 Iconographia（希腊语，意指 "像之记述"），文艺复兴时代则指鉴定古代名人肖像画的画像论，经由 19 世纪天主教考古学之推进，随实证主义之兴，成美术史方法论之一，说明如何以形像来表现蕴含寓意、象征等主题之抽象观念。至 20 世纪，人们意识到图像学与图像解释学之不同，而加以区分。A.WARBURG 开启图像解释学的新纪元，其透过意大利文艺复兴美术之研究，不只处理图像问题，还意图解析使图像成立的背后的文化意义，此理念为其设立的 Warburg 研究所成员所承袭，帕诺夫斯基为成员之一]

67 欧文·帕诺夫斯基（Erwin Panofsky），"哥特建筑与繁琐哲学"（Gothic Architecture and Scholasticism，1951 年），克利夫兰-纽约（Cleveland-New York），1963 年；奥托·冯西姆森（Otto von Simson），《哥特建筑与中世纪柱式概念在哥特教堂中的起源》（*The Gothic Cathedral Origins of Gothic Architecture and the Medieval Concept of Order*），纽约，1956 年（德文版，达姆施塔特，1968 年；这一版本后面还会引用）。

68 参见西姆森（Simson），第 38 页。

69 奥古斯丁（Aurelius Augustinus），《自由意志论》（*De libero arbitrio*），载：J-P·米涅（J.-P. Migne），*Patrologiae, set. lat. xxxii*，1877 年，第 1263 栏[在这一册书中也包括了圣奥古斯丁有关美学问题的重要著作：《音乐论》（*De musica*）和《秩序论》（*De ordine*）]。

70 参见冯西姆森（Simson），第 44 页。

71 参见同上，第 45 页及之后。

72 阿拉努斯·艾伯·因苏里斯（Alanus ab Insulis），《论自然的悲哀》（*Liber de Planctu Naturae*），载：J-P·米涅（J.-P. Migne），*Patrologiae, set. lat. ccx*，1855 年，第 453 栏。数学的重要性，特别是几何的重要性，在早期基督教建筑中是由汉诺·阿恩（Hanno Hahn）在他关于埃伯巴赫修道院（Abbey Eberbach）的论著中建立起来的，约 1145-1186 年[《西多修会的早期教堂》（*Die frühe Kirchenbaukunst der Zisterzienser*），柏林，1957 年，第 66 页及之后，73 页及之后]。

73 参见冯西姆森，第 56 页；乔基姆·高斯（Joachim Gaus），"世界建筑大师和建筑师"（Weltbaumeister und Architekt），在君特·宾丁（Günter Binding）（编辑）的，《中世纪建筑经营与建筑财务论文集》（*Beiträge über Bauführung und Baufinanzierung im Mittelalter*），科隆，1974 年，第 38-67 页。

74 参见冯西姆森（Simson），第 56 页。

75 关于《巨镜》（*Speculum majus*）中课题内容的分类，由埃米尔·马莱（Emile Mâle）在他内容充实的著作中做出，*L'art religieux du XIII\u1D49 siècle en France*，巴黎，1924 年[英语版本所使用的是：《哥特式的象征——13 世纪法国的宗教艺术》（*The Gothic Image. Religious Art in France of the Thirteenth Century*），纽约，1958 年]。

76 特别见阿奇列·佩利扎里（Achille Pellizzari），*I trattati attorno le arti figurative*，第 1 册，那不勒斯（Naples），1915

年，第 371 页及之后，及第 435 页，见《论镜》（*Speculum doctrinale*）第六书的目录，其中的引言可以追溯到维特鲁威。

77　例如，圣托马斯·阿奎纳（St. Thomas Aquinas），显示出不具有有关维特鲁威文本方面的直接知识。在 *De regimine principium* 中他错误地称之为维戈蒂斯（Vegetius）；参见 W·A·伊登（W.A.Eden），"圣托马斯·阿奎纳与维特鲁威"（St Thomas Aquinas and Vitruvius），《中世纪与文艺复兴研究》[*Mediaeval and Renaissance Studies*，瓦尔堡学院（Warburg Institute）]，第二册，1950 年，第 183-185 页。

78　特别如保罗·弗兰克尔（Paul Frankl）所言（1960 年），第 103 页；"如果一个人问起关于哥特时代的建筑美学著作，那么一定是那个荒谬的回答：维特鲁威。"

79　主要的版本仍然是汉斯·R·哈鲁泽尔（Hans R. Hahnloser），《维拉德·德·赫纳克特———一部重要的建筑文集》（*Villard de Honnecourt. Kritische Gesamtausgabe des Bauhü-ttenbuches*），巴黎国家图书馆扫描件第 19093 帧（ms. fr. 19093 der Pariser Nationalbibliothek），维也纳，1935 年[第二次增补的版本，奥地利格拉茨（Graz），1972 年]；J·B·A·拉叙斯（J.B.A.Lassus），《维拉德·德·赫纳克特文集》（*Album de Villard de Honnecourt*），巴黎，1968 年；西奥多·鲍伊（Theodore Bowie），《维拉德·德·赫纳克特随笔集》（*The Sketchbook of Villard de Honnecourt*），纽约，1959 年，1962 年第 2 版（附有英文译本）。从更宽泛的关于维拉德的文学方面看，下面的内容应该提到：弗兰克尔（Frankl）（1960 年），第 35-54 页；R·W·舍勒（R.W.Scheller），《关于中世纪范本书概述》（*A Survey of Medieval Model Books*），哈勒姆（Haarlem），1963 年，第 88-94 页；弗朗索瓦·布赫（François Bucher），《建筑家——中世纪建筑师文丛与速写集》（*Architector. The Lodge Books and Sketchbooks of Medieval Architects*），第 1 册，纽约，1979，第 15 页及之后。（这一册在一些页中包含了一个完整的附有注解的图以及一个传记与书目）；科德·梅克泽佩尔（Cord Meckseper），'über die Fünfeckkonstruktion bei Villard de Honnecourt und im späten Mittelalter'，《建筑 13》（*Architectura 13*），1983 年，第 31-34 页；小卡尔·F·巴尔内斯（Carl F. Barnes, Jr.），《维拉德·德·赫纳克特——艺术家与他的绘画，一个重要书目》（*Villard de Honnecourt. The Artist and His Drawings. A Critical Bibliography*），马萨诸塞州波士顿，1982 年；《"修士絮热与圣丹尼斯"研讨会论文集》（*Proceedings of the symposium 'Abbot Suger and St Denis'*），大都会艺术博物馆（Metrpolitan Museum of Art，1981 年），纽约，1986 年。

80　哈鲁泽尔（Hahnloser）（1935 年），第 241 页。

81　'Wilars de Honecort vous salue, et sie proie a tos ceus qui ces engiens ouverront con trovera en cest livre quil por s'arme et quil lor soviegne de lui. Car en cest livre puet on trover gran consel de la grant force de maçonerie et des engiens de carpenterie et si troverez le force de le portraiture, les trais ensi comme li ars de iometrie le commans et enseigne.' Album de Villard de Honnecourt，版本，J·拉叙斯（J.B.A. Lassus），巴黎，1968 年，第 61 页。

82　哈鲁泽尔（Hahnloser）（1935 年），第 241 页。

83　因而见弗兰克尔（Frankl）（1960 年），第 37 页。

84　哈鲁泽尔（Hahnloser），第 257 页；卡尔·拉赫曼（Carl Lachmann），《几何测绘文稿》（*Gromatici Veteres*），柏林，1848 年；关于中世纪 "几何测绘文稿"（Gromatici veteres）的传统，见詹贾科莫·马丁内斯（Giangiacomo Martines），"从古代至中世纪的几何测绘文稿"（Gromatici Veteres tra antichit e medioevo），《艺术历史研究 3》（*Ricerche di Storia dell' Arte 3*），1976 年，第 3-23 页。

85　'Ci comence li force des trais de portraiture si con li ars de iometrie les enseigne por legierement ovrer...' 《维拉德·德·赫纳克特文集》（*Album de Villard de Honnecourt*），第 139 页。

86　参见欧文·帕诺夫斯基（Erwin Panofsky），"比例学作为一种绘画风格发展的演进"（Die Entwicklung der Proportionslehre als Abbild der Stilentwicklung），《艺术科学每月笔记 XIV 期》（*Monatshefte für Kunstwissenschaft XIV*），1921 年，第 188-219 页；再版，载：帕诺夫斯基（Panofsky），《论艺术科学基本问题》（*Aufsätze zu Grundfragen der Kunstwissenschaft*），柏林，1964 年，特别见第 183 对开页。
　　维拉德关于比例问题部分，另见尼古拉斯·斯派克（Nikolaus Speich），"人体比例学"（Die Proportionslehre des menschlichen Körpers），论文，苏黎世，1957 年，第 121 页及之后。

87　帕诺夫斯基（Panofsky）（1964 年），第 184 页，另第 48、49 页。

88　'Vesci une glise desquarie ki fu esgardee a faire en lordene di Cistiaux'，《维拉德·德·赫纳克特文集》（*Album de Villard de Honnecourt*），第 113 页。

89　但是华尔特·尤伯瓦瑟（Walter Ueberwasser)['Nach rechtem Maβ'，《普鲁士艺术文集年鉴 56》（*Jahrbuch der Preussischen Kunstsammlungen 56*），1935 年，第 259 页及之后]显示有可能平面是由方块形附加而成的，如维拉德的图中所绘拉昂大教堂（Laon Cathedral）平面中的一座塔所证明的。

90　特别见卡尔·海德洛夫（Carl Heideloff），《中世纪德国建筑工匠》（*Die Bauhütte des Mittelalters in Deutschland*），纽伦堡，1844 年；费迪南德·亚纳（Ferdinand Janner），《德国中世纪建筑工匠》（*Die Bauhütten des deutschen Mittelalters*），莱比锡，1876 年；皮埃尔·迪·科隆比耶（Pierre Du Colombier），*Les chantiers des cathédrales*，巴黎，1953 年，（第二版，1973 年）；弗兰克尔（Frankl）（1960），第 110 页及之后。

91　特别见保罗·弗兰克尔（Paul Frankl），"中世纪工匠的秘密"（The Secret of Mediaeval Masons），《艺术手册》第 27 辑（*The Art Bulletin 27*），1945 年，第 46 页及之后；弗兰克尔（Frankl），第 48 页及之后。

92　关于这一问题，在较早的文学中有过热烈的讨论，特别见尤伯瓦瑟（Ueberwasser）（1935 年），第 250-272 页；作者同上，"论重新审视哥特式的建造规律"（Beiträge zur Wiedererkenntnis gotischer Bau-Gesetzmäβigkeiten），《艺术历史杂志 8》

（*Zeitschrift für Kunstgeschichte* 8），1939 年，第 303-309 页；特别具有说服力的是由詹姆斯·S·阿克曼（James S. Ackermann）以米兰大教堂的门房为基础的讨论文章，'Ars sine scientia nihil est. Gothic Theory of Architecture at the Cathedral of Milan'，《艺术手册》第 31 辑（The Art Bulletin 31），1949 年，第 84-111 页；一个易于理解的文字是由康拉德·黑希特（Konrad Hecht）所写的，"哥特建筑中的度量与数字"（Maβ und Zahl in der gotischen Baukunst），*Abhandlungen der braunschweigischen Wissenschaftlichen Gesellschaft*，XXI，1969 年，第 215-326 页；XXII，1970 年，第 105-263 页；XXII，1971 年，第 25-263 页（由希尔德斯海姆 - 纽约以书的形式出版，1979 年）。

93　特别见尤伯瓦瑟（Ueberwasser）（1935 年）；阿克曼（Ackermann）（1949）；黑希特（Hecht）（1969 年，特别是 1970 年，第 137 页及之后）。

94　关于这些石匠著作中的知识的总的情况，参见保罗·博茨（Paul Booz），《哥特建筑师》（*Der Baumeister der Gotik*），慕尼黑，1956 年；弗兰克尔（Frankl）（1960 年），第 144 页及之后；埃尔克·韦伯（Elke Weber），"砖石工匠与建筑式样则例"（Steinmetzbücher-Architekturmusterbücher），载：君特·宾丁（Günter Binding）和诺伯特·努斯鲍姆（Norbert Nussbaum）（编辑），《中世纪阿尔卑斯山北部建筑事务的当代解读》（*Der mittelalterliche Baubetrieb nördlich der Alpen in zeitgenössischen Darstellungen*），达姆施塔特，1978 年，第 22-42 页；安内利斯·泽利格 - 蔡司（Anneliese Seeliger-Zeiss），"研究 1516 年劳仑兹·莱切尔的砖石工艺之书"（Studien zum Steinmetzbuch des Lorenz Lochler von 1516），《建筑 12》（*Architectura 12*），1982 年，第 125-150 页；休伯特斯·贡特尔（Hubertus Günther）（编辑），《从哥特至文艺复兴的德国建筑理论》（*Deutsche Architekturtheorie zwischen Gotik und Renaissance*），达姆施塔特，1988 年，第 31 页及之后；乌尔里希·克嫩（Ulrich Coenen），《作为一篇中世纪建筑理论的德国晚期哥特工匠书籍》（*Die spätgotischen Werkmeisterbücher in Deutschland als Beitrag zur mittelalerlichen Architekturtheorie*），论文，德国亚琛（Aachen），1989 年。

95　仍然只有库尔特·雷思（Kurt Rathe）的一个总的看法，"一本晚期哥特建筑式样则例附图例拼接"（Eine Architektur-Musterbuch des Spätgotik mit graphischen Einklebungen），《维也纳国家图书馆年鉴》（*Festschrift der Nationalbibliothek Wien*），维也纳，1926 年，第 667-692；但是，特别见弗兰克尔（Frankl）（1960 年），第 145 页及之后；有关较晚时期的[最早从 15 世纪末开始（from the end of the fifteenth century at the earliest）]，见埃尔克·韦伯（Elke Weber）（1978 年），第 25 页。

96　由海德洛夫（Carl Heideloff）出版（1844 年），第 95-99 页；参见弗兰克尔（Frankl），第 147 页部分。

97　马特豪斯·罗力泽（Matthäus Roriczer），《正确的塔尖营造手册》（*Das Büchlein von der Fialen Gerechtigkeit*）和《德国几何学》（*Die Geometria Deutsch*），影印版由费迪南多·格尔德纳（Ferdinand Geldner）编辑，威斯巴登（Wiesbaden），1965 年；附有由朗·R·谢尔比（Lon R.Shelby）所作的注释与英语译文文本，《哥特式设计技术——马特斯·罗力泽和汉斯·舒姆特梅耶的 15 世纪设计手册》（*Gothic Design Techniques. The Fifteenth Century Design Booklets of Mathes Roriczer and Hanns Schmuttermayer*），伦敦 - 阿姆斯特丹，1977 年[并见沃纳·穆勒（Werner Müller）所作的评论，载：《建筑 8》（*Architectura 8*），1978 年，第 190-193 页]。

98　影印文本，编辑格尔德纳（Geldner）（1965 年）；附有由谢尔比（Shelby）所作的注释与英语译文文本（1977 年）。

99　由谢尔比（Shelby）所作的注释与英语译文文本（1977 年）。

100　奥古斯特·莱欣斯伯格（August Reichensperger）出版，《基督教艺术选编》（*Vermischte Schriften über christliche Kunst*），莱比锡，1856 年，第 133-155 页；参见朗·R·谢尔比（Lon R.Shelby）和罗伯特·马克（Robert Mark），"劳仑兹·莱切尔的'指南'中的晚期哥特式结构设计"（Late Gothic Structural Design in the 'Instructions' of Lorenz Lecher），《建筑 9》（*Architectura 9*），1979 年，第 113-131 页；安内利斯·泽利格 - 蔡司（Anneliese Seeliger-Zeiss），"研究 1516 年劳仑兹·莱切尔的砖石工艺之书"（Studien zum Steinmetzbuch des Lorenz Lechler von 1516），《建筑 12》（*Architectura 12*），1982，第 125-150 页。

关于莱切尔的建筑作品，见安内利斯·泽利格 - 蔡司，*Lorenz Lechler von Heidelberg und sein Umkreis*，海德堡（Heidelberg），1967 年。

101　引自莱欣斯伯格（Reichensperger）（1856 年），第 133 页。

102　弗朗索瓦·布赫（François Bucher），《建筑家——中世纪建筑师文丛与速写集》（*Architector. The Lodge Books and Sketchbooks of Medieval Architects*），第 1 册，纽约，1979 年，第 375 页及之后。

103　另见最近 Städelsches 艺术学院（Städelsches Kunstinstitut）以大师 W. G.（1572 年）名义出版的工匠书籍，德国法兰克福（Frankfurt）：其中没有文字，只有剖面与图版。其中 222 件设计作品中的大多数是后期哥特时期的穹隆，明显是以 15 世纪后期的模式为基础的，参见埃尔克·韦伯（Elke Weber）（1978 年），第 26 页及之后。埃尔克·韦伯，《美因茨法兰克福 Städelsches 艺术学院 WG 1972 年砖石工艺之书》（*Das Steinmetz buch WG 1972 im Städelschen Kunstinstitut zu Frankfurt am Main*）[《科隆大学艺术历史学院修道院建筑第 15 版》（*15. Veröffentlichung der Abt Architektur des Kunsthistorischen Instituts der Universitat Köln*）]，科隆 1979 年；弗朗索瓦·布赫（François Bucher）（1979 年），第 195 页及之后。

104　尤伯瓦瑟（Ueberwasser）（1935 年）。

105　牛津大学图书馆，Auct. F. 5. 7；参见卢西卡·A·夏伯尼（Lucia A.Ciapponi），"早期人文主义中的维特鲁威的'论建筑'（Il "De Architectura" di Vitruvio nel primo umanesimo）（引自牛津大学图书馆的影印件 Auct. F. 5.7）"，《意大利中世纪和人文主义 III》（*Italia medioevale e umanistica III*），1960 年，第 73 页及之后；克林斯基（Krinsky）（1967 年），对开本第 52 页。

106　参见夏伯尼（Ciapponi），第 83 页及之后。

107 塞尼诺·塞尼尼（Cennino Cennini），《论艺术》（*Il libro dell'arte*），编辑里希斯科·马加尼亚托（Licisco Magagnato），意大利维琴察（Vicenza），1971年，对开本第81页；尼古拉斯·斯派克（Nikolaus Speich），"人体比例学"（Die Proportionslehre des menschlichen Körpers），论文，苏黎世，1957年，第130页及之后，塞尼尼（Cennini）与维拉德·德·赫纳克特（Villard de Honnecourt）中世纪传统建立了联系。

108 菲利普·维拉尼（Filippo Villani），*De origine civitatis Florentiae*；有关维拉尼对于维特鲁威的知识主要观点，见卡尔·福雷（Carl Frey），《Magliabechiano 抄本》（*Il Codice Magliabechiano*），cl. XVII 17，柏林，1892年，对开本第33页。

109 赫伯特·考克（Herbert Koch），《永恒的维特鲁威》（Vom Nachleben Vitruv），巴登-巴登，1951年，第15页注释18；夏伯尼（Ciapponi）（1960年），第98页。

110 见手稿副本目录：克林斯基（Krinsky）（1967年）和曼弗雷多·塔夫里（Manfredo Tafuri）：《论文艺复兴建筑》（*Scritti Rinascimentali di architettura*），米兰，1978年，第393页。

111 参见汉诺-沃尔特·克鲁夫特（Hanno-Walter Kruft）与马格内·马尔曼格（Magne Malmanger），"那不勒斯阿方索凯旋门——纪念碑及其政治意义"（Der Triumphbogen Alfonsos in Neapel. Das Monument und seine politische Bedeutung），《考古与艺术历史学报 VI》（*Acta ad Archaeologiam et Artium Historiam Pertinentia VI*），1974年，第262页。

112 罗马教皇庇护二世，《手记》（*I commentarii*），意大利文译本朱塞佩·贝内蒂（Giuseppe Benetti），第3册（I Classici Cristiani no. 222），锡耶纳（Siena），1973年，第227页。

113 参见 *Lorenzo Ghiberti's Denlewürdigkeiten*，朱利叶斯·冯·斯克劳瑟（Julius von Schlosser）编辑，2册，柏林，1912年；理查德·克洛西摩（Richard Krautheimer）和特鲁德·克洛西摩（Trude Krautheimer）：《洛伦佐·吉伯蒂》（*Lorenzo Ghiberti*，1956年），普林斯顿，1970年第2版，特别见第306页及之后。

114 洛伦佐·吉伯蒂（Lorenzo Ghiberti）在他的《笔记》（*Commentarii*）的第二书的结尾部分写道："我们将写一篇建筑学的论文并且写好它。"（Faremo un trattato d'architettura e tratteremo d'essa materia）参见展会书目《洛伦佐·吉伯蒂——事实和理由》（*Lorenzo Ghiberti. Materia e ragionamenti*），学会博物馆和圣马克博物馆（Museo dell'Accademia e Museo di San Marco），佛罗伦萨，1978年，第452页及之后。

115 参见古斯提纳·斯卡利亚（Gustina Scaglia），"一个维特鲁威译本和伯纳克索·吉伯蒂的杂记中的近古绘画摹本"（A Translation of Vitruvius and Copies of Late Antique Drawings in Buonaccorso Ghiberti's Zibaldone），《美国哲学社会学报》，第69期（*Transactions of the American Philosophical Society 69*），第一部分，1979年。

116 这一译文构成了伯纳克索·吉伯蒂（Buonaccorso Ghiberti）的"杂记"（Zibaldone）的其中一部分（佛罗伦萨国家图书馆，抄本 Banco Rari 228）。这个文本现在由斯卡利亚（Scaglia）出版（1979年），第19-30页。

117 参见皮耶罗·莫尔塞利（Piero Morselli），"吉伯蒂的圣人斯蒂芬纳斯之比例：维特鲁威的《论建筑》和阿尔伯蒂的《论雕塑》"（'The Proportions of Ghiberti's Saint Stephen: Vitruvius's De architectura and Alberti's De statua'），《艺术手册》第60辑（*The Art Bulletin LX*），1978年，第235-241页。

118 关于将建筑描述为一个"结构艺术"（ars mechanica)[以拉昂大教堂（Laon Cathedral）为例]，见约亨·克罗加格（Jochen Kronjäger），《著名的希腊和罗马作为沉思和艺术自由的范例在2至14世纪绘画领域》（*Berühmte Griechen und Römer als Begleiter der Musen und der Artes Liberales in Bildzyklen des 2. bis 14. Jahrhunderts*），论文，马尔堡（Marburg），1973年，第27页及之后与第35页及之后。

第三章注释

1 有关阿尔伯蒂最重要的传记仍然是：基罗拉莫·曼奇尼（Girolamo Mancini），《莱昂·巴蒂斯塔·阿尔伯蒂传》（*Vita di Leon Battista Alberti*），罗马，1911年（影印再版，罗马1971年）；迄今所说的匿名传记现在被认为是阿尔伯蒂自己所写的：里卡尔多·富比尼（Riccardo Fubini）与安娜·M 加洛里尼（Anna M.Gallorini），"莱昂·巴蒂斯塔·阿尔伯蒂传记作者：研究和版本"（L'autobiografia di Leon Battista Alberti: studio e edizione），《文艺复兴 XII》（*Rinascimento XII*），1972年，第21-78页。有关其作品新的描述见，琼·加多尔（Joan Gadol），《莱昂·巴蒂斯塔·阿尔伯蒂——文艺复兴初期的巨匠》（*Leon Battista Alberti. Universal Man of the Early Renaissance*），芝加哥-伦敦，1969年（1973年第二版）；弗朗哥·博尔西（Franco Borsi），《莱昂·巴蒂斯塔·阿尔伯蒂》（*Leon Battista Alberti*），米兰，1975年。

2 关于时间特别见塞希尔·格雷森（Cecil Grayson），"莱昂·巴蒂斯塔·阿尔伯蒂的'10卷本建筑论'"（The composition of L. B. Alberti's "Decem libri de re aedificatoria"），《慕尼黑造型艺术年鉴》（*Münchner Jahrbuch der bildenden Kunst*），第3系列 XI，1960年，第152-161页。

3 参见例如伊雷妮·贝恩（Irene Behn），《莱昂·巴蒂斯塔·阿尔伯蒂之于艺术哲学》（*Leone Battista Alberti als Kunstphilosoph*），斯特拉斯堡，1911年；维利·弗莱明（Willi Flemming），《莱昂·巴蒂斯塔·阿尔伯蒂对现代美学和艺术科学的奠基》（*Die Begründung der modernen Ästhetik und Kunstwissenschaft durch Leon Battista Alberti*），莱比锡-柏林，1916年[在这里一种假冒的新康德主义（a pseudo-neo-Kantianism）给了人们一个完全扭曲的有关阿尔伯蒂的观点]；P·H·米歇尔（P.H.Michel），《莱昂·巴蒂斯塔·阿尔伯蒂的思想》（*La pensée de L. B. Alberti*），巴黎，1930年；马里亚·路易莎·珍加罗（Maria Luisa Gengaro），《莱昂·巴蒂斯塔·阿尔伯蒂的理论和建筑》（*L. B. Alberti teorico e architetto*），米兰，1939年；冈特·赫尔曼（Gunter Hellmann），"莱昂·巴蒂斯塔·阿尔伯蒂艺术理论写作术语研究"（Studien zur Terminologie der kunsttheoretischen Schriften Leone Battista Albertis），论文，手稿，科隆，1955年；扬·比亚沃斯托茨基

（Jan Bialostocki），"美的力量，莱昂·巴蒂斯塔·阿尔伯蒂的乌托邦理想"（The Power of Beauty, A Utopian Idea of Leone Battista Alberti），《塔斯干艺术研究，路德维希·H·海登里希纪念文集》（*Studien zur toskanischen Kunst. Festschrift Ludwig H. Heydenreich*），慕尼黑，1964 年，第 13-19 页；约翰·奥奈恩斯（John Onians），"阿尔伯蒂与菲拉雷特"（Alberti and Filarete），《瓦尔堡和考陶尔德研究院学报 XXXIV 期》（*Journal of the Warburg and Courtauld Institutes* XXXIV），1971 年，第 96 页及以后。欧金尼奥·巴蒂斯蒂（Eugenio Battisti），'Il metodo progettuale secondo il "De Re Aedificatoria" di Leon Battista Alberti'，载：《莱昂·巴蒂斯塔·阿尔伯蒂的曼图亚的圣安德里亚教堂，研究会论文集……》（*Ii Sant'Andrea di Mantova e Leon Battista Alberti, Atti del convegno di studi...*），曼图亚，1972 年（1974 年），第 131-156 页；罗饶·福伊尔-托特（Rozsa Feuer-Tóth），'The "apertionum ornamenta" of Alberti and the Architecture of Brunelleschi'），《匈牙利历史艺术科学研究院文集 XXIV》（*Acta Historiae Atrium Academiae Scientiarum Hungaricae* XXIV），1978 年，第 147-152 页；理查德·托宾（Richard Tobin），《莱昂·巴蒂斯塔·阿尔伯蒂：在艺术论文方面的古代素材与结构》（*Leon Battista Alberti: Ancient Sources and Structure in the Treatises on Art*），论文，美国宾州布林茅尔学院（Bryn Mawr College），1979 年（与古典修辞学的重要联系）。

4　关于由阿尔伯蒂所引证的希腊与拉丁作者的概要，参见曼奇尼（Mancini）（1911 年），对开本第 355 页。

5　在鲁道夫·威特克沃（Rudolf Wittkower）看来，阿尔伯蒂的理论十分接近教条性的特色[《人文主义时期的建筑原理》（*Architectural Principles in the Age of Humanism*），伦敦，1949 年，1962 年第 3 次印刷]；赫尔姆特·劳仑兹（Hellmut Lorenz），《莱昂·巴蒂斯塔·阿尔伯蒂的建筑建构和建筑理论著作研究》（*Studien zum architektonischen und architekturtheoretischen Werk L. B. Albertis*），论文，手稿，1971 年，维也纳）强调了阿尔伯蒂论文的非教条性质（第 197 页及以后）；海因里希·克洛茨（Heinrich Klotz）也对威特克沃所说的教条论提出了异议，"莱昂·巴蒂斯塔·阿尔伯蒂的《建筑论》在理论和实践中"（L. B. Alberti's "De re aedificatoria" in Theorie und Praxis），《艺术历史杂志 32》（*Zeitschrift für Kunstgeschichte 32*），1969 年，第 93-103 页。弗朗索瓦丝·肖艾（Françoise Choay)[《规则与范例：关于建筑和城市城市规划的理论》（La règle et le modèle. Sur la théorie de l'architecture et de l'urbanisme），巴黎，1980 年]提出了揭示阿尔伯蒂整个规则的解释；她将现代语言学与符号学的概念应用在对阿尔伯蒂的研究上，这在方法论上是令人质疑的。海纳·米尔曼（Heiner Mühlmann)[《文艺复兴的美学理论——莱昂·巴蒂斯塔·阿尔伯蒂》（*Ästhetische Theorie der Renaissance. Leon Battista Alberti*），波恩，1981 年]在考虑将阿尔伯蒂放在文艺复兴美学理论的上下文背景中时，运用了后启蒙运动时代（post-Enlightement）的一些概念与方法。

6　劳仑兹（Lorenz）（1971 年），第 8 页。

7　特别参见理查德·克洛西摩（Richard Krautheimer），"阿尔伯蒂和维特鲁威"（Alberti and Vitruvius），见《西方艺术研究》（*Studies in Western Art*），第 2 集，普林斯顿，新泽西，1963 年，第 42-52 页；再版，理查德·克洛西摩，《基督教早期，中世纪，与文艺复兴时期艺术研究》（*Studies in Early Christian, Medieval, and Renaissance Art*），纽约—伦敦，1969 年，第 323-332 页。

8　阿尔伯蒂，《建筑十书》（*The Ten Books on Architecture*），第六书，第一章；翻译：詹姆斯·列奥尼（James Leoni），编辑，约瑟夫·里克瓦特（Joseph Rykwert），伦敦，1955 年，第 112 页。'Nihil usquam erat antiquorum operum, in quo aliqua laus elucesceret, quin ilico ex eo pervestigarem, siquid possem perdiscere. Ergo rimari omnia, considerate, metiri, lineamentis picturae colligere nusquam intermittebam, quoad funditus, quid quisque attulisset ingenii aut artis, prehenderem atque pernoscerem; eoque pacto scribendi laborem levabam discendi cupiditate atque voluptate.'《建筑论》（*De re aedificatoria*），版本，乔万尼·奥兰迪（Giovanni Orlandi），两册，米兰，1969 年，第 2 册，第 443 页。

9　同上，版本，里克瓦特（Rykwert），第 3 页：'Namque dolebam quidem tam multa tamque praeclarissima scriptorum monumenta interisse temporum hominumque iniuria, ut vix unum ex tanto naufragio Vitruvium superstitem haberemus, scriptorem procul dubio instructissimum, sed ita affectum tempestate atque lacerum, ut multis locis multa desint et multis plurima desideres. Accedebat quod ista tradidisset non culta: sic enim loquebatur, ut Latini Graecum videri voluisse, Graeci locutum Latine vaticinentur；res autem ipsa in sese porrigenda neque Latinum neque Graecum fuisse testetur, ut par sit non scripsisse hunc nobis, qui ita scripserit, ut non intelligamus.' 版本，奥兰迪，第 2 册，第 441 页。

10　同上，前言，第 9 页；版本，里克瓦特（Rykwert），'Quales autem hae sint ates, non est ut prosequar: in promptu enim sunt；verum si repetas, ex omni maximarum artium numero nullam penitus invenies, quae non spretis reliquis suos quosdam et proprios fines petat et contempletur. Aut si tandem comperias ullam, quae, cum huiusmodi sit, ut ea carere nullo pacto possis, tum et de se utilitatem voluptati dignitatique coniunctam praestet, meo iudicio ab earum numero excludendam esse non duces architecturam: nanque ea quidem, siquid rem diligentius pensitaris, et publice et privatim commodissima et vehementer gratissima generi hominum est dignitateque inter primas non postrema.' 版本，奥兰迪，第 1 册，第 7 页。

11　同上；版本，里克瓦特（Rykwert），前言，第 9 页，'Non enim tignarium adducam fabrum, quem tu summis caeterarum disciplinarum viris compares: fabri enim manus architecto pro instrumento est. Architectum ego bunc fore constituam, qui certa admirabilique ratione et via tum mente animoque diffinire tum et opere absolvere didicerit, quaecunque ex ponderum motu corporumque compactione et coagmentatione dignissimis hominum usibus bellissime commodentur.' 版本，奥兰迪，同上。

12　同上；版本，里克瓦特（Rykwert），前言，第 10 页，'Demum hoc sit ad rem, stabilitatem dignitatem decusque rei publicae plurimum debere architecto, qui quidem efficiat, ut in ocio cum amoenitate festivitate salubritate, in negocio cum emolumento rerumque incremento, in utrisque sine periculo et cum dignitate versemur.' 版本，奥兰迪，第一册，第 13 页。

13 同上。

14 参见克洛西摩（Krautheimer）（1963 年）关于维特鲁威与阿尔伯蒂之间解释结构的比较。

15 参见克洛西摩（Krautheimer），前面引用的书（1963 年）。

16 阿尔伯蒂，第一书，第 1 章；版本，里克瓦特（Rykwert），第 2 页。'Haec cum ita sint, erit ergo lineamentum certa constansque perscriptio concepta animo, facta lineis et angulis perfectaque animo et ingenio erudito.' 版本，奥兰迪，第一册，第 21 页。

17 阿尔伯蒂，第一书，第 2 章。

18 爱德华·罗伯特·德·祖尔克（Edward Robert De Zurko）的尝试["阿尔伯蒂的形式与功能理论"（Alberti's Theory of Form and Function'），《艺术手册》第 39 卷（*The Art Bulletin XXXIX*），1957 年，第 142-145 页]将阿尔伯蒂看作是一位功能主义者的观点，必须十分慎重；德·祖尔克是依据詹姆斯·列奥尼（James Leoni）1715 年的英语译本进行研究的，这本书是从启蒙运动的角度来观察阿尔伯蒂的（在阅读这里引出的摘录时，应该记住这一点）。

19 阿尔伯蒂，第一书，第 9 章；版本，里克瓦特（Rykwert），第 13 页。'ac veluti in animante membra membris, ita in aedificio partes partibus respondeant condecet.' 版本，奥兰迪，第 1 册，第 65 页。

20 同上；版本，里克瓦特（Rykwert），同上。'Erit ergo eiusmodi, ut membrorum in ea nihilo plus desideretur, quam quod adsit, et nihil, quod adsit, ulla ex parte improbeteur.' 版本，奥兰迪，第 1 册，第 67 页。

21 同上；版本，里克瓦特（Rykwert），第 14 页。'ne in id vitium incidas, ut fecisse monstrum imparibus aut humeris aut lateribus videare.' 版本，奥兰迪，第 1 册，第 69 页。

22 关于"变化"（Varietas）的概念，参见马丁·戈泽布鲁赫（Martin Gosebruch），"'变化'与阿尔伯蒂及科学的文艺复兴概念"（"Varietas" bei Alberti und der wissenschaftliche Renaissancebegriff），《艺术历史杂志 20》（*Zeitschrift für Kunstgeschichte XX*），1957 年，第 229-238 页。

23 阿尔伯蒂，第一书，第 9 章；版本，里克瓦特（Rykwert），第 13 页。'Et cedant ea quidem inter se membra mutuo oportet ad communem totius operis laudem et gratiam...' 版本，奥兰迪，第 1 册，第 67 页。这里读到的对于理解阿尔伯蒂的立场的关键原文句子：'Condimentum quidem gratiae est omni in re varietas, si compacta et conformata sit mutua inter se distantium rerum parilitate.' 版本，奥兰迪，第 1 册，第 69 页。

24 同上；版本，里克瓦特（Rykwert），第 14 页。'sed quo inde admoniti novis nos proferendis inventis contendamus parem illis maioremve, si queat, fructum laudis assequi.' 版本，奥兰迪，第 1 册，第 69 页。

25 同上，第一书，第 10 章，版本，里克瓦特（Rykwert），第 15 页。'dicendum sit, quando ipsi ordines columnarum haud aliud sunt quam pluribus in locis perfixus adaptertusque paries.' 版本，奥兰迪，第 1 册，第 70 页。

26 阿尔伯蒂[第一书，第 10 章，版本，奥兰迪（Orlandi），第一册，第 73 页]谈到了 'columnae quadrangulae'，也就是（方形）柱子，这证明了在一定的范围内才存在圆柱（column）与方柱（pillar）的系统分别。但是，在第六书的第 6 章中，阿尔伯蒂强调了圆柱与方柱的分别，但这种分别在他的文本中可以是没有最后结论的。

27 威特克沃（Wittkower）（版本，1962 年），第 34 页及以后。1

28 克洛茨（Klotz）（1969 年），第 99 页及以后。

29 阿尔伯蒂，第三书，第 6 章（奥兰迪，第 194 页及以后）。特别参见福伊尔-托特（Feuer-Tóth）（1978 年），第 148 页部分。

30 阿尔伯蒂，第六书，第 13 章（奥兰迪，第 502 页部分）。

31 阿尔伯蒂，第四书，第 1 章。

32 同上；版本，里克瓦特（Rykwert），第 65 页。'Sed cum aedificiorum circumspicimus copiam et varietatem, facile intelligimus non tantum hos esse ad usus omnia, neque borum tantum aut illorum gratia comparata, sed pro hominum varietate in primis fieri, ut habeamus opera varia et multiplicia. Quod si aedificiorum genera et generum ipsorum partes satis, uti instituimus, annotasse voluerimus, omnis investigandi ratio nobis hinc captanda sit atque inchoanda, ut homines, quorum causa constent aedificia, et quorum ex usu varientur, accuratius consideremus quid inter se differant, quo inde singula clarius recognita distinctius pertractentur.' 版本，奥兰迪，第 1 册，第 265 页。

33 参见德·祖尔克（De Zurko）（1957 年）对于阿尔伯蒂夸张的功能主义解释（见上面的注释 18）。

34 关于阿尔伯蒂在这些概念中对于西塞罗（Cicero）的依赖[《论义务》（*De officiis*）]，参见奥奈恩斯（Onians）（1971 年），第 101 页及以后。

35 阿尔伯蒂，第九书，第 5 章；版本，里克瓦特（Rykwert），第 194 页。'Nunc, quod dicturos polliciti sumus, ad ea venio, ex quibus universa pulchritudinis ornamentorumque genera existent, vel quae potius expressa ex omni pulchritudinis ratione emanarint. Difficilis nimirum pervestigatio. Nam, quicquid unum illud, quod ex universo partium numero et natura exprimendum seligendumque sit aut singulis impartiundum ratione certa et coaequabili aut ita habendum, ut unam in congeriem et corpus plura iungat contineatque recta et stabili cohesione atque consensus, cui nos hic persimile quippiam quaerimus, profecto ipsum id eorum omnium vim et quasi succum sapiat necesse est, quibus aut coherescat aut immisceatur; alioquin discordia discidiisque pugnarent atque dissiparentur.' 版本，奥兰迪，第 2 册，第 811 页。

36 同上；版本，里克瓦特（Rykwert），第 195 页。

37 同上；'Ut vero de pulchritudine iudices, non opinio, verum animis innata quaedam ratio efficiet.' 版本，奥兰迪（Orlandi），第 2 册，第 813 页。

[38] 同上；版本，里克瓦特（Rykwert），第195-196页。'Nanque ex numero quidem ipso primum intellexere alium esse parem, aliure imparem Ambobus usi sunt; sed paribus alibi, imparibus item alibi. Ossa enim aedificii, naturam secuti, hoc est columnas et angulos et eiusmodi, numero nusquam posuere impari. Nullum enim dabis animal, quod pedibus aut stet aut moveatur imparibus. Tum et contra nusquam pari apertiones numero posuere；quod ipsum naturam observasse in promptu est, quando animantibus hinc atque hinc aures oculos nares compares quidem, sed medio loco unum et propatulum apposuit os.' 版本，奥兰迪，第2册，第819页。

[39] 数字与数学的作用在阿尔伯蒂的思想中显示了与库萨的尼古拉（Nicholas of Cusa）的哲学之间的渊源关系，他们之间存在着友谊，就如他与数学家托斯坎奈里（Toscanelli）之间的友谊一样。数字是尼古拉理论知识体系中的关键一环。他使用数字是沿袭了早期基督教神父与经院哲学家们的传统（但他称由他本人所起源）。如他这样说道："如果将数字抽除，那么，所有的特性、秩序、关系（比例）、协调与差异在现存的事物中都将不复存在"[《论博学的无知》（*De docta ignorantia*），1440年]。这与阿尔伯蒂的观点是一致的。但是，阿尔伯蒂在他的论著中没有提到库萨的尼古拉。一些数字如恒等级数出现（例如1+2+3+4=10）在阿尔伯蒂（第九书，第5章）和库萨的尼古拉的书（De conjecturis，约1441-1444年；第一册，第5章）中可以说明他们具有共同的来源。关于阿尔伯蒂的建筑论著中的观点是否来源于库萨的尼古拉，其答案将是否定的。关于两者的关系，参见莱昂纳多·奥尔斯奇（Leonardo Olschki），《新语言学的科学著作历史》（*Geschichte der neusprachlichen wissenschaftlichen Literatur*），第一册，莱比锡，1919年，第79页及以后；恩斯特·卡西雷尔（Ernst Cassirer），《文艺复兴哲学中的个体和宇宙》（*Individuum und Kosmos in der Philosophic der Renaissance*），莱比锡和柏林，1927年，第54页及以后；弗朗哥·博尔西（Franco Borsi），《莱昂·巴蒂斯塔·阿尔伯蒂》（*Leon Battista Alberti*），米兰，1975年；多萝西·柯尼希斯贝格尔（Dorothy Koenigsberger），《文艺复兴人物与创造性思想》（*Renaissance Man and Creative Thinking*），英国苏塞克斯郡海瑟克斯（Hassocks, Sussex），1979年，第100页及以后。

[40] 阿尔伯蒂，第九书，第5章；编辑，里克瓦特（Rykwert），第196页。'Finitio quidem apud nos est correspondentia quaedam linearum inter se, quibus quantitates dimetiantur. Earum una est longitudinis, altera latitudinis, tertia altitudinis.' 版本，奥兰迪，第2册，第821页。

[41] 同上。

[42] 在确定了音乐和谐的规则之后（第九书，第5章）阿尔伯蒂声称："建筑师们使用所有这些数字是最适当不过的了。" 关于阿尔伯蒂的建筑理论与其音乐理论的关系问题，特别参见保罗·凡·纳雷迪-莱恩纳（Paul von Naredi-Rainer），"莱昂·巴蒂斯塔·阿尔伯蒂的建筑著作中的音乐韵律，美学数字和象征数字"（Musikalische Proportionen, Zahlenästhetik und Zahlensymbolik im architektonischen Werk L. B. Albertis），《奥地利格拉茨大学艺术历史学院年鉴 XII》（*Jahrbuch des kunsthistorischen Institutes der Universität Graz XII*），1977年，第86页及以后。

[43] 阿尔伯蒂，第九书，第7章；版本，里克瓦特（Rykwert），第201页。'tam ex natura est, ut dextera sinistris omni parilitate correspondeant.' 版本，奥兰迪，第2册，第839页。

[44] 同上，第九书，第5章；版本，里克瓦特（Rykwert），第195页；版本，奥兰迪（Orlandi），第2册，第817页。阿尔伯蒂关于美的定义（第六书，第2章）"所有部分精确而恰到的相互配称，不增一分，不减一分，也不改变分毫，却丝毫没有不悦之感。" 显然是回到了维特鲁威，第六书，第2章，在这里维特鲁威说，在尺寸上的减少或增加，是为了适应视觉的需求。

[45] 同上；版本，里克瓦特（Rykwert），同上。'Quicquid enim in medium proferat natura, id omne ex concinnitatis lege moderatur.' 版本，奥兰迪（Orlandi），第2册，第815页。

[46] "和谐"（concinnitas）的概念是阿尔伯蒂明显从西塞罗（Cicero）那里所借用的，参见路易吉·瓦格奈提（Luigi Vagnetti），'Concinnitas: riflessione sul significato di un termine Albertiano'，载：《建筑研究和文献》（*Studi e documenti d'architettura*），第2部分，1973年，第139-161页。这位作者关于"和谐"（concinnitas）的概念与意大利的 organicita 的概念是相同的（第156页），对于我而言这一点似乎有些不幸，这个词像后来的术语一样，覆盖了后来建筑学中的功能主义的与有机的思想。

[47] 阿尔伯蒂，第九书，第5章；版本，里克瓦特（Rykwert），第195页，'spectantesque aedificium ab aedificio, uti superioribus transegimus libris, fine et officio plurimum differre, aeque re haberi varium oportere.

'Natura idcirco moniti tris et ipsi adinvenere figuras aedis exornandae, et nomina imposuere ducta ab his, qui alteris aut aliis delectarent, aut forte, uti ferunt, invenerint. Unum fuit eorum plenius ad laboremque perennitatemque aptius: hoc doricum nuncuparunt; alterum gracile lepidissimum: hoc dixere corinthium; medium vero, quod quasi ex utriusque componerent, ionicum appellarunt. Itaque integrum circa corpus talia excogitarunt.' 版本，奥兰迪（Orlandi），第二册，第817页。

[48] 阿尔伯蒂，第六书，第2章；版本，里克瓦特（Rykwert），'At pulchritudo etiam ab infestis hostibus impetrabit, ut iras temperent atque inviolatam se esse patiantur; ut hoc audeam dicere: nulla re tutum aeque ab hominum iniuria atque illesum futurum opus, quam formae dignitare ac venustate.' 版本，奥兰迪（Orlandi），第2册，第447页。关于柏拉图主义与西塞罗思想，比亚沃斯托茨基（Bialostocki）在这一章中做了双关性的分析（1964年），第13页及以后。瓦格奈提（Vagnetti）（1973年，第156页部分），其分析走得如此之远，以至与阿尔伯蒂关于美与真的概念相等同。在当前研究者看来，这样作是[洛多利（Lodoli），及其他人的]启蒙思想所造成的对于阿尔伯蒂的一种时代性倒错。

[49] 阿尔伯蒂，第七书，第6章；阿尔伯蒂的确涉及了（第一书，第10章）'tuscanica partitio'，但在这里一定是用的"意大利"意思，即：复合，秩序。关于阿尔伯蒂的不多的关于柱式的兴趣，参见埃里克·福斯曼（Erik Forssman），《多立克、爱奥尼和科林斯——16-18世纪建筑柱式规范使用研究》（*Dorisch, jonisch, korinthisch. Studien über den Gebrauch der Säulenordnungen in der Architettura des 16-18. Jahrhunderts*），斯德哥尔摩，1961，第17页部分。对阿尔伯蒂有关柱式的看法，特别见克里斯托

夫·索内斯（Christof Thoenes），'Gli ordini architettonici — Rinascià o invenzione ?'，载《"16 世纪罗马和古代的艺术与文化"研讨会论文集（罗马，1982 年）》（*Roma ξ l' antico nell' arte e nella cultura del Cinquecento*）（Rome，1982 年），罗马，1985 年。

50 由胡贝特·雅尼切克（Hubert Janitschek）作为阿尔伯蒂的作品出版，《莱昂·巴蒂斯塔·阿尔伯蒂艺术理论随笔》（*Leone Battista Alberti' s Kleinere kunsttheoretische Schriften*），维也纳，1877 年，第 207-225 页（意大利文本中附有德文译文）。最初是保罗·霍夫曼（Paul Hoffmann）对雅尼切克书籍的归属问题提出了疑问，《莱昂·巴蒂斯塔·阿尔伯蒂的〈建筑论〉一书研究》（*Studien zu Leon Battista Alberti's zehn Büchern De Re Aedificatoria*），论文，弗兰登堡（Frankenberg i.S.）1883 年，第 51 页及以后。一个包含了所有不同观点的有关这一文本的分析由弗朗哥·博尔西（Franco Borsi）完成："建筑五柱式与莱昂·巴蒂斯塔·阿尔伯蒂"（I cinque ordini architettonici e L. B. Alberti），见《建筑研究和文献》（*Studi e documenti d' architettura*），第 1 部，1972 年，第 57-130 页（附有原文）。博尔西的分析，最终证明这个文本不属于阿尔伯蒂。

51 阿尔伯蒂，第六书，第 2 章；编辑，里克瓦特（Rykwert），第 113 页。'Id si ita persuadetur, erit quidem ornamentum quasi subsidiaria quaedam lux pulchritudinis atque veluti complementum. Ex his patere arbitror, pulchritudinem quasi suum atque innatum toto esse perfusum corpore, quod pulchrum sit; ornamentum autem affici et compacti naturam sapere magis quam innati.' 版本，奥兰迪，第 2 册，第 449 页。

52 关于阿尔伯蒂的装饰概念的一个类似的评估见奥奈恩斯（Onians）（1971 年），对开本第 103 页。

53 参见鲁克（Lücke），《阿尔伯蒂索引》第一册（*Alberti-Index* I），1975 年，第 319 页及以后。["得体"（decor），"得当"（decus）]；《阿尔伯蒂索引》第 2 册（II），1976 年，第 944 页及以后["装饰"（ornamentum）]。

54 阿尔伯蒂，第九书，第 1 章。

55 同上，第九书，第 2 章；版本，里克瓦特（Rykwert），第 188 页。'Inter aedes urbanas et villam, praeter illa quae superioribus libris diximus, hoc interest: quod urbanarum ornamenta prae illis multo sapere gravitatem oportet, villis autem omnes festivitatis amoenitatisque illecebrae concedentur.' 版本，奥兰迪（Orlandi），第二册，第 789 页。

56 这是直接以维特鲁威第一书的第 1 章为依据的。

57 阿尔伯蒂，第九书，第 9 章；版本，里克瓦特（Rykwert），第 205 页。'Magna est res architectura, neque est omnium tantam rem aggredi. Summo sit ingenio, acerrimo studio, optima doctrina maximoque usu praeditus necesse est, atque in primis gravi sinceroque iudicio et consilio, qui se architectum audeat profiteri De re enim aedificatoria laus omnium prima est iudicare bene quid deceat Nam aedificasse quidem necessitatis est; commode aedificasse, cum a necessitate id quidem, tum et ab utilitate ductum est; verum ita aedificasse, ut lauti approbent, frugi non respuant, nonnisi a peritia docti et bene consulti et valde considerati artificis proficiscetur.' 版本，奥兰迪（Orlandi），第 2 册，第 855 页。

58 在大约 1438 年，阿尔伯蒂已经完成了标题为《别墅》（*Villa*）的著作，这本书直到最近才为人们所发现，在书中他对于土地买卖、田园管理等都给出了十分实际的指导，但对于别墅建筑的外观，却未置一词。参见塞希尔·格雷森（Cecil Grayson），'Villa: un opuscolo sconosciuto'，《文艺复兴 4》（*Rinascimento 4*），1953 年，第 45-83 页；再版：莱昂·巴蒂斯塔·阿尔伯蒂（Leon Battista Alberti）著，《通论》（*Opere volgari*），编辑塞西尔·格雷森，第 1 册，巴黎，1960 年，第 357-363 页。

59 威特克沃（Wittkower）（1949 年）；琼·加多尔（Joan Gadol）（1969 年）也沿袭了同一条路线。

60 劳仑兹（Lorenz）（1971 年），特别见第 199 页及以后；同一作者，"莱昂·巴蒂斯塔·阿尔伯蒂的建筑：教堂立面"（Zur Architektur L.B. Albertis: Die Kirchenfassaden），《维也纳艺术历史年鉴 第 29 册》（*Wiener Jahrbuch für & Kunstgeschichte XXIX*），1976 年，第 65-70 页。

61 劳仑兹（Lorenz）（1971 年），第 199 页："因而，阿尔伯蒂的论著必须主要地被看作是人文主义历史学家们寻求证明能够反映历史的建筑原理著作，而不是一位艺术家及其思想的自我表白。"

62 劳仑兹（Lorenz）（1971 年），第 221 页。

63 同上，第 220 页。

64 保罗·凡·纳雷迪-莱恩纳（Paul von Naredi-Rainer）（1977 年），特别见第 164 页及以后。另参见格尔达·泽格尔（Gerda Soergel），"探讨 1450-1550 年意大利建筑设计理论"（Untersuchungenüber den theoretischen Architekturentwurf von 1450-1550 in Italien），论文，科隆，1958 年，第 8 页及以后。

65 理查德·克洛西摩（Richard Krautheimer），"阿尔伯蒂的伊特鲁里亚神庙"（Alberti's Templum Etruscum），《慕尼黑造型艺术年鉴》（*Münchner Jahrbuch der bildenden Kunst*），第 3 章，部分；第 12 章，1961 年，第 65-72 页；再版：克洛西摩，《早期基督教、中世纪与文艺复兴艺术研究》（*Studies in Early Christian, Medieval, and Renaissance Art*），纽约—伦敦，1969 年，第 333-344 页。

66 引自克洛西摩（Krautheimer）（1961 年），第 71 页。

67 巴托里（Bartoli）1550 年的意大利译本是最早附有插图的本子。

第四章注释

1 'narrae modi e misure dello edihcare...'，'quelli che piu periti e plüm lettere intendenti sarrano...'. 安东尼奥·阿韦利诺·菲拉雷特（Antonio Averlino detto il Filarete），《论建筑》（*Trattato di architettura*），2 册，编辑，安娜·玛丽亚·菲诺里

（Anna Maria Finoli）和利利亚娜·格拉西（Liliana Grassi），米兰，1972年，第11页。

2　有关菲拉雷特最重要文献：M·拉扎罗尼（M. Lazzaroni）和A·穆奥斯（A.Muñoz），《菲拉雷特，15世纪的雕塑家与建筑师》（*Filarete, scultore e architetto del secolo* XV），罗马，1908年；关于他的建筑论文：奥瓦尔·萨尔曼（Howard Saalman），"安东尼奥·菲拉雷特的《论建筑》中的早期文艺复兴建筑理论和实践"（Early Renaissance Architectural Theory and Practice in Antonio Filarete's Trattato di Architettura），《艺术手册》，61册（*The Art Bulletin XLI*），1959年，第89-106页；彼得·蒂戈勒（Peter Tigler），《安东尼奥·菲拉雷特的建筑理论》（*Die Architekturtheorie des Filarete*），柏林，1963年；赫尔曼·鲍尔（Hermann Bauer），《艺术和乌托邦：文艺复兴的艺术思想和国家思想研究》（*Kunst und Utopie. Studien über das Kunst- und Staatsdenken in der Renaissance*），柏林，1965年，第70-83页；格哈德·格贝尔（Gerhard Goebel），*Poeta Faber, Erdichtete Architektur in der italienischen, spanischen und französischen Literatur, der Renaissance und des Barock*，海德堡，1971年，第35页及以后；约翰·奥奈恩斯（John Onians），"阿尔伯蒂与菲拉雷特，资料研究"（Alberti and Filarete. A Study of their sources），《瓦尔堡和考陶尔德研究院学报 XXXIV 期》（*Journal of the Warburg and Courtauld Institutes XXXIV*），1971年，第96-114页；苏桑·朗（Suzanne Lang），"斯弗金达城，菲拉雷特和费莱尔弗"（Sforzinda, Filarete and Filelfo），同上，第35辑，1972年，第391-97页；在1972年的一次会议上宣读的关于菲拉雷特研究的论文：《伦巴第艺术 18》（*Arte Lombarda 18*），1973年[在论文方面尤其重要的：约翰·奥奈恩斯，"菲拉雷特和'特性'：建筑的和社会的"（Filarete and the "qualità": architectural and social'），第116-128页]；乔治·穆拉托雷（Giorgio Muratore），*La città rinascimentale. Tipi e modelli attraverso i trattati*，米兰，1975年，第175-194页；亚历山德罗·罗韦塔（Alessandro Rovetta），'Lc fonti monumentali milanesi dlie chiese a pianta centrale del Trattato d' Architettura del Filarete'，《伦巴第艺术 60》（*Arte Lombarda 60*），1981年，第24-32页；拉尔夫·夸德弗利格（Ralph Quadflieg），*Filareres Ospedale Maggiore in Mailand Zur Rezeption islamischen tarospitalwesens in der italienischen Fürhrenaissance*，科隆，1981年。

3　蒂戈勒（Tigler）（1963年），第7对开页。

4　同上，第5对开页。马塞尔·雷斯特勒（Marcel Restle)['Bauplanung und Baugesinnung unter Mehmet II. Fâtih. Filarete in Konstantinopel'，《万神庙》（*Pantheon*），第39辑，1981年，第361-367页]试图证明菲拉雷特在1465年之后可能访问过君士坦丁堡。但作者走得过远，为了寻求依据，以至于将madrassahs比附于Fâtih Camii再比附于菲拉雷特，但却不能够从事实上证明菲拉雷特访问过君士坦丁堡。然而，他证明了，在一些建筑物中可能应用了意大利的测量方法。关于他将菲拉雷特设计的米兰的马焦雷医院（Ospedale Maggiore），及维拉潘多（Villalpando）的所罗门神庙的复原设计（1604年），与君士坦丁堡的穆罕默德神庙（Mohamed Foundation）的首层平面的形式所作的类比是假设的。

5　格贝尔（Goebel）（1971年），第35页。

6　蒂戈勒（Tigler）（1963年），第8页及以后。

7　同上，第13页及以后。

8　将论文作为一个整体，参见蒂戈勒（Tigler）的彻底分析（1963年）。

9　奥奈恩斯（Onians）（1971年），第104页及以后。

10　费莱尔弗（Filelfo）是米兰宫廷中最重要的希腊学者。关于他有关柏拉图的著作及他所起到的向菲拉雷特的过渡性作用，参见，同上，第106页及以后。

11　参见善本（Cod Magl. II. I. 140），对开本第47页右侧图版，[斯弗金达大教堂（the Cathedral of Sforzinda）]及随后第119页左侧图版[浦鲁西亚城大教堂（Cathedral of Plusiapolis）]。

12　菲拉雷特，版本菲诺里—格拉西（Finoli-Grassi）（1972年），第12页。

13　同上，第14页。

14　菲拉雷特，善本（Cod Magl. II. I. 140），对开本第4页左侧图版，第5页右侧图版，第5页左侧图版。超常本，约瑟夫·里克瓦特（Joseph Rykwert），[《天堂里亚当的房子》（On *Adam's House in Paradise*），纽约，1972年]没有讨论菲拉雷特的原始棚屋插图；他只显示了亚当在寻求棚屋（第117页）；关于菲拉雷特原始棚屋的概念，另参见乔基姆·高斯（Joachim Gaus），"原始棚屋，关于一个建筑的原型和造型艺术的主题"（Die Urhütte. über ein Modell in der Baukunst und ein Motiv in der bildenden Kunst），《福尔拉夫 - 利哈茨年鉴33》（*Wallraf-Richartz-Jahrbuch XXXIII*），1971年，第10页及以后，第16页部分。

15　菲拉雷特（版本，1972年），第211页。

16　菲拉雷特，善本（Cod Magl. II. I. 140），对开本第54页左侧图版。

17　'lo edificio si è dirivato da l' uomo, cioè dalla forma e membri e misura.' 菲拉雷特（版本，1972年），第28页。

18　'le qualità secondo posso comprendere, delle misure de l' uomo sono cinque.' 同上，第15页。

19　testa 和 capitello 的一致在第八书中作了清晰说明，同上，第216页。

20　同上，第17页。

21　同上，第18页。

22　'gli altri più infimi sono a utilità e necessità e servitudine del signore.' 同上，第218页。关于柱式的qualità，参见奥奈恩斯（Onians）（1973）年 第116页及以后。

23　善本（Cod Magl. II. I. 140），对开本第57页左侧图版。

24　'E come loro comunamente le [le chiese] facevano basse, e noi per l' opposito te facciarno alte...' 菲拉雷特（版本，1972年），第187页。

25 关于菲拉雷特与哥特建筑几何学的关系，参见蒂戈勒（Tigler）（1963 年），第 58 页及以后。

26 '... quello che sia, el circolo, tondo, el quadro e ogni altra misura à dirivata da l' uomo.' 菲拉雷特（版本，1972 年），第 21 页。

27 'Tu non vedesti mai niuno dificio, o vuoi dire casa o abitazione, che totalmente fusse l' una come l' altra, né in similitudine, né in forma, né in bellezza...' 同上，第 26 页。

28 'l' uomo, se volesse, potrebbe fare molte case che si asomigliassero tutte in una forma e in una similitudine, in modo che saria l' una come l' altra.' 同上，第 27 页。

29 'lo ti mostrerrò l' edificio essere proprio uno uomo vivo, e vedrai che cosi bisogna a lui mangiare per vivere, come fa proprio l' uomo; e cosi s' amala e muore, e cosi an（che）nello amalare guarisce molte volte per lo buono medico... Tu potresti dire: lo edificio non si amalae non muore come l' uomo. Io ti dico che cosi fa proprio l' edificio: lui s' amala quando non mangia, cioè quando non è mantenuto, e viene scadendo a poco a poco, come fa proprio l' uomo quando sta sanza cibo, poi si casca morto. Cosi fa proprio l' edificio e se ha il medico quando s' amala, cioè il maestro che lo racconcia e guarisca, sta un buon tempo in buono stato...' 同上，第 29 页。

30 'nove e sette mesi fantasticare e pensare... ' 同上，第 40 页。

31 同上，第 51 页对开页。

32 'perchènon v' entra troppa spesa, neanche magistero.' 同上，第 52 页；在第 331 页，菲拉雷特用一个简短的话总结了他关于穷人住房的建议："尽你所能去做"[do what you can（'fa' 'come tu puoi'）]。

33 参见蒂戈勒（Tigler）（1963 年），第 115 页及以后。菲拉雷特（版本，1972 年，第 427 页及以后。）关于建筑培训的概念又回到了维特鲁威。

34 菲拉雷特（版本，1972 年），第 53 页。

35 参见埃伦·罗西瑙（Helen Rosenau），《理想城市及其建筑进步》（*The Ideal City. Its architectural evolution*，1959 年），伦敦，1974 第 2 版，第 51 页。

36 善本（Cod Magl. II. I. 140），对开页第 11 页左侧图版，第 13 页左侧图版，第 43 页右侧图版。

37 特别见菲拉雷特（版本，1972），第 63 对开页；第 165 页及以后。

38 同上，第 147 页及以后。

39 同上，第 161 对开页；善本（Cod Magl. II. I. 140），对开本第 41 页左侧图版。

40 穆拉托雷（Muratore）（1975 年），第 175 页及以后。

41 菲拉雷特（版本，1972 年），第 632 页及以后；善本（Cod Magl. II. I. 140），对开本第 172 页右侧图版。关于这一纪念雕像，参见约翰·R·斯彭切尔（John R.Spencer），'Il progetto per il cavallo di bronzo per Francesco Sforza'，《伦巴第艺术 18》（*Arte Lombarda 18*），1973 年，第 23-35 页。

42 菲拉雷特（版本，1972 年），第 531 页及以后。善本（Cod Magl. II. I. 140），对开本 105 页及以后。另参见鲍尔（Bauer）（1965 年），第 80 对开页。

43 参见利利亚娜·格拉西（Liliana Grassi）（导言编辑，1972 年），第 66 页。

44 关于其中世纪文献来源，特别见苏桑·朗（Suzanne Lang）（1972 年），第 391 页及以后。

45 关于劳动的分化，参见菲拉雷特（版本，1972 年），第 94 页及以后。

46 因此，奥奈恩斯（Onians）（1971 年），第 3 页及以后，突出希腊与罗马的争辩的观点回到了早期文艺复兴时代。

47 特别见艾伦·S·韦勒（Allen S.Weller），《弗朗切斯科·迪·乔其奥 1439-1501》（*Francesco di Giorgio 1439-1501*），芝加哥，1943 年；罗伯托·帕皮尼（Roberto Papini），《建筑师弗朗切斯科·迪·乔其奥》（*Francesco di Giorgio Architetto*），第 3 版，佛罗伦萨，1946 年；冈特·P·费林（Gunter P. Fehring），《弗朗切斯科·迪·乔其奥德教堂建筑研究》（*Studien über die Kirchenbauten des Francesco di Giorgio*），论文，手稿，维尔茨堡（Würzburg），1956 年；卡洛·德尔·布拉沃（Carlo Del Bravo），《15 世纪锡耶纳雕塑》（Scultura senese del Quattrocento），佛罗伦萨，1977 年，第 100 页及以后；马克斯·塞德尔（Max Seidl），'Die Fresken des Francesco di Giorglo in S. Agostino in Sienna'，《佛罗伦萨艺术历史学院学报 XXIII》（*Mitteilungen des Kunsthistorischen Institutes in Florenz XXIII*），1970 年，第 1-108 页。

48 除了克拉多·马尔塔斯（Corrado Maltese）（1967 年）的版本外，特别见亚历山德罗·帕龙基（Alessandro Parronchi），"弗朗切斯科·迪·乔其奥·马蒂尼的一份手稿"（Di un manoscritto attribuito a Francesco di Giorgio Martini），Attie memorie dell'Accademia Toscana di Scienze, Lettere ed Arti 'La Columbaria'. 31 期，1966 年，第 164-213 页；作者同上，"弗朗切斯科·迪·乔其奥·马蒂尼的写作"（Sulla composizione dei Trattati attribuiti a Francesco di Giorgio Martini），同上，第 36，1971 年，第 165-230 页；J·埃斯莱（J. Eisler），"评弗朗切斯科·迪·乔其奥著作之几个方面"（Remarks on Some Aspects of Francesco di Giorgio's Trattato），《艺术历史学报 第 18 辑》（*Acta Historiae Artium XVIII*），1972 年，第 193-231 页；理查德·约翰逊·贝茨（Richard Johnson Betts），"弗朗切斯科·迪·乔其奥的建筑理论"（The Architectural Theories of Francesco di Giorgio），论文，普林斯顿大学，手稿，1971 年；同样，"关于弗朗切斯科·迪·乔其奥著作的年表：来自一份未发表手稿的新证据"（On the Chronology of Francesco di Giorgio's Treatises: New Evidence from an Unpublished Manuscript），《建筑历史学会学报 第 36 期》（*Journal of the Society of Architectural Historians XXXVI*），1977 年，第 3-14 页；古斯提纳·斯卡利亚（Gustina Scaglia），"弗朗切斯科·迪·乔其奥·马蒂尼致（意大利）卡拉布里亚区阿方索公爵的《论建筑》"（The *Opera de Architectura* of Francesco di Giorgio Martini for Alfonso Duke of Calabria），《那不勒斯 15》（*Napoli Nobilissima 15*），1976 年，第 133-161 页（附有论文抄本 Opera de architectura in the Spencer Collection,

纽约公共图书馆)。最后,关于欧洲展览理事会的手稿问题,参见 'Firenze e la Toscana dei Medici nell'Europa del Cinquecento' in the part-volume La rinascita della Scienza,佛罗伦萨,1980 年,第 154 页及以后;亚历山德罗·帕龙基(Alessandro Parronchi)(编辑),巴尔札萨·佩鲁齐(Baldassarre Peruzzi)著,《论军事建筑》(*Trattato di architettura militare*),佛罗伦萨,1982 年,导言;劳伦斯·洛维克(Lawrence Lowic),"弗朗切斯科·迪·乔其奥论教堂建筑:论文中数学的使用及意义"(Francesco di Giorgio on the Design of Churches: The Use and Significance of Mathematics in the Trattato),《建筑学》第 12 辑(*Architectura 12*),1982 年,第 151-163 页;同样,"弗朗切斯科·迪·乔其奥论文中人体分析的意味和意义"(The Meaning and Significance of the Human Analogy in Francesco di Giorgio's Trattato),《建筑历史学会学报》(*Journal of the Society of Architectural Historians*),第 42 期,1983 年,第 360-370 页。

[49] 卡洛·普鲁米斯(Carlo Prumis)和切萨雷·萨卢佐(Cesare Saluzzo)(编辑),《弗朗切斯科·迪·乔其奥·马蒂尼的民用与军事建筑》(*Trattato di Architettura civile e militare di Francesco di Giorgio Martini*),两卷,都灵,1841 年。

[50] 古斯提纳·斯卡利亚(Gustina Scaglia),(编辑),"弗朗切斯科·迪·乔其奥的'维特鲁威抄本'"(Il 'Vitruvio Magliabechiano' di Francesco di Giorgio Martini)《托斯卡纳文化鲜为人知的文献 VI》(*Documenti inediti di cultura toscana, VI*),佛罗伦萨,1985 年。

[51] 版本,马尔塔斯(Maltese)(1967),第一册,这一手稿的一个不同的版本是佛罗伦萨圣洛伦兹图书馆《阿绪本汉抄本 361》(*Codice Ashburnham 361*),这是由莱昂纳多·达·芬奇(Leonardo da Vinc)做有旁注的本子,关于这个本子的不同之处在马尔塔斯的版本中做了讨论。另见由吉诺·阿里吉(Gino Arrighi)编辑的节选本,《弗朗切斯科·迪·乔其奥·马蒂尼,几何的实践,佛罗伦萨圣洛伦兹图书馆阿绪本汉抄本 361》(*Francesco di Giorgio Martini. La praticha di geometria dal Codice Ashburnham 361 della Biblioteca Medicea Laurenziana di Firenze*),佛罗伦萨,1970 年。

[52] 版本,马尔塔斯(1967 年),第一册,第 3 页,图版 1。

[53] 同上,图版 8;关于 15 世纪比例的图例,参见伯恩哈德·德根哈德(Bernhard Degenhart)和安内格里特·施米特(Annegrit Schmitt),《1300-1450 年意大利设计资料集》(*Corpus der italienischen Zeichnungen* 1300-1450),第二部分,第 4 册:《马利亚诺·塔克拉》(*Mariano Taccolo*),柏林,1982 年,第 121 页及以后。

[54] 版本,马尔塔斯(1967 年),第一册,第 36 对开页。

[55] 同上,第 39 页。

[56] 'Ed avendo le basiliche misura e forma del corpo umano, siccome el capo dell'omo è principal membro d'esso, cosi la maggiore cappella formar si debba come principale membro e capo del tempio' 同上,第 45 页。

[57] 同上,图版 18,19。

[58] 同上,第 62 页。

[59] 'aceso desiderio di volere quelle innovate...' 同上,第 275 页,图版 129。

[60] 同上,图版 151,152。

[61] 同上,图版 155。

[62] 参见罗森塔尔伯爵(Earl Rosenthal),"伯拉孟特的坦比哀多之先例"(The Antecedents of Bramante's Tempietto),《建筑历史学会学报》,第 23 期(*Journal of the Society of Architectural Historians XXIII*),1964 年,第 55-79 页。

[63] 善本(Cod Magl. II. I. 141),版本,马尔塔斯(1967 年),第二册,贝茨(Betts)(1971 年,第 254 页及以后),见藏于锡耶纳公共图书馆手稿 S.IV.4(manuscript S.IV.4, Biblioteca Communale, Siena),这份手稿可看作是一个过渡阶段,时间大约在 1480 年代。帕龙基(Parronchi)(1966 年,1982 年)完全没有考虑弗朗切斯科·迪·乔其奥的作品,其时间在 1530 年代。

[64] 版本,马尔塔斯(1967),第 2 册,第 296 页。

[65] 同上,第 295 页。

[66] 同上,第 297 页。

[67] 同上,第 299 页。关于弗朗切斯科·迪·乔其奥的资料,参见贝茨(Betts)(1971 年),第 238 页及以后。

[68] 版本,马尔塔斯(1967 年),第 2 册,第 342 页及以后。

[69] 同上,第 343 页。

[70] 参见同上,第 1 册,导言,第 21 页。

[71] 'l' uomo, chiamato piccolo mondo, in se tutte le generale perfezioni del mondo totale contiene.' 同上,第 2 册,第 361 页。在第五书的前言中(第 414 页)人类被描写为是按上帝的形象创造的。在他关于比例的论述中,弗朗切斯科也使用了中世纪的建造方法,如求积法(quadrature),如冈特·赫尔曼(Günter Hellmann)证明的('Proportionsverfahren des Francesco di Giorgio Martini', Miscellanea Bibliothecae Hertzianae,慕尼黑,1961 年),第 157-166 页。

[72] 'le colonne espressamente quasi tutte le proporzioni hanno dell'uomo.' 版本,马尔塔斯(1967 年),第 2 册,第 361 页。

[73] 同上,第 37 页。

[74] 同上,第 373 页及以后。

[75] 同上,第 376 页及以后。

[76] 同上,第 390 页,图版 227。

[77] 关于这座教堂建筑及其比例,特别参见费林(Fehring),第 109 页及以后。

[78] 亨利·米隆(Henry Millon),"弗朗切斯科·迪·乔其奥的建筑理论"(The Architectural Theory of Francesco di Giorgio),

《艺术手册》第 40 辑（*The Art Bulletin* 40），1958 年，第 257-261 页；再版：克赖顿·吉尔伯特（Creighton Gilbert）（编辑），《文艺复兴艺术》（*Renaissance Art*），纽约，1973 年，第 133-147 页。

[79] 米隆（Henry Millon）（1958 年），第 258 页；赫尔曼（Hartmann）（1961 年），第 162 页。

[80] 版本，马尔塔斯（1967 年），第 2 册，第 425 页。这里提到的应该也是相当数量的火炮与防御工事方面的图例，关于这些没有其他文献涉及。[包括善本（Cod Magl. II. I. 141）]；参见弗朗切斯科·保罗·菲奥雷（Francesco Paolo Fiore），Città e macchine del '400 nei disegni di Francesco di Giorgio Martini，佛罗伦萨，1978 年。

[81] 版本，马尔塔斯（1967 年），第 2 册，第 483 对开页。

[82] 同上，第 489 页。

[83] 'non puo senza il disegno esprimare e dichiarare el concetto suo.' 同上，第 506 页。

[84] 另参见格尔达·泽格尔（Gerda Soergel），《探讨 1450-1550 年意大利建筑设计理论》（*Untersuchungen über den theoretischen Architekturentwurf von 1450-1550 in Italien*），论文，科隆，1958 年，第 32 页及以后，第 65 页及以后；保罗·凡·纳雷迪-莱恩纳(Paul von Naredi-Rainer)，"图像和模数在意大利文艺复兴建筑中"(Raster und Modul in der Architektur der italienischen Renaissance)，《美学和一般艺术科学年鉴 XXIII/2》（*Jahrbuch für Ästhetik und allgemeine Kunstwissenschaft XXIII/2*），1978 年，第 147 对开页。

[85] Accademia di Belle Arti，佛罗伦萨，手稿，E.2.1.28. 亚历山德罗·帕龙基（Alessandro Parronchi）（编辑），巴尔札萨·佩鲁齐（Baldassare Peruzzi），《论军事建筑》（*Trattato di architettura militare*）《托斯卡纳文化鲜为人知的文献 V》（*Documenti inediti di cultura toscana, V*），佛罗伦萨，1982 年。帕龙基使其变得可信（第 23 页及以后），这一份手稿在洛伦佐·德·吉罗拉莫·多纳蒂（Lorenzo di Girolamo Donati）的手中。无论这是否是佩鲁齐（Peruzzi）佚失论文的一个副本，如帕龙基所假设的，如果是，那么无论这篇论文本身是否就是善本（Cod Magl. II. I. 141），迄今都是归在弗朗切斯科·迪·乔其奥（Francesco di Giorgio）的名下，这也被看作是一个较晚的版本，至今未得到确认。佩鲁齐有弗朗切斯科的图，他当然有可能重新做一遍，这一点已经被彼得罗·C·马拉尼（Pietro C.Marani）所证明["巴尔札萨·佩鲁齐所作的弗朗切斯科·迪·乔其奥设计的一座别墅之重现"（A Reworking by Baldassare Peruzzi of Francesco di Giorgio's Plan of a Villa），《建筑历史学会学报》，第 16 期（*Journal of the Society of Architectural Historians XLI*），1982，第 181-188 页]。

[86] 从更宽泛的文献角度，特别参见让·保罗·里谢特尔（Jean Paul Richter）（编辑），《莱昂纳多·达·芬奇的笔记》（*The Notebooks of Leonardo da Vinci*）（1883 年），第 2 册（影印本，纽约再版，1970 年；参见本书的注释 93 引注文本），第 25 页及以后；路德维希·H·海登里希（Ludwig H. Heydenreich），《莱昂纳多·达·芬奇的教堂建筑研究》（*Die Sakralbau-Studien Leonardo da Vinci's*）（1929 年），慕尼黑，1971 年；路易吉·菲尔波（Luigi Firpo）（编辑），《建筑师和城市规划师莱昂纳多》（*Leonardo architetto e urbanista*），都灵，1971；阿纳尔多·布鲁斯奇等著（Arnaldo Bruschi et al.），《文艺复兴建筑论述》（*Scritti rinascimentali di architettura*），米兰，1978 年，第 277 页及以后；卡洛·彼德莱特（Carlo Pedretti），《建筑师莱昂纳多》（*Leonardo architetto*），米兰，1978 年。

[87] 这显然来自马德里莱昂纳多抄本目录中所列书中，参见莱昂纳多·达·芬奇（Leonardo da Vinci），《马德里抄本 第 3 册》（*Madrid Codex III*），拉迪斯劳·雷蒂（Ladislao Reti）注释，法兰克福，1974 年，第 101 页，第 19 注释。

[88] 佛罗伦萨圣洛伦兹图书馆《阿绪本汉抄本 361》（*Cod. Ashb. 361*）的旁注，由彼德莱特（Pedretti）收藏（1978 年），第 196 页及以后；更多弗朗切斯科·迪·乔其奥的摘录参见《马德里抄本第 2 册》（*second Madrid Codex*），对开本第 86-98 页[版本，雷蒂（Reti），1974 年]，这些抄本是 1504 年所抄录的。

[89] 参见本书第 66 页。

[90] 海登里希（Heydenreich）（1929 年，1971 年），第 77-84 页。

[91] 特别参见，彼德莱特（Pedretti）（1978 年），第 196 页。

[92] 参见菲尔波（Luigi Firpo）（1971 年），第 63 页及以后；彼德莱特（Pedretti）（1978 年），第 55 对开页。

[93] '-Le strade • M • sono • piv • alte • che le strade • p • s • braccia 6 •, e ciascuna strada. De' essere larga braccia 20, e avere 1/2 braccio di calo dalle stremità al mezzo, e in esso mezzo sia a ogni braccio uno braccio difessura, largo uno dito, dove l'acqua che pioue debba scolare nelle cave fatte al medesimo piano di p • s •, e da ogni stremità della larghezza di detta strada • sia. uno • portico di larghezza di braccia 6ĩ sulle colonne, e sappi che, chi volesse andare per tutta la terra per le strade alte, potrà a suo acconcio usarle, e chi volesse andare per le basse, ancora il simile; per le strade alte non devono andare carri, nè altre simili cose, anzi siano solamē te per li giē telio mini; per le basse deono andare i carri e altre some at uso e commodità del popolo •;l' una casa de' volgiere le schiene all'altra •, lasciãdo la strada bassa in mezzo, ed agli usci•n si mettano le vettovaglie, come legnie, vino e simili cose; per le vie sotterrane si de'votare destri, stalle e simili cose fetide dall' uno arco all' altro de' essere braccia 300, cioè ciascuna via che ricieve il lume dalle fessure delle strade di sopra, e a ogni arco de' essere una scala a lumaca tõ da, perchè ne' cãtoni delle quadre sipiscia, e larga, e nella prima uolta sia vn uscio ch'entri ĩ destri e pisciatoi comuni, e per detta scala si disciē da dalla • strada alta • alla bassa, e le strade alte si comĩ cino fori delle porte, e givnte a esse porte abbia no conposto l' altezza di braccia 6; Fia fatta detta terra o presso a mare o altro fiume grosso, accioccè le brutture della città, menate dall' acqua, sieno portate • via.' 巴黎，法兰西学院（Paris, Institut de France），莱昂纳多（Leonardo），Ms B，对开本第 16 页。从《莱昂纳多·达·芬奇著作》（*The Literary Works of Leonardo da Vinci*）的文献中引用，版本，让·保罗·里谢特尔（Jean Paul Richter），伦敦，1970 年，第二册，第 27 对开页。

[94] 参见，举例来说欧金尼奥·加兰（Eugenio Garin），《意大利文艺复兴中的科学和市民生活》（*Scienza e vita civile nel Rinascimento italiano*），巴黎，1965 年，第 33 页及以后；克拉多·马尔塔斯（Corrado Maltese）[载入布鲁斯奇等著（Arnaldo

Bruschi et al.），1978 年，第 283 页] 恰如其分地说 'città come espressione di uno Stato oligarchico'。菲尔波（Firpo），1971 年，第 78 页及以后持相反的观点，认为莱昂纳多（Leonardo）的不同，仅仅在功能方面，而不是社会或关系方面。

95　亚特兰大抄本（Cod Atlant.），对开本第 175 页左页（1494 年）；菲尔波（Firpo）引证，（1961 年），第 65 页。

96　巴黎，国家图书馆（Bibl. Nat.），《阿绪本汉抄本 2037》（*Cod. Ashb. 2037*）（抄本 B 完成），对开本第 5 页；有图，见菲尔波（Firpo）（1971 年），第 60 页；布鲁斯奇（Bruschi）（1978 年），图版 XLIV。

97　抄本 B，对开本第 36 页左页。布鲁斯奇引证（Bruschi）（1978 年），第 311 页。

98　抄本 B，对开本第 39 页右页。布鲁斯奇引证（Bruschi）（1978 年），第 311 页。

99　弗朗切斯科·克罗纳（Francesco Colonna），*Hypnerotomachia Poliphili, ubi humana omnia non nisi somnium esse docet*，威尼斯，1499 年（有许多现代再版本）。

100　主要专论性著作是 M·T·卡塞拉（M.T.Casella）和乔万尼·达·波兹（Giovanni da Pozzi）的，*Francesco Colonna, Biografia e opere*，2 册本，意大利帕多瓦（Padua），1959 年；观点倾向于弗朗切斯科·克罗纳是《Hypnerotomachia》的作者，出自波兹-夏伯尼（Pozzi-Ciapponi）著作，第 2 册（1964 年），第 3 对开页；毛里齐奥·卡尔韦西（Maurizio Calvesi），（'Identificato l' autore del "Polifilo", *L' Europa letteraria* 6, 1965 年，第 35 辑，第 9-20 页）寻求证明作者中有一位是克罗纳在帕莱斯特里纳（Palestrina，意大利地名——译者注）家族中的；埃马努埃拉·克莱特兹莱斯科·夸兰塔（Emanuela Kretzlesco Quaranta）认为，继承了人文主义的比科·德拉·米兰多拉（Pico della Mirandola）是作者，洛伦佐·德·美地奇（Lorenzo de' Medici）（il Magnifico）是牵头人（protagonist），甚至阿尔伯蒂（Alberti）也部分参与了写作（'L' itinerario spirituale di 'Polifilo'. Uno studio necessario per determinare la paternità dell' opera', *Atti della Acc. Naz. dei Lincei, ser. 8 Rendiconti, cl di scienze mor., stor. e filol.* 22, 1967 年，第 269-283 页；'L' itinerario archaeologico di Polifilo. Leon Battista Alberti come teorico della Magna Porta', 同上，25, 1970 年，第 175-201 页；*Les jardins du songe. Poliphile et la mystique de la Renaissance*，罗马—巴黎 1976 年）。这些观点中没有一个是确定无疑的；他们都假定在《Hypnerotomachia》的作者身上，有一个较接近罗马的知识背景，但这在文本中并没有显现出来，文本的末尾出现的日期，时间为 1467 年，而这显然是编造的。毛里齐奥·卡尔韦西在经过较为深入的研究之后，提出了自己的观点（Il sogno di Polifilo prenestino，罗马，1980 年）认为小说中的地形学资料证明是与帕莱斯特里纳（Palestrina）相吻合，但完全缺少结论性的证据。

101　关于他的编年表，特别参见卡塞拉-达波兹（Casella-Pozzi）（1959 年），第 1 册，第 103 页及以后。

102　特别见格贝尔（Goebel）的文献分析（1970 年，第 38-68 页。第二个梦的叙述，*Delphili somnium*，最近已出版[卡塞拉-达波兹（Casella-Pozzi）（版本），1959 年，第 2 册，第 159 页及以后]。

103　朱利叶斯·冯·斯克劳瑟（Julius von Schlosser Magnino），《艺术写作》（*La letteratura artistica*），佛罗伦萨-威尼斯 1964 年第 3 版，第 135 页。

104　格贝尔（Goebel）的详细概述（1971 年），第 41 对开页。

105　鲍尔（Bauer），《艺术和乌托邦》（*Kunst und Utopie*），柏林，1965 年，第 88 页及以后。

106　格贝尔（Goebel）（1971 年），第 39 页。

107　安东尼奥·邦菲尼（Antonio Bonfini）为马提亚（Matthias Corvinus）准备的节译本，是由圣乔万尼·保罗修道院（SS. Giovanni e Paolo）1492 年获得的，今见于威尼斯的圣马可国家图书馆中（Bibl. Naz. di San Marco, Venice），手稿，2796. 参见乔鲍·乔波迪（Csaba Csapodi）和克拉拉·乔波迪-卡尔多尼（Klára Csapodi-Cárdonyi），《科尔维纳宫廷文库，匈牙利国王马提亚·科尔维纳的图书馆》（*Bibliotheca Corviniana. Die Bibliothek des Königs Matthias Corvinus von Ungarn*）（Matthias Corvinus，公元 1458-1490 年在位——译者注），慕尼黑—柏林，1969 年，第 63 页，第 262 页及以后。

108　参见波兹-夏伯尼（Pozzi-Ciapponi）（1964 年），第 2 册，第 5 页及以后，第 15 对开页。

109　参见同上，第 40 页，关于是谁实际制作了这些木刻不需要在这里讨论，也可参见亚历山德罗·帕龙基（Alessandro Parronchi），'Lo xilografo della Hypnerotomachia Poliphili: Pietro Paolo Agabiti ?'，《透视 33-36》（*Prospettiva 33-36*），1983-1984 年，第 101-111 页。

110　摹本载于巴伐利亚州立图书馆（Bayerische Staatsbibliothek），慕尼黑；参见 G·雷丁格尔（G.Leidinger）载：《巴伐利亚科学院学报》（*Sitzungsberichte der Bayerischen Akademie der Wissenschaften*），1929 年，影印件 3。

111　法文译本出现于 1546 年与 1554 年；参见 Hypnerotomachia 出版物的一个概览，载：卡塞拉-达波兹（Casella-Pozzi）（1959 年），第 1 册，第 42 对开页。在法兰西的传统方面，特别参见安东尼·布伦特（Anthony Blunt），"《Hypnerotomachia Poliphili》在 17 世纪的法国"（The Hypnerotomachia Poliphili in 17th Century France），《瓦尔堡和考陶尔德研究院学报 I》（*Journal of the Warburg and Courtauld Institutes XXX*），1937/1938 年，第 117-37 页。

112　特别参见多罗特娅·施密特（Dorothea Schmidt）的系统分析，《Hypnerotomachia Poliphil 的建筑学探究，维纳斯神庙描述》（*Untersuchungen zu den Architekturekphrasen in der Hypnerotomachia Poliphil. Die Beschreibung des Venus-Tempels*）。法兰克福，1978 年。

113　克罗纳（Colonna），版本，波兹-夏伯尼（Pozzi-Ciapponi）（1964 年），第 1 册，第 14 页及以后。

114　参见同上，第 2 册，第 58 页。

115　同上，第 1 册，第 27 页及以后。

116　威廉·S·赫克舍（William S. Heckscher），"伯尔尼尼的大象和方尖碑"（Bernini's Elephant and Obelisk），《艺术手册》第 29 册（*The Art Bulletin* 29），1947 年，第 155-182 页。欧金尼奥·巴蒂斯蒂（Eugenio Battisti），（*L' antirinascimento*,

米兰，1962年，第123页及以后）将《Hypnorotomachia》与博马佐（Bomarzo，意大利地名——译者注）的公园联系在一起（约1552年）。博马佐的大象与城堡是《Hypnorotomachia》与伯尼尼的纪念建筑之间可能的联系。

117 克罗纳（Colonna），版本，波兹 - 夏伯尼（Pozzi-Ciapponi）（1964年），第1册，第34页及以后。

118 参见同上，第2册，第69页及以后，附有一个门廊的复原设计。

119 'La principale regula peculiare al' architecto è quadratura...la sua admiranda compositione...' 同上，第1册，第39页。

120 同上，第1册，第191页及以后。

121 同上，第2册，第156页及以后。

122 关于这些描述的细节及历史出处，参见多罗特娅·施密特（Dorothea Schmidt）（1978年）。

123 'digno monumento delle cose magne alla posteritate.' 克罗纳（Colonna），版本，波兹 - 夏伯尼（Pozzi-Ciapponi）（1964年），第一册，第229对开页。

124 参见，鲍尔（Bauer）（1965年），第92页及以后。

125 克罗纳（Colonna），版本，波兹 - 夏伯尼（Pozzi-Ciapponi）（1964年），第1册，第286对开页。

126 柏拉图（Plato），Kritias 113d.

127 特别参见厄恩斯特·罗伯特·库尔提乌斯（Ernst Robert Curtius），《欧洲文学和拉丁中世纪》（*Europäische Literatur und lateinisches Mittelalter*）（1948年），波恩 - 慕尼黑，1965年，第204页。

128 克罗纳（Colonna），版本，波兹 - 夏伯尼（Pozzi-Ciapponi）（1964年），第1册，第233对开页。

129 这个主要的资料来源[A·F·多尼（A.F.Doni），《第二图书馆》（*Libraria seconda*），威尼斯，1544年，第44页]对于支持伯拉孟特（Bramante）的三篇论文《实践》（*Pratica*），《建筑》（*Architettura*）（关于柱式的），和《坚固之术》（Modo di fortificare）的存在具有权威性，斯克劳瑟（Schlosser）（1964年）指出了多尼资料的不可靠性，是一个为人所知的文献赝品。詹·帕罗·洛马佐（Gian Paolo Lomazzo），在他的《绘画的圣殿理念》（*Idea del Tempio della pittura*）（1590年）中，谈到了伯拉孟特的一篇关于"罗马古迹的柱式和测绘"（ordini e le misure delle antichità di Roma）文章，但在这里，可能是依据于多尼的；见版本：詹·帕罗·洛马佐，《艺术写作》（*Scritti sulle arti*），编辑，罗伯托·保罗·恰尔迪（Roberto Paolo Ciardi），第1册，佛罗伦萨，1973年，第27页，第257对开页。特别参见彼德莱特（Pedretti），《建筑师莱昂纳多》（*Leonardo architetto*），米兰，1978年，第120对开页。

130 特别参见弗朗茨·格拉夫·沃尔夫·梅特涅（Franz Graf Wolff Metternich），"从米兰1481年贝尔纳多·德·普里维达利的铜版画谈起，论伯拉孟特艺术的开始"（Der Kupferstich Bernardos de Prevedari aus Mailand von 1481. Gedanken zu den Anfängen der Kunst Bramantes），《罗马艺术历史年鉴xl》（*Römisches Jahrbuch für Kunstgeschichte xl*），1967/1968年，第7-108页；奥托·H·福斯特（Otto H. Forster），《伯拉孟特》（*Bramante*），维也纳 - 慕尼黑，1956年，第86页及以后；阿纳尔多·布鲁斯奇（Arnaldo Bruschi），《建筑师伯拉孟特》（*Bramante architetto*），巴黎，1969年，第150页及以后。

131 参见复原设计：布鲁斯奇（Bruschi）（1969年），图版94，95。

132 古列尔默·德·安杰利斯·德奥萨特（Guglielmo De Angelis D'Ossat），"伯拉孟特的罗马先驱"（Preludio romano del Bramante），《帕拉第奥》（*Palladio*），n.s.，第16，1966年，第92-94页；多里斯·D·菲恩加（Doris D.Fienga），"《古代罗马透视》的作者伯拉孟特，献给莱昂纳多·达·芬奇的诗"（Bramante autore delle "Antiquarie prospettiche Romane', poemetto dedicato a Leonardo da Vinci），载《伯拉孟特研究》（*Studi Bramanteschi*），罗马，1974年，第417-426页；卡洛·彼德莱特（Carlo Pedretti），"新发现的莱昂纳多与伯拉孟特交往的证据"（Newly Discovered Evidence of Leonardo's Association with Bramante），《建筑历史学会学报》，第27期（*Journal of the Society of Architectural Historians XXVII*），1973年，第223-227页；同上，《建筑师莱昂纳多》（*Leonardo architetto*）（1978年），第116-120页。

133 彼德莱特（Pedretti）（1973年），第225页；（1978年），第116页。参见维尔纳·格兰贝格（Werner Gramberg），《古列尔莫·德拉·波尔塔的杜塞尔多夫素描本》（*Die Düsseldorfer Skizzenbücher des Guglielmo della Porta*），柏林，1964年，文本册，第123页：'Bramante Architetto affermava ch' a tutti coloro che vengono mastri a Roma in questa professione, era necessario spogliarsi à guisa de i serpi di tutto ciò c' havevano altrove imparato...'

134 'ch'ei suscitasse la buona Architettura, che da gli antichi sino a quel tempo era stata sepolta.' 塞巴斯蒂亚诺·塞利奥（Sebastiano Serlio），《建筑作品大全》（*Tutte l' opere d' architettura*），第三书，出版，威尼斯，1619年，对开本第64页左页。

135 所有报告的编辑出版，都附有注释，布鲁斯奇等著（Bruschi et al.），《文艺复兴的建筑理论家》（*Scrittori rinascimentali di architettura*）（1978年），第321页及以后。

136 同上，第367页。

137 关于帕西奥里（Pacioli），参见斯克劳瑟（Schlosser）（1964年），第141页及以后；欧金尼奥·巴蒂斯蒂（Eugenio Battisti），《伯拉孟特、皮耶罗和帕西奥里之于乌尔比诺》（*Bramante, Piero e Pacioli ad Urbino*），载《伯拉孟特研究》（*Studi Bramanteschi*），罗马，1974年，第267-282页；伯恩纳·拉库西恩（Byrna Rackusin），"卢卡·帕西奥里的建筑理论：《神圣比例》"（*The Architectural Theory of Luca Pacioli: De Divina Proportione*），第54章，载《人文主义和文艺复兴图书馆XXXIX》（*Bibliothèque d' Humanisme et Renaissance XXXIX*），1977年，第479-502页；阿纳尔多·布鲁斯奇（Arnaldo Bruschi），载：布鲁斯奇等著（Bruschi et al.），《文艺复兴的建筑理论家》（*Scrittori rinascimentali di architettura*），米兰，1978年，第23页及以后。（书目，第51页）。

138 卢卡·帕西奥里（Luca Pacioli），Divina Proportione, opera a tutti glingegni perspicaci a curiosi necessaria que ciascun studioso di

Philosophia, Prospectiva, Pictura, Sculptura, Architectura, Muscia e altre Mathematice suavissima, sottile e admirabile doctrina conseguirà..., dc secretissima scientia, 维也纳 1509；影印本，版本，乌尔比若（Urbino），1969 年。

139 帕西奥里（Pacioli）和皮耶罗·德拉·弗朗切斯科（Piero della Francesco）的关系，特别见玛格丽特·戴利·戴维斯（Margaret Daly Davis），《皮耶罗·德拉·弗朗切斯科的数学论文》（*Piero della Francesca's Mathematical Treatises*），意大利拉文纳（Ravenna），1977 年，第 98 页及以后。

140 关于这一问题的情况，参见温特伯格（Winterberg）（1889 年），第 4 页。

141 帕西奥里（Pacioli），第二部分，导言，版本，布鲁斯奇（Bruschi）（1978 年），第 93 对开页。

142 同上，第 1 章，第 97 页。

143 同上，第 98 对开页；参见维拉德·德·赫纳克特（Villard de Honnecourt），图版 36。

144 同上，第 100 页。

145 同上，第 7 章，第 118 页。

146 同上，前言，第 85 页。

147 弗朗切斯科·马里奥·格拉帕尔迪（Franceso Mario Grapaldi），《建筑剖析，术语注疏》（*De partibus aedium. Addita modo verborum explicatione*），帕尔马，1494 年[许多版本都来自：荷兰多德雷赫特（Dordrecht），1618 年]；参见安杰洛·克莫利（Angelo Comolli），《市民建筑历史评论参考书目》（*Bibliografia storico-critica dell' Architettura civile*），第 1 册，罗马，1788 年，第 81 页及以后。

148 保罗·科泰西（Paolo Cortesi），《论宫殿，科泰西之城》（*De cardinalatu, Città Cortesiana*），1510 年；参见凯瑟琳·韦尔-加里斯（Kathleen Weil-Garris）和约翰·D'阿米科（John D'Amico），"文艺复兴最重要的理想宫殿：科泰西的《论宫殿》中的一章"（The Renaissance Cardinal's Ideal Palace: A Chapter from Cortesi's De Cardinalatu，《罗马美国学会论文集 35》（*Memoirs of the American Academy in Rome XXXV*），1980 年[=《15 世纪至 18 世纪的意大利艺术与建筑研究》（*Studies in Italian Art and Architecture 15th through 18th Centuries*），编辑，A. Millon]，第 45-123 页（第 69 页及以后，拉丁-英文版本，第二书，第 2 章）。

149 科泰西（Cortesi）（1510 年）；韦尔-加里斯（Kathleen Weil-Garris）和 D·阿米科（John D'Amico）（1980 年），第 86 对开页。

150 克利斯托夫·鲁特波尔德·弗罗麦尔（Christoph Luitpold Frommel），《盛期文艺复兴的罗马式宫殿》（*Der römische Palastbau der Hochrenaissance*），第一册，蒂宾根，1973 年，第 53 页及以后。

151 手稿，意大利文，对开本第 473 页；弗拉迪米尔·尤伦（Vladimir Juřen），'Un traité inédit sur les ordres d'architecture et le probléme des sources du Librn IV de Serlio', *Monuments et Mémoires publiés par L'Académie, des Inscriptions et Belles-Lettres*，64，1981 年，第 195-239 年。

152 'Nora che puoi pigliare secondo il tuo comodo la grosezza della colonna, e quella partitai in 6 parte che cosi è la sua misura.' 尤伦（Juřen）（1981 年），第 205 页。

153 关于文艺复兴时期柱式的规则，参见克利斯托夫·索内斯（Christof Thoenes）和休伯特斯·贡特尔（Hubertus Günther），"建筑柱式：复兴或创新？"（Gli ordini architettonici: rinascita o invenzione?），载：《罗马和古代在 16 世纪艺术和文化中》（*Roma e l'antico nell'arte e nella cultura del Cinquecento*），编辑，马尔切洛·法焦洛（Marcello Fagiolo），罗马，1985 年，第 261-310 页。

第五章注释

1 见本书第 39 页（页码待定）。

2 佛罗伦萨国家图书馆手稿，善本（Cod Magl. II, I, 141），锡耶纳公共图书馆（Biblioteca Comunale, Siena），手稿 S.IV. 4；参见克拉多·马尔塔斯（Corrado Maltese）（编辑），《弗朗切斯科·迪·乔其奥·马蒂尼，论文》（*Francesco di Giorgio Martini, Trattati*），米兰，1967 年，第 28 对开页。在佛罗伦萨出版的手稿：古斯提纳·斯卡利亚（Gustina Scaglia）（编辑），"弗朗切斯科·迪·乔其奥的'维特鲁威抄本'"（Il 'Vitruvio Magliabechiano' di Francesco di Giorgio Martini），佛罗伦萨，1985 年。

3 由西尔瓦诺·莫罗西尼（Silvano Morosini），巴蒂斯塔·达·桑迦洛（Battista da Sangallo），弗朗切斯科·阿利吉耶里（Francesco Alighieri），贝尔纳迪诺·多纳蒂（Bernardino Donati）举例；参见路易吉·瓦格奈提（Luigi Vagnetti）和劳拉·玛库西（Laura Marcucci），'Per una coscienza Vitruviana. Regesto cronologico e critico',《〈建筑论〉研究和文献》（*Studi e documenti di architettura*），第 8 注释，1978 年，第 28 页，第 35 注释。

4 克拉多·马尔塔斯（Corrado Maltese）（版本），《弗朗切斯科·迪·乔其奥·马蒂尼》（*Francesco di Giorgio Martini*）（1967 年），第 20 页。"维特鲁威人"（Vitruvian man），图版 8。

5 参见同上，第 37 页。

6 附有英文翻译的译本，见：让·保罗·里谢特尔（Jean Paul Richter）（编辑），《莱昂纳多·达·芬奇的笔记》（*The Notebooks of Leonardo da Vinci*），第 1 版，伦敦，1883 年（影印本，纽约再版，1970 年），第 182 页。关于这张图参见冈特·赫尔曼（Günter Hellmann），"维特鲁威之于莱昂纳多的设计"（Die Zeichnung Leonardos zu Vitruv），*Mouseion. Studien zur Kunst und Geschichte für Otto H. Förster*，科隆，1960 年，第 96-98 页；卡洛·彼德莱特（Carlo Pedretti），

《建筑师莱昂纳多》（*Leonardo architetto*），米兰，1978 年，第 149 对开页。（这里的图可以追溯到 1490 年）。
见惠更斯抄本（Codex Huygens）中的相关图，对开本第 7 页；欧文・帕诺夫斯基（Erwin Panofsky），《惠更斯抄本和莱昂纳多・达・芬奇的艺术理论》（*The Codex Huygens and Leonardo da Vinci's Art Theory*），伦敦，1940 年，图版 5。特别参见两本有关维特鲁威的概括性编辑本：博多・埃布哈特（Bodo Ebhardt），《维特鲁威，维特鲁威的〈建筑十书〉及其出版商》（*Vitruvius. Die zehn Bücher der Architektur des Vitruv und ihre Herausgeber*），柏林，1918 年（影印本，再版，纽约，1962 年），第 67 页；瓦格奈提（Vagnetti）和玛库西（Marcucci）（1978 年），第 29 页。埃布哈特的概论性文章不为这些作者所知。关于文艺复兴时期人们对于维特鲁威的态度，参见弗里茨・布格尔（Fritz Burger），"维特鲁威与文艺复兴"（Vitruv und die Renaissance），《艺术科学宝库 32》（*Repertorium für Kunstwissenschaft XXXII*），1909 年，第 199-218 页；弗朗切斯科・佩拉蒂（Francesco Pellati），《维特鲁威在中世纪和文艺复兴》（*Vitruvio nel Medio Evo e nel Rinascimento*），《考古和艺术历史皇家学院学报 V》（*Bollettino del Reale Istituto di Archeologia e Storia dell'Arte V*），1932 年，第 15-36 页；保罗・丰塔纳（Paolo Fontana），'Osservazioni intorno ai rapporti di Vitruvio colla teoria dell' Architettura del Rinascimento', *Miscellanea di Storia dell'Arte in onore di Igino Benvenuto Supino*，佛罗伦萨，1933 年，第 305-322 页；埃里克・福斯曼（Erik Forssman），《柱式与装饰》（*Säule und Ornament*），斯德哥尔摩，1956 年；瓦西里・帕夫洛维齐・佐波夫（Vassili Pavlovitch Zoubov），*Vitruve et ses commentateurs du XVIᵉ siècle, Colloque international de Royaumont*（1957 年），巴黎，1960 年，第 67-90 页；埃里克・福斯曼（Erik Forssman），《多立克、爱奥尼、科林斯》（*Dorsich, Jonisch, Korinthisch*），斯德哥尔摩，1961 年；扎比内・魏劳赫（Sabine Weyrauch），《维特鲁威的巴西利卡，研究文艺复兴维特鲁威插图本附法诺的巴西利卡改建的特别思考》（*Die Basilika des Vitruv. Studien zu illustrierten Vitruv-ausgaben seit der Renaissance mit besonderer Berücksichtigung der Rekonstruktion der Basilika von Fano*），博士论文，蒂宾根，1976 年；曼弗雷多・塔夫里（Manfredo Tafuri），《切萨雷・切萨里亚诺和维特鲁威研究在 15 世纪》（*Cesare Cesariano e gli studi vitruviani nel Quattrocento*），见：弗朗哥・博尔西（Franco Borsi）（编辑），《建筑研究和文献》（*Studi e documenti d'architettura*），米兰，1978 年，第 387 页；帕梅拉・奥利维娅・朗（Pamela Olivia Long），"维特鲁威的评注传统和理性建筑在 16 世纪：理念历史的一个研究"（The Vitruvian Commentary Tradition and Rational Architecture in the Sixteenth Century: A Study in the History of Ideas），博士论文，马里兰大学（University of Maryland），1979 年；A・罗韦塔（A. Rovetta），"文化和维特鲁威抄本在早期人文主义的米兰"（Cultura e codici vitruviani nel primo umanesimo milanese），《伦巴第艺术 60》（*Arte lombarda 60*），1981 年，第 9-14 页。

8　这一版本没有标题页。关于乔万尼・萨尔比西奥（Giovanni Sulpicio）的版本，参见劳拉・玛库西，"乔万尼・萨尔比西奥和维特鲁威论建筑的第一次出版"（Giovanni Sulpicio e la prima edizione del De Architecture di Vitruvio），《建筑研究和文献》（*Studi e documenti d'architettura*），注释 8，1978，第 185-195 页。

9　瓦格奈提（Vagnetti）和玛库西（Marcucci）（1978 年），第 31 页。巴蒂斯塔・达・桑迦洛（Battista da Sangallo）（1496-1552 年）仍然使用了萨尔比西奥（Sulpicio）的文本作为他的插图，载：意大利科西嘉图书馆（Bibl. Corsicana）（2093. 43. G. 8）；参见玛库西（1978 年），第 193 对开页。

10　瓦格奈提（Vagnetti）和玛库西（Marcucci）（1978 年），第 31 对开页。

11　*M. Vitruvius per Iocundum solito castigatur factus cum Figuris et tabula ut iam legi et intellegi possit*，威尼斯，1511 年。参见 卢西卡・A・夏伯尼（Lucia A. Ciapponi），"修士乔贡多・达・维罗纳和他的维特鲁威版本"（Fra Giocondo da Verona and his Edition of Vitruvius），《瓦尔堡和考陶尔德研究院学报 XLVI 期》（*Journal of the Warburg and Courtauld Institutes XLVI*），1983 年，第 72-90 页。

12　'non modo nostri aevi principes, sed et superioris quoque et numero et magnificentia superasti'，修士乔贡多（Fra Giocondo），1511 年，献辞。

13　在第十书中有关围城机械的两种图示，最近证明是来自拜占庭手稿中的模型[参见修士乔贡多（Giocondo），1511 年，对开本第 106 页左页附 Parisinus 抄本（Cod. Parisinus gr. 2442），对开本第 63 页；乔贡多，1511 年，对开本，第 105 页左页附梵蒂冈抄本（Cod. Vaticanus gr. 1164），对开本第 114 页左页]；皮尔・妮古拉・帕利亚拉（Pier Nicola Pagliara），"一个修士乔贡多的维特鲁威图版资料"（Una fonte di illustrazioni del Vitruvio di Fra Giocondo），载：《艺术历史研究 6》（*Ricerche di Storia dell'Arte 6*），1977 年，第 113-120 页。

14　修士乔贡多，1511 年，对开本，第 2 页右页与第 2 页左页。

15　同上，对开本，第 4 页右页与第 4 页左页。

16　同上，对开本，第 22 页右页与第 22 页左页，赫尔曼（Hellmann）（1960 年），第 97 页推测修士乔贡多（Fra Giocondo）曾经使用过莱昂纳多（Leonardo）在威尼斯所绘制的图。但如果确实如此，乔贡多不可能忽略那杰出的两图叠在一起的情况，进一步看，莱昂纳多声称由 "方形中的人"（homo ad quadratum）构成的三角形是等边的，这些在莱昂纳多图中独特的东西，并不是从维特鲁威那里来的，也没有被修士乔贡多所沿用。

17　乔贡多（Giocondo），1511 年，对开本，第 46 页左页。

18　参见扎比内・魏劳赫（Sabine Weyrauch）（1976 年）。

19　*Vitruvius iterum et Frontinus a Iocundo revisi repurgatique quantum ex collatione licuit*，佛罗伦萨，1513 年。

20　乔贡多（Giocondo），1513 年，对开本，第 34 页。

21　参见拉斐尔（Raphael）1514 年 8 月 15 日法比奥・卡尔沃（Fabio Calvo）的信，这是收到一个 'Vetruvio vulgare per parte vostra' 副本后的答谢信，他并且表示说：'quando arò tempo（e per le molte mia occupazioni tempo non serà cosi tosto come ho desidero) ve designerò ne' bianchi le figure che v' hanno a essere e ve farò el fróntespizio de ordine dorico con un arco e le figure drento de la virtù con varie altre invenzioni che me nascono per la fantasia, che forsi ve piaceranno.' 转引自保拉·巴罗基（Paola Barocchi）（编辑），《16 世纪的艺术著述 III》（*Scritti d'arte del Cinquecento, III*），米兰 - 那不勒斯，1977 年，第 2969 页。

22 由法比奥·卡尔沃（Fabio Calvo）翻译的维特鲁威著作的文本 'in Roma in casa di Raphaello... et a sua instantia' 现在可以得到一个带评注的版本：温琴佐·丰塔纳（Vincenzo Fontana）与保罗·莫拉西尔洛（Paolo Morachiello），《维特鲁威和拉斐尔，法比奥·卡尔沃不为人知的维特鲁威"论建筑"译本》（*Vitruvio e Raffaello. Il 'De Architectura' di Vitruvio nella traduzione inedita di Fabio Calvo ravennate*），罗马，1975 年。

23 参见丰塔纳（Fontana）- 莫拉西尔洛（Morachiello）（1975 年），第 32 对开页。

24 可能是写于 1519 年，参见这封信的两个最近的版本：保拉·巴罗基（Paola Barocchi）（编辑），《16 世纪的艺术著述 III》（*Scritti d'arte del Cinquecento, III*），1977 年，第 2971 页及以后，和由雷纳托·博内利（Renato Bonelli）所编，见：阿纳尔多·布鲁斯奇（Arnaldo Bruschi）（编辑），《论文艺复兴的建筑》（*Scritti rinascimentali di architettura*），米兰，1978 年，第 469 页。

25 *Di Lucio Vitruvio Pollione de Architectura libri decem traducti de Latino in Vulgare affigurati, commentati* 等，科莫（Como），1521 年；影印本，再版时附有一个由卡罗尔·赫泽尔勒·克林斯基（Carol Herselle Krinsky）所写的导言，慕尼黑，1969 年；另一个影印本，再版，米兰，1981 年。关于切萨里亚诺（Cesariano），特别参见卡罗尔·赫泽尔勒·克林斯基，"切萨雷·切萨里亚诺和 1521 年科莫的维特鲁威版本"（Cesare Cesariano and the Como Vitruvius Edition of 1521），论文手稿，纽约，1965 年；作者同上，"切萨里亚诺和罗马之外的文艺复兴"（Cesariano and the Renaissance without Rome），《伦巴第艺术 XVI》（*Arte lombarda XVI*），1971 年，第 211-218 页；弗朗切斯科·保罗·菲奥雷（Francesco Paolo Fiore），"切萨雷·切萨里亚诺著，维特鲁威建筑学中的北部文化和阿尔伯蒂的影响"（Cultura settentrionale e influssi albertiani nelle architetture vitruviane di Cesare Cesariano），《伦巴第艺术 64》（*Arte lombarda 64*），1983 年，I，第 43-52 页。
从切萨里亚诺的附有注释的摘录，见：保拉·巴罗基（Paola Barocchi），《16 世纪的艺术著述 III》（*Scritti d'arte del Cinquecento, III*），1977 年，第 2986 页及以后；曼弗雷多·塔夫里，见：阿纳尔多·布鲁斯奇（Arnaldo Bruschi）（编辑），《论文艺复兴的建筑》（*Scritti rinascimentali di architettura*），1978 年，第 439 页。

26 卡罗尔·赫泽尔勒·克林斯基（Carol Herselle Krinsky）（1971 年），第 214 页。

27 切萨里亚诺（Cesariano），1521 年，对开本，第 VI 页，第 VII 页。

28 同上，对开本，第 XIII 页，第 XV 页，第 XVI 页。

29 'Et questa e quasi como la regula che usato hano li Germanici Architecti in la Sacra Aede Baricephala de Milano.' 同上，对开本，第 XIII 左页。

30 同上，对开本，第 XLI 左页。

31 同上，对开本，第 XLVIII 页。

32 在现代研究者的观点中，这种可能性被鲁道夫·威特科尔（Rudolf Wittkower）过分地加以强调了（1949 年），《人文主义时代的建筑原则》（*Architectural Principles in the Age of Humanism*），伦敦版本，1962 年，第 15 页，及赫尔曼（Hellmann）（1960 年），第 96 页及以后，切萨里亚诺在他关于维特鲁威第三书，第一章的注释中（对开本，第 XLVIII 左页），提到了许多当时的艺术家注意到了维特鲁威的比例规则，但莱昂纳多并不在其中。

33 参见本书第 35 页（页码待定）。

34 'Et in la supra data figura del corpo humano: per li quali symmetriati membri si po ut diximus sapere commensurare tute le cose che sono nel mundo.' 同上，第 L 卷左页。

35 同上，对开本，第 LXIII 页。

36 同上，对开本，第 LXXIIIL 页。

37 参见威特科尔（Wittkower）（1962 年），第 92 页，图版 32a，32c；为圣塞尔索教堂（S. Celso）所作的奉献给切萨利亚诺的设计其复原设计见于：博尔西（Borsi）（1978 年），图版 LXX，LXXI。

38 'In questa lectione Vitruvio dopoi ne ha dato il modo di sapere construre tuti li supra dicti aedificii [i.e. basilicas]'，切萨里亚诺（Cesariano），1521 年，对开本，第 LXXIIII 页左页。

39 维特鲁威（M. Vitruvio），《建筑十书》（*De Architectura libri decem*），*summa diligentia recogniti, atque excusi. Cum nonnullis figuris sub hoc signo positis nunquam antea impressis ...*，里昂（Lyon），1523 年。

40 乔贡多（Giocondo），1523 年，对开本，第 12 页及以后。

41 同上，对开本，第 39 页左页，第 46 页，第 46 页左页，第 98 页。

42 同上，对开本，第 60 页。

43 M. L Vitruvio Pollione de Architectura traducto di Latino in Vulgare... da niuno altro fin al presente facto ad immensa utilitate di ciascuno studioso，威尼斯，1524 年。

44 迭戈·德·萨格雷多（Diego de Sagredo），*Medidas del Romano: necessarias a los officiales que quieren seguir las formaciones de las basas coluñas capiteles y otras pieças de los edificios antiguos*，托莱多（Toledo），1526 年；奈杰尔·卢埃林（Nigel Llewellyn），"迭戈·德·萨格雷多的两条注释"（Two notes on Diego da Sagredo），《瓦尔堡和考陶尔德研究院学报 XL 期》（*Journal of the Warburg and Courtauld Institutes XL*），1977 年，第 292-300 页。

45　特别参见瓦格奈提（Vagnetti）和玛库西（Marcucci）（1978 年），通篇（passim）。

46　*Architettura con il suo commento et figure, Vetruvio in volgar lingua raportato per M. Gianbatista Caporali di Perugia*，佩鲁贾（Perugia），1536 年（影印再版，佩鲁贾，1985 年）。

47　这一文本的现代版本[准确的翻译见：丰塔纳（Fontana）（1933 年），第 315 页]，载：古斯塔沃·焦万诺尼（Gustavo Giovannoni），《小安东尼奥·达·桑迦洛》（*Antonio da Sangallo il Giovane*），I，罗马，1959 年，第 394-397 页；保拉·巴罗基（Paola Barocchi），《16 世纪的艺术著述 III》（*Scritti d' arte del Cinquecento*, III），1977 年，第 3028-3031 页。

48　载：保拉·巴罗基（Paola Barocchi）（编辑），《16 世纪的艺术著述 III》（*Scritti d' arte del Cinquecento*, III），1977 年，第 3037-3046 页；附有山德罗·贝内代蒂（Sandro Benedetti）和托马索·斯卡莱赛（Tommaso Scalesse）所做注解的文本，见：《彼得罗·卡塔尼奥-雅科伯·巴罗齐·达·维尼奥拉，著作》（*Pietro Cataneo-Giacomo Barozzi da Vignola, Trattati*），埃琳娜·巴锡等（Elena Bassi et al）编辑，米兰，1985 年，第 31-61 页。

49　*Guglielmi Philandri Castilioni Galli Civis Ro. in Decem Libros M. Vitruvii Pollionis De Architectura Annotatione...*，罗马，1544 年（多种版本）。

50　*Architecture ou Art de bien bastir, de Marc Vitruve Pollion... par Jan Matin Secretaire de Monseigneur le Cardinal de Lenoncourt*，巴黎，1547 年[影印再版，法国葛瑞格（Gregg），1964 年]。

51　图片来源的确认，见：皮埃尔·迪·科隆比耶（Pierre du Colombier），"让·古琼和 1547 年的维特鲁威（译本）"（Jean Goujon et le Vitruve de 1547），《美术学院公报 V》（*Gazette des Beaux-Arts V*），1931 年，第 155-178 页。

52　马丁（1547 年），对开本，第 75 页左页，第 77 页左页，第 78 页左页。

53　同上，对开本，第 2 页左页，第 3 页左页。

54　关于马坎托尼奥·雷蒙迪（Marcantonio Raimondi）在雕版方面的知识，其中表现在了一个有女像柱的立面，这可能不仅是卢浮宫 1550/1551 年由古琼设计的女像柱的来源，也是他在 1547 年所绘有关维特鲁威著作附图的来源。

55　参见皮埃尔·迪·科隆比耶（Pierre du Colombier），《让·古琼》（*Jean Goujon*），巴黎，1949 年，第 87 页及以后；克里斯蒂安·奥拉尼耶（Christiane Aulanier），《女像柱（卢浮宫博物馆和宫殿的历史）》[*La salle des Caryatides (Histoire du Palais et da Musée du Louvre)*]，巴黎，1957 年，第 11 页及以后。

56　参见迪·科隆比耶（du Colombier）（1949 年），第 96 对开页；克里斯蒂安·奥拉尼耶（Christiane Aulanier）（1957 年），第 17 页。

57　马丁（Martin）（1547 年），对开本，第 28 页，第 28 页左页。

58　同上，对开本，第 35 页。

59　同上，对开本，第 37 页左页，第 38 页。

60　同上，索引附录（不是对开页）。

61　*Vitruvius Teutsch... erstmals verteutscht, und in Truck verordnet durch D. Gualtherum H. Rivium Medi & Math. vormals in Teutsche sprach zu transferiren noch von niemand sonst understanden sonder fur unmüglichen geachtet worden*，纽伦堡，1548 年；再版，附有埃里克·福斯曼（Erik Forssman）所写的导言，希尔德斯海姆-纽约，1973 年。

62　*M. Vitruvii, viri suae professioinis peritissimi de Architectura libri decem ... per Gualtherium H. Ryff Argentinum medicum*，斯特拉斯堡（Strassburg），1543 年。

63　《维特鲁威德语版》（*Vitruvius Teutsch*），1548 年，前言。

64　'alle künstliche Handwercker, Werckmeister, Steinmetzen, Baumeister, Zeug- und Büxenmeister, Brunnenleytere, Berckwercker, Maler, Bildhauer, Goltschmide, schreiner und alle die welche sich des Zirckels und Richtscheids künstlichen gebrauchen'.. 'durch das wortlin Architectur eine solche kunst verstanden werden, die mit vilfeltigen anderen Kunsten dermassen geziert ist, das der, so diser kunst erfaren ist, ... , alles das, was uns zu zeitlicher und leiblicber unterbaltung zur noturffi, lust und nutzbarkeit reicben mag, füglichen und aus gutem Verstand in das Werck zu ordnen und bauen.'

65　参见海因里希·勒廷格（Henrich Röttinger），《建筑木版画和沃尔特·里维尔斯的维特鲁威德语版》（*Die Holzschnitte zur Architektur und zum Vitruvius Teutsch des Walther Rivius*），斯特拉斯堡，1914 年；勒廷格（Röttinger）提及插图画家维尔吉尔·索利斯（Virgil Solis），约尔格·彭茨（Jörg Pencz），汉斯·布罗扎姆尔（Hans Brosamer）和汉斯·斯普林金克利（Hans Springinklee）。关于维尔吉尔·索利斯（Virgil Solis）的贡献，参见伊尔莎·欧戴尔-弗兰克(Ilse O' Dell-Franke)，《维尔吉尔·索利斯工作室的铜版画和画作》（*Kupferstiche und Radierungen aus der Werkstatt des Virgil Solis*），威斯巴登（Wiesbaden），1977 年，第 50、60 页。

66　里维尔斯（Rivius）（1548 年），对开本，第 LXXXIIII 页左页。

67　同上，对开本，第 CCIX 页。

68　同上，对开本，第 LXII 页左页。

69　乔万尼·巴蒂斯塔·伯塔尼（Giovanni Battista Bertani），*Gli oscuri e difficili passi dell' opera jonica di Vitruvio*，意大利曼图亚（Mantua），1558 年；参见弗朗切斯科·佩拉蒂（Francesco Pellati），"乔万尼·巴蒂斯塔·伯塔尼，建筑师，画家，维特鲁威的注释者"（Giovanni Battista Bertani. Architetto, pittore, commentatore di Vitruvio），*Scritti in onore di Mario Salmi*，罗马 1963 年，III，第 31-38 页；瓦格奈提（Vagnetti）和玛库西（Marcucci）（1978 年），第 63 对开页。

70　在佩拉蒂（Pellati）著作中的图版（1963 年），第 33 页，图版 1。

71 弗朗切斯科·萨尔维蒂（Francesco Salviati），*Regola di far perfettamente col compasso la voluta del capitello ionico e d'ogn' altra sorte*，威尼斯，1552 年。

72 乔万安东尼奥·鲁斯科尼（Giovanantonio Rusconi），"建筑学……附 Centosessanta 图……维特鲁威论著的第二书……十书"（*Della architettura...con Centosessanta Figure...secondo i Precetti di Vitruvio... libri dieci*），威尼斯，1590 年（影印本，再版，1968 年）。

73 关于鲁斯科尼（Rusconi），参见温琴佐·丰塔纳（Paolo Fontana），'"Arte" e "Isperienza" nei Trattati d'architettura Veneziani del Cinquecento'，《建筑 8》（*Architectura 8*），1978 年，第 60 页及以后；瓦格奈提（Vagnetti）和玛库西（Marcucci）（1978 年），第 72 对开页；展览目录，《16 世纪威尼斯的建筑学和乌托邦》（*Architettura e Utopia nella Venezia del Cinquecento*），米兰，1980 年，第 181 页，目录第 182 号；第 208 页，目录第 249 号；贾恩卡洛·卡塔尔迪（Giancarlo Cataldi），"起源，关于建筑的经典论著"（Le origini, dell'architettura nella trattatistica classica），《建筑研究和文献 II》（*Studi e documenti d'architettura II*），1983 年，第 39-54 页；安娜·贝东（Anna Bedon），"乔万·安东尼奥·鲁斯科尼的'维特鲁威'"（Il 'Vitruvio' di Giovan Antonio Rusconi），《艺术历史研究 19》（*Ricerche di Storia dell'Arte 19*），1983 年，第 84-90 页。

74 鲁斯科尼（Rusconi），1590 年，第 24 页及以后。

第六章注释

1 塞巴斯蒂亚诺·塞利奥（Sebastiano Serlio），《博洛尼亚的塞巴斯蒂亚诺·塞利奥之建筑与透视全集……分成七本书》（*Tutte l'opere d'architettura et prospettiva di Sebastiano Serlio Bolognese...diviso in sette libri*），威尼斯，1619 年[法国葛瑞格（Gregg）再版，1964 年]，第四书，致读者前言，对开本第 126 页。

2 同上，第二书序言，对开本第 18 页。

3 关于塞利奥最重要的著作：朱利奥·卡洛·阿尔甘（Giulio Carlo Argan），"塞巴斯蒂亚诺·塞利奥"（Sebastiano Serlio）[首次出现于：《艺术 XXXV》（*L'Arte XXXV*），1932 年，第 183-199 页]和："塞巴斯蒂亚诺·塞利奥的《非常之书》"（*Il "Libro Extraordinario" di Sebastiano Serlio*）（1933 年），见：阿尔甘，《研究和注释，从伯拉孟特到卡诺瓦》（*Studi e note dal Bramante a Canova*），罗马，1970 年，第 45-70 页；路德维希·H·海登里希（Ludwig H. Heydenreich），"塞巴斯蒂亚诺·塞利奥"（Sebastiano Serlio），见：蒂梅-贝克尔（Thieme-Becker），《艺术家大百科全书 30》（*Allgemeines Lexikon der bildenden Künstler 30*），1936 年，第 513-515 页；威廉·贝尔·丁斯莫尔（William Bell Dinsmoor），"塞巴斯蒂亚诺·塞利奥的传世之作"（The Literary Remains of Sebastiano Serlio），《艺术公报 XXIV》（*The Art Bulletin XXIV*），1942 年，第 55 页及以后，第 115 页及以后；埃里克·福斯曼（Erik Forssman），《柱式和装饰》（*Säule und Ornament*），斯德哥尔摩，1956 年，第 66 页及以后；朱利叶斯·冯·斯克劳瑟（Julius von Schlosser），《艺术写作》（*La letteratura artistica*）（1924 年），佛罗伦萨-维也纳，1964 年第 3 版，第 406 页及以后，第 418 页及以后；斯坦尼斯瓦夫·维林斯基（Stanislaw Wilinski）撰写的各种文章，见：《建筑学 "安德烈亚·帕拉第奥" 国际研究中心学报》（*Bollettino del Centro Internazionale di Studi di Architettura "Andrea Palladio"*），1964 年及以后；麦克·罗斯奇（Marco Rosci），《塞巴斯蒂亚诺·塞利奥的建筑论著》（*Il trattato di architettura di Sebastiano Serlio*），米兰，未注明出版日期[1967 年；连同塞利奥第六书（Sesto Libro）的摹本]；保罗·马可尼（Paolo Marconi），"一个城市要塞的布置，塞巴斯蒂亚诺·塞利奥鲜为人知的第八书"（Un progetto di città militate. L'VIII libro inedito di Sebastiano Serlio），*Controspazio* I，1969 年，注释 1，第 51-59 页；注释 3，第 53-59 页；米拉·南·洛森费尔迪（Myra Nan Rosenfeld），"维也纳国家图书馆塞巴斯蒂亚诺·塞利奥为建筑第七书作的图版"（Sebastiano Serlio's Drawings in the Nationalbibliothek in Vienna for the Seventh Book on Architecture），《艺术公报 LVI 期》（*The Art Bulletin LVI*），1974 年，第 400-409 页；作者同上，《塞巴斯蒂亚诺·塞利奥论本国建筑》（*Sebastiano Serlio on Domestic Architecture*），纽约，1978 年；另参见西罗·路易吉·安齐维诺（Ciro Luigi Anzivino）所著的参考书目，《雅科伯·巴罗齐·达·维尼奥拉和 16 世纪意大利建筑师》（*Jacopo Barozzi il Vignola e gli architetti italiani del Cinquecento*），维尼奥拉，1974 年，第 192-196 页；休伯特斯·贡特尔（Hubertus Günther），"研究塞巴斯蒂亚诺·塞利奥在威尼斯的岁月"（Studien zum venezianischen Aufenthalt des Sebastiano Serlio），《慕尼黑造型艺术年鉴》（*Münchner Jahrbuch der bildenden Kunst*），系列三，XXXII，1981 年，第 42-94 页；休伯特斯·贡特尔，"庞贝的柱廊，对塞巴斯蒂亚诺·塞利奥第三书中的一个文艺复兴的古建筑及其改建的考古学研究"（Porticus Pompeji. Zur archäologischen Erforschung eines antiken Bauwerks in der Renaissance und seine Rekonstruktion im dritten Buch des Sebastiano Serlio），《艺术历史杂志 44》（*Zeitschrift für Kunstgeschichte 44*），1981 年，第 358-398 页；克里斯托夫·托尼斯（Christof Thoenes）（编辑），《塞巴斯蒂亚诺·塞利奥的建筑论著》（*Sebastiano Serlio*），米兰 1989 年；马里奥·卡尔博（Mario Carpo），《面具和典范，塞巴斯蒂亚诺·塞利奥〈非常之书〉的建筑理论和传播》（*La maschera e il modello. Teoria architettonica ed evangelismo nell'Extraordinario Libro di Sebastiano Serlio*）（1551 年），米兰 1993 年。

4 塞利奥（Serlio）（1619 年），第四书序言，对开本第 126 页。

5 按照出版的顺序，可参见丁斯莫尔（Dinsmoor）（1942 年），罗斯奇（Rosci）（1967 年），洛森费尔迪（Rosenfeld）（1978 年）。

6 关于第七书可特别参见洛森费尔迪（Rosenfeld）（1974 年）。

7 关于这些书的翻译可特别参见斯克劳瑟（Schlosser）（1964 年），第 418 页。

8　塞巴斯蒂亚诺·塞利奥（Sebastiano Serlio），《建筑学第一书》（*Libro primo d'architettura*）等，威尼斯1566年，弗朗切斯科·迪·法兰切斯基（Francesco de' Franceschi）为达尼埃莱·巴尔巴罗（Daniele Barbaro）所作的献词。在此版本中缩小了插图的尺寸。

9　塞巴斯蒂亚诺·塞利奥，《关于建筑五书……》（*Von der Architectur Fünff Bucher ...*），巴塞尔，1608年。

10　'ε più necessario de gli altri per la cognitione delle differenti maniere de gli edificij, ε de' loro ornamenti.' 塞利奥（Serlio）（1619年），第四书前言，第126页。

11　应注意到维特鲁威（IV.i）仅提及了三种"类型"（genera），多立克，爱奥尼和科林斯，并未认可塔斯干柱式是一种"类型"（genus），仅提及了"tuscanae dispositiones"（IV.vii）。阿尔伯蒂（VII.vi）首次认可混合式是一种独立的柱式，他将其称为"意大利的"（Iitalian）。在《建筑五柱式》（*I cinque ordini architettonici*）一书献给阿尔伯蒂的赞美词中，见第三章，注解50。拉斐尔（Raphael），在那封众所皆知的写给 Leo X 的信中，谈及五柱式（cinque ordini che usavano li antiqui）时就好像已经得到了完善的确立。[保拉·巴罗基（Paola Barocchi），《论16世纪艺术》（*Scritti d'arte del Cinquecento*），卷三，米兰 - 那不勒斯，1977年，第2983页]。塞利奥对塔斯干柱式的见解，可参见詹姆斯·S·阿克曼（James S. Ackerman），"The Tusca/Rustic Order: A Study in the Metaphorical Language of Architecture"，《建筑史学家学报 XLII》（*Journal of the Society of Architectural Historians XLII*），1983年，第15-34页；关于柱式也可参见埃里克·福斯曼（Erik Forssman），《多立克，爱奥尼，科林斯》（*Dorisch, Jonisch, Korinthisch*），斯德哥尔摩，1961年。关于塞利奥一个重要的原始资料是最近在巴黎国际图书馆（Bibliothèque Nationale, Paris）出版的原稿，第473页斜体字；参见弗拉迪米尔·尤伦（Vladimir Juřen），'Un traité inédit sur les ordres d'architecture et le problème des sources du Libro IV de Serlio'，*Monuments et Mémoires publiés par l'Académie des Inscriptions et Belles-Lettres* 64，1981年，第195-239页。

12　塞利奥（1619年），第四书序言，第126页。

13　'darò a gli huomini, secondo lo stato, ε le professioni loro.' 同上，第126页。

14　'una quasi quinta maniera'...'il quale non ha potuto abbracciar il tutto.' 同上，第183页。

15　塞利奥（Serlio），同上，第133页。

16　在这一背景下塞利奥（Serlio）（同上，第133页）意味深长地提及了朱利奥·罗马诺（Giulio Romano）在意大利曼图亚（Mantua）的 Palazzo del Tè。

17　塞利奥（Serlio），同上，对开本第147页左页。

18　'la maggior parte de gli huomini appetiscono il più delle volte cose nuove.' 同上，《第六书》[（Il Sesto libro）《非常之书》（*Libro Extraordinario*）]，对开本第2页。

19　塞利奥（Serlio），同上，第四书，第153页及其后。

20　参见塞利奥（Serlio），同上，对开本第161页左页及其后。在《非常之书》（*Libro Extraordinario*）（对开本第2页）中塞利奥对维特鲁威的态度是非常清楚的：'Ma o voi Arcbitettori fondati sopra la dottrina di Vitruvio（la quale sommamente io lodo，ε dalla quale io non intendo allontanarmi molto...）'。《第六书》（*Il Sesto libro*），1619年，对开本第2页。

21　'alcuni luoghi nell'Architettura, a i quali posson essere date quasi certe regole'。同上，第四书，对开本第187页。

22　同上，对开本第191页左页及其后。

23　同上，第三书，序言，对开本第30页。

24　同上，第三书，对开本第64页左页。

25　'bench'ella non si fece in opera, laquale andava accordata con l'opera vecchia'。同上，第67页。

26　同上，对开本第121页及其后。

27　同上，对开本第93页。

28　'cose de i Greci'...'forse che supereriano le cose de i Romani'...'maravigliosissime cose dell' Egitto'...'sogni ε chimere'。同上，对开本第123页左页。

29　同上，第二书，前言，对开本第18页左页。

30　同上，第44页及其后。

31　参见如汉斯·海因里希·博尔夏特（Hans Heinrich Borchardt），《中世纪和文艺复兴的欧洲剧场建筑》（*Das europäische Theater im Mittelalter und in der Renaissance*）（1935年），德国莱因贝克（Reinbek），1969年，第113页及其以后。

32　'perchè la forma tonda è la più perfetta di tutte le altre.' 塞利奥（1619年），第五书，对开本第202页。

33　'tanti ornamenti .... di tanti cartocci, volute ε di tanti superflui'。同上，《第六书》[（Il Sesto libro）《非常之书》（*Libro Extraordinario*）]，对开本第2页。

34　同上，第七书，第70页。

35　同上，第156对开页，第168-171页。

36　'cosa che è molto contraria alla buona Architettura'。同上，第156页。

37　这些手稿之间的相互关联可参见罗斯奇（Rosci）（1967年）和洛森费尔迪（Rosenfeld）（1978年）。

38　特别参见他宣称的目标：'io intendo di accompagnare la commodità francese al costume ed ornamento italiano'，塞利奥，第六书，洛森费尔迪（Rosenfeld）编（1978年），图版 II 的原文。

39　'piùcose licensiose che regolari segondo la dotrina di Vitruvio'。塞利奥，第六书，罗斯奇（Rosci）编辑（1967年），对开本第74页。

40　《古籍抄本图版190》(Cod. Icon. 190)。特别参见马可尼（Marconi）（1969年），海因里希·维舍曼（Heinrich Wischermann），'Castrametatio und Städtebau im 16. Jahrhundert: Sebastiano Serlio', Bonner Jahrbücher des Rheinischen Landesmuseums in Bonn 175，1975年，第171-186页。洛森费尔迪（Rosenfeld）（1978年），第35页及其后；展会书目：《16世纪威尼斯的建筑学和乌托邦》（Architettura e Utopia nella Venezia del Cinquecento），总督宫（Palazzo Ducale），米兰，1980年，第173页及其后，注解173；琼·温格德琳·约翰逊（June Gwendolyn Johnson），'Sebastiano Serlio's Treatise on Military Architecture'[巴伐利亚州立图书馆，慕尼黑，《古籍抄本图版190》（Codex Icon. 190）]，博士论文，加利福尼亚大学，洛杉矶，1984年。

41　洛森费尔迪（Rosenfeld）（1978年）对丢勒的背景进行了评论（第35页及其后）。

42　关于塞利奥的历史评价，可参见罗斯奇（Rosci）（1967年），第一章。

43　从一个现代的视角来看塞利奥，可参见阿尔甘（Argan）（1932年）。

44　参见如耶日·科瓦尔奇克（Jerzy Kowalczyk）所作的塞利奥对波兰手法主义（Polish Mannerist）和巴洛克建筑影响的研究，Sebastiano Serlio a sztuka Polska[附意大利语简介（with Italian résumé）]，波兰弗罗茨瓦夫（Wroclaw），1973年。

45　安东尼奥·拉巴科（Antonio Labacco），*Libro appartenente al'architettura nel qual si figurano alcune notabili antiquità di Roma*，罗马，1552年（本书著者使用的是罗马1587年的版本）。

46　拉巴科（1567年）（Labacco），图版26-28。拉巴科对图版26作了如下注释：'La pianta qui sotto dimostrata è moderna, di nostra inventione, insieme col suo dirito qual si dimostra nella seguente carta: et benche l'intentione nostra fusse di trattar solo di cose antiche, nondimeno ci è parso notarlo con l'altre cose, per util'e piacere di ciascuno studioso di quest'arte.' 沃尔夫冈·洛茨（Wolfgang Lotz）['Die ovalen Kirchenräume des Cinquecento'，《罗马艺术历史年鉴7》（Römisches Jahrbuch für Kunstgeschichte 7），1955年，第22页]以及证明拉巴科的设计是剽窃自小安东尼奥·达·桑迦洛（Antonio da Sangallo the Younger）为罗马的 S. Giovanni dei Fiorentini 所做的设计。

47　保罗·马可尼（Paolo Marconi），《论16世纪艺术》（Scritti d'arte del Cinquecento），第三卷，米兰-那不勒斯，1977年，第3555页及其后（连同参考书目）。可参见一个重要的新版本：彼得罗·卡塔尼奥（Pietro Cataneo），《建筑》（L'architettura）（1567年），埃琳娜·巴锡（Elena Bassi）和保罗·马里尼（Paola Marini）编辑，见：《彼得罗·卡塔尼奥-雅科伯·巴罗齐·达·维尼奥拉，著作》（Pietro Cataneo-Giacomo Barozzi da Vignola, Trattati），埃琳娜·巴锡等编，米兰，1985年，第163-498页。

48　'La più bella parte dell'Architettura certamente serà quella, che tratta delle città.' 彼得罗·卡塔尼奥（Pietro Cataneo），《有关建筑的主要四书》（I quattro primi libi di architettura），威尼斯，1554年，献词。

49　同上，对开本第6页及其后。

50　同上，对开本第17页。很明显卡塔尼奥（Cataneo）使用了同胞弗朗切斯科·迪·乔其奥（Francesco di Giorgio）的论文；参见后者的设计，载：弗朗切斯科·迪·乔其奥，《著作》（Trattati），克拉多·马尔塔斯（Corrado Maltese）编，卷1，米兰，1967年，图版10。只在卡塔尼奥的第二种版本中才包括军营的设计（1567年）。

51　可特别参见相关文献，见：Atti del XV Congresso di Storia dell'Architettura, L'architettura a Malta dalla preistoria all'Ottocento（1967年），罗马，1970年；J·昆廷·休斯（J. Quentin Hughes），The Building of Malta（1956年）和 Fortress, Architecture and Military History in Malta（1969年）。

52　卡塔尼奥（Cataneo）（1554年），对开本第35页左页。

53　参见安东尼·布伦特（Anthony Blunt），Artistic Theory in Italy 1450-1600（1940年），牛津大学，1962年，第130页；保拉·巴罗基（Paola Barocchi），《16世纪艺术论》（Trattati d'arte del Cinquecento），卷三，意大利巴里（bari），1962年，第383对开页。

54　'Avvenga che nessun corpo humano da quello di Giesu Cristo in poi oltre alla sua divina bontà, non fusse mai di proportione di persona perfetta.' 卡塔尼奥（Cataneo）（1554年），第36页。

55　卡塔尼奥（Cataneo）（1567年），第65页及其后。

56　同上，第108页及其后。

57　卡塔尼奥（1554年），对开本第1页。

58　同上，对开本第4页。

59　源自大量关于维尼奥拉的著作，可特别参见：玛丽亚·瓦尔歇·卡索蒂（Maria Walcher Casotti），《维尼奥拉》（Il Vignoia），2卷，特里艾斯帝（Trieste），1960年；参见文选《雅科伯·巴罗齐·达·维尼奥拉生平和著作》（La vita e le opere di Jacopo Barozzi da Vignola），维尼奥拉，1974年；可进一步参见西罗·路易吉·安齐维诺（Ciro Luigi Anzivino）所列的参考书目，雅科伯·巴罗齐·达·维尼奥拉和16世纪意大利建筑师》（Jacopo Barozzi il Vignola e gli architetti italiani del Cinquecento），维尼奥拉，1974年。

60　维尼奥拉（Jacomo Barozzi da Vignola），《透视实践的两条规则》（Le due regole della prospettiva pratica），罗马1583年[玛丽亚·瓦尔歇·卡索蒂（Maria Walcher Casotti）连同绪论影印再版，维尼奥拉，1974年]，可特别参见玛丽亚·瓦尔歇·卡索蒂所著文献，载：《维尼奥拉生平和著作》（La vita e le opere）等（1974年），第191页及其后，路易吉·瓦格奈提（Luigi Vagnetti），"自然的和人工的透视"（De naturali et artificiali perspectiva），《建筑研究和文献9-10》（Studi e documenti d'architettura 9-10），1979年，第321页及其后。

61　关于《五种柱式规范》（Regola delli cinque ordini）和其各种不同版本，可特别参见 A·G·斯皮内利（A.G. Spinelli），

"维尼奥拉传"（Biobibliografia dei due Vignola），载：《维尼奥拉的传记和研究》（*Memorie e studi intorno a Jacopo Barozzi*），维尼奥拉，1908 年，第 15 页及其后；克里斯托夫·托尼斯（Christof Thoenes）见：《维尼奥拉生平和著作》（*La vita e le opere di Jacopo Barozzi da Vignola*）（1974 年），第 179-189 页；同上，"维尼奥拉的'五种柱式规范'"（Vignolas "Regola delli cinque ordini"），《罗马艺术历史年鉴 20》（*Römisches Jahrbuch für Kunstgeschichte 20*），1983 年，第 345-376 页；玛丽亚·瓦尔歇·卡索蒂编辑的关于《规范》（*Regola*）一个重要的新版本（连同各版本的文献），载：《维尼奥拉，著作》（*Pietro Cataneo-Giacomo Barozzi da Vignola, Trattati*），埃琳娜·巴锡等编，米兰，1985 年，第 499-577 页。

62 'Come è detto il mio intento è stato di essere inteso solamente da quelli che habbino qualche introduttione nell'arte, et per questo non haveva scritto il nome a niuno de' membri particolari di questi cinque ordini presuponendoli per noti.' 维尼奥拉（Vignola）（1976 年），图版 3。

63 'al giudicio comune appaiono più belli'。同上。

64 同上。

65 'breve regola facile, et spedita'...'ogni mediocre ingegno ... in un'occhiata sola senza gran fastidio'。同上。

66 特别参见托尼斯（Thoenes）的分析（1983 年），第 352 页及其后。

67 参见同上，第 360 页及其后。

68 维尼奥拉（Vignola），图版 31；关于所罗门柱，可参见汉斯·沃尔夫冈·施密特（Hans-Wolfgang Schmidt），*Die gewundene Säule in der Architekturtheorie von 1500 bis 1800*，斯图加特，1978 年，特别是第 74 页及其后。

69 参见一个五种语言的版本，阿姆斯特丹，1642 年，连同一个详尽的附录，包括米开朗琪罗（Michelangelo）作品的图式；最后是十张图版，展示了壁炉架的设计，每一壁炉架上都展示了一个圣经的场景，在其中火充当了中心的部分——多少让人怀疑是一种对特伦托主教会议（Council of Trent）所颁布的教令的付诸实施。

第七章注释

1 根据大量关于帕拉第奥的著作，下列所选择的出版物的清单，其目的是将帕拉第奥作为建筑师从事的活动和其理论思想联系起来：鲁道夫·威特克沃（Rudolf Wittkower），*Architectural Principles in the Age of Humanism*（1949 年），伦敦，1962 年（德国：慕尼黑，1969 年）；埃里克·福斯曼（Erik Forssman），《帕拉第奥的启迪性建筑，研究安德烈亚·帕拉第奥的建筑与建筑理论之间的联系》（*Palladios Lehrgebäude. Studien über den Zusammenhang von Archirektur und Architekturtheorie bei Andrea Palladio*），斯德哥尔摩，1965 年；詹姆斯·S·阿克曼（James S. Ackerman），《帕拉第奥》（*Palladio*），英国哈蒙兹沃斯（Harmondsworth），1966 年；廖内洛·普波伊（Lionello Puppi），《安德烈亚·帕拉第奥》（*Andrea Palladio*），威尼斯，1973 年（德国：斯图加特，1977 年）；乌泽尔·贝格尔（Ursel Berger），《帕拉第奥的早期建筑和设计作品》（*Palladios Frühwerk Bauten und Zeichnungen*），科隆—维也纳，1978 年；廖内洛·普波伊（编辑），《帕拉第奥和威尼斯》（*Palladio e Venezia*），佛罗伦萨，1982 年；《帕拉第奥 400 周年，研讨会，德国乌帕塔尔综合大学》（*Vierhundert Jahre Andrea Palladio. Colloquium, Gesamthochschule Wuppertal*），海德堡，1982 年；《建筑学"安德烈亚·帕拉第奥"国际研究中心学报》（*Bollettino del Centro Internazionale di Studi di Architettura "Andrea Palladio"*）（自此后皆引作 Bollettino CISA）中的各种文章，维琴察（Vicenza），1959 年及其后。

2 关于特里希诺（Trissino），可特别参见贝尔纳多·莫尔瑟林（Bernardo Morsolin），《詹乔治·特里希诺》（*Giangiorgio Trissino*），维琴察，1878 年（佛罗伦萨，1894 年）；圭多·皮奥韦内（Guido Piovene），"特里希诺和帕拉第奥在人文主义时期的维琴察"（Trissino e Palladio nell'umanesimo vicentino），Bollettino CISA V，1963 年，第 13-23 页；威特克沃（Wittkower）（1969 年），第 51 页及其后；廖内洛·普波伊（Lionello Puppi），"别墅信函：詹乔治·特里希诺之于克利科里"（Un letterato in Villa: Giangiorgio Trissino a Cricoli），《威尼斯艺术 XXV》（*Arte Veneta XXV*），1971 年，第 72-91 页；乌泽尔·贝格尔（Ursel Berger）（1978 年），第 9 页及其后；弗朗哥·巴尔别里（Franco Barbieri），"詹乔治·特里希诺和安德烈亚·帕拉第奥"（Giangiorgio Trissino e Andrea Palladio），载：内里·波扎（Neri Pozza）（编辑），《詹乔治·特里希诺研究集》（*Convegno di Studi su Giangiorgio Trissino*），维琴察，1980 年，第 191-211 页。

3 安德烈亚·帕拉第奥（Andrea Palladio），《建筑四书》（*I quattro libri dell'architettura*），威尼斯，1570 年，第一书，第 5 页。

4 'E quel cortile e circondato intorno Di larghe logge, con colonne tonde Che son tant'alte, quanto a la larghezza Del pavimento, e sono grosse ancora L'ottava parte, e piu di quella altezza. Et ban sovr'esse capitei d'argento Tant'alti, quanto la colonna e grossa; E sotto han spire di metal, che sono Per la meta del capitello in alto.' 特里希诺（Trissino），《意大利打败野蛮人》（*L'Italia liberata dai Goti*），第四书，威特克沃（Wittkower）摘录（1969），第 52 页。

5 威特克沃（Wittkower）（1969 年），第 52 页。

6 参见 S·鲁莫尔（S. Rumor），"克利科里别墅"（Villa Cricoli），*Archivio Veneto Tridentino*，1926 年，I，第 202-216 页；A·M·戴拉·波扎（A.M. Dalla Pozza），《安德烈亚·帕拉第奥》（*Andrea Palladio*），维琴察，1943 年，第 51 页；普波伊（Puppi）（1971 年）；塞利奥（Serlio）关于别墅和特里希诺之间的关联，可参见休伯特斯·贡特尔（Hubertus Günther），"研究塞巴斯蒂亚诺·塞利奥在威尼斯的岁月"（Studien zum venezianischen Aufenthalt des Sebastiano Serlio），《慕尼黑造型艺术年鉴》（*Münchner Jahrbuch der bildenden Kunst*），系列三，XXXII，1981 年，第 47 页及其后。

7　威特克沃（Wittkower）（1969年），第53页。乌泽尔·贝格尔（Ursel Berger）（1978年，第10页）已经证明别墅的
　　教学功能直到特里希诺（Trissino）去世才显现出来。关于它作为一所"学院"的使用率，可参见奥塔维奥·贝尔托蒂·斯
　　卡莫齐（Ottavio Bertotti Scamozzi），*Il Forestiere istruito...della Città di Vicenza*，维琴察，1761年，第107页。

8　塞利奥（Serlio）（1619年；见前文第六章，注解1），第三书，第121页背面；参见福斯曼（Forssman）（1965年），
　　第14对开页；普波伊（Puppi）（1971年，第83页及其后）将凉廊归为特里希诺和塞利奥，是因为它和塞利奥的木版画有
　　着密切的关联。

9　首次出版，载：诺泽·佩萨洛-贝尔托利尼（Nozze Pesaro-Bertolini）：《G·G·特里希诺，关于建筑学的片断文字》（*G.
　　G. Trissino, Dell' Architettura Frammento*），维琴察，1878年；再版，载：G·G·特里希诺（G.G. Trissino），《文
　　选》（*scritti scelti*），A·斯卡尔帕（A. Scarpa）编辑，维琴察，1950年；新版本，载：廖内洛·普波伊（Lionello
　　Puppi），《16世纪维琴察建筑理论家》（*Scrittori vicentini d' architettura del secolo*），维琴察，1973年，第79页及其后
　　（原文第82页及其后），关于时间的断定，第81页。另见：保拉·巴罗基（Paola Barocchi）（编辑），《论16世纪艺
　　术》（Scritti d'arte del Cinquecento），第3卷，米兰-那不勒斯，1977年，第3032-3036页；卡米洛·塞门扎托（Camillo
　　Semenzato）所著的重要的版本，载：《彼得罗·卡塔尼奥-雅科伯·巴罗齐·达·维尼奥拉，著作》（*Pietro Cataneo-
　　Giacomo Barozzi da Vignola, Trattati*），埃琳娜·巴锡（Elena Bassi）等合编，米兰，1985年，第19-29页。

10　'La architettura è un artificio circa lo habitare de li homini, che prepara in esso utilità e dilettazioni'. 特里希诺（Trissino），引自
　　普波伊（Puppi）（1973年），第82页。

11　同上，第83页。

12　关于科尔纳罗（Cornaro）可特别参见朱塞佩·菲奥科（Giuseppe Fiocco），《阿尔维斯·科尔纳罗，生平和著作》（*Alvise
　　Cornaro. Il suo tempo e le sue opere*），维琴察，1965年；连同科尔纳罗著作和信件的原文。另参见弗里茨-欧金·凯勒（Fritz-
　　Eugen Keller），'Alvise Cornaro zitiert die Villa des Marcus Terentius Varro in Cassino'，《艺术14》（*L'Arte 14*），1971年，
　　第29-53页；展会书目《阿尔维斯·科尔纳罗和他的时代》（*Alvise Cornaro e il suo tempo*），帕多瓦，1980年。

13　关于法尔科内托（Falconetto），参见埃里克·福斯曼（Erik Forssman），"法尔科内托和帕拉第奥"（Falconetto e Palladio），
　　Bollettino CISA VIII，2，1966年，第52-67页，特别见冈特·施维卡特（Gunter Schweikhart），"乔瓦尼·马里亚·
　　法尔科内托作品研究"（Studien zum Werk des Giovanni Maria Falconetto），《帕多瓦市立博物馆学报 LVII》（*Bollettino del
　　Museo Civico do Padova LVII*），1968年（1969年特刊）。

14　施维卡特（Schweikhart）（1969年），第20页及其后。

15　'Gentil huomo di eccellente giudizio, come si conosce dalla bellissima loggia, ε dalle ornatissime stanze fabricate da lui per la sua habitatione
　　in Padova.' 帕拉第奥（1570年），第一书，第61页。

16　菲奥科（Fiocco）（1965年），第156页及其后，第162页及其后；巴罗基（Barocchi）（编辑），《论16世纪艺术》
　　（*Scritti d'arte del Cinquecento*），第3卷，1977年，第3134-3161页；保罗·卡尔佩贾尼（Paolo Carpeggiani）（编
　　辑），《阿尔维斯·科尔纳罗，建筑著作》（*Alvise Cornaro. Scritti sull'architettura*），帕多瓦，1980年。

17　参见保罗·卡尔佩贾尼（Paolo Carpeggiani），载：展会书目《阿尔维斯·科尔纳罗和他的时代》（*Alvise Cornaro e il suo
　　tempo*）（1980年），第29页。

18　菲奥科（Fiocco）（1965年），第156页。

19　'et oltre a ciò una fabrica può ben esser bella, et commoda, et non esser nè Dorica nè di alcuno de tali ordini...' 同上。

20　'io lauderò sempre più la fabrica honestamente bella, ma perfettamente commoda, che la bellissima et incommoda...' 同上。

21　同上，第162页。

22　'mi servirò di quei nomi, che gli artefici hoggidi communamente usano.' 帕拉第奥（1570年），第一书，第6页。

23　可参见菲奥科（Fiocco）（1965年）中的证据，第77页。

24　同上，第156页。

25　同上，第187页。

26　关于巴尔巴罗（Barbaro），可参见威特克沃（Wittkower）（1969年），第57页及其后。瓦西里·帕夫洛维齐·佐波夫
　　（Vassili Pavlovitch Zoubov），'Vitruve et ses commentateurs du XVIᵉ siècle'，*Colloque international de Royaumont* 1957，巴
　　黎，1960年，第71页及其后（特别是关于巴尔巴罗的原始资料）；埃里克·福斯曼（Erik Forssman），"帕拉第奥和达
　　尼埃莱·巴尔巴罗"（Palladio und Daniele Barbaro），*Bollettino CISA* VIII/2，1966年，第68-81页；曼弗雷多·塔夫里
　　（Manfredo Tafuri），《威尼斯与文艺复兴》（*Venezia e il Rinascimemo*），柏林，1985年，第185页及其后；温琴佐·
　　丰塔纳（Vincenzo Fontana），《1556年的"维特鲁威"：巴尔巴罗，帕拉第奥，马尔科利尼》（*Il "Vitruvio" del1556:
　　Barbaro, Palladio, Marcolini*），载：*Trattati scientifici nel Veneto fra il XV e XVI secolo, Saggi e Studi*，恩佐·里昂达托（Enzo
　　Riondato）编辑，维琴察，1985年，第39-72页。

27　但不是所有的，巴尔巴罗（Barbaro）（1556年；见版本），第40页写道：'ne i dissegni de le figure importanti ho usato
　　l'opera di M. Andrea Palladio Vicentino Architetto.' 参见福斯曼（Forssman）（1966年），第68对开页。威尼斯马尔西亚
　　那图书馆（Bibl. Marciana, Venice）中的手稿副本，在修饰丰富的绘画中展现了各种手艺：参见展会书目《16世纪威尼斯的
　　建筑学和乌托邦》（*Architettura e Utopia nella Venezia del Cinquecento*），米兰1980年，第178页，注释177。

28　参见福斯曼（Forssman）的版本（1966年），第69对开页。进一步根据福斯曼的短评，应加上出自1556年版本的一幅木版
　　画在更大开本的1567年拉丁文版本中（第37页）再次使用。维特鲁威人的图式（第89页）和威尼斯的图景（第204页）

仅在 1567 年的拉丁版中得以保留。

29 巴尔巴罗（Barbaro）（1567 年；见版本），第 4 页。

30 'il principio dell'arte, che è lo intelletto humano, ha gran simiglianza col principio, che muove la natura, che è una intelligenza.' 同上，第 37 页。

31 同上，第 96 页及其后。

32 同上，第 11 页。

33 同上，第 14 页。

34 同上，第 4 页。

35 按照现作者的观点，温琴佐·丰塔纳（Vincenzo Fontana）过分强调了巴尔巴罗（Barbaro）新柏拉图派哲学（Neoplatonism）的重要性，'"Arte" e "Isperienza" nei Trattati d'Architettura Veneziani del Cinquecento'，《建筑 8》（*Architectura 8*），1978 年，第 49 页及其后。

36 帕拉第奥看来对巴尔巴罗（Barbaro）所作的维特鲁威著作译本中木版画的手法并不赞成；因此在《建筑四书》（*Quattro libri*）（1570 年）的第三书中，第 38 页，他复制了两幅维特鲁威重建的法诺巴西利卡的图（Virruvius's basilica of Fano），并加以注释：'io ne porrei qui i disegni, se dal Reverendissimo Barbaro nel suo Vitruvio non fossero stati fatti con somma diligenza.'

37 'vaghi disegni delle piante, di gli alzati, ε del profili, come ne lo esequire e far molti e superbi Edificij ne la patria sua, ε altrove che contendono con gli antichi, danno lume a moderni, e daran meraviglia a quelli che verranno.' 巴尔巴罗（Barbaro）（1556 年），第 40 页。

38 对于断定年代的争论，参见普波伊（Puppi），《安德烈亚·帕拉第奥》（*Andrea Palladio*），伦敦 1975 年，第 314 页及其后。

39 参见威特克沃（Wittkower）所作的分析（1969 年），第 109 对开页；关于巴尔巴罗（Barbaro）兄弟在别墅设计中可能的参与，可参见诺伯特·休斯（Norbert Huse），"帕拉第奥和巴尔巴罗别墅"（Palladio und die Villa Barbaro），载：'Maser: Bemerkungen zum Problem der Autorschaft'，《威尼斯艺术 XXVIII》（*Arte Veneta XXVIII*），1974 年，第 106-122 页。也可参见多纳塔·巴蒂洛蒂（Donata Battilotti），"马塞尔的巴尔巴罗别墅：一个艰难的庭院"（Villa Barbaro a Maser: un difficile cantiere），《艺术历史 53》（*storia dell'arte 53*），1985 年，第 33-48 页；英奇·杰克逊·赖斯特（Inge Jackson Reist），'Renaissance Harmony: The Villa Barbaro at Maser'，博士论文，哥伦比亚大学，纽约 1985 年。

40 达尼埃莱·巴尔巴罗（Daniele Barbaro），《透视实践……尤其适合画家、雕塑家和建筑师》（*La pratica della perspettiva ... opera molto utile a Pittori, Scultori, e ad Architetti*），威尼斯 1568/1569 年。

41 参见威特克沃（Wittkower）（1969 年），第 83 页及其后；曼弗雷多·塔夫里（Manfredo Tafuri），*Jacopo Sansovino e l'architettura del '500 a Venezia*，帕多瓦，1969 年（1972 年），第 24 页及其后；安东尼奥·福斯卡里（Antonio Foscari）和曼弗雷多·塔夫里，*L'armonia e i conflitti. La chiesa di San Francesco della Vigna nella Venezia del '500*，都灵，1983 年；里希斯科·马加尼亚托（Licisco Magagnato）所编辑的重要版本，载：《维尼奥拉，著作》（*Pietro Cataneo-Giacomo Barozzi da Vignola, Trattati*），埃琳娜·巴锡（Elena Bassi）等合编，米兰，1985 年，第 1-17 页。

42 弗朗切斯科·乔治（Francesco Giorgi），*De Harmonia Mundi totius cantica tria*，威尼斯，1525 年。

43 弗朗切斯科·乔治（Francesco Giorgi）（为圣弗朗切斯科·德拉·维尼亚教堂（S. Francesco della Vigna）所作的备忘录，1535 年），载：詹南托尼奥·莫斯基尼（Giannantonio Moschini），《威尼斯城市指南》（*Guida per la Città di Venezia*），卷一，威尼斯，1815 年，第 55-61 页；福斯卡里（Foscari）和塔夫里（Tafuri）（1983 年），第 208 页及其后。

44 参见路德维希·舒特（Ludwig Schudt），《罗马指南》（*Le Guide di Roma*），维也纳-奥格斯堡，1930 年，第 136 对开页。

45 关于帕拉第奥的预备草图和整个的项目工程，可特别参见詹乔治·佐尔齐（Giangiorgio Zorzi），《安德烈亚·帕拉第奥的古代建筑设计》（*I disegni delle antichità di Andrea Palladio*），威尼斯，1959 年，第 145 页及其后。（第 161 页及其后，复制了帕拉第奥残缺不全的草图）；海因茨·施皮尔曼（Heinz Spielmann），《安德烈亚·帕拉第奥和古迹》（*Andrea Palladio und die Antike*），慕尼黑，1966 年，第 26 页及其后，第 51 页及其后。

46 'Io dunque tratterò prima delle case private, ε verrò poi a publici edificij; e brevemente tratterò delle strade, dei ponti, delle piazze, delle prigioni, delle Basiliche, cioè luoghi del giudizio, del Xisti, e delle Palestre, ch'erano luoghi, ove gli huomini si esercitavano; dei Tempij, dei Theatri, ε degli Anfitheatri, degli Archi, delle Terme, degli Acquedotti, e finalmente del modo di fortificar le Città ε del Porti.' 帕拉第奥（1570 年），第一书，第 6 页。

47 施皮尔曼（Spielmann）（1966 年），第 51 对开页。

48 仅出版了帕拉第奥关于罗马浴室的图：伯灵顿伯爵理查德·博伊尔（Richard Boyle, Earl of Burlington），《安德烈亚·帕拉第奥在威尼斯的古代建筑设计》（*Fabbriche antiche disegnate da Andrea Palladio vicentino*），伦敦，1730 年（摹本再版于 1969 年）。

49 关于《建筑四书》（*Quattro libri*）的传播和翻译，参见德博拉·霍华德（Deborah Howard），'Four Centuries of Literature on Palladio'，《建筑史学家学报 XXXIX》（*Journal of the Society of Architectural Historians XXXIX*），1980 年，第 226 页及其后；也可参见里希斯科·马加尼亚托（Licisco Magagnato）和保罗·马里尼（Paola Marini）编辑的重要的一版中的异文合刊本，米兰，1980 年，第 69 页及其后。

50 歌德（Goethe），Tagebücher und Briefe Goethes aus Italien an Frau von Stein und Herder[《著作——歌德学会》（*Schriften der Goethe-Gesellschaft*），第 2 卷]，魏玛（Weimar），1886 年，第 128 页。

51 'Mi posi anco all'impresa di scriver gli avertimenti necessarij, che si devono osservare da tutti i belli ingegni, che sono desiderosi di edificar bene, ε leggiadramente...ardisco di dire, d'haver forse dato tanto di lume alle cose di Architettura in questa parte, che coloro, che dopo me verranno, potranno con l'esempio mio, esercitanto l'acutezza dei lor chiari ingegni.' 帕拉第奥（1570 年），第一书，第 3 页[致贾科莫·安加拉诺（Giacomo Angarano）的献辞]。

52 同上，第 5 页。

53 同上，第六页。

54 'correspondenza del tutto alle patti, delle patti fra loro, e di quelle al tutto'。同上，第 6 页。

55 同上，第 51 页。

56 同上，第 52 页。

57 关于帕拉第奥和维尼奥拉之间的关系，可参见马加尼亚托（Magagnato）和马里尼（Marini）关于帕拉第奥的版本（1980 年），第 422 页。

58 帕拉第奥（1570 年），第一书，第 22 页。

59 'E perche commoda si deverà dire quella casa, la quale sarà conveniente alla qualità di chi l'haverà ad habitare e le sue parti corrispoderanno al tutto, e fra se stesse.' 同上，第二书，第 3 页。

60 'Ma spesse volte fa bisogno all'Architetto accommodarsi più alla volontà di coloro, che spendono, che a quello, che si devrebbe osservare.' 同上。

61 《齐科尼亚抄本 3617》（*Cod. Cicogna 3617*），对开本第 14 页左页[威尼斯，科勒博物馆（Venice，Museo Correr）]：'Ma prima ch'io venga a i disegni [delle fabbriche] è conveniente ch'io faccia una giusta escusatione mia appresso i lettori, la quale à che in molte delle seguenti fabriche mi è stato bisogno obedire non tanto alla natura de i siti, quanto alla voluntà de i padroni, i quali, parte per conservare le fabbriche vecchie in piedi, parte per altri rispetti e voglie loro, hanno fatto ch'io mi sia partito in qualche parte da quello ch'io ho avvertito che si debba osservare e che havrei fatto, benché mi sia sforzato sempre appressarmeli più che habbi possuto.' 引自《帕拉第奥》，马加尼亚托-马里尼，1980 年编，第 31 页。

62 同上，第 4 页。

63 同上，第 8 页及其后。

64 'Il sito è degli ameni, e dilettevoli che si possono ritrovare: perche è sopra un monticello di ascesa facilissima, ε èda una parte bagnato dal Bacchiglione fiume navigabile, e dall'altra è circondato da altri amenissimi colli, che rendono l'aspetto di un molto grande Theatro, e sono tutti coltivati, ε abondanti di frutti eccellentissimo, ε di buonissime viti: Onde perche gode da ogni parte di bellissime viste, delle quali alcune sono terminate, alcune piu'lontane, ε altre, che terminano con l'Orizonte; vi sono state fatte le loggie in tutte quattro le faccie...' 帕拉第奥（1570），第二书，第 18 页。

65 同上，第 69 页。

66 同上，第三书，第 5 页。

67 同上。

68 同上，第 38 页及其后。

69 'Queste Basiliche de'nostri tempi sono in questo dall'antiche differenti; che l'antiche erano in tirreno, ò vogliam dire à pie piano: e queste nostre sono sopra i volti; ne'quali poi si ordinano le botteghe per diverse arti...' 同上，第 42 页。

70 同上，第 42 页。

71 'sernplice, uniforme, eguale, forte e capace...'...'Unità, la infinita Essenza, la Uniformità, ε la Giustitia di Dio'.同上，第四书，第 6 页。

72 同上，第 7 页。

73 'se si dipingeranno, non vi staranno bene quelle pitture, che con il significato loro alienino l'animo dalla contemplatione delle cose Divine; percioche non si dobbiamo nei Tempij partire dalla gravità...' 同上，第 7 页。

74 尽管推测帕拉第奥可能是通过蒂内家族（Thiene family）受到了新教徒改良主义（Protestant reformism，新教徒为 16 世纪脱离罗马天主教的基督教徒——译者注）的影响，但这些发现仍然是可以理解的；参见 Guglielmo De Angelis D'Osaat，"帕拉第奥和古迹"（Palladio e l'antichità），*Bollettino CISA* XV，1973 年，第 39 页及其后。

75 'Bramante sia stato il primo à metter in luce la buona, e bella Architettura, che da gli Antichi fin'a quel tempo era stata nascosta.' 帕拉第奥（1570 年），第四书，第 64 页。

76 帕拉第奥关于比例的观点，首先是由威特克沃（Wittkower）进行了系统的表述（1969 年），德博拉·霍华德（Deborah Howard）和马尔科姆·朗格尔（Malcolm Longair）进行了进一步的分析，'Harmonic Proportion and Palladio's Quattro Libri'，《建筑史学家学报 XLI》（*Journal of the Society of Architectural Historians XLI*），1982 年，第 116 页 -143 页。

77 施皮尔曼（Spielmann）根据广泛的材料非常清晰地描绘了美学和理论的影响（1966 年），第 97 页及其后；也可参见乌泽尔·贝格尔（Ursel Berger），"帕拉第奥出版自己的建筑，'第二书'探疑"（Palladio publiziert seine eigenen Bauten. Zur Problematik des "Secondo Libro"），《建筑 14》（*Architectura 14*），1984 年，第 20-40 页。

78 特别参见 J·R·哈勒（J.R. Hale），'Andrea Palladio, Polybius and Julius Caesar'，《瓦尔堡和考陶尔德研究院学报 XL》（*Journal of the Warburg and Courtauld Institutes XL*），1977 年，第 240-255 页；关于波利比乌斯（Polybius）的注释，最近在伦敦发现，于 1980 年第一次在威尼斯展出；参见展会书目《16 世纪威尼斯的建筑学和乌托邦》（*Architettura e Utopia nella*

Venezia del Cinquecento），米兰，1980 年，第 184 页，注释 188。

79 'tutti i siti delle Città, de' Monti, e de' Fiumi'. 关于波利比乌斯的注释的导言；哈勒（J.R.Hale）引用（1977 年），第 254
页。

第八章注释

1 特别参见韦贝尔·韦斯巴赫（Werner Weisbach），《巴洛克之于反宗教改革的艺术》（*Der Barock als Kunst der Gegenreformation*），柏林 1921 年；尼古拉斯·佩夫斯纳（Nikolaus Pevsner），"反宗教改革与手法主义"（Gegenreformation und Manierismus），《艺术科学宝库 46》（*Repertorium für kunstwissenschaft 46*）之间的争论，1925 年，第 243-262 页。

2 查尔斯·德若布（Charles Dejob），*De l'influence du Concile de Trente sur la littérature et les Beaux Arts chez les peuples catholiques*，巴黎，1884 年；安东尼·布伦特（Anthony Blunt），Artistic Theory in Italy 1450-1600（1940 年），牛津大学，1962 年，第 103 页及其后；所有论文的原文都发表在：保拉·巴罗基（Paola Barocchi），*Trattati d'arte del Cinquecento fra Manierismo e Controriforma*，三卷本，意大利巴里（Bari），1960-1962 年。

3 关于特兰托大公会议（Council of Trent），参见胡贝特·耶丁（Hubert Jedin），*Geschichte des Konzils von Trient*，四卷本，弗赖堡 - 巴塞尔 - 维也纳，1951-1975 年；关于圣徒崇拜的法令，纪念物和肖像画，特别参见卷 4，2，1975 年，第 183 对开页；并参见胡贝特·耶丁，'Entstehung und Tragweite des Trienter Dekrets über die Bilderverehrung', Tübinger Theologische Quartalsschrift 116，1936 年，第 143-188 页，404-429 页；作者同上，'Das Tridentinum und die bildenden Künste', *Zeitschrift für Kirchengeschichte* 74，1963 年，第 321-339 页。

4 'nihil falsum, nihil profanum, nihil inhonestum, nihil praepostere, nihil non recte atque ordine'. 巴罗基（Barocchi）引述（1962 年），卷 3，第 441 页。

5 发表于：巴罗基（Barocchi）（1961 年），卷 2。

6 发表于：同上，卷 3，第 117 页及其后。

7 'dolentissimo, di essere stato in mia vita instrumento di tali statue'. 乔瓦尼·盖伊（Giovanni Gaye），*Carteggio inedito d'artisti dei secoli* XIV，XV，XVI，卷 3，佛罗伦萨 1840 年，第 578 对开页。

8 关于卡洛·波罗梅奥（Carlo Borromeo）的角色，参见路德维希·范·帕斯托尔（Ludwig von Pastor），*Geschichte der Päpste*，卷 3（Pius IV），弗赖堡，1923 年，第 340 页及其后，第 580 对开页；耶丁（Jedin），卷 4，2（1975 年）。德若布（Dejob）（1884）奇怪地忽略了波罗梅奥（Borromeo）的《指南》（*Instructiones*）一书，他对卡洛其他的活动进行了详细的说明；德若布（第 264 页及其后），因而得出了错误的结论就是特伦托会议的决议对建筑未产生影响。

9 重要的版本，载：保拉·巴罗基（Paola Barocchi），卷 3（1962 年），第 1-113 页；埃韦林·卡萝拉·弗尔克（Evelyn Carole Voelker），'Charles Borromeo's Instructiones Fabricae...A Translation with Commentary and Analysis'[博士论文：锡拉库扎大学（Syracuse University），1977 年]，密歇根安阿伯市（Ann Arbor）和伦敦，1979 年。关于思想的根源、解释和波罗梅奥（Borromeo）论文的影响，参见苏珊·梅耶 - 希默尔黑伯（Susanne Mayer-Himmelheber），*Bischöfliche Kunstpolitik nach dem Tridentinum. Der Secunda-Roma-Anspruch Carlo Borromeos und die rnailändischen Verordnungen zu Bau und Ausstattung von Kirchen*，慕尼黑，1984 年。

10 关于卡洛·波罗梅奥在米兰所作的《指南》（*Instructiones*）和建筑师佩莱格里诺·蒂巴尔迪（Pellegrino Tibaldi）的角色，参见奥萝拉·斯克蒂（Aurora Scotti），'Architettura e riforma cattolica nella Milano di Carlo Borromeo', *L'Arte* 19/20，1972 年，第 54-90 页。也可参见布伦特（Blunt）（1962 年），第 127 页及其后。

11 波罗梅奥，《指南》（*Instructiones*），巴罗基（Barocchi）版本，卷 3（1962 年），第 7 对开页。

12 同上，第 9 页。估计房屋面积在每个礼拜者 $1^2/_3$ 腕尺（'mensura unius cubiti et unciarum ocot'）。

13 同上，第 9 页及其后。他关于圆环形构图的评注写道：'Illa porro aedificii rotundi species olim idolorum templis in usu fuit, sed minus usitata in popolo christiano'（第 10 页）。

14 同上，第 11 页。

15 同上，第 12 页。

16 同上，第 17 页。

17 'Fabrica ornatuque nihil operis, qualequale sit, statuatur, fiat, inscribatur, effingatur exprimaturve quod a christiana pietate et religione remotum, aut quod profanum, quod deforme, quod voluptarium, quod turpe vel obscenum sit.' 同上，第 112 页。

18 同上，第 113 页。

19 参见鲁道夫·威特克沃（Rudolf Wittkower）和伊尔马·B·贾菲（Irma B. Jaffe）合编的 Baroque Art: The Jesuit Contribution，纽约，1972 年，特别是威特克沃（第 1 页及其后）和詹姆斯·阿克曼（James Ackerman）（第 15 页及其后）。

20 佩莱格里诺·蒂巴尔迪（Pellegrino Tibaldi），'Discorso dell'Architettura'（安布洛其亚纳博物馆中的手稿（Biblioteca Ambrosiana），米兰，手稿第 246 页及其上）；佩莱格里诺·蒂巴尔迪，'Regole di architettura'（在巴黎国家图书馆中的手稿）。参见朱利叶斯·冯·斯克劳瑟（Julius von Schlosser），*La lett. art.*（1964 年），第 722 页。阿德里亚诺·佩罗尼（Adriano Peroni），'Il "discorso di architettura" di Pellegrino Tibaldi'，载：*Omaggio alle Lettere, Quaderni del Collegio Borromeo*，意大利帕维亚（Pavia）1960 年，第 3-12 页。我曾经研究过安布洛其亚纳博物馆中的手稿，手稿由两部分组成，其扉页上声称 1610 年乔瓦尼·巴蒂斯塔·圭达·博巴尔达（Giovanni Battista Guida Bonbarda）要复制该手稿。

实际上，该论文只是由一篇论文的注释组成，大部分都是引自阿尔伯蒂的摘要。蒂巴尔迪所说的特别的建筑形式只是旧的和保守的。不大可能从这些材料中提炼出"反宗教改革的建筑理论"，仅偶尔有些评注揭示了波罗梅奥《指南》（*Instructiones*）一书中的博学。

巴黎的手稿近日得以出版：佩莱格里诺·佩莱格里尼（Pellegrino Pellegrini），L'architettura，乔治·派尼特（Giorgio Panitte）编辑，米兰，1990年。

21 特别参见欧文·帕诺夫斯基（Erwin Panofsky），*Idea. Ein Beitrag zur Begriffsgeschichte der älteren Kunsttheorie*（1924年），柏林1960年第2版，第39页及其后；布伦特（Blunt）（1962年），第86页及其后。

22 参见沃尔夫冈·肯普（Wolfgang Kemp），'Disegno. Beiträge zur Gechichte der Begriffs zwischen 1547 und 1607'，*Marburger Jahrbuch für Kunstwissenschaft* 19，1974年，第219-240页。

23 乔治·瓦萨里（Giorgio Vasari），*Le vite de'più eccellenti pittori, scultori e architettori*（1568年）。最重要的评论集是加埃塔诺·米拉内西（Gaetano Milanesi）的版本，1878-1885年，Club del Libro，米兰，1962-1966年，和保拉·巴罗基（Paola Barocchi）的版本。本书此处及下文引用 Club del Libro 的卷1。

关于瓦萨里的美学理论可参见在 *Il Vasari storiografo e artista*（1974年）会议记录上的各类论文，佛罗伦萨1976年；也可参见 T·S·R·博厄斯（T. S. R. Boase），*Giorgio Vasari. The Man and the Book*，普林斯顿，1979年。关于瓦萨里对反宗教改革的态度可参乔治·斯皮尼（Giorgio Spini），introduction to *Architettura e politica da Cosimo I a Ferdinando I*，佛罗伦萨，1976年，第25页及其后；展会书目[托斯卡那区（Regione Toscana），阿雷佐（Arezzo）] *Giorgio Vasari. Principi, letterati e artisti nelle carte di Giorgio Vasari*，佛罗伦萨，1981年。

24 瓦萨里（Vasari）（1962），卷1，第47页。

25 在 Vite 的前言中（第43页），瓦萨里（Vasari）称建筑学是 'la più universale e più necessaria et utile agli uomini.'

26 瓦萨里（Vasari），卷1（1962年），第83页。

27 同上。

28 同上，第84页。关于瓦萨里（Vasari）的"日耳曼人的形式"（maniera tedesca），特别参见博厄斯（Boase）（1979年），第93页及其后。

29 瓦萨里（Vasari），卷1（1962年），第90页。

30 同上，第91页。

31 关于"美术学院"（Accademia del Disegno），参见塞尔焦·罗西（Sergio Rossi），*Dalle botteghe alle accademie. Realtà sociale e teorie artistiche a Firenze dal XIV al XVI secolo*，米兰，1980年，第146页及其后。关于学院全部的文化功能，参见斯比尼（Spini）（1976年），第62页及其后，第75页及其后。也可参见齐格蒙特·瓦兹宾斯基（Zygmunt Wazbinski）所作的详细研究，*L'Accademia Medicea del Disegno a Firenze nel Cinquecento*，两卷本，佛罗伦萨，1987年。

32 特别参见斯比尼（Spini）（1976年），导言。

33 本韦努托·切利尼（Benvenuto Cellini），'Della architettura'，载：*Cellini, La Vita, i trattati, i discorsi*，罗马，1967年，第565-570页。

34 乔万尼·安东尼奥·多西奥（Giovanni Antonio Dosio），*Roma antica e i disegni di architettura agli Uffizi*，弗朗哥·博尔西（Franco Borsi）等合编，罗马，1976年，特别见第109页及其后。

35 皮罗·利戈里奥（Pirro Ligorio），'Il libro delle antichità di Roma'（在那不勒斯、牛津、巴黎、都灵的手稿）；参见埃尔纳·曼多斯基（Erna Mandowski）和查尔斯·米切尔（Charles Mitchell），*Pirro Ligorio's Roman Antiquities*，伦敦，1963年。

36 格拉多·斯比尼（Gherardo Spini），'I tre primi libri sopra l'istituzioni de'Greci et latini architettori intorno agl'ornamenti che convengono a tutte le fabbriche che l'architettura compone'，克里斯蒂纳·阿奇迪尼（Cristina Acidini），载：弗朗哥·博尔西（Franco Borsi）等合编，*Il disegno interrotto. Trattati medicei d'architettura*，两卷本，佛罗伦萨，1980年，卷1，第11-201页。特别参见瓦兹宾斯基（Wazbinski）（1987），第215页及其后。

37 斯比尼（Spini）（1980年），第33页。

38 罗兰·弗雷亚特·德·尚布雷（Roland Frèart de Chambray），*Parallèle de l'architecture antique et de la moderne*，巴黎，1650年。

39 斯比尼（Spini）（1980年），第34，58页。

40 同上，第60页。

41 同上，第73页：'... senz'il quale [decoro] ogni cosa dov'egli non si ritruova si rassomiglia ad un furruscito della sua patria che nell'altrui contrade con poca dignità dimori...'

42 阿曼纳蒂（Ammannati）的草图素材发表于：巴托洛梅奥·阿曼纳蒂（Bartolomeo Ammannati），*La Città. Appunti per un trattato*，马齐诺·福西（Mazzino Fossi）编辑，罗马，1970年。

43 参见乔治·瓦萨里·伊利·吉奥瓦尼（Giorgio Vasari il Giovane），*La Città ideale. Piante di Chiese*（*palazzi e ville*）*di Toscana e d'italia*，维尔吉娅·斯特凡内利（Virginia Stefanelli）编辑，弗朗哥·博尔西（Franco Borsi）作序，罗马1970年。也可参见：洛雷达纳·奥利瓦托（Loredana Olivato），'Giorgio Vasari il Giovane. Il funzionario del "Principe"'，L'Arte 14，1971年，第5-28页；'Giorgio Vasari il Giovane, Porte e finestre di Firenze e Roma'，弗朗哥·博尔西编辑，载：博尔西（Borsi）等合编，（1980年），卷1，第293-321页。

44 瓦萨里·伊利·吉奥瓦尼（Vasari il Giovane）（1970 年），第 58 页。

45 同上，第 61 页及其后。

46 同上，第 136 页及其后。

47 詹·帕罗·洛马佐（Gian Paolo Lomazzo），*Trattato dell'arte della pittura*，米兰，1584 年[希尔德斯海姆（Hildesheim，1968 年）年再版的影印本]；作者同上，*Idea del tempio della* pittura，米兰，1590 年（希尔德斯海姆 1965 年再版的影印本）。参见评论集詹·帕罗·洛马佐，Scritti sulle arti，罗伯托·保罗·恰尔迪（Roberto Paolo Ciardi）编，两卷本，佛罗伦萨 1973 年，1974 年。
关于洛马佐的艺术理论，特别参见帕诺夫斯基（Panofsky）（1960 年），第 53 页；杰拉尔德·M·阿克曼（Gerald M. Ackerman），'Lomazzo's Treatise on Painting'，*The Art Bulletin* XLIX，1967 年，第 317-326 页。

48 洛马佐（Lomazzo），*Trattato*（1584 年），恰尔迪（Ciardi）编辑，II，第 21 页。

49 同上，第 71 对开页。

50 同上。

51 同上，第 91 页。

52 "美术学院"（Accademia del Disegno）的雕塑和备忘录由学院的秘书罗马诺·阿尔伯蒂（Romano Alberti）出版发行，标题为《美术学院的诞生与发展》（*Origine, et progresso dell' Academia del Disegno*），意大利帕维亚，1604 年（影印再版，博洛尼亚，1978 年）。
费代里科·苏卡罗（Federico Zuccaro）的《画家、雕塑家和建筑师的理念》（*L' Idea de' pittori, scultori et architetti*）于 1607 年在都灵出版。费代里科·苏卡罗的著作可见于：德特勒夫·海坎普（Detlef Heikamp）编辑，*Scritti d'arte di Federico Zuccari*，佛罗伦萨，1961 年。
关于费代里科·苏卡罗的艺术理论，可特别参见帕诺夫斯基（Panofsky）（1960 年），第 47 页及其后；布伦特（Blunt）（1962 年），第 137 页及其后；丹尼斯·马洪（Denis Mahon），*Studies in Seicento Art and Theory*（1947 年），再版于康涅狄格州韦斯特波特（Westport, Conn.），1971 年，第 160 页及其后；克劳迪奥·马西莫·斯特里纳蒂（Claudio Massimo Strinati），'Studio sulla teorica d'arte primoseicentesca tra Manierismo e Barocco'，《艺术历史 14》（*storia dell' arte 14*），1972 年，第 69 页及其后。

53 'disegno interno, forma, idea, ordine, regola, termine, ε oggetto dell'intelletto, in cui sono espresse le cose intese.' 费代里科·苏卡罗（Federico Zuccaro）《画家、雕塑家和建筑师的理念》（L'idea）（1607 年），海坎普（Heikamp）编辑，1961 年，第 153 页。

54 同上，第 222 页。

55 同上，第 249 页及其后。

56 费代里科·苏卡罗（Federico Zuccaro）和罗马诺·阿尔伯蒂（Romano Alberti），《美术学院的诞生与发展》（Origine）（1604 年），海坎普（Heikamp）编辑，1961 年，第 153 页。

57 托马斯·康帕内拉（Tommaso Campanella），《太阳之城》（La Città del Sole）（1602 年），载：*Scritti scelti di Giordano Bruno e Tommaso Campanella*，路易吉·菲尔波（Luigi Firpo）编辑，都灵，1968 第 2 版，第 405-463 页。
关于康帕内拉参见吉塞拉·博克（Gisela Bock），*Thomas Campanella. Politisches Interesse und philosophische Spekulation*，蒂宾根（Tübingen）1974 年（附参考目录）。

58 参见关于路德维科·阿戈斯蒂尼（Ludovico Agostini）和他的理念与康帕内拉（Campanella）之间的关系：路易吉·菲尔波（Luigi Firpo），*Lo Stato ideale della Controriforma*，意大利巴里（bari），1957 年。

59 参见吉塞拉·博克（Gisela Bock）（1974 年），第 160 页及其后。

60 'Sopra l'altare non v'ha che due globi, dei quali il più grande porta dipinto tutto il cielo, il secondo la terra. Nell'area poi della volta principale stanno dipinte le stelle del cielo' dalla prima alla sesta grandezza, segnata ciascuna col proprio nome; e tre sottoposti versetti appalesano quale influenza ogni stella eserciti su le vicende terrestri.' 康帕内拉（Campanella），La Città del Sole，1602 年。

61 同上。

62 'V'ha maestri che spiegano questi dipinti, ed avvezzano i fanciulli ad imparare senza fatica, e quasi a modo di divertimento, tutte le scienze, pero con metodo istorico, avanti il decimo anno.' 同上。

63 参见汉斯-于尔根·德伦根伯格（Hans-Jürgen Drengenberg），Die sowjetische Politik auf dem Gebiet der bildenden Kunst von 1917 bis 1954（Forschungen zur osteuropäischen Geschichte），柏林，1972 年，第 186 页。

64 关于斯卡莫齐（Scamozzi），特别参考理查德·库尔特·多宁（Richard Kurt Donin），*Vincenzo Scamozzi und der Einfluβ Venedigs auf die Salzburger Architektur*，奥地利因斯布鲁克（Innsbruck），1948 年；弗朗哥·巴尔别里（Franco Barbieri），*Vincenzo Scamozzi*，维琴察，1952 年；詹乔治·佐尔齐（Giangiorgio Zorzi），'La giovinezza di Vincenzo Scamozzi secondo nuovi documenti I'，《威尼斯艺术 X》（*Arte Veneta X*），1956 年，第 119-132 页；温琴佐·斯卡莫齐（Vincenzo Scamozzi），*Taccuino di viaggio da Parigi a Venezia（14 marzo-11 maggio 1600）*，弗朗哥·巴尔别里编辑，威尼斯-罗马，1959 年；卡尔米内·雅纳科（Carmine Jannaco），'Barocco e razionalismo nel trattato d'architettura di Vincenzo Scamozzi（1615）'，*Studi Seicenteschi*，1961 年，第 47-60 页；廖内洛·普波伊（Lionello Puppi），'Vincenzo Scamozzi trattatista nell'ambito della problematica del manierismo'，*Bollettino del Centro Internazionale di Studi d'Architettura*（CISA）IX，1967 年，第 310-329 页。参见参考目录，载：西罗·路易吉·安齐维诺（Ciro Luigi Anzivino），*Jacopo Barozzi il Vignola e gli architetti italiani*

del Cinquecento. Repertorio Bibliografico，维尼奥拉（Vignola），1974年，第185页及其后。

65 温琴佐·斯卡莫齐（Vincenzo Scamozzi），《建筑理念综述》（*L'idea della architettura universale*）威尼斯，1615年（影印再版，新泽西州里奇伍德，1964年；博洛尼亚，1982年），第一部分前言，第一书，第4页。关于保罗·瓜尔多（Paolo Gualdo）对斯卡莫齐理念的介绍，最终并没有出现在书中，参见廖内洛·普波伊（Lionello Puppi），'Sulle relazioni culturali di Vincenzo Scamozzi', *Ateneo Veneto*, N.S, 1969年，第49-66页；瓜尔多的原文作为文章的附录得以出版，也可参见：普波伊（Puppi），*Scrittori vicentini d'architettura del secolo* XVI，维琴察，1973年，第108页及其后。关于斯卡莫齐理念稍后的版本，可参见展会书目《建筑理论》（*Theorie der Architektur*），[教士图书馆（Stiftsbibliothek）]，奥地利 Göttweig，1975年，第33页，以及《16世纪威尼斯的建筑学和乌托邦》（*Architettura e Utopia nella Venezia del Cinquecento*），米兰，1980年，第182页，目录编号184。

66 吉安·多梅尼科（Gian Domenico）和温琴佐·斯卡莫齐（Vincenzo Scamozzi）究竟谁是 *Indice copiosissimo* 和 *Discorso* 的作者还存有争议。对这一争论的总结，参见廖内洛·普波伊（Lionello Puppi），*Scrittori vicentini*（1973年），第97页及其后（附 *Discorso* 的原文）。有可能是吉安·多梅尼科撰写了 *Discorso* 一书，并在他逝世前已经开始准备索引，其子斯卡莫齐完成了索引，至少从索引和 *Discorso* 的标题看起来实际情况就是这样；参见塞巴斯蒂亚诺·塞利奥（Sebastiano Serlio），*Tutte l'opere d'architettura*，威尼斯，1619年（影印再版，1964年），索引和 *Discorso*（未标明页数）。

67 斯卡莫齐（Scamozzi）（1615年），*Proemio*，第一部分，第一书，第4页。

68 同上。

69 同上，第一部分，第一书，第4对开页。

70 同上，第8页。

71 同上，第10页。

72 同上，第17页。

73 同上，第18页。

74 同上，第一部分，第三书，第266页及其后；小普林尼（Pliny the Younger）在信中对劳伦提那别墅（II.17）和 *Tuscium*（V.6）进行了描述。

75 关于小普林尼别墅的重建，参见埃伦·H·坦泽（Helen H. Tanzer），*The Villas of Pliny the Younger*，纽约，1924年；玛丽安娜·菲舍尔（Marianne Fischer），*Die frühen Rekonstruktionen der Landhäuser Plinius' des Jüngeren*，论文，柏林，1962年。

76 'e perciò si vede quanta Giometria ha in se il corpo humano.' 斯卡莫齐（Scamozzi）（1615年）（Scamozzi），第一书，第一部分，第38页。

77 同上，第41页。

78 同上，第42页。斯卡莫齐（Scamozzi）关于 idea 的定义写道（第47页）：'Il pensiero nella Idea dell' Architetto...non è altro che un desiderio, ε una cura di studio, piena d'industria, e vigilantia, ε uno effetto proposto nella mente, accompagnato con grandissimo desiderio di ritrovarne la certezza.'

79 同上，第46页。

80 同上，第一部分，第二书，第100页。

81 同上，第105页。

82 参见奥尔斯特·德·拉·克鲁瓦（Horst de la Croix），'Palmanova. A study in sixteenth century urbanism'，载：*Saggi e memorie di storia dell'arte*，卷5，1967年，第23-41页。

83 斯卡莫齐（Scamozzi）（1615年），第一部分，第二书，第164页及其后。

84 参见吉洛拉莫·马吉（Girolamo Maggi）和贾科莫·卡斯特里奥托（Giacomo Castriotto）的辐射状体系，*Della fortificatione libri tre*，威尼斯，1564年，对开本第52页左侧图版。斯卡莫齐对帕尔马诺瓦城（Palmanova）作了直接的详细说明（1615年），第206页及其后。

85 斯卡莫齐（1615年），第一部分，第三书，第226页及其后；帕拉第奥，《建筑四书》（*Quattro libri*）（1570年），第二书，第43对开页。

86 斯卡莫齐（Scamozzi）（1615年），第二部分，第六书，第1页。

87 同上，第15页及其后。

88 同上，第4页。

89 第三书和第六书中部分节录的德文翻译被冠以 *Grundregeln der Bau-Kunst oder klärliche Beschreibung der fünf Säulen-Ordnungen und der gantzen Architektur*，纽伦堡，1678年（这是在卷首插画，但在扉页上所给出的出版日期是1697年）。

90 温琴佐·斯卡莫齐（Vincenzo Scamozzi），*Les cinq ordres d'architecture...Tirez du sixième Livre de son Idée générale d'architecture*，奥古斯丁-查尔斯·德阿维勒（Charles-Augustin d'Aviler）编辑，巴黎，1685年。

91 斯卡莫齐（1615年），第二部分，第七书，第174页。

92 'Non è molto lodevole cosa, che l'Architetto tenti di far come violenza alla materia: in modo che egli pensi di ridur sempre à voler suo le cose create dalla Natura, per volerle dare quelle forme, che egli vole...' 同上。

93 斯卡莫齐（1615年），第二部分，第七书，第176页。

94 参见斯卡莫齐，巴尔别里（Barbieri）版本（1959年）。

95 参见同上。参见鲁道夫·威特克沃（Rudolf Wittkower），*Gothic versus Classic*，纽约，1974 年，第 85 页及其后。

96 斯卡莫齐，巴尔别里（Barbieri）版本（1959 年），第 41 页。

97 斯卡莫齐（1615 年），第一部分，*Proemio*，第 1 页。

98 特别参见丹尼斯·马洪（Denis Mahon），*Studies in Seicento Art and Theory*（1947 年），再版于韦斯特波特，康奈提格州 1971 年。

99 乔瓦尼·彼得罗·贝洛里（Giovanni Pietro Bellori），*Le vite de 'pittori, scultori e architetti moderni*，罗马，1672 年[欧金尼奥·巴蒂斯蒂（Eugenio Battisti）编辑，载：*Quaderni dell'Istituto di Storia dell'arte della Università di Genova*，注解 4，热那亚，1967 年；埃韦利娜·博雷亚（Evelina Borea）所作的评论集，都灵，1976 年]。关于贝洛里特别参见帕诺夫斯基（Panofsky）（1960 年），第 59 页及其后；费鲁乔·乌利维（Ferruccio Ulivi），*Galleria di scrittori d'arte*，佛罗伦萨，1953 年，第 165 页及其后；安娜·帕卢基尼（Anna Pallucchini），'Per una situazione storica di Giovan Pietro Bellori'，*Storia dell'arte 12*，1971 年，第 285-295 页。

100 'Quel sommo, ed eterno intelletto autore della natura nel fabbricare l' opere sue maravigliose altamente in se stesso riguardando, costitui le prime forme chiamate idée; in modo che ciascuna specie espressa fù da quella prima idea, formandosene il mirabile contesto delle cose create. Ma li celesti corpi sopra la luna non sottoposti a cangiamento, restarono per sempre belli, ε ordinati, qualmente dalle misurate sfere, e dallo splendore de gli aspetto loro veniamo a conoscerli perpetuamente giustissimi, e vaghissimi. Al contrario avviene de' corpi sublunari soggetti alle alterazioni, ε alla brutezza...' 贝洛里（Bellori）（1672 年），巴蒂斯蒂（Battisti）编辑（1967 年），第 19 页。

101 同上，第 26 页。

102 'Quanto l' Architettura, diciamo che l' Architetto deve concepire una nobile Idea, e stabiliarsi una mente, che gli serva di legge e di ragione, consistento le sue inventioni nell' ordine, nella dispositione, e nella misura, ed euritimia del tutto e delle parti. Ma rispetto la decoratione, ε ornamenti de gli ordini sia certo trovarsi l' Idea stabilita, e confermata sù gli essempi de gli Antichi, che con successo di lungo studio, diedero modo à quest' arte; quando li Greci le costituirono termini, e proportioni le migliori, le quali confermate da i pià dotti secoli, e dal consenso, e successione de' Sapienti, divvennero leggi di una meravigliosa Idea, e bellezza ultima, che essendo una sola in ciascuna specie, non si può alterare, senza distruggerla.' 同上，第 29 页。

103 'Tanto che deformando gli edifici, e le città istesse, e le memorie, freneticano angoli, spezzature, e distorcimenti di linee, scompongono basi, capitelli e colonne, con frottole di stucchi, tritumi, e sproporzioni; e pure Vitruvio condanna simil novità...' 同上，第 30 页。

104 同上，第 21 页。

105 参见帕诺夫斯基（Panofsky）（1960 年），第 62 页。

106 文森佐·吉斯提尼亚尼（Vincenzo Giustiniani），*Discorsi sulle arti e sui mestieri*，安娜·班蒂（Anna Banti）编辑，佛罗伦萨，1982 年，第 47-62 页[首次出版于：吉奥·加埃特·博塔里（Giov. Gaet. Bottari），*Raccolta di lettere sulla Pittura, Scultura ed Architettura...dei secoli XV, XVI e XVII*，七卷本，罗马，1754-1773 年，斯蒂夫·蒂科齐（Stef. Ticozzi）编辑]

107 吉斯提尼亚尼（Giustiniani）（1981 年编），第 55 页。

108 同上，第 59 页。

109 特奥菲洛·盖拉奇尼（Teofilo Gallaccini），*Trattato sopra gli errori degli architetti*，连同乔瓦尼·安东尼奥·佩奇（Giovanni Antonio Pecci）所作的传记体的介绍，威尼斯，1767 年（影印再版，1970 年）；论文的手稿现存于大英图书馆；对于手稿和铅印格式纸之间的区别，以及对盖拉奇尼理论地位的评价，参见欧金尼奥·巴蒂斯蒂（Eugenio Battisti），'"Sopra gli errori degli architetti" di Teofilo Gallaccini al British Museum di Londra'，*Bollettino del Centro di Studi per la Storia dell'Architettura 14*，1959 年，第 28-38 页；关于那本标明从 1610 年开始的旅行写生簿的出版，参见朱赛佩·M·德拉·菲纳（Giuseppe M. Della Fina），'Un taccuino di viaggio di Teofilo Gallaccini (1610)'，*Prospettiva 24*，1981 年 1 月，第 41-51 页。

110 盖拉奇尼（Gallaccini）（1767），第 3 页。

111 同上，第 22 页。

112 同上，第 23 页。

113 同上，第 23 页。

114 'poichè dove non si osserva ordine, quivi è confusione, e dove è confusione, ivi è deformità, ed ove questa si vede, non regna perfezione alcuna.' 同上，第 56 页。

115 参见同巴蒂斯蒂（Battisti）原作的比较（1959 年）。

116 安东尼奥·维森提尼（Antonio Visentini），*Osservazioni, che servono di continuazione al trattato di Teofilo Gallaccini sopra gli errori degli architetti*，威尼斯，1771 年（影印再版，1970 年）。维森提尼主要是一名建筑制图员。他所绘制的图经由 Consul Joseph Smith 传入英国；参见约翰·麦克安德鲁（John McAndrew），《不列颠皇家建筑学院制图收藏目录：安东尼奥·维森提尼》（*Catalogue of the Drawings Collection of the Royal Institute of British Architects: Antonio Visentini*），英国范堡罗（Farnborough），1974 年，第 7 页及其后。

117 维森提尼（Visentini）（1771 年），第 137 页及其后。

118 彼得罗·安东尼奥·巴卡（Pietro Antonio Barca），*Avvertimenti e regole cira l'architettura civile, Scultura, Pittura, Prospettiva e Architettura militate*，米兰，1620 年。
吉奥瑟菲·维奥拉·赞尼尼（Gioseffe Viola Zanini），*Della architettura libri due*，帕多瓦，1629 年（1677 年，1698 年）。

乔瓦尼・布兰卡（Giovanni Branca），*Manuale d'Architettura, breve, e risoluta Pratica, diviso in sei libri*，阿斯科利（Ascoli），1629 年（罗马1718 年，1757 年，1772 年，1781 年，1783 年，1784 年，1786 年）。

卡洛・凯撒・奥西奥（Carlo Cesare Osio），*Architettura civile dimostrativarnente proporzionata et accresciuta...*，米兰，1641 年（1661 年，1686 年）。

康斯坦佐・阿米切沃利（Constanzo Amichevoli），*Architettura civil ridotta a metodo facile e breve*，都灵，1675 年。

亚历山德罗・卡普拉（Alessandro Capra），*La nuova Architettura civile e militare*，博洛尼亚，1678 年[意大利克里莫纳（Cremona）1717 年]。

[119] 乔瓦尼・布兰卡（Giovanni Branca）（1629 年），引自1772 年的版本，第29 页。

[120] 巴卡（Barca）（1678 年），引自1717 年的版本，Al Lettore。

[121] 乔万尼・多梅尼科・奥托内利（Jesuit Giovanni Domenico Ottonelli）和彼得罗・贝雷蒂尼（Pietro Berrettini），*Trattato della pittura, e scultura, uso, et abuso loro....*，佛罗伦萨1652 年；维托里奥・卡萨莱（Vittorio Casale）编辑，意大利特里维索（Trevso）1973 年；维托里奥・卡萨莱，'Trattato della pittura e scultura "opera stampata ad instanza del S. r Pietro da Cortona"'，*Paragone* 313，1976 年，第67-99 页（连同耶稣会士对作品的审查制度文件）。

[122] 参见卡尔・诺尔勒斯（Karl Noehles），*La Chiesa de SS. Luca e Martina nell'opera di Pietro da Cortona*，罗马，1970 年。

[123] 'et que l'architecture consistait en proposition tirée du corps de l'homme; que c'est la raison pourquoi les sculpteurs et les peintres réuississent plutôt en architecture que d'autres, d'autant que ceux-là étudient incessamment après la figure de l'homme.' 德・尚德罗（M. de Chantelou），*Journal du voyage du Cav. Bernini en France*，德文版，慕尼黑，1919 年，第36 页。关于伯尔尼尼（Bernini）的建筑理论，参见鲁道夫・威特克沃（Rudolf Wittkower）：'A counter-project to Bernini's "Piazza di San Pietro"'，*Journal of the Warburg and Courtauld Institutes* III，1939-1940 年，第88-106 页；格奥尔格・查尔斯・鲍尔（Georg Charles Bauer），'Gian Lorenzo Bernini: The Development of an Architectural Iconography'，博士论文，普林斯顿，1974 年（手稿），汉诺-沃尔特・克鲁夫特（Hanno-Walter Kruft），'The Origin of the Oval in Bernini's Piazza S. Pietro'，*The Burlington Magazine* CXXI，1979 年，第796-801 页。

[124] 弗朗切斯科・博罗米尼（Francesco Borromini），*La Chiesa e Fabrica della Sapienza di Roma*，塞巴斯蒂亚诺・詹尼尼（Sebastiano Giannini）编辑，罗马，1720 年[影印再版：亚历山德罗・马蒂尼（Alessandro Martini），页数未注明，出版日期未著明]；弗朗切斯科・博罗米尼：*Opus Architectonicum*（*Opera...cavata da' suoi originali cio è L'Oratorio, e Fabrica per l'Abitazione De PP. dell'Oratorio di S. Filippo Neri di Roma...*），罗马，1725 年[保罗・波托盖西（Paolo Portoghesi）编辑，罗马，1964 年]。关于 *Opus Architectonicum*，参见波托盖西所作的以 'L'Opus Architectonicum del Borromini' 为标题的导言，载：*Essays in the History of Architecture Presented to Rudolf Wittkower*，伦敦，1967 年，第128-133 页。

[125] 博罗米尼（Borromini），*Opus Architectonicum*，波托盖西（Portoghesi）编辑（1946 年），献辞，第24 页。

[126] 同上，第38 页。

[127] 同上。

[128] 几乎乔瓦尼・巴蒂斯塔・蒙塔诺（Giovanni Battista Montano）所有的出版物都是在去世后出版的。均载：*Le cinque libri di architectura*，罗马，1691 年。

关于蒙塔诺，特别参考 Giuseppe Zander 著，'Le invenzioni architettoniche di Giovanni Battista Montano Milanese（1534-1621）'，*Quaderni dell'Istituto di Storia dell'Architettura* 30，1958 年，第1-21 页（第18 对开页，注释1 罗列了所有蒙塔诺的出版物），第49-50 页，1962 年，第1-32 页。关于他和博罗米尼（Borromini）之间的相互联系，可参见 Zander（1962 年），第26 页及其后，见安东尼・布伦特（Anthony Blunt）：*Studies in Western Art. Acts of the Twentieth International Congress of the History of Art*，卷3，普林斯顿，1963 年，第7 页及其后；作者同上，《博罗米尼》（*Borromini*），伦敦，1979 年，第41 页及其后。

[129] 布伦特（Blunt）（1979 年），第44 页表明蒙塔诺对古罗马建筑进行复原的方法还只是采用了转正望远镜的方式，而博罗米尼（Borromini）是第一个在斯巴达府第的柱廊中为了透视影响而在视觉的深度方面使用增量的人。

[130] 特别参见保罗・波托盖西（Paolo Portoghesi），《瓜里诺・瓜里尼》（*Guarino Guarini*），米兰，1956 年，鲁道夫・威特克沃（Rudolf Wittkower），*Art and Architecture in Italy 1600 to 1750*，英国哈蒙兹沃斯（Harmondsworth）（第1 版1958 年）；第2 版1965 年，第268 页及其后；维尔纳・哈格尔（Werner Hager），'Guarini. Zur Kennzeichnung seiner Architektur'，*Miscellanea Bibliothecae Hertziane*，慕尼黑，1961 年，第418-428 页；*Guarino Guarini e l'internazionalità del Barocco* 会议论文集，两卷本，都灵，1970 年；克劳迪娅・穆勒（Claudia Müller），*Unendlichkeit und Transzendenz in der Sakralarchitektur Guarinis*，希尔德斯海姆（Hildesheim）-苏黎世-纽约，1986 年；H・A・米克（H.A. Meek），*Guarino Guarini and his architecture*，纽黑文（New Haven）-伦敦，1988 年。

[131] 瓜里诺・瓜里尼（Guarino Guarini），*Trattato di fortificazione che hora si usa in Fiandra, Francia, e Italia ...*，都灵，1676 年；参见詹尼・卡洛・肖拉（Gianni Carlo Sciolla），载：*Guarini* 会议论文集（1970），卷1，第513-529 页。

[132] *Dissegni d'architettura civile et ecclesiastica inventati, e delineati dal padre D. Guarino Garini modenese...*，都灵，1686 年[作为附录再版，载：贝尔纳迪・费雷罗（Bernardi Ferrero），*I'Disegni d'architettura civile et ecclesiastica' di Guarino Guarini*，都灵，1966 年]。

[133] 胡安・卡拉缪尔・德・洛布科维兹（Juan Caramuel de Lobkowitz），*Architectura civil recta, y oblique, considerada y dibuxada en el Templo de Jerusalem...*，三卷本，意大利维杰瓦诺（Vigevano），1678 年；关于卡拉缪尔和瓜里尼（Guarini）的关

系，参见达里娅·德·贝尔纳迪·费雷罗（Daria De Bernardi Ferrero）（1966），第37页及其后；沃纳·奥克斯林（Werner Oechslin），'Bemerkungen zu Guarino Guarini und Juan Caramuel de Lobkowitz'，*Raggi* 8，Heft 1，1968年，第91-109页。

134 瓜里尼（Guarini），尼诺·卡尔博内里（Nino Carboneri）和比安卡·塔瓦西·拉·格雷卡（Bianca Tavassi La Greca）编辑，米兰，1968年，第10页。

135 罗兰·弗雷亚特·德·尚布雷（Roland Fréart de Chambray），*Parallèle de l'architecture antique et de la moderne*，巴黎，1650年，第7页。卡尔博内里和塔瓦西·拉·格雷卡并未察觉这一相似（1968年），第10页，注释2。

136 瓜里尼（Guarini），尼诺·卡尔博内里（Nino Carboneri）和比安卡·塔瓦西·拉·格雷卡（Bianca Tavassi La Greca）编辑（1968年），第8页。

137 同上，第9页。

138 同上，第11页。

139 同上，第15对开页。

140 同上，第17页及其后。

141 'Onde vediamo ancora the i pittori e gi scultori fanno le immagini e le statue rozze de lantono, e solamente quasi sbozzate, apparendo méglio cosi imperfette, che totalmente finite.' 同上，第18页。

142 同上，第2页及其后。

143 参见沃纳·穆勒（Werner Müller），'The Authenticity of Guarini's Stereotomy in his "Architettura Civile"'，*Journal of the Society of Architectural Historians* XXVII，1968年，第202-208页。

144 瓜里尼（Guarini），尼诺·卡尔博内里（Nino Carboneri）和比安卡·塔瓦西·拉·格雷卡（Bianca Tavassi La Greca）编辑（1968年），第102页。

145 同上，第110页。

146 同上，第127页。

147 同上，第207页及其后。

148 同上，第208页。

149 同上，第208页及其后。关于瓜里尼（Guarini）作品同哥特式和西班牙伊斯兰建筑之间的关系，参见威特克沃（Wittkower）（1965年），第274页。

150 瓜里尼（Guarini），尼诺·卡尔博内里（Nino Carboneri）和比安卡·塔瓦西·拉·格雷卡（Bianca Tavassi La Greca）编辑（1968年），第207页。

151 同上，第209页。

152 对理解哥特式过程中瓜里尼的角色，特别参见鲁道夫·威特克沃，*Gothic versus Classic*，纽约1974年，第92页；乔治·格尔曼（Georg Germann），《新哥特》（*Neugotik*），斯图加特，1974年，第15对开页。

153 瓜里尼（Guarini），尼诺·卡尔博内里（Nino Carboneri）和比安卡·塔瓦西·拉·格雷卡（Bianca Tavassi La Greca）编辑（1968年），第216页。

154 同上，第175对开页。

155 其间的联系，参见胡安·安东尼奥·拉米雷斯（Juan Antonio Ramirez）的名作，'Guarino Guarini, Fray Juan Ricci and the "Complete Salomonic Order"'，*Art History* 4，1981年，第175-185页。

156 瓜里尼（Guarini）（1968年）；参见比安卡·塔瓦西·拉·格雷卡（Bianca Tavassi La Greca）所作的附录，第439页及其后。

157 安德烈亚·波佐（Andrea Pozzo），*Perspectiva Pictorum et Architectorum*，罗马，1693年，1698年；拉丁文 - 德文版，*Perspectivae pictorumque atque architectorum*，第一部分，约翰·博克斯巴尔（Johann Boxbarth）编辑，奥格斯堡，1708年；第二部分，格奥尔格·康拉德·伯德纳（Georg Conrad Bodeneer）编辑，奥格斯堡，1711年；对波佐（Pozzo）和路易吉·瓦格奈提（Luigi Vagnetti）各种版本和翻译的纵览，'De naturali et artificiali perspectiva'，*Studie e documenti di architettura* 9-10，1979年，第416页及其后；所使用的版本，第1卷，罗马，1717年；第二卷，罗马，1700年。
关于波佐特别参见尼诺·卡尔博内里（Nino Carboneri），*Andrea Pozzo Architetto*，意大利特兰托（Trento），1961年；伯恩哈德·克贝尔（Bernhard Kerber），*Andrea Pozzo*，柏林 - 纽约，1972年；维托里奥·德费奥（Vittorio de Feo）'L'Architettura immaginata di Andrea Pozzo gesuita'，*Rassegna di Architettura e Urbanistica* XVI，1980年4月，第79-109页。

158 波佐（Pozzo），第1卷（1717年出版），*Avvisi a principianti*。

159 波佐（Pozzo），第2卷（1700年出版），第63页及其后。

160 多美尼克·德·罗西（Domenico de'Rossi），*Studio d'architettura civile....*，三卷本，罗马，1708年，1711年，1721年（即：*Disegni di vari altari e cappelle nelle Chiese di Roma...*，罗马，出版日期未注明，可能是1713年）；再版的全部几卷的影印本附安东尼·布伦特（Anthony Blunt）所作的序言，1972年。

第九章注释

1 关于军事建筑学的历史与理论参见马克思·扬斯（Max Jähns），《军事科学史，德国起源》（*Geschichte der*

Kriegswissenschaften, vornehmlich in Deutschland），三卷，慕尼黑和莱比锡，1889-1891 年；恩里科·罗基（Enrico Rocchi），《军事建筑历史资料》（*Le fonti storiche dell'architettura militare*），罗马，1908 年；H·德尔布鲁克（H. Delbruck），《战争艺术史》（*Geschichte der Kriegskunst*），柏林，1920 年；L·A·马焦罗蒂（L.A.Maggiorotti），《建筑师和军事建筑学》（*Architetti e architettura militare*），罗马，1935 年；西德尼·托易（Sidney Toy），《从公元前 3000 年到公元 1700 年的筑城学历史》（*A History of Fortification from 3000 B.C to AD. 1700*），伦敦，1955 年（1966 年第二版）；奥尔斯特·德·拉·克鲁瓦（Horst De la Croix），"16 世纪意大利的军事建筑学和放射形城市规划"（Military Architecture and the Radial City Plan in SixteenthCentury Italy），《艺术公报》第 42 期（The Art Bulletin XLII），1960 年，第 263-290 页；同一作者，"意大利文艺复兴时筑城学方面的文献"（The Literature on Fortification in Renaissance Italy），《技术与文化》第 4 期（*Technology and Culture* IV），I，1963 年，第 30-50 页；同一作者，《城市规划中的军事考虑：筑城学》（*Military Considerations in City Planning: Fortifications*），纽约，1972 年；保罗·马可尼（Paolo Marconi）等人，《城市的象征性，建筑研究理论在文艺复兴》（*La città come forma simbolica. Studisulla teoria dell'architettura nel Rinascimento*），罗马，1973 年；昆廷·休斯，《军事建筑学》（*Military Architecture*），伦敦，1974 年；J·R·哈勒（J.R.Hale），《文艺复兴筑城学，艺术还是工程？》（*Renaissance Fortification. Art or Engineering?*），伦敦，1977 年；鲁道夫·胡贝尔（Rudolf Huber）和雷娜特·里耶斯（Renate Rieth）（编辑），《要塞，防御工事导论》（*Festungen. Der Wehrbaunach Einführung der Feuerwaffen*）[《艺术词汇字典》（*Glossarium Artis*），第 7 卷]，蒂宾根（Tübingen），1979 年，（包括术语的解释和一个很好的参考书目，第 215 页及之后）。

2   参见扬斯（Jähns）（1889 年）。

3   特别参见德·拉·克鲁瓦（De la Croix），马可尼（Marconi）和哈勒（Hale）的作品。

4   弗拉维斯·维戈蒂斯·雷纳图斯（Flavius Vegetius Renatus），《军事概览》（*Epitoma rei militaris*）（大约 400 年），C·朗（C. Lang）编辑，1885 年第 2 版（1967 年影印版本）。关于这部作品的内涵和外延，参见扬斯（Jähns），第 1 卷（1889 年），第 109 页及之后。

5   罗伯托·瓦尔图里奥，《军事十二书》（*De re militari libri XII*），意大利维罗那（Verona），1472 年（15 和 16 世纪的无数版本和翻译）；参见扬斯（Jähns），第 1 卷（1889 年），第 358 页及之后。

6   参见本书第 4 章注解 49。

7   参见扬斯（Jähns），第 1 卷（1889 年），第 278 对开页；佛罗伦萨的古文字原稿 766 可以在 J·H·贝克（J.H. Beck）影印版本中得到，《雅科伯·马利亚诺又名伊尔·塔克拉，第三书，机械和建筑》（*Mariano di Jacopo detto il Taccola. Liber tertius de Ingeneis ac Edifitiis non usitatis*），米兰，1969 年（具有拉丁文的抄本）；关于同样的原稿，对比弗兰克·D·普拉赫尔（Frank D. Prager）和古斯提纳·斯卡利亚（Gustina Scaglia），《雅科伯·马利亚诺和他的"机械"一书》（*Mariano Taccola and his Book 'De Ingeneis'*），剑桥，马萨诸塞—伦敦，1972 年；慕尼黑的拉丁抄本 28800 可以在古斯提纳·斯卡利亚的影印版本中得到：马利亚诺·塔克拉（Mariano Taccola），《机械：1449 年的工程论文》（*De Machinis. The Engineering Treatise of 1449*），2 卷，威斯巴登（Wiesbaden），1971 年；一个拉丁 Mon.抄本 197，古斯提纳·斯卡利亚和乌尔里希·蒙塔格（Ulrich Montag）编辑，被发表；为了原稿最初顺序的重建，特别参见伯恩哈德·德根哈德（Bernhard Degenhart）和安内格里特·施米特（Annegrit Schmitt），《1300-1450 年意大利设计资料集》（*Corpus der italienischen Zeichnungen 1300-1450*），第二部分，卷 4；《马利亚诺·塔克拉》（*Mariano Taccola*），柏林，1982 年。

8   乔凡·巴蒂斯塔·德·维勒·迪·维纳弗洛（Giovan Bsttista della Valle di Venafro），*Vallo. Libro continente appartenentie ad Capitanij: retenere et fortificare una Cita con Bastioni, artificj de fuoco...*，那不勒斯，1521 年；参见扬斯（Jähns），第 1 卷（1889 年），第 776 页及之后。

9   尼科利·马基雅维里（Niccolo Machiavelli），《战争艺术》（*Dell'arte della guerra*），佛罗伦萨，1521 年；参见塞尔吉奥·贝尔泰利（Sergio Bertelli）编辑，尼科利·马基雅维里，*Arte della guerra e scritti politici minori*，米兰，1961 年。

10 参见 A·伯德（A.Burd），《马基雅维里的'〈战争艺术〉'文献资料》（*The Literary Sources of Machiavelli's 'Arte della guerra'*），牛津，1891 年。

11 阿尔布赖特·丢勒（Albrecht Dürer），*Etliche underricht, zu befestigung der Stett, schloβ, und flecken*，纽伦堡，1527 年（影印再版，德国 Unterschneidheim，1969 年）。拉丁版本，巴黎，1535 年。
关于丢勒的准备材料，参见汉斯·鲁普里希（Hans Rupprich），《丢勒著作遗稿》（*Dürers schriftlicher Nachlaβ*），卷 3，柏林，1969 年，第 371 页及之后。
同时参见扬斯（Jähns），第 1 卷（1889 年），第 783 页及之后；威廉·韦措尔特（Wilhelm Waetzoldt）；*Dürers Befestigungslehre*，柏林，1916 年；亚历山大·冯·赖岑施泰因（Alexander von Reitzenstein）；'Etliche underricht... Albrecht Dürers Befestigungslehre'，载：*Albrecht Dürers Umwelt. Festschrift zum 500. Geburtstag Albrecht Dürers am 21. Mai 1971*（= *Nürnberger Forschungen*, 15），纽伦堡，1971 年，第 178-192 页；同一作者，载：纽伦堡德国国家博物馆（Germanisches Nationalmuseum, Nuremberg）展览书目，《阿尔布赖特·丢勒 1471-1971》（*Albrecht Dürer 1471-1971*），慕尼黑，1971 年，第 355 页及之后。

12 丢勒（Dürer）（1527 年），对开本第 D 页。

13 同上，对开本第 D 页左页。

14 'Der König sol nicht unnütze leut in disem schloβ wonen lassen, sunder geschickte, frumme, weyse, manliche, erfarne, kunstreyche menner, gut handwercks leut di zum schloβ düglich sind, püchsengiesser und gute schützen.' 同上，对开本第 DII 页左页。

15 同上，对开本第 A II 页左页。

16 参见米拉·南·洛森费尔迪（Myra Nan Rosenfeld），《塞巴斯蒂安诺·塞利奥关于本土建筑》（*Sebastiano Serlio on Domestic Architecture*），纽约，1978 年，第 35 页及之后。

17 赫尔南多·考提斯（Hernando Cortès），*Praeclara de Nova maris Oceani Hyspania Narratio*，纽伦堡，1524 年；参见 E·W·帕姆（E. W. Palm），'Tenochtitlan y la Ciudad ideal de Dürer'，*Journal de la Société des Américanistes*，n.s.XL，1951 年，第 59-66 页。

18 保罗·朱克（Paul Zucker），《城镇和广场（1959 年）》[*Town and Square*（1959）]，马萨诸塞州剑桥—伦敦，1970 年，第 355 页及之后；赫尔曼·鲍尔（Hermann Bauer），《艺术与乌托邦》（*Kunst und Utopie*），柏林，1965 年，第 100 页；被赖岑施泰因所反驳（1971 年），第 186 页。
在丢勒的理想城市和南美城镇之间有惊人的相似，就像清楚地表现在 Leyes de las lndias（1573 年）中一样；参见沃尔夫冈·W·武斯特（Wolfgang W. Wurster），'Kolonialer Städtebau in Iberoamerika-Eine Zusammenfassung'，*Architectura 12*，1982 年，第 1-19 页，尤其第 4 页及之后。

19 关于弗罗伊登斯塔特（Freudenstadt）的设计，参见席克哈特（Schickhardt）他自己的记录：威廉·海德（Wilhelm Heyd），*Handschriften und Handzeichnungen des herzoglich württembergischen Baumeisters Heinrich Schickhardt*，斯图加特，1902 年，第 346 页以后；同时参见朱利乌斯·鲍姆（Julius Baum），《海因里希·席克哈特》（*Heinrich Schickhardt*），斯特拉斯堡，1916 年，第 17 页及之后（与丢勒之间的联系没有为鲍姆所注意）；同时参见关于 'Herzog Friedrichs Freudenstadt im ersten Jahrhundert seiner Geschichte' 的卷子，《弗罗伊登斯塔特城文集》（*Freudenstädter Beiträge 6*），1987 年；汉诺-沃尔特·克鲁夫特（Hanno-Walter Kruft），《乌托邦城市》（*Städte in Utopia*），慕尼黑，1989 年，第 68 页及之后。

20 参见约翰·阿彻（John Archer），"纽黑文的清教徒式城镇规划"（Puritan Town Planning in New Haven），《建筑历史学家社会学报》第 34 期（*Journal of the Society of Architectural Historians XXXIV*），1975 年，第 140-149 页。

21 尼古拉·塔尔塔利亚（Nicolò Tartaglia），《新科学》（*La Nova scientia*），威尼斯，1537 年（由作者再版，威尼斯，1550 年）；同上，《各种问题与发明》（*Quesiti et inventioni diverse*），威尼斯，1538 年（由作者再版，威尼斯，1554 年）；参见扬斯（Jähns），第 1 卷（1889 年），第 596 页及之后。

22 名字被多样地拼写为 Bellucci，Beluzzi，Belici 等等。特别参见奥尔斯特·德·拉·克鲁瓦（Horst De la Croix）（1960 年），第 274 页；达妮埃拉·兰贝里尼（Daniela Lamberini）（编辑），'Giovanni Battista Belluzzi, Il Trattato delle fortificazioni di terra'，载：弗朗哥·博尔西（Franco Borsi）等人，*Il Disegno interrotto. Trattati medicei d'architettura*，佛罗伦萨，1980 年，第 373 页及之后。

23 乔万尼·巴蒂斯塔·伯利齐（Giovanni Battista Belici），*Nuova inventione di fabricar fortezze, di varie forme...*，威尼斯，1598 年。

24 乔万尼·巴蒂斯塔·贝鲁齐（Giovanni Battista Bellucci），*Diario autobiografico*（1535-1541 年），彼得罗·埃吉迪（Pietro Egidi）编辑，那不勒斯，1907 年（影印再版，博洛尼亚，1975 年）。

25 达妮埃拉·兰贝里尼（Daniela Lamberini）编辑（1980 年），第 421 页及之后。

26 贝鲁齐（Bellucci），兰贝里尼（Lamberini）编辑（1980 年），第 422 页及之后。

27 同上，第 421 页。

28 贝鲁齐[Bellucci，伯利齐（Belici）]（1598 年），Kap. I。

29 同上，Kap. 23。

30 乔万尼·巴蒂斯塔·赞奇（Giovanni Battista Zanchi），*Del modo di fortificar le città*，威尼斯，1554 年。

31 弗朗索瓦·德·拉·特雷勒（François de la Treille），*La manière de fortifier villes, Chasteaux, et faire autres lieux fortz*，里昂，1556 年。

32 罗伯特·科尼威勒（Robert Corneweyle），《城市、城镇、要塞和其他地方筑城学的灵魂》（*The Maner of Fortificacion of Cities, Townes, Castelles and Other Places*）（1559 年；原稿，大英图书馆，额外原稿 28030），马丁·比德尔（Martin Biddle）编辑，里士满（Richmond），萨里（Surrey），1972 年。

33 参见本书第 6 章。

34 参见路易吉·马里尼（Luigi Marini）编辑，"弗朗切斯科·德·马奇"（Francesco de Marchi），《军事建筑学》（*Architettura militare*），罗马，1810 年，卷 1，第 422 页及之后；卡洛·普鲁米斯（Carlo Prumis），'Gl'ingegneri e gli scrittori militari bolognesi del XV e XVI secolo'，*Miscellanea di Storia Italiana* IV，1863 年，第 56-92 页；扬斯（Jähns），第 1 卷（1889 年），第 803 页及之后；德·拉·克鲁瓦（De la Croix）（1960 年），第 278，285 页及之后。

35 弗朗切斯科·德·马奇（Francesco de Marchi），《军事建筑三书》（*Della Architettura militate libri tre*），意大利布雷西亚（Brescia），1599 年，对开本第 44 页左页，第 256 页。

36 参见上面的注释 35。这个版本相对稀少[我使用的版本收录于黑森州立图书馆（Hessische Landesbibliothek），达姆斯塔特（Darmstadt），gr. Fol. 1/169]。大量的重新发行：路易吉·马里尼（Luigi Marini）编辑，弗朗切斯科·德·马奇（Francesco de Marchi），《军事建筑学》（*Architettura militare*），6 卷，罗马，1810 年；这个版本中的图版已经由马里尼重新加工过而只有有限的价值。

37 意大利博洛尼亚公共图书馆（Bologna Bibl. Comun.），dell Archiginnasio Ms. B. 1566；德·马奇（de Marchi）的影印上溯到 1555 年；参见达妮埃拉·兰贝里尼（Daniela Lamberini）（1980 年），第 406 页及之后。

38 德·马奇（de Marchi）（1599 年），'A' lettori'，对开本第 1 页。

39 同上，对开本第 5 页左页。

40 'Però li valenti, ε ingeniosi Soldati, ε Architetti, potranno in simil sito far cose inespugnabili, ε belle, per la commodità del sito, che ubidirà all' arte, posta in essecutione da valent' huomo ingenioso.' 同上，对开本第 6 页左页。

41 同上。

42 'Però anchora senza lettere, con un' amore e dilettatione e longa esperienza si può scrivere di buone cose e sinceramente senza sofisticatione come ho fatto io.' 同上，对开本第 29 页。

43 同上，对开本第 252 页及之后（pianta CL）。这个规划至今已经被遗忘在瓦莱塔（Valletta）历史研究的考虑之外了。特别参见昆廷·休斯（Quentin Hughes），《1530—1795 年圣约翰耶路撒冷骑士会期间马耳他的建筑》（*The Building in Malta during the period of the Knights of St. John of Jerusalem* 1530-1795）（1956 年），伦敦，1967 年第二版，第 20 页及之后；同一作者，《堡垒——马耳他的建筑和军事历史》（*Fortress. Architecture and Military History in Malta*），伦敦，1969 年，第 51 页及之后；《第 15 届建筑历史会议论文——从史前至 19 世纪的马耳他建筑》（*Atti del XV Congresso di Storia dell' Architettura. L' architettura a Malta dalla preistoria all' Ottocento*）（1967 年），罗马，1970 年；艾利森·霍彭（Alison Hoppen），《1530—1798 年圣约翰机构的马耳他筑城学》（*The Fortification of Malta by the Order of St John* 1530-1798），爱丁堡（Edingburgh），1979 年[圣约翰机构起源于十字军东征时之耶路撒冷圣约翰庄严会（Venerable Order of St. John of Jerusalem）——译者注]。在我可以得到的德·马奇论文的版本中，规划 78（Plan LXXVIII）被 1565 年土耳其围攻马耳他的详细地图所代替。同时参见汉诺-沃尔特·克鲁夫特（Hanno-Walter Kruft），"思考马耳他（1565 年）在突厥围攻下的要塞论著"[Reflexe auf die Türkenbelagerung Maltas（1565）in der Festungsliteratur]，《建筑 12》（*Architectura 12*），1982 年，第 34-40 页；同一作者，《乌托邦城市》（*Städte in Utopia*），慕尼黑，1989 年，第 52 页及之后。

44 德·马奇（de Marchi）（1599 年），第 133 页及之后。

45 同上，对开本第 44 页左页。

46 吉洛拉莫·马吉（Girolamo Maggi）和贾科莫·卡斯特里奥托（Jacomo Castriotto），《城市筑城学……三书》（*Della Fortificatione della Citta... libri tre*），威尼斯，1564 年。

47 参见德·拉·克鲁瓦（De la Croix）（1960 年），第 278 对开页。

48 卡斯特里奥托（Castriotto）形容贝鲁齐（Bellucci）为"我的朋友"（*già mio amicissimo*）（马吉和卡斯特里奥托，1564 年，对开本第 138 页左页）。

49 同上，对开本第 7 页左页。

50 同上，对开本第 22 页左页，第 73 对开页。

51 同上，对开本第 18 页及之后。

52 同上，对开本第 51 页左页及以下。

53 同上，对开本第 76 页左页。

54 同上，对开本第 92 页左页及以下。

55 弗朗切斯科·蒙特迈里诺（Francesco Montemellino）关于罗马 Borgo 的筑城学；焦齐诺·达·科尼亚诺（Giocchino da Coniano）关于战斗布阵；卡斯特里奥托（Castriotto）关于法国筑城学，等等。

56 特别参见扬斯（Jähns），第 1 卷（1889 年）；德·拉·克鲁瓦（De la Croix）（1963 年），第 48 页及之后（参考书目）。

57 加拉索·阿尔菲西（Galasso Alghisi），《筑城学……三书》（*Delle fortificazione... libri tre*），威尼斯，1570 年。

58 'Perche tutte le fabbriche non sono altro, che dissegno con Architettura, Arithmetica, Geometria ε Perspettiva composte.' 同上，第 36 页。

59 加拉索·阿尔菲西（Galasso Alghisi），'Libro di Fortificatione in modo di Compendio...'，手稿，意大利莫代纳图书馆（Modena, Biblioteca Estense），Fondo Campori（Y.L. 11.1）；参见詹尼·巴尔迪尼（Gianni Baldini），'Un ignoto manoscritto d'architettura militare autografo di Galeazzo Alessi'，《佛罗伦萨艺术历史学院学报 25》（*Mitteilungen des Kunsthistorischen Instituts in Florenz XXV*），1981 年，第 253-278 页。

60 特别参见德·拉·克鲁瓦（De la Croix）（1960 年），第 275 页。

61 伯奈尤托·劳瑞尼（Bonaiuto Lorini），《筑城学五书》（*Della fortificationi libri cinque*），威尼斯，1592 年；于是按照扬斯（Jähns），第 1 卷（1889 年），第 845 页，德·拉·克鲁瓦（De la Croix）给出 1596 和 1597 年都作为最初版本的时间。现在使用的版本是 *Le fortificationi...nuovamente ristampate...con l' aggiunta del sesto libro*；威尼斯，I609 年，第 52 页及之后。

62 关于帕尔马诺瓦（Palmanova），尤其要看奥尔斯特·德·拉·克鲁瓦（Horst De la Croix），《帕尔马诺瓦：16 世纪城市主义的一个研究》（*Palmanova: A Study in Sixteenth Century Urbanism*），载：《艺术历史论文和回忆 5》（*Saggi e memorie di Storia dell'Arte 5*），1967 年，第 25-41 页；皮耶罗·达米亚尼（Piero Damiani）等人，《帕尔马诺瓦》（*Palmanova*），3 卷，*Istituto Italiano dei Castelli. Sez. Friuli Venezia Giulia*，1982 年；关于温琴佐·斯卡莫齐（Vincenzo Scamozzi）的参与，参见我在第 100（页码待定，请责编注意）页提供的猜想。

63 皮德罗·萨迪（Pietro Sardi），*La corona imperiale dell'architettura militare*，威尼斯，1618 年；我已经使用了的版本：*Corno Dogale Della Architettura Militare*，威尼斯，1639 年，第 1 页。

64 举例来说，在弗朗切斯科·滕西尼（Francesco Tensini），*La fortificazione, guardia difesa et espugnazione delle fortezze esperimentata in diverse guerre*，威尼斯，1624年。

65 参见扬斯（Jähns），第1卷（1889年）。

66 扬斯（Jähns），第1卷（1889年），第822页及之后。

67 丹尼尔·斯帕克（Daniel Speckle），*Architectura von Vestungen, wie die zu unsern zeiten mögen erbawen werden, an stätten Schlößern, und Clussen zu Wasser, Land,*等等），斯特拉斯堡，1589年[影印再版：Unterschneidheim 1971年；波兰，在1972年之前；一个新的版本，由他的妹夫——出版商拉扎勒斯·洛佐鲁什（Lazarus Zetzner）增加了作者身后的材料和压韵的传记，1599年出现在斯特拉斯堡](斯特拉斯堡1608年再版，此处引用该版本）；进一步的版本：德累斯顿（Dresden），1705年，1712年，1736年。

68 斯帕克（Speckle）（1608年），对开本第III页。

69 同上，对开本第II页左页。

70 同上，对开本第IV页右页和左页。

71 同上，对开本第57页左页及以下。

72 同上，对开本第59页。

73 同上，对开本第61页。

74 'Wohmüglichen sollen alle Häuser von puren Steinen und zum wenigsten die undern Gemach und zimmer, auch die Keller alle Gewölbt, und alle Häuser in gleicher schnur ebne, auch hohe und alle Dächer von Ziglen und nicht von Holtz bedeckt. Die undern Fenster alle vergettert, mit starcken thüren versehen, und alle Gassen gepflästert sein, auff das, da ein Feind eine solche Vestung schon einneme, man sich auß allen Häusern mit schiessen und werffen wehren könne.' 同上，对开本第59页。

75 同上，对开本第82页左页及以下。斯帕克（Speckle）的记述至今在瓦莱塔（Valletta）重建的研究中一直被忽略。关于这个主题，特别参见《第15届建筑历史会议论文——从史前至19世纪的马耳他建筑》（*Atti del XV Congresso di Storia dell'Architettura. L'architettura a Malta dalla preistoria all'Ottocento*）（1967年），罗马，1970年；克鲁夫特（Kruft）（1982年，1989年）。

76 斯帕克（Speckle）（1608年），对开本第87页左页及以下；在图版中的4号版画由马特豪斯·格罗伊特（Matthäus Greuter）署名。

77 同上，对开本第89页。

78 参见扬斯（Jähns），第1卷（1889年），第831页及之后。

79 让·艾拉德（Jean Errard）[巴勒-杜克（de Bar-le Duc）]，*La Fortification reduicte en art et* demonstrée，巴黎，1600年（进一步的版本：1604年，1620年；德语译本：法兰克福，1604年）；参见扬斯（Jähns），第1卷（1889年），第832页及之后。

80 克劳德·弗莱芒（Claude Flamand），*Le guide des Fortifications et conduite militaire pour bien se difendre*，法国蒙贝利亚[Montbéliard（Mömpelgard）]，1597年（第2版1611年；德语译本，巴塞尔，1612年）；参见扬斯（Jähns），第1卷（1889年），第835页及之后。

81 雅克·佩雷特（Jacques Perret），《建筑筑城学和技巧及透视》（*Des fortifications et artifices d'architecture et perspective*），巴黎，1601年（按照其他记录是1594年或1597年；给国王的献辞日期标为1601年7月1日；这个版本的影印再版本，Unterschneidheim 1971年）；德语版本：法兰克福，1602年；奥本海姆（Oppenheim），1613年；法兰克福，1621年。1602年德语版本中的插图相对于1601年版本是翻转的。

82 佩雷特（Perret）（1902年），方案E。

83 佩雷特（Perret）（1902年），方案Y，Z。

84 参见扬斯（Jähns），第2卷（1890年），第1335页及之后。

85 同上，第1403页及之后。

86 同上，第1440页及之后；同时比较雷吉纳尔德·布洛姆菲尔德（Reginald Blomfield），《萨布斯汀·勒·普莱斯特·德·沃班 1633-1707年》（*Sébastien le Prestre de Vauban 1633-1707*）（1938年），纽约—伦敦，1971年。

第十章注释

1 特别参见路易·霍特考尔（Louis Hautecoeur），《法国古典建筑历史》（*Histoire de l'Architecture classique en France*），卷1，巴黎，1943年，第192页及以下；安东尼奥·赫曼德兹（Antonio Hemandez），《1560-1800年间法国建筑理论思想简史》（*Grundzüge einer Ideengeschichte der französischen Architekturtheorie von 1560-1800*），巴塞尔，1972年，第6页及以下。

2 安东尼·布伦特（Anthony Blunt），《1500至1700年法国的艺术和建筑》（*Art and Architecture in France 1500 to 1700*），英国哈蒙兹沃斯，1953年，第3页及以下；汉诺-沃尔特·克鲁夫特（Hanno-Walter Kruft），'Genuesische Skulpturen der Renaissance in Frankreich', *Actes du XXIIe Congrès International d'Histoire de l'Art*（1969年），布达佩斯，1972年，第697-703页；沃尔弗拉姆·普林茨（Wolfram Prinz）和罗纳德·G·凯克斯（Ronald G. Kecks），*Das französische Schloß der Renaissance. Form und Bedeutung der Architektur, ihre geschichtlichen und gesellschaftlichen*

Grundlagen，柏林，1985 年。

3 霍特考尔（Hautecoeur）（1943 年），第 196 页。

4 参见马丁（Jean Martin）的记录，同上，第 205 页及以下。

5 海因里希·范·盖米勒（Heinrich von Geymüller），《杜塞西》（*Les Du Cerceau*），巴黎 - 伦敦，1887 年；霍特考尔（Hautecoeur）（1943 年），第 215 页及以下；关于雅克·安德鲁埃·杜塞西（Jacques Androuet du Cerceau）的出生日期，参见布伦特（Blunt）（1953 年），第 106 页注释 22；赫曼德兹（Hemandez）（1972 年），第 8 页及以下。

6 雅克·安德鲁埃·杜塞西（Jacques Androuet Ducerceau），*XXX Exempla Arcuum, partim ab ipso inventa, partim ex veterum sumpta monumenta*，奥尔良（Orléans），1549 年。

7 作者同上，*De Architectura... Opus quo descriptae sunt aedificiorum quinquaginta...*，巴黎，1559 年；同时在法国的版本，*Livre d'architecture..., contenant les plans ε dessaigns de cinquante bastiments tous differenes: pour instruire ceux qui desirent bastir, soient de petit, moyen, ou grand estat...*，巴黎，1559 年（与书 2 和 3 一起影印再版，里奇伍德，新泽西，1965 年）。

8 作者同上，*Second Livre d'architecture.., contenant plusieurs et diverses ordonnances de cheminees, lucarnes, portes, fonteines ...* ，巴黎，1561 年。

9 作者同上，*Livre d'architecture.., auquel sont contenues diverses ordonnances de plans et élévations de bastiments de Seigneurs... qui voudront bastir aux champs*，巴黎，1582 年。

10 同一作者，*Le premier volume des plus excellents Bastiments de France*，巴黎，1577 年；*Le second volume des plus excellents Bastiments de France*，巴黎，1577 年（两个部分的影印再版，1972 年）。

11 关于布伦特（Blunt）特别参见霍特考尔（Hautecoeur）（1943 年），第 233 页及以下；布伦特（1953 年），第 91 页以下；福尔克尔·霍夫曼（Volker Hoffmann），*Das Schloß von Ecouen*，柏林，1970 年，第 7 页及以下；福尔克尔·霍夫曼，'Artisti francesi a Roma: Philbert Delorme e Jean Bullant'，*Colloqui del Sodalizio*，系列 2，第 4 注释，1973-1974 年，特别第 63 页及以下。

12 让·布兰（Jean Bullant），*Reigle générale d'architecture des cinque manières de colonnes, à scavoir toscane, dorique, ionique, corinthe et composite et enrichi de plusieurs autres à l'exempie de l'antique suivant les reigles et doctrine de Vitruve...*，巴黎，1564 年。

13 关于费利伯特·德洛姆（Philibert Delorme），特别见于：霍特考尔（Hautecoeur）（1943 年），第 219 及以下；安东尼·布伦特（Anthony Blunt），《费利伯特·德洛姆》（*Philibert De L'Orme*），伦敦，1958 年；赫曼德兹（Hemandez）（1972 年），第 15 页及以下；霍夫曼（Hoffmann）（1973-1974 年），第 55 页及以下，弗朗索瓦丝·布东（Françoise Boudon）和让·布莱克恩（Jean Blécon），*Philibert Delorme et le château royal de saint-Léger-en-Yvelines*，巴黎，1985 年；让 - 马里·彼鲁兹·德·芒特克劳（Jean-Marie Pérouse de Montclos），'Horoscope de Philibert de l'Orme'，《艺术评论 72》（*Revue de l'Art 72*），1986 年，第 16-18 页。

14 费利伯特·德洛姆（Philibert Delorme），《建筑学第一书》（*Le premier tome de l'architecture*），巴黎，第一版 1567 年，第二版 1568 年第三版 1626 年，第四版 1648 年（1648 年版本的影印再版，1894 年，1964 年，1981 年）。

15 'vrais Architectes'...'plusiers qui s'en attribuent le nom, doibuent plustost estre appellez maistres maçons...' 德洛姆（Delorme）（1568 年），对开本第 1 页左页。关于建筑师的角色，霍特考尔（Hautecoeur）（1943 年），第 241 页及以下。

16 同上，对开本第 65 页。

17 同上，对开本第 65 页左页及以下。

18 参见伯纳德·帕里西（Bernard Palissy），*Recepte Véritable*（1563 年），载：伯纳德·帕里西，*Les Oeuvres*，阿纳托尔·弗朗斯（Anatole France）编辑，巴黎，1880 年，第 65 对开页。帕里西至今在建筑理论历史中没有被给予足够的关注，尽管他是一个相当有创造性的人物。例如，在 *Recepte Véritable* 中，对石头排列和动物行为某些特征的观察引导他得出螺旋形规划城市的概念（阿纳托尔·弗朗斯编辑，1880 年，第 144 页及以下）。

19 德洛姆（Delorme）（1568 年），对开本第 217 页左页。关于三柱式的形态模式，参见布伦特（Blunt）（1958 年），第 118 页；关于德洛姆对哥特的态度，参见迈克尔·赫西（Michael Hesse），*Von der Nachgotik zur Neugotik*，法兰克福一波恩一纽约，1984 年，第 33 页及以下。

20 参见布伦特（Blunt）（1958 年），第 120 页以后。

21 参见奈杰尔·卢埃林（Nigel Llewellyn），"迪亚戈·德·萨戈黎多的两段笔记"（Two notes in Diego da Sagredo），*Journal of the Warburg and Courtauld Institutes* XL，1972 年，第 292 页及以下。

22 参见让 - 马里·彼鲁兹·德·芒特克劳（Jean-Marie Pérouse de Montclos），'Le Sixième Ordre d'Architecture, ou la Pratique des Ordres Suivant les Nations'，《建筑历史学家社会学报》第 36 期（*Journal of the Society of Architectural Historians* XXXVI），1977 年，第 223-240 期。

23 德洛姆（Delorme）（1568 年），对开本第 235 页；参见霍特考尔（Hautecoeur）（1943 年），第 229 页。

24 德洛姆（Delorme）（1568 年），对开本第 4 页。

25 阿尔伯蒂（Alberti），《建筑论 IX.. 7》（*De re aedificatoria IX.. 7*）。

26 鲁道夫·威特克沃（Rudolf Wittkower），《人文主义时代的建筑原则》（*Architectural Principles in the Age of Humanism*），伦敦，1962 年，第 3 版，第 102 页及以下，第 155 页及以下。

27 德洛姆（Delorme）（1568 年），对开本第 280 页及以下。

28 弗朗索瓦·拉贝莱斯（François Rabelais），*Oeuvres complètes*，雅克·布朗热（Jacques Boulenger）编辑[法国七星社图书

15 (Bibl. de la Pléiade, 15)，巴黎，1955年，第149页及以下[《巨人传》(*Gargantua and Pantagruel*)，J·M·科亨 (J.M. Cohen) 翻译，企鹅古典文丛 (Penguin Classics)，英国哈蒙兹沃斯，1970年]。关于泰勒玛修道院，特别参见查尔·勒诺尔芒 (Charles Lenormant)，*Rabelais et l'architecture de la Renaissance. Restitution de l'Abbaye de Thélème*，巴黎，1840年；布伦特 (Anthony Blunt)，《费利伯特·德洛姆》(*Philibert de l'Orme*) (1958年)，第7页及以下；赫曼德兹 (Hemandez) (1972年)，第27页及以下；格哈德·戈贝尔 (Gerhard Goebel)，*Poeta Faber*，海德堡，1971年，第146页及以下（附更多的文献）。

29 巴特罗摩·马利安尼 (Bartolommeo Marliani)，Topographia antique Romae，里昂，1534年。关于马利安尼的版本，参见路德维希·舒特 (Ludwig Schudt)，Le Guide di Roma，维也纳-奥格斯堡，1930年，第370页及以下。

30 拉贝莱斯 (Rabelais)，《巨人传》(*Gargantua*)，第57章。

31 'gens liberes, bien nez, bien instruictz, conversans en compaignies honnestes, ont par nature un instinctet aguillon, qui tousjours les poulse a faictz vertueux...' 同上，原文引自拉贝莱斯 (Rabelais)，《巨人传》(*Gargantua*)，皮埃尔·米歇尔 (Pierre Michel) 编辑，巴黎，1965年，第423页。

32 巴尔达萨雷·卡斯蒂廖内 (Baldassare Castiglione)，《侍臣之书》(*Il libro del Cortegiano*)，威尼斯，1528年[《侍臣之书》(*The Book of the Courtier*)，T·霍比爵士 (Sir T. Hoby) 翻译，第2个修订版本，大众文库 (Everyman's Library)，伦敦，1974年]。

33 'Feut ordonné que là ne seroient repcues sinon les belles, bien formées et bien naturées, et les beaulx, bien formez et bien naturez.' 拉贝莱斯 (Rabelais)，《巨人传》，第52章 (1965年)，第395页。

34 'Tant noblement estoient apprins qu'il n'estoit entre eulx celluy ne celle qui ne sceust lire, escripre, chanter, jouer d'instrumens harmonieux, parler de cinq et six langaiges, et en iceulx composer tant en carme, que en oraison solue.' 同上，第57章，第425页。

35 同上，第57章。关于最高级比较的形式，参见戈贝尔 (Goebel) (1971年)，第148页。

36 'belles grandes galleries, toutes pinctes des antiques prouesses, histoires et descriptions de la terre.' 同上，第53章，第401/403页。

37 布伦特 (Blunt) (1958年)，第12对开页。塞利奥 (Serlio) 的第3本书，其中出现了插图，在1537年首次出版，但拉贝莱斯 (Rabelais) 可能看到过其他形式的重建。

38 参见沃尔特·帕布斯特 (Walter Pabst)，'Die Pforte von Thélème und Dantes Höllentor'，《弗里德理西一席勒·耶拿大学科学杂志3》(*Wissenschafiliche Zeitschrift der Friedrich-Schiller-Universität Jena 3*)，1955/1956年，第325-328页；戈贝尔 (Goebel) (1971年)，第149页。

39 特别参见海伦·罗西瑙，《理想城市. 它的建筑革命》(*The Ideal City. Its architectural evolution*) (1959年)；伦敦，1974年第2版。

第十一章注释

1 参见路易·霍特考尔 (Louis Hautecoeur)，《法国古典建筑历史》(*Histoire de l'Architecture classique en France*)，卷1，巴黎，1943年，第508页及以下；安东尼·布伦特 (Anthony Blunt)，《1500至1700年法国的艺术和建筑》(*Art and Architecture in France 1500 to 1700*)，英国哈蒙兹沃斯 (Harmondsworth)，1953年，第119页；安东尼奥·赫曼德兹 (Antonio Hemandez)，*Grundzüge einer Ideengeschichte der französischen Architekturtheorie von 1560-1800*，巴塞尔，1972年，第34对开页。

2 皮埃尔·勒米埃 (Pierre Le Muet)，*Règles des cinque ordres d'architecture de Vignole revues, augmentées et réduites du grand au petit en octavo*，巴黎，1632年。这个八开本的卷子出现在多个版本以及德语译本中。
皮埃尔·勒米埃，*Règles des cinque ordres d'architecture dont se sont servi les anciens, traduites de Palladio*，巴黎，1645年。

3 又一个版本，《勒米埃先生厘定之规则与设计下的一些法兰西新建筑》(*Augmentations de nouveaux bastiments faits en France par les orders et desseins du Sieur le Muet*) 被收入其中作为另一个部分，巴黎，1647年。一个1647年文字的影印再版，安东尼·布伦特 (Anthony Blunt) 编辑，里士满 (Richmond)，萨里 (Surrey)，1972年（在扉页上不正确地标有"1664年"）。Manière de bien bastir 和 Augmentations 的一个略为发展的新版本，巴黎，1681年。

4 勒米埃 (Le Muet) (1647年)，献辞。

5 'de travailler de plus en plus à l'utilité publique en ce qui regarde mon employ et ma profession.' 同上，'Au lecteur'。

6 同上，第2页以下。

7 'simmétrie, qui doit estre poisée selon la largeur ou hauteur'. 同上，第4页。

8 亚历山大·弗朗西尼 (Alessandro Francini)，*Livre d'architecture contenant plusieurs portiques*，巴黎，1631年（影印再版，1966年）。

9 安东尼·勒·泡特 (Antoine Le Pautre)，《建筑著作》(*Les oeuvres d'architecture*)，巴黎，1652年[影印再版，英国范堡罗 (farnborough)，1966年]。

10 路易·萨沃 (Louis Savot)，《一些特殊建筑的法兰西建筑学》(*L'Architecture françoise des bastiments particuliers*)，巴黎，1624年[进一步的版本，1632年；具有弗朗索瓦·布隆代尔 (François Blondel) 的评论，1673年，1685年；后者的影印再版，日内瓦，1973年）。

11 萨沃 (Savot) (1685年版本)，第338页及以下]。

12 参见威廉 · 弗拉恩格尔（Wilhelm Fraenger）, *Die Bildanalysen des Roland Fréart de Chambray. Der Versuch einer Rationalisierung der Kunstkritik in der französischen Kunstlehre des 17. Jahrhunderts*，论文，海德堡，1917 年；赫曼德兹（Hemandez）（1972 年），第 36 页及以下；弗朗索瓦丝 · 菲谢（François Fichet）, *La théorie architecturale à lâage classique*，布鲁塞尔，1979 年，第 101 页及以下。

13 关于普桑（Poussin）的艺术观念，参见安东尼 · 布伦特（Anthony Blunt）,《尼古拉斯 · 普桑》（*Nicolas Poussin*），纽约，1967 年，卷 1，第 219 页及以下；尼古拉斯 · 普桑（Nicolas Poussin）, *Lettres et propos sur l'art*，安东尼 · 布伦特编辑，巴黎，1964 年。

14 安德烈亚 · 帕拉第奥（Andrea Palladio）, *Les quatre livres de l'architecture. Traduction intégrale de Roland Fréart de Chambray*，巴黎，1650 年[弗朗索瓦 · 赫伯特 - 史蒂文斯（François Hébert-Stevens）,影印再版，巴黎，1980 年。]

15 罗兰 · 弗雷亚特 · 德 · 尚布雷（Roland Fréart de Chambray）, *Parallèle de l'architecture antique et de la moderne, avec un recueil des dix principaux autheurs qui ont écrit des cinq Ordres...*，巴黎，1650 年（1702 年第 2 版）；由约翰 · 伊夫林（John Evelyn）翻译成英文，伦敦，1664 年，题为《古代建筑与现代建筑的一种相似》（*A Parallel of the Antient Architecture with the Modern*）[（附录中有阿尔伯蒂（Alberit）《论雕像》（*De statua*）的英文翻译）；后者的影印再版，1970 年。

16 罗兰 · 弗雷亚特 · 德 · 尚布雷（Roland Fréart de Chambray）, *Idée de la perfection de la peinture demonstrée par ses principes de l'art...*，法国利曼（Le Mans），1662 年[安东尼 · 布伦特（Anthony Blunt）影印再版，1968 年]。

17 罗兰 · 弗雷亚特 · 德 · 尚布雷（1650 年），献辞。

18 同上，第 2 页。

19 'l'union et le concours générale de toute ensemble, laquelle vient à former commeune harmonie visible'。同上，第 3 页。

20 'Car l' excellence ε la perfection d' un art ne consiste pas en la multiplité de ses principes; au contraire les plus simples ε en moindre quantité le doivent rendre plus admirable: ce que nous voyons en ceux de la Géometrie, qui est cependant la base ε le magazin général de tous les arts, d' ou celui-cy aesté tiré, ε sans l'aide de laquelle il est impossible qu'il subsist'。同上，第 7 页。

21 J · J · 温克尔曼（Johann Joachim Winckelmann）, *Gedanken über die Nachahmung der griechischen Werke in der Malerei und Bildhauerkunst* (1755)，载：J · J · 温克尔曼, *Kleine Schriften, Vorreden, Entwürfe*，W · 雷姆（W. Rehm）和 H · 西克特曼（H. Sichtermann），柏林，1968 年，第 29 页。

22 赫曼德兹（Hemandez）（1972 年），第 39 页。

23 罗兰 · 弗雷亚特 · 德 · 尚布雷（1650 年），第 4 页。

24 同上，第 4 页。

25 同上，第 7 页；赫罗尼莫 · 普拉多（Jerónimo Prado）和胡安 · 巴蒂斯塔 · 维拉潘多（Juan Bautista Villalpando）, *In Ezechielem Explanationes*，罗马，1596-1604 年。

26 汉斯 · 罗丝（Hans Rose）编辑, *Tagebuch des Herrn von Chantelou über die Reise des Cavaliere Bernini nach Frankreich*，慕尼黑，1919 年，第 100 页以后。

27 关于亚伯拉罕 · 波士（Abraham Bosse）特别见于《亚伯拉罕 · 波士，一个画家的转换》（*Abraham Bosse, le peintre convert*）的文本汇编，罗格 - 阿曼德 · 魏格特（Roger-Armand Weigert）编辑，巴黎，1964 年。

第十二章注释

1 参见尼古拉斯 · 佩夫斯纳（Nikolaus Pevsner）,《历史上和现在的艺术学术机构》（*Academies of Art Past and Present*）（1940 年），纽约，1973 年第二版，第 39 页及以下。

2 参见亨利 · 勒芒尼尔（Henry Lemonnier）编辑,《1671-1793 年皇家建筑学会学报》（*Procès-Verbaux de l'Académie Royale d'Architecture* 1671-1793 年），卷 1，巴黎，1911 年，第 VII 页及以下；路易 · 霍特考尔（Louis Hautecoeur）,《法国古典建筑历史》（*Histoire de l'architecture classique en France*），卷 2，巴黎，1948 年，第 462 页及以下；唐纳德 · 德鲁 · 埃格伯特（Donald Drew Egbert）,《法国建筑中的巴黎美术学院传统》（*The Beaux-Arts Tradition in French Architecture*），普林斯顿，1980 年，第 11 页及以下。

3 参见霍特考尔（Hautecoeur）（1948 年），第 414 页及以下。

4 'L'Académie règne sur les architectes, sur les étudiants, sur les entrepreneurs, sur les bâtiments du Roi, des provinces, des villes. Elle est un instrument puissant au service du pouvoir central.' 霍特考尔（Hautecoeur）（1948 年），第 467 页。

5 亨利 · 勒芒尼尔（Henry Lemonnier）编辑,《1671-1793 年皇家建筑学会学报》（*Procès-Verbaux de l'Académie Royale d'Architecture* 1671-1793 年），10 卷，巴黎，1911-1929 年。

6 1671 年：布隆代尔（Blondel）（主任），费利比恩（Félibien）（秘书），Bruand, Gittard，勒 · 泡特（Le Pautre），Le Vau, Mignard, d'Orbay。

7 勒芒尼尔（Lemonnier），卷 1（1911 年），第 18 页以后。

8 同上，第 XXVIII 页；让 - 马里 · 彼鲁兹 · 德 · 芒特克劳（Jean-Marie Pérouse de Montcos）["建筑的第六种柱式，或基于各民族的柱式实践"（Le Sixième Ordre d'Architecture, ou la Pratique des Ordres Suivant les Nations），《建筑历史学家社会学报》第 36 期（*Journal of the Society of Architectural Historians XXXVI*），1977 年，第 223-240 页]没有看到在建筑学院和"法兰西柱式"之间的联系。

9 参见霍特考尔（Hautecoeur）（1948年），第468页。

10 参见同上。关于 querelle des anciens et des modernes，参见休伯特·吉洛（Hubert Gillot），*La querelle des anciens et des modernes en France. De la Défense et illustration de la langue française*，南锡（Nancy），1914年（影印再版，日内瓦，1968年）；汉斯·科图姆（Hans Kortum），《查理·佩罗与尼古拉斯·伯里欧，法国古典主义时期文艺作品中的争鸣》（Charles Perrault und Nicolas Boileau, Der Antike-Streit im Zeitalter der klassischen französischen Literatur），柏林，1966年。

11 'Ce qu' on ne voyait plus que dans les ruines d l' ancienne Rome et de la vieille Grèce, devenu moderne èclate dans nos portiques et dans nos pèristyles. De même on ne saurait en ècrivant rencontrer le parfait, et, s'il se peut, surpasser les anciens que par leur imitation.' 拉·布鲁耶尔（La Bruyère），《论特征》（*Les Caractères*），章节"精神的作品"（Ouvrages de l'esprit）。

12 参见霍特考尔（Hautecoeur），卷2（1948年），第412页。

13 同上，第352页及以下；乔治·维尔登施泰因（Georges Wildenstein），"法兰西柱式竞赛笔记"（Note sur un projet d'ordre français），《美术学院公报 LXIII》（*Gazette des Beaux-Arts LXIII*），1964年，第257-260页；约翰尼斯·朗纳（Johannes Langner），'Zum Entwurf der französischen Ordnung von Le Brun'，载：*Kunstgeschichtliche studien für Kurt Bauch zum 70. Geburstag*，慕尼黑-柏林，1967年，第233-240页；约瑟夫·里克瓦特（Joseph Rykwert），《天堂里亚当的房子》（*On Adam's House in Paradise*），纽约，1972年，第77页及以下；让-马里·彼鲁兹·德·芒特克劳（Jean-Marie Pérouse de Montcos），'Le Sixième Ordre d'Architecture, ou la Pratique des Ordres Suivant les Nation'，《建筑历史学家社会学报》第36期（*Journal of the Society of Architectural Historians XXXVI*），1977年，第223-242页。

14 弗朗索瓦·布隆代尔（François Blondel），《建筑学教程》（*Cours d'architecture*），第2和第3部分，巴黎，1683年，第249页及以下。

15 勒芒尼尔（Lemonnier），卷1（1911年），第3页。

16 同上，第4页。

17 同上。

18 安东尼奥·赫尔南德兹（Antonio Hernandez），*Grundzüge einer Ideengeschichte der französischen Architekturtheorie von 1560-1800*，巴塞尔，1972年，第48页。

19 勒芒尼尔（Lemonnier），卷1（1911年），第22页及以下；莫克莱（Mauclair）和维古勒（Vigoureux），《尼古拉斯·弗朗索瓦·布隆代尔》（*Nicolas-François de Blondel*），法国拉昂（Laon），大约1936年；霍特考尔（Hautecoeur）（1948年），第468页及以下。

20 参考一个关于布隆代尔（Blondel）的书目，载：弗朗索瓦丝·菲谢（Françoise Fichet），《古典主义时期的建筑理论》（*La théorie architecturale à l'age classique*），布鲁塞尔，1979年，第173页。

21 弗朗索瓦·布隆代尔（François Blondel），*Cours d'architecture enseigné dans l'Académie Royale d'Architecture*，第一部分，巴黎，1675年；第2—5部分，巴黎，1683年（1698年第2版本的影印：希尔德斯海姆-纽约，1982年）。

22 'enseigner publiquement les règles de cet art tirées de la doctrine des plus grands Maîtres et des exemples des plus beaux Edifices qui nous restent de l'antiquité.' 同上（1675年），献辞。

23 同上，第2页。

24 同上，第9页。

25 同上，第2部分（1683年），第2页。

26 同上，第3页。

27 同上，第4页。

28 同上，第11页及以后。

29 同上，第三部分（1683年），第250页。

30 同上，第一部分（1675年），第10页。

31 'L' Architecture est l'art de bien bâtir. L'on appelle un bon bâtiment, celuy qui est solide, commode, sain ε agréable.' 同上，第1页。

32 同上，第4部分（1683年），第618页。

33 同上，第622页；参见 A·E·布林克曼（A.E.Brinckmann）的分析，（*Die Baukunst des 17. und 18. Jahrhunderts in den romanischen Läindern*），柏林-纽巴比尔斯伯格，1915年，第230页，图版252。

34 布隆代尔（Blondel），第5部分（1683年），第727页。

35 同上。

36 同上，第730页及以下。

37 同上，第748页及以下。

38 同上，第755页。

39 雷内·乌夫拉尔（Rene Ouvrard），*Architecture Harmonique, ou Application de la doctrine des proportions de la musique à l'architecture*，巴黎，1679年；摘录在：弗朗索瓦丝·菲谢（Françoise Fichet）（1979年），第176页及以下。

40 乌夫拉尔（Ouvrard）（1679年）；引自菲谢（Fichet）（1979年），第180页。

41 布隆代尔（Blondel），第5部分（1683年），第765页。

42 同上，第767页。

43 同上，第768页。

44 同上，第774页及以下。

45 'On y trouvera un grand nombre des mêmes proportions qui sans doute en font la beauté, ε sont cause du plaisir que l'on ressent quand on les regard.' 同上，第778页。关于布隆代尔（Blondel）对于哥特式态度的转变，同时参见迈克尔·赫西（Michael Hesse），*Von der Nachgotik zur Neugotik*，法兰克福-波恩-纽约，1984年，第55页及以下。

46 关于克洛德·佩罗（Claude Perrault），参见沃尔夫冈·赫尔曼（Wolfgang Herrmann），《克洛德·佩罗的理论》（*The Theory of Claude Perrault*），伦敦，1973年。
关于布隆代尔（Blondel）和佩罗辩论的文献在近些年已经变得重要。对我而言，已经被提出来的完全不同的争论不是对于主要讨论无足轻重[例如布龙纳（Brönner），1972年]，就是被时代错误的争论所控制[沃尔特·坎巴尔特尔（Walter Kambartel），1972年]。特别要提到的是：特尼斯·卡斯克（Tonis Kask），*Symmetrie und Regelmäβigkeit-französische Architektur im Grand Siècle*，巴塞尔-斯图加特，1971年；但也见于：赫尔南德兹（Hernandez）（1972年），第54页及以下；沃尔特·坎巴尔特尔，*symmetrie und Schönheit. Über mögliche Voraussetzungen des neueren Kunstbewuβtseins in der Architekturtheorie Claude Perraults*，慕尼黑，1972年（参见由沃尔夫冈·赫尔曼对此所作的回顾，载 *Architectura 6*，1976年，第75-78页）；沃尔夫冈·迪特尔·布龙纳（Wolfgang Dieter Brönner），《布隆代尔与佩罗，17世纪法国的建筑理论》（*Blondel-Perrault. Zur Architekturtheorie des 17. Jahrhundert in Frankreich*），论文，波恩，1972年（过于强调布隆代尔和佩罗的视觉前提）；约瑟夫·里克瓦特（Joseph Rykwert），The First Moderns. *The Architects of the Eighteenth Century*，马萨诸塞州剑桥-伦敦，1980年，第23页及以下。

47 关于佩罗（Perrault）的感觉经验主义哲学，特别参见布龙纳（Brönner）（1972年）。

48 赫尔曼（Herrmann）（1973年），第17页。

49 克洛德·佩罗（Claude Perrault），*Les dix livres d'Architecture de Vitruve corrigez et traduits nouvellement en François, avec des Notes ε des Figures*，巴黎，1673年[安德烈·达尔马斯（André Dalmas）编辑再版，1979，但不令人满意]；这个翻译的另一个版本，由佩罗修订和扩充，使用了同一个题目，巴黎，1684年（影印再版，布鲁塞尔，1979年）。1684年的版本在此后引用。

50 学会在1673年开始使用让·马丁的译本来朗读维特鲁威的著作，但接着决定等待佩罗的新译本。参见勒芒尼尔（Lemonnier）（1911年），第21页。

51 克洛德·佩罗（Claude Perrault），*Ordonnance des cinq espèces de colonnes selon la methode des anciens*，巴黎，1683年。

52 勒芒尼尔（Lemonnier），卷1（1911年），第77页及以下。

53 同上，第87页。

54 赫尔南德兹（Hernandez）（1972年），第56页。

55 赫尔曼（Herrmann）（1973年）而且尤其是他对坎巴尔特尔（Kambartel）的回顾，载：Architectura 6，1976年，第75-78页。

56 关于凯旋门，参见霍特考尔（Hautecoeur），卷2（1948年），第455页；鲁纳尔·斯特兰德贝里（Runar Strandberg），*Pierre Bullet et J.-B. Chamblain à la lumière des dessins de la Collection Tessin-Harlemann du Musée National de Stockholm*，斯德哥尔摩，1971年，第43页以后，图版10，11；米夏埃尔·佩策特（Michael Petzet），'Das Triumphbogenmonument für Ludwig XIV. auf der Place du Trône', *Zeitschrift für Kunstgeschichte* 45，1982年，第145-194页。

57 佩罗（Perrault），*Ordonnance*（1683年），第1页。

58 佩罗（Perrault），*Les dix livres*（1684年），第105页注释7。

59 'Toute l'Architecture est fondée sur deux principes, dont l'un est positif ε l'autre arbitraire. Le fondement positif est l'usage ε la fin utile ε nécessaire pour laquelle un Edifice est fait, telle qu'est la Solidité, la Salubrité ε la Commodité. Le fondement que j'apelle arbitraire, est la Beauté qui dépend de l'Autorité ε de l'Acoatûmance: Car bienque la Beauté soit aussi en quelche façon établie sur un fondement positif, qui est la convenance raisonnable ε l'aptitude que chaque partie a pour l'usage auquel elle est destinée...' 佩罗（Perrault），Les dix livres（1684），第12页，注释13。

60 在他的维特鲁威译本的第一个版本中（1673年）佩罗已经强调了艺术家想像力所扮演的角色：'Car la beauté n'ayant guère d'autre fondement que la fantaisie...' 前言的这一段没有出现在第二个版本中。

61 'l'usage auquel chaque chose est destinée selon sa nature, doit estre une des principales raisons sur lesquelles la beauté de l'Edifice doit estre fondée.' 佩罗（Perrault），*Les dix livres*（1684年），第214页注释6。

62 'on entend autre chose par le mot de Symmetrie en François; car il signifie le rapport que les parties droites ont avec les gauches, ε celuy que les hautes ont avec les basses, ε celles de devant avec celles de derrières, en grandeur, en figure, en hauteur, en couleur, en nombre, en situation; ε généralement en tout ce qui les peut rendre semblables les une aux autres; ε il est assez étrange que Vitruve n'ait point parlé de cette sorte de Symmetrie qui fait une grande partie de la beauté des Edifices.' 同上，第11页注释9。

63 参见赫尔曼（Herrmann），载：*Architectura 6*，1976年，第75页以后。

64 参见卡斯克（Kask）（1971年），坎巴尔特尔（Kambartel）（1972年）；类似的有赫尔曼（Herrmann），载：*Architectura 6*，1976年，第75页及以下。

65 'la grâce de la forme qui n'est rien autre chose que son agréable modification sur laquelle une beauté parfaite et excellente peut estre fondée...' 佩罗（Perrault），*Ordonnance*（1683年），第1页。

66 同上，第 II 页。

67 同上，第 XII 页。

68 同上，第 96 页。

69 'Le goust de nostre siècle, ou du moins de nostre nation, est différent de celuy des Anciens, ε peut-estre qu' en cela il tient un peu du Gothique: car nous avons l' air, le jour ε les dégagemens. Cela nous a fait inventer une sixième manière disposer ces colonnes, qui est de les accoupler ε de les joindre deux à deux.' 佩罗（Perrault），Les deux livres（1684 年），第 79 页注释。这儿佩罗明确地提到布隆代尔（Blondel）在讲演中所详细解释的观点。

70 同时参见佩罗最近被确认的为路易·孔皮埃涅·德·威尔斯（Louis Compiègne de Veils）的迈摩尼德斯（Maimonides，1135-1204 年，哲学家——译者注）译本（1678 年）所作的插图：沃尔夫冈·赫尔曼（Herrmann），《克洛德·佩罗为'耶路撒冷神庙'所作的不知名的设计》（Unknown Designs for the "Temple of Jerusalem" by Claude Perrault），《献给鲁道夫·威特克沃的建筑历史文章》（Essays in the History of Architecture Presented to Rudolf Wittkower），伦敦，1969 第 2 版，第 143-158 页。

71 佩罗，Les dix livres（1684 年），第 33 页图版 5；焦凡内托尼奥·鲁斯科尼（Giovanantonio Rusconi），Della Architettura，威尼斯，1590 年，第 27 页以后。

72 佩罗，Les dix livres（1684 年），第 217 页图版 56；参考帕拉第奥在达尼埃莱·巴尔巴罗（Daniele Barbaro）拉丁文版的维特鲁威著作中的插图（1567 年，第 227 页）和安德烈亚·帕拉第奥，I quattro libri dell'architettura，威尼斯，1570 年，第二书，第 44 页。

73 参见坎巴尔特尔（Kambartel）（1972 年），赫尔曼（Herrmann）（1973 年和 1976 年）。

74 勒芒尼尔（Lemonnier），卷 1（1911 年），第 5 页。

75 参考赫尔南德兹（Antonio Hernandez）（1972 年），第 68 页。

76 克洛德·佩罗（Claude Perrault），Paralèlle des Anciens et des Modernes, en ce qui regarde les arts et les sciences，巴黎，1688-1697 年（影印再版，载：Theorie und Geschichte der Literatur und der Schönen Künste，卷 2，附 H·R·尧斯（H.R. Jauss）和马克斯·伊姆达尔（Max Imdahl）的文稿，慕尼黑，1964 年）。

77 参见坎巴尔特尔（Kambartel）（1972 年），第 105 页。

78 关于德戈丹（Desgodets），参见沃尔夫冈·赫尔曼（Herrmann）内容翔实的文章，'Antoine Desgodets and the Académie Royale d'Architecture'，《艺术公报》第 40 期（The Art Bulletin XL），1958 年，第 23-53 页。

79 关于德戈丹（Desgodets）与学会的联系，尤其他与布隆代尔紧张的关系，参见赫尔曼（Herrmann）（1958 年），第 25 页以后。

80 安东尼·德戈丹（Antoine Desgodets），Les édifices antiques de Rome，巴黎，1682 年（1695 年第 2 版）；一个由乔治·马歇尔（George Marshall）编辑的 2 卷本的英文和法文版，伦敦，1771 年，1795 年（1682 版本的影印再版，波兰，在 1972 年之前）。

81 德戈丹（Desgodets）（1682 年），献辞。

82 同上，前言。

83 德戈丹（Desgodets）在他的论文里没有指名提到布隆代尔，但在他的前言里他明白地提到布隆代尔说过"tant de doctrine"与准确的细部无关。参考赫尔曼（Herrmann）（1958 年），第 26 页及以下。

84 德戈丹（1682），前言。

85 同上。

86 参考赫尔曼（1958 年），第 26 页以后，31 页。

87 安东尼·德戈丹，'Traité des Ordres d'Architecture'[原稿，巴黎，法兰西学院图书馆藏（Bibl. des Institut de France），原稿 1031]；"建筑学教程"（Cours d'Architecture)[原稿，巴黎，国家图书馆（Bibl. Nat.），版画馆藏（Cabinet des Estampes）Ha 23，23a；巴黎，兵工厂图书馆藏（Bibl. de l'Arsenal），原稿 2545；伦敦，英国皇家建筑师协会图书馆藏（library of the Royal Institute of British Architects），原稿 72）。关于这些原稿的评价，参见赫尔曼（Herrmann）（1958 年），第 33 页及以下。

88 参见同上，第 47 页及以下。

89 参见赫尔曼（Herrmann）（1958 年），第 39 页及以下。

90 参见费利比恩（Félibien）的书目，载：弗朗索瓦丝·菲谢（Françoise Fichet）（1979 年），第 136 页及以下。

91 安德里·费利比恩（André Félibien），Des Principes de l'architure, de la Sculpture, de la Peinture，巴黎，1676 年（1690 年第二版，1699 年第三版）；1699 版本的影印再版，1966 年。

92 'Il faut toujours en bastissant se proposer la solidité, la Commodité ε la Beauté; ε pour ce qui regarde les Ornemens on s'en sert comme on le juge à propos, suivant la disposition des lieux ε la dépense qu'on veut faire.' 费利比恩（Félibien）（1699 年第三版），第 32 页。

93 同上，第 520 页。

94 让·弗朗索瓦·费利比恩（Jean-François Félibien），Recueil Historique de la vie et des ouvrages des plus célèbres architectes，巴黎，1687 年 [以及后来的德语版本，汉堡，1711 年（影印再版，莱比锡，1975 年），柏林，1828 年]。

95 安东尼-尼古拉斯·德萨里耶·阿金维勒（Antoine-Nicolas Dézallier d'Argenville），Vies des fameux architectes depuis la Renaissance

des arts，巴黎，1787 年（影印再版，日内瓦，1972 年）。

96　菲利普·德·拉伊雷（Philippe de la Hire），"民用建筑"（Architecture civile），原稿（伦敦，英国皇家建筑师协会图书馆，原稿725）；参见赫尔曼（Herrmann）（1958 年），第33 页。

97　'ce qui fait que ces bastiments ne sont pas propres à l'usage de France, où l'on préfére souvent la commodité du dedans à la décoration du dehors; sur quoy la Compagnie a jugé qu'il ne faut pas apporter moins de soin dans l'architecture à bien distribuer les logemens qu'à bien décorer des façades.' 勒芒尼尔（Lemonnier），Procès-Verbaux，卷3（1913 年），第93 页。

98　奥古斯丁-查尔斯·德阿维勒（Augustin-Charles d'Aviler），*Cours d'architecture qui comprend les ordres de Vignole...*，巴黎，1691 年（1696 年第二版）。

99　1735 年，1738 年，1756 年，1760 年。

100　德阿维勒（d'Aviler），（1696 年第 2 版），第302 页。

101　同上，第306 页及以下。

102　奥古斯丁-查尔斯·德阿维勒（Augustin-Charles d'Aviler），*Dictionnaire d'Architecture ou explication de tous les termes*，巴黎，1693 年。

103　'c'est le rapport de parité, soit de hauteur, de largeur ou de longueur de parties, pour composer un beau tout...Et Simmetrie respective, celle dont les côtez opposez sont pareils entr'eux.' 德阿维勒，Dictionnaire（1693 年），第229 页。

104　'c'est la justesse des membres de chaque partie d'un Bâtiment, ε la relation des parties au tout ensemble.' 同上，第212 页。

105　C·F·罗兰·勒·沃罗斯（C. F. Roland Le Virloys），*Dictionnaire d'architecture, civile, militaire et navale.., dont tous Les Termes sont exprim és, en François, Latin, Italien, Espagnol, Anglois et Allemand*，3 卷，巴黎，1770-1771 年。

106　皮埃尔·布里特（Pierre Bullet），L'architecture pratique, qui comprend le détail du toise, ε du devis des ouvrages...,巴黎，1691 年（影印再版，日内瓦，1973 年）；参见埃里克·朗根舍尔德（Eric Langenskiöld），《皮埃尔·布里特，一流建筑师》（*Pierre Bullet. The Royal Architect*），斯德哥尔摩，1959 年，第19 页；鲁纳尔·斯特兰德贝里（Runar Strandberg），*Pierre Bullet et J. B. de Chamblain*，斯德哥尔摩，1971 年，第9 页。

107　'La théorie de l'Architecture est un amas de plusieurs principes qui établissent, par exemple, les règles de l'analogie, ou la science des proportions, pour composer cette harmonie qui touche si agréablement la vue.' 布里特（1691 年），Avant-Propos。

108　'caractère convenable au sujet que l'on s'est proposé.' 同上。

109　米歇尔·德·弗雷曼（Michel de Frémin），*Mémoires critiques d'architecture contenans l'idée de la vraye ε de la fausse Architecture*，巴黎，1702 年（影印再版，1967 年）。关于弗雷曼，参见多罗特娅·尼贝里（Dorothea Nyberg），'Michel de Frémin, Mémoires critiques d'Architecture. A Clue to the Architectural Taste of Eighteenth Century France'，博士论文，纽约，1962 年；作者同上，'The Mémoires Critiques d'architecture by Michel de Frémin'，《建筑历史学家社会学报》第22 期（*Journal of the Society of Architectural Historians XXII*），1693 年，第217-224 页；弗朗索瓦丝·菲谢（Françoise Fichet）（1979 年），第257 页及以下。

110　弗雷曼（1702 年），《前言》（*Avertissement*）。

111　同上，第11 页。

112　同上，第22 页。

113　'L'architecture est un Art de batir selon l'objet, selon le sujet, et selon le lieu.' 同上。

114　同上，第23 页。

115　同上。

116　同上，第25 页。

117　同上，第26 页及以下。

118　'rapport naturel ε convenable à l'usage proper (observez bien mes termes) pour lequel le Batiment est ordonné.' 同上，第58 页。

第十三章注释

1　让·路易·德·科尔德穆瓦（Jean-Louis de Cordemoy），《建筑及艺术的新声》（*Nouveau Traité de toute l'Architecture ou l'art de bastir*），巴黎，1706 年[第二版时扩充编辑了对阿梅代-弗朗索瓦·弗雷齐耶（Amédée-François Frézier）和《论建造教堂的方式》（*Dissertation sur la manière dont les eglises doivent être baties*）攻击的回应，巴黎，1714 年，影印再版，1966 年]

2　关于让·路易·德·科尔德穆瓦（Cordemoy），详见 R·D·米德尔顿（R. D. Middleton），"德科尔德穆瓦修道院修士和希腊-哥特式的理想：浪漫古典主义的先驱"（The Abbé de Cordemoy and the Graeco-Gothic Ideal: A Prelude to Romantic Classicism），《瓦尔堡和考陶尔德研究院学报 25 期》（*Journal of the Warburg and Courtauld Institutes 25*），1962 年，第278-320 页；26 期，1963 年，第90-123 页；多罗西娅·尼贝里（Dorothea Nyberg），"聚焦于一场神圣古老的18 世纪的建筑争论"（La sainte Antiquité Focus of an Eighteenth century Architectural Debate），载：*Essays in the History of Architecture Presented to Rudolf Wittkower*，伦敦，第二版1969 年，第159-169 页；弗朗索瓦丝·菲谢（François Fichet），《古典时代的建筑理论》（*La théorie architecturale à l'âge classique*），布鲁塞尔，1979 年，第182 页及以后；迈克尔·赫西（Michael Hesse），《从"后哥特"到"新哥特"》（*Von der Nachgotik zur Neugotik*），法兰克福-伯尔尼-纽约（Frankfurt-Bern-New York），1984 年，详见第96 页及以

后 。

3 'L' Ordonnance est ce qui donne à toutes les parties d' un Batiment la juste grandeur qui leur est propre par rapport à leur usage.' 科尔德穆瓦（Cordemoy）（第二版 1714 年），第 3 页。

4 'l'arrangement convenable de ces memes parties.' 同上。

5 'Et la Bienséance est ce qui fait que cette Disposition est telle qu'on n'y puisse rien trouver qui soit contraire à la nature, à l'accoutumance, ou à l'usage des choses.' 同上。

6 同上，第 87 页。

7 同上，第 98 页。

8 参见米德尔顿（Middleton）（1962 年），第 307 页；参见文德·格拉夫·卡尔奈因（Wend Graf Kalnein）和迈克尔·里维（Michael Levey），《18 世纪法国的艺术和建筑》（*Art and Architecture of the Eighteenth Century in France*），英国哈蒙兹沃斯，1972 年，第 211 页，（图版 204）。

9 参见米德尔顿（1962 年），第 305 页及以后。

10 参见，如，安东尼奥·赫尔南德兹（Antonio Hernandez），《1560-1800 年法国建筑理论思想史的基本特征》（*Grundzüge einer Ideengeschichte der französischen Architektur theorie von 1560-1800*），瑞士巴塞尔（Basel），第 166 和 261 页。

11 关于这场争辩，参见米德尔顿（Middleton）（1962 年），第 287 页及以后，并详见多罗西娅·尼贝里（Dorothea Nyberg）（1969 年）第 159 页及以后。关于弗雷齐耶（Frézier），参见皮埃尔·杜·科隆比耶（Pierre du Colombier），"阿梅代-弗朗索瓦·弗雷齐耶，兰道（Landau）国王皇家工程师"（Amedeé-François Frézier. Ingénieur Ordinaire en Chef du Roy à Landau），《卡尔·洛迈尔周年纪念集》（*Festschrift für Karl Lohmeyer*），德国萨尔布吕肯（Saarbrücken），1954 年，第 159-166 页及以后；菲谢（Fichet）（1979 年），第 333 页及以后。

12 阿梅代-弗朗索瓦·弗雷齐耶（Amédee-François Frézier），《裁减石头和木头为建筑穹顶与民用和军事大厦的其他部分的理论和实践，即立体几何学论著，对建筑学的用途》（*La Théorie et la pratique de la coupe des pierres et des bois pour la construction des voûtes et autres parties des bâtiments civils et militaires, ou Traité de Stéréométrie, à l'usage de l'architecture*）[附录："关于建筑柱式的历史和评论"（Appendix:'Dissertation historique et critique sur les ordres d'architecture'），1738 年]，斯特拉斯堡，1737-1739 年[影印再版，法国诺让-勒-罗瓦（Nogent-Le-Roi），1980 年]。

13 参见，摘自弗雷齐耶（Frézier），载：菲谢（Fichet）（1979 年），第 334 页及之后。

14 赛巴斯蒂安·勒克莱尔（Sébastien Le Clerc），《论建筑——给致力于建筑这门美妙艺术的青年非常有用的评论和观察》（*Traité d'architecture, avec des remarques et des observations tres utiles pour les jeunes gens, qui veulent s'appliquer à ce bel art*），巴黎，1714 年[英文版，1732 年，荷兰语版未注明出版日期（Dutch, n.d.）和德语版，1759 年和 1797 年]。

15 参见，赫尔南德兹（Hernandez）（1972 年），第 76 页及以后。

16 勒克莱尔（Le Clerc）（1714 年），序言。

17 同上，第 3 页。

18 'Par proportion, on n'entend pas ici un rapport de raisons à la manière des geomètres; mais une convenance de parties, fondée sur le bon goût de l'architecte.' 同上，第 39 页。

19 同上，第 16 页。

20 同上，第 193 页及之后，图版 173 及以后。

21 吉勒-马里·奥珀诺（Gilles-Marie Oppenordt），《根据建筑学的沉思冥想片断描绘的罗马最美的纪念碑》（*Livre de fragments d'architecture recueillis et dessinés à Rome d'après les plus beaux monuments*），巴黎，1715 年，[玛丽安娜·菲舍尔（Marianne Fischer），载：展览书目（exhib. cat.）柏林艺术图书馆（Kunstbibliothek Berlin），《描绘与理论中的建筑》（*Architektur in Darstellung und Theorie*），柏林，1969 年，第 36 页，截至本书，尚未设立，在 1742 年之后。]

22 关于奥珀诺（Oppenordt），参见路易·霍特考尔（Louis Hautecoeur），《法国建筑的古典主义历史 第 3 卷》（*Histoire de l'architecture classique en France vol. III*），巴黎，1950 年，第 250 页及以后；费斯克·金博尔（Fiske Kimball），《洛可可的创造》（*The Creation of the Rococo*），1943 年，纽约，1964 年；同一作者，《路易十五风格的起源与洛可可的演变》（*Le style Louis XV. Origine et évolution du Rococo*），巴黎，1949 年。

23 'bon goust en architecture consiste en ce qui, a un rapport plus simple dans toutes les parties et qui, se faisant connoître plus aisément à l'âme, la satisfoit davantage.' 亨利·勒芒尼尔（Henry Lemonnier）（编辑），《1671-1793 年皇家建筑学会学报》（*Procès-Verbaux de l'Académie Royale d'Architecture 1671-1793*），第 4 卷，巴黎，1915 年，第 10 页。

24 同上。

25 同上，第 5 卷，1918 年，第 134 页。

26 'Le bon goust consiste dans L' harmonie ou l' accord du tous et de ses parties. L' harmonie qui donne aux ouvrages la qualité d'être de bon goust dépend de trois conditions qui sont l'ordonnance, la proportion et la convenance.

'L' ordonnance est la distribution des parties tant exténieures qu' intérieures. Elle doit dépendre de la grandeur de l' édifice et de l'usage auquel il est destiné.

'La proportion est la règle des mesures convenables qu'il faut donner au tout et aux parties suivant leur usage et leur places. Elle est presque toujours fondée sur la belle nature dont elle nous fait imiter la sagesse.

'La convenance est un assujettissement aux usages établis et reçus. Elle donne des régles pour mettre chaque chose à sa place.' 同上，

第 142 对开页。

27　同上，第 144 页。

28　热尔曼·博法尔（Germain Boffrand），《建筑作品在艺术的总体原则中》（*livre d'architecture contenant les principes generaux de cet art*），巴黎，1745 年[影印再版时有一幅路易十四（1743 年）的骑马像，1969 年]

29　参见霍特考尔（Hautecoeur），第 3 卷（1950 年），第 124 页及之后；卡尔奈因（Kalnein）和里维（Levey）（1972 年），第 206 页及之后；关于博法尔（Boffrand）的建筑理论，参见艾米尔·考夫曼（Emil Kaufmann），"三位革命建筑师，部雷，勒杜和勒克"（Three Revolutionary Architects, Boullée, Ledoux, and Lequeu），《美国哲学社会学会会刊 N.S. 42 期》（*Transactions of the American Philosophical Society N.S.*, 42），第 446 页及之后；安东尼奥·赫尔南德兹（Antonio Hernandez）（1972 年），第 83 页及以后；关于博法尔（Boffrand）的建成建筑，参见米西尔·加莱（Michel Gallet）和约尔格·加姆斯（Jörg Garms），《热尔曼·博法尔 1667-1754 年，一个独立的建筑师的冒险》（*Germain Boffrand 1667-1754. L'aventure d'un architecte independent*），巴黎，1986 年。

30　博法尔（Boffrand）（1745 年），第 1 页。

31　同上，第 3 页。

32　同上，第 4 页。

33　同上。

34　同上，第 6 页。

35　同上，第 12 页及之后。

36　'chaque partie relativement au tout doit avoir une proportion et une forme convenable à son usage.' 同上，第 10 页。

37　同上，第 8 页。

38　同上，第 15 页。

39　同上，第 8 页。

40　同上，第 11 页及之后。

41　'Les différents Edifices par leur disposition, par leur structure, par la manière dont ils sont décorès, doivent annoncer au spectateur leur destination.' 同上，第 16 页。

42　同上，第 45 对开页；卡尔奈因（Kalnein）和里维（Levey）（1972 年），第 211 页及之后。

43　伊夫·安德烈（Yves André），《论美——审视什么构成极致，美的一部分在物质，一部分在道德，以及精神和音乐的众多作品中》（*Essai sur le beau, ou l'on examine en quoi consisté précisément le beau dans le physique, dans le moral, dans les ouvrages d'esprit et dans la musique*），巴黎，1741 年，（后来修订于 1759 年，1763 年，1824 年，1827 年，1856 年）。关于安德烈神父（Père André），参见弗朗索瓦丝·菲谢（François Fichet）（1979 年），第 322 页及之后。

44　安德烈神父（Père André）；弗朗索瓦丝·菲谢（François Fichet）（1979 年），第 330 页。

45　参见霍特考尔（Hautecoeur）第 3 卷（1950 年）；赫尔南德兹（Hernandez）（1972 年），第 90 页及之后；弗朗索瓦丝·菲谢（François Fichet）（1979 年），第 347 页及之后。

46　查理-艾蒂安·布里瑟（Charles-Etienne Briseux），《现代建筑或艺术使人们更美地建造》（*L'Architecture moderne ou l'Art de bien bâtir pour routes sortes des personnes*），两卷本，巴黎，1728 年。该著作出版时未署名。1728 年 6 月 28 日，它通过了巴黎建筑学会（Académic d'architecture）为出版而进行的审查；勒芒尼尔（Lemonnier），第 5 卷，（1918 年），第 29 页——甚至在该卷布里瑟也没有被冠以作者；勒芒尼尔（第 29 页）记录了布里瑟传统的定位。

47　查理-艾蒂安·布里瑟最终出版了让·库尔托纳（Jean Courtonne）为巴黎的马逊格侬旅馆（Hôtel Matignon）和德·瑙玛提尔旅馆（Hôtel de Noirmoutier）[57、58 区（Distribution 57,58）]和一座"金字塔"（Pyramid）[60 区（Distribution 60）]所作的设计。

48　查理-艾蒂安·布里瑟，《建造别墅的艺术，论它们的布置，它们的建造，它们的装饰》（*l'Art de bâtir des maisons de campagne, ou l'on traite de leur distribution, de leur construction, ε de leur déoration*），两卷本，巴黎，1743 年，（第二版 1761 年，影印再版，1966 年）。

49　"这样的装饰将产生一种天然的美，它因纯洁而高贵，它仅用自身的匀称来愉悦人的眼睛……"（Cette Décoration doit offrir une beauté naturelle, aussi noble que simple, qui contente la vue par la seule symmetric...）……"成在得宜而毁于杂乱……"（avec convenance ε sans confusion...）布里瑟（Briseux）（再版 1761 年），第 115 页及之后。

50　查理-艾蒂安·布里瑟，《论工艺美术特别是建筑之艺术美的本质……》（*Traité du Beau Essentiel dans les arts appliqué particulièrement à l'Architectur...*），巴黎，1752 年，[影印再版，日内瓦，1974 年]。

51　'Il n'a donc pas été possible d'en constater de fixes (proportions) mais tous les auteurs sont d'accord sur la nécessité d'en observer.' 同上（1752 年），对开本第 4 页。

52　同上，第 2 页。

53　'un principe commun, qui les rendit agréables, ou désagréables, et que l'Ame, qui est le Juge de toutes les sensations, recevoit dans chaque sens les impressions d'agrément, ou de désagrément d'une manière uniforme...' 同上，第 35 页。

54　同上，第 47 页。

55　安东尼奥·赫尔南德兹（Antonio Hernandez）（1972 年），第 98 页。

56　布里瑟（Briseux）（1752 年），对开本第 103 页。

57 同上，第103页。

58 'Si l'âme n'a pas reçu d'instruction, elle se contente de goûter le plaisir par simple sensation; mais si elle a été éclairée par des préceptes, elle apprécie aussi ce plaisir par examen et par discussion.' 同上，第7页。

59 'Les objets, dont on veut orner une façade, doivent être non seulement rélatéfs à son caractère, mais y paroitre utiles, nécessaires, et y mériter leur place...' 同上，第71页。

60 关于雅克-弗朗索瓦·布隆代尔（Jacques-François Blondel）的建成建筑，参见路易·霍特考尔（Louis Hautecoeur）第3卷（1950年），第598页及之后；关于他的理论，同上，第466页及之后；艾米尔·考夫曼（Emil Kaufmann）（1952年），第436页；同一作者，《理性时代的建筑》（Architecture in the Age of Reason）（1955年），纽约，1968年，第131页及之后；安东尼奥·赫尔南德兹（Antonio Hernandez）（1972年），第110页及之后。

61 比较参考书目：弗朗索瓦丝·菲谢（François Fichet）（1979年），对开本第460页。

62 雅克-弗朗索瓦·布隆代尔（Jacques-François Blondel），《别墅布置和大厦装饰之综述》（De la Distribution des Maisons de Plaisance, et de la Décoration des édifices en general），两卷本，巴黎，1737-1738年（影印再版，1967年）。

63 同上，第2卷（1738年），第26页。

64 同上，第1卷（1737年），献给杜尔哥阁下（Monseigneur Turgot）。[安妮-罗伯特-雅克·杜尔哥（Anne-Robert-Jacques Turgot），1727-1781年，法国经济学家，曾任路易十六的财政大臣（1774年），因推行令贵族不满的改革被革职（1776年）——译者注]

65 同上，第2卷，第65页及之后。

66 雅克-弗朗索瓦·布隆代尔，《Françoise建筑——教堂、皇家建筑、宫殿、旅店和巴黎最壮观的大厦的平面图、立面图、剖面图汇集》（Architecture Françoise, ou Recueil des plans, élévations, coupes et profils deséglises, maisons royales, palais, hôtels et édifices les plus considérables de Paris），4卷本，巴黎，1752-1756年（再版，巴黎，1904年）。

67 雅克-弗朗索瓦·布隆代尔，《建筑学教程》（Cours d'architecture），文字6卷、图版3卷，巴黎，1771-1777年[卷5和卷6由皮埃尔·帕特（Pierre Patte）撰写]。

68 布隆代尔，第1卷（1771年），第V页及之后。

69 同上，第XV页及之后。

70 参见霍特考尔（Hautecoeur）第3卷（1950年），第468页。

71 布隆代尔，第3卷（1772年），第8页。

72 布隆代尔，第1卷（1771年），第260页及之后。

73 弗朗切斯科·迪·乔治奥·马提尼（Francesco di Giorgio Martini），《规则》（Trattati），克拉多·马尔塔斯（Corrado Maltese）编辑，第2卷，米兰（Milan），1967年，第390页，图版227。

74 布隆代尔，第1卷（1771年），第390页。

75 同上，第380页。

76 同上，第373页。

77 同上，第3卷（1772年），第LXXVIII页。

78 'dans toutes les parties le style qui lui est propre, sans aucune espèce de mêlange; celle qui présente un caractère décidé, qui met chaque membre à sa place, qui n'appelle que les ornements qui lui sont nécessaires pour l'embellir.' 同上，第1卷（1771年），第391页。

79 'l'Architecture Egyptienne étoit plus étonnante que belle; l'Architecture Grecque, plus règuliére qu'ingénieuse; l'Architectu re Romaine plus savante qu'admirable; la Gothique, plus solide que satisfaisante; notre Architecture Françoise enfin, est peut-être plus commode que véritablement intéressante.' 同上，第373页。

80 同上，第448页。

81 同上，第450页。

82 同上，第5卷（1777年），前言。

83 同上，第2卷（1771年），第253页及之后。

84 雅克-弗朗索瓦·布隆代尔（Jacques-François Blondel），《论对建筑研究之必要》（Discours sur la nécessité de l'étude de l'Architecture），巴黎，1754年[影印再版，日内瓦，1973年]，《前言》（Avertissement）。

85 同上（1754年），第28页。

86 同上，第29页。

87 同上，第41页。

88 同上，第44页。

89 同上，第71页及之后。

90 同上，第83页及之后。

91 参见，凯文·哈林顿（Kevin Harrington），《1750-1776年间"百科全书"中的建筑学思想转变》（Changing Ideas on Architecture in the 'Encyclopédie', 1750-1776），密歇根州安阿伯市，（Ann Arbor, MI），1985年。

92 关于皮埃尔·帕特（Pierre Patte），参见雷吉纳尔德·布洛姆菲尔德（Reginald Blomfield），《法国建筑史》（A History of French Architecture）（1921年），纽约，1973年，第4卷，第155页及之后；霍特考尔（Hautecoeur），第4卷（1952年）；弗朗索瓦丝·菲谢（François Fichet）（1979年），第387页及之后。

93　参考书目载：弗朗索瓦丝·菲谢（François Fichet）（1979 年），第 406 页及之后。他最重要的著作是：《建筑学论文》（*Discours sur l'architecture*），巴黎，1754 年；《建筑中最重要对象之回忆录》（*Mémoires sur les objets les plus importants de l'architecture*），巴黎（影印再版，日内瓦，1973 年）。关于帕特（Pierre Patte），详见：马埃·马蒂厄（Mahé Mathie），《皮埃尔·帕特，生平，作品》（*Pierre Patte, sa vie, son oeuvre*），巴黎，1940 年；弗朗索瓦丝·肖艾（Françoise Choay），《规则与范例，关于建筑与城市的理论》（*La régle et le modèle. Sur la théorie de l'architecture et de l'urbanisme*），巴黎，1980 年，第 261 页及之后。

94　皮埃尔·帕特（Pierre Patte），《辉煌的路易十五时期的法兰西纪念性建筑》（*Monuments érigés en France à la gloire de Louis XV.*），巴黎，1765 年。

95　同上，第 71-117 页。

96　同上，第 187 页及之后。

97　同上，第 213 页。

98　'Il n'est pas nécessaire, pour la beauté d'une ville, qu'elle soit percée avec la froide symmetrie des villes du Japon ε de la Chine, ε que ce soit toujours un assemblage de maisons disposées bien régulièrement dans des quarrés ou dans des parallélogrammes...' 同上，第 222 页。

99　同上。

100　参见他的规划（1765），第 233 页及之后。

101　'Jamais le vrai goût de l'architecture antique n'a été aussi général...Les maisons des simples particuliers sont aujourd'hui décorées avec une noblesse, que n'avoient pas toujours autrefois les palais des grands.' 同上，第 4 页。

102　帕特（Patte），《回忆录》（*Mémoires*）（1769 年），第 5 页及之后。

103　同上，第 8 页。

104　同上，第 14 页。

105　同上，第 17 页。

106　同上，第 81 页。

107　同上，第 19 页及之后。

108　查理 - 安东尼·容巴尔（Charles-Antoine Jombert），《现代建筑或艺术对于完美建造》（*Architecture moderne ou l'art de bien batir*），两卷本，巴黎，（第 1 版 1728 年），第 2 版 1764 年。

109　关于马克 - 安东尼·洛吉耶修士（Marc-Antoine Laugier），详见沃尔夫冈·赫尔曼（Wolfgang Herrmann），《洛吉耶和 18 世纪的法兰西理论》（*Laugier and Eighteenth Century French Theory*），伦敦，1962 年；关于他的理论，也可参见安东尼奥·赫尔南德兹（Antonio Hernandez）（1972 年），第 100 页及之后。

110　参考书目载：沃尔夫冈·赫尔曼（1962），第 256 页及之后。

111　佚名（Anon.）[马克 - 安东尼·洛吉耶（Marc-Antoine Laugier）]，《论建筑》（*Essai sur l'architecture*），巴黎，1753 年；第 2 增修版，巴黎，1765 年，（影印再版，1966 年）。

洛吉耶（Marc-Antoine Laugier），《建筑观察》（*Observations sur l'architecture*），巴黎，1765 年（影印再版，1966 年）。一个有用的关于这两本著作的新版本：洛吉耶，《论建筑》，《建筑观察》，格特·贝克特（Gert Bekaert）编辑，布鲁塞尔，1979 年。

112　洛吉耶（Laugier），《论建筑》（*Essai*）（1765 年），前言（*Préface*）。

113　引人注目的是拉·丰特·德·圣 - 耶尼（La Font de Saint-Yenne），《〈论建筑〉的反思》（*Examen d'un essai sur l'architecture*），巴黎，1753 年（影印版本，日内瓦，1973 年），他甚至指控洛吉耶正在变得危险。

114　洛吉耶（Laugier），《论建筑》（1765 年），第 XXXV 页。

115　同上，第 8 页及之后。

116　关于原始棚屋，详见乔基姆·高斯（Joachim Gaus），"原始棚屋，关于一个建筑的原型和一个造型艺术的主题"（Die Urhütte. Über ein Modell in der Baukunst und ein Motiv in der bildenden Kunst），《福尔拉赫 - 利哈茨年鉴 XXXIII》（*Wallraf-Richartz-Jahrbuch XXXIII*），1971 年，第 7-70 页；约瑟夫·里克瓦特（Joseph Rykwert），《天堂里亚当的房子》（*On Adam's House in Paradise*），《建筑历史中的原始棚屋的思想》（*The Idea of the Primitive Hut in Architectural History*），纽约，1972 年。

117　洛吉耶（Laugier），《论建筑》（1765 年），第 9 页。

118　同上，第 XVII 页。

119　关于洛吉耶的比例概念，参见他的《论建筑》（1765 年），第 107 页和《建筑观察》（*Observations*）（1765 年），第 5 页及之后。

120　洛吉耶，《建筑观察》（1765 年），第 4 页。

121　' ε qu'étant regardés comme la Nation qui a l'ésprit le plus délicat ε les moeurs les plus lègéres, l'ordre François soit le plus léger des ordres.' 同上，第 276 页。

122　洛吉耶，《论建筑》（1765 年），第 206 页。

123　洛吉耶，《建筑观察》（*Observations*）（1765 年），第 188 页及之后。

124　参见爱德华·罗伯特·德·祖尔克（Edward Robert de Zurko），《功能主义理论的起因》（*Origins of Functionalist Theory*），

纽约，1957 年。

125 洛吉耶，《论建筑》（1765 年），第222 页；《建筑观察》（1765 年），第312 页及之后。

126 'Il y a plus art ε de génie dans ce seul morceau, que dans tout ce que nous voyons ailleurs de plus merveilleux.' 洛吉耶，《论建筑》（1765 年），第201 页。

127 雅克-弗朗索瓦·布隆代尔（Jacques- François Blondel），《论对建筑研究之必要》（*Discours sur la nécessité de l'étude de l'architecture*），巴黎，1754 年，第88 页；《艺术引领下的人类》（*L'homme du monde éclairé par les arts*），第2 卷，阿姆斯特丹，1774 年，第13 页。[《艺术引领下的人类》为直译，亦可意译为：《维纳斯的羊群》——译者注]

128 参见恩斯特·博伊特勒（Ernst Beutler）载入于他编辑的歌德（Goethe）的《德国建筑》（*Von deutscher Baukunst*），慕尼黑，1943 年，第31 页。但是博伊特勒把《论建筑》（*Essai*）的德文第一版的时间标为1768 年。

129 歌德（Goethe），博伊特勒（Ernst Beutler）版本，第10 页。

130 歌德，《意大利游记》（*Italienische Reise*），1786 年9 月19 日。

131 关于这个主题，参见布鲁诺·鲁代恩巴克（Bruno Reudenbach），《G·B·皮拉内西，建筑作为图像，18 世纪建筑学解释的变化》（*G. B. Piranesi. Architektur als Bild. Der Wandel der Architekturauffassung des 18. Jahrhunderts*），慕尼黑，1979 年。

132 艾米尔·考夫曼（Emil Kaufmann），第450 页及之后；约翰·哈里斯（John Harris），"勒热，皮拉内西和国际的新古典主义在罗马1740-1750 年"（Le Geay, Piranesi and International Neoclassicism in Rome 1740-1750），载：*Essays in the History of Architecture Presented to Rudolf Wittkower*，伦敦，第二版1969 年，第189-196 页；吉尔伯特·埃鲁阿特（Gilbert Erouart），"让-洛朗·勒热，研究"（Jean-Laurent Legeay, Recherches），载：《皮拉内西和法国》（*Piranèse et les Français*）（会议论文集）1976 年，罗马（Rome），1978 年，第199-208 页；鲁代恩巴克（Reudenbach），（1979），第86 页；约翰内斯·埃里克森（Johannes Erichsen），《古代和希腊》（*Antique und Grec*），博士论文，（1975 年），科隆，1980 年，第243-280 页；吉尔伯特·埃鲁阿特，《建筑如同绘画，让-洛朗·勒热，欧洲启蒙时代的一位皮拉内西式的法国人》（*Architettura come pittura. Jean Laurent Legeay, un piranesiano francese nell'Europa dei Lumi*），米兰，1982 年。

133 哈里斯（Harris），1969 年，第191 页。

134 关于马里-约瑟·佩尔（Marie-Joseph Peyre），参见霍特考尔（Hautecoeur）第4 卷（1952 年），第225 页及之后；赫尔南德兹（Hernandez）（1972 年），第117 页及之后；莫尼卡·施泰因豪泽（Monika Steinhauser）和达尼埃尔·拉博（Daniel Rabeau），"查尔斯·德瓦伊和马里-约瑟·佩尔的剧院音乐厅"（Le théatre de l'Odéon de Charles de Wailly et Marie-Joseph Peyre），《艺术评论，19 期》（*Revue de l'Art 19*），1973 年，第8-49 页；展览书目《皮拉内西和法国1740-1790 年》（*Piranèse et les Français 1740-1790*），罗马，1976 年，第266 页及之后。

135 马里-约瑟·佩尔（Marie-Joseph Peyre），《建筑全集》（*Oeuvres d'Architecture*），巴黎，1765 年（影印再版，1967 年）；《建筑全集。补遗，收录多篇有历史价值的讲稿》（*Oeuvres d'Architecture. Supplement, compose d'un Discours sur les monuments des anciens*），巴黎，1795 年。

136 关于查尔斯·德瓦伊（Charles De Wailly），参见展览书目《查尔斯·德瓦伊，欧洲杰出的画家建筑师》（*Charles De Waill. Peintre architecte dans l'Europe des lumières*），巴黎，1979 年。

137 佩尔（Peyre）（1765 年），第27 页，图版18，19。

138 同上，序文（Avertissement）。

139 同上。

140 同上，第9 页，图版3，4。

141 同上，第6 页。

142 同上，第2 页，图版6。

143 同上，第19 页，图版13，14。

144 参见保罗·马可尼（Paolo Marconi），安杰拉·西普里亚尼（Angela Cipriani），恩里科·瓦莱里亚尼（Enrico Valeriani），《圣卢卡历史档案的建筑设计》（*I disegni di architettura dell'Archivio storico di San Luca*），罗马，1974 年，第1 卷，第19 页（插图495-508）。1754 年这个广场（Concorso）的赞誉归于了菲利波·马尔基翁尼（Filippo Marchionni），彼得罗·坎波雷塞（Pietro Camporese），伯纳多·利格昂（Bernardo Liegeon）。

145 佩尔（Peyre）（1765 年），第23 页，图版16。

146 同上，第8 页。

147 例如他为一座圆形教堂（a round church）所作的设计：同上，第23 页，图版12。

148 同上，第3 页，序文（Avertissement）。

149 让-弗朗索瓦·德·纳弗格（Jean-François de Neufforge），《建筑要素集成》（*Recueil élémentaire d'architecture*），10 卷本，巴黎，1757-1780 年；关于纳弗格（Neufforge），详见考夫曼（Kaufmann）（1968 年），第151 页及之后；约翰内斯·埃里克森（Johannes Erichsen），《古代和希腊》（*Antique und Grec*），博士论文（diss. 1975 年），科隆，1980 年，第386-391 页。

150 参见考夫曼（Kaufmann）（1969 年），第149 页及之后；里米·G·赛塞林（Remy G. Saisselin），"建筑和语言：尼古拉·勒加缪·德梅齐埃的感觉论"（Architecture and language: The sensationalism of Le Camus de Mézières），《不列颠美学学报15 期》（*British Journal of Aesthetics 15*），1975 年，第239-53 页及之后。
尼古拉·勒加缪·德梅齐埃（Nicolas Le Camus de Mézières）最重要的著作有：《我们感觉中的建筑与艺术杰作》（*La génie*

de l'architecture ou l'analogie de cet art avec nos sensations），巴黎（Paris）1780 年（影印再版，日内瓦，1972 年）；《建筑爱好者指南》（*Le guide de ceux qui veulent batir*），巴黎，1781 年（第二版 1786 年，影印再版，日内瓦，1972 年）。

[151] 尼古拉·勒加缪·德梅齐埃（Le Camus de Mézières）（1780 年），第 2 页。

[152] 同上，第 3 页。参见查尔斯·勒布兰（Charles Le Brun），《向"普遍和特殊的表达讨论会提出的表现激情"学习的方法》（*Méthode pur apprendre à dessiner les Passions proposée dans une conférence sur l'expression génerale et particulière.*），阿姆斯特丹 - 巴黎，1698 年（版本众多）。

[153] 尼古拉·勒加缪·德梅齐埃（Le Camus de Mézières）（1780 年），第 3 页。

[154] 同上，第 10 页及之后。

[155] 同上，第 56 页及之后。

[156] 'Le genre terrible est l'effet de la grandeur combinée avec la force. On peut comparer ta terreur qu'inspire une scêne de la natureàcelle qui nat d'une scêne dramatique.' 同上，第 56 页。

[157] 同上，第 64 页。

[158] 里巴·德·沙穆（Ribart de Chamoust），《法兰西柱式从自然中受到的启示，1776 年 9 月 21 日》（*L'Ordre François trouvé dans la nature présenté au roi, le 21 septembre 1776.*），巴黎，1783 年（影印再版，1967 年）；参见让 - 马里·彼鲁兹·德·芒特克劳（Jean-Marie Pérouse de Montclos），"建筑的第六种柱式，基于各民族的柱式实践"（Le Sixième Ordre d'Architecture, ou la Pratique des Ordres Suivant les Nations），《建筑史学家学报 XXXVI 期》（*Journal of Architectural Historians XXXVI*），1977 年，第 233 页及之后。

[159] 里巴·德·沙穆（Ribart de Chamoust）（1783 年），第 8 页。

[160] 同上，第 49 页。

[161] 让 - 路易·维耶尔·德圣 - 莫（Jean-Louis Viel de Saint-Maux），《古今建筑书简，这些书简发展了当时主宰古罗马的纪念性建筑的象征主义》（*Lettres sur l'architecture des anciens et celle des modernes, dans lesquelles se trouve développéle génie symbolique qui présida aux Monuments de l'Antiquit*），巴黎，1787 年（影印再版，日内瓦，1974 年）。这篇论文一度被认为是查理 - 弗朗索瓦·维耶尔（Charles-François Viel 1745-1819 年）的作品，人们把他和让 - 路易·维耶尔·德圣 - 莫（Jean-Louis Viel de Saint-Maux）混淆了。让 - 马里·彼鲁兹·德·芒特克劳（Jean-Marie Pérouse de Montclos）把他们俩区别了开来，"查理 - 弗朗索瓦·维耶尔，综合医院的建筑师；让 - 路易·维耶尔·德圣 - 莫，建筑师，画家和巴黎国会的拥护者"（Charles-François Viel, architecte de l'Hôpital général et Jean-Louis Vici de Saint-Maux, architecte, peintre et avocat au Parlement de Paris.），《法兰西艺术历史学会会刊》（*Bulletin de la Société d'histoire de l'art français*），1966 年，第 256-269 页及之后；弗朗索瓦丝·菲谢（Françoise Fichet），对开本第 491 页。

[162] 维耶尔·德圣 - 莫（Viel de Saint-Maux）（1787 年），介绍，对开本第 IX 页。

[163] 同上，信件 I，第 14 页。

[164] 同上，信件 II，第 8 页及之后。

[165] 同上，第 14 页。

[166] 同上，信件 IV，第 19 页。

[167] 同上，介绍，第 IX 页；信件 I，第 17 页。

[168] 同上，信件 II，第 9 页。

[169] 参见上面的注释 161；关于查理 - 弗朗索瓦·维耶尔（Charles-François Viel）观念的变化，参见考夫曼（Kaufmann）（1952 年），第 457 页及之后；详见彼鲁兹·德·芒特克劳（Pérouse de Montclos），前面引用的书（op. cit）（1966 年），第 257 页及之后。

[170] 查理 - 弗朗索瓦·维耶尔（Charles-François Viel），《18 世纪末建筑的衰落》（*Décadence de l'archtecture à la fin du dix-huitième siècle*），巴黎，1800 年。维耶尔不断地引用一本早先的自己刊印的著作，《布置的原则》（*Principes de l'Ordonnance*），我已经无法再获得这本书。[这批早先的出版物被列在菲谢（Fichet）的著作（1979 年）第 491 页]。维耶尔不停地投稿讨论苏夫洛（Sufflot）为巴黎圣·日内维耶芙教堂（Sainte-Geneviève）所作的设计，最后的一篇是《François 万神庙穹顶的柱子的修缮方法》（*Moyens pour la restauration des piliers du dome du Panthéon François*），巴黎，1797 年[参见米夏埃尔·佩策特（Michael Petzet），《18 世纪苏夫洛的圣·日内维耶芙教堂和法国教堂》（*Soufflots Sainte Geneviève und der französische Kirchenbau des 18. Jahrhunderts*），柏林，1961 年；该作者不知道维耶尔的著述]。

[171] 查理 - 弗朗索瓦·维耶尔（Charles-François Viel），《一个自然历史的纪念碑》（*Project d'une Monument consacré à l'histoire naturelle*），巴黎，1797 年。

[172] 同上，第 2 页。

[173] 同上。

[174] 同上，第 4 页。

[175] 同上，第 7 页。

[176] 艾米尔·考夫曼（Emil Kaufmann）最重要的著述有：《从勒杜到柯布西耶：这门自治的建筑学的起源和发展》（*Von Ledoux zu Corbusier. Ursprung und Entwicklung der autonomen Architektur*），维也纳，1933 年；"三位革命建筑师，部雷，勒杜和勒克"（Three Revolutionary Architects, Boullée, Ledoux, and Lequeu），《美国哲学社会学会会刊 N.S. 42 期》（*Transactions of*

the American Philosophical Society N.S. 42）, 第 429-564 页;《理性时代的建筑》(*Architecture in the Age of Reason*)（1955 年）, 纽约, 1 9 6 8 年。

正如上面提到的第一本著作中所表明的, 考夫曼将勒杜列为现代建筑的肇始。在后期的著作中他更多地也更明显地在历史脉络中看待这些革命建筑师。

[建筑学的边缘很模糊, 与众多学科存在着交叉关系; 而这常导致建筑学基本问题之迷失; 对于建筑学本体的研究, 将其界定在特定的建筑自身的领域, 以获得建筑学或建筑之独立性, 即是"自治的建筑学"（autonomen Architektur）一词的含义——译者注]

177 在 1952 年考夫曼的著作中被出版之后, 它们于 1964 年 11 月在巴黎国家图书馆 (Bibliothèque Nationale, Paris) 被首次展出。之后, "革命建筑"已经在一些欧洲国家和美国巡回展出。

178 参见阿道夫·马克斯·福格特（Adolf Max Vogt）,《俄国和法国的"革命建筑", 1917-1789 年》(*Russische und französische Revolutions-Architektur, 1917-1789*), 科隆, 1974 年。

179 详见让 - 马里·彼鲁兹·德·芒特克劳（Jean-Marie Pérouse de Montclos）,《艾蒂安—路易·部雷（1728-1799 年）, 从古典主义建筑到革命建筑》[*Étienne-Louis Boullée* (1728-1799), *De l'architecture classique à l'architecture révolutionnaire.*], 巴黎, 1969 年。

180 海伦·罗西瑙（Helen Rosenau）（编辑）,《部雷关于建筑的论著》(*Boullée's Treatise on Architecture*), 伦敦, 1953 年; 让 - 马里·彼鲁兹·德·芒特克劳（Jean-Marie Pérouse de Montclos）（编辑）,《艾蒂安—路易·部雷, 建筑学》(*Etienne-Louis Boullèe. Architecture*),《艾蒂安—路易·部雷著, 论艺术》(*Essai sur art*), 巴黎, 1968 年（包括一些更早的部雷的著述）。海伦·罗西瑙,《部雷和幻想的建筑》(*Boullée and Visionary Architecture*), 伦敦, 1976 年（附有法文 - 英文的论文原文）。

181 这些图纸如今在意大利乌飞齐（Uffizi）美术馆; 它们是属于建筑师朱塞佩·马尔泰利（Giuseppe Martelli）的财产, 他是 1818 年和 1819 年从部雷（Boullée）的后裔那里得到的[参见人名录《佛洛伦萨朱塞佩·马尔泰利 1792-1876 年》(*catalogue La Firenze di Giuseppe Martelli 1792-1876*), 佛洛伦萨, 1980 年, 第 130 对开页]。这些图纸已经由克劳斯·兰克海特（Klaus Lankheit）出版:《理性神殿, 艾蒂安—路易·部雷未出版的设计》(*Der Tempel der Vernunft. Unveröffentliche Zeichnungen von E. L. Boullée*), 巴塞尔 - 斯图加特, 1968 年（第 2 版 1973 年）。

182 除了上面所引的艾米尔·考夫曼（Emil Kaufmann）, 海伦·罗西瑙（Helen Rosenau）, 彼鲁兹·德·芒特克劳（Pérouse de Montclos）和克劳斯·兰克海特（Klaus Lankheit）, 参见, 尤其是阿道夫·马克斯·福格特（Adolf Max Vogt）,《部雷的牛顿纪念碑教堂建筑和球体想法》(*Boullées Newton Denkmal Sakralbau und Kugelidee*), 巴塞尔 - 斯图加特, 1969 年; 雅克·德卡索（Jacques de Caso）, "论部雷和启蒙时代的陵寝建筑" (Remarques sur Boullée et l'architecture funéraire à l'âge des lumières),《艺术评论 32 期》(*Revue de l'art 32*), 1976 年, 第 15 页及之后; 莫妮卡·施泰因豪泽（Monika Steinhauser）, "艾蒂安—路易·部雷的'《论艺术》', 自治建筑学的理论起因" (Etienne-Louis Boullée's 'Essai sur l'art'. Zur theoretischen Begründung einer autonomen Architektur),《构思, 汉堡艺术中心年鉴 II》(*Idea. Jahrbuch der Hamburger Kunsthalle II*), 1983 年, 第 7-47 页; 菲利普·马克代（Philippe Madec）,《部雷》(*Boullée*), 巴黎, 1986 年。阿尔多·罗西（Aldo Rossi）的推荐和为《论艺术》(*Essai*) 的意大利译本作序表明了现在的建筑师们对部雷的浓厚兴趣。[艾蒂安—路易·部雷,《建筑, 论艺术》(*Etienne-Louis Boullée, Architettura Saggio sull'arte*), 阿尔多·罗西编辑, 意大利帕杜（Padua）, 1967 年, 第 2 版 1977 年]

183 克洛德 - 尼古拉·勒杜（Claude-Nicolas Ledoux）,《作为艺术、习惯与成规的建筑》(*L'Architecture consider e sous le rapport de l'art, des moeurs et de la législation*), 巴黎, 1804 年（新版编辑于 1961 年）, 第 113 页。关于绘画和建筑学之联系的整个问题, 参见布鲁诺·鲁代恩巴克（Bruno Reudenbach）,《G·B·皮拉内西, 建筑作为绘画》(*G. B. Piranesi. Architektur als Bild*), 慕尼黑, 1979 年, 尤其见第 122 年及之后。

184 部雷,[彼鲁兹·德·芒特克劳编辑（Pérouse de Montclos）, 1968 年], 第 35 页（"对于建筑重要性和可用性的思考"）(Considérations sur l'importance et l'utilité de l'architecture)。

185 部雷, "《思考》"(*Considérations*)（1968 年）, 第 40 页。

186 部雷,《论建筑》（1968 年）, 第 47 页。

187 'Oui, je le crois, nos édifices, surtout les édifices publics, devraient être, en quelque façon, des poèmes. Les images qu'ils offrent à nos sens, devraient exciter en nous des sentiments analogues à l'usage auquel ces édifices sont consacrés.' 同上, 对开本第 47 页。

188 同上, 第 48 页。

189 同上, 第 41 页。

190 同上, 第 49 页。

191 同上, 第 63 页。

192 同上。

193 同上。

194 同上。

195 同上, 第 64 页。

196 同上, 第 67 页。

197 同上, 第 65 页。

198 同上，第73页。

199 同上，第74页。

200 部雷，"《思考》"（1968年），第34页："建筑只不过是把自然搬进作品的艺术……"（L'architecture étant le seul art par lequel puisse mettre la nature en oeuvre...）

201 部雷，《论建筑》（1968年），第69页及之后。

202 同上，第82页。

203 同上，第85页。

204 同上，第133页。

205 同上。

206 同上，第137页。

207 同上，第140页。

208 参见福格特（Vogt），第268页。

209 参见兰克海特（Lankheit），（1968年，第2版1973年）。

210 关于部雷深深地陷入学院的事务（例如，1793年学院解散之前他还出席了最后一次会议），参见亨利·勒芒尼尔（Henry Lemonnier）（编辑），第IX卷和X卷。关于部雷的影响，参见彼鲁兹·德·芒特克劳（Pérouse de Montclos）（1969年），第209页及之后；关于部雷在法国国内建筑领域与他人合作设计，参见沃纳·尚比恩（Werner Szambien），"关于部雷（1792-1796年）个人建筑文集的注释"[Notes sur le recueil d'architecture privée de Boullée（1792-1796）]，《美术学院公报123期》（*Gazette des Beaux-Arts 123*），1981年，第111-124页。

211 除了这些关于"革命建筑"的参考著作，下列广泛的关于勒杜的文献应该被援引：沃尔夫冈·赫尔曼（Wolfgang Herrmann），"克洛德-尼古拉·勒杜隽永的作品的年代学问题"（The Problem of Chronology in Claude-Nicolas Ledoux's Engraved Work），《艺术公报XLII期》（*The Art Bulletin XLII*），1960年，第191-210；约翰尼斯·朗纳（Johannes Langner），"勒杜自己运作编辑成为出版物"（Ledoux Redaktion der eigenen Werke für die Veröffentlichung），《艺术历史杂志23期》（*Zeitschrift für Kunstgeschichte 23*），1960年，第133-166页；伊万·克里斯特（Yvan Christ），《克洛德-尼古拉·勒杜的作品和杂谈》（*Projets et divagations de Claude-Nicolas Ledoux*），巴黎，1961年；约翰尼斯·朗纳，"勒杜和'作坊'，风景园林中的革命建筑学的情形"（Ledoux und die "Fabriques".Voraussetzungen der Revolutionsarchitektur im Landschaftsgarten），《艺术历史杂志26期》（*Zeitschrift für Kunstgeschichte 26*），1963年，第1-36；海伦·罗西瑙（Helen Rosenau），"作为城镇规划者的部雷和勒杜，一个重新评价"（Boullée and Ledoux as Town-planners. A Re-Assessment），《美术学院公报LXIII期》（*Gazette des Beaux-Arts LXIII*），1964年，第173-188页；海伦·罗西瑙，《社会意志在建筑中，1760-1800年间的巴黎和伦敦比较》（*Social Purpose in Architecture. Paris and London Compared 1760-1800*），伦敦，1970年；赛尔日·科纳尔（Serge Conard），"克洛德-尼古拉·勒杜的建筑，思考它们和皮拉内西的关系"（De l'architecture de laude-Nicolas Ledoux, considérée dans ses rapports avec Piranèse），会议论文集《皮拉内西和法国》（*Piranèse et les Français*），罗马，1978年，第161-175页；展会书目《勒杜和巴黎》（*Ledoux et Paris*）[《圆形建筑，3》（*Cahiers de la Rotonde, 3*）]，巴黎，1979年（附有详尽的参考书目）；米歇尔·加莱（Michel Gallet），《克洛德-尼古拉·勒杜1736-1806》（*Claude-Nicolas Ledoux 1736-1806*），巴黎，1980年；伯恩哈德·斯托洛夫（Bernard Stoloff），《克洛德-尼古拉·勒杜，剖析一个神话》（*L'affaire Claude-Nicolas Ledoux, Autopsie d'un mythe*），比利时列日-布鲁塞尔（Brussels- Liège），1977年；安东尼·维德勒（Anthony Vidler），《克洛德-尼古拉·勒杜：建筑和社会改革在法国旧制度的晚期》（*Claude-Nicolas Ledoux: Architecture and social reform at the end of the Ancien Régime*），马萨诸塞州剑桥（Cambridge, Mass.），1990年。

212 塞巴斯蒂安·梅西耶（Sebastien Mercier），载：《巴黎景象（1781-1788年）》[*Tableau de Paris*（1781-1788）]；引自展览书目[德国艺术收藏馆（Staatliche Kunsthalle）]《革命建筑：部雷，勒杜，勒克》（*Revolutionsarchitektur: Boullée, Ledoux, Lequeu*），巴登-巴登（Baden-Baden），1970年，第108页。

213 考夫曼（Kaufmann）（1952年），第499页。

214 克洛德-尼古拉·勒杜（Claude-Nicolas Ledoux），《作为艺术、习惯与成规的建筑》（*L'architecture considérée sous le rapport de l'art, des moeurs et de la législation*），巴黎，1804年；1847年发表了第二个版本，增添了作者身后出版的一些材料，丹尼尔·拉梅（Daniel Ramée）编辑（影印再版，巴黎，1961年）；影印自1804年的1847年的版本附有一些新插图，两卷本，德国钮尔特林肯（Nördlingen），1981年，1984年；影印自1847年的1983年的版本附有安东尼·维德勒（Anthony Vidler）撰写的序文，普林斯顿（Princeton），1983年；为《作为艺术、习惯与成规的建筑》的起源和创作所作的说明，参见米西尔·加莱（Michel Gallet）（1980年），第222页及之后。

215 'j'ai placé tous les genres d'édifices que réclame l'ordre social.' 勒杜（1804年），第1页。

216 'La maison du pauvre, par son extérieur modeste, rehaussera la splendeur de l'hôtel du riche...' 同上。

217 同上，第17页。

218 'l'homme de métier est l'automate du Créateur; l'homme de égnie est le Créateur luimême.' 同上，第175页。

219 同上，第2页。

220 'L'artiste ne peut pas toujours offrir aux yeux ces proportions gigantesques qui en imposent; mais s'il est véritablement Architecte, il ne cessera pas de l'être, en construisant la maison du bûcheron...' 同上，第198页。

221 'Si la societé est fondée sur un besoin mutuel qui commande une affection réciproque, pourquoi ne réuniroit-on pas, dans des maisons

particulières, cette analogie des sentiments et de goûts qui honorent l'homme ?... Le caractère des monuments, comme leur nature, sert à la propagation et à l'épuration des moeurs.' 同上，第3页。

[222] 同上，第2页。

[223] 同上，图版103，104页。

[224] 'L' uniét type du beau, "omnis porro pulchritudinis unitas est", consiste dans le rapport des masses avec les détails ou les ornements, dans la non-interruption des lignes qui ne permettent pas que l'oeil soit distrait par des accessoires nuisibles.' 同上，第10页。

[225] 同上。

[226] 参见海伦·罗西瑙，《社会意志在建筑中》（*Social Purpose in Architecture*），伦敦，1970年，对开本第14页。

[227] 'Pour la première fois on verra sur la même échelle la magnificence de la guingette et du palais...' 勒杜（1804年），第18页。

[228] 同上。

[229] 'ce vaste univers qui vous étonne, c'est la maison du pauvre, c'est la maison du riche que l'on a dépouillé.' 同上，第104页，图版33。

[230] 详见朗纳（Langner）（1960年），第151页及之后。

[231] 勒杜（1804年），图版88。

[232] 同上，图版6。

[233] 同上，图版99，100。

[234] 勒杜（1847年），图版313-316；参见加莱（Gallet）（1980年），第34页及之后。

[235] 汉斯·泽德尔迈尔（Hans Sedlmayr），《失落的王冠》（*Verlust der Mitre*），奥地利萨尔茨堡（Salzburg）1948年，对开本第96页。

[236] 展会书目《革命建筑》（*Exhib. cat. Revolutionsarchitektur*）（1970年），对开本第248页。

[237] 考夫曼（Kaufmann）（1952年），第538及之后；将勒克置于"革命建筑师"之列。亦可参见冈特·迈特肯（Günter Metken），"让-雅克·勒克——建筑之梦"（Jean-Jacques Lequeu ou l'architecture rêvée），《美术学院公报 LXV 期》（*Gazette des Beaux-Arts LXV*），1965年，第213-230页；雅克·吉耶尔姆（Jacques Guillerme），"勒克和低品位的创造"（Lequeu et l'invention du mauvais goût），《美术学院公报 LXVI 期》（*Gazette des Beaux-Arts LXVI*），1965年，第153-166页；参考目录《革命建筑》（*Revolutionsarchitektur*）（1970年），第165页及之后。亦可参见菲利普·杜沃伊（Philippe Duboy），《勒克：一个建筑之谜》（*Lequeu: An Architectural Enigma*），伦敦，1986年，非常好的却不够完美的论文但附有丰富的资料素材（unsound sensational thesis but with abundant source-material）。

第十四章注释

[1] 参见丢勒关于筑城术的论文第110页及之后。

[2] 参见埃里克·福斯曼（Erik Forssman）的先驱研究，《柱式与装饰，从16、17世纪北部地区的柱式书籍和收集到的主要印刷物研究艺术样式问题》（*Säule und Ornament. Studien zum Problem des Manierismus in den nordischen Säulenbüchern und Vorlageblättern des 16. und 17. Jahrhunderts*），斯德哥尔摩（Stockholm），1956年。

[3] 彼得·库克·范·阿尔斯特（Pieter Coecke van Aelst），《关于柱子的发明》（*Die inventie der colommen met haren coronementen ende maten*），安特卫普（Antwerp），1539年[影印件，文章载：鲁迪·罗尔夫（Rudi Rolf），《彼得·库克·范·阿尔斯特和建筑开支1539年》（*Pietr Coecke van Aelst en zijn architektuur uitgaves van* 1539），阿姆斯特丹，1978年]。

[4] 参见罗尔夫（Rolf）（1978年），第21页及之后。

[5] 彼得·库克·范·阿尔斯特（Pieter Coecke van Aelst），《建筑概论》（*Generale reglen der architecturen*），安特卫普，1539年（早期的版本：安特卫普，1549，阿姆斯特丹，1606年，巴塞尔，1608年）；1539年的原文被编辑在：罗尔夫（Roll）（1978年）。

[6] 海因里希·弗格特勒（Heinrich Vogtherr），《艺术总汇……》（*Ein frembds und wunderbars Kunstbüchlin allen Molern, Bildtschnitzern, Goldtschmiden, Steyn metzen, Schreynern, Platnern, Waffen und Messerschmiden hochnutzlich zu gebrauchen...*），斯特拉斯堡，1537年，前言[早期的版本：1538年，1572年，1608年；影印自1572年的版本，德国茨维考（Zwickau），1913年]。关于弗格特勒，参见福斯曼（Forssman）（1956年），第51对开页。

[7] 参见本书第78页；里维尔斯（Rivius），参见约瑟夫·本青（Josef Benzing），"沃尔特·H·里维尔斯与他的文艺著作，一个参考书目"（Walther H. Ryff und sein literarisches Werk. Eine Bibliographie），《书林2》（*Philobiblon 2*），1958年，第126-154页，第203-226页。（Philobiblon 无中文对译，"爱书的人徜徉漫步低吟于书林册府"之意——译者注）

[8] 沃尔特·里维尔斯（Walther Rivius），《各种与建筑相关的数学和机械的艺术必需的详尽的报告和说明……》（*Der furnembsten, notwendigsten, der gantzen Architectur angehörigen Mathematischen und Mechanischen künst, eygentlicher bericht...*），纽伦堡，1547年[影印再版德国希尔德斯海姆（Hildesheim）1981年]。

[9] 沃尔特·里维尔斯（Walther Rivius）（1547年），献给纽伦堡市长和委员会（dedication to the Bürgermeister and Council of Nuremberg）。他特别（*inter alia*）提到了卢卡·帕西奥里（Pacioli），切萨雷·切萨里亚诺（Cesare Cesariano），费兰德（Philander），塞利奥（Serlio）和塔尔塔利亚（Tartaglia）。朱利叶斯·冯·斯克劳瑟（Julius von Schlosser)[《艺

术论著》（*La letteratura artistica*），佛洛伦萨 - 维也纳，第 3 版 1964 年，第 277 页]也引用弗朗切斯科·克罗纳（Francesco Colonna）的著作《Hypnerotomachia》和瓦尔图里奥（Valturio）作为原始资料。斯克劳瑟散漫、臃肿的著作《里维尔斯演变》（*Evaluation of Rivius*），就像 "*la vera Bibbia del tardo Rinascimento tedesco*"（第 277 页）一样让我充满了困惑。关于里维尔斯，亦可参见威廉·吕布克（Wilhelm Lübke），《德国文艺复兴史 卷 I》（*Geschichte der Renaissance in Deutschland, vol. I*），斯图加特，第 2 版 1882 年，第 152 页及之后。

10　关于这个主题沃尔特·里维尔斯（Walther Rivius）的论文《五种柱式……》（*Der fünff maniren der Colonen...*），纽伦堡，1547 年[参见本青（Benzing），1958 年，第 219 页注释 184]已涉及。

11　参见本书第 125 页。

12　里维尔斯（Rivius）（1547 年），"附件"（Von der befestigung）等，对开本第 VI 页。

13　同上，题献。

14　阿尔布莱特·丢勒（Albrecht Dürer），《用圆规和直尺测量的方法》（*Underweysung der Messung mit dem Zirckel und Richtscheyt*），纽伦堡，1525 年；第二个补充版本，纽伦堡，1538 年；参见路易吉·瓦格奈提（Luigi Vagnetti）著作的参考书目，"自然的和人造的透视"（De naturali et artificiali perspectiva），《建筑研究和文献 9-10》（*Studi e documenti di architettura 9-10*），1979 年，第 315 页及之后。

15　希罗尼穆斯·罗德勒（Hieronymus Rodler），《精美实用的全集与用圆规和直尺测量的艺术方法》（*Eyn schön nützlich bühlin und underweisung der kunst des Messens mit dem Zirckel, Richtscheidt oder Lineal*），德国西蒙（Simmern），1531 年[新版附有特露德·阿德里（Trude Adrian）撰写的介绍，奥地利格拉茨（Graz），1970 年]。

16　参见米夏埃尔·普雷希特尔（Michael Prechtl）载展览目录（exhib. cat.）:《文策尔·雅姆尼策，约翰内斯·伦克和洛伦茨·施特尔，三位 16 世纪纽伦堡的构成主义者》（*Wenzel Jamnitzer, Hans Lencker und Lorenz Stöer, drei Nürnberger Konstruktivisten des 16. Jahrhunderts*），纽伦堡，1969 年。

17　洛伦茨·施特尔（Lorenz Stöer），《几何学和透视学，依据本书的一些章节家具师可以正式地运用在工作中……》（*Geometria et perspective. Hier Inn Etliche Zerbrochne Gebew den Schreinern in eingelegter Arbeit dienstlich...*），德国奥格斯堡（Augsburg），1567 年（影印再版，法兰克福，1972 年）。

18　约翰内斯·伦克（Johannes Lencker），《透视论著》（*Perspectiva literaria*），纽伦堡，1567 年（影印再版，法兰克福，1972 年）;《透视详述……》（*Perspectiva hierinnen auffs kürtzte beschrieben...*），纽伦堡，1591 年（第二版 1617 年）。

19　文策尔·雅姆尼策（Wenzel Jamnitzer），《透视本体规则》（*Perspectiva Corporum Regularium*），纽伦堡，1568 年（影印再版，法兰克福，1972 年）。

20　详见卡斯滕 - 彼得·瓦恩克（Carsten-Peter Warncke），《1500-1650 年德国奇形怪状风格的装饰》（*Die ornamentale Groteske in Deutschland 1500-1650*），两卷本，柏林，1979 年。

21　详见恩斯特·迈·马伊（Ernst von May），《一位德国美因河畔洛尔的文艺复兴建筑理论家汉斯·布卢姆》（*Hans Blum von Lohr am Main. Ein Bautheoretiker der deutschen Renaissance*），斯特拉斯堡，1910 年。

22　马伊（May）（1910 年），第 27 页及之后。

23　汉斯·布卢姆（Hans Blum），《五种柱式详述》（*Quinque columnarum exacta description*），苏黎世，1550 年；汉斯·布卢姆，《五种柱式，完全报告……》（*Von den fünff Sülen, Gründlicher Bericht……*），苏黎世（Zürich），1555 年。[Quinque（拉丁文）:\Quin″ que-\ (L. quinque five.) A combining form meaning five, five times, fivefold; as, quinquefid, five-cleft; quinquedentate, five-toothed.——译者注]

24　参见马伊（May）著作的调查（1910 年），第 76 页及之后；鲁道夫·威特克沃（Rudolf Wittkower），"帕拉第奥作品在英国"（La letteratura palladiana in Inghilterra），《建筑学 '安德里亚·帕拉第奥' 国际研究中心学报 VII 期》（*Bollettino del Centro Internazionale di Studi di Architettura 'Andrea Palladio' VII*），1965 年，第 II 部分，第 132 页，有 29 种版本和翻译。一种英语版本:汉斯·布卢姆（Hans Bloome），题为《一个关于五种柱式的描述……建筑学》（*A Description of the Five Orders of... Architecture*），伦敦，1678 年（影印再版 1967 年）在书的最后添加了文德尔·迪耶特林（Wendel Dietterlin）的插图。

25　详见福斯曼（Forssman）（1956 年）。

26　参见马伊（May）（1910 年），第 36 页及之后；福斯曼（1956 年），第 77 页。

27　为了做一个比较，详见克利斯托夫·索内斯（Christof Thoenes），"维尼奥拉《五种柱式规范》"（*Vignolas "Regola delle cinque ordini"*），《罗马艺术历史年鉴 第 20 卷》（*Römisches Jahrbuch für Kunstgeschichte 20*），1983 年，第 347 页及之后。

28　汉斯·布卢姆（Hans Blum），《古代建筑，关于一些千真万确的和真实的远古的美丽工程……》（*Architectura antiqua, das ist Wahrhafte und eigentliche Contrafacturen etlicher alter und schönen Gebüwen...*），苏黎世，1561 年；参见马伊（1910 年），第 61 页及之后，第 83 页及之后；福斯曼（1956 年），第 78 页。

29　福斯曼（1956 年），第 78 页的结论来自于:对于塞利奥（Serlio）的研究显然提醒了布卢姆（Blum）访问意大利的必要。但是像布卢姆在罗马的所作所为的记载一样[根据伯特劳逊（Bertolotti Antonino），《瑞士艺术家在罗马》（*Artisti svizzeri in Roma*），第 IX 页和 29 页]，他的一切所为只能有资格获得:布卢姆没有利用他本人对于古代建筑的描绘。

30　福斯曼（1956 年），第 77 页。

31　详见福斯曼（1956 年），第 86 页及之后，第 156 页及之后；欧根纽什·伊万诺伊柯（Eugeniusz Iwanoyko），Gdański okres hansa Vredemana de Vries，波兰波兹南（Poznań），1963 年；雕版画目录：《汉斯·米尔克，汉斯·弗雷德曼·德·弗里斯》（*Hans Mielke, Hans Vredemana de Vrie*），博士论文，柏林，1967 年；关于建筑的绘画参见让·埃尔曼（Jean Ehrmann），"汉斯·弗雷德曼·德·弗里斯（1527-1606 年）"[Hans Vredeman de Vries（1527-1606）]，《美术学院公报》（*Gazette des Beaux-Arts XCIII*）121 期，1979 年，第 13-26 页。

32　汉斯·弗雷德曼·德·弗里斯（Hans Vredeman de Vries），《建筑，关于：自古代维特鲁威的建造……》（*Architectura, oder: Bauung der Antiquen auss dem Vitruvius...*），安特卫普，1577 年，1581 年（影印自 1581 年的版本，希尔德斯海姆 - 纽约，1973 年）。他的原始资料在给《Dorica》一书的序文中。

33　'...aber in dissen Niderlanden hatt man ain andren condition, zuvvissen in Stoetten vonn grosser negotsen, da die ortt khlein und theur sein so meuss es man allss inn die hoeche suechen umb fuil geriffs zuh iben, mitt ful liechts zu suechen inn der hoeche.' 弗雷德曼·德·弗里斯，《建筑》（*Architectura*）（1581 年），给《Dorica》一书的序文。

34　'ingenium der Architectur wissen zu accom raodieren nach der gelegenhayt dess landts artt und gebrauch...' 同上。

35　'Denn es schickt sich nicht ubel, wenn man das alte mit dem newen maeβiglich schmucket' 汉斯·弗雷德曼·德·弗里斯，《关于科林斯和组合柱式的其他著述》（*das ander Buech gemacht auff die zway Colonnen Corinthia und Composita*），安特卫普，（第一版 1565 年），1578 年；引自福斯曼 1956 年），第 89 页。

36　'der Griff des Nordliinders um den kalten Marmorschaft, die Eroberung der Materie ohne klassizistische Bedenken.' 福斯曼（1956 年），第 89 页。

37　参见福斯曼（1956 年），第 156 页及之后。

38　汉斯·弗雷德曼·德·弗里斯，《透视》（*Perspective*），拉丁版，荷兰莱顿（Leiden），1604-1605 年（影印再版纽约，1968 年）；德文版，荷兰莱顿，1604-1605 年。

39　汉斯·弗雷德曼·德·弗里斯和保罗·弗雷德曼·德·弗里斯（Paul Vredeman de Vries）著，《建筑，精致和不朽的艺术……》（*Architectura, die köstliche und weitberumbte Khunst...*），1606 年。

40　这些插图首次出现在《建筑形式集》（*Variae Architecturae Formae*），汉斯·弗雷德曼·德·弗里斯和保罗·弗雷德曼·德·弗里斯（Paul Vredeman de Vries）编辑，安特卫普，1601 年。

41　汉斯·弗雷德曼·德·弗里斯，《Hortorum Viridariorumque 优美和多样的形式》（*Hortorum Viridariorumque elegantes et multiplices formae...*），安特卫普，1583 年。[书名一侧副标题为：*Architecture and Garden Design*。比利时安特卫普在当时德·弗里斯生活的 Hortorum Viridariorumque（地名）有 6 个建筑和园林项目，Vries 在书中描绘了许多日常生活的场景：双人舞（姑娘在一旁琵琶伴奏）、户外活动、花园聚会、女人在船上弹奏琵琶，男人在船的另一侧吹笛子等等——参考文献来源：《一幅 16 世纪荷兰与佛兰德的琵琶肖像画》（*An Iconography of the Lute Dutch and Flemish 16th century*）——译者注]

42　文德尔·迪耶特林（Wendel Dietterlin），《建筑，关于五种柱式的形式、均衡和比例，以及相关艺术构件，即窗户、壁炉、门、入口、喷泉，以及墓志铭》（*Von Auβtheilung, Symmetria und Proportion der fünff Seulen, und aller darauβ volgender Kunst-Arbeit, von Fenstern, Caminen, Thürgerichten, Portalen, Bronnen und Epitaphien*），纽伦堡，1598 年[自 1593 年起出版了部分；影印再版附有汉斯·格哈德·埃弗斯（Hans Gerhard Evers）的导言，德国达姆施塔特，1965 年；附有阿道夫·K·普拉切克（Adolf K. Placzek）的绪论，纽约，1968 年]。

43　马戈·皮尔（Margot Pirr），《文德尔·迪耶特林论建筑》（*Die Architectura des Wendel Dietterlin*），博士论文（柏林，1940 年），德国克拉芬黑尼逊，出版日期不详（Gräfenhainichen n.d.）；关于他的绘画，参见库尔特·马丁（Kurt Martin），"画家文德尔·迪耶特林"（Der Maler Wendel Dietterlin），载：《卡尔·洛迈耶周年纪念集》（*Festschrift für Karl Lohmeyer*），德国萨尔布吕肯（Saarbrücken），1954 年，第 14-29 页。

44　详见福斯曼的分析（1956 年），第 160 页及之后。

45　文德尔·迪耶特林（Dietterlin）（1598 年），对开本第 3 页。

46　同上，对开本第 5 页。

47　福斯曼（1956 年）已经作了这样的一次尝试，第 167 页。

48　福斯曼（1956 年），第 168 页指出安德烈亚·安德烈亚尼（Andrea Andreani）1588 年的一幅彩色的木刻作品作为这幅雕版画的原型。

49　1598 年版本的标题页（title-page）声明刊印数量只有 200 本。仅有的再版可上溯到 1655 年。关于文德尔·迪耶特林（Dietterlin）的影响，参见马戈·皮尔（Margot Pirr）（1940 年），第 138 页及之后。[欧洲中世纪以前（尤其 10 至 14 世纪）的书均没有标题页（Title Page），而是在该页起首用一个大写的字母替代，表示文章的开始，称为 "Incipit"。另，文章结束时为 "Explict"，表示完结之意。Title Page 和现代书籍的扉页略有不同——译者注]

50　丹尼尔·迈耶（Daniel Meyer），《建筑和纹样构成，多变的窗户和饰面等，可供造型、绘画、雕刻和家具等的喜爱这门艺术的人士广泛应用和服务》（*Architectura oder Verzeichnuβ allerhand Eynfassungen an Thüren Fenstern und Decken etc. sehr nützlich unnd dienlich allen Mahlern, Bildhawern, Steinmetzen, Schreinern und anderen Liebhabern dieser Kunst*），法兰克福，1609 年。

51　'daβ erstlich Wendel Dietterlins Werck nit also beschaffen, daβ es jeder meniglich dienlich seyn könte, dieweil die Inventiones etwas schwer, mühsam unnd voller Arbeit, welche nicht einem jeden annemblichen, auch nicht ein jeder solche ad usum transferieren oder gebrauchen kann. Zum andern, so ist das Werck an ibm selber groβ und hoch am Tax, derohalben nicht eines jeden gelegenheit, diβ bey, sich zu haben. Und zum dritten, dieweil die Welt allezeit nach newer Manier trachtet, so werden die nunmehr für bekannt und alt geachtet. Diese Werck aber im gegentheyl ist mehrens theyls componirt und zusammen gesetzet von etlichen leichtfertigen, geringschätzigen und doch zierlichen lnnfassungen, so biβhero zuwegen zubringen gewesen, und doch zierlichen anzusehen sind, beneben auch mehrern theyls auff die jetzige Welt gerichtet.' 同上，对开本第 3 页。

52 同上。

53 参见福斯曼（1956 年），第 172 页及之后。

54 加布里尔·克拉默尔（Gabriel Krammer），《建筑的五柱式及它们的装饰和装饰物》（*Architectura Von den funf Seulen sambt ihren Ornamenten und Zierden...*）科隆，1600 年；布拉格（Prague），1606 年（采用了 1606 年版本）。

55 乔治·卡斯帕·伊拉斯谟（Georg Caspar Erasmus）（扉页匿名；作者的名字出现在前言），《柱式图集或建筑五柱式完全报告……由一位热爱上天赐予的高尚的建筑艺术的人著》（*Seulen-Buch Oder Gründlicher Bericht Von den Fünf Ordnungen der Archtectur-Kunst... durch Einen Liebhaber der Edlen Architectur-Kunst an den Tag gegeben*），纽伦堡，1672 年；1688 年（前言标注日期 1666 年）。

56 威廉·海德（Wilhelm Heyd）（编辑），《符腾堡宫廷建筑师海因里希·斯奇克哈特的手稿与速写》（*Handschrifien und Handzeichnungen des herzoglich württembergischen Baumeisters Heinrich Schickhardt*），斯图加特，1902 年，第 15 页及之后。

57 海因里希·斯奇克哈特（Heinrich Schickhardt），《游记的描写……在意大利》（*Beschreibung einer Reiβ... in Italiam*），德国蒙派尔拉特[Mömpelgard（Monbérliard）]，1602 年；再版德国符腾堡州蒂宾根（Tübingen）1603 年；文字载威廉·海德（Wilhelm Heyd）版本（1902 年）第 65 页及之后。参见路德维希·舒特（Ludwig Schudt），《17 和 18 世纪意大利游记集》（*Italienreisen im 17. und 18. Jahrhundert*），1959 年，第 52 页及之后。

58 'Dise Biechlein sol man nach meinern Absterben in hohem Werdt hahen und von meindt wegen auffheben.' 海因里希·斯奇克哈特（Heinrich Schickhardt），《一些写作，就是……我的意大利之行，亲身经历》（*Etliche Gebey, die ich...zu Itallien verzaichnet hab, die mir lieb send*）[载：威廉·海德（Wilhelm Heyd）1902 年版本，第 303 页及之后]；冈特·施维卡特（Gunter Schweikhart），"帕拉蒂奥在欧洲中世纪的影响"（Zur Wirkung Palladios in Mitteleuropa），《1969 年第 XXIIᵉ 届艺术历史国际会议文集》（*Actes du XXIIᵉ Congrès International d'Histoire de l'Art 1969*），布达佩斯（Budapest），1972 年，卷 1，第 677 页及之后。

59 参见威廉·海德（Heyd）1902 年版本，第 335 页及之后。

60 'besahe zu Venedig alles wohl und wunderlich Sachen, die mir zu meinem Bau-Werk ferner wohl erspriesslich waren.' 克里斯蒂安·迈耶（Christian Meyer）（编辑），《埃利亚斯·霍尔自传》（*Die Selbstbiographie des Elias Holl*）奥格斯堡，1873 年，第 22 页；克里斯蒂安·迈耶（编辑），《埃利亚斯·霍尔家族家乡编年史》（*Die Hauschronik der Familie Holl*），慕尼黑，1910 年，第 42 页。

61 埃利亚斯·霍尔（Elias Holl）的手稿在"奥格斯堡博物馆的馆藏绘画 Inv. 第 11216 号"[Graphische Sammlung of the Augsburg Museum（Inv. No. 11216）]；参见汉诺-沃尔特·克鲁夫特（Hanno-Walter Kruft）和安德烈斯-勒内·莱皮克（Andres-René Lepik）著，"埃利亚斯·霍尔的几何学和测量学"（Das Geometrie- und Meβbuch von Elias Holl），《建筑，15 期》（*Architectura 15*），1985 年，第 1-12 页。

第十五章注释

1 详见库尔特·哈比希特（Curt Habicht），"17 和 18 世纪德国建筑理论家"（Die deutschen Architekturtheoretiker des 17. und 18. Jahrhunderts），《建筑和工程杂志》（*Zeitschrift für Architektur und Ingenieurwesen*），新版的系列丛书，21 卷，1916 年，第 1-30 页，第 261-288 页；22 卷，1917 年，第 209-244 页；23 卷，1918 年，第 157-184 页，第 201-230 页；埃里克·福斯曼（Erik Forssman），《柱式和装饰》（*Säule und Ornament*），斯德哥尔摩，1956 年；乌尔里克·舒特（Ulrich Schütte），《"柱式"与"装饰物"——分析 18 世纪德文版本建筑理论》（*'Ordnung' und 'Verzierung'. Untersuchungen zur deutschsprachigen Architekturtheorie des 18. Jahrhunders*），博士论文，海德堡（Heidelberg），1979 年。舒特拥有一份关于个人观念的历史的精彩的参考书目和广泛的材料；但是，由于德国与意大利、法国和英国建筑理论之间的关系只是偶发地被论及，所以德国建筑理论的起源问题没有被阐明[现在可以得到一本同名的舒特著作的简本，德国布仑斯威克-威斯巴登（Brunswick-Wiesbaden），1986 年]；玛利奥·安德烈亚斯·范·吕蒂肖（Mario Andreas von Lüttichau），《18 世纪德国装饰批判》（*Die deutsche Ornamentkritik im 18. Jahrhundert*），希尔德斯海姆-苏黎世-纽约，1983 年。

2 参见哈比希特（Habicht）（1916 年），第 5 页及之后；马戈·贝特霍尔德（Margot Berthold），《约瑟夫·富滕巴克（1591-1667 年），一位建筑理论家和城市建筑师在乌尔姆》[Joseph Furttenbach（1591-1667）. Architekturtheoretiker und stadtbaumeister in Ulm]，《论剧院和艺术历史》（*Ein Beitrag zur Theater und Kunstgeschichte*），论文（手稿），慕尼黑，1951 年；威廉·赖因金（Wilhelm Reinking），《建筑师约瑟夫·富滕巴克（1591-1667 年）的六个剧院工程》（*Die sechs Theaterprojekte des Architekten Joseph Furttenbach 1591-1667*），法兰克福，1984 年。

3 约瑟夫·富滕巴克（Joseph Furttenbach），《新意大利朝圣记：不仅仅是一个旅行者的全记录》（*Newes Itinerarium Italiae in welchem der Reisende nicht allein gründtlichen Bericht*），乌尔姆，1627 年[影印版，附有汉斯·福拉米蒂（Hans Foramitti）撰写的前言，德国希尔德斯海姆-纽约，1971 年]。

4 富滕巴克（Furttenbach）（1627 年），第 182 页及之后。

5 同上，第 193 页，图版 10，11。

6　彼得·保罗·鲁本斯（Peter Paul Rubens），《热那亚宫》（*Palazzi di Genova*），1622 年；参见附有希尔德布兰德·古利特（Hildebrand Gurlitt）作绪论的版本，柏林，1924 年[关于这个版本的鲁本斯著作，参见古利特（Gurlitt）作绪论的版本，第 V 页]；关于富滕巴克（Furttenbach）的插图，详见鲁本斯（版本 1924 年），图版 39。关于《热那亚宫》，参见伊达·马里亚·博托（Ida Maria Botto），"彼得·保罗·鲁本斯的'《热那亚宫》'第一卷"（P. P. Rubens e il volume i "Palazzi di Genova"），载：展览书目（exh. cat.）《鲁本斯向着热那亚》（*Rubens a Genova*），意大利热那亚（Genoa），1978 年，第 59-84 页；另参见安东尼·布伦特（Anthony Blunt），"鲁本斯和建筑"（Rubens and Architecture），《伯林顿杂志 CXIX 期》（*The Burlington Magazine CXIX*），1977 年，第 609-621 页。

7　'Die Privatarchitektur aber, die ja in ihrer Gesamtheit den Stadtkörper ausmacht, sollte man nicht vernachlässigen, zumal die Bequemlichkeit der Gebäude fast immer mit ihrer Schönheit und guten Form übereinstimmt.' 引自古利特（Gurlitt）作绪论的版本（转引自，1924 年），第 I V 页。

8　参见马戈·贝特霍尔德（Margot Berthold）（1951 年），参考书目，第 230-232 页。

9　参见福斯曼（1956 年），第 196 页及之后。

10　约瑟夫·富滕巴克（Joseph Furttenbach），《民用建筑，那是，实际上描述了作为一个最佳的形式和明晰的规则之后的第一幢宫殿……erbawen soll……》（*Architectura civilis, das ist, Eigentlich Beschreibung wie man nach bester form und gerechter Regul fürs Erste Palläst...erbawen soll...*），乌尔姆（Ulm），1628 年[影印件，文章载：汉斯·福拉米蒂（Hans Foramitti），编辑，《约瑟夫·富滕巴克著，〈民用建筑……〉》（Joseph Furttenbach, *Architectura civilis...*），希尔德斯海姆 - 纽约，1971 年]。

11　约瑟夫·富滕巴克，《一般建筑，关于军事工程，车站和港口……》（*Architectura universalis, das ist von Kriegs-, Statt- und Wasser-Gebüwen...*），乌尔姆，1635 年。

12　约瑟夫·富滕巴克，《娱乐建筑，关于众多实用和供消遣的民用工程……》（*Architectura recreationis, das ist von Allerhand Nutzlich und Erfrewlichen Civilischen Gebäwen...*），奥格斯堡，1640 年（影印件，文章载：福拉米蒂（Foramitti）版本，《约瑟夫·富滕巴克著作集》1971 年）。

13　约瑟夫·富滕巴克，《私人建筑，详细地描绘几乎一反传统的论述，它的形状和方式不规则，市民住宅……》（*Architectura privata, das ist gründtliche Beschreibung neben conterfetischer Vorstellung, inn was Form und Manier ein gar Irregular, Burgerliches Wohnhauß...*），奥格斯堡，1641 年（影印件，文章载：福拉米蒂（Foramitti）版本，《约瑟夫·富滕巴克著作集》1971 年）。

14　'Sintemablen es ja Weltkündig, das in Italia die allerköstlichste, Kunstreicheste, Würlichste und Stärckeste Gebäw alß irgend anderstwo in gantz Europa zu sehen, gefunden werden.' 富滕巴克，《民用建筑》（*Architectura civilis*）（1628 年），"序言"（Vorrede）。

15　同上，第 48 页。

16　'wol angelegt, künstlich eingethailt, dero Zimmer nach gebührender notturfft zum gescbäfft und zur ruhe accomodirt und gerichtet sein sollen.' 同上，"序言"（Vorrede）。

17　'Sondern mein intent geht dahin, den fürnemmen Zweck nach der Symmetrischen völligern Bestellung wie nemblich inwenaig an dem Baw-Corpore die Zimmer zuordnen (waran auch am maisten gelegen und wardurch der rechte finis der operation erarnet wird) auß richtigem fundament anzuzeigen und zu demonstrirn.' 同上。

18　同上。

19　'der Liebhaber dergleichen zieraden nach wolgefallen studiren und erlernen kann.' 同上，第 15 页。

20　同上，第 1 页及之后。

21　约瑟夫·富滕巴克，《一般建筑》（*Architectura universalis*）（1635 年），第 79 页。

22　同上，第 II 部分，第 44 页及之后。

23　同上，第 II 部分，第 54 页及之后，图版 21。

24　"以最少的钱……，精心地修复一座设施完善的房子。"（mit geringster impens..., das Hauss mit wol accomodirten Zimmern zu renoviren bedacht.）富滕巴克，《娱乐建筑》（*Architectura recreationis*）（1640 年），第 21 页。

25　富滕巴克，《私人建筑》（*Architectura recreationis*）（1641 年），第 19 页及之后。

26　马戈·贝特霍尔德（Margot Berthold）（1951 年），第 214 页；参见福斯曼（1956 年），第 196 页部分。在这一系列的著作之中值得注意的是插图版本《宗教建筑建构学》（*Feriae Architectonicae*）（1649 年），小约瑟夫·富滕巴克编辑，含有老约瑟夫·富滕巴克的多种设计、小约瑟夫·富滕巴克各种带有图画的资料。

27　参见哈比希特（Habicht）（1916 年），第 261 页及之后。

28　丹尼尔·哈特曼（Daniel Hartmann），《市民住宅……》（*Bürgerliche Wohnungs Bau-Kunst...*），巴塞尔，1673 年（第二版 1688 年，采用了这一版本）。

29　'gegenwärtige Riß entweder für sich selbsten oder nach des Bawherren Belieben zu verändern und eitele Kram-läden, Bawrenhäuser, Scheuren oder Stallungen darauff zu machen...' 哈特曼（Hartmann）（1688 年），第 40 页。

30　约翰·威廉（Johann Wilhelm），《民用建筑，描述和讨论很多著名的屋顶建造……》（*Architectura Civilis, Beschreibung oder Vorreissung der für nembsten Fachwerck...*），法兰克福，1649 年（第二版 1654 年）；轻微修订版，纽伦堡，1668 年（第二版 1702 年）；影印自 1668 年的版本，汉诺威（Hanover），1977 年。
　　关于约翰·威廉（Wilhelm），参见沃纳·奥克斯林（Werner Oechslin），载：展览参考书目《福拉尔贝格的巴洛克建筑师》（*Vorarlberger Barockbaumeister*），瑞士艾因西德伦（Einsiedeln），1973 年，第 56 页及之后。

31　沃纳·奥克斯林（Oechslin）（1973 年）第 57 页提及给黑森州路德维希公爵（Ludwig, Landgrave of Hesse）的一则献辞。在这本自己刊印的书上提两款不同的献辞是有可能的。但是我使用的版本，载德国达姆斯塔特黑森州立图书馆（Hessische Landesbibliothek, Sig. 31A 123），最初属于黑森大公爵图书馆（library of the Grand Duke of Hesse），并没有这样一款献辞。

32　声名对于约翰·威廉（Wilhelm）显然很重要；他在献辞中声明"繁衍后代和创作建筑会使人的名字变得不朽"（daβ nehmlich Kinderzeugen und Häuserbauen den Namen unsterblich mache）。

33　'daβ bey dieser letzten Römischen Monarchi der Griechen Architectur gleichsam in ihrer Würde auff die obersten Stueffen kommen.' 约翰·威廉（Wilhelm）（1649 年），第 2 页。

34　《民用建筑 第 II 部分》（*Architecturae Civilis Pars* II），出版商保卢斯·菲尔斯特（Paul Fürst）编辑，纽伦堡，再版（影印件收录在汉诺威 1977 年版的附录）。出版商在前言中把这本书描绘成他自己的著述。

35　约阿希姆·范·桑德拉特（Joachim von Sandrart），《条顿经典的建筑雕塑和绘画：即条顿经典……》（*L'Academia Todesca della Architectura Scultura et Pictura: Oder Teutsche Academia...*），纽伦堡，1675 年；《条顿经典及之后主要章节》（*Der Teutschen Academie Zweyter und letzter Haupt-Teil*），纽伦堡，1679 年（拉丁文版本，纽伦堡，1683 年）。约阿希姆·范·桑德拉特的所有著述，由约翰·雅各布·福尔克曼（Johann Jacob Volkmann）编辑在《建筑、雕塑和绘画艺术的条顿经典》（*Teutsche Akademie der Bau-, Bildhauer- und Maler-Kunst*）名下，3 部分，共 8 卷，纽伦堡，1768-1775 年。
引自 A·R·佩尔策（A.R.Peltzer）编辑，《约阿希姆·范·桑德拉特的建筑、雕塑和绘画艺术的条顿经典 1675 年》（*Joachim von Sandrarts Academie der Bau-, Bild- und Mahlerey-Künste von 1675*），慕尼黑，1925 年。

36　参见让·路易·施蓬泽尔（Jean Louis Sponsel）对于桑德拉特（Sandrart）资料来源的分析：《对桑德拉特〈条顿经典〉的评判》（*Sandrarts Teutsche Academie kritisch gesichtet*），德累斯顿，1896 年。

37　'Sandrarts Absicht war, die besten Muster der alten und neuen Baukunst in Kupfern vorzustellen, und von derselben einige Nachrichten zu geben Die Theorie oder die Regeln der Kunst hat er nur als eine Nebenabsicht betrachtet.' 桑德拉特（Sandrart）著，福尔克曼（Volkmann）编辑，第 I 卷，第二版（1769 年），第 6 页。

38　由维克托·弗莱舍尔（Victor Fleischer）出版，《高尚的建筑师和艺术收藏家卡尔·欧西比乌斯·范·利克滕斯坦 1611-1684 年》（*Fürst Karl Eusebius von Liechtenstein als Bauherr und Kunstsammler 1611-1684*），维也纳-莱比锡，1910 年，第 87-209 页。

39　'ohne Zierdt mit glatter Mauer ist für ihn in allen zu schenden und zu verachten und gantz nichts zu schatzen und keiner Gedechtnus wierdig, und nur ein ordinary Werk, dehren die gantze Weldt mit ordinari Heusern vol ist...' 弗莱舍尔（Fleischer）（1910 年），第 96 页。

40　萨克森地区的亨利公爵（Heinrich von Sachsen），《皇家建筑趣味，高级的布置之后……》（*Fürstliche Bau-Lust, nach dero eigenen hohen Disposition ...*），德国格吕克斯堡（Glücksburg），1698 年。

41　关于伯克勒尔（Böckler），参见贝恩德·福尔马尔（Bernd Vollmar），《格奥尔格·安德烈亚斯·伯克勒尔：德文版本的帕拉第奥，纽伦堡 1698 年。关于 17 世纪的建筑理论的一篇稿件》（*Die deutsche Palladio-Ausgabe des Georg Andreas Böckler, Nürnberg 1698. Ein Beitrag zur Architekturtheorie des 17. Jahrhunderts*），[论文，爱尔兰根-纽伦堡（Erlangen-Nuremberg）]，德国安斯巴赫（Ansbach），1983 年。《中世纪法兰克研究，第 III 卷》（*Mittelfränkische Studien, vol. III*），附录含有一份伯克勒尔著作和各种版本的目录。

42　格奥尔格·安德烈亚斯·伯克勒尔（Georg Andreas Böckler），《民用建筑大纲》（*Compendium Architecturae Civilis*），法兰克福，1648 年。

43　格奥尔格·安德烈亚斯·伯克勒尔，《民用建筑大纲，即：关于五种柱式……》（*Architectura civilis nova antiqua, das ist: Von den Fünff Sulen...*），法兰克福，1663 年（再版刊载有对第一版的描写，法兰克福，1684 年）。

44　格奥尔格·安德烈亚斯·伯克勒尔，《卓越的建造者帕拉，或德语区拼写帕拉第奥，即：无与伦比的意大利籍建筑大师安德里亚·帕拉第奥的重要建筑作品》（*Die Baumeisterin Pallas, oder der in Teutschland erstandene Palladius, das ist: Des vortrefflich-Italiänischen Baumeisters Andreae Palladii Zwey Bücher von der Bau-Kunst...*），纽伦堡，1698 年[影印再版附有贝恩德·福尔马尔（Bernd Vollmar）撰写的介绍：诺德林根（Nördlingen），1988 年]；参见冈特·施维卡特（Gunter Schweikhart），"帕拉第奥著作的德文版"（*L'edizione tedesca del trattato palladiano*），《建筑学'安德里亚·帕拉第奥'国际研究中心学报 VII 期》（*Bollettino del Centro Internazionale di Studi di Architettura 'Andrea Palladio' VII*），1970 年，第 273-291 页，福尔马（Vollmar），（1983 年）。

45　格奥尔格·安德烈亚斯·伯克勒尔，《军事建筑手册或防御工事手册……》（*Manuale Architecturae Militaris oder Hand-Büchlein über die Fortification...*），法兰克福，1645 年；同一作者，《学习现代军事……》（*Schola Militaris Moderna...*），法兰克福，1668 年（第二版 1685 年，第五版 1706 年）。

46　格奥尔格·安德烈亚斯·伯克勒尔，《建筑猎奇，即：新的赏心悦目的和具有独创性的也是有用的建筑艺术和喷泉艺术》（*Architectura curiosa nova. Das ist: Neue Ergötzliche Sinn- und Kunstreiche auch Nützliche Bau- und Wasser- Kunst*），纽伦堡，1664 年[影印再版附有雷娜特·瓦格纳-里格尔（Renate Wagner-Rieger）撰写的介绍，奥地利格拉茨，1968 年]。

47　'viel zierliche und künstliche Brönnen, welche hin und wider in Italien, Franckreich, Engelland und Teutschland anjetzo befindlich, mit Fleiβ abgerissen und verzeichnet, sambt Beyfügung eines jeden kurtzer Beschreibung.' 伯克勒尔（Böckler）（1664 年），第 2 页。

48　关于最初的设计参见瓦格纳-里格尔（Wagner-Rieger）（1968 年），第 2 页及之后。还没有将查尔斯·勒布兰（Charles Le Brun）的《喷泉论著……蚀刻……》（*Livre de Fontaines...gravè à l'Eau-forte...*）（参见 1686 年）和相当早期的一些设计

联系起来研究，参见格罗尔德·韦伯（Gerold Weber），"查尔斯·勒布兰'《各种喷泉设计文集》'"（Charles Le Bruns，*Recueil de divers desseins de fontaines*"），《慕尼黑造型艺术年鉴，第 3 系列，XXXII》（*Münchner Jahrbuch der bildenden Kunst*, 3rd series, XXXII），1981 年，第 151-181 页；格罗尔德·韦伯（Gerold Weber）著，《路德维希十四时期法兰西的水池和喷泉艺术》（*Brunnen und Wasserkünste in Frankreich im Zeitalter von Ludwig* XIV），德国乌尔姆斯（Worms），1985 年，第 77 页及之后。

49　'Was die Architectur oder Baukunst sey, und worinn dieselbe bestehe, ist eigentlich unser Vorhaben nicht hierinn zu tractiren, insonderheit weilen solches zuvor bey den alten und dann auch jetzo den neuen hocher fahrnen Scribenten und Baumeistern umständig und aus-führlich zu befinden.' 伯克勒尔（1664 年），第 4 部分，"序言"（Vorrede），第 I 页。

50　拉丁文的译本由莱昂哈德·克里斯托夫·斯图尔姆（L. Chr. Sturm）翻译，1664 年和 1701 年；第 2 版为德文版，1702-1704 年。

51　萨洛蒙·德·布雷（Salomon de Bray），*Architectura moderna ofte Bouwinge van onsen tyt*，阿姆斯特丹，1631 年[影印再版附有伊·泰夫恩（E Taverne）撰写的序言，德国苏斯特（Soest），1971 年]；详见福斯曼（Forssman）（1956 年），第 204 页及之后。

52　参见第 137 页。

53　赫罗尼莫·普拉多（Jerónimo Prado）和胡安·巴蒂斯塔·维拉潘多（Juan Bautista Villalpando），《以西结书注释》（Ezechielem Explanationes），罗马，1596-1604 年；参见福斯曼（Forssman）（1956 年），第 208 页及之后；本书，第 223 页及之后。

54　关于尼古拉斯·戈尔德曼（Nicolaus Goldmann），详见马克斯·泽姆劳（Max Semrau），"尼古拉斯·戈尔德曼生平和著述"（Zu Nicolaus Goldmanns Leben und Schriften），《艺术科学月刊 IX 期》（*Monatshefte für Kunstwissenschaft* IX），1916 年，第 349-361 页，第 463-473 页；哈比希特（Habicht）（1917 年），第 209 页及之后。

55　关于莱昂哈德·克里斯托夫·斯图尔姆（Leonhard Christoph Sturm），参见伊塞欧德·库斯特（Isolde Küster）1669-1719 年，"莱昂哈德·克里斯托夫·斯图尔姆生平和在建筑艺术领域理论和实践之成就"（Leben und Leistung auf dem Gebiet der Zivilbau kunst in Theorie und Praxis），论文（手稿），柏林，1942 年；参见弗里茨·冯·奥斯特豪森（Fritz von Osterhausen）关于儿子的另一篇专论，《乔治·克里斯托夫·斯图尔姆生平和在德国布劳恩施外格地区大师级的建筑作品》（*Georg Christoph Sturm Leben und Werk des Braunschweiger Hofbaumeisters*），慕尼黑 - 柏林，1978 年。

56　例如尼古拉斯·戈尔德曼（Nicolaus Goldmann），《比例论著》（*Tractatus de usu proportionatorii*），荷兰莱顿（Leyden），1656 年；关于他的其他著述，参见马克斯·泽姆劳（Semrau）（1916 年），第 463 页及之后。

57　参见泽姆劳（Semrau）（1916 年），第 357 页及之后。

58　尼古拉斯·戈尔德曼（Nicolaus Goldmann），《〈民用建筑完全指导〉……莱昂哈德·克里斯托夫·斯图尔姆增补》（*Vollständige Anweisung zu der Civil-Bau-Kunst... vermehret von Leonhard Christoph Sturm*），德国沃尔芬比特（Wolfenbüttel），1696 年（巴登 - 巴登 - 斯特拉斯堡影印版，1962 年）；第二版对于第一版进行了扩充《尼古拉斯·戈尔德曼的民用建筑完全指导的完美原则的初步实践……莱昂哈德·克里斯托夫·斯图尔姆编辑出版》（*Erste Ausübung der Vortrefflichen und Vollständigen Anweisung zu der Civil Bau-Kunst Nicolai Goldmanns... herausgegeben von Leonhard Christoph Sturm*），德国布仑斯威克，1699 年（这里引用了该版本）；第三版，莱比锡，1708 年。

59　'vernünfftige Bau-Arth'...'ihren Uhrsprung von dem Tempel Salomonis nicht läugnen kan.'，戈尔德曼 - 斯图尔姆合著（Goldmann-Sturm），"前言"（Dedicatio）。

60　'Dieser hat seine Bau-Kunst von dem Tempel Salomonis, als dem rechten Uhrquell abgezogen und zugleich die Ströhme der Alt-Römischen Weisheit damit vereiniget.' 同上。

61　莱昂哈德·克里斯托夫·斯图尔姆（Leonhard Christoph Sturm），《Hierosolymitani 圣庙设计图》（*De Sciagraphia templi Hierosolymitani*），莱比锡，1694 年。

62　'Viel herrliche Gebäude werden geführet, da fast weder Seulen noch Bogen-Stellungen gebraucht werden.' 戈尔德曼 - 斯图尔姆合著（Goldmann-Sturm）（1699 年），"序言"（Vorrede）。

63　'die Leichtigkeit des Vignola, das Anseben des Palladio, und die genaue Außmessung saint der schönen Eintheilung des Scamozzi gleichsam mit einander zu vermhlen.' 同上。

64　'Dann die großen Baumeister scheinen von dieser Sache mit rechter Sorgfalt geschwiegen zu haben.' 同上。

65　'mit allzuvielen und unnützen ausszieren der Bau-Kunst Ansehen verderben.' 同上，第 2 页。

66　同上。

67　'daß er unsere Schrifften zu keinem Abgotte mache' 同上，第 8 页。

68　同上，第 24 页。

69　"这些理念似乎特别完美因而特别能蛊惑人心。"（das Gemüthe gleichsam bestürtzen und verursachen, daß man sich darüber verwundern muß）同上，第 28 页。

70　'Dann unangesehen, daß ein Garten oder Lust-Wald, welcher also von Natur verwildert ist, lustig außsiehet, so ist doch gewifl, daß wann die Bäume in gleichen Weiten nach der Schnur gesetzet werden und gleiche Höhe haben, solches die Natur noch annehmlicher mache' 同上。

71　同上，第 32 页。

72　同上，第 77 页及之后。

73　同上，"序言"（Vorrede）。

74　'meistentheils altväterische Erfindungen..., die der iβo gewöhnlichen Bau-Art ganz nicht gemäβ...'）同上，《尼古拉斯·戈尔德曼的〈完美原则的初步实践〉》"序言"（'Vorrede.' to the 'Erste Ausübung'）。

75　'was ein Gebäude schön machen kan' 同上。

76　同上，《完美原则的初步实践》（*Erste Ausiibung*），第 13 页及之后。

77　关于德国柱式（German Order），还有西利西亚（Silesian）柱式和布兰登堡（Brandenburg）柱式的其他尝试，参见舒特（Schütte）（1979 年），第 141 页及之后。

78　参见伊索尔德·库斯特（Isolde Küster）（1942 年），参考书目，第 201 页及之后；舒特（Schütte）（1979 年），第 437 页及之后。

79　莱昂哈德·克里斯托夫·斯图尔姆（Leonhard Christoph Sturm），《现有民用建筑和军事建筑最新的计算表格建筑手册……》（*Vademecum Architectonicum bestehend in neu ausgerechneten Tabellen zu der Civil- und Militar- Baukunst...*），阿姆斯特丹，1700 年。

80　莱昂哈德·克里斯托夫·斯图尔姆（Leonhard Christoph Sturm），《戈尔德曼建筑序论》（*Prodromus Architecturae Goldmannianae*），奥格斯堡，1714 年。

81　莱昂哈德·克里斯托夫·斯图尔姆，《新教小型基督教堂的图像和布置的建筑理念》（*Architectonisches Bedencken von der protestantischen kleinen Kirchen Figur und Einrichtung*），《可能涉及到的所有教堂类型的完全指导》（*Vollständige Anweisung aller Art von Kirchen wohl anzugehen*），1718 年。

82　卡尔·菲利普·迪厄萨尔（Carl Philipp Dieussart），《民用剧场建筑，书的中心论述》（*Theatrum architecturae civilis, in drey Bücher getheilet*），德国格斯特洛（Güstrow），1682 年；德国班贝克（Bamberg），1697 年。

83　尼古拉斯·佩尔松（Nikolaus Person），《新建筑之镜》（*Novum Architecturae Speculum*），美因兹，出版日期不详（Mainz n.d.）.[在 1699 年—日期位于图版 51—佩尔松（Person）逝世之年，即 1710 年之间出版]；再版，费里茨·阿伦斯（Fritz Arens）编辑，[收入《美因兹城市历史，第 23 卷》（*Beiträge zur Geschichte der Stadt Mainz* vol. 23）]，美因兹，1977 年。关于佩尔松，详见哈比希特（Habicht）（1916 年），第 276 页及之后（含有对于作为一个设计师的佩尔松的创意的错误评价）；伊丽莎白·格克（Elisabeth Geck）和赖因哈德·施奈德（Reinhard Schneider）的论稿载：阿伦斯（Arens）编辑的《美因兹城市历史》，1977 年。

84　关于佩尔松的原始资料，参见施奈德（Schneider）（1977 年），第 5 页及之后。

85　佩尔松（版本，1977 年），图版 11，12。

86　关于《〈奥尔教程〉》（Auer Lehrgänge），详见诺伯特·利布（Norbert Lieb）和迪特·弗朗兹（Franz Dieth），《福拉尔贝格的巴洛克建筑师》（*Die Vorarlberger Barockbaumeister*），慕尼黑-苏黎世，1960 年，第 14 页及之后。（慕尼黑，第三版 1976 年）；沃纳·奥克斯林（Werner Oechslin），载展览书目《福拉尔贝格的巴洛克建筑师》（exh. cat. *Die Vorarlberger Barockbaumeister*），瑞士艾因西德伦（Einsiedeln），1973 年，第 63 页及之后。

87　约翰·格奥尔格·贝格米勒（Johann Georg Bergmüller），《有关柱式的几何学解释的后续报告》（*Nachbericht zu der Erklärung des geometrischen Maasstabes der Säulenordnungen*），奥格斯堡，1752 年。

88　保罗·德克尔（Paulus Decker），《宫廷建筑师或：民用建筑，比如巨大的高贵的和优雅的大厦……探讨当前众多类型与大量的平面和剖面，以及第一流的宫廷套房和礼堂》（*Fürstlicher Baumeister oder: Architectura Civilis, wie grosser Fürsten und Herren Palläste...nach heutiger Art auszuzieren; zusamt den Grund-Rissen und Durchschnitten, auch vornehmsten Gemächern und Säälen eines ordentlichen Fürstlichen Pallastes*），奥格斯堡，1711 年；《宫廷建筑师第一卷补遗……》（*Deβ Fürstlichen Baumeisters Anhang zum Ersten Theil...*），奥格斯堡，1713 年；《宫廷建筑师或其他一类介绍皇家宫殿的总体视觉图景的民用建筑书籍……》（*Deβ Fürstlichen Baumeisters oder Architecturae Civilis Anderer Theil, welcher Eines Königlichen Pallastes General-Prospect... vorstellet*），奥格斯堡，1716 年。

关于保罗·德克尔，参见哈比希特（Habicht）（1918 年），第 157 页及之后。

关于德克尔和斯图尔姆之间的关系，参见同上（1917 年），第 29 页及之后与伊索尔德·库斯特（Isolde Küster）（1942 年），第 161 页及之后。

89　保罗·德克尔（Paulus Decker），《民用建筑细则》（*Ausführliche Anleitung zur Civilbau-Kunst*），3 部分，纽伦堡，出版日期不详（Nuremberg n.d.）。由克里斯托夫·魏格尔（Christoph Weigel）出版，纽伦堡，它可能出现于，1719 年/1720 年；这本不太为人所知的和珍贵的著作与约翰·雅各布·许贝勒（Johann Jacob Schübler）的《绘画透视》（*Perspectiva Pes picturae*）被装订在一起由同一出版者后来发行的相同的版本里被发现；参见例如，古特威克修道院图书馆（Stiftsbibliothek, Göttweig）的版本，德克尔著作的三个部分被装订在一起[参见格雷戈尔·马丁·来希纳（Gregor Martin Lechner），载展览书目《建筑理论》（Theorie der Architektur），古特威克（Göttweig）1975 年，第 62 页部分]。载于德国达姆施塔特科技大学艺术历史学院（Kunsthistorisches Institut der Technischen Hochschule Darmstadt）的许贝勒的《绘画透视》（*Perspectiva*）版本含有德克尔著作的三个部分。据我所知，迄今为止只知道前面两部分，就这本著作被世人所了解的总体情形上而言。

90　在这本著作的最后有大量的插图说明教堂建筑、乡村别墅的立面、地板设计和木材的建造。一些插图上签有丹尼尔·霍伊曼（Daniel Heumann，1691-1759 年）的笔迹，它们表明了至少这第三部分是作者辞世之后由出版商编辑出版的。

91　'Damit der Geneigte Leser meine Gedancken von clem Titul-Kupffer, so dem gantzen Werck oran stehet und am ersten in die Augen fället, nur tin wenig wissen möge, so stellet sich hier die Gottheit für mit einer Flamme auf dem Haupt und in Wolcken durch eine Glorie, sich hernieder lassend; in der einen Hand Hält sie den Scepter als Regentin der Welt benebenst einer Tafel, auf welcher die Abzeichnung eines Gebäudes zu sehen ist; mit der andern Hand überreicht Sie der Ihr zu Seiten stehenden Architectur einen Circul und Winckel-Maaß, anzudeuten, Sie pflanze Ihr hiermit den gehörigen Verstand und Weißheit ein, allerley Sachen schicklich und zierlich auszuarbeiten. Die Architectur begleitet ein Genius, tragende eine Wasser-Waage in der Hand und haltende eine andere Tafel in der Hand, worauff der Grund-Riß eines Gebäudes stehet; der Genius selbst sieht mit seinen Augen auf einen zu seinen Füssen liegenden Quadranten. Die Mahlerey als der Architectur getreue Gehülffin, welche die angelegten Wercke und Gebäude ansehnlich schmücket und zieret, kniet neben der Architectur, und um sie herum liegen ihre bekandte und gewöhnliche Werck-Zeuge. Der Drey-Fuß, auf welchem besagte Künste der Gottheit ein wolriechendes Opffer bringen, zielet dahin, daß diese edle Künste sich Gott widmen und Ihm zu Ehren allerhand Gebäude, z. E. Tempel, Schulen Altäre u.s.f. auffrichten. Neben dem Drey-Fuß findet sich ein alter Mann mit einem Spiegel in der Hand, welcher die kluge Anweisung, durch die man zu den Künsten gelangen muß, vorstellig macht. Hart an ihm kommt die Bildhauer-Kunst hastig herzu gelauffen und herzo geeilet und hält in ihren Armen ein Modell von einer Statua, zu bemerken, daß schöne Gebäude durch die Statuen am besten ausgeschmückt und lebendig gemacht warden. Zunächst der Gottheit zeigen sich zwey Engel in einer Glorie und tragen eine Sternen-Crone, anzudeuten, die wahren Virtuosen erlangten nicht allein in ihrem Leben allbereit grosse Ehr und Estime; sondern ihr Ruhm bleibe nach ihrem Tod unsterblich. Noch mehr oben folgt ein anderer Engel in einer Glorie und trägt in einer Hand ein Cornu Copiae mit verschiedenen Früchten; in der anderen aber hält er eine guldene Kette, daran kostbahre Medaillen hangen, und geht seine Absicht dahin, daß wahre Virtuosen durch ihre Geschicklichkeit grosser Herren Gnade erlangen und nicht selten Reichthum und Vergnügen sich erwerben. In der ferne ist auf der einen Seiten der Tempel der Ehren, auf der andern ein Lust-Gebäude entworfen.' 保罗·德克尔（Decker）（1711 年），"卷首插画释义"（Erklärung des Titul-Kupffers）。

92 同上，"序言"（Vorrede）。

93 "乐园、花园、橘子园、洞穴以及洞穴居"（Lust-Häuser, Gärten, Orangerien, Grotten und Grotten-Häuser）……"教堂和礼拜堂的设计……"（Risse von Kirchen und Capellen...）……"市政厅、学校、医院、股票交易所、军械库……"（Rath-Häuser, Schulen, Spittäle, Boursen, Zeug-Häuser...）同上。

94 安德烈亚·波佐（Andrea Pozzo），《绘画和建筑的透视》（*Perspectiva pictorum et architectorum*），两部分，罗马，1693-1698 年。

95 库尔特·哈比希特（Curt Habicht），"巴尔塔扎·诺伊曼的'城市建筑艺术'的理论起源"（Die Herkunft der Kenntnisse Balthasar Neumanns auf dem Gebiet der "Civilbaukunst"），《艺术科学月刊 IX》（*Monatshefte für Kunstwissenschaft* IX），1916 年，第 46-61 年。

96 参见乌尔里克·舒特（Schütte）（1979 年），第 434 页及之后。[忽略了《透视》（Perspectiva）]。艾伯特·伊尔克（Albert Ilg）编辑了一本许贝勒（Schübler）做的室内和家具的设计[《约翰·雅各布·许贝勒创新之后的 18 世纪的室内和家具》（*Intérieurs und Mobiliar des XVIII. Jahrhunderts nach Erfindung des Johann Jacob Schübler*），维也纳，1885 年]；关于许贝勒，详见海因里希·库尔迅（Heinrich Gürsching），"约翰·雅各布·许贝勒，一位纽伦堡建筑师和巴洛克艺术家"（Johann Jacob Schübler. Ein Nürnberger Baumeister des Barockzeitalters），《纽伦堡城市历史学会会刊 35》（*Mitteilungen des Vereins für die Geschichte der Stadt Nürnberg* 35），1937 年，第 17-57 页；汉斯·罗伊特（Hans Reuther），"约翰·雅各布·许贝勒和巴尔塔扎·诺伊曼"（Johann Jacob Schübler und Balthasar Neumann），《美因法兰克历史与艺术年鉴 7》（*Mainfränkisches Jahrbuch für Geschichte und Kunst* 7），1955 年，第 345-352 页及之后。

97 约翰·雅各布·许贝勒（Johann Jacob Schübler），《透视，图像：简明和通俗地叙述透视绘画艺术的实践原理》（*Perspectiva, Pes Picturae. Das ist: Kurtze und leichte Verfaßung der practicabelsten Regul zur Perspectivischen Zeichnungs-Kunst*），两部分，纽伦堡，1719-1720 年；第 I 部分，"序言"（Vorrede）："继续波佐在已经发表的最后的论著和全部的更早先的阐述中他自己制定的规则，这些要求和心愿将渐渐地会在本书中变得令人满意。"（Wer sich die Regeln des Pozzo in seinem zweyten Theil bereits bekand gemacht, und darinnen weiter fortzufahren gedencket, der wird verhoffentlich, seine Begierde in gegenwärtigen Wercke, nach und nach befriedigen können.'）

98 'daß alles dasjenige, was in der Mahlerey und Zeichnungs-Kunst, wieder die Principia der Mathematik streitet, und durch dieselbe nicht zu demonstriren ist, mit grösten Recht zu verwerffen.' 同上。

99 'daß ohne die Perspectiv nicht das geringste sichtbare Object ohne Fehler vorgestellt werden kan' 同上。

100 'Perspectiv, mit aller ihrer Accuratesse, die Fehler der Antiquen und modernen Architectur niemal verbergen kan; sondern vielmehr vor jedermanns Augen entdecket und offenbahrmachet. Drummuß in solcher Verhältnüß, vor allem die Symmetria in jedem Stück der Invention wol beachtet werden...' 同上。

101 同上，第 29 页。

102 'die edle Kunst der Mahlerey als eine Tochter der Vernunfft.' 许贝勒（Schübler）（1720 年），第 II 部分，第 3 页。

103 同上，第 53 页及之后。（图版 23，24）。

104 'Je länger man nun diese Betrachtung continuiret, je mehr Zufriedenheit überkommet das Gemüthe.' 同上。

105 'die Optische Wissenschafft sey mit unter die subtilesten Kunst-Griffe der menschlichen Belustigung zu rechnen.' 同上。

106 约翰·伯恩哈德·菲舍尔·范·埃拉赫（Johann Bernhard Fischer von Erlach），《历史建筑勾勒》（*Entwurff einer Historischen Architectur*），维也纳，1721 年[有德文文本和法文文本；影印再版，大幅删减后的简本中附有哈拉尔德·凯勒（Harald Keller）

撰写的后记，多特蒙德（Dortmund），1978 年]；第二版，莱比锡，1725 年[在不同的卷册中收录了德文文本和法文文本；此处引用的德文来自德国黑森州立图书馆达姆施塔特分馆（Hess. Landesbibliothek Darmstadt gr.），第 4 卷，第 178 页；1725 年法文文本的影印版，1964 年，含有在 1730 年的附录中的第一个英文版文章]；早期的许多版本，莱比锡，1742 年（法文版），伦敦，1730 年，1773 年（英文版）。

关于《历史建筑勾勒》，详见阿图尔·施奈德（Artur Schneider），"约翰·伯恩哈德·菲舍尔·范·埃拉赫亲手绘制插图的《历史建筑勾勒》"（Johann Bernhard Fischer von Erlachs Handzeichnungen für den "Entwurf einer historischen Architektur"），《艺术历史期刊 第 9 期》（Zeitschrift für Kunstgeschichte 9），1932 年，第 249-270 页；施密特·贾斯特斯（Justus Schmidt），"菲舍尔·范·埃拉赫的全部建筑论著"（Die Architekturbücher der beiden Fischer von Erlach），《维也纳艺术历史年鉴 9》（Wiener Jahrbuch für Kunstgeschichte 9），1934 年，第 147-156 页；格奥尔格·卡诺斯（George Kunoth），《菲舍尔·范·埃拉赫的历史建筑》（Die Historische Architektur Fischers von Erlach），[邦纳·贝特尔（Bonner Beitr），《艺术知识》（zur Kunstwiss），第 5 卷]，德国杜塞尔多夫（Düsseldorf），1956 年；约瑟夫·里克瓦特（Joseph Rykwert），The First Moderns，马萨诸塞州剑桥 - 伦敦，1980 年，第 67 页及之后。

[107] 关于菲舍尔·范·埃拉赫的生平和著述，详见汉斯·泽德尔迈尔（Hans Sedlmayr），《约翰·伯恩哈德·菲舍尔·范·埃拉赫》（Johann Bernhard Fischer von Erlach），维也纳 - 慕尼黑，1956 年，修订版 1976 年。

[108] 菲舍尔·范·埃拉赫（Fischer von Erlach）（1725 年），"序言"（Vorrede）。

[109] 关于预备的绘画清样，保存在克罗地亚萨格勒布（Zagreb），参见阿图尔·施奈德（Schneider）（1932 年）；显然，菲舍尔（Fischer）最初想使自己著作的特色更突出。为原稿雕刻的带有描绘波斯波利斯（Persepolis，古波斯帝国都城之一——译者注）的图版，出版时被剔除了[参见格奥尔格·卡诺斯（Kunoth），1956 年，插图第 102 帧]。

[110] 格奥尔格·卡诺斯（Kunoth）（1956 年），第 24 页。

[111] 'das Auge der Liebhaber ergötzen und denen Künstlern zu Erfindungen Anlaß geben.' 菲舍尔·范·埃拉赫（Fischer von Erlach）（1725 年），"序言"。

[112] 'zu Beförderung sowohl der Wissenschaften als der Künste dienen' 同上。

[113] "民族评判不会超越民族品味"（wo man einem jeden Volke sein Gutdunken so wenig abstreiten kan als den Geschmack）。同上。

[114] 'gewissen allgemeinen Grund-Sätzen fest, welche ohne offenbahren Ubelstand nicht können gergessen werden. Dergleichen sind die Symmetrie...' 同上。

[115] "科林斯柱式起源于所罗门圣殿，从腓尼基人和希腊人处借得"（Corinthische Ordnung zu erst nach dem Salomonischen Bau durch die Phoenicier und Griechen entlehnet.）。菲舍尔·范·埃拉赫（1725 年），对于图版 I 和 II 的解释。

[116] 菲舍尔（Fischer）的资料已经被格奥尔格·卡诺斯（Kunoth）彻底地研究（1956 年）。

[117] 关于最初的对照，参见格奥尔格·卡诺斯（Kunoth）（1956 年）。

[118] 斯德哥尔摩，国家博物馆（Nationalmuseum）；格奥尔格·卡诺斯（Kunoth）复原（1956 年），图版 70。

[119] 菲舍尔·范·埃拉赫（1725 年），"序言"（Vorrede）。

[120] 简·尼乌霍夫（Jan Nieuhof），《荷兰东印度公司使者……》（Het Gezantschap Der Neerlandtsche Ost-Indische Compagnie...），阿姆斯特丹，1670 年；参见休·昂纳（Hugh Honour），《中国艺术风格。中国景象》（Chinoiserie. The Vision of Cathay），（1961 年），纽约，1973 年，第 19 页及之后；展览书目《中国和欧洲》（exh. cat. China und Europa），柏林，1973 年，第 158 页（No. E 12a），马德莱娜·雅里（Madeleine Jarry），《中国和欧洲》（China und Europa），斯图加特，1981 年，第 20 页及之后。

[121] 参见卡诺斯（Kunoth）（1956 年），第 222 页及之后。

[122] 萨洛蒙·克莱纳（Salomon Kleiner），《表现自然……一座钟情宫……》（Representation naturelle... de la Favorite...），奥格斯堡，1726 年；《表现一座维森斯坦之上的自然的波莫斯费尔登城堡和盖巴赫城堡……》（Representation au naturel des chateaux de Weissenstein au dessus de Pommersfeld, et de celui de Geibach...），奥格斯堡，1728 年；《城堡的精确表现……玛考兹堡和希皓芙城堡……》（Representation exacte du chateau... Marquardsbourg ou Seehof...），奥格斯堡，1726 年；参见卡尔·洛迈尔（Karl Lohmeyer）（编辑），《申博恩城堡。萨洛蒙·克莱纳著述……》（Schönbornschlösser. Die Stichwerke Salomon Kleiners...），莱比锡，1927 年；《申博恩城堡》（Schönbornschlösser），莱比锡，1927 年；一本大幅删减后的三个版本的合订再版简本中附有哈拉尔德·凯勒（Harald Keller）撰写的编后记，萨洛蒙·克莱纳，《申博恩城堡》（Schönbornschlösser），多特蒙德，1980 年。

[123] 弗朗索瓦·屈维耶（François Cuvilliés），《怪诞之作，多用途》（Morceaux des caprices à divers usages），慕尼黑 - 巴黎，1738 年，1745 年，1756 年（至 1799 年由其儿子续完）。已知的众多版本在排列和顺序等细节上不尽相同。节选影印版，诺伯特·利布（Norbert Leib）编辑，慕尼黑，1981 年。

[124] 约翰·弗里德里希·彭特（Johann Friedrich Penther），《市民建筑详细用法说明第一卷，包括建筑词汇》（Erster Theil einer ausführlichen Anleitung zur Bürgerlichen Bau-Kunst enthaltend ein Lexicon Architectonicum），奥格斯堡，1744 年（第 2 部分，1745 年；第 3 部分，1746 年；第 4 部分，1748 年）。

艾伯特·丹尼尔·默克林（Albert Daniel Mercklein）[《完整五卷本〈建筑市民或市民建筑〉的数学的起源原因……》（Mathematischer Anfangsgründe fünffter Theil Darinnen Die Architectura Civilis Oder Die Civil-Baukunst...），法兰克福 - 莱比锡，1737 年]已经在中产阶级的房屋中建立一种不越出基于维特鲁威的建筑学通盘考虑为指南的实践规则。

[125] 洛伦茨·约翰·丹尼尔·苏科[Lorenz Johann Daniel Suckow（又写成 Succov）]，《在相互关联的描述中的市民建筑的最初创

立》（*Erste Gründe der bügerlichen Baukunst im Zusammenhange entworfen*），德国耶拿（Jena），1751 年（第 2 版 1763 年，第 3 版 1781 年，第 4 版 1798 年；第 4 版影印版本，莱比锡，1979 年），此处引用 1798 年版本。

126　同上，"序言"。

127　'verzierte Stüzen, die als Stützen eine Last vor dem Falle sicher stellen sollen' 同上。

128　'wenigstens zugleich in die Augen fallende... eine symmetrische Lage haben.' 同上，第 14 页。

129　约翰·达维德·施泰因格鲁贝尔（Johann David Steingruber），《市民建筑实务》（*Practische bürgerliche Baukunst*），纽伦堡，1773 年。

130　叶苏伊特·约翰·巴普蒂斯特·伊佐（Jesuit Johann Baptist Izzo），《市民建筑构成》（*Anfangsgründe der Bürgerlichen Baukunst*），维也纳，出版日期不详(Vienna n.d.)。（此处引用 1773 年德文版）；《市民建筑要素》（*Elementa architecturae civilis*），维也纳，1784 年。

131　'Bequem ist ein Gebäude nach dem 3 ξ , wenn das Ganze und die einzelnen Theile also angeordnet sind, daß man die Geschäfte, zu welchen es vom Bauherrn bestimmet ist, gemächlich, Hinderniß, und Eckel darinn verrichten könne. Wird aber ein Gebäude wohl alles dieses leisten, in welchem man immer mit Unplifllichkeiten kämpfen, oder immer wegen seiner Gesundheit in Sorgen stehen muß? in welchem man das Licht, das bey den meisten Handlungen des menschlichen Lebens so unentbehrlich ist, vermisset? in welchem man wegen der ungeschickten Anordnung der Theile von schädlicher Witterung, Mädigkeit, üblem Geruche und andern Unbequemlichkeiten bel stiget wird? in welchem man endlich von einem Theile zum andern nur dutch lange Umschweife kommen kann?' 伊佐（Izzo）（1773 年），第 73 页。

132　同上，第 82 页部分。

133　同上，第 116 页。

134　'Diese Anordnung der Theile und des Ganzen wird desto schöner seyn, und in dem Gemüthe der Ansehenden ein desto grössers Vergn ügen erwecken, je leichter sie das Aug wird bemerken und unterscheiden können; indem nur jenes für schön gehalten wird, was in die Sinne fällt und gefällt.' 同上，第 113 页。

135　同上，第 114 页及之后。

136　约翰·巴普蒂斯特·伊佐（Johann Baptist Izzo）（作者的身份仅仅在序言里出现），《市民建筑准则。为卡塞尔（kaiserl）、蔻尼科尔（königl）境内的德国学校使用》（*Anleitung zur bürgerlichen Baukunst. Zum Gebrauch der deutschen Schulen in den kaiserl. Königl. Staaten*），维也纳，1777 年。

137　弗朗茨·路德维希·范·坎克林（Franz Ludwig von Cancrin），《根据理论和实践的市民建筑基础教义》（*Grundlehren der Bürgerlichen Baukunst nach Theorie und Erfahrung vorgetragen*），德国哥达（Gotha），1792 年。

138　范·坎克林（Cancrin）（1792 年），第 269 页，第 309 段。

139　约翰·约阿希姆·温克尔曼（Johann Joachim Winckelmann），《古代艺术史》（*Geschichte der Kunst des Altertums*），德国德累斯顿（Dresden），1764 年[影印再版巴登 - 巴登 - 斯特拉斯堡，1966 年；引自威廉·森夫（Wilhelm Senff）（编辑），魏玛（Weimar），1964 年]。

140　关于温克尔曼（Winckelmann）和他的思想的理论背景，详见卡尔·尤斯蒂（Carl Justi），《温克尔曼和他同时代的人》（*Winckelmann und seine Zeitgenossen*）（1866-1872 年），3 卷本，科隆，第 5 版 1956 年；戈特弗里德·包梅科（Gottfried Baumecker），《温克尔曼在德累斯顿的著述》（*Winckelmann in seinen Dresdner Schriften*），柏林，1933 年；科卢瑟·英格丽德（Ingrid Kreuzer），《研究温克尔曼美学。规范性和历史性意识》（*Studien zu Winckelmanns Ästhetik. Normativität und historisches Bewußtsein*），柏林，1959 年；关于温克尔曼从艺术理论著作中的众多援引，详见安德烈·蒂巴尔（André Tibal），《国家图书馆馆藏温克尔曼手稿详细目录》（*Inventaire des manuscrits de Winckelmann déposés à la Bibliothèque Nationale*），巴黎，1911 年，第 104 页及之后[除了引用自布隆代尔（Blondel）之外，第 109 页]。

　　关于温克尔曼收集的著述，约翰·温克尔曼(Johann Winckelmann)，《著作全集》（*Sämtliche Werke*），12 卷本，艾瑟林·约瑟夫（Joseph Eiselein）编辑，德国多瑙伊斯汛根（Donaueschingen），1825-1829 年出版，至今没被超越。

141　温克尔曼（Winckelmann）（1764 年，编辑 1964 年），第 14 页。

142　同上，第 121 页。

143　约翰·约阿希姆·温克尔曼（Johann Joachim Winckelmann），《关于绘画和雕刻中模仿希腊艺术作品的思考》（*Gedancken über die Nachahmung der Griechischen Wercke in der Mahlerey und Bildhauerkunst*）（1755 年）；引自沃尔瑟·雷姆（Walther Rehm）和赫尔穆特·西克特曼（Hellmut Sichtermann）编辑的评论，《J.J.温克尔曼，短篇写作，介绍，众多设计作品》（*J. J. Winckelmann, Kleine Schriften, Vorreden, Entwürfe*），柏林（Berlin）1968 年，第 43 页。

144　详见雷姆（Walther Rehm）和西克特曼（Sichtermann）版本（1968 年），第 342 页部分；关于"高贵的单纯"（*noble simplicity*）的出处，参见马丁·丰图尔斯（Martin Fontius）著，"温克尔曼和法兰西式的纯净"（Winckelmann und die französische Aufldàrung），《德国智慧研究学会之柏林的经典语言、文学和艺术会议论文集，1968 年》（*Sitzungsberichte der Deutschen Akademie der Wiss. zu Berlin Kl. für Sprachen, Lit. und Kunst*），第 I 卷，第 12 页；约翰内斯·埃里克森（Johannes Erichsen），《古代和希腊》（*Antique und Grec*），论文（1975 年），科隆，1980 年，第 41-90 页。

145　'ein anderer muß durch allgemeine Anmerkungen und Regeln lehren.' 约翰·约阿希姆·温克尔曼（Johann Joachim Winckelmann），《意大利西西里岛格贞蒂古庙建筑学勘查报告》（*Anmerkungen über die Baukunst der alten Tempel zur Girgenti in Sicilien*）（1795 年），载：雷姆（Rehm）和西克特曼（Sichtermann）版本（1968 年），第 185 页。

146　'In der Baukunst ist das Schöne mehr allgemein, well es vornehmlich in der Proportion bestehet; denn ein Gebäude kann durch dieselbe allein, ohne Zierrathen, schön werden und seyn.' 约翰·约阿希姆·温克尔曼，《论对艺术美的感知能力》（*Abhandlung von der Fähigkeit der Empfindung des Schönen in der Kunst*）（1763 年），载：雷姆（Walther Rehm）和西克特曼（Sichtermann）版本（1968 年），第 226 页。

147 约翰·约阿希姆·温克尔曼，《古代建筑研究》（*Anmerkungen über die Baukunst der Alten*），德累斯顿，1762 年（影印再版巴登-巴登-斯特拉斯堡，1964 年）。

148 弗里德里希·奥古斯特·克鲁萨西奥（Friedrich August Krubsacius），《沉思建筑中的古韵，美学和自由艺术的新书 第 IV 卷》（*Betrachtungen über den Geschmack der Alten in der Baukunst, Neuer Büchersaal der schönen Wissenschaften und freyen Künste* IV），1747 年，第 411-428 页。克鲁萨西奥之于温克尔曼的意义，已经在卡尔·尤斯蒂（Justi）《温克尔曼和他同时代的人》（1956 年）作了阐述，第 I 卷，第 308 页部分；关于克鲁萨西奥亦可参见埃伯哈德·亨普尔（Eberhard Hempel），《德国建筑史》（*Geschichte der deutschen Baukunst*），慕尼黑，1949 年，第 502 页及之后。

149 同样参见尤斯蒂（Justi）（1956 年），第 II 卷，第 425 页及之后。

150 'Das Wesentliche begreift in sich, vornehmlich theils die Materialien, und die Art zu bauen, theils die Form der Gebäude und die nöthigen Teile derselben.' 温克尔曼（1762 年），第 I 页。

151 'Ein Gebäude ohne Zierde ist wie die Gesundheit in Dürftigkeit... und wenn die Zierde in der Baukunst sich mit Einfalt gesellet, entsteht Schönheit: denn eine Sache ist gut und schön, wenn sie ist, was sie seyn soil Es sollen daher Zierrathen eines Gebäudes ihrem allgemeinen so wohl, als besonderem Endzwecke gemäß bleiben... und je größer ein Gebäude von Alage ist, desto weniger erfordert es Zierrathen...' 同上，第 50 页。

152 同上，第 21 页。

153 参见多拉·维本森（Dora Wiebenson），《希腊复兴建筑资料》（*Sources of Greek Revival Architecture*），伦敦，1969 年，第 50 页部分。

154 约翰·乔治·祖尔策（Johann Georg Sulzer），《美学概论》（*Allgemeine Theorie der Schönen Künste*），2 卷本，莱比锡，1771-1774 年[翻印版，莱比锡 1773/1774 年，瑞士比尔（Biel）1777 年，此处引用后一版本；更早的翻印版，莱比锡 1777 年/1778 年和 1778 年/1779 年]；有一个版本有弗里德里希·冯·布兰肯堡（Friedrich von Blankenburg）附加的关于祖尔策的扩充参考书目["文艺拓展"（Literarische Zusätze）]，4 卷本，莱比锡，1786 年/1787 年，第 5 卷附有布兰肯堡的"文艺拓展"，莱比锡，1792 年/1794 年（影印再版，希尔德斯海姆，1967-1970 年）；一个全部由布兰肯堡的"文艺拓展"而没有祖尔策（Sulzer）文章的版本，3 卷本，莱比锡，1796 年/1798 年（影印再版法兰克福，1972 年）。

关于约翰·乔治·祖尔策（Johann Georg Sulzer）的美学理论，详见约翰内斯·德拜（Johannes Dobai）的详尽研究，《约翰·乔治·祖尔策美学中的造型艺术》（*Die bildenden Künste in Johann Georg Sulzers Ästhetik*），瑞士温特图尔（Winterthur），1978 年。关于祖尔策为百科全书的撰稿，参见凯文·哈林顿（Kevin Harrington），《"百科全书"中的建筑学思想转变》（*Changing Ideas on Architecture in the 'Encyclopédie'*），1750-1776 年，密歇根州底特律西部安阿伯市（Ann Arbor, MI），1985 年。

155 祖尔策（Sulzer）（1777 年），第 I 卷，第 VI 页。

156 'Aus einem öfters widerholten Genuß des Vergnügens an dem Schönen und Guten, erwächst die Begierde nach demselben, und aus dem widrigen Eindruck, den das Häßliche und Böse auf uns macht, entsteht der Widerwillen gegen alles, was der sittlichen Ordnung entgegen ist.' 同上。

157 'völlige Bewürkung der menschlichen Glückseligkeit.' 同上。

158 同上，第 VIII 页。

159 收录在 1772 年的《法兰克福学者宣讲》（*Frankfurter gelehrte Anzeigen*）；参见《法兰克福学者宣讲 1772 年选集》（*Frankfurter gelehrte Anzeigen 1772. Auswahl*），莱比锡，1971 年，第 50 页及之后，第 344 页及之后。海因里希·约翰·默克（Merck）对于祖尔策著作的评价是犀利的："Es enthält dieses Buch Nachrichten eines Mannes, der in das Land der Kunst gereist ist; allein er ist nicht in dem Lande geboren und erzogen, hat nie darin gelebt, nie darin gelitten und genossen."（这本书含有一个人对于艺术家园之旅的总结；但是他既非土生土长，又不曾在那里生活过，更不知道那里的痛苦与欢乐。"）（前面引用的书，1971 年第 50 页）。

160 祖尔策（Sulzer）（1777 年），第 I 卷，第 169-177 页。

161 'Bewundrung, Ehrfurcht, Andacht, feyerliche Rührung... dieses sind Würkungen des durch Geschmak geleiteten Genies...' 同上。

162 'Jeder organisierte Körper ist ein Gebäude, jeder innere Theil ist vollkommen zu dem Gebrauch, wozu er bestimmt ist, tüchtig; alle zusammen aber sind in der bequemsten und engsten Verbindung; das Ganze hat zugleich in seiner Art die beste äußerliche Form, und ist durch gute Verhältnisse, durch genaue Uebereinstimmung der Theile, dutch Glanz und Farbe angenehm.' 同上，第 171 页。

163 'sich in den wahren Geschmack des Alter thums zu setzen' 同上，第 171 页。

164 'Wenn man fragt, welche Bauart die beste sey; so könnte man antworten; für Tempel, Triumphbogen und große Monumente sey die alte Bauart die beste; für Palläste die italinische, aber mit der griechischen Genauigkeit verbunden; zu Wohnhäusern aber die französische.' 同上，第 169 页。

165 同上，第 317 页及之后。"纪念碑"（Denkmal）。

166 同上，第 655 页。（"哥特式"）（Gothisch）。

167 德拜（Dobai）（1978 年）的观点过分地强调了祖尔策理论的英文来源的意义。

168 参见第 154 条以上的注释。

169 关于祖尔策的影响，参见德拜（Dobai）（1978 年），第 221 页及之后。

170 克里斯蒂安·特劳戈特·魏因里格（Christian Traugott Weinlig），《关于罗马的各种艺术作品、公共活动节日、内在相关的做法和风俗习惯的信札》（*Briefe über Rom verschiedenen die Werke der Kunst, der öffentlichen Feste, Gebräuche und Sitten betreffenden Innhalts*），3 卷本，德累斯顿，1782-1787 年。
关于魏因里格（Weinlig），详见保罗·克洛普弗（Paul Klopfer），《克里斯蒂安·特劳戈特·魏因里格与撒克逊的经典主义之起源》（*Christian Traugott Weinlig und die Anfänge des Klassizismus in Sachsen*），柏林，1905 年；乌尔里克·舒特（Schütte）（1979 年），第 65 页及之后。

171 保罗·克洛普弗（Klopfer），第 30 页及之后。

172 'Vielleicht trugen aber auch die systematischen Werke eines Vignola, Scamozzi, Branca und Andrer zu diesem Verfall der Baukunst nicht wenig bey.' 魏因里格（Weinlig），第 II 卷（1784 年），第 2 页。

173 卡尔·菲利普·莫里茨（Karl Philipp Moritz），《装饰论丛》（*Vorbegriffe zu einer Theorie der Ornamente*），柏林，1793 年[影印再版附有汉诺 - 沃尔特·克鲁夫特（Hanno-Walter Kruft）撰写的序言：诺德林根（Nördlingen），1986 年]。关于这本著作更早的分析，参见鲁思·吉斯莱尔（Ruth Ghisler），"卡尔·菲利普·莫里茨的'《装饰论丛》'"（Vorbegriffe zu einer Theorie der Ornamente' von Karl Philipp Moritz），《自由德国高级装饰年鉴》（*Jahrbuch des Freien Deutschen Hochstifts*），1970 年，第 32-58 页。

174 'Das schönste Säulenkapitäl trägt und stützt nicht besser als der stumpfe Schafft - Das kostbarste Gesimse deckt und wärmt nicht besser, als die platte Wand.' 莫里茨（Moritz）（1793 年），第 4 页。

175 'durch das Auge die seele ergötzen und unmerklich auf die Verfeinerung des Geschmacks und Bildung des Geistes wirken.' 同上。

176 'das Wesen der sache, woran sie befindlich ist, auf alle Weise anzudeuten und zu bezeichnen, damit wir in der Zierrath die Sache gleichsam wieder erkennen und wieder finden.' 同上，第 18 页。

177 同上，第 19 页。

178 同上，第 20 页。

179 同上，第 67 页部分。

180 同上，第 73 页及之后。

181 'Ein Gebäude soll durch seine edle Zweckmäßigkeit, durch das schöne Ebenmaß seiner Theile, je länger man es betrachtet, den Blick immer wieder an sich fesseln, und dutch das Auge der nachdenkenden Vernunft Beschäftigung geben.' 同上，第 76 页及之后。

182 《建筑个性之分析》；关于建筑和美学、建筑和其影响之间的联系，它们应该出自同一人。"（Untersuchungen über den Charakter der Gebäude; über die Verbindung der Baukunst mit den Schönen Künsten und über die Wirkungen, welche durch dieselbe hervorgebracht werden sollen.），德绍（Dessau），1785 年[第二版，莱比锡，1788 年；影印再版附有汉诺 - 沃尔特·克鲁夫特（Hanno-Walter Kruft）撰写的序言：诺德林根，1986 年]；关于这本著作，参见汉诺 - 沃尔特·克鲁夫特，"德国革命建筑？"（Revolutionsarchitektur für Deutschland?），《艺术历史研究所年鉴 3》（*Jahrbuch des Zentralinstituts für Kunstgeschichte* 3），1987 年，第 277-289 页。

183 《建筑个性之分析》（*Untersuchungen*）（1788 年），第 10 页。

184 'Ein prächtiges Haus stellt uns allemal einen glücklichen Menschen vor.' 同上，第 23 页。

185 同上，第 38 页及之后，第 109 页。

186 同上，第 87 页及之后："与表达个性相比，柱式的装饰对于建筑的个性没有更大的影响"（Die Verzierungen der Säulen haben in dem Character der Gebäude weiter keinen Einfluß, als daß sie die Mannigfaltigkeit befördern.）（第 88 页）。

187 'Je reicher die Colonnade ist, desto mehr zieht sie unsere Aufmerksamkeit von dem Geist des Gebäudes ab. Sie frappiert, aber sie rührt nicht. Sanfte Charaktere also, überhaupt alle, die Bewunderung und stilles Nachdenken erwecken sollen, vertragen keine zahlreichen Säulenstellungen. Vielmehr sind diese dem lebhaften, prächtigen und heroischen Character eigen.' 同上，第 93 页。

188 同上，第 178 页及之后。

189 前言（第 6 页）日期是 1784 年 1 月（柏林）。

190 约翰·沃尔夫冈·范·歌德（Johann Wolfgang von Goethe），《论德国建筑》（*Von deutscher Baukunst*），达姆施塔特，1772 年（1773 年）；包括赫尔德尔（Herder）在内的选集《论德国的时尚与艺术》（*Von Deutscher Art und Kunst*），汉堡，1773 年；详见《论德国的时尚与艺术。歌德关于 Erwin von Steinbach 赞美诗》（*Von Deutscher Art und Kunst. Goethes Hymnus auf Erwin von Steinbach*）的评论，恩斯特·博伊特勒（Ernst Beutler）编辑，慕尼黑，1943 年。
关于歌德对于哥特式的态度的转变，详见 W·D·罗布松 - 斯科特（W. D. Robson-Scott），《哥特复兴在德国的文艺背景》（*The Literary Background of the Gothic Revival in Germany*），牛津，1965 年；哈拉尔德·凯勒（Harald Keller），《歌德关于斯特拉斯堡敏斯特的赞美诗和 18 世纪的哥特复兴（德国拜尔，德国智慧研究学会之古典哲学—历史会议论文集 1974 年，第 4 卷）》[（*Goethes Hymnus auf das Starßburger Münster und die Wiedererweckung der Gotik im 18. Jahrhundert* (Bayer. Ak. d. Wiss., Philol.-hist. Kl., Sitzungsberichte 1974, Heft 4)]；关于这本著作的理论背景，参见诺伯特·克诺普（Norbert Knopp），"歌德'《论德国建筑》'"（Zu Goethes Hymnus "Von Deutscher Baukunst"），《德国文艺科学与思想史季刊 53》（*Deutscher Vierteljahrsschrift für Literarwissenschaft und Geistesgeschichte* 53），1979 年，第 617-650 页；汉诺 - 沃尔特·克鲁夫特（Hanno-Walter Kruft），"歌德与建筑"（Goethe und die architektur），《万神庙 XL》（*Pantheon XL*），1982 年，第 282-289 页。

191 引自歌德（Goethe）（柏林版本），第 19 卷（《论造型艺术 I》）（*Schriften zur bildenden Kunst*, I），柏林 - 魏玛，1973

年，第33页。

192 保罗·弗里西（Paolo Frisi），《论哥特建筑》（*Saggio sopra l'architectura gotica*），意大利里窝那（Livorno），1776年。

193 参见《论德国的时尚与艺术》（*Von Deutscher Art und Kunst*）的新版本，迪特里希·伊姆舍尔（Dietrich Irmscher）编辑，斯图加特，1968年，第105页及之后。

194 'Aus Wahrheit und Lüge ern Drittes bildet, dessen erborgtes Dasein uns bezaubert'，《歌德著，意大利游记》（*Gorthe, Italienische Reise*），1786年9月19日。关于歌德对于帕拉第奥的态度，参见赫伯特·范·艾内姆（Herbert von Einem），《歌德艺术论文集》（*Beiträge zu Goethes Kunstauffassung*），汉堡，1956年，第179页及之后；"歌德与帕拉第奥——古典建筑幻想"（Goethe und Palladio-Fiktion klassischer Architektur），《自由德国高级装饰年鉴》（*Jahrbuch des Freien Deutschen Hochstifts*），1977年，第61-82页。

195 'Denn wie die Jahrhunderte sich aus dem Ernsten in das Gefällige bilden, so bilden sie den Menschen mit, ja sie erzeugen ihn so. Nun sind unsere Augen und durch sie under ganzes inneres Wesen an schlankere Baukunst hinangetrieben und entschieden bestimmt, so daβ uns diese stumpfen, kegelförmigen, enggedrängten Säulenmassen lästig, ja furchtbar erschienen.'《歌德著，意大利游记》，1787年3月23日。

196 'die letzte und, fast möcht' ich sagen, herrlichste Idee, die ich nun nordwärts vollständig mitnehme, erscheint.' 同上，1787年3月17日。关于整个问题参见沃尔瑟·雷姆（Walther Rehm），《希腊人与歌德时代》（*Griechentum und Goethezeit*），莱比锡，1938年第2版，汉弗莱·特里维廉（Humphrey Trevelyan），《歌德与希腊式》（*Goethe and the Greeks*），伦敦，1941年。

197 'Leider suchten alle nordischen Kirchenverzierer ihre Gröβe nur in der multiplizierten Kleinheit.' 歌德，"建筑"（Baukunst）（1788年），收录在歌德著作（柏林版本），第18卷（《论造型艺术 I》）（*Schriften zur bildenden Kunst, I*），1973年，第75页。

198 歌德，"建筑"（1795年），收录在歌德著作（柏林版本），第19卷（《论造型艺术 I》）（*Schriften zur bildenden Kunst, I*），1973年，第108页。参见阿尔斯特·霍恩-昂肯（Alste Horn-Oncken），《关于德行：建筑理论历史研究 I》（*Über das Schickliche. Studien zur Geschichte der Architekturtheorie* I），哥廷根（Göttingen），1969年，第9页及之后。

199 'Solange man nur den nächgen Zweck vor Augen hatte und sich von dem Material mehr beherrschen lieβ, als daβ man es beherrschte, war an keine Kunst zu denken...' 同上，第10页。

200 'die auch in der Baukunst gern alles zu Prosa machen möchten.' 同上，第III页。

201 'Es ist eigentlich der poetische Teil, die Fiktion, wodurch ern Gebäude wirklich zum Kunstwerk wird.' 同上，第119页。

202 'Das Äuβere der Gebäude sprach ihre Bestimmung unzweideutig aus, sie waren würdig und stattlich, weniger prächtig als schön. Den edlern und ernsteren in Mitte der Stadt schlossen sich die heitern gefällig an, bis zuletzt zierliche Vorstädte anmutigen Stils genen das Feld sich hinzogen, und endlich als Garten wohnungen zerstreuten.' 歌德，《威廉·迈斯特的漫游时代》（*Wilhelm Meisters Wanderjahre*，1821年），第2册，第8章。

203 'Bildende Künstler müssen wohnen wie Könige und Götter, wie wollten sie denn sonst für Könige und Götter bauen und verzieren?' 同上。

204 详见赫尔曼·维尔特（Herrmann Wirth），"克莱门斯·文策斯劳斯·库德雷（1775-1845年）。建筑理论的观察"，《魏玛建筑工程大学科学杂志 22》[Clemens Wenzeslaus Coudray（1775-1845）. Architekturtheoretische Anschauungen, *Wissenschaftliche Zeitschrift der Hochschule für Architektur und Bauwesen Weimar 22*]，1975年，第473-483页，阿尼塔·巴赫等著（Anita Bach et al.），《克莱门斯·文策斯劳斯·库德雷。歌德时代晚期的建筑师》（*Clemens Wenzeslaus Coudray. Baumeister der späten Goethezeit*），魏玛，1983年。

205 歌德著作（柏林版本），第19卷（《论造型艺术 I》）（*Schriften zur bildenden Kunst, I*），1973年，第121页及之后。

206 汉斯·鲁珀特（Hams Ruppert），《歌德藏书，目录》（*Goethes Bibliothek*, cat.），魏玛，1958年，第339页及之后。

207 'das Geschichtliche dieser ganzen Angelegenheit' 歌德著作（柏林版本），第20卷（《论造型艺术 2》）（*Schriften zur bildenden Kunst, 2*），1974年，第357页；参见W·D·罗布松-斯科特（W. D. Robson-Scott）（1965年，第213页及之后）及参展书目《科隆大教堂在本世纪的落成》（*Der Kölner Dom im Jahrhundert seiner Vollendung*），第2卷，科隆，1980年，尤其见第171页。

208 'So beschauen wir mit Vergnügen einige Massen jener gotischen Gebäude, deren Schönheit aus Symmetrie und Proportion des Ganzen zu den Teilen und der Teile untereinander entsprungen erscheint und bemerklich ist, ungeachtet der häβlichen Zierraten, womit sie verdeckt sind...' 歌德（1974年），第336页。

209 'Eines der vorzüglichsten Kennzeichen des Verfalls der Kunst ist die Vermischung der verschiedenen Arten derselben.' 歌德，《门楼》（*Propyläen*），第I卷，1798年，第XXIV页[影印再版附有沃尔夫冈·冯·勒奈森（Wolfgang von Löhneysen）撰写的介绍，达姆施塔特，1965年]。

第十六章注释

1 尽管已经有了下列的一个开始：艾美尔·考夫曼（Emil Kaufmann），《理性时代的建筑》（*Architecture in the Age of Reason*）

（1955 年），纽约，1968 年，第 10 页及以后；卡罗尔·L·V·米克斯（Carroll L. V. Meeks），《意大利建筑 1750-1914 年》（*Italian Architecture 1750-1914*），纽黑文 - 伦敦，1966 年，第 3 页及以后；卢恰诺·帕泰塔（Luciano Patetta），《折中主义建筑，资料、理论、样式 1750-1900 年》（*L'Architettura dell'eclettismo. Fonti, teorie, modelli 1750-1900*），米兰，1968 年；亚历山德罗·甘布蒂（Alessandro Gambuti），《关于欧洲 18 世纪建筑的辩论》（*Il dibattito sull'architettura nel Settecento europeo*），佛罗伦萨，1975 年。

2　关于广场的设计历史，参见多萝西·梅茨格·哈贝尔（Dorothy Metzger Habel）："罗马圣伊尼亚齐奥广场，在 17 和 18 世纪"（Piazza S. Ignazio, Rome, in the 17th and 18th Centuries），《建筑 11》（*Architectura 11*），1981 年，第 31-65 页。

3　关于费迪南多·加利·比比耶纳（Ferdinando Galli Bibiena），参见：《民用建筑，为几何学与透视的简化而备，基于实践的考虑……》（*L'Architettura civile preparata su la geometria, e ridotta alle prospettive, considerazioni pratiche...*），帕尔马（Parma），1711 年[影印本，戴安娜·M·凯尔德（Diana M. Kelder）编辑，纽约，1971 年]。关于费迪南多·加利·比比耶纳参见：弗朗兹·哈达莫斯奇（Franz Hadamowsky）：《加利·比比耶纳家族在维也纳》（*Die Familie Galli Bibiena in Wien*），维也纳，1962 年（加利·比比耶纳家族工作速写本的出版部分）；展会书目玛丽亚·特雷莎·穆拉罗（Maria Teresa Muraro）和埃莱娜·波沃莱多（Elena Povoledo）编辑：《比比耶纳的剧场设计》（*Disegni teatrali dei Bibiena*），威尼斯，1970 年；展会书目《建筑，透视图，风景画》（18 世纪埃米利亚诺的艺术）[*Architettura, Scenografia, Pittura di paesaggio (L'Arte del Settecento emiliano)*]，意大利博洛尼亚（Bologna），1980 年，第 263 页及以后。

4　前引加利·比比耶纳（Galli Bibiena）（1711 年），"致读者"（A'Lettori）。另参见伦奇·德亚纳（Deanna Lenzi）："透视图中的'角透视'"（La "veduta per angolo" nella scenografia）。展会书目《建筑》（*Architettura*），《透视图》（*scenografia*）等，1980 年，第 147 页及以后。

5　前引加利·比比耶纳（Galli Bibiena）（1711 年），"致读者"。

6　同上，第 130 页及以后。

7　费迪南多·加利·比比耶纳：《青年学生民用建筑指导……》（*Direzioni a'giovani studenti nel disegno dell'Architettura civile...*），博洛尼亚，1725 年（1731 年，1745 年，1753 年，1777 年）。

8　朱塞佩·加利·比比耶纳（Giuseppe Galli Bibiena）：《建筑，以及透视》（*Architetture, e Prospettive*），奥格斯堡，1740 年[影印本，再版，附有 A·海厄特·梅厄（A. Hyatt Mayor）撰写引言：《建筑和透视的设计》（*Architectural and Perspective Designs*），纽约 1964 年]。

9　吉罗拉莫·丰多（Girolamo Fonda）：《纳萨雷诺学院使用的民用与军事建筑原理》（*Elementi di architettura civile, e militare ad uso del Collegio Nazareno*），罗马，1764 年。

10　马里奥·焦弗雷迪（Mario Gioffredi）：《关于建筑。主要章节阐述一些希腊建筑的柱式，意大利的柱式，并给出绘制它们的规则》（*Dell'architettura. Parte prima nella quale si tratta degli Ordini del Architettura de' Greci, e degl' Italiani, e si danno le regole più spedite per designarli*），那不勒斯，1768 年（均已出版）。

11　吉罗拉莫·马西（Girolamo Masi）：《专门为罗马的年轻学生所写的建筑理论与实践》（*Teoria e pratica di architettura per istruzione della gioventù specialmente Romana*），罗马，1788 年。

12　朱塞佩·马里亚·埃尔科拉尼（Giuseppe Maria Ercolani）（描述为 'opera di Neralco P.A.'）：《多立克、爱奥尼和科林斯三种建筑柱式，来自古罗马的著名构造，以一种新的最精确的方法展现》（*I tre ordini d'architettura dorico, jonico, e corintio, presi dalle Fabbriche più celebri dell'Antica Roma, esposti in uso con un nuovo esattissimo metodo*），罗马，1744 年。

13　费代里科·圣维塔里（Federico Sanvitali）：《民用建筑基础》（*Elementi di Architettura civile*），意大利布雷西亚（Brescia），1765 年。

14　埃尔梅内吉尔多·皮尼（Ermenegildo Pini）：《论建筑，对话》（*Dell'Architettura. Dialogi*）米兰，1770 年。

15　弗朗切斯科·马里亚·普雷蒂（Francesco Maria Preti）：《建筑原理》（*Elementi di Architettura*），威尼斯，1780 年，第 47 页。

16　贝尔纳多·安东尼奥·维托内（Bernardo Antonio Vittone）：《民用建筑学习三书，为年轻学子的基础教程……》（*Istruzioni Elementari per indirizzo de' giovani allo studio dell'Architettura Civile divise in libri tre...*），第 2 卷，瑞士卢加诺（Lugano），1760 年。贝尔纳多·安东尼奥·维托内：《关于民用建筑师运用的各类教程……扩大基础教程……关于构造、主题的方法，流动的河流的测绘，资产的评估……》（*Istruzioni diverse concernenti l'officio dell'Architetto Civile... ad aumento alle Istruzioni Elementari...Della misura delle Fabbriche, del Moto, Misura delle acque correnti, estimo de' beni...*），第 2 卷，卢加诺（Lugano），1766 年。

17　关于维托内（Vittone）特别参阅卡洛·佩罗加利（Carlo Perogalli）："贝尔纳多·维托内的建筑笔记"（Nota sull'architettura di Bernardo Vittone），《艺术在欧洲，尊敬的爱德华多·艾尔斯兰的艺术历史写作》（*Arte in Europa. Scritti di Storia dell'arte in onore di Edoardo Arslan*），第 I 卷，1966 年，第 875-890 页；保罗·波托盖西（Paolo Portoghesi），《贝尔纳多·维托内，一位启蒙时代与洛可可之间的建筑师》（*Bernardo Vittone. Un Architetto tra Illuminismo e Rococò*），罗马，1966 年，第 23 页及以后；《贝尔纳多·维托内与 18 世纪的古典主义和巴洛克之争，国际会议文集》（1970 年）[*Bernardo Vittone e la disputa fra classicismo e barocco nel Settecento, Atti del convegno internationale*（1970）]，2 卷本，都灵（Turin），1972-1974 年[详见奥古斯托·卡瓦拉利·穆特拉（Augusto Cavallari Murat）]，"论维托内的技术与批评的现代进程"（Aggiornamento tecnico e critico nei trattati vittoniani），卷 I，第 457-554 页]；佛纳·奥克斯林（Werner Oechslin），《18 世纪早期罗马的教育特质和古代研讨会，对居于罗马的贝尔纳多·安东尼奥·维托内之研究》（*Bildungsgut und Antikenrezeption im frühen*

Settecento in Rom. Studien zum römischen Aufenthalt Bernardo Antonio Vittones），苏黎世（Zürich），1972年。

[18] 'primo la semplicità e naturalezza dell' origine degli oggetti in ordine a quel che rapprasentano; secondo la varietà e lo scherzo delle loro figure.' 维托内（Vittone），1760年，第I卷，第412页。

[19] 同上。

[20] 'con riflesso d' uniformarsi nel Disegno di tale di lei parte allo stile, di cui è formato il corpo della chiesa.' 维托内，1766年，第I卷，第174页；第II卷，图版46，47。另参见卡尔·诺尔勒斯（Karl Noehles）："记万维泰利和维托内为米兰大教堂作正立面"（I progtti del Vanvitelli e del Vittone per la facciata del Duomo di Milano），《艺术在欧洲，尊敬的爱德华多·艾尔斯兰的艺术历史写作》（*Arte in Europa. Scritti di Storia dell'arte in onore di Edoardo Arslan*），第I卷，1966年，第869-874页；尼诺·卡尔博内里（Nino Carboneri）："哥特式风格之争"（Il dibattito sul gotico），载：前引《研究〈维托内〉》[*Atti（Vittone）*]，1972年，第I卷，第111-138页。

[21] 前引维托内（Vittone），1766年，第I卷，第322页。

[22] 这是维托内图书目录所显示的；参阅波托盖西（Portoghesi），1966年，第12页及以后。

[23] 路易吉·万维泰利（Luigi Vanvitelli）：《卡瑟特王宫设计宣言》（*Dichiarazione del Disegni del Reale Palazzo di Caserta*），那不勒斯，1756年，献给国王。

[24] 关于这场竞赛的广泛的文献中，最翔实的论述如下：阿德里亚诺·佩罗尼（Adriano Peroni）："安东尼奥·德里塞特和拉特兰诺的圣乔万尼教堂正立面竞赛"（Antonio Deriset e il Concorso per la facciata di S. Giovanni in Laterano），《罗马22》（*Rome 22*），1944年，第23-31页，尤其关于评审委员会的态度；温琴佐·戈尔齐奥（Vincenzo Golzio）："拉特兰诺的圣乔万尼教堂正立面和18世纪的建筑"（La facciata di S. Giovanni in Laterano e l' architettura del Settecento），载：《赫尔茨安娜图书馆杂录》（*Miscellanea Bibliothecae Hertzianae*），慕尼黑，1961年，第450-463页；赫尔穆特·哈格尔等著（Hellmuth Hager et al.）：《建筑的梦想与现实》（*Architectural Fantasy and Reality*），展会书目，帕克大学（University Park），宾夕法尼亚（Penn.），1982年，第43页及以后；伊丽莎白·基芬（Elisabeth Kieven），《亚历山德罗·加利莱伊》（*Alessandro Galilei*），伦敦（准备中）。

[25] 参见伊拉里亚·托埃斯卡（Ilaria Toesca）："亚历山德罗·加利莱伊在英国"（Alessandro Galilei in Inghilterra），《英语杂记III》（*English Miscellany*），1952年，第189-220页。

[26] 'un sol Ordine ad imitazione degli antichi... senza tanti superflui abbellimenti...'，《讲话》（*Discorso*）；前引戈尔齐奥（Golzio），1961年，第462页。我很感激由伊丽莎白·基芬（Elisabeth Kieven）处得到的口头资料，那就是《讲话》（*Discorso*）不是加利莱伊而是很有可能是富加（Fuga）的工作（参见基芬著作，上引注释24）。

[27] 参见路德维希·冯·帕泰塔（Ludwig von Patetta）：《罗马教皇史 第15卷》（*Geschichte der Päpste vol. 15*），德国弗赖堡（Freiburg）1930年，第750页及以后。

[28] 弗朗切斯科·阿尔加罗蒂（Francesco Algarotti）：《论建筑》（*Saggio sopra l' architettura*），（1756年）；首次出版载于：弗朗切斯科·阿尔加罗蒂，《多部文集》（*Opere varie*），威尼斯1757年；此处下列引注出自弗朗切斯科·阿尔加罗蒂著，《多部文集 第17卷》（*Opere 17 vols*），威尼斯1791-1794年（第III卷，1791年，第352页）。现代版本为：弗朗切斯科·阿尔加罗蒂著，《论建筑》（*Saggio*），乔瓦尼·达·波佐（Giovanni da Pozzo）编辑，巴黎1963年，第29-52页。关于《论建筑》（*Saggio*）的著述频繁地引用了1753年的一个错误百出的版本。
安德烈亚·梅莫（Andrea Memmo）：《洛多利的建筑原理》（*Elementi d' architectura lodoliana*），罗马1786年；安德烈亚·梅莫：《洛多利的建筑原理……三书》（*Elementi d' architectura lodoliana...libri tre*），第2卷，意大利查拉（Zara），1833-1834年（影印本，再版，米兰1973年，此处引用后者）。
关于洛多利的最重要的著作：艾美尔·考夫曼（Emil Kaufmann），"皮拉内西，阿尔加罗蒂和洛多利"（Piranesi, Algarotti and Lodoli），《美术学院公报XLVI》（*Gazette des Beaux-Arts XLVI*），1955年，第21-28页；考夫曼（Kaufmann），《理性时代的建筑》（*Architecture in the Age of Reason*）（1955年，1968编辑），第95页及以后；"梅莫的洛多利"（Memmo's Lodoli），小埃德加·考夫曼（Edgar Kaufmann Jr）编辑，《艺术公报XLVI期》（*The Art Bulletin XLVI*），1964年，第159-75页；奥古斯托·卡瓦拉利·穆特拉（Augusto Cavallari-Murat），"关于洛多利执笔的建筑论文的几个推测"（Congetture sul trattato d' architettura progettato dal Lodoli），《都灵工程师与建筑师学会的活动和技术评论》（*Atti e rassegna tecnica della Società Ingegneri e Architetti in Torino*），新系列丛书，20，1966年，第271-280页；恩尼奥·孔奇纳（Ennio Concina），"军事建筑和科学：透视和探究威尼斯的形成与卡洛·洛多利牧师'周围的'密友"（Architettura militate e scienza: prospettive e indagine sulla formazione veneziana e sull' "entourage" familiare di Padre Carlo Lodoli），《建筑历史II，3》（*Storia Architettura* II, 3），1975年，第19-22页；恩尼奥·孔奇纳，"卡洛·洛多利牧师——军事工程师乔万巴蒂斯塔·洛多利"（Per padre Carlo Lodoli- Giovanbattista Lodoli ingegniere militare）；《威尼斯艺术XXX》（*Arte Veneta XXX*），1976年，第240页；约瑟夫·里克瓦特（Joseph Rykwert），"洛多利关于功能和表达"（Lodoli on function and representation），《建筑评论CLX》（*Architectural Review CLX*），1976年，第2期，第21-26页；约瑟夫·里克瓦特，*The First Moderns*，马萨诸塞州剑桥-伦敦，1980年，第288页及以后。

[29] 关于洛多利的生平，特别参见前引梅莫（Memmo），1833年，第1卷，第39页及以后。

[30] 同上，第79页。

[31] 前引里克瓦特（Joseph Rykwert），1976年，第211页。（图2）。

[32] 梅莫（Memmo），1833年，第1卷，第84页。

33 同上，1834 年，第 2 卷，第 51-62 页；这些大纲（synopses）的英文版原文载：小埃德加·考夫曼（Kaufmann Jr.）编辑，1964 年。

34 阿尔加罗蒂（Algarotti），1791 年，第 3 卷，第 5 页。

35 关于阿尔加罗蒂的评价，参见弗朗西斯·哈斯克尔（Francis Haskell），《资助人和画家，巴洛克时期的意大利艺术和社会之间关系的研究》（*Patrons and Painters. A Study in the Relations Between Italian Art and Society in the Age of the Baroque*），伦敦，1963 年，第 347 页及以后。阿尔加罗蒂所著关于建筑的早期著作：《建筑书信集》（*Lettere sopra l'architettura*），1742-1763 年，载：阿尔加罗蒂，《全集》（*Opere*），第 8 卷，1794 年，第 209 页及以后。

36 阿尔加罗蒂（Algarotti），《论建筑》（*Saggio*），1791 年，第 3 卷，第 11 页。

37 同上，第 11 页及以后。

38 同上，第 17 页。

39 梅莫（Memmo）著作，1973 年，第 2 卷，第 51 页及以后。

40 同上，第 52 页。

41 同上，第 56 页。

42 同上，第 57 页。

43 同上，第 59 页。

44 'Rappresentatione è l'individua e totale espressione che risulta dalla materia qualor essa venga disposta secondo le geometrico aritmetico-ottiche ragioni al proposto fine.' 同上，第 60 页。

45 同上，第 1 卷，第 4 页。

46 同上，第 3 卷，第 39 页。1

47 关于皮拉内西（Piranesi），特别参见亨利·福西龙（Henri Focillon），《乔万尼·巴蒂斯塔·皮拉内西》（*Giovanni Battista Piranesi*），巴黎，1918 年（第 2 版 1963 年）；乔纳森·斯克尔特（Jonathan Scott）：《皮拉内西》（*Piranesi*），伦敦和纽约，1975 年；约翰·威尔顿—埃利（John Wilton-Ely），《乔万尼·巴蒂斯塔·皮拉内西的理念和艺术》（*The Mind and Art of Giovanni Battista Piranesi*），伦敦，1978 年；诺伯特·米勒（Nobert Miller），《考古学之梦，乔万尼·巴蒂斯塔·皮拉内西的探索》（*Archäologie des Traums. Versuch über Giovanni Battista Piranes*），慕尼黑，1978 年。在最近几年内无数关于皮拉内西的著作目录中，以下是最为重要的：《皮拉内西》（*Piranesi*），贝塔格诺·亚历山德罗（Alessandro Bettagno）编辑，威尼斯，1978 年；《皮拉内西和法兰西 1740-1790 年》（*Piranèse et les Français 1740-1790*），罗马，1976 年；以及同样主题下的会议论文集，乔治·布鲁内尔编（Georges Brunel）编辑，罗马，1978 年；同样的会议录，《皮拉内西在威尼斯和欧洲之间》（*Piranesi tra Venezia e l'Europa*），贝塔格诺·亚历山德罗编辑（1978 年），佛罗伦萨，1983 年。

48 鲁道夫·威特克沃（Rudolf Wittkower），"皮拉内西的'观察建筑'"（Piranesi's "Parere su l'architettura"），《瓦尔堡和考陶尔德研究院学报 II》（*Journal of the Warburg and Courtauld Institutes II*），1938/1939 年，第 147- 158 页；影印再版，载：威特克沃，《意大利巴洛克研究》（*Studies in the Italian Baroque*），伦敦，1975 年，第 235-246 页。进一步参见玛丽亚·格拉齐亚·梅西纳（Maria Grazia Messina），"乔万巴蒂斯塔·皮拉内西的建筑理论"（Teoria dell'architettura in Giovanbattista Piranesi），《Controspazio II/8-9》，1970 年，第 6-13 页；《Controspazio III/6》，1971 年，第 20-28 页。

49 关于这一主题，参见布鲁诺·鲁代恩巴克（Bruno Reudenbach），《乔万尼·巴蒂斯塔·皮拉内西，建筑作为图像——18 世纪建筑学解释的变化》（*G. B. Piranesi. Architektur als Bild. Der Wandel der Architekturauffassung des 18. Jahrhunderts*），慕尼黑，1979 年；另外，展会书目《皮拉内西之于皮拉内西》（*Piranesi nei luoghi di Piranesi*），罗马，1979 年；约瑟夫·里克瓦特，*The First Moderns*，马萨诸塞州剑桥 - 伦敦 1980 年，第 338 页及以后。

50 艾伦·拉姆齐（Allan Ramsay），"一场关于鉴赏力的对话"（A Dialogue of Taste），《调查者》（*The Investigator*），第 332 期，伦敦 1755 年；关于拉姆齐（Ramsay）参见约翰内斯·德拜（Johannes Dobai），《古典主义和浪漫主义艺术作品在英国》（*Die Kunstliteratur des Klassizismus und der Romantik in England*），第 II 卷，1750-1790 年，波恩（Bern），1975 年，第 866 页及以后。

51 参见多拉·维本森（Dora Wiebenson），《希腊复兴建筑素材》（*Sources of Greek Revival Architecture*），伦敦 1969 年，第 47 页及以后。

52 乔瓦尼·巴蒂斯塔·皮拉内西，《关于宏伟壮丽与罗马建筑》（*Della Magnificenza ed Architettura, de'Romani*），罗马 1761 年；影印本，文本由约翰·威尔顿—埃利（John Wilton-Ely）编辑，载：乔瓦尼·巴蒂斯塔·皮拉内西，《辩论集》（*The Polemical Works*），英国法恩伯勒（Farnborough），汉普郡（Hants），1972 年。

53 前引皮拉内西著作，1761 年，对开本第 XIX 页。

54 同上，对开本，第 XCIX 左页。

55 同上，对开本，第 CVII 左页。

56 同上。

57 同上，对开本，第 CLXVII 页。

58 参见威特科尔（Wittkower），1975 年，第 238 页。威特科尔评注了 A·F·戈里（A.F. Gori）、G·B·帕塞里（G.B. Passeri）和 M·瓜尔纳奇（M. Guarnacci）的伊特鲁里亚学著述（Etruscological Work）。

59 巴蒂斯塔·皮拉内西，《阿尔巴诺的古代遗迹和岗道尔夫堡之描绘与记录……》（*Antichità d'Albano e di Castel Gandolfo*

descritte ed incise...），罗马1764年，第3页。[岗道尔夫堡（Castel Gandolfo），教皇的夏季行宫——译者注]

60 皮拉内西针锋相对地再版了马里耶特（Mariette）的信，收入：乔瓦尼·巴蒂斯塔·皮拉内西，《观察，乔瓦尼·巴蒂斯塔·皮拉内西关于欧洲文艺公报的马里耶特先生的信》（*Osservazioni di Giov. Battista Piranesi sopra la Lettre de Monsieur Mariette aux Auteurs de la Gazette Littéraire de l'Europe*），罗马1765年，第1-8页[影印本，文本由威尔顿 - 伊利（John Wilton-Ely）编辑，1972年]。

61 皮拉内西引用马里耶特（Mariette），1765年，第7页。

62 皮拉内西著作（1765年）；参见注释第60。

63 同上，第16页。

64 同上，第12页。

65 同上，第9页。

66 同上，第10页。

67 'Edifizj senza pareti, senza colonne, senza pilastri, senza fregj, senza cornice, senza volte, senza tetti; piazza, piazza, campagna rasa.' 同上，第11页。

68 同上，第12页。

69 同上，第15页。

70 'A [e] quum est vas [vos] atque ignoscere quae veteres factitarunt si faciunt novi.'

71 关于皮拉内西作为一名建筑师，特别参见沃尔纳·科尔特（Wenner Körte），"乔瓦尼·巴蒂斯塔·皮拉内西作为一名实践的建筑师"（Giovanni Battista Piranesi als praktischer Architekt），《艺术历史杂志2》（*Zeitschrift für Kunstgeschichte* 2），1933年，第16-33页；威特科尔（Wittkower）（1975年），第247-258页；曼弗雷多·塔夫里（Manfredo Tafuri），"阿文蒂诺普利欧拉多的圣玛丽亚教堂"（Il complesso di S. Maria del Priorato sull'Aventino），展会书目《皮拉内西》（*Piranesi*）（1978年），第78-87页。[普利欧拉多地区（Priorato）位于罗马城，属意大利阿文蒂诺（Aventino）山丘地带——译者注]

72 乔瓦尼·巴蒂斯塔·皮拉内西，《壁炉的各种装饰方法和从古埃及、伊特鲁里亚、希腊和罗马建筑中演绎而来的建筑各部分之装饰式样》（*Diverse maniere d'adornare i camini ed ogni altra parte degli edifizj desunte dall'architettura egizia, etrusca, greca e romana*），罗马1769年，[影印本，文本由威尔顿 - 伊利（Wilton-Ely）编辑，1972年]。

73 皮拉内西（1769年），第15页。

74 同上，第4页以后。

75 同上，第8页。

76 参见尼古拉斯·佩夫斯纳（Nikolaus Pevsner）和苏桑·朗（Suzanne Lang），"埃及的复兴"（'The Egyptian Revival'）[首版于：《建筑评论CXIX》（*The Architectural Review CXIX*），1956年]，载：佩夫斯纳（Pevsner）著，《艺术、建筑和设计研究》（*Studies in Art, Architecture and Design*），第I卷，伦敦，1968年，第213-235页；鲁道夫·威特克沃，"皮拉内西和埃及热"（Piranesi e il gusto egiziano），载：《感性与理性在18世纪》（*Sensibilità e razionalità nel Settecento*），佛罗伦萨，1967年，第II卷，第659页及以后，并载入《意大利巴洛克研究》（*Studies in the Italian Baroque*）（1975年），第259-273页。

77 皮拉内西（1769年），第35页。

78 对皮拉内西的设计作的最好的阐述，参见威尔顿 - 伊利（Wilton-Ely）（1978年），第102页及以后。

79 参见费利斯·斯坦普夫勒（Felice Stampfle），《乔瓦尼·巴蒂斯塔·皮拉内西，皮尔庞特·摩根图书馆藏绘画》（*Giovanni Battista Piranesi. Drawings in the Pierpont Morgan Library*），纽约1978年，第XI页，图版17，18。

80 关于米利萨（Milizia）特别参见朱赛平娜·丰塔内西（Giuseppina Fontanesi），《艺术学者和写作家弗朗切斯科·米利萨》（*Francesco Milizia scrittore e studioso d'arte*），意大利博洛尼亚（Bologna），1932年；费鲁乔·乌利维（Ferruccio Ulivi），"写作者弗朗切斯科·米利萨"（Francesco Milizia scrittore），《比较III》（*Paragone* III），1952年，第3-18页；作者同上，载：《艺术写作家画廊》（*Galleria di scrittori d'arte*），佛罗伦萨，1953年，第207-244页；威廉·贝恩特尔·奥尼尔（William Bainter O'Neal），"弗朗切斯科·米利萨 1725-1798年"（Francesco Milizia. 1725-1798），《建筑史学家学报》第XIII期（*Journal of the Society of Architectural Historians* XIII），1954年，第3号，第12-15页；考夫曼（Kaufmann）（1955年，1968年版），第100页及以后；伊娃·布鲁斯（Eva Brües），"弗朗切斯科·米利萨的写作（1725-1798年）"[Die Schriften des Francesco Milizia（1725-1798）]，《美学和一般艺术科学年鉴6》（*Jahrbuch für Ästhetik und allgemeine Kunstwissenschaft 6*），1961年，第69-113页；米夏埃尔·戈尔维策（Michael Gollwitzer），《弗朗切斯科·米利萨：关于戏剧。论意大利1750-1790年间美学和文化历史》（*Francesco Milizia: Del Teatro. Ein Beitrag zur Ästhetik und Kulturgeschichte Italiens zwischen 1750 und 1790*）（中译者注：*Del Teatro*. 西班牙语对译英文 = Of The Theatre. 戏剧），博士论文，科隆，1969年；伊塔洛·普罗基洛（Italo Prozzillo），《建筑理论家和历史学家弗朗切斯科·米利萨》（*Francesco Milizia. Teorico e storico dell'architettura*），那不勒斯，1971年。

81 弗朗切斯科·米利萨，《弗朗切斯科·米利萨新作》（*Notizie di Francesco Milizia scritte da lui medesimo*），威尼斯，1804年；再版，载：米利萨（Milizia），《原理》（*Principi*）（1804年版），第1卷，第VIII页。

82 米利萨（Milizia），《新弗朗切斯科·米利萨新作》（*Notizie*）（1804年）；《原理》（*Principi*）（1804年版），第I卷，第IX页。

⁸³ 关于米利萨的不同版本及翻译版的最完整的参考书目，参见奥尼尔（O'Neal）（1954 年），第 13 页及以后。

⁸⁴ 同上，第 12 页。

⁸⁵ 弗朗切斯科·米利萨（Francesco Milizia），《著名建筑师们的生平》（*Le vite de'più celebri architetti*），罗马 1768 年。从第二版起用的名称为《回忆古代与现代建筑师》（*Memorie degli architetti antichi e moderni*），2 卷本，罗马，1768 年；帕尔马，第 3 版 1781 年；意大利巴萨诺（Bassano），第 4 版 1785 年[影印再版，载：第 2 卷，博洛尼亚（Bologna）1978 年]；法文版，巴黎，1771 年（以及 1819 年）；英文版，伦敦，1826 年。

⁸⁶ 弗朗切斯科·米利萨（Francesco Milizia），《民用建筑原理》（*Principi di Architettura civile*），3 卷本，意大利斐纳利（Finale），1781 年[巴萨诺（Bassano），1785 年；巴萨诺，1804 年；附有巴蒂斯塔·西普里亚尼·乔万（Battista Cipriani Giov）的插图；巴萨诺，1813 年；巴萨诺 1825 年}，乔瓦尼·安托利尼（Giovanni Antolini）编辑，米兰，1832 年（第 2 版 1847 年；影印再版，米兰，1972 年）。

⁸⁷ 弗朗切斯科·米利萨，《设计艺术辞典》（*Dizionario delle arti del disegno*），2 卷本，巴萨诺，1787 年（第 2 版 1797 年）；米兰，1802 年，1804 年。

⁸⁸ 弗朗切斯科·米利萨，《全集……论美学》（*Opere complete... risguardanti le belle arti*），9 卷，博洛尼亚，1826-1828 年。

⁸⁹ 关于米利萨对于以原始棚屋（primitive hut）为原型的立场，参见乔基姆·高斯（Jaachim Gaus）著，"原始棚屋"（Die Urhütte），《福尔拉夫-利哈茨年鉴 XXXIII》（*Wallraf-Richartz-Jahrbuch XXXIII*），1971 年，第 25 页；约瑟夫·里克瓦特（Joseph Rykwert），《天堂里亚当的房子》（*On Adam's House in Paradise*），纽约，1972 年，第 67 页及以后。

⁹⁰ 米利萨（Milizia），《民用建筑原理》（*Principi*）（1847 年版），第 105 页。

⁹¹ 同上，第 105 页以后。

⁹² 米利萨，《回忆古代与现代建筑师》（*Memorie*）（1785 年版），第 XXVI 页。

⁹³ 米利萨，《全集》（*Opere complete*），第 I 卷 （1826 年），第 VII 页。

⁹⁴ 米利萨，《回忆古代与现代建筑师》（1785 年版），第 I 卷，第 XLI 页及以后。

⁹⁵ 同上，第 XLIX 页以后，以及《民用建筑原理》（*Principi*）（1847 年版），第 126 页。

⁹⁶ 米利萨，Memorie （1785 年版），第 I 卷，第 LI 对开页。

⁹⁷ 同上，第 XXVII 页。

⁹⁸ 同上。

⁹⁹ 同上，第 XXVIII 页。

¹⁰⁰ 关于米利萨的城镇规划理论的历史回顾，参见马里奥·佐卡（Mario Zocca），"弗朗切斯科·米利萨和 18 世纪的城镇规划"（Francesco Milizia e l'urbanistica del Settecento），《第 8 届全国建筑历史会议报告》（*Atti del VIII Congresso Nazionale di Storia dell'Architettura*），罗马，1956 年，第 220-238 页。

¹⁰¹ 米利萨，《回忆古代与现代建筑师》（1785 年版），第 I 卷，第 LXIII 页以后；《民用建筑原理》（*Principi*）（1847 版），第 204 页及以后。

¹⁰² 前引佐卡（Mario Zocca）（1956 年），第 224 页。

¹⁰³ 见注释 101。

¹⁰⁴ 米利萨，《回忆古代与现代建筑师》（1785 年版），第 I 卷，第 LXIV 以后。

¹⁰⁵ 米利萨，《回忆古代与现代建筑师》（1847 年版），第 2 页。

¹⁰⁶ 同上。

¹⁰⁷ 弗朗切斯科·米利萨，《关于艺术，祖尔策和蒙斯的美学设计原理二探》（*Dell'arte di vedere nelle belle arti del disegno secondo i principii di Sulzer e di Mengs*），威尼斯，1781 年，（影印再版，博洛尼亚 1983 年）；[德文版，德国哈勒（Halle），1785 年；法文版，巴黎，1798 年；西班牙文版，马德里 1827 年]。

¹⁰⁸ 米利萨，《回忆古代与现代建筑师》（1785 年版），第 I 卷，第 LXXIV 页。

¹⁰⁹ 同上，第 5 页。

¹¹⁰ 'Tanto la buona Architettura aveva degenerato vicino dove era nata, e dove aveva fatto i suoi gran progressi.' 同上，第 82 页。

¹¹¹ 同上，第 II 卷，第 157 页及以后。

¹¹² 同上，第 185 页。

¹¹³ 同上，第 198 页。

¹¹⁴ 同上，第 213 页。

¹¹⁵ 同上，第 311 页。

¹¹⁶ 米利萨，《民用建筑原理》（*Principi*）（1847 年版），第 177 页及以后。

¹¹⁷ 'Il principalissimo pregio ali qualunque edifizio consiste nel suo carattere esprimente il suo proprio destino.'，同上，第 216 页。

¹¹⁸ 同上。

¹¹⁹ 'bizzarrie che diverrebbero plausibili, e forse anche ragionevoli, quando fossero ben collocate e ben espresse.' 同上，第 200 页。

¹²⁰ 同上，第 202 页。

¹²¹ 同上，第 215 页。

¹²² 同上，第 497 页及以后。

123 同上，第554及以后，第576页及以后。

124 同上（1832年版），第234页（注释）；（1847年版），第200页（注释）。

125 托马索·泰曼扎（Tommaso Temanza），《威尼斯最著名的建筑师和雕塑家传记......》（*Vite dei più celebri Architetti, e Scultori Veneziani...*），威尼斯，1778年，[影印本，利利亚娜·格拉西（Grassi Liliana）编辑，米兰1966年]。

126 斯卡莫齐·奥塔维奥·贝尔托蒂（Ottavio Bertotti Scamozzi），《安德里亚·帕拉蒂奥的建筑和设计》（*Le fabbriche e i disegni di Andrea Palladio*），4卷，维琴察（Vicenza），1776-1783年，[维琴察第2版1796；影印版，J·昆廷·休斯（J. Quentin Hughes），威尼斯-伦敦1968年]。关于斯卡莫齐·奥塔维奥·贝尔托蒂，特别参见洛雷达纳·奥利瓦托（Loredana Olivato），《斯卡莫齐·奥塔维奥·贝尔托蒂对于安德里亚·帕拉第奥的研究》（*Ottario Bertotti Scamozzi studioso di Andrea Palladio*），维琴察，1975年；克里斯汀·卡姆-基伯尔兹（Christine Kamm-Kyburz），《建筑师斯卡莫齐·奥塔维奥·贝尔托蒂1719-1790年》（*Der Architekt Ottavio Bertotti Scamozzi 1719-1790*），波恩，1983年。

127 安杰洛·克莫利（Angelo Comolli），《民用建筑学的历史评判参考书目》（*Bibliografia storico-critica dell'Architettura civile*），4卷，罗马，1788-1792年。

128 前引克莫利（Comolli）著作，1788年，第Ⅰ卷，第7页及以后。建立了他的关于建筑著作的分类方法收入于一篇"作者和朋友的通信，信中给出全部作品的一个理念"（*Lettera dell'autore ad un amico in cui si dà un'idea di tutta l'opera*）。

129 前引克莫利著作，1792年，第Ⅳ卷，第50页及以后。

第十七章注释

1 特别参见两部分：'The Antiquities of Italy'，载：罗伯托·维斯（Roberto Weiss），*The Renaissance Discovery of Classical Antiquity*，牛津，1969年，第105页及以后。

2 关于中世纪和文艺复兴时期向希腊扩张的历史，特别参见：莱昂·德·拉博德（Léon de Laborde），*Athènes aux Xve, XVIe et XVIIe siècles*，巴黎，1854年；亨利·奥蒙（Henri Omont）：*Athènes au XVIIe siècle*，巴黎，1898年；马克斯·韦格纳（Max Wegner），*Land der Griechen*，柏林，1943年（good Bibl. 第305页及以后）；J·莫顿·佩顿（J.Morton Paton），*Chapters in Mediaeval and Renaissance Visitors to Greek Lands*，普林斯顿，1951年；罗伯托·维斯：'The Discovery of the Greek World'，载：前面引用的书（1969年），第131页及以后；作者同上，*Medieval und Humanist Greek*，帕多瓦，1977年。
关于安科纳的西里亚克（Cyriac of Ancona），特别参见B·阿什莫尔（B.Ashmole），"安科纳的西里亚克"（Cyriac of Ancona），*Proceedings of the British Academy XLV*，1959年，第25-41页；E·W·博德纳尔（E.W. Bodnar），《安科纳的西里亚克和雅典》（*Cyriacus of Ancona and Athens*），布鲁塞尔-贝尔赫姆（Berchem，属于安特卫普——译者注），1960年；罗伯托·维斯（Roberto Weiss），1977年，第284页及以后。
关于文艺复兴时期建立在古罗马遗迹（Roman Antiquity）之上的希腊模式观念的转换，参见贝弗利·路易斯·布朗（Beverly Louise Brown）和戴安娜·E·E·克莱纳（Diana E. E. Kleiner），'Giuliano da Sangallo's Drawings after Ciriaco d'Ancona: Transformations of Greek and Roman Antiquities in Athens'，*Journal of the Society of Architectural Historians XLII*，1983年，第321-335页。

3 哈特曼·舍德尔（Hartmann Schedel），《世界史》（*Weltchronik*），纽伦堡，1493年，对开本，第**XXVII**页左页。

4 参见安东尼·布伦特（Anthony Blunt），*The Burlington Magazine CXVIII*，1976年，第323页。Grand Marot，出版于17世纪60年代，包含对巴勒贝克（Baalbek）的17种观点。
关于克尔内留斯·路斯（Cornelius Loos）绘制的巴尔米拉（Palmyra）的草图，参见格奥尔格·卡诺斯（George Kunoth）：*Die historische Architektur Fischers von Erlach*，德国杜塞尔多夫（Düsseldorf），1956年，第88页及以后（图版70）。

5 参见玛格利特·利特尔顿（Margaret Lyttelton），*Baroque Architecture in Classical Antiquity*，伦敦，1974年；布伦特（Anthony Blunt）（1976年）。

6 利奥·阿勒提奥斯（Leo Allatios），*De Templis Graecorum recentioribus*，以及：*De narthece ecclesiae veteris*，巴黎-科隆，1645年，[评论版本（crit. ed.），收录于英文版，由安东尼·卡特勒（Anthony Cutler）翻译：Leo Allatios, *The Newer Temples of the Greeks*，帕克大学（University Park）-伦敦，1969年]。

7 雅各布·斯蓬（Jacob Spon）和乔治·惠勒（George Wheler）：*Voyage d'Italie, de Dalmatie, de Grèce, et du Levant, fait aux années 1675 &1676*，两卷，里昂，1678年，阿姆斯特丹，1679年（此处引用），伦敦，1682年。

8 特别参见尼古拉斯·佩夫斯纳（Nikolaus Pevsner）和苏桑（Suzanne），'The Doric Revival'（首版于：*Architectural Review CIV*，1948年），载：佩夫斯纳：*Studies in Art, Architecture and Design*，第Ⅰ卷，伦敦，1968年，第197-211页；多拉·维本森（Dora Wiebenson），*Sources of Greek Revival Architecture*，伦敦，1969年；J·莫当特·克鲁克（J.Mordaunt Crook），*The Greek Revival, Neo-Classical Attitudes in British Architecture 1760-1870*，伦敦，1972年；迈克尔·麦卡锡（Michael McCarthy），'Documents on the Greek Revival in Architecture'，*Burlington Magazine CXIV*，1972年，第760-769页；约翰内斯·德拜（Johannes Dobai），*Die Kunstliteratur des Klassizismus und der Romantik in England*，第Ⅱ卷，瑞士伯尔尼（Bern），1975年，第476页及以后；约翰尼斯·埃里克森（Johannes Erichsen），*Antique und Grec. Studien zur Funktion der Antike in der Architektur und Kunsttheorie des Frühklassizismus*，论文（1975年），科隆，1980年；约瑟夫·里克瓦特（Joseph Rykwert），*The First Moderns*，马萨诸塞州剑桥-伦敦，198年，第262页及以后。

9 维本森（Dora Wiebenson）（1969年），第20页（附详细的资料）。

10 参见约翰内斯·德拜（Johannes Dobai），*Die Kunstliteratur des Klassizismus und der Romantik in England*，第1卷，伯尔尼，1974年，第798页及以后。1

11 参见威廉·理查德·汉密尔顿（William Richard Hamilton），*Historical Notes of the Society of Dilettanti*，伦敦，1855年；莱昂内尔·卡斯特（Lionel Cust）和悉尼·科尔万（Sidney Colvin），*History of the Society of Dilettanti*，伦敦，1898年（1914年）；塞西尔·哈考特-史密斯（Cecil Harcourt-Smith），*The Society of Dilettanti: Its Regalia and Pictures*，伦敦，1932年；维本森（Wiebenson）（1969年），第25页及以后；有一本极好的关于这个社团和它的圈子出版物的藏书目录包括在书商的目录册中：*The Society of Dilettanti*，第25期，Weinreb & Breman，伦敦，1968年。

12 霍勒斯·沃波尔（Horace Walpole）致霍勒斯·曼（H. Mann），1743年4月14日；威尔马思·谢尔登·刘易斯（W. S. Lewis）（编辑），*Horace Walpole's Correspondence*，XVIII，2，纽黑文（New Haven），1954年，第211页。

13 理查德·钱德勒（Richard Chandler），*Travels in Asia Minor: or: an account of a tour made at the expense of the Society of Dilettanti*，都柏林，1775年；由伊迪丝·克莱（Edith Clay）著的现代版：*Richard Chandler, Travels in Asia Minor 1764- 1765*，伦敦，1971年（说明在第5页及以后）。

14 钱德勒（Richard Chandler）（1775年；1971年版本），第6页。

15 理查德·钱德勒（Richard Chandler），尼古拉斯·雷维特（Nicholas Revett），威廉·帕尔斯（William Pars），《爱奥尼亚的古代遗迹》（*Ionian Antiquities*），在业余爱好者协会（Society of Dilettanti）授权下出版，伦敦，1769年；*Antiquities of Jonia*，由 Society of Dilettanti 出版，伦敦，1797年。

16 理查德·钱德勒（1775年）；和 *Travels in Greece: or an account of a tour made at the expense of the Society of Dilettanti*，牛津，1776年。

17 钱德勒，雷维特（Revett），帕尔斯（Pars）（1769年），第 ii 页。

18 钱德勒，雷维特，帕尔斯，1797年，第 i 页。

19 同上。

20 关于斯图尔特（Stuart）和雷维特（Revett），特别参见莱斯利·劳伦斯（Leslie Lawrence），'Stuart and Revett: Their Literary and Architectural Careers', *Journal of the Warburg and Courtauld Institutes* 2，1938/1939年，第128-146页；维本森（Wiebenson）（1969年），第 i 页及以后；关于斯图尔特，参见戴维·沃特金（David Watkin）所作的一部简明专论，*Athenian Stuart. Pioneer of the Greek Revival*，伦敦，1982年。

21 再版载：维本森（Wiebenson）（1969年），第75页及以后。

22 1751年的建议，[维本森（1969年），第77页]。

23 罗伯特·伍德（Robert Wood），*The Ruins of Palmyra, other wise Tedmor, in the Desert*，伦敦，1753年[同时完成的法文版：*Les ruines de Palmyre, autrement dite Tedmor, au désert*，伦敦，1753年]；*The Ruins of Balbec otherwise Heliopolis in Coelosyria*，伦敦，1757年；收录两个版本的最终版本：罗伯特·伍德，*The Ruins of Palmyra and Balbec*，伦敦，1827年。

24 伍德（Wood）（1753年），第 I 页。

25 同上，第15页。

26 伍德，1827年版，第58页。

27 伍德，1753年版，第35页。

28 伍德，1827年版，图版 V。佩罗（Perrault）很可能反过来受到马罗（Marot）巴勒贝克式雕刻艺术的影响；参见维本森（1969年），第37页。

29 伍德，1827年版，第53页。

30 维本森（1969年），第38页。（文献注释41 和44，第 98 对开页）。

31 关于勒·罗伊（Le Roy），特别参见路易·霍特考尔（Louis Hautecoeur），*Histoire de l'Architecture classique en France*，第 IV 卷，巴黎，1952年，第18页及以后；第5卷，巴黎，1953年，第263页及以后；维本森（1969年），第 11 对开页；第14页，第33页及以后；理查德·查菲（Richard Chafee），'The Teaching of Architecture at the Ecole des Beaux-Arts'，载：阿瑟·德雷克斯勒（Arthur Drexler）（编辑），*The Architecture of the Ecole des Beaux-Arts*，伦敦，1977年，第70页及以后；唐纳德·德鲁·埃格伯特（Donald Drew Egbert），*The Beaux-Arts Tradition in French Architecture*，普林斯顿，1980年，第37页及以后。

32 朱利安-戴维·勒·罗伊（Julien-David Le Roy），*Les Ruines des plus beaux monuments de la Grèce*，巴黎，1758年（1770年；英文版，伦敦，1759年）；此后引用1758 年版。

33 同上，第5页，《前言》（*Préface*）。

34 同上，第11页。

35 同上，第 II 部分，第4页。

36 'pour produire dans notre âme, à leur aspect, les idées de grandeur, de noblesse, de majesté de beauté...' 同上，第2页。

37 同上，第5 对开页。

38 詹姆斯·斯图尔特（James Stuart）和尼古拉斯·雷维特（Nicholas Revett），*The Antiquities of Athens*，第1卷，伦敦，1762年；第2卷，伦敦，1787年[由威廉·牛顿（William Newton）完成并于斯图尔特去世后的1788年出版]；第3卷，伦敦，1794年[威利·雷弗利（Willey Reveley）编辑]；第4卷，伦敦，1816年[包括斯图尔特去世后的一些材料，乔赛亚·泰勒（Josiah Taylor）和约瑟夫·伍德（Joseph Wood）编辑]。稍后的英文版：伦敦，1825-1830年；1837年；

1849 年；1881 年；法文版：巴黎，1818 年；德文版：达姆施塔特，1829-1833 年，莱比锡，1829-1833 年。

39 斯图尔特（Stuart）和雷维特（Revett）（1762 年），第 1 卷，第 I 页。

40 同上。

41 斯图尔特（Stuart）和雷维特（Revett）（1762 年），第 1 卷，第 II 页。

42 同上。

43 约翰·约阿希姆·温克尔曼（Johann Joachim Winckelmann），Briefe，汉斯·迪波尔德（Hans Diepolder）和沃尔瑟·雷姆（Walther Rehm）编，第 3 卷，柏林，1956 年，第 57 页[致富泽利（Füssli），1764 年 9 月 22 日]。

44 参见莱斯利·劳伦斯（Lawrence），1938/1939 年，第 141 页（附插图）。

45 斯图尔特和雷维特（1794 年），第 3 卷，第 15 页。

46 斯图尔特和雷维特（1794 年），第 3 卷，第 41 页。

47 关于亚当（Adam）的遍游欧洲大陆的教育旅行，特别参见约翰·弗莱明（John Fleming），*Robert Adam and His Circle in Edinburgh & Rome*，马萨诸塞州剑桥，1962 年。

48 关于亚当（Adam）同皮拉内西（Piranesi）的关系，参见戴梅·施蒂尔曼（Damie Stillmann），'Robert Adam and Piranesi'，载：*Essays in the History of Architecture Presented to Rudolf Wittkower*（1967 年），伦敦，1969 年，第 197-206 页。
关于克莱里索（Clérisseau），参见托马斯·J·麦考密克（Thomas J. McCormick），'Charles-Louis Cléisseau and the Roman Revival'，论文，普林斯顿，1971 年（缩影胶片）；同一作者，'Piranesi and Cléisseau's Vision of Classical Antiquity'，载：*Piranèse et les Français*，1976 年会议录，罗马，1978 年，第 303-310 页；同著者，*Charles-Louis Clérisseau and the Genesis of Neo-Classicism*，马萨诸塞州剑桥 - 伦敦，1990 年。

49 詹乔治·佐尔齐（Giangiorgio Zorzi），*I disegni delle Antichità di Andrea palladio*，威尼斯，1959 年，第 106 页，图版 266，267。

50 斯蓬（Spon）和惠勒（Wheler），1679 年，第 I 卷，第 74 页及以后（在第 78 页后的折叠图版）。

51 约翰·伯恩哈德·菲舍尔·范·埃拉赫（Johann Bernhard Fischer von Erlach）：*Entwurff einer Historischen Architectur*（1721 年），莱比锡，1725 年，图版 X；关于菲舍尔（Fischer）的原始资料，参见格奥尔格·卡诺斯（Kunoth,George），*Die Historische Architektur Fischers von Erlach*，德国杜塞尔多夫（Düsseldorf），1956 年，第 79 页及以后。

52 罗伯特·亚当（Robert Adam），*Ruins of the Palace of the Emperor Diocletian at Spalatro in Dalmatia*，伦敦，1764 年。

53 亚当（1764 年），第 1 页。

54 同上。

55 同上，第 2 页。

56 同上，第 4 页。

57 博里斯·洛斯基（Boris Losski）注意到了这种联系：'Les ruines de Spalatro, Palladio et le néoclassicisme'，载：*Urbanisme et architecture. Etudes écrites et publiées en l'honneur de Pierre Lavedan*，巴黎，1954 年，第 249 页。

58 亚当（1764 年），图版 VII；*The Works in Architecture of Robert and James Adam*，3 卷本，伦敦，1822 年，图版 I[罗伯托·奥埃斯科（Roberto Oresko）编辑，伦敦 - 纽约，1975 年，第 146 页]。

59 有关最近在庞培（Pompeii）和赫库兰尼姆（Herculaneum）的挖掘历史的综述，参见彼得·沃纳（Peter Werner），*Pompeji und die Wandmalerei der Goethezeit*，慕尼黑，1970 年，第 24 页及以后；福斯托·泽维（Fausto Zevi），'Gli scavi di Ercolano'，载：展会书目 *Civiltà del '700 a Napoli*，第 2 卷，佛罗伦萨，1980 年，第 58 页及以后；展会书目 *Pompei e gli architetti francesi dell'Ottocento*，那不勒斯，1981 年。

60 瑞士的 N·科尚（Ch.N.Cochin）和 J·贝利卡尔（J. Bellicard），*Observations sur les antiquités d'Herculanum*，巴黎，1754 年。（第二版 1755 年）。

61 *Le Antichità di Ercolano esposte*，第 1-5 卷：*Le pitture antiche d'Ercolano e contorni incise con qualche spiegazione*，那不勒斯，1757 年；*De Bronzi di Ercolano e contorni*，第 1 卷：*Busti*，那不勒斯，1767 年；第 2 卷：*Statue*，那不勒斯，1771 年；*Le lucerne ed i candelabri d'Ercolano e contorni*，那不勒斯，1792 年。

62 特别参见第 1 卷，1757 年，第 209 页及以后。

63 第 1 卷，1757 年，《序言》（*Prefazione*）。

64 特别参见马里奥·普拉兹（Mario Praz），*On Neoclassicism*（1940 年），伦敦，1972 年，第 74 对开页；同著者，'Le antichità di Ercolano'，载：展会书目 *Civiltà del '700 a Napoli*，第 1 卷，佛罗伦萨，1979 年，第 35 页及以后；并参见 F.和 P.皮拉内西（Piranesi），*Antiquités d'Herculanum*（*gravées par Th. Piroli*），6 卷，巴黎，1804-1806 年。

65 关于在德语地区庞培与赫库兰尼姆壁画德影响，特别参见：沃纳（Werner）（1970 年）。

66 约翰·约阿希姆·温克尔曼（Johann Joachim Winckelmann），*Sendschreiben von den Herculanischen Entdeckungen*，德累斯顿，1762 年；*Nachrichten von den neuesten Herculanischen Entdeckungen*，德累斯顿，1764 年（两卷的影印版，Baden-Baden-Strasbourg, 1964 年）。

67 温克尔曼（Winckelmann）（1762 年），第 21 页。

68 贝拉尔多·加利亚尼（Berardo Galiani），*L'architettura di M. Vitruvio Pollione*（拉丁文—意大利文版本），那不勒斯，1758 年。

69 即使是阿洛伊西奥·马里尼奥（Aloisio Marinio），尽管已有大量新出土的古建筑文物，在其里程碑式的四卷有关维特鲁威的著作中（罗马，1836 年），仍然以帕拉第奥来说明罗马建筑。

70　'einladender und reizender, als die bedew tungsvollen, der Bestimmung der einzelnen Zimmer ganz angemessenen Verzierungen, welche man dort häufig findet.' 卡尔·菲利普·莫里茨（Karl Philipp Moritz），*Vorbegriffe zu einer Theorie der Ornamente*，柏林，1793 年，第 83 页。

71　圣诺恩修道院的让 - 克劳德·理查德（Jean-Claude Richard de Saint-Non），*Voyage pittoresque ou description des Royaumes de Naples et de Sicile*，2 卷本，巴黎，1782 年，第 125 页及以后。并特别参见：尼尔·麦格雷戈（Neil Mac Gregor），'Le Voyage Pittoresque de Naples et de Sicile'，*The Connoisseur* 196，1977 年，第 130 -138 页。

72　参见尼尔斯·G·沃林（Nils G. Wollin），*Desprez en Italie*，马尔默（Malmö），1935 年。

73　圣诺恩（Saint-Non）（1782 年），第 2 卷，第 115 页及以后，图版 74，75。

74　同时参见尼古拉斯·佩夫斯纳（Nikolaus Pevsner）和苏桑（Suzanne），'The Egyptian Revival'（首版于：*The Architectural Review* CXIX，1956 年），载：佩夫斯纳，*Studies in Art, Architecture and Design*，第 1 卷，伦敦，1968 年，第 213-235 页。

75　参见罗伯特·罗森布拉姆（Robert Rosenblum），*Transformations in Late Eighteenth Century Art*（1967 年），普林斯顿，1970 年，第 107 页及以后。

76　伯纳德·德·蒙特法弗克恩（Bernard de Montfaucon），*L'Antiquité expliquée et représentée en figures*，巴黎，第 1719 页及以后。

77　凯吕斯伯爵（Anne-Claude-Philippe de Tubières, Comte de Caylus），*Recueil d'Antiquités égyptiennes, étrusques, grecques et romaines*，7 卷，巴黎，1752-1767 年。
　　关于凯吕斯（Caylus），特别参见：卡尔·尤斯蒂（Carl Justi），*Winckelmann und seine Zeitgenossen*，沃尔瑟·雷姆（Walther Rehm）编辑，第 3 卷，科隆，1956 年第 5 版，第 104 页及以后。
　　关于凯吕斯的文学作品及他的民族与审美观念，参见弗朗兹·约瑟夫·豪斯曼（Franz Josef Hausmann），'Eine vergessene Berühmtheit des 18. Jahrhunderts: Der Graf Caylus, Gelehrter und Literat'，*Deutsche Vierteljahrsschrift für Literaturwissenschaft und Geistesgeschichte* 53，1979 年，第 191-209 页。

78　凯吕斯（Caylus），*Von der Baukunst der Alten*（1749 年），德文译本，载：凯吕斯，*Abhandlungen zur Geschichte und zur Kunst*，两卷本，德国阿尔滕堡（Altenburg），1768 年，1769 年；第 1 卷，第 307 页。

79　参见苏桑·朗（Suzanne Lang）和佩夫斯纳（Pevsner）（1968 年），第 230 页及以后。

80　威廉·汉密尔顿（William Hamilton）[D'汉卡维勒（P. F. H. D'Hancarville）编辑]，《伊特鲁里亚人、希腊和罗马的古代遗物收集……》（*Collection of Etruscan, Greek, and Roman antiquities...*）4 卷，那不勒斯，1766-1767 年。威廉·汉密尔顿[威廉·蒂施拜因（Wilhelm Tischbein）编辑]，*Collection of engravings from ancient vases mostly of pure Greek workmanship...*，3 卷，那不勒斯，1791-1795 年。关于汉密尔顿，特别参见布赖恩·福瑟吉尔（Brian Fothergill），*Sir William Hamilton. Envoy Extraordinary*，伦敦，1969 年。

81　福瑟吉尔（Fothergill）（1969 年），第 67 页以后。

82　参见沃纳（Peter Werner）（1970 年），第 95 页及以后；埃里希·巴赫曼（Erich Bachmann），*Schloß Aschaffenburg und Pompejanum*，慕尼黑，1973 年，第 46 页及以后。

83　参见路易·霍特考尔（Louis Hautecoeur），*Histoire de l'Architecture classique en France*，第 7 卷，巴黎，1957 年，第 124 对开页；著者同上，巴黎，第 2 卷：*de 1715 à nos jours*，巴黎，1972 年，第 526 对开页；唐纳德·戴维·施奈德（Donald David Schneider），*The Works and Doctrine of Jacques Ignace Hittorf*（1792-1867），论文，普林斯顿，1970 年，[安阿伯（Ann Arbor）- 伦敦，1981 年]，第 596 页及以后。

84　雅克 - 菲利普·德奥维勒（Jacques-Philippe d'Orville），*Sicula, quibus Siciliae Veteris Rudera*，两卷本，阿姆斯特丹，1764 年。

85　朱塞佩·马里亚·潘克拉齐（Giuseppe Maria Pancrazi），*Antichità Siciliane spiegate*，两卷本，那不勒斯，1751-1752 年。

86　载：温克尔曼（Johann Joachim Winckelmann），*Kleine Schriften, Vorreden, Entwürfe*，沃尔瑟·雷姆（Walther Rehm）和赫尔穆特·西克特曼（Hellmut Sichtermann）编辑，柏林，1968 年，第 174-185 页。

87　温克尔曼（Winckelmann），1968 年，第 175，179 页；同样参见：C·安德烈亚·皮格纳提（C.Andrea Pigonati），*Stato presente degli antichi monumenti siciliani*，那不勒斯，1767 年。

88　参见海伦妮·蒂泽（Hélène Tuzet）所作的调查：*La Sicile au XVIIIe siècle vue par les voyageurs ètrangers*，斯特拉斯堡，1955 年。在附精美插图的游记中，以下值得引起注意：让·韦尔（Jean Houel），*Voyage pittoresque des isles de Sicile, de Lipari et de Malte*，4 卷本，巴黎，1782-1787 年；圣诺恩修道院理查德（Richard de Saint-Non），*Voyage pittorsque ou description des Royaumes de Naples et de Sicile*，第 4 卷（两部分），巴黎，1785-1786 年。

89　关于早期对帕埃斯图姆（Paestum）的访问：特别参见多梅尼科·穆斯蒂利（Domenico Mustilli），'Prime memorie delle rovine di Paestum'，载：*Studi in onore di Riccardo Filangieri*，第 3 卷，那不勒斯，1959 年，第 105 -121 页；彼得罗·拉维利亚（Pietro Laveglia），*Paestum dalla decadenza alla riscoperta fino al 1860*，那不勒斯，1971 年；乔斯里塔·拉斯皮·塞拉（Joselita Raspi Serra）编辑，*Paestum and the Doric Revival* 1750-1830，纽约 - 佛罗伦萨，1986 年。

90　'In Pesto overo Possidonia, città rovinata, le mure antique sono iniere, per una gran parte con le torri, e dentro sono tre templi, di opera dorica, di pietra viva e tiburtina in quadroni grandi.' 福斯托·尼科利尼（Fausto Nicolini），*L'arte napoletana del Rinascimento e la lettera di Pietro Summonte a Marcantonio Michiel*，那不勒斯，1925 年，第 174 页。这份参考书目缺少穆斯蒂利（Mustilli）（1959 年），但由罗伯托·维斯（Roberto Weiss）（1969 年）整理，第 130 页和拉维利亚（Laveglia）（1971 年）整理，第 18 页。

[91] 'Pertanto rappresenta alla M. V. che per avanzare il tempo e la spesa si potrebbe prendere le pietre che Sono nell'antica Città di Pesto, situato nel territorio di Capaccio, che fu antica Colonia de Romani, dove vi sono tante quantità d'edificij mezzi diruti, essendovi più di cento colonne di dismusurata grandezza con i loro capitelli, architravi, freggi, e cornicioni di pezzi cosi grandi che fan conoscere la potenza degl'antichi Romani...' 穆斯蒂利（Mustilli）（1959 年），第 120 页；拉维利亚（Laveglia）（1971 年），第 72 页。

[92] 参见由苏桑（Suzanne）进行的关于帕埃斯图姆的权威性研究：'The Early Publications of the Temples at Paestum', *Journal of the Warburg and Courtauld Institutes* 13，1950 年，第 48-64 页。

[93] G·P·M·迪蒙（G.P.M.Dumont），*Suite de plans, coupes, profils.., de Pesto... mesurés et dessinés par J. G. Soufflot architecte du roy en* 1750，巴黎，1764 年；菲利波·莫尔根（Filippo Morghen），*Sei vedute delle rovine di Pesto*，1766 年；佚名 [约翰·贝尔肯霍特?(John Berkenhout ?)]，*The Ruins of Poestum or Posidonia, a City of Magna Graecia...*，伦敦，1767 年；托马斯·马约尔（Thomas Major），*The Ruins of Paestum, otherwise Posidonia in Magna Graecia*，伦敦，1768 年。（法文：Les Ruines de Paestum...，伦敦，1768 年；影印再版，1969 年）。G·P·M·迪蒙，*Les Ruines de Paestum...Traduction libre de l'anglois imprimé à Londres en* 1767...，伦敦 - 巴黎，1769 年；乔瓦尼·巴蒂斯塔·皮拉内西（Giobattista Piranesi），*Differentes vues de quelques restes de trois grands édifices qui subsistent encore dans le milieu de l'ancienne ville de Pesto autrement Posidonia, qui est située dans la Luganie*，罗马，1778 年（影印再版，德国 Unterschneidheim，1973 年）；保罗·安东尼奥·保利（Paolo Antonio Paoli），Paesti quod Posidoniam etiam dixere rudera，罗马，1784 年；C·M·德拉加德特（C.M. Delagardette），*Les Ruines de Paestum ou Poseidonia*，巴黎 VII（1799 年）。
另参见关于帕埃斯图姆文化的发现综述和文献，及关于德拉加德特（Delagardette）工作的讨论，奥古斯特·罗德（August Rode），'Über die Monumente von Pästum'，载：*Sammlung nützlicher Aufsätze und Nachrichten*，大卫·吉里（David Gilly）编辑，第 4 卷，1800 年，第 2 部分，第 48-67 页。

[94] 特别参见圣诺恩修道院理查德（Richard de Saint-Non），*Voyage pittoresque, ou description des Royaumes de Naples et de Sicile*，第 3 卷，巴黎，1783 年，第 153 页及以后。

[95] 贝拉尔多·加利亚尼（Berardo Galiani），*L'architettura di M. Vitruvio Pollione...*，那不勒斯，1758 年，第 102 页，第 3 号：'Presso l'antica città di Pesti esistono ancora in piedi alcuni tempj, quasi interi, uno de'quali Pseudodiptero ha nove colonne alle fronti...'

[96] 加利亚尼（Galiani），1758 年，第 124 页，很粗略的雕版图显示了七根前柱。

[97] 引自伦敦出版的法文版，马约尔（Major）（1768 年），第 VII 页。

[98] 约翰·约阿希姆·温克尔曼（Johann Joachim Winckelmann），*Anmerkungen über die Baukunst der alten Tempel zu Girgenti in Sicilien*（1759 年），载：J. J. 温克尔曼，*Kleine Schriften, Vorreden, Entwürfe*，沃尔瑟·雷姆（Walther Rehm）和赫尔穆特·西克特曼（Hellmut Sichtermann）编辑，1968 年，第 179 页。

[99] 皮拉内西（Piranesi），1778 年，图版 X.，关于这点，特别参见罗伯托·帕内（Roberto Pane），*Paestum nelle acqueforti di Piranesi*，米兰，1980 年。

[100] 皮拉内西（1778 年），标题页。

[101] 保利（Paoli）（1784 年），第 43 对开页，79 页，103 页，111 页及以后。

[102] 'ordine e proporzione maravigliosa, leggiadria, vaghezza, eleganza'. 同上，第 43 页。

[103] 'l'indole e la sodezza de' Toscani'. 同上。

[104] 同上，第 103 页。

[105] 同上，第 131 页及以后。

[106] 同上，图版 XLI.

[107] 保罗·安东尼奥·保利（Paolo Antonio Paoli），*Antichità di Pozzuoli（Avanzi delle Antichità esistenti a Pozzuoli, Cuma e Baja）*，那不勒斯，1768 年。

[108] 德拉加德特（C.M. Delagardette）（1799 年），第 5 页。

[109] 让 - 雅克·巴泰勒米（Jean-Jacques Barthélémy），*Voyage du jeune Anacharsis en Grèce, dans le milieu du quatrième siècle avant l'ère vulgaire*，7 卷，巴黎，1788 年（另 *Recueil de cartes géographiques, plans, vues et médailles de l'ancienne Grèce relatifs au voyage du jeune Anacharsis*，巴黎，1788 年），使用第二版，巴黎，1788 年。这一著作直到 19 世纪中期再版了三十多次，并由不同翻译的版本。

[110] 巴泰勒米（Barthélémy），1789 年，第 2 卷，第 242 页及以后。（*Recueil*，1789 年，图版 9，10）。

[111] 同上，第 500 页及以后。

[112] 同上，第 5 卷，第 46 页（*Recueil*，图版 24）。

第十八章注释

[1] 参见朱利叶斯·冯·斯克劳瑟（Julius von Schlosser）提及的文摘，*La letteratura artistica*，佛罗伦萨 - 维也纳，1964 年，

第 505 页及以后。

2　关于西班牙艺术著作最全面的审视是由弗朗切斯科·哈维尔·桑切斯 - 坎顿（Francisco Javier Sánchez-Cantón）提供的，*Fuentes literarias para la Historia del Arte Español*，5 卷本，马德里，1923-1941 年（但是，在这一文选中有关建筑学论文的引用选择并不具有代表性）。关于西班牙建筑著作最全面的审视（从新古典主义的视点来写的）是由欧亨尼奥·利亚古诺伊·阿米罗拉（Eugenio Llagunoy Amirola）和胡安·奥古斯丁·塞安 - 贝穆德斯（Juan Agustín Ceán-Bermúdez）提供的，*Noticias de los arquitectos y arquitectura de España desde su restauracion*，4 卷本，马德里，1829 年（影印再版，马德里，1977 年）；马塞利诺·梅内德兹·佩拉约（Marcelino Menédez y Pelayo），*Historia de la ideas estticas en España*，9 卷本，马德里，1883 年及以后（几个版本），第 III 卷（1920 年第三版），涵盖了 17 世纪与 18 世纪，第 IV 卷（1923 年第三版）涵盖了 16 世纪到 18 世纪的美学理论；不可缺少的参考书目是，弗洛伦蒂诺·萨莫拉·卢卡斯（Florentino Zamora Lucas）和爱德华多·庞塞·迪·利昂（Eduardo Ponce de Leon），*Bibliografia española de arquitectura*（1526-1850），马德里，1947 年；另参见拉蒙·古铁雷斯（Ramón Gutiérrez），*Notas para una bibliografia hispanoamericana de arquitectura*（1526-1875），东北大学（阿根廷），出版日期不详[Universidad del Nordeste（Argentina）n.d.]（约 1972 年；尤其是关于西班牙建筑著作在拉丁美洲的影响）；安东尼奥·博内特·科雷亚（Antonio Bonet Correa）编辑，*Bibliografia de arquitectura, ingenieria y urbanismo en España*（1498-1880），2 卷本，马德里 - 瓦杜兹（Madrid-Vaduz），1980 年。关于 16 世纪到 18 世纪建筑，特别参见费尔南多·丘埃卡·戈伊蒂亚（Fernando Chueaca Goitia），'Arquitectura del siglo XVI'（*Ars Hispaniae XI*），马德里，1953 年；乔治·库布勒（George Kubler），'Arquitectura de los siglos XVII y XVIII'（*Ars Hispaniae XIV*），马德里，1957 年；乔治·库布勒和马丁·索里亚（Martin Soria），*Art and Architecture in Spain and Portugal and Their American Dominions 1500 to 1800*，哈蒙兹沃斯（Harmondsworth），1959 年。

3　塞巴斯蒂亚诺·塞利奥（Sebastiano Serlio），*Tercero y quarto libro de Architectura*，弗朗切斯科·维拉潘多（Francisco Villalpando）编辑，西班牙托雷多（Toledo），1552 年[影印再版，乔治·库布勒，西班牙瓦伦西亚（Valencia），1977 年]。

4　维特鲁威，《论建筑》（*De Architectura*），米格尔·德·乌雷亚（Miguel de Urrea）和胡安·格拉西安（Juan Gracian）翻译，西班牙阿尔卡拉·德·艾那雷斯（Alcala de Henares，马德里市郊——译者注），1582 年[影印再版，路易斯·莫亚（Luis Moya），瓦伦西亚，1978 年]；莱昂·巴蒂斯塔·阿尔伯蒂（Leon Battista Alberit），*Los diez libros de architectura*，马德里，1582 年[影印再版，若泽·马里亚·德·阿卡莱特（José María de Azcárate）编辑，瓦伦西亚 1977 年]。

5　迭戈·德·萨格雷多（Diego de Sagredo），*Medidas del Romano*，托雷多（Toledo），1526 年。[马德里，1946 年；路易斯·塞韦拉·薇拉（Luis Cervera Vera）编辑，瓦伦西亚，1976 年]。
　　关于迭戈·德·萨格雷多以及有关他的论述的不同版本，特别参见利亚古诺伊·阿米罗拉（Llagunoy y Amirola）和塞安 - 贝穆德斯（Ceán-Bermúdez）（1829 年），第 I 卷，第 175 页及以后；若泽·马里亚·马罗诺恩（José Maria Maroñón），'Las ediciones de la 'Medidas del Romano'，载：萨莫拉·卢卡斯（Zamora Lucas）和庞塞·迪·利昂（Ponce de Leon）（1947 年），第 9-34 页；劳拉·玛库西（Laura Marcucci），'Regesto cronologico e critico'，载：*2000 anni di Vitruvio, Studi e documenti di architettura*，注释 8，佛罗伦萨，1978 年，第 43 页及以后。

6　萨格雷多（Sagredo）（1526 年），对开本 A，第 j 页左页。

7　同上，第 jjjj 页左页。

8　参见奈杰尔·卢埃林（Nigel Llewellyn），'Two Notes on Diego da Sagredo'，*Journal of the Warburg and Courtauld Institutes* XL，1977 年，第 292-300 页（我无法求教于他未出版的论文，'Diego da Sagredo's "Medidas del Romano "and the Vitruvian tradition"，伦敦，1975 年）。

9　萨格雷多（Sagredo）（1526 年），对开本 A 第 jjjj 页左页及以后。

10　参见弗朗切斯科·迪·乔其奥·马蒂尼（Francesco di Giorgio Martini），*Trattati*，克拉多·马尔塔斯（Corrado Maltese）编辑，两卷本，米兰，1967 年；第 1 卷，图版 37；第 2 卷，图版 227。

11　萨格雷多（1526 年），对开本 B，第 jjj 页。

12　参见保拉·巴罗基（Paola Barocchi），*Scritti d'arte del Cinquecento*，第 3 卷，米兰 - 那不勒斯，1977 年，第 2983 页。

13　萨格雷多（1526 年），对开本 B，第 vii 页左页及以后。

14　关于这一主题参见卢埃林（Llewellyn）（1977 年），第 297 页及以后；另有保罗·戴维斯（Paul Davies）和戴维·赫塞尔（David Hemsoll）作的增补，'Renaissance balusters and the antique'，*Architectural History* 26，1983 年，第 1-23 页。

15　萨格雷多（1526 年），对开本 A 左页（把他作为 'Phelipe de Borgoña' 的参考）。

16　关于这一主题参见卡尔·尤斯蒂（Carl Justi），*Miscellaneen aus drei Jahrhunderten spanischen Kunstlebens*，第 1 卷，柏林，1908 年；A·德·博斯克（A.de Bosque），*Artisti italiani in Spagna dal XIV secolo ai Re Cattolici, Settimo Milanese*（米兰），1968 年；汉诺 - 沃尔特·克鲁夫特（Hanno-Walter Kruft），'Un cortile rinascimentale italiano nella Sierra Nevada: La Calahorra'，*Antichità viva* VIII/2，1969 年，第 35-51 页；作者同上，'Ancora sulla la Calahorra: Documenti'，Antichità viva XI/I，1972 年，第 35-45 页；作者同上，'Concerning the date of the Codex Escurialensis'，*The Burlington Magazine* CXII，1970 年，第 44-47 页；作者同上，'Pace Gagini and the Sepulchres of the Ribera in Seville'，*Actas del XXIII Congreso Internacional de Historia del Arte*，第 2 卷，格拉拉达，1977 年，第 327-38 页。

17　参见豪尔赫·塞古拉多（Jorge Segurado），Francisco D'Ollanda，里斯本，1970 年；西尔维·德瓦尔特（Sylvie Deswarte），'Contribution à la connaissance de Francisco de Hollanda'，*Arquivos do Centro Cultural Português* VII，1974 年，第 421-429 页；

J·B·伯里（J.B.Bury），*Two Notes on Francisco de Hollanda*，伦敦，1981 年。

[18] 'Desenhos das Antigualhas que vio Francisco d'Ollanda'，现保存于埃斯科里亚尔（Escorial），出版有两个不同的版本，阿奇列·佩利扎里（Achille Pellizzari）（编辑），Opere di Francisco de Hollanda，第 II 卷，那不勒斯，1915 年；埃里亚斯·托尔莫（Elias Tormo）（编辑），*Os Desenhos das Antigualhas que vio Francisco D'Ollanda*，马德里，1940 年（附更多的注释）。

[19] 弗朗切斯科·德·奥兰达（Francisco D'Ollanda），*Da Fabrica que falece ha Cidade de Lysboa*（1571 年），华希姆·德·巴斯孔塞洛斯（Vasconcellos, Joachim de）编辑，西班牙奥波多（Oporto），1879 年；塞古拉多（Segurado）版本，载入：前面引用的书（1970 年）。

[20] 克里斯托巴尔·德·比利亚隆（Cristóbal de Villalón），*Ingeniosa comparación entre lo antiquo y lo presente*，西班牙巴利亚多利安德（Valladolid），1539 年；参见桑切斯 - 坎顿（Sánchez-Cantón），第 1 卷（1923 年），第 xvi 页，第 21 页及以后，引用第 25-33 页。关于比利亚隆的建筑描述参见格哈德·戈贝尔（Gerhard Goebel），*Poeta Faber*，海德堡（Heidelberg），1971 年，第 113 页及以后。

[21] 桑切斯 - 坎顿（Sánchez-Cantón），第 1 卷（1923 年），第 31 页。

[22] 关于罗德里戈·希尔·德·霍特诺恩（Rodrigo Gil de Hontañón），特别参见利亚古诺伊·阿米罗拉（Llagunoy y Amirola）和塞安 - 贝穆德斯（Ceán-Bermúdez）（1829 年），第 I 卷，第 212 页及以后，第 315 页及以后；丘埃卡·戈伊蒂亚（Chueaca Goitia）（1953 年），第 329 页及以后；库布勒（Kubler）（1959 年），第 8 页及以后；约翰·霍格（John Hoag），'Rodrigo Gil de Hontañón, His Work and Writings'，论文，耶鲁大学，1958 年；安东尼奥·卡萨塞卡·卡萨塞卡（Antonio Casaseca Casaseca），*Rodrigo Gil de Hontañor*，西班牙萨拉曼卡（Salamanca），1988 年。

[23] 关于西蒙·加西亚（Simón García）的手稿现保存在马德里的国家图书馆中（编号 8884），'Compendio de Architectura y simetria de los Templos conforme a la medida del cuerpo humano...Año de 1681'，参见若泽·卡蒙（José Camón），'La intervención de Rodrigo Gil de Hontañon en el manuscrito de Simón García'，《西班牙艺术文献 XIV》（Archivo español de arte XIV），1940/1941 年，第 300-305 页；作者同上，*Compendio de architectura y simetria de los templos por Simón García año de 1681*，萨拉曼卡（Salamanca），1941 年；乔治·库布勒（George Kubler），'A Late Medieval Computation of Gothic Rib-Vault Thrusts'，*Gazette de Beaux-Arts XXVI*，1944 年，第 135-148 页；塞尔希奥·路易斯·萨纳夫里亚（Sergio Luis Sanabria），'The Mechanization of Design in the 16th Century: The Structural Formulae of Rodrigo Gil de Hontañón'，*Journal of the Society of Architectural Historians XLI*，1982 年，第 281-293 页。

[24] 卡蒙（Camón）（1940 年），第 19 页。

[25] 卡蒙（Camón）（1941 年），第 37 页：'la torre significa un cuerpo entero sin brazos, los brazos la yglesia, o templo'（图版 14）。

[26] 卡蒙（Camón）（1941 年），第 66 页，图版 29；特别参见库布勒（Kubler）的分析，1944 年，第 138 页及以后。

[27] 关于胡安·德·阿尔费（Juan de Arfe），参见利亚古诺伊·阿米罗拉（Llagunoy y Amirola）和塞安 - 贝穆德斯（Ceán-Bermúdez）（1829 年），第 III 卷，第 98 页及以后，特别参见卡尔·尤斯蒂（Carl Justi），'Die Goldschmiedefamilie der Arphe'（第一版，*Zeitschrift für christliche Kunst*，1894 年）载：尤斯蒂，Miscelaneen（1908 年），第 I 卷，第 269-290 页，特别是第 284 页及以后；弗朗切斯科·哈维尔·桑切斯 - 坎顿（Francisco Javier Sánchez-Cantón），《阿尔费，金银雕刻家 1501- 1603 年》[Los Arfes, escultores de plata y oro)（1501- 1603)]，马德里，1920 年。

[28] 胡安·德·阿尔费·比利亚法内（Juan de Arfe y Villafañe），*De varia commensuración para la Esculptura y Architectura*，西班牙塞维利亚（Seville），1585 年（第 III 和 IV 书，1587 年）；此外的版本 1675 年，1736 年，1763 年，1773 年，1795 年，1806 年；1585 版本的影印版，安东尼奥·博内特·科雷亚（Antonio Bonet Correa）编辑，马德里，1974 年（仅包括第一册和第二册）；弗朗切斯科·伊尼格斯（Francisco Iñiguez）编辑，瓦伦西亚，1979 年（包括第三册和第四册）。

[29] 阿尔费（Arfe）（1585 年），《第二书》（Libro segundo），对开本，第 I 页左页及以后。

[30] 阿尔费（Arfe）（1587 年），第四书，对开本第 39 页；参见尤斯蒂（Carl Justi）（1908 年），第 288 页。

[31] 热纳维耶芙·巴尔贝 - 科克兰·德·利勒（Geneviève Barbé-Coquelin de Lisle）编辑，《阿隆索·德·范德尔瓦拉建筑论集》（El tratado de arquitectura de Alonso de Vandelvira），2 卷本，西班牙阿尔巴切特（Albacete），1977 年[第 1 卷，正文的版本；第 2 卷，手稿的影印：收入马德里学院图书馆（Biblioteca de la Escuela de Madrid），手稿 R 10]。

[32] 费尔南多·马里亚斯（Fernando Marias）和加西亚·奥古斯丁·布斯塔曼特（García Augustín Bustamante），"格雷科和建筑理论"（Le Greco et sa théorie de l'architecture），《艺术评论 46》（Revue de l'Art 46），1979 年，第 31-39 页；作者同上，《格雷科·埃尔的艺术理念》（Las ideas artísticas de El Greco），马德里，1981 年（格雷科·埃尔旁注之抄本，第 225 页及以后）。

[33] 关于埃雷拉（Herrera）特别参见利亚古诺伊·阿米罗拉（Llagunoy y Amirola）和塞安 - 贝穆德斯（Ceán-Bermúdez）（1829 年），第 2 卷，第 117 页及以后；奥古斯丁·鲁伊斯·德·阿尔科特（Augustín Ruiz de Arcaute），*Juan de Herrera*，马德里，1936 年。

[34] 参见弗朗切斯科·哈维尔·桑切斯 - 坎顿（Francisco Javier Sánchez-Cantón），*La Librería de Herrera*，马德里，1941 年；关于他的思想最全面的研究参见勒内·泰勒（RenéTaylor），'Architecture and Magic. Considerations on the Idea of the Escorial'，载：*Essays in the History of Architecture Presented to Rudolf Wittkower*，伦敦，1969 年，第 81-109 页。

[35] 胡安·德·埃雷拉（Juan de Herrera），*Discurso de la Figura Cúbica*，胡利奥·雷伊·帕斯托尔（Julio Rey Pastor）编

辑，马德里，1935 年；爱迪生·西蒙斯（Edison Simons）和罗伯托·戈代（Roberto Goday）编辑，马德里，1976 年。关于勒尔（Lull）特别参见弗朗切斯·耶茨（Frances Yates），'The Art of Ramón Lull', *Journal of the Warburg and Courtauld Institutes* XVII，1954 年；关于他对埃雷拉的影响，参见泰勒（Taylor）（1969 年），第 81 页及以后。

36　泰勒（Taylor）（1969 年）。

37　有关埃斯科里亚尔建筑群的综合课题无法在此探究；参见科尔内利娅·冯·德·奥斯滕·塞肯（Cornelia von der Osten Sacken）的完整研究，*San Lorenzo el Real de el Escorial Studien zur Baugeschichte und Ikonologie*，德国米腾瓦尔德（Mittenwald）- 慕尼黑，1979 年；乔治·库布勒（George Kubler），*Building the Escorial*，普林斯顿，1982 年。

38　在他的图书目录中包含，'Copia del tratado que se hizo del templo de salomon manoescripto'；引自西蒙斯（Simons）- 戈代（Goday）（1976 年），第 443 页。

39　胡安·德·埃雷拉（Juan de Herrera），*Sumario y breve declaración de los diseños y estampas de la fábrica de San Lorenzo el Real del Escurial*，马德里，1589 年；路易斯·塞韦拉·薇拉（Luis Cervera Vera）编辑，*Las estampas y el Sumario de el Escorial por Juan de Herrera*，马德里，1954 年。

40　特别参见沃尔夫冈·埃尔曼（Wolfgang Herrmann），'Unknown Designs for the "Temple of Jerusalem" by Claude Perrault'，载：*Essays in the History of Architecture Presented to Rudolf Wittkower*，伦敦，1969 年，第 143-158 页（第 154 及以后，chronological bibliography on Solomon's Temple）；海伦·罗西瑙（Helen Rosenau），*Vision of the Temple. The Image of the Temple of Jerusalem in Judaism and Christianity*，伦敦，1979 年。

41　贝尼托·阿里亚斯·蒙塔诺（Benito Arias Montano），*Antiquitatum Judaicarum libri* IX，荷兰莱顿（Leyden），1583 年 。

42　关于维拉潘多（Villalpando）参见勒内·泰勒（René Taylor）的基础性研究，'El Padre Villalpando（1552-1608）y sus ideas esteticas'，载：*Academia, Anales y Boletin de la Real Academia de Bellas Artes de San Fernando*，第三系列丛书（3rd ser.），第 1 卷，1951 年，第 409-473 页；作者同上，1969 年；作者同上，'Hermetism and Mystical Architecture in the Society of Jesus'，载：鲁道夫·威特克沃（Rudolf Wittkower）和伊尔马·B·贾菲（Irma B.Jaffe），*Baroque Art: The Jesuit Contribution*，纽约，1972 年，第 63-97 页。

43　关于维拉潘多（Villalpando）作为建筑师，参见泰勒（Taylor）（1972 年），第 69 页及以后。

44　参见泰勒（Taylor）（1972 年），第 74 页。

45　赫罗尼莫·普拉多（Jerónimo Prado）和维拉潘多，*In Ezechielem, Explanationes et Apparatus Urbis, ac Templi Hierosolymitani Commentariis et imaginibus illustratus*，3 卷本，罗马，1596 年，1604 年，1604 年。
　　里面有普拉多的题为 'Compendio de la segunda parte de los comentarios sobre el propheta Ezechiel...' 的一份手稿，为威廉·H·沙布（William H.Schab）收藏，纽约[参见胡安·安东尼奥·拉米雷斯（Juan Antonio Ramirez），*Art History* 4，1981 年，第 182 页，注释 1]。

46　此卷的出版日期是 1604 年，有一则 1605 年 4 月给菲利普三世的题献。

47　维拉潘多，第 2 卷（1604 年），第 16 页及以后。在第 17 页上，神庙被描述为 'aedificium, omnibus numeris absolutum, atque perfecturn, cuius singula mernbra incredibili artificio, ac proportione secum ipsa, ε cum aedificio universo mirificè responderent...'

48　维拉潘多，第 2 卷（1604 年），第 18 页，引用了胡安·德·埃雷拉（Juan de Herrera）：'ab humano ingenio excogitatum non fuisse eiusmodi aedificium, sed à Deo ipso infinita sapientia architectatum...'

49　维拉潘多，第 2 卷（1604 年），第 22，80 页。

50　维拉潘多，第 2 卷（1604 年），第 25 页及以后，第 X 章。

51　维拉潘多，第 2 卷（1604 年），第 41 第及以后。

52　同上，第 414 页及以后。

53　同上，第 436 页及以后。在第 8 章（第 436 页），它被描述为 'omnes Basilicae construendae leges ex hac una Salomonis mutuatus est Vitruvius.'

54　罗兰·弗雷亚特·德·尚布雷（Roland Fréart de Chambray），*Parallèle de l'architecture antique avec la moderne*，巴黎，1650 年，第 71 页。

55　维拉潘多，第 2 卷（1604 年），第 466 页及以后，第 467 页插图。

56　参见泰勒（Taylor）（1951 年），第 423 页及以后。

57　维拉潘多，第 2 卷（1604 年），第 47 页及以后。

58　参见弗朗索瓦·塞克雷（François Secret），'Les Jésuites et le kabbalisme chrétien', *Bibliothèque d'Humanisme et Renaissance* 20，1958 年，第 552 页。

59　参见马塞尔·雷斯特勒（Marcel Restle），'Bauplanung und Baugesinnung unter Mehmet II. Fâtih. Filarete in Konstantinopel'，*Pantheon* XXXIX，1981 年，第 361-367 页。

60　参见重要的天主教本笃会的格雷戈尔·马丁·来希纳（Gregor Martin Lechner OSB），'Villalpandos Tempelrekonstruktion in Beziehung zu barocker Klosterarchitektur', *Festschrift Wolfgang Braunfels*，蒂宾根（Tübingen），1977 年，第 223-237 页。

61　胡安·德·皮内达（Juan de Pineda），*De rebus Salomonis regis libri octo*，美因兹，1613 年；参见泰勒（Taylor）（1951 年），第 455 页。

62　参见汉斯·罗伊特（Hans Reuther），'Das Modell des Salomonischen Tempels im Museum für Hamburgische Geschichte'，《低

地德语艺术历史文集 19》(*Niederdeutsche Beiträge zur* Kunstgeschichte 19)，1980 年，第 161-198 页。

[63] 有关维拉潘多影响的最详细的研究参见泰勒（Taylor）（1951 年），第 455 页及以后；海伦·罗西瑙（Helen Rosenau）（1979 年），俯拾皆是；以及贯穿本章的相关著述。

[64] 修士胡安·德·圣·赫罗尼摩（Fray Juan de San Jerónimo），'Memorias desde Monasterio de Sam Lorencio el Real'（1563-1591），载：*Colección de documentos inéditos para la Historia de España VII*，马德里，1845 年；摘录于，桑切斯 - 坎顿（Sánchez-Cantón），第 1 卷（1923 年），第 229-260 页。

[65] 修士若泽·德·西古恩萨（Fray José de Siguenza），*Historia de la Orden de San Gerónimo, libro tercero y cuarto: La Fundación del Monasterio de San Lorenzo el Real*，马德里，1605 年（现代版本为：*Nueva Bibliotheca de autores españoles*，第 2 卷，马德里，1909 年），摘录于，桑切斯 - 坎顿（Sánchez-Cantón），第 1 卷（1923 年），第 327-448 页。

[66] 修士弗朗切斯科·德·洛斯·桑托斯（Fray Francisco de los Santos），*Descripción breve del Monasterio de San Lorenzo el Real del Escorial, unica maravilla de mundo...*，马德里，1657 年（1667 年，1671 年，1681 年，1698 年，1760 年；英文版，伦敦，1671 年；摘录于，桑切斯 - 坎顿（Sánchez-Cantón），第 2 卷（1933 年），第 225-288 页。

[67] 修士安梅雷斯·西梅内斯（Fray Andrés Jiménez），*Descripción del Real Monasterio de San Lorenzo del Escorial...*，马德里，1764 年；萨莫拉·卢卡斯（Zamora Lucas）和庞塞·迪·利昂（Eduardo Ponce de Leon）（1947 年），在第 65 页 Nr. 49 也提到了 1654 年的一个对开版本，据说只包括图版。摘录于，桑切斯 - 坎顿（Sánchez-Cantón），第 5 卷（1941 年），第 61-104 页。

[68] 关于修士洛伦佐·德·圣·尼古拉斯（Fray Lorenzo de San Nicolás），特别参见利亚古诺伊·阿米罗拉（Llagunoy y Amirola）和塞安 - 贝穆德斯（Ceán-Bermúdez）（1829 年），第 IV 卷，第 20 页及以后；桑切斯 - 坎顿（Sánchez-Cantón），第 3 卷（1934 年），第 I 页及以后；库布勒（Kubler）（1957 年），第 79 页及以后（第 80 页 'el mejor libro sobre instrucción arquitectónica escrito jamás'）。

[69] 修士洛伦佐·德·圣·尼古拉斯（Fray Lorenzo de San Nicolás），*Arte y Uso de Architectura*，第一部分，马德里，1633 年；第二部分：马德里，1664 年；第一部分再版，马德里，1667 年；两部分，马德里，1736 年（1796 年）；使用的是 1796 年版本。

[70] 修士洛伦佐·德·圣·尼古拉斯（Fray Lorenzo de San Nicolás）（1796 年），第 215 页。

[71] 参见桑切斯 - 坎顿（Sánchez-Cantón），第 V 卷，1941 年，第 275 页及以后。

[72] 多明戈·德·安德拉德（Domingo de Andrade），*Excelencias antiguedad, y nobleza de la Arquitectura...*，圣地亚哥（Santiago），1695 年。

[73] 埃里亚斯·托尔莫·蒙索（Elias Tormo Monzó）和恩里克·拉富恩特·费拉里（Enrique Lafuente Ferrari），*La vida y la obra de Fray Juan Ricci*，两卷本，马德里，1930 年；第 1 卷，第 109 页及以后。关于里奇（Ricci）特别参见库布勒（Kubler）（1957 年），第 82 页；基础研究是胡安·安东尼奥·拉米雷斯，'Guarino Guarini, Fray Juan Ricci and the "Complete Salomonic Order"，*Art History* 4，1981 年，第 175-185 页。

[74] 里奇（Ricci）（1930 年），对开本，第 20 页及以后，图版 XVIII 及之后。

[75] 同上，对开本，第 36 页及以后，图版 XXXVIIff 及以后。

[76] 同上，图版 XL，LXIII；参见拉蒙·奥特罗·图纳兹（Ramon Otero Tunez），'Las primeras columnas salomonicas de España'，*Boletin de la Universidad Compostelana* 63，1955 年，第 335-344 页。
关于扭曲的柱子的主题，参见汉斯·沃尔夫冈·施密特（Hans Wolfgang Schmidt），*Die gewundene Säule in der Architekturtheorie von 1500 bis 1800*，斯图加特，1978 年；关于里奇，第 79 对开页。
关于维拉潘多（Villalpando）"所罗门柱式"（Salomonic order）的评注，作者保罗·德·塞斯佩德斯（Pablo de Céspedes），收录于：*Discurso sobre el templo de Salomón*[1604 年；由塞安 - 贝穆德斯（Cean-Bermúdez）出版于：*Diccionario histórico de los más ilustres profesores de las Bellas Artes en España*，第 5 卷，马德里，1800 年，第 316 对开页）。

[77] 关于里奇（Ricci）与瓜里尼（Guarini）见面的可能性、时间与地点，参见拉米雷斯（Ramirez）（1981 年），第 179 页。瓜里诺·瓜里尼（Guarino Guarini），*Architettura civile*，都灵，1737 年；关于科林斯柱式的图纸载于著作插图，图版 18。

[78] 现保存于卡西诺山圣本笃修道院（Montecassino）的手稿（V-590），刊于 1930 年版本的附录，图版 CLX-CLXVIII，*Epitome arquitecturae de ordine salomonico integro*（1663 年）。

[79] 里奇（Ricci）（1930 年），图版 CLXVI。

[80] 同上，图版 CLXVIII。

[81] 关于卡拉缪尔（Caramuel），特别参见达里娅·德·贝尔纳迪·费雷罗（Daria De Bernardi Ferrero），'Il Conte Juan Caramuel di Lobkowitz, vescovo di Vigevano, architetto e teorico dell'architettura'，《帕拉蒂奥》（*Palladio*），新系列丛书，XV，1965 年，第 91-110 页；沃纳·奥克斯林（Werner Oechslin），'Bemerkungen zu Guarino Guarini und Juan Carmuel de Lobkowitz'，*Raggi* 8，第 I 号，1968 年，第 91-109 页；安杰拉·圭多尼·马里诺（Angela Guidoni Marino），'Il Colonnato di Piazza S. Pietro: dall'architettura obliqua di Caramuel al 'classicismo' Berniniano'，*Palladio*，新系列丛书，XXIII，1973 年，第 81-120 页。

[82] 关于他的哲学观点参见安杰拉·圭多尼·马里诺（Angela Guidoni Marino）（1973 年）。

[83] 关于意大利维杰瓦诺（Vigevano）的总督府（Piazza Ducale），参见沃尔弗冈·洛茨（Wolfgang Lotz），'La Piazza Ducale de Vigevano. Un foro principesco del tardo Quattrocento'，载：Studi Bramanteschi. Atti del Congresso internazionale，1970 年，

第 205 -221 页；关于卡拉缪尔的立面，参见达里娅·德·贝尔纳迪·费雷罗（Daria De Bernardi Ferrero）（1965 年），第 108 页及以后。

84　胡安·卡拉缪尔·德·洛布科维兹（Juan Caramuel de Lobkowitz），*Architectura civil recta, y oblique, considerada y dibuxada en el Templo de Ierusalem... promivada a suma perfecion en el Templo y Palacio de S. Lorenco cerca del Escurial*，3 卷本，维杰瓦诺（Vigevano），1678 年。

85　例如，莱奥波尔多·奇科尼亚拉著，[*Catalogo ragionato del libri d'arte e d'antichita posseduti dal Conte Cicognara*，第 1 卷，意大利比萨（Pisa），1821 年]：'un magazino indigesto di tutte le cognizioni riguardanti l'Architettura'。

86　卡拉缪尔（Caramuel）（1678 年），*Tratado* V，第 5 页及以后。

87　卡拉缪尔（1678 年），Tratado V，图版 XI 及以后。

88　卡拉缪尔（1678 年），Tratado V，第 74 页；参见奥克斯林（Oechslin）（1968 年），第 100 页及以后。

89　卡拉缪尔（1678 年），Tratado VI，第 1 对开页；参见安杰拉·圭多尼·马里诺（Angela Guidoni Marino）（1973 年），第 86 页及以后。

90　'edificar mal, edificar sin guardar las leyes y preceptos del Arte. Y edificare oblique, es edificar muros, que con otros, con quienzes hazen angulo oblique, tengan buena correspondencia.' 卡拉缪尔（1678 年），Tratado VI，第 2 页。

91　同上，第 11 页，图版 XXIII。

92　同上，第 12 页，图版 XXIV。

93　安杰拉·圭多尼·马里诺（Angela Guidoni Marino）（1973 年），第 105 页；作者引用了卡拉缪尔上的第八篇论文，没有再包括我曾用过的第 I 版内的论文（Bibl. Apost. Vatic., Cicognara VII/463）；在此处，卡拉缪尔对伯尔尼尼的全部批评可以概括为五点[文本再版载圭多尼·马里诺（Guidoni Marino）（1973 年），第 117 页，注释 36]。

94　卡拉缪尔（1678 年），Tratado VI，第 33 页。

95　弗朗切斯科·若泽·莱昂·特勒（Francisco José León Tello），'Introducción a la teoría de la arquitectura del P. Tosca (1651-1735)', *Revista de ideas estéticas* 35，1977 年，第 287-298 页；作者没有注意到同卡拉缪尔的关系。

96　'La arquitectura obliqua edifica sus fábricas sobre suelos inclanados o en pasadizos y puertas que corren en viaje o en templos redondos o elipticos'. 引用同上，第 298 页。

97　胡安·加西亚·贝鲁格拉（Juan García Berruguilla），*Verdadera practica de las resoluciones de la geometria, sobre las tres dimensiones para un perfecto architecto*，马德里，1747 年[影印再版，桑蒂安戈·加马·庞斯（Santiago Garma Pons）编辑，西班牙穆西亚（Murcia），1979 年]。

98　胡安·德·托里哈（Juan de Torija），*Tratado breve, sobre las Ordenanzas de la Villa de Madrid...* 马德里，1661 年（1664 年，1728 年，1754 年，1760 年）。

99　特奥多罗·阿德曼斯（Teodoro Ardemans），*Ordenanzas de Madrid y otras diferentes...*，马德里，1720 年（1754 年，1760 年，1765 年，1791 年，1796 年，1798 年，1820 年，1844 年，1848 年）。我所使用的是 1791 年的版本。

100　迭戈·德·维拉努埃瓦（Diego de Villanueva），*Colección de diferentes papeles críticos sobre todas las partes de la Arquitectura...*，瓦伦西亚，1766 年[影印再版附路易斯·莫亚（Luis Moya）写的摘要，瓦伦西亚，1979 年]。关于迭戈·德·维拉努埃瓦，特别参见利亚古诺伊·阿米罗拉（Llagunoy y Amirola）和塞安-贝穆德斯（Ceán-Bermúdez）（1829 年），卷 4，第 269 页及以后；费尔南多·丘埃卡·戈伊蒂亚（Fernando Chueca Goitia）和卡洛斯·德·米格尔（Carlos de Miguel），*La Vida y las Obras del Arquitecto Juan de Vilianueva*，马德里，1949 年；库布勒（Kubler）（1957 年），第 242 页及以后；库布勒（1959 年），第 49 页及以后。

101　维拉努埃瓦（Villanueva），第 17 页。

102　同上，第 37 页。

103　同上，第 35 页及以后。

104　同上，第 56 页。

105　同上，第 100 页。

106　安东尼奥·庞斯（Antonio Ponz），《西班牙之旅......》[*Viage (Viaje) de España...*]，18 卷本，马德里，1772 -1794 年 。

第十九章注释

1　参见下列综合研究与参考书目，奥瓦尔·M·科尔万（H. M. Colvin），*A Biographical Dictionary of English architects 1660-1840*，伦敦，1954 年（第二版 1978 年）；约翰·哈里斯（John Harris），'Sources of Architectural History in England', *Journal of the Society of Architectural Historians* XXIV，1965 年，第 297-300 页；鲁道夫·威特克沃（Rudolf Wittkower），'La letteratura palladiana in Inghilterra', *Bollettino del Centro Internazionale di Studi di Architettura 'Andrea Palladio'* VII，1965 年，第二部，第 126-152 页；作者同上，'English Literature on Architecture'，见威特克沃，*Palladio and English Palladianism*，伦敦，1974 年，第 93 页及之后；其中威特克沃（1974 年，第 100 页）有着犀利的评论，'No other British architect before Colen Campbell's Vitruvius Britannicus of 1715 contemplated, wrote or published a work on architecture. The theory was supplied by foreigners, mainly by the Italians'.

关于英国建筑理论方面最为深入广泛的评论，请参看约翰内斯·德拜（Johannes Dobai），*Die Kunstliteratur des Klassizismus und der Romantik in England*, vol.I, 1700-1750，伯尔尼，1974 年；vol. II，1750-1790，伯尔尼，1975 年；vol. III，1790-1840，伯尔尼，1977 年；vol. IV，index vol.，伯尔尼，1984 年；克里斯蒂安·费迪南德·沃尔斯多夫（Christian Ferdinand Wolsdorff），*Untersuchungen zu englischen Veröffentlichungen des 17. und 18. Jahrhunderts, die Probleme der Architektur und des Bauens behandeln*（学位论文，1978 年），波恩 1982 年版本尤其常见于英语书市场。要找对于单个出版物的较好描述，参见 *Katalog der Architektur und Ornamentstichsammlung der Kunstbibliothek Berlin*，第一部，'*Baukunst England*'，玛丽安娜·菲舍尔（Marianne Fischer）编辑，柏林，1977 年。

关于英国建筑史，特别参见约翰·萨默森（John Summerson），*Architecture in Britain 1530-1830*（*The Pelican History of Art*），英国哈蒙兹沃斯（Harmondsworth），1953 年，第 5 版 1970 年；艾米尔·考夫曼（Emil Kaufmann），*Architecture in the Age of Reason*（1955），纽约，1968 年；关于建筑师角色的变化，参见弗兰克·詹金斯（Frank Jenkins），*Architect and Patron. A Survey of Professional Relations and Practice in England from the Sixteenth Century to the Present Day*，伦敦，1961 年；并参见《英国皇家建筑师协会作品集目录》（*Catalogue of the Drawings Collections of the R.I.B.A*），英国范堡罗（Farnborough）1968 年及之后。关于英国的帕拉第奥主义，还可参见展品目录 *Palladio. La sua eredità nel mondo*，威尼斯，1980 年，第 31 页及之后；约翰·哈里斯，*The Palladians*，伦敦，1981 年。

2　托马斯·莫尔（Thomas More），*De Optimo Reipublicae statu, deque nova Insula Utopia...*(1515)，德国罗温（Löwen），1516 年，巴黎，1517 年，巴塞尔，1518 年；众多版本和译著——参见克劳斯·J·海尼施（Klaus J. Heinisch）作序的译本，*Der utopische Staat*，汉堡，1960 年（有几个版本）；关于莫尔在建筑理论界的创新性影响，参见弗朗索瓦丝·肖艾（Françoise Choay），*La règle et le modèle. Sur la théorie de l'architecture et de l'urbanisme*，巴黎，1980 年，第 46 页及之后。

3　莫尔著，海尼施（Heinisch）版本，第 48 页及之后。

4　参看若热·阿尔杜瓦（Jorge Hardoy）的综合研究，*Urban Planning in Pre-Columbian America*，纽约，1968 年。

5　约翰·舒特（John Shute），The First and Chief Groundes of Architecture，伦敦，1563 年（影印再版 1912 年和 1964 年）；另有 1579 年、1584 年、1587 年的版本。关于舒特，参看萨默森（Summerson）（1970 版），第 46 对开页，第 54 对开页；威特克沃（Wittkower）（1974 年），第 100 页；德拜（Dobai），第一卷（1974 年），第 357 对开页。

6　特别参见威特克沃（Wittkower）（1965 年），第 128 对开页；威特克沃（1974 年），第 96 页及之后；威特克沃（1982 年），第 33 页及之后。

7　弗兰西斯·培根（Francis Bacon），Essays（1597 年），引自培根，Works，J·斯佩丁（J. Spedding），R·L·埃利斯（R.L. Ellis）和 D·D·希斯（D.D. Heath）编著（14 卷本，伦敦，1857- 1874 年；影印再版，斯图加特，1959 年以后），第 6 卷，1963 年，第 481 页。

8　参见德拜（Dobai），第 1 卷（1974 年），第 365 对开页；特别参见，爱德华·罗伯特·德·祖尔克（Edward Robert De Zurko），*Origins of Functionalist Theory*，纽约，1957 年，第 62 页及之后。

9　载 *Essay XLIII*（'*On Beauty*'），同上（1963 年），第 478 页。

10　培根（Bacon）（1963 年），第 482 页。

11　弗兰西斯·培根（Francis Bacon），*Nova Atlantis*，威廉·罗利（William Rawley）编辑，伦敦，1638 年（众多版本和译本）。

12　参见弗朗索瓦·C·斯普林盖尔（Francis C. Springell），*Connoisseur and Diplomat. The Earl of Arundel's Embassy to Germany in 1636...*，伦敦，1963 年。

13　关于琼斯（Jones），特别参见詹姆斯·利斯-米尔恩（James Lees-Milne），*The Age of Inigo Jones*，伦敦，1953 年；萨默森（Summerson）（1970 版），第 111 页及之后；约翰·萨默森（John Summerson），*Inigo Jones*，哈蒙兹沃斯，1966 年；目录，'The King's Arcadia: Inigo Jones and the Stuart Court'，伦敦 1973 年；威特科尔（Wittkower），*Palladio and English Palladianism*（1974 年），第 51 页及之后；约翰·哈里斯（John Harris），*Catalogue of the Drawings Collection of the R.I.B.A., Inigo Jones ε John Webb*，范堡罗，1972 年。关于 17 世纪末以前的英语文献很少；可参见 R·S·派因-科芬（R.S. Pine-Coffin），*Bibliography of British and American Travel in Italy to 1860*，佛罗伦萨，1974 年。

托马斯·科利亚特（Thomas Coryate），载：*Crudities Hastily gobled etc*，注明的日期是 1608 年（伦敦，1611 年），详细地描述了维琴察，却没有提到帕拉第奥的名字。伊尼戈·琼斯（Inigo Jones）不能把他的兴趣和任何存在的传统联系起来。

14　参见威特科尔（Wittkower）（1974 年），第 76 页。

15　1615 年 1 月 20 日的笔记；引自萨默森（Summerson）（1970 年版），第 118 页。

16　约翰·韦布（John Webb），*The Most Notable Antiquity of Great Britain, vulgarly called Stone-Heng, on Salisbury Plain, Restored*，伦敦，1655 年。

17　参见威特科尔（Wittkower）（1974 年），第 63 页。

18　亨利·沃顿（Henry Wotton），*The Elements of Architecture*，伦敦，1624 年[影印再版由弗里德里克·哈德（Fredrick Hard）作序，夏洛茨维尔（Charlottesville），1968 年；范堡罗，1969 年]；有多种版本和译本，参见德拜（Dobai），第一卷（1974 年），第 367 页及之后，第 458 页。

19　沃顿（1624 年），第 7 页。

20　同上，第 9 对开页。

21 同上，第10对开页。

22 同上，第17页。

23 同上，第47页及之后。

24 同上，第82页。

25 同上，第109页。

26 同上，第118页。

27 同上，第121页。

28 同上，第122页。

29 参见威特科尔（Wittkower）（1965年），第130页及之后；还可参见德拜（Dobai），第1卷（1974年），第310页及之后；威特科尔（1982年），第15页。

30 约翰·伊夫林（John Evelyn），*A Parallel of the Antient Architecture with the Modern... written in French by Roland Fréart, Sieur de Chambray*，伦敦，1664年（影印再版1970年）；1680年，1697年，1707年，1723年，1733年有进一步的版本。关于伊夫林的译本，参见哈德（Hard）关于沃顿（Wotton）的序言（1968年），第lxix页及之后；德拜（Dobai），第1卷（1974年），第376页及之后，第419页。

31 约翰·伊夫林（John Evelyn），*The Diary of John Evelyn*，E·S·比尔（Beer E.S.）编辑，6卷本，牛津，1955年（意大利之旅在第2卷）；要找关于他的日记的评论，可参见路德维希·舒特（Ludwig Schudt），*Italienreisen im 17. und 18. Jahrhundert*，维也纳-慕尼黑，1959年，第61页及之后；凯利·唐斯（Kerry Downes），'John Evelyn and Architecture, A First Inquiry'，*Concerning Architecture. Essays on Architectural Writers... presented to Nikolaus Pevsner*，约翰·萨默森（John Summerson）编辑，伦敦，1968年，第28-29页。

32 伊夫林（Evelyn）（1664年），献辞。

33 伊夫林（1664年），第122页。

34 伊夫林（1664年），献辞。

35 伊夫林（1707年版），第9页。关于这些添加的内容，参见保罗·弗兰克尔（Paul Frankl），*The Gothic Literary Sources and Interpretations through Eight Centuries*，普林斯顿，1960年，第359页及之后。

36 R·T·冈特（R.T. Gunter），*The Architecture of Sir Roger Pratt. Charles II's Commissioner for the Rebuilding of London after the Great Fire Now Printed for the First Time from his Note-Books*，牛津，1928年；萨默森（Summerson）（1970年版），第149页及之后；关于他的文字，零星见于德拜（Dobai），第1卷（1974年），第412页及之后。

37 冈特（Gunter）（1928年），第34页。

38 冈特（1928年），第83页。（1665年12月7日）

39 冈特（1928年），第286页。（神庙模型），第304页（图书馆目录）。

40 巴尔萨沙·吉尔比尔（Balthasar Gerbier），*A Brief Discourse, Concerning the Three Chief Principles of Magnificent Building...*，伦敦，1662年；作者同上，*Counsel and Advise to all Builders...*，伦敦，1663年[影印再版（另有，托马斯·威尔福德（Thomas Wilsford），*Architectonicae, or the Art of Building*，伦敦，1659年），1969年]。关于吉尔比尔，参见德拜（Dobai），再版第1卷（1974年），第378页及之后。

41 据关于雷恩（Wren）的进一步文献，爱德华·塞克勒（Eduard Seckler），*Wren and His Place in European Architecture*，伦敦，1956年；维克托·富尔斯特（Victor Fuerst），*The Architecture of Sir Christopher Wren*，伦敦，1956年；雷恩协会（Wren Society）出版的20卷本（牛津1924-1943年）收录了雷恩大部分最重要的作品。

42 斯蒂芬·雷恩（Stephen Wren），*Parentalia, or, Memoirs of the Family of the Wren*，伦敦，1750年[影印再版自英国皇家建筑师协会的"Heirloom Copy"，范堡罗，1965年；关于雷恩写作的细致考察，参见德拜（Dobai），第1卷（1974年），第380页及之后。（参考书目，第459页及之后）。

43 Tracts I-IV，首先由斯蒂芬·雷恩（Stephen Wren）出版，《祖灵节》（*Parentalia*），（1750年）；这里引自亚瑟·T·波尔顿（Arthur T. Bolton）作序的版本，载：*Wren Society* 19，1942年，第121页及之后，附（140页及之后）"论文"，在雷恩的手稿之后（收录在"Heirloom Copy"）。

44 雷恩（Wren），*Tract I*（*Wren Society* 19，1942年，第126页）。

45 同上。

46 雷恩（Wren）在*Tract* II中提到'arbitrary'的均衡（*Wren Society* 19，1942年，第128页）。

47 雷恩，*Tract I*（*Wren Society* 19，1942年，第126页）。

48 雷恩，*Tract III*（*Wren Society* 19，1942年，第133页）。

49 雷恩，'Discourse on Architecture'（*Wren Society* 19，1942年，第143页）。

50 同上，第142页。

51 同上，第141页。

52 广泛的研究，参见萨默森（Summerson）（1970年版），第203页。

53 斯蒂芬·雷恩（Stephen Wren）出版，《祖灵节》（*Parentalia*）（1750年），这里引自Wren Society II，1934年，第15-20页。

54 雷恩（Wren），*Report*，1713年；*Wren Society* II，1934年，第16页。

55 同上，第20页。

56 Wren Society 11，1934年，图版 II-V。

57 参见苏桑・朗（Suzanne Lang），'Vanbrugh's Theory and Hawksmoor's Buildings'，*Journal of the Society of Architectural Historians* XXIV，1965年，第125-151页；德拜（Dobai），第1卷（1974年），第420页及之后，第462页及之后；参见凯利・唐斯（Kerry Downes）的专论（其中大部分文字），霍克斯莫尔（Hawksmoor），伦敦，1959年（第二版1979年），范布勒（Vanbrugh），伦敦，1977年。

58 雷恩（Wren）的"备忘录"，见斯蒂芬・雷恩（Stephen Wren），*Parentalia*（1750年）以及 *Wren Society* IX，第15-18页；唐斯（Downes）出版的范布勒备忘录（Vanbrugh's Memorandum，1977年），第257页；参见奥瓦尔・M・科尔万（Howard M.Colvin），'Fifty New Churches'，*The Architectural Review* 107，1950年，第189-196页。

59 与阿尔伯蒂（Alberit）的详细比较，参见苏桑・朗（Suzanne Lang）（1965年），第126页及之后。

60 引自唐斯（Downes）（1977年），第257页。

61 同上。

62 苏桑・朗（Suzanne Lang）（1965年），第133页；德拜（Dobai），第1卷（1974年），第421页。

63 霍克斯莫尔（Hawksmoor），'The Explanation of the Obelisk'，载：唐斯（Downes）（1959年），第262页及之后。

64 唐斯（Downes）（1959年），第255页及之后（No. 147）。

65 同上，第257页。

66 同上。

67 特别参见欧文・帕诺夫斯基（Erwin Panofsky），'Das erste Blatt aus dem "Libro" Giorgio Vasaris. Eine Studie über die Beurteilung der Gotik in der italienischen Renaissance'，*Städel-Jahrbuch* VI，1930年，第25-72页（载：帕诺夫斯基，*Meaning in the Visual Arts, Garden City*，纽约，1955，第169-235页）；鲁道夫・威特克沃（Rudolf Wittkower），*Gothic versus Classic. Architectural Projects in Seventeenth-Century Italy*，纽约，1974年，第65页及之后；苏桑・朗（Suzanne Lang）（1965年），第135页及之后。

68 参见苏桑・朗（Suzanne Lang）（1965年），第140页及之后；关于沙夫茨伯里（Shaftesbury）学说的细致研究，参见德拜（Dobai），第1卷（1974年），第47页。

69 参见 G・S・戈登（G.S Gordon），'The Trojans in Britain'，*Essays and Studies by Members of the English Association* IX，1924年。

70 沙夫茨伯里（Shaftesbury），'A Letter Concerning Design'（1712年），载：B・兰德（B. Rand）（编辑），*Second Characters or the Language of Forms*（1914年），纽约，1969年，第23页及之后。

71 詹姆斯・安德森（James Anderson），*The Constitutions of the Freemasons Containing the History, Charges, Regulations...*，伦敦，1723年（第二版1738年）；还可参见欧根・莱恩霍夫（Eugen Lennhoff）和奥斯卡・普尔斯纳（Oskar Posner），Internationales Freimaurerlexikon，维也纳，1932年（再版维也纳-慕尼黑，1980年），第31页及之后。阿德里安・冯・巴特拉（Adrian von Buttlar），'Moral Architecture. Zum englischen Palladianismus des 18 Jahrhunderts'，载：*Neue Zürcher Zeitung* 4./5. 1980年4月，及其著作 Der englische Landsitz，德国米腾瓦尔德（Mittenwald），1982年，第115页及之后，第133页及之后，提供了他们之间相关联系的全面叙述。关于共济会（freemasonry）在英国建筑中扮演的角色，参见约瑟夫・里克瓦特（Joseph Rykwert），*The First Moderns*，马萨诸塞州剑桥-伦敦，1980年，第159页及之后。

72 参见约翰・萨默森（John Summerson），'The Book of Architecture of John Thorpe in Sir John Soane's Museum'，*Walpole Society* XL，1964-1966年；马克・吉鲁阿尔（Mark Girouard），*Robert Smythson and the Architecture of the Elisabethan Era*，伦敦，1966年，第25页及之后。

73 约翰尼斯・基普（Johannes Kip）和利昂纳德・克尼夫（Leonard Knyff），*Britannia Illustrata, or Views of Noblemen's and Gentlemen's Seats, Cathedrals and Collegiate Churches...*，伦敦，1707年[影印再版 约翰・哈里斯（John Harris）编，范堡罗，1970年；亦可参见约翰・哈里斯，*Die Häuser der Lords und Gentlemen*，多特蒙德（Dortmund），1982年]。

74 科伦・坎贝尔（Colen Campbell），*Vitruvius Britannicus, or the British Architect*，第1卷，伦敦，1715年；第2卷，伦敦，1717年；第3卷，伦敦，1725年[影印再版 约翰・哈里斯（John Harris）编辑并撰写简介，纽约，1967年]。关于坎贝尔，特别参见豪斯尔德・E・斯图克贝里（Howsrd E. Stutchbury），*The Architecture of Colen Campbell*，曼彻斯特（Manchester），1967年；约翰・哈里斯，*Catalogue of the Drawings Collection of the R.I.B.A, Colen Campbell*，范堡罗，1973年；关于 *Vitruvius Britannicus*，参见德拜（Dobai），第1卷（1974年），第264页及之后；关于 *Vitruvius Britannicus* 的起源，参见艾琳・哈里斯（Eileen Harris），'Vitruvius Britannicus before Colen Campbell'，*The Burlington Magazine* CXXVIII，1985年，第340-346页。

75 坎贝尔（Campbell），第1卷（1715年），导言。

76 同上，导言。

77 同上，第3页。

78 同上，图版8，9.

79 参见斯图克贝里（Stutchbury）（1967年），第27页及之后。

80 坎贝尔，第1卷（1715年），图版21-27；第3卷（1725年），图版39，40。

81 关于旺斯台德邸宅设计，还可参见萨默森（Summerson）（1970版），第320页及之后。

82 坎贝尔，第1卷（1715年），第4页。

83 坎贝尔，第2卷（1717年），第4页，图版83-84。

84 坎贝尔，第3卷（1725年），第8页，图版35-38。

85 J·巴迪斯拉德（J. Badeslade）和J·罗克（J. Rocque），*Vitruvius Britannicus, Volume the Fourth...*，伦敦，1739年[影印文本载约翰·哈里斯（John Harris）版本，纽约，1967年]。

86 约翰·沃尔夫（John Woolfe）和詹姆斯·坎顿（James Gandon），*Vitruvius Britannicus, or the British Architect...*，第4卷，伦敦，1767年[影印文本，约翰·哈里斯（John Harris）版本，纽约，1967年]。关于坎顿，参见爱德华·迈克帕特兰德（Edward McPartland），*James Gandon, Vitruvius Hibernicus*，伦敦，1985年。

87 沃尔夫（Woolfe）和坎顿（Gandon）（1767年），导言。

88 沃尔夫（Woolfe）和坎顿（Gandon），*Vitruvius Britannicus...*，第5卷，伦敦，1771年。

89 可能未包括16世纪的朗福德城堡（Longford Castle）[沃尔夫（Woolfe）和坎顿（Gandon），第5卷1771年，图版94及之后]。

90 乔治·理查森（George Richardson），*The New Vitruvius Britannicus*，两卷本，伦敦，1802年，1808年（影印再版，纽约，1970年，1978年）。

91 理查森（Richardson），第1卷（1802年），导言。

92 关于伯林顿公爵（Lord Burlington），特别参见威特科尔（Wittkower）的评论，载：威特科尔，*Palladio and English Palladianism*（1974年），第113页及之后；詹姆斯·利斯-米尔恩（James Lees-Milne），*Earls of Creation: Five Patrons of Eighteenth-Century Art*（1962年），伦敦，1986年，第85-151页。

93 关于肯特（Kent），参见玛格利特·朱戴恩（Margaret Jourdain），*The Work of William Kent*，伦敦-纽约，1948年。

94 理查德·伯林顿公爵（Richard Lord Burlington），*Fabbriche Antiche disegnate da Andrea Palladio Vicentino*，伦敦，1730年（影印再版，1969年）。

95 'opportunissimo Presente all 'Età nostra, di cui niun' altra forse dimostrò mai maggiore disposizione a dispendiose Fabbriche...' 伯林顿（Burlington）（1730年），'All'intendente Lettore.'

96 威廉·肯特（William Kent），*The Designs of Inigo Jones...*，两卷本，伦敦，1727年（影印再版，1967年）；再版，1735年，1770年，1825年。

97 肯特（Kent），第1卷（1727年），通告。

98 关于蒲柏（Pope），特别参见德拜（Dobai），第1卷（1974年），第170页及之后，第211页及之后（参考书目）；莫里斯·R·布劳内尔（Morris R. Brownell），*Alexander Pope ε the Arts of Georgian England*，牛津，1978年。

99 亚历山大·蒲柏（Alexander Pope），*An Epistle to the Right Honourable Earl of Burlington...*，伦敦，1731年。

100 戈弗雷·理查兹（Godfrey Richards），*The First Book of Architecture by Andrea Palladio*，伦敦，1663年（再版频繁，直至1733年）。关于帕拉第奥的英译本，特别参见鲁道夫·威特克沃（Rudolf Wittkower），"詹姆斯·列奥尼编辑的帕拉第奥的《建筑四书》"（Giacomo Leoni's Edition of Palladio's 'Quattro libri dell'architettura'），《威尼斯艺术 VIII》（*Arte Veneta* VIII），1954年，第310-316页；作者同上，"帕拉第奥的英译本"（Le edizione inglesi del Palladio），《建筑学"安德烈亚·帕拉第奥"国际研究中心学报 XII》（*Bollettino del Centro Internazionale di Studi d'Architettura 'Andrea Palladio'* XII），1970年，第292-306页；作者同上，'English Neo-classicism and the Vicissitudes of Palladio's Quattro Libri'，载：威特克沃，*Palladio and English Palladianism*（1974年），第71页及之后；德拜（Dobai），第1卷（1974年），第287页及之后，第308对开页；德国 Wolfsdorff，（1982年），第137页及之后。

101 参见威特克沃（Wittkower）的论文；还有约尔格·盖默（Jörg Gamer），马泰奥·阿尔伯蒂（Matteo Alberti），*Oberbaudirektor des Kurfürsten Johann Wilhelm von der Pfalz*，杜塞尔多夫，1978年，第42页及各处。

102 威特克沃（Wittkower）曾经引用（1970年），第295页；（1974年），第79页，图版108 （扫描的标题页）。

103 参见注释102，手稿藏于 Library of Lady Lucas and Dingwallm, Woodgates Manor, Wiltshire.

104 詹姆斯·列奥尼（Giacomo Leoni），*The Architecture of A. Palladio; In Four Books*，伦敦，1716年（1715年）-1719年（或1720年）。

105 参见威特克沃（Wittkower）（1954年），第31页。

106 参见格兰特·基思（Grant Keith），载：*Journal of the Royal Institute of British Architects* 1925，第102页及之后。伊尼戈·琼斯（Inigo Jones）的注释还有一个版本，在列奥尼1742年编辑的一个关于帕拉第奥的版本里。

107 艾萨克·韦尔（Isaac Ware），*The Four Books of Andrea Palladio's Architecture*，伦敦，1738年[再版阿道夫·K·普拉切克作序，纽约，1965年]，广告。

108 詹姆斯·列奥尼（Giacomo Leoni），Ten Books on Architecture by Leone Battista Alberti，伦敦，1726年，第3版1755年，[影印再版约瑟夫·里克瓦特（Joseph Rykwert）编辑，伦敦，1955年，第二版1965年]。

109 科伦·坎贝尔（Colen Campbell），*Andrea Palladio's Five Orders of Architecture...*，伦敦，1728年（第二版1729年）。

110 坎贝尔（Campbell）所用的雕刻画，由出版商罗伯特·塞耶（Robert Sayer）得自威廉·哈夫潘尼（William Halfpenny）及约翰·哈夫潘尼（John Halfpenny）、罗伯特·莫里斯（Robert Morris）和托马斯·莱托勒尔（Thomas Lightoler），*The Modern Builder's Assistant; or, a concise Epitome of the whole System of Architecture*，伦敦，1742年（第二版1757年），参见威特克沃（Wittkower）（1974年），第87对开页。

[111] 本杰明·科尔（Benjamin Cole）和爱德华·霍普斯（Edward Hoppus），*Andrea Palladio's Architecture in Four Books...*，伦敦，1733-1735 年（1736 年）。

[112] 韦尔（Ware）（1738 年），广告。

[113] 韦尔（1738 年）。

[114] 关于吉伯斯（Gibbs），特别参见 B·利特尔（B. Little），*The Life and Works of James Gibbs*，伦敦，1955 年；萨默森（Summerson）（1970 版），第 347 页及之后；考夫曼（Kaufmann）（1955 年），第 6 页及之后；德拜（Dobai），第 1 卷（1974 年），第 444 页，第 469 页及之后；泰瑞·弗里德曼（Terry Friedmann），*James Gibbs*，纽黑文—伦敦，1984 年。

[115] 坎贝尔（Campbell），*Vitruvius Britannicus*，第 1 卷，1715 年，导言。

[116] 詹姆斯·吉伯斯（James Gibbs），*A Book of Architecture containing Designs of Buildings and Ornaments*，伦敦，1728 年（影印再版，纽约，1968 年）；伦敦第二版，1739 年。

[117] 吉伯斯（Gibbs）（1728 年），第 i 页。

[118] 同上，第 ii 页及之后。

[119] 同上，第 viii 页。

[120] 约翰·柯立芝（John Coolidge)[彼得·哈里森（Peter Harrison）为波士顿国王礼拜堂（King's Chapel, Boston）所作的第一个设计，*De Artibus Opuscula vol. XL. Essays in Honor of Erwin Panofsky*，纽约，1961 年，第 64-75 页]描述了约翰·哈夫潘尼（John Halfpenny）未实施的英国利兹三位一体神（Holy Trinity, Leeds）设计（出版载：哈夫潘尼，*The Art of Sound Building*，1825 年）为波士顿国王礼拜堂的首要范例；然而，为国王礼拜堂的现状室内所做的模型，普遍地被看作是吉伯斯（Gibbs）的圣马丁场教堂（St Martin-in-the-Fields）的模型，1721-1726 年（支柱被加倍）。

[121] 萨默森（Summerson）（1970 版），第 543 页。

[122] 詹姆斯·吉伯斯（James Gibbs），*Rules for Drawing the Several Parts of Architecture...*，伦敦，1732 年（影印再版，范堡罗 1968 年）；伦敦第二版 1738 年，第 3 版 1753 年。

[123] 詹姆斯·吉伯斯，'Cursury Remarks' and 'A Short Accompt of Mr James Gibbs Architect And of several things he built in England ε after his returne from Italy'，手稿，约翰·索内博物馆（Sir John Soane's Museum），伦敦；参见约翰·霍洛威（John Holloway），'A James Gibbs Autobiography'，*The Burlington Magazine XCVII*，1955 年，第 147-151 页。

[124] 威廉·亚当（William Adam）的计划始于 1726 年，最后大约由约翰·亚当（John Adam）出版于 1810 年，*Vitruvius Scoticus: Being a Collection of Plans, Elevations, and Sections of Public Buildings, Noblemen's, Gentlemen's Houses in Scotland, Principally from the Designs of the late William Adam*，爱丁堡，未注明出版日期（影印再版 1980 年）。参见约翰·弗莱明（John Fleming），*Robert Adam and His Circle in Edinburgh and Rome*，马萨诸塞州剑桥，1962 年，第 33 页及之后。

[125] 罗伯特·卡斯特尔（Robert Castell），*The Villas of the Ancients Illustrated*，伦敦，1728 年（影印再版，纽约—伦敦，1982 年）；参见玛丽安娜·菲舍尔（Marianne Fischer），*Die frühen Rekonstruktionen der Landhäuser Plinius' des Jüngeren*，学位论文，柏林，1962 年，第 III 章；德拜（Dobai），第 1 卷（1974 年），第 277 页及之后。

[126] 詹姆斯·拉尔夫（James Ralph），*A Critical Review of the Publick Buildings, Statues and Ornaments, In, and about London and Westminster*，伦敦，1734 年（影印再版，范堡罗，1970 年）；第二版，*A New Critical Review...*，伦敦，1736 年，第 3 版 1763 年，第 4 版 1783 年（书中宣称"原本是建筑师拉尔夫所写"）。关于拉尔夫，参见 *Dictionary of National Biography*，第 XVI 卷，1909 年，第 164 页及之后；还可参见德拜（Dobai），第 1 卷（1974 年），第 281 页及之后。

[127] 参见爱德华·德·祖尔策（Edward De Zurko），*Origins of Functionalist Theory*，纽约，1957 年，第 75 页及之后；德拜（Dobai），第 1 卷（1974 年），第 125 页及之后。

[128] 关于罗伯特·莫里斯（Robert Morris），特别参见考夫曼（Kaufmann）（1955 年），第 22 页及之后；德拜（Dobai），第 1 卷（1974 年），第 318 页及之后；戴维·莱瑟巴罗（David Leatherbarrow），'Architecture and Situation, A Study of the Architectural Writings of Robert Morris'，*Journal of the Society of Architectural Historians XLIV*，1985 年，第 48-59 页。

[129] 罗伯特·莫里斯，*An Essay In Defence of Ancient Architecture; or, a Parallel of the Ancient Buildings with the Modern...*，伦敦，1728 年（影印再版，范堡罗，1971 年）。

[130] 莫里斯（1728 年），第 xviii 页。

[131] 同上，第 20 页。

[132] 同上，第 84 页。

[133] 罗伯特·莫里斯，*Lectures on Architecture, Consisting of Rules Founded upon Harmonick and Arithmetical Proportions in Building*，伦敦，1734-1736 年；第二版 1759 年（影印再版，范堡罗，1971 年）。

[134] 莫里斯，*Lectures*（1759 版），第 65 页。

[135] 同上，第 67 页。

[136] 同上，第 69 页。

[137] 参见德拜（Dobai），第 1 卷（1974 年），第 489 页及之后，第 504 页。

[138] 威廉·萨尔门（William Salmon），*Palladio Londinensis, or the London Art of Building*，伦敦，1734 年（影印再版，范堡罗，1969 年）至 1733 年有 8 个版本；参见德拜（Dobai），第 1 卷（1974 年），第 339 页及之后。

[139] 参见科尔万（Colvin）（1954 年），第 260 页及之后；德拜（Dobai），第 1 卷（1974 年），第 474 页及之后，第 501 页

及之后。

140 威廉·哈夫潘尼（William Halfpenny）及约翰·哈夫潘尼（John Halfpenny）、罗伯特·莫里斯（Robert Morris）和托马斯·莱托勒尔（Thomas Lightoler），*The Modern Builder's Assistant*，伦敦，1747年（影印再版，范堡罗，1971年）。

141 哈夫潘尼，莫里斯，莱托勒尔（1747年），前言。

142 关于中国风的最重要的文献，休·昂纳（Hugh Honour），*Chinoiserie. The Vision of Cathey*（1961），纽约，1973年；目录，*China und Europa. Chinaverständnis und Chinamode im 17. und 18. Jahrhundert*，柏林，1973年；卢恰诺·帕泰塔（Luciano Patetta），*L'architettura dell'eclettismo. Fonti, teorie, modelli 1750-1900*，米兰，1975年，第9页及之后；奥利弗·尹裴（Oliver Impey），*Chinoiserie. The Impact of Oriental Styles on Western Art and Decoration*，纽约，1977年；马德莱娜·雅里（Madeleine Jarry），*China und Europa*，斯图加特，1981年。

143 威廉·哈夫潘尼（William Halfpenny），*New Designs for Chinese Temples, Triumphal Arches, Garden Seats...*，伦敦，1750年；第II-IV部（与约翰·哈夫潘尼合写），1751-1752年；第二版题为 *Rural Architecture in the Chinese Taste...*，伦敦，1752年（第三版1755年）。

144 威廉·哈夫潘尼和约翰·哈夫潘尼，*Chinese and Gothic Architecture properly Ornamented...*，伦敦，1752年。

145 艾萨克·韦尔（Isaac Ware），*A Complete Body of Architecture*，伦敦，1756年；第二版1757年；第三版约1758-1760年；第四版1768年。（影印再版，范堡罗，1971年）；关于韦尔的作品，以及其他文章，参见科尔万（Colvin）（1954年），第649页及之后；沃尔斯多夫（Wolsdorff）（1982年），第181页及之后。

146 韦尔（1768年版），前言。

147 同上，前言。

148 同上，第40页。

149 同上，第94页，127页，297页及之后。

150 同上，第133页。

151 同上，第136页。

152 同上。

153 韦尔（1768年版），第137页。

154 同上，第138页，143页。

155 同上，第345页。

156 同上，图版52，53；参见萨默森（Summerson）（1970年版），第374页。

157 韦尔（1768年），第62页及之后。

158 乔治·伯克里（George Berkeley），*Alciphron, or the Minute Philosopher*，伦敦，1732年；参见德·祖尔克（De Zurko）（1957年），第85页。

159 韦尔（1768年版），第636页。

160 图版120，121页，用一些建筑透视表现图作为图解。

161 韦尔（1768年版），第137页。

162 同上，第96页。

163 同上，第637页。

164 同上。

165 关于约翰·伍德（John Wood），特别参见约翰·萨默森（John Summerson），'John Wood and the English Town-Planning Tradition'，载：萨默森，*Heavenly Mansions and other essays on architecture*（1948年），纽约，1963年，第87-110页；萨默森（1970年版），第386页及之后；鲁道夫·威特克沃（Rudolf Wittkower），'Federico Zucari and John Wood of Bath'，*Journal of the Warburg and Courtauld Institutes* 6，1943年，第220-222页；德拜（Dobai），第1卷（1974年），第445页及之后。

166 约翰·伍德（John Wood），*The Origin of Building, or the Plagiarism of the Heathens detected in Five Books*，英国巴思（Bath），1741年（影印再版，范堡罗，1968年）。

167 原因之一，可能是伍德支持共济会；参见阿德里安·冯·巴特拉（Adrian von Buttlar），*Der englische Landsitz 1715-1760*，米腾瓦尔德（Mittenwald），1982年，第118页及之后。

168 伍德（1741年），第70页及之后。

169 同上，第180页。

170 同上，第39页。

171 同上。

172 伍德（1741年），第67页；参见威特克沃（Wittkower）（1943年）。

173 伍德（1741年），第221页。

174 威廉·斯图科利（William Stukeley），*Stonehenge, a Temple Restaur'd to the British Druids*，伦敦，1740年；参见A·L·欧文（A. L. Owen），*The Famous Druids*，牛津，1962年；德拜（Dobai），第1卷（1974年），第449页及之后，第816页及之后。

175 约翰·伍德将他与斯图科利（Stukeley）的辩论出版，题为 *Choir Gaure, Vulgarly called Stonehenge...*，牛津，1747年。

[176] 参见克里斯汀·史蒂文森（Chritine Stevenson），'Salomon, Engothicked, The Elder John Wood's Restoration of Llandaff Cathedral', *Art History* 6，1983 年，第 301-314 页。

[177] 约翰·伍德，*A Dissertation upon the Orders of Columns, And Their Appendages...*，伦敦， 1750 年。

[178] 伍德（1750 年），第 13 页。

[179] 约翰·伍德，*An Essay towards a Description of Bath...*，伦敦，1742 年；第二版 1749 年，1769 年（影印再版，巴思，1969 年，范堡罗，1970 年）。

[180] 科尔万（Colvin）（1954 年），第 354 页及之后；德拜（Dobai），第 1 卷（1974 年），第 480 页及之后，第 502 页及之后。

[181] 巴蒂·兰利，*The Builder's Chest-Book; or a Complete Key to the Five Orders of Columns in Architecture ...*，伦敦，1727 年（影印再版，范堡罗，1971 年）。

[182] 兰利（1727 年），献辞。

[183] 同上，第 i 页。

[184] 同上，第 2 页及之后。

[185] 参见德拜（Dobai），第 1 卷（1974 年），第 483 页。

[186] 巴蒂·兰利（Batty Langley），*The Builder's Jewel*，伦敦，1741 年（多次再版）；参见艾琳·哈里斯（Eileen Harris）'Batty Langley, A Tutor to Freemasons', *The Burlington Magazine* CXIX，1977 年，第 327-335 页。

[187] 参见肯尼斯·克拉克（Kenneth Clark），*The Gothic Revival. An Essay in the History of Taste*（1928 年），1974 年版，第 46 页及之后。

[188] 克拉克（Clark）（1974 年版），第 56 页。

[189] 巴蒂·兰利（Batty Langley）和托马斯·兰利（Thomas Langley），*Ancient Architecture, Restored and Improved by a Great Variety of Grand and Useful Designs, entirely new, in the Gothick Mode*, for the Ornamenting of Building and Gardens，伦敦，1741 年；第二版，*Gothic Architecture, Improved by Rules and Proportions...*（附 'Historical Dissertation on Gothic Architecture'），伦敦，1741 年；第三版，伦敦 1747 年（无 'Historical Dissertation'）；影印再版自 1747 年的版本，范堡罗，1967 年。特别参见克拉克（Clark）（1974 年版），第 9 页及之后；德拜（Dobai），第 1 卷（1974 年），第 485 页及之后。

[190] 兰利（Langley）（1742 年版），*Historical Dissertation*。

[191] 同上。

[192] 保罗·德克尔（Paul Decker），*Gothic Architecture Decorated, consisting of a Large Collection...*，伦敦，1759 年（影印再版，范堡罗，1968 年）；保罗·德克尔，*Chinese Architecture, Civil and Ornamental, Being a Large Collection...*，伦敦，1759 年（影印再版，范堡罗，1968 年）。

[193] 特别参见肯尼斯·克拉克（Kenneth Clark），*The Gothic Revival. An Essay in the History of Taste*（1928 年），1974 年版；保罗·弗兰克尔（Paul Frankl），*The Gothic. Literary Sources and Interpretations through Eight Centuries*，普林斯顿，1960 年；苏桑·朗（Suzanne Lang），'The Principles of Gothic Revival in England', *Journal of the Society of Architectural Historians* XXV，1966 年，第 240-267 页；乔治·格尔曼（Georg Germann），*Gothic Revival in Europe and Britain*，伦敦，1972 年；詹姆斯·马考利（James Macauly），*The Gothic Revival 1745-1845*，英国格拉斯哥（Glasgow）-伦敦，1975 年（尤其在苏格兰）

[194] 扩展文献中最重要的作品，佩吉特·汤因比（Paget Toynbee），*Strawberry Hill Accounts...*，牛津，1937 年；威尔马思·谢尔登·刘易斯（Wilmarth Sheldon Lewis），'The Genesis of Strawberry Hill', *Metropolitan Museum Studies* V，1934 年，第 57-92 页；R·W·凯特恩-克里默（R. W. Ketton-Cremer），*Horace Walpole, A Biography*，伦敦，1940 年（纽约，1966 年）；威尔马思·谢尔登·刘易斯，*Horace Walpole*，纽约，1961 年，第 97 页及之后；苏桑·朗（Suzanne Lang）（1966 年），第 251 页及之后；格尔曼（1974 年版），第 51 页及之后；尼古拉斯·佩夫斯纳（Nikolaus Pevsner），*Some Architectural Writers of the Nineteenth Century*，牛津，1972 年，第 I 页及之后；德拜（Dobai），第 2 卷（1975 年），第 253 页及之后（含参考书目）。

[195] 特别参见尼古拉斯·佩夫斯纳（Nikolaus Pevsner）和苏桑·朗（Suzanne Lang），'A Note on Sharawaggi'（最初发表于，*The Architectural Review* 106，1949 年）载：佩夫斯纳，'Studies in Art', *Architecture and Design*, vol. I，伦敦，1968 年，第 103-106 页。

[196] 沃波尔（Walpole）致贺瑞斯·曼（Horace Mann）（25.11.1750）。

[197] 霍勒斯·沃波尔（Horace Walpole），*A Description of the Villa...at Strawberry Hill near Twickenham, Middlesex*，草莓山（Strawberry Hill），1774 年；第二版 1784 年（增订版，影印再版 伦敦，1964 年）。

[198] 沃波尔（1784 年版），第 iv 页。

[199] 沃波尔（1784 年版），第 iii 页。

[200] 沃波尔致玛丽·贝里（Mary Berry）（17. 10. 1794）。

[201] 沃波尔（1784 年版），第 iii 页。

[202] 同上，第 i 页。

[203] 同上，第 iii 页。

[204] 威廉·霍加斯（William Hogarth），*The Analysis of Beauty*，伦敦，1753 年（多次再版），特别参见第 1-8 章；关于霍加

斯的简介，参见德拜（Dobai），第 II 卷（1975 年），第 639 页及之后。

205　乔舒亚·雷诺兹（Joshua Reynolds），*Discourses on Art*，罗伯特·W·沃克（Robert W. Wark）编辑，伦敦，1966 年，第 213 页。

206　关于范布勒（Vanbrugh）在不对称平面中的特殊角色，参见尼古拉斯·佩夫斯纳（Nikolaus Pevsner），理查德·佩恩·奈特（Richard Payne Knight）（首次发表于，*The Art Bulletin* XXXI，1949 年）中，佩夫斯纳，*Studies in Art, Architecture and Design*，第 I 卷，伦敦，1968 年，第 110 页及之后。

207　威廉·钱伯斯（William Chambers），*Designs of Chinese Buildings, Furniture, Dresses, Machines, and Utensils...*，伦敦，1757 年（影印再版，范堡罗 1970 年；纽约，1980 年）。关于钱伯斯，特别参见约翰·哈里斯（John Harris），*Sir William Chambers. Knight of the Polar Star*，伦敦，1970 年[在 'Designs' 部分包括艾琳·哈里斯（Eileen Harris），第 144 页及之后]；德拜（Dobai），第 II 卷（1975 年），第 527 页及之后。

208　钱伯斯（Chambers）（1757 年），前言。

209　同上。

210　参见哈里斯（Harris）（1970 年），第 144 页及之后，证实钱伯斯用过关于中国住宅的早期文献。

211　钱伯斯（1757 年），第 11 对开页。

212　同上，第 15 页。

213　同上。

214　埃德蒙·博克（Edmund Burke），*A Philosophical Enquiry into the Origin of our Ideas of the Sublime and Beautiful*，伦敦，1757 年；关于博克和钱伯斯的关系，参见艾琳·哈里斯（Eileen Harris），'Burke and Chambers on the Sublime and Beautiful'，*Essays in the History of Architecture Presented to Rudolf Wittkower*，伦敦，第二版，1969 年，第 207 页及之后。

215　参见哈里斯（Harris）（1970 年），第 147 页及之后。

216　乔治·斯丹顿（George Staunton），*An authentic account of an embassy from the King of Great Britain to the emperor of China...*，3 卷本，伦敦，1797 年。

217　威廉·钱伯斯，*Plans, Elevations, Sections, and perspective views of the Gardens and Buildings of Kew in Surrey*，伦敦，1763 年（影印再版，范堡罗，1966 年）。

218　钱伯斯（1757 年），前言。

219　威廉·钱伯斯，*A Treatise on Civil Architecture...*，伦敦 1759 年；伦敦，第二版 1768 年。第 3 版更名为 *A Treatise on the Decorative Part of Civil Architecture*，伦敦，1791 年[影印再版由约翰·哈里斯（John Harris）撰写导言，纽约，1968 年；范堡罗，1969 年]；后来多次再版，其中一些加了注释，出现在 19 世纪；参见哈里斯（1970 年），第 143 页；德拜（Dobai），第 II 卷（1975 年），第 553 页及之后。

220　乔舒亚·雷诺兹（Joshua Reynolds），*Discourses on Art*（1797 年），罗伯特·W·沃克（Robert W. Wark）编辑（1959 年），伦敦，第 4 版 1969 年。雷诺兹的论述有着很高的美学声望，在此就不予讨论了；参见马格内·马尔曼格（Magne Malmanger），'Sir Joshua Reynolds' Discourses: attitude and ideas'，《考古与艺术历史学报 IV》（*Acta ad Archaeologiam et Artium Historiam Pertinentia*, vol. IV），1969 年，第 159-211 页。

221　手稿藏于英国皇家建筑师协会图书馆，伦敦。

222　钱伯斯（1791 年），第 iv 页。

223　同上，献辞。

224　同上。

225　同上，第 ii 页。

226　同上，第 iii 页。

227　同上，第 iv 页。

228　同上，第 iv 对开页。

229　同上，第 7 页。

230　同上，第 15 页。

231　同上，第 64 页及之后。

232　同上，第 17 页。

233　博克（1759 年版），第 136 页（'Magnitude in Building'）。

234　钱伯斯（1791 年版），第 18 页。

235　同上，第 18 页对开页：'it must candidly be confessed, that the Grecians have been far excelled by other nations, not only in the magnitude and grandeur of their structures, but likewise in point of fancy, ingenuity, variety, and elegant selection.'

236　钱伯斯（1791 年版），第 71 页。

237　参见第 224 页及之后。

238　哈里斯（Harris）（1970 年），第 6 页。

239　关于罗马之行，参见约翰·弗莱明（John Fleming），*Robert Adam and His Circle in Edinburgh ε Rome*，马萨诸塞州剑桥，1962 年，第 164 年以后。

240　钱伯斯（1791 年），第 19 页。钱伯斯没有提到具体的作品，但是他显然是指皮拉内西（Piranesi）的 *Della Magnificenza*（1761

年）和 *Osservazioni*（1765 年）。

[241] 参见多拉·维本森（Dora Wiebenson），*Sources of Greek Revival Architecture*，伦敦，1969 年，第 47 页及之后。（以及附录 III，第 126 页及之后，其中引用了钱伯斯关于这个问题的注解。）

[242] 钱伯斯（1791 年），第 19 页。

[243] 同上，第 22 对开页。

[244] 同上，第 24 页。

[245] 手稿藏于英国皇家建筑师协会，其中包括 'Materials for a History of Gothic Architecture in England and its Origins'；参见哈里斯（Harris）（1970 年），第 128 页注释 2。

[246] 霍勒斯·沃波尔（Horace Walpole），*Anecdotes of Painting in England*，拉尔夫·N·沃纳姆（Ralph N. Wornum）编辑，伦敦，1888 年，第 xiv 页。

[247] 钱伯斯（1791 年），第 30 页及之后。

[248] 特别参见艾琳·哈里斯（Eileen Harris）（1969 年），第 207 对开页。

[249] 罗伯特·亚当（Robert Adam）和詹姆斯·亚当（James Adam），*The Works in Architecture*，第 I 卷，伦敦，1773 年，前言。关于亚当兄弟，特别参见亚瑟·T·波尔顿（Arthur T. Bolton），*The Architecture of Robert ε James Adam*，两卷本，伦敦，1922 年；杰弗里·比尔德（Geoffrey Beard），*The Work of Robert Adam*，爱丁堡，1978 年；德拜（Dobai），第 II 卷（1975 年），第 578 页及之后，第 105 页及之后。

[250] 特别参见约翰·弗莱明（John Fleming），*Robert Adam and His Circle in Edinburgh ε Rome*，马萨诸塞州剑桥，1962 年；戴梅·施蒂尔曼（Damie Stillmann），'Robert Adam and Piranesi', *Essays in the History of Architecture Presented to Rudolf Wittkower*，伦敦，第二版 1969 年，第 197-206 页。

[251] 参见第 238 对开页。

[252] 有些芜杂；参见罗伯特·亚当和詹姆斯·亚当，*The Works of Architecture*，第 I 卷，no. V，1778 年，图版 II（詹姆斯·亚当设计，标注的日期是 1762 年）。

[253] 弗莱明（Fleming）（1962 年），第 303 页及之后；詹姆斯·亚当的手稿标注日期为 1762 年 11 月 27 日，由弗莱明出版，第 315-319 页。

[254] 弗莱明（1962 年），第 315 页。

[255] 罗伯特·亚当和詹姆斯·亚当，*The Works of Architecture*，第 I 卷，伦敦 1773-1778 年；第 II 卷，1779 年；第 III 卷，1822 年（新版 1902 年，1931 年，1959 年，1975 年，1981 年）。罗伯托·奥埃斯科（Roberto Oresko）编辑，伦敦-纽约，1975 年，本书用的是这个版本；引文出自导言和第 I 卷。

[256] 罗伯特·亚当和詹姆斯·亚当，奥埃斯科（Oresko）编辑（1975 年），第 46 页。

[257] 同上，第 58 页及之后。

[258] 参见德拜（Dobai）的详细论述，第 II 卷（1975 年），第 556 页及之后。

[259] 乔治·理查森，*A Treatise on the five orders of architecture*，伦敦，1787 年（影印再版，1969 年）。

[260] 约翰·伍德，*A Series of Plans for Cottages or Habitations of the Labourer...*，伦敦，1781 年（第二版 1792 年；第 3 版 1806 年；影印再版 1806 年，1972 年版）；参见德拜（Dobai），第 II 卷（1975 年），第 460 页及之后。

[261] 伍德（1806 年版），第 3 页。

[262] 同上。

[263] 同上。

[264] 特别参见亚瑟·T·波尔顿（Arthur T. Bolton），*The Works of Sir John Soane*，伦敦，1924 年；约翰·萨默森（John Summerson），*Sir John Soane*，伦敦，1952 年；多罗西·斯特劳德（Dorothy Stroud），*The Architecture of Sir John Soane*，伦敦，1961 年；皮埃尔·杜·普赖（Pierre de la Ruffinière du Prey），*John Soane's Architectural Education 1753-1780*，学位论文（普林斯顿，1972 年），安阿伯-伦敦，1981 年；作者同上，*John Soane: The Making of an Architect*，芝加哥，1982 年；*Architectural Monographs: John Soane*[含约翰·萨默森（John Summerson）等人的论文]，伦敦-纽约，1983 年；多罗西·斯特劳德，*Sir John Soane, Architect*，波士顿-伦敦，1984 年。

[265] 约翰·索内（John Soane），*Designs in Architecture consisting of Plans, Elevations and Sections for Temples, Baths, Cassines, Pavilions, Garden-Seats, Obelisks, and Other Buildings ...*，伦敦，1778 年。

[266] 约翰·索内，*Plans, Elevations and Sections of Buildings, Executed in the Counties of Norfolk, Suffolk etc.*，伦敦，1788 年（影印再版 1971 年）；作者同上，*Sketches in Architecture Containing Plans and Elevations of Cottages, Villas and Other Useful Buildings...*，伦敦，1793 年（影印再版 1971 年）；参见德拜（Dobai），第 II 卷（1975 年），第 624 页及之后。

[267] 索内（1788 年），第 8 页。

[268] 同上，第 11 页。

[269] 索内（1793 年），导言。

[270] 参见克里斯托弗·赫西（Christopher Hussey），*The Picturesque. Studies in a Point of View*，伦敦，1927 年（第二版 1967 年）；尼古拉斯·佩夫斯纳（Nikolaus Pevsner）的论文，载：*Studies in Art, Architecture and Design*，第 I 卷，1968 年，第 79 页及之后；W·J·希普尔（W. J. Hipple），*The Beautiful, The Sublime, and The Picturesque in Eighteenth-Century British Aesthetic Theory*，卡本代尔（Carbondale），1957 年；戴维·沃特金（David Watkin），*The

English Vision, The Picturesque in Architecture, Landscape and Garden Design，伦敦，1982 年。

271 查尔斯·托马斯·米德尔顿（Charles Thomas Middleton），*Picturesque and Architectural Views for Cottages, Farm Houses and Country Villas*，伦敦 1793 年（影印再版 1970 年）；参见德拜（Dobai），第 III 卷（1977 年），第 666 页及之后。

272 亚瑟·T·波尔顿（Arthur T. Bolton）（编辑），*Lectures on Architecture, by Sir John Soane...*，伦敦，1929 年；关于这次演讲的详细研究，参见德拜（Dobai），第 III 卷（1977 年），第 752 页及之后。

273 参见德拜（Dobai）第 III 卷（1977 年），第 782 页及之后。

274 约翰·索内，*Description of the House and Museum on the North Side of Lincoln's Inn Fields*，伦敦，1830 年（再版于 1832 年，1835 年，1893 年）；新版亚瑟·T·波尔顿（Arthur T. Bolton）编辑，1930 年；参见苏桑·G·范伯格（Asusan G. Feinberg），'The Genesis of Sir John Soane's Museum Idea, 1801-1810'，*Journal of the Society of Architectural Historians* XLIII，1984 年，第 225-237 页。

第二十章注释

1 参见 F·汉密尔顿·黑兹尔赫斯特（F. Hamilton Hazlehurst），*Jacques Boyceau and the French Formal Garden*，雅典，1966 年；关于园林著作的调查，参见迪特尔·亨内博（Dieter Hennebo）和阿尔弗雷德·霍夫曼（Alfred Hoffmann），《德国园林历史》（*Geschichte der deutschen Gartenkunst*），第 2 卷：*Der architektonische Garten. Renaissance und Barock*，汉堡，1965 年，第 301 页及之后；乌尔苏拉·埃里克森 - 菲尔勒（Ursula Erichsen-Firle），*Geometrische Kompositionsprinzipien in den Theorien der Gartenkunst des 16. bis 18. Jahrhunderts*，论文，科隆，1971 年，第 226 页及之后。

2 雅克·布瓦索（Jacques Boyceau），*Traité du jardinage selon les raisons de la nature et de l'art*，巴黎，1638 年，第 3 卷第 6 章，第 74 页；参见乌尔苏拉·埃里克森 - 菲尔勒（Ursula Erichsen-Firle）（1971 年）第 10 页。

关于早期的法国正统园林的文章见斯滕·卡林（Sten Karling），'The Importance of André Mollet and His Family for the Development of the French Formal Garden，载：*Elisabeth B. Macdougall and F. Hamilton Hazlehurst*（编辑），*The French Formal Garden*，华盛顿特区，1974 年，第 3-25 页；对正统园林的一个概括性调查，另参见维尔弗瑞德·汉斯曼（Wilfried Hansmann），*Gartenkunst der Renaissance und des Barock*，科隆，1983 年。

关于将建筑室内的概念应用到园林的问题，A·隆梅尔（A.Rommel），*Die Entstehung des klassischen französischen Gartens im Spiegel der Sprache*，柏林，1954 年。

3 安东尼 - 约瑟夫·德萨里耶·阿金维勒（Antoine-Joseph Dézailler d'Argenville），*La Théorie et la pratique du jardinage...*，巴黎，1709 年（1713 年，1722 年，1732 年，1747 年，1760 年）；1760 年版的再版，汉斯·福拉米蒂（Hans Foramitti）编辑，希尔德斯海姆 — 纽约，1972 年。英文版，伦敦 1712 年，1728 年，1743 年；德文版，奥格斯堡 1731 年，1764 年。

关于德萨里耶·阿金维勒，特别参见英格丽德·登纳莱因（Ingrid Dennerlein），*Die Gartenkunst der Régence und des Rokoko in Frankreich*（1972），德国乌尔姆斯（Worms），1981 年。

4 'disposition bien entendue ε bien raisonnée, une belle proportion de toutes les parties.' 德萨里耶·阿金维勒（Dézailler d'Argenville）（1760 年版），第 15 页。

5 'vraie grandeur d'un beau Jardin... On peut distinguer quatre maximes fondamentales, pour bien disposer un Jardin: la première, de faire céder l'Art à la Nature; la seconde, de ne point trop offusquer un Jardin; la troisième, de ne le point trop découvrir; ε la quatrième, de le faire toujours paroître plus grand qu'il ne l'est effectivement...，同上，第 18 页。

6 同上，第 19 页。

7 'Un jardin est moins une imitation de la nature, que la nature même rapprochée sous nos yeux, et mise en oeuvre avec art...' 诺艾尔 - 安托万·普律什（Noël-Antoine Pluche），*Le Spectacle de la Nature, ou entretiens sur les particularités de l'histoire naturelle...*，第八部分，第 9 卷，巴黎 1732 年版及以后的版本（在第 2 卷提及园林，1733 年，第 II — V 章。关于普律什研究的意义，参考英格丽德·登纳莱因（Ingrid Dennerlein）（1981 年），第 28 页及之后。

8 亨利·沃顿（Henry Wotton），*The Elements of Architecture*，伦敦，1624 年，第 109 页。

9 关于这一问题，特别参看阿瑟·洛夫乔伊，'The Chinese Origin of a Romanticism'（首次发表于：*The Journal of English and Germanic Philology*，1933 年 1 月），载：洛夫乔伊（Lovejoy），*Essays in the History of Ideas*（1948），巴迪摩尔（Baltimore）— 伦敦，第五版 1970 年，第 99-135 页；埃莉诺·冯·埃德贝格（Eleanor von Erdberg），*Chinese Influence on European Garden Structures*，马萨诸塞州剑桥，1936 年；H·F·克拉克（H. F. Clark），'Eighteenth Century Elysiums. The Role of 'Association' in the Landscape Movement'，*Journal of the Warburg and Courtauld Institutes* 6，1943 年，第 165-189 页；尼古拉斯·佩夫斯纳（Nikolaus Pevsner），'The Genesis of the Picturesque'（首次发表在 *The Architectural Review* XCVI，1944 年）；尼古拉斯·佩夫斯纳和苏桑·朗（Suzanne Lang），'A Note on Sharawaggi'（首次发表于 *The Architectural Review* CVI，1949 年），以上两篇文章都重新发表，载：佩夫斯纳，*Studies in Art, Architecture and Design*，第 1 卷，伦敦，1968 年，第 78-107 页；鲁道夫·威特克沃（Rudolf Wittkower），'English Neo-Palladianism, The Landscape Garden, China and the Enlightenment'（第一次发表于 *L'Arte* 6，1969 年），载：威特克沃，*Palladio and English Palladianism*，伦敦，1974 年，第 177-190 页；苏桑·朗，'The Genesis of the English Landscape Garden'，收录在尼古拉斯·佩夫斯纳（编辑），*The Picturesque Garden and Its Influence Outside the British Isles*，华盛顿特区，1974 年，第 1-29

页；约翰内斯·德拜（Johannes Dobai），*Die Kunstliteratur des Klassizismus und der Romantik in England*，第1卷：1700-1750年，波恩，1974年，第529页（一部好的对英国的园林概念的全面概述）；约翰·狄克逊·亨特（John Dixon Hunt）和彼得·威利斯（Peter Willis）编辑，*The Genius of the Place. The English Landscape Garden 1620-1820*，伦敦，1975年（一本对资料来源有用的文选）。

10 威廉·坦普尔（William Temple），'Upon the Gardens of Epicurus'（1685年）；首次出版于：*Miscellanea*，伦敦，1690年；摘录载：亨特（Hunt）—威利斯（Willis）（1975年），第96页及之后。

11 坦普尔（1685年）；摘抄自亨特（Hunt）—威利斯（Willis）（1975年），第99页。

12 特别参见克里斯托弗·赫西（Christopher Hussey），*The Picturesque. Studies in a Point of View*，伦敦，1927年（第二版1967年）；小约翰·沃尔特·希普尔（Walter John Hipple Jr），*The Beautiful, The Sublime & The Picturesque in Eighteenth-Century British Aesthetic Theory*，卡本代尔（Carbondale），1957年；戴维·沃特金（David Watkin），*The English Vision: The Picturesque in Architecture, Landscape and Garden Design*，伦敦，1982年。

13 参考德拜（Dobai），第1卷（1974年），第87页及之后，第552页之后。

14 约瑟夫·艾迪生（Joseph Addison）和理查德·斯蒂尔（Richard Steele）（编辑），*The Spectator* 1712[《万人丛书》（Everyman's Library），4卷本，纽约—伦敦，1907年，多次印刷]。在第414期中艾迪生把他的观点与沙夫茨伯里（Shaftesbury）作了区分："如果天然之物（Products of Nature）的价值上升，由于它们或多或少都跟那些艺术有些类似之处，我们可能可以确定人工的产物（Artificial Works）在对那些自然的模仿中得到了很大的好处。"

15 *The Spectator*，第414期（1712年6月25日）

16 *The Spectator*，第417期（1712年6月28日）

17 *The Spectator*，第477期（1712年9月6日）

18 同上。

19 罗伯特·卡斯特尔（Robert Castell），*The Villas of the Ancients Illustrated*，伦敦，1728年[影印再版，约翰·狄克逊·亨特（John Dixon Hunt）编辑，纽约—伦敦，1982年]；参见德拜（Dobai），第1卷（1974年），第277页及之后部分，第561对开页。

20 关于当时的描述，特别参考J·塞尔[J. Serle（Searle）]，*A plan of Mr. Pope's Garden as it was left at his Death, with a Plan and a perspective View of the grotto...*，伦敦，1745年（再版，纽约，1982年），以及莫里斯·R·布劳内尔（Morris R. Brownell），*Alexander Pope and the Arts of Georgian England*，牛津，1978年，特别是第118页及之后；同样还有德拜（Dobai），第1卷（1974），第564页及之后；阿德里安·冯·巴特拉（Adrian von Buttlar），*Der Landschaftsgarten*，慕尼黑，1980年，第28页及之后。

21 蒲柏（Alexander Pope）致爱德华·布朗特（Edward Blount），1725年6月2日；摘自德拜（Dobai），第1卷（1974），第565页；为了阐明蒲柏的洞穴和园林理论，参见梅纳德·麦克（Maynard Mack），*The Garden and the City. Retirement and Politics in the Later Poetry of Pope 1731-1743*，多伦多-布法罗-伦敦，1969年。

22 关于蒲柏跟部雷（Boullée）的关系，特别参见阿道夫·马克斯·福格特（Adolf Max Vogt），*Boullées Newton-Denkmal*，巴塞尔-斯图加特，1969年，第303页及之后；但福格特并没有看到与蒲柏洞穴的联系。

23 蒲柏，*Essay on Criticism*（1711年）。

24 蒲柏（Alexander Pope），'Epistle IV to Richard Boyle, Earl of Burlington'（1731年），载：*Alexander Pope, Epistles to Several Persons*，F·W·贝特森（F. W. Bateson）编辑，伦敦-纽黑文（1950），1961年，第142页。

25 詹姆斯·汤姆森（James Thomson），*The Seasons*（1726-1746），詹姆斯·桑布鲁克（James Sambrook），牛津，1981年（评注版）。

26 斯蒂芬·斯维泽（Stephen Switzer），*Ichnographia Rustica: Or, The Nobleman, Gentleman and Gardener's Recreation...*，三卷，伦敦，1715-1718年（第二版1741年/1742年）。

27 斯维泽（Switzer），第3卷（1718）；摘自德拜（Dobai），第1卷（1974），第560页。

28 参见德拜（Dobai），第1卷（1974），第560页；古特·哈德曼（Günter Hartmann），*Die Ruine im Landschaftsgarten*，乌尔姆斯（Worms），1981年。

29 巴蒂·兰利（Batty Langley），*New Principles of Gardening: Or, The Laying out and Planning Parterres...*，伦敦，1728年（影印再版，范堡罗，1970年）。

30 兰利（Langley）（1728年），摘自亨特（Hunt）—威利斯（Willis）（1975年），第178页。

31 威廉·申斯通（William Shenstone），'Unconnected Thoughts on Gardening'，载：*Works in Prose and Verse of William Shenstone*，第2卷，伦敦，1764年，第125-148页[摘录在亨特（Hunt）—威利斯（Willis），1975年，第289页及之后]。关于申斯通，特别参见克拉克（H. F. Clark）（1943年）；德拜（Dobai），第1卷（1974年），第573页及之后；冯·巴特拉（Adrian von Buttlar）（1980年），第57页及之后。

32 申斯通（Shenstone）（1764年），摘自亨特（Hunt）—威利斯（Willis）（1975年），第291页。

33 同上，第292页。

34 同上，第291页。

35 申斯通，'Account of an Interview between Shenstone and Thomson（1746）'，*Edinburgh Magazine*，1800年，亨特（Hunt）—威利斯（Willis）（1975年），第244页及之后。

36 特别参见多罗西·斯特劳德（Dorothy Stroud），*Capability Brown*，伦敦，1950 年（第二版 1957 年；第 3 版 1975 年）。

37 亨利·霍姆，凯姆斯勋爵（Henry Home, Lord Kames），*Elements of Criticism*，三卷本，爱丁堡（Edinburgh），1962 年[关于这一著作的出版经历，参见德拜（Dobai），第 2 卷，1975 年，第 193 页]，关于凯姆斯，参见德拜，第 2 卷（1975 年），第 114 页及之后；玛丽亚·格拉齐亚·梅西纳（Maria Grazia Messina），'Psicologia associazionistica ed architettura: il contributo di Lord Kames'，*Ricerche di Storia dell'Arte* 22，1984 年，第 37-42 页。

38 参见德拜（Dobai），第 2 卷（1975 年），第 131 页及之后，1061 页；关于凯姆斯研究的意义，同样参见沃尔夫冈·舍佩尔斯（Wolfgang Schepers），*Hirschfelds Theorie der Gartenkunst*，乌尔姆斯，1980 年，第 139 页及之后。

39 托马斯·沃特利（Thomas Whately），*Observations on modern Gardening, illustrated by Descriptions*，伦敦，1770 年（第二版 1770 年；第 3 版 1772 年；第 4 版 1777 年；第 5 版 1801 年）；1801 年版的影印再版，范堡罗，1970 年；法语版，巴黎，1771 年；德语版，莱比锡，1771 年。

40 霍勒斯·沃波尔（Horace Walpole），*On Modern Gardening*（1770 年），第一次发表载：沃波尔，Anecdotes of Painting，第四卷，1771 年（以 *History of the Modern Taste in Gardening* 为标题）。评注版（结构组织上有细微差别）：I·W·U·蔡斯（I.W.U. Chase），*Horace Walpole: Gardenist An Edition of Walpole's The History of Modern Taste in Gardening*，普林斯顿，1943 年。德语版，由 A·W·施莱格尔（A.W. Schlegel）编辑：*Historische, Litterarische und unterhaltende Schriften von Horatio Walpole*，莱比锡，1800 年，第 384-446 页；参见德拜（Dobai），第 2 卷（1975 年），第 285 页及之后。

41 威廉·梅森（William Mason），*The English Garden*，伦敦，1772-1782 年[一起的还有：约克（York）- 伦敦 1781 年，都柏林（Dublin），1782 年，约克，1783 年；这一版本的影印再版，范堡罗，1971 年]；参见德拜（Dobai），第 2 卷（1975 年），第 1076 页及之后。

42 梅森（1783 年），第 4 页。

43 关于这一问题，参见托马斯·芬肯施泰特（Thomas Finkenstaedt），'Der Garten des Königs'，载：*Probleme der Kunstwissenschaft*，第 2 卷；*Wandlungen des Paradiesischen und Utopischen*，柏林，1966 年，第 183-209 页。

44 威廉·钱伯斯（Williams Chambers），*A Dissertation on Oriental Gardening*，伦敦，1772 年；增订本，附 *An Explanatory Discourse ...*，伦敦，1773 年[法语版，伦敦，1772 年；德语版，德国哥达（Gotha），1775 年]。威廉·梅森（William Mason）作了回应，*An Heroic Epistle to Sir William Chambers*（1773 年）和 *An Heroic Postscript to the Public*（1774 年）；这些文章的影印本连同约翰·哈里斯（John Harris）的序言一起再版（钱伯斯，1772 年版；梅森，1777 年和 1774 年版），1972 年，特别参见约翰·哈里斯，*Sir William Chambers. Knight of the Polar Star*，伦敦，1970 年，第 153 页及之后。

45 钱伯斯（Chambers）（1772 年），序文，第五页。

46 同上，第 49 页和第 50 页。

47 同上，第 14 页。

48 同上，第 15 页。

49 同上，第 19 页。

50 J·D·阿蒂雷[J. D. Attiret，即 Jean Denis Attiret，中文名王致诚，乾隆三年（1783 年）来华，长于油画肖像及走兽。存世作品极少，北京故宫博物院藏有其《十骏马图》册——译者注]（英文译者），*A Particular of the Emperor of China's Gardens near Pekin*，伦敦，1752 年。

51 钱伯斯（1772 年），第 34 页。

52 同上，第 35 页。

53 同上，第 38 页。

54 同上，第 39 页。

55 同上，第 64 页。

56 同上，第 93 页。

57 特别参见赫西（Hussey）（1927 年，第二版 1967 年）和希波尔（Hipple Jr）；德拜（Dobai），第 2 卷（1975 年），第 296 页及之后；瓦特金（1982 年）。

58 威廉·吉尔平（William Gilpin），*A Dialogue upon the Gardens of the Right Honourable the Lord Viscount Cobham at Stow...*，伦敦，1748 年[摘自：亨特（Hunt）－威利斯（Willis）1975 年，第 254 页及之后]。

59 威廉·吉尔平（William Gilpin），*Observations...*，伦敦，1782 年及以后；*Three Essays: On the Picturesque Beauty...*，伦敦，1972 年；关于吉尔平著作出版的过程，参见德拜（Dobai），第 2 卷（1975 年），第 327 页及之后。

60 吉尔平（Gilpin），*The Three Essays*（第二版 1794 年版），第 1 卷，第 28 页；参见希波尔（Hipple）（1957 年），第 196 页及之后。

61 参见多拉·维本森（Dora Wiebenson），*The Picturesque Garden in France*，普林斯顿，1978 年。关于英国以外的自然风致园，还需参见尼古拉斯·佩夫斯纳（Nikolaus Pevsner）（编辑），*The Picturesque Garden and its Influence Outside the British Isles*，华盛顿特区，1974 年；关于 18 世纪后半叶的法国园林，参见详尽的书目：*Jardins en France 1760-1820. Pays d'illusion Terre d'expériences*，巴黎，1977 年。

62 参见维本森（Dora Wiebenson）（1978 年），第 15 页及之后。

63 克劳德-亨利·瓦特莱（Claude-Henri Watelet），*Essai sur les jardins*，巴黎，1774 年（影印再版，日内瓦，1972 年）；关于朱丽磨坊（Moulin-Joli），第 125-137 页。关于 *Essai*，特别参见维本森（1978 年），第 64 页及之后。

64 瓦特莱（1774 年），第 5 页及之后。

65 同上，第 22 页。

66 同上，第 53 页。

67 同上，第 55 页。

68 同上，第 125 页。

69 参见西切尔德·博古米尔（Sicghild Bogumil），'Die Parkkonzeption bei Rousseau oder die Natur als Lenkung und Ablenkung' 载：*Park und Garten im 18. Jahrhundert*，乌珀塔尔综合大学（Gesamthochschule Wuppertal）（1976 年），海德堡，1978 年，第 100 页及之后。

70 雷内-路易·德·吉哈丹（René-Louis de Girardin），*De la composition des paysages ou des moyens d'embellir la nature...*，巴黎，1777 年[米歇尔·H·科南（Michel H. Conan）编辑，巴黎，1979 年]。

71 让-马里·穆瑞勒（Jean-Marie Morel），*Théorie des jardins*，巴黎，1776 年。

72 德·利勒神父（Abbé J. De Lille），*Les jardinsm, ou l'art d'embellir les paysages: poème*，巴黎，1782 年。

73 乔治-路易·勒鲁热（Georges-Louis Le Rouge），*Détails des nouveaux jardins à la mode; Jardins anglochinois à la mode*，21 号，巴黎，1776-1787 年；再版时加入达尼埃尔·雅科海（Daniel Jacomet）的介绍，巴黎，1978 年。

74 依照赫西（Hussey）的开拓性研究（1927 年，第二版 1967 年），特别参见希普尔（Hipple）（1957 年），第 202 页及之后，要澄清这些出版物的年代顺序，同样参见德拜（Dobai），第 3 卷（1977 年），第 15 页及之后，第 124 页及之后。

75 除了上面引证的赫西（Hussey）、希普尔（Hipple）、德拜（Dobai）和沃特金（Watkin），特别参见尼古拉斯·佩夫斯纳（Nikolaus Pevsner）收入于他 *Studies in Art, Architecture and Design* 中的文章，第 1 卷，伦敦，1968 年，第 108 页及之后。

关于普里斯（Price），参见玛丽亚·艾伦塔克（Mareia Allentuck），'Sir Uvedale Price and the Picturesque Garden: the Evidence of the Coleorton Papers'，载：尼古拉斯·佩夫斯纳（Nikolaus Pevsner），*The Picturesque Garden etc.*（1974 年），第 57-76 页。

关于奈特（Knight），参见苏桑·朗（Suzanne Lang），'Richard Payne Knight and the Idea of Modernity'，载：*Concerning Architecture. Essays on Architectural Writers.... presented to Nikolaus Pevsner*，约翰·萨默森（John Summerson）编辑，伦敦，1968 年，第 85-97 页；展览书目 *The Arrogant Connoisseur: Richard Payne Knight 1751-1824*，麦克尔·克拉克（Michael Clarke）和尼古拉斯·佩夫斯纳（Nikolaus Pevsner）编辑，曼彻斯特，1982 年。

关于雷普顿（Repton），参见多罗西·斯特劳德（Dorothy Stroud），*Humphry Repton*，伦敦，1962 年。

76 尤维达尔·普里斯（Uvedale Price），*An Essay on the Picturesque, as Compared with the Sublime and Beautiful, and, on the Use of Studying Pictures, for the Purpose of Improving Real Landscape*，伦敦，1794 年（关于这部著作的出版过程，参见德拜（Dobai），第 3 卷，1977 年，第 63 页及之后）。尤维达尔·普里斯，*Essays on the Picturesque...*，三卷本，伦敦，1810 年（范堡罗再版，1971 年）。这里采用的是 1810 年版本。

77 普里斯（Price），第 1 卷（1810 年），第 2 对开页。

78 同上，第 52 对开页。

79 汉弗雷·雷普顿（Humphry Repton），*A Letter to Sir Uvedale Price Esq.*，伦敦，1794 年（再版载：雷普顿，*Essays*，第 3 卷，1810 年，第 3-22 页）。

80 雷普顿（1794 年）；摘自普里斯（Price），第 3 卷（1810 年），第 6 页。

81 雷普顿（1794 年）；摘自普里斯，第 3 卷（1810 年），第 18 页。

82 尤维达尔·普里斯（Uvedale Price），*A Letter to Humphry Repton Esq.*，伦敦，1795 年（摘自普里斯，第 3 卷，1810 年），第 25-180 页。

83 普里斯（1795 年）；摘自 1810 年版，第 3 卷，第 49 页。

84 汉弗雷·雷普顿（Humphry Repton）的主要著作如下：*Sketches and Hints on Landscape Gardening*，伦敦，1795 年；*Observations on the Theory and Practice of Landscape Gardening, including some Remarks on Grecian and Gothic Architecture...*，伦敦，1803 年（第二版 1805 年）；*An Inquiry into the Changes of Taste in Landscape Gardening...*，伦敦，1806 年；[与约翰·阿代伊（John Aday）合著]，*Fragments on the Theory and Practice of Landscape Gardening...*，伦敦，1816 年；雷普顿的著作以 *The Landscape Gardening and Landscape Architecture of the Late Humphry Repton, Esq.* 为名出版，约翰·克劳迪亚斯·洛顿（J. C. Loudon）编辑，伦敦，1840 年（影印再版，范堡罗，1969 年）。

85 理查德·佩恩·奈特（Richard Payne Knight），*The Landscape, A Didactic Poem, in Three Books*，伦敦，1794 年（21795；这一版本的再版：范堡罗，1972 年）。

86 奈特（Knight）（1794 年），第 140 页及之后。

87 参见德拜（Dobai），第 3 卷（1977），第 42 页。

88 理查德·佩恩·奈特，*An Analytical Inquiry into the Principles of Taste*，伦敦，1805 年（第二版 1805 年；第 3 版 1806 年；第 4 版 1808 年；1808 年版影印再版，范堡罗，1972 年）。

89 奈特（1794 年），第 150 对开页。

90 对此的综述和目录，参见德拜（Dobai），第 3 卷（1977 年），第 129 页及之后；伊丽莎白·B·麦克杜格尔（Elisabeth B. Macdougall），*John Claudius Loudon and the Early Nineteenth Century in Great Britain*，华盛顿特区，1980 年。约翰·克

劳迪亚斯·洛顿（John Claudius Loudon）的主要著作：*A Treatise on forming, improving, and managing Country Residences...*，两卷本，伦敦，1806 年；*An Encyclopaedia of Gardening...*，伦敦，1822 年（有多个版本；德语版，*Eine Encyclopaedia des Gartenwesens...*，三卷本，魏玛，1823-1826 年）；*An Encyclopaedia of Cottage, Farm and villa Architecture and Furniture...*，伦敦，1833 年（有多个新版本）。

91 约翰·克劳迪亚斯·洛顿（John Claudius Loudon），*The Landscape Gardening and Landscape Architecture of the Late Humphry Repton*，伦敦，1840 年（再版，范堡罗，1969 年），第 viii 页。

92 约翰·克劳迪亚斯·洛顿，*A Short Treatise on Several Improvements, recently made in Hot-Houses...*，爱丁堡，1805 年；*Remarks On the Construction of hothouses...*，伦敦，1817 年；*Sketches of Curvilinear Hothouses...*，伦敦，1818 年；*The Green House Companion ...*，伦敦，1824 年（第二版 1832 年）。

93 关于洛顿在温室发展史的重要性，参见斯蒂芬·科派尔卡姆（Stefan Koppelkamm），*Gewächshäuser und Wintergärten im neunzehnten Jahrhundert*，斯图加特，1981 年，第 19 页及之后。

94 比如，对在海德堡城堡花园（Schloss garden at Heidelberg）的描述，参见萨洛蒙·德·科斯（Salomon de Caus），*Hortus Palatinus*，法兰克福，1620 年（影印再版，乌尔姆斯，1980 年）。

95 特别参见迪特尔·亨内博（Dieter Hennebo）和阿尔弗雷德·霍夫曼（Alfred Hoffmann），*Geschichte der deutschen Gartenkunst*，第 2 卷，汉堡，1965 年，第 96 页及之后，第 304 页及之后。

96 关于德国的风景园林，参见弗朗茨·哈尔鲍姆（Franz Hallbaum），*Der Landschaftsgarten Sein Entstehen und seine Einführung in Deutschland durch Friedrich Ludwig von Sckell*，慕尼黑，1927 年；埃里希·巴赫曼（Erich Bachmann），'Anfänge des Landschaftsgartens in Deutschland'，*Zeitschrift für Kunstwissenschaft*，第 5 卷，1951 年，第 203-228 页；阿尔弗莱德·霍夫曼（Alfred Hoffmann），*Der Landschaftsgarten*（阿尔弗莱德·霍夫曼，第 3 卷，*Geschichte der deutschen Gartenkunst*），汉堡，1963 年；关于这一讨论的文献资料，参见西格迈耶·格恩特（Siegmar Gerndt），*Idealisierte Natur. Die Literarische Kontroverse um den Landschaftsgarten des 18. und frühen 19. Jahrhunderts in Deutschland*，斯图加特，1981 年；阿德里安·冯·巴特拉（Adrian von Buttlar），'Englische Gärten in Deutschland. Bemerkungen zu Modifikationen ihrer Ikonologie'，载：*Sind Briten hier?*，慕尼黑，1981 年，第 97 页及之后。

97 约翰·乔治·祖尔策（Johann Georg Sulzer），*Allgemeine Theorie der Schönen Künste*，两卷本，莱比锡，1771-1774 年（许多版本有部分内容扩充；1792-1794 年版的影印再版，希尔德斯海姆，1967-1970 年）；在 'Gartenkunst' 标题下。关于祖尔策，特别参见约翰内斯·德拜（Johannes Dobai），*Die bildenden Künste in Johann Georg Sulzers Ästhetik*，瑞士温特图尔（Winterthur），1978 年，特别是第 152 页及之后。

关于德国 18 世纪末园林的文献，参见弗里德里希·冯·布兰肯堡（Friedrich von Blankenburg），*Literarische Zusätze zu Johann Georg Sulzers allgemeiner Theorie der schönen Künste*（1786-1787 年），莱比锡，1796-1798 年（影印再版：法兰克福，1972 年），第 1 卷，第 598 页及之后。

98 'Wenn Sie aber kommen, so bringen Sie uns doch etwas weißen Kohl aus der Stadt mit, denn wir haben hier keinen Platz mehr dafür.' 尤斯图斯·莫塞尔（Justus Möser），Das englische Gärtgen（首次发表在：*Wöchentliche Osnabrückische Anzeigen*，1773 年；然后在莫塞尔 *Patriotische Phantasien* 的第二部分发表，柏林，1775 年，第 86 号，第 465-467 页；这里摘自尤斯图斯·莫塞尔，*Anwalt des Vaterlandes（Ausgewählte Werke）*，莱比锡-柏林，1978 年，第 234-236 页；原文同时载：格恩特（Gerndt）（1981 年），第 82 页。

99 克里斯蒂安·凯·洛伦茨·希施费尔德（Christian Cay Lorenz Hirschfeld），*Theorie der Gartenkunst*，五卷，莱比锡，1779-1785 年[影印再版，附汉斯·福拉米蒂（Hans Foramitti）的导言，两卷本，希尔德斯海姆-纽约，1973 年]；同时出版法文版，*Théorie de l'Art des Jardins*，莱比锡，1779-1785 年（影印再版，日内瓦，1973 年）。

关于园林的起源和历史划分，参见沃尔夫冈·舍佩尔斯（Wolfgang Schepers），*Hirschfelds Theorie der Gartenkunst*，乌尔姆斯，1980 年。

100 希施费尔德（Christian Cay Lorenz Hirschfeld），*Anmerkungen über die Landhäuser und die Gartenkunst*，法兰克福-莱比锡，1773 年（第二版 1779 年）。希施费尔德，*Theorie der Gartenkunst*，法兰克福-莱比锡，1775 年（第二版 1777 年）。

101 希施费尔德（Hirschfeld），第 1 卷（1779 年），第 81 页及之后。

102 希施费尔德在最后一卷的前言中（第五卷，1785 年，第 2 页），不无讽刺的说道：'Ich habe an meinem Wohnort nichts gehabt, was zur Beförderung dieses Werks hätte beytragen können; alles mußte ich erst aus der Ferne suchen.'（"我找不到任何材料可以成为能提供这一研究的基础；看来我必须到国外去找所有的一切了"）关于希施费尔德的资料，参见舍佩尔斯（Schepers）（1980 年）；除了作者在文中的引文之外，他在每卷最后列出的图示资源列表也很明白地告诉我们他所用的材料。

103 'vertrauteste Schwester der Gartenkunst...'，希施费尔德，第 1 卷（1779 年），第 13 页。

104 同上，第 37 页。

105 'Die Gartenkunst war unter ihren Händen nichts anderes, als Architektur auf die Erdfläche angewandt.' 同上，第 120 页。

106 'In unseren Tagen scheint die Aufklärung über die Gartenkunst sich aus England nach Frankreich verbreitet zu haben...' 同上，第 38 页。

107 'gesunden Geschmack...'...'edle Architektur im griechischen Geschmack.'，同上，第 53 对开页。

108 'vielleicht mehr als eine andere gegen die Schönheiten der Natur empfindlich ist, mehr als eine andere die malerische Idylle liebt.' 同上，第 72 页。

[109] 'Es wird sich in der Folge zwischen beyden Arten des herrschenden Geschmacks ein Mittelweg ergeben...' 同上，第 144 页。

[110] 'Der Architekt will auf einmal das Auge befriedigen, es auf einmal die ganze harmonische Einrichtung seines Werks umfassen lassen; der Gartenkünstler will nach und nach mit einer allmählichen Fortschreitung unterhalten'... 'einen gewissen anmuthigen Verwickelung'... 'Verschiedenheit der Wirkungen'... 'Der Gartenkünstler arbeitet am glücklichsten, wenn er fast überall as Gegentheil von dem thut, was der Baumeister beobachtet.' 同上，第 138 页。

[111] 'Gerade Alleen sind hier nicht allein zuläßig, sondern verdienen selbst den Vorzug, indem sie die Aufsicht der Polizey, die an solchen Plätzen oft unentbehrlich ist, erleichtert.' 希施费尔德，第五卷（1785 年），第 68 页及之后。

[112] 希施费尔德，第 1 卷（1779 年），第 142 页。

[113] 同上，第 187 页。希施费尔德受到他反复引用的哈勒尔（Haller）的 Alpen（1729 年）的影响。

[114] 希施费尔德，第 1 卷（1779 年），第 158 页。

[115] 'Gott schuf die Welt, und der Mensch verschönert sie.'

[116] '... Charakter der Gegend. ' 希施费尔德，第 4 卷（1782 年），第 27 页。

[117] 希施费尔德，第 1 卷（1779 年），第 214 页。

[118] 'fast ganz ein Werk der Natur.', 希施费尔德，第 4 卷（1782 年），第 90 页。

[119] 希施费尔德，第 3 卷（1780 年），第 97 页。

[120] 'eine reiche Quelle des Vergnügens und der süßesten Melancholie.', 同上，第 111 页；关于这一主题，参见古特·哈德曼（Günter Hartmann），*Die Ruine im Landschaftsgarten*，乌尔姆斯，1981 年。

[121] 'die äußersten Überladungen und Verzierungen, die nur der Üppigste und ausschweifendste Geschmack ausfinden kann...'... 'flüchtig und mager. ' 同上，第 6 页。

[122] 'Das Auge läßt sich so wenig als die Einbildungskraft Gesetze aufdringen, welche die Natur nicht kennt.'... 'Bey allen aus der Mythologie entlehnten Vorstellungen entstehen zwey Fragen: ob sie für unser Zeitalter noch interessant genug sind und sodann, ob sie sich in Gartenanlagen schicken?' 希施费尔德，第五卷（1785 年），第 233 页。

[123] 特别参见格恩特（Gerndt）（1981）。

[124] 弗里德里希·冯·席勒（Friedrich von Schiller），*Über den Gartenkalender auf das Jahr* 1795；摘自席勒，Sämtliche Werke，第 12 卷，斯图加特 - 蒂宾根，1847 年，第 342-350 页。

[125] 'Es wird sich alsdann wahrscheinlicher Weise ein ganz guter Mittelweg zwischen der Steifigkeit des französischen Gartengeschmacks und der gesetzlosen Freiheit des sogenannten englischen finden.' 同上，第 346 页。

[126] 'poetischen Gartengeschmack'... 'richtigen Factum der Gefühle'... 'weil er aus seinen Gränzen trat und die Gartenkunst in die Malerei hinüberfübrte.' 同上，第 345 页。

[127] 'welche die Natur durch sich selbst repräsentirt und nur insofern rühren kann, als man sie absolut mit der Natur verwechselt...' 同上。

[128] 歌德（Goethe），席勒（Schiller）和海因里希·迈耶（Heinrich Meyer），*Über den Dilettantismus*（1799 年）；摘自歌德，《柏林版本》（*Berliner Ausgabe*），第 19 卷，柏林 - 魏玛，1973 年，第 309-333 页（园林的讨论，第 322 页及之后）。

[129] 'Ein Bild aus der Wirklichkeit zu machen, kurz, erster Eintritt in die Kunst.'

[130] 'eine reinliche und vollends schöne Umgebung wirkt immer wohltätig auf die Gesellschaft.'

[131] 'Reales wird als ein Phantasiewerk behandelt. Die Gartenliebhaberei geht auf etwas Endloses hinaus: 1)weil sie in der Idee nicht bestimmt und begrenzt ist; 2)weil das Materiale als ewig zufällig sich immer verändert und der Idee ewig entgegenstrebt. Die Gartenliebhaberei läßt sich die edlern Künste auf eine unwürdige Art dienen und macht ein Spielwerk aus ihrer soliden Bestimmung. Befördert die sentimentale und phantastische Nullität. Sie verkleinert das Erhabene in der Natur und hebt es auf, indem sie es nachahmt. Sie verewigt die herrschende Unart der Zeit im Ästhetischen unbedingt und gesetzlos sein zu wollen und willkürlich zu phantasieren, indem sie sich nicht wie wohl andere Künste korrigieren und in der Zucht halten läßt.'

[132] 'Die dabei vorkommenden Gebäude werden leicht, spindelartig, hölzern, brettern pp. aufgeführt und zerstören den Begriff solider Baukunst, Ja sie heben das Gefühl für sie auf. Die Strohdächer, bretterne Blendungen, alles macht eine Neigung zu Kartenhaus-Architektur.'

[133] 参见格恩特（Gerndt）（1981 年），第 169 页及之后。

[134] 'daß man in Zukunft manche der natürlichen Parks wieder in dergleichen künstliche Anglagen umarbeiten möchte.' 路德维希·蒂克（Ludwig Tieck），*Phantasus*，引自格恩特（Gerndt），第 174 页。

[135] 特别参见格恩特（Gerndt）（1981 年），第 145 页及之后；格恩特试图（第 146 页）实现歌德对花园的描述。

[136] 弗利德里希·路德维希·冯·斯凯尔（Friedrich Ludwig von Sckell），*Beiträge zur bildenden Gartenkunst für angehende Gartenkünstler und Gartenliebhaber*，慕尼黑，1818 年（第二版 1825 年），1825 年版的影印再版，加入了沃尔夫冈·舍佩尔斯（Wolfgang Schepers）的编director记，乌尔姆斯，1982 年。参见卡尔·奥格斯特·斯凯尔（Carl August Sckell）对 *Beiträge* 第二版和前面所引哈尔鲍姆（Hallbaum）的著作的介绍。

[137] 斯凯尔（1825 年），第 5，14，17 页。

[138] 'Bilder der Natur'... 'Natur in ihrem festlichem Gewande...' 同上，第 1 页。

[139] 'imposanten Anblick von hoher Pracht... ' 同上，第 2 页。

[140] 'Annäherung aller Stände... im Schoße der schönen Natur.' 斯凯尔（1825 年），第 2 页和第 197 页及之后。关于斯凯尔在慕尼

黑的成就，参见阿德里安·冯·巴特拉（Adrian von Buttlar）的文章：'Der Garten als Bild-das Bild des Gartens. Zum Englischen Garten in München'，在展览书目 *Münchner Landschaftsmalerei 1800-1850*，慕尼黑，1979 年，第 160 页及之后；'Vom Englischen Garten zum Glaspalast, Englisches in München 1789-1854.'，载：*Englische Architekturzeichnungen des Klassizismus 1760-1830*，伽莱里·卡罗尔（Galerie Carroll），慕尼黑，1979 年，第 28 页及之后；前面引用的书（1980 年），第 173 页及之后；'Englische Gärten in Deutschland'，载：*Sind Briten hier? Relations between English and Continental Art 1680-1880*，慕尼黑，1981 年，第 97 页及之后。

[141] 'Daher kann auch der Gartenkünstler nach Gefallen jene Bilder wählen und aufstellen, die zu seinem Locale passen, unbekümmert, ob solche groß oder klein erscheinen. Die Natur wird sie anerkennen, sind sie nur nach ihren Formen und Gesetzen gestaltet, ausgeführt und in einem malerischen Bilde, ihr ähnlich und nicht überladen, aufgestellt worden.' 斯凯尔（Sckell）（1825 年），第 7 页。

[142] 同上，第 21 页。

[143] 同上，第 36 页及之后。

[144] 'mit starken Schritten der schönen Wellen-Linie'…'die ihm seine geübte Einbildungskraft vorbildet, und gleichsam vor ihm herschweben läßt.' 同上，第 76 页（图版 I）。

[145] 参见古特·格日梅克（Günter Grzimek），*Gedanken zur Stadtund Landschaftsarchitektur seit Friedrich Ludwig von sckell (Reihe der Bayer. Akademie der Schönen Künste)*，慕尼黑，1973 年；舍佩尔斯（Schepers）为斯凯尔（Sckell）（1982 年）所作的编后语。

[146] 赫尔曼·冯·普克勒 - 穆斯考（Hermann von Pückler-Muskau），*Andeutungen über Landschaftsgärtnerei*，斯图加特，1834 年[新版，1933 年；一个加入了阿布雷克特·克鲁泽·罗德纳克尔（Albrecht Kruse-Rodenacker）介绍的更深入的版本；这里引用的是最终版本]。
关于普克勒 - 穆斯考，特别参见赫尔曼·冯·阿尼姆（Hermann von Arnim），*Ein Fürst unter den Gärtnern. Pückler als Landschaftskünstler und der Muskauer Park*，法兰克福 - 柏林 - 维也纳，1981 年。

[147] 'aus dem Ganzen der landschaftlichen Natur ein concentriertes Bild, eine solche Natur im Kleinen als poetisches Ideal zu schaffen…' 普克勒 - 穆斯考（Pückler-Muskau）（1834 年；1977 年版），第 18 页注释。

[148] 'denn ein Garten im großen Style ist eben nur eine Bildergallerie…' 同上，第 26 页。

[149] 'mit ihrer Umgebung in sinniger Berührung stehen und immer einen bestimmten Zweck haben.' 同上，第 28 页。

[150] 'Euer ist jetzt das Geld und die Macht, laßt dem ausgedienten Adel die Poesie, das einzige, was ihmübrig bleibt.'

第二十一章注释

[1] 参见艾米尔·考夫曼（Emil Kaufmann），*Von Ledoux bis Le Corbusier. Ursprung und Entstehung derautonomen Architektur*，莱比锡 - 维也纳，1933 年；'Three Revolutionary Architects, Boulle, Ledoux, and Lequeu'，*Transactions of the American Philosophical Society*，N.S.，42/43，1952 年，第 431-564 页；*Architecture in the Age of Reason*（1955 年），纽约，1969 年。

[2] 阿瑟·德雷克斯勒（Arthur Drexler）（编辑），*The Architecture of the Ecole des Beaux-Arts*，伦敦 - 纽约，1977 年。

[3] 唐纳德·德鲁·埃格伯特（Donald Drew Egbert），*The Beaux-Arts Tradition in French Architecture, Illustrated by the Grands Prix de Rome*，普林斯顿，1980 年；罗宾·D·米德尔顿（Robin D. Middleton）（编辑），*The Beaux-Arts and Nineteenth-Century French Architecture*，伦敦，1982 年。

[4] 路易斯 - 安布鲁瓦兹·迪比（Louis-Ambroise Dubut），*Architecture Civile. Maisons de ville et de campagne de toutes formes et de tous genres…*，巴黎，1803 年（第二版 1837 年），1803 年影印再版，德国 Unterschneidheim，1974 年。
关于迪比，特别参见考夫曼（1933 年；意大利文版本，*Da Ledoux a Le Corbusier*，米兰，1973 年，第 120 页及之后）；作者同上（1952 年），第 534 页及之后；作者同上（1955 年），第 208 页及之后。

[5] 得奖设计及详细介绍的完全名单，参见埃格伯特（Egbert）（1980 年），第 168 页及之后；迪比（Dubut）的设计彩图，载：德雷克斯勒（Drexler）（1977 年），第 126 页及之后。

[6] 迪比（Dubut）（1803 年），序言。

[7] 'Est-il rien de plus agréable qu' une Maison où nos besoins sont parfaitement satisfaits? elle fait le charme de notre vie, et contribute à nous faire passer des jours heureux.' 迪比（Dubut）（1803 年），序言。

[8] 关于迪朗（Durand），参见路易·霍特考尔（Louis Hautecoeur），*Histoire de l'Architecture classique en France*，第 5 卷，巴黎，1953 年，第 259 页及之后；考夫曼（Kaufmann）（1955 年），第 210 页及之后；爱德华·罗伯特·德·祖尔克（Edward Robert De Zurko），*Origins of Functionalist Theory*，纽约，1957 年，第 168 页及之后；亨利 - 罗素·希区柯克（Henry-Russell Hitchcock），*Architecture: Nineteenth and Twentieth Century*（1958 年），哈蒙兹沃斯（Harmondsworth），1971 年，第 47 页及之后；安东尼奥·赫尔南德兹（Antonio Hernandez），'Jean-Nicolas-Louis Durand und die Anfänge der funktionalistischen Architekturtheorie'，载：*Architekturtheorie. Internationaler Kongreß an der TH Berlin*，1967 年，第 135-151 页（英文版载：Perspecta XII，1969 年，第 153-160 页）；德雷克斯勒（Drexler）（1977），第 72 页及之后部分；埃格伯特（Egbert）（1980 年），第 48 页及之后；沃纳·尚比恩（Werner Szambien），'Durand and the continuity of tradition'，载：米德尔顿（Middleton）（1982 年），第 18-33 页；沃纳·尚比恩，*Jean-Nicolas Louis Durand 1760-1834*，巴黎，1984 年。

9　图版，尚比恩（Szambien）（1982 年），第 18 页；德雷克斯勒（Drexler）（1977 年），第 117 页。

10　关于先驱者和法国理工学院（Ecole Polytechnique）的作用，参见埃格伯特（Egbert）（1980 年），第 46 页及之后。

11　让 - 尼古拉斯 - 路易·迪朗（Jean-Nicolas-Louis Durand），*Recueil et parallèle des édifices de tout genre, anciens et modernes*，巴黎，1800 年；一个内容有相当的扩充的版本：*Raccolta e parallelo delle fabriche classiche di tutti i tempi...*，J·G·勒格朗（J. G. Legrand）编辑，威尼斯，1833 年，列日，1842 年；J·G·勒格朗，*Essai sur l'histoire générale de l'architecture pour servir de texte explicatif au recueil et parallèle des édifices par J. N. L. Durand*，比利时列日（Lüttich），1842 年[都是在最后一起提到，影印本，罗德林根（Nördlingen），1986 年]。

12　关于迪朗（Durand）的资料，参见尚比恩（Szambien）（1982 年），第 19 页及之后。

13　让 - 尼古拉斯 - 路易·迪朗（Jean-Nicolas-Louis Durand），*Précis desleçons d'architecture données à l'Ecole Polytechnique*，两卷本，巴黎，1802-1805 年（修订本，巴黎，1817-1819 年）；*Partie graphique des Cours d'Architecture*，巴黎，1821 年；1817 年，1819 年和 1821 年增订本再版，Unterschneidheim，1975 年。

　　一个德语版的迪朗讲稿集：卡尔·弗里德里希·安东·冯·康塔（Carl Friedrich Anton von Conta），*Grundlinien der bürgerlichen Baukunst Nach Herrn Durand*，哈勒（Halle），1806 年；完全版，*Abriß der Vorlesungen über Baukunst*，两卷本，卡尔斯鲁厄（Karlsruhe）和弗莱堡（Freiberg），1831 年。

14　迪朗（Durand）（1819 年），第 1 卷，第 5 页。

15　'utilité publique et particulière, la conservation, le bonheur des individus, des familles et de la société.' 同上，第 6 页。

16　同上，第 6 页及之后。

17　同上，第 14 页。

18　同上，第 55 页。

19　同上，第 21 页。

20　同上，第 19 页。

21　同上，第 14 页和第 53 页。

22　同上，第 8 页。

23　同上，第 34 页。

24　参见希区柯克（Hitchcock）（1971 年），第 49 页及之后，特别（inter alia）显示出迪朗（Durand）的画廊设计对克伦策（Klenze）在慕尼黑的雕像博物馆（Glyptothek）的影响。

25　参见尚比恩（Szambien）（1982 年），第 21 页。

26　关于龙德莱（Rondele），参见理查德·查菲（Richard Chafee），载：德雷克斯勒（Drexler）（1977 年），第 77 页和埃格伯特（Egbert）（1980 年），第 47 页及之后。

27　让 - 巴蒂斯特·龙德莱（Jean-Baptiste Rondele），*Traité théorique et pratique de l'art de batir*，五卷本，巴黎，1802-1817 年和图版卷；多个版本（第八版 1838 年）。

28　龙德莱（Rondele），第 1 卷（1802 年），第 8 页。

29　同上，第 4 卷（1817 年），第 491 页及之后。

30　同上，第 537 页及之后，图版 CLXXV。

31　同上，图版卷，图版 LXXXIII。

32　马里 - 约瑟·佩尔（Marie-Joseph Peyre），*Oeuvres d'architecture*，巴黎，1765 年，图版 19。

33　关于拿破仑（Napoleon）对艺术和建筑的看法，霍特考尔（Hautecoeur），第 5 卷（1953 年），第 150 页及之后；保罗·维舍尔（Paul Wescher），*Kunstraub unter Napoleon*，柏林，1976 年。

34　关于佩西耶（Percier）和方丹（Fontaine），特别参见毛里斯·富歇（Maurice Fouché），Percier et Fontaine，巴黎，1905 年；让娜·迪波塔尔（Jeanne Duportal），*Charles Percier, Reproductions de dessins conservés la Bibliothèque de l'Institut*，巴黎，1931 年；霍特考尔（Hautecoeur），第 5 卷（1953 年），第 156 页及之后，第 252 页及之后；玛丽 - 路易·比韦（Marie-Louise Biver），*Pierre-François-Léonard Fontaine. Premier architecte de l'Empereur*，巴黎，1964 年；汉斯·奥托迈耶（Hans Ottomeyer），*Das frühe Oeuvre Charles Perciers*（1782-1800）. *Zu den Anfängen des Historismus in Frankreich*，论文（慕尼黑，1976 年），德国欧登多（Altendorf），1981 年；汉斯 - 约阿西姆·哈森吉尔（Hans-Joachim Haassengier），*Das Palais du Roi de Rome auf dem Hügel yon Chaillot. Percier Fontaine-Napoleon*，法兰克福 - 波恩，1983 年；以及最近出版的方丹期刊，*Pierre-Françcis-Léonard Fontaine, Journal 1799-1853*，两卷本，巴黎，1987 年。

35　夏尔·佩西耶（Charles Percier）和皮埃尔 - 弗朗索瓦 - 莱昂·方丹（Pierre-Françcis-Léonard Fontaine），*Palais, Maisons, et autres édifices modernes dessinés à Rome*，巴黎，1798 年[影印再版，附汉斯·福拉米蒂（Hans Foramitti）的导言，希尔德斯海姆 - 纽约，1980 年]。

36　同上（1798 年），第 5 页及之后。

37　同上，第 6 页。

38　同上，第 4 对开页。

39　同上，第 8 页。

40　同上，图版 92，以及注释在第 27 页。

41　佩西耶和方丹，*Recueil de décorations intérieures, comprenant tout ce qui a rapport à l'ameublement...*，巴黎，1801 年（增

订本，巴黎，1812 年）；关于这一著作的版本，参见奥托迈耶（Ottomeyer）（1981 年），第 195 页及之后。

42　同上（1812 年），第 10 页。

43　同上，第 15 页。

44　佩西耶和方丹，*Résidences de Souverains. Parallèle entre plusieurs Résidences de Souverains de France, d'Allemagne, de Suède, de Russie, d'Espagne, et d'Italie*，巴黎，1833 年[影印再版，附汉斯·福拉米蒂（Hans Foramitti）介绍，希尔德斯海姆 - 纽约，1973 年]。

45　同上（1833 年），第 39 页。

46　同上，第 266 页及之后。

47　'nous considérons l'architecture antique, celle de la renaissance des arts, celle des temps modernes et autres, non comme des types de doctrine auxquels il faut se conformer, mais comme des subdivisions particulières qui distinguent les productions d'un même art et tendent au même but, comme des découvertes de sciences que chacun a pu exploiter selon besoins, et qu'il est important d'étudier pour mettre à profit les avantages qu'elles comportent.' 同上，第 271 页。

48　'Tout est grand, tout est somptueux dans cette riche demeure, mais tout y est triste, monotone et peu commode.' 同上，第 288 页。

49　同上，第 288 页及之后。

50　'Il faut, en changeant l'échelle et l'étendue d'un édifice, que les subdivisions de l'ensemble soient refaites sur un module dont les rapports mathémathiques ne doivent pasétre l'unique base. Il faut que chaque partie reçoive la proportion qui lui est relative, et non celle qui serait prescrite par un formulaire de chiffres.' 同上，第 289 页。

51　夏尔 - 皮埃尔 - 约瑟夫·诺尔芒（Charles-Pierre-Joseph Normand），*Recueil varié de plans et de facades de maisons de ville et de campagne...*，巴黎，1815 年。

52　同上，Blatt 2.

53　同上，图版 51，中间。

54　诺尔芒（Charles-Pierre-Joseph Normand），*Le Vignole des ouvriers. Ou la méthode facile pour tracer les cinque ordres d'architecture*，四部分，两卷本，第七版，巴黎，1839 年。

55　朱塞佩·瓦拉迪耶（Giuseppe Valadier），*L'architettura pratica dettata nella scuola e cattedra dell'insegne Accademia di San Luca*，五卷本，罗马，1828-1838 年。

　　关于瓦拉迪耶，特别参见埃尔弗里德·舒尔策 - 巴特曼（Elfriede Schulze-Battmann），*Giuseppe Valadier, ein klassizistischer Architekt Roms 1762-1839*，德累斯顿，1939 年；保罗·马可尼（Paolo Marconi），Giuseppe Valadier，罗马，1964 年；埃莉萨·德博内德蒂（Elisa Debenedetti），*Valadier diario architettonico*，罗马，1979 年；展会书目 *Valadier. Segno e architettura*，编辑埃莉萨·德博内德蒂，罗马，1985 年。

56　朱塞佩·瓦拉迪耶（Giuseppe Valadier）和菲利波·奥雷利奥·维斯孔蒂（Filippo Aurelio Visconti），*Raccolta delle più insegni fabbriche de Roma antica*，7 卷本，罗马，1810-1826 年。

57　瓦拉迪耶（Valadier）和维斯孔蒂（Visconti），第 1 卷（1810 年），第 1 页。

58　特别参见理查德·查菲（Richard Chafee），'The Teaching of Architecture at the Ecole des Beaux-Arts'，载：德雷克斯勒（Drexler）（1977 年），第 61 页及之后；埃格伯特（Egbert）（1980 年），第 36 页及之后。

59　关于查菲（Chafee），参见德雷克斯勒（Drexler）（1977 年），第 70 页及之后；奥托迈耶（Ottomeyer）（1981 年），第 29 页及之后。

60　关于考特梅尔·德·坎西（Quatremère de Quincy），参见勒内·加百利·施耐德，*L'estétique classique chez Quatremère de Quincy*（1805-1835），论文，巴黎，1910 年；霍特考尔（Hautecoeur），第 5 卷（1953 年），第 246 页及之后；查菲（Chafee），载：德雷克斯勒（Drexler）（1977 年），第 67 页及之后；埃格伯特（Egbert）（1980 年），第 42 页及之后。

61　安托万 - 克里索斯托姆·考特梅尔·德·坎西（Antoine-Chrysostome Quatremère de Quincy），*Dictionnaire d'Architecture*，第 1 卷，巴黎，1789 年，第 2 卷，1832 年；*Histoire de la vie et des ouvrages des plus célèbres architectes*，两卷本，巴黎，1830 年（影印再版，纽约，1970 年）。

62　考特梅尔·德·坎西（1830 年），第 1 卷，第 7 页。

63　同上，第 2 卷，第 194 页及之后部分。

64　考特梅尔·德·坎西，*Essai sur la nature, le but et les moyens de l'imitation dans les Beaux-Arts*，巴黎，1823 年[影印再版，附利昂·克里尔（Leon Krier）和德梅特里·波尔菲里奥斯（Demetri Porphyrios）的介绍，布鲁塞尔，1980 年]。

65　参见海伦·罗西瑙（Helen Rosenau），'The Engravings of the Grands Prix of the French Academy of Architecture'，*Architectural History* III，1960 年，第 17-173 页；万达·布洛 - 拉博（Wanda Bouleau-Rabaud），'L'Acad-émie d'Architecture à la fin du XVIIIe siècle'，*Gazette des Beaux-Arts* LXVIII，1966 年，第 355-364 页；特别是埃格伯特（Egbert）（1980 年），第 163 页及之后（附设计图和目录）。

66　弗朗索瓦·勒内·夏多布里昂（François-René Chateaubriand），*Génie du Christianisme ou beauté de la religion chrétienne*（1802）；载：*Bibliothèque de la Pléiade*，巴黎，1978 年，第 457 页及之后。

67　'proportions barbares...un sentiment vague de la divinité.' 夏多布里昂（Chateaubriand）（1802 年），第三部分，第一篇，第八章，1978 年版，第 801 页。

68 关于对色彩装饰的讨论，特别参见以下文章：卡尔·哈默（Karl Hammer），*Jakob Ignaz Hittorff. Ein Pariser Baumeister 1792-1867*，斯图加特，1968 年，第 101 页及之后；戴维·范·赞特恩（David Van Zanten），'The Architectural Poly-chromy of the 1830s'（博士论文，哈佛大学，1970 年），纽约—伦敦，1977 年；尼尔·莱文（Neil Levine），'The Romantic Idea of Architectural Legibility: Henri Labrouste and the Neo-Grec'，载：德雷克斯勒（Drexler）（1977 年），第 325 页及之后；R·D·米德尔顿（R. D. Middleton），'Hittorff's polychrome campaign'，载：米德尔顿（1982 年），第 197-215 页；玛丽·弗朗索瓦丝·比约（Marie-Françoise Billot），'Recherches aux XVIIIe et XIXe siècles sur la polychromie de l'architecture grecque'，载：展会书目，*Paris-Rome-Athèaes*，巴黎，1982 年，第 61-125 页。

69 考特梅尔·德·坎西，*Jupiter olympien: l'art de la scultpure antique considerée sous un nouveau point de vue*，巴黎，1815 年。特别参见范·赞特恩（Van Zanten）（1977），第 9 页及之后（引言），第 3 页及之后。

70 参见范·赞特恩（Van Zanten）（1977 年），第 19 页及之后。这一时期表示赞同古典时期建筑上色彩装饰运用最重要的文章如下：弗朗茨-克里斯蒂安·高乌（Franz-Christian Gau），*Les Antiquités de Nubie*，巴黎，1822 年（德语版：斯图加特，1823 年）。约翰·马丁·冯·瓦格纳（Johann Martin von Wagner），*Bericht über die Aeginetischen Bildwerke im Besitz des Kronprinzen von Bayern*，斯图加特，1817 年。奥托·马格努斯·冯·施塔克尔贝格（Otto Magnus von Stackelberg），*Der Apollotempel zu Bassae in Arcadien und die daselbst ausgegrabenen Bildwerke*，罗马，1826 年。莱奥·冯·克伦策（Leo von Klenze），*Der Tempel des olympischen Jupier von Agrigent*，慕尼黑，1827 年。

71 关于希托夫（Hittorff），参见霍特考尔（Hautecoeur），第 6 卷（1955 年）年，第 228 页及之后；埃里希·席尔德（Erich Schild），*Der Nachlaß des Architekten Hittorff*，论文，亚琛，1956 年；卡尔·哈默（Karl Hammer），*Jakob Ignaz Hittorff. Ein Pariser Baumeister 1792-1867*，斯图加特，1968 年；唐纳德·戴维·施奈德（Donald David Schneider），'The Works and Doctrine of Jacques Ignace Hittorff（1792-1867）: Structural Innovation and Formal Expression in French Architecture, 1810-1867'，博士论文（普林斯顿大学，1970 年），两卷本，安阿伯-伦敦，1981 年。

72 雅各布·伊格纳茨·希托夫（Jakob Ignaz Hittorff），'Mémoires sur mon voyage en Sicile, lu à l' Académie des BeauxArts de l' Institut avec l' extrait du procèsverbal de la séance du 24 juillet 1824'（巴黎，法兰西学院，Ms 4641）；参见哈默（Hammer）（1968 年），第 101 对开页。

73 希托夫（Jakob Ignaz Hittorff）和卡尔·路德维希·威廉·冯·赞斯（Karl Ludwig Wilhelm von Zanth），*Architecture antique de la Sicile ou Recueil des plus intéressants monuments d' architecture des villes et des lieux, les plus remarquables de la Sicile ancienne, mesurés et dessinés...*，巴黎，1828 年。

74 希托夫（Jakob Ignaz Hittorff），*Restitution du Temple d' Empédocle à Sélinonte ou l' Architecture polychrome chez les Grecs*，巴黎，1851 年。

75 特别参见米德尔顿（Middleton），载：米德尔顿（编辑）（1982 年），第 188 页及之后。

76 关于拉布鲁斯特（Henri Labrouste），参见霍特考尔（Hautecoeur），第 6 卷（1955 年），第 241 页及之后；莱文（Levine）（1977 年），第 325-416 页；皮埃尔·萨迪（Pierre Saddy），展会书目 *Henri Labrouste architecte 1801-1825*，巴黎，1977 年；范·赞特恩（Van Zanten）（1977 年），第 36 页及之后。

77 实例在德雷克斯勒（Drexler）（编辑）（1977 年），第 156 页及之后。

78 亨利·拉布鲁斯特（Henri Labrouste），*Temples de Paestum par Labrouste. Restaurations des monuments antiques par les architectes pensionnaires de France à Rome*，巴黎，1877 年。

79 参见范·赞特恩（Van Zanten）：米德尔顿（编辑）（1982 年），第 199 页，栏目图版 II。

80 参见莱文（Levine）的分析研究（1977 年），第 366 页及之后。

81 实例在德雷克斯勒（Drexler）（编辑）（1977 年），第 361 页及之后；展会书目，*Paris-Rome- Athèaes*（1982 年），第 132 页及之后。

82 特别见莱文（Levine）（1977 年），第 325 页及之后。

83 参见西格弗里德·戈尔（Siegfried Gohr），'Thorvaldsens Museum'，载：展会书目，*Bertel Thorvaldsen*，科隆，1977 年，第 89 页及之后。

84 弗朗兹·库格勒（Franz Kugler），*Über die Polychromie der griechischen Architektur und Sculptur und ihre Grenzen*，柏林，1835 年（外加部分载：库格勒，*Kleine Schriften und Studien zur Kunstgeschichte*，第 1 部分，斯图加特，1853 年，第 265 页及之后）。

85 维克多·雨果（Victor Hugo），*Notre-Dame de Paris* 1482（1832 年），这里摘自七星文库图书馆（Bibl. De la Pléiade），巴黎，1975 年，第 106 页及之后。

86 特别见吕西安·勒福（Lucien Refort），'L' art gothique vu par Victor Hugo et Michelet'，*Revue d'Histoire Littéraire de la France* 33，1926 年，第 390-394 页；保罗·弗兰克尔（Paul Frankl），*The Gothic. Literary Sources and Interpretations through Eight Centuries*，普林斯顿，1960 年，第 483 页及之后；展会书目 *Le 'gothique' retrouvé avant Violletle-Duc*，巴黎，1979 年，第 63 页及之后。

87 参见弗兰克尔（Frankl）（1960 年），第 487 页；埃里克·福凯（Eric Fauquet），'J. Michelet et l'histoire de l'archi-tecture républicaine'，*Gazette des Beaux-Arts* 126，1984 年，第 71-79 页；参见评注版本，朱尔·米什莱（Jules Michelet），'Histoire de France'，罗伯特·卡萨诺瓦（Robert Casanova）编辑，载：朱尔·米什莱，*Oeuvres completes*，第 4-8 卷，巴黎，1974-1980 年。

88 欧文·帕诺夫斯基（Erwin Panofsky），*Gothic Architecture and Scholasticism*（1951 年），克利夫兰（Cleveland）-纽约，第 6 版 1963 年。

89 参见霍特考尔（Hautecoeur），第 6 卷（1955），第 292 页及之后；梅里美（Prosper Mérimée）给维奥莱—勒—迪克（Viollet-le-Duc）的信，载：*Oeuvres complètes de Prosper Mérimée*，第 2 卷，*Lettres a Viollet-le-Duc*，皮埃尔·特拉哈德（Pierre Trahard）编辑，巴黎，1927 年；展会书目，*Prosper Mérimée, Inspecteur généal des Monuments historiques*（*Les Monuments historiques de la France*），1970 年，第 3 号；关于梅里美的信件和著作版本，参见路易丝·迪普雷·迪肯森（Louise Dupley Dickenson），'A Half-Century of Mrémimée Studies: An Annotated Bibliography of Criticism in French and English 1928-1976'，博士论文[Vanderbilt 大学，纳什维尔（Nashville），田纳西州，1976 年），安妮堡，密歇根，1976 年，第 303 页及之后。

90 关于科蒙（Caumont），参见弗兰克尔（Frankl）（1960），第 519 页及之后；尼古拉斯·佩夫斯纳（Nikolaus Pevsner），*Some Architectural Writers of the Nineteenth Century*，牛津，1927 年，第 36 页及之后。

91 阿尔西斯·德·科蒙（Arcisse de Caumont），'Sur l'architecture du moyen-âge particulièrement en Normandie'，*Mémoires de la Société des Antiquaires de Normandie* I，1824 年，第二部分；作者同上，*Cours d'antiquités monumentales*，巴黎，1830-1841 年。

92 莱昂斯·雷诺（Léonce Reynaud），*Traité d'architecture contenant des notions générales sur les principes de la construction et sur l'histoire de l'art*，两卷文本和两卷图版，巴黎，1850-1858 年。
关于雷诺，参见 F·德·达尔坦（F. de Dartein），*Léonce Reynaud, sa vie, ses oeuvres*，巴黎，1885 年；尼古拉斯·佩夫斯纳（Nikolaus Pevsner）（1972 年），第 203 页及之后。

93 雷诺（Reynaud），第 1 卷（1850 年），第 1 页及之后。

94 'Or le fer, comme le bois, et même mieux que lui, se prête à toutes les formes.' 同上，第 446 页。

95 'Le bon est le fondement du beau, et les formes de l'art doivent être toujours vraies.' 同上，第 2 卷（1858 年），第 20 页。

96 同上，第 26 页及之后。

97 'La décoration est dans l'art que le plaisir est dans la vie... besoin inné chez l'homme.'，同上，第 66 页。

98 关于哥特主义者和古典主义者之间的争执以及美术学院对改革的尝试，参见霍特考尔（Hautecoeur），第 6 卷（1955 年），第 332 页及之后；佩夫斯纳（Pevsner）（1972 年），第 198 页及之后；查菲（Chafee），载：德雷克斯勒（Drexler）编辑（1977 年），第 97 页及之后所写；埃格伯特（Egbert）（1980 年），第 58 页及之后；许多重要的论战著作的意大利文版，卢恰诺·帕泰塔（Luciano Patetta），*La polemica fra i Goticisti e i Classicisti dell'Académie des Beaux-Arts Francia 1846-1847*，米兰，1974 年。

99 理查德·A·摩尔（Richard A. Moore），'Academic Dessin Theory in France after Reorganization of 1863'，*Journal of the Society of Architectural Historians* XXXVI，1977 年，第 166-174 页。

100 约翰·萨默森（John Summerson），'Viollet-le-Duc and the Rational Point of View'，载：萨默森，*Heavenly Mansions and other essays on architecture*（1948），纽约，1963 年，第 135 页。

101 关于维奥莱—勒—迪克（Viollet-le-Duc）的文献相当丰富，特别参看：保罗·亚伯拉罕（Pol Abraham），*Viollet-le-Duc et le rationalisme médiéval*，巴黎，1934 年；萨默森（Summerson）（1948 年，编辑 1963 年），第 135-158 页；莫里斯·贝塞（Maurice Besset），'Viollet-le-Duc. Seine Stellung zur Geschichte'，载：路德维希·格罗特（Ludwig Grote）编辑，*Historisinus und bildende Kunst*，慕尼黑，1965 年，第 43-58 页；雷纳托·德·富斯科（Renato de Fusco），*L'idea di architettura. Storia della critica da Viollet-le-Duc a Persico*（1968），米兰，1977 年，第 4 页及之后；尼古拉斯·佩夫斯纳（Nikolaus Pevsner），*Ruskin and Viollet-le-Duc*，伦敦，1969 年。作者同上，'Viollet-le-Duc and Reynaud'，载：佩夫斯纳（1972 年），第 194-216 页；罗宾·D·米德尔顿（Robin D. Middleton），'Viollet-le-Duc's Academic Ventures and the Entretiens surl'Architecture'，载：*Gottfried Semper und die Mitte des 19. Jahrhunderts*，巴塞尔-斯图加特，1976 年，第 239-254 页；伊沃·塔利亚文蒂（Ivo Tagliaventi），*Viollet-le-Duc e la cultura architettonica del revivals*，博洛尼亚，1976 年；皮埃尔-马里·奥扎（Pierre-Marie Auzas），'Eugène Viollet-le-Duc 1814-1879'，巴黎，1979 年，格特·贝克特（Gert Bekaert）（编辑），*A la recherche de Viollet-le-Duc*（短文文集），布鲁塞尔，1980 年；建筑设计概览，*Viollet-le-Duc*，伦敦，1980 年；罗宾·D.米德尔顿，'Viollet-le-Duc's Influence in NineteenthCentury England'，*Art History* 4，1981 年，第 203-219 页；*Acres du Colloque International Viollet-le-Duc*（1980），巴黎，1982 年。
重要目录：*Viollet-le-Duc Centenaire de la mort a Lausanne*，洛桑，1979 年；*Viollet-le-Duc*，伦敦，1980 年；*Le voyage d'Italie d'Eugène Viollet-le-Duc 1856-1837*，佛罗伦萨，1980 年；*Viollet-le-Duc e il restauro degli edifici in Francia*，米兰，1981 年。

102 吉纳维芙·维奥莱—勒—迪克（Geneviève Viollet-le-Duc）（编辑），*E. Viollet-le-Duc. Lettres d'Italie 1836/37 adressées à sa famille*，巴黎，1971 年；展会书目，*Le voyage d'Italie d'Eugène Viollet-le-Duc 1836-1837*，佛罗伦萨，1980 年。

103 尤金·以马利·维奥莱—勒—迪克（Eugène Emmanuel Viollet-le-Duc），*Dictionnaire raisonné de l'architecture française du XIe au XVIe siècle*，共十卷，巴黎，1854-1868 年（影印再版，巴黎，1967 年）；参照以下版本：维奥莱—勒—迪克，*L'architecture raisonnée. Extraits du Dictionnaire de l'archtecture française*，于贝尔·达米斯克（Hubert Damisch）编辑，巴黎，1964 年；菲利普·布东（Philippe Boudon）和菲利普·德赛（Philippe Deshayes），*Viollet-le-Duc. Le Dictionnaire d'architecture Relevés st ovservations*，布鲁塞尔，1979 年。

尤金·以马利·维奥莱—勒—迪克，*Entretiens sur l'architecture*，两卷，巴黎，1863-1872（影印再版，布鲁塞尔，1977年）；英文版，波士顿，1875-1881年；伦敦，1877-1882年。

一本收入附尤金·以马利·维奥莱—勒—迪克的著作目录，Viollet-le-Duc（巴黎，1980年），第397页及之后[很多影印本都由马达加（Mardaga）再版，布鲁塞尔]。

[104] 特别参见贝塞（Besset）（1965年），第43页及之后。

[105] 维奥莱—勒—迪克（Viollet-le-Duc），*Dictionnaire*，第1卷（1854年），第3页。

[106] 'les raisons d'etre de ces formes, les principes qui les ont fait admettre, les moeurs et les idées au milieu desquelles elles ont pris naissance...' 'une heureuse révolution dans les études de l'architecture...' 同上，第2，4页。

[107] 同上，第12页。

[108] 'trop étranger à la civilisation moderne'，同上，第19对开页。

[109] 同上，第154页。

[110] 'Les cathédrales sont le premier et le plus grand effort du génie moderne appliqué à l'architecture, elles s'élèvent au centre d'un ordre d'idées oppose à l'ordre antique.'，同上，第2卷（1854年），第385页。

[111] 'Construire, pour l'architecte, c'est employer les matriaux, en raison de leurs qualitéx et de leur nature propre, avec l'idée préconçue de satisfaire à un besoin par les moyens les plus simples et les plus solides; de donner à la chose contruite l'apparence de la durée, des proportions convenables soumises certaines règles imposées par les sens, le raisonnement et l'instinct humains. Les méthodes du constructeur doivent donc varier en raison de la nature des matériaux, des moyens dont il dispose, des besoins auxquels il doit satisfaire et de la civilisation au milieu de laquelle il naît.' 同上，第4卷（1859年），第1页。

[112] 'souple, libre et chercheuse comme l'esprit moderne...' 'absolue dans ses moyens.' 同上，第58页。

[113] 同上，第7卷（1864年），第534页。

[114] 'Restaurer un édifice, ce n'est pas l'entretenir, le réparer ou le refaire, c'est le rétablir dans un'état complet qui peut n'avoir jamais exist à un moment donné' 同上，第8卷（1866年），第14页。

[115] 同上，第23页。

[116] 参见米德尔顿（Middleton）（1981年），第207页。

[117] 'la manifestation d'un idéal établi sur un principe.' 维奥莱—勒—迪克，第8卷（1866年），第478页。

[118] 'La locomotive est presque un être, et sa forme extérieure n'est que l'expression de sa puissance. Une locomotive donc a du style..., la physionomie vraie de sa brutale énergie...' 维奥莱—勒—迪克 *Entretiens*，第1卷（1863年），第186页。

[119] 'l'eclecticisme est un mal; car, dans ce cas, il exclut nécessairement le style...' 同上，第191页。

[120] 'La composition architectonique devant dériver absolument: 1）du programme imposé, 2）des habitudes de la civilisation au milieu de laquelle on vit, il est essentiel, pour composer, de posséder un programme et d'avoir le sentiment exact de ces habitudes, de ces usages, de ces besoins. Encore un fois, si les programmes changent peu quant au fond, les habitudes des peuples civilisés, les moeurs se modifient sans cesse; par suite, les formes de l'architecture doivent varier à l'infini.' 同上，第330页。

[121] 阿蒂尔·冯·戈比诺（Arthur von Gobineau），*Essai sur l'inégalité des races humaines*，巴黎，1855年。

[122] 这一令人信服的论点由贝塞（Besset）（1965年）提出，第54页。

[123] 'Il faut être vrai selon le programme, vrai selon les procédés de construction'，维奥莱—勒—迪克，Entretiens，第1卷（1863年），第451页。

[124] '1）Connaîftre d'abord la nature des matériaux que nous devons employer; 2）donner à ces matériaux la fonction et la puissance relatives à l'objet, les formes exprimant le plus exactement et cette fonction et cette puissance; 3）admettre un principe d'unité et d'harmonie dans cette expression, c'est-à-dire l'échelle, un sysètme de proportion, un ornamentation en rapport avec la destination et qui ait une signification, mais aussi la variétié indiquée par la nature diverse des besoins à satisfaire.' 同上，第465页。

[125] 'ces matériaux mis en oeuvre indiquent leur fonction par la forme que vous leur donnez; que la pierre paraisse bien être de la pierre; le fer, du fer; le bois, du bois; que ces matières, tout en prenant les formes qui conviennent à leur nature, aient un accord entre elles.' 同上，第472页。

[126] 'Il n'est guère possible d'obtenir un local sain, chaud en hiver, frais en été, soustrait aux variations de la température, à l'aide du fer seulement. Les tours, les voûtes en maçonnerie présenteront toujours des avantages supérieurs à tout autre mode.' 同上，第2卷（1827年）年，第64页。

[127] 'appliquer timidement les nouveaux moyens à de vieilles formes.' 同上，第90页。

[128] 同上，第307页。

[129] 同上，第35页。

[130] 尤金·以马利·维奥莱—勒—迪克（Eugène Emmanuel Viollet-le-Duc），*Habitations modernes*，两卷，巴黎，1875-1877年（影印版再版，布鲁塞尔，1979年）。

[131] 约瑟夫·诺伊曼（Josph Neumann），*Art de construire et de gouverner les serres*，巴黎，1844年[影印再版，附米歇尔·韦尔纳（Michel Vernes）介绍，塞纳-马恩省河畔讷伊（Neuilly-sur-Seine），1980年）。

[132] 夏尔·加尼耶（Charles Garnier），*Le Théâtre*，巴黎，1981年；作者同上，*Le nouvel Opra de Paris*，四卷，巴黎，1878-1881年。特别见莫尼卡·施泰因豪泽（Monika Steinhauser），*Die Architektur der Pariser Oper*，慕尼黑，1969年；

特别是第 161 页及之后。同样参见夏尔·加尼耶，A travers les arts，弗朗索瓦·卢瓦耶（Francois Loyer）编辑，巴黎，1985 年。

133 查尔·傅立叶（Charles Fourier），*Oeuvres complètes*，共 12 卷，巴黎，1841 年以后。[影印再版，S·德布·奥勒兹科维奇（S. Debout Oleszkiewicz）编辑，巴黎，1878 年以后]。
关于傅立叶，参见奥古斯特·倍倍尔（August Bebel），*Charles Fourier*，斯图加特，1907 年；梅希蒂尔德·顺普（Mechtild Schumpp），*Stadtbau-Utopien und Gesellschaft, Gütersloh*，1972 年；弗兰齐斯卡·博勒雷（Franziska Bollerey），*Architekturkonzeption der utopischen Sozialisten*，慕尼黑，1977 年，第 94 页及之后；巴尔巴·古德温（Barba Goodwin），*Social Science and Utopia. Nineteenth-Century Models of Social Harmony*，苏塞克斯（Sussex），1978 年。

134 傅立叶，*Théorie de l'unité universelle*（1822 年），载：*Oeuvres complétes*，第 4 卷，1841 年（1971 年），第 300 页及之后。

135 同上，第 305 页。

136 同上，第 455 页及之后。

137 参见博勒雷（Bollerey）（1977），第 150 页及之后。关于戈丹（Godin），参见展会书目 *Jean-Baptiste André Godin 1817-1888. La Familistère de Guise ou les équivalents de la richesse*，布鲁塞尔，1980 年。

138 乔治·奥斯曼（Georges Haussmann），*Mémoires*，三卷，巴黎，1890-1893 年。

139 欧仁·埃纳尔（Eugène Hénard），*Etudes sur les transformations de Paris*，共 8 册，巴黎，1903-1909 年；一部他的意大利文版著作文选，载：*Eugène Hénard. Alle origini dell' urbanistica La costruzione della metropoli*，多纳泰拉·卡拉比（Donatella Calabi）和马里诺·福兰（Marino Folin）编辑（1972 年），帕多瓦，1976 年第二版；欧仁·埃纳尔，*Etudes sur les transformations de Paris. Et autres écrits sur l'urbanisme*，让-路易·科亨（Jean-Louis Cohen）编辑，1982 年。

140 欧仁·埃纳尔（Eugène Hénard），'The Cities of the Future'，载：*Transactions: Town Planning Conference*，伦敦，1910 年 10 月 10-15 日，伦敦，1911 年，第 357-367 页；卡拉比（Calabi）和福兰（Folin）（1976 年），第 183 页及之后。

141 奥古斯特·舒瓦西（Auguste Choisy），*Histoire de l'architecture*，两卷本，巴黎，1899 年；多个版本（1889 年版的影印再版，日内瓦-巴黎，1982 年）。关于舒瓦西，特别参见赖纳·班纳姆（Reyner Banham），*Theory and Design in the First Machine Age*，伦敦，1960 年。

142 'Chez tous les peuples, l'art passera par les mêmes alternatives, obéira aux mêmes lois: l'art préhistorique semble contenir tous les autres en leur germe.' 舒瓦西（Choisy）（1899 年），第 1 卷，第 1 页。

143 'ce vague sentiment de l'harmonie qu'on nomme le goût'…'procédés de tracé defines et méthodiques.' 同上，第 51 页。

144 'Il semble que, dans une oeuvre d'architecture, certains membres doivent conserver, quelle que soit la grandeur de l'édifice, une dimension à peu près invariable: à prendre les choses par le côté purement utilitaire, la hauteur d'une porte n'aurait d'autre mesure que la hauteur de l'homme auquel elle donnera passage…' 同上，第 401 页。

145 同上，第 419 页：'Chaque motif d'arcbitecture pris à part est symétrique, mais chaque groupe est traité comme un paysage ou les masses seules se pondèrent.'（每个建筑元素单独看来都是对称的，但它们组合在一起便被作为景观来看待，这里只在大体块上存在平衡）

146 同上，第 371 页。

147 'La structure nouvelle est le triomphe de la logique dans l'art; l'édifice devient un être organisé où chaque partie constitue un membre, ayant sa forme réglée non plus sur des modèles traditionnels mais sur sa fonction, et seulement sur sa fonction.' 同上，第 141 页。

148 同上，第 2 卷，第 339 页：'Le style ne change pas suivant les caprices d'une mode plus ou moins arbitraire, ses variations ne sont autres que celles des procédés: l'ornement, dans ses moindres détails, ressort de la batisse ellêmme, et la logique des méthodes implique la chronologie des styles.'（风格并不会因为任何单独的多少有些随意的风尚的突发奇想而改变，它的变化完全在于建筑的发展；装饰，小到最微小的细节，都源自建筑自身，并成为指示时代风格的建筑手段的逻辑。）

149 'Une société nouvelle s'est constituée, qui veut un art nouveau.' 同上，第 2 卷，第 762 页。

150 'désormais un système nouveau de proportions s'est fait jour; où les lois harmoniques ne seront autres que celles de la stabilité…' 同上，第 764 页。

151 参见保罗·维纳布尔·特纳（Paul Venable Turner），*The Education of le Corbusier*，纽约—伦敦，1977 年，第 234 页。

152 勒·柯布西耶和后来的文献都在强调与他 1907 年和 1910 年在佛罗伦萨对 Galuzzo 修道院的参观的关系，但我认为可能在舒瓦西对一个宝塔的图解[舒瓦西，（1899），第 1 卷，第 173 页]中也能看到联系。

153 夏尔·勃朗（Charles Blanc），*Grammaire des arts de dessin: Architecture, sculpture, peinture*，巴黎，1867 年。

154 朱利安·加代（Julien Gaudet），*Eléments et théorie de l'Architecture. Cours professé à l'Ecole Nationale et Spéiale des Beaux-Arts*，共四卷，巴黎，1901-1904 年，第 6 版 1929-1930。

155 关于加代（Gaudet），参见班纳姆（Banham）（1964 年），第 7 页及之后；德雷克斯勒（Drexler）（1977 年），第 255 页及之后（大奖赛设计，1864 年）；埃格伯特（1980 年），第 65 页及之后部分。

156 加代，第 1 卷（1929 年版），第 4 页。

157 同上，第 2 页。

158 'composition des édifices, dans leur éléments et dans leur ensembles, au double point de vue de l'art et de l'adaptation à des programmes définis, à des nécessités matérielles.' 同上，第 2 页。

159 同上，第76页及之后。

160 同上，第87页。

161 'Composition - C' est mettre ensemble, souder et combiner les parties d'un tout. A leur tour, ces parties, ce sont les éléments de la composition.'同上，第2卷（1929年），第4页。

162 同上，第1卷，第139页。

163 同上，第4卷（1930年），第504页及之后。

164 'disposition = la composition; proportions = l'étude; construction = contrôle de l'étude par la science.'同上，第1卷，第100页。

165 古斯塔夫·乌登斯托克（Gustave Umbdenstock），*Cours d'arcbitecture*（Ecole Polytechnique），两卷本，巴黎，1930年。

166 阿贝尔·费朗（Albert Ferran），*Philosopbie de la Composition Architecturale*，巴黎，1955年。

第二十二章注释

1 作为概况，参见科尔内流斯·古利特（Cornelius Gurlitt），*Die deutsche kunst des Neunzehnten Jahrhunderts*，柏林，第二版1900，第三版1907[关于建筑的章节再版载：科尔内流斯·古利特，*Zur Befreiung der Baukunst. Ziele und Taten deutscher Arcbitekten im 19. Jahrhundert*，维尔纳·卡尔莫根（Werner Kallmorgen）（编辑），*Bauwelt Fundamente* 22，居特斯洛-柏林，1969年]；赫尔曼·本肯（Hermann Beenken），*Das neunzehnte Jahrhundert in der deutschen Kunst*，慕尼黑，1944年。关于建筑：西格弗里德·吉迪恩（Sigfried Giedion），*Spätbarocker und romantischer Klassizismus*，慕尼黑，1922年；沃尔夫冈·赫尔曼（Wolfgang Herrmann），*Deutsche Architektur des 19. und 20. Jabrhunderts. 1. Tell: von 1770-1840*，布雷斯劳（Breslau），1932年（后附本应在1933年就出版但被禁止发行的 *2. Teil: Von 1840 bis zur Gegenwart*，巴塞尔和斯图加特，1977年）；赫尔曼·本肯，*Schöpferische Bauideen der deutschen Romantik*，美因兹，1952年；库尔特·米尔德（Kurt Milde），*Neorenaissance in der deutschen Architektur des 19. Jahrhunderts*，德累斯顿，1981年；蒂尔曼·梅林霍夫（Tilman Mellinghoff）和戴维·沃特金（David Watkin），*German Architecture and the classical ideal 1740-1840*，伦敦，1987年；注释文本载第三卷。*Kunsttheorie und Kunstgeschichte des 19. Jahrhunderts in Deutschland*，第二卷：*Architektur*，哈罗德·哈默-申克（Harold Hammer-Schenk）编辑，斯图加特，1985年。对德国的风格之争说明，参见克劳斯·德默（Klaus Döhmer），'In welchem Style sollen wir bauen?' *Architekturtheorie zwischen Klassizismus und Jugendstil*，慕尼黑，1976年。

2 克里斯蒂安·路德维希·斯蒂格利茨（Christian Ludwig Stieglitz），*Geschichte der Baukunst der Alten*，莱比锡，1792年。

3 斯蒂格利茨（Stieglitz）（1792年），第7页。

4 同上。

5 同上。

6 'Die ältesten Völker, welche die Baukunst ausübten, wie die Aegypter und andere, konnten sich nie über das Mittelmäβige erheben und nie zur Schönheit gelangen; die Etrusker aber nahten sich zwar der schönen Kunst, allein sie wurden in ihrer Cultur gestört, und hörten frübzeitig auf eine Nation zu seyn. Die Griechen allein können auf den Ruhm Anspruch machen, die Baukunst von der niedrigsten Stufe an bis zu der höchsten Vollkommenheit geführt, sie zu einer Kunst erhoben und solche Regeln in dieser Kunst hinterlassen zu haben, die noch bis jetzt von keinen andern verdrängt wurden, und die ihren Werth so lange behalten werden, als man Schönheit und guten Geschmack zu dem Wesentlichen der höhern Baukunst rechnen wird.' 斯蒂格利茨（1792年），第173页。

7 同上，第368页。

8 斯蒂格利茨，*Archaeologie der Baukunst der Griechen und Römer*，魏玛，1801年。

9 斯蒂格利茨，*Encyklopädie der bürgerlichen Baukunst*，共五卷，莱比锡，1792-1798年。

10 卢卡斯·沃克斯（Lukas Vochs），*Allgemeines Baulexicon oder Erklärung der deutschen und französischen Kunstwörter...*，奥格斯堡和莱比锡，1781年。

11 斯蒂格利茨，*Plans et dessins tirés de la belle architecture...accompagné d'un traité abrégé sur le beau dans l'architecture*，莱比锡，1800年。

12 参见斯蒂格利茨（1800年）例子，图版4，5附Holkham[伍尔夫（Woolfe）和坎顿（Gandon），*Vitruvius Britannicus*，第五卷，伦敦，1771年，图版66-69]。

13 斯蒂格利茨（1801年），图2。

14 'La forme dans les productions de l'architecture est déterminée par le but de l'oeuvre au quel il fait nécessairement qu'elle corresponde, sans quoi elle seroit sans utilité', 斯蒂格利茨（1800年），第2页。

15 'le majestueux, le sérieux, le magnifique, le terrible, le gracieux et le merveilleux...', 同上，第6页。

16 同上，第6页。

17 同上，第7页。

18 斯蒂格利茨，*Von altdeutscher Baukunst*，莱比锡，1820年。

19 斯蒂格利茨，*Geschichte der Baukunst vom frühesten Alterthum bis in neuere Zeiten*，纽伦堡，1827年。

20 斯蒂格利茨，*Beiträge zur Geschichte der Ausbildung der Baukunst*，共两卷，莱比锡，1834年。

21 '…Nachahmung der Form, der Construction, der Zierde…Spiel mit architektonischen Formen, ohne die Zweckmäßigkeit zu beachten, ohne die Bestimmung und den Charakter de Gebäude vor dem Auge zu haben.' 斯蒂格利茨，第 2 卷（1834 年），第 178 页。

22 'Das Ernste dieser Kunst erlaubte nur kalt und bedachtsam aufzutreten, das Feuer war erloschen, das sonst den Künstler durchdrang.' 同上。

23 斯蒂格利茨，第 2 卷（1834 年），第 179 页。

24 'Sie können alle drei befolgt werden, nachdem dieses oder jenes den Forderungen des anzulegenden Bauwerkes genügt und seinem Charakter nicht widersprechend ist.' 同上。

25 同上，第 180 页及之后。

26 'Die Construktion allein, die Formen der Haupttheile, der Körper des ganzen Bauwerks führt schon zur architektonischen Schönheit und legt den Grund zu ihr.' 同上，第 189 页及之后。

27 让-尼古拉-路易·迪朗（Jean-Nicolas-Louis Durand），*Abriß der Vorlesungen über Baukunst…*，两卷，卡尔斯鲁厄和弗赖堡，1831 年。

28 关于库德雷（Coudray）参见瓦尔特·施内曼（Walther Schneemann），C·W·库德雷（C. W. Coudray），*Goethes Baumeister*，魏玛，1943 年（关于库德雷与迪朗的合作，见自传体笔记，第 83 页及之后）；艾尔弗雷德·杰里克（Alfred Jericke）和迪特尔·多尔格纳（Dieter Dolgner），*Der Klassizismus in der Baugeschichte Weimars*，魏玛，1975 年，第 227 页及之后；赫尔曼·维尔特（Herrmann Wirth），'Clemens Wenzeslaus Coudray (1775-1845). Architekturtheoretische Anschauungen'，*Wissenschaftliche Zeitschrift für Architektur und Bauwesen*，魏玛 22，1975 年，第 472-483 页；阿尼塔·巴赫（Anita Bach）等著，*Clemens Wenzeslaus Coudray. Baumeister der späten Goethezeit*，魏玛，1983 年。

29 卡尔·弗里德里希·安东·冯·康塔（Carl Friedrich Anton Von Conta），*Grundlinien der bürgerlichen Baukunst nach Herrn Durand…*，哈勒（Halle），1806 年。

30 卡尔·弗里德里希·冯·维贝金（Carl Friedrich von Wiebeking），*Theoretischpractische Bürgerliche Baukunde durch Geschichte und Beschreibung der merkwürdigsten Baudenkmahle und ihre genauen Abbildungen bereichert*，4 卷本，慕尼黑，1826 年（增订法文版，慕尼黑，1827 年以后）。

31 维贝金（Wiebeking），第一卷（法文版，1827 年），第 22 页及之后。

32 维贝金，第 2 卷（法文版，1828 年），图版 XXIII。

33 弗里德里希·奥丁根-瓦勒施泰因（Friedrich Oettingen-Wallerstein），*Ueber die Grundsätze der Bau-Oekonomie*，布拉格，1835 年。

34 阿洛伊斯·希尔特（Aloys Hirt），*Die Baukunst nach den Grundsätzen der Alten*，柏林，1809 年；较晚的版本名为 *Die Geschichte der Baukunst bei den Alten*，三卷本，柏林，1821-1827 年。关于希尔特，参见阿道夫·海因里希·博尔拜因（Adolf Heinrich Borbein），'Klassische Archäologie in Berlin vom 18. bis zum 20. Jahrhundert'，载：*Berlin und die Antike. Aufsätze*，柏林，1979 年，第 106 页及之后。

35 希尔特（Hirt）（1809 年），第 4 页。

36 'Die Baukunst ist die Lehre, oder der Inbegriff derjenigen Kenntnisse und Fertigkeiten, durch welche man in Stand gesetzt wird, jede Art von Bau zweckmäßig zu entwerfen und auszuführen.' 希尔特（Hirt）（1809 年），第 1 页。

37 '…eine der Bestimmung entsprechende Anordnung und Einrichtung…dauerhafte Constructionsweise und die Schönheit gleichsam nur [als] begleitende Zwecke dieses Hauptzweckes' 希尔特（Hirt）（1809 年），第 11 页。

38 '… das Wesen des Schönen aus der Construction und einer zweckmäßigen Anordnung hervorgehen…' 同上，第 13 页。

39 '… Verschönerung［wird］ein ihrer Bestimmung entsprechendes, gefälliges Ansehen von Außen und Innen, im Ganzen und in den Theilen' 同上，第 12 页。

40 'Verhältnismaß…Gleichmaß…Wohlgereimtheit…Einfachheit der Formen, Material und Massen, Verzierung' 同上，第 13 页及之后。

41 同上，第 27 页及之后。

42 'Für alles, was die Construction, sey es in Holz, sey es in Stein, wesentlich erheischt, liefern uns theils die Schriften, theils die Denkmäles der Griechen und Römer die erforderlichen Vorschriften und Muster. Wer demnach richtig construirt, bauet eben dadurch griechisch.' 同上，第 38 页。

43 '…Wesen einer richtigen Construction in jeder Art von Material erschöpft…das Ideal der Baukunst selbst.' 同上。

44 卡尔·伯蒂歇尔（Carl Boetticher），*Die Tektonik der Hellenen*，两卷本，波茨坦，1844-1852 年。关于伯蒂歇尔，特别参见埃娃·波尔施·祖潘（Eva Börsch-Supan），*Berliner Baumeister nach Schinkel 1840-1880*，慕尼黑，1977 年，第 256 页及之后。

45 卡尔·伯蒂歇尔（Carl Boetticher），'Das Prinzp der Hellenischen und germanischen Bauweise hinsichtlich der Übertragung in die Bauweise unserer Tage'，*Allgemeine Bauzeitung* II，1846 年，第 111-125 页（引用，第 123 页）。

46 本·大卫（Ben David），'Ueber griechische und gothische Baukunst'，载：*Die Horen*，第 3 卷，8. Stück，1795 年，第 87-102 页。

47 'Ich weiß nicht, ob dieses so ganz richtig ist. Bequemlichkeit des Gebäudes scheint mehr die Brauchbarkeit als die Schönheit desselben zu betreffen: ein Bauernhaus kann sehr bequem eingerichtet seyn, ohne sich es je beykommen zu lassen, auf Schönheit Ansprüche zu

machen.' 大卫（David）（1795 年），第 89 页。

48 大卫（David）（1795 年），第 101 对开页。

49 L·贝格曼（L. Bergmann），*Die Schule der Baukunst. Handbuch*，两卷本，莱比锡，1853 年；作者同上，*Zehn Tafeln Säulen-Ordnungen nebst Construktion der architektonischen Glieder*，莱比锡，未标明出版日期（1853 年）。

50 马利斯·拉默特（Marlies Lammert），*David Gilly. Ein Baumeister des deutschen Klassizismus*，柏林，1964 年（影印再版，柏林，1982 年），第 22 页及之后。

51 大卫·吉里（David Gilly），*Handbuch der Land-BauKunst vorzüglich in Rücksicht auf die Construction der Bohn- und Wirtschaftsgebäude für angehende Cameral-Baumeister und Oeconomen*，第一和第二部分，柏林，1797-1798 年；布仑斯威克（Brunswick），第二版 1800 年；第三部分，哈勒，1811 年，第 5 版 1831 年；莱比锡和哈勒，第 6 版 1836 年。

52 *Sammlung nützlicher Aufsätze und Nachrichten, die Baukunst betreffend. Für angehende Baumeister und Freunde der Architektur*，第 1-6 卷，1797-1806 年。

53 参见阿尔斯特·昂肯（Alste Oncken），*Friedrich Gilly 1772-1800*，柏林，1935 年（第二版 1981 年）；阿尔弗莱德·瑞道夫（Alfred Rietdorf），*Gilly. Wiedergeburt der Architektur*，柏林，1940 年[第 152 页及之后，大卫·吉里（David Gilly）写的正文]；目录，*Friedrich Gilly 1772-1800 und die Privatgesellschaft junger Architekten*，柏林，1984 年。

54 载：*Sammlung nützlicher Aufsätze*，第三卷，1799 年，第二部分，第 3-12 页（瑞道夫，1940 年，第 170 页及之后）。大卫·吉里（David Gilly）这里并不作为这些篇幅的作者，而不像其他著作的作者一样。

55 该回顾由规划主管爱特尔文（Eytelwein）撰写，他在 *Bauakademie* 讲授静力学，流体静力学和水力学（*Sammlung nützlicher Aufsätze*，第 3 卷，1799 年，第 2 卷，第 28-40 页：'Nachricht von der Errichtung der Königlichen Bauakademie zu Berlin'）。

56 海因里希·根茨（Heinrich Gentz）（编辑），*Elementar-Zeichenwerk zum Gebrauch der Kunst- und Gewerbe-Schulen der Preußischen Staaten*，柏林，1803-1806 年。关于这一著作的原创作者，参见阿道夫·德贝尔（Adolph Doebber），*Heinrich Gentz, ein Berliner Baumeister um 1800*，柏林，1916 年，第 75 页。

57 彼得·博伊特（Peter Beuth）（编辑），*Vorbilder für Fabrikanten und Handwerker*，柏林，1821-1837 年；柏林，第二版 1863 年；特别参见格尔德·佩施肯（Goerd Peschken），*Das architektonische Lehrbuch (Schinkel. Lebenswerk)*,慕尼黑-柏林，1979 年，第 41 页及之后；巴巴拉·芒德（Babara Mundt），'Ein Institue für den technischen Fortschritt fördert den klassizistischen Stil im Kunstgewerbe'，载：*Berlin und die Antike*，目录的短文附属卷，柏林，1979 年，第 455 页及之后；目录 *Karl Friedrich Schinkel*（1980 年），第 258 页及之后。

58 关于温布伦纳（Weinbrenner），特别参见阿瑟·瓦伦达耶尔（Arthur Valendaire），*Friedrich Weinbrenner. Sein Leben und seine Bauten*，卡尔斯鲁厄（Karlsruhe），1919 年，第二版 1926 年，第三版 1976 年；斯特凡·西诺斯（Stefan Sinos），'Eintwurfsgrundlagen im Werk Friedrich Weinbrenners'，*Jahrbuch der Staatlichen Kunstsammlungen Baden-Württemberg* 13，1971 年，第 195-216 页；目录 *Friedrich Weinbreener 1766-1826*，卡尔斯鲁厄，1977 年，第二版 1982 年；克劳斯·兰克海特（Klaus Lankheit），*Friedrich Weinbrenner und der Denkmalskult um 1800*，巴塞尔和斯图加特，1979 年。

59 弗里德里希·温布伦纳（Friedrich Weinbrenner），*Denkwürdigkeiten aus seinem Leben*，阿洛伊斯·施莱伯（Aloys Schreiber）编辑，海德堡，1829 年；库尔特·K·埃伯莱因（Kurt K.Eberlein）编辑，波茨坦，1920 年（引用此版本）；阿瑟·范·施奈德（Arthur von Schneider），卡尔斯鲁厄，1958 年。

60 参见阿道夫·德贝尔（Adolph Doebber），*Heinrich Gentz. Eine Berliner Baumeister um 1800*，柏林，1916 年，第 18 页及之后；有意大利日记中摘抄部分再版，载：*Neue Deutsche Monatsschrift*（Fr. Gentz 编辑），第 3 卷，1795 年，第 314-345 页。

61 'Mein ernstes Studium der Baukunst in Italien mußte meine Begriffe von der Kunst sehr verändern, und indern ich auf die Grundsätze der alten Architektur einging, wollte ich dieselbe später auch bei Gebäudern in Deutschland zum Maßstabe nehmen.' 温布伦纳（Weinbrenner），*Denkwürdigkeiten*（1920 年版），第 230 页。

62 '...besonders auf die Verbesserung der deutschen Baukunst durch Bildung junger Architekten und Handwerker zu wirken...' 同上，第 211 页，第 231 页。

63 温布伦纳（Friedrich Weinbrenner），*Architektonisches Lehrbuch*，蒂宾根，1810-1819 年。

64 'Schön ist demnach eine Gestalt, in deren Umrissen sich durchaus eine zweckmäßige Vollendung zeigt. Die Zweckmäßigkeit selbst wird durch den Begriff der Gestalt bestimmt.' 温布伦纳，*Lehrbuch*, Teil III, Heft I, 1819 年，第 6 页。温布伦纳这一有个脚注：'Kant: Schönheit sei die Form der Zweckmäßigkeit eines Gegenstandes.'

65 '...vollkommene Übereinstimmung der Form mit dem Zweck der Erfordernisse...harmonische Übereinstimmung der Formen mit dem Material' 同上，Heft 5，第 3, 5 部分。

66 '...eine Bedeutung in sich haben, die mit der Bedeutung des angehörigen Gegenstandes zusammen stimmt und dem Zweck des Bauwerks entspricht.' 同上，Heft 2，第 2 部分。

67 同上，Heft 2，第 18 部分。

68 温布伦纳（Friedrich Weinbrenner），*Ausgeführte und projectirte Gebäude*（连载），卡尔斯鲁厄，1822-1835 年；第 1-3 卷及第 7 卷由伍尔夫·席尔默（Wulf Schirmer）编辑，卡尔斯鲁厄，1978 年。

69 格奥尔格·莫勒（Georg Moller），*Denkmäler der deutschen Baukunst*，三卷本，达姆施塔特，1815-1849 年。关于莫勒，特别参见马里·弗罗利希（Marie Frölich）和汉斯-贡特尔·施佩利希（Hans-Gunther Sperlich），*Georg Moller. Baumeister*

der Romantik，达姆施塔特，1959 年，第 74 页及之后；*Darmstadt in der Zeit des Klassizismus und der Romantik*，目录，达姆施塔特，1978 年，第 71 页。

70 参见弗罗利希（Frölich）- 施佩利希（Sperlich）（1959 年），第 348 页及之后。

71 'Allen denkenden und ihr Vaterland liebenden Baukünstlern ist es daher Pflicht, nach Kräften dahin zu wirken, daβ unsere alten, und namentlich die immer seltner werdenden Bauwerke der ersten Perioden durch treue Messungen und deutliche Zeichnungen erhalten und bekannt gemacht werden. Durchdrungen won diesem Gedanken, und erfüllt von dem Wunsche zu retten was noch zu retten ist, habe ich, soviel mir Zeit und Umstände erlaubten, Hand an das Werk gelegt und übergebe diese Blätter als einen Beitrag zu den Materialien der Bildungs-Geschichte Deutschlands.' 莫勒（1821 年），介绍。

72 他在 Denkmäler（1815 年）的前言中精彩地写道：'Die Kunst, welche das Straβburger Münster, den Dom zu Cöln und andere Meisterstücke hervorbrachten, ist herrlich und erhaben, aber sie war das Resultat ihrer Zeit...Wir können diese Werke bewundern und nachahmen, aber nicht schaffen; weil die äuβeren Verhältnisse, unter welchen jene Kunst entstand, in keiner Hinsicht mehr dieselben sind... Mit der Baukunst der Griechen, welche wir noch täglich anwenden, ist der Fall verschieden. Wie bei der deutschen Baukunst Phantasie und Religion einen vorzüglichen Antheil haben, so scheint die griechische Baukunst als Frucht des klaren Verstandes und eines richtigen Schönheitssinnes. Sie beschränkt sich strenge auf das Nothwendigste, dem sie die schönsten Formen zu geben sucht, und deswegen wird diese Kunst nie aufhören, anwendbar zu seyn.'

73 关于这一问题，特别参见保罗·弗兰克尔（Paul Frankl），*The Gothic, Literary Sources and Interpretations through Eight Centuries*，普林斯顿，1960 年；W·D·罗布松 - 斯科特（W.D. Robson-Scott），*The Literary Background of the Gothic Revival in Germany*，牛津，1965 年；乔治·格尔曼（Georg Germann），*Gothic Revival in Europe and Britain: Sources, Influences and Ideas*，伦敦，1972 年；克里斯蒂安·博尔（Christian Baur），Neugotik，慕尼黑，1981 年。

74 格奥尔格·莫勒，*Bemerkungen über die aufgefundenen Originalzeichnungen des Domes zu Köln*，达姆施塔特，1818 年（莱比锡 - 达姆施塔特，第二版 1837 年）。对这一发现的说明，参见弗罗利希（Frölich）- 施佩利希（Sperlich）（1959 年），第 51 页及之后。

75 苏尔皮兹·博伊塞雷（Sulpiz Boisserée），*Ansichten, Risse und einzelne Theile des Domes von Köln...*，斯图加特，1821 年；*Geschichte und Beschreibung des Domes von Köln...*，斯图加特，1823 年（慕尼黑，第二版 1842 年）；1821 年影印再版以及 1842 年版，科隆，1979 年。
关于博伊塞雷，特别参见马蒂尔德·博伊塞雷（Mathilde Boisserée）（编辑），*Sulpiz Boisserée*，两卷本，斯图加特，1862 年（哥丁根，1970 年）；爱德华·菲尔梅尼希 - 里夏茨（Eduard Firmenich-Richartz），*Die Brüder Boisserée*，第一卷（没有更新版本），耶拿，1916 年。

76 特别参见与展览相关的文章，*Der Kölner Dom im Jahrhundert seiner Vollendung*，科隆，1980 年。

77 弗里德里希·施莱格尔（Friedrich Schlegel），'Briefe auf einer Reise durch die Niederlande, Rheingegenden, die Schweiz und einen Teil von Frankreich' 载：*Poetisches Tagebuch für das Jahr 1806*，弗里德里希·施莱格尔编辑，柏林，1806 年，第 257-390 页；在弗里德里希·施莱格尔著作的评注版，第 4 卷，第一部分，汉斯·艾希纳（Hans Eichner），'Ansichten und Ideen von der christlichen Kunst'，帕特博恩（Paderborn）- 慕尼黑 - 维也纳，1959 年，第 153-204 页。

78 '...für die altchristliche und romantische Bauart des Mittelalters, von Theoderich bis auf die moderne Zeit' 施莱格尔（Schlegel）（1806 年），1959 年版，第 161，180 页。

79 '...erfüllt der Blick in die Höhe des Chorgewölbes jede Brust mit Bewunderung...die Schönheit der Verhältnisse, die Einfalt, das Ebenmaβ bei der Zierlichkeit, die Leichtigkeit bei der Gröβe...' 施莱格尔（Schlegel）（1806 年），1959 年版，第 177 页。

80 卡尔·弗里德里希·申克尔（Karl Friedrich Schinkel），'Fragmente einer Geschichte der Baukunst im Mittelalter'，载：弗里德里希·申克尔（编辑），*Deutsches Museum*，第 3 卷，维也纳，1813 年，第 224-246，361-385，468-502 页。

81 关于申克尔（Schinkel），特别参见在 1939 年前出的几卷 *Lebenswerk*。最重要的专论是：奥古斯特·格里泽巴赫（August Grisebach），*Carl Friedrich Schinkel, Architekt, Städtbauer, Maler*，莱比锡，1924 年（新版本，慕尼黑 - 苏黎世，1981 年）；保罗·奥尔特温·拉夫（Paul Ortwin Rave），*Karl Friedrich Schinkel*，慕尼黑，1953 年[埃瓦·波尔施·祖潘（Eva Börsch-Supan）编辑，慕尼黑，1981 年}；赫尔曼·G·彭特（Hermann G. Pundt），*Schinkel's Berlin. A Study in Environmental Planning*，马萨诸塞州剑桥，1972 年；埃里克·福斯曼（Erik Forssman），*Karl Griedrich Schinkel. Bauwerke und Baugedanken*，慕尼黑 - 苏黎世，1981 年。最重要的展览目录：*Karl Friedrich Schinkel 1781-1841*，柏林（东），1980 年；卡尔·弗里德里希·申克尔，*Architektur, Malerei, Kunstgewerbe*，柏林（西），1981 年；*Zeitschrift des Deutschen Vereins für Kunstwissenschaft*，第 35 卷，1981 年（申克尔周年纪念特刊）。

82 阿尔弗雷德·冯·沃尔措根（Alfred von Wolzogen）（编辑），*Aus Schinkel's Nachlaβ. Reisetagebücher, Briefe und Aphorismen*，4 卷，柏林，1862-1864 年[影印再版，米腾瓦尔德（Mittenwald），1981 年)]。弗里德里希·申克尔，*Reisenach England, Schottland und Pairs*，卡尔·戈特弗里德·黎曼（Kael Gottfried Riemann），柏林和慕尼黑，1986 年；作者同上，*Die Reise nach Frankreich und England im Jahre 1826*，莱茵哈德·韦格纳（Reinhard Wegner）编辑，慕尼黑 - 柏林，1990 年。

83 格尔德·佩施肯（Goerd Peschken），*Das Architektonische Lehrbuch（Karl Friedrich Schinkel Lebenswerk）*，慕尼黑 - 柏林，1979 年。

84 申克尔（Schinkel），*Reisen nach Italien. Tagebücher, Briefe, Zewichnungen*，戈特弗里德·黎曼（Kael Gottfried Riemann）

编辑，柏林，1979年。

[85] 参见乔治·弗利德里奇·考克（Georg F. Koch），'Karl Friedrich Schinkel und die Architektur des Mittelalters. Die Studien auf der ersten Italienreise und ihre Auswirkungen'，*Zeitschrift für Kunstgeschichte 1966*，第177-222页。

[86] 阿道夫·德贝尔（Adolph Doebber），*Heinrich Gentz. Ein Berliner Baumeister um 1800*，柏林，1916年（第18页及之后，'Teils aus dem Reisetagebuch'）；海因里希·根茨（Heinrich Gentz），'Briefe über Sizilien'，*Neue Deutsche Monatsschrift*，弗利德里奇·根茨（Friedr. Gentz），第3卷，柏林，1795年，第314-345页。

[87] 参见申克尔，*Reisen nach Italien*，黎曼（Riemann）编辑（1979年），第117页及之后。

[88] 写给弗里德里克·威廉·翁格尔（Friedrich Wilhelm Unger），载：申克尔，*Reisen nach Italien*，黎曼（Riemann）编辑（1979年），第115页及之后。由于1904年翁格尔的去世，这一卷并没有发表。申克尔的绘画，载：恩斯特·弗里德里希·布斯勒（Ernst Friedrich Bussler）编辑，*Verzierungen aus dem Alterthume*，21 Hefte，波茨坦和柏林，1806年及以后。

[89] 'Herr Bianchi führte mich in seinem neuen Kirchenbau umher, wo es manche schöne Konstruktion gab; leicht und sinnreich ist das Kuppelgerüst mit einer weiten innern Öffnung gebaut, in welcher die Materialien in die Höhe gezogen werden. Übrigens hat er sich beim Entwurf immer zwischen antik und modern gehalten, wodurch vieles charakterlos geworden ist.'申克尔，*Reisen nach Italien*，黎曼（Riemann）编辑（1979年），第192页。

[90] 关于这一分类的评定，参见诺伯特·克诺普（Norbert Knopp）对佩施肯（Peschken）的 *Lehrbuch* 版本的评价，载：*Kunstchronik* 36，1983年，第363页。

[91] 德文版：卡尔·弗里德里希·安东·冯·康塔（Carl Friedrich Anton Von Conta）编辑，*Grundlinien der bürgerlichen Baukunst Nach Herrn Durand...*，哈勒，1806年。

[92] 申克尔，*Das Architektonische Lehrbuch*，佩施肯（1979年），第21对开页。

[93] 同上，第18页，图版14。

[94] 路易-安布鲁瓦兹·迪比（Louis-Ambroise Dubut），*Architecture Civile*，巴黎，1803年，图版3。

[95] 申克尔，*Das Architektonische Lehrbuch*，佩施肯（1979年），第28-30页。

[96] 同上，第30页及之后。

[97] 'Die Architectur ist die Fortsetzung der Natur in ihrer constructiven Thätigkeit.'同上，第35页。

[98] 'Das Antike wirkt in seiner größeren Kunstfertigkeit in den Materiellen Massen, das Gothische durch den Geist. Daher ist es kühn mit wenig materieller Masse viel bewirkt. Das Antike ist Eitel, Prunkvoll, weil die Verzierung daran ein Zufälliges ist, es ist das reine Verstandeswerk ausgeziert daher das phisische Leben mehr vorwiegend. Das Gothische verschmäht den bedeutungslosen Prunk, alles in ihm geht aus der einen Idee hervor und deßhalb hat es den Character der Nothwendigkeit des Ernstes der Würde und Erhebung...'同上，第36页。

[99] 特别参见乔治·弗利德里奇·考克（Georg F. Koch），'Schinkels architektonische Entwürfe im gotischen Stil 1810-1815'，*Zeitschrift für Kunstgeschichte*，1969年，第262-316页。

[100] 关于歌德与申克尔的关系，参见佩施肯（1979年），第39，72页。

[101] 申克尔，*Das Architektonische Lehrbuch*，佩施肯（1979年），第45页。

[102] 'In der Mittelalter Spitzbogen Baukunst ist das Verhältnis als ein Werdendes betrachtet es entsteht noch vor uns. Im Antiken Bau ist es als ein bestehendes in Vernunftgesetzen Haltbares Ausdauerndes hingestellt und wirkt so mit wohlthuender Ruhe.'同上，第45页。

[103] 'Der Spitzbogen kann etwas Gebrauchsfähiges haben aber deshalb ist er noch nicht schön. Er kann zum Nützlichen verwendet werden u deshalb mag er bei Maschinen pp Anwendung finden...'同上，第71页。

[104] 'Ein gebrauchsfähiges Nützliches Zweckmäßiges schön zu machen ist Aufgabe der Architectur.'...'Von der Konstruktion des Bauwerkes muß alles Wesentliche sichtbar bleiben. Man schneidet sich die Gedankenreibe ab, sobald man wesentliche Theile der Konstruction verdeckt; das überdeckende Mittel führt sogleich auf Lüge...'同上，第58页。

[105] '...wenn jeder Theil eines Bauwerkes frei u ungebunden nach den allgemeinen Gesetzen der Statik wirkt (oder zu wirken scheint).'同上。

[106] 参见格勒茨巴赫（Grötzebach），*Der Wandel der Kriterien bei der Wertung des Zusammenhanges von Konstruktion und Form in den letzten 100 Jahren*，柏林理工大学论文，柏林，1965年，第36页。

[107] 申克尔，*Das Architektonische Lehrbuch*，佩施肯（1979年），第59页及之后，实例，第35页及之后。

[108] 'Europäische Baukunst gleichbedeutend mit Griechischer Baukunst in ihrer Fortsetzung...'同上，第14页。

[109] '...durch Läuterung im griechischen Geiste uns zu fortbestehender forthin anwendbarer Kunst werden.'同上。

[110] 'Wer demnach richtig construirt, bauet eben dadurch griechisch.'阿洛伊斯·希尔特（Aloys Hirt），*Die Baukunst nach den Grundsätzen der Alten*，柏林，1809年，第38页。

[111] 'Für den Künstler giebt es nur eine Periode der Offenbarung die der Griechen.-grechisch bauen ist recht bauen und aus diesem Gesichtspunkt sind die besten Erscheinungen des Mittelalters griechisch zu nennen.'，申克尔，*Das Architektonische Lehrbuch*，佩施肯（1979年），第148页。

[112] 同上，第117页。

[113] 'Jede Hauptzeit hat ihren Styl hinterlassen in der Baukunst-warum wollen wir nicht versuchen ob sich nicht auch für die unsrige ein Styl auffinden läßt？'同上，第146页。

[114] 'Styl in der Architektur wird gewonnen wenn die Construction eines ganzen Bauwerks:1) auf die zweckmäßigste u schönste Art aus einem

einzigen Material sichtbar characterisiert wird, 2) wenn die Construction aus mehrehren Arten won Material, Stein, Holz, Eisen, Backsteine, jedes auf die ihm eigenthümliche Art sichtbar characterisiert wird...' 同上，第117页。

115 'Warum sollen wir immer nur nach dem Styl einer anderen Zeit bauen?-Ist das ein Verdienst die Reinheit jedes Styls aufzufassen-So ist es noch ein größeres einen reinen Styl im allgemeinen zu erdenken, der dem Besten was in jedem andern geleistet ist nicht widerspricht.' 同上，第146页。关于这一课题，参见诺伯特·克诺普（Norbert Knopp），'Schinkels Idee einer Stilsynthese'，载：赫尔穆特·哈格尔（Hellmuth Hager）和诺伯特·克诺普合编，*Beiträge zum Problem des Stilpluralismus*，慕尼黑，1977年，第245-254页。

116 'Die Symetrie ist ohne Zweifel durch die Faulheit und durch die Eitelkeit entstanden.' 同上，第119页。

117 'Hinlängliches Gewicht auf der Säule, darnach Stärke des Metalls. Feuersichere Überdeckung. Säulenwirkung. Decke ohne Seitenschub.' 同上，第.124页，实例第167页。佩施肯注明这是在1820年；笔者认为1830年比较可信。

118 参见Karl Friedrich Schinkel（1980年）目录，接近640页（栏目，图版），申克尔，*Werke der höheren Baukunst. Für die Ausführung erfunden und dargestellt. 1: Entwurf zu einem Königspalast auf der Akropolis zu Athen*，波茨坦，1840-1842年。

119 特别参见路德维希·德耶奥（Ludwig Dehio），*Friedrich Wilhelm IV. von Preußen. Ein Baukünstler der Romantik*，慕尼黑-柏林，1961年。

120 '...weil daran die meisten Aufgaben der neueren Zeit für veredelte Architektur vorkommen.' 申克尔，*Das Architektonische Lehrbuch*，佩施肯版本（1979年），第148页。

121 '...höheren Einwirkungen von Geschichtlichen und artistischen poetischen Zwecken...Sehr bald gerieth ich in den Fehler der rein radicalen Abstraction, wo ich die ganze Conception für ein bestimmtes Werk der Baukunst aus seinem nächsten trivialen Zweck allein und aus der Konstruction entwikkelte, in diesem Falle entstand etwas Trockenes, Starres das der Freiheit ermangelte und zwei wesentliche Elemente: das Historische und das Poetische ganz ausschloß.' 同上，第150页。

122 '...anschaulich, daß ich auf dem Punct in der Baukunst angekommen sei wo das eigentlich artistische Element seinen Platz in dieser Kunst einnähme, die in allem übrigen ein wissnschaftliches Handwerk sei und bleibe; daß auf diesem Punkte, wie überall in der schönen Kunst, das Wesen einer wirklichen Lehre schwer seyn müsse und sich am Ende auf die Bildung des Gefühls reducire.' 同上。

123 申克尔，*Sammlung architektonischer Entwürfe enthaltend theils Werke welche ausgeführt sind, theils Gegenstände deren Ausführung beabsichtigt wurde*，28 Hefte，柏林，1819-1840年；波茨坦，1841-1843年；1843-1847年；1852年；1857-1858年；1866年；（影印再版，柏林，1973年，1980年）。

124 关于这一赞誉，参见弗里茨·斯塔尔（Fritz Stahl），Schinkel，柏林，1912年，第3页。

125 参见佩施肯试图将申克尔的一组建筑特征归纳为'faschistoid'：格尔德·佩施肯，'Klassik ohne Maß. Eine Episode in Schinkels Klassizismus'，载：*Aufsatzband 'Berlin und die Antike'*（1979年），第495-507页。

126 奥斯瓦尔德·马塞亚斯·翁格尔斯（Oswald Matthias Ungers），'Fünf Lehren aus Schinkels Werk'，载：目录*Karl Friedrich Schinkel. Werke und Wirkungen*（1981），第245-249页。

127 乔治·格拉西（Grassi, Giorgio），*Schinkel als Meister*，汉诺威，1983年。

128 弗雷德里希·威廉·约瑟夫·冯·谢林（Friedrich Wilhelm Joseph von Schelling），*Werke*，曼弗雷德·施罗特（Manfred Schroter）编辑，第三附卷，慕尼黑，1959年，第223页及之后；关于谢林的艺术哲学，参见迪特尔·雅宁（Dieter Jahning），*Schelling. Die Kunst in der Philosophie*，两卷本，德国 Pfullingen，1966-1969年。

129 参见奥斯卡·瓦尔策尔（Oskar Walzel），*Deutsche Romantik. 第1卷：Welt-und Kunstanschauung*，莱比锡和柏林，第4版1918年，第39页及之后。

130 '...dennoch sind Halbsäulen schlechthin widerlich, weil dadurch zweierlei entgegengesetzte Zwecke ohne innere Notwendigkeit nebeneinander stehen und sich miteinander vermischen.' 黑格尔（Georg Wilhelm Friedrich Hegel），*Vorlesungen über die Äasthetik*，III. 1. 2, 2b.

131 '...das eigentümlich Zweckmäßige für den christlichen Kultus sowie das Zusammenstimmen der architektonischen Gestaltung mit dem inneren Geist des Christentums.' 同上，III. 1.3.

132 弗里德里希·特奥多尔·菲舍尔（Friedrich Theodor Vischer），*Ästhetik oder Wissenschaft des Schönen (1846-1858)*，共6卷，慕尼黑，1922-1923年（影印再版，希尔德斯海姆-纽约，1975年），关于建筑：第三部分（1922年版），第206-395页。

133 叔本华（Arther Schopenhauer），*Die Welt als Wille und Vorstellung*，莱比锡，1819年（第二版1844年；第三版1859年）；第1卷，第43段。

134 叔本华（1844年），第2卷，*Ergänzungen zum dritten Buch*，第35章（由此处摘抄以下文字）：
'In der Säulenreihe allein ist die Sonderung vollständig, indem hier das Gebälk als reine Last, die Säule als reine Stütze auftritt.'
'Weil nun also aus dem wohlverstandenen und konsequent durchgeführten Begriff der reichlich angemessenen Stütze zu einer gegebenen Last alle Gesetze der Säulenordnung, mithin auch die Form und Proportion der Säule, in allen ihren Teilen und Dimensionen bis ins einzelne herab folgt, also insofern a priori bestimmt ist, so erhellt die Verkehrtheit des so oft widerholten Gedankens, daß Baumstmme oder gar (was leider selbst Vitruvius, IV,1, vorträgt) die menschliche Gestalt das Vorbild der Säule gewesen sei.'
'Vielmehr müssen die Werke der Architektur, um ästhetisch zu wirken, durchaus eine beträchtliche Größe haben, ja sie können nie zu groß, aber leicht zu klein sein. Sogar steht, ceteris paribus, die ästhetische Wirkung im geraden Verhaltnis der Größe der Gebäude, weil nur große Massen die Wirksamkeit der Schwerkraft in hohem Grad augenfällig und eindringlich machen.'

'...lauter regelmäßigen Figuren aus geraden Linien oder gesetzmäßigen Kurven, imgleichen die aus solchen hervorgehenden Körper wie Würfel, Parallelopipeden, Zylinder, Kugeln, Pyramiden und Kegel...'

'...keiner bedeutenden Bereicherung mehr fähig ist... kann der moderne Architekt sich von den Regeln und Vorbildern der Alten nicht merklich entfernen.'

'Wenn ich nun sehe, wie dieses ungläubige Zertalter die vom gläubigen Mittelalter unvollendet gelassenen gotischen Kirchen so emsig ausbaut, kommt es mir vor, als wolle man das dahingeschiedene Christentum einbalsamieren.'

[135] 参见唐纳德·德鲁·埃格伯特（Donald Drew Egbert），'The Idea of Organic Expression and American Architecture'，载：斯托·珀森斯（Persons, Stow）编辑，*Revolutionary Thought in America*，纽黑文，1950年，第336-396页，特别是第376页及之后。

[136] 关于施纳赛（Schnaase）和库格勒（Kugler），特别参见威廉·韦措尔特（Wilhelm Waetzoldt），*Deutsche Kunsthistoriker*，第2卷，莱比锡，1924年。第70页及之后，第143页及之后。

[137] 卡尔·施纳赛（Carl Schnaase），*Geschichte der bildenden Künste*，共7卷，杜塞尔多夫，1843-1864年。

[138] 弗朗兹·库格勒（Franz Kugler），*Handbuch der Kunstgeschichte* (1842)，威廉·吕布克（Wilhelm Lübke）编辑，两卷，斯图加特，1872年；第1卷第5页。

[139] 施纳赛（Schnaase），第1卷（1843年），第52页及之后。

[140] 'Die Schönheit aber beruht auch in der Architektur nicht auf der Zweckmäßigkeit, sie fängt vielmehr erst da an, wo die Kunst sich über dieselbe erhebt.' 同上，第53页。

[141] '...Gliederung, Organismus zur Entwicklung des Lebensprocesses...' 弗朗兹·库格勒（Franz Kugler），载：*Kunstblatt 1844*；第17页及以后；这里摘自弗朗兹·库格勒，*Kleine Schriften und Studien zur Kunstgeschichte*，第2部分，斯图加特，1854年，第436页及之后。

[142] 卡尔·施纳赛，'Ueber das Organische in der Baukunst. Sendschreiben an Professor Dr. Kugler'，*Kunstblatt no.58*，1844年6月18日，第245-247页。

[143] 'Denn wenn man überall nur auf das 'Organische', auf die Zweckbestimmung und den Zusammenhang der Glieder (nicht blos durch den innern Gedanken, sondern in äußerer Erscheinung) dringt, und in consequenter Entwicklung dieser Ansicht gegen das Ornament immer strenger wird, so wird man zuletzt von der dürftigen Auffassung der Architektur unter dem Gesichtspunkte der Zweckmäßigkeit nicht gar weit entfernt sein.' 施纳赛（1844年），第247页。

[144] 'In der Praxis wird man immer mehr in eine Monotonie gerathen, welche nicht wagt, sich von dem angenommen Typus des Organischen zu entfernen, in der Geschichte immer spröder gegen die mannigfaltigen individuellen Gestaltungen vieler Völker werden.' 同上，第247页。

[145] 库格勒（1842年），吕布克编辑，第1卷（1872年），第1页。

[146] 弗朗兹·库格勒，*Geschichte der Baukunst*，斯图加特，1856年及以后。

[147] 关于克伦策（Klenze），参见奥斯瓦尔德·黑德雷尔（Oswald Hederer），*Leo von Klenze. Persönlichkeit und Werk*，慕尼黑，1964年（第二版1981年）；展览目录，*Leo von Klenze als Maler und Zeichner 1784-1864*，慕尼黑，1977年；诺伯特·利布（Norbert Lieb）和弗洛里安·胡夫纳格尔（Florian Hufnagl），*Leo von Klenze. Gemälde und Zeichnungen*，慕尼黑，1979年；展会书目，*Ein griechischer Traum. Leo von Klenze. Der Archälolge*，慕尼黑，1985年。

[148] 莱奥·冯·克伦策（Leo von Klenze），*Der Tempel des olympischen Jupiter von Agrigent*，斯图加特和蒂宾根，第一版1821年（第二版1827年）；参见戴维·范·赞特恩（David Van Zanten），*The Architectural Polychromy of the 1830s*，（哈佛大学论文，1970年），纽约—伦敦，1977年，第23页及之后。

[149] 手稿载：巴伐利亚州立图书馆MSS馆（'Klenzeana'），慕尼黑；参见克伦策未发表著作列表，黑德雷尔（Hederer）（第二版1981年），第394页及之后。

[150] 关于克伦策（Klenze）的出版物清单，参见同上，第167页。

[151] 莱奥·冯·克伦策，'Versuch einer Wiederherstellung des toskanischen Tempels nach seinen technischen und historischen Analogien'，载：*Denkschriften der Königlichen Akademie der Wissenschaften zu München für die Jahre 1821 und 1822*，第8卷，慕尼黑，1824年，第1-86页。

[152] 阿洛伊斯·希尔特（Aloys Hirt），'Über die Toscanische Bauart nach Vitruv'，载：*Sammlung nützlicher Aufsätze und Nachrichten, die Baukunst betreffend*，第3卷，第1部分（1799年），第1-23页；同样参见奥古斯特·罗德（August Rode），'Sendschreiben betreffend die Abhandlung des Herrn Hofrath Hirt, über die Toskanische Baukunst nach Vitruv'，同上，第3卷，第2部分(1799)，第12-20页以及希尔特的回复（第20-27页）。

[153] '...Geist antiker Kunst...auch die griechische Architektur an einer gemeinschaftlichen Kette mit den Bauarten aller Zeiten hängt.' 克伦策（1824年），第8页。

[154] 莱奥·冯·克伦策，*Anweisung zur Architectur des christlichen Cultus*，慕尼黑，1822年（第二版1834年）；1822年版附阿德里安·冯·巴特拉（Adrian von Buttlar）作序的影印再版，罗德林根，1987年。参见马里纳·斯克泽斯尼（Marina Sczesny），*Leo von Klenzes 'Anweisung zur Architectur des Christlichen Cultus'*，论文（慕尼黑，1967年），汉堡，1974年。

[155] '...Grundstein zu einem allgemeinen stützpunkte der schwankenden Ideen.' 克伦策（1822年），第4页。

156 '...insofern sie sich nämlich auf einen gewissen Typus und allgemein gültige Regeln zurückführen lassen.' 同上。

157 '...den allemeinen festen Begriff architektonischer Regel und Form auszubreiten...dem Streben der Zeit eine und wo möglich dieselbe Richtung.' 同上，第 2 页。

158 '...eigentliche Architektur...Dienerin der Religion, des Staatswesens und der Gesellschaft im höheren Sinne des Wortes...ökonomische Baukunst...architektonische Schönheit und Form im höheren Sinne.' 同上。

159 '...allgemeine architektonische Normen, wenn sie zu sehr ins Einzelne der menschlichen Bedürfnisse eingehen wollen, deren Befriedigung von so vielen Privatrücksichten, Umständen und örtlichen Verhältnissen abhängt selten genügend...' 同上，第 3 页。

160 '...erschütterten Säulen der christlichen Kriche wieder zu festigen, und bei voller Freiheit des Gewissens den Cultus wieder auf sichere Grundlagen herzustellen.' 同上。

161 '...eine Stufenfolge der Entwicklung zum positiven Christenthume.' 同上，第 2 页。

162 'Vom allgemein gültigen Grundsatze der Architektur...Architektur im eigentlichen Sinne des Wortes...Architektur im ethischen Sinne ist die Kunst, Naturstoffe zu Zwecken der menschlichen Gesellschaft und ihrer Bedürfnisse so zu formen und zu vereinigen, daß die Art, wie die Gesetze der Erhaltung, Stetigkeit und Zweckmäßigkeit bey dieser Vereinigung befolgt werden, ihren Hervorbringungen die möglichste Festigkeit und Dauer, bey dem geringsten Aufwande von Stoffen und Kräften gewährt.' 同上，第 6 对开页。

163 '...aus den Erfordernissen des Gegenstandes, oder der Bestimmung eines Gebäudes, und den Gesetzen der Statik und Oeconomie im höheren Sinne des Wortes entwickelte Charakteristik.' 同上。

164 '...kein Grund mehr vorhanden, sie [die grechische Architektur] nicht als Architektur aller Zeiten und Länder, besonders aber als durchaus wahr, wesentlich und positiv, auch als die Architektur des wahren, wesentlichen und positiven Christenthums anzuerkennen.' 同上，第 7 页。

165 '...im strengen und schönen Sinne der Antike.' 同上，第 21 页。

166 参见马里纳·斯克泽斯尼（Marina Sczesny）（1974 年），第 48 页及之后；关于本森（Bunsen）未发表的计划及其对柏林教堂规划的影响，参见卡尔 - 沃尔夫冈·舒曼（Carl-Wolfgang Schumann），*Der Berliner Dom im 19. Jahrhundert*，柏林，1980 年，第 22 页及之后。

167 J·G·古藤松和 J·M·克纳波（Knapp），*Denkmale der christlichen Religion, oder Sammlung der ältesten christlichen Kirchen oder Basiliken Roms vom 4ten bis zum 13ten Jahrhundert*，蒂宾根 - 斯图加特，1822-1827 年。

168 克伦策（1822 年），第 11 页及之后。

169 'Am Aeußern haben wir gesucht, die an den Thürmen des Mittelalters so oft, und zwar wegen ihrer Zweckmäßigkeit mit Recht gerühmte Leichtigkeit und Durchsichtigkeit in so weit zu erreichen, als es der klassischen Architektur, welche sich immer vor jedem Zuviel hüthen muß, erlaubt ist.' 同上，第 32 页（图版 24）。

170 在《阐述》（*Anweisung*）（1834 年）的第二版，第 13 页，克伦策开始通过众圣教堂（Allerheiligenhofkirch）的出现来证明它的拜占庭风格可以推动建筑的复兴（'architektonische Palingenesie'）。关于路德维希一世对中世纪的态度，参见戈特利布·莱因茨（Gottlieb Leinz），'Ludwig I. Von Bayern und die Gotik'，*Zeitschrift für Kunstgeschichte* 44，1981 年，第 399-444 页。

171 克伦策，*Walhalla in artistischer und technischer Beziehung*，慕尼黑，1842 年。

172 'Das Positive architektonischer Unternehmungen muß genau erläutert werden, das Artistische sich selbst erklören und vertreten.' 克伦策（1842 年），第 8 页。

173 克伦策，*Sammlung architectonischer Entwürfe welche ausgeführt, oder für die Ausführung entworfen wurden*，慕尼黑，1830 年之后；第二版，1850 年之后。[第一版的影印再版，弗洛里安·胡夫纳格尔（Florian Hufnagl）编辑，沃尔姆斯（Worms），1983 年]。

174 克伦策（1824 年），第 7 页。

175 克利斯蒂安·卡尔·约书亚·冯·本森（Christian Carl Josias von Bunsen），*Die Basiliken des christlichen Roms nach ihrem Zusammenhange mit Idee und Geschichte der Kirchenbaukunst*，两卷，慕尼黑，1842-1844 年。

176 本森（1842 年），第 6 页。

177 'Es ist ferner in unserer Zeit anerkannt, daß an die wahre Wiederherstellung des klassischen Baustyls, welche im 15ten und 16ten Jahrhundert mit unzureichenden. Mitteln angestellt wurde, im 17ten und 18ten aber entschieden mißglückte, in unserer Zeit nicht gedacht werden kann, so lange Künstler und Denker die Entwicklung jenes Baustyls in der griechisch-römischen Welt nicht rein und vollständig vor sich haben. Und wer sieht nicht, daß die römischen Basiliken die alten Elemente mit achtungswerthem Sinne und Ernste, in einem der bedeutendsten Theile der Baukunst, den neuen Bedürfnissen anzupassen streben? Ja, endlich für ein lebendiges Verständniß der germanischen Baukunst des Mittelalters und für die daran geknüpfte Möglichkeit ihrer fruchtbaren Neubelebung ist eine solche Kenntniß der alten Basiliken anerkanntermaßen von der größten Bedeutung.' 同上。

178 'Wir werden nun, in unserer kosmopolitschen Allgemeinheit und kritisch-eklektischen Griechheit beide vielleicht noch übertreffen. So hätten wir uns also vorerst allen Schmuck der klassischen Baukunst gesichert, und erhielten zugleich in Wahrheit eine christliche Kunst.' 同上，第 7 页。

179 'Das Christliche giebt ein überaus ehrwürdiges Ansehen, und verspricht entschieden Mode zu werden. Die Vereinigung des Widersprechenden ist aber, nach manchen Zeichen, vielleicht das große Losungswort der Zeit, zum Spotte aller früheren Jahrhunderte. So wäre alles befriedigt;

Altes und Neues, Kirchliches und Weltliches wäre vereinigt; der Geist und das Fleisch, Glaube und Wissen versöhnten sich...' 同上。

180 'Nach allem diesem dürfen wir die Basilikenform als die allgemeinste christliche, und, im Abendlande, als die fast ausschließlich gebräuchliche ansehen.' 同上，第 37 页。

181 特别参见卡尔 - 沃尔夫冈·舒曼（Carl-Wolfgang Schumann），Der Berliner *Dom im 19. Jahrhundert*，柏林，1980 年。

182 海因里希·胡布史（Heinrich Hübsch），*In Welchem Style sollen wir bauen?*，卡尔斯鲁厄，1828 年[附伍尔夫·席尔默（Wulf Schirmer）的编后记：卡尔斯鲁厄，1984 年]。关于胡布史，特别参见约阿西姆·格里克（Joachim Göricke），*Die Kirchenbauten des Architekten Heinrich Hübsch*，论文，卡尔斯鲁厄，1974 年（第 174 页有胡布史著作的列表）；同样参见尼古拉斯·佩夫斯纳（Nikolaus Pevsner），*Some Architectural Writers of the Nineteenth Century*，剑桥，1972 年，第 64 对开页；达格玛·瓦斯科尼格（Dagmar Waskonig），'Konstruktionen eines zeitgemäßen Stils zu Beginn der Industrialisierung in Deutschland, Historisches Denken in H. Hübschs Theorie des Rundbogenstils（1828）'，载：'Geschichte allein ist zeitgemäß'. *Historismus in Deutschland*，德国吉森（Giessen），1978 年，第 93-105 页；巴里·伯格多尔（Barry Bergdoll），'Archaeology vs. History: Heinrich Hübsch's Critique of Neoclassicism and the Beginnings of Historicism in German Architectural Theory'，载：*Oxford Art Journal 5*，1982 年，H. 2，第 3-12 页；*Heinrich Hübsch 1795-1863. Der große badische Baumeister der Romantik*，卡尔斯鲁厄，1983 年。没什么帮助的是克劳斯·德默（Klaus Döhmer），*In welchem Style sollen wir bauen?*，慕尼黑，1976 年，它只是借用了胡布史的题目。胡布史最后的著作 *Die Architektur und ihr Verhältnis zur heutigen Malerei und Skulptur*（斯图加特 - 蒂宾根，1847 年），于尔根·埃克哈特（Jürgen Eckhardt）和赫尔穆特·盖泽特（Geisert, Helmut），柏林，1985 年。

183 胡布史（Hübsch）（1828 年），第 8 页。

184 'Die heutigen Gestaltungsmomente sind demnach von jenen des griechischen Styls durchaus verschieden, ja geradezu entgegengesetzt. Denn was kann...entgegengesetzter sein, als dort gute Steine, welche sehr viele relative Festigkeit besitzen und durchgängige Horizontal-überdeckung gestatten-hier gebrechliche Steine, welche nur bei ganz kleinen Spannungen Horizontal-überdeckung zulassen, wofür indessen das Gewölbe reichlichen Ersatz leistet; dort ganz kleine Bedürfnisse und dabei wenig Anforderung an Geräumigkeit-hier sehr große Bedürfnisse, wobei die möglichste Geräumigkeit verlangt wird; dort äußerlich reichliche Säulenstellungen, keine Fenster und nur ein Stokwerk - hier selten äußere Hallen, sehr viele Fenster und mehrere Stokwerke.' 同上，第 17 页。

185 '...die erste große Conventionalitäts-Lüge in der Architektu...' 同上，第 20 页。

186 同上，第 28 页。

187 同上，第 39 页。

188 'Um auch die zu Gebot stehende Autorität für den neuen Styl zu vindiciren, so ist seit den letzten Jahrzehnten die mittelalterliche Kunst in ziemlich allgemeinen Credit gekommen...Nun kann aber eine Bauart, welche vorerst schon die Basis-nämlich vorherrschende Gewölb-Construction, mit der mittelalterlichen gemein hat, und ihr also in keinem Falle sehr unähnlich werden wird, nicht leicht häßlich ausfallen.' 同上，第 29 页。

189 '...in mancher Beziehung in dem Rundbogen-Style derselbe Geist, welcher den griechischen Styl belebt.' 同上，第 38 页。

190 同上，第 42 页。

191 '...Rundbogen Style...ergibt sich aus der Natur der Sache, und wurde nicht durch den Einfluß von Autoritäten oder individueller Vorliebe herbeigeführt.' 同上，第 51 页。

192 同上，第 4，20，52 页。

193 G·帕姆（G. Palm），*Von welchem Principien soll die Wahl des Baustyls, insbesondere des Kirchenbaustyls geleitet werden?* 汉堡，1845 年。关于帕姆，参见佩夫斯纳（Pevsner），*Some Architectural Writers*（1972 年），第 257 对开页。

194 '...Wahrheit, Reinheit und charaktervolle organische Gestaltung.' 帕尔姆（1845），第 92 页。

195 特别参见奥古斯特·哈恩（August Hahn），'Der Maximilianstil'，载：海因茨·戈尔维策（Heinz Gollwitzer）编辑，*100 Jahr Maximilianeum*，慕尼黑，1953 年，第 77-167 页（书的校订稿：慕尼黑，1982 年）；格哈德·霍耶尔（Gerhard Hojer）编辑，'München-*Müaximilianstraße* und Maximilianstil'，载：路德维希·格罗特（Ludwig Grote），' *Die deutsche Stadt im 19. Jahrhundert*，慕尼黑，1974 年，第 33-65 页；埃伯哈德·德吕克（Eberhard Drüeke），*Der Maximilianstil. Zum Stilbegriff der Architektur im 19. Jahrhundert*，米腾瓦尔德，1981 年。

196 '...daß das Streben nach dem Ideal in jeder Zeit sich nach den neu eintretenden Anforderungen modificiren wird.' 阿尔弗雷德·冯·沃尔措根（Alfred von Wolzogen），*Aus Schinkel's Nachlaß*，第 3 卷，柏林，1863 年，第 334 页（信件，大约 1834 年）。

197 再版，载：德吕克（Drüeke）（1981 年），第 97 页及之后；哈恩（Hahn）（1982 年版），第 19 页及之后。

198 '...Ringen der Gegenwart nach einer nationalen Neugestaltung der Architektur...der Character der Zeit so recht unverkennbar seinen verständlichen Ausdruck...'
'...in voller Freiheit der verschiedenen Baustyle und ihrer Ornamentik zur zweckmäßigen Lösung der vorliegenden Aufgabe bedienen, damit die zu erwählende Bauart keinem der bekannten Baustyle ausschließlich und speziell angehöre?.'
'...das Formenprinzip der altdeutschen sogenannten gothischen Architectur, und beim Ornament die Anwendung deutscher Their-und Pflanzenform, wo möglich, nicht ganz aus den Augen zu lassen.' 德吕克（Drüeke）（1981 年），第 97 对开页。

199 '...selbstbewußten Reflexion...Zeit des bewußten, naturnothwendigen Schaffens, durch welches früher die Bauordnungen entstanden...'
'...Geist der Zeit...politischen und sozialen Verhältnisse'. '...Character einer zeitgemäßen Architectur...praktische Zweckmäßigkeit,

Comfort des Lebens, Einfachheit und Schönheit nach der gegenwärtigen Ausbildung der Technik, verbunden mit dem möglichsten Haushalte in den Mitteln.'

'...eine Verbindung des einfachen und ruhigen Charakters der geradlinigen griechischen Form mit dem in die Höhe strebenden Momente des gothischen Baustyls der Beachtung werth.' '...originelles, schönes, organisches Ganzes.' 同上，第 9 页及之后。

200 哈恩（Hahn）（1982 年），第 25 对开页。

201 '...lielichen Bauweise...' '...der neue Stil verhält sich sum Stil der bayerischen Hochlandshäuser wie der vollendete griechischklassische Stil zu dem des ursprünglichen Holzbaues der altgriechischen Wohnhäuser.' 同上（1982 年版），第 25 页。

202 德吕克（Drüeke）（1981 年），第 104 页。

203 关于戈特弗里德·森佩尔（Gottfried Semper），特别参见利奥波德·D·埃特林格（Leopold D. Ettlinger），*Gottfried Semper und die Antike. Beiträge zur Kunstanschauung des deutschen Klassizismus*，哈勒，1937 年；海因茨·奎特兹克（Heinz Quitzsch），*Die ästhetischen Anschauungen Gottfried Sempers*，柏林，1962 年（修订版，*Gottfried Semper-Praktische Ästhetik und politischer Kampf*，不伦瑞克 - 威斯巴登，1981 年）；马丁·弗罗利希（Martin Fröhlich），*Gottfried Semper. Zeichnerischer Nachlaß an der ETH Zürich*，巴塞尔 - 斯图加特，1974 年；*Gottfried Semper und die Mitte des 19. Jahrhunderts* 讨论会，巴塞尔 - 斯图加特，1976 年；沃尔夫冈·赫尔曼（Wolfgang Herrmann），*Gottfried Semper im Exil*，巴塞尔 - 斯图加特，1978 年，*Gottfried Semper 1803-1879. Baumeister zwischen Revolution und Historismus.*目录，德累斯顿，1979 年（＝慕尼黑，1980 年）；沃尔夫冈·赫尔曼，*Gottrfried Semper. Theoretischer Nachlaß in der ETH Zürich. Katalog und Kommentare*，巴塞尔 - 波士顿 - 斯图加特，1981 年；沃尔夫冈·赫尔曼，*Gottfried Semper. In Search of Architecture*，马萨诸塞州剑桥 - 伦敦，1984 年。

参见森佩尔著作的以下版本：戈特弗里德·森佩尔，*Kleine Schriften*，汉斯·森佩尔（Hans Semper）和曼弗雷德·森佩尔（Manfred Semper）编辑，柏林和斯图加特，1884 年（影印再版，米腾瓦尔德，1979 年）；戈特弗里德·森佩尔，*Wissenschaft, Industrie und Kunst und andere Schriften*，汉斯·M·温勒（Hans M.Wingler），*Neue Bauhausbücher*，美因兹和柏林，1966 年；对森佩尔著作的最佳纵览，参见目录（1979 年），第 340 对开页。

204 戈特弗里德·凯勒（Gottfried Keller）于 1857 年 11 月 17 日致赫尔曼·黑特纳（Hermann Hettner），参见雅各布·巴希托尔德（Baechtold, Jakob），*Gottfried Sempers Leben. Seine Briefe und Tagebücher*，第 2 卷，柏林，1894 年，第 404 页。

205 欧文·琼斯（Owen Jones）和朱尔·戈瑞（Jules Goury），*Plans, Elevations, Sections and Details of the Alhambra*，3 卷本，伦敦，1836-1845 年。

206 森佩尔（Gottfried Semper），*Vorläufige Bemerkungen über bemalte Architektur und Plastik bei den Alten*，汉堡 - 阿尔托那（Altona），1834 年；再版载：*Semper, Kleine Schriften*（1884 年），第 215-258 页。参见鲁道夫·蔡特勒（Zeitler, Rudolf），载：研讨会 *Gottfried Semper und die Mitte des 19. Jahrhunderts.*（1976 年），第 12 页及之后。

207 '...eine rein antiquarische, gelehrte Abhandlung zu liefern...unmittelbaren Nutzen schaffen'，森佩尔（1834 年），1844 年版，第 215 页及之后部分。

208 '...Bestellung einer Walhalla à la Parthenon, einer Basilika à la Monreale, eines Boudoir à la Pompeji, eines Palastes à la Pitti' 同上，第 217 页。

209 'Mächtige Kunstbeschützer [können] ein Babylon, ein Persepolis, ein Palmyra aus der Sandwüste erheben, wo regelmäßige Straßen, meilenweite Plätze, prunkhafte Hallen und Paläste in trauriger Leere auf die Bevölkerung harren...' 同上。

210 '...Einklang mit dem Zustande der menschlichen Gesellschaft...die höheren geistigen Gesetze des Staatsorganismus.' 同上，第 221 页。

211 'Es spreche das Material für sich und trete auf, unverhüllt, in der Gestalt, in den Verhältnissen, die als die zweckmäßigsten für dasselbe durch Erfahrungen und Wissenschaften erprobt sind. Backstein ersheine als Backstein, Holz als Holz, Eisen als Eisen, ein jedes nach den ihm eigenen Gesetzen der Statik.' 同上，第 219 页。

212 同上，第 226 页。

213 '...monochrome Neurertum...Bastardgeburten des modernen Fracks mit der Antike.' 同上，第 223 页。

214 '...die Monumente sind durch Barbarei monochrom geworden.' 同上，第 236 页。

215 '...daß die gemalten Verzierungen an griechischen Monumenten mit den plastisch auf ihnen dargestellten und überhaupt mit dem Ganzen im höchsten, vollkommensten Einklang des Charakters und der Ausführung stehen.' 同上，第 235 页。参见森佩尔对帕提农神庙山墙一角的彩色重建：弗罗利希（Frölich）（1942 年），第 215 页。

216 'Farben sind minder schreiend als das blendende Weiß unserer Stuckwände...Sind unsere Wiesen, unser Wälder, unsere Blumen grau und weiß? Sind sie nicht viel bunter als im Süden?' 森佩尔（1834 年，1884 年版），第 253 页。

217 弗朗兹·库格勒（Franz Kugler），*Über die Polychromie der griechischen Architektur und Sculptur und ihre Grenzen*，柏林，1835 年；再版于：库格勒，*Kleine Schriften und Studien zur Kunstgeschichte*，第 1 部分，斯图加特，1853 年，第 265-327 页。

218 'Im Allgemeinen leitet uns hierbei der oben dargelegte Grundsatz: daß, wenn nicht durch andere, so doch bestimmt die aus edlem weissem Marmor aufgeführten Gebäude der Blüthezeit Griechenlands（d. h. eben die Mehrzahl der attischen）in ihren Haupttheilen den Stein in seiner eigenthümlichen Farbe gezeigt haben; daß also die Bemalung nur auf untergeordnete Details zu beziehen ist.' 库格勒（Kugler）（1835 年），1853 年版，第 302 页。

219 森佩尔，*Der Stil in den technischen und tektonischen Künsten*，第 1 卷，法兰克福，1860 年，第 514 页，注释 1。

220 森佩尔，*Die vier Elemente der Baukunst. Ein Beitrag zur vergleichenden Baukunde*，不伦瑞克，1851 年[影印再版，载：奎特兹克（Quitzsch）（1981 年），附录]。

221 'Griechische Polychromie steht nicht mehr da als isolirte Erscheinung, sie ist kein Hirngespinst mehr, sondern entspricht dem Gefühle der Masse, dem allgemein angeregten Verlangen nach Farbe in der Kunst, und mitten in der neuen Bewegung macht sie sich rechtzeitig durch gewichtige Stimmen geltend, die sich dafür erheben.' 森佩尔（1851年），第12页。

222 'Bei den Griechen konnte diese Harmonie nur durch ein freies und doch gebundenes Zusammenwirken gleichberechtigter Elemente geschehen, durch eine Demokratie in den Künsten.' 同上，第8页。

223 '...zierlich verblasenen Marzipanstyl...blutrothen Fleischstyl.' 同上，第129页。

224 '...die Construction als das Wesen der Baukunst erkannte und letztere somit in eiserne Fesselne schmiedete...die Baukunst gleich der Natur, ihrer großen Lehrerin, zwar ihrem Stoff nach dem durch sie bedungenen Gesetzen wählen und verwenden, aber Form und Ausdruck ihrer Gebilde nicht vom ihm, sondern von den Ideen abhängig machen, welche in ihnen wohnen.' 同上，第54页。

225 '...Urzuständen der menschlichen Gesellchaft...Erdaufwurf...gleichsam letzte Schlammschöpfung.' 同上，第55页。

226 '...Bekleidungswesen der ältesten Baukunst.' 第57页及之后。

227 参见赫尔曼（Herrmann）（1981年），第26页及之后。有可能森佩尔在1852年（这一年赫尔曼设计了不列颠博物馆）之前就已经看到了伯蒂歇尔的 *Tektonik der Hellenen*。

228 赫尔曼（Herrmann）（1981年），第27，54页。

229 森佩尔（1851年），第93页。

230 '...Malerei des Teppichs.' 同上，第100页。

231 '...endlich muβ bei der künstlerischen Behandlung des Anstriches sichtbarer constructiver Theile, z.B. eiserner Säulen, eiserner Dachconstructionen oder dergleichen von Holz, auf die diesen Stoffen eigenthümlichen statischen Verhältnisse Rücksicht genommen werden. So würde ich z.B. bei Eisenwerk, das, je dünner, desto vollkommener erscheint, niemals helle Farben anwenden, sondern Schwarz, Bronzefarbe und viele Vergoldung.' 同上，第101页。

232 '...eigenthümliche, culturgeschichtlich poetische Interesse...urthümliche Begründung.' 库格勒（Franz Kugler），'Antike Polychromie. Nachträge 1851', 载：库格勒，*Kleine Schriften*，第一卷（1853年），第354页。

233 载：森佩尔，*Kleine Schriften*（1884年），第395页及之后。

234 '...die fossilen Gehäuse ausgestorbener Gesellschaftorganismen.' 同上，第401页。

235 库格勒（Franz Kugler），'Wissenschaft, Industrie und Kunst. Vorschläge zur Anregung nationalen Kunstgefühles', 不伦瑞克，1852年[再版载：森佩尔版本，温勒（Wingler）（1966年），第27-71页]。森佩尔从詹姆斯・弗格森（James Fergusson）的 'Historical Enquiry into the True Principle...'（1849年）中确定了对"技术"（technical）和"语言"（phonetic）的性质进行了区分；参见德拜（Dobai），第3卷（1977年），第460页。关于森佩尔对弗格森的评价，参见赫尔曼（Herrmann）（1981年），第27页。

236 载：森佩尔，*Kleine Schriften*（1884年），第259页及之后。

237 森佩尔（1884年），第267页及之后。

238 '...die Grenzen zu beobachten, welche die dem Gegenstande zu Grunde liegende Idee bedingt.' 同上，第280页。

239 '...ursprüngliche von dem Bedürfnis vorgeschriebene Formen.' 同上，第282页。

240 同上，第284页。

241 '...ihren architektonischen Bildungen und ihren industriellen Erzeugnissen organisches Leben zu verleihen. Die griechischen Tempel und Monumente, sie sind gewachsen...' 同上，第278页。

242 森佩尔，*Der Stil in den technischen und tektonischen Künsten oder praktische Aesthetik. Ein Handbuch für Techniker, Künstler und Kunstfreunde*，两卷，法兰克福，1860年，慕尼黑，1863年[影印再版，附阿德里安・冯・（Adrian von Buttlar）作序，米腾瓦尔德，1977年]；慕尼黑，第二版1878-1879年。关于这一研究的著作的说明，参见赫尔曼（Herrmann）（1978年），第95页及之后。

243 一份第三卷公开的大纲发表，载：赫尔曼（1981年），第250页及之后。

244 'Die Praxis und die industrielle Spekulation, als Mittlerinnen zwischen der Konsumtion und der Erfindung, erhalten diese zu beliebiger Verwerthung ausgeliefert, ohne daβ durch tausendjährigen Volksgebrauch sich vorher ein eigener Stil für sie ausbilden konnte.' 森佩尔（1860年），第12页。

245 'Die Form, die zur Erscheinung gewordene Idee, darf dem Stoffe aus dem sie gemacht ist nicht widersprechen,allein es ist nicht absolut nothwendig daβ der Stoff als solcher zu der Kunsterscheinung als Faktor hinzutrete.' 同上，第15页。

246 'Eben so war der gothische Bau die lapidarische Uebertragung der scholastischen Philosophie des 12. und 13. Jahrhunderts.' 同上，第19页。

247 森佩尔，'Bemerkungen zu des M. Vitruvius Pollio zehn Büchern der Baukunst'（1856年），载：森佩尔，*Kleine Schriften*（1884年），第191页及之后。

248 森佩尔（1860年），第24页及之后。

249 同上，第42页。

250 同上，第43页。

251 '...eurhythmische Abgeschlossenheit der Kristalle und anderer vollkommen regelmäβiger Formen der Natur...als Symbole des Alls das nichts auβer sich kennt.' 同上，第217页及之后。

252 '...Emanzipation der Form von dem Stofflichen und dem nackten Bedürfnis, ist die Tendenz des neuen Stils.' 同上，第445页。

253 '...sich nirgend eine neue welthistorische mit Kraft und Bewußtstein verfolgte Idee kundgibt...das geeignete architektonische Kleid zu verleihen.' 森佩尔，'Über Baustile'（1869年），载：森佩尔，*Kleine Schriften*（1884年），第426页。

254 '...welthistorischen Idee: Bis es dahin kommt, muß man sich, so gut es gehen will, in das Alte schicken.' 同上。

255 'Die Eisenzimmerei ward als solche niemals monumental. Die gefährliche Idee, aus der Eisenkonstruktion, angewandt auf Monumentalbau, müsse für uns ein neuer Bausil hervorgehen, hat schon manchen talentvollen, aber der hohen Kunst entfremdeten Architekten auf Abwege geführt. Wohl kann und muß sogar ihre Anwendung auf Monumentalbau auf den Stil der Baukunst einwirken, aber nicht...durch ihr sichtbares Hervortreten.' 森佩尔（1863年），第550页。关于森佩尔对钢铁作为建筑材料的看法，参见 （1981年），第61页及之后 。

256 '...Versuche in eiserner Gotik...den sichtbaren einfachen eisernen Dachstuhl des Eisenbahn-Ingenieurs bei Einsteighallen und sonstigen Schuppen als Wahrzeichen ihres Provisoriums.' 森佩尔（1863年），第551页。

257 森佩尔，'Über 'Wintergärten'（1849），载：森佩尔，*Kleine Schriften*（1884年），第484页及之后。

258 '...mit diesem gleichsam unsichtbaren Stoffe nicht einlassen, wenn es sich um Massenwirkungen und nicht bloß um leichtes Beiwerk handelt.' 森佩尔（1884年），第485页。

259 阿洛依·里格尔（Alois Riegl），Stilfragen，柏林，1893年，第6页及之后；作者同上，Spätrömische Kunstindustrie（1901年），维也纳，第二版1927年，第8页及之后部分。

260 参见 *Bibliographie zur Architektur im 19. Jahrhundert. Die Aufsätze in den deutschsprachigen Architekturzeitschriften 1789-1918*，斯蒂文·韦措尔特（Stephan Waetzoldt）[韦雷娜·哈斯（Verena Haas）编辑]，共8卷，Nendeln，1977年。

261 关于莱欣斯伯格（Reichensperger），特别参见路德维希·帕斯托尔（Ludwig Pastor），August Reichensperger 1808-1895；两卷，弗赖堡，1899年；约翰·威廉·考克（Johann Wilhelm Koch），'August Reichenspergers künstlerische Bestrebungen'，载：*Der Kölner Dom. Festschrift zur Siebenhundertjahrfeier 1248-1948*，科隆，1948年，第268-296页；乔治·格尔曼（Georg Germann），Neugotik，斯图加特，1974年，第93页及之后，第139页及以后。

262 奥古斯特·莱欣斯伯格（August Reichensperger），*Die christlich-germanische Baukunst und ihr Verhältniß zur Gegenwart*，特里尔（Trier），1845年（第二版1852年）；作者同上，*Fingerzeige auf dem Gebiete der kirchlichen Kunst*，莱比锡，1854年；作者同上，*Vermischte Schriften*，莱比锡，1856年。

263 '...wahrhafte Restauration [in einem] lebenvollen Organismus...den kunstbildenden Trieb im Menchen unter ihre Obhut genommen.' 莱欣斯伯格（1854年），第2，10页。

264 '...die Gesetze und Traditionen der großen mittelalterlichen Kunst wieder zu unserem Bewußtsein zu bringen und zu verkörpern, indem man das 13. Jahrhundert als Ausgangspunkt nimmt.' 同上，第26页。

265 '...organischen Zusammenhang...naturgemäßen Entwicklung...Leben des Volkes...' 同上，第2页及之后。

266 '...Spitzbogenstyle spricht die kirchliche Kunst dem Principe nach ihr letztes Wort...Das dreizehnte Jahrhundert konnte in Bezug auf die Architektur das εν̕ ς ηκα in die Welt hineinrufen, und hat dies denn auch wirklich gethan.' 同上，第22页及之后。

267 '...Logik und Grammatik des gothischen Stils: Jeder Aufgabe in jedwedem Materiale gewachsen, bietet dieser Styl auch noch den Vortheil relativ größerer Wohlfeilheit dar, zumal wenn er einmal allgemein zu praktischer Geltung gekommen sein wird...Die Richtigkeit und Harmonie der Verhältnisse kosten nichts;... von entscherdendem Gewichte in dieser Hinsicht ist, daß der gothische Styl, seinem Wesen nach, verhältnismäßig am wenigsten Masse zur Einschließung und überdeckung einer gegebenen Räumlichkeit erfordert.' 同上，第23页。

268 '...verwerfliche Gußeisen...edlen, ernsten, kerngesunden Styl des dreizehnten Jahrhunderts.' 同上，第24，31页。

269 'Der Mönch und der Werkmeister berathen, wie das Alte zu erhalten und das Neue damit in Einklang zu bringen, wie die wechselseitige Durchdringung von Gottesgelehrsamkeit und Kunst herzustellen sein möchte.' 同上，第136页。

270 '...Geist...organisches Bildungsgesetz, daß endlich auch die Theorie wieder in das rechte Verhältniß zur Praxis tritt. Auf dem Wege der Speculation und des Eklektizismus wird man nimmer zu wahrhaft lebendigen Bildungen gelangen; man wird stets suchen und niemals finden.' 同上，第138页。

271 '...daß die bei einem alten Bauwerk fast stets vorhandenen Spuren seines allmählichen Anwachsens, gleichsam seine Jahresringe nicht verwischt, daß die verschiedenen Style, sowie jene Unregelmäßigkeiten und Zufälligkeiten, welche auch dem sonst minder bedeutenden Gebäude einen eigenthümlich-individuellen Reiz verleihen, erhalten bleiben.' 同上，第32页。

272 弗雷德里希·霍夫斯塔特（Friedrich Hoffstadt），*Gothisches A-B-C-Buch, das ist: Grundregeln des gothischen Styls für Künstler und Werkleute*，法兰克福，1840-1863年。

273 霍夫斯塔特，第65页及之后。

274 '...in den ewigen und unveränderlichen Gesetzen der Geometrie.' 同上，第6页。

275 'Da nun den Naturbildungen geometrische Bildungsgetze zu Grunde liegen, und dieselben geometrischen Gesetze auch bei den Schöpfungen des gothischen Styles untergelegt sind, so ist die Verwandtschaft in den Resultaten beider erklärlich.' 同上，第10页。

276 '...Charakter der vaterländischen Vegetation...Vorlegeblätter einer selbständigen Produktion und...vegetabilischen Verzierungen.' 同上，第202页及之后，图版17，18。

277 '...mit besonderer Beziehung auf die Wiederherstellung und Fortbildung des Spitzbogenstyls.' 同上，第247页及之后。

278 关于翁格维特（Ungewitter），特别参见奥古斯特·莱欣斯伯格（August Reichensperger），*G. G. Ungewitter und sein Wirken*

als Baumeister，莱比锡，1866 年；尤塔·舒哈德（Jutta Schuchard），*Carl Schäfer 1844-1908. Leben und Werk des Architekten der Neugotik*，慕尼黑，1979 年，第 44 页及之后。

279　参见书目，载：尤塔·舒哈德（Jutta Schuchard）（1979 年），第 325 页。最重要的出版物：格奥尔格·戈特洛布·翁格维特（Georg Gottlob Ungewitter），*Entwürfe zu gothischen Ornamenten, zunächst für Decken und Wände*，莱比锡，1854 年；作者同上，*Lehrbuch der gothischen Constructionen*，莱比锡，1859-1864 年[第二版 1875 年；K·莫尔曼（K. Mohrmann）编辑，第 4 版 1901-1903 年]；作者同上，*Sammlung mittelalterlicher Ornamentik in geschichtlicher und systematischer Anordnung*，莱比锡，1863-1865 年。

280　关于霍夫斯塔特（Hoffstadt）的出版著作，特别参见尤塔·舒哈德（Jutta Schuchard）（1979 年），第 316 页及之后。其中有：卡尔·夏菲尔（Carl Schäfer），*Die Bauhütte. Entwürfe im Stile des Mittelalters, angefertigt von Studirenden unter Leitung von Carl Schäfer*，三卷本，柏林，1893-1895 年；作者同上，*Von deutscher Kunst. Gesammelte Aufsätze und nachgelassene Schriften*，柏林，1910 年。

281　参见斯蒂芬·穆特修斯（Stefan Muthesius），*Das englische Vorbild. Eine Studie zu den deutschen Reformbewegungen in Architektur, Wohnbau und Kunstgewerbe im späten 19. Jahrhundert*，慕尼黑，1974 年；乔治·格尔曼（Georg Germann），*Neugotik*，斯图加特，1974 年；尤塔·舒哈德（Jutta Schuchard）（1979 年），第 30 页及之后。

282　关于这一论题的历史背景，特别参见佩尔西·恩斯特·施拉姆（Percy Ernst Schramm），'Deutschlands Verhältnis zur englischen Kultur nach der Begründung des Neuen Reiches'，载：*Schicksalswege deutscher Vergangenheit. Festschrift Siegfried A. Kaehler*，杜塞尔多夫，1950 年，第 289-319 页；作者同上，'Englands Verhältnis zur deutschen Kultur zwischen Reichsgründung und der Jahrhundertwende'，载：*Deutschland und Europa. Festschrift Hans Rothfels*，杜塞尔多夫，1951 年，第 135-175 页。

283　赫尔曼·施瓦贝（Hermann Schwabe），*Der Stand der Kunstindustrie in England und der Stand dieser Frage in Deutschland*，柏林，1866 年。

284　罗伯特·多姆（Robert Dohme），*Das englische Hans. Eine kultur- und baugeschichtliche Studie*，不伦瑞克，1888 年。

285　'Zuerst erhebt sich eine industrielle Anlage, es dampfen die Schlote, es schnurren die Räder, an dürftige Arbeiterwohnungen schließen sich allmählich die Häuser der Krämer der wohlhabenden Händler an, zum Wirthshause gesellt sich die Schule, das Hospital, es bleibt das stattliche Haus des unabhängigen Bürgers nicht aus, es folgt der Palast des reichen Fabrikherrn. Ehe aber eine monumentale Kirche in die Höhe steigt, vergeht gewöhnlich eine lange Zeit...Eine lebendige Architektur muß vorsugsweise den Profanbau im Auge behalten, im Kreise des letzteren sich bewähren, aus diesem das Formleere und Formwidrige verbannen, eine künstlerische Verklärung desselben versuchen.' 安东·斯普林格（Anton Springer），'Die Wege und Ziele der gegenwärtigen Kunst'，载：A·施普林格，*Bilder aus der neueren Kunstgeschichte*，波恩，1867 年，第 375 页。

286　'Und hält man dann Umschau, an welchen der vergangenen Stile man sich anlehnen, an welchen anknüpfen soll, so wird die Rücksicht entscheiden, ob sich das Vorbild im Profanbau verwerthen lasse oder nicht. Mannigfache Anzeichen lassen darauf schließen, daß der Renaissancestil uns in dieser Hinsicht am nächsten steht...' 同上。

287　特别参见埃瓦·波尔施·祖潘（Eva Börsch-Supan），*Berliner Baukunst nach Schinkel 1840-1870*，慕尼黑，1977 年，第 185 页及之后；穆罕默德·沙拉比（Mohamed Scharabi），*Einfluß der Pariser Ecole des Beaux-Arts auf die Berliner Architektur in der 2. Hälfte des 19. Jahrhunderts*，论文，柏林，1968 年。

288　关于卡米洛·西特（Camillo Sitte），特别参见乔治·R·柯林斯（George R. Collins）和 C·C·柯林斯（C. C. Collins），*Camillo Sitte and the Birth of Modern City Planning*，纽约，1955 年；D·维斯佐里克（D. Wieszorek），*Camillo Sitte et les débuts de l'urbanisme moderne*，巴黎，1982 年。

289　西特（Camillo Sitte），*Der Städte-Bau nach seinen künstlerischen Grundsätzen*，维也纳，1889 年[第 3 版 1901 年，之后采用的都是这一版本，第 4 版 1909（这一版本的再版，不伦瑞克 - 威斯巴登，1983 年）]。法文版，*L'art de bâtir les villes*，日内瓦 - 巴黎，1902 年（1918 年）；英文版，*City Planning According to Artistic Principles*，纽约，1965 年。

290　'...bereits sprichwörtliche Langwerligkeit moderner Stadtanlagen...' 西特（1901 年），第 2 页。

291　'...in Wahrheit der Mittelpunkt einer bedeutenden Stadt, die Versinnilichung der Weltanschauung eines großen Volkes.' 同上，第 2 页。

292　同上，第 59 页及之后。

293　同上，第 119 页。

294　'...künstlerisch vollendete Plätze und Straßen abgerungen werden...Sonntagskleid...zum Stolz...und zur Freude der Bewohner, zur Erweckung des Heimatgefühles, zur steten Heranbildung großer edler Empfindungen bei der heranwachsenden Jugend dienen.' 同上，第 98 页。

295　'Gelungen sind die Bauten, nicht gelungen die Parcellierung. Glücklicherweise ist aber so viel leerer Raum vorhanden, daß die Schäden der letzteren noch behoben werden können.' 同上，第 156 页。

296　'Von der Geschlossenhert eines künstlerischen Eindruckes kann da keine Rede sein. Votivkirche, Universität, Chemisches Laboratorium und die verschiedenen Häuserblöcke stehen da einzeln und haltlos herum ohne jede Gesammtwirkung. Statt sich gegenseitig durch geschickte Aufstellung und auch Zusammenstimmung im Effecte zu heben, spielt jedes Bauwerk gleichsam eine andere Melodie in anderer Tonart. Wenn man die gothische Votivkirche, die im edelsten RenaissanceStyl erbaute Universität und die den verschiedensten Geschmacksrichtungen huldigenden Miethhäuser zugleich überschaut, ist es nicht anders, als ob man eine Fuge con S. Bach, ein großes Finale aus einer Mozart'schen

Oper und ein Couplet von Offenbach zu gleicher Zeit anhören sollte. Unerträglich! Geradezu unerträglich!' 同上，第 158 页。

[297] '...Style italienischer Hochrenaissance...1.）die Beseitigung des Stylconflictes; 2.）eine wesentlich gesteigerte Wirkung jedes einzelnen Monumentalbaues; 3.）eine Gruppe charakteristischer Plätze; 4.）die Möglichkeit, eine Menge größter, mittlerer und kleiner Denkmäler hier vereinigt aufzustellen.' 同上，第 173 页。

[298] '...Riesendimensionen...unser mathematisch abgezirkeltes modernes Leben, in dem der Mensch förmlich selbst zur Maschine wird.' 同上，第 113 页。

[299] 例如，弗朗索瓦丝·肖艾（Françoise Choay），*The Modern City: Planning in the 19th Century*，纽约，1969 年，第 106 页。

[300] 关于奥托·瓦格纳（Otto Wagner），参见海因茨·格雷特塞格尔（Heinz Geretsegger）和马克斯·潘特纳（Max Peintner），*Otto Wagner 1814-1819*，萨尔茨保-维也纳，1964 年（第 2 版 1978，第 4 版 1983 年）；巴库洛·阿德里安娜·朱斯蒂（Adriana Giusti Baculo），*Otto Wagner. Dall'architettura di stile allo stile utile*，那不勒斯，1970 年；奥托·安东尼娅·格卡弗（Otto Antonia Gcaf），*Otto Wagner. Das Werk des Architekten*，两卷，维也纳-科隆-格拉茨，1985 年。

[301] 奥托·瓦格纳，*Moderne Architektur. Seinen Schülern ein Führer auf diesem Kunstgebiete*，维也纳，1895 年（第 2 版 1899；第 3 版 1902）；第 4 版，名为 *Die Baukunst unserer Zeit. Dem Baukunstjünger ein Führer auf diesem Kunstgebiete*，维也纳，1914 年（再版，维也纳，1979 年）。关于译本，参见意大利文版朱塞佩·萨莫纳（Samona, Giuseppe）：*Otto Wagner, Architettura moderna e altri scitti*，博洛尼亚，1980 年。

[302] '...Ausdruck des modernen Lebens...ohne das Vorbild in der Natur zu finden...daß in der Baukunst der höchste Ausdruck menschlichen, an das Göttliche streifenden Könnens erblickt werden muß.' 瓦格纳（1914 年），第 14 页。

[303] '...um eine Sammlung von Architekturmotiven anzulegen...fast ein Verbrechen Bedürfnisse der modernen Menschheit gründlich einzuüben.' 同上，第 27 页。

[304] '...der ganz apodiktische Ausdruck des Schönhertsideals einer bestimmten Zeitperiode.' 同上，第 31 页。

[305] 'Die Kunst unserer Zeit muß uns moderne, von uns geschaffene Formen bieten, die unserem Können, unserem Tun und Lassen entsprechen.' 同上，第 33 页。

[306] 'Etwas Unpraktisches kann nicht schön sein.' 同上，第 44 页。

[307] 'Die Komposition muß also schon ganz deutlich das Ausführungsmaterial und die angewandte Technik erkennen lassen.' 同上，第 45 页。

[308] '...Charakteristik und Symbolik des Werkes wie von selbst.' 同上，第 46 页。

[309] '...exotische Weise...mit einer Symbolik der Konstruktion beholfen...statt die Konstruktion selbst als die Urzelle der Baukunst zu bezeichnen.' 同上，第 61 页。

[310] 'Diese Veränderungen sind, abgesehen davon, daß die Form dem Schönheitsideale der jeweiligen Epoche entsprechen mußte, dadurch entstanden, daß die Art der Herstellung, das Material, die Werkzeuge, die verfügbaren Mittel, das Bedürfnis, das Kunstempfinden etc. verschieden waren und ihnen überdies in verschiedenen Gegenden auch verschiedene Zweckerfüllungen zukamen. Es kann daher mit Sicherheit gefolgert werden, daß neue Zwecke und neue Konstruktionen neue Formen gebären müssen.' 同上，第 60 页。

[311] 'Unser demokratisches Sein, in welches die Allgemeinheit mit dem Schrei nach billigen und gesunden Wohnungen und mit der erzwungenen Ökonomie der Lebensweise eingepaßt wird, hat die Uniformität unserer Wohnhäuser zur Folge. Deshalb wird auch diese im künftigen Stadtbilde stark zum Ausdruck kommen...ist die Mehrung der Stockwerke, bei Wohn-und Geschäftshäusern bis zu 7 oder 8 Geschossen, ja bis zum Wolkenkratzer im Stadtzentrum naturgemäß. Die Zahl der Wohnhäuser wird in jeder Großstadt die Anzahl der öffentlichen Bauten weit überwiegen; aus ihrer Zusammenlagerung entstehen daher lange und gleiche Straßeneinfassungsflächen. Die Kunst unserer Zeit hat durch die Erbreiterung unserer Straßen diese Uniformität zur Monumentalität erhoben...Die Baukunst ist bei der Durchbildung der Façade des modernen Miethauses auf eine glatte, durch viele gleichwertige Fenster unterbrochene Fläche angewiesen, wozu sich das schützende Hauptgesims und allenfalls noch ein krönender Fries und ein Portal etc. gesellen.' 同上，第 77，87 页。

[312] 'Auch hat das moderne Auge, wie erwähnt, den kleinen intimen Maßstab verloren, es hat sich an weniger abwechslungsreiche Bilder, an längere gerade Linien, an ausgedehntere Flächen, an größere Massen gewöhnt, weshalb ein stärkeres Maßhalten, eine weniger reiche Silhouettierung solcher Mietobjekte gewiß angezeigt erscheint.' 同上，第 87 页。

[313] '...Wie sollen wir bauen?... Unser Gefühl muß uns aber heute schon sagen, daß die tragende und stützende Linie, die tafelförmige Durchbildung der Fläche, die größte Einfachheit der Konzeption und ein energisches Vortreten von Konstruktion und Material bei der künftigen neuerstehenden Kunstform stark dominieren werden; die moderne Technik und die uns zu Gebote stehenden Mittel bedingen dies. Selbstredend hat der schönheitliche Ausdruck, welchem die Kunst den Werken unserer Zeit geben wird, mit den Anschauungen und der Erscheinung moderner Menschen zu stimmen und die Invidualität des Künstlers zu zeigen.' 同上，第 136 页。

[314] 奥托·瓦格纳，*Die Großstadt. Eine Studie über diese*，维也纳，1911 年。

[315] 奥托·瓦格纳，*Einige Skizzen, Projekte und ausgeführte Bauwerke*，第 1 卷，维也纳，1890 年；第 2 卷，维也纳，1897 年；第 3 卷，维也纳，1906 年；第 4 卷，维也纳，1922 年；最初 4 卷再版，蒂宾根，1987 年。

[316] 参见奥托·安东尼娅·格拉夫（Otto Antonia Graf），*Die vergessene Wagnerschule*，维也纳，1969 年；马尔科·波泽托（Marco Pozzetto），《瓦格纳学派》（*La scuola di Wagner*），意大利特里斯蒂（Trieste），1979 年[德文版，《瓦格纳学派》（*Die Schule Otto Wagners*），维也纳-慕尼黑，1980 年]。

第二十三章注释

1　参见约翰·萨默森（John Summerson），《1530 年至 1930 年的英国建筑》（*Architecture in Britain* 1530 *to* 1830 ），1953 年，哈蒙兹沃斯（Harmondsworth），1970 年第五版，第 497 页及之后。除了萨默森之外，这个世纪上半叶在建筑与建筑理论方面的主要文献如下：奥瓦尔·M·科尔万（Howard M.Colvin），《1600 年至 1840 年英国建筑师生平辞典》（*A Biographical Dictionary of British Architects* 1600-1840），伦敦，1954 年（1978 年第二版）；亨利-罗素·希区柯克（Henry-Russell Hitchcock），《英国早期维多利亚建筑》（*Early Victorian Architecture in Britain*），两卷本，纽黑文，1954 年（纽约 1972 年第二版）；詹姆斯·马可利（James Macauly），《1745 年至 1845 年的哥特复兴》（*The Gothic Revival* 1745-1845），伦敦，1975 年；J·莫当特·克鲁克（J. Mordaunt Crook），《希腊复兴，1760 年至 1870 年英国的新古典主义态度》（*The Greek Revival. Neo-Classical Attitudes in British Architecture*: 1760-1870），伦敦，1972 年；约翰内斯·德拜（Johannes Dobai），《古典主义与浪漫主义的艺术书籍在英国》（*Die Kunstliteratur des Klassizismus und der Romantik in England*），第 3 册：1790-1840 年，波恩，1977 年；戴维·B·布朗利（David B. Brownlee），《第一次盛期维多利亚时期：1840 年代的英国建筑理论》（*The First High Victorians: British Architectural Theory in the* 1840s），《建筑 15》（*Architectura* 15），1985 年，第 33-46 页。

2　关于托马斯·霍普（Thomas Hope）参见戴维·沃特金（David Watkin），《1769 至 1831 年的托马斯·霍普与新古典主义思想》（*Thomas Hope* 1769-1831 *and the Neo-Classical Idea*），伦敦，1968 年；尼古拉斯·佩夫斯纳（Nikolaus Pevsner），《19 世纪的部分建筑理论作者》（*Some Architectural Writers of the Nineteenth Century*），牛津（Oxford），1972 年，第 62 页及之后；J·莫当特·克鲁克（J. Mordaunt Crook）（1972 年）；德拜（Dobai）（1977 年），第 189 页及之后。

3　托马斯·霍普，《建筑师詹姆斯·怀亚特在给下院议员弗朗西斯·安斯利先生的一封信中对他为剑桥唐宁学院所做设计的平面与立面分析》（*Observations on the Plans and Elevations designed by James Wyatt, Architect, for Downing College, Cambridge, in a letter to Francis Annesley, esq. M.P.*），伦敦，1804 年。

4　托马斯·霍普，《由托马斯·霍普所设计的家用家具与室内装饰》（*Household Furniture and Interior Decoration executed from Designs by Thomas Hope*），伦敦，1807 年，影印再版：伦敦，1937 年（没有文本）；伦敦，1947 年（没有文本）；[附有克利福德·马斯格雷夫（Clifford Musgrave）所写导言]，伦敦，1970 年；[附有戴维·沃特金（David Watkin）所写导言，纽约，1971 年]。

5　霍普（Hope）（1807 年），图版 2 有注释。

6　同上，第 5 页。

7　同上，第 6 页。

8　同上，第 7 页。

9　同上，第 17 页。

10　同上，图版 7 有注释。部分复原于 1972 年，伦敦，陈列本《新古典主义的时代》（*The Age of Neo-classicism*）。

11　赫尔曼·冯·普克勒-穆斯考（Hermann von Pückler-Muskau），《一位已故者的信》（*Briefe eines Verstorbenen*）（1830 年），第 1 册，斯图加特 1836 年第二版， 第 170 对开页。

12　托马斯·霍普（Hope），《晚年托马斯·霍普有关建筑的一篇文章——附有他本人在意大利与德国所绘图纸的图版》（*An Historical Essay on Architecture by the late Thomas Hope, illustrated by drawings made by him in Italy and Germany*），2 册，伦敦，1835 年，（1843 年第四版）；法语版本，巴黎-布鲁塞尔，1839 年（1852 年第二版）；意大利文版，1840 年。

13　沃尔夫冈·赫尔曼（Wolfgang Herrmann），《戈德弗雷特·森佩尔，一位被忽视的苏黎世联邦高等工业大学的理论家，目录与注释》（*Gottfried Semper. Theoretischer Nachlaß an der ETH Zürich. Katalog und Kommentare*），巴塞尔-波士顿-斯图加特（Basel-Boston-Stuttgart），1981 年，第 27、54 页。

14　霍普（Hope）（1835 年），第 224 页及之后。第 525 页。

15　同上，第 561 页。

16　佩夫斯纳（Pevsner）（1972 年），第 62 页及之后。

17　关于罗伯特·欧文（Robert Owen），特别参见自传：罗伯特·欧文著，《罗伯特·欧文的一生》（*The Life of Robert Owen*），2 册，伦敦，1857-1858 年，（再版，纽约，1967 年）。有关欧文及其思想的一个概览，参见悉尼·波拉德（Sidney Pollard）和约翰·索尔特（John Salt）（编辑），《罗伯特·欧文——穷人的预言家》（*Robert Owen. Prophet of the Poor*），伦敦，1971 年；关于欧文在城市乌托邦方面的思想与做法，参见梅希蒂尔德·顺普（Mechtild Schumpp），《城市建筑-乌托邦和伙伴》（*Stadtbau-Utopien und Gesellschaft*），德国居特斯洛（Gütersloh）1972 年，第 52 页及之后；弗兰齐斯卡·博勒雷（Franziska Bollerey），《乌托邦社会主义的建筑哲学》（*Architekturkonzeption der utopischen Sozialisten*），慕尼黑，1977 年，第 28 页及之后。

18　好的文献见：博勒雷（Bollerey）（1977 年）第 49 页及之后。

19　罗伯特·欧文，《关于社会的一个新观点》（*A New View of Society*），伦敦，1813 年，1816 年第二版，[编辑 G·D·H·科尔（G. D. H. Cole），伦敦 1927；编辑，约翰·萨维尔（John Saville），新泽西克利夫顿（Clifton, NJ），1972 年]。

20　罗伯特·欧文，"为减轻制造业与劳工工人贫困问题提交协会委员会的报告"（Report to the Committee of the Association for the Relief of the Manufacturing, and Labouring Poor）（1817 年 3 月），载：欧文，《罗伯特·欧文的一生》第 1 册 A 部分

(The Life Vol.I A)，(1858 年)，附录 C。

21 托马斯·斯特德曼·惠特韦尔（Thomas Stedman Whitwell），《斯特德曼·惠特韦尔先生的一个设计之建筑模式说明，为了一个由尊敬的罗伯特·欧文先生倡导的，在一个统一的利益原则之上的社区》（*Description of an Architectural Model from a Design by Stedman Whitwell Esq. for a Community upon a principle of united interests, as advocated by Robert Owen Esq.*），伦敦，1830 年；再版，见：博勒雷（Bollerey）（1977 年），第 216 页及之后。

22 参见博勒雷（Bollerey）所给定的出处（1977 年），第 216 页及之后。

23 参见阿特·尤金·贝斯特（Arthur Eugene Bestor），《乌托邦未开垦地区：美国 1663-1829 年提倡共产主义社会者社会主义运动的宗派主义者和欧文主义者时期》（*Backwoods Utopias: The Sectarian and Owenite Phases of Communitarian Socialism in America 1663-1829*），伦敦 - 费城，1950 年（1970 年第二版）。

24 欲做一个概览，参见德拜（Dobai），第 3 册（1977 年），第 402 页及之后。

25 彼得·尼科尔森（Peter Nicholson），*An Architectural Dictionary, containing a correct Nomenclature...*，2 册，伦敦，1812-1819 年[新版本，E·洛马克斯（E. Lomax）和 T·戈尼翁（T. Gunyon），标题为：*Encyclopaedia of Architecture...*，2 册，伦敦，1852 年；1857-1862 年）。彼得·尼科尔森，*The Builder ε Workman's New Director...*，伦敦，1824 年，1834 年第二版）有关尼科尔森的书目，参见德拜（Dobai），第 3 册（1977 年），第 466 页，第 586 对开页。

26 尼科尔森（1824 年），前言。

27 同上，第 38 页。

28 约瑟夫·格威尔特（Joseph Gwilt），*Rudiments of Architecture, Practical and Theoretical*，伦敦 1826 年（第 2 版 1835 年；第 3 版 1839 年；第 4 版 1899 年）；*An Encyclopaedia of Architecture, Historical, Theoretical and Practical*，伦敦 1842 年[1845 年，1854 年，1859 年；特怀亚·帕普沃斯（Wyatt Papworth）编辑，1867 年，1876 年，1899 年）；影印本，1867 年编辑麦克尔·莫斯特勒尔（Michael Mostoller）作序，纽约，1982 年。关于格威尔特，参见德拜（Dobai），第 3 册（1977 年），第 404 页及之后，第 466 对开页；科尔万（Colvin）（版本，1978），第 371 对开页。

29 托马斯·莱弗顿·唐纳森（Thomas Leverton Donaldson），*Preliminary Discourse on Architecture*，伦敦，1842 年。关于唐纳森，特别参见佩夫斯纳（Pevsner）（1972 年），第 80 页及之后；德拜（Dobai），第 3 册（1977 年），第 445 对开页，第 632 页及之后，第 659 对开页。

30 艾尔弗雷德·巴塞洛缪（Alfred Bartholomew），*Specifications for Practical Architecture, Preceded by an Essay on the Decline of Excellence in the Structure and in the Science of Modern English Buildings: with the Proposal for Remedies for these Defects*，伦敦，1840 年（1846 年第二版）。关于巴塞洛缪，参见佩夫斯纳（Pevsner）（1972 年），第 86 页及之后；德拜（Dobai），第 III 册（1977 年），第 446 页及之后。

31 参见佩夫斯纳（Pevsner）（1972 年），第 92 页。

32 特别参见戴维·沃特金（David Watkin），*The Life and Work of C. R. Cockerell*，伦敦，1974 年；科尔万（Colvin）（版本，1978 年），第 221 页及之后；德拜（Dobai），第 3 册（1977 年），第 603 页及之后；第 656 页及之后。

33 查尔斯·罗伯特·科尔雷尔（Royal Academy Lectures），引自：*The Builder*，第 1 册，13. 2.，第 1843 页及之后；进一步摘引自：*The Athenaeum and Civil Engineer and Architect's Journal*。

34 关于英国建筑学报，特别参见弗兰克·詹金斯（Frank Jenkins），'Nineteenth-Century Architectural Periodicals'，载：萨默森（John Summerson）编辑，*Essays on Architectural Writers and Writing presented to Nikolaus Pevsner*，伦敦，1968 年，第 153-160 页；佩夫斯纳（Pevsner）（1972 年），第 76 页及之后。

35 托马斯·里克曼（Thomas Rickman），'An Attempt to Discriminate the Styles of English Architecture, From the Conquest to the Reformation...'[第一次发表在：*Panorama of Science and Art*，詹姆斯·史密斯（James Smith）编辑，利物浦，1815 年]，伦敦，1819 年（后来的六个版本一直延续到 1881 年）。

36 关于里克曼（Rickman），参见科尔万（Colvin）（版本，1978 年），第 688 页及之后；佩夫斯纳（Pevsner）（1972 年），第 28 页及之后；德拜（Dobai），第 3 册（1977 年），第 1413 页及之后。

37 参见佩夫斯纳（Pevsner）（1972 年），第 32 对开页。

38 威廉·休厄尔（William Whewell），*Architectural Notes on German Churches*，剑桥和伦敦，1830 年（第一版，编辑佚名；第二版 1835 年；第三版 1842 年）。休厄尔，参见关于 J·托德亨特（J. Todhunter），*William Whewell*，2 册，伦敦，1876 年；佩夫斯纳（Pevsner）（1972 年），第 45 页及之后；德拜（Dobai），第 3 册（1977 年），第 1432 页及之后。

39 罗伯特·威利斯（Robert Willis），*Remarks on the Architecture of the Middle Ages, especially of Italy*，剑桥，1835 年。关于威利斯，参见佩夫斯纳（Pevsner）（1972 年），第 52 页及之后；德拜（Dobai），第 3 册（1977 年），第 1437 页及之后。

40 威利斯（Willis）（1835 年），第 15 对开页。

41 参见迪特马尔·格勒茨巴赫（Dietmar Grötzebach），*Der Wandel der Kriterien bei der Wertung des Zusammenhanges von Konstruktion und Form in den letzten 100 Jahren*，论文，柏林理工大学，1965 年（威利斯不在这里讨论）。

42 罗伯特·威利斯，*On the Construction of Vaults in the Middle Ages, Royal Institute of British Architects*，伦敦，1842 年。

43 罗伯特·威利斯，*The Architectural Nomenclature of the Middle Ages*，伦敦，1844 年。

44 马修·霍尔比克·布洛克斯汉姆（Matthew Holbeche Bloxham），*The Principles of Gothic Architecture Elucidated by Question*

and Answer，伦敦，1829 年[经过十一版不断地增加内容，直到 1882 年，后来的版本书名为：*The Principles of Gothic Eccle-siastical Architecture*；相关的概述，参见第 11 版的前言（第 1 册，1882 年），第 iii 对开页]；德文译本，莱比锡，1847年；关于布洛克斯汉姆，参见德拜（Dobai），第 3 册（1977 年），第 1426 页及之后。

45　拉斐尔（Raphael）和乔舒亚·阿瑟·布兰登（Joshua Arthur Brandon），*An Analysis of Gothick Architecture: Illustrated by a Series of Upwards of Seven Hundred Examples of Doorways, Windows etc.*，2 册，伦敦，1847 年。

46　查尔斯·L·伊斯特莱克（Charles L. Eastlake），*A History of the Gothic Revival*，伦敦，1872 年（影印再版，编辑 J·莫当特·克鲁克，莱斯特（Leicester）- 纽约，1970 年；编辑艾伦·戈万斯（Alan Gowans），*Watkins Glen*，纽约，第一版 1975 年，第二版 1979 年）；进一步参见德拜（Dobai），第 3 册（1977 年），第 480 页及之后。

47　当代有关这次竞赛的讨论，参见伊斯特莱克（Eastlake）（1872 年），第 170-177 页；德拜（Dobai），第 3 册（1977 年），第 521 页及之后，第 569 对开页；另参见迈克尔·H·伯特（Michael H. Port）编辑，*The Houses of Parliament*，纽黑文 - 伦敦，1976 年。

48　关于普金（Pugin），参见本杰明·费里（Benjamin Ferrey），*Recollections of A. N. Welby Pugin, and His Father Augustus Pugin...*，伦敦，1861 年[影印再版，附有克莱夫·温赖特和简·温赖特（Clive and Jane Wainwright）的导言，伦敦，1978年]；奥古斯特·莱欣斯伯格（August Reichensperger），*Augustus Welby Pugin, der Neubegründer der christlichen Kunst in England*，弗赖堡，1877 年；菲比·斯坦顿（Phoebe Stanton），*Pugin*，伦敦，1971 年；佩夫斯纳（Pevsner）（1972年），第 103 页及之后；德拜（Dobai），第 3 册（1977 年），第 796 页及之后；亚历山大·韦奇伍德（Alexandra Wedgwood），*A. W. N. Pugin and the Pugin Family* [维多利亚与阿尔伯特博物馆（Victoria and Albert Museum）建筑绘画目录]，伦敦，1985年；玛格丽特·贝尔彻（Margaret Belcher），*A. W. N. Pugin, An Annotated Critical Bibliography*，伦敦 - 纽约，1987 年。

49　奥古斯特·韦尔比·诺斯莫尔·普金（Augustus Welby Northmore Pugin），*A Letter to A. W. Hakewill, Architect, in Answer to his 'Reflections on the Style for Rebuilding the House of Parliament.'* 索尔兹伯里（Salisbury），1835 年。

50　奥古斯特·查尔斯·普金（Augustus Charles Pugin）[和 E·J·威尔森（E.J. Willson），文本]，*Specimens of Gothic Architecture; Selected from Various Ancient Edifices in England and France...*2 卷本，伦敦，1821-1828 年（1838-1839 年）。

51　奥古斯特·韦尔比·诺斯莫尔·普金，*Contrasts: or, A Parallel between the Noble Edifices of the Fourteenth and Fifteenth Centuries and Similar Buildings of the Present Day; Shewing the Present Decay of Taste*，索尔兹伯里，1836 年[伦敦，1841 年第二版；影印再版，编辑 H·R·希区柯克（H.R. Hitchcock），莱斯特和纽约，1969 年]。

52　参见菲比·斯坦顿（Phoebe Stanton），'The Sources of Pugin's "Contrasts"'，载：*Concerning Architecture. Essays on Architectural Writers and Writing presented to Nikolaus Pevsner*，萨默森（John Summerson）编辑，伦敦，1968 年，第 120-139 页；阿什比·布兰德·克劳德（Ashby Bland Crowder），'Pugin's Contrasts: Sources for its Technique'，*Architectura* 13，1983 年，第 57-63 页。

53　普金（版本，1841 年），第 1 页。

54　同上，第 3 页。

55　同上，第 7 页。

56　同上，第 49 页。

57　奥古斯特·韦尔比·诺斯莫尔·普金，*The True Principles of Pointed or Christian Architecture*，伦敦，1841 年（1853 年第二版），1841 年再版，版本：伦敦 - 纽约，1973 年；再版于 1853 年，版本：牛津，1969 年。

58　普金（1841 年），第 I 页。

59　同上。

60　同上，第 76 页。

61　同上，第 47 页。

62　同上，第 50 页。

63　同上，第 74 页。

64　同上，第 72 页。

65　同上。

66　歌德，Berliner Ausgabe，第 19 册，柏林与魏玛，1973 年，第 75 页。

67　奥古斯特·韦尔比·诺斯莫尔·普金，*An Apology for the Revival of Christian Architecture in England*，伦敦，1843 年（影印再版，牛津，1969 年）。

68　参见佩夫斯纳（Pevsner）（1972 年），第 115 页。

69　奥古斯特·韦尔比·诺斯莫尔·普金，*A Treatise on Chancel Screens and Rood Lofts*，伦敦，1851 年，第 13 页。

70　关于"牛津运动"特别参见 S·L·奥拉德（S.L. Ollard），'The Oxford Architectural and Historical Society and the Oxford Movement'，*Oxoniensia* V，1940 年；德拜（Dobai），第 3 册（1977 年），第 833 对开页。

71　关于剑桥卡姆登学会，参见肯尼斯·克拉克（Kenneth Clark），*The Gothic Revival*（1928 年），伦敦，1974 年，第 150页及之后；詹姆斯·F·怀特（James F. White），The Cambridge *Movement. The Ecclesiologists and the Gothic Revival*，剑桥，1962 年（1979 年第二版）；菲比 B·斯坦顿（Phoebe B. Stanton），*The Gothic Revival and American Church Architecture 1840-1856*，巴尔的摩，1968 年；佩夫斯纳（Pevsner）（1972 年），第 123 页及之后；乔治·格尔曼（Georg Germann），*Gothic Revival in Europe and Britain*，伦敦，1972 年；斯蒂芬·穆特修斯（Stefan Muthesius），*The High Victorian Movement in Architecture 1850-1870*，伦敦-波士顿，1972年；乔治·L·赫西（George L.Hersey），*High Victorian Gothic. A Study in Associatism*，巴尔的摩-伦敦，1972年，第61页及之后；德拜（Dobai），第3册（1977年），第834页及之后。

72　*Laws of the Cambridge Camden Society*，剑桥，1839年（再版，载：怀特，版本，1979年，第225页及之后）。

73　怀特（版本，1979年），第11页。

74　约翰·梅森·尼尔（John Mason Neale)[以及约翰·F·罗素（John F. Russell）]，*A Few Hints on the Practical Study. of Ecclesiastical Antiquities for the Use of the Cambridge Camden Society*，剑桥，1839年（第二版1840年，第3版1842年，第4版1843年）；约翰·梅森·尼尔，A Few Words to Church Builders，剑桥，1841年（新的版本直到1844年）。

75　约翰·梅森·尼尔与本杰明·韦布（Benjamin Webb），*The Symbolism of Churches and Church Ornaments: A Translation of the First Book of the Rationale Divinorum...*，利兹，1843年。

76　关于所有这些圣徒，参见保罗·汤普森（Paul Thompson），威廉·巴特菲尔德（William Butterfield），*Victorian Architect*，剑桥，马萨诸塞州，1971年；赫西（Hersey）（1972年），第104页及之后；穆特修斯（Muthesius）（1972年），第59页及之后。

77　参见德拜（Dobai），第3册（1977年），第845页。

78　欧文·琼斯（Owen Jones），*Plans, Elevations, Sections and Details of the Alhambra*，伦敦，1842-1846年；欧文·琼斯，*The Polychromatic Ornament of Italy*，伦敦，1846年。

79　欧文·琼斯，*Grammar of Ornament*，伦敦，1856年（1986年第10版）；参见佩夫斯纳（Pevsner）（1972年），第163页及之后。

80　参见特别赫西（Hersey）（1972年），第78页及之后。

81　德拜（Dobai），第3册（1877年），第846页。

82　关于R．C.卡彭特，参见德拜（Dobai），第3册（1977年），第846页。

83　参见约翰·拉斯金（John Ruskin），*The Works*，编辑，E·T·库克（E.T. Cook）和A·韦德伯恩（A. Wedderburn），39卷本，伦敦，1903-1912年（=图书馆版本=L.E.）；一个适用的按专题的版本：肯尼斯·克拉克（Kenneth Clark），*Ruskin Today*，伦敦，1964年（哈蒙兹沃斯，1967年）；琼·埃万（Joan Evans）与John Howard Whitehouse编辑，*The Diaries of John Ruskin*，3卷本，牛津，1956-1969年。
在大量有关拉斯金的最近的文献中，如下是有关他的建筑思想的最为重要的研究专论：E·T·库克，*The Life of John Ruskin*，2卷本，伦敦，1911年（第2版1912年）；约翰·D·罗森堡（John D. Rosenberg），*The Darkening Glass. A Portrait of Ruskin's Genius*，纽约-伦敦，1961年（第2版1962年）；尼古拉斯·佩夫斯纳（Pevsner），*Ruskin and Viollet-le-Duc*，伦敦，1969年；佩夫斯纳（Pevsner）（1972年），第139页及之后；于尔根·保罗，'Die Kunstanschauung John Ruskins'，载：*Beiträge zur Theorie der Künste im 19. Jahrhundert*，编辑H·科普曼（H. Koopmann）和J·A·施莫尔-埃森韦特（J. A. Schmoll-Eisenwerth），第I册，1971年；乔治·P·兰多（George P. Landow），*The Aesthetic and Critical Theories of John Ruskin*，普林斯顿，1971年；克里斯丁·奥特森·加里加恩（Kristine Ottesen Garrigan），Ruskin on Architecture,威斯康星州麦迪逊市（Madison, Wisc.），1973年；罗伯特·休伊森（Robert Hewison），*John Ruskin. The argument of the eye*，普林斯顿，1976年；约翰·狄克逊·亨特（John Dixon Hunt），*The Wider Sea. A Life of John Ruskin*，伦敦，墨尔本-多伦多，1982年；作者同上和F·M·霍兰（F.M. Holland）编辑，*The Ruskin Polygon. Essays on the Imagination of John Ruskin*，曼彻斯特，1982年；沃尔夫冈·肯普（Wolfgang Kemp），*John Ruskin,1819-1900, Leben und Werk*，慕尼黑-维也纳，1983年。

84　约翰·拉斯金，'The Poetry of Architecture'（1837/1838年），载：*L. E.* 第1册。

85　参见，如帕特里克·R·M·康纳（Patrick R.M. Conner），'Pugin and Ruskin'，*Journal of the Warburg and Courtauld Institutes* XLI，1978年，第344-350页；彼得·克拉厄（Peter Krahé），*Thomas Carlyle, John Ruskin, Matthew Arnold. Die weltanschauliche Krise und ihre literarische Verarbeitung*，波恩，1978年；乔治·艾伦·凯特（George Allan Cate）编辑，*The Correspondence of Thomas Carlyle and John Ruskin*，斯坦福，加利福尼亚州，1982年。

86　约翰·拉斯金，《建筑七灯》（*The Seven Lamps of Architecture*，1849年），L. E. VIII.

87　关于这一主题，参见由戴维·沃特金（David Watkin）所写的有疑问的著作，*Morality and Architecture. The Development of a Theme in Architectural History and Theory from the Gothic Revival to the Modern Movement*，牛津，1977年。

88　拉斯金，*The Seven Lamps of Architecture*，导言。

89　同上，第2章，第9段。

90　同上，第4章，第21段。

91　同上，第1章，第1段。

92　同上，第2章，第7段。

93　同上，第4章，第3段。

94　同上，第4章，第40段。

95　同上，第5章，第24段。

96　同上，第6章，第18段。

97　同上，第6章，第20段。

98　同上，第6章，第19段。

99 《威尼斯之石》（*The Stones of Venice*，1851-1853 年），L. E. IX-XI.

100 The Stones of Venice，第 1 册，第 20 章，第 3 页。

101 同上，第 1 册，第 20 章，第 17 页。

102 同上，第 1 册，第 20 章，第 22 页。

103 同上，第 2 册，第 6 章，第 38 页。

104 同上，第 2 册，第 6 章，第 97 页。

105 路易利·H·沙利文（Louis Henry Sullivan），*A System of Architectural Ornament*（1924 年），纽约，1966 年。

106 关于拉斯金的绘画，参见保罗·H·沃尔顿（Paul H. Walton），*The Drawings of John Ruskin*，牛津，1972 年；罗伯特·休伊森（Robert Hewison），*Ruskin and Venice*，伦敦，1978 年。

107 参见亨利-罗素·希区柯克（Henry-Russell Hitchcock），'Ruskin and American Architecture, or Regeneration Long Delayed'，载：萨默森（John Summerson）编辑，*Concerning Architecture. Essays... presented to Nikolaus Pevsner*，伦敦，1968 年，第 166-208 页；罗杰·B·斯坦（Roger B. Stein），*John Ruskin and Aesthetic Thought in America 1840-1900*，马萨诸塞州剑桥，1967 年；R·B·哈蒙（R. B. Harmon），*The Impact of John Ruskin on Architecture；A Selected Bibliography*，弗吉尼亚州蒙蒂塞洛（Monticello, VA），1982 年。

108 关于弗格森（Fergusson），参见莫里斯·克雷格（Maurice Craig），'James Fergusson'，载：萨默森（John Summerson）（编辑），*Concerning Architecture. Essays... presented to Nikolaus Pevsner*，伦敦，1968 年，第 140-152 页；佩夫斯纳（Pevsner）（1972 年），第 238 页及之后；德拜（Dobai），第 3 册（1977 年），第 459 页及之后，第 470 页；戴维·沃特金（David Watkin），*The Rise of Architectural History*，伦敦，1980 年，第 82 页及之后。

109 詹姆斯·弗格森（James Fergusson），*An Historical Enquiry in the True Principles of Beauty in Art, more especially with Reference to Architecture*，伦敦，1849 年。

110 弗格森，*The Illustrated Handbook of Architecture being a concise popular account of the different styles of architecture prevailing in all ages and countries*，2 卷本，伦敦，1855 年。弗格森，*A History of Modern Styles in Architecture*，伦敦，1862 年；关于这两本书的概述载：*A History of Architecture*，4 卷本，伦敦，1865-1876 年。

111 弗格森（1855 年），第 1 册，第 25 页。

112 同上，第 1 册，第 27 页。

113 同上，第 1 册，第 29 页。

114 同上，第 1 册，第 30 页及之后。

115 同上，第 1 册，第 43 页。

116 同上，第 1 册，第 51 页

117 同上，第 1 册，第 51 页。

118 同上，第 1 册，第 55 页。

119 本尼斯特·弗莱切尔（Banister Fletcher），*History of Architecture on the Comparative Method for the Student, Craftsman, and Amateur*，伦敦，1896 年（有许多扩展了的版本；1987 年第 19 版）。

120 特别参见 J·W·麦凯尔（J. W. Mackail）提供的参考书目，*The Life of William Morris*，2 卷本，伦敦，1899 年 [西德尼·科尔雷尔（Sidney Cockerell）的新版本，伦敦，1950 年]；梅·莫里斯（May Morris），*William Morris, Artist, Writer, Socialist*，2 卷本，牛津，1936 年（影印再版，纽约，1966 年）；爱德华·P·汤普森（Edward P. Thompson），*William Morris. Romantic to Revolutionary*，伦敦，1955 年（纽约，1976 年二版）；菲利普·赫德特森（Philip Hendetson），*William Morris. His Life, Works and Friends*，伦敦，1967 年（平装本，1973 年）；杰克·林赛（Jack Lindsay），*William Morris. His Life and Work*，伦敦，1975 年（纽约，第二版 1979 年）。关于莫里斯社会乌托邦思想的分类，特别参见保罗·迈耶（Paul Meier），*La penske utopique de William Morris*，巴黎，1972 年。对于莫里斯的阐释，参见马里奥·马涅里·伊莱亚（Mario Manieri Elia），*William Morris e l'ideologia dell'arcbitettura moderna*，罗马-巴里（Bari），1976 年及：埃德蒙·戈尔德扎特（Edmund Goldzamt），*William Morris und die sozialen Ursprünge der modernen Architektur*，德累斯顿，1976 年。关于莫里斯的建筑思想，特别参见尼古拉斯·佩夫斯纳（Pevsner），'William Morris and Architecture' [第一次发表于：《英国皇家建筑师协会学报》（*Journal of the Royal Institute of British Architects*），第三版，丛编，第 64 辑，1957 年]，载：佩夫斯纳，*Studies in Art, Architecture and Design. Victorian and After*，伦敦，1968 年（1982 年第二版），第 109 页及之后；佩夫斯纳，*Some Architectural Writers*（1972 年），第 269 页及之后。

121 威廉·莫里斯（William Morris），*The Collected Works*，编辑，梅·莫里斯（May Morris），24 册，伦敦，1910-1915 年，（影印再版，纽约，1966 年）；菲利普·赫德特森（Philip Hendetson）编辑，*The Letters of William Morris to his family and his friends*，伦敦，1950 年；尤金·丹尼斯·勒·米尔（Eugene Dennis Le Mire），*The Unpublished Lectures of William Morris*，论文，[韦恩州立大学（Wayne State Univ.），1962 年]，密歇根安阿伯市，1962 年。
一些常用的文章节选：阿萨·布里格斯（Asa Briggs）编辑，*William Morris. Selected Writings and Designs*，哈蒙兹沃斯，1962 年（再版）；A·L·莫顿（A. L. Morton）编辑，*Political Writings of William Morris*，伦敦，1973 年。

122 威廉·莫里斯，'The Decorative Arts'，以 'The Lesser Arts' 的标题发表（1878 年），载：*Collected Works* 第 22 册，第 3 页及之后；布里格斯（Briggs），*Selected Writings*（1962 年），第 84 页及之后；莫顿（Morton），*Political Writings*（1973 年），第 31 页及之后。

123 莫里斯（1877 年）；转引自布里格斯（Briggs）（1962 年），第102 页。

124 同上。

125 莫里斯，'Art under Plutocracy'（1883 年），载：*Collected Works*，第23 册，第164 页及之后；莫顿（Morton），*Political Writings*（1973 年），第57 页及之后。

126 莫里斯，'Useful Work Versus Useless Toil'（1884 年），载：*Collected Works*，第23 册，第98 页及之后；莫顿（Morton），*Political Writings*（1973 年），第86 页及之后。

127 莫里斯，'The Revival of Architecture'，*Fortnightly Review*，1888 年5 月；再版，载：佩夫斯纳（Pevsner）（1972 年），第315 页及之后。

128 莫里斯，*The Revival*（1888 年）；转引自佩夫斯纳（Pevsner）（1972 年），第316 页。

129 同上，第319 页。

130 梅·莫里斯（May Morris），第1 册，1936 年，第266 页。

131 莫里斯在这方面的作用，在佩夫斯纳（Pevsner），*Pioneers of Modern Design. From William Morris to Walter Gropius* 一书中被夸大了，伦敦，1936 年（纽约1949 年二版）。

132 威廉·莫里斯，*News from Nowhere or an epoch of rest*（第一次发表于 *The Commonweal*，1890 年），波士顿，1890 年（伦敦，1891 年）；编辑，詹姆斯·雷德蒙（James Redmond），伦敦，1970 年（1972 年第二版）。

133 爱德华·贝拉米（Edward Bellamy），*Looking backward 2000-1887*（1888 年），伦敦，1889 年；编辑，弗里德里克·R·怀特（Frederic R. White），纽约，1956 年；关于贝拉米，特别参见阿瑟·E·摩根（Arthur E.Morgan），*Edward Bellamy*，纽约，1944 年；关于他与莫里斯的联系，详见保罗·迈耶（Paul Meier）（1972 年），第114 页及之后。

134 莫里斯，《乌有乡消息》（*News from Nowhere*），编辑，雷德蒙（Redmond）（1970 年），第55 页。

135 同上，第19 对开页。

136 同上，第35 页。

137 同上，第38 页。

138 同上，第114 页。

139 参见克里斯蒂纳·劳德尔（Christina Lodder），*Russian Constructivism*，纽黑文—伦敦，1983 年，第74 页。

140 参见马涅里·伊莱亚（Manieri Elia）（1976 年）；基尔希（Kirsch）（1983 年），第252 页及之后；罗伯特·贾德森·克拉克（Robert Judson Clark）编辑，*The Arts and Crafts Movement in America*，普林斯顿，新泽西，1972 年；作者同上（编辑），'Aspects of the Arts and Crafts Movement in America'，*Record of the Art Museum Princeton University* 34，2，1975 年。

141 奥斯卡·怀尔德（Oscar Wilde）于1882 年所作的讲演，以杂记式的标题发表于：*First Collected Edition of the Works of Oscar Wilde*，编辑，罗伯特·罗斯（Robert Ross），伦敦，1908 年（影印再版，伦敦，1969 年），第241 页及之后。

142 怀尔德（Wilde）（1908 年），第303 页。

143 关于工艺美术运动及行会问题，特别参见佩夫斯纳（Pevsner），'William Morris, C. R. Ashbee und das zwanzigste Jahrhundert'，*Deutsche Vierteljahrsschrift für Literaturwissenschaft und Geistesgeschichte* 14，1936 年，第536-562 页；佩夫斯纳，*Pioneers of Modern Design*（1936 年）；尤利乌斯·波泽纳（Julius Posener），*Anfänge des Funktionalismus. Von Arts and Crafts zum Deutschen Werkbund*（*Bauwelt Fundamente*，11），柏林等，1964 年；罗伯特·麦克劳德（Robert Macleod），*Style and Society. Architectural Ideology in Britain 1835-1914*，伦敦，1971 年；吉莲·内勒（Gillian Naylor），*The Arts and Crafts Movement*，伦敦，1971 年；彼得·戴维（Peter Davey），*Arts and Crafts Architecture: The Search for Earthly Paradise*，伦敦，1980 年。

144 特别参见佩夫斯纳（Pevsner），'Arthur H. Mackmurdo'（第一次发表：*The Architectural Review* LXXXIII，1938 年），*Studies in Art, Architecture etc.*（第2 册，1968 年；1982 年第二版），第133 页及之后。

145 关于莱特比（Lethaby），参见波泽纳（Posener）（1964 年），第27 页及之后（附有德文译文，并有文本选编）；P·费里德（P. Ferriday），'W. R. Lethaby'，载：萨默森（John Summerson）（编辑），*Concerning Architecture. Essays... presented to Nikolaus Pevsner*，伦敦，1968 年，第161-165 页；麦克劳德（Macleod）（1971 年），第55 页及之后；戴维（Davey）（1980 年），第56 页及之后；戈弗雷·鲁宾斯（Godfrey Rubens），*William Richard Lethaby his Life and Work 1857-1931*，伦敦，1986 年。

146 威廉·理查德·莱特比（William Richard Lethaby），*Architecture, Mysticism and Myth*，伦敦，1892 年[影印再版，附有由戈弗雷·鲁宾斯（Godfrey Rubens）所写的导言，伦敦，1974 年)]；修订本，译文标题为：*Architecture, Nature and Magic*（载：*The Builder*，1928 年），伦敦，1956 年。

147 莱特比（Lethaby）（1892 年），第5 页。

148 同上，第3 页。

149 同上，第7 页。

150 同上，第8 页。

151 特别参见麦克劳德（Macleod）（1971 年），第58 页及之后。

152 同上，第59 页，图4，3。

153 特别参见莱特比（William Richard Lethaby），*The Church of Sancta Sophia, Constantinople: a study of Byzantine Building*，伦敦，

1894 年；作者同上，*Mediaeval Art*，伦敦，1904 年（1940 年第二版）；同上，*Westminster Abbey and the King's Craftsmen: A Study of Mediaeval Building*，伦敦，1906 年；同上，*Philip Webb and His Work*（1925 年），伦敦，1935 年（影印再版，伦敦，1979 年）。

[154] 莱特比（Lethaby）（1904 年），第 1 页；关于他的历史概念，参见戴维·沃特金（David Watkin），*The Rise of Architectural History*，伦敦，1980 年，第 87 页及之后。

[155] 参见他的文章：*The Imprint*，1913 年；波泽纳（Posener）（1964 年），第 37 页及之后。

[156] 莱特比，*Architecture*，伦敦，1911 年（1929 年第二版；1955 年第三版）。

[157] 莱特比（1911 年），第 240 页。

[158] 第一次发表于 1913 年，但是在路斯（Loos）的 *Trotzdem*（1931 年）版本中，日期为 1908 年。

[159] 路易斯·沙利文，'Ornament in Architecture'（第一次发表于：*Engineering Magazine*，1892 年 8 月），载：*Sullivan, Kindergarten Chats and other writings*（1918 年），纽约，1947 年，第 187 页及之后。

[160] 参见伊索贝尔·斯潘瑟（Isobel Spencer），*Walter Crane*，纽约，1975 年；詹纳·皮安托尼（Gianna Piantoni），'Il linguaggio della linea nella teoria di W. Crane'，载：*Ricerche di Storia dell'Arte 5*，1977 年，第 47-66 页。

[161] *Arts and Crafts Essays*，由艺术与工艺美术展览协会成员所写，伦敦，1893 年，第 12 页。

[162] 关于阿什比（Ashbee）和贝利·斯科特（Baillie Scott）在德国和瑞士的作品，参见詹姆斯·D·考恩沃夫（James D. Kornwolf），*M. H. Baillie Scott and the Arts and Crafts Movement*，巴尔的摩-伦敦，1972 年；卡塔琳娜·梅迪奇-玛尔（Katharina Medici-Mall），*Das Landhaus Waldbühl von M. H. Baillie Scott. Ein Gesamtkunstwerk zwischen Neugotik und Jugendstil*，波恩，1979 年；汉诺-沃尔特·克鲁夫特（Hanno-Walter Kruft），'Die Arts-and-Crafts-Bewegung und der deutsche Jugendstil'，载：吉哈德·博特（Gerhard Bott）编辑，*Von Morris zum Bauhaus. Eine Kunst gegründet auf Einfachheit*，哈瑙，1977 年，第 25 页及之后。

[163] 瓦尔特·克雷恩（Walter Crane），*The Claims of Decorative Art*，伦敦，1892 年；同上，*The Bases of Design*，伦敦，1898 年；同上，*Line and Form*，伦敦，1900 年。

[164] 关于阿什比（Ashbee），可参见波泽纳（Posener）（1964 年），第 95 页及之后；内勒（Naylor）（1971 年），第 166 对开页；戴维（Davey）（1980 年），第 139 页及之后；费奥纳·马克·卡锡（Fiona Mac Carthy），*The Simple Life C. R. Ashbee in the Cotswolds*，伦敦，1981 年；艾伦·克劳福德（Allen Crawford），*C. R. Ashbee. Architect, Designer ε Romantic Socialist*，纽黑文—伦敦，1985 年。

[165] 查尔斯·罗伯特·阿什比（Charles Robert Ashbee），*Craftsmanship in Competitive Industry*，开普敦，1908 年（影印再版，纽约-伦敦，1977 年）。

[166] 阿什比（Ashbee），*An Endeavour Towards the Teaching of John Ruskin and William Morris*，开普敦，1901 年（影印再版，纽约，1977 年）。

[167] 阿什比（Ashbee）（1908 年），第 91 页。

[168] 阿什比，*Should we Stop Teaching Art?*，伦敦，1911 年（影印再版，纽约，1977 年）。

[169] 转引自内勒（Naylor）（1971 年），第 147 页。

[170] 约翰·丹多·塞丁（John Dando Sedding），*Art and Handicraft*，伦敦，1893 年（影印再版，纽约，1977 年），第 129 页。

[171] 关于沃伊西（Charles F. Annesley Voysey）参见佩夫斯纳（Pevsner），'C. F. A. Voysey'（第一次发表于：*Elseviers Maandschrift*，1940 年 5 月），载：佩夫斯纳，*Studies in Art, Architecture etc.*，第 2 册，（1968 年，1982 年第二版），第 141 页及之后；戴维·格布哈特，*Charles F. A. Voysey*，洛杉矶，1975 年；乔安娜·西蒙兹（Joanna Symonds），*Catalogue of Drawings by C. F. A. Voysey in the Drawings Collection of the Royal Institute of British Architects*，法恩伯鲁夫（Farnborough），1976 年；约翰·布兰登-琼斯（John Brandon-Jones）等著，*C·F·A 沃伊西：architect and designer 1857-1941*（问答目录），伦敦，1978 年；邓肯·辛普森（Duncan Simpson），*C.F.A. Voysey. An architect of individuality*，伦敦，1979 年。

[172] 查尔斯·F·安内斯雷·沃伊西（Charles F. Annesley Voysey），*Reason as a basis of art*，伦敦，1906 年；同样，*Individuality*，伦敦，1915 年。

[173] 'An Interview with Mr. charles F. Annesley Voysey, architect and designer'，*The Studio* I，1893 年，第 234 页。

[174] 同上。

[175] 查尔斯·F·安内斯雷·沃伊西，'Patriotism in architecture'，载：《建筑协会学报》第 28 期（*Architectural Association Journal* XXVIII），1912 年，第 21-25 页。

[176] 参见佩夫斯纳（Pevsner）（1968 年第一版，1982 年第二版），第 151 页。

[177] 有关勒汀斯（Lutyens 年）的更多文献，关于他的住宅设计，参见彼得·英斯基普（Peter Inskip），*Edwin Lutyens*（*Architectural Monographs* 6）伦敦，1979 年；关于他在印度的作品，参见罗伯特·格兰特·欧文（Robert Grant Irving），*Indian Summer. Lutyens, Baker, and Imperial Delhi*，纽黑文—伦敦，1981 年。

[178] 关于麦金托什（Mackintosh），参见托马斯·豪沃斯（Thomas Howarth），*Charles Rennie Mackintosh and the Modern Movement*（1952 年），伦敦，1977 年第二版；麦克劳德（Macleod），*Charles Rennie Mackintosh. Architect and Artist*，伦敦，1983 年。

179 参见戴维（Davey）（1980 年），第 183 页及之后；内勒（Naylor）（1971 年），第 172 页及之后；克鲁夫特（Kruft）（1977 年）， 第 27 页及之后。

180 埃比尼泽·霍华德（Ebenezer Howard），*Tomorrow: a Peaceful Path to Real Reform*，伦敦，1898 年；标题为：*Garden Cities of Tomorrow*，伦敦，1902 年；编辑，F·J·奥斯本（F.J. Osborn），马萨诸塞州剑桥 - 伦敦，1965 年（几次再版）。见奥斯本（1965 年）与波泽纳（Posener）（1968 年）书中的导言；杜格尔·马克菲迪恩（Dugald Macfadyen），*Sir Ebenezer Howard and the town planning movement*，马萨诸塞州剑桥，1970 年；另见尤利乌斯·波泽纳，'Ebenezer Howard'（1972年），载：波泽纳，Aufsäze und Vorträge 1931-1980，不伦瑞克 - 威斯巴登，1981 年，第 230-243 页。关于德国的田园城市运动，参见克利斯蒂安娜·哈特曼（Kristiana Hartmann），*Deutsche Gartenstadtbewegung. Kulturpolitik und Gesellschaftsreform*，慕尼黑，1976 年。

181 霍华德（Howard）[版本，奥斯本（Osborn），1970 年第三版]，第 142 对开页。

182 帕特里克·盖迪斯（Patrick Geddes），*City Development. A Study of Parks, Gardens, and Culture-Institutes. A Report to the Carnegie Dunfermline Trust*，爱丁堡 - 伯明翰，1904 年[影印再版，香农（Shannon），1973 年；新不伦瑞克，新泽西州，1973 年]。关于盖迪斯，参见菲利普·博德曼（Philip Boardman），*The World of Patrick Geddes. Biologist, Town planner, Re-educator, Peace-warrior*，伦敦 - 亨利（Henley）- 波士顿，1978 年。

183 帕特里克·盖迪斯（Patrick Geddes），*Town Planning toward City Development: A Report to the Durbar of Indore*，2 册，印多尔（Indore），1918 年。

184 杰弗里·斯考特（Geoffrey Scott），*The Architecture of Humanism. A Study in the History of Taste*（1914 年第一版，1924 年第二版），编辑，亨利·霍普·里德（Henry Hope Reed），纽约，1974 年。关于斯考特，参见戴维·沃特金（David Watkin），*The Rise of Architectural History*，伦敦，1980 年，第 116 页及之后。特别令人感到奇怪的是，沃特金（Waltkin）在 *Morality and Architecture*（牛津，1977 年），虽然对斯考特表现出浓厚的兴趣与理解，却对他的作品几乎没有谈及。

185 斯科特（Scott）（编辑，1974 年），第 49 页。

186 同上，第 78 页。

187 同上，第 85 页。

188 同上，第 89 页。

189 同上，第 110 页。

190 同上，第 111 页。

191 同上，第 134 页。

192 彼得·布莱克（Peter Blake），*Form Follows Fiasco. Why Modern Architecture Hasn't Worked*，波士顿 - 多伦多，1977 年。

第二十四章注释

1 关于早期美国建筑与建筑文献的主要参考书目是：弗兰克·J·鲁斯（Frank J. Roos），*Writings on American Architecture*（1943 年第一版），第二版版本，标题为：*Bibliography of Early American Architecture. Writings on Architecture Constructed Before 1860 in Eastern and Central United States*，芝加哥 - 伦敦，1968 年；亨利 - 罗素·希区柯克（Henry-Russell Hitchcock），*American Architecture Books. A List of Books, Portfolios, and Pamphlets on Architecture and Related Subjects Published in America before 1895*（1946 年第一版），明尼阿波利斯市，1962 年第二版[影印再版，纽约，1976 年有一个很实用的"按年代排列短标题列表"（Chronological Short-Title List）作为一项研究的附加成果]。
在美国发表的第一篇建筑学论文是亚伯拉罕·斯旺（Abraham Swan）的：*The British Architect: or, The builder's treasury of staircases...*（第一版，伦敦，1745 年；第二版 1750 年；第三版 1758 年；影印本，1758 版再版于，版本，纽约，1967 年），费城，1775 年。

2 关于早期美国建筑，特别参见塔尔伯特·哈姆林（Talbot Hamlin），*Greek Revival Architecture in America*（1944 年第一版），纽约 - 伦敦，1964 年第二版；在诸多有关美国建筑史的论著中，参见詹姆斯·马斯顿·菲奇（James Marston Fitch）简练而内容丰富的研究，*American Building. The Historical Forces That Shaped It*（1947 年第一版），纽约，1973 年第二版；亨利 - 罗素·希区柯克（Henry-Russell Hitchcock），*Architecture: Nineteenth and Twentieth Centuries*，英国哈蒙兹沃斯，1958 年（多次再版）。较适用的美国建筑理论论文集编，包括了 19 世纪的文献材料选集：刘易斯·芒福德（Lewis Mumford）编辑：*Roots of Contemporary American Architecture*（1952 年第一版），纽约，1972 年；唐·吉福德（Don Gifford）编辑，*The Literature of American Architecture*，纽约，1966 年；利兰·M·罗思（Leland M. Roth）编辑，*America Builds. Source Documents in American Architecture and Planning*，纽约，1983 年。

3 有关托马斯·杰弗逊（Thomas Jefferson）作为建筑师的情况，特别参见费斯克·金博尔（Fiske Kimball），*Thomas Jefferson Architect. Original Designs in the Collection of Thomas Jefferson Coolidge, Jr.*，波士顿，1916 年（影印再版，纽约，1968 年）；卡尔·莱曼（Karl Lehmann），*Thomas Jefferson. American Humanist*（1947 年），芝加哥 - 伦敦，1965 年（影印再版，1973 年）；比福德·比科恩斯（Buford Picokens），'Mr. Jefferson as Revolutionary Architect'，《建筑历史学会会刊》（*Journal of the Society of Architectural Historians*），第 34 辑，1975 年，第 257-270 页；费利克斯·埃普利（Felix Aeppli），*Thomas Jefferson: The Urban Critic of the City*，苏黎世，1975 年；费德里克·多夫顿（Federick Doveton）与拉尔夫·E·格里斯沃尔德（Ralph E.Griswold），*Thomas Jefferson. Landscape Architect*，弗吉尼亚州夏洛茨维尔（Charlottesville,

VA），1978 年；马里·N·伍兹（Mary N.Woods），'Thomas Jefferson and the University of Virginia: Planning the Academic Village'，《建筑历史学会会刊》，第64辑，1985 年，第266-283 页；威廉·B·奥尼尔（William B. O'Neal），'An Intelligent Interest in Architecture. A Bibliography of Publications about Thomas Jefferson as an Architect...'，美国建筑类书籍目录编著者协会（The American Association of Architectural Bibliographers），论文，第6辑，1969 年。

4　关于杰弗逊（Jefferson）图书馆特别参见金博尔（Kimball）（1916 年），第90页及以后；

威廉·贝恩特尔·奥尼尔（William Bainter O'Neal）：*Jefferson's Fine Arts Library. His Selections for the University of Virginia Together with His Own Architectural Books*，弗吉尼亚州夏洛茨维尔，1976 年。

5　特别参见保罗·F·诺顿（Paul F. Norton），*Latrobe, Jefferson and the National Capitol*，论文（普林斯顿，1952 年），纽约-伦敦，1977 年。

6　参见诺顿（Norton）（1977 年）；亨利-罗素·希区柯克（Henry-Russell Hitchcock）和威廉·西尔（William Seale），*Temples of Democracy: The State Capitols of the USA*，纽约-伦敦，1976 年。

7　关于杰弗逊的旅行，参见爱德华·邓博尔德（Edward Dumbauld），*Thomas Jefferson. American Tourist*（1946 年第一版），俄克拉荷马城（Oklahoma），1976 年第二版。

8　托马斯·杰弗逊（Thomas Jefferson），*Notes on the State of Virginia*（1782 年）；转引自索尔·K·帕多弗（Saul K. Padover）（编辑），*The Complete Jefferson*，纽约州弗里波特（Freeport, NY），1943 年（1969 年第二版），第671页。

9　威廉·布坎南（William Buchanan）与詹姆斯·海（James Hay）；朱利安·P·博伊德（Julian P. Boyd）编辑，*The Papers of Thomas Jefferson*，第9册，普林斯顿，1954 年，第220页。

10　查尔斯-路易斯·克莱里索（Charles-Louis Clérisseau），*Antiquités de la France*，第一部分，巴黎，1788 年；参见奥尼尔（William Bainter O'Neal），1976 年），第71页及以后（第29节）。

11　参见博伊德（Boyd）（版本），如前引书，第9册（1954 年），第602页及以后。

12　托马斯·杰弗逊，"自传"（Autobiography，1821 年），载：帕多弗（Padover）（版本），*The Complete Jefferson*（1943 年），第1147页。

13　莱曼（Lehmann）（版本，1973 年），第11页。

14　关于美国的帕拉第奥主义，参见目录：*Palladio in Amerika*，米兰，1976 年；马赫利塔·阿兹·维森提尼（Antinio Azzi Visentini），*Il Palladianesimo in America e l' architettura della villa*，米兰，1976 年。关于布尔芬奇（Bulfinch）参见哈罗德·克尔凯尔（Harold Kirker），*The Architecture of Charles Bulfinch*，马萨诸塞州剑桥，1969 年。

15　阿瑟·本杰明（Asher Benjamin），*The Country Builder's Assistant: containing a collection of new designs of carpentry and architecture...*，格林菲尔德（Greenfield），1797 年（1798 第二版；1800 年第三版；1805 年第四版）；第一版的再版，载：*The Works*（1972 年）。

16　有关阿瑟·本杰明著作及出版物的最好的说明，参见希区柯克（Hitchcock）（版本，1976 年），第9页及以后，有关其著作及思想的更深入研究，参见杰克·奎南（Jack Quinan），'Asher Benjamin and American Architecture'，《建筑历史学会学报》，第38辑（*Journal of the Society of Architectural Historians XXXVIII*），1979 年，第244-256页。影印本，第一版再版：*Asher Benjamin, The Works of A B. From the First Editions*，埃弗拉德·M·厄普约翰（Everard M. Upjohn）编辑，7卷本，纽约，1972 年。

17　参见希区柯克（Hitchcock）（版本，1976 年），第74对开页。

18　阿瑟·本杰明，*The American Builder's Companion: or a New System of Architecture particularly adapted to the present style of building in the United States of America*，波士顿，1806 年（1811 年第二版；1816 年第三版；1820 年第四版；1826 年第五版；1827 年第六版）；第一版的再版，载：*The Works*（1972 年）；1827 年版再版，威廉·摩根（William Morgan）编辑：纽约，1969 年。

19　本杰明（1806 年），第8页。

20　同上，第6页。

21　同上，第7页。

22　阿瑟·本杰明，*Practice of Architecture, Containing the five orders of architecture and an additional column and entablature...*，纽约，1833 年（1835 年第二版；1836 年第三版；1840 年第四版；1847 年第五版；1851 年第七版），图版vii，和第34页；第一版的影印再版，载：《作品集》（*The Works*，1972 年）。

23　本杰明，*The American Builder's Companion*（版本，1829 年），第28页。

24　阿瑟·本杰明，*The Rudiments of Architecture: Being a Treatise on Practical Geometry, on Grecian and Roman Mouldings...*，波士顿，1814 年（1820 年第二版）；第一版的影印再版，载：The Works（1972 年）。

25　本杰明，*The American Builder's Companion*（版本，1806 年），第5页。

26　在大量有关美国先验主义文献中，特别参见：F·O·马西森（F.O. Matthiessen），*Art and Expression in the Age of Emerson and Whitman*，伦敦-多伦多-纽约，1941 年，（1946 年第三版）；佩里·米勒（Perry Miller），*The Transcendentalists An Anthology*，马萨诸塞州剑桥，1950 年，（1971 年第三版）；保罗·F·博勒（Paul F. Boller），*American Transcendentalism 1830-1860*，纽约，1974 年。关于先验主义美学与建筑理论，特别参见查尔斯·R·梅茨格（Charles R. Metzger），*Emerson and Greenough. Transcendental Pioneers of an American Esthetic*（1954 年第一版），康涅狄格州韦斯特波特（Westport, CT），1970 年；*Thoreau and Whitman. A Study of their Esthetics*（1961 年第一版），华盛顿，1968 年。

27 有关在先验主义美学方面受到的德国的影响，参见唐纳德·德鲁·埃格伯特（Donald Drew Egbert），'The Idea of Organic Expression and American Architecture'，载：斯托·珀森斯（Stow Persons）编辑，*Revolutionary Thought in America*，纽黑文，1950 年，第 336-396 页；另详见斯坦利·M·沃格尔（Stanley M. Vogel），'German Literary Influences on the American Transcendentalists'，《耶鲁英语研究》（*Yale Studies in English*），第 127 页，纽黑文，1955 年（影印再版，1970 年）。

28 关于格里诺（Greenough）特别参见亨利·T·塔克曼（Henry T. Tuckerman），*A Memorial of Horatio Greenough*，纽约，1853 年；托马斯·布伦博（Thomas Brumbaugh），'Horatio and Richard Greenough: A Critical Study with a Catalogue of their Sculpture'，论文，俄亥俄州立大学，1955 年；纳塔利亚·莱特（Nathalia Wright），*Horatio Greenough. The First American Sculptor*，费城，1963 年；尼古拉斯·佩夫斯纳（Nikolaus Pevsner），Some Architectural *Writers of the Nineteenth Century*，牛津，1972 年，第 188 页及以后；纳塔利亚·莱特编辑，*Letters of Horatio Greenough. American Sculptor*，威斯康星州麦迪逊市（Madison, WI），1972 年。

29 《1853 年 4 月 19 日的信》（*Letter of 19.4.1853*）；约瑟夫·斯莱特（Joseph Slater）编辑，*The Correspondence of Emerson and Carlyle*，纽约 - 伦敦，1964 年，第 486 页。

30 有关格里诺建筑理论的概述，可见于 1831 年 10 月给华盛顿·沃尔斯顿（Washington Allston）的信：参见莱特（编辑），*Letters of Horatio Greenough*（1972 年），第 86 页及以后。

31 霍拉肖·格里诺（Horatio Greenough），'American Architecture'（第一次出版载：*United States Magazine and Democratic Review* 13，1843 年，第 206-210 页），载：霍拉肖·格里诺，*Form and Function. Remarks on Art, Design and Architecture*，哈罗德·A·斯莫尔（Harold A. Small）编辑，伯克利（Berkeley）- 洛杉矶 - 伦敦，1947 年（1969 年第六版），第 51 页及以后；删节文本：刘易斯·芒福德（Lewis Mumford）编辑，*Roots of Contemporary American Architecture*（1952 年），纽约，1972 年，第 32 页及以后；格里诺自己出版的册子为：*The Travels，Observations and Experience of a Yankee Stonecutter under the pseudonym Horace Bender*（纽约，1852 年）；塔克曼（Tuckerman）（1853 年）的版本中包括了一个较为扩展的格里诺论著的选集，这个集子构成了斯莫尔版本的基础（1947 年）。

32 格里诺，*American Architecture*（版本，1947 年），第 51 页。

33 同上，第 57 对开页。

34 同上，第 58 页。

35 同上，第 61 页。

36 同上，第 62 页。

37 同上。

38 同上，第 63 页。

39 同上，第 65 页。

40 霍拉肖·格里诺，'Relative and Independent Beauty'，载：格里诺，*Form and Function*（版本，1947 年），第 69 页及以后。

41 爱德华·拉西·加比特（Edward Lacy Garbett），*Rudimentary Treatise on the Principles of Design in Architecture as Deducible from Nature and Exemplified in the Works of the Greek and Gothic Architects*，伦敦，1850 年。关于加比特，参见 R·W·温特（R. W. Winter），'Fergusson and Garbett in American Architectural Theory'，《建筑历史学会学报》，第 17 辑，（*Journal of the Society of Architectural Historians* XVII），1958 年 12 月，第 25-30 页；佩夫斯纳（Nikolaus Pevsner）（1972 年），第 189 页及以后。

42 加比特（Garbett）（1850 年）；转引自佩夫斯纳（Nikolaus Pevsner）（1972 年），第 192 页。

43 格里诺（版本，1947 年），第 71 页。

44 同上，第 74 页。

45 同上，第 75 页。

46 同上，第 118 页。

47 同上，第 121 页。

48 同上，第 123 页。

49 同上，第 128 页。

50 参见纳塔利亚·莱特（Nathalia Wright）（1963 年），第 188 页。

51 *Letters of Horatio Greenough*，版本，纳塔利亚·莱特（Nathalia Wright）（1972 年），第 268 页。

52 参见梅茨格（Metzger）（1954 年，版本，1970 年），第 67 页及以后。

53 *Letters of Horatio Greenough*，版本，纳塔利亚·莱特（Nathalia Wright）（1972 年），第 400 对开页。

54 参见卡尔·W·康迪特（Carl W. Condit），*The Chicago, School of Architecture*（1964 年），芝加哥 - 伦敦，1973 年，第 10 页及以后。

55 拉尔夫·沃尔多·爱默生（Ralph Waldo Emerson），*English Traits*；转引自 *The Complete Works of Ralph Waldo Emerson*，第 5 册，波士顿 - 纽约，1903 年（影印再版，纽约，1968 年），第 5 对开页。
   关于爱默生的有机 - 功能主义理论，特别参见罗伯特·B·谢弗（Robert B. Shaffer），'Emerson and His Circle: Advocates of Functionalism'，《建筑历史学会学报》，第 7 辑（*Journal of the Society of Architectural Historians* VII），1948 年，Nrs

3-4，第17-20页；理查德·P·亚当斯（Richard P. Adams），'Emerson and the Organic Metaphor'，载：*Publications of the Modern Language Association of America* LXIX，1954年，第117-130页。

56 爱默生（Ralph Waldo Emerson），'Nature'（1836年）；载：*The Complete Works of R. W. E*，第1册，波士顿-纽约，1903年，纽约，1968年，第1页及以后。

57 爱默生（Emerson），'The Conduct of Life'；载：*The Complete Works of R. W. E*，第6册，波士顿-纽约，1904年（再版，纽约，1968年），第291页。

58 爱默生，'The Conduct of Life'；转引自 *Complete Works*，第6册，1904年，第294页。

59 爱默生，'Art and Criticism'；载：*The Complete Works of R. W. E*，第12册，波士顿和纽约，1904年（影印再版，纽约，1968年），第291页。

60 爱默生，'Thoughts on Art'，载：The Dial，第1册，1840/1841年，第375页。

61 亨利·大卫·梭罗（Henry David Thoreau），Journal，第3册，布拉德福德·托里编辑（1906年），纽约，1968年，第181页及以后。

62 梭罗（Henry David Thoreau），'Walden'（1854年），载：*The Writings of Henry David Thoreau*，第2册（1906年），纽约，1968年；附图及导言，J·林登·尚利（J. Lyndon Shanley）编辑，Henry D. Thoreau，*The Illustrated Walden*，普林斯顿，1973年。

63 梭罗，Walden（版本，1973年），第46对开页。

64 梭罗，'Cape Cod'，载：*The Writings of H. D. Th.*，第4卷（1906年），纽约，1968年，第29页。

65 梭罗，Journal，第4卷（1906年），1968年，第153页。

66 同上，1968年，第152页。

67 参见阿瑟·尤金·贝斯特（Arthur Eugene Bestor），*Backwoods Utopias: The Sectarian Origins and the Owenite Phase of Communitarian Socialism in America, 1663-1829*，费城，1950年第一版，1970年第二版；关于19世纪一个较好的概括性说明，参见多洛雷斯·海登（Dolores Hayden），*Seven American Utopias. The Architecture of Communitarian Socialism, 1790-1975*，马萨诸塞州剑桥-伦敦，1976年第一版，1977年第二版。

68 特别参见多洛雷斯·海登（Dolores Hayden）（1976年第一版，1977年第二版）。

69 关于震颤派教徒的更为宽泛的文献，参见爱德华·戴明·安德鲁斯（Edward Deming Andrews），*The People Called Shakers: A Search for the Perfect Society*，纽约，1954年（1963年第二版）；爱德华·戴明·安德鲁斯和费丝·安德鲁斯（Faith Andrews），*Work and Worship: The Economic Order of the Shakers*，康涅狄格州格林威治（Greenwich, CT），1974年（影印再版，更名为：*Work and Worship Among the Shakers. Their Craftsmanship and Economic Order*，纽约，1982年）；展览目录：*Die Shaker. Leben und Produktion einer Commune in der Pionierzeit Amerikas*，慕尼黑，1974年；多洛雷斯·海登（Dolores Hayden）（1977年第二版），第65页及以后；赫伯特·希弗，*Shaker Architecture*，宾夕法尼亚州艾克斯顿（Exton, PA），1979年。

有关震颤派教徒思想的一个较早的描述，参见卡尔文·格林（Calvin Green）和塞思·Y·韦尔斯（Seth Y. Wells）（编辑），*A Summary View of the Millennial Church or United Society of Believers Commonly Called Shakers*（1823年第一版），奥尔巴尼市（Albany），1848年第二版（影印再版，纽约，1973年）；一个有关震颤派教徒的诗句与歌词的更实质性的摘选，参见丹尼尔·W·帕特森（Daniel W. Patterson）（编辑），*The Shaker Spiritual*，普林斯顿，1979年。

70 *The Millennial Laws* of 1821，第一次由安德鲁斯（Andrews）发表（1954年，1963年第二版）。

71 *Millennial Laws*（1821年）；转引自安德鲁斯（1953年），第285页。

72 同上，第282页。

73 爱德华·戴明·安德鲁斯（Edward Deming Andrews）和费丝·安德鲁斯（Faith Andrews），*Shaker Furniture: The Craftsmanship of an American Communal Sect*，纽黑文，康涅狄格州，1937年（影印再版，纽约，1950年，1964年）；朱尼·斯普里格（Juni Sprig），*By Shaker Hands*，纽约，1975年第一版，1981年第三版。

74 关于一般性论述，参见多洛雷斯·海登（Dolores Hayden）（1976年第一版，1977年第二版）。

75 萨缪尔·斯隆（Samuel Sloan），*The Model Architect. A series of original designs for cottages, villas, suburban residences...*，2卷本，费城，1852年；第2册，第99页；这一作品的进一步版本：1860年，1865年，1868年，1873年；影印再版，1852年版本，标题为：Sloan's Victorian Buildings，小哈罗德·N·库利奇（Harold N. Cooledge Jr.）编辑，纽约，1980年。关于斯隆的论著，参见希区柯克（Hitchcock），*American Architectural Books*（版本，1976年），第98对开页。

76 斯隆（Sloan）（1852年），第1册，第7页；第2册，第99页。

77 斯隆（1852年），第1册，第7页。

78 同上，第9页。

79 同上，第11页，第26页。

80 同上，第34对开页。

81 卡尔弗特·沃克斯（Calvert Vaux），*Villas and Cottages. A Series of Designs Prepared for Execution in the United States*，纽约，1857年（1864年第二版；1867年第三版；1869年第四版；1872年第五版；1874年第六版）；影印再版，1864年版，版本，纽约，1970年。

关于这一作品的出版情况，参见希区柯克（Hitchcock），*American Architectural Books*（版本，1976年），第108对开页。

82 关于唐宁（Downing）的著作，参见希区柯克，*American Architectural Books*（版本，1976年），第31页及以后；关于唐宁较为详细的研究，参见文森特·J·斯库勒（Vincent J. Scully），*The Shingle Style and the Stick Style. Architectural Theory and Design from Richardson to the Origins of Wright*，纽黑文-伦敦（1955年第一版），1971年第二版，第28页及以后。

83 沃克斯（版本，1864年），第9对开页。

84 同上，第27页。

85 同上，第32对开页。

86 同上，第48页。

87 同上，第45页。

88 同上，第53页。

89 同上，第82页。

90 同上，第83页。

91 对于比克内尔论著的一个概述，参见希区柯克（Hitchcock），*American Architectural Books*（编辑），第14页及以后。

92 阿莫斯·杰克逊·比克内尔（Amos Jackson Bicknell）（编辑），*Bicknell's Village Builder. Elevations and plans for cottages, villas, suburban residences, farm houses...*，纽约，1870年（1886年第七版）；*Supplement to Bicknell's Village Builder, containing eighteen modern designs for country and suburban houses of moderate cost...*，纽约，约在1871年（影印再版，附补充版本，纽约，1871年）；纽约，1979年。

93 斯库勒（Scully）（1955年第一版，1971年第二版）。

94 参见阿瑟·德雷克斯勒（Arthur Drexler）（编辑），The Architecture of the Ecole des Beaux-Arts，伦敦，1977年，第464页及以后；关于理查森（Richardson），参见理查德·查菲（Richard Chafee），'Richardson's Record at the Ecole des Beaux-Arts'，《建筑历史学会学报》，第36辑（*Journal of the Society of Architectural Historians XXXVI*），1977年，第175-188页；关于1900年前后美国建筑学培训的一个更为深入的描述是由哈罗德·布什-布朗（Harold Bush-Brown）所提供的，载：*Beaux Arts to Bauhaus and Beyond*，纽约，1976年。

95 参见由希区柯克（Hitchcock）和罗伯特·贾德森·克拉克（Robert Judson Clark）所写的文章：*The Shaping of Art and Architecture in Nineteenth-Century America*，纽约（大都会艺术博物馆）1972年。

96 关于理查森（Richardson），特别参见马里纳·格里斯沃尔德·范·伦赛勒（Marina Griswold Van Rensselaer），*Henry Hobson Richardson and His Works*，波士顿-纽约，1888年（影印再版，纽约，1969年）；希区柯克（Hitchcock），*The Architecture of H. H. Richardson and His Times*（1936年第一版，1961年第二版），马萨诸塞州剑桥，1966年第三版；詹姆斯·F·欧戈尔曼（James F. O'Gorman），*H. H. Richardson and His Office*，马萨诸塞州剑桥，1974年；杰弗里·卡尔·奥克斯纳，*H. H. Richardson: Complete Architectural Works*，马萨诸塞州剑桥，1982年第一版，1983年第二版。
关于理查森建筑学文献的使用情况，参见他的图书馆目录列表，载：詹姆斯·F·欧戈尔曼，'An 1886 Inventory of H. H. Richardson's Library, and Other Gleanings from Probate'，《建筑历史学会学报》第41辑（*Journal of the Society of Architectural Historians XLI*），1982年，第150-155页。

97 关于芝加哥学派，特别参见 W·康迪特（Carl W. Condit），*The Chicago School of Architecture. A History of Commercial and Public Building in the Chicago Area, 1875-1925*，芝加哥-伦敦（1964年第一版），1973年第二版；哈罗德·M·迈耶（Harold M. Mayer）和理查德·C·韦德（Richard C. Wade），*Chicago: Growth of a Metropolis*，芝加哥与伦敦，1969年；目录：*100 Jahre Architektur in Chicago, Kontinuität von Struktur und Form*，慕尼黑，1973年；展览目录，*Chicago, 150 ans d'architecture 1833-1983*，巴黎，1983年；展览目录，*Chicago Architecture 1872-1922*，约翰·茹科夫斯基（John Zukowsky）编辑，慕尼黑，1987年（英文版本：*Chicago Architecture, 1872-1922: Birth of a Metropolis*，慕尼黑-芝加哥，1987年）。

98 关于詹尼（William Le Baron Jenney）作品的说明，参见康迪特（Condit）（版本，1973年），第28页及以后，79对开页，83页及以后；关于詹尼，参见希奥多·图拉克，*William Le Baron Jenney: A Pioneer of Modern Architecture*。安阿伯市，密歇根州，1986年。

99 有关沙利文（Sullivan）最重要文献：休·莫里森（Hugh Morrison），*Louis Sullivan. Prophet of Modern Architecture*（1935年），纽约，1962年；约翰·斯卡克夫斯基（John Scarkowsky），*The Idea of Louis Sullivan*，明尼阿波利斯（Minneapolis），1956年；威拉德·康奈利（Willard Connely），*Louis Sullivan. The Shaping of American Architecture*，纽约，1960年；谢尔曼·保罗（Sherman Paul），Louis Sullivan. An Architect in American Thought，英格伍德·克里夫斯（Englewood Cliffs），纽约，1962年；休·达尔齐尔·邓肯（Hugh Dalziel Duncan），*Culture and Democracy. The Struggle for Form in Society and Architecture in Chicago and the Middle West During the Life and Times of Louis H. Sullivan*，新泽西州 Totowa，1965年；保罗·E·斯普拉格（Paul E. Sprague），*The Drawings of Louis Henry Sullivan*，普林斯顿，1979年；纳西索·G·梅诺卡尔（Narciso G. Menocal），*Architecture as Nature. The Transcendentalist Idea of Louis H. Sullivan*，威斯康星州麦迪逊市与伦敦，1981年；戴维·S·安德鲁（David S. Andrew），*Louis Sullivan and the Polemics of Modern Architecture*，芝加哥，1985年；罗伯特·C·汤布利（Robert C. Twombly），*Louis Sullivan. His Life and Work*，纽约，1986年；威廉·德威特（Wim De Wit）（编辑），*Louis Sullivan. The Function of Ornament*，纽约-伦敦，1986年。

100 对于沙利文的功能主义解释主要源于欧洲的学者，其中西格弗里德·吉迪恩（Sigfried Giedion)[《空间、时间与建筑》（*Space, Time and Architecture*），1941年]是最具影响力的；对于沙利文的最新评价，特别参见梅诺卡尔（Menocal）（1981年），第149页及以后。

[101] 梅诺卡尔（Menocal）（1981年）对于沙利文的理论给出了最好的描述，虽然从当前学者的观点看来，他过分高估了德国理想主义对于美国先验论（Transcendentalism）的影响。

[102] 关于沙利文与阿德勒（Adler）之间关系的一个最为可信的说明，参见梅诺卡尔（1981年），第43页及以后。

[103] 关于沙利文著作最深入的概述，参见梅诺卡尔（Menocal）（1981年），第203页及以后；最重要的是：Louis H. Sullivan, 'Kindergarten Chats'（第一次发表：*Interstate Architect ε Builder* 1901/1902）；1918年修订；克劳德·F·布拉格登（Claude F.Bragdon）编辑，劳伦斯（Lawrence），1934年）；版本，伊莎贝拉·阿西（Isabella Athey），*Kindergarten Chats and Other Writings*，纽约，1947年（多次再版. Louis H. Sullivan, Democracy: A Man-Search（最近版本，1908年），艾莱恩·赫奇斯（Elain Hedges）编辑，底特律，1961年。Louis H. Sullivan, *The Autobiography of an Idea*[第一次发表于：《美国建筑师学会学报》（*Journal of the American Institute of Architects*，10/11，1922年/1923年），纽约，1924年；拉尔夫·马洛·莱恩（Ralph Marlow Line）编辑，纽约，1956年（多次再版）。Louis H. Sullivan, *A System of Architectural Ornament According with a Philosophy of Man's Powers*，纽约，1924年；艾达·路易·赫克斯苔波尔（Ada Louise Huxtable）编辑，纽约，1967年。

[104] 路易斯·H·沙利文，'Essay On Inspiration', *Inland Architect*，1886年12月8日，第61-64页（影印再版，芝加哥，1964年）；再版，载：梅诺卡尔（Menocal）（1981年），第155页及以后，关于这篇文章的一个法文版（1893年）及其重要性，参见洛朗·S·魏因加登（Lauren S. Weingarden），'Louis H. Sullivan: Investigations of a Second French Connection'，《建筑历史学会学报》，第39辑，1980年，第297-303页。

[105] 沙利文，《自传》（*The Autobiography*，版本，1956年），第207页。

[106] 同上，第257页。

[107] 同上，第258页。

[108] 关于功能的概念，特别参见沙利文，*Kindergarten Chats*（版本，1947年），第42页及以后，及：《自传》（*The Autobiography*，版本，1956年），第290页。

[109] 同上，第290页。

[110] 沙利文，*Kindergarten Chats*（版本，1947年），第43页。

[111] 同上，第99页。

[112] 同上。

[113] 沙利文，*Kindergarten Chats*（版本，1947年），第44页。

[114] 沙利文，*Democracy: A Man-Search*（手稿，1908年），艾莱恩·赫奇斯（Elain Hedges）编辑，底特律，1961年；特别参见邓肯（Duncan）（1965年），第427页及以后；梅诺卡尔（Menocal）（1981年），第95页及以后。

[115] 路易斯·沙利文，'The Tall Office Building Artistically Considered', *Lippincott's Magazine* 57，1896年3月，第403-409页；*Inland Architect* 27，1896年5月，第32-34页；再版，载：沙利文，Kindergarten Chats（版本，1947年），第202页及以后。

[116] 丹克马尔·阿德勒（Dankmar Adler），'The Influence of Steel Construction and Plate Glass Upon Style'，载：美国建筑师学会第30届委员会年会记录，1896年，第58-64页；再版，载：芒福德（Mumford）（编辑），*Roots of Contemporary American Architecture*（版本，1972年），第243-250页。关于丹克马尔·阿德勒著述的目录，载：梅诺卡尔（Menocal）（1981年），第206对开页。

[117] 阿德勒（Adler）（1896年）；转引自芒福德（Mumford）（版本，1972年），第244对开页。

[118] 同上，第248页。

[119] 同上，第250页。

[120] 路易斯·H·沙利文，'The High-Building Question', *The Graphic* V，1891年12月19日，第405页；再版，载：唐纳德·霍夫曼（Donald Hoffmann），'The Setback Skyscraper City of 1892; An Unknown Essay by Louis H. Sullivan'，《建筑历史学会会刊》，第29辑，1970年（第181-187页），第186对开页。

[121] 丹克马尔·阿德勒（Dankmar Adler），'Light in Tall Office Buildings', *Engineering Magazine* 4, 3 September 1892年9月3日，第171-186页。

[122] 沙利文，《自传》（*The Autobiography*，版本，1956年），第117页；参见洛朗·S·魏因加登（Lauren S. Weingarden），'Louis H. Sullivans Ornament und die Poetik der Architektur'，参见：*chicago Architektur 1872-1922*（1987年），第231-51页。

[123] 路易斯·H·沙利文，'Ornament in Architecture'（第一次发表于：*The Engineering Magazine* 3，1892年8月，第633-644页），载：*Kindergarten Chats*（版本，1947年），第187页及以后。

[124] 沙利文（1892年）；转引自沙利文，*Kindergarten Chats*（版本，1947年），第187页。

[125] 沙利文，*The Autobiography*（版本，1956年），第325页。

[126] 沙利文（1892）；转引自沙利文，*Kindergarten Chats*（版本，1947年），第189页。

[127] 沙利文，*A System of Architectural Ornament*（1924年）；这里转引自1967年版本。

[128] 关于这方面的联系，参见梅诺卡尔（Menocal）（1981年），第25页及以后。

[129] 沙利文，*A System of Architectural Ornament*（版本，1967年），插入语。

[130] 同上，图版 4。

131 参见梅诺卡尔（Menocal）（1981年），第24页及以后。

132 特别参见魏因加登（Weingarden）（1980年）。

133 有关艾夫斯（Ives）与沙利文的比较，参见罗萨里·桑德拉·佩里（Rosalie Sandra Perry），*Charles Ives and the American Mind*，俄亥俄州肯特郡（Kent, OH），（1974年第一版），1976年第二版，特别见第33页及以后。关于和奏谐名曲（Concord Sonata）特别参见查尔斯·艾夫斯（Charles Ives），*Essays before a Sonata*（第一次发表于1920年），奥瓦尔·布特赖特（Howard Boatwright）编辑，纽约，1961年；参见由赫尔曼·科内恩（Hermann Conen）所写有关奏鸣曲的分析，'All the wrong notes are right.' 关于查尔斯·艾夫斯第二奏鸣曲，'Concord, MA 1840-1860'，载：*Neuland Ansätze zur Musik der Gegenwart*，vol. I，赫伯特·亨克（Herbert Henck）编辑，科隆，1980年，第28-42页。

134 关于路特（Root），特别参见哈丽雅特·门罗（Harriet Monroe），*John Wellborn Root*，波士顿和纽约，1896年；唐纳德·霍夫曼（Donald Hoffmann），*The Architecture of John Wellborn Root*，巴尔的摩，伦敦，1973年；一个公正的评价见：康迪特（Condit），*The Chicago School*（版本，1973年），第44页及以后。

135 沙利文，《自传》（*The Autobiography*，版本，1956年），第287页。

136 似乎没有一个有关路特论述的书目表。一些没有发表的论述包括：哈丽雅特·门罗（Harriet Monroe）（1896年）。惟一较具规模的著述是唐纳德·霍夫曼（Donald Hoffmann）的（版本）：*The Meanings of Architecture. Buildings and Writings by John Wellborn Root*，纽约，1967年；两篇由哈丽雅特·门罗编辑的文本（1896年）由芒福德（Mumford）再版：*Roots of Contemporary America Architecture*（版本，1972年），第269页及以后。

137 以 'Development of Architectural Style' 为标题，*Inland Architect* 14，1889年12月，第76-78页；1890年2月15日，第5对开页。

138 约翰·韦尔伯恩·路特（John Wellborn Root），'Architectural Ornamentation'（第一次发表于：*Inland Architect and Builder V*，专号，1885年4月，第54对开页），见霍夫曼（Hoffmann）（版本，1967年），第16-21页。

139 路特（Root）（1885年）；转引自霍夫曼（Hoffmann）（版本，1967年），第17页。

140 同上。

141 同上。

142 路特（1885年）；转引自霍夫曼（Hoffmann）（版本，1967年），第18页。

143 利奥波德·艾德里兹（Leopold Eidlitz），*The Nature and Function of Art, More Especially of Architecture*，纽约，1881年；摘录本，再版，由利兰·M·罗思（Leland M. Roth）（版本），*America Builds*，纽约，1983年，第274页及以后。

144 霍夫曼（Hoffmann）（版本），如前引书（1967年），第27页；关于艾德里兹（Eidlitz）对于沙利文的可能影响，参见梅诺卡尔（Menocal）（1981年），第64对开页。

145 艾德里兹（Eidlitz）（1881年）；转引自罗思（Roth）（版本，1983年），第284页。

146 路特（John Wellborn Root），*Broad Art Criticism*，第一次发表于：*Inland Architect and News Record XI*，1988年2月，第3-5页；转引自霍夫曼（版本，1967年），第28页。

147 路特（Root），'Style' 第一次发表于：*Inland Architect and Builder* VIII，1887年1月，第99-101页；载：霍夫曼（Hoffmann）（版本，1967年），第159-168页。

148 路特（1887年）；引自霍夫曼（版本，1967年），第162页。

149 路特，'The Value of Type in Art'（第一次发表于：*Inland Architect and Builder* II，1883年11月，第132页）；载：霍夫曼（版本，1967年），第169-171页。

150 路特（1887年）；引自霍夫曼（版本，1967年），第164页。

151 路特，'A Great Architectural Problem' 第一次发表于：*Inland Architect and News Record* XV，1890年7月，第67-70页；见霍夫曼（版本）（1967年），第130-142页。

152 路特（1890年）；转引自霍夫曼（版本）（1967年），第241页。

153 路特（1890年）；转引自霍夫曼（版本）（1967年），第142页。

154 1881年3月15日信；转引自康迪特（Condit）（版本，1973年），第52页。

155 约翰·韦尔伯恩·路特（John Wellborn Root），'Architects of Chicago'（第一次发表于：*America V*，1890年12月11日；*Inland Architect and News Record* XVI，1891年1月8日，第9页及以后）；转引自霍夫曼（版本，1967年），第236页。

156 关于伯纳姆（Daniel H. Burnham），参见查尔斯·穆尔（Charles Moore），*Daniel H. Burnham, Architect, Planner of Cities*，两卷本，波士顿-纽约，1921年（影印再版，纽约，1968年）；托马斯·S·海因斯（Thomas S. Hines），*Burnham of Chicago, Architect and Planner*，纽约，1974年。

157 关于早期美国的城市规划概念，参见艾伯特·费恩（Albert Fein），'The American City: The Idea and the Real'，见小埃德加·考夫曼（Edgar Kaufmann Jr.）（编辑），*The Rise of an American Architecture*，纽约-伦敦，1970年，第51页及以后，丹尼尔·H·伯纳姆（Daniel H. Burnham）和爱德华·贝内特（Edward Bennett），*The Plan of Chicago*，芝加哥，1909年（影印再版，纽约，1970年）；参见目录：*The Plan of Chicago: 1909-1979*，芝加哥，1979年；关于芝加哥的规划史，参见海因斯（1974年），第312页及以后。

158 关于美国的新哥特建筑，参见考尔德·洛斯（Calder Loth）和小朱利叶斯·萨德勒（Julius Trousdale Sadler Jr.），*The Only Proper Style, Gothic Architecture in America*，波士顿，1975年。

159 关于麦金（McKim），米德（Mead）与怀特（White），特别参见 *A Monograph of the Works of McKim, Mead & White, 1879-1915*，4 卷本，纽约，1915-1920 年（影印再版，在一卷本中附有利兰·M·罗思（Leland M. Roth）所写的一个前言，纽约，1973 年；1977 年）；查尔斯·赫伯特·莱利（Charles Herbert Reilly），*McKim, Mead ε White*，伦敦 1924（影印再版，纽约，1973 年）；利兰·M·罗思，*The Architecture of McKim, Mead ε White, 1870-1920: A Building List*，纽约，1978 年；理查德·盖伊·威尔逊（Richard Guy Wilson），*McKim, Mead ε White. Architects*，纽约，1983 年。

160 参见沃尔特·C·基德尼（Walter C. Kidney），*The Architecture of Choice: Eclecticism in America 1880-1930*，纽约，1974 年。

161 关于工艺美术运动在美国的情况，参见罗伯特·贾德森·克拉克（Robert Judson Clark）（编辑），*The Arts and Crafts Movement in America 1876-1916*，普林斯顿，1972 年；彼得·戴维（Peter Davey），*Architecture of the Arts and Crafts Movement*，伦敦 - 纽约，1980 年，第 183 页及以后。

162 古斯塔夫·斯蒂克利（Gustav Stickley），*Craftsman Homes*，纽约，1909 年（影印再版，纽约，1979 年）。

163 斯蒂克利（Stickley）（1909 年），第 9 页。

164 同上，第 10 对开页。

第二十五章注释

1 阿道夫·卢斯（Adolf Loos）发表在报刊的众多文章被收集在两卷本中：卢斯（Adolf Loos），《玄谈 1897-1900》（*Ins Leere gesprochen 1897-1900*），巴黎 - 苏黎世 1921 年[奥地利因斯布鲁克（Innsbruck），第 2 版 1931 年 /1932 年]；同一作者，《尽管 1900-1930 年》（*Trotzdem 1900-1930*），因斯布鲁克，1931 年。这 2 个选集被出版载：卢斯，《著作全集》（*Sämtliche Schriften*），第 1 卷，弗朗兹·格卢克（Franz Glück）编辑，维也纳 - 慕尼黑，1963 年（第 2 卷尚未发表）。参见卢斯论著选编第 3 卷，阿道夫·奥佩尔（Adolf Opel）编辑：卢斯，《玄谈》（*Ins Leere gesprochen*），维也纳，1981 年；《尽管》（*Trotzdem*），维也纳 1982 年；《Potemkin'sche 之城，迷失的著述 1897-1933 年》（*Die Potemkin'sche Stadt. Verschollene Schriften 1897-1933*），维也纳，1983 年。

关于卢斯（Loos），参见海因里希·库尔卡（Heinrich Kulka），《阿道夫·卢斯》（*Adolf Loos*）；路德维希·蒙茨（Ludwig Münz）和古斯塔夫·孔斯特勒（Gustav Künstler），《建筑师阿道夫·卢斯》（*Der Architekt Adolf Loos*），奥地利萨尔茨堡（Salzburg）- 维也纳，1982 年；贝内代托·格拉瓦尼奥洛（Benedetto Gravagnuolo），《阿道夫·卢斯，理论和作品》（*Adolf Loos. Theory and Works*），米兰，1982 年；展览参考书目《阿道夫·卢斯 1870-1933 年著,〈住宅的空间设计〉》（*Adolf Loos 1870-1933. Raumplan Wohnungsbau*），柏林，1983 年；文集，由位于巴黎的奥地利文化研究院（Österreichisches Kulturinstitut in Paris）编辑，《阿道夫·卢斯 1870-1933 年》（*Adolf Loos 1870-1933*），布鲁塞尔，1983 年；希尔德加德·阿曼斯豪泽（Hildegard Amanshauser），《分析阿道夫·卢斯的著述》（*Untersuchungen zu den Schrifien von Adolf Loos*），维也纳，1985 年。

2 'Ein jedes material hat seine eigene formensprache, und kein material kann die formen eines anderen materials für sich in anspruch nehmen. Denn die formen haben sich aus der verwendbarkeit und herstellungsweise eines jeden materials gebildet, sie sind mit dem material und durch das material geworden. Kein material gestattet einen eingriff in seinen formenkreis.' 阿道夫·卢斯，"外衣原理"（Das Prinzip der Bekleidung）（1898 年），载：卢斯，《玄谈》（*Ins Leere gesprochen*）（1981 年版本），第 10 页。

3 'Die decke ist das älteste architekturdetail...die bekleidung älter als die konstruktion.' 同上，第 139，141 页。

4 '...Stimmungen im Menschen erwecken soll: Die aufgabe des architekten ist es daher, diese stimmung zu präzisieren. Das zimmer muß gemütlich, das haus wohnlich aussehen. Das justizgebäude muß dem heimlichen laster wie eine drohende gebärde erscheinen Das bankhaus muß sagen: hier ist dein geld bei ehrlichen leuten fest und gut verwahrt.' 作者同上，"建筑"（Architektur）(1909 年)，载：卢斯（Loos），《尽管》（*Trotzdem*）（1982 年版本），第 102 对开页。

5 关于"空间设计"（*Raumplan*）详见迪特里希·沃布斯（Dietrich Worbs），"阿道夫·卢斯的住宅空间设计"（*Der Raumplan im Wohnungsbau von Adolf Loos*），载展览参考书目（exhib. cat.）（1983 年），第 64 页及之后。

6 'Denn das ist die große revolution in der architektur: das lösen eines grundrisses im Raum.' 卢斯，"约瑟夫·维利希"（Josef Veillich）（1929 年），载：卢斯著，《尽管》（*Trotzdem*）（1982 年版本），第 215 页。

7 'Wir können daher behaupten: Der zukünftige große Architekt wird ein Classiker sein. Einer, der nicht an die Werke seiner Vorgänger, sondern direct an das classische Alterthum anknüpft.' 卢斯，"建筑的新旧方向"（Die alte und die neue Richtung in der Baukunst）(1898 年)，载：卢斯，《*Potemkin'sche 之城*》（*Die Potemkin'sche Stadt*）（1983 年），第 66 页。

8 'Ansätze dazu zeigen sich auch schon in der neuen Ornamentik der Wagner-Schule.' 同上。

9 关于卢斯在美国的那几年，参见理查德·J·诺伊特拉（Richard J. Neutra），《明天的秩序》（*Auftrag für morgen*），汉堡，1962 年，第 178 页及之后。

10 参见阿道夫·奥佩尔（Adolf Opel）为卢斯的《Potemkin'sche 之城》（Die Potemkin'sche Stadt）（1983 年）作的序言，第 9 页。

11 'Da das ornament nicht mehr organisch mit unserer kultur zusammenhängt, ist es auch nicht mehr ausdruck unserer kultur. Das ornament, das heute geschaffen wird, hat keinen zusammenhang mit uns, hat überhaupt keine menschlichen zusammenhänge, keinen zusammenhang mit der weltordnung.' 卢斯，"装饰与罪恶"（Ornament und Verbrechen）（1908 年），载，卢斯，《尽管》（*Trotzdem*）

（1982 年版本），第 84 页。

12 'Weinet nicht. Seht, das macht ja die größe unserer zeit aus, daß sie nicht imstande ist, ein neues ornament hervorzubringen. Wir haben das ornament überwunden, wir haben uns zur ornamentlosigkeit durchgerungen. seht, die zeit ist nahe, die erfüllung wartet unser. Bald werden die straßen der städte wie weiße mauern glänzen! Wie Zion, die heilige stadt, die haupstadt des himmels. Dann ist die erfüllung da.' 同上，第 80 页。

13 'evolution der kultur is gleichbedeutend mit dem entfernen des ornamentes aus dem gebrauchsgegenstande.' 同上，第 79 页。

14 'denn das ornament wird nicht nur von verbrechern erzeugt, es begeht ein verbrechen dadurch, daßes den menschen schwer an der gesundheit, am nationalvermögen und also an seiner kulturellen entwicklung schädigt.' 同上，第 82 页。

15 "对劳动力的浪费和对材料的亵渎（vergeudeter Arbeitskraft und geschändetem Material.）"装饰的缺乏，并不意味着魅力的缺乏，而是要激发和产生某种新的因素。正是不会咔嗒作响的磨坊造就了磨坊主。"（Ornamentlosigkeit is nicht reizlosigkeit, sondern wirkt als neuer reiz, belebt. Die mühle, die nicht klappert, weckt den müller.'）同上，第 175 页。

16 'Form und ornament sind das resultat unbewußter gesamtarbeit der menschen eines ganzen kulturkreises. Alles andere ist kunst.' 同上。

17 'Ich habe aber damit niemals gemeint, was die puristen ad absurdum getrieben haben, daß das ornament systematisch und konsequent abzuschaffen sei.' 同上，第 177 页。

18 'So hätte also das haus nichts mit kunst zu tun und wäre die architektur nicht unter die känste einzureihen? Es ist so. Nur ein ganz kleiner Teil der Architektur gehört der kunst an: das grabmal und das denkmal. Alles andere, was einem Zweck dient, ist aus dem reiche der kunst auszuschließen.' 阿道夫・卢斯，"建筑"（Architektur）（1909 年），载：卢斯，《尽管》（Trotzdem）（1982 年版本），第 101 页。

19 参见，艾伦・雅尼克（Allan Janik）和斯蒂芬・图尔明（Stephan Toulmin），《维特根斯坦的维也纳》（Wittgenstein's Vienna），纽约，1973 年，第 209 页；伯恩哈德・莱特纳（Bernhard Leitner），《路德维希・维特根斯坦的建筑，一份档案》（The Architecture of Ludwig Wittgenstein. A Documentation），纽约，1976 年；哈特利・斯莱特（Hartley Slater），"维特根斯坦的美学"（Wittgenstein's Aesthetics），《不列颠美学学报 23 期，I》（The British Journal of Aesthetics 23, I），1983 年，第 34-37 页。

20 路德维希・维特根斯坦（Ludwig Wittgenstein），"逻辑哲学论"（Tractatus logicophilosophicus）（1921 年），载：维特根斯坦，《笔记》（Schriften），法兰克福，1960 年，第 11 页："在逻辑空间中的诸事实就是世界。"（Die Tatsachen im logischen Raum sind die Welt.）

21 'dieser Bauart notwendigen Praezision & Sachgemaeßheit.' 引自莱特纳（Leitner）（1976 年），第 29 页并 122 页及之后。

22 详见伊万・马尔戈柳斯（Ivan Margolius），《立体主义在建筑与工艺美术之中，波希米亚和法兰西 1910-1914 年》（Cubism in Architecture and the Applied Arts. Bohemia and France 1910-1914），伦敦，1979 年。

23 参见马尔戈柳斯（Margolius）（1979 年），第 34 对开页，第 40 页及之后。

24 'Diese historischen Architekturrichtungen erregen unsere Aufmerksamkeit dutch die Lebendigkeit des Geistes, welcher in die Materie eingedrungen ist, sowie durch die Dramatisierung der Ausdrucksmittel, mit deren Hilfe ihre Formen geschaffen worden sind.' 帕维尔・亚内克（Pavel Janák），"棱柱和棱锥"（'Das Prisma und die Pyramide'）[捷克语文章载：《潮流月刊 卷 2 1911/12 年》（Czech text in: Umelécky mésičnik vol. II, 1911/12），第 162-170 页]；德文版，载：马尔科・波泽托（Marco Pozzetto），《奥托・瓦格纳学派 1894-1912 年》（Die Schule Otto Wagners 1894-1912），维也纳 - 慕尼黑，1980 年，第 163-168 页，此处引自第 165 页。

25 参见插图，载：马尔戈柳斯（Margolius）（1979 年），第 53 页及之后。

26 关于达姆施塔特和德国对于英国思想的吸收，详见《一份德国艺术文献》（Ein Dokument Deutscher Kunst），亚历山大・考克（Alexander Koch）编辑（达姆施塔特 1901 年；影印再版，达姆施塔特，1979 年）；汉诺 - 沃尔特・克鲁夫特（Hanno-Walter Kruft），"工艺美术运动和德国的青年风格"（Die Arts-and-Crafts-Bewegung und der deutsche Jugendstil），载：吉哈德・博特（Gerhard Bott）（编辑），《从莫里斯到包豪斯，一种基于简朴的艺术》（Von Morris zum Bauhaus. Eine Kunst gegründet auf Einfachheit），德国哈瑙（Hanau），1977 年，第 27-39 页。

27 没有关于赫尔曼・穆特修斯（Muthesius）的专著。参考书目：《赫尔曼・穆特修斯，1861-1927 年》（Hermann Muthesius, 1861-1927），柏林，1978 年；在众多的文章中，一篇由尤利乌斯・波泽纳（Julius Posener）撰写的关于穆特修斯的文章题为"建筑师赫尔曼・穆特修斯"（Muthesius als Architect），载：《德意志制造联盟档案 I，1972 年》（Werkbundarchiv I, 1972），第 55-57 页[再版载：波泽纳，《柏林在新建筑之路上》（Berlin auf dem Wege zu einer neuen Architektur），慕尼黑，1979 年，第 127 页及之后]。一份赫尔曼・穆特修斯（Muthesius）已经出版的著述清单，载：汉斯 - 约阿西姆・胡布里希（Hans-Joachim Hubrich），《赫尔曼・穆特修斯。建筑、工艺美术运动、工业在"新艺术运动"中的笔记》（Hermann Muthesius. Die schriften zu Architektur, Kunstgewerbe, Industrie in der 'Neuen Bewegung'），柏林，1981 年，第 317 页及之后；一份关于穆特修斯笔记的选集，载：尤利乌斯・波泽纳（编辑），《功能主义之起源》（Anfänge des Funktionalismus），法兰克福 - 维也纳，1964 年，第 109 页及之后。

28 赫尔曼・穆特修斯（Hermann Muthesius），《当前英国建筑 英国新建筑实例，附有大纲，文字配图和详尽的文字》（Die englische Baukunst der Gegenwart. Beispiele neuer englischer Profanbauten, mit Grundrissen, Textabbildungen und erläuterndem Text），4 卷本，莱比锡 - 柏林，1900-1903 年；作者同前，《英国新教堂建筑；英格兰教堂建筑演变，情形和基本特征》（Die neue kirchliche Baukunst in England. Entwicklung, Bedingungen und Grundzüge des Kirchenbaues der englischen Staatskirche und

der Secten），柏林，1901 年；作者同前，《英国住宅。演变，情形，单元，结构，布局，室内》（*Das englische Haus. Entwicklung, Bedingungen, Anlage, Aufbau, Einrichtung und Innenraum*），3 卷本，柏林第一版 1904-1905 年（第二版 1908-1911 年）。

29　'Es kam mir nicht sowohl darauf an, eine Nachahmung des englischen Hauses oder seiner Einzelheiten zu empfehlen, als die Gesinnung, die diesem zugrunde liegt, dem deutschen Leser zu erschlieβen.'）穆特修斯（Muthesius），《英国住宅》（*Das englische Haus.*），第 1 卷（第二版 1908 年），第 4 页。

30　'Es ist das erste individuelle Haus der neuen künstlerischen Kultur, das erste Haus, das innen und auβen als Ganzes gedacht und ausgeührt war, das erste Beispiel in der Geschichte des modernen Hauses überhaupt.' 同上，第 106 页。

31　同上，第 150 对开页。

32　同上，第 162 页。

33　'Was aber am englischen Hause von eigentlichem, ausschlaggebenden Werte ist, ist seine völlige Sachlichkeit. Es ist schlecht und recht ein Haus, in dem man wohnen will. Da ist kein Aufwand an Repräsentationsanlagen, kein Phantasieerguβ an Ornament und Formenkram, kein Aufblähen des Natürlichen und Zurechtmachen zum Künstlerischen, keine Prätension, selbst keine 'Architektur'. Es steht da ohne Prunk und Zier, in jener selbstverständlichen Anständigkeit, die, so natürlich sie sein sollte, in unserer heutigen Kultur so selten geworden ist.' 同上，第 237 页。

34　赫尔曼·穆特修斯（Hermann Muthesius），"工艺美术运动之意义"（Die Bedeutung des Kunstgewerbes），《装饰艺术 X》（*Dekorative Kunst X*），1907 年，第 177-192 页；删节本载：波泽纳（Posener）（1964 年），第 176 页及之后并且收录在书目：《在艺术与工业之间。德意志制造联盟》（*Zwischen Kunst und Industrie. Der Deutsche Werkbund*），慕尼黑，1975 年，第 39 页。

35　'Will man also den Bedingungen der Zeit gerecht werden, so ist es zunächst nätig, den Einzelbedingungen jedes Gegenstandes gerecht zu werden. Und so bildete es von vornherein den Hauptinhalt des modernen Kunstgewerbes, sich den Zweck eines jeden Gegenstandes zunächst einmal recht deutlich klarzumachen und die Form logisch aus dem Zweck zu entwickeln. Sobald aber der Sinn nur einmal von der äuβerlichen Nachahmung der alten Kunst abgelenkt war, sobald die Realität erfaβt war, gesellten sich sogleich noch andere notwendige Forderungen hinzu. Jedes Material stellt für die Bearbeitung seine besonderen Bedingungen. Stein erfordert andere Dimensionen und andere Formen als Holz, Holz wieder andere als Metall, und von den Metallen Schmiedeeisen andere als Silber. Zu der Gestaltung nach dem Zweck kam also die Gestaltung nach dem Charakter des Materials und mit der Rücksicht auf das Material war gleichzeitig die Rücksicht auf die dem Material entsprechende Konstruktion gegeben. Zweck, Material und Fügung geben dem modernen Kunstgewerbler die einzigen Direktiven, die er befolgt.'）穆特修斯（Muthesius）（1907 年）；波泽纳（Posener）（1964 年），第 178 页及之后；参展书目（1975 年），第 42 页。

36　'Das Kunstgewerbe hat das Ziel, die heutigen Gesellschaftsklassen zur Gediegenheit, Wahrhaftigkeit und bürgerlichen Einfachheit zurückzuerziehen.' 穆特修斯（1907 年）；参展书目（1975 年），第 44 页。

37　德意志制造联盟的理念已经几乎从 1912 年就开始发表的《德意志制造联盟年鉴》（*Jahrbuch des Deutschen Werkbundes*）中交代得清清楚楚。

关于制造联盟，详见：特奥多尔·霍伊斯（Theodor Heuss），《什么是品质？德意志制造联盟的历史与课题》（*Was ist Qualität? Zur Geschichte und zur Aufgabe des Deutschen Werkbundes*），斯图加特，1951 年；《德意志制造联盟 50 年》（*50 Jahre Deutscher Werkbund*），汉斯·埃克斯坦（Hans Eckstein）编辑，柏林，1958 年；参展书目：《在艺术与工业之间。德意志制造联盟》（*Zwischen Kunst und Industrie. Der Deutsche Werkbund*），慕尼黑，1975 年；琼·坎贝尔（Joan Campbell）《德意志制造联盟——改革的政治学在工艺美术》（*The German Werkbund. The Politics of Reform in the Applied Arts*），普林斯顿，1978 年（德文版，斯图加特，1981 年）；卢修斯·布尔卡特（Lucius Burckhardt）（编辑），《制造联盟在德国，奥地利和瑞士》（*Der Werkbund in Deutschland, Österreich und der Schweiz*），斯图加特，1978 年；库尔特·容汉斯（Kurt Junghanns），《德意志制造联盟的第一个十年》（*Der Deutsche Werkbund Sein erstes Jahrzehnt*），柏林，1982 年。

38　'in jenem allumfassenden, unser ganzes Leben durchdringenden Sinne, der dem Begriffe bei den Griechen eigen war und den auch das mittelalter, wenngleich weniger bewuβt, teilte.' 穆特修斯（Muthesius），《建筑的统一：对建筑、工程化与工艺美术的沉思》（*Die Einheit der Architektur. Betrachtungen über Baukunst, Ingenieurbau und Kunstgewerbe*），柏林，1908 年，第 46 页。

39　穆特修斯（Muthesius）（1908 年），第 20 页。

40　'rechnerisch gefundene knappste Konstruktionsform...als knappste Ausdrucksform des konstruktiv Richtigen...einen bestimmten Eindruck auf den empfänglichen Beschauer.' 同上，第 30 对开页。

41　'gerade in dieser, die Materie überwindenden Schlankheit und Durchsichtigkeit ein neues künsterliches Moment erkennen, dem man einen besondern Wert beimessen wird.' 同上，第 32 对开页。

42　同上，第 5 页。

43　'Der Zweck des Bundes ist die Veredlung der gewerblichen Arbeit im Zusammenwirken von Kunst, Industrie und Handwerk durch Erziehung, Propaganda und geschlossene Stellungnahme zu einschlägigen Fragen.' 制造联盟的章程刊印在 1912 年和 1913 年的年鉴（*Jahrbücher*）作为附录。

44　'Man erwartete das Heil von dem Kunsthandwerker mittelalterlichen Schlages. ..In der heutigen Wirtschaft gibt der Unternehmer den Ausschlag；wollen wir vorwärts, so müssen wir ihn für uns gewinnen, ihn überzeugen, daβ Geschäft und Geschmack nicht Feinde zu sein brauchen.' 《德意志制造联盟年鉴 1912 年》（*Jahrbuch des Deutschen Werkbundes 1912*），第 3 页。

45 'Nicht nur bei der Fabrikation von Gebrauchsartikeln, auch beim Bau von Maschinen, Fahrzeugen und Fabrikgebäuden, die dem nackten Zwecke dienen, kommen ästhetische Gesichtspunkte in bezug auf Geschlossenheit der Form, auf Farbe und auf Eleganz des ganzen Eindrucks von vornherein zur Geltung. Augenscheinlich genügt nicht mehr die materielle Steigerung der Produkte allein, um im internationalen Wettstreite Siege erringen zu können Das technisch überall gleichvorzügliche Ding muβ mit geistiger Idee, mit Form durchtränkt werden, damit ihm die Bevorzugung unter der Menge gleichartiger Erzeugnisse gesichert bleibt. Deshalb ist die gesamte Industrie heute vor die Aufgabe gestellt, sich mit künstlerischen Fragen ernsthaft zu befassen.' 沃尔特·格罗皮乌斯（Walter Gropius），"现代工业建筑的发展"（Die Entwicklung moderner Industriebaukunst），载：《德意志制造联盟年鉴 1915 年》（Jahrbuch des Deutschen Werkbundes 1915），第 17 页。

46 格罗皮乌斯（Gropius）（1913 年），第 20 对开页。

47 'Vielleicht ahnte man damals noch nicht, daβ die Erfüllung des reinen Zweckes an und für sich noch keine das Auge befriedigende Form schafft, vielmehr hierzu noch andere Kräfte, sei es auch unbewuβt, mitwirken müssen. Jedenfalls entwickelte sich von allen Werken des Ingenieurs am ehesten die Maschine zu einem reinen Stil, der am Beginn des laufenden Jahrhunderts so gut durchgebildet dastand, daβ es üblich wurde, die sogenannte Schönheit der Maschine zu bewundern und in ihr gewissermaβen die ausgeprägteste Erscheinung einer modernen Stilbildung zu erblicken.' 穆特修斯（Hermann Muthesius），"工程化中的形式问题"（Das Form Problem im Ingenieurbau）《德意志制造联盟年鉴 1913 年》，第 25 页。

48 关于彼得·贝伦斯（Peter Behrens）和 AEG（德国通用电器公司），详见蒂尔曼·布登西格（Tilmann Buddensieg a.o.）等，《工业建筑，彼得·贝伦斯与德国通用电器公司 1907-1914 年》（Industriearchitektur. Peter Behrens und die AEG 1907-1914），柏林，1979 年。
关于达姆施塔特的展览，详见纪念文集（festschrift）：《彼得·贝伦斯，一份德国艺术文献，1901 年德国达姆施塔特的艺术家团体的展览》（Peter Behrens, Ein Dokument deutscher Kunst. Die Ausstellung der Künstlerkolonie in Darmstadt 1901），慕尼黑，1901 年。

49 关于尼采（Nietzsche）对于贝伦斯（Behrens）的达姆施塔特住宅的影响，参见蒂尔曼·布登西格，"这座住宅犹如住宅的盛典，彼得·贝伦斯的达姆施塔特住宅"（Das Wohnhaus als Kultbau. Zum Darmstädter Haus von Peter Behrens'，载：展览书目《彼得·贝伦斯与纽伦堡》（Peter Behrens and Nürnherg），慕尼黑，1980 年，第 37-47 页。

50 关于贝伦斯（Behrens），参见弗里茨·赫贝尔（Fritz Hoeber），《彼得·贝伦斯》（Peter Behrens），慕尼黑，1913 年（第 223 页及之后：关于彼得·贝伦斯的参考书目一直列到 1912 年）；斯坦福·欧文·安德森（Stanford Owen Anderson），《彼得·贝伦斯与德国新建筑，1900-1917 年》（Peter Behrens and the New Architecture of Germany, 1900-1917），[论文，哥伦比亚大学（diss. Columbia Univ.），1968 年]，密歇根州安阿伯市（Ann Arbor, MI），1983 年（第 486 页及之后是关于彼得·贝伦斯著述的参考书目，不完整）；汉斯-约阿西姆·卡达茨（Hans-Joachim Kadatz），《彼得·贝伦斯》（Peter Behrens），莱比锡，1977 年；蒂尔曼·布登西格等（Tilmann Buddensieg a.o.），《工业建筑，彼得·贝伦斯与德国通用电器公司 1907-1914 年》（Industriearchitektur. Peter Behrens und die AEG 1907-1914），柏林，1979 年，古列尔莫·比兰乔尼（Guglielmo Bilancioni），《始于贝伦斯，现代建筑之源》（Il primo Behrens, Origini del moderno in architettura），佛罗伦萨，1981 年；艾伦·温莎（Alan Windsor），《彼得·贝伦斯，建筑师和设计师》（Peter Behrens, Architect and Designer），纽约，1981 年。

51 格言载于：赫贝尔（Hoeber）（1913 年）。

52 'möglichst geschlossenen, ruhigen Flächen..., die durch ihre Bündigkeit keine Hindernisse'. 彼得·贝伦斯著，"现代造型进程中的时间与空间使用"（Einfluβ von Zeit- und Raumausnutzung auf moderne Formentwicklung），《德意志制造联盟年鉴 1914 年》（Jahrbuch des Deutschen Werkbundes 1914），第 7-10 页，此处，第 8 页。

53 "大量地营建笔直的街道……轴线源于巴洛克时期……竖向的发展……城市所追求的体量感和轮廓线，也只有在竖直线条的紧凑统一体中才能实现。"（weithin geführten geraden Straβen... axialen Anlagen des Barockzeitalters... Höhenentwicklung... Auch die Stadtanlage verlangt nach Körperlichkeit und Silhouette, die nur in der Zufügung von kompakten, vertikalen Massen gefunden werden kann.'）贝伦斯（Behrens）（1914 年），第 9 页。

54 卡尔·雷霍斯特（Carl Rehorst），"德意志制造联盟展览会"（Die Deutsche Werkbund-Austellung），科隆，1914 年，载：《德意志制造联盟年鉴 1913 年》（Jahrbuch des Deutschen Werkbundes 1913），第 88 页。

55 关于科隆的德意志制造联盟展览会，详见展览会书目《德意志制造联盟展览会，科隆 1914 年》（Deutsche Werkbund-Ausstellung Cöln 1914），科隆，1914 年[影印再版，科隆，1981 年；《早期科隆艺术展览》（Frühe Kölner Kunstausstellungen）的造型部分；参见注释卷，沃尔弗拉姆·海格斯拜尔（Wolfram Hagspiel），第 37 页及之后]；《德意志制造联盟年鉴 1915 年》（Jahrbuch des Deutschen Werkbundes 1915）的标题为《德国造型艺术在战争年代，科隆 1914 年展览会》（Deutsche Form im Kriegsjahr. Die Ausstellung Köln 1914），弗里茨·斯塔尔（Fritz Stahl），"德意志制造联盟展览会的建筑"（Die Architektur der Werkbund-Ausstellung），《建筑艺术月刊 1914/1915 年》（Wasmuths Monnatshefte für Baukunst 1914/1915），第 153 页及之后；展览会书目《西德动力》（Der Westdeutsche Impuls），科隆，1984 年。

56 'Es ist das Eigentümliche der Architektur, daβ sie zum Typischen drängt. Die Typisierung aberverschmäht das Auβerordentliche und sucht das Ordentliche.' 赫尔曼·穆特修斯（Hermann Muthesius），"德意志制造联盟作品的未来"（Die Werkbundarbeit der Zukunft），载：弗里德里希·瑙曼（Friedrich Naumann），《德意志制造联盟和德意志制造联盟思想下的德语地区国家的世界经济》（Werkbund und die Weltwirtschaft Der Werkbund-Gedanke in den germanischen Ländern），德国耶拿（Jena），1914

年；参见波泽纳（Posener）（1964 年），第 199 页及之后；展览会书目（1975 年），第 85 页及之后。

57　'Alles ist im Werden, und es wäre infolgedessen ein Vorgriff in die Zukunft, schon heute eine Typisierung zu konstatieren oder auch nur zu verlangen. Dazu kommt, daß Typisierung mit Kunst überhaupt nichts zu tun hat...' 波泽纳（Posener）（1964 年），第 211 页。

58　关于德意志制造联盟的这一阶段详见琼·坎贝尔（Joan Campbell）（1978 年；1981 年）；另外参见 "20 年代的德意志制造联盟"（Die zwanziger Jahre des Deutschen Werkbunds），《德意志制造联盟档案 10》（*Werkbund-Archiv 10*），1982 年。

59　《形式》（*Die Form*）出现于 1922 年并且在 1925-1934 年间刊行。有一本选集载：费利克斯·施瓦茨（Felix Schwarz）和弗兰克·格洛尔（Frank Gloor）编辑，《〈形式〉：德意志制造联盟的声音 1925-1934 年（建筑世界基石 24）》[Die Form: Stimme des Deutschen Werkbundes 1925-1934（Bauwelt Fundamente 24）]，德国居特斯洛（Gütersloh），1969 年。

60　"集一切其他艺术之大成，并引领它们前进的伟大艺术"（als große, alle anderen Künste sammelnde und leitende Kunst...）"严格建立在艺术价值和技艺，而非技术和工业的概念基础之上。"（streng auf handwerklichkünstlerischem Boden, nicht auf technisch-industriellem ruhen.）汉斯·珀尔齐希（Hans Poelzig）的演讲稿收录在展览书目（1975 年），第 161 页及之后。

61　参见展览书目《住宅》（*Die Wohnung*），斯图加特，1927 年。

62　关于布鲁诺·陶特（Bruno Taut），参见库尔特·容汉斯（Kurt Junghanns），《布鲁诺·陶特 1880-1938 年》（*Bruno Taut 1880-1938*），柏林，（1970 年第一版），第二版 1983 年；展览书目《布鲁诺·陶特 1880-1938 年》（*Bruno Taut 1880-1938*），柏林，1980 年；伊恩·博伊德·怀特（Jain Boyd Whyte），《布鲁诺·陶特，新世界的建筑师，建筑与激进主义 1914-1920 年》（*Bruno Taut. Baumeister einer neuen Welt. Architektur und Aktivismus 1914-1920*），斯图加特，1981 年（英文版本，伦敦，1982 年）；贾科莫·里奇（Giacomo Ricci），《未来的大教堂，布鲁诺·陶特 1914-1921 年》（*La Cattedrale del futura Bruno Taut 1914-1921*），罗马（Rome），1982 年。

63　关于陶特（Taut）诸多论著的书目参见容汉斯（Junghanns）（1983 年），第 268 页及之后。

64　关于在建筑中的表现主义及其知识背景，参见沃尔夫冈·佩恩特（Wolfgang Pehnt），《表现主义建筑》（*Die Architektur die Expressionismus*），斯图加特，1973 年。

65　关于保罗·希尔巴特（Scheerbart），详见罗斯玛丽·哈格·布赖特尔（Rosemarie Haag Bletter），"保罗·希尔巴特的建筑梦"（Paul Scheerbart's Architectural Fantasies），《建筑史学家学报，第 34 期》（*Journal of the Society of Architectural Historians XXXIV*），1975 年，第 83-97 页[在德文版本中，载：书目（cat. 1980 年），第 86 页及之后]。

66　保罗·希尔巴特（Paul Scheerbart），《玻璃建筑》（*Glasarchitektur*），柏林，1914 年；新版，沃尔夫冈·佩恩特（Wolfgang Pehnt）编辑，慕尼黑，1971 年。

67　'Wir leben zumeist in geschlossenen Räumen. Diese bilden das Milieu, aus dem unsere Kultur herauswächst. Unsere Kultur ist gewissermaßen ein Produkt unserer Architektur. Wollen wir unsere Kultur auf ein höheres Niveau bringen, so sind wir wohl oder übel gezwungen, unsere Architektur umzuwandeln. Und dieses wird uns nur dann möglich sein, wenn wir den Räumen, in denen wir leben, das Geschlossene nehmen. Das aber können wir nur durch Einführung der Glasarchitektur, die das Sonnenlicht und das Licht des Mondes und der Sterne nicht nur durch ein paar Fenster in die Räume läßt-sondern gleich durch möglichst viele Wände, die ganz aus Glas sind - aus farbigen Gläsern. Das neue Milieu, das wir uns dadurch schaffen, muß uns eine neue Kultur bringen.' 希尔巴特（Scheerbart）（1914 年；1971 年版本），第 25 页。

68　详见罗斯玛丽·哈格·布赖特尔（Rosemarie Haag Bletter），"阐述关于玻璃之梦——表现派建筑和玻璃的隐喻之历史"（The Interpretation of the Glass Dream-Expressionist Architecture and the History of the Crystal Metaphor），《建筑史学家学报，第 XL 期》（*Journal of the Society of Architectural Historians XL*），1981 年，第 20-43 页；一篇马尔切洛·法焦洛（Marcello Fagiolo）撰写的玄妙的文章（the speculative essay），"玻璃馆，表现主义建筑及其深奥的'传统'"（La cattedrale di cristallo. L'architettura dell'Expressionismo e la "tradizione" esoterica），载：朱利奥·卡洛·阿尔甘（Giulio Carlo Argan）（编辑），《复兴》（*Il Revival*），米兰，1974 年，第 225-288 页。

69　最好的插图载：《德意志制造联盟年鉴 1915 年》（*Jahrbuch des Deutschen Werkbundes 1915*），图版 77 帧及之后。

70　"玻璃馆除了美，没有别的目的……现阶段我们急需的是，建筑要从纪念性的永远沉闷的陈词滥调中解放出来。只有流动性，和艺术的轻快感可以达到这一效果。"（*Das Glashaus hat keinen anderen Zweck, als schön zu sein... Wir brauchen in dem heutigen Bauen dringend die Befreiung von der traurig machenden unentwegten Klischee-Monumentalität. Das Fließende, künstlerisch Leichte kann sie allein bringen.*）布鲁诺·陶特（Bruno Taut），《玻璃馆。德意志制造联盟展览会，科隆 1914 年》（*Glashaus.Werkbund-Ausstellung Cöln 1914*），柏林，1914 年再版[再版载：《早期科隆艺术展览》（*Frühe Kölner Kunstausstellungen*）的注释卷，科隆，1981 年，第 287 页及之后]。

71　布鲁诺·陶特（Bruno Taut），《保罗·希尔巴特和其他人对于城市王冠的贡献》（*Die Stadtkrone Mit Beiträgen von Paul Scheerbart und anderen*），耶拿（Jena），1919 年；作者同上，《山地建筑》（*Alpine Architektur*），哈根（Hagen），1919 年；作者同上，《城市的消亡，即泥土地上的好住宅或山地建筑之路》（*Die Auflösung der Städte oder Die Erde eine gute Wohnung oder Der Weg zur Alpinen Architektur*），哈根，1920 年。

72　陶特（Bruno Taut），《世界建筑师，建筑戏剧——保罗·希尔巴特确定主题精神的交响乐》（*Der Weltbaumeister. Architekturschauspiel für symphonische Musik. Dem Geiste Paul Scheerbarts gewidmet*），哈根，1920 年[文稿再版载展览书目，《艺术工作者团体，柏林，1918-1921 年》（*Arbeitsrat für Kunst Berlin 1918-1921*），柏林，1980 年，第 79 页]；参见佩恩特（Pehnt）（1973 年），第 73 页。

73　参见赫尔佳·克利曼（Helga Kliemann），《"11 月小组"》（*Die Novembergruppe*），柏林，1969 年；展览书目，《"艺术工作者团体"，柏林 1918-1921 年》（*Arbeitsrat für Kunst Berlin* 1918-1921），柏林，1980 年（其中有 "艺术工作者团

体"诸多出版物的再版）。

74 'Ein großer Baugedanke, so gewaltig, daß die Mußezeit aller immerfort damit erfüllt ist, Schmuck des Sterns Erde durch uns, seine Organe, ist der Allgemeinheit mit allen Mitteln einzuhämmern.' 陶特（Bruno Taut），载：《呀！"艺术工作者团体"在柏林的声音》（*Ja ! Stimmen des Arbeitsrates für Kunst in Berlin*），柏林，1919 年；引自展览书目（1980 年），第 70 页。

75 "Dann gibt es keine Grenze zwischen Kunstgewerbe und Plastik oder Malerei, alles ist eins: Bauen.' 陶特（Bruno Taut），《一个建筑—项目，（柏林"艺术工作者团体"手册 I）》[*Ein Architektur-Programm*（*Flugschriften des Arbeitstrates für Kunst* Berlin I）] 柏林，第一版 1918 年，第二版 1919 年；引自展览书目（1980 年），第 86 页。

76 'Zurücktreten des Formalen grundsätzlich hinter das Landwirtschaftliche und Praktische, keine Scheu vor dem Allereinfachsten, auch nicht vor der - Farbe.' 同上。

77 布鲁诺·陶特（Bruno Taut）编辑，《黎明》（*Frühlicht*），1920 年作为《新旧时代的城市建筑》（*Stadtbaukunst in alter und neuer Zeit*）的补充，1921/1922 年收录在不同的卷宗里；选集再版：布鲁诺·陶特，《〈黎明 1920-1922 年〉。一种实现新建筑思想的顺序〈建筑世界基石 8 期〉》[Frühlicht 1920-1922. Eine Folge für die Verwirklichung des neuen Baugedankens（Bauwelt Fundamente 8）]，柏林 - 法兰克福 - 维也纳，1963 年，"玻璃链"（Gläserne Ketter）成员之间的通信现在可以在一个英文版本中获得：伊恩·博伊德·怀特（Iain Boyd Whyte）编辑，《"玻璃链"通信，布鲁诺·陶特和他的圈子的建筑幻想》（*The Crystal Chain Letters. Architectural Fantasies by Bruno Taut and His Circle*），马萨诸塞州剑桥（Cambridge, MA），1985 年。

78 'Ein Haus, des nichts anderes als schön sein soll. Keinen anderen Zweck soll es erfüllen, als leer sein nach dem Spruch von Meister Eckhart... Das Glück der Baukunst wird den Besucher erfüllen, seine Seele leer machen vom Menschlichen und zu einem Gefäß für das Göttliche. Der Bau ist Abbild und Gruß der Sterne. Sternförmig ist sein Grundriß, die heiligen Zahlen 7 und 3 verbinden sich in ihm zur Einheit... Zwischen der äußern und innern Glashaut sitzt die Beleuchtung... Fährt man nachts im Flugzeug zum Hause hin, so leuchtet es von weitem wie ein Stern. Und es klingt wie eine Glocke.' 陶特（Bruno Taut，"空中楼阁"（Haus des Himmels），载：陶特（Taut）编辑，《黎明》（*Frühlicht*）1920 年，引自 1963 年版本，第 33 页。

79 陶特（Taut），"彩虹，对彩色建筑的称呼；建筑外表面的色彩"（Der Regenbogen. Aufruf zum farbigen Bauen; Farbe im äußeren Raum），载：陶特（编辑），《黎明》（*Frühlicht*）1920 年，引自 1963 年版本，第 97 页及之后。

80 'in erster Linie an das Wirtschaftliche und Praktische denken, für die Maschine ein besonderes Interesse haben und im übrigen das Ästhetische ganz als Nebensache ansehen.' 陶特，《新住宅》（*Die Neue Wohnung*），莱比锡，1924 年。

81 'Wenn aus einer Wohnung nach strengster und rücksichtslosester Auswahl alles, aber auch alles, was nicht direkt zum Leben notwendig ist, herausfliegt, so wird nicht bloß ihre Arbeit erleichtert, sondern es stellt sich von selbst eine neue Schönheit ein.' 陶特（1924 年），第 31 页。

82 同上，第 101 页。

83 陶特，《社会主义建筑师视野中的建筑讲义》（*Architekturlehre aus der Sicht eines sozialistischen Architekten*）（土耳其版本，伊斯坦布尔，1938 年），蒂尔曼·海尼施（Tilmann Heinisch）和格尔德·佩施肯（Goerd Peschken）编辑，汉堡 - 柏林，1977 年。

84 陶特（1977 年），第 29 页。

85 同上，第 37 页。

86 关于赫尔曼·芬斯特林（Hermann Finsterlin），参见弗朗哥·博尔西（Franco Borsi）编辑，《赫尔曼·芬斯特林：建筑的理念》（*Hermann Finsterlin: Idea dell'architettura*），佛罗伦萨，1969 年；佩恩特（Pehnt）1973 年），第 95 页及之后；展览书目《赫尔曼·芬斯特林》（*Hermann Finsterlin*），斯图加特，1973 年（英文版，纽约，1985 年）。

87 "第 7 天创造了无数的谎言，一波接一波，无穷无尽的爱意却渐渐到来"（*der Schöpfung siebenten Tag weitertragen um eine Welle in der Brandungskette, die liebend tändelt mit Unendlichkeit.*）赫尔曼·芬斯特林，"第 8 天"（Der achte Tag），载：陶特（Taut）编辑，芬斯特林（Finsterlin）（1920 年）；1963 年版本，第 52-59 页。

88 'Die menschliche Architektur ist ein biogenetisches Phänomen des Menschenwesens, das jenseits des Fötalen liegt.' 赫尔曼·芬斯特林（Hermann Finsterlin）（1920 年）；1963 年版本，第 54 页。

89 'der Menschheit Großteil gern in den schematisierten Eingeweiden seiner kubischen, trojanischen Rosse haust gleich seinen Parasiten...' 赫尔曼·芬斯特林，"建筑室内"（Innenarchitektur），载：陶特（编辑），《黎明》（*Frühlicht*）（冬天 1921/1922 年）；1963 年版本，第 105-109 页，此处，第 105 页。

90 'Im Innenraum des neuen Hauses wird man sich nicht nur als Insasse einer märchen haften Kristalldrüse fühlen, sondern als interner Bewohner eines Organismus, wandernd von Organ zu Organ, ein gebender und empfangender Symbiote eines 'fossilen Riesenmutterleibes.' 芬斯特林（1921/1922 年）；1963 年版本，第 107 页。

91 'So kann sich z.B. ein schrank mit seiner Wurzel aus der Wand eines Betonbaues herausblähen, übergehend in Majolika...' 同上，第 108 页。

92 'harmonische Verbindung unregelmäßiger Teile, unregelmäßiger Bauelemente... unter Wahrung der harmonischen Proportion in den Teilen und im Gesamtkomplex.' 赫尔曼·芬斯特林，"《世界建筑的起源，或者作为风格游戏的教堂演进》"（Die Genesis der Weltarchitektur, oder die Deszendenz der Dome als Stilspiel'），载：陶特（编辑），《黎明》（1923 年）；1963 年版本，第 149-158 页，此处，第 154 页。

93 芬斯特林（Finsterlin）（1921/1922 年）；1963 年版本，第 109 页。

94 关于鲁道夫·斯泰纳（Rudolf Steiner）的歌德馆（Goetheanum）建筑和建筑理念，参见费利克斯·凯泽（Felix Kayser）（编辑），《建筑形式》（*Architektonisches Gestalten*），斯图加特，1933 年[尤其见世俗建筑（secular architecture）]; 卡尔·肯珀（Carl Kemper），《这建筑，第一座歌德馆的建筑和雕塑研究》（*Der Bau. Studien zur Architektur und Plastik der ersten Goetheanum*），斯图加特（1966 年）；雷克斯·拉布等（Rex Raab a.o.），《从混凝土谈起。鲁道夫·斯泰纳如何运用混凝土》（*Sprechender Beton. Wie Rudolf Steiner den Stahlbeton verwendete*），多纳赫，1972 年；比萨恩茨·哈根（Hagen Biesantz）和阿尔内·克林堡（Arne Klingborg），《歌德馆，鲁道夫·斯泰纳的建筑激情》（*Das Goetheanum. Der Bau-Impuls Rudolf Steiners*），多纳赫，1978 年；米凯·舒特（Mike Schuyt）和约斯特·埃尔费尔斯（Joost Elffers）（合编），《鲁道夫·斯泰纳和他的建筑》（*Rudolf Steiner und seine Architektur*），科隆，1980 年；沃尔夫冈·巴赫曼（Wolfgang Bachmann），《人智学的建筑表达》（*Die Architekturvorstellungen der Anthroposophen*），科隆—维也纳，1981 年；沃尔特·罗根坎普（Walther Roggenkamp），《作为一件整体艺术的歌德馆。鲁道夫·斯泰纳，歌德馆的建筑理念。插图本》（*Das Goetheanum als Gesamtkunstwerk. Rudolf Steiner, Der Baugedanke des Goetheanum, Bildband*），多纳赫，1986 年。

95 鲁道夫·斯泰纳（Rudolf Steiner）关于建筑和歌德馆的许多重要论述包含在他从 1911 年开始的诸多演讲中，可在以下的版本中获得：鲁道夫·斯泰纳，《新建筑之路"以及建筑趋向个人"》（*Wege zu einem neuen Baustil 'und der Bau wird Mensch'*），多纳赫，1926 年，斯图加特，1957 年第二版，多纳赫，1982 年第三版；《第一座歌德馆的建筑、雕塑和绘画》（*Architektur, Plastik und Malerei des Ersten Goetheanum*），多纳赫，1972 年第一版（1982 年第二版）；《歌德馆的建筑理念》（*Der Baugedanke des Goetheanum*），多纳赫，1932 年第一版，斯图加特 1958 年第二版。

96 'elementarisch künstlerischen Schöpfung... besondere Art der Weltanschauungssprache...' 斯泰纳（Steiner）（1932 年），第 19 页。

97 "内在需要……人类精神的进化……"（*innerer Notwendigkeit... geistigen Entwicklungsgang der Menschheit...*）斯泰纳（Steiner）（1926 年，1982 年第 3 版），第 30 页。

98 'In Dornach ist der Versuch gemacht, dieses Lebendige so weit zu treiben, daß man wirklich das bloße Dynamische Metrische, Symmetrische früherer Bauformen übergeführt hat in das Organische 斯泰纳（1932 年），第 21 页。

99 同上。

100 斯泰纳（1926 年，1982 年第 3 版），第 50 页。

101 'Das ist das Neue der Wandbehandlung bei diesem Baugedanken... Diese Wände sind so in ihrem künstlerischen Prinzip, daß sie sich selber aufheben, so daß man drinnen das Gefühl haben kann: die Wand schließt einen nicht ab, die Säule steht nicht da, um irgendeine Grenze zu bilden, sondern dasjenige, was in der Säule ausgedrückt ist, was auf der Wand ausgedrückt ist, das durchbricht die Wand und läßt einen in lebendige Beziehung kommen mit dem ganzen Weltenall. 斯泰纳（1972 年第一版，1982 年第二版），第 36 页。

102 'Es mußte aber ein Anfang gemacht werden, erstens einen solchen Utilitätsbau einmal zu gestalten nach solchen inneren Schaffensprinzipien, zweitens mit Rücksicht auf das modernste Material, den Beton. Jedes Material fordert seine bestimmten Bauprinzipien, die mit der Natur des Materials zusammenhängen, bauen. Der Baugedanke muß ebenso die Utilitätsgedanken zum Ausdrucke bringen, wie auch die Anforderungen des Materials.' 同上，第 40 页。

103 'ideelle Einheit... ein Abdruck... der inneren Harmonie der in dieser Kolonie Wohnenden. 斯泰纳（1926 年，第三版 1982 年），第 41 页。

104 "每一座建筑的扶壁……一次建筑内在特性的揭示……就像是移植到建筑之中的根。"（*jedes Glied...eine Offenbarung des inneren Wesens sein... wie ins Architektonische umgesetzte: Wurzeln.*）斯泰纳，1924 年 1 月的演讲；引自：斯泰纳（1982 年第三版），第 117 页和比萨恩茨·哈根（Hagen Biesantz）和阿尔内·克林堡（Arne Klingborg）（1978 年），第 76 页。

105 关于约翰内斯·利多维斯·马蒂厄·劳维里克斯（Johannes Ludovicus Mathieu Lauweriks），详见尼克·图莫尔斯（Nic. Tummers），《哈根的推动力，J. L. M. 劳维里克斯的著作及对 1910 年前后的建筑和造型艺术之影响》（*Der Hagener Impuls. Das Werk von J. L. M. Lauweriks und sein Einfluß auf Architektur und Formgebung um* 1910），哈根，1972 年；彼得·斯特雷希（Peter Stressig），《卡尔·恩斯特·奥斯特豪斯的生平与作品，德国里克林豪森，1971 年》（*Karl Ernst Osthaus. Leben und Werk, Recklinghausen* 1971），第 423 页及之后。尼克·图莫尔斯，载展览书目：《西德动力 1900-1914 年，卷：卡尔·恩斯特·奥斯特豪斯的德国埃森佛克望理念》（*Der westdeutsche Impuls* 1900-1914, vol.: *Die Folkwang-Idee des Karl Ernst Osthaus*），哈根，1984 年，第 149 页及之后；格尔达·布鲁尔（Gerda Breuer a.o.）等著，《J. L. M. 劳维里克斯》（*J. L. M. Lauweriks*），德国克雷费尔德（Krefeld），1987 年。

106 劳维里克斯（Lauwericks）的写作清单载：《荷兰建筑 1893-1918 年，建筑》（*Niederländische Architektur* 1893-1918. *Architectura*），杜塞尔多夫，1977 年，第 65 对开页。

107 约翰内斯·利多维斯·马蒂厄·劳维里克斯（Johannes Ludovicus Mathieu Lauweriks），"论基于系统的建筑设计"（Einen Beitrag zum Entwerfen auf systematischer Grundlage in der Architecktur），载：《环 I，笔记 4》（Ring I, Heft 4），1909 年，第 25-34 页；再版载：图莫尔斯（Tummers）（1972 年），第 22 页及之后。

108 'Systemzellen, worauf das Gebäude wird aufgebaut, woraus sich der architektonische Organismus bildet...die allgemeine rhythmische Basis, die immer vorhanden sein muß, und ohne welche das Entwerfen eines Gebäudes unmöglich ist, ebenso wie in einem natürlichen Organismus die Zelle unentbehrlich ist für dessen Aufbau.' 劳维里克斯（J. L. M. Lauweriks），"主旨"（Leitmotive），载：《环 I，笔

记 1》（Ring I，Heft I），1909 年，第 5-9 页；再版载：图莫尔斯（1972 年），第 11 页及之后。

109 'An der Kunstgewerbeschule zu Düsseldorf z.B. werden unter der Leitung des holländischen Lehrers Lauweriks alle Entwürfe nach einer ähnlichen, aber sehr speziellen Methode ausgeführt. Er geht allerdings darin am weitesten.' 贝尔拉戈（H. P. Berlage），《建筑的进步和基础》（*Grundlagen und Entwicklung der Architektur*），柏林，1908 年，第 56 页。

110 参见斯特雷希（Peter Stressig）（1970 年），第 429 页及之后；图莫尔斯（1972 年），第 35 页及之后。

111 关于卡尔·恩斯特·奥萨豪斯（Karl Ernst Osthaus），详见：赫塔·黑塞 - 弗里林豪斯（Herta Hesse-Frielinghaus a.o.）等著，《卡尔·恩斯特·奥萨豪斯生平与作品》（*Karl Ernst Osthaus. Leben und Werk*），德国雷克林豪森（Recklinghausen），1971 年；关于他的作品的参考书目，第 542 页及之后；参展书目（1984 年）。

112 关于亨德利克·佩特鲁斯·贝尔拉戈（Hendrik Petrus Berlage），详见彼得·辛格勒伦堡（Pieter Singelenberg），《H. P. 贝尔拉戈，理念与风格。现代建筑的探索》（*H. P. Berlage. Idea and Style. The Quest for Modern Architecture*），乌特勒支（Utrecht），1972 年；《贝尔拉戈 1856-1934 年》[阿姆斯特丹建筑博物馆基金会（*Stichting Architectur Museum; Amsterdam*）]，1975 年第一版，1979 年第二版；曼弗雷德·博克（Manfred Bock），《新建筑的开端。从 19 世纪贝尔拉戈对于荷兰建筑文化的贡献谈起》（Anfänge einer neuen Architektur. Berlages Beitrag zur architektonischen Kultur der Niederlande im ausgehenden 19. Jahrhundert），荷兰海牙—德国黑森州威斯巴登（'s-Gravenhage and Wiesbaden），1983 年；塞尔希奥·波拉诺（Sergio Polano a.o.）等（编辑），《亨德利克·佩特鲁斯·贝尔拉戈全集》（*Hendrik Petrus Berlage. Complete Works*），纽约，1988 年。

113 关于贝尔拉戈（Berlage）的参考书目，载：博克（Bock）（1983 年）第 406 页及之后。

114 贝尔拉戈（Hendrik Petrus Berlage），"建筑与印象主义"（Bouwkunst an impressionisme），载：《建筑 2》（*Architectura*），1884 年，第 93-95 页，98-100 页，105 对开页，109 对开页[再版载：博克（Bock）（1983 年）]，第 383-390 页；这篇文章的精华版收录在：博克（Bock）（1983 年），第 113 页及之后，第 229 页及之后。

115 贝尔拉戈（Hendrik Petrus Berlage），《建筑风格的思考》（*Gedanken über Stil in der Baukunst*），莱比锡，1905 年。

116 'Unsere Architektur sollte daher auch wieder nach einer gewissen Ordnung bestimmt werden! Wäre das Entwerfen nach einem geometrischen System nicht ein großer Schritt vorwärts? Eine Methode, nach der viele der modernen niederländischen Architekten schon arbeiten.'）贝尔拉戈（Berlage）（1905 年），第 33 页。

117 参见博克（1983 年）第 64 页及之后。

118 贝尔拉戈（1905 年），第 47 页。

119 贝尔拉戈（Hendrik Petrus Berlage），《建筑的进步和基础。4 次演讲，苏黎世工艺美术博物馆》（*Grundlagen und Entwicklung der Architektur. Vier Vorträge, gehalten im Kunstgewerbemuseum zu Zürich*），柏林，1908 年。

120 贝尔拉戈（1908 年），第 4 页。

121 'für die Bildung künstlerischer Formen nicht nur von großem Nutzen, sondern sogar von absoluter Notwendigkeit...' 同上，第 1 页。

122 'Erstens: Die Grundlage einer architektonischen Komposition soll wiederum nach einem geometrischen Schema bestimmt werden.

'Zweitens : Die charakteristischen Formen früherer Stile sollen nicht verwendet warden.

'Drittens: Die architektonischen Formen sollen nach der sachlichen Seite hin sich entwickeln.'

同上，第 100 页。

123 'Dann wird aber auch das architektonische Kunstwerk nicht einen spezifisch individuellen Charakter haben, sondern das Resultat der Gemeinschaft, in diesem Sinne, aller, sein.' 同上，第 117 页。

124 关于"风格派"（De Stijl）详见汉斯·L·C·雅菲（Hans L. C. Jaffé），《风格派 1917-1931 年，荷兰对于现代艺术的贡献》（*De Stijl* 1917-1931. *The Dutch Contribution to Modern Art*），阿姆斯特丹，1956 年[德文版本：《*De Stijl* 1917-1931. *Der niederländische Beitrag zur modernen Kunst*》，柏林—法兰克福—维也纳，1965 年]；文集《风格派：1917-1931 年，乌托邦视景》（*Die Stijl: 1917-1931. Visions of Utopia*），纽约，1982 年。《风格派学报（1917-1932 年）》（journal *De Stijl* 1917-1932），泰·范·陶斯柏（Theo van Doesburg）编辑，关于这个团体的美学理论的主要资料，可以在一个阿姆斯特丹 1968 年出版的 2 卷本中获得；一个德文版的选本，参见汉斯·L·C·雅菲（Hans L. C. Jaffé）（编辑），《蒙德利安与风格派》（*Mondrian und De Stijl*），科隆，1967 年；乔瓦尼·法内利（Giovanni Fanelli），《风格派》（*De Stijl*），罗马 - 巴黎，1983 年[德文版本：《风格派建筑。荷兰对于早期现代主义的贡献》（*Stijl-Architektur. Der niederländische Beitrag zur frühen Moderne*），斯图加特，1985 年]；伊夫 - 阿兰·博伊斯（Yves-Alain Bois a.o.）等著，《风格派与建筑在法国》（*De Stijl et l'architecture en France*），比利时列日 - 布鲁塞尔（Lüttich-Brussels），1985 年。

125 'plastischen Mathematik...Jetzt lernen wir die Wirklichkeit in unserer Vorstellung in Konstruktionen zu übersetzen, die mit der Vernunft kontrollierbar sind, damit wir diese gleichen Konstruktionen später in der vorhandenen natürlichen Wirklichkeit wiederfinden, um so die Natur mit der gestaltenden sicht zu durchdringen.' 引自雅菲（Hans L. C. Jaffé）（1965 年），第 67 页。

126 'die Relativität der natürlichen Tatsachen auf das Absolute zu reduzieren, um das Absolute in natürlichen Tatsachen wiederzufinden.' 引自雅菲（1965 年），第 67 页。

127 关于泰·范·陶斯柏（Doesburg），参见约斯特·巴柳（Joost Baljeu），《泰·范·陶斯柏》（*Theo van Doesburg*）；纽约 1974 年；米歇尔·舒马赫（Michael Schumacher），《先锋派与公众，艺术著述中的社会学，以"风格派"为例》（*Avantgarde und Öffentlichkeit. Zur Soziologie der Künstlerzeitschrift am Beispiel von 'De Stijl'*），论文，德国亚琛（Aachen），1979 年；汉娜·L·赫德里克（Hannah L. Hedrick），《泰·范·陶斯柏，先锋派的宣传者和实践者》（*Theo Van Doesburg.*

Propagandist and Practitioner of the AvantGarde），密歇根州安阿伯市（Ann Arbor, MI），1980年；另有编辑的论文集《泰·范·陶斯柏1883-1931年》（*Theo van Doesburg 1883-1931*），荷兰海牙（'s-Gravenhage），1983年。

[128] 关于泰·范·陶斯柏（Doesburg）的写作书目，参见约斯特·巴柳（Joost Baljeu）（1974年），第205页及之后（包含英文版文章的选集）；更为详细的书目载：塞尔希奥·波拉诺（Sergio Polano）（编辑），《泰·范·陶斯柏论艺术与建筑》（*Theo van Doesburg. scritti di arte e di architettura*），罗马，1979年，第548页及之后（这个版本罗列了一份极其广泛的文章选编）。

[129] 'C'est le spirituel, l'abstrait complet qui exprime précisément ce qui est humain, alors que ce qui est sensitif n'atteint pas encore la hauteur de ce qui est intellectuel et par conséquent doit être considéré comme appurtenant à un degré inférieur de la culture humaine. L'art ne doit pas émouvoir le coeur. Toute émotion, qu'elle appartienne accidentellement à la douleur ou à la joie, signifie une rupture de l'harmonie, de l'équilibre entre le sujet (l'homme) et l'objet (l'univers). L'oeuvre d'art doit créer un état d'équilibre entre elle et l'univers ; des émotions du sentiment créent précisément l'éat contraire. 泰·范·陶斯柏（Theo van Doesburg），载：《风格派 V》（*De Stijl V*），1922年，第185页。

[130] 'Der wahrhaft moderne Künstler betrachtet die Großstadt als eine Verkörperung abstrakten Lebens. Sie ist ihm näher als die Natur; sie wird ihm eher ein Gefühl der Schönheit vermitteln. Denn in der Großstadt erscheint die Natur schon geordnet und durch den menschlichen Geist reguliert. Die Proportionen und der Rhythmus von Linien und Flächen bedeuten ihm mehr als die Launen der Natur. In der Metropole drückt sich die Schönheit mathematisch aus. Daher ist sie der Ort, von woher man das zukünftige mathematisch-künstlerische Temperament entwickeln muß, der Ort, von wo aus der neue Stil vorwärtsdringen muß.' 彼埃·蒙德利安（Piet Mondrian），载：《风格派 I》（*De Stijl* I），1917年，第132页（荷兰语版）；德文版，载：雅菲（1965年），第83页。

[131] 陶斯柏，载：《风格派 VII》（*De Stijl* VII），1927年纪念册，第99页。

[132] 'Das reine Ausdrucksmittel der Baukunst ist Fläche, Masse (*positiv*) und Raum (*negativ*). Der Architekt drückt seine ästhetische Erfahrung durch Verhältnisse von Flähen und Massen zu Innenräumen und zum Raum aus.' 泰·范·陶斯柏，《新造型艺术基础》（*Grundbegriffe der neuen gestaltenden Kunst*）[《包豪斯丛书1925年》（*Bauhausbücher*, 1925）]，汉斯·M·温勒（Hans M. Wingler）编辑，德国美因兹-柏林，1966年，第15页。

[133] 'Die neue Sicht erfolgt nicht von einem bestimmten Punkt aus: ihr zufolge ist der Blickpunkt von überall und nirgends her bestimmt. Sie begreift ihn nicht an Raum und Zeit gebunden (*in Übereinstimmung mit der Relativitätstheorie*). In der Praxis legt sie ihn vor die Fläche (die extremste Möglichkeit der Gestaltungsvertiefung). So sieht sie die Architektur als eine Vielfalt von Flächen: also wiederum flächenhaft. Dies Vielfalt fügt sich daher (abstrakt) zu einem flächigen Bild... Die Farbe erstreckt sich über die gesamte Architektur, Gebrauchsgegenstände (*Möbel*) usw... So kommt es auch zum Konflikt mit der traditionellen Auffassung von konstruktiver Reinheit. Die Idee, derzufolge die Konstruktion gezeigt werden müsse, ist noch immer nicht tot...' 彼埃·蒙德利安（Piet Mondrian），载：《风格派 V》（*De Stijl V*），1922年，第68对开页（荷兰语版）；德文版，载：雅菲（Jaffé）（1967年），第83页。

[134] 'Die neue Architektur ist antikubisch, d.h. sie strebt nicht danach, die verschiedenen funktionellen Raumzellen in einem einzigen geschlossenen Kubus zusammenzufassen, sondern sie projiziert die funktionellen Raumzellen (*wie auch Schutzdachflächen, Balkon-Volumen usw.*) aus dem Mittelpunkt des Kubus nach draußen, wodurch Höhe, Breite und Tiefe plus Zeit zu einem völlig neuen bildnerischen Ausdruck in den offenen Räumen kommen Dadurch erhält die Architektur (*soweit es konstruktiv möglich ist -Aufgabe der Ingenieure*) einen mehr oder weniger schwebenden Aspekt, der gewissermaßen die natürliche Schwerkraft aufhebt.' 奉·范·陶斯柏（Theo Van Doesburg），载：《风格派 VI/VII》（*De Stijl* VI/VII），1924年，第81页（荷兰语版）；德文版，载：雅菲（Jaffé）（1967年），第191页。

[135] 泰·范·陶斯柏，《新造型艺术基础》（*Grundbegriffe der neuen gestaltenden Kunst*）[《包豪斯丛书 1925年》（*Bauhausbücher*, 1925）]，汉斯·M·温勒（Hans M. Wingler）编辑，德国美因兹-柏林，1966年。

[136] 这张明信片的图版载：《泰·范·陶斯柏》（*Theo van Doesburg*）（1983年），第101页。

[137] 'Es stellt sich der Baukunst nicht mehr das Ziel, die wünschenwerteste Art des Beherbergens in schöner Form zu verkörpern, sie opfert dagegen alles und alle einer von vornherein festgestellten Schönheitsanschauung, welche aus anderen Umständen hervorgegangen, ein Hindernis für Lebensentfaltung geworden ist. Ursache und Wirkung sind verwechselt.' 雅克布·约翰尼斯·彼得·欧德（Jacobus Johannes Pieter Oud）著，《荷兰建筑》（*Holländische Architektur*）[《包豪斯丛书 1925年》（*Bauhausbücher*, 1926）]，汉斯·M·温勒（Hans M. Wingler）编辑，美因兹-柏林，1976年，第64页。

[138] 关于一个较好的全面的说明，参见《作品和感觉，建筑—住宅—城镇，意大利奥兰达，1870-1940年》（*Funzione e senso. Architettura-Casa-Città. Olanda 1870-1940*），慕尼黑，1979年。

[139] 关于20世纪20年代的德国建筑，参见诺伯特·休斯（Norbert Huse），《1918-1933年的新建筑》（*Neues Bauen 1918 bis 1933*），慕尼黑，1975年；沃尔夫冈·佩恩特（Wolfgang Pehnt），载：埃里希·施坦格雷伯（Erich Steingräber）（编辑），《20和30年代的德国艺术》（*Deutsche Kunst der 20er und 30er Jahre*），慕尼黑，1979年；第13-114页。

[140] 参见汉斯·珀尔齐希（Hans Poelzig），《著述与作品集》（*Gesammelte Schriften und Werke*），尤利乌斯·波泽纳（Julius Posener）（编辑），柏林，1970年；埃里希·门德尔松（Erich Mendelsohn）的写作清单载：布鲁诺·赛维（Bruno Zevi），《埃里希·门德尔松，全集》（*Erich Mendelsohn. Opera completa*），米兰，1970年，第lxxix页；彼得·普凡库赫（Peter Pfankuch）（编辑），《汉斯·夏隆的建筑、设计和文章》（*Hans Scharoun, Bauten, Entwürfe, Texte*），柏林，1974年。

141 参见胡戈·哈林（Hugo Häring），《写作，设计和建筑》（*Schriften, Entwürfe, Bauten*），于尔根·约迪克（Jürgen Joedicke）编辑，斯图加特，1965 年；于尔根·约迪克（Jürgen Joedicke）（编辑），《胡戈·哈林的建筑、思想和绘画》（*Das andere Bauen. Gedanken und Zeichnungen von Hugo Häring*），斯图加特，1982 年；同一作者，"建筑的几何与有机原则，胡戈·哈林 100 周年"（Geometrie und Organik als Prinzipien des Bauens. Zum 100. Geburtstag von Hugo Häring），《万神庙 XL》（*Pantheon* XL），1982 年，第 195-200 页；扎比内·克雷默（Sabine Kremer），《胡戈·哈林（1882-1958 年），住宅理论与实践》[*Hugo Häring*（1882-1958）: *Wohnungsbau. Theorie und Praxis*]，斯图加特，1984 年。

142 参见伊克哈德·亚诺夫斯克（Eckehard Janofske），《汉斯·夏隆的建筑观，他的思考起点与实践转换》（*Die Architekturauffassung Hans scharouns. Ihr gedanklicher Ansatz und dessen praktische Umsetzung*），论文，达姆施塔特，1982 年；作者同上，《建筑-空间，汉斯·夏隆的理念与形式》（*Architektur-Räume.Idee und Gestalt bei Hans Scharoun*），布仑斯威克-威斯巴登（Brunswick-Wiesbaden），1984 年。

143 'Die gestalt dieses baues ist also gewonnen worden, indem das ziel gesetzt wurde, die form zu finden, welche den ansprüchen an die leistungserfüllungen des bauwerkes am einfachsten und unmittelbarsten entsprach.' 胡戈·哈林（Hugo Häring）[第一版载：《形式》（*Die Form*），1925 年 10 月]（1965 年），第 17 页。

144 'Die geometrie forderte eine ordnung im raume auf grund geometrischer gesetze. Eine organhafte kultur fordert eine ordnung im raume zum zwecke einer lebenserfüllung. Das eine führte zu dem begriff der architektur, das andere is der begriff des bauens schlechthin und von uranfang an.', 胡戈·哈林（Hugo Häring）[第 1 版载：《德国建筑》杂志（*Deutsche Bauzeitung*），1934 年 7 月]（1965 年），第 3 5 页。

145 关于亨利·范·德·维尔德（Henry van de Velde），参见相关的克莱门斯·雷塞吉耶（Clemens Rességuier），"亨利·范·德·维尔德的著述，苏黎世"（Die Schriften Henry van de Veldes, Zürich）（论文，纽约 1955 年）；卡尔-海因茨·胡特尔（Karl-Heinz Hüter），《亨利·范·德·维尔德在德国活动的最后阶段的作品》（*Henry van de Velde. Sein Werk bis zum Ende seiner Tätigkeit in Deutschland*），柏林，1967 年。

146 范·德·维尔德（Henry van de Velde）著述的最重要的版本有：范·德·维尔德（Henry van de Velde），《现代工艺美术的复兴》（*Die Renaissance im modernen Kunstgewerbe*），柏林，1901 年；作者同上，《一个外行传教士的工艺美术布道》（*Kunstgewerbliche Laienpredigten*），莱比锡，1902 年；作者同上，《关于新风格》（*Vom Neuen Stil*），莱比锡，1907 年；《随笔》（*Essays*），莱比锡，1910 年；作者同上，《我的生活史》（*Geschichte meines Lebens*），汉斯·库耶尔（Hans Curjel）编辑，慕尼黑 1962 年[新版附有克劳斯-于尔根·森巴赫（Klaus-Jürgen Sembach]的序言：慕尼黑-苏黎世，1 9 8 6 年）。目前最佳的选集：《汉斯·科耶尔编辑，范·德·维尔德，〈关于新风格〉，〈后期与最初著述选集〉》（*Henry van de Velde. Zum Neuen Stil. Aus seinen Schriften ausgewählt und eingeleitet von Hans Curjel*），慕尼黑，1955 年[范·德·维尔德参考书目（bibliography of van de Velde），第 252 页及之后]。

147 'Denn die Maschinen - das ist klar - werden später einmal all das Elend wieder gut machen, das sie angerichtet, und die Schandtaten sühnen, die sie verbrochen haben... Wahllos lassen sie Schönes und Häßliches entstehen. Durch das mächtige Spiel ihrer Eisenarme werden sie Schönes erzeugen, sobald die Schönheit sie leitet.) 范·德·维尔德（Henry van de Velde），"让艺术纯净"（Säuberung der Kunst）（1894 年），载：《关于新风格》（*Zum Neuen Stil*）（1955 年），第 34 页。

148 "这个人从一开始就只想创造一件所有细节都实用的东西，其结果就将产生纯粹的美。"（Wer zu Anfang nur ein in allen Einzelheiten nützliches Ding schaffen wollte, gelangt zur reinen Schönheit.）作者同上，"关于现代家具的设计和制作的一章"（Ein Kapitel über Entwurf und Bau moderner Möbel）（第一次发表于：《潘》（Pan），1897 年），载：《关于新风格》（*Zum Neuen Stil*）（1955 年），第 58 页。[中文版译者注：《潘》是一本 19 世纪末德国的艺术杂志，取自希腊半人半羊的山林和畜牧神"Pan"之意]

149 'Welchem Zweige des Kunstgewerbes ein Gegenstand auch angehören mag, bei der Darstellung eines jeden hat man vor allem darauf zu sehen, daß der Bau und die äußere Gestalt seinem eigentlichen Zweck und seiner naturgemäßen Form vollkommen angemessen seien. Nichts ist berechtigt, was nicht ein Organ bildet oder ein Bindeglied der verschiedenen Organe untereinander; kein Ornament darf Geltung finden, das nicht organisch sich anfügt.' 作者同上，"我想要什么"（Was ich will）[第一次发表在《时代周报》（*Die Zeit*），1901 年 3 月 9 日]，载：《关于新风格》（*Zum Neuen Stil*）（1955 年），第 81 页。

150 'An die Stelle der alten symbolischen Elemente, denen wir heute keine Wirksamkeit mehr zuerkennen, will ich eine neue und ebenso unvergängliche Schönheit setzen... daß das Ornament kein eigenes Leben für sich hat, sondern von dem Gegenstande selbst, seinen Formen und Linien abhängt und von ihnen den organischen und richtigen Platz erhält.' 同上，第 83 对开页。

151 "建筑中装饰的功能令我犯难。一方面，它对结构起着辅助的作用，并对其作用的方式进行了强调；另一方面，它通过交错的光影，将生命带入了一个光线与阴影均匀分布的空间之中。"（Die Aufgabe des Ornamentes in der Architektur scheint mir eine doppelte. Sie besteht teils darin, die Konstruktion zu unterstützen und ihre Mittel anzudeuten, teils... dutch das Spiel von Licht und Schatten, Leben in einen sonst gleichmäßig erhellten Raum zu bringen.'）同上，"《一个外行传教士的工艺美术布道》"（*Kunstgewerbliche Laienpredigten*）（1902 年），载：《关于新风格》（*Zum Neuen Stil*）（1955 年），第 129 页。

152 '... ausnahmelos durchgeführten Grundsatz jede Form und jedes Ornament zu verwerfen, die ein moderner Maschinenbetrieb nicht leicht herstellen und wiederholen kann'...'Mein Ideal wäre eine tausendfache Vervielfältigung meiner Schöpfungen, allerdings unter strengster Überwachung.'），同上，"关于现代家具的设计和制作的一章"（Ein Kapitel über Entwurf und Bau moderner Möbel）[第一次发表于：《潘》（Pan），1897 年]，载：《关于新风格》（*Vom Neuen Stil*）（1955 年），第 64 页。

[153] 'Ich müßte kein moderner Mensch sein, wenn ich nicht die Herstellung der Gegenstände, die früher durch Menschenhand entstanden und von Kunsthandwerkern gefertigt wurden, der neuen maschinellen und industriellen Herstellungsart anzupassen suchte.')"艺术与工业"（Kunst und Industrie）（1908 年），载：《关于新风格》（*Zum Neuen Stil*）（1955 年），第 64 页。

[154] 'Heute beobachten wir nun den freiwilligen Verzicht auf das Ornament nicht nur in der Architektur, sondern auch in der Innenausstattung der Häuser... Dieser Verzicht deutet auf das Erwachen einer Empfindung, die in einem Bau, an einem Gegenstand, an einer Blume oder am menschlichen Körper ein ursprüngliches (souveränes) Ornament entedecken wird, das sich in Proportionen und Volumen verwirklicht...'），作者同上，"新：为什么总是新？"（Das Neue: Weshalb immer Neues?）（1929 年），载：《关于新风格》（*Zum Neuen Stil*）（1955 年），第 231 页。

[155] 关于包豪斯详见汉斯·玛利亚·温勒（Hans M. Wingler），《包豪斯 1919-1933 年，魏玛、德绍、柏林以及从 1937 年开始芝加哥的延续》（*Das Bauhaus 1919-1933 Weimar Dessau Berlin und die Nachfolge in Chicago seit 1937*），德国布兰穆绪（Bramsche）（第一版 1962 年，第二版 1968 年）第三版 1975 年；卡尔 - 海因茨·胡特尔（Karl-Heinz Hüter），《包豪斯在魏玛》（*Das Bauhaus in Weimar*），柏林 1976 年第二版；关于德绍时期参见《德绍包豪斯 50 年，魏玛建筑工程大学科学杂志 23 期》（*50 Jahre Bauhaus Dessau, Wissenschaftliche Zeitschrift der Hochschule für Architektur und Bauwesen Weimar* 23），1976 年，卷 5/6（Heft 5/6）；弗里茨·黑塞（Fritz Hesse），《住在包豪斯之城，德绍回忆录》（*Von der Residenz zur Bauhausstadt. Erinnerungen an Dessau*），私人出版，德国巴特·皮尔蒙特（Bad Pyrmont），1964 年，尤其第 195 页及之后。[译者注：汉斯·玛利亚·温勒（Hans M. Wingler）的全名：Hans Maria Wingler]

[156] 关于沃尔特·格罗皮乌斯（Walter Gropius）参见西格弗里德·杰迪恩（Sigfried Giedion），《沃尔特·格罗皮乌斯，作品与协作》（*Walter Gropius. Work and Teamwork*），伦敦，1954 年；朱利奥·卡洛·阿尔甘（Giulio Carlo Argan），《格罗皮乌斯和包豪斯》（*Gropius e la Bauhaus*），意大利图灵（Turin），1951 年[德文版：《格罗皮乌斯和包豪斯》（Gropius und das Bauhaus），德国莱恩贝克（Reinbek），1962 年]；雷吉纳尔德·乔治·伊萨克斯（Reginald R. Isaacs），《沃尔特·格罗皮乌斯，其人与作品》（*Walter Gropius. Der Mensch und sein Werk*），2 卷本，柏林，1983 年，1984 年；卡林·威廉（Karin Wilhelm），《沃尔特·格罗皮乌斯，工业建筑师》（*Walter Gropius. Industriearchitekt*），德国布仑斯威克—威斯巴登，1983 年；温弗里德·讷丁格尔（Winfried Nerdinger），《沃尔特·格罗皮乌斯》（*Walter Gropius*），柏林，1985 年；霍斯特·克劳森（Horst Claussen），《沃尔特·格罗皮乌斯，他的思想基本特征》（*Walter Gropius. Grundzüge seines Denkens*），希尔德斯海姆，1986 年；哈特穆特·普罗布斯特（Hartmut Probst）和克里斯蒂安·沙赫德里希（Christian Schadlich），《沃尔特·格罗皮乌斯》（*Walter Gropius*），3 卷本，柏林，1968 年，1987 年，1988 年。

[157] 'Damit wird Kunst und Technik zu einer glücklichen Vereinigung gebracht und einem breiten Publikum die Möglichkeit geboten werden, in den Besitz wirklich reifer, guter Kunst und solider, gediegener Ware zu gelangen.' 格罗皮乌斯（Walter Gropius），"在艺术统一的基础上的一个综合建筑设计事务所的项目与经营"（Programm und Gründung einer allgemeinen Hausbaugesellschaft auf künstlerisch einheitlicher Grundlage）（1910 年）；载：汉斯·玛利亚·温勒（Hans M. Wingler），1975 年第 3 版，第 26 页；参见伊萨克斯（Isaacs）（1983 年），第 93 页及之后。

[158] 'Der Arbeit müssen Paläste errichtet werden, die dem Fabrikarbeiter, dem Sklaven der modernen Industriearbeit, nicht nur Licht, Luft und Reinlichkeit geben, sondern ihn noch etwas spüren lassen von der Würde der gemeinsamen großen Idee, die das ganze treibt.' 格罗皮乌斯，《不朽的艺术和工业建筑》（*Monumentale Kunst und Industriebau*）（手稿，1911 年）；伊萨克斯（Isaacs）（1983 年），第 106 页。

[159] 参见汉斯·玛利亚·温勒（Hans M. Wingler）（编辑），《艺术教学改革 1900-1933 年》（*Kunstschulreform* 1900-1933），柏林，1977 年。

[160] 参见伊萨克斯（Isaacs）（1983 年），第 76 页。

[161] '...könnte eine ähnlich glückliche Arbeitsgemeinschaft wiedererstehen, wie sie vorbildlich die mittelaherlichen 'Hütten' besaßen, in denen sich zahlreiche artverwandte Werkkünstler - Architekten, Bildhauer und Handwerker aller Grade - zusammenfanden und aus einem gleichgearteten Geist heraus den ihnen zufallenden gemeinsamen Aufgaben ihr selbständiges Teilwerk bescheiden einzufügen verstanden aus Ehrfurcht vor der Einheit einer gemeinsamen Idee... Mit der Wiederbelebung jener erprobten Arbeitsweise, die sich der neuen Welt entsprechend anpassen wird, muß das Ausdrucksbild unserer modernen Lebensäußerungen an Einheitlichkeit gewinnen, um sich schließlich wieder in kommenden Tagen zu einem neuen Stile zu verdichten.') 格罗皮乌斯（1916 年）；引自温勒（Wingler）（第三版 1975 年），第 30 页。

[162] 伊萨克斯（Reginald R. Isaacs）（1983 年），第 196 页。

[163] 'Bilden wir also eine neue Zunft der Handwerker ohne die klassentrennende Anmaßung, die eine hochmütige Mauer zwischen Handwerkern und Künstlern errichten wollte! Wollen, erdenken, erschaffen wir gemeinsam den neuen Bau der Zukunft, der alles in einer Gestalt sein wird: Architektur und Plastik und Malerei, der aus Millionen Händen der Handwerker einst gen Himmel steigen wird als kristallenes Sinnbild eines neuen kommenden Glaubens.'）格罗皮乌斯，《国立魏玛包豪斯教学大纲》（*Programm des Staatlichen Bauhauses in Weimar*），魏玛，1919 年。

[164] 'Wenn die Probleme der Maler und Bildhauer erst seinen Geist wieder so leidenschaftlich berübren wie die eigenen der Baukunst, so müssen sich auch die Werke dieser wieder mit architektonischem Geiste füllen. In den Bauhütten des Mittelalters, in enger persönlicher Fühlung der Künstler aller Grade entstanden die gotischen Dome.'（可能是）格罗皮乌斯（Walter Gropius），《自由人民国家和艺术》（*Der freie Volksstaat und die Kunst*）（手稿，1922 年）；引自伊萨克斯（Isaacs）（1983 年），第 289 页。

165 奥斯卡·施莱默（Oskar Schlemmer），"国立魏玛包豪斯"（*Das Staatliche Bauhaus in Weimar*）（1923 年），载：温勒（Wingler）（1975 年第三版），第 79 页。

166 《包豪斯丛书》（Bauhausbücher）现在可从影印再版的《新包豪斯丛书》（*Neue Bauhausbücher*）里获得，汉斯·玛利亚·温勒（Hans M. Wingler）编辑；期刊《包豪斯，〈建筑与设计杂志〉，德绍 1926-1931 年》（*Bauhaus. Zeitschrift für Bau und Gestaltung*, Dessay 1926-1931），现在可从欧洲列支敦士登的南戴尔恩（Nendeln, Liechtenstein）影印版中得到。

167 'Bauen bedeutet Gestaltung von Lebensvorgängen. Die Mehrzahl der Individuen hat gleichartige Lebensbedürfnisse. Es ist daher logisch und im Sinne eines wirtschaftlichen Vorgehens, diese gleichgearteten Massenbedürfnisse einheitlich und gleichartig zu befriedigen. 格罗皮乌斯，《理性住宅建筑的系统准备》（*Systematische Vorarbeit für rationellen Wohnungsbau*）[载：《包豪斯 I, No. 2, 1927》（*Bauhaus I, No. 2, 1927*)], 引自温勒（Wingler）（1975 年第 3 版），第 79 页。

168 'In der modernen Baukunst ist die Objektivierung von Persönlichem und Nationalem deutlich erkennbar.' 格罗皮乌斯，《国际式建筑》（*Internationale Architektur*），慕尼黑，1925 年[第二版 1927 年，1927 年版本的影印再版，美因兹（Mainz），1981 年]，第 7 页。

169 'Die Baumeister dieses Buches bejahen die heutige Welt der Maschinen und Fahrzeuge und ihr Tempo, sie streben nach immer kühneren Gestaltungsmitteln, um die Erdenträgheit in Wirkung und Erscheinung schwebend zu überwinden.' 格罗皮乌斯（1925 年），第 8 页。

170 'Standardisierung der praktischen Lebensvorgänge... Jedes Ding ist bestimmt durch sein Wesen, um es so zu gestalten, daβ es richtig funktioniert, muβ sein Wesen erforscht werden; denn es soll seinem Zweck vollendet dienen, d.h. seine Funktionen praktisch erfüllen, dauerhaft, billig und,"schön" sein.' 格罗皮乌斯，《包豪斯建造的德绍》（*Bauhausbauten Dessau*），德国富尔达（Fulda），1930 年（影印再版，美因兹 - 柏林，1974 年），第 8 页。

171 'Das 'Kunstwerk' hat im geistigen wie im materiellen Sinne genau so zu 'functionieren' wie das Erzeugnis des Ingenieurs, wie z. B. ein Flugzeug, dessen selbstverständliche Bestimmung es ist zu fliegen. 格罗皮乌斯（1930 年），第 9 页。

172 'Die Anwendung begehbarer, mit Pfanzen bestandener Dachgärten ist ein wirksames Mittel, die Natur in die Steinwüste der Groβstädte einzubeziehen Die Städte der Zukunft werden mit ihren Gärten auf Terassen und Dächern - vom Luftweg aus gesehen - den Eindruck eines groβen Gartens geben. Der durch den Bau der Häuser verlorene begrünbare Boden wird auf den flachen Dächern wiedergewonnen. 同上，第 55 页。

173 格罗皮乌斯，《新建筑与包豪斯》（*The New Architecture and the Bauhaus*），伦敦，1935 年；作者同上，《整体建筑总论》（*The Scope of Total Architecture*），纽约 1955 年；格罗皮乌斯等著，《建筑师合作社 1945-1965 年》（*The Architects Collaborative 1945-1965*），瑞士图芬（Teufen），1966 年。

174 详见西比尔·默奥里 - 纳吉（Sibyl Moholy-Nagy），《拉兹罗·默奥里 - 纳吉，一个整体实验》（*Laszlo Moholy-Nagy, ein Totalexperiment*）（美国版本，纽约，1950 年，1969 年），美因兹 - 柏林，1972 年。

175 拉兹罗·默奥里 - 纳吉（László Moholy-Nagy），《从材料到建筑》（*Von Material zu Architektur*），慕尼黑，1929 年（影印再版，美因兹 - 柏林 1968 年）。

176 'Raumerlebnis als Grundlage für das psychologische Wohlbefinden der Einwohner.' 拉兹罗·默奥里 - 纳吉（László Moholy-Nagy）（1929 年），第 198 页。

177 'knotenpunkt ewig flutender räumlicher Existenzen.' 同上，第 211 页。在运动中体验空间也是弗雷德里克·基斯勒（Frederick Kiesler，1890-1965 年）理念的基石，他从 1934 年起发展了一种"无止尽建筑"（endless house）的观念；参见弗雷德里克·基斯勒，"基斯勒理念的探索"（Kiesler's Pursuit of an Idea），《进步建筑，1961 年 7 月》（*Progressive Architecture*, July 1961），第 104-106 页；展会书目《弗雷德里克·基斯勒，建筑师 1890-1965 年》（*Frederick Kiesler. Architekt 1890-1965*），维也纳，出版日期不详。

178 "建筑作为一个无限空间的节点……"（*Architektur als Gliederung des universellen Raumes...*）同上，第 199 页。

179 'Aber das wesentlichste ist für uns die Flugzeugsicht, das vollere Raumerlebnis, weil es alle gestrige Architekturvorstellung verändert.' 同上，第 222 页。

180 关于汉内斯·梅耶（Hannes Meyer），参见 C·施奈特（C. Schnaidt），《汉内斯·梅耶：建筑，方案和著述》（*Hannes Meyer: Buildings, Projects and Writings*），伦敦，1965 年；《汉内斯·梅耶，建筑和事务所，写作，信札，方案》（*Hannes Meyer, Bauen und Gesellschaft. Schriften, Briefe, Projekte*）；展会书目《汉内斯·梅耶 1889-1954 年》（*Hannes Meyer 1889-1954*），柏林，1989 年。

181 'Bauen ist ein technischer, kein ästbetischer Prozeβ, und der zweckmäβigen Funktion eines Hauses widerspricht je und je die künstlerische Komposition. Idealerweise und elementar gestaltet, wird unser Wohnhaus eine Maschinerie.' 汉内斯·梅耶（Hannes Meyer），《新世界》（*Die Neue Welt*）[载：《作品 13》（*Das Werk 13*）1926 年]；引自汉内斯·梅耶（1980 年），第 29 页。

182 汉内斯·梅耶（Hannes Meyer），同上，第 341 页。

183 'Dieses Gebäude sucht keinen künstlichen gartenkünstlerischen Anschluβ an die Parklandschaft seiner Umgebung. Als erdachtes Menschenwerk steht es in berechtigtem Gegensatz zur Natur. Dieses Gebäude ist nicht schön und nicht häβlich. Es will als konstruktive Erfindung gewertet sein.' 汉内斯·梅耶（Hannes Meyer），《日内瓦国际联盟大厦》（*Ein Völkerbundgebäude für Genf*）[载：《包豪斯 I, 1927 年，卷 4》（*Bauhaus I, 1927, Heft 4*）]；引自汉内斯·梅耶（Hannes Meyer）（1980 年），第 34 页。

184 "世间万物都符合一个公式：（功能乘以经济）……所有的艺术都是组合物，因而也不是恰如其分的（zweckwidrig）；所有的生活都是功能的，因而也是不艺术的（*unkünstlerisch*）……建造是一种生物学的过程。建造不是一个美学过程。未来住宅的基本形式，不仅是一种居住的机器，而且，还是一种服务于精神与物质需求的生物仪器……建造仅仅是一个组合的过程——社会、技术、经济和心理学的组合。"（*'Alle Dinge dieser Welt sind ein Produkt der Formel: (Funktion mal Ökonomie)... Alle Kunst ist Komposition und prozeß. Elementar gestaltet wird das neue Wohnhaus nicht nur eine Wohnmaschinerie, sondern ein biologischer Apparat für seelische und körperliche Bedürfnisse...Bauen ist nur Organisation: soziale, technische, Ökonomische, psychische Organisation.*）汉内斯·梅耶（Hannes Meyer），"建造"（Bauen）（载：《包豪斯 2，1928 年，卷4》[*Bauhaus 2, 1928, H. 4*]）；引自温勒（Wingler）（1975 年第三版），第 160 页；梅耶（Meyer）（1980 年），第 47 页。

[185] 'Bauen und gestalten sind eins, und sie sind ein gesellschaftliches Geschehnis. Als eine"hohe Schule der Gestaltung"ist das Bauhaus Dessau kein künstlerisches, wohl aber ein soziales Phänomen.'，梅耶（Hannes Meyer），《包豪斯与社团》（*Bauhaus und Gesellschaft*）[载：《包豪斯3，1929 年，卷I》（Bauhaus 3,1929, H. I）]；梅耶（Meyer）（1980 年），第 47 页。

[186] 参见梅耶（Meyer）（1980 年），第 92 页及之后。

[187] 戴维·A·施佩特（David A. Spaeth），《路德维希·希尔贝塞默，一本带注释的参考书和编年史》（*Ludwig Karl Hilberseimer. An Annotated Bibliography and Chronology*），纽约—伦敦，1981 年（附有一些后来的扫描再版件载附录）。

[188] 路德维希·希尔贝塞默（Ludwig Hilberseimer），《大城市建筑师》（*Großstadtarchitektur*），斯图加特，1927 年（第二版 1978 年）。

[189] 希尔贝塞默（Hilberseimer）（1927 年），第 19 页。

[190] "一系列的理论试验，以及一种对建造城市的元素的示意性运用。"（*theoretische Untersuchungen und eine schematische Anwendung der Elemente, aus denen eine Stadt sich aufbaut.*），同上，第 20 页。

[191] "一些最准确、最本质、最普遍的建筑形式的缩影，而且限于立方体形式，以它作为一切建筑形式的基本单元。"（*Reduktion der architektonischen Form auf das Knappste, Notwendigste, Allgemeinste, eine Beschränkung auf die geometrisch kubischen Formen: die Grundelemente aller Architektur.*）同上，第 103 页。

[192] 关于路德维希·密斯·凡·德·罗（Ludwig Mies van der Rohe）参见菲利普·约翰逊（Philip Johnson），《密斯·凡·德·罗》（*Mies van der Rohe*）（纽约第 1 版 1947 年），波士顿，第三版 1973 年；路德维希·希尔贝塞默（Ludwig Hilberseimer），《密斯·凡·德·罗》（*Mies van der Rohe*），芝加哥，1956 年；阿瑟·德雷克斯勒（Arthur Drexler），《路德维希·密斯·凡·德·罗》（*Ludwig Mies van der Rohe*），纽约，1960 年；彼得·布莱克（Peter Blake），《建造大师》（*The Master Builders*），纽约—伦敦，1960 年（第二版 1976 年）；沃纳尔·布莱泽（Werner Blaser），《密斯·凡·德·罗》（*Mies van der Rohe*），伦敦，1965 年；沃尔夫冈·弗里格（Wolfgang Frieg），《路德维希·密斯·凡·德·罗，欧洲的作品 1907-1937 年》[*Ludwig Mies van der Rohe. Das europäische Werk*（1907-1937）]，论文，波恩（Bonn），1976 年；沃尔夫·特格特霍夫（Wolf Tegethoff），《密斯·凡·德·罗的别墅和乡村建筑》（*Die Villen und Landhausprojekte von Mies van der Rohe*），2 卷本，德国克雷费尔德（Krefeld），1981 年；弗朗兹·舒尔策（Franz Schulze），《密斯·凡·德·罗评传》（*Mies van der Rohe. A Critical Biography*），芝加哥 - 伦敦，1985 年。

[193] 戴维·A·施佩特（David A. Spaeth），《路德维希·密斯·凡·德·罗，一本带注释的参考书和编年史》（*Ludwig Mies van der Rohe. An Annotated Bibliography and Chronology*），纽约—伦敦，1979 年；密斯的一些文章载于：乌尔里希·康拉茨（Ulrich Conrads）（编辑），《20 世纪建筑教学大纲与宣言》（*Programme und Manifeste zur Architektur des 20. Jahrhunderts*）[《建筑世界基石 I》（*Bauwelt Fundamente* I）]，（第一版 1964 年），德国居特斯洛（Gütersloh）- 柏林 - 慕尼黑第二版 1971 年，第 76 对开页，114 页，146 页；一些英文文章载于：菲利普·约翰逊（Philip Johnson）（1947 年；第三版 1978 年），第 186 页及之后；密斯的所有写作载：弗里茨·诺伊迈尔（Fritz Neumeyer），《密斯·凡·德·罗，没有艺术色彩的言辞，建筑思考》（*Mies van der Rohe. Das kunstlose Wort. Gedanken zur Baukunst*），柏林，1986 年。

[194] 'Gelingt es uns, diese Industrialisierung durchzuführen, dann werden sich die sozialen, wirtschaftlichen, technischen und auch künstlerischen Fragen leicht lösen lassen.' 密斯（Ludwig Mies van der Rohe），"工业建筑"（Industrielles Bauen），载：《G, No. 3，1924 年 6 月》（*G, No. 3, June 1924*），第 8-13 页；引自乌尔里希·康拉茨（Ulrich Conrads）（1971 年版本），第 76 页。

[195] 'das sich technisch herstellen und industriell verarbeiten läßt, das fest, wetterbeständig, schall- und wärmesicher ist.' 密斯（Ludwig Mies van der Rohe）（1924 年）；引自乌尔里希·康拉茨（Ulrich Conrads）（1971 年版本），第 77 页。

[196] 'Auch die Frage der Mechanisierung, der Typisierung und Normung wollen wir nicht überschätzen...ob wir hoch oder flach bauen, mit Glas und Stahl bauen, besagt nichts über den Wert dieses Bauens... Aber gerade die Frage nach dem Wert ist entscheidend. Wir haben neue Werte zu setzen... Denn Sinn und Recht jeder Zeit, also auch der neuen liegt einzig und allein darin, daß sie dem Geist die Voraussetzung, die Existenzmöglichkeit bietet.' 密斯，"新时代"（Die Neue Zeit），载：《形式 5》（*Die Form 5*），1930 年，第 15 册，第 406 页；康拉茨（Conrads）（1971 年版本），第 114 页。

[197] 密斯（Ludwig Mies van der Rohe），"伊利诺伊工学院演讲"（Address of Illinois Institute of Technology）（1950 年）；载：约翰逊（Johnson）（第三版 1978 年），第 204 页。

[198] 'Heute, wie seit langem, glaube ich, daß Baukunst wenig oder nichts zu tun hat mit der Erfindung interessanter Formen noch mit persönlichen Neigungen. Wahre Baukunst ist immer objektiv und ist Ausdruck der inneren Struktur der Epoche, aus der sie wächst.' 密斯，《结构的艺术》（*The Art of Structure*），载：布莱泽（Werner Blaser）（1965 年）序言；引自德国版本（1972 年），第 5 页。

[199] 参见琼·坎贝尔（Joan Campbell），《德意志制造联盟》（*The German Werkbund*），普林斯顿，1978 年。

200 保罗·舒尔策-瑙姆堡（Paul Schultze-Naumburg），《文化工作》（*Kulturarbeiten*），9卷本，慕尼黑，1901-1907年（第2版1922以后）。保罗·舒尔茨-瑙姆堡，《文化与种族》（*Kunst und Rasse*），慕尼黑，1927年。

201 保罗·施米特黑纳（Paul Schmitthenner），《新帝国的建筑》（*Die Baukunst im Neuen Reich*），慕尼黑，1934年。

202 关于海因里希·特森诺（Heinrich Tessenow）参见格尔达·旺格林（Gerda Wangerin）与格哈德·魏斯（Gerhard Weiss），《海因里希·特森诺，一位建筑师1876-1950年》（*Heinrich Tessenow. Ein Baumeister* 1876-1950），埃森（Essen），1976年（第157页及之后，他的写作清单）；一个他的著述选集，海因里希·特森诺，"写作，一个建筑师的沉思"（Geschriebenes. Gedancken eines Baumeisters），奥托·金特（Otto Kindt）编辑，《建筑世界基石61》（*Bauwelt Fundamente 61*），布仑斯威克-威斯巴登，1982年。

203 关于弗里茨·舒马赫（Fritz Schumacher）详见他的自传：弗里茨·舒马赫，《生活的脚印，一个建筑师的回忆录》（*Stufen des Lebens. Erinnerungen eines Baumeisters*），斯图加特，1935年（第二版1949年）。

204 海因里希·特森诺，《住宅》（*Der Wohnungsbau*），慕尼黑，1909年。

205 详见海因里希·特森诺，《房屋建造与如此》（*Hausbau und dergleichen*），柏林，1916年（版本众多，最新版，慕尼黑，1984年）

206 'Das Ornament oder das Ornamentale ist überall; aber es ist um so besser, je weniger wir es wollen, je gleichgültiger wir es behandeln... Sozusagen: Das Ornament überstrahlt im besten Fall ein männliches Arbeiten mit einem unwillkürlichen halben Lachen... Das beste am Ornament ist das Abstrakte, das Dumme und das Unbegreifliche.' 海因里希·特森诺（Heinrich Tessenow），《房屋建造与如此》，引自特森诺（1982年），第41对开页。

207 参见，例如弗里茨·舒马赫（Fritz Schumacher），《1800年之后德国建筑流变》（*Strömungen in deutscher Baukunst seit 1800*）（第二版1935年），科隆，第二版1955年。

208 弗里茨·舒马赫（Fritz Schumacher），《建筑之魂》（*Der Geist der Baukunst*），斯图加特，1938年（再版，斯图加特，1983年），第214页及之后。

209 'Die dynamischen Wirkungen treten hervor, wenn das Ornament sich nicht mit der Fläche, sondern mit der Form verbindet, deren funktionelle Bedeutung es zu unterstreichen und zu illustrieren vermag.' 舒马赫（Schumacher）（1938年），第241页。

210 鲁道夫·沃尔特斯（Rudolf Wolters），《德国新建筑》（*Neue Deutsche Baukunst*），布拉格，1943年，第8页。

211 'Die Form, die äußere Gestalt der neuen Bauten geht aus ihrem Inhalt, ihrem Sinn und Zweck hervor. Diese Bauten dienen dem Volksganzen: Saalbauten, Theater- und Feierräume. Alle übrigen neuen Gebäude des Staates und der Bewegung werden mit diesen zusammengefaßt in geschlossener Wirkung zu großen repräsentativen Straßen-und Platzräumen. Diese solle unsere neuen Stadtkronen, die Mittelpunkte unserer heutigen Städte sein.' 沃尔特斯（Wolters）（1943年），第10页。

212 关于第三帝国（Third Reich）的建筑，参见安娜·托伊特（Anna Teut），《第三帝国1933-1945年建筑》（*Die Architektur im Dritten Reich*），柏林—法兰克福—维也纳，1967年；芭芭拉·米勒·拉内（Barbara Miller Lane），《德国建筑和政治，1918-1945年》（*Architecture and Politics in Germany*, 1918-1945），马萨诸塞州剑桥，1968年；罗伯特·R·泰勒（Robert R.Taylor），《石头铸就的语言，纳粹意识形态下建筑的角色》（*The Word in Stone. The Role of Architecture in the National Socialist Ideology*），洛杉矶伯克利-伦敦（Berkeley Los Angeles-London），1974年；约阿西姆·佩奇（Joachim Petsch）著，《第三帝国的建筑和城市规划》（*Baukunst und Stadtplanung im Dritten Reich*），慕尼黑，1976年。

213 详见约亨·蒂斯（Jochen Thies），《征服世界的建筑，"元首"希特勒》（*Architekt der Weltherrschaft. Die 'Endziele' Hitlers*），杜塞尔多夫，1976年。

214 亚历山大·冯·森格尔（Alexander von Senger），《建筑的危机》（*Krisis der Architektur*），苏黎世，1928年；关于森格尔（Senger）参见芭芭拉·米勒·拉内（Barbara Miller Lane）（1968年），第140页及之后，以及埃迪·穆勒（Edi Müller）载：展会书目《瑞士30年代，一个矛盾的10年》（*Dreißiger Jahre Schweiz. Ein Jahrzehnt im Widerspruch*），苏黎世，1981年，第142页。

215 艾尔弗雷德·罗森伯格（Alfred Rosenberg），《20世纪的谜思，一个我们时代的冲突的智力与精神形式之评判》（*Der Mythus des 20 Jhbrhunderts. Eine Wertung der seelischgeistigen Gestaltenkämpfe unserer Zeit*）（1930年），慕尼黑，1941年，第381页。

216 'Für Monumentalbauten muß unsere Zeit Bauklötze auf Bauklötze türmen, für Wassertürme braucht sie gewaltige geschlossene Formen, für Kornsilos einfache, gigantische Massen. Wuchtig müssen unsere Fabriken daliegen; zerstreute Geschäftsgebäude werden zu Riesenhäusern der Arbeit zusammengefaßt... Die gotische Form erweist sich als für immer überwunden, die gotische Seele ringt aber bereits für jeden Nichtblinden sichtbar um eine neue Verwirklichung...' 罗森伯格（Rosenberg）（1930年；1941年版本），第379页及之后。

217 'Die Ausbildung und der Grundgedanke griechischer Baukunst sind also eines Wesens mit germanischem Gefühl. Diesem Gedanken - unabhängig von der zeitlich gebundenen Form - sind auch der 'romanische' (in Wirklichkeit durchaus germanische) und gotische Dom treu geblieben. Das basilikale Prinzip, welches beiden Formen zugrunde liegt, bedeutet das Wesen nordischer Raumauffassung.' 同上，第383页。

218 阿瑟·莫勒·范·登·布鲁克（Arthur Moeller van den Brunk），《普鲁士风格》（*Der preußische Stil*）（1916年），波兰布雷斯劳（Breslau），第三版1931年。

219 'Monumentalität ist die männliche Kunst... Ihre Strophen tönen heroisch. Ihre Linien stufen sich hieratisch, ihre Körper wirken wie Dogmen. In ihr ist der Schritt von Kriegern, die Sprache von Gesetzgebern, die Verachtung des Augenblicks, die Rechenschaft vor der

Ewigkeit... Durch Monumentalität bekommt Stil erst seine grose sichtbarkeit: in einem weithin erkennbaren und alsbald bekannten Plasma baut sich die Einheit von Künstlern und Volk auf, die sich in der Geschichte durchsetzen will, und eine Herrschaft seiner Formen breitet sich aus, die vor allem eine Selbstherrschaft ist und die zu einer Weltbeherrschung werden kann. So wirkt Monumentalität wie grose Kriege, wie Völkererhebungen, wie staatengründungen zu wirken pflegen: befreiend, zusammenfassend, Schicksal schaffend wie bestätigend, und von neuem das Dasein ordnend...' 同上，第147页。

[220] 阿尔伯特·施皮尔（Albert Speer），《回忆录》（*Erinnerungen*），柏林，1969年，第174对开页，第175页。

[221] 阿尔伯特·施皮尔（Albert Speer）（1969年），第169页；亦参见施皮尔（Speer），《建筑，实践1933-1942年》（*Arcbitektur. Arbeiten* 1933-1942），柏林，1978年，第7页。

[222] 'Die Errichtung dieser Monumente sollte dazu dienen, einen Anspruch auf Weltherrschaft anzumelden, lange bevor er ihn seiner engsten Umgebung mitzuteilen wagte.' 施皮尔（Speer）（1969年），第83页；尤其比较约亨·蒂斯（Jochen Thies）（1976年）。

[223] 施皮尔（Albert Speer）（1969年），第69页和第532对开页。

[224] 鲁道夫·沃尔特斯（Rudolf Wolters），《德国新建筑》（*Neue Deutsche Baukunst*），布拉格，1943年，第7页。

[225] 戈蒂·特鲁斯特（Gerdy Troost），《新帝国的建筑》（*Das Bauen im Neuen Reich*），德国拜罗伊特（Bayreuth），1938年，第5页及之后。

[226] 戈蒂·特鲁斯特（Gerdy Troost）（1938年），第6页。

[227] "石头铸就的语言……民族社会主义的建筑形式，是觉醒的、等级分明的人们的深层文化力量的自画像。"（das Wort aus Stein... gebauter Nationalsozialismus... Selbstdarstellung der ureigensten Kulturkräfte eines erwachten, rassebewuβten Volkes.）同上，第10页。

[228] 'Die Gestaltungsmöglichkeiten der modernen Technik sind bis zum äuβersten ausgenützt. Trotzdem erhebt sich die Technik nirgends über die Kunst.' 同上，第15，20页。

[229] 'Eine Reihe von technischen Bauten der Gemeinschaft, die seit 1933 errichtet wurden, haben dutch die Tat den eindeutigen Beweis erbracht, daβ aus der klaren, technischen Zweckbestimmung schöne Bauformen entwickelt werden können. Aus dem Wesen der Technik kann die Kraft einer einordnenden Wehanschauung sinngemäβe Formen entwickeln Bauten von Maβ und Ordnung, wirksam durch sparsame und klare Linien, Sinnbild der präzisen sauberen Arbeit, die in ihnen geleistet wird, sind hier gestaltet worden. Sie ergeben eine schöne Gesamtwirkung. Beton, Stahl und Glas treten offen hervor.' 同上，第73页。

[230] 小沃尔夫冈·穆勒（Walter Müller-Wulckow），《当代建造联盟之德国建筑》（*Deutsche Baukunst der Gegenwart. Bauten der Gemeinschaft*），德国柯尼斯坦（Königstein），1928年，第8页，图版84-86。小沃尔夫冈·穆勒（Walter Müller-Wulckow）的《蓝皮书》（Blaue Bücher）已经再版收入他们最新的版本的文章中，题目为《德国20年代中期建筑》（*Architektur der Zwanziger Jahre in Deutschland*），赖纳·班纳姆（Reyner Banham）编辑，德国柯尼斯坦（Königstein），1975年。

[231] 'Diese Führung erstrebt, die wesentlichen Grundgedanken der groβen Gemeinschaftswerke in freier sinngemäβer Anwendung auch die groβe Masse privater Bauten zu übertragen und so einer allgemein verpflichtenden neuen Baukultur Bahn zu brechen.' 特鲁斯特（Troost），第16页。

第二十六章注释

[1] 有关一般性论述，参见赖纳·班纳姆（Reyner Banham），《第一个机器时代的理论与设计》（*Theory and Design in the First Machine Age*），伦敦，1960年。

[2] 关于加尼耶（Garnier），参见克里斯托夫·帕夫洛斯基（Christophe Pawlowski）的专论，《托尼·加尼耶和功能的都市主义在法国之起源》（*Tony Garaier et les débuts de l'urbanisme fonctionnel en France*），巴黎，1967年[意大利版本，法恩扎（Faenza），1976年]；问答目录，《托尼·加尼耶》（Tony Garnier），里昂，1970年；玛丽亚·罗维加蒂（Maria Rovigatti）和托尼·加尼耶（Tony Garnier），《工业城镇建筑》（*Architecture per la città industriella*），罗马，1985年。

[3] 参见阿瑟·德雷克斯勒（Arthur Drexler）（编辑），《建筑与美术学院》（*The Architecture of the Ecole des Beaux-Arts*），伦敦，1977年，第309页及之后。

[4] 参见帕夫洛斯基（Christophe Pawlowski）（版本，1976年），第57页及之后。

[5] 托尼·加尼耶（Tony Garnier），《一个工业城市，论城市建筑》（*Une cité industrielle. Etude pour la construction des villes*），巴黎，1917年（1932年二版）。
参见帕夫洛斯基（Pawlowski）（版本，1976年），第67页及之后；多拉·维本森（Dora Wiebenson），"托尼·加尼耶的'工业城市'中的乌托邦的一面"（Utopian Aspects of Tony Garnier's Cité Industrielle），《建筑史学家学报》第19辑（*Journal of the Society of Architectural Historians* XIX），1960年，第16-24页；再版，托尼·加尼耶，《工业城市》（*The Cité Industrielle*），纽约，1969年。

[6] 加尼耶（Garnier）（1917年）；英文译本，载：维本森（Wiebenson）（1969年），第107页及之后。

[7] '1. Pour l' habitation, les chambres à lit doivent avoir au moins une fenêtre au sud, assez grande pour donner de la lumière dans toute la pièce et laisser entrer largement les rayons du soleil.

'2. Les cours et courettes, c'est-à-dire les espaces clos de murs servant pour éclairer ou pour aérer, sont prohibés. Tout espace, si petit soit-il, doit être éclairé et ventilé par l'extérieur.

'3. A l'intérieur des habitations, les murs, les sols, etc., sont de matière lisse, avec leurs angles de rencontre arrondis.' 加尼耶（1917年）。

8   参见维本森（Wiebenson）（1969年），第26页。

9   'Cette simplicité de moyens conduit logiquement à une grande simplicité d'expression dans la structure. Notons d'ailleurs que, si notre structure reste simple, sans ornement, sans moulure, nue partout, nous pouvons ensuite disposer les arts décoratifs sous toutes leurs formes, et que chaque objet d'art conservera son expression d'autant plus nette et pure qu'il sera totalement indepéndant de la construction.' 加尼耶（1917年）。

10   参见托尼·加尼耶（Tony Garnier），《里昂城市的大工程》（*Les Grands Travaux de la Ville de Lyon*），巴黎，1920年；帕夫洛斯基（Pawlowski）（版本，1976年），第121页及之后。

11   参见维本森（Wiebenson）（1969年），第98页。

12   关于混凝土应用的历史，及佩雷（Perret）应用这种材料的方法，特别参见彼得·柯林斯（Peter Collins），《混凝土，一种新的建筑景象，对奥古斯特·佩雷及他的先驱者们的研究》（*Concrete. The Vision of a New Architecture. A Study of Auguste Perret and his precursors*），伦敦，1959年。

      关于佩雷，参见保罗·雅莫（Paul Jamot），《奥古斯特·佩雷与用金属加固的混凝土建筑》（*A. et G. Perret et l'architecture du béton armé*），巴黎-布鲁塞尔，1927年；埃内斯托·南森·罗杰斯（Ernesto Nathan Rogers），《奥古斯特·佩雷》（*Auguste Perret*），米兰，1955年；马塞尔·扎哈尔（Marcel Zahar），《一个建筑观点，奥古斯特·佩雷》（*D'une doctrine d'architecture. Auguste Perret*），巴黎，1959年（附有一个佩雷论著的文选）；问答目录，《奥古斯特·佩雷，法国建筑师》（*A. et G. Perret. Architectes français*），巴黎，1976年。两篇由马克斯·拉斐尔（Max Raphael）所写关于佩雷的文章，载：马克斯·拉斐尔，《关于一个民主的建筑，艺术社会学的笔记》（*Für eine demokratische Architektur. Kunstsoziologische Schriften*），尤塔·黑尔德（Jutta Held）编辑，法兰克福，1976年，第33页及之后，45页及之后。

13   特别参见奥古斯特·佩雷（Auguste Perret），《一篇关于建筑理论的稿件》（*Contributions à une théorie de l'architecture*），巴黎，1952年。

14   参见拉斐尔（Max Raphael）（1976年），第33页及之后；柯林斯（Collins）（1959年），第194页及之后。

15   关于佩雷有关柱式方面的概念，参见柯林斯（Collins）（1959年），第200页及之后。

16   '...première tentative [au monde] de béton armé esthétique.' 赖纳·班纳姆（Reyner Banham）（1964年），第35页。

17   参见如下一般性专论：彼得·布莱克（Peter Blake），《大师的建筑》（*The Master Buildings*）（1960年第一版），纽约，1976年第二版；莫里斯·贝塞（Maurice Besset），《勒·柯布西耶是谁？》（*Wer war Le Corbusier?*），日内瓦，1968年；斯坦尼斯劳斯·冯·穆斯（Stanislaus von Moos），《勒·柯布西耶，一个集大成者》（*Le Corbusier. Elemente einer Synthese*），瑞士弗劳恩费尔德（Frauenfeld）-斯图加特，1968年；查尔斯·A·詹克斯（Charles A. Jencks），《勒·柯布西耶和建筑的悲剧观》（*Le Corbusier and the Tragic View of Architecture*），伦敦，1973年；诺伯特·休斯（Nobert Huse），《勒·柯布西耶》（*Le Corbusier*），莱恩贝克（Reinbek），1976年。参见由科林·罗（Colin Rowe）和罗伯特·卢兹茨基（Robert Slutzky）所作的主要研究，《透明度，勒·柯布西耶研究 第一卷》（*Transparenz. Le Corbusier Studien* Vol. I），巴塞尔-斯图加特，1968年；科林·罗，《完美的别墅数学和其他论述》（*The Mathematics of the Ideal Villa and Other Essays*），马萨诸塞州剑桥-伦敦，1976年（1980年第五版）；另见两本文集：彼得·谢兰尼（Peter Serenyi）（编辑），《透视勒·柯布西耶》（*Le Corbusier in Perspective*），新泽西州英格伍德·克里夫斯（Englewood Cliffs，NJ），1975年；罗素·沃尔登（Russell Walden）（编辑），《勒·柯布西耶公开的手稿》（*The Open Hand. Essays on Le Corbusier*），马萨诸塞州剑桥—伦敦，1977年；展会书目，《勒·柯布西耶，综合艺术，相关晚期作品》（*Le Corbusier. Synthèse des arts. Aspekte des Spätwerks*），德国卡尔斯鲁厄（Karlsruhe），1986年；相关目录及1978年出版的其他一些有关纪念勒·柯布西耶诞辰100周年的出版物，因数量很多，恕不一一列出。

18   特别参见保罗·维纳布尔·特纳（Paul Venable Turner），《勒·柯布西耶的教育》（*The education of Le Corbusier*）（论文，哈佛大学，1971年），纽约-伦敦，1977年；马里·帕特里夏·梅·塞克勒尔（Mary Patricia May Sekler），《夏尔-爱德华·让纳雷（勒·柯布西耶）的早期绘画1902-1908年》[*The Early Drawings of Charles-Edouard Jeanneret（Le Corbusier）1902-1908*]（论文，哈佛大学，1973年），纽约-伦敦，1977年。

19   维利·伯西格尔（Willy Boesiger）（编辑），《勒·柯布西耶，全集》（*Le Corbusier. Oeuvre complète*），8卷本，苏黎世，1929-1970年（屡次再版）。有关他本人对于自己作品的观点，参见勒·柯布西耶，《我的作品》（My Work），斯图加特，1960年。

20   参见《勒·柯布西耶草图集》（Le Corbusier Sketchbooks），4卷本，马萨诸塞州剑桥，1981-1982年[弗朗索瓦丝·德·弗朗利厄（Françoise de Franclieu）所写文本]；H·艾伦·布鲁克斯（H. Allan Brooks）（编辑），《勒·柯布西耶档案》（*The Le Corbusier Archive*），32卷本，纽约-伦敦，1982年。

21   关于美术学院及夏尔·勒普拉特涅（Ecole d'Arts and L'Eplattenier），参见塞克勒尔（Sekler）（1977年），第1页及之后；特纳（Turner）（1977年），第4页及之后；另参见 *Archithèse* 杂志，1983，第2辑，这一辑是拉·夏·德·芳兹（*La Chaux-de-Fonds*）专辑。

22   1908年11月22日的信发表于《文艺学报》（*La Gazette Littéraire*），洛桑（Lausanne），1965年9月4-5日；意大利文译

本再版，载：夏尔-爱德华·让纳雷（勒·柯布西耶）[Charles-Edouard Jeanneret（Le Corbusier)],《启航之旅》(*Il Viaggio d'Oriente*），意大利芬泽（Faenza），1974 年，第 197 页及之后。

23   关于勒·柯布西耶早期的读物，参见特纳（Turner）（1977 年），第 8 页及之后。

24   由马里·施泰纳（Marie Steiner）翻译成德文，并附有鲁道夫·斯坦纳（Rudolf Steiner）所写的导言：《爱德华·舒尔，大学者》(*Edouard Schuré, Die großen Eingeweihten*），（莱比锡，1925 年）。

25   参见特纳（Turner）（1977 年），第 61 页及之后。

26   关于赖特对勒·柯布西耶的早期影响，参见保罗·维纳布·特纳（Paul Venable Turner），"弗兰克·劳埃德·赖特和青年的勒·柯布西耶"（Frank Lloyd Wright and the Young le Corbusier），《建筑史学家学报 第42辑》(*Journal of the Society of Architectural Historians XLII*），1983 年，第 350-359 页。

27   夏尔-爱德华·让纳雷（勒·柯布西耶）（Charles-Edouard Jeanneret [Le Corbusier]），《德国装饰艺术运动研究》(*Etude sur le mouvement d'art décoratif en Allemagne*），瑞士拉·夏·德·芳兹（La Chaux-de-Fonds）1912 年（影印再版，纽约，1968 年）。

28   勒·柯布西耶，《启航之旅》(*Le voyage d'Orient*）（1911 年），巴黎，1965 年[意大利版，《启航之旅》(*Il Viaggio d'Oriente*），芬泽（Faenza），1974 年]。

29   勒·柯布西耶和皮埃尔·让纳雷（Le Corbusier and Pierre Jeanneret），《1910-1929 作品大全》(*Oeuvre complète*），苏黎世，1967 年，第 22 页。参见，举例来说：斯坦尼斯劳斯·冯·穆斯（Stanislaus von Moos）（1968 年）；第 26，34 页；特纳（Turner）（1977 年），第 70 页及之后。

30   这本书藏于勒·柯布西耶于 1913 年所设立的图书馆中。

31   奥古斯特·舒瓦西（August Choisy），《建筑历史》(*Histoire de l'architecture*），第 1 册，巴黎，1899 年，第 173 页。

32   勒·柯布西耶和皮埃尔·让纳雷（Le Corbusier and Pierre Jeanneret），《1910-1929 作品大全》(*Oeuvre complète*），（1967 年版本），第 23 页。

33   参见特纳（Turner）（1977 年），第 122 对开页。

34   参见科林·罗（Colin Rowe）（1976 年；1980 年第五版），第 30 页及之后。然而，这座别墅建筑发表于由朱利安·卡龙（Julien Caron）所写的一篇内容广泛的文章中[《勒·柯布西耶 1916 年的一座别墅》(*Une villa du Le Corbusier*)]，文章见于他与勒·柯布西耶合作编辑的杂志《新精神》(*L'Esprit Nouveau*）（第 6 辑，第 679-704 页）。

35   查尔斯-爱德华·让纳雷（Charles-Edouard Jeanneret）和埃米迪奥赞方（Amedée Ozenfant），《立体主义之后》(*Après le Cubisme*），巴黎，1918 年（影印再版，都灵，1975 年）。

36   《新精神，当代活动之评介的国际性杂志 28 期》(*L'Esprit Nouveau. Revue Internationale Illustrée de l'Activité Contemporaine, 28 nos*），巴黎，1920-1925 年；影印再版，第 8 册，纽约，1968 年；参见罗伯托·加贝蒂（Robert Gabetti）和卡洛·奥尔莫（Carlo Olmo），《勒·柯布西耶与"〈新精神〉"》(*Le Corbusier & 'L'Esprit Nouveau'*），都灵，1975 年二版。

37   勒·柯布西耶-萨尼埃（Le Corbusier-Saugnier）著，《走向新建筑》(*Vers une architecture*），巴黎，1923 年（1928 年三版），这里所引的段落是从《走向新建筑》中翻译过来的，翻译弗里德里克·艾切尔斯（Frederick Etchells），伦敦，1927 年。

38   'nous donne la mesure d'une ordre qu'on sent en accord avec celui du monde...' 勒·柯布西耶（1923 年；1928 年版本），第 17 页。

39   'Les grands problèmes de la construction moderne seront réaliés sur la géométrie.' 同上，第 18 页。

40   'Le style, c'est une unité de principe qui anime toutes les oeuvres d'une époque et qui résulte d'un état d'esprit caractérisé.' 同上，第 19 页。

41   'une machine à habiter.' 同上。

42   'un produit de sélection appliquée à un standart[sic].' 同上。

43   同上，第 106 对开页。

44   同上，第 xxi 页。

45   同上，第 243 页。

46   'Nous avons réclamé, au nom du paquebot, de l'avion et de l'auto, la santé, la logique, la hardiesse, l'harmonie, la perfection.' 同上，第 9 页。

47   关于船的类比，参见吉尔特·卡赫勒（Gert Kähler），《建筑作为一个象征的没落，建筑中的轮船主题》(*Architektur als Symbolverfall. Das Dampfermotiv in der Baukunst*），布仑斯威克-威斯巴登，1981 年。

48   'Les ingénieurs américains écrasent de leurs calculs l'architecture agonisante.' 勒·柯布西耶（1923 年；版本，1928 年），第 20 页。

49   佩雷（Perret）的"图城"（Ville-tour），载：《插图》(*L'Illustration*），1922 年（Ville-tour，法国的一个城市；L'Illustration，一本法国杂志，画家马蒂斯、德安、瓦泰都曾经为它作插图——译者注）

50   'L'émotion architecturale, c'est quand l'oeuvre sonne en vous au diapason d'un univers dont nous subissons, reconnaissons et admirons les lois.' 勒·柯布西耶（1923 年；1928 年版本），第 9 页。

51   同上，第 54 页及之后。

52   'L'art n'est un aliment nécessaire que pour les élites qui ont à se recueillir pour pouvoir conduire.' 同上，第 79 页。

53 同上，第 113 对开页。

54 参见安东尼·萨特克利夫（Anthony Sutcliffe）和罗伯特·菲什曼（Robert Fishman），载：罗素·沃尔登（Russell Walden）（版本）（1977 年），第 215 页及之后；特奥·希尔珀特（Theo Hilpert），《功能主义城市，勒·柯布西耶的城市图景——条件，动机，背景》（*Die funktionelle Stadt. Le Corbusiers Stadtvision-Bedingungen, Motive, Hintergründe*），布仑斯威克，1978 年。

55 勒·柯布西耶，《都市计划》（*Urbanisme*），巴黎，1925 年，这里所引的译文段落，引自《明日城市及其规划》（*The City of Tomorrow and its Planning*），译本，译自法文版第八版，由弗里德里克·艾切尔斯（Frederick Etchells）编辑，伦敦，1929 年。

56 特别参见勒·柯布西耶，《光辉城市》（*La ville radieuse*），巴黎，1935 年（新版，巴黎，1965 年）；《当前建筑与城市规划的思考》（*Précisions sur un état présent de l'architecture et de l'urbanisme*），巴黎，1919 年（1960 年第二版）；《雅典宪章》（*La Charte d'Athènes*），巴黎，1943 年；《论都市规划》（*Propos d'urbanisme*），巴黎，1946 年。

57 'La ville est un outil de travail.' 勒·柯布西耶（1925 年），第 1 页。

58 'L'Urbanisme moderne naît avec une nouvelle architecture. Une évolution immense, foudroyante, brutale, a coupé les ponts avec le passé.' 同上，第 4 页。

59 'Le rue courbe est le chemin des anes, la rue droite le chemin des hommes... L'angle droit est l'outil nécessaire et suffisant pour agir.' 同上，第 10 页与第 13 页。

60 同上，第 92-96 页。

61 'une machine à circuler' 同上，第 126 页。

62 'La géométrie transcendante doit régner...La ville actuelle se meurt d'être non géométrique... La géométrie est l'essence même de l'Architecture. Pour introduire la série dans la construction de la ville, il faut industrialiser le batiment.' 同上，第 166 页。

63 '...jouissant d'un spectacle d'ordre et d'intensité.' 同上，第 165 页。

64 '...ces gratte-ciel recèlent le cerveau de la Ville, le cerveau de tout le pays. Ils représentent le travail d'élaboration et de commandement sur lequel se règle l'activité générale.' 同上，第 177 页。

65 'chirurgie' 同上，第 241 页。

66 'Rapports directs et précis, rapides, entre deux fonctions indépendantes...' 同上，第 292 页。

67 关于 CIAM 的第一阶段的情况，参见马丁·斯坦曼（Martin Steinman）（编辑），《CIAM 档案 1928-1939 年》（*CIAM. Dokumente* 1928- 1939），巴塞尔 - 斯图加特，1979 年。

68 参见斯坦曼（Steinman）（版本，1979 年），第 111 页及之后。

69 文本见于：斯坦曼（版本，1979 年），第 160 页及之后。

70 在有关模度的问题上，勒·柯布西耶特别谈到了舒瓦西（Choisy）和托恩·普里克尔（Thorn Prikker）[《模度》（*Der Modulor*），斯图加特，1978 年第三版，第 26 对开页]。

71 勒·柯布西耶，《模度》（*Le Modulor*），法国塞纳河布隆尼（Boulogne-sur-Seine），1948 年（德文版本，斯图加特，1953 年，1978 年三版）；《模度 2》（*Le Modulor 2*），塞纳河布隆尼，1955 年（德文，版本，斯图加特，1958 年，1979 年第二版）；另参见：勒·柯布西耶著，《全集》（*Oeuvre complète*）1946-1952 年（1953 年；版本，1970 年），第 178 页及之后。
关于模度问题，参见彼得·柯林斯（Peter Collins），"模度"（Modulor），《建筑评论》，第 116 期（*Architectural Review* 116），1954 年，第 5-8 页；鲁道夫·威特沃（Rudolf Wittkower）著，"勒·柯布西耶的'模度'"（Le Corbusier's Modulor），载：《现代建筑的四位大师》（*Four Great Makers of Modern Architecture*）（1963 年），纽约，1970 年；第 196-204 页（两篇文章都曾再版，载：谢兰尼（Peter Sereney）（版本），前面引用的《透视勒·柯布西耶》（*Le Corbusier in Perspective*）（1975 年），第 79 页及之后。

72 保罗·瓦勒里（Paul Valéry），《艺术物语和建筑，舞蹈的灵魂之前》（*Eupalinous ou l'Architecte, précédé de l'Ame et la Danse*），巴黎，1923 年。

73 瓦勒里（Valéry），（1923 年；1973 年），第 79 页[英语译本，译自德文本，莱纳·马里亚·里尔克（Rainer Maria Rilke），莱比锡，1927 年；影印再版，法兰克福，1973 年]。

74 同上，第 145 页。

75 参见罗贝尔·马莱-史蒂文斯（Robert Mallet-Stevens），《一个现代城市》（*Une cité moderne*），弗朗茨·朱代恩（Frantz Jourdain）编辑，巴黎，1922 年。关于马莱—史蒂文斯的论著，参见参考书目：《建筑师罗贝尔·马莱—史蒂文斯》（*Rob Mallet-Stevens Architecte*），布鲁塞尔，1980 年，第 390 页。

76 安德烈·吕尔萨（André Lurçat），《形式、构成与和谐的规律，建筑美学的科学因素》（*Formes, Composition et lois d'Harmonie. Elements d'une science de l'ésthetique architecturale*），5 卷本，巴黎，1953-1977 年；
关于吕尔萨，参见由马克斯·拉斐尔（Bruno Cassetti）所写的两篇文章，《关于民主的建筑》（*Für eine demokratische Architektur*），尤塔·黑尔德（Jutta Held）编辑，法兰克福，1976 年，第 7 页及之后，第 27 页及之后；布鲁诺·卡塞蒂（Bruno Cassetti），《安德烈·吕尔萨在苏联：恢复建筑的一些体系》（*André Lurçat in URSS: il recupero dell'architettura come istituzione*），载：《社会主义，城镇，苏联建筑 1917-1937 年，欧洲建筑师们的贡献》（*Socialismo, città, architettura URSS 1917-1937. Il Contributo degli architetti europei*）（1971 年第一版），罗马，1976 年第三版，第 197 页及之后。

77 'la nécessité d' introduire dans le domaine de la création architecturale des méthodes rationelles...' 吕尔萨（Lurçat），第 1 卷（1953 年），前言。

78 吕尔萨（Lurçat），第 5 卷（1957 年），第 330 页。

79 关于这一时期的美术学院（Ecole des Beaux-Arts），参见唐纳德·德鲁·埃格伯特（Donald Drew Egbert），《法国建筑中的美术（Beaux-Arts）传统》（*The Beaux-Arts Tradition in French Architecture*），普林斯顿，1980 年，第 74 页及之后。

第二十七章注释

1 关于 19 世纪意大利建筑，参见卡罗尔·I·米克斯（Carroll I. Meeks），《意大利建筑 1750-1914 年》（*Italian Architecture 1750-1914*），纽黑文 - 伦敦，1966 年；卢恰诺·帕泰塔（Luciano Patetta），《折衷主义建筑，资料，理论，样式 1750-1900 年》（*L'architettura dell'Eclettismo. Fonti, teorie, modelli 1750-1900*），米兰，1975 年，第 260 页及之后；雷纳托·德·富斯科（Renato de Fusco），《19 世纪的建筑》（*L'architettura dell' Ottocento*），都灵，1981 年；阿梅里戈·雷斯图奇（Amerigo Restucci），《19 世纪的建筑和城镇》（*Città e architettura dell'Ottocento*），载：《意大利艺术的故事》（*Storia dell'arte italiana*），第 2 卷，费代里科·泽里（Federico Zeri）编辑，都灵，1982 年，第 725-790 页。

2 关于意大利自由风格建筑，参见曼弗雷迪·尼科莱蒂（Manfredi Nicoletti），《意大利自由风格建筑》（*L'architettura liberty in Italia*），罗马—巴黎，1978 年。

3 关于达隆科（D'Aronco），参见曼弗雷迪·尼科莱蒂（Manfredi Nicoletti），《达隆科和自由风格建筑》（*D'Aronco e l'architettura liberty*），罗马—巴黎，1982 年；另参见《关于雷蒙多·达隆科和他的时代之研究国际会议文集》（*Atti del Congresso Internazionale di Studi su Raimondo D'Aronco e il suo tempo*），意大利乌迪内（Udine），1982 年。

4 参见前引尼科莱蒂（Nicoletti）（1978 年），第 197 页及之后；关于达隆科的理论立场，参见埃莱奥诺拉·巴伊拉蒂（Eleonora Bairati），载：《关于雷蒙多·达隆科和他的时代之研究国际会议文集》（*Atti*）（1982 年），第 227 页及之后。

5 除了尼科莱蒂（Nicoletti）（1978 年，1982 年）外，可参见切萨雷·德·塞塔（Cesare De Seta）所作的概述，《20 世纪之建筑》（*L'architettura del Novecento*），都灵，1981 年。

6 关于未来主义（Futurism），参见克丽斯塔·保姆加特（Christa Baumgarth），《未来主义历史》（*Geschichte des Futurismus*），莱因贝克（Reinbek），1966 年（附最重要的宣言的德文翻译）；毛里齐奥·卡尔韦西（Maurizio Calvesi），《未来主义》（*Il futurismo*），3 卷本，米兰，1967 年[《现代艺术 13-15》（*L'arte moderna 13-15*）；附原文的选集]。未来主义宣言（The manifestos of Futurism）载：L·卡鲁索（L. Caruso），《未来主义宣言 1909-1944 年》（*Manifesti futuristi 1909-1944*），4 卷本，佛罗伦萨，1980 年；一部更简短的文选：路易吉·斯克里沃（Luigi Scrivo），《未来主义综述，历史和档案》（*Sintesi del futurismo. Storia e documenti*），罗马，1968 年。

7 关于未来派建筑，参见埃齐奥·戈多利（Ezio Godoli），《未来主义》（*Il futurismo*），罗马—巴黎，1983 年（附所有重要的建筑宣言的原文）。

8 除上所述文章外，参见玛丽安娜·W·马丁（Marianne W. Martin），《未来主义艺术和理论 1909-1915 年》（*Futurist Art and Theory 1909-1915*），牛津，第一版 1968 年，第二版 1978 年；安娜·玛丽亚·布雷夏（Anna Maria Brescia），《未来主义美学理论》（*The Aesthetic Theories of Futurism*），论文（哥伦比亚大学，1971 年），密歇根州安阿伯市，1974 年。

9 所有马里内蒂（Marinetti）的未来派著作，载：菲利普·托马斯·马里内蒂（Filippo Tommaso Marinetti），《未来主义的理论与创新》（*Teoria e invenzione futurista*），卢恰诺·德·马里亚（Luciano De Maria）编辑，米兰，第一版 1968 年，第二版 1983 年；也可参见乔瓦尼·利斯塔（Giovanni Lista）（编辑），《马里内蒂和未来主义》（*Marinetti et le futurisme*），瑞士洛桑（Lausanne），1977 年。

10 前引马里内蒂（第二版 1983 年），第 7 页及之后。

11 恩里克·普兰波里尼（Enrico Prampolini），《"建筑情调"，基于一种未来主义建筑》（*L'atmosferastruttura'- basi per un'architettura futurista*）（第一次出版于 1914 年和 1918 年）；原文载：戈多利（Godoli）（1983 年），第 181 页及之后。（atmosferastruttura 是 Enrico Prampolini 创造的一个意大利语组合词 atmosfera-struttura，对译英文 atmosphere-structure——译者注）

12 关于桑特埃利亚（Sant'Elia），参见朱利奥·卡洛·阿尔甘（Giulio Carlo Argan），"安东尼奥·桑特埃利亚思想评判"（Il pensiero critico di Antonio Sant'Elia），《艺术 XXXII》（*L'Arte XXXII*），1930 年，第 491-498 页；温布罗·阿波洛尼奥（Umbro Apollonio），《安东尼奥·桑特埃利亚》（*Antonio Sant'Elia*），米兰，1958 年；目录由卢恰诺·卡拉梅尔（Luciano Caramel）和阿尔贝托·隆加蒂（Alberto Longatti）编辑，《安东尼奥·桑特埃利亚》（*Antonio Sant'Elia*），意大利科摩（Como），1962 年；J·P·施密特 - 汤姆森（J. P. Schmidt-Thomsen），《新艺术运动和未来主义建筑，安东尼奥·桑特埃利亚作品》（*Floreale und futuristische Architektur. Das Werk von Antonio Sant'Elia*），柏林理工大学论文（diss. TU Berlin），1967 年；前引尼科莱蒂（Nicoletti）（1978 年），第 351 页及之后；戈多利（1983），第 221 页及之后；朱利奥·卡洛·阿尔甘等著（Giulio Carlo Argan a.o.），《桑特埃利亚之后》（*Dopo Sant'Elia*），米兰，1935 年[影印再版由卢恰诺·卡鲁索（Luciano Caruso）编辑，里窝那（Livorno），（1986 年）]；卡拉梅尔和隆加蒂（编辑），《安东尼奥·桑特埃利亚，全集》（*Antonio Sant'Elia. The Complete Works*），纽约，1988 年。

13 安东尼奥·桑特埃利亚（Antonio Sant'Elia），《祝词》（*Messaggio*）（出版时无标题），参见书目：*Prima Esposizione*

d'arte del gruppo 'Nuove Tendenze' alia Famiglia Artistica di Milano（1914年5月20-6月10日）；原文载：卡拉梅尔和隆加蒂（Caramel-Longatti）（1962年），第121页及之后；戈多利（Godoli），第182对开页。

14 关于"新城镇"（*città nuova*），参见卡拉梅尔和隆加蒂（Caramel- Longatti）（1962年）；尼科莱蒂（1978年），第37页及之后；戈多利 （1983年），第121页及之后。

15 安东尼奥·桑特埃利亚，'L' Architettura Futurista. Manifesto, Flugblatt'，米兰，1914年；再版载：*Lacerba* vol. II，注释15，1914年8月，第228-231页（影印再版，米兰，1980年）；宣言再版载：卡拉梅尔和隆加蒂（Caramel-Longatti）（1962年），第125-129页；斯克里沃（Scrivo）（1968年），第105页及之后；戈多利（1983年），第183-185页。

16 温贝尔多·波乔尼，'Architettura futurista. Manifesto'；出版于：*Umberto Boccione, Altri inediti e apparati critici*，Z·比罗利（Z. Birolli），米兰，1972年，再版载：戈多利（1983年），第185-187页。

17 温琴佐·范尼（Vincenzo Fani），'Manifesto della Architettura Futurista'（1919年）（首次出版于：G·斯克里博尼（G. Scriboni），*Tra Nazionalismo e Futurismo. Testimonianze inedite di Volt*，帕多瓦，1980年），载：戈多利（1983年），第188对开页。

18 维尔吉里奥·马奇（Virgilio Marchi），'Manifesto dell' architettura futurista dinamica, stato d' animo, drammatica'（首次出版于：*Roma Futurista* III，注释72，1920年2月29日），载：戈多利（Godoli）（1983年），第189对开页。也可参见维尔吉里奥·马奇，*Architettura futurista*，意大利弗里诺（Foligno），1924年。

19 参见戈多利（1983年），第44页及之后，129页及之后。（附进一步的参考书目）。

20 关于意大利建筑和1920与1930年代的建筑讨论，参见切萨雷·德·塞塔（Cesare De Seta），*La cultura architettonica in Italia tra le due guerre*，巴黎，1972年第一版，罗马-巴黎，第二版1983年和*Architettura e città durante il fascismo*，巴黎，1971年；对于一份大量选取了原文对单个建筑师组团所作的完备的概述，参见卢恰诺·帕泰塔（Luciano Patetta），*L' Architettura in Italia 1919-1943. Le polemiche*，米兰，1972年。主要目录如下：西尔维娅·达内西（Silvia Danesi）和卢恰诺·帕泰塔（编辑），*Il Razionalismo e l'architettura in Italia durante il Fascismo*，威尼斯，1976年；*Annitrenta. Arte e Cultura in Italia*，米兰，1982年。也可参见马格丽特·埃斯特曼-尤赫勒尔（Margrit Estermann-Juchler），*Faschistische staatsbaukunst. Zur ideologischen Funktion der öffentlichen Architektur im faschistischen Italien*，科隆—维也纳，1982年；乔治·丘奇（Giorgio Ciucci），'Il dibattito sull'architettura e la città fasciste'，载：*Storia dell'arte italiana*，第二部分，第3卷，费代里科·泽里（Federico Zeri）编辑，都灵，1982年，第263-378页；作者同上，*II destino dell'architettura. Persico Giolli Pagano*，罗马-巴黎，1985年。

21 费利亚（Fillia），'Futurismo e fascismo'（*La città futurista*，1929年4月），载：帕泰塔（Patetta）（1972年），第257页及之后；恩里克·普兰波里尼（Enrico Prampolini），'Architettura Futurista'（*La città futurista*，1928年2月），载：戈多利（Godoli）（1983年），第190-192页。

22 参见更全面的文选：保拉·巴罗基（Paola Barocchi）编辑，*Testimonianze e polemiche figurative in Italia. Dal Divisionismo al Novecento*，意大利墨西拿（Messina）-佛罗伦萨，1974年。

23 乔万尼·穆齐奥（Giovanni Muzio），*L'architettura a Milano intorno all'Ottocento*（载：Emporium，注释317，1921年5月）；再版载：朱塞佩·甘比拉森（Giuseppe Gambirasio）和布鲁诺·米纳尔迪（Bruno Minardi），*Giovanni Muzio. Opere e scritti*，米兰，1982年，第224-233页。

24 'Gli esempi più buoni ed originali del passato apparvero con sicurezza quelli di derivazione classica e particolarmente a Milano quelli del primo Ottocento...Come per l' urbanistica anche per l' architettura s'impose un ritorno al classicismo in modo analogo a quanto avveniva nelle arti plastiche e nella letteratura.' 乔万尼·穆齐奥（Giovanni Muzio），'Alcuni architetti d'oggi in Lombardia'（载：*Dedalo* XV，1931年），载：甘比拉森（Gambirasio ）-米纳尔迪（Minardi）（版本，1982年），第255；也可见：帕泰塔（Patetta）（1972年），第80页。

25 关于芬内蒂，参见乔瓦尼·奇斯拉吉等（Giovanni Cislaghi a.o.）编辑，*Giuseppe de Finetti. Milano, costruzione di una città*，米兰1969年；乔瓦尼·奇斯拉吉等（编辑），*Giuseppe de Finetti. Progetti 1920-1951*，米兰，（第16届米兰三年展）1982年 。

26 关于其建筑著作，参见帕泰塔（Patetta），载：目录达内西（Danesi）—帕泰塔（1976年），第43页及之后，第196页及之后。

27 马尔切洛·皮亚琴蒂尼（Marcello Piacentini），*Architettura d'oggi*，罗马，1930年；摘录载：帕泰塔（Patetta）（1972年），第75页及之后。

28 'Niente grattacieli, dunque, in Italia: né le ragioni economiche le suggeriscono, né quelle estetiche le permettono'。马尔切洛·皮亚琴蒂尼（Marcello Piacentini），'In tema di grattacieli'，*Architettura e Arti Decorative* II，1922 / 1923年，第311-313页；再版载：巴罗基（Barocchi）编辑（1974年），第438对开页。

29 马尔切洛·皮亚琴蒂尼（Marcello Piacentini），*Sulla conservazione della Bellezza di Roma e sullo sviluppo della città moderna*，罗马，1916年。

30 关于意大利理性主义可进一步参见以下引用的概述和目录，特别是米凯莱·琴纳莫（Michele Cennamo）编辑，*Materiali per l'analisi dell'architertura moderna. La prima Esposizione Italiana di Architettura Razionale*，那不勒斯，1973年；同上（编辑），*Materiali per l'analisi dell'architettura moderna II M.I.A.R.*，那不勒斯，1976年；一篇短文引发了对理性主义新的讨

论：汉诺-沃尔特·克鲁夫特（Hanno-Walter Kruft），*Rationalismus in der Architekur-eine Begriffsklärung, Architectura* 9，1979 年，第 45-57 页（再版载：*Der Architekt*，1981 年 4 月，第 176-181 页）。

[31] 戈埃塔诺·米奴奇（Gaetano Minnucci），载：*Architettura e arti decorative*，第 1923 页及之后；参见琴纳莫（Cennamo）（1973 年），第 25 页及之后（米奴奇著作的目录第 254 页及之后）。

[32] 米奴奇（Minnucci）（1923 年）；琴纳莫（Cennamo）（1973 年），第 27 页。

[33] Gruppo 7, Architettura I-IV，载：*Rassegna Italiana*，1926 年 12 月 -1927 年 5 月；再版载：琴纳莫（Cennamo）（1973 年），第 37 页及之后，下面引用的段落从此开始：

'Stà all' Italia di dare allo spirito nuovo il massimo sviluppo, di portarlo alle sue consequenze estreme, fino a dettare alle altre nazioni uno stile, come nei grandi periodi del passato.'

'Il desiderio dunque di uno spirito nuovo nei giovani è basato su una sicura conoscenza del passato, non è fondato sul vuoto... Tra il passato nostro e il nostro presente non esiste incompatibilità. Noi non vogliamo rompere con la tradizione...'

'La nuova architettura, la vera architettura deve risultare da una stretta aderenza alla logica, alla razionalità. Un rigido costruttivismo deve dettare le regole. Le nuove forme dell'arcbitettura dovranno ricevere il valore estetico dal solo carattere di necessità, e solo in seguito, per via di selezione, nascerà lo stile. Poiche, noi non pretendiamo affatto creare uno stile...; ma dall' uso costante della razionalità, dalla perfetta rispondenza della struttura dell' edificio agli scopi che si propone, risulterà per selezione lo stile. Occore riuscire a questo: nobilitare l' indefinibile e astratta perfezione del puro ritmo, la semplice costruttività che da sola non sarebbe bellezza.'

'La casa avrà una sua nuova estetica, come l' aeroplano ha una sua estetica, ma la casa non avrà quella dell'aeroplano.'

'...l'architettura non può più essere individuale.'

'...un desiderio di verità, di logica, di ordine, una lucidità che sa di ellenismo...'

[34] *Iª Esposizione Italiana di Architettura Razionale*，罗马，1928 年，第 6 页；琴纳莫（Cennamo）（1973 年），第 105 页，下面引用的段落从此开始：

'L'architettura razionale - come noi la intendiamo - ritrova le armonie, i ritmi, le simmetrie nei nuovi schemi costruttivi, nei caratteri dei materiali e nella rispondenza perfetta alle esigenze cui l'edificio è destinato.'

'Non mi miraviglerei che domani si ordinasse ad un architetto un edificio in stile razionale, così come lo si potrebbe ordinare in stile rinascenza o gotico.'

[35] 目录（1928 年），第 8 页；琴纳莫（Cennamo）（1973 年），第 105 页。

[36] 马尔切洛·皮亚琴蒂尼（Marcello Piacentini），*Architettura e Arti Decorative*，1928 年 8 月；琴纳莫（Cennamo）（1973 年），第 127 页及之后。

[37] 阿德贝尔托·利贝拉（Adelberto Libera），载：*Rassegna italiana*，1929 年 5 月；琴纳莫（Cennamo）（1973 年），第 137 页及之后。

[38] 菲利普·托马斯·马里内蒂（Filippo Tommaso Marinetti），'Sant'Elia ed i razonalisti'，载：*La Fiera Letteraria*，1928 年 4 月 8 日；琴纳莫（Cennamo）（1973 年），第 165 页及之后。

[39] 参见卢恰诺·帕泰塔（Luciano Patetta），'Neo-futurismo, Novecento e Razionalismo. Termini di una polemica nel periodo fascista'，*Controspazio*，1971 年 4-5 月 4-5 日，第 87-96 页

[40] 皮耶特罗·马利亚·巴尔蒂，*Architettura, arte di stato*，载：*L'Ambrosiano*，1931 年 1 月 31 日；琴纳莫（Cennamo）（1976 年），第 37 页及之后；巴尔蒂，*Rapporto sull'architettura per Mussolini*，罗马 1931 年；琴纳莫（1976 年），第 120-159 页。

[41] 朱塞佩·泰拉尼（Giuseppe Terragni），*Architettura di Stato?*载：*L'Ambrosiano*，1931 年 12 月 11 日；再版载：恩里科·曼特罗（Enrico Mantero），*Giuseppe Terragni e la città del razionalismo italiano*，1969 年，第 157 页及之后；琴纳莫（Cennamo）（1976 年），第 43 页及之后；下面引用的段落从此开始：

'1) diachiarare l' architettura Arte di Stato;

2) modificare radicalmente le leggi che riguardano la prodfessione dell'architetto nei confronti delle commissioni edilizie;

3) affidare all'architettura cosi rinnovati il compito di eternare e suggellare il trionfo dell'idea fascista nel mondo.'

'... rispecchiante i caratteri di robustezza e d'ordine che sono le preferenze precipue degli Italiani di Mussolini...'

'Gli architetti cosiddetti razionalisti sono dei tradizionali...i giovani si rivolgono a Mussolini, perchè regoli le sorti dell' architettura, oggi male in arnese. Nella loro petizione i giovani chiedono a Mussolini una risposta. Quello che risponderà Mussolini iandrà bene. Perchè Mussolini ha sempre ragione.'

[42] 参见琴纳莫（1976 年），第 77 页。

[43] 同上，第 84 页及之后。

[44] 同上，第 86 对开页。

[45] 新闻发布，1931 年 1 月 26 日；琴纳莫（1976 年），第 98 页。

[46] 琴纳莫（1976 年），第 103 页，注释 10。

[47] 同上，第 103 对开页。

[48] 乌戈·奥耶蒂（Ugo Ojetti），*Spirito e forma della moderna architettura Italiana*，*La Tribuna*，1931 年 3 月 3 日；载：琴纳莫（1976 年），第 227 页及之后。

49　'é la forza che disciplina queste doti costruttive ed utilitarie ad un fine di valore estetico più alto. Quando si sarà raggiunta quella armonia di proporzioni che, induca l'animo dell'osservatore a sostare in una contemplazione, o in una commozione, solo allora, allo schema costruttivo, si sarà sovrapposto un' opera d'architettura.' 朱塞佩·泰拉尼（Giuseppe Terragni），'Per un'architettura italiana moderna', *La Tribuna*，1931 年 3 月 23 日；载：琴纳莫（1976 年），第 242 页及之后。

50　马尔切洛·皮亚琴蒂尼（Marcello Piacentini），"为意大利建筑辩护"（Difesa dell'architettura italiana），《意大利期刊》（*Il Giornale d'Italia*），1931 年 5 月 2 日；载：琴纳莫（1976 年），第 285 页及之后。

51　'Noi, in Italia, non abbiamo bisogno d'essere bolscevichi per essere razionalisti.' Gruppo Romano Architetti Razionalisti. 'Difesa del Razionalismo, *Giornale d'Italia*，1931 年 5 月 8 日；琴纳莫（1976 年），第 292 页及之后。

52　参见琴纳莫（1976 年），第 425 页及之后。

53　参见马格丽特·埃斯特曼 - 尤赫勒尔（Margrit Estermann-Juchler），*Faschistische Staatsbaukunst*，科隆—维也纳，1982 年。

54　汉诺 - 沃尔特·克鲁夫特（Hanno-Walter Kruft），*Nationalsozialismus - Faschismus - Falange. Rechte Diktaturen in ihrem Verhältnis zur Architektur*。载：*Der Architekt*，1983 年 4 月，第 181-183 页。

55　特别参见迪亚娜·伊冯娜·吉拉尔多（Diane Yvonne Ghirardo），'Italian Architects and Fascist Politics: An Evaluation of the Rationalist's Role in Regime Building', *Journal of the Society of Architectural Historians XXXIX*，1980 年，第 109-127 页。

56　关于泰拉尼（Terragni），参见恩里科·曼特罗（Enrico Mantero），*Giuseppe Terragni e la città del razionalismo italiano*，1969 年，页数未标明；布鲁诺·赛维（Bruno Zevi），*Giuseppe Terragni*，博洛尼亚，1980 年；参见：*Giuseppe Terragni 1904-1943*，马里奥·福索（Mario Fosso）和恩里科·曼特罗编辑，科莫，1982 年；托马斯·L·舒马赫（Thomas L. Schumacher），*Terragni e il Danteum*，1938 年，罗马，1983 年第二版。

57　参见迪亚娜·吉拉尔多（Diane Ghirardo），'Politics of a Masterpiece: The Vicenda of the Decoration of the Facade of the Casa del Fascio, Como 1936-39, ' *The Art Bulletin LXII*，1980 年，第 466-478 页。

58　关于佩尔西科（Persico），参见：*Edoardo Persico 1900-1936. Autografi, scritti e disegni dal 1926 al 1936*，毛里奇奥·迪·普多（Maurizio di Pudo）编辑，罗马，1978 年。

59　埃德尔多·佩尔西科（Edoardo Persico），*Scritti d'archttettura*（1927/1935），吉尔利亚·韦罗内西（Giulia Veronesi）编辑，佛罗伦萨，1968 年；佩尔西科，*Oltre l'architettura. Scritti scelti e lettere*，里卡尔多·马里亚尼（Riccardo Mariani）编辑，米兰，1977 年。

60　参见拉菲罗·吉奥里（Raffaello Giolli），*L'architettura razionale*，切萨雷·德·塞塔（Cesare de Seta）编辑，巴黎，1972 年（吉奥里著作的文选）。

61　参见朱塞佩·帕加诺（Giuseppe Pagano），*Architettura e città durante il facismo*，切萨雷·德·塞塔编辑，巴黎，1976 年（帕加诺著作的文选）；安东尼奥·萨吉奥（Antonio Saggio），*L'opera di Giuseppe Pagano tra politica e architettura*，巴黎 1984 年。

62　关于萨尔托里斯（Sartoris），参见书目 *Alberto Sartoris*，J·居布莱（J. Gubler）编辑，苏黎世，1978 年；A·科莫（A. Cuomo），*Alberto Sartoris, l'architettura italiana tra tragedia e forma*，罗马，1978 年。
　　这些著作中最重要的有：阿尔贝托·萨尔托里斯（Alberto Sartoris），*Gli elementi dell' architettura funzionale*，米兰，1932 年。阿尔贝托·萨尔托里斯，*Encyclopédie de l'architecture nouvelle*，3 卷本，米兰，1948-1956 年。

63　关于马佐尼（Mazzoni），参见阿尔弗雷多·福尔蒂（Alfredo Forti），*Angiolo Mazzoni. Architetto fra fascismo e libertà*，佛罗伦萨，1978 年；戈多利（Godoli）（1983 年），第 107 页及之后，第 169 页及之后，第 218 对开页（参见书目）；目录 *Angiolo Mazzoni（1894-1979）. Architetto nell'Italia*，博洛尼亚，1985 年。

64　马里内蒂（Filippo Tommaso Marinetti）- 马佐尼（Angiolo Mazzoni）- 索门兹（Mino Somenzi），'Manifesto Futurista dell'architettura aerea', 载：*Sant'Elia* vol. II，注释 3，1934 年 2 月 1 日；载：戈多利（Godoli）（1983 年），第 195 对开页。

65　参见埃齐奥·邦凡蒂（Ezio Bonfanti）和马尔科·波尔塔（Marco Porta），*Città Museo e architettura Il Gruppo BBPR nella cultura architettonica italiana 1932-1970*，佛罗伦萨，1973 年，第 A 137 页及之后（参见书目）。

第二十八章注释

1　关于东欧的文艺复兴，参见扬·比亚沃斯托茨基（Jan Bialostocki），*The Art of the Renaissance in Eastern Europe. Hungary-Bohemia-Poland*，牛津，1976 年；约兰·包洛格（Jolán Balogh），*Die Anfänge der Renaissance in Ungarn. Matthias Corvinus und die Kunst*，格拉茨，1975 年，第 27 页及之后；奥斯卡·沃尔夫（Oskar Wulff），*Die neurussische Kunst im Rahmen der Kulturentwicklung Rußlands von Peter dem Großen bis zur Revolution*，两卷本，奥格斯堡，1932 年。亚当·马奇维克兹（Adam Malkiewicz）在其关于 16 世纪到 19 世纪波兰建筑理论的记述中[*Teoria architektury w nowożytnym piśmiennictwie polskim*，波兰克拉科夫（Cracow），1976 年，第 128 页]提及了 'secondariness of Polish writings about architecture'。
　　关于俄国最早的建筑理论，参见艾丽斯·比罗等著（Alice Biró a.o.），*Russische Baufachsprache des 18. Jahrhunderts. Dolž nost'architekturnoj éspedicii（Slavica Helvetica, vol. 20）*，波恩 - 法兰克福，1982 年，特别见第 29 页及之后

2　特别参见卡米拉·格雷（Camilla Gray），*The Russian Experiment in Art 1863-1922*，伦敦，1962 年。

3　如下的参考书目只限于用西方语言翻译了的著作。特别参见小阿纳托莱·先克维奇（Anàtole Senkevitch Jr），*Soviet Architec-*

ture 1917-1962. A Bibliographical Guide to Source Material，弗吉尼亚夏洛茨维尔（Charlottesville, VA），1974 年。对于 1920 年代初建筑理论讨论的概述，参见 V·E·沙扎诺娃（V. E. Chazanova），'*La teoria dell'architettura alt'inizio degli anni' 20*'，载：Rassegna sovietica，第 24 卷，1973 年，2，第 85-124 页。

主要的原始材料的文选：约翰·E·鲍尔特（John E. Bowlt）（编辑），*Russian Art of the Avant-Garde. Theory and Criticism 1902-1934*，纽约，1976 年；休伯特斯·加斯纳（Hubertus Gaßner）和埃尔哈特·吉伦（Eckhart Gillen），*Zwischen Revolutionskunst und sozialistischem Realismus. Dokumente und Kommentare. Kunstdebatten in der Sowjetunion von 1917 bis 1934*，科隆，1979 年；阿纳托尔·科普（Anatole Kopp），*Architecture et mode de vie*，法国格勒诺布尔（Grenoble），1979 年。

对建筑的综述：维托里奥·德·费奥（Vittorio De Feo），*URSS. Architettura 1917-1936*，罗马，1963 年；阿纳托尔·科普，*Ville et Révolution. Architecture et urbanisme soviétiques des années vingt*，巴黎，1967 年（英译本：纽约，1970 年；意大利文译本：米兰，1972 年，第 2 版 1977 年）；K·N·阿法纳西耶夫（K. N. Afanasjew），*Ideen-Projekte-Bauen. Sowjetische Architektur 1917 bis 1932*，德累斯顿，1973 年；塞利姆·欧·尚-穆罕默德（Selim O. Chan-Magomedow）提供了最为全面的说明，*Pioniere der sowjetischen Architektur. Der Weg zur neuen sowjetischen Architektur in den zwanziger und zu Beginn der dreißiger Jahre*，维也纳—柏林，1983 年。

也可参见下列的展览目录：*Art in Revolution. Soviet Art and Design since 1917*，伦敦 1971 年；*Tendenzen der Zwanziger Jahre*，柏林，1977 年；*L'Espace urbain en URSS, 1917-1978*，巴黎，1978 年；也可见让-路易·科亨（Jean-Louis Cohen a. o.）等所作的增补卷，URSS 1917-1978：*La ville, l'architecture*（法国—意大利），罗马，1979 年；*Paris-Moscou 1900-1930*，巴黎，1979 年；*Architettura nel paese del Soviet 1917-1933. Arte di propaganda e costruzione della città*，米兰，1982 年。

4 　理查德·洛伦茨（Richard Lorenz）（编辑），*Proletarische Kulturrevolution in Sowjetruβland (1917-1921). Dokumente des 'Proletkult'*，慕尼黑，1969 年。

5 　引自洛伦茨（Lorenz）（版本 1969 年），第 78 页。

6 　同上，第 15 页。

7 　列奥·托洛茨基（Leo Trotsky），*Literature and Revolution*（俄国，1924 年），德文版 *Literatur und Revolution*，柏林，1968 年；慕尼黑，1972 年，第 156 页。

8 　托洛茨基（Trotsky）（1924 年，德文版 1972 年），第 113 页。

9 　参见阿纳托利·卢那卡尔斯基（Anatoly Lunacharsky）所作说明，'Lenin und die Kunst'（1924 年），载：*Lunatscharski, Vom Proletkult zum sozialistischen Realismus. Aufsätze zur Kunst der Zeit*，柏林，1982 年，第 142-147 页；关于纪念性宣传的发端，参见汉斯-于尔根·德伦根伯格（Hans-Jürgen Drengenberg），*Die Sowjetische Politik auf dem Gebiet der bildenden Kunst von 1917 bis 1934*，柏林，1972 年，特别参见第 181 页及之后。

10 　参见展览目录 *Sieg über die Sonne. Aspekte russischer Kunst zu Beginn des 20 Jahrhunderts*，柏林，1983 年。

11 　关于马列维奇（Malevich），参见拉里莎·A·沙多瓦（Larissa A. Shadova），*Malewitsch*，慕尼黑，1982 年（英文版，伦敦，1983 年）。进一步参见一部由 Galerie Gmurzynska 出版的文选，*Kasimir Malewitsch zum 100. Geburtstag*，科隆，1978 年。

12 　关于马列维奇著作的主要版本如下：卡兹米尔·马列维奇（Kazimir Malevich），*Die gegenstandslose Welt*（*Bauhausbücher*，慕尼黑，1927 年），影印再版时附史蒂芬·冯·维泽（Stephan von Wiese）所作的导言，美因茨—柏林，1980 年。马列维奇，*Suprematismus. Die gegenstandslose Welt*，维尔纳·哈夫特曼（Werner Haftmann）编辑，科隆，1962 年。马列维奇，*Essays on Art and Unpublished Writings*，特勒尔斯·安德森（Troels Andersen）编辑，四卷本，哥本哈根，1968-1978 年。

13 　两处原文载：马列维奇（1962 年），第 225 页及之后，第 283 页及之后。

14 　马列维奇（Malevich），'Supermatismus I/46'，载：前面引用的书（1962 年），第 274 页。

15 　马列维奇，'Supermatismus Manifest Unowis'，载：前面引用的书（1962 年），第 283 页及之后。

16 　马列维奇，'Supermatismus I/46'，载：前面引用的书（1962 年），第 280 对开页。

17 　马列维奇，'Supermatismus Manifest Unowis'，载：前面引用的书（1962 年），第 286 页。

18 　卡兹米尔·马列维奇，'Suprematistische Architektur'，载：*Wasmuths Monatshefte für Baukunst* vol. XI，1927 年，第 412-414 页；参见埃伯哈德·施特内贝格（Eberhard Steneberg），*Russische Kunst Berlin 1919-1932*，柏林，1969 年，特别参见第 38 页及之后。

19 　关于结构主义，参见克里斯蒂纳·劳德尔（Christina Lodder），*Russian Constructivism*，纽黑文—伦敦，1983 年。关与结构主义建筑，参见维耶里·奎利奇（Vieri Quilici），*L'architettura del costruttivismo*，巴里（Bari），1969 年（罗马-巴里，第 2 版 1978 年；连同大量意大利文译本的原文文选）。

20 　参见索菲·利西茨基-屈佩尔斯（Sophie Lissitzky-Küppers），*El Lissitzky-Maler, Architekt, Typograf, Fotograf*，德累斯顿，1967 年（英译本，伦敦，第一版 1968 年；第二版 1980 年）；展览目录《埃尔·利西茨基》（*El Lissitzky*），科隆，1976 年；埃尔·利西茨基著作的主要版本有：*El Lissitzky, Proun und Wolkenbügel. Schriften, Briefe, Dokumente*，索菲·利西茨基-屈佩尔斯和简·利西茨基（Jan Lissitzky），德累斯顿，1977 年。

21 　特别参见利西茨基 1921 年的讲座，'Proun'，载：前面引用的书（1977 年），第 21 页及之后；展览目录（1976 年），第 60 页。

22 利西茨基，'Proun'（1921 年），载：前面引用的书（1977 年），第 33 页。

23 参见利西茨基的方案 'Eine Serie von Hochhäusern für Moskau'（1923-1925 年），载：前面引用的书（1977 年），第 80-84 页。

24 埃尔·利西茨基，'Idole und Idolverehrer'（载：*Bauindustrie* 11/12，1928 年），载：利西茨基（1977 年），第 41-54 页。

25 埃尔·利西茨基，*Rußland. Die Rekonstruktion der Architektur in der Sowjetunion*，维也纳 1930 年；新的版本命名为 *Rußland: Architektur für eine Weltrevolution*（*Bauwelt Fundamente* 14），柏林—法兰克福—维也纳，1965 年。

26 塔特林（Tatlin）的部分原文收录在展览目录中，斯德哥尔摩，1968 年；尼古拉·普宁（Nikolay Punin），*Monument tret'ego internatsionala*，彼得格勒（Petrograd），1920 年；参见米尔纳（Milner）（1983），第 151 页及之后。

27 关于塔特林（Tatlin），参见展览目录 *Vladimir Tatlin*，斯德哥尔摩，1968 年；约翰·米尔纳（John Milner），*Vladimir Tatlin and the Russian Avant-Garde*，纽黑文—伦敦，1983 年；拉里莎·A·扎多瓦（Larissa Alekseevna Zhadova）（编辑），Tatlin，伦敦，1988 年。

28 阿列克谢·甘恩（Alexey Gan），*Konstruktivizm*，莫斯科，1922 年；意大利文本：奎利奇（Quilici）（1978 年），第 122 对开页；关于甘恩，参见劳德尔（Lodder）（1983 年），第 98 页及之后。

29 参见展览目录 *Kunst aus der Revolution* 和 *Kunst in die Produktion*，柏林，1977 年。

30 参见加斯纳（Gaβner）-吉伦（Gillen）（1979 年）；劳德尔（Lodder）（1983 年），尚-穆罕默德（Chan-Magomedow）（1983 年）；S·弗雷德里克·斯塔尔（S. Frederick Starr），'OSA: The Union of Comtemporary Architects'，载：乔治·吉比安（George Gibian）和 H·W·恰尔斯马（H. W. Tjalsma）（编辑），*Russian Modernism. Culture and the Avant-Garde, 1900-1930*，纽约以色佳（Ithaca, NY）-伦敦，1976 年，第 188-208 页。

31 关于金兹堡（Ginzburg），参见塞利姆·欧·尚-穆罕默德（Selim O. Chan-Magomedow），*M. Ia Ginzburg*，莫斯科，1972 年（意大利文译本，米兰，1975 年）。

32 摩西·雅科夫列维奇·金兹堡（Moisey Yakovlevich Ginzburg），*Stil'i epokka*，莫斯科，1924 年；意大利文译本，载：金兹堡（Moisej Ja. Ginzburg），*Saggi sull'architettura costruttivista*，艾米里奥·巴蒂斯蒂（Emilio Battisti）编辑，米兰，1977 年（所引用的即此版本）；英译本：摩西·金兹堡（Moisei Ginzburg），*Style and Epoch*，附小阿纳托莱·先克维奇（Anatole Senkevitsch Jr）所作的引言，剑桥，曼彻斯特-伦敦，1982 年。

33 金兹堡（Moisey Yakovlevich Ginzburg），*Ritm v arkhitekture*，莫斯科，1923 年；意大利文译本，载：金兹堡（1977 年）。

34 金兹堡（1924 年；意大利文译本 1977 年），第 76 页。

35 同上，第 134 页。

36 同上，第 107 页。

37 同上，第 113 页及之后。

38 同上，第 119 页。

39 同上，第 121 页及之后。

40 同上，第 127 对开页。

41 同上，第 136 页。

42 同上，第 140 页。

43 同上，第 142 页及之后。

44 其通信刊登载：*Sovremennaya arkhitektura* 1-2，1930 年，意大利文译本，载：保罗·切卡雷利（Paolo Ceccarelli）（编辑），*La costruzione della città sovietica*，帕多瓦（第一版 1970 年）第 3 版 1977 年，第 64 页及之后。

45 金兹堡（Moisey Yakovlevich Ginzburg），*Zhilishchiy opyt pyatiletney raboty nad problemoy zhilishcha*，莫斯科，1934 年；意大利文译本，载：金兹堡（1977 年），第 181 页。

46 关于拉多夫斯基（Ladovsky），参见尚-穆罕默德（Chan-Magomedow）（1983 年），第 106 页及之后，第 543 页及之后（原文），也可参见尚-穆罕默德，载：*Lotus International*，第 20 期，威尼斯 1978 年。

47 拉多夫斯基（Ladovsky），引自尚-穆罕默德（Chan-Magomedow）（1983 年），第 544 页；意大利文译文的一段长篇摘录，载：奎利奇（Quilici）（1978 年），第 246-252 页。

48 关于梅尔尼科夫（Mel'nikov），参见 S·弗雷德里克·斯塔尔（S. Frederick Starr），*Melnikov. Solo Architect in a Mass Society*，普林斯顿，1978 年（²1981 年）。

49 参见尚-穆罕默德（Chan-Magomedow）（1983 年），第 551 对开页；参见斯塔尔（Starr）（1981 年），第 552 页。

50 梅尔尼科夫（Mel'nikov）（1936 年），引自尚-穆罕默德（Chan-Magomedow）（1983 年），第 552 页。

51 雅科夫·G·切尔尼科夫（Jakov G. Chernikhov, 1889-1951 年），*Konstruktsiya arkhitekturnykh i mashinal'nykh form*，列宁格勒（Leningrad），1931 年；英文译本摘录，载：鲍尔特（Bowlt）（1976 年），第 254 页及之后；同前，鲍尔特（1976 年），第 254 页及之后，*Arkhitekturnyye fantazii*，列宁格勒，1933 年。

52 关于列奥尼多夫（Leonidov），参见 P·A·亚历山德罗（P. A. Alexandrow）和塞利姆·欧·尚-穆罕默德（Chan-Magomedow），*Ivan Leonidov*（意大利文），米兰，1975 年；尚-穆罕默德（1983 年），第 234 页及之后，第 552 页及之后（含原文）。

53 其中一座是阿道夫·马克斯·福格特（Adolf Max Vogt）所作的尝试，*Russische und französische Revolutionsarchitektur 1917-1980. Zur Einwirkung des Marxismus und des Newtonismus auf die Bauweise*，科隆，1974年（关于列奥尼多夫特别见第93页及之后）。

54 列奥尼多夫（Leonidov）（1934年）；引自德文译本，载：尚-穆罕默德（Chan-Magomedow）（1983年），第555页。

55 参见伍尔夫·赫尔佐肯拉特（Wulf Herzogenrath）（编辑），*Frühe Kölner Kunstausstellungen*，科隆，1981年，第202页及之后，连同由埃尔·利西茨基（El Lissitzky）设计的展览目录（1928年）的影印本。

56 参见库尔特·容汉斯（Kurt Junghanns），'Die Beziehungen zwischen deutschen und sowjetischen Architekten in den Jahren 1917 bis 1933'，载：*Wissenschaftliche Zeitschrift der Humboldt-Universität zu Berlin XVI*，1967年，第3册；阿尔贝托·阿索·罗莎（Alberto Asor Rosa）等著，*Socialismo, città, architettura URSS 1917-1937. Il contributo degli architetti europei*，罗马，1971年（1976年第三版）；克里斯蒂安·博恩格拉贝尔（Christian Borngräber），'Ausländische Architekten in der UdSSR: Bruno Taut, die Brigaden Ernst May, Hannes Meyer und Hans Schmidt'，载：展览目录 *Wem gehört die Welt - Kunst und Gesellschaft in der Weimarer Republik*，柏林，1977年，第109-142页。

57 参见阿纳托尔·科普（Anatole Kopp），*L'architecture de la période stalinienne*，格勒诺布尔（Grenoble），1978年。

58 关于此次竞赛，参见马克斯·拉斐尔（Max Raphael），*Für eine demokratische Architektur*，尤塔·黑尔德（Jutta Held）编辑，法兰克福，1976年，第53页及之后；阿尔贝托·萨莫纳（Alberto Samonà）（编辑），*Il Palazzo del Soviet 1931-1933*，罗马，1976年；科普（Kopp）（1978），第239页及之后；目录 *Naum Gabo und der Wettbewerb zum Palast der Sowjets Moskau 1931-1933*，柏林，19912年。

59 参见科普（Kopp）（1967年；意大利文译本第2版1977年）；马尔科·德·米塞尔利斯（Marco de Michelis）和埃内斯托·帕西尼（Ernesto Pasini），*La città sovietica 1925-1937*，威尼斯，1976年；詹姆斯·H·巴特尔（James H. Bater），*The Soviet City*，伦敦，1980年；保罗·M·怀特（Paul M. White），*Soviet Urban and Regional Planning. A Bibliography with Abstracts*，伦敦，1980年；尚-穆罕默德（Chan-Magomedow）（1983年），第273页及之后。
关于城市规划主要的原文的文选，参见保罗·切卡雷利（Paolo Ceccarelli）（编辑），*La costruzione della città sovietica 1929-1931*，帕多瓦，1970年（第三版1977年），以及阿纳托尔·科普（Anatole Kopp），*Architecture et mode de vie. Textes des années vingt en U.R.S.S*，格勒诺布尔（Grenoble），1979年。

60 L·M·萨布索维奇（L.M. Sabsovich），*Gorod budushchego i organizatsiya sozialisticheskogo uklada zhyzni*，莫斯科，1929年；意大利文译本，载：切卡雷利（Ceccarelli）（第三版1977年），第3-28页；法文译本摘录，载：科普（Kopp）（1979年），第224页及之后。

61 参见奥希托维奇（Okhitovich），载：*Sovremmennaya arkhitektura*，第4期，1929年[法文译本，载：科普（Kopp）1979年，第237页及之后]。

62 参见米哈伊尔·欧·巴赫（Mikhail O. Barch）和摩西·金兹堡（Moysey Ginzburg），'Zelyonyy gorod. Sotsialisticheskaya perestroyka Moskvy'，载：*Sovremmennaya arkhitektura*，第1-2期，科普（Kopp）1930年[意大利文译本，载：切卡雷利（Ceccarelli），1977年第三版，第189-208页]。

63 尼古拉·A·米柳京（Nikolay A. Milyutin），*Sotsgorod Problema sotsialisticheskogo planirovaniya gorodov*，莫斯科，1930年；意大利文译本，维耶里·奎利奇（Vieri Quilici）编辑，米兰，1971年；英译本，阿瑟·斯普拉格（Arthur Sprague）编辑，剑桥，曼彻斯特-伦敦，1974年。

64 米柳京（Milyutin）（1930年；1974年编辑），第54页。

65 同上，第66页。

66 同上，第81页及之后。

67 同上，第106页。

68 参见勒·柯布西耶，*Oeuvre complète 1938-1946*，维利·伯西格尔（Willy Boesiger），苏黎世，1946年（第6版1971年），第72页及之后。

69 特别参见科普（Kopp）（1978年），第193页及之后。

70 参见S·弗雷德里克·斯塔尔（S. Frederick Starr），'Writings from the 1960s on the Modern Movement in Russia'，*Journal of the Society of Architectural Historians XXX*，1971年，第170-178页；对于在社会主义的东欧房屋应采用何种形式的有趣的讨论，可参见G·A·格拉多（G. A. Gradow），Stadt und Lebensweise，东柏林，1971年；和1920年代讨论之间的相互关系仍未能解决，至今在俄国仍在继续，甚至是在尚-穆罕默德（Chan-Magomedow）的唯物主义著作中，例如对1983年所作的概述。

71 参见展览目录 *Berthold Lubetkin. Un moderne en Angleterre*，彼得·科埃（Peter Coe）和马尔科姆·雷丁（Malcolm Reading）编辑，比利时鲁特希（Lüttich），1981年；约翰·艾伦（John Allan），*Lubetkin: Architecture and the Tradition of Progress*，伦敦，1992年。

第二十九章注释

1 关于这个问题参见沃尔特·C·基德尼（Walter C. Kidney），《选择的建筑：1880－1930年美国的折中主义》（*The Architecture of Choice: Eclecticism in America 1880-1930*），纽约，1974年。

2　关于摩天大楼的历史，参见温斯顿·韦斯曼（Winston Weisman），"摩天大楼历史的新视点"（A New View of Skyscraper History），载：小埃德加·考夫曼（Edgar Jr. Kaufmann）编辑，《一种美国建筑的崛起》（*The Rise of an American Architecture*），纽约和伦敦，1970年，第115页及之后；保罗·戈德伯格（Paul Goldberger），《摩天大楼》（*The Skyscraper*），纽约，1981年。

3　弗朗西斯科·穆希卡（Francisco Mujica），《摩天大楼的历史》（*History of the Skyscraper*），巴黎和纽约，1929年（影印再版，纽约，1977年）。

4　参见亨利-罗素·希区柯克（Henry-Russell Hitchock），"拉斯金和美国建筑，或者相隔久远的一代"（Ruskin and American Architecture, or Regeneration Long Delayed），载：约翰·萨默森（John Summerson）编辑，《关于建筑，献给尼古拉斯·佩夫斯纳……随笔》（*Concerning Architecture. Essays... presented to Nikolaus Pevsner*），伦敦，1968年，第166-208页；罗杰·B·斯坦（Roger B. Stein），《约翰·拉斯金和1840－1900年美国的美学思想》（*John Ruskin and Aesthetic Thought in America 1840-1900*），剑桥，马萨诸塞州（Cambridge, MA），1967年。

5　参见弗兰克·劳埃德·赖特，《建筑与设计选集》（*Ausgewählte Bauten und Entwürfe*），柏林，1910年（1924年第二版）；赖特，《建成作品，查尔斯·罗伯特·阿什比作序》（*Ausgeführte Bauten, Einführung von Charles Robert Ashbee*），柏林，1911年[影印再版，带有格兰特·卡彭特·曼松（Grant Carpenter Manson）作的介绍；纽约，1982年]；H·Th·维德维尔德（H.Th.Wijdeveld）编辑，《美国建筑师弗兰克·劳埃德·赖特的毕生作品》（*The Life Work of the American Architect Frank Lloyd Wright*）（所谓的维德维尔德版本），荷兰圣波特（Santpoort），1925年（影印再版：纽约，1965年）；海迪·基夫-尼尔德沃梅耶（Heidi Kief-Niederwöhrmeier），《弗兰克·劳埃德·赖特和欧洲》（*Frank Lloyd Wright und Europa*），斯图加特，1978年第一版，1983年第二版。

6　参见R·L·斯威尼（R.L. Sweeney），《弗兰克·劳埃德·赖特. 一个带注解的书目》（*Frank Lloyd Wright. An Annotated Bibliography*），洛杉矶，1978年；帕特里克·J·米汉（Patrick J. Meehan），《弗兰克·劳埃德·赖特. 一份档案资料的研究指引》（*Frank Lloyd Wright. A Research Guide to Archival Sources*），纽约和伦敦，1983年。

对于当前作者最重要似乎是无数的专著中的下列：亨利-罗素·希区柯克（Henry-Russell Hitchock），《材料的本性. 弗兰克·劳埃德·赖特的建筑1887－1941年》（*In the Nature of Materials. The Buildings of Frank Lloyd Wright 1887-1941*），纽约，1942年（新版本，纽约，1973年；几次再版）；格兰特·卡彭特·曼松（Grant Carpenter Manson），《弗兰克·劳埃德·赖特到1910年. 第一个黄金时代》（*Frank Lloyd Wright to 1910. The First Golden Age*），纽约，1958年；H·艾伦·布鲁克斯（H. Allan Brooks），《草原学派. 弗兰克·劳埃德·赖特和他的中西部的同代人》（*The Prairie School. Frank Lloyd Wright and His Midwest Contemporaries*），多伦多大学出版社，1972年（平装版本，纽约，1976年）；罗伯特·C·汤布利（Robert C. Twombly），《弗兰克·劳埃德·赖特. 一本解释性的传记》（*Frank Lloyd Wright. An Interpretative Biography*），纽约，1973年（多次再版）；H·艾伦·布鲁克斯编辑，《关于赖特的著述》（*Writings on Wright*），剑桥，马萨诸塞，1981年（1983年第二版）。

7　关于福勒贝尔的教育游戏对赖特的重要性，除参见曼松（Manson）（1958年）以外：斯图尔特·威尔逊（Stuart Wilson），"弗里德里克·弗勒贝尔的礼物"（The Gifts of Friedrich Froebel），《建筑历史学家学会学报》第26期（*Journal of the Society of Architectural Historians XXVI*），1967年12月；理查德·麦科马克（Richard MacCormac），"赖特美学的剖析"（The Anatomy of Wright's Aesthetic），《建筑评论》第143期（*Architectural Review CXLIII*），1968年2月，第143-146页；理查德·麦科马克，"弗里德里克·弗勒贝尔的启蒙礼物和弗兰克·劳埃德·赖特的早期作品"（Froebel's kindergarten gifts and the early work of Frank Lloyd Wright），《环境和规划B》（*Environment and Planning B, I 1974*）创刊号，1974年，第29-50页；小埃德加·考夫曼（Edgar Jr. Kaufmann），"形式变得有感觉，弗勒贝尔和赖特的一种新观点"（Form Became Feeling, a New view of Froebel and Wright），《建筑历史学家学会学报》第40期（*Journal of the Society of Architectural Historians XL*），1981年，第130-137页；小埃德加·考夫曼，"弗兰克·劳埃德·赖特童年时的纪念物"（Frank Lloyd Wright's Mementos of Childhood），《建筑历史学家学会学报》第41期（*Journal of the Society of Architectural Historians XLI*），1982年，第232-237页。

8　特别参见唐纳德·霍夫曼（Donald Hoffmann），"弗兰克·劳埃德·赖特和维奥莱-勒-杜克"（Frank Lloyd Wright and Viollet-le-Duc），《建筑历史学家学会学报 第28期》（*Journal of the Society of Architectural Historians XXVIII*），1969年，第173-183页。

9　参见戴维·A·汉克斯（David A. Hanks），《弗兰克·劳埃德·赖特的装饰设计》（*The Decorative Designs of Frank Lloyd Wright*），纽约，1979年。

10　赖特，《天才和专制》（*Genius and the Mobocracy*），纽约，1949年（增订版本，纽约，1971年）；参见保罗·E·斯普拉格（Paul E. Sprague），《路易斯·亨利·沙利文的绘画. 一份艾弗里建筑图书馆藏弗兰克·劳埃德·赖特作品的目录》（*The Drawings of Louis Henry Sullivan. A Catalogue of the Frank Lloyd Wright Collection at the Avery Architectural Library*），普林斯顿，1979年。

11　一个完整的书目载：斯威尼（Sweeney）（1978年）；由汤布利（Twombly）作的一个更具实践性的安排（1973年，1974年版本），第345页以下。德语译本最重要的文选：赖特，《著作与建筑》（*Schriften und Bauten*），慕尼黑-维也纳，1963年；赖特，《人性化建筑》（*Humane Architektur*），沃尔夫冈·布拉茨（Wolfgang Braatz）编辑《建筑世界基石 25》（*Bauwelt Fundamente 25*），德国居特斯洛-柏林（Gütersloh-Berlin），1969年。

12　合集，轻微修订版本，载1930年赖特在普林斯顿作的系列演讲中：赖特，《现代建筑. 1930年作的系列演讲》（*Modern*

Architecture. Being the Kahn Lectures for 1930），普林斯顿，1931 年，第 7-23 页 [不同的版本，比如，载：刘易斯·芒福德（Lewis Mumford）编辑，《当代美国建筑的根源》（*Roots of Contemporary American Architecture*）（1952 年），纽约，1972 年，第 169-185 页]；利兰·M·罗思（Leland M. Roth）编辑，《美国建造. 美国建筑和规划的资源文件》（*America Builds. Source Documents in American Architecture and Planning*），纽约，1983 年，第 365 页及之后；德语译本，载：赖特，《著作与建筑》（*Schriften und Bauten*）（1963 年），第 52 页及之后（载原始版本）；赖特，《人性化建筑》（*Humane Architektur*）（1969 年），第 21 页及之后。

13 参见吉莲·内勒（Gillian Naylor），《工艺美术运动》（*The Arts and Crafts Movement*），伦敦，1971 年，第 172 页及之后；彼得·戴维（Peter Davey），《工艺美术运动的建筑》（*Architecture of the Arts and Crafts Movement*），伦敦和纽约，1980 年，第 188 页及之后。

14 赖特，《著作与建筑》（*Schriften und Bauten*）（1963 年），第 60 页。

15 赖特，"机器的工艺美术"（The Art and Craft of the Machine），载：赖特，《现代建筑》（*Modern Architecture*），普林斯顿，新泽西，1931 年，第 14 页。

16 赖特，"为了建筑"（In the Cause of Architecture），《建筑实录》第 23 期（*Architectural Record XXIII*），1908 年，第 155-221 页[再版带有后来所有用同一题目的文章：弗兰克·劳埃德·赖特，《为了建筑》，弗雷德里克·古特海姆（Fredrick Gutheim）编辑，纽约，1975 年；以及在维德维尔德（Wijdeveld）版本中，维德维尔德编辑，1925 年和 1965 年，第 8 页及之后]。

17 赖特，《日本印画，一个解释》（*The Japanese Print. An Interpretation*），芝加哥，1922 年（新版本，纽约，1967 年）。

18 关于这以及其他要点，参见伦纳德·K·伊顿（Leonard K. Eaton），《两个芝加哥建筑师和他们的顾客：弗兰克·劳埃德·赖特和霍华德·范·多伦·肖》（*Two Chicago Architects and Their Clients: Frank Lloyd Wright and Howard Van Doren Shaw*），马萨诸塞州，剑桥和伦敦，1969 年；保罗·R·汉娜（Paul-R. Hanna）和让·S·汉纳（Jean S. Hanna），《弗兰克·劳埃德·赖特的汉纳住宅. 顾客的报告》（*Frank Lloyd Wright's Hanna House. The Clients'Report*），马萨诸塞州，剑桥和伦敦，1981 年（1982 年第 2 版）。

19 赖特，"为了建筑，第二篇论文"（In the Cause of Architecture, Second Paper），《建筑实录》第 35 期（*Architectural Record XXXV*），1914 年，第 405-413 页[参见古特海姆（Gutheim）编辑，1975 年；维德维尔德版本中，维德维尔德编辑，1925 年和 1965 年，第 25 页]。

20 赖特，《现代建筑 1930 年作的系列演讲》（*Modern Architecture. Being the Kahn Lectures for* 1930），普林斯顿，1931 年，[德语译本中关于草原住宅的部分，载：赖特，《著作与建筑》（*Schriften und Bauten*），1963 年，第 45 页及之后]。

21 参见 H·艾伦·布鲁克斯（H. Allan Brooks），"弗兰克·劳埃德·赖特和方盒子的毁灭"（Frank Lloyd Wright and the Destruction of the Box），《建筑历史学家学会学报》第 37 期（*Journal of the Society of Architectural Historians XXXVIII*），1979 年，第 7-14 页。

22 尽管再次回顾，汤布利（Twombly）（1973 年）的著作对于当前的作者来说似乎仍然是关于这个主题的最有启发意义的专论。

23 赖特，《消失的城市》（*The Disappearing City*），纽约，1932 年[新版本冠名为《工业革命走开》（*The Industrial Revolution Runs Away*），纽约，1969 年]；《在民主确立之时》（*When Democracy Builds*），芝加哥，1945 年；《有生命的城市》（*The Living City*），纽约，1958 年（影印再版，纽约，1970 年）。

24 关于赖特的城市规划概念，参见乔治·R·柯林斯（George R. Collins），"广亩城市：赖特的乌托邦的再思考"（Broadacre City: Wright's Utopia Reconsidered），载：《现代建筑的四个伟大缔造者》（*Four Great Makers of Modern Architecture*）[研讨会（Symposion），1960 年]，纽约，1970 年，第 55-75 页；罗伯特·菲什曼（Robert Fishman），《20 世纪的城市乌托邦，埃比尼泽·霍华德，弗兰克·劳埃德·赖特，勒·柯布西耶》（*Urban Utopias in the 20th Century. Ebenezer Howard, Frank Lloyd Wright and Le Corbusier*），纽约，1977 年；莱昂内尔·马奇（Lionel March），"寻找民主的建筑师：广亩城市"（An Architect in Search of Democracy: Broadacre City），载：布鲁克斯（Brooks）编辑，《关于赖特的著述》（*Writings on Wright*)(1983 年)，第 195 页及之后。

25 赖特，《有生命的城市》（*The Living City*），第 66 页。

26 同上，第 74 页。

27 同上，第 97 页。

28 同上，第 193 页。

29 同上，第 233 页。

30 对于乌索尼亚住宅的简要说明，参见约翰·萨金特（John Sergeant），《弗兰克·劳埃德·赖特的乌索尼亚住宅. 有机建筑的个案》（*Frank Lloyd Wright's Usonian Houses. The Case for Organic Architecture*），纽约，1976 年（1978 年第三版）。

31 弗兰克·劳埃德·赖特，《自然的房子》（*The Natural House*），纽约，1954 年（纽约，1970 年；伦敦，1972 年）。

32 参见萨金特（Sergeant）（1978 年第三版），第 16 页。

33 赖特，《自然的房子》，（1954 年，1970 年版本），第 68 页。

34 赖特，《自然的房子》，（1954 年，1970 年版本），第 33 页及之后。

35 赖特，《自然的房子》，（1954 年，1970 年版本），第 81 页。

36 关于流水别墅，参见唐纳德·霍夫曼（Donald Hoffmann），《弗兰克·劳埃德·赖特的流水别墅》（*Frank Lloyd Wright's Fallingwater*），纽约，1978 年。

37 赖特,《一份遗嘱》(*A Testament*),纽约,1957 年(伦敦,1959 年)。

38 赖特,《"一种有机建筑","民主的建筑",萨尔格雷夫堡的乔治·沃森爵士(基金会)的几次演讲,1939 年》(*An Organic Architecture. The Architecture of Democracy. The Sir George Watson Lectures of the Sulgrave Manor Board for* 1939),伦敦,1939 年(影印再版,1941 年,1970 年)。[1939 年赖特受乔治·沃森爵士(Sir George Watson)的资助与萨尔格雷夫庄园董事局(Sulgrave Manor Board)的盛情,前往伦敦的英国皇家建筑师学会(Royal Institute of British Architects)演讲。Sir George Watson Foundation 后来出版了这些讲稿。Sulgrave Manor 距艾芬河上游斯特拉特福德(Stratford-upon-Avon)和牛津(Oxford)之间的班布利市(Banbury)30 英里,是华盛顿的故乡。这座都铎式庄园具有一派浓郁的英国乡村风情和迷人的景致,是一处温文尔雅的庄园府第的极佳范例——译者注]

39 赖特,《建筑的未来》(*The Future of Architecture*),纽约,1953 年(伦敦,1955 年,纽约,1970 年)。

40 同上,第 262 页。

41 同上,第 266 页。

42 汤布利(Twombly)(1973 年,1974 年版本),第 235 页以后。

43 参见布鲁克斯(Brooks),《草原学派》(*The Prairie School*)(1972 年;1976 年)。

44 参见兰德尔·L·梅金森(Randell L. Makinson),《"格林尼与格林尼",建筑作为一种工艺美术》(*Greene ε Greene. Architecture as a Fine Art*),盐湖城(Salt Lake)和圣·巴巴拉(Santa Barbara),1977 年(1980 年第三版)。

45 特别参见芝加哥论坛报出版的卷本,《1922 年芝加哥论坛报新行政楼国际竞赛》(*The International Competition for a New Administration Building for the Chicago Tribune MCMXXII*),芝加哥,1923 年[影印再版,纽约,1980 年;同时参见公司卷,斯坦利·蒂格曼(Stanley Tigerman)编辑,《芝加哥论坛报大楼竞赛的后期参赛者》(*Late Entries to the Chicago Tribune Tower Competition*),纽约,1980 年]。关于这次竞赛的理论背景,参见汉诺-尔特·克鲁夫特(Hanno-Walter Kruft),"'全世界最漂亮的办公建筑',芝加哥论坛报大楼国际竞赛"("Das schönste Bürohaus der Welt". Der internationale Wettbewerb für den Chicago Tribune Tower)(1922 年),《万神庙》第 39 期(*Pantheon XXXIX*),1981 年,第 76-89 页。

46 《国际竞赛》(*The International Competition*)(1923 年)第 31 页。

47 关于胡德(Hood)参见小沃尔特·H·基勒姆(Walter H. Kilham Jr),《雷蒙德·胡德,建筑师,美国摩天大楼中的形式透过功能》(*Raymond Hood, Architect, Form Through Function in the American Skyscraper*),纽约,1973 年(胡德著述的书目,第 194 页);雷蒙德·胡德目录(cat. Raymond Hood),纽约,1982 年。

48 沙利文(Louis Henry Sullivan),"芝加哥论坛报大楼竞赛"(The Chicago Tribune Tower Competition),《建筑实录》第 53 期(*The Architectural Record 53*),1923 年,第 151-157 页。

49 参见塞尔温·鲁滨森(Cervin Robinson)和罗斯玛丽·哈格·布赖特尔(Rosemarie Haag Bletter),《摩天大楼风格. 纽约的装饰派艺术》(*Skyscraper Style. Art Deco New York*),纽约,1975 年。

50 参见乔治·丘奇等人(Giorgio Ciucci a.o.)作的总体评价,《内战至新政期间的美国城市》(*La città americana dalla guerra civile al New Deal*),罗马—巴黎,1973 年(英文版本,马萨诸塞州剑桥,1979 年,伦敦,1980 年);关于芝加哥的情形参见卡尔·W·康迪特(Carl W. Condit),《1910－1929 年芝加哥的建筑,规划和城市技术》(*Chicago 1910－29 Building, Planning, and Urban Technology*),芝加哥和伦敦,1973 年。

51 《现代建筑,国际展览》(*Modern Architecture. International Exhibition*),纽约现代艺术展览馆(Museum of Modern Art, New York),1932 年(影印再版:纽约,1969 年)。

52 《现代建筑》(*Modern Architcture*)(1932 年),第 15 页。

53 亨利-罗素·希区柯克(Henry-Russell Hitchcock)和菲利普·约翰逊(Philip Johnson),《国际式:1922 年以来的建筑》(*The International Style: Architecture Since* 1922),纽约,1932 年(新版本附有希区柯克作的前言和附录:纽约,1966 年)。

54 希区柯克(Hitchcock)和约翰逊(Johnson)(1932 年,1966 年版本),第 15 页。

55 关于诺伊特拉(Richard J. Neutra)参见伯西格尔(W. Boesiger)编辑,理查德·J·诺伊特拉(Richard J. Neutra):《建成建筑和工程》(*Bauten und Projekte*),3 卷,苏黎世,1951-1966 年;托马斯·S·海因斯(Thomas S. Hines),《理查德·诺伊特拉和现代建筑的探索,一部传记和历史》(*Richard Neutra and the Search for Modern Architecture. A Biography and History*),纽约和牛津,1983 年。

56 参见戴维·格布哈特(David Gebhard),《辛德勒》(*Schindler*),伦敦,1971 年。

57 辛德勒的书目载:格布哈特(David Gebhard)(1971 年),第 205 页部分;《空间建筑》(*Space Architecture*)(首次刊载:《*Dune Forum*》,1934 年 2 月,第 44-46 页)再版载:格布哈特(1971 年),第 193 页及之后。

58 诺伊特拉(Richard J. Neutra),《美国建筑什么样?》(*Wie baut Amerika?*)斯图加特,1927 年。

59 诺伊特拉,《美利坚:新建筑的风格发展在合众国》(*Amerika:Die Stilbildung des Neuen Bauens in den Vereingten Staaten*),维也纳,1930 年。

60 关于洛弗尔住宅(Lovell House)的建造历史参见海因斯(Thomas S. Hines)(1983 年),第 75 页及之后,第 303 页及之后。

61 诺伊特拉,《在设计中生存》(*Survival Through Design*),纽约和伦敦,1954 年(平装版本:伦敦—纽约,1969 年;屡次再版);德语译本,题目为《如果我们想像生活……一个建筑师的经历与愿望》(*Wenn wir weiterleben wollen... Erfahrungen und Forderungen eines Architekten*),汉堡,1956 年第二版[一个"经过编辑的版本"出现,题为《塑造环境,一个建筑师的经历与愿望》（*Gestaltete Umwelt. Erfahrungen und Forderungen eines Architekten*），德累斯顿，1968 年，1976 年第二版]。

62 诺伊特拉（1954 年，1969 年版本），第 381 页及之后。

63 同上，第 21 页。

64 同上，第 111 页及之后。

65 同上，第 325，336 页。

66 诺伊特拉，《明天的秩序》（*Auftrag für morgen*），汉堡，1962 年。

67 参见海因斯（Hines）（1983 年），第 60 页及之后。

68 关于伊利尔·沙里宁（Eliel Saarinen）参见艾伯特·克莱斯特 - 雅内尔（Albert Christ-Janer）的专著：《伊利尔·沙里宁》（*Eliel Saarinen*），芝加哥，1948 年（芝加哥—伦敦，1979 年第二版）。

69 伊利尔·沙里宁（Eliel Saarinen），《城市：它的生长，衰退和未来》（*The City. Its Growth, its Decay, its Future*），纽约，1943 年（平装版本：马萨诸塞州剑桥，1971 年）。

70 沙里宁（Saarinen）（1943 年，1971 年版本），第 350 页。

71 同上，第 197 页。

72 沙里宁在下一本书中用更多的篇幅表达他的观点，《艺术和建筑中形式的探索》（*The Search for Form in Art and Architecture*），纽约，1948 年（影印再版，纽约，1985 年）。

第三十章注释

1 伊尔德方索·塞尔达（Ildefonso Cerdá），*Teoria general de la Urbanización y aplicación de sus principios y doctrinas a la Reforma y Ensanche de Barcelona*，两卷本，马德里（Madrid），1867 年[影印再版，巴塞罗那，1968 年]。

2 参见安东尼奥·高迪（Antonio Gaudí），*La seva vida. Les seves obres. La sera mort*，巴塞罗那，1926 年；关于高迪的理论特别参见西泽·马丁内尔（César Martinell），《高迪：他的人生—他的理论—他的作品》（*Gaudí. His Life - His Theories - His Work*），巴塞罗那，1975 年。

3 关于西班牙参见胡安·安东尼奥·努诺（Juan Antonio Nuño），*Arte del siglo XX*（*Ars Hispaniae*，卷 22），马德里，1977 年；奥里奥尔·博伊加斯（Oriol Bohigas），*Arquitectura española de la Segunda Republica*，巴塞罗那，1970 年（第二版 1973 年）；加夫列尔·乌雷尼亚（Gabriel Ureña），*Arquitectura y Urbanistica Civil y Militar en el Periodo de la Autarquía*（1936-1945 年），马德里，1979 年。

4 特别参见戴维·沃特金（David Watkin），《建筑历史的兴起》（*The Rise of Architectural History*），伦敦，1980 年；同一作者，"30 年代的建筑写作"（Architectural Writing in the Thirties），载：《建筑设计杂志》（*Architectural Design Magazine*）第 24 期："30 年代的英国"（Architectural Design Magazine 24: Britain in the Thirties），伦敦，日期不详，第 84-89 页。

5 参见赖纳·班纳姆（Reyner Banham），"如画风格的反戈一击：英国建筑争议，1945 — 1965 年"（Revenge of the Picturesque: English Architectural Polemics, 1945-1965），载：约翰·萨默森（John Summerson）编辑，《关于建筑，献给尼古拉斯·佩夫斯纳的建筑写作者和作品的文章》（*Concerning Architecture. Essays on Architectural Writers and Writing presented to Nikolaus Pevsner*），伦敦，1968 年，第 265-273 页。

6 参见艾利森·史密森和彼得·史密森（Alison & Peter Smithson），《平淡与荣耀：1952-1960 年的城市理论及其在 1963-1970 年的一个建筑方案中的实现》（*Ordinariness and Light: Urban Theories 1952-1960 and their application in a building project 1963 - 1970*），伦敦，1970 年；《无修辞：1955 — 1972 年的一种建筑美学》（*Without Rhetoric: An Architectural Aesthetic 1955-1972*），伦敦，1973 年。

7 阿尔托（Aalto）的理论著述收集载：戈兰·希尔特（Göran Schildt）编辑，《阿尔瓦·阿尔托：草图》（*Alvar Aalto: Sketches*），马萨诸塞州剑桥—伦敦，1978 年；参见戈兰·希尔特，Det vite bordet，赫尔辛基（Helsingfors），1983 年。

8 参见贡纳·阿斯普朗德等著（Gunnar Asplund a.o.），*Acceptera-Manifesto*，斯德哥尔摩，1931 年。

9 参见卡洛斯·劳尔·维拉努瓦（Carlos Raúl Villanueva），*La Caracas de ayer y de hoy*，加拉加斯（Caracas），1943 年；关于维拉努瓦特别参见拉兹罗·默奥里 - 纳吉（László Moholy-Nagy），*Carlos Raúl Villanueva und die Architektur Venezuelas*，斯图加特，1964 年。

奥斯卡·尼迈耶（Oscar Niemeyer），*Minha Esperiencia em Brasilia*，里约热内卢（Rio de Janeiro），1961 年；关于尼迈耶参见斯塔莫·帕帕达基（Stamo Papadaki），《奥斯卡·尼迈耶》（*Oscar Niemeyer*），拉芬斯堡（Ravensburg），1962 年；克里斯蒂安·霍尼格（Christian Hornig），*Oscar Niemeyer. Bauten und Projekte*，慕尼黑，1981 年；亚历山大·菲尔斯（Alexander Fils）编辑，*Oscar Niemeyer. Selbstdarstellung. Kritiken. Oeuvre, Münsterschwarzach*，日期不详。

10 关于现代日本建筑师参见乌多·库尔特曼（Udo Kultermann），《当代日本建筑师》（*Contemporary Architecture of' Japan*），纽约，1960 年；曼弗雷德·施派德尔（Manfred Speidel）编辑，*Japanische Architektur. Geschichte und Gegenwart*，杜塞尔多夫 - 斯图加特，1983 年（附诸多理论原文的德语译本）。

11 参见丹下健三等著（Kenzo Tango a.o.），《桂离宫—日本建筑的传统的创新》（*Katsura - Tradition and Creation in Japanese Architecture*），东京和纽黑文，1960 年。关于丹下特别参见乌多·库尔特曼（Udo Kultermann）编辑，《丹下健三 1946

一1969年：建筑和城市设计》（*Kenzo Tange 1946-69: Architecture and Urban Design*），伦敦一纽黑文，1972年。

12　对于新陈代谢主义的研究和它最重要文本的选集，参见黑川纪章（Kisho Kurokawa），《建筑中的新陈代谢》（*Metabolism in Architecture*），科罗拉多州玻尔得（Boulder, Col.），1977年；关于它的哲学基础参见孙全文（Chuan-Wen Sun），*Der Einfluß des chinesischen Konzeptes auf die moderne Architektur*，论文，斯图加特，1982年，第126页及之后。

13　黑川（Kurokawa）（1977年），第75页及之后；参见施派德尔（Speidel）编辑（1983年），第97页。

14　黑川（1977年），第86页及之后。

15　作一个很好的整体综观，参见沃尔恩·桑德森（Warren Sanderson）编辑，《当代建筑发展的国际手册》（*International Handbook of Contemporary Developments in Architecture*），康涅狄格韦斯特波特（Westport, Conn.）一伦敦，1981年；在判断上主观的是阿道夫·马克斯·沃格特等著（Adolf Max Vogt a.o.），*Architektur 1940-1980*，法兰克福一维也纳一柏林，1980年和沃尔夫冈·佩恩特（Wolfgang Pehnt），*Das Ende der Zuversicht. Architektur in diesem Jahrhundert. Ideen-Bauten-Dokumente*，柏林，1983年。

16　阿道夫·阿尔恩特（Adolf Arndt），*Demokratie als Bauherr, Akademie der Künste Berlin*（*Anmerkungen zur Zeit, 6*），柏林，1961年。

17　参见沃尔夫冈·佩恩特（Wolfgang Pehnt）的翻译，《德国建筑1960－1970年》（*German Architecture 1960-1970*），纽约-华盛顿，1970年；保拉·内斯特勒（Paola Nestler）和彼得·M·博德（Peter M. Bode），《1960年之后的德国艺术，建筑》（*Deutsche Kunst seit 1960. Architektur*），慕尼黑，1976年。

18　尤斯图斯·达欣登（Justus Dahinden），*Versuch einer Standortsbestimmung der Gegenwartsarchitektur*，苏黎世，1956年。

19　参见伍尔夫·席尔默（Wulf Schirmer）编辑，*Egon Eiermann, Bauten und Projekte*，斯图加特，1984年；伊莫·博伊肯（Immo Boyken），'Egon Eiermann, 1904-1970. Kritische Gedanken zu seiner Architektur'，*Architectura 14*，1984年，第67-82页。

20　海因里希·克洛茨（Heinrich Klotz），*Architektur in der Bundesrepublik*，法兰克福-柏林-维也纳，1977年。

21　弗莱·奥托，*Das bängende Dach. Gestalt und Struktur*，论文，柏林，1954年；弗莱·奥托等著（Frei Otto a.o.），*Zugbeanspruchte Konstruktionen, Gestalt, Struktur und Berechnung von Bauten aus Seilen, Netzen und Membranen*，两卷本，柏林，1962-1964年；弗莱·奥托等著，*Natürliche Konstruktionen*，斯图加特，1982年；弗莱·奥托，*Schriften und Reden 1951-1983*，贝特霍尔德·布尔卡特（Berthold Burckhardt）编辑，不伦瑞克-威斯巴登，1984年。

22　'... das Verhältnis der Masse eines Gegenstandes zum Produkt aus der übertragenen Kraft und der übertragungsstrecke dieser Kraft.' 弗莱·奥托，'Biologie und Bauen'（1972年），载：弗莱·奥托，*Schriften und Reden*（1984年），第179页。

23　'Sie werden erst ästhetisch, wenn sie -ohne dabei zugleich etwas unfunktioneller zu werden - ideal geformt, 'vollendet' ihre 'wahre' Gestalt, dem unvoreingenommenen (aber aufgeschlossenen)Beobachter 'zeigen', wenn sie sowohl die typische Form aller vollendet optimierten -ökonomisch - funktionellen Objekte der gleichen Art als auch das Gemeinsame und Individuelle spiegeln, also durchaus mit den für Individuen typischen Abweichungen(Imperfektionen).' 弗莱·奥托，'Das Ästhetische'（1979年），载：弗莱·奥托，*Schriften und Reden*（1984年），第208页。

24　'Solche Bauten kann man nicht entwerfen, man kann ihnen nur durch ständiges Suchen beistehen, die endgütige Gestalt anzunehmen.' 弗莱·奥托，'Die Kongreßhallen-Debatte'（1958年），载：弗莱·奥托，*Schriften und Reden*（1984年），第46页。

25　'Der Wille zur betonten Gestaltung steht im Gegensatz mit der Suche nach der noch unbekannten, aber den Naturgesetzen unterliegenden Form.' 弗莱·奥托，'Das Zeltdach. Subjektive Anmerkungen zum Olympiadach'（1972年），载：弗莱·奥托，*Schriften und Reden*（1984年），第101页。

26　迈因哈德·冯·格康（Meinhard von Gerkan），*Die Verantwortung des Architekten. Bedingungen für die gebaute Umwelt*，斯图加特，1982年。

27　参见于尔根·约迪克（Jürgen Joedicke）编辑，*Architektur und Städtebau. Das Werk der Architekten van den Broek und Bakema*，斯图加特，1963年；J·B·巴克马（J.B. Bakema），《关于建筑的思考》（*Thoughts about architecture*），玛丽安娜·格雷（Marianne Gray），伦敦一纽约，1981年。

28　参见阿努尔夫·吕琴格尔（Arnulf Lüchinger），《建筑和城市规划中的结构主义》（*Structuralism in Architecture and Urban Planning*）斯图加特，1980年。

29　特别参见赫尔曼·赫茨伯格等著（Herman Hertzberger a.o.），《阿尔多·范·艾克》（*Aldo van Eyck*），阿姆斯特丹，1982年。

30　参见作品纵览：亨利-罗素·希区柯克（Henry-Russell Hitchcock），*Architektur von Skidmore, Owings ε Merrill, 1950-1962*，斯图加特，1962年；阿瑟·德雷克斯勒（Arthur Drexler），*Architektur von Skidmore, Owings & Merrill, 1963-1973*，斯图加特，1974年；艾伯特·布什-布朗（Albert Bush-Brown），Skidmore, Owings ε Merrill Architektur und Städtebau 1973-1983，斯图加特，1983年。

31　参见艾伦·特姆科（Allan Temko），《埃罗·沙里宁》（*Eero Saarinen*），纽约，1962年。

32　下面的合集应当被提到：保罗·海尔（Paul Heyer），《建筑师关于建筑，美国的新方向》（*Architects on Architecture. New Directions in America*），纽约，1966年；海因里希·克洛茨（Heinrich Klotz）和约翰·W·克鲁克（John W. Crook），《与建筑师的谈话》（*Conversations with Architects*），纽约，1973年；巴巴拉里·戴蒙斯坦（Barbaralee Diamonstein），

《现在的美国建筑》（*American Architecture Now*），纽约，1980 年；巴巴拉里·戴蒙斯坦，《现在的美国建筑》卷 2，纽约，1985 年。（英文版原书缺此注，根据德文版补全之译者注）

33 菲利普·约翰逊（Philip Johnson），《写作》（*Writings*），纽约，1979 年；关于约翰逊最新的观念，参见菲利普·约翰逊和约翰·伯奇（John Burgee），《建筑，1979-1985 年》（*Architecture, 1979-1985*），纽约，1985 年。

34 约翰逊（Johnson），后记，载：《写作》（1979 年），第 270 页。

35 最早出版在 Perspecta 3，1955 年，第 40-44 页；载：约翰逊，《写作》（1979 年），第 137 页及之后。

36 参见载：克洛茨（Klotz）－克鲁克（Crook）（1973 年）的访谈中那些未经加工的陈述。

37 约翰逊（1955 年；1979 年），第 140 页。

38 关于路易斯·I·康（Louis I. Kahn）参见他的著作书目和杰克·佩里·布朗（Jack Perry Brown）的二手文献载：《建筑目录学家的美国联盟，文件 12》（*The American Association of Architectural Bibliographers. Papers* XII），1977 年，第 3 页及之后。
主要的专论：小文森特·斯库勒（Vincent Scully Jr），《路易斯·I·康》（*Louis I. Kahn*），纽约，1962 年；海因茨·龙纳（Heinz Ronner），沙尔德·雅韦里（Sharad Jhaveri）和亚历山德罗·瓦塞拉（Alessandro Vasella），《路易斯·I·康，作品大全 1935－1974 年》（*Louis J. Kahn. Complete Works* 1935-1974），斯图加特-巴塞尔-科罗拉多州玻尔得（Boulder, Col.），1977 年；参见克洛茨（Klotz）－克鲁克（Crook）（1973 年）的访谈；亚历山德拉·汀格（Alexandra Tyng），《开端：路易斯·I·康的建筑哲学》（*Beginnings: Louis I. Kahn's philosophy of architecture*），1984 年。

39 克洛茨（Klotz）－克鲁克（Crook）（1973 年）。

40 参见约翰·麦克黑尔（John McHale），《R·巴克敏斯特·富勒》（*R. Buckminster Fuller*），纽约，1962 年。他的著作的主要版本：R·巴克敏斯特·富勒，《不再需要二手的上帝和其他著作》（*No More Second-hand God and Other Writings*），卡本代尔（Carbondale），1963 年。

41 参见麦克黑尔（1964 年），第 18 对开页。

42 参见杰弗里·库克（Jeffrey Cook），《布鲁斯·戈夫的建筑》（*The Architecture of Bruce Goff*），纽约－旧金山－伦敦，1978 年；P·J·米汉（P.J. Meehan），《布鲁斯·戈夫，建筑师：著作 1918－1978 年》（*Bruce Goff, Architect: Writings* 1918-1978），伊利诺伊州蒙蒂塞洛（Monticello, Ill），1979 年。

43 特别参见保罗·索莱里（Paolo Soleri），《生态建筑：人类印象中的城市》（*Arcology: The City in the Image of Man*），马萨诸塞州剑桥，1969 年。保罗·索莱里，《物质和精神之间的桥是物质变成精神。保罗·索莱里的生态建筑》（*The Bridge Between Matter and Spirit Is Matter Becoming Spirit. The Arcology of Paolo Soleri*），纽约州花园市（Garden City, NY），1973 年。

44 参见索莱里（Soleri）（1973 年），第 66，247 页。

45 索莱里（1973 年），第 46 页。

46 同上，第 60 页及之后。

47 引自海尔（Hayer），《建筑师关于建筑》（*Architects on Architecture*）（1966 年），第 80 页。

48 伯纳德·鲁道夫斯基（Bernard Rudofsky）所作的目录，《没有建筑师的建筑，一个对无来历建筑的简短介绍》（*Architecture Without Architects. A Short Introduction to Non-Pedigreed Architecture*）纽约州花园市，1964 年。

49 杨·德蒂（Jean Dethier）编辑，*Lehmarchitektur. Die Zukunft einer vergessenen Bautradition*，慕尼黑，1982 年。

50 厄恩斯特·布洛赫（Ernst Bloch），*Das Prinzip Hoffnung*，3 卷（1954-1959 年），法兰克福，1973 年，第 819 页及之后。

51 布洛赫（Bloch）（1973 年），第 869 页。

52 'Seit über einer Generation stehen darum dieses Stahlmöbel-, Betonkuben-, Flachdach-Wesen geschichtslos dar, hochmodern und langweilig, scheinbar kühn und echt trivial, voll Haß gegen die Floskel angeblich jedes Ornaments und doch mehr im Schema festgerannt als je eine Stilkopie im schlimmen 19.Jahrhundert.' 同上，第 860 页。

53 '... Produktionversuch menschlicher Heimat.' '...organisches Ornament.' 同上，第 871 对开页。特奥多尔·W·阿多尔诺（Theodor W. Adorno）在 1965 年柏林德意志制造联盟会议上作的报告 Funktionalismus heute 用路斯的立场缩小了对空盒子的讨论而远远落后于布洛赫（Bloch）的结论；再版载：*Neue Rundschau 1966*，第 4 版；特奥多尔·W·阿多尔诺，*Ohne Leitbild. Parva Aesthetica*（1967 年），法兰克福，1979 年第 6 版，第 104-127 页。

54 罗伯特·文丘里（Robert Venturi），《建筑的复杂性和矛盾性》（*Complexity and Contradiction in Architecture*），由文森特·斯库勒（Vincent Scully）介绍，纽约，1966 年，第 2 页；参见斯坦尼斯劳斯·冯·穆斯（Stanislaus von Moos），*Venturi, Rauch ε Scott Brown*，弗赖堡（Fribourg），1987 年。

55 文丘里（1966 年），第 23 页及之后。

56 同上，第 52，103 页。

57 参见文丘里在与克洛茨（Klotz）－克鲁克（Crook）（1973 年）访谈时的陈述（1973 年）。

58 罗伯特·文丘里，丹尼斯·斯科特·布朗（Denise Scott Brown），史蒂文·艾泽努尔（Steven Izenour），《向拉斯韦加斯学习》（*Learning From Las Vegas*），马萨诸塞州剑桥－伦敦，1972 年；修订版本，1978 年（几次再版）。

59 文丘里－斯科特·布朗－艾泽努尔（1972 年，1978 年版本），第 148 页。

60 同上，第 116 页。

61 同上，第53页。

62 同上，第51页。

63 同上，第87页及之后。

64 参见 'Officina Alessi' 卷：*Tea ε Coffee Piazza. 11 Servizi da the e caffè disegnati da Michael Graves...*，意大利克鲁西纳罗市（Crusinallo），1983年，第71页。

65 参见克洛茨（Klotz）—克鲁克（Crook）（1973年）；杰拉尔德·艾伦（Gerald Allen），*Charles Moore. Ein Architekt baut für den 'einprägsamen' Ort*，斯图加特，1981年；戴维·利特尔约翰（David Littlejohn），《建筑师，查尔斯·W·摩尔的人生和作品》（*Architect. The Life and Work of Charles W. Moore*），纽约，1984年。

66 肯特·C·布卢默（Kent C. Bloomer）和查尔斯·W·摩尔（Charles Moore），《身体、记忆和建筑》（*Body, Memory and Architecture*），纽黑文和伦敦，1977年 （几次再版）。

67 布卢默（Bloomer）—摩尔（Moore）（1977年），第5对开页。

68 同上，第36页。

69 查尔斯·摩尔（Charles Moore），杰拉尔德·艾伦（Gerald Allen），邓林·林顿（Donlyn Lyndon），《住宅的场所》（*The place of houses*），纽约，1974年。

70 摩尔—艾伦—林顿（1974年），第9页。

71 查尔斯·摩尔和杰拉尔德·艾伦，《量度——建筑中的空间、形状和大小》（*Dimensions. Space, Shape ε Scale in Architecture*），纽约，1976年。

72 关于意大利广场参见摩尔的陈述载：戴蒙斯坦（Diamonstein），《现在的美国建筑》（*American Architecture Now*），纽约，1980年，第128对开页。

73 布伦特·C·布罗林（Brent C. Brolin），《现代建筑的失败》（*The Failure of Modern Architecture*），纽约—伦敦，1976年；彼得·布莱克（Peter Blake），《形式追随惨败——为什么现代建筑风韵不再》（*Form Follows Fiasco. Why Modern Architecture Hasn't Worked*），波士顿—多伦多，1977年。

74 沃尔夫冈·佩恩特（Wolfgang Pehnt），*Das Ende der Zuversicht. Architektur in diesem Jahrhundert*，柏林，1983。

75 查尔斯·A·詹克斯（Charles A. Jencks），《后现代建筑语言》（*The Language of Post-Modern Architecture*），伦敦，1977年；作为后现代主义概念和意识形态的综合研究，参见雅各布·考夫曼（Jacob Kaufman），《"后现代建筑"：一种意识形态》（*'Post-Modern Architecture': An ideology*），论文，加利福尼亚大学（Univ. of California），洛杉矶，1982年 。

76 以下对我来说似乎特别有益于分析后现代主义概念日益的扩散：威尼斯建筑双年展书目，1980年，*La presenza del passato*；保罗·波托盖西（Paolo Portoghesi），*Dopo l'architettura moderna*，罗马-巴里（Bari），1980年；保罗·波托盖西，《后现代，后工业社会的建筑》（*Postmodern. The Architecture of the Postindustrial Society*），纽约，1982年；海因里希·克洛茨（Heinrich Klotz），*Moderne und Postmoderne. Architektur der Gegenwart 1960-1980*，不伦瑞克—威斯巴登，1984年；海因里希·克洛茨编辑，书目 *Revision der Moderne. Postmoderne Architektur 1960-1980*，慕尼黑，1984年。

77 克里斯托弗·亚历山大（Christopher Alexander）出版的大纲与《建筑的永恒之道》（*The Timeless Way of Building*）相反，纽约，1979年。关于亚历山大的理论发展和概念发展参见斯蒂芬·格拉博（Stephen Grabow）有些不加批判的研究，《克里斯托弗·亚历山大. 建筑中新范型的探索》（*Christopher Alexander. The Search for a New Paradigm in Architecture*），波士顿—亨利—伦敦，1983 年（第229页及之后，亚历山大著述的目录）。

78 克里斯托弗·亚历山大，《笔记：形式的合成》（*Notes on the Synthesis of Form*）（1964年），马萨诸塞州，剑桥—伦敦，1971 年（频繁再版）。

79 克里斯托弗·亚历山大，The Linz Café，牛津—维也纳，1981年。

80 参见迈克尔·格雷夫斯（Michael Graves）的陈述载：巴巴拉里·戴蒙斯坦（Barbaralee Diamonstein），《今天的美国建筑》，纽约，1980年，第47页及之后；同时参见系列《建筑专论》（*Architectural Monographs*）中关于迈克尔·格雷夫斯的卷本（卷5，伦敦，1979年）。

81 参见理查德·迈耶（Richard Meier）的陈述载：戴蒙斯坦（1980年），第103页及之后。

82 参见斯坦利·蒂格曼（Stanley Tigerman），《相对于一个美国建筑师的选择》（*Versus An American Architect's Alternatives*），纽约，1982年。

83 参见斯坦利·蒂格曼，《芝加哥论坛报大楼竞赛的后期参赛者》，纽约，1980年。

84 彼得·阿内尔（Peter Arnell）和特德·比克福德（Ted Bickford）编辑，《西南中心. 休斯敦竞赛》（*Southwest Center. The Houston Competition*），纽约，1983年。

85 最佳的记录载：奇纳·孔福尔托等著（Cina Conforto a.o.），*Il dibattito architettectonico in Italia 1945-1975* （按主题组织并具有一个详细的意大利建筑方面著作的书目）；同时参见切萨雷·德·塞塔（Cesare De Seta），*L'architettura del Novecento* (*Storia dell'arte in Italia*)，都灵，1981年；阿梅多·贝卢奇（Amedeo Belluzzi）和克劳迪娅·孔福尔蒂（Claudia Conforti），*Architettura italiana 1944-1984*，罗马—巴里，1985年。

86 关于斯卡尔帕（Scarpa）特别参见弗朗朗斯科·达尔·科（Francesco Dal Co）和朱塞佩·马扎里奥尔（Giuseppe Mazzariol），*Carlo Scarpa. L'opera completa*，米兰，1984年。

87 参见埃齐奥·邦凡蒂（Ezio Bonfanti）和马尔科·波尔塔（Marco Porta），*Città, Museo e architettura. Il gruppo BBPR nella*

cultura architettonica italiana 1932-1970，佛罗伦萨，1973 年。

88　皮埃尔·路易吉·奈尔维（Pier Luigi Nervi），*Scienza o arte del costruire*，罗马，1945。皮埃尔·路易吉·奈尔维，《建筑的美学和技术》（*Aesthetics and Technology in Building*），马萨诸塞州剑桥－伦敦，1965 年。关于奈尔维参见朱利奥·卡洛·阿尔甘（Giulio Carlo Argan），《皮埃尔·路易吉·奈尔维》（*Pier Luigi Nervi*），米兰，1955 年；艾达·路易·赫克斯苔波尔（Ada Louise Huxtable），《皮埃尔·路易吉·奈尔维》（*Pier Luigi Nervi*），纽约，1960 年；保罗·德西代里等著（Paolo Desideri a.o.），《皮埃尔·路易吉·奈尔维》（*Pier Luigi Nervi*），博洛尼亚，1979 年。

89　在这个联系上参见迪特马尔·格勒茨巴赫（Dietmar Grötzebach），*Der Wandel der Kriterien bei der Wertung des Zusammenhanges von Konstruktion und Form in den letzten 100 Jahren*，论文，柏林，1965 年。

90　朱塞佩·萨莫纳（Giuseppe Samonà），*L'urbanistica e l'avvenire della città negli stati europei*，巴里，1959 年（1960 年第二版）；平装版本，罗马－巴黎，1967 年（屡次再版）。卡罗·艾莫尼诺（Carlo Aymonino），*Origine e sviluppo della città moderna*，帕多瓦，1964 年。

91　阿尔多·罗西（Aldo Rossi），*L'Architettura della Città*，帕多瓦，1966 年。

92　关于阿尔多·罗西参见维托里奥·萨威（Vittorio Savi），*L'architettura di Aldo Rossi*，米兰，1976 年（1977 年第二版）；詹尼·布拉吉耶里（Gianni Braghieri），《阿尔多·罗西》（*Aldo Rossi*），博洛尼亚，1981 年。

93　参见文选：阿尔多·罗西，*Scritti scelti sull'architettura e la città 1956-1972*，米兰，1975；阿尔多·罗西，《一部科学的自传》（*A Scientific Autobiography*），剑桥，马萨诸塞，1982 年。

94　阿尔多·罗西等著（Aldo Rossi a.o.），*Architettura Razionale*（*XV Triennale di Milano. Sezione Internazionale di Architettura*），米兰，1973 年。参见汉诺-沃尔特·克鲁夫特（Hanno-Walter Kruft），'*Rationalismus in der Architektur - eine Begriffsklärung*'，*Architectura 9*，1979 年，第 45-57 页（影印再版载：Der Architekt，1981 年 4 月，第 176-181 页）。

95　艾蒂安-路易·部雷（étienne-Loui Boullée），*Architettura. Saggio sull' arte*，阿尔多·罗西编辑，帕多瓦，1967 年（1977 年第二版）。

96　参见例如罗伯特·克里尔（Robert Krier），'10 Theses on Architecture'，载：罗伯特·克里尔，《关于建筑》（*On Architecture*），伦敦－纽约，1982 年，第 5 页。

97　参见列在注释 76 上的文献。

98　参见书目 *Revision der Moderne. Postmoderne Architektur 1960-1980*，海因里希·克洛茨（Heinrich Klotz）编辑，慕尼黑，1984 年。

99　参见书目 *Idee, Prozeß, Ergebnis. Die Reparatur und die Rekonstruktion der Stadt*，柏林，1984 年；*Das Abenteuer der Ideen. Architektur und Philosophie seit der industriellen Revolution*，柏林，1984 年。

100　参见例如吉洛·德夫莱斯（Gillo Dorfles），*Simbolo, Comunicazione, Consumo*，都灵，1962 年；翁贝托·埃科（Umberto Eco），*La struttura assente*，博洛尼亚，1968 年；同时参见 *Architektur als Zeichensprache*，亚历山德罗·卡利尼（Alessandro Carlini）和伯恩哈德·施奈德（Bernhard Schneider）（*Konzept I*），蒂宾根（Tübingen），1971 年。

101　克里斯蒂安·诺伯格－舒尔茨（Christian Norberg-Schulz），《建筑中的意图》（*Intentions in Architecture*），奥斯陆，1963 年。

102　简·雅各布斯（Jane Jacobs），《美国大城市的生与死》（*The Death and Life of Great American Cities*），纽约，1961 年；亚历山大·米切利希（Alexander Mitscherlich），*Die Unwirtlichkeit unserer städte. Anstiftung zum Unfrieden*，法兰克福，1965 年。

103　鲁道夫·安海姆（Rudolf Arnheim），《走向艺术的哲学》（*Toward a Psychology of Art*），伯克利－洛杉矶，1966；《艺术和视知觉》（*Art and Visual Perception*）（1954 第一版）：新版，伯克利－洛杉矶，1974 年；《建筑形式的动力》（*The Dynamics of Architectural Form*），伯克利－洛杉矶－伦敦，1977 年。

104　尼尔斯·卢宁·波拉（Niels Luning Prak），《建筑语言．对建筑理论的一个贡献》（*The language of architecture. A contribution to architectural theory*），海牙－巴黎，1968 年。

105　布鲁斯·奥尔索普（Bruce Allsopp），《一种现代的建筑理论》（*A Modern Theory of Architecture*），伦敦－亨利－波士顿，1977 年。

106　关于波菲尔（Bofill）参见里卡多·波菲尔等著（Ricardo Bofill a.o.）（Taller de arquitectura），*La cité: Histoire et Technologie. Projets Français 1978/81*，米兰，1981 年；里卡多·波菲尔，*Taller de arquitectura. Los espacios de Abraxas. El palacio, el teatro, el arco*，安娜贝拉·德'于阿尔（Annabella d'Huart）编辑，米兰，1981 年。

参考书目及文献

这里所附的参考书目及文献包括那些一般性的著作及一系列文献资料。如果希望了解有关个人的具体资料及传记,可以阅读注释部分所引的资料出处。包括了各个时代的英语文献资料,则列在了第681—684页(原著页码——译者注)。

I. 第二手文献 (Secondary literature)

1. 有关艺术与建筑理论的一般性著作 (General works on art and architectural theory)

BAUER, Hermann, *Kunst und Utopie. Studien über das Kunst-und Staatsdenken in der Renaissance*, Berlin 1965

BORINSKI, Karl, *Die Antike in Poetik und Kunsttheorie*, 2 vols, Leipzig 1914-24 (Darmstadt 1965)

BORISSAVLIEVITCH, Miloutine, *Les théories de l'architecture*, Paris 1926

CHOAY, Françoise, *La régle et le modèle. Sur la théorie de l'architecture et de l'urbanisme*, Paris 1980

CICOGNARA, Leopoldo, *Catalogo ragionato dei libri d'arte e d'antichità posseduti dal Conte Cicorgnara*, 2 vols, Pisa 1821 (facs. repr. Bologna 1979)

DEJOB, Charles, *De l'influence du Concile de Trente sur la littérature et les Beaux-Arts chez les peuples catholiques*, Paris 1884 (facs. repr. Bologna 1975)

DRESDNER, Albert, *Die Entstehung der Kunstkritik*, Munich 1915 ([2]1968)

FAGIOLO, Marcello, *Natura e artificio. L'ordine rustico, le fontane, gli automi nella cultura del Manierismo europeo*, Rome 1979

FALKE, Rita, 'Versuch einer Bibliographie der Utopien', *Romantistisches Jahrbuch* Vl, 1953/54, pp. 92-109

GAMGAMBUTI, Alessandro, *Il dibattito sull'architettura nel Settecento europeo*, Florence 1975

GERMANN, Georg, *Einführung in die Geschichte der Architekturtheorie*, Darmstadt 1980 ([3]1993)

GOEBEL, Gerhard, *Poeta Faber. Erdichtete Architektur in der italienischen, spanischen und französischen Literatur der Renaissance und des Barock*, Heidelberg 1971

GRASSI, Luigi, *Teorici e storia della critica d'arte*, 3 vols, Rome 1970-79

HAUSER, Arnold, *Sozialgeschichte der Kunst und Literatur*, Munich 1953 (special ed. 1967)

—, *Soziologie der Kunst*, Munich 1974

cat. Architekt und Ingenieur. Baumeister *in Krieg und Frieden*, Wolfenbüttel 1984

KAUFMANN, Emil, *Architecture in the Age of Reason. Baroque and Post-Baroque in England, Italy, and France* (1955), New York 1968

MUMFORD, Lewis, *The City in History. Its Origins, its transformations, and its prospects* (1961), Harmondsworth 1975

OLSCHKI, Leonardo, *Geschichte der neusprachlichen wissenschaftlichen Iiteratur*, 2ovls, Leipzig 1919-22

PANOFSKY, Erwin, *Idea. Ein Beitrag zur Begriffsgeschichte der älteren Kunsttheorie* (1924), Berlin [2]1960

PATETTA, Luciano, *L'architettura dell'eclettismo. Fonti, teorie, modelli 1750-1900*, Milan 1975

—, *Storia dell'Architettura. Antologia critica*. Milan 1975

PELLIZZARI, Achille, *I trattati attorno le arti figurative in Italia e nella Peninsola Iberica*, 2 vols, Naples 1915, Genoa 1942

PÉREZ-GÓMEZ, Alberto, *Architecture and the Crisis of Modern Science*, Cambridge, Mass.- London 1983

PEVSNER, Nikolaus, *Studies in Art, Architecture and Design*, 2 vols, London 1968

ROSENAU, Helen, *The Ideal City. Its Architectural Evolution* (1959), London [2]1974

—, *Social Purpose in Architecture. Paris and London Compared, 1760-1800*, London 1970

—, *Vision of the Temple. The Image of the Temple of Jerusalem in Judaism and Christianity*, London 1979

RYKWERT, Joseph, *On Adam's House in Paradise. The Idea of the Primitive Hut in Architectural History*, New York 1972

—, *The First Moderns. The Architects of the Eighteenth Century*, Cambridge, Mass.- London 1980

SCHLOSSER (MAGNINO), Julius von, *Die Kunstliteratur*, Vienna 1924; Italian ed., revised by Otto Kurz: *La letteratura artistica*, Florence-Vienna [3]1964

SCHMIDT, Hans-Wolfgang, *Die gewundene Säule in der Architekturtheorie von 1500 bis 1800*, Stuttgart 1978

SUMMERSON, John, *Heavenly Mansions and other essays on architecture* (1948), New York 1973

TAFURI, Manfredo, *Teorie e storia dell'architettura* (1968), Rome-Bari [4]1976

VAGNETTI, Luigi, *De naturali et artificiali perspectiva, Studi e documenti di architettura*, 9-10, 1979

—, *L'architetto nella storia di occidente*, Padua 1980

VENTURI, Lionello, *Storia della critica d'arte* (1936), Turin 1964

WIEBENSON, Dora (ed.), *Architectural Theory and Practice from Alberti to Ledoux*, cat., Chicago 1982

ZUCKER, Paul, Town and Square. *From the Agora to the Village Green* (1959), Cambridge, Mass.-London 1970

2. 按时代划分 (Individual periods)

a. 中世纪 (The Middle Ages)

ACKACKERMAN, James S., '"Ars sine scientia nihil est." Gothic Theory of Architecture at the Cathedral of Milan', *Art Bulletin* 31, 1949, pp. 84-111

BANDMANN, Günter, *Mittelalterliche Architektur als Bedeutungsträger*, Berlin 1951 (several eds)

—, 'Ikonologie der Architektur', *Jahrbuch für Ästhetik und allgemeine Kunstwissenschaft*, 1951, pp. 67-109 (reprinted in vol. form Darmstadt

1969)

BOOZ, Paul, *Der Baumeister der Gotik*, Munich 1956

DU COLOMBIER, Pierre, *Les Chantiers des Cathédrales*, Paris 1953 (²1973)

FRANKL, Paul, *The Gothic. Literary Sources and Interpretations Through Eight Centuries*, Princeton 1960

FRIEDLÄNDER, Paul, *Johannes von Gaza, Paulus Silentiarius. Kunstbeschreibungen justinianischer Zeit*, Berlin-Leipzig 1912 (facs. repr. Hildesheim-New York 1969)

GAUS, Joachim, 'Weltbaumeister und Architekt', in: Günther Binding (ed.), *Beiträge über Bauführung und Baufinanzierung im Mittelalter*, Cologne 1974, pp. 38-67

HECHT, Konrad, 'Maß und Zahl in der gotischen Baukunst', *Abhandlungen der Braunschweigischen Wissenschaftlichen Gesellschaft* XXI, 1969, pp. 215-326; XXII, 1970, pp. 105-263; XXIII, 1971, pp. 25-263 (vol. pub. Hildesheim-New York 1979)

HEIDELOFF, Carl, *Die Bauhütte des Mittelalters in Deutschland*, Nuremberg 1844

JANNER, Ferdinand, *Die Bauhütten des deutschen Mittelalters*, Leipzig 1876

MALE, Emile, *L'art religieux du XIII' siècle en France*, Paris ⁶1924

PANOFSKY, Erwin, *Gothic Architecture and Scholasticism* (1951), Cleveland-New York⁶1963

PAUKEN (-WEBER), Elke, *Das Steinmetzbuch WG 1572 im Städelschen Kunstinstitut zu Frankfurt am Main*, Cologne 1979

RATHE, Kurt, *Ein Architektur-Musterbuch der Spätgotik mit graphischen Einklebungen*, Festschrift der Nationalbibliothek Wien, Vienna 1926, pp. 667-92

REICHENSPERGER, August, *Vermischte Schriften über christliche Kunst*, Leipzig 1856, pp. 133 ff.

SAUFER, Josef, *Symbolik des Kirchengebäudes und seiner Ausstattung in der Auffassung des Mittelalters*, Freiburg ²1924

SCHELLER, R. W., *A Survey of Medieval Model Books*, Haarlem 1963

SHELBY, Lou R., and MARK, Robert, 'Late Gothic Structural Design in the "Instructions" of Lorenz Lechler', *Architectura* 9, 1979, pp. 113-31

SIMPSON, Otto von, *The Gothic Cathedral. Origins of Gothic Architecture and the Medieval Concept of Order*, New York 1956

UEBERWASSER, Walter, 'Nach rechtem Maß,' *Jahrbuch der Preußischen Kunstsammlungen* 56, 1935, pp. 250-72

—, 'Beiträge zur Wiedererkenntnis gotischer Bau-Gesetzmäßigkeiten', *Zeitschrift für Kunstgeschichte* 8, 1939, pp. 303-9

WARNKE, Martin, *Bau und Überbau. Soziologie der mittelalterlichen Architektur nach den Schriftquellen*, Frankfurt 1976

WEBER, Elke, 'Steinmetzbücher - Architekturmusterbücher', in: Günther Binding and Norbert Nussbaum (ed.), *Der mittelalterliche Baubetrieb nördlich der Alpen in zeitgenössischen Darstellungen*, Darmstadt 1978, pp. 22-42

b. 意大利: 15 — 18 世纪（Italy: fifteenth to eighteenth century）

BLUNT, Anthony, *Artistic Theory in Italy 1450-1600* (1940), Oxford 1962

CASSIRER, Ernst, *Individuum und Kosmos in der Philosophie der Renaissance*, Leipzig- Berlin 1927

CANTONE, Gaetana, *La città di marmo. Da Alberti a Serlio. La Storia tra progettazione e restauro*, Rome 1978

CONTARDI, Bruno, *La retorica e l'architettura barocca*, Rome 1978

FIRPO, Luigi, *Lo Stato ideale della Controriforma. Ludovico Agostini*, Bari 1957

HAGER, Hellmut, *Architectural Fantasy and Reality. Drawings from the Accademia Nazionale di San Luca in Rome. Concorsi Clementini 1700-1750*, cat., University Park, Penn. 1982

HERSEY, George L., *Pythagorean Palaces, Magic and Architecture in the Italian Renaissance*, London ¹1976, ²1980

KEMP, Wolfgang, 'Disegno. Beiträge zur Geschichte des Begriffs zwischen 1547 und 1607', *Marburger Jahrbuch für Kunstwissenschaft* 19, 1974, pp. 219-40

KOENIGSBSERGER, Dorothy, *Renaissance Man and Creative Thinking. A History of Concepts of Harmony 1400-1700*, Hassocks, Sussex 1979

MAHON, Denis, *Studies in Seicento Art and Theory*, London 1967 (facs. repr. Westport, Conn. 1971)

MEEKS, Carroll L. V., *Italian Architecture 1750-1914*, New Haven-London 1966

MURATORE, Giorgio, *La città rinascimentale. Tipi e modelli attraverso i trattati*, Milan 1975

OECHSLIN, Werner, *Bildungsgut und Antikenrezeption des frühen Settecento in Rom. Studien zum römischen Aufenthalt Bernardo Antonio Vittones*, Zürich 1972

PORTOGHESI, Paolo, *L'angelo della storia. Teorie e linguaggi dell'architettura*, Rome-Bari 1982

ROSSI, Sergio, *Dalle botteghe alle accademie. Realtà sociale e teorie artistiche a Firenze dal XIV al XVI secolo*, Milan 1980

SIMONCINI, Giorgio, *Città e società nel Rinascimento*, 2 vols, Turin 1974

STRINATI, Claudio Massimo, 'Studio sulla teorica d'arte primoseicentesca tra Manierismo e Barocco', *Storia dell'arte* 14, 1972, pp. 67-82

TAFURI, Manfredo, *L'architettura del Manierismo*, Rome 1966

—, 'L'idea di architettura nella letteratura teorica del manierismo,' *Bollettino del Centro Internazionale di Studi d'Architettura 'A. Palladio'* IX, 1967, pp. 369-84

ULIVI, Ferruccio, *Galleria di scrittori d'arte*, Florence 1953

WITTKOWER, Rudolf, *Architectural Principles in the Age of Humanism* (1949), London ³1962 (several reprs)

—, *Gothic Versus Classic. Architectural Projects in Seventeenth Century Italy*, New York 1974

ZAREBSKA, Teresa, *Teoria urbanistyki wloskiej XV i XVI wieku*, Warsaw 1971 (French summary)

c. 法国: 16 — 18 世纪 (France: sixteenth to eighteenth century)

BLOMFIELD, Reginald, *A History of French Architecture from the Reign of Charles VIII till the Death of Mazarin, 1494-1661*, 4 vols, London 1921 (facs. repr. New York 1973)

BLUNT, Anthony, *Art and Architecture in France 1500 to 1700*, Harmondsworth 1953

EGBERT, Donald Drew, *Beaux-Arts Tradition in French Architecture. Illustrated by the Grands Prix de Rome*, Princeton, NJ 1980

HAUTECOEUR, Louis, *Histoire de l'architecture classique en France*, Paris 1943 ff.

HERNANDEZ, Antonio, *Gründzüge einer Ideengeschichte der französischen Architekturtheorie von 1560-1800*, Basel 1972

HESSE, Michael, *Von der Nachgotik zur Neugotik. Die Auseinandersetzung mit der Gotik in der französischen Sakralarchitektur des 16ten, 17ten und 18ten Jahrhunderts* (Bochumer Schriften zur Kunstgeschichte, vol. 3), Frankfurt-Bern-New York 1984

KALNEIN, Wend Graf and LEVEY, Michael, *Art and Architecture of the Eighteenth Century in France*, Harmondsworth 1972

KASK, Tonis, *Symmetrie und Regelmäßigkeit - französische Architektur im Grand Siècle*, Basel-Stuttgart 1971

KAUFMANN, Emil, 'Die Architekturtheoretiker der französischen Klassik und des Klassizismus', *Repertorium für Kunstwissenschaft*, 44, 1924, pp. 197-237

—, 'Three Revolutionary Architects, Boullée, Ledoux, and Lequeu', *Transactions of the American Philosophical Society*, N.S., 42, 1952, pp. 429-564

KIMBALL, Fiske, *The Creation of the Rococo* (1943), New York 1964

—, *Le Style Louis XV. Origine et évolution du Rococo*. Paris 1949

KNABE, Peter-Eckhard, *Schlüsselbegriffe des kunsttheoretischen Denkens in Frankreich von der Spätklassik bis zum Ende der Aufklärung*, Düsseldorf 1972

LEMONNIER, Henry (ed.), *Procès-Verbaux de l'Académie Royale d'Architecture 1671-1793*, 10 vols, Paris 1911-29

PEROUSE DE MONTCLOS, Jean-Marie, 'Le Sixième Ordre d'Architecture, ou la Pratique des Ordres Suivant les Nations', *Journal of the Society of Architectural Historians* XXXVI, 1977, pp. 223-40

—, *L'architecture à la française XVIe, XVIIe, XVIIIe siècles*, Paris 1982

—, (ed.), *'Le prix de Rome'. Concours de l'Académie royale d'architecture au XVIIIe siècle*, Paris 1984

d. 西班牙: 16 — 18 世纪 (Spain: sixteenth to eighteenth century)

BONET CORREA, Antonio (ed.), *Bibliografia de arquitectura, ingenieria y urbanismo en España (1498 1880)*, 2 vols, Madrid-Vaduz 1980

CHUECA GOITIA, Fernando, 'Arquitectura del sigto XVI' (*Ars Hispaniae XI*), Madrid 1953

GUTIERREZ, Ramón, *Notas para una bibliografia hispanoamericana de arquitectura (1526-1875)*, Universidad de Nordeste (Argentina), n. d. (c. 1972)

KUBLER, George, 'Arquitectura de los siglos XVII y XVIII' (*Ars Hispaniae XIV*), Madrid 1957

—, and SORIA, Martin, *Art and Architecture in Spain and Portugal and their American Dominions 1500 to 1800*, Harmondsworth 1959

LLAGUNO Y AMIROLA, Eugenio and CEAN-BERMUDEZ, Juan Agustin, *Noticias de los arquitectos y arquitectura de España desde su restauración*, 4 vols, Madrid 1829 (facs. repr. Madrid 1977)

MENENDEZ Y PELAYO, Marcelino, *Historia de la ideas estéticas en España*, 9 vols, Madrid 1883 ff.

ZAMORA LUCAS, Florentino and PONCE DE LEON, Eduardo, *Bibliografía española de arquitectura (1526-1850)*, Madrid 1947

e. 德意志及其邻国: 16 — 18 世纪 (Germany and its neighbours: sixteenth to eighteenth century)

Cat. *Architekt und Ingenieur. Baumeister in Krieg und Frieden*, Wolfenbüttel 1984

FORSSMAN, Erik, *Säule und Ornament. Studien zum Problem des Manierismus in den nordischen Säulenbüchern und Vorlageblättern des 16. und 17. Jahrhunderts*, Stockholm 1956

HABICHT, Curt, 'Die deutschen Architekturtheoretiker des I7. und I8. Jahrhunderts', *Zeitschrift für Architektur und Ingenieurwesen*, N.F., 21, 1916, cols. 1-30, 261-88; 22, 1917, cols. 209-44; 23, 1918, cols. 157-84, 201-30

HITCHCOCK, Henry-Russell, *German Renaissance Architecture*, Princeton, NJ 1981

LÜBKE, Wilhelm, *Geschichte der Renaissance in Deutschland*, 2 vols, Stuttgart ²1882

SCHÜTTE, Ulrich, *'Ordnung' und 'Verzierung'. Untersuchungen zur deutschsprachigen Architekturtheorie des 18. Jahrhunderts, diss.*, Heidelberg 1979

WARNCKE, Carsten-Peter, *Die ornamentale Groteske in Deutschland l500-1650*, 2 vols, Berlin 1979

f. 英国: 16 — 18 世纪 (England: sixteenth to eighteenth century)

BROWNELL, Morris R., *Alexander Pope & the Arts of Georgian England*, Oxford 1978

CERUTTI FUSCO, Annarosa, *Inigo Jones. Vitruvius Britannicus*, Rimini 1985

COLVIN, Howard, *A Biographical Dictionary of English Architects 1660-1840*, London 1954 (²1978)

DOBAI, Johannes, *Die Kunstliteratur des Klassizismus und der Romantik in England*, vol. I: 1700-1750, Bern 1974; vol. II: 1750-1790, Bern 1975; vol. III: 1790-1840, Bern 1977; vol. IV: index vol., Bern 1984

FISCHER, Marianne, *Katalog der Archiektur- und Ornamentstichsammlung. Kunstbibli- othek Berlin, part I: Baukunst England*, Berlin 1977

HARRIS, John, 'Sources of Architectural History in England', *Journal of the Society of Architectural Historians* XXIV, 1965, pp. 297-300

—, The Palladians, London 1981

HIPPLE, W.J., *The Beautiful, The Sublime, and The Picturesque in Eighteenth-Century British Aesthetic Theory*, Carbondale 1957

HUSSEY, Christopher, *The Picturesque. Studies in a Point of View*, London 1927 (²1967)

JENKINS, Frank, *Architecture and Patron. A Survey of Professional Relations and Practice in England from the Sixteenth Century to the Present Day*, London 1961

LANG, Suzanne, 'The Principles of Gothic Revival in England', *Journal of the Society of Architectural Historians* XXV, 1966, pp. 240-67

SUMMERSON, John, *Architecture in Britain 1530-1830*, Harmondsworth 1953, ⁵1970

WATKIN, David, *The English Vision: The Picturesque in Architecture, Landscape and Garden Design*, London 1982

WITTKOWER, Rudolf, 'La letteratura palladiana in Inghilterra', *Bollettino del Centro Internazionale di Studi di Architettura 'A Palladio'* VII, 1965, part 2, pp. 126-52

—, *Palladio and English Palladianism*, London 1974 (²1984)

WOLSDORFF, Christian Ferdinand, *Untersuchungen zu englischen Veröffentlichungen des 17. und 18. Jahrunderts, die Probleme der Architektur und des Bauens behandeln* (diss. 1978), Bonn 1982

g. 19—20 世纪: 一般性文献 (Nineteenth and twentieth centuries: general)

BANDMANN, Günter, 'Der Wandel der Materialbewertung in der Kunsttheorie des 19. Jahrhunderts', in: Helmut Koopmann and J. Adolf Schmoll (Eisenwerth) (ed.), *Beiträge zur Theorie der Künste im 19. Jahrhundert*, vol. I, Frankfurt 1971, pp. 129-57

BANHAM, Reyner, *Theory and Design in the First Machine Age*, London 1960

BENEVOLO, Leonardo, *Storia dell'architettura moderna* (1960), Rome-Bari 1977

BOLLEREY, Franziska, *Architekturkonzeption der utopischen Sozialisten*, Munich 1977

CHOAY, Françoise, *The Modern City: Planning in the 19th Century*, New York 1969

COLLINS, Peter, *Changing Ideals in Modern Architecture 1750-1950* (1965), London 1967

DE FUSCO, Renato, *L'idea di architettura. Storia della critica da Viollet-le-Duc a Persico* (1968), Milan 1977

FRAMPTON, Kenneth, *Modern Architecture. A Critical History*, London 1980

GIEDION, Sigfried, *Space, Time and Architecture. The growth of a new tradition* (1941), Cambridge, Mass.-London ⁵1967

GRÖTZEBACH, Dietmar, *Der Wandel der Kriterien bei der Wertung des Zusammenhanges von Konstruktion und Form in den letzten 100 Jahren*, diss., TU Berlin, Berlin 1965

HITCHCOCK, Henry-Russell, *Architecture: Nineteenth and Twentieth Century* (1958), Harmondsworth 1971

KÄHLER, Gert, *Architektur als Symbolverfall. Das Dampfermotiv in der Baukunst*, Brunswick-Wiesbaden 1981

MIGNOT Claude, *L'Architecture au XIXᵉ siècle*, Fribourg 1983

PEVSNER, Nikolaus, *Pioneers' of Modern Design. From William Morris to Walter Gropius*, London 1936 (New York ²1949)

—, *Some Architectural Writers of the Nineteenth Century*, Oxford 1772

RAPHAEL, Max, *Für eine demokratische Architektur? Kunstsoziologische Schriften*, ed. Jutta Held, Frankfurt 1976

SARTORIS, Alberto, *Encyclopédie de l'architecture nouvelle*, 3 vols, Milan 1948-56

SCHILD, Erich, *Zwischen Glaspalast und Palais des Illusions*, Frankfurt-Vienna 1967

SCHUMPP, Mechthild, *Stadtbaw-Utopien und Gesellschaft*, Gütersloh 1972

SHARP, Dennis, *Sources of Modern Architecture. A Critical Bibliography* (1967), London ²1981

STEINMANN, Martin (ed.), *CIAM. Dokumente 1928-1939*, Basel-Stuttgart 1979

WATKIN, David, *Morality and Architecture. The Development of a Theme in Architectural History and Theory from the Gothic Revival to the Modern Movement*, Oxford 1977

h. 法国: 19 世纪 (France: nineteenth century)

Cat. Paris-Rome-Athènes, Paris 1982

Cat. Roma Antiqua. 'Envois' degli architetti francesi (1788-1924). L'area archeologica centrale, Rome-Paris 1985

DREXLER, Arthur (ed.), *The Architecture of the Ecole des Beaux-Arts*, London-NewYork 1977

EGBERT, Donald Drew, *The Beaux-Arts Tradition in French Architecture, illustrated by the Grands Prix de Rome*, Princeton 1980

HAUTECOEUR, Louis, *Histoire de l'architecture classique en France*, vols. V-VII, Paris I953-57

MIDDLETON, Robin (ed.), *The Beaux-Arts and nineteenth-century French architecture*, London 1982

MOORE, Richard A., 'Academic Dessin Theory in France after Reorganization of 1863', *Journal of the Society of Architectural Historians* XXXVI, 1977, pp. 145-74

PATETTA, Luciano, *La polemica fra i Goticisti e i Classicisti dell' Académie des Beaux-Arts Francia 1846-47*, Milan 1974

ROSENAU, Helen, 'The Engravings of the Grands Prix of the French Academy of Architecture', *Architectural History* III, 1960, pp. 17-173

VAN ZANTEN, David, *The Architectural Polychromy of the 1830's* (PhD thesis, Harvard Univ. 1970), New York-London 1977

i. 德国: 19 世纪 (Germany: nineteenth century)

BEENKEN, Hermann, Das neunzehnte Jahrhundert in der deutschen Kunst, Munich 1944

—, *Schöpferische Bauideen der deutschen Romantik*, Mainz 1952

BÖRSCH-SUPAN, Eva, *Berliner Baukunst nach Schinkel 1840-1880*, Munich 1977

BRIX, Michael and STEINHAUSER, Monika (ed.), 'Geschichte allein ist zeitgemäß', *Historismus in Deutschland*, Giessen 1978

DÖHMER, Klaus, 'In welchem Style sollen wir bauen ?' Architekturtheorie zwischenKlassizismus und Jugendstil, Munich 1976

GIEDION, Sigfried, *Spätbarocker und romantischer Klassizismus*, Munich 1922

GURLITT, Cornelius, *Die deutsche Kunst des Neunzehnten Jahrhunderts*, Berlin ²1900

³1907 (see also excerpts in: Cornelius Gurlitt, *Zur Befreiung der Baukunst. Ziele und Taten deutscher Architekten im 19. Jahrhundert*, ed. Werner Kallmorgen, Bauwelt Fundamente 22, Gütersloh-Berlin 1969)

HERRMANN, Wolfgang, *Deutsche Baukunst des 19. und 20. Jahrhunderts*, part I: *Von 1770-1840*, Breslau 1932; part 2: *Von 1840 bis zur Gegenwart* (originally planned to appear in 1933), Basel-Stuttgart 1977

MILDE, Kurt, *Neorenaissance in der deutschen Architektur des 19. Jahrhunderts*, Dresden 1981

MUTHESIUS, Stefan, *Das englische Vorbild. Eine Studie zu den deutschen Reformbewegungen in Architektur, Wohnbau und Kunstgewerbe im späteren 19. Jahrhundert*, Munich 1974

j. 英国: 19 世纪 (England: nineteenth century)

CROOK, J. Mordaunt, *The Greek Revival. Neo-Classical Attitudes in British Architecture 1760-1870*, London 1972

DAVEY, Peter, *Arts and Crafts Architecture: The Search for Earthly Paradise*, London-New York 1980

DOBAI, Johannes, *Die Kunstliteratur des Klassizismus und der Romantik in England*, vol. III: *1790-1840*, Bern 1977

HERSEY, George L., *High Victorian Gothic A Study in Associatism*, Baltimore-London 1972

HITCHCOCK, Henry-Russell, *Early Victorian Architecture in Britain*, 2 vots, New Haven, Conn. 1954 (New York ²1972)

JENKINS, Frank, 'Nineteenth-Century Architectural Periodicals', in: John Summerson (ed.), *Concerning Architecture. Essays on Architectural Writers and Writing presented to Nikolaus Pevsner*, London 1968, pp. 153-60

MACAULAY, James, *The Gothic Revival 1745-1845*, London 1975

MACLEOD, Robert, *Style and Society. Architectural Ideology in Britain 1835-1914*, London 1971

MUTHESIUS, Stefan, *The High Victorian Movement in Architecture 1850-1870*, London- Boston 1972

NAYLOR, Gillian, *The Arts and Crafts Movement*, London 1971

OLLARD, S. L., 'The Oxford Architectural and Historical Society and the Oxford Movement', in: *Oxoniensia* V, 1940

PEVSNER, Nikolaus, 'William Morris, C. R. Ashbee und das zwanzigste Jahrhundert', *Deutsche Vierteljahrsschrift für Literaturwissenschaft und Geistesgeschichte*, I4, 1936, pp. 536-62

—, *Some Architectural Writers of the Nineteenth Century*, Oxford 1972

—, *Studies in Art, Architecture and Design. Victorian and After*, London 1968 (²1982)

POSENER, Julius, *Anfänge des Funktionalismus. Von Arts and Crafts zum Deutschen Werkbund (Bauwelt Fundamente II)*, Berlin 1964

WATKIN, David, *The Rise of Architectural History*, London 1980

WHITE, James F., *The Cambridge Movement. The Ecclesiologists and the Gothic Revival*, Cambridge 1962 (²1979)

K. 美国:19 世纪 (United States: nineteenth century)

ANDREWS, Wayne, *American Gothic. Its Origins, Its Trials, Its Triumphs*, New York 1975

AZZI VISENTINI, Margherita, *Il Palladianesimo in America e l'architettura della villa*, Milan 1976

BESTOR, Arthur Eugene, *Backwoods Utopias: The Sectarian Origins and the Owenite Phase of Communitarian Socialism in America*, 1663-1829, Philadelphia ¹1950, ²1970

CONDIT, Carl W., *The Chicago School of Architecture. A History of Commercial and Public Buildings in the Chicago Area, 1875-1925* (¹1964), Chicago-London 1973

EGBERT, Donald Drew, 'The Idea of Organic Expression and American Architecture', in: Stow Persons (ed.), *Revolutionary Thought in America*, New Haven, Conn. 1950, pp. 336-96

FITCH, James Marston, *American Building. The Historical Forces That Shaped It* (¹1947), New York ²1973

GIFFORD, Don, *The Literature of American Architecture*, New York 1966

HAYDEN, Dolores, *Seven American Utopias: The Architecture of Communitarian Socialism, 1790-1975*, Cambridge, Mass.-London ¹1976, ²1977

HITCHCOCK, Henry-Russell, *American Architectural Books. A List of Books, Portfolios, and Pamphlets on Architecture and Related Subjects Published in America before 1895* (¹1946), Minneapolis ²1962 (facs. repr. New York 1976)

—, and SCALE, William, *Temples of Democracy: The State Capitols of the U.S.A.*, New York-London 1976

KAUFMANN, Jr, Edgar (ed.), *The Rise of an American Architecture*, New York-London 1970

KIDNEY, Walter C., *The Architecture of Choice: Eclecticism in America 1880-1930*, New York 1974

MUMFORD, Lewis, *Sticks and Stones. A Study of American Architecture and Civilization* (1924), New York 1955

—, (ed.), *Roots of Contemporary American Architecture* ([1]1952), New York 1972

ROOS, Frank J., 'Writings on American Architecture' ([1]1943); in 2nd ed. entitled *Bibliography of Early American Architecture. Writings on Architecture Constructed Before 1860 in Eastern and Central United States*, Chicago-London 1968

ROTH, Leland M., *America Builds. Source Documents in American Architecture and Planning*, New York 1983

SADLER, Jr, Julius Trousdale, *The Only Proper Style. Gothic Architecture in America*, Boston, Mass. 1975

SCHUYLER, Montgomery, *American Architecture and Other Writings*, 2 vols, Cambridge, Mass. 1961

SCULLY, Vincent J., *The Shingle Style and the Stick Style. Architectural Theory and Design from Richardson to the Origins of Wright*, New Haven, Conn.-London [1]1955, [2]1971

SKY, Alison and STONE, Michelle, *Unbuilt America. Forgotten Architecture in the United States from Thomas Jefferson to the Space Age*, New York 1976

STANTON, Phoebe B., *The Gothic Revival and American Church Architecture 1840-1856, Baltimore*, Maryland 1968

The Shaping of Art and Architecture in Nineteenth-Century America, Metropolitan Museum of Art, New York 1972

l. 德意志及其邻国: 1900 —1945 年 (Germany and its neighbours: 1900-1945)

BOTT, Gerhard (ed.), *Von Morris zum Bauhaus. Eine Kunst gegründet auf Einfachheit*, Hanau 1977

BURCKHARDT, Lucius (ed.), *Der Werkbund in Deutschland, Österreich und der Schweiz*, Stuttgart 1978

CAMPBELL, Joan, *The German Werkbund. The Politics of Reform in the Applied Arts*, Princeton, NJ 1978

Cat. *Zwischen Kunst und Industrie. Der Deutsche Werkbund*, Munich 1975

Cat. 'Funzione e Senso. Architettura - Casa - Città. Olanda 1870-1940', Milan 1979

Cat. *Arbeitrat für Kunst Berlin 1918-1921*, Berlin 1980

Cat. *De Stijl: 1917-1931. Visions of Utopia*, New York 1982

ECKSTEIN, Hans (revised), *50 Jahre Deutscher Werkbund*, Berlin 1958

HÜTER, Karl-Heinz, *Das Bauhaus in Weimar*, Berlin [2]1976

HUSE, Norbert, 'Neues Bauen' *1918 bis 1933*, Munich 1975

JAFFE Hans L. C., *De Stijl 1917-1931. The Dutch Contribution to Modern Art*, Amsterdam 1956

JUNGHANNS, Kurt, *Der Deutsche Werkbund. Sein erstes Jahrzehnt*, Berlin 1982

MARGOLIUS, Ivan, *Cubism in Architecture and the Applied Arts. Bohemia and France 1910-1914*, London 1979

MILLER LANE, Barbara, *Architecture and Politics in Germany, 1918-1945*, Cambridge, Mass. 1968

MÜLLER-WULCKOW, Walter, *Deutsche Baukunst der Gegenwart*, 4 vols, Königstein 1925-1932 (in one vol. under the title *Architektur der zwanziger Jahre in Deutschland*, ed. Reyner Banham, Königstein 1975)

PETSCH, Joachim, *Baukunst und Stadtplanung im Dritten Reich*, Munich 1976

POZZETTO, Marco, *Die Schule Otto Wagners 1894-1912*, Vienna-Munich 1980

STEINGRÄBER, Erich (ed.), *Deutsche Kunst der 20er und 30er Jahre*, Munich 1979

TAYLOR, Robert R., *The Word in Stone. The Role of Architecture in the National Socialist Ideology*, Berkeley-Los Angeles-London 1974

TEUT, Anna, *Die Architektur im Dritten Reich 1933-1945*, Berlin-Frankfurt-Vienna 1967

WINGLER, Hans M., *Das Bauhaus 1919-1933 Weimar, Dessau, Berlin und die Nachfolge in Chicago seit 1937*, Bramsche [1]1962, [2]1968, [3]1975

—, (ed.), *Kunstschulreform 1900-1933*, Berlin 1977

m. 意大利: 1900 —1945 年 (Italy: 1900-1945)

BAUMGARTH, Christa, *Geschichte des Futurismus*, Reinbek 1966

CALVESI, Maurizio, *Il futurismo*, 3 vols, Milan 1967 (*L'arte moderna* 13-15)

Cat. *Il Razionalismo e l'architettura in Italia durante il Fascismo* ed. Silvia Danesi and Luciano Patetta, Venice 1976

Cat. 'Annitrenta. Arte e Cultura in Italia', Milan 1982

CENNAMO, Michele (ed.), *Materiali per l'analisi dell'architettura moderna. La prima Esposizione Italiana di Architettura Razionale*, Naples 1973

—, *Materiali per l'analisi dell'architettura moderna. Il M.I.A.R*, Naples 1976

CIUCCI, Giorgio, 'Il dibattito sull' architettura e la città fasciste, in: Storia *dell'arte italiana*, part II, vol. 3, ed. Federico Zeri, Turin 1982, pp. 263-378

DE SETA, Cesare, *Architettura e città durante il fascismo*, Bari 1971

—, *La cuhura architettonica in Italia tre le due guerre*, Bari [1]1972, Rome-Bari [2]1983

—, *L'architettura del Novecento*, Turin 1981

ESTERMANN-JUCHLER, Margrit, *Faschistische Staatsbaukunst. Zur ideologischen Funktion der Öffentlichen Architektur im faschistischen italien*, Cologne-Vienna 1982

GODOLI, Ezio, *Il futurismo*, Rome-Bari 1983

KRUFT,Hanno-Walter,'Rationalismus in der Architektur-eine Begriffsklärung' ,Architectura 9, 1979, pp. 45-57 (repr. in: *Der Architekt*, April 1981, p. 176-81)

MARIANI, Riccardo, *Fascismo e 'città nuove'*, Milan 1976

MARTIN, Marianne W., *Futurist Art and Theory 1909-1915*, Oxford [1]1968, [2]1978

NICOLETTI, Manfredi, *L'architettura liberty in Italia*, Rome-Bari 1978

PATETTA, Luciano, *'Neo-futurismo,Novecento e Razionalismo. Termini di una polemica nel periodo fascista'*, Controspazio, 4-5, April-May 1971, pp. 87-96

n. 苏联: 1900 —1945 年 (Soviet Union: 1900-1945)

AFANASJEW, K. N., Ideen - Projekte - Bauten. *Sowjetische ArcbiLektur 1917 bis 1952*, Dresden 1973

BATER, James H., *The Soviet City*, London 1980

BORNGRÄBER., Christian,'Ausländische Architekten in der UdSSR: Bruno Taut, die Brigaden Ernst May, Hannes Meyer und Hans Schmidt', in cat. *Wem gehört die Welt-Kunst und Gesellschaft in der Weimarer Republik*, Berlin 1977, pp. 109-42

Cat. *Art in Revolution. Soviet Art and Design Since 1917*, London 1971

Cat. *Tendenzen der Zwanziger Jahre*, Berlin 1977

Cat. *L'Espace urbain en URSS, 1917-1978*, Paris 1978

Cat. *Paris-Moscou 1917-1930*, Paris 1979

Cat. *Architettura nel paese dei Soviet 1917-1933. Arte di propaganda e costruzione della città*, Milan 1982

CHAN-MAGOMEDOW, Selim O., *Pioniere der sowjetischen Architektur. Der Weg zur neuen sowjetischen Archieektur in den zwanziger und zu Beginn der dreißiger Jahre*, Vienna-Berlin 1983

CHAZANOVA, V. E., 'La teoria dell' architettura all' inizio degli anni ' 20' , in: *Rassegna sovietica* XXIV, 1973, 2, pp. 85-124

COHEN, Jean Louis a.o., *URSS 1917-1978: La ville, l'architecture* (French-Ital.), Rome 1979

DE FEO,Vittorio, *URSS. Architettura 1917-1936*, Rome 1963

DE MICHELIS, Marco and PASINI, Ernesto, *La città sovietica 1925-1937*, Venice 1976

DRENGENBERG, Hans-Jürgen, *Die sowjetische Politik auf dem Gebiet der bildenden Kunst von 1917 bis 1934*, Berlin 1972

GRADOW, G. A., *Stadt und Lebensweise*, Berlin 1971

GRAY, Camilla, *The Russian Experiment in Art 1863-1922*, London 1962

JUNGHANNS, Kurt, ' Die Beziehungen zwischen deutschen und sowjetischen Architekten in den Jahren 1917 bis 1933' , *Wissenschaftliche Zeitschrift der Humboldt-Universität zu Berlin* XVI, 1967, Heft 3

KOPP, Anatole, *Ville et Révolution. Architecture et urbanisme soviétiques des années vingt*, Paris 1967 (Engl. ed. New York 1970; Ital. 1972, [2]1977)

—, *L'architecture de la période stalinienne*, Grenoble 1978

LISSITZKY, El, *Die Rekonstruktion der Architektur in der Sowjetunion*, Vienna 1930; new ed. entitled *Rußland:Architektur für eine Weltrevolution (Bauwelt Fundamente 14)*, Berlin-Frankfurt-Vienna 1965

LODDER, Christina, *Russian Constructivism*, New Haven, Conn.-London 1983

QUILICI, Vieri, *L'architettura del costruttivismo*, Bari 1969, Rome-Bari [2]1978

ROSA, Alberto Asor a.o., *Socialismo, città, architeetura URSS 1917-1937. Il contributo degli architetti europei*, Rome 1971, [3]1976

SENKEVITCH, Jr, Anatole, *Soviet Architecture 1917-1962 A Bibliographical Guide to Source Material*, Charlottesville, Va. 1974

SHIDKOVSKY, O. A., *Building in the USSR 1917-1932*, London 1971

STARR, S. Frederick, 'Writings from the 1960s on the Modern Movement in Russia' , *Journal of the Society of Architectural Historians* XXX, 1971, pp. 170-78

—,'OSA: The Union of Contemporary Architects' , in:George Gibian and H. W. Tjalsma (ed.), *Russian Modernism. Culture and the Avant-Garde, 1900-1930*, Ithaca-London 1976, pp. 188-208

STENEBERG, Eberhard, *Russische Kunst Berlin 1919-1932*, Berlin 1969

VOGT, Adolf Max, *Russische und französische Revolutionsarchitektur 1917-1978. Zur Einwirkung des Marxismus und des Newtonismus auf die Bauweise*, Cologne 1974

WHITE, Paul M., *Soviet Urban and Regional Planning. A Bibliography with Abstracts*, London 1980

ZELINSKY, Bodo (ed.), *Russische Avantgarde 1907-1921. Vom Primitivismus zum Kunststruktivismus*, Bonn 1983

o. 美国: 1900 —1945 年 (United States: 1900-1945)

BROOKS, H. Allen, *The Prairie School. Frank Lloyd Wright and His Midwest Contemporaries*, Toronto 1972

CIUCCI, Giorgio a.o., *La città americana dalla guerra civile al New Deal*, Rome-Bari 1973 (Engl. ed. Cambridge, Mass. 1979-London 1980)

CONDIT, Carl W., *The Chicago School of Architecture*, Chicago-London 1964 ([2]1973)

—, Chicago 1910-29. *Building, Planning and Urban Technology*, Chicago-London 1973

GOLDBERGER, Paul, *The Skyscraper*, New York 1981

HITCHCOCK, Henry-Russell and JOHNSON, Philip, *The International Style: Architecture Since 1922*, New York 1932 (new ed. New York 1966)

KAUFMANN, Jr, Edgar (ed.), *The Rise of an American Architecture*, New York-London 1970

KIDNEY, Walter C., *The Architecture of Choice: Eclecticism in America 1880-1930*, New York 1974

Modern Architecture. International Exhibition, Museum of Modern Art, New York 1932 (facs. repr. New York 1969)

MUJICA, Francisco, *History of the Skyscraper*, Paris-New York 1929 (facs. repr. New York 1977)

ROBINSON, Cervin and HAAG BLETTER, Rosemarie, *Skyscraper Style. Art Deco New York*, New York 1975

p. 1945 年以来（Since 1945）

BANHAM, Reyner, 'Revenge of the Picturesque: English Architectural Polemics, 1945- 1965,' in: John Summerson (ed.), *Concerning Architecture. Essays on Architectural Writers and Writing presented to Nikolaus Pevsner*, London 1968, pp. 265-73

BLAKE, Peter, *Form Follows Fiasco. Why Modern Architecture Hasn't Worked*, Boston-Toronto 1977

BROLN, Brent C., *The Failure of Modern Architecture*, New York-London 1976

Cat. *La presenza del passato, Venice 1980*

Cat. *Revision der Moderne. Postmoderne Architektur 1960-1980*, ed. Heinrich Klotz, Munich 1984

Cat. *Idee, Prozeβ, Ergebnis. Die Reparatur und Rekonstruktion der Stadt*, Berlin 1984

CONFORTO, Cina a.o., *Il dibattito architettonico in Italia 1945-1975*, Rome 1977

DIAMONSTEIN, Barbaralee, *American Architecture Now*, New York 1980

HEYER, Paul, *Architects on Architecture. New Directions in America*, New York 1966

JENCKS, Charles A., *The Language of Post-Modern Architecture*, London 1977 (numerous eds and trans.)

KLOTZ, Heinrich, *Architektur in der Bundesrepublik*, Frankfurt-Berlin-Vienna 1977

—, *Moderne und Postmoderne. Architektur der Gegenwart 1960-1980*, Brunswick-Wiesbaden 1984

—, and CROOK, John W., *Conversations with Architects*, New York 1973

KULTERMANN, Udo, *Contemporary Architecture of Japan*, New York 1960

LÜCHINGER, Arnulf, *Structuralism in Architecture and Urban Planning*, Stuttgart 1980

NESTLER, Paolo and BODE, Peter M., *Deutsche Kunst seit 1960. Architektur*, Munich 1976

PEHNT, Wolfgang, German Architecture 1960-1970, New York-Washington, DC 1970

—, *Das Ende der Zuversicht. Architektur in diesem Jahrhundert. Ideen-Bauten- Dokumente*, Berlin 1983

PORTOGHESI, Paolo, Dopo l'architettura moderna, Rome-Bari 1980

—, *Postmodern. The Architecture of the Postindustrial Society*, New York 1982

SANDERSON, Warren (ed.), *International Handbook of Contemporary Developments in Architecture*, Westport, Conn.-London 1981

SPEIDEL, Manfred (ed.), *Japanische Architektur. Geschichte und Gegenwart*, Düsseldorf-Stuttgart 1983

SUN, Chuan-Wen, *Der Einfluβ des chinesischen Konzeptes auf die moderne Architektur, diss.*, Stuttgart 1982

VOGT, Adolf Max a.o., *Architektur 1940-1980*, Frankfurt-Vienna-Berlin 1980

3. 历史上的主题 (Historical topics)

a. 关于柱式的理论（Theory of the Orders）

ACKERMAN, James S., 'The Tuscan/Rustic Order: A Study in the Metaphorical Language of Architecture', *Journal of the Society of Architectural Historians XLII*, 1983, pp. 15-34

BORSI, Franco, 'I cinque ordini architettonici di L. B. Alberti', in: *Studi e documenti di architettura*, n. 1. 1972, pp. 57-130

FORSSMAN, Erik, *Dorisch, jonisch, korinthisch. Studien über den Gebrauch der Säulenordnungen in der Architektur des 16.-18. Jahrhunderts*, Stockholm 1961

JUREN, Vladimir, 'Un Traité inédit sur les ordres d'architecture et le problème des sources du Libro IV de Serlio', *Monuments et Mémoires publiés par l'Académie des Inscriptions et Belles-Lettres 64*, 1981, pp. 195-239

SCHÜTTE, Ulrich, '"Als wenn eine ganze Ordnung da stünde...". Anmerkungen zum System der Säulenordnungen und seiner Auflösung im späten 18. Jahrhundert', *Zeitschrift für Kunstgeschichte 44*, 1981, pp. 15-37

THOENES, Christof and GÜNRTHER, Hubertus, 'Gli ordini architettonici - Rinascità o invenzione?' in: congress proceedings *Roma ʃ l'antico nell'arte a nella cultura del Cinquecento* (Rome 1982), Rome 1985, pp. 261-310

b. 文艺复兴时期维特鲁威的传统（Vitruvian tradition in the Renaissance）

BROWN, Frank E., 'Vitruvius and the Liberal Art of Architecture', *Bucknell Review II, 4*, 1963, pp. 99-107

BURGER, Fritz, 'Vitruv und die Renaissance', *Repertorium für Kunstwissenschaft XXXII*, 1909, pp. 199-218

CIAPPONI, Lucia A., 'Il "De Architectura" di Vitruvio nel primo umanesimo' (ms. Bodl. Auct. F. 5.7), *Italia medioevale e umanistica III*, 1960, pp. 59-99

CONANT, Kenneth J., 'The After-Life of Vitruvius in the Middle Ages', *Journal of the Society of Architectural Historians XXVII*, 1968, pp.

33-38

EBHARDT, Bodo, *Vitruvius. Die zehn Bücher der Architektur des Vitruv und ihre Herausgeber*, Berlin 1918 (facs. repr. New York 1962)

FONTANA, Paolo, 'Osservazioni intorno ai rapporti di Vitruvio colla teorica dell' architettura del Rinascimento', *Miscellanea di Storia dell'Arte in onore di Igino Benvenuto Supino*', Florence 1933, pp. 303-22

HAMBERG, Per Gustaf, 'Vitruvius, Fra Giocondo and the City Plan of Naples', *Acta Archaeologica* 36, 1965, pp.105-125

HEITZ, Carol, 'Vitruve et l' architecture du haut moyen âge', Settimane di Studio del Centro italiano di Studi sull' *Alto Medioevo* XXII, 2, 1974, pp. 725-57

HERSELLE KRINSKY, Carol, 'Seventy-Eight Vitruvius Manuscripts', *Journal of the Warburg and Courtauld Institutes* XXX, 1967, pp. 36-70

HORN-ONCKEN, Alste, *Über das Schickliche. Studien zur Geschichte der Architekturtheorie*, I, Göttingen 1967

KOCH, Herbert, *vom Nachleben des Vitruv*, Baden-Baden 1951

MARIAS, Fernando and BUSTAMANTE, Augustín, *Las ideas artísticas de El Greco*, Madrid 1981 (El Greco' s marginalia to Barbaro's ed. of Vitruvius of 1556)

MARTINES, Giangiacomo, 'Hygino Gromatico: Fonti iconografiche antiche per la ricostruzione rinascimentale della città vitruviana', *Ricerche di Storia dell'Arte* 1-2, 1976, pp. 277-85

MORTET, V., *La mesure et les proportions des colonnes antiques, Mélanges d'archéologie, 1st series*, Paris 1914, pp. 49-65

PEETERS, Félix, 'Le "Codex Bruxellensis" 5253 (b) de Vitruve et la tradition manuscrite du "De Architectura'", *Mélanges dédiés à la mémoire de Félix Grat*, vol. II, Paris 1949, pp. 119-43

PELLATI, Francesco, 'Vitruvio nel Medioevo e nel Rinascimento', *Bollettino del Reale Istituto di Archeologia e Storia dell'Arte* V, 1932, pp. 15-36

ROVETTA, Alessandro, 'Cultura e codici vitruviani nel primo umanesimo milanese', *Arte Lombarda* 60, 1981, pp. 9-14

SCAGLIA, Gustina, 'A Translation of Vitruvius and Copies of Late Antique Drawings In Buonaccorso Ghiberti' s Zibaldone', *Transactions of the American Philosophical Society*, vol. 69, part 1, 1979, pp. 3-30

VAGNETTI, Luigi and MARCUCCL Laura, 'Per una coscienza vitruviana. Regesto cronologico e critico delle edizioni...', *Studi e documenti di architettura* 8, 1978, pp. 11-195

WEYRAUCH, Sabine, *Die Basilika des Vitruv. Studien zu illustrierten Vitruvausgaben seit der Renaissance mit besonderer Berücksichtigung der Rekonstruktion der Basilika von Fano, diss.*, Tübingen 1976

WIRTH, Karl-August, 'Bemerkungen zum Nachleben Vitruvs im 9. und 10. Jahrhundert und zu dem Schlettstädter Vitruv-Codex', Kunstchronik 20, 1967, pp. 281-91

ZOUBOV, Vassili Pavlovitch, 'Vitruve et ses commentateurs du XVIe siècle', *Colloque international de Royaumont 1957*, Paris 1960, pp. 67-90

c. 关于比例的理论 (*Theory of proportion*）

Der 'vermessene' Mensch. Anthropometrie in Kunst und Wissenschaft, Munich 1973

GRAF, Hermann, *Bibliographie zum Problem der Proportionen. Literatur über Proportionen, Maß und Zahl in Architektur, bildender Kunst und Natur*, part I: von 1800 bis zur Gegenwart, Speyer 1958

NAREDI-RAINER, Paul von, 'Raster und Modul in der Architektur der italienischen Renaissance', *Jahrbuch für Ästhetik und allgemeine Kunstwissenschaft* XXIII, 2, 1978, pp. 139-62

—, *Architektur und Harmonie. Zahl, Maß und Proportion in der abendländischen Baukunst*, Cologne 1982

PANOFSKY, Erwin, 'Die Entwicklung der Proportionslehre als Abbild der Stilentwicklung', *Monatshefte für Kunstwissenschaft* XIV, 1921, pp. 188-219 (repr. in: Panofsky, Aufsätze zu Grundfragen der Kunstwissenschaft, Berlin 1964, pp. 169-204)

SPEICH, Nikolaus, *Die Proportionslehre des menschlichen Körpers. Antike, Mittelalter, Renaissance*, Andelfingen 1957

SCHOLFIELD, Peter Hugh, *The Theory of Proportion in Architecture*, Cambridge 1958

STEUBEN, Hans von, *Der Kanon des Polyklet*, Tübingen 1973

d. 关于欧洲筑城术的理论：15 —17 世纪 (*Theory of fortification in Europe: fifteenth to seventeenth century*）

DE LA CROIX, Horst, 'Military Architecture and the Radial City Plan in Sixteenth Century Italy', *Art Bulletin* XLII, 1960, pp. 263-90

—, 'The Literature on Fortifications in Renaissance Italy', *Technology and Culture* IV, 1963, pp. 30-50

—, *Military Considerations in City Planning: Fortifications*, New York 1972

DELBRÜCK, H., *Geschichte der Kriegskunst*, Berlin 1920

HALE, J. R., *Renaissance Fortification. Art or Engineering?*, London 1977

HUBER, Rudolf and RIETH, Renate (ed.), 'Festungen. Der Wehrbau nach Einführung der Feuerwaffen', *Glossarium Artis*, vol. 7, Tfibingen 1979

HUGHES, Quentin, *Military Architecture*, London 1974

JÄHNS, Max, *Geschichte der Kriegswissenschafen, vornehmlich in Deutschland*, 3 vols, Munich-Leipzig 1889-91

MAGGIOROTTI, Leone A., *Architetti e architetture militari*, 3 vols, Rome 1935

MARCONI, Paolo a.o., *La cittià come forma simbolica. Studi sulla teoria dell'architettura nel Rinascimento*, Rome 1973

ROCCHI, Enrico, *Le fonti storiche dell'architettura miSSlitare*, Rome 1908

TOY, Sidney, *A History of Fortification from 3000 BC to AD 1700*, London 1955 (²1966)

e. 哥特复兴 （Gothic Revival）

BAUR, Christian, *Neugotik*, Munich 1981

Cat., *Le 'gothique' retrouvé avant Viollet-le-Duc*, Paris 1979

CLARK, Kenneth, *The Gothic Revival An Essay in the History of Taste* (1928), 1974

EASTLAKE, Charles L, *A History of the Gothic Revival*, London 1872 (repr., ed. J. Mordaunt Crook, Leicester and New York 1970; ed. Alan Gowans, Watkins Glen, N.Y. ¹1975, ²1979)

FRANKL, Paul, *The Gothic. Literary Sources and Interpretations Through Eight Centuries*, Princeton 1960

GERMANN, Georg, *Gothic Revival in Europe and Britain*, London 1972

HESSE, Michael, *Von der Nachgotik zur Neugotik. Die Auseinandersetzung mit der Gotik in der französischen Sakralarchitektur des 16ten, 17ten und 18ten Jahrhunderts (Bochumer Schriften zur Kunstgeschichte*, vol. 3), Frankfurt-Bern-New York 1984

MACAULEY, James, *The Gothic Revival 1745-1845*, Glasgow-London 1975

PANOFSKY, Erwin, 'Das erste Blatt aus dem "Libro" Giorgio Vasaris; eine Studie über die Beurteilung der Gotik in der italienischen Renaissance mit einem Exkurs über zwei Fassadenprojekte Domenico Beccafumis', *Städel-Jahrbuch* VI, 1930, pp. 25- 72 (Engl. trans, in: Panofsky, *Meaning in the Visual Arts*, Garden City, NY 1955, pp. 169ff.)

ROBSON-SCOTT, W. D., *The Literary Background of the Gothic Revival in Germany*, Oxford 1965

WITTKOWER, Rudolf, *Gothic versus Classic. Architectural Projects in Seventeenth Century Italy*, New York 1974

f. 古典主义古代的重新发现 （Rediscovery of Classical antiquity）

Cat., *The Society of Dilettanti*, Weinreb & Breman, London 1968

Cat., *Civiltà del '700 a Napoli*, 2 vols, Florence 1979/80 (cf. esp. contributions by Mario Praz and Fausto Zevi)

Cat., *Pompei e gli architetti francesi dell' Ottocento*, Naples 1981

Cat. Paris-Rome-Athènes. Le voyage en Grèce des architectes français aux XIXᵉ et XXᵉ siècles, Paris 1982

CROOK, J. Mordaunt, *The Greek Revival. Neo-Classical Attitudes in British Architecture 1760-1870*, London 1972

ERICHSON, Johannes, *Antique und Grec. Studien zur Funktion der Antike in der Architektur und Kunsttheorie des Frühklassizismus*, diss. (1975), Cologne 1980

LABORDE, Léon de, Athènes aux XVᵉ, XVIᵉ et XVIIᵉ siècles, Paris 1854

McCARTHY, Michael, 'Documents on the Greek Revival in Architecture', *Burlington Magazine* CXIV, 1972, pp. 760-69

OMONT, Henri, *Athènes au XVIIᵉsiècle*, Paris 1898

PATON, J. Morton, *Chapters in Mediaeval and Renaissance Visitors to Greek Lands*, Princeton, NJ 1951

PEVSNER, Nikolaus and LANG, Suzanne, 'The Doric Revival' (first in: The Architectural Review CIV, 1948), in: Pevsner, *Studies in Art, Architecture and Design*, vol. I, London 1968, pp. 197-211

ROSENBLUM, Robert, *Transformations in Late Eighteenth Century Art* (1967), Princeton, NJ 1970

TUZET, Hélène, *La Sicile au XVIIIᵉ siècle vue par les voyageurs étrangers*, Strasbourg 1955

WEGNER, Max, *Land der Griechen*, Berlin 1943

WEISS, Roberto, *The Renaissance Discovery of Classical Antiquity*, Oxford 1969

—, Medieval and Humanist Greek, Padua 1977

WERNER, Peter, *Pompeji und die Wanddekoration der Goethezeit*, Munich 1970

g. 关于园林的概念 （Concepts of the garden）

BACHMANN, Erich, 'Anfänge des Landschaftsgartens in Deutschland', Zeitschrift für Kunstwissenschaft V, 1951, pp. 203-28

BROWNELL, Morris R., Alexander Pope and the Arts of Georgian England, Oxford 1978

BUTTLAR, Adrian von, *Der Landschafisgarten*, Munich 1980 (²1989)

—, *Der englische Landsitz 1715-1760. Symbol eines liberalen Weltentwurft*, Mittenwald 1982

Cat. *Jardins en France 1760-1820. Pays d'illusion, Terre d'expériences*, Paris 1977

CLARK, H. F., 'Eighteenth Century Elysiums. The Role of "Association" in the Landscape Movement', *Journal of the Warburg and Courtauld Institutes* 6, 1943, pp. 165-89

ERDBERG, Eleanor von, *Chinese Influence on European Garden Structures*, Cambridge, Mass. 1936

ERICHSEN-FIRLE, Ursula, *Geometrische Kompositionsprinzipien in den Theorien der Gartenkunst des 16. bis 18. Jahrhunderts*, diss., Cologne 1971

FINKENSTAEDT, Thomas, 'Der Garten des Königs', in: *Probleme der Kunstwissenschaft*, vol. II, Berlin 1966, pp. 183-209

GERNDT, Siegmar, *Idealisierte Natur. Die literarische Kontroverse um den Landschaftsgarten des 18. und frühen 19. Jahrhunderts in Deutschland*, Stuttgart 1981

HALLBAUM, Franz, *Der Landschafisgarten. Sein Entstehen und seine Einführung in Deutschland dutch Friedrich Ludwig von Sckell*, Munich 1927

HARTMANN, Günter, *Die Ruine im Landschaftsgarten. Ihre Bedeutung für den frühen Historismus und die Landschaftsmalerei der Romantik*, Worms 1981

HAZLEHURST, F. Hamilton, *Jacques Boyceau and the French Formal Garden*, Athens 1966

HENNEBO, Dieter and HOFFMANN, Alfred, *Geschichte der deutschen Gartenkunst*, 3 vols, Hamburg 1962-1965 (facs. repr. 1981)

HIPPLE, Jr, Walter John, *The Beautiful, The Sublime, and The Picturesque in Eighteenth Century Aesthetic Theory*, Carbondale 1957

HUNT, John Dixon and WILLIS, Peter (eds), *The Genius of the Place. The English Landscape Garden 1620-1820*, London 1975

HUSSEY, Christopher, *The Picturesque. Studies in a Point of View*, London 1927 (^{2}1967)

LOVEJOY, Arthur O., 'The Chinese Origin of Romanticism' (first in: *Journal of English and Germanic Philology*, January 1933) in: *Lovejoy, Essays in the History of Ideas* (1948), Baltimore, MA-London ^{5}1970, pp. 99-135

MACDOUGALL, Elisabeth B., 'John Claudius Loudon and the Early Nineteenth Century in Great Britain' (*Dumbarton Oaks Colloquium on the History of Landscape Architecture*, VI), Washington, DC 1980

—, and HAZLEHURST, F. Hamilton (ed.), *The French Formal Garden*, Washington DC 1974

PEVSNER, Nikolaus (ed.), *The Picturesque Garden and Its Influence Outside the British Isles*, Washington, DC 1974

ROMMEL, A., *Die Entstehung des klassischen französischen Gartens im Spiegel der Sprache*, Berlin 1954

WIEBENSON, Dora, *The Picturesque Garden in France*, Princeton, NJ 1978

WITTKOWER, Rudolf, 'English Neo-Palladianism, The Landscape Garden, China and the Enlightenment' (first in: L'arte 6, 1969), in: Wittkower, *Palladio and English Palladianism*, London 1974 (^{2}1984), pp.177-90

II. 原始资料 (Sources)

1. 文选：中世纪 (Anthologies: Middle Ages)

BUCHER, François, Architector, *The Lodge Books and Sketchbooks of Medieval Architects*, vol. I, New York 1979

FRIEDLÄNDER, Paul, *Johannes von Gaza, Paulus Silentiarius. Kunstbeschreibungen justinianischer Zeit*, Berlin-Leipzig 1912 (repr. Hildesheim-New York 1969)

FRISCH, Teresa, G., *Gothic Art 1140-c. 1450*, Englewood Cliffs, NY 1971

LEHMANN-BROCKHAUS, Otto, *Die Kunst des 10. Jahrhunderts im Lichte der Schrifiquellen*, Strasbourg 1935

—, *Schrifiquellen zur Kunstgeschichte des 11. und 12. Jahrhunderts für Deutschland, Lothringen und Italien*, 2 vols, Berlin 1938

—, *Lateinische Schrifiquellen zur Kunst in England, Wales und Schottland vom Jahre 901 bis zum Jahre 1307*, 5 vols, Munich 1955-60

MANGO, Cyril, *The Art of the Byzantine Empire 312-1453*, Englewood Cliffs, NY 1972

MIGNE, J.-P., *Patrologiae cursus completus, Series latina*, 4 vols. Paris 1844-64

MORTET, Victor, *Recueil de textes relatifs à l' histoire de l' architecture et à la condition des architectes en France au moyen âge*, 2 vols, Paris 1911-29

RICHTER, Jean Paul, *Quellen zur byzantinischen Kunstgeschichte*, Vienna 1897

SCHLOSSER, Julius von, *Schriftquellen zur Geschichte der karolingischen Kunst*, Vienna 1892

SHELBY, Lon R., *Gothic Design Techniques. The Fifteenth-Century Design Booklets of Mathes Roriczer and Hanns Schmuttermayer*, London-Carbondale, Ill. 1977

UNGER, Friedrich Wilhelm, *Quellen zur byzantinischen Kunstgeschichte*, Vienna 1878

VALENTINI, Roberto and ZUCCHETTI, Giuseppe, *Codice Topografico della Città di Roma*, 4 vols, Rome 1940-53

2. 文选：15—18世纪 (Anthologies: fifteenth to eighteenth century)

BAROCCHI, Paola (ed.), *Trattati d'arte del Cinquecento*, 3 vols, Bari 1960-62

—, *Scritti d'arte del Cinquecento*, 3 vols, Milan-Naples 1971-77

BORSI, Franco a.o., *Il disegno interrotto. Trattati medicei d'architettura*, 2 vols, Florence 1980

BOTTARI, Giovanni Gaetano, *Raccolta di Lettere sulla Pittura, Scultura ed Architettura.., del secoli XV, XVI e XVII*, 7 vols, Rome 1754-73; ed. Stefano Ticozzi, 8 vols, Milan 1822-25 (repr. of 1822-25 ed. Hildesheim-New York 1976)

BRUSCHI, Arnaldo (ed.), *Scritti rinascimentali di architettura*, Milan 1978

DE FUSCO, Renato, *Il Codice dell'Mrchitettura, Antologia di trattatisti*, Naples 1968

FICHET, Françoise (ed.), *La théorie architecturale à l'âge classique. Essai d'anthologie critique*, Brussels 1979

GAYE, Giovanni (ed.), *Carteggio inedito d'artisti dei secoli XIV, XV, XVI*, 1 vols, Florence 1839-40 (facs. repr. Turin 1961)

LEMONNIER, Henry, Procès-Verbaux de l'Académie Royale d'Architecture, 10 vols, Paris 1911-29

PUPPI, Lionello, *Scrittori vicentini d'architettura del secolo XVI*, Vicenza 1973

SÁNCHEZ-CANTÓN, F. J., *Fuentes literarias para la Historia del Arte Español*, 5 vols, Madrid 1923-41

3.文选: 19—20世纪 (Anthologies: nineteenth and twentieth centuries)

BAROCCHI, Paola (ed.), *Testimonianze e polemiche figurative in Italia. Dal Divisionismo al Novecento*, Messina-Florence 1974

BOWLT, John (ed.), *Russian Art of the Avant-Garde. Theory and Criticism 1902-1934*, New York 1976

CARUSO, L. (ed.), *Manifesti futuristi 1909-1944*, 4 vols, Florence 1980

CECCARELLI, Paolo (ed.), La costruzione della città sovietica, Padua [1]1970, [3]1977

CONRADS, Ulrich (ed.), 'Programme und Manifeste zur Architektur des zo. Jahrhunderts '(*Bauwelt Fundamente* I), Gütersloh-Berlin-Munich [1]1964, [2]1971

DAL CO, Francesco, *Teorie del moderno. Architettura Germania 1880-1920*, Rome- Bari 1982

GASSNER, Hubertus and GILLEN, Eckhardt, *Zwischen Revolutionskunst und sozialistischem Realismus. Dokumente und Kommentare. Kunstdebatten in der Sowjetunion von 1917 bis 1934*, Cologne 1979

GIFFORD, Don (ed.), *The Literature of American Architecture*, New York 1966

KOPP, Anatole, *Architecture et mode de vie. Textes des années vingt en U.R.S.S.*,Grenoble 1979

MUMFORD, Lewis (ed.), *Roots of Contemporary American Architecture* (1952), New York 1972

PATETTA, Luciano, *L'architettura in Italia 1919-1943. Le polemiche*, Milan 1972

POSENER, Julius (ed.), *Anfänge des Funktionalismus. Von Arts und Crafts zum Deutschen Werkbund* (*Bauwelt Fundamente* II), Berlin-Frankfurt-Vienna 1964

ROTH, Leyland M. (ed.), *America Builds. Source Documents in American Architecture and Planning*, New York 1983

SCRIVO, Luigi, *Sintesi del futurismo. Storia e documenti*, Rome 1968

4. 截至1945年的相关著作性文献 (Sources by author to 1945)

ADAM, John, *Vitruvius Scoticus: Being a Collection of Plans and Sections of Public Buildings, Noblemen's, Gentlemen's Houses in Scotland: Principally from the Design of the late William Adam*, Edinburgh n.d. (facs. repr. of 1812 ed. Edinburgh 1980)

ADAM, Robert, *Ruins of the Palace of the Emperor Diocletian at Spalatro in Dalmatia*, London 1764

ADAM, Robert and James, *The Works of Architecture*, London 1773-78; vol. II, 1799; vol. III, 1822 (repr. 1902, 1931, 1959, 1975, 1981)

ADDISON, Joseph and STEELE, Richard (ed.), *The Spectator* (1711-14)

ADLER, Dankmar,'Light in Tall Office Buildings', *Engineering Magazine* 4, 3 September1892, pp. 171-86

—,'The Influence of Steel Construction and Plate Glass Upon Style' in: *The Proceedings of the Thirtieth Annual Convention of the American Institute of Architects*, 1896, pp. 58-64

ALBERTI, Leon Battista, *Opere volgari*, ed. Cecil Grayson, 3 vols, Bari 1960-73

—, *Kleinere kunsttheoretische Schriften*, ed. Hubert Janitschek, Vienna 1877 (facs. repr. Osnabrück 1970)

—, 'Descriptio Urbis Romae', published in: R. Valentini and G. Zucchetti, *Codice Topografico della Città di Roma*, vol. IV, Rome 1953, pp. 209-22; L. Vagnetti,'La "Descriptio Urbis Romae",' in *Quaderno n. I, Università degli Studi di Genova. Facoltàdi Architettura*, 1968, pp. 25-88

—, *De Re Aedificatoria*, Florence 1485 (facs. repr. Munich 1975; cf. Hans-Karl Lück (revised),'*Alberti-Index': Index Verborum*, 3 vols, Munich 1975ff.). First Ital. ed. Cosimo Bartoli, Florence 1550. Critical ed. L. B. Alberti, *L'architettura* (Lat.- Ital.), ed. Giovanni Orlandi, 2 vols, Milan 1966

ALBERTI, Romano, *Origine, et progresso dell'Academia del Dissegno*, Pavia 1604 (facs. repr. Bologna 1978)

ALESSI, Galeazzo, *Il Libro del Misteri. Progetto di pianificazione urbanistica, architettonica e figurativa del Sacro Monte di Varallo in Valsesia (1556-1569)*, ed. Stefania Stefani Perrone, 2 vots, Bologna 1974

—, *Libro di Fortificatione in modo di compendio...*, Ms., Modena, Biblioteca Estense, Fondo Campori (V.L.II.I.), c. 1564-70

ALGAROTTI, Francesco,'Saggio sopra l'architettura' (1756), first in: Francesco Algarotti, *Opere varie*, Venice 1757; Algarotti, *Opere* (17 vols, Venice 1791-94), III, 1791, pp. 3-52; Francesco Algarotti, *Saggi*, ed. Giovanni da Pozzo, Bari 1963, pp.29-52

—,'Lettere sopra l'architettura' (1742-1763), in: Algarotti, *Opere*, vol. VIII, 1794, pp. 209ff.

ALGHISI, Galasso, *Della fortificazioni.., libre tre*, Venice 1570

ALLATIOS, Leo, *De Templis Graecorum recentioribus and De narthece ecclesiae veteris*, Paris-Cologne 1645

AMICHEVOLI, Costanzo, *Architettura civile ridotta a metodo facile e breve*, Turin 1675

AMMANATI, Bartolomeo, *La Città. Appunti per un trattato*, ed. Mazzino Fossi, Rome 1970

ANDRADE, Domingo de, *Excelencias antiguedad, y nobleza de la Arquitectura...* Santiago 1695

ANDRÉ, Yves (Père), *Essai sur le beau, ou l'on examine en quoi consiste précisément le beau dans le physique, dans le moral, dans les ouvrages d'esprit et dans la musique*, Paris 1741 (1759, 1763, 1824, 1827, 1856)

(anon.), 'Dimostrazioni fatte a penna e Regole manoscritte per formar bene de Cinque Ordini d'Architettura' (Paris, Bibl. Nat., ms. ital. 473); Vladimir Juřen,'Un traité inédit sur les ordres d'architecture et le problème des sources du Libro IV de Serlio', *Monuments et Mémoires publiés par l'Académie des Inscriptions et Belles Lettres* 64, 1981, pp. 195-239

ARDEMANS, Teodoro, *Ordenanza de Madrid y otras diferentes...*, Madrid 1720 (1754, 1760, 1765, 1791, 1796, 1798, 1820, 1830, 1844,

1848)

ARFE Y VILLAFANE, Juan de, *De varia commensuración para la Esculptura y Architectura*, Seville 1585 (books III and IV: 1587); further eds. 1675, 1736, 1763, 1773, 1795, 1806; facs. reprs, of 1585 ed., ed. Antonio Bonet Correa, Madrid 1974 (contains only Books I and II); ed. Francisco Iñiguez, Valencia 1979 (also contains Books III and IV)

ARGENVILLE, Antoine-Joseph Dézallier d', *La théorie et la pratique du jardinage...*, Paris 1709 (1713, 1722, 1732, 1747, 1760); facs. repr. of 1760 ed., ed. Hans Foramitti, Hildesheim-New York 1972

ARGENVILLE, Antoine-Nicolas Dézallier d', *Vies des fameux architectes depuis la Renaissance des arts*, Paris 1787 (facs. repr. Geneva 1972)

ASHORE, Charles Robert, *An Endeavour Towards the Teaching of John Ruskin and William Morris*, Campden 1901 (facs. repr. New York 1977)

—, *Crafimanship in Competitive Industry*, Campden 1908 (facs. repr. New York- London 1977)

—, *Should we Stop Teaching Art ?*, London 1911 (facs. repr. New York 1977)

ASPLUND, Gunnar a.o., *Acceptura-Manifesto*, Stockolm 1931

ATTIRET, Jean-Denis, *A Particular of the Emperor of China's Gardens near Pekin*, London 1752

BACHAUMONT, L.-Petit de, *Essai sur la peinture, la sculpture, et l'architecture*, Paris 1751 ([2]1752); facs. repr. of 1752 ed. Geneva 1971

BACON, Francis, *Essays* (first 1597); cf. Bacon's works, ed. J. Spedding, R. L. Ellis and D. D. Heath, 14 vols, London 1857-74 (facs. repr. 1959ff.), vol. 6, 1963

—, *Nova Atlantis*, ed. William Rawley, London 1638 (numerous eds)

BADESLADE, J. and ROCQUE, J., *Vitruvius Britannicus. Volume the Fourth...*, London 1739 (facs. repr., ed. John Harris, New York 1967)

BARBARO, Daniele, *I dieci libri dell'architettura di M. Vitruvio tradutti e commentati da Monsignor Barbaro, eletto patriarca d'Aquileggia*, Venice 1556; enlarged ed., Venice 1567; Latin ed. M. *Vitruvii Pollionis De Architectura Libri Decem, cum commentariis Danielis Barbari*, Venice 1567

—, La pratica della perspettiva.., opera molto utile a Pittori, Scutori e ad Architetti, Venice 1568/69 (facs. repr. Bologna 1980)

BARCA, Pietro Antonio, *Avvertimenti e regole circa l'architettura civile, Scultura, Pittura, Prospettiva e Architettura militare*, Milan 1620

BARDI, Pietro Maria, *Rapporto sull'architettura per Mussolini*, Rome 1931

BARTHÉLÉMY, Jean-Jacques, *Voyage du jeune Anacharsis en Grèce, dans le milieu du quatrième siècle avant l'ère vulgaire*, 7 vols, Paris 1788 (also *Recueil de cartes géographiques, plans, rues et médailles de l'ancienne Grèce relatifs au voyage du jeune Anacharsis*, Paris 1788); Paris [2]1789; some 30 eds and trans, up to the mid- 19th century

BARTHOLOMEW, Alfred, *Specifications for Practical Architecture, Preceded by an Essay on the Decline of Excellence in the Structure and in the Science of Modern English Buildings: With the Proposal for Remedies for these Defects*, London 1840 ([2]1846)

BEHRENS, Peter, *Ein Dokument deutscher Kunst. Die Ausstellung der Künsterkolonie in Darmstadt 1901*, Munich 1901

—, 'Einfluß der Zeit- und Raumausnutzung auf moderne Formentwicklung', in: *Jahrbuch des Deutschen Werkbundes* 1914, pp. 7-10

BÉLIDOR, Bernard Forest de, *Architecture Hydraulique, ou l' art de conduire, d' élever, et de menager les eaux*, 4 vols, Paris 1737-53

BELLAMY, Edward, *Looking backward 2000-1887*, London 1889; ed. Frederic R. White, New York 1956

BELLICARD, J. Ch. see COCHIN, Ch. N.

BELLORI, Giovanni Pietro, *Le vite de' pittori, scultori e architetti moderni*, Rome 1672 (preceded by *L' idea del pittore, dello scultore, e dell' architetto scelta dalla bellezze naturali superiore alla Natura*, 1664); ed. Eugenio Battisti,Genoa 1967; ed. Evelina Borea, Turin 1976

BELLUZZI (Bellucci, Belici),Giovanni Battista, 'Il Trattato delle fortificazioni di terra', ed. Daniela Lamberini, in: Franco Borsi, *Il disegno interrotto. Trattati medicei d' architettura*, Florence 1980, pp.373 ff.

—, *Nuova inventione di fabricar fortezze, di varie forme...* Venice 1598

—, *Diario autobiografico* (1535-1541), ed. Pietro Egidi, Naples 1907 (facs. repr. Bologna 1975)

BENJAMIN, Asher, *The Works of Asher Benjamin From the First Editions*, ed. Everard M. Upjohn, 7 vols, New York 1972

—, The Country Builder's Assistant: *containing a collection of new designs of carpentry and architecture...*, Greenfield 1797 ([2]1798, [3]1800; [4]1805)

—, *The American Builder's Companion: or, a New' System of Architecture particularly adapted to the present style of building in the United States of America*, Boston, Mass. 1806 ([2]1811; [3]1816; [4]1820; [5]1826; [6]1827); facs. repr. of 1827 ed., ed. William Morgan, New York 1969

—, *The Rudiments of Architecture: Being a Treatise on Practical Geometry, on Grecian and Roman Mouldings...*, Boston, Mass. 1814 ([2]1820)

—, *Practice of Architecture. Containing the five orders of architecture and an additional column and entablature...*, New York 1833 ([2]1835; [3]1836; [4]1840; [5]1847; [7]1851)

BERGMANN, L, *Die Schule der Baukunst. Handbuch*, 2 vols, Leipzig 1853

—, *Zehn Tafeln Säulen-Ordnungen nebst Construktion der architektonischen Glieder*, Leipzig n.d. (1853)

BERGMÜLLER, Johann Georg, *Nachbericht zu der Erklärung des geometrischen Maasstabes der Säulenordnungen*, Augsburg 1752

BERKELEY, George, *Alciphron, or the Minute Philosopher*, London 1732

BERKENHOUT, John (?), *The Ruins of Paestum or Posidonia, a City of Magna Graecia...*, London 1767

BERLAGEE, Hendrik Petrus, 'Bouwkunst an impressionisme' in:Architectura 2, 1894, pp. 93-95, 98-100, 105f., 109f. (repr. in: Manfred Bock, *Anfänge einer neuen Architektur*, 's-Gravenhage-Wiesbaden 1983, pp. 383-90)

—, *Gedanken über Stil in der Baukunst*, Berlin 1905

—, *Grundlagen und Entwicklung der Architektur*, Berlin 1908

BERNINI, Gian Lorenzo (M. de Chantelou), *Journal du voyage du Cav. Bernini en France*, ed. L. Lalanne, Paris 1885 (repr. Clamecy 1981); German trans, by Hans Rose: *Tagebuch des Herrn von Chantelou über die Reise der Cavaliere Bernini nach Frankreich*, Munich 1919

BERRETTINI see CORTONA, Pietro da

BERRUGUILLA, Juan Garcia, *Verdadera practica de las resoluciones de la geometria, dobre las tres dimensiones para un perfecto architecto*, Madrid 1747 (facs. repr. ed. Santiago Garma Pons, Murcia 1979)

BERTANI, Giovanni Battista, *Gli oscuri e difficili passi dell' opera jonica di Vitruvio*, Mantua 1558

BERTOTTI SCAMOZZI, Ottavio, *Il Forestiere istruito.., della Città di Vicenza*, Vicenza 1761 (facs. repr. Bologna 1974)

—, *Le fabbriche e i disegni di Andrea Palladio*, 4 vols, Vicenza 1776-83 (²1796; facs. repr. ed. J. Quentin Hughes, Venice-London 1968)

BEUTH, Peter (ed.), *Vorbilder für Fabrikanten und Handwerker*, Berlin 1821-37 (²1863)

BICKNELL, Amos Jackson(ed.), *Bicknell' s Village Builder. Elevations and plans for cottages, villas, suburban residences, farm houses...*, New York 1870 (⁷1886); Supplement to *Bieknell' s Village Builder*, containing eighteen modern designs for country and suburban houses of moderate cost..., New York (c. 1871); facs. repr. of whole work (New York 1878) New York 1979

BLANC, Charles, *Grammaire des arts de dessin: Architecture, sculpture, peinture*, Paris 1867

BLANKENBURG, Friedrich von see SULZER, Johann-Georg

BLONDEL, François, *Cours d' architecture enseigné dans l' Académie Royale d' rchitecture*, Part I, Paris 1675; Parts II-V, Paris 1683 (facs. repr. of 2nd ed. of 1698, Hildeshein; New York 1982)

BLONDEL, Jacques-Francois, *De la Distribution des Maisons de Plaisance, et de la Décoration des édifices en general*, 2 vols, Paris 1737-38 (facs. repr. 1967)

—, *Architecture françois, ou Recueit des plans, élévations, coupes et prowls des églises, maisons royales, palais, hôtels et édifices les plus considérables de Paris*, 4 vols, Paris 1752-1756 (repr. Paris 1904)

—, *Discours sur la nécessité de l' étude de l' architecture*, Paris 1754 (facs. repr. Geneva 1973)

—, *Cours d'architecture ou traité de la Décoration, Distribution ʃ Construction des batiments*, 6 vols of text and 3 vols of plates, Paris 1771-77 (vols 5 and 6 by Pierre Patte)

BLOX(H)AM, Matthew Holbeche, *The Principles of Gothic Architecture Elucidated by Question and Answer*, London 1829 (up to 1882, 11 constantly enlarged eds; later under the title *The Principles of Gothic Ecclesiastical Architecture*)

BLUM, Hans, *Quinque columnarum exacta descriptio*, Zürich 1550

—, *Architectura antiqua das ist Wahrhaffte und eigentliche Contrafacturen etttich alter und schönen Gebeuwen...*, Zürich 1561

BÖCKLER, Georg Andreas, *Manuale Architecturae Militaris oder Hand-Büchlein über die Fortification*, Frankfurt 1645

—, *Compendium Architeeturae civilis*, Frankfurt 1648

—, *Architectura civilis Nova ʃ Antiqua*, Frankfurt 1663 (repr. 1684)

—, *Architectura curiosa nova. Das ist: Neue Ergötzliche Sinn- und Kunstreiche auch nützliche Bau- und Wasser-Kunst...*, Nuremberg 1664 (facs. repr. with introduction by Renate Wagner-Rieger, Graz 1968); Latin ed. 1664 and 1701; 2nd German ed. 1702-04

—, *Schola Militaris Moderna*, Frankfurt 1668 (²1685, ³1706)

—, *Die Baumeisterin Pallas, oder der in Teutschland erstandene Palladius, das ist : Des vortrefflich-Italiänischen Baumeisters Andreae Palladii Zwey Bücher von der Bau-Kunst...*, Nuremberg 1698 (facs. repr. Nördlingen 1991)

BOETTICHER, Carl, *Die Tektonik der Hellenen*, 2 vols, Potsdam 1844-52

—, 'Das Prinzip der hellenischen und germanischen Bauweise hinsichtlich der Übertragung in die Bauweise unserer Tage', *Allgsemeine Bauzeitung* 11, 1846, pp. 111-26

BOFFRAND, Germain, *Livre d' architecture contenant les principes généraux de cet art*, Paris 1745 (facs. repr. with *La figure equestre de Louis XIV* [1743], Farnborough 1969)

BOISSERÉE, Sulpiz, *Ansichten, Risse und einzelne Theile des Doms von Köln...*, Stuttgart 1821; *Geschichte und Beschreibung des Doms von Köln...*, Stuttgart 1823 (Munich 5542); a combined facs. repr. of eds of 1821 and 1842, Cologne 1979

BORROMRO, Carlo, *Instructiones Fabricae et Supellectilis Ecclesiasticae Libri II*, Milan 1577; Ital. ed. S. Carlo Borromeo, *Arte Sacra (De Fabrica Ecclesiae)*, ed. C. Castiglioni and Ca. Marcora, Milan 1952; crit ed. by Paolo Barocchi, in: *Trattati d' arte del Cinquecento*, vol. III, Bari 1962, pp. 1-113

BORROMINI, Francesco, *La Chiesa e Fabrica della Sapienza di Roma*, ed. Sebastiano Giannini, Rome 1720 (facs. repr. ed. Alessandro Artini, no place, no date)

—, *Opus Architectonicum (Opera... cavata da' suoi originali cioè l' Oratorio, e Fabrica per l' Abitazione De PP. del' Oratorio di S. Filippo Neri di Roma...*), Rome 1725; ed. Paolo Portoghesi, Rome 1964

BOSSE, Abraham, *Traité des manières de dessiner les ordres d' architecture antique en toutes leurs parties*, Paris 1664

BOULLÉE, Etienne-Louis, *Architecture. Essai sur l' art; ed. Helen Rosenau: Boullée' s Treatise on Architecture*, London 1953; ed. Jean-Marie Pérouse de Montclos: Etienne-Louis Boullée. Architecture. Essai sur l' art, Paris 1968 (with further writings by Boullée)

BOYCEAU, Jacques, *Traité du jardinage selon les raisons de la nature et de l' art*, Paris 1638

BRAMANTE, Donato (?), ('Prospectivo Melanese'), Antiquariae Prospettiche Romane, c. 1500

BRANCA, Giovanni, *Manuale d'Architettura, breve, e risoluta Pratica, diviso in sei libri*, Ascoli 1629 (Rome 1718, 1757, 1772, 1781; 1783, 1784, 1786); facs. repr. of 1772 ed., Florence 1975

BRANDON, Raphael and Joshua Arthur, *An Analysis of Gothick Architecture: Illustrated by a Series of Upwards of Seven Hundred Examples of Doorways, Windows etc.*, 2 vols, London 1847

BRISEUX, Charles-Etienne, *L'architecture moderne, ou l'Art de bien bâtir pour toutes sortes des personnes*, 2 vols, Paris 1728

—, *L'Art de bâtir des maisons de campagne, ok l'on traite de leur distribution, de leur construction, ς leur décoration*, 2 vols, Paris 1743 (^{2}1761; facs. repr. 1966)

—, *Traité du Beau Essentiel dans les arts Appliqué particulièment à l'Architecture...*, Paris 1752 (facs. repr. Geneva 1974)

BULLANT, Jean, *Reigle généralle al'architecture des cinque manières de colonnes, à scavoir toscane, dorique, ionique, corinthe et composite et enrichi de plusieurs autres à l'exemple de l'antique suivant les reigles et doctrine de Vitruve...*, Paris 1564 (^{2}1568, ^{3}1619)

BULLET, Pierre, *L'architecture pratique, qui comprend le détail du toise ς du Devis des ouvrages...*, Paris 1691 (facs. repr. Geneva 1973); several eds in 18th century

BUNSEN, Christian Carl Josias von, *Die Basiliken des christlichen Roms nach ihrem Zusammenhange mit Idee und Geschichte der Kirchenbaukunst*, 2 vols, Munich 1842-44

BURKE, Edmund, *A Philosophical Enquiry into the Origin of our Ideas of the Sublime and Beautiful*, London 1757; ^{2}1759 (facs. repr. Menston 1970); ed. J. T. Boton 1958

BURLLNGTON, Richard Lord, Fabbriche antique disegnate da Andrea Palladio Vicentino, London 1730 (facs. repr. 1969)

BURNHAM, Daniel H. and BENNETT, Edward, *The Plan of Chicago*, Chicago 1909 (facs. repr. New York 1970)

BUSSLER, Ernst Friedrich (ed.), *Verzierungen aus dem Alterthume*, 21 Hefte, Potsdam Berlin 1806ff.

CALVO, Fabio (Italian trans, of Vitruvius), (ed.), Vicenzo Fontana and Paolo Morchieilo, *Vitruvio e Raffaello. Il'De Architectura' di Vitruvio nella traduzione inedita di Fabio Calvo ravennate*, Rome 1975

CAMPANELLA, Tommaso, *Civitas Solis ('La Città del Sole')* (1602), in: *Scritti scelti di Giordano Bruno e Tommaso Campanella*, ed. Luigi Firpo, Turin ^{2}1968, pp.405 64

CAMPBELL, Colen, *Vitruvius Britannicus, or The British Architect*, vol. I, London 1715; vol. II, London 1717; vol. III, London 1725 (facs. repr. with intro, by John Harris, New York 1967)

—, *Andrea Palladio's Five Orders of Architecture...*, London 1728 (^{2}1729)

CANCRIN, Franz Ludwig von, *Grundlehren der Büirgerlichen Baukunst nach Theorie und Erfahrung vorgetragen*, Gotha 1792

CAPORALI, Giovan Battista, *Architettura con il suo commento et figure, Vetruvio in volgar lingua reportato per M. Gianbatista Caporali di Perugia*, Perugia 1536 (facs. repr. Perugia 1985)

CAPRA, Alessandro, *La nuova Architettura civile, e militare*, Bologna 1678 (Cremona 1717)

CARAMUEL DE LOBKOWITZ, Juan, *Architectura civil recta, y obliqua, considerada y dibuxada en el Templo de Ierusalem... promivada a suma perfecion en el Templo y Palacio de S. Lorenco cerca del Escurial*, 3 vols, Vigevano 1678

CASTELL, Robert, *The Villas of the Ancients Illustrated*, London 1728 (facs. repr. ed. John Dixon Hunt, New York-London 1982)

CASTRIOTTO, Jacomo see MAGGI, Girolammo

CATANEO, Pietro, *I quattro primi libri di architettura*, Venice 1554 (facs. repr. Ridgewood, NJ 1964)

—, *L'architettura*, Venice 1567 (facs. repr. Bologna 1982)

CAUMONT, Arcisse de, 'Sur L'architecture du moyen-âge particulièrement en Normandie', *Mémnoires de la Société des Antiquaires de Normandie* I, 1824, part 2

—, *Cours d'antiquités monumentales*, Paris 1830-41

CAUS, Salomon de, *Hortus Palatinus*, Frankfurt 1620 (facs. repr. Worms 1980)

CAYLUS, Anne-Claude-Philippe de Tubières, *Comte de, Recueil d'Antiquités égyptiennes, étrusques, grecques et romaines*, 7 vols, Paris 1752-67

—, *Abhandlungen zur Geschichte und zur Kunst*, 2 vols, Altenburg 1768-69

CELLINI, Benvenuto, *Della architettura*, in: *Cellini, La Vita, i trattati, i discorsi*, Rome 1967, pp. 565-70

CENNINI, Cennino, *Il libro dell'Arte*, ed. Licisco Magagnato, Vicenza 1971

CERDá, Ildefonso, *Teoria general de la Urbanización y aplicación de sus principios y doctrinas a la Reforma y Ensanche de Barcelona*, 2 vols, Madrid 1867 (facs. repr. Barcelona 1968)

CESARIANO, Cesare, *De Lucio Vitruvio Pollione de Architectura libri decem traducti de Latino in Vulgare affigurati, commentati...*, Como 1521 (facs. repr. Munich 1969; Milan 1981)

CÉSPEDES, Pablo de, *Discurso sobre el Templo de Salomón* (1604); ed. Cean Bermudez in: *Diccionario histórico de los más ilustres profesores de las Bellas Artes en España*, V, Madrid 1800, pp. 316ff.

CHAMBERS, William, *Designs of Chinese Buildings, Furniture, Dresses, Machines, and Utensiles...*, London 1757 (facs. reprs. Farnborough 1970; New York 1980)

—, *Plans, Elevations, Sections, and Perspective Views of the Gardens and Buildings at Kew in Surrey*, London 1763 (facs. repr. Farnborough

1966)

—, *A Treatise on Civil Architecture...*, London 1759; [1]1768; 3rd ed. under the title *A Treatise on the Decorative Part of Civil Architecture*, London 1791 (facs. repr. with intro, by John Harris, New York 1968; Farnborough 1969)

—, A Dissertation on Oriental Gardening, London 1772 (facs. repr. with intro, by John Harris, 1972); enlarged ed. with *An Explanatory Discourse...*, London 1773; French ed. London 1772

CHANDLER, Richard, *Travels in Asia Minor: or: an account of a tour made at the expense of the Society of Dilettanti*, Dublin 1775 (ed. Edith Clay, London 1971)

—, *Travels in Greece: or an account ora tour made at the expense of the Society of Dilettanti*, Oxford 1776

—, and REVETT, Nicholas and PARS, William, *Ionian Antiquities, published with permission of the Society of Dilettanti*, London 1769; *Antiquities of Jonia, published by the Society of Dilettanti*, London 1797

CHERNIKOV, Yakov G., *Konstruktsiya arkhitekturnykh i mashinal' nykh form*, Leningrad 1931 (excerpts in: John E. Bowlt (ed.) *Russian Art of the Avant-Garde. Theory and Criticism 1902-1934*, New York 1976)

—, *Arkhitekturnyye fantasii*, Leningrad 1933

CHOISY, Auguste, *Histoire de l' architecture*, 2 vols, Paris 1899; several eds; facs. repr. of the 1899 ed., Geneva-Paris 1982

COCHIN, CH. N. and BELLICARD, J. Ch., *Observations sur les antiquités d' Herculanum*, Paris 1754 ([2]1755)

COECKE VAN AELST, Pieter, *Die inventie der colummen met haren coronementen ende maten*, Antwerp 1539 (facs. repr. in: Rudi Rolf, *Pieter Coecke van Aelst en zijn architektuuruitgaves van 1539*, Amsterdam 1978)

COLE, Benjamin and HOPPUS, Edward, *Andrea Palladio' s Architecture in Four Books...*, London 1733-35 (1736)

COLONNA, Francesco, *Hypnerotomachia Poliphili, ubi humana omnia non nisi somnium esse docet*, Venice 1499 (several modern facs. eds.); crit. ed. by Giovanni Pozzi and Lucia A. Ciapponi, 2 vols, Padua 1964

COMOLLI, Angelo, *Bibliografia storico-critica dell' Architettura civile*, 4 vols, Rome 1788-92

CONTA, Carl Friedrich Anton von, *Grundlinien der bürgerlichen Baukunst nach HerrnDurand*, Halle 1806

CORDEMOY, Jean-Louis de, *Nouveau Traité de toute l' Architecture ou l' art de bastir ; utile aux entrepreneurs et aux ouvriers.., avec un Dictionnaire des termes d 'Architecture*, Paris 1706 (2nd enlarged ed. with replies to Amédée-François Frézier and *Dissertation sur la maniére dont les églises doivent ê tre bâties*, Paris 1714; facs. repr. of this ed. 1966)

CORNARO, Anise (Writings); in: Giuseppe Fiocco, *Alvise Cornaro. Il suo tempo e le sue opere*, Vicenza 1965

—, *Scritti sull' architettura*, ed. Paolo Carpeggiani, Padua 1980

CORNEWEYLE, Robert, *The Maner of Fortificacion of Cities, Townes, Castelles and Other Places* (1559; Ms., British Museum, Add. Ms. 28030), ed. Martin Biddle, Richmond, Surrey 1972

CORTESI, Paolo, *De Cardinalatu, Città Cortesiana 1510* (Latin-Engl. ed. of book II, chapter 2 'De Domo Cardinalis', in: Kathleen Weil-Garris and John D' Amico, 'The Renaissance Cardinal' s Ideal Palace...', *Memoirs of the American Academy in Rome XXXV*, 1980, pp. 69ff.)

CORTONA, Pietro da (Pietro Berrettini) and OTTONELLI, Giovanni Domenico, *Trattato della pittura, e scultura, uso et abuso loro*, Florence 1652 (ed. Vittorio Casale, Treviso 1973)

CRANE, Walter, *The Claims of Decorative Art*, London 1892

—, *The Bases of Design*, London 1899

—, *Line and Form*, London 1900

CUVLLIÉS, François, *Morceaux de caprices à divers usages*, Munich-Paris 1738, 1745, 1756 (continued by his son up to 1799); part facs. repr. ed. Norbert Lieb, Munich 1981

DANCKERTS, Cornelis see DE BRAY, Salomon

DAVID, Ben, 'Ueber griechische und gothische Baukunst', in: *Die Horen*, vol. III, 8. Stück, 1795, pp. 87-102

D'AVILER, Augustin-Charles, *Cours d' architecture qui comprend les ordres de Vignole...*, Paris 1691 ([2]1696, 1710, 1720); revised by P. J. Mariette, 1735 (further eds 1738,1750, 1756, 1760)

—, *Dictionnaire d' Architecture ou explication de tous les termes*, Paris 1693

DE BRAY, Salomon, *Architectura Moderna ofte Bouwinge van onsen tyt...*, Amsterdam1631 (facs. repr. with intro, by E. Taverne, Soest 1971)

DECKER, Paul, *Gothic Architecture Decorated, Consisting of a Large Collection...*, London1759 (facs. repr. Farnborough 1968)

—, *Chinese Architecture, Civil and Ornamental, Being a Large Collection...*, London 1759 (facs. repr. Farnborough 1968)

DECKER, Paulus, *Fürstlicher Baumeister oder: Architectura Civilis, wie Grosser Fürsten und Herren Palläste... nach heutiger Art auszuzieren; zusemt den Grund-Rissen und Durchschnitten, auch vornehmsten Gemächern und Säälen eines ordentlichen Fürstlichen Pallastes, Augsburg 1711 Deft Fürstlichen Baumeisters Anhang zum Ersten Theil...*, Augsburg 1713; *Deß Fürstlichen Baumeisters oder Architecture Civilis Anderer Theil, welcher Eines Königlichen Pallastes General-Prospect... vorstellet*, Augsburg 1716 (facs. repr. Hildesheim 1978)

—, *Ausführliche Anleitung zur Civilbau-Kunst*, 3 parts, Nuremberg, n.d. (c. 1719/20)

DELAGARDETTE, C. M., *Les Ruines de Paestum ou Poseidonia*, Paris VII 1799)

DE LILLE, J., *Les jardins, ou l' art d' embellir les paysages: poème*, Paris 1782

DELORME, Philibert, *Nouvelles inventions pour bien bastir et a petits fraiz*, Paris 1561 (from 1568 published as appendix to editions of 'Premier tome' as Books X and XI)

—, *Le premier tome de l' architecture*, Paris 1567 (^{2}1568; ^{3}1626, ^{4}1648; facs repr. of 1648 ed. 1894; 1964; ed. Geert Bekaert, Brussels 1981)

DE MARCHI, Francesco, *Della Architettura militare libri tre*, Brescia 1599; Architettura militare, ed. Luigi Marini, 6 vols, Rome 1810

DESGODETS, Antoine, *Les édifices antiques de Rome*, Paris 1682 (^{2}1697); a 2-vol. English- French ed. (ed. George Marshall) appeared in London 1771-95; facs. repr. of 1682 ed.: Portland, Or. 1972

—, *Traité des Ordres d' Architecture* (Ms, Paris, Bibl. de l'Institut de France, Ms. 1031)

—, *Cours d' architecture* (Part II: 'Traité de la commodité de l' architecture, concernant la distribution et les Proportions des Edifices') (Ms, Paris, Bibl. Nat., Cabinet des Estampes, Ha 23 and 23a; Paris, Bibl. de l' Arsenal, Ms. 2545; London, library of the Royal Institute of British Architects, Ms 72)

—, *Traité du toisé des batiments* (Ms, New York, Columbia University, Avery Library, Ms. AA/3101/D 45; AA/3101/D 451)

DIETTERLIN, Wendel, *Architectura von Außtheilung, Symmetria und Proportion der Fünff Seulen und aller darauß volgender Kunst Arbeit von Fenstern, Caminen, Thürgerichten, Portalen, Bronnen und Epitaphien*, Nuremberg 1598 (in parts from 1593; facs. repr. with introduction by Hans Gerhard Evers, Darmstadt 1965; under the title *The Fantastic Engravings of Wendel Dietterlin* with introduction by Adolf K. Placzek, New York 1968)

DIEUSSART, Carl Philipp, *Theatrum Architecture Civilis, in drey Bücher getheilet*, Güstrow1682; Bamberg 1697

DOESBURG, Theo van (ed.), *De Stijl en de Europese architectur (1917-1932)*; facs. repr. 2 vols, Amsterdam 1968

—, *Scritti di arte e di architettura*, ed. Sergio Polano, Rome 1979

—, *Grundbegriffe der neuen gestahenden Kunst* (Bauhausbücher, 1925), ed. Hans M.Wingler, Mainz-Berlin 1966

DOHME, Robert, *Das englische Haus. Eine kultur- und baugeschichtliche Studie*, Brunswick 1888

DONALDSON, Thomas Leverton, *Preliminary Discourse on Architecture*, London 1842

D'ORVILLE, Jacque Philippe, *Sicula, quibus Siciliae Veteris Rudera*, 2 vols, Amsterdam 1764

DOSIO, Antonio, *Roma antica e i disegni di architettura agli Uffizi*, ed, Franco Borsi a.o., Rome 1976 (esp. pp. 109ff.)

DUBUT, Louis-Amboise, *Architecture Civile. Maisons de ville et de campagne de toutes formes et de tous genres...*, Paris 1803 (^{2}1837); facs. repr. of 1803 ed. Unterschneidheim 1974

DU CERCEAU, Jacques Androuet, *XXX Exempla Arcuum, partim ab ipso inventa, partim ex veterum sumpta monumenta*, Orleans 1549

—, *De Architectura... Opus, quo desriptae sunt aedifiorum quinquaginta planè dissimilium ichnographiae, in omnium non modo potentiorum, sed etiam mediocrium ʒ tenuirorum gratiam, quos aedificandi studium oblectat...*, Paris 1558; French ed. *Livre d' architecture.., contenant les plans & dessaings de cinquante bastiments tous differens pour instruire ceux qui desirent bastir, soient de petit, moyen, ou grand estat...*, Paris 1559 (facs. repr. including Books II and III Ridgewood, NJ 1965)

—, *Second Livre d' architecture.., contenant plusieurs et diverses ordonnances de cheminees, lucarnes, portes, fonteines...*, Paris 1561

—, *Le premier volume des plus excellents Bastiments de France*, Paris 1576; *Le second volume des plus excellents Bastiments de France*, Paris ff77 (facs. rpr. 1972)

—, *Livre d' architecture.., auquel sont contenues diverses ordonnances de plants et élévations de bastiments de Seigneurs... qui voudront bastir aux champs...*, Paris 1582

DÜRER, Albrecht, *Underweysung der Messung mit dcm Zirckel und Richtscheyt*, Nuremberg 1525 (2nd ed. Nuremberg 1538)

—, *Etliche underricht, zu befestigung der Stett, Schloß, und flecken*, Nuremberg 1527 (facs. reprs. Farnborough, 1972; ed. A. E. Jäggli, Dietikon 1971); Latin ed. Paris 1535

DUMONT, G. P. M., *Suite de plans, coupes, profiles.., de Pesto... mesurés et dessinés par J. G. Soufflot architecte du roy en 1750*, Paris 1764

—, *Les Ruines de Paestum... Traduction libre de l' anglois imprimé à Londres en 1767...*, London-Paris 1769

DUPERRON, *Discours sur la peinture et sur l' architecture dédié à Madame de Pompadour*, Paris 1758 (facs. repr. Geneva 1973)

DURAND, Jean-Nicolaus-Louis, *Recueil et parallèle des édifices de tous genre, anciens et modernes*, Paris 1800 (enlarged ed. by J. G. Legrand: *Raccolta e paralello delle fabriche classiche di tutti i tempi...*, Venice 1833); facs. repr. of French ed. by Legrand of 1842, Nördlingen 1986

—, *Précis des leçons d' architecture données à l' Ecole Polytechnique*, 2 vols, Paris 1802- 1805; revised ed. Paris 1817-19; *Partie graphique des Cours d' Architecture*, Paris 1821 (facs. repr. of vols of 1817, 1819 and 1821, Unterschneidheim 1975)

EIDLITZ, Leopold, *The Nature and Function of Art, More Especially of Architecture*, London-New York 1881

ERASMUS, Georg Caspar (anonymous title-page; author identified in foreword), *seulenbuch Oder Gründlicher Bericht Von den Fünf Ordnungen der Architectur-Kunst... dutch Einen Liebhaber der Edlen Architectur-Kunst an den Tag gegeben*, Nuremberg 1672(^{2}1688)

ERCOLANI, Giuseppe Maria ('opera di Neralco P.A.'), *I tre ordini d' architettura dorico, jonico, e corintio, presi dalle Fabbriche pi ù celebri dell' Antica Roma, e posti in uso con un nuovo esattissimo metodo*, Rome 1744

ERRARD, Jean (de Bar-le-Duc), *La Fortification reduicte en art et demonstrée*, Paris 1600

EVELYN, John, *The Diary of John Evelyn*, ed. E. S. Beer, 6 vols, Oxford 1955 See also FRÉART DE CHAMBRAY

FÉLIBIEN, André, *Des Principes de l' Architecture, de la Sculpture, de la Peinture*, Paris 1676 (^{2}1690; ^{3}1699; facs. repr. of 1699 ed., 1966)

FÉLIBIEN, Jean-François, *Recueil Historique de la vie et des ouvrages des plus célèbres architectes*, Paris 1687; later eds; German trans. Hamburg 1711 (facs. repr. Leipzig 1975); Berlin 1828

FERGUSSON, James, *An Historical Enquiry in the True Principles of Beauty in Art, more especially with Refrence to Architecture*, London 1849

—, *The Illustrated Handbook of Architecture: being a concise and popular account of the different styles of architecture prevailing in all ages and countries*, 2 vols, London 1855

—, *A History of Modern Styles in Architecture*, London 1862

—, *A History of Architecture*, 4 vols, London 1865-76

FERRAN, Albert, *Philosophie de la Composition Architecturale*, Paris 1955

FILARETE (Antonio Averlino), *Trattato di architettura*, 2 vols, ed. Anna Maria Finoli and Liliana Grassi, Milan 1972; earlier partial eds. Wolfgang yon Oettingen (ed.), *Antonio Averlino Filarete's Tractat über die Baukunst*, Vienna 1890; Engl. transl. with facs. of Cod. Magl. II, I, 140, Florence, Bibl. Nat., ed. John R. Spencer, *Filarete's Treatise on Architecture*, 2 vols, New Haven, Corm-London 1965

FISCHER VON ERLACH, Johann Bernhard, *Entwurff Einer Historischen Architectur*, Vienna 1721 (very reduced-size repr. with afterword by Harald Keller, Dortmund 1978); 2nd ed. Leipzig 1725 (facs. repr. 1964); 3rd ed. Leipzig 1742

FLAMAND, Claude, *Le guide des fortifications et conduite militaire pour bien se défendre*, Montbéliard (Mömpelgard) 1597 (²1611)

FLETCHER, Banister, *History of Architecture on the Comparative Method for the Student, Craftsman, and Amateur*, London 1896 (numerous eds: ¹⁵1950)

FONDA, Girolamo, *Elementi di architettura civile, e militare ad uso del Collegio Nazareno*, Rome 1764

FONTAINE, Pierre-François-Léonard see PERCIER, Charles

FOURIER, Charles, *Théorie de l'unité universelle* (1822), in: Fourier, *Oeuvres complétes*, vols. II-V (1841-42), Paris 1966

FRANCINI, Alessandro, *Livre d'architecture contenant plusieurs portiques de différentes inventions, sur les cinq ordres de Colonnes*, Paris 1631 (facs. repr. with Engl. transl. by Robert Pricke (1669),1966)

FRÉART DE CHAMBRAY, Roland, *Paraléle de l'architecture antique et de la moderne: avec un recueil des dix principaux autheurs qui ont écrit des cinq Ordres...*, Paris 1650 (²1702)

—, (translation)Andrea Palladio, *Les quatre livres de l'architecture*, Paris 1650 (facs. repr., ed. François Hebert-Stevens, Paris 1980)

FRÉMIN, Michel de, *Mémoires critiques d'architecture contenans l'idée de la vray ξ de la fausse Architecture*, Paris 1702 (facs. repr. Farnborough 1967)

FRÉZIER, Amédée-François, *La Théorie et la pratique de la coupe des pierres et des bois pour la construction des voûtes et autres parties des bâtiments civiles et militaires,ou Traité de Stéréometrie,à l'usage de l'architecture* (Appendix: 'Dissertation historique et critique sur les ordres de l'architecture', 1738), Strasbourg 1737-39(facs. repr. Noyent-Le-Roi 1980)

FRISI, Paolo, *Saggio sopra l'architettura gotica*, Livorno 1766; in German trans, included in Herder, ed., *Von deutscher Art und Kunst* (1773) (cf. new ed. by Dietrich Irmscher, Stuttgart 1968, pp. 105ff.)

FURTTENBACH, Joseph, *Architectura Civilis, das ist, Eigentlich Beschreibung wie man nach bester Form und gerechter Regul Fürs Erste Palläst... erbawen soll...*, Ulm 1628 (facs. repr. in: Hans Foramitti, ed., Joseph Furttenbach, *Architectura civilis...*, Hildesheim-New York 1971)

—, *Architectura universalis, das ist von Kriegs-, Statt- und Wasser Gebäwen...* , Ulm 1635

—, *Architectura recreationis, das ist von Allerhand Nutzlich und Erfrewlichen Civilischen Gebäwen...*, Augsburg 1640 (facs. repr. in: Foramitti, ed., op. cit., 1971)

—, *Architectura privata, das ist die gründtliche Beschreibung neben conterfetischer Vorstellung, inn was Form und Manier ein gar Irregular, Burgerliches Wohn-Hauß...*, Augsburg 1641, (facs. repr. in: Foramitti, ed., op. cit., 1971)

FURTTENBACH the Younger, *Joseph, Feriae Architectonicae*, 1649

GALIANI, Berardo, *L'architettura di M. Vitruvio Pollione* (Latin-Ital. ed.), Naples 1758(Siena ²1790)

GALLACCINI, Teofilo, *Trattato sopra gli errori degli architetti* (1625), ed. Giovanni Antonio Pecci, Venice 1767 (facs. repr. 1970)

—, c.f. also VISENTINI, Antonio

GALLI BIBIENA, Ferdinando, *L'architettura civile preparata su la geometria, e ridotta alle prospettive, considerazioni pratiche...*, Parma 1711 (facs. repr. ed. Diana M. Kelder, New York 1971)

—, *Direzione a giovani studenti nel disegno dell'architettura civile...*, Bologna 1725(1731, 1745, 1753, 1777)

GALLI BIBIENA, Giuseppe, *Architetture, e Prospettive*, Augsburg 1740 (facs. repr. withintroduction by A. Hyatt Mayor under the title *Architectural and Perspective Designs*, New York 1964)

GAN, Alexey, *Konstructivism* (Russian), Moscow 1922

GARBETT, Edward Lacy, *Rudimentary Treatise on the Principles of Design in Architectures Deducible from Nature and Exemplified in the Works of the Greek and Gothic Architects*, London 1850

GARCÍA, Simón,' Compendio de Architetura y simetría de los Templos conforme a la medida del cuerpo humano...Año de 1681' (Madrid, Bibl. Nac., Ms. 8884); ed.José Camón, *Compendio de architectura y simetria de los templos por Simón García año de 1681*, Salamanca 1941

GARNIER, Charles, *Le Théatre*, Paris 1871

—, *Le nouvel Opéra de Paris*, 4 vols, Paris 1878-81

GARNIER, Tony, *Une cite industrielle. Etude pour la construction des villes*, Paris 1917 (²1932)

—, *Les Grands Traveaux de la Ville de Lyon*, Paris 1920

GAUDI, Antoni, *La seva vida. Les seves obres. La seva mort*, Barcelona 1926

GEDDES, Patrick, *City Development. A Study of Parks, Gardens, and Culture-Institutes.A Report to the Carnegie Dunfermline Trust*, Edinburgh-Birmingham 1904 (facs. repr., Shannon 1973-New Brunswick, NJ 1973)

—, *Town Planning toward City Development: A Report to the Durbar of Indore*, 2vols, Indore 1918

GENTZ, Heinrich (ed.), *Elementar-Zeichenwerk zum Gebrauch der Kunst- und Gewerbe-Schulen der Preußischen Staaten*, Berlin 1803-06

GERBIER, Balthasar, *A Brief Discourse, Concerning the Three Chief Principles of Magnificent Building...*, London 1662

—, *Counsel and Advise to all Builders...*, London 1663; facs. repr. (together with Thomas Willford, *Architectonicae, or the Art of Building*, London 1659) 1969

GHIBERTI, Buonaccorso (trans. of Vitruvius); ms in his 'Zibaldone' (Florence, Nat. Lib., Cod. Banco Rari 228); repr. in: Gustina Scaglia, 'A Translation of Vitruvius and Copies of Late Antique Drawings in Buonaccorso Ghiberti's Zibaldone', *Transactions of the American Philosophical Society*, vol. 69, part I, 1979, pp.19-30

GHIBERTI, Lorenzo, *I Commentari, ed. Julius von Schlosser entitled Lorenzo Ghiberti's Denkwürtigkeiten*, 2 vols, Berlin 1912; ed. Ottavio Morisani, 1947

GIBBS, James, *A Book of Architecture containing Designs of Buildings and Ornaments*, London 1728 (facs. repr. New York 1968); London ²1739

—, *Rules for Drawing the Several Parts of Architecture...* London 1732 (facs.repr.Farnborough 1968); London ²1738; ³1753

—, 'Cursory Remarks' and 'A Short Accompt of Mr. James Gibbs Architect And of several things he built in England & after his return from Italy', ms., London, Sir John Soane's Museum

GIL, Rodrigo (de Hontañon) see GARCÍA, Simón

GILLY, David, *Handbuch der Land-Bau-Kunst vorzüglich in Rücksicht auf die Construction der Wohn- und Wirtschafisgebäude für angehende Cameral-Baumeister und Oeconomen*, Parts I and II, Berlin 1797-98; Brunswick ²1800; Part III, Halle 1811; Brunswick ⁵1831; Leipzig-Halle ⁶1836

—,(ed.), *Sammlung nützlicher Aufsätze und Nachrichten, die Baukunst betreffend. Für angehende Baumeister und Freunde der Architektur*, vols. 1-6, 1797-1806

GILPIN, William, *A Dialogue upon the Gardens of the Right Honourable the Viscount Cobham at Stow...*, London 1748

—, *Observations...*, London 1782ff.; *Three Essays: On the Picturesque Beauty...*, London 1792 (²1794)

GINZBURG, Moisey Yakovlevich, *Stil' i epokha*, Moscow 1924; Ital. ed. in: Moisej Ja.Ginzburg, *Saggi sull' architettura costruttivista*, ed. Emilio Battisti, Milan 1977

—, *Ritm v arkhitekture*, Moscow 1923; Ital. ed. in: Ginzburg, ed. Emilio Battista(1977)

—, *Zhilishchiy opyt pyatiletney raboty nad problemoy zhilishcha*, Moscow 1934; Ital.ed. in Ginzburg, ed. Emilio Battisti (1977)

GIOCONDO, Fra, M. *Vitruvius per Iocundum solito castigatur factus cum Figuris et tabula ut iam legi et intellegi possit*, Venice 1511

GIOFFREDI, Mario, *Dell' architettura Parte prima nella quale si tratta degli Ordini dell' Architettura de Greci, e degl' Italiani, e si danno le regole più spedite perdesignarli*, Naples 1768

GIOLLI, Raffaello, *L' architettura razionale*, ed. Cesare De Seta, Bari 1972

GIORGI, Francesco, *De Harmonia Mundi totius cantica tria*, Venice 1525

—, (memorial volume for S. Francesco della Vigna, 1535), in: Gianantonio Moschini, *Guida per la Città de Venezia*, vol. I, Venice 1815, pp. 55-61; Antonio Foscari and Manfredo Tafuri, *L' armonia e i conflilti. La chiesa di San Francesco dellaVigna nella Venezia del' 500*, Turin 1983, pp. 208-12

GIRARDIN, René-Louis de, *De la composition des paysages ou des moyens d' embellir la nature...*, Paris 1777 (ed. Michel H. Conan, Paris 1979)

GIUSTINIANI, Vincenzo, *Discorsi sulle arti e sui mestieri*, ed. Anna Banti, Florence 1981

GOETHE, Johann Wolfgang von, *Schriften zur bildenden Kunst*, 2 vols, Berlin ed. vols19 and 20, Berlin-Weimar 1973, 1974

GOLDMANN, Nicolaus, *Tractatus de usu proportionatorii*, Leiden 1656

—, *Vollständige Anweisung zu der Civil-Bau-Kunst...* vermehrt von Leonhard Christoph Sturm, Wolfenbüttel 1696 (facs. repr. Baden-Baden-Strasbourg 1962); 2ⁿᵈ ed. enlarged with *Erste Ausübung der Vortrefflichen und Vollständigen Anweisung zu der Civil-Bau-Kunst Nicolai Goldmanns... herausgegeben von Leonhard Christoph Sturm*, Brunswick 1699; 3rd ed.: Leipzig 1708

GRAPALDI, Francesco Mario, *De Partibus Aedium. Addita modo Verborum explicatione*, Parma 1494 (numerous eds up to Dordrecht 1618)

GREENHOUGH, Horatio, 'American Architecture', in: *United States Magazine and Democratic Review* 13, 1843, pp. 206-10

—, *The Travels, Observations and Experience of a Yankee Stonecutter* (publ. underthe pseudonym Horace Bender), New York 1852

—, *Form and Function. Remarks on Art, Design and Architecture*, ed. Harold A. Small, Berekeley-Los Angeles-London 1947 (⁶1969)

GROPIUS, Walter, 'Die Entwicklung moderner Industriebaukunst', in: *Jahrbuch des Deutschen Werkbundes* 1913, pp. 17-22

—, *Programm des Staatlichen Bauhauses in Weimar*, Weimar 1919

—, *Internationale Architektur (Bauhausbücher)*, Munich 1925; ²1927 (facs. repr. Mainz 1981)

—, *Bauhausbauten Dessau (Bauhausbücher)*, Fulda 1930 (facs. repr. Mainz-Berlin1974)

—, *The New Architecture and the Bauhaus*, London 1935

—, *The Scope of Total Architecture*, New York 1955

GRZIMEK, G., *Gedanken zur Stadt- und Landschaftsarchitektur seit Friedrich Ludwig von Sckell*, Munich 1973

GUADET, Julien, *Eléments et théorie de l' Architecture. Cours professé à l' Ecole Nationale et Spéciale des Beaux-Arts*, 4 vols, Paris 1901-

04 (1929-30)

GUARINI, Guarino, *Modo di misurare le fabbriche*, Turin 1674

—, *Trattato di fortificazione che hora si usa in Fiandra, Francia, e Italia...*, Turin 1676

—, *Dissegni d' Architettura civile et ecclesiastica inventati, e delineati dal padre D. Guarino Guarini...*, Turin 1686 (repr. as appendix in: Daria De Bernardi Ferrero, *I 'Disegni d' architettura civile et ecclesiastica' di Guarino Guarini*, Turin 1966)

—, *Architettura civile*, 2 vols, Turin 1739 (facs. repr. London 1964); crit. ed. Guarino Guarini, *Architettura civile*, ed. Nino Carboneri and Bianca Tavassi La Greca, Milan 1968

GUTENSOHN, J. G. and KNAPP, J. M., *Denkmale der christlichen Religion, oder Sammlung der ältesten christlichen Kirchen oder Basiliken Roms vom 4ten bis zum 13ten Jahrhundert*, Tübingen-Stuttgart 1822-27

GWILT, Joseph, *Rudiments of Architecture, Practical and Theoretical*, London 1826 (^{2}1835; ^{3}1839; ^{4}1899)

—, *An Encyclopaedia of Architecture, Historical, Theoretical, and Practical*, London 1842 (1945, 1954, 1859; ed. Wyatt Papworth: 1867, 1876, 1899)

HÄRING, Hugo, *Schriften, Entwürfe, Bauten*, ed. Jürgen Joedicke, Stuttgart 1965

HALFPENNY, William, *New Designs for Chinese Temples, Triumphal Arches, Garden Seats...*, London 1750; Parts II to IV (together with John Halfpenny) 1751-52; 2nd ed. entitled *Rural Architecture in the Chinese Taste...*, London 1752 (^{3}1755)

—, and HALFPENNY, John, *Chinese and Gothic Architecture properly Ornamented...*, London 1752

—, and HALFPENNY, John and MORRIS, Robert and LIGHTOLER, Thomas, *The Modern Builder' s Assistant; Or, a concise Epitome of the Whole System of Architecture*, London 1742; 2 (facs. repr. Farnborough 1971)

HAMILTON, William (P. F. H. d'Hancarville), *Collection of Etruscan, Greek and Roman antiquities...*, 4 vols, Naples 1766-67

—, (ed. Wilhelm Tischbein), *Collection of engravings from ancient vases mostly of pure Greek workmanship...*, 3 vols, Naples 1791-95

HARTMANN, Daniel, *Burgerliche Wohnungs Baw-Kunst...*, Basel 1673 (^{2}1688)

HAUSSMANN, Georges, *Mémoires*, 3 vols, Paris 1890-93

HEINRICH, VON SACHSEN, *Fürstliche Bau-Lust, nach dero eigenen hohen Disposition*, Glücksburg 1698

HÉNARD, Eugène, *Etudes sur les transformations de Paris*, 8 fasc. Paris 1903-09

—, 'The Cities of the Future', in : *Transactions: Town Planning Conference*, London 10-15 October 1910, London 1911, pp. 357-67

—, *Etudes sur les transformations de Paris. Et autres écrits sur l' urbanisme*, ed. John Louis Cohen, Paris 1982

HERRERA, Juan de, *Discurso de la Figura Cúbica*; ed. Julio Rey Pastor, Madrid 1935; ed. Edison Simons and Roberto Godoy, Madrid 1976

—, *Sumario y breve declaración de los diseños y estampas de la fábrica de San Lorenzo el Real del Escurial*, Madrid 1589; ed. Luis Cervera Vera, Madrid 1954

HILBERSEIMER, Ludwig, *Großstadtarchitektur*, Stuttgart 1927 (^{2}1978)

HIRSCHFELD, Christian Cay Lorenz, *Anmerkungen über die Landhäuser und die Gartenkunst*, Frankfurt-Leipzig 1773 (^{2}1779)

—, *Theorie der Gartenkunst*, Frankfurt-Leipzig 1775 (^{2}1777)

—, *Theorie der Gartenkunst*, 5 vols, Leipzig 1779-1785 (facs. repr. with intro, by Hans Foramitti, 2 vols, Hildesheim-New York 1973); French ed. *Théorie de l' art des Jardins*, Leipzig 1779-1785 (facs. repr. Geneva 1973)

HIRT, Aloys, *Die Baukunst nach den Grundsätzen der Alten*, Berlin 1809 (later ed.entitled *Die Geschichte der Baukunst bei den Alten*, 3 vols, Berlin 1821-27)

HITTORFF, Jakob Ignaz, *Restitution du Temple d' Empédocle à Sélinonte ou l' Architecture polychrome chez les Grecs*, Paris 1851

—, and ZANTH, Karl Ludwig Wilhelm von, *Architecture antique de la Sicile ou Recueil des plus intéressants monuments d' architecture des villes et des lieux, les plus remarquables de la Sidle ancienne, mesurés et déssinés...*, Paris 1828

HÖSCH, Hans, Geometria Deutsch; published by Carl Heideloff, *Die Bauhütte des Mittelalters in Deutschland*, Nuremberg 1844, pp. 95-9

HOFFSTÄDT, Friedrich, *Gothisches A-B-C-Buch, das ist: Grundregeln des gothischen Styls für Künstler und Werkleute*, Frankfurt 1840-63

HOGARTH, William, *The Analysis of Beauty*, London 1753

HOLL, Elias (family chronicle); Christian Meyer (ed.), *Die Selbstbiographie des Elias Hoil*, Augsburg 1873; Christian Meyer (ed.), *Die Hauschronik der Familie Holl*, Munich 1910

—, 'Geometrie- und Meßbuch', ms, Augsburg, Städt. Kunstsammlungen, Graph. Sammlung, Inv. Nr. 11216

HOLLANDA, Francisco de, 'Desenhos das Antigualhas que vio Francisco d' ollanda'; ed.Archille Pellizzari, *Opere di Francisco de Hoilanda*, II, Naples 1915; ed. Elias Tormo, Madrid 1940

—, *Da Fabrica que falece La Cidade de Lysboa* (1571); ed. Joaquim de Vasconcellos, Oporto 1879; ed. Jorge Segurado, *Francisco D' ollanda*, Lisbon 1970

HOME, Henry (Lord Kames), *Elements of Criticism*, 3 vols, Edinburgh 1762

HOPE., Thomas, *Observations on the Plans and Elevations designed by James Watt, Architect, for Downing College, Cambridge, in a letter to Francis Annesley, esq., M.P.*, London 1804

—, *Household Furniture and Interior Decoration executed from Designs by Thomas Hope*, London 1807 (facs. reprs. London 1937 (without text); London 1947 (without text); with intro, by Clifford Musgrave, London 1970; with intro, by David Watkin, New York 1971)

—, *An Historical Essay on Architecture by the late Thomas Hope, illustrated by drawings by him in Italy and Germany*, 2 vols, London 1835

(⁴1843); French ed.Paris-Brussels 1839 (²1852); Ital. ed. 1840

HOUEL, Jean, *Voyage pittoresque des isles de Sicile, de Lipari et de Malta*, 4 vols, Paris1782-87

HOWARD, Ebenezer, Tomorrow: *a Peaceful Path to real Reform, London 1898; entitled Garden Cities of Tomorrow*, London 1902; ed. F. J. Osborn, Cambridge, Mass.-London 1965 (several reprs)

HÜBSCH, Heinrich, *In welchem Style sollen wir bauen?*, Karlsruhe 1828 (facs. repr. with afterword by Wulf Schirmer, Karlsruhe 1984)

ISIDORE OF SEVILLE, *Etymologiarum sive Originum Libri XX*, ed. W. M. Lindsay, Oxford1911 (several reprs)

IZZO, Johann Baptist, *Anfangsgründe der bürgerlichen Baukunst*, Vienna n.d. (1773); Latin ed. Elementa architecturae civilis, Vienna 1784

—, *Anleitung zur bürgerlichen Baukunst. Zum Gebrauche der deutschen Schulen in den kaiserl. Königl. Staaten*, Vienna 1777

JAMNITZER, Wenzel, *Perspectiva Corporum Regularium*, Nuremberg 1568 (facs. repr. Frankfurt 1972)

JANÁK, Pavel, 'The Prism and the Pyramid' (Czech), in: *Umêlecky Měsičník* II, 1911-12, pp. 162-70

JEANNERET, Charles-Edouard see LE. CORBUSIER

JIÉNEZ, Fray Andrés, *Descripción del Real Monasterio de San Lorenzo del Escorial...*, Madrid 1764

JOMBERT, Charles-Antoine, *Architecture moderne ou l'art de bien bâtir*, 2 vols, Paris ¹1728(²1764)

JONES, Owen, *The Polychromatic Ornament of Italy*, London 1846

—, *Grammar of Ornament*, London 1856 (⁹1910)

—,and GOURY, Jules, *Plans, Elevations, Sections and Details of the Alhambra*, 3 vols,London 1836-45 (1842-46)

KENT, William, *The Designs of Inigo Jones...*, 2 vols, London 1727 (facs. repr. 1967); further eds 1735, 1770, 1825

KIESLER, Frederick, *'Kiesler' s Pursuit of an Idea '*, *Progessive Architecture*, July 1961, pp.104-16

KIP, Johannes and KNYFF, Leonard, *Britannia Illustrata, or Views of Noblemen ' s andGentlemen ' s Seats, Cathedrals and Collegiate Churches...*, London 1707 (facs. repr.ed. John Harris, Farnborough 1970; cf. further John Harris, *Die Häuser der Lords und Gentlemen*, Dortmund 1982)

KLEINER, Salomon, *Representation naturelle.., de la Favorite...*, Augsburg 1726; *Representation au naturel des chateaux de Weissenstein au dessus de Pommersfeld, et de celui de Geibach...*, Augsburg 1728; *Representation exacte du chateau..., Marquardsbourg ou Seehof...*, Augsburg 1731 (much reduced repr. of all three volumes with afterword by Harald Keller: Salomon Kleiner, Schönbrunn-Schlösser,Dortmund 1980)

KLENZE. Leo von, *Der Tempel des olympischen Jupiter von Agrigent*, Stuttgart-Tübingen¹1821 (²1827)

—, *Versuch einer Wiederherstellung des toskanischen Tempels nach seinen historischen und technischen Analogien*, in: *Denkschriften der Königlichen Akademie der Wissenschaften zu München für die Jahre 1821 und 1822*, vol. VIII, Munich 1824, pp. 1-86

—, *Anweisung zur Architektur des christlichen Cultus*, Munich 1822 (²1834); facs. repr. of ed. of 1822, ed. Adrian von Buttlar, Nördlingen 1990

—, *Sammlung architektonischer Entwürfe welche ausgeführt oder für die Ausführung entworfen wurden*, Munich 1830ff. (²1847ff.); facs. repr. ed. Florian Hufnagl,Worms 1983

—, *Walhalla in artistischer und technischer Beziehung*, Munich 1842

KNITGHT, Richard Payne, *The Landscape, A Didactic Poem, in Three Books*, London 1794(²1795; facs. repr. of this ed. Farnborough 1972)

—, An Analytical Inquiry into the Principles of Taste, London 1805 (²1805; ³1806; ⁴1808; facs. repr. of the 1808 ed. Farnborough 1972)

KRAMMER, Gabriel, *Architectura Von den fünf Seulen sambt iren Ornamenten und Zierden...*, Cologne 1600; Prague 1606

KRUBSACIUS, Friedrich August, 'Betrachtungen über den Geschmack der Alten in derBaukunst', in: *Neuer Büchersaal der schönen Wissenschaften und freyen Künste* IV, 1747, pp. 411-28

KUGLER, Franz, *über die Polychromie der griechischen Architektur und Skulptur und ihre Grenzen*, Berlin 1835 (with supplementary material in: Kugler, *Kleine Schriften und Studien zur Kunstgeschichte*, Part I, Stuttgart 1853, pp. 265ff.)

—, *Handbuch der Kunstgeschichte* (1842), ed. Wilhelm Lübke, 2 vols, Stuttgart 1872

LABACCO, Antonio, *Libro appartenente al' architettura nel qual si figurano alcune notabili antiquità di Roma*, Rome 1552

LABROUSTE, Henri, *Temples de Paestum par Labrouste. Restauration des monuments antiques par les architectes pensionnaires de France à Roma*, Paris 1877

LACHLER (Lechler), Lorenz, *Unterweisung* (written in 1516); published by August Reichensperger, *Vermischte Schriften Über christliche Kunst*, Leipzig 1856, pp. 133-55

LA FONT DE SAINT-YENNE, *Examen d' un essai sur l' architecture*, Paris 1753 (facs. repr.Geneva 1973)

LA HIRE, Philippe de, 'Architecture civile', Ms. (London, Library of Royal Institute of British Architects, ms. 725)

LANGLEY, Batty, *The Builder' s Chest-Book; or a Complete Key to the Five Orders of Columns in Architecture...*, London 1727 (facs. repr. Farnborough 1971)

—,*New Principles of Gardening: Or, The Laying out and Planning Parterres...*, London 1728 (facs. repr. Farnborough 1970)

—,*The Builder' s Jewel*, London 1741 (numerous later eds)

—and LANGLEY, Thomas, *Ancient Architecture, Restored and Improved by a Great variety of Grand and Useful Designs, entirely new, in the Gothick Mode, for the ornamenting of Building and Gardens, London 1741; 2nd ed. Gothic Architecture, Improved by Rules and Proportions...* (with *Historical Dissertation on Gothic Architecture*), London 1742; 3rd ed. London 1747 (without *Historical Dissertation*) facs. repr. of 1747 ed. Farnborough 1967

LAUGIER, Marc-Antoine, *Essai sur l' Architecture* (Ist ed. anon.), Paris 1753; 2nd enlargeded. Paris 1765 (facs. repr. of this ed. 1966 and, ed. Geert Bekaert, Brussels 1979)

—, *Observations sur l' Architecture*, Paris 1765 (facs. repr. 1966 and, ed. Geert Bekaert, Brussels 1979)

LAUWERIKS, Johannes Ludovicus Mathieu, 'Einen Beitrag zum Entwerfen auf systema-tischer Grundlage in der Architectur', in: Ring I, Heft 4, 1909, PP. 25-34

—,Leitmotive', in:Ring I, Heft I, 1909, pp. 5-9

Le Antichità di Ercolano esposte, vols 1-5: *Le pitture antiche d' Ercolano e contorni incise con qualche spiegazione*, Naples 1757-69; *De Bronzi di Ercolano e contorni*, vol.I: *Busti*, Naples 1767; vol. II: *Statue, Naples 1771; Le lucerne ed i candelabra d' Ercolano e contorni*, Naples 1792

LE BLOND, Jean, *Deux exemples des cinq Ordres de l'architecture Antique, et des quatre Excellens Autheurs qui en on traitté, Sçavoir Palladio, Scamozzi, Serlio, et Vignole*, Paris 1683

LE CAMUS DE MÉZIÈRE, Nicolas, *Le génie de l' architecture ou l' analogie de cet art avec nos sensations*, Paris 1780 (facs. repr. Geneva 1972)

—,*Le guide de ceux qui veulent bâtir*, Paris 1781 (^{2}1786; facs. repr. of this ed. Geneva1972)

LE CLERC, Sébastien, *Traité d'architecture, avec des remarques et des observations très utiles pour les jeunes gens qui veulent s'appliquer à ce bel art*, Paris 1714

LE CORBUSIER (Charles-Edouard Jeanneret), *Oeuvre complète*, ed. Willy Boesiger, 8 vols, Zürich 1929-70 (several reprs)

—,*Le voyage d' Orient* (1911), Paris 1965 (Ital. ed. *Il viaggio d' Oriente*, Faenza1974)

—,*Etude sur le mouvement d' art décoratif en Allemagne*, La Chaux-de-Fonds 1912(facs. repr. New York 1968)

—,and OZENFANT, Amedée, *Après le Cubisme*, Paris 1918 (facs. repr. Turin 1975)

—,(-Saugnier), *Vers une architecture*, Paris 1923(^{3}1928)

—,*Urbanisme*, Paris 1925

—,*Précisions sur un état de l' architecture et de l' urbanisme*, Paris 1929 (^{2}1960)

—,*La ville radieuse*, Paris 1935 (new ed. Paris 1965)

—,*La Charte d' Athènes*, Paris 1943

—,*Propos d'urbanisme*, Paris 1946

—,*Le Modulor*, Boulogne-sur-Seine 1948

—,*Modulor 2*, Boulogne-sur-Seine 1955

LEDOUX, Claude-Nicolas, *L' architecture considérée sous le rapport de l' art, des moeurs et de la législation*, Paris 1804; a 2nd ed. with additional plates from Ledoux' s papers, ed. Daniel Ramée, 1847; facs. repr. of both eds combined: 2 vols, Paris1961; facs. repr. of 1804 ed. Hildesheim 1980, Nördlingen 1981

LE MUET, Pierre, *Manière de bien bastir pour toutes sortes de personnes*, Paris 1623; 2nd ed. with *Augmentations de nouveaux bastiments faits en France par les ordres* ξ *desseins du Sieur le Muet*, Paris 1647 (facs. repr. with intro, by Anthony Blunt, Richmond, Surrey 1972); Paris 1664 (facs. repr. Paris 1981); slightly enlarged new ed. Paris 1681

—,*Règles des cinq ordres d' architecture de Vignole revues, augmentées et réduites du grand au petit en octavo*, Paris 1632

—,*Règle des cinq ordres d'architecture dont se sont servi les anciens, traduits dePalladio*, Paris 1645

LENCKER, Johannes, *Perspectiva literaria*, Nuremberg 1567 (facs. repr. Frankfurt 1972)

—, *Perspectiva hierinnen auffs kürtzte beschrieben...*, Nuremberg 1591 (^{2}1617)

LEONARDO DA VINCI, ed. Jean Paul Richter, *The Notebooks of Leonard da Vinci* (1883), 2vols, New York 1970

—, *Codices Madrid*, ed. Ladistao Reti, 5 vols, Frankfurt 1974

LEONI, Giacomo, *The Architecture of A Palladio; In Four Books*, London 1716 (1715-19) (1720)

—, *Ten Books on Architecture by Leone Battista Alberti*, London 1726; ^{3}1755 (facs. repr. Joseph Rykwert, London 1955, ^{2}1965)

LE PAUTRE, Antoine, *Les oeuvres d' architecture*, Paris 1652 (facs. repr. Farnborough 1966)

LE ROUGE, Georges Louis, *Détails des nouveaux jardins à la mode; Jardins anglo chinois à la mode*, 21 numbers, Paris 1776-87; facs. repr. with intro, by Daniel Jacomot,Paris 1978

LE Roy, Julien-David, *Les Ruines des plus beaux monuments de la Grèce*, Paris 1758(^{2}1770)

LETHABY, William Richard, *Architecture, Mysticism and Myth*, London 1892 (facs. repr.with intro, by Godfrey Rubens, London 1974); revised version entitled Architecture, *Nature and Magic* (in The Builder, 1928), London 1956

—, *Architecture*, London 1911 (^{2}1929; ^{3}1955)

LIECHTENSTEIN, Karl Eusebius von, *Werk von der Architektur*; repr. in: Victor Fleischer, *Fürst Karl Eusebius von Liechtenstein als Bauherr und Kunstsammler* (1611-84),

Vienna-Leipzig 1910, pp. 87-209

LIGORIO, Pirro, *Il libro delle antichità di Roma* (Ms. in Naples, Oxford, Paris, Turin); cf. Erna Mandowski and Charles Mitchell, *Pirro Logorio's Roman Antiquities*, London 1963

LISITZKY, El, *Proun und Wolkenbügel Schrifien, Briefe*, Dokumente, ed. Sophie Lissitzky-Küppers and Jan Lissitzky, Dresden 1977

—, *Rußland. Die Rekonstruktion der Architektur in der Sowjetunion*, Vienna 1930; new ed. entitled *Rußland: Architektur für eine Weltrevolution*

(*Bauwelt Fundamente* 14), Berlin-Frankfurt-Vienna 1965

LOMAZZO, Gian Paolo, *Trattato dell' arte della pittura*, Milan 1584 (facs. repr. Hildesheim1968)

—, *Idea del Tempio della Pittura*, Milan 1590 (facs. repr. Hildesheim 1965)

—, *Scritti sulle arti*, crit. ed. by Roberto Paolo Ciardi, 2 vols, Florence 1973-74

LOOS, Adolf, *Ins Leere gesprochen 1897-1900*, Paris-Zürich 1921; Innsbruck ²1931-32; ed. Adolf Opel, Vienna 1981

—, *Trotzdem 1900-1930*, Innsbruck 1931; ed. Adolf Opel, Vienna 1982

—, *Sämtliche Schriften*, vol. I, ed. Franz Glück, Vienna-Munich 1962

—, *Die Potemkin' sche Stadt. Verschollene Schriften 1897-1933*, ed. Adolf Opel, Vienna1993

LORINI, Bonaiuto, *Delle fortificationi libri cinque*, Venice 1592; *Le fortificationi ... nuovamente ristampate ... con l'aggiunta del sesto libro*, Venice 1609

LOUDON, John Claudius, *A Short Treatise on Several Improvements, recently made in Hot-Houses...*, Edinburgh 1805

—, *A Treatise on forming, improving, and managing Country Residences ...*, 2 vols, London 1806

—, *Remarks on the Construction of Hothouses...*, London 1817

—, *Sketches of Curvilinear Hothouses...*, London 1818

—, *An Encyclopaedia of Gardening...*, London 1822

—, *The Green House Companion...*, London 1824 (²1832)

—, *An Encyclopaedia of Cottage, Farm and Villa Architecture and Furniture ...*, London 1833 (several eds)

LURÇAT, André, *Formes, Composition et lois d' Harmonie. Eléments d' une science de l' ésthétique architecturale*, 5 vols, Paris 1953-57

LUTIO, Francesco (Durantino), *M. L. Vitruvio Pollione de Architectura traducto di Latino in Vulgare... da niuno altro fin al presente facto ad immensa utilitate di ciascuno studioso*, Venice 1524

MACHIAVELLI, Niccolò, *Dell' arte della guerra*, Florence 1521 (ed. Sergio Bertelli: *Niccolò Machiavelli, Arte della guerra e scritti politici minori*, Milan 1960

MAGGI, Girolamo and CASTRIOTTO, Jacomo, *Della Fortificatione della Città... libri tre*, Venice 1564

MAJOR, Thomas, *The Ruins of Paestum, otherwise Posidonia in Magna Graecia*, London 1768 (Fr. ed. London 1768; facs. repr. of Fr. ed. 1969)

MALEVICH, Kazimir, *Die gegenstandslose Welt* (*Bauhausbücher*), Munich 1927; facs. repr. with intro. by Stephan von Wiese, Mainz-Berlin 1980

—, *Suprematismus -Die gegenstandslose Welt*, ed. Werner Haftmann, Cologne 1962

—, *Essays on Art and Unpublished Writings*, ed. Troels Anderson, 4 vols, Copenhagen1968-78

—, 'Suprematistische Architektur', *Wasmuths Monatshefte für Baukunst* XI, 1927, pp.412-14

MARCHI, Virgilio, *Architettura futurista*, Foligno 1924

MARIETTE, Jean-Pierre, 'Lettre' (on Piranesi), *Gazette Littéraire de l'Europe* 1764

MARINIO, Aloisio, *Vitruvii De Architectura libri decem*, 4 vols, Rome 1836

MARLIANI, Bartolommeo, Topographia antiquae Romae, Lyons 1534

MARTIN, Jean, *Architecture ou Art de bien bastir, de Marc Vitruve Pollion...par JanMartin...*, Paris I547 (²1572); facs. repr. of 1547 ed. 1964

MARTINI, Francesco di Giorgio, *Trattati di architettura, ingenieria e arte militare*, ed.Corrado Maltese and Livia Maltese Degrassi, 2 vols, Milan 1967; earlier ed.: Carlo Promis and Cesare Saluzzo (ed.), *Trattato di Architettura civile e militare di Francesco di Giorgio Martini*, 2 vols, Turin 1841

—, (ed. Luigi Firpo and Pietro C. Marani), *Il Codice Ashburnham 361 della Biblioteca Medicea Laurenziana di Firenze, Trattato di Architettura di Francesco di Giorgio Martini*, 2 vols, Florence 1979

—, (F. Paolo Fiore), *Città e macchine del '400 nei disegni di Francesco di Giorgio Martini*, Florence 1978

See also PERUZZI

MASI, Girolamo, *Teoria e pratica di architettura per istruzione della gioventù specialmente Romana*, Rome 1788

MASON, William, *The English Garden*, London 1772-81 (London and York 1781; Dublin 1782; York 1783; facs. repr. of this ed. Farnborough 1971)

—, *An Heroic Epistle to Sir William Chambers* (1773); facs. repr. (together with Chambers, A Dissertation on Oriental Gardening): Farnborough 1972

MEMMO, Andrea, *Elementi dell' architettura lodoliana*, Rome 1786

—, *Elementi di Architettura lodoliana.., libri tre*, 2 vols, Zara 1833-34 (facs. repr. Milan 1973)

MERCKLEIN, Albert Daniel, *Mathematische Anfüngsgründe fünffter Theil Darinnen Die Architectura Civilis Oder Die Civil-Baukunst...*, Frankfurt-Leipzig 1737

MEYER, Daniel, *Architectura oder Verzeichnuβ allerhand Eynfassungen an Thüren, Fenstern und Decken etc. Sehr nützlich unnd dienlich allen Mahlern, Bildthawern, Steinmetzen, Schreinern und andern Liebhabern dieser Kunst*, Frankfurt 1609

MEYER, Hannes, *Bauen und Gesellschaft. Schriften, Briefe, Projekte*, Dresden 1980

MIDDLETON, Charles Thomas, *Picturesque and Architectural Views for Cottages, Farm Houses and Country Villas*, London 1793 (facs. repr. 1970)

MILIZIA, Francesco, *Le vite de' più celebri architetti*, Rome 1768

—, *Memorie degli architetti antichi e moderni*, 2 vols, Rome 1768 (Parma [3]1781; Bassano [4]1785; facs. repr. of this ed. 2 vols, Bologna 1978); Fr. ed.: Paris 1771(and 1819)

—, *Principi di architettura civile*, 3 vols, Finale 1781 (Bassano 1785; Bassano 1804, with illustrations by Giovanni Battista Cipriani; Bassano 1813; Bassano 1825); ed. by Giovanni Antolini, Milan 1832 ([2]1847); facs. repr. of this ed. Milan 1972)

—, *Dell'arte di vedere nelle belle arti del disegno secondo i principii di Sulzer e di Mengs*, Venice 1781 (facs. repr. Bologna 1983); German ed. Halle, 1785; French ed. Paris 1798; Spanish ed. Madrid 1827

—, *Dizionario delle arti del disegno*, 2 vols, Bassano 1787 ([2]1797; Milan 1802 and 1804)

—, *Notizie die Francesco Milizia scritte da lui medesimo*, Venice 1804

—, *Opere complete... risguardanti le belle arti*, 9 vols, Bologna 1826-28

MILYUTIN, Nikolay, A., *Sotsgorod. Problema sotsialisticheskogo planirovaniya gorodov*, Moscow 1930; Ital. ed., ed. Vieri Quilici, Milan 1971

MÖSER, Justus, *Das englische Gärtgen* (first in: *Wöchentliche Osnabrückische Anzeigen*, 1773), in: Möser, *Patriotische Phantasien*, Part II, Berlin 1775, Nr. 86, pp. 465-67

MOHOLY-NAGY, László, *Von Material zu Architektur (Bauhausbücher)*, Munich 1929(facs. repr. Mainz-Berlin 1968)

MOLLER, Georg, *Denkmäiler der deutschen Baukunst*, 3 vols, Darmstadt 1815-49

—, *Bernerkungen über die aufgefundenen Originalzeichnungen des Domes zu Köln*, Darmstadt 1818 (Leipzig-Darmstadt [2]1837)

MONTANO, Giovanni Battista, *Li cinque libri di architettura*, Rome 1691

MONTFAUCON, Bernard de, *L' Antiquité expliquée et représentée en figures*, Paris 1719ff.

MOREL, Jean-Marie, *Théorie des jardins*, Paris 1776

MORGHEN, Filippo, *Sei vedute delle rovine di Pesto*, 1766

MORITZ, Karl Philipp, *Vorbegriffe zu einer Theorie der Ornamente*, Berlin 1793; facs. repr. ed. Hanno-Walter Kruft, Nördlingen 1986

MORRIS, Robert, *An Essay in Defence of Ancient Architecture; Or, a Parallel of the Ancient with the Modern...*, London 1728 (facs. repr. Farnborough 1971)

—, *Lectures on Architecture, Consisting of Rules Founded upon Harmonick and Arithmetical Proportions in Building*, London 1734-1736; [2]1759 (facs. repr. Farnborough 1971)

MORRIS, William, *The Collected Works*, ed. May Morris, 24 vols, London 1910-15 (facs. repr. New York 1966)

—, *News from Nowhere or an epoch of rest* (first in: *The Commonweal 1890*), Boston1890 (London 1891); ed. James Redmond, London 1970 ([2]1972)

MORUS (More), Thomas, *De Optimo Reipublicae Statu, deque nova Insula Utopia...*(1515), Löwen 1516; Paris 1517, Basel 1518; numerous eds and trans.

MOZZI, Vincenzo (ascribed to), *Ragionamento intorno al formare logge arcate l'una soprapposta all'altra in fabbriche fornite di più ordini di architettura*, Bologna 1778

MUTHESIUS, Hermann, *Die englische Baukunst der Gegenwart. Beispiele neuer englischer Profanbauten, mit Grundrissen, Textabbildungen und erläuterndem Text* 4 vols, Leipzig-Berlin 1900-03

—, *Die neue kirchliche Baukunst in England. Entwicklung, Bedingungen und Grundzüge des Kirchenbaues der englischen Staatskirche und der Secten*, Berlin 1901

—, *Das englische Haus. Entwicklung, Bedingungen, Anlage, Aufbau, Einrichtung und Innenraum*, 3 vols, Berlin 1904-5; [2]1908-11

—, *'Die Bedeutung des Kunstgewerbes'*, Dekorative Kunst X, 1907, pp. 177-92

—, *Die Einheit der Architektur. Betrachtungen über Baukunst, Ingenieurbau und Kunstgewerbe*, Berlin 1908

—, *'Das Form-Problem im Ingenieurbau'*, in: *Jahrbuch des Deutschen Werkbundes* 1913, pp. 23-32

NEALE, John Mason (and John F. Russell), *A Few Hints on the Practical Study of Ecclesiastical Antiquities for the Use of the Cambridge Camden Society*, Cambridge 1839 ([2]1840; [3]1842; [4]1843)

—, *A Few Words to Church Builders*, Cambridge 1841 (new eds up to 1844)

—,(and Benjamin Webb), *The Symbolism of Churches and Church Ornaments: A Translation of the First Book of the Rationale Divinorum...*, Leeds 1843

NEUFFORGE, Jean-François de, *Recueil élémentaire d' architecture*, 10 vols, Paris 1757-80 (facs. repr. without place or date)

NEUMANN, Joseph, *Art de construire et de gouverner les serres*, Paris 1844 (facs. repr. with intro, by Michel Vernes, Neuilly-sur-Seine 1980)

NEUTRA, Richard J., *Wie Baut Amerika?*, Stuttgart 1927

—, *Amerika, Die Stilbildung des Neuen Bauens in den Vereinigten Staaten*, Vienna 1930

—, *Survival Through Design*, New York-London 1954 (paperback ed. London-New York 1969; several reprs)

—, *Auftrag für morgen*, Hamburg 1962

NICHOLSON, Peter, *An Architectural Dictionary, Containing a correct Nomenclature...*, 2 vols, London 1812-19 (new ed., ed. E. Lomax and T. Gunyon entitled *Encyclopaedia of Architecture...*, 2 vols, London 1852; 1857-62)

—, *The Builder and Workman's New Director...*, London 1824 (^{2}1834)

NORMAND, Charles-Pierre-Joseph, *Recueil varié de plans et de façades de maisons de ville et de Campagne...*, Paris 1815

—, *Le Vignole des ouvriers. Ou la méthode facile pour tracer les cinque ordres d'architecture*, 4 parts, 2 vols, Paris ^{7}1839

OETTINGEN-WALLERSTEIN, Friedrich, *Ueber die Grundsätze der Bau-Oekonomie*, Prague 1835 (author on title-page as: F. Oe)

OPPENORDT, Gilles-Marie, *Livre de fragments d'architecture recueillés et dessinés à Rome d'après les plus beaux monuments*, Paris (c. 1715)

OSIO, Carlo Cesare, *Architettura civile dimostrativamente proporzionata et accrescuita...*, Milan 1641 (1661, 1686)

OTTONELLI, Giovanni Domenico see CORTONA, Pietro da

OUD, *Jacobus Johannes Pieter, Holländische Architektur (Bauhausbiücher, 1926)*, ed. Hans M. Wingler, Mainz-Berlin 1976

OUVRARD, René, *Architecture Harmonique, ou Application de la doctrine des proportions de la musique à l'architecture*, Paris 1679

OWEN, Robert, *A New View of Society*, London 1813 (^{2}1816); ed. G. D. H. Cole, London 1927; ed. John Saville, Clifton, N.J. 1972

—, 'Report to the Committee of the Association for the Relief of the Manufacturing, and Labouring Poor (March 1817)', in: *Owen, The Life*, vol I A (1858), App. C.

—, *The Life of Robert Owen*, 2 vols, London 1857-58 (facs. repr. New York 1967)

PACIOLI, Luca, *Divina Proportione, opera a tutti glingegni perspicaci e curiosi necessaria que ciascun studioso di Philosophia, Prospectiva, Pictura, Sculptura, Architectura, Musica e altre Mathematicae suavissima, sottile e admirabile doctrina conseguirà...de secretissima scientia*, Venice 1509 (facs. repr. Urbino 1969); Ital.-German ed., ed. Constantin Winterberg, Vienna 1889

PAGANO, Giuseppe, *Architettura e città durante il fascismo, ed. Cesare De Seta*, Bari 1976

PALISSY, Bernard, 'Recepte véritable' (1563), in: *Bernard Palissy, Les Oeuvres*, ed. Anatole France, Paris 1880

PALLADIO, Andrea, *L'antichità di Roma*, Venice 1554

—, *I quattro libri dell'architettura*, Venice 1570 (numerous reprs.); crit. ed., ed. Licisco Magagnato and Paola Marini, Milan 1980

—, *I commentari di Giulio Cesare*, Venice 1574-75

—, (commentary on Polybius): c.f. J. R. Hale, 'Andrea Palladio, Polybius and Julius Caesar', *Journal of the Warburg and Courtauld Institutes XL*, 1977, pp. 240-55

PALM, G., *Von welchen Principien soll die Wahl des Baustyls, insbesondere des Kirchenbaustyls geleitet werden?*, Hamburg 1845

PANCRAZI, Giuseppe Maria, *Antichità Siciliane spiegate*, 2 vols, Naples 1751-52

PAOLI, Paolo Antonio, *Antichità di Pozzuoli (Avanzi delle Antichità esistenti a Pozzuoli, Cuma, e Baja)*, Naples 1768

—, *Paesti quod Posidoniam etiam dixere rudera*, Rome 1784

PARS, William see CHANDLER, Richard

PATTE, Pierre, *Discours sur l'architecture*, Paris 1754

—, *Monumens érigés en France à gloire de Louis XV*, Paris 1765

—, *Mémoires sur les objets les plus importants de l'architecture*, Paris 1769 (facs. repr.Geneva 1973)

PENTHER, Johann Friedrich, *Erster Theil einer ausführlichen Anleitung zur Bürgerlichen Bau-Kunst enthaltend ein Lexicon Architectonicum*, Augsburg 1744 (2nd Part 1745; 3rd Part 1746; 4th Part 1748)

PERCIER Charles and FONTAINE, Pierre-François-Léonard, *Palais, Maisons, et autres édifices modernes dessinés à Rome*, Paris 1798 (facs. repr. with intro, by Hans Foramitti, Hildesheim-New York 1980)

—, *Recueil de décorations intérieures, comprenant tout ce qui a rapport a l'ameublement...*, Paris 1801; enlarged ed. Paris 1812

—, *Résidences de Souverains. Parallèle entre plusiers Résidences de Souverains de France, d'Allemagne, de Suède, de Russie, d'Espagne, et d'Italie*, Paris 1833 (facs. repr. with intro, by Hans Foramitti, Hildesheim-New York 1973)

PERRAULT, Charles, *Paralèlle des Anciens et des Modernes, en ce qui regarde les arts et les sciences*, Paris 1688-97. (repr. in: *Theorie und Geschichte der Literatur und Schönen Künste*, vol. 2, with essays by H. R. Jauss-Max Imdahl, Munich 1964)

PERRAULT, Claude, *Les dix livres d'Architecture de Vitruve corrigez et traduits nouvellement en François, avec des Notes ξ des Figures*, Paris 1673 (small format ed. *Architecture generale de Vitruve...*, Amsterdam 1681); 2nd revised and enlarged ed. Paris 1684(facs. repr. Brussels 1979)

—, *Ordonnance des cinq espèces de colonnes selon la méthode des anciens*, Paris 1683

PERRET, Auguste, *Contributions à une théorie de l'architecture*, Paris 1912

PERRET, Jacques, *Des fortifications et artifices d'architecture et perspective*, Paris 1601(facs. repr. Unterschneidheim 1971)

PERSICO, Edoardo, *Scritti d'architettura (1927-35)*, ed. Giulia Veronesi, Florence 1968

—, *Oltre l'architettura. Scritti scelti e lettere*, ed. Riccardo Mariani, Milan 1977

PERSON, Nikolaus, *Novum Architecturae Speculum*, Mainz (between 1699 and 1710); ed, Fritz Arens (*Beiträge zur Geschichte der Stadt Mainz*), Mainz 1977

PERUZZI, Baldassare (?); cf. Alessandro Parronchi (ed.), (Baldassare Peruzzi) 'Trattato di architettura militare' (*Documenti inediti di cultura toscana*, V), Florence 1982

PEYRE, Marie-Joseph, *Oeuvres d'Architecture, Paris 1765 (facs. repr. 1967); Oeuvres d'architecture. Supplément, composé d'un Discours sur les monuments des anciens*, Paris 1795

PHILANDER, Guillaume, *Guglielmi Philandri Castilioni Galli Civis Ro. in Decem Libros M. Vitruvii Pollionis De Architectura Annotationes...*, Rome 1544

PIACENTINI, Marcello, *Sulla conservazione della Bellezza di Roma e sullo sviluppo della citta moderna*, Rome 1916

—, *Architettura d' oggi*, Rome 1930

PIGONATI, C. Andrea, *Stato presente degli antichi monumenti siciliani*, Naples 1767

PINl, Ermenegildo, *Dell' Architettura. Dialoghi*, Milan 1770

PIRANESI, F. and P., *Antiquités d' Herculanum (gravées par Th. Piroli)*, 6 vols, Paris 1804-06

PIRANESI, Giovanni Battista, *Della Magnificenza ed Architettura de' Romani*, Rome 1761(facs. repr. in: John Wilton-Ely, ed., Giovanni Battista Piranesi, *The Polemical Works*, 1972)

—, *Osservazioni... sopra la Lettre de M. Mariette aux Auteurs de la Gazette Littéraire de l' Europe...e Parere su l' architettura con una Prefazione ad un nuovo Trattato della introduzione e del progresso delle belle arti in Europa ne' tempi antichi*, Rome 1765 (facs. repr. in: Wilton-Ely, ed., op. cit., 1972)

—, *Diverse maniere d'ornare i cammini ed ogni altra parte degli edifizj desunte dall'architettura egizia, etrusca, greca e romana*, Rome 1769 (facs. repr. in: Wilton-Ely, ed., 1972)

—, *Différentes vues de quelques restes de trois grands édifices qui subsistent encore dans le milieu de l'ancienne ville de Pesto autrement Posidonia, qui est située dans la Luganie*, Rome 1778 (facs. repr. Unterschneidheim 1973)

PLUCHE, Noël Antoine, *Le Spectacle de la Nature, ou entretiens sur les particularités de l'histoire naturelle...*, 8 parts, 9 vols, Paris 1732ff.

PONZ, Antonio, *Viage de España...*, 18 vols, Madrid 1772-94

POPE, Alexander, An Epistle to the Right Honourable Earl of Burlington..., London 1731; in: Pope, *Epistles to Several Persons*, ed. F. W. Bateson, London-New Haven, Conn. 1956 ([2]1961)

POZZO, Andrea, *Perspectiva Pictorum et Architectorum*, 2 parts, Rome 1693-98 (Rome 1700-02; 1717-37; 1741; 1764-68; 1793; 1810); Lat.-German ed. Augsburg 1706-19; 1800 (facs. repr. Hildesheim 1981); English-Latin ed. London 1707 (facs. repr. New York 1989)

PRADO, Jerónimo see VILLALPANDO, Juan Bautista

PRATT, Roger; cf. R. T. Gunter, *The Architecture of Sir Roger Pratt. Charles II's Commissioner for the Rebuilding of London after the Great Fire. Now Printed for the First Time from his Note-Books*, Oxford 1928

PRETI, Francesco Maria, *Elementi di Architettura*, Venice 1780

PRICE, Uvedale, *An Essay on the Picturesque, as Compared with the Sublime and Beautiful, and, on the Use of Studying Pictures, for the Purpose of Improving Real Landscape*, London 1794

—, *Essays on the Picturesque...*, 3 vols, London 1810 (facs. repr. Farnborough1971)

—, *A Letter to Humphry Repton Esq.*, London 1795

Procopius, *Prokop, Opera, III, 2*, ed. J. Haury, Leipzig 1913; *Procopius*, ed. H. B. *Dewing and Glanville Downey*, vol. VII (Loeb Classical Library), London-Cambridge, Mass. 1940

PÜCKLER-MUSKAU, Hermann von, *Andeutungen über Landschaftsgärtnerei*, Stuttgart 1834; new ed. 1933; with intro, by Albrecht Kruse-Rodenacker, Stuttgart 1977

PUGIN, Augustus Charles (and E. J. Wilson, text), *Specimens of Gothic Architecture, Selected from Various Antient Edifices in England and France...*, 2 vols, London 1821-28 ([2]1838-39)

PUGIN, Augustus Welby Northmore, *A Letter to A. W. Hakewill, Architect, in Answer to his 'Reflections on the Style for Rebuilding the House of Parliament'*, Salisbury 1835

—, *Contrasts: or, A Parallel between the Noble Edifices of the Fourteenth and Fifteenth Centuries and Similar Buildings of the Present Day; Shewing the Present Decay of Taste*, Salisbury 1836; [2]1841 (facs. repr. ed. H. R. Hitchcock, Leicester-New York1969)

—, *The True Principles of Pointed or Christian Architecture*, London 1841 ([2]1853): facs. repr. of ed. of 1841: London-New York 1973; facs. repr. of ed. of 1853, Oxford 1969

—, *An Apology for the Revival of Christian Architecture in England*, London 1843 (facs. repr. Oxford 1969)

—, *A Treatise on Chancel Screens and Rood Lofts*, London 1851

QUATREMÈRE DE QUINCY, Antoine-Chrisostome, *Dictionnaire d' Architecture I*, Paris 1789; II, 1832

—, *Jupiter Olympien : l' art de la sculpture antique considérée sous un nouveau point de vue*, Paris 1815

—, *Essai sur la nature, le but et les moyens de l' imitation dans les Beaux-Arts*, Paris 1823 (facs. repr. with intro, by Leon Krier and Demetri Porphyrios, 1980)

—, *Histoire de la vie et des ouvrages des plus célèbres architectes*, 2 vols, Paris 1830 (facs. repr. New York 1970)

RABELAIS, François, *Oeuvres complètes*, ed. Jacques Boulenger (Bibl. de la Pléiade, 15), Paris 1955; *Gargantua und Pantagruel*

RALPH, James, *A Critical Review of the Publick Buildings, Statues and Ornaments, In, and about London and Westminster*, London 1734 (facs. repr. Farnborough 1970);
2nd ed. '*A New Critical Review...*', London 1736; [3]1763; [4]1783

RAMSAY, Allan (The Investigator, Nr. 332); 'A Dialogue of Taste', London 1755

REICHENSPERGER, August, *Die christlich-germanische Baukunst und ihr Verhältniβ zur Gegenwart*, Trier 1845 ([2]1852)

—, *Fingerzeige auf dem Gebiete der kirchlichen Kunst*, Leipzig 1854

—, *Vermischte Schriften*, Leipzig 1856

REPTON, Humphry, *A Letter to Sir Uvedale Price Esq.*, London 1794

—, *Sketches and Hints on Landscape Gardening*, London 1795

—, *Observations on Theory and Practice of Landscape Gardening, including some Remarks on Grecian and Gothic Architecture...*, London 1803 (²1805)

—, *An Inquiry into the Changes of Taste in Landscape Gardening...*, London 1806

—, and ADEY, John, *Fragments on the Theory and Practice of Landscape Gardening...*, London 1816

—, *The Landscape Gardening and Landscape Architecture of the Late Humphry Repton Esq.*, ed. J. C. Loudon, London 1840 (facs. repr. Farnborough 1969)

REVETT, Nicholas see CHANDLER, Richard and STUART, James

REYNAUD, Léonce, *Traité d' architecture contenant des notions générales sur les principes de la construction et sur l' histoire de l' art*, 2 vols text and 2 vols plates, Paris 1850-58

REYNOLDS, Joshua, *Discourses on Art (1769-1790)*, ed. Robert R. Wark, London 1966

RIBART DE CHAMOUST, *L' ordre François trouvé dans la nature, présenté au roi, le 21 Septembre 1776*, Paris 1783 (facs. repr. 1967)

RICCI, Fray Juan, *Tratado de la pintura sabia und Epitome arquitecturae de ordine Salomonico integro* (1663); ed. Elías Tormo Monzó and Enrique Lafuente Ferrari, *La vida y la obra de Fray Juan Ricci*, 2 vols, Madrid 1930

RICHARDS, Godfrey, *The First Book of Architecture by Andrea Palladio*, London 1663; numerous reprs up to 1733

RICHARDSON, George, *A Treatise on the five orders of architecture*, London 1797 (facs. repr. 1969)

—, *The New Vitruvius Britannicus*, 2 vols, London 1802 and 1809 (facs. repr. New York 1970 and 1978)

RICKMAN, Thomas, *An Attempt to Discriminate the Styles of English Architecture, From the Conquest to the Reformation...* (first in: *Panorama of Science and Art*, ed. James Smith, Liverpool 1815), London 1819 (6 further eds up to 1881)

RIVIUS (Ryff), Walther, *M. Vitruvii, viri suae professionis peritissimi de Architectura libri decem...per Gualtherium H. Ryff Argentinum medicum*, Strassburg 1543

—, *Der furnembsten, notwendigsten, der gantzen Architectur angehörigen Mathematischen und Mechanischen künst, eygentlicher bericht...*, Nuremberg 1547 (facs. repr. Hildesheim 1981)

—, *Der fünff maniren der Colonen, sampt aller derselbigen zierung...*, Nuremberg1547

—, *Vitruvius Teutsch...erstmals verteutscht und in Truck verordnet durch D.Gualtherum H. Rivium Medi. ξ Math. vormals in Teutsche sprach zu transferiren noch niemand sonst understanden sonder für unmüglichen geachtet worden*, Nuremberg 1548 (facs. repr. with intro, by Erik Forssman: Hildesheim-New York 1973)

ROLAND LE VIRLOYS, C. F. *Dictionnaire d'architecture, civile, militaire et navale...dont tous les Termes sont exprimés, en Francois, Latin, Italien, Espagnol, Anglois et Allemand*, 3 vols, Paris 1770-71

RONDELET, Jean-Baptiste, Traité théorique et pratique de l' art de bâtir, 5 vols, i vol. Of plates, Paris 1802-1817; numerous eds: ⁸1838

ROOT, John Wellborn; Donald Hoffmann (ed.), *The Meanings of Architecture. Buildings and Writings by John Wellborn Root*, New York 1967

RORICZER, Matthäus, Das Büchlein von der Fialen Gerechtigkeit, Regensburg 1486; *Geometria Deutsch* both texts (with English trans.) in: Lon R. Shelby (ed.), *Gothic Design Techniques*, Carbondale, Ill.-London 1977

ROSSI, Domenico de', *Studio d' architettura civile...*, 3 vols, Rome 1702, 1711, 1721(Further : *Disegni di vari altari e cappelle nelle Chiese di Roma...*, Rome n.d., probably 1713); facs. repr. all vols with intro, by Anthony Blunt, 1972

RUBENS, Peter Paul, Palazzi di Genova, 1622; repr. with intro by Hildebrand Gurlitt, Berlin 1924 (frequently reprinted)

RUMOHR, Carl Friedrich von, *Fragmente einer Geschichte der Baukunst im Mittelalter*, in: Friedrich Schlegel (ed.), *Deutsches Museum*, vol. III, Vienna 1813, pp. 224-46, 361-85, 468-502

RUSCONI, Giovanantonio, *Della architettura...con Centosessanta Figure... secondo i Precetti di Vitruvio...libri decem*, Venice 1590 (facs. repr. Farnborough 1968)

RUSKIN, John, The Works, ed. E. T. Cook and A. Wedderburn, 39 vols, London 1903-12 (Library edition)

SAARINEN, Eliel, *The City, Its Growth, its Decay, its Future*, New York 1943 (Paperback ed. Cambridge, Mass. ³1970)

SAGREDO, Diego de, *Medidas del Romano: necessarias alos oficiales que quieren seguir las formaciones delas Basas, Coluñas, Capiteles y otras pieças de los edificios antiguos*, Toledo 1526 (facs. repr. ed. Luis Cervera Vera, Valencia 1976); numerous further eds

SAINT-NON, Jean-Claude Richard de, *Voyage pittoresque ou description des Royaumes de Naples et de Sicile*, 5 vols, Paris 1781-86

SALMON, William, *Palladio Londinensis, or the London Art of Building*, London 1734 (facs. repr. Farnborough 1969); further eds up to 1773

SALVIATI, Francesco, *Regola di far perfettamente col compasso la voluta del capitello ionico e d' ogn' altra sorte*, Venice 1552

SANDRART, Joachim von, *L' Academia Todesca della Architectura Scultura et Pictura: Oder Teutsche Academie...*, Nuremberg 1675; *Der Teutschen Academie Zweyter und letzter Haupt-Teil...*, Nuremberg 1679 (Latin ed., Nuremberg 1683); an ed.of all Sandrart' s writings revised by Johann Jacob Volkmann appeared under the title *Teutsche Academie der Bau, Bild- und Maler-Kunst* in 3 parts and in 8 vols, Nuremberg 1768-75; a brief selection, ed. A. R. Peltzer, *Joachim von Sandrarts Academie der Bau, Bild- und Mahlerey-Künste yon 1675*, Munich 1925 (facs. repr.Farnborough 1971)

SAN JERÓNIMO, Fray Juan de, 'Memorias desde Monasterio de Sant Lorencio el Real (1563-91)'; in: *Colección de documentos ineditos para la Historia de España* VII, Madrid 1845

SANMICHELI, Michele, *Li cinque ordini dell' architettura civile, ed. Alessandro Pompei*, Verona 1635 (^{2}1735)

SAN NICOLAS, Fray Lorenzo, *Arte y Uso de Architectura*, Part I, Madrid 1633; Part II, Madrid 1664; new ed. of Part I: Madrid 1667; both parts: Madrid 1736 (1796)

SANT ELIA, Antonio, 'Messaggio' without title in cat. Prima Esposizione d' arte del gruppo *'Nuove Tendenze' alla Famiglia Artistica di Milano*, Milan 1914

—, 'L' Architettura Futurista. Manifesto, Flugblatt', Milan 1914; in: *Lacerba* II, nr.15, August 1914, pp. 228-31 (facs. repr. Milan 1980)

SANTOS, Fray Francisco de los, *Descripción breve del Monasterio de San Lorenzo el Realdel Escorial, ú nica maravilla de mundo...*, Madrid 1657 (1667, 1671, 1681, 1698, 1760; Engl. Ed. London 1671)

SANVITALI, Federico, *Elementi di Architettura civile*, Brescia 1765

SARDI, Pietro, *La corona imperiale dell' architettura militare*, Venice 1618; *Corno Dogale Della Architettura Militare*, Venice 1639

SARROMS, Alberto, *Gli elementi dell' architettura funzionale*, Milan 1932

SAVOT, Louis, *Architecture françoise des bastiments particuliers*, Paris 1624 (^{2}1632; ed.François Blondel 1673, 1685); facs. repr. of ed. of 1685, Geneva 1973

SCAMOZZl, Giovanni Domenico and Scamzzi, Vincenzo, 'Indice copiosissimo' and 'Discorso' in: Seb. Serlio, *I sette libri* (1584)

SCAMOZZl, Vincenzo, *L'idea della architettura universale*, Venice 1615 (facs. repr. Ridgewood, N.J. 1964; Bologna 1982); further eds: Piazzola 1687; Venice 1694; Venice 1714; Perugia 1803; Milan 1811 and 1838; Dutch ed. Amsterdam 1640, 1662, 1686; French ed. Leyden 1713; Paris 1713, 1730

—, *Les cinque ordres d' architecture... Tirez du sixième Livre de son Idée générale d' Architecture*, ed. Augustin Charles d' Aviler, Paris 1685

—, *Grundregeln der Bau-Kunst oder klärliche Beschreibung der fünff Säulen-Ordnungen und der gantzen Architectur*, Amsterdam 1646; Nuremberg 1647; Nuremberg 1678 and 1697

SCHÄFER, Carl, *Die Bauhütte. Entwürfe im Stile des Mittelalters, angefertigt von Studirenden unter Leitung von Carl Schäfer*, 3 vols, Berlin 1893-95

—, Von deutscher Kunst. *Gesammelte Aufsätze und nachgelassene Schriften*, Berlin 1910

SCHEDEL Hartmann, *Weltchronik*, Nuremberg 1493

SCHEERBART, Paul, *Glasarchitektur*, Berlin 1914; ed. Wolfgang Pehnt, Munich 1971

SCHICKHARDT, Heinrich, *Beschreibung einer Reiβ...in Italiam*, Montbétiard (Mömpelgard) 1602; Tübingen ^{2}1603; repr. in: Wilhelm Heyd, ed., *Handschrifien und Handzeich-nungen des herzoglichen württembergischen Baumeisters Heinrich Schickhardt*, Stuttgart 1902

—, *Etliche Gebey, die ich...zu Itallien verzaichnet hab, die mier lieb send*; in: Heyd, ed., *Handschriften etc.*, 1902

SCHILLER, Friedrich von, *Über den Gartenkalender auf das Jahr 1795; in: Schiller, Sämmtliche Werke*, vol. 12, Stuttgart-Tübingen 1847, pp. 342-50

SCHINKEL, Karl Friedrich, *Aus Schinkel 's Nachlaß. Reisetagebücher, Briefe und Aphorismen*, ed. Alfred von Wolzogen, 4 vols, Berlin 1862-64 (facs. repr. Mittenwald 1981)

—, *Das Architektonische Lehrbuch*, ed. Goerd Peschken, Munich-Berlin 1979

—, *Reisen in Italien Tagebücher, Briefe, Zeichnungen, Aquarelle*, ed. Gottfried Riemann, Berlin 1979

—, *Werke der höheren Baukunst. Für die Ausführung erfunden und dargestellt. 1. Abt.: Entwurf zu einem Königspalast auf der Akropolis zu Athen*, Potsdam 1840-42; 2. Abt.: *Orianda*, Potsdam 1845-48

—, *Sammlung architektonischer Entwürfe enthaltend theils Werke welche ausgeführt sind, theils Gegenstände deren Ausführung beabsichtigt wurde*, 28 Hefte, Berlin 1819-40; Potsdam 1841-43; 1843-47; 1852; 1857-58; 1866 (facs. reprs Berlin 1973, 1980; Guildford 1989)

SCHMITTHENNER, Paul, *Die Baukunst im Neuen Reich*, Munich 1934

SCHMUTTERMAYER, Hans, *Fialenbüchlein*; with English trans in: Lon R. Shelby (ed.), Gothic Design Techniques, Carbondale, Ill. 1977

SCHNAASE, Carl, Geschichte der bildenden Künste, 7 vols, Düsseldorf 1843-64

SCHÜBLER, Johann Jacob, *Perspectiva, Pes picturae Das ist: Kurtze und leichte Verfaßung der practicabelsten Regul zur Perspectivischen Zeichnungs-Kunst*, 2 parts, Nurem-berg 1719-20 (further eds 1735; 1749-58)

SCHULTZE-NAUMBURG, Paul, *Kulturarbeiten*, 9 vols, Munich 1901-17 (^{2}1922ff.)

SCHUMACHER, Fritz, *Der Geist der Baukunst*, Stuttgart 1938 (new ed. Stuttgart 1983)

SCHWABE, Hermann, *Der Stand der Kunstindustrie in England und der Stand dieser Frage in Deutschland*, Berlin 1866

SCKELL, Friedrich Ludwig von, *Beiträge zur bildenden Gartenkunst für angehende Gartenkünstler und Gartenliebhaber*, Munich 1818 (^{2}1825); facs. repr. of the 1825 ed. with afterword by Wolfgang Schepers, Worms 1982

SCOTT, Geoffrey, *The Architecture of Humanism. A Study in the History of Taste* (^{1}1914, ^{2}1924), ed. Henry Hope Reed, New York 1974

SEDDING, John Dando, *Art and Handicraft*, London 1893 (facs. repr. New York 1977)

SEMPER, Gottfried, *Die vier Elemente der Baukunst. Ein Beitrag zur vergleichenden Baukunde*, Brunswick 1851

—, *Wissenschaft, Industrie und Kunst. Vorschläge zur Anregung nationalen Kunstgefühles*, Brunswick 1852

—, *Der Stil in den technischen und tektonischen Künsten oder praktische Aesthetik. Ein Handbuch für Techniker, Künstler und Kunstfreunde*, 2 vols, Frankfurt 1860, Munich 1863 (facs. repr. with intro, by Adrian yon Buttlar: Mittenwald 1977); 2nd ed. Munich 1878-79

—, *Kleine Schriften*, ed. Hans and Manfred Semper, Stuttgart 1884 (facs. repr. Mittenwald 1979)

—, *Wissenschaft, Industrie und Kunst und andere Schriften*, ed. Hans M. Wingler (*Neue Bauhausbücher*), Mainz-Berlin 1966

SERLE (Searle), J., *A Plan of Mr. Pope's Garden as it was left at his death, with a Plan and a perspective view of the grotto...*, London 1745 (facs. repr. New York 1982)

SERLIO, Sebastiano, *Regole generali di architettura sopra le cinque maniere degli edifici...con gli essempi dell'antichità, che, per la magior parte concordano con la dottrina di Vitruvio*, Venice 1537; *Il Terzo libro...nel quale si figurano e descrivono le Antichità di Roma*, Venice 1540; *Il Primo libro d'architettura (Geometria), together with Il Secondo libro (Prospettiva)*, Paris 1545; *Il quinto libro d'architettura...nel quale si tratta di diverse forme de 'tempj sacri*, Paris 1547; *Extraordinario libro di architettura nel quale si dimostrano trenta porte di opera rustica mista...,Lyons 1551*; *Il settimo libro d'architettura...nel quale si tratta di molte accidenti che possono occorrere all'Architetto...*, Ital.-Latin ed., Frankfurt 1575

—, *I sette libri dell'architettura*, Venice 1584 (facs. repr. Bologna 1978); *Tutte l'opere d'architettura et prospettiva di Sebastiano Serlio Bolognese... diviso in sette libri*, Venice 1619 (facs. repr. Ridgewood, NJ 1964)

—, *Sesto Libro. Delle habitationi di tutti li gradi degli homini* (Ms. Bayer. Staatsbibl., Munich, Cod. Icon. 189), ed. *Marco Rosci*, Milan 1967; (Ms., Columbia Univ., Avery Library, New York) ed. Myra Nan Rosenfeld, *Sebastiano Serlio on Domestic Architecture*, New York 1978

—, *Della castrametatione di Polibio ridotta in una cittadella murata...* (Ms., Bayer. Staatsbibl., Munich, Cod. Icon. 190); c.f. Paolo Marconi, 'Un progetto di città militare. L'VIII libro inedito di Sebastiano Serlio', *Controspazio* I, 1969, n. 1, pp.51-9; 3, pp. 53-9

SHENSTONE, William, 'Unconnected Thoughts on Gardening', in: Works in Prose and Verse of William Shenstone, II, London 1764, pp. 125-48

SHUTE, John, *The First and Chief Groundes of Architecture*, London 1563 (facs. reprs. 1912, 1964); 1579, 1584, 1587

SIGUENZA, Fray José de, *Historia de la Orden de San Gerónimo, libro tercero y cuarto: La Fundación del Monasterio de San Lorenzo el Real*, Madrid 1605 (new ed. in: *Nueva Biblioteca de auctores españoles*, II, Madrid: [2]1909)

SILENTIARIUS, Paulus, 'Εκψδα6ίδ τοδ ναου τηδ Αγίαδ Σοψιαδ?' (ekphrasis) in: Paul Friedländer, *Johannes von Gaza, Paulus Silentiarius. Kunstbeschreibungen justinianischer Zeit*, Berlin-Leipzig 1912 (facs. repr. Hildesheim-New York 1969)

SINGER, Alexander von, Krisis der Architektur, Zürich 1928

SITTE, Camillo, *Der Städte-Bau nach seinen künstlerischen Grundsätzen*, vienna 1889 ([3]1901; [4]1909: facs. repr. Brunswick-Wiesbaden 1983); Fr. ed. Geneva-Paris 1902 (1918)

SLOAN, Samuel, *The Model Architect. A series of original designs for cottages, villas, suburban residences...*2 vols, Philadelphia 1852 (1860, 1865, 1868, 1873); facs. repr. of 1852 entitled *Sloan's Victorian Buildings*, ed. Harold N. Cooledge, Jr, New York 1980

SOANE, John, *Designs in Architecture Consisting of Plans, Elevations and Sections for Temples, Baths, Cassines, Pavilions, Garden-Seats, Obelisks, and Other Buildings...*, London 1778

—, *Plans, Elevations and Sections of Buildings, Executed in the Counties of Norfolk, Suffolk, etc.*, London 1788 (facs. repr. 1971)

—, *Sketches in Architecture Containing Plans and Elevations of Cottages, Villas and Other Useful Buildings...*, London 1793 (facs. repr. 1971)

—, *Lectures on Architecture, By Sir John Soane...*, ed. Arthur T. Bolton, London 1929

—, *Description of the House and Museum on the North Side of Lincoln's-Inn Fields*, London 1830 (1832, 1835, 1893; ed. A. T. Bolton 1930)

SPECKLE (Specklin), Daniel, *Architectura von Vestungen, wie die zu unsern zeiten mögen erbawen werden, an Stätten Schlössern, und Clussen zu Wasser, Land...*, Strassburg 1589 (facs. repr. Unterschneidheim 1971; Portland, Or. 1972); enlarged ed. Strassburg 1599, 1608; later eds Dresden 1705, 1712, 1736

SPINI, Gherardo, *I tre primi libri sopra l'nstituzione de' Greci et Latini architettori intorno agl'ornamenti che convengono a tutte le fabbriche che l'architettura compone (1568/69)*, ed. Cristina Acidini, in: Franco Borsi a.o., *Il disegno interrotto. Trattati medicei d'architettura*, 2 vols, Florence 1980; vol. I, pp. 11-201

SPON, Jacob and WHEELER, George, *Voyage d'Italie, de Dalmatie, de Grèce, et du Levant, fait aux années 1675 ξ 1676*, 2 vols, Amsterdam 1679 (other eds. Lyons 1678, London 1682)

STEINER, Rudolf, Wege zu einem neuen Baustil 'und der Bau wird Mensch', Dornach [1]1926; Stuttgart [2]1957; Dornach [3]1982

—, *Architektur, Plastik und Malerei des Ersten Goetheanum*, Dornach [1]1972 ([2]1982)

—, *Der Baugedanke des Goetheanum*, Dornach [1]1932; Stuttgart [2]1958

STEINGRUBER, Johann David, *Practische bürgerliche Baukunst...*, Nuremberg 1773

STICKLEY, Gustav, *Craftsman Houses*, New York 1909 (facs. repr. New York 1979)

STIEGLITZ, Christian Ludwig, *Geschichte der Baukunst der Alten*, Leipzig 1792

—, *Encyklopädie der bürgerlichen Baukunst*, 5 vols, Leipzig 1792-98

—, *Plans et dessins tirés de la belle architecture.., accompagné d'un traité abrégé sur le beau dans l'architecture*, Leipzig 1800

—, *Archaeologie der Baukunst der Griechen und Römer*, Weimar 1801

—, *Von altdeutscher Baukunst*, Leipzig 1820

—, *Geschichte der Baukunst vom frühesten Alterhum bis in neuere Zeiten*, Nuremberg1827

—, *Beiträge zur Geschichte der Ausbildung der Baukunst*, 2 vols, Leipzig 1834

STÖER, Lorenz, *Geometria et Perspectiva Hier Inn Etliche Zerbochne Gebew den Schreinern in eingelegter Arbait dienstlich...*, Augsburg 1567 (facs. repr. Frankfurt 1972)

STUART, James and REVERT, Nicholas, *The Antiquities of Athens*, vol. I, London 1762; vol. II, London 1787 (finished by William Newton and published in 1788 after Stuart's death); vol. III, London 1794 (revised by Willey Reveley); vol. IV, London 1816 (Stuart's posthumous papers ed. Josuah Taylor and Joseph Wood); later eds London 1825-30; 1849; 1881; French ed. Paris 1818; German ed. Darmstadt-Leipzig 1829-33

STUKELEY, William, *Stonehenge: a Temple Restaur'd to the British Druids*, London 1740

STURM, Leonhard, Christoph, *De Sciagraphia templi Hierosolymitani*, Leipzig 1694

—, *Vademecum Architectonicum bestehend in neu ausgerechneten Tabellen zu der Civil und Militar-Baukunst...*, Amsterdam 1700

—, *Architectonisches Bedencken von der protestantischen kleinen Kirchen Figur und Einrichtung*, 1712

—, *Prodromus Architecturae Goldmannianae*, Augsburg 1714

—, *Vollständige Anweisung alle Art von Kirchen wohl anzugehen*, 1718

See also GOLDMANN, Nicolaus

SUCKLOW (Succov), Lorenz Johann Daniel, *Erste Gründe der bürgerlichen Baukunst im Zusammenhange entwrfen*, Jena 1751 (^{2}1763; ^{3}1781; ^{4}1798; facs. repr. of 4th ed. Leipzig 1979)

SUGER, Ordinationes; *Libellus Alter de Consacratione Ecclesiae Sancti Dionysii; Liber de Rebus in Administratione Sua Gestis*; Part repr. of Latin texts with Engl. trans. by Erwin Panofsky in: *Abbot Suger. On the Abbey Church of St.-Denis and its Art Treasures*, Princeton, NJ 1946 (ed. Gerda Panofsky-Soergel, ^{2}1979)

SULLIVAN, Louis H., *Kindergarten Chats* (first in: *Interstate Architect ʃ Builder 1901-02*); revised 1918; ed. Claude F. Bragdon, Lawrence 1934; ed. Isabella Athey '*Kindergarten Chats and Other Writings*', New York 1947 (several reprs.)

—, Democracy: *A Man-Search* (ms, final version 1908), ed. Elaine Hedges, Detroit 1961

—, 'The Autobiography of an Idea' (first in: *Journal of the American Institute of Architects* 10-11,1922-23), New York 1924; ed. Ralph Marlowe Line, New York 1956 (several reprs)

—, *A System of Architectural Ornament According with a Philosophy of Man's Powers*, New York 1924; ed. Ada Louise Huxtable, New York 1967, Tübingen 1990

—, 'The High-Building Question', in: *The Graphic* V, I9 December 1891, p. 405

SULPICIO, Giovanni, ed.: *Vitruvius, De architectura libri decem*, Rome 1486 (?)

SULZER, Johann Georg, *Allgemeine Theorie der Schönen Künste*, 2 vols, Leipzig 1771-1774 (pirate eds. Leipzig 1773-74; Biel 1777; Leipzig 1777-78 and 1778-79); with 'literary additions', ed. Friedrich von Blankenburg: 4 vols, Leipzig 1786-87; 5 vols, Leipzig 1792-94 (facs. repr. Hildesheim 1967-70); the most complete ed. Of Blankenburg's 'Literarische Zusätze'(without Sulzer's text): 3 vols, Leipzig 1796-98 (facs. repr. Frankfurt 1972)

SWAN, Abraham, *The British Architect: or, The Builder's treasury of staircases...*, London 1745 (^{2}1750; ^{3}1758; facs. repr. of 1758 ed., ed. Adolf K. Placzek, New York 1967); Philadelphia 1775

SWITZER, Stephen, *Ichnographia Rustica: Or, The Nobleman, Gentleman and Gardener's Recreation...*, 3 vols, London 1715-18 (^{2}1741-42)

TACCOLA, Mariano di Jacopo gen., (Florence, Cod. Pal. 766) *Libertertius de Ingeneis ac Edifitiis non usitatis*, ed. J. H. Beck, Milan 1969)

—, (Munich, Cod. lat. 28800) *De Machinis. The Engineering Treatise of 1449*, ed. Gustina Scaglia, 2 vols, Wiesbaden 1971

TARTAGLIA, Nicolo, La Nova Scientia, Venice 1537 (^{2}1550)

—, *Quesiti et inventioni diverse*, Venice 1538 (^{2}1554)

TAUT, Bruno, *Glashaus. Werkbund-Ausstellung Cöln 1914*, Berlin 1914

—, *Die Stadtkrone*. Contributions by Paul Scheerbart a.o., Jena 1919

—, *Alpine Architektur*, Hagen 1919

—, *Die Auflösung der Städte oder Die Erde eine gute Wohnung oder Der Weg zur Alpinen Architektur*, Hagen 1920

—, *Der Weltbaumeister. Architekturschauspiel für symphonische Musik. Dem Geiste Paul Scheerbarts gewidmet*, Hagen 1920

—, (ed.), *Frühlicht*, 1920-1922 (1920 as supplement to *Stadtbaukunst in alter und neuer Zeit*; 1921-22 (published separately; repr. of a selection: Bruno Taut, *Frühlicht 1920-1922. Eine Folge für die Verwirklichung des neuen Baugedankens* (*Bauwelt Fundamente* 8). Berlin-Frankfurt-Vienna 1963

—, *Die neue Wohnung*, Leipzig 1924

—, *Architekturlehre aus der Sicht eines sozialistischen Architekten* (Turkish ed. Istanbul 1938); ed. Tilmann Heinisch and Goerd Peschken, Hamburg-Berlin 1977

TEMANZA, Tommaso, *Vite del più celebri Architetti, e Scultori Veneziani...*, Venice 1778 (facs. repr. ed. Liliana Grassi, Milan 1966)

TEMPLE, William, *Upon the Gardens of Epicurus* (1685), first in *Miscellanea*, London 1690

TENSINI, Francesco, *La fortificazione, guardia, difesa et espugnazione delle fortezze esperimentata in diverse guerre*, Venice 1624

TESSENOW, Heinrich, *Der Wohnhausbau*, Munich 1909

—, *Hausbau und dergleichen*, Berlin 1916 (numerous eds; most recently, Munich 1984)

—,*Geschriebenes. Gedanken eines Baumeisters*, ed. Otto Kindt, Brunswick-Wiesbaden1982

THORPE, John; John Summerson,'The Book of Architecture of John Thorpe in Sir John Soane's Museum', *Walpole Society* XL, 1964-66

TIBALDI, Pellegrino, *Discorso d'Architettura* (Ms. der Bibl. Ambrosiana, Milan, Ms. P. 246 sup.)

—, *Regole di architettura* (Ms. der Bibl. Nat., Paris); as Pellegrino Pellegrini, *L'Architettura*, ed. Giorgio Panitta, Milan 1990

TORIJA Juan de, *Tratado breve, sobre las Ordenanzas de la Villa de Madrid...*, Madrid 1661 (1664, 1728, 1754, 1760)

TREILLE, François de la, *La Manière de fortifier villes, Chasteaux, et faire autres lieux fortz*, Lyons 1556

TRISSINO, Giangiorgio,'Dell'Architettura'(fragment); first published 1878 (Nozze Pesaro-Bertolini); most recently in: Lionello Puppi, *Scrittori vicentini d'architettura del secolo XVI*, Vicenza 1973, pp. 82ff.; Paola Barocchi (ed.), *Scritti d'arte del Cinquecento*, III, Milan-Naples 1977, pp. 3032-36

TROOST, Gerdy, *Das Bauen im Neuen Reich*, Bayreuth 1938

UMBDENSTOCK, Gustave, *Cours d'architecture (Ecole Polytechnique)*, 2 vols, Paris 1930

UNGEWITTER, Georg Gottlob, *Entwürfe zu gothischen Ornamenten, zunächst für Decken und Wände*, Leipzig 1854

—, *Lehrbuch der gothischen Constructionen*, Leipzig 1859-64 (²1875); ed. K. Mohrmann, ³1889; ⁴1901-03

—, *Sammlung mittelalterlicher Ornamentik in geschichtlicher und systematischer Anordnung*, Leipzig 1863-1865

Untersuchungen über den Charakter der Gebäude ; über die Verbindung der Baukunst mit den schönen Künsten und über die Wirkungen, welche durch dieselbe hervorgebracht werden sollen, Dessau 1785 (2nd ed. Leipzig 1788); facs. repr. of ed. of 1788, ed. Hanno-Walter Kruft, Nördlingen 1986

VALADIER, Giuseppe, *L'architettura pratica dettata nella scuola e cattedra dell'insegne Accademia di San Luca*, 5 vols, Rome 1828-39

—, and VISCONTI, Aurelio, *Raccolta della più insigni fabbriche di Roma antica*, 7 fasc. Rome 1810-26

VALÉRY, Paul, *Eupalinous ou l'Architecte, précéde de l'Ame et la Danse*, Paris 1923

VALLE DI VENAFRO, Giovan Battista della, Vallo. *Libro continente appartenentie ad. Capitanij: retenere et fortificare una Cita con bastioni, artificj de fuoco...*, Naples 1521

VALTURIO, Roberto, *De re militari libri XII*, Verona 1472 (numerous eds and trans in15th and 16th centuries)

VANDELVIRA Alonso de, *El tratado de arquitectura*, ed. Geneviève Barbé-Coquetin deLisle, 2 vols, Albacete 1977

VAN DE VELDE, Henry, *Die Renaissance im modernen Kunstgewerbe*, Berlin 1901

—, *Kunstgewerbliche Laienpredigten*, Leipzig 1902

—, *Vom Neuen Stil*, Leipzig 1907

—, *Essays*, Leipzig 1910

—, *Geschichte meines Lebens*, ed. Hans Curjel, Munich 1962

—, *Zum Neuen Stil*, ed. Hans Curjel, Munich 1955

VANVTTELLI, Luigi, *Dichiarazione dei Disegni del Reale Palazzo di Caserta*, Naples 1756

VASARI, Giorgio, *Le Vite d'più eccellenti pittori, scultori e architettori*, Florence ¹1550,²1568; with commentary by Gaetano Milanesi (1878-1885), Club del Libri (1962-1966), Paola Barocchi (forthcoming)

VASARI the Younger, Giorgio, *La Città ideale* (1598). *Piante di Chiese (palazzi e ville)di Toscana e d'Italia*, ed. Virginia Stefanelli, Rome 1960

—, *Porte e finestre di Firenze e Roma*, ed. Franco Borsi, in: Borsi a.o., *II disegno interrotto. Trattati medicei d'architettura*, 2 vols, Florence 1980; vol. I, pp. 293-321

VASI, Giuseppe, *Delle Magnificenze di Roma antica e moderna*, 10 vols, Rome 1747-61

VAUX, Calvert, *Villas and Cottages. A Series of Designs Prepared for Execution in theUnited States*, New York 1857 (²1864; ³1867; ⁴1869; ⁵1872; ⁶1874); facs. repr. of1864 ed.: New York 1970

VEGETIUS, Renatus, *Flavius, Epitoma fei militaris (c. 400)*, ed. C. Lang, 1885 (facs. repr.1967)

VIEL, Charles-François, *Projet d'un Monument consacrè è l'histoire naturelle*, Paris 1779

—, *Décadence de l'architecture àla fin du dix-huitième siècle*, Paris 1800

VIEL DE SAINT-MAUX, Jean-Louis, *Lettres sur l'architecture des anciens et celle desmodernes, dans lesquelles se trouve développé la génie symbolique qui presida aux Monumens de l'Antiquité*, Paris 1787 (facs. repr. with intro, by Michel Faré underthe name of Charles-François Viel de Saint-Maux, Geneva 1974)

VIGNOLA (Jacopo Barozzi), *Regola delli cinque ordini d'architettura* (1562 ?); facs. repr.Vignola 1974

—, *Le due regole della prospettiva pratica*, Rome 1583 (facs. repr. Vignola 1974)

VILLALON, Cristóbal de, *Ingeniosa comparación entre lo antiquo y lo presente*, Valladolid 1539

VILLALPANDO, Juan Bautista and PRADO, Jerónimo, *In Ezechielem Explanationes etApparatus Urbis, ac Templi Hierosolymitani Commentariis et imaginibus illustratus*, 3 vols, Rome 1596-1604

VILLANUEVA, Diego de, Coleccion de diferentes papales criticos sobre todas las partes dela Arquitectura..., Valencia 1766 (facs. repr. with intro, by Luis Moya: Valencia1979)

VILLARD DE HONNECOURT (lodge-book): Hans R. Hahnloser, *Villard de Honnecourt*. Critical complete ed. of the lodge-book ms. fr. 19093 Paris, Bibl. Nat., Vienna1935 (Graz ²1972); J. B. A. Lassus, Album de Villard de Honnecourt, Paris 1968; Theodore Bowie, *The Sketchbook of Villard de Honnecourt*, New York 1959 (²1962); *François Bucher, Architector. The Lodge Books and Sketchbooks of Medieval Architects*, I, New York 1979, p. 15ff.

VIOLA ZANINI, Gioseffe, *Della architettura libri due*, Padua 1629 (1677, 1698)

VIOLLET-LE-DUC, Eugène-Emmanuel, *Dictionnaire raisonné de l' architecture française du XIe au XVIe siècle*, 10 vols, Paris 1854-1868 (facs. repr. Paris 1967)

—, *Entretiens sur l' architecture*, 2 vols, Paris 1863-72 (facs. repr. Brussels 1977)

—, *Habitations modernes*, 2 vols, Paris 1875-77 (facs. repr. Brussels 1979)

VISENTINI Antonio, *Osservazioni, che servono di continuazione al trattato de Teofilo Gallaccini sopra gli errori degli architetti*, Venice 1771 (facs. repr. 1970)

VTTTRUVIUS, *De architectura libri decem*, ed. Valentin Rose, Leipzig ²1899; Lat.-Engl. ed., ed. Frank Granger, London-Cambridge ¹1931 (several eds); Lat.-German ed., ed. Curt Fensterbusch Darmstadt 1964.

For other eds of Vitruvius, see under names of translators or editors

VITTONE, Bernardo Antonio, *Istruzioni Elementari per indirizzo de' giovani allo studio dell' Architettura Civile divise in libri tre...*, 2 vols, Lugano 1760

—, *Istruzioni diverse concernenti l' officio dell' Architetto Civile...ad aumento delleIstruzioni Elementari...Della misura delle Fabbriche, del Mow, Misura della acquecorrenti, estimo de' beni...*, 2 vols, Lugano 1766

VOCHS, Lukas, *Allgemeines Baulexicon oder Erklärung der deutschen und französischen Kunstwörter...*, Augsburg-Leipzig 1781

VOGTHERR, Heinrich, *Ein frembds und wunderbars Kunstbüchlin allen Molern, Bildschnit-zern, Goldschmiden, Steynmetzen, Schreynern, Platnern, Waffen- und Messerschmiden hochnutzlich zu gebrauchen...*, Strassburg 1537 (other eds 1538, 1572, 1608); facs. repr. of 1572 ed. Zwickau 1913

VOYSEY, Charles F. Annesley, *Reason as a basis of art*, London 1906

—, *Individuality*, London 1915

—, 'Patriotism in architecture', in: *Architectural Association Journal* XXVIII, 1912, pp. 21-5

VREDEMAN DE VRIES, Hans, *Das ander Bucch gemacht auff die zway Colonnen Corinthieund Composita*, Antwerp (¹1565) 1578

—, *Architectura der Bauung der Antiquen auss clem Vitruvius...*, Antwerp 1577, 1581 (facs. repr. of 1581 ed. Hildesheim-New York 1973)

—, *Hortorum Viridariorumque eleganres et multiplices formae...*, Antwerp 1583

—, *Perspective*, Lat.-German ed. Leyden 1604-05 (facs. repr. of Lat. ed. New York 1968)

—, and VREDEMANN DE VRIES, Paul, *Variae Architecturae Formae*, Antwerp 1601

—, *Architectura, di köstliche unnd Weithberumbte khunst...*, 1606

WAGNER, Otto, *Moderne Architektur. Seinen Schüern ein Führer auf diesem Kunstgebiete*, Vienna 1895 (²1899;³1902); 4th ed. entitled *Die Baukunst unserer Zeit. Dem Baukunstjünger ein Führer auf diesem Kunstgebiete*, Vienna 1914 (facs. repr. Vienna1979)

—, *Die Großstadt. Eine Studie über diese*, Vienna 1911

—, *Einige Skizzen, Projekte und ausgeführte Bauwerke*, vol. I, Vienna 1890; vol. II, Vienna 1897; vol. III Vienna 1906; vol. IV, Vienna 1922; facs. repr. Tübingen 1987

WALPOLE, Horace, A Description of the Villa... at Strawberry-Hill near Twickenham, Middlesex, Strawberry Hill 1774 ; ²1784 (enlarged facs. ed. London 1964)

—, *On Modern Gardening* (1770), first in vol. 4 of Walpole's *Ancedotes of Painting*, 1771; crit. ed., ed. I. W. U. Chase, *Horace Walpole: Gardenist. An Edition of Walpole's The History of Modern Taste in Gardening*, Princeton, NJ 1943

WARE, Isaac, *The Four Books of Andrea Palladio's Architecture*, London 1738 (facs. repr.with intro, by Adolf K. Placzek, New York 1965)

—, *A Complete Body of Architecture*, London 1756; ²1757; 3c.1758-60; ⁴1768 (facs.repr. Farnborough 1970

WATELET, Claude-Henri, *Essai sur les jardins*, Paris 1774 (facs. repr. Geneva 1972)

WEBB, John, *The Most Notable Antiquity of Great Britain, vulgarly called Stone-Heng, on Salisbury Plain, Restored*, London 1655

WEINBRENNER, Friedrich, Denkwürdigkeiten aus seinem Leben, ed. Aloys Schreiber,Heidelberg 1829; ed. Kurt K. Eberlein, Potsdam 1920; ed. Arthur von Schneider,Karlsruhe 1958

—, *Architektonisches Lehrbuch*, Tübingen 1810-19

—, *Ausgeführte und projectierte Gebäude*, Karlsruhe 1822-35 (part ed. of Hefte l-3and 7, ed. Wulf Schirmer, Karlsruhe 1978)

WEINLIG, Christian Traugott, *Briefe Über Rom, verschiedene die Werke der Kunst*, der öffentlichen Feste, *Gebräuche und Sitten betreffnden Inhalts*, 3 vols, Dresden 1782-87

WHATELY, Thomas, *Observations on modern Gardening, illustrated by Descriptions*, London 1770 (²1770; ³1771; ⁴1777; ⁵1801); facs. repr. of 1801 ed. Farnborough1970; French ed. Paris 1771; German ed. Leipzig 1771

WHELER, George see SPON, Jacob

WHEWELL, William, *Architectural Notes on German Churches*, Cambridge- London 1830(1st ed. anon.; ²1835; ³1842)

WHIVXVELL, Thomas Stedman, *Description of an Architectural Model from a Design by Stedman Whitwell Esq. for a Community upon a principle of united interests, as advocated by Robert Owen Esq.*, London 1830

WIEBEKINC, Carl Friedrich von, *Theoretisch-practische Bürgerliche Baukunde durch Geschichte und Beschreibung der merkwürdigsten Baudenkmahle und ihre genauen Abbildungen bereichert*, 4 vols, Munich 1826

WILDE, Oscar, *Miscellanies*; in: *First Collected Edition of the Works of Oscar Wilde*, ed.Robert Ross, London 1908 (facs. repr. London 1969)

WILHELM, Johann, *Architectura Civilis, Beschreib- oder Vorreissung der fürnembsten Tachwerck...*, Frankfurt 1649 (²1654); slightly revised ed. Nuremberg 1668 (²1702); facs. repr. of 1668 ed. Hannover 1977

—, *Architecturae Civilis Pars II* (ed. by the publisher Paul Ffirst), Nuremberg n.d.; facs. repr. in appendix: Hannover 1977

WILLIS, Robert, *Remarks on the Architecture of the Middle Ages, especially of Italy*, Cambridge 1835

—, *On the Construction of Vaults in the Middle Ages*, Royal Institute of British Architects, London 1842

—, *The Architectural Nomenclature of the Middle Ages*, London 1844

WINCKELMANN, Johann Joachim, *Anmerkungen über die Baukunst der Alten*, Dresden1762 (facs. repr. Baden-Baden-Strasbourg 1964)

—, *Sendschreiben von den Herculanischen Entdeckungen*, Dresden 1762; *Nachrichten von den neuesten Herculanischen Entdeckungen*, Dresden 1764 (facs. repr. of bothwritings, Baden-Baden-Strasbourg 1964)

—, *Geschichte der Kunst des Altertums*, Dresden 1764 (facs. repr. Baden-Baden-Strasbourg 1966; ed. Wilhelm Senff, Weimar 1964)

—, *Sämtliche Werke*, ed. Joseph Eiselein, 12 vols, Donaueschingen 1825-29

—, *Kleine Schriften, Vorreden, Entwürfe*, ed. Walther Rehm and Hellmut Sichtermann, Berlin 1968

WOLTERS, Rudolf, *Neue deutsche Baukunst*, Prague 1943

WOOD, John, *The Origin of Building: or, the Plagiarism of the Heathens detected in Five Books*, Bath 1741 (facs. repr. Farnborough 1968)

—, *An Essay towards a Description of Bath...*, London 1742; ²1749; 1769 (facs. repr. Bath 1969; Farnborough 1970)

—, *Choir Gaure, Vulgarly called Stonehenge...*, Oxford 1747

—, *A Dissertation upon the Orders of Columns, And Their Appendages...*, London 1750

WOOD, John (the Younger), *A Series of Plans for Cottages or Habitations of the Labourer...*, London 1781 (²1792; ³1806; facs. repr. of 1806 ed. 1972)

WOOD, Robert, *The Ruins of Palmyra, otherwise Tedmor, in the Desert*, London 1753simultaneous French ed. London 1753)

—, *The Ruins of Balhec otherwise Heliopolis in Coelosyria*, London 1757

—, *The Ruins of Palmyra and Balbec*, London 1827

WOOLFE, John and GANDON, James, *Vitruvius Britannicus, or the British Architect*, vol.IV, London 1767 (facs. repr. in ed. by John Harris, New York 1967)

WOTTON, Henry, *The Elements of Architecture*, London 1624 (facs. repr. with intro, by Frederick Hard, Charlottesville, Vir. 1968; Farnborough 1969)

WREN, Christopher, *Stephen Wren, Parentalia: or, Memoirs of the Family of the Wren*, London 1750; facs. repr. of so-called'Heirloom Copy' in RIBA, Farnborough1965; Wren Society, 20 vols, Oxford 1924-43

WRIGHT, Frank Lloyd, *Ausgeführte Bauten und Entwürfe*, Berlin 1910 (²1924); facs. repr.ed. Vincent Scully, Tübingen 1986

—, *Ausgeführte Bauten* (intro. by Charles Robert Ashbee), Berlin 1911 (facs. repr.with intro, by Grant Carpenter Manson, New York 1982)

—, *Modern Architecture*. Being the Kahn Lectures for 1930, Princeton, NJ 1931

—, *The Disappearing City*, New York 1932 (new ed. entitled *The Industrial Revolution Runs Away*, New York 1969)

—, *An Organic Architecture. The Architecture of Democracy. The Sir George Watson Lectures of the Sulgrave Manor Board for 1939*, London 1939 (facs. reprs. 1941,1970)

—, *When Democracy Builds*, Chicago 1945 (German ed. Usonien: *When Democracy Builds*, Berlin 1950)

—, *Genius and the Mobocracy*, New York 1949 (enlarged ed. New York 1971)

—, *The Future of Architecture*, New York 1953 (repr. London 1955; New York 1970)

—, *The Natural House*, New York 1954 (New York 1970; London 1972)

—, *A Testament*, New York 1957 (repr. London 1959)

—, *The Living City*, New York 1958 (facs. repr. New York 1970)

—, *Schriften und Bauten*, Munich-Vienna 1963

—, *Humane Architektur*, ed. Wolfgang Braatz (Bauwelt Fundamente 25), Gütersloh-Berlin 1969

XIMÉNEZ, Fray Andrés see JIMÉNEZ

ZANCHI; Giovanni Battista, *Del modo di fortificar le città*, Venice 1554

ZUCCARO, Federico, *L'idea de' Pittori, scultori et architetti*, Turin 1607; c.f. the ed. ofFederico Zuccaro, *Scritti d'arte*, ed. Detlef Heikamp, Florence 1961

5. 自1945年以来 (Since 1945)

AALTO, Alvar, *Sketches*, ed. Göran Schildt, Cambridge, Mass.-London 1978

ALEXANDER, Christopher, *Notes on the Synthesis of Form (1964)*, Cambridge, Mass.-London 1971 (frequently reprinted)

—, *The Timeless Way of Building*, New York 1979

—, *The Linz Café*, Oxford-Vienna 1981

ALLSOPP, Bruce, *A Modern Theory of Architecture*, London-Henley-Boston, Mass. 1977

ARNDT, Adoll, *Demokratie als Bauherr*. Akademie der Künste Berlin (*Anmerkungen zur Zeit*, 6), Berlin 1961

ARNHEIM, Rudolf, *The Dynamics of Architectural Form*, Berkeley-Los Angeles-London 1977

AYMONINO, Carlo, *Origine e sviluppo della città moderna*, Padua 1964

BAKEMA, J. B., *Thoughts about architecture*, ed. Marianne Gray, London-New York1981

BLOOMER, Kent, C. see MOORE, Charles W.

BOFILL, Ricardo, *Los espacios de Abraxas. El palacio, el teatro, el arco*, ed. Annabella d' Huart, Milan 1981

—, a.o. (Taller de arquitectura), *La Cité: Histoire et Technologie. Projets Français1978-81*, Milan 1981

DAHINDEN, Justus, *Versuch einer Standortsbestimmung der Gegenwartsarchitektur*, Zürich 1956

FULLER, R. Buckminster, No More Secondhand God and Other Writings, Carbondale 1963

GERKAN, Meinhard von, *Die Verantwortung der Architektur. Bedingungen für die gebaute Umwelt*, Stuttgart 1982

JACOBS, Jane, *The Death and Life of Great American Cities*, New York 1961

JOHNSON, Philip, *Writings*, New York 1979

KRIER, Rob, *On Architecture*, London-New York 1982

KUROKAWA, Kisho, *Metabolism in Architecture*, Boulder, Col. 1977

MICHELUCCL, Giovanni, *La felicita dell'architetto 1948-1980*, Pistoia 1981

MOORE, Charles W. and ALLEN, Gerald and LYNDON, Donlyn, *The places of houses*, NewYork 1974

—,and ALLEN, Gerald, *Dimensions. Space, Shape & Scale in Architecture*, New York 1976

—,and BLOOMER, Kent C., *Body, Memory and Architecture*, New Haven, Conn.-London 1977

NERVI, Per Luigi, *Scienza o arte del costruire*, Rome 1945

—, *Aesthetics and Technology in Building*, Cambridge, Mass.-London 1965

NIEMEYER Oscar, *Minha Esperiencia em Brasilia*, Rio de Janeiro 1961

NORBERG-SCHULZ, Christian, *Intentions in Architecture*, Oslo 1963

OTTO, Frei, *Das Hängende Dach. Gestalt und Struktur*, diss. Berlin 1954

—, Schrifien und Reden 1951-1983, ed. Berthold Burckhardt, Brunswick-Wiesbaden1984

—, a.o., *Zugbeanspruchte Konstruktionen. Gestalt, Struktur und Berechnung von Bauten aus Seilen, Netzen und Membranen*, 2 vols, Berlin 1962-64

—, a.o., *Natürliche Konstruktionen*, Stuttgart 1982

PRAK, Niels Luning, *The language of architecture. A contribution to architectural theory*, The Hague-Paris 1968

ROGERS, Ernesto Nathan, *Gli elementi del fnomeno architettonico*, ed. Cesare De Seta, Naples 1981

Rossi, Aldo, *L' Architettura della Città*, Padua 1966

—, *Scritti scelti sull'architettura e la città 1956-1972*, Milan 1975

—, *A Scientific Autobiography*, Cambridge, Mass. 1982

—, a.o., 'Architettura Razionale' (*XV Triennale di Milano. Sezione Internazionale di Architettura*), Milan 1973

SAMONA, Giuseppe, *L' urbanistica e l' avvenire della città negli stati europei*, Bari 1959(²1960); paperback ed. Rome-Bari 1967

SMITHSON, Alison and Peter, *Ordinariness and Light: Urban Theories 1952-1960 and their application in a building project 1965-1970*, London 1970

—, *Without Rhetoric: An Architectural Aesthetic 1955-1972*, London 1973

SOLERI, Paolo, *Arcology: The City in the Image of Man*, Cambridge, Mass. 1969

—, *The Bridge Between Matter and Spirit Is Matter Becoming Spirit. The Arcology of Paolo Soleri*, Garden City, NY 1973

TANGE, Kenzo a.o., *Katsura-Tradition and Creation in Japanese Architecture*, Tokyo-New Haven, Conn. 1960

TIGERMAN, Stanley, *Versus An American Architect' s Alternatives*, New York 1982

—, a.o., *Late Entries to the Chicago Tribune Tower Competition*, New York 1980

VENTURI, Robert, *Complexity and Contradiction in Architecture*, New York 1966

—,SCOTT BROWN, Denis and IZENOUR, Steven, *Learning from Las Vegas*, Cambridge, Mass.-London 1972 (²1978)

VILLANUEVA, Carlos Raúl, *La Caracas de ayer y de hoy*, Caracas 1943

参考书目补充

按主要参考书目的标题顺序排列

I, 1: 关于艺术与建筑理论的一般性著作（*General works on art and architectural theory*）

BARASCH, Moshe, *Theories of Art From Plato to Winckelmann*, New York-London1985

—, *Modern Theories of Art, 1. From Winckelmann to Baudelaire*, New York-London 1990

BIRAL, Alessandro and MORACHIELLO, Paolo, *Immagini dell' ingegnere tra Quattro e Settecento*, Milan 1985

CHASTEL, André and GUILLAUME, Jean (ed.), 'Les traités d' architecture de la Renaissance'. *Actes du colloque tenu à Tours du 1ᵉʳ au u juillet 1981*, Paris 1988

FAGIOLO, Marcello, *Architettura e massoneria*, Florence 1988

KRUFT, Hanno-Walter, *Städte in Utopia. Die Idealstadt vom 15. bis zum 18. Jahrhundert zwischen Staatsutopie und Wirklichkeit*, Munich 1989

KULTERMANN, Udo, *Kleine Geschichte der Kunsttheorie*, Darmstadt 1987

LONG, Pamela O., 'The contribution of architectural writers to a 'scientific' outlook inthe fifteenth and sixteenth centuries', *The Journal of Medieval and Renaissance Studies 15*, 1985, pp. 265-98

NERDINGER, Winfried a.o. (ed.), *Revolutionsarchitektur. Ein Aspekt der europäischen Architektur um 1800* (cat.), Munich 1990

PEREZ GOMEZ, Alberto, *The Use of Geometry and Number in Architectural Theory From Symbols of Reconciliation to Instruments of Technological Domination (1680-1820)*, PhD thesis, University of Essex 1972

POCHAT, Götz, *Geschichte der Ästhetik und Kunsttheorie. Von der Antike bis zum 19. Jahrhundert*, Cologne 1986

SCRUTON, Roger, *The Aesthetics of Architecture*, Princeton 1979 (1980)

TATARKIEWICZ, Wladislaw, *History of Aesthetics*, 3 vols, Warsaw 1962-67 (Polish); Engl. ed. The Hague-Paris-Warsaw 1970-74

VEN, Conelis van de, *Space in Architecture: The Evolution of a New Idea in the Theory and History of the Modern Movements*, Assen 1987

I, 2.a. 中世纪（*The Middle Ages*）

Cat. *Les bâtisseurs des cathé drales gothiques*, ed. Roland Recht, Strasbourg 1989

COENEN, Ulrich, *Die spätgotischen Werkmeisterbücher in Deutschland als Beitrag zurmittelaherlichen Architekturtheorie. Untersuchung und Edition der Lehrschriften für Entwurf und Ausführung von Sakralbauten*, diss., Aachen 1989

GUNTHER, Hubertus (ed.), *Deutsche Architekturtheorie zwischen Gotik und Renaissance*, Darmstadt 1985

PITZ, Ernst, 'Das Aufkommen der Berufe des Architekten und Bauingenieurs. Baubetriebund Baugewerbe nach unteritalienischen Quellen des 13. Jahrhunderts', *Quellenund Forschungen aus italienischen Archiven und Bibliotheken 66*, 1986, pp. 40-74

I, 2.b. 意大利: 15 —18 世纪（*Italy: fifteenth to eighteenth century*）

BUCK, August and GUTHMÜLLER, Bodo, 'Die italienische Stadt der Renaissance imSpannungsfeld von Utopie und Wirklichkeit' (*Centro Tedesco di Studi VenezianiQuaderni 27*), Venice 1984

GIOSEFFI, Decio a.o., *Trattati di prospettiva, architettura militare, idraulica e altrediscipline. Saggi e note*, Venice 1985

GUENZI, Carlo (ed.), *L' arte di edificare. Manuali in Italia 1750-1950*, Milan 1981

MAYER-HIMMELHEBER, Susanne, *Bischöfliche Kunstpolitik nach dem Tridentinum. Der Secunda-Roma-Anspruch Carlo Borromeos und die mailäindischen Verordnungen zu Bau und Ausstattung von Kirchen*, Munich 1984

TAFURI, Manfredo, *Venezia e il Rinascimento*, Turin 1985

WAZBINSKI, Zygmunt, *L' Accademia Medicea del Disegno a Firenze nel Cinquecento*, 2 vols, Florence 1987

I, I.c. 法国: 16 —18 世纪（*France: sixteenth to eighteenth century*）

BRAHAM, Allan, *The Architecture of the French Enlightenment*, Berkeley, Ca.-Los Angeles 1980

Cat. '*Les architectes de la liberté 1789-1799* ', Paris 1989

Cat. '*Architecture et art urbain. Bordeaux 1780-1815* ', Bordeaux 1989

HARRINGTON, Kevin, *Changing Ideas on Architecture in the 'Encyclopédie'*, 1750-1776, Ann Arbor, Mich. 1985

SZAMBIEN, Werner, *Symétrie, goût, caractère. Theorie et terminologie de l' architecturel' age classique 1550-1800*, Paris 1986

—, *Les projets de l' an II. Concours d' architecture de la période révolutionnaire*, Paris 1986

VIDLER, Anthony, *The Writing of the Walls. Architectural Theory in the Late Enlightenment*, Princeton, NJ 1987

I, 2.d. 西班牙: 16 —18 世纪（*Spain: sixteenth to eighteenth century*）

RIVIERA BLANCO, José Janvier, *Juan Bautista de Toledo y Felipe II. La implantación delclasicismo en España*, Villadolid 1984

WILKLNSON, Catherine, 'Planning a style for the Escorial: An Architectural Treatise forPhilip of Spain', *Journal of the Society of*

Architectural Historians XLIV, 1985, PP. 37-47

I, 2.e. 德意志及其邻国: 16 —18 世纪（Germany and its neighbours: sixteenth to eighteenth century）

BRUGEROLLES, Emmanuelle and GUILLET, David, 'Recueils gravés d'architecture et de décoration en Allemagne au XVIIe siècle: à propos d'un groupe de dessins del' école des Beaux-Arts', *Revue du Louvre* 38, 1988, pp. 106-16

LOTTICHAU, Mario-Andreas von, *Die deutsche Ornamentkritik im 18. Jahrhundert*, Hildesheim-Zürich-New York 1983

MELLINGHOFF, Tilman and WATDIN, David, *German Architecture and the Classical Ideal, 1740-1840*, London 1987

SCHÜTTE, Ulrich, *Ordnung und Verzierung. Untersuchungen zur deutschsprachigenArchitekturtheorie des 18. Jahrhunderts*, Brunswick-Wiesbaden 1986

I, 2.f. 英国: 16 —18 世纪（England: sixteenth to eighteenth century）

ARCHER, John, *The Literature of British Domestic Architecture 1715-1842*, Cambridge, Mass.-London 1985

LEES-MILNE, James, *Earls of Creation Five Great Patrons of Eighteenth-Century Art* (1962), London 1986

—, *William Beckford, Montclair*, NJ 1979

RUMp, Gerhard Charles (ed.), *Kunst und Kunsttheorie des XVIII. Jahrhunderts in England. Studien zum Wandel Üsthetischer Anschauungen 1650-1830*, Hildesheim 1979

STILLMAN, Damie, *English Neo-Classical Architecture*, 2 vols, London 1988

WORSLEY, Giles, 'The baseless Roman Doric column in mid-eighteenth-century English architecture: a study in neo-classicism', *The Burlington Magazine* CXXVIII, 1986, pp. 331-9

I, 2.g. 19 —20 世纪的一般性文献（Nineteenth and twentieth centuries: general）

BRADBURY, Ronald, *The Romantic Theories of Architecture Of the Nineteenth Century in Germany, England and France*, PhD thesis, Columbia Univ., New York 1934(facs. repr. New York 1976)

ISAC, Ángel, *Eclecticismo y pensamiento arquitectónico en España. Discursos, revistas, congresos 1846-1919*, Granda 1987

I, 2.j. 英国: 19 世纪（England: nineteenth century）

BROWNLEE, David B., 'The First High Victorians: British architectural theory in the1840s', Architectura 15, 1985, pp. 33-46

I, 2.k. 美国: 19 世纪（United States: nineteenth century）

ZUKOWSKY, John (ed.), *Chicago Architecture, 1872-1922. Birth of a Metropolis*, Munich-Chicago 1987

I, 2.m. 意大利: 1900 —1945 年（Italy: 1900-1945）

DE SETA, Cesare, Architetti italiani del Novecento, Rome-Bari 1982 (²1987)

—, *Il destino dell' architettura. Persico Giolli Pagano*, Rome-Bari 1985

I, 2.p. 1945 年以来（Since 1945）

BELLUZI, Amedeo and CONFORTI, Claudia, *Architettura italiana 1944-1984*, Rome-Bari1985

DIAMONSTEIN, Barbaralee, *American Architecture Now II*, New York 1985

KAUFMANN, Jacob, 'Post-Modern Architecture': An Ideology, PhD thesis, Univ. of California, Los Angeles 1982

I, 3.a. 关于柱式的理论（Theory of the Orders）

ONIANS, John, *Bearers of Meaning: The Classical Orders in Antiquity, the Middle Ages, and the Renaissance*, Princeton, NJ 1989

I, 3.b. 文艺复兴时期维特鲁威的传统（Vitruvian tradition in the Renaissance）

GIAPPONI, Lucia A., 'Fra Giocondo da Verona and his Edition of Vitruvius', *Journal of the Warburg and Courtauld Institutes*, XLVI, 1983, pp. 72-90

FONTANA, Vincenzo, 'Il "Vitruvio" del 1556: Barbaro, Palladio, Marcolini', in: *Trattati scientifici nel Veneto fra il XV e XVI secolo. Saggi e studi*, ed. Enzo Riondato,Vicenza 1985, pp. 39-72

LONG, Pamela Olivia, *The Vitruvian Commentary Tradition and Rational Architecturein the Sixteenth Century: a Study in the History of Ideas*, PhD thesis, Univ. of Maryland 1979

PAGLIARA, Pier Nicola, 'Vitruvio da testo a canone', in: Salvatore Settis (ed.), *Memoria dell' antico nell' arte italiana*, vol. III, Turin 1986, pp. 3-85

I, 3.c. 关于比例的理论（Theory of proportion）

FEINSTEIN, Diego Horacio, *Der Harmoniebegriff in der Kunstliteratur und Musiktheorieder italienischen Renaissance*, diss., Freiburg 1977

JUNECKE, Hans, *Die wohlbemessene Ordnung. Pythagoreische Proportionen in derhistorischen Architektur*, Berlin 1982

I, 3.e. 哥特复兴（Gothic Revival）

HASLAG, Josef, *'Gothic' im siebzehnten und achtzehnten Jahrhundert. Eine wort- undideengeschichtliche Untersuchung*, Cologne-Graz 1963

McCARTHY, Michael, *The Origins of the Gothic Revival*, New Haven, Conn.-London1987

I, 3.f. 古典主义古代的再发现（Rediscovery of Classical antiquity）

Cat. *'Bibliotheca Etrusca. Fonti letterarie e figurative tra XVIII e XIX secolo nellaBiblioteca dell'Istituto Nazionale di Archeologia e Storia dell' Arte '*, Rome 1985

FAGIOLO, Marcello (ed.), *Roma e l' antico nell' arte e nella cuhura del Cinquecento*, Rome1985

GONTHER, Hubertus, *Das Studium der antiken Architektur in den Zeichnungen der Hochrenaissance*, Tübingen 1988

RASPI SERRA, Joselita (ed.), *La fortuna di Paestum e la memoria del dorico 1750-1850*, 2 vols, Florence 1986

SETTIS, Salvatore (ed.), *Memoria dell' antico nell' arte italiana*, 3 vols, Turin 1984-86

I, 3.g. 关于园林的概念（Concepts of the garden）

BUTTLAR, Adrian von, *Der Landschaftsgartern Gartenkunst des Klassizismus und der Romantik*, Cologne 1989

STRONG, Roy, *The Renaissance Garden in England*, London 1979

WIMMER, Clemens Alexander, *Geschichte der Gartentheorie*, Darmstadt 1989

II, 2: 文选: 15 —18 世纪（Anthologies: fifteenth to eighteenth century）

Pietro Cataneo, Giacomo Barozzi da Vignola, Trattati con l' aggiunta degli scritti diarchitettura di Alvise Cornaro, Francesco Giorgi, Claudio Tolomei, GiangiorgioTrissino, Giorgio Vasari, ed. Elena Bassi a.o., Milan 1985

LEFALVRE, Liane and TZONIS, Alexander (ed.), *Theorieën van het architektonies ontwerpen. Een historiese dokumentatie*, Nijmegen 1984

SCIONS, Gianni Carlo (ed.), *Letteratura artistica dell' età barocca. Antologia di testi*, Turin 1983

—(ed.), *Letteratura artistica del Settecento. Antologia di testi*, Turin 1984

II, 3: 文选: 19 —20 世纪（Anthologies: nineteenth and twentieth centuries）

BEYRODT, Wolfgang a.o. (ed.), *Kunsttheorie und Kunstgeschichte des 19. Jahrhunderts in Deutschland*, 3 vols, Stuttgart 1982-85 (vol. II: Architektur, ed. Harold Hammer-Schenk)

II, 4: 原始资料（第一手与第二手)[Sources（primary and secondary）]

Ashbee, C. R:

CRAWFPRD, Alan, *C. R. Ashbee. Architect, Designer & Romantic Socialist*, New Haven, Conn.-London 1985

Bötticher, Karl:

SKERL, Joachim, 'Zur Architekturtheorie Karl B6ttichers', in: *Karl Friedrich Schinkel und die Antike*, ed. Max Kunze (*Beiträge der Winckelmann-Gesellschaft*, vol. 12), Stendal 1985, pp. 85-91

Boffrand, Germain:

GALLET, Michel and GARMS, Jörg a.o., *Germain Boffrand 1667-1754. L' aventure d' un architecte indépendant*, Paris 1986

Boullée, Etienne-Louis:

MADEC, Philippe, *Boullée*, Paris 1986

Colonna, Francesco:

CALVESI, Maurizio, 'Hypnerotomachia Poliphili. Nuovi riscontri e nuove evidenze documentarie per Francesco Colonna Signore di Preneste', *Storia dell' arte* 60, 1987, pp. 85-136

DANESI SQUARZINA, Silvia, 'Francesco Colonna, principe, letterato, e la sua cerchia', *Storia dell' arte* 60, 1987, pp. 137-54

Durancd, J.-N.-L:

VILLARI, Sergio, *J.-N.-L Durand (1760-1834). Arte e scienza dell' architettura*, Rome 1987

Finsterlin, Hermann:

DöHL, Reinhard, *Hermann Finsterlin Eine Annäherung*, Stuttgart 1988

Fontaine, Pierre-François-Léonard:

FONTAINE, Pierre-François-Léonard, *Journal 1799-1853*, 2 vols, Paris 1987

Francesco di Giorgio Martini:

SCAGLIA, Gustina (ed.), 'Il' Vitruvio Magliabechiano' di Francesco di Giorgio Martini' (*Documenti inediti di cultura toscana, VI*), Florence 1985

Guarini, Guarino:

MEEK, H. A., *Guarino Guarini and His Architecture*, New Haven, Conn.-London 1988

MOLLER, Claudia, *Unendlichkeit und Transzendenz in der Sakralarchitektur Guarinis*, Hildesheim-Zürich-New York 1986

Hübsch, Heinrich:

HÜBSCH, Heinrich, *Die Architektur und ihr Verhältnis zur heutigen Malerei und Skulptur*, Stuttgart-Tübingen 1847 (New ed., ed. Jürgen Eckhardt und Helmut Geisert, Berlin 1985)

Kiesler, Friedrich:

BOGNER, Dieter (ed.), *Friedrich Kiesler. Architekt, Maler, Bildhauer 1890-1965*, Vienna 1988

Loos, Adolf:

AMANSHAUSER, Hildegard, *Untersuchungen zu den Schriften von Adolf Loos*, Vienna 1985

Loudon, John Claudius:

SIMO, Melanie Louise, *Loudon and the Landscape: From Country Seat to Metropolis, 1783-1843*, New Haven, Conn.-London 1988

Mies van der Rohe, Ludwig:

NEUMEYER, Fritz, *Mies van der Rohe. Das kunstlose Wort*, Berlin 1986

SCHULZ, Franz, *Mies van der Rohe. A Critical Biography*, Chicago-London 1985

Palissy, Bernard:

PALISSY, Bernard, *La Recepte véitable*, ed. Keith Cameron, Geneva 1988

CEARD, Jean, 'Relire Bernard Palissy', *Revue de l' art 78*, 1987, pp. 77-83

Palladio, Andrea:

PALLADIO, Andrea, *Scritti sull' architettura (1554-1579)*, ed. Lionello Puppi, Vicenza1988

BATTILOTTI, Donata, 'Villa Barbaro a Maser: Un difficile cantiere', *Storia dell' arte 53*, 1985, pp. 33-48

JACKSON REIST, Inge, *Renaissance Harmony: The Villa Barbaro at Maser*, PhD thesis, Columbia Univ, New York 1985

Perrault, Claude:

PICON, Antoine, *Claude Perrault, 1613-1688 ou la curiosité d' un classique*, Paris 1988

Pugin, A. W. N. :

BLECHER, Margaret, *A. W. N. Pugin: An Annotated Bibliography*, London 1987

WEDGWOOD, Alexandra, *A. W. N. Pugin and the Pugin Family (Catalogue of Architectura Drawings in the Victoria and Albert Museum)*, London 1985

Saarinen, Eliel :

SAARINEN, Eliel, *The Search for Form in Art and Architecture*, New York 1948 (facs.repr. New York 1985)

Schinkel, Karl Friedrich:

SCHINKEL, Karl Friedrich, *Reise nach England, Schottland und Paris im Jahre 1826*, ed.Gottfried Riemann, Berlin-Munich 1986; *Die Reise nach Frankreich und England im Jahre 1826*, ed. Reinhard Wegner, Munich-Berlin 1990

SZAMBIEN, Werner, *Schinkel*, Paris 1989

Serlio, Sebastiano:

GÜNTHER, Hubertus, 'Porticus Pompeji. Zur archäologischen Erforschung eines antiken Bauwerks in der Renaissance und seine Rekonstruktion im dritten Buch des Sebastiano Serlio', *Zeitschrift far Kunstgeschichte 44*, 1981, pp. 358-98

JOHNSON, June Gwendolyn, *Sebastiano Serlio's Treatise on Military Architecture* (Bayerische Staatsbibliothek, Munich, Codex Icon. 190), PhD thesis, Univ. of California, Los Angeles 1984

THOENES, Christof (ed.), *Sebastiano Serlio (Centro Internazionale di Studi di Architettura 'Andrea Palladio' di Vicenza)*, Milan 1989

WISCHERMANN, Heinrich, 'Castrametatio und STädtebau im 16. Jahrhundert: Sebastiano Serlio', *Bonner Jahrbücher des Rheinischen Landesmuseums in Bonn 175*, pp.171-186

Sullivan, Louis:

ANDREW, David S., *Louis Sullivan and the Polemics of Modern Architecture*, Chicago 1985

TWOMBLY, Robert, *Louis Sullivan. His Life and Work*, New York 1986

DE WIT, Wim (ed.), *Louis Sullivan. The Function of Ornament*, New York-London1986

Tibaldi, Pellegrimo:

TIBALDI, Pellegrino, *L' Archittetura di Leon Battista Alberti nel Commento di P. T.*, ed.Giorgio Simoncini, Rome 1988

Viollet-le-Duc, Eugène:

BRESSANI, Martin, 'Notes on Viollet-le-Duc' s philosophy of history: dialectics andtechnology', *Journal of the Society of Architectural Historians XLVIII*, 1989, pp.327-50

Vittone Bernardo:

TAVASSI LA GRECA, Bianca, *Bernardo Vittone architetto e teorico del 1700*, Rome 1985

—, 'Considerazioni sull' opera teorica di Bernardo Vittone. Guarini/Vittone: unalinea teorica di continuità o di fratture ?', *Storia dell' arte 64*, 1988, pp. 249-84

Webb, John:

BOLD, John, *John Webb. Architectural Theory and Practice in the Seventeenth Century*, Oxford 1989

Wood, John:

Mowl, Tim and EARNSHAW, Brian, *John Wood: Architect of Obsession*, Bath 1988

英语翻译文献 (English-language translations of sources)

原始资料的英文译本列在第 633-73 页及 678-80 页（原著页码，译者注），其中包括以往所有时代及最近的文献，也包括一些现代的影印重印本。

1945年以前 (To 1945)

ALBERTI, Leone Battista, *The Architecture of Leon Battista Alberti in Ten Books*, trans. James Leoni, 3 vols, London from 1726, (one vol) ^{3}1755 (facs. repr. Alberti: *The Ten Books on Architecture*, ed. Joseph Rykwert, London 1955-New York 1986)

—, *On the Art of Building in Ten Books*, trans. Joseph Rykwert, Neil Leach andRobert Tavernor, Cambridge, Mass.-London 1989

ALLTIOS, Leo, *The Newer Temples of the Greeks*, trans. with commentary by Anthony Cutler, University Park Rome-London 1969

BARTHELEMY, Jean-Jacques, *Travels of Anacharsis the Younger in Greece...*, trans. William Beaumont, 7 vols, London ^{2}1794, ^{4}1806

BERNINI, Gian Lorenzo (M. de Chantelou), *Journal du voyage du Cav. Bernini en France* trans. in: Cecil Gould, *Bernini in France: An Episode in Seventeenth-Century History*, Princeton, NJ 1982

BLUM, Hans, *A Description of the Five Orders of... Architecture*, London 1678 (facs. repr.1967)

BORROMEO, Carlo, *Instructions on Ecclesiastical Buildings*, trans, and ed. G.J. Wiglev, London 1857

BOULLÉE, Etienne-Louis, *Architecture. Essai sur l' art* trans. in: Helen Rosenau, *Boullée and Visionary Architecture*, London 1976

CORTESI, Paolo, Lat.-Engl. ed. of *De Cardinalatu*, book II, chapter 2 'De Domo Cardinalis' trans. in: Kathleen Weil-Garris and John D' Amico, 'The Renaissance Cardinal's Ideal Palace...', *Memoirs of the American Academy in Rome* XXXV,1980, pp.69ff.

DESGODETS, Antoine, *The Ancient Buildings of Rome*, plates engraved and text trans. byG. Marshall, 2 vols, London 1771, 1795

DOESBURG, Theo van, Principles of Neo-Plastic Art, trans. Janet Seligman, London 1969

—, *On European Architecture: Complete Essays from Het Bouwebedrijf 1924-1931*. trans. Charlotte I. Loeb and Arthur L Loeb, Basel 1990

FILARETE (Antonio Averlino), *Trattato* trans. in: Filarete' s Treatise on Architecture, ed. John R. Spencer, 2 vols, New Haven-London 1965

FISCHER VON ERICH, Johann Bernhard, *A Plan of Civil and Historical Architecture*, trans. Thomas Lediard, London 1730, ^{2}1737

FRANCINI, Alessandro, *A New Book of Architecture...*, trans. Robert Pricke, London 1669 (facs. repr. with original, 1966)

FRÉART DE CHAMBRAY, Roland, *A Parallel of Antient Architecture with the Modern* (appendix contains English trans. of Alberti' s De Statua), trans. John Evelyn, London 1664 (facs. repr. 1970)

GINZBURG, Moisey Yakovlevich, *Style and Epoch*, with introduction by Anatole Senkevitch, Jr, Cambridge, Mass-London 1982

KUGLER, Franz, *Über die Polychromie* trans. in part by W. R. Hamilton, 'On the Polychromy of Greek Architecture', *RIBA Transactions* I, Part I, 1835-36

LAUGIER, Marc-Antoine, *An Essay on Architecture*, London 1755, 1756

LE CLERC Sébastien, *A Treatise of Architecture*, 2 vols, London 1723, 1724

LE CORBUSIER (Charles-Edouard Jeanneret), *Complete Architectural Works*, with some English transs, ed. Willy Boesiger, 8 vols, London 1964-70

—, (and Saugnier), *Towards a New Architecture*, trans. Frederick Etchells, London 1927 (facs. repr. New York-London 1996)

—, *The City of Tomorrow and its Planning [Urbanisme]*, trans. Frederick Etchells, London 1929 (facs. repr. New York-London 1987)

—, *The Radiant City*, trans. Pamela Knight, Eleanor Levieux and Derek Coltman, London 1967

—, *The Athens Charter*, trans. Anthony Eardley, New York 1973

—, *Concerning Town Planning [Propos d' urbanisme]*, trans. Clive Entwistle, London1947

—, *The Modulor*, trans. Peter de Francia and Anna Bostock, London 1954

—, *Modulor 2*, trans. Peter de Francia and Anna gostock, London 1958

—, *Modulor I and Modulor 2*, trans. Peter de Francia and Anna Bostock, in one vol, Cambridge, Mass. 1980

LE MUET, Pierre, *The Art of Fair Building*, trans. Robert Pricke, London 1670

LE ROY, Julien-David, *Ruins of Athens*, London 1759 (facs. repr. 1969)

LISSIZKY, EL, *Life - Letters - Texts*, trans. Helene Aldwinckle and Mary Whittall, London 1969, rev. ed. 1980

—, *Russia. An Architecture for World Revolution*, trans. Erich DIuhosch, Cambridge, Mass.-London 1970

LOMAZZO, Gian Paolo, *A Tracte Containing the Artes of curious Painting...*, trans. Richard Haydocke, Oxford 1598

Loos, Adolf, Spoken into the Void, trans. Jane O. Newman and John H. Smith, Cambridge, Mass.-London 1982

MALEWCH, Kazimir, *Essays on Art and Unpublished Writings*, ed. Troels Andersen, 4 vols, Copenhagen 1968-78

MILIZIA, Francesco, *Lives of Celebrated Architects, Ancient and Modern*, trans. Mrs E.Cresy, 2 vols, London 1826

MILYUTIN, Nikolay, *Sotsgorod...*, trans. Arthur Sprague, Cambridge, Mass.-London1974

MOHOLY-NAGY, László, *The New Vision: From Material to Architecture*, trans. Daphne M. Hoffmann, New York 1932

MUTHESIUS, Hermann, *The English House*, ed. with introduction by Dennis Sharp, trans. Janet Seligman, slightly abridged from 2nd German ed. (1908-11) in one vol., London 1979

PALLADIO, Andrea, *The Four Books of Architecture*, trans. Isaac Ware, 4 vols, London1737-42 (facs. repr. New York-London 1965)

PERRAULT, Claude, *A Treatise of the Five Orders of Columns in Architecture*, trans. John James, London 1708

Pozzo, Andrea, *Rules and Examples of Perspective*, Latin text with trans. by John James, London 1707 (facs. repr. New York-London 1989)

QUATREMÉRE DE QUINCY, Antoine-Chrisostome, *An Essay on the nature, the end and the means of imitation in the fine arts*, trans. J.C. Kent, London 1837

RABELAIS, François, *Gargantua and Pantagruel*, trans. J. M. Cohen, London 1970

RORICZER, Matthäus, *Das Büchlein von der Fialen Gerechtigkeit and Geometria Deutsch* trans. (with original texts) in: *Gothic Design Techniques*, ed. Lon R. Shelby,Carbondale, Ill.-London 1977

SCAMOZZI, Vincenzo, *sixth book of L 'idea della architettura universale*, in Joachim Schuym's abridgment, trans. William Fisher in: *The Mirror of Architecture*, ed.William Fisher, London 1669 etc

SCHINKEL, Karl F riedrich, *Collected Architectural Designs* (without text), London 1982

—, *The English Journey: journal of a visit to France and Britain in 1826*, trans. F. Gayna Walls, ed. David Bindman and Gottfried Riemann, New Haven-London1993

SCHMUTTERMAYER, Hans, *Fialenbüchlein trans. (with original text) in: Gothic Design Techniques*, ed. Lon R. Shelby, Carbondale, Ill.-London 1977

SEMPER, Gottfried, *The Four Elements of Architecture and other Writings*, trans. Harry Francis Mallgrave and Wolfgang Hermann, Cambridge 1989

SERLIO, Sebastiano, *The First [fift] Booke of Architecture*, trans. (from a Dutch trans. from a Flemish or French ed.), London 1611 (*facs. repr. The Five Books of Architecture*, New York-London 1982)

SITTE, Camillo, *The Art of Building Cities...*, trans. Charles T Stewart, New York 1945 (facs. repr. 1991)

STEINER, Rudolf, *Ways to a new Style in architecture: Five lectures*, London 1927

—, *Architectural forms considered as the thoughts of culture and world-perception. Words... on the third anniversary of the laying of the foundation stone of the first Goetheanum at Dornach...*, 1916, London 19-

SUGER, ABBOT, OF SAINT-DENIS, part of Libellus Alter trans. (with original text) by Erwin Panofsky in: *Abbot Suger. On the Abbey Church of St.-Denis and its Art Treasures*, Princeton, NJ 1946; ed. Gerda Panofsky-Soergel 1979

TauT, Bruno, *The Crystal Chain Letters: architectural fantasies by Bruno Taut and his circle*, ed. and trans. Iain Boyd Whyte, Cambridge, Mass.-London 1985

—, *Alpine Architectur* trans. Shirley Palmer, ed. with introduction by Dennis Sharpin: Paul Scheerbart, *Glass Architecture*, London 1972

UNGEWITTER, Georg Gottlob (with A. Reichensperger and V. Statz), *Gothic Model Book*, trans. Möricke, London 18.

VALÉ RY, Paul, *Eupalinos or the Architect*, trans. William McCausland Stewart, London1932

VASARI, Giorgio, *The Lives of the Painters, Sculptors and Architects*, trans. A.B. Hinds, 4 vols, London 1927, rev. ed. 1963

—, *Vasari on Technique* [introduction to the Lives], trans. L.S. Maclehose, ed. G.. Baldwin Brown, London 1907

VIGNOLA (Jacopo Barozzi), *Vignola: Or the Compleat Architect [Regola delle cinqueordini d' architettura]*, trans. (almost certainly from a Dutch version of Pierre Le Muet' s reduction published in 1631) Joseph Moxon, London 1655

VILLARD DE HONNECOURT, lodge-book trans. (with original text) in: Theodore Bowie, *The Sketchbook of Villard de Honnecourt*, New York 1959, 1962

VIOLLE-LE-Duc, Eugene-Emmanuel, *Discourses on Architecture*, trans. B. Bucknall, 2 vols, Boston, Mass. 1875, 1881; London 1877, 1882 (facs. repr. titled *Lectures on Architecture*, 2 vols, New York-London 1987

—, *The habitations of man in all ages*, trans. B. Bucknall, London 1876

VITRUVIUS, Lat.-Engl. ed. of *De architectura libri decem* ed. Frank Granger, London-Cambridge 1931

WAGMER, Otto, *Modern Architecture: A Guidebook for his students to this field of art*, trans. with an introduction by Harry Francis Mallgrave, Santa Monica, Calif. 1988

WINCKELMANN, Johann Joachim, *The History of Ancient Art amongst the Greeks*, trans. G..H. Lodge, London 1881

1945 年以来（Since 1945）

OTTO, Frei (with Rudolf Trostel and Friedrich Karl Schleyer), *Tensile Structures: Design, Structure and Calculation of Buildings, nets and membranes*, ed. Frei Otto, 2 vols, Cambridge, Mass.-London 1967, 1969

ROSSI, Aldo, *The Architecture of the City*, introduction by Peter Eisenman, trans. Diane Ghirardo and Joan Ockman, rev. by Aldo Rossi and Peter Eisenman, Cambridge, Mass.-London 1982

—, *Selected Writings and Projects*, ed. John O' Regan, London 1983

TAFURI, Manfredo, *The Sphere and the Labyrinth: Avant-Garde and Architecture from Piranesi to the 1970s* Cambridge, Mass.1987, ²1990

人名索引

本索引*不仅包括正文中的人名，也包括总注释及图版标题中所涉及的人名；粗斜体数字表示所涉及人名之图版序列号。

译者说明：这里所列页码为英文版页码，为方便读者检索，已将英文版页码作为边码附在中文版右侧相应句段。

---

* 所译人名除个别以习惯译法外，基本参照《世界人名翻译大辞典》（新华通讯社译名室编，北京：中国对外翻译出版公司，1993年），根据人名所属国译出。——译者注

译 者 跋

20世纪末的一位西方建筑理论学者曾经说过，20世纪西方建筑理论方面的研究，如果以年代顺序排列出一个次序，可以举出6位在这一领域中真正说过一些什么的人的名字。他们是戈特弗里德·森佩尔（Gottfried Semper）、拉萨洛·莫霍伊-纳吉（László Moholy-Nagy）、约翰·萨默森（John Summerson）、克利斯蒂安·诺伯格-舒尔茨（Christian Norberg-Schulz）、罗杰·斯克鲁顿（Roger Scruton）和汉诺-沃尔特·克鲁夫特（Hanno-Walter Kruft）。* 这里提到的最后一位就是本书的作者，他是德国奥格斯堡大学艺术史学教授，长期从事艺术史、美学理论，尤其是20世纪建筑与建筑理论方面的研究。他的著作在欧洲与北美已为人们所熟知。而他的这部囊括了西方两千年建筑理论发展历史的著作《建筑理论史——从维特鲁威到现在》，自从1985年以德文版的形式问世以来，就在这一领域中确立了其所具有的国际性影响之关键性著作的地位。他于1993年去世，本书的英文版发表于1994年。作者在导言中将这本书描述为"这方面工作的第一次尝试"，而这确实是一个十分庞大却相当系统的尝试。这本书包括了按照年代顺序排列的从维特鲁威到20世纪80年代初的建筑理论方面著述的一个综合性的概览，其资料之丰富与涉及面之宽广，是同类书中前所未见的。

2001年译者在美国宾夕法尼亚大学做访问学者时，在图书馆中注意到了这部有关西方建筑理论历史的著作，反复翻阅不忍释手，当时就有了翻译出来引介给国内读者、学人，以弥补中国建筑师与建筑系的学生们对于西方建筑理论历史不甚了了这一缺憾的想法。然而，实在说来，对于这样一部纵贯西方建筑理论两千年发展历史的学术性很强的宏篇大作进行翻译，的确是一个庞大、繁缛而困难的工作。在翻译工作的前期，一位青年教师和几位研究生参加了部分文稿的初译工作，他们参与草译的章节是：邓烨（六一八章，二十七、二十八章）、徐雄（九一十二章，二十九、三十章）、李路珂（十三一十五章，二十五章）、贺从容（十六一十八章，二十六章）、高霞（十九章）、欧阳恬之（二十一一二十二章）。

除了译者直接译出的章节外，其余章节是译者参考同学们的草译稿，并根据原文逐字逐句重新所做的通译，其目的不仅是为了使译述文字更忠实于原文，并在语言表述上前后一致，以期文脉贯通，语感统一，更是为了使历史人物与事件的陈述及相关理论的表达能够比较准确和恰当。各章初译者也对注释做了简单的初译，但外文的录入及缩语的错译较多，虽经译者逐一核对，但由于非英语外文词语量过大而疏漏仍多，由包志禹同学花费数月时间对照原文对注释所作的细致校正，才使这一难题得以解决。回顾起来，整个译著过程，有如一场旷日持久的马拉松赛，从章节的初译、全篇的通译与人物名称及术语的统一到全部注释的核对校正，前后用了近3年的时间，此中的艰辛已尽在不语之中了。在这里，或许可以用一句略带佛教意味的话来表述："欢喜作，甘愿受"，这可能是所有投身于学术事业的人们常常能够体验到的一种共同的感受。

此外，书中所附图版的说明由包志禹译出。包志禹利用计算机网络中的多语种辞典资源，将全文的非英语词汇进行了核对与校正，将原来错译或译得不准确的地方逐一做了校订，并为全文附加了英文版页的边码，以便于读者对索引的检索，还对正文中一些非英语外文词汇做了认真的脚注。书尾附录中的参考书目，是由贺从容组织录入的，人名索引由李婷录入并参照《世界人名翻译大辞典》♯译出。可以说，没有这些同学的热心参与，这样一个大部头著作的顺利译出是不可想像的。按照翻译工作惯例，我们将注释中的外文书名及引文原文保留，不做翻译，以供研究者核对。

在本书的翻译过程中，得到了译者的老师，两院院士吴良镛教授的热情关心与积极支持，吴先生一直十分关注建筑理论问题，先生在百忙之中慨然允诺为这个中文译本写序，使这部拙译大为增色。本书的顺利译出，也有赖于中国建筑工业出版社对于学术性著述的关注与支持，总编王伯扬、张惠珍对本书的进展十分关心，并亲自对打印稿件进行审校，编辑董苏华为本书的版权引进、翻译工作的顺利开展及打印文稿的核校等，付出了大量心血，在此一并致以真诚的谢意。

---

* David Smith Capon, "Architectural Theory, Volume Two, Le Corbusier's Legacy, Principles of Twentieth-century Architectural Theory Arranged by Category", p. 131, John Smith & Sons, 1999, New York.

♯《世界人名翻译大辞典》，新华社译名室编，郭国荣主编，中国对外翻译出版公司，1993年，北京。

　　由于译者在西方历史与文化知识方面可能存在的不足，翻译中误解误读的情况一定会有，粗疏与遗漏也在所难免，但若以我们的肤浅理解，仍能对读者了解西方建筑理论的梗概及其历史有所助益，并对厘清当前国内建筑理论方面可能存在的一些模糊概念起到一些微薄的作用，则心中的愉悦自不当言，惟祈能够在中译本问世之后可以得到方家的教正，是为译者心中的所盼。

译者 识

2005 年 5 月

于清华园荷清苑寓中